Manual de
Ingeniería Industrial

Volumen I

Manual de Ingeniería Industrial

Volumen I

Compilado por
GAVRIEL SALVENDY
Universidad Purdue, EE. UU.

NORIEGA EDITORES
MÉXICO • España • Venezuela • Colombia

VERSIÓN AUTORIZADA EN ESPAÑOL DE LA OBRA PUBLICADA EN INGLÉS CON EL TÍTULO:
HANDBOOK OF INDUSTRIAL ENGINEERING
© JOHN WILEY & SONS, INC.

COLABORADOR EN LA TRADUCCIÓN:
RICARDO CALVET PÉREZ
LUIS CARLOS ÉMERICH ZAZUETA

REVISIÓN:
SILVINA HERNÁNDEZ GARCÍA
EDÉN ALEJANDRO GÓMEZ Y
JOAQUÍN GONZÁLEZ CACHARRO
INGENIEROS MECÁNICOS ELECTRICISTAS CON ESPECIALIDAD EN INGENIERÍA INDUSTRIAL DE LA DIVISIÓN DE INGENIERÍA MECÁNICA Y ELÉCTRICA DEL DEPARTAMENTO DE INGENIERÍA INDUSTRIAL E INVESTIGACIÓN DE OPERACIONES DE LA FACULTAD DE INGENIERÍA DE LA UNIVERSIDAD NACIONAL AUTÓNOMA DE MÉXICO.

BALDERAS 95, MÉXICO, D.F.
C.P. 06040
8503 8050
01(800) 706 9100
5512 2903
limusa@noriega.com.mx
www.noriega.com.mx

CANIEM NÚM. 121

PRIMERA REIMPRESIÓN

HECHO EN MÉXICO
ISBN 968-18-1965-9

Asesores

Harold N. Bogart
Director Retirado de Sistemas de Ingeniería de Fabricación Personal de Manufacturas
Ford Motor Company
Dearborn, Michigan

James Bontadelli
Gerente, Ingeniería Industrial
Autoridad del Valle de Tennessee
Knoxville, Tennessee

Michael Deisenroth
Profesor Adjunto, Departamento de Ingeniería Mecánica y Administración de Ingeniería
Universidad Tecnológica de Michigan
Houghton, Michigan

Roger P, Denney, Jr.
Vicepresidente Ejecutivo
Whittaker Medicus
Evanston, Illinois

Mitchell Fein
Presidente
Mitchell Fein Incorporated
Hillsdale, Nueva Jersey

Orlando J. Feorene
Director, División de Servicios Administrativos
Eastman Kodak Company
Rochester, Nueva York

Walton M. Hancock
Profesor, Departamento de Ingeniería Industrial y de Operaciones
Universidad de Michigan
Ann Arbor, Michigan

John J. Mariotti
Profesor, Departamento de Ingeniería Industrial
General Motors Institute
Flint, Michigan

Donald T. Phillips
Profesor, Departamento de Ingeniería Industrial
Universidad A & M de Texas
College Station, Texas

H. Donald Ratliff
Profesor, Escuela de Ingeniería Industrial y de Sistemas
Instituto de Tecnología de Georgia
Atlanta, Georgia

Bruce Schmeiser
Profesor Adjunto, Escuela de Ingeniería Industrial
Universidad Purdue
West Lafayette, Indiana

Daniel Teichroew
Profesor, Departamento de Ingeniería Industrial y de Operaciones
Universidad de Michigan
Ann Arbor, Michigan

Colaboradores

Virgil L. Anderson
Profesor
Departamento de Estadística
Universidad Purdue
West Lafayette, Indiana

Thomas J. Armstrong
Profesor Adjunto de Higiene
Industrial, Centro de Ergonomía
Universidad de Michigan
Ann Arbor, Michigan

Jeffrey L. Arthur
Profesor Adjunto
Departamento de Estadística
Universidad del Estado de Oregon
Corvallis, Oregon

Guy J. Bacci
Gerente
Ingeniería Industrial
International Harvester
Chicago, Illinois

Andrew D. Bailey, Jr.
Profesor de Contabilidad
Universidad de Minnesota
Minneapolis, Minnesota

Moshe M. Barash
Profesor
Escuela de Ingeniería Industrial
Universidad Purdue
West Lafayette, Indiana

Franklin H. Bayha
Bufete privado
Ann Arbor, Michigan

Richard L. Behling
Consultor
Booz, Allen & Hamilton, Inc.
Nueva York, Nueva York

Corwin A. Bennett
Profesor
Departamento de Ingeniería Industrial
Universidad del Estado de Kansas
Manhattan, Kansas

William E. Biles
Profesor y Jefe
Departamento de Ingeniería Industrial
Universidad del Estado de Luisiana
Baton Rouge, Luisiana

Robert A. Boehmer
Gerente de Manufactura
Speedway Plants
Detroit Diesel Allison
Indianapolis Operations
División de la General Motors
Corporation
Indianapolis, Indiana

Harold N. Bogart
Director Retirado de Sistemas de
Ingeniería de Manufactura
Personal de Manufacturas
Ford Motor Company
Dearborn, Michigan

Walter C. Borman
Vicepresidente Ejecutivo
Instituto de Investigación de
Decisiones sobre Personal
Minneapolis, Minnesota

Evan F. Bornholtz
Profesor Adjunto
Departamento de Administración Industrial
General Motors Institute
Flint, Michigan

Chester L. Brisley
Profesor y Jefe Adjunto
Departamento de Ingeniería y Ciencias Aplicadas, Extensión Universitaria
Universidad de Wisconsin
Milwaukee, Wisconsin

Philip S. Brumbaugh
Presidente
Quality Assurance, Inc.
San Luis, Missouri

James R. Buck
Profesor y Jefe
División de Sistemas
Colegio de Ingeniería
Universidad de Iowa
Iowa City, Iowa

William J. Burgess
Gerente
Departamento de Ingeniería Industrial
Tennessee Eastman Company
Kingsport, Tennessee

Donald C. Burnham
Presidente Retirado del Consejo de Administración
Westinghouse Electric Corporation
Pittsburgh, Pennsilvania

Robert W. Burns
Director
Relaciones con el Personal y Asuntos comunitarios
American Motors Corporation
Southfield, Michigan

Robert E. Busby
Ingeniero Industrial Senior
Tennessee Eastman Company
Kingsport, Tennessee

James P. Caie, Jr.
Ingeniero Senior de Proyectos
Estudios Técnicos
Centro Técnico
General Motors Corporation
Warren, Michigan

Don B. Chaffin
Jefe y Profesor
Departamento de Ingeniería Industrial e Ingeniería de Operaciones
Director del Centro de Ergonomía
Universidad de Michigan
Ann Arbor, Michigan

Daniel O. Clark
Director Regional del Oeste
Asociación MTM de Normas e Investigación
Oficina de la Costa Oeste
Newport Beach, California

Guy C. Close, Jr.
Ingeniero Industrial Senior
Hughes Aircraft Company
Grupo de Sistemas de Radar
División de Manufactura
Los Angeles, California

Joel D. Cohen
Ingeniero Senior de Proyectos
Estudios Técnicos
Centro Técnico
General Motors Corporation
Warren, Michigan

E. Nigel Corlett
Profesor y Jefe
Departamento de Ingeniería de Producción y Administración de la Producción
Universidad de Nottingham
Nottingham, Inglaterra

Merton D. Corwin
Gerente
Investigación y Desarrollo de Robots
Cincinnati Milacron, Inc.
Cincinnati, Ohio

Douglas C. Crocker
Asesor Técnico
División de Servicios Administrativos
Eastman Kodak Company
Rochester, Nueva York

Malcolm J. Crocker
Director Adjunto
Laboratorios R. W. Herrick
Control de Acústica y Ruido
Profesor de Ingeniería Mecánica
Universidad Purdue
West Lafayette, Indiana

Ralph E. Cross, Sr.
Presidente del Consejo de Administración
Cross & Trecker Corporation
Fraser, Michigan

Adam W. Cywar
Gerente
Planeación y Administración de Sistemas de Información
IBM Corporation-Planta en Austin
Austin, Texas

Louis E. Davis
Profesor y Jefe
Centro de Calidad de la Vida de Trabajo
Instituto de Relaciones Industriales
Universidad de California
Los Angeles, California

David J. DeMarle
Supervisor
División de Servicios Administrativos
Eastman Kodak Company
Rochester, Nueva York

Gene J. D'Ovidio
Asociado
Booz, Allen & Hamilton, Inc.
Nueva York, Nueva York

Colin G. Drury
Profesor
Departamento de Ingeniería Industrial
Universidad Estatal de Nueva York en Búfalo
Búfalo, Nueva York

Karl Eady
Director de la Oficina del Medio Oeste
Asociación MTM de Normas e Investigación
Park Ridge, Illinois

Samuel Eilon
Profesor y Jefe
Departamento de Ciencias Administrativas
Colegio Imperial de Ciencia y Tecnología
Londres, Inglaterra

Hamed K. Eldin
Profesor
Departamento de Ingeniería y Administración Industrial
Universidad del Estado de Oklahoma
Stillwater, Oklahoma

Mitchell Fein
Presidente
Mitchell Fein, Inc.
Hillsdale, Nueva Jersey

Orlando J. Feorene
Director
División de Servicios Administrativos
Eastman Kodak Company
Rochester, Nueva York

Charles E. Geisel
Gerente
Departamento de Ingeniería Industrial de la Empresa
Container Corporation of America
Carol Stream, Illinois

James Gerlach
Estudiante de Doctorado
Escuela Krannert de Administración
Universidad Purdue
West Lafayette, Indiana

Kenneth M. Gettelman
Director
Modern Machine Shop
Cincinnati, Ohio

William Gomberg
Profesor de Relaciones Laborales
Escuela Wharton de Administración
Universidad de Pennsilvania
Filadelfia, Pennsilvania

Christian H. Gudnason
Profesor de Administración de la Producción
Jefe del Instituto de Ingeniería de la Producción y Tecnología Mecánica
Universidad Técnica de Dinamarca
Lyngley, Dinamarca

Inyong Ham
Profesor
Departamento de Ingeniería Industrial y Sistemas Administrativos
Universidad del Estado de Pennsilvania
University Park, Pennsilvania

Walton M. Hancock
Profesor
Departamento de Ingeniería Industrial y de Operaciones
Universidad de Michigan
Ann Arbor, Michigan

Robert H. Harder
Ingeniero de Desarrollo del Personal
Estudios Técnicos
Centro Técnico
General Motors Corporation
Warren, Michigan

Clyde Holsapple
Profesor Adjunto
Escuela de Administración
Universidad de Illinois
Urbana, Illinois

Knut Holt
Profesor
División de Administración Industrial
Universidad de Trondheim
Instituto Noruego de Tecnología
Trondheim, Noruega

Michael R. Hottinger
Director
Grupo de Programación de Productos
Sistema de Información
Chevrolet Motor Division
General Motors Corporation
Warren, Michigan

John J. Jarvis
Profesor
Escuela de Ingeniería Industrial y de Sistemas
Instituto de Tecnología de Georgia
Atlanta, Georgia

Takeji Kadota
Director
Asociación Japonesa de Administración
Minato-ku, Tokio, Japón

Eliezer E. Kamon
Profesor
Laboratorio Noll de Estudios del Comportamiento Humano
Universidad del Estado de Pennsilvania
University Park, Pennsilvania

Kailash C. Kapur
Profesor
Departamento de Ingeniería Industrial e Investigación de Operaciones
Universidad Estatal Wayne
Detroit, Michigan

William J. Kennedy, Jr.
Profesor Adjunto
Departamento de Ingeniería Mecánica e Industrial
Universidad de Utah
Salt Lake City, Utah

Hugh D. Kinney
Vicepresidente Ejecutivo
SysteCon, Inc.
Norcross, Georgia

James L. Knight
Psicólogo Investigador
Bell Telephone Laboratories
Holmdel, Nueva Jersey

Dev. S. Kochhar
Profesor Adjunto
Departamento de Ingeniería Industrial
y de Operaciones
Centro de Ergonomía
Universidad de Michigan
Ann Arbor, Michigan

Edward J. Kompass
Director
Control Engineering
Barrington, Illinois

Stephan A. Konz
Profesor
Departamento de Ingeniería Industrial
Universidad del Estado de Kansas
Manhattan, Kansas

Ilkka Kuorinka
Director Adjunto
Departamento de Fisiología
Instituto de la Salud en el Trabajo
Helsinki, Finlandia

Tarald O. Kvalseth
Profesor Adjunto
Departamento de Ingeniería Mecánica
Universidad de Minnesota
Minneapolis, Minnesota

Ferdinand F. Leimkuhler
Profesor
Escuela de Ingeniería Industrial
Universidad Purdue
West Lafayette, Indiana

Baruch Lev
Profesor y Decano
Facultad de Administración
Universidad de Tel-Aviv
Ramat-Aviv
Tel-Aviv, Israel

Kari Lindström
Director de Departamento
Departamento de Psicología
Instituto de la Salud en el Trabajo
Helsinki, Finlandia

Roy F. Lomicka
Asesor Técnico
División de Servicios Administrativos
Eastman Kodak Company
Rochester, Nueva York

Henry C. Lucas, Jr.
Profesor y Jefe
Area de Aplicaciones de la
Computadora y Sistemas de
Información
Escuela de Graduados en
Administración de Empresas
Universidad de Nueva York
Nueva York, Nueva York

Raymond P. Lutz
Decano Ejecutivo de Estudios e
Investigación para graduados
Universidad de Texas en Dallas
Richardson, Texas

R. Preston McAfee
Profesor Adjunto de Economía
Escuela Krannert de Administración
Universidad Purdue
West Lafayette, Indiana

Ernest J. McCormick
Profesor Emérito de Ciencias
Psicológicas
Universidad Purdue
West Lafayette, Indiana

Robert A. McLean
Profesor
Departamento de Estadística
Universidad de Tennessee
Knoxville, Tennessee

John J. Mariotti
Profesor
Departamento de Ingeniería Industrial
General Motors Institute
Flint, Michigan

Richard A. Mathias
Presidente
Macotech Corporation
Seattle, Washington

Wayne E. Mechlin
Gerente de Ingeniería Aplicada
División de Robótica Industrial
Cincinnati Milacron, Inc.
Cincinnati, Ohio

Deborah J. Medeiros
Profesora Adjunta
Departamento de Ingeniería Industrial
y Sistemas Administrativos
Universidad del Estado de Pennsilvania
University Park, Pennsilvania

David Meister
Director Adjunto
Diseño de Sistemas Tripulados
Centro de Investigación y Desarrollo
del personal de la Marina de
EE.UU.
San Diego, California

James M. Miller
Profesor Adjunto
Departamento de Ingeniería Industrial
y de Operaciones
Universidad de Michigan
Ann Arbor, Michigan

Davendra Mishra
Gerente de Operaciones del Player
Technology Center
RCA "Selecta Division" Video Disks
Operations
Indianapolis, Indiana

Colin L. Moodie
Profesor
Escuela de Ingeniería Industrial
Universidad Purdue
West Lafayatte, Indiana

Robert G. Morris
Profesor y Jefe
Departamento de Ingeniería Industrial
General Motors Institute
Flint, Michigan

Marvin E. Mundel
Presidente
M. E. Mundel & Associates, Inc.
Silver Spring, Maryland

Rintaro Muramatsu
Profesor
Departamento de Ingeniería Industrial
Escuela de Ciencia e Ingeniería
Universidad Waseda
Tokio, Japón

Katta G. Murty
Profesor
Departamento de Ingeniería Industrial
y de Operaciones
Universidad de Michigan
Ann Arbor, Michigan

Gerald Nadler
Profesor
Departamento de Ingeniería Industrial
Universidad de Wisconsin
Madison, Wisconsin

Seiichi Nakajima
Director Ejecutivo y Secretario
General
Instituto Japonés de Ingenieros
Fabriles
Tokio, Japón

Benjamin W. Niebel
Profesor Emérito
Departamento de Ingeniería Industrial
y Sistemas Administrativos
Universidad del Estado de
Pennsilvania
University Park, Pennsilvania

Shimon Y. Nof
Profesor Adjunto
Escuela de Ingeniería Industrial
Universidad Purdue
West Lafayette, Indiana

Stanley D. Nollen
Profesor Adjunto
Escuela de Administración de
Empresas
Universidad Georgetown
Washington, D. C.

Phillip F. Ostwald
Profesor
Departamento de Ingeniería Mecánica
Universidad de Colorado
Boulder, Colorado

Irvin Otis
Gerente
Ingeniería Industrial
Personal de Fabricación de la Empresa
American Motors Corporation
Detroit, Michigan

Joseph A. Panico
Presidente
American Productivity Improvement
Systems, Inc.
Columbus, Ohio

Eleanor S. Pape
Profesora Adjunta
Departamento de Ingeniería Industrial
Universidad de Texas en Arlington
Arlington, Texas

George M. Parks
Profesor y Decano
Escuela de Administración de
Empresas
Universidad Emory
Atlanta, Georgia

Richard G. Pearson
Profesor
Departamento de Ingeniería Industrial
Universidad del Estado de Carolina del
Norte
Raleigh, Carolina del Norte

Norman G. Peterson
Vicepresidente
Instituto de Investigación sobre
Decisiones de Personal
Minneapolis, Minnesota

Don T. Phillips
Profesor
Departamento de Ingeniería Industrial
Universidad A & M de Texas
College Station, Texas

John V. Pilitsis
Gerente Divisional
Desarrollo e Implantación de Sistemas
de Administración de Inventario
American Telephone and Telegraph
Company
Parsippany, Nueva Jersey

A. Alan B. Pritsker
Presidente
Pritsker & Associates
West Lafayette, Indiana

M. Raghavachari
Profesor y Decano (Planeación)
Instituto Indostano de Administración
Vastrapur, Ahmedabad, India

H. Donald Ratliff
Profesor
Escuela de Ingeniería Industrial y de
Sistemas
Instituto de Tecnología de Georgia
Atlanta, Georgia

A. Ravindran
Profesor y Director
Escuela de Ingeniería Industrial
Universidad de Oklahoma
Norman, Oklahoma

Gintaras V. Reklaitis
Profesor
Escuela de Ingeniería Química
Universidad Purdue
West Lafayette, Indiana

James A. Richardson
Director Adjunto
División de Servicios Administrativos
Eastman Kodak Company
Rochester, Nueva York

W. J. Richardson
Profesor
Departamento de Ingeniería Industrial
Universidad Lehigh
Bethlehem, Pennsilvania

Randall P. Sadowski
Profesor Adjunto
Escuela de Ingeniería Industrial
Universidad Purdue
West Lafayette, Indiana

Gavriel Salvendy
Profesor
Escuela de Ingeniería Industrial,
Presidente del Programa de
Factores Humanos
Universidad Purdue
West Lafayette, Indiana

Byron W. Saunders
Profesor Emérito
Escuela de Investigación de
Operaciones e Ingeniería Industrial
Universidad Cornell
Ithaca, Nueva York

Herbert D. Schwetman
Profesor Adjunto
Departamento de Ciencias de la
Computación
Universidad Purdue
West Lafayette, Indiana

Joseph Sharit
Estudiante de Doctorado
Escuela de Ingeniería Industrial
Universidad Purdue
West Lafayette, Indiana

Sheldon Shen
Facultad de Contaduría
Colegio de Ciencias Administrativas
Universidad del Estado de Ohio
Columbus, Ohio

M. Larry Shillito
Asesor Técnico
División de Servicios Administrativos
Eastman Kodak Company
Rochester, Nueva York

E. Ralph Sims, Jr.
Presidente
E. Ralph Sims, Jr. & Associates
Lancaster, Ohio

Alfred H. Smith
Vicepresidente Ejecutivo
Delphi Corporation
Plymouth, Michigan

Karl F. Speitel
Técnico Adjunto
División de Servicios Administrativos
Eastman Kodak Company
Rochester, Nueva York

Kathryn E. Stecke
Profesora Adjunta de Políticas y Control
Escuela de Graduados en
Administración de Empresas
Universidad de Michigan
Ann Arbor, Michigan

Arnold L. Sweet
Profesor
Escuela de Ingeniería Industrial
Universidad Purdue
West Lafayette, Indiana

Yoshihiko Tanaka
Miembro Investigador
Departamento de Ingeniería Industrial
Universidad Waseda
Tokio, Japón

José M. A. Tanchoco
Profesor Adjunto
Departamento de Ingeniería Industrial
Instituto Politécnico y Universidad Estatal de Virginia
Blacksburg, Virginia

Ronald L. Tarvin
Investigador Asociado
Investigación y Desarrollo de Robots
Cincinnati Milacron, Inc.
Cincinnati, Ohio

Daniel Teichroew
Profesor
Departamento de Ingeniería Industrial y de Operaciones
Universidad de Michigan
Ann Arbor, Michigan

Gerald J. Thuesen
Profesor
Escuela de Ingeniería Industrial y de Sistemas
Instituto de Tecnología de Georgia
Atlanta, Georgia

James A. Tompkins
Presidente
Tompkins Associates, Inc.
Raleigh, Carolina del Norte

Wayne C. Turner
Profesor
Departamento de Ingeniería y Administración Industrial
Universidad del Estado de Oklahoma
Stillwater, Oklahoma

Gerald J. Wacker
Coordinador de Estudios de Personal
The Aerospace Corporation
Los Angeles, California

Urban Wemmerlöv
Profesor Adjunto
Escuela de Comercio
Universidad de Wisconsin
Madison, Wisconsin

Andrew B. Whinston
Profesor de Economía
Computación y administración
Escuela Krannert de Administración
Universidad Purdue
West Lafayette, Indiana

John A. White
Profesor
Escuela de Ingeniería Industrial y de Sistemas
Instituto de Tecnología de Georgia
Atlanta, Georgia

Cary E. Whitehouse
Profesor y Presidente
Departamento de Ingeniería Industrial y Sistemas Administrativos
Universidad de Florida Central
Orlando, Florida

Theodore J. Williams
Profesor de Ingeniería y Director
Laboratorio de Control Industrial Aplicado
Universidad Purdue
West Lafayette, Indiana

James R. Wilson
Profesor Adjunto
Departamento de Ingeniería Mecánica
Universidad de Texas
Austin, Texas

Leroy H. Wulfmeier
Director de Compras Retirado
División Chevrolet
General Motors Corporation
Warren, Michigan

Prefacio

Este *Manual de Ingeniería Industrial* se publica en un momento muy oportuno, porque la finalidad de la ingeniería industrial está cambiando tanto en magnitud como en importancia. Durante el siglo pasado, la ingeniería industrial propició gran parte de los progresos económicos logrados en la fabricación. Los ingenieros industriales estudian la forma en que los individuos trabajan en las fábricas y la relación que existe entre esos trabajadores y sus máquinas y herramientas. El enfoque se dirige tanto hacia el individuo como a las maneras de mejorar la eficiencia en el trabajo.

En el futuro, los ingenieros industriales seguirán estudiando la manera de trabajar del individuo, pero se prestará mucha mayor atención al estudio de los sistemas dentro de los cuales se realiza el trabajo, a fin de optimizar la operación de todo el sistema. Las nuevas tecnologías a que ha dado lugar la computadora, como son los robots y los sistemas automatizados, así como la computarización de gran parte de su propio trabajo, exigirá que los ingenieros industriales sigan estudiando continuamente la aplicación de sus conocimientos.

Los ingenieros industriales del futuro tendrán que ampliar apreciablemente sus actividades más allá del estudio de los trabajadores de la manufactura. El porcentaje de la fuerza laboral dedicada a la producción de bienes rebasó el máximo hace más de un decenio y las personas que trabajan en las industrias de servicios, que incluyen a los hospitales, banca, seguros, servicio postal, hoteles y restaurantes; fuerzas armadas, gobierno, universidades, distribución, mercadotecnia, etc., son ahora más del doble de las que trabajan en la manufactura. Los trabajadores de servicios, lo mismo que los sistemas en los cuales trabajan, necesitan las técnicas de la ingeniería industrial para mejorar su productividad, de la misma manera que la fabricación las sigue necesitando. Los ingenieros industriales tendrán que usar la palabra "industria" en su sentido más amplio.

Se reconoce actualmente que la productividad es un factor clave para determinar el estándar de vida actual, conservar la capacidad de competir en los mercados mundiales y aliviar la inflación. Los ingenieros industriales deben desempeñar un papel preponderante en el mejoramiento de la productividad, puesto que se ocupan de los factores que más influyen en ella: cómo trabajan las personas y cómo hacen uso de la tecnología. El presente *Manual* trata no sólo de "el empleo del hombre por el hombre" y de la interacción entre los seres humanos y las máquinas, sino también de todo el sistema que, productivamente, hace un producto o presta un servicio.

Los capítulos del *Manual* fueron escritos por docenas de expertos quienes, mediante el ejemplo y la teoría, aportan una fuente de ideas para el mejoramiento. El *Manual* será valioso para los ingenieros industriales y para otros ingenieros, lo mismo que para los administradores de todos los niveles. Los principios de ingeniería industrial que aquí se presentan son eternos y básicos y les serán útiles a las empresas grandes y pequeñas, a las que siguen procesos continuos lo mismo que a las que producen partes discretas y especialmente a quienes trabajan en las industrias de servicios, donde la mayoría de los empleos se encuentran actualmente.

La ingeniería industrial sirve a las personas y puede conducir a todos los trabajadores hacia una mayor productividad y a un nivel de vida más elevado.

D. C. BURNHAM, *Presidente Retirado*
del Consejo de Administración
Westinghouse Electric Corporation

Prólogo

Claude S. George, Jr., en *The History of Management Thought*, señala que, en el año 400 A. C., Ciro aplicó el estudio de movimientos, la distribución y el manejo de materiales; Platón aplicó el principio de especialización del trabajo y, en los tiempos de César, Catón y Varrón se ocuparon de la especificación de las tareas. James Lee, en su libro *The Gold and Garbage in Management Theories and Prescriptions*, habla de líneas de montaje en el arsenal de Venecia, en el año 1440.

A personas como Frederick Taylor, Henry L. Gant y Frank y Lillian Gilbreth, de los Estados Unidos; Henri Fayol, de Francia y otras de Suecia, Alemania y Francia corresponde el crédito por haber descrito y estructurado un proceso disciplinado que con el tiempo engendró lo que ha venido a ser el ejercicio de la ingeniería industrial contemporánea. Su búsqueda de una metodología rigurosa fue adoptada por ingenieros y administradores innovadores de todo el mundo industrializado. La suma de los esfuerzos realizados durante los últimos 100 años generó un cuerpo de conocimientos en las siguientes áreas generales de especialización:

- Organización y diseño de tareas.
- Ingeniería de métodos.
- Medición del rendimiento y control de operaciones.
- Evaluación, estimación y dirección de recursos humanos.
- Factores ergonómicos y humanos.
- Ingeniería de fabricación.
- Garantía de calidad.
- Economía de la ingeniería.
- Diseño de instalaciones.
- Planeación y control.
- Computadoras y sistemas de información.
- Métodos cuantitativos.
- Optimización.

Lo que antecede muestra hasta dónde se ha ampliado este campo. Muestra también que la ingeniería industrial ha extendido su ámbito para incluir muchos aspectos y cuestiones administrativos sumamente pertinentes, como son la medición y mejoramiento de la productividad así como la calidad de la vida de trabajo y la utilización óptima de los recursos disponibles. Por lo tanto, el *Manual* les será útil a todos los ingenieros y administradores industriales, sea que se dediquen a operaciones lucrativas o a otras áreas de actividad que no lo sean.

La amplitud del tema plantea un verdadero reto cuando se trata de representar con éxito en un solo manual todo el campo de la ingeniería industrial. En 1978, cuando comenzó todo esto, pensé que una sola persona no podría seleccionar con propiedad los temas que deberían ser incluidos en el *Manual* sin incurrir en graves distorsiones a fin de ajustarse a sus áreas particulares de conocimiento y preferencia. Se invitó por lo tanto a un Comité Asesor, formado por expertos en las áreas más importantes de la ingeniería industrial, para que ayudara al Compilador en Jefe a planear el contenido del *Manual*. La lista de los miembros del Comité Asesor aparece en la página 5. Agradezco sinceramente sus excelentes consejos, aportados durante la preparación del *Manual*. No obstante, asumo desde luego la responsabilidad por cualesquiera deficiencias en la selección del material.

Como se desprende de la lista de nombres de los 133 autores de los 107 capítulos que componen este *Manual*, se hicieron todos los esfuerzos necesarios para incluir autores con diversa capacidad y afiliación profesional, en Estados Unidos y en otros países del mundo. Cada uno de los autores que colaboraron en este *Manual* se guió por una serie de objetivos fijados de antemano por el Comité Asesor. Los objetivos señalados a cada autor fueron los siguientes:

1. El *Manual* debe ser útil a las siguientes personas:

   a) Ingenieros industriales en el ejercicio de su profesión.
   b) Quienes ejercen sin preparación formal en ingeniería industrial.
   c) Personal no especializado en ingeniería industrial.
   d) Educadores y profesores de cursos de extensión.

2. El *Manual* debe servir a los siguientes tipos de organización:

   a) Empresas muy pequeñas, medianas y grandes.
   b) Industrias que siguen proceso continuo y las que fabrican partes discretas.
   c) Industrias de servicios, incluyendo: bancos, seguros, hoteles, correos, moteles, restaurantes, servicios armados, gobierno local, del estado federal, universidades, distribución, mercadotecnia y relaciones laborales.

3. Se acordó que los seis conceptos siguientes aparezcan como tema a lo largo del *Manual:*

   a) Han surgido técnicas y métodos que ayudan a los supervisores y administradores a diseñar y operar un ambiente de trabajo que exige una mayor interacción entre el hombre y las máquinas "inteligentes".
   b) La experiencia indica que "el uso humanizado de los seres humanos" puede conducir hacia una mayor productividad, que de hecho es compatible con la motivación de obtener utilidades.
   c) En los últimos cincuenta años se ha desarrollado la aplicación eficaz de técnicas que subdividen las actividades con el fin de mejorar las operaciones.

En el próximo decenio se dará mucho énfasis al estudio de los "sistemas totales", con el fin de optimizar las operaciones mediante la integración de subsistemas o sistemas paralelos. El *Manual* describe esta expansión de la capacidad analítica. Se señala la necesidad de conservar ambos enfoques, puesto que se trata de conceptos complementarios y no de los que se excluyen mutuamente.

d. Como la finalidad del *Manual* es aplicar el conocimiento a la solución de problemas reales, presenta todas las tablas, gráficas, nomografías y fórmulas útiles que se relacionan con la aplicación y uso de las metodologías de la ingeniería industrial. Se estudiarán el alcance y las limitaciones de cada metodología describiendo su aplicación paso por paso.
e. Se recurre a ejemplos para demostrar la aplicación de metodologías diversas. De esos ejemplos, el lector deriva la aplicación de la metodología adecuada para situaciones específicas de trabajo.
f. Puesto que la ingeniería industrial y sus métodos se aplican y utilizan tanto en las industrias de fabricación como en las de servicios, es indispensable tener en cuenta esas dos áreas al redactar el contenido de los distintos capítulos.

Además de los objetivos del *Manual* ya delineados a los autores de los capítulos se les dio a conocer la Terminología de la Ingeniería Industrial (ANSI Z94.1-294. 12).

Todos los autores que colaboraron hicieron una excelente aportación. A cada uno le agradezco en la forma más sincera el haberse mostrado tan bien dispuesto a crear este *Manual* junto conmigo.

Cada uno de los capítulos que se presentan fue estudiado por dos revisores independientes y por mí. Gran parte de la revisión la llevó a cabo el Comité Asesor. Además, las siguientes personas colaboraron amablemente en el proceso de revisión:

William P. Adams
E. Nigel Corlett
Joseph El-Gomayel
I. Ham
Eliezer E. Kamon
W. Karasek
Stephan A. Konz
Ernest J. McCormick
Colin L. Moodie
James M. Moore
W. A. Pesch
John V. Pilitsis
A. Ravindran
Gerald J. Wacker
Howard Weiss

El índice del *Manual* fue elaborado por el muy capacitado Jack Posey, de la Universidad Purdue, en colaboración con los autores de todos los capítulos.

Me satisface plenamente el hecho de que, antes de asumir el cargo de Compilador de este *Manual*, tuve la oportunidad de visitar a Walton M. Hancock, a John Mariotti y a Salash El-Magravy y de escuchar sus valiosos consejos. Agradezco mucho a Orlando J. Feorene lo pertinente de sus comunicaciones escritas, parte de las cuales van incluidas en este prólogo. Durante las distintas fases de la preparación del *Manual*, tuve la fortuna de recibir varias sugerencias excelentes de David Beldin, Director Ejecutivo y de James L. Wolbrink, Director de Publicaciones del Instituto Norteamericano de Ingenieros Industriales.

He tenido el privilegio de trabajar con Thurman R. Poston, nuestro Editor de John Wiley, persona verdaderamente escrupulosa y editor de primera categoría. Durante la preparación del *Manual* tuve la suerte de contar con la ayuda muy capaz de Joy Taylor para llevar a cabo las diversas tareas secretariales. Jean Blackburn, de Hamptons Editorial Services, realizó una brillante labor corrigiendo el manuscrito.

Por último, quiero dar particularmente las gracias a mi esposa Catherine por su gentil ayuda a la preparación del *Manual*; a mis padres Paul y Katarina y a mis hijos Laura y Kevin, que lo hicieron posible.

GAVRIEL SALVENDY
West Lafayette, Indiana

Contenido

VOLUMEN I

1 LA FUNCION DE LA INGENIERIA INDUSTRIAL

2 DISEÑO DE LA ORGANIZACION Y DE TAREAS

3 INGENIERIA DE METODOS

4 MEDICION DEL RENDIMIENTO Y CONTROL DE LA OPERACION

5 EVALUACION, ESTIMACION Y MANEJO DE LOS RECURSOS HUMANOS

6 FACTORES ERGONOMICOS Y HUMANOS

VOLUMEN II

13 METODOLOGIAS CUANTITATIVAS PARA INGENIEROS INDUSTRIALES

14 LA OPTIMIZACION EN LA INGENIERIA INDUSTRIAL

SECCION 1

La función de la ingeniería industrial

CAPITULO 1.1

La profesión del ingeniero industrial

BYRON W. SAUNDERS
Universidad Cornell

1.1.1 ¿QUE ES LA INGENIERIA INDUSTRIAL?

La ingeniería ha sido definida por el *Accreditation Board for Engineering and Technology* [ABET, antes el *Engineers Council for Professional Development* (ECPD)] como

> *la profesión en la cual se aplica juiciosamente el conocimiento de las ciencias matemáticas y naturales, obtenido mediante el estudio, la experiencia y la práctica, con el fin de determinar las maneras de utilizar económicamente los materiales y las fuerzas de la naturaleza en bien de la humanidad.*

Parece que las expresiones clave son "ciencias matemáticas y naturales", "se aplica juiciosamente" y "económicamente". A su vez, el American Institute of Industrial Engineers (Instituto norteamericano de ingenieros industriales) (AIIE) ha definido el área especial de la ingeniería industrial como

> *la que se ocupa del diseño, mejoramiento e implantación de sistemas integrados por personas, materiales, equipo y energía. Se vale de los conocimientos y posibilidades especiales de las ciencias matemáticas, físicas y sociales, junto con los principios y métodos del análisis y el diseño de ingeniería, para especificar, predecir y evaluar los resultados que se obtendrán de dichos sistemas.*

Esto comprende todos los elementos de la definición general de ingeniería, amplía en diversas formas el significado de la frase "se aplica juiciosamente" y, en muchos respectos, se puede comparar con la definición de otros campos de la ingeniería. Definiéndola de modo general, la función de los ingenieros industriales consiste en reunir a las personas, las máquinas, los materiales y la información con el fin de propiciar una operación eficaz. Esencialmente, el ingeniero industrial se ocupa del diseño de un sistema y su función es fundamentalmente administrativa. Sin embargo, el elemento exclusivo de la ingeniería industrial, como se definió arriba, es la referencia explícita a las personas y a las ciencias sociales, además de las naturales. Esto amplía el campo de los conocimientos requeridos y los tipos de sistemas de los cuales se ocupan los ingenieros industriales. Por lo tanto, no sólo les interesan el diseño, la implantación, la evaluación y el rediseño de cosas o sistemas de cosas, sino también las personas que interactúan en y con el sistema, de manera que aquellas son parte esencial de los elementos de operación. Los puntos de contacto de las personas con las máquinas, cuando el diseño del sistema total debe incluir no sólo los elementos físicos de las máquinas, sino también las características conductuales, las relaciones esfuerzo-tensión, las cargas, la energía y las respuestas a la motivación de las personas que constituyen eslabones vitales del sistema (igual que las levas y los engranajes son los eslabones de un sistema mecánico), son lo que distingue a la ingeniería industrial de las otras disciplinas de la ingeniería. Además de tomar a las personas como componentes de un sistema en operación, está también el efecto que, como fuerza externa, ejercen las mismas en las operaciones del sistema. Los productos de las industrias de fabricación, los servicios de las industrias de servicio o ambos dependen en último término de alguna función de demanda creada por las personas (los clientes). La respuesta de esas personas externas a diversos estímulos (inflación, publicidad, primas, rebajas de precio, calidad, etc.) da lugar a fluctuaciones en la demanda de bienes y servicios, y esto puede aumentar muchas veces a medida que la demanda vuelve al principio, pero en el extremo opuesto del sistema de distribución, fabricación o servicio.

La tarea de la ingeniería industrial consiste en diseñar y rediseñar mediante el estudio, el análisis y la evaluación, los componentes que forman los sistemas hombre-máquina. Luego se reúnen dichos componentes para diseñar el sistema total mediante la integración adecuada de los componentes individuales. Sin embargo, los componentes mecánicos (las máquinas) son diseñados por el ingeniero mecánico y el diseñador de la máquina, y el ingeniero industrial debe coordinar y cooperar con tales especialistas. La instrumentación y las fuerzas impulsoras son aportadas generalmente por el ingeniero electricista o en electrónica; los procesos químicos son aportados por el ingeniero químico; otras especialidades de la ingeniería proporcionan el diseño de componentes que caen dentro de sus áreas de especialización. En ninguna parte, en cambio, se habían estudiado debidamente los componentes humanos con el fin de diseñar sus tareas e integrarlas correctamente con los componentes mecánicos, eléctricos y químicos de modo que cada uno ocupara su lugar en el sistema. Esa falta de orientación de las personas hacia el diseño de las tareas fue lo que estimuló los primeros esfuerzos de los pioneros en el campo que, posteriormente, evolucionó para convertirse en la ingeniería industrial. A la necesidad de ocuparse del aspecto humano en todo diseño de ingeniería se debe que este manual dedique las secciones 2, 3, 4, 5 y 6 a los diversos aspectos de los problemas humanos y a la interacción indispensable para que opere cualquier sistema. Además de las funciones e intereses explícitos de la profesión de ingeniero industrial, el aspecto humano debe ser considerado como fundamental, tanto por su carácter único entre las disciplinas de ingeniería como por su importancia.

Hay otro aspecto que se debe tener en cuenta al contestar la pregunta "¿Qué es la ingeniería industrial?" Desde sus principios se ha ocupado de mejorar todo aquello que se esté diseñando, evaluando o ambos. Si se trataba de una tarea personal, los ingenieros industriales trataron de hacerla más eficiente, menos cansada, de movimientos más fáciles, más productiva y con menor desperdicio, energía y esfuerzo. Si se trataba de una serie de tareas, procuraban que fueran más uniformes e integradas, que fluyeran mejor y exigieran un mínimo de interrupciones y nuevos inicios. Si se trataba de manejar alguna cosa, procuraban eliminar o reducir la cantidad de movimientos necesarios modificando el tamaño de la carga, la distribución del taller, oficina o área de servicio, o usando partes o componentes diferentes que permitieran mejor coordinación, flujo o similitud de los procesamientos que fueran necesarios. Si se trataba de un trabajo de fabricación, procuraban volver a diseñar o utilizar materiales diferentes a fin de aplicar métodos de producción mejores o nuevos, y lograr mayor integración y flujo entre las etapas del procesamiento. Los ejemplos podrían continuar, pero detrás de todos ellos encontraremos la idea fundamental de la reducción del costo y el uso más eficiente de los recursos, sean estos humanos, materiales, físicos o financieros. Ciertamente, a algunos de los primeros ingenieros industriales se les llamó "ingenieros en eficiencia", y si bien esta expresión se empleaba generalmente en forma despectiva por razones que no viene al caso discutir aquí, el título encerraba cierta verdad, porque había charlatanes que carecían de la debida preparación y orientación y no tenían otro interés que el beneficio financiero rápido, tratando de invadir el campo. Esa expresión se emplea raramente hoy en día. Hablamos más bien de *productividad y mejoramiento de la productividad.* Si los ingenieros industriales tuvieran que mencionar un solo concepto para describir su área de interés, sus objetivos y su marco de referencia, sería precisamente el del mejoramiento de la productividad. Este se ha convertido en una preocupación nacional e internacional, crítica para la salud de las economías del mundo. Los ingenieros industriales aceptan como misión fundamental el mejoramiento de la productividad, el cual, definido con amplitud, implica una utilización más eficiente de los recursos, menos desperdicio por unidad de insumo, niveles más altos de producción con niveles fijos de insumos, etc. Los insumos pueden ser los esfuerzos humanos, la energía en cualquiera de sus numerosas formas, los materiales, el dinero invertido y muchos otros. Dicho sucintamente, la misión consistiría en tratar de producir más o servir mejor sin aumentar los recursos consumidos.

1.1.2 ¿EN QUE FORMA HA CAMBIADO Y EVOLUCIONADO LA INGENIERIA INDUSTRIAL?

Desde mediados del siglo veinte, la ingeniería industrial ha experimentado diversos cambios importantes. Tanto su ámbito como la metodología seguida por quienes la ejercen han cambiado en proporción poco usual incluso en una época en que el cambio rápido es cosa común. Las nuevas y mayores necesidades del público y las organizaciones privadas, así como la disponibilidad de nuevas herramientas y especialidades, implican exigencias y oportunidades nuevas para los ingenieros industriales. En el tiempo transcurrido desde 1950, el área ha sido probablemente la que más ha crecido entre las otras de la ingeniería.

Antes de mediados de la década de los cincuenta, los ingenieros industriales se ocupaban primordialmente de las interacciones humanas en el diseño de fábricas, instalaciones de construcción, métodos de costos y control de calidad, control de la producción, procesamiento y manejo de materiales y operaciones de fabricación asociadas para producir bienes o servicios. Históricamente, el diseño de ciertos subsistemas tales como los centros individuales de trabajo y los centros de producción era también una parte importante de la tarea del ingeniero industrial. Los procedimientos de diseño en boga por entonces eran de carácter cualitativo más que cuantitativo, y se confiaba mucho en la evidencia empírica para determinar lo que serviría para lograr un cierto resultado.

La década de los cincuenta presenció una total reorientación del campo de la ingeniería industrial. A medida que se dispuso de nuevas técnicas matemáticas y estadísticas, el punto de interés se desplazó de los métodos cualitativos hacia una mayor confianza, énfasis e investigación de métodos más cuantitativos para resolver los problemas. La computadora digital de alta velocidad y programa almacenado se convirtió en un instrumento indispensable del ingeniero industrial. Desde luego, el mayor interés por la ciencia básica y el paso de los métodos empíricos a los métodos analíticos más cuantitativos no fue un fenómeno exclusivo de la ingeniería industrial; pero es probable que los cambios hayan sido más drásticos en esta área, ya que la ingeniería industrial surgió a partir de la II Guerra Mundial siendo quizá el menos cuantitativamente orientado de todos los campos de la ingeniería.

Se ha producido otro cambio de importancia igual en el tipo de proyectos en los cuales trabajan los ingenieros industriales. Antes de 1950, casi toda la ingeniería industrial se manifestaba en la fase de fabricación de las industrias productoras de bienes mecánicos. La expansión del campo la sugieren los muchos nuevos títulos que se usan en lugar de la simple designación de ingeniería industrial. En la actualidad, hay áreas tales como investigación de operaciones, ingeniería de fabricación, producción o automatización y hasta humana. Hay ingenieros de sistemas, ingenieros en administración o administrativos e ingenieros de operaciones, y se les encuentra en las áreas de transporte, distribución, logística, análisis de sistemas de armamentos, finanzas, salubridad e industrias de servicios, lo mismo que en la fabricación.

Es también evidente que el ámbito de este campo está cambiando. Tradicionalmente, el interés se enfocaba en sistemas relativamente pequeños, pero los estudios actuales se ocupan más de los macrosistemas y quienes ingresan a la profesión se inclinan en esa dirección. Los adelantos tecnológicos, junto con el anterior trabajo exitoso de los ingenieros industriales, han hecho disminuir la necesidad de la mano de obra directa y el interés ha dejado de concentrarse en el diseño del lugar de trabajo individual y en la medición de las actividades que en él se realizan. Lo que es más importante, hay métodos disponibles que hacen posible el diseño y el análisis racional de sistemas más grandes. Ha surgido la nueva área de la investigación de operaciones o análisis de operaciones, basada en muchas técnicas matemáticas nuevas y en la posibilidad de proporcionar maneras sistemáticas de manejar las operaciones complejas de la industria, el gobierno y las empresas de servicios de nuestro tiempo.

Durante largo tiempo, a diferencia de otras áreas de la ingeniería, la industrial padeció por el estado relativamente sin desarrollo de las ciencias en las cuales estaba basada. En efecto, no existía simplemente una ciencia dominante en la cual pudiera fundamentarse la ingeniería industrial.

Las ciencias de interés para la ingeniería industrial son diversas y tienden a ser menos cuantitativas que otras áreas científicas. Las ciencias sociales, a las cuales recurre la ingeniería industrial en busca de información sobre el comportamiento de los elementos humanos de sus sistemas, no están todavía lo suficientemente desarrolladas para apoyar a una disciplina de ingeniería en un sentido científico. Las áreas matemáticas pertinentes, la matemática discreta y la matemática de la incertidumbre, no están aún bien desarrolladas, aunque en los últimos 30 años se han logrado avances apreciables. Tal vez el más prometedor de todos los adelantos recientes es el surgimiento de aquello que los colegas del autor de este capítulo han denominado "ciencia de las operaciones", bastante diferente de las matemáticas y las ciencias sociales. Parece probable que se pueda identificar, definir y describir cierto número de tipos diferentes de sistema de operación. Esos tipos de sistemas existen en forma enteramente independiente del área de aplicación. Pueden ser estudiados en términos generales a fin de determinar sus propiedades fundamentales, las que luego podrán servir de base para el análisis inicial y el diseño final de sistemas nuevos y más complejos.

Esta última idea, es decir, el concepto de una ciencia de las operaciones, así como la posibilidad de aplicar esta ciencia al análisis y síntesis de cualquier tipo de sistema de operación, han dado lugar a que el campo de la ingeniería industrial pueda ampliar sus horizontes y las oportunidades que se ofrecen a quienes la ejercen, hasta el punto de volverse casi ilimitadas. Los sistemas de operación a los cuales se está aplicando actualmente la ciencia, y hacia los cuales se orientan los profesionales dejando el área exclusiva de los sistemas industriales, son impresionantes. Un área de servicios que ha presenciado la aplicación amplia del análisis de ingeniería industrial es el sistema de hospitales y atención general de la salud. Está involucrada una cantidad enorme de actividad humana, los costos van aumentando y las instalaciones son costosas y, técnicamente, complejas. El mejoramiento de la productividad en el sistema de cuidado de la salud es un objetivo natural de los ingenieros industriales, y la sociedad lo necesita con urgencia. Los ingenieros industriales han ingresado rápidamente a ese campo durante las dos o tres últimas décadas. El sistema bancario es otra área de servicios en la cual no se efectúan operaciones de fabricación en el sentido que se da generalmente a éstas, es decir, modificación de metales, montaje de partes, acabado o pintura. Sin embargo, el sistema bancario realiza diariamente miles de operaciones manuales y mecanizadas. El almacenamiento, recuperación y transmisión de la información deben ser inmediatos y precisos, el control de calidad es primordial, las funciones del inventario y la programación peculiares de la banca son abundantes y, lo que es más importante, las personas son esenciales para la operación del sistema sin interrupciones. También aquí encuentran los ingenieros industriales un lugar natural para su capacidad analítica y su metodología, así como la oportunidad de sintetizar y diseñar nuevas modalidades de operación y sistemas que permitan un flujo más eficiente del dinero y la información.

Lo mismo se puede decir de cualquier tipo de sistema de operación. Los componentes individuales de cada sistema pueden variar, pero con la ciencia de las operaciones en desarrollo, que es universal y describe en términos abstractos cualquier tipo de sistema, el ingeniero industrial sólo tiene que desarrollar un modelo especializado a partir de la abstracción general, sustituir los parámetros más abstractos con las condiciones explícitas, y seguir luego con el análisis y diseño de un sistema nuevo o modificado capaz de mejorar la productividad de aquello de que se trate. No importa que los sistemas de inventario estén funcionando en una entidad de fabricación, un hospital, un banco, una tienda de departamentos, un organismo educativo o una línea aérea, para citar algunas de las posibilidades donde surgen los problemas de inventario. Análogamente, los sistemas del control de la calidad, los procedimientos y sistemas de programación, los sistemas de evaluación y dirección del personal, los sistemas de producción y los innumerables tipos de sistemas y entidades de operación que constituyen nuestro medio pueden ser y son descritos, modelados, evaluados y sintetizados por el ingeniero industrial moderno.

1.1.3 LA MEDICION. UNA NECESIDAD FUNDAMENTAL DE LOS INGENIEROS INDUSTRIALES

El arte y ciencia de los problemas de la medición han sido practicados por los ingenieros y los artesanos desde los tiempos más remotos. Al principio, todos los métodos de medición eran toscos e imprecisos. Con el transcurso del tiempo, esos métodos mejoraron y lo mismo ocurrió con el equipo utilizado para hacer las mediciones. Para el siglo XIX, los problemas rutinarios de medición, tales como la distancia lineal, los volúmenes, los gastos de recipientes fijos con orificios estándar, los problemas convencionales de altura y peso y otros similares relacionados con fuentes fijas cuyos elementos y parámetros no variaban, estaban bastante bien planteados y estandarizados. Cuando el ingeniero industrial se veía en la necesidad de hacer tales mediciones, no representaban un problema mayor que para cualquier otro tipo de ingeniero. No obstante, hay que señalar también que los problemas de medición eran bastante críticos y que los errores, de cualquier magnitud, podían plantearle graves problemas al ingeniero de diseño. La medición incorrecta de la separación de los rieles de un ferrocarril podía dar lugar a serios problemas, para citar sólo un ejemplo.

El problema de la medición en la ingeniería industrial surgió porque los seres humanos se convirtieron en piezas vitales de los sistemas de que se ocupaban los ingenieros industriales, y porque sus sistemas respondían a las personas, a sus motivaciones y a sus reacciones ante diversos estímulos. Como resultado, la medición de las personas, de sus actividades y de sus respuestas a los diversos estímulos encontrados en y por los sistemas fueron de importancia decisiva. El tiempo necesario para que un cuarto de galón de un líquido de viscosidad conocida y a cierta temperatura, saliera por un orificio de cierto tamaño, se podía determinar con facilidad y en igualdad de condiciones sería constante. En cambio, el tiempo necesario para que un solo trabajador montara dos piezas de metal usando algún tipo de sujetador para mantenerlas unidas, sería algo sumamente variable aun cuando el tamaño de las partes fuera absolutamente estándar, a pesar de que la temperatura, la calidad del aire y otras condiciones ambientales fueran constantes, y aunque el mismo trabajador realizara la tarea. La concentración de la persona en su tarea puede variar de manera notable, literalmente hablando, por docenas de razones, algunas sicológicas, otras fisiológicas y otras externas. Cualquiera que sea la razón, la medición de la cantidad de concentración, las causas del cambio y los cambios ocurridos entre ciclos de ejecución de la tarea presentará algunos problemas muy importantes. Si diferentes personas realizan la misma tarea, habrá otros elementos adicionales de variabilidad con los cuales tendrá que luchar el ingeniero industrial. Incluso la hora del día en que se lleve a cabo la tarea puede aportar otra variable. Como resultado, los ingenieros industriales han buscado asiduamente una metodología para tratar de establecer normas adecuadas para medir la actividad humana. (En la sección 4 se encontrará un estudio más detallado de la medición del rendimiento.) Aunque la tarea podrá corresponder al técnico más bien que al ingeniero industrial, el hecho es que si no existen normas adecuadas, firmes y defendibles para las actividades realizadas por las personas, todo el sistema diseñado con base en esas mediciones se derrumbará probablemente y será inútil, ¿Cuáles son, entonces, algunas de las áreas críticas de medición?

Un área que tradicionalmente ha estado asociada con la ingeniería industrial, pero que en sí misma no es ni debe ser considerada como ingeniería industrial, es la de estudios de tiempo y medición y ejecución del trabajo del hombre. La medición del tiempo necesario para tornear una pieza de acero disminuyendo su diámetro, con avance y velocidad conocidos, se puede calcular fácilmente para la parte de la tarea efectuada con equipo automático; pero el tiempo necesario para que un trabajador lleve a cabo la tarea con un torno manual, cargando y descargando a mano, cuando el trabajador controla sus propios movimientos, implica un cálculo totalmente diferente. El hecho de que un mismo trabajador pueda realizar la misma tarea en tiempos diferentes no simplifica precisamente el problema. De manera que cuando se trata de determinar un tiempo con fines de diseño, comprendiendo a varios trabajadores cuyos tiempos tendrán que variar, la complejidad se vuelve evidente con rapidez. En el proceso habrá que usar muchos datos, y es aquí donde el área de la estadística adquiere importancia fundamental para el ingeniero industrial.

En este momento, sin embargo, conviene señalar que el tiempo que un trabajador puede necesitar o que le puede ser concedido para llevar a cabo determinada tarea es útil para diversas actividades. La idea general es que se debe establecer un tiempo con fines de pago de salarios. Esto es cierto, pero es sólo una entre muchas finalidades y, en muchos sentidos, es la menos importante. El tiempo necesario para realizar una tarea es crítico para la programación apropiada de las actividades. Sin valores de tiempo correctos, la planeación se convierte en una confusión de mano de obra, inventario y transporte de materias primas y artículos terminados que entran y salen de la operación. En una clínica u hospital, la programación del espacio limitado y el equipo no se podrá hacer en forma razonable si no se dispone de valores correctos de tiempo. En las instituciones financieras, el tiempo necesario para efectuar ciertas operaciones y para dar curso a la información y al papeleo a través del sistema puede dar lugar a una utilidad o una pérdida de varios cientos de miles de dólares si no se presta atención a estas cuestiones. En una institución no lucrativa conocida por el autor, se ahorraron $500,000 en un año atendiendo únicamente a los tiempos requeridos y al mejor control de las operaciones financieras relacionadas con las partidas del movimiento de efectivo. Todo ocurrió después de que un estudio del sistema reveló dónde se llevaban a cabo las operaciones manuales, el tiempo necesario para efectuarlas, y la forma en que se podían establecer algunos controles para asegurarse de que se realizaran de acuerdo con un programa elaborado de antemano. El tiempo que el hombre necesita para realizar algunos trabajos es por lo tanto una información crítica con la cual debe contar el ingeniero industrial. Cuando no esté disponible, habrá que obtenerla por los medios que sean necesarios. El ingeniero tendrá tal vez que establecer procedimientos para asegurarse de que las cifras obtenidas son las adecuadas para los usos que tiene en mente. Debemos repetir, sin embargo, que la determinación de valores de tiempo no corresponde al ingeniero industrial, aunque muchos así lo crean. En los primeros tiempos de la ingeniería industrial se dedicaban grandes esfuerzos a los estudios de tiempo y normas de tiempo, y los especialistas en el arte y ciencia de esos estudios realizan todavía mucho trabajo al respecto. Sin embargo, quienes efectúan los estudios de tiempo no son ingenieros industriales, si se limitan a eso sus actividades y conocimientos.

Hay otra área que debe ser identificada con los problemas de medición: la medición de los sucesos o actividades futuros. En el caso de las actividades presentes o pasadas, se han producido sucesos reales que pueden ser observados, y, cuando se necesite, las condiciones existentes se pueden registrar y reproducir. En el caso de los sucesos futuros, en cambio, podrá haber variables adicionales si un determinado acontecimiento tiene lugar o no como se esperaba. Esto, por lo tanto, introduce el concepto de probabilidad, o sea la posibilidad de que un suceso se produzca de acuerdo con nuestras expectativas. Si no se produce en el momento y en las condiciones planeadas, habrá resultados alternativos. El ingeniero debe estar enterado de esas posibilidades y, cuando sea necesario, incluir la probabilidad en sus planes. Una de las primeras aplicaciones de la teoría de la probabilidad y su relación con el problema de coordinar a las personas y sus actividades se encuentra con frecuencia en los problemas de la formación de colas y en las aplicaciones de la teoría respectiva. La programación de talleres, que depende tanto de que se establezcan valores de tiempo correcto para llevar a cabo las operaciones y que toma en cuenta la variación que habrá, es en realidad un gran problema de formación de colas. La teoría de probabilidad es otra de las disciplinas matemáticas, de gran importancia, que el ingeniero industrial debe tener en su "caja de herramientas".

Hay muchos otros problemas de medición para el ingeniero industrial y todos exigen en una u otra forma la capacidad necesaria para hacer frente a la naturaleza probabilística de los acontecimientos futuros o a la gran cantidad de datos relacionados con los sucesos presentes o pasados, recurriendo a los instrumentos estadísticos adecuados. Por ejemplo, hay problemas asociados con las máquinas que son totalmente independientes de los operadores, como son la cuestión de la calidad de producción de una máquina y su capacidad para mantener una calidad uniforme, así como el deterioro de ésta. El ritmo de producción y su variación con el tiempo (con la hora del día), lo mismo que los costos de mantenimiento a que dan lugar las máquinas o los procesos individuales con el tiempo, y su modificación, son mediciones fundamentales para planear debidamente el mantenimiento y la reposición (del equipo).

En una u otra forma, todos los problemas de medición mencionados y aquellos de que se hablará con más detalle a lo largo de la presente obra son maneras diferentes de medir la productividad. En el sentido económico clásico, la productividad se expresa generalmente en términos de las horas-hombre necesarias para lograr cierto nivel de producción. Dicho en forma más simple y general, la productividad debe incluir cualquier medición posible de acuerdo con la cual se utilizan determinados insumos para crear determinada producción. Si disminuye el nivel de los insumos, de manera que se necesita menos de ellos para mantener un nivel fijo de producción, decimos que la productividad ha mejorado. Por otra parte, si se utiliza un nivel fijo de insumos y se obtiene un nivel de producción más alto, seguimos diciendo que ha mejorado la productividad. El verdadero problema para el ingeniero industrial es el de elegir los parámetros que se van a usar como medida adecuada de los insumos y la producción en una situación determinada. Si los parámetros de insumos varían debido a un cambio ocurrido en la tecnología, tal vez no sea evidente que la productividad ha mejorado en realidad. Como regla general, se desea medir los elementos capaces de señalar el desperdicio y llevar a su disminución. Como se dijo antes, es de desear que todos los esfuerzos sean más eficientes, más productivos y que causen menos desperdicio. No sólo queremos que nuestra producción sea mayor en términos de las horas-hombre consumidas, sino también que haya niveles más altos de producción, o mejor calidad de producción, en términos de cada dólar de capital invertido, de cada pie cuadrado de espacio ocupado, de cada kilovatio de energía consumida, de cada milla de transporte, de cada hora de máquina utilizada o de cada combinación de centenares de otras posibles mediciones a que es factible recurrir para determinar si realmente se está mejorando la modalidad y los métodos de operación. Puede ser que no haya una medida aislada que sea adecuada para evaluar la productividad. El caso particular puede exigir algo nuevo en materia de medición, debido a que se tropieza con condiciones nuevas o diferentes. A menudo, se requiere un índice combinado de diversos parámetros; pero un hecho debe predominar siempre: que las mediciones deben corresponder a la situación de que se trate. El simple hecho de que se observe un mejoramiento (disminución) de las horas-hombre requeridas para llevar a cabo una tarea determinada no proporciona toda la información necesaria, si para lograr ese resultado hemos incurrido en costos e inversión excesivos. La ganancia en productividad que resulta de la posibilidad de invertir a un alto costo puede disminuir el número de horas-hombre requeridas, pero sólo a un costo prohibitivo de inversión. Corresponde al ingeniero industrial, por lo tanto, valorar el efecto total de los cambios o mejoras del diseño, de manera que todos los elementos del sistema se evalúen al evaluar la productividad y que todas las partidas pertinentes sean incluidas, sea cual sea el tipo de índice combinado que se use.

De acuerdo con la definición básica de ingeniería, los factores y el efecto económicos no pueden ser pasados por alto. Por el contrario, son críticos para todo proceso de evaluación.

Puesto que se ha identificado al *diseño* como la actividad especial de ingeniería que la distingue de otras áreas similares (por ejemplo, la investigación de operaciones y las ciencias administrativas), el arte y ciencia de la medición se vuelve aún más importante para el ingeniero. Si cualquier diseño se basa en datos no pertinentes o en algunos parámetros que no interesan a la situación, serán inadecuados para la tarea a la cual están destinados, sin importar cuán creadores e innovadores sean. Podrán realizar la tarea o desempeñar la función, pero difícilmente se les tendrá por eficientes. Por estas razones, no se exagera la importancia de la medición. Muchas de las mediciones estándar usadas por otros ingenieros son usadas también por los ingenieros industriales, por ejemplo, las que entran en los cálculos de caballos de fuerza, de las necesidades de energía, de longitudes, alturas, pesos, etc. El área que es diferente y en la cual hace falta todavía mucho estudio es la de mejores maneras y medios para evaluar y medir el esfuerzo y la productividad del hombre. Cuando se dispone de medidas mejores y más precisas, pueden ayudar a describir y modelar las operaciones de que se trate y a optimizar, por cualquiera de las diversas metodologías, las posibles alternativas de un problema. Repetiremos una advertencia, sin embargo. Pese a la idea que algunas personas puedan abrigar al contrario, la técnica y el acto de medir el esfuerzo humano no son en sí mismos ingeniería industrial. En los primeros tiempos de esta última, como ya hemos señalado, se dedicó mucho esfuerzo y energía a esta fase; tantos, que a los ojos de muchas personas la cuestión de los estudios del tiempo se convirtió en un sinónimo de ingeniería industrial. Se ha tardado mucho tiempo en disuadir de esa idea al público en general, a los administradores de industrias e incluso a muchos ingenieros industriales; pero así es y hay que reconocerlo. El técnico en estudios sobre tiempos es un eslabón vital de la cadena de la información. Sin sus datos de tiempos, obtenidos aplicando debidamente alguna de las técnicas de que se dispone para ello, la labor del ingeniero industrial es mucho más difícil y queda expuesta a la crítica de quienes se interesan directamente por los valores de los tiempos asignados a las operaciones.

1.1.4 BREVE HISTORIA DE LA INGENIERIA INDUSTRIAL

Hasta ahora, hemos tratado de definir el campo de la ingeniería industrial y subrayado la importancia de los problemas de medición. ¿En qué forma, entonces, ha evolucionado esta área y por qué, como se ha dicho, algunas personas toman incorrectamente la cuestión de los estudios de tiempo como sinónimo de ingeniería industrial? Un buen punto de partida será reconocer el hecho de que, en sus primeros tiempos, todas las disciplinas de ingeniería surgieron por la necesidad de resolver ciertos problemas particulares. Las soluciones de esos problemas fueron creadas, en lo general, por personas prácticas que hacían las cosas porque sabían por experiencia que iban a funcionar, no porque recurrieran a alguna ciencia a partir de la cual diseñaran sus sistemas. Trabajaban basándose en pruebas empíricas, logradas algunas de ellas por ellos mismos o por alguien que les precedió. Por ejemplo, los hombres que construyeron los acueductos que hace 2000 años conducían el agua hasta Roma no los diseñaron conociendo las fuerzas de fricción y las pérdidas de flujo correspondientes que se producirían usando materiales diferentes para construir o forrar las tuberías y los canales abiertos. Sólo sabían que si los construían de cierto tamaño, con cierta pendiente y usando determinados materiales, podrían tener agua suficiente para satisfacer las necesidades de los romanos. En tiempos mucho más recientes, los ingenieros electricistas no sabían al principio cómo planear o proteger las líneas de alimentación contra los rayos y las sobretensiones. Solo sabían que, si ponían protección de cierta capacidad, se haría cargo de los aumentos normales y las sobrecargas. Actualmente, en cambio, las corrientes transitorias que se producen en un sistema eléctrico son un fenómeno bien conocido que se puede planear aplicando correctamente la teoría de la electricidad. El hecho es que todas las disciplinas de ingeniería se desarrollaron partiendo de pruebas empíricas y que, como resultado del estudio y el conocimiento, se fue estableciendo gradualmente una base más científica.

Ciertamente, la ingeniería industrial no es diferente. Comenzó también con una base empírica, y sólo a partir de 1950 aproximadamente ha logrado establecer en forma gradual sus propias bases científicas. En este sentido, no es diferente de cualquier otra disciplina de ingeniería. Sucede únicamente que la base científica llegó a ella más tarde que a las otras disciplinas. Tuvo que esperar que se produjeran los acontecimientos necesarios para que la ciencia de las operaciones tomara forma y aportara las ideas requeridas para establecer las bases científicas de gran parte del diseño de ingeniería industrial. A medida que dicha ciencia de las operaciones comenzó a tomar forma, y que la tecnología de la computadora se fue perfeccionando y fue capaz de satisfacer las necesidades del ingeniero, el empiricismo a que el ingeniero industrial se había visto limitado empezó a desaparecer gradualmente. ¿Cuáles fueron, entonces, los acontecimientos principales, y quiénes fueron los que al principio establecieron la base empírica y después participaron en la evolución del área hacia la ciencia más importante que conocemos hoy?

Los historiadores de la ciencia y la tecnología podrían discutir sobre los inicios de la ingeniería industrial. Lo que generalmente se acepta se refiere a los trabajos de Frederick W. Taylor, el cual se ocupó fundamentalmente de los conceptos de productividad, aunque no los mencionó en esos términos.

Antes de él, sin embargo, hubo otros cuyos escritos se referían a conceptos que, finalmente, quedaron asociados con la ingeniería industrial y cuyo impacto en el pensamiento de Taylor es díficil evaluar. Entre esos primeros escritos figura el tratado de Adam Smith *The Wealth of Nations,* publicado en 1776. Los conceptos que expresa acerca de la correcta división del trabajo, aunque no eran originales, se convirtieron no obstante en un factor importante del desarrollo de la inminente Revolución Industrial. Los historiadores de la economía discuten hasta qué punto influyó Adam Smith en la creación del sistema de fábricas; pero está claro que sus escritos y los de sus alumnos y contemporáneos fueron acontecimientos importantes en el desarrollo del sistema de fábricas y de la Revolución Industrial que trajo consigo. El era economista y no ingeniero, de manera que sus escritos obedecen a esa perspectiva. Hubo otros autores, economistas en su mayoría, que escribieron durante la Revolución Industrial y cuyas ideas ejercieron probablemente cierta influencia en aquellos a quienes consideramos por lo general como pioneros en el campo de la ingeniería industrial. Los escritos clásicos de entonces que se ocuparon del tema de la "ciencia económica", como se le llamaba en Inglaterra, y que, como se sugiere por inferencia, pudieron influir en el pensamiento de Taylor y de otros, incluirían a Malthus con su *Essay on Population,* publicado en 1778, a Ricardo y sus *Principles of Political Economy and Taxation,* de 1817, y a John Stuart Mill con sus *Principles of Political Economy,* de 1848.

Una línea de comunicación más directa con el grupo de pioneros de la ingeniería industrial podría proporcionarla Charles W. Babbage. Era este un profesor de matemáticas de la Universidad de Cambridge cuyos variados intereses rebasaban los límites de la matemática pura. Como resultado de los estudios que había emprendido en relación con un proyecto diferente, escribió en 1832 su obra *On the Economy of Machinery and Manufactures.* Ese volumen contiene una cantidad enorme de ideas nacidas de sus observaciones en las plantas de fabricación, las que sin duda han influido en aquellos primeros trabajadores de la ingeniería industrial que lo leyeron. Analiza, por ejemplo, temas tales como el tiempo necesario para aprender una determinada tarea, los efectos que la subdivisión de las tareas en elementos más pequeños y menos detallados produce en el tiempo de aprendizaje, y los efectos del aprendizaje en la producción de desperdicios. Otras de sus ideas se refieren al tiempo que se ahorra al cambiar de una tarea a otra, al efecto que produce el obligar a los trabajadores a cambiar de herramientas, y a las ventajas que se obtienen con las tareas repetitivas. Esas ideas eran muy revolucionarias a principios del siglo XIX, aunque algunas, vistas a la luz de los conocimientos actuales, han resultado poco convenientes. No obstante, teniendo en cuenta el momento y lugar en que por primera vez fueron enunciadas y adoptadas, se apartaban radicalmente de lo convencional. En otros capítulos, Babbage estudia cosas tales como el pago de salarios y los efectos de los distintos métodos de pago, considerando los planes de participación de las utilidades. Otro estudio sugiere algunas de las relaciones y conflictos que existen entre los trabajadores y la administración, en relación con la introducción de la maquinaria (o, como nosotros le llamamos, la automatización) en el sistema de fabricación.

Tal vez una de las aportaciones más importantes de Babbage a la ingeniería industrial, aunque por entonces no se le reconoció como tal, fue su intento de construir una computadora, o, como él la llamaba, una "máquina calculadora analítica". Su proyecto no tuvo éxito salvo en forma muy rudimentaria, pero su idea básica de que era posible diseñar y construir una máquina capaz de efectuar muchas operaciones matemáticas fue una visión que adelantaba en mucho a la tecnología necesaria para producirla. Habían de transcurrir más de 100 años antes de que se pudiera disponer de una computadora útil. La máquina de Babbage era totalmente mecánica, mientras que las primeras computadoras que fueron funcionales dependieron de algunos avances tecnológicos que eran necesarios en las teorías y los dispositivos eléctricos y electrónicos, más bien que de la conceptualización de lo que se podía lograr con tales máquinas. Evidentemente, una vez que la máquina calculadora quedó disponible se le encontraron muchas más aplicaciones que las que se habían previsto al principio. Esto, sin embargo, no resta mérito a las poderosas visiones necesarias para dar nacimiento a la idea de Babbage de lo que se podría hacer si ese equipo estuviera disponible.

Durante la segunda mitad del siglo XIX, aparecieron otros, sobre todo en los Estados Unidos, que sin duda aportaron el ímpetu y las ideas que despertaron el interés por la preparación formal en el campo de la ingeniería industrial. Uno de ellos fue Henry R. Towne, quien estaba asociado con la *Yale and Towne Manufacturing Company* y con la *American Society of Mechanical Engineers* (Sociedad Norteamericana de Ingenieros Mecánicos) (ASME). En un trabajo presentado a la ASME, Towne subrayaba los aspectos y responsabilidades económicos de la función del ingeniero.

Es importante hacer notar que eligió a la ASME como la sociedad profesional a la cual presentó sus puntos de vista y expresó su convicción de que hacía falta un grupo profesional que se interesara por los problemas de la fabricación y la administración. Su sugerencia condujo finalmente a la creación de la División Administrativa de la ASME, uno de los grupos que siguen activos promoviendo y proporcionando información sobre el arte y ciencia de la administración, incluyendo muchos de los temas y actividades de que ahora se ocupan los ingenieros industriales. También destaca el hecho de que la ASME fue el campo de cultivo de la ingeniería industrial. Muchos de los primeros trabajos sobre temas que posteriormente quedaron asociados con esa ingeniería fueron presentados ante la ASME, y muchas de las primeras figuras notables en el área fungieron después como presidentes de ese organismo.

Además de su interés por la administración de la empresa industrial, Towne se ocupó también específicamente de los planes de pago de salarios y de la remuneración a los trabajadores. Otro que trabajó activamente y escribió también sobre este último tema, y que presentó sus puntos de vista ante la ASME, fue Frederick A. Halsey, padre del plan Halsey de pago de primas. Su motivación al proponer ese plan fue aumentar la productividad medida en términos del costo de mano de obra. Su plan incluía también la idea de que algunas de las ganancias obtenidas gracias a ese incremento de la productividad debían ser compartidas con los trabajadores que las creaban, de acuerdo con una fórmula propuesta por él. La tercera persona que sentó una gran parte de las bases del desarrollo de la actividad conocida ahora como ingeniería industrial fue Henry L. Gantt. También él aprovechó las reuniones de la ASME como vehículo para presentar sus ideas, las cuales abarcaban más que las de sus predecesores. No sólo se interesaba por los costos, sino también por la correcta selección y capacitación de los trabajadores y por la creación de planes adecuados de incentivos para recompensarles. Se interesó igualmente por los problemas de la programación y fue creador del cuadro de Gantt, que en su forma moderna hace uso de la información y los procedimientos probabilistas. La evolución de la Técnica de Revisión y Evaluación de Programas (PERT) y del método de la ruta crítica (CPM) como instrumentos de programación es un acontecimiento que va mucho más allá de la idea original de Gantt; pero sólo fue posible gracias a los avances logrados en el área de la probabilidad y a la disponiblidad de la tecnología de computación adecuada. (En las secciones 11, 13 y 14 se encontrará un estudio más detallado de estos temas.)

Probablemente, el más citado y reconocido instigador de los estudios que condujeron hacia la disciplina de la ingeniería industrial es Frederick W. Taylor. Aunque en sus trabajos no empleó la expresión "ingeniería industrial", y por su parte era ingeniero mecánico graduado en el *Stevens Institute of Technology*, sus escritos y conferencias bajo los auspicios de la ASME son considerados generalmente como el principio de la disciplina. Taylor, sin embargo, prefería la denominación de "administración científica" para describir la labor a la cual se dedicaba y por la cual realizaba tantos esfuerzos. Uno no puede creerse muy versado en los orígenes de la ingeniería industrial sin haber leído los libros de Taylor *Shop Management* y *The Principles of Scientific Management.* Esencialmente, lo que Taylor proponía era un enfoque más racional y planeado de los problemas de la producción y la administración de talleres. No limitaba sus actividades a los problemas administrativos, sino que se ocupaba también del estudio del corte de metales y de los problemas técnicos de la producción. Si bien gran parte de su trabajo en esas dos áreas era un tanto tosco según las normas modernas, si tomamos en cuenta el estado de la técnica y los conocimientos de entonces, resultaba muy adelantado y, en muchos casos, fue mal comprendido. Es difícil resumir su trabajo (y, por lo tanto, los inicios de la ingeniería industrial) en una sola frase o en unas cuantas, pero fundamentalmente se interesaba profundamente por una planeación mejor y mucho más completa de parte de la administración, por una mejor selección y capacitación de los trabajadores, por un mayor respeto y comprensión mutuos entre los trabajadores y la administración, y por el incentivo adecuado a los trabajadores cuando hubieran cumplido de acuerdo con los planes establecidos. Su interés por los estudios de tiempos y movimientos no era por los estudios mismos, sino por el papel que desempeñaban y por la información que aportaban para la planeación de las actividades. Trataba realmente de desarrollar una "ciencia de la planeación" o, como lo hemos expresado, una ciencia de las operaciones, sólo que sin contar con bases científicas apropiadas en las cuales pudiera apoyarse. Por lo tanto, su "ciencia" era totalmente de naturaleza empírica; pero, según pudo demostrar, produciría resultados muy importantes en cuanto al mejoramiento de la productividad. Eso era, después de todo, lo que él buscaba y lo que la profesión persigue todavía con el auxilio de un conjunto de instrumentos científicos señaladamente diferentes y mejores. Por consenso general, si no por designación formal, Taylor es considerado como uno de los dos gigantes en el campo de la ingeniería industrial, que la situaron al principio del camino que la condujo hasta donde se encuentra ahora.

El otro gigante de los primeros tiempos fue Frank Bunker Gilbreth. También, él era ingeniero y, obviamente, quedó impresionado por el trabajo y los escritos de Taylor. Sin embargo, su interés por mejorar la eficiencia con la cual se realizaba el trabajo difería del de aquél. Taylor, como ya se dijo, se ocupaba de la planeación y organización del trabajo, y aunque esto comprendía tanto el estudio de los métodos de trabajo como el tiempo en que era ejecutado, no eran esos sus intereses fundamentales. De hecho, algunos le han llamado padre de los estudios de tiempo. Estén o no en lo cierto, se admite mucho más que los Gilbreth (marido y mujer) fueron los que impulsaron el estudio de los movimientos y el estudio científico del trabajo y los trabajadores. Aparte del estudio sobre movimientos, los Gilbreth se hicieron notar por sus trabajos en el análisis de la habilidad y la fatiga, lo mismo que por los de tiempo. Parece, sin embargo, que estos tres últimos fueron inherentes a su preocupación fundamental por el estudio de movimientos y por encontrar "la mejor manera" en que las personas o los grupos podrían realizar el trabajo. En su trabajo, Gilbreth estuvo acompañado entusiastamente por su esposa la Dra. Lillian M. Gilbreth. Juntos formaron una pareja muy eficiente y notable. La característica única que distingue a la ingeniería industrial de otras disciplinas, es decir, la atención que presta a los valores humanos, a la interacción entre las personas y a su respuesta a las limitaciones ambientales y fisiológicas del trabajo y el lugar de trabajo, fue alcanzada naturalmente por ellos debido a que Lillian Gilbreth había obtenido un doctorado en psicología y fue capaz de contribuir muy eficaz y servicialmente al estudio de los problemas humanos asociados con las investigaciones de su esposo. El trabajo de Frank Gilbreth produjo efectos profundos en muchas personas, y estimuló en gran parte los estudios y actividades en el área del estudio de movimientos, los que continúan hasta ahora. Una de sus aportaciones importantes, aunque actualmente pueda parecernos pequeña, fue su definición de los elementos del movimiento, la cual permitió que los movimientos individuales fueran estudiados y tratados con más eficacia que tratando de analizar el trabajo examinando simplemente los movimientos en conjunto. La subdivisión de los movimientos en "therbligs" (Gilbreth leído al revés) fue un notable avance en el análisis científico del trabajo hecho por el hombre.

El primer doctorado concedido en los Estados Unidos en el campo de la ingeniería industrial fue el resultado de los estudios realizados en el área del estudio de movimientos. Le fue otorgado a Ralph M. Barnes por la *Cornell University*, apenas en 1933. La tesis de Barnes se escribió nuevamente en forma de libro con el bien conocido título de *Motion and Time Study*, obra que ha sido objeto de muchas revisiones y ediciones, y continúa siendo la "biblia" en materia de estudio de movimientos. El título de su tesis fue "Practical and Theoretical Aspects of Micro-Motion Study", dirigida por Dexter Kimball, su profesor principal.

Cuando uno ve los escritos de los Gilbreth y a ello añade el estímulo que se le dio a Barnes y a los muchos estudiantes que siguieron sus pasos en el área del estudio de movimientos, sólo puede llegar a la conclusión de que los Gilbreth ocasionaron probablemente el mayor impacto más que cualquier otra persona o grupo, durante los primeros 50 años de desarrollo de la ingeniería industrial. Su trabajo fue el precursor de gran parte de lo que este manual presenta en la secciones 2, 3 y 4.

Hubo muchos otros que debieran ser mencionados en toda historia detallada de la ingeniería industrial; pero las limitaciones de espacio permiten mencionar sólo sus nombres para que las personas interesadas sepan lo que deben buscar en las bibliotecas en relación con cualquier estudio que deseen emprender. Son los siguientes Hugo Diemer, Charles B. Going, Harrington Emerson, Robert Hoxie, Dexter S. Kimball, George H. Shepard, Arthur G. Anderson, L. P. Alford y, en un período algo posterior, pero anterior todavía a la II Guerra Mundial: Alan G. Mogenson, Ralph M. Barnes, Marvin G. Mundel y Harold B. Maynard. Aunque esta lista no pretende ser detallada, guiará al lector hacia otros de los mismos o anteriores períodos. Todos los mencionados han producido un impacto notable en el campo de la ingeniería industrial; unos gracias a sus investigaciones académicas, y otros a través de la consultoría y su trabajo con la industria.

Entre ellos, sin embargo, debe mencionarse específicamente a Mogenson por sus actividades en materia de enseñanza y porque procuró llevar los conceptos del estudio de movimientos a los trabajadores de las fábricas de Norteamérica y del mundo. Su método es lo que decidió llamar "simplificación del trabajo". Su tesis es muy sencilla. Quienes mejor conocen un trabajo son los trabajadores que lo realizan. Por lo tanto, si se enseña a los trabajadores los simples pasos necesarios para analizar y enfrentar la tarea que realizan, serán también quienes más probablemente podrán mejorarla. El método, por lo tanto, consistió en preparar a personas clave de las plantas de fabricación, lo cual llevó a cabo mediante sus Conferencias Sobre Simplificación del Trabajo dictadas en Lake Placid, Nueva York. Esas personas, ya capacitadas, regresaban a sus fábricas y, a su vez, dirigían programas de capacitación para los ejecutivos y para los trabajadores. Pensaba (y la historia parece confirmarlo) que si se proporcionan los instrumentos analíticos a quienes hacen el trabajo, hasta las operaciones manuales más sencillas, que requieren poco más que simples plantillas y accesorios, pueden ser mejoradas apreciablemente por los mismos trabajadores, sin requerir los conocimientos de un ingeniero industrial a menos que el grado de complejidad sea mucho mayor. Ese concepto de llevar la enseñanza del estudio de movimientos directamente a los trabajadores mediante los programas de simplificación del trabajo dio un tremendo impulso a los esfuerzos de producción durante la II Guerra Mundial, y su valor en términos de productividad fue inestimable en la prosecución de aquel conflicto.

La mayoría de quienes dirigieron los primeros trabajos de ingeniería industrial concentraron sus actividades en el estudio de movimientos y otras áreas relacionadas en el lugar de trabajo individual, para hacerlo más productivo. Hay sin embargo otra área que merece ser mencionada hasta en una exposición tan breve como tiene que ser ésta. La estadística, como tema, no podía aplicarse en forma importante a los problemas de ingeniería de la industria, aunque esa disciplina había tenido sus inicios hace cien años. En los primeros 20 años del siglo veinte se trabajó con la teoría del muestreo y, en 1931, el Dr. Walter Shewhart, de los *Bell Telephone Laboratories,* publicó *Economic Control of the Quality of Manufactured Product* basándose en la teoría del muestreo. Reunió numerosos trabajos presentados como memos internos, así como artículos aparecidos en publicaciones durante los años veinte, en los cuales describía su método para controlar la calidad tomando muestras en varios puntos del proceso de producción. Dependiendo del plan de muestreo, del tamaño de la muestra y de los cálculos resultantes, se podía saber mucho sobre la calidad de todo un lote sin hacer una inspección al 100 por ciento. Aunque las ideas expresadas por él eran del dominio común, no fueron tomadas en serio ni aplicadas ampliamente hasta la II Guerra Mundial. Desde entonces, sin embargo, se han escrito muchos libros y efectuado muchos estudios a fin de ampliar los conceptos propuestos por Shewhart. De manera que el moderno control estadístico de calidad fue definitivamente un acontecimiento anterior a la II Guerra Mundial, y dio origen a muchos seguidores y a una sociedad profesional nueva: la *American Society for Quality Control* (Sociedad Norteamericana de Control de Calidad). Los requisitos y planes para el control adecuado de la calidad son un componente y una consideración necesarios del análisis y diseño de los sistemas de fabricación. Algunos de los conceptos concebidos originalmente para el control de calidad abarcan ahora muchas otras áreas y el cuadro de control ha encontrado aplicación en la planeación y control de inventario, en el análisis y control de mercadeo y en el control y la contabilidad financieros, para mencionar sólo algunas de las áreas de expansión.

Durante y después de la II Guerra Mundial, los avances logrados en el estudio de tiempos y movimientos, en la simplificación del trabajo y en el control de calidad, junto con algunas cuestiones relacionadas con las funciones del personal de administración de salarios y sueldos, evaluación de empleos, calsificación por méritos, distribución de la fábrica y manejo de materiales, y con las actividades de control de producción asociadas con el señalamiento de rutas y la programación, constituyeron la esencia de las actividades de la ingeniería industrial. En algunas empresas manufactureras tal vez se reconocían sólo una o dos de las funciones mencionadas, mientras que en otras existía una cobertura completa de esos temas. Desde un punto de vista organizativo, las actividades identificadas como ingeniería industrial podían estar ubicadas en uno cualquiera de varios emplazamientos posibles. En algunas empresas, la función de la ingeniería industrial estaba dentro del departamento de ingeniería; en otras formaba parte del departamento de manufactura y tenía relativamente poco contacto con la ingeniería. En algunos casos, el grupo se localizaba en el departamento de personal, cuando las funciones tenían que ver primordialmente con esa área. El efecto neto de todo esto era una disciplina dispersa con muy escaso enfoque, apoyada principalmente en cuestiones empíricas, carente de una organización y grupo nacional que le diera coherencia y concentración, y que era considerada generalmente como una actividad subprofesional en el mejor de los casos.

Sin que se trate de hacer una crónica de todos los acontecimientos en su debido orden, esta situación comenzó a cambiar poco después de la II Guerra Mundial. En 1948, se fundó el *American Institute of Industrial Engineers* (AIIE) en Columbus, Ohio. Los requisitos para ser miembro eran tales, que los ingenieros fueran elegibles primordialmente si habían terminado un programa adecuado a nivel universitario *o* si tenían experiencia equivalente que les proporcionara los conocimientos asociados con el ejercicio de la ingeniería. Antes de que se fundara el AIIE habían existido otros grupos. El más importante fue probablemente la *The Society for the Advancement of Management* (Sociedad para el progreso de la Administración), sucesora de la Sociedad Taylor original, aunque no exigía que sus miembros fueran ingenieros. Se ocupaba más de la administración que de la ingeniería. La ya mencionada *American Society for Quality Control* fue fundada al terminar la II Guerra Mundial. La fundación de estas dos sociedades, que exigían título profesional a sus miembros, comenzó a dar la orientación que faltaba y que había dado por resultado la dispersión de los esfuerzos realizados hasta entonces para propiciar el avance de la profesión. El único otro grupo que había tratado de satisfacer las necesidades de los ingenieros fue la ASME, como ya se dijo. Este organismo tenía diversidad de intereses, pero aparentemente jamás satisfizo en realidad las necesidades de sus miembros ingenieros industriales, de manera que aparecieron otras sociedades profesionales.

De mayor importancia, sin embargo, fue la publicación de material que antes era confidencial y que se refería a algunos de los análisis efectuados en el transcurso de la guerra misma. El área de la investigación de operaciones dio principio durante la guerra, cuando se solicitó a ciertos científicos, de muy diversas disciplinas, que aplicaran el análisis científico a algunos de los problemas de operación asociados con la continuación del conflicto. Entonces, los investigadores tanto de las ciencias naturales como sociales, hurgaron en los problemas presentados siguiendo métodos conocidos por ellos. Cuando no había métodos conocidos disponibles, había que investigar hasta crearlos. Como resultado de esos esfuerzos, se lograron adelantos importantes en el conocimiento de los problemas de operación y de los cursos de acción alternativos a disposición de quienes tenían que tomar las decisiones. Surgió por lo tanto el campo de la investigación de operaciones. El análisis de las operaciones en cuestión indicó a quienes tomaban las decisiones, almirantes, generales y políticos, las diversas opciones a su alcance para determinadas situaciones, así como las combinaciones y los posibles resultados en caso de que se adoptaran ciertas alternativas. A medida que los documentos que describían los problemas de operación y los estudios efectuados durante la guerra perdieron su carácter secreto, fue evidente para algunos de quienes ejercían en el campo de la ingeniería industrial que había algunas similitudes notables entre los problemas de operación asociados con una guerra y los problemas de operación relacionados con la producción y distribución de bienes. Una versión ligeramente diferente de la "mejor manera" de los Gilbreth consistía simplemente en encontrar la estrategia "óptima" que se debería seguir en situaciones diferentes de producción y comercialización. Algunos de los investigadores de operaciones de los tiempos de guerra ampliaron sus actividades para abarcar los problemas industriales. A menudo no tuvieron éxito, debido al gran número de variables que intervienen en la industria, por un lado, y por el otro a la inexistencia de disciplina militar entre los trabajadores. Aunque esta es una simplificación notable, había diferencias fundamentales y hubo que hacer muchas adaptaciones, tanto en las metodologías aplicadas como en la puesta en práctica de los resultados.

La década de los años cincuenta, por lo tanto, fue de gran actividad en materia de transición de la época de empiricismo de antes de la guerra a los métodos disponibles más cuantificados después de la II Guerra Mundial. Fue también en este período cuando se fundaron otras dos organizaciones: la *Operations Research Society of America* (Sociedad de Investigación de operaciones de Norteamérica) y *The Institute of Management Sciences* (Instituto de Ciencias Administrativas). Ambos organismos tendían a una orientación más académica y teórica, la primera más que la segunda, y los dos destacaban menos las actividades aplicadas y la presentación de resultados en la forma en que lo hacían normalmente las sociedades de ingenieros. Como consecuencia se produjo una nueva fragmentación del esfuerzo en cuanto a llevar el estudio al campo de aplicación y en cuanto a poner la información en manos de las personas que figuraban en la "línea de fuego" de la industria y estaban en la mejor situación para dar a los conceptos un uso inmediato. Aunque esto podría ser otra simplificación algo excesiva, es cierto que el número de organizaciones lucrativas que apoyaban las actividades de investigación aplicada de operaciones y disfrutaban de los beneficios de las nuevas tecnologías era mucho menor que lo que podía o debía ser. Al mismo tiempo, las organizaciones de ingeniería se mostraban reacias en recoger los métodos más nuevos y avanzados. Sin embargo, el hueco existente entre los estudios teóricos que se llevaban a cabo en las universidades, por parte del gobierno o en algunas industrias importantes, y la aplicación real a gran escala, era bastante grande.

Para la década de los sesenta, sin embargo, gran parte de esa apatía y renuencia a explorar lo nuevo se había disipado, y algunas de las metodologías relacionadas al principio con la investigación de operaciones pasaron a ser un procedimiento mucho más común entre los ingenieros industriales. En los programas de la mayoría de las escuelas de ingeniería industrial figuraron más las matemáticas, y el enfoque del análisis y diseño de sistemas industriales (y no industriales) comenzó a cambiar. Fueron aceptados los conceptos del diseño, análisis, descripción y síntesis de las operaciones construyendo y manipulando un modelo matemático adecuado del sistema. Con los adelantos logrados en las distintas áreas de las matemáticas, la programación matemática para el estudio de los problemas de optimización, la probabilidad para el estudio de los problemas donde hay incertidumbre, y la estadística para el análisis y pronóstico basados en el análisis de datos, surgió toda un nueva época y muchos de los enfoques clásicos de los problemas de ingeniería industrial eran sustituidos por nuevos métodos. Los viejos empiricismos eran reemplazados por lo que se ha descrito como ciencia de las operaciones, fincada en buena parte en la evolución de las matemáticas.

Junto con esa evolución, y siendo de gran importancia para la misma, había otro factor: la disponibilidad de la computadora digital de alta velocidad y programa almacenado. Antes de que estuviera disponible, y aun cuando los avances de las técnicas matemáticas para manejar grandes problemas hubieran estado a la mano, no le habrían servido de mucho al ingeniero industrial debido a la imposibilidad de procesar y manejar los datos y experimentar con los modelos que se estaban diseñando con el fin de describir los sistemas de operación. Pero los progresos en la tecnología de la computación cambiaron todo eso y los beneficios fueron evidentes. En primer lugar, al ser un dispositivo calculador de gran velocidad, la computadora era capaz de efectuar en unos cuantos minutos cálculos que de otro modo habrían requerido semanas o meses, suponiendo que hubiera sido posible hacerlos. Con frecuencia, aun cuando las respuestas se hubieran podido obtener manualmente, el tiempo necesario para ello era tan largo que la situación que pedía una decisión podría haber pasado ya. El enorme aumento de la rapidez de cálculo fue muy valiosa para todos los ingenieros y, muy particularmente, para los ingenieros industriales.

La segunda ventaja, es decir, la capacidad de la computadora para almacenar datos y recuperarlos en cualquier momento, permitió seguir procedimientos que hasta entonces no habían sido posibles. La posibilidad de hacer comparaciones con datos previamente almacenados, a fin de responder a preguntas del tipo "¿qué ocurrirá si . . .?", introdujo toda una serie de posibilidades a las cuales no había tenido acceso el ingeniero antes del advenimiento de la computadora. La capacidad de almacenamiento, la posibilidad de efectuar cálculos y almacenar los resultados para usarlos más tarde o para hacer comparaciones, y la oportunidad de disponer de programas completos para efectuar cálculos estándar (por ejemplo, una sub-rutina de mínimos cuadrados), implicaba que, recurriendo a las sub-rutinas, el ingeniero disponía de técnicas y procedimientos mucho más eficaces. En la mayoría de los casos, una vez que el problema había sido definido y planteado en forma correcta, el técnico podía llevar a cabo los cálculos dejando en libertad al ingeniero para atender a los elementos más creativos de su tarea.

La tercera, y en muchos sentidos una de las ventajas más trascendentales que la computadora ofreció al ingeniero industrial, fue la posibilidad de experimentar con grandes sistemas, cosa que no había estado en situación de hacer antes de la época en que apareciera la computadora, cuando los ingenieros mecánicos no se habían visto limitados en cuanto a experimentación, ni siquiera aproximadamente, al grado que lo estuvieron los ingenieros industriales. En la época de los Gilbreth o de Taylor, si los ingenieros industriales deseaban experimentar con un trabajador individual e, incluso, con varios de los que realizaban tareas manuales o semiautomáticas, la cosa era posible; pero experimentar con una determinada distribución de la fábrica o con un sistema especial de manejo de materiales, asociando varias máquinas herramienta, poniendo a prueba diversos procesos y métodos opcionales para la producción, y comprometiendo la capacidad de ésta en una fábrica con fines de experimentación, era algo imposible. Tampoco se podía hacer una versión a escala reducida, debido al factor humano. El hombre no puede ser reducido a la escala de un medio o un cuarto.

El resultado neto de todo eso era que el ingeniero industrial no tenía libertad para experimentar con otras posibles configuraciones del sistema ni con operaciones piloto en el mismo grado en que podían hacerlo el ingeniero mecánico, el ingeniero electricista o el ingeniero químico con su tipo de sistemas. Los ingenieros químicos podían construir modelos o plantas piloto a pequeña escala y, luego, extrapolar los resultados a un sistema más grande. Los ingenieros mecánicos y los electricistas podían disponer su equipo en un laboratorio, a escala reducida o natural, con el fin de estudiar y comprender las propiedades físicas y las relaciones de todo aquello que componía sus sistemas. Antes de que existiera la computadora digital que podía almacenar programas, el ingeniero industrial no podía darse el lujo de llevar a cabo esa clase de experimentos. En cambio, con la gran capacidad de almacenamiento de que dispuso más tarde, y con suficientes conocimientos e imaginación creadora, le fue posible describir, en términos lógicos y matemáticos si era necesario, el comportamiento y las relaciones de los diversos elementos de sus sistemas. Pudo variar los parámetros de los mismos, según el sistema lógico, y simular la operación de un día, de una semana, de un mes o de un año, medir los resultados, y compararlos con los de otros diseños del sistema. Gracias a este proceso, los ingenieros industriales estuvieron en situación de experimentar con los grandes sistemas e incluso con los no muy grandes, cosa que les había sido negada antes de la aparición de la computadora.

Fundamentalmente, fueron esos dos acontecimientos, los adelantos matemáticos con sus aplicaciones en el área de investigación de operaciones y el desarrollo de la computadora digital de alta velocidad y programa almacenado, los que literalmente cambiaron a la ingeniería industrial, de una ciencia empírica no cuantitativa, a otra de considerable refinamiento matemático, logrando que fuera considerada como una ciencia formal. Como ya se dijo, la profesión del ingeniero industrial se funda en la actualidad en sus ciencias básicas y de ingeniería, en el mismo grado que las otras disciplinas. Las ciencias de ingeniería que interesan al ingeniero industrial forman un conjunto diferente del que constituye lo más importante para el ingeniero mecánico, aunque, por supuesto, habrá muchas cosas comunes. Las técnicas y ciencias pertinentes, en su estado actual de sofisticación, se explican detalladamente en las secciones 12, 13 y 14 de este manual. La capacidad para usar y entender ese material es fundamental para el ingeniero industrial moderno. También, se analiza la aplicación de algunos de dichos conceptos en algunas de las secciones funcionales, especialmente en la 7, 8, 9, 10 y 11.

Se debe considerar un elemento adicional al estudiar el desarrollo de la ingeniería industrial y la aceleración de los esfuerzos resultantes de los años de la guerra. Ya se ha mencionado la presencia del elemento humano, que distingue a la ingeniería industrial de otras disciplinas. Si bien ese factor estuvo presente desde el principio, como lo expusieron Taylor y los Gilbreth, los problemas que surgieron durante la II Guerra Mundial dieron lugar a una expansión considerable del esfuerzo en esta área. La velocidad de los aviones de combate había llegado a ser tal, que fue necesario reducir los tiempos de reacción, y en aquellos casos en que un ser humano dependía de un tablero de control para tomar sus decisiones, por ejemplo, la distribución y arreglo de los controles y medidores se volvió cada vez más importante. Como resultado, la investigación se aceleró en este aspecto, primero en la Fuerza Aérea de los Estados Unidos y, luego, en otros organismos del gobierno o ajenos a él. De esas necesidades, lo mismo que del reconocimiento de que el ser humano es un sistema muy complejo que hay que tener en cuenta cuando se le incorpora a otro sistema, nació toda la cuestión de la "ingeniería humana" o "factores humanos" o "ergonomía", nombre con el cual se le conoce mejor en Gran Bretaña y en Europa. Actualmente, esta especialidad que crece con rapidez dentro de la ingeniería industrial, es el objetivo de los esfuerzos de muchos ingenieros. Debido a la clase de problemas involucrados y a las tensiones impuestas al sistema humano, los ingenieros tienen la colaboración de sicólogos, fisiólogos, especialistas en biomecánica y otros. Es un área importante. Un ejemplo demasiado conocido de una situación en la cual debió prestarse más atención a este aspecto del diseño del sistema es la disposición del tablero de control asociado con la planta de energía nuclear de Three Mile Island, donde, en la primavera de 1979, se produjo el accidente que ha dado lugar a tantos debates sobre cuestiones nucleares. Otro ejemplo es la colisión en pleno vuelo de dos aviones, ocurrida en junio de 1956 sobre el Gran Cañón. Este asunto se analiza detalladamente en la sección 6, y a ella deberá hacerse cuidadosa referencia en todos aquellos casos en que los seres humanos forman parte de los componentes de operación de un sistema.

Otra área importante de especialización, que tiene que ver con el lado humano de los sistemas diseñados por el ingeniero, es lo que se conoce como *diseño de la tarea*. De esto se hablará más detalladamente en la sección 2, capítulos 2.1 y 2.5. Ese concepto ha sido expuesto por el Profesor L. E. Davis, de la *University of California* en Los Angeles, con base en los estudios que ha llevado a cabo a fin de mejorar los sistemas que se diseñan prestando más atención que la que se le ha prestado hasta ahora a la tarea que han de realizar las personas encargadas de ella. Un concepto ligeramente diferente y un tanto ampliado, que enfoca el diseño del sistema de trabajo total, el concepto general de lo que se va a obtener, es lo que el Profesor G. Nadler, de la University of Wisconsin (Madison) ha denominado *diseño del trabajo*. Su "concepto ideal", aunque no se examina específicamente en la presente obra, merece que se estudie también.

Por último, en la sección 2, capítulos 2.2 y 2.3, se llama la atención hacia los problemas de motivación de las personas. El potencial humano es ciertamente muy grande cuando se le estimula lo suficiente para que las personas quieran hacer algo. Sin embargo, el problema de motivarlas suficientemente es una cuestión sumamente compleja. Ha sido estudiado por sicólogos, sociólogos, ingenieros y todos aquellos que están relacionados con la administración. La base de un estímulo motivador para el trabajador, la zanahoria, por decirlo así, puede variar marcadamente entre las personas que realizan la misma tarea y para la persona que realiza tareas diferentes. Las actividades de investigación en estas dos áreas, el diseño del trabajo y la motivación de las personas para que actúen, constituyen una búsqueda y un estudio constantes de los patrones de comportamiento de las personas, con el fin de hacer que la tarea sea más satisfactoria y cómoda para las personas que la realizan y, al hacerlo así, lograr más ganancias en cuanto a mejoramiento de la productividad.

Fue en la década de los cincuenta cuando tal vez se haya tenido el mayor interés por la ingeniería industrial y se ha dado el paso más largo en el establecimiento de una base científica más completa sobre la cual pudiera descansar esa disciplina. En las décadas de los sesenta y los setenta se amplió la base de conocimientos y, ahora, (en 1980) el campo de la ingeniería industrial tiene una base matemática firme, la cual permitirá un conocimiento mayor y mejor de los modelos matemáticos.

A partir de tales sucesos, el ingeniero industrial de los años ochenta cuenta con instrumentos más refinados para analizar sus problemas y diseñar sistemas nuevos y mejorados. En el proceso, sin embargo, ha tenido que especializarse más que nunca y la ingeniería industrial se está descomponiendo en subespecialidades, como ocurrió con la ingeniería mecánica en la primera mitad del siglo XX cuando la industrial era una prolongación de aquélla. Dentro de la familia de especialistas de la ingeniería industrial se encuentran los encargados del control de calidad. También, a partir de la estadística y la probabilidad, están los especialistas en confiabilidad. Sin embargo, hay que advertir que las ideas de confiabilidad son también aplicables a otras disciplinas de ingeniería, de manera que los ingenieros industriales no pretenden, ni deben pretender, que esa área es exclusiva de su competencia. Otra subespecialidad es el análisis de valores, cuyos conceptos fueron desarrollados con el fin de sentar una base para que se preste más atención a la utilización correcta y eficiente de los materiales. En cierto sentido, es de incumbencia del diseñador mecánico o electricista, pero se convirtió rápidamente en problema del ingeniero industrial cuando el de producción analizó los materiales utilizados y los diversos procesos mediante los cuales se podía producir una parte o un montaje. Este es un concepto importante que se estudiará detalladamente en la sección 7.

Un área que siempre constituyó más o menos una subespecialidad de la ingeniería industrial, pero que ahora lo es más definitivamente e, incluso, ha dado nacimiento a otra sociedad profesional [la *American Production and Inventory Control Society* (Sociedad norteamericana de control de producción e inventario) o APICS] es la del control de la producción y el inventario. El uso de inventario como parte integrante del proceso de producción es un concepto sumamente importante. Si la producción se pudiera crear instantáneamente, no habría necesidad del inventario. Pero el uso de inventario se vuelve más importante a medida que aumenta el tiempo necesario para producir. Cuando se dispone de otros procesos y métodos y cada proceso exige tiempos diferentes, habrá que elegir entre procesos más lentos y, por lo general, menos costosos, pero que requieren mayor inversión en inventario, y procesos en que la inversión en inventario es menor pero la producción es más rápida, lo que por lo general exige maquinaria más costosa. El uso y el emplazamiento adecuados del inventario, como parte de la estrategia de producción, son críticos para el éxito de una empresa. El señalamiento correcto del punto del proceso de producción donde debe almacenarse el inventario es una parte de este problema. ¿Debe hallarse el inventario casi hacia el final del proceso, dos o tres etapas antes de que termine, de manera que los pasos finales tengan sólo que efectuarse cuando se hayan recibido los pedidos? Eso tiene muchas implicaciones económicas y la solución correcta de problemas como éste puede influir apreciablemente en la rentabilidad y productividad de una empresa. Por lo tanto, la cuestión de los métodos de manejo de materiales y la distribución física de las instalaciones de producción forma parte también de este problema.

Ya hemos mencionado el factor ingeniería humana (o factores humanos, o ergonomía) como subespecialidad importante de la ingeniería industrial, y es preciso recalcarlo. Aunque para este factor no podemos señalar un subgrupo de computación ni una orientación específicos, no se debe a que el área carezca de importancia, sino, más bien, a que es importante para *todas* las subáreas de la ingeniería industrial. Todo aquel que pretenda ser ingeniero industrial en los años ochenta tendrá que estar familiarizado no sólo con muchos conceptos de programas de computadora para manejar los cálculos y las simulaciones requeridos en relación con muchos tipos de problema, sino también, con muchas formas de equipo de computación, debido a la necesidad de diseñar sistemas que den cabida a ciertas partes de la cadena de información y para que esos sistemas respondan a la información generada por los procesos de producción, por los procesos de venta y pedidos provenientes de fuentes externas, y por las necesidades o demandas de "servicio" que recibirá una empresa de servicios.

En la historia de la ingeniería industrial hay muchos otros puntos de referencia, pero como es preciso que este resumen sea breve, no es posible analizarlos aquí. El autor espera haber mencionado por lo menos algunos de los elementos principales. Para más información que complemente este breve exposición, consúltese la bibliografía que aparece al final del capítulo.

1.1.5 LA FUNCION CRECIENTE DEL INGENIERO INDUSTRIAL

Como ya se ha dicho, el ingeniero industrial moderno no está ya confinado a la industria. Aunque la actividad tuvo su origen en la industria y dentro de ésta se realizaron muchos de los primeros trabajos, eso ha dejado de ser una limitación, de manera que los estudiantes o los profesionales de esta disciplina que no se sienten motivados hacia una carrera industrial en el sentido estricto de la expresión, no tienen por qué ver con desaliento la ingeniería industrial como un campo limitado que sólo se podrá ejercer en las áreas industrial y de manufactura. Puesto que la ingeniería industrial moderna está basada en una ciencia de las operaciones, el ingeniero industrial hallará la aplicación natural a sus conocimientos donde quiera que las "operaciones" requieran sistemas formados por personas, máquinas y procesos de algún tipo. Por consiguiente, la banca es un área en la cual han puesto su atención los ingenieros industriales en los últimos años. Entre las operaciones manuales que es preciso realizar y que, en varios casos, ya las ejecuta una máquina (computadoras y microprocesadoras), y el flujo y exactitud de la información que son tan importantes para el negocio bancario, hay un lugar natural para el ingeniero industrial. La lista de las dependencias y actividades del gobierno a las cuales han ingresado los ingenieros industriales es larga en verdad, precisamente porque han pasado a ocupar un lugar en la banca. Los objetivos de las dependencias del gobierno pueden ser diferentes de las del sector lucrativo de nuestra economía, porque tienden (correcta o incorrectamente) a preocuparse menos por el costo y más por los servicios prestados a las personas y por las motivaciones políticas que hay detrás de sus actos. Los ingenieros que diseñan sistemas para las dependencias del gobierno tendrán por lo general parámetros y objetivos distintos de los de la industria, pero seguirán teniendo problemas de productividad, de inventario de servicios y de flujo de información sobre las actividades de las personas, de manera que se podrán aplicar las metodologías generalizadas del ingeniero industrial. Sólo habrá que modificar los coeficientes de los modelos generalizados y abstractos, a fin de dar cabida a las nuevas condiciones.

Sería peligroso e imprudente tratar de enumerar todos los usos y aplicaciones posibles de las metodologías de diseno de la ingeniería industrial por una parte, porque un intento de enumeración completa dejaría fuera inevitablemente algunas que deberían ser mencionadas y, por la otra, tendería a excluir acontecimientos futuros que habrán de ampliar el campo todavía más. Basta con decir que la moderna motodología de la ingeniería industrial encontrara uso y aplicación donde quiera que aparezcan los conceptos mencionados en las definiciones originales de principios del presente capítulo. Esto incluirá, pues, aquellas situaciones donde hay un parámetro humano, así como aquellas en que se utilizan materiales diversos o existen alternativas. Comprenderá además los problemas relacionados con sistemas que tienen fuentes y usos alternativos de energía y donde es posible elegir entre procesos, equipo y otros elementos técnicos para lograr un determinado objetivo o conjunto de ellos. Como se dijo al principio, el objetivo básico del ingeniero industrial será siempre diseñar o rediseñar un sistema que, independientemente de su tamaño, sea capaz de mejorar la productividad de manera que los insumos o componentes que figuran en él sean utilizados tan eficiente, mínima y ágilmente como sea posible. Por lo tanto, ninguna faceta de la actividad queda excluida de la aplicación del análisis y el diseño de la ingeniería industrial. Los programas activos de esta disciplina se encuentran operando en los servicios públicos, las líneas aéreas, las empresas camioneras de pasajeros y de carga, los hospitales y otros centros de atención de la salud, los bancos, las áreas de los alimentos y la agricultura y, desde luego, en la industria de la "hospitalidad" formada por hoteles, moteles, restaurantes y similares, para dar sólo una idea de las áreas en que los ingenieros industriales están actualmente activos. Posiblemente, una de las áreas donde la actividad no ha destacado como debería es la de la educación, en la que la productividad no es una preocupación primordial.

1.1.6 LAS OPORTUNIDADES EDUCATIVAS DENTRO DE LA INGENIERIA INDUSTRIAL

Para concluir esta breve introducción a la ingeniería industrial y a este manual, parece conveniente indicar las oportunidades educativas que están al alcance del lector interesado por nuevos estudios. Existen varias modalidades de estudio que se pueden adoptar, y el camino correcto para cualquier persona dependerá evidentemente de factores tales como la edad, la instrucción anterior, el nivel actual de los conocimientos matemáticos, la experiencia, la ubicación y otros factores personales similares.

La preparación más completa la proporcionará el período de 4 años en la facultad de ingeniería, que da derecho a la licenciatura en ingeniería industrial, o a uno de los títulos más aproximados. Hasta este momento existen (como se puede ver en el 47o. informe anual del ECPD) un total de 78 programas de ingeniería industrial, o relacionados con la misma. Hay además otros programas muy afines, como es el de ingeniería de computadoras y sistemas.

no incluidos en el total anterior. Esos programas los ofrecen escuelas de todas partes del país, tanto particulares como del estado, lo cual los hace accesibles a todo el mundo.

Fuera de los Estados Unidos, hay varias escuelas que enseñan ingeniería industrial en Canadá, acreditadas por el equivalente canadiense del proceso norteamericano de acreditación de ingenieros; también, en México y en otros países de Centro y Sudamérica. En Europa, sería algo más difícil identificar las escuelas disponibles, aunque hay varios programas adecuados en la Europa Occidental. En Gran Bretaña, hay varios programas semejantes y, aunque, el sistema de educación superior y los tipos de titulación (por ejemplo, grados honoríficos, primero y segundo grados, diplomas, etc.) son un tanto diferentes de los norteamericanos, hay una gran diversidad de oportunidades que proporcionan el mismo tipo de capacitación general y siguen aproximadamente la misma clasificación de escuelas. Para aquellos a quienes interese estudiar en la Gran Bretaña, la mejor fuente de información es *The Institution of Production Engineers.*

En Estados Unidos hay 13 programas de tecnología en ingeniería industrial acreditados por ABET, así como algunos otros muy relacionados. Dichos programas duran por lo general 4 años, con lo que se obtiene grado de técnico más bien que el título de ingeniero, y no requieren un conocimiento tan a fondo de las ciencias básicas. Esos programas constituyen una preparación excelente para quienes buscan hacer carrera como técnicos o ayudantes de ingeniería. En cuanto a los cursos de 4 años de las escuelas de ingeniería, que dan derecho al título de ingeniero, hay muchas que ofrecen cursos y grados avanzados que llegan hasta el Doctorado en Ingeniería u otro Doctorado. El primero es el grado académico más alto para quien ejerce la profesión, mientras que el segundo es el más alto para quienes emprenden una carrera en investigación, teniendo por lo general en mente una carrera académica. Dirigiéndose a cualquiera de las escuelas de no graduados o al ABET se obtendrá información adicional sobre las oportunidades educativas y sobre los tipos de programas en que las diversas escuelas tienden a especializarse, a nivel de licenciatura o con grados avanzados.

Substancialmente distintos de los programas formales, hay muchos otros que podrían ser considerados como "cursos breves" o "programas educativos complementarios", patrocinados por diversos grupos u organizaciones. Quizá la mejor información sobre esos programas se puede obtener recurriendo a la lista de sociedades profesionales que aparece al final de este capítulo. Los directorios de esas sociedades son utilizados con frecuencia para anunciar tales programas, de manera que las sociedades saben qué programas se están planeando, en dónde se imparten y a qué tipo de concurrencia están destinados. Además, algunas de las sociedades profesionales mismas patrocinan programas y publican monografías que contienen temas especializados. La participación activa en esas sociedades y la calidad de miembro de las mismas sería un paso importante para aquellos a quienes interese cursar o ampliar una carrera en el campo de la ingeniería industrial. Otra fuente de programas del tipo de curso breve es la firma particular de consultores. Esas firmas han reunido con los años sus directorios, y sus cursos son conocidos por la mayoría de las empresas industriales importantes y por las sociedades profesionales. Esos programas se imparten a menudo en hoteles situados en o cerca de los centros metropolitanos importantes donde hay una población industrial razonablemente grande. Esos cursos breves varían en cuanto a contenido, cobertura y el nivel de refinamiento con que tratan los temas. Habrá que ir con cautela, por lo tanto, antes de inscribirse en esos cursos. Su duración también varía mucho; a menudo es de 1 y, a veces, de 2 días, pero algunos llegan a durar hasta una semana. En el caso de algunos de los cursos mejores y más conocidos, la enseñanza es intensiva con duración de 4 a 6 semanas. Todos esos programas se ajustan a necesidades variadas, constituyen una buena aportación a la profesión y les resultan especialmente útiles a los profesionales en ejercicio a quienes interesa estar al día para mantener sus conocimientos al nivel más alto.

Otra manera de aumentar la preparación en el área, sin que sea la menos importante, consiste en asistir a las conferencias anuales (o más frecuentes y, a menudo, especializadas) que dan las sociedades profesionales. De modo general, los congresos anuales contienen una amplia gama de discusiones técnicas que destacan las aplicaciones más recientes, la implantación de metodologías complejas, o las soluciones extraordinarias. Además de las reuniones anuales, con cobertura bastante típica, hay también conferencias especializadas que duran 2 ó 3 días y en las cuales se tiende a tratar uno o dos temas relacionados. Dichos programas son anunciados con regularidad a los miembros de la sociedad, y las cuotas correspondientes a los miembros son deducidas de las que se cargan a los que no lo son.

Sigue una lista, por orden alfabético, de las sociedades profesionales especializadas en actividades de ingeniería industrial o en algunas de sus diferentes ramas.

Accreditation Board for Engineering and Technology (antes ECPD)
345 East 47th Street
Nueva York, NY 10017

American Institute of Industrial Engineers
25 Technology Park/Atlanta
Norcross, GA 30092

American Production and Inventory Control Society
Watergate Building, Suite 504
2600 Virginia Ave., NW
Washington, DC 20037

American Society for Engineering Education
One Dupont Circle, Suite 400
Washington, DC 20036

American Society of Mechanical Engineers
345 East 47th Street
Nueva York, NY 10017

American Society for Quality Control
161 W. Wisconsin Ave.
Milwaukee, WI 53203

Council for National Academic Awards (Gran Bretaña)
344-354 Gray's Inn Road
Londres, Inglaterra WC 1X 8BP

Human Factors Society
P. O. Box 1369
Santa Mónica, CA 90406

The Institute of Management Sciences
146 Westminster Street
Providence, RI 02903

Institution of Production Engineers (Gran Bretaña)
Rochester House
66 Little Ealing Land
Londres, Inglaterra W5 4XX

International Ergonomics Association (Gran Bretaña)
Five Lyncroft Gardens
Houslow, Middlesex, Inglaterra TW3 2QT

International Material Management Society
3310 Bardaville Drive
Lansing, MI 48906

Method Time Measurement Association for Standards and Research
9-10 Saddle River Road
Fair Lawn, NJ 07410

Operations Research Society of America
428 E. Preston Street
Baltimore, MD 21202

Society of Manufacturing Engineers
P. O. Box 930
Dearborn, MI 48128

BIBLIOGRAFIA

La bibliografía siguiente no está completa, sólo aparecen algunas de las fuentes principales que guiarán a los lectores interesados hacia otro material pertinente relacionado con la historia y desarrollo de la ingeniería industrial y con su transición de disciplina empírica a científica.

GILBRETH, FRANK B., *Motion Study*, D. Van Nostrand Co., Nueva York, 1911.

HICKS, PHILIP E., *Introduction to Industrial Engineering and Management Science,* McGraw-Hill, Nueva York, 1977.

HOXIE, ROBERT FRANKLIN, *Scientific Management and Labor*, D. Appleton & Co., Nueva York, 1915.

PIKE, E. ROYSTON, *Human Documents of the Industrial Revolution*, George Allen & Unwin Ltd., Londres, 1966.

RITCHEY, JOHN A., *Classics in Industrial Engineering*, Prairie Publishing Co., Delphi, Indiana, 1964.

SCHULTZ, ANDREW Jr., "The Quiet Revolution", *Engineering, The Cornell Quarterly*, Vol. 4, No. 4 (1970), págs. 2-10.

TAYLOR, FREDERICK W., *Shop Management*, Harper & Row, Nueva York, 1947.

CAPITULO 1.2

Organización y administración de la ingeniería industrial

O. J. FEORENE
Eastman Kodak Company

1.2.1 INTRODUCCION

Un departamento eficiente de ingeniería industrial debe responder a las necesidades específicas de la organización a la cual sirve. Tiene que demostrar que es capaz de prestar un apoyo profesional y técnico a nivel adecuado, a menudo creado especialmente para satisfacer dichas necesidades. A medida que cambian las necesidades de la organización, debe producirse el cambio correspondiente en la función de ingeniería industrial y en los servicios que presta.

Es indudable que la administración de línea requiere ayuda especializada, como lo es también que la naturaleza de dicha ayuda varía de una a otra empresa. Las funciones y los servicios especializados que son eficaces en una organización pueden resultar inadecuados en otra. Por lo tanto, en las empresas y en la industria encontramos una gran variedad de funciones de ingeniería industrial y diversas formas de organización. Las denominaciones que se utilizan para identificar esas actividades constituyen una larga lista de títulos descriptivos y que a veces nos confunden.

Sin embargo, debajo de esa aparente falta de uniformidad existe una preocupación común, una perseverante atención a las maneras de mejorar la eficacia de la administración en la utilización de los recursos de que dispone, en la búsqueda de alternativas y en la optimización del proceso de decisión.

Todos los líderes, todos los administradores cuentan con recursos limitados para alcanzar sus metas. La búsqueda constante del modo más eficaz de utilizar personas, materiales, equipo, instalaciones, tiempo, dinero e información ha sentado las bases de un proceso riguroso y hecho surgir un conjunto de conocimientos muy especial. La implantación de esa disciplina y la aplicación de tales conocimientos es lo que caracteriza a la función de ingeniería industrial en una organización.

Lo que todos los administradores de ingeniería industrial tienen en común son los problemas asociados con la planeación, organización, dirección y control de los recursos técnicos que les son asignados. Esta preocupación común va más allá de las diferencias que existen en las estructuras y responsabilidades organizativas y permite hacer un examen de los aspectos administrativos de la dirección de las actividades de ingeniería industrial.

En este capítulo se analizarán las actividades que todos los administradores de ingeniería industrial deben tener en cuenta al asumir sus responsabilidades, independientemente del número de ingenieros empleados y de la naturaleza de los productos o servicios que ofrezca la organización.

1.2.2 ORGANIZACION DEL DEPARTAMENTO DE INGENIERIA INDUSTRIAL

La finalidad es un factor esencial del estudio o reestructuración del departamento de ingeniería industrial. La misión de la organización se debe describir claramente, en términos tan exentos de ambigüedad como sea posible. Las funciones deben ser entendidas y aceptadas tanto por la jefatura del departamento como por la organización que va a utilizarlas. Si el personal de ingeniería industrial quiere ser eficaz, deberá analizar y evaluar constantemente los servicios que ofrece. Si no hay autocrítica, hasta la organización más antigua y que tiene una larga historia de éxitos en materia de medición del trabajo y mejoramiento de sus métodos puede sufrir un deterioro.

Hay varias maneras de establecer un departamento de ingeniería industrial cuando no hay ninguno en funciones. Un procedimiento, por cierto muy común, consiste en que la dirección general anuncie que se va a crear dicho departamento, haciendo un esbozo de las funciones y responsabilidades que se le asignarán. El anuncio puede ir precedido por un estudio realizado por un consultor externo o basado en las visitas efectuadas a otras compañías. Bien puede ser tan sólo el resultado de la preocupación de la gerencia por la necesidad de contar con un departamento unificado que ayude a dirigir el mejoramiento en toda la empresa.

Otro procedimiento que se sigue a menudo consiste en designar a un ejecutivo para que ocupe la gerencia de ingeniería industrial recién creada, dejando en sus manos la tarea de desarrollar y proponer las actividades y funciones específicas del nuevo departamento. A falta de un ejecutivo calificado, algunas empresas han contratado por fuera a gerentes experimentados en ingeniería industrial. En ocasiones, esos nuevos gerentes se rodean de antiguos asociados a fin de formar el núcleo del nuevo departamento.

En cualquier caso, es probable que el nuevo gerente seleccione un cuadro de ingenieros y analistas competentes para que le ayude a definir y especificar las funciones. Algunos departamentos muy exitosos de ingeniería industrial han nacido de esos esfuerzos.

Parece, sin embargo, que la organización existente no será la única en determinar el papel que se espera desempeñe su personal en la empresa. Las pocas relaciones laborales se pueden imputar a menudo al comportamiento unilateral de los nuevos asociados en una empresa conjunta. La participación e interés de toda la organización en el desarrollo de la función de la ingeniería industrial establece y hace aumentar la interdependencia entre línea y administración. La responsabilidad compartida al crear y establecer la nueva función debe minimizar la posibilidad de que surjan malos entendidos y ambigüedades futuras respecto al papel del departamento de ingeniería industrial.

Es muy conveniente, por lo tanto, que en el estudio se incluya a representantes de la gerencia general, de los otros departamentos de la empresa, y de la jefatura del nuevo departamento de ingeniería industrial. Es provechoso también que el grupo de estudio investigue en otros departamentos similares, tantos como sea posible, con el fin de evitar una definición incompleta y utilizar al máximo la experiencia de otras empresas, sin importar en qué lugar del mundo se encuentren. Peter Drucker, en el Prólogo de su libro sobre administración, dice lo siguiente:

> *He recalcado particularmente la experiencia del Japón, no sólo porque muy pocos administradores de occidente entienden la administración y la organización japonesas, sino también porque el conocimiento de las formas, a menudo muy diferentes, en que el Japón, el único país desarrollado que no es occidental emprende una tarea común (ya sea determinar la rentabilidad, organizar el trabajo y a los trabajadores, o tomar decisiones), puede ayudar al administrador occidental a entender mejor lo que él mismo trata de hacer. La convicción fundamental expresada en esta obra es que los administradores de cada país, pueden y deben aprender lo mejor que los demás les ofrezcan.*[1]

Para comprobar la eficacia de este método, sólo hay que observar las notables mejoras en la productividad logradas por muchas empresas del Japón y de Alemania Occidental. En esos países, los grupos de estudio fueron organizados abarcando todos los renglones administrativos, más o menos en la forma que se ha explicado. Esos grupos, durante las décadas de los años cincuenta y los sesenta, se pasaron varios años visitando los departamentos de ingeniería industrial de muchas de las empresas norteamericanas más importantes. Eran buenos estudiantes, observadores agudos, y aprendieron bien sus lecciones. Muchas compañías de aquellos países son actualmente líderes mundiales en sus industrias y tienen mucho que enseñarles a las empresas norteamericanas en cuanto a la aplicación eficiente de los conceptos y metodologías de la ingeniería industrial.

1.2.3 FUNCIONES TIPICAS

Cualquiera que sea el tamaño de la empresa, e independientemente del tipo de actividad o rama de la industria dentro de la cual opere, los departamentos de ingeniería industrial, en Estados Unidos y en muchos otros países, tienen diversas funciones en común. Casi todas las empresas de manufactura realizan actividades o tienen servicios administrativos relacionados con la medición del trabajo, la ingeniería de métodos y la planeación de instalaciones.

Un estudio que no se publicó y que se llevó a cabo en 1970, en el cual participaron 27 compañías representadas en el Council of Industrial Engineering (Consejo de Ingeniería Industrial) del AIIE, indicó que la mayoría de los gerentes de ingeniería industrial tenían a su cargo las funciones siguientes:

Planeación y diseño de instalaciones
Ingeniería de métodos
Diseño de sistemas de trabajo
Ingeniería de producción
Información administrativa y sistemas de control
Análisis y diseño de la organización
Análisis económico
Investigación de operaciones
Medición del trabajo
Administración de salarios
Garantía de calidad

El segundo grupo de funciones que con más frecuencia se menciona parece satisfacer particularmente las necesidades o las metas de empresas específicas:

Dirección y apoyo de proyectos
Control y normas de costo
Control de inventario
Conservación de la energía
Control de procesos mediante computadora
Empaque, manejo y prueba de productos
Selección de herramientas y equipo
Control de producción
Estudios para mejoramiento del producto
Programas de mantenimiento preventivo

Algunas de estas actividades se derivan de técnicas o servicios surgidos de las especialidades más tradicionales de la ingeniería industrial. En conjunto, reflejan los aspectos dinámicos del ejercicio de la ingeniería industrial contemporánea.

Un tercer grupo de actividades, mencionadas con menos frecuencia por esas mismas compañías, demuestra la tendencia hacia un horizonte más amplio de necesidades administrativas:

Planeación de utilidades
Análisis de los programas de inversión de capital
Sistemas de distribución
Servicios de consultoría a proveedores
Evaluación de posibles proveedores
Auditorías y operaciones administrativas
Estudios
Programas de seguridad
Programas de capacitación

Las compañías que participaron en este estudio eran variadas, desde las que tienen unos pocos miles de empleados, hasta algunas de las más grandes del mundo industrial. Algunas fabricaban y montaban bienes de consumo, otras proporcionaban servicios y unas más producían artículos básicos.

Es muy importante hacer notar que, en la mayoría de dichas empresas, la actividad de ingeniería industrial tuvo sus inicios en los talleres y fábricas. Actualmente, presta sus servicios a otros departamentos de la empresa tales como los de mercadotecnia, distribución, finanzas, investigación, jurídico, patentes y relaciones industriales; es decir, a la mayoría si no a todas las unidades que componen una empresa o institución.

La extensión de la ingeniería industrial a otras divisiones de la economía la demuestran los representantes de bancos, hospitales, organismos militares y dependencias del estado y federales que todos los años asisten a conferencias y seminarios de ingeniería industrial en número cada vez mayor. El crecimiento del sector de servicios es un factor que contribuye a la función cambiante de los ingenieros industriales y a la diversidad de las actividades que llevan a cabo. El intercambio de experiencias entre los ingenieros industriales de los sectores comercial y de servicios ha dado impulso a la introducción de técnicas analíticas mejoradas. Como resultado, la administración en general se ha beneficiado con la expansión de la ingeniería industrial hacia nuevos campos de trabajo.

Una encuesta amplia sobre las prácticas de ingeniería industrial, realizada por Neville Harris entre 667 empresas del Reino Unido, reveló un patrón muy similar de responsabilidades funcionales.[2] La encuesta de Harris estudia la popularidad de las técnicas aplicadas más frecuente y regularmente. El ejemplo 1.2.1 fue elaborado por Harris e ilustra la frecuencia de

Ejemplo 1.2.1 Tabla de popularidad de las especialidades

Especialidad	*No.*	*%*
Estudio del trabajo	336	84
Organización y métodos	287	72
Sistemas de remuneración	181	38
Computadoras	143	35
Análisis de sistemas	129	32
Estadística	115	29
Técnicas de redes para proyectos	109	27
Ingeniería de producción	98	24
Investigación de operaciones	85	21
Análisis de valores	85	21
Ergonomía	37	9
Estudio de métodos	23	6
Medición del trabajo	26	6
	401	

Ejemplo 1.2.2 Divisiones no estándar, unidades, secciones

Grupos principales	*Ejemplos*	*No. total*
Personal/relaciones industriales	Comunicación, personal, relaciones industriales, capacitación	59
Oficina/servicios administrativos	Mecanografiado, telecomunicaciones, impresión, copiado, servicios de oficina	39
Producción/fabricación	Control de la producción, calidad, control de existencias, almacenes, auxilio técnico	35
Costeo/finanzas	Estimación de costos, auditoría interna	18
Computadoras/sistemas	Sistemas manuales, métodos comerciales, programación, procesamiento de datos, manuales de operación, ciencia de la información administrativa	16
Distribución/manejo de materiales	Distribución de la planta y la oficina, manejo de materiales, servicios de embarque	14
Planeación a largo plazo Planeación de la empresa	Planeación de la empresa, planeación de la capacidad a largo plazo, planeación de nuevos productos	11
Investigación/seguridad	Investigación y desarrollo, información	6
Ventas/mercadotecnia	Investigación de mercados, cotizaciones	5
Compras	Adquisiciones de equipo para oficina, centralización de la función de compras	3
Varios	Consultoría organizativa y comercial, uso del agua, proyectos especiales, administración por objetivos	12

las actividades especializadas mencionadas por 401 de las 667 compañías. De esas 401 empresas, 127 tenían funciones especializadas adicionales, como se puede ver en el ejemplo 1.2.2. Las 667 empresas participantes indicaron el grado en que cada una aplicaba 32 técnicas mencionadas en la encuesta. El ejemplo 1.2.3 es una clasificación de esas técnicas administrativas. Indica, por ejemplo, que el 87 por ciento, o sea 580 compañías, hacen uso de los estudios de métodos. La gran variedad de especialidades y técnicas administrativas de que informa Harris parece reflejar el patrón que se observa en los Estados Unidos.

En 1977, W. A. Reynolds y M. K. Cheung presentaron los resultados de una encuesta piloto, que abarcó 20 fábricas, sobre la aplicación de las técnicas de ingeniería industrial en Hong Kong.[3] El análisis indica que las técnicas de distribución y manejo de materiales, el estudio del trabajo, la ingeniería de plantas y manufactura y el control de producción y de calidad son los más ampliamente aplicados. Algunas otras técnicas mencionadas fueron el pago de incentivos, el análisis de sistemas, el pronóstico, la ingeniería de valores, el análisis de ruta crítica y la programación lineal. La gran variedad de actividades que caracteriza a la ingeniería industrial en occidente aparece también en el muestreo de Reynolds y Cheung.

Ejemplo 1.2.3 Tabla de popularidad de las técnicas administrativas, indicando el porcentaje de empresas entrevistadas que las aplican con regularidad

Técnica	*Orden de clasificación*	*% de las empresas interrogadas*
Estudio de métodos	1	87
Medición del trabajo (directa)	2	79
Aplicación de incentivos	3	71
Estudios de distribución	4	66
Diseño de formas	5	66
Problemas de manejo de materiales	6	58
Desarrollo de sistemas de información	7	58
Análisis de beneficio-costo	8	56

Ejemplo 1.2.3 Tabla de popularidad de las técnicas administrativas, indicando el porcentaje de empresas entrevistadas que las aplican con regularidad *(Continuación)*

Técnica	*Orden de clasificación*	*% de las empresas interrogadas*
Medición del trabajo (indirecta)	9	51
Selección de equipo para manejar materiales	10	46
Estudios de organización	11	43
Evaluación de tareas	12	42
Selección de equipo de oficina	13	41
Desarrollo administrativo	14	38
Análisis de sistemas	15	33
Análisis de inventario y control de existencias	16	31
Programación de computadoras	17	26
Empleo de redes para control de proyectos	18	26
Empleo de redes para la planeación	19	25
Medición del trabajo en la oficina	20	23
Economía del movimiento	21	21
Administración por objetivos	22	21
Análisis de valores	23	19
Empleo de redes para asignar los recursos	24	15
Ergonomía	25	12
Tecnología de grupo	26	12
Estudios de riesgos y operabilidad	27	12
Simulación	28	12
Fotografía/filmación	29	7
Programación lineal	30	7
Teoría de colas	31	6
Análisis de riesgos	32	6

1.2.4 CAMBIOS OCURRIDOS EN LAS FUNCIONES DE LA INGENIERIA INDUSTRIAL

En los últimos 30 años se han producido cambios importantes en las funciones que se asignan normalmente al personal de ingeniería industrial. Esos cambios han sido moldeados por el conjunto creciente de conocimientos acerca de los aspectos conductuales del diseño de tareas, al incrementarse la aplicación de los métodos analíticos cuantitativos y por la madurez de la tecnología de computación. El surgimiento de una clientela administrativa cada vez más refinada, que busca instrumentos más poderosos para hacer frente a las alternativas complejas, ha sido en sí misma un factor fundamental de la reestructuración del personal de ingeniería industrial.

Otra gran fuerza que dio forma al papel cambiante de la ingeniería industrial es el ámbito creciente de las actividades que sacaron al ingeniero industrial de la fábrica para llevarlo a departamentos, ajenos a la manufactura, tales como los de mercadotecnia, distribución, finanzas y desarrollo del producto. Dentro de la industria, el ejercicio de la profesión ha llegado a ser una fuerte influencia en la búsqueda del mejoramiento de la productividad.

Las fuerzas del cambio han dado lugar a una nueva evaluación de la eficacia y valor de los métodos y técnicas tradicionales aplicados por los ingenieros industriales al análisis y solución de los problemas administrativos. Algunas técnicas de medición del trabajo se han modificado o han desaparecido completamente, mientras que la simulación y el análisis de sistemas se han convertido en armas potentes del arsenal de la productividad. La subdivisión del trabajo en unidades más pequeñas y manejables ha sido impugnada, como técnica de optimización, por los conceptos de ingeniería de sistemas que buscan la integración mediante computadora de las operaciones como estrategia más adecuada.

A medida que la economía norteamericana pasa por la puerta que separa a la Era Industrial de un nuevo mundo dominado por las organizaciones de servicio y por los trabajadores del conocimiento, el ingeniero industrial se ha mantenido al paso y se le encuentra actualmente auxiliando a los administradores en cuestiones de ventas, sociales, de atención de la salud, banca e instituciones del gobierno.

Cualquiera que sea la forma que adopte el departamento de ingeniería industrial, tiene que prestarse al cambio constante de sus funciones, de sus relaciones con el cliente y de su misión primordial. El apoyo y la capacidad del personal debe reflejar las necesidades e intereses de la organización. Se ha dicho que la facultad de adaptarse al cambio es una medida general de la inteligencia de la mayoría de las formas de vida. Podría hallarse un paralelo en el ciclo de vida de un departamento.

Se pueden dar varios pasos para asegurarse de que el departamento de ingeniería industrial es sensible a la necesidad de adaptarse a las necesidades y tecnologías cambiantes. Un recurso muy sencillo, pero eficaz consiste en encomendar a una o más personas la tarea de estar al corriente de las nuevas técnicas y metodologías relacionadas con las funciones del departamento de ingeniería industrial. Los que cuentan con un personal más numeroso pueden establecer un centro de tecnología o un cuerpo de especialistas con esa misma responsabilidad. Lo que importa no es el tamaño de la compañía ni el número de ingenieros industriales con que cuenta, sino que se reconozca la necesidad de establecer un flujo de conocimiento técnico, renovador de vida, para evitar la atrofia. Si todo se deja al azar o a la iniciativa individual de los ingenieros, es muy posible que tenga primacía la presión de las responsabilidades cotidianas. El hecho de que alguien se haga responsable de los nuevos conocimientos, aunque sea por momentos, permitirá asegurarse de que se dedica un tiempo mínimo a la conservación de la competencia técnica.

La programación de seminarios y conferencias para el personal de ingeniería industrial y para la administración en general, sobre temas pertinentes, es otra manera de mantenerse al corriente de los nuevos conocimientos. Dichas conferencias pueden ser poco costosas si se utilizan los recursos internos y se llevan a cabo en el local. Hay muchos consultores calificados que se especializan en preparar tales sesiones, y casi todas las escuelas de ingeniería las ofrecen en sus programas de extensión. En muchos casos vale la pena llevar a cabo esos programas en el propio local, aunque los "retiros técnicos" en otro lugar parecen estar ganando popularidad. Lo que le interesa al administrador de ingeniería industrial no es el formato de esos programas ni el lugar donde se ponen en práctica, sino el darse cuenta de que la capacidad técnica debe ser reforzada constantemente y de que hay que hacer un esfuerzo planeado para asegurarse de que el departamento está al tanto de los nuevos conceptos y técnicas.

La asistencia a las reuniones locales y nacionales de las sociedades técnicas y profesionales debe ser planeada y financiada tan cuidadosamente como cualquier curso de capacitación. Ha habido un aumento impresionante del número de reuniones organizadas por sociedades profesionales tales como el AIIE y The Institute of Management Sciences. Esas reuniones están por lo general abiertas al público y tienen lugar en diferentes sitios. El nivel de calidad de las presentaciones tiende a ser muy alto, de acuerdo con las normas profesionales de las sociedades. Esos programas facilitan la adquisición de nuevos conocimientos, además de que fomentan el intercambio de experiencias entre los asistentes. No hay que decir que la participación activa en los programas de las sociedades profesionales es un gran estímulo para mejorar la capacidad profesional. Estos son sólo algunos de los pasos que se pueden considerar para asegurarse de que las responsabilidades funcionales del departamento de ingeniería industrial se apoyan en conceptos y técnicas que reflejan lo mejor de la experiencia y la investigación actuales.

1.2.5 ORGANIZACION DEL DEPARTAMENTO DE INGENIERIA INDUSTRIAL

Los departamentos de ingeniería industrial han adoptado diversos formatos organizativos, tanto en los Estados Unidos como en otros países. La variedad parece ser tan extensa como la diversidad de funciones. Parece no haber un patrón definido en cuanto a la ubicación del departamento dentro de la empresa. En las empresas manufactureras, que tienen una larga historia de trabajo en esta materia y quizá más puntos comunes en la forma de organizar el trabajo, el gerente de ingeniería industrial depende normalmente del gerente de la fábrica o de la persona encargada de las operaciones. Esa relación refleja la posición tradicional original del ingeniero industrial, dedicado a mejorar la productividad de las operaciones de la fábrica.

Knut Holt emprendió un estudio del ejercicio de la ingeniería industrial en siete países de Europa, a fin de comparar las organizaciones europea y norteamericana.[4] Su informe indica que las funciones administrativas y organizativas son esencialmente similares. La mayoría de las empresas que participaron en su estudio tenían departamentos de ingeniería industrial centralizados, aunque el trabajo estaba organizado en forma diferente. Algunas habían organizado ese departamento por grupos funcionales especializados; otras, de acuerdo con los departamentos de operación a los cuales daba servicio.

En muchas compañías de tamaño mediano, y, quizá, con mayor frecuencia, en las grandes empresas manufactureras, hay generalmente un pequeño grupo central, con un asesor o supervisor, mientras que la mayoría de los ingenieros industriales forman parte del personal de los gerentes de las unidades de operación. Con no poca frecuencia, el grupo central proporciona servicio de contratación y capacitación profesional a los departamentos dependientes y emprende o dirige los estudios generales que afectan a diversas unidades de la compañía. Una oficina central puede desempeñar un importante papel en la dirección de los planes de desarrollo de todos los ingenieros industriales, así como prestar servicios de corretaje en cuanto a facilitar la transferencia y reacomodo del personal técnico.

Como miembro del grupo ejecutivo, el director de ingeniería industrial se encuentra en buena situación para desarrollar y dar a conocer a toda la compañía políticas que afectan al ejercicio de la ingeniería industrial, y emprender en ocasiones estudios especiales para los ejecutivos. Con mucha frecuencia, el establecimiento de programas de medición del trabajo, de planes de pago de incentivos, de las condiciones de trabajo y de otras políticas administrativas que interesan a la compañía, emanan de la oficina central y se ponen en práctica en todas las unidades de la empresa. El ejemplo 1.2.4 presenta en forma esquemática, un tanto simplificada, la relación que existe entre el grupo de la oficina central y los otros elementos de ingeniería industrial.

Con tal arreglo, los ingenieros industriales son miembros del personal centralizado de la división. Sin embargo, la mayoría de los ingenieros están asignados y, tal vez, hasta situados físicamente dentro del área a la cual dan servicio. Las necesidades fluctuantes de los gerentes de las fábricas más pequeñas son absorbidas con más facilidad por el personal centralizado de la división de ingeniería industrial. El gerente de la fábrica negocia con el gerente de ingeniería industrial una estimación anual de la asistencia técnica. Los ingenieros asignados le sirven como hombres capaces y de conocimientos variados al gerente de la fábrica. Este formato alienta la identificación con las metas y objetivos de los departamentos a los cuales se da servicio y facilita la comunicación entre línea y administración. Los ingenieros industriales son tratados generalmente como miembros del departamento anfitrión y disfrutan los beneficios de un ambiente amistoso, al mismo tiempo que conservan la objetividad de una tercera persona en lo que se refiere a la solución de los problemas.

Algunas compañías tienen una estructura descentralizada en que los ingenieros industriales son asignados permanentemente al nivel más bajo de responsabilidad administrativa dentro de la empresa manufacturera. Dichos ingenieros completan el personal a las órdenes del administrador local. En ocasiones, se guarda una relación secundaria con un administrador de ingeniería industrial de segundo nivel, el que, a su vez, puede tener una relación similar con el director de ingeniería de la oficina central. Ese arreglo garantiza un canal de comunicación para la interpretación uniforme de las políticas y procedimientos de la compañía,

Ejemplo 1.2.4 Relaciones entre las oficinas generales y la organización de ingeniería industrial centralizada

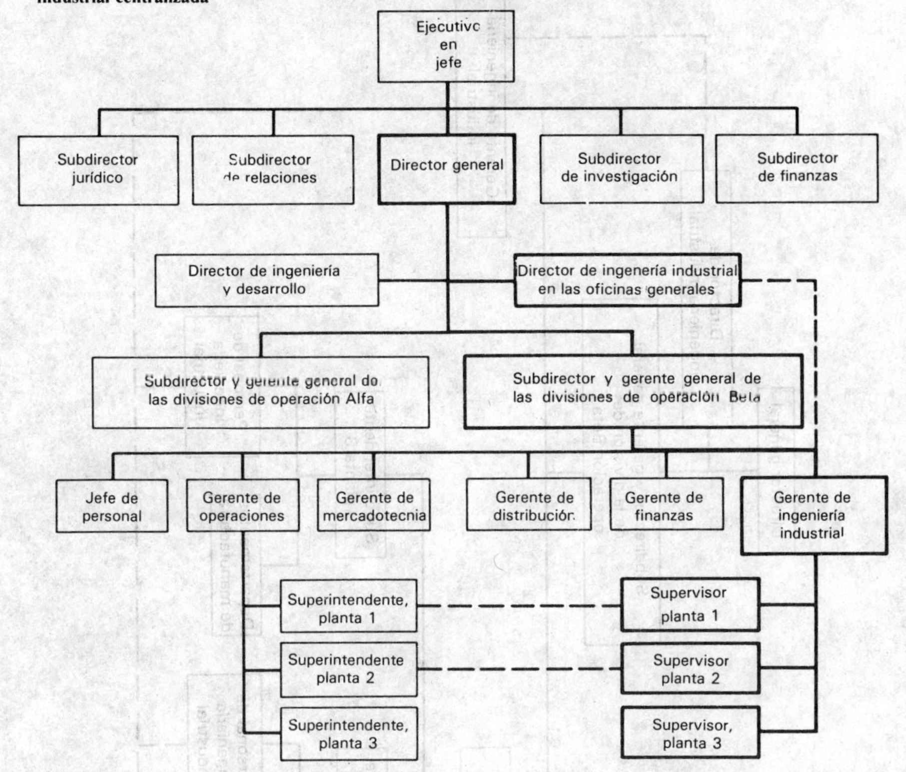

permitiendo al mismo tiempo el control local del personal técnico. El ejemplo 1.2.5 presenta en forma esquemática los canales de comunicación y de autoridad de ese formato.

Hay otra posibilidad organizativa para los departamentos de ingeniería industrial que se componen de 10 ó 12 ingenieros. Está basada en la formación de grupos especializados dentro del departamento de ingeniería industrial. Se asigna una especialidad técnica a uno o más ingenieros que a fuerza de habilidad, experiencia o interés personal han decidido volverse expertos en una tecnología específica. Un grupo se puede encargar, por ejemplo, del manejo de materiales, otro puede estar formado por especialistas en medición del trabajo, otro puede especializarse en ciencias del comportamiento, etc. Tales especialistas son asignados luego a los grupos de estudio con base en los conocimientos específicos que requiera el problema de que se trate. Existe un paralelo en la industria de la construcción, donde el contratista programa a los que harán la excavación, los albañiles, los fontaneros y los electricistas en el orden requerido para construir un edificio. (Ver ejemplo 1.2.6.)

Este tipo de organización depende de un coordinador del proyecto (el contratista general) que programa y utiliza debidamente las aptitudes técnicas necesarias. El coordinador debe conocer muy bien las tecnologías disponibles. Si el departamento de ingeniería industrial no puede proporcionar coordinadores de proyectos, la empresa tendrá que organizar los elementos de ingeniería. Esto tal vez no sea conveniente, en vista del conocimiento técnico general que se exige al coordinador. Además, la coordinación de un proyecto importante puede im-

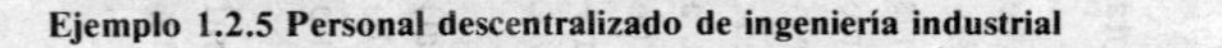
Ejemplo 1.2.5 Personal descentralizado de ingeniería industrial

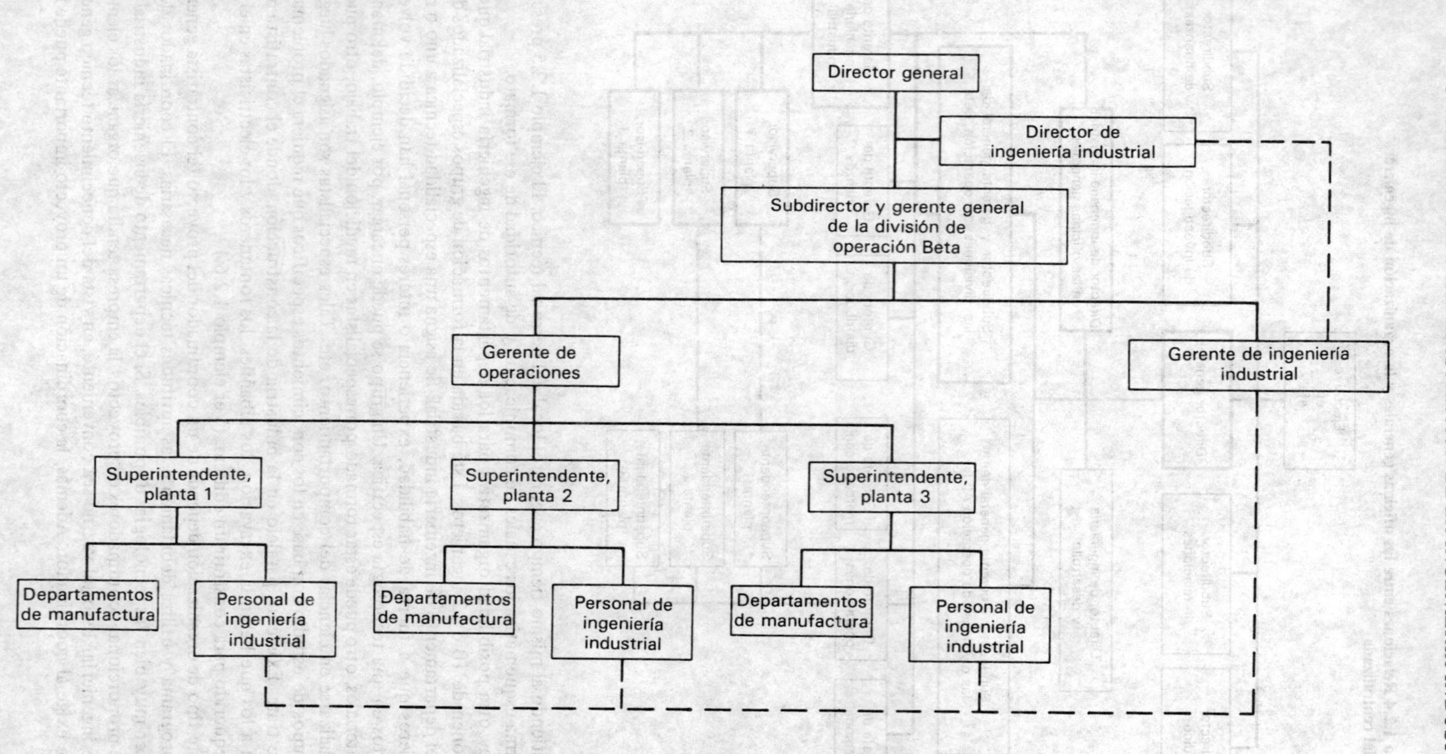

Ejemplos 1.2.6 Departamento de ingeniería industrial organizado por funciones especializadas

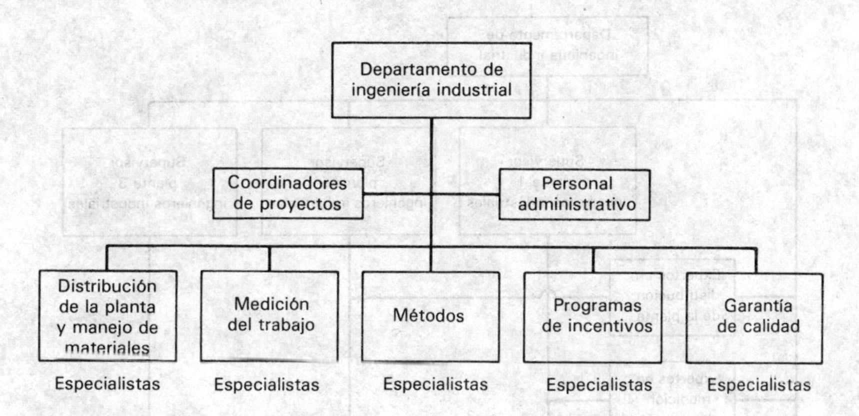

poner severas demandas al tiempo de quien dirige el proyecto. El personal de la empresa capaz de dirigir un proyecto tendrá que abandonar sus propias tareas para atender a aquélla. El dividir la atención entre el proyecto y las actividades normales podría significar resultados menos que satisfactorios en cualquiera de los casos.

Las empresas que cuentan con departamentos bastante grandes han puesto a prueba diversos patrones organizativos que satisfacen mejor sus necesidades particulares. Se ha prestado mucha atención a un tipo matricial (o de equipo) de departamento de ingeniería industrial que trata de aprovechar las mejores características de esas variantes (ejemplo 1.2.7). Con esa estructura, uno o más ingenieros son asignados como hombres capaces a un departamento, planta o división específicos. Por lo general, los ingenieros son miembros del núcleo central de ingeniería industrial, aunque físicamente pueden residir en el área de operaciones. En un momento dado, los estudios que se llevan a cabo en un área determinada de la empresa pueden requerir una cierta combinación de ayuda especializada. El ejemplo 1.2.7 ilustra uno de esos momentos. En ese ejemplo, los estudios de ingeniería industrial que se llevan a cabo en la planta 1 requieren los servicios de un experto en medición del trabajo y el auxilio de un grupo de control de calidad. Esos especialistas vienen a sumarse al equipo regular de ingenieros industriales. En ese mismo momento, el supervisor de la planta 2 necesita ayuda en las áreas de distribución, métodos, incentivos y control de calidad. La planta 3 necesita sólo en ese momento alguna ayuda adicional en el área de métodos.

Los supervisores fungen como contratistas generales y subcontratan la ayuda necesaria con el grupo de expertos. El supervisor limita sus contratos al servicio especial y por el tiempo necesario para que el trabajo sea llevado a cabo. Esto permite que el grupo del supervisor permanezca a un nivel reducido de personal, pero variando en tamaño de acuerdo con la carga de trabajo. Hay que admitir que la estructura matricial impone demandas excepcionales a los ingenieros en lo individual y a la supervisión. No obstante, el número cada vez mayor de empresas que recurren a las estructuras matriciales al manejar sus proyectos demuestra la eficacia de ese tipo de organización.

El método matricial tiene una característica más en su favor: parece prestarse mejor al esfuerzo por mantenerse al corriente de los nuevos conceptos y tecnologías. Los expertos tienden a leer y a escribir acerca de sus propias áreas especializadas de interés, y mantienen contacto no sólo con las tendencias sino también con otros expertos, dentro y fuera de sus respectivas compañías. Otros ingenieros y otros clientes acuden a ellos atraídos por sus conocimientos y experiencia. Son líderes naturales cuando se trata de seminarios, talleres y conferencias. Son consultores y asesores excelentes y muy buenos instructores de capacitación. Todas estas características positivas existen, en cierto grado, en casi toda organización.

Ejemplo 1.2.7 Organización de ingeniería industrial del tipo matricial

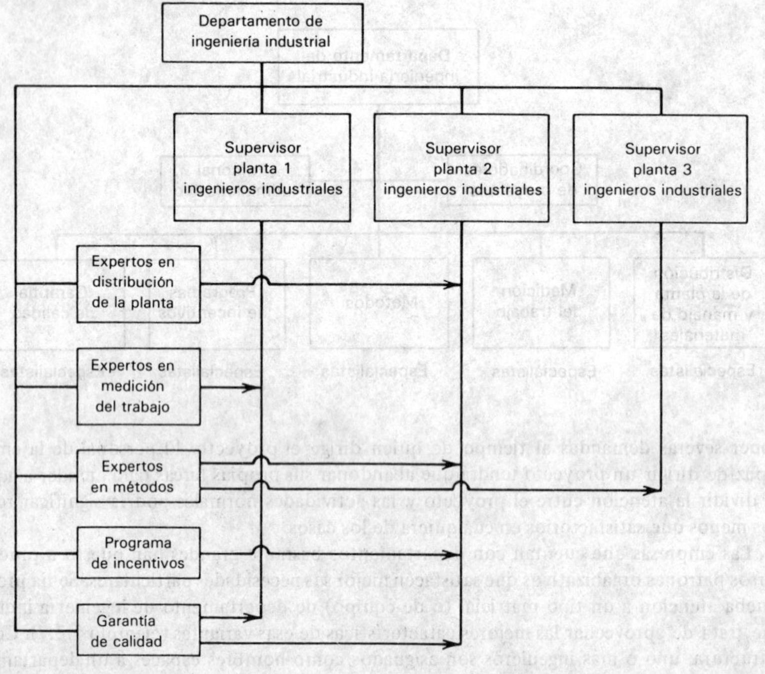

Sin embargo, la estructura matricial parece fomentar un ambiente de colaboración y ayuda mutua que puede ser sumamente productivo cuando es preciso enfocar diversas disciplinas hacia la solución de un problema.

Hay que hacer notar que un número cada vez mayor de empresas están combinando los departamentos de ingeniería industrial, de información administrativa y de investigación de operaciones en un solo cuerpo técnico centralizado. Los servicios de esos grupos consolidados están disponibles por lo general, a base de cuotas, para todos los niveles administrativos. Dichos grupos de personal parecen ser especialmente valiosos en las empresas más pequeñas, donde resulta más difícil obtener una masa crítica de conocimientos técnicos. La aceptación generalizada de los conceptos analíticos totales de los sistemas, que recurre al conocimiento combinado de diversas disciplinas, ha hecho aumentar la conveniencia de formar un fondo común de conocimiento siempre que sea posible.

Aunque en muchas compañías los gerentes de operaciones siguen dirigiendo la función de ingeniería industrial, el crecimiento de los grupos administrativos centralizados y consolidados dará lugar probablemente a cambios en las relaciones entre el personal de línea y de staff más tradicionales. La encuesta de que antes se habló se realizó en 1979 entre los miembros del *Council of Industrial Engineering* del AIIE, refleja un interés creciente de parte de las gerencias por establecer departamentos internos de consultoría que ofrezcan una gran variedad de servicios profesionales y técnicos. Se están eligiendo otras denominaciones, aparte de "ingeniería industrial", para describir mejor esas funciones mucho más amplias. Sin embargo, en casi todos los casos, de acuerdo con ese muestreo reducido, las actividades de ingeniería industrial siguen siendo el núcleo de los trabajos que realizan esos departamentos. Los nombres elegidos por esas compañías ofrecen alguna indicación del objetivo: servicios administrativos, sistemas administrativos, servicios de consultoría de la empresa, división de consultoría de fabricación, servicios generales, servicios generales de fabricación, servicios de productividad, consultores de fabricación y servicios de consultoría general.

El estudio realizado por Harris de los servicios administrativos en el Reino Unido[2] revela también una variedad de títulos usados por 104 de las 667 empresas y, al igual que la más reducida encuesta norteamericana, parecen describir un área de responsabilidad más amplia que la de las funciones tradicionales de ingeniería industrial. Algunos de esos títulos son: sistemas de administración y computación, servicios de productividad y de sistemas, y servicios de organización y productividad.

Las mayores responsabilidades que se están asignando al departamento de ingeniería industrial las revela el nivel administrativo del director de esas funciones. Por lo menos en una compañía norteamericana de tamaño mediano, el gerente de ingeniería industrial depende directamente del director general. Esto se debe al alto nivel de interés y atención que, en opinión del director general, debe darse al mejoramiento de la productividad en toda la empresa. Otros ejecutivos que en los Estados Unidos y en Canadá asumen la responsabilidad directa por la función de ingeniería industrial son: el presidente, el vicepresidente de operaciones, el vicepresidente y gerente general, el vicepresidente de servicios generales, el vicepresidente de grupos de tecnología general y dirección de proyectos, y el vicepresidente de manufactura. Algunos otros miembros de la administración que, a nivel más bajo, son responsables de la función de ingeniería industrial, son los siguientes: el director de planeación, el gerente general de servicios de manufactura, el gerente de operaciones del personal de la planta, el director de administración, el gerente de la división de consultoría de la manufactura y el gerente de ingeniería de manufactura.

Es evidente que las estructuras organizativas de ingeniería industrial son diseñadas en especial para satisfacer las necesidades de la empresa. Ciertamente, un punto de partida es la definición del objetivo y misión del departamento de ingeniería industrial. Copiar el modelo de alguien más puede no ser el mejor procedimiento en todos los casos; pero el conocimiento y comprensión de las prácticas organizativas de otras empresas puede estimular y fomentar modificaciones útiles que de otro modo no se tendrían en cuenta. Los departamentos de ingeniería industrial deben diseñarse pensando con flexibilidad, a fin de adaptarlos a los cambios que tengan lugar en la empresa y en la industria.

1.2.6 LOS PROCESOS DE FIJACION DE METAS

Las razones para crear un nuevo departamento de ingeniería industrial o continuar con la función que ya exista deben establecerse mediante un trabajo de grupo, con la participación de los representantes del personal de línea y el staff. El fijar las metas de un organismo administrativo sin que participen los departamentos afectados y la dirección, será un proceso estéril que no dará frutos. La participación activa del personal de línea tiende a garantizar un alto nivel de cooperación y compromiso, tanto en el desarrollo como en la utilización eficiente del servicio de asesoría.

Las directivas explícitas y el comportamiento implícito de la dirección general y los ejecutivos de la empresa describen las metas de la organización como un todo. A fin de responder con eficacia a esas metas, todos los niveles administrativos, incluyendo a los supervisores de primer nivel, deben establecer una serie de objetivos congruentes con aquéllas. Para tratar de alcanzar dichos objetivos, los administradores deben tener acceso a conocimientos y recursos técnicos específicos. Las actividades funcionales que desempeña el grupo de ingeniería industrial deben ajustarse a tales requisitos.

En un medio enteramente nuevo, habrá que efectuar una serie de reuniones para establecer un entendimiento mutuo respecto a objetivos, problemas y el apoyo técnico previsto. Como ya se dijo, los principales en esas juntas deberán ser los representantes de todos los niveles administrativos interesados y el representante en jefe de ingeniería industrial. De las sesiones deben obtenerse una serie de normas que el gerente de ingeniería industrial puede usar como guía para organizar las funciones de su departamento.

En las organizaciones ya establecidas, está indicado un diálogo continuo entre los representantes principales de la jerarquía de la empresa, a fin de que las metas, los objetivos y los recursos sean congruentes. Por ejemplo, la planeación de operaciones y las juntas estratégicas programadas con regularidad ayudan en forma importante a enfocar los esfuerzos de línea y administración, como un equipo, para lograr las metas de la empresa. La exclusión de los administradores suponiendo que su función es secundaria y que deben responder sólo cuando se les pregunte, dará lugar a un apoyo insuficiente y hasta ineficaz de parte de esos grupos.

Las comunicaciones que unen del modo más eficaz al personal de línea y de staff en un equipo fuerte son las que tienen lugar a todos los niveles de contacto: las relaciones del ingeniero con los que le consulten, los contactos diarios del supervisor de ingeniería industrial con la gerencia media y la asistencia y participación del gerente de ingeniería industrial en los consejos administrativos y las juntas de comité. Las necesidades de los departamentos varían constantemente debido a las prioridades que cambian, a los nuevos proyectos, a los problemas imprevistos y a las presiones del mercado. La satisfacción de esas necesidades cambiantes fijará las metas y objetivos internos del departamento de ingeniería industrial. Si el cliente no participa, la postura unilateral del gerente de ingeniería industrial podría generar fácilmente una desadaptación entre las necesidades de la línea y los servicios de apoyo del staff administrativo.

El personal técnico tiende a veces a aislarse en su propia esfera creyendo que sus conocimientos especializados pueden ser manejados y utilizados mejor únicamente por los expertos. Ese aislamiento hace las veces de un muro que impide las relaciones efectivas entre el personal de línea y el staff y, a menos que sea derribado, puede volverse invulnerable.

El proceso de grupo establece el carácter común del interés que apoya la creación de un nuevo departamento de ingeniería industrial, o las modificaciones necesarias para mejorar la eficiencia del que ya existe. Así se constituye una base firme para evaluar los conocimientos y técnicas existentes. Se pueden trazar los planes para desarrollar e implantar programas de capacitación profesional. La adquisición de nuevas técnicas y metodologías, derivada de ese esfuerzo conjunto, es para mejorar la eficiencia de la empresa a la cual se sirve, no para satisfacer la competencia técnica como un fin en sí misma. Además, el perfil profesional del grupo de ingeniería industrial no será una copia al carbón de algún otro departamento. Será uno que sirva en forma especial a la empresa.

1.2.7 SELECCION DE SUPERVISORES Y ADMINISTRADORES DE INGENIERIA INDUSTRIAL

Al seleccionar y nombrar al gerente de la función de ingeniería industrial habrá que buscar las más altas calificaciones. La persona en cuestión debe estar a la altura de las normas establecidas para el grupo de administradores con los cuales se va a relacionar. No sólo va a estar en juego el futuro nivel de competencia técnica del personal de ingeniería industrial, sino también, cosa igualmente importante, la vitalidad de la relación laboral.

Un gerente que posea el título en ingeniería industrial de cualquiera de las escuelas o universidades cuyo programa académico esté reconocido, estará bien calificado en términos de los conocimientos técnicos necesarios para asumir sus responsabilidades. El título en cualquiera de las disciplinas de ingeniería, junto con algunos conocimientos o experiencia en administración de empresas, se ha convertido en una base excelente para desempeñar el cargo de gerente de ingeniería industrial en diversas organizaciones industriales. Las personas graduadas en ingeniería industrial o en ciencias administrativas serán candidatos ideales para ser ascendidas a puestos de responsabilidad dentro del departamento de ingeniería industrial de casi cualquier tipo de empresa o institución.

Al seleccionar a un gerente, deberá pensarse en alguna persona que tenga conocimientos y experiencia en ciencias de la computación, además de su preparación en materia de ingeniería industrial. La penetración de las operaciones con ayuda de la computadora, sea en la oficina, el laboratorio o la fábrica, ha introducido nuevos y altos niveles de complejidad en el diseño del trabajo.

Al buscar líderes no hay que pasar por alto a los gerentes de producción con buena preparación técnica o de ingeniería. La combinación de experiencia práctica y capacitación técnica es muy útil, y la habilidad en los medios de la línea y staff será muy valioso para el futuro miembro del cuerpo administrativo.

Como ya se dijo, el gerente de la función administrativa debe estar tan preparado técnica y profesionalmente como los gerentes en la organización de la línea. Todos los gerentes deberán tener iguales oportunidades de desarrollo y capacitación especiales, independientemente de su responsabilidad. No podrá haber respeto mutuo ni verdadera aceptación si el gerente de un departamento administrativo no está intelectual y profesionalmente a la altura de sus contrapartes en la organización de la línea.

Dependiendo de la experiencia y preparación de la persona elegida para la gerencia de ingeniería industrial, su experiencia administrativa se puede acrecentar considerablemente si asiste a las conferencias y seminarios que ofrecen las sociedades profesionales y las escuelas de ingeniería. Hasta las empresas más pequeñas pueden aprovechar los numerosos cursos breves cuyo objeto es mejorar la capacidad del gerente para dirigir su función. Además, se puede encontrar en la actualidad gran cantidad de información en los artículos que publican las revistas de ingeniería; los libros son fáciles de obtener, y una buena biblioteca de referencias técnicas está al alcance de cualquiera. No obstante, los cursos de capacitación y las bibliotecas técnicas son, en el mejor de los casos, complementos que ayudarán a formar a un buen líder, pero por sí mismos no producirán administradores. La identificación y selección del tipo de gerente de ingeniería industrial más indicado para una determinada empresa deberán seguir los mismos lineamientos que gobiernan la selección de cualquier otro gerente en esa organización. Los departamentos de asesoría no deben ser un refugio para los gerentes de segunda categoría.

El gerente de ingeniería industrial debe tener, como ayudantes, a supervisores elegidos también entre las personas cuyos conocimientos técnicos sean los mejores. Por lo general, los supervisores son escogidos entre las filas profesionales y técnicas del departamento de ingeniería industrial. Este sería el método natural de promoción de los ingenieros más destacados del departamento. Sin embargo, a fin de obtener los mejores líderes, tal vez sea necesario buscar en otros departamentos técnicos de la compañía o fuera de ella.

Los buenos supervisores nacen tal vez, pero todo gerente de ingeniería industrial debe establecer un programa bien planeado de capacitación para preparar líderes. Las habilidades potenciales de liderazgo deben ser identificadas y cultivadas tan temprano como sea posible. Las empresas más pequeñas tal vez quieran aprovechar los programas desarrollados por consultores u otras agencias externas, a fin de preparar a sus ingenieros más destacados para que asuman mayores responsabilidades. Las empresas más grandes pueden recurrir a sus fuentes de capacitación más amplias. La preocupación fundamental de todos los gerentes de ingeniería industrial debe ser la creación de una escala progresiva, para asegurarse de que los líderes son identificados y preparados.

1.2.8 CONTRATACION Y UBICACION DEL PERSONAL PROFESIONAL Y TECNICO

Las políticas relacionadas con la contratación y ubicación del personal profesional y técnico están normalmente bien establecidas en la mayoría de las empresas. Algunas tienen una oficina central que se encarga de contratar a todo el personal técnico, mientras que otras encomiendan esa tarea al gerente local. Cualquiera que sea el procedimiento, la mecánica para contratar al personal de ingeniería industrial debe ser revisada ocasionalmente a fin de asegurarse de que el proceso satisface la necesidad de personal calificado.

Para contratar a nuevos ingenieros, muchas empresas siguen el procedimiento de buscar en las escuelas y universidades. Surgirán problemas futuros de ubicación si los buscadores no entienden razonablemente bien el ejercicio de la ingeniería industrial. Con mucha frecuencia, en aras de la economía, el buscador entrevista a graduados de diversas disciplinas técnicas en los terrenos mismos de la universidad. Es poco realista esperar que el reclutador tenga un conocimiento a fondo de todos los puestos técnicos que hay en una determinada empresa. Como ya dijimos antes, el ejercicio de la ingeniería industrial varía ampliamente en Estados Unidos, de manera que un candidato, después de entrevistarse con los representantes de varias compañías en la universidad, puede sentirse confundido por la gama de actividades y oportunidades disponibles. Los reclutadores experimentados pueden ayudar generalmente al candidato a determinar si la entrevista inicial puede ir seguida por una invitación para una entrevista más a fondo en el departamento de ingeniería industrial. Para ayudar a este proceso, se procura por lo general preparar al reclutador de tiempo completo lo más eficientemente que sea posible en las prácticas actuales de la ingeniería industrial. Algunos jefes de personal piden prestados algunos ingenieros industriales y los capacitan como reclutadores de tiempo incompleto para sus departamentos. Otros envían a grupos formados por ingenieros y reclutadores, a fin de mejorar el proceso inicial de selección en la universidad. De modo general, las entrevistas en las instalaciones universitarias son consideradas, en el mejor de los casos, como el primero de una serie de pasos del proceso de evaluación de los méritos de un solicitante. Las evaluaciones verdaderamente críticas tienen lugar cuando el candidato visita al departamento de ingeniería industrial. Por esta razón, esas visitas deben estar bien planeadas de antemano, de manera que la entrevista con cada candidato esté de acuerdo con sus antecedentes académicos y su experiencia de trabajo. El ejemplo que sigue de un procedimiento realizado por varias compañías para entrevistar a graduados universitarios describe el proceso con más detalle.

Generalmente, se elige a un anfitrión para que reciba al candidato y le guíe durante su visita a la compañía. Es preferible que tenga mucho en común con el visitante; por ejemplo, escolaridad, calificaciones, estado civil, etc. La presentación durante una comida y un recorrido a la comunidad pueden estar muy indicados. De ser posible, la primera persona que entreviste al solicitante debe ser la encargada de las actividades con el personal dentro del departamento de ingeniería industrial. En esa plática inicial se deben repasar los puntos propuestos, a fin de asegurarse de que se está atendiendo tanto a los intereses del solicitante como a los de la empresa. Si parece haber interés especial por una función o actividad en particular, deberán modificarse los planes a fin de que el candidato explore a fondo el área de interés con uno de los ingenieros asociados directamente con ese campo. En el transcurso de un día se pueden programar tres o cuatro entrevistas preparadas con otras tantas personas diferentes. En total, incluyendo al anfitrión, cinco o seis personas hablarán con el solicitante.

Si se tiene presente que se deben satisfacer dos conjuntos de intereses, los del solicitante y los de la compañía, la introducción de varias personas al proceso aumenta la validez de la evaluación. Se debe alentar en todas formas al candidato para que aprenda tanto como sea posible, no sólo acerca de las exigencias técnicas que habrá que afrontar, sino también del ambiente de trabajo: cómo se emprenden los proyectos, cuáles son los canales de comunicación, cómo se hacen los estudios al personal y de rendimiento, cuáles son las oportunidades de ascender, etc., sobre todo desde el punto de vista de los empleados que serán los miembros de su grupo si el solicitante ingresa a la organización.

Al finalizar el día, cada una de las personas que intervinieron llena una forma de evaluación del solicitante. El ayudante de personal las estudia y sirven de base para decidir si se le hará una oferta al solicitante o es conveniente hacerle otras entrevistas.

Si el candidato ha tenido experiencia práctica, además del trabajo académico, se modifica el proceso para adaptarlo a su nivel de experiencia técnica. En caso contrario, el procedimiento es básicamente el mismo.

Otra fuente de posibles candidatos para el personal de ingeniería industrial la constituyen los técnicos desplazados por los cambios introducidos en los planes de operación, así como aquellos que buscan en cambio dentro de la compañía. Tal vez haya que alterar el proceso de la entrevista con este tipo de solicitante, pero debe prevalecer la oportunidad de una evaluación mutua para un posible entendimiento. En algunos casos, se puede arreglar entre los departamentos afectados una transferencia de prueba por un período de 6 meses o un año, para evaluar mejor la conveniencia de una transferencia permanente. El procedimiento de reubicar al personal capacitado y productivo dentro de una compañía tiene muchas variantes. Cada nuevo candidato debe ser sin duda la mejor persona que es posible recibir para llenar las necesidades del departamento de ingeniería industrial. Esto es particularmente cierto cuando se acepta a personas transferidas de otros departamentos de la empresa. El departamento de ingeniería industrial no es lugar para desadaptados.

Un departamento profesional bien provisto de personal, cualquiera que sea su tamaño, debe reducir buena parte de la carga administrativa del personal de ingeniería proporcionando asistencia adecuada para el trabajo general de oficina y de taquimecanografía. La selección y capacitación cuidadosas de esas personas puede mejorar notablemente la utilización eficiente de los recursos escasos y buenos de ingeniería.

Hay una función específica que puede ser desempeñada por técnicos, para mejorar todavía más la productividad del departamento de ingeniería. Casi todas las comunidades cuentan con cursos de 2 años que ofrecen escuelas o institutos técnicos situados a distancia accesible. La mayoría de esas escuelas otorgan diplomas en ciencias aplicadas y han resultado ser fuentes excelentes de técnicos y analistas. También, en este caso, la selección y capacitación continua es un factor importante para redondear la capacidad total de un departamento. Mediante la experiencia ganada en el trabajo y la preparación de tiempo parcial, muchos de esos técnicos pasan a las filas profesionales de la compañía.

La contratación de estudiantes en verano y de los que participan en los programas educativos por cooperación ofrece muchas ventajas a las empresas y a los estudiantes. El desempeño en el trabajo permite hacer una evaluación mucho mejor del estudiante como candidato a un futuro empleo. El estudiante, a su vez, obtiene de primera mano un conocimiento real de lo que es la vida de trabajo. No sólo pueden resultar afectados directamente los planes de hacer carrera, sino que el proceso de aprendizaje puede mejorarse ampliamente cuando la experiencia en el trabajo se ajusta a los progresos académicos del estudiante. No se debe perder de vista, en cuanto a sus efectos sobre los estudiantes, el riesgo de las situaciones de "trabajo real" en que o bien se les deja que se muevan a su gusto o se les pide que hagan tareas mínimas que tienen poco o nada que ver con su preparación técnica. Las experiencias de estos estudiantes exigen el mismo nivel de interés y atención administrativos que el requerido por los empleados profesionales permanentes.

1.2.9 EMPLEO DE CONSULTORES TECNICOS

El empleo de especialistas venidos de afuera puede ayudar a llenar los huecos de capacidad tecnológica que los departamentos de ingeniería industrial padecen de cuando en cuando. También, el consultor externo puede ser una gran ayuda cuando se hace un esfuerzo consciente para formar y fortalecer el departamento interno de ingeniería industrial. Esas necesidades saldrán a la superficie independientemente del tamaño del departamento y nivel de refinamiento tecnológico. A medida que aumenta el ámbito de las actividades de ingeniería industrial, crecen también en número y complejidad las técnicas especializadas que se pueden aplicar. Los especialistas de afuera pueden ayudar a disminuir el tiempo de aprendizaje al obtener y aplicar nuevos conocimientos.

Hay ocasiones en que se necesita personal adicional por tiempo limitado o cuando se tiene que cumplir a fecha fija. La disponibilidad de personal experimentado en forma temporal puede significar la diferencia entre el éxito y el fracaso.

La dependencia total del apoyo externo puede ser contraproducente. La competencia profesional aumenta con la experiencia; mientras más contacto tenga el personal interno con los problemas complejos, mayor será su capacidad para hacer frente a esos problemas en el futuro. Los consultores externos se llevan consigo cuando se van la experiencia obtenida en el trabajo. Esa experiencia contribuye a su capacidad técnica y eso los hace más valiosos para sus clientes; pero esa ganancia del consultor externo significa una oportunidad perdida para volverse más autosuficiente internamente. Sin embargo, es poco realista esperar que el personal interno, en un momento dado, sea experto en todas las cuestiones relacionadas con su función. Tal finalidad, económicamente, puede dejar de ser atractiva. Para hacer frente a esa necesidad, el especialista externo proporciona un servicio muy real que de otro modo es difícil obtener.

Es posible celebrar un convenio satisfactorio de trabajo entre el personal interno y los especialistas externos. Un equipo formado por consultores y miembros del personal puede ser muy eficaz para resolver problemas. El personal no sólo puede aprender y obtener experiencia trabajando con los consultores, sino que, conociendo a la compañía, puede reducir apreciablemente el tiempo que el consultor tiene que pasarse aprendiendo las operaciones y las fuentes de información. La experiencia técnica que se obtiene de ese trabajo conjunto beneficia no sólo al consultor, sino también al personal interno de ingeniería industrial. Será muy útil cuando los consultores se hayan ido si surgen cambios en el estudio que se lleva a cabo y, también para el análisis de los problemas que puedan resultar en el futuro.

1.2.10 RELACIONES CON LAS ESCUELAS Y UNIVERSIDADES

Las relaciones con las escuelas y universidades pueden asumir muchas formas y tienden a beneficiar a ambas partes. Las instituciones de enseñanza tienen una verdadera necesidad de mantenerse en estrecho contacto con las tendencias y necesidades cambiantes del mundo de los negocios y la industria. La congruencia entre los cursos que se imparten y el ejercicio real de la profesión es un requisito de suma importancia. Por su parte, quienes ejercen la profesión acuden a las escuelas no sólo en busca de personal, sino también para satisfacer sus necesidades siempre presentes de preparación. Deben tener acceso a los programas de repaso y a los seminarios técnicos, para estar al corriente de los nuevos conceptos teóricos. El deseo de satisfacer todas esas necesidades explica en gran parte las relaciones que han surgido por todo el país.

Una manera relativamente fácil en que los profesores y catedráticos se pueden mantener en contacto con el ejercicio de la ingeniería industrial sin abandonar su puesto en la universidad, consiste en ofrecerse como consultores de tiempo parcial o como recurso técnico complementario de los grupos de estudio del gobierno local y de las empresas comerciales o industriales. Haciéndolo así, introducen una objetividad imparcial y, al mismo tiempo, enriquecen su capacidad como maestros, escritores y conferenciantes. Ese arreglo puede también satisfacer las necesidades temporales de la empresa de conocimientos técnicos selectos, evitando la contratación excesiva de personal.

Muchas escuelas profesionales buscan oportunidades que permitan a sus estudiantes entender los problemas reales de las empresas y de la industria, en vez de hacer únicamente los ejercicios de los libros de texto. Dichos programas permiten que los estudiantes trabajen en equipo dirigidos tanto por el asesor de la facultad como por el supervisor de la empresa que colabora, y tienen gran valor para las empresas grandes y pequeñas porque se mantienen en contacto con los acontecimientos tecnológicos y teóricos más recientes.

La mayoría de las escuelas y universidades ofrecen, durante todo el año, diversos cursos breves y seminarios. Si hay interés específico por un determinado campo de estudio en el cual parece no haber ofertas públicas, una pequeña investigación puede revelar la existencia de varias escuelas dispuestas a desarrollar un programa especial con ese fin. Muchos de los cursos de capacitación que se ofrecen al público en general tienen la intención específica de ayudar a las pequeñas empresas proporcionando un medio adecuado para el intercambio activo de ideas. Algunas relaciones de muy larga duración han sido fomentadas por esos programas. La popularidad de dichos cursos y seminarios breves sugiere que muchas empresas, independientemente de su tamaño, se benefician al participar.

El gran interés por el estudio de tiempo parcial, para graduados y no graduados, ha dado lugar a la formación de escuelas de las universidades estatales en diversos puntos de sus respectivos estados. Dichas instalaciones han ampliado considerablemente la posibilidad de participar en los estudios universitarios, asistiendo realmente a ellos, aun cuando el interesado resida a cierta distancia de los centros de estudio.

Los ingenieros industriales son invitados con frecuencia a dar conferencias en los seminarios patrocinados por la universidad, ya sea al público en general o a los alumnos en el aula. Es otro caso en que todos los participantes salen beneficiados. Quien ejerce la profesión puede llevar con mayor eficacia a la sala de conferencias los conocimientos prácticos de las experiencias reales, que un profesor que tiene poco o ningún contacto cognoscitivo con los problemas administrativos. El estudiante, con la ayuda de su profesor, estará en situación de preguntar y de entender mejor la relación entre los conceptos teóricos y la práctica real. A su vez, el profesional se situará en un ambiente de enseñanza, puesto que se verá obligado a racionalizar las aplicaciones prácticas en términos de las teorías contemporáneas.

Algunas empresas y escuelas han intercambiado profesores e ingenieros. Esos intercambios son difíciles de arreglar: hay que tener en cuenta la situación familiar; un buen ingeniero no es necesariamente un buen profesor, y viceversa; los costos del transporte pueden ser prohibitivos, y la probabilidad de lograr una adaptación de capacidades capaz de satisfacer las necesidades de las dos organizaciones es muy pequeña. No obstante, continúan los esfuerzos para hallar solución a esos problemas.

Hay ocasiones en que un observador imparcial puede ayudar a evaluar la capacidad técnica del personal de ingeniería industrial. Un análisis del medio, hecho por profesores visitantes, y su opinión sobre la posibilidad de que el personal local de ingeniería industrial funcione eficazmente en ese medio, dará al gerente de ingeniería una perspectiva difícil de lograr en otra forma.

En el mundo académico hay un interés creciente por crear grupos asesores compuestos por ingenieros y administradores que representen a los diferentes sectores de los negocios, de la industria y de los servicios. Las responsabilidades de esos grupos asesores variarán de una a otra escuela. De modo general, están en libertad de examinar y aconsejar respecto a los programas de estudio, áreas típicas de interés de los cursos como son las metodologías y técnicas, amplitud de las actividades de investigación y desarrollo en el área de la ingeniería industrial, publicaciones, competencia del profesorado, relaciones entre profesores y alumnos y otras actividades como la administración y planeación del programa de ingeniería industrial en esa escuela.

Las relaciones con las universidades pueden ejercer una influencia positiva en el nivel de competencia de un departamento de ingeniería industrial. Un programa bien planeado garantizará que esas relaciones sigan siendo apoyadas y dirigidas activamente.

1.2.11 OBTENCION DE NUEVOS CLIENTES

El ejercicio de la ingeniería industrial tuvo sus primeros éxitos en los talleres y fábricas de finales del siglo pasado. El transcurso del tiempo presenció la prueba y adopción de diversas técnicas de medición y mejoramiento del trabajo, algunas de las cuales constituyeron con el tiempo la base de gran parte de la tecnología que se aplica en la actualidad. Al mismo tiempo, resultó evidente que la aplicación de los principios de la ingeniería industrial fuera del campo de la manufactura daría lugar a mejoras igualmente impresionantes en la productividad.

La II Guerra Mundial estimuló el ritmo de la investigación en los procesos de toma de decisiones y en las posibilidades que ofrecían la simulación y la realización de modelos. En las décadas de los cincuenta y los sesenta, el mejor conocimiento de los aspectos del comportamiento en el diseño de tareas amplió el alcance y complejidad de los estudios de ingeniería industrial.

Mientras dichos acontecimientos tomaban forma y producían impacto al extender el ejercicio de la ingeniería, la computadora abrió las puertas hacia la realidad de los sistemas de información para la administración interactiva en línea. Al mismo tiempo, surgieron nuevas ideas que indujeron a formular conceptos sobre el análisis y diseño de sistemas completos; conceptos que no reconocían límites para la investigación de la optimización. Más recientemente, la congruencia de las tecnologías de sensores y microprocesadores ha puesto al alcance de la administración la promesa de un mundo ayudado por computadoras para el trabajo.

El campo potencial de estudio del ingeniero industrial se ha extendido, gracias a esos nuevos conceptos y tecnologías, mucho más allá de la fábrica. La extensión horizontal del proceso analítico, incluyendo a todas las operaciones relacionadas con un proceso de fabricación, proporciona al ingeniero clientes potenciales a los cuales no podría llegar en circunstancias normales de estudio. De manera que hay una ampliación natural de los servicios técnicos, alentada por el proceso mismo de emprender el análisis del sistema como un todo.

En el transcurso de los años, la tarea principal de los gerentes de ingeniería industrial ha consistido en auxiliar a la administración en el proceso de mejorar el rendimiento. Antes, los esfuerzos de los administradores estaban dirigidos hacia las operaciones individuales. Ahora, para tener éxito en el cumplimiento de sus responsabilidades, los esfuerzos de los administradores tienen que ser virtualmente ilimitados. Puesto que tienen conocimientos especializados a su disposición, les corresponde presentar esos conocimientos y capacidades ante sus colegas de la jerarquía administrativa de la empresa. Esa responsabilidad es activa más bien que pasiva. El gerente de ingeniería industrial está muchas veces en mejor situación de adaptar la posible aplicación de los recursos y técnicas de los departamentos administrativos a los problemas que enfrenta el gerente de línea. Es poco razonable suponer que todos los administradores, de todos los niveles, conocen suficientemente todas las disciplinas técnicas como para elegir siempre los instrumentos y recursos más adecuados en el ejercicio de sus responsabilidades. Esta razón por sí sola hace que al gerente de ingeniería industrial le corresponda no sólo identificar las áreas potenciales en que la pericia profesional y técnica se puede aplicar, sino también educar a todos los administradores respecto al estado actual de la técnica para que puedan usar inteligentemente los recursos en sus operaciones. Ni que decir que la manera en que se cumpla esta obligación dependerá no sólo de los atributos personales y profesionales de los gerentes de ingeniería industrial, sino también del estilo administrativo de sus compañeros. Si dentro de la compañía el ambiente propicia el esfuerzo de equipo, habrá una seguridad razonable de que todos los recursos disponibles serán aplicados mediante una acción conjunta a la satisfacción de las metas de la empresa.

Hay muchas maneras de desarrollar ese ambiente de apoyo mutuo. Un intercambio de ejecutivos entre las unidades de ingeniería industrial y de operación ha sido eficaz para disipar los sentimientos de "nosotros/ellos", que, a menudo, polarizan las relaciones obreropatronales en detrimento de la organización. La selección y ubicación cuidadosas de esos líderes contribuye poderosamente a comunicar un sentimiento de respeto mutuo en todos los niveles.

Los clientes satisfechos son una de las mejores fuentes de apoyo para extender el ejercicio de la ingeniería industrial hacia nuevas áreas. Los clientes informados se enteran fácilmente de los problemas similares que padecen sus colegas en otros puntos de la organización. A través de sus canales de comunicación establecidos pueden llegar hasta clientes potenciales fuera del flujo normal de las actividades de ingeniería industrial. La propia versión que tiene el cliente de sus problemas y sus posibles soluciones puede en ocasiones tener más peso que la opinión de los expertos.

La experiencia de los clientes se puede aprovechar realmente en los seminarios técnicos o en las juntas de ejecutivos invitándoles a participar en las presentaciones hechas a otros supervisores y administradores. El repaso de los estudios actuales y la discusión abierta de la pragmática de un problema por parte del cliente introduce un nivel de credibilidad que pocas veces puede lograr el profesional en un ambiente nuevo o poco familiar.

Algunas compañías hacen circular resúmenes técnicos entre todo el personal de operación y administración. Cuando esto es una práctica aceptada, el gerente de ingeniería industrial incluye breves explicaciones describiendo la aplicación con éxito de una nueva técnica o la solución de un problema que parece ser común en la empresa. La elaboración de un boletín de ingeniería industrial es también un procedimiento bastante popular. Las comunicaciones más eficaces tienden a ayudar a los administradores a entender la naturaleza de los conocimientos y la experiencia que se ponen a su disposición.

Muchos departamentos de ingeniería industrial elaboran listas periódicas de todos los nuevos proyectos. Sirven sobre todo para informar internamente a todos los ingenieros industriales y supervisores acerca de los proyectos que posiblemente pudieran interesarles en el cumplimiento de sus deberes. Como muchas de tales listas son exposiciones breves pero descriptivas de los estudios propuestos, han ayudado a familiarizar a los clientes potenciales con la posible aplicabilidad de un estudio similar en su propia área de responsabilidad. Esto es un ejemplo de lo que podría llamarse "oferta sutil" de los servicios que puede prestar el departamento de ingeniería industrial. Ese material tiene además la ventaja de evitar el costo de los folletos y manuales preparados especialmente.

Los informes breves son otra táctica muy eficaz para instruir a los administradores y personal clave en las relaciones obrero-patronales de toda la compañía. Es relativamente fácil programar una serie de juntas informativas, y tienen la ventaja de que reúnen a los clientes potenciales con los representantes de departamentos que están aprovechando ya los recursos del de ingeniería industrial. El personal invitado a asistir a esas sesiones es en algunos casos el seleccionado para la capacitación administrativa o para los programas de preparación de ejecutivos. Los seminarios pueden tener lugar fuera de la planta, lejos de las distracciones del ambiente de la empresa. También, puede ser conveniente programar esas juntas de información en puntos diferentes de la compañía, en forma rotatoria. Las circunstancias locales indicarán el tipo de las juntas, y los detalles respecto a la hora y el lugar serán de acuerdo con las necesidades del cliente.

Los perfiles restrictivos y las descripciones de tareas elaborados por los departamentos de personal pueden estorbar seriamente la ampliación de los servicios de ingeniería industrial. Siguiendo los procedimientos de estandarización o evaluación de sueldos y salarios, las funciones de ingeniería industrial en algunas empresas están limitadas exclusivamente a los estudios de tiempo o de simplificación del trabajo. Los perfiles de posición bien elaborados y las descripciones de tareas son muy útiles, no sólo para establecer la igualdad de sueldos dentro de la compañía, sino también como guía para contratar y ubicar al personal profesional y técnico. Sin embargo, si están redactados muy rígidamente en términos de responsabilidades y aptitudes, las ofertas de empleo pueden no interesarles a los solicitantes competentes. El personal técnico y profesional puede incluso pensar en dejar la empresa porque se sienten frustrados al no poder utilizar su capacidad y conocimientos. La preparación de ingenieros industriales puede tender a ser de alcance limitado a fin de ajustarse a los perfiles de posición, lo cual pone en peligro la posibilidad de adaptarse a los nuevos conceptos y tecnologías de la ingeniería industrial.

El gerente de ingeniería que se ve limitado a unas cuantas funciones en la fábrica tiene poco que ofrecer a los gerentes de fabricación o ajenos a ésta, fuera de unos pocos conocimientos básicos. Esta limitación de las aptitudes técnicas debe ser motivo de preocupación en todos los niveles administrativos de la empresa. El ejercicio efectivo de la ingeniería industrial debe reconocer la necesidad de identificar no sólo los beneficios que se derivan al mejorar el rendimiento de un trabajador único, sino también el efecto que produce dicho cambio en la entidad mayor. No basta con mejorar el contenido de trabajo de una sola estación si tal acto genera mayores costos de calidad o desembolsos adicionales de capital en otra parte del sistema. Esa suboptimización es muchas veces el resultado indirecto de una política de operación que limita las actividades del departamento de ingeniería industrial a la fijación de normas de rendimiento o al reacomodo del lugar de trabajo. Hay que entender que la posibilidad que tiene el personal de ingeniería industrial de ayudar a los gerentes a mejorar la productividad se relaciona directamente, en primer lugar, con la diversidad de habilidades técnicas de que disponen los gerentes de ingeniería industrial y, en segundo lugar, con la cantidad, que pueden incluir dentro del ámbito de sus estudios, de todas las operaciones que se relacionan directamente.

De aquí se sigue que las relaciones directas que existen entre las políticas de fabricación, mercadotecnia, distribución, desarrollo del producto y financieras son caminos naturales que deben explorarse cuando se emprende un estudio en cualquiera de esas áreas. Las restricciones artificiales que impiden ampliar un estudio limitan la oportunidad de optimizar toda la operación. El mejoramiento del conjunto impone por necesidad un examen de todos los elementos del sistema. La alternativa es el riesgo de tener una estructura de operación desequilibrada. Un análisis total de sistemas debe señalar los elementos de operación cuya eficiencia se debe mantener a un nivel menos que óptimo con el fin de optimizar a toda la empresa.

Las fases iniciales del diseño o la determinación del alcance de un estudio de sistemas definen por lo general los límites prácticos dentro de los cuales se debe mantener el estudio. Un enfoque total de sistemas pone en tela de juicio esos límites y somete a prueba su validez. Los primeros trabajos que caracterizaron a los estudios de ingeniería industrial recalcaban la subdivisión del esfuerzo como forma preferida para optimizar la productividad. El análisis de sistemas sugiere que también el proceso integrativo ofrece oportunidades de optimización. Los ingenieros industriales no deben abandonar el punto de vista anterior, sino entender que los dos enfoques de la productividad son complementarios. Todo esto sugiere que los ingenieros industriales no deben estar restringidos en su análisis de operaciones por una descripción de tareas demasiado estrecha.

Se acepta por lo general que las descripciones bien definidas de las tareas y los estatutos de las empresas tienden a evitar los empleos redundantes y los esfuerzos excesivos de coordinación. La función de ingeniería industrial no debe ser la excepción, pero es preciso reconocer que la razón fundamental para establecer el departamento de ingeniería industrial es la búsqueda constante del mejoramiento. De manera que las descripciones de tareas deben apoyar, no restringir, la posibilidad de que el personal de ingeniería industrial responda a esa necesidad administrativa.

El elemento aislado más importante del cual depende el éxito o el fracaso al llevar la ingeniería industrial a las áreas no tradicionales es la competencia técnica demostrada del personal del departamento. Sin esto, todos los esfuerzos servirán de poco. Una historia de auxilio técnico exitoso habla por sí misma. Los gerentes de ingeniería industrial deben dedicar todas sus energías a la formación de un personal lo más competente que sea posible. La ampliación de sus servicios vendrá casi como una consecuencia natural.

1.2.12 DESARROLLO DE NUEVAS TECNICAS Y SERVICIOS

Desde el primer día de actividades, y todos los días de ahí en adelante, el jefe del departamento de ingeniería industrial tiene la obligación de estar al corriente de las necesidades de la empresa y del estado de la técnica dentro de la profesión. El cumplimiento de esa obligación es la clave de la supervivencia de la función de asesoría. Está a punto de extinguirse el servicio de asesoría que no responde ya a las necesidades de la empresa ni logra ir a la cabeza en su tecnología especializada. La atrofia administrativa es un mal incalculable, costoso para las organizaciones del cliente y costoso al hacer frente a la desaparición del servicio. Los costos sociales de un departamento que fracasa se pueden equiparar con los costos económicos de la moral baja, del ausentismo, de la rotación elevada de personal y de la frustración general. La gerencia general tiene derecho a esperar únicamente lo mejor de su departamento de ingeniería industrial.

Por fortuna, en la actualidad hay pocos pretextos para no estar al corriente de los nuevos acontecimientos. Durante los últimos 30 años han mejorado sorprendentemente la cantidad y la calidad de la información y de las ofertas educacionales al alcance de los ingenieros industriales. Las conferencias técnicas sobre cualquier concepto o técnica concebibles de la ingeniería industrial tienen lugar a menudo a una distancia relativamente corta de la empresa más aislada de los Estados Unidos. Además de las muchas sociedades profesionales y técnicas que patrocinan regularmente esas conferencias, un número alto y cada vez mayor de consultores y especialistas han desarrollado algunos programas excelentes que están al alcance del público en general. Las escuelas de ingeniería y otros departamentos afines de las universidades han respondido también a esa necesidad ofreciendo numerosos cursos breves y organizando simposios, coloquios y seminarios.

Los locales en que se llevan a cabo esas sesiones van desde las austeras salas de conferencias hasta los centros turísticos más lujosos. Muchas empresas organizan programas de capacitación en sus propios terrenos, para comodidad de los participantes. Los cursos de extensión que ofrecen muchas universidades estatales fueron diseñados especialmente para aquellos a quienes viajar les resulta difícil.

También, las publicaciones se han vuelto más numerosas y especializadas en los últimos 30 años. Las revistas e informes de las sociedades profesionales nacionales e internacionales reflejan las elevadas normas técnicas que exigen los educadores y profesionales más refinados. Al mismo tiempo ha aparecido un torrente de publicaciones semitécnicas para los lectores cuyo interés es menos especializado. Al final de este capítulo se encontrará una lista de tales publicaciones.

Las empresas editoriales más importantes, conscientes de esta necesidad, han publicado textos y libros de referencia que abarcan todo el campo de la ingeniería industrial y la administración. Los manuales, como el presente, ofrecen a una gran variedad de lectores un compendio ordenado y metódico de tecnología de ingeniería industrial contemporánea. En suma, con algo de esfuerzo y un costo moderado, la mayoría, si no todos los departamentos de ingeniería industrial, puede obtener un programa constante de actividades para el desarrollo profesional y un excelente archivo de referencia.

La interpretación y pronóstico de las necesidades de la empresa que el departamento de ingeniería industrial es capaz de satisfacer, requieren un esfuerzo mucho mayor. Algo fundamental en este proceso es el diálogo constante entre el gerente de ingeniería industrial y los departamentos, los otros gerentes y los ejecutivos de la empresa. Parte de esta comunicación se puede lograr asistiendo a las juntas de operación, los consejos, las juntas de personal, los grupos de estudio y las reuniones de comité donde se estudian los problemas cotidianos, se discuten las estrategias de fabricación y mercadotecnia y se formulan los planes a largo plazo. La lectura de las actas de esas juntas, aunque es informativa, no sustituye a la participación real. La asistencia a esos "consejos de guerra" es necesaria para que sea posible prever y responder inteligentemente a las necesidades siempre cambiantes de las organizaciones lineales.

Todas las empresas generan y archivan información administrativa en diversas formas. El departamento de ingeniería industrial debe tener acceso a esos bancos de datos en forma regular y constante, para que le sea posible adquirir, mediante el análisis y la interpretación, un sentido de dirección para mejorar su capacidad de respuesta a los cambios que se avecinan en las operaciones. Como ejemplos de este tipo de información se pueden citar los programas de inversión de capital a largo plazo, los presupuestos para investigación y desarrollo, los informes de calidad, los pronósticos de producción, los análisis de mercados, las tendencias de los costos por unidad, etc. En suma, todos los documentos e informes que usa la administración para planear, organizar, dirigir, coordinar y controlar las operaciones. Con un poco de trabajo, hasta alguien que sea nuevo en la organización podrá fácilmente seleccionar la información que mejor responda a sus necesidades.

Esta evaluación de las necesidades actuales y previstas debe ir seguida por un inventario de los recursos técnicos de que dispone el departamento de ingeniería industrial. Las deficiencias de capacidad para responder a las solicitudes de apoyo se pueden llenar mediante programas selectivos de contratación y capacitación. El número de especialistas e individuos con conocimientos variados para formar un grupo de apoyo debidamente equilibrado debe ser examinado con regularidad. Un aumento repentino de interés por los estudios de control de calidad, para poner un ejemplo, puede exigir un número superior al normal de ingenieros calificados para aplicar las técnicas estadísticas. El grado en que el gerente puede prever esas tendencias y formular sus planes dará la medida de la eficiencia del grupo.

No todas las organizaciones de ingeniería industrial son lo bastante grandes para contar con todos los expertos necesarios para satisfacer eficazmente las necesidades del cliente. En algunas organizaciones, este problema se resuelve señalando especialistas y poniéndolos, por tiempo limitado, a disposición del trabajo que requiere su tipo de conocimientos. Si los especialistas no son asignados permanentemente a un solo grupo de estudios, podrán auxiliar a varios directores de proyecto en forma programada.

Cuando el tamaño del departamento lo permite, se forma a menudo un cuerpo de especialistas en técnicas de ingeniería industrial. Este grupo proporciona servicio solicitado a los profesionales en ejercicio de su carrera, los cuales pueden negociar ayuda altamente especializada para sus proyectos. Esos grupos de especialistas son difíciles de justificar, salvo en los departamentos muy grandes de ingeniería industrial donde el costo de su preparación se puede repartir entre una amplia base de operaciones. Cuando las compañías pequeñas requieren un apoyo especializado, recurren a las agencias externas.

1.2.13 FIJACION DE PRIORIDADES PARA LOS TRABAJOS DE INGENIERIA INDUSTRIAL

El establecimiento de prioridades para los estudios que va a llevar a cabo el departamento de ingeniería industrial requiere el concurso de los grupos principales que intervienen: la gerencia general, los departamentos solicitantes y el departamento de ingeniería industrial. En el esquema general, las metas establecidas por la gerencia general de la empresa constituyen el marco dentro del cual deben funcionar los departamentos de línea y de administración. Las decisiones respecto a los planes financieros, la estrategia de mercadotecnia, los desembolsos de capital y los presupuestos para investigación estructuran la respuesta de las unidades de operación y de apoyo. Típicamente, la respuesta toma la forma de objetivos específicos que hay que lograr para que puedan alcanzarse las metas de la empresa. La serie de interacciones entre los grupos principales involucrados tiende a hacer desaparecer las dificultades que emanan de los recursos limitados y otras restricciones. Una estructura muy popular para este proceso es la formulación de planes de largo plazo que se revisan anualmente.

La elaboración, presentación y revisión de los planes a largo plazo generan un circuito de retroalimentación que unifica factores tales como las limitaciones de capacidad de la planta, los recursos para mercadotecnia y distribución, la necesidad de crear o adquirir, la disponibilidad de personal técnico y otros recursos especiales, y hace los ajustes necesarios.

Las metas de la empresa presentan situaciones conflictivas. Los objetivos clásicos pueden ser el nivel de calidad con el cual la empresa quiere ser identificada, los tiempos de entrega, de servicio o ambos, las políticas de fijación de precios, los procedimientos en materia de sueldos y salarios y las estrategias para introducir nuevos productos o servicios.

El departamento de ingeniería industrial debe fijar prioridades para sus actividades teniendo en cuenta todos aquellos objetivos y metas conflictivas; pero las prioridades establecidas deben ser congruentes con la misión principal de la empresa. Para ciertos proyectos, las prioridades están determinadas de antemano. Por ejemplo, los lineamientos generales deben ser presentados automáticamente para evitar cualquier esfuerzo en favor de los proyectos que no satisfagan la tasa mínima de rendimiento que se espera de la inversión. La administración puede suspender otros proyectos por alguna razón: defectos del producto, costos de fabricación, entrada tardía al mercado, cambios tecnológicos, etc. Por otra parte, los directores pueden ordenar que ciertas actividades se lleven a cabo con precedencia sobre todos los demás proyectos.

Normalmente, el trabajo que debe ser hecho y el que debe dejarse pendiente representa pocos problemas para el gerente de ingeniería industrial. Las verdaderas dificultades provienen del proceso de asignar el personal técnico disponible al resto del trabajo que requiere atención, puesto que pocos departamentos administrativos pueden darse el lujo de tener la capacidad técnica necesaria para satisfacer al mismo tiempo todas las solicitudes.

En algunos casos se forman comités directivos para que determinen cuáles de los proyectos restantes serán atendidos y establezcan un programa de precedencia o clasificación de los proyectos. En otros casos, se espera que el personal de ingeniería industrial haga la clasificación tomando los lineamientos de la gerencia general como base para asignar el personal técnico a proyectos específicos. Otro procedimiento diferente consiste en celebrar una serie de juntas entre los clientes y el personal de ingeniería industrial, al nivel organizativo más bajo de la compañía. La lista preliminar de prioridades, a este nivel, incluye estimaciones de los conocimientos de ingeniería necesarios y del número de técnicos que se asignará a cada proyecto. Como las compañías solicitantes forman parte de una organización mayor, se tiene que repetir el establecimiento de prioridades para todas ellas en un determinado nivel y, si los recursos técnicos de ingeniería industrial son limitados, algunos proyectos tendrán que ser abandonados a fin de atender a los que ofrecen mayores posibilidades o son más urgentes. Este proceso se repite hasta que todos los niveles jerárquicos de la empresa hayan tenido la oportunidad de participar en la fijación de prioridades para las demandas de servicio. Dependiendo de cómo esté organizada la compañía y de si el departamento de ingeniería industrial está centralizado o descentralizado, la repetición del proceso se puede terminar a nivel de departamento, de planta o de división.

Cualquiera que sea el proceso para el establecimiento de prioridades, el departamento de ingeniería industrial puede no tener la variedad de conocimientos necesaria para satisfacer todas las demandas técnicas que exija la lista final de proyectos. Como ya se dijo, la habilidad del gerente de ingeniería industrial para prever el tipo de apoyo necesario que satisfaga las necesidades de los solicitantes puede ser un factor crítico que siente las bases de las buenas relaciones entre el personal de línea y la administración.

La evaluación de los conocimientos tecnológicos necesarios tiene que ser forzosamente inacabable, sobre todo teniendo en cuenta la anticipación con que deben ser contratados y capacitados los ingenieros y analistas. La simple anotación de los trabajos emprendidos por el departamento puede revelar las técnicas o metodologías que probablemente se deban aplicar en los estudios futuros. Un método que está en uso exige que los ingenieros empleen una clave de clasificación cuando elaboran su registro diario de trabajo. Esa clave facilita el análisis por solicitantes atendidos, por tipo de estudio o por servicio específico prestado, además de que proporciona información acerca del tiempo dedicado a los distintos proyectos. Este procedimiento se puede llevar a cabo manualmente o con ayuda de la computadora, y es fácil adoptarlo cuando el departamento presta sus servicios a base de cuotas. La mecánica para cobrar a los clientes en forma periódica puede producir al mismo tiempo los datos necesarios para dirigir los esfuerzos del departamento. Se pueden trazar gráficas de tendencias, que son útiles para pronosticar las necesidades de personal y capacitación en el futuro próximo.

En la sección 1.2.12, donde se explicaron los métodos para desarrollar nuevas técnicas y servicios, se señaló la importancia que tiene el análisis de los informes y registros de la administración para prever las demandas futuras. Se dijo también que un inventario de las posibilidades del personal de ingeniería industrial revelará las posibles deficiencias en determinadas técnicas y métodos, datos que serán muy útiles para planear la contratación y capacitación.

Los programas de capacitación basados en las necesidades a largo plazo alentarán a quienes deseen hacer carrera en las labores administrativas de asesoría y garantizarán la existencia de un recurso técnico competente y estable. Las empresas más grandes pueden establecer programas internos de capacitación recurriendo al personal experimentado y a las facilidades que da la compañía. Otras empresas tendrán que contratar los servicios de consultores, de profesores de las escuelas locales, o enviar tal vez a su personal profesional y técnico a instituciones académicas distantes para que obtenga la capacitación necesaria. Los planes presupuestarios de un departamento de ingeniería industrial bien dirigido deben incluir fondos para desarrollar la capacidad del personal. Algunos administradores han estimado que la vida media de un ingeniero industrial es apenas de 3 años. Aunque fuera de 6, la rapidez de los cambios sociales, culturales y tecnológicos coloca a la capacitación muy a la cabeza de la lista de los problemas de la administración.

1.2.14 LAS FUNCIONES DE SUPERVISION Y ADMINISTRACION

Los ingenieros industriales, los técnicos, los analistas y los taquimecanógrafos asociados se agrupan normalmente en una unidad lógica de trabajo dirigida por un supervisor o jefe de grupo. El supervisor asigna las tareas, recomienda al ingeniero las técnicas aplicables, estudia las proposiciones y, en ocasiones, presenta las recomendaciones finales al departamento solicitante. Le toca también calificar el rendimiento del personal de la unidad y atender su capacitación. El supervisor de ingeniería ha sido la fuerza primordial que dirige el trabajo técnico, desde el análisis, el diseño, hasta la ejecución. Muchas organizaciones de ingeniería industrial que han tenido éxito siguen dependiendo del supervisor como experto técnico del grupo de ingenieros.

En muchas empresas, es probable que el supervisor de ingeniería industrial se encuentre en una fase de transición: desempeña la función de director de recursos y conocimientos y, también, la de líder técnico. Su papel está siendo modificado por la complejidad creciente de las operaciones industriales y por la multiplicidad de técnicas y conocimientos que se requieren para hacer frente a problemas difíciles e intrincados. Este ambiente ha contribuido a la proliferación de grupos multidisciplinarios formados por elementos profesionales y técnicos de los diversos departamentos administrativos. Se puede solicitar al supervisor de ingeniería industrial que asigne varios ingenieros a uno o más de esos grupos, donde su trabajo será supervisado por un director de proyecto. De esas asignaciones ha surgido una combinación, o matriz, de relaciones de administración y supervisión, para hacer frente a los problemas de organizar el trabajo de los elementos técnicos del grupo.

Otro factor que influye en la modificación del papel del supervisor es el cambio que tiene lugar en la situación de los ingenieros industriales experimentados. Este grupo ya maduro de profesionales no sólo necesitan menos la supervisión técnica directa, sino que muchos de ellos han llegado a ser expertos en un campo especializado de la ingeniería industrial y pueden saber más que el supervisor en ese campo. Además, aquellos profesionales tienden a dejarse guiar por el cliente al organizar y planear el trabajo de los primeros. En una organización descentralizada, los ingenieros son parte de la misma planta o instalación; pero incluso en las organizaciones de ingeniería industrial muy centralizadas hay tendencia a ubicar físicamente al ingeniero en el área de operaciones correspondiente. Esa proximidad permite al ingeniero familiarizarse íntimamente con el área de operación.

Mientras más estrechamente se relacione el ingeniero industrial con el cliente al cual da servicio, más oportunidades tendrá de desarrollar y demostrar su capacidad para emprender trabajos que implican una mayor responsabilidad profesional. Por la naturaleza misma del trabajo del ingeniero, muchas veces, está en la mejor situación para evaluar los problemas potenciales del área del cliente e iniciar los estudios que pueden minimizar los efectos del problema y, tal vez, hasta corregir la situación. El ingeniero está, en efecto, trabajando directamente para el cliente, no para el departamento de ingeniería industrial. No obstante, busca en su supervisor el apoyo necesario para salir adelante. El supervisor, por lo tanto, tiene que desempeñar un papel más versátil. Tiene que estar enterado de los avances y resultados del trabajo realizado por los ingenieros experimentados. Los ingenieros recién contratados necesitan también que el supervisor los guíe al llevar a cabo sus trabajos iniciales.

Los supervisores deben planear la capacitación de todo su personal y tener en cuenta sus necesidades de desarrollo profesional. Tienden a abstraerse de los problemas técnicos, sabiendo que sus expertos pueden ocuparse de ellos. Su comportamiento como supervisores tiende a ser de apoyo más bien que directivo. Se encuentran dedicando más tiempo a la administración para estar al corriente de los problemas de operación y formular planes previendo las demandas de apoyo técnico. Se les ve más en el papel de directores de recursos que en el de expertos técnicos, porque se espera que organicen los elementos necesarios en grupos de estudio eficientes y ayuden a fijar prioridades para los proyectos. El tiempo cada vez más largo que pasan los supervisores en las juntas de planeación con la administración les obliga a delegar más responsabilidades en los ingenieros industriales maduros dentro de sus respectivos grupos. Esto satisface al mismo tiempo la necesidad de los ingenieros, que quieren más responsabilidad, y la de los administradores que desean mejorar la posibilidad de prever y satisfacer las metas y objetivos de la gerencia general.

Los gerentes de los departamentos de ingeniería industrial deben ser liberados de la resolución de los detalles de los problemas técnicos. Su responsabilidad es con la empresa en conjunto y su esfera de influencia funcional debe extenderse a todos los niveles administrativos. Deben crear y apoyar las interacciones entre el personal de línea y la administración en el plano vertical y, también, las que tienen lugar en los canales horizontales de comunicación. Deben hallarse presentes físicamente en muchos de esos cruces administrativos. No podrán manejar con eficacia sus recursos si viven en un vacío de información. Esto ocurrirá fácilmente si se interesan en los detalles técnicos del trabajo de su personal. Su presencia es necesaria tanto en su departamento como entre sus iguales.

Hay diversos consejos administrativos, cuerpos asesores y comités de operación que se ocupan de la planeación a largo plazo, de las alternativas de fabricación, de las estrategias de mercadotecnia y de los problemas de operación. La participación de los gerentes de ingeniería industrial en esas sesiones cierra el círculo de las relaciones administrativas que comenzaron con la asignación de ingenieros al nivel de operación y la interacción de los supervisores con la gerencia media.

Las compañías difieren en la manera en que los gerentes de ingeniería industrial se relacionan con sus superiores en lo que respecta al trabajo de sus departamentos. En muchas empresas, corresponde al gerente de ingeniería industrial diseñar y conservar las normas de trabajo y el plan de pago de incentivos. Los ingenieros industriales realizan los estudios de tiempo y, con frecuencia, inician cambios de métodos, de manera que las normas de trabajo estén basadas en la manera más productiva de realizar el trabajo. Esto da lugar a cambios en la distribución de las áreas de trabajo, para aprovechar el mejoramiento de los métodos. Las normas de trabajo se revisan oficial y regularmente por los ingenieros industriales, a fin de evitar el deterioro causado por los estándares vagos o los métodos deficientes. El gerente de ingeniería industrial autoriza todos y cada uno de los cambios en las normas de trabajo. Como resultado, se tiene la impresión de que las normas corresponden al departamento de ingeniería industrial. Los supervisores y administradores de línea distinguen poca o ninguna relación con la medición del trabajo o los planes de pago de incentivos. Además, se espera que el gerente de ingeniería industrial elabore informes sobre la eficacia de dichos planes para lograr las normas de rendimiento establecidas por el gerente de la planta o por el director general de la empresa. También revisa, con la gerencia general, la reducción e incremento del costo.

Muchas compañías se muestran satisfechas por haber asignado como responsable al departamento de ingeniería industrial del rendimiento de los trabajadores. Otras experimentan alguna preocupación al poner el control y mejoramiento de los costos de mano de obra en manos de un gerente administrativo. En ocasiones se manifiesta algún temor por la aparente división de responsabilidades, sobre todo cuando hay problemas para cumplir con las normas de trabajo o se advierte el efecto de los planes de medición del trabajo en otras áreas de interés, por ejemplo, las de calidad o de seguridad. El informe de la reducción del costo presentado directamente por el gerente de ingeniería industrial a la dirección general les parece a algunos como si tal gerente buscara el crédito por las mejoras que han logrado los departamentos de línea. Algunos de esos problemas han inducido a muchas compañías a examinar con mayores detalles las relaciones de información respecto a las actividades línea/staff.

Hay una relación de información un tanto diferente en aquellas compañías que delegan la responsabilidad del mejoramiento administrativo en el nivel más bajo posible de la autoridad de línea, si es mediante incentivos de trabajo, cambios en los métodos, innovaciones tecnológicas o técnicas de motivación. En esas empresas, el personal de ingeniería industrial sigue participando activamente en la fijación de normas y en otros aspectos del proceso de mejoramiento. El trabajo de ingeniería industrial es designado por el gerente de operaciones, el único que autoriza cualquier cambio sujeto a la aprobación de los ejecutivos de línea. Las metas son fijadas por el gerente de operaciones, único responsable.

Los informes sobre el rendimiento de la unidad de operación son presentados por los canales normales de línea. Esto se hace muchas veces en forma de estudios regulares y programados de los costos de mano de obra, materiales y máquinas de cada producto comparados con las normas establecidas de antemano, de comparaciones de los niveles de inventario reales y presupuestados, de las normas de calidad y de las metas de servicio. De esos logros no informa la administración asesora sino la administración de línea, aunque se requiere una ayuda considerable de aquélla para elaborar la información o para lograr las mejoras. Los gerentes de línea y la gerencia general hacen saber su agradecimiento como prueba del trabajo eficaz de equipo entre el personal de línea y staff.

Los dos procedimientos totalmente diferentes de información y autorización que se acaban de describir no completan en absoluto la variedad de formas en que el gerente de ingeniería industrial se relaciona con los clientes y se comunica con los superiores. Ejemplifican dos estilos administrativos que son diferentes, y pueden servir de guía al analizar la forma en que los departamentos de línea y de administración comparten la responsabilidad de la información.

Ya hemos mencionado brevemente las responsabilidades del gerente de ingeniería industrial para con la empresa en conjunto. Al cumplir con esa responsabilidad, el gerente debe evaluar el nivel de conocimiento que tiene la dirección general sobre la capacidad técnica del personal de ingeniería industrial. Debe tomar la iniciativa en cuanto a reconocer la aplicabilidad de una técnica específica a un problema determinado y explicar o demostrar las ventajas de ese método a quienes no están familiarizados con la tecnología de que se trate. Esto se puede hacer en forma natural durante el proceso de discusión de los problemas de operación en las juntas, donde se espera que el gerente de ingeniería industrial comparta sus conocimientos como participante activo. En otras ocasiones, puede organizar un estudio de las técnicas particulares indicadas en una determinada situación. El gerente está, gracias a su asociación con la dirección general de la empresa, en situación de iniciar actividades que de otro modo no podrían emprender los demás miembros del departamento de ingeniería industrial. Típicamente, se trata de actividades que afectarán de modo general a las operaciones en conjunto. Como ayuda para este proceso, el gerente de ingeniería industrial puede disponer de fondos discrecionales que usará como "semilla" para explorar las oportunidades potenciales de mejorar la eficiencia de las operaciones. Esos fondos limitados permiten acumular o preparar información suficiente que demuestre la factibilidad de un estudio más completo.

1.2.15 JUSTIFICACION DEL TRABAJO

Cinco grupos principales se interesan por los planes y el estado del trabajo emprendido por el personal de ingeniería industrial. Son los siguientes: los ingenieros industriales, los que solicitan los servicios, los supervisores y gerentes de ingeniería industrial, los analistas de finanzas y la dirección general de la empresa. Los ingenieros que deben planear y efectuar los estudios necesitan información que les permita ejercer algún control sobre su trabajo. Los solicitantes se interesan por el progreso del trabajo porque se relaciona con sus objetivos y metas. El supervisor o gerente de ingeniería industrial debe tener acceso a información oportuna para poder dirigir y controlar los recursos dentro del departamento. Los analistas de finanzas tienen que asignar los costos reales de administración ya sea a un producto o a las cuentas correspondientes de costos indirectos. Por último, la dirección general debe tener información que cuantifique la utilización de la asesoría en términos de personas, costos y eficacia. El tamaño del departamento de ingeniería industrial influye en los métodos que se siguen para planear y controlar su trabajo. Independientemente del tamaño, alguien, en algún momento, debe prestar atención a esa responsabilidad. La mecánica puede ser diferente, pero la idea de control está generalmente aceptada.

La formulación de los presupuestos de operación va precedida normalmente por un estudio del trabajo que ya está en marcha y continuará en el año siguiente. Se hacen estimaciones del personal necesario y del tiempo que se requerirá para hacer ese trabajo. Se definen los nuevos proyectos, y las estimaciones correspondientes de personal y tiempo se suman a la información que ya se tiene. Se hacen estimaciones del tiempo de capacitación y de las actividades de desarrollo profesional, así como del tiempo que corresponde a vacaciones, días festivos, enfermedad y otras ausencias. El tiempo neto de ingeniería disponible, necesario para realizar el trabajo, se calcula y se toma como base para determinar los aumentos o reasignaciones de personal. Los registros que se han llevado con respecto al desgaste proporcionan datos para afinar las necesidades de personal.

Este proceso se simplifica considerablemente si los planes para el próximo año de presupuesto comienzan con base cero en cuanto a necesidades, en cuyo caso cada año se examina cada proyecto, viejo o nuevo, como candidato para la asignación de personal y fondos. Esto es una simplificación excesiva de los métodos de contabilidad con base cero, pero tipifica la tarea de identificar todo el trabajo de ingeniería industrial, el departamento que solicita el servicio y el valor que tiene para la empresa el estudio de los proyectos emprendidos. En un medio donde el costo es importante, los proyectos que prometen rendimiento son aprobados, mientras que otros son diferidos, suspendidos o desechados.

Una manera de controlar el apoyo indirecto de asesoría consiste en contar el número de personas asociadas con cada función de la empresa. Un análisis funcional revelará las actividades redundantes o superpuestas. Se obtendrán economías suprimiendo la duplicación o consolidando las funciones en grupos que puedan ser organizados y manejados con más eficiencia. El número de personas identificado con cada función viene a ser el número base, sujeto a nueva evaluación en términos de las necesidades generales de personal de la empresa. Al formular los presupuestos para operaciones futuras, las desviaciones respecto al número base deben ser justificadas mediante aumentos o disminuciones de la necesidad de la función de asesoría. Este método simple y directo de controlar el tamaño de las operaciones indirectas se aplica en algunas de las empresas más importantes de los Estados Unidos, así como en otras mucho más pequeñas. Como ocurre con otros métodos de control, se presta al abuso. La conveniencia de emitir directivas que especifiquen un porcentaje fijo de reducción de todo el personal producirá efectos diversos en los departamentos de administración. En épocas de restricciones económicas, los departamentos como el de ingeniería industrial, que contribuyen al mejoramiento de la productividad, deben estar a salvo de tales reducciones y, quizá, hasta aumentar de tamaño, en un esfuerzo por mejorar las utilidades. Sin embargo, es difícil sostener el hecho de que cualquier función se puede limitar restringiendo simplemente el personal que le fue asignado. Cuando las políticas aconsejan disminuir personal, un simple conteo permite determinar el grado de conformidad y detectar los departamentos que tienen dificultades para responder a las directivas dentro del tiempo estipulado por la dirección general.

Los procedimientos para asignar el costo de los servicios de ingeniería industrial se pueden agrupar en dos categorías generales:

1. Llevar cuentas de costos indirectos para acumular todos los costos de ingeniería industrial. Esos costos indirectos se reparten luego entre los departamentos de operación tomando las horas de mano de obra directa, los costos del producto o alguna otra base contable para la distribución.

2. Llevar cuentas de cargos directos por servicios, para acumular los costos de ingeniería industrial por departamento usuario específico.

Los pros y los contras de los procedimientos contables para los servicios profesionales de asesoría recorren toda la gama, desde las reacciones emocionales hasta la lógica racional. Quienes proponen que todos los costos de asesoría, independientemente de quien la solicite, se carguen a una cuenta general de costos indirectos para repartirlos luego en alguna forma como aumento al costo de hacer negocios, señalan la simplicidad del procedimiento como una ventaja. Se dice también que si al administrador de línea que utiliza los servicios de ingeniería industrial se le cargara el costo total de los mismos, preferiría no utilizarlos. Ciertamente, el gerente de línea podría incluso razonar que sería mejor contratar a sus propios ingenieros industriales a un costo menor, porque, así, no estaría pagando los costos de administración de un departamento central de ingeniería industrial. Como resultado, las etapas iniciales de la mayoría de esos departamentos refleja dichas preocupaciones, y el costo de asesoría fue absorbido por las cuentas de costos indirectos. Puesto que no se hacía un cobro directo al usuario del servicio ni se obligaba al gerente de línea a presentar un presupuesto para controlar el costo, se consideró a los ingenieros industriales como un servicio "gratuito" que sólo tenía que justificarse ante la dirección general. Al principio, ese servicio gratuito fue sin duda de gran ayuda para alentar a los gerentes de línea a utilizar una técnica relativamente nueva para mejorar la eficiencia de sus operaciones. Sin ese apoyo, tal vez no hubiera sido posible en algunos casos demostrar el valor del personal de ingeniería industrial.

Sin embargo, la absorción de los costos de asesoría en una cuenta general de costos indirectos hace difícil determinar con precisión qué productos o departamentos son responsables de esos costos. Un servicio de asesoría que no se contabiliza localmente tiende a degenerar en solicitudes de apoyo para proyectos no esenciales o de baja prioridad, porque se le considera "gratuito" o, en el mejor de los casos, como un costo "fijo" que se acumula sea utilizado o no. En los niveles más bajos de la organización hay poco control de una cuenta de costos indirectos. La justificación de la actividad de asesoría gravita hacia el nivel administrativo más alto posible responsable del presupuesto total de operación, puesto que las cuentas totales de costos indirectos se asignan a ese nivel. Esto obliga al director administrativo a revisar esas actividades a un nivel bastante alto de la organización. Esto no estará siempre de acuerdo con la idea de delegar el manejo de los costos de operación en el nivel más bajo posible.

Los departamentos de asesoría técnica y profesional que cobran por sus servicios señalan que un cliente al cual se cobra directamente por la ayuda técnica se inclina a interesarse más por la prioridad y el progreso de sus proyectos. El hecho de cobrar por los servicios, en su opinión, estimula la identificación y selección de proyectos que sean valiosos para la empresa, y esto obedece aparentemente a que un servicio costoso de asesoría debe ser para aquellos proyectos que ofrezcan el nivel de rendimiento más alto posible.

Las ventajas de un sistema de cobro total por los servicios de ingeniería industrial son más evidentes cuando los presupuestos de operación están sujetos a revisiones particularmente exigentes. La elaboración de presupuestos obliga al gerente de ingeniería industrial y a los clientes a ser tan cuantitativos como sea posible al seleccionar proyectos y estudios para mejorar la productividad. Los procedimientos de ingeniería industrial para acumular la información necesaria para cobrarles a los clientes se prestan admirablemente a los análisis del comportamiento real, útiles para pronosticar y estimar la asesoría requerida.

La mecánica de un sistema de cobro es relativamente sencilla. El ingeniero anota el tiempo dedicado a estudios específicos, diaria o semanalmente, en una hoja de registro. Esa hoja registra el ingeniero, el departamento al cual se dio servicio, la fecha, el tiempo transcurrido y un título que describa en forma breve al proyecto. El ingeniero explica también el resto de su tiempo dedicado a otras actividades tales como capacitación, supervisión, ausencias y vacaciones. Este banco de datos puede ser compilado y ordenado, manual o electrónicamente, en una variedad de presentaciones útiles para manejar las operaciones del departamento de ingeniería industrial. Las tendencias de las necesidades del cliente, los requisitos de capacitación y la asignación de personal profesional y técnico por líneas de productos o con otra base son sólo ejemplos de los datos de control que es posible reunir. Este sistema simplifica las revisiones periódicas, con los clientes, de los costos reales de los servicios de ingeniería industrial comparados con los presupuestos. Los datos son también un elemento útil para estimar las prioridades de los proyectos y para una posible reasignación del personal asesor.

El sistema de cobro representa un valor directo para los ingenieros que sirven a los clientes como consultores y que necesitan información para realizar mejor su trabajo. Los clientes están dispuestos a pagar por un buen servicio, y su deseo de seguir financiando el trabajo del consultor de ingeniería refuerza positivamente su satisfacción con el apoyo que están recibiendo.

1.2.16 NECESIDADES DE INFORMACION Y COMUNICACION

Un departamento de ingeniería industrial eficaz y responsable debe contar con canales visibles y accesibles para transmitir la información que es vital para los miembros de su personal. Estos necesitan información que les afecta como individuos, así como otra que les sirve de guía y da forma a los asuntos del departamento. Les interesan los planes de contratación y ubicación del personal, las oportunidades de capacitación, los logros alcanzados con los proyectos importantes, la asignación de recursos y las prioridades establecidas para el trabajo. En suma, la mayor parte de la información necesaria para manejar el departamento de ingeniería industrial tiene que ser compartida con todo el personal a fin de alentar su comprensión e interés por las metas del departamento. Puesto que éste se compone de nuevos empleados, ingenieros experimentados, oficinistas, analistas y técnicos, hay que estudiar diversos modelos capaces de satisfacer las necesidades de información de todos esos grupos diferentes.

Las juntas de supervisores e ingenieros, programadas con regularidad, en las cuales se pueden discutir los asuntos administrativos, los seminarios sobre nuevas técnicas, las presentaciones anuales hechas por el gerente de ingeniería industrial ante todo el personal para hacer un bosquejo de los logros, la descripción de metas y objetivos, la circulación de información acerca de las actividades presupuestarias y las noticias sobre cambios organizativos y promociones, sugieren la gama de oportunidades de información que es posible explorar. Debe haber también un ambiente que propicie el intercambio de datos de interés mutuo. Los niveles de supervisión y administración del departamento de ingeniería industrial deben ser accesibles a cualquier persona o grupo deseoso de explorar las cuestiones organizativas y administrativas que les interesan. Un ambiente abierto es tan importante como las juntas planeadas para desarrollar y conservar buenos canales de comunicación. Con este fin, algunos departamentos programan una serie de juntas con los nuevos empleados, que, normalmente, abarcan a los que llevan 2 ó 3 años en el empleo. En esas juntas se exploran las intenciones en cuanto a hacer carrera y se discuten las cuestiones relacionadas con la satisfacción en el trabajo. Además, se estimulan las preguntas acerca de la administración del departamento de ingeniería industrial y se contestan con claridad. Esas juntas ayudan mucho a aliviar algunas de las ansiedades y preocupaciones que sufren a menudo los nuevos empleados. Al mismo tiempo, esa experiencia hace que a los empleados les resulte más fácil, en fecha futura, acudir por propia iniciativa si desean discutir algo que les interesa.

También, los clientes necesitan información, sobre todo en lo que respecta a los servicios que han contratado con el departamento de ingeniería industrial. La mayoría de los clientes son bastante específicos respecto a la información que requieren y al modelo que mejor se ajusta a sus necesidades. Los procedimientos administrativos del departamento de ingeniería industrial deben ser tan flexibles como sea posible, para satisfacer dichas necesidades lo mismo que las de operación del departamento. Hablando de modo general, los proyectos o estudios que se llevan a cabo para un cliente se elaboran normalmente en forma de un documento que contiene una descripción del estudio solicitado, así como las estimaciones de tiempo y las fechas críticas. Ese documento es un procedimiento rutinario en las empresas donde se cobra por los servicios de asesoría. Al mismo tiempo, los trabajos por escrito pueden ser revisados por quienes tienen interés o que participaron en él, para ver si están de acuerdo con la amplitud del estudio.

En forma regular, las revisiones de avance son programadas por el ingeniero junto con el cliente. Dependiendo de las circunstancias, esas revisiones pueden consistir en un informe verbal breve o en informes formales por escrito. Esa información permite al cliente revalorar constantemente las posibilidades o introducir cambios en el alcance del trabajo, con base en los datos disponibles hasta ese momento. Al quedar terminado el estudio tiene lugar generalmente un proceso de conclusión. Se puede solicitar un informe final junto con las proposiciones que implican un desembolso de capital, o una exposición que aclare algunos otros puntos de interés para el cliente. Dichos informes son también valiosos como referencia para otros ingenieros que trabajan en estudios similares. Vale la pena tener un archivo cruzado de referencias para facilitar la búsqueda y localización de los proyectos importantes manejados por el departamento de ingeniería industrial.

El personal técnico tiene la obligación de dar una idea general o informar a la clientela y a la administración sobre el estado actual de la técnica. No hay que olvidar la importancia de esa responsabilidad educativa. La utilización eficaz de los investigadores depende directamente del nivel de comprensión de la tecnología que posea quien los utiliza, el cliente en este caso. No basta con que el gerente de ingeniería industrial y su personal conozcan a fondo las técnicas y metodologías más recientes de las ciencias administrativas. Es fundamental que todos los niveles de la administración tengan algún conocimiento de la fuerza y potencial de los instrumentos que pueden manejar a través del departamento de ingeniería industrial. La relación entre médico y paciente, si alguna vez fue un estilo adecuado de comportamiento, no es la que corresponde a las relaciones actuales entre el personal de línea y staff. La idea de un personal técnico que prescribe un método de operación que el gerente de línea no entiende, pero que acepta pasivamente, para luego ser responsable de los resultados, no está de acuerdo con la realidad. Debe haber un entendimiento mutuo de las funciones diferentes de que cada departamento es responsable. Un enfoque de equipo en que se fomenta un ambiente de participación y colaboración parece ser lo más eficaz para establecer las buenas relaciones entre el personal de línea y el staff.

Como se dijo en la sección 1.2.11, algunos departamentos de ingeniería industrial hacen circular con regularidad resúmenes técnicos o boletines dentro de las empresas. Esos procedimientos de comunicación deben estar bien presentados y redactados, con el formato adecuado, para evitar que vayan a parar al cesto de los papeles. No todas las empresas son receptivas a la circulación masiva de boletines de ese tipo. Lo mismo se puede decir de los informes anuales dirigidos normalmente a los altos niveles administrativos. Pueden ser muy útiles como documentos de información para comunicarse con los administradores que, por lo general, no tienen contacto diario con las actividades del personal técnico. Los informes anuales bien redactados pueden ayudar a educar a la administración en materia de tendencias y logros tecnológicos, o a preparar el escenario para nuevos proyectos de asesoría. Existe el peligro, sin embargo, de que esos informes resulten redundantes o comenten acontecimientos de los cuales la administración ha tenido ya conocimiento por otros conductos, o que sean tomados como una promoción egoísta. Si esos informes dejan la impresión de que un departamento asesor se está adjudicando el crédito por los logros de un departamento de línea, la colaboración se puede deteriorar hasta el punto de que las relaciones línea/staff resulten gravemente afectadas.

Tal vez convenga señalar un último punto acerca de las comunicaciones entre el personal técnico y la administración. La claridad al hablar y al escribir es un factor indispensable para fomentar el entendimiento. Si hay un momento y lugar en que la lucidez, la simplicidad y el lenguaje sin adornos son necesarios, es precisamente cuando el experto técnico explica su trabajo a un cliente. Entre ellos, profesionistas y técnicos, descansan empleando un lenguaje propio nacido de la comodidad y que es muy útil para compartir las ideas. Al no iniciado le parecerá una jerga ininteligible y, en el mejor de los casos, un tanto pretenciosa. En el cliente confundido puede despertar una sensación de frustración capaz de extinguir toda esperanza de colaboración.

La comunicación eficaz es esencial para que la administración entienda la capacidad y suficiencia que puede obtener del departamento de ingeniería industrial. El problema más difícil a que hacen frente los gerentes de ingeniería industrial consiste en estructurar un proceso que dé lugar a la utilización inteligente y eficaz de las posibilidades de su departamento en todos los niveles administrativos. Con ese fin, se ordenan los recursos y se organizan las operaciones. Se prepara una nueva herramienta, diseñada en forma tal que se adapte especialmente al trabajo de que se trate.

PUBLICACIONES

ACROSS THE BOARD
The Conference Board, Inc.
845 Third Avenue
Nueva York, NY 10022
ADMINISTRATIVE MANAGEMENT
Geyer-McAllister Publications
51 Madison Avenue
Nueva York, NY 10010
ADMINISTRATIVE SCIENCE QUARTERLY
Graduate School of Business & Public Administration
Cornell University
Ithaca, NY 14853
AIIE TRANSACTIONS
American Institute of Industrial Engineers
25 Technology Park/Atlanta
Norcross, GA 30092
AMERICAN DEMOGRAPHICS
American Demographics, Inc.
P.O. Box 68
Ithaca, NY 14850
BEHAVIORAL SCIENCE
Behavioral Science Systems Science Publications
University of Louisville
Louisville, KY 40208
BEHAVIORAL SCIENCES NEWSLETTER
Roy W. Walters & Associates, Inc.
60 Glenn Avenue
Glenn Rock, NJ 07452
BIOMEDICAL COMMUNICATIONS
United Business Publications, Inc.
750 Third Avenue
Nueva York, NY 10017
BIOMETRIKA
Biometrika Office
University College of London
Gower Street
Londres WCLE 6 BT, Inglaterra

CALIFORNIA MANAGEMENT REVIEW
Graduate School of Business Administration
University of California
Berkeley, CA 94720
CHEMICAL ENGINEERING
McGraw-Hill, Inc.
1221 Avenue of the Americas
Nueva York, NY 10020
CHEMICAL AND ENGINEERING NEWS
American Chemical Society
1155 16th Street, NW
Washington, DC 20036
COMPUTER DIGEST (Antes *Data Channels*)
Phillips Publishing, Inc.
7315 Wisconsin Avenue
Washington, DC 20014
COMPUTERS CONTROL AND INFORMATION THEORY
National Technical Information Service
U.S. Department of Commerce
5825 Fort Royal Road
Springfield, VA 22161
COMPUTERS AND PEOPLE
Berkely Enterprises, Inc.
815 Washington Street
Newtonville, MA 02160
DATACOMM ADVISOR
Communications Field, Inc.
214 Third Avenue
Walton, MA 02154
DATA PROCESSING DIGEST
Data Processing Digest, Inc.
6820 La Tijera Boulevard
Los Angeles, CA 90045
DYNAMICA
University of Bradford, Management Centre
Systems Dynamics Research Group
Emm Lane, Bradford 9
West Yorkshire, Inglaterra

ECONOMETRICA
Econometric Society
Department of Economics
Northwestern University
Evanston, IL 60201
ELECTRONIC NEWS
Fairchild Publications, Inc.
7 East 12th Street
Nueva York, NY 10003
ELECTRONICS
McGraw-Hill, Inc.
1221 Avenue of the Americas
Nueva York, NY 10020
ENGINEERING ECONOMIST (THE)
The American Society for Engineering Education
Engineering Division
300 West Chestnut Street
Ephrata, PA 17522
ENGINEERING EDUCATION
American Society for Engineering Education
One Dupont Circle, Suite 400
Washington, DC 20036
ENGINEERING NEWS RECORD
McGraw-Hill, Inc.
1221 Avenue of the Americas
Nueva York, NY 10020
FOOD ENGINEER FOR MANAGEMENT
The Chilton Company
Chilton Way
Radnor, PA 19089
FOOTNOTES TO THE FUTURE
Futuremics, Inc.
1629 K Street, NW, Suite 5129
Washington, DC 20006
FUTURES
300 East 42nd Street
Nueva York, NY 10017
FUTURIST (THE)
The World Future Society
P.O. Box 30369,
Bethesda Branch
Washington, DC 20014
GRAPHIC ARTS MONTHLY
Technical Publications
Dunn & Bradstreet Division
666 Fifth Avenue
Nueva York, NY 10019
GROUP ORGANIZATION STUDIES
University Associates, Inc.
7596 Eads Avenue
La Jolla, CA 92037
HANDLING AND SHIPPING
Penton/IPC, Inc.
1111 Chester Avenue
Cleveland, OH 44114
HARVARD BUSINESS REVIEW
Harvard University
Graduate School of Business Administration
Boston, MA 02163
HOUSEHOLD & PERSONAL PRODUCTS
Rodman Publishing Corp.
Box 555
26 Lake Street
Ramsey, NJ 07446
IBM JOURNAL OF RESEARCH AND DEVELOPMENT
International Business Machines Corp.
Armonk, NY 10504
IBM SYSTEMS JOURNAL
International Business Machines Corp.
Armonk, NY 10504
IEEE TRANSACTIONS OF ENGINEERING MANAGEMENT
The Institute of Electrical and Electronics Engineers, Inc.
445 Hoes Lane
Piscataway, NJ 08854
IEEE TRANSACTIONS OF SONICS AND ULTRASONICS
Institute of Electrical and Electronics Engineers, Inc.
445 Hoes Lane
Piscataway, NJ 08854
INDUSTRIAL AND LABOR RELATIONS REVIEW
The New York State School of Industrial and Labor Relations
Cornell University
Ithaca, NY 14853
INDUSTRIAL RESEARCH AND DEVELOPMENT
Technical Publishing
1301 South Grove Avenue
Barrington, IL 60010
INDUSTRIAL ROBOT
IFS Publications, Ltd.
35–39 High Street
Kempston, Bedford MK42 7 BT,
Inglaterra
INTERFACES
The Institute of Management Sciences
146 Westminster Street
Providence, RI 02903

INTERNATIONAL STATISTICAL REVIEW
Longman Group, Ltd.
43–45 Annandale Street
Edinburgo EH7 4 AT, Escocia
JOURNAL OF ACADEMY MANAGEMENT
Academy Management
P.O. Drawer KZ
Mississippi State University
Mississippi State, MS 39762
JOURNAL OF ADVERTISING RESEARCH
Advertising Research Foundation
3 E. 54th Street Nueva York, NY 10022
JOURNAL OF THE AMERICAN HOSPITAL ASSOCIATION
American Hospital Publishing, Inc.
P.O. Box 10483
Chicago, IL 60610
JOURNAL OF THE AMERICAN STATISTICAL ASSOCIATION (JASA)
American Statistical Association
Business and Technical Department–Editorial Office
806 15th Street, NW
Washington, DC 20005
JOURNAL OF APPLIED BEHAVIORAL SCIENCE
NTL Institute for Applied Behavioral Science
P.O. Box 9155, Rosslyn Station
Arlington, VA 22209
JOURNAL OF APPLIED PSYCHOLOGY
American Psychological Association, Inc.
1200 Seventeenth Street, NW
Washington, DC 20036
JOURNAL OF INDUSTRIAL ENGINEERING
American Institute of Industrial Engineers
25 Technology Park/Atlanta
Norcross, GA 30092
JOURNAL OF MARKETING RESEARCH
American Marketing Association
Edwards Brothers, Inc.
Ann Arbor, MI 48104
JOURNAL OF ORGANIZATIONAL BEHAVIOR MANAGEMENT
Behavioral Systems, Inc.
3300 Northeast Expressway, Suite 1 P
Atlanta, GA 30341
JOURNAL OF QUALITY TECHNOLOGY
American Society for Quality Control
Plankinton Building
161 W. Wisconsin Avenue
Milwaukee, WI 53203
JOURNAL OF SYSTEMS MANAGEMENT
Association for Systems Management
24587 Bagley Road
Cleveland, OH 44138
LABORATORY MANAGEMENT
United Business Publications, Inc.
750 Third Avenue
Nueva York, NY 10017
LONG RANGE PLANNING
Pergamon Press, Ltd.
Maxwell House, Fairview Park
Elmsford, NY 10523
MANAGEMENT SCIENCE
The Institute of Management Sciences
146 Westminster Street
Providence, RI 02903
MATHEMATICS OF OPERATIONS RESEARCH
The Institute of Management Sciences
146 Westminster Street
Providence, RI 02903
MICROGRAPHICS
National Micrographics Association
8728 Colesville Road
Silver Spring, MD 20910
MINICOMPUTER NEWS
Benwill Publishing Corp.
1050 Commonwealth Avenue
Boston, MA 02215
MODERN MATERIALS HANDLING
Cahners Publication Company
Division of Reed Holdings, Inc.
221 Columbus Avenue
Boston, MA 02116
MODERN OFFICE PROCEDURES
Modern Office Procedures
P.O. Box 95759
Cleveland, OH 44101
MODERN PACKACING
Cahners Publication Company
Chicago Division
5 S. Wabash Avenue
Chicago, IL 60603
MODERN PLASTICS
McGraw-Hill, Inc.
1221 Avenue of the Americas
Nueva York, NY 10020
NEXT
Andrew Reinbach
49 W. 11th Street
Nueva York, NY 10011

OFFICE (THE)
The Economics Press, Inc.
12 Daniel Road
Fairfield, NJ 07006

OMEGA
Pergamon Press, Ltd.
Hennock Road
Marsh Barton
Exeter, Devon EX 2 8RP, Inglaterra

OPERATIONS RESEARCH
Operations Research Society of America
428 East Preston Street
Baltimore, MD 21202

OPERATIONS RESEARCH/ MANAGEMENT SCIENCE ABSTRACTS
Executive Sciences Institute, Inc.
P.O. Drawer M
Whippany, NJ 07981

ORGANIZATIONAL DYNAMICS
American Management Association
Box 319
Saranac Lake, NY 12983

PERFORMANCE IMPROVEMENT
Performance Improvement Publishing Co.
Box 128
500 Main Street
Ridgefield, CT 06877

PERSONNEL ADMINISTRATOR (THE)
American Society for Personnel Administration
30 Park Drive
Berea, OH 44017

PERSONNEL JOURNAL
Personnel Journal
866 W. 18th Street
Costa Mesa, CA 92627

PERSONNEL MANAGEMENT ABSTRACTS
Graduate School of Business Administration
Office of Publication
University of Michigan
Ann Arbor, MI 48109

PROJECT MANAGEMENT QUARTERLY
Project Management Quarterly Institute
P.O. Box 43 Drexel Hill, PA 19026

PRINT
R.C. Publications, Inc.
355 Lexington Avenue
Nueva York, NY 10017

PRINTING IMPRESSIONS
North American Publishing Co.
401 N. Broad Street
Filadelfia, PA 19108

PSYCHOLOGICAL BULLETIN
American Psychological Association, Inc.
1200 17th Street, NW
Washington, DC 20036

QUALITY CONTROL AND APPLIED STATISTICS
Executive Sciences Institute, Inc,
8 Ford Hill Road
Whippany, NJ 07981

RADIO ELECTRONICS
Gernsbach Publications, Inc.
200 Park Avenue South
Nueva York, NY 10003

RESEARCH MANAGEMENT
Interscience Publishers
Division of John Wiley and Sons, Inc.
605 Third Avenue
Nueva York, NY 10016

SALES AND MARKETING MANAGEMENT
Sales and Marketing Management
633 Third Avenue
Nueva York, NY 10017

SCIENTIFIC AMERICAN
Scientific American, Inc.
415 Madison Avenue
Nueva York, NY 10017

SCIENTIFIC NEWS
Science Service, Inc.
1719 North Street, NW
Washington, DC 20036

SCRAP AGE
Three Sons Publishing Co.
6311 Gross Point Road
Niles, IL 60648

SECRETARY (THE)
The National Secretaries Association
2440 Pershing Road, Suite G10
Kansas City, MO 64108

SIMULATION
Simulation Councils, Inc.
Box 2228
La Jolla, CA 92038

SLOAN MANAGEMENT REVIEW
Sloan Management Review Association
Alfred P. Sloan School of Management
Massachusetts Institute of Technology
50 Memorial Drive
Cambridge, MA 02139

SOCIETY
Evans Press
P.O. Box 2033
Fort Worth, TX 76113

SOLID WASTES MANAGEMENT
Cook College
Rutgers–The State University
Box 231
Nueva Brunswick, NJ 08903
TECHNOLOGICAL FORECAST AND SOCIAL CHANGE
Elsevier-North Holland, Inc.
52 Vanderbilt Avenue
Nueva York, NY 10017
TECHNOLOGY REVIEW
Massachusetts Institute of Technology
50 Memorial Drive
Cambridge, MA 02139
TECHNOMETRICS
Technometrics Management
Committee of the American Society for Quality Control
806 15th Street, NW
Washington, DC 20005
TELEVISION/RADIO AGE
Television Radio Editorial Corp.
20th and Northampton
Easton, PA 18042
TRAINING AND DEVELOPMENT JOURNAL
American Society Training and Development, Inc.
P.O.Box 5307
Madison, WI 53705
TRANSPORTATION AND DISTRIBUTION MANAGEMENT
Traffic Service Corporation
Washington Building
Washington, DC 20005
WAREHOUSING AND PHYSICAL DISTRIBUTION PRODUCTIVITY REPORT
Marketing Publications, Inc.
529 14th Street, SW
217 National Press Building
Washington, DC 20045
WHARTON MAGAZINE
C. Lynn Coy Associates
220 East 54th Street
Nueva York, NY 10022
WIRELESS WORLD
Electrical-Electronic Press, Ltd.
Dorest House
Stamford Street
Londres SE1 9LU, Inglaterra
WORD PROCESSING WORLD
Geyer-McAllister Publications
51 Madison Avenue
Nueva York, NY 10010
WORLD OF WORK REPORT
Work in America Institute, Inc.
700 White Plains Road
Scarsdale, NY 10583

REFERENCIAS

1. PETER F. DRUCKER, *Management: Tasks, Responsibilities, Practices,* Harper and Row, Nueva York, 1973, p. xiii.
2. NEVILLE HARRIS, *Management Services in the United Kingdom,* The Institute of Management Services, Enfield, Middlesex, Inglaterra, 1979.
3. W. A. REYNOLDS y M. K. CHEUNG, "Some Aspects of the Organization and Use of Industrial Engineering Techniques in Hong Kong", *International Journal of Production Research,* Vol. 15, núm. 5 y 6 (1977).
4. KNUT HOLT, "Industrial Engineering: A Dynamic Response to Change?", OMEGA, *The International Journal of Management Science,* Vol. 3, No. 5 (1975), pág. 523-540. (Este trabajo es una versión condensada de un informe presentado por K. Holt con el título "Industrial Engineering A Dynamic Response to Change? Organization and Practice of Industrial Engineering in Selected American and European Companies", publicado en una serie de informes de The Division of Industrial Management, University of Trondheim, The Norwegian Institute of Technology.)

BIBLIOGRAFIA

Además de las referencias que anteceden, la que sigue es una fuente útil de información:

MORRIS, WILLIAM T., "Implementation Strategies for Industrial Engineers," Grid Publishing Co., Columbus, OH, 1979.

CAPITULO 1.3

Mejoramiento de la eficiencia en el ejercicio de la ingeniería industrial

GERALD NADLER
Universidad de Wisconsin

1.3.1 INTRODUCCION

Si usted tuviera un conocimiento absoluto de todas las técnicas y principios que contiene este manual, ¿estaría seguro de que ejerce la ingeniería industrial (II) en forma eficiente?

Basándose incluso en el nivel más sencillo de conocimiento del ejercicio de la profesión, contestará probablemente "no". Si considera las diferencias de características de una a otra empresa [su historia, mitología, estilo administrativo, la personalidad de los ingenieros industriales (IIs), el conocimiento de las técnicas y principios que poseen otros miembros de la organización], el "no" será más definitivo. Si tiene en cuenta las numerosas circunstancias externas (los actos de los competidores, las condiciones de la economía, el suministro de materiales), la respuesta negativa se refuerza.

¿*Cómo* puede entonces el II ejercer la profesión eficientemente? Si, por una parte, el conocimiento de las técnicas y principios no da la seguridad, y si, por la otra, el medio (las circunstancias externas y las características de la compañía) provocan "interferencias", parece surgir una situación de doble pérdida. Por fortuna sabemos, gracias a los muchos programas exitosos que los IIs y la II siguen en las empresas, que pueden existir, y existen, condiciones de doble victoria.

Parece haber una afinidad en el hecho de "poner en práctica", que no se describe ni enseña a menudo, que tiende un puente entre el número abrumador de técnicas e instrumentos de la II y los efectos que produce el medio. Si retiramos la pezonera, tendremos la esterilidad y el negativismo del "apuro tecnológico" de los especialistas de la técnica, o la inmovilidad e impotencia del "no hay nada que podamos hacer" de quienes abogan por el status quo.

El eslabón clave es un "enfoque total" para hallar respuestas y soluciones eficaces e innovadoras que, probablemente, serán aceptadas y puestas en práctica. Un enfoque total indicará *cómo* decidir cuando las numerosas técnicas, mediciones y modelos de la II son o no útiles, y *cómo* interrelacionarse debidamente con la organización real y con el medio.

1.3.2 EL EJERCICIO EFICIENTE DE LA II

Qué es lo que constituye el ejercicio eficiente de la II es un tema que se trata a menudo, aunque insuficientemente, en casi todos los capítulos de este manual. Todas las técnicas y

Gran parte de este capítulo es una adaptación de la obra de G. Nadler *The Planning and Design Approach,* Wiley, Nueva York, 1981.

procedimientos, por ejemplo, son presentados junto con los criterios para determinar qué tan bien son *aplicados.* Se hacen indicaciones acerca de los "niveles aceptables" de exactitud y precisión de casi todas las *técnicas y procedimientos.* Se definen la II y los departamentos de II, sobre todo en la sección 1, con el fin de señalar los objetivos y metas que el *área de II*, con sus esfuerzos, debe alcanzar. Se proponen principios bien establecidos acerca de cómo debe "parecer" una "buena solución" (por ejemplo, una estructura organizativa, una instalación de fabricación, un sistema de información propio, un programa de garantía de calidad) para que sean *adoptados e implantados* en una situación real.

Sin embargo, todos sabemos que hay muchos fracasos, incluso cuando se han empleado las "mejores" técnicas y modelos, cuando se han obtenido mediciones "exactas y precisas", cuando los IIs están guiados por metas y objetivos de "alto nivel" y cuando se aplicaron los principios "más modernos" para hallar una solución.[1] Al mismo tiempo, todos conocemos los éxitos logrados cuando se ha recurrido a ideas que distan mucho de ser "puras". Dicho sea de paso, no hay referencias que indiquen que un resultado notable cualquiera, logrado en la vida real, haya encajado jamás con las ideas puras.[2] Por necesarias que sean las ideas puras para estimular y proporcionar una base de conocimiento, están lejos de ser suficientes para definir el ejercicio eficaz de la II. Los ingenieros industriales deben dejar de hablar de mejorar la toma de decisiones mediante técnicas y modelos puros, y dedicarse a ayudar a los clientes a resolver sus problemas.

Surge *un triple concepto de eficiencia en el ejercicio de la II* cuando se consideran estas bases:

1. Maximizar la calidad de las soluciones y respuestas que se recomiendan a las organizaciones de la vida real.
2. Maximizar la probabilidad de que las soluciones sean puestas en práctica y de que las respuestas sean aceptadas por la administración.
3. Maximizar la eficacia de todos los recursos de II que se utilizan en los trabajos.

El primer aspecto del concepto de eficiencia incorpora muchas ideas puras dentro de la palabra *calidad.* La mayoría de nosotros definimos la calidad en términos de incorporar las mejores técnicas y los niveles más altos de exactitud y precisión en una respuesta, o de incorporar los principios más modernos a una solución. Encontramos a menudo otras descripciones: confiable, adaptable, innovadora (una solución creativa un tanto deficiente es a veces mucho mejor que una solución estándar o innecesaria, que es muy eficaz), pluralista, satisfactoria para el ciente, buena relación de beneficio/costo, uso eficiente de los recursos que requiere una solución (máquinas, dinero, materiales, energía, información, personal e instalaciones) y simplicidad. Una solución o respuesta de calidad contiene también la semilla de las ideas para su propio y constante mejoramiento. Cada organización y cada administrador ha establecido sus propios criterios para definir la calidad de las soluciones y respuestas. (Como intervienen tantos criterios, la optimización para la selección entre ellos es inevitable. La optimización a nivel de operación al seleccionar ciertas especificaciones no entra en conflicto con la maximización conceptual que implica el aspecto que se trata. La maximización debe tratar en primer lugar de evaluar favorablemente si se está trabajando o no con el problema correcto, si están interviniendo las personas más indicadas, y si se han especificado las relaciones necesarias. Luego, la optimización puede tener lugar dentro del marco de trabajo maximizado.)

En el segundo aspecto, la imposibilidad de poner en práctica soluciones eficaces o de hacer que un cliente acepte una respuesta (por ejemplo, un informe de evaluación, una descripción de la causa de que una máquina haya fallado, una síntesis de conocimientos sobre un tema en particular) constituye evidencia a primera vista de que algo estuvo mal en el proceso de II. El ejercicio eficiente de la II se define a menudo como el producto de multiplicar la calidad de la solución o respuesta por la puesta en práctica o la aceptación. Aunque la calidad de la solución o respuesta sea de 100, la falta de ejecución o aceptación (cero) no

Ejemplo 1.3.1 Estudio de 48 compañías que indica la utilización efectiva del personal de programa directo

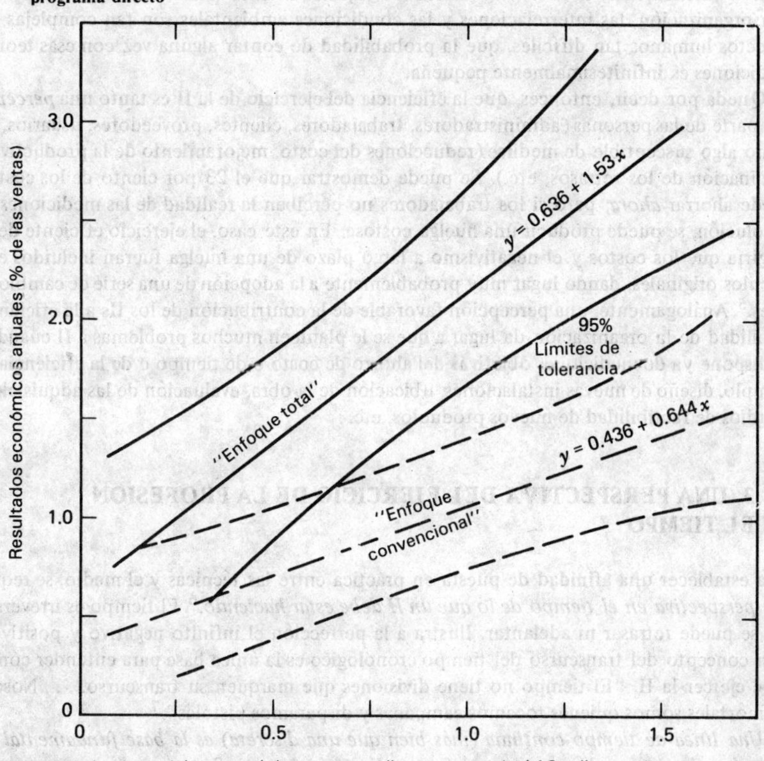

dará lugar a eficiencia en el ejercicio. La ejecución y la aceptación implican modificar el comportamiento de las personas reales haciéndolas pasar, mediante la selección, aprobación, ejecución y aplicación de la solución o respuesta, del estado en que se encontraban al percibirse su necesidad a un estado de búsqueda constante de su mejoramiento.

En cuanto al tercer aspecto del concepto de eficiencia, es de suponer que con cantidades ilimitadas de tiempo y dinero se pueden resolver muchos problemas y obtener muchas respuestas; pero es sumamente improbable que una organización se decida a hacer desembolsos tan grandes. El tiempo y el dinero limitados exigen que se maximicen la eficacia y la eficiencia de los profesionales de la II y de las personas que participan en sus trabajos. Esto constituye la praxiología de la II,[3] una *quid pro quo* esencial que los profesionales de la II ofrecen a la organización a cambio de la responsabilidad delegada en ellos para que el problema sea resuelto. El ejemplo 1.3.1 ilustra sólo una manera de representar los beneficios de este tercer aspecto. Describe el resultado de un estudio de 48 compañías[4], y demuestra que se pueden obtener más del doble de ahorros monetarios por miembro del personal con las ideas de poner en práctica que se explican en este capítulo. A la inversa, se puede obtener un determinado nivel de ahorro con más o menos la mitad de IIs y otro personal.

Al tratar de lograr tres maximizaciones simultáneas se pone de manifiesto inmediatamente la necesidad de la afinidad de II del enfoque total de la puesta en práctica. No existe una teoría rigurosa que incorpore las técnicas para la triple maximización. No hay métodos cuantitativos para identificar las posibilidades de selección dentro de y entre los numerosos factores y, muchas veces, no se puede hacer la medición científica de los factores mismos. Evidentemente, la II no ha comenzado siquiera a tener tales teorías y conceptos. En una organización, las interrelaciones y las condiciones ambientales son tan complejas y los aspectos humanos tan difíciles, que la probabilidad de contar alguna vez con esas teorías y mediciones es infinitesimalmente pequeña.

Queda por decir, entonces, que la eficiencia del ejercicio de la II es tanto una *percepción* por parte de las personas (administradores, trabajadores, clientes, proveedores, usuarios, etc.) como algo susceptible de medirse (reducciones del costo, mejoramiento de la productividad, eliminación de los retrasos, etc.). Se puede demostrar que el 23 por ciento de los costos se puede ahorrar *ahora*, pero si los trabajadores no perciben la realidad de las mediciones o de la solución, se puede producir una huelga costosa. En este caso, el ejercicio eficiente de la II exigiría que los costos y el negativismo a largo plazo de una huelga fueran incluidos en los cálculos originales, dando lugar muy probablemente a la adopción de una serie de cambios por fases.[5] Análogamente, una percepción favorable de la contribución de los IIs a la eficiencia y viabilidad de la organización da lugar a que se le planteen muchos problemas a II cuando no se dispone ya de mediciones objetivas del ahorro de costo o de tiempo o de la eficiencia, por ejemplo, diseño de nuevas instalaciones, ubicación de la obra, evaluación de las adquisiciones, estudios de factibilidad de nuevos productos, etc.

1.3.3 UNA PERSPECTIVA DEL EJERCICIO DE LA PROFESION EN EL TIEMPO

Para establecer una afinidad de puesta en práctica entre las técnicas y el medio, se requiere *una perspectiva en el tiempo de lo que un II debe estar haciendo.*[6] El tiempo es irreversible. No se puede retrasar ni adelantar. Ilustra a la perfección el infinito negativo y positivo. El gran concepto del transcurso del tiempo cronológico es la única base para entender cómo se debe ejercer la II. "El tiempo no tiene divisiones que marquen su transcurso. . . . Nosotros los mortales somos quienes tocamos campanas y disparamos pistolas".[7]

Una línea de tiempo continua (más bien que una discreta) es la base fundamental para entender el pasado, el presente o el futuro de un fenómeno. Supongamos que una recta o vector en el espacio, con una flecha en un extremo, representa una línea de tiempo. Un punto arbitrario cualquiera puede marcar el presente (segundo, minuto, hora, día, semana, mes o cualquiera que sea la unidad), el cual define automáticamente el pasado y el futuro.

Muchas técnicas (por ejemplo, fórmulas, imágenes, dibujos o gráficas) son formas simbólicas de abstraer, modelar o describir el pasado, el presente o las condiciones previstas para un fenómeno de interés en momentos anteriores, presentes o futuros elegidos arbitrariamente.

Hasta ahora, cada descripción del fenómeno es estática. En su mayoría, contienen sólo una perspectiva limitada del fenómeno, incluso omitiendo lo que ya se sabe de sus condiciones pasadas y presentes; pero se supone que apuntan a otra parte. Las descripciones de un futuro son, típicamente, pronósticos de cuáles podrán ser las condiciones estáticas o de cómo una persona o un grupo desea que sean esas condiciones en el futuro. Con frecuencia se ponen nombres o etiquetas a instantáneas del futuro, tales como "sociedad postindustrial", "automatización" o "grupos autónomos de trabajo". Todas las visiones de buenas soluciones proyectadas por los principios que contiene este manual ilustran diversos tipos de instantáneas estáticas del futuro.

Esas instantáneas de los resultados futuros son la mayoría de las veces inadecuadas, porque se supone que es "correcta" cada instantánea de un fenómeno en particular. Pero la corrección está basada generalmente en las técnicas, modelos o principios *dispuestos y sintetizados ¡con base en el pasado*! Además, un arreglo o síntesis agrega datos provenientes de muchos casos anteriores, cada uno de los cuales tuvo "éxito" en grados diversos y con diferentes grupos de personas. *El ejercicio de la ingeniería industrial debe prever lo que una persona específica, en una institución específica, entenderá como soluciones o respuestas correctas o exitosas para resolver sus problemas.* Este debe ser sin duda el objetivo que busca un II, *no* ciertamente el compromiso de aplicar las técnicas o de aumentar la precisión de las mediciones per se. Con esta perspectiva del futuro no es posible garantizar la eficacia de una técnica o modelo cualquiera, ni los criterios a priori pueden ayudar a decidir qué técnica será la más adecuada. Muchas técnicas, modelos y mediciones seguirán siendo útiles, pero muchas otras no deberán emplearse en absoluto. Todo esto constituye una buena explicación de lo que significan las exhortaciones a asegurarse de que se están "haciendo las preguntas correctas" y de que se está "trabajando con el problema correcto". También, prepara el escenario para utilizar la perspectiva temporal del ejercicio de la II.

En efecto, el mundo de la práctica de la II funciona siguiendo una línea temporal *que es paralela* a la situación del cliente, del departamento o de lo que sea donde surja el problema o la necesidad. En la vida real, se sigue operando y produciendo artículos o servicios, incluso mientras el mundo y el II deciden trabajar con un problema. Además, muchas otras entidades o mundos directos e indirectos (por ejemplo, los departamentos de planeación a largo plazo, de finanzas, de desarrollo organizativo, de ingeniería de productos, de procesamiento de datos) trabajan paralelos al mundo real de operación y producción y al mundo de la II. El problema se puede presentar en uno de los mundos de la administración. Por lo menos, el mundo de la II debe estar en contacto con otros día tras día, semana tras semana y mes tras mes, mientras se busca solución al problema.

Mientras se trabaja siguiendo una línea temporal, el mundo real de operación insiste en obtener sus resultados, es decir, lo que se supone que debe producir al tratar de realizar sus propósitos. El II debe ayudar a resolver los problemas que la organización considera importantes para continuar con sus productos o mejorar algunos aspectos de los mismos. Lograr que la organización esté de acuerdo en utilizar las soluciones o respuestas de calidad encontradas con la participación del departamento de II implica que se requiere mucho más que una instantánea de la solución o respuesta. Igualmente crítico es el plan de transición diario, semanal o mensual para garantizar la posible operación o utilidad.

La explicación más profunda de cómo la perspectiva temporal del ejercicio de la profesión puede ayudar al II depende ahora de algunas definiciones de la palabra *problema.* Sin duda, casi todos estamos de acuerdo en que hay diferentes tipos de problema,[8] pero no se ha dicho con claridad qué tipos son.

1.3.4 LOS PROBLEMAS

Se han dado distintas definiciones de la palabra *problema.* Algunos ejemplos son: "una dificultad percibida"[9], "un problema es una situación estimulante para la cual no se tiene a la mano una respuesta"[10], "esfuerzos y tensiones en las estructuras previstas"[11], "un desequilibrio"[12], "insatisfacción" con un estado definido,[13] y "un obstáculo que se debe soslayar".[14]

Otra tipología menciona problemas bien estructurados o mal estructurados. A veces se sugieren otras clasificaciones: programados y no programados, restringidos y no restringidos, abiertos y cerrados, rutinarios y no rutinarios, tecnológicos y humanos, deterministas y estocásticos. Casi todas ellas son inadecuadas o francamente engañosas. Están basadas principalmente en las técnicas y modelos disponibles, no en el problema o necesidad real.

La ingeniería define a menudo cuatro tipos de problema a los cuales se enfrentan los profesionales de esa disciplina:

1. Mejorar un sistema que ya existe (por ejemplo, reducir el tamaño, el peso o el costo, o mejorar el rendimiento o la apariencia).

2. Diagnosticar y remediar alguna dificultad o determinar la causa de un accidente en un sistema de operación o de trabajo.

3. Crear un nuevo sistema o combinación de objetos, información, personas y energía para hallar solución a una situación específica.

4. Encontrar un nuevo uso para los dispositivos, la información o los sistemas existentes.

Estas categorías son útiles para los IIs y serán incorporadas posteriormente en una perspectiva más general.

El diccionario es probablemente la mejor fuente para hallar una definición que reúna todas las ideas. Define el problema como *una cuestión esencial que nos preocupa.* Una cuestión esencial puede ser una pregunta, una situación, un fenómeno, una persona o un asunto. Una preocupación puede ser una incertidumbre, un obstáculo, un deseo, una dificultad o una duda. Como quiera que se exprese, parece que queda una definición simple: *algo* que nos preocupa.

De aquí en adelante, el "algo" representará el aspecto esencial, y la "preocupación" el aspecto de valores. El aspecto esencial comprende el tipo de problema y su lugar específico, siendo este último el "qué, dónde, cuándo y quién" particular de cada situación problemática. El aspecto de valores comprende los deseos, aspiraciones y necesidades que hacen que el aspecto esencial sea motivo de preocupación.

El aspecto esencial clasifica[15] los problemas en el contexto de las actividades humanas útiles. Esto permite a los IIs identificar el tipo de problema que el mundo real les pide que resuelvan, así como la metodología adecuada para resolverlo. El aspecto de valores explora las motivaciones humanas que hacen que algo sea un problema. Este modelo de la definición ofrece ventajas importantes:

1. El hecho de definir el aspecto esencial de un determinado problema da una mayor seguridad de que se está aplicando la metodología adecuada. Por ejemplo, una cierta situación puede plantear un problema de planeación y diseño. Si lo enfocamos con una metodología de investigación, el producto final será probablemente una serie de estudios, no una solución funcional. La atención estricta al tipo de problema y a su lugar disminuye apreciablemente la probabilidad de cometer un error del tercer tipo,[16] es decir, trabajar con o hallar la solución perfecta para el problema equivocado.

2. Una idea clara del lugar que ocupa el problema enfoca los esfuerzos para solucionarlo en las características específicas de cada solución. En vez de transferir una solución a otra situación, cada una estará de acuerdo con las necesidades, valores y recursos específicos.

3. El hecho de determinar el aspecto de valores de un problema sitúa su solución en el contexto de las aspiraciones y necesidades humanas. Esto evita la desafortunada tendencia de los IIs a convertirse en especialistas sin una estructura de responsabilidad ética. Tales especialistas suponen que los problemas serán definidos simplemente de manera que se ajusten a las técnicas disponibles.

Estas ventajas dan lugar a los criterios siguientes para determinar cómo se deben definir las cuestiones esenciales:

1. Las categorías deben tener una superposición mínima, sin dejar de abarcar todos los problemas asociados con todas las actividades que emprenden las personas.

2. Al mismo tiempo que identifican los problemas, las categorías deben enfocar, más que los problemas, los objetivos con los cuales las personas hacen frente a una situación. Al hacerlo de otro modo se restringen innecesariamente las posibilidades de solución.

3. Las categorías deben producir un conocimiento preceptivo de lo que se debe hacer respecto al problema; es decir, que sugiera una metodología.

4. Las categorías deben aumentar la probabilidad de trabajar con el problema correcto y de que habrá creatividad en la búsqueda de soluciones.

Como resultado de las exigencias que imponen estos criterios, la clasificación que sigue organiza las cuestiones esenciales con base en las actividades útiles; es decir, con base en los actos que realizamos día tras día en el proceso de vivir.

1.3.5 ACTIVIDADES Y VALORES UTILES

Una finalidad implica meta o intención. Util significa que "tiene las cualidades de" y "está caracterizado por" la finalidad (misión, meta, dirección, interés fundamental). Además, la finalidad tiene las características de ser constructiva, legítima, organizativamente necesaria, socialmente necesaria y socialmente aceptable. Las actividades son los actos asociados con la meta o intención. Surgen las categorías siguientes cuando se consideran las finalidades de las personas, identificando así las actividades útiles fundamentales que más adelante se enuncian:

1. Asegurar la autoconservación y la supervivencia; *autoconservación.*
2. Operar y supervisar una buena solución o un sistema existentes; *operar y supervisar.*
3. Crear o reestructurar una solución específica o un sistema; *planeación y diseño.*
4. Buscar generalizaciones o encontrar causas; *investigación.*
5. Evaluar los resultados de soluciones anteriores u otras actividades útiles; *evaluación.*
6. Desarrollar pericia u obtener conocimientos acerca de la información y las generalizaciones existentes; *aprendizaje.*
7. Disfrutar del descanso; *descanso.*

Las actividades útiles 1) y 7) no requieren mayor explicación. La actividad 1) es básica e instintiva y conduce hacia una o más de las otras, una vez que se ha logrado cierto nivel de bienestar físico y social. La 7), salvo cuando no se hace nada, lleva también a una de las otras cinco una vez que la persona ha decidido qué significa realmente el descanso en lo personal. En el ejemplo 1.3.2 aparece la lista de algunos problemas que ilustran cada una de las cinco actividades útiles restantes.

Las cinco actividades útiles principales podrían referirse a cualquier objeto o lugar específicos. Un departamento de embarques, por ejemplo, puede estar asociado con las cinco. Las actividades útiles permiten al II saber si el departamento de embarques plantea un problema de operación y supervisión, de planeación y diseño, de aprendizaje, de evaluación o de investigación. La actividad útil puede ser planear una distribución, operarla y supervisarla, o evaluarla. Las cinco actividades no se excluyen entre sí. Cada una puede relacionarse con o depender de otra. La planeación y el diseño eficientes requieren, en diversos puntos de un proyecto, de la investigación, la evaluación y el aprendizaje.

La ingeniería industrial incorpora más tipos de problema que la mayoría de las otras ramas de la ingeniería (véase la sección 1.3.4). Ayuda a mejorar los sistemas (con las actividades útiles de operación y supervisión y de planeación y diseño), a diagnosticar y encontrar causas (investigación), a crear nuevos sistemas (planeación y diseño) y a encontrar nuevos usos (planeación y diseño). Un II se ocupa también de la evaluación, la investigación y el aprendizaje.

Las actividades útiles primarias comprenden diversas actividades secundarias que no son exclusivas de una sola de las primarias, sino que aparecen con frecuencia en todas ellas. Se puede mencionar:

Tomar una decisión.
Mantener una norma de rendimiento (control).
Resolver un conflicto.
Modelar o resumir un fenómeno.

Ejemplo 1.3.2 Problemas que ilustran las diferentes actividades útiles

Operación y supervisión

Determinar si se deben aflojar los límites del control de calidad para aceptar más partes.
Establecer dos presupuestos "bajos" a cada incremento del 5% en el nivel de las ventas.
Señalar las especificaciones para el préstamo destinado a capital de trabajo en el cuarto trimestre.
Actualizar los archivos de costo estándar para que reflejen los nuevos precios de materiales y mano de obra.

Planeación y diseño

Desarrollar un sistema administrativo nacional parásito para los Estados Unidos.
Determinar si seis fábricas dispersas se deben consolidar en una nueva instalación de fabricación.
Recomendar si se debe aprobar un gasto de 40,000 dólares (con un período de recuperación de 8 meses) para automatizar las plataformas de carga en cada uno de los 24 almacenes.
Establecer un sistema de información para la admisión de pacientes, con la creación consiguiente de todos los archivos necesarios.

Investigación

Encontrar la relación entre las ventas de equipo original en todo el país y las ventas de partes.
Determinar la causa del accidente sufrido por el operador de la grúa.
Determinar por qué está decayendo el nivel de capacidad de los empleados de nuevo ingreso.
Establecer un perfil de las actitudes de los clientes hacia los productos.

Evaluación

Determinar si los 1300 centros de servicio establecido en todo el país son eficientes.
Evaluar el resultado (costos, niveles de producción, etc.) de la fábrica instalada hace un año.
Inspeccionar al azar los sanatorios particulares para determinar si todos cumplen con las normas de calidad impuestas por el estado.
Evaluar la eficiencia del programa de reducción de costos implantado hace 2 años.

Aprendizaje

Proporcionar al subdirector un resumen de los métodos de automatización disponibles en la actualidad.
Indicar el alcance de las terminales de computadora para escritorio, disponibles actualmente.
Determinar el estado actual de los métodos de planeación regional.
Hacer que los profesores pongan en práctica las técnicas de formación de equipos.

Desarrollar ideas creadoras.
Fijar prioridades.
Estimular y aprovechar el esfuerzo individual.
Enfocar y motivar el esfuerzo individual.

La actividad útil y fundamental constituye el contexto de las secundarias. ¿Tomar una decisión acerca de qué? ¿Operar y supervisar, o planear y diseñar una solución? ¿Resolver un conflicto relacionado con qué? ¿Con la evaluación o el aprendizaje? ¿Desarrollar ideas creadoras para qué? Modelar una situación ¿con qué fin? Establecer prioridades ¿por qué razón? Ejercer una habilidad ¿por cuál motivo? ¿Enfocar y motivar el esfuerzo individual para realizar qué actividad primaria útil?

¿Por qué algo se convierte en un problema? ¿Por qué desean las personas mejorar al mundo y a sí mismas? ¿Qué significa "mejorar", después de todo? ¿Cuál es el aspecto que "preocupa" en un problema? Aunque no podamos conocer las causas de las motivaciones y los valores humanos, podemos evaluar su expresión, aunque sea en forma incompleta e inexacta.

Los teóricos contemporáneos afirman que los valores, la ética y la motivación provienen de los instintos, necesidades y deseos de certeza y seguridad que viven en el hombre. La naturaleza de esas necesidades ha sido explorada por diversos autores. La jerarquía de las necesidades es una de las más conocidas.[17] Comienza con las necesidades 1) fisiológicas y 2) de seguridad; vienen luego 3) las sociales y de participación, 4) las de estimación y fama, 5) las de autonomía e independencia y 6) las de autorrealización. Se sugieren otras dos pero no se recalcan: 7) las de aprender y comprender y 8) las estéticas. A medida que las personas satisfacen las necesidades de un nivel, pasan al siguiente.

Al analizar las motivaciones humanas es indispensable definir la palabra *mejor.* Las personas están casi siempre buscando algo mejor, lo cual explica cómo empiezan los problemas. Alguien se preocupa porque piensa que puede obtener algo mejor.

Lo mejor tiene muchas facetas. Jamás refleja un solo deseo o necesidad. Por ejemplo, la productividad mejorada es una cosa "mejor" que implica preocupación por los costos, por el uso de materiales, por la utilización de las máquinas, por los efectos que producirá en el proveedor, etc. Cuando el deseo de algo mejor se refiere a una cosa o situación (por ejemplo, el departamento de embarques), se puede expresar en tres niveles: como valores, como objetivos y como metas. Hablando del ejemplo de la productividad, lo mejor abarca también los *valores* de "aprender por el saber mismo" y el deseo de aprovechar lo que sabemos del mejoramiento de la productividad para "satisfacer las necesidades humanas". Las creencias, los estados finales que se desean, las aspiraciones sociales e individuales y los objetos y fines que son motivo de un constante deseo, son valores. Esos valores se expresan luego en objetivos y metas específicos (medidas). Los *objetivos* son los criterios para determinar en qué medida se logra un valor determinado (en el caso de la productividad, algunos de los objetivos podrían ser disminuir el costo de materiales por unidad, aumentar la utilización de las máquinas, incrementar la utilidad bruta por unidad vendida). Las *metas* son los niveles de rendimiento o las cantidades que se pueden obtener de un objetivo de ciertos límites de tiempo y costo (por ejemplo, una disminución del 10 por ciento en el costo por unidad de materiales, dentro de los 8 meses siguientes).

Al definir un problema, los IIs tienen que establecer los valores, objetivos y metas de la actividad útil de que se trate y en un lugar específico. El deseo de lo mejor, expresado en los valores y medidas de las actividades humanas útiles, es lo que hace que surja un problema de un fenómeno en particular. Una solución eficaz reflejará y producirá más valores que los que estaban presentes al plantearse el problema. Los objetivos y metas hacen que operen los valores de un lugar específico.

Los valores, objetivos y metas asociados con cada una de las cinco actividades útiles son diferentes. Un administrador que pide a un II que determine la relación que existe entre el costo de capital de varias piezas de equipo y el porcentaje de tiempo que permanecen inactivas, puede estar motivado por la curiosidad o por los informes de mantenimiento anteriores. Tal vez no tenga idea de cómo va a utilizar la información, pero piensa que puede ser útil en el futuro. Así pues, una actividad útil de *investigación* tiende a tener valores, objetivos y metas diferentes de los que tendría una actividad de operación y supervisión, etc. Si el administrador le pide al II que vea la manera de que el sistema de mantenimiento esté en orden, los valores, objetivos y metas asociados con la actividad útil de *operación y supervisión* son diferentes.

Reconocer que todos los problemas tienen un aspecto de valores implica que II no puede adoptar una actitud objetiva. Hallar solución a un problema incorpora siempre subjetividad y preocupaciones. Este punto de vista saca los esfuerzos del II del campo de las disciplinas y técnicas rígidas. Obliga a que en la búsqueda de la solución se trasciendan los factores meramente cuantificables para incorporar otros que son subjetivos y críticos.

1.3.6 REALIZACION DE ACTIVIDADES UTILES (SOLUCION DE PROBLEMAS)

Para mejorar el ejercicio de la II es preciso reconocer que *hay que seguir un método diferente al tratar de realizar cada actividad útil.* En términos genéricos, quiere decir que se requiere una actitud mental diferente para los diferentes tipos de problema (incluyendo la decisión siempre presente de *no* hacer nada para resolverlo). En términos funcionales, significa que los tipos de cuestiones planteadas y la naturaleza de la información obtenida variarán apreciablemente.

Esas diferencias de método se pueden describir en términos de un escenario temporal. El mundo real (o la clasificación que hace el II de los datos que corresponden a la realidad) identifica un problema (cosas e intereses substanciales). Es muy raro que un problema surja de improviso. Las insatisfacciones, los deseos, los malos resultados o la incertidumbre van aumentando generalmente hasta un punto tal, que el mundo real (la organización, el departamento, el comité organizativo en el cual es de esperar que opere el II, etc.) decide (o el II sugiere) que se tiene que hacer algo al respecto. El hacer algo implica casi siempre algunas limitaciones de tiempo. El II trata inmediatamente de establecer, junto con las personas involucradas en la situación real, qué tipo de actitud útil se está considerando. Los valores y motivaciones para afirmar que una dificultad representa un problema pueden ayudar a identificar la actividad útil de que se trate, porque *se puede determinar un escenario diferente, en el tiempo, para cada actividad útil.*

El problema se "transfiere" luego al mundo de la investigación, de la planeación y el diseño, de la evaluación, etc. La finalidad que se persigue es la característica crítica. Actualmente, el II, aplicando el mismo método a todos los problemas, procede generalmente a reunir grandes cantidades de datos y, luego, se retira a una oficina para resolver el problema. El contacto con el cliente o departamento del mundo real tiene lugar casi siempre a partir de datos esporádicos, inconexos y ocasionales: obtener las estadísticas de ventas, ajustar la situación a un esquema de clasificación, determinar el número de puntos de distribución, etc. A las personas del mundo real muy raramente se les dice en qué contexto se requiere la información, de manera que empiezan casi de inmediato a preparar defensas y mostrarse escépticas respecto a los esfuerzos. Esto les lleva a menudo a proporcionar datos tendenciosos que les colocan en una posición favorable (cualquiera que ésta sea).

A medida que los IIs prosiguen con su método usual de resolver los problemas, se identifican cada vez más firmemente con lo que en su opinión constituyen las percepciones y supuestos que indujeron al cliente a buscar ayuda. En este punto, las percepciones del II son por lo general diferentes de las que se tenían al iniciarse el proyecto. Comienza a desarrollar respuestas y soluciones innovadoras a medida que la base de su perspectiva, sus supuestos y su conocimiento varían en forma diferente a los del cliente.

En el mismo plazo, el mundo real cambia y las percepciones, prioridades y conocimiento de las personas serán por lo tanto diferentes. Esas modificaciones comienzan a tener lugar casi inmediatamente después de que el departamento de II aborda el problema. Las "alteraciones", los "cambios normales en la operación" y las nuevas "tecnologías y conocimientos" que surgen por todas partes influyen en el mundo real del cliente y lo hacen cambiar. El problema mismo puede variar o su importancia puede disminuir o aumentar. La mayoría de dichos cambios son imperceptibles, pero alteran la subconciencia de los miembros de la organización o departamento. Mientras más de ellos se produzcan, el mundo real se volverá diferente y las percepciones del alcance y contexto del proyecto se podrán modificar muy apreciablemente.

Operando con este molde convencional, los IIs presentan por fin la solución o respuesta solicitada al mundo real. Es en este momento cuando se manifiesta el fracaso de tantos esfuerzos. El mundo de la II y el mundo real han modificado grandemente sus percepciones del problema, pero, casi inevitablemente, lo han hecho en direcciones diferentes. El cliente rechaza lo que el II le propone, porque las premisas con base en las cuales considera cada uno la proposición en ese momento son muy divergentes. La solución que acaban por adoptar, si hay alguna, es con mucha frecuencia un término medio que no satisface particularmente a ninguna de las partes. La falta de creatividad, los objetivos no logrados, las actitudes defensivas, los objetivos no alcanzados o logrados a medias, la hostilidad y los procedimientos inútiles caracterizan a menudo a los resultados.

Aunque esto parece ser aplicable a los grandes proyectos, las perspectivas análogamente cambiantes se presentan con los pequeños proyectos. Las causas de las diferencias de perspectiva explican también por qué el intento de transferir una solución de una situación a otra casi nunca tiene éxito. Los esfuerzos del departamento de ingeniería industrial para hacer que se acepte o se adopte una solución encontrada para otra situación están fuera de lugar, porque no hay dos situaciones verdaderamente iguales.

Se requiere una interacción constante entre los mundos del cliente y de II, en cada paso y fase de todos los métodos. Esas interacciones son necesarias aunque en el grupo del proyecto figuren personas del mundo real. Estas acaban por convertirse en miembros del mundo de la II a medida que el proyecto avanza, porque es probable que sus percepciones sean orientadas por el II poco después de que se inicia el proyecto. Todas las demás personas del mundo real deben seguir participando, con interacciones conjuntas, en muchos puntos del proceso. La responsabilidad principal por la interacción recae en el II, quien debe adaptarse a este intercambio de perspectivas y buscarlo constantemente.

El intercambio frecuente de percepciones y conocimientos se mejora grandemente al considerar los aspectos particulares de un método diferente para realizar cada actividad útil. El primer concepto implica reconocer que en los trabajos en los que se busca la solución de problemas, se presentan muchos esquemas conceptuales: racionales, efectivos, reduccionistas, al azar, intuitivos, aumentativos, etc. El segundo consiste en reconocer que cada uno, o cada combinación de ellos, puede ser mejor para las distintas actividades útiles. El tercero es que todos los esquemas conceptuales deben ser incorporados, en formas diversas, al enfoque total diferente de cada actividad útil.

La razón principal para que todos los métodos (racionales, efectivos, reduccionistas, etc.) deban ser incorporados en un enfoque total es que los seres humanos los conocen todos y los utilizan en ocasiones como métodos para resolver problemas. Afirmar que uno u otro es el "indicado", es desmentir las percepciones humanas. La necesidad de incorporar todos los enfoques en uno solo está reforzada por la conciencia creciente, incluso entre científicos, de que la tendencia racionalista occidental a "dividir el mundo que se percibe en cosas individuales. . . no es una característica fundamental de la realidad. . ."[18]

El siguiente punto se refiere a *cómo* se debe detallar un enfoque total. Nuevamente, las percepciones humanas son la fuente más probable de respuestas, sobre todo las de quienes anteriormente han demostrado su habilidad para hallar soluciones. La evidencia demuestra que la determinación, dentro del holismo de una actividad útil determinada, de los factores que describen a un enfoque total, nunca será completa. Un estudio de los hilos que forman los procesos de cambio y de los intereses funcionales de los profesionistas que avanzan en el tiempo buscando respuestas y soluciones induce a proponer que cinco factores serían suficientes para describir un enfoque total. Es decir, que un enfoque total es un conjunto integrado de atención simultánea a cinco factores entrelazados en cada momento:

1. Buscar una estrategia y un protocolo de fases y pasos de acción. (¿Qué conjunto de pasos, o de fases de pensamiento, hay que seguir a medida que el enfoque procede en el tiempo? ¿Cuál es el flujo de la toma de decisiones en el transcurso del tiempo, para ponerlo en términos de percepciones humanas?)

2. Especificar y presentar la solución o respuesta en el marco de ciertas propiedades y atributos adecuados para los fines. (A menudo se toma un "sistema" como marco conveniente; pero una solución de investigación, una de planeación y diseño, una de operación y supervisión, una de evaluación y una de aprendizaje son tan obviamente diferentes, que podría esperarse un marco de "sistema" distinto para cada una.)

3. Hacer participar a representantes del mundo del cliente u organización mientras se busca una estrategia, para que su aceptación e implantación sean probables. (Habrá diversos grados de participación, dependiendo del tipo de problema y del número de personas afectadas. Deberá darse siempre a las personas la *oportunidad* de participar e interactuar.)

4. Identificar y utilizar en forma eficaz los conocimientos y la información relacionados con la situación. (Los estudios, la experiencia, las leyendas y mitos y otras cosas parecidas tienen una amplia gama de utilidad potencial en cada una de las actividades útiles. Por ejemplo, la investigación o descripción de lo que ha ocurrido utiliza información y conocimientos diferentes de los que se utilizan en la operación y supervisión o al pronosticar la conveniencia y las consecuencias de los actos o cambios deliberados.)

5. Preparar la búsqueda constante de cambios y mejoras, incluso de la solución o respuesta que se va a encontrar. (La búsqueda de cambios y mejoras en todas las áreas del mundo real y la puesta en práctica de aquellos que sean factibles y valgan la pena evitará el desconcierto futuro, que sólo tiene lugar cuando el cambio es inminente y las personas no lo esperan. Cada solución o respuesta debe contener sus propios cambios y mejoras. La *investigación* constante del cambio en todas las soluciones y en todas las áreas de una institución implica estabilidad.)

El enfoque total diferente de cada actividad útil se puede explorar inicialmente identificando un tema que describa el holismo de cada enfoque. Parece que para cada uno son necesarios procesos de razonamiento y técnicas diferentes para que los cinco factores se vuelvan operantes. La descripción detallada de lo que cada factor del enfoque total implica para cada actividad útil se basa en una diversidad de perspectivas de duda y creencia y razonamiento filosófico provenientes de distintos enfoques individuales. El ejemplo 1.3.3 presenta esta estructura, resumiendo brevemente las ideas acerca de cada factor en relación con las respectivas actividades que son útiles. El lector ya conocerá la mayor parte de esa información, pero su presentación con una perspectiva diferente le dará aplicabilidad para la solución de los problemas. No pretende ser completa ni exacta, ya que se podría escribir mucho más acerca de cada uno de los enfoques totales. El ejemplo formaliza el concepto básico de que *el enfoque o respuesta de un problema* varían de acuerdo con *el resultado útil que se busca.* La finalidad es siempre el factor que gobierna.

Los cinco factores de cada actividad útil están dispuestos claramente en el ejemplo 1.3.3 siguiendo una línea de tiempo. Es decir, el primer paso, bajo el encabezado *aplicar la estrategia,* se entrelaza holísticamente de modo general con el primer elemento de cada uno de los otros cuatro factores. Luego, el segundo paso se interrelaciona aproximadamente con el segundo elemento de cada factor. Es de esperar que uno serpentee y brinque entre los pasos, lo cual significa que partes de todos los factores brincan y serpentean dentro de los diversos pasos de la estrategia.

Cada factor varía en importancia en momentos diferentes de un enfoque y de una a otra actividad útil. El hacer participar a las personas en la planeación y diseño es más importante, en todas las fases, que lo que lo es, por ejemplo, su participación en la investigación. Las normas para especificar una solución son más importantes en la investigación que en la operación, y la utilización de información y conocimientos actuales es más importante al principio de la evaluación que después.

Un escenario temporal mucho más completo puede representar el enfoque total de cada actividad útil. El ejemplo 1.3.4 muestra el escenario temporal de planeación y diseño.[19] Además de ilustrar los cinco factores, el ejemplo 1.3.4 muestra las acciones necesarias constantes y conjuntas entre el mundo de la planeación y diseño (en este caso) y el mundo real. El punto 2, diseñar una estructura para hallar la solución, es particularmente conveniente para un II que desea mejorar su actuación profesional. Se dice, en efecto, que la solución de cada problema debe dar comienzo definiendo cómo se buscará la solución o respuesta: quiénes deben intervenir, qué fines debe lograr realmente la búsqueda de la solución, qué elementos se van a utilizar, cuándo funcionará la estructura de búsqueda de soluciones o el sistema en cuestión, cuánto dinero se necesita, etc. Luego, el II pondrá esa estructura en operación teniendo la seguridad de que el esfuerzo tendrá apoyo, porque, en la mayoría de los casos, la estructura ha sido desarrollada por los administradores adecuados y por las personas a quienes corresponde tomar las decisiones, conjuntamente con el II.

Se puede ayudar a determinar qué actividad útil y, por lo tanto, qué método se deben considerar cuando "se presenta un problema", o cuando los datos le dicen al II que puede

Ejemplo 1.3.3. Resúmenes de los factores entrelazados del enfoque total de cada actividad útil

	Factores entrelazados de un enfoque total				
Actividades útiles	*Aplicar la estrategia*	*Especificar una solución*	*Involucrar a las personas*	*Usar la información*	*Disponer el cambio*
Operación y supervisión	Conocer el objetivo y las normas del sistema; Obtener recursos y las medidas de rendimiento de los sistemas; Dirigir, motivar, controlar y corregir los procesos de operación.	Objetivos de rendimiento; Especificaciones para insumos, equipo, personal y sistemas de información; Políticas de operación; Políticas de personal; Especificaciones del orden de sucesión de las operaciones.	Dirección activa del administrador junto con los clientes, los empleados y otras personas; Expertos para analizar la sustitución de recursos, el orden del plan, la comunicación de diseño, la coordinación y los sistemas de medición.	Sistemas de medición e información; Teoría de la organización; Conocimientos de ingeniería y mercadotecnia; Análisis financiero; Información oportuna y bien enfocada acerca de las operaciones actuales, dentro del plan general de operación.	Establecer planes de largo plazo para mejorar el sistema; Obtener recursos para la mejora constante de las operaciones (consultores, seminarios internos, desarrollo del personal, y programas, cursos, conferencias, etc., para mejorar la administración); Propiciar cambios en las actitudes.
Planeación y diseño	Seleccionar objetivos en función de las jerarquías; Encontrar soluciones ideales factibles para mantener las condiciones de regularidad; Detallar las soluciones capaces de lograr los fines en todas las condiciones.	Proponer jerarquías y el alcance de los objetivos elegidos; Hacer una lista de soluciones ideales y posibles; Especificar la solución con 8 elementos y 6 dimensiones de la matriz del sistema.	Tomadores de decisiones, usuarios, ejecutores, y otros afectados por la solución, para definir el objetivo, generar ideas y elegir la solución; Profesionales que fungirán especialmente como coordinadores de procesos, con "expertos" que se ocuparán de las necesidades específicas.	Teoría de la planeación y el diseño y técnicas para guiar los procesos; Sólo se obtendrá otra información si ayuda a lograr los fines de la planeación y el diseño en condiciones específicas.	Hacer que las soluciones sean adaptables; Replanear periódicamente; Promover el apoyo de la organización para el mejoramiento constante de los sistemas satisfactorios, en vez de corregir en caso de crisis.

Ejemplo 1.3.3. Resúmenes de los factores entrelazados del enfoque total de cada actividad útil *(Continuación)*

Actividades útiles	*Factores entrelazados de un enfoque total*				
	Aplicar la estrategia	*Especificar una solución*	*Involucrar a las personas*	*Usar la información*	*Disponer el cambio*
Evaluación	Identificar los propósitos y perspectivas de los usuarios de la evaluación; Establecer o reconfirmar los valores y los objetivos; Medir el rendimiento; Interpretar los resultados.	Identificación de los usuarios; Descripciones y escalas operativas de sus valores y objetivos; Especificación de los procedimientos de medición; Datos de medición y su interpretación.	Usuarios, para definir la perspectiva; Clientes, para aclarar y dar funcionalidad a los valores y medidas; Profesionales, para medir; Usuarios, clientes y personas influyentes para que analicen e interpreten con los profesionales.	Ténicas para aclarar y dar funcionalidad a los objetivos, obtener datos de medición y analizar los resultados de la medición.	Establecer procedimientos constantes de evaluación; Integrar la evaluación en los nuevos sistemas; Adaptarse a los valores, objetivos y grupos de referencia cambiantes; Mejorar la capacidad de evaluación de los participantes; Evaluar periódicamente el sistema de evaluación con base en *sus* objetivos e introducir los cambios necesarios.
Investigación	Revisar los antecedentes del área de investigación; Formular hipótesis generales; Determinar las implicaciones	Definición del área en cuestión; Perspectivas del investigador; Hipótesis causal o	Investigadores y gente de recursos (fuentes de información básica); Expertos en diseño de	Recursos básicos (literatura existente); Técnicas para crear modelos y diseñar experimentos;	Establecer un programa de investigación de largo plazo; Buscar generalizaciones unificadoras de primer orden;

	de la hipótesis para la operación; Establecer pruebas; Verificar o refutar la generalización.	estadística; Declaración de supuestos y sus implicaciones para la prueba; Resultados empíricos.	experimentos; Una comunidad profesional más amplia para dar forma al programa de investigación e interpretar los resultados.	Las teorías existentes; Información sobre el tema, que se usará en forma coherente porque el orden de los descubrimientos lo determinan sus resultados empíricos, en direcciones impredecibles.	Usar los resultados del presente estudio como punto de partida de las investigaciones futuras.
Aprendizaje	Decidir qué información o habilidad se busca; Determinar el nivel que se requiere alcanzar; Implantar las actividades de aprendizaje; Evaluar la adquisición de información o habilidad.	Formas de información, conceptos o nuevas aplicaciones de las ideas; Mayor capacidad para formar nuevos conceptos; Selección de objetivos cognoscitivos, afectivos y sicomotores; Orden señalado para el aprendizaje; Resultados adoptados dentro de los "mapas" personales.	El principiante como primer participante, con el auxilio de la gente de recursos (profesores, consultores, bibliotecarios, etc.).	Teoría del aprendizaje; Información sobre determinadas áreas de estudio; Las técnicas y estrategias existentes para diferentes tipos de estudio; Los planes de estudio recomendados; Variantes de las experiencias y enseñanzas anteriores; La experiencia acumulada de la gente de recursos; La información registrada y clasificada en diversas formas.	Tratar siempre de "aprender a aprender"; Revisar periódicamente los objetivos de corto plazo en relación con otras finalidades más importantes; Identificar las metas afectivas principales, como es el superar la aversión a aprender; Revisar los planes de aprendizaje para adaptarlos a las necesidades cambiantes.

Ejemplo 1.3.4 Ilustración de uno de cinco enfoques totales, en relación con el mundo real en el cual trabaja el ingeniero industrial

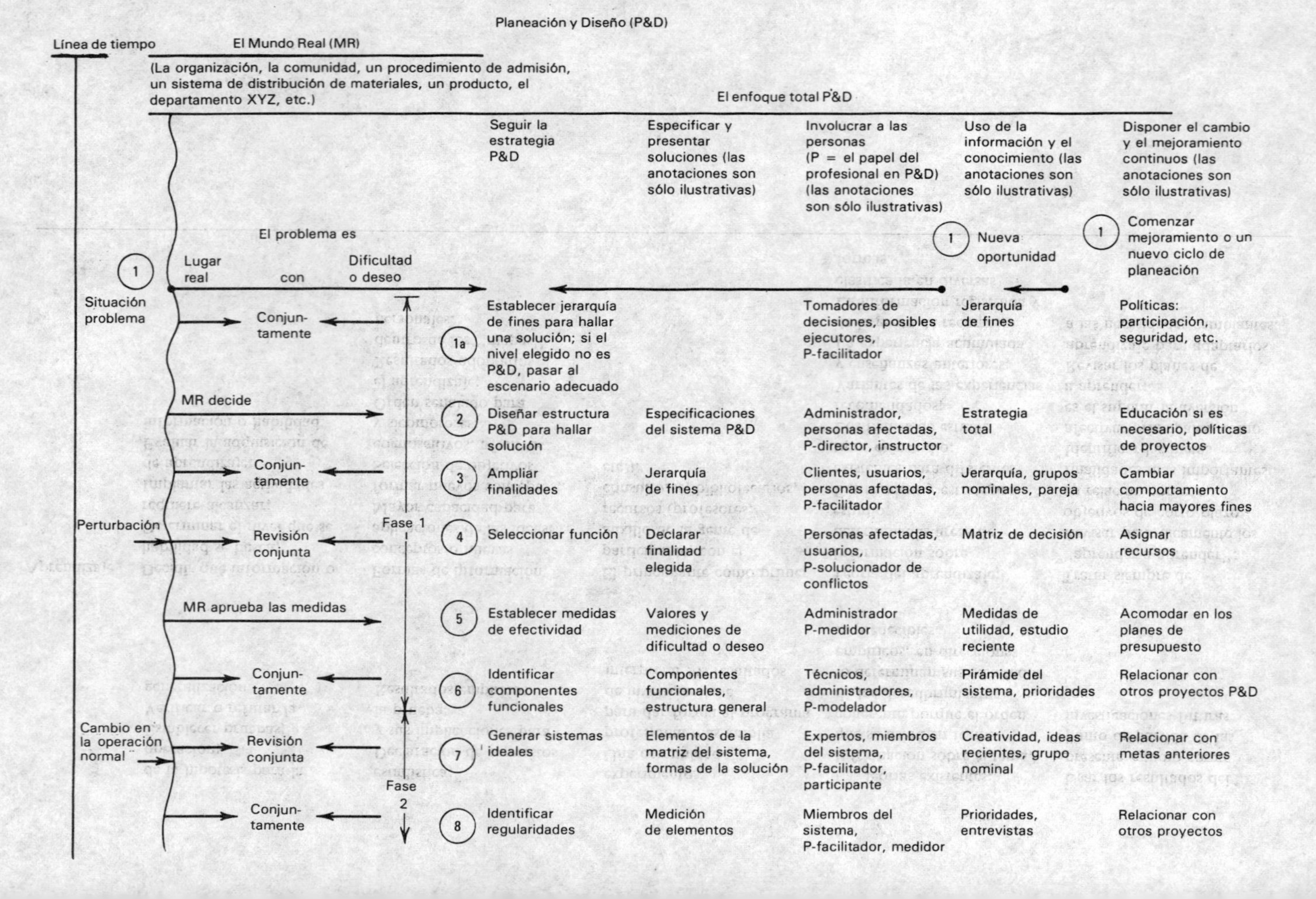

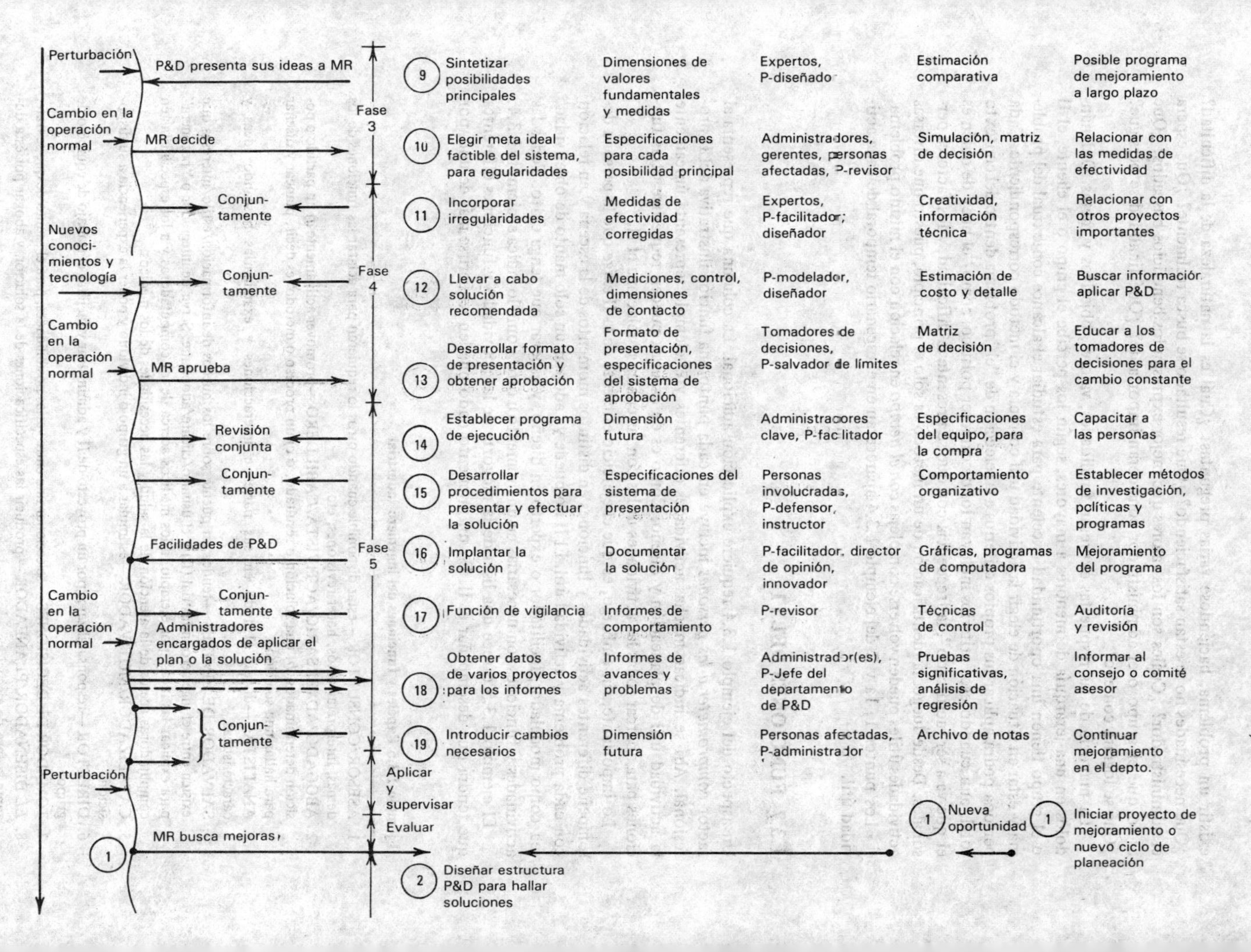
Perturbación
P&D presenta sus ideas a MR
Cambio en la operación normal
MR decide
Conjuntamente
Nuevos conocimientos y tecnología
Conjuntamente
Cambio en la operación normal
MR aprueba
Revisión conjunta
Conjuntamente
Facilidades de P&D
Cambio en la operación normal
Conjuntamente
Administradores encargados de aplicar el plan o la solución
Conjuntamente
Perturbación
MR busca mejoras
1
Fase 3
Fase 4
Fase 5
Aplicar y supervisar
Evaluar
9 Sintetizar posibilidades principales
Dimensiones de valores fundamentales y medidas
Expertos, P-diseñado
Estimación comparativa
Posible programa de mejoramiento a largo plazo
10 Elegir meta ideal factible del sistema, para regularidades
Especificaciones para cada posibilidad principal
Administradores, gerentes, personas afectadas, P-revisor
Simulación, matriz de decisión
Relacionar con las medidas de efectividad
11 Incorporar irregularidades
Medidas de efectividad corregidas
Expertos, P-facilitador; diseñador
Creatividad, información técnica
Relacionar con otros proyectos importantes
12 Llevar a cabo solución recomendada
Mediciones, control, dimensiones de contacto
P-modelador, diseñador
Estimación de costo y detalle
Buscar información aplicar P&D
13 Desarrollar formato de presentación y obtener aprobación
Formato de presentación, especificaciones del sistema de aprobación
Tomadores de decisiones, P-salvador de límites
Matriz de decisión
Educar a los tomadores de decisiones para el cambio constante
14 Establecer programa de ejecución
Dimensión futura
Administradores clave, P-facilitador
Especificaciones del equipo, para la compra
Capacitar a las personas
15 Desarrollar procedimientos para presentar y efectuar la solución
Especificaciones del sistema de presentación
Personas involucradas, P-defensor, instructor
Comportamiento organizativo
Establecer métodos de investigación, políticas y programas
16 Implantar la solución
Documentar la solución
P-facilitador, director de opinión, innovador
Gráficas, programas de computadora
Mejoramiento del programa
17 Función de vigilancia
Informes de comportamiento
P-revisor
Técnicas de control
Auditoría y revisión
18 Obtener datos de varios proyectos para los informes
Informes de avances y problemas
Administrador(es), P-Jefe del departamento de P&D
Pruebas significativas, análisis de regresión
Informar al consejo o comité asesor
19 Introducir cambios necesarios
Dimensión futura
Personas afectadas, P-administrador
Archivo de notas
Continuar mejoramiento en el depto.
2 Diseñar estructura P&D para hallar soluciones
1 Nueva oportunidad
1 Iniciar proyecto de mejoramiento o nuevo ciclo de planeación

existir un problema, haciéndose varias preguntas: ¿Cuál es la naturaleza de la dificultad? ¿Qué necesidades no se están satisfaciendo? ¿Qué resultado se busca realmente? ¿Qué espera el administrador? ¿Cuáles son los valores que mejor expresan los beneficios buscados? ¿Qué es lo que el grupo o el administrador consideran importante? ¿Qué finalidad se persigue? ¿Qué se logrará con ello?

La mayoría de las respuestas expresan finalidades, valores, objetivos y metas. Ordenándolos en una jerarquía de menores a mayores, según los percibe el grupo o el cliente, el II o el grupo tienen una oportunidad excelente para estudiar el alcance contextual del problema y estar en situación de elegir la actividad útil correcta y el método correspondiente. Cada persona podrá aplicar sus propios criterios a la selección de "el" problema dentro del contexto total, aun cuando esos criterios incluyan los de carácter político, como "el buey de quién es el que va a ser sacrificado", la frecuencia con que se presenta la dificultad, y los factores personales. Desde luego, la identificación de un método es sólo el principio, puesto que diversas actividades útiles pueden volverse complejas *con el tiempo* en relación con el mismo problema.

Los puntos 1, 1a y 2 del ejemplo 1.3.4 aparecerán en el escenario temporal de cada actividad útil.

1.3.7 FUNCIONES DEL I I

Un aspecto del ejemplo 1.3.4 requiere explicación adicional. La columna que representa al factor *comprometer a las personas* incluye en cada punto una función ilustrativa del II profesional. Ahí se indican muchas actividades diferentes y el ejemplo representa únicamente la actividad útil de planeación y diseño. Como es de esperar, pueden requerirse otras funciones para abarcar todas las actividades útiles con las cuales se relaciona el II.

Lo importante, sin embargo, es que el ejercicio eficiente de la II *exige* que la persona desempeñe diferentes actividades y funciones en distintos momentos de la escena y en relación con cada problema y actividad útil. El II no puede ya adoptar un solo manto de objetividad, sea como modelador, facilitador o experto en diseño, y esperar que tenga éxito. Todas las actividades y funciones son necesarias en un momento u otro, como lo indica el ejemplo 1.3.4.

El ejemplo 1.3.5 ofrece una lista de la mayoría de las actividades y funciones diferentes que tendrá que desempeñar el II. En un momento dado pueden requerirse más de uno, por

Ejemplo 1.3.5 Papeles y funciones del ingeniero industrial

1. ASESOR/CONSULTOR —estar disponible cuando otros lo requieran para aclarar las funciones de los demás, interpretar datos, hacer revisiones, etc.
2. ABOGADO/ADVERSARIO/ACTIVISTA/CABILDERO —promover activamente *a*) un partido o posición determinados, *b*) una solución o resultado, o *c*) un proceso o método (es decir, planear y diseñar para hallar una solución.
3. ANALISTA —dividir el todo en sus partes e interacciones y examinarlas buscando ideas y características.
4. SALVADOR DE LIMITES —tender un puente sobre los huecos de información/estilo/intereses que existen entre el ingeniero industrial (II) y el usuario/cliente/adoptante. Servir de integrador o "pezonera" para explicar las ideas, por ejemplo, a los médicos acerca de las computadoras y a los especialistas en computadoras acerca de la atención de la salud y las necesidades de los médicos.
5. CATALIZADOR/MOTIVADOR —estimular a un grupo o individuo y poner la experiencia a su disposición.
6. DIRECTOR —responsabilizarse por un proyecto de II y administrar y facilitar el trabajo de equipo o de grupo.
7. TOMADOR DE DECISIONES —seleccionar una entre varias posibilidades, para el asunto de que se trate.
8. *EL* DISEÑADOR/PLANEADOR —producir las especificaciones de la solución y abogar por ésta durante la fase de ejecución.
9. EXPERTO —aportar un nivel elevado de conocimientos, pericia y experiencia en un área determinada de aplicación con o sin posibilidades comparables en los métodos de II.

Ejemplo 1.3.5 Papeles y funciones del ingeniero industrial *(Continuación)*

10. FACILITADOR/COORDINADOR —indicar la actividad útil apropiada (los cinco factores) y dar dirección y estructura a un grupo.
11. PROFESIONAL AUXILIAR —combinar la empatía por una persona (o grupo pequeño) con el conocimiento, la pericia y la experiencia para guiar a la persona (o al grupo) hacia la solución de sus problemas.
12. PERSONA DE RECURSOS DE INFORMACION —estar familiarizado con la categorización y disponibilidad de los datos relacionados con el área de II de que se trate.
13. INNOVADOR/INVENTOR —tratar de producir una solución creativa, especial y de tecnología avanzada y abogar por su aplicación hasta no verla realizada.
14. ADMINISTRADOR DEL PROGRAMA DE ESTUDIOS DE MEJORAMIENTO —operar y supervisar el programa de investigación constante para introducir cambios y mejoras en la organización.
15. MEDIDOR —obtener datos y hechos acerca de las condiciones existentes (por lo general, ser un ''determinista cuantitativo'').
16. MEDIADOR —conciliar las perspectivas diferentes de dos o más participantes en el esfuerzo de II sobre todo cuando surgen conflictos.
17. MODELADOR —producir una abstracción del fenómeno existente o deseado.
18. DIRECTOR DE OPINIONES —tratar de influir en otros en cuanto a su contribución a la II o a la eficacia de una solución o respuesta, como quiera que haya sido desarrollada.
19. ORGANIZADOR/PROMOTOR —determinar una necesidad, un plan o diseño para satisfacerla, y un programa para llegar a la solución adoptada, vendida o aplicada.
20. PARTICIPANTE/COLABORADOR —intervenir ocasionalmente, como miembro de un grupo, en el proyecto de que se trate, como ciudadano normal o con base en sus conocimientos organizativos.
21. DIRECTOR DE PROYECTO —operar, supervisar y evaluar constantemente la casi siempre compleja y dilatada estructura del proyecto o sistema.
22. INVESTIGADOR —tratar de hacer una generalización de un fenómeno particular de interés, dentro de un proyecto o dentro del esfuerzo general.
23. REVISOR/EVALUADOR/CRITICO —evaluar el fenómeno (plan, solución aplicada con anterioridad, proceso seguido, etc.) en términos de su adherencia a los valores, objetivos y metas deseados.
24. REPRESENTANTE —presentar los puntos de vista de otros que no asistieron a la junta.
25. INSTRUCTOR/EDUCADOR —hacer que las personas involucradas aprendan las técnicas y conocimientos de la II y los diversos enfoques de las actividades útiles.
26. ARBITRO —véanse los papeles y funciones 7 (Tomador de Decisiones), 9 (Experto), 14 (Administrador del Programa de Estudios de Mejoramiento), 16 (Mediador) y 21 (Director de Proyecto).
27. NEGOCIADOR —véanse los papeles y funciones 4 (Salvador de Límites), 5 (Catalizador/Motivador) y 16 (Mediador).
28. RETADOR —véanse los papeles y funciones 3 (Analista), 12 (Persona de Recursos de Información), 16 (Mediador) y 23 (Revisor/Evaluador/Crítico).
29. SOLUCIONADOR DE CONFLICTOS —véanse los papeles y funciones 1 (Asesor/Consultor), 4 (Salvador de Límites), 11 (Profesional Auxiliar) y 16 (Mediador).
30. CONSULTOR —véanse el papel y la función 1 (Asesor/Consultor).
31. COORDINADOR —véanse el papel y función 10 (Facilitador/Coordinador).
32. RECOPILADOR DE DATOS —véanse los papeles y funciones 3 (Analista), 12 (Persona de Recursos de Información), 15 (Medidor), 17 (Modelador) y 22 (Investigador).
33. INTEGRADOR —véanse los papeles y funciones 4 (Salvador de Límites), 6 (Director), 10 (Facilitador/Coordinador), 14 (Administrador del Programa de Estudios de Mejoramiento), 21 (Director de Proyecto) y 25 (Instructor/Educador).
34. CABILDERO —véanse el papel y función 2 (Abogado/Adversario/Activista/Cabildero).
35. MOTIVADOR —véanse el papel y función 5 (Catalizador/Motivador).
36. NEGOCIADOR —véanse los papeles y funciones 4 (Salvador de Límites), 5 (Catalizador/Motivador), 10 (Facilitador/Coordinador) y 16 (Mediador).

ejemplo, los de medidor/participante/abogado al *operar y supervisar* el programa de mejoramiento de la productividad de una compañía; los de salvador de límites/facilitador/instructor al *planear y diseñar* un sistema mejorado de admisión de pacientes y cobranza que forma parte del programa de reducción de costos de un hospital; o los de asesor/analista/revisor al *evaluar* la eficiencia de una nueva fábrica construida hace un año. Lo más importante, repitamos, es el *cambio* de una función a otra a medida que el proyecto avanza en el tiempo (aunque el II se puede sentir más cómodo desempeñando sólo determinadas funciones). Casi con seguridad, cada paso de una actividad útil requiere un papel diferente del II. Los ingenieros industriales deben estar conscientes de todos los "papeles", como base para saber cuándo cambiar de función, cuándo pedir la ayuda de alguien que posee una habilidad especial y cuándo adquirir conocimientos para agregarlos a su repertorio.

La experiencia de un II no modifica las funciones que tiene que desempeñar, pero sí influye en el alcance y nivel de los problemas o actividades útiles que maneja. A un nuevo II se le encomendarán probablemente proyectos pequeños y de primer nivel (informar sobre el progreso en el aprendizaje, desarrollar métodos para una máquina). Un II con 3 a 7 años de experiencia se hace cargo de tareas a nivel táctico (informar sobre el control automático de calidad, hacer la distribución de fábricas pequeñas, fijar los objetivos de reducción de costos). Uno con 8 a 12 años de experiencia tomará a su cargo tareas estratégicas (consolidar cuatro fábricas en una, diseñar una investigación de mercados, formular presupuestos). Con más de 12 años de experiencia se le encomiendan cuestiones de políticas (planeación general, evaluación de nuevos productos y adquisiciones, puestos como asistentes de la dirección general o como miembros del Consejo de Administración). El mejoramiento de la eficiencia en el ejercicio de la profesión es esencialmente el mismo en todos los niveles.

Obviamente, el buen ejercicio de la ingeniería industrial implica algo más que las diferentes actividades y funciones dentro de la actividad útil que corresponda. La organización o el cliente tienen funciones que es preciso desarrollar para obtener los resultados deseados. De lo primero que el II se tiene que asegurar es de tener un cliente, *una persona del mundo real que está obligada a hacer algo* respecto al problema si se encuentra una solución o respuesta. Hay que mostrarse sumamente cauteloso cuando se trate de iniciar un proyecto que solamente a los IIs les parezca importante, a menos que alguien del mundo real desee y pueda emprender la acción *al ser terminado el trabajo.* Usted puede estar absolutamente en lo correcto al evaluar la importancia de alcanzar una finalidad necesaria en el contexto jerárquico de las necesidades de una empresa, un departamento o un edificio; pero la empresa, el departamento o el edificio no pueden hacer nada en absoluto en cuanto a analizar un problema y propiciar el cambio. Las personas del mundo real son los únicos instrumentos que pueden hacerlo, y su concurso es fundamental desde el principio para la interacción eficaz en el transcurso del tiempo y para la utilización de las ideas con el fin de obtener resultados. Usted puede tratar de generar ese concurso, pero debe abandonar el proyecto si no se lo prestan. El mundo no llamará a su puerta para que diseñe la más grande de las ratoneras a menos que alguien *quiera aprovechar, y aproveche,* un resultado mejorado. Esta idea mantiene al II atento a los proyectos que ofrecen grandes probabilidades de éxito, como ingredientes importantes para mejorar la eficiencia en el ejercicio de la ingeniería industrial.

Dado su concurso, los clientes deben desempeñar otros papeles: ser francos al exponer sus dificultades y expectativas, proporcionar información específica respecto a la situación, ayudar a reunir datos, tomar decisiones oportunas, designar a personas clave para que participen en el proyecto, proporcionar recursos, etc.

La perspectiva temporal con un enfoque total de cada problema es un recordatorio constante de una actividad que los IIs deben desempeñar bien: la interrelación con otros departamentos administrativos que también tratan de mejorar la organización (véase la sección 1.3.3). Esas personas son indispensables en los grupos de proyecto, o deben participar con frecuencia en una acción conjunta con el II, tan frecuente como los contactos que el II tenga con el mundo real.

Para el ingeniero industrial, el profesionalismo es algo más que ser experto en las técnicas y en el conocimiento de los principios tan bien presentados en el resto del manual. Por necesarios que sean, en este capítulo no ha sido necesario mencionar las técnicas ni los instrumentos con los cuales se asocian normalmente los IIs (por ejemplo, sistemas de información, medición del trabajo, manejo de materiales, ingeniería de métodos, simulación, evaluación económica). Todos ellos habrán de estar listos para ser utilizados con el enfoque total a fin de obtener resultados para el mundo real. El capítulo 3.1, donde se habla del diseño de métodos, es un buen ejemplo de cómo una antigua amiga, la ingeniería de métodos, puede ser transformada, mediante el enfoque total, en una fuerza dinámica para lograr resultados modernos. Tan importantes como son las técnicas, los principios y los modelos en la *preparación* de un ingeniero industrial, carecen relativamente de importancia para el *ejercicio* de la ingeniería industrial (como lo demuestra también cualquier encuesta entre personas que se graduaron hace 3 ó 5 años).

1.3.8 RESUMEN

El ejercicio eficiente de la ingeniería industrial exige una afinidad de puesta en práctica entre el número enorme de técnicas, principios y modelos, por un lado, y el medio muy complejo por el otro. Un enfoque total es el eslabón clave porque hace frente a la condición más crítica de la eficiencia: la *percepción,* por parte de la gente del mundo real, de que la ingeniería industrial está *ayudándoles* a lograr sus propósitos y sus valores. Un enfoque total, junto con cada actividad útil, ofrece al II la oportunidad de seleccionar el método más eficaz, en vez de suponer simplemente, como ocurre con demasiada frecuencia, que la recopilación de datos y la ejecución de modelos son necesarios. La mayoría de los problemas con los cuales se le pide a usted que trabaje *pueden* ser resueltos dentro del contexto de la manifestación original de necesidad. Es decir, usted puede recurrir al método de operación y supervisión cuando el administrador *dice* que se trata de un problema de operación, o al método de planeación y diseño cuando el gerente de fabricación *dice* que hay que diseñar la distribución, etc.

Pero la perspectiva temporal indica que no hay manera de saber *anticipadamente* dónde puede producirse una ruptura. Como un cambio de punto de vista puede dar lugar a un resultado importante, el II debe estudiar *cada* problema desde un principio con las finalidades y valores, para poder aclarar cuál es el problema correcto o la actividad útil.

El ejemplo 1.3.6 resume los conceptos y principios del enfoque total que el II puede incorporar en todos sus trabajos profesionales para mejorar notablemente el ejercicio de la profesión. El concepto de tres aspectos de la eficiencia en el ejercicio de la II es el siguiente:

Ejemplo 1.3.6 Conceptos y principios del enfoque total, para mejorar la eficiencia del ejercicio de la ingeniería industrial

1. Los seres humanos realizan actividades útiles que influyen en, y sufren la influencia de, los objetivos y metas que tratan de alcanzar y que varían con el tiempo.
2. Los ingenieros industriales encaran cinco actividades útiles fundamentales: operación y supervisión, planeación y diseño, investigación, evaluación y aprendizaje.
3. El mundo de la II funciona en paralelo, a lo largo de una línea de tiempo, con el mundo real en el cual surge el problema o necesidad (actividad útil).
4. La II incluye la incorporación de proyectos de soluciones a las actividades de operación y la aceptación de respuestas por parte de los administradores. Por sí solas, las soluciones y las respuestas son insuficientes como resultado de la II.
5. La II forma parte por lo menos de una jerarquía de finalidades. La II tiene que hacer frente a las percepciones humanas de la forma en que contribuye a finalidades más amplias de la jerarquía.
6. Los trabajos de II son comparables con otras actividades y finalidades de la organización.
7. La II como parte de un sistema mayor (p.ej. una empresa), puede encontrarse en un momento cualquiera en una de tres condiciones de existencia: futura, satisfactoria o insatisfactoria. Tenderá a la existencia insatisfactoria si no se hacen esfuerzos deliberados para mejorar la eficiencia de su práctica.
8. La estructura de un trabajo de II que está funcionando satisfactoriamente en ciertas condiciones no debe transferirse a otras condiciones diferentes. Cada programa de II y cada solución de problemas exigen un desarrollo especial.
9. Un enfoque total que busca soluciones o respuestas es un punto de vista holístico que, por el momento, se puede describir mediante cinco factores entrelazados que operan a lo largo de una línea de tiempo: 1) seguir una estrategia, 2) especificar y presentar soluciones, 3) involucrar a las personas, 4) usar la información y el conocimiento y 5) disponer el cambio y el mejoramiento continuos.

Ejemplo 1.3.6 Conceptos y principios del enfoque total, para mejorar la eficiencia del ejercicio de la ingeniería industrial *(Continuación)*

10. Un conjunto diferente de conceptos para los cinco factores entrelazados, en un enfoque total de cada actividad útil a lo largo de la línea de tiempo, aumenta significativamente la probabilidad de maximizar la calidad de la solución o respuesta que se recomienda, la probabilidad de que sea aceptada y puesta en práctica, y la eficacia de los recursos utilizados en la labor de II.
11. Cada problema o actividad útil deben ser enfocados desarrollando primero una estructura buscadora de soluciones o generadora de respuestas que pueda ser puesta en operación en las condiciones especiales. Esto permite asegurar la colaboración de las personas para *hacer* algo acerca de los resultados. De otro modo, el proyecto probablemente no valdrá la pena.
12. El II tiene que desempeñar muchos papeles diferentes a medida que el proyecto avanza. Ningún papel aislado es suficiente, ni los papeles siguen siendo los mismos de un proyecto a otro.

1. Maximizar la calidad de las soluciones o respuestas que se recomiendan a la organización del mundo real.
2. Maximizar la posibilidad de que el mundo real pondrá en práctica las soluciones y de que la administración aceptará las respuestas.
3. Maximizar la efectividad de todos los recursos, del mundo real y de ingeniería industrial, que se utilizan en los trabajos.

REFERENCIAS

1. Encontrará dos ejemplos en H. N. SHYCON, "All Around the Model," *Interfaces,* Vol. 8, No. 3 (mayo de 1978), pp. 45-47; y en G. NADLER, "Is More Measurement Better?", *Industrial Engineering,* Vol. 10, No. 3 (marzo de 1978), pp. 20-25.
2. G. J. WACKER y G. NADLER, "Myths About Implementing Quality of Working Life Programs," *California Management Review,* Vol. 22, No. 3 (primavera de 1980), pp. 15-23.
3. T. KOTARBINSKI, *Praxiology: An Introduction to the Sciences of Efficient Action,* Pergamon Press, Nueva York, 1965.
4. O. FRIEDMAN, "The Economic Effect of Cost Control Programs in the Mid-West Industry," tesis no publicada, Universidad de Wisconsin-Madison, 1973.
5. NADLER, "Is More Measurement Better?", pp. 20-25.
6. G. NADLER, "A Systems Engineering Approach to Securing Real-World Changes: A Timeline Perspective," *Journal of Applied Systems Analysis,* Vol. 6, No. 2 (abril de 1979), pp. 89-100.
7. T. MANN, *The Magic Mountain,* traducido por H. T. Lowe-Porter, Knopf, Nueva York, 1962.
8. H. MINTZBERG, D. RAISINGHANI, y A. THEORET, "The Structure of 'Unstructured' Decision Processes," *Administrative Science Quarterly,* Vol. 21, No. 2 (junio de 1976), pp. 246-275.
9. J. DEWEY, *How We Think,* D.C. Health, Boston, 1910.
10. G. DAVIS, *Psychology of Problem Solving: Theory and Practice,* Basic Books, Nueva York, 1973.
11. M. WERTHEIMER, *Productive Thinking,* edición aumentada, Harper & Brothers, Nueva York, 1959.
12. K. KOFFKA, *Principles of Gestalt Psychology,* Harcourt, Brace, Nueva York, 1935.
13. R. L. ACKOFF y F. EMERY, *On Purposeful Systems,* Aldine-Atherton, Chicago, 1972.
14. N. R. F. MAIER, Problem Solving and Creativity, in *Individuals and Groups,* Brooks/Cole, Belmont, California, 1970.
15. Los criterios y explicaciones de esta afirmación son el tema de NADLER, *The Planning and Design Approach,* cap. 2.

16. A. W. KIMBALL, "Errors of the Third Kind in Statistical Consulting," *Journal of the American Statistical Association,* Vol. 57, 1957, p. 133.

17. A. MASLOW, *Motivation and Personality,* Harper & Brothers, Nueva York, 1954.

18. A. ROSENFELD, "When Man Becomes As God," *Saturday Review,* 10 de diciembre de 1977, p. 15.

19. G. NADLER, "A Timeline Theory *of* Planning and Design," *Design Studies,* Vol. 1, No. 5 (julio de 1980), pp. 299-307.

CAPITULO 1.4

La productividad: idea general

D. C. BURNHAM
Presidente retirado del consejo de administración de la Westinghouse Electric Corporation.

1.4.1 ¿QUE ES LA PRODUCTIVIDAD?

Webster define la productividad como "el producto físico por unidad de trabajo productivo; el grado de eficiencia de la administración industrial en la utilización de las instalaciones de producción; la utilización eficaz de la mano de obra y el equipo". John Kendrick, en su libro *Understanding Productivity,* la define como "la relación que existe entre la producción de bienes y servicios y la aportación de recursos, humanos y de otra clase, usados en el proceso de producción.[1] Jackson Grayson, director del American Productivity Center, la define simplemente como "lo que obtenemos de una actividad por lo que ponemos en ella". Probablemente, la definición más sencilla es "el producto dividido por el insumo".

Es posible calcular la productividad de la mano de obra, del capital, de la energía y de los materiales, puesto que todos ellos intervienen en la mayor parte de la producción de artículos y servicios. Hay sistemas mediante los cuales se puede medir en su totalidad la productividad de una operación, pesando cada uno de esos factores y combinándolos en una medida general de productividad. (En el capítulo 1.5, Marvin E. Mundel explica más detalladamente la medición de la productividad.)

La definición y la medición de la productividad se pueden volver bastante complejas, y la mayoría de los administradores prefieren verlas en una forma relativamente simple: "los bienes y servicios producidos por una persona en un tiempo dado". El capital y la energía se consideran como auxiliares que ayudan a las personas a ser más productivas, mientras que el consumo de materiales se mide normalmente por separado.

1.4.2 EL OBJETIVO ES MEJORAR LA PRODUCTIVIDAD

Aunque es importante conocer la productividad específica de una operación o de un país, para poder compararla con la de otras operaciones o países, el objetivo principal en materia de productividad es el mejoramiento. A la mayoría de los ingenieros industriales les interesa aumentar la productividad de la empresa en la cual trabajan; aumentarla con relación a otras empresas comparables y con relación a los resultados propios obtenidos en un período anterior. Como se indica en el estudio de la medición de la productividad (sección 1.4.11), una medición absoluta, aunque es deseable, no es esencial. El mejoramiento logrado en un período se puede medir si se elige un período base adecuado y si se miden los mismos factores en períodos subsecuentes. El mejoramiento de la productividad se expresa normalmente como un porcentaje, el cual se determina dividiendo la productividad actual por la del período base.

1.4.3 LA IMPORTANCIA DE MEJORAR LA PRODUCTIVIDAD

¿Por qué es importante mejorar la productividad? Porque sólo podemos tener aquello que producimos. Algunas personas piensan que redistribuyendo simplemente, esparciendo lo que se tiene, todos obtendremos más en alguna forma. Eso es un mito. A menos que el año próximo produzcamos más bienes y servicios que en el presente año, no tendremos más, sin importar lo que ocurra con los precios y los salarios. El mejoramiento de la productividad tiene lugar cuando la persona produce más bienes o servicios en el mismo tiempo.

El mejoramiento de la productividad tiene un enorme efecto acumulativo. El que lograremos el año que viene se sumará al que logramos este año y el anterior. De manera que aumentando la tasa de productividad unos pocos puntos porcentuales sobre la tasa de crecimiento de la población es posible lograr resultados notables. Por ejemplo, si mejoramos nuestra producción de bienes y servicios por persona en sólo un 2 por ciento anual, el efecto acumulativo de ese aumento dará lugar, al cabo de 100 años, a un incremento del 724 por ciento en la productividad, siendo esos 100 años un plazo relativamente corto en el transcurso de nuestra historia. Considerando esos períodos, la tasa de mejoramiento de la productividad es la que determina el progreso de una nación.

La diferencia entre el estándar de vida en los Estados Unidos y el de los países en desarrollo la explica el hecho de que en Estados Unidos se ha mejorado la productividad, mientras que los otros no lo han hecho. Esa diferencia comenzó con el mejoramiento de la productividad en la agricultura. La agricultura norteamericana es el mejor ejemplo de la historia del mejoramiento constante de la productividad.

Hace unos 100 años, el gobierno de los Estados Unidos comenzó por establecer concesiones de tierras e inició un programa a largo plazo de mejoramiento de los cultivos. Las mejores semillas, el mejor equipo de labranza, el enriquecimiento del suelo y la rotación de cosechas vinieron a sumarse al programa básico de mejoramiento de la productividad. En los últimos 100 años, ese programa tuvo tanto éxito que ahora se requiere menos del 4 por ciento de la fuerza laboral de los Estados Unidos para cultivar los productos necesarios para alimentar al resto de la población. En 1880, se requería casi el 50 por ciento de la fuerza laboral para hacer ese trabajo. El gran avance de la productividad en nuestras granjas hizo posible el crecimiento industrial norteamericano al permitir que las personas pasaran a las ciudades e ingresaran a la industria. Esto proporcionó la fuerza laboral necesaria para nuestro desarrollo industrial; desarrollo que ha hecho de los Estados Unidos el país industrial más importante del mundo.

Es cierto que el mejoramiento del estándar de vida, en términos de bienes materiales y servicios, depende directamente del mejoramiento de la productividad de esos bienes y servicios; mejoramiento esencial para aliviar las presiones inflacionarias que actúan a largo plazo sobre los precios que se cargan al consumidor. Una tasa elevada de crecimiento de la producción por hora-hombre permite aumentar los sueldos y salarios sin aumentar los costos por unidad de mano de obra ni los precios de los bienes y servicios. El uso más eficiente de la energía, los materiales y el capital permite compensar los precios crecientes de esos insumos. Aliviando las presiones inflacionarias a largo plazo mediante los mejoramientos de la productividad, se puede invertir la erosión de los ingresos reales y los estándares de vida.[2] El mejoramiento de la productividad permite que las industrias sean competitivas en los mercados mundiales. En esa forma, es un factor notable para mantener el equilibrio comercial adecuado.

1.4.4 PRODUCTIVIDAD CONTRA INFLACION[3]

En el arsenal de armas contra la inflación, los incrementos de la productividad son más potentes que lo que se supone generalmente. La función principal que cumplen es bien conocida: Un incremento en la productividad da lugar a un aumento de la oferta agregada, lo cual mantiene bajos los costos unitarios de mano de obra. Esto, a su vez, ejerce presión sobre el precio promedio de los artículos. Pero, en un grado que no es muy notable, los aumentos de la productividad pueden dar lugar a efectos "multiplicadores" en cuanto a moderar la inflación. Un incremento de una unidad en el crecimiento a muy largo plazo de la productividad puede dar lugar a una disminución de más de una unidad en la tasa de inflación en el transcurso de un período.

Este efecto aumentado de los incrementos de la productividad se debe a la acción de la llamada "espiral salario-precio". Un aumento de los salarios puede hacer subir los precios, y el aumento de precios, a su vez, puede ser causa de que suban los costos y, por lo tanto, los precios. Este aumento de precios vuelve a hacer subir los salarios, lo cual hace que suban nuevamente los precios. . . y la espiral continúa. Pero siempre que tenga lugar un aumento de la productividad, actuará frenando la espiral más de una vez.

Supongamos que el aumento del crecimiento de la productividad tiene lugar en un momento en que los salarios hacen subir los precios. En la primera vuelta, el aumento del crecimiento de la productividad moderará el aumento de precios inducido por los salarios. En la segunda vuelta, al controlar el aumento inicial de precios, el primer aumento de la productividad puede moderar los aumentos subsecuentes de salarios. Análogamente, el aumento resultante de los precios será moderado, y esto continuará en cada vuelta de la espiral.

Los aumentos de la productividad son un contrapeso directo de los aumentos de salarios. Si suponemos, en un caso, que no hay aumento de productividad, y en el segundo un aumento del 3 por ciento, la diferencia en los costos por unidad de mano de obra será del 3 por ciento.

	Caso 1	*Caso 2*
Los salarios aumentan	8 por ciento	8 por ciento
La productividad aumenta	0 por ciento	3 por ciento
Los costos por unidad de mano de obra aumentarán	8 por ciento	5 por ciento

Puesto que los costos de mano de obra son un componente fundamental de los costos totales de una empresa, se sigue que, en el caso 1, la inflación será aproximadamente del 8 por ciento, y en el caso 2 será más o menos del 5 por ciento. En el ejemplo 1.4.1 se indica que las estadísticas pertinentes confirman estos ejemplos.

Ejemplo 1.4.1 Cambios porcentuales anuales en los salarios, la productividad y los costos unitarios de mano de obra en los renglones no agrícolas, y precios al consumidor, 1955-1977[a]

	Retribución por hora trabajada	*menos*	*Producción por hora trabajada (Productividad)*	*es igual a*	*Costos unitarios de mano de obra*	*Indice de precios al consumidor (Inflación)*
1955	3.7		4.1		—0.4	—0.4
1957	5.9		2.2		3.7	3.6
1959	4.4		3.7		0.7	0.8
1961	3.5		2.8		0.7	1.0
1963	3.7		3.5		0.2	1.2
1965	3.4		3.3		0.2	1.7
1967	5.8		1.9		3.9	2.9
1969	6.5		—0.2		6.7	5.4
1971	6.6		2.9		3.5	4.3
1973	7.5		1.5		6.0	6.2
1975	9.9		1.9		7.9	9.1
1977	8.3		1.9		6.7	6.5

[a] Fuente: Secretaría del Trabajo de los EUA, Oficina de Estadística Laboral.

Como ya se dijo, el mejoramiento de la productividad desempeñó un papel fundamental conteniendo los costos por unidad de mano de obra entre 1955 y 1977. De ahí en adelante, los aumentos de la productividad disminuyeron y los costos de mano de obra subieron vertiginosamente.

El aumento de los costos de mano de obra ha ido de la mano con la inflación. Aunque ésta no siempre ha coincidido exactamente con el aumento de los costos de mano de obra, las dos estadísticas se han seguido muy de cerca.

1.4.5 LA PRODUCTIVIDAD EN ESTADOS UNIDOS COMPARADA CON LA DE OTROS PAISES

Durante muchas décadas, la productividad en Estados Unidos mejoró a razón del 3.2 por ciento anual en el sector privado de la economía. El ejemplo 1.4.2 indica esa tasa de mejoramiento de 1947 a 1967. Desde 1967, la tasa ha bajado a casi el 1 1/2 por ciento anual y, en algunos períodos, la productividad ha disminuido realmente. En años recientes, la tasa más baja de crecimiento de la productividad ha amenazado verdaderamente la economía norteamericana. Ha agravado el problema de la inflación, ha hecho disminuir las utilidades de manera que hay menos dinero disponible para investigación y desarrollo y para inversiones de capital, y ha hecho que las industrias sean menos competitivas en los mercados mundiales.

Hace algunos años, el National Center for Productivity and Quality of Working Life (Centro Nacional de la Productividad y la Calidad de la Vida de Trabajo) llevó a cabo un congreso en el cual los expertos mejor informados en este campo discutieron las tendencias futuras de la productividad. Una de las conclusiones de ese congreso fue que, hasta los años ochenta, la productividad en Estados Unidos mejoraría aproximadamente a razón del 1 1/2 o el 2 por ciento

Ejemplo 1.4.2 Producción por hora-hombre en el sector privado de la economía, 1950-1978[a]

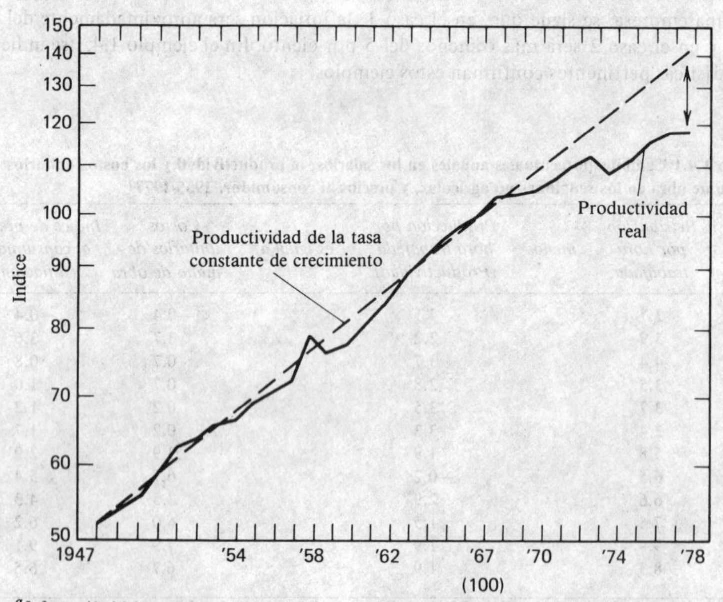

[a] Información básica: Oficina de Estadística Laboral de los EUA.

Ejemplo 1.4.3 Proyecciones de la producción nacional por hora-hombre en los Estados Unidos y en otros cuatro países industrializados, para años seleccionados[a]

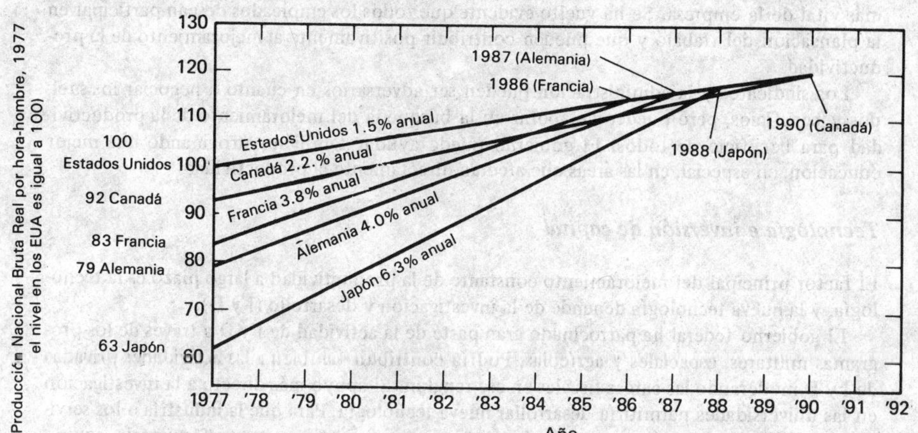

[a] Con base en los niveles reales de producción de 1977 y en las tasas proyectadas de crecimiento de la productividad.

anual. Se pronostico que en Alemania, Francia y otros países de Europa Occidental mejoraría aproximadamente un 4 por ciento anual en la década de los ochenta, y en el Japón mejoraría a razón del 6 por ciento anual, aproximadamente. Parece que esos pronósticos se van confirmando, de manera que la situación de Estados Unidos en la economía mundial se está deteriorando en relación a muchos otros países. Con las tasas previstas actualmente de crecimiento de la productividad, cuatro competidores internacionales superarán a Estados Unidos en producción por trabajador para o antes de 1990, como se indica en el ejemplo 1.4.3.

La posibilidad de que la industria norteamericana mantenga su posición competitiva en los mercados mundiales en expansión se ve ensombrecida con los rápidos aumentos de la productividad del área de fabricación en el Japón, Alemania Occidental y muchos otros países con los cuales Estados Unidos mantiene intercambio comercial. Aunque el nivel promedio de productividad en Estados Unidos es todavía más alto que en otro países industriales, como se puede ver en el ejemplo 1.4.3, el crecimiento en materia de fabricación se ha ido retrasando. La ventaja va disminuyendo. En algunas industrias clave, como la de los aparatos de radio y televisión y la de los automóviles pequeños, ha sido eliminada con respecto al Japón.

1.4.6 FACTORES QUE INFLUYEN EN LA PRODUCTIVIDAD

Factores que afectan a la productividad nacional

En 1975, la National Commission on Productivity and Work Quality (Comisión Nacional para la Productividad y la Calidad del Trabajo) declaró una política nacional sobre productividad. Señaló tres factores principales que intervienen en la misma: 1) los recursos humanos; 2) la tecnología y la inversión de capital y 3) la reglamentación por parte del gobierno.

Recursos humanos

El nivel general de educación es un factor importante de la productividad nacional. El uso de computadoras y otro equipo sofisticado, con mejores sistemas, exige empleados mejor preparados.

Para ser productivos, los empleados deben ser motivados. El sueldo no basta. Sus condiciones de trabajo deben ser buenas y seguras y quieren ser reconocidos como el elemento más vital de la empresa. Se ha vuelto evidente que todos los empleados desean participar en la planeación del trabajo y que pueden contribuir positivamente al mejoramiento de la productividad.

Los sindicatos y la administración pueden ser adversarios en cuanto a negociar los sueldos y beneficios, pero pueden colaborar en la búsqueda del mejoramiento de la productividad para beneficio de todos. El gobierno puede ayudar también patrocinando una mejor educación, en especial, en las áreas que afectan directamente la productividad.

Tecnología e inversión de capital

El factor principal del mejoramiento constante de la productividad a largo plazo es la tecnología, y la nueva tecnología depende de la investigación y desarrollo (I y D).

El gobierno federal ha patrocinado gran parte de la actividad de I y D a través de los programas militares, espaciales y agrícolas. Podría contribuir también a las actividades privadas de I y D moderando las cargas fiscales en ese renglón. El apoyo más directo a la investigación en las universidades permitiría desarrollar nueva tecnología. Para que la industria o los servicios puedan aprovechar la nueva tecnología, tienen que invertir en nueva maquinaria, equipo y otras instalaciones. El gobierno puede hacer mucho para facilitar esa inversión:

- Fomentar el ahorro personal, a fin de que haya capital disponible para invertir.
- Disminuir los impuestos a las utilidades, de manera que haya un incentivo, así como capital disponible para invertir en nuevas instalaciones.
- Autorizar tasas de depreciación que proporcionen flujo de efectivo para la nueva inversión.
- Alentar directamente la nueva inversión con mayores créditos fiscales para la misma.

Reglamentación gubernamental

La reglamentación excesiva por parte del gobierno ha afectado negativamente la productividad, porque el talento y la inversión se han destinado a actividades que no mejoran esa productividad. El gobierno podría hacer mucho para eliminar la reglamentación que sea innecesaria, así como efectuar análisis de beneficio-costo para determinar las que sí son necesarias, como las que se relacionan con la salud y la seguridad.

Factores que afectan a la productividad en las áreas de fabricación y servicios

El mejoramiento de la productividad ha hecho de los Estados Unidos la nación industrial más importante del mundo. El enfoque organizado del mejoramiento de la productividad en la industria norteamericana comenzó con Frederick W. Taylor, a quien se ha llamado padre de la ingeniería industrial. Demostró en qué forma la organización correcta del trabajo, basada en el conocimiento detallado de cómo se realiza una tarea y en su división en sus elementos básicos, puede dar lugar a mayor eficiencia.

Otro miembro del grupo de precursores de la administración científica que aparecieron durante el cuarto de siglo que siguió a la Guerra Civil, fue Henry Laurence Gantt, cuya aptitud especial consistía en desarrollar conocimientos útiles para motivar y controlar el esfuerzo del hombre. Su plan de trabajo y pago de incentivos llegó a ser bien conocido en todo el mundo, mientras que la Gráfica de Gantt, sencillo artificio para prever con precisión y registrar el rendimiento, aceleró la construcción de barcos de carga durante la Primera Guerra Mundial. Esto precedió a la Técnica de Evaluación y Revisión de Programas, (PERT), que en nuestra época permitió llevar a astronautas norteamericanos hasta la Luna

Vinieron luego los Gilbreth (Lillian y Frank), quienes estudiaron cuidadosamente los movimientos de las personas en el trabajo, examinando películas cuadro por cuadro. Descompusieron las tareas en elementos muy pequeños, incluyendo los movimientos de los dedos, de manera que cada movimiento pudiera ser analizado y posiblemente simplificado o suprimido.

La meta de ese primer trabajo de administración científica, y la meta del esfuerzo constante de la productividad en nuestros días, no consistía en hacer que las personas trabajaran más, sino mejor. Las personas no trabajan actualmente más que hace 50 años. De hecho, el trabajo es por lo general más fácil. Del esfuerzo humano se puede obtener una cantidad limitada de mejoramiento. Una vez que la persona está dando su rendimiento máximo normal, no se puede esperar más. La única manera de lograr un mejoramiento constante y acumulado de la productividad es introduciendo cambios en el método, y esto, en la industria y en los servicios, implica cuatro factores: 1) el diseño del producto o sistema, 2) la maquinaria y el equipo, 3) la habilidad y eficiencia del trabajador y 4) el volumen de producción. Unas palabras acerca de cada uno de esos elementos aclarará la parte que desempeñan en el mejoramiento de la productividad.

El diseño del producto o sistema

Si, gracias a un mejor diseño, se puede simplificar un producto eliminando algunas de sus partes o piezas, es obvio que no se necesitará ya el material de que están hechas esas piezas, ni el equipo, las herramientas y el trabajo necesarios para hacerlas. El análisis de valores puede indicar muchos cambios del diseño del producto capaces de mejorar la productividad.

La actividad de investigación y desarrollo contribuye en forma importante a mejorar el diseño del producto. Los estudios de I y D y su efecto en la productividad muestran una relación importante. La investigación puede revelar principios enteramente nuevos que permitan realizar una función en forma nueva y con un costo mucho más bajo. Piénsese en cómo las modernas máquinas copiadoras les permiten a las secretarias sacar copias de documentos sin recurrir al papel carbón y la máquina de escribir.

La estandarización del producto y el empleo de la tecnología de grupo son otros factores de diseño que hacen una mayor productividad en la fábrica. Cuando se pueden hacer muchos productos iguales, el costo de ingeniería se puede distribuir entre muchas más unidades. Usando herramientas más perfeccionadas, el trabajador puede realizar mejor su tarea y el mantenimiento en el área se vuelve más fácil.

Todos los factores que afectan al diseño del producto tienen un efecto acumulativo. Hace cuarenta años, un transformador eléctrico de buen tamaño tenía una capacidad de 72,000 kilovolt-amperes (kVA). Gracias a la investigación y desarrollo de nuevos materiales y al mejoramiento del diseño, un transformador del mismo tamaño tiene actualmente una capacidad de 500,000 kVA. El modelo actual transforma siete veces más energía eléctrica que un modelo antiguo de igual tamaño y peso.

El diseño del sistema puede afectar la productividad en los servicios como el diseño del producto afecta la productividad en la fabricación. La distribución de los supermercados, la planificación de los aeropuertos y el sistema de programación y atención de los pacientes en el consultorio de un médico son ejemplos de servicios que varían mucho en productividad, según sea el diseño del sistema.

Maquinaria y equipo

Una vez diseñado el producto, la manera de hacerlo ofrece la siguiente oportunidad de mejorar la productividad en la industria. El equipo utilizado, máquinas, herramientas, transportadores, robots, así como la forma en que está distribuida la planta, son importantes.

La importancia que tienen la maquinaria y el equipo para la productividad en los servicios se puede comprobar observando una cocina o un cuarto de lavado. Una generación atrás, el ama de casa tenía que dedicar un día completo al lavado de la ropa usando tinas y un escurridor. Actualmente, puede poner la ropa en una máquina lavadora y dedicarse a otras actividades. El mejoramiento de la productividad ha borrado de nuestro vocabulario la expresión "día de lavado". El día de trabajo de servicio se ha convertido en una hora.

La computadora es un instrumento esencial en la fabricación moderna. Ayuda a diseñar los productos, permite operar máquinas herramienta complicadas y controla el inventario de materiales y partes. Se ha convertido en un elemento fundamental en el mejoramiento de la productividad.

Agregando cada año nuevo equipo y mejorando el antiguo, logramos el efecto acumulado que hace posible el aumento constante de la productividad.

Habilidad y eficiencia del trabajador

La habilidad y la eficiencia de quienes hacen el trabajo son elementos básicos de la productividad en la industria y los servicios. No se trata de hacer que las personas trabajen con más esfuerzo. Deben capacitarse de la manera correcta para hacer un trabajo. La mejor manera no se adopta por instinto. En las meseras que sirven en los restaurantes se pueden observar grados diversos de eficiencia. La que tiene experiencia puede hacer el mismo trabajo en mucho menos tiempo y con más eficiencia, que una mesera nueva que cubre los fines de semana.

Sin embargo, hasta el empleado bien capacitado debe estar motivado. Es necesario que quiera hacer su trabajo lo mejor que pueda. Esta área ha sido motivo de gran preocupación en años recientes y merece una atención considerable en el futuro. La participación del empleado en programas tales como los "círculos de calidad" no sólo le motiva, sino que genera ideas útiles y puede producir un efecto positivo apreciable en la motivación y en la productividad.

El volumen de producción

Actualmente, en muchas compañías hay tantos trabajadores a sueldo fijo como personas que trabajan por horas. El número de empleados que realmente trabajan en forma directa en la manufactura de los productos son la minoría en casi todas las operaciones industriales.

Supongamos que se quiere duplicar el volumen de producción. Habrá que duplicar el número de trabajadores directos y se necesitarán también algunos indirectos, pero probablemente no harán falta más ingenieros, científicos investigadores, oficinistas ni otro personal de apoyo. Si la producción se va a duplicar, la productividad de ese personal de apoyo ¡tendrá que duplicarse en efecto! El volumen puede producir consecuencias desastrosas.

Esa es una de las cosas que descubrieron Henry Ford y otros pioneros del automóvil. En los inicios de esa industria, había varios millares de fabricantes. Sin embargo, a medida que algunos de ellos comenzaron a producir mucho, el efecto del volumen en su productividad fue tan grande que muchos pequeños productores no pudieron competir. Actualmente, en Estados Unidos hay solamente tres grandes empresas en esa industria, y están produciendo autos a un costo por unidad mucho más bajo que el que podrían lograr un millar de compañías pequeñas.

Un ejemplo del efecto de volumen en los servicios es la cadena de restaurantes que sirven alimentos rápidos. En este caso, la planeación de sistemas, los procedimientos de capacitación detallada, el diseño de las instalaciones y los métodos de adquisición se difunden entre miles de establecimientos idénticos.

El gerente de una fábrica de motores eléctricos que había tenido un repentino aumento en el volumen de operaciones explicó en esta forma sus mayores utilidades: "Nuestro volumen de producción aumentó con tal rapidez, que tuvimos tiempo para elevar nuestros gastos".

1.4.7 PRODUCTIVIDAD Y CALIDAD

Sin duda nadie pensaría que la calidad de un nuevo Rolls-Royce no es buena, y nadie pondría en duda la afirmación de que en la producción de uno de esos autos se consumen más horas-hombre que en la de los vehículos producidos en serie que la mayoría de nosostros conducimos. El precio de $100,000 dólares, que es 10 ó 20 veces el del auto típico, indica que la productividad en la fabricación de un Rolls-Royce es relativamente baja, mientras que la calidad es alta.

A menudo se ha pensado que la calidad y la productividad entran en conflicto. El personal de mercadotecnia dice a veces: "Si introducen ese cambio, el costo bajará, sí; pero ¿no bajará también la calidad del producto?" La productividad y la calidad van generalmente de la mano. No es calidad *contra* productividad, sino calidad *con* productividad.

El estadista francés Alexis de Tocqueville, después de visitar los Estados Unidos por los años de 1840, observó que, en una sociedad democrática, los trabajadores procuraban inventar métodos que les permitieran trabajar no sólo mejor, sino con más rapidez y menos costo, a fin de producir artículos de calidad normal en gran escala, a un precio que la persona media pudiera pagar. Comparó el estilo norteamericano con el de los artesanos europeos, que concentraban sus esfuerzos en unos cuantos objetos de alta calidad, hechos a mano, de costo elevado, destinados a unos cuantos clientes ricos. En el transcurso de los últimos 100 años, tanto la productividad como la calidad han mejorado substancialmente en Estados Unidos. Aprovechando la tecnología, la industria ha logrado producir bienes de calidad en forma masiva. Los refrigeradores, las máquinas de lavar, los automóviles, las computadoras y las cámaras fotográficas son ejemplos de productos cuya calidad ha mejorado año tras año, habiendo mejorado también constantemente la productividad de quienes hacen esos productos.

Los cambios tecnológicos que han contribuido al aumento de la productividad han acrecentado directamente la calidad del producto. La mecanización, la automatización y el diseño y fabricación auxiliados por la computadora han implicado la transferencia de la destreza del hombre a equipo más confiable y preciso, con productividad elevada. La estandarización, la especialización y la simplificación de los productos han facilitado la producción masiva y la uniformidad del producto. La productividad y la calidad han mejorado juntas.

Si se considera la productividad del esfuerzo humano y el uso de nuestros recursos materiales durante la vida de un producto, en vez de considerar sólo el costo inicial, se llegará a la conclusión de que la calidad es un factor muy importante para lograr una productividad general mejorada desde el punto de vista de la sociedad. Se tiende a medir la productividad en la industria tomando en cuenta el número total de horas-hombre, tanto de mano de obra directa como indirecta, necesarias para elaborar un producto. Si podemos reducir las horas-hombre requeridas, pensamos que hemos mejorado la productividad. Esto puede ser una medición aceptable por lo que respecta a la persona o a la fábrica.

Supóngase que el producto es una lavadora automática y que su vida normal, en manos del cliente, es de 6 años. Si esa lavadora se puede diseñar y fabricar de una calidad tal que su vida normal sea de 12 años, eso no cambiará probablemente en forma notable las horas-hombre necesarias para producirla, ni cambiará mucho la cantidad de materiales requeridos. Sin embargo, si el producto dura realmente dos veces más y da servicio al cliente el doble de años, desde el punto de vista de la sociedad habremos duplicado prácticamente la productividad de las personas que produjeron la máquina. Es muy posible que si consideráramos la productividad con base en la máxima utilización de la energía, los materiales, el capital y el esfuerzo humano que intervienen en la producción de un artículo, buscaríamos una calidad cada vez más alta para tener también una productividad cada vez más alta por lo que a la sociedad respecta. Los clientes podrán adoptar con el tiempo este punto de vista general, dejando de considerar únicamente el costo inicial.

Un defecto de calidad puede invalidar miles de horas de trabajo altamente productivo. La productividad debe ser medida realmente por lo que hace el producto cuando da servicio al usuario. No basta con medirla hasta la puerta de la plataforma de embarque.

Los grandes generadores de energía eléctrica cuestan millones de dólares. Requieren docenas de miles de horas de trabajo de ingenieros y trabajadores hábiles, y son tan grandes que el montaje y la inspección final tienen que ser llevados a cabo en el lugar donde se instala el generador. Hace algunos años, después de que una compañía hubo despachado una gran unidad enfriada por hidrógeno, una de las inspecciones finales tenía por objeto asegurarse de que los conductos por los cuales circularía el hidrógeno estaban enteramente libres. Esto se hizo inyectando aire por los conductos. Algunos de estos tenían una bifurcación en Y, de manera que había que cerrar uno de los brazos de la Y y verificar la circulación por el otro brazo, cerrando luego éste para comprobar el primero. Todos los conductos funcionaron satisfactoriamente, pero, después de las pruebas, el inspector olvidó retirar una pieza de cobre, con valor de 20 centavos, que había servido para bloquear el segundo pasaje mientras se comprobaba el primero. El control de esta operación de inspección no fue satisfactoria. La máquina fue puesta en servicio; en menos de un día se sobrecalentó, se quemaron las bobinas y hubo que hacer reparaciones que costaron un millón de dólares. En este caso, el control de calidad insuficiente anuló miles de horas de trabajo productivo.

Los japoneses han dado varios buenos ejemplos en que la calidad y la productividad van de la mano. La producción de aparatos de televisión y automóviles pequeños de alta calidad atrajo a los clientes y les dio a los fabricantes japoneses una parte muy apreciable del mercado. El mayor volumen propició la productividad del capital y de los trabajadores indirectos. El volumen justificó la inversión en instalaciones de alta tecnología, lo que, a su vez, aumentó aún más la productividad de los trabajadores de las fábricas.

1.4.8 PRODUCTIVIDAD Y EMPLEO[4]

En la actualidad, los trabajadores tienen más posibilidades que nunca de contribuir en forma importante a la productividad. Están mejor preparados y han viajado más que sus antecesores, y la televisión ha ampliado el ámbito de su experiencia e información. Estos factores han elevado también y modificado la naturaleza de las expectativas de trabajo. Por todo el mundo se piensa cada vez más firmemente que la organización tradicional del trabajo y del lugar de trabajo está cambiando con el fin de satisfacer las necesidades físicas, económicas, sociales y sicológicas de la fuerza laboral moderna. Sólo satisfaciendo esas necesidades es posible entender mejor todo el potencial de la tecnología moderna.

El énfasis que se ha dado últimamente a la satisfacción de los deseos expresados y no expresados de los trabajadores, que buscan un ambiente de trabajo satisfactorio y seguro, constituye un nuevo episodio de la larga historia de las reformas al lugar de trabajo. Con el tiempo, los esfuerzos realizados por los sindicatos, los patrones progresistas y los legisladores sociales han dado lugar a mejores condiciones de trabajo: los niños trabajadores y las fábricas esclavizantes son reliquias del pasado, mientras que las jornadas más cortas, las vacaciones, los lugares de trabajo más seguros y muchas otras mejoras constituyen la regla. Los derechos de antigüedad, los procedimientos de queja y el derecho de negociar colectivamente los salarios y las reglas del trabajo han permitido contrarrestar el alejamiento y la impotencia que caracterizan a las personas en la sociedad tecnológica altamente organizada. No obstante, las circunstancias cambiantes hacen nacer nuevas expectativas y un nuevo interés por otras formas de trabajo.

Las encuestas del *United States Departament of Labor's Quality of Employment* (Departamento para la Calidad del Empleo en los Estados Unidos), realizadas en 1969 y en 1972-1973, colocaron el salario y la seguridad en el trabajo muy a la cabeza de la lista de expectativas, pero se encontró también que los trabajadores pueden desear muchas otras oportunidades: recibir capacitación, aprovechar más plenamente sus habilidades, tener más flexibilidad en las horas de trabajo, la educación, el descanso y el retiro, contar con más protección contra los riesgos de salud y seguridad en el trabajo, y tener más control sobre el modo de hacer el trabajo. Solo una minoría de las personas entrevistadas (no más del 20 por ciento) expresaron falta de satisfacción con su empleo, pero esa minoría merece ser tenida en cuenta. Se compone de trabajadores jóvenes y preparados cuyo punto de vista puede sobresalir en el futuro.

Actualmente, tanto los trabajadores como la administración buscan nuevas maneras de satisfacer las aspiraciones de la fuerza laboral, satisfaciendo al mismo tiempo las de supervivencia económica. Se están poniendo a prueba, con diversos grados de éxito, los sistemas de incentivos de grupo, los programas flexibles de trabajo, los equipos autónomos, el rediseño de labores, la fijación de metas y otras nuevas ténicas. Según el estudio de 103 de esos experimentos, realizado por el *Work in America Institute* (Instituto del Trabajo en Norteamérica), los programas más prometedores para mejorar tanto la productividad como la satisfacción en el trabajo parecen ser los generales, que tienen en cuenta los aspectos sociales, sicológicos, físicos y técnicos del ambiente de trabajo: reconocimiento del esfuerzo, capacitación, participación en la planeación de tareas, atención a la seguridad y la salud, disminución de la tensión y disponibilidad de equipo adecuado.

Los empleados tienen actualmente un gran interés por la productividad y supervivencia de sus empresas. Gran parte de sus compensaciones son en forma de pensiones, beneficios para la salud y el bienestar y otros complementos salariales que dependen del servicio continuo a una determinada compañía. El mejoramiento de la competitividad de la empresa y la calidad de la vida de trabajo es una preocupación común de los trabajadores, los sindicatos y la administración.

En buena medida, la probabilidad de que los trabajadores y la administración colaboren para mejorar la productividad depende de que se garantice a los trabajadores que su empleo es seguro. Muchos de ellos consideran que la mayor productividad es una amenaza para su empleo, y es poco probable que presten todo su apoyo a menos que tengan confianza en que conservarán su trabajo. El desplazamiento del trabajador no es consecuencia inevitable de la mayor productividad. Si aumenta la producción o se reducen las horas de trabajo, el empleo no debe disminuir, e incluso podría aumentar. Históricamente las industrias en las que la productividad ha aumentado más rápidamente que el promedio nacional son las mismas en las cuales ha aumentado el empleo en un porcentaje más alto que el promedio. Por el contrario, muchas industrias donde la productividad se estanca han tenido que disminuir el empleo.

Lo ocurrido en el Japón y en muchos países de Europa Occidental indica poco desempleo y porcentajes elevados de mejoramiento de la productividad. Eso sugiere que una economía en expansión y una política positiva del mercado de trabajo pueden proporcionar empleos suficientes para todos. El aumento del ingreso nacional tiende a aumentar la demanda de todos los bienes y servicios. Esto permite mantener, e incluso aumentar el empleo en las empresas o industrias cuya productividad mejora con rapidez.

Aun cuando el nivel de empleo de toda una industria no resulte afectado negativamente, los cambios tecnológicos, los que se presentan en el mercado y otros de carácter económico pueden traer dificultades para ciertos grupos de trabajadores. Cuando se están produciendo cambios importantes, los apuros personales a que dan lugar se pueden mitigar a menudo mediante la planeación anticipada. Si el efecto del cambio es lo suficientemente pequeño, el desgaste normal debido a las jubilaciones, los fallecimientos o el despido voluntario suprime la necesidad de despedir a los trabajadores.

Hay cierta preocupación por la posibilidad de no contar con una fuerza laboral capaz de operar con el nuevo equipo, automatizado y de elevada tecnología, que se instala en las fábricas y oficinas modernas. Los trabajadores disponibles deben ser capaces de hacer el trabajo, como lo indica esta cita tomada de *The New Science of Management Decision* de Herbert A. Simon, quien en 1979 recibió el Premio Nobel de Economía. El Dr. Simon ha estudiado los efectos de la automatización en los trabajadores y escribe lo siguiente:

La evidencia indica que la automatización, de hecho, no modifica substancialmente la distribución de los niveles de aptitud en la fábrica u oficina. En nuestra economía actual, gran parte de los empleos, tal vez hasta un 70 por ciento de ellos, no exigen aptitudes más complejas que las requeridas para conducir un automóvil, y éstas las adquieren casi todas las personas adultas de nuestra sociedad. La mayoría de las personas, debidamente motivadas, son capaces de lograr nuevas e impresionantes habilidades, con gran rapidez y con una capacitación formal moderada.[5]

1.4.9 OPORTUNIDADES PARA MEJORAR LA PRODUCTIVIDAD

Cualquiera que sea el tipo de trabajo que se estudie, sea de la fábrica o de una operación de servicio ofrece grandes oportunidades para mejorar la productividad. El ejemplo 1.4.4 muestra las que existen en casi toda actividad para mejorarla, de 1980 a 1985. Suponiendo que la productividad sea del 100 por ciento en 1980, si no se hace nada diferente a partir de entonces permanecerá en ese nivel. Sin inversión alguna de capital, y sin nuevas tecnologías, es posible por lo general, subir la productividad un 10 por ciento en los 2 años siguientes con sólo trabajar con las personas inspirándoles el deseo de hacer un trabajo mejor. No quiere decir que deban trabajar con más esfuerzo o con más rapidez, sino más productivamente. Es importante que todos deseen realmente hacer un trabajo bueno y productivo. El mejoramiento específico se logra disminuyendo el ausentismo, presentándose al trabajo a tiempo, mejorando la calidad del trabajo, disminuyendo la inspección requerida, disminuyendo el mantenimiento, asegurándose de que no habrá retrasos por falta de materiales, etc. Todas estas medidas, además de pequeños cambios en los métodos hechos por el empleado, pueden implicar realmente una diferencia significativa y elevar el nivel general de productividad.

Este potencial de mejoramiento relacionado con las personas se aplica a los empleados de oficina lo mismo que a los obreros de una fábrica. Si los oficinistas sienten entusiasmo por hacer un trabajo productivo, suprimirán muchas distracciones y se concentrarán en las cosas importantes. En la mayoría de los casos, pueden fácilmente ser un 10 por ciento más productivos sin cambios de importancia en las instalaciones, en las computadoras o en los sistemas mediante los cuales realizan su trabajo.

Si se logra que todos los miembros del grupo realicen un esfuerzo conjunto, se puede a menudo mejorar la productividad mucho más del 10 por ciento. En las emergencias, las personas pueden alcanzar tasas de productividad tres o cuatro veces más altas que la normal. Cuando una máquina o una pieza vital del equipo se descompone en la fábrica, las cuadrillas de mantenimiento hacen a veces en una hora lo que normalmente harían en un día. Cuando la planta de transmisiones hydramatic de General Motors, situada en Livonia, Michigan, se incendió hace muchos años, toda la operación de la división Oldsmobile estuvo en peligro. En menos de una semana, los ingenieros de Oldsmobile rediseñaron los bastidores y los controles, el taller de modelos preparó y maquinó sus vaciados, y los autos se probaron con una transmisión diferente, la Dynaflow. Esto habría requerido normalmente 6 meses de trabajo, pero se eliminó el papeleo, se tomaron decisiones rápidas y todos formaron un equipo para hacer el trabajo. Durante esa semana, la productividad de esos empleados fue varias veces más alta que la normal.

La meta de un mejoramiento del 10 por ciento en la productividad de todos los miembros de la organización, en los 2 años siguientes, es práctica y debe ser la base de un mejoramiento constante con ayuda de una tecnología mejor.

En la mayoría de las organizaciones puede ser posible agregar la tecnología a la base que constituyen las personas productivas, a fin de lograr una tasa constante de mejoramiento del 5 por ciento anual (véase el ejemplo 1.4.4). En casos específicos, el empleo de robots en una operación de montaje o el uso de la computadora en nuevas actividades de oficina pueden dar lugar a altos porcentajes de mejoramiento de la productividad. El mejoramiento general debe lle-

Ejemplo 1.4.4 Productividad prevista de las personas y la tecnología

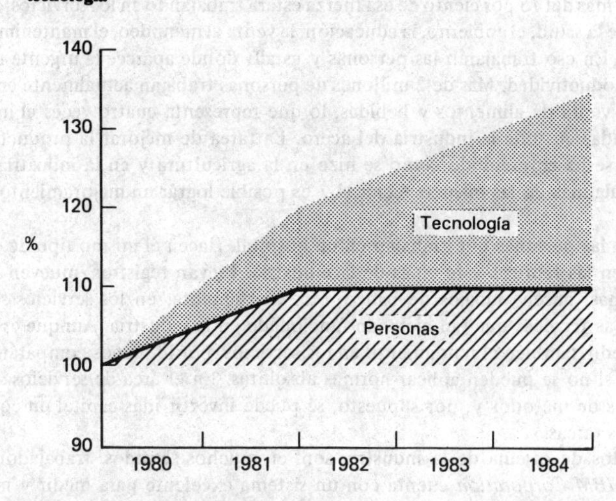

gar al 5 por ciento anual. Pero los beneficios de esta tecnología maravillosa tal vez no se conviertan en una realidad, a menos que las personas cooperen.

Es importante que todos los miembros de la organización estén informados acerca de la nueva tecnología que se va a implantar. A las personas no les gusta ser sorprendidas, sobre todo en forma desagradable. Los trabajadores, al igual que los administradores, temen aquello que no comprenden. Las personas que van a resultar directamente afectadas deben participar en la planeación. Se les debe pedir sus sugerencias e ideas antes de hacer los cambios. Si interviene un sindicato, debe informarse a sus representantes acerca de lo que se planea en materia de mejoras tecnológicas, antes de ponerlas en operación.

La introducción de nueva tecnología se debe planear, de manera que no parezca ser una amenaza para los empleados. La nueva tecnología puede ser introducida cuando el volumen requerido del producto va en aumento. Los cambios se deben llevar a cabo en forma gradual, de modo que la disminución natural absorba el desplazamiento de personal. Se puede necesitar un programa activo para capacitar a las personas en las nuevas tareas que habrá que realizar una vez que la nueva tecnología esté en operación. La planeación del personal puede ser fundamental para el éxito de la nueva tecnología.

Muy raramente se da el caso de que no sea posible hacer una mejora importante este año porque se llevó a cabo el año anterior. Por lo general, el departamento que logra un mejoramiento del 5 por ciento en la productividad en un año la mejorará probablemente otro 5 por ciento al año siguiente, y el que logró mejorarla en sólo el 1 por ciento en un año la mejorará únicamente el 1 por ciento al año siguiente. Esto se debe a que la oportunidad de mejorar está siempre presente y el logro depende del esfuerzo que se haga por encontrar mejoras y llevarlas a la práctica.

1.4.10 LA PRODUCTIVIDAD EN LOS SERVICIOS

Así como el mejoramiento de la productividad en la agricultura redujo el porcentaje de trabajadores agrícolas del 50 por ciento de hace 100 años al 3.4 por ciento de 1980, los esfuerzos por mejorar la productividad en la industria están reduciendo el porcentaje de trabajadores requeridos para hacer las cosas necesarias. Antes de que termine el presente siglo, el número de personas requeridas por la industria se habrá reducido al 20 por ciento de la fuerza laboral. Quiere decir que más del 75 por ciento de esa fuerza estará trabajando en los servicios, incluyendo la atención de la salud, el gobierno, la educación, la venta al menudeo, el mantenimiento, las diversiones, etc. En eso trabajarán las personas y es allí donde aparece la urgente necesidad de mejorar la productividad. Más de 2 millones de personas trabajan actualmente en los establecimientos de venta de alimentos y bebidas, lo que representa cuatro veces el número de personas empleadas en toda la industria del acero. La tarea de mejorar la productividad en los servicios no se ha emprendido como se hizo en la agricultura y en la industria, pero se pueden aplicar algunas de las mismas técnicas y es posible lograr un mejoramiento constante parecido.

Pensemos en las personas que trabajan en un hospital. Hacen el mismo tipo de cosas que suelen hacerse en las fábricas y oficinas de la industria. Llevan registros, mueven las cosas, manejan máquinas, hacen trabajos de banco, etc. Ciertamente, en los servicios se pueden probar las mismas técnicas que tan bien han funcionado en la industria. Aunque es más difícil, se puede medir también el rendimiento en los servicios, por lo menos comparándolo con el año anterior, si no se pueden aplicar normas absolutas. En el área de servicios se pueden efectuar estudios de métodos y, por supuesto, se puede invertir más capital en equipo que ayude a hacer las tareas.

Los empleados de oficina de la industria son, en muchos sentidos, trabajadores de los "servicios". La *IBM Corporation* cuenta con un sistema excelente para medir y mejorar la productividad en el área de oficina. Ha dividido todo el trabajo de servicio, o sea el de oficina, en unos 130 elementos lógicos diferentes. Por cada uno de esos elementos, miden comparando el número de personas con una base lógica. Por ejemplo, comparan el número de secretarias con el número de empleados a sueldo, o comparan el número de porteros con los pies cuadrados de superficie de oficinas a las cuales dan servicio. Esas relaciones se marcan cada año en una gráfica, por cada uno de los 130 factores. Cada una de sus más de 30 plantas tendrá su marca en esa gráfica. Cuando las gráficas circulan por la empresa, cada gerente puede ver quién está haciendo un trabajo mejor en cada factor, y estimula a los morosos para que imiten al mejor. Puede ver también, comparando la medición del año anterior con la del actual, los progresos logrados en el mejoramiento de cada factor de su área de servicio, o de oficina. Este sistema ha propiciado mejoras anuales de mucha importancia en la productividad del trabajo de oficina de IBM.

1.4.11 MEDICION DE LA PRODUCTIVIDAD

El Dr. Mundel explica detalladamente la medición de la productividad en el capítulo 1.5, pero en esta sección se recalca la importancia de la medición y se habla de la aplicación de métodos relativamente burdos cuando no se dispone de uno más preciso.

El mejoramiento constante de la productividad en la agricultura de este país dio lugar a que el 3.4 por ciento únicamente de la población que trabaja cultive actualmente alimentos más que suficientes para todos. La medición de los insumos y la producción agrícola ha sido, en todo este tiempo, bastante específica y fácil de entender. Los bushels de trigo producidos por acre, así como el costo de criar una libra de carne de vaca, han sido lo bastante precisos para permitir que los rancheros elijan procedimientos aún más eficientes para producir esos artículos.

En la industria, el trabajador ha sido medido con mucha exactitud desde los tiempos de Taylor y Gilbreth. Esa medición precisa ha permitido que la industria mejore constantemente la productividad del trabajador. Las piezas que salen de una máquina cada hora, o los segundos y fracciones de segundo necesarios para ensamblar una parte, han sido la base del mejoramiento de la medición, para que sea posible seleccionar y poner en práctica otros métodos mejores. El mejoramiento de la productividad en la industria ha sido suficiente para que el porcentaje de trabajadores industriales norteamericanos alcanzara su máximo en el período comprendido entre 1965 y 1970, y no está lejano el día en que menos del 25 por ciento de nuestros trabajadores harán todas las cosas que necesitemos.

Los servicios (gobierno, educación, atención de la salud, transportación, etc.) representaron en 1980 casi el 70 por ciento de la fuerza de trabajo. No se ha logrado un mejoramiento igual de la productividad en esta área, y una de las causas principales de este avance más lento es la dificultad con que se tropieza para medir el rendimiento. La mayoría de los servicios son más difíciles de medir que las granjas y las fábricas. Los insumos se pueden medir bastante bien, pero, por lo general, no es posible contar simplemente el producto porque normalmente no se trata de una medición de cantidad. La calidad o la utilidad del producto tienen importancia vital, pueden variar mucho y son difíciles de medir. La medición del rendimiento de un oficial de policía, de una enfermera o de un profesor no se puede expresar con tanta precisión como 63.1 bushels por acre ó 0.042 minutos por pieza.

La medición lógica y aceptable inspira el mejoramiento. Roger Bannister, o cualquier otra persona, jamás habría corrido probablemente una milla en 4 minutos de no ser por el cronometraje exacto. La medición y el mejoramiento van de la mano. Para mejorar, una medición cualquiera, aunque sea relativamente burda, es mejor que nada. Cuando no es posible fijar normas precisas, las comparaciones han sido útiles. Las normas relativamente burdas que han sido usadas para la comparación han permitido los mejoramientos de la productividad logrados en algunos servicios. Si un trabajo se puede medir con la exactitud suficiente para que el rendimiento se pueda comparar con el de otro trabajo similar realizado en otra organización, aquella que arroje el mejor rendimiento se puede tomar como norma. A los que no estén a esa altura se les puede pedir que igualen al mejor. En el peor de los casos, los resultados de un año se pueden comparar con los del anterior. El costo actual o el número de personas se pueden relacionar con el costo comparable o con el número de personas necesarias para hacer el trabajo del año anterior. Los sistemas para realizar presupuestos ofrecen a menudo este tipo de medición y comparación.

No hay mucho incentivo para hacer las cosas mejor si usted no sabe que lo está haciendo mejor. Para optimizar los resultados se requieren mediciones creíbles, sencillas y precisas y normas con iguales características. En un servicio como el de computación, la simple cuenta del número de hojas impresas producidas no tiene significado en sí misma. El servicio no consiste en proporcionar hojas de datos, sino en dar la información que el cliente desea. La satisfacción del cliente tiene que entrar en la fórmula de productividad para medir el verdadero valor del servicio.

Para tener éxito al fomentar el mejoramiento de la productividad, las mediciones deben ser entendidas, y su validez aceptada, por las personas que las emplean. Hay una gran diferencia entre decir "este proyecto mejorará mucho la productividad de la operación" y decir "este proyecto mejorará la productividad de la operación en un 22 por ciento".

1.4.12 LA RESPONSABILIDAD DEL INGENIERO INDUSTRIAL

El ingeniero industrial está mejor equipado, desde el punto de vista de la educación, el interés y la actitud hacia el trabajo, para tomar la dirección del mejoramiento de la productividad en cualquier organización. Para ello, tendrá que salirse de su función tradicional de fijar normas para los trabajadores directos y tendrá que estudiar a todas las personas que trabajan en la empresa. Tendrá que ver que se hagan estudios de productividad de la energía y los materiales. Tendrá que trabajar, con los ingenieros de manufactura, en una nueva tecnología, y con los ingenieros de diseño en el diseño de productos que mejoren la productividad.

Esta responsabilidad ampliada implica que muchos ingenieros industriales, que normalmente trabajarían en la industria, tendrán que ir a trabajar en los servicios, donde hay grandes oportunidades de mejorar la productividad y donde hay más del doble de empleados que en la fabricación. Es importante para la sociedad que el mejoramiento de la productividad se acelere, y toca al ingeniero industrial ver que esa aceleración tenga lugar.

1.4.13 EFECTO DE LA PRODUCTIVIDAD EN LA SOCIEDAD[6]

El ejemplo 1.4.5 muestra el cambio ocurrido en la distribución del empleo en los Estados Unidos desde 1870. En ese año, casi la mitad de los trabajadores estaban en la agricultura, una cuarta parte en la industria y la otra cuarta parte en los servicios. El gran mejoramiento de la productividad en la agricultura ha reducido a menos del 4 por ciento el número de personas que en 1980 trabajan en las granjas. El de las personas que producen artículos, es decir, las que trabajan en la industria, la construcción y la minería, aumentó hasta 1950 aproximadamente; pero, debido al mejoramiento de la productividad en las industrias productoras de artículos, esa categoría se ha reducido en 1980 al 28 por ciento aproximadamente de la fuerza total de trabajo. El 68 por ciento restante está produciendo servicios.

El ejemplo alcanza hasta el año 2000. En ese año, la agricultura requiere sólo un 2 ó un 3 por ciento de la fuerza laboral, y todos los artículos son producidos por menos del 20 por ciento de esa fuerza. Queda más del 75 por ciento de la población trabajadora de nuestro país para producir servicios. Si entre 1980 y el año 2000 se logra algún progreso, por modesto que sea, en el mejoramiento de la productividad en los servicios, para el 2000 podremos tener todos los servicios que tenemos ahora y quedará todavía el equivalente del 25 por ciento de los trabajadores disponible para algo más, como lo indica el triángulo de la parte superior derecha del ejemplo 1.4.5.

Ese tiempo disponible se podría aprovechar para mejorar la preparación de cada uno. Se podría usar también para auxiliar a las personas que dediquen su tiempo total o parcialmente en los campos artístico y cultural, o para ayudar a quienes viven en las áreas en desarrollo a mejorar sus estándares de vida. Una gráfica similar le fue mostrada al Dr. Charles Malik, del Líbano, antiguo Presidente de la Asamblea General de las Naciones Unidas. Sugirió que se agregara lo siguiente al uso de dicho tiempo disponible: tiempo para la contemplación, la conversación y la vida en comunidad; tiempo para estar con la familia y tiempo para fraternizar y ser más humanos unos con los otros.

No hay un límite previsible para el mejoramiento de la productividad, y éste puede producir un efecto marcadamente benéfico en la calidad de nuestra vida futura.

Ejemplo 1.4.5 Distribución del empleo en los EUA

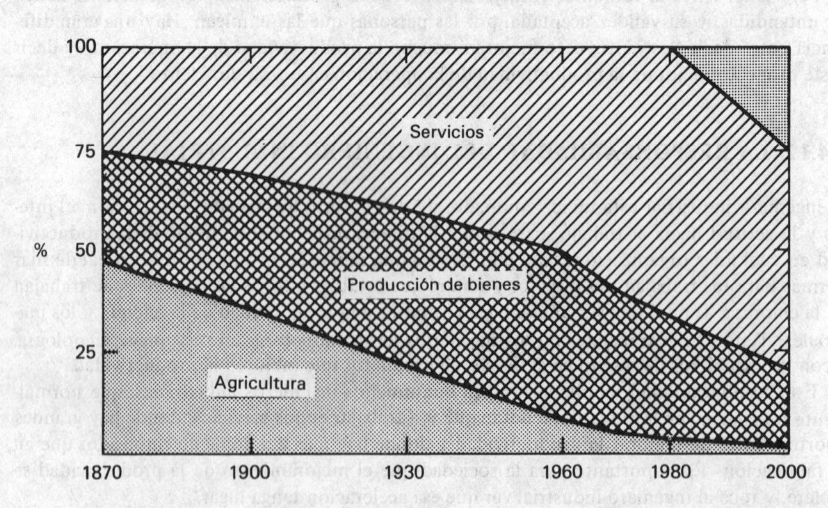

REFERENCIAS

1. JOHN W. KENDRICK, *Understanding Productivity*, The Johns Hopkins University Press, Baltimore, MD, 1977.
2. Este párrafo se tomó del informe de la *National Commission on Productivity and Work Quality*, del 1o. de julio de 1974.
3. Esta sección es una adaptación de *Reaching a Higher Standard of Living*, The New York Stock Exchange, Office of Economic Research, 1979.
4. La mayor parte de esta sección fue tomada de "Productivity in the Changing World of the 1980's", el informe final del National Center for Productivity and Quality of Working Life.
5. HERBERT A. SIMON, The New Science of Management Decision, Prentice-Hall, Englewood Cliffs, NJ, 1977.
6. Gran parte de esta sección proviene del trabajo de D. Burnham "Productivity Improvement", conferencia en el Bejamín F. Fairless Memorial de la Carnegie-Mellon University, Pittsburgh, PA, 1972.

BIBLIOGRAFIA

Manufacturing Productivity Solutions, Proceedings of the Society of Manufacturing Engineers, 2 y 3 de octubre de 1979. Se puede obtener en la Society of Manufacturing Engineers, One SME Drive, P. O. Box 930, Deartborn, MI 48128.

Productivity Perspectives, American Productivity Center, Inc., Houston, TX, 1979.

Reaching a Higher Standar of Living, Office of Economic Research, The New York Stock Exchange, Nueva York, 1979.

CAPITULO 1.5

Medición y mejoramiento de la productividad

MARVIN E. MUNDEL
M. E. Mundel & Associates, Inc.

1.5.1 INTRODUCCION

Como preparativo para mejorar la productividad, es necesario medir el estado de la productividad actual con el fin de tener una base a partir de la cual se pueda medir el cambio. Además, se debe definir cuidadosamente la naturaleza del cambio deseado, de manera que ese cambio represente una forma conveniente de mejoramiento. La productividad, por lo tanto, se debe medir de manera que refleje los cambios, que se consideran deseables, ocurridos en la situación medida.

La sección 1.5.2 contiene definiciones de los términos especiales que se emplean en la medición de la productividad, seguidas por varias definiciones de las medidas de productividad, como preparación para explicar la optimización de la productividad (sección 1.5.3). Viene luego la sección 1.5.4, en la cual se explican las tecnologías básicas para la medición. Siguen los ejemplos de medición (sección 1.5.5) y, por último, se alude al problema del mejoramiento de la productividad (sección 1.5.6) indicando un procedimiento general que señala también la importancia de los otros temas que se tratan en el presente manual.

1.5.2 DEFINICIONES BASICAS

Productividad

Productividad es el cociente que resulta de dividir los productos obtenidos para ser usados fuera de la organización, teniendo en cuenta debidamente las distintas clases de producto, entre los recursos utilizados, dividido este cociente entre otro similar que corresponde al período base. Es por lo tanto un índice; no tiene dimensión. Matemáticamente, el índice de productividad es:

$$\frac{AOMP/RIMP \quad (1)}{AOBP/RIBP \quad (2)} \times 100 \quad (A) \qquad o \qquad \frac{AOMP/AOBP \quad (3)}{RIMP/RIBP \quad (4)} \times 100 \quad (B)$$

donde *AOMP* = Producción agregada, del período que se mide.
RIMP = Recursos utilizados, en el período que se mide.
AOBP = Producción agregada, del período base.
RIBP = Recursos utilizados, en el período base.

Cualquier formulación produce un valor idéntico, aunque las razones subordinadas tienen significados distintos. A la razón subordinada 1) se le llama *índice de productividad actual*, a la razón 2) se le llama *índice de productividad base*, a la razón 3), *índice de producción* y a la 4) *índice de insumos*.

Con la formulación (A), las razones 1) y 2) se pueden calcular partiendo de períodos de distinta duración, sin alterar el significado del cálculo de la productividad ni de las razones subordinadas. Con la formulación (B), todos los datos deben provenir de períodos de igual duración para que las razones subordinadas tengan significado.

Clases de mediciones de la productividad

1. Productividad de la mano de obra. En esta formulación, los recursos utilizados se agregan en términos de horas de mano de obra. Por tanto, el índice está relativamente libre de cambios causados por los salarios y tipos de trabajo.

2. Productividad del costo de mano de obra directa. En esta formulación, los recursos utilizados se agregan en términos de costos de mano de obra directa. Este índice reflejará el efecto de las tarifas de salarios y de los cambios en la combinación de mano de obra. Sin embargo, se pueden tomar "dólares constantes" para eliminar esa distorsión.

3. Productividad del capital. Son posibles varias formulaciones. En una de ellas, los recursos utilizados pueden ser los cargos a depreciación efectuados durante el período; en otra, puede ser el valor en libros del equipo de capital.

4. Productividad del costo directo. En esta formulación, todos los elementos de costo directo asociados con los recursos se agregan con base en un valor monetario. Se pueden tomar dólares constantes.

5. Productividad del costo total. En esta formulación, los costos de todos los recursos, incluyendo la depreciación, se agregan con una base monetaria. Se pueden tomar dólares constantes.

6. Productividad de la moneda extranjera. En esta formulación, el único costo de recursos que se considera es la suma requerida en moneda extranjera.

7. Productividad de la energía. En esta formulación, el único recurso que se tiene en cuenta es la cantidad de energía consumida en BTU o en kW, como mejor convenga.

8. Productividad de las materias primas. En esta formulación, los numeradores son normalmente el peso del producto. Los denominadores son el peso o el valor de las materias primas consumidas.

Como se puede ver, es posible obtener muchos índices de productividad diferentes. La lista que antecede no está completa.

Eficacia

La palabra *eficacia* se emplea para describir qué tan bien corresponde la producción a las metas fijadas; qué *resultados* se obtienen con ayuda de los insumos. La medidas de la eficacia se deben delinear antes de identificar la producción, ya que, mientras no se establezcan esas medidas, difícilmente se puede señalar qué va a contar como producción y cómo se va a contar ésta.

Por ejemplo, el hecho de medir a un departamento de compras únicamente en términos del número de órdenes de compra emitidas, del costo por cada orden de compra o del primer costo de los materiales adquiridos, dirigirá mal la medición subsecuente de productividad. El departamento de compras está obligado a obtener el costo total más bajo, determinado por aquello que se adquiere. La oportunidad, para evitar retrasos en el trabajo, no aceptar una calidad inferior que pudiera aumentar los costos de proceso o disminuir la productividad de la materia prima, deben tener prioridad.

La elección equivocada de las medidas de eficacia da lugar con frecuencia a resultados absurdos. Por ejemplo, un departamento de compras fue medido en términos de "los descuentos negociados". Esto indujo al departamento a comprarle libros a un librero que cotizó a $15 cada libro, pero ofreció dejarlos en $11 si se ordenaban 100, en vez de comprárselos a otro que los ofreció a $9 cada uno sin posibilidad de negociar un descuento.

Valor

El *valor* se refiere a la conveniencia de lograr ciertos resultados específicos. No hay una medida absoluta. La respuesta se busca en los sistemas de valores sociales y personales.

Producción

La *producción* son los bienes y servicios producidos para ser usados fuera de la organización, que se entregan al mercado o al sector de la sociedad, geográfico o de la economía al cual se sirve, y que pretenden lograr directamente la finalidad de la organización. Cuando se mide la productividad de una parte de la organización, hay que tratar de evitar la suboptimización, tema que se examinará a fondo en la sección 1.5.3.

Producción agregada, general

En cualquier formulación de una medida o índice de productividad, se debe agregar la producción tanto del período base como la del que se mide. El método debe ser el mismo en ambos casos. Las diversas posibilidades incluyen:

1. Por estándares de mano de obra, en horas, usando los valores del año base y ponderando las producciones individuales antes de agregarlas.
2. Por margen de utilidad, ponderando cada tipo de producto según su margen de utilidad actual, en el caso del período que se mide, y según los márgenes de utilidad del año base en el caso de este último.
3. Por valor de mercado de los productos, ponderando los actuales según su valor actual y los del año base según los valores de ese año.
4. Por el peso de los productos.
5. Por simple conteo, si se trata de un solo tipo de producto (aunque esto ocurre raramente).

Producción agregada, específica

Los productos deben ser agregados en forma que refleje su contribución a la eficacia de la empresa. En muchos casos, hay que emplear métodos distintos de los comunes. El viejo adagio "no se puede sumar manzanas y naranjas" podría no ser válido. Si vamos a usar la fruta como proyectiles, cuatro naranjas y cinco manzanas suman nueve. Incluso podríamos agregar los tomates.

Un error típico consiste en identificar y contar funciones o actividades en vez de productos, como se definieron anteriormente. Podemos señalar los elementos siguientes como casos típicos:

1. Las juntas a las cuales se asistió
2. Las cartas contestadas

3. Las llamadas telefónicas atendidas
4. Las planificaciones realizadas
5. Las recomendaciones sobre políticas

No es que no requieran tiempo. Incluso puede suceder que se vayan a usar (con excepción de los puntos 4 y 5) fuera de la organización. Sin embargo, casi nunca se pretende que logren directamente la finalidad de la empresa. El número de cada una de esas actividades podría variar tanto como se quisiera sin que afectara necesariamente la eficacia de la empresa. Sería igual que medir la productividad de un taller en libras de metal eliminado, la de una fundición en términos del metal fundido, la del servicio de un autobús en términos del número de arrancadas y paradas, y la de un abogado en términos de los litigios manejados. (*Nota*: El autor piensa que un buen abogado dedica una buena parte de su tiempo a evitar que las personas den lugar a situaciones que conduzcan al litigio.)

Suma de productos reales

Cuando la entidad que se mide produce cosas reales de valor intrínseco, la descripción de los productos precede casi siempre a su producción real y se documenta con dibujos, lista de partes, etc.

Suma de servicios producidos

En el caso de las empresas de servicios y del gobierno, los productos deben ser identificados antes de intentar medir la productividad. Una técnica relativamente nueva aplicable a las actividades de servicio es la llamada *análisis de la unidad de trabajo*, que se describe en la sección 1.5.5.

1.5.3 OPTIMIZACION DE LA PRODUCTIVIDAD

Definición

Optimizar significa lograr un máximo o un mínimo con respecto a un determinado criterio o criterios. Si se aplican criterios, habrá que establecer también alguna manera de ponderar el *valor* relativo de cada criterio. Además, hay que reconocer que la elección de un determinado índice de productividad puede sentar la base de la optimización.

Por ejemplo, para comparar los resultados del uso de diferentes medidas de productividad, supondremos los hechos siguientes (se eligieron números simples para simplificar los cálculos):

Concepto	*Año 1*	*Año 2*
Número de productos (de una misma clase)	10	15
Horas de mano de obra directa	2,000	4,000
Costo de mano de obra directa	20,000	23,000
Depreciación de capital	6,000	7,000
Valor en libros del capital	18,000	36,000
Costo directo total	30,000	38,000
Costos totales	40,000	53,000
Moneda extranjera utilizada	$4,000	$10
Energía consumida	1,000 kW	1,400 kW
Materias primas utilizadas	10,000 lb	15,000 lb

Concepto	*Año 1*	*Año 2*
Indice de productividad de la mano de obra	$= \frac{15/4000}{10/2000} \times 100 = 75\%$	
Indice del costo de mano de obra directa	$= \frac{15/23{,}000}{10/20{,}000} \times 100 = 130\%$	
Indice de la depreciación de capital	$= \frac{15/7000}{10/6000} \times 100 = 129\%$	
Indice del valor en libros del capital	$= \frac{15/36{,}000}{10/18{,}000} \times 100 = 75\%$	
Indice del costo directo total	$= \frac{15/38{,}000}{10/30{,}000} \times 100 = 118\%$	
Indice de los costos totales	$= \frac{15/53{,}000}{10/40{,}000} \times 100 = 113\%$	
Indice de la moneda extranjera	$= \frac{15/10}{10/4000} \times 100 = 60{,}000\%$	
Indice de la energía consumida	$= \frac{15/1400}{10/1000} \times 100 = 107\%$	
Indice de las materias primas	$= \frac{15/15{,}000}{10/10{,}000} \times 100 = 100\%$	

Base de la optimización

En el sector privado de la manufactura, la base normal de la optimización es la utilidad actual (protegiendo las utilidades futuras). Por lo tanto, la formulación más común es la *productividad del costo total.* Sin embargo, incluso con esta formulación, la *productividad de la mano de obra*, como se ha definido, es un índice útil que evalúa el efecto de la motivación y la diligencia en las operaciones. En el sector privado hay sin embargo muchas actividades de asesoría que se parecen más al sector público.

En el gobierno y en las operaciones de servicio hay muchas actividades que se parecen al sector privado. Como ejemplos podemos citar el trabajo de un departamento de imprenta del gobierno o del departamento de carreteras. Los productos son tangibles, fáciles de identificar y cuantificar. Es en las actividades de asesoría del sector privado y en las actividades de servicio del gobierno, las cuales predominan, donde hay que trabajar mucho para agregar los productos a fin de obtener y usar un *índice de productividad de la mano de obra,* el más comúnmente usado. La optimización se mide, por lo tanto, en términos de la producción máxima agregada por unidad de mano de obra utilizada, dentro de algunas otras limitaciones.

Limitaciones impuestas a la optimización

Las limitaciones a la optimización aparecen con más frecuencia en el sector de servicios. Por ejemplo, una tienda podría aumentar la productividad de sus dependientes teniendo menos empleados. En cambio, un servicio se volvería tan deficiente que se perdería una utilidad mayor que la necesaria para cubrir los gastos.

Cuando se estudia una parte de una empresa, la suboptimización es a menudo un peligro importante que se debe evitar. Por ejemplo, si el mejoramiento de la productividad se concentra en las empleadas-mecanógrafas, el servicio al personal profesional será tan deficiente que tendrá que hacer su propio trabajo de oficina o perder tiempo esperando el servicio. El laboratorio de un hospital, al tratar de aumentar su productividad, puede a veces atrasarse en el trabajo, aumentando la estancia de los pacientes con un costo desproporcionado comparado con los ahorros.

La oportunidad, el porcentaje de servicios que se deben proporcionar y la calidad de esos servicios son a menudo factores que se deben considerar como limitaciones impuestas a la optimización de una parte de la organización con el fin de evitar la suboptimización de toda la entidad.

Motivación del comportamiento requerido

Para la gerencia del sector privado, en la mayoría de los casos, las presiones del estado de los resultados y del estado de la situación financiera constituyen las fuerzas motivadoras.

Para la gerencia en el gobierno, en muchos casos existe realmente una positiva desmotivación para optimizar la productividad. Puede haber presión para que se logren metas en relación con las cuales un exceso de recursos constituye una ventaja. Asimismo, las anteriores reducciones generales de personal pueden ocasionar el exceso de personal. Es un axioma que para motivar a esos organismos se requiere una línea dura en materia de presupuestos.

En cuanto a los servicios de asesoría, privados y del gobierno, las observaciones con respecto a la gerencia gubernamental son igualmente aplicables.

De modo general, los trabajadores se han opuesto con frecuencia a los esfuerzos para mejorar la productividad. No comprenden cabalmente que, si los salarios aumentan más rápidamente que la productividad, el único resultado será la inflación. Es axiomático que la mayoría de las personas no se esforzarán por lograr metas que no se relacionen directamente con su propio bienestar. A esto se dirigen todos los programas de incentivos de salarios, de participación en las utilidades y de cooperación en el mejoramiento de la productividad. Recuérdese, sin embargo, que los programas de cooperación al mejoramiento de la productividad exigen que ésta sea medida.

El *Senior Executive Service* (Servicio de Altos Ejecutivos), que es parte de la Ley *Civil Service Reform* de los Estados Unidos (ley de Reformas del servicio civil), promulgada en 1978, incluye un programa que ofrece incentivos financieros por la buena administración. Su efecto en la productividad está por verse.

1.5.4 FUENTES BASICAS DE INFORMACION PARA ESTABLECER LAS MEDIDAS DE PRODUCTIVIDAD

Un examen de las diversas medidas de la productividad descritas en la sección 1.5.2 indica tres fuentes principales de información para elaborar esos índices:

1. Información que identifique al producto
2. Información contable
3. Información sobre medición del trabajo

Información que identifique al producto

En el caso de los productos tangibles y que tienen valor intrínseco, los catálogos y dibujos constituyen un marco para identificar los diversos tipos de producto antes de ponderar cada clase de los que componen la línea. Sólo después de ponderarlos debidamente pueden ser agregados. En el caso de los servicios, en cambio, es muy raro que se disponga de información que permita identificar al producto, y habrá que hacer tal vez numerosos análisis como primer paso para obtener un índice de productividad. Ciertamente, en los países desarrollados, como los Estados Unidos, donde aproximadamente el 80 por ciento o más de los empleos están en el sector indirecto o de servicios, los análisis pueden ser un requisito importante. En la sección 1.5.5 de este capítulo se incluye una técnica adecuada para esto.

Información contable

Dependiendo del refinamiento del sistema de contabilidad, la ponderación de cada tipo de producto puede o no ser factible recurriendo exclusivamente a los registros contables. Si hay un sistema detallado de contabilidad de costos, tal vez esté disponible toda la información necesaria. (Véase también la sección 9 de este manual, "Economía de la Ingeniería".)

Si, por el contrario, no se dispone de datos contables detallados del costo, donde se asignen a cada tipo de producto los costos de mano de obra, de materiales y los indirectos, la obtención de la información necesaria puede ser una tarea laboriosa. Sin embargo, debido a la presión de las utilidades y el costo, esa información está disponible casi siempre por lo que respecta a los productos tangibles con valor intrínseco.

En el caso de los servicios y las actividades indirectas, en que muy pocas veces se identifica al producto, hasta los sistemas refinados de contabilidad de costos tienden a englobar los costos funcionales independientemente de la combinación de productos y de los cambios que experimenta de un período a otro. Por lo tanto, después de aplicar alguna técnica para identificar las diversas clases de servicios producidos, se requiere normalmente algún tipo de medición del trabajo para asignar los distintos costos a los diferentes tipos de productos antes de agregarlos.

Información sobre medición del trabajo

La expresión *medición del trabajo* se utiliza aquí para designar la aplicación de alguna técnica que permita determinar la cantidad (y el tipo, si se desea) de mano de obra necesaria para producir cada clase de producto en un período base. Se requiere dicha información para efectuar casi todos los cálculos de productividad, con excepción de los de materias primas que se describen en la sección 1.5.2 de este capítulo. (Véase la sección 4 de este manual, "Medición del rendimiento y control de la operación".)

1.5.5 IDENTIFICACION DE LOS SERVICIOS PRODUCIDOS: ANALISIS DE LA UNIDAD DE TRABAJO[1]

Definiciones

En el concepto de *análisis de la unidad de trabajo*, la expresión *unidad de trabajo* tiene un significado especial. Se requieren también algunas otras expresiones especiales para facilitar una exposición coherente.

La unidad de trabajo. Es una cantidad de trabajo, o el resultado de una cantidad de trabajo, considerada convenientemente como un entero (un "cada") cuando se examina el trabajo desde un punto de vista cuantitativo.

En esta definición, la palabra *conveniente* significa que constituye una base útil para:

1. Aplicar otras técnicas de la ingeniería industrial.
2. Apoyar esencialmente los aspectos de los presupuestos relacionados con el personal.

3. Establecer el costo por unidad de mano de obra y otros costos.
4. Planear y asignar el trabajo.
5. Revisar continuamente los pronósticos de cargas de trabajo y la utilización actual de los recursos de personal (y de otros auxiliares asociados).
6. Comparar constantemente los resultados con los planes.
7. Medir la productividad de una empresa.

Es evidente que, dentro de la definición dada, puede existir una gran variedad de tamaños de unidades de trabajo, desde "un movimiento del brazo" hasta "el trabajo anual total de una empresa".

Categorías de las unidades de trabajo. Para facilitar el estudio ordenado del trabajo en términos de unidades de trabajo, hay que establecer una serie de definiciones para identificar unidades de trabajo de diversos tamaños. Nos referiremos a cada tamaño como una *categoría de unidad de trabajo.*

Ejemplo 1.5.1 Definiciones de las categorías básicas de unidades de trabajo

Designación numérica	*Nombre*	*Definición*
Unidad de trabajo de octava categoría	Resultados	Lo que se logra gracias a los resultados de la actividad.
Unidad de trabajo de séptima categoría	Producción bruta	Un gran total de los productos finales o de los servicios prestados por el grupo de trabajo.
Unidad de trabajo de sexta categoría	Productos del programa	Un grupo de productos iguales o de servicios prestados que representan parte de una unidad de trabajo de séptima categoría pero constituyen un subgrupo más homogéneo.
Unidad de trabajo de quinta categoría	Producto final	Una unidad del producto final; las unidades en las cuales se cuantifica un programa; la producción más pequeña, producida para ser usada fuera de la organización y que contribuye al logro del objetivo sin que se haga trabajo adicional en esa producción.
Unidad de trabajo de cuarta categoría	Producto o componente intermedio	Una parte de una unidad de producto final; el producto intermedio puede pasar a ser parte del producto final, o puede necesitársele simplemente para que sea posible obtener el producto final.
Unidad de trabajo de tercera categoría	Tarea	Una parte cualquiera y el total de la actividad y de las cosas asociadas con el rendimiento de una unidad de asignación, sea una persona o un grupo, dependiendo del método de asignación.
Unidad de trabajo de segunda categoría	Elemento	La actividad asociada con la realización de parte de una tarea, que conviene separar para facilitar el diseño del método de realización de la tarea o el estudio de tiempo de dicha tarea.
Unidad de trabajo de primera categoría	Movimiento	La realización de un movimiento en el hombre. Esta es la unidad de trabajo más pequeña que encontramos normalmente en el estudio del trabajo. Sirve para facilitar el diseño de la tarea o el estudio de tiempo y nunca aparece en los sistemas de control con un uso distinto de éste.

Unidades de trabajo de distinta categoría. El ejemplo 1.5.1 da una serie de definiciones de las unidades de trabajo de diversos tamaños, adecuadas para estudiar, en forma coherente, los aspectos cuantitativos de cualquier tipo de trabajo. La lista da comienzo con la octava categoría y termina con la unidad de trabajo de primera categoría, ajustándose al orden del análisis. También resulta apropiado usar los números más pequeños para las unidades de trabajo más pequeñas. Hay que hacer notar que no todas estas categorías aparecerán necesariamente en un análisis de unidades de trabajo. Por otra parte, en situaciones complejas se pueden necesitar categorías intermedias. En estos casos se usarán decimales (por ejemplo, una categoría situada entre la séptima y la sexta se designará con 6.5).

El ejemplo 1.5.1 no se presenta como un ejercicio estricto de la taxonomía del trabajo, sino como una guía para facilitar la nomenclatura. Pretende ser un lenguaje que se usará al seguir el rastro desde los objetivos hasta los productos y los recursos necesarios, cuando no haya un método natural evidente. Hay que recordar que la unidad de trabajo se define como una cantidad de trabajo *conveniente* en cuanto a tener una base para aplicar las técnicas del estudio de tiempo y movimientos y ayudar al control administrativo. El concepto de conveniencia sugiere que, a veces, los diferentes números de categoría de las unidades de trabajo pueden ser útiles. La productividad no se mide después de la quinta categoría.

Análisis de la unidad de trabajo. Es la descripción de los productos y las partes de los productos de una empresa, en términos de unidad de trabajo. El análisis da comienzo con el objetivo de la empresa, la exposición de las medidas de eficacia, y sigue describiendo unidades de producción cada vez más pequeñas (categorías de unidades de trabajo) hasta no haber satisfecho los criterios siguientes:

1. Hay una relación claramente visible entre los objetivos y los productos.
2. Se llega a un nivel conveniente de detalle tal, que se pueden hacer pronósticos importantes de los productos requeridos para períodos futuros.
3. Se llega a un nivel de detalle tal, que es posible aplicar otras técnicas de la ingeniería industrial.
4. En cada nivel de detalle, la lista de productos es inclusiva.
5. En cada nivel de detalle, las partidas que figuran en la lista se excluyen mutuamente.

Estructura de la unidad de trabajo. La *estructura de la unidad de trabajo* es la lista jerárquica de las unidades, resultante de un análisis. Se le llama también *jerarquía de la unidad de trabajo.*

Procedimiento para efectuar el análisis de la unidad de trabajo

Paso 1. Declaración del objetivo (unidades de trabajo de octava categoría)

Para comenzar la descripción de la estructura de la unidad de trabajo, deberá exponerse el objetivo de la organización que se estudia. Constituye la base para medir la eficacia. Como los altos niveles administrativos tendrán que ver muchas declaraciones de objetivos, habrá que establecer una forma específica que facilite la comunicación clara y rápida. El formato que se sugiere tiene siete encabezados, que en seguida se explicarán:

1. Tipo de servicio.
2. Area de la misión.
3. Finalidad: Intención.
4. Finalidad: Dimensión.
5. Metas.
6. Limitaciones.
7. Libertades.

Tipo de servicio. En las empresas de servicio industrial hay siete tipos de servicio:

1. Producción directa del producto.
2. Auxilares de la producción.
3. Control de mano de obra.
4. Control financiero.
5. Investigación y desarrollo.
6. Servicios al cliente.
7. Adquisición de materiales.

Estas categorías se definen por sí mismas. El análisis de la unidad de trabajo se aplica normalmente a las categorías 2, 3, 4, 5, 6 y 7. La categoría 1 es el área clásica de aplicación de la ingeniería industrial.

En el gobierno hay cuatro tipos básicos (o modalidades) de servicio, si bien un organismo puede recurrir a una combinación de ellas. Si tal es el caso, deberá indicarse así. Los cuatro tipos y sus definiciones son los siguientes:

1. Servicio constructivo: hacer por el público aquello que, de otro modo, tendría que hacer por sí mismo.
2. Restricción social: impedir que las personas, las empresas o los grupos se entreguen a actividades inconvenientes o ilegales.
3. Concesiones, premios y ayuda financiera: lograr cualquier efecto financiando a las personas o a las empresas ajenas al gobierno para que emprendan la actividad que desean.
4. Servicio utilizado a lo interno: servicio que no tiene una relación programada con el público. Sus esfuerzos son utilizados totalmente por una parte mayor de la entidad y no son parte principal de la producción final (por ejemplo, la sección de presupuesto interno).

Area de la misión. Se refiere a los sectores de la empresa, su mercado, sus clientes y proveedores, donde se estudian y se logran los resultados, y donde se producen los efectos o "impactos" deseados. Esto no se debe confundir con los efectos reales, los cuales serán el tema de las tres subsecciones siguientes. En el caso de los organismos del gobierno, la expresión se refiere a los sectores de la sociedad, de la economía o geográficos donde se deja sentir el "impacto".

Finalidad: Intención. Bajo este encabezado se debe describir el tipo de efecto que se desea producir en cada una de las áreas de impacto mencionadas en el párrafo Area de la Misión. Se pueden señalar varias intenciones si así conviene; pero se debe indicar por lo menos una intención por cada área de misión. De no ser así, difícilmente se le puede considerar como un área "impactada".

Finalidad: Dimensión. Bajo este encabezado se describen los atributos o características cuantificables de cada una de las intenciones descritas en el párrafo de Intención, que sean útiles para cuantificar los resultados obtenidos en las áreas de impacto. Deberán indicarse una (por lo menos) o más dimensiones por cada intención. Es importante hacer notar que esas dimensiones no tienen que estar (y la mayoría de las veces no lo están) relacionadas con los recursos de personal que requiere la empresa. Muchos argumentos inútiles respecto al presupuesto son generados porque no se reconoce esa falta muy común de relación.

Metas. Bajo este encabezado se indica la cantidad que se debe lograr en términos de la dimensión, o de las dimensiones de cada intención, anteriormente señaladas. Una empresa tiene por lo general dos tipos de metas: una a largo plazo y una para cada año de presupuesto. El verdadero control administrativo exige la declaración explícita de la meta de cada año que se ha pronosticado, así como la del año actual. Sin embargo, para ayudar al control administrativo conviene declarar la meta de largo plazo con la cual debe estar de acuerdo la meta de cada año.

Limitaciones. Bajo este encabezado se indican las restricciones especiales (las que no son típicas de todas las empresas) impuestas a la operación de la entidad que se estudia y a sus productos. Las limitaciones de personal y presupuesto no deben ir incluidas, porque difícilmente son especiales. Lo más correcto será poner: "Se puede recomendar sólo un cambio".

Libertades. Bajo este encabezado se señalan las áreas de acción en las cuales la entidad que se estudia tiene alguna libertad de elección especial, por ejemplo, que el grupo encargado de contratar "no esté obligado a elegir la cotización más baja".

Paso 2. Describir la producción bruta (unidades de trabajo de séptima categoría)

Para lograr las finalidades anteriormente expuestas con respecto a una estructura conveniente de la unidad de trabajo, es recomendable dividir primero la totalidad de los productos en varias grandes categorías. Las distintas categorías deben aclarar el significado de cada grupo de productos con relación a:

1. Las diferentes áreas de misión a las cuales se sirve.
2. Los (radicalmente) diferentes métodos de producción.
3. Los sistemas de costo totalmente independientes y distintos (por ejemplo, en la industria: el volumen del producto relacionado comparado con la base fija de financiamiento: en el gobierno: el trabajo financiado por la federación comparado con el trabajo reembolsado).
4. Las diferentes cuentas de gastos asignadas por separado.
5. Los distintos beneficios obtenidos.
6. Las diferentes combinaciones de intenciones.
7. Los diversos tipos (o modalidades) de acción.

Para no confundir estos productos con tareas, sobre todo cuando los productos son servicios, es más conveniente describirlos mediante los adjetivos y nombres que sean necesarios y un participio, por ejemplo: "Diseños de productos efectuados", "Evaluaciones económicas presentadas", "Fábricas inspeccionadas con el informe presentado", "Servicios de auditoría prestados". Además, una simple frase como "Diseño del producto efectuado" se debe interpretar en el sentido más amplio. No se trata únicamente de hacer un diseño, sino de todas las actividades y servicios que finalmente culminan en el "diseño del producto efectuado". Incluye las ausencias por enfermedad o vacaciones de todos los empleados asociados con el producto, sus servicios de nómina, etc. La pequeña lista de categorías de unidades de trabajo de séptima se debe tomar como representativa de los resultados netos de todos los recursos consumidos por la entidad. La lista debe satisfacer este concepto.

Paso 3. Descripción de los productos programados (unidades de trabajo de sexta categoría)

Cada unidad de trabajo de séptima categoría se debe descomponer en dos o más unidades de sexta categoría (de las cuales la de la séptima es la suma), a menos que esa división no ayude a satisfacer los criterios principales ni los adicionales que aquí se indican. La separación de categorías adicionales en este punto, al mismo tiempo que satisface los criterios principales de la estructura de una unidad de trabajo, debe aclarar la significación de los productos con respecto a:

1. Los sistemas independientes que generan trabajo.
2. Las subagregaciones útiles para tomar decisiones con respecto a un equilibrio de los beneficios.
3. Las subclases de las separaciones iniciadas en la séptima categoría, por las mismas razones indicadas para las unidades de esa categoría.

4. Los productos que parecen ser iguales, pero que requieren diferentes cantidades de recursos.

5. Los subgrupos que, dentro de una unidad de trabajo de séptima categoría, son más semejantes dentro del subgrupo (con respecto al área de misión a la cual se da servicio, a la finalidad, etc.) que el resto de los productos de la unidad de trabajo de séptima categoría de la cual forman parte.

Paso 4. Descripción de las unidades de producción (unidades de trabajo de quinta categoría)

En todos los casos, las unidades de trabajo de sexta categoría son conjuntos de productos. Todo aquello que conviene identificar como un "cada" de los "todos" que contiene la unidad de sexta categoría recibe el nombre de unidad de trabajo de quinta categoría. La separación a nivel de quinta categoría, además de seguir satisfaciendo los criterios principales, debe ayudar a:

1. Identificar un "cada" normal de producción real con respecto a utilidad.

2. Identificar un "cada" de modo que se relacione con el proceso de toma de decisiones administrativas del tipo "hacerlo/no hacerlo".

3. Proporcionar una base útil e importante para "tasar" los productos (costos por unidad).

4. Proporcionar una base para estimar el trabajo relacionado con aquello que contiene cada unidad de trabajo de sexta categoría.

5. Señalar una unidad de trabajo conveniente para alguna clase de pronóstico de cargas de trabajo, para el mejoramiento de los métodos, para la medición del trabajo, etc.

Declaraciones adicionales relacionadas con los criterios principales

1. La lista completa de cualquier categoría de unidades de trabajo representa la totalidad del trabajo que resulta de la actividad de la entidad que se estudia, aumentando el detalle a medida que se llega a las categorías más bajas. Por lo tanto, como ya se dijo, cada categoría debe ser inclusiva. Además, no deben superponerse. Deben ser mutuamente exclusivas.

2. Las unidades de trabajo que se predicen para formular presupuestos o se cuentan para medir el rendimiento deben:

a. Ser productos finales (una unidad de servicio o producto en la cual no se hará ya trabajo alguno dentro de la entidad que se estudia y que, supuestamente, contribuirá a lograr el objetivo).

b. Ser, en su caso, productos que tengan una relación conocida y fija con los productos finales.

c. Estar relacionadas con la utilización de recursos.

3. La estructura de la unidad de trabajo debe ser aceptable para el personal del programa y estar relacionada con la idea que tiene, o debe tener, de los productos cuando toma decisiones respecto al programa. Si el personal ha participado en el desarrollo de la estructura de la unidad de trabajo, esos criterios estarán satisfechos.

Caso I – El análisis de la unidad de trabajo aplicado a un Consejo Nacional de la Productividad

Introducción

Muy pocas veces se puede llevar el análisis de la unidad de trabajo a cabo sin la colaboración substancial del personal del programa, ya que, por lo general, esas personas son las únicas que poseen el conocimiento detallado de los programas. El concepto de "participación", en la mayoría de los casos, debe ser aplicado plenamente para efectuar con éxito el análisis.

Además, es necesario definir la parte de empresa que se va a analizar. El análisis se puede aplicar a una sección, una sucursal, una oficina o un departamento. El enfoque más útil significaría su aplicación a la totalidad de la entidad responsable de los programas que presentan puntos de contacto con el resto de la empresa o con el público. (Cuando se aplica el análisis a los organismos del gobierno, los puntos de contacto son generalmente con un sector de la economía, de la sociedad o geográfico, donde los efectos logrados resultan evidentes.)

En el caso que aquí se examina, un Consejo Nacional de la Productividad, se aplica asimismo el análisis con el fin de sentar una base que le permita utilizar técnicas más detalladas para su propio mejoramiento. Se desea mejorar también el control administrativo interno.

La estructura de la unidad de trabajo

Siguiendo el procedimiento que antes se explicó, el personal de ingeniería industrial del Consejo en cuestión describió la estructura de su unidad de trabajo como se indica en los ejemplos del 1.5.2 al 1.5.11.

Ejemplo 1.5.2 Consejo Nacional de la Productividad (*NPB*)

MODALIDAD: Consumo interno

Area de la Misión (Area de impacto)

1. Productividad de la industria del sector privado, en Singapur.
2. Productividad del sector privado, establecimientos de mayoreo y de menudeo, en Singapur.
3. Productividad del sector de servicios, distinto de los anteriores, en Singapur.
4. Productividad del sector del gobierno, en Singapur.

Finalidad (Resultados que se buscan)

Pretensión (Naturaleza de los resultados)

1. Aumentar la productividad de la industria.
2. Aumentar la productividad de los sectores mayorista y de menudeo.
3. Aumentar la productividad del sector de servicios, distinto de los anteriores.
4. Aumentar la productividad de los organismos del gobierno.

Dimensiones (Cómo se cuantifican los resultados)

Industria

1.1 Porcentaje de solicitudes atendidas de los establecimientos (consultas).
1.2 Porcentaje atendido de la población total de establecimientos industriales (consultas).
1.3 Porcentaje de solicitudes contestadas en no más de 2 meses.
1.4 Porcentaje de servicios que dan lugar a ganancias mayores que el costo, en el transcurso de 1 año (consultas).
1.5 Porcentaje de servicios que dan lugar a ganancias mayores que el costo, en el transcurso de más de 1 año pero menos de 5 años (consultas).
1.6 Porcentaje de clientes que vuelven a solicitar servicios, en el transcurso de 5 años, para nuevos proyectos de consultoría.
1.7 Porcentaje de solicitudes de consultoría cuyos servicios dan lugar por lo menos a un incremento del 5 al 10% en la productividad del área del proyecto.
1.8 Porcentaje de solicitudes de servicios de consultoría que dan lugar a un incremento del 10 al 25% en la productividad del área del proyecto.
1.9 Porcentaje de solicitudes de servicios de consultoría que dan lugar a un incremento de más del 25% en la productividad del área del proyecto.
1.10 Valor derivado de los proyectos de consultoría.
1.11 Porcentaje de aprendices que representan a compañías que "repiten".
1.12 Número de matriculados en los recursos y seminarios del NPB.
1.13 Número de quejas justificadas de los clientes.

Ejemplo 1.5.2 Consejo Nacional de la Productividad (*NPB*) *(Continuación)*

Ventas al mayoreo y al menudeo

2.1 Porcentaje de solicitudes contestadas a los establecimientos (consultas).
2.2 Porcentaje atendido de la población total de establecimientos (consultas).
2.3 Porcentaje de solicitudes contestadas en no más de 2 meses.
2.4 Porcentaje de servicios que dan lugar a ganancias mayores que el costo, en el transcurso de 1 año (consultas).
2.5 Porcentaje de servicios que dan lugar a ganancias mayores que el costo, en el transcurso de más de 1 año pero menos de 5 años (consultas).
2.6 Porcentaje de clientes que vuelven a solicitar servicios, en el transcurso de 5 años, para nuevos proyectos de consultoría.
2.7 Porcentaje de solicitudes de servicios de consultoría que dan lugar por lo menos a un incremento del 5 al 10% en la producividad del área del proyecto.
2.8 Porcentaje de solicitudes de servicios de consultoría que dan lugar a un incremento del 10 al 25% en la productividad del área del proyecto.
2.9 Porcentaje de solicitudes de servicios de consultoría que dan lugar a un incremento de más del 25% en la productividad del área del proyecto.
2.10 Valor derivado de los proyectos de consultoría.
2.11 Porcentaje de aprendices que representan a compañías que "repiten".
2.12 Número de matriculados en los cursos y seminarios del NPB.
2.13 Número de quejas justificadas de los clientes.

Sector de servicios (Privado, distinto de los anteriores)

3.1 Porcentaje de solicitudes contestadas a los establecimientos (consultas).
3.2 Porcentaje atendido de la población total de establecimientos (consultas).
3.3 Porcentaje de solicitudes contestadas en no más de 2 meses.
3.4 Porcentaje de servicios que dan lugar a ganancias mayores que el costo, en el transcurso de 1 año (consultas).
3.5 Porcentaje de servicios que dan lugar a ganancias mayores que el costo, en el transcurso de más de 1 año pero menos de 5 años (consultas).
3.6 Porcentaje de clientes que vuelven a solicitar servicios, en el trancurso de 5 años, para nuevos proyectos de consultoría.
3.7 Porcentaje de solicitudes de servicios de consultoría que dan lugar por lo menos a un incremento del 5 al 10% en la productividad del área del proyecto.
3.8 Porcentaje de solicitudes de servicios de consultoría que dan lugar a un incremento del 10 al 25% en la productividad del área del proyecto.
3.9 Porcentaje de solicitudes de servicios de consultoría que dan lugar a un incremento de más del 25% en la productividad del área del proyecto.
3.10 Valor derivado de los proyectos de consultoría.
3.11 Porcentaje de aprendices que representan a compañías que "repiten".
3.12 Número de matriculados en los cursos y seminarios del NPB.
3.13 Número de quejas justificadas de los clientes.

Organismos del gobierno

4.1 Porcentaje de solicitudes contestadas a los establecimientos (consultas).
4.2 Porcentaje atendido a la población total de establecimientos (consultas).
4.3 Porcentaje de solicitudes contestadas en no más de 2 meses.
4.4 Porcentaje de servicios que dan lugar a ganancias mayores que el costo, en el transcurso de 1 año (consultas).
4.5 Porcentaje de servicios que dan lugar a ganancias mayores que el costo, en el transcurso de más de 1 año pero menos de 5 años (consultas).
4.6 Porcentaje de clientes que vuelven a solicitar servicios, en el transcurso de 5 años, para nuevos proyectos de consultoría.
4.7 Porcentaje de solicitudes de servicios de consultoría que dan lugar por lo menos a un incremento del 5 al 10% en la productividad del área del proyecto.
4.8 Porcentaje de solicitudes de servicios de consultoría que dan lugar a un incremento del 10 al 25% en la productividad del área del proyecto.
4.9 Porcentaje de solicitudes de servicios de consultoría que dan lugar a un incremento de más del 25% en la productividad del área del proyecto.

Ejemplo 1.5.2 Consejo Nacional de la Productividad (*NPB*) *(Continuación)*

4.10 Valor derivado de los proyectos de consultoría.
4.11 Porcentaje de aprendices que representan a compañías que "repiten".
4.12 Número de matriculados en los cursos y seminarios del NPB.
4.13 Número de quejas justificadas de los clientes.

Metas (Cifra de resultados que se busca)

Industria

1.1 100%
1.2.1 20% de las que tienen menos de 49 empleados.
1.2.2 10% de las que tienen de 50 a 199 empleados.
1.2.3 5% de las que tienen más de 199 empleados.
1.3 100%.
1.4 85%.
1.5 100%.
1.6 20%.
1.7 100.
1.8 25%.
1.9 5%.
1.10 S$2,5000,000[a].
1.11 25%.
1.12 10% de incremento.
1.13 0.

Ventas al mayoreo y al menudeo

2.1 100%
2.2.1 5% de las que tienen menos de 49 empleados.
2.2.2 10% de las que tienen más de 50 empleados.
2.3 100%.
2.4 80%.
2.5 100%.
2.6 10%.
2.7 100%.
2.8 10%.
2.9 5%.
2.10 S$200,000.
2.11 25%.
2.12 10% de incremento.
2.13 0.

Sector de servicios (Privado, distinto de los anteriores)

3.1 100%
3.2.1 5% de las que tienen menos de 49 empleados.
3.2.2 10% de las que tienen de 50 a 199 empleados.
3.2.3 5% de las que tienen más de 199 empleados.
3.3 100%.
3.4 90%.
3.5 100%.
3.6 10%.
3.7 100%.
3.8 25%.
3.9 10%.
3.10 S$100,000.
3.11 25%.
3.12 10% de incremento.
3.13 0.

Ejemplo 1.5.2 Consejo Nacional de la Productividad (*NPB*) *(Continuación)*

Organismos del gobierno

4.1 100%.
4.2.1 90% de los que tienen menos de 49 empleados.
4.2.2 10% de los que tienen de 50 a 199 empleados.
4.2.3 5% de los que tienen más de 199 empleados.
4.3 100%.
4.4 90%.
4.5 100%.
4.6 10%.
4.7 50%.
4.8 10%.
4.9 5%.
4.10 S$800,000.
4.11 25%.
4.12 10%.
4.13 0.

Limitaciones (Números no relacionados con las listas que anteceden)

1. No tiene autoridad para iniciar consultas.
2. No tiene autoridad para imponer la aplicación de sus recomendaciones.
3. No puede exigir la asistencia a los cursos y seminarios.
4. Tiene que sufrir las consecuencias "políticas" si rechaza a un aspirante a asistir al seminario o curso.
5. Las políticas internas de la organización cliente, ajenas al NPB.
6. Debe aplicar la escala de salarios de la Comisión de Servicios Públicos.

Libertades (Números no relacionados con las listas que anteceden)

1. Puede iniciar y anunciar sus cursos y seminarios.
2. Puece "adaptar" el seminario a las necesidades o deseos de los clientes.
3. Puede controlar los nombramientos de personal.
4. Puede rechazar las solicitudes de asistencia a los seminarios si el solicitante no satisface los requisitos.
5. Puede subcontratar cursos y seminarios.
6. Puede recurrir a servicios técnicos especializados (TE) a través de la organización asiática para la productividad (APO).
7. Puede establecer grupos asesores de la industria.
8. Puede publicar y difundir.
9. No tiene que conseguir empleados acudiendo a la Comisión de Servicios Públicos.

[a] El total de las partidas 1.10, 2.10, 3.10 y 4.10 equivalente a 2 veces el déficit de operación incluyendo los gastos indirectos.

Ejemplo 1.5.3 Unidades de trabajo de séptima categoría (agrupación por producción bruta)

01. Consultorías de la industria, terminadas.[a]
02. Consultorías de mayoreo y menudeo, terminadas.
03. Consultorías del sector de servicios, privado, distinto de los anteriores, terminadas.
04. Consultorías de los organismos del gobierno, terminadas.
05. Capacitación formal, proporcionada.
06. Publicaciones, proporcionadas.
07. Proyectos de información patrocinados por el gobierno, terminados.
08. Recomendaciones generales sobre productividad, proporcionadas.

[a] Por "terminado" se entiende haber llegado a una etapa en que la evaluación de los "resultados" es factible.

Ejemplo 1.5.4 Unidades de trabajo de sexta categoría (Grupos de productos "semejantes")

0101. Industria, ingeniería industrial, mejoramiento de la producción, consultorías terminadas.[a]
0102. Industria, ingeniería industrial, nuevos procesos, proyectos de nuevos productos, etc., consultorías terminadas.
0103. Industria, ingeniería industrial, mejoramiento del producto, consultorías terminadas.
0104. Industria, aplicaciones en la mecanización y automatización, consultorías terminadas.
0105. Industria, sistemas de manejo de la información, consultorías terminadas.
0106. Industria, sistema administrativo, por ejemplo: esquema de evaluación del trabajo y cosas similares, consultorías terminadas.

0201. Mayoreo y menudeo, ingeniería industrial, mejoramiento de la producción, consutorías terminadas.
0202. Mayoreo y menudeo, ingeniería industrial, procedimientos o proyectos para nuevos servicios, etc., consultorías terminadas.
0203. Mayoreo y menudeo, mecanización y automatización, consultorías terminadas.
0204. Mayoreo y menudeo, automatización a bajo costo, consultorías terminadas.
0205. Mayoreo y menudeo, sistema de información administrativa, consultorías terminadas.
0206. Mayoreo y menudeo, sistemas administrativos, por ejemplo: esquemas de evaluación del trabajo y cosas similares, consultorías terminadas.

0301. Sector de servicios, ingeniería industrial, mejoramiento de la producción (costo de los servicios), consultorías terminadas.
0302. Sector de servicios, ingeniería industrial, procedimientos o proyectos para nuevos servicios, etc., consultorías terminadas.
0303. Sector de servicios, mejoramiento de los servicios, consultorías terminadas.
0304. Sector de servicios, mecanización y automatización, consultorías terminadas.
0305. Sector de servicios, sistema de manejo de la información, consultorías terminadas.
0306. Sector de servicios, sistemas administrativos, por ejemplo: esquemas de evaluación del trabajo y cosas similares, consultorías terminadas.

0401. Organismos del gobierno, ingeniería industrial, mejoramiento de la producción (costo de los servicios), consultorías terminadas.
0402. Organismos del gobierno, ingeniería industrial, procedimientos o proyectos para nuevos servicios, etc., consultorías terminadas.
0403. Organismos del gobierno, mejoramiento de los servicios, consultorías terminadas.
0404. Organismos del gobierno, mecanización y automatización, consultorías terminadas.
0405. Organismos del gobierno, sistema de información administrativa, consultorías terminadas.
0406. Organismos del gobierno, sistemas administrativos distintos de los anteriores, consultorías terminadas.

0501. En la instalación,[b] grupo de organizaciones, cursos especiales de capacitación multidisciplinaria, proporcionados.[c]
0502. En la instalación, una sola organización, cursos de capacitación interdisciplinaria, proporcionados.
0503. En la instalación, programas de capacitación en mercadotecnia, proporcionados.
0504. En la instalación, programas de capacitación en ventas, proporcionados.
0505. En la instalación, programas de capacitación administrativa y desarrollo de ejecutivos, proporcionados.
0506. En la instalación, programas de capacitación en administración financiera, proporcionados.
0507. Cursos para diploma, módulos de treinta horas, proporcionados.
0508. Cursos para diploma, módulos de veinte horas, proporcionados.
0509. Cursos de capacitación de "admisión general", proporcionados.
0510. Cursos de capacitación proporcionados como servicios contratados.
0511. Cursos de capacitación terminados como servicios APO TE.

0701. Publicaciones periódicas, publicadas y difundidas.[d]
0702. Publicaciones especiales, boletines (de 1 a 10 páginas), publicados y difundidos.
0703. Publicaciones especiales, monografías (de 10 a 99 páginas), publicadas y diseminadas.
0704. Publicaciones especiales, libros (de 100 o más páginas), publicados y difundidos.
0705. Publicaciones con recomendaciones sobre productividad, preparadas y difundidas.

Ejemplo 1.5.4 Unidades de trabajo de sexta categoría (Grupos de productos "semejantes") *(Continuación)*

0801. Estudios estadísticos y de análisis patrocinados por el gobierno, terminados con informes presentados.
0802. Otros trabajos de investigación patrocinados por el gobierno, terminados con informes presentados.

0901. Exposiciones orales de recomendaciones sobre productividad, llevadas a cabo.
0902. Recomendaciones sobre productividad en cinta magnética (y/o con cinta y transparencias), presentaciones preparadas.
0903 Recomendaciones sobre productividad en cinta magnética (y/o con cinta y transparencias), presentaciones solicitadas y efectuadas.[e]
0904. Recomendaciones sobre productividad, en "videotape", presentaciones preparadas.
0905. Recomendaciones sobre productividad, en "videotape", presentaciones solicitadas y efectuadas.[e]

[a] Véase la definición de "terminado" en la nota *a* del Ejemplo 1.5.3.
[b] "En la instalación" significa "en la organización", de la clase que sea.
[c] "Proporcionado" significa "con personal del NPB".
[d] No se incluyen las publicaciones financieras periódicas ni los informes de resultados del NPB.
[e] Quienquiera que haga realmente la presentación.

Ejemplo 1.5.5 Unidades de trabajo de quinta categoría (Unidades de producción: los valores de producción más pequeños, con respecto al logro del objetivo, sin trabajo adicional en el producto)

010101. Ingeniería industrial de una industria, mejoramiento de la producción, consultoría terminada.
010201. Ingeniería industrial de una industria, nuevos procesos, proyectos de nuevos productos, etc., consultoría terminada.
010301. Ingeniería industrial de una industria, mejoramiento del producto, consultoría terminada.
010401. Mecanización y automatización de una industria, su aplicación, consultoría terminada.
010501. Sistema de información administrativa de una industria, consultoría terminada.
010601. Sistema administrativo de una industria, por ejemplo: evaluación de tareas y cosas similares, consultoría terminada.
010602. Comité de productividad, establecido en una organización.

020101. Ingeniería industrial en mayoreo y menudeo, mejoramiento de la producción, consultoría terminada.
020201. Ingeniería industrial en mayoreo y menudeo, procedimientos o proyectos para nuevos servicios, etc., consultoría terminada.
020301. Mecanización y automatización en mayoreo y menudeo, consultoría terminada.
020401. Automatización a bajo costo en mayoreo y menudeo, consultoría terminada.
020501. Sistema de información administrativa en mayoreo y menudeo, consultoría terminada.
020601. Sistema administrativo en mayoreo y menudeo, por ejemplo: evaluación de tareas y cosas similares, consultoría terminada.
020602. Comité de productividad, establecido en una organización.

030101. Ingeniería industrial del sector de servicios, mejoramiento de la producción (costo de los servicios), consultoría terminada.
030201. Ingeniería industrial del sector de servicios, procedimientos o proyectos para nuevos servicios, etc., consultoría terminada.
030301. Mejoramiento del servicio en un sector de servicios, consultoría terminada.
030401. Mecanización y automatización de un sector de servicios, consultoría terminada.
030501. Sistema de información administrativa de un sector de servicios, consultoría terminada.
030601. Sistema administrativo de un sector de servicios, distinto de los anteriores, consultoría terminada.
030602. Comité de productividad establecido en una organización.

040101. Ingeniería industrial de un organismo del gobierno, mejoramiento de la producción (costo de los servicios), consultoría terminada.
040201. Ingeniería industrial de un organismo del gobierno, procedimientos o proyectos para nuevos servicios, etc., consultoría terminada.
040301. Mejoramiento del servicio en un organismo del gobierno, consultoría terminada.

Ejemplo 1.5.5 Unidades de trabajo de quinta categoría (Unidades de producción: los valores de producción más pequeños, con respecto al logro del objetivo, sin trabajo adicional en el producto) *(Continuación)*

040401. Mecanización y automatización de un organismo del gobierno, consultoría terminada.
040501. Sistema de información administrativa de un organismo del gobierno, consultoría terminada.
040601. Sistema administrativo de un organismo del gobierno, distinto de lo anterior, consultoría terminada.
040602. Comité de productividad establecido en una organización.

050101. Curso especial de capacitación multidisciplinaria proporcionado en la instalación a un grupo de organizaciones.[a b]
050201. Curso de capacitación multidisciplinaria proporcionado en la instalación a una sola organización.
050301. Programa de capacitación de mercadotecnia, proporcionado en la instalación.
050401. Programa de capacitación en ventas, proporcionado en la instalación.
050501. Programa de capacitación administrativa y desarrollo de ejecutivos, proporcionado en la instalación.
050601. Programa de capacitación en administración financiera, proporcionado en la instalación.
050701. Curso para diploma, módulo de treinta horas, proporcionado.
050801. Curso para diploma, módulo de veinte horas, proporcionado.
050901. Curso de capacitación de "admisión general", proporcionado.
051001. Curso de capacitación proporcionado como servicio contratado.
051101. Curso de capacitación proporcionado como servicio APO TE.

070101. Un número de una publicación periódica, publicado y difundido.[c]
070201. Publicación especial, boletín (de 1 a 10 páginas), publicado y difundido.
070301. Publicación especial, monografía (de 10 a 99 páginas), publicada y difundida.
070401. Publicación especial, libro (de 100 o más páginas), publicado y difundido.
070501. Publicación con recomendaciones sobre productividad, preparada y difundida.

080101. Estudio estadístico y de análisis patrocinado por el gobierno, terminado con informe presentado.
080201. Otros trabajos de investigación patrocinados por el gobierno, terminados con informes presentados.

090101. Exposición oral de recomendaciones sobre productividad, efectuada.
090201. Recomendaciones sobre productividad en cinta magnética (y/o con cinta y transparencias), presentación preparada (cuenta en unidades de 10 minutos).
090301. Recomendaciones sobre productividad en cinta magnética (y/o con cinta y transparencias), presentación solicitada y efectuada.[d]
090401. Recomendaciones sobre productividad en "videotape", presentación preparada (cuenta en unidades de 10 minutos).
090501. Recomendaciones sobre productividad en "videotape", presentación solicitada y efectuada.[d]

[a] "En la instalación" significa "en la organización, de la clase que sea"
[b] "Proporcionada" significa "con personal del NPB".
[c] No se incluyen las publicaciones financieras periódicas ni los informes de resultados del NPB.
[d] Quienquiera que haga realmente la presentación.

Ejemplo 1.5.6 Implantación del sistema

A. Informe de eficiencia

1. Este se puede iniciar de inmediato.
2. Usar una forma ya impresa, como la que aparece en el Ejemplo 1.5.7.
3. Cada administrador usará un ejemplar en blanco del Ejemplo 1.5.7 para llevar la cuenta durante el mes, anotando ya sea las cifras (como para la partida .1) o los números de población (como para la partida .2).
4. Las hojas de anotaciones de convertirán en una forma con números.
5. Las formas de la partida 4 se pueden transformar en informes trimestrales o anuales; pero la actualización mensual repartirá la carga de trabajo y permitirá hacer una verificación más oportuna de las partidas dudosas.
6. *Nota:* Muchas de las anotaciones, por ejemplo la .7 y la .8, se referirán únicamente a proyectos terminados durante el período del cual se informa. Esos datos provendrán de los informes de consultores y profesionales, Ejemplo 1.5.9.

B. Posibilidades de medición del trabajo, para el NPB

1. Uso de los datos anteriores
   1.1 Usar el registro de asignaciones, las facturas y los informes para asignar el tiempo del personal de profesionales por el año anterior (partiendo ya sea de finales del mes, año natural o año fiscal anterior, como sea factible) a las unidades de trabajo de la 010101 a la 080201 inclusive. No incluir el tiempo de los administradores ni de los empleados de oficina. (Considerar todo el tiempo del personal de profesionales con excepción de las ausencias.)
   1.2 Por el mismo período tomado en 1.1, determinar la cuenta de trabajos de las unidades 010101 a la 080201, con los métodos especiales de conteo siguientes:
   De la 010101 a la 040601: Cada una cuenta por 1.
   De la 050101 a la 050505: Un dia de curso cuenta por 1.
   De la 050601 y la 050701: Un módulo cuenta por 1.
   De la 050801: Un dia de curso cuenta por 1.
   La 050901 y la 051001: Un curso cuenta por 1.
   De la 070101 a la 080201: Cada una cuenta por 1.
   1.3 Dividir el tiempo asignado a cada unidad de trabajo (según 1.1) entre la cuenta de trabajos de la unidad (según 1.2) para obtener el ''tiempo estándar'' del periodo base.
   1.4 Obtener los datos siguientes del mismo periodo (incluyendo todo el tiempo con excepción de las ausencias):
   a. Tiempo total del personal de profesionistas = Tp
   b. Tiempo total del personal de oficina y de apoyo = Tc
   c. Tiempo total de apoyo manual = Tm
   d. Tiempo total de administración = Td
   Determinar lo siguiente como valores decimales:
   a. Tc/Tp = ____
   b. Tm/Tp = ____
   c. Tc/Tp = ____
2. Recurrir a las anotaciones si los datos anteriores no están disponibles.
   2.1 Disponer que todo el personal de profesionistas lleve un registro de trabajo como el del Ejemplo 1.5.8, por un periodo básico de 6 meses por lo menos.
   2.2 Con ayuda de los registros de 2.1 anterior, determinar los datos para 1.1. y 1.2.
   2.3 Siguen los cálculos de 1.3 y 1.4.
3. Cualquiera que sea el caso, el informe de trabajo del Ejemplo 1.5.9 se debe iniciar de inmediato y usarse constantemente.

Ejemplo 1.5.7 Hoja de evaluación de eficiencia

De __________ Para __________

Partida No.	Dimensión	Meta (%)	Base No.	Puntuación No.
.1	Porcentaje de solicitudes contestadas a los establecimientos (consultas).	100		
.2	Porcentaje atendido de la población total de establecimientos industriales (consultas).	20 (menosde 49)		
		10 (50 a 199)		
		5 (200 o más)		
.3	Porcentaje de solicitudes contestadas (de modo satisfactorio) en no más de 2 meses (+ cliente satisfecho).	100		
.4	Porcentaje de servicios (consultorías) que dieron lugar a ganancias mayores que el costo en el transcurso de 1 año.	85		
.5	Porcentaje de servicios que dieron lugar a ganancias mayores que el costo en más de 1 pero no menos de 5 años (consultorías).	100		
.6	Porcentaje de clientes que volvieron a solicitar servicios en el transcurso de 5 años, para nuevos proyectos de consultoría.	20		
.7	Porcentaje de solicitudes de servicios de consultoría que dieron lugar a un incremento del 10 al 25% en la productividad del área del proyecto.	100		
.8	Porcentaje de solicitudes de servicios de consultoría que dieron lugar a un incremento del 10 al 25% en la productividad del área del proyecto.	25		

Ejemplo 1.5.8 Registro de trabajo

Nombre ______________________ Semana del ______________________

Unidad de trabajo	Día	Horas	Total del día	Unidad de trabajo	Día	Horas	Total del día

Ver hoja de instrucciones

Hoja de instrucciones para el registro de trabajo

1. Usar las claves de unidad de trabajo estándar (ver la Sección 1.5.5).
2. No anotar por separado eventos de menos de 0.5 horas.
3. No registrar en unidades distintas de múltiplos de 0.5 horas.
4. Tomar todo el tiempo de trabajo por día.
5. Usar lo siguiente como número de la unidad de trabajo, para la actividad que se indica:
   01 Particular.
   02 Ausencia por enfermedad.
   03 Vacaciones anuales.
   04 Recibir capacitación o hacer estudios no relacionados con la unidad de trabajo.
   05 Impartir capacitación, interna.
   06 Administrativo.
   07
   ( )
   08 (Se puede asignar después.)
   ( )
   09
6. Suspender el registro una vez transcurrido el período básico y seguir únicamente con la forma que aparece en el Ejemplo 1.5.9. Esa forma se usará constantemente durante y después del estudio sin importar el método seguido para medir el trabajo.

Ejemplo 1.5.9 Informe de terminación del proyecto

Fecha del informe:
Clave de la unidad de trabajo:
Fecha de terminación:
Nombre del cliente:
Resumen del tipo de estudio:
Cuenta especial de trabajos de la 050101 a la 051001:
Ver la hoja de dimensiones de objetivos (Ejemplo 1.5.2) y anotar el número que corresponda después de la dimensión o marca, como convenga.

.4
.5
.6
.7
.8
.9
.10 S$ =
.11
.12

Nombre del consultante ____________________

Ejemplo 1.5.10 Informe de productividad

1. Usar una forma como la del Ejemplo 1.5.11
2. Anotar las cuentas de trabajos tomadas de las hojas de terminación del proyecto correspondientes al periodo.
3. Calcular las horas ganadas.
4. Agregar las horas relativas por tiempo de oficina, manual y administrativo.
5. Dividir entre las horas trabajadas realmente, para obtener los indices de productividad.

Ejemplo 1.5.11 Informe de productividad

De ________ Para ________ Página ___ de ___
Fecha Fecha

Unidad de trabajo No.	Descripción de la unidad de trabajo	Unidad de cuenta	Tiempo estándar	Cuenta de trabajos	Horas devengadas	Horas trabajadas	Productividad
010101	Industria, ingeniería industrial, consultorías de mejoramiento de la producción, terminadas.						
010201	etc.						
080201	Proyectos de investigación patrocinados por el gobierno, o de otra clase, terminados con informe presentado.						
	Total del grupo profesional						
	Total del grupo de oficina[a]			b	c		
	Porcentaje del grupo manual[a]			b	c		
	Porcentaje del grupo administrativo[a]			b	c		
	Gran total						

[a] Anotar el porcentaje correspondiente.
[b] Anotar las horas devengadas por profesionales.
[c] Anotar $a \times b$

A cada unidad de trabajo de séptima categoría se le asignó un número de 2 dígitos. A cada categoría sucesiva se añadieron dos dígitos adicionales, a fin de dar a cada unidad de trabajo de cada categoría un identificador único. Si esos números llevan otros dos dígitos antepuestos para indicar la subentidad, resulta un cuadro jerárquico de cuentas.

Resultados

La unidad de trabajo de octava categoría indica claramente la base para medir el éxito del organismo. No puede hacer otra cosa que ayudar a administrar. Se indica cómo hacerlo. La unidad de trabajo de séptima categoría sirve de base para examinar la asignación de recursos (agregados a este nivel) y para evaluar las distintas estrategias de asignación. La unidad de trabajo de sexta categoría es la base para hacer pronósticos. La lista de quinta categoría sirve de base para el control administrativo detallado. Además, describe los servicios producidos en forma adecuada para la aplicación de otras técnicas más detalladas de ingeniería industrial (véanse las secciones de la 1 a la 14 de este manual).

1.5.6 ADMINISTRANDO CON AYUDA DE UN SISTEMA DE MEDICION DE LA PRODUCTIVIDAD

Introducción

La información que se proporciona en esta sección tiene por objeto ayudar a los administradores de todos los niveles a utilizar con eficiencia un sistema formal de medición de la productividad, y auxiliarlos en sus esfuerzos por mejorar la productividad y la eficacia de sus empresas. (Como se dijo en la sección 1.5.2, la *eficacia* va incluida, ya que los productos no podrán ser identificados mientras no se hayan establecido los criterios de eficacia. La expresión *sistema de medición de la productividad* se utiliza para describir un sistema que controla tanto la productividad como la eficacia. Controlar una y no la otra sería una actitud miope.)

En esta sección se describe un patrón general para usar los datos del sistema y controlar los efectos de la aplicación de la información y las tecnologías de que se habla en otros capítulos del presente manual. El material que sigue está dividido en siete partes, cada una de las cuales se relaciona con una característica del sistema de medición de la productividad.

Las siete características no mejoran la productividad. Los administradores que toman decisiones son los que mejoran el rendimiento de la empresa, usando para esas decisiones los datos que el sistema pueda producir con los intervalos deseados y aplicando juiciosamente los demás elementos que aparecen en este manual.

Resumen de las siete características de un sistema de medición de la productividad

Un sistema de medición de la productividad correctamente implantado tiene por los menos los siete componentes básicos que en seguida se mencionan. Esos componentes están descritos en forma tal que permite aplicarlos a cualquier tipo de entidad, ya se trate de manufactura, minería, servicios, el gobierno, etc. y ya sea lucrativa o no lucrativa. Se presenta aquí una lista de las características del sistema, las que luego serán examinadas en detalle. El examen conciso, lo mismo que el resumen, están redactados de manera que sean aplicables a todo tipo de institución.

1. Una declaración de los objetivos de la entidad.

2. Una lista de las unidades de producción que permiten alcanzar los objetivos de la entidad.

3. Un conjunto de normas, referentes a un año base, una por cada tipo de producto, que incluye el tiempo estándar, el costo estándar, el consumo normal de materia prima, el uso del equipo, la utilización de herramienta, etc. dependiendo de los requisitos del índice de productividad correspondiente.

4. Un método para determinar un presupuesto con base cero partiendo de los pronósticos de producción, los tiempos estándar y los pronósticos de la productividad, en términos adecuados.

5. Una forma de calcular los índices de productividad a intervalos seleccionados.

6. Un método para comparar los pronósticos de producción con la producción real, a intervalos seleccionados.

7. Una manera de resumir los datos sobre utilización de recursos y los índices de productividad correspondientes relacionados en forma coherente con la producción, a fin de disminuir los detalles a medida que los informes son destinados a los administradores de niveles cada vez más altos.

La declaración de los objetivos de la empresa

Naturaleza de la declaración

La declaración de objetivos debe señalar la clase de resultados que la entidad debe obtener, la forma en que se cuantificarán esos resultados, y en qué medida se deben lograr durante un año de programa. En las entidades lucrativas, esto se expresará en terminos monetarios. En las no lucrativas se expresará en términos esenciales y cuantitativos adecuados a la naturaleza de los resultados. Por lo tanto, la declaración de objetivos de las entidades no lucrativas será más especial que la de las lucrativas.

Finalidades básicas de la declaración

Una comparación de lo que se logra gracias a los productos, con respecto a la declaración de los objetivos deseados, ayudará a evaluar:

1. Los logros relativos que se podría alcanzar con otros elementos alternativos, sea materias primas, diseño o combinación de los productos, procesos, instalaciones, utilización de las instalaciones, recursos de personal o motivación de los empleados. *Nota*: Para generar esas alternativas se pueden aplicar las tecnologías descritas en los capítulos restantes de este manual. Los esfuerzos alternativos de "ventas" pueden ser una vía adecuada hacia el cambio. Ese tema no se trata en este manual.

2. El logro insuficiente, que (si tiene lugar) puede ser causado por una producción demasiado escasa debida a defectos de las materias primas, en el diseño o la combinación de productos, en los procesos, las instalaciones, la utilización de las instalaciones, los recursos de personal, la motivación de los empleados, los métodos de venta o los cambios económicos. Los métodos para determinar las áreas problema y remediar los defectos se explican en todos los capítulos restantes de este manual.

3. El posible logro de más de lo previsto, que puede ser debido a la buena administración o a un cambio imprevisto en uno o más de los factores mencionados en el punto 1. La causa debe ser identificada e "institucionalizada". Se debe determinar el valor del logro adicional. En las entidades lucrativas, puede indicar alguna carencia importante que ha dado lugar a una mayor necesidad del servicio. Cada caso debe ser examinado individualmente. El material que contiene la sección 9 de este manual, sobre la economía de ingeniería, y la sección 14 sobre optimización, puede ser particularmente útil.

Evaluación de la eficacia

Acciones requeridas de la administración. El gerente debe asignar a una persona específica la tarea de evaluar los resultados (eficacia) e informarle al respecto. El gerente debe estudiar periódicamente esos informes a la luz de las finalidades básicas. (*Nota*: En las empresas lucrativas, esta tarea consiste en elaborar los estados financieros y casi siempre se cumple con propiedad. En las no lucrativas, los informes financieros se formulan también en forma adecuada; pero no son una medición de la eficacia, sino una evaluación de las posibilidades que la entidad tiene de existir. Los informes sobre la eficacia real se elaboran por separado.)

Posibles decisiones. Al hacer la evaluación, la gerencia tiene que decidir si los actuales productos o combinaciones de productos son adecuados o si es necesario buscar otros diferentes.

Los registros convenientes. Se debe llevar un registro de todas las decisiones tomadas con respecto a alternativas, a fin de contar con una base para evaluar los futuros proyectos de cambio.

Una lista de las unidades de producción que permiten alcanzar los objetivos de la entidad

Naturaleza de la lista

Es una lista de productos. Comienza al nivel de planeación básica. Se indican los métodos de agrupación jerárquica. Esta lista se llama estructura de la unidad de trabajo. Indica las maneras de controlar los productos partiendo de una unidad básica y, también, en varios grados de agregación notable. (Se formula de arriba para abajo y se usa de abajo para arriba.) Está sujeta a cambios, cuando los productos de la entidad varían.

Adviértase que la estructura anterior incluye los conceptos de catálogos y listas de partes de la empresa de fabricación. No obstante, las expresiones usadas son también aplicables a las empresas de servicios y a las unidades del gobierno.

Finalidades de la lista

1. Constituye una base para la evaluación de:
a. La conveniencia de los productos actuales o combinaciones de productos.
b. La conveniencia de otros productos o combinaciones de productos diferentes.

2. Establece una serie de categorías de productos para:
a. Pronosticar las cargas de trabajo futuras.
b. Comparar los resultados con los pronósticos.
c. Establecer estándares de tiempo (recurriendo a alguna de las numerosas técnicas de medición del trabajo) u otros estándares, por ejemplo, de costo, de consumo de materiales, etc.
d. Desarrollar un sistema de administración por objetivos.
e. Crear un cuadro de cuentas de un sistema de contabilidad de costos, para calcular los costos unitarios.
f. Estudiar diversas estrategias relacionadas con el personal, el equipo, las instalaciones, la asignación de recursos financieros. (Véase la sección 14 de este manual, donde se habla de la optimización.)
g. Dirigir, en términos relacionados con la producción, la asignación de los recursos.

Acciones requeridas de la administración

1. Delegación de la autoridad y la responsabilidad. La gerencia debe encomendar a personas específicas las tareas de:

a. Llevar una lista jerárquica actualizada de los productos (estructura de la unidad de trabajo). Si esta lista se va a usar para administrar, debe estar actualizada; si se va a usar para formular presupuestos, debe reflejar los productos previstos.

b. Describir y evaluar alternativas para todos los factores que lograrán los resultados descritos en la declaración de objetivos.

c. Pronosticar, con el nivel de detalle que convenga, la cantidad de cada producto que se producirá en períodos futuros.

2. Toma de decisiones

a. La delegación de autoridad mencionada en el punto anterior se refiere a aquellos casos en que hay alternativas. El gerente debe asumir la responsabilidad de las decisiones con respecto a alternativas capaces de mantener o aumentar la eficacia de la empresa, manteniendo o mejorando al mismo tiempo su productividad (correctamente medida) o determinando los intercambios convenientes entre costo por unidad y productividad.

b. Los problemas de la calidad de la vida de trabajo (véanse las secciones 5 y 6 de este manual) pueden interactuar y se les debe tener en cuenta. Sin embargo, sería erróneo considerar que la eficacia, la productividad y los costos por unidad mejorados se opongan de por sí a la moral y la calidad de la vida de trabajo.

Calidad de los productos

No se debe interpretar que alguno de los procedimientos que anteceden o que siguen pueda alterar, en forma o manera alguna, la obligación natural del administrador de mantener el nivel necesario y conveniente de calidad de todos y cada uno de los productos. Los sistemas no invalidan, usurpan ni abrogan en forma alguna la autoridad o la responsabilidad impuesta o asumida en relación con la calidad (véase la sección 8 de este manual). Sin embargo, esto no debe excluir el estudio del equilibrio entre calidad y cantidad.

Los registros convenientes

Se debe llevar un registro de todas las decisiones tomadas con respecto a las áreas de elección que anteceden, a fin de tener una base para establecer la calidad de la administración.

Un conjunto de normas referentes a un año base, una por cada tipo de producto, que incluya el tiempo y el costo estándar, dependiendo de los requisitos del índice de productividad correspondiente

Definiciones

Un *año base* puede ser cualquiera anterior al presente. El que se va a tomar específicamente como año base es designado normalmente por una autoridad más alta. El *tiempo estándar* es el tiempo real de trabajo (horas de mano de obra) necesario para producir cada tipo de unidad de producción. No se debe confundir con el tiempo transcurrido desde la iniciación hasta la terminación de la unidad, el cual se llama *duración.* Esta excede comúnmente al tiempo estándar. Si se usa un índice de productividad distinto de la productividad de la mano de obra, se requiere un valor diferente de año base.

Finalidad de los tiempos estándar de año base y de otros estándares de año base

Los tiempos estándar del año base (u otros valores del año base) proporcionan un dato, un punto a partir del cual se puede medir el mejoramiento. Una comparación de los resultados actuales con los estándares del año base refleja totalmente (con respecto a la magnitud de los resultados) todos los factores que influyen en la producción de la empresa.

Acciones requeridas de la administración

La tarea de determinar los estándares de año base se debe encomendar a una persona específica.

Los registros convenientes

Se debe llevar un registro de todas las decisiones tomadas con respecto a las áreas de elección que anteceden, a fin de tener una base para establecer la calidad de la administración.

Presupuestos con base cero para los recursos de personal

Definición

Un *presupuesto con base cero* es el que se elabora prediciendo la cantidad requerida de todos los productos en un año de presupuesto, multiplicando cada producto por un tiempo estándar adecuado del año base, dividiendo el resultado entre la productividad prevista para el año de presupuesto y, finalmente, dividiendo la última cifra entre las horas de mano de obra disponibles para el trabajo productivo, por persona, para hallar el número de personas necesarias. Hay que considerar además los productos alternativos.

Requisitos de los presupuestos base cero

Como ya se dijo, los presupuestos base cero requieren:

1. Una lista de las unidades de producto que se han de pronosticar, incluyendo los productos alternativos.

2. Pronósticos de la cantidad de cada tipo de producto que se va a requerir en el año de presupuesto.

3. Tiempos estándar del año base (véase la sección 4 de este manual).

4. Pronósticos de productividad para el año de presupuesto (véase la sección 13 de este manual).

5. Selección de los productos más adecuados, para formular el presupuesto.

Responsabilidades de la administración

1. Los administradores deben responsabilizar a personas específicas por los puntos 1 a 5 que anteceden.

2. Deben examinar las justificaciones que acompañan a los pronósticos y asegurarse de que son aceptables.

3. Deben encomendar la tarea de examinar constantemente los métodos aplicados para pronosticar la producción, así como los productos alternativos, en vista de la obligación que tiene el administrador de buscar continuamente las maneras más económicas de lograr los objetivos previstos. (De la sección 2 a la 14 de este manual hay una referencia a esta búsqueda de alternativas.)

Los registros convenientes

Debe llevarse un registro de todas las decisiones tomadas con respecto a las áreas de elección que anteceden, a fin de tener una base para establecer la calidad de la administración.

Cálculo de los índices de productividad a intervalos seleccionados

Definición y tiempos

El índice de productividad se define como la razón entre los productos orientados hacia el objetivo y las horas de mano de obra, el costo u otros insumos, comparada con una razón similar correspondiente al año base. Para poder reaccionar ante los cambios ocurridos en la productividad, el índice se debe calcular semanalmente, cada cuatro semanas o trimestralmente, como sea mejor para obtener una cifra oportuna e importante sin variaciones fortuitas.

Responsabilidades de la administración

La administración debe asignar las tareas de:

1. Elaborar los informes de trabajo realizado que sean necesarios.
2. Recabar datos de producción y calcular la productividad (véase la sección 12 de este manual).
3. Examinar todas las discrepancias con el año base o con la productividad prevista y las causas de las mismas, y tomar las medidas correctivas que convenga.
4. Informar sobre el punto 3 a las autoridades superiores.
5. Tratar constantemente de mejorar la productividad, manteniendo al mismo tiempo la calidad requerida (véase la sección 8 de este manual) y los niveles de servicio, incluyendo el control de la duración necesaria para dar servicio.

Los registros convenientes

Se debe llevar un registro de todas las decisiones tomadas con respecto a las áreas de elección que anteceden, a fin de tener una base para establecer la calidad de la administración.

Comparación de los pronósticos con la producción real

Finalidad de la comparación

La mejor base para los presupuestos es un pronóstico de las cargas de trabajo. Los cambios observados en la productividad reflejan las variaciones de las cargas impuestas al personal o a otro recurso. De manera que un conjunto de datos importante para el control durante un año de programa es la relación que existe entre la carga de trabajo pronosticada y el verdadero trabajo realizado. Se debe controlar también el trabajo atrasado. (Véase la sección 12 de este manual.)

Responsabilidades administrativas

La gerencia debe encomendar a personas específicas la tarea de informar a intevalos convenientes acerca de:

1. La comparación de las cantidades de productos pronosticadas, producidas y requeridas en determinados períodos de operación, y que recomienden las acciones necesarias para que los planes y los acontecimientos estén de acuerdo en la mayor medida posible.
2. Los cambios en el trabajo atrasado.
3. El volumen de trabajo atrasado, comparado con el plan.
4. Los cambios en la duración.
5. La disponibilidad de valores estándar del año base y nuevos valores estándar de los nuevos productos (para evaluar la productividad), así como insumos estándar o índices de

productividad del presente año (para basar los futuros presupuestos base cero de personal en forma realista, así como las asignaciones de personal y las cargas de trabajo adecuadas).

6. Desarrollo y cumplimiento de un programa de asignación de tareas.

7. La obtención y examen de los costos por unidad y su comparación con los costos anteriores y los planeados.

Decisiones de la administración

1. La necesidad de tomar decisiones puede deberse a:
a. Discrepancias entre las cargas de trabajo planeadas y reales.
b. Cambios en el trabajo acumulado.
c. El volumen de trabajo atrasado.
d. Cambios en la duración.

2. Las decisiones necesarias pueden exigir:
a. La reasignación u obtención de personal, instalaciones o equipo. (Véase la sección 11 de este manual, sobre planeación y control.)
b. Que se produzca el desgaste natural del personal.
c. Que se solicite (con datos que lo justifiquen) más personal, equipo, instalaciones, etc., según sea el caso.
d. Que se modifique el nivel de servicio (para que dure menos o más).

Los registros convenientes

Se debe llevar un registro de todas las decisiones tomadas con respecto a las áreas de elección que anteceden, a fin de tener una base para establecer la calidad de la administración.

Informes

Características especiales

Hemos dicho que la lista de productos mencionada anteriormente tiene agrupaciones jerárquicas. La lista, que viene a ser un informe para el supervisor, se modifica en una forma determinada de antemano para informar a los administradores de niveles superiores. En las listas de productos (estructuras de la unidad de trabajo) se definen varios de esos "niveles de reducción de los detalles"). (Véase la sección 12 de este manual.)

Base de la agregación de productos

Se entiende que al sumar el trabajo dedicado a un tipo de producto con el trabajo dedicado a otro tipo de producto se puede obtener una cifra sin sentido. Sin embargo, en un sistema de medición de la productividad cada unidad de producto tiene un valor estándar de año base. La suma del estándar de año base equivalente de una unidad de trabajo de un tipo de producto y el estándar de año base equivalente de otros tipos de producto dará un total lógico que puede estar a todos los niveles de agregación.

1. Comparado con los recursos utilizados.

2. Comparado con los recursos presupuestados.

3. Si se usa para calcular un índice de productividad, que se puede comparar con los resultados del año base o con la productividad prevista.

Responsabilidades de la administración

1. La gerencia debe encomendar a personas específicas el diseño del sistema jerárquico de información.

2. Debe encomendar a personas específicas la elaboración de los informes adecuados necesarios para apoyar al sistema total de información.

Decisiones de la administración

La administración debe tomar decisiones con respecto a las cargas de trabajo, el método y el personal, con el fin de:

1. Corregir las discrepancias que resulten entre los planes y los acontecimientos en cada nivel de agregación dentro de los sistemas de información.
2. Minimizar el daño causado por las diferencias surgidas entre las cargas de trabajo planeada y real, en el trabajo atrasado y en la productividad, a todos los niveles de información.

Los registros convenientes

Se debe llevar un registro de todas las decisiones tomadas con respecto a las áreas de elección que anteceden a fin de tener una base para establecer la calidad de la administración.

REFERENCIA

1. M. E. MUNDEL, Adaptado de *Motion and Time Study-Improving Productivity*, Prentice-Hall, Englewood Cliffs, NJ, 1978, capítulo 9.

BIBLIOGRAFIA

Frederick L. Haynes elaboró una lista de libros relacionados con la medición de la productividad. Apareció en el número de marzo de 1976 de *IE*, publicación mensual del AIIE.

Es posible obtener también publicaciones periódicas de los siguientes organismos, indicados por países en orden alfabético:

ALEMANIA, REPUBLICA FEDERAL DE. Rationalisierungs-Kuratorium der Deutschen Wirtschaft, Gutleutstrasse 163-167, 6000 Frankfurt (Main).

AUSTRALIA. Productivity Promotion Council, National Committee, GPO Box 475D, Melbourne, Victoria, 3001.

Department of Productivity, Anzac Park, West Building, Constitution Avenue, Prakes, A.C.T., 2600.

AUSTRIA. Osterreichisches Zentrum fur Witschaftlichkeit und Produkitivitat, Hohenstaufengasse 3, 1014 Viena.

BELGICA. Office Belge Pour l'Accroissement de la Productivite, Rue de la Concorde, 60, 1050 Bruselas.

BULGARIA. National Centre for the Social Pruductivity of Labour, Bld G. Dimitrov, 52, Sofía.

CANADA. Department of Industry, Trade and Commerce, Productivity Branch, Ottawa KIA OH5.

COREA. Korean Productivity Center, 10, 2-GA, Pil-dong, Hung-gu, Seul.

DINAMARCA. Danish Productivity Council on Industry, Handicrafts, and Commerce, Danmarks Erhvervsfond, Codanhus–Gl., Kongeveg 60, 1850 Copenhague V.

ESPAÑA. Dirección General de Promoción Industrial y Tecnología, Ministerio de Industria, Calle Ayala 3, Madrid 1.

Psykologiska Institutionen, Universitet Stockholm, Box 6706, 113 85 Estocolmo.

ESTADOS UNIDOS DE NORTEAMERICA. American Center for the Quality of Work Life, 3301 New Mexico Avenue, NW, Suite 202, Washington, DC 20016.

American Productivity Center, 1700 West Loop South, Houston, TX 77027.
Center for Government and Public Affairs, Auburn University at Montgomery, Montgomery, AL 36117.
Center for Productive Public Management, John Jay College of Criminal Justice, City University of New York, 445 West 59th Street, Nueva York, NY 10019.
Center for Quality of Working Life, Institute of Industrial Relations, University of California, 405 Hilgard Avenue, Los Angeles, CA 90024.
Committee on Productivity, American Institute of Industrial Engineers, 25 Technology Park, Norcross, GA 30092.
Georgia Productivity Center, Engineering Experiment Station, Georgia Institute of Technology, Atlanta, GA 30332.
Harvard Project on Technology, Work, and Character, 1710 Connecticut Avenue, NW, Washington, DC 20009.
Institute for Productivity, 592 De Hostos Avenue, Baldrich, Hato Ray, Puerto Rico 00918.
Management and Behavioral Science Center, Wharton School, University of Pennsylvania, Vance Hall, 3788 Spruce Street, Fhiladelfhia, PA 19104.
Manufacturing Productivity Center, IIT Center, 10 West 35th Street, Chicago, IL 60616.
Maryland Center for Productivity and Quality of Working Life, College of Business and Management, University of Maryland, College Park, MD 20742.
Massachusetts Quality of Working Life Center, 14 Beacon Street, Suite 712, Boston, MA 02108.
National Academy of Sciences, Office of Publications, 2101 Constitution Avenue, NW, Washington, DC 20418.
Oklahoma Productivity Institute, School of Industrial Engineering and Management, Oklahoma State University, Stillwater, OK 74074.
The Productivity Council of the Southwest, STF 124, 5151 State University Drive, Los Angeles, CA 90032.
Productivity Institute, College of Business Administration, Arizona State University, Tempe, AZ 85281.
Productivity Research and Extension Program, North Carolina State University, P.O. Box 5511, Raleigh, NC 27607.
Purdue Productivity Center, School of Industrial Engineering, Purdue University, Grisson Hall, West Lafayette, IN 49707.
Quality of Working Life Program, Center for Human Resource Research, The Ohio State University, 1375 Perry Street, Suite 585, Columbus, OH 43201.
Quality of Working Life Program, Institute of Labor and Industrial Relations, University of Illinois at Urbana-Champaign, 540 East Armory Avenue, Champaign, IL 61820.
South Florida Productivity Center, New World Center Campus, 300 NE Second Avenue, Room 1402, Miami, FL 33101.
Utah State University Center for Productivity and Quality of Working Life, UMC 35, Utah State University, Longan, UT 84321.
Work in America Institute, Inc., 700 White Plains Road, Scarsdale, NY 10583.

GRECIA. Greek Productivity Centre, Kapodistiou 28, Atenas 147.

HONG KONG. Hong Kong Productivity Council, Rooms 512-516, Gloucester Building, Des Voeux Road, C, P.O. Box 16-132.

INDIA. National Productivity Council, Productivity House, Lodi Road, Nueva Delhi 110 003.

INGLATERRA. International Council for the Quality of Working Life, London Graduate School of Business Studies, Sussex Place, Regent's Park, Londres NW1 4SA.

IRLANDA. Irish Productivity Centre (I.P.C.), 35-39 Shelbourne Road, Dublín 4.

ISRAEL. Israel Institute of Productivity (IIP), P.O.B. 33010, Tel-Aviv.

ITALIA. Instituto Nazionale per l'Incremento delia Produttivita (INIP), Piazza Indipendenza, 11-B, 00185 Roma.

JAPON. Asian Productivity Organization, Aoyama Dai-Ichi Mansions, Minato-ku, Tokio, 107.

Chubu Productivity Center, No. 10-2-Chome, Sakae, Nagoya.
Japan Productivity Centre, 1, 3-chome, Shibuya, Shubuya-ku, Tokio.
LUXEMBURGO. Office Luxemburgeois pour l'Accroissement de la productivite (OLAP), Rue A. Lumiere, 18.
MEXICO. Centro Nacional de Productividad de México, A.C., Anillo Periférico 2143, México 20, D.F.
NORUEGA. Norsk Produktivitetsinstitutt (NPI), Boks 8401, Hammersborg, (Akersgata, 64), Oslo 1.
Work Research Institutes, Gydas vei 8, Oslo 1.
NUEVA ZELANDA. Productivity Centre, c/o Department of Trade and Industry. Privete Bag, Wellington.
PAISES BAJOS. Commissie Opvoering Produktivitei (COP), Bezuidenhoutseweg, 60, La Haya.
SUDAFRICA. National Productivity Institute (NPI). Private Bag 191, Pretoria.
SUECIA. Arbetslivscentrum, Box 5606, 114 86 Estocolmo.
TURQUIA. Milli Produktivite Merkezi (MPM), Mithatpasa Cadessi 46, Yenisehir, Ankara.
YUGOSLAVIA. Jugoslovenski Zavoda Za Produktivnost Rada, (Yugoslave Productivity Institute), Uzum Mirkova, 1, Belgrade.

CAPITULO 1.6

Solución creativa de los problemas

KNUT HOLT
Universidad de Trondheim

1.6.1 INTRODUCCION

El diseño de un nuevo producto o un nuevo sistema, sea de naturaleza tecnológica o social, se puede considerar como el proceso de solución a un problema. Un método bastante común es el que se compone de los pasos siguientes: definir el problema, obtener datos, analizarlos, buscar alternativas y elegir y poner en práctica la solución. El proceso tiene carácter repetitivo: hay que ir de aquí para allá, obtener otra información, analizar de nuevo, definir nuevamente el problema, modificar las conclusiones anteriores, etc.

El primer paso del proceso consiste en definir el problema. Por lo general, es la parte más importante, puesto que determina el alcance y dirección de los pasos que siguen. En la práctica, sin embargo, a menudo se le presta poca atención. La causa puede ser que esta etapa es por sí misma un proceso bastante complejo; una serie de pasos repetitivos en que las necesidades de las personas que intervienen, los recursos disponibles y las limitaciones existentes tienen que estar correctamente equilibrados.

Haciendo ciertos supuestos y simplificaciones, el ingeniero industrial puede resolver muchos problemas recurriendo a modelos matemáticos (ver las secciones 13 y 14). Dichos modelos, que representan una idealización de la estructura real, varían desde las relaciones funcionales simples hasta los sistemas de ecuaciones complejas. Algunos de ellos permiten hallar soluciones óptimas a problemas que presentan muchas variables. Cuando no es posible aplicar los modelos analíticos, se puede recurrir a los modelos de simulación. Cambiando los valores de parámetros importantes se pueden estudiar diversas alternativas y sus consecuencias, y sentar así una base para elegir una solución satisfactoria.

La mayoría de los problemas a los que se enfrenta el ingeniero industrial comprenden factores técnicos, económicos y sociales. En tales circunstancias, muchas veces no es posible hallar una solución satisfactoria mediante los modelos matemáticos. El ingeniero industrial tiene entonces que depender de sus propios conocimientos y de los métodos generales de solución sistemática, como, por ejemplo, los que presentan Kepner y Tregoe.[1] El pensamiento lógico desempeña un papel importante, pero debe ser complementado con las técnicas creadoras. Esas técnicas, a las que a veces se llama "divergentes" o "pensamiento lateral", estimulan a quien trata de resolver el problema para que vea las cosas en una forma nueva. El pensamiento convencional posee, según De Bono,[2] esquemas de expectativas que determinan la manera de ver las cosas. La finalidad del pensamiento lateral es escapar de las ideas fijas y generar otras nuevas. El proceso es fundamentalmente diferente del pensamiento lógico, en el que es preciso estar en lo correcto en cada etapa. En el pensamiento lateral uno puede equivocarse y alejarse de las ideas fijas lo suficiente para encontrar otras nuevas.

El pensamiento lógico analítico es eficaz en muchos casos, pero en otros debe ser sustituido por o complementado con los procesos de pensamiento creador. Estos procesos pueden ser aplicados tanto por las personas como por los grupos y tienen un área de aplicación muy amplia, desde las pequeñas mejoras hasta las auténticas innovaciones.

1.6.2 CONCEPTOS Y MODELOS BASICOS

La creatividad está asociada íntimamente con la innovación y la generación de ideas. Como dichos términos son muy ambiguos, habrá que definirlos antes de efectuar un estudio coherente.

Creatividad

Aunque se han pronunciado y escrito millones de palabras sobre la creatividad, el conocimiento del tema es todavía limitado. Carecemos incluso de una definición generalmente aceptada. Entre las muchas que se han sugerido, la que aparece en el ejemplo 1.6.1, presentada inicialmente por Taylor,[3] parece ser la mejor para fines prácticos. Uno de sus puntos débiles es que depende de una evaluación subjetiva de lo que es valioso. Por lo demás, es dinámica y está orientada hacia la acción. Recalca que las ideas generadas deben ser de naturaleza tal, que se les pueda usar con fines prácticos.

Innovación

La creatividad está muy relacionada con la innovación, un proceso dinámico que se ilustrará mejor con un modelo sencillo, como el que aparece en el ejemplo 1.6.2. El carácter repetiti-

Ejemplo 1.6.1 Definición de creatividad

La creatividad es la manera de pensar que da lugar a la producción de ideas nuevas y valiosas a la vez.

Ejemplo 1.6.2 Modelo del proceso de innovación

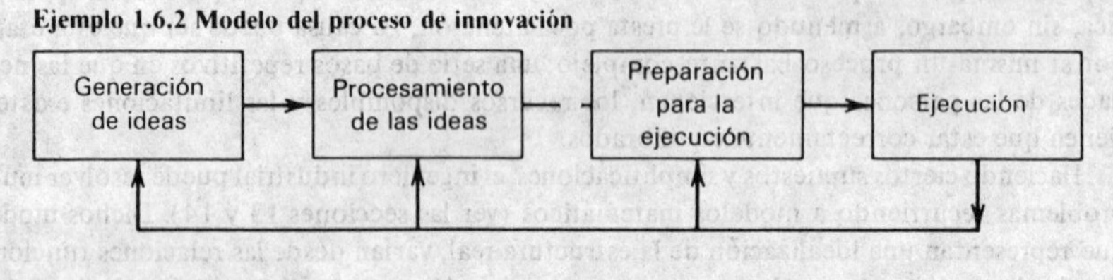

Ejemplo 1.6.3 Modelo de fusión de la generación de ideas

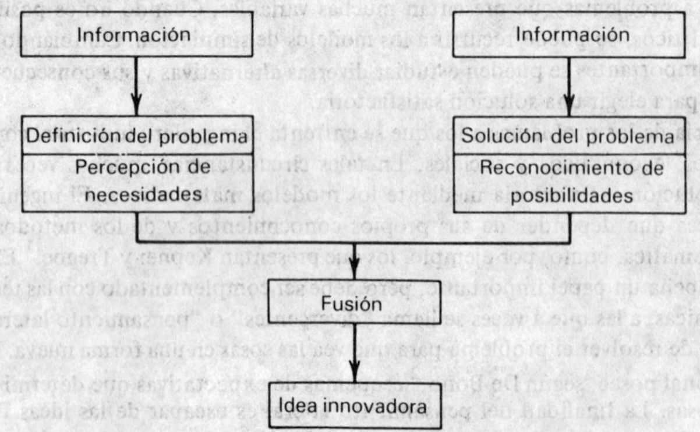

vo de un proceso de tanteos, con muchos circuitos de retroalimentación, está indicado mediante flechas. El impacto del comportamiento creador es por lo general más fuerte en la primera etapa, la generación de la idea básica. Este es un punto crucial, puesto que indica la dirección de todo el proceso. Sin embargo, la creatividad es necesaria en todas las etapas, como lo subraya Morton:[4]

La innovación no consiste en un solo acto sencillo. No es la nueva comprensión ni el descubrimiento de un fenómeno nuevo; no es un relámpago de inventiva creadora ni el desarrollo de un nuevo producto o proceso de fabricación; no es simplemente la creación de nuevo capital o nuevos mercados. Implica más bien la actividad creadora en todas esas áreas. Es un proceso integrado en que muchos actos suficientemente creadores, desde la investigación hasta el servicio, se unen de modo total para alcanzar una meta común.

Generación de ideas

La generación de una idea innovadora, es decir, una idea que tenga posibilidades de convertirse en una innovación, es en sí misma un proceso complicado. El ejemplo 1.6.3 ofrece un modelo simple de este proceso. Los ingenieros enfocan a menudo su atención en la solución del problema, en crear la respuesta correcta encontrando un concepto adecuado para la solución. Sin embargo, como se puede ver, una idea innovadora es la fusión de una necesidad con una posibilidad de satisfacerla. Por lo tanto, es necesario que el ingeniero preste atención a las necesidades de las personas involucradas. Esta parte de la generación de la idea se ocupa de definir el problema haciendo las preguntas correctas.

1.6.3 NECESIDAD DE LA CREATIVIDAD

La necesidad de la creatividad se puede estimar partiendo del punto de vista de quienes participan en el problema. Para poner un ejemplo, cuando se trata de desarrollar un nuevo producto o servicio que representa una situación un tanto compleja, es posible distinguir entre estos intereses, en los cuales influirá directa o indirectamente la solución: la empresa, los usuarios, los empleados y la sociedad.

Es difícil evaluar las necesidades de todos ellos. Hay que simplificar una realidad compleja. En la vida real, una persona o un grupo están normalmente motivados por la interacción de varias necesidades, algunas de las cuales pueden producir efectos contrarios. Las necesidades varían también con el tiempo, de empresa a empresa, de grupo a grupo y de persona a persona.[5]

La empresa

Según Holt,[6] las necesidades de la empresa se pueden clasificar por orden jerárquico, como se indica en el ejemplo 1.6.4. Abajo se localiza la necesidad de sobrevivir. Representa una fuerte motivación para hallar una solución capaz de mantener viva la empresa. En condiciones normales, el comportamiento está dominado por la necesidad de mantener las operaciones actuales. Sin embargo, si no se satisfacen los objetivos económicos y sociales, la necesidad de hacer mejoras se hará sentir fuertemente. A medida que la ley de rendimientos decrecientes ejerce su influencia, o que los cambios ocurridos en el medio exigen nuevos enfoques, se necesitarán nuevas ideas y soluciones. La primera reacción consistirá por lo general en adoptar nuevos métodos desarrollados fuera de la empresa, o en adaptarlos. Si esto no resuelve el problema, la necesidad de hallar nuevas soluciones desde adentro se hará sentir fuertemente.

Si bien las necesidades a corto plazo, relacionadas con las operaciones actuales, se perciben fácilmente, las necesidades a largo plazo, que exigen nuevas soluciones, son con frecuencia

Ejemplo 1.6.4 Modelo jerárquico de las necesidades de organización

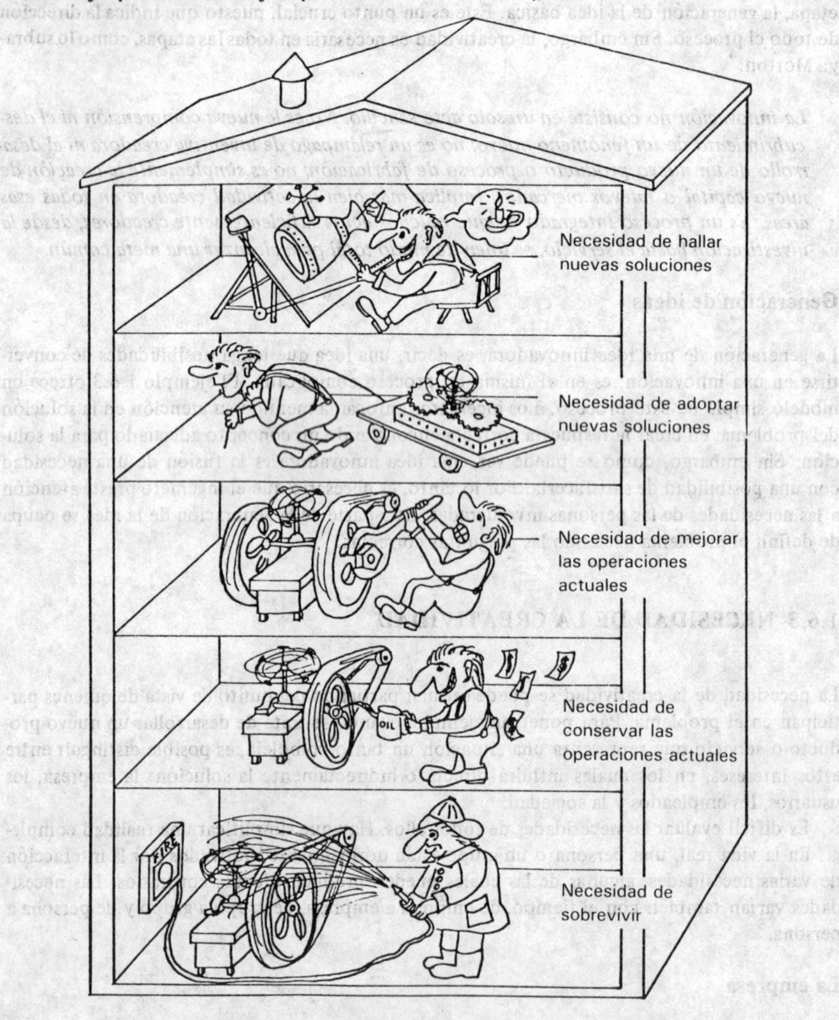

vagas al principio. Pero si la acción se retarda demasiado, será muy difícil, si no imposible, hallar una solución satisfactoria. La empresa podrá verse en una situación crítica en que la necesidad de sobrevivir regirá su comportamiento.

Los usuarios

Las necesidades de los posibles usuarios se pasan a menudo por alto. Este hecho fue demostrado por Robertson[7] en un estudio de 34 empresas que fracasaron. Cuatro de ellas no les preguntaron nada a los usuarios potenciales, seis hicieron muy pocas preguntas, dos pasaron por alto los resultados, dos malinterpretaron las respuestas, seis se ajustaron a ideas preconcebidas y tres no pudieron comprender el medio en el cual funcionarían sus productos.

Ejemplo 1.6.5 El usuario exige mejor calidad

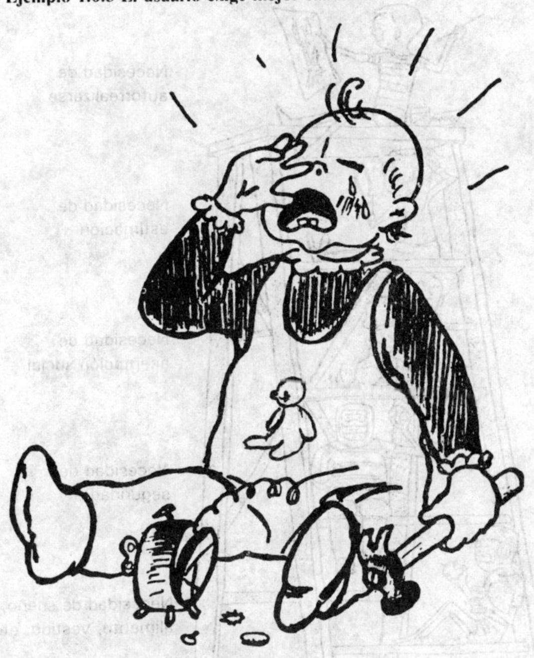

Por haberse olvidado de las necesidades del usuario, muchos productos, como se indica en el ejemplo 1.6.5, mostraban una "falta de calidad"; es decir, había una diferencia entre las características convenientes y las reales en cuanto a función, aspecto, seguridad, mantenimiento, confiabilidad y durabilidad. Según Freeman,[8] esa diferencia parece ser más acusada en los productos de consumo que en los industriales. Esto se debe tal vez a que los usuarios industriales enfrentan al proveedor en términos de mayor igualdad, mientras que la mayoría de los productores se sitúan en un plano superior respecto al consumidor gracias a su conocimiento, su posición, la publicidad, etc. En ambos casos se requieren soluciones nuevas y mejores, con el fin de satisfacer necesidades importantes del usuario.

Los empleados

Las necesidades de los empleados, según Maslow,[9] pueden clasificarse por orden jerárquico, como se puede ver en el ejemplo 1.6.6. Abajo se encuentran las necesidades fisiológicas. Una vez satisfechas, dejan de estimular un comportamiento. Surgen luego necesidades nuevas y de más alto nivel, con mayor fuerza. La primera de ellas es la necesidad de seguridad, es decir, de sentirse libre de amenazas en los terrenos físico, sicológico y económico. En el siguiente escalón están las necesidades sociales, que implican una sensación de pertenencia, amistad y afecto. En el siguiente nivel se encuentra la necesidad de estimación, incluyendo el respeto a sí mismo logrado con la pericia y el respeto a los demás con el reconocimiento y la aprobación. En la cúspide encontramos la necesidad de autorrealizarse, que se refiere a la realización de todo nuestro potencial mediante la autoexpresión.

Ejemplo 1.6.6. Jerarquía de las necesidades, de Maslow

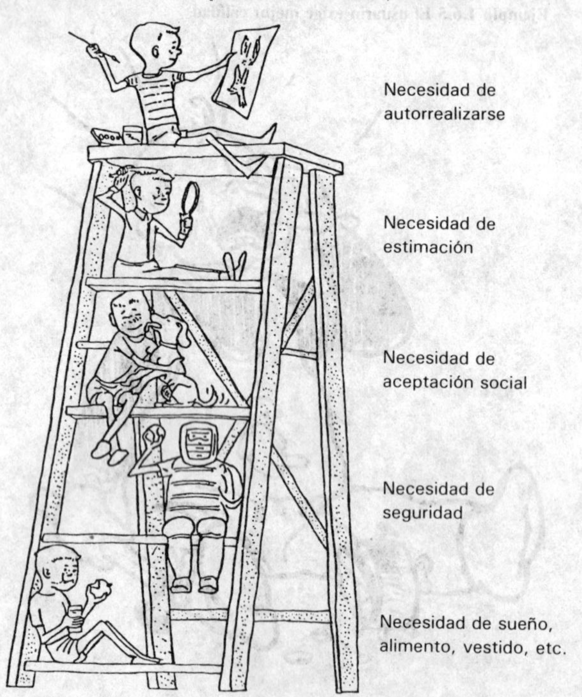

La sociedad

Las necesidades sociales comprenden un gran número de necesidades colectivas a nivel local, nacional y global, como son las que se relacionan con la energía, los recursos, el ambiente, el alojamiento, la transportación, la seguridad, la atención médica, la educación y la calidad de la vida. En muchos de dichos conceptos, esas necesidades no se han satisfecho debidamente. Como se indica en el ejemplo 1.6.7, parece que en algunos de ellos la situación está empeorando. Esto es particularmente cierto por lo que respecta a la cantidad limitada de recursos naturales que tendrán que sustentar a una población mundial que crece con rapidez. La amenaza de "más bocas y menos alimentos" exige soluciones nuevas y radicales. Hay una urgente necesidad de convertir a la sociedad actual en una "sociedad que recicle" en forma gradual, sustituyendo los actuales métodos de fabricación con nuevos procesos capaces de hacer posible el reciclado con un mínimo de contaminación ambiental y un consumo mínimo de energía.

Satisfacción de las necesidades

En su labor, los ingenieros industriales deben buscar soluciones que permitan satisfacer óptimamente las necesidades, considerando los muchos y a menudo conflictivos intereses de la empresa, de los usuarios, de los empleados y de la sociedad. Deben hacer frente a patrones complejos de necesidad en que las influencias de necesidades diversas actúan al mismo tiempo y con distinta fuerza. Además, las necesidades varían no sólo entre las empresas, los grupos y las personas, sino también con el transcurso del tiempo. Por otra parte, varios factores situacionales de naturaleza técnica, comercial y económica influyen en la solución del problema. Es difícil, por lo tanto, hacer recomendaciones generales. Sin embargo, la mayoría de

Ejemplo 1.6.7 Necesidad de una sociedad mejor ("A esto solían llamarle flor")

los problemas tienen una cosa en común: exigen nuevas ideas y soluciones creadoras capaces de satisfacer las necesidades de las entidades involucradas. La creatividad parece ser por lo tanto un concepto clave para la satisfacción de las necesidades sociales, de la empresa y de las personas.

1.6.4 LA PERSONA CREATIVA

Han surgido varias teorías que tratan de explicar el comportamiento creador.[10] La que prevalece actualmente es la teoría sicológica, la cual supone que las ideas creadoras tienen su origen en las experiencias anteriores. La formación de nuevos patrones y combinaciones es el resultado de procesos de pensamiento no racionales ni controlados, de naturaleza intuitiva, que tienen lugar en el subconsciente. Todas las personas tenemos cierta capacidad creadora, la cual está distribuida entre la población según una curva de Gauss.

Ingenieros altamente creativos

Un grupo particularmente importante es el de los ingenieros altamente creativos, los cuales combinan la sensibilidad hacia las necesidades con la habilidad técnica. Esos ingenieros se ven a menudo obstaculizados en su actividad creadora por la organización burocrática del lugar donde trabajan, pero pueden hacer contribuciones importantes de naturaleza innovadora si se les da libertad y se les estimula para que hagan uso de su talento.

Una manera de hacerlo consiste en aplicar el concepto de "investigación de contrabando" ("proyectos a escondidas"). Rabinov[11] apoya esta solución y afirma que todo aquello que se hace ilegalmente se hace con eficiencia: "Siempre he tenido jefes muy bondadosos. Me dejan que robe dinero siempre y cuando no me lo meta al bolsillo. De esos hurtos llegan a resultar grandes proyectos".

Un método legal para apoyar a los ingenieros talentosos es el que aplica Bucy,[12] quien recalca que las nuevas ideas deben ser alimentadas cuidadosamente. Ha asignado dinero a varios "programas que contienen ideas", en toda la empresa. Cuando un empleado manifiesta que tiene una nueva idea, todo lo que tiene que hacer es convencer al representante del programa de que su idea vale la pena. Si lo logra, obtendrá dinero para que lleve a cabo un estudio de factibilidad dentro de un tiempo convenido. Por lo general se hace un arreglo con el jefe del empleado, de manera que éste pueda continuar con sus tareas regulares al mismo tiempo que trabaja en su idea. También puede ser transferido temporalmente a otra unidad, por ejemplo el centro de ingeniería, para que pueda trabajar en su idea.

Un tercer método consiste en dar al ingeniero la oportunidad de pasar cierto tiempo trabajando en proyectos elegidos por él mismo. En esta forma, algunas empresas han obtenido buenos resultados. Otras han tenido experiencias negativas, debido tal vez a que el ingeniero sólo puede dedicar tiempo a su propio proyecto una vez que haya terminado todas las demás tareas.

Otros empleados

Aunque se debe hacer un gran esfuerzo para apoyar a las personas altamente creativas, no hay que olvidar la capacidad latente en la gran mayoría de los empleados. Casi todas las empresas tienen en esos empleados un recurso no utilizado, pero poderoso. Sin embargo, para aprovecharlo hay que seguir un método sistemático, que puede variar desde un sencillo sistema de sugerencias hasta un programa de acción complicado. En algunos casos, tal programa puede dar lugar a nuevas soluciones o a mejoras radicales. Sin embargo, es probable que la mayoría de las ideas sean más bien del tipo poco notable. Los empleados tienen muchas oportunidades de demostrar creatividad mejorando los productos existentes y las actividades actuales. Hasta un diseño de rutina o una operación sencilla pueden mejorarse combinando en muchas formas diferentes los elementos conocidos.

1.6.5 EL PENSAMIENTO CREATIVO

Las empresas que desean estimular el pensamiento creador de los empleados tienen varias técnicas a su alcance. Como se puede ver en el ejemplo 1.6.8, esas técnicas pueden ser clasificadas en cuatro grupos: definición del problema, solución del problema, selección de ideas y enriquecimiento de las ideas.

Definición del problema

Un problema se caracteriza por una diferencia entre la situación deseada y la existente, de magnitud tal, que exige acción correctiva. La discrepancia dependerá de la fuerza de las necesidades percibidas y del grado en que son satisfechas. Por lo tanto, el primer paso del proceso para la solución del problema consiste en definirlo valorando las necesidades de aquellos en quienes influye directa e indirectamente. En seguida hay que analizar los factores presentes en la situación teniendo en cuenta las posibilidades y limitaciones externas e internas y evaluando la naturaleza del problema. En caso necesario, el problema total se dividirá en subproblemas y se les asignarán prioridades.

Ejemplo 1.6.8 Modelo de concepción sistemática de una idea

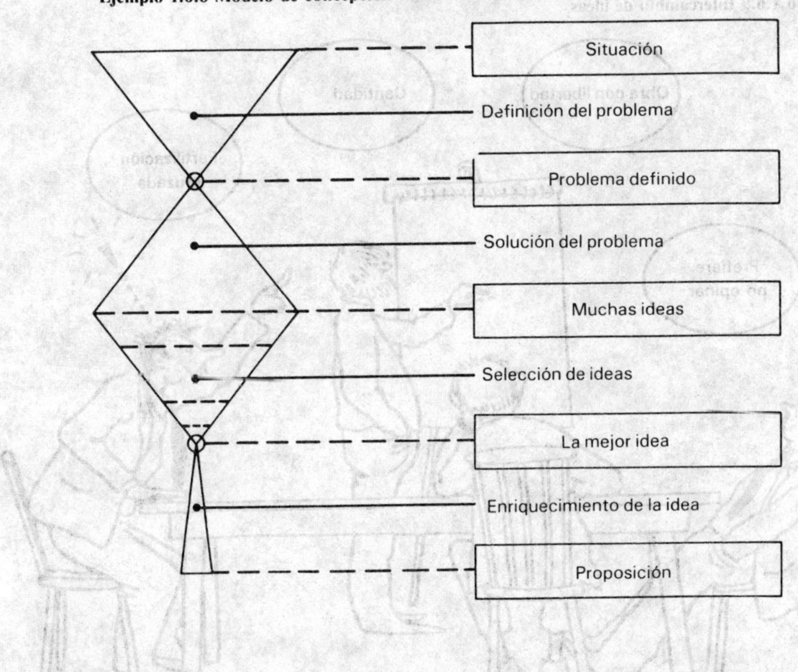

Solución del problema

Una vez definido correctamente el problema, el paso siguiente es crear una gran cantidad de ideas. La fantasía y la imaginación de quienes participan se estimula mediante técnicas creativas tales como permitir la libre exposición de ideas, oralmente o por escrito, el análisis morfológico y muchas otras.[13] Osborne[14] ha demostrado que el comportamiento creador de las personas y los grupos puede ser estimulado grandemente mediante esas técnicas.

La que se aplica más ampliamente es la sesión de inspiración. Está basada en la "libre asociación", pero siguiendo ciertas reglas como se indica en el ejemplo 1.6.9. Si hay muchos participantes, se puede recurrir a un tipo de inspiración competitiva en que los participantes se dividen en grupos pequeños de cinco o seis personas cada uno. Son dirigidos por líderes a quienes se ha informado de antemano cuál es la situación problemática.

Otra técnica es la exposición por escrito, en que cada miembro del grupo escribe durante un breve período (por ejemplo 4 minutos) describiendo tres ideas. La hoja escrita se pasa luego a la persona que se sienta a la derecha o a la izquierda, la cual escribe tres nuevas ideas, y así sucesivamente. Una variante de este método es el pozo de ideas.[15] Cada participante, como se indica en el ejemplo 1.6.10, toma una hoja de una pila que está en el centro de la mesa, anota sus propias ideas, la devuelve al montón, toma otra, añade nuevas ideas, la devuelve, etc. En años recientes, este método tiene cada vez más aplicación. Se debe quizá a que a menudo es difícil en la vida real obtener buenos resultados de la exposición verbal, porque se requiere un líder muy hábil. Esto es particularmente cierto cuando hay una o varias personas que dominan al grupo o que no saben cooperar como es debido.

El análisis morfológico es un método para estructurar el problema. Los problemas que tienen dos parámetros importantes se describen en un diagrama o matriz de dos dimensiones, llamado a veces "cajón morfológico". Los valores pertinentes de los parámetros se escriben en la primera columna y en la parte superior de la matriz. Si el problema tiene tres paráme-

Ejemplo 1.6.9 Intercambio de ideas

tros principales, se requiere un modelo de tres dimensiones. Si los parámetros son más de tres hay que usar una tabla, como se muestra en el ejemplo 1.6.11. El análisis morfológico es adecuado para el uso individual, pero lo pueden aplicar también grupos de hasta ocho personas.

Ejemplo 1.6.10 Recopilación de ideas

Ejemplo 1.6.11 Análisis morfológico

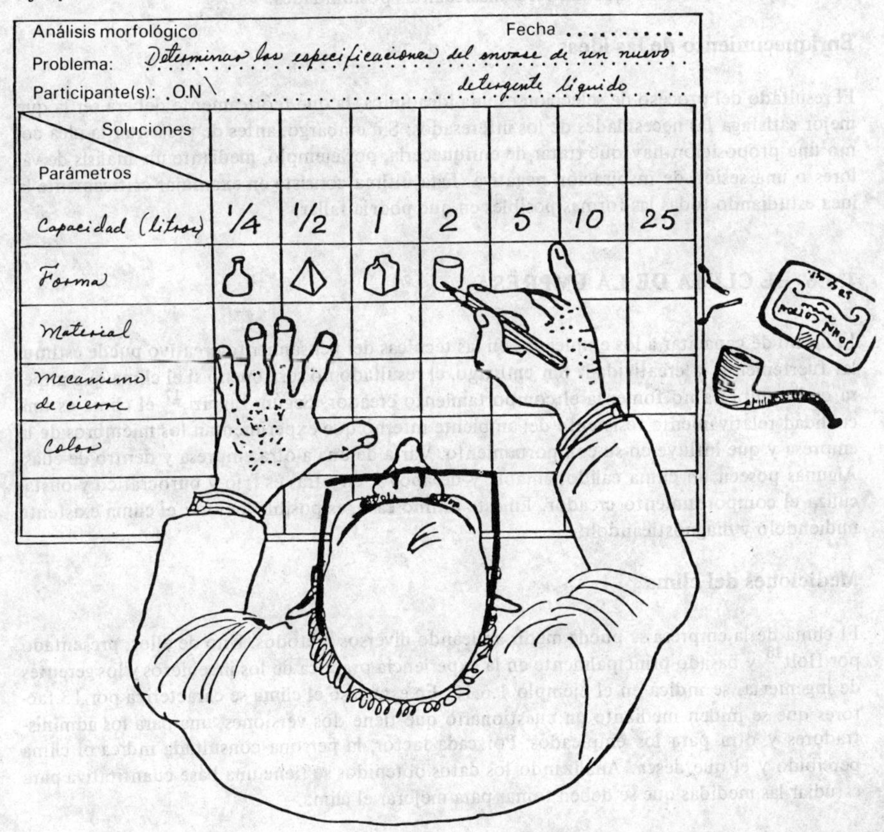

Análisis morfológico
Fecha ....
Problema: Determinar las especificaciones del envase de un nuevo detergente líquido
Participante(s): O.N
Soluciones
Parámetros
Capacidad (litros)
1/4
1/2
1
2
5
10
25
Forma
Material
Mecanismo de cierre
Color

Las técnicas de pensamiento creativo se están utilizando cada vez más en las empresas progresistas con el fin de resolver los problemas. Algunas de ellas pueden ayudar también a definir los problemas cuando una de las tareas más importantes es la de evaluar las necesidades de los afectados.

Selección de ideas

Aplicando sistemáticamente las técnicas de pensamiento creativo se genera un gran número de ideas. El paso siguiente consiste en elegir la mejor. Es una tarea difícil y exige mucho esfuerzo. Como regla general, la selección y evaluación de las ideas se lleva tres veces más tiempo que su concepción.

La búsqueda de la mejor idea se hace por eliminación progresiva, mediante una serie de evaluaciones. Básicamente, dichas evaluaciones se llevan a cabo seleccionando los criterios correctos relacionados con los aspectos técnicos, comerciales, económicos, organizativos y sociales del problema.[16]

Durante las primeras etapas de evaluación, las ideas que no se ajustan a las políticas de la empresa son desechadas. Se aplican primero los criterios más sencillos; por ejemplo, aquellos a los cuales se puede contestar "sí" o "no". A medida que disminuye el número de ideas se pone más cuidado en la evaluación. La información costosa se deja para las etapas finales de la evaluación, cuando quedan sólo unas cuantas posibilidades.

Enriquecimiento de las ideas

El resultado del proceso de selección es una idea única, la que teóricamente deberá ser la que mejor satisfaga las necesidades de los interesados. Sin embargo, antes de presentar la idea como una proposición hay que tratar de enriquecerla, por ejemplo, mediante un análisis de valores o una sesión de inspiración negativa. Esta última consiste en examinar críticamente la idea estudiando todas las formas posibles en que podría fallar.

1.6.6 EL CLIMA DE LA EMPRESA

El hecho de capacitar a los empleados en las técnicas del pensamiento creativo puede estimular fuertemente la creatividad. Sin embargo, el resultado no será bueno si el clima que impera en la empresa no fomenta el comportamiento creador. Según Taguiri,[17] el clima es una cualidad relativamente resistente del ambiente interno que experimentan los miembros de la empresa y que influye en su comportamiento. Varía de una a otra empresa y dentro de ellas. Algunas poseen un clima cálido, amable y de apoyo; en otras es frío y burocrático y obstaculiza el comportamiento creador. En este último caso, es posible mejorar el clima existente midiéndolo y diagnosticándolo.

Mediciones del clima

El clima de la empresa se puede medir aplicando diversos métodos. Uno de ellos, presentado por Holt[18] y basado principalmente en la experiencia práctica de los ingenieros y los gerentes de ingeniería, se indica en el ejemplo 1.6.12. En este caso el clima se caracteriza por 13 factores que se miden mediante un cuestionario que tiene dos versiones, una para los administradores y otra para los empleados. Por cada factor, la persona consultada indica el clima percibido y el que desea. Analizando los datos obtenidos se tiene una base cuantitativa para estudiar las medidas que se deben tomar para mejorar el clima.

Factores principales

Las mediciones del clima de diversas empresas, grandes y pequeñas, indican que uno de los factores más importantes es la actitud de la entidad hacia las nuevas ideas y proyectos. La gerencia general figura destacadamente en el cuadro general; pero parece que la actitud del supervisor inmediato es aún más importante. Su capacidad para alentar y apoyar, para fomentar la generación de ideas y para representar a su grupo en la forma debida tiene gran

Ejemplo 1.6.12 Factores básicos que caracterizan al clima de la organización

Tiempo para pensar creativamente	Reconocimiento de la creatividad
Ausencia de restricciones	Medio físico
Libertad de elección	Interacción con otras personas
Captación de nuevas ideas	Composición del personal
Actitud del supervisor	Método de solución de los problemas
Actitud de la organización	Contacto con el proyecto
	Clase de proyecto

importancia. Aquí se encuentra probablemente una de las tareas más interesantes y difíciles entre las que encaran los gerentes de ingeniería que desean fomentar el comportamiento creador.

El segundo factor importante es el tiempo que se puede dedicar a la actividad creadora. Las buenas ideas no vienen necesariamente durante las horas de trabajo. Detrás de la generación de una idea hay un complejo proceso sicológico, subconsciente en parte, en el que los viejos patrones pasan a formar nuevas relaciones. No puede ser controlado y exige cierta cantidad de información, la cual se puede obtener y evaluar mediante análisis, lecturas, pensamientos, cálculos, experimentos, etc. Esas actividades necesitan tiempo.

Un tercer factor, que para muchos es importante, es el reconocimiento del comportamiento creativo. Puede adoptar la forma de recompensas financieras o no financieras. En el caso del ingeniero creativo, lo que más le atrae muchas veces son los aspectos intrínsecos del trabajo. Otras posibles maneras de mostrar reconocimiento son: la participación en los grupos de innovación; una mayor libertad en cuanto a horas de trabajo y el contacto con otras personas; más influencia en la selección de proyectos y en la determinación de programas y métodos de trabajo; apoyo para desarrollar ideas, y oportunidades para avanzar profesionalmente; por ejemplo, concediendo "tiempo libre" o becas para realizar estudios especiales. Cualquiera que sea el método, en todos figura la creencia de que una buena idea debe ser recompensada, aun cuando el resultado final sea negativo.

Aplicación

La aplicación correcta de las mediciones del clima puede ser un instrumento poderoso para el desarrollo organizativo, tanto en ingeniería como en otros departamentos. Se debe prestar gran atención a la implantación de las mediciones y a su utilización. La responsabilidad principal se debe establecer con claridad. Además, se deben tomar las medidas necesarias para la participación activa de quienes intervienen en la planeación y realización del estudio y en la utilización de los resultados. Holt ofrece un ejemplo de este método, en relación con unos importantes astilleros.[19] En este caso se planeó y organizó un programa según se indica de modo general en la lista que aparece más adelante.

Fase preliminar. Análisis de los objetivos del programa; organización (director del proyecto, comité directivo, consejo asesor); información a los empleados.
Fase de medición. Medición del clima de la entidad y de la actitud hacia el trabajo; información al personal sobre los resultados de las mediciones.
Fase de definición del problema. Análisis de los datos de medición dentro de las distintas unidades; lista de necesidades y áreas problema; formulación de proyectos.
Fase de solución del problema. Selección de proyectos; organización de grupos encargados de proyectos; capacitación en la solución creadora; determinación de alternativas; selección de soluciones y formulación de proposiciones.
Fase de ejecución. Decisión respecto a las proposiciones; responsabilidad por la ejecución; organización; asignación de recursos; motivación; información e instrucción.
Vigilancia. Nuevas mediciones del clima de la empresa; entrevistas; modificaciones.

Al medir el clima existente fue posible identificar los puntos débiles, definir los problemas, hallar soluciones y crear un clima más propicio para el comportamiento creador, mejorando con ello las actividades de generación de ideas.

1.6.7 PROGRAMAS DE ACCION

La creatividad se puede fomentar de muchas maneras. Un método bastante sencillo consiste en enviar a un empleado, por ejemplo a un ingeniero industrial, a un seminario sobre técnicas creadoras, y dejar que se encargue del resto. Con este método se puede lograr el éxito, aunque no es probable. Para obtener buenos resultados, hay que prestar mucha atención a la selección de las actividades adecuadas y a su organización en un programa de acción.

Actividades

No hay una solución en particular para el diseño de un programa de fomento de la creatividad; pero algunas de las actividades que se pueden considerar se indican en el ejemplo 1.6.13 y pueden ser un buen punto de partida. A medida que se tenga más experiencia surgirán nuevas ideas y posibilidades. Cualquiera que sea el diseño elegido, los interesados deben encarar el hecho de que todas las innovaciones, incluyendo los programas de acción para fomentar la creatividad, implica riesgos. Un requisito básico, por lo tanto, es que uno esté dispuesto a aceptar los riesgos y a experimentar con diversas soluciones.

Al desarrollar un programa de acción hay que tener presente que no sólo cada empresa, sino también cada persona, es diferente y tiene problemas especiales. Algunas personas se sienten muy inclinadas hacia el logro; están dispuestas a asumir los riesgos y experimentan satisfacción proponiendo soluciones radicales; otras son amantes de la seguridad y limitan su comportamiento creador a las mejoras de orden menor. Debido a esas diferencias, todos los interesados deben participar en el análisis y selección de los posibles métodos. Las soluciones flexibles que permitan el ajuste individual deben tener prioridad.

Organización

Según Geschka,[20] un programa de acción para fomentar la creatividad debe ser apoyado por un promotor autorizado (*Machtpromotor*) y por un experto profesional (*Fachpromotor*). El promotor autorizado es un ejecutivo de alto nivel que tiene la autoridad y la motivación suficientes para proporcionar los recursos necesarios, pero no se compromete personalmente en el establecimiento del programa. El experto profesional es un miembro del grupo de asesoría, capacitado en la aplicación de técnicas creadoras, que se siente motivado para emplearlas en su propio trabajo y para ayudar a los demás a emplearlas. Debe poseer la competencia necesaria para fungir como moderador de los grupos y para asumir la responsabilidad del programa, incluyendo la promoción y coordinación de las actividades creadoras de la empresa.

El programa puede dar comienzo en forma modesta; por ejemplo, introduciendo una técnica en un solo departamento, para luego proseguir gradualmente a medida que se gane experiencia. Otro método consiste en planear un programa de acción total e integrado para toda la empresa. En ese caso, debe ser organizado como un proyecto, con presupuesto, distribución de tiempo, y un director de tiempo completo o parcial. Los ingenieros industriales satisfacen muchos de los requisitos necesarios para la tarea. Pueden ser también útiles un comité

Ejemplo 1.6.13 Actividades de un programa de acción para fomentar la innovación y la creatividad

Desarrollo de una actitud positiva hacia la innovación y la creatividad, diagnosticando y mejorando el clima de la organización.

Capacitación de los administradores y los representantes de los empleados para el aprovechamiento de la innovación y la creatividad

Capacitación de los administradores y los empleados en las técnicas de generación de ideas.

Establecimiento de un sistema eficiente de sugerencias

Establecimiento de un departamento de proyectos para evaluar, desarrollar y poner en práctica las ideas innovadoras asesor general, en el cual estén representados los distintos niveles y funciones, y un reducido comité directivo formado por personas motivadas y enteradas.

En las empresas muy influidas por los procesos de cambio, es posible organizar una unidad por separado para las actividades de generación de ideas. Como ejemplo se puede citar una gran compañía que emplea a un coordinador de tiempo completo auxiliado por un pequeño secretariado. Las actividades principales consisten en organizar, capacitar y ayudar a varios grupos "innovadores" en sus esfuerzos creativos. Cada grupo, compuesto por seis o siete personas, dedica más o menos un día por mes a las actividades de generación de ideas para sus clientes internos. Este método es apropiado para las grandes empresas, pero hay otras pequeñas, con alrededor de 400 empleados, en las cuales resulta conveniente recurrir a un coordinador de tiempo completo para tales fines.

1.6.8 CONCLUSION

Hasta la fecha, la mayoría de los departamentos de ingeniería industrial han concentrado su atención en el mejoramiento de las operaciones de manufactura recurriendo a los instrumentos tradicionales. Los factores predominantes han sido los costos y la eficiencia. Aunque esto ha funcionado bien en el pasado, no llena los requisitos del futuro.

Los acontecimientos, tanto sociales como políticos, exigen una nueva manera de pensar caracterizada por una actitud innovadora y un enfoque humano. Uno de los más grandes científicos, Albert Einstein, había ya previsto esto en 1934, cuando dijo: "La preocupación por el hombre mismo y por su fe debe ser siempre el interés fundamental de todos los esfuerzos técnicos. Jamás se debe olvidar esto enmedio de los diagramas y las ecuaciones". Si los ingenieros industriales son capaces de adoptar esa actitud, tendrán una buena base para resolver los problemas de hoy y de mañana. Podrán demostrar que están equipados para hacer frente a uno de los mayores retos del mundo actual: ser sensible a las necesidades humanas en una época cada vez más influida por la automatización y el control de datos. Se sentirán motivados para desarrollar estrategias y tácticas capaces de estimular el comportamiento creador. La empresa que prosperará en un mundo que cambia con rapidez será la que sepa utilizar con la mayor eficiencia el talento creador de sus empleados, para beneficio de todos.

REFERENCIAS

1. C. H. KEPNER y B. B. TREGOE, *The Rational Manager,* McGraw-Hill, Nueva York, 1965.
2. E. DE BONO, "Creativity and the Role of Lateral Thinking," *Personnel,* Mayo-Junio de 1971, pp. 8-18.
3. D. W. TAYLOR, "Thinking and Creativity." *Annals of the New York Academy of Sciences,* 1960, pp. 108-127.
4. J. A. MORTON, *Organizing for Innovation,* McGraw-Hill, 1971.
5. J. P. CAMPEL y R. D. PRITCHARD, *Motivation Theory, Handbook of Industrial and Organization Psychology,* Rand McNally, Chicago, 1976.
6. K. HOLT, "Creativity – A New Challenge to the Industrial Engineer," *International Journal of Production Research,* Septiembre de 1977, pp. 411-421.
7. D. ROBERTSON, "The Marketing Factor in Successful Industrial Innovation," *Industrial Marketing Management,* 1973, No. 4, pp. 369-374.
8. C. FREEMAN, *Innovation in a Chaging World,* Proceeding of the International TNO-Conference, Rotterdam, 1973.
9. A. H. MASLOW, *Motivation and Personality,* Harper & Row, Nueva York, 1954.
10. J. ROSSMAN, *Industrial Creativity. The Psychology of the Inventor,* University Books, Nueva York, 1964.

11. J. RABINOV, en M. F. WOLFF, "Managing the Creative Engineer," *IEEE Spectrum*, Agosto de 1977, pp. 52-57.
12. F. BUCY, "Managing Innovation," *Electronic Design*. Septiembre de 1979, pp. 108-110.
13. T. RICKARDS, *Problem Solving Through Creative Analysis*, Gower Press, Epping, Inglaterra, 1974.
14. A. F. OSBORNE, *Applied Imagination*, Scribner's, Nueva York, 1963.
15. H. GESCHKA, G. R. SCHAUDE, y H. SCHLICKSUPP, "Moder Techniques for Solving Problems," *International Studies of Management & Organization*, Vol. 6, No. 4 (Invierno de 1976/77), pp. 45-63.
16. N. H. GIRAGOSIAN, *Successful Product and Business Development*, Dekker, Nueva York, 1978.
17. R. TAGUIRI y G. LITWIN, Eds., *Organizational Climate*, Harvard Business School, Boston, 1968.
18. K. HOLT, "Creativity and Organizational Climate," *Work Study & Management Services*, Septiembre de 1971, pp. 576-583.
19. K. HOLT, *The Scanship Case. A Programme for Promotion of Innovation*, International Institute for the Management of Technology, Milán, 1972.
20. H. GESCHKA, "Implementierungsproblemen bei der Anwendung von Ideenfindungsmethoden in der Praxis der Unternehmen," en H. C. PFOHL y B. RURUP, Eds., *Anwendungsprobleme moderner Planungs-und Entscheidungstechniken*, Hanstein Königstein, 1979.

SECCION 2

Diseño de la organización y de tareas

CAPITULO 2.1

Diseño de la organización

LOUIS E. DAVIS
Universidad de California, Los Angeles

2.1.1 INTRODUCCION

La mayoría de las actividades de una sociedad avanzada, así como muchos aspectos de la vida de sus miembros, se canalizan a través de organizaciones. La estructura de estas últimas es fundamental para el bienestar de la sociedad y de las personas. La mayoría de las sociedades occidentales están padeciendo una crisis individuo-organización; crisis que gira en torno a los arreglos hechos por esas sociedades para realizar su trabajo. La causa de la crisis es que las necesidades y expectativas de la persona no coinciden con las metas y procedimientos de la empresa.[1] El crecimiento de la crisis fue estimulado en buena medida por los rápidos cambios ocurridos en la sociedad y que afectan tanto a los individuos como a las empresas, si bien, éstas se siguen diseñandosin tomar en cuenta los cambios registrados en los valores individuales y en la sociedad. Por lo tanto, la planeación organizativa en forma de diseño y rediseño (renovación) de las empresas se va convirtiendo en la respuesta administrativa con alta prioridad, a la situación crítica que vive la sociedad de hoy en día.

Las empresas son invenciones sociales; es decir, unidades creadas de la sociedad donde se reúne a las personas y se les da una tecnología y una estructura para que hagan el trabajo. Todos los días se inventan y reinventan empresas y partes de empresas. En este respecto, el diseño de las organizaciones, como proceso de invención, es una actividad mundana. Desde el punto de vista de los miembros de una empresa, sin embargo, el diseño de la misma no es sólo la invención de un lugar para trabajar, sino también de una pequeña sociedad en la cual vivirán y por cuyo medio satisfarán sus expectativas y metas y obtendrán posición y recompensas.

Las consecuencias del desempeño y de los problemas de una empresa son absorbidas por la sociedad y por sus miembros. Las empresas que se desempeñan bien proporcionan a la sociedad beneficios y oportunidades y ven a las empresas como ecosistemas; mientras que aquellas que se ven abrumadas por los problemas y se desempeñan insatisfactoriamente, son una carga para la sociedad y afectan a todos sus miembros, a veces en forma desastrosa. Por lo tanto, para la sociedad en conjunto, la calidad de la organización de las empresas es un factor crítico. Como entidades sociales, las empresas deben ser diseñadas de manera que respondan a las condiciones de la década de 1980.

En este capítulo se trata el proceso de diseño; es decir, el proceso de inventar o crear una organización dentro de la cual se combinen y coordinen los esfuerzos de muchas personas para alcanzar metas que son fundamentales para la supervivencia y el éxito de la misma. El

Con la colaboración de Eli Berniker.

Ejemplo 2.1.1 Exigencias que influyen en el diseño de las organizaciones

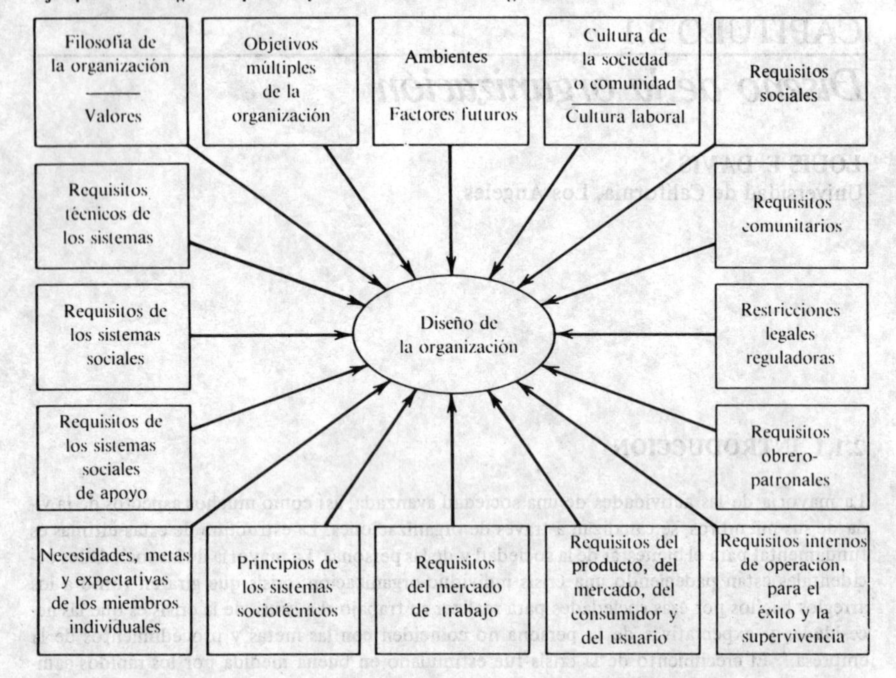

diseño racional de las organizaciones exige un proceso capaz de crear alternativas válidas, las evalúa en relación con las limitaciones y las consecuencias y proporciona los medios para seleccionar las posibilidades más convenientes. El proceso de diseño es repetitivo por necesidad y va de los elementos generales a los específicos. Cada decisión debe estar integrada con las decisiones anteriores, a fin de lograr un sistema que evolucione en forma congruente.

La práctica común en la actualidad, que no representa una alternativa del diseño racional, consiste en copiar fragmentos y partes de otras entidades y tratar de unirlos sin tener en cuenta su aplicabilidad, congruencia y conveniencia para la organización como un sistema. El copiar excluye también la oportunidad, mejor dicho la necesidad, de examinar los aspectos particulares de cada entidad y de su medio. El diseño eficiente es un proceso de aprendizaje que se debe realizar en forma sistemática. El proceso de diseño de una empresa se convierte en un punto focal para integrar una variedad de demandas, requisitos, conceptos, reglamentos, etc. cada uno de los cuales contribuye al proceso o lo limita (ver el ejemplo 2.1.1).

Las proposiciones fundamentales del diseño de organizaciones, importantes para los administradores, para el personal y para los ingenieros como diseñadores, son las siguientes:

1. Hay un proceso estructurado de diseño de las organizaciones, para (re)inventar, (re)crear o (re)diseñar las empresas, proceso que se adapta a las demandas externas e internas que van surgiendo (ver la sección 2.1.9).

2. Las fases del proceso de diseño van de lo general a lo específico (ver la sección 2.1.10).

3. Hay un modelo indicativo de diseño, comprensivo e integrativo de la empresa (ver la sección 2.1.5).

4. Las empresas operan como cuatro entidades que existen simultáneamente, y el diseño debe satisfacer los requisitos de cada una de ellas (ver la sección 2.1.2).

5. Las estructuras de las empresas reflejan las teorías y valores existentes en el momento en que fueron inventadas. Las empresas actuales están dominadas por viejas teorías y valores anticuados (ver la sección 2.1.3).

6. Las empresas eficientes operan como sistemas sociotécnicos abiertos (ver la sección 2.1.4).

7. Las empresas forman parte de medios complejos e inestables[2] y sufren su influencia (ver la sección 2.1.6).

8. Para que puedan sobrevivir y tener éxito, las estructuras de las empresas deben ser diseñadas de modo que pueden hacer frente a la inestabilidad e incertidumbre de su medio, así como a la estabilidad y predictibilidad internas y externas[3] (ver la sección 2.1.6).

9. Para hacer frente a la inestabilidad y la incertidumbre, la empresa debe ser capaz de responder a las demandas ambientales y a los múltiples objetivos generados por sus propias metas y por las de sus miembros y otros interesados (ver la sección 2.1.6).

10. Para diseñar empresas, la unidad de análisis es el conjunto empresa-medio[2] (ver la sección 2.1.6).

11. Las empresas son entidades sociales, lo mismo que entidades de trabajo (producción/servicio) que forman parte de una sociedad mayor. Por lo tanto, en su diseño influyen los valores y creencias sociales y locales y el futuro que se prevé (ver la sección 2.1.7).

12. Se requiere una filosofía de organización como guía para diseñar una empresa y para su operación (ver la sección 2.1.7).

13. Para el diseño eficiente se requiere un proceso de diseño comprensivo e integrado (ver la sección 2.1.5).

14. Para ayudar al diseñador, se dispone de los principios de diseño de sistemas sociotécnicos (ver la sección 2.1.8).

15. Hay otras consideraciones y requisitos adicionales para rediseñar las empresas existentes (ver la sección 2.1.10).

2.1.2 DEFINICION DE LA EMPRESA

En las sociedades occidentales, la estructura de las empresas es un factor fundamental para el bienestar de la sociedad y de sus miembros individuales. Las estructuras de la organización y de las tareas se consideran cada vez más como algo fundamental para la supervivencia y el éxito de las empresas, las dependencias y otros componentes de una sociedad cualquiera y por lo tanto para la forma futura de esa sociedad. Las organizaciones eficientes y sensibles deben ser diseñadas y rediseñadas constantemente para que puedan satisfacer las condiciones rápidamente cambiantes de su medio, las cuales dan lugar a inestabilidad externa y a nuevas demandas internas.

¿Qué es una empresa? Hay muchas respuestas diferentes, dependiendo del contexto organizativo y del propósito de la definición. Cada una contiene algunos aspectos de lo que constituye una empresa. Cuando se toman juntas esas diferentes definiciones, dan una imagen total de aquello que una empresa representa. Entre las distintas definiciones figuran las siguientes:

1. *Las empresas son invenciones sociales;* es decir, las personas las crean con fines específicos en un momento dado de la historia para que proporcionen algunos bienes o servicios necesarios, a menudo con la aplicación de alguna tecnología en particular. Como invenciones sociales, las empresas reflejan la cultura y creencias del período y la localidad en los cuales fueron establecidas por vez primera. La estructura de una empresa refleja los objetivos que trata de alcanzar. En el curso del tiempo, la estructura de la empresa es modificada por el crecimiento, por los problemas y dificultades especiales que experimenta, y por los cambios ocurridos en su medio, a los cuales tiene que responder. Desde este punto de vista, todos los diseños son anticuados, puesto que el medio está cambiando constantemente.

2. *Las empresas son centros de producción o transformación* en donde los materiales, la información y las personas son importados, transformados en productos necesarios, y exportados. En este contexto, las empresas existen para hacer trabajo (el de transformación). Ahora bien, puesto que tratan de sobrevivir, deben hacer el trabajo sin lesionar su capacidad para hacer trabajo futuro. De hecho, la prueba de su eficiencia radica en la medida en que se acrecienta su capacidad para hacer trabajo en el futuro. Por lo tanto, las empresas deben desempeñar otras funciones y actividades además de las de transformación.

3. *En el sector privado, las empresas son entidades económicas* que existen sólo para satisfacer metas económicas. Utilizan (y tienen que dar cuenta de ello) todos los recursos que se les proporcionan para que logren las metas económicas deseadas. Si las logran, son capaces de producir utilidades. La rentabilidad se considera como una prueba de la eficiencia de una empresa. Los cambios que se producen actualmente en el medio en que operan las empresas exigen que éstas den cuenta de un número cada vez mayor de los recursos que se les proporcionan, ya sea personas, aire, agua, dinero, etc. Por lo tanto, para sobrevivir y tener éxito, incluso las entidades económicas tienen que alcanzar metas no puramente económicas.

4. *Las empresas son entidades sociales, o "minisociedades".* Constituyen el escenario en el cual se reúnen las personas para tratar de alcanzar las metas, económicas o de otra clase, de la empresa. Los miembros de ésta encuentran la manera de trabajar juntos, de resolver sus problemas, de hacer frente a los conflictos que surgen y de mantener a la empresa como una entidad social. Esos patrones de interacción vienen a ser las funciones, y las relaciones entre funciones, que conforman la estructura de la empresa. La estructura, a su vez, diferencia a una empresa de una simple asociación de personas y le confiere características de sistema. Sin embargo, las distintas personas desempeñan sus funciones en forma diferente, modificando los papeles, las relaciones y la estructura de la empresa como entidad social. Para sus miembros, la empresa funciona como una minisociedad que viene a ser la arena donde se luchará por las metas personales y se otorgarán recompensas tales como el reconocimiento y la posición social. Esas recompensas son valiosas, tanto dentro de la minisociedad como en la sociedad mayor que existe fuera de la empresa.

5. *Las empresas son conjuntos de personas,* cada una con diferentes necesidades, expectativas y metas, colocadas en una situación de cooperación para lograr las metas de la empresa. Al hacerlo, sin embargo, las personas esperan poder lograr algunas de sus metas personales. No hay razón para esperar que las personas se comprometan con las metas de la empresa a menos que las funciones de éstas, la estructura de la entidad, el diseño de tareas y el estilo administrativo, alimenten una esperanza razonable de lograr las metas individuales. Una empresa debe ser diseñada de manera que satisfaga no sólo sus propios objetivos, sino también los múltiples objetivos de las muchas personas que participarán de su futuro. Esto ha dado lugar a que se incluyan los criterios de calidad de la vida de trabajo como elemento crítico del diseño de la empresa.

6. *Las empresas son sistemas sociotécnicos abiertos.* En muchos sentidos, esta definición comprende a todas las anteriores. Se supone que las empresas son sistemas abiertos a las demandas, las fuerzas y los requisitos del medio circundante. Como tales, las empresas hacen ajustes continuos y asignan mucho valor a la adaptabilidad de sus miembros en este sistema social. En el mejor de los casos, las empresas se encuentran en un estado casi estable de ajuste interno, tratando de obtener los resultados deseados en un medio incierto y siempre cambiante. Se considera a las empresas como sistemas vivientes y, al igual que las plantas, los animales y las personas, muestran una notable adaptabilidad y una variedad de respuestas eficaces a las distintas situaciones. Para alcanzar sus metas, desempeñan sus funciones o realizan su trabajo mediante la acción conjunta de sus sistemas técnicos y sociales. Sus sistemas técnicos han sido elaborados y operan en una forma determinista. Sus sistemas sociales en interacción deben hacer los ajustes necesarios, a la luz de las condiciones cambiantes, para obtener los resultados deseados. De manera que los sistemas técnicos y los sistemas sociales son igualmente necesarios y deben ser diseñados en conjunto para evitar la suboptimización. Esta definición se amplía más adelante, como base del diseño de la empresa.

En los 50 ó 100 años anteriores, sin embargo, los ingenieros han tendido a considerar las empresas con un criterio muy cerrado, como sistemas de producción de un determinado tipo. Esos sistemas se componen de elementos mecánicos y elementos humanos cuyas actividades fueron diseñadas como si fueran entidades mecánicas. La función primordial de las personas ha consistido en ejecutar las funciones aún no mecanizadas, automatizadas o programadas. Las tareas humanas, limitadas y altamente especializadas, son tan específicas como las de las máquinas, y se espera que la empresa funcione como un complicado "mecanismo de relojería". Se ha visto que las personas son el elemento menos confiable, y por lo tanto sus tareas tienen que ser totalmente específicas, para que la empresa sea productiva y eficiente. Esta clásica teoría mecanicista de la empresa, que predomina todavía en las sociedades occidentales, es estudiada más a fondo. Su aplicación da lugar a empresas relativamente inflexibles que aprovechan muy poco los recursos humanos de que disponen.

La realidad palpable del estado cada vez más turbulento –es decir, impredecible, interactuante y en ciertos sentidos imposible de manejar– del ambiente que enfrentan actualmente las empresas en las sociedades occidentales, indica que en el diseño prudente de la empresa se debe tratar a ésta como al ecosistema de que se habló en la introducción del presente capítulo. En tal caso, cualquier criterio cerrado que considera sólo algunos de los aspectos de las empresas puede dar lugar a diseños inadecuados para las condiciones existentes. Por lo tanto, es probable que esas empresas corran el riesgo de no llegar a ser eficientes y no sobrevivir. Ninguna de las definiciones de la empresa estudiadas en esta sección revela por sí misma qué es una empresa, pero cada una contiene algunos aspectos. De hecho, la empresa es todo lo que se dice en las definiciones que anteceden y no lo que expresa una de ellas exclusivamente. Tomadas en conjunto, las definiciones combinadas señalan la tarea que debe abordar el diseñador: cómo incluir todos los aspectos identificados como componentes de la empresa.

2.1.3 TEORIAS DE LA EMPRESA

Entre los administradores y los ingenieros es común considerar el diseño de empresas como una tarea práctica que se lleva a cabo sin entrar en detalles teóricos. Aunque a este punto de vista se le ha llamado "realista", la verdad es que resulta imposible diseñar una empresa, o cualquiera de sus partes, sin una teoría o modelo, aunque sea particular y del tipo "en mi caso funcionó". Por supuesto, todo administrador o ingeniero tiene una de esas teorías o modelos en forma implícita, aunque no le dé ese nombre. Si se niega que los detalles teóricos son necesarios para diseñar las empresas, los supuestos que implícitamente le sirven de base al diseñador "práctico" no tendrán que ser sujetos a examen.

Ahora bien, no hay forma de apreciar las oportunidades y alternativas que ofrece el diseño de organizaciones sin volver explícitos los modelos en que se funda cada enfoque. El diseño de cualquier empresa refleja algún modelo de comportamiento y motivación humanos, algún modelo de las interacciones que tienen lugar entre las personas y los sistemas técnicos, y algún modelo de las que tienen lugar entre la empresa y su medio. Los resultados del proceso de diseño dependen de las teorías de la empresa que se apliquen, de las evaluaciones de los estados presente y futuro del medio, y de la cultura de la localidad, país o sociedad de la cual formará parte la empresa, así como de las restricciones, leyes y reglamentos de la localidad.

Generalmente, las teorías de la empresa reflejan por sí mismas la cultura del lugar y del período histórico en los cuales surgieron. Ahora varían con rapidez, respondiendo a los cambios ocurridos en los valores sociales y a los mayores conocimientos. Las teorías más antiguas todavía son aplicadas en muchos casos. Pero las organizaciones basadas en ellas son raquíticas y extrañas y tienen que ser apuntaladas en diferentes formas para que puedan seguir operando. La situación actual revela la particularmente poca congruencia entre las teorías más generalizadas (y más viejas) y las muy distintas necesidades y expectativas de los trabajadores jóvenes (los de 18 a 35 años de edad). Hay una diferencia tan grande entre lo que las empresas ofrecen y lo que los empleados jóvenes esperan de ellas, que existe una crisis substancial entre la persona y la empresa.[1]

Como invenciones sociales, las empresas han existido desde los albores de la historia del hombre. Las pirámides, los numerosos templos que son vestigios de antiguas civilizaciones, y las grandes embarcaciones polinesias de aquellas sociedades primitivas, fueron productos de muchas personas, dotadas de una gran variedad de habilidades, cuyos esfuerzos fueron integrados y coordinados; es decir, organizados. Sin embargo, lo que caracteriza a todos esos ejemplos de "organizaciones" es que no fueron diseñadas deliberadamente, como ocurre en las sociedades modernas. Las "empresas" organizadas evolucionaron por tradición en el curso de los años, en culturas estables o que cambiaban con lentitud, basadas en la asignación de funciones y por lo tanto, de tareas y oficios. Gran parte de lo que se da por hecho en las empresas modernas debe su origen a la cultura industrial de finales del siglo dieciocho, la cual rompió con la tradición e introdujo las empresas hechas por el hombre.

La división del trabajo

El antecedente más directo de la teoría clásica de la empresa se encuentra en la obra de Adam Smith, *Wealth of Nations,*[4] en la cual aparece por primera vez la idea de "división del trabajo", de acuerdo con la cual las habilidades relacionadas con un determinado oficio son fragmentadas en pequeños elementos o actividades de manera que cada una pueda ser desempeñada con conocimientos y experiencia mínimos y con un costo inmediato (si no total) más bajo. La división del trabajo es el primer ejemplo de diseño explícito de las empresas, en el contexto moderno.

Los conceptos de Smith fueron ampliados por Charles Babbage, según se informa en la obra *On the Economy of Machinery and Manufactures,*[5] que debe ser considerada como el primer libro de texto sobre administración de fábricas. Babbage desarrolló un programa completo para el diseño y administración de las empresas manufactureras. Refleja las ideologías, principios y cultura de su período, 1800-1835, incluyendo la ocupación de niños pequeños en las fábricas. Un tema que predominó en el diseño de empresas durante la primera Revolución Industrial, que dio principio alrededor del 1780, fue la necesidad de ejercer un control sobre el comportamiento de los trabajadores y disminuir la dependencia de los fabricantes de la habilidad de los empleados. Esta fue la fuerza impulsora principal que indujo a fragmentar los oficios y a mecanizar la producción.

La empresa clásica

La teoría de la empresa que predomina actualmente, o con mayor aceptación, ha estado en uso durante tanto tiempo, que se le ha llamado "teoría clásica de la empresa". Tiene dos raíces teóricas, cada una con unos 100 años de antigüedad. Una de ellas es la teoría de la administración científica, basada principalmente en las innovaciones pragmáticas de Frederick W. Taylor,[6] y la otra es la teoría de la burocracia, basada en los estudios eruditos de Max Weber.[7] La teoría clásica considera que la empresa está cerrada al medio exterior y se compone de segmentos aislados que se mantienen unidos gracias a una jerarquía. Por lo tanto, recalca la amplitud del control (regla del siete) para determinar los niveles de organización. La función principal de los supervisores y administradores consiste en aportar el pegamento necesario para que las distintas partes se mantengan unidas. La debilidad de las empresas clásicas estriba en que dependen de un gran número de supervisores para mantener unidas las distintas partes de la empresa, no de la cohesión de las partes integradas al diseño de la empresa misma.

La teoría clásica de la empresa presenta tres aspectos fundamentales, interrelacionados en el sentido de que han llegado a ser aceptados como normas:

1. La persona y su tarea son los ladrillos con que básicamente está construida la empresa. Los supervisores los mantienen unidos.
2. Las tareas individuales se agrupan por función, ubicación o tiempo; por ejemplo, un turno. Esto altera el requisito de integración.

3. Cada empleado está bajo el control individual de un supervisor (unidad de mando), de este modo se reserva la autoridad para los niveles más altos de la empresa.

La administración científica

Esta forma de organización de la producción fue una aportación hecha por Frederick W. Taylor entre 1890 y 1914.[6] Con Frank Gilbreth,[8] que le siguió, Taylor llevó la división del trabajo (fragmentación de habilidades) un paso más adelante, introduciendo reglas cuantitativas para convertir una sola tarea en un trabajo. A la división del trabajo se sumó la especificación completa del contenido de la tarea, hasta los movimientos individuales, y la separación estricta de la planeación del trabajo y su ejecución. A la teoría clásica de la empresa se añadió la superespecialización y la especificación total del trabajo, sugiriendo que las empresas deben ser diseñadas como si fueran complicados mecanismos de relojería para la producción.

La burocracia

La burocracia[7] fue una de las invenciones sociales más notables de su tiempo. Hizo cuatro aportaciones principales a la estructuración y operación de las empresas. La primera fue la sustitución de las reglas con decisiones arbitrarias, permitiendo que las empresas registraran las prácticas útiles para desarrollarlas después como medios para lograr sus metas. En segundo lugar, la burocracia limitó y definió formalmente la autoridad, de modo que fuera menos caprichosa y personalizada. En tercer lugar, estipuló el trato de las personas de acuerdo con criterios universales no particulares, estableció el tratamiento uniforme de los individuos y la eliminación de los privilegios personales en la ubicación de las personas y en la evaluación de su rendimiento. En cuarto lugar, la burocracia exigió una pirámide jerárquica en la institución, compuesta por administradores de centenares, administradores de cincuentenas, administradores de decenas, etc. La pirámide jerárquica estaba basada en una racionalización del trabajo que se iba a realizar y estipulaba al mismo tiempo un sistema de delegación de la autoridad y una escala por la que tenían que ascender los miembros de la organización.

La organización clásica ha contribuido a que las empresas se vuelvan rígidas e incapaces de introducir los cambios necesarios. Tales empresas son deficientes porque absorben grandes cantidades de trabajo y energía para controlar y regular a quienes tienen que hacer el trabajo, aprovechan poco y de manera ineficiente a los miembros de la empresa y no satisfacen sus necesidades ni sus expectativas. Por último, los costos de la rigidez están aumentando dentro de las empresas, lo mismo que la amenaza a su supervivencia.

Relaciones humanas

El primer desafío a la teoría clásica de la empresa lo constituyeron los experimentos de Hawthorne (1927-1932), los cuales llevaron a formular el enfoque de la administración a través de las relaciones humanas.[9] En los experimentos de Hawthorne se reveló la existencia de un medio interno, u organización informal, relacionada con la multitud de propósitos, objetivos, valores, motivaciones y expectativas que las personas llevan consigo al lugar de trabajo. Además, la organización informal, paralela a la formal u oficial, opera mediante un conjunto de controles sociales que los trabajadores ejercen a fin de controlar la cantidad de producción, el grado de ausentismo, etc. que consideran legítimos. Por último, los experimentos revelaron que el mejoramiento de la productividad guarda relación con los efectos motivadores que la atención prestada a sus necesidades produce en los trabajadores. Al parecer estos últimos respondieron favorablemente a un estilo de supervisión más humano, participativo y de apoyo.

En realidad, el enfoque de relaciones humanas produjo un efecto relativamente pequeño en el diseño de la estructura de las empresas; pero sí influyó en los esquemas de recompensa en los niveles de supervisión, en los métodos de control del personal, en los métodos de comunicación, en el estilo administrativo y en la capacitación de los supervisores. El resultado general de este acontecimiento fue una forma clásica de organización con más participación, más comunicación de la información, supervisores más preparados y estilos administrativos más sensibles.

Organización matricial

Las necesidades especiales de ciertos tipos de industria, como la aeroespacial, que surgió después de la Segunda Guerra Mundial, dieron lugar a nuevos diseños.[10,11] Estas industrias se basan en la investigación y desarrollo avanzados, fundamentalmente producen diseños, no mercancía. (Se hacen cantidades muy pequeñas de cualquier producto.) Esas entidades requieren la colaboración de diversos profesionales altamente calificados y especializados que trabajan en condiciones relativamente no estructuradas para desarrollar productos (diseños) innovadores basados en la aplicación de los más recientes descubrimientos científicos. La organización matricial surgió como una estructura adecuada para ese conjunto de requisitos externos (productos) e internos (profesionales especializados). Si el trabajo se lleva a cabo mediante proyectos, los recursos humanos especializados están disponibles y pueden ser reordenados en distintas matrices según se requiera. La organización matricial, o por proyecto, se ha extendido a otras situaciones en que se requieren otras combinaciones de habilidades diferentes para cada producto elaborado o servicio prestado.

Las teorías de sistema abierto

Dos factores contribuyeron a la teoría del sistema abierto como sucesora de la teoría clásica de la empresa: 1) los sistemas sociotécnicos[12] nacidos a principios del decenio de 1950 y 2) el concepto de estructura orgánica propuesto por Burns y Stalker[13] en 1961. En la sección 2.1.4 se explican los conceptos de la teoría de sistemas sociotécnicos.

2.1.4 LA TEORIA DE SISTEMAS SOCIOTECNICOS ABIERTOS

Las empresas como sistemas abiertos

Los sistemas sociotécnicos abiertos consideran a la empresa como un sistema abierto dedicado a transformar insumos para obtener los resultados deseados; es decir, a hacer trabajo para lograr objetivos. Como tales, las empresas tienen fronteras permeables expuestas al medio en el cual operan, de manera que los acontecimientos que tienen lugar en el medio, penetren en la empresa junto con los insumos que ésta necesita. La mayoría de las veces, los cambios ocurridos en el medio entran en la empresa con las personas que trabajan en ella, a través de las funciones de mercadotecnia o ventas o a través de los materiales y otros elementos.

Como sistemas abiertos, se puede concebir que las empresas tienen una interacción o comercio constante con el medio a través de sus fronteras; importan o reciben insumos provenientes del medio, los transforman en los productos deseados, y exportan esos productos al medio. Desde este último, la empresa recibe retroinformación, a través de las fuerzas que operan en él, la cual puede o no serle de utilidad inmediata. El mismo concepto se puede aplicar a cada unidad de la empresa. En este caso, sin embargo, el medio en que opera la unidad es la entidad mayor de la cual forma parte. En la empresa hay dos factores críticos asociados con el proceso de transformación: la tecnología, en forma de sistemas técnicos, y las personas en forma de sistemas sociales.

Sistemas técnicos

El sistema técnico es una de las dos partes del sistema de transformación necesarias para obtener los resultados que busca una empresa. Consiste en un conjunto de artefactos, herramientas, máquinas, instalaciones, métodos, programas y procedimientos mediante los cuales los miembros de la empresa transforman los insumos. El sistema técnico y su funcionamiento representan un puente que limita y canaliza muchas de las interacciones que tienen lugar entre la empresa y sus mercados, dentro del medio que les sustenta. La operación eficiente del sistema técnico es el medio por el cual la empresa alcanza el éxito y tiene acceso constante a los recursos (insumos). Una vez diseñado, el sistema técnico es estable, y cualesquiera alteraciones que pudieran ocurrir en el mismo o en el medio deben ser corregidas por las personas, o sea el sistema social.

Cada proceso de transformación depende de una tecnología que permite una variedad de diseños de sistemas técnicos. La elección de un diseño en particular influye en su estructura organizativa y sufre la influencia de los supuestos sociales, o es una elección sociotécnica que refleja los valores culturales, económicos y sociales.[14,15] Por ejemplo, un supuesto crítico del diseño de la tarea de ingeniería industrial es que "debe ser posible que el supervisor responsabilice a cada trabajador de su rendimiento personal". Este supuesto social implica un rendimiento deficiente de los trabajadores, puesto que necesitan supervisión y control para obtener los resultados que se buscan. Da lugar a que se organice una empresa partiendo de tareas individuales prescritas y controlables, agregando luego una jerarquía de supervisores para que controlen el rendimiento. Un sistema técnico diseñado bajo ese supuesto crea estaciones de trabajo individuales, encamina la información hacia la gerencia y separa las funciones de control de calidad de las funciones de producción. Esas empresas funcionan mal porque refuerzan el supuesto original; es decir, la profecía que se cumple sola.

Sistemas sociales

Las personas, por individual o en grupos grandes o pequeños, son necesarias para operar los sistemas técnicos a nivel de la máquina, del grupo de máquinas, o de todo el sistema de transformación. Las personas tienen interrelaciones no sólo con el sistema técnico, sino también unas con otras, formando relaciones de sistema; es decir, sistemas sociales.

El sistema social se compone de personas y una estructura, consiste de miembros de la empresa que desempeñan sus funciones, y asimismo, del conjunto de funciones y sus relaciones, lo cual constituye la estructura. Al satisfacer las exigencias de sus funciones, quienes las desempeñan (las personas) generan relaciones adicionales aparte de las necesarias para realizar el trabajo de la empresa. Los sistemas sociales contienen no sólo las funciones o tareas de las personas y las relaciones que hay entre funciones, sino también las estructuras de la autoridad y la comunicación, los mecanismos de adaptación, de aprendizaje y de conservación del sistema social, la estructura de carreras, etc. asociados con una unidad de la empresa y con su sistema técnico.

Además de operar y conservar el sistema técnico, los sistemas sociales resuelven los problemas que surjan y se adaptan a las alteraciones o cambios ocurridos en el medio ajustando el sistema técnico o buscando diferentes maneras de alcanzar las metas. Desde el punto de vista de los sistemas abiertos, el sistema social es el mediador entre los límites y capacidades del sistema técnico y las demandas del medio. Tanto los sistemas sociales como los técnicos son esenciales para el funcionamiento de una empresa. Algunos han definido a la empresa como el resultado de engarzar el sistema técnico en el sistema social; es decir, un sistema sociotécnico.

Sistemas sociotécnicos

Los sistemas sociotécnicos consideran a las empresas como mecanismos de transformación. La transformación requiere un sistema técnico y uno social, cuya existencia e interacción son indispensables para alcanzar las metas u obtener los resultados que la empresa desea. El sistema técnico define las tareas que se van a realizar y el sistema social indica la forma en que se van a realizar. Cada uno interactúa con el otro en cada interfase persona-máquina o en cada interfase grupo-máquina-funcion. Tanto el sistema técnico como el social operan sujetos a una "causalidad conjunta", lo cual significa que ambos son afectados por los eventos causales del medio. El sistema técnico, una vez diseñado, es estable; el sistema social es el que tiene facultades de adaptación.

Se supone que las empresas procuran mantener un estado de equilibrio casi estable con el fin de lograr las metas aceptadas. Por lo tanto, el problema de cómo se alcanzarán las metas frente a las alteraciones o cambios ocurridos en el medio influye fuertemente en la elección del diseño. Esto es particularmente cierto, puesto que el elemento adaptable es el sistema social; de modo que los métodos de adaptación deben ser especialmente diseñados.

El concepto de causalidad conjunta conduce al concepto asociado de "optimización conjunta". Este concepto señala que cuando dos sistemas independientes (el técnico y el social) se correlacionan en forma directiva, es decir, que responden en conjunto a los eventos causales o interactúan frente a la causalidad conjunta, la optimización de un sistema y la adaptación en éste del segundo dará lugar a la suboptimización del sistema conjunto. De manera que la maximización de la eficiencia de la empresa exige la optimización conjunta de los sistemas técnico y social en vez de que se maximice al sistema técnico y se ajuste el sistema social a él. Esta es una de las divergencias fundamentales respecto a los conceptos de la administración científica. La optimización conjunta lleva implícita la posibilidad de degradar ya sea el sistema técnico o el sistema social con el fin de lograr un mejor resultado conjunto.

La necesidad de la optimización conjunta ha dado lugar al diseño conjunto de los sistemas técnicos y sociales de las empresas, para que sea posible considerar la mejor adaptación entre ambos sistemas, dados los objetivos y demandas de cada uno. Por lo que respecta al sistema técnico, la optimización conjunta implica poner al alcance del sistema social: fuentes de variaciones o alteraciones, acceso a las fuentes de variaciones o alteraciones, los medios para contrarrestar en la fuente misma las variaciones o alteraciones internas y externas, un mapa cognoscitivo de cómo funciona el sistema técnico, e información pertinente, con mecanismos de retroinformación, que permitan la autorregulación y la solución de problemas.

Además, el diseño mismo del sistema técnico depende de y exige la resolución de los problemas del sistema social. Estos últimos tratan acerca de cómo se va a usar determinada máquina, herramienta, etc.; qué información debe proporcionar el factor en estudio, cómo puede ser adaptado, etc. por quienes van a usar el equipo o el sistema de equipos. Nuevamente, se requiere el diseño conjunto. Además, a menos que se haga el diseño conjunto, la adquisición o importación de un sistema técnico diseñado en otra parte o en forma independiente significará inevitablemente que, en mayor o menor grado, junto con ese sistema técnico habrá que importar un sistema social. La cuestión, por supuesto, es si el sistema social importado será congruente con las metas y la filosofía de la empresa que se está diseñando.

Características de las empresas como sistemas sociotécnicos abiertos

Las empresas que operan como sistemas sociotécnicos abiertos tratan constantemente de alcanzar una condición de operación estable. Tratan de mantener los resultados adaptándose continuamente a una variedad considerable de cambios externos que traspasan sus límites. Al tratar de lograr la operación estable ante las demandas cambiantes de su medio, las empresas confían en las propiedades siguientes de los sistemas sociotécnicos abiertos:

1. **Equifinalidad.** Es la posibilidad de seguir diferentes caminos adecuados para obtener los resultados aceptados cuando se hace frente a una situación de insumos variables o inestables, de desórdenes o demandas imprevistas.

2. **Posibilidad de responder a las demandas.**[16] La empresa, sus unidades y sus miembros poseen un repertorio de conocimientos, habilidades y autoridades para hacer frente a las diversas demandas de las condiciones ambientales.

3. **Autorregulación.** La unidad de la empresa decide cómo y cuándo hará uso de su capacidad de respuesta para conservar su posibilidad presente y futura de funcionar con eficacia y alcanzar las metas que le corresponden.

4. Límites pertinentes.[14] Cada una de las propiedades mencionadas depende de la forma en que cada unidad está definida o establecida. Esto exige que los límites de cada una estén situados de modo que abarquen todos los medios necesarios para obtener los resultados que se buscan. La práctica más común por el momento, consiste en fragmentar la capacidad de adaptación, separando las funciones de las subunidades de manera que la administración mantenga el control. El supuesto no refutado es que se ganará más con la posibilidad de controlar que con la capacidad de adaptar. La separación de las actividades de control de calidad de las de producción es un caso típico.[17]

2.1.5 DISEÑO INCLUSIVO E INTEGRADO DE LAS EMPRESAS

El estudio de 1) los muchos papeles funcionales que las empresas desempeñan dentro de la sociedad, 2) de las diversas restricciones, demandas y requisitos provenientes del medio, y 3) de las propiedades sistémicas que requieren como sistemas sociotécnicos en operación, sugiere dos criterios importantes para un proceso eficaz de diseño de las empresas. El proceso debe ser inclusivo en su análisis de los aspectos de la organización y de sus interacciones con los numerosos elementos pertinentes del medio. También debe ser integrativo, de manera que las características necesarias del sistema y sus capacidades de respuesta, sean diseñadas como un sistema coherente que permita a cada entidad de la empresa satisfacer las diversas demandas, existentes y previstas, del medio. El modelo de diseño inclusivo e integrado satisface estos requisitos mediante una serie de fases, como se indica en el ejemplo 2.1.2.

Este tipo de diseño exige que los diseñadores determinen los requisitos y criterios del mismo, 1) analizando la organización futura como parte del conjunto empresa-medio y 2) estableciendo una filosofía de la empresa como un manifiesto del conjunto de valores y propósitos compartidos. Esta fase va seguida por la de diseño de la empresa, la cual comprende el diseño conjunto de los sistemas técnico y social y del sistema de apoyo social. Por último, se lleva a cabo el diseño. Aunque el proceso se ha descrito como lineal, es interactivo e iterativo. En un punto cualquiera, los análisis y decisiones anteriores están sujetos a revaluación y modificación.

El primero y el segundo pasos del proceso de diseño inclusivo e integrativo están conectados y son interactuantes, de manera que, en circunstancias individuales, uno u otro se puedan

Ejemplo 2.1.2 Modelo de diseño integrado

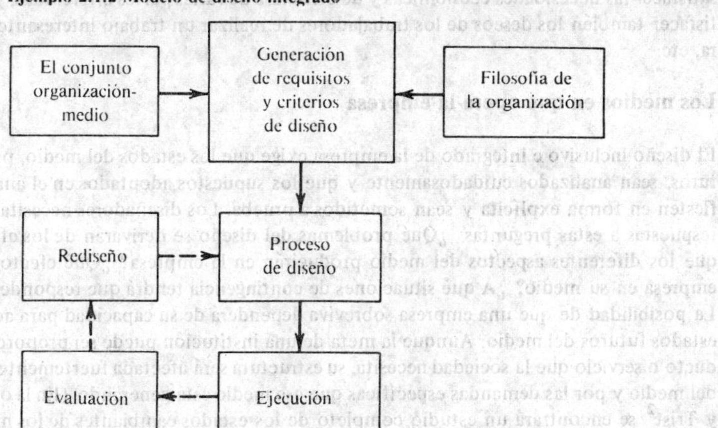

abordar primero. Los valores son la base para apreciar[18] y entender las complejidades del conjunto empresa-medio. Concentran el análisis en aquello que es importante y en áreas y cuestiones pertinentes específicas. El análisis del conjunto empresa-medio plantea a los diseñadores cuestiones que les obligan a volver explícitos los valores y supuestos en que se apoyan sus propias decisiones. Sin valores compartidos es difícil llevar adelante el proceso de análisis de una manera abierta y coherente. El proceso de análisis del conjunto empresa-medio se explica en la sección 2.1.6. El proceso de establecer valores compartidos y elaborar un manifiesto con la filosofía de la empresa se examina en la sección 2.1.7.

2.1.6 EL CONJUNTO EMPRESA-MEDIO

El diseño de la empresa moderna debe tener en cuenta todos los componentes del conjunto empresa-medio; es decir, de la empresa incrustada en su contexto ambiental. Esto es particularmente cierto cuando las empresas han sido creadas para que funcionen como sistemas sociotécnicos abiertos.

Un modelo del conjunto empresa-medio (ejemplo 2.1.3) indica tres fuentes principales de las demandas, requisitos y restricciones a que hace frente una empresa. En primer lugar, los acontecimientos ocurridos en los medios pertinentes crean situaciones a las cuales tendrá que responder la empresa. Si en lugar de ser predecibles y tranquilos esos medios son impredecibles e inestables, el diseño eficiente debe subrayar la adaptabilidad organizativa y la variedad de respuestas. Una finalidad del modelo es indicar la variedad de las capacidades requeridas dentro de la empresa para hacer frente a las contingencias en el ambiente. En segundo lugar, entre los interesados en la empresa figuran accionistas, acreedores, miembros de la empresa, clientes, usuarios, dependencias del gobierno y otros más. Cada uno tiene intereses en la empresa y una posibilidad de acción que puede influir significativamente en el futuro de aquélla. Por lo tanto, el diseño debe tener en cuenta que la empresa tendrá que satisfacer los objetivos múltiples de los muchos interesados. Por último, la empresa, como sistema en operación, tiene que desempeñar algunas funciones internas necesarias para asegurar el éxito y la continuidad. Estos son los muchos elementos que habrá que diseñar en el proceso de inventar una empresa.

Otra manera de ver los objetivos múltiples es pensar que la empresa representa varios papeles en su contexto ambiental.[18] Tiene que responder a las distintas demandas de los aspectos particulares del medio y satisfacer las necesidades de partes interesadas diferentes. Por ejemplo, como un centro de transformación, el sistema técnico de la empresa tiene que responder a los aspectos tecnológicos, económicos, comerciales y otros más del medio; tiene que satisfacer las necesidades económicas y de otra clase de varias partes interesadas, y tiene que satisfacer también los deseos de los trabajadores de realizar un trabajo interesante, hacer carrera, etc.

Los medios en que opera la empresa

El diseño inclusivo e integrado de la empresa exige que los estados del medio, presentes y futuros, sean analizados cuidadosamente y que los supuestos adoptados en el análisis se manifiesten en forma explícita y sean sometidos a prueba. Los diseñadores necesitan conocer las respuestas a estas preguntas: ¿Qué problemas del diseño se derivarán de los efectos futuros que los diferentes aspectos del medio producirán en la empresa? ¿Qué efecto producirá la empresa en su medio? ¿A qué situaciones de contingencia tendrá que responder la empresa? La posibilidad de que una empresa sobreviva dependerá de su capacidad para adaptarse a los estados futuros del medio. Aunque la meta de una institución puede ser proporcionar un producto o servicio que la sociedad necesita, su estructura será afectada fuertemente por el estado del medio y por las demandas específicas que ese medio está generando. (En la obra de Emery y Trist[2] se encontrará un estudio completo de los estados cambiantes de los medios en que operan las empresas.)

Ejemplo 2.1.3 El conjunto organización-medio

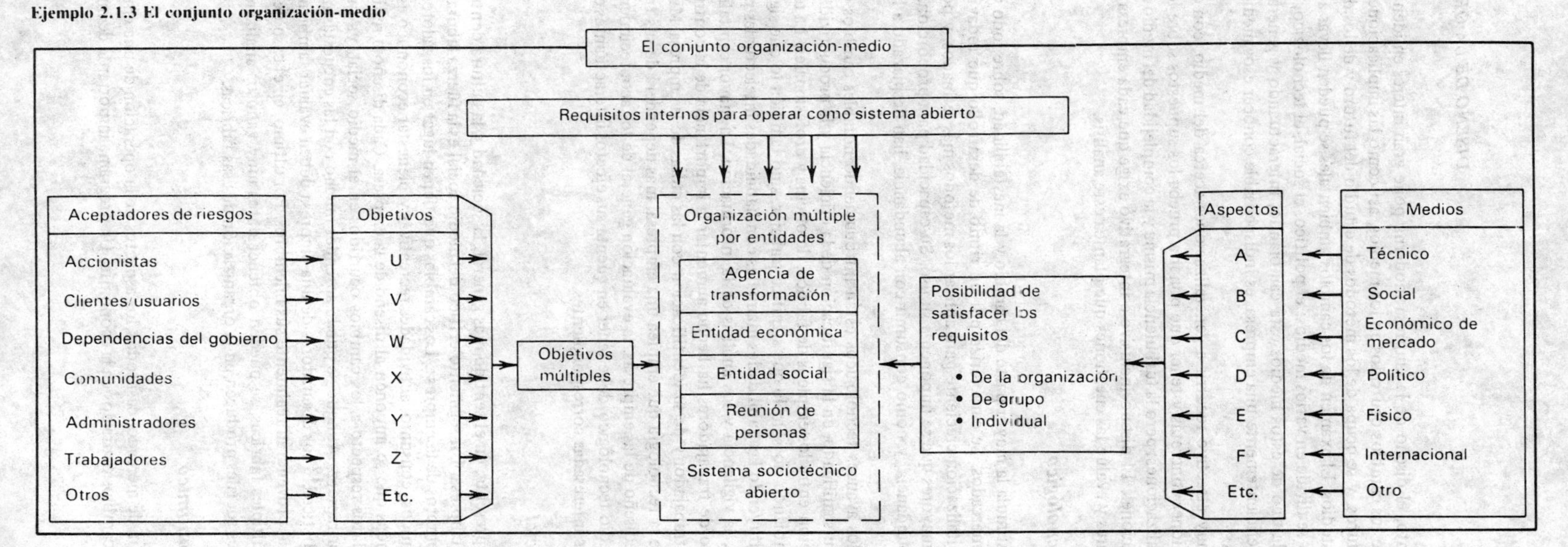

Por lo tanto, el diseño de la empresa moderna pone gran interés en identificar y evaluar los efectos de los cambios ocurridos en los medios, así como las implicaciones de los acontecimientos futuros, y se ocupa de los métodos de estudio del futuro y de los datos provenientes de esos estudios. El examen de los cambios ambientales se pueden llevar a cabo pensando que el medio se divide en varios medios: el político, el social, el tecnológico, el económico y el físico. Cada uno de estos medios está cambiando, interactuando y generando demandas. Para diseñar eficientemente una empresa, es indispensable conocer esos medios y evaluar sus implicaciones.

Resulta muy atractivo recurrir a generalizaciones acerca del medio, con esto se evita enfrentar situaciones concretas y tener que poner a prueba los supuestos sobre los cuales se fundan las generalizaciones; pero la turbulencia misma y la complejidad del medio actual invalidan las generalizaciones. El diseño inclusivo e integrativo exige que cada empresa analice sus medios particulares y evalúe las cuestiones que plantea este análisis.

El medio tecnológico

Este medio estimula la mayor parte del cambio y la inestabilidad, sobre todo en el renglón de productos y mercados. Se caracteriza por un ritmo de desarrollo que todavía va en aumento, por la capitalización creciente para aplicar los métodos más refinados, y por las limitaciones cada vez mayores que se imponen a su uso. Su capacidad para proporcionar materiales es tal, que la abundancia, y cómo consumir con abundancia, han desplazado a la escasez como expectativa.

Además, los avances tecnológicos están introduciendo notables cambios en los tipos de trabajo y en su significado, en la significación de la eficiencia y la productividad, y en la falta de diferenciación entre los empleos de fábrica, de oficina y profesionales. La tecnología avanzada está cambiando no sólo lo que significa trabajar, sino también lo que significa la habilidad, está sustituyendo las habilidades manuales con habilidades intelectuales para la solución de problemas, la vigilancia y los análisis de la información. La mayor capitalización y el número reducido de trabajadores ha hecho aumentar la importancia de la contribución y el interés de cada trabajador y de su identificación con las metas de la empresa. Mientras más alto sea el nivel de la tecnología que emplea una empresa, más dependerá de sus trabajadores. En el diseño o rediseño de las empresas, la evaluación general de los acontecimientos que tienen lugar en el medio tecnológico debe tener en cuenta sus efectos interactuantes en otros medios y en las partes interesadas correspondientes.

El medio social

Este medio representa, en el sentido más general, la sociedad y la cultura dentro de las cuales funcionará la empresa. Un segmento crítico del medio social es la fuerza laboral de la cual provienen los miembros de la empresa. Los cambios que tienen lugar en los valores, expectativas, niveles académicos, consumo, actividades recreativas y bienestar económico están generando nuevas demandas que se imponen al diseño de la empresa. Cada diseño o rediseño exige que se obtengan datos respecto a los cambios ocurridos en el medio social, ya que éste cambia con demasiada rapidez. Aunque se puede aprender mucho con las encuestas nacionales y los informes estadísticos,[19] los diseñadores de una empresa deben evaluar también la comunidad local de la cual provendrán realmente sus miembros. Por último, en el caso de las compañías que tienen múltiples fábricas, se pueden obtener datos muy valiosos analizando los efectos que los factores sociales producen en la organización de esas fábricas.

El medio económico

En la economía de mercado, casi todos los aspectos de la operación de una empresa son afectados por los cambios ocurridos en la economía. Un programa importante de inversiones generalmente se justifica mediante un análisis económico de los hechos futuros que probablemente tendrán lugar en el medio económico. Si al hacer el análisis se suponen condiciones estables para la empresa durante el período de recuperación, el diseño del programa será demasiado rígido y difícilmente podrá lograr el rendimiento económico planeado. Cada vez hay más pruebas de que las empresas, sobre todo las más grandes, no pueden ya confiar en la estabilidad ambiental cuando evalúan el efecto futuro del medio económico.

El medio político

Las instituciones políticas de la sociedad se muestran cada vez más interesadas en reglamentar las actividades de la empresa. A pesar de la reglamentación excesiva que está sofocando algunos progresos, los ciudadanos siguen buscando la reparación de daños sufridos, a través de las instituciones políticas. Además, dentro de las empresas, el gobierno de los E.E.U.U. y sus diversas dependencias, han elegido, mediante la ley y la reglamentación, el lugar de trabajo como escenario para efectuar el cambio de la sociedad. Los problemas de desigualdad racial, de discriminación de sexos, de integración de los grupos minoritarios y de utilización de trabajadores no calificados han planteado exigencias a las cuales tiene que responder el lugar de trabajo. La sociedad norteamericana ha conferido a las dependencias del gobierno la categoría de partes interesadas en los organismos económicos.

La turbulencia ambiental

Los medios en que operan las empresas han estado cambiando con rapidez y seguirán cambiando en proporción cada vez mayor. No sólo cambian las interacciones con el medio, sino que las que tienen lugar entre los diversos elementos externos están modificando las reglas mismas bajo las cuales deben operar las empresas. De hecho, hay gran incertidumbre acerca de cuáles son las reglas adecuadas para llevar la relación fuera de la empresa. Esto es lo que se llama turbulencia ambiental.[3]

La turbulencia hace aumentar la inestabilidad y la incertidumbre relativas dentro de las cuales las empresas deben sobrevivir y tener éxito. Esto impone un nuevo requisito al diseño de las empresas. Las organizaciones basadas en la teoría clásica de las empresas presuponían la estabilidad de sus medios y podían estar seguras de lograr el éxito optimizando la eficiencia, medida internamente. Los medios turbulentos plantean problemas de supervivencia además de los de eficiencia, puesto que no es posible reducir la incertidumbre de una manera eficaz ni garantizar la estabilidad.

En vista de estas condiciones, la estrategia más eficaz de supervivencia puede ser la adaptabilidad, la cual exige una gran capacidad de respuesta (variedad de respuestas a las demandas)[20] para hacer frente a una amplia gama de contingencias. Además, la empresa debe ser capaz de autorrenovarse y autorrediseñarse. Esto exige que sea lo suficientemente flexible para aprender con la experiencia y difundir rápidamente lo aprendido, a fin de permitir la reorganización para hacer frente a nuevas contingencias.

Las partes interesadas

La segunda fuente importante de requisitos de diseño son las partes interesadas. Estas, aunque son sólo una parte del medio de la empresa, son actores específicos que plantean objetivos particulares. Para apoyar sus objetivos, pueden reaccionar o emprender acciones capaces de respaldar o de perjudicar a la empresa. La viabilidad continua de la empresa depende en grado sumo de la participación y el apoyo de las muchas partes interesadas.

El análisis de esta parte del conjunto empresa-medio comienza con la identificación de las partes interesadas pertinentes y las demandas y requisitos que imponen éstas a la empresa. Los miembros de esta última, incluyendo a los administradores, se consideran como parte interesada en el ejemplo 2.1.3. Junto con otros grupos, tienen objetivos que asocian con su participación en la empresa. El análisis de sus demandas y requisitos debe ser lo suficientemente detallado para revelar diferencias que las categorías generales pudieran ocultar.

Objetivos múltiples

Un resumen de los objetivos implícitos de las partes interesadas, derivado de sus demandas y requisitos, señala claramente que la empresa debe ser diseñada para satisfacer objetivos múltiples. El proceso de diseño inclusivo e integrado tiene por objeto generar resultados satisfactorios para la mayoría de las partes interesadas y para la empresa. Con respecto a sus miembros de todos los niveles, una de las metas importantes del proceso de diseño consiste en crear la estructura y los empleos de manera que la vida de trabajo sea de alta calidad, al mismo tiempo que la empresa lucha por satisfacer las metas económicas, de eficiencia y de supervivencia.

Requisitos funcionales de las empresas

Hay ciertos requisitos que deben ser satisfechos para que las empresas funcionen con eficiencia y puedan obtener los resultados deseados, así como conservar su capacidad para la operación futura. Para lograr el funcionamiento general se deben: diseñar las funciones, definir las relaciones, comunicar la información y operar muchos sistemas de apoyo. Estos aspectos de la empresa son los que definen su configuración y su capacidad para interactuar con las partes interesadas y con el medio.

Los requisitos se pueden agrupar en cuatro categorías generales:

1. **Logro de las metas.** La función principal de toda empresa consiste en producir valor al transformar los insumos en productos de mayor valor para su medio. Esto exige el diseño de un sistema técnico, así como de un sistema social gracias al cual sus miembros pueden operar con eficacia el sistema técnico.

2. **Adaptación.** Se requieren mecanismos para que la empresa pueda adaptarse a las demandas cambiantes y a las condiciones que van surgiendo. Esos mecanismos incluyen: procesos de aprendizaje, retroinformación, planeación y medios operantes para modificar sus estructuras, funciones y actividades.

3. **Integración.** Dada la complejidad de las actividades internas de una empresa y de las relaciones que guarda con su medio, se requieren mecanismos que permitan integrar todas esas actividades y acontecimientos. Entre ellos figuran la comunicación, la coordinación, la solución de conflictos, los sistemas de recompensa y los procedimientos de control.

4. **Conservación.** La continuidad del funcionamiento de la empresa depende de que sepa llenar sus funciones con personas debidamente preparadas para llevar a cabo las muchas actividades. Las funciones de conservación incluyen: reclutamiento, selección, capacitación, sistemas de recompensas, sistemas de promoción del personal y procedimientos disciplinarios.

El análisis de las tres partes principales del conjunto empresa-medio (medios en que opera la empresa, partes interesadas y requisitos funcionales), permite elaborar una lista de las capacidades de respuesta necesarias, los objetivos múltiples y los requisitos de operación que habrá que diseñar.

2.1.7 VALORES ORGANIZATIVOS Y FILOSOFIA DE LA EMPRESA

Valores organizativos

Las empresas son invenciones sociales que reflejan la cultura y los valores de la sociedad existentes en el momento en que fueron inventadas. Aun cuando se vayan a proporcionar los mismos productos o servicios, y se apliquen las mismas tecnologías, las empresas serán diferentes y estarán basadas en valores distintos que influyen en el diseño de sus sistemas técnicos y sociales. Para alcanzar el éxito, el proceso de invención de las empresas debe responder a los factores y objetivos múltiples planteados por el conjunto empresa-medio y debe partir de un conjunto explícito de valores compartidos y de un punto de vista común respecto al futuro (ver el ejemplo 2.1.3).

Cambios en los valores sociales

Las sociedades occidentales avanzadas se encuentran en un estado de rápido cambio. Pasan de la forma más tradicional de los últimos 200 años a otras formas nuevas pero aún no definidas. Los valores y la cultura del primer período son objeto de una crítica implacable. La cultura de una sociedad, distinta de sus metas sociales, especifica cómo se deben hacer las cosas y no qué cosas se deben hacer; es decir, los medios, no los fines. La elección de los medios, no de los fines, es la que da a una sociedad o a una empresa su sabor o su clima.

Están teniendo lugar diversos cambios culturales de significación, y parece que continuarán, estimulados por los cambios ocurridos en los valores del grupo de la población más susceptible de ser influido: las personas de 25 a 35 años de edad. Los valores que surgen, los postindustriales, parecen estar fomentando un cambio en la base de entendimiento entre la industria y la sociedad y entre la empresa y la comunidad. Los nuevos valores postindustriales importantes para el diseño de las empresas se indican en el ejemplo 2.1.4. Esos valores están haciendo surgir necesidades y expectativas muy diferentes, que la mayoría de los trabajadores norteamericanos están llevando consigo al lugar de trabajo. Tan grandes son las diferencias, que este grupo es considerado como una nueva variedad de trabajador.[21]

Ejemplo 2.1.4 Valores agrarios, industriales y postindustriales

Agrarios tradicionales	*Industriales modernos*	*Postindustriales futuros*
1. Afectividad Satisfacción inmediata Expresividad en las acciones, relaciones	Neutralidad afectiva Satisfacción diferida Enfoque instrumental del trabajo, relaciones	Autoexpresión Hacer lo propio ¿Instrumentalismo interpersonal *o* autenticidad?
2. Colectivismo Prioridad de las metas colectivas	Individualismo Prioridad de las metas individuales De transición-autorrealización	Nuevo comunitarismo Concepto modificado del destino del hombre
3. Particularismo Obligación basada en la afinidad, la pertenencia a la colectividad	Universalismo Obligación para con todos Tratamiento igual (burocráticamente)	Particularismo compensador; la "equidad" de los resultados se prefiere a la igualdad en el trato; corrección de injusticias anteriores cometidas con miembros de las categorías "en desventaja"
4. Atribución Posición debida a "quiénes somos"	Logro Posición debida a "lo que hemos hecho"	Situación-posición y autoridad limitadas Valor igual de todo tipo de "logros"
5. Difusividad de la función	Especificidad de la función; separación del trabajo y el descanso, papeles dentro de la comunidad	Negación de la función, insistencia en la identidad

Los valores en el diseño del sistema técnico

El sistema técnico influye en el diseño de la estructura de la empresa, pero no lo determina. La elección de estructura es una opción sociotécnica.[15] El diseño de sistemas técnicos no está exento de valores. Está afectado y limitado por cuatro conjuntos principales de determinantes, de los cuales sólo uno se deriva de las tecnologías disponibles. Los factores determinantes tecnológicos provienen del estado de desarrollo de la tecnología en la cual se basa el sistema técnico. La influencia principal en este caso es el estado de desarrollo de la ciencia o ciencias en que se funda la tecnología. Si esta última está subdesarrollada porque la ciencia en que se apoya no puede proporcionar información sobre las relaciones de causa y efecto, sobre la estabilidad, la predecibilidad, etc., los sistemas técnicos derivados de esa tecnología subdesarrollada exigirán relaciones particulares con el sistema social,[22] que no se requieren cuando se cuenta con una tecnología altamente desarrollada. Compárense las características de la empresa tales como el control, la autonomía, la libertad de acción, el poder personal, etc. que se observan, por ejemplo, entre el arte culinario y el montaje de automóviles. Los otros tres factores determinantes de los valores son:

1. Las diversas restricciones físicas y económicas, y los requisitos legales y reguladores, impuestos por los gobiernos a distintos niveles.

2. Los valores sociales que expresan y reconocen la legitimidad de lo que se puede exigir a las personas en el trabajo; y cuáles de sus propias metas pueden esperar satisfacer en el lugar de trabajo los miembros de una empresa.

3. Los propios valores y supuestos del diseñador respecto a cómo debe funcionar la empresa (su teoría de la empresa) y cuáles son las funciones de las personas en relación con las máquinas y los sistemas de máquinas; es decir, cómo se va a operar el sistema técnico.[23]

Los factores determinantes se muestran en el ejemplo 2.1.5.

El papel de los valores en el diseño del sistema social

El diseño del sistema social define las funciones de los miembros de la empresa y la manera en que se van a integrar sus actividades. Determinan también la manera en que serán dirigidas, controladas y recompensadas las personas. En todas estas decisiones de diseño influyen los valores sociales de los diseñadores, lo mismo que los supuestos que adoptan respecto a los miembros de la empresa.[24]

Los cambios ocurridos en los valores de la sociedad y en la respuesta de la empresa a esos cambios son más evidentes en el diseño de los sistemas sociales. Un sistema social ofrece la

Ejemplo 2.1.5 Factores determinantes del diseño del sistema técnico

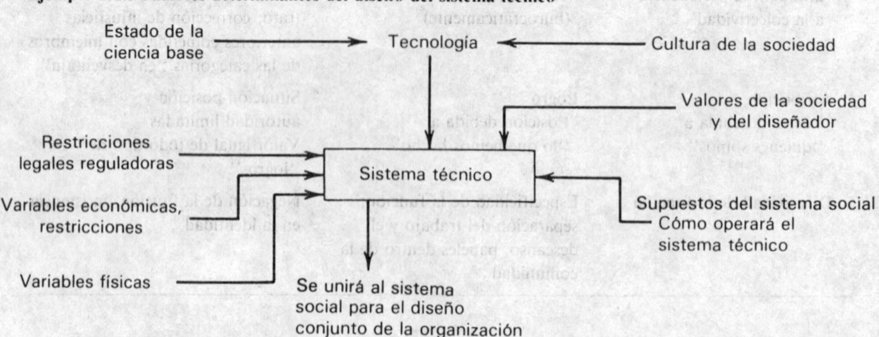

oportunidad de satisfacer en gran medida, las necesidades y expectativas de sus miembros. Un aspecto fundamental de las sociedades occidentales avanzadas de hoy es el interés individual por las metas de las empresas. Cabe esperar ese interés, y que sea bastante positivo, cuando los miembros de una empresa sienten que tendrán la oportunidad de alcanzar, por miembros de ésa, metas y objetivos importantes para ellos. Es decir, se puede esperar que surja el interés del hecho de que las propias necesidades y objetivos se podrán satisfacer cuando se satisfacen los de la empresa. Esta doble expectativa es la que ha hecho nacer la idea de diseñar las empresas y sus sistemas sociales de manera que logren o satisfagan objetivos múltiples de los cuales los más importantes son los de la empresa; pero entre ellos están también las metas y expectativas de los miembros de la misma.

La congruencia entre los valores de diseño y los valores actuales de la sociedad es fundamental para el diseño eficiente de la empresa. Se puede lograr estableciendo una filosofía de la empresa.

Filosofía de la empresa

La filosofía de una empresa es un manifiesto de valores compartidos, el cual guiará el diseño de esa empresa.[24] Es un instrumento que "autoriza" y sirve como un documento constitucional que define "qué clase de minisociedad especial se va a crear". Ese documento guía las decisiones respecto al sistema técnico, al sistema social, a la estructura de la empresa, a las funciones de sus miembros, a los sistemas de apoyo social y a las relaciones con la sociedad mayor. Sin ese manifiesto guía, ningún esfuerzo de diseño podrá explotar todas las posibilidades, crear nuevos enfoques ni evaluar todo eso tomando como criterio el manifiesto de la filosofía.

El copiar la filosofía de otras empresas que han tenido éxito sirve de poco y puede ser perjudicial por dos razones. En primer lugar, cada empresa hace frente a medios y mercados diferentes y emplea distintas tecnologías. En segundo lugar, los conceptos implícitos en ese manifiesto son más amplios y complejos que lo que es posible abarcar en una simple declaración. Tales conceptos se elaboran en el proceso preliminar de desarrollo de una filosofía de la empresa. En ese proceso preliminar, diferentes ejecutivos de la empresa y miembros de los equipos de diseño, incluyendo a especialistas técnicos, especialistas en personal, especialistas en mercadotecnia y representantes sindicales, según el caso, examinan el medio que la empresa tendrá que enfrentar, exploran los supuestos acerca del papel y las funciones que las empresas y sus miembros desempeñan en esos medios, y establecen un conjunto de acuerdos compartidos respecto a los valores, propósitos y acontecimientos futuros que habrá que enfrentar. El proceso de explorar y adoptar los valores fundamentales permite desarrollar el interés por las metas y diseñar la estructura de la empresa. Establecer los valores compartidos, en la forma de un manifiesto de la filosofía de la empresa, permite comunicar éstos a quienes más tarde se unirán a la organización.

Paul Hill, en su libro *Towards a New Philosophy of Management,*[24] ofrece un ejemplo del manifiesto de la filosofía de la empresa. Hill trata en la forma más extensa la filosofía de la empresa y sus efectos en el proceso de rediseño.

Elaboración del manifiesto de la filosofía de la empresa

Hay varias técnicas útiles, unas más estructuradas que otras, para analizar el conjunto empresa-medio y establecer valores compartidos. El método dialéctico[25] y la planeación de sistemas abiertos[26] consideran tanto las características del conjunto empresa-medio como los valores y supuestos de los diseñadores. El método Delphi[27] con construcción de escenarios, o política Delphi, es adecuado para evaluar los estados ambientales futuros y los objetivos de las partes interesadas sin considerar los valores, los supuestos ni los requisitos funcionales internos de la empresa. Un método menos estructurado, que se ilustra aquí, se concentra en las discrepancias que existen entre la empresa y su medio. Cuál de los métodos sea más útil dependerá de los administradores, diseñadores y consultores de la empresa.

El ejemplo se refiere a un caso real en el que se estableció una filosofía de la empresa antes de que un equipo diseñara una nueva planta de fabricación (en la sección 2.1.9 se encontrará una descripción del equipo de diseño). De modo general, un equipo de diseño incluye a representantes de todas las áreas de una empresa cuyas funciones tienen relación con la futura operación de la nueva planta. El equipo de diseño recibe la autoridad de un cuerpo superior que establece las políticas, y aporta lo siguiente al proceso de diseño:

1. Experiencia en materia de organización y administración.
2. Expectativas respecto a los acontecimientos futuros.
3. Conocimiento de las realidades y problemas del funcionamiento de las empresas.
4. Una percepción de los requisitos ambientales.
5. Teorías particulares de la empresa; es decir, qué hace funcionar a una empresa.
6. Falta de satisfacción con el modo de operar de las empresas y con la utilización insuficiente de las aptitudes de sus empleados.

El equipo de diseño está autorizado para explorar libremente el conjunto empresa-medio sin que las políticas y procedimientos existentes constituyan una restricción. El primer paso consiste en estudiar este conjunto, de manera que los miembros del equipo puedan mejorar su apreciación de las cuestiones que se originan en el medio (ver el ejemplo 2.1.3). A esto sigue un examen de los principios y teorías que sirven de base a los diseños más tradicionales. Esto tiene por objeto estudiar las teorías particulares de los miembros del equipo y relacionarlas con la experiencia que tienen dichos miembros en materia de funcionamiento de las empresas. La finalidad de estos dos amplios estudios es exponer en forma explícita la discrepancia entre los diseños actuales y las demandas provenientes del medio. Estos estudios se repiten a medida que se consideran otros aspectos diferentes del conjunto empresa-medio y se comparan con las teorías de la empresa adoptadas.

El proceso produce dos resultados importantes: un mejor conocimiento del conjunto empresa-medio, y la definición de valores hecha por los miembros del grupo. Las declaraciones de buenas intenciones se ven por lo general como demasiado idealistas y por lo tanto se pasan por alto; pero en este proceso son esenciales. Se registran y se ponen a prueba en forma crítica con casos concretos producto de las experiencias anteriores de los miembros del grupo de diseño. Esto da lugar a una apreciación de los efectos de las definiciones al asociar una valoración con la experiencia real. Garantiza también que las definiciones no se pasarán por alto ni se perderán. Se forman conjuntos de definiciones de valores comprobado. La exploración de las discrepancias continúa hasta agotar las posibilidades de generar definiciones de valores.

Este paso va seguido por una exploración de las metas de la empresa, para establecer una serie de finalidades explícitas. Estas se someten a prueba con ejemplos concretos basados en la experiencia de la administración de la empresa. Todos los pasos anteriores se repiten y revisan en relación con los estudios de los pronósticos de los cambios que tendrán lugar en un futuro próximo en el medio social, en los mercados, en la tecnología, etc. Tal vez las definiciones de valores sean modificadas con base en esta revisión de las probables necesidades y cambios futuros.

El paso final consiste en codificar la serie de finalidades y definiciones de valores comprobadas en un manifiesto de la filosofía, la cual, después de ser aprobada por el cuerpo superior, vendrá a ser la guía bajo la cual continuará el proceso de diseño. Aunque es una ley para las decisiones de diseño, está siempre sujeta a modificación y revisión con base en lo que recientemente haya aprendido el equipo de diseño.

2.1.8 PRINCIPIOS DEL DISEÑO DE EMPRESAS EN LOS SISTEMAS SOCIOTECNICOS

Los principios o lineamientos generales presentados aquí para el diseño de organizaciones provienen de la práctica de diseñar nuevas empresas y rediseñar las que ya existen aplicando la teoría de sistemas sociotécnicos abiertos. Algunos de los principios han sido descritos por Cherns,[28] otros por Davis.[14] Estos son los siguientes:

Sistemas

1. Filosofía de la empresa. El proceso de diseño de una empresa requiere la guía de un conjunto aceptado de valores y finalidades establecidos explícitamente como filosofía de la empresa.

2. Compatibilidad. El proceso de diseño o rediseño debe ser compartible con sus objetivos. Si el objetivo del diseño es una empresa capaz de automodificarse, de adaptarse al cambio y de aprovechar al máximo las aptitudes creadoras de sus miembros, se requiere una empresa constructivamente participativa. Una condición necesaria de este tipo de organización es que se dé a las personas la oportunidad de participar en el diseño de las tareas que van a realizar. Este principio es más aplicable en el rediseño de las empresas que en el diseño de otras nuevas. No obstante, aun en el caso de un nuevo diseño es posible trazar un plan y permitir que aquellos que resultarán afectados por el diseño participen en su terminación en una fecha posterior.

3. Sistema abierto. Como sistemas abiertos, las empresas se adaptan continuamente a los requisitos provenientes de sus medios. Esto exige el diseño de características estructurales flexibles y de mecanismos para captar y utilizar lo que se ha aprendido. Las propiedades de la empresa deben reflejar las propiedades sobresalientes de sus medios interno y externo.

4. Integridad de sistemas. La estructura de la empresa y sus funciones refleja la aceptación de que todos los aspectos de su funcionamiento están interrelacionados. El proceso de diseño debe garantizar la integridad de las funciones y estructuras interrelacionadas.

5. Valores humanos – Calidad de la vida de trabajo. Uno de los objetivos del diseño de la empresa es proporcionar una vida de trabajo de alta calidad. Implica que no todos desean extraer los mismos valores de una situación de trabajo y que por lo tanto debe haber opciones que satisfagan las preferencias, necesidades y expectativas en la medida posible.

Por calidad de la vida de trabajo se entiende la calidad de la relación que existe entre el trabajador y el medio en que labora, añadiendo las dimensiones humanas a las dimensiones técnicas y económicas normales. La manera de incluir los criterios de calidad de la vida de trabajo en el diseño o el rediseño se verá en el capítulo 2.5. Los criterios generales importantes son los siguientes:

Seguridad
Salario y compensaciones equitativos
Justicia en el lugar de trabajo
Liberación de la coerción burocrática
Trabajo significativo e interesante
Variedad
Estímulo
Control propio, del trabajo y del lugar de trabajo
Un área propia para tomar decisiones
Aprendizaje, progreso
Retroinformación, conocimiento de los resultados
Autoridad para hacer aquello de que se es responsable
Reconocimiento de la colaboración: recompensas financieras, sociales y sicológicas; posición, adelanto
Apoyo social: poder confiar en los demás y esperar identificación y comprensión cuando hagan falta
Un futuro viable (no un trabajo sin porvenir)
Posibilidad de relacionar lo que uno hace en el trabajo con la vida social exterior

6. Participación en el diseño y la operación. La ejecución exitosa del diseño de una empresa o de su modificación (rediseño) depende substancialmente de su propiedad. La participación en el proceso de diseño es esencial para aquellos que asumirán la responsabilidad de lograr una buena operación. Como participantes, los administradores, supervisores y trabajadores no sólo aportan al proceso su conocimiento personal y colectivo, sino que transforman la filosofía de la empresa en una realidad concreta. Así pues, están inventando las vidas de trabajo de los miembros de la entidad. Como dicen los administradores que, habiendo participado recientemente en el diseño de una empresa, prefieren dejar que los trabajadores que llegan diseñen los detalles de sus tareas: "Nuestro negocio no consiste en inventar la vida de los demás".

7. Carácter único de la organización. La estructura de la empresa o de sus unidades componentes y funciones debe corresponder a la situación específica de ésta y exige un diseño individualizado, no soluciones importadas o copiadas.

Estructuración de la empresa

8. Unidades autosuficientes. Las empresas adaptables exigen unidades autosuficientes como elementos básicos. Una unidad que se mantiene a sí misma es aquella que posee la capacidad necesaria para llevar a cabo todas las actividades requeridas para alcanzar objetivos específicos frente a una gran variedad de contingencias. Puede conservar su estructura interna y adaptarse a las demandas cambiantes de su medio. Esas unidades pueden existir como grupos supervisores, como grupos semiautónomos o como equipos autónomos.

9. Ubicación de los límites. La ubicación de los límites internos determina la composición de las unidades autosuficientes de la empresa. El trazo de éstos es una actividad inicial crítica del diseño. La elección de límites puede facilitar o impedir el logro de muchos objetivos. Los límites internos deben estar situados de manera que:

a. Dentro de una unidad de la empresa, los encargados de obtener resultados tengan acceso a, y puedan controlar, los problemas o variaciones que surjan al realizar el trabajo.

b. Los miembros de una unidad puedan establecer cierta autonomía o un grado substancial de control de sus propias actividades, a fin de alcanzar las metas de la unidad.

c. Los miembros de una unidad puedan tener acceso a toda la información necesaria para resolver los problemas de la unidad y evaluar su comportamiento (retroinformación).

d. Los límites se encuentren entre procesos principales de transformación y no a la mitad de un proceso.

e. Se encuentran en el punto final de un proceso, producto o subdivisión del producto.

f. Los resultados de las actividades de trabajo se puedan medir en los límites, a fin de obtener la retroinformación que la unidad necesita para regularse a sí misma.

g. Los miembros de una unidad puedan identificarse con el producto, proceso o resultado.

h. La coordinación entre las actividades y las personas se pueda lograr dentro de la unidad, dejando la integración a los administradores de límites.

i. Los miembros de una unidad puedan establecer relaciones directas al realizar el trabajo de la unidad.

j. Las aptitudes y actividades necesarias para realizar el trabajo asignado y conservar los sistemas técnico y social de la unidad se encuentren dentro de sus límites.

k. Se minimiza la necesidad de que haya control y coerción externos. Debe haber cada vez más oportunidades de autocontrolarse y obtener los resultados deseados.

10. Administración de límites. Hay una función administrativa y de supervisión esencial para la operación y supervivencia de una unidad autosuficiente. Implica conservar y proteger los límites de la unidad, moderando las demandas externas que excedan a su capacidad de respuesta (o preparando a la unidad para hacerles frente) y proporcionarles a sus miembros los recursos, capacitación, información, etc. necesarios para alcanzar las metas.

11. Optimización conjunta. Esta reconoce que las empresas funcionan como sistemas sociotécnicos. El proceso de diseño exige la evaluación conjunta del efecto que el diseño del sistema técnico produce en el sistema social y del efecto que los requisitos del sistema social producen en la operación del sistema técnico (el trabajo). La optimización de uno de los sistemas, adaptando el otro a éste, suboptimizará los resultados de la unidad total. La optimización de los resultados de la empresa requiere el diseño conjunto de los sistemas técnico y social.

12. Empequeñecer lo grande. Las estructuras organizativa y física deben ofrecer unidades más pequeñas y más íntimas y medios más reducidos a los grupos individuales.

Funcionamiento de la empresa

13. Especificación crítica mínima. Este principio tiene dos aspectos, uno positivo y otro negativo. El aspecto positivo requiere que se identifique aquello que es esencial. Si se especifica más de lo debido se anulan las opciones para un diseño eficiente. El aspecto negativo dice tan sólo que se debe especificar lo que sea absolutamente esencial. El principio de especificación crítica mínima es fundamental para el diseño de empresas adaptables con personas flexibles. Obviamente, no es aplicable al diseño de máquinas ni de empresas que sean consideradas como máquinas. Al diseñar una máquina se debe especificar cada engranaje, diente y tornillo, ya que de otro modo la máquina no funcionará. Al diseñar una entidad social como lo es una empresa, en cambio, el hecho de diseñar hasta el último elemento implica exageración, porque niega el aprendizaje y la innovación que la persona realiza en la empresa.

14. Control de variaciones para la estabilidad del sistema. Las variaciones son acontecimientos o alteraciones no programados que surgirán probablemente en toda empresa mientras cumple con su trabajo; es decir, mientras persigue sus metas. Las discrepancias pueden estar asociadas con la calidad de la materia prima, con la información que falta, con la descompostura de las máquinas, etc. La identificación de las variaciones o alteraciones y la determinación de cuáles deben ser controladas para que el proceso tenga éxito requieren un análisis que proporcione información crítica para el diseño de los instrumentos, los sistemas de control, los sistemas de información, etc.

Las alteraciones o variaciones que no puedan ser eliminadas se deben controlar o regular tan cerca de su origen como sea posible. De otro modo, la unidad las exportará. La aplicación del criterio sociotécnico exige que los miembros de la entidad tengan acceso a las fuentes de las variaciones, a los medios para controlar o regular esas variaciones y a la autoridad y conocimiento necesarios para hacerlo.

15. Multifuncionalismo (organismo contra mecanismo). También la aplicación de este principio es esencial para el diseño de empresas adaptables. Las formas de organización tradicionales o clásicas se apoyan fuertemente en el concepto de personas como partes redundantes, exigiendo que realicen tareas fragmentarias altamente especializadas. Desde luego, esas personas se pueden reemplazar con facilidad. En cambio, cuando hay que responder a acontecimientos impredecibles (como en el caso de la alta tecnología) o a nuevas situaciones (como en el caso de la adaptación al cambio), se necesita un amplio repertorio de habilidades. En tales circunstancias es preferible que cada elemento o unidad de la empresa tenga más de una función. La misma función se puede realizar en formas diferentes usando distintas combinaciones de elementos. Hay varios caminos que conducen a la misma meta, principio que se describe a veces como equifinalidad. Todos los organismos naturales complejos han seguido esta vía de desarrollo. También los sistemas complejos, por ejemplo las computadoras, han sido diseñados según el principio de partes multifuncionales.

16. El flujo de información. La finalidad de éste es proporcionar información (datos, retroinformación) a quienes tienen que emprender la acción, en lugar de a quienes controlan las acciones de otros. Bien dirigidos, los sistemas de información refinados pueden proporcionar a las unidades o equipos de trabajo el tipo y cantidad correctos de retroinformación que les permitirá aprender a controlar las variaciones que tengan lugar dentro de su esfera de responsabilidad y competencia y prever acontecimientos que probablemente influirán en sus resultados.

17. Complementaridad. El diseño del trabajo y el equipo debe estar basado en la complementaridad de las personas y las máquinas y no en la competencia entre ellas.[29] El reconocimiento y utilización de la facultad especial que tienen las personas de actuar como los elementos adaptables de los sistemas formados por máquinas y personas, son esenciales para el diseño y el funcionamiento eficiente de las empresas.

Sistemas de apoyo

18. Congruencia en el apoyo. Los sistemas de apoyo social, por ejemplo las recompensas, los ascensos, etc., deben ser diseñados de manera que refuercen el comportamiento que el diseño de la empresa estipuló para tener éxito. Si es necesaria la colaboración entre las personas para el éxito, el sistema no debe ser diseñado de manera que premie la competencia. Si la responsabilidad de grupo o de equipo es necesaria para el éxito, un sistema de remuneración que premie el comportamiento individual será incongruente. Los sistemas de remuneración, lo mismo que los de selección, capacitación, solución de conflictos, medición del trabajo, evaluación del rendimiento, promoción, etc., pueden reforzar o contradecir la conducta que pide el diseño de la empresa.

19. Diferencias mínimas de posición. Las diferencias en los privilegios y en la posición, que no sean necesarias para el buen funcionamiento de la entidad, deben ser minimizadas, si no eliminadas.

Continuidad de la empresa

20. Organización transitoria. Dependiendo de la experiencia y conocimientos de que se disponga en el momento de llevar a cabo un diseño o rediseño, se deben diseñar entidades transitorias o incipientes. Esas entidades temporales deben ser congruentes con la estructura y las funciones que se buscan y propiciar su logro.

21. Estado incompleto. El diseño es un proceso repetitivo. El cierre de opciones abre otras nuevas. Tan pronto como se pone en práctica un diseño, sus consecuencias indican la necesidad de rediseñar. Los medios para rediseñar o renovar deben ir integrados a la estructura de la empresa, en todos los niveles, de manera que se puedan introducir los cambios necesarios en cualquier momento.

2.1.9 CREACION DE LA EMPRESA DISEÑADA TEMPORALMENTE

El diseño de una empresa, cuando es inclusivo e integrado, llevará probablemente mucho tiempo y exigirá los esfuerzos de un gran número de miembros del personal funcional, que habrá que reunir en un organismo temporal. Se tienen que celebrar diversos acuerdos con la gerencia para crear esa estructura temporal y para que pueda cumplir con eficacia su misión. El proceso de creación de ese diseño temporal de la organización se ilustra en el ejemplo 2.1.6. Aunque parece ser relativamente lineal, muchos de los pasos tienen lugar en forma simultánea y con una interacción considerable.

Pasos del proceso

Acuerdo respecto a la misión

Este paso tiene por objeto definir el alcance del proyecto que se va a diseñar y la conducta y resultados que se esperan del proceso de diseño. Los acuerdos son necesarios para acreditar el diseño conjunto de los sistemas técnicos y sociales de la empresa, la participación in-

Ejemplo 2.1.6 Creación del diseño temporal de la organización

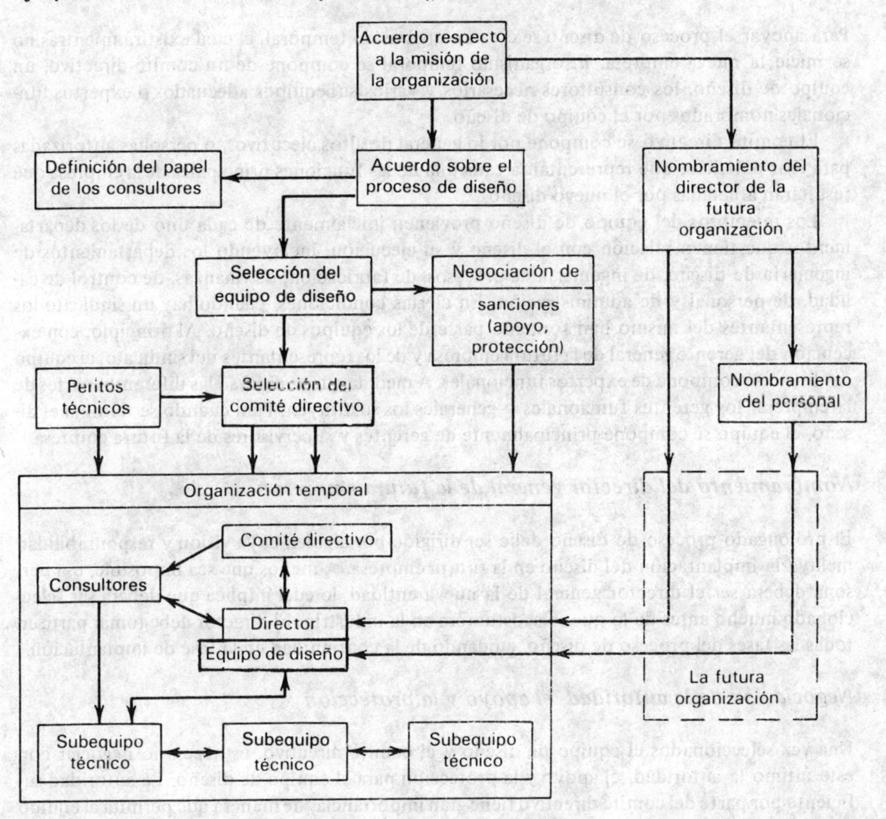

dispensable del personal y la organización temporal que se requiere para diseñar y poner en marcha la empresa nueva o revisada.

Acuerdo sobre el proceso de diseño

Este acuerdo es la cédula para todo lo que sigue. Los acuerdos se toman entre el director del proyecto, el consultor interno o externo y la gerencia general, y se refieren a cómo será estructurado, dirigido y manejado el proceso de diseño. Esos acuerdos constituyen la base para los pasos siguientes de la creación de la organización temporal.

Definición de las funciones de los consultores

La experiencia ha demostrado que el diseño inclusivo e integrado se puede llevar a cabo en forma más eficiente con la ayuda de consultores. El consultor puede ser interno o externo. Hay que ponerse de acuerdo respecto a la relación de esta función con las funciones de las otras personas que participan en el proceso.

Creación de una organización temporal

Para apoyar el proceso de diseño se crea un organismo temporal, el cual existirá mientras no se inicie la nueva empresa. El organismo temporal se compone de un comité directivo, un equipo de diseño, los consultores necesarios y varios subequipos adecuados o expertos funcionales nombrados por el equipo de diseño.

El comité directivo se compone por lo general de altos ejecutivos, o personas autorizadas para fijar políticas, que representan a cada una de las funciones principales de la empresa que resultarán afectadas por el nuevo diseño.

Los miembros del equipo de diseño provienen inicialmente de cada uno de los departamentos que tienen relación con el diseño y su ejecución, incluyendo los departamentos de ingeniería de diseño, de ingeniería de procesos, de fabricación, de finanzas, de control de calidad, de personal y de administración. En ciertas condiciones, cuando hay un sindicato los representantes del mismo han formado parte de los equipos de diseño. Al principio, con excepción del gerente general de la futura empresa y de los representantes del sindicato, el equipo de diseño se compone de expertos funcionales. A medida que se diseñan las diferentes partes de la empresa, los gerentes funcionales y generales los sustituyen. Para cuando se termina el diseño, el equipo se compone principalmente de gerentes y supervisores de la futura empresa.

Nombramiento del director general de la futura empresa

El prolongado proceso de diseño debe ser dirigido por alguien cuya visión y responsabilidad incluya la implantación del diseño en la futura empresa. A menos que sea imposible, esa persona deberá ser el director general de la nueva entidad, lo cual implica que deberá ser seleccionado mucho antes de lo que se acostumbra en la industria. El director debe tomar parte en todas las fases del proceso de diseño, cuidando de la continuidad en la fase de implantación.

Negociación de la autoridad, el apoyo y la protección

Una vez seleccionados el equipo de diseño y el comité directivo, es necesario negociar con este último la autoridad, el apoyo y la protección para el equipo de diseño. La autoridad suficiente por parte del comité directivo tiene gran importancia, de manera que permita al equipo de diseño explorar con creatividad muchas alternativas, algunas de las cuales pueden diferir de las políticas y prácticas aceptadas. Típicamente, esa autoridad se otorga con la condición de que el comité directivo reciba información suficiente y en el momento oportuno apruebe las decisiones y políticas de diseño. El organismo temporal de diseño debe recibir apoyo en forma de recursos: tiempo para que los participantes se dediquen al trabajo de diseño y comunicación con asesores expertos, tanto internos y externos, cuando se presente la necesidad. El equipo de diseño necesita la protección del comité directivo a medida que surgen las proposiciones y son conocidas por la empresa mayor. Las soluciones nuevas y creativas a menudo provocan reacciones negativas en otras partes de la empresa.

Funcionamiento del organismo temporal

Durante el período de diseño, el comité directivo desempeña diversas funciones:

1. Reúne los diversos intereses, necesidades y demandas que el diseño debe atender.

2. Proporciona recursos en forma de financiamiento, nombramiento de colaboradores expertos para que trabajen en el proyecto cuando sea necesario, y tiempo, que los miembros del equipo de diseño dedicarán al proyecto.

3. Proporciona información y se comunica con el consejo administrativo de la empresa.

4. Protege al equipo de diseño, le autoriza para que explore diversas alternativas sin tener que informar con anterioridad a las autoridades de la entidad.

5. Se dispone a introducir cambios en las políticas de la empresa cuando lo solicite el equipo de diseño.
6. Dirige al equipo de diseño en cuestiones de políticas, valores, integración y utilización de los recursos.
7. Autoriza la filosofía de la empresa y las decisiones subsecuentes respecto al diseño.

Las funciones de los consultores y de los grupos especiales de expertos son definidas por el equipo de diseño. Un aspecto de esas funciones es asesorar a dicho equipo. A ningún ingeniero, arquitecto, consultor, gerente u otra persona se le permite decidir unilateralmente, basándose en su pericia funcional, sobre ningún aspecto del diseño. Cada propuesta técnica u organizativa es examinada por todo el grupo y evaluada considerando los efectos previstos e imprevistos que producirá en el sistema sociotécnico.

El equipo de diseño funciona como un comité para el diseño sociotécnico total de la empresa, bajo la dirección del futuro director general de la entidad. Se reserva la facultad de asignar los análisis y el diseño a los subgrupos especiales, y de tomar las decisiones finales en todos los aspectos de la organización. En efecto, el equipo de diseño solicita a los expertos y a los subequipos especiales de diseño que presenten alternativas que sirvan de base para evaluar y decidir acerca de la aceptación de los diversos diseños. El equipo puede iniciar su trabajo en tiempo parcial que se volverá tiempo completo a medida que aumenten las exigencias del diseño. Durante el 80 al 90% de su existencia, el equipo de diseño se reúne periódicamente a intervalos cada vez más frecuentes con el fin de crear sus propios diseños, sobre todo en lo que respecta a determinar la filosofía de la empresa, la tecnología principal y sus límites generales. Más tarde se reunirá con los expertos de los diversos subgrupos especializados que presentan las alternativas y los datos que el equipo de diseño necesita para tomar sus decisiones.

Continuidad del proceso de diseño

Los valores relacionados con la función de las personas y con lo aprendido durante la etapa de iniciación requieren que se estructure un proceso participativo y continuo de diseño y rediseño.

Muy a menudo, el equipo de diseño, al abordar la cuestión de quién es "dueño" del diseño y de sus diversos elementos, y por lo tanto quién debe participar en el proceso, decidirá proceder con base en un diseño evolutivo, el cual se inicia con la aceptación de que el proceso estará basado en el principio de especificación crítica mínima (ver el principio 13 de la sección 2.1.8); es decir, que se especificarán las funciones críticas mínimas y los aspectos necesarios para relacionar los diversos elementos, funciones y papeles. Luego, el equipo de diseño acepta que el hecho de especificar completamente los detalles puede perjudicar si se hace en forma prematura. Se adopta por lo tanto el punto de vista de que los detalles se añadirán en el período de iniciación o evolución de la empresa. Además, el equipo sigue adelante, reconociendo que sólo es posible decidir respecto a ciertos aspectos del diseño basándose en lo que se aprenda durante la operación real de la nueva empresa. Quiere decir que esta última, al principio, pasará por etapas planeadas de prueba, y que se establecerá un mecanismo para registrar lo aprendido y usarlo al completar los detalles y finalmente, elegir las mejores alternativas. De manera que el proceso de diseño podrá continuar hasta por un año después de la iniciación, con el fin de reunir información o recibir datos provenientes de la experiencia obtenida con el funcionamiento de la empresa.

Las adiciones y modificaciones que se derivan del aprendizaje que tiene lugar durante el período de iniciación de la nueva empresa exigen casi siempre que se lleve a cabo el rediseño de 6 a 12 meses después de la iniciación. El proceso planeado de rediseño o modificación del diseño tiene que ser visible, a fin de permitir una participación amplia de los responsables de la empresa que habrán de vivir con ella en íntima asociación.

2.1.10 FASES DEL PROCESO DE DISEÑO DE LA EMPRESA

En el proceso de diseño de las empresas hay varias fases principales, cada una de las cuales abarca diversos pasos que se indican en el ejemplo 2.1.7. Las fases comprenden la obtención de datos preliminares, la generación de criterios de diseño, el diseño de la organización y la puesta en práctica del diseño.

Ejemplo 2.1.7 Fases del diseño integrado de la organización

Obtención de información preliminar

Esquema de organización
Exploración de la localidad
Exploración del mercado de trabajo
Análisis de datos sobre la comunidad y la mano de obra

Generación de criterios para las decisiones sobre diseño

Análisis del conjunto organización-medio

Creación de una filosofía de la organización

Diseño integrado de la organización

Diseño del sistema técnico

Diseño del sistema social

Análisis de la tecnología
Análisis funcional
Análisis de variaciones

Diseño de las unidades autosustentadoras

Límites técnicos de las subunidades

Diseño preliminar de la organización

Diseño sociotécnico de la organización

Diseño de labores

Diseño de los sistemas de apoyo social

Diseño de la organización

Diseño de la organización temporal

Ejecución del diseño de la organización

Rediseño

Evaluación

Ejecución

Obtención de datos preliminares

El proceso da comienzo con la obtención de datos preliminares acerca del medio dentro del cual estará situada la futura empresa. Esta información es útil para explorar el conjunto empresa-medio explicado en la sección 2.1.6. Como parte de los estudios de factibilidad asociados con todo nuevo proyecto, con frecuencia los estudios preliminares se llevarán a cabo antes de crear el organismo temporal de diseño.

Examen del medio interno

En los nuevos departamentos que formarán parte de una empresa, es preciso llevar a cabo un sondeo (encuesta o estudio) de dicha empresa, puesto que será, en buena medida, el medio principal en que operará el departamento. Particularmente importante es el examen de las políticas y los valores de la entidad mayor, a fin de identificar las posibles áreas de conflicto o incongruentes. En esos casos se requiere el mecanismo de protección de límites, para asegurarse que el nuevo departamento tendrá la oportunidad de operar de acuerdo con sus valores y estructura al mismo tiempo que informa a la entidad mayor y es dirigido por ella.

Sondeo de la localidad o comunidad

Un examen del medio inmediato en que va a operar la nueva entidad proporcionará los datos esenciales necesarios para tomar muchas decisiones de diseño. Es preciso identificar las necesidades, expectativas y requerimientos de la comunidad local.

Sondeo del mercado de mano de obra

Esta investigación se puede llevar a cabo junto con el sondeo de la localidad y proporcionará información acerca de los recursos de mano de obra disponibles, de las distancias de transportación, de los servicios educativos y de los patrones de salarios del lugar.

Análisis de los datos acerca de la comunidad y la mano de obra

Este análisis señala las necesidades, expectativas y restricciones que los diseñadores tendrán que enfrentar desde el principio. Permitirá evaluar un factor importante: la medida en que la empresa tendrá que hacerse cargo de la capacitación y desarrollo de los recursos de mano de obra locales, o bien, la posibilidad de importar trabajadores de otras áreas.

Determinación de criterios para las decisiones de diseño

En esta etapa se determinan los criterios para evaluar las decisiones de diseño. Fundamentalmente, esto exige la exploración interactiva del conjunto empresa-medio y el establecimiento de una filosofía de la empresa, como se explicó en las secciones 2.1.6 y 2.1.7. El manifiesto ya aprobado de la filosofía, junto con el criterio compartido desarrollado al analizar el conjunto empresa-medio, constituyen la cédula del equipo de diseño. La cédula (filosofía de la empresa) es aprobada por el comité directivo una vez que ha establecido los acuerdos, a su propio nivel y junto con el equipo de diseño.

El diseño integrado de la empresa

El diseño consiste en tres actividades. Una es creadora e inventiva y las otras dos son analíticas:

1. Creación de alternativas.
2. Evaluación de alternativas.
3. Selección de las mejores alternativas.

Un aspecto crítico del diseño es el manejo de las restricciones. La temprana imposición de restricciones, inhibe la evolución de las posibilidades de diseño que en condiciones ideales alcanzarían las metas establecidas en la filosofía de la organización. El enfoque más eficiente es el del diseño sin restricciones, seguido por análisis de beneficio-costo de las consecuencias y costos de conservar o eliminar ciertas restricciones. El desarrollo de posibilidades continúa hasta no haber satisfecho la mayoría de los criterios de diseño. Sin embargo, habrá que establecer por lo menos dos alternativas viables para cada aspecto y unidad de la empresa sujetos a evaluación. Habiendo dos posibilidades, la comparación y la evaluación revelarán los supuestos (restricciones) ocultos y ofrecerán la oportunidad de aprender más.

El diseño es un proceso repetitivo que va de lo general a lo específico. La cédula de diseño puede ser considerada como un lienzo en blanco, limitado únicamente por una especificación general de cuál debe ser su contenido. El proceso de diseño procede a delinear la estructura de la organización, registrando cada decisión en el lienzo. Cada decisión anterior viene a ser parte de los elementos de las decisiones siguientes. En ciertos puntos críticos se advertirá que hay contradicciones entre las decisiones y entre éstas y la cédula. En esos casos será necesario iniciar otro ciclo repetitivo.

Las cuatro fases del proceso de diseño tienen lugar en forma interactiva. Para recalcarlas, se muestran en serie en el ejemplo 2.1.7. Conviene iniciar el proceso de diseño con el trabajo que se propone realizar la empresa, los procesos de información necesarios y los instrumentos de que se dispone para lograr las transformaciones.

Diseño del sistema técnico

El diseño físico de una planta y su sistema técnico corresponde a los subgrupos de diseño formados por expertos, bajo la dirección del equipo de diseño. El trabajo de los subgrupos servirá mejor a los fines del equipo de diseño si éste incluye a personas con experiencia técnica suficiente para vigilar el trabajo de otras cuyas funciones consisten en presentar proposiciones e información para una evaluación crítica. El equipo de diseño hace tres análisis.

El primero es un análisis de la tecnología. Esta última es el cuerpo de conocimientos en los cuales se fundan el proceso de transformación y los métodos para realizarlo. Son particularmente importantes las limitaciones de esos conocimientos, la variabilidad de los insumos que entrarán en el sistema y los tipos de problemas que dominan los procesos de producción basados en la tecnología. Como ejemplos se pueden citar los procesos de conversión mal comprendidos, descomposturas fortuitas del equipo y los requisitos complejos en materia de contaminación y consumo de energía. El factor fundamental es este: ¿Hacia dónde se deben enfocar las energías de la organización, a fin de explotar la tecnología en forma tal que se puedan alcanzar las metas de la misma?

El segundo análisis es el de los requisitos funcionales del sistema técnico. La operación del sistema propuesto exigirá que las personas lleven a cabo numerosas actividades. En esta etapa hay una lista de funciones que requieren la intervención del hombre. Son importantes para comparar los distintos diseños.

El tercero es un análisis de variaciones. Estas últimas son alteraciones del proceso de producción, que es preciso controlar.[30] Son hechos excepcionales asociados con las actividades funcionales enumeradas en el segundo análisis. Difieren de las características tecnológicas del primer análisis en que son específicas y van asociadas con cada paso del proceso de transformación. La información sobre el control de variaciones es fundamental para tomar decisiones respecto a la instrumentación, retroinformación, medición y ubicación de los controles y los circuitos de control. Además, los requisitos del control de las variaciones son indicadores probables del nivel necesario de conocimiento de los operadores y de la ubicación de los límites entre unidades de la empresa.

La información obtenida mediante estos análisis sirve de guía para determinar temporalmente los límites de las subunidades de organización. El análisis de la tecnología indica la capacidad crítica de respuesta que la empresa deberá ser capaz de obtener para hacer frente a las grandes contingencias. Los otros dos análisis señalan los límites lógicos de los procesos, que pueden ser la base de las subunidades organizativas viables.

Los límites de las subunidades. La definición de límites de las subunidades con respecto al sistema técnico se concentra en los puntos de cambio críticos del proceso de transformación donde es posible identificar cambios de estado evidentes o productos. El análisis de los sistemas técnicos divide el proceso de transformación en una serie de operaciones distintas, cada una de las cuales señala un cambio de estado en el proceso general. Los límites deben estar situados entre operaciones distintas, en los puntos de cambio significativos del sistema. Como ejemplos se pueden citar los puntos en que se producen cambios en la posición física, los puntos donde se requiere información sobre la tecnología de procesamiento, o los puntos donde se pasa de la producción por lotes a la producción continua. En teoría, los límites debieran estar situados donde sea posible identificar un producto definible o una calidad controlable. (En la sección 2.1.8 se señalan otros lineamientos para la ubicación de límites.)

Diseño del sistema social

El diseño del sistema social se ocupa de la creación de estructuras y funciones y de su unión con el sistema técnico. Primero, se diseña un sistema social preliminar, el cual, junto con el diseño preliminar del sistema técnico, se repite con el fin de lograr la optimización conjunta. La decisión más crítica que deben tomar los diseñadores en este nivel consiste en determinar los límites que habrán de señalar las unidades básicas de la entidad.

El diseño preliminar de la organización. Los resultados del diseño del sistema técnico y de la definición preliminar de límites, son los elementos del diseño inicial del sistema social. La estructura general de la entidad se puede trazar con base en esos elementos. En este punto es posible establecer el número de subunidades, su tamaño relativo, los requisitos de integración de sus actividades, y alguna indicación de la estructura administrativa. Por lo general es posible identificar las subdivisiones principales de la entidad y las unidades que estarán en la base. Más tarde se adaptarán los niveles intermedios.

Diseño de las unidades autosuficientes. En este punto es posible evaluar a las subunidades propuestas como unidades autosuficientes. En el método de diseño que se describe aquí, la unidad básica de la empresa es la unidad autosuficiente, a diferencia de los diseños basados en las ocupaciones individuales. Los requisitos para el funcionamiento eficiente de las unidades autosuficientes se indican en la sección 2.1.8. Esas unidades se consideran como miniempresas; de manera que los requisitos de los sistemas, de la estructuración organizativa y del funcionamiento de la empresa pueden aplicarse favorablemente a la determinación de las unidades propuestas.

Repetición del proceso de diseño. Los resultados de la primera repetición del proceso de diseño, generalmente llevarán a descubrir numerosas restricciones, dificultades y discrepancias entre el sistema técnico propuesto y el diseño de sistema social necesario para operarlo. El proceso de diseño, según pasa de las decisiones generales a los aspectos específicos, puede exigir que se generen alternativas adicionales para satisfacer los requisitos revelados por los análisis en cada paso. Las repeticiones sucesivas del proceso, por lo general más cortas que la primera, son necesarias para resolver esas dificultades y llegar a diseños que optimicen en conjunto el funcionamiento de los sistemas técnico y social.

Como se señaló en la sección anterior, es probable que la composición del equipo de diseño cambie a medida que avanza el trabajo del organismo temporal. A medida que son nombrados los miembros de la organización futura, tenderán a sustituir a los miembros especialistas del equipo. Esto es particularmente conveniente a medida que las decisiones de diseño se vuelven más específicas. Esto es una expresión del principio de especificación crítica mínima que sugiere que, dejando el diseño lo másabierto que sea posible, se maximizará el potencial de adaptación de los futuros miembros de la empresa. Los nuevos miembros del equipo de diseño asumen la responsabilidad de las decisiones de diseño que tendrán que llevar a la práctica y dentro de las cuales trabajarán. Después de participar en el proceso de diseño, habrán aprendido a manejar muchas de las cuestiones que tendrán que enfrentar cuando los acontecimientos exijan el rediseño.

Diseño de la organización de los sistemas sociotécnicos

Después de la selección preliminar de los límites, el diseño del sistema social crea la estructura y las funciones de las unidades autosuficientes, las unidades básicas de la empresa. Después del diseño de las unidades básicas y de las funciones de sus miembros, viene el diseño de las reglas de mantenimiento y control de límites de la organización y de sus administradores y supervisores. En este punto se resuelve el número de niveles y las funciones de cada uno.

Las unidades autosuficientes sobre todo si son diseñadas como minisociedades, son los ladrillos fundamentales de la empresa, valiosos por diversas razones asociadas con la eficiencia y la satisfacción individuales. Esas unidades pueden seguir trabajando para alcanzar las metas aceptadas, aunque haya alteraciones substanciales, reorganizándose a sí mismas como les parezca conveniente. Esas unidades, llamadas a menudo equipos, permiten que sus miembros participen en todas las actividades que la unidad debe realizar y controlar. Para la persona, la unidad le permite pertenecer a una pequeña entidad, con relación directa, y pone en sus manos una gran variedad de tareas, funciones y responsabilidades. Además, las características de las unidades reflejan múltiples opciones, mecanismos y requisitos burocráticos mínimos, participación activa, futuro, carreras abiertas y múltiples para lograr ese futuro, sistemas de apoyo social y oportunidades para relacionar la vida interna de la empresa con la vida exterior.

Para establecer unidades autosuficientes como ladrillos básicos de las empresas, los límites que definen a esas unidades deben estar situados como se indica en la sección 2.1.8.

La ubicación de límites, el examen de las consecuencias, la reubicación de los límites y la repetición del proceso permitirán a fin de cuentas diseñar equipos, grupos y funciones.

Diseño de labores

En esta etapa es posible comenzar a diseñar las labores, estructurar las funciones, determinar su contenido y relaciones y enlazarlas con las tareas que se van a realizar, identificadas en el análisis del sistema técnico. A esto sigue la asignación de funciones o grupos a las tareas de producción, de mantenimiento del equipo, de inspección y de mantenimiento organizativo; por ejemplo, comunicación, coordinación y capacitación. (En el capítulo 2.5 se encontrará un estudio completo del diseño de labores.)

Un factor crítico que habrá que decidir es si es necesario especificar ocupaciones individuales como parte del diseño de la organización. La decisión tiene implicaciones importantes para la calidad de la vida de trabajo de los miembros de la futura empresa. El diseño debe ser lo bastante específico para garantizar que todas las tareas necesarias puedan ser realizadas. No es preciso que esas tareas les sean asignadas a las personas como ocupación. Una posibilidad, entre otras, consiste en dejar que los futuros miembros de la empresa se encarguen de su propia asignación de tareas, como miembros de los equipos que van a operar como unidades autosuficientes. Esto ofrece ventajas en cuanto a flexibilidad y adaptabilidad, y satisface las expectativas de los miembros de la entidad.

Las funciones de los administradores y supervisores se pueden especificar, y es posible señalar las aptitudes especiales que este tipo de organización exige de ellos. El equipo debe considerar los requisitos de la función administrativa como un amortiguador entre la unidad, otras unidades paralelas y otras partes de la empresa. Corresponde al administrador moderar los efectos que el medio producirá en la unidad. Se consideran otros requisitos adicionales para las funciones del administrador: proveedor de recursos, experto técnico, instructor, representante que pone de acuerdo a la unidad y a la entidad mayor respecto a las metas, evaluador, auditor, e integrador de actividades entre unidades.

Diseño de los sistemas de apoyo social

Dado el diseño sociotécnico de la entidad, es necesario abordar el diseño de las muchas funciones de apoyo necesarias para sustentarla. Entre ellas figuran los sistemas de retribución, promoción, capacitación, disciplina, justicia y constitucionalidad; y funciones tales como las de comunicación, planeación y programación, y normas individuales y de grupo.

Cada uno de esos elementos debe ser diseñado de manera que respalde los propósitos y valores de la estructura de la entidad, y deben ser puestos a prueba aplicando los criterios establecidos por la filosofía de la empresa. Por ejemplo, si se pretende que las personas asignen ellas mismas sus tareas como equipo cooperativo, un sistema de retribución basado en los incentivos individuales operaría contrariamente a ese tipo de diseño. Si la capacitación múltiple de los miembros del equipo es un medio importante para lograr una operación flexible y eficaz, un sistema de escalafón, junto con la asignación de tareas específicas, limitará las oportunidades de capacitarse sobre la marcha.

Diseño de la empresa

En este paso se han formado ya el diseño sociotécnico de la empresa y los sistemas de apoyo social. El diseño preliminar disponible permite ahora establecer escenarios para el funcionamiento de la empresa sujeta a diversas contingencias. Los puntos débiles y las dificultades que los escenarios indiquen serán la base para repetir diversos aspectos del diseño. En este paso se puede establecer el diseño final del sistema técnico, incluyendo un diseño tentativo de la parte media de la empresa, para adaptar la base a la cúspide. Nuevamente, los escenarios tendrán tal vez que ser establecidos de modo que permitan elegir un diseño final de la cúspide de la empresa, de su base y por último de su parte media.

Puesta en práctica del diseño de la empresa

La mayoría de las veces, los nuevos diseños, lo mismo que los rediseños, tropiezan con grandes dificultades para ser llevados a la práctica. Muchos son abandonados, o modificados de tal forma, que se suprime todo cuanto sea innovador. Las dificultades y los fracasos se pueden atribuir en buena medida a que no se diseñaron los componentes necesarios para su implantación. Los componentes que el equipo de diseño debe incorporar son: 1) un organismos temporal, si se requiere; 2) reclutamiento; 3) selección, y 4) capacitación antes de la iniciación.

Diseño del organismo temporal

Puede ser necesario diseñar un organismo temporal, o de iniciación, que se encargue de poner en práctica el diseño. En el caso de las nuevas empresas, esta necesidad surge cuando las personas disponibles no poseen los conocimientos para poner en práctica el diseño. Cuando se rediseña una empresa, las estructuras existentes tal vez no permitan el cambio inmediato al nuevo diseño. Cualquiera que sea el caso, se requiere un organismo transitorio para poner en práctica el diseño.

El factor crítico durante la ejecución, y que afecta por lo tanto al diseño del organismo temporal, es asegurarse que haya congruencia entre la implantación y el diseño final. Un error muy común es el establecer, para los períodos de transición o de iniciación, procedimientos temporales que entran en conflicto con el diseño de la empresa. Con frecuencia, esos procedimientos se convierten en características permanentes de las operaciones. Los procedimientos y prácticas que se establezcan para la iniciación deben facilitar la puesta en práctica del diseño.

Durante el período de transición, el interés se concentra en la capacitación y desarrollo de las unidades y de sus miembros. Es un período que se puede caracterizar por un número substancialmente elevado de instructores, asesores, personal especializado temporal y diseños modificados de tareas que permiten a las personas aplicar los conocimientos que reciben antes de la iniciación. Es muy importante que las personas cuenten con indicadores objetivos que señalen el final del período de transición, cuando pueden esperar que recibirán los beneficios de la operación en estado estable. Esa información tiene por objeto fijar las metas que se deben alcanzar y permite que las personas vigilen sus progresos al poner en práctica el diseño.

Reclutamiento. Se requiere un proceso de reclutamiento congruente con los valores, estructuras y operación de la entidad. Las empresas organizadas en torno de unidades o equipos autosuficientes por lo general exigen un esquema de reclutamiento basado en la oferta de información preparada y ordenada que permita a los posibles miembros de la empresa "comprar acciones" de la misma. Esos diseños han tenido mucho éxito en atraer a personas dispuestas a convertirse en miembros de ese tipo de empresas.

Selección. Los criterios para la selección también deben ser congruentes con la estructura, los valores, las metas y la operación de la empresa. Los criterios deben reflejar los principales atributos de la empresa en las funciones de sus miembros. En las instituciones que tienen unidades o equipos autosuficientes, los miembros de estos últimos participan a menudo en el proceso de selección. El compromiso personal con un equipo depende en parte de la participación en el proceso de aceptación o separación.

Capacitación. Hay que diseñar dos tipos de capacitación: la técnica y la que se relaciona con el sistema social. El tipo de capacitación técnica dependerá de los esquemas de avance de los trabajadores que llegan. La capacitación continua, no necesariamente en el aula, se requiere también para apoyar los progresos. La capacitación relacionada con el sistema social, además del adoctrinamiento en la filosofía de la empresa, consiste en resolver problemas, solucionar conflictos, planear, aconsejar, proporcionar instrucción y otras cosas necesarias para operar y conservar el sistema social.

Implantación. Es muy importante que la empresa asimile la enseñanza generada durante el período de implementación. Un resultado útil de la participación de los miembros de la empresa tanto en los equipos de diseño como en el proceso de implementación es una capacidad, muy mejorada, para apreciar la significación de los eventos de iniciación, aprender de las adaptaciones requeridas y aplicar lo aprendido a la modificación del diseño. Esta es la base de la evolución constante del diseño de la empresa, propiciada por sus miembros, para satisfacer las demandas cambiantes del medio.

Evaluación

Hay que diseñar los métodos de medición del éxito y la eficiencia para informar a la empresa y a sus autoridades. Nuevamente, las medidas de evaluación deben ser congruentes con los valores, la estructura y las funciones de la institución. Por ejemplo, los administradores cuya función incluye desarrollar a los subordinados deben ser evaluados en relación con ese objetivo, como lo son en otros aspectos que se reflejan en los resultados, como los costos y las utilidades de la empresa.

Rediseño

Ningún diseño puede ser completo. Se espera que habrá que hacer cambios, tanto para superar las deficiencias del diseño como para aprovechar lo que se ha aprendido durante las fases de iniciación y de primera operación. Particularmente, el rediseño o la terminación del diseño serán necesarios si la entidad fue estructurada con base en la especificación mínima de los requisitos estructurales, de información y de trabajo. Esos diseños permiten un alto grado de participación y aprendizaje y dan lugar a mejoras muy valiosas. Los miembros de las empresas participativas esperan que habrá mejoras y que ellos podrán contribuir a las mismas. El equipo de diseño, por lo tanto, debe diseñar un proceso e indicar cuándo se pondrá en marcha, ya sea para concluir el diseño o para mejorar o rediseñar la empresa en diversos períodos de su vida activa. Los diseños están siempre incompletos desde el punto de vista evolutivo; de manera que la modificación y el rediseño son procesos en práctica en las empresas donde se previó poner en práctica unidades autosuficientes.

Diferencias. Los conceptos y principios aplicados al diseño de nuevas empresas se pueden aplicar al rediseño de las que ya existen. Sin embargo, hay diferencias específicas que exigen su consideración:

1. Los miembros de la entidad existen ya y han adquirido privilegios que para ellos son valiosos.
2. El sistema social existe ya con una historia compartida, relaciones actuales y un futuro implícito.
3. Existen reglas, procedimientos y prácticas que reflejan filosofías de diseño pertenecientes al pasado.
4. Hay relaciones contractuales, formales e informales, con los sindicatos y con las personas.

Todos estos arreglos serán alterados en el proceso de rediseño. La iniciación misma del proceso constituye un paso hacia la posible implantación.

Requisitos y puntos de interés principales. Lo anterior impone dos requisitos adicionales importantes al trabajo de rediseño. En primer lugar, además de explorar el medio externo como fuente de demandas y requisitos, es necesario explorar la entidad existente y estudiar su historia anterior. No se debe permitir que las restricciones reveladas inhiban el proceso de generar nuevas alternativas; pero sí deben ser consideradas al tomar decisiones. En segundo lugar, aunque se puede obtener apoyo, autorización y protección completos de los niveles superiores de la empresa, el proceso mismo de rediseño, que representa una intervención en la organización, puede generar efectos que excluirán muchas innovaciones e incluso hará mermar el esfuerzo total. Por lo tanto, es necesario considerar las implicaciones futuras de las prácticas seguidas al rediseñar la organización. Un enfoque conveniente consiste en evaluar el proceso de diseño propuesto, lo mismo que sus pasos, desde el punto de vista de la filosofía de la empresa. Esto garantizará muy probablemente que habrá congruencia entre el proceso de rediseño y sus objetivos.

Considerando el aspecto positivo, la existencia de conocimientos, experiencias y aptitudes propios puede ser un factor muy valioso al establecer y evaluar alternativas de diseño. Se requiere un proceso capaz de aprovechar la riqueza de conocimientos existentes en todos los niveles. Esto se puede lograr si todos esos niveles están bien representados en el equipo de diseño.

En muchos casos, la participación del sindicato en el organismo temporal de rediseño ha sido útil y eficaz. Los administradores se opondrán tal vez a esta idea, pero hay que reconocer que es muy difícil exigir la colaboración y el trabajo de equipo a un grupo de personas. Cuando los sindicatos se resisten a participar en el trabajo de rediseño, un buen procedimiento es solicitar a los representantes de aquéllos que consulten a otros sindicatos que han participado con éxito en los programas de calidad de la vida de trabajo.

Otra estrategia útil en los trabajos de rediseño consiste en someter a prueba las posibilidades que de otro modo podrían ser rechazadas debido a la incertidumbre respecto a las consecuencias. El equipo de diseño puede organizar pruebas que demuestren los costos y los beneficios de las innovaciones. En tales circunstancias, muchas innovaciones pueden ser generadas, puestas a prueba y modificadas de manera que resulten a la vez aceptables y útiles. Una vez más, esos experimentos sólo se deben llevar a cabo reconociendo plenamente sus posibles consecuencias, ya que con frecuencia resulta imposible deshacer ciertos cambios aunque la intención haya sido introducirlos en forma temporal.

A menudo, los rediseños hechos por partes producen efectos inesperados en otras partes de la empresa. Esto plantea la cuestión de la difusión ordenada de las innovaciones en las empresas, la cual exige que los métodos de difusión formen parte de la planeación estratégica anterior al cambio. Los problemas de difusión surgen únicamente cuando los rediseños tienen éxito. Los fracasos se manejan mejor suprimiéndolos o aislándolos.

Un aspecto importante del rediseño es la difusión de la innovación en el resto de la empresa. Un problema especial que exige una planeación cuidadosa es cómo poner en práctica un rediseño que cambiará significativamente una parte de la organización, y dejar que evolucione aunque difiera de la estructura de la empresa y de las tareas y de los procedimientos que se siguen en las unidades contiguas. Se requiere alguna forma de protección que permita introducir el cambio propuesto y dejar que se estabilice para determinar su valor. Además, hay que desarrollar una estrategia para que las unidades vecinas puedan comenzar a aplicar los conceptos organizativos y los métodos de cambio y también ellos elaboren rediseños que sean congruentes con la unidad que ya fue modificada. Las diferencias importantes en materia de estructura, tareas y estilo administrativo no sobreviven mucho tiempo en las unidades aisladas. A menos que se establezcan estrategias de difusión para extender las innovaciones a otras unidades, el rediseño quedará encapsulado y con el tiempo será ahogado. La unidad modificada volverá a adoptar la estructura y el estilo del resto de la entidad. El hecho de considerar a la empresa como un sistema, indica que un exitoso rediseño producirá sus efectos en las otras unidades. Por lo tanto, las estrategias de rediseño deben incluir al problema de qué hacer con el éxito. Los buenos rediseños generan la necesidad de nuevos rediseños para que toda la entidad sea congruente con los nuevos valores y perspectivas.

Las nuevas teorías

Hay un número cada vez mayor de libros que tratan del diseño de la empresa, de los cuales los de Galbraith y los de Connor[32] son honrosos ejemplos. Sin embargo, ninguno de ellos habla del proceso de diseño de la empresa. Sus autores emplean la expresión "diseño de la empresa" en el sentido en que aquí se emplea la expresión "estructura de la empresa"; tales libros presentan diferentes teorías específicas respecto a la estructura de las empresas. Puesto que el presente capítulo se ocupa del diseño de las empresas y no del estudio de las diferentes teorías de la empresa, no se hizo referencia a esas obras. No obstante, los lectores a quienes interesen las nuevas teorías podrán consultar la bibliografía que aparece al final del capítulo.

REFERENCIAS

1. L. E. DAVIS, "Individuals and the Organization," *California Management Review*, Primavera de 1980, p. 5.
2. F. E. EMERY y E. L. TRIST, *Toward a Social Ecology*, Plenum, Nueva York, 1973.
3. F. E. EMERY y E. L. TRIST, "The Causal Texture of Organization Environments," *Human Relations*, Vol. 18, 1965.
4. ADAM SMITH, *The Wealth of Nations*, Penguin, Londres, 1970 (publicado originalmente en 1776).
5. CHARLES BABBAGE, *On the Economy of Machinery and Manufactures*, Augustus M. Kelly, Nueva York, 1965 (4a. edición publicado originalmente en 1833).
6. F. W. TAYLOR, *The Principles of Scientific Management*, Harper & Row, Nueva York, 1911.

7. M. WEBER, *The Theory of Social and Economic Organization,* traducción de A. M. Henderson y T. Parsons, Free Press, Glencoe, NY, 1964.
8. F. GILBRETH, *Motion Study, A Method for Increasing the Efficiency of the Worker,* Van Nostrand, Nueva York, 1911.
9. F. J. ROETHLISBERGER y W. J. DICKSON, *Management and the Worker,* Harvard University Press, Cambridge, MA, 1947.
10. D. R. KINGDON, *Matrix Organizations: Managing Information Technologies,* Tavistock Publications, Londres, 1973.
11. J. R. GALBRAITH, Ed., *Matrix Organizations: Organization Design for High Technology,* MIT Press, Cambridge, MA, 1971.
12. F. E. EMERY y E. L. TRIST, "Sociotechnical Systems," en C. W. Churchman y M. Verhulst, Eds., *Management Science: Models and Techniques,* Vol. 2, Pergamon, Oxford, 1960.
13. T. BURNS y G. M. STALKER, *The Management of Innovation,* Tavistock Publications, Londres 1961.
14. L. E. DAVIS, "Evolving Alternative Organization Designs: Their Sociotechnical Bases," *Human Relations,* Vol. 30, No. 3 (1977).
15. E. L. TRIST G. W. HIGGIN, H. MURRAY, y A. B. POLLOCK, *Organizational Choice,* Tavistock Publications, Londres, 1963.
16. W. R. ASHBY, *Design for a Brain,* Wiley, Nueva York, 1960.
17. F. E. EMERY, "The Assembly Line–Its Logic and Our Future," in L. E. Davis y J. C. Taylor, Eds., *Design of Jobs,* 2a. ed., Goodyear, Santa Mónica, CA, 1979.
18. G. VICKERS, *The Art of Judgement,* Basic Books, Nueva York, 1965.
19. C. KERR y J. M. ROSOW, Eds., *Work in America: The Next Decade,* Van Nostrand Reinhold, Nueva York, 1979.
20. W. R. ASHBY, *An Introduccion to Cybernetics,* Chapman and Hall, Londres 1956.
21. D. YANKELOVICH, "Work, Values and the New Breed," en C. Kerr y J. M. Rosow, Eds., *Work in America: The Next Decade,* Van Nostrand Reinhold, Nueva York, 1979.
22. L. E. DAVIS y J. C. TAYLOR, "Technology Organization and Job Structure," en R. Dubin, Ed., *Handbook of Work, Organization and Society,* Rand MacNally, Chicago, 1976.
23. L. E. DAVIS y J. C. TAYLOR, "Technology Effects of Jobs, Work and Organizational Structure: A contingency View," in L. E. Davis, y A. B. Cherns, Eds., *Quality of Working Life,* Vol. 1, Free Press, Glencoe, NY, 1975.
24. P. HILL, *Towards a New Philosophy of Management,* Gower, Essex, 1971.
25. R. O. MASON, "A Dialectical Approach to Strategic Planning," *Management Sciencie,* Vol. 15, No. 8 (1969).
26. G. K. JAYARAM, "Open Systems Planning," en W. A. Pasmore, y J. J. Sherwood, Eds., *Sociotechnical Systems,* University Associates, La Jolla, CA, 1978.
27. M. TUROFF, "The Policy Delphi," en H. A. Linstone y M. Turoff, Eds., *The Delphi Method,* Addison-Wesley, Reading, MA, 1975.
28. A. B. CHERNS, "The Principles of Sociotechnical Desing," *Human Relations,* Vol. 29, 1976.
29. N. JORDAN, "Allocation of Functions Between Man and Machines in Automated Systems," en L. E. Davis y I. C. Taylor, Eds., *Design of Jobs,* 2a. ed., Goodyear, Santa Mónica, CA. 1979.
30. P. ENGELSTAD, "Sociotechnical Approach to Problems of Process Control," en L. E. Davis y J. C. Taylor, Eds., *Design of Jobs,* 2a. ed., Goodyear, Santa Mónica, CA, 1979.
31. J. R. GALBRAITH, *Organization Design,* Addison-Wesley, Reading, MA, 1977.
32. P. E. CONNOR, *Organizations: Theory and Design,* Science Research Associates, Chicago, 1980.

BIBLIOGRAFIA

GALBRAITH, J. R., *Designing Complex Organizations,* Addison-Wesley, Reading, MA. 1973.

KHANDWALLA, P. N., *The Design of Organizations,* Harcourt Brace Jovanovich, Nueva York, 1977.

LAWRENCE, P. R. y J. W. LORSCH, *Developing Organizations: Diagnoses and Action,* Addisson-Wesley, Reading, MA. 1969.

PFEFFER, J., *Organization Design,* AHM Publishing Co., Arlington Heights, IL, 1978.

THOMPSON, JAMES D., Ed., *Approaches to Organization Design,* University of Pittsburgh Press, Pittsburgh, PA, 1966.

TUSHMAN, M. L. y D. A. NADLER, "Information Processing as an Integrating Framework in Organization Design," *Academy of Management Review,* Vol. 3, 1978, pp. 613-621.

CAPITULO 2.2

Motivación no financiera: creación de un ambiente de trabajo que propicie un buen rendimiento de los empleados

JAMES A. RICHARDSON
ROY F. LOMICKA
Eastman Kodak Company

2.2.1 INTRODUCCION

Este manual contiene dos capítulos sobre la motivación. El otro, con el número 2.3, lleva por título "Motivación Financiera". Conviene hacer algunas observaciones preliminares para explicar este doble tratamiento.

La ingeniería industrial tiene una larga historia asociada con la motivación en forma de planes de pago de incentivos. Durante sus primeros 50 años de existencia, hasta y durante la II Guerra Mundial, probablemente más del 50 por ciento de las actividades de ingeniería industrial se ocupaban de la implantación y conservación de ese tipo de planes. En la actualidad, una parte substancial de las actividades de esta disciplina se relacionan con lo mismo.

Desde mediados de la década de 1950, ha surgido un cuerpo de teorías y procedimientos que amplían el significado de la motivación para el trabajo más allá de los incentivos financieros. Estimuladas por los resultados de la investigación académica y por los efectos secundarios y negativos de la dependencia excesiva en los incentivos financieros, muchas empresas han buscado y adoptado otros factores de motivación. En este capítulo se abordan muchos aspectos de esas otras posibilidades y se presenta lo que los autores esperan que será un punto de vista amplio y útil.

Cabe aclarar que en este capítulo no se muestra "oposición" a los incentivos financieros. De hecho, las "condiciones" que aquí se asocian con la alta productividad exigen la existencia de una relación perceptible y equitativa entre retribución y rendimiento. Lo que los autores desean recalcar y refutar es la idea, por demás simplificada, de que el dinero es la única fuente de motivación para el trabajo. Al parecer, en esa idea se fundan muchos planes tradicionales de incentivos financieros.

Un formato alternativo para este capítulo podría haber sido un resumen de los estudios realizados en los últimos 25 años, desde los orígenes del conductismo. Esos estudios han aportado muchas ideas interesantes que influyeron en el mundo del trabajo. Las ideas van desde la muy pertinente "jerarquía de las necesidades del hombre", de Abraham Maslow, hasta las teorías de "higiene/motivación" en el trabajo, de Frederick Herzberg, e incluyen las nociones más recientes, orientadas hacia el diseño de tareas, de Richard Hackman y Greg Oldham. La dificultad para presentar un resumen de dichas teorías es que en gran parte "no han sido demostradas", como no sea sintetizándolas en modelos "funcionales" más generales que sólo se pueden probar empíricamente. Las teorías básicas sólo se vuelven útiles en la medida en que son combinadas y reducidas a procedimientos funcionales.

Por lo tanto, como autores de un "manual", se dirigen estos estudios a aquellos que desean *hacer uso* de nuevas ideas motivadoras en el medio de trabajo.

Ejemplo 2.2.1 Modelo de mejoramiento de los resultados recurriendo a las personas

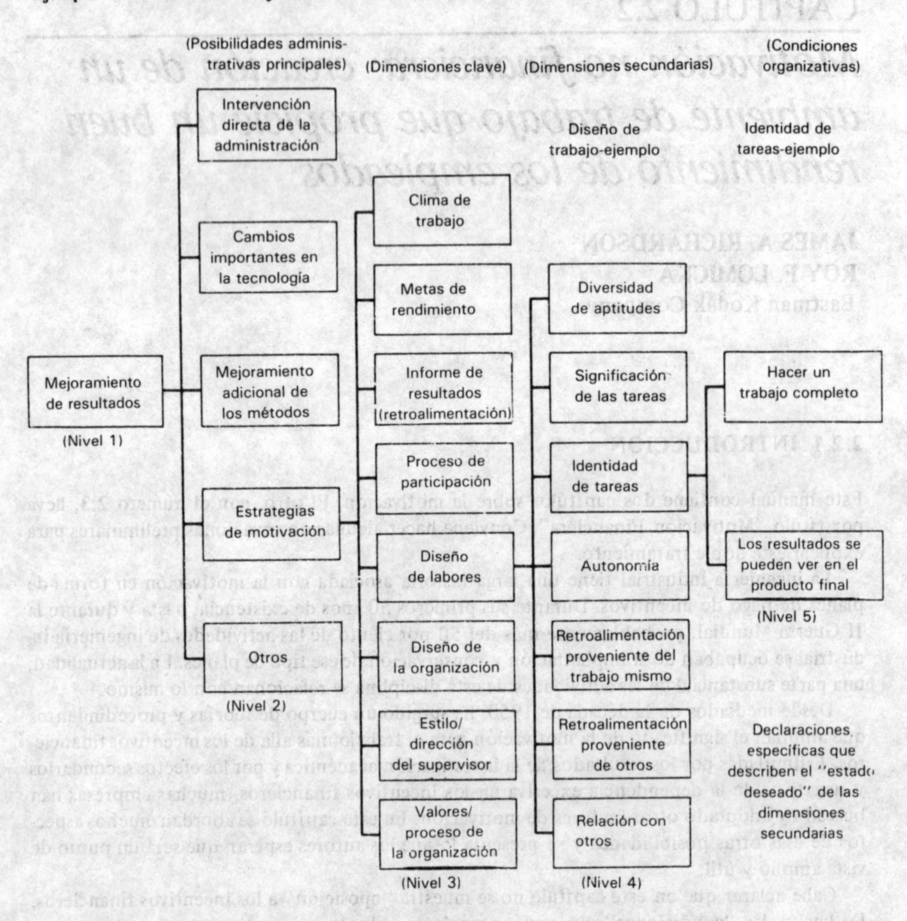

2.2.2 LOS ORIGENES DE ESTE CAPITULO

Este capítulo representa una versión condensada y filtrada de los 20 años de experiencia de un grupo que ha tratado de entender y aplicar las muchas teorías pertinentes y a veces conflictivas provenientes de la investigación académica. Representa también una considerable verificación de los datos obtenidos por otros miembros de la comunidad industrial que han tratado de hacer lo mismo. El resultado es el producto del éxito y el fracaso, con las constantes revisiones necesarias, que converge en el modelo presentado aquí. Si esto se escribiera dentro de un año, diferiría ciertamente en los detalles y tal vez en la estructura, pero no en el contexto o concepto general.

2.2.3 PRESENTACION DEL MODELO

El motivo principal de este capítulo es un *modelo* (ejemplo 2.2.1) que explica las *condiciones* en que más probablemente las personas alcanzarán los objetivos de la empresa y satisfarán al mismo tiempo sus propias necesidades. El modelo, por lo tanto, describe un *ambiente*.

La presentación se hace con dos formatos:

1. Un diagrama general que indica las dimensiones y subdimensiones del ambiente (ejemplo 2.2.1).

2. Una descripción de las dimensiones, la cual explica más detalladamente el ambiente (ejemplo 2.2.2).

El ejemplo 2.2.1 trata de mostrar, en una hoja de papel, un modelo de mejoramiento del rendimiento con cinco niveles de detalle. Los niveles son como sigue:

Nivel 1: mejoramiento del rendimiento, que se propone como objetivo final desde el punto de vista de la administración y presupone que el mejoramiento se definirá en función de aquello que para la gerencia constituye sus metas legítimas. En este capítulo no se amplía ese concepto.

Nivel 2: alternativas principales de la administración, que trata de presentar los medios principales que puede emplear la gerencia para alcanzar su objetivo final. Como se nota en este capítulo sólo se estudia una de esas posibilidades, las estrategias de motivación. Las otras no se examinan aquí.

Niveles 3 y 4: dimensiones y subdimensiones clave, respectivamente, que indican las dimensiones del factor "personas" en dos niveles de detalle. El nivel 4 detalla más a fondo el diseño de trabajo únicamente, como un ejemplo. Las otras dimensiones clave se detallan en la descripción que sigue.

Nivel 5: condiciones organizativas, que contiene descripciones detalladas de las condiciones en que se supone que las personas tienen más probabilidades de lograr los objetivos de la empresa y los personales. Hay 115 exposiciones de esas condiciones, tema principal de este capítulo. Se proponen como un estado deseado, o ideal en cierto sentido, hacia el cual se debe dirigir la empresa.

El modelo, descrito en 8 dimensiones clave, 39 dimensiones secundarias y 115 condiciones deseadas, aparece en el ejemplo 2.2.2.

Ejemplo 2.2.2 Ambiente motivador para mejorar el rendimiento

I. Clima de trabajo

A. Competencia del supervisor

1. Los supervisores son técnicamente competentes; es decir, demuestran pericia general y conocimiento del trabajo pertinentes a la función que se supervisa.[1]
2. Los supervisores cumplen con su obligación de informar a otros acerca de la capacidad y disponibilidad de sus subordinados.[1]
3. El personal recibe un trato igual de sus supervisores y es respetado por ellos.

B. Relaciones con el supervisor

1. Los supervisores son amistosos y accesibles.
2. Los supervisores se interesan realmente por lo que dicen sus subordinados.[1]
3. Los supervisores ayudan a su personal a resolver los problemas que se presentan en el trabajo, proporcionándole información, ofreciendo ideas, etc.

C. Relaciones con los iguales

1. Los miembros del grupo de trabajo son amistosos y es agradable trabajar con ellos.[1]
2. A los miembros del grupo de trabajo les interesa lo que dicen sus compañeros.[1]
3. Los miembros del grupo de trabajo se ayudan entre si a encontrar la manera de realizar mejor sus tareas, proporcionando información, ofreciendo ideas, etc.

Ejemplo 2.2.2 Ambiente motivador para mejorar el rendimiento *(Continuación)*

4. Los miembros del grupo de trabajo se animan mutuamente para que cada uno realice sus mejores esfuerzos.[1]

D. Condiciones de trabajo
1. En el área de trabajo no hay distracciones molestas.
2. La temperatura del área de trabajo es agradable y la ventilación es buena.
3. La distribución del área de trabajo es conveniente y la limpieza es buena.
4. El área de trabajo es segura.
5. El área de trabajo es agradable y permite realizar las tareas.

E. Suministros y equipo
1. El personal puede obtener herramientas y suministros sin dificultad a medida que los necesita.
2. El equipo con el cual tiene que trabajar el personal es adecuado, eficiente y recibe el mantenimiento necesario.

F. Salario y beneficios
1. El personal considera que su contribución es pagada equitativamente.
2. El personal piensa que los programas de beneficios al empleado son adecuados.

G. Vida personal
1. Las exigencias del trabajo no impiden que el personal haga lo que quiera hacer en su vida particular.
2. Los amigos y vecinos del empleado piensan que el trabajo que realiza es útil.

H. Seguridad
1. El personal de la organización tiene seguridad en el empleo.

I. Políticas y procedimientos
1. El personal piensa que las políticas de la organización son justas y no interfieren con la realización del trabajo.

J. Posición
1. La existencia de ''símbolos de posición'' se relaciona funcionalmente con el rendimiento eficiente en el trabajo y no es una manera de subrayar las diferencias de nivel.

II. Metas de rendimiento

A. Metas de la organización (grupo de trabajo)
1. La organización opera persiguiendo metas; es decir, ha fijado metas para la organización (grupo de trabajo) y metas para las personas.
2. La organización (grupo de trabajo) ha fijado metas, razonables y claramente expuestas, en materia de:
   a. Cantidad (producción).
   b. Calidad y desperdicio.
   c. Servicio.
   d. Costos.
   e. Mejoramiento.
   f. Desarrollo del personal.
   g. Ausencias.
   h. Seguridad.
3. Las metas de la organización (grupo de trabajo) son fijadas conjuntamente por los miembros del grupo de trabajo y por los supervisores, mediante participación y discusión de grupo.
4. El personal recibe toda la información necesaria para participar en la fijación de metas audaces pero realistas; por ejemplo, programas de producción, requisitos de calidad, reacciones del cliente (o usuario) y restricciones (costos, aspectos jurídicos, políticas, tiempos).

B. Sistemas de control (''Registro de Resultados'')
1. Existe un sistema de control para examinar los datos de resultados comparándolos con las metas de la organización (grupo de trabajo).
2. El personal sabe si la organización (grupo de trabajo) está logrando sus metas.
3. La organización (grupo de trabajo) considera que los datos de control constituyen información útil para la autodirección y el autocontrol y no una base para imponer sanciones.
4. La organización (grupo de trabajo) se dedica activamente a resolver problemas, con el fin de reducir la diferencia entre los resultados reales y los deseados.

C. Metas individuales
1. Los individuos tienen metas razonables y claramente expuestas.
2. Los individuos entienden que sus metas contribuyen al logro de las de la organización (grupo de trabajo).
3. Los supervisores toman como criterio de rendimiento las metas alcanzadas por los individuos.

Ejemplo 2.2.2 Ambiente motivador para mejorar el rendimiento *(Continuación)*

III. Retroalimentación sobre resultados (a quien los produce)

A. Expectativas

1. Los empleados entienden claramente lo que sus supervisores y otros miembros del grupo de trabajo esperan de ellos (en cuanto a tareas y a comportamiento).[1]
2. Los empleados son funcionalmente capaces de satisfacer la mayoría de las expectativas de sus supervisores y de otros miembros de su grupo de trabajo.
3. Los empleados saben cuál es la base de comparación para medir su rendimiento.

B. Información retroalimentada

1. Los empleados pueden conocer su propio rendimiento en el trabajo.
2. Los empleados reciben información acerca de su comportamiento, es decir, conocen sus desviaciones respecto a las metas y normas, antes de que los supervisores reciban esa información.

C. Programa de retroalimentación

1. Los supervisores o los sistemas de información dan cuenta al personal lo más pronto posible una vez que se conocen los resultados.
2. Los supervisores programan una retroalimentación continuá, con una frecuencia en que se toman en cuenta las diferencias individuales.

D. Refuerzo

1. La organización refuerza positivamente el buen comportamiento de sus miembros.
2. Cuando los empleados realizan bien su trabajo, esto influye positivamente en los ingresos que obtendrán.[1]
3. Cuando los empleados realizan bien su trabajo, tienen una sensación de satisfacción personal por haber cumplido.[1]
4. Cuando los empleados realizan bien su trabajo, reciben una retroalimentación positiva y gozan del respeto de sus supervisores y de otros grupos de trabajo.[1]
5. Quienes hacen un buen trabajo tienen la oportunidad de progresar en la organización.
6. La organización analiza sus sistemas y procedimientos con el fin de minimizar o eliminar el refuerzo negativo del buen comportamiento.

IV. El proceso de participación

A. Fijación de metas

1. El personal ayuda a fijar metas de rendimiento importantes para su trabajo; es decir, cantidad, calidad, servicio, costo, mejoramiento, etc.

B. Planeación y métodos de trabajo

1. Los empleados ayudan a planear la forma en que se hará el trabajo.
2. Los empleados ayudan a seleccionar y evaluar los métodos que se siguen en el trabajo.

C. Solución de problemas

1. Se alienta a los empleados para que piensen en otras formas mejores de realizar su trabajo.
2. Se ofrece a los empleados oportunidades estructuradas (tiempo y técnicas) para que traten de introducir mejoras en su trabajo y de resolver los problemas.

D. Flujo de información

1. Los empleados reciben la información necesaria para fijar metas y planear su propio trabajo.
2. Los supervisores informan a sus subordinados, anticipadamente, acerca de cualesquiera cambios que puedan afectar a sus labores.
3. Los grupos de trabajo reciben información acerca de lo que ocurre en otros departamentos o turnos con los cuales tienen que trabajar en colaboración.
4. Los grupos de trabajo son informados acerca del comportamiento de la organización, de las reacciones de los clientes o usuarios, de los planes futuros, etc. que influyen en el "éxito" de la empresa.

V. Diseño de labores[2]

A. Diversidad de aptitudes

1. El trabajo exige a los empleados que realicen diversas tareas recurriendo a distintas habilidades y aptitudes.
2. El trabajo exige a los empleados que recurran a procesos mentales complejos y de alto nivel; es decir, que las tareas no son simples ni manualmente repetitivas.

B. Identidad de tareas

1. Las tareas de los empleados están dispuestas de manera que éstos tienen la oportunidad de hacer un segmento de trabajo de principio a fin.
2. Los resultados de las actividades individuales se pueden ver en el producto o servicio final.

Ejemplo 2.2.2 Ambiente motivador para mejorar el rendimiento *(Continuación)*

C. Significación de las tareas

1. Los resultados del trabajo de cada persona influyen en las demás de manera importante.
2. El trabajo de los individuos puede resultar significativo dentro del esquema general.

D. Autonomía

1. Las tareas de los empleados ofrecen cierta libertad para decidir cómo y cuándo se hará el trabajo.

E. Retroalimentación proveniente del trabajo mismo

1. El trabajo mismo ofrece a las personas información clara y directa acerca de su rendimiento (aparte de la retroalimentación proveniente de compañeros y supervisores).

F. Retroalimentación proveniente de otras personas

1. Los supervisores y los compañeros proporcionan al empleado retroalimentación oportuna y constante de su rendimiento.

G. El trato con otras personas

1. Las tareas de los empleados les exigen que trabajen de cerca con otras personas (internas y externas) al llevar a cabo sus actividades.

VI. Diseño de la organización

A. Misión y metas

1. Los miembros de la organización entienden claramente cuáles son la misión y las metas de aquélla.[3]
2. Los miembros de la organización dedican su tiempo y energía a cosas que contribuyen a cumplir la misión y alcanzar las metas.

B. Funciones y responsabilidades

1. Los empleados conocen con seguridad sus responsabilidades y saben lo que se supone que deben hacer sus compañeros de grupo.[3]
2. Los miembros del grupo discuten entre sí sus expectativas, para poder trabajar juntos en forma eficiente.
3. Los miembros del grupo se aseguran de que se asignen a cada uno responsabilidades que contribuyan al logro de las metas; es decir, que las responsabilidades "no caigan en el vacío".

C. Competencia y habilidad

1. Los empleados reciben capacitación adecuada para realizar su trabajo.
2. Los empleados tienen siempre la oportunidad de aprender y progresar en su trabajo.
3. La organización (grupo de trabajo) es competente.
4. La organización (grupo de trabajo) posee o tiene acceso a los conocimientos o habilidades que requiere para analizar y resolver la mayoría de sus propios problemas.

D. Oportunidades de ascender y progresar

1. Los empleados tienen buenas oportunidades de avanzar en la organización (grupo de trabajo) en términos de;
   a. Estructura técnica.
   b. Estructura jerárquica.
2. El progreso en la organización (grupo de trabajo) está basado fundamentalmente en la capacidad y la aptitud.
3. La organización facilita activamente el progreso individual y/o suprime las barreras que lo estorben.

VII. Estilo/dirección del supervisor

A. Supuestos acerca de los empleados (por parte de los supervisores)

1. Los empleados son entes sociales motivados por el deseo de lograr y comportarse en forma responsable. Aprecian su independencia y su capacidad para controlar su propio destino.[4].
2. La mayoría de las personas tienden hacia el progreso y el desarrollo personal cuando el medio es interesante y ofrece apoyo. La mayoría de las personas aspiran a más de lo que son capaces de lograr.[4]
3. Los empleados buscan reconocimiento y respeto por aquello que representan como personas. Obtienen satisfacción del progreso y de la aplicación de nuevas técnicas.[5]
4. Los empleados quieren tener el derecho de objetar lo que se está haciendo y de participar en la introducción de cambios, si algo hay que cambiar, a fin de establecer un sistema esmerado, eficiente y sano.[5]
5. La mayoría de las personas desean aportar, y pueden aportar, una mayor contribución al logro de las metas de la organización; más que lo que permiten la mayoría de los medios organizativos.[4]

Ejemplo 2.2.2 Ambiente motivador para mejorar el rendimiento *(Continuación)*

6. Los empleados desean pertenecer a grupos estables de amigos que comparten una finalidad productiva común, a fin de ser útiles y ayudarse mutuamente.[5]

B. Comportamiento del supervisor

1. Los supervisores comunican información acerca de los programas de producción, de los requisitos de calidad, de la reacciones de los clientes (o usuarios) y de las restricciones (costos, aspectos jurídicos, políticas, tiempo), como base para fijar metas y resolver problemas.[6]
2. Los supervisores participan, junto con su personal, en la fijación de metas, la solución de problemas y el establecimiento de métodos de trabajo.[6]
3. Los supervisores dejan que los empleados dirijan su propio trabajo una vez que se han puesto de acuerdo respecto a las metas establecidas.[6]
4. Los supervisores involucran a los empleados en la definición de criterios para el rendimiento eficiente y métodos de retroalimentación para la autoevaluación del comportamiento.[6]
5. Los supervisores informan sobre resultados dentro de un clima de franqueza que permite el natural reconocimiento del éxito y la discusión de las oportunidades de mejoramiento.[6]
6. Los supervisores explican las reglas y las consecuencias de un quebrantamiento de las mismas. Tratan de entender las violaciones y las convierten en una lección provechosa para ellos y para quienes las cometieron. Procuran asegurarse, hasta donde les es posible, de que las acciones disciplinarias sean entendidas a fondo.[6]
7. Los supervisores escuchan lo que dicen sus subordinados, comparten información y ofrecen ideas (solución conjunta del problema) en vez de dar consejos.
8. Los supersivores alientan a los empleados para que realicen su mejor esfuerzo y, cuando se necesitan mutuamente para alcanzar las metas, para que trabajen en equipo.
9. Los supervisores crean experiencias instructivas, pero también alientan a sus subordinados para que cuiden por sí mismos de su carrera.[6]

VIII. Valores y procesos de la organización

A. Valores y supuestos

1. La organización tiene un auténtico interés por la calidad de la vida de trabajo de quienes laboran en ella.
2. La organización valora los esfuerzos de colaboración de sus miembros (distintos de la competencia individual).
3. La organización supone que la mayor parte de la energía y habilidad para resolver problemas reside en sus miembros y sólo tienen que ser estimuladas.

B. Procesos de mejoramiento

1. El proceso de mejoramiento de la organización incluye el examen de *cómo están las cosas* y de *cómo deberían estar* (por parte de sus miembros) en áreas tales como las de organización, comunicación, toma de decisiones, relaciones y liderazgo, así como la identificación de las áreas de mejoramiento para resolver problemas.
2. El proceso de mejoramiento de la organización incluye actividades de solución de problemas por parte de los miembros de los grupos de trabajo, destinadas a mejorar el rendimiento de la empresa.

C. El proceso de cambio

1. Existen fuentes adecuadas de retroalimentación, para informar a la organización acerca de la satisfacción o falta de satisfacción de sus "clientes" (usuarios de los productos o servicios de la empresa).
2. La organización es flexible; es decir, es capaz de introducir cambios rápidos respondiendo a las necesidades nuevas o cambiantes del cliente.

D. El proceso de toma de decisiones[1]

1. La información es compartida ampliamente en la organización, de manera que quienes toman decisiones tengan acceso a los mejores datos disponibles.
2. Las decisiones se toman en los niveles en los cuales se dispone de la mejor información.
3. Los miembros de los grupos de trabajo tienen la oportunidad de influir en las decisiones relacionadas con su trabajo.
4. Las organizaciones (grupos de trabajo) que comparten las metas planean conjuntamente y coordinan sus esfuerzos.

E. El proceso de grupo[7]

1. El verdadero trabajo de equipo existe dentro de los grupos de trabajo o en las organizaciones que comparten metas comunes o en ambas.
2. Los empleados tienen libertad para expresar sus opiniones, dicen lo que piensan respecto a un asunto, hacen preguntas que tal vez reflejan ignorancia y expresan su desacuerdo con una situación cualquiera, sin preocuparse por las represalias, el ridículo ni las consecuencias negativas..

Ejemplo 2.2.2 Ambiente motivador para mejorar el rendimiento *(Continuación)*

3. Los empleados tienen un genuino interés por el bienestar, el avance y el éxito personal de los demás; es decir, que nadie tiene que desperdiciar tiempo y energía protegiéndose de los otros al perseguir las metas de la organización (grupo de trabajo).
4. Los empleados se sienten apreciados por los demás miembros de la organización (grupo de trabajo) cuando realizan bien su trabajo. Cuando las cosas no marchan bien, se esfuerzan por ayudarse mutuamente.
5. Existe un clima tal, que las personas no tienen que temer ni mostrarse cautelosas con lo que se comunica a los otros miembros de la organización (grupo de trabajo). Los empleados no se hacen malas pasadas unos a otros.
6. Los empleados ven el conflicto como cosa normal y natural y como una ventaja, porque piensan que la mayor parte del crecimiento y la innovación se deriva de los conflictos.
7. Cuando surge el desacuerdo, las personas o grupos involucrados se reúnen, discuten sus puntos de vista hasta que cada uno puede ver alguna lógica en las ideas de los demás, y luego llegan a un acuerdo que tenga sentido para todos.
8. Cuando los miembros del grupo analizan los problemas, entienden la cuestión, comprenden lo que han decidido hacer al respecto (después de discutirlo) y cuáles son las responsabilidades de cada uno.
9. Los miembros ejecutan eficazmente las decisiones del grupo.
10. Los miembros del grupo respetan las diferencias individuales; es decir, no imponen a los demás una conformidad innecesaria.

2.2.4 FINALIDAD Y OBJETIVOS DEL MODELO

La finalidad de este modelo es iniciar, *como un grupo supervisor*, un esfuerzo planeado y a largo plazo para mejorar el rendimiento a través de las personas. Específicamente, el modelo ayudará a lograr los siguientes objetivos o etapas de acción:

1. Comunicar las condiciones que influyen en el rendimiento de las personas (con base en los puntos de vista y en la experiencia de los autores).

2. Lograr que se entiendan (no necesariamente que se esté de acuerdo con) las condiciones.

3. Comparar (y evaluar) un área objetivo, por ejemplo un departamento o centro de trabajo, con las condiciones generales de la empresa.

4. Identificar las oportunidades de mejoramiento en que los supervisores están dispuestos o comprometidos a realizar el cambio.

5. Resolver problemas y efectuar cambios (bajo la dirección del grupo supervisor).

La estrategia de mejoramiento del rendimiento, recurriendo a las personas, está diseñada como un esfuerzo que abarca a toda la empresa. Sin embargo, las áreas objetivo iniciales seleccionadas, deben ser aquellas en las cuales exista 1) un acuerdo razonable con los conceptos y 2) una ausencia relativa de otros programas importantes de cambio.

Pero, antes de emprender cualquier acción de supervisión de un área objetivo, hay que dar los pasos necesarios para obtener de la gerencia general aprobación y apoyo para los estados deseados que se indican en el modelo. Este último refleja un sistema de valores, así como ideas acerca de las personas y el trabajo, que tal vez difieran de las que sustenta la gerencia. Estos pasos ofrecen una valiosa oportunidad para discutir valores e ideas, para aclarar las descripciones de manera que se entiendan, y para modificar la redacción de dichas descripciones, adaptándolas al área objetivo, por ejemplo, fabricación, mantenimiento o investigación.

Es necesario hacerle ver al grupo administrativo que el mejoramiento del rendimiento por medio de las personas es una labor a largo plazo y que inevitablemente surgirán problemas que crearán obstáculos para el apoyo continuado de la gerencia. Por ejemplo, puede surgir la necesidad, por corto tiempo, de bajar los costos de las operaciones debido a una crisis económica o a otras razones competitivas. ¿En qué forma afectará esta necesidad a las prioridades otorgadas por la gerencia a los intentos continuados de mejoramiento por medio de las personas, si posiblemente no dan resultados a corto plazo? Los posibles problemas relacionados con el apoyo a largo plazo de la gerencia deben ser abordados abiertamente desde el principio.

Cuando se han asegurado la aprobación y el apoyo a largo plazo por parte de la gerencia, se da el segundo paso, que consiste en convertir las descripciones del modelo (estados deseados) en un cuestionario, con un sistema de clasificación o puntuación que permita al grupo supervisor evaluar o diagnosticar un área objetivo para buscar las oportunidades de mejoramiento. En el ejemplo 2.2.3 se ilustra un cuestionario (tomado de la dimensión de retroinformación sobre resultados del ejemplo 2.2.2).

2.2.5 EMPLEO DEL MODELO CON EL FORMATO DE DIAGNOSTICO

El modelo con formato de diagnóstico se parece mucho a los cuestionarios o encuestas típicos que se entregan a los empleados para que hagan una estimación de sus situaciones de trabajo. Los autores son partidarios de que se obtenga información de los empleados cuando sus condiciones de trabajo resultan afectadas; pero este documento *no* fue diseñado con ese fin. Por lo tanto, no se debe entregar a los profesionales ni a las personas que trabajan por horas para que hagan su estimación.

El documento *fue* diseñado para los supervisores y/o el personal administrativo designado, con el fin de que hagan una evaluación del área objetivo. La intención es que el grupo supervisor sea considerado por el personal como bien informado y favorable, no desfavorable, para la introducción de cambios en los sistemas sociales, en colaboración con los que se llevan a cabo en los sistemas técnicos.

El procedimiento que se recomienda para hacer uso del modelo de diagnóstico es el siguiente:

1. Comunicar los objetivos y el proceso al grupo supervisor de primera y segunda línea (por lo común de cinco a ocho personas) del área objetivo. La comunicación debe reflejar también la aprobación y apoyo de los conceptos y el proceso por parte de la gerencia general.

2. Indicar al grupo supervisor que haga una "primera" evaluación del área objetivo. *Nota*: Los autores señalan los puntos siguientes para "calificar" el documento:

a. Suponer que *todas* las condiciones están valoradas y son importantes; es decir, que indican el estado deseado.

b. Es "correcto" mostrar desacuerdo. De hecho, se buscan los desacuerdos en las discusiones planeadas de grupo.

c. La puntuación, de 1 (requiere mejoramiento) a 5 (lo está haciendo bien), debe indicar la medida en que una condición debe ser reforzada o mejorada para alcanzar el estado deseado, suponiendo que la condición es apreciada e importante.

d. Calificar la condición aunque el cambio no puede ser llevado a cabo al nivel de supervisión de primera o segunda línea.

e. La puntuación no es el paso crítico; las discusiones de grupo sí lo son. Por lo tanto, se dejarán espacios en blanco cuando no se tenga información o ésta sea "inquietante".

f. La finalidad de las discusiones de grupo es detectar oprtunidades de mejoramiento en las que el grupo supervisor esté dispuesto al cambio o comprometido a hacerlo.

3. Resumir y pasar las respuestas al grupo supervisor. En el ejemplo 2.2.4 se indica la manera de hacerlo.

4. Planear y organizar una serie de reuniones para discusión con el grupo supervisor, a fin de identificar las oportunidades potenciales de mejoramiento.

a. La experiencia indica que se requieren aproximadamente 8 horas de discusión de los supervisores para terminar el diagnóstico de un área objetivo. Esto se hace por lo común en cuatro juntas de 2 horas cada una, celebradas a intervalos de una semana.

Ejemplo 2.2.3 Formato de un cuestionario que sirve para diagnosticar un área que necesite mejoramiento

III. Informe de comportamiento (al interesado)	*Requiere mejoramiento (—)*	*Lo está haciendo bien (+)*
A. Expectativas		
1. ¿Entienden claramente los empleados lo que sus supervisores y otros miembros de su grupo de trabajo esperan de ellos (en cuanto a trabajo y a conducta)?	1 2 3 4 5	
2. ¿Son capaces los empleados de satisfacer la mayoría de las expectativas de sus supervisores y de otros miembros de su grupo de trabajo?	1 2 3 4 5	
3. ¿Saben los empleados con qué base se está midiendo su rendimiento?	1 2 3 4 5	
B. Retroalimentación de datos		
1. ¿Son capaces los empleados de examinar su propio comportamiento en el trabajo?	1 2 3 4 5	
2. ¿Reciben los empleados información sobre su comportamiento? Es decir, ¿conocen sus desviaciones respecto a las metas y normas, antes de que los supervisores reciban esa información?	1 2 3 4 5	

Ejemplo 2.2.4 Ilustración de la manera de resumir y retroalimentar las respuestas de los supervisores[a]

	Requiere mejoramiento →				Lo está haciendo bien
III. Informe de comportamiento (al interesado)	1	2	3	4	5
A. Expectativas					
1. Comprensión de las expectativas de los supervisores y los compañeros.			/	~~////~~	/
2. Capacidad para satisfacer las expectativas.				~~////~~ /	/
3. Conocimiento de las medidas de comportamiento.		/	////	//	
B. Retroalimentación de datos					
1. Examen del comportamiento, por parte de la persona.	//	///	//		
2. Conocimiento de la información, antes que el supervisor.	/	///	//	/	

[a] Declaraciones específicas que describen el "estado deseado" de las subdimensiones.

Ejemplo 2.2.5 Hoja de trabajo que ayuda a los supervisores a recopilar datos sobre situaciones específicas

Dimensión de la tarea ____________

Describir una situación específica que requiera mejoramiento. (¿Qué? ¿Dónde? ¿Cuándo? ¿En qué medida?)	*¿Qué efecto produce esta situación en las actitudes, sentimientos y comportamiento de las personas?*

b. Se pide a los supervisores que trabajen por parejas en la preparación de las juntas de discusión, y que describan *situaciones específicas* del área objetivo que deban ser mejoradas (con la ayuda del resumen de respuestas a las preguntas de diagnóstico) y el efecto que produce la situación actual en las actitudes, sentimientos y comportamiento de las personas. En el ejemplo 2.2.5 se muestra una hoja de trabajo.

c. El resultado de las juntas de discusión es una lista de 15 a 20 oportunidades potenciales de mejoramiento, así como una descripción de los efectos de la situación actual en las personas. Por lo general, esos efectos producen un impacto negativo en el rendimiento de la empresa. En el ejemplo 2.2.6 se puede ver una muestra de los comentarios de los supervisores respecto a la dimensión Retroinformación sobre resultados.

Ejemplo 2.2.6 Comentarios del supervisor en el informe de comportamiento

Dimensión de la tarea *Informe de comportamiento (al interesado)*

Describir una situación específica que requiera mejoramiento. (¿Qué? ¿Dónde? ¿Cuándo? ¿En qué medida?)	*¿Que efecto produce esta situación en las actitudes, sentimientos y comportamiento de las personas?*
Datos retroalimentados	
1. Hay falta de retroalimentación de datos de los ingenieros a los técnicos acerca de los resultados del trabajo, sobre todo cuando se realiza un esfuerzo adicional para lograr un experimento.	1. Los técnicos pierden interés por el experimento al no saber si sus esfuerzos valen la pena. Esto da lugar a la indiferencia.
2. La información acerca de los errores cometidos en el trabajo encargado por el cliente se entrega a los supervisores, no a los técnicos.	2. Los técnicos se sienten en un nivel de inferioridad y pierden el respeto por los ingenieros.
3. No existe una política uniforme que estipule la retroalimentación frecuente y periódica a los técnicos.	3. Los técnicos no tienen la oportunidad de comparar los resultados con las normas.

5. Planear y organizar una junta con el grupo supervisor para seleccionar, entre las oportunidades potenciales de mejoramiento, de dos a cuatro situaciones que se modificarán en el presente año. Algunos criterios que se sugieren para la selección son los siguientes:

a. Que el grupo supervisor posea los conocimientos y aptitudes (o acceso a ellos) y la autoridad necesaria para resolver el problema y efectuar el cambio.

b. Que los miembros del grupo estén dispuestos a trabajar personalmente en la solución de los problemas que plantean las situaciones seleccionadas.

c. Que el grupo abrigue la creencia de que el hecho de trabajar para mejorar esas situaciones influirá en el rendimiento de las personas.

6. Designar a un supervisor para que *dirija* los procesos de solución de problemas y ejecución de planes. Este paso no implica que el supervisor será quien resuelva el problema, sino que se encargará de que sea resuelto y de que el cambio se lleve a cabo empleando los mejores recursos disponibles.

a. Emplear los mejores recursos disponibles, a menudo implica incluir a los trabajadores en el proceso de solución del problema. Esto deberá hacerse siempre si las tareas de los trabajadores van a ser afectadas por la solución.

b. El ingeniero industrial auxilia al supervisor responsable en dos formas: 1) proporciona un plan para resolver el problema y guía o facilita las juntas de solución en grupo y 2) contribuye a las posibilidades en los casos con los cuales tenga experiencia.

7. Repetir con regularidad el proceso de diagnóstico y solución de problemas para continuar el mejoramiento. De acuerdo con la experiencia de los autores, el trabajo nunca termina.

2.2.6 EL PAPEL DEL INGENIERO INDUSTRIAL

En varias ocasiones, los autores han empleado la expresión "planear y facilitar" al referirse, por ejemplo, a una junta de discusión. Quiere decir poseer y utilizar la habilidad necesaria para ayudar a los grupos a volverse eficientes al abordar las tareas, tomar decisiones o resolver problemas. El papel del ingeniero industrial en esos casos es el de "consultor de procesos" y no el de "consultor experto". Se recomienda muy especialmente que el ingeniero industrial que utilice este modelo conozca a fondo los conceptos y principios del conductismo en los cuales se funda, sea alguien cuyos valores y creencias sean congruentes con esos conceptos y principios y que posea conocimientos como consultor de procesos para ayudar a los grupos a volverse eficientes.

2.2.7 PLANEACION DE LA INTERVENCION

A los autores les gustaría que el estado de la técnica fuera tal, que sólo hubiera que intervenir en la forma adecuada a partir de un diagnóstico, así como el médico prescribe el remedio una vez que ha hecho su diagnóstico. Pero no ocurre así, y lo más que se puede hacer aquí es sugerir diversas intervenciones que, de acuerdo con la situación, pueden ser adecuadas para resolver el problema y poner en práctica la decisión. Se sugieren las siguientes:

1. Capacitación de supervisores.
2. Formación y desarrollo de equipos.
3. Aplicación de la técnica de análisis de funciones.
4. Uso del modelo de acción-investigación.
5. Métodos de solución de problemas en grupos; por ejemplo, los Modelos de Kepner Trego.
6. Procesos participativos estructurados; por ejemplo, los círculos QC, la simplificación del trabajo.
7. Enriquecimiento y diseño de labores.

8. Procesos de fijación de metas; por ejemplo, administración por objetivos.
9. Programas de trabajo alternativos; por ejemplo, programación flexible.
10. Análisis de sistemas abiertos.
11. Análisis de consecuencias y retroinformación.
12. Análisis de sistemas de información.

2.2.8 RESUMEN Y CONCLUSION

Se ha tratado de presentar una estrategia de motivación no financiera que hace hincapié en lo siguiente:

Enfocar el ambiente "total" de la empresa como base de la motivación.
Recalcar la creación de un ambiente compuesto por un conjunto de condiciones deseadas (y definidas) en las cuales es más probable que las personas luchen por alcanzar las metas de la entidad y las propias.
Sugerir un proceso de diagnóstico y educativo que señale los aspectos del ambiente que más necesitan ser corregidos.
Sugerir las intervenciones adecuadas para mejorar esos aspectos.

La experiencia de los autores ha indicado ciertas ventajas de este enfoque "ambiental" de la motivación, así como algunos obstáculos que se oponen a su empleo. Sus *ventajas* son las siguientes:

1. Es amplio; es decir, incluye gran parte de lo que se ha aprendido y experimentado al aplicar los conceptos del conductismo.
2. Describe las condiciones de la empresa, desde el punto de vista de estados deseados.
3. Requiere la evaluación de los supervisores antes de emprender la acción.
4. Comunica un "modelo" común a todos los departamentos y a todos los niveles de supervisión.
5. Ofrece la oportunidad de examinar los valores y supuestos de los supervisores acerca de las personas y el trabajo.
6. Permite adaptar las acciones a las necesidades del área "objetivo" con base en la disposición e interés de los supervisores.
7. Recuerda la posibilidad de acción; es decir, indica qué *se está* y qué *no se está* atendiendo.
8. Facilita un plan sistemático y a largo plazo de mejoramiento del rendimiento por medio de las personas.

1. Exige un esfuerzo prolongado. Es difícil jugar una partida a largo plazo.
2. Exige un nivel elevado de participación e interés de los supervisores de primera línea.
3. Requiere el apoyo continuo de los altos niveles administrativos. Este es difícil de obtener porque otras actividades de mejoramiento pueden tener prioridad.
4. Hay que prestar atención a muchas variables, *no* a unas cuantas, y esto puede causar "bloquear el pensamiento."
5. Requiere paciencia y cuidado por parte de muchas personas. Es difícil de evaluar y (con frecuencia) no produce resultados a corto plazo.
6. Implica algún riesgo y (tal vez) les proporcione pocas compensaciones a sus iniciadores.

REFERENCIAS

1. *Survey of Organizations*, Institute of Social Research, University of Michigan, Ann Arbor, 1974.
2. R. HACKMAN y G. OLDHAM, "A New Strategy for Bob Enrichment," *California Management Review*, verano de 1975 páginas 57-71.
3. I. RUBIN, M. PLOVNIK, y R. FRY, *Task Oriented Team Development*, Situation Management Systems, Inc, Boston, MA, 1973, 1975, 1977.
4. W. L. FRENCH y C. H. BELL, *Organization Development: Behavioral Science Interventions for Organization Improvement*, Prentice-Hall, Englewood Cliffs, NJ, 1973, páginas 65-66.
5. J. V. CLARK y C. G. KRONE, *Open Systems Redesign* (inédito).
6. F. S. MYERS, *Managing Without Unions*, Addison Wesley, Reading, MA, 1976, página 111.
7. J. P. JONES, *The Ties That Bind*, National Association of Manufacturers, New York, 1967.

BIBLIOGRAFIA

BECKHARD, R., *Organization Development Strategies and Models*, Addison-Wesley, Reading, MA, 1969.

CLARK, J. V., y C. G. KRONE, "Towards an Overall View of O.D. in the Early Seventies," en J. Thomas v M. Beenis (eds.), *Management of Change and Conflict*, Penguin, Nueva YORK, 1973.

COOPER, R., *Job Motivation and Job Design*, Institute of Personnel Management, Londres, Inglaterra, 1974.

FORD, R. N., *Motivation Through Work Itself*, AMA, Nueva York, 1969.

GELLERMAN, S., *Motivation and Productivity*, AMA, Nueva York, 1963.

GLASER, E. M., *Productivity Gains Through Worklife Improvement*, Harcourt Brace Jovanovich, Nueva York, 1976.

HERTZBERG, F., "The Motivation To Work–One More Time, How Do You Motivate Employees?," *Harvard Business Review*, Enero-Febrero de 1968, páginas 53-62.

HUGHES, C. L., *Goal Setting*, AMA, Nueva York, 1965.

MASLOW, A. H., *Motivation and Personality*, Harper & Row, Nueva York, 1970.

MCADAM, J., "Bejavior Modeling, A Human Resource Management Technique," *Management Review*, Octubre de 1975.

MCGREGOR, D., *The Human Side of Enterprise*, McGraw-Hill, Nueva York, 1960.

MCGREGOR, D., *The Professional Manager*, McGraw-Hill, Nueva York, 1967.

MILLER, L. M., *Behavior Management*, Wiley, Nueva York, 1978.

MYERS, F. S., "Every Employee a Manager," *California Management Review*, Primavera de 1968, páginas 9-20.

MYERS, F. S., "Who Are Your Motivated Workers?." *Harvard Business Review*, 1964, páginas 72-88.

ODIORNE, G., *MBO II*, Faran Pitman, Belmont, CA, 1979.

RUMMLER, G. A., "Troubleshooting Performance Problems," *Bureaucrat*, Julio de 1974, páginas 182-195.

SCHEIN, E., *Organizational Psychology*, Prentice-Hall, Englewood Cliffs, NJ, 1970.

SKINNER, B. F., *Contingencies of Reinforcement*, Appleton-Century-Crofts, Nueva York, 1969.

VANDURA, A., *Principles of Behavior Modification*, Holt, Rinehar & Winston, Nueva York, 1969.

WALTON, R., "Quality of Working Life, What Is It?," *Sloan Management Review*, octubre de 1973, páginas 11-21.

CAPITULO 2.3

Motivación financiera

MITCHELL FEIN
Mitchell Fein, Inc.

2.3.1 INTRODUCCION

Los administradores se interesan en los incentivos y al parecer consideran que el pago de acuerdo con el desempeño motiva a los empleados. Sin embargo, el uso de incentivos es limitado. Los administradores sustentan opiniones diferentes acerca de cómo mejorar la eficiencia del personal.

Un estudio realizado en más de 400 fábricas de los Estados Unidos reveló que, cuando esas fábricas implantaron la medición del trabajo, la productividad aumentó en un 14.6 por ciento como promedio. Cuando instituyeron el pago de incentivos, existiendo ya la medición del trabajo, la productividad subió otro 42.9 por ciento. El aumento promedio, desde la no medición hasta el pago de incentivos fue del 63.8 por ciento. [1] Sin embargo, muchas compañías no miden siquiera la eficiencia del trabajador.

Aunque los incentivos financieros hacen aumentar la productividad, en los Estados Unidos, sólo un 26 por ciento de los empleados de fábrica cobran incentivos. Al 74 por ciento se les paga por horas o un salario fijo, y prácticamente ningún empleado de oficina recibe incentivos. [2–5]

Alrededor del 75 por ciento de los agentes vendedores reciben alguna forma de incentivo. [6]

El 82 por ciento aproximadamente de las empresas manufactureras tienen planes de gratificaciones para ejecutivos; la gratificación media para aquéllos en los tres niveles más altos equivale, en promedio al 45 por ciento de su sueldo base. [7]

En 1978, los dos ejecutivos más importantes de General Motors (GM) y de Ford cobraron sueldos anuales de alrededor de $350,000 dólares, más premios e incentivos por la suma aproximada de $650,000 dólares, o sea el 185 por ciento de su sueldo base. Hace años, sin embargo, GM suprimió los incentivos para los obreros de la fábrica.

Los empleados de mercadotecnia de la International Business Machines (IBM) que venden productos y servicios trabajan bajo planes de bonificación a base de cuotas. A todos los demás empleados de IBM se les paga con sueldo fijo.

Un estudio de las compensaciones a ejecutivos en 1,100 empresas que figuran en la Bolsa de Valores de Nueva York, reveló que las compañías que tenían planes formales de incentivos para sus ejecutivos obtuvieron como promedio un 43.6 por ciento más de utilidades antes de impuestos que las empresas que no tenían esos planes. [8]

El patrón indica que la administración está en favor del pago de incentivos a los vendedores y a los altos ejecutivos.

La motivación financiera es considerada normalmente desde un punto de vista mecánico, como el trabajo a destajo: produce más y ganarás más. Los incentivos a vendedores tienen el mismo carácter: vende más unidades y tus ingresos aumentarán. El concepto y la mecánica de esas formas de incentivos son muy simples.

La motivación financiera implica mucho más que diferentes formas de trabajo a destajo. Es una extensión de las políticas de compensación de una empresa, determinadas por sus políticas administrativas. Un estudio amplio de la motivación financiera debe dar comienzo con las políticas administrativas de las empresas, a fin de asegurarse de que los procedimientos de pago de incentivos están de acuerdo con y tienen el apoyo de esas políticas.

Para entender a fondo la importancia de los incentivos financieros en la administración de una empresa, y cómo esos incentivos motivan a los empleados para que su productividad sea mayor, hay que examinar los factores principales asociados con la motivación que actúan sobre los empleados y les afecta, de manera que se estudien éstos en relación con los demás y con el conjunto.

Cómo aumentar la productividad del empleado

Los medios principales para aumentar la productividad son: los esfuerzos de la administración y los esfuerzos de los empleados. Los primeros se pueden clasificar así: los que dependen del personal de ingenieros, técnicos y otros especialistas, sin la colaboración del empleado, y los que dependen de este personal, pero alientan también a los empleados para que participen en el aumento de la productividad. A los empleados se les puede motivar para que produzcan más en las formas siguientes:

Establecer normas para hacer una jornada justa de trabajo a cambio de un salario justo, y hacer que se cumplan esas normas.
Pagar los incentivos tradicionales a los empleados individuales y a los grupos pequeños.
Establecer planes generales de participación en la productividad.
Recurrir a métodos de mejoramiento del trabajo: proyectos de calidad de la vida de trabajo, círculos de control de calidad, comités de administración de los trabajadores, y enriquecimiento de labores.

Todas las actividades y procedimientos, especialmente los que atañen a los empleados, resultan afectados por las políticas administrativas o están basados en ellas.

2.3.2 PRACTICAS ADMINISTRATIVAS

Los programas destinados a motivar a los empleados para que produzcan más deben ser consistentes con las políticas administrativas de la empresa. Las creencias y las políticas de la administración deben ser la base de los programas de motivación. La medida en que la administración controle unilateralmente a la empresa o estimule a los empleados para que tengan participación en las operaciones depende del método que, en opinión de la gerencia, puede crear operaciones más efectivas.

En los Estados Unidos, las empresas son manejadas de acuerdo con el principio cardinal de que la gerencia toma todas las decisiones y es responsable de los resultados; los empleados que no forman parte de la administración no participan en las decisiones ni son responsables de los resultados. El control total de las operaciones, llamado "derechos de la administración", está en manos de ésta exclusivamente. Bajo este principio hay una gama de posibilidades disponibles, desde la acción y la responsabilidad unilateral de la administración, hasta la participación de los empleados de tiempo incompleto y completo en el mejoramiento de la productividad y la disminución de los costos. Cualquiera que sea el grado de participación del empleado, el control de las operaciones no se comparte. Ya sea que las decisiones y la responsabilidad por los resultados estén concentrados en la gerencia general o que abarquen niveles administrativos más amplios y más bajos, eso no altera el principio básico de que la administración controla todas las operaciones y decisiones.

En Europa, la participación del trabajador es diferente. En Alemania, la codeterminación es el derecho legal conferido a los trabajadores de tener voz en las decisiones relacionadas con la manera de operar de la empresa. La situación legal de la participación del trabajador difiere entre los países europeos. Los sindicatos norteamericanos se oponen a la participación del trabajador en las decisiones de operación y en las políticas de la empresa y prefieren seguir desempeñando su papel tradicional de adversarios.

Aclaración de significados

Los términos y expresiones vagamente definidos que se emplean en este país en las obras sobre administración y conductismo dan lugar a malentendidos respecto a la participación del empleado. El vocablo "participación" se aplica a una amplia gama de actividades en que los empleados colaboran voluntariamente con la gerencia para resolver problemas, mientras que la expresión "administración participativa" sirve para describir la actitud de los administradores que están en favor del proceso de colaboración.

El término participación no describe en forma adecuada la verdadera relación que surge entre los empleados no administrativos y la gerencia en esos esfuerzos voluntarios. La participación implica que las personas implicadas comparten la responsabilidad por los resultados, lo cual no ocurre. La cooperación sin responsabilidad no es participación, sino consulta. Esto es lo que se hace en realidad cuando se alienta a los empleados para que sugieran mejoras. La gerencia puede aceptar o rechazar las ideas de los empleados, porque sólo ella tiene autoridad para tomar decisiones.

"Implicado en las decisiones" es otra expresión que se emplea con vaguedad en los libros sobre el tema, y también es engañosa. Los empleados pueden hacer sugerencias y son consultados; pueden influir en las decisiones; pero no toman parte en la toma de decisiones en el sentido que se da a esta última en la práctica administrativa. El empleo impreciso de esas palabras y expresiones puede ser perjudicial para los esfuerzos de colaboración. La expresión "administración participativa" debería ser sustituida por otra más adecuada y descriptiva: "administración consultiva".

Prácticas administrativas tradicionales y consultivas

De acuerdo con el gran número de puntos de vista expresados en las obras sobre administración y conductismo a fin de describir las diferencias que existen entre las prácticas administrativas tradicionales y las consultivas, parece que hay muchas y muy marcadas diferencias entre ellas; pero se pueden reducir a una sola diferencia básica: si la gerencia alienta o no a los empleados para que participen y colaboren con la administración en el mejoramiento de las operaciones (y en qué grado lo hace).

En los Estados Unidos, los dos métodos administrativos principales son el tradicional y el consultivo. Pocas empresas recurren a las prácticas consultivas, pero la tendencia va en aumento. En un examen general de las prácticas administrativas asociadas con las relaciones entre la gerencia y los empleados, y de las maneras en que se implica a estos últimos en actividades de colaboración con la gerencia, Strauss presenta una serie de experiencias, opiniones y prácticas que le serán útiles al lector.[9]

Con la administración tradicional, la gerencia asume plenamente la autoridad y la responsabilidad de las operaciones.

Los derechos de la administración no se diluyen.

La administración toma unilateralmente todas las decisiones sobre operación y políticas.

Es la única responsable de las operaciones y del mejoramiento de la productividad.
No se solicitan los puntos de vista de los empleados y éstos no toman parte en las decisiones.
Los empleados no participan directamente en las ganancias de la productividad.
Se puede ofrecer a los empleados los incentivos financieros convencionales sobre operaciones de producción.
Si hay un sindicato, las acciones y responsabilidades de la administración respecto a los empleados están restringidas por un contrato laboral. Si no lo hay, la administración debe equilibrar las necesidades de la empresa con las de los empleados, para satisfacer a estos últimos.

Las prácticas administrativas consultivas comprenden todas estas características, con las modificaciones necesarias para ofrecer a los empleados administrativos la oportunidad de participar en el desarrollo e implantación de mejoras. También pueden participar en las ganancias de productividad.

La administración consultiva no es una administración tradicional con derechos diluidos. Está basada en la creencia de que las metas de la administración se alcanzarán en forma más efectiva si los empleados ayudan voluntariamente a aumentar la productividad.

Diseño de programas de incentivos

El diseño de un programa de incentivos depende de las políticas de compensación y administración de la empresa. La administración tradicional y la consultiva se pueden ejercer con o sin incentivos o participación. El método de pago de salarios no afecta a las políticas administrativas; en vez de ello, los pagos de incentivos dependen de las políticas.

La cuestión de si se debe o no compartir con los empleados las ganancias provenientes de la productividad, tiene partidarios en uno y otro caso. Los administradores tradicionales a menudo adoptan el punto de vista de que una empresa responsable paga buenos sueldos y ofrece buenas condiciones de trabajo, que las ganancias por productividad se comparten a través de los mejoramientos anuales de los sueldos y las condiciones de trabajo, y que por lo tanto no hace falta un programa de incentivos.

Los administradores consultivos, además de proporcionar buenos sueldos y condiciones de trabajo, pueden estar dispuestos a compartir con los empleados las ganancias por productividad creadas por ellos. La participación de productividad, como se lleva a cabo en los planes Scanlon, Rucker®* o Improshare®†, por lo general es un plan que abarca a una fábrica o empresa y comprende a todos los empleados. Esos planes estimulan la cooperación del empleado para el mejoramiento de la productividad y sólo se ponen en práctica en la administración consultiva.

2.3.3 PRACTICAS ADMINISTRATIVAS TRADICIONALES

Para mejorar su eficiencia administrativa, los administradores deben entender los preceptos, defectos y ventajas de las prácticas seguidas por ellos y de las que son posibles. En esta exposición se ponen de relieve las dificultades y problemas de la administración tradicional.

*Como aquí se usa, Rucker® es la marca registrada de servicio de la *Eddy-Rucker-Nickels Company*.

†Como aquí se usa, Improshare® es la marca registrada de servicio de Mitchell Fein.

Tendencias en la administración tradicional

Las artes y tradiciones de la dirección están por convertirse en una ciencia administrativa. La tendencia es hacia un control más estricto de las operaciones. Lo paradójico de esta tendencia es que, mientras los sociólogos y los especialistas en el conductismo aconsejan que se dé a los empleados más participación y libertad de expresión en su trabajo, la ciencia administrativa está dando lugar a que la administración ejerza un mayor control sobre el lugar de trabajo y los trabajadores.

La idea de ejercer controles más refinados y rígidos es apoyada por los administradores que, para mejorar la productividad, no ven otro método viable que los controles estrictos que se ejercen ahora, diseñados para operar en medio de las relaciones antagónicas del lugar de trabajo, para imponer una mayor productividad a los trabajadores no motivados, y para que ayuden a alcanzar las metas de la administración.

La teoría administrativa tradicional asigna a la administración toda la responsabilidad por el mejoramiento de la productividad. Los trabajadores no tiene parte ni voz en él, ni se buscan sus opiniones. La productividad general se hace aumentar al concentrarse fundamentalmente en las áreas inferiores y sometiéndolas.

Problemas de los métodos tradicionales

Un estudio de 300 trabajos de investigación de la relación que existe entre la satisfacción en el trabajo y la motivación, efectuado por una Fundación Nacional para la Ciencia patrocinada por la Universidad de Nueva York (NSF/NYU), el grupo de estudio detectó los principales inconvenientes de los métodos que suelen seguirse para aumentar la productividad de los trabajadores, y encontró que la mayor productividad depende de dos proposiciones:

La clave para tener trabajadores que al mismo tiempo estén satisfechos y sean productivos es la motivación; *es decir, despertar y cultivar el deseo de trabajar con eficacia; trabajadores que son productivos no porque se sientan obligados, sino porque están interesados.*

De todos los factores que ayudan a crear trabajadores sumamente motivados y satisfechos, parece que el principal es el reconocimiento y recompensa del rendimiento eficiente, en términos significativos para la persona, ya sean financieros, sicológicos o ambas cosas.[10]

Esto suena bien, tiene sentido y es irrefutable. Por todo el país, sin embargo, la mayor parte de los administradores hacen precisamente lo contrario. En las fábricas, las políticas administrativas están basadas en la coerción; muy pocas veces se recompensa económicamente a los trabajadores por su mejor rendimiento. Las realidades del lugar de trabajo son diametralmente opuestas a lo que se requiere para aumentar la satisfacción en el trabajo y la motivación. Aunque sin intención, resulta que por lo general la mayoría de los trabajadores salen perjudicados por la pérdida de horas de trabajo extraordinarias y por los despidos que son el resultado de la mayor eficiencia, de manera que se oponen a los objetivos de la administración. La gerencia percibe el antagonismo, de manera que sus sistemas administrativos y de control se diseñan para que funcionen en un medio hostil y ejerzan presión y coerción sobre los trabajadores para obligarlos a hacer más.

Los trabajadores se dan cuenta inmediatamente de que, si ayudan a aumentar la productividad, algunos de ellos saldrán perjudicados. Si mejoran la producción, reducen las demoras y el tiempo de espera, y disminuyen el tamaño de las cuadrillas, algunos serán desplazados y la fábrica necesitará menos empleados. No obtendrán una remuneración por sus esfuerzos y no están seguros de que las utilidades más altas de la compañía les beneficiarán en el futuro. ¿Qué empleado ayudará a mejorar la productividad, sólo para ser castigado por su diligencia?

Los empleados "exentos" –ejecutivos, administradores, profesionales y vendedores: son tratados en forma diferente. Un administrador no provoca su propio despido por el hecho de rendir más, ni la seguridad de un vendedor se verá amenzada porque ha vendido demasiado. Un ingeniero, por ser muy creador, no da lugar a que otros ingenieros sean despedidos. Esos empleados esperan ser recompensados por su creatividad y eficiencia.

Cuando los trabajadores se superan y aumentan la productividad, la compañía sale beneficiada y la administración está satisfecha; pero los trabajadores no obtienen beneficios. Por el contrario, en poco tiempo ven amenazados sus intereses económicos y algunos ven menoscabados sus ingresos. En cambio, cuando los empleados exentos son más eficientes se cubren de gloria; su seguridad económica se acrecienta en vez de verse amenzada. Irónicamente, la relación entre administradores ofrece en realidad a los trabajadores un incentivo para no cooperar en el mejoramiento de la productividad. Sin darse cuenta, todo lo que la mayoría de las empresas ofrecen a sus empleados a cambio de una mayor dedicación y un aumento de la productividad, es la oportunidad de disminuir sus ingresos y su seguridad en el empleo. Luego, no es una sorpresa que los trabajadores se opongan al mejoramiento de la productividad. El sistema funciona a la perfección para desalentar a los trabajadores. No se hubiera podido diseñar un sistema más eficaz para hacer que los trabajadores se opongan a las metas de la empresa.

Eficacia de la administración tradicional

Pese a las dificultades y problemas de la administración tradicional, las empresas siguen mejorando sus operaciones. Las dificultades crecientes para operar las empresas se deben a la fuerza laboral cambiante y a la complejidad cada vez mayor de las tecnologías y el equipo de producción. La mayor libertad personal en la sociedad genera presiones que exigen más democracia en el lugar de trabajo. A medida que el trabajo se vuelve más complejo, se requiere más cooperación de los trabajadores.

Se puede obtener un mayor apoyo de los empleados para las metas de la administración estableciendo relaciones laborales que claramente satisfagan las necesidades de aquéllos. El estudio de NSF/NYU aportó datos obtenidos de una investigación realizada por todo el país, respecto a las actitudes de la administración y los empleados hacia diversos factores que influyen en la satisfacción en el trabajo y en la motivación. Respondiendo a una pregunta relacionada con la importancia que dan los trabajadores a 20 factores del lugar de trabajo, mencionaron los siguientes como de alta prioridad, clasificados en orden descendente: mejores comunicaciones por parte de la administración, que se dé a los empleados más seguridad en el empleo, mejores salarios, más protección contra el trato arbitrario e injusto, mejor trato por parte de los supervisores, mejores condiciones de trabajo y más oportunidades de ascender.[10]

Los enormes avances logrados en este país casi desde principios del presente siglo se obtuvieron siguiendo las prácticas administrativas tradicionales, bajo derechos administrativos rígidamente establecidos. Sin moderar los derechos esenciales de la administración, las prácticas de otros tiempos, abrasivas y arrogantes, van siendo sustituidas con procedimientos lógicos más acordes con nuestros tiempos.

Las políticas de relaciones "humanizadas" con el trabajador no se deben confundir con las prácticas administrativas consultivas. La creación de canales de comunicación efectiva en dos direcciones con los empleados, la atención de sus quejas y necesidades, la capacitación de los supervisores para que sean líderes eficientes y de los empleados para que perfeccionen sus habilidades, y otras medidas parecidas, aumentarán la satisfacción en el trabajo, disminuirán las tensiones y harán que las tareas sean más satisfactorias. Las relaciones antagónicas disminuirán. Aunque el efecto que esos cambios producirán en la productividad no ha sido establecido claramente mediante estudios, el sentido común indica que aumentará.

2.3.4 PRACTICAS ADMINISTRATIVAS CONSULTIVAS

La administración consultiva estimula el interés de los empleados por las operaciones cotidianas. Pregunta cómo se realiza el tabajo y sugieren cambios. Este paso importante que nos va apartando de la administración tradicional afecta a muchas otras políticas de las empresas. Para que la administración consultiva tenga éxito, tiene que ser aceptada por la gerencia general y toda la escala administrativa descendente, hasta el nivel de supervisión, debe creer en ella.

La administración consultiva no exige que la administración renuncie a su derecho de dirigir; sigue teniendo la última palabra en materia de decisiones. Los administradores sólo renuncian al derecho de no escuchar, y asumen la obligación de tomar en cuenta lo que proponen los empleados. Lo que es más importante, sus acciones y actitudes han de demostrar que piensan realmente lo que dicen.

Mejores comunicaciones por parte de la gerencia

La necesidad de mejorar la comunicación entre los empleados y la gerencia se puso de manifiesto en el estudio NSF/NYU, el cual reveló, en una encuesta nacional de las opiniones de quienes toman las decisiones, incluyendo a los gerentes y a los líderes sindicales, que "las mejores comunicaciones por parte de la gerencia" son tan importantes como los mejores salarios y la seguridad en el empleo para perfeccionar las actitudes y la motivación del empleado.[10]

La mejor comunicación no se debe confundir con el hecho de permitir a los empleados un voto puramente consultivo en el mejoramiento de la productividad. La finalidad en uno y otro caso es del todo diferente, como lo son los métodos para establecer el proceso. Las mejores comunicaciones son útiles y eficaces tanto en la administración tradicional como en la consultiva.

Mejoramiento de la calidad de la vida de trabajo

La expresión "mejoramiento de la calidad de la vida de trabajo" se emplea cada vez más para describir toda clase de resultados deseables. Un buen programa de calidad de la vida de trabajo exige que la administración estimule las actividades asociadas con dicho programa.

Los artículos referentes a esos programas, que aparecen en las publicaciones sobre administración y conductismo, informan acerca de mejores relaciones con los empleados. En algunos se habla del mejoramiento de las operaciones y la productividad; pero los datos no sor precisos. Ninguno de los que el autor ha leído hacía referencia a la participación de los empleados en las ganancias derivadas de la productividad.

Los círculos de control de calidad

Los círculos de control de calidad fueron perfeccionados y popularizados en el Japón con el fin de mejorar la calidad del producto, siempre considerando el aumento de la productividad como una meta de gran importancia. Se hace hincapié constantemente en la participación del trabajador en la solución de los problemas relacionados con la calidad y las dificultades de la producción. La definición comúnmente aceptada del círculo de control de calidad es ésta: un pequeño grupo de empleados que realizan tareas similares o relacionadas y que se reúnen voluntariamente para resolver problemas relacionados con el lugar de trabajo. La participación total de los empleados por lo general es limitada.

Aunque en algunos aspectos son similares a los programas de calidad de la vida de trabajo, los círculos de control de calidad están fuertemente orientados hacia la producción y las operaciones y prestan gran atención a los resultados. Al trabajar en grupos pequeños, los empleados se concentran en las operaciones que conocen bien. Los círculos de control de calidad siguen procedimientos desarrollados hace muchos años por los ingenieros industriales; por ejemplo, estudio de movimientos, simplificación del trabajo y otras técnicas analíticas perfeccionadas de mejoramiento de los métodos.

Por lo general, los círculos de control de calidad están altamente estructurados dentro del marco de la empresa y tienen comités, líderes, facilitadores y especialistas. Como ocurre con los programas de calidad de la vida de trabajo, las compañías donde existen círculos de control de calidad no ofrecen compartir los ahorros conseguidos con los empleados.

Comités de empleados y administradores

Estos comités son grupos de empleados y administradores formados para llevar a cabo una tarea específica. Han funcionado durante años; pero relativamente pocos de ellos operan de modo formal y constante. Se establecen a menudo con el fin de hacer frente a una crisis.

Estos comités son excelentes para la comunicación entre los empleados y la administración. La formación de comités es cosa común en las fábricas donde los trabajadores están sindicalizados. Los comités son parte integral de las relaciones entre el sindicato y la empresa, pero resultan inadecuados en las compañías donde no hay sindicato, las cuales constituyen el 80 por ciento de las compañías en los Estados Unidos. En estas empresas, la gerencia se muestra por lo general renuente a establecer ese tipo de comité, aunque sólo sea porque se puede convertir fácilmente en la forma de representación de los empleados.

Los esfuerzos de la administración para comunicarse directamente con todos los empleados, incluso por grupos pequeños, son eficaces cuando se limitan a unos cuantos por año; pero el interés del empleado decae con rapidez cuando aumenta la frecuencia de las juntas. Los pequeños comités, formados por personas activas e interesadas, mantendrán un alto nivel de interés que puede comunicarse sin dificultad a un grupo mayor.

Los derechos de la administración

Las publicaciones en las que se describe la participación y colaboración del trabajador con la administración en los proyectos de mejoramiento recalcan que es fundamental que los trabajadores digan lo que piensan acerca de cómo se deben hacer las cosas. La expresión usada a menudo es "deben participar en la toma de decisiones". Los partidarios de la democratización del lugar de trabajo no tienen en cuenta que los trabajadores sólo pueden hacer sugerencias; no participan en la toma de decisiones en el sentido real de la expresión.

La conservación de los derechos de administración es sumamente importante para los administradores de todas las empresas de los sectores privado y público. Estos se oponen fuertemente a la dilución de algunos de sus derechos y a compartir las decisiones. El uso impreciso del lenguaje ha dado al traste sin duda con muchos proyectos ya que los administradores han llegado a creer que los trabajadores se convertirían en sus asociados en la toma de decisiones.

2.3.5 LOS PROCEDIMIENTOS DE MOTIVACION Y COMPENSACION

La idea general que prevalece en la industria con respecto a la motivación es que los administradores deben motivar a sus empleados. En realidad es al revés: la motivación es el resultado de la necesidad que experimenta la persona de hacer algo, de realizar una tarea, de alcanzar una meta. Cuando mucho, los administradores pueden crear un clima que fomente la motivación en los empleados. Un elemento crítico es la forma en que los empleados perciben el ambiente de trabajo y la posibilidad de que piensen que las metas de la administración favorecen a sus propios intereses.

La motivación y la compensación van muy asociadas en la mente de los empleados. Los métodos de compensación están basados en las políticas administrativas. Los dos métodos de compensación son: el pago por tiempo (no hay incentivos) y el pago según el rendimiento (hay incentivos).

Si se paga por tiempo y hay un sindicato, los salarios de los trabajadores son fijados periódicamente por contrato. En ausencia de un sindicato, las escalas de salarios son establecidas por la administración de acuerdo con lo que se acostumbra en la industria y en la localidad. La productividad resulta afectada por los esfuerzos de la administración y no se refleja en los salarios. Cuando se mide la productividad del empleado, el pago por tiempo se llama "día de trabajo medido" (MDW, por sus siglas en inglés).

Cuando se paga a los empleados de acuerdo con su rendimiento, sus ingresos aumentan si mejora su producción. Los procedimientos de medición del trabajo son similares en el caso del MDW y de los incentivos; la diferencia principal radica en el método de pago del salario.

Los métodos principales para alentar a los trabajadores a mejorar su rendimiento y la productividad general de la empresa son los siguientes:

Jornada de trabajo regular.
Incentivos financieros.
Enriquecimiento de labores y la satisfacción con las mismas.

El concepto de jornada de trabajo regular se aplica principalmente en beneficio de la administración, para alcanzar los niveles deseados de productividad. Los empleados lo aplican a veces para justificar los aumentos de salario.

Los incentivos financieros se remontan a miles de años, en la forma de pago a destajo. Este concepto es fácil de entender y comunicar. Muchas empresas recurren a los incentivos; otras tropiezan con dificultades que se examinarán más adelante.

El enriquecimiento de labores adquirió importancia hace unos 20 años. Mucho se dijo en su favor; pero en lo que más se insistió fue en que aumentaría la satisfacción en el trabajo, resolvería muchos problemas del lugar de trabajo y de relaciones laborales y podría incluso sustituir a los aumentos de sueldo.

Jornada de trabajo regular

Este concepto presenta dos aspectos: para el empleado significa recibir un salario justo por una jornada de trabajo regular; para la administración significa que el empleado debe producir una jornada de trabajo justa a cambio de un salario justo. En una fábrica donde los trabajadores están sindicalizados, el salario justo se define, desde el punto de vista de relaciones laborales, como el pago y las condiciones de trabajo negociados entre los empleados y la empresa. Donde el personal no está sindicalizado, el salario justo se interpreta generalmente en la misma forma.

El concepto es aplicado por la administración para establecer niveles de productividad de referencia que los empleados deberán mantener y a los cuales la administración tiene derecho a cambio del nivel de salario que les paga. Luego se establecen normas de tiempo para medir el trabajo de manera que lo normal equivale al 100 por ciento, o sea el nivel aceptable de productividad (APL), correspondiente al concepto de jornada de trabajo justa.[11]

Estas definiciones y conceptos se establecen en beneficio de la administración. Esta última soporta la carga y la responsabilidad de operar un sistema de día de trabajo medido para vigilar la productividad del empleado individual y mantenerla a los niveles deseados.

Pago de incentivos

Los administradores que deseen mejorar la productividad haciendo uso del dinero como motivador, encontrarán apoyo en los resultados de los estudios del conductismo y la ingeniería industrial, los cuales están de acuerdo en que el dinero puede ser un elemento primordial para aumentar la motivación del empleado. El grupo de estudios del NSF/NYU determinó seis ingredientes críticos de los sistemas eficaces para aumentar la satisfacción en el trabajo y la motivación del trabajador, encabezados por el siguiente: "la compensación económica de los trabajadores debe ir asociada con su rendimiento y con las ganancias por productividad".[12] El grupo de estudios encontró que, cuando el salario de los trabajadores va asociado con su rendimiento, la motivación para trabajar es mayor, la productividad es más alta, y es probable que aquéllos se sientan más satisfechos con su trabajo.

Desde cualquier punto de vista, el salario de acuerdo con la productividad es el motivador más poderoso del rendimiento en el trabajo. Sin embargo, sólo el 26 por ciento de los trabajadores norteamericanos trabajan bajo el sistema de incentivos financieros. En algunas industrias, como la del acero y la maquila de ropa, los incentivos abarcan a más del 80 por ciento de la fuerza laboral. En muchas otras no se pagan incentivos. Muy pocas operaciones ajenas a la manufactura trabajan con planes de incentivos.[2-5]

El trabajo mismo es un motivador y no debe ser pasado por alto. Aunque el dinero es un motivador poderoso, muchas personas trabajan por otras razones aparte del dinero.

Los conceptos de satisfacción en el trabajo y enriquecimiento de labores

El tema predominante en las publicaciones sobre conductismo aparecidas en los últimos 20 años fue que el trabajo se ha simplificado a tal punto, que el deseo de trabajar se ha esfumado. El remedio que se propuso fue añadir la habilidad y el buen juicio al trabajo en sí. "Hágase el trabajo más interesante y absorbente, suprímanse la monotonía y la pesadez, y el deseo de trabajar se avivará", vino a ser el tema de numerosos estudios y trabajos de investigación. El enriquecimiento de labores se convirtió en un lema. Las publicaciones sobre administración y conductismo informaron con gran entusiasmo respecto a varias empresas en las cuales se enriquecieron las labores y se lograron mejoras en materia de productividad, calidad del trabajo, ausentismo y relaciones labores.

Conceptos contrarios al enriquecimiento de labores

Durante ese período se publicaron algunos estudios con datos y puntos de vista contrarios, pero no se les dio tanta difusión como a las proposiciones favorables al enriquecimiento de labores. El estudio del NSF/NYU de la relación que existe entre la satisfacción en el trabajo y la motivación reveló lo siguiente:

> *Si hay un hecho que destaque claramente entre la acumulación masiva de datos –los centenares de estudios que abarca este informe– es que la satisfacción en el trabajo y la productividad no siguen necesariamente caminos paralelos. No quiere decir esto que los objetivos sean incompatibles, puesto que hay pruebas de que es posible lograrlos juntos, ni que las dos metas sean enteramente independientes entre sí. En ciertas condiciones, el mejoramiento de la productividad acrecentará la satisfacción del trabajador y el aumento de la satisfacción en el trabajo contribuirá a la productividad. Quiere decir que no hay una relación automática e invariable entre las dos. Ciertamente, los dos objetivos se relacionan tan vagamente, hay tantos elementos intermedios entre ellos y la relación es tan indirecta, que los esfuerzos encaminados ante todo a mejorar la satisfacción del trabajador, dando por hecho que la productividad mejorará automáticamente, sólo lograrán con toda probabilidad que la productividad siga sin cambio o, en el mejor de los casos, que mejore marginalmente, y pueden incluso dar lugar a que disminuya.*[13]

Hay cuatro combinaciones posibles de satisfacción y motivación: un trabajador satisfecho puede estar muy motivado o poco motivado; un trabajador insatisfecho puede estar muy motivado o poco motivado. Los datos no indican una relación negativa ni positiva; simplemente no acusan relación. El estudio NSF/NYU encontró que, si bien el sentido común y la lógica sugieren que la mayor satisfacción dará lugar a más motivación, los trabajadores no reaccionan necesariamente en esa forma. Un trabajador satisfecho puede no ser más que eso, un trabajador satisfecho, y no se sentirá más motivado que antes para producir.

Un estudio, realizado por Fein, respecto a las investigaciones y los informes sobre el enriquecimiento de labores y las modificaciones del trabajo, reveló que muchos de ellos tenían defectos y contenían afirmaciones no justificadas.[14]

Aunque quienes abogan por el enriquecimiento de labores sugieren que los trabajadores preferirán las tareas enriquecidas a las menos exigentes, la experiencia no lo ha demostrado. En un estudio, Simonds y Orife informaron lo siguiente:

No se encontró una preferencia estadísticamente significativa por los trabajos menos rutinarios (más variados), con o sin aumento de salario. El esfuerzo físico requerido no resultó ser un factor de significación. El supuesto de que el enriquecimiento y/o la ampliación de labores son buscados y deseados por los empleados se ha difundido en años recientes. Esto ha ocurrido pese al hecho de que los estudios empíricos de aquello que los trabajadores buscan en sus empleos han sido limitados, están basados a menudo en una metodología dudosa, y han dado a veces resultados contradictorios.[15]

El *Survey of Working Conditions* (Estudio de las Condiciones de Trabajo), elaborado en 1970 por el *Centro de Estudios de Investigación* (SRC) de la Universidad de Michigan[16], es citado ampliamente como autoridad cuando se afirma que los trabajadores prefieren un trabajo interesante antes que un buen sueldo. Un análisis de los datos efectuado por Fein reveló que los investigadores del SRC habían promediado todos los datos y tomado el promedio como un "trabajador compuesto". Cuando se analizaron los datos por ocupaciones, el buen sueldo y la seguridad en el empleo subieron en la clasificación y el trabajo interesante bajó, en el caso de los trabajadores de las fábricas. Los profesionales y los gerentes tal vez den prioridad a su trabajo,[17]

Un estudio efectuado por Edwin A. Locke y asociados reveló que el dinero es un motivador más poderoso de lo que generalmente se piensa:

Lo que hemos encontrado podrá sorprender y hasta escandalizar a muchos científicos sociales. En los últimos decenios, las preferencias ideológicas han inducido a muchos de ellos a negar la eficacia del dinero como motivador y a destacar la fuerza de la participación. Los resultados obtenidos hasta ahora mediante la investigación indican que el punto de vista opuesto habría sido más exacto.[18]

Fracaso del enriquecimiento de labores

La demostración de una teoría social depende en última instancia de la manera como es aceptada por quienes resultan afectados por ella. Los conceptos de Maslow, McGregor y Herzberg no se sostuvieron cuando se investigó si los muchos experimentos en que se aplicaban esos conceptos seguían teniendo vigencia. Los experimentos de modificación de labores, se descontinuaron calladamente y se publicaron muy pocos artículos en los que se describían los resultados finales y se indicaban las razones por las cuales fueron suspendidos.

Los trabajadores no han respaldado los puntos de vista de los especialistas en conductismo respecto a la satisfacción/insatisfacción y a la motivación. La prueba más sencilla consiste en que, en los Estados Unidos, ningún sindicato ha exigido que la administración reestructure las labores ni la manera de hacer el trabajo, ni se ha hecho referencia a otros aspectos incluidos en el concepto general de enriquecimiento de labores.

Las realidades del lugar de trabajo fueron minimizadas por los especialstas en conductismo que sugirieron que el trabajo enriquecido y la mayor autonomía en el empleo estimularían el interés de los trabajadores por sus tareas y por las metas de la administración. Los resultados desalentadores obtenidos por los experimentos de modificación de labores demuestran ampliamente que se requiere algo más que cambios en el diseño de las tareas para aumentar la motivación de los trabajadores.

El fracaso del enriquecimiento de labores para atraer a fábricas enteras no significa que el trabajo más interesante y la participación en su mejoramiento no sean importantes para muchos trabajadores. Por el contrario, como señala más adelante, en otras condiciones en que los trabajadores intervienen en el mejoramiento de la productividad y la gerencia alienta su participación, gran número de ellos prefieren la introducción de cambios en sus actuales tareas. La diferencia importante consiste en que deben ser recompensados por hacer un trabajo mejor; deben recibir la parte que les corresponde. Eso no se hizo en los programas de enriquecimiento de labores.

2.3.6 UN PROGRAMA DE MEJORAMIENTO GENERAL DE LA EMPRESA

Se puede desarrollar un programa capaz de lograr el mejoramiento general de la productividad en la empresa, con base en la experiencia y en los datos provenientes de muchas compañías.

Creación de metas congruentes

Un examen de quién gana y quién pierde a medida que la productividad aumenta lleva a la conclusión de que, para que los trabajadores apoyen el mejoramiento de la productividad, el programa debe recompensar a los trabajadores por su mejor rendimiento y eliminar las prácticas que les perjudican cuando la productividad sube.

El mejoramiento de la productividad es una meta de la administración, no de los trabajadores. La administración busca más producción con menos mano de obra. Los trabajadores no tienen esa meta. Ellos buscan fundamentalmente mejor salario y más seguridad en el empleo.

Los trabajadores y la administración tienen metas divergentes. La relación tradicional que existe entre ellos es un juego de suma cero: ganar o perder. Cuando los trabajadores consiguen un aumento de salarios, eso merma las utilidades de la empresa. La reducción de los aumentos de salario beneficia a la empresa y a los accionistas.

Los trabajadores y los sindicatos entienden bien que, a la larga, la mayor productividad beneficia también a los trabajadores. Los costos reducidos garantizan nuevos pedidos, empleos y la posibilidad de que la empresa pague mejores salarios y beneficios; pero la actitud de los trabajadores hacia el mejoramiento de la productividad en general es hostil a las metas de la administración.

La meta de productividad de la gerencia se puede convertir en la meta del trabajador cuando éste comparte el mejoramiento de la productividad. La participación en las ganancias resultantes es simple como concepto y en la práctica. Se establece una base de costo de mano de obra por unidad para hacer un producto y, cuando los costos han disminuido, se comparten las ganancias. Para comprender a todos los trabajadores, considérese a toda la fábrica como un grupo, comparando únicamente el valor de la mano de obra aportada con el valor de la producción. Esta manera de ver la participación da lugar a cambios significativos en los intereses de los trabajadores. Con la relación tradicional entre los trabajadores y la producción, ellos se sienten motivados a acrecentar sus limitados intereses; quieren más de lo que tienen y les preocupa poco la suerte que corra la producción.

Con la participación general, en cambio, su interés se concentra en cuántas unidades se terminaron en cuántas horas de producción. Son recompensados por haber reducido los costos totales. Antes de compartir, cuando había pérdidas debido a los retrasos en el trabajo, a las descomposturas del equipo o al desperdicio, sólo la administración soportaba la pérdida. Con el plan de participación, los trabajadores comparten las ganancias y las pérdidas y se sienten motivados para minimizar las fallas en la producción. Lo que es más significativo, sus preocupaciones abarcan a todo el grupo, a todas las áreas relacionadas con los insumos y la producción. En este sentido, sus intereses igualan a los de la administración. Ambos ganan y pierden juntos.[19]

Razones para compartir las ganancias de la productividad

Los programas de calidad de la vida de trabajo, los círculos de control de calidad y otros programas de participación del trabajador apoyados por el conductismo no prevén la recompensa financiera a los trabajadores cuando han mejorado las operaciones. Su única recompensa es un sentimiento de satisfacción por haber hecho un buen trabajo y ayudado a la compañía.

Cuando la empresa obtiene ganancias financieras gracias a los esfuerzos que los trabajadores han realizado más allá de su obligación, los trabajadores tienen derecho a la parte que justamente les corresponde. La administración viola los principios universales respecto a la fijación de salarios al inducir a los empleados a trabajar a niveles superiores de habilidad sin la compensación adicional adecuada. En los sectores privado y público, todas las escalas de salarios se establecen de modo que reflejen la habilidad y el esfuerzo que exige la tarea. Muchas empresas determinan los sueldos mediante planes formales de evaluación de tareas. El procedimiento que se sigue siempre consiste en preparar una descripción del trabajo bosquejando sus requisitos principales, para luego evaluar la tarea comparándola con un plan de evaluación por puntos. Los trabajos de producción no exigen que los empleados hagan uso de su buen juicio y su iniciativa para mejorar el rendimiento en el trabajo y reducir los costos. Eso corresponde a los técnicos e ingenieros a los cuales se paga adecuadamente para que lo hagan. Cuando a un trabajo se agregan tareas de más alto nivel, es revaluado y se fija un nuevo salario.

Cuando se estimula a los empleados a que recurran a sus mejores habilidades para introducir mejoras en el trabajo, es lógico que deban recibir una compensación adicional por sus esfuerzos. Si los trabajadores se sienten satisfechos por haber hecho un buen trabajo, se sentirán más satisfechos aún con más dinero en el bolsillo. El ingreso adicional es una forma excelente de agradecer a los empleados que hicieron más de lo que se esperaba de ellos.

Si las mejoras hacen disminuir los costos de operación y los trabajadores no reciben su parte de las ganancias, la credibilidad y buena fe de la administración se pondrá en duda. Una cosa es que todo el mundo coopere y trabaje duro para evitar el cierre de una fábrica ya que todos salen ganando si la fábrica y los empleos se salvan, y otra muy distinta es que una empresa que no está en apuros se embolse las ganancias de los esfuerzos de cooperación.

Diferencias entre la jornada de trabajo y la participación en la productividad

Cuando se paga por jornada, ya sea por hora o por salario fijo, el ingreso de los empleados no varía. Con la participación en la productividad, todos los empleados tienen la oportunidad de compartir las ganancias resultantes.

El cúmulo de datos respecto a recompensas y pago según rendimiento demuestran que las personas mejoran su producción cuando pueden compartir las ganancias. Numerosos estudios indican que las actitudes y la satisfacción de los empleados mejoran también. Los informes provenientes de las empresas que han implantado planes de participación en la productividad tales como el Scanlon, el Rucker y el Improshare indican que las relaciones laborales mejoran siempre. Las quejas y los agravios disminuyen.

El lector interesado en los datos e informes acerca de la actitud de los empleados hacia la productividad y las metas, deben leer los trabajos de Edward E. Lawler, el más prolífico de los investigadores.[20]

Diferencias entre los incentivos tradicionales y la participación en la productividad

Con la participación en la productividad, las ganancias respecto al nivel de productividad de un período base se reparten entre los empleados y la empresa. La participación fue diseñada para crear condiciones en las cuales los trabajadores y la administración salen beneficiados al recorrer caminos paralelos hacia una meta común: más unidades del producto hechas con menos horas-hombre de trabajo. Sólo se cuentan las unidades correctas terminadas.

La idea de los planes tradicionales de pago de incentivos se deriva directamente de las prácticas administrativas tradicionales; tiene su raíz en las relaciones antagónicas que constituyen el medio del lugar de trabajo. El establecimiento de normas de tiempo de acuerdo con la administración tradicional, ya sea con día de trabajo medido o con incentivos, es probablemente la causa principal de las quejas del trabajador. Todo lo que se refiera a incentivos tradicionales tiene que ver con las relaciones "nosotros-ellos" que imperan en el lugar de trabajo. Enormes sumas de dinero dependen de la manera en que se establecen las normas de tiempo.

La participación en la productividad no es un plan de incentivos. Es una filosofía administrativa que alienta a los empleados a tomar parte en el mejoramiento de la productividad. Crea un ambiente de trabajo en que los trabajadores consideran a la productividad mejorada como algo beneficioso para ellos. Con ese pensamiento, las metas del trabajador y las de la administración se vuelven congruentes. Las normas de medición se establecen como el promedio de un período base anterior para todo un producto. Al elegir el período base se eliminan las discusiones que tienen lugar en la planta para que se moderen las normas.

Una de las principales diferencias entre los incentivos tradicionales y la participación en la productividad radica en que, con aquéllos, los trabajadores sólo se sienten motivados a ganar más dinero; no tienen interés por mejorar la productividad ni por las metas de productividad de la administración. Con participación en la productividad, tal vez a los trabajadores les interese primordialmente ganar más dinero; pero puesto que la participación está basada en un mejoramiento general de las metas de productividad, con sólo aumentar esta última se puede ganar más dinero.

Los incentivos tradicionales y los procedimientos de medición del trabajo requieren que los cambios ocurridos en las condiciones de trabajo se reflejen en normas de tiempo modificadas. Los trabajadores burlan fácilmente las reglas de la administración a medida que ganan más con menos trabajo. Es muy difícil impedir que las normas de tiempo tradicionales se deterioren en el transcurso de un período prolongado. Al participar en la productividad, los trabajadores son estimulados para que recurran a su ingenio y modifiquen los métodos (o sea exactamente lo que la administración trata de impedir en el caso de los incentivos) y participan en las ganancias, medidas a partir de normas establecidas en un período base.

En la mayoría de las fábricas donde se sigue el método tradicional de incentivos, sólo se considera a la mano de obra directa. Los trabajadores no sujetos al plan quedan excluidos porque no tienen la oportunidad de aumentar sus ingresos. Por lo general, los incentivos tradicionales han sido diseñados para empleados individuales o grupos pequeños, lo cual induce a los trabajadores a levantar un muro protector alrededor de su operación con el fin de maximizar sus ingresos. Son muy hábiles para inventar maneras, prácticamente imposibles de eliminar, de "ganar dinero con el lápiz". Esto hace aumentar substancialmente los costos. Los incentivos dividen a los trabajadores y crean condiciones que acentúan sus intereses limitados. Puesto que sólo se les mide de acuerdo con lo que producen, se interesan poco por la calidad general, el desperdicio y los problemas que afectan a toda la fábrica.

El plan de participación crea un espíritu muy distinto. Los intereses del empleado se extienden a la fábrica cuando todo el grupo es recompensado por sus logros. El hecho de contar la producción únicamente como unidades terminadas metidas en cajas y listas para ser embarcadas, recompensando a todos los trabajadores por los aumentos de productividad respecto a un período base, enfoca la atención de los empleados en la necesidad de reducir la cantidad de mano de obra y aumentar la producción de artículos.

A medida que los intereses de los trabajadores se identifican con los de la administración, el concepto de administración tradicional comienza a desvanecerse. Cuando los trabajadores se interesan por los resultados finales, se interesan también por la forma en que las operaciones discurren por la fábrica y por los muchos detalles y fallas de la producción que tienen lugar en torno suyo, cosas que antes pasaban por alto e incluso fomentaban. Puesto que las ganancias provenientes de la productividad son compartidas independientemente de que hayan sido propiciadas por los trabajadores o por la administración, es de suponer que los ingenieros industriales, menospreciados por los trabajadores, sean ahora bienvenidos porque los empleados saldrán ganando con los esfuerzos de mejoramiento de los ingenieros. Esto es ciertamente indicio de un cambio significativo en la actitud de los trabajadores y los administradores hacia los intereses y necesidades de unos y otros.

Después de una rápida lectura de las comparaciones que anteceden, se pensaría que todo lo referente a los incentivos tradicionales es un desacierto y un acierto lo referente a la participación en la productividad. Sólo es así cuando los incentivos tradicionales y las normas de tiempo se han deteriorado gravemente con prácticas anticuadas. Cuando se les conserva inteligentemente, los incentivos darán resultados excelentes para los empleados y para la administración y la productividad puede exceder a la productividad general que se logra con un plan de participación. Es difícil mantener un buen plan de incentivos y normas de tiempo; pero se puede hacer, como lo atestiguan los muchos miles de empresas que operan con esos incentivos.

La participación en la productividad como un estilo de vida

Las empresas que dependen de los aspectos incentivos de la participación en la productividad para motivar a los empleados a que ayuden a aumentar la producción, obtendrán probablemente resultados mediocres. Aunque los empleados aprecian los mejores ingresos, necesitan ver que la administración cree en los principios de la participación en la productividad y se apega a ellos. Es muy importante incluir a los empleados en esos esfuerzos.

En los inicios de un plan de participación en la productividad, el interés de los administradores y los empleados está generalmente a un nivel elevado. Con el transcurso del tiempo, el interés del empleado disminuye y sólo un reducido número de ellos, quizá un 15 por ciento, permanecen activos. Entre los administradores, y especialmente entre los supervisores, la disminución del interés se advierte a veces por igual, aunque participen en las ganancias. Es difícil detectar las causas. Sabiendo que eso ocurrirá, los administradores deben fomentar las actividades de cooperación entre empleados y empresa, a fin de asegurarse que se destaquen y se cumplan los principios y las metas del plan.

Cuando los planes funcionan bien durante muchos años, es porque los empleados y los administradores desean que el plan tenga éxito. Cuando funcionan a bajo nivel o fracasan con el tiempo, la causa se puede encontrar siempre en una actitud indiferente entre los administradores, que se refleja en los empleados. Aunque los incentivos tradicionales pueden tener éxito con la perspectiva única de las ganancias financieras, un plan de participación en la productividad no puede salir adelante basándose exclusivamente en los posibles beneficios financieros. La participación en la productividad no es un plan de incentivos, sino un estilo de vida en el lugar de trabajo. Exige que los administradores piensen siempre que el éxito del plan es importante.

Planes de productividad en operación

En este país se siguen tres planes de participación en la productividad: el plan Scanlon desde 1936 aproximadamente; el plan Rucker a partir de la Segunda Guerra Mundial, y el plan Improshare desde 1974. Todos ellos son planes generales de participación en grupo y sus sistemas de medición de la productividad son bastante diferentes.

El plan Scanlon

Este plan, ideado por Joe Scanlon en plena Depresión a mediados de la década de 1930, cuando era director de investigaciones del Sindicato de Trabajadores del Acero, es el más ampliamente conocido en este país. Se han escrito muchos artículos, estudios y libros al respecto. La expresión "plan Scanlon" se emplea a menudo genéricamente para referirse a la participación en la productividad.

El ensayo de McGregor intitulado "The Scanlon Plan Through a Psychologist's Eyes,"[21] capta la filosofía del plan y sus beneficios potenciales para los trabajadores, la administración y la sociedad. Scanlon pasó a formar parte del personal del Massachusetts Institute of Technology (MIT) en 1946, y por espacio de 10 años trabajó para perfeccionar y extender el plan a las plantas industriales. Después de su inesperada muerte ocurrida en 1956, algunos de sus asociados continuaron su trabajo. Los más destacados son Frederick Lesieur y Carl Frost.

El plan Scanlon mide el mejoramiento de la productividad por el cambio registrado en la razón calculada entre el importe total de la nómina de sueldos dividido por el valor total de venta de la producción. Como el importe de los embarques puede ser distinto del valor de la producción, las ventas netas se ajustan cada mes según el cambio registrado ese mes en los inventarios de producción en proceso y de artículos terminados, para obtener el valor de venta de la producción.

El porcentaje de medición resulta afectado por factores como los siguientes:

Cambios en el compuesto de productos, sobre todo si difieren en el contenido de mano de obra.
Cambios en los precios de venta causados por el mercado y la competencia, así como los causados por las variaciones de los materiales.
Incrementos de salarios.
Cambios en los métodos de producción, en el herramental y en los bienes de capital.
Cambios en las funciones y en el personal.

En las aplicaciones reales, la determinación de la razón se modifica de acuerdo con las circunstancias. Las fábricas que tienen unos cuantos productos simples tal vez no tengan dificultades con la medición. Cuando el compuesto de productos y los procesos de fabricación varían, como ocurre en la mayoría de las fábricas, una razón única no es una medida válida de la productividad. La modificación de la razón para ajustarse a los cambios ocurridos en los costos de mano de obra y en los precios de venta, que no están bajo el control de los empleados, requiere la aprobación de estos últimos, y a veces no es fácil obtenerla. Otra desventaja es la necesidad de mostrar a los empleados los registros contables de la empresa.

La mayoría de los planes Scanlon asignan el 75 por ciento de las ganancias a los empleados y el 25 por ciento a la empresa, aunque los porcentajes pueden variar. El 25 por ciento de las ganancias mensuales se deposita en un fondo para absorber los meses con pérdida. Al finalizar el año se reparte todo el fondo. Otros detalles del plan relacionados con la forma y la fecha en que se pagan las ganancias y con los altamente estructurados planes de sugerencias y comités de trabajadores y administradores, no lo diferencian significativamente de otros planes.

He aquí un ejemplo simplificado de los cálculos. Considérese que en el año base las ventas netas fueron por \$5,000,000 y el importe total de la nómina de sueldos fue de \$1,000,000.

$$\text{Razón base} = \frac{\$5{,}000{,}000}{\$1{,}000{,}000} = 20 \text{ por ciento}$$

Supóngase que en un mes típico, estando el plan en operación, ocurre lo siguiente:

Ventas netas	$500,00
Incremento en artículos terminados	25,000
Valor de la producción	$525,000
Costos de nómina permitidos (20 por ciento)	105,000
Importe real de la nómina	80,000
Fondo de bonificaciones	$ 25,000
Parte de la empresa (25 por ciento)	6,250
Subtotal	$ 18,750
Reserva para los meses con pérdida (25 por ciento)	4,688
Parte que se paga a los empleados	$ 14,062
Porcentaje de bonificación ($14,062/$80,000)	17.6 por ciento

Moore y Ross presentan un número considerable de detalles de operación y diferentes maneras de medir los cambios ocurridos en la productividad, para superar la medición de la razón única.[22] Frost, Wakely y Ruh describen los planes Scanlon en operación.[23] Ambas obras son excelentes como fuente de datos y contienen amplias bibliografías de las obras sobre el tema. White presenta un análisis conciso de los trabajos de otros autores.[24]

El plan Rucker

El plan Rucker fue ideado por Allan W. Rucker, de la Eddy-Rucker-Nickels Company de Cambridge Massachusetts, hacia finales del decenio de 1940. La medición que hace Rucker de la productividad se llama

> *. . productividad económica - el valor producido agregado por la manufactura por cada dólar invertido en costos de sueldos. El valor agregado por la manufactura es la diferencia entre el ingreso por venta de los artículos producidos y el costo de los materiales, suministros y servicios externos consumidos en la producción y entrega de esos artículos. Los costos de sueldos son todos los costos de empleo pagados al grupo de empleados que se mide, por causa de él, o en su nombre. Así pues, la productividad económica puede medir la eficiencia financiera de los empleados de una fábrica a quienes se les paga por hora, su empleo total o alguna combinación de personas pagadas por hora y otras que tienen sueldo fijo. Es posible diseñar programas flexibles de pago adicional aplicando los principios aquí descritos, para trabajadores de la fábrica únicamente para una combinación de trabajadores de la fábrica y empleados de oficina, para empleados de oficina únicamente, o sólo para administradores.*[25]

La medición del cambio en la productividad como la variación del valor monetario agregado por dólar de sueldos, proporciona una medición más confiable que la de Scanlon, que mide el importe de los sueldos por dólar de valor de producción, porque con el método del valor agregado se excluyen todos los materiales comprados. Los cálculos son similares a los de la medición de Scanlon, salvo que, en vez del importe de las ventas, se toman las ventas menos los materiales comprados. Con el método de Rucker, la medición de la productividad usando una sola razón presenta los mismos problemas que con el de Scanlon. En diversos trabajos se describen los detalles de la base de medición de Rucker.[26, 27]

El plan Improshare

El plan Improshare fue ideado por Mitchell Fein y se aplicó por primera vez en 1974. Partes del plan se habían utilizado durante más de 20 años. El nombre Improshare se deriva de la expresión *'improved productivity through sharing'* (productividad mejorada mediante la participación). Las mediciones de la productividad siguen las prácticas tradicionales de la medición del trabajo, ajustadas a un período base seleccionado. La medición de la productividad con Improshare es muy diferente de la que se lleva a cabo con los métodos de Scanlon y de Rucker. El plan Improshare fue ideado con el fin de eliminar las dificultades de medición con que se tropieza en las operaciones complejas donde varían los productos, la tecnología o el equipo de capital. En la sección 2.3.7 se presentan los detalles de Improshare.

Participación en las utilidades

Compartir las utilidades con los empleados es una manera de entregarles una parte de las ganancias que ayudaron a producir. Más de 300,000 empresas norteamericanas tienen planes de participación de las utilidades que estipulan beneficios en forma de pagos en efectivo, pagos diferidos hasta la jubilación, o una combinación de ambas cosas.

Bert Metzger, presidente de la *Profit Sharing Research Foundation*, escribe lo siguiente:

> *La participación en las utilidades es un programa de incentivos diseñado especialmente para aumentar la productividad y compartir las ganancias con todos aquellos que contribuyeron al éxito de la empresa. Los planes de participación en las utilidades tienen su lugar al lado de los planes Improshare, Scanlon y Drucker como formas alternativas o complementarias de dar lugar a una operación más productiva y a una relación recíprocamente benéfica entre la administración y los empleados. Todos éstos se pueden describir como "incentivo para el sistema" porque son programas que tienden a unir a todos los miembros de la empresa en la persecución de metas comunes.*[28]

La participación de utilidades crea un clima de trabajo que a los empleados les parece benéfico, para ellos y para la empresa. La participación en sí misma tal vez no sea lo bastante atractiva para motivar a corto plazo a los trabajadores a alcanzar altos niveles de productividad, si bien algunas empresas informan haber obtenido un mejoramiento excelente. Cuando se implanta junto con la participación en la productividad, o con los incentivos tradicionales que miden y recompensan a corto plazo, la participación en las utilidades puede completar el paquete.

Metzger afirma con insistencia que se obtendrán los mejores resultados si se combinan los incentivos directos y la participación de las utilidades en un programa de incentivos para toda la empresa: incentivos individuales y de grupo para los intereses limitados del lugar de trabajo, y participación en las utilidades para crear intereses generales y trabajo de equipo. La implantación de ambas clases de incentivo fortalece cada uno de esos aspectos y ayuda a superar sus defectos inherentes. La *Profit Sharing Research Foundation* ha publicado diversos trabajos excelentes, artículos de investigación y divulgación que contienen numerosos casos, planes típicos y aspectos legales de la participación de utilidades.*

2.3.7 EL PLAN IMPROSHARE

El plan Improshare es bastante diferente de los planes Scanlon y Rucker. Está basado en la medición del trabajo, lo cual permite una medición estricta de la productividad en condiciones cambiantes.

**Profit Sharing Research Foundation,* 1718 Sherman Avenue, Evanston, Illinois 60201.

Medición de la productividad en toda la fábrica

El elemento más importante de un plan de participación en la productividad es la medición del trabajo realizado. En la medición de la productividad no deben usarse valores monetarios, porque muchos factores que afectan a los costos no afectan a la productividad. Un plan de participación de las ganancias provenientes de la productividad debe medir la contribución hecha por los empleados y por los procesos que se miden, excluyendo los factores que no están bajo su control.

La medición tradicional del trabajo establece el tiempo que "sería necesario" para realizar una determinada tarea en ciertas condiciones prescritas, no el que se requirió en el pasado para hacer el trabajo. Esos estándares normales, o jornada de trabajo justa, se establecen mediante una medición de la ejecución, con estudios de tiempo cronometrado, o mediante normas predeterminadas, comparando con una base definida de medición. Esta nivelación o normalización de los datos observados es la clave de la medición tradicional del trabajo y debe ser aplicada.

Los argumentos que surgen al establecer normas tradicionales de tiempo se eluden comparando la productividad con el nivel promedio de un período aceptado. Aplicando un método llamado "medición por parámetros"[29] se fijan estándares al promedio del pasado, tomando los datos históricos de un lugar de trabajo, sin necesidad de evaluar los datos de ejecución del trabajo. La idea en que se funda este método es que "el rendimiento de ayer" se establece como APL. Las mediciones del futuro se harán comparando con esa base APL.[30]

La medición tradicional y la medición por parámetros son dos sistemas distintos de medición, ninguno influye en el otro. El hecho de no tener que evaluar los datos de ejecución con este método no suprime la necesidad de hacerlo en la medición tradicional. Es válido medir comparando con la productividad promedio anterior, como lo es también establecer cualquier otro nivel que pueda ser determinado al alterar el promedio anterior o evaluar los datos obtenidos de los estudios de tiempo, siempre que la base de medición haya quedado definida. El promedio anterior es una base válida si la gerencia ha decidido usarla; es el APL.

El procedimiento de medir la productividad comparando el valor por hora de mano de obra de la producción terminada con el número total de horas de mano de obra trabajadas, es indiscutible y válido. Sólo se toma en cuenta el producto aceptable, empacado y listo para ser embarcado. Todos los miembros de la fuerza laboral quedan incluidos. En las grandes fábricas, el grupo puede ser un departamento, y la medida es el valor del tiempo de mano de obra agregado al producto en el departamento, comparado con la mano de obra total utilizada en el mismo. Este método general de medición de la productividad evita los argumentos y los conceptos que surgen en los procedimientos contables convencionales, los cuales separan a los trabajadores en dos clases: los que trabajan directamente en el producto y los que hacen trabajo de apoyo y de servicio. Ya es una costumbre que los ingenieros siguen las prácticas contables y miden principalmente las operaciones productivas. Por lo general no se mide la mano de obra relacionada con servicios, reparaciones al producto, mantenimiento y otros trabajos similares. Por lo común, los incentivos tradicionales abarcan sólo a las operaciones de producción.

Medición de la productividad con Improshare

Cuando se mide a los grupos o a una fábrica bajo el plan Improshare, una base confiable de medición es la productividad media de un período anterior. Al comparar la producción total del grupo con el número total de horas trabajadas por el mismo es posible establecer medidas válidas que incluyan a todos los empleados.

El principio de medición y de participación en la productividad se puede ilustrar mediante un ejemplo simplificado. Una fábrica que produce un solo producto y cuenta con 100 empleados produjo 50,000 unidades en un período de 50 semanas, durante el cual los empleados trabajaron un total de 20,000 horas. El tiempo promedio por unidad es de 200,000/50,000 = 4.0 horas. Supóngase que se introduce un plan Improshare, según el cual los empleados y la administración comparten las ganancias de la productividad por partes iguales, abajo del costo anterior de 4.0 hrs/unidad. En una semana determinada, si 102 empleados trabajaron un total de 4,080 horas y produjeron 1,300 unidades, el valor de la producción será 1,300 X 4.0 hrs/unidades = 5,200 hrs. La ganancia será 5,200 – 4,080 hrs trabajadas = 1,120 hrs de las cuales la mitad, o sea 560 hrs, les tocan a los empleados. Convirtiendo a salario, esto dará 560/4,080 = 13.7 por ciento de ingreso adicional para cada empleado, con base en el salario por semana de cada uno. La administración ganará también 560 horas. Mientras que originalmente el costo por unidad del producto era de 4.0 hrs, el nuevo costo por unidad, incluyendo los pagos por participación en la productividad, es de (4,080 + 560)/1,300 = 3.57 hrs. De manera que los costos, incluyendo los pagos por participación en la productividad, han disminuido.

Se habrían obtenido resultados similares tomando los datos de mano de obra y producción en dinero; pero, a medida que se produzcan cambios en los salarios o en los precios de venta, habría que ajustar los datos, ya que de otro modo los empleados ganarían o perderían debido a factores que no están bajo su control. Eso sucede con los planes Scanlon y Rucker.

En las fábricas que producen artículos múltiples es preciso establecer una base de medición que refleje la productividad promedio anterior de todos los productos en toda la fábrica. Esto se hizo en el caso de una compañía en la que había 350 empleados que cobraban por hora, sin incluir a los de salario fijo, los cuales produjeron 475 productos diferentes hechos con componentes maquinados y de lámina metálica. La fábrica operaba con MDW; es decir, no había incentivos, sino que la productividad individual del empleado se medía con base en estándares de tiempo convencionales. Puesto que esos estándares incluían únicamente el trabajo de los empleados productivos, omitiendo alrededor de una tercera parte que hacían todo tipo de trabajo del llamado no productivo, fue necesario calcular la productividad compuesta en toda la fábrica.

Los estándares de tiempo fijados para todas las operaciones necesarias para elaborar cada producto, establecidos por los métodos tradicionales de medición del trabajo, se sumaron para obtener el estándar de tiempo general por producto. A partir de los registros de artículos terminados transferidos del departamento de producción al almacén, se obtuvo el total del año por cada producto elaborado, el cual se multiplicó luego por el respectivo tiempo estándar total de cada producto para obtener las horas estándar totales trabajadas para toda la producción. Se recurrió a las cuentas de nómina de sueldos para obtener el total de horas trabajadas durante el año por todos los empleados de la fábrica, incluyendo a los trabajadores no productivos.

Durante el año, los trabajadores produjeron 367,500 horas-hombre estándar, con base en los tiempos estándar del producto, y trabajaron un total de 700,000 horas-hombre. Las horas trabajadas son muchas más que las horas producidas, porque los estándares de tiempo no incluían el trabajo no productivo tal como el de recibir y embarcar, de mantenimiento, manejo de materiales, preparación de máquinas, espera para iniciar el trabajo y manejo de desperdicios y recuperaciones. Además, los empleados no alcanzaron las normas de medición del 100 por ciento fijadas por la administración. Para convertir los estándares establecidos de manera que reflejaran la productividad del año anterior, y para incorporar todo el tiempo no productivo, se calculó un factor base de productividad (BPF):

$$\text{BPF} = \frac{\text{total de horas trabajadas realmente}}{\text{total de horas estándar producidas}}$$

El BPF representa la relación que existe en el período base entre las horas trabajadas realmente por todos los empleados del grupo y el valor del trabajo en horas-hombre producido por esos empleados, determinado según los estándares de medición aplicados en el período base. En efecto, el BPF es un medio para "consumir" todas las horas trabajadas e incorporar a los estándares originales todo aquello que no estaba incluido en ellos. Este método es equitativo para los empleados y los administradores cuando estos últimos están dispuestos a tomar la productividad media anterior como base de medición a partir de la cual se medirán las mejoras de la productividad.

Los miembros de los bufetes nacionales de contadores están de acuerdo en que este método produce costos válidos del producto, incluyendo todos los costos de mano de obra, y refleja la productividad del período base. En este ejemplo, el BPF = 700,000/367,500 = 1.904. Multiplicando por 1.904 todos los estándares de tiempo fijados para los productos, se obtienen los estándares básicos que se usarán en el plan Improshare, que agrupa a toda la fábrica. Los 350 empleados que cobran por hora, hasta el que barre los pisos, quedan incluidos en los costos del producto y en las mediciones de la productividad.

El mismo resultado se obtiene tomando los costos estándar del producto del departamento de contabilidad, expresados como horas-hombre por unidad del producto. Esos costos estándar se usan para transferir los productos del inventario de producción en proceso al de artículos terminados en los registros contables. El BPF se calcula en la misma forma.

Relación entre el factor base de productividad y los estándares de tiempo

Los costos estándar, multiplicados por BPF, reflejarán plenamente las condiciones medias de operación y la productividad que prevalecieron en el período base. Esos costos estándar modificados, llamados "estándares Improshare del producto", sirven luego para medir la productividad de cualquier otro período. El BPF incluye las horas de mano de obra de toda la fábrica no incluidas en los costos estándar, con excepción de días festivos, vacaciones y tiempo no trabajado; todo el nivel promedio de productividad del período base.

La medición de la productividad se debe hacer contra una base definida, ya que de otro modo las mediciones no tendrán sentido. Esto requiere que los estándares de medición se congelen, o que por lo menos se identifiquen claramente respecto a la base. Por ejemplo, supóngase que la productividad general de una fábrica aumenta en un 10 por ciento. Si los estándares de medición se actualizan al finalizar el año y se multiplican por 0.900 (1.0/1.1), la productividad de la fábrica no indicará mejora alguna.

En el caso de Improshare, las mediciones de productividad se hacen comparando estándares congelados de medición al principio del programa Improshare. El departamento de contabilidad seguirá actualizando sus costos estándar de acuerdo con los procedimientos acostumbrados; pero los estándares usados como base de los estándares Improshare del producto se deben mantener.

En el ejemplo anterior, el BPF se calculó en 1.904 con base en las 700,000 horas trabajadas y en las 367,500 transferidas a artículos terminados, que representan el costo estándar. Supóngase que, en este plan, los estándares de costo estándar se reducen a la mitad. El resultado sería:

$$\text{BPF} = \frac{700{,}000}{367{,}500/2} = 3.810$$

El BPF se ha duplicado. Esto es exactamente lo que pretende el BPF: reflejar el promedio de condiciones de operación y de productividad que prevalecieron en el período base. La productividad se mide siempre con base en estándares de tiempo específicos. Una vez establecido el BPF, se aplica en el futuro sin cambio alguno. Se supone que la relación entre los costos estándar y el costo indirecto es aceptablemente constante.

En el futuro, los nuevos estándares de operación y tiempo del producto se deben fijar a la misma base de rendimiento del trabajo usada para fijar los estándares en el período base. La reducción de los estándares de tiempo o del BPF estrechará el sistema de medición, y esto no es conveniente con Improshare.

En algunas fábricas, el BPF no se puede comparar sin saber exactamente cómo se establecieron los estándares de tiempo y cuáles fueron las bases de medición a las cuales se fijaron los estándares. Como ya se demostró, el BPF de una fábrica se puede duplicar en otra, modificando el modo de fijar los estándares de tiempo. El BPF no es en sí mismo una unidad de medición.

Características esenciales del plan Improshare

Se puede desarrollar un plan Improshare para cualquier operación. El plan se puede aplicar a una persona o a mil; a pequeños grupos o a toda la fábrica. Puede servir para complementar los planes convencionales de incentivos; en una fábrica pueden operar varios planes. La versatilidad del plan Improshare se debe a la manera de medir la productividad: horas trabajadas contra horas producidas.

Un plan Improshare completo contiene todos los detalles acerca de cómo establecer estándares de medición, cómo calcular las variaciones de productividad y cómo efectuar los cálculos en condiciones cambiantes. Las características principales del plan son las siguientes:

La mayor productividad es compartida por los empleados del grupo, que por lo general consiste en toda la fábrica o empresa.

El insumo es el total de horas-hombre trabajadas por el grupo.

El valor de la producción del grupo es el total de unidades correctas producidas, multiplicado por el estándar promedio anterior de horas-hombre. Cuando hay varios productos, la producción total es la suma de todos los productos terminados multiplicada por sus estándares respectivos.

El mejoramiento de la productividad es compartido en partes iguales por los empleados y la compañía.

Las ganancias se calculan semanalmente, con un promedio variable que abarque varias semanas para crear un nivel estable de producción. La productividad se comparte y se paga por semana. Las pérdidas las absorbe el promedio variable.

El nivel promedio anterior de productividad se toma como base de la medición. El promedio de horas-hombre requerido durante un período base para producir una unidad del producto se establece como estándar. Esto incluye al tiempo llamado no productivo; por ejemplo, el trabajo realizado por quienes manejan los materiales, por quienes hacen los preparativos, por los inspectores y por otras personas del grupo.

Los estándares de horas-hombre se congelan al promedio del período base y no deben ser cambiados cuando las operaciones son modificadas, ya sea por la administración o por los empleados, salvo cuando cambien el equipo de capital y la tecnología, que están definidos específicamente. La productividad mejorada se comparte, sin tratar de determinar si los ahorros se deben a los empleados o a la administración.

Se establece un límite convenido para las ganancias compartidas. Las que excedan ese límite pasarán a semanas futuras. Con el tiempo, los estándares podrán ser "comprados" a los trabajadores mediante pagos en efectivo.

Las restricciones principales del plan son las siguientes:

Con el plan, los costos totales por unidad de mano de obra no pueden exceder a los costos por unidad anteriores. Los costos deben disminuir a medida que la productividad aumenta.

Los derechos de la administración no varían. Todos los cambios en materia de métodos y calidad deben ser autorizados por la gerencia. Los niveles de producción, los programas, la asignación de empleados, etc. los decidirá la administración, igual que antes.

Los acuerdos contractuales con el sindicato no se alteran.

Para describir un plan completo, adecuado a las necesidades de una empresa en particular, los detalles aquí resumidos llenan unas 25 páginas mecanografiadas.

El plan obliga a la administración a una serie de reglas, pero no impone limitaciones a los trabajadores. No es un convenio en el sentido técnico porque los empleados no se someten a ninguna condición. El plan Improshare no requiere la firma de un representante del sindicato ni que los trabajadores sigan nuevas reglas. Las reglas fundamentales del plan especifican cómo se medirá y compartirá la productividad, quiénes serán incluidos, cómo se manejarán los diversos tipos de cambios de la producción, y otros detalles parecidos. Esas reglas sólo son obligatorias para la administración.

El hecho de que la responsabilidad recaiga en la administración no implica que el arreglo sea más favorable para los empleados. El proyecto de participación no obliga a la administración a hacer pago alguno a menos que la productividad aumente realmente, medida según las normas de la administración. El plan estipula claramente que los derechos de la administración no varían. Esta no celebra un convenio a ciegas, ni se menoscaban sus prerrogativas y derechos tradicionales.

El plan Improshare mide únicamente los resultados finales, por lo general en forma de productos terminados listos para su embarque. El sistema estimula a los empleados para que ingresen a áreas que por el momento les están vedadas. Los trabajadores no asumirán las responsabilidades de la gerencia ni empezarán a dirigir la fábrica. Para hacer más productos buenos en menos horas-hombre, comenzarán a hacer uso de aptitudes y habilidades que por el momento se desperdician. Harán voluntariamente cosas que se negarían a hacer si la gerencia se lo ordenara. Cuando los trabajadores se interesan por los resultados finales, es posible lograr toda clase de mejoras.

Control del plan Improshare

El problema principal para controlar el funcionamiento de un plan tradicional de incentivos es que los estándares de tiempo se deterioran, haciendo que las normas se relajen. Para disimular ese relajamiento, los trabajadores retrasan la producción y a menudo trabajan menos de una jornada completa a fin de mantener un nivel uniforme de ingresos adicionales, de modo que la gerencia no se percate del relajamiento de las normas. En algunas fábricas, este proceso retarda gravemente la productividad general.

El plan Improshare crea las condiciones opuestas, ya que se estimula a los empleados para que apelen a su ingenio, modifiquen la manera de llevar a cabo las operaciones y continúen aumentando la producción. Al medir la productividad general de la fábrica, lo que ocurra en unas pocas operaciones no tiene importancia. Lo que se mide es el resultado general.

Todos los planes Improshare exigen que los estándares de medición sean congelados al promedio del período base y no sean modificados a menos que cambien el equipo de capital y la tecnología o tenga lugar la compra de los estándares. El control del plan Improshare se mantiene:

Limitando el mejoramiento de la productividad al 160 por ciento, que representa un 30 por ciento de ganancias.
Comprando al contado los estándares de medición.
Fijando una participación de 80/20 en las mejoras debidas a los bienes de capital.

Todos los planes Improshare imponen un límite del 30 por ciento a las ganancias, o sea el 160 por ciento de productividad. Cuando ésta excede ese límite en cualquier período de medición, las horas excedentes producidas se depositan en un fondo y pasan al período siguiente. Ese fondo de excedentes es un estímulo para que los empleados produzcan tanto como puedan y establezcan un colchón para períodos subsecuentes, cuando la productividad no logre llegar al límite. En caso de que exceda el límite y continúe a un alto nivel, el plan Improshare proporciona una sencilla fórmula para la compra, de una sola vez, de todos los estándares de medición, por el pago de un año de los ahorros creados por los estándares modificados. El proceso es voluntario: los empleados y los administradores deben estar de acuerdo con la compra.

Supóngase que la productividad promedia 180 por ciento y que el límite es 160 por ciento. Las horas producidas excedentes, representadas por los 20 puntos porcentuales, se depositan para períodos futuros. Si la productividad sigue excediendo el límite, los estándares se pueden comprar con el consentimiento de los empleados y todos los estándares de tiempo correspondientes son reducidos por un factor, de manera que, en este caso, el 180 por ciento se convierte en un 160 por ciento. Los empleados reciben un pago en efectivo por el 50 por ciento del 20 por ciento, proyectado a un año, a su salario habitual. Un empleado que recibe $5 por hora recibirá un pago al contado de $5 × 2,000 horas × 50 por ciento × 20 por ciento = $1,000. Simultáneamente con la compra, todos los estándares de tiempo son reducidos por un multiplicador de 1.6/1.8 = 0.8889.

También se comparten las ganancias producto de los bienes de capital y la tecnología. Los desembolsos para equipo por $10,000 ó más se señalan como un cambio de capital. Un total del 80 por ciento de los ahorros de costo atribuidos al equipo es retirado de los estándares de medición y se deja un 20 por ciento. Puesto que las ganancias de productividad se comparten por partes iguales, se le devuelve a la administración otro 10 por ciento, de manera que recibe el 90 por ciento de las ganancias creadas por el equipo. Los trabajadores obtienen el 50 por ciento de todas las ganancias provenientes del equipo que cueste menos de $10,000, y el 10 por ciento de las que provengan de un equipo que cueste más de esa suma. Los cambios de tecnología reciben el mismo tratamiento. En el transcurso de varios años, las ganancias compartidas provenientes de los bienes de capital pueden ser substanciales.

¿Por qué se comparte al 50 por ciento?

Los trabajadores que preguntan por qué les toca la mitad de las ganancias siendo que ellos hacen todo el trabajo, no entienden debidamente el origen del mejoramiento de la productividad. Al introducir un plan Improshare, la gerencia revisa una regla fundamental respecto a cómo se establecen las normas de tiempo. Con los procedimientos tradicionales de medición del trabajo, cuando se introducen cambios en los métodos, los procedimientos, las herramientas u otros factores que influyen en la manera de realizar las operaciones, se establecen nuevos estándares de tiempo para la operación y la empresa se lleva todas las ganancias.

Con Improshare, los estándares de operación quedan congelados al período base y no se modifican cuando las operaciones son modificadas por los administradores o por los empleados, a menos que cambien el equipo de capital y la tecnología o que se compren los estándares. La mayor productividad se comparte sin averiguar si los ahorros se deben a los empleados o a los administradores.

Puesto que el personal administrativo hace continuamente cambios en las operaciones, cuando el plan Improshare entra en acción, los empleados, aunque no hayan contribuido, reciben de todos modos el 50 por ciento de las ganancias que antes retenía la empresa.

Hay muchas maneras de aprovechar la parte de las ganancias que corresponde a la empresa. Algunas se pueden destinar al desarrollo de mejores productos, a nuevas y mejores herramientas y a mejores servicios; a conceder rebajas de precio a los clientes y a mejorar en otras formas la posición que la empresa ocupa en el mercado. Una parte se puede destinar a la creación de empleos mejores y más seguros, a medida que mejoran las finanzas de la compañía. Los planes Scanlon, que asignan el 75 por ciento a los empleados y el 25 por ciento a la empresa, no ofrecen a esta última un rendimiento que le permita introducir un plan de participación en la productividad.

Medición de talleres

Los talleres y los contratos especiales son los más difíciles de medir por los procedimientos tradicionales de medición del trabajo. Con Improshare, son los más fáciles. Los talleres estiman y cotizan cada trabajo. Improshare toma como estándar el contenido de mano de obra de la estimación. Todo tipo de trabajos contratados y especiales se pueden manejar en esa forma, incluyendo algunos tan diversos como redactar programas para computadora, fabricar acero estructural y ejecutar proyectos de construcción. No hay límites.

La meta consiste en reducir las horas estimadas en la cotización y compartir las ganancias. Como la estimación sirve de base para la cotización, la empresa está protegida contra estimaciones infladas; el cliente hará que los encargados de hacer éstas sigan siendo honrados.

Improshare para trabajos ajenos a la fabricación

Improshare se puede aplicar a cualquier trabajo en el cual sea posible contar unidades de trabajo. Por ejemplo:

Operaciones bancarias. Codificación de cheques: El estándar es el total de horas-hombre requeridas para procesar los cheques en el transcurso de un período base. Se incluyen las horas del personal de servicio, de instructores, supervisores, totalizadores de lotes y otras personas.

Minería a cielo abierto. Se requieren dos estándares: uno para retirar y volver a colocar el material de recubrimiento y otro para el retiro del mineral o el carbón. Se toman las horas-hombre por yarda cúbica de material y las horas-hombre por tonelada de mineral extraído. Se incluye a todos los trabajadores dedicados a cada ocupación. Se saca el total de horas trabajadas y producidas.

Almacenes. El estándar es las horas-hombre por bulto embarcado. Se incluyen las horas de todos los empleados. Si las entradas y las salidas están considerablemente fuera de fase, con máximos en cada una, las horas-hombre respectivas se fijan por separado.

En el artículo "Establishing Time Standards by Parameters."[29] aparecen otros ejemplos.

Aplicación de Improshare con los incentivos tradicionales

Se puede diseñar un plan Improshare para que opere junto con los incentivos tradicionales, o bien se puede sustituir a estos últimos con Improshare. Existen las posibilidades siguientes:

1. El plan de incentivos puede ser suspendido, para sustituirlo con Improshare.
2. Todos los incentivos, o sólo algunos de ellos, pueden continuar. Los empleados que no participan pueden ser incluidos en Improshare.
3. Los incentivos pueden continuar y el plan Improshare puede abarcar a todos los empleados, incluyendo a los que trabajan por incentivos. Hay diversas variantes posibles.

El concepto de horas cargadas

Cuando una fábrica opera sin incentivos, con o sin medición, la actividad media de todos los empleados y operaciones durante el año base se refleja en el BPF. Dividiendo el total de horas trabajadas por todos los empleados entre el total de horas producidas al estándar, se obtiene un BPF que refleja la productividad del período base.

Cuando funciona un plan de incentivos antes de la introducción de un plan Improshare, al calcular el BPF es necesario incluir, además del total de horas trabajadas por todos los emplados, el total de horas adicionales ganadas por todos los empleados que reciben incentivos, a fin de obtener la productividad promedio de la fábrica durante el período base.

Al total de horas trabajadas, más las horas adicionales ganadas como incentivo, se le llama "horas cargadas". Los estándares, o los costos estándares que se usaron para generar las horas estándar producidas en el año, indicarán el nivel de productividad al estándar como si fuera igual al nivel estándar de productividad con el cual comienzan las ganancias de incentivos. Puesto que los empleados ganaron ingreso adicional, el nivel de productividad anterior fue más alto que el estándar. El nivel promedio del período base en que la productividad excede a la base estándar se calcula matemáticamente a partir del promedio de los incentivos ganados en el año por todos los empleados que participan en un plan de incentivos, expresados en horas. Si los incentivos se pagan en dinero, las horas equivalentes ganadas se pueden calcular dividiendo el importe total de los incentivos pagados entre el salario promedio por hora de todos los empleados que participan en el plan de incentivos.

Esto se puede ilustrar en otra forma mediante un ejemplo. Considérese que son 200 empleados, de los cuales 52 participan en el plan de incentivos y 48 no participan. La productividad media de los primeros está al 125 por ciento.

Horas de mano de obra directa (con incentivos) (52 X 40)	2,080
Horas sin incentivos (48 X 40)	1,920
Total de horas trabajadas	4,000
Horas adicionales (25 por ciento X 2,080)	520
Horas cargadas (total de horas trabajadas + horas adicionales)	4,520

La demostración del concepto de horas cargadas es que, si todos los empleados que trabajan con incentivos estuvieron al 100 por ciento, para mantener esa misma producción, en vez de 52 empleados al 125 por ciento tendría que haber (52 X 125 por ciento) 65 empleados. El total de horas trabajadas sería en ese caso (48 + 65) X 40 = 4,520 hr, igual que en el cálculo anterior en que se agregaron las horas ganadas como incentivo.

Al calcular el BPF de una fábrica donde los incentivos serán retenidos o sustituidos por Improshare, el numerador de la fracción debe ser las horas cargadas, iguales a las horas totales trabajadas por todos los empleados que participan en el plan, más las horas adicionales ganadas como incentivo durante el período base por todos los empleados que participan en el plan. El concepto de horas cargadas se debe aplicar también al calcular la productividad después de establecido el plan. .

Improshare en lugar de los incentivos tradicionales

Se puede suspender un plan tradicional de incentivos para sustituirlo con Improshare. Para proteger a los empleados que han estado recibiendo incentivos contra una disminución de sus ingresos, sus ganancias promedio anteriores por hora se les garantizan como un salario adicional por hora, con el nombre de suplemento personal de círculo rojo. Todos los empleados, tanto los que recibían incentivos como los que no los recibían, obtendrán por lo tanto el mismo porcentaje de participación por mejoramiento de la productividad.

El concepto de horas cargadas protege a la empresa contra pérdidas. Todos los círculos rojos pagados en cada período se suman a las horas trabajadas. Las horas producidas deben exceder a las horas cargadas, para que la participación en la productividad dé sus resultados.

Improshare exclusivamente para los empleados que no reciben incentivos

Cuando los incentivos son retenidos e Improshare va a incluir únicamente a los empleados que no reciben incentivos, los cálculos de productividad son los mismos que para toda la fábrica, salvo que sólo los empleados mencionados comparten las ganancias.

La productividad de toda la fábrica se calcula con base en la producción total. Las horas aportadas son las horas cargadas de toda la fábrica, las cuales incluyen todas las horas trabajadas más las ganadas como incentivo. Para calcular la productividad que corresponde a todos los empleados que tienen derecho a participar, se dividen las horas ganadas entre las horas trabajadas por estos empleados.

Más seguridad en el empleo

Un programa de mejoramiento de la productividad debe tener en cuenta la seguridad de los trabajadores en sus empleos. Aunque la idea de que la inseguridad económica restringe la voluntad de trabajar no es nada nueva, su efecto es minimizado a menudo por los administradores, los especialistas en conductismo y los ingenieros industriales que se ocupan del mejoramiento de la productividad.

Los administradores deben ver la seguridad en el empleo no sólo en el sentido social; es decir, en la manera en que influye en la vida del trabajador, sino también como algo importante para los altos niveles de productividad. En las fábricas donde el empleo no es seguro, los trabajadores estiran el trabajo cuando ven que no tienen suficiente por hacer. No van a colocarse ellos mismos en el caso de perder el empleo. Cuando estiran el trabajo, aunque ello no salte a la vista, esto se refleja en los costos.

Los administradores siempre han considerado la seguridad en el empleo como una demanda sindical que se debe negociar como se negocian otros aspectos. Esto ha sido un grave error porque la productividad de la mano de obra se restringe cuando no hay seguridad en el empleo. Paradójicamente, la seguridad en el empleo se debe establecer como una demanda de la administración.

Las ganancias por productividad que ofrece el plan Improshare se pueden aprovechar para financiar un plan de seguridad en el empleo basado en los principios de los planes de beneficios complementarios por desempleo (SUB) que han funcionado con éxito en las principales industrias desde 1955. Separando dos puntos porcentuales de las ganancias por productividad provenientes de Improshare, uno con cargo a los trabajadores y otro con cargo a la empresa, se puede establecer un fondo SUB suficiente.

Una tergiversación importante es el efecto contrario de la antigüedad en los despidos: los empleados con mayor antigüedad son despedidos primero. En vez de que el despido sea un castigo, viene a ser una recompensa para los trabajadores viejos. En la Secretaría del Trabajo de los Estados Unidos[31] se puede obtener información sobre los planes SUB. Otras fuentes de información son los departamentos de personal de las plantas locales de las fábricas de automóviles, de equipo agrícola, de acero, de caucho y de vidrio.

La participación en la productividad ofrece a los empleados la oportunidad de garantizar su seguridad en el empleo, ayudando a aumentar la productividad y a reducir los costos. En un mercado competitivo, hasta las pequeñas disminuciones del costo son importantes cuando se trata de conseguir nuevos pedidos. A fin de cuentas, la mejor garantía de un empleo seguro consiste en trabajar para una empresa rentable que puede seguir operando.

Interesantes perspectivas

La administración consultiva y la participación en la productividad son procedimientos alternativos frente a la administración tradicional. La participación en la productividad establece condiciones y prácticas diametralmente opuestas a los métodos rígidos de control de costos que se aplican convencionalmente para aumentar la productividad.

La administración tradicional exige estándares precisos de tiempo, mediciones del empleado individual, descripciones de tareas e instrucciones detalladas para asegurarse de que los trabajadores cumplirán como es debido. La mayor productividad no beneficia directamente a los trabajadores. La participación en la productividad establece un ambiente estructurado con menos rigidez en el que los trabajadores se desempeñan con eficacia porque desean hacerlo y porque sus esfuerzos los benefician.

La administración tradicional no se fía de la cooperación del trabajador. Los administradores disponen sus recursos y actúan unilateralmente para alcanzar sus metas. La participación en la productividad recompensa a los empleados porque ayudan a lograr una meta fundamental de la administración: más unidades de producto o servicio con menos unidades de mano de obra. Mediante la participación en la productividad es posible establecer metas congruentes que permitirán a los trabajadores y a la administración trabajar juntos en provecho común.

Lograr más productividad mediante la participación es tan sencillo, que resulta increíble. Auméntese la voluntad de trabajar recompensando a los trabajadores por un rendimiento mejor. Al mismo tiempo, suprímanse las prácticas que les castigan a medida que progresan. Eso es todo lo que hay que hacer. La participación en la productividad es la esencia de la simplicidad. Compártanse las ganancias comenzando por los costos de mano de obra del día de hoy. El único ingrediente mágico del plan es el que aportan los trabajadores y la administración: el deseo de beneficiarse juntos.

2.3.8 PLANES TRADICIONALES DE PAGO DE INCENTIVOS

Los incentivos tradicionales siguen procedimientos administrativos también tradicionales. Se establecen estándares de tiempo aplicando técnicas tradicionales de medición del trabajo diseñadas para que funcionen en un ambiente de trabajo antagónico. La administración establece unilateralmente los estándares de tiempo y, cuando los trabajadores los exceden, obtienen ingresos adicionales.

No hay planes de incentivos buenos ni malos. Lo que funciona bien en una empresa puede ser inadecuado para otra, en circunstancias y con políticas administrativas diferentes. Algunos administradores aplauden a los incentivos y otros se oponen tajantemente a ellos.

La manera en que los empleados perciben el plan de incentivos y la forma en que les afecta es un factor fundamental de los resultados obtenidos. Los incentivos deben ser discutidos en el contexto de las condiciones reales del lugar de trabajo. El ambiente de trabajo influye en el éxito o el fracaso del plan de incentivos. El mismo conjunto de reglas puede dar resultados diferentes en condiciones distintas. Cuando los empleados tienen confianza en la integridad de la administración, se puede introducir todo tipo de cambios sin que aquéllos pongan objeciones. Si las relaciones son precarias y falta la confianza, los empleados se oponen a los cambios y limitan su producción.

Procedimientos tradicionales

En materia de incentivos, los procedimientos tradicionales pueden variar, pero la mayoría de las empresas aplican principios comúnmente aceptados. Los sindicatos y los empleados se han acostumbrado a trabajar con incentivos y se han establecido políticas de relaciones laborales que permiten que esos incentivos funcionen.

Los métodos seguidos para establecer y hacer funcionar los incentivos tradicionales son casi el extremo opuesto de los que se siguen con la participación en la productividad. El aspecto más importante lo constituyen los estándares de medición de la productividad del empleado, a partir de la cual se calculan los incentivos ganados. Se establecen siguiendo métodos altamente estructurados. Con la participación en la productividad, los estándares de medición se establecen como el promedio de "ayer", sin tratar de determinar si ese ayer fue más alto o más bajo. Los estándares de tiempo fijados mediante la medición tradicional son indicaciones de "el tiempo que sería necesario", calculado con base en principios y procedimientos bien establecidos y aceptados de medición del trabajo, recurriendo al cronómetro y la evaluación del rendimiento, a sistemas de estándares predeterminados (tales como la Medición de Tiempo de Métodos [MTM] y el Work Factor) a datos estándar establecidos por la compañía y a otros medios parecidos. El principio esencial es que la administración establece unilateralmente una jornada justa de trabajo como estándar. Si la exceden, los empleados obtendrán más ingresos de acuerdo con una tarifa convenida.

La mayoría de las veces, los incentivos tradicionales se establecen para los empleados individuales considerando que cada persona tiene derecho a los beneficios de su producción. No se han publicado datos definitivos que confirmen que la producción total de un grupo que trabaja a base de incentivos personales sea más alta que la del mismo grupo cuando hace un esfuerzo conjunto. Lo único que parece lógico es que la producción individual debería ser más alta.

Cuando trabajan con incentivos personales, a los empleados les interesa primordialmente su propia producción y no se ocupan de la de otras áreas de la empresa, aunque sólo sea porque no les afecta. Cuando se discute la producción en grupo con participación en la productividad, se afirma que el hecho de reunir la producción de un grupo o de toda la compañía tiene sus ventajas.

Una grave deficiencia de los incentivos tradicionales es que las reglas para establecer tiempos estándar estimulan a los empleados para que inventen métodos y mejoras y los pongan en operación subrepticiamente. Eso les permite ganar más con menos esfuerzo, o bien, mantener su nivel de ingresos con menos esfuerzo. Si exponen sus ideas a la empresa, los ingenieros industriales modifican los tiempos estándar y todas las ventajas son para la compañía. La lenta introducción de modificaciones a los métodos por parte de los empleados da lugar a cambios progresivos, la causa principal de que se relajen los estándares de tiempo. Estos y otros problemas se examinan en secciones posteriores.

Investigación de los procedimientos de pago de incentivos

Un estudio efectuado en colaboración por la *Patton Consultants, Inc.* y el AIIE, publicado en 1977,[32] proporcionó datos útiles sobre los procedimientos actuales de medición del trabajo y pago de incentivos. Robert S. Rice, autor del estudio, comparó los datos obtenidos con los de un estudio similar que él llevó a cabo para la revista *Factory* en 1959,[33] con el fin de señalar las tendencias.

El estudio AIIE/Patton contenía 1,500 respuestas útiles de empresas miembros del AIIE y de una lista proporcionada por Patton. Estas no constituyen un corte seccional de la industria norteamericana, sino que incluyen a una gran proporción de empresas que practican la medición del trabajo y el pago de incentivos. Los datos no representan por lo tanto a las empresas en general; pero son útiles como guía. Hay que tener cuidado al comparar los datos del estudio de 1977 con los del estudio de 1959. La lista de empresas es diferente y no hay forma de saber si las compañías muestreadas fueron desvirtuadas.

Con respecto al uso de incentivos, los datos del estudio de 1977 indican una disminución de 7 puntos porcentuales en el número de empresas que los aplicaban, en ese período de 17 años: del 51 por ciento al 44 por ciento. Sin embargo, ese estudio indicó un aumento de la cobertura –el procentaje de tiempo que los empleados trabajan con incentivos– que compensa la disminución del número de empresas.

En el área de fabricación, según el estudio de 1977, el 95 por ciento de las compañías recurrían a la medición del trabajo y el 59 por ciento al pago de incentivos. En el área de actividades ajenas a la fabricación, el 69 por ciento hacían uso de la medición del trabajo y sólo en una se pagaban incentivos. Los estudios de la Oficina de Estadísticas Laborales (BLS) indican que, en promedio, el 26 por ciento de los trabajadores norteamericanos reciben incentivos.[2-5]

Las dos terceras partes de las empresas consultadas comenzaron a medir el trabajo hace 10 años o más; el 37 por ciento de las instalaciones tenían 25 años o más de antigüedad. Durante los 5 años pasados, el 20 por ciento iniciaron un programa de medición del trabajo. De todas las compañías, el 78 por ciento utilizaban a su propio personal para establecer los programas de medición del trabajo.

Un total del 89 por ciento de las compañías recurrían a la medición del trabajo para hacer estimaciones y costeos; el 59 por ciento la usaban para el pago de incentivos; el 55 por ciento para programar la producción, y el 41 por ciento para medir el rendimiento únicamente. Se le empleaba poco para otros usos.

El predominio del pago de incentivos, por tipos, era como sigue: planes de horas estándar, 61.1 por ciento; trabajo a destajo, 35.9 por ciento; planes de participación, 18.6 por ciento; planes de bonificación para toda la fábrica, 5.4 por ciento; MDW (como incentivo), 3 por ciento; participación en las utilidades, 8.4 por ciento; todos los demás, 6.0 por ciento.

Los estándares de tiempo se establecían por los métodos siguientes: estudios de tiempo, 89.5 por ciento; datos estándar, 61.4 por ciento; estimación basada en la experiencia histórica, 44.2 por ciento; sistema de normas de tiempo predeterminado, 32.2 por ciento; muestreo del trabajo, 21.3 por ciento; otros 3.0 por ciento. Muchas compañías seguían una combinación de métodos, lo cual explica la superposición de los datos.

Con respecto a la medición del trabajo indirecto, los métodos más útiles eran el muestreo del trabajo, 43 por ciento; la proporción con el trabajo directo, 43 por ciento; los estándares directos; 34 por ciento; los datos históricos, 31 por ciento; ninguno, 13 por ciento; la programación a intervalos cortos, 1 por ciento; las normas de tiempo predeterminado, 1 por ciento; otros, 2 por ciento.

La auditoría de estándares aumentó en un período de 17 años, del 54 por ciento en 1959 al 82 por ciento en 1977. La frecuencia de la auditoría era: al azar y/o con base constante, 74 por ciento; con intervalos de más de un año, 30 por ciento; con intervalos de 6 meses a 1 año, 19 por ciento; con intervalos de 6 meses o menos, 4 por ciento; diariamente, 1 por ciento.

La auditoría se efectuaba: por estudios de tiempo, 48 por ciento; informes de rendimiento, 24 por ciento; muestreo del trabajo, 5 por ciento; normas predeterminadas, 3 por ciento; normas de revisión, 2 por ciento; métodos de revisión, 2 por ciento, comparación de costos, 2 por ciento; otros, 14 por ciento. Los estudios de auditoría eran efectuados por: ingeniería industrial, 77 por ciento; gerencia, 4 por ciento; contabilidad, 4 por ciento; supervisores de departamento, 3 por ciento; consultores, 3 por ciento; analistas de producción, 3 por ciento; auditores, 3 por ciento; otros, 3 por ciento.

Las condiciones que dieron lugar a la revisión de los estándares fueron: cambios en los métodos, en los materiales, etc., 75 por ciento; bajo rendimiento debido a la rigidez de los estándares, 65 por ciento; alto rendimiento debido al relajamiento de los estándares, 54 por ciento. La mayoría de las empresas revisaron los estándares cuando el efecto de un cambio ocurrido en las condiciones de operación era del 5 por ciento aproximadamente. Un número apreciable no revisó los estándares a menos que el efecto fuera del 10 al 15 por ciento. Las modificaciones de los estándares fueron iniciadas: por la administración, 79 por ciento; por la administración y el sindicato, 24 por ciento; por el sindicato, 23 por ciento; por los empleados, 3 por ciento.

Los rendimientos de trabajo previstos y reales, para medición del trabajo únicamente, fueron del orden del 80 al 110 por ciento, con un rendimiento medio del 101 por ciento. Las previsiones para el pago de incentivos fueron del 90 al 140 por ciento, con un rendimiento medio del 119 por ciento. El rendimiento real con MDW fue del 70 por ciento al 110 por ciento, con un promedio del 93 por ciento. El rendimiento real con pago de incentivos fue del 90 a más del 150 por ciento, con un promedio del 123 por ciento.

El intervalo de bajo a alto rendimiento, expresado como porcentaje del rendimiento promedio, fue del 49 por ciento para la medición del trabajo y del 53 por ciento para el pago de incentivos. Como se notará, esto contradice a la relación de 2:1 que se cita con frecuencia.

El porcentaje esperado de ganancias con incentivos, para operaciones manuales y controladas por máquinas, se expresó como un intervalo, con un promedio para control manual del 36 por ciento y para control por máquina del 33 por ciento.

Los datos sobre tolerancias variaron ampliamente. Para necesidades personales fueron generalmente del 4 al 6 por ciento; pero algunas fábricas concedían hasta un 20 por ciento.

Ejemplo 2.3.1. ¿Qué efectos está logrando con el pago de incentivos?

	Mano de obra directa		*Mano de obra indirecta*	
	Sí	*No*	*Sí*	*No*
Mayor productividad	95.1%	1.9%	43.2%	5.6%
Costos disminuidos	94.4	1.2	42.6	5.6
Moral mejorada del empleado	60.5	21.0	28.4	13.6
Supervisión más eficaz	58.6	27.8	26.5	18.5
Mejor calidad del producto	25.3	50.6	2.5	
Nada de lo anterior (ineficaz)	3.7		4.3	

Las tolerencias por fatiga variaron mucho según el tipo de trabajo; pero las más frecuentes fueron del 2 al 20 por ciento.

Las ganancias de incentivos se calculaban y garantizaban como sigue: calculadas diariamente, 65 por ciento; garantizadas diariamente, 56.9 por ciento; calculadas semanalmente, 25.1 por ciento; garantizadas semanalmente, 33.9 por ciento.

Los efectos del pago de incentivos en los costos de productividad, etc. se indican en el ejemplo 2.3.1. El pago de incentivos fue muy recomendado como medio para aumentar la productividad y reducir los costos de mano de obra directa. La mayoría de los consultados opinaron que al pago de incentivos a los trabajadores directos mejora el ánimo y aumenta la eficiencia de supervisión. El apoyo en el caso de la mano de obra indirecta fue menor, pero apreciable.

Los procedimientos de pago a los empleados que trabajan con incentivos, en el caso de tareas no comprendidas por los estándares, se indican en el ejemplo 2.3.2. En los 17 años transcurridos entre uno y otro estudio, hubo un aumento aproximado del 30 por ciento en la costumbre de pagar salarios promedio por el trabajo no comprendido por los estándares, así como una disminución equivalente en el número de empresas que pagaban un salario base por ese trabajo.

En cuanto a quejas, en más o menos la mitad de las fábricas donde los trabajadores están sindicalizados el sindicato participa en alguna forma en la fijación de estándares. En el 29 por ciento aproximadamente de esas fábricas, los representantes del sindicato hacen estudios de

Ejemplo 2.3.2 ¿Qué incentivos paga a los empleados por el trabajo no comprendido dentro de las normas?

	Porcentaje base	*Promedio de ingreso*	*Otros*
Condiciones no normales (materiales, máquina, etc.)	45%	33%	22%
Trabajo de I y D sobre un nuevo producto, mecanización, etc.	40	43	17
Aprendices y principiantes	68	9	23
Trabajo para el cual no hay normas	57	28	15
Descompostura de las máquinas	73	14	13
Rendimiento submarginal (impedimentos, etc.)	79	7	14
Días festivos y vacaciones	29	63	8
Transferencia que conviene a la empresa	27	60	13
Transferencia que conviene a la persona	70	7	23

Ejemplo 2.3.3 ¿Cuál es la actitud hacia los incentivos en esta unidad de la empresa?

	En favor		*En contra*	
	Fuerte	*Moderada*	*Moderada*	*Fuerte*
Gerencia general	50%	25%	11%	14%
Gerencia media	52	27	13	8
Supervisores de primera línea	45	36	13	6
Empleados no administrativos	36	48	10	6
Líderes sindicales	44	26	17	13

tiempo independientes. Casi la mitad de las compañías informan que las quejas relacionadas con el pago de incentivos representan menos del 10 por ciento de las quejas recibidas. El 80 por ciento informa que representan menos del 30 por ciento. La mayoría de las quejas presentadas por los empleados son resueltas antes de que se conviertan en reclamaciones formales.

El 25 por ciento aproximadamente de las compañías manifestaron que, en el pasado, habían revisado o abandonado un plan de incentivos; el 15 por ciento habían calcelado un plan; el 85 por ciento dijeron que efectuarían nuevamente el cambio. Entre las principales causas de fracaso que se mencionaron figuran el mantenimiento deficiente de los estándares y el relajamiento de las normas, la mecanización y los cambios importantes introducidos en los métodos, y la administración descuidada. Cuando se efectuaron cambios en un plan de incentivos ya existente, el 57 por ciento implantaron un nuevo plan, el 25 por ciento establecieron el MDW, el 8 por ciento establecieron el día de trabajo con ingreso promedio, el 8 por ciento establecieron el día de trabajo con salario base, el 1 por ciento recurrieron al día de trabajo con un incremento, y el 1 por ciento implantaron un plan de gratificaciones.

Las actitudes hacia los incentivos se indican en el ejemplo 2.3.3: el 75 por ciento de los gerentes generales se mostraron favorables. El apoyo a los incentivos aumenta por orden descendente de los niveles de la empresa. El estudio de 1977 indica que las actitudes son aproximadamente un 15 por ciento menos favorables que lo que indicaba el estudio realizado 17 años atrás.

Los datos indicaron que la cobertura de trabajadores, tanto del MDW como del pago de incentivos, va en aumento, y se pronostica que seguirá aumentando. Las estimaciones de cobertura de los trabajadores indirectos son más bajas.

2.3.9 CONTROL DE LOS SISTEMAS DE MEDICION DEL TRABAJO Y DE PAGO DE INCENTIVOS*

El control de los estándares de tiempo y del sistema de medición del trabajo depende de la capacidad de la administración para controlar los cambios ocurridos en los métodos y procedimientos de operación. Cuando un analista competente fija un tiempo estándar, éste representa con toda probabilidad el trabajo que se realiza en esa fecha y los criterios de medición del trabajo que se aplican en la fábrica. Una vez que el analista abandona el lugar de trabajo, empiezan a suceder cosas: los empleados se dan maña para relajar la norma; los supervisores y los ingenieros de diseño introducen cambios en los métodos; las especificaciones de los materiales se modifican, etc. Con frecuencia no se tiene conocimiento de algunos de esos cambios y se presenta lo que se ha llamado comúnmente "cambios progresivos".

*Gran parte del material presentado en lo que resta de este capítulo fue adaptado de M. Fein, "Wage Incentive Plans", en H. B. Maynard, ed., *Industrial Engineering Handbook*, McGraw-Hill, Nueva York, 1971.

Los cambios progresivos son una influencia sumamente insidiosa que menoscaba los estándares de tiempo y el sistema de medición del trabajo. Aunque a la administración le agradan los cambios de operación capaces de aumentar la productividad, cuando se introducen cambios que no se reflejan en los tiempos estándar se relajan estos últimos y a la larga resultarán afectados también otros estándares.

Manejo de los problemas de los tiempos estándar y los incentivos

Los problemas de control de los estándares de tiempo, sea con MDW o con planes de incentivos, se deben a las mismas causas básicas. Con los incentivos, los trabajadores tratan de ganar tanto como puedan trabajando lo menos que les sea posible. Los que traban con MDW quieren también menos carga de trabajo, aunque sus ingresos no resulten afectados directamente.

Los ingresos excesivamente elevados y las normas holgadas, la restricción de la producción, las quejas excesivas y muchas otras dificultades son síntomas de que los estándares y los incentivos se están deteriorando. Los intentos de suprimir esos síntomas serán inútiles, a menos que se detecten las causas y se ponga remedio.

Causas del deterioro de los estándares y los incentivos

El problema más grave de la aplicación de estándares e incentivos es su tendencia a deteriorarse con el tiempo. Cuando esto sucede, los administradores piensan que la causa es la presión que ejercen los trabajadores para obtener concesiones de la gerencia, como ocurre en otros aspectos de las relaciones empleado-patrón.

Para garantizar la buena aplicación y el mantenimiento de los estándares de tiempo y los planes de incentivos, se deben tener presentes los siguientes principios:

1. Un estándar de tiempo representa los requisitos del trabajo: materiales, equipo, métodos y condiciones de trabajo.
2. Cuando tiene lugar un cambio en los requisitos del trabajo, se debe hacer el cambio correspondiente en el estándar de tiempo.
3. Con el MDW, el principio que se sigue es: una jornada justa de trabajo por salario justo.
4. El pago de incentivos se gana con la mayor productividad, medida por los estándares de tiempo.
5. Los posibles incentivos se deben especificar, para el trabajo manual cuando se trabaja a un ritmo estimulado, y para las operaciones controladas por máquinas o por procesos.
6. El plan debe ser equitativo para los empleados y para la administración.

Cuando se observan estos principios, los estándares de tiempo y el plan de incentivos no se deterioran. Podrá haber problemas y negociación en las relaciones laborales, pero los estándares y los incentivos seguirán beneficiando a los empleados y a la administración. Corresponde a esta última mantener esos principios y la integridad del plan.

Las prácticas indebidas que niegan esos principios e infringen las normas y principios acordados tienen lugar 1) cuando los empleados descubren que hay otras maneras de aumentar sus ingresos distintas del mejoramiento de la productividad, único método estipulado por el plan, 2) cuando la administración no cumple con su obligación de velar por el plan. Las prácticas que con más frecuencia contribuyen al deterioro de los estándares y los incentivos son:

Los cambios ocurridos en los requisitos del trabajo y que no se reflejan en los estándares de tiempo.

La fijación de tiempos estándar que difieren de lo establecido o de las posibilidades de ganar incentivos estipulados en el convenio.
El engaño por parte de los empleados.

El deterioro rara vez proviene de los cambios negociados que se introducen en los estándares o en el plan de incentivos. Con más frecuencia se deben a los administradores miopes que permiten el establecimiento de prácticas degenerantes. Algunas son introducidas subrepticiamente por los trabajadores, pero casi siempre con algún consentimiento de los supervisores. Tal vez son más los estándares y los planes de incentivos que fracasan debido al deterioro de la relación que debe exitir entre el estándar de tiempo y los requisitos del trabajo; deterioro causado por los cambios progresivos más que por todas las demás causas combinadas.

Se produce una grave degeneración cuando la administración, a sabiendas, fija tiempos estándar que exceden lo acostumbrado o las posibilidades de ganancia convenidas. Muchos planes estipulan que las operaciones controladas por las máquinas o los procesos deben permitir un determinado nivel de incentivos, tal vez un 30 por ciento. Invariablemente, las ganancias reales son del orden del 40 al 75 por ciento. Cuando las normas se fijan de modo que los empleados mantengan su promedio anterior, se viola el convenio de incentivos y los estándares degeneran.

Nadie disculpa el engaño y cualquiera que sea sorprendido practicándolo puede ser despedido. El sindicato rara vez intercederá. Sin embargo, la práctica de "ganar dinero con el lápiz" se ha extendido en diversas formas.

Manera de evitar el deterioro

Si se toman las precauciones siguientes se evitará el deterioro de los estándares y los planes de incentivos:

1. No permitir que se dividan, mediante prácticas prohibidas, los seis principios fundamentales de la administración de los estándares de tiempo y los planes de incentivos.
2. Desarrollar un plan equitativo, explicando claramente todos sus aspectos.
3. Administrar el plan en forma equitativa, sin tratar de obtener ventajas indebidas.
4. Atender con prontitud las quejas; tener informados a los trabajadores.
5. Que el plan sea manejado por personal competente y que se empleen técnicas adecuadas de medición del trabajo.
6. Implantar un programa de auditoría para vigilar constantemente los estándares de tiempo y las operaciones que proporcionan incentivos.

La precaución más importante para impedir el deterioro es la mencionada en primer lugar: no permitir la desintegración de los principios fundamentales con prácticas prohibidas. Esto exige que los administradores entiendan la diferencia que hay entre prácticas prohibidas y negociación legítima.

Algunos aspectos de los estándares de tiempo y los incentivos pueden ser objeto de negociación entre los trabajadores y la administración. Las concesiones en esa área no disgregan el control de la administración sobre los estándares y los incentivos más que los aumentos de salarios. Por ejemplo, la oportunidad de ganar incentivos cuando se trabaja a un ritmo estimulado, o en operaciones reguladas por la máquina, es negociable. A menos que los estándares queden específicamente excluidos de la negociación en el contrato celebrado entre los trabajadores y la empresa, la administración no puede alegar que sus estándares son "correctos" y se han "calculado" y por lo tanto no están sujetos a negociación.

El hecho de negociar y hacer concesiones no tiene por qué deteriorar el plan. El establecimiento de estándares flexibles por acuerdo mutuo puede debilitar las normas correspondientes y permitir ganancias excesivas en las tareas de que se trate; pero eso no afectará a otras normas, que seguirán siendo regidas por el convenio o por la práctica normal.

Ciertos aspectos de los estándares y los incentivos no deben ser negociados. De otro modo se perjudicará seriamente al plan. El principio de que no se permitirá introducir cambios en el contenido del trabajo sin modificar el estándar, no es una cuestión negociable. Este principio es un recurso importante de protección del trabajador contra el abuso que implican mayores cargas de trabajo. Protege también a la administración, porque garantiza que las mejoras introducidas en los métodos y los procedimientos no pasarán desapercibidas.

Quejas y arbitraje

Los procedimientos para manejar las quejas y el arbitraje en materia de estándares de tiempo y planes de pago de incentivos, por lo general se detallan en los contratos laborales celebrados con los sindicatos. Las empresas cuyo personal no está sindicalizado manejan esos asuntos aplicando diversos métodos, desde procedimientos informales hasta reglas formales. A veces se incluye el arbitraje obligatorio en caso de que las diferencias no puedan ser resueltas en los pasos iniciales.

Gottlieb y Werner[34] examinan las obligaciones de los patrones, establecidas de acuerdo con las leyes federales del trabajo. La obra de Elkouri y Elkouri[35] sobre arbitraje es clásica y contiene mucha información útil. Wiggens[36] proporciona material sobre el manejo de controversias relacionadas con la ingeniería industrial. Berenbeim[37] expone casos de empresas cuyo personal no está sindicalizado.

Manera de evitar los cambios progresivos

Cuando el personal administrativo introduce cambios que no se reflejan en los estándares, los trabajadores se ajustan calladamente al cambio sin "sabotear las cuotas", lo cual alertaría a los ingenieros industriales. Los cambios introducidos por los trabajadores se llevan a cabo lentamente, para evitar que los supervisores los detecten. En este aspecto, los trabajadores se oponen a la administración porque tienen toda clase de motivos para frenar la producción y ocultar sus innovaciones. Una ventaja adicional para los trabajadores es que los estándares relajados les sirven de palanca para relajar otras normas. La administración debe proteger su posición estipulando en el convenio de normas e incentivos que un cambio es un cambio, aunque haya sido propiciado por los empleados.

Congruencia entre la práctica y el convenio

El éxito de un plan de incentivos depende de que los empleados quieran producir más. Deben considerar que el plan es equitativo para ellos y deben tener confianza en la integridad de la administración. Si esta última trata de obtener ventajas indebidas, los empleados perderán la confianza en el plan. Reaccionarán aumentando las prácticas vedadas lo que a sus ojos está justificado.

Muchos problemas de los estándares de tiempo y los incentivos se deben a descuido y falta de atención. Cuando esos problemas son sometidos a arbitraje, por lo general resulta que, si bien los árbitros no se sujetan a reglas rígidas, están bastante de acuerdo con los principios básicos. No acudirán en auxilio de los administradores que, teniendo a mano el remedio para corregir el relajamiento de los estándares causado por los cambios progresivos, dejaron transcurrir varios años sin aplicar las medidas necesarias. Con frecuencia, los árbitros dan más importancia a las prácticas anteriores en materia de estándares e incentivos que al convenio por escrito.

Las prácticas que claramente van en contra de los intereses de la administración y que jamás debieron ser aceptadas en las negociaciones, a veces se imponen lentamente con el tiempo debido sobre todo a falta de atención por parte de la administración. Como ejemplo se pueden citar las restricciones poco razonables respecto a la forma en que los ingenieros de la empresa deben hacer los estudios de tiempo y calcular los tiempos estándar.

El tema de la oportunidad equitativa para ganar incentivos sorprende a menudo a la administración en una posición desfavorable para la negociación, después de varios años. El plan de incentivos se inicia con la proposición de que se obtendrán ingresos adicionales mediante un esfuerzo adicional. Los empleados se quejan, con justa razón, de que cuando una máquina se descompone, sin tener culpa alguna ellos se ven privados de la oportunidad de ganar dinero adicional. Si la administración está de acuerdo en pagar algún ingreso promedio por hora, por lo general será difícil restringir esa práctica de ahí en adelante. Muchos planes de incentivos pierden validez cuando los pagos de ingresos promedio por hora son llevados al extremo. El remedio consiste en reducir el tiempo ocioso al mínimo y mantener una elevada cobertura de incentivos, lo cual reduce el trabajo sin incentivos y minimiza el efecto de los ingresos promedio por hora.

Cuando la administración esté de acuerdo en aumentar la posibilidad de ganar incentivos, así se estipulará en el convenio y se respetará en la práctica. Aun cuando la administración esté abrumada por el pago elevado de incentivos siguiendo las prácticas anteriores, esto se pondrá por escrito para hacerlo valer. De otro modo, el nivel de las ganancias subirá aún más. El aferrarse a la fantasía de un conjunto de normas por lo que respecta al convenio, y a otro por lo que respecta a la práctica, es lo que destruye la inviolabilidad del convenio.

Responsabilidades de la administración

Muchos administradores tienen un concepto un tanto equivocado de la medición del trabajo consideran que hay técnicas sencillas y universalmente aceptadas para establecer estándares de tiempo válidos. A menudo piensan que los problemas con los estándares de tiempo se deben principalmente a que los empleados se oponen generalmente a todo aquello que favorezca a la administración.

Cuando la administración se decide a implantar un MDW o un plan de incentivos amplio, debe reconocer la magnitud del compromiso y la habilidad y calidad del personal necesario para administrarlo. Muchas de las dificultades se deben a que el programa no está respaldado con presupuestos adecuados e ingenieros industriales competentes.

Los supervisores debe ser capacitados de manera que entiendan plenamente el plan y sean capaces de hacer frente a los problemas que surjan en sus departamentos. Con harta frecuencia, los supervisores no conocen bien los estándares ni el plan de incentivos y ponen una carga enorme de trabajo a los ingenieros industriales.

El manejo de un plan de incentivos es una gran responsabilidad de la administración. Los estándares y los incentivos no pueden ser operados como una actividad secundaria. Puesto que siempre resultan afectadas las relaciones laborales, hay que tomar decisiones críticas a un alto nivel. Con frecuencia hay diferencias apreciables entre las actitudes que adopta la administración cuando hay incentivos y cuando se ha implantado el MDW. En la fábrica donde se pagan incentivos, la administración aprovecha a veces del deseo de los trabajadores de ganar ingresos adicionales y cuenta con ello para lograr que sigan trabajando aunque haya dificultades. En la fábrica donde funciona el MDW, los trabajadores probablemente suspenderán la operación si tienen dificultades. Con el MDW, la administración depende de la supervisión para lograr una productividad más alta. Se da prioridad a la capacitación y mejoramiento de los supervisores. Con el plan de incentivos, la administración espera que la motivación de los trabajadores suprimirá la necesidad de una supervisión más estricta.

Nada puede sustituir a la buena supervisión, y menos que nada los incentivos. Cuando los administradores establecen incentivos para compensar las deficiencias de supervisión, probablemente los incentivos se deteriorarán y los problemas de la administración aumentarán. El buen funcionamiento de un plan de incentivos durante un largo tiempo exige una supervisión competente. La misma fábrica, con MDW, puede exigir una supervisión mayor aún para mantener la productividad a un alto nivel. Aunque algunos de los administradores que dirigen fábricas donde se pagan incentivos afirman que las presiones de los trabajadores que desean ganar más con menos esfuerzo son la causa principal de los problemas, éstos se deben más a menudo a las fallas administrativas.

Control de los estándares de tiempo y los incentivos

Es difícil controlar los estándares de tiempo y los incentivos, más que nada porque la estabilidad del plan depende de que se mantengan determinadas condiciones y prácticas, mientras que los elementos que intervienen en el plan de incentivos cambian continuamente. Las operaciones cambian, el equipo se modifica, los requisitos de calidad se alteran, los empleados ejercen presión y la administración hace concesiones respecto a los estándares. Los cambios que se ajustan al plan no causan problemas; pero cuando se viola el plan, viene el deterioro.

El control de los estándares de tiempo y del plan de incentivos depende principalmente del control del cambio. Como muchos de los cambios no se detectan fácilmente cuando tienen lugar, o debido a que su efecto a largo plazo no es discernible, es preciso establecer procedimientos adecuados para detectar y evaluar dichos cambios. La manera más eficaz de detectar los que se relacionan con los estándares de tiempo y el plan de incentivos es recurrir a la auditoría y los procedimientos de control.

Finalidad de la auditoría

La auditoría de tiempos estándar e incentivos implica el estudio y evaluación constantes de los procedimientos de medición del trabajo y pago de incentivos, a fin de determinar si se llevan a cabo de conformidad con las políticas y objetivos de la administración. Los fines primordiales de la auditoría son los siguientes:

Detectar el cambio para que pueda ser examinado.
Evaluar el cambio.
Aprovisionamiento de datos significativos que permitan tomar decisiones con respecto al cambio.

La información que proporcione la auditoría permitirá a la administración decidir qué medidas correctivas se adoptarán. La acción correctiva es una responsabilidad de la administración, no una finalidad de la auditoría. Un programa eficaz de auditoría:

Garantizará que los estándares de tiempo y los incentivos funcionan en la forma prevista.
Determinará en qué forma se produjeron los cambios y cuáles son sus efectos en los estándares de tiempo y en el plan de incentivos, en los costos, y en los ingresos de los empleados.
Proporcionará datos para evaluar la eficiencia del sistema de medición del trabajo y del plan de pago de incentivos.

Al evitar el deterioro de los estándares y del plan, la auditoría ayudará a mantener el nivel de productividad y la ganancia de incentivos de acuerdo con los estándares de tiempo, el convenio de incentivos y los objetivos de la administración. Es muy importante, que cuando se pagan incentivos, no se recurra a la auditoría para limitar o disminuir los ingresos del empleado. A la larga, la auditoría mantendrá los ingresos al nivel requerido, y éste lo determina el convenio celebrado entre los empleados y la administración.

El derecho de la administración a practicar auditorías

La auditoría es un derecho fundamental de la administración, indispensable para vigilar las operaciones y obtener información que permita evaluar las actividades y tomar decisiones.

Sin embargo, cuando se trata de los incentivos, los trabajadores no aceptarán esa prerrogativa de la administración sin estar seguros de que no se hará mal uso de ella.

La gerencia debe explicar claramente a los empleados la finalidad del programa, cómo funcionará y qué medidas espera tomar la administración. Los derechos de los empleados deben quedar bien establecidos, para que estén protegidos debidamente. Como la auditoría es un asunto delicado que fácilmente se puede malinterpretar, la gerencia debe ser muy franca con los empleados, de manera que tanto éstos como el personal administrativo entiendan a fondo la finalidad y los procedimientos de la misma. La aceptación del programa de auditoría de la gerencia dependerá de la relación que exista entre los empleados y la administración y de la confianza que aquéllos tengan en ésta.

Criterios de auditoría

Los criterios esenciales de la auditoría son los siguientes:

El convenio relacionado con los estándares de tiempo o el pago de incentivos, incluyendo las secciones correspondientes del contrato laboral, si lo hay.
Las definiciones de la forma de medir, sobre todo lo que se entiende por "normal".
Los requisitos del trabajo y las condiciones de la operación cuando se estableció originalmente el estándar de tiempo.

Los criterios deben ser expuestos claramente, de manera que no se pierdan de vista ni se alteren con el transcurso del tiempo. El criterio más importante es el convenio que establece la base del programa de incentivos.

A veces se introducen procedimientos no incluidos en el convenio. Si violan el convenio celebrado por escrito, la administración debe aclarar y eliminar las discrepancias, para evitar problemas de administración y delinear los criterios de auditoría. Por ejemplo, en el caso de los incentivos, el convenio puede especificar que, cuando trabajan a un ritmo estimulado, los empleados tendrán la oportunidad de ganar un 30 por ciento de ingreso adicional. Sin embargo, cuando la fábrica promedia un 50 por ciento y los empleados, por término medio, no son "superhábiles", la administración se ve obligada a examinar sus definiciones. Los ingenieros que establecen esos estándares de tiempo violan el convenio. Si la administración, en efecto, a través de las prácticas anteriores ha demostrado estar de acuerdo con la oportunidad de ganar incentivos mayores, esto se debe incorporar al convenio para que los ingenieros sepan siempre a qué atenerse.

La administración se beneficia cuando actualiza el convenio de modo que refleje la situación del momento. Cuando la mayoría de los empleados cobran incentivos por un 50 por ciento y el convenio estipula el 30 por ciento, la gerencia tiene tantas probabilidades de reducir esas ganancias como de convencer a los empleados para que acepten una disminución del 20 por ciento en su tarifa por hora. Cuando más adelante las ganancias de incentivos pasen del 50 por ciento, la gerencia no tendrá una base aceptada para fijar estándares. Si el convenio no especifica cuantitativamente la relación entre la ganancia de incentivos y el ritmo de trabajo estimulado, la administración puede esperar un aumento continuo de las ganancias año tras año.

Muchas de las dificultades de la medición del trabajo y de la auditoría provienen de la base subjetiva del proceso de medición, que no se puede evitar cuando se mide el rendimiento humano en el trabajo. Una manera de minimizar esos problemas consiste en definir lo que es normal, o sea el APL, relacionado cuantitativamente con el ritmo estimulado de trabajo. Un buen procedimiento consiste en establecer operaciones de referencia, de preferencia en películas, a fin de crear registros visuales permanentes del APL. Los estándares de tiempo predeterminados, como son la MTM, el Work Factor y los Tiempos para Movimientos Básicos (BMT) proporcionan tales referencias, si los empleados y la administración aceptan de común acuerdo esas medidas.

Un punto importante para la auditoría es saber si se han efectuado cambios en los métodos de operación, en las herramientas y en las condiciones de trabajo desde que se estableció el estándar de tiempo original. El procedimiento de auditoría trata de determinar la magnitud de los cambios, ya que afecta a los estándares.

Ejercicio de la auditoría

Las técnicas de auditoría deben ser organizadas de manera que logren su finalidad principal: detectar el cambio y las desviaciones respecto al procedimiento estándar. Los estudios de auditoría se ocupan ante todo del rendimiento del operador en operaciones específicas, para determinar si ha habido cambios en los requisitos del trabajo asociado con la operación según se estableció cuando se fijó el tiempo estándar. Cuando se efectúa la auditoría de un estándar de tiempo, los criterios son los métodos de trabajo y las condiciones originales de la operación. El nivel de ingresos del trabajador en la fecha de la auditoría no se relaciona con ésta, aunque puede ser un síntoma de que algo ha ocurrido. La auditoría eficaz requiere que los datos en que está basado el tiempo estándar sean claros y se encuentren disponibles.

La auditoría efectiva exige los pasos siguientes:

1. **Seleccionar la operación que se va a auditar.** Se deben examinar operaciones elegidas al azar. Si al llegar a un departamento el analista elige una operación cualquiera de las que en ese momento se llevan a cabo, habrá hecho una selección al azar. El analista simplemente se acerca a una operación en proceso y empieza su estudio de auditoría. Algunos días no tendrá tiempo suficiente para efectuar la auditoría; otros dispondrá de tiempo suficiente. Con este método, las tareas de auditoría son flexibles y se pueden llevar a cabo sin interferir con la fijación de estándares y otras tareas que el analista tenga asignadas.
2. **No avisar que se va a practicar la auditoría.** No se debe notificar de antemano al jefe ni al personal del departamento que se va a efectuar un estudio de auditoría, a fin de que no se altere la forma de realizar las operaciones. La finalidad de la auditoría es muestrear la operación tal como se lleva a cabo en el momento.
3. **El auditor no debe estar predispuesto.** Antes de hacer su estudio, el auditor no debe consultar los registros ni los antecedentes de la operación. Mientras menos sepa acerca de la misma y de la forma en que se estableció el estándar, mejor será para los fines de la auditoría.
4. **Estudiar la operación.** El auditor muestrea la operación para determinar cómo se realiza en el momento. Debe obtener toda la información pertinente. Hace un estudio de tiempo de la operación en la forma convencional y calcula un tiempo estándar que refleje las condiciones existentes. El estudio de auditoría no tiene que ser tan detallado ni tan largo como el estudio original; varios ciclos bastarán para la auditoría. Se anotan las descripciones de todos los elementos y se identifica todo el trabajo realizado en la operación, incluyendo los elementos poco frecuentes.
5. **Comparar los datos de la auditoría con los datos originales.** Una vez terminado el estudio, se obtienen los datos originales en los archivos y se compara el estudio de auditoría con el estudio original, elemento por elemento. Si se encuentran diferencias en la comparación, se anotarán para discutirlas e investigarlas. Si el auditor encuentra que el estándar auditado es correcto, todos los papeles se anexan a una hoja en que se describen los resultados y el conjunto se guarda en el archivo de estándares.
6. **Investigar las diferencias de procedimiento.** Las diferencias en las condiciones de trabajo y en los requisitos del trabajo deben ser investigadas, con el fin de determinar cómo y cuándo surgieron. La investigación es parte importante de la auditoría, porque puede revelar procedimientos e imprecisiones que sin duda afectarán a otros estándares. También se descubrirán deficiencias administrativas.
7. **Hacer las correcciones necesarias.** El estudio de auditoría es para descubrir hechos y no requiere que el auditor imponga medidas correctivas. Esto corresponde a la gerencia.

Todos los hechos y las recomendaciones del auditor se presentarán a la gerencia. Los analistas de mediciones del trabajo, así como los ingenieros industriales, deben separar la finalidad del procedimiento de auditoría y la aplicación de medidas correctivas. A partir de las conclusiones del estudio, la gerencia tomará sus decisiones respecto a la conveniencia de emprender acción correctiva y a los pasos que se deben dar. Los analistas no deben tomar para sí esas prerrogativas de la administración. Las acciones que puedan parecerles adecuadas y racionales a los analistas pueden ser considerados de modo diferente por la gerencia. Junto con los datos de auditoría se archivará un registro de las conclusiones y actos de la gerencia para que formen parte del archivo permanente de estándares de tiempo. Esta información puede ser importante en una fecha futura.

8. Llevar un registro de auditoría. Se debe llevar un registro, por auditores y por departamentos, donde se detallan todos los estudios de auditoría efectuados, se indican la fecha, el nombre del auditor, el departamento y la operación, para tener antecedentes de la frecuencia de los estudios de auditoría. Esto permitirá que la gerencia haga auditorías a los auditores, para asegurarse de que se llevan a cabo suficientes estudios.

Relación entre los estándares de tiempo y las cuotas base

En las fábricas donde opera el MDW, por lo general no se permite que los tiempos estándar se relajen para compensar las cuotas básicas bajas, ya que los empleados no tienen manera de obtener un ingreso de compensación. Las cuotas básicas bajas, como incentivo, pueden ser aceptables para los empleados si los tiempos estándar son bastante accesibles para obtener un ingreso real adecuado.

La relación entre los salarios base y los tiempos estándar rara vez es expresada formalmente por los representantes de la administración y de los empleados, y sin embargo es una influencia predominante en la fijación de estándares. La costumbre de medir la propiedad de los estándares de tiempo por el ingreso real parece contradecir la recomendación de que el tiempo requerido para realizar una operación no debe estar relacionado con el salario del trabajador.

Detección de cambios mediante el análisis de los informes de productividad

Muchas empresas tratan de vigilar los estándares de tiempo al evaluar la productividad general del operador por períodos y por operaciones. Se indica a los empleados que realizan la tarea que señalen las variaciones bajas y altas respecto a los niveles de productividad establecidos. Luego se elaboran informes de excepción, para que los analistas puedan verificar las operaciones de alta productividad y determinar si el rendimiento de determinados operadores refleja verdaderamente su productividad o si el exceso de ésta se debe al relajamiento de los estándares. También se investiga la baja productividad.

El análisis del informe de productividad ayuda a revelar los estándares rígidos, que dan lugar a dificultades con las operaciones, y permite que la administración investigue y emprenda una acción correctiva. El bajo rendimiento puede señalar empleados poco capacitados, tiempo ocioso excesivo, trabajo no medido, ocasiones en que los estándares no se pueden aplicar porque las condiciones no son estándar, y otros factores similares. Esta información es necesaria para aumentar la productividad.

Por lo que respecta a la auditoría de estándares de tiempo, el análisis de la productividad diaria del empleado difícilmente revelará los cambios progresivos y los estándares relajados. Los operadores listos saben exactamente qué indican los informes y manipularán sus tiempos de manera que su productividad calculada esté dentro de los límites, o bien, limitarán la producción. Cualquiera que sea el caso, se disimulan los estándares relajados.

2.3.10 SOLUCION A LOS ESTANDARES DE TIEMPO DETERIORADOS

Por lo general, se considera que los estándares de tiempo se han deteriorado cuando los empleados pueden producir a un determinado APL con mucho menos esfuerzo del que sería necesario según los criterios aplicados a la fábrica. No hay cifras de productividad ni límites para definir los "estándares relajados".

Evaluación del efecto de los estándares de tiempo relajados

Cuando la administración estima que sus estándares de tiempo están muy relajados, el primer paso de la planeación de un curso de acción consiste en hacer un estudio completo del sistema de medición del trabajo desde sus orígenes, para determinar dónde y cómo surgieron las diversas prácticas que están erosionando el plan. Las prácticas prohibidas deben ser analizadas para determinar el efecto que cada una produce en los costos de fabricación, en la productividad y en el funcionamiento del sistema de medición del trabajo.

Se debe hacer un análisis detallado de la magnitud del relajamiento de los estándares de tiempo, se establecen nuevos estándares para un corte seccional de las operaciones y se determina el porcentaje ponderado en que se han relajado todos los estándares de tiempo. El estudio debe incluir a los estándares que posiblemente son rígidos, los cuales son absorbidos por los empleados y compensados por los estándares relajados. La gerencia tendrá así una evaluación de la posibilidad de aumentar la productividad y reducir los costos cuando la producción satisfaga los tiempos estándar correctamente establecidos.

El estudio debe señalar con precisión las concesiones hechas por la administración al establecer los estándares que inflan y relajan los estándares, incluyendo las razones por las cuales se hicieron esas concesiones. En las fábricas donde se pagan incentivos es particularmente necesario tener en cuenta la relación entre los salarios base y los tiempos estándar, antes mencionados, para no calificar equivocadamente como relajados a estándares de tiempo que tal vez no lo estén en relación con un ingreso real básico equitativo.

Los consultores y auditores externos, antes de hacer recomendaciones, deben asegurarse de que conocen todos los antecedentes del sistema de medición del trabajo y del plan de incentivos. Cuando se comparan los estándares de tiempo muy anticuados con criterios de medición del trabajo definidos con precisión, los estándares originales parecerán fuera de lugar. Al verificar con los administradores de más antigüedad, se descubrirá tal vez que, por razones que eran válidas al implantar las mediciones, se hicieron ciertas concesiones. Esto ocurre a menudo en las fábricas donde opera el MDW, cuando la productividad de la operación resulta ser del 60 al 65 por ciento. Temiendo que las presiones excesivas puedan crear problemas de relaciones laborales, la administración introduce tolerancias adicionales y otros procedimientos para que el 60 por ciento sea igual al 80 por ciento. Treinta años después las condiciones son muy distintas, pero continúan las antiguas prácticas.

Los estándares de tiempo relajados por la causa que sea hacen aumentar los costos y castigan a la administración. Con el MDW, los estándares relajados sólo benefician a los empleados para reducir su carga de trabajo. Con los incentivos, permiten que el ingreso real aumente hasta un nivel que los empleados consideran seguro. Arriba de ese nivel, los empleados se moderan y disfrutan de cargas de trabajo reducidas. La corrección de los estándares relajados de incentivos hace disminuir invariablemente el ingreso real, y los empleados se oponen fuertemente a ella. Cuando la administración hace más rígidos los estándares MDW, los trabajadores no pierden ingresos en forma directa, pero algunos pueden ser desplazados por la productividad más alta y tal vez pierdan ingresos extraordinarios; pero hay maneras de minimizar esas pérdidas. Los empleados que trabajan con MDW por lo general se oponen a los cambios de estándares menos que los que trabajan con incentivos.

Correción de los estándares MDW relajados

Una corrección sin más ni más de los estándares de tiempo relajados es una empresa atrevida, aun cuando las relaciones laborales sean buenas. Es algo muy diferente de los esfuerzos rutinarios para actualizar los estándares. El método que adopte la gerencia dependerá de las relaciones que mantenga con los empleados y del grado de confianza recíproca y buena voluntad. En algunas fábricas, cuando el programa de modificación de estándares se explica totalmente a los empleados, éstos aceptan la necesidad de los cambios y cooperan. En otras se producen reacciones violentas cuando la gerencia intenta siquiera investigar los estándares relajados, por no mencionar cuando introduce cambios. En esas fábricas es sumamente difícil corregir los estándares. Por lo general se recurre a los métodos siguientes:

1. **Eliminar las operaciones y el equipo deficientes.** El efecto de los estándares relajados se reduce al suprimir las operaciones incompatibles, para esto se introducen métodos radicalmente diferentes, nuevas herramientas, mecanización, nuevos productos, etc.
2. **Lograr la aceptación de los empleados.** Se llega a un acuerdo con los trabajadores, haciéndoles comprender que la administración ajustará los estándares relajados. Se pueden establecer reglas básicas diferentes, incluyendo un grupo de estudios empleados-administración para supervisar el programa y resolver las quejas con prontitud.
3. **Aumentar los salarios por hora.** Se aumentan los salarios por hora básicos en un porcentaje específico a cambio de que se acepte una revisión inmediata de los estándares, o a cambio de determinadas operaciones. Estos acuerdos a veces se celebran durante las negociaciones contractuales; pero como esas negociaciones son bastante agitadas, por lo general se logran mejores resultados entre contratos.
4. **Comprar los estándares relajados.** Algunas empresas han "comprado" a los empleados los estándares relajados, mediante bonificaciones al contado. El procedimiento se describe más adelante.
5. **Cuando opera el MDW, implantar el pago de incentivos.** Muchas compañías han cambiado del MDW al pago de incentivos y en el proceso han eliminado todos los estándares de tiempo MDW. Los administradores se asombran a menudo cuando empleados que defendían enérgicamente la conveniencia de los estándares MDW, aceptan estándares de tiempo bastante más rígidos a cambio de incentivos, sin quejarse mucho. Antes de proponer un programa de incentivos, los administradores deben asegurarse de que han acordado claramente con los empleados cómo se fijarán los estándares. La aceptación de diversos estándares en una prueba tal vez no refleje la actitud que adoptarán los empleados cuando el cambio esté en plena operación. La experiencia ha demostrado que, cuando las empresas cambian de MDW a incentivos, hay que hacer nuevos estudios y establecer nuevos estándares de tiempo. De preferencia, los nuevos estándares no tendrán relación con ni estarán basados en los estándares MDW anteriores.
6. **Ejercer presión.** Los administradores recurren a veces a diversas formas de presión para lograr que los empleados acepten una revisión de los estándares. Amenazan con subcontratar trabajo, con suspender operaciones y con cerrar departamentos e inclusive toda la fábrica.

Compra de los estándares MDW relajados

La revisión de los estándares presentaría menos dificultades si los administradores entendieran bien por qué los trabajadores se oponen a los cambios. Exceptuando las fábricas donde la oposición del trabajador tiene raíces profundas, en la mayoría de las empresas los trabajadores quieren participar de las ganancias. Con frecuencia, los estándares relajados son creados por el ingenio y la inventiva del trabajador. Cuando la gerencia fija estándares más rigurosos, los trabajadores se sienten despojados de sus intereses; tienen que trabajar más sin obtener nada por sus esfuerzos.

Un método sencillo y eficaz de modificar los estándares consiste en pagar a los empleados una gratificación única en efectivo en proporción con la cantidad en que se reducen los estándares. Esta recompra, como se le llama, funciona del modo siguiente: Supongamos que un estudio ha indicado que, si se implantan nuevos estándares de tiempo en un departamento, representarán como promedio el 89 por ciento de los estándares actuales. Si los empleados produjeran al 100 por ciento con los nuevos estándares (suponiendo que éstos son APL), el aumento de la producción sería del 12.36 por ciento (1.0/.89 = 1.1236). Con la recompra, la administración pagaría a cada empleado afectado el 12.36 por ciento de su salario base anual como gratificación. Un empleado que gana $5 dólares por hora recibirá 0.1236 × $5 × 2,000 hrs = $1,236. Suponiendo que el empleado respete el acuerdo y mantenga la productividad al 100 por ciento con los nuevos estándares, la recompra no le costará nada a la empresa, puesto que la pagará el aumento de la productividad de los trabajadores.

Los administradores deben tomar nota de que se hace un pago único a cambio de ahorros continuos. El pago es cubierto por los estándares de tiempo reducidos; el costo se recupera mediante la producción aumentada de un año, con el nuevo estándar. A algunos administradores ese pago les parecerá un soborno; pero los gerentes cansados de luchar, que se han pasado años regateando con los estándares, estarán de acuerdo en que la recompra puede ser la forma más rápida y práctica de corregir esos estándares.

Una manera equitativa de pagar la compra consiste en ofrecer a los empleados una tercera parte de la suma al ser introducidos los nuevos estándares, una tercera parte 3 meses después; y la última tercera parte después de 6 meses. El diferir los pagos permite a la administración y a los empleados mostrar su buena fe. Puesto que la administración inicia el plan, la buena voluntad de la empresa queda demostrada por el pago de la tercera parte inicial, que tiene lugar antes de que los empleados aumenten la productividad.

La recompra es una manera sencilla y equitativa de permitir que los empleados participen en el mejoramiento de la productividad. Los pagos no le cuestan nada a la administración, puesto que la mayor productividad los compensa. El espaciamiento de los pagos en un período de 6 meses garantiza a los empleados y a los administradores que ninguno está recibiendo gato por liebre, y ambos lados tienen la oportunidad de expresar sus puntos de vista sobre diversos estándares mientras se llega a un acuerdo final. La recompra no tiene que abarcar a toda la fábrica.

Un pago único en efectivo es un precio muy pequeño por la posibilidad de ajustar sin más los estándares y hacerlo con el consentimiento de los empleados, lo cual permite a la administración proceder sin demora a los cambios. El pago se recupera con la reducción de los estándares de tiempo, de modo que no cuesta nada. De ahí en adelante, las reducciones de los estándares significan ahorros en el costo. Un aumento de los salarios base, descrito anteriormente, es un costo que no se recupera jamás.

Corrección de tiempo estándar para incentivos

Donde operan los incentivos, los estándares de tiempo relajados son mucho más difíciles de corregir que los estándares MDW, porque las normas más rígidas pueden hacer disminuir el ingreso real de los empleados y la posibilidad de que aumente si éstos deciden sacar ventaja de los estándares relajados. Los métodos generales para corregir estos estándares son similares a los que se indicaron para los MDW.

Los métodos siguientes son empleados por los administradores en diversas formas. Ninguno es mejor que los demás. Los que funcionan bien en una fábrica pueden causar graves problemas laborales en otra; los que en un lugar son rechazados por los empleados pueden tener éxito en otro. Las relaciones que han existido anteriormente entre los empleados y la administración influyen sobremanera en su actitud hacia la corrección de los estándares de tiempo relajados. Los métodos generales son los siguientes:

1. **Eliminar las operaciones y el equipo deficientes.** Este método es similar al que se siguió con el MDW, excepto que los nuevos estándares tendrán tal vez que conservar el potencial de ganancias de los estándares sustituidos.
2. **Lograr la aceptación de los empleados.** Con buenas relaciones entre administradores y empleados, muchas empresas han discutido abiertamente los problemas relacionados con la competencia de las compañías nacionales y extranjeras y han demostrado a sus empleados que se necesita una producción mayor para proteger sus empleos. Si la comunicación entre empleados y administración es buena, aquéllos entienden los problemas de ésta y la necesidad de reducir los costos. Se siguen varios métodos para demostrar que los estándares de tiempo modificados no impondrán cargas indebidas a los empleados. Los equipos de estudio trabajadores-administración, a menudo son útiles para facilitar la comunicación en dos direcciones y superar los obstáculos. La administración tendrá tal vez que hacer algunas concesiones.
3. **Aumentar los salarios por hora.** Los estándares pueden ser modificados a cambio de un aumento específico a los salarios base. Este método aumentará o disminuirá los costos, dependiendo de si la reducción de los estándares de tiempo excede a los aumentos de salario. Estos últimos son una manera útil de conceder a los empleados una parte de las ganancias que se obtienen al modificar los estándares de tiempo.
4. **Estudiar el factor de ajuste de los salarios de base.** En este caso, los estándares de tiempo se modifican en la misma proporción en que se aumentan los salarios de base. Los administradores y los ingenieros industriales deben estudiar cuidadosamente la relación entre sus salarios de base y los estándares, con el fin de determinar si este tipo de ajuste resolverá lo que parece ser un problema de relajamiento de los estándares.
5. **Compra de los estándares relajados.** La recompensa descrita en el caso del MDW se puede aplicar también en el de los incentivos, pero hay una diferencia significativa. Con el MDW, el ingreso de los empleados no varía con la producción. Con los incentivos, cuando los estándares se vuelven más rígidos y los empleados producen más, éstos pierden los ingresos que habrían ganado con los antiguos estándares; de manera que puede haber oposición a la recompra. Esto se estudia posteriormente con más detalle.
6. **Sustituir los incentivos con el MDW.** Algunas empresas que tenían dificultades para controlar sus planes de incentivos suprimieron esos planes e implantaron el MDW. Los problemas de este método se explican más adelante.
7. **Ejercer presión.** El método adoptado con más frecuencia por los administradores para lograr que se acepte la revisión de los estándares de tiempo consiste en presionar a los empleados, por lo común haciéndoles ver que el trabajo será subcontratado, se cerrarán departamentos, se suprimirán líneas de productos, etc. Por lo general no se trata de falsas amenazas, pero reflejan las dificultades con que tropieza la administración para hacer frente a la competencia. Los empleados ven estos procedimientos como coerción; la administración generalmente declara que no le queda otro recurso que reducir las pérdidas y las operaciones no rentables. En general, los empleados que trabajan con incentivos son más reacios que los que trabajan con MDW, de manera que hay más dificultades para resolver con ellos el relajamiento de los estándares.

Compra de los estándares deteriorados

El procedimiento para comprar los estándares deteriorados que se describió en el caso del MDW es aplicable también a los incentivos, con una diferencia importante. Con los incentivos, si los estándares se han relajado, los empleados pueden mantener su productividad a un nivel que en su opinión es seguro y no será objetado por la gerencia. Siempre existe la posibilidad de aumentar los ingresos, aunque ellos no la conviertan en ganancias. Cuando esos estándares se modifican, disminuyen los ingresos, hasta los efectivos, y a menudo eso provoca la oposición de los empleados.

El control fijando un tope a las ganancias de incentivos

Prácticamente todos los planes de incentivos adoptan el principio de no poner un tope a las ganancias de incentivos; los ingresos del trabajador sólo están limitados por su capacidad y diligencia. La gerencia garantiza que los estándares de tiempo no serán reducidos porque las ganancias sean elevadas. El principio de no señalar límites se acepta generalmente como algo sagrado e inviolable.[16]

Cuando se examina más de cerca el funcionamiento de los planes de incentivos a través del tiempo, se descubre 1) que el principio de no límites es un mito: en la mayoría de las fábricas que tiene ese régimen, los empleados establecen límites muy reales; 2) que ese principio es una causa principal del deterioro de los estándares.

La garantía de la ausencia de límites es interpretada de modo diferente por los empleados y por la administración.

Punto de vista de los empleados

Estos toman la garantía al pie de la letra: no hay límite para lo que pueden ganar. Tienen derecho a más ingresos por más producción.

Punto de vista de la administración

La garantía se da de buena fe.
Se garantiza que los estándares no serán modificados, siempre que no cambie la base del estándar.

La definición de un estándar de tiempo es sumamente importante para la garantía. Es uno de los principios esenciales de la buena administración de los estándares de tiempo y los planes de incentivos, que ya se han explicado, siempre que el estándar de tiempo de una operación no represente piezas por hora, sino el trabajo necesario para producirlas. Hay una diferencia importante entre las dos medidas.

Los trabajadores entienden esa diferencia. Cuando la administración hace aumentar los requisitos del trabajo, los trabajadores esperan que se les concederá tiempo adicional para realizar la operación. Este es un requisito inviolable del mantenimiento de estándares de tiempo equitativos y los trabajadores jamás renuncian a él. Cuando la administración mejora los métodos de trabajo de una operación, los trabajadores aceptan una reducción del estándar. En cambio, cuando los trabajadores introducen mejoras, cambian de postura y adoptan el punto de vista de que los estándares representan piezas por hora. Alegan que, puesto que ellos introdujeron la mejora, tienen derecho a las ganancias. En la fábrica operan fuerzas sociales poderosas que influyen en la motivación de los empleados. Si se está frenando la producción porque los empleados tienen diferencias con la administración, una persona se pondrá probablemente de parte del grupo.

La ausencia de límites a las ganancias en realidad es un mito. En la mayoría de las fábricas que operan con incentivos funcionan topes verdaderos y efectivos. El concepto de que la capacidad del trabajador individual para producir sólo está limitada por su propio deseo y habilidad no es lo que parece ser. Cuando los estándares de tiempo se fijan inteligentemente y están de acuerdo con las definiciones y criterios de la medición del trabajo, se establecen límites efectivos porque la capacidad del hombre para trabajar tiene límites fisiológicos. Relativamente pocos trabajadores muy capacitados alcanzan niveles mucho más altos que otros.

La declaración de la gerencia de que no hay límite para las ganancias de incentivos justifica, a los ojos de los empleados, toda clase de acciones encaminadas a aumentar los ingresos, con excepción del engaño.

Cuando los empleados recurren a su ingenio para aumentar la producción más allá de lo que sería posible con los métodos prescritos por la administración, creen firmemente que la producción adicional les pertenece. Sabiendo que la administración se adueñará de su ingenio si es descubierto, no temen ocultar sus mejoras. Consideran que es necesario ocultar la producción para proteger sus ganancias por productividad y para evitar que la administracion descubra que han introducido cambios.

La ingeniosidad, aun cuando sea cualidad de un solo empleado, es considerada como propiedad colectiva de todos los empleados. Cuando la gerencia descubre cambios en los métodos y trata de revisar las hojas de operación y el tiempo estándar oficial, todos los emplados protestan con indignación. Piensan que la gerencia se está adueñando de su creatividad. Ningún argumento los convencerá de que la administración tiene derecho a su productividad adicional.

Manera de mejorar la efectividad de los incentivos

La producción retenida, como un obstáculo para incrementar la producción, se puede suprimir introduciendo dos cambios importantes en las actuales políticas de incentivos: 1) fijar un límite formal a las ganancias de incentivos y 2) recomprar la productividad aumentada que los empleados logren en exceso del límite.

Estos sencillos cambios establecerán un conjunto enteramente diferente de reglas, con las cuales los empleados no tendrán motivo para violar las diversas condiciones del plan de incentivos con el fin de aumentar sus ingresos. Una vez fijado un límite, la producción que exceda a ese límite sólo dará lugar a tiempo ocioso durante el día; no incrementará el ingreso efectivo del empleado. Como el límite se expresa en función de la productividad por hora, los empleados no podrán producir 8 horas de trabajo en 4 horas y luego sentarse por allí hasta que termine la jornada.

Las principales ventajas del límite son las siguientes:

Se suprime el incentivo para vencer en el juego.
Se pone un alto al proceso de deterioro debido a cambios progresivos.
Se suprimen los ingresos disparejos en los departamentos y entre grupos diferentes. Esto es una causa importante de dificultades cuando las ganancias se vuelven excesivas con el trabajo sencillo, el que luego produce mejores ingresos que el trabajo más calificado.
Se suprime la búsqueda compulsiva de ingresos más y más altos.
Los trabajadores de más edad, que no pueden producir como solían hacerlo cuando eran más jóvenes, no se ven presionados por los nuevos trabajadores llenos de energía.
Con el límite, un cambio en los estándares encuentra menos oposición de los empleados porque no hará disminuir sus ingresos, aunque tendrán que aumentar su producción.

Establecimiento de topes en las fábricas que operan con incentivos

Cuando se implanta un plan de incentivos en una fábrica que nunca había tenido uno, se puede fijar inmediatamente un límite, puesto que el plan proporciona un incremento substancial de los ingresos sobre los sueldos base.

Cuando ya hay incentivos puede haber problemas para fijar un tope, dependiendo del nivel de los ingresos. Para determinar dónde se ha de establecer un tope, la gerencia debe preparar un desplegado que indique los ingresos promedio por hora, con incentivos, de cada empleado, abarcando un período aproximado de 12 meses, y anotando las ganancias de incentivos con intervalos del 5 por ciento. Se podrá ver cuántos ganaron de 0 a 4.9 por ciento, de 5 a 9.9 por ciento, de 10 a 14.9 por ciento, etc. El tope se debe establecer de manera que comprenda del 75 al 85 por ciento de todos los empleados. Una vez hecho esto, los que queden abajo del tope no sufrirán pérdida alguna en sus ingresos.

Los empleados cuyos ingresos excedan del límite pueden ser compensados de dos maneras: mediante "adiciones" de círculo rojo o mediante recompra en efectivo. La adición de círculo rojo se emplea comúnmente para proteger a los empleados que ganan mucho en incentivos. Aquellos cuyos ingresos anteriores excedían del límite pueden recibir la diferencia entre sus ingresos pasados y el límite como una adición por hora a sus ganancias, por todas las horas trabajadas. Así quedarán garantizados los ingresos de esos empleados.

2.3.11 EL DIA DE TRABAJO MEDIDO (MDW) COMO PLAN DE INCENTIVOS

Por lo general, se piensa en el día de trabajo medido como un convenio según el cual se paga al empleado una tarifa por hora o un salario fijos, independientemente de la productividad del empleado. Antes de la Segunda Guerra Mundial, el MDW tenía otro significado:[38] era un plan de incentivos basado en la buena fe, según el cual se pagaba al empleado un salario fijo durante un período determinado. La productividad media del empleado en ese período determinaba el salario fijo del período siguiente, que podía ser de uno y hasta de tres meses. Supongamos que tenía un salario base de 5.00 dólares por hora. Si trabajaba a un promedio del 110 por ciento en un período, el salario base del siguiente sería de $5.50 por hora. Mientras tanto, estaría estableciendo su salario base para el período siguiente. El mínimo estaba garantizado, permitiendo ingresos variables superiores al salario base de $5.00 por hora.

Este tipo de MDW era un plan de incentivos con cálculos de productividad que abarcaban un período prolongado. Se usó ampliamente en los Estados Unidos hasta la Segunda Guerra Mundial, durante la cual el *War Labor Board* impuso regulaciones estrictas a los aumentos de salarios permisibles. El consejo sólo autorizó la introducción de planes de incentivos de buena fe basados en tiempos estándar asociados con la medición del trabajo. El concepto de MDW como incentivo fue desalentado porque para las empresas constituía una manera fácil de eludir los reglamentos. Por lo tanto, el día de trabajo medido vino a significar que un empleado trabajaba contra tiempos estándar con un salario base por hora, sin la oportunidad de ganar incentivos.

Las dos definiciones del MDW siguen todavía, más que otra cosa como antecedente. Las definiciones dadas por el American National Standards Institute (ANSI) son las siguientes:

> *El trabajo realizado a cambio de un salario fijo por hora, sin incentivos, para el cual se han establecido estándares de producción* (ésta es la que se usa con más frecuencia).
> *Un plan de incentivos en que el salario por hora se ajusta hacia arriba o hacia abajo y se garantiza por un período futuro fijo (generalmente un trimestre) de acuerdo con el rendimiento medio del período anterior* (ésta se usa poco).[39]

Características del MDW que implican incentivo

Una combinación de las mejores características del MDW sin incentivos, y de los incentivos tradicionales, puede crear condiciones que los empleados preferirán al MDW y a los incentivos, y que resultarán beneficiosas para la administración. El MDW de antes de la Segunda Guerra Mundial se puede adaptar a las fábricas que trabajan con incentivos pero desean abandonar el plan, así como a las fábricas donde no hay plan de incentivos.

Considérese una fábrica que opera con incentivos: La gerencia propone que se supriman los incentivos a fin de permitir que cada empleado elija la tarifa por hora que desea recibir, a condición de que cada quien mantenga un nivel de productividad que justifique el salario elegido. Para poner en operación el nuevo sistema de pago de salarios, se permite a cada empleado que fije su sueldo con base en el promedio de las tres semanas de mayor productividad seleccionadas entre las últimas 13. Si el promedio fue del 120 por ciento y el sueldo base es de 5 dólares por hora, su nuevo salario por hora será de $1.2 \times \$5 = \$6$. Se le pagarán $6 por hora durante las 13 semanas siguientes, cualquiera que sea su productividad durante esas semanas. Entretanto se medirá la productividad cada semana y se calculará el promedio de las últimas trece, lo que a su vez establecerá el salario base que se le pagará en las 13 siguientes semanas.

Se puede aplicar un método similar al principio, cuando los empleados trabajan en un plan de MDW sin incentivos. En vez de tomar las 3 semanas más altas para establecer la productividad promedio, cada empleado puede elegir un salario base que en su opinión quedará justificado por la productividad que espera mantener durante las 13 semanas siguientes. El permitir a los empleados que elijan anticipadamente el nivel de salario que a su juicio podrán justificar con sus niveles de productividad futuros, es un gesto de buena fe por parte de la administración, que trata de lograr que los empleados vean que el mejoramiento de la productividad es beneficioso para ellos. El hecho de pedir a los trabajadores que den el primer paso y trabajen con un alto nivel de productividad antes de recibir un salario base más elevado, puede frustrar el propósito.

Cuando se examine este método de MDW con incentivos, se observará que se han eliminado las principales objeciones que hacen los empleados a los incentivos convencionales:

Cada empleado sabe exactamente qué ingreso adicional recibirá durante las 13 semanas siguientes.
Desaparece la presión constante para producir y el empleado puede trabajar a diferentes niveles de productividad dependiendo de cómo se sienta durante el día o de un día para otro. Si se retrasa durante varios días, se puede recuperar en los siguientes. Han desaparecido las presiones cotidianas de los incentivos convencionales.
El hecho de adoptar períodos de medición más largos facilitará el establecimiento de medidas de productividad en los servicios y en las operaciones de apoyo, que no se pueden medir fácilmente con las técnicas de micromedición.

Los empleados pueden corregir su productividad por día y por semana, para asegurarse de que lograrán el promedio de las 13 semanas que eligieron por anticipado para justificar su nuevo salario por hora. Si la medición se hace por grupo, los miembros del mismo pueden reunirse para discutir los cambios necesarios para alcanzar el promedio del grupo.

Reacciones ante el MDW con y sin incentivos

Por lo general, los empleados aceptan el hecho de que, para dirigir con eficiencia, la administración tiene que recurrir a la medición del trabajo y a los informes de rendimiento. No obstante, si pudieran elegir, preferirían trabajar sin la medición. Consideran que ésta les obliga a aumentar la productividad.

Si pueden elegir entre trabajar con MDW sin incentivos y trabajar con incentivos convencionales, por ejemplo a destajo, obteniendo el mismo ingreso efectivo, no cabe duda de que los empleados elegirán el MDW sin incentivos. Cuando se trata de elegir entre los dos sistemas de pago y se ofrece la oportunidad de obtener mayores ingresos, la mayoría de los empleados prefieren el método de incentivos. Aunque no se dispone de datos respecto a sus motivos, se puede suponer que la razón principal es el mayor ingreso.

Cuando los empleados trabajan con el plan MDW sin incentivos, generalmente no expresan preferencia por la medición individual o de grupo. Si hay preferencia, la mayoría de las veces se manifestará en favor de la medición en grupo. Al pasar del MDW sin incentivos al MDW con incentivos la medición en grupo será preferida normalmente por la mayoría de los miembros del mismo, sobre todo si se incluye a los empleados de servicio y de apoyo.

Cuando los incentivos individuales tradicionales son sustituidos con el MDW de grupo con incentivos, los empleados que ganan más se quejarán invariablemente si el promedio del grupo es inferior al nivel de productividad que ellos solían alcanzar. El método que se sigue con más frecuencia para proteger a los empleados que están arriba del promedio del grupo consiste en garantizar sus ingresos promedio anteriores mediante círculos rojos. Esos empleados recibirán un pago adicional personal por hora, determinado de antemano, que les protege contra pérdidas en su ingreso personal. Estos círculos rojos pueden hacer aumentar los costos de operación y tal vez la administración se oponga a ese método. Estos problemas no se presentan cuando se pasa de los incentivos individuales tradicionales al MDW individual con incentivos.

No hay datos suficientes obtenidos del estudio de casos, para predecir con exactitud cómo reaccionarán los empleados que anteriormente tenían incentivos individuales cuando pasan a los incentivos de grupo. Los estudios de empresas que sustituyeron los planes convencionales de incentivos con el MDW sin incentivos, indican claramente que la productividad en general disminuyó, con frecuencia en forma muy apreciable.[40] De acuerdo con la experiencia del autor, cuando los incentivos tradicionales son sustituidos por el MDW con incentivos, la productividad se mantiene a niveles más altos que cuando se sustituyen con el MDW sin incentivos.

Algunos ingenieros industriales afirmarán que, a medida que el período de medición aumenta de diaria a semanalmente, sobre todo si el período es ya de 13 semanas, la productividad bajará, sobre todo en el caso de los grupos. Sin embargo, si los trabajadores entienden claramente que todos saldrán beneficiados por el plan de MDW con incentivos, y actuando de buena fe ambas partes, de hecho la productividad aumentará, sobre todo si los empleados tienen la oportunidad de discutir sus progresos y dan los pasos necesarios para aumentar su productividad.

Por lo general, los trabajadores adoptan un nivel de productividad que les resulta cómodo y que pueden mantener. Si el período de medición se amplía a 4 e incluso a 13 semanas, los trabajadores tendrán la ventaja de poder variar sus niveles de productividad de un día a otro sin dejar de mantener el promedio general al nivel que desean alcanzar. El período de medición más largo es también ventajoso para la administración. En la mayoría de las fábricas, la productividad se calcula diariamente. Con un plan estándar de incentivos por hora, si un empleado produce menos que lo que corresponde a una jornada de 8 horas, se le pagarán de todos modos las 8 horas. La administración absorbe la pérdida como pago de compensación. Si la productividad se promedia en un período prolongado, la compensación se promediará también. En este aspecto, tal vez se requiera algún convenio entre los empleados y la administración.

2.3.12 DISEÑO DE PLANES TRADICIONALES DE INCENTIVOS

En los Estados Unidos, la mayoría de los planes de pago de incentivos son al uno por uno; o sea, que un aumento del 1 por ciento en la productividad hace aumentar los ingresos en el 1 por ciento. El trabajo a destajo es el incentivo más simple en el cual el estándar se expresa en dólares por pieza. Un plan de horas estándar es lo mismo que el trabajo a destajo, excepto que los estándares se expresan en minutos u horas por pieza. Si un empleado trabaja 8 horas y produce el trabajo equivalente a 10 horas, se le pagan 10 horas a la tarifa base acordada.

Se puede diseñar distintos tipos de planes de incentivos, con relaciones de ingresos diferentes de la de uno a uno. Los cálculos y los detalles de esos planes los explica Fein en otra obra.[41] Niebel, Barnes y Nundel describen los planes de incentivos en sus obras.[42-44]

Los planes de incentivos más tradicionales recompensan por individual a los empleados. Los incentivos se pueden diseñar para el trabajo de grupo, o para recompensar a todo un departamento y hasta a toda la fábrica.

En ese país, la mayoría de los planes de incentivos funcionan con éxito y benefician a los empleados con ingresos más altos y a las empresas con mayor productividad y costos más bajos. Si se suprimen esos incentivos, los niveles de sueldos bajarán y los costos subirán. Cuando los planes de incentivos se han deteriorado, como ya se describió en este capítulo, se pueden introducir cambios para corregir los problemas y permitir que los incentivos operen. No cabe duda de que el salario según rendimiento motiva a los empleados a rendir más. Esto reduce los costos y beneficia a los empleados, a las empresas y al público que compra sus productos.

La mayoría de los ingenieros industriales toman la normal del 100 por ciento como base autosuficiente en la medición del trabajo. Este método es válido dentro de una planta determinada, pero no se puede aplicar siempre para comparar los estándares de tiempo o los planes de incentivos de fábricas distintas. En las comparaciones, los sistemas de medición de las fábricas se deben ajustar a la misma base de medición.

Factores principales del diseño de planes de incentivos

Los factores principales del diseño de los planes son: 1) los criterios para establecer estándares de tiempo y evaluar el rendimiento, con base en la relación entre el ritmo normal y el ritmo estimulado, y 2) el porcentaje de participación de la mano de obra en la productividad aumentada sobre la normal.

Criterios de medición y del plan de incentivos

Base de referencia de la medición. La base de medición del trabajo que se usa con más frecuencia es la "normal", la cual puede estar definida por referencias. El ritmo estimulado se usa con menos frecuencia, pero es más definitivo.

Ritmo estimulado. Es el ritmo de trabajo de un trabajador motivado por el pago de incentivos a producir a un alto nivel de productividad que se pueda mantener día tras día. Este ritmo es un juicio subjetivo, que se puede apoyar en referencias o en tiempos estándar previamente convenidos para operaciones definidas específicas o para elementos fundamentales del trabajo.

Nivel de productividad motivado (MPL). Es el ritmo de trabajo de un trabajador motivado que posee la capacidad suficiente para hacer el trabajo debidamente, que es físicamente apto para la tarea una vez que se ha ajustado a ella, y que trabaja a un ritmo estimulado que puede mantener día tras día sin sufrir efectos perjudiciales.[45]

Normal o APL. Es el ritmo de trabajo establecido por la administración, o por la administración y los empleados en colaboración, a un nivel que se considera aceptable. Se fija a un determinado nivel de productividad motivado. El APL es por lo común el nivel de productividad al cual da comienzo el pago de incentivos.

Estándar. El estándar es una base de medición establecida, expresada generalmente como tiempo por unidad de producción, a partir de la cual se mide la productividad. Por lo general, el estándar se establece al ritmo normal (APL) = 100 por ciento o al ritmo estimulado (MPL) = 100 por ciento. Técnicamente, puede ser cualquier base susceptible de ser definida. El estándar no tiene que coincidir con la normal (APL) o con el ritmo estimulado (MPL).

Porcentaje de participación de la mano de obra. Es el porcentaje de productividad aumentada sobre el estándar, que los empleados reciben como incentivo por su participación en el incremento. La relación usada con más frecuencia es de uno a uno, en que los empleados reciben el 100 por ciento sobre el estándar.

Obsérvese, en el ejemplo 2.3.4, que ya sea que la normal se exprese como el 100 por ciento (columna 2), o el ritmo estimulado como el 100 por ciento (columna 8), las piezas por hora a ritmo estimulado (columnas 5 ó 9) permanecen a 100 piezas/hr. Obsérvese también que por cada nivel de porcentaje incentivo esperado, las piezas por hora que corresponden a la normal (columnas 3 ó 7) son las mismas si la normal es 100 por ciento (columna 2) o el porcentaje equivalente más bajo (columna 6) cuando el ritmo estimulado es el 100 por ciento. Por ejemplo, con un incentivo esperado del 25 por ciento, la normal es 80 piezas por hora (columnas 3 ó 7), ya sea que la normal se llame 100 por ciento (columna 2) u 80 por ciento (columna 6). Con una expectativa del 30 por ciento, la normal

Ejemplo 2.3.4 Relación entre el Nivel Aceptable de Productividad (APL) y el Nivel Motivado de Productividad (MPL) en el caso de los planes de pago de incentivos con diversas expectativas de incentivo

	Normal al 100%				*Con incentivo al 100%*			
	Normal (APL)		*Con incentivo (MPL)*		*Normal (APL)*		*Con incentivo (MPL)*	
Expectativa porcentual de incentivo (1)	*% (2)*	*Piezas p/h (3)*	*% (4)*	*Piezas p/h (5)*	*% (6)*	*Piezas p/h (7)*	*% (8)*	*Piezas p/h (9)*
20	100	83.3	120	100	83.3	83.3	100	100
25	100	80.0	125	100	80.0	80.0	100	100
30	100	77.0	130	100	77.0	77.0	100	100
40	100	71.4	140	100	71.4	71.4	100	100
50	100	66.7	150	100	66.7	66.7	100	100

es 77 piezas por hora (columna 3 ó 7) ya sea que la normal se llame 100 por ciento (columna 2) ó 77 por ciento (columna 6).

Supóngase que cada renglón de la tabla representa a una fábrica diferente y que la gerencia de cada fábrica ha establecido como porcentaje incentivo esperado la cifra que aparece en ese renglón. Se advertirá que si la normal se expresa como el 100 por ciento (columna 2), cada fábrica designará su normal como el 100 por ciento. No obstante, las piezas por hora (columna 3) que corresponden a la normal de cada fábrica son diferentes. Como bases de medición, esas normales no se pueden comparar entre compañías. En cambio, cuando la normal se expresa en relación con el ritmo estimulado como el 100 por ciento (columna 6), las piezas por hora a ritmo estimulado (columna 9) de cada fábrica no cambian. En este caso, las normales de cada fábrica representan plenamente la productividad relativa de cada una respecto a las demás, suponiendo que los conceptos de ritmo estimulado sean los mismos, y deben serlo si todo está correcto.

Análisis de los planes de pago de incentivos

Los planes de incentivos básicos se analizan para establecer la relación entre productividad, ingresos y costos, con diferentes planes. En las fórmulas relacionadas con los planes de incentivos se usa la notación siguiente:

x = razón entre un nivel dado de productividad y la base de medición del plan de incentivos, que puede ser la normal (APL) = 100 por ciento, el ritmo estimulado = 100 por ciento, o cualquier otra base definible. Al comparar los planes sólo se debe usar el ritmo estimulado = 100 por ciento.

y_w = razón entre los salarios, a un nivel cualquiera de productividad, y la tarifa base. Se supondrá que esta última es el salario que se paga al nivel de productividad con el cual da comienzo el incentivo. En este punto, $y_w = 1.00$.

y_c = razón entre el costo de mano de obra, en un punto cualquiera, y el costo de mano de obra a la normal (APL)

p = porcentaje de participación de la mano de obra en los incentivos. Se calcula así: (por ciento pagado como incentivo)/(por ciento de aumento de la productividad, arriba de la normal, en el punto que se mide).

s = razón entre la normal (APL) y el ritmo estimulado (MPL) del plan.

Comentarios generales acerca de los planes de incentivos

Todos los casos que siguen están basados en la normal (APL) = 100 por ciento como iniciación del pago de incentivos. Por lo tanto, sólo se necesitan dos casos, el 100 por ciento de participación y la participación distinta del 100 por ciento, para describir todos los planes, excepto aquellos que las combinan. Cuando se comparan varios planes, la base cambia al ritmo estimulado = 100 por ciento. Cada uno de los planes descritos garantiza el salario base del empleado en caso de que la productividad descienda por debajo de la normal (APL).

Caso 1. El "día de trabajo" es un método de pago de salarios, no un plan de incentivos. Se explica aquí porque sus aspectos son aplicables a las operaciones con incentivos cuando la productividad es inferior a la normal y los salarios base están garantizados. Con el día de trabajo, se paga a los empleados la misma tarifa por hora, cualquiera que sea la productividad. Las relaciones son por lo tanto las siguientes (véase el ejemplo 2.3.5):

Ingresos $$y_w = 1 \qquad (1)$$

Costos $$y_c = \frac{1}{x} \qquad (2)$$

Ejemplo 2.3.5 Relación entre los costos, el ingreso y la productividad en el plan de pago de incentivos por jornada de trabajo

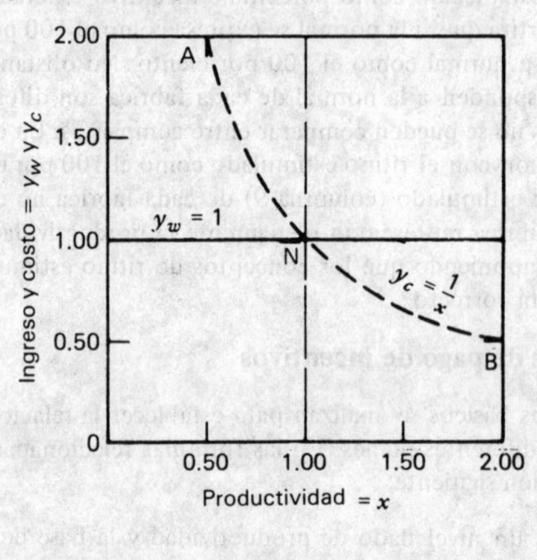

Caso 2. *Los incentivos que comienzan en la normal (APL) = 100 por ciento, con una participación del 100 por ciento*, aumentan el ingreso en un 1 por ciento por cada 1 por ciento de productividad arriba de la normal, como lo indica la línea NE en el ejemplo 2.3.6.

	Abajo de la normal		Arriba de la normal	
Ingresos	$y_w = 1$	(1)	$y_w = x$	(3)
Costos	$y_c = \frac{1}{x}$	(2)	$y_c = 1$	(4)

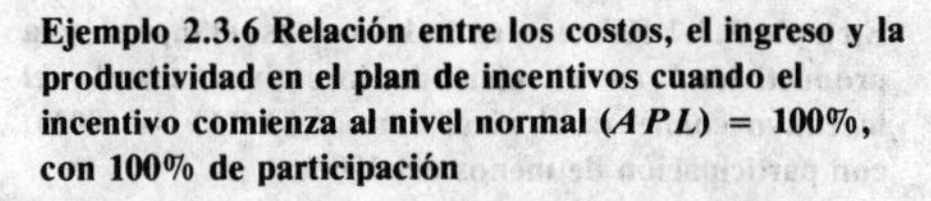

Ejemplo 2.3.6 Relación entre los costos, el ingreso y la productividad en el plan de incentivos cuando el incentivo comienza al nivel normal (*APL*) = 100%, con 100% de participación

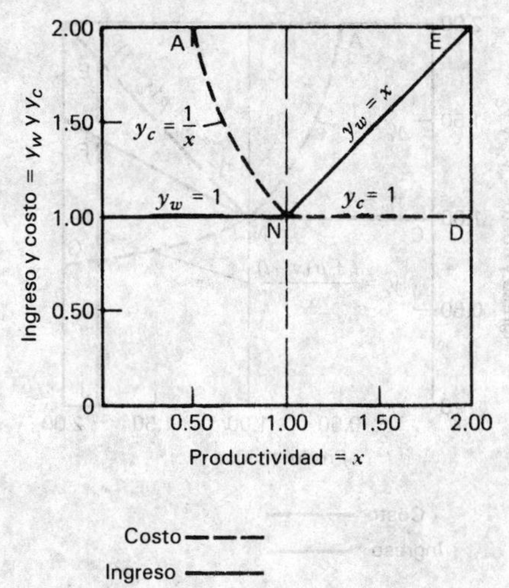

Caso 3. *Incentivos que comienzan en la normal (APL) = 100 por ciento, con participación distinta del 100 por ciento.* En estos planes, la participación es siempre inferior al 100 por ciento y se les llama "planes de participación".

Los ingresos aparecen sobre la línea NF del ejemplo 2.3.7. La línea NE indica los ingresos del caso 2, para comparar con el caso 3. Cuando la normal (APL) = 100 por ciento, se tiene lo siguiente:

	Abajo de la normal		Arriba de la normal	
Ingresos	$y_w = 1$	(1)	$y_w = 1 + p(x - 1)$	(5)
Costos	$y_c = \frac{1}{x}$	(2)	$y_c = \frac{y_w}{x}$	
			$y_c = \frac{1 + p(x - 1)}{x}$	(6)

Cuando el ritmo estimulado = 100 por ciento, con la normal expresada en relación con el ritmo estimulado las ecuaciones 1, 2, 5 y 6 cambian a:

	Abajo de la normal		Arriba de la normal	
Ingresos	$y_w = 1$	(1)	$y_w = 1 + p\left(\frac{x}{s} - 1\right)$	(7)
Costos	$y_c = \frac{s}{x}$	(9)	$y_c = \frac{s[1 + p(x/s - 1)]}{x}$	(8)

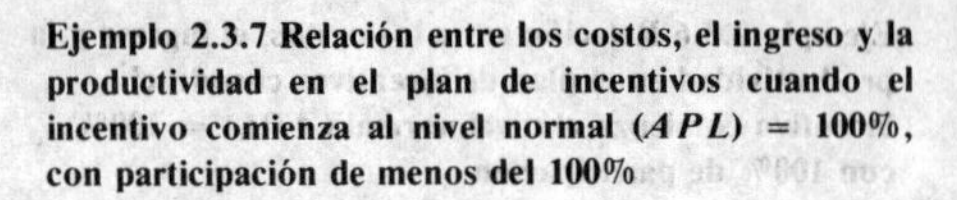

Ejemplo 2.3.7 Relación entre los costos, el ingreso y la productividad en el plan de incentivos cuando el incentivo comienza al nivel normal (APL) = 100%, con participación de menos del 100%

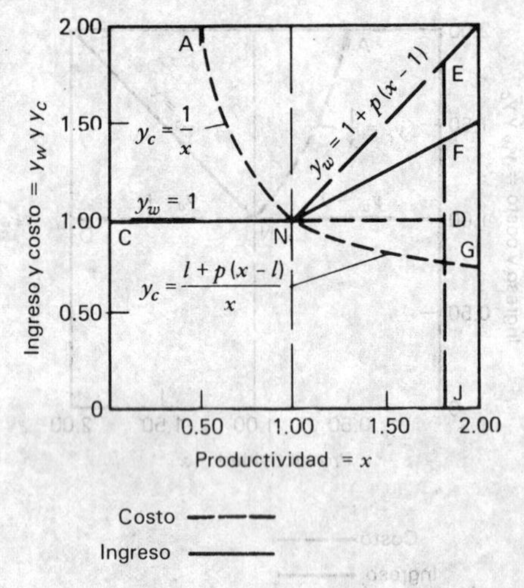

El porcentaje de participación se puede aumentar a más del 100 por ciento en casos especiales en que intervienen máquinas automáticas y el objetivo del plan consiste en asegurar la operación máxima de las máquinas. Por ejemplo, un plan podría ofrecer un aumento del 3 por ciento en el ingreso por el 1 por ciento de aumento en la productividad, o alguna otra relación parecida. Si el APL se fijara al 85 por ciento, con producción máxima de la máquina al 100 por ciento, $s = 0.85$. El porcentaje de participación es igual a 3. Con una productividad del 100 por ciento, el potencial de ganancias del plan, aplicando la ecuación 7, sería

$$y_w = 1 + p\left(\frac{x}{s} - 1\right)$$
$$= 1 + 3(1/0.85 - 1)$$
$$= 1.529 = 52.9\%$$

Caso 4. *Los incentivos comienzan con menos del 100 por ciento de productividad, pero con el 100 por ciento de participación.* Este plan es en realidad el que se describió en el caso 2, con una normal (APL) reducida. Estas situaciones se presentan cuando la gerencia decide que la normal (APL) establecida a un determinado incentivo esperado es demasiado alta con respecto a la productividad antes del incentivo. Los diversos niveles que aparecen en el ejemplo 2.3.7 se adaptan a este caso. Supóngase que la gerencia decidió al principio que un incentivo esperado del 25 por ciento era adecuado para su fábrica. La normal (APL) = 100 por ciento se fijaría entonces, tomando por caso el ejemplo 2.3.7, en 80 piezas por hora. Si antes del incentivo la producción era de 62.5, los empleados tendrían que aumentar su producción en un 28 por ciento para llegar a la normal.

Si la diferencia es demasiado grande para que pueda ser llenada en las circunstancias actuales, la gerencia puede reducirla bajando la normal (APL) a cualquiera de los niveles inferiores que se indican en el ejemplo 2.3.7. Esto aumenta la esperanza de incentivos del plan y conserva los lineamientos significativos. Algunos ingenieros sugieren que no se modifiquen los estándares de tiempo y que el plan de incentivos comience a surtir sus efectos al 90 por ciento, al 80 por ciento, etc., en vez de al 100 por ciento. Si se hace esto, los estándares fijados al 100 por ciento serán engañosos por lo que respecta al potencial de incentivos cuando el pago de estos últimos comience al 80 por ciento.

Comparación de distintos planes de incentivos

Para comparar planes de incentivos que tienen expectativas diferentes, se usará el ritmo estimulado (MPL) = 100 por ciento como base de la medición. Los ingresos arriba de la normal en el caso de estos planes se obtienen a partir de la ecuación 7:

$$y_w = 1 + p\left(\frac{x}{s} - 1\right)$$

Para determinar el nivel de productividad con el cual dos planes, A y B, tienen ingresos iguales, se calcula la ecuación 7 para cada plan:

$$1 + p_a\left(\frac{x}{s_a} - 1\right) = 1 + p_b\left(\frac{x}{s_b} - 1\right)$$

Esto se reduce a

$$x = \frac{p_a - p_b}{p_a/s_a - p_b/s_b} \tag{10}$$

Comparando dos planes con las especificaciones siguientes (obsérvese que ambos planes se han establecido al ritmo estimulado (MPL) = 100 por ciento como punto común):

	Símbolo	*Plan A, Uno por uno*	*Plan B, Participación*
Ritmo estimulado		1.00	1.00
Normal (APL)	s	0.80	0.667
Incentivo esperado		25%	25%
Porcentaje de participación	p	1.00	0.50
Tarifas base		las mismas con ambos planes	

La comparación de los planes A y B es como sigue: para determinar el nivel de ganancias de incentivos al cual los planes A y B son iguales, se usa la ecuación 10.

$$x = \frac{1.00 - .050}{1.00/0.80 - 0.50/0.667} = \frac{0.50}{0.50} = 1.00 = 100\%$$

Los planes A y B producirán las mismas ganancias de incentivos con 1.00, que viene a ser el ritmo estimulado = 100 por ciento.

Los planes A y B son muy diferentes. El Plan A es relativamente rígido para ser un plan uno por uno. El pago de incentivos comienza al 80 por ciento con ritmo estimulado, con una expectativa del 25 por ciento. El Plan B paga, con ritmo estimulado, los mismos incentivos que el Plan A, pero comienza a pagar al 66.7 por ciento de ritmo incentivo y con un 50 por ciento de participación.

Supóngase que la gerencia quiere diseñar un Plan C que venga a quedar entre A y B, con las características siguientes: expectativa de incentivos = 30 por ciento; porcentaje de participación = 75 por ciento; s = 0.714. Se calculan en la forma siguiente, aplicando la ecuación 7:

$$y_w = 1 + p\left(\frac{x}{s} - 1\right)$$

$$s = \frac{px}{y_w - 1 + p}$$

¿A qué nivel de productividad se igualarán los planes A y C en cuanto a ingresos? Aplicando la ecuación 10:

$$x = \frac{1.00 - 0.75}{1.00/0.80 - 0.75/0.714} = \frac{0.25}{0.20} = 1.25 = 125\%$$

La comparación de las características básicas de los tres planes es como sigue:

	A	*B*	*C*
1. Con MPL = 100 por ciento, los planes comienzan a pagar con *s*	80%	66.7%	71.4%
2. Expectativa de incentivos	25%	25%	30%
3. Porcentaje de participación (p)	100%	50%	75%
4. Igualación en ingresos			
A con B	Al 100 por ciento MPL		
A con C	Al 125 por ciento MPL		

Una inspección de las curvas de salarios del ejemplo 2.3.8 indica que, abajo del 100 por ciento MPL, el Plan B es más liberal para los empleados que el Plan A; arriba del 100 por ciento sucede lo contrario. El Plan C es más liberal que el Plan A a todos los niveles abajo del 125 por ciento MPL. Para comparar los costos a cualquier nivel, se usa la ecuación de costo que corresponda.

Ejemplo 2.3.8 Relación entre ingreso y productividad, con diferentes planes de incentivos

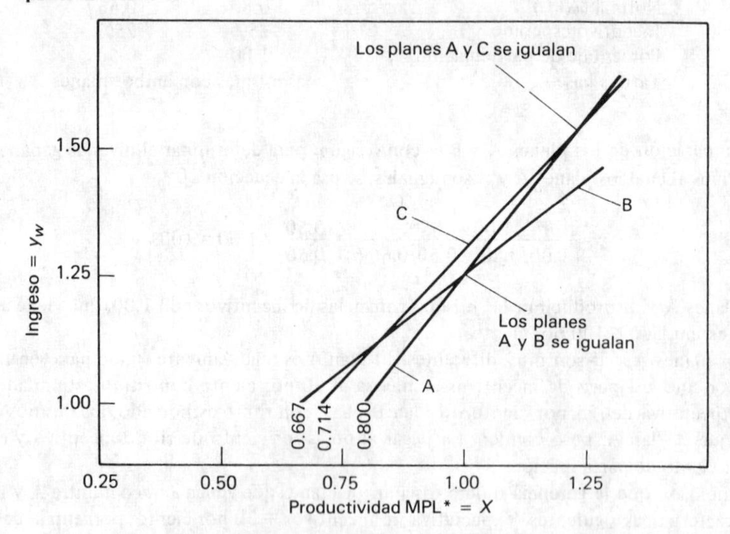

*Nota: Puesto que los planes se comparan con MPL = 100%, *x* no tiene en esta gráfica la misma base que en los ejemplos 2.3.5, 2.3.6 y 2.3.7, en los cuales se tomó ALP = 100%.

REFERENCIAS

1. MITCHELL, FEIN, "Work Measurement and Wage Incentives," *Industrial Engineering,* Septiembre de 1973.
2. EARL L. LEWIS, "Extent of Incentive Pay in Manufacturing," *Monthly Labor Review,* Mayo de 1960.
3. U.S. DEPARTMENT OF LABOR, Bureau of Labor Statistics, *Wages and Related Benefits,* Parte 2, Boletín 1345-83, Wahsington, D.C., Junio de 1964.
4. GEORGE L. STELLUTO, "Report on Incentive Pay in Manufacturing Industries," *Monthly Labor Review,* Julio de 1969.
5. MITCHELL FEIN, correspondencia personal con el Bureau of Labor Statistics, 1969-1973.
6. DAVID A. WEEKS, *Compensating Salesmen and Sales Executives,* Report No. 579, The Conference Board, Nueva York, 1972, p. 6.
7. H. FOX, *Top Executive Compensation,* Report No. 753, The Conference Board, Nueva York, 1978, p. 4.
8. L. J. BRINDISI, "Survey of Executive Compensation," *World,* primavera de 1971, p. 52.
9. GEORGE STRAUSS, "Managerial Practice," en Richard J. Hackman y Lloyd J. Suttle, Eds., *Improving Life at Work,* Goodyear, Santa Monica, CA, 1977.
10. R. A. KATZELL, D. YANKELOVICH, M. FEIN, O. A. ORNATI y A. NASH, *Work, Productivity, and Job Satisfaction,* The Psychological Corporation, Nueva York, 1975, p. 12.
11. MITCHELL FEIN, "Wage Incentive Plans," en H. B. Maynard, Ed., *Industrial Engineering Handbook,* 3a. ed., McGraw-Hill, Nueva York, 1971.
12. KATZELL, *Work, Productivity, and Job Satisfaction,* p. 36.
13. KATZELL, *Work, Productivity, and Job Satisfaction,* p. 12.
14. MITCHELL FEIN, "Job Enrichment, a Reevaluation," *Sloan Management Review,* Vol 15, No. 2 (1974).
15. ROLLIN H.SIMONDS y JOHN N. ORIFE, *Administrative Science Quarterly,* Vol. 20, Diciembre de 1975.
16. SURVEY RESERACH CENTER, University of Michigan, *Survey of Working Conditions,* U. S. Government Printing Office, Washington, D. C., Noviembre de 1970.
17. MITCHELL FEIN, "The Real Needs and Goals of Blue Collar Workers," *Record,* The Conference Board, Febrero de 1973.
18. E. A. LOCKE, DENA B. FEREN, VICKIE M. McCALEB, KARYLL N. SHAW, y ANNE T. DENNY, "The Relative Effectiveness of Four Methods of Motivating Employee Performance," en K. D. Duncan, M. M. Bruneberg, y D. Wallis, Eds., *Proceedings of the NATO Industrial Conference,* Agosto de 1979, Wiley, Londres, 1980.
19. MITCHELL FEIN, *Rational Approaches to Raising Productivity,* Monografía No. 5, American Institute of Industrial Engineers, Norcross, GA; 1974.
20. EDWARD E. LAWLER, III, "Reward Systems," in *Improving Life at Work,* Goodyear, Santa Monica, CA, 1977.
21. DOUGLAS MCGREGOR, "The Scanlon Plan Through a Psychologist's Eyes," en Frederick G. Lesieur, Ed., *The Scanlon Plan,* The MIT Press, Cambridge, MA, 1958.
22. BRIAN E. MOORE y TIMOTHY L. ROSS, *The Scanlon Way to Improved Productivity,* Wiley, Nueva York, 1978.
23. C. F. FROST, J. H. WAKELY, y R. A. RUH, *The Scanlon Plan for Organization Development,* Michigan State University Press, Ann Arbor, MI, 1974.
24. KENNETH J. WHITE, "The Scanlon Plan: Causes and Correlates of Success," *Academy of Management Journal,* Vol. 22, No. 2 (1979), pp. 292-312.
25. CARL HEYEL, Ed., *The Encyclopedia of Management,* 2a. ed., Van Nostrand Reinhold Company, Nueva York, 1973, p. 895.

26. A. W. RUCKER, *Progress in Productivity and Pay,* The Eddy-Rucker-Nickels Company, Cambridge, MA, 1952.
27. A. W. RUCKER, *Gearing Wages to Productivity,* The Eddy-Rucker-Nickels Company, Cambridge, MA, 1962.
28. BERT L. METZGER, *The Future of Profit Sharing,* Profit Sharing Research Foundation, Evanston, IL, 1979, p. 89.
29. MITCHELL FEIN, "Establishing Time Standards by Parameters," en *Proceedings,* American Institute of Industrial Engineers 1978 Annual Conference, Norcross, GA.
30. MITCHEL FEIN, "Work Measurement Today," *Industrial Engineering,* Agosto de 1972 y septiembre de 1972.
31. U. S. DEPARTMENT OF LABOR, *Supplemental Unemployment Benefit Plans and Wage-Employment Guarantees,* Boletín No. 1425-3, Washigton, D. C., junio de 1965.
32. ROBERT S. RICE, "Survey of Work Measurement and Wage Incentives," *Industrial Engineering,* Julio de 1977.
33. ROBERT S. RICE, "Survey of Work Measurement and Wage Incentives," *Factory,* Abril de 1959.
34. BERTRAM GOTTLIEB y CHARLES WERNER, *Statutory Obligation of an Employer to Furnish Information to a Union,* American Institute of Industrial Engineers, Norcross, GA, 1975.
35. FRANK ELKOURI y EDNA A. ELKOURI, *How Arbitration Works,* 3a. ed., The Bureau of National Affairs, Washington, D. C., 1973.
36. RONALD L. WIGGENS, *The Arbitration of Industrial Engineering Disputes,* The Bureau of National Affairs, Washington, D. C., 1970.
37. D. BERENBEIM, *Nonunion Complaint Systems: A Corporate Appraisal,* Report No. 770, The Conference Board, Nueva York, 1980.
38. MITCHELL FEIN, "Measured Day Work as an Incentive Plan," *Industrial Engineering,* Enero de 1979.
39. AMERICAN NATIONAL STANDARDS INSTITUTE, *ANSI Industrial Engineering Terminology, Work Measurement and Methods,* ANSI Z94.12; y borrador revisado por la American Society of Mechanical Engineers, Nueva York, 1972.
40. RALPH M. BARNES "Industrial Engineering Survey 1967," *The Journal of Industrial Engineering,* Diciembre de 1967.
41. FEIN, "Wage Incentive Plans," *Industrial Engineering Handbook.*
42. BENJAMIN W. NIEBEL, *Motion and Time Study,* 6a. ed., Irwin, Homewood, IL, 1976.
43. RALPH M. BARNES, *Motion and Time Study,* 7a. ed., Wiley, Nueva York, 1980.
44. MARVIN E. MUNDEI, *Motion and Time Study,* 5a. ed., Prentice-Hall, Englewood Cliffs, NJ, 1978.
45. MUNDEI, *Motion and Time Study,* p. 74.

CAPITULO 2.4

Análisis de empleos y tareas

ERNEST J. McCORMICK
Universidad Purdue

2.4.1 INTRODUCCION

El análisis de empleos y tareas (al que de modo general se llama aquí análisis de empleos) se refiere al estudio del trabajo realizado por el hombre. Esta área ha tenido una evolución muy variada, caracterizada por períodos de interés creciente y decreciente y por el surgimiento ocasional de nuevos y significativos métodos y procedimientos. Los años recientes han sido notables por dos razones: el desarrollo y aplicación de ciertos métodos nuevos y el interés cada vez mayor en la utilización de datos relacionados con el empleo. En parte, el mayor interés por el análisis de empleos ha sido el resultado de ciertas estipulaciones de la Ley de Derechos Civiles de 1964, en especial las que se refieren al empleo y la retribución.

En este capítulo se habla principalmente de los métodos para analizar el trabajo que el hombre realiza, prestando particular atención a los que se refieren a la cuantificación de los datos relacionados con el empleo. Aunque en el capítulo se habla de ciertas aplicaciones de esos datos, las explicaciones fundamentales se encontrarán en los capítulos 2.5, 3.1, 3.2, 3.3, 5.2, 5.3 y 5.4.

En términos generales, el análisis de empleos se ocupa de reunir, evaluar y registrar datos relacionados con el trabajo. Este análisis tiene por objeto el estudio de las actividades de los trabajadores, no el estudio de estos últimos. En el análisis del trabajo del hombre, es importante también mantener una clara distinción entre aquello que hace el trabajador y lo que queda hecho como consecuencia de sus actividades de trabajo. Más adelante se hace referencia nuevamente a este punto.

Terminología

La terminología en el campo del estudio de los empleos, está lejos de ser precisa y definitiva, ya que ciertos términos se han empleado con diversos matices de significado. A este respecto, Melching y Borcher,[1] refiriéndose a la aplicación del análisis de empleos al establecer programas, expresan del modo siguiente el estado de confusión:

Partes de este capítulo están basadas en los trabajos siguientes, o bien fueron reproducidas con la debida autorización. ERNEST J. McCORMICK. *Job Analysis: Methods and Applications.* AMACOM, división de la American Management Association, (Nueva York, 1979) pp. 15-149; ERNEST J. McCORMICK, "Job Information: Its Development and Applications", en *ASPA Handbook of Personnel and Industrial Relations,* derechos reservados © 1979 por la Bureau of National Affairs, Inc., Washington, D. C.

Aunque los expertos en el análisis de empleos recurren a conceptos tales como tarea, función, responsabilidad, deber, etc., como si las diferencias entre ellos fueran obvias y fijas, esto no es así. El diseñador de programas debe percatarse de que cualquier intento de situar estos términos en una jerarquía confiable puede no resultar muy útil.

Teniendo en cuenta estos riesgos, se puede decir que, en ciertas circunstancias por lo menos, un deber se considera a veces con un contenido más amplio que una tarea, una tarea se considera más amplia que un elemento (elemento de trabajo) y un elemento se considera más amplio que un movimiento elemental. Pero hay que tener presente que las distinciones son muy leves y pueden incluso depender del contexto en el cual se emplean los términos, incluyendo el grado de especialización de un trabajo. El *Handbook for Analyzing Jobs* (versión de 1979),[2] por ejemplo, señala que la actividad de "rebanar carnes frías y quesos" podría ser un elemento del trabajo de un cocinero, una tarea en el empleo de un preparador de emparedados, y la labor total de un rebanador.

2.4.2 USOS DE LA INFORMACION RELACIONADA CON EL EMPLEO

Cualquier programa relacionado con la obtención y análisis de información de trabajo sólo se debe emprender si persigue alguna finalidad útil. A este respecto, conviene considerar los usos desde el punto de vista del usuario, ya sean las agencias de empleos que usan la información para seleccionar y colocar personal; los departamentos de personal que la usan para diseñar tareas y evaluarlas; los sindicatos, a los cuales les interesa para negociar contratos, asuntos jurisdiccionales, etc.; las dependencias del gobierno que la usan para operar oficinas públicas de empleos, establecer normas para otorgar licencias y permisos, y ofrecer oportunidades iguales de empleo, o las personas que se interesan por cosas tales como la asesoría y la preparación vocacional.

2.4.3 ASPECTOS DE LOS PROCESOS DE ANALISIS DE EMPLEOS

La preparación de información relacionada con el empleo representa típicamente un proceso de dos etapas. La primera consiste en obtener información en alguna "fuente", ya sea que se observe y se entreviste al titular de un empleo o presentándole un cuestionario. La segunda etapa consiste en organizar y presentar la información con el formato deseado. En el caso de los procedimientos de análisis de empleos convencionales, el formato es por lo general una descripción común de los mismos. En el caso de ciertos métodos, el formato puede consistir en el producto de una computadora, más adelante se ofrecen ejemplos de este último.

Los propósitos de cualquier programa de análisis de empleos deben ser la base para tomar decisiones sobre aspectos específicos del programa. Al tomar esas decisiones se comenzará por considerar el tipo de información y formato deseados como un "producto final", para luego planear los procedimientos de análisis inicial que permitan satisfacer este objetivo. Al planear la obtención de datos iniciales, es preciso contestar las cuatro preguntas siguientes:

1. ¿Qué *tipo* de información se debe obtener?
2. ¿Con qué *formato* se debe obtener y presentar la información?
3. ¿Qué *método* de análisis se aplicará?
4. ¿A qué *agente* se recurrirá? Por lo general, el "agente" es una persona, ya sea un analista de empleos, un supervisor o el propio titular. En circunstancias especiales puede ser un dispositivo, por ejemplo una cámara fotográfica.

Métodos de análisis

Hay varios métodos para obtener información relacionada con el trabajo. Los más comunes son la entrevista y la observación, que a menudo se usan en combinación. A veces se recurre a la entrevista en grupo: el analista entrevista a dos o más titulares al mismo tiempo. En años recientes se han elaborado diversos tipos de cuestionarios estructurados para el análisis de los empleos. Consisten por lo general en una lista de preguntas relacionadas con el trabajo, por ejemplo las tareas que éste implica, acerca de las cuales los titulares, los supervisores o los analistas deben hacer alguna observación refiriéndose a la relación de los titulares con cada una. Ocasionalmente se recurre a cuestionarios abiertos, solicitando a los titulares que describan su trabajo. En otras circunstancias se utilizan diarios de trabajo: los titulares llevan un registro de la manera en que utilizaron su tiempo.

Análisis de los métodos

Aunque el método de observación y entrevista, en que un analista es el "agente", es el que se usa más comúnmente para los trabajos de tipo manual, en el caso de los empleos profesionales y administrativos, con bastante frecuencia se acostumbra que los titulares redacten descripciones de su propio trabajo. Hay que añadir, sin embargo, que en años recientes se ha recurrido cada vez más a cuestionarios estructurados de análisis contestados por los titulares, los analistas o los supervisores. En este capítulo se habla en particular de los procedimientos convencionales de análisis que implican típicamente los métodos de observación y entrevista, así como de los cuestionarios estructurados.

2.4.4 PREPARACION DE UN PROGRAMA DE ANALISIS DE EMPLEOS

Como ocurre con la mayoría de las cosas, el éxito de un programa de análisis de empleos depende en buena parte del cuidado que se ponga en la etapa de planeación y preparación. A continuación se examinan algunos aspectos de esta fase.

Determinación de los objetivos del programa

Típicamente, una empresa sólo considerará la implantación de un programa de análisis en caso de que su necesidad sea manifiesta. Aunque esa necesidad se puede referir a uno entre varios objetivos o usos posibles de la información, la empresa debe estudiar con cuidado otros usos legítimos posibles de los datos y luego establecer los objetivos específicos que desea alcanzar con el programa. En este respecto, sin embargo, hay que reconocer que, aunque la información obtenida con un determinado programa puede muy bien servir a varios propósitos diferentes, las finalidades que se pueden satisfacer razonablemente con un programa determinado son limitadas.

Materiales para el análisis de empleos

Una vez determinados los objetivos de un programa de análisis, el paso siguiente consiste en determinar los diversos materiales que se van a necesitar. Es de gran importancia en esta etapa establecer el formato que se dará al análisis e instrucciones que se seguirán al hacer el análisis real de los trabajos y al preparar las descripciones finales, las impresiones de computadora o cualquier otro producto final. El formato y las instrucciones del análisis estipularán la obtención del *tipo* de información necesaria para satisfacer los objetivos señalados. el *for-*

mato con que se obtendrá (y posteriormente se presentará) la información, el *método* de análisis, y los *agentes* (las personas, o los dispositivos, de que se echará mano en la etapa de obtención de datos).

En el caso de un programa de análisis de trabajos convencionales, el formato será una simple forma con espacios para la información deseada. Esta forma puede servir para que el analista apunte sus notas y también para elaborar una descripción final. En el caso de un procedimiento estructurado, en cambio, habrá que seleccionar o crear los cuestionarios adecuados. Más adelante se señalan algunos ejemplos.

Es necesario preparar instrucciones para todas las personas que van a participar, tanto analistas como titulares de los empleos, si estos últimos van a llenar algún cuestionario. Las instrucciones deben ser tan sencillas y directas como sea posible y de preferencia se someterán a prueba con un pequeño número de personas antes de ordenarlas en su forma final.

Selección y capacitación de los analistas

Cuando se va a recurrir a analistas, hay que poner cuidado en su selección, deben ser personas con habilidad analítica, que sepan redactar y posean cualidades personales que les ayudarán al entrevistar y tratar a otras personas. Siempre que sea posible, los analistas deberán ser personas algo familiarizadas con los trabajos que van a analizar. Si los desconocen, un aspecto del programa de capacitación consistirá en la lectura de material adecuado relacionado con la industria de que se trate, con los procesos que se relaciona el empleo, y con la estructura de la organización en la cual se desempeña éste.

Los analistas han de estar capacitados en los procedimientos de análisis que van a aplicar, y conviene que hagan algunos análisis "de práctica" si nunca los habían hecho antes.

Información anticipada acerca del programa

Cuando se va a implantar un programa de análisis de trabajos, hay que comunicarlo debidamente a todas las personas que se verán implicadas; por ejemplo, jefes de departamento, supervisores y titulares de los empleos. En este respecto, por lo general conviene que la gerencia redacte una carta, o alguna otra clase de anuncio, que garantice a todos los interesados el apoyo al programa por parte de la gerencia.

Cuando un analista va a analizar trabajos en una unidad determinada de la empresa, se harán los arreglos necesarios siguiendo la cadena normal de autoridad. Quien quiera que lleve a cabo esos arreglos, aclarará a los diversos encargados las razones del análisis y les indicará los elementos necesarios, incluyendo el tiempo requerido por parte de los titulares. A su vez, el supervisor de los titulares les informará que se va a llevar a cabo el análisis y los programará en horas que sean convenientes para los titulares, el analista y las actividades de la unidad. Así pues, el camino para el estudio quedará completamente preparado, calmando cualquier inquietud que puedan sentir los titulares.

Si el analista recurre al método combinado de observación y entrevista se acostumbra observar primero al trabajador y entrevistarlo después. Sin embargo, ambas cosas pueden hacerse a la vez, o tal vez el analista prefiera entrevistar primero al trabajador con el fin de identificar por anticipado los aspectos clave de las tareas que merezcan particular atención. El orden de los dos procesos dependerá de la naturaleza del trabajo y de la opinión del analista respecto a cuál método será más conveniente. La entrevista se puede llevar a cabo en el lugar de trabajo si ofrece intimidad suficiente y si éste es razonablemente quieto y seguro. En caso contrario, se llevará a efecto en otro lugar que llene esos requisitos.

Para no tener problemas, el analista se asegurará que la persona cuyo trabajo se va a analizar haya sido puesta alerta anticipadamente por su supervisor dándole a conocer la finalidad del análisis, y que acepte que su trabajo sea analizado.

2.4.5 LA OBSERVACION Y LA ENTREVISTA DURANTE EL ANALISIS

Varios métodos de análisis implican la observación del titular mientras realiza su trabajo, así como una entrevista con los titulares, con sus supervisores o con otras personas enteradas del trabajo en cuestión.

La entrevista en el proceso de análisis

Puesto que la entrevista es parte importante de varios métodos de análisis, las personas que actúan como analistas deben desarrollar facultades que les permitan sacar el mayor provecho de cada entrevista.* Aunque por lo general intervienen un entrevistador y un entrevistado, en algunos casos pueden participar más personas en uno u otro papel.

Las entrevistas pueden variar en su grado de "estructura"; desde aquellas no estructuradas hasta las muy estructuradas. En los procesos de análisis, las semiestructuradas son las más adecuadas, sobre todo si el entrevistador sigue un programa que indique la manera de obtener información sobre cada uno de los diversos aspectos de un trabajo. Típicamente, el programa consiste en una lista de preguntas o puntos respecto a los cuales se debe obtener información. Aunque el programa de trabajo ofrece una estructura básica en torno a la cual se puede llevar a cabo la entrevista, el entrevistador debe estar preparado para adaptar su método a la personalidad del entrevistado y a la naturaleza del trabajo que se estudia.

Los principios de la buena entrevista

Una buena entrevista responde a tres principios básicos. Primero, la iniciativa debe partir siempre del entrevistador, pero no hasta el punto de abrumar al entrevistado. Segundo, las maneras y la actitud del entrevistador deben reflejar un interés sincero por el entrevistado. Tercero, el entrevistador debe guiar la entrevista hacia el objetivo de obtener la información deseada.

Cómo desarrollar la habilidad para entrevistar

La habilidad para entrevistar consiste principalmente en hacer las preguntas correctas en el momento oportuno y con las palabras adecuadas. Pero, además de hacer las preguntas correctas, el entrevistador debe escuchar con atención las respuestas del entrevistado. Esto exige la sensibilidad suficiente para entender lo que se dice y la habilidad necesaria para recordar los puntos importantes que se han de anotar. Kuriloff y colaboradores proponen que las preguntas que suelen hacer los entrevistadores sean juzgadas por los criterios siguientes:

> La pregunta debe estar relacionada con la finalidad del análisis. Las frases deben ser claras y sin ambigüedad.
>
> La pregunta no debe "dirigir" a quien responde; es decir, no debe sugerir que se desea una determinada respuesta.

*Este estudio de la entrevista está basado en parte en material tomado de A. H. KURILOFF y C. H. STONE, *Training Guide for Observing and Interviewing in Marine Corps Task Analysis. Evaluation of the Marine Corps Task Analysis Program,* Informe Técnico No. 2, California State University, Los Angeles, agosto de 1975, y U. S. DEPARTMENT OF LABOR, Manpower Administration, *Handbook for Analyzing Jobs,* Washington, D.C., 1972.

La pregunta no debe ser "intencionada" en el sentido de que se considere que una forma de respuesta podría ser más conveniente que otra desde un punto de vista social.
La pregunta no debe solicitar conocimientos o información que no se pueda esperar que el entrevistado posea.
No se deben tocar aspectos personales o íntimos que el entrevistado pueda resentir.

Las preguntas que se hagan deben estimular al entrevistado para que efectúe la mayor parte de la conversación. La falta de claridad puede deberse a que no se entendió la pregunta, a que se usó un lenguaje poco usual, o a la falta de habilidad para expresarse. Cualquiera que sea el caso, el entrevistador debe ahondar, con preguntas sencillas y diplomáticas, para aclarar el punto.

Kuriloff y colaboradores[4] señalan que, mientras "escucha" a quien responde, el entrevistador se puede entregar a alguna de estas cuatro actividades mentales:

Pensar anticipándose al que habla; es decir, tratar de prever hacia dónde conduce su discurso y qué conclusiones se pueden sacar de lo que dice en ese momento.
Ponderar las pruebas que aporta el entrevistado para apoyar el punto que se está tratando, preguntándose mentalmente: "¿Es válido este punto?" "¿Es la evidencia completa?"
Captar las implicaciones, buscando significados no expuestos.
Prestar mucha atención a los signos no verbales tales como expresiones faciales, gestos, tono de voz y el énfasis, para ver si el significado expuesto ha sido alterado en alguna forma.

Lineamientos generales para la entrevista

Teniendo en cuenta que no hay recetas sencillas para llevar a cabo una buena entrevista, se proponen los siguientes lineamientos o recordatorios para las personas que van a actuar como analistas.

Preparándose para la entrevista

1. Despertar anticipadamente el interés del entrevistado mediante anuncios bien elaborados, y asegurarse de que el supervisor le ha comunicado los arreglos efectuados al respecto.
2. Elegir un lugar adecuado que le dé intimidad a la entrevista.
3. Evitar o minimizar todo símbolo de posición que sugiera que el entrevistador es "superior" al entrevistado.

Iniciando la entrevista

1. Tranquilizar al trabajador preguntándole su nombre, presentándose uno mismo y hablando de temas generales y agradables mientras se establece la comunicación. Ponerse cómodos.
2. Aclarar la finalidad de la entrevista explicando por qué se programó, qué se espera lograr, y cómo la colaboración del trabajador ayudará a producir análisis que servirán como instrumentos para ubicar y asesorar.
3. Estimular al trabajador para que hable, mostrándose siempre cortés y mostrando un sincero interés por lo que dice.
4. Relacionar la entrevista con objetivos que el entrevistado considere importantes.

Dirigiendo la entrevista

1. Ayudar al trabajador a que piense y hable siguiendo el orden lógico de las tareas que realiza. Si éstas no se llevan a cabo en un orden regular, se pedirá al trabajador que las describa en forma funcional, tomando primero la actividad más importante, luego la que le siga en importancia y así sucesivamente. Pedir al trabajador que describa las tareas poco frecuentes; por ejemplo, las que no forman parte de sus actividades regulares: preparación ocasional de una máquina, reparaciones ocasionales, o informes poco frecuentes. Esto no incluye las actividades periódicas o de emergencia tales como el inventario anual o la descarga imprevista de un furgón.

2. Hacer preguntas para animar al interlocutor a que hable.

3. En las partes no programadas de la entrevista, recurrir a técnicas de sondeo para mantener viva la conversación: una pausa en señal de espera, comentarios breves de asentimiento, preguntas neutras discretas, un resumen de lo que el interlocutor ha dicho, o repetir una pregunta.

4. Dar al trabajador tiempo suficiente para contestar cada pregunta y formular sus respuestas. Sólo se le debe hacer una pregunta a la vez.

5. Elaborar cuidadosamente las preguntas, de manera que la respuesta sea algo más que un simple "sí" o "no".

6. Evitar las preguntas sugerentes.

7. Realizar la entrevista con un lenguaje sencillo y fácil de entender.

8. Mostrar un sincero interés personal por el entrevistado.

9. No mostrarse indiferente, condescendiente ni autoritario.

10. Mantener un ritmo constante.

11. Asegurarse de que se obtiene información completa y específica de todos los tipos requeridos para el análisis.

12. Incluir referencias a otros trabajos relacionados, si esa información es útil para el análisis del trabajo en cuestión.

13. Controlar la entrevista por lo que respecta al tema (la información requerida para el análisis) y al tiempo. Si el entrevistado se aparta mucho del tema, el entrevistador lo puede volver a él haciendo un resumen de la información ya obtenida.

14. Realizar la entrevista pacientemente y teniendo en cuenta las reacciones del entrevistado, que se reflejan, por ejemplo, en su nerviosismo o ausencia de él. El analista debe tratar de establecer una relación cordial, aunque de trabajo, con el trabajador. No hay un método prescrito para lograrlo. El analista debe desarrollar técnicas para tratar con los trabajadores en una forma que establezca la comunicación y estimule la cooperación. El analista que lleva a cabo la entrevista con cortesía e interés, que escucha con atención lo que le dice el trabajador y que no se muestra protector ni autoritario, por lo general puede ganarse la confianza del trabajador y obtener la información deseada.

El analista debe estar alerta a la reacción del trabajador cuando es observado o entrevistado. Aunque se puede esperar que la mayoría de los trabajadores se pongan un poco nerviosos –por lo menos al principio– mientras se les estudia, aquellos que se muestran alterados, distraídos, molestos o agresivos no deben ser sometidos a un estudio prolongado. Es mejor seleccionar, o que el supervisor seleccione, a otros que desempeñen el mismo trabajo.

Los asuntos que no tengan relación con el análisis del trabajo, por ejemplo las quejas, los conflictos entre trabajadores y administración, las violaciones en materia de seguridad y salud y los problemas de clasificación de salarios, no deben ser tratados por el analista. Si un trabajador trae esos temas a colación, el analista llevará nuevamente la entrevista, con tacto, al análisis del trabajo. El analista evitará hacer comentarios o sugerencias acerca del mejoramiento del flujo del trabajo, de la distribución de la fábrica, de los métodos de trabajo y del diseño de las tareas.

Manera de terminar la entrevista

1. Indicar que la entrevista toca a su fin valiéndose del tipo de preguntas y de la inflexión de su voz.

2. Si así conviene, resumir la información obtenida del trabajador, indicando las tareas principales que realiza y los detalles referentes a cada una.

3. Terminar señalando el valor de la información proporcionada por el entrevistado.
4. Cerrar la entrevista con una frase amistosa.

Consejos varios a los entrevistadores

1. No expresar desacuerdo con las afirmaciones del trabajador.
2. No demostrar parcialidad ante las quejas y conflictos referentes a las relaciones entre empresa y empleado.
3. No demostrar interés alguno por la clasificación del trabajo en cuanto a salario.
4. Mostrar educación y cortesía a lo largo de la entrevista.
5. No hablar "con altivez" al trabajador.
6. No dejarse influir por simpatías o antipatías personales.
7. Ser impersonal. No criticar ni tratar de sugerir cambio alguno ni mejoras en la organización o en los métodos de trabajo.
8. Dirigirse al trabajador sólo con la autorización del supervisor.
9. Verificar los datos de trabajo, especialmente la terminología técnica o comercial, con el supervisor o jefe del departamento.
10. Verificar el análisis terminado con la autoridad que corresponda.

El analista debe tomar notas mientras observa o entrevista al trabajador, pero debe hacerlo tan discretamente como sea posible, combinando las anotaciones con la conversación. He aquí algunas sugerencias específicas respecto a las anotaciones:

1. Las notas deben ser completas y legibles y contener los datos necesarios para preparar el programa de análisis.
2. Las notas deben ser organizadas en forma lógica, de acuerdo con las tareas del trabajo y con las categorías de la información requerida para un análisis completo.
3. Las notas sólo deben contener los hechos relacionados con el trabajo, recalcando la labor realizada y las cualidades implícitas del trabajador. Emplear únicamente palabras y frases que comuniquen la información necesaria.

Después de la observación y la entrevista con el trabajador, el analista entrevistará al supervisor para obtener cierta clase de información adicional (relacionada, por ejemplo, con la experiencia, la capacitación, otros trabajos, etc.) y para aclarar algunos puntos sobre los cuales tenga dudas.

Habrá que entrevistar al supervisor en la primera línea de autoridad, en vez de al trabajador, cuando factores tales como la seguridad, el exceso de ruido y las barreras del lenguaje impidan el intercambio verbal de información entre el analista y el trabajador; cuando las reglas prohíban las entrevistas con los trabajadores, y cuando el supervisor sea más capaz de describir y explicar el trabajo que se observa.

Verificar que los datos obtenidos sean completos

Algunas veces, la observación muestra sólo una parte de las actividades del trabajador, porque la totalidad de ellas tiene lugar en el transcurso de varias horas, días, semanas, etc. A menudo el interrogatorio revela que el trabajador realiza muchas actividades adicionales que no se identifican durante la fase de observación. Algunas actividades pueden no ser observables debido a la ubicación del trabajo, a la hora del día (por ejemplo, al principio y al final del turno) o a la poca frecuencia con que se realizan.

Llevar registros de las observaciones y entrevistas

Si un analista está observando una tarea o entrevistando a un trabajador, deberá tomar notas u obtener otros registros que pueda utilizar posteriormente al elaborar la descripción final del trabajo. Aunque una buena memoria constituye una ventaja en el estudio de los análisis, no hay que confiar demasiado en ella. Mientras entrevista a un trabajador, sin embargo, el analista tomará sus notas con la mayor discreción posible. Además de las notas que pueda tomar, el analista puede ver la conveniencia de usar una grabadora y en algunos casos incluso una cámara. Ese equipo, sin embargo, sólo se puede usar con el conocimiento y consentimiento del trabajador y su supervisor y sólo cuando la naturaleza y finalidad del análisis lo justifiquen. Además, en ciertos casos, el analista puede hacer esbozos de las máquinas o el equipo u obtener material ya impreso relacionado con los mismos.

2.4.6 REDACCION DEL ANALISIS DEL TRABAJO

El producto final de ciertos procesos de análisis consiste en alguna forma de material escrito. No hay que decir que el objetivo del analista al escribir ese material debe ser comunicar el significado de la manera más confiable y válida posible. Algunas de las diferencias que se observan en la naturaleza del material del análisis, y que son características de los diferentes métodos, se explica e ilustran en capítulos posteriores. Aquí, no obstante, se mencionan tres aspectos de la redacción aplicables en diversos sentidos a los distintos métodos de análisis. Esos aspectos son: la organización, el contenido y estructura de las frases, y la selección de palabras.

Organización

La organización del material descriptivo depende del método de análisis y de la naturaleza del trabajo de que se trate. En el caso de la mayoría de las descripciones de tareas, la información se organiza en segmentos relacionados o según el orden en que se realizan las actividades, si existe ese orden. A falta de otra base lógica para organizar, la información descriptiva se puede disponer por orden de importancia de las diversas actividades o del tiempo que se les dedica. En el caso de ciertos procedimientos estructurados de análisis, por ejemplo el inventario de tareas en que se hace una lista de ellas, éstas se pueden incluso ordenar alfabéticamente, considerando los "deberes" con los cuales se relacionan o las relaciones funcionales.

Contenido y estructura de las frases*

El contenido de las frases empleadas para describir un trabajo varía mucho con el método seguido. En el caso de algunos procedimientos de análisis de tareas y métodos, por ejemplo, las frases son muy sencillas. Se componen únicamente de un verbo (en tercera persona, tiempo presente) y un sujeto (posiblemente con un adjetivo que lo modifique); por ejemplo: "instala antenas", "opera sierra mecánica". En el caso de la descripción de trabajos convencionales, en cambio, la estructura de las frases puede ser compleja, compuesta, o compuesta y compleja, como en los ejemplos que siguen:

Frase compleja (que contiene una cláusula principal y una o dos cláusulas subordinadas): Reemplaza la válvula cuando la prueba indica que la actual no está en buenas condiciones.
Frase compuesta (que contiene dos o más cláusulas principales y ninguna subordinada): Quita el neumático de la rueda e inspecciona en busca de defectos.
Frase compuesta y compleja (que contiene dos o más cláusulas principales y por lo menos una subordinada): A finales de mes, o cuando se reciben todos los registros de cuentas por cobrar y por pagar, formula una lista de cada clase y calcula los totales.

*Adaptado en parte de A. H. KURILOFF y D. YODER, *Comunications in Task Analysis. Evaluation of the Marine Corps Task Analysis Program,* Informe Técnico No. 9, California State University, Los Angeles, 1975, p. 59.

En relación con el material descriptivo, hay que hacer notar que en algunos casos, como ocurre con algunos inventarios de tareas que se ilustran más adelante, el verbo está en primera persona, tiempo presente: "Sueldo pequeñas fugas del radiador". En esos casos, el titular puede suponer que "Yo" es el sujeto. En algunos casos se recurre a expresiones que no constituyen frases completas. Esto sucede particularmente con ciertos procedimientos estructurados de análisis en los cuales figuran partes de equipo, como "soplete", o descripciones de actividades, como "uso de dispositivos de teclado".

Selección de palabras

Al preparar el material descriptivo, el analista debe elegir palabras que minimicen la posibilidad de que haya ambigüedad y que al mismo tiempo contribuyan a la brevedad. He aquí algunos lineamientos generales para el empleo de las palabras:*

La palabra sencilla es mejor que la rebuscada.
La palabra concreta es mejor que la abstracta.
La palabra aislada es mejor que la palabrería.
La palabra corta es mejor que la larga.
Las palabras técnicas con significado especial sólo se usarán cuando puedan ser entendidas por quienes las van a leer. En caso contrario hay que evitarlas o explicarlas.
Los adjetivos se deben emplear con moderación porque tienden a reflejar opiniones. Cuando su empleo esté respaldado por pruebas objetivas razonables, se pueden usar si mejoran el significado.
El empleo de gerundios y participios debe ser limitado. Son palabras derivadas de los verbos que por lo general terminan en "ando", "endo", "ado", "ido", etc. Algunas veces, sin embargo, son una manera eficaz y eficiente de describir.
Emplear poco las palabras imprecisas tales como "condición", "situación", "facilitar" e "inconveniencia".

2.4.7 PREPARACION Y REVISION DEL MATERIAL

En el caso de muchos programas de análisis, las personas que actúan como analistas, es decir, los "agentes" de que antes se habló, elaboran materiales descriptivos, tales como descripciones convencionales, listas de las tareas realizadas por los titulares y diversos tipos de "formas" donde aparecen las operaciones efectuadas. En general se acostumbra presentar borradores de ese material a los supervisores, a los expertos o al personal administrativo para que lo revisen, posiblemente lo modifiquen y, en algunos casos, para que sea aprobado formalmente. Cuando se usan cuestionarios estructurados de análisis para que sean llenados por los titulares, esos cuestionarios son revisados a veces por los supervisores. Como ya se dijo, cuando se siguen ciertos procedimientos estructurados de análisis, el formato final de la información puede consistir en impresiones hechas con computadora.

2.4.8 PROCEDIMIENTOS CONVENCIONALES DE ANALISIS DE TAREAS

Los programas convencionales de análisis implantados en muchas empresas implican típicamente la obtención de información relacionada con la tarea o el trabajo, observando y/o

*Adaptado en parte de KURILOFF y YODER, *Communications in Task Analysis*, pp. 62-70

entrevistando a los titulares, y la elaboración de descripciones, escritas por lo común en la forma de ensayo.

El organismo que ha tenido la experiencia más amplia en materia de análisis de trabajos convencionales es el U. S. Employment Service (USES), de la Employment and Training Administration (ETA) dependiente del U. S. Department of Labor. Aunque ciertos de los procedimientos que aplica se adaptan únicamente a sus propios objetivos, algunas de sus prácticas y lineamientos se pueden aplicar de modo general a otras entidades que planean programas de análisis de trabajos convencionales. De manera que el enfoque primordial del estudio que se hace aquí del análisis de trabajos convencionales está basado en los procedimientos del USES.

Contenido del análisis de trabajos convencionales

De modo general, la mayoría de los programas de análisis de trabajos convencionales estipulan la obtención de dos tipos principales de información: lo que el USES denomina "trabajo realizado" y "características del trabajo", habiendo clases más específicas de ambas cosas, que el USES llama "componentes del trabajo".[5] En el caso de cada uno de estos componentes, el USES indica un procedimiento sistemático para caracterizar, codificar o clasificar un trabajo determinado. Aunque esos procedimientos no se incluyen aquí, los conceptos que implican esos componentes serían pertinentes en muchos programas de análisis de trabajos convencionales.

Componentes del trabajo realizado

Los componentes del trabajo realizado comprenden los que se mencionan aquí. (En ciertos casos, la terminología actual que emplea el USES es diferente de la que se usó antes. En esos casos, se indicará también la terminología anterior empleada en la edición de 1972 del *Handbook for Analysing Jobs.*)

Funciones del trabajador. Son las maneras en que, de acuerdo con las exigencias del trabajo, debe funcionar el trabajador en relación con los datos, las personas y las cosas, y se expresan mediante las acciones mentales, interpersonales y físicas del trabajador. El USES indica una "estructura" de esas funciones, existiendo una secuencia para cada una de las tres clases que forma algo así como una jerarquía, como se puede ver en el ejemplo 2.4.1. En la descripción de los trabajos se emplean esos y otros tipos similares de verbos para indicar *qué* hace el trabajador para realizar alguna fase de su trabajo.

Areas de trabajo. Se trata de diferentes tipos de tecnologías y objetivos socioeconómicos que reflejan cómo se hace el trabajo y qué es lo que queda hecho como resultado de las actividades de una ocupación, o, dicho de otro modo, la finalidad de la ocupación. Como ejemplos basados en tecnologías específicas se pueden citar: "galvanoplastia" y "desgaste"; basados en objetivos sociales generales: "complacer" y "cuidar la salud"; basados en el tipo de objetos que se manejan: "propagación de especies animales" y "cultivo de las plantas"; basados en combinaciones de tecnologías específicas relacionadas: "maquinado" y "fabricación-instalación-reparación estructural".

Dispositivos para el trabajo (llamados anteriormente máquinas, herramientas, equipo y auxiliares de trabajo – MTEWA). Se incluyen las máquinas, el equipo, herramientas y otros auxiliares que el trabajador utiliza para realizar la actividad específica del trabajo.

Materiales, productos, motivo y servicios (MPSMS). Esta categoría comprende: 1) los materiales básicos que son procesados, tales como telas, metal o madera; 2) los productos finales que se fabrican, como automóviles o canastas; 3) los datos, cuando se manejan o se

Ejemplo 2.4.1 Estructura de las funciones del trabajador según el servicio de empleo de los EUA

Datos	*Personas*	*Cosas*
0 Sintetizar	0 Consultar	0 Trabajo de precisión[b]
1 Planear	1 Dirigir	1 Preparar
2 Analizar	2 Negociar-persuadir[a]	2 Operar-controlar[a,c]
3 Diferenciar	3 Instruir	3 Conducir-operar[a,c]
4 Computar	4 Supervisar	4 Manipular[b]
5 Compilar	5 Tratar	5 Atender[c]
6 Copiar	6 Realizar	6 Alimentar-ejecutar[a,c]
7 Detectar	7 Vender	7 Manejar[b]
	8 Servir	
	9 Comunicar	

Fuente: Secretaría del Trabajo de los EUA, Administración de Empleos y Capacitación, *Handbook for Analyzing Jobs* (proyecto de 1979), Washington, D.C., septiembre de 1979, pág. 118.

[a] Esta es una función aislada.
[b] Esta función no tiene relación con las máquinas.
[c] Esta función se relaciona con las máquinas.

aplican, tales como los que se utilizan en economía o en física, y 4) los servicios, como los que presta el barbero o el dentista.

Características del trabajador. Esto incluye a los componentes del análisis que reflejan las características que debe reunir el trabajador para cumplir con su trabajo, así como las características de las actividades mismas y del medio en el cual se realizan. Las que estipulan los procedimientos del USES son las siguientes: desarrollo educativo general, tiempo de capacitación en el empleo, aptitudes, intereses, temperamentos y exigencias físicas del trabajo.

Condiciones ambientales. Son las condiciones específicas a las cuales queda expuesto el trabajador mientras desempeña su trabajo; por ejemplo, frío, calor, ruido y vibración.

Discusión

Por supuesto, la naturaleza del contenido específico de las descripciones de los trabajos convencionales varía con la finalidad que se persigue; pero en general las descripciones del trabajo realizado contienen material pertinente para todos los componentes mencionados del trabajo realizado, por lo menos algunas características del trabajador (las más importantes para el buen rendimiento en el trabajo) y las condiciones ambientales de interés. La parte de la descripción relativa al trabajo realizado incluye a menudo un resumen del trabajo y descripciones más detalladas de las tareas comprendidas.

En el lenguaje del análisis, uno oye con frecuencia que se habla del "qué, cómo y por qué" de los procesos de análisis de empleos. Esto se refiere a la conveniencia, cuando se describe el trabajo del hombre, de asegurarse de que la descripción abarca lo que hace el trabajador, cómo lo hace y por qué lo hace. Aunque en ciertas circunstancias el "cómo" y el "por qué" pueden resultar obvios, si hay alguna duda al respecto se debe explicar claramente en la descripción.

Lo *que hace* el trabajador se expresa mediante declaraciones acerca de las actividades físicas y mentales realizadas en el trabajo. Como lo señala Butler,[6] físicamente el trabajador puede transportar materiales, cortar, esmerilar, preparar, regular, acabar o alterar en cualquier otra forma la posición, la forma o la condición del trabajo mediante un esfuerzo físico. Mentalmente, puede entregarse a actividades tales como planear, calcular, juzgar o dirigir, incluyendo en algunos casos el control del esfuerzo físico propio o ajeno.

El *cómo* de las actividades de trabajo se refiere a los métodos y procedimientos por los cuales se llevan a cabo las tareas que componen el trabajo. En el caso de las actividades físicas, se puede tratar de la utilización de maquinaria, herramientas y otro equipo, de la aplicación de ciertos procedimientos o rutinas, o de la ejecución de ciertas respuestas físicas tales como los movimientos de las manos. En el caso de las actividades mentales, se puede tratar del empleo de cálculos y fórmulas, de la aplicación del criterio o de la selección y comunicación de ideas. Al considerar el *cómo* del trabajo, Butler[7] sugiere que el analista trate de responder a las preguntas siguientes:

¿Qué herramientas, materiales y equipo se utilizan para realizar todas las tareas que componen el trabajo?
¿Hay otras herramientas, materiales y equipo que no han sido observados? De ser así, ¿cómo funcionan?
¿A qué métodos o procesos se recurre para realizar las tareas del trabajo?
¿Existen otros métodos o procesos mediante los cuales se pueda realizar el mismo trabajo?

El *por qué* del proceso que se analiza, o sea la finalidad básica del trabajo, debe ser una de las primeras cosas que el analista tratará de determinar y debe mencionarlo en todo resumen. Además de describir por qué existe ese trabajo, la descripción de las tareas específicas debe contener también alguna indicación de por qué se realizan las tareas individuales, en caso de que esto no vaya claramente implícito en la descripción del qué y el cómo. Por lo general, el *por qué* de las tareas individuales debe explicar su finalidad en relación con el logro de los objetivos generales del trabajo, que figuran en el resumen.

Las partes siguientes de la descripción de un trabajo, que se refieren al resumen y a un par de tareas, servirán para ilustrar en qué forma se tratan el *qué*, el *cómo* y el *por qué.*[8]

Empleo: Operador de torno – primera clase.

Resumen del trabajo: Prepara y opera un torno haciendo pequeños accesorios para avión a partir de trozos de bronce o de acero o de piezas vaciadas y sin acabar de aleaciones de alumino o magnesio (*por qué*), ajustando las piezas a tolerancias específicas (*qué, cómo*).

Trabajo realizado: (descripción de dos tareas).

1. Prepara el torno (*qué*); examina cuidadosamente los dibujos (*qué*) para determinar las dimensiones de la parte que va a maquinar (*por qué*), recurriendo a la mecánica de taller (*cómo*) para calcular cualesquiera dimensiones (*qué*) no indicadas directamente en el dibujo (*por qué*) o para calcular los ajustes de la máquina (*por qué*).

2. Prepara el torno para hacer girar la pieza colocada en el mandril (*qué*); adapta los accesorios al torno, por ejemplo el portaherramienta (*qué*), necesarios para hacer el maquinado (*por qué*), avanzando para cerrar el mandril y el eje opuesto (*cómo*) y haciendo el ajuste.

El estilo de redacción en el análisis de trabajos convencionales

Hay un estilo de radacción bastante definitivo, que se ha vuelto común en los círculos de análisis de empleos, sobre todo para describir trabajos convencionales. Se describe en el *Handbook for Analyzing Jobs* (versión de 1979)[9] en su aplicación a la descripción de tareas:

El estilo que se sigue para describir las tareas debe ajustarse a las reglas básicas siguientes:

1. El estilo es suave y directo, se omiten todas las palabras innecesarias.
2. Se usa siempre el tiempo presente.
3. "El trabajador", sujeto de cada frase, va implícito (no se menciona) y no se usa pronombre alguno en lugar de "el trabajador"

4. Cada frase comienza con un verbo activo, tan específico como sea posible, para indicar lo que hace el trabajador. (Ciertos adverbios, por ejemplo, "ocasionalmente" y "manualmente", son excepciones de esta regla. Pueden preceder al verbo activo al principio de la frase.)

5. Se escogen las palabras por su exactitud y por tener una sola interpretación.

6. Se omitirán los artículos ("el, "un").

7. No se emplean superlativos ("máximo", "mejor"), ciertos tipos de adverbio ("muy", "perfectamente") ni atributos ("complejo", "grande", "pesado", "pequeño").

8. Se evitarán las expresiones vulgares, la palabrería y las palabras poco conocidas (en lugar de sinónimos más sencillos y mejor conocidos).

9. Se definen los términos técnicos o poco conocidos, así como las máquinas, equipo, herramientas, auxiliares, materiales y productos especiales o poco comunes, ya sea entre paréntesis o subrayando el término la primera vez que aparezca y explicándolo en una sección complementaria. Los antecedentes de las personas a quienes va dirigida una descripción determinan los términos que habrá que definir.

10. En las descripciones detalladas de los trabajos, las frases destacadas (de introducción) presentan y resumen cada tarea. (No serán necesarias si las descripciones son breves.)

Hay, sin embargo, circunstancias en las cuales alguna palabra o frase calificativa debe preceder al verbo; por ejemplo, cuando se trata de especificar las condiciones en que se lleva a cabo una actividad en particular; por ejemplo: "Al finalizar cada semana, resume los informes para ... " o cuando se requiere un adverbio para modificar al verbo: "Verbalmente, asigna . . .".

Estructura básica de las frases

En el caso del material descriptivo de la mayoría de los trabajos, hay también una estructura básica de las frases que se ha generalizado bastante. Esa estructura básica, expuesta en el *Handbook of Analyzing Jobs* (1972), se indica en el ejemplo 2.4.2 en relación con la operación de un conmutador telefónico. Se define brevemente la situación de la empleada y el "análisis" se compone de lo siguiente:

El verbo (la "función del trabajador").
El sujeto inmediato (típicamente: materiales, herramientas, equipo o auxiliares de trabajo; datos, o personas).
La frase en infinitivo
  Infinitivo (un "campo de trabajo").
  Sujeto del infinitivo (algún material, producto, motivo o servicio).

He aquí algunos otros ejemplos:

Verbo	*Sujeto inmediato*	*Infinitivo*	*Sujeto del infinitivo*
Analiza	los papeles de examen	para evaluar	los conocimientos de los candidatos.
Compila	la información de crédito	para determinar	la clasificación de crédito.
Opera	una sierra	para cortar al tamaño	los materiales metálicos.
Alimenta	la máquina	para mezclar	harina.
Describe	detalles de interés	para informar	a los visitantes de la fábrica.
Calcula	las horas, la escala de salarios, etc.	para calcular y anotar	los sueldos.

Al describir la mayoría de las actividades de trabajo, el analista debe tener presente el estilo de redacción y el tipo de estructura de las frases que ya se explicó, empleando un verbo que indique la "función del trabajador", luego el sujeto inmediato del verbo, seguido por una frase en infinitivo que refleje la "finalidad" o el "por qué" de la actividad (esta frase se compone de un infinitivo y su sujeto). El análisis que aparece en el ejemplo 2.4.2 y en los demás ejemplos son sin duda un tanto afectados. Esa estructura de frases, cuando se usa en las descripciones reales, irá redactada de manera que se adapte a otro material descriptivo. En algunos casos se puede omitir la frase en infinitivo si la finalidad de la actividad resulta obvia.

Resumen de tareas

La técnica de análisis de frases se aplica al resumen del trabajo en la forma siguiente:

1. Se comienza con un verbo que indique la acción del trabajador, como aquellos a que se hizo referencia en relación con las actividades básicas. Recuerde que "el trabajador" es siempre el sujeto implícito del verbo. Ejemplo: *"Atiende. . .".*

2. Sigue al verbo que indica la acción con la máquina o equipo utilizado, sujeto inmediato del verbo. Ejemplo: "Atiende *la máquina de moldeado por inyección* . . ."

3. En seguida, se indica la finalidad de la acción del trabajador mediante una frase en infinitivo que comience con la palabra "para". La finalidad, así expresada, debe reflejar el método básico seguido en la tarea. Ejemplo: "Atiende la máquina de moldeado por inyección *para moldear* . . ."

4. Por último, se indican los materiales y/o los productos sujetos de la frase en infinitivo. Ejemplo: "Atiende la máquina de moldeado por inyección para moldear *bolitas de resina* en forma de *botellas de plástico*".

Ejemplo 2.4.2 Ilustración del análisis de la estructura fraseológica básica de la descripción de una tarea, que en este caso se refiere a las actividades de la operadora de un conmutador

Situación de la empleada: Opera un tablero, con cordones o sin ellos, para transmitir llamadas recibidas, enviadas o internas. Con el tablero sin cordones, oprime las teclas para establecer la conexión y transmitir las llamadas. Si el equipo tiene cordones, los inserta en los receptáculos montados en el tablero. Proporciona información a los comunicantes y registra los mensajes.

Análisis

Verbo (función de la empleada)	*Objeto inmediato*	*Frase en infinitivo*	
		Infinitivo (campo de trabajo)	*Objeto o sujeto del infinitivo*
Compara	la operación del tablero con las normas, para	transmitir	llamadas.
Conversa con	las personas que llaman, para	proporcionar, recibir	información
Opera	un tablero con o sin cordones, para	transmitir	las llamadas, recibidas, enviadas o internas.

Fuente: Secretaria del Trabajo de los EUA, Administración de Recursos Humanos. *Handbook for Analyzing Jobs,* Washington, D.C., 1972, pág. 201.

Descripción de tareas

La descripción de una tarea comienza generalmente con un subtítulo que se compone de un verbo y un sujeto. Sirve para indicar al lector el alcance y el contenido de la tarea, señalando en términos generales qué hace el trabajador. La descripción que sigue amplía el subtítulo o frase introductoria empleando verbos activos específicos, así como otra información que tiende a reflejar el qué, el cómo y el por qué de los procesos que se analizan:

Corta y poda árboles: Tira de la cuerda para poner en marcha la sierra de cadena impulsada por motor de gasolina. Oprime el gatillo para que la sierra alcance su velocidad de corte. Corta el tronco del árbol en la dirección en que se desea que caiga. Corta el tronco hasta la mitad. Camina alrededor del árbol y termina el corte por el otro lado (contracorte) echándose hacia atrás para evitar un posible movimiento del tocón. Camina a lo largo del árbol derribado y lo poda (corta todas las ramas) oprimiendo y aflojando el gatillo de la sierra para aumentar o disminuir la velocidad de corte, dependiendo del diámetro de la rama y de la resistencia de la madera. Apoya la sierra firmemente contra el árbol durante el proceso de corte, con el fin de evitar retrocesos debidos a los nudos y a la corteza dura.

La frase introductoria "Corta árboles" abarcaría las actividades que se describen en las cinco primeras frases de la descripción. La sexta frase, que comienza "Camina a lo largo del árbol derribado y lo poda . . ." describe una actividad que se realiza después de que el árbol ha caído, es decir, la poda de los árboles. (La última frase de la descripción corresponde tanto al corte como a la poda.) La frase introductoria, por lo tanto, dice: "Corta y poda árboles".

Las frases introductorias se pueden redactar en función de la actividad básica, por ejemplo: "Compila datos", "Instruye al alumno" o "Atiende la máquina", o pueden llevar otros verbos: "Lleva los archivos", "Prepara el informe" o "Contesta las preguntas del cliente".

Las descripciones de tareas sumamente breves o que requieren poco detalle pueden no necesitar una frase introductoria.

Ejemplo de descripción de tarea

La finalidad de describir una tarea es comunicar al lector una impresión lo más exacta posible del trabajo. Por lo tanto, el analista debe organizar y redactar la descripción en la forma que mejor cumpla con esa finalidad, sin restringirse a un "modelo" determinado. Considerando esto, se presenta el ejemplo siguiente de partes de la descripción de un trabajo: el de un diseñador de herramientas.[10]

RESUMEN DE UN EMPLEO (Diseñador de Herramientas)

Diseña herramientas especiales, matrices, plantillas y accesorios para ser usados en todo tipo de máquinas de producción.

Actividades

1. Estudia el problema para determinar las especificaciones de la parte básica y de la máquina que rigen el diseño de la herramienta. Lee el pedido, examina el dibujo y la parte determinada y analiza el orden de las operaciones en la hoja correspondiente para determinar las operaciones de maquinado que hará la nueva herramienta. Estudia la parte y la pieza en bruto y calcula las dimensiones de la parte o partes antes y después de la operación de maquinado para la cual se requiere el diseño. Hace un boceto de la parte en relación con la herramienta, como guía para el diseño. Examina la máquina para la cual se va a hacer la herramienta y habla con el jefe de diseño para obtener información y tomar decisiones acerca del diseño de la herramienta necesaria para las operaciones de maquinado. Hace bocetos de la máquina y de la parte, incorpora las decisiones básicas, e incluye dimensiones, holguras y tolerancias (ver comentarios).

2. Diseña la herramienta: Determina la forma de la herramienta, estudia los dibujos de diseño de otras herramientas similares, compara sus propias ideas con las especificaciones de la parte de la máquina y hace bocetos generales y semidetallados. Calcula las dimensiones, holguras y tolerancias finales de la herramienta, utilizando el libro de referencias, el manual de maquinista, el manual de ingeniería mecánica, la trigonometría, la regla de cálculo y las fórmulas estándar. Hace los dibujos generales de la herramienta completa con vistas superior, frontal y laterales; la máquina y la parte en condiciones de uso, con todas las dimensiones, tolerancias y holguras.

3. Anota las especificaciones de la herramienta, incluyendo los materiales y procesos: Selecciona las partes que se comprarán a los proveedores, teniendo en cuenta la parte que se maquinará, las tolerancias de la herramienta y la parte, la velocidad de la máquina, los refrigerantes que se van a usar, la duración estimada de la herramienta y el costo en relación con las especificaciones deseadas. Elige el tipo de material, por ejemplo, acero para herramientas, aplicando los mismos criterios al material seleccionado y a las partes que se comprarán. Determina las especificaciones de fabricación o construcción.

4. Entrega los bocetos generales al dibujante de diseño para que elabore los dibujos detallados de las partes de la herramienta, indicándole las técnicas y procedimientos, y revisa los dibujos detallados completos.

5. Asesora a quien hará la herramienta con respecto a medidas, tolerancias, holguras, selección de materiales y otros problemas que suelen surgir en la fabricación y montaje de la herramienta.

6. Diseña nuevamente las herramientas que no satisfacen los requisitos de maquinado.

Requisitos del empleo

Experiencia: Ninguna
Aceptable: Dibujante de diseño de herramientas
Datos de capacitación: Tiempo mínimo de capacitación
- a. Trabajadores sin experiencia: 6 meses
- b. Trabajadores experimentados: 6 meses

Capacitación:
- En la fábrica (en el trabajo): Como aprendiz de diseñador de herramientas
- Preparación vocacional: Escuela técnica o vocacional. El curso debe incluir álgebra, geometría, trigonometría, dibujo mecánico, prácticas en sala de máquinas y matemáticas de taller.
- Conocimientos específicos adquiridos durante la capacitación: Principios fundamentales del diseño de herramientas. Experiencia en el diseño. Cálculo de dimensiones y lectura de planos y especificaciones. Conocimiento de álgebra y otros procedimientos matemáticos útiles para hacer los cálculos.

Aprendizaje:
- Formal: X
- Informal:
- Período requerido: 5 años
- Dibujante de diseño

Responsabilidades: Es responsable del diseño adecuado y eficiente de herramientas, plantillas para perforado, soportes giratorios, soportes para esmeriladoras de superficie y cilíndricas, así como del corte, perforado y formado de matrices y plantillas. Le corresponde asignar los dibujos de montaje a los dibujantes de diseño, así como verificar que los dibujos terminados estén de acuerdo con las especificaciones y dibujos originales.

Conocimiento del trabajo. Debe conocer las matemáticas de taller y las técnicas de dibujo. Debe ser capaz de leer e interpretar planos; de usar micrómetros, verniers, calibres de altura y profundidad y compases. Debe conocer, un poco el diseño de herramientas, junto con los métodos de fabricación y maquinado y otras propiedades de los metales.

Trabajo mental. Debe ser capaz de desarrollar nuevas ideas en materia de diseño de herramientas y de adaptar los diseños existentes. Debe estar alerta y ser capaz de concentrarse en los pequeños detalles, de formular juicios independientes y de consultar con otras personas para resolver los problemas. Debe tener iniciativa para resolver problemas de diseño.

Destreza y precisión. Debe ser preciso al efectuar cálculos y al diseñar herramientas que deban satisfacer especificaciones muy rígidas, muchas veces del orden de 0.0001 de pulgada. Debe ser capaz de leer instrucciones, especificaciones y diversos instrumentos de medición con precisión absoluta.

Comentarios generales. De modo general, los diseñadores desarrollan todo tipo de herramienta para las diversas máquinas de producción utilizadas en la fábrica. Los diseñadores de herramientas no están reconocidos como especialistas en las áreas de diseño de herramientas y cortadores, plantillas, soportes o matrices, si bien algunos de ellos poseen más conocimientos, interés y experiencia en algunas de esas áreas especiales y el supervisor les encomienda los trabajos. A veces, dos o más diseñadores de herramientas trabajan en un mismo pedido, diseñando cada uno una herramienta en particular o dedicándose todos ellos al pedido.

Los egresados de escuelas vocacionales y técnicas, con preparación en álgebra, geometría, trigonometría, dibujo mecánico, prácticas con maquinaria y matemáticas de taller, pueden ser capacitados en el trabajo para convertirlos en diseñadores de herramientas, de manera que los ingenieros mecánicos puedan utilizar toda su gama de habilidades aplicándolas al diseño de máquinas, o en calidad de supervisores o asesores en las actividades de diseño.

2.4.9 METODOS ESTRUCTURADOS DE ANALISIS DE TRABAJOS

El uso generalizado de las descripciones de trabajos convencionales refleja el hecho de que son útiles en materia de administración del personal y guía vocacional, pese a sus limitaciones. Las limitaciones de esas descripciones se deben principalmente a su dependencia de material verbal presentado casi todo en forma de ensayo. Incluso empleando el lenguaje con la mayor habilidad, puede haber siempre algunas "fallas" cuando se trata de comunicar al lector el significado que se pretende.

Debido a esos inconvenientes, con el transcurso de los años se han realizado esfuerzos para desarrollar métodos de análisis de empleos más "sistemáticos" y que tiendan a ser cuantitativos, en lugar de cualitativos. Por lo general, esos esfuerzos han perseguido el desarrollo de procedimientos de análisis que permitan identificar y/o medir "unidades" de información relacionadas con el trabajo, por ejemplo, las tareas y los atributos del trabajador. Esto permitiría comparar los empleos desde el punto de vista de sus similitudes y diferencias, agruparlos por su similitudes y "manipular" en alguna otra forma la información, conceptual y estadísticamente. Esos métodos han llegado a conocerse como procedimientos estructurados de análisis.

Se han realizado esfuerzos para desarrollar métodos que puedan servir a ciertos fines mejor que las descripciones convencionales, así como a otros propósitos a los cuales no ayudan en nada esas descripciones. Se espera que las descripciones convencionales seguirán siendo útiles para la administración de personal y otros fines, sobre todo para caracterizar la "función" u objetivo de los empleos y para reflejar una idea "integrada" de las actividades que los componen. En realidad, algunos programas de análisis consisten en una combinación de métodos convencionales y métodos estructurados. De hecho, los procedimientos que sigue el USES, aunque pertenecen al análisis convencional, contienen algunos métodos estructurados.

Los procedimientos estructurados de análisis permiten analizar los empleos desde el punto de vista de "unidades" específicas de datos relacionados con el trabajo. El análisis da lugar ya sea 1) a una determinación de si una cierta "unidad" de información es o no aplicable a un trabajo, o 2) a una clasificación numérica del grado en que es aplicable. Se examinan aquí dos tipos de procedimientos estructurados de análisis: el inventario de tareas y el cuestionario para el análisis de puestos (PAQ).

El inventario de tareas

Esta es una forma de cuestionario estructurado de análisis que consiste en hacer una lista de las tareas comprendidas dentro de un área ocupacional. Típicamente, esos cuestionarios permiten que los titulares de los puestos, los supervisores o los analistas proporcionen alguna información acerca de la participación del titular en cada tarea. Se prestan también a otros usos, como se verá más adelante.

El inventario de tareas, de uno u otro tipo, ha estado en desarrollo y se le ha utilizado durante muchos años; pero su desarrollo y uso primordiales estuvieron en manos de la Fuerza Aérea de los Estados Unidos, a partir de y durante el decenio de 1960, bajo la dirección de Raymond E. Christal, Air Force Human Resources Laboratories, Brooks Air Force Base, Texas.[11-13] La metodología ha sido adoptada por otros servicios militares de los Estados Unidos y de otros países, por otras dependencias del gobierno, universidades, algunas empresas privadas y ciertos organismos comerciales y profesionales.*

Naturaleza del inventario de tareas

El inventario de tareas tiene dos características: es una lista de tareas del área ocupacional de que se trate, y especifica cierto tipo de respuesta para cada tarea. La lista se compone normalmente de todas o la mayoría de las tareas que pueden desempeñar los titulares dentro del área ocupacional. Típicamente, las descripciones consisten tan sólo en una exposición de *qué* se hace, refiriéndose al trabajo, sin indicar *cómo* ni *por qué.*

Por regla general, pero no siempre, las tareas se agrupan en "deberes" más amplios; por ejemplo, "dar mantenimiento a los sistemas de frenos y repararlos". En el ejemplo 2.4.3 aparece un ejemplo de parte de un inventario de tareas, como los presentan Melching y Borcher.[14] En su forma final, un inventario puede contener desde unas cuantas docenas hasta varios centenares de tareas pertenecientes a un área ocupacional.

Escalas de respuesta usadas con el inventario de tareas

Hay fundamentalmente dos tipos de escalas de respuesta asociadas con el inventario. La primera ofrece alguna indicación de la relación del titular con cada tarea. La segunda indica alguna respuesta a la tarea, ya sea un juicio o una actitud hacia ella.

*El Center of Vocational Education, The Ohio State University, 1960 Kenny Road, Columbus, Ohio 43210, ha formulado directorios de inventarios de tareas. Además, la obra *Task Analysis Inventories,* publicada por la Manpower Administration (actualmente la Employment and Training Administration), del U. S. Department of Labor, en 1973, consiste en una compilación de inventarios de tareas de diversas áreas ocupacionales.

A las escalas de respuesta del primer tipo se les llama a veces "factores de clasificación primaria". Se pueden usar varias de esas escalas, por ejemplo:

Importancia (la importancia de la tarea para el trabajo).
Escala como parte de un trabajo, en esta forma:
0 Definitivamente no forma parte de la ocupación.
1 En circunstancias especiales, puede ser una parte poco importante de la ocupación.
2
3
4 Es parte importante de la ocupación.
5
6
7 Es parte sumamente importante de la ocupación.
Ejecución (si el titular desempeña o no la tarea).

Frecuencia de la ejecución (con qué frecuencia se realiza la tarea por unidad de tiempo, ya sea por día, por semana o por mes).
Tiempo invertido (el tiempo dedicado a la tarea cuando se ejecuta, en minutos).
Tiempo relativo invertido (el tiempo estimado dedicado a cada tarea con relación al que se dedica a otras tareas).
La Fuerza Aérea de los Estados Unidos usa la escala siguiente:

1. Muy poco.
2. Muy por abajo del promedio.

Ejemplo 2.4.3 Ejemplos de algunas tareas tomados del inventario de labores para mecánicos de automóviles[a]

Inventario de labores de los mecánicos de automóviles	Página 19 de 23 páginas	
Se relacionan en seguida un trabajo y las tareas que comprende. Verifique todas las tareas que realice. Agregue otras que lleve a cabo y que no figuren en la lista. Luego clasifique las que haya marcado.	Verifique	Tiempo invertido
M. Mantenimiento y reparación del sistema de frenos		1. Muy bajo del promedio 2. Abajo del promedio 3. Un poco abajo del promedio 4. Alrededor del promedio 5. Un poco arriba del promedio 6. Arriba del promedio 7. Muy arriba del promedio
1. Reparar el cilindro maestro		
2. Reparar el cilindro de la rueda	✓	4
3. Cambiar mangueras y líneas del freno	✓	1
4. Cambiar zapatas	✓	6
5. Rectificar tambores		
6. ajustar frenos	✓	7

[a] Tomado de Melching and Borcher, referencia 14.

3. Abajo del promedio.
4. Ligeramente abajo del promedio.
5. Más o menos el promedio.
6. Ligeramente por arriba del promedio.
7. Arriba del promedio.
8. Muy por arriba del promedio.
9. Notablemente arriba del promedio.

Se pueden establecer variantes de lo anterior; por ejemplo, el tiempo total dedicado a una tarea durante la vida de trabajo de la persona, comparado con el que le ha dedicado en el empleo actual.

Al informar sobre el tiempo dedicado a varias tareas, según la experiencia de la Fuerza Aérea, una escala de tiempo *relativo*, como la que antecede, en general es mejor que una escala *absoluta* o porcentual. Cuando se usa una escala relativa, las respuestas se pueden convertir en una estimación del porcentaje de tiempo de trabajo. El procedimiento para estimar esos porcentajes lo da Archer.[15] Los valores así obtenidos se toman como estimaciones del porcentaje de tiempo de trabajo que cada titular dedica a las tareas de que se trate.

El segundo tipo de escala de respuestas, llamado a veces "factores de clasificación secundaria", indica respuestas de apreciación o subjetivas respecto a las tareas mismas, a diferencia de los informes de participación de los titulares en las tareas. Algunos de los factores de clasificación secundaria que se han usado son los siguientes:

Complejidad de la tarea.
Carácter crítico de la tarea.
Dificultad para aprender la tarea.
Dónde aprendió la tarea el titular (curso de capacitación, en el trabajo, etc.).
Dónde cree el consultado que se debe aprender la tarea.
Capacitación especial necesaria (cantidad) para realizar la tarea.
Tiempo que se considera necesario para aprender la tarea (desde "puede hacerla ahora", o "la puede aprender en unas cuantas horas", hasta "tardará más de un año para aprenderla").
Dificultad para realizar la tarea.
Asistencia técnica requerida para la ejecución.
Supervisión requerida al realizar la tarea.
Satisfacción al realizar la tarea.

Por lo general, las respuestas a los factores de clasificación secundaria las proporcionan los titulares. Se le puede pedir a un titular que aplique un factor de clasificación primaria, por ejemplo el tiempo relativo dedicado a las tareas individuales, y que aplique también uno o más factores de clasificación secundaria, por ejemplo, la dificultad para aprender la tarea y la satisfacción que experimenta al realizarla. Sin embargo, esas escalas de clasificación secundaria pueden ser contestadas por los supervisores, por "expertos" o por otras personas, a fin de obtener su opinión o sus reacciones subjetivas respecto a las tareas individuales, en forma abstracta. Cualquiera que sea el caso, las respuestas a las escalas de clasificación secundaria pueden servir para derivar un índice del factor en relación con las tareas individuales. Un ejemplo de dicho índice proviene de una encuesta ocupacional entre el personal de reparaciones de equipo de televisión de la Fuerza Aérea.[16] Se pidió al personal experimentado que clasificara las tareas en un inventario de dificultad. Se dan en seguida los índices promedio de dificultad de varias tareas. Los índices originales fueron convertidos en valores con una media arbitraria de cinco y una desviación estándar (SD) de uno.

Tarea	*Indice promedio de dificultad*
Alinear sintonizadores de receptores	7.07
Instalar sistemas relevadores de microondas	6.81
Verificar operación de VTR helicoidales	5.01
Ajustar amplificadores de procesamiento de video	4.98
Retirar o sustituir altavoces	3.13
Operar tornamesas	2.91
Limpiar empalmadores de película	2.29

Elaboración de inventarios de tareas

Como ya se dijo, el inventario de tareas se formula para una área ocupacional específica. Los procedimientos llevan tiempo, a veces varias semanas, y en general requieren la colaboración de un analista de empleos y de un experto técnico. Se suele entregar formas experimentales de inventario a una muestra de titulares, con el fin de obtener sus comentarios y sugerencias y datos que puedieran ser de utilidad para elaborar la forma final. (Véanse en Melching y Borcher[14] las instrucciones generales para la formulación de inventarios.)

Administración del inventario de tareas

La administración del inventario se puede disponer reuniendo a grupos de titulares bajo la dirección de un analista de empleos, o bien entregando los inventarios a los titulares, pidiéndoles que los llenen y los devuelvan a la oficina central. En la mayoría de los casos en que se recurre a inventarios, se pide a los consultados que anoten sus respuestas de tal modo que faciliten cualquier análisis posterior. Así, se usan a menudo formas sensibles a las marcas o formas de exploración óptica, con el fin de facilitar el procesamiento de los datos resultantes mediante la computadora.

Al planear la administración de inventarios de tarea en las grandes empresas, a menudo conviene elegir una muestra de titulares, en lugar de todos los trabajadores, para que los contesten.

Análisis de los datos del inventario de tareas

Los datos obtenidos se pueden someter a diversos tipos de análisis usando programas adecuados de computadora. Uno de los análisis primarios produce una descripción de grupo que resume las respuestas de todos los miembros del "grupo" que llenó el inventario. En el ejemplo 2.4.4 aparece una de esas descripciones. Otro tipo de análisis produce una descripción por ocupación. Este análisis está basado en procedimientos estadísticos, por ejemplo, el análisis de conjuntos o de factores, que permiten identificar "tipos de ocupación", es decir, los grupos de titulares que realizan combinaciones más o menos similares de tareas. Véase el ejemplo 2.4.5.

Se pueden hacer muchas otras clases de análisis con los datos del inventario de tareas, dependiendo en parte de la naturaleza de las escalas de clasificación primaria y secundaria aplicadas y de los objetivos del análisis.

Ejemplo 2.4.4 Parte de la descripción de un trabajo de grupo—Especialista en reparaciones de equipo de televisión de la Fuerza Aérea de los EUA

Tarea representativa	*Porcentaje de personas ocupadas*[a]
Soldar o desoldar conectadores o circuitos alambrados	85
Interpretar diagramas	85
Retirar o sustituir componentes electrónicos de enchufar o atornillar, tales como transistores, válvulas o luces indicadoras	84
Retirar o sustituir componentes electrónicos soldados a tableros de circuitos impresos	83
Ajustar controles de operación de receptores o monitores, por ejemplo, los de enfoque o centrado	83
Interpretar diagramas de bloque o de ubicación de componentes	79
Detectar fallas en circuitos de receptores o monitores	79
Detectar fallas en subensambles de receptores o monitores	71
Ajustar controles de operación de las cámaras, por ejemplo, los de haz o de ajuste inicial	70
Localizar fallas de entrada al receptor o monitor en subensambles	70
Retirar o sustituir subensambles de receptores o monitores	67

Fuente: División de Investigaciones Profesionales, Centro de Mediciones Profesionales de la USAF, *Occupational Survey Report: Television Equipment Repair Career Ladder,* Base Randolph de la Fuerza Aérea, Texas, AFPT 90-304-376, octubre de 1979.

[a] Tareas representativas realizadas por 258 personas.

Cuestionario para el análisis de puestos* (PAQ)

El PAQ es un cuestionario estructurado de análisis que permite analizar los empleos considerando 187 elementos de trabajo. Los elementos están "orientados hacia el trabajador", lo cual tiende a caracterizar, o implicar, el comportamiento humano asociado con los empleos.[17] Por lo tanto, el PAQ se presenta para el análisis de una gran variedad de puestos.

Organización del PAQ

Los elementos de trabajo que contiene el PAQ se organizan en seis divisiones, como sigue (se incluyen ejemplos de dos elementos de trabajo de cada división):

1. **Obtención de información.** ¿Dónde y cómo obtiene el trabajador la información que usa para realizar su trabajo? Ejemplos: material escrito; diferenciación casi visual.

*El PAQ fue desarrollado de acuerdo con lo estipulado en una serie de contratos celebrados entre la Office of Naval Research, Personnel and Training Research Program Branch, y la Purdue Research Foundation, con derechos reservados por la Purdue Research Foundation. El PAQ y otro material relacionado se pueden obtener por mediación de la University Book Store, 360 West State Street, West Lafayette, Indiana 47906. Otra información acerca del PAQ se puede obtener con PAQ Services, Inc., 1625 North, 1000 East, Logan, Utah 84321. El procesamiento por computadora de los datos del PAQ está disponible en la división de procesamiento de datos del PAQ, en el domicilio de Logan, Utah.

Ejemplo 2.4.5 Parte de las descripciones de tres tipos de trabajo en la escala de ocupaciones del área de reparaciones de equipo de televisión en la Fuerza Aérea de los EUA

Tarea representativa	*Porcentaje de personas ocupadas*
Tipo de trabajo: Inspectores de control de calidad	
Redactar correspondencia o informes	91
Efectuar inspección técnica del equipo	91
Evaluar los proyectos de modificaciones al equipo	91
Evaluar las modificaciones hechas al equipo	91
Interpretar políticas, directivas o procedimientos para los subordinados	82
Evaluar los informes o procedimientos de inspección	82
Efectuar inspecciones de control de calidad del equipo	82
Tipo de trabajo: Instructores	
Impartir cursos de capacitación a residentes	100
Evaluar los progresos de quienes siguen los cursos como residentes	100
Redactar cuestionarios de examen	83
Asesorar a los estudiantes para que mejoren su capacitación	83
Desarrollar programas de estudio y planes de instrucción (POI)	83
Llevar registros, cuadros y gráficas de capacitación	83
Indicar la manera de obtener información técnica	67
Aplicar y cuantificar las pruebas	50
Tipo de trabajo: Mantenimiento de las cámaras	
Interpretar diagramas	100
Ajustar controles de linealidad de la cámara	100
Ajustar controles de operación de la cámara, por ejemplo, los de haz o de ajuste inicial	100
Ajustar circuitos de proceso de sincronía	100
Detectar fallas en los circuitos de sincronía	100
Localizar fallas en los cables de interconexión	100
Ajustar controles de operación de receptores o monitores, por ejemplo, los de enfoque o centrado	100

Fuente: División de Investigaciones Profesionales, Centro de Mediciones Profesionales de la USAF, *Occupational Survey Report: Television Equipment Repair Career Ladder*. Base Randolph de la Fuerza Aérea, Texas, AFPT 90-304-376, octubre de 1979.

2. Procesos mentales. ¿Qué actividades de razonamiento, toma de decisiones, planeación y procesamiento de información intervienen en la realización del trabajo? Ejemplos: nivel de razonamiento para resolver problemas; codificación/desciframiento.

3. Actividades de trabajo. ¿Qué actividades físicas realiza el trabajador, y qué herramientas o dispositivos utiliza? Ejemplos: uso de dispositivos de teclado; montar/desmontar.

4. Relaciones con otras personas. ¿Qué relaciones hay que mantener con otras personas para realizar el trabajo? Ejemplos: dar instrucciones; contacto con el público.

5. Contexto del trabajo. ¿En qué contexto físico o social se realiza el trabajo? Ejemplos: temperatura elevada; situaciones de conflicto interpersonal.

6. Otras características del empleo. ¿Qué actividades, condiciones o características son importantes para el trabajo, aparte de las descritas? Ejemplos: ritmo de trabajo específico; grado de estructuración.

Escalas de clasificación usadas con el PAQ

Es posible clasificar cada trabajo en relación con cada elemento. Se usan seis tipos de escalas de clasificación:

Letra de identificación	*Tipo de escala*
U	Amplitud del Uso
I	Importancia para el trabajo
T	Cantidad de Tiempo
P	Posibilidad de que ocurra
A	Aplicabilidad
S	Clave especial (Special) usada cuando se trata de unos pocos elementos específicos

Se diseña una escala específica de clasificación para usarla con cada elemento de trabajo; en particular la que se considere más adecuada al contenido del elemento. Todas las escalas, con excepción de la "A" (Aplicabilidad), son de seis puntos y el "0" significa "No aplicable":

Importancia para el trabajo	
N	No es aplicable
1	Muy poca (importancia)
2	Poca
3	Regular
4	Mucha
5	Muchísima

La Escala "A" (Aplicabilidad) contesta a "Es aplicable" o "No es aplicable" y sólo se usa para ciertos elementos de contexto, por ejemplo "Horas de trabajo regulares".

Análisis de empleos con el PAQ

El análisis con el PAQ típicamente lo llevan a cabo los analistas de empleos, los analistas de métodos, los jefes de personal o los supervisores. En algunos casos se pide a los titulares que analicen su propio trabajo, en especial cuando se trata de empleados administrativos, profesionales y otros de oficina.

Dimensiones del empleo basadas en el PAQ

Mecham[18] tomó los análisis, hechos con el PAQ, de una muestra de 2,200 ocupaciones como base para identificar las "dimensiones" subyacentes de los empleos, habiendo sido identificados estos últimos mediante el análisis estadístico de factores. Se puede suponer que cualquier dimensión dada constituye una combinación de ciertos elementos que tienden a "ir juntos" en los trabajos. Desde el punto de vista estadístico, están correlacionados. No es posible definir aquí cada dimensión ni hacer una lista de los elementos que tienden a caracterizar a cada dimensión; pero sus nombres aparecen en el ejemplo 2.4.6. Pueden dar una idea de su naturaleza.

Para una ocupación dada es posible obtener, con un programa de computadora, una puntuación de cada dimensión, de manera que cualquier trabajo se puede "describir" cuantita-

Ejemplo 2.4.6 Dimensiones del trabajo basadas en el análisis de componentes principales según los datos del PAQ referentes a 2200 ocupaciones

Dimensiones por divisiones

División 1: Información aportada

1. Interpretar lo que se percibe.
2. Recurrir a diversas fuentes de información.
3. Observar los dispositivos y los materiales en busca de información.
4. Evaluar y juzgar lo que se percibe.
5. Estar al tanto de las condiciones ambientales.
6. Utilizar varios sentidos.

División 2: Procesos mentales

7. Tomar decisiones.
8. Procesar la información.

División 3: Trabajo realizado

9. Utilizar máquinas, herramientas y equipo.
10. Realizar actividades que exigen movimientos generales del cuerpo.
11. Controlar máquinas y procesos.
12. Realizar actividades especializadas y técnicas.
13. Realizar actividades controladas de tipo manual.
14. Utilizar equipo y dispositivos diversos.
15. Realizar actividades de manejo manual.
16. Coordinación física general.

División 4: Relaciones con otras personas

17. Comunicar información relacionada con los juicios emitidos.
18. Cultivar los contactos personales generales.
19. Realizar actividades de supervisión y coordinación.
20. Intercambiar información relacionada con el trabajo.
21. Contactos personales con el público.

División 5: Contexto del trabajo

22. Encontrarse en un ambiente tenso y desagradable.
23. Involucrarse en situaciones de exigencia.
24. Encontrarse en situaciones de trabajo peligrosas.

División 6: Otras características del trabajo

25. Trabajar una jornada atípica, no la regular.
26. Desempeñarse en situaciones formales
27. Llevar indumentaria opcional, no la especificada.
28. Devengar un salario variable, no el sueldo fijo.
29. Seguir un programa regular.
30. Trabajar en circunstancias de presión.
31. Realizar un trabajo estructurado.
32. Estar alerta a las condiciones cambiantes.

Dimensiones generales

33. Asumir responsabilidades de decisión, de comunicación y generales.
34. Operar máquinas y equipo.
35. Realizar actividades de oficina.
36. Realizar actividades técnicas.
37. Realizar actividades de servicio.
38. Trabajar jornada regular y no otros programas.
39. Realizar actividades rutinarias y repetitivas.
40. Estar consciente del ambiente de trabajo.
41. Entregarse a actividades físicas.
42. Supervisar y coordinar a otros empleados.
43. Contactos con el público y con los clientes.
44. Trabajar en un ambiente desagradable y peligroso.
45. Otras no detalladas.

tivamente considerando la puntuación de sus dimensiones. Como éstas se expresan de una manera cuantitativa, pueden servir para varios fines diferentes. Uno de ellos es identificar "familias" de trabajos, o sea aquellos que tienen perfiles similares de puntuación de sus dimensiones. Las puntuaciones puede servir también para hacer estimaciones de los salarios correspondientes a las ocupaciones (suprimiendo así la necesidad de los procesos de evaluación convencionales), como se explica en el capítulo 5.3. Además, el PAQ puede servir para hacer estimaciones de las aptitudes que requieren los trabajos, con lo cual se suprimen los procedimientos convencionales de validación de pruebas, como se explica también en el capítulo 5.3. La base estadística de esos pronósticos la examinan McCormick y colaboradores[19] y no se trata aquí. Sin embargo, se presentan algunos datos ilustrativos de ese estudio. Las puntuaciones medias de prueba correspondientes a cuatro aptitudes se obtuvieron estadísticamente a partir de los datos del PAQ relacionados con titulares de unas cien ocupaciones aproximadamente. Esas puntuaciones estimadas fueron luego correlacionadas con las puntuaciones medias reales de pruebas de los titulares en pruebas de aptitud, resultando las correlaciones siguientes:

Aptitud	*Correlación*	*No. de empleos*
Inteligencia general	.75	34
Aptitud verbal	.71	50
Aptitud numérica	.67	65
Aptitud especial	.70	30

Los resultados obtenidos de diversos estudios, lo mismo que de la experiencia, han demostrado que los procedimientos estructurados de análisis de empleos, como lo es el PAQ, pueden ser de gran utilidad práctica para varias funciones de administración del personal.

REFERENCIAS

1. M. H. MELCHING, y S. D. BORCHER, *Procedures for Constructing and Using Task Inventories,* Research and Development Series No. 91, The Ohio State University, Center for Vocational and Technical Education, Columbus, marzo de 1973.
2. U.S. DEPARTMENT OF LABOR, Employment and Training Administration, *Handbook for Analyzing Jobs* (versión de 1979), septiembre de 1979.
3. A. H. KURILOFF, D. YODER, y C. H. STONE, *Training Guide for Observing and Interviewing in Marine Corps Task Analysis. Evaluation of the Marine Corps Task Analysis Program,* Technical Report No. 2, California State University, Los Angeles, agosto de 1975.
4. KURILOFF y colaboradores, *Training Guide.*
5. *Handbook for Analyzing Job,* (versión de 1979), pág. 7.
6. J. L. BUTLER, *Job Analysis: (What + How + Why = Skills Involved),* manuscrito particular, Stamford, CT, 1975, pp. 37-38.
7. BUTLER, *Job Analysis,* pág. 39.
8. BUTLER, *Job Analysis,* pág. 43.
9. *Handbook for Analyzing Jobs,* (versión de 1979), pág. 47.
10. *Handbook for Analyzing Jobs,* (versión de 1979), págs. 374-376.
11. R. E. CHRISTAL, *New Directions in the Air Force Occupational Research Program.* USAF, AFHRL, Personnel Research División, Lackland Air Force Base, Texas, 1972.
12. J. E. MORSH, *Computer Analysis of Occupational Survey Data.* USAF, AFHRL, Personnel Research Division, Lackland Air Force Base, Texas, 1969.
13. J. E. MORSH y W. B. ARCHER, *Procedural Guide for Conducting Occupational Surveys in the United States Air Force.* ASAF, AMD, Personnel Research Laboratory, Lackland Air Force Base, Texas, PRL-TR-67-11, 1967.
14. MELCHING y BORCHER, *Procedures for Constructing and Using Task Inventories,* pág. 35.
15. W. B. ARCHER, *Computation of Group Job Descriptions from Occupational Survey Data.* USAF, AMD, Personnel Research Laboratory, Lackland Air Force Base, Texas, PRL-TR-66-12, 1966.
16. OCCUPATIONAL SURVEY BRANCH, USAF, Occupational Measurement Center, *Occupational Survey Report: Television Equipment Repair Career Ladder,* Randolph Air Force Base, Texas, AFPT 90-304-376. octubre de 1979.
17. E. J. McCORMIC, P. R. JEANNERET, y R. C. MECHAM, "A Study of Job Characteristics and Job Dimensions as Based on the Position Analysis Questionnaire (PAQ)," *Journal of Applied Psychology,* Vol. 56: No. 4 (1972), págs. 347-368.
18. R. C. MECHAM, Artículo inédito, febrero de 1977.
19. E. J. McCORMICK, A. S. DENISI, y J. B. SHAW, "Use of the Position Analysis Questionnaire for Establishing the Job Component Validity of Tests," *Journal of Applied Psychology,* Vol. 64, No. 1 (1979), págs. 51-56.

CAPITULO 2.5

Diseño de tareas

LOUIS E. DAVIS
Universidad de California, Los Angeles
GERALD J. WACKER
The Aerospace Corporation

2.5.1 INTRODUCCION

En el corazón de toda empresa se encuentran sus empleos. La división del trabajo en ocupaciones establece relaciones entre las personas y entre éstas y la tecnología. En este capítulo se examinan los factores y los procesos de decisión que dan lugar al diseño de tareas. Se hace énfasis en los métodos de diseño de ocupaciones efectivas y satisfactorias, capaces de satisfacer tanto las necesidades de la empresa, que consisten en alcanzar sus metas utilizando sus recursos humanos, como las necesidades, expectativas y metas de las personas.

2.5.2 ENFOQUE DE SISTEMAS AL DISEÑO DE TAREAS

Las investigaciones acerca de los factores en que se funda el diseño de tareas,[1,2] y del efecto del diseño de tareas en la productividad y en la satisfacción de empleados,[3–7] indica que los trabajos sólo se pueden entender en relación con toda la empresa o dependencia, como un sistema. En esta sección se estudia la perspectiva de sistemas para el diseño de tareas.

Dimensiones múltiples de los empleos

Una empresa, ya sea una fábrica, una compañía de servicios o una dependencia del gobierno, existe en varios contextos. En primer lugar, es una *entidad de producción* que se compone de edificios, equipo y tecnología (sistemas técnicos), reunidos con el propósito de transformar ciertos materiales en determinados productos. Por supuesto, la empresa es algo más que una entidad de producción. Es también una *entidad social* o *institucional*, una "sociedad en miniatura" formada por funciones, tradiciones, conflictos, estrategias a largo plazo y relaciones con otras instituciones. Por último, es un *conjunto de personas*. Cada empleado tiene metas, compromisos y estilos de vida que sólo se cruzan parcialmente con la empresa. Para diseñar tareas eficientes, hay que tener en cuenta el contexto de producción, el contexto organizativo y el contexto individual, ya que todos ellos tienen relación con los diversos tipos de decisiones que determinan el diseño de las tareas.

Definición de la empresa y sus empleos

Una empresa es un sistema de funciones u ocupaciones y una estructura de relaciones entre funciones reunidas deliberadamente en un momento dado para lograr los resultados deseados. Para lograr los resultados que desea, la empresa hace trabajo. Para hacer trabajo, reúne a las personas (sistema social) y los medios (sistema técnico) que en conjunto obtendrán los resultados deseados. Para actuar eficazmente, se requiere que esos subsistemas funcionen como un sistema conjunto, al que con frecuencia se le da el nombre de sistema sociotécnico.

Definición del empleo

Un empleo es un conjunto de tareas asignadas a una función de la empresa. Es una parte de la organización con la cual identifican sus miembros. En el transcurso de los últimos 100 años, los empleos se definieron como conjuntos de tareas realizados por personas, mientras que las funciones fueron definidas como conjuntos de tareas de trabajo *más* otros tipos de tareas que debían ser realizadas porque el trabajo no lo hacía simplemente una persona, sino una persona que formaba parte de una organización. En las empresas diseñadas con base en la teoría contemporánea de la organización, la diferencia entre empleo y función ha desaparecido. Una entidad se encuentra en funcionamiento cuando sus funciones están ocupadas por personas que llevan a cabo lo requerido por cada función o empleo. Una empresa permanece virtualmente sin cambio aunque sus funciones o empleo sean desempeñados por distintas personas en momentos diferentes.

Definición del diseño de ocupaciones

El diseño de ocupaciones es el proceso de tomar decisiones para determinar 1) qué tareas ha de realizar la fuerza de trabajo, 2) qué tareas se deben agrupar para constituir determinados empleos y 3) cómo se van a relacionar esos empleos.

Sistemas de apoyo técnicos y sociales

Las decisiones de diseño son interdependientes con las decisiones asociadas con los sistemas técnicos y con las políticas de personal. De una tecnología de conversión se pueden derivar varios sistemas técnicos posibles. Un sistema técnico es un conjunto de procedimientos, técnicas o métodos, instrucciones, equipo, herramientas y planes elegidos con el fin de llevar a cabo el proceso de conversión de materiales, información y trabajo humano en un producto deseado. La elección del contenido y configuración de un sistema técnico es en parte una decisión del diseño de ocupaciones. En lo que resta de esta sección se comprenderá cómo la elección del sistema técnico crea tareas e influye en la agrupación de esas tareas para constituir empleos.

El diseño de los empleos no sólo implica selecciones tecnológicas, sino también selecciones sociales. El sistema técnico que convierte los materiales, la información y el trabajo humano en los productos deseados genera tareas que deben ser realizadas. De la misma manera, el sistema social dentro del cual existe el sistema técnico genera tareas que es preciso llevar a cabo. Ambas clases de tareas, en medida diferente, quedan incluidas en los empleos. Lo que esas tareas son, y cómo están configuradas, depende de lo que se haya decidido acerca del diseño del sistema social, llamado también sistema social de apoyo.

Para que las máquinas funcionen debidamente, deben ser adaptadas a las necesidades de la empresa. Los sistemas técnicos de apoyo comprenden dispositivos de procesamiento de datos, colectores de polvo, deshumidificadores, inventarios de refacciones, manuales técnicos e incluso el acceso a asesores técnicos. Asimismo, un sistema social de apoyo permite a las personas adaptarse a las necesidades de la empresa para poder funcionar adecuadamente en sus empleos. Los sistemas sociales de apoyo incluyen facilidades para contratar, capacitar y proteger; para impartir asesoría, conocimientos, disciplina y justicia; instalaciones para descansar, divertirse, comer y atender a la higiene; sistemas de retribución y promoción; beneficios a los empleados; la posibilidad de conectar las actividades de los empleados y las funciones no laborales (por ejemplo, disponibilidad de teléfonos para llamadas personales,

Ejemplo 2.5.1 Decisiones sociales y tecnológicas en las cuales se basa el diseño de labores

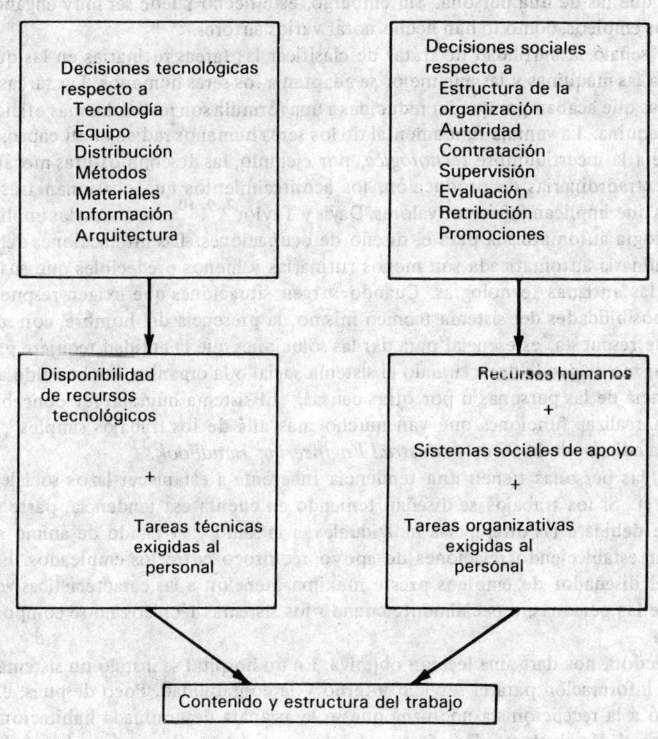

transportación compartida, etc.), y reglas para dirigir a la empresa como una sociedad en miniatura.

En vista de la interdependencia que existe entre el diseño del sistema técnico, el sistema social de apoyo y el diseño de los empleos, esas áreas de decisión quedan incluidas dentro del diseño de las ocupaciones (véase el ejemplo 2.5.1). Las áreas de decisión que llevan al establecimiento de funciones de trabajo incluyen a aquellas que determinan:

Los materiales, el equipo, la información y los recursos que utilizarán los empleados.
Los niveles de autoridad que se confieren a los empleados para tomar decisiones.
Los medios para adaptarse a las dificultades o acontecimientos imprevistos.
Los medios para programar, supervisar, evaluar y controlar el trabajo.
Las vías de ascenso y promoción.
Las disposiciones para elaborar y conservar la estructura organizativa.

El diseño de ocupaciones en condiciones de incertidumbre humana y tecnológica

El diseño de ocupaciones está basado en supuestos acerca de la certidumbre y la capacidad humana y tecnológica de hacer pronósticos. Las personas difieren en cuanto al grado, habilidad, experiencia, puntos de vista y gustos. Además, la disponibilidad y estado de alerta de una persona cualquiera puede variar apreciablemente de un día para otro debido al estado de salud, el estado de ánimo, a los compromisos contraídos por fuera, etc. En general, los diseñadores pueden pronosticar las acciones y posibilidades de una máquina con mucha mayor certeza que las de una persona. Sin embargo, este hecho puede ser muy engañoso en el diseño de los empleos, como lo han hecho notar varios autores.

Jordan[8] señaló la inutilidad de tratar de clasificar las tareas rutinarias en las que mejor se adaptan a las máquinas y las que mejor se adaptan a los seres humanos. Las tareas que son tan rutinarias que acaban por quedar reducidas a una fórmula son realizadas más eficientemente por la máquina. La ventaja fundamental de los seres humanos radica en su capacidad para hacer frente a la incertidumbre *tecnológica,* por ejemplo, las descomposturas mecánicas, las demandas extraordinarias de producción, los acontecimientos que ocasionan trastornos y los procesos que implican juicios de valores. Davis y Taylor[2, 9, 10] estudiaron las implicaciones de la tecnología automatizada para el diseño de ocupaciones. Las interacciones del hombre con la maquinaria automatizada son menos rutinarias y menos predecibles que sus interacciones con las antiguas tecnologías. Cuando surgen situaciones que exigen respuestas más allá de las posibilidades del sistema técnico mismo, la presencia del hombre, con su versátil capacidad de respuesta, es esencial para dar las soluciones que la entidad requiere para tener éxito. Lo mismo se puede decir cuando el sistema social o la organización han sido alterados por la ausencia de las personas o por otras causas. "El sistema humano fue concebido y diseñado para realizar funciones que van mucho más allá de los trabajos simples", escribió Waddel en la edición de 1956 del *Industrial Engineering Handbook.*[11]

Además, las personas tienen una tendencia inherente a establecer lazos sociales y ayudarse entre sí. Si los trabajos se diseñan teniendo en cuenta esa tendencia, parte de la incertidumbre debida a las diferencias individuales, a la salud y al estado de ánimo se puede contrarrestar estableciendo relaciones de apoyo recíproco entre los empleados. Es importante que el diseñador de empleos preste máxima atención a las características sociales y creadoras de las personas, especialmente cuando los sistemas técnicos no se comportan con toda certeza.

Una anécdota nos dará una lección objetiva. En un hospital se instaló un sistema computarizado de información para el servicio interno y la contabilidad. Poco después, el jefe de cirugía pidió a la recepcionista nocturna que se le asignara determinada habitación a cierto paciente para el día siguiente. Desafortunadamente, el sistema de computadora había reservado ya esa habitación para otra persona y no se había considerado la posibilidad de que la recepcionista reexaminara la decisión y aplicara su propio criterio.

Se pueden imaginar dos situaciones. Primera, la recepcionista encogiéndose de hombros y diciendo al cirujano: "Yo sólo trabajo aquí. Si usted quiere algo, *usted trate* de hablar con la computadora". El cirujano tendría que esperar hasta el día siguiente y perder el tiempo buscando las formas y las autorizaciones necesarias. La otra posibilidad es lo que realmente ocurrió. La recepcionista había descubierto que, después de cinco intentos infructuosos sucesivos de conseguir entrada a la computadora, ésta mostraba el mensaje siguiente: "cambiar a manual". El viejo procedimiento manual consistía en llamar a la enfermera supervisora de piso y arreglar con ella la asignación de habitaciones. De manera que la recepcionista "trastornó" el sistema de computadora para responder a un acontecimiento imprevisto. De no haber descubierto la recepcionista la manera de controlar su sistema técnico, de no haber estado familiarizada con el procedimiento manual y relacionada con la supervisora de piso, y si no hubiera estado motivada, la institución habría tenido resultados negativos. En este caso, el sistema técnico de asignación de habitaciones fue incapaz de responder por sí mismo a un acontecimiento extraordinario e imprevisto y fue necesario que el sistema social hiciera una adaptación mediante la acción coordinada del cirujano, la recepcionista y la supervisora de piso.

Resumen

Los empleos tienen tres contextos: uno de producción, uno organizativo y uno personal. Cada uno debe ser considerado en todas las decisiones de diseño. Esas decisiones determinan qué tareas va a realizar el personal, cuáles se agruparán para constituir empleos, y cómo se relacionarán esos empleos. Este esquema se delinea en el ejemplo 2.5.2.

Una empresa es un sistema conjunto compuesto por personas, equipo, herramientas, etc. Un sistema técnico de apoyo permite que el equipo funcione correctamente en el medio organizativo y un sistema social de apoyo permite que los empleados se adapten a la organización. Como el comportamiento de las personas y de los sistemas técnicos no es enteramente cierto y predecible, los empleos se deben diseñar de manera que la empresa pueda hacer frente a la incertidumbre. Si bien las máquinas pueden realizar las tareas rutinarias en forma más predecible que las personas, éstas tienen la posibilidad de actuar con más creatividad y coordinar sus acciones adaptándose a los acontecimientos no rutinarios.

2.5.3 ORIGEN DE LAS TAREAS

Los empleos se componen de las tareas y de las condiciones en las cuales éstas se pueden realizar. Dichas tareas tienen su origen en diversas fuentes que reflejan las tres dimensiones de la organización.

Necesidades de producción y tecnológicas

La fuente de tareas más obvia son las necesidades de producción y tecnológicas de la empresa. Con esta fuente se pueden identificar las tareas relacionadas con la ejecución, inspección y evaluación del trabajo; con la preparación, operación y mantenimiento del equipo; con el registro, procesamiento y recuperación de información técnica; con la transportación y cuidado de los materiales, y con el control de variables tecnológicas que podrían influir de manera negativa en el proceso de producción.

Varios factores pueden influir en las necesidades de producción y del sistema técnico en cuanto a tareas se refiere. La incertidumbre e inestabilidad del sistema técnico impone ciertas exigencias a las funciones de las personas que laboran en el sistema de producción. La incertidumbre tecnológica resulta afectada por la confiabilidad del equipo, por la variabilidad de los insumos y los productos y por el carácter impredecible de los acontecimientos. Además, el ritmo de la innovación tecnológica introduce una incertidumbre a largo plazo respecto a las tareas particulares que se impondrán en el futuro a los trabajadores. La complejidad de la tecnología, el grado de automatización y la escala de producción (desde la producción de una unidad hasta la producción en masa), son también factores que intervienen.

Necesidades de la empresa

Además de las tareas que contribuyen directamente a la producción de bienes y servicios, otra fuente de ellas las constituyen las necesidades de la empresa. Entre esas necesidades figuran la coordinación de actividades, la conservación del orden social, la administración de la empresa como una sociedad en miniatura, y las adaptaciones a corto y a largo plazo de la empresa a las condiciones cambiantes del medio. Las necesidades de la empresa exigen tareas pertinentes a la contratación y capacitación de la fuerza laboral, a la comunicación, al descubrimiento e intercambio de conocimientos y a la solución constructiva de los conflictos interpersonales.

Los factores siguientes influyen en las necesidades de la empresa por lo que a tareas se refiere: la rotación de personal, la proporción de ausentismo, los requisitos del sindicato y de la administración, las metas a corto y a largo plazo de la empresa, la estabilidad de esas metas, las necesidades financieras y los requisitos jurídicos y reglamentarios. Las dos primeras variables influyen en los resultados. Por otra parte, es probable que los empleos mal diseñados estimulen la rotación, el ausentismo y las quejas. A su vez, la rotación y el ausen-

Ejemplo 2.5.2 Factores sistemáticos del diseño de labores

Fuentes de las tareas	*Grupos de tareas*	*Enlaces*
	Como entidad productora [a]	
Necesidades de producción y tecnológicas	*Impuestos por el diseño tecnológico*	*Recursos tecnológicos*
Operación	Disponibilidad de datos	Ejemplos: banda
Mantenimiento	Oportunidad de los datos	transportadora, teléfono
Garantía de calidad	Ubicación de la información	
Control de variaciones	Ubicación de los controles	
Procesamiento de la información	Distribución	
Confiabilidad del equipo	Omisiones del manual	
Variabilidad de insumos y productos	Posibilidad de que los	
Predecibilidad de los eventos	operadores ajusten el equipo	
Complejidad de la tecnología		
Nivel de automatización		
Escala de producción		
Proporción de innovación tecnológica		
	Como entidad organizativa	
Necesidades organizativas	*Impuestos por el diseño de la organización*	*Recursos organizativos*
Contratación	Oportunidades de recompensa	Relaciones de información
Capacitación	Desarrollo profesional	Vía de ascenso
Coordinación	Quién depende de quién	Juntas
Mantenimiento social	Límites de autoridad y	Boletines
Adaptación al cambio	responsabilidad	Registros
Aprendizaje organizativo		
Intercambio de información		
Solución de conflictos		
Flexibilidad		
Porcentaje de rotación de trabajadores		
Indice de ausentismo		
Requisitos obrero-patronales		
Estabilidad de las metas		
Metas de largo plazo		
Necesidades financieras		
Requisitos legales reguladores		
	Como conjunto de personas [a]	
Necesidades personales	*Introducidos a la empresa por las personas*	*Recursos personales e interpersonales*
Necesidades físicas	Conjuntos existentes de	Relaciones
Necesidades sicológicas	habilidades y experiencia	Aceptación de las metas
Necesidades sociales	Expectativas respecto a los	Aptitudes sociales
Necesidades económicas	empleos y las organizaciones	Comprensión de las tareas
Diferencias individuales	Hábitos de trabajo	de los demás
Experiencias	Estilos de vida	
Expectativas		
Valores		
Cultura		
Otras instituciones satisfactoras		

[a] Dimensiones de la empresa.

tismo frecuentes –cualquiera que sea su causa– dan lugar a una mayor necesidad de contratar, capacitar, coordinar y evaluar.

Necesidades personales

Las necesidades de las personas son otra fuente de tareas. Las personas tienen necesidades físicas, sicológicas, sociales y económicas. La dirección y fuerza de cada una de esas necesidades difieren grandemente de una a otra persona. Las necesidades están en función de la personalidad y de los compromisos, los requisitos y las preferencias por cierto estilo de vida que tienen su origen fuera de la empresa. Por ejemplo, las necesidades de espacio y de control propio expresadas por los trabajadores más jóvenes influyen en las exigencias para que se creen áreas de decisión que el trabajador pueda considerar como propias. En estas necesidades influyen la experiencia anterior,[3] las expectativas,[12] los grupos sociales de referencia,[13] los caprichos, las modas, los valores y la cultura. La empresa no es la única que satisface las necesidades de las personas; otras instituciones de la sociedad les ayudan a satisfacer sus diversas necesidades.

Una de las necesidades más evidentes de las personas, que se debe tener en cuenta al diseñar los empleos, es la retribución financiera (véase el capítulo 2.3). Además, las empresas deben atender a las necesidades de seguridad, salud, comodidad, promoción y progreso en la carrera, relaciones sociales con los compañeros y satisfacción en el trabajo de sus empleados. Estas necesidades han sido estudiadas en las obras que tratan el diseño del trabajo bajo el rubro de "calidad de la vida de trabajo".[14] En el ejemplo 2.5.3 aparece una lista general de los criterios aplicables a la calidad de la vida de trabajo, como guía para los diseñadores. Los diseños que tratan de proporcionar una vida de trabajo de alta calidad incorporan diversos intentos para ofrecer más seguridad, equidad y compensación y para satisfacer las necesidades sicológicas expresadas cada vez más frecuentemente por todos los trabajadores. Esas necesidades han sido expuestas ya por Englestad[15] y la lista que aparece aquí fue aumentada por Davis[16] quien incluyó la satisfacción de las diferencias individuales.

1. La necesidad que el contenido del trabajo sea *razonablemente exigente* (desde una perspectiva distinta del estoicismo puro), ofreciendo sin embargo un mínimo de *variedad* (no sólo novedad).

2. La necesidad de poder aprender en el trabajo y continuar aprendiendo. Esto requiere, por lo menos, especificación de resultados, normas de rendimiento y conocimiento de los resultados (retroinformación).

3. La necesidad de un área de decisión que la persona pueda considerar como propia. Dentro de esa área uno podrá aplicar su propio criterio y ser evaluado con base en resultados objetivos.

4. La necesidad de contar con apoyo social en el lugar de trabajo: saber que los demás ayudarán a realizar el trabajo cuando sea necesario y que habrá simpatía y comprensión.

5. La necesidad de que el rendimiento y la contribución sean reconocidos dentro de la organización.

6. La necesidad de ser capaz de relacionar lo que uno hace y produce con la vida social fuera de la empresa.

7. La necesidad de sentir que nuestro trabajo nos lleva hacia un futuro deseable; es decir, que no es un callejón sin salida sino una oportunidad para hacer carrera.

8. La necesidad de saber que en la empresa hay alternativas que permitirán satisfacer necesidades y alcanzar objetivos; es decir, en cuanto al tipo de trabajo, su estructura y las diversas oportunidades de hacer carrera, así como la posibilidad de avanzar a diferentes ritmos, etc.

Algunas tareas, como aceitar una máquina o llenar una forma de solicitud de vacaciones, se pueden identificar claramente con un solo tipo de necesidad; otras satisfacen varias nece-

Ejemplo 2.5.3 Lista de criterios que gobiernan la calidad de la vida de trabajo

Medio físico

Seguridad
Salud
Atractivo
Comodidad

Retribución

Sueldo
Beneficios

Derechos y privilegios institucionales

Seguridad en el empleo
Justicia y procesos correctos
Trato justo y respetuoso
Participación en la toma de decisiones

Contenido del trabajo

Variedad de tareas
Retroalimentación
Reto
Identidad de tareas
Autonomía individual y autorregulación
Oportunidad de aplicar las aptitudes y capacidades
Contribución reconocida al producto o servicio

Relaciones sociales internas

Oportunidad de establecer contacto social
Reconocimiento de los logros
Existencia de funciones entrelazadas y de apoyo mutuo
Oportunidad de dirigir o ayudar a otros
Moral y espíritu de grupo
Autonomía y autorregulación de los grupos pequeños

Relaciones sociales externas

Posición en la comunidad, relacionada con el trabajo
Pocas restricciones, derivadas del trabajo, a las actividades externas
Posibilidades múltiples para dedicarse al trabajo (p. ej., horas de trabajo flexibles, posibilidad de trabajar por horas, trabajos compartidos y subcontratación)

Posibilidades de ascender

Capacitación y desarrollo personal
Oportunidades de progresar
Múltiples posibilidades de ascender

---

sidades. Por ejemplo, la tarea de planear un programa de trabajo semanal debe tener en cuenta la satisfacción de las necesidades de producción, las necesidades organizativas y las necesidades personales. Es importante que el diseño de los empleos mejore la posibilidad de que los titulares tomen en cuenta todas las necesidades pertinentes cuando realizan las tareas que les son asignadas.

2.5.4 SISTEMAS SOCIALES Y TECNICOS DECISIONES QUE DAN LUGAR A TAREAS

En el ejemplo 2.5.1 se indican algunas de las decisiones sociales y tecnológicas en las cuales se apoya el diseño de empleos. Se explica la manera como esas decisiones crean tareas. Más adelante se explica cómo influyen en la agrupación de las tareas para construir empleos y en la manera de relacionar esos empleos.

Decisiones tecnológicas

Una tecnología se compone de los recursos físicos y de información mediante los cuales es posible obtener en forma sistemática algún resultado deseado. En la historia del hombre hay ejemplos del descubrimiento accidental de una tecnología y del desarrollo deliberado y penoso de una tecnología. En la época moderna, más que nunca, el desarrollo tecnológico sufre la influencia de supuestos ocultos acerca de las personas y los trabajos.

Por ejemplo, Davis y Taylor[2] informaron acerca del diseño de un sistema técnico, que consistía en máquinas y "máquinas humanas", en el cual varias máquinas paralelas, parcial mente automatizadas, llenaban y tapaban recipientes para rociar con aerosol. Cada máquina, atendida por un operador, estaba colocada de manera que no había comunicación con los demás operadores. Estos últimos dedicaban la mayor parte de su tiempo a insertar un pequeño tubo de plástico en el agujero abierto en la parte superior de cada recipiente, colocado verticalmente, que llegaba hasta el operador por medio de una banda transportadora circular. La segunda intervención, menos frecuente y que era la razón fundamental de la presencia del operador, consistía en oprimir, en el momento oportuno, un interruptor situado en un poste directamente frente a él. En caso de presentarse algún problema en cualquier parte de la máquina, el operador debía interrumpir el funcionamiento y solicitar ayuda para resolver el problema.

El diseño del trabajo exigía que los trabajadores funcionaran como máquinas humanas en ese sistema de producción. Realizaban en pleno aislamiento la tarea, tecnológicamente innecesaria y al mismo tiempo tediosa, de insertar tubos, lo cual podía ser hecho fácilmente por la máquina. La tarea humana de insertar tubos en los recipientes fue establecida tan sólo porque la tarea primaria de diagnosticar un problema exigía ojos y oídos para detectarlo, y al contratarlos la empresa adquiría un conjunto de manos que no iban a permanecer ociosas. Es difícil decir si este avance tecnológico "truncado" estaba basado en el estado actual de la técnica o en los supuestos de los diseñadores acerca de las personas. El hecho de no haber creado dispositivos servomecánicos y/o mecanismos de detección y control remotos para interrumpir automáticamente la operación fue un factor importante que dio lugar a un diseño sumamente deficiente. Tal vez si los diseñadores hubieran tenido en cuenta las necesidades del ente social al cual pertenecían los ojos, los oídos y las manos, hubiera surgido un diseño tecnológico diferente.

En contraste con el caso anterior hay otro que se refiere al diseño de una fábrica procesadora de alimentos.[17] Con la tecnología existente, se imponía la tarea de descargar manualmente sacos con 100 libras de materia prima y apilarlos en plataformas, para almacenarlos hasta el momento de vaciar el contenido en las tolvas. De ahí en adelante, un equipo automatizado seleccionaba, cocía, procesaba y empacaba el producto. En las fábricas existentes, las tareas de descargar y vaciar eran realizadas por varones, mientras que la operación del equipo automático se encomendaba principalmente a mujeres. Esto era inaceptable por diversas razones. Una de ellas era el deseo de todas las personas de tener la oportunidad de aprender todas las fases de la operación. Con el apoyo de la gerencia, los diseñadores iniciaron la conversión, a nivel de industria, al embalaje a granel de la materia prima, de manera que pudiera ser manejada por equipo mecánico. Se creó maquinaria automatizada adicional, con el fin de que todas las tareas humanas rutinarias de la fábrica pudieran ser desempeñadas indistintamente por varones y mujeres.

Decisiones asociadas con el sistema social

Probablemente el ejemplo más notable de una serie de decisiones sociales que crearon tareas fue la elaboración de la Constitución de los E.E.U.U. El criterio, por entonces radical, de que los representantes ante el gobierno deberían ser elegidos por el voto popular, creó la multitud de tareas que implica celebrar elecciones. A escala más reducida, una fábrica procesadora de alimentos[17] fue diseñada de manera que su sistema social de apoyo incluyera la evaluación del comportamiento de los iguales. Esto dio lugar a tareas relacionadas con la administración e implantación del proceso de evaluación.

Las decisiones respecto a los métodos de contratación no sólo consiguen recursos humanos para cubrir los empleos, sino que también estimulan las expectativas del empleado acerca de la seguridad en el empleo, las oportunidades de hacer carrera y las relaciones interpersonales. La selección de los métodos de supervisión, retribución, promoción y solución de conflictos establece las tareas correspondientes. En la fábrica procesadora de alimentos, un conjunto de decisiones sociales dio lugar al señalamiento de las tareas siguientes, que los trabajadores realizarían y que pasaron a formar parte de sus empleos: solución de problemas, asesoría, programación de la asignación de tareas, llevar registros, comunicación entre equipos de trabajo y entre turnos, concertar y dirigir las juntas, coordinación de las medidas de seguridad y los seguros, y capacitación.

2.5.5 DECISIONES SOCIALES Y TECNOLOGICAS QUE LIMITAN LA AGRUPACION DE TAREAS

Decisiones tecnológicas

Las decisiones tecnológicas pueden añadir o suprimir alternativas en el diseño de los empleos. Hasta una decisión aparentemente tan sencilla como la ubicación de un interruptor o un medidor, o la modalidad de entrada y salida de una computadora, asigna determinados recursos tecnológicos a ciertas estaciones de trabajo y limita por lo tanto la agrupación de tareas en empleos mediante la ubicación física de los medios para controlar el proceso de producción. Por ejemplo, se considera eficiente, construir una espuela de ferrocarril y una plataforma de carga para una fábrica, de manera que las tareas de embarque y recepción se lleven a cabo en un solo lugar físico. Sin embargo, en una fábrica de papel recientemente diseñada este procedimiento se consideró inadecuado para el diseño de labores, ya que no habría permitido que el grupo de empleados encargados de convertir la materia prima controlaran la calidad y las fechas de recepción, de manera que se pudiera lograr la producción deseada. Desde un punto de vista puramente técnico, habría sido conveniente construir una sola espuela y una plataforma tanto para recepción como para embarque. Prevaleció el punto de vista más amplio basado en el sistema, y el costo adicional de construcción de espuelas y plataformas separadas quedó más que compensado.

Con demasiada frecuencia, los ingenieros han diseñado los sistemas técnicos sin apenas tener en cuenta los criterios del diseño de empleos. Detrás de esta negligencia hay una ideología de "determinismo tecnológico", que implica que la tecnología debe cumplir su función de desarrollar, y desarrolla, en forma independiente y sin estar limitada por consideraciones de carácter social, y que la estructura social se debe adaptar al sistema técnico aunque las consecuencias puedan ser negativas. La insensatez del determinismo tecnológico se ilustra a menudo con el caso ocurrido en la planta Chevrolet Vega de Lordstown, Ohio, en 1972. Aunque en 1970 fue aclamada como "la línea de montaje tecnológicamente más avanzada del mundo", la planta fue pronto el escenario del descontento, el sabotaje, el ausentismo y el descuido. Esto culminó en 1972 con una huelga que atrajo la atención nacional porque denunciaba los consecuencias que sufrieron, a causa del diseño de labores, los miembros de una fuerza laboral joven, rural, quienes expresaron que el dinero no lo era todo y cuyos líderes sindicales criticaron públicamente los trabajos deshumanizados y las velocidades vertiginosas. Desde entonces, varias divisiones de GM han buscado la manera de desarrollar diseños de sistemas técnicos capaces de satisfacer los requisitos del diseño de los empleos, así como también otros criterios más convencionales. En muchas industrias, las tecnologías de montaje, caracterizadas en otro tiempo por los largos transportadores, han cedido el lugar a la configuración en forma de U, con etapas reguladoras y transportadores motorizados.[18] Estas innovaciones técnicas fueron estimuladas en parte por la necesidad de que los empleos resultaran más flexibles e interesantes.

Al estudiar las obras empíricas que hablan de la relación entre la tecnología y la estructura de los empleos, Davis y Taylor[2] llegaron a la conclusión de que la profecía de la autorealización parece resultar cierta. Los sistemas de producción diseñados de acuerdo con los supuestos de que las personas son confiables e inteligentes y de que buscan variedad e interés, están produciendo empleos que reflejan esos supuestos. De la misma manera, cuando los sistemas técnicos son diseñados con base en el supuesto de que las personas no son de fiar, se les debe aislar y tienen pocas tareas que realizar, ese supuesto da lugar a elecciones tecnológicas que aseguran su propia satisfacción y por lo tanto, refuerzan los supuestos originales que carecen de fundamentos.

Decisiones sociales

Las decisiones sociales pueden influir en la asignación de tareas a los empleos. Los diseñadores de una nueva fábrica procesadora de alimentos[17] incorporaron tareas de capacitación y operación a los empleos de producción, de manera que los trabajadores pudieran adiestrarse entre sí. En otras fábricas, esto habría sido restringido por un sistema social de apoyo que no alentara a los trabajadores a compartir sus habilidades y conocimientos, como no fuera de manera informal. En el nuevo diseño, los niveles de salarios fueron graduados de acuerdo con el número de habilidades y tareas que una persona hubiera dominado, independientemente de las labores que tuviera asignadas en un momento dado. Con esa estructura de retribuciones, los trabajadores están satisfaciendo sus propias necesidades en cuanto a salario y progreso, mientras que al mismo tiempo satisfacen las necesidades de flexibilidad de la empresa capacitándose entre sí.

2.5.6 LIMITACIONES A LA AGRUPACION, QUE LAS PERSONAS INTRODUCEN EN LA EMPRESA

El diseño de empleos tiene en cuenta las agrupaciones existentes en el mercado de trabajo de conocimientos y experiencia. Esto puede ser en sí mismo una decisión social, ya que a menudo los diseñadores eligen un determinado segmento del mercado de mano de obra para el cual diseñarán las labores.

Las exigencias o las restricciones que tienen su origen en las expectativas, valores y experiencia anterior de las personas son más sutiles. Después de la Segunda Guerra Mundial, muchas de las operaciones de las minas de carbón de Durham, Inglaterra, fueron mecanizadas, sustituyendo a los métodos manuales de extracción.[19] Junto con la mecanización vino el rediseño de tareas. Durante generaciones, los mineros de esa región habían trabajado en equipos pequeños y relativamente autónomos. Los riesgos y la incertidumbre de la producción inherentes a la minería del carbón exigían altos niveles de dependencia mutua, cooperación y confianza entre los trabajadores. El nuevo diseño de labores exigía una modalidad de trabajo de un hombre/una tarea que no se adaptaba a la cultura minera. Cada minero estaba acostumbrado a realizar todas las tareas necesarias para trabajar una sección de la mina. Los mineros no estaban dispuestos a aceptar una reducción de tareas ni a renunciar al derecho de controlar la selección de compañeros de trabajo. Posteriormente se restituyó un diseño basado en el grupo de trabajo, pero conservando la nueva tecnología, y la productividad mejoró notablemente.

Se ha despertado una controversia en torno de la cuestión del deseo de variedad, interés y autonomía por parte de los empleados. Algunos estudios señalan que rasgos profundamente arraigados de la personalidad pueden influir en las preferencias del empleado por uno u otro tipo de trabajo.[20] Otros experimentos y estudios directos indican que los deseos y expectativas del empleado son simplemente reflexiones de la cultura, las experiencias familiares y los valores del grupo de referencia.[5, 7, 12, 13, 21] Muchos trabajos de diseño han adoptado el principio negativo de la profecía de autorrealización o el principio positivo de las expectativas que van surgiendo, es decir, que las expectativas de los empleados tienden a crecer a medida que la sociedad ofrece más oportunidades dentro y fuera del lugar de trabajo.

2.5.7 RECURSOS PARA RELACIONAR LOS EMPLEOS

Los recursos tecnológicos permiten transferir materiales e información de una a otra persona. La banda transportadora, por ejemplo, es un dispositivo que enlaza los trabajos al transportar materiales entre las estaciones de trabajo. La información se transfiere mediante aparatos técnicos tales como el teléfono, el teletipo y la computadora.

Los recursos organizativos permiten transmitir decisiones, instrucciones, retroinformación y recompensas entre los titulares de los empleos. La comunicación, la promoción, las oportunidades de progresar, las juntas y los boletines satisfacen esas funciones.

Los recursos personales e interpersonales constituyen eslabones que a menudo se pasan por alto. Las amistades, la entrega personal a las metas de la empresa, la experiencia social y el conocimiento de tareas ajenas a la propia permiten integrar los muy diversos empleos en un solo sistema.

Las decisiones tecnológicas y sociales crean límites para los empleos al crear tareas y restringir su agrupación. Esas decisiones establecen también relaciones a través de los límites. Algunas predisposiciones respecto a estos últimos llegan desde afuera. Toca al diseñador de empleos asegurarse de que los límites tecnológicos, organizativos y personales se complementen y refuercen recíprocamente. Después de haber examinado los principales tipos de diseño de empleos, se presentan algunos métodos de análisis que ayudarán a trazar los límites entre empleos.

2.5.8 TIPOS DE DISEÑO DE EMPLEOS

Trabajos no diseñados

Desde luego, una manera de diseñar empleos consiste en dejar que surjan como quieran. Este cómodo enfoque del diseño caracterizó a los sistemas de producción antes de la Revolución Industrial (1780). Las ocupaciones, mejor dicho los "oficios" o conjuntos de habilidades, evolucionaron con lentitud, con pocos cambios de una generación a otra. La asignación de tareas a los trabajos, los instrumentos y técnicas para realizar esas tareas, y las normas de calidad, estaban basadas en tradiciones y reglas empíricas establecidas por quienes habían llegado a dominar las habilidades. Se hacían cumplir y estaban reguladas por asociaciones o gremios de maestros artesanos. Incluso hoy en día, muchos diseños de ocupaciones provienen de la tradición. Para poner un ejemplo, las funciones del médico y la enfermera *no están diseñadas* simplemente como una extensión de la tecnología de la medicina. Los diseños de esas ocupaciones se fundan también en tradiciones sociales protegidas actualmente por las leyes y por gremios de médicos y enfermeras.

Probablemente el más conocido de los críticos de los empleos no diseñados fue Frederick W. Taylor,[22] quien recomendó insistentemente que las reglas empíricas tradicionales fueran sustituidas con métodos más deliberados para tomar decisiones de diseño. Las tradiciones, decía Taylor, rara vez son sometidas a la prueba de la experimentación controlada, y sólo mejoran mediante un proceso lento y casual de prueba y error, atribuía esto a la falta de preparación científica del artesano y a los sistemas sociales de apoyo que no fomentaban los métodos mejorados de trabajo. De 1890 a 1910, Taylor se dedicó a desarrollar un nuevo enfoque del diseño de empleos, como parte de su sistema de administración científica.

El modelo basado en la máquina

Las máquinas que surgieron durante la Revolución Industrial produjeron dos efectos importantes en el diseño de empleos. El primero fue tecnológico. La proliferación de nuevas máquinas significaba tareas enteramente nuevas y por lo tanto, nuevos diseños de empleos. El segundo efecto fue social. Los ingenieros e inventores eran los héroes del día y se pensó con gran optimismo que las perspectivas de la ingeniería y las ciencias físicas se podían aplicar con provecho al diseño de sistemas sociales. Se concibió a las empresas como mecanismos precisos de relojería que contenían engranajes humanos y engranajes mecánicos. La metáfora más descriptiva es la que representa a la empresa como un complicado reloj.

Especialización funcional

La metáfora mecánica de la empresa dio lugar al principio de diseño de la especialización funcional. Este principio tuvo su origen con Adam Smith[23] y Charles Babbage en 1790[24] y fue concretado por Taylor 100 años más tarde.[22] Se derivaba de la premisa, en aquel entonces radical y que rompía con la tradición, de que sólo se debía aplicar el criterio económico al asignar el trabajo a las personas. Quería decir, como ocurre con otras soluciones aisladas y variables, que el trabajo debía realizarse únicamente en la forma más barata (a corto plazo), que consistía en dividir o fragmentar.

Smith, Babbage y posteriormente Taylor, exhortaron a los patrones y administradores a que diseñaran las ocupaciones tan rígida y exactamente como fuera posible. Era necesaria la ordenanza exacta para que los trabajadores pudieran ser controlados por los administradores y supervisores. Como extensión lógica de este principio, todas las tareas derivadas de las necesidades de las personas vinieron a depender de funciones especializadas de "personal", las que se derivan de las necesidades de la empresa dependen de las funciones especiales de oficina y administración y las que se derivan únicamente de las necesidades de producción dependen de las funciones de producción. La especialización fue más allá: todas las necesidades de mantenimiento son atendidas exclusivamente por los empleados de mantenimiento, todas las tareas de inspección se agrupan en la labor del inspector, etc. Un principio relacionado con la especialización funcional, que ha guiado la agrupación de las tareas, es el de que todas las tareas que constituyen un empleo deben estar al mismo nivel de destreza.[1]

La supuesta ventaja del principio de especialización funcional es que permite utilizar en la forma más amplia los conocimientos y habilidades escasos. Sus desventajas son las siguientes: una fuerza laboral sumamente fragmentada cuyo establecimiento y coordinación son costosos; la posible pérdida de información entre límites, cuando se requieren muchas especialidades en un solo proceso de producción, y empleados apáticos por lo monótono y la ausencia de porvenir de sus trabajos, lo cual disminuye su deseo de contribuir en forma máxima a los esfuerzos de la empresa.

Estas desventajas pueden dar lugar a lo que se ha llamado a veces "miopía ocupacional" o síndrome de "no es mi trabajo". Algunas necesidades quedan sin satisfacer porque quienes detectan un problema se desentienden de él en vista de que no forma parte de su monótona labor, lo que probablemente es cierto. Aquellos cuyo empleo les obliga a hacer frente a las necesidades no se enteran de ellas hasta que ha surgido un problema de suficiente magnitud. Además, los especialistas pasan por alto los problemas y/o los crean de acuerdo con sus propias cargas de trabajo y no de acuerdo con las verdaderas necesidades de la empresa. Otro síntoma de la miopía ocupacional es que las energías humanas que idealmente se dedicarían a la capacitación recíproca y a la solución espontánea de los problemas se desperdician protegiendo y/o agrandando las especialidades individuales.

Especificación determinista de los empleos

Otro principio derivado del modelo mecánico de las empresas y los empleos es el de la especificación determinista. Al diseñar una máquina no se puede dejar nada al azar. Los ingenieros especifican cada detalle. Por analogía, al diseñar los empleos el diseñador verá tal vez la necesidad de especificar cada tarea, movimiento e interacción, prescribiendo todo lo relativo al trabajo sin dejar nada al juicio del empleado. La analogía es engañosa. A menudo, los acontecimientos imprevistos obligan a los empleados a apartarse deliberadamente de las especificaciones, es decir, a recurrir a su propio criterio. Los incidentes relacionados con el "trabajar conforme a las reglas" y con la "obediencia maliciosa" indican que el albedrío puede ser el ingrediente más importante que las personas aportan a sus labores, incluyendo las rutinarias.

En la Gran Bretaña, los trabajadores del ferrocarril, en vez de declararse en huelga hace algunos años, obstaculizaban seriamente el servicio de trenes haciendo exactamente lo que indicaban las descripciones de sus tareas y los procedimientos estándar de operación, ni más, ni menos. Impidieron la operación del ferrocarril al "dejar el juicio en casa" cuando acudían al trabajo. De manera similar, en Nueva Jersey, la policía hizo cumplir todas las reglas de tráfico sin recurrir al buen juicio, logrando paralizar el tránsito en las calles principales.

Por supuesto, ningún modelo de diseño puede impedir que los empleados expresen sus quejas en una u otra forma; pero no hay razón para limitar el juicio. Un conjunto de empleos podrán alcanzar las metas de la empresa gracias no sólo a los aspectos específicos y prescritos de las labores, sino también al hecho de que los empleados puedan y estén dispuestos a seguir su propio criterio.

El enfoque de Taylor

El modelo mecánico de las empresas y los empleos fue desarrollado en su forma más elaborada por Frederick W. Taylor. Basó su método en la idea de que existía una ciencia, exenta de valores, del trabajo humano, y que él tenía la misión de desarrollar dicha ciencia. Con gran confianza, Taylor pronosticó que llegaría el momento en que todas las cuestiones relativas a la cantidad de trabajo que se podría esperar del titular de un empleo serían resueltas igual que se calcula la salida y la puesta del sol, es decir, científicamente.

El fundamento de la "ciencia" de Taylor era la fragmentación de las tareas en sus elementos más simples, los que luego se medirían en unidades de tiempo. Aplicando el criterio económico de Adam Smith y Charles Babbage para asignar el trabajo a las personas, el criterio único para crear y agrupar las tareas vino a ser el tiempo mínimo por tarea o movimiento. Este procedimiento permitió aplicar en grado máximo los principios de la especialización funcional y la especificación determinista del trabajo.

Taylor insistió además en que las tareas organizativas necesarias para hacer funcionar su sistema científico se encomendaran a una nueva categoría de especialistas supervisores, añadiendo así el principio de separación de la planeación (pensamiento) y la ejecución. Los diseños de Taylor, por lo tanto, separaron la planeación y conceptualización del trabajo de su realización. Para los críticos de Taylor, esa separación constituyó una deshumanización fundamental del trabajo. No obstante, después de 70 años de aplicación generalizada de los principios de la administración científica,[22] el elemento discrecional de los empleos no ha sido repuesto, y cada vez se reconoce más su necesidad. El concepto erróneo de Taylor de una ciencia del trabajo humano exenta de valores fue la base del trabajo deshumanizado, que en la actualidad se rechaza en forma categórica.

Requisitos sociales y tecnológicos

Para diseñar los trabajos de acuerdo con el modelo mecánico, hay que tomar varias decisiones sociales y tecnológicas, Emery[25] señaló cuatro. La primera es la instalación de dispositivos de transferencia, de lo cual el ejemplo clásico son los transportadores de la línea de montaje de automóviles de Henry Ford. Los dispositivos de transferencia 1) llevan cada objeto que debe ser trabajado hasta donde se encuentra cada trabajador, haciendo posible que cada uno realice una tarea única, y 2) permite a los administradores controlar directamente el comportamiento de cada trabajador, que en este caso es el ritmo de ejecución de las tareas.[26]

El segundo requisito es la estandarización, tanto del producto (o servicio) como de los medios necesarios para producirlo. Puesto que un proceso de producción es fragmentado en muchas tareas, y puesto que cada tarea viene a ser un trabajo que se encomienda a un trabajador, los trabajadores vienen a ser las partes intercambiables de la organización. La estandarización exige un proceso complicado de planeación, de manera que las especificaciones o las normas establecidas sean aplicables a todos los casos con que tropezarán los trabajadores y los clientes. Si se requieren productos y servicios especiales, o si prevalecen las condiciones de incertidumbre tecnológica, es muy probable que la estandarización no resultará eficiente según su costo.

En tercer lugar están las decisiones inherentes al "equilibrio de la línea". Se diseña una serie de trabajos, consistentes en tareas separadas, de manera que un número exacto de componentes humanos produzca un número exacto de artículos o servicios por unidad de tiempo. Esos números no se pueden aumentar o disminuir sin rediseñar el sistema, restringiendo la flexibilidad de la organización. Cualquier falla, humana o técnica, que "desequilibre" al sistema, dará lugar a tiempo no productivo de todo el sistema o proceso. Esto a su vez obligará a los trabajadores de producción a permanecer ociosos, y como esto se debe al diseño mismo, se justifica denominándolo "demora inevitable" a corto plazo. A largo plazo se producen los despidos, con pago de seguros de desempleo y alteraciones sociales muy costosos. Una línea de producción rígidamente equilibrada es también vulnerable a las ausencias imprevistas, lo cual exige una reserva de trabajadores.

El cuarto requisito consiste en establecer labores de supervisión complicadas. La supervisión coercitiva es necesaria para que las personas se adhieran al modelo mecánico de la organización y los trabajos. Puesto que únicamente los supervisores pueden hacerse cargo de las tareas organizativas mientras los trabajadores ejecutan las tareas de producción, se requieren muchos supervisores y niveles de supervisión para coordinar el trabajo y hacer frente a la incertidumbre humana y tecnológica que inevitablemente se presenta.

Ampliación y enriquecimiento de labores

Durante la Segunda Guerra Mundial, las enormes cantidades de material militar que había que producir, incluyendo equipo complejo, exigieron una expansión rápida y en gran escala de la fuerza laboral, dando entrada a personas impreparadas y sin experiencia en el trabajo industrial. La dependencia generalizada del modelo mecánico del diseño de tareas en la industria de guerra dio lugar al descubrimiento de los límites de ese modelo. Los investigadores encontraron nuevos enfoques del diseño, denominados "enriquecimiento de labores" y "ampliación de labores".

En la ampliación de labores se moderan un tanto los principios de especialización funcional y especificación determinista. En vez de tratar de que cada ocupación consista en una tarea única o un fragmento del trabajo lo más pequeño posible, la ampliación de labores agrupa un mayor número de tareas y confiere a los titulares cierto grado de libertad de elección. Conant y Kilbridge[27] informaron que la ampliación de labores resultaba benéfica porque disminuía el trabajo no productivo y las demoras de equilibrio de la línea de montaje, me-

Ejemplo 2.5.4 Personal de un turno en una fábrica de bolsos, donde al principio las tareas estaban fragmentadas

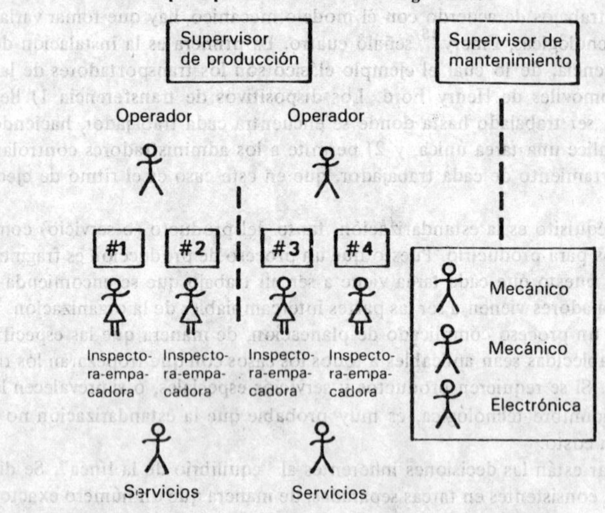

joraba la calidad del producto y la satisfacción del trabajador, y daba lugar a ahorros en los costos de mano de obra y ofrecía más flexibilidad en la producción. Dadas las necesidades y expectativas de los trabajadores de nuestro tiempo, es de dudar que la ampliación de labores pueda resultar adecuada para las necesidades del decenio de 1980 como lo fue para las del de 1950.

A partir de los estudios sicológicos de la motivación de los trabajadores, Frederick Herzberg[28] desarrolló el enriquecimiento de labores como un enfoque de las satisfacción del trabajador. De acuerdo con este concepto, una ocupación debería comprender no sólo las tareas de producción, sino también muchas de las tareas de preparación, programación, mantenimiento y control asociadas con la operación. Además, a cada titular se le asignarían los recursos pertinentes a su operación y la responsabilidad por los resultados. Herzberg recalcó que el enriquecimiento de labores implica una agrupación tanto "vertical" como "horizontal" de las tareas, de manera que un empleo contiene no sólo una variedad de tareas, sino también obligaciones de planeación y control y diversos niveles de habilidad. Los criterios fundamentales del enriquecimiento de labores dicen que el trabajo debe ofrecer interés al titular y que éste debe recibir retroinformación que le permita medir sus logros personales.

Una fábrica de bolsas de plástico[29] triplicó el número de máquinas automáticas para hacer esas bolsas al mismo tiempo que enriquecía las labores del departamento correspondiente. Las labores no enriquecidas (ejemplo 2.5.4) agrupaban las tareas asociadas con la operación primaria de las máquinas en un conjunto de operaciones y las tareas secundarias en otro conjunto. Puesto que las tareas primarias exigían más habilidad, esos puestos, denominados "operadores", los desempeñaban varones con salarios más altos. Los puestos secundarios, llamados "inspectores-empacadores", eran desempeñados por mujeres cuyo sueldo era más bajo. Gran parte del trabajo de máquinas implicaba hacer frente a descomposturas y errores. Se pensó que éstos se podrían reducir apreciablemente si a cada operador se le encomendaba la ejecución de todas las tareas asociadas con una máquina en particular. Además de este rediseño de labores (ejemplo 2.5.5), se introdujo un nuevo plan de retribución en el que a todos los trabajadores se les pagaba un sueldo mensual en vez de un salario por

Ejemplo 2.5.5 Personal de la fábrica de bolsos, donde actualmente las labores están enriquecidas

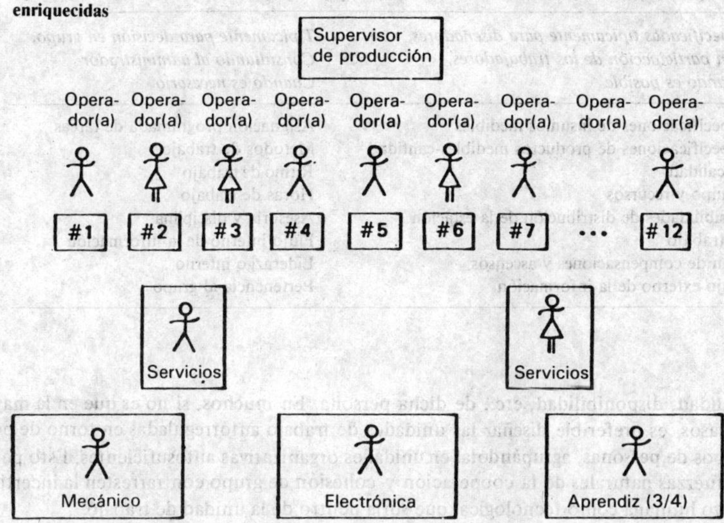

Un total de 17 (más 1 supervisor)

hora. Las nuevas tareas enriquecidas de operador fueron desempeñadas tanto por varones como por mujeres y la compañía informó de un incremento en la productividad y en la satisfacción por el trabajo.

Aunque la ampliación y el enriquecimiento de labores representaron pasos importantes hacia la utilización más eficiente de los recursos humanos y hacia una mayor humanización del trabajo, cada uno tiene inconvenientes de significación. Esos métodos no tienen expresamente en cuenta las relaciones entre empleos. Se conserva la unidad de análisis de una persona/un trabajo proveniente del modelo mecánico de organización. Tampoco consideran las necesidades y expectativas de las personas respecto a su trabajo (distintas de las tareas que constituyen el trabajo), a los medios coercitivos, y a su futuro.

Equipos de trabajo autosuficientes

Comenzando con los estudios de las minas de carbón de Inglaterra, efectuados en la década de 1950, los investigadores del Instituto Tavistock, de Londres, redactaron diversos trabajos destinados a incorporar[30] a los grupos, lo mismo que a las personas, en el diseño de ocupaciones. Esos trabajos se relacionan con otros similares realizados en Estados Unidos[3, 6] y se les ha llegado a conocer con el nombre de teoría de sistemas sociotécnicos. Ha dado lugar no sólo al diseño moderno de equipos que se supervisan a sí mismos, sino también, cosa más importante, al principio de *equipos de trabajo autosuficientes.*

La empresa se divide en segmentos que pueden operar como unidades de servicio o de producción bastante autónomas, o "miniempresas". Cada uno de esos segmentos o unidades de organización se diseña de manera que contenga todas las tareas y recursos necesarios para satisfacer sus necesidades de servicio o producción, así como muchas de las necesidades de sus miembros. En algunos casos, todas las tareas de una unidad de trabajo autorregulada se pueden incorporar en un solo empleo, lo cual podría ser lo más avanzado en materia de diseño de los empleos modernos. No obstante, el hecho de diseñar un empleo en torno de una sola persona lo hace vulnerable a la variabilidad humana desde el punto de vista de la salud,

Ejemplo 2.5.6 Decisiones sobre diseño de labores, para equipos autosuficientes

Especificadas típicamente para diseñadores, Con participación de los trabajadores, Cuando es posible	*Típicamente para decisión en grupo, Consultando al administrador Cuando es necesario*
Especificaciones de insumos medibles	Asignación programada de tareas
Especificaciones de productos medibles-cantidad y calidad	Métodos de trabajo
	Ritmo de trabajo
Equipo y recursos	Horas de trabajo
Posibilidades de distribución de la estación y trabajo	Asesoría y disciplina
	Flujo interno de la información
Plan de compensaciones y ascensos	Liderazgo interno
Flujo externo de la información	Pertenencia al grupo

personalidad, disponibilidad, etc., de dicha persona. En muchos, si no es que en la mayoría de los casos, es preferible diseñar las unidades de trabajo autorreguladas en torno de pequeños grupos de personas, agrupándolas en unidades organizativas autosuficientes. Esto permite que las fuerzas naturales de la cooperación y cohesión de grupo contrarresten la incertidumbre, tanto humana como tecnológica, que surja dentro de la unidad de trabajo.

El segundo principio de la teoría de sistemas sociotécnicos es la *especificación crítica mínima*, antítesis del principio de especificación determinista completa del modelo mecánico.[31] La unidad de trabajo autosuficiente se diseña dándole tanta flexibilidad y libertad de criterio como sea posible. Los diseñadores sólo especifican el mínimo absolutamente indispensable para que la unidad de trabajo funcione como parte de la empresa total. Otras decisiones de diseño quedan en manos del equipo de trabajo, con base en la experiencia de sus miembros. De este modo, las necesidades de producción, las de la empresa y las personales se pueden integrar en procesos locales de toma de decisiones. En algunos de los más nuevos diseños, los equipos de trabajo autosuficientes asumen la responsabilidad del aprendizaje, la capacitación recíproca, la consulta entre iguales, la coordinación interna y la adaptación a la incertidumbre. Las decisiones de diseño que típicamente se especifican, y las que en condiciones normales se dejan en manos de los equipos de trabajo, se indican en el ejemplo 2.5.6.

Ilustración de un equipo autorregulador

El uso de equipos de trabajo autorreguladores lo ilustra un experimento realizado en una fábrica textil de la India después de haberse instalado telares automáticos. Rice[32] informa que los ingenieros llevaron a cabo un estudio intensivo de tiempo con los telares automáticos, a fin de disponer equipo y asignar las cargas de trabajo a las personas con base en tareas limitadas. Esos telares no producían la cantidad ni los niveles de calidad logrados ya por los telares no automáticos, sin mencionar las mejoras esperadas.

Las naves de tejido automático tenían 240 telares, y el trabajo por hacer se dividió en 10 ocupaciones de una sola tarea:

Un tejedor atendía 30 telares aproximadamente.
Un llenador de acumuladores servía a unos 50 telares.
Un peón de roturas atendía 70 telares.
A cada 112 telares se asignaba un recogedor, un transportador de tela, un distribuidor y un ayudante.
A los 224 telares se asignaba un transportador de bobinas, un ajustador, un engrasador, un barrendero y un controlador de humidificación.

Estas tareas eran muy interdependientes y se requería la máxima coordinación para conservar la continuidad en la producción. Sin embargo, las distribuciones trabajador-máquina dieron lugar a confusión organizativa. Cada tejedor tenía que recurrir a cinco octavos de un llenador de acumuladores, a tres octavos de un peón de roturas, a un cuarto de recogedor, a un octavo de transportador de bobinas, etc. Los empleados encargados del mantenimiento en línea dependían de la gerencia de naves a través de un canal de supervisión distinto de los tejedores y no había criterios para determinar qué telares tenían prioridad cuando se producían descomposturas y otros problemas.

Se emprendió un rediseño de manera que un grupo autorregulador se hiciera responsable de la operación y el mantenimiento de un banco de telares específico. Una división geográfica, más que funcional, de la nave de tejido dio lugar a patrones de interacción que permitían la regularidad de relación entre quienes realizaban labores interrelacionadas. Se podía ahora responsabilizar a las personas por la producción de sus equipos. El rediseño fue sugerido por los mismos trabajadores, con base en pláticas con un asesor, los supervisores y los administradores. Los equipos consolidados pasaron a depender de un solo supervisor de turno, el cual dependía a su vez de un gerente general de naves.

Como resultado de estos cambios, la eficiencia aumentó, de un promedio de 80 al 95 por ciento, y los daños disminuyeron del 32 al 20 por ciento después de 60 días hábiles de trabajo. En un área anexa de la nave de tejido, donde no se introdujeron cambios de diseño, la eficiencia bajó al 70 por ciento durante un tiempo y jamás pasó del 80 por ciento, mientras que los daños continuaron a un promedio del 31 por ciento. Luego se modificó toda la nave y las mejoras se volvieron permanentes. Cuando no hubo duda de que se habían logrado mejoras, se encontró la manera de introducir grupos consolidados de telares en las numerosas naves no automatizadas. También se pudo agregar un tercer turno, a lo cual se había opuesto anteriormente el sindicato. Dentro de los grupos de telares se redujeron las diferencias de posición; a los menos preparados se les dio la oportunidad de aprender las funciones de los más preparados, de manera que se creó una vía de promoción. Los salarios aumentaron substancialmente y en correspondencia con la disminución de los costos.

Decisiones sociales y tecnológicas compatibles

Los equipos de trabajo autosuficientes exigen decisiones sociales y tecnológicas compatibles. En la planta Kalmar de Volvo, en Suecia, se creó una nueva tecnología de montaje de automóviles para apoyar el diseño de trabajos de grupo.[18] Los transportes controlados por computadora permiten que cada grupo de trabajo planee sus labores y controle el ritmo. Volvo estimó que la nueva tecnología costaría un 10 por ciento más que la línea de montaje convencional, pero esperaba recuperar los costos en la forma de más flexibilidad y mayor motivación de los trabajadores. En la Philips, de Holanda, los aparatos de televisión se montan en "islas de producción", o sea líneas de montaje en forma de U que permiten a los trabajadores interactuar y cooperar.[33] En una nueva planta de polipropileno,[34] una computadora de control de procesos presenta información para ayudar en la toma de decisiones, en vez de tomarlas. La responsabilidad de las decisiones finales recae en los equipos de trabajo. Se eligió este diseño debido a la incertidumbre tecnológica que ofrecía el gran número de variables incontrolables contenidas en el sistema. De poder controlarlas, se obtendrían grandes ventajas económicas. En este caso, el éxito económico se correlacionó con el aprendizaje: mientras más variables aprendían a controlar los trabajadores, mayor era la eficiencia.

Planes de compensación

Se ha recurrido a tres tipos de planes de compensación para respaldar a los diseñadores de ocupaciones de grupo. El primero, aplicado principalmente en Europa, es el pago a destajo en grupo. A todo el equipo se le paga una cantidad que será distribuida entre sus miembros de acuerdo con una decisión interna.

El segundo tipo de plan se llama "gratificación de grupo". Si se aplica a toda una fábrica, es el plan Scanlon.[35, 36] En este caso se les paga a las personas en forma convencional; pero reciben gratificaciones cuando su equipo respectivo excede ciertas metas de producción o costo o cuando inventa métodos mejorados que dan lugar a ahorros de costo. Con el plan Scanlon, toda la fábrica recibe un porcentaje de los ahorros en el costo.

Al tercer tipo de plan de compensación se le llama "pago según habilidad" o "pago según conocimientos". Las tareas y las habilidades –no los empleos– son clasificadas y luego se establecen normas para capacitar y someter a prueba. El nivel de salario de las personas se determina de acuerdo con su habilidad y conocimientos demostrados. Este sistema permite calificar a la persona capaz de realizar ciertas tareas para su equipo, así como preparar a otros miembros del equipo para dichas tareas. Las diferencias de salario, sin embargo, no confieren autoridad sobre otros miembros del equipo, ya que éste opera como un grupo de iguales y las decisiones se toman por consenso.

Ventajas y desventajas de los equipos de trabajo

Una de las mayores ventajas de los equipos de trabajo autosuficientes es la posibilidad de que un grupo reducido se adapte a las variaciones de las necesidades individuales y colectivas. Algunos de los miembros pueden preferir tareas complejas que requieren múltiples habilidades; otros preferirán tareas sencillas; otros más, una variedad de tareas. Los miembros del equipo, si poseen conocimientos, habilidades, recursos y flexibilidad y cuentan con apoyo social suficientes, pueden encontrar normalmente soluciones aceptables para todos, las que incluyen a menudo rotación de ocupaciones y arreglos flexibles. Este proceso localizado de toma de decisiones con participación, aumenta la probabilidad de que las decisiones sean aceptadas por los empleados sin tener que recurrir a la coerción.

Para que los equipos de trabajo autosuficientes funcionen a todo su potencial, sus miembros deben poseer una experiencia social considerable y haber alcanzado un grado bastante alto de madurez emocional. La fuerza laboral de la actualidad, empleados y trabajadores, poseen en buena parte el refinamiento social y emocional necesario para el diseño de ocupaciones en grupo. Además, el diseño debe incorporar, en su sistema social de apoyo, la capacitación social lo mismo que la técnica. No es raro que una nueva fuerza de trabajo, en una nueva fábrica, reciba 40 horas o más de capacitación en materias sociales y organizativas y en desarrollo de equipos, antes de empezar. A menudo se ofrecen sesiones de repaso y talleres de solución de problemas.

Una de las dificultades del diseño de trabajo de equipo es la atención insuficiente a la constitución del grupo. Para que los miembros del equipo puedan hacer frente a los problemas que surgen dentro del grupo y entre los grupos, se deben tomar las medidas necesarias para minimizar la penetración, dentro del grupo, de los conflictos que padece la sociedad mayor. En una nueva fábrica del sureste de los Estados Unidos, los subequipos se eligieron a sí mismos al estilo camarilla, que a su vez seguía tendencias raciales. A los pocos días de haberse iniciado las actividades, antes de que el equipo pudiera desarrollar cohesión o entender cabalmente sus tareas, los problemas internos comenzaron a tomar tintes raciales. El grupo reconoció que su constitución permitía que los viejos conflictos sociales externos estorbaran el proceso interno de solución de problemas. Los miembros fueron reasignados a los subequipos de manera que su organización interna cruzara los límites raciales y de camarilla, creándose entre sus partes lazos de comunicación centrados en el trabajo.

Es importante que un equipo de trabajo autosuficiente establezca un acuerdo práctico para la toma de decisiones por consenso. Una de las áreas más críticas y difíciles de la toma de decisiones en grupo es la necesidad de tratar internamente con los miembros que no satisfacen las normas de membrecía (faltan a menudo al trabajo, se niegan a ayudar a otros, etc.). Para que los equipos establezcan un estilo de toma de decisiones por consenso, los administradores deben tratar a dichos equipos de tal forma que su actitud no sea negligente ni entrometida. Un estilo administrativo facilitador es uno de los requisitos del sistema social, capaz de apoyar el diseño del trabajo en equipo.

La estructura matricial

El concepto de organización matricial tuvo su origen en las grandes empresas aeroespaciales.[37, 38] La complejidad de las interrelaciones entre las distintas partes de un proyecto aeroespacial, junto con la gran incertidumbre tecnológica que enfrentan esas empresas, puede hacer que no sea factible fragmentar a la organización en miniempresas autónomas. En la estructura matricial, los recursos humanos son manejados por dos estructuras organizativas superpuestas. Una de ellas está basada en la especialidad o tecnología funcional; la otra en proyectos particulares o en problemas interdisciplinarios. Esto se ilustra en el ejemplo 2.5.7.

Kingdon[39] informa de un diseño matricial en el cual los "trabajadores" eran ingenieros de sistemas con doctorado y programadores de computadora con maestría en ciencias. Aunque, nominalmente, un supervisor funcional era responsable del grupo homogéneo de especialistas, las asignaciones a los proyectos las determinaban los directores de proyecto que "contrataban" a especialistas del departamento funcional por todo el tiempo que los necesitaran. A este procedimiento se le llamó "taller de empleos". Grupos heterogéneos de especialistas trabajaban juntos a menudo durante varias semanas en un sitio conocido como "cueva de los murciélagos", de donde sólo saldrían cuando hubiera quedado resuelto un problema crítico.

Varias fábricas recientemente diseñadas han implantado estructuras matriciales dentro de su fuerza de trabajo de producción. En un caso, los grupos de tareas técnicas y las responsabilidades de producción se asignaron a cinco equipos de trabajo autosuficientes que tenían de 4 a 28 miembros cada uno. El concepto de matriz se aplicó con el fin de reunir a repre-

Ejemplo 2.5.7 Estructura matricial

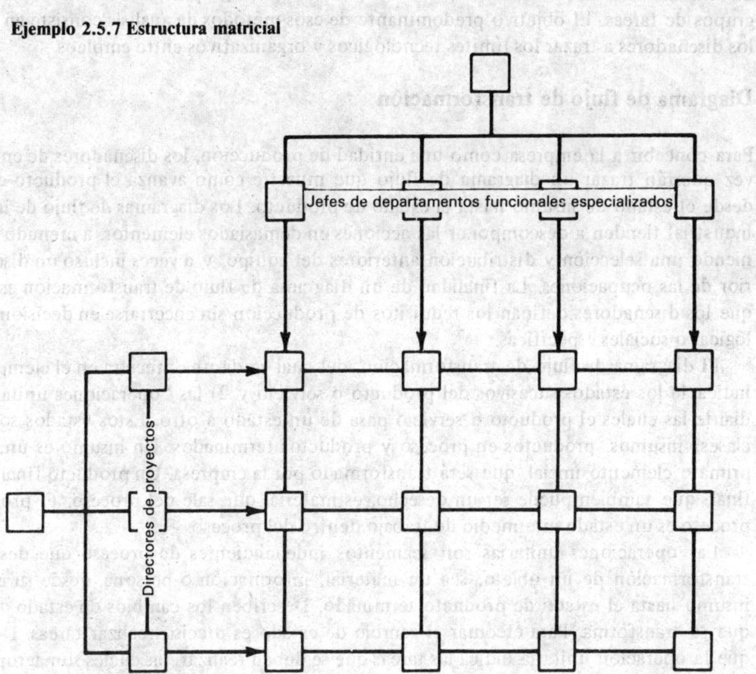

sentantes de cada equipo para que se ocuparan de tareas que requerían la coordinación entre grupos. De cada equipo se eligió a un miembro para que desempeñara varias funciones de "coordinador"; por ejemplo, de control de calidad, de comunicaciones y de seguridad. No eran ocupaciones de tiempo completo. Cada equipo tenía la responsabilidad colectiva de distribuir el tiempo de sus miembros de manera que se satisficieran todas las necesidades, tanto organizativas como de producción. De vez en cuando, los coordinadores de control de calidad de todos los equipos se reunían con el gerente de control de calidad de la fábrica, los coordinadores de seguridad con el jefe de personal, etc. Los comunicadores de cada equipo se reunían en conjunto todos los días con el gerente de operaciones. Se crearon grupos especiales formados por representantes apropiados de todos los equipos (incluyendo a la administración) para resolver diversos problemas generales de la fábrica.

La estructura matricial es la forma más flexible de diseño de empleos, pero impone fuertes demandas a los trabajadores y a los administradores. Esas demandas tienen su origen en la ambigüedad de los canales cruzados de autoridad. Mientras que muchas personas disfrutan de la libertad y responsabilidad que se confiere a los titulares en una estructura matricial, otras prefieren empleos más rígidamente estructurados y de menor responsabilidad. A veces, los administradores carecen de la experiencia social necesaria para manejar una estructura matricial de empleos, o bien se sienten incómodos en un sistema donde no tienen autoridad continua sobre un grupo particularmente integrado de subalternos. Pese a las fuertes demandas de la estructura matricial, los métodos cuidadosos de contratación han conseguido un número más que suficiente de candidatos calificados para las empresas donde las ocupaciones están diseñadas en esa forma.

2.5.9 METODOS ANALITICOS QUE AYUDAN A DISEÑAR EMPLEOS

La finalidad de esta sección es presentar algunos métodos para identificar las tareas y los grupos de tareas. El objetivo predominante de esos métodos de análisis consiste en ayudar a los diseñadores a trazar los límites tecnológicos y organizativos entre empleos.

Diagrama de flujo de transformación

Para concebir a la empresa como una entidad de producción, los diseñadores de empleos tal vez querrán trazar un diagrama de flujo que muestre cómo avanza el producto o servicio desde el estado de insumo hasta el estado de producto. Los diagramas de flujo de ingeniería industrial tienden a descomponer las acciones en demasiados elementos, a menudo presuponiendo una selección y distribución anteriores del equipo, y a veces incluso un diseño anterior de las ocupaciones. La finalidad de un diagrama de flujo de transformación es permitir que los diseñadores definan los requisitos de producción sin encerrarse en decisiones tecnológicas o sociales específicas.

El diagrama de flujo de transformación, del cual se da una muestra en el ejemplo 2.5.8, indica 1) los estados sucesivos del producto o servicio y 2) las "operaciones unitarias" mediante las cuales el producto o servicio pasa de un estado a otro. Estos estados son de tres clases: insumos, productos en proceso y productos terminados. Un insumo es una materia prima o elemento inicial, que será transformado por la empresa. Un producto final o estado final, que también puede ser un desecho, es material que sale del proceso. El producto en proceso es un estado intermedio de trabajo dentro del proceso.

Las operaciones unitarias son segmentos independientes de proceso que describen la transformación de un objeto, sea un material, información o persona, desde su estado de insumo hasta el estado de producto terminado. Describen los cambios de estado del objeto que se transforma. Para efectuar el cambio de estado es preciso realizar tareas. De manera que la operación unitaria indica las tareas que se deben realizar, las cuales son agrupadas por el diseñador y asignadas a un empleo.

Ejemplo 2.5.8 Diagrama de flujo de transformación en una fábrica de productos lácteos

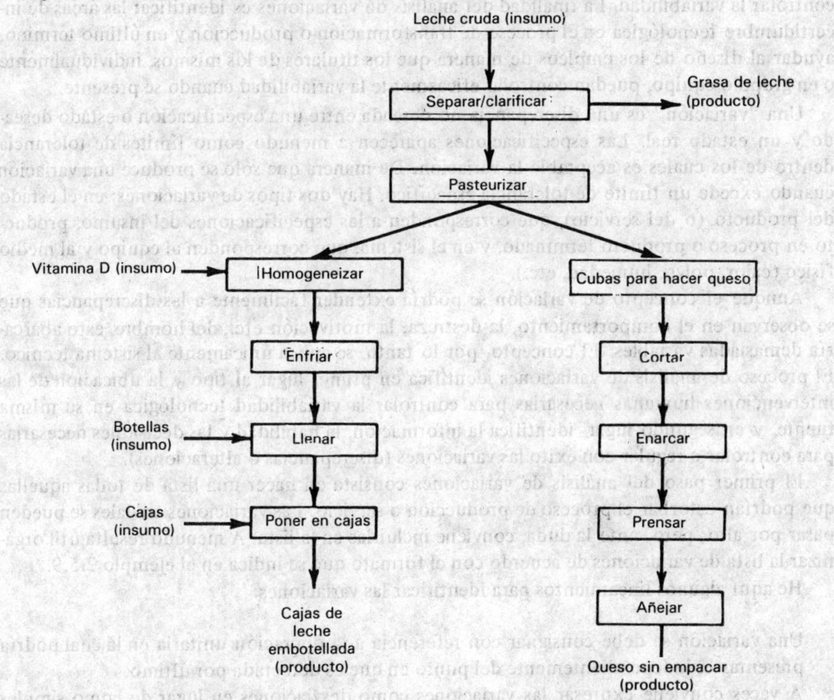

Las operaciones unitarias se expresan teniendo en cuenta la transformación o el servicio que se lleva a cabo. Si determinadas máquinas representan ciertos cambios en el estado del producto, tal vez sea conveniente expresar las operaciones unitarias considerando dichas máquinas. Hay que evitar excluir las alternativas del sistema técnico. En general, la inspección no se toma como una operación unitaria por separado si sólo sirve para comprobar que tuvo lugar una transformación. En cambio, la creación o actualización de los registros permanentes, por ejemplo una historia médica, que no se usa simplemente para verificar la transformación o controlar el proceso de producción, se puede considerar como una operación unitaria por separado. Usualmente, el almacenamiento no se considera como una operación unitaria, a menos que durante el mismo se pueda producir algún cambio, deseado o no, en el estado del producto. La toma de decisiones, los cálculos, la preparación, la colocación, etc., no se expresan como operaciones unitarias en sí, sino que se les considera como tareas que forman parte de una operación unitaria.

La selección y distribución del equipo y el diseño de los empleos permiten que los empleados comprendan el diagrama de flujo de transformación mientras trabajan. Los límites del empleo o equipo deben abarcar una o más operaciones unitarias, de manera que cada empleo o cada equipo tome a su cargo una parte definida del proceso de transformación, cuyos resultados puedan ser identificados y medidos, y se haga responsable de una transformación real del producto o proceso de un estado a otro.

Análisis de variaciones

Si la certidumbre tecnológica fuera total, no habría desviación ni alteración en el proceso de modificación de los estados. La mayoría de las empresas, sin embargo, hacen frente a rachas de incertidumbre tecnológica en que la intervención del hombre es fundamental para controlar la variabilidad. La finalidad del análisis de variaciones es identificar las áreas de incertidumbre tecnológica en el proceso de transformación o producción y en último término, ayudar al diseño de los empleos de manera que los titulares de los mismos, individualmente o en grupo o equipo, puedan controlar eficazmente la variabilidad cuando se presente.

Una "variación" es una discrepancia no deseada entre una especificación o estado deseado y un estado real. Las especificaciones aparecen a menudo como límites de tolerancia dentro de los cuales es aceptable la variación. De manera que sólo se produce una variación cuando excede un límite de tolerancia específico. Hay dos tipos de variaciones: en el estado del producto (o del servicio), que corresponden a las especificaciones del insumo, producto en proceso o producto terminado, y en el sistema, que corresponden al equipo y al medio físico (calor, polvo, humedad, etc.).

Aunque el concepto de variación se podría extender fácilmente a las discrepancias que se observan en el comportamiento, la destreza, la motivación etc., del hombre, esto abarcaría demasiadas variables. El concepto, por lo tanto, se aplica únicamente al sistema técnico. El proceso de análisis de variaciones identifica en primer lugar al tipo y la ubicación de las intervenciones humanas necesarias para controlar la variabilidad tecnológica en su misma fuente, y en segundo lugar, identifica la información, la habilidad y las decisiones necesarias para controlar o regular con éxito las variaciones (discrepancias o alteraciones).

El primer paso del análisis de variaciones consiste en hacer una lista de todas aquellas que podrían estorbar el proceso de producción o servicio. Las variaciones triviales se pueden pasar por alto; pero, ante la duda, conviene incluirlas en la lista. A menudo resulta útil organizar la lista de variaciones de acuerdo con el formato que se indica en el ejemplo 2.5.9.

He aquí algunos lineamientos para identificar las variaciones:

Una variación se debe consignar con referencia a la operación unitaria en la cual podría presentarse, independientemente del punto en que es detectada por último.

A veces conviene expresar las variaciones como desviaciones en lugar de como simples variaciones; por ejemplo, "agua demasiado fría" en lugar de "temperatura del agua". Algunos analistas, sin embargo, prefieren mencionar simplemente el nombre de la variable.

Las variaciones se expresan mejor de acuerdo con el estado que con el proceso; por ejemplo, "trastos sucios" en vez de "trastos sin lavar".

Conviene expresar las variaciones de manera que se refleje el grado de precisión y objetividad de las especificaciones. Por ejemplo, la temperatura puede ser una variación subjetiva si se expresa como "agua demasiado fría", o una variación objetiva si se expresa como "agua a menos de 92°C".

Ejemplo 2.5.9 Formato de una lista de variaciones

Operación unitaria	Variaciones en el estado del producto	Variaciones en el sistema
	------------------------------	------------------------------
	------------------------------	------------------------------
	------------------------------	------------------------------
	------------------------------	------------------------------
	------------------------------	------------------------------

El segundo paso del análisis consiste en identificar la dependencia o relación causal entre las variaciones. Un buen auxiliar para esto es la matriz de interrelación de variaciones, de la cual se ofrece una muestra en el ejemplo 2.5.10, aplicada al rediseño de los empleos en una fábrica de papel. El formato de la matriz es análogo al del cuadro que indica las distancias entre ciudades en un mapa de carreteras. Cada casillero de la matriz muestra el grado de relación entre dos variaciones. Un casillero en blanco indica que no hay relación, mientras que un "3" indica una relación de gran importancia, como ocurre entre las variaciones numeradas 22 y 42 en el ejemplo 2.5.10. La matriz permite a los diseñadores entender cómo dependen entre sí las partes del sistema de transformación o producción. Al diseñar los empleos, las tareas deben ser agrupadas y las ocupaciones vinculadas, de manera que se refleje la relación de dependencia entre variaciones.

El tercer paso es la identificación de las "variaciones clave", o sea aquellas cuyo control es sumamente crítico para el resultado del sistema de producción. El diseño de las ocupaciones se debe concentrar en el control de las variaciones clave. Parafraseando el principio de Pareto, un gran porcentaje de los problemas de un sistema de producción son causados por un pequeño porcentaje de las variaciones. Una variación clave tiene los atributos siguientes: 1) su ocurrencia real, no teórica, puede perjudicar gravemente a la cantidad, la calidad o el costo de producción, a los recursos humanos o a los recursos tecnológicos; 2) interactúa con muchas otras variables o produce alteraciones en ellas; 3) tiene lugar estocásticamente –su tiempo, lugar, frecuencia o intensidad no se pueden predecir con certeza, y 4) puede ser detectada, prevenida, corregida o controlada mediante la intervención humana oportuna y adecuada.

El cuarto paso del análisis de variaciones consiste en formular una tabla de control de variaciones clave, cuyo formato se indica en el ejemplo 2.5.11. Dicha tabla debe contener descripciones breves de cómo, dónde y por quién puede ser producida cada variación clave y cómo puede ser detectada, corregida o evitada. Debe describir también cómo se puede transmitir información sobre cada variación clave. La "información adelantada" es aquella que se transmite desde el punto donde la variación es detectada hasta el punto donde puede ser corregida o controlada. La "retroinformación" es la que se transmite desde el punto de detección hasta el punto donde se puede impedir que vuelva a producirse.

El quinto paso consiste en formular una tabla de las habilidades, conocimientos, información y autoridad que necesitan las personas para controlar las variaciones clave. El formato de dicha tabla se indica en el ejemplo 2.5.12. Los empleos deben ser diseñados de manera que los titulares posean las habilidades, conocimientos, información y autoridad necesarios para controlar las variaciones clave.

Evaluación tecnológica

La "tecnología" ha sido definida como el conjunto de recursos físicos e informativos mediante los cuales las personas pueden producir sistemáticamente algún resultado que se busca. Ya se dijo que una de las funciones primordiales de las personas en una organización consiste en hacer frente a la incertidumbre tecnológica. Mientras que el análisis de variaciones puede ayudar a identificar áreas específicas de incertidumbre tecnológica, la evaluación tecnológica busca una descripción más amplia de las características generales de la tecnología y sus implicaciones para el diseño de los empleos. Se describirán aquí varias dimensiones de la tecnología importantes para el diseño de las ocupaciones. En el ejemplo 2.5.13 se sugiere un formato para este análisis.

Automatización

Automatización es tecnología que no requiere el auxilio del hombre. Hay tres fases de automatización. La primera es la fase operativa, en la cual el movimiento físico del hombre es sustituido o ampliado por la máquina. La segunda es la fase sensorial, en la cual los senti-

Ejemplo 2.5.10 Matriz de interrelación de variaciones[a]

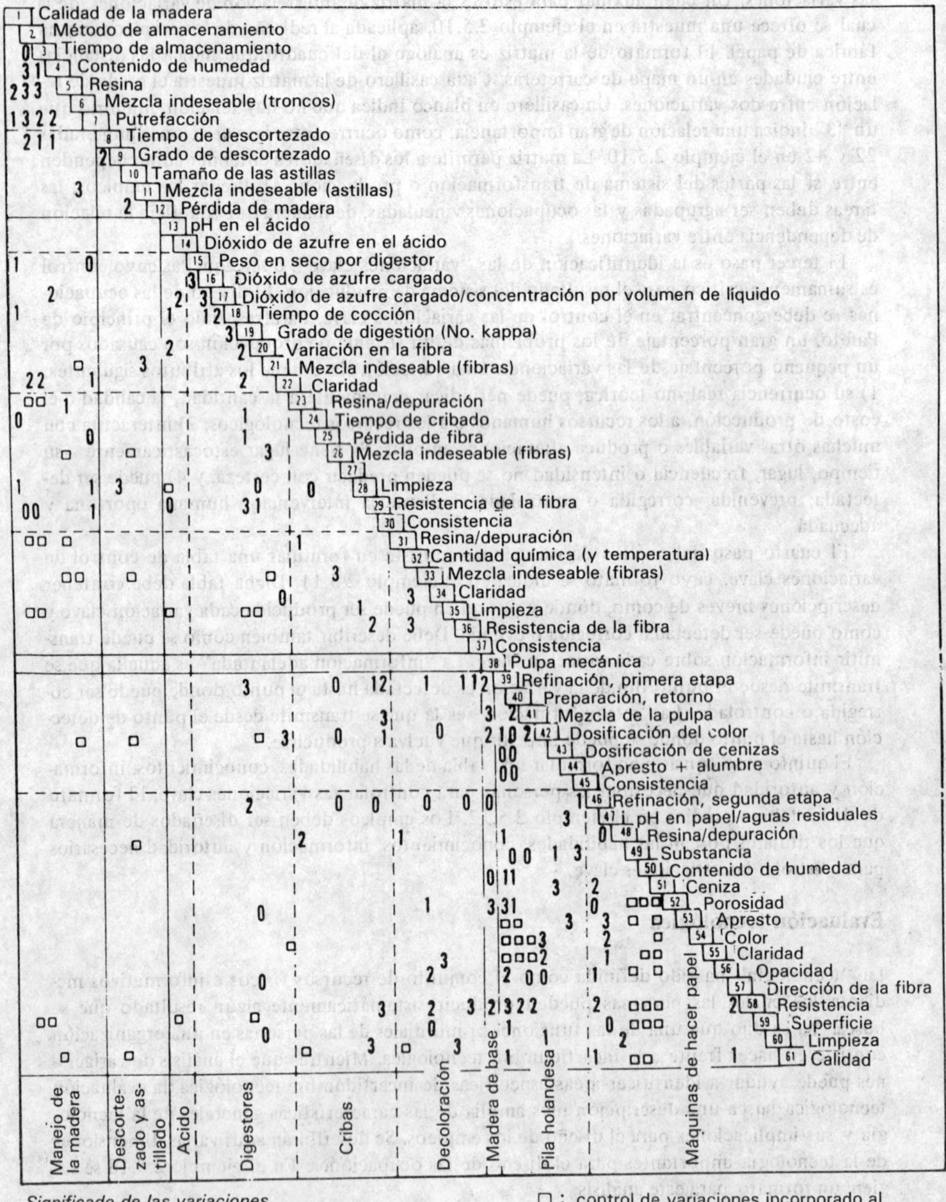

Significado de las variaciones

0 - de interés puramente teórico
1 - de escasa importancia práctica
2 - de mediana importancia práctica
3 - de gran importancia práctica

□ : control de variaciones incorporado al sistema técnico, sin la intervención humana, o bien

□ : dependencia indirecta, controles variables intermedios para indicar variaciones

[a] *Fuente:* P. H. Englestad, "Sociotechnical Approach to Problems of Process Control", en la obra de L. E. Davis y J. C. Taylor *Design of Jobs*, Goodyear, Santa Mónica, Calif., 1979, pág. 205.

Ejemplo 2.5.11 Formato de una tabla de control de variaciones clave

Variación clave	Caso	Detección	Informe	Corrección	Retroalimentación (reacción)	Prevención	Sugerencias para un mejor control	
							Técnica	Social
Operación unitaria: Variación:	Dónde: Cómo: Causante:	Dónde: Cómo: Por quién:	Canales: Antelación:	Dónde: Cómo: Por quién:	Canales: Demora:	Dónde: Cómo: Por quién:		
Operación unitaria: Variación:	Dónde: Cómo: Causante:	Dónde: Cómo: Por quién:	Canales: Antelación:	Dónde: Cómo: Por quién:	Canales: Demora:	Dónde: Cómo: Por quién:		

Ejemplo 2.5.12 Formato de la tabla de aptitudes, conocimientos, información y autoridad necesarios para controlar las variaciones clave

Variación clave que se va controlar	*Aptitudes necesarias*	*Conocimientos necesarios*	*Información necesaria*	*Autoridad local necesaria*

Ejemplo 2.5.13 Formato para la evaluación tecnológica

Operación unitaria	*Automatización*	*Posibilidad de programar*	*Subjetividad*	*Estabilidad*	*Equivalencia*	*Escala*	*Deterioro*	*Implicaciones para el diseño de labores*

dos del hombre son sustituidos con sensores integrados al equipo. La tercera es la fase lógica, en la cual el equipo lleva a cabo las tareas de procesamiento de la información. Las tareas que no están automatizadas, incluyendo las de control de variaciones que exceden a la capacidad de respuesta interna de la tecnología misma, constituyen las tareas relacionadas con la producción que se agrupan en empleos. Un efecto típico de la automatización es una disminución del tiempo que dedican los empleados a las tareas de operación, y un aumento relativo de la proporción de tiempo que dedican a mantenimiento, regulación, planeación y control.[2, 40] Algunas operaciones unitarias pueden exigir primordialmente tareas operativas por parte de las personas, mientras que otras exigirán tareas fundamentalmente reguladoras. Esto puede sugerir las maneras en que los diseños del trabajo en equipo pueden utilizar los recursos humanos en forma flexible.

Posibilidad de programar

Algunas tecnologías están basadas en una ciencia exacta, de manera que hay información completa acerca de lo que se debe hacer para obtener un resultado específico; una receta que se puede seguir. En el caso de otras tecnologías, la ciencia en que están basadas es inexacta o incompleta, de manera que las acciones necesarias implican cierta intuición o un proceso de prueba y error. El diseñador de ocupaciones debe evaluar las áreas de poca o mucha posibilidad de programar la acción, de manera que los empleos contengan elementos de cada una. Se requiere el criterio del hombre cuando las tareas no son programables.

Subjetividad

En el caso de algunas tecnologías, la calidad del producto se puede determinar objetivamente; pero en el de otras las especificaciones son vagas y la detección de las variaciones es subjetiva. Un ingeniero de procesamiento de productos alimenticios hizo el comentario siguiente: "Prácticamente podríamos entrenar a algunos monos para que operaran el equipo. Lo que verdaderamente requiere habilidad es saber cómo reconocer el color y el gusto de un buen producto y qué se debe hacer para que siempre sea bueno". Los trabajos deben ser diseñados de manera que proporcionen retroinformación entre la operación del equipo y el resultado representado por un producto, de manera que los operadores puedan desarrollar una sensibilidad constante a la calidad del producto.

Estabilidad

Aunque la mayoría de las variaciones tienen lugar durante la ejecución de alguna operación unitaria, algunas se pueden producir "espontáneamente" durante el almacenamiento, la transportación, el período de espera, etc. El control de variaciones es más crítico cuando el material inicial, los estados del producto o el equipo son inestables.

Equivalencia

Engelstad[41] informó acerca de una fábrica de papel en la cual cuatro digestores de pulpa fueron considerados como piezas equivalentes o intercambiables del equipo. En realidad, uno de los digestores era especialmente eficiente con ciertas clases de fibra de madera. Unos pocos operadores se dieron cuenta de este hecho; pero sus empleos estaban diseñados de manera que no tenían incentivo alguno para compartir esa información con otras personas. En una fundición de aluminio,[42] en cambio, las labores fueron rediseñadas teniendo en cuenta el hecho de que cada horno de fundición tendía a desarrollar una "personalidad" propia. Los trabajadores desempeñaron una gran variedad de tareas para un pequeño grupo de hornos, con el fin de conocer las particularidades de cada uno.

Escala

De modo general, las tecnologías destinadas a producir lotes pequeños exigen que las labores sean diseñadas en forma diferente de las que corresponden a la producción masiva continua.[43] De hecho, una manera de generar diversas posibilidades en el sistema técnico consiste en diseñar dos sistemas de producción hipotéticos, el primero para hacer el producto en lotes de uno, y el otro para la producción masiva automatizada.

Deterioro

Algunas tecnologías funcionan en un estado ya sea "ascendente" o "descendente". Una computadora, por ejemplo, rara vez comete errores al azar. No funciona en absoluto, o bien, si comete errores cuando funciona, los comete una y otra vez, dados los mismos elementos de entrada y los mismos programas. Otras tecnologías funcionan en estados intermedios, como un automóvil que necesita afinación. Cuando muchos componentes técnicos distintos se reúnen en un sistema, la falla de uno de ellos puede deteriorar a todo el sistema. En ciertas condiciones, todo el sistema fallará. En otras, el deterioro es menos serio: el sistema seguirá funcionando, aunque en forma más lenta o menos eficaz.

Las personas, por supuesto, se deterioran casi siempre con gran estilo. Rara vez dejan de funcionar en forma repentina.[8] El diseñador de empleos debe ubicar a las personas en forma tal, que permita al sistema, como conjunto, deteriorarse en una forma menos brusca en caso de descompostura de una de sus partes. Hay que identificar las condiciones de deterioro repentino y diseñar procedimientos de apoyo por parte del sistema social. Las ocupaciones se deben diseñar aprovechando la flexibilidad de las personas. Un ejemplo es la integración de las actividades de operación y de mantenimiento. Así, cuando las operaciones no se pueden llevar a cabo, los titulares se pueden dedicar al mantenimiento.

Clasificación de tareas

Las tareas principales que deben realizar los trabajadores se pueden clasificar subjetivamente de acuerdo con los criterios de calidad de la vida de trabajo que se indican en el ejemplo 2.5.3 (ver también Hackman y Oldham[44]). Esas clasificaciones pueden servir de guía al agrupar las tareas, de manera que cada empleo o equipo contenga una cantidad razonablemente equilibrada de tareas deseables e indeseables, de trabajo aislado y en equipo, de tareas sencillas y complejas, etc.

La clasificación de tareas puede ser engañosa al diseñar las labores. Un trabajo no es tan sólo la suma de sus tareas, sino también la interrelación entre éstas de manera que formen un empleo con significación. El tratar de diseñar las ocupaciones teniendo en cuenta exclusivamente la suma de las clasificaciones de las tareas que las componen, pero pasando por alto sus interrelaciones, es contrario al concepto del diseño de empleos.

Análisis de movilidad

Una fuente importante de información para el diseño de labores la constituyen las posibilidades reales de los empleados. El análisis de movilidad plantea una sencilla pregunta: ¿Quiénes pueden pasar a qué otros puestos, de presentarse la necesidad? El formato del análisis de movilidad se muestra en el ejemplo 2.5.14. Ese ejemplo sugiere que los puestos C, D, E y F se podrían vincular posiblemente en un diseño de trabajo en equipo.

Análisis de responsabilidades

Simultánea a la agrupación de las tareas en empleos está la asignación a cada función de ciertas responsabilidades asociadas con la toma de decisiones, con el uso de los recursos y

Ejemplo 2.5.14 Formato para el análisis de movilidad

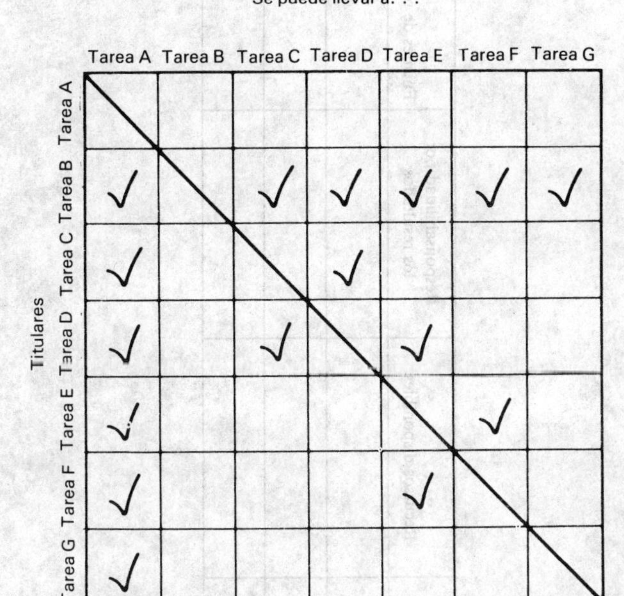

con la obtención de resultados. La asignación de esas responsabilidades se debe considerar explícitamente al diseñar los empleos. En el ejemplo 2.5.15 se presenta un formato para recopilar esa información.

En un estudio del rediseño de los trabajos de supervisión,[45] se introdujeron por separado dos modificaciones en las responsabilidades de los supervisores de varios talleres de reparación de instrumentos para aviones. Una de esas modificaciones consistió en asignar a la unidad del supervisor la responsabilidad por todas las tareas necesarias para terminar los instrumentos procesados en su taller. Esto representó el cambio de la organización de una división basada en la función, a una división basada en el producto que tuvo como resultado unidades-talleres más pequeñas. La otra modificación implicó no sólo el cambio a una unidad organizativa basada en el producto, sino la adición de la responsabilidad por la calidad. Las tareas de inspección y la autoridad necesaria para la aceptación definitiva de los instrumentos se asignaron a la unidad del supervisor. En el segundo caso, los supervisores llevaron a cabo ellos mismos la inspección en un principio y luego la encomendaron a sus subordinados. Comparados con los talleres de control donde no se hicieron cambios, las actitudes, la productividad y la calidad mejoraron en los talleres modificados. A medida que los supervisores se ocuparon de planear y controlar su mayor responsabilidad, sus subordinados adoptaron algunas de las características de los equipos de trabajo autorregulados.

Análisis de la interacción a través de los límites

En una estructura de empleos que ya existe, la eficacia del ajuste entre los límites reales de los empleos y las necesidades de la empresa se puede investigar analizando las interacciones que tienen lugar a través de los límites entre empleos y grupos. En el ejemplo 2.5.16 se

Ejemplo 2.5.15 Formato para el análisis de responsabilidades

Trabajo o equipo	Tareas	Aspectos discrecionales de la realización de la tarea	Límite de las decisiones	Recursos disponibles	Responsabilidad por los resultados	Fuentes de retroalimentación

Ejemplo 2.5.16 Formato para el análisis de límites cruzados de interacción

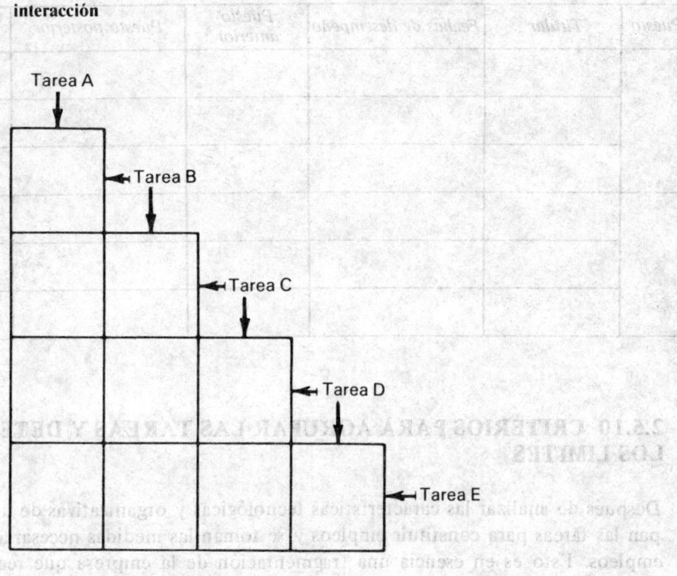

presenta un formato para dicho análisis. Se pide a los empleados que describan la frecuencia y las razones de las interacciones de trabajo con otras personas de la empresa. Las respuestas se resumen y anotan en el casillero correspondiente de la tabla. Este análisis puede proporcionar información sobre la interdependencia de las tareas y el control de variaciones, así como acerca de las relaciones sociales entre los empleados.

Puntos de estabilidad e inestabilidad organizativas

Los indicadores de estabilidad del sistema social, como son las proporciones de rotación, ausentismo y quejas, los casos de conducta antisocial y las mediciones de actitudes, pueden señalar necesidades especiales del diseño de empleos. La heterogeneidad creciente de la fuerza laboral (en materia de edad, sexo, etnicismo y educación), junto con el ritmo más rápido del cambio social y los intervalos más cortos entre los cambios ocurridos en el mercado y las innovaciones tecnológicas, ha llamado la atención hacia la estabilidad interna. Existen al mismo tiempo el deseo de conservar las facultades y el interés del empleado dentro de la entidad y el deseo de adaptarse a las condiciones cambiantes. La inestabilidad del sistema social presenta un doble reto al diseño de empleos: primero, diseñar labores que disminuyan las causas de inestabilidad; segundo, diseñar labores que permitan al sistema hacer frente a la inestabilidad.

El análisis de la rotación de personal es importante y problemático a la vez. Por un lado, la rotación tiene connotaciones negativas porque altera la continuidad de los titulares de las funciones y de las relaciones interpersonales; por el otro, tendrá una connotación positiva si las personas pasan a ocupar mejores empleos en el curso de su carrera. En el ejemplo 2.5.17 se muestra un formato para el análisis de la rotación de personal. La entrevista que sigue a la renuncia constituye una fuente de datos. Este análisis puede sugerir la necesidad de ofrecer empleos más interesantes y más oportunidades de progresar.

Ejemplo 2.5.17 Formato para el análisis de la rotación de trabajadores

Puesto	*Titular*	*Fechas de desempeño*	*Puesto anterior*	*Puesto posterior*	*Causas de la renuncia*

2.5.10 CRITERIOS PARA AGRUPAR LAS TAREAS Y DETERMINAR LOS LIMITES

Después de analizar las características tecnológicas y organizativas de una empresa se agrupan las tareas para constituir empleos y se toman las medidas necesarias para vincular esos empleos. Esto es en esencia una fragmentación de la empresa que requiere la determinación de límites tecnológicos y organizativos, como ya se dijo en este capítulo.

En este proceso de fragmentación hay que considerar diversos criterios. Es improbable que todos los criterios se puedan optimizar. Antes bien, los diseñadores deben considerar los intercambios. Los criterios para agrupar las tareas en empleos y en equipos y para establecer los límites son los siguientes:

Cada grupo de tareas forma una unidad significativa de la empresa: una miniempresa o una especialidad indentificable.
Los empleos o los grupos están separados por áreas estables de amortiguación.
Cada empleo o equipo tiene insumos y productos definidos, identificables y medibles.
Cada empleo o equipo tiene unidades adecuadas de evaluación del comportamiento; por ejemplo: producción, calidad, mantenimiento, costo, desperdicios, errores, ausentismo, rotación, capacitación recíproca, adquisición de destreza, quejas del cliente, utilización de las máquinas y tiempo ocioso.
Se dispone de retroinformación oportuna sobre los estados del producto y de información adelantada sobre los estados del insumo.
A cada empleo o equipo se le proporcionan los recursos necesarios para medir y controlar los estados del producto en proceso.
Las vías cortas de información hacia atrás y hacia adelante ubican el control de variaciones dentro de los límites de los empleos o equipos.
Hay más interdependencia entre las tareas agrupadas dentro de un límite que a través del límite. Lo mismo se puede decir de los empleos vinculados entre sí.
Las tareas están agrupadas en torno a relaciones mutuas de causa y efecto.
Las tareas están agrupadas de acuerdo con habilidades, conocimientos o datos comunes.
Los empleos se encuentran vinculados a fin de facilitar la capacitación recíproca.
Los empleos ofrecen oportunidades para adquirir destreza que permitirá avanzar en la carrera.
Tanto los empleos como los grupos tienen cantidades equilibradas de tareas individuales y de grupo, de tareas deseables e indeseables, y de tareas simples y complejas.

Tanto los empleos como los equipos cuentan con un equilibrio en sus condiciones de trabajo difíciles y confortables.
Los empleos y los equipos son capaces de autorregularse y de adaptarse a las variaciones del ambiente.
Las estaciones de trabajo de un equipo se encuentran geográfica y/o temporalmente próximas unas de otras.
Un equipo puede mantener relaciones sociales mediante las interacciones directas.

2.5.11 PROCESOS Y ESTRATEGIAS PARA DISEÑAR NUEVOS EMPLEOS

Cuando se diseña una nueva empresa, o cuando una que ya existe crece notablemente, el diseño de sus empleos debe ser integrado sistemáticamente a otras decisiones de diseño (ver el capítulo 2.1). Por regla general, esos proyectos de diseño pasan por cuatro fases.

Fase 1: Formación del comité directivo

El diseño de una empresa no puede estar a cargo exclusivamente de especialistas en diseño. Todos aquellos que puedan resultar afectados por el diseño deben participar en las decisiones.

Ya se ha mencionado el caso de la fábrica procesadora de alimentos cuyos diseñadores iniciaron una conversión, a nivel de industria, adoptando el manejo a granel de la materia prima con el fin de satisfacer los criterios de diseño. Esa decisión excedía a las facultades conferidas inicialmente al ingeniero de proyecto, de manera que exigió la participación de varios ejecutivos de la empresa. Otras decisiones relacionadas con el diseño de la planta requirieron la participación de los ejecutivos de control de calidad, de relaciones con el personal y de otros que formaban parte de un comité directivo.

A fin de preparar el escenario para una participación general en el proceso de diseño, se forma un comité directivo compuesto por personas clave que tienen un interés directo en la nueva organización. Las funciones del comité directivo son las siguientes: 1) proporcionar los recursos, el apoyo y la protección necesarios al grupo de proyecto de diseño, así como los recursos para su implantación; 2) promover la cooperación entre el equipo de diseño y las personas que resultarán afectadas por sus decisiones; 3) poner en perspectiva los objetivos del diseño y ayudar a su futura difusión, y 4) vigilar y dirigir el proceso de diseño.

Fase 2: El equipo de diseño

La obtención de datos, su análisis y la producción de alternativas de diseño están a cargo de un equipo de diseño. A menudo este equipo incluye arquitectos, ingenieros y consultores venidos de fuera. El diseño avanza al identificar las características tecnológicas y ambientales de la empresa, elaborar algunos "bocetos" de diversas posibilidades de diseño, y estudiar luego otras decisiones más específicas de diseño técnico y social. A veces, algunas decisiones contravienen los precedentes, restricciones y limitaciones institucionales. Es entonces cuando se pone a prueba la declaración de principios como documento viable.

Fase 3: Declaración de principios

La tarea inicial del equipo de diseño consiste en redactar una declaración de principios organizativos que vendrá a ser el estatuto del proyecto de diseño una vez que haya sido aprobada por el comité directivo. La declaración de principios hace referencia a las cuestiones siguientes:

Los participantes en el proyecto y el interés que tienen en él.
La finalidad del proyecto de diseño.
Las necesidades y requisitos de producción y tecnológicos.
Las necesidades y requisitos organizativos.
El reconocimiento explícito de las necesidades y requisitos de las personas que, como miembros de la empresa, ocuparán los puestos.
Los valores y supuestos respecto al ambiente y al futuro de la empresa.
Los valores y supuestos respecto a las personas y al trabajo.
Los valores y supuestos respecto a la administración y a los administradores.
La relación entre la empresa que se va a diseñar y las instituciones existentes.
Los procesos para tomar decisiones durante el diseño.
Los procesos para tomar decisiones en la etapa de iniciación y después de ella.
Los aspectos evolutivos del proyecto – lo que se diseñará después de la iniciación.
Los recursos para realizar el proyecto.
Los riesgos y la responsabilidad por los resultados.
La participación, cooperación y apoyo que se puede esperar.

Hay varios métodos para redactar la declaración de principios, dependiendo del grado en que ya se comparten los valores. En el capítulo 2.1 se explican los métodos para sentar los principios de la empresa.

Fase 4: Evolución

Al rediseñar los empleos en una empresa que ya existe, y una vez que los administradores y los supervisores fueron nombrados ya en el diseño de una nueva organización, el proceso de diseño de las ocupaciones adopta una modalidad de mayor participación. La estrategia que es la base de este cambio se explicó antes como principio de especificación crítica mínima. Uno de los miembros de un comité directivo lo expresó en términos más sencillos: "No deseamos gobernar la vida de trabajo de los demás. Si estuviéramos diseñando esta fábrica para trabajar nosotros en ella, querríamos dejar muchas posibilidades abiertas". A medida que la empresa evoluciona, los empleados apelan a su experiencia para perfeccionar el diseño. El rediseño continuo de los empleos se convierte en una de las tareas organizativas del conjunto de trabajadores.

2.5.12 PROCESOS Y ESTRATEGIAS PARA REDISEÑAR LOS EMPLEOS ACTUALES

Si bien las empresas existentes debieran comenzar el rediseño de los empleados reexaminando la estrategia administrativa, la tecnología y la estructura de la organización, por lo general hay ciertas restricciones que no es posible suprimir. A menudo el rediseño forma parte de una corriente constante de cambios que la empresa lleva a cabo con el fin de satisfacer las demandas de su ambiente. Uno de los objetivos del rediseño es aprovechar una experiencia que siente precedentes para las necesidades futuras de rediseño.

El diseñador debe identificar todas las fuerzas pertinentes que inducen al cambio, tanto internas como externas, presentes y futuras. Existe normalmente un sistema complejo de fuerzas que dan lugar al trabajo de rediseño. En una fundición de aluminio,[42] la proporción creciente de rotación del personal, las dificultades cada vez mayores para conseguir trabajadores, la obsolescencia tecnológica y la más rígida reglamentación gubernamental de las condiciones de seguridad y salud en el trabajo y de las oportunidades iguales de empleo para las minorías y las mujeres, dieron lugar a que se procurara automatizar algunas de las tareas físicamente más exigentes y desagradables. La nueva tecnología automatizada requirió menos trabajadores y una nueva agrupación de las tareas. Pero la nueva tecnología no resolvió por sí sola los problemas de rotación, contratación y eficiencia. De manera que el rediseño de los empleos no tuvo como único objeto el ajustarse a la nueva tecnología, sino también crear empleos más atractivos e interesantes, lograr que el personal fuera lo suficientemente flexible para que la empresa pudiera funcionar con una amplia gama de tasas de rotación, y capacitar y ofrecer oportunidades de mejorar de acuerdo con la buena disposición individual, independientemente de las vacantes creadas por la rotación.

Las experiencias anteriores del empleado y sus expectativas para el futuro influyen en sus sugerencias respecto a las labores rediseñadas y en sus reacciones ante las mismas. En cierta fábrica, los empleados pensaron que se lograría un rediseño instalando un segundo reloj que evitaría que perdieran tiempo al marcar la hora de salida para el almuerzo. El hecho de que hubiera otros aspectos más fundamentales en el mejoramiento de la vida de trabajo, escapaba a su experiencia. En la fundición de aluminio antes mencionada, el rediseño de labores dio lugar a menos diferencias de posición entre los puestos de fundidor. Aunque la mayoría de los empleados aceptaron bien las nuevas oportunidades y la nueva tecnología, algunos se quejaron de haber perdido ciertos privilegios. La actitud mejoró, tanto entre los trabajadores cuyas tareas habían sido modificadas como entre aquellos cuyo trabajo siguió igual, porque estos últimos esperaban un cambio inminente. Sus empleos tenían ahora un futuro.

Las fases del rediseño son las mismas que las de un nuevo diseño, con las adiciones siguientes:

Los representantes de los empleados actuales, o de su sindicato, quedan normalmente incluidos en el proyecto de rediseño. A veces, el hecho de formar parte del equipo de rediseño representa una "tajada diagonal" de la organización: los diversos niveles de la jerarquía quedan representados en forma tal, que nadie está en el comité junto con su superior directo.

Si se están estudiando varios proyectos independientes de rediseño, cada uno cuenta con su propio grupo. Un solo comité directivo coordina los proyectos.

La planeación de la ejecución es más crítica en el caso del rediseño, y las cuestiones asociadas se estudian en conjunto con las decisiones de diseño. Probablemente el aspecto más importante de la ejecución es la *propiedad del cambio*. Quienes son responsables de llevar a cabo y adoptar los rediseños propuestos deben sentir que los cambios son el resultado de sus propios esfuerzos. La entrega generalizada a un proyecto es un factor fundamental de su éxito por dos razones: 1) la identificación emocional con el rediseño y el deseo de aportar los esfuerzos necesarios para hacer que funcione; 2) el hecho de entender los detalles del rediseño lo suficiente para estimar y minimizar los efectos; es decir, para disminuir la incertidumbre respecto a las consecuencias que traerá para la persona.

Diversos métodos pueden permitir que los empleados contribuyan al rediseño. Entre ellos figuran la "técnica de grupo nominal",[46] los enfoques sociotécnicos de análisis, incluyendo el análisis de variaciones; los principios del rediseño, y las características de la calidad de la vida de trabajo.

El papel de los consultores

Tanto en el nuevo diseño como en el rediseño, el papel del consultor de diseño de empleos es muy diferente del que desempeña el consultor de ingeniería convencional. Puesto que el proceso de diseño es multifacético e incluye a muchas partes interesadas, el consultor desempeña cinco funciones básicas:

Capacitación y guía. Enseña los principios del diseño de empleos, así como los métodos de análisis, a los miembros del equipo de diseño y a los comités directivos, los que a su vez toman las decisiones. El consultor no diseña los empleos, sino que guía a los interesados a lo largo de las actividades de diseño

Facilitación de los procesos. El consultor ayuda a planear y facilitar los procesos en todas las fases del diseño. Por ejemplo, el comité directivo y el equipo de trabajo pueden no conocer bien su papel. El consultor aclara esas cuestiones a medida que surge la necesidad y les ayuda a trabajar unidos.

Mediación. Cuando varios organismos distintos participan en un proyecto de rediseño, por ejemplo la empresa y el sindicato, el consultor puede actuar como intermediario neutral a fin de lograr el acuerdo general respecto al diseño y su ejecución.

Investigación. La evaluación de los resultados del diseño de los empleos puede requerir métodos de investigación que el consultor conoce muy bien. En esos casos, puede obtener y analizar los datos y presentar conclusiones útiles para los grupos.

Agente de cambios. A medida que se van desarrollando los diseños innovadores, el consultor actúa como vehículo de esas innovaciones llevándolas a otras partes de la institución de la cual forma parte el grupo. Su papel en este caso no es el de "experto", sino de "corredor de ideas".

2.5.13 CONCLUSION

El diseño de empleos es un proceso en el cual se determina el contenido de las funciones u ocupaciones, las que luego se encomiendan a las personas para su ejecución. Cuando se diseñan los empleos de nuevas empresas, este proceso es inseparable del diseño de la empresa misma. Cuando se rediseñan los empleos, se deben examinar las cuestiones relacionadas con los límites organizativos lo mismo que las cuestiones asociadas con el diseño del sistema técnico, ya que pueden imponer restricciones innecesarias al diseño. El diseñador debe recordar que la empresa es un sistema y los empleos son partes componentes de ese sistema. Además, el sistema comprende tanto a la empresa como al medio en el cual opera, y esto pone de relieve el hecho de que el diseño de los empleos debe tener en cuenta no sólo las necesidades técnicas y económicas de la entidad, sino también las necesidades y expectativas de los empleados, de cuyo trabajo depende la empresa para alcanzar sus metas.

REFERENCIAS

1. L. E. DAVIS, R. CANTER, y J. HOFFMAN, "Current Job Design Criteria," *Journal of Industrial Engineering,* Vol. 6, No. 2 (1955), pp. 5-11.
2. L. E. DAVIS y J. C. Taylor, "Technology and Job Design," en L. E. DAVIS y J. C. TAYLOR, Eds., *Design of Jobs,* 2a. ed., Goodyear, Santa Monica, CA, 1979.
3. L. E. DAVIS y R. R. CANTER, "Job Design Research," *Journal of Industrial Engineering,* Vol. 7, 1956, pp. 275-282.
4. L. E. DAVIS y R. WERLING, "Job Design Factors," *Occupational Psychology,* Vol. 34, 1960, pp. 109-120.
5. G. I. SUSMAN, "Job Enlargement: Effects of Culture on Worker Responses," *Industrial Relations,* Vol. 12, 1973, pp. 1-15.
6. L. E. DAVIS y E. L. TRIST, "Improving the Quality of Working Life: Sociotechnical Case Studies," en J. O'Toole, Ed., *Work and the Quality of Life,* MIT Press, Cambridge, MA, 1974.
7. R. DUNHAM, "Reactions to Job Characteristics: Moderating Effects of the Organization," *Academy of Management Journal,* Vol. 20, 1977, pp. 42-65.

8. N. JORDAN, "Allocation of Functions Between Man and Machine in Automated Systems," *Journal of Applied Psychology,* Vol. 47, 1963, pp. 161-165.
9. L. E. DAVIS, "The Coming Crisis for Production Management: Technology and Organization," *International Journal of Production Research,* Vol. 9, 1971, pp. 65-82.
10. J. C. TAYLOR, "Some Effects of Technology in Organizational Change," *Human Relations,* Vol. 24, 1971, pp. 105-123.
11. H. L. WADDEL, "The Fundamentals of Automation," en H. B. Maynard, Ed., *Industrial Engineering Handbook,* McGraw-Hill, Nueva York, 1956, pp. 325-331.
12. C. ORPEN, "The Effects of Job Enrichment on Employee Satisfaction, Motivation, Involvement, and Performance: A Field Experiment," *Human Relations,* Vol. 32, 1979, pp. 189-217.
13. G. R. OLDHAM y H. E. MILLER, "The Effect of Significant Other's Job Complexity on Employee Reactions to Work" *Human Relations,* Vol. 32, 1979, pp. 247-260.
14. L. E. DAVIS y A. B. CHERNS, Eds., *The Quality of Working Life,* Vol. 1 y 2, Free Press, Nueva York, 1975.
15. P. H. ENGELSTAD, "Sociotechnical Approach to Problems of Process Control," en L. E. DAVIS y J. C. TAYLOR, Eds., *Design of Jobs,* 2a. ed., Goodyear, Santa Monica, CA, 1979.
16. L. E. DAVIS, "Evolving Alternative Organization Designs," *Human Relations,* Vol. 30, 1977, pp. 261-273.
17. L. E. DAVIS y G. J. WACKER, *Comprehensive Socio-Technical System Design: A Case Study,* en prensa.
18. P. G. GYLLENHAMMAR, *People at Work,* Addison-Wesley, Reading, MA, 1977.
19. E. L. TRIST, G. W. HIGGIN, H. MURRARY, y A. B. POLLOCK, *Organizational Choice,* Tavistock, Londres, 1963.
20. J. W. LORSCH y J. J. MORSE, *Organizations and Their Members,* Harper & Row, Nueva York, 1974.
21. R. M. KANTER, *Men and Women of the Corporation,* Basic Books, Nueva York, 1977.
22. F. W. TAYLOR, *The Principles of Scientific Management,* Harper & Row, Nueva York, 1911.
23. A. SMITH, *The Wealth of Nations,* Penguin, Londres, 1970 (originalmente publicado en 1776).
24. C. BABBAGE, *On the Economy of Machinery and Manufactures,* Augustus M. Kelly, Nueva York, 1965 (4a. ed., aumentado; originalmente publicado en 1835).
25. F. E. EMERY, "The Assembly Line–Its Logic and Our Future," en L. E. DAVIS y J. C. TAYLOR, Eds., *Design of Jobs,* 2a. ed., Goodyear, Santa Monica, CA, 1979.
26. L. E. DAVIS, "Pacing Effects on Manned Assembly Lines," *International Journal of Industrial Engineering,* Vol. 4, 1966, pp. 171-180.
27. E. H. CONANT y M. D. KILBRIDGE, "An Interdisciplinary Analysis of Job Enlargement Technology, Costs, and Behavioral Implications," *Industrial and Labor Relations Review,* Vol. 18, 1965, pp. 377-390.
28. F. HERZBERG, *Work and the Nature of Man,* World, Cleveland, 1966.
29. L. E. DAVIS y A. B. CHERNS, "Transition to More Meaningful Work–A Job Design Case," en L. E. DAVIS y A. B. CHERNS, Eds., *The Quality of Working Life,* Vol. 2, Free Press, Nueva York, 1975.
30. F. E. EMERY, Ed., *Systems Thinking,* Penguin, Londres, 1969.
31. P. G. HERBST, *Socio-Techical Design,* Tavistock, Londres, 1974.
32. A. K. RICE, *Productivity and Social Organization: The Ahmedabad Experiment,* Tavistiock, Londres, 1958.
33. J. F. DEN HERTOG, "The Search for New Leads in Job Design," *Journal of Contemporary Business,* Vol. 6, No. 2 (1977), pp. 49-66.

34. L. E. DAVIS y C. S. SULLIVAN, "A Labour-Management Contract and Quality of Working Life," *Journal of Occupational Behavior,* 1980, Vol. 1, pp. 29-41..

35. J. N. SCANLON, "Profit Sharing Under Collective Bargaining: Three Case Studies," *Industrial and Labor Relations Review,* 1948, Vol. 2, p. 58 ff.

36. E. G. LESIEUR y E. S. PUCKETT, "The Scanlon Plan has Proved Itself," *Harvard Business Review,* Vol. 47, No. 5 (1969), pp. 109-118.

37. D. I. CLELAND y W. R. KING, *Systems Analysis and Project Management,* McGraw-Hill, Nueva York, 1968.

38. J. GALBRAITH, *Designing Complex Organizations,* Addison-Wesley, Reading, MA, 1973.

39. D. R. KINGDON, *Matrix Organization,* Tavistock, Londres, 1973.

40. R. J. HAZLEHURST, R. J. BRADBURY, y E. N. CORLETT, "A Comparison of the Skills of Machinists on Numerically Controlled and Conventional Machines," *Occupational Psychology,* Vol. 43, No. 3 (1969), pp. 169-182.

41. ENGELSTAD, "Sociotechnical Approach to Problems of Process Control," 1979.

42. G. J. WACKER, "Evolutionary Job Design: A Case Study," papel de trabajo, Department of Industrial Engineering, University of Wisconsin, Madison, 1979.

43. J. WOODWARD, *Industrial Organization: Theory and Practice,* Oxford University Press, Nueva York, 1965.

44. J. R. HACKMAN y G. R. OLDHAM, "Development of the Job Diagnostic Survey," *Journal of Applied Psychology,* Vol. 60, 1975, pp. 159-170.

45. L. E. DAVIS y E. S. VALFER. "Supervisory Job Design," *Ergonomics,* Vol. 8, 1965, p. 1.

46. A. L. DELBEQ, A. H. VAN DE VEN, y D. H. GUSTAFSON, *Group Techniques for Program Planning,* Scott, Foresman, Glenview, IL, 1976.

BIBLIOGRAFIA

CSIKSZENTMIHALYI, M,. *Beyond Boredom and Anxiety,* Jossey-Bass, San Francisco, 1976.

FORD, R. N., *Why Jobs Die and What to Do About It,* AMACOM, Nueva York, 1979.

HERZBERG, F., *The Managerial Choice: To Be Efficient and Human,* Dow Jones, Nueva York, 1976.

HILL, P., *Towards a New Philosophy of Management,* Gower, Londres, 1976.

MUMFORD, E., y H. SACKMAN, Eds., *Human Choice and Computers,* North Holland, Amsterdam, 1975.

NADLER, D. A., J. R. HACKMAN, y E. E. LAWLER, *Managing Organizational Behavior,* Little, Brown, Boston, 1979.

SCHON, D. A. *Beyond the Stable State,* Random House, Nueva York, 1971.

SHEPPARD, H. L. y N. Q. HERRICK, *Where Have All the Robots Gone?* Free Press, Nueva York, 1972.

SECCION 3
Ingeniería de métodos

CAPITULO 3.1

Diseño de métodos

CHARLES E. GEISEL
Container Corporation of America

3.1.1 EL PAPEL DEL DISEÑO DE METODOS

La preocupación fundamental de los ingenieros industriales es lograr las funciones necesarias, los propósitos y metas con un mínimo de recursos. A la *manera* de hacerlo se le llama el "método", que viene a ser una descripción de cómo se utilizan los recursos para lograr los fines propuestos.

Los métodos son parte integrante de la vida, puesto que se recurre a ellos para lograr todo cuanto se desea llevar a cabo en el hogar, en el trabajo y en el juego. Gran parte de lo que se obtiene en la vida, individual y colectivamente, está determinado por 1) lo bien que los métodos utilizan los recursos limitados: el tiempo, la energía, los materiales y el dinero; 2) la forma en que los métodos afectan al individuo física y sicológicamente; 3) la calidad de los resultados de los métodos, sea un servicio o un producto. El recurso fundamental que los métodos utilizan es el tiempo.

El tiempo es el más crítico de todos los recursos, ya que cada persona tiene exactamente la misma cantidad de tiempo cada día. Los métodos que se emplean en las actividades cotidianas determinan qué tanto se obtendrá en la vida, puesto que el tiempo es la base de la vida. En la vida personal, mientras menos tiempo se requiera para hacer aquello que pudiera parecer desagradable, más tiempo queda para hacer lo que se disfruta. El tiempo también es el factor que se toma con más frecuencia como base de la retribución, de manera que los métodos que requieren menos tiempo disminuyen el costo de una unidad de producto o servicio. Un aparato televisor cuya producción exige únicamente 20 horas de trabajo puede costar menos que otro que exija 30 horas de trabajo.

Los métodos pueden determinar también la cantidad de materiales, energía y capital que se utilice (utilización del equipo). El diseño de métodos capaces de reducir el consumo o el desperdicio de esos recursos disminuye igualmente el costo de una unidad de producto o servicio. Si, gracias a los mejores métodos de corte, se reduce en un 5 por ciento el material desperdiciado al confeccionar un vestido, su costo bajará.

Los incrementos de la productividad logrados mediante un mejor diseño de métodos pueden proporcionar un mejor estándar de vida. En cualquier sociedad, independientemente del sistema político, es posible tener un bajo estándar de vida con una alta productividad si el resultado de la productividad se distribuye mal, pero es imposible tener un estándar de vida elevado con una baja productividad. No es posible proporcionar los beneficios sociales que muchas personas desean, tales como alimento sano, aire y agua limpios y alojamiento adecuado, sin aumentar el producto de nuestros recursos limitados mediante el diseño de mejores métodos.

El diseño del método determina el esfuerzo que deben realizar quienes lo aplican, la probabilidad de que sufran fatiga o lesiones, así como su manera de sentir respecto a lo que hacen. Un método que obliga a alcanzar objetos a distancia excesiva, o exija que el cuerpo adopte posiciones incómodas, cansa a las personas que lo aplican. Hace que sean menos productivas, aumenta la probabilidad de que sufran tensión, tenosinovitis u otras molestias y posiblemente sea causa de que adopten una actitud negativa hacia la tarea y las personas relacionadas con ella.

El diseño del método puede determinar también la calidad de lo producido por el método, sea un producto físico o un servicio. Por ejemplo, un método deficiente de montaje de un aparato de radio puede hacer que una de sus partes quede ocasionalmente mal colocada, lo cual dará lugar a que el aparato no funcione. Un cajero de banco que sigue un método deficiente para atender a un cliente hará que los clientes piensen que el banco es descuidado con su dinero. Si el producto satisface la calidad esperada, puede ser motivo de orgullo y satisfacción en el trabajo para la persona que aplica el método.

3.1.2 DESCRIPCION DE LA OPERACION DE LOS SISTEMAS

Un método describe cómo se utilizan los recursos para procesar los insumos y convertirlos en productos, a fin de lograr los fines o realizar las funciones mediante una red de actividades llamada un "sistema". Un sistema es la utilización funcional de los recursos humanos y físicos y de la información, lo cual transforma los insumos o trabaja en ellos para llegar a los productos que logran el propósito o los propósitos en un medio sociológico y físico. Los sistemas pueden ser de cualquier tamaño; desde el sistema o método pequeño de archivar una carpeta en el cajón de un gabinete hasta el complicado sistema o método de dirigir una gran empresa o dependencia. Cada sistema forma parte de un sistema mayor donde entra en contacto con otros subsistemas (ver el ejemplo 3.1.1). Quiere decir que si se diseña un método para un gran sistema, abarca los métodos de los subsistemas más pequeños. Si el diseño de un gran sistema resulta demasiado complicado, se puede descomponer en subsistemas y diseñar métodos para cada uno de ellos.

Para diseñar totalmente un método se debe considerar cada uno de los ocho elementos de todo sistema, cualquiera que sea su tamaño.[1] Cada elemento tiene cinco dimensiones que forman una matriz de sistemas. Esta matriz, más dos columnas de guía, restricciones y regu-

Ejemplo 3.1.1 Jerarquía de un sistema: de los sistemas pequeños a los grandes[a]

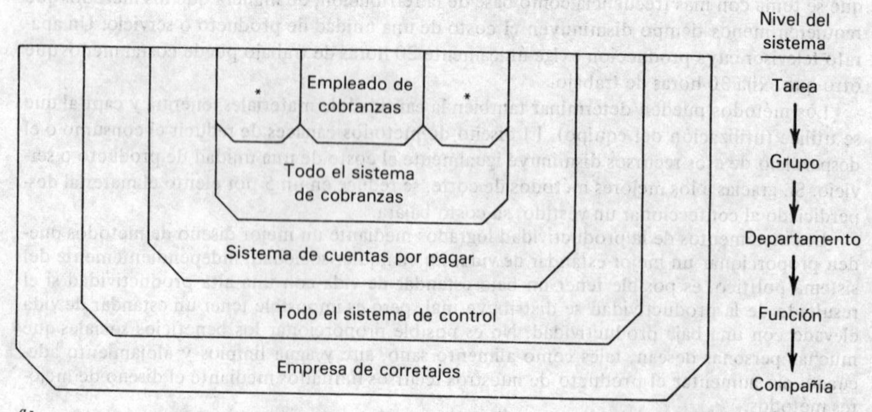

[a] Las partes con asterisco representan sistemas horizontales.

laridad forman el marco del diseño de métodos (ejemplo 3.1.2). Este marco constituye una guía y lista de verificación para el diseño de métodos y da lugar a especificaciones completas.

Los ocho elementos de un sistema son los siguientes:

1. **Finalidad**. Es la función, misión, objetivo o necesidad del sistema. Lo que debe lograr, no cómo lo va a lograr.
2. **Insumos**. Los materiales físicos, las personas, la información, o cualquiera de ellos que ingresan al sistema para ser transformados en un producto; por ejemplo: minerales, las partes de un tostador, papel, clientes o pacientes.
3. **Producto**. Aquello que el sistema produce para lograr sus fines; por ejemplo, productos tales como acero, tostadores ensamblados, cajas, clientes atendidos o pacientes tratados, así como productos secundarios tales como escoria y desechos.
4. **Sucesión**. Los pasos necesarios para convertir, transformar o procesar los insumos. (Esto es la médula del diseño de métodos.) En los sistemas pequeños, la sucesión es la descripción de cómo debe hacer su trabajo el agente humano, o sea el trabajador.
5. **Medio**. Las condiciones en las cuales opera el sistema, incluyendo los aspectos físicos, de actitud, organizativo, contractual, cultural, político y jurídico. Como ejemplos podemos citar la temperatura, el alumbrado, estipulaciones del contrato sindical que puedan influir en el diseño, o los reglamentos de la Administración para la Seguridad y la Salud en el Trabajo (*Occupational Safety and Health Administration*, OSHA).
6. **Elementos humanos (los trabajadores)**. Las personas que participan en los pasos sucesivos sin pasar a formar parte del producto. Esto incluye lo que hacen, sus habilidades, responsabilidades y compensaciones.
7. **Catalizadores físicos (equipo)**. El equipo y los recursos físicos que participan en los pasos sucesivos sin pasar a formar parte del producto; el equipo y la distribución que se adopta para hacer que el sistema funcione.
8. **Auxiliares de información**. Los conocimientos y la información que participan en los pasos sucesivos sin pasar a formar parte del producto. Como ejemplos tenemos las instrucciones, hojas de especificaciones y listas de verificación.

Las cinco dimensiones de cada elemento del sistema son las siguientes:

1. **Fundamental**. La descripción básica del elemento, sus características y especificaciones físicas: el qué, cómo, dónde y quién.
2. **Ritmo**. Las mediciones, con base en el tiempo, del elemento durante la operación del sistema; por ejemplo, partes por minuto o clientes por hora.
3. **Control**. La evaluación del elemento y los procedimientos para modificar las actividades con el fin de respetar las especificaciones; por ejemplo, peso mínimo por unidad.
4. **Puntos de contacto.** La reacción del elemento ante otras dimensiones del sistema; por ejemplo, la forma en que el equipo complicado influye en los procedimientos de contratación.
5. **El futuro**. Los cambios planeados y la necesidad de investigar qué cambios se deben preparar.

Las dos guías usadas en el diseño de métodos para cada elemento son las siguientes:

Restricciones. Son las restricciones o limitaciones mínimas que se deben tener en cuenta al diseñar cada elemento, condiciones o especificaciones que forman parte de las especificaciones del método definitivo.

Regularidad. Son las condiciones y especificaciones más importantes, regulares o normales, de cada elemento, aquellas con las cuales el método actúa comúnmente.

Ejemplo 3.1.2 La matriz del sistema

Elementos	*Dimensiones*					*Guías*	
	Fundamental	*Nivel*	*Control*	*Punto de contacto*	*Futuro*	*Restricciones*	*Regularidad*
Finalidad							
Insumo							
Producto							
Sucesión							
Medio							
Elementos humanos (trabajadores)							
Catalizadores físicos (equipo)							
Auxiliares de información							

3.1.3 ESTRATEGIA PARA EL DISEÑO DE METODOS

Lo que sigue es una estrategia para diseñar nuevos métodos o para mejorar los que ya existen.[2]

Determinar la finalidad del método

El elemento más importante de todo sistema o método, existente o en proyecto, es la función o finalidad. Indica si el método es necesario y sirve de guía al diseño. El diseño de métodos debe dar comienzo con esta pregunta: "¿Qué finalidad o función se debe lograr con el método apropiado?" Si la función del método no se puede definir, el método no es necesario y por lo tanto no hay para qué diseñarlo. Si el diseño se inicia determinando la finalidad o función, se evita la crítica implícita y la resistencia o comportamiento defensivo que se provoca siempre al estudiar o poner en duda un método que está en operación. También se ahorra tiempo, ya que sólo se recaban los datos necesarios para el diseño. El análisis del sistema actual se lleva a cabo con el único fin de obtener información para el diseño de un método mejorado o para justificarlo. La búsqueda de hechos no sustituye al pensamiento. Cuando se comienza definiendo la función no se están buscando defectos en el sistema actual, procedimiento que podría conducir por un camino equivocado.

Las personas que se interesan por el sistema, o lo harán en el futuro, o que resultarán afectadas por él, deben participar en esta primera fase, sobre todo aquellas que lo aplicarán. Sus años de experiencia ayudan a encontrar la verdadera función. El enfoque funcional les da también una idea de su trabajo. Cuando las personas participan en estos sistemas, debe haber dirección para equilibrar el tiempo que se dedica al diseño con los resultados que se esperaba obtener.

El primer paso para determinar la función consiste en darle un nombre al sistema que se va a estudiar o diseñar, por ejemplo "sistema de medicación del paciente".

El segundo paso consiste en determinar la función directa más inmediata de ese sistema, es decir, su razón, misión, propósito u objetivo. Se refiere a *qué* se debe lograr, no a *cómo* se va a lograr. La función de un sistema no es el producto. Por ejemplo, la función de un expendio de hamburguesas es aliviar el hambre; el producto son las hamburguesas. La función de un sistema de perforación de cartón corrugado es hacer aberturas en una hoja de cartón corrugado; el producto son las hojas perforadas.

La manera de redactar la declaración de la función es importante, porque sirve de guía para el diseño. Debe comenzar con un verbo activo y ser específica, pero no limitante. Por ejemplo, la declaración de función "perforar un agujero" dará lugar a la imagen mental de un método que normalmente incluye a un taladro. La declaración "crear un agujero" puede implicar diferentes métodos, pero por lo general prevalecerá la idea de un agujero circular. La declaración "crear un vacío" hace pensar en otro conjunto diferente de métodos. No se deben incluir frases que sugieran una meta, por ejemplo, "atender a 40 clientes por hora". Esto se debe considerar como una restricción o requisito del ritmo de producción del método. La oportunidad y el espacio de diseño no se limitan introduciendo términos restrictivos en la declaración de la función. No se dice, por ejemplo, "estampar la tapa de una lata", sino "formar"; no se dice "archivar la información", sino "guardar". Tampoco se dice "hacer un dibujo", sino "comunicar las dimensiones y la forma".

Un grupo de mantenimiento comenzó a pensar en los métodos de mantenimiento preventivo estableciendo que su función no consistía en reparar el equipo, sino en mantenerlo en funcionamiento. Cuando las cuadrillas de maquinistas se vieron expuestas a un ruido excesivo, se propuso un estudio masivo para silenciar a la maquinaria por el método de colocar costosas "cubiertas" a prueba de ruido en torno a las máquinas. Cuando se les preguntó cuál era la función, los trabajadores contestaron que era "proporcionar un lugar de trabajo tranquilo". Al preguntárseles por qué el lugar de trabajo debía ser tranquilo, dijeron que para "reducir a límites inferiores la exposición de los trabajadores al nivel de ruido". Partiendo de esta función, los métodos de trabajo y los lugares de control de la maquinaria fueron rediseñados de manera que el trabajador pudiera desempeñar funciones básicas fuera de las áreas ruidosas, las que se identificaron mediante gráficas de perfil de ruido.

Uno de los problemas con que se tropieza al tratar de identificar la función es que puede haber más de una. Por ejemplo, las funciones de un sistema de empaquetado pueden consistir en oponer una barrera al vapor y en dar un aspecto agradable. Hay dos funciones, de manera que habrá que decidir cuál es la más importante y cuál se debe tomar como restricción.

Una vez determinada la función más inmediata o directa, el tercer paso consiste en preguntar: "¿Cuál es la función de esta función?", o "¿Por qué se lleva a cabo?" La respuesta a esta pregunta normalmente define la función del sistema mayor al que sigue. Esto se repite varias veces hasta determinar las funciones de los sistemas demasiado grandes para trabajar en ellos, como ocurre, por ejemplo, con el sistema de distribución en los Estados Unidos. A este procedimiento se le llama "expansión de funciones". Las funciones deben extenderse siempre mucho más allá de los niveles que sólo remotamente se considerarían para la función seleccionada. Esto dará una idea de cómo la función que se selecciona encaja en la jerarquía del sistema, y demuestra la capacidad de ver más allá del presente problema.

Una vez que se clasifican las funciones por orden de magnitud del sistema, se elige el nivel al cual se puede diseñar el método. Por lo general se aplican seis criterios a esta selección: 1) de los ahorros potenciales o de mejores servicios, 2) los deseos de la administración, 3) las limitaciones de tiempo, 4) los factores organizativos, 5) los factores de control y 6) la disponibilidad de capital. La selección de la declaración de función y su nivel es crítica para el diseño de los métodos y para sus efectos en la empresa en la cual opera. Asimismo, concentra el trabajo de diseño en la finalidad más bien que en el problema inicial.

Una vez que se selecciona la función, hay que verificar para asegurarse de 1) que todos entienden la declaración sin tener que referirse al proyecto inicial, 2) que la declaración de función no especifica otras características del sistema y 3) que es posible diseñar un método capaz de lograr la función declarada sin hacer referencia a alguna otra necesidad o finalidad.

El ejemplo 3.1.3 muestra la ampliación de la función de un sistema de corte con troquel destinado a abrir agujeros en hojas de cartón corrugado, que posteriormente se convertirán en cajas para suministrar bolsas de plástico. Al seleccionar "contener y suministrar bolsas de plástico" como declaración de la función, los diseñadores desarrollaron un método que producía una caja (producto) que no tenía que pasar por la operación de troquelado, sino que se apro-

Ejemplo 3.1.3 Ampliación de la función—Sistema de corte con troquel

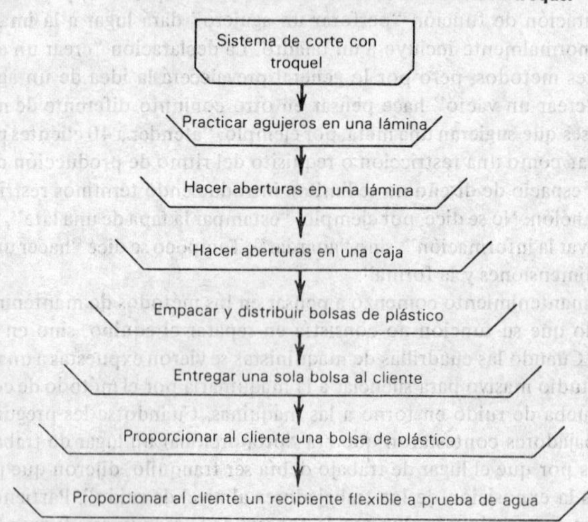

vechaban las solapas cortadas en la primera operación de troquelado y ranurado para crear la abertura.

El ejemplo 3.1.4 muestra la ampliación de la función de un sistema para registrar la cantidad de papel entregado a una máquina de hacer bolsas.

Conceptualización de métodos ideales

Una vez determinado el nivel de la función y una vez que la finalidad del método se define claramente y se la considera absolutamente necesaria, la fase de diseño puede comenzar. Durante la fase de diseño, es conveniente incluir a los trabajadores interesados en el método y que resultan afectados por él, porque esto permite que los diseñadores aprovechen la experiencia de los trabajadores con el sistema y enfoquen las soluciones desde distintos puntos de vista. Consultando las listas de verificación se estimula el flujo de las ideas durante la fase de diseño. En la obra de Gerald Nadler[3] *Work Design-A Systems Concept*, se encuentra la colección más completa de listas de verificación, divididas en elementos del sistema.

La creatividad individual y de grupo recibe estímulo mediante sesiones dirigidas para crear tantas declaraciones generales de sistemas como sea posible para cumplir la función o finalidad, sin criticar por el momento las ideas. Esto puede producir métodos extraordinarios (ver el capítulo 1.5). Se deben generar tantas ideas como sea posible acerca de la manera de diseñar un método capaz de lograr la finalidad o función del sistema, incluso ideas extremas que tal vez pasen por alto las restricciones y que por el momento no sean tecnológicamente factibles. Se debe pensar en lo que debería ser más bien que en lo que es. Todas las ideas se deben anotar y separar las ideas definitivas, tanto las que dependen de tecnologías inexistentes por ahora como las que sean tecnológicamente posibles. Por ejemplo, en el caso del sistema de registro de consumo de papel, que se presenta en el ejemplo 3.1.4, la idea final proponía un dispositivo capaz de registrar automáticamente todas las características físicas de un rollo de papel con sólo observarlo. En esta fase, el ejercicio mental 1) estimula la creatividad, 2) disminuye la inclinación a defender el sistema actual o los procedimientos anteriores y 3) prepara a las personas para los cambios futuros.

Ejemplo 3.1.4 Ampliación de la función—Sistema de consumo de papel

Sistema de consumo de papel

Registrar el papel entregado a la máquina de hacer bolsas

Informar sobre el consumo de papel a control de inventario

Llevar registros de inventario correctos

Proporcionar información sobre pedidos y programación

Proporcionar papel cuando se requiera

Producir bolsas cuando se requiera

Identificación de las restricciones y la regularidad

Se debe hacer una lista de restricciones por cada elemento del sistema. Una restricción o limitación es una condición, supuesta o real, que debe formar parte del método final; por ejemplo, las disposiciones del gobierno, las restricciones del sindicato, las políticas de la empresa o las limitaciones físicas. Conviene examinar la necesidad de imponer cada una de esas limitaciones. Mientras menos restricciones haya, mayor será el espacio de diseño. Algunas de las restricciones se pueden considerar como tentativas y temporalmente se suprimen para poner a prueba el éxito de un método diseñado sin ellas. Si en el sistema van a trabajar personas impedidas, por ejemplo, sus limitaciones se deben tomar como una restricción.

También es el momento de definir la regularidad, es decir, las condiciones de cada elemento del sistema que representan la mayor proporción o frecuencia de las condiciones para las cuales se diseñan los métodos. Muchos buenos métodos se han abandonado porque no se adaptan a una situación anormal o poco frecuente. Un sistema separado se puede hacer cargo de las situaciones irregulares. Las regularidades se deben tener en cuenta antes que las irregularidades. Las columnas de restricciones y regularidad constituyen las guías (ejemplo 3.1.5) para bosquejar los métodos.

Bosquejo de métodos prácticos

Las ideas se pueden desarrollar aún más estudiando las casillas de la matriz del sistema y aplicando algunos de los siguientes principios:

1. Finalidad. Se intenta eliminar la necesidad de la finalidad.

2. Insumo. Diseñar el menor número de partidas o puntos de información, prefiriendo los de costo más bajo.

3. Producto. Diseñar el producto de costo más bajo capaz de satisfacer la finalidad o función.

4. Sucesión. Minimizar el número de veces en que se manejan o alteran la información, los materiales, productos o personas, así como el número y costo de las operaciones necesarias para convertir el insumo en producto. Una vez logrado el control de un objeto, deberá hacerse todo lo que sea posible al procesarlo, ya que la pérdida y recuperación del control cuesta tiempo y esfuerzo.

Ejemplo 3.1.5 Directivas que se podrían seguir para diseñar un método de "Información a control de inventario sobre el consumo de papel"

	Restricciones	*Regularidad*
Elemento	Hay que identificar el papel, el pedido y la máquina.	Rollos de papel Kraft de 50 pulgadas de diámetro.
Producto	Que pueda ser registrado en tarjetas antes del mediodía siguiente.	100 operaciones por día.
Sucesión	No se informará antes de que el papel haya sido colocado en la máquina.	Papel consumido totalmente.
Medio	Ninguno.	Fábrica local.
Equipo	Por el momento no se puede pensar en la computadora.	Todo el papel se entrega por camión.
Factor humano	El registro de inventario debe ser llevado únicamente por un empleado a sueldo.	Todos los trabajadores bien capacitados.
Auxiliares de información	Ninguno.	Tablas estándar en vigor.

5. Medio. Minimizar el número de cambios que exija el medio, o las restricciones que imponga.

6. Elementos humanos. Maximizar la utilización de la capacidad del tabajador. Minimizar todos los movimientos, operaciones, agarres, verificaciones y demoras. Minimizar el número de horas de trabajo y de habilidades especiales requeridas, sin salirse de las especificaciones de calidad del producto o servicio. Simplificar todas las operaciones, movimientos, mediciones, verificaciones y manipulaciones. Minimizar el número de pasos, de movimientos para asir, de levantamientos, el peso levantado y las distancias recorridas.

7. Catalizadores físicos. Utilizar el equipo a su máxima capacidad. Hacerlo funcionar a velocidad óptima, con un mínimo de tiempo ocioso. Emplear equipo automatizado si ello se justifica (ver el capítulo 7.5). Minimizar la cantidad y el costo del equipo, de acuerdo con los costos y la calidad del producto.

8. Auxiliares de información. Recurrir al procesamiento automatizado de los datos si ello se justifica y jamás registrar la información más de una vez (capítulo 12.2).

El ejemplo 3.1.6 puede servir de guía en esta fase.

Seleccionar el mejor bosquejo

Una vez que se bosquejan varias ideas alternativas, se pueden evaluar aplicando cinco criterios: 1) el que se refiere al riesgo (sección 6), 2) el económico (sección 9), 3) el de control (sección 8), 4) el sicológico (sección 2) y 5) el organizativo (sección 2).

Formulación de los detalles del bosquejo seleccionado

Una vez que se selecciona un método, habrá que detallarlo más mediante especificaciones, dibujos, planos, gráficas y descripciones y se mejora recurriendo a las técnicas de simplificación del trabajo, a los principios y a las listas de verificación.[4] La matriz de sistema se utiliza como guía para asegurarse de que todas las facetas del método se tomaron en cuenta en el diseño. Sin embargo, sólo se busca la información necesaria para contestar preguntas específicas.

Insumos y productos

Los insumos y los productos, ya se trate de materiales, artículos, información o personas, deben ser descritos con sus especificaciones a fin de garantizar que se atiende a la finalidad del sistema (ver el capítulo 7.2). Se debe señalar el ritmo con el cual los insumos ingresan al sistema y con el cual se procesarán los productos. Se tendrán en cuenta el control de calidad y la cantidad de los insumos así como los productos y los efectos de éstos en los sistemas contiguos. Se puede recurrir a la ingeniería de valores al diseñar los productos, los cuales pueden ser insumos, productos, o ambos (ver capítulo 7.3).

Ejemplo 3.1.6 Principios del diseño de métodos

1. Sólo se debe diseñar para lograr los fines propuestos en forma ideal.
2. Considerar todos los elementos y dimensiones de los sistemas.
3. Diseñar para la generalidad antes de tener en cuenta las excepciones.
4. Concentrarse en lo que debe ser, más bien que en lo que es.
5. Considerar la distribución y el diseño del equipo.
6. Eliminar o minimizar los movimientos corporales.
7. Procurar que las espaldas de las personas se mantengan derechas y sus manos cerca del ombligo.
8. Manejar los objetos y registrar la información sólo una vez.
9. Obtener únicamente la información necesaria para el diseño o para justificar un hecho.
10. Minimizar el uso de todos los recursos.

Sucesión

La sucesión de los actos que convierten los insumos en producto se puede describir mediante representaciones simbólicas y sistemáticas, o modelos, llamados "diagramas" (capítulo 3.3). Las técnicas de manejo de materiales se aplican a los métodos de manejo de materiales o productos a lo largo de toda la sucesión (capítulos 10.3 y 10.4). Para describir las sucesiones muy largas[5] se emplean la técnica de evaluación y revisión de programas (TERP) y el método del camino crítico (PERT).

Los diagramas de procesamiento de productos o de procesamiento de las personas[6] se emplean al describir y representar los pasos necesarios para modificar el producto o atender a una persona a lo largo del sistema . Esos cuadros tienen un símbolo para cada operación, movimiento, almacenamiento, demora e inspección del producto o persona. Los símbolos están enlazados para formar la sucesión.

A partir de los diagramas de proceso,[7] se describe y representa el procesamiento de la información contenida por lo general en formas. Esos cuadros tienen un símbolo que indica el origen de cada forma o dato, así como las operaciones, movimiento, almacenamiento y uso de las formas y la transmisión de la información. Se especifican el ritmo con el cual pasan los productos, las personas o la información a lo largo de la sucesión; los controles, en forma de inspecciones y verificaciones y el contacto con otros sistemas.

Elementos humanos

Los elementos y las actividades humanas se pueden representar o describir también en cuadros (ver capítulo 3.3). Los cuadros de proceso representan, paso a paso, el procedimiento que sigue una persona al hacer un trabajo cuando se desplaza de un sitio a otro. Hay un símbolo para cada operación, movimiento, demora, acto de asir o verificación. Los cuadros de operación[8] describen y representan la actividad del trabajador en un mismo sitio. Hay un símbolo para cada operación, movimiento, asimiento y demora. Las actividades de cada mano se indican una al lado de otra, generalmente sobre una escala de tiempo. Cuando se trabaja con una máquina, o cuando la máquina es la que controla, se utiliza un cuadro de hombre y máquina. Un símbolo indica que la máquina está funcionando y otro que está ociosa. La actividad de la máquina se representa junto a la actividad del trabajador. Cuando varios trabajadores operan con una misma máquina, se usa un cuadro adecuado, lo mismo que cuando hay varias máquinas (ver el capítulo 3.5).

Todos los movimientos de un trabajador se deben designar siguiendo los principios de economía de movimientos establecidos por R. M. Barnes[9], así como los requisitos previos de tolerancia al trabajo biomecánico propuestos por E. R. Tichauer[10] (ver la sección 4). Para traducir algunos de los conceptos biomecánicos a un lenguaje que se pueda entender y recordar más fácilmente por las personas sin preparación técnica, se pueden emplear las siguientes reglas de biomecánica[11] corporal:

1. **La regla de la espalda derecha.** Diseñar la tarea de manera que la espalda y el cuello se mantengan derechos, aunque el trabajador tenga que inclinarse. El mantener la espalda derecha se aplica también a los movimientos de torsión o laterales, los cuales se deben evitar.
2. **La regla del ombligo.** Al levantarse o manejar objetos y controles, manténganse las manos cerca del ombligo.

a. Esto mantiene el peso cerca de la articulación lumbosacra, que se encuentra horizontalmente en línea con el ombligo. Mientras más cerca estén las manos al ombligo el movimiento de levantar será más corto (peso por distancia a la espina dorsal) y por lo tanto el esfuerzo que se impone a la espalda será menor.

b. Cuando las manos están activas cerca del ombligo, los codos se encuentran abajo y se reduce la tensión muscular. Asimismo, a medida que las manos se mueven hacia adelante, retirándose del ombligo, los bíceps se estiran perdiendo su ventaja mecánica y se fatigan.

3. La regla del brazo oscilante. Los movimientos del brazo deben seguir el arco normal de oscilación, ya que se requieren cuatro veces más tiempo y esfuerzo para mover un objeto en línea recta. El movimiento debe ser detenido por una barrera y no por la acción muscular.

4. La regla de la muñeca recta. Se debe evitar el asir, sostener o girar la mano con la muñeca doblada, lo mismo que hacer pequeñas manipulaciones con la muñeca recta. Cuando la muñeca está doblada, los tendones se tuercen y quedan sujetos a tensión y fricción al abrir o cerrar la mano.

5. La regla de la piel. Se debe evitar que la presión se concentre en áreas pequeñas de la piel. La presión prolongada restringe la circulación, lo cual puede dañar los pequeños vasos sanguíneos y causar adormecimiento y hormigueo.

6. La regla del pie perezoso. Los métodos que implican abrir y cerrar dispositivos de seguridad o cerrar interruptores se deben diseñar de manera que esos dispositivos se puedan manejar con facilidad, estén colocados en lugar conveniente y sean fáciles de cerrar. De otro modo, el trabajador mostrará una fuerte tendencia a no hacer el esfuerzo necesario para mover sus pies perezosos al colocar la protección o cerrar el interruptor.

7. La regla de no pensar. Pregúntese lo siguiente en relación con cada elemento de la tarea: "Si el trabajador no piensa al manejar el elemento, ¿podrá sufrir daño?" Pregúntese en seguida: "¿Cómo se puede diseñar el método, máquina o lugar de trabajo, de manera que el trabajador no sufra daño?"

8. La regla del cuerpo contra la máquina. Piense si la máquina puede dañar al trabajador mientras maneja cada elemento. Busque la energía acumulada en las partes movibles, los controles automáticos que pueden activar el movimiento, los puntos capaces de atenazar, las salientes, los lugares calientes, los bordes agudos y la localización de los interruptores de seguridad.

En el diseño se debe considerar también el contacto del trabajador con otros sistemas, que le proporcionan servicios y suministros.

Catalizadores físicos

Los catalizadores físicos (el equipo) de un sistema influyen apreciablemente en el diseño de los métodos. El diseño de las herramientas y la maquinaria impone a menudo el método que se debe seguir y la configuración del lugar de trabajo influye en los métodos que siguen las personas que trabajan allí. El diseño de herramientas de mano, escritorios, mostradores, bancos de trabajo y sillas influye en los métodos que sigue el trabajador y debe formar parte del diseño de los métodos, a fin de minimizar los movimientos y los vectores de tensión patógena acumulativa (ver el capítulo 6.9).

La maquinaria se debe diseñar teniendo en cuenta el método que seguirá el operador en su contacto con la máquina (ver el capítulo 6.8). Los controles, palancas, pedales y volantes deben ser fáciles de alcanzar, de manera que el operador no tenga que desplazarse, inclinarse ni alcanzar a mucha distancia. Los instrumentos se deben poder leer con facilidad, sin que el operador tenga que mover la cabeza o el cuerpo. Las tolvas de alimentación, las bocas de descarga, los mecanismos transportadores y cualquier superficie que el trabajador tenga que utilizar deberán estar a la altura conveniente, de manera que no tenga que agacharse. La velocidad de alimentación y descarga, el control y mantenimiento de las máquinas y los cambios de equipo planeados se deben tener en consideración al diseñar los métodos.

Por último, también hay que tener en cuenta la interacción con otros sistemas que reciben los productos o proporcionan los insumos, el servicio de mantenimiento, los suministros, los desperdicios y el retiro de productos secundarios.

Auxiliares de información

La información auxiliar requerida por el sistema se debe incorporar al diseño, junto con la frecuencia y el control de la información. Sólo se debe especificar un mínimo de detalles y controles críticos. La dimensión de contacto indica de modo general la manera en que la información llega desde otros sistemas.

Análisis del método de mejoramiento propuesto

Una vez considerada cada casilla de la matriz de sistema y que se han determinado las especificaciones, distribuciones, cuadros, dibujos, descripciones, personal, etc. necesarios, se debe verificar cada uno para asegurarse de que su diseño o especificación sea lo óptimo para lograr la finalidad del método. Cada detalle y elemento del método, propuesto o existente, se deben analizar de acuerdo con las preguntas siguientes asociadas con la simplificación del trabajo (ver el capítulo 3.3): ¿*Cuál* es la finalidad? ¿*Por qué* es necesario? ¿*Dónde* se debe hacer? ¿*Cuándo* se debe hacer? ¿*Quién* debe hacerlo? ¿*Cómo* se puede lograr mejor el método? Cada elemento se debe examinar también para ver si los materiales, productos, equipo, información, pasos sucesivos y actividad humana que figuran en el sistema se pueden eliminar, combinar, simplificar o reordenar para mejorar el método.

La seguridad del trabajador y del equipo siempre debe tener prioridad cuando se diseñan los métodos. No obstante, una vez diseñados los elementos de un método, se debe analizar cada uno preguntando lo siguiente: "¿En qué forma podría sufrir daño la persona que aplica el método?" Luego, si hay riesgos, serán retirados del método o se harán advertencias correspondientes en la descripción de los métodos. Al procedimiento para este análisis se le llama "análisis de seguridad en el trabajo" o "análisis de riesgos de la tarea" y se puede encontrar en el *Accident Prevention Manual* del Consejo Nacional de Seguridad (de los EE.UU.) y en otros libros.[12]

3.1.4 Descripción de métodos

Las descripciones de los métodos se escriben para los registros, para mejorarlos, para estudios de tiempo y para capacitación. Deben tener las características siguientes:

1. Un título sencillo que identifique al método; por ejemplo, "sistemas de administración de medicamentos".
2. La finalidad del sistema; por ejemplo, "Dar la medicina correcta a la persona indicada en el momento oportuno".
3. La fecha y el nombre de la persona que redactó la descripción.
4. Los insumos, productos, subproductos (incluyendo desperdicios); las especificaciones de las herramientas y equipo (incluyendo el empaque) y el mantenimiento no se tienen que incluir en la descripción de los métodos, pero sí se hará referencia a los dibujos, manuales y otros documentos que contendrán la información necesaria.
5. Un esquema del lugar de trabajo, o una referencia al lugar donde se puede obtener.
6. Condiciones ambientales en las cuales va a operar el método.
7. Ritmos de entrada de insumos y salida de productos y la velocidad de las máquinas.
8. Una lista de las necesidades que deben satisfacer otros sistemas; por ejemplo, plataformas, servicios, información, formas y mantenimiento.
9. Una descripción elemental de las actividades de cada persona.

Los elementos regulares se deben relacionar por orden de aparición. Los irregulares, los que se presentan menos de una vez por ciclo, así como su frecuencia se deben relacionar después de los regulares. La descripción de cada elemento será breve pero completa. El cuerpo de la descripción debe ir precedido por un verbo activo; por ejemplo: "asir", "abrir" o "levantar". También se mencionan las herramientas y equipo utilizados, las distancias recorridas por la persona o por las manos, el objeto que se maneja, sus características y su peso.

3.1.5 DISTRIBUCION DEL LUGAR DE TRABAJO

Así como la geografía hace historia, la distribución del lugar de trabajo influye en el diseño de los métodos, en la utilización del espacio y en el tiempo requerido para aplicar el método.

Las dimensiones del lugar de trabajo dependen del tamaño del sistema. En el caso del sistema de reparto de una ciudad, el lugar de trabajo podría ser toda la ciudad, incluyendo los almacenes y los lugares de entrega, junto con las estaciones individuales. En una fábrica sería toda la planta, incluyendo el almacén. Si se trata de una sola estación de trabajo de la fábrica, comprenderá los sitios de ubicación de los materiales, las herramientas, las bocas de alimentación y de descarga y los controles. En el caso de una oficina o un mostrador de servicio, incluirá la ubicación de los archivos, el equipo, las canastillas, los teléfonos y los estantes. Un escritorio es un lugar de trabajo y debe dar cabida a los métodos que ahí se siguen.

La distribución del lugar de trabajo determina:

1. Las distancias que recorrerán los materiales, los productos, los desperdicios, las personas o el equipo.
2. La cantidad de espacio para almacenamiento (de productos en proceso o de otra cosa), que a su vez puede determinar la frecuencia con que se presentarán ciertos elementos, por ejemplo las existencias de reposición o la preparación de las máquinas.
3. Los movimientos corporales, como asimientos y desplazamientos.
4. Los retrasos provocados por la interferencia con las personas o el equipo, debidos a su ubicación.
5. Hasta cierto punto, lo que las personas piensan de su empleo.
6. En las industrias de servicios, donde el cliente interactúa con el método, la forma en que los clientes reaccionan ante el servicio prestado.

Al diseño del método debe seguir el diseño de la distribución. De no ser así se obligará tal vez al método a dar cabida a la distribución, requiriéndose posiblemente más trabajo y ocasionando más demoras, una mala utilización del espacio e incluso obligando al trabajador a realizar movimientos peligrosos.

La tarea de modificar la distribución actual para adaptarla a los métodos nuevos o mejorados se debe considerar siempre como parte del diseño de métodos y del proceso de evaluación (ver los capítulos 10.2 y 10.6).

3.1.6. PARTICIPACION DE LAS PERSONAS EN EL DISEÑO DE LOS METODOS

Las personas, con sus habilidades y conocimientos, deben ser parte integrante de todo diseño de métodos. Hay que reconocer que la mayoría de empleados, en todos los niveles, pueden entender muchas de las técnicas y situaciones más complicadas y son capaces de contribuir al diseño. A quienes están relacionados con el método planeado o existente, o que resultan afectados o se interesan por él, se les deben solicitar ideas y podrán facilitar información acerca de la manera de diseñarlo o mejorarlo. Cuando sea posible, deberán participar activamente en el diseño de un método mejor, ayudar a implantarlo y vigilar sus progresos (ver el capítulo 7.8).

Algunas de las políticas administrativas que se deben establecer con el fin de que las personas participen efectivamente en el diseño de los métodos son las siguientes:

1. La administración debe estar dispuesta a compartir la información con los empleados.
2. La administración se debe percatar de que los empleados son capaces y debe permitirles que participen en los grupos de trabajo que diseñarán los sistemas para la empresa.
3. Los empleados desplazados por los nuevos métodos diseñados por los grupos no deben ser despedidos inmediatamente, sino que se hará un ajuste de personal mediante la selección natural o las fluctuaciones de volumen.

3.1.7 EL EMPLEO DE ESTANDARES QUE DEN LUGAR AL MEJORAMIENTO DE LOS METODOS

La razón principal de que se mida el rendimiento es motivar a las personas para que traten de mejorar.[13] Los estándares y otras medidas del comportamiento son necesarios para determinar en dónde se requiere mejorar, para fijar metas y para medir los progresos (ver el capítulo 4.1). Pueden 1) evaluar la eficacia del trabajo de diseño, 2) pronosticar los resultados del método estableciendo medidas y normas de ritmo y control de los elementos del sistema y 3) promover el mejoramiento de los métodos diciendo a las personas lo que se espera de ellas. Sin embargo, hay que procurar no dedicar más tiempo y esfuerzo que los que sean necesarios para desarrollar y aplicar las medidas o para lograr más precisión que la requerida para cumplir con la finalidad de las mediciones.[14]

3.1.8 EL MEJORAMIENTO CONSTANTE DE LOS METODOS

Para estimular el cambio en los métodos en forma continua se debe establecer un programa de mejoramiento constante de la productividad. Por lo general se designa a una persona como coordinador de mejoramiento (casi siempre un ingeniero industrial), que viene a ser el director y persona a quien se acude para estímulo y que ayude a las personas a introducir cambios. La atención se concentra en hacer cambios constantes y deliberados a fin de reducir el desperdicio de trabajo, el tiempo de máquina y los materiales y mejorar el producto y los servicios al cliente. Los elementos del programa pueden provenir de un sistema de sugerencias que espera que todos propongan cambios en forma periódica. Deberá darse crédito a quienes presenten sugerencias, sobre todo aquellas que den lugar a la implantación exitosa de los cambios.

La gerencia debe prestar su apoyo al programa constante de mejoramiento de los métodos, para que pueda funcionar. Mientras mayor sea ese apoyo, más éxito tendrá cualquier trabajo de diseño de los métodos.

REFERENCIAS

1. C. E. GEISEL y G. NADLER, "The Best Method is Not Good Enough", *Proceedings of the Fall Industrial Engineering Conference*, AIIE, Atlanta, 1978, página 3.
2. G. NADLER, *The Planning & Design Professions: An Operational Theory*, Wiley, Nueva York, 1981.
3. G. NADLER, *Work Design-A Systems Concept*, Irwin, Homewood, IL, 1970, páginas 662-667.
4. A. H. MOGENSEN y H. T. GOODWIN, "Work Simplification", *Factory*, julio de 1958.
5. R. D. ARCHIBALD y R. L. VILLORIA, *Network Based Management Systems*, Wiley, Nueva York, 1967.
6. NADLER, *Work Design*, página 331.
7. NADLER, *Work Design*, página 254.
8. M. E. MUNDEL, *Systematic Motion and Time Study*, Prentice-Hall, Englewood Cliffs, NJ, 1947, página 48.
9. R. M. BARNES, *Motion and Time Study*, Wiley, Nueva York, 1958, página 214.
10. E. R. TICHAUER, *The Biomechanical Basis of Ergonomics*, Wiley, Nueva York, 1978, página 33.
11. C. E. GEISEL, "Ergonomics", Trabajo presentado en la junta del Safety Bulletin Composite Can and Tube Institute, Washington, D. C., junio-julio de 1978, página 1.

12. F. E. BIRD, JR., *Management Guide to Loss Control*, Institute Press, Atlanta, 1974, páginas 60-76.

13. C. E. GEISEL, "Productivity Measurement, A Prelude To Improvement", *TAPPI*, Vol. 61, No. 8 (septiembre de 1978), página 33.

14. C. E. GEISEL, "Is Work Measurement Effective Today?", *IMS Clinic Proceedings*, Industrial Management Society, Des Plaines, IL, 1973, página 65.

CAPITULO 3.2

Estudio de movimientos

DANIEL O. CLARK
MTM Association for Standards and Research

GUY C. CLOSE, Jr.
Hughes Aircraft Company

3.2.1 INTRODUCCION

La ejecución del trabajo, por el hombre o por la máquina, se logra normalmente gracias al movimiento. La eficacia del movimiento, en términos de precisión y de tiempo, la determinan la distancia recorrida, el control ejercido y las condiciones en las cuales se realiza el movimiento.

El estudio de movimientos es la aplicación de diversas técnicas que permiten examinar a fondo los movimientos asociados con el trabajo. El estudio se puede referir al movimiento que se observa en las personas, en los procesos, en las partes o en el papeleo. Los actos de alcanzar, inclinarse y desplazarse pueden contener un exceso de movimientos que hacen más lentas las operaciones manuales. Si los ciclos de esos movimientos se repiten con mucha frecuencia, el resultado será una disminución apreciable de la producción potencial. Análogamente, el funcionamiento defectuoso de un dispositivo mecánico puede disminuir la producción y aumentar el desperdicio. Puede igualmente representar un peligro para el equipo y el personal. La finalidad del estudio de movimientos consiste en descubrir y entender las deficiencias del movimiento, tanto en el trabajo humano como en el funcionamiento de las máquinas y los sistemas, con el fin de aumentar la eficacia de cada faceta de la acción. El estudio debe dar lugar a menos horas de trabajo por unidad producida, a un menor esfuerzo por parte del hombre, a menos productos rechazados y a costos óptimos.

La selección de la técnica de estudio de movimientos que se aplica en cualquier investigación dependerá de la efectividad de los resultados que se esperan en relación con su costo. Por ejemplo, el análisis de micromovimientos de una película tomada a 1,000 cuadros por minuto exige a menudo hasta 12 horas de trabajo del analista por cada minuto de observación real de la película. Implica el análisis, cuadro por cuadro, de 25 pies de película. Semejante estudio sólo está justificado en el caso de una producción sumamente elevada, con operaciones manuales de corto ciclo. En el otro extremo, un diagrama de proceso del flujo de papeleo por todo el sistema satisface las necesidades de una investigación de toda esa función. La técnica elegida debe estar en proporción con el problema de que se trate.

Desde el principio hay que reconocer que, como ocurre con la mayoría de los trabajos de ingeniería industrial, el estudio de movimientos dará lugar a acciones que involucran a las personas. El efecto de los posibles cambios se debe prever antes del estudio y se darán los pasos necesarios para mitigar las reacciones negativas. Puesto que el efecto de la mayoría de los estudios será una disminución del tiempo de trabajo y del costo por unidad producida, en todos los casos se debe tener en cuenta el bienestar de las personas. Con frecuencia, los cambios darán lugar a una mayor productividad con la misma mano de obra. Si se limita el trabajo que se va a realizar, algunas personas serán retiradas de la tarea en cuestión. El ingeniero debe estar en situación de asegurarles a las personas afectadas que la gerencia tiene listo otro trabajo equivalente para ellas.

En aquellos casos en que no se dispone de trabajos sustitutos, tal vez sea más aceptable coordinar las reducciones de la mano de obra de manera que coincidan con el desgaste natural y la rotación del personal. En todo caso, los cambios de método a que da lugar el estudio de movimientos deben hacer más fácil y expedita la asignación de labores. El resultado deberá ser una mayor productividad, sin requerir más esfuerzo por parte del personal involucrado.

Otra cosa que hay que considerar respecto al estudio, que forma parte de todo análisis, es el costo de implantación del cambio. De modo general, los cambios se pueden clasificar en tres tipos:

1. Los que implican un desembolso mínimo de recursos; por ejemplo, desplazamientos sin importancia del equipo existente y la adición de pequeñas herramientas de mano fáciles de sustituir.
2. Los que exigen la construcción de instalaciones y la adición de equipo auxiliar que se podrá amortizar como gasto en el año correspondiente.
3. Los que requieren una inversión en equipo de capital. La recuperación se espera en un período de varios años.

Este capítulo proporciona información que permitirá al ingeniero seleccionar una metodología apropiada con base en las circunstancias de la situación de que se trate.

3.2.2 ANTECEDENTES DEL ESTUDIO DE MOVIMIENTOS

Las fuerzas de la competencia obligan constantemente a la industria y a las empresas a buscar maneras mejores y más fáciles de realizar el trabajo. La investigación de la utilización del esfuerzo humano indica que alrededor del 40 por ciento del trabajo manual que se realiza en el hogar, el taller o la oficina da lugar a un desperdicio que no añade valor alguno al producto.[1]

Los precursores en el campo del estudio de movimientos fueron Frank B. y Lillian M. Gilbreth. Ellos iniciaron el primer estudio registrado en el área del estudio de movimientos, piedra angular de la ingeniería de métodos. Frank Gilbreth desarrolló la técnica del estudio de micromovimientos, en la cual se analizó cuadro por cuadro la película tomada de una operación y se le asignó una clave que representaba los movimientos elementales de la mano. A esos movimientos elementales se les dió el nombre de "therbligs", anagrama en que figuran las letras de su apellido. Representaban acciones causativas o acontecimientos (ejemplo 3.2.1). H. B. Maynard, G. J. Stegemerten y J. L. Schwab utilizaron esos elementos básicos al desarrollar las normas de métodos-tiempo para el sistema de Medición de tiempo en los Métodos (MTM).[2]

Otro método de estudio con la cámara es el de "memo movimiento" o "fotografía a intervalos". Esta técnica fue desarrollada en la Universidad Purdue por Marvin E. Mundel.[3] Henry W. Parker, profesor de ingeniería civil en la Universidad Stanford, introdujo la técnica en el ramo de la construcción.

En efecto, el empleo de la fotografía a intervalos en sus diversas formas es un método para registrar una serie de acontecimientos no fortuitos, con fines de análisis. Esta técnica ofrece pruebas indisputables de lo que ocurre realmente durante el período de estudio. Es un método para muestrear la población de acontecimientos.

Más recientemente, Akiyuki Sakima, de la Universidad Keio,[4] recurrió al empleo de la televisión de circuito cerrado, conjuntamente con una grabadora de imágenes en cinta magnética.

Ejemplo 3.2.1 Therbligs

Operación	*Abreviatura*	*Operación*	*Abreviatura*
Gilbreths		*Sociedad Norteamericana de Ingenieros Mecánicos*	
		Elementos físicos básicos	
Transportar en vacío	TE	Alcanzar	R
Transportar con carga	TL	Mover	M
		Cambiar de dirección[a]	CD
Asir	G	Agarrar	G
Sostener	H	Sostener[a]	H
Soltar la carga	RL	Soltar la carga	RL
Poner en posición	PP	Poner en posición[a]	PP
Montar	A		
Desmontar	DA	Separar	D
		Elementos semimentales básicos	
Colocar	P	Colocar[a]	P
Buscar	Sh	Buscar[a]	S
Seleccionar	St	Seleccionar[a]	SE
		Elementos mentales básicos	
Planear	Pn	Planear[a]	PL
Inspeccionar	I	Examinar	E
		Elemento objetivo básico	
Usar	U	Hacer	DO
		Elementos básicos de retraso	
Retraso evitable	AD	Retraso evitable[a]	AD
Retraso inevitable	UD	Retraso inevitable[a]	UD
		Compensar el retraso[a]	BD
Descansar para reponerse de la fatiga	R	Descansar para recuperarse de la fatiga	F

Fuente: Cortesía de la Oficina Internacional del Trabajo, *Introduction to Work Study,* Atar, Ginebra, 1960.

[a] Estos son elementos ineficaces del movimiento. Siempre que tengan lugar, se procurará eliminarlos por completo si es posible.

3.2.3 IDENTIFICACION DEL PROBLEMA

Consideraciones de carácter económico

Un proyecto de estudio de movimientos puede dar lugar a costos excesivos de mano de obra técnica. Para eludir este problema, el analista puede aplicar el principio de Pareto, el cual dice, por ejemplo, que el 20 por ciento de un grupo cualquiera de artículos contienen el 80 por ciento del valor. Un estudio preliminar para determinar cómo y en dónde existe el principio de 20/80 permite al analista minimizar el esfuerzo con un beneficio máximo. La selección de las técnicas adecuadas, con el equipo diverso que se requiere, viene a ser un aspecto muy importante del costo del estudio elegido.

Estudio preliminar

Para seleccionar una técnica adecuada de estudio de movimientos, capaz de proporcionar los detalles necesarios para resolver el problema, es indispensable llevar a cabo un estudio preliminar. Dicho estudio indica de modo general el alcance del posible mejoramiento en relación con los productos, las personas, las máquinas y el lugar de trabajo. Ayudará a establecer prioridades para los aspectos que se van a investigar. Establecerá los parámetros necesarios para identificar los problemas. Un estudio preliminar significativo puede evitar el desperdicio innecesario de tiempo con áreas problema de baja prioridad.

El estudio preliminar de una determinada actividad de trabajo proporcionará datos que justifiquen el estudio que se proyecta. La investigación a fondo de esos datos permite determinar las maneras de resolver los problemas y da lugar a la selección prudente de las técnicas de estudio de movimientos.

El enfoque general de la identificación del problema se diseña a partir de los resultados del estudio preliminar. Las técnicas y la profundidad del estudio en relación con las personas que interactúan con el equipo, los materiales y el ambiente de trabajo se pueden determinar a partir de aquellos resultados. Es muy importante entender que el tiempo que se dedique a un estudio preliminar organizado rendirá grandes beneficios durante el verdadero estudio de movimientos.

Determinación de un punto básico de referencia

El hecho de tener un exceso de datos al principio no constituye un problema. En cambio, los datos insuficientes o inadecuados pueden sentar una base que dará comparaciones inexactas. Los métodos y procesos, el número de personas que intervienen, la disposición del equipo, los requisitos de calidad y los datos referentes a insumos y productos son ejemplos de una buena información básica. Esta documentación inicial es indispensable para comparar las mejoras previstas que resultarán del estudio terminado.

3.2.4 TECNICAS PARA OBTENER Y ANALIZAR LA INFORMACION

Los cuadros

En el capítulo 3.3 se dan las instrucciones para confeccionar varios tipos de cuadros analíticos. Sin embargo, hay ciertos detalles que permitirán utilizar ventajosamente esos cuadros. La formulación de cuadros organiza las ideas del analista y a menudo indica la manera de mejorar la función que se estudia. Los cuadros constituyen una lista ordenada, un detalle a la vez, que permite al analista concentrarse en cada detalle, uno a la vez.

Diagramas de proceso

Los diagramas de proceso sirven para documentar las condiciones existentes con un mínimo de palabras escritas. Pueden resumir gráficamente una gran cantidad de información y dar una idea básica de la operación como se efectúa actualmente. Los diagramas de proceso asociados con los cuadros representan gráficamente la operación que se estudia. Las recomendaciones para modificar el proceso o método se pueden anotar en el cuadro en el orden debido. Los cuadros se pueden usar para comparar cuantitativamente el método propuesto con el actual.

El diagrama de proceso de un cambio propuesto permitirá que el ingeniero explique una situación compleja. Es un instrumento para convencer a otros de que una idea vale la pena y está bien pensada. Hace que a la gerencia le sea más fácil decir "sí" a un proyecto. El cuadro indica dónde se pueden llevar a cabo las mejoras obvias y qué tareas u operaciones justifican un tipo de estudio más detallado, por ejemplo, el análisis de películas.

Al analizar el diagrama de proceso se buscarán las situaciones siguientes:

Operaciones innecesarias.
Largos traslados entre operaciones.
Dos o más traslados entre operaciones.
Dos o más inspecciones sucesivas.
Cambios en la dirección de la circulación; retrocesos.
Objetos muy voluminosos en las vías más largas, circulando los pequeños por las más directas
Posibles combinaciones de operaciones.
Ubicación de las áreas de almacenamiento con relación a las de trabajo.
Demoras causadas por los programas de entrega de partes y materiales.
Cambios en el orden de sucesión que puedan mejorar la productividad.

La elaboración de diagramas de procesos no es una técnica muy exacta, pero resulta muy eficaz para reducir un proceso complicado o una serie de operaciones a segmentos manejables. Este método lógico da mejores resultados que las soluciones intuitivas de los problemas de trabajo.

Diagrama bimanual

Llamado a veces "diagrama del lugar de trabajo", el diagrama para las manos derecha e izquierda constituye un método visual para analizar la relación y el equilibrio del trabajo que realizan las manos. Pese a la automatización, en la oficina y en el taller hay muchas estaciones de trabajo que requieren la aplicación del trabajo humano físico. El diagrama bimanual descompone la tarea en combinaciones de movimientos llamados "elementos". Cada elemento debe tener puntos de iniciación y terminación fáciles de identificar. Es una subdivisión conveniente y reconocible del ciclo de trabajo.

Se sugieren las ideas siguientes para mejorar el análisis:
Haga un resumen de todo lo que abarca la operación.
¿Qué tiempo se requiere para realizar la operación con el método actual? Esto es un punto de referencia para medir las mejoras.
¿Qué cantidad se hace o procesa con esta operación por día, por semana o por mes?
Verifique las operaciones anterior y siguiente para asegurarse de que el trabajo entra y sale en la condición requerida.
Anote todas las herramientas, máquinas, equipo y materiales utilizados, señalando su ubicación en el área de trabajo.

Cuadros de actividades múltiples

Las personas trabajan colectivamente en las líneas de montaje, en las cuadrillas de construcción, en los servicios de mecanografía, en los centros de máquinas, en los consultorios dentales y en otros grupos. Combinan sus esfuerzos, entre sí y con su equipo, para hacer un trabajo útil. La elaboración de cuadros de actividades múltiples y de hombre-máquina son un medio que permite analizar esos trabajos para mejorarlos.

Para aplicar esta técnica, es necesario añadir a los datos un parámetro de tiempo. El cuadro de actividades múltiples hace hincapié en el tiempo y en la actividad combinada de un grupo de personas, máquinas o ambas. Los valores de tiempo se pueden obtener de los datos estándar existentes, de un sistema avanzado de tiempo predeterminado, como son el MTM-2 o el MTM-3, o mediante técnicas fotográficas (véase la sección siguiente). Estos cuadros son muy similares al "cuadro simo" desarrollado por los Gilbreth. Actualmente se acostumbra usar minutos decimales como unidad de tiempo, en lugar del valor de un "parpadeo" usado por Gilbreth. (El parpadeo equivalía a 1/2,000 min.). Se puede llevar a cabo un análisis más detallado contando los cuadros de la película y convirtiendo el total a minutos decimales u otras unidades de tiempo. Los objetivos del análisis de actividades múltiples son los siguientes:

Determinar el tamaño óptimo de un equipo de trabajo.
Determinar la asignación justa de los deberes o tareas.
Reducir el tiempo ocioso y las demoras.

El objetivo del trabajo es añadir valor vendible al producto. El requisito general del análisis de actividades múltiples es aumentar la relación entre el tiempo que añade un valor y el tiempo que se dedica a actividades no productivas tales como manejar, preparar y esperar.

Obtención de datos mediante procedimientos fotográficos

Generalidades

Posiblemente el procedimiento más útil para el estudio de movimientos es el que utiliza la cámara de cine. Las películas tomadas en una forma técnica proporcionan al ingeniero los medios para registrar la acción a medida que tiene lugar. Esas películas se pueden observar una y otra vez a diferentes velocidades de proyección a medida que el ingeniero estudia los métodos para mejorar la utilización del tiempo.

Las películas cinematográficas permiten comprimir o extender el tiempo. La cámara registra la acción y los datos en relación con una base de tiempo establecida por la velocidad con que la película pasa por la cámara. Hay varias maneras de registrar con precisión el intervalo de tiempo; por ejemplo, se pueden conectar generadores de impulsos para activar lámparas de cronometraje, las que a su vez producen marcas en el borde de la película.

Las imágenes proyectadas a la misma velocidad con que se tomaron aparecen normales. Para comprimir el tiempo, la acción se fotografía a una menor velocidad de cuadro que de proyección. A esta manera de comprimir el tiempo se le llama fotografía de lapso, de impulso o a intervalos. Por ejemplo, un ingeniero, en una obra de construcción, puede fotografiar a una cuadrilla de trabajo a razón de un cuadro cada 4 segundos. Con esta velocidad, cuatro horas de actividad se pueden registrar en un cartucho de película super-8. El tiempo de proyección, a 18 cuadros por segundo, será de 3.3 minutos, una compresión de 72 a 1. La película resultante permite al analista observar movimientos indeseables, o una *ausencia* de movimiento que pasaría desapercibida si se observa casualmente. La detección de la falta de movimiento o demoras resulta a menudo de la mayor importancia. Si se observa que una cuadrilla de vaciado y acabado de cemento espera regularmente 20 minutos al camión revelador de hormigón, el contratista tomará rápidamente las medidas necesarias para corregir la situación.

Para extender el tiempo o hacerlo más lento, las imágenes se toman a una velocidad mayor que la proyección. Esto permite estudiar acciones que tienen lugar con demasiada rapidez para que el ojo humano pueda percibirlas. Este método se conoce como ampliación del tiempo.

$$\text{ampliación del tiempo} = \frac{\text{frecuencia en la cámara (cuadros/seg)}}{\text{frecuencia de proyección (cuadros/seg)}}$$

Por ejemplo, un dispositivo mecánico que tarda 2 segundos en completar su ciclo consistente en cargar un componente en un transportador, está colocando incorrectamente un componente cada tercer o cuarto ciclo. Se toma la acción a razón de 200 cuadros/seg y se proyecta la película a 16 cuadros/seg.

$$\text{ampliación del tiempo} = \frac{200}{16} = 12.5$$

En la pantalla, el tiempo de un ciclo de acción será de 12.5 X 2 seg = 25 seg. Esta lentitud permite al analista observar, en cámara lenta, la relación de movimientos entre las partes individuales del mecanismo, que en este caso son los componentes que se manejan. La ampliación del tiempo da lugar a menudo al descubrimiento de la causa de una falla o defecto y permite corregirlo.

El ejemplo 3.2.2 presenta el espectro de una película cinematográfica, indicando los cuadros por segundo y los tiempos de exposición, desde la fotografía a intervalos hasta la de muy alta velocidad. Se indican también las aplicaciones típicas de las diversas fases de la fotografía técnica.

Conviene hacer una advertencia. Se requiere cierto nivel básico de habilidad para recoger información en película y analizarla debidamente. Si el ingeniero tiene la disposición y el tiempo necesario para aprender y adquirir destreza, los resultados serán remuneradores. Si las limitaciones de tiempo exigen que uno capture los datos en el primer intento, será mejor contar con el auxilio de un profesional.

La buena filmación técnica depende de la combinación correcta de velocidad de la película, filtros, tiempo de exposición, ángulo, abertura de diafragma, distancia del sujeto, encuadre, enfoque e iluminación. En las páginas que siguen se harán sugerencias que ayudarán al ingeniero a entender la filmación y análisis de películas técnicas. Las ventajas que ofrece la película de cine harán que el esfuerzo valga la pena. Esas ventajas radican en lo siguiente:

Registra hechos que no se pueden obtener en otra forma.
El estudio puede dar resultados rápidos.
Permite el análisis individual de acciones simultáneas.
Permite analizar los detalles en un ambiente de quietud.
Constituye un registro permanente del método que se observa.
Proporciona material para capacitar, datos para resolver las quejas y transferencia de conocimientos.

Selección del equipo

La obtención de datos fotográficos exige un sistema fotográfico completo; mucho más que una simple cámara. En el caso de algunos estudios, los requisitos del sistema pueden ser muy modestos; otros estudios quizá requieran sistemas muy complicados. El sistema depende de la tarea que se va a realizar. El equipo básico de filmación incluye la cámara, lentes, filtros para las lentes, exposímetros, trípode, proyector analítico y equipo para editar. Para la fotografía a velocidades alta y ultra alta, se requiere iluminación especial. En cambio, para la filmación a intervalos, normal y rápida se recomienda utilizar la luz existente, combinada con película rápida y corrección forzada de ser necesario.

Tal vez el departamento de ingeniería quiera adquirir una cámara de uso general y parte del equipo auxiliar. Por otra parte, casi siempre resulta práctico alquilar el equipo más especializado. También puede ser ventajoso contratar a un fotógrafo especializado en el tipo de análisis fotográfico que se planea. En tal caso, esa persona proporciona el equipo necesario.

Si el ingeniero tiene la intención de que la compañía adquiera el equipo, lo primero será comprar una cámara, ya sea super-8 o una de 16 milímetros, con sus accesorios. Tal vez convenga pensar en un sistema de televisión de circuito cerrado con grabadora de cinta magnética. El ejemplo 3.2.3 presenta algunas evaluaciones que ayudan a comparar.

Ejemplo 3.2.2 Espectro de la película de cine

	La proyección está acelerada		La proyección es más lenta (proyectada a velocidad normal)		
Cuadros por segundo →	$\frac{1}{10}$–10	16–24	32–48	200–500	1000–11,000
	Pulsación/tiempo transcurrido	Normal	Rápida	Alta velocidad	Muy alta velocidad
Tiempo de exposición (seg)[a] →	$\frac{1}{25}-\frac{1}{50}$	$\frac{1}{25}-\frac{1}{100}$	$\frac{1}{100}-\frac{1}{250}$	$\frac{1}{500}-\frac{1}{18,000}$	$\frac{1}{3000}-\frac{1}{150,000}$
	Registro por espiga / Avance intermitente				Prisma giratorio Avance continuo
Aplicaciones →	Estudio de ciclos prolongados Coordinación de cuadrillas Datos generales de tiempo Análisis de carga de trabajo	Estudio de ciclos cortos, estudio de labores Evaluación de equipo Transferencia de habilidades Datos de tiempo	Investigación del movimiento Transferencia de alta destreza	Análisis de dispositivos mecánicos Estudio de choques de automóviles Dispersión de las virutas al aserrar	Análisis de mecanismos de muy alta velocidad Artefactos explosivos Estudio de la velocidad de los proyectiles

[a] Varía con la abertura del diafragma.

Ejemplo 3.2.3 Comparación de equipo fotográfico diverso

Características	*Cámara Super-8 mm*	*Cámara de 16 mm*	*Cámara de televisión*
Costo del equipo[a]	100%	200%	500%
Peso aproximado (equipo portátil)	10 libras	25 libras	100 libras
Calidad de la imagen (resolución)	Buena	Excelente	Aceptable
Costo de la película o cinta (incluyendo el revelado)[a]	100%	225%	15% (cinta de ¾ de pulgada)
Cuadros por rollo o cartucho	3600/50 pies	4000/100 pies	108,000/hr
La película o cinta se puede volver a usar	No	No	Sí
Tiempo del revelado	De un día para otro	De un día para otro	Se puede ver en seguida
Registro de sonido	Disponible	Disponible	Disponible
Proyección en movimiento retardado	Buena	Buena	Requiere equipo especial
Destreza técnica requerida	Alguna	Elevada	Elevada

[a] Como porcentaje de la Super-8 mm.

Téngase presente que la calidad de un equipo de uso común va de acuerdo con su precio. Una cámara de cine casero permitirá tomar unos 50 cartuchos de película, o menos, durante su vida útil. Es posible que el analista use esa cantidad de película en un solo año, como parte de su trabajo regular. El equipo profesional está hecho para funcionar satisfactoriamente durante mucho tiempo, además de ser ajustable y reparable. Desde luego, la cámara profesional puede costar de cinco a diez veces más que la de uso doméstico.

En el caso de cualquier cámara, sea de 8 mm, de 16 mm o de video, hay que buscar ciertas características. La posibilidad de mirar a través de la lente es una necesidad. La cámara de video tiene un buscador electrónico para controlar la filmación. La imagen que aparece en el buscador o visor debe ser brillante, clara y fácil de examinar. Las aberturas automáticas de diafragma son útiles cuando la cámara no va a estar atendida y la luz disponible aumenta o disminuye durante la filmación. Una lente zoom ofrece algunas ventajas, pero no resulta muy útil en la fotografía técnica. La lente de una sola distancia focal acepta por lo general más luz debido al sencillo sistema de lentes. El obturador puede ser fijo o variable. El fijo puede tener un ángulo de apertura de 135°; el variable se puede ajustar desde 2 hasta 160° de apertura.

La cámara convencional debe tener un mecanismo intermitente preciso, de espiga. Para la fotografía a intervalos debe tener un medidor, integrado o aparte.

Los exposímetros integrados son adecuados por lo general para la fotografía en exteriores. Un exposímetro incidente de lectura directa es más preciso cuando se toma película en interiores.

Las imágenes estables exigen un trípode resistente. Puesto que la mayoría de las películas técnicas se toman sin inclinaciones ni panorámicas, se puede renunciar a los dispositivos correspondientes en favor de la rigidez. Por supuesto, los mecanismos para apuntar debidamente la cámara son indispensables.

Se encuentra disponible una cámara de cine super-8 mm capaz de funcionar a velocidades de 10 a 250 cuadros por segundo. Se puede usar también en la modalidad de intervalos a razón de 1 a 10 por segundo, con medidor integrado. La velocidad de obturador es constante para todas las frecuencias. Para reproducción inmediata, existe una cámara similar que utiliza el sistema de película Polaroid.

Para estudiar la filmación se requiere un proyector analítico compatible con la cámara. Esos proyectores operan desde 1 hasta 24 cuadros por segundo, sin efecto de parpadeo. Pueden proyectar un solo cuadro sin que la película sufra daño y el movimiento se puede parar o invertir con sólo oprimir un botón. Los contadores digitales de cuadros ayudan al análisis.

El equipo para editar, con carretes para rebobinar, contador de cuadros, visor y empalmador se puede agregar según se requiera.

El equipo básico para un sistema de videocassette se compone de una cámara de video, una grabadora-reproductora de imágenes en cinta magnética y un monitor. Se encuentra disponible una grabadora-reproductora de cinta de 3/4 de pulgada, para registro a intervalos, que no sólo graba a velocidades normales, sino que funciona de 1 a 4 días (de 24 a 96 horas) registrando en una cinta de 72 minutos de duración. Esto implica relaciones de compresión de 1,440/72 = 20 a 5,760/72 = 80.

Dicho de otro modo, es capaz de registrar desde 1 cuadro cada 0.67 segundos hasta 1 cuadro cada 2.67 segundos en la modalidad de intervalo. Esta unidad es enteramente flexible para observar con proyección fija, hacia adelante o hacia atrás, a diferentes velocidades.

Existe una cámara de video en colores capaz de captar imágenes satisfactorias con una iluminación de apenas 10 bujías-pie sobre el sujeto (100 lux), con una abertura de 1.4/f. Esta cámara pesa 13 lb sin las pilas, lo cual hace que sea enteramente portátil para trabajos de taller.

Cómo efectuar el estudio

Hay que planear anticipadamente lo que se quiere descubrir con la película; es decir, los datos que se desea obtener. Un buen trabajo de "edición previa" para determinar el orden de filmación ahorra tiempo y película. Es necesario ponerse de acuerdo con la gerencia del área de trabajo respecto a lo que se va a filmar (y a menudo lo que no se va a filmar). Las razones de la filmación se explicarán a todas las personas que van a aparecer en la película. Es conveniente obtener la autorización por escrito de quienes puedan ser identificados en la película.

Se conseguirá el personal necesario para que ayude a la filmación. Hay que disponer de un experto en el área para que aclare los puntos dudosos acerca de la operación o proceso. Tal vez sea necesario disponer de electricistas por si se requiere iluminación adicional.

Se establecerá un programa, incluyendo los datos, el tiempo, el orden de filmación y el personal que deberá estar disponible.

Se debe especificar el tipo y la cantidad de película necesaria para el proyecto. La película en blanco y negro ofrece más detalle y se puede obtener para velocidades sumamente altas. Se puede revelar a alta velocidad, con mayor facilidad que la película en colores. En cambio, la película en colores permite identificar determinadas características durante el análisis y es más aceptable para los espectadores. Mientras más rápida sea la película, mayor es su tendencia a presentar granulosidad. Se encuentran disponibles cartuchos super-8 en colores para velocidades de 160 ASA. Una película en colores de 16 mm, muy satisfactoria, tiene una clasificación de 400 ASA al tungsteno. La luz fluorescente produce cambios de color que se pueden corregir mediante filtros. La mencionada película de 400 ASA se puede corregir con un filtro FLB; pero su velocidad efectiva se reduce a 200 ASA. Para fines analíticos, la alta velocidad es por lo general más importante que la reproducción exacta del color. Se pueden introducir ciertas correcciones durante el proceso de duplicación de la película.

El ejemplo 3.2.4 ayuda a determinar la cantidad de película que se necesitará para el estudio. Como el costo de la película es el menor dentro del costo del análisis, es preferible tener película de sobra y no exponerse a que falte durante el estudio.

Se sugiere que se procure por todos los medios llevar a cabo el estudio con la luz disponible. Dentro del ramo, esto se conoce con el nombre de "cinema verité". Las luces fotográficas distraen al personal que se encuentra en las inmediaciones y exigen más personal, así como equipo estorboso e instalaciones especiales para el gran consumo de corriente. La iluminación que se recomienda para la mayoría de las áreas de trabajo en interiores es de 50

Ejemplo 3.2.4 Duración de la película con diversos tiempos de exposición

	Segundos		*Minutos*		*Horas*	
Cuadros por segundo	*Cartucho Super-8 mm de 50 pies*[a]	*Rollo de 16 mm de 100 pies*[b]	*Cartucho Super-8 mm de 50 pies*	*Rollo de 16 mm de 100 pies*	*Cartucho Super-8 mm de 50 pies*	*Rollo de 16 mm de 100 pies*
$\frac{1}{10}$	36,000	40,000	600.0	667.0	10.0	11.1
$\frac{1}{2}$	7,200	8,000	120.0	133.0	2.0	2.2
1	3,600	4,000	60.0	67.0	1.0	1.1
2	1,800	2,000	30.0	33.0	0.5	0.6
4	900	1,000	15.0	17.0	0.25	0.3
6	600	667	10.0	11.0	–	–
12	300	333	5.0	6.0	–	–
18[c]	200	222	3.3	3.7	–	–
24[d]	150	167	2.5	2.8	–	–
48	75	83	1.3	1.4	–	–
100	36	40	0.6	0.7	–	–
200	18	20	0.3	0.3	–	–

[a] El cartucho Super-8 mm de 50 pies tiene 3600 cuadros, 72 cuadros por pie.
[b] El rollo de 16 mm de 100 pies tiene 4000 cuadros, 40 por pie.
[c] Velocidad de película "muda".
[d] Velocidad de película "sonora".

a 200 bujías-pie, de manera que la mayor parte del trabajo se puede filmar sin iluminación adicional.

Se recomienda con insistencia que antes de la filmación definitiva se tome y revele una película de prueba. Esto le hará saber al analista si todo está correcto, incluyendo lo siguiente:

¿Están las manos del operador ocultando algún detalle que se desea ver?
¿Es la iluminación suficientemente intensa o demasiado fuerte?
¿Qué hay de la profundidad de campo?
¿Están en foco los detalles que se quieren analizar?
¿Se ha excluido algún detalle que se quiere captar en la película?
¿Se ha incluido algún detalle que se desea excluir?

Las variaciones de posición de la cámara se deben probar y registrar durante la toma de prueba. Si el método es de intervalos, tal vez se quiera modificar el intervalo de filmación. La toma de prueba permite que el sujeto se acostumbre a la cámara y disminuye la tentación de exagerar los movimientos durante la filmación definitiva. La prueba verifica también la velocidad indicada de la película. Los lentos cambios químicos que tienen lugar en la emulsión pueden alterar la velocidad. Para reducir este problema, se pueden hacer ajustes en la abertura.

Estamos listos para la toma final. Síganse exactamente las instrucciones al cargar la película. Si el mecanismo de la cámara lo permite, límpiense cuidadosamente la apertura y el recorrido de la película antes de introducir cada rollo o cartucho. El equipo de precisión es frágil. Las rígidas tolerancias prohíben forzar las tapas y los cierres. Los primeros pies de película deben tomar la "pizarra", o sea una tarjeta de identidad que indica la fecha, el departamento, el nombre del sujeto o sujetos, el del fotógrafo y la información necesaria acerca de la cámara y la película. Conviene formular una lista de verificación.

Haga su enfoque a distancia larga. Por ejemplo, si la distancia real hasta el sujeto va a ser de 20 pies, un ajuste a 30 pies dará una mayor profundidad de campo (área bien enfocada) que un ajuste a 15 pies.

Comience con una "vista amplia" o toma general que oriente al espectador y permita identificar el área que se estudia. En seguida, acérquese con tomas medias o en primer plano. Si la iluminación permite una apertura de lente de f/5.6 o menos (f/8, f/11, etc.), su lente mantendrá todos los objetos bien enfocados a 8 pies o más. Haga el menor uso posible de panorámicas, zoom, inclinaciones, etc. Por lo general conviene mover la cámara entre tomas. Esto da a la película una apariencia de continuidad. Procure evitar distracciones tales como reflejos provenientes de superficies brillantes, encuadres torcidos y material extraño. Pida al sujeto que no mastique chicle ni fume. Los relojes y los anillos pueden distraer cuando se toman primeros planos. Use siempre un trípode u otro apoyo sólido para la cámara, a fin de suprimir los movimientos indeseables.

Cuando se filma a gran velocidad, la iluminación adecuada y la profundidad de campo correspondiente pueden ser un problema. Cada vez que se duplica la velocidad de obturador se debe duplicar la iluminación. Esto se logra aumentando la abertura una muesca. Cada número menor de apertura duplica la cantidad de luz que llega a la película; cada número mayor reduce la luz en un 50 por ciento. El ingeniero-camarógrafo debe lograr un equilibrio adecuado de las variables de filmación, a fin de producir una película satisfactoria para el análisis.

Una vez obtenida una buena película, conviene sacar, para el trabajo, una copia del original. Esto permite sacar copias adicionales, si se requieren, de un original bien conservado.

Fotografía a intervalos

"Una película cinematográfica consiste realmente en una serie de imágenes fijas llamadas cuadros, tomadas a intervalos *regulares* y vistas posteriormente a los mismos intervalos regulares o a otros diferentes".[5] Aumentando el intervalo de tiempo entre cuadros permitiendo que transcurra más *tiempo* que el normal entre fotografías, se comprime el tiempo real del sujeto fotografiado, como ya se dijo anteriormente. La frecuencia que se dé al intervalo dependerá de la velocidad de la acción que se desea estudiar. Depende también del detalle requerido para determinar las acciones correctas y mejorar. Esto puede variar desde 1 cuadro tomado cada 15 segundos hasta 10 cuadros tomados por segundo. Uno podría preguntarse: ¿Se requieren más de 15 segundos para completar las acciones que deseo investigar? Si algunas de esas acciones se efectúan en menos de 15 segundos, podrían pasar inadvertidas en nuestra fotografía. En tal caso, habrá que acortar el intervalo a fin de ajustarse más a la duración de las acciones que se registran. Ante la duda, se disminuye el intervalo. El más comúnmente usado para los estudios de construcción es de 4 segundos. A esa velocidad, dos rollos de película durarán 8 horas.

La fotografía a intervalos se emplea con frecuencia para estudios largos efectuados en un período de varias horas o días. Se recomienda la película en colores porque muestra más detalles que la blanco y negro. Se recomienda también que se dé una ligera sobreexposición a la película, ya que de otro modo los detalles ocurridos en la sombra pueden aparecer poco claros. Esto se logra fijando la abertura un medio número más de lo indicado por el exposímetro. La cámara se debe colocar de manera que domine el área de trabajo desde una posición elevada que proporcione una vista sin obstrucciones. Esa colocación ofrece también una perspectiva de la operación que permite observar más fácilmente las interrelaciones. Si la lente no abarca el área total requerida para el estudio, una de ángulo amplio puede corregir el problema.

Si estos estudios se hicieran a las velocidades normales, no sólo sería prohibitivo el costo de la filmación, sino que el tiempo necesario para el análisis sería excesivo. Un ejemplo de esta aplicación de la fotografía a intervalos es lo que hicieron los ingenieros industriales para el ayuntamiento de Dallas. Se filmaron las cuadrillas de mantenimiento de hidrantes y de colocación de parches en el pavimento de hormigón a fin de determinar los hábitos de trabajo y la eficiencia de los trabajadores. Los cuadros de actividades múltiples, basados en los datos de la película, dieron lugar a un rediseño de las funciones que permitió disminuir el tamaño de las cuadrillas en ambos casos.

El ingeniero industrial especializado en el mejoramiento de los métodos de construcción reúne a los trabajadores antes de la filmación para explicarles los objetivos del estudio. Después de filmar, los trabajadores observan la película y se les pide que sugieran ideas para el mejoramiento. La película constituye una referencia irrefutable de la forma en que se llevó a cabo el trabajo.

Estos estudios pueden ayudar a analizar el flujo del trabajo, el equilibrio de las cuadrillas, las demoras en la operación, el manejo de materiales, las operaciones de almacenamiento y la utilización del equipo y los trabajadores. A menudo la cámara señala las actividades que contribuyen negativamente al logro de los objetivos de la empresa. En aquellos casos en que varios trabajadores, máquinas o ambos trabajan en sincronización paralela, la técnica de intervalos proporciona datos exactos y completos para evaluar tanto el método como el tiempo empleado.

Las películas a intervalos se toman con velocidades de 4 a 10 cuadros por segundo cuando el estudio debe percibir los puntos de iniciación y terminación de los movimientos manuales rápidos. En un estudio de las operaciones de las estaciones de prueba de dispositivos electrónicos, la filmación se llevó a cabo a razón de 6 cuadros por segundo. Los movimientos excesivos de las manos, así como los del tronco y la cabeza, resultaron evidentes con ese intervalo.

Las ventajas de la técnica de intervalos, señaladas por un grupo de estudio, son las siguientes:

- Se obtiene un registro permanente. La película se puede examinar una y otra vez para verificar nuevamente los datos.
- La película registra toda la actividad desarrollada dentro de su campo de visión durante todo el período de estudio.
- Después de un período inicial, el personal objeto del estudio se acostumbra a la cámara y continúa con su trabajo en la forma habitual.
- El analista puede percibir exactamente lo que cada miembro del grupo hizo o dejó de hacer.
- La fotografía a intervalos es un método relativamente barato para obtener información exacta.

Fotografía de alta velocidad

El ingeniero industrial puede recurrir a la fotografía de alta velocidad para resolver problemas asociados con dispositivos mecánicos, a diferencia de las técnicas de filmación lenta que permiten estudiar y analizar los problemas que involucran a las personas.

Para hacer más lenta una operación rápida, la película se toma a una velocidad mayor que aquella con la cual se va a proyectar. "El ojo humano no puede resolver el movimiento que tiene lugar en menos de 1/4 de segundo. Las acciones o movimientos producidos con una rapidez demasiado grande para el ojo de un observador humano puede seguirlos, se pueden volver más lentos mediante la fotografía de alta velocidad, de manera que sea posible estudiar todos los aspectos de la acción".[6] Ese tipo de fotografía puede evitar muchas pruebas y errores presentando problemas que para el ojo humano son invisibles.

La selección de la velocidad de cuadro depende de la velocidad del movimiento que se estudia. Por ejemplo, la velocidad periférica de una sierra circular puede ser de 150 pies por segundo. Para disminuirla de manera que se pueda percibir el movimiento de los dientes individuales y el patrón de las virutas, sería necesario filmar de 600 a 1,000 cuadros por segundo. Los investigadores en el campo de la balística y los explosivos pueden requerir velocidades de filmación de 1.4×10^4, lo cual exige equipo sumamente especializado. Sin embargo, las velocidades para fines de estudio de movimientos son normalmente del orden de 50 a 500 cuadros por segundo. Esas velocidades las pueden lograr cámaras intermitentes en las cuales se usa fundamentalmente el mismo mecanismo de las cámaras de cine convencionales.

Para seleccionar el equipo requerido por un trabajo en particular, el fotógrafo debe entender los objetivos del estudio. ¿Qué se espera aprender de la película? La evaluación cuidadosa de la información necesaria evita a menudo las demoras y el costo que implica filmar nuevamente la operación. Se sugiere la inclusión de películas del estudio tomadas a velocidad normal, para poder aclarar la relación con el tiempo real.

En la fotografía de alta velocidad es conveniente situar la cámara en ángulo recto con la línea de movimiento del sujeto. La distancia entre la cámara y el sujeto debe ser lo suficientemente pequeña para lograr un tamaño adecuado de la imagen, pero también lo suficientemente grande para abarcar la totalidad del movimiento que se estudia.

Se debe registrar el marco temporal dentro del cual tiene lugar el movimiento. Esto se logra generalmente mediante una lámpara de sincronización integrada a la cámara, que arroja una señal luminosa sobre el margen de la rueda dentada con un ritmo constante conocido. En ciertos equipos, unas fibras ópticas, o unos diodos emisores de luz que producen una representación digital, han simplificado los problemas de reducción de la información.

La fotografía de alta velocidad requiere una iluminación intensa. Las necesidades de energía eléctrica y la capacidad de los circuitos se deben determinar antes de la filmación. Tal vez se requieran transformadores adicionales para contar con otros circuitos y evitar que se desconecte la corriente en el departamento donde se lleva a cabo el estudio.

Se recomienda con insistencia que el ingeniero industrial busque el auxilio o la consulta profesional antes de tratar de efectuar un estudio de movimiento con fotografía de alta velocidad.

Registro de imágenes en cinta magnética

Muchos ingenieros industriales recurren al registro de imágenes en cinta magnética (videotape). En esos casos se emplea preferentemente el blanco y negro, debido a los requisitos de iluminación y al costo del equipo de color. No obstante, actualmente se encuentran disponibles, a un costo nominal, cámaras de color capaces de operar satisfactoriamente en la mayoría de las condiciones de iluminación que se puedan encontrar.

La grabación en videotape ofrece la ventaja de la credibilidad. Siendo mucho más difícil de editar que la película y pudiendo reproducirse de inmediato, despierta mucho menos las sospechas del empleado y su supervisor. A veces resulta ventajoso usar el videotape para estudiar una situación general, y recurrir a las técnicas de filmación para detallar áreas específicas que el videotape haya señalado como críticas. En cuanto a las operaciones de taller que tienen lugar a intervalos poco frecuentes, el videotape se utiliza para registrar métodos y establecer valores de tiempo para un ciclo.

El empleo del videotape es un instrumento que involucra realmente a las personas. La gente está acostumbrada a la televisión y la acepta como vehículo administrativo.

La posibilidad de reproducción inmediata se puede aprovechar como punto de partida de una sesión de estudio de movimientos junto con las personas que participan en la operación que se estudia. El ingeniero puede sacar ventaja de la adición del sonido. El operador puede usar el audio para explicar la operación que lleva a cabo.

La operación del equipo de video es semejante a la del equipo de filmación. Desde luego, es necesario disponer de una fuente de energía para las cámaras y los monitores.

El equipo disponible actualmente proporciona imágenes fijas y reproducción en cámara lenta. Las cintas se pueden volver a usar, o se pueden almacenar como registro permanente de la operación que se estudia.

Al ingeniero le será necesario estudiar y practicar para ser competente en materia de registro y análisis con videotape y lo mismo ocurre con el análisis fotográfico.

Análisis de películas

Análisis estándar

Se han obtenido ya los datos fotográficos completos y la información que requiere el estudio de movimientos está lista para ser compilada y analizada. La técnica exacta para ese análisis es la siguiente decisión que habrá que tomar. Pero hay que examinar primero ciertas cuestiones en este proceso de toma de decisiones, incluyendo las siguientes:

¿Cuáles son los objetivos del análisis?
¿Qué se pretende hacer con aquello que se descubra?
¿Qué ayuda se puede obtener de los datos del estudio preliminar?
¿Cuáles son las limitaciones del proyecto, en términos de tiempo y presupuesto?
¿Cuántos pies de película se han procesado?
¿Qué acciones se pueden abarcar con observación superficial?
¿Qué operaciones o tareas exigen un análisis detallado?
¿Cuál de las técnicas de elaboración de cuadros podrá ser útil en la descomposición por elementos?
¿Hasta qué punto se deben registrar mediciones cualitativas y cuantitativas?
¿Cuáles son las formas apropiadas para registrar la información?

La respuesta a estas preguntas ayudará a establecer un enfoque lógico y a determinar una técnica de análisis de la película, necesaria para completar el trabajo.

El análisis estándar se asocia con rollos de películas de diversas longitudes que conviene examinar para la obtención de datos. Hay que tener presente que se requiere una velocidad mínima de película para reducir el tiempo de análisis y así observar el detalle que se busca. Los datos detallados son aceptables cuando se inicia la filmación del estudio y mientras no se determine el grado de exactitud requerido.

Como ya se dijo, se encuentran disponibles proyectores analíticos para la modalidad de análisis cuadro por cuadro, capaces de presentar de 1 a 24 cuadros por segundo hacia adelante o en reversa. La velocidad y la dirección se pueden cambiar con rapidez a fin de observar una determinada área problema. El análisis en reversa pone en evidencia problemas de movimiento no observados en la proyección normal hacia adelante. Esos proyectores también tienen contadores digitales de cuadros que facilitan el trabajo. El número de cuadros expuestos, multiplicado por el tiempo por cuadro con base en la velocidad de la cámara, indica el tiempo transcurrido en relación con el elemento de movimiento que se analiza.

El método de observación y análisis a veces se puede determinar fácilmente después de ver varias veces la película. Se puede obtener una idea del porcentaje de descomposturas por función. Las áreas problema se identifican fácilmente. Se puede probar con varias velocidades, de acuerdo con el detalle que se busca.

Análisis cuadro por cuadro

Como ya se dijo, el analista debe examinar todos los cuadros de la operación o actividad filmada. Sin embargo, la técnica de cuadro por cuadro se refiere al examen de un grupo de cuadros como una unidad, o al análisis de cuadros subsecuentes para determinar debidamente el contenido en elementos.

Si primero se presencia la proyección de la película será posible establecer los puntos de iniciación y terminación de las actividades que interesan. Cada sección crítica se debe enfocar del modo siguiente:

Proyectar varias veces la sección de película, hacia adelante y en reversa, a fin de entender el contenido y el procedimiento.

Seleccionar o crear la forma adecuada para anotar los datos.

Analizar a una sola persona o acontecimiento por el método de paso por paso, anotando el número de cuadros correspondiente a cada etapa de las que componen el ciclo que se estudia.

A medida que se analiza la película, anotar los movimientos o elementos que se puedan eliminar, mejorar, cambiar o que sea posible reubicar en el orden de sucesión.

Seguir el mismo procedimiento para analizar a las personas o los acontecimientos adicionales que formen parte del mismo ciclo completo y del período de cuenta de cuadros.

De ser necesario, anótense paralelamente los patrones de movimiento de las manos izquierda y derecha, observando una mano a la vez.

Convertir las unidades de cuenta de cuadros en unidades de tiempo.

Revisar el conjunto de observaciones a fin de detectar otros posibles cambios eficaces.

Las técnicas que se aplican al análisis de películas son similares a las técnicas de elaboración de cuadros que se explicaron anteriormente en esta sección, detalladas en el capítulo 3.3. En los ejemplos 3.2.5, 3.2.6 y 3.2.7 se muestran las formas típicas para el análisis de cuadros.

Análisis de "loops" de filmación

La filmación de una tarea u operación de corta duración se puede seccionar en los puntos de iniciación y terminación del ciclo de trabajo. Empalmando esa sección de la película con un pedazo de película en blanco se forma un "loop". La parte en blanco indica el principio y la terminación de la secuencia. El "loop" se coloca en el mecanismo de arrastre del proyector, pasando el extremo más largo por un carrete convenientemente situado u otro arreglo provisional. Luego se proyecta en la pantalla, produciéndose una escena repetitiva de la misma operación. Hay que tener cuidado de colocar la película lejos de la fuente luminosa del proyector, para evitar que sufra daño. El proyector de tipo analítico es el único equipo que puede proyectar imágenes cuadro por cuadro, con luz total, sin quemar la película.

El análisis de un "loop" de película permite documentar los movimientos con precisión. La película se puede proyectar en reversa con el fin de detectar los puntos falsos del movimiento. La proyección en reversa permite identificar movimientos desusados y raros que se pueden eliminar o corregir. El analista debe estudiar también toda la secuencia buscando las posibles maneras de mejorar los movimientos.

La manera general de analizar los "loops" de película consiste en tomar nota del primer acontecimiento, elemento o movimiento que se observe al principio. En el ciclo siguiente se confirma si la primera observación fue correcta y se observa el segmento siguiente para orientarse. En la segunda aparición de ese segmento se hace lo mismo que con el primero y el procedimiento de análisis continúa hasta no haber captado todos los detalles en la forma seleccionada.

El estudio continuo de un anillo permite transferir la idea a los trabajadores que deberán seguir un determinado patrón de movimientos al realizar una tarea complicada. El mismo estudio concentrado puede indicar los tiempos de los elementos de la operación si se aplica un sistema elegido de antemano en que se hayan estimado ya los límites de las distancias. El adiestramiento formal de quienes aplican el MTM-2 y el MTM-3 incluye el método de análisis de "loops" de película, para detección de movimientos y aplicación del sistema. El empleo de los sistemas de tiempo permite al analista comparar el método actual con el propuesto en cuanto a mejoramiento del tiempo y del método.

Los "loops" de película pueden dar a los supervisores la oportunidad de observar sus operaciones junto con los ingenieros y empleados. Esto ayuda a entender cabalmente el patrón de movimiento diseñado para la operación. Las películas y los proyectores que se utilizan para el análisis de anillos se fabrican en 8 y en 16 mm. Es posible obtener dispositivos de "loop" en cassette para la proyección continua de secuencias más largas. Esto resuelve el problema de limitación de la longitud del soporte antes mencionado. Con base en el detalle del análisis elegido, el ingeniero puede adaptar su forma de anotación (ver los ejemplos 3.2.5, 3.2.6 y 3.2.7).

Ejemplo 3.2.5 Forma para el análisis de un proceso

Operación	Ajustar potenciómetro para voltaje exacto	Película número	ET 14
Segmento/ciclo	Ajustar voltaje	Velocidad de la cámara	24 cuadros/seg
Cuadro inicial	– 0 –	Operador: RCR	División de escala: 1 = 5 cuadros
Cuadro final	634	Analista: B. Edsel	Fecha: 3 - 6

Cuadros	Cuadros expuestos	Descripción de elementos	Clave	Conversión de tiempo	Notas y comentarios
20	20	Tomar la sonda del tablero de pruebas	R	23	
56	36	Sonda al punto indicado		42	
96	40	Herramienta de ajuste al tornillo	L	46	Sostener con la mano libre
124	28	Leer el medidor		32	ET @ HD M U T (Ing)
222	98	Hacer ajuste fino		114	(2 decimales)
262	40	Sonda al tablero de pruebas	R	46	
274	12	Verificar lectura		14	
286	12	Perilla del tablero		14	
330	44	Calibrar ajuste		51	
346	16	Tomar sonda		19	
382	36	Sonda al punto de prueba		42	
402	20	Tomar lectura		23	ET @ HD (med)
440	38	Herramienta de ajuste al tornillo	L	44	
464	24	Leer el medidor		28	
576	112	Hacer ajuste fino		130	(2 decimales)

Ejemplo 3.2.6 Análisis de varias columnas

Operación	Verificar actividad en el mostrador	Película número	214
Segmento/ciclo	Proyecto de asistencia al cliente	Velocidad de la cámara	12 cuadros/seg
Analista	MGR — División de escala 1 = 5 cuadros por segundo	Fecha	8/1

Cliente y número de cuadros		Cajera y número de cuadros		Ayudante y número de cuadros	
Levantar artículo 1	20	Ociosa		Tomar caja	35
Levantar artículo 2	20	Registrar artículo 1	25	Empacar artículo 1	40
Levantar artículo 3	20	Registrar artículo 2	25	Empacar artículo 2	40
Levantar artículo 4	20	Registrar artículo 3	25	Empacar artículo 3	40
Levantar artículo 5	20	Registrar artículo 4	25	Empacar artículo 4	40
Pasar por el mostrador de caja	30	Registrar artículo 5	25	Empacar artículo 5	40
Ocioso				Tomar un carrito	90
Pagar la cuenta Recibir cambio 210 cuadros		Totalizar Dar cambio 210 cuadros		Poner la caja en el carrito	30

Cuadros: 50, 100, 150, 200, 250, 300, 350, 400

Acción independiente — Actividad combinada — Demora

Ejemplo 3.2.7 Diagrama Simo[a]

Operación: Fijar montantes a una base

Método

☑ Actual

☐ Propuesto

Película número: 12.3

Velocidad de la cámara: 15 cuadros/seg

División de escala: 1 = 2 cuadros

Analista: G.C.C.

Fecha: 3/8

Mano izquierda	Cuadros	Mano derecha
Llevar la base al área de trabajo 11 +		Alcanzar tornillos (2) 12
Sostener la base 5		Asir tornillo 9
Invertir la base 14	20	Llevar al área de trabajo 12
		Soltar 2
Cambiar la base a la mano derecha 18	40	Llevar un tornillo a la base 13
Sostener la base 12		Colocar tornillo en la base 12
Reacomodar la base 6	60	Reacomodar la base 6
		Tomar el 2o. tornillo 7
		Asir el tornillo 3
Sostener la base 39	80	Llevar el tornillo a la base 14
	100	Colocar el 2o. tornillo en la base 15
Volver a asir la base y ponerla en posición 7		Tomar la base y ponerla en posición 7
		Alcanzar el 3er. tornillo 8
Sostener la base	120	Asir tornillo

Acción independiente

Sostener/tiempo

Actividad combinada

[a] En este análisis, una división de escala equivale a dos cuadros. Con cada descripción se indican los cuadros expuestos para cada actividad de la mano.

Análisis de tomas a intervalos

El análisis de películas de tiempo real comprimido, documentado mediante la fotografía a intervalos, se presenta al analista en forma muy diferente. El largo intervalo entre cuadros produce una rapidez de acción poco real. Una vez dispuesta la proyección, se puede llevar a cabo el análisis de las escenas tomadas en un período de horas o días. Estas películas constituyen un registro de procesos prolongados y de las personas que participan. En realidad es un muestreo continuo del trabajo que se estudia. Puede revelar muchas áreas problema relacionadas con grupos de personas, asignación de tareas, demoras evitables, manejo de materiales y utilización del equipo. Cuando se elige una cantidad mayor de cuadros por segundo para esta técnica, se pueden distinguir para un análisis más detallado, los movimientos corporales de las personas que trabajan. El ejemplo 3.2.2 muestra la gama de velocidades de cámara de 1/10 a 10 cuadros por segundo, con la que la proyección de la película resultante parece ser más rápida que lo normal. Las aplicaciones generales se relacionan con el estudio de ciclos prolongados, con la coordinación de las cuadrillas, con los datos generales de tiempo y con el análisis de cargas de trabajo. El análisis del movimiento corporal requerirá de 6 a 10 cuadros por segundo, mientras que la construcción de un edificio o el proceso de retiro de tierra se podrían tomar a razón de sólo 1 cuadro cada 10 segundos.

Los métodos de análisis mencionados con anterioridad se pueden aplicar a la técnica de intervalos. En la actividad de trabajo elegida, los cuadros de la película se pueden analizar a varias velocidades con el fin de entender el método actual de operación. En la proyección inicial de la película inmediatamente se ponen de manifiesto las modificaciones y mejoras necesarias. El analista aplica los principios básicos de la simplificación del trabajo y la economía de movimientos para lograr una mayor productividad.

El análisis de películas tomadas a intervalos ofrece también la oportunidad de evaluar la utilización y el rendimiento de los trabajadores con relación a la tarea que tienen asignada. Empleando el formato de análisis de varias columnas y siguiendo a cada persona o proceso sometidos a estudio, el analista determina el porcentaje de tiempo activo, lo que a su vez revela el tiempo que se dedica a cada una de las actividades que se evalúan. Estos datos se expresan normalmente como un percentil. La información ayuda a mejorar la colocación del personal y la capacitación futura. El analista debe recordar que la película se puede proyectar hacia adelante y hacia atrás a diferentes velocidades, lo cual permite determinar y evaluar las áreas problema. La técnica de intervalos también se aplica al flujo de materiales y papeleo, al archivo y recuperación de registros, al manejo y colocación de materiales y a las operaciones de almacenamiento.

La ventaja de la técnica de intervalos radica en que produce un cúmulo de datos a bajo costo. Asimismo, el análisis correspondiente ocupa menos tiempo. Otra ventaja es que los administradores y empleados pueden participar en el proceso de mejoramiento, lo cual dará lugar a mayor entendimiento y aceptación.

Análisis de películas de alta velocidad

Una de las ventajas de la fotografía de alta velocidad es que se pueden lograr dos métodos de análisis con una sola filmación. Primero el importante análisis subjetivo que se obtiene cuando el analista presencia simplemente la acción en la pantalla. Al conocimiento básico de la acción o problema se añade ahora la posibilidad de presenciarlos en un marco de tiempo retardado. En el ejemplo 3.2.2, la velocidad de filmación en cuadros por segundo, superior a la normal, da por resultado una acción lenta cuando se proyecta a la velocidad normal. Esto permite que el observador vea los segmentos individuales de la acción en su relación recíproca. Así es posible corregir cualesquiera errores detectados en la acción e incluso formarse un nuevo concepto de esta última.

En segundo lugar, la película ofrece la oportunidad de hacer un análisis cuantitativo de la acción si previamente se dieron los pasos necesarios para asegurarse de que se obtendrán esos datos. La situación adecuada del sujeto, el registro correcto de los datos de filmación y la inclusión de otros dispositivos de registro proporcionan una amplia gama de mediciones importantes.

Puesto que la proyección normal de 16 a 24 cuadros por segundo da lugar a un ritmo de análisis extremadamente lento, el tiempo invertido en el análisis de alta y muy alta velocidad puede ser excesivo y costoso. Se ha encontrado que la filmación de alta velocidad para estudios de movimiento es del orden de 32 a 48 cuadros por segundo.

Un estudio en el cual se investigaron los movimientos manuales realizados bajo microscopios estereoscópicos, se filmó a razón de 40 cuadros por segundo. La filmación se llevó a cabo con dos cámaras sincronizadas, a fin de obtener datos simultáneos a través del microscopio y fuera de él.[7] Los movimientos de las manos y las herramientas quedaron a la vista de la cámara "interior". Los movimientos externos y el equipo electrónico de obtención de datos quedaron dentro del campo de la cámara "exterior". El ejemplo 3.2.8 muestra en su totalidad un procedimiento típico de análisis de película para un estudio que incluye al microscopio. Con la filmación de alta velocidad es posible detectar y registrar movimientos para analizarlos, tales como el temblor de los dedos. Véase la columna encabezada "número de cambios de dirección", en la cual se anotó el temblor observado. Los movimientos de los ojos se anotaron en las columnas "clave C.E. (en inglés, *critical event* evento crítico)" y "descripción del evento crítico". La información relacionada con el movimiento de los ojos se obtuvo con un osciloscopio, aplicando la técnica de electro-oculografía.[8]

Análisis de videotape

El análisis de videotape se acepta cada vez más en el estudio de movimientos debido al estado de la técnica en materia de equipo. Se dispone de grabadoras de videocassettes y de equipo reproductor capaz de reproducir la cinta en varias modalidades de movimiento lento hacia adelante o en reversa. Esto permite al ingeniero estudiar la grabación en forma similar a como analiza las películas.

El análisis de videotape tiene la gran ventaja de que la cinta está disponible inmediatamente para la reproducción continua después de la filmación. Esto permite que participen las personas que aparecen en ella. Se pueden comentar las posibilidades de un mejoramiento inmediato y en algunos casos será posible implantarlas o simularlas para una nueva filmación en la misma sesión.

El contador de cuadros es parte integrante del equipo, lo cual permite que el analista regrese la operación hasta cero para una repetición. Esto se puede hacer una y otra vez, produciendo el efecto de un anillo de película. El cronometraje de las actividades grabadas en videotape se puede llevar a cabo exteriormente, siguiendo las técnicas estándar de estudios de tiempo, con relojes electrónicos o indicadores digitales de tiempo registrados automáticamente en la cinta durante el proceso de filmación. Los cuadros de las figuras 3.2.5, 3.2.6 y 3.2.7 se pueden adaptar al análisis de videotape.

Una ventaja especial de la grabación en videotape es que el ingeniero puede incorporarle la grabación sonora. Esto presenta una segunda dimensión a la capacidad analítica. Los ruidos característicos de la operación indican los puntos de iniciación y terminación. El sonido de las partes que entran y salen del proceso señalan puntos de separación que ayudan al análisis general. Empleando cronómetros electrónicos con posibilidades de lectura múltiple, también es posible registrar una serie de funciones a fin de determinar tiempos o datos porcentuales para la evaluación.

Las técnicas de video avanzan y seguirán ofreciendo al ingeniero nuevas posibilidades para el estudio de movimientos.

3.2.5 OPTIMIZACION DEL METODO DE TRABAJO

Reiterando los objetivos del estudio de movimientos: el analista trata de desarrollar métodos de trabajo que den por resultado 1) menos horas por unidad de trabajo producido, 2)

Ejemplo 3.2.8 Hoja de datos para el análisis de la película con amplificación

Película número	Ciclo número	Hoja No.	Destreza	Rendimiento	Grado de temblor	Iluminación	Decibeles	Velocidad de la cámara: salida	Velocidad de la cámara: entrada
AØ32Ø15D	3	12	6Ø	2Ø	Ø7	1ØØ	4Ø	398	4ØØ

Operador R. Mathews
Analista de película RAM
Fecha 2/10
Perforista ______
Verificado por ______
Hoja 8 de 8

Sección de película	No. de cuadro: Inicio	No. de cuadro: Final	Cámara 0-1	No. de cambios de dirección	Ojos: H	Ojos: V	Clave C.E.	Descripción del evento crítico	Tamaño del blanco	Mano I-D-2	Distancia en pulgadas	Clave herramienta	Distancia a la herramienta	Tamaño de la parte en pulgadas	No.	
NA-2	17Ø3	219Ø	B				HA57	APLICAR CEMENTO			.		.	.	1	Patrón de trabajo principal total
	1846	1896	I	6			MTL3	APLICAR A M-L	3	R	.154	M	.7	.ØØ5	2	
	18ØØ	1839	O	1			MTL6	AL PAPEL	3	R	12.ØØØ		.7	.	3	M = Sonda plástica
	18Ø2	18Ø8	O		R5	U3	EM	OJOS ARR. DER.			.		.	.	4	
	18Ø8	1815	O				EM	FUERA DE PANTA-			.		.	.	5	
								LLA			.		.	.	6	
	1815	1847	O		L2	U3	EM	OJOS ARR. IZQ.			.		.	.	7	
	1889	1892	O		R1		EM	OJOS DER.			.		.	.	8	
	18ØØ	1818	O				HLZØ	MOVIMIENTO DE			.		.	.	9	
								LA MANO-20 GRA-			.		.	.	10	
								DOS			.		.	.	11	
	18ØØ	1851	O				HD1Ø	MOVIMIENTO DE			.		.	.	12	
								LA MANO 10 GRA-			.		.	.	13	
								DOS			.		.	.	14	(Final del ciclo)
											.		.	.	15	
											.		.	.	16	
											.		.	.	17	
											.		.	.	18	
											.		.	.	19	
											.		.	.	20	
											.		.	.	21	
											.		.	.	22	
											.		.	.	23	
											.		.	.	24	
											.		.	.	25	

menos esfuerzo por parte del empleado y 3) una cantidad mínima de desperdicio y correcciones. Estos objetivos se deben perseguir en forma tal, que sea posible aumentar la eficacia de la actividad del hombre suprimiendo aquellas características del trabajo y del lugar de trabajo que fomentan la ineficacia y la fatiga física.

Un examen crítico de los detalles que las actividades de filmación y elaboración de cuadros que ponen en evidencia la forma de plantear preguntas que sugieran cambios convenientes. El desarrollo de métodos óptimos requiere imaginación e ingenio, así como un conocimiento práctico del trabajo que se examina.

Es de suponer que las recomendaciones para corregir actividades obviamente inútiles surgirán tan pronto como se detecten. El interés de las personas afectadas da lugar a sugerencias para suprimir los defectos más evidentes del ciclo de trabajo.

Por lo general, los ingenieros están bien informados acerca de las características de los procesos de fabricación y del funcionamiento de las máquinas y otro equipo. Las características funcionales del ser humano dentro de la relación hombre-máquina no se conocen igualmente bien. Las dificultades asociadas con la falta de conocimiento y estudio de las capacidades y limitaciones del empleado dentro del sistema de trabajo surgen con una frecuencia que no se justifica. Esta es la razón básica del desarrollo de la disciplina llamada ergonomía. (En la sección 6 se encontrarán los detalles relacionados con esta área del conocimiento.) Los principios que siguen incorporan algunas de estas consideraciones.

Principios del mejoramiento de los movimientos*

En 1923, Frank Gilbreth publicó una lista de principios de la economía del movimiento basados en sus estudios y en la industria perceptiva. La lista de Gilbreth fue ampliada y reestructurada por Ralph Bernes y por otros autores. Esos principios se resumen en esta sección y caen dentro de tres categorías:

Principios relacionados con el ser humano.
Principios relacionados con el ambiente de trabajo.
Principios asociados con la conservación del tiempo.

Los principios del movimiento relacionados con el ser humano son los siguientes:

1. *Las manos y los brazos deben seguir patrones de movimiento uniformes, continuos y curvos.* Los movimientos curvilíneos requieren menos control y son más fáciles y rápidos que los movimientos controlados. La acción de arrojar una parte pequeña dentro de un recipiente lleva menos tiempo que enhebrar una aguja (movimiento altamente controlado). Las detenciones repentinas y los cambios bruscos de dirección rompen el ritmo del trabajo.

2. *De preferencia, las manos deben moverse simultánea, rítmica y simétricamente en direcciones opuestas, iniciando y terminando al mismo tiempo sus movimientos.* Los movimientos simultáneos siguiendo trayectorias rítmicas fomentan el rápido desarrollo de hábitos eficientes. Dan lugar a movimientos naturales con respecto a las características fisiológicas y al equilibrio del cuerpo. Esto sugiere que se debe alentar a todas las personas que ejecutan un mismo trabajo a que sigan un patrón estándar de movimientos.

3. *Dentro de los límites prácticos, los movimientos se deben confinar a la distancia más corta posible.* Mientras más se alejen las manos del cuerpo, menos preciso será el movimiento y llevará más tiempo. Los movimientos de alcanzar y trasladar realizados a menos de 16 pulgadas reducen la necesidad de mover el hombro y el tronco. Las acciones de inclinarse, agacharse, transportar, levantar y caminar se deben evitar o reducir en el ciclo de trabajo.

*Adaptado de GUY C. CLOSE, Jr., "Principles for Motion Improvement", *Work Improvement*, Wiley, Nueva York, 1960, pp. 235-269.

4. *Se deben utilizar las dos manos para hacer trabajo productivo.* Este principio rara vez se pasa por alto en actividades tales como remar, escribir en máquina o tocar un instrumento musical. En otras formas de trabajo, la mano se usa a menudo como tornillo de banco o soporte. Con frecuencia es posible aliviar el esfuerzo que implica sostener si se utiliza un soporte o mordaza operados por un pedal. Si el trabajo obliga a permanecer de pie, el pedal se sustituirá con una palanca operada por otro miembro del cuerpo.

5. *El trabajo que requiera el uso de los ojos deberá quedar dentro del campo normal de visión.* Los ojos dirigen gran parte del trabajo de las manos. Es mejor colocar el trabajo directamente frente al operador. Las partes almacenadas deben estar también en la línea de visión, para tomarlas con facilidad. Las partes que hay que soltar rara vez requieren el concurso de los ojos y por lo tanto se pueden dejar a la derecha o a la izquierda del centro del trabajo. Si el trabajo se sitúa dentro de un área limitada, se requerirá un mínimo de fijaciones visuales y se acorta la distancia entre fijaciones. Los movimientos que exigen control visual para terminarlos llevan más tiempo que si el mismo movimiento se detiene por un obstáculo físico o realizado dentro del campo de visión normal.

6. *Las acciones se deben distribuir entre los músculos del cuerpo, de acuerdo con la capacidad natural de los miembros.* Las extremidades superiores poseen rapidez y precisión; las inferiores tienen fuerza y estabilidad. El uso intermitente de diferentes grupos de músculos da la oportunidad de descansar aquellos que no se usan.

7. *Se debe minimizar la fuerza muscular requerida por el movimiento.* Es necesario aprovechar toda la ventaja mecánica del impulso corporal. Sin embargo, el impulso se debe reducir al mínimo cuando se debe controlar mediante un esfuerzo muscular. Las partes se pueden deslizar en vez de levantarlas. En el equipo que se mueve a mano se pueden practicar agujeros que le reduzcan el peso, a fin de disminuir el peso neto efectivo que se maneja. Evítense las tareas furtivas de levantamiento. "En un ambiente industrial moderno, el artículo más pesado que maneja normalmente el hombre en el trabajo es su propio cuerpo o un segmento del mismo. . . En la mayoría de los casos, el peso del objeto movido es insignificante comparado con el peso del segmento del cuerpo que interviene en la operación. . ."[9] Un cautín que pesa 1 lb es sostenido en posición por un brazo que pesa 11 lbs.

Los principios relacionados con el ambiente de trabajo son los siguientes:

1. *El lugar de trabajo se debe diseñar teniendo en cuenta la economía de movimientos.* Se deben establecer estaciones fijas para colocar las herramientas, las partes y los materiales. Esto permite la formación de hábitos, que constituyen también medidas de seguridad. El trabajo sigue un patrón habitual de movimientos seguros. Las herramientas que se colocan en sus correspondientes soportes se pueden tomar y dejar después de usarlas sin ayuda visual. Los materiales y partes colocados en el orden en que se van a usar disminuyen la necesidad de tomar decisiones. La altura del lugar de trabajo debe ser tal, que permita la posición de pie o sentado.

2. *Las herramientas y el equipo se deben diseñar y seleccionar teniendo presentes las restricciones ergonómicas.* Los mangos de las herramientas y de los controles de las máquinas deben proporcionar una superficie máxima de contacto con la mano. Existen diseños de mangos de herramientas que permiten que las herramientas de torsión, por ejemplo los destornilladores, se puedan hacer girar con una fuerza rectilínea: del antebrazo a la muñeca y a la herramienta. Las pinzas de corte diagonal y otras herramientas similares están diseñadas con mangos modificados que permiten al usuario llevar a cabo la operación sin doblar la muñeca. Las palancas, volantes y otros controles de las máquinas se deben poder activar con una modificación mínima de la posición del cuerpo y con la mayor ventaja mecánica. Los botones de control grandes y en forma de hongo, que se operan con la base del pulgar, son mejores que los que se tienen que manejar con los dedos. El analista debe estar advertido de que la instalación de herramientas y equipo ergonómicamente correctos puede no ser aceptada fácilmente

por el empleado. El uso correcto de ciertas herramientas y las ventajas de su empleo, le deben ser explicados cuidadosamente al operador.

3. *Los métodos de manejo de materiales se deben seleccionar de acuerdo con factores de tiempo y peso.* Conviene usar dispositivos mecánicos para levantar objetos muy pesados. A la estación de trabajo se le pueden agregar correderas, guías, topes, mordazas de acción rápida, poleas, expulsores y otros dispositivos para reducir el tiempo y el esfuerzo. Los auxiliares de manejo de materiales, como recipientes y transportadores, deben entregar el material cerca del lugar donde se utiliza. La instalación de receptáculos para depositar objetos permiten deshacerse fácilmente del trabajo terminado, del material de desecho y de las unidades rechazadas. Los materiales y partes colocados previamente en el orden requerido por las operaciones sucesivas simplifican la selección y las partes mismas no sufren maltrato.

Los principios relacionados con la conservación del tiempo son los siguientes:

1. *No se deben permitir vacilaciones e interrupciones temporales del movimiento.* Las demoras inevitables que se producen con regularidad dan tiempo para realizar una operación adicional. El tiempo de solidificación de los metales en el moldeado continuo ocasiona una demora que a menudo permite agregar otra operación como quitar la colada. Hay que hacer trabajo útil durante el ciclo de maquinado o procesamiento. Posiblemente el operador pueda atender dos o más máquinas o unidades de procesamiento.

2. *Se debe minimizar el número de movimientos.* El patrón de movimientos que requiera menos pasos o elementos normalmente dará lugar al tiempo más corto de ejecución. La eliminación de elementos o pasos y la combinación de esos pasos, son dos maneras reconocidas de disminuir el contenido de mano de obra de la tarea. Si varios operadores recurren a distintos patrones de movimiento para efectuar el mismo trabajo, hay que suponer que un método es mejor que los otros. Un estudio de los diferentes métodos puede dar como resultado un método combinado que incluya las mejores características de cada uno.

3. *Se debe estudiar la posibilidad de procesar más de una parte a la vez.* Muchos montajes pequeños de banco se pueden procesar en soportes duales para mano izquierda y mano derecha. El trabajo dual proporciona un mejor ritmo y favorece al equilibrio corporal.

Disminución del movimiento y equilibrio del tiempo

Los cuadros de actividades múltiples y el análisis de películas, especialmente de la fotografía a intervalos, han creado técnicas para registrar y analizar las actividades de movimiento en las operaciones en que participan varias personas y máquinas. La finalidad de esta sección es sugerir algunas maneras de desarrollar mejores métodos o movimientos para ese tipo de trabajos. Como ya se dijo, el objetivo general consiste en aumentar el tiempo que añade un valor, disminuir el tiempo ocioso y las demoras coordinando las actividades del operador. El tiempo que añade un valor es aquella porción del trabajo que modifica el producto en forma tal que lo aumenta.

El análisis de películas y la elaboración de cuadros indica el tiempo que cada persona y cada máquina permanecen ociosas, manejan, preparan o hacen trabajo que añade valor. El análisis de cuadros indica también los ciclos de movimiento que se deben realizar por dos o más personas que trabajan en equipo, o por una persona que trabaja con una máquina. Por ejemplo, dos empleados cargan un pesado saco de monedas en un camión blindado o un operador repone la aguja rota de una máquina. Tales actividades son sumamente difíciles de reubicar en el orden de las tareas. En cambio, el trabajo que realiza una persona independientemente de la máquina, o el que realizan otros miembros del grupo, a menudo se puede cambiar dentro de la sucesión de actividades o se puede asignar a la persona que tenga un tiempo de espera excesivo.

La primera técnica del análisis de películas consiste en que el analista observe a una persona durante todo el ciclo de trabajo y haga sus anotaciones en el cuadro. Esto indica cuál miembro del equipo tiene la carga mayor de trabajo y cual tiene la menor. Sugiere otras áreas a las cuales se puede asignar el trabajo. La redistribución que asigne a cada persona una carga equilibrada reduce el tiempo del ciclo y el número total de minutos-hombre por unidad producida.

Un segundo método que vale la pena estudiar consiste en asignar personal adicional a la cuadrilla. En el estudio de una actividad hombre-máquina relacionada con la operación de cortar las páginas de una revista en una guillotina Lawson, se determinó que el empleo de *dos* operadores casi duplicaría la producción. Esto eliminó el cuello de botella y la necesidad de adquirir una guillotina adicional. Las personas prefieren la actividad a la ociosidad forzosa. Por lo general están dispuestas a ayudar a establecer cargas iguales de trabajo para todos.

Si se reduce el tiempo de preparación para la actividad hombre-máquina, se podrá dedicar una mayor parte de la jornada a la producción de unidades de trabajo. El tiempo de preparación se puede minimizar al:

- Utilizar herramientas estándar para simplificar la preparación.
- Instalar mordazas de acción rápida y pernos de ubicación para colocar los soportes en posición.
- Proporcionar herramientas, accesorios y cortadores a la estación de trabajo *antes* del momento en que se van a utilizar.
- Dar instrucciones para la preparación.

La máquina puede realizar trabajo útil durante una porción más prolongada del ciclo si se toman las medidas siguientes:

- Utilizar mordazas neumáticas para fijar las partes en el soporte.
- Reducir la "distancia de corte" iniciando y deteniendo el avance de la mesa al principio y al final del paso de corte.
- Instalar dispositivos duales, tales como una mesa giratoria o una lanzadera, que permitan cargar y descargar durante el ciclo de máquina.
- Modificar el orden de las operaciones a fin de reducir el tiempo del ciclo.
- Instalar portaherramientas de cambio rápido cuando se usa más de una herramienta.

En cierta operación de fresado había que labrar las superficies de una parte en dos planos horizontales diferentes. Esto exigía que la mesa fuera alzada y bajada una vez en cada ciclo.

Ejemplo 3.2.9 Diversas maneras de mejorar el trabajo mediante el estudio de movimientos

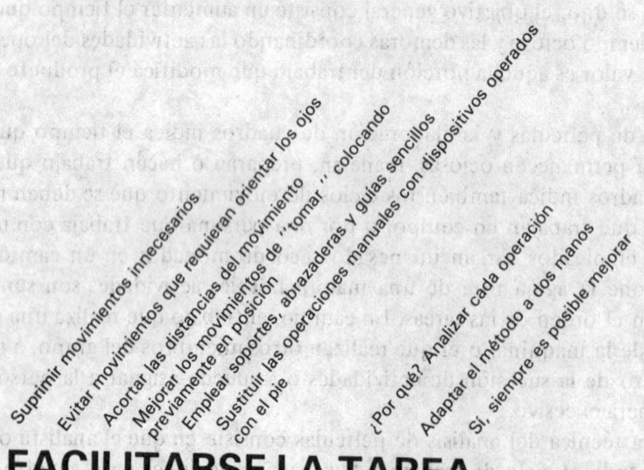

Modificando la secuencia de dos partes sucesivas, sólo fue necesario un movimiento de la mesa por ciclo; es decir: parte 1) fresar superficie A, luego la B; parte 2) fresar superficie B, luego la A. El operador puede mantener la máquina en marcha preparando la parte siguiente durante el ciclo de maquinado. Por ejemplo, puede quitar las rebabas de una pieza vaciada para que entre en el soporte. La unidad terminada se puede colocar en su sitio cuando se haya cargado ya la parte siguiente y la máquina esté en operación.

El flujo del trabajo a través de la máquina siempre se puede mejorar. La velocidad y la alimentación, la profundidad de corte, el número de pases de procesamiento, las tolerancias de acabado, etc. se deben verificar con las especificaciones de diseño. El ingeniero debe ver si una mayor rigidez del soporte, o la colocación de amortiguadores de vibración, permiten aumentar la velocidad y el avance. Algunos de estos comentarios parecerán estar fuera del campo del analista de movimientos; pero, como ingeniero industrial, debe llevar el proyecto a la conclusión más eficiente de acuerdo con su costo.

El ejemplo 3.2.9 ayuda a recordar las diversas maneras de mejorar el trabajo mediante el estudio de movimientos.

3.2.6 CUANTIFICACION DE LOS METODOS PROPUESTOS

Visualización con predeterminación

La visualización es el acto de formar una imagen mental que muestre los movimientos necesarios para realizar una tarea determinada. Un conocimiento completo del procedimiento captado en película o en cuadros con ayuda de los datos de tiempo predeterminado y las técnicas de visualización, dará lugar a proyectos de mejoramiento. Por lo tanto, la película representa el "antiguo método" y la utilización de herramientas y procedimientos como se acaba de explicar constituyen la base del "nuevo método" visualizado.

El registro o anotación en cuadros de los datos del análisis de la película constituye la documentación de los elementos de la actividad. El tiempo para esos elementos se aplica mediante sistemas de tiempo predeterminado o datos estándar que corresponden directamente a los métodos elementales. Con ayuda de esos datos se puede determinar un método para proponerlo. El tiempo de ciclo del método antiguo y del propuesto se comparan después para ver si es factible implantar el nuevo.

El uso de la computadora para obtener datos estándar ayuda a visualizar los métodos propuestos. Se puede recurrir rápidamente a los archivos de almacenamiento de datos estándar comunes, cuyo contenido se conoce, para establecer el tiempo del método nuevo o revisado. Estos tiempos también ayudan a establecer la prioridad de las partidas que se deben corregir en el proceso de visualización.

En el análisis de movimientos simultáneos, las computadoras se pueden programar ajustándose a la lógica correcta que corresponda a la situación de que se trate. En el programa de computadora 4M hay un índice de asignación de métodos (MAI) que aplica los valores y reglas de tiempo del sistema MTM-1. Ese índice señala si durante el ciclo se asignó correctamente el trabajo a ambas manos. Un índice de 50 por ciento representará que sólo se está usando eficazmente una mano, mientras que el 100 por ciento indicará una utilización perfecta de las dos manos.[10] Los detalles sacados del cálculo MAI ayudan al analista a visualizar y comparar varios métodos alternativos.

Prueba de verificación

Antes de implantar un método es preciso someterlo a prueba para demostrar su validez. Se recomienda llevar a cabo una simulación de laboratorio de la nueva operación, a fin de evaluarla previamente. Se pueden encontrar otras mejoras adicionales, con la correspondiente reducción del tiempo. Esta manera de mejorar los métodos se reforzará recurriendo a los sistemas genéricos de tiempo predeterminado tales como MTM-1, MTM-2 y MTM-3. Con estas técnicas es posible establecer tiempos exactos y evaluar definitivamente el método.

Hay otras maneras de poner a prueba el método propuesto. Se puede invitar a los administradores a una sesión de prueba con producción real. Esto crea una atmósfera de participación que propiciará la aceptación del proyecto. Durante la sesión de prueba se pueden introducir mejoras adicionales. Luego se explican las técnicas de elaboración de cuadros a los participantes así como la manera de utilizarlas correcta y ventajosamente.

Desde luego, las verificaciones de tiempo del nuevo método se pueden llevar a cabo aplicando las técnicas del estudio de tiempo. Conviene seleccionar el número adecuado de ciclos a fin de satisfacer la precisión deseada. Cuando se estudia el tiempo observando muchos ciclos, se despierta mayor confianza en la validez de los datos.

En la sesión de prueba se puede recurrir a los datos estándar publicados que corresponde a la aplicación del método. En esos casos se recomienda tener todos los datos estándar, para poder exhibirlos al verificar el método.

Las sesiones de prueba para verificar los métodos propuestos, sean nuevos o modificados, añaden validez a la aplicación del estudio de movimientos.

Selección teniendo en cuenta la eficacia en cuanto a costos

En las secciones que anteceden se explicaron las técnicas para obtener y analizar los datos correspondientes a un problema de trabajo, se propusieron métodos para optimizar las soluciones y se sugirieron procedimientos para cuantificar y verificar los valores de tiempo. La prueba final consiste en demostrar la eficacia del proyecto en lo que se refiere a costos. ¿Reducirá los costos y aumentará la productividad?

En este punto del proceso de decisión se examinarán estas cuestiones:

¿Se han estudiado diversas soluciones del problema?
¿En qué forma se modifica el volumen de producción?
¿Participan los empleados?
¿Se conocen todos los gastos relacionados con la mano de obra?
¿Elimina el proyecto la necesidad de adquirir equipo adicional?
¿Se investigaron las diversas fuentes de suministro de los elementos que habrá que comprar?

Ya se trate de métodos actuales o en proyecto, se han establecido valores comparativos de tiempo. La comparación del tiempo por cada unidad de producción, sin equipo que haga aumentar el costo, permite hacer cálculos básicos de la eficacia en materia de costos. He aquí un ejemplo de cálculo:

$$\text{ahorros anuales} = (C - P) \times U \times L$$

donde

C = tiempo actual por unidad (en horas decimales)
P = tiempo propuesto por unidad (en horas decimales)
U = unidades producidas por año
L = gasto total en mano de obra por hora

Cuando el mejoramiento de los métodos exige la compra de equipo o herramientas como parte del proyecto, el costo anual amortizado se debe restar de los ahorros anuales brutos.

Con esta información, la gerencia puede tomar decisiones finales en cuanto a la eficacia de los diversos proyectos en lo que se refiere a costos. El proyecto seleccionado no sólo debe dar lugar a una mayor productividad, sino mantener también la calidad del producto y la satisfacción del empleado. Estos son ingredientes importantes para convencer a la administración del valor del proyecto.

3.2.7 IMPLANTACION DEL METODO PARA VER LOS RESULTADOS

Una idea, un análisis ingenioso y profundo del problema, seguirá siendo sólo una idea a menos que se ponga satisfactoriamente en práctica. El valor se mide en términos de logro. La puesta en práctica de una nueva idea relacionada con un método de trabajo presenta dos problemas: el técnico y el humano.

Participación de las personas

Si el ingeniero llevó a cabo cuidadosamente el estudio y análisis, el problema técnico está resuelto y desde este punto de vista, la idea funciona. Por otra parte, las personas que ayudarán a hacer que la idea funcione deben tener cierto "derecho de propiedad" sobre la idea, para que el éxito esté asegurado.

Cuando la administración es verdaderamente capaz, se da cuenta de que el empleado tiene una mente inquisitiva y que, a menos que esa curiosidad. . . sea reconocida y satisfecha, no realizará su mejor trabajo. A menos que el hombre sepa por qué hace una cosa, su juicio jamás reforzará a su trabajo. Se ajustará tal vez al método en forma absoluta, pero en su trabajo no manifiesta su dedicación a menos que sepa exactamente por qué se le pide que trabaje en la forma particular prescrita.[11]

Este pensamiento contemporáneo fue expresado por Lillian Gilbreth en 1914. Allan Mogensen, creador de la simplificación del trabajo, pronto se dio cuenta, en el transcurso de su carrera, de que se puede lograr una motivación positiva permitiendo que el empleado edifique su propia estima a través de la participación: "Aprovechamos el deseo del hombre de ser importante. Hay que instituir un programa que dé lugar a una participación completa y esté basado en el reconocimiento de los logros".[12] En ciertas secciones de la industria de la fabricación de agujas se está produciendo un reconocimiento más moderno de las ventajas del interés y la participación. Los ingenieros industriales graban videotapes de los actuales patrones de movimiento y de los métodos que aplica un grupo de operadores. Inmediatamente después de la filmación se reproduce la grabación en presencia de la persona que participó. Posteriormente se reúne al grupo para que presencie la reproducción de todas las operaciones que se estudian. El videotape sirve como catalizador de una sesión de lluvia de ideas con los empleados, quienes aprecian esa oportunidad de participar y que ha dado lugar a muchas mejoras en el trabajo.

Otro ejemplo es el problema de equilibrio de cuadrillas en una operación de corte de metales. Esa operación se había realizado durante años a un ritmo constante de producción. Se filmó un estudio con la técnica de intervalos a fin de encontrar las posibles maneras de mejorar la producción. A la hora del almuerzo se mostró la película al equipo de trabajo. Surgieron muchos comentarios divertidos acerca de lo mucho que trabajaba el jefe del grupo y de lo "poco" que hacían sus ayudantes. A partir de la película se elaboró un cuadro de actividades múltiples que mostraba, por orden cronológico, las actividades de cada persona y cada máquina. Los segmentos donde se producían ocios y demoras se indicaron mediante una coloración roja. Se permitió al grupo que reorganizara u trabajo con la dirección del capataz. Al repartir mejor las cargas de trabajo se obtuvo una mejora del 20 por ciento. En vez de resentir el cambio, el grupo lo tomó como un resultado de su propio esfuerzo.

Capacitación en el nuevo método

La puesta en práctica incluye la capacitación de las personas que van a aplicar el nuevo método, así como la formulación de procedimientos e instrucciones por escrito.

El ingeniero pasa por alto a menudo el hecho de que el empleado tendrá que sustituir un patrón habitual de movimientos, repetido con frecuencia, con otro diferente que exige decisión y dirección mental. El nuevo patrón, más eficaz en el cuadro del analista, puede dar lugar a vacilaciones y errores. La pérdida temporal del ritmo de trabajo puede desalentar al empleado hasta el punto de volver al método anterior. Una explicación de lo que se puede esperar, haciéndole ver que al principio se encontrarán algunas dificultades, diferenciará entre el rechazo y la aceptación del nuevo método. El abandono y sustitución de los patrones habituales se deben manejar con el mayor cuidado.

Los nuevos patrones de movimiento se pueden demostrar uno a uno, "en vivo", o mediante imágenes de video o de cine. La proyección repetida a menor velocidad que la normal permite que el operador siga el patrón de trabajo.

Las hojas de instrucciones y los auxilios visuales, por ejemplo la proyección de transparencias o la preparación de un cuaderno con imágenes, ayuda a establecer la secuencia del método.

El ingeniero que tiene la oportunidad de instruir a nuevos empleados en el método de trabajo no tiene que romper viejos hábitos. Cierta empresa, que padece graves problemas debido a la rotación del personal, ha establecido una unidad piloto. Cada nuevo empleado pasa varios días aprendiendo el método exacto, el orden de sucesión y el patrón de movimientos de la operación que va a realizar en su trabajo regular. Las compañías de la industria aeroespacial recurren a centros de capacitación similares para enseñar las técnicas correctas de soldadura, punteado, etc. En esos casos se debe tener en cuenta que se añade el aprendizaje de patrones de movimientos.

Vigilancia con mejoramiento constante

Una vez establecido el nuevo patrón de trabajo, algunos empleados sienten inmediatamente la tentación de volver a los procedimientos anteriores. Está también el deterioro a largo plazo de las prácticas correctas causado por cosas tales como cambios en el personal, falta de mantenimiento adecuado del equipo y cambios en el material adquirido.

Se pueden impedir las alteraciones inmediatas del nuevo método vigilando el área de trabajo. Tal vez se requiera una capacitación adicional de los operadores.

Para disminuir el efecto de la tendencia al deterioro a largo plazo, se recomienda un procedimiento de auditoría. "La auditoría se debe practicar con la frecuencia suficiente para recordarles a los supervisores su obligación de vigilar los métodos".[13] Se deben corregir las discrepancias encontradas durante la auditoría. De nada servirá ésta si se pasan por alto los resultados.

Las hojas de instrucciones y las ayudas visuales deben estar actualizadas y disponibles para el personal. El contenido de los patrones de movimiento reales y el orden en que se llevan a cabo se comparan con el proyecto original derivado del análisis. El equipo y las herramientas se inspeccionan para ver si han sido modificados o sufrieron desgaste. El programa de métodos para aumentar y mantener la productividad sólo resulta eficaz si las operaciones que se realizan siguen reflejando el método óptimo. El procedimiento de auditoría puede ayudar.

Los ingenieros no pueden sentirse satisfechos con cualquier situación existente en el trabajo. La competencia en el país y en el extranjero, la inflación y el mejoramiento del producto exigen la búsqueda constante de métodos mejores. Siempre deben estar al día en materia de nuevos equipos y procesos y buscar nuevas maneras de resolver los problemas de trabajo. Las técnicas y procedimientos que se describen en este capítulo le demostrarán al ingeniero que existe siempre la posibilidad de introducir mejoras.

REFERENCIAS

1. H. SKERRY HALL, "Putting Work Simplification to Work," *University of Illinois Bulletin*, Vol. 53, noviembre 1956, p. 7.
2. H. B. MAYNARD, G. J. STEGEMERTEN, y J. L. SCHWAB, *Methods-Time Measurement*, McGraw-Hill, Nueva York, 1948.
3. M. E. MUNDEL, *Motion & Time Study*, 5a. ed., Prentice-Hall, Englewood Cliffs, NJ. 1978.
4. AKIYUKI SAKIMA, "A New Industrial Engineering Tool: The Use of the Video Tape Recorder," *The Journal of Industrial Engineering*, abril 1966, pp. 209-215.
5. KODAK, *High Speed Photography*, Kodak Publication No. G-44, Rochester, NY, 1975, p. 4.
6. KODAK, *High Speed Photography*, p. 4.
7. MTM ASSOCIATION FOR STANDARDS AND RESEARCH, *Interim Report, MTM Magnification Research Project*, Fairlawn, NJ, octubre 1970.
8. DANIEL O. CLARK, "Industry Launching MTM Microscope Research," *The MTM Journal*, Vol. 14, No. 4, p. 34.
9. E. R. TICHAUER, *Biochemical Basis of Ergonomics*, Wiley, Nueva York, 1978, p. 48.
10. MTM ASSOCIATION FOR STANDARDS AND RESEARCH, *4M Mod II Users Manual*, Fairlawn, NJ, febrero 1980.
11. LILLIAN M. GILBRETH, "Psychology of Management," en Spriegel and Myers, *Writings of the Gilbreth's*, Irwin, Homewood, IL, 1953, p. 431.
12. ALLAN H. MOGENSEN, "What Incentive?," *Aircraft Production*, Vol. 1, No. 1 (agosto 1943).
13. JOHN R. ANTONIEWICZ, "Auditing Approach to Methods and Standards," *MTM 1976 Fall Conference Proceedings*, Fairlawn, NJ. p. 2.

BIBLIOGRAFIA

BENSINGER, CHARLES, *The Video Guide*, Video-Info Publishing Company, Santa Bárbara, CA, 1980.

CLOSE, GUY C., Jr., *Work Improvement*, Wiley, Nueva York, 1960.

DOXIE, FLOYD T., "Biomechanics Used to Avoid Labor Relations Problems," *AIIE Journal*, Vol. 28, No. 11.

INTERNATIONAL LABOR OFFICE, "Introduction to Work Study." Atar, Ginebra, 1960.

MTM ASSOCIATION FOR STANDARDS AND RESEARCH, *MTM Magnification Research Project Final Report*, Fairlawn, NJ, 1972.

RICE, I. M., "Management Improvements Cut Cost," *Water and Wastes Engineering*, Mayo 1975.

WALSH, PHILIP A., "Take Another Look at Memo Motion", *Industrial Engineering*, Mayo 1978.

CAPITULO 3.3

Técnicas de elaboración de diagramas y gráficas

TAKEJI KADOTA
Japan Management Association

3.3.1 INTRODUCCION

Finalidad de los diagramas

Los diagramas son la representación gráfica de un trabajo que ha sido dividido en componentes o unidades básicos. Son uno de los instrumentos más importantes de la ingeniería de métodos.

Los diagramas ayudan a analizar y mejorar el método actual. El procedimiento básico del estudio de métodos es como sigue:

1. *Seleccionar* el trabajo que se va a estudiar.
2. *Registrar* todos los hechos pertinentes.
3. *Examinar* los hechos con ojo crítico.
4. *Desarrollar* el método más práctico, económico y eficaz.
5. *Implantar y conservar* ese método.

Los diagramas son útiles para registrar, examinar y establecer etapas. El método de registro se explicará primero y el resto más adelante.

Los diagramas son también auxiliares descriptivos y de comunicación para entender el proceso y las actividades. La visualización clara y concisa mediante símbolos y convenciones estándar facilita la comprensión y conocimiento de esos procesos y actividades. Por ejemplo, se puede recurrir a los diagramas para presentar a la gerencia métodos mejorados, es posible utilizarlos como fuentes prácticas de información sobre procesos en la distribución de fábricas, pueden servir para capacitar a los empleados en los métodos estándar o para simplificar la perspectiva general de los procedimientos complicados de oficina.

Métodos de elaboración de diagramas

Análisis del orden cronológico

Este método implica dividir cronológicamente el proceso que se estudia en acontecimientos o actividades. Hay dos tipos de análisis según el tema de que se trate; es decir, un producto (o material) o una persona. Los cuadros típicos son los siguientes:

Diagramas de flujo de procesos (para productos).
Diagramas de flujo de procesos (para personas).

Diagramas de procesos de operación.
Diagramas de procesamiento de formas.

Movimiento y flujo de las actividades

Los diagramas sirven para indicar el camino que sigue el movimiento. El sujeto del movimiento puede ser un producto, un material, una persona o todos juntos. Estos diagramas se limitan por lo general a informar sobre el orden que siguen los procesos.

Interrelaciones temporales de actividades múltiples

Las interrelaciones temporales que existen entre actividades múltiples relacionadas con sujetos diferentes se muestran gráficamente en una misma escala de tiempo, de manera que las interacciones de los acontecimientos asociados de sujetos diferentes queden indicados claramente. Los sujetos pueden ser personas, las extremidades de una persona, o máquinas. Los diagramas típicos son los siguientes:

Diagrama de proceso con actividades múltiples.
Diagrama bimanual.
Diagrama de redes.

Dispositivo para registro de datos

Los dispositivos electrónicos y para filmación, como son las grabadoras de imágenes en cinta magnética (videotape o VTR), se usan ampliamente en el estudio de métodos. Son especialmente útiles para analizar micromovimientos, actividades de ciclo prolongado y actividades múltiples. Como la información registrada se transcribe normalmente a algunos de los diagramas mencionados, este equipo es un auxiliar útil más bien que un sustituto de las técnicas de elaboración de diagramas.

3.3.2 DIAGRAMAS DE FLUJO DE PROCESOS

Un diagrama de flujo de proceso es una representación gráfica, simbólica, del trabajo realizado o que se va a realizar en un producto a medida que pasa por algunas o por todas las etapas de un proceso. Típicamente, la información que se consigna en el diagrama es la cantidad, la distancia recorrida, el tipo de trabajo realizado (mediante un símbolo con su explicación) y el equipo utilizado. Los tiempos de trabajo también pueden incluirse.

Los diagramas de procesos, diagramas de flujo y análisis de procesos o de personas se pueden considerar como sinónimos de los diagramas de flujo de procesos.

El diagrama de flujo de proceso es una de las técnicas usadas para registrar el orden de sucesión de un proceso; es decir, una serie de acontecimientos o actividades en el orden en el cual se producen. Es la aplicación más general y es típicamente la de otros diagramas similares.

Hay tres tipos de diagramas, que dependen de la índole del flujo que se registra:

1. **Para el producto (o material).** El proceso o los sucesos relacionados con un producto o material (ejemplo 3.3.1).[2]

2. **Para personas.** El proceso relacionado con las actividades de una persona (ejemplo 3.3.2).[3]

3. **Para el equipo.** El proceso o los acontecimientos asociados con el equipo.

Ejemplo 3.3.1 Diagrama de flujo de proceso del tipo para material: desarmado, limpieza y desengrasado de un motor (Método original)[a]

Diagrama de flujo del proceso	Del tipo ~~trabajador~~/material/~~equipo~~	Del tipo de material		
Cuadro No. 1 Hoja No. 1 de 1	**Resumen**			
	Actividad	Actual	Propuesta	Ahorro
Sujeto registrado: *Motores de autobús usados*	Operación ○	*4*		
	Transporte ⇨	*21*		
Actividad: *Desmontar, limpiar y desengrasar antes de la inspección*	Demora D	*3*		
	Inspección □	*1*		
	Almacenamiento ▽	*1*		
Método: Actual/~~propuesto~~	Distancia: (*m*)	*237.5*		
Ubicación: *Taller de desengrasado*	Tiempo *(hombre-min.)*	—	—	—
Operatorio(s) Reloj, Nos. *1234* *571*	Costo	—		
	Mano de obra	—		
Registrado por:	Materiales	—		
Autorizado por: Fecha:	TOTAL	—	—	—

Descripción	Cant.	Distancia (m)	Tiempo (min)	○	⇨	D	□	▽	Observaciones
Almacenado en la bodega de motores usados									
Se recoge el motor									*Grúa eléctrica*
Se transporta hasta la grúa sig.		*24*							*" "*
Se deposita en el suelo									
Se recoge									*" "*
Se lleva a la sección de desarmado		*30*							*" "*
Se deposita en el suelo									
Se desarma el motor									
Componentes principales lavados y puestos en orden									
Inspección de componentes: se redacta un informe de inspección									
Se llevan las partes a la canasta de desengrasado		*3*							
Cargadas para desengrasar									
Transportadas al desengrasador		*1.5*							*Grúa de mano*
Se descargan en el desengrasador									
Se desengrasan									
Se sacan del desengrasador									*" "*
Son retiradas del desengrasador		*6*							*" "*
Se descargan en el piso									
Se enfrían									
Son transportadas a los bancos de limpieza		*12*							*Manualmente*
Todas las partes se limpian completamente									
Las partes limpias se colocan en una caja		*9*							*Manualmente*
Esperan a ser transportadas									
Todas las partes, con excepción del bloque y las cabezas de cilindros, se cargan en una carretilla									
Son transportadas hasta la sección de inspección de motores		*76*							*Carretilla*
Las partes son descargadas y ordenadas sobre la mesa de inspección									
El bloque y las cabezas de cilindro se cargan en la carretilla									
Son transportadas hasta la sección de inspección de motores		*76*							*Carretilla*
Se depositan en el piso									
Se guardan temporalmente en espera de la inspección									
TOTAL		*237.5*		*4*	*21*	*3*	*1*	*1*	

[a] Referencia 2.

Ejemplo 3.3.2 Diagrama de flujo de un proceso, del tipo para personas: Servir comidas en el pabellón de un hospital[a]

Diagrama de flujo del proceso — Del tipo trabajador/~~material/equipo~~

Cuadro No. 7 — Hoja No. 1 — de 1

Sujeto registrado: *Enfermera de hospital*

Actividad: *Servir comidas a 17 pacientes*

Método: Actual/Propuesto

Ubicación: *Pabellón L*

Operatorio(s): — Reloj No.

Registrado por: — Fecha:

Autorizado por: — Fecha: –

Resumen			
Actividad	Actual	Propuesta	Ahorro
Operación ○	*34*	*18*	*16*
Transporte ⇨	*60*	*72*	*(—12)*
Tiempo D	—	—	—
Inspección □	—	—	—
Almacenamiento ▽	—		
Distancia (m)	*436*	*197*	*239*
Tiempo: *(hombre-hr)*	*39*	*28*	*11*
Costo:	—	—	—
Mano de obra	—	—	—
Materiales *(carrito)*	—	$*24*	—
TOTAL *(Capital)*		$*24*	

Descripción	Cant. (platos)	Distancia (m)	Tiempo (min)	○	⇨	D	□	▽	Observaciones
METODO ORIGINAL									
Transporta el primer platillo y los platos de la cocina a la mesa de servicio, en una charola	*17*	*16*	*.50*						*Carga incómoda*
Coloca las fuentes y los platos sobre la mesa	*17*	—	*.30*						
Sirve de tres fuentes al plato	—	—	*.25*						
Lleva el plato a la cama 1 y regresa	*1*	*7.3*	*.25*						
Sirve	—	—	*.25*						
Lleva el plato a la cama 2 y regresa	*1*	*6*	*.23*						
Sirve	—	—	*.25*						
(Continúa hasta haber servido las 17 camas. Véanse las distancias en la figura 32)									
Terminado el servicio, coloca las fuentes en la charola y regresa a la cocina	—	*16*	*.50*						
Distancia y tiempo totales, primer ciclo		*192*	*10.71*	*17*	*20*	—	—	—	
Repite el ciclo con el segundo platillo		*192*	*10.71*	*17*	*20*	—	—	—	
Recoge los platos vacíos del segundo platillo		*52*	*2.0*	—	*20*	—	—	—	
TOTAL		*436*	*23.42*	*34*	*60*				
METODO MEJORADO									
Transporta el primer platillo y los platos de la cocina a la posición A-carrito	*17*	*16*	*.50*						*Carrito de servicio*
Sirve dos platos	—	—	*.40*						
Lleva dos platos a la cama 1; deja uno; lleva un plato de la cama 1 a la cama 2; regresa a la posición A	*2*	*1.5* / *0.6* / *1.5*	*.25*						
Empuja el carrito hasta la posición B	—	*3.0*	*.12*						
Sirve dos platos	—	—	*.40*						
Lleva dos platos a la cama 3; deja uno; lleva un plato de la cama 3 a la cama 4; regresa a la posición B	*2*	*1.5* / *0.6* / *1.5*	*.25*						
(Continúa hasta haber servido las 17 camas Véase la figura 32 y adviértase la variación en la cama 11)									
Regresa a la cocina con el carrito	—	*16*	*.50*						
Distancia y tiempo totales, primer ciclo	—	*72.5*	*7.49*	*9*	*26*				
Repite el ciclo con el segundo platillo	—	*72.5*	*7.49*	*9*	*26*				
Recoge los platos vacíos del segundo platillo	—	*52*	*2.00*	—	*20*				
TOTAL	—	*197*	*16.98*	*18*	*72*				

[a]Referencia 3.

Para el análisis del equipo de transportación, por ejemplo carretillas elevadoras, este tipo de diagrama resulta útil. En el ejemplo 3.3.4[4] se muestra el diagrama de flujo de procesos combinado para recursos triples, en que figuran una persona, el material y el equipo.

Como es similar al diagrama de producto en cuanto a convenciones y procedimiento, el diagrama para el equipo no se explicará por separado en este capítulo.

Convenciones y procedimientos de la elaboración de diagramas

Símbolos

Los acontecimientos y las acciones se clasifican en los cinco grupos siguientes:[5]

Operación. Una operación tiene lugar cuando se modifican intencionalmente las características físicas o químicas de un objeto; se monta o desmonta a partir de otro objeto, o se dispone o prepara para otra operación, transportación, inspección o almacenamiento. Se produce también una operación cuando se proporciona o recibe información y cuando se planea o calcula.

Transportación. La transportación tiene lugar cuando se traslada un objeto o cuando una persona va de un lugar a otro, excepto cuando el movimiento forma parte de la operación o es causado por el operador en la estación de trabajo.

Inspección. La inspección tiene lugar cuando se examina un objeto para identificarlo o cuando se verifica la calidad o la cantidad de cualquiera de sus características.

Demora. Se produce una demora cuando un objeto o persona espera la acción planeada siguiente.

Almacenamiento. El almacenamiento tiene lugar cuando un objeto se guarda y protege contra el retiro no autorizado.

Combinación. Se han combinado los símbolos para indicar actividades que se realizan simultáneamente.

La inspección se lleva a cabo en el transcurso de la operación.

Se lleva a cabo una operación mientras el producto está en movimiento.

Estos símbolos se emplean en los diagramas de producto o de persona.

Cuando surgen situaciones especiales que no caen dentro de estas definiciones, el sentido de las definiciones que se resumen en la tabla siguiente permite al analista hacer las clasificaciones adecuadas.

Clasificación	*Resultado predominante*
Operación	Produce o logra
Transportación	Traslada
Inspección	Verifica
Demora	Interfiere
Almacenamiento	Guarda

Ejemplo 3.3.3 Empleo de una forma impresa para un diagrama en que figuran tres recursos[a]

Cuadro No. XY/17 **Método actual**

Procedimiento: *Coser el material a la longitud deseada*

Lugar: *Fábrica 2*
Fecha: *12 de febrero de 1971*
Operador: *AB*
Registrado por: *CD*

Comienza el cuadro: *Carretilla elevadora al almacén* **Materiales usados:**

Termina el cuadro: *Material al proceso siguiente* **Herramientas, equipo:** *Carretilla elevadora, máquina de coser*

	Hombres					Materiales					Equipo				
Actividad	○	□	⇨	D	▽	○	□	⇨	D	▽	○	□	⇨	D	▽
La carretilla elevadora se dirige al almacén				1						1			1		
Se recoge el material				2		1								1	
El material se lleva a la máquina				3				1					2		
Se descarga el material				4		2								2	
El operador corta el material	1					3								3	
Se mide el material		1					1							4	
Se carga en carretilla				5		4								5	
Material al proceso siguiente				6				2					3		

[a] Referencia 4.

Formas

Los diagramas se formulan por lo general en papel blanco o rayado. Este último es más conveniente cuando se describen hechos que comprenden más de una clase de material, las actividades de más de una persona, o vías o procedimientos alternativos (ejemplo 3.3.4).[5]

Se pueden usar formas ya impresas para describir partidas únicas, tanto por comodidad como para ahorrar tiempo en el registro (ejemplo 3.3.1, 3.3.2 y 3.3.3).

La identificación e información se anotan en el encabezado; por ejemplo, el tipo de diagrama (producto o persona), el método actual o el propuesto, el nombre del sujeto que se describe y el lugar o departamento objeto del estudio.

Formulación de diagramas

En el diagrama de flujo de proceso del operador no hay líneas horizontales que representen el ingreso de materiales al proceso, como aparecen en el ejemplo 3.3.4, y por lo general no se emplea el símbolo de almacenamiento.

Aunque se emplean los mismos símbolos tanto para objetos como para personas, en cada descripción breve referente a las personas se usa la forma activa de los verbos y la forma pasiva cuando se trata de productos o materiales (ejemplos 3.3.1 y 3.3.2).

Los símbolos que se denotan acontecimientos o actividades se pueden numerar en el orden en que se anotan, con fines de identificación y referencia (ejemplo 3.3.4).

Las operaciones de desmontar se pueden representar como se hizo en el ejemplo 3.3.4 si se trata del procesamiento de un producto. Este tipo de diagramas se utiliza a menudo en los talleres de representaciones, en las plantas de productos químicos y en las industrias procesadoras de carnes y otros productos alimenticios. Los materiales desmontados o extraídos se representan saliendo del proceso, mediante una línea horizontal trazada hacia la derecha partiendo de la línea de flujo vertical y un poco abajo del símbolo de la operación.

Registro

Primero se debe determinar el alcance del estudio; es decir, los puntos de iniciación y terminación del proceso. Si se trata de analizar los métodos actuales, el diagrama se debe elaborar partiendo de la observación directa, no de conjeturas. Al registrar cada paso del proceso, hay que adoptar una actitud interrogante. Aunque el examen crítico tendrá lugar más tarde, cualesquiera ideas o inspiraciones relacionadas con el mejoramiento se anotan a medida que se presentan.

3.3.3 OTROS TIPOS DE DIAGRAMAS DE FLUJO DE PROCESO

Diagramas del proceso de operación

El diagrama de operación es una representación gráfica y simbólica del acto de elaborar un producto o proporcionar un servicio, mostrando las operaciones e inspecciones efectuadas o por efectuar, con sus relaciones sucesivas y los materiales utilizados. Se pueden incluir los tiempos de operación e inspección y el lugar.[5] Un sinónimo de este diagrama es el de bosquejo de un proceso.

Se considera que este diagrama es una forma abreviada del diagrama de flujo de proceso (para productos) descrito anteriormente, puesto que sólo se consignan los acontecimientos principales; por ejemplo, las operaciones e inspecciones más importantes. Las convenciones para la elaboración son las mismas del diagrama de flujo de proceso (ejemplo 3.3.5).[5] Proporciona, a primera vista, una idea general de todo el proceso, de principio a fin.

Diagramas de procesamiento de formas

El diagrama de procesamiento de formas es una representación gráfica y simbólica del procesamiento de las formas. Es similar al diagrama de flujo de proceso, salvo que el tema de interés lo constituyen una o más formas. Este diagrama puede mostrar organizaciones, movimientos, almacenamiento temporal y controlado, inspecciones o verificaciones, utilización de todas las formas elaboradas así como el origen y el tipo de la información que se transmite entre las formas. Los símbolos del diagrama de flujo de proceso se pueden adaptar de manera que reflejen la actividad de procesamiento de formas.[5]

Como sinónimos de los diagramas de procesamiento de formas tenemos los siguientes: análisis de información sobre procesos, análisis funcional de formas, diagramas de análisis de formas, diagramas de flujos de papeleo y diagramas de flujo de procedimientos.

Si se compara con el diagrama de flujo de proceso de un producto, el "producto" es en este caso el papeleo, la información o ambas, mientras que el proceso de fabricación viene a ser el sistema o procedimiento de oficina.

Ejemplo 3.3.4 Diagrama de flujo de proceso, del tipo para materiales, que muestra la manera en que se procesan y se unen varios componentes[a]

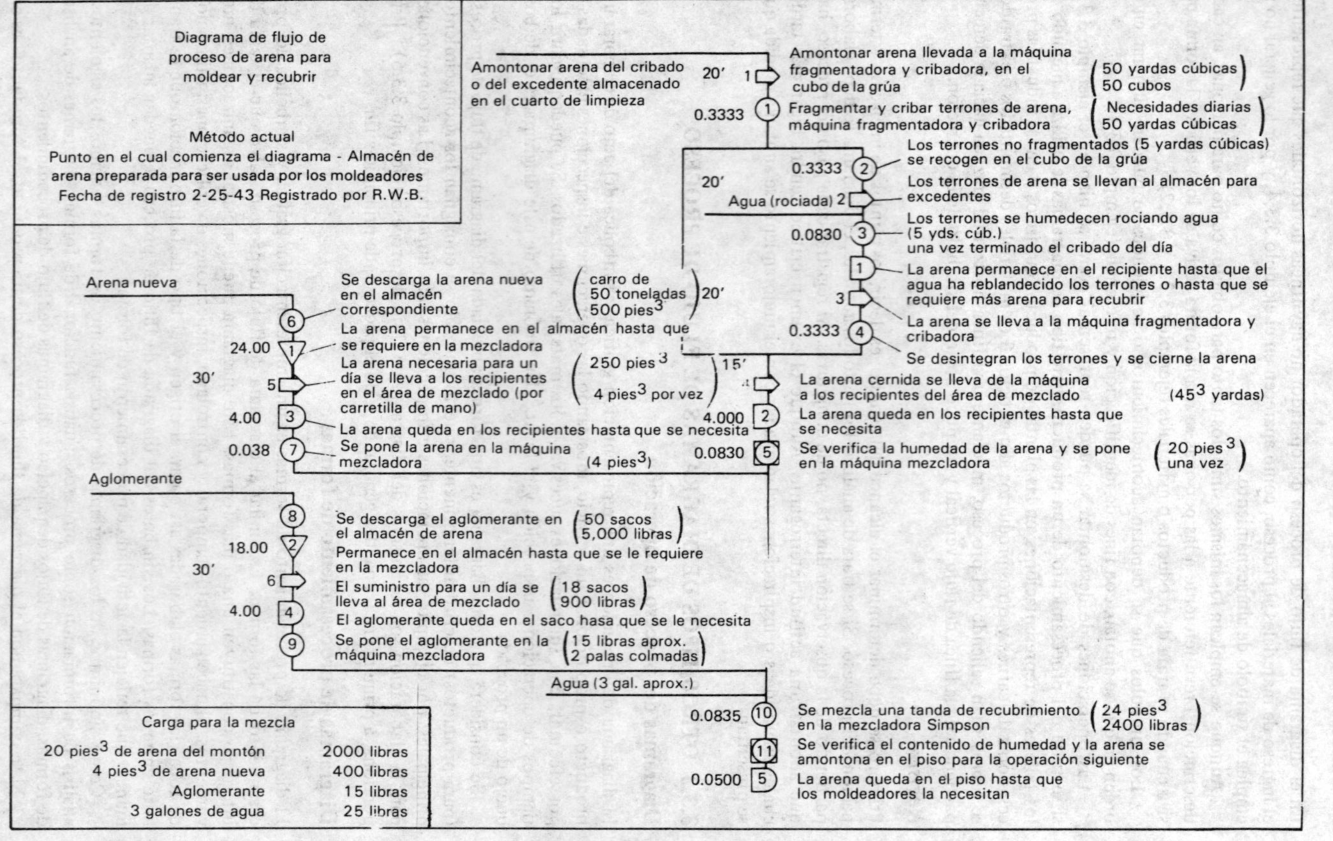

[a] Referencia 5.

Ejemplo 3.3.5 Diagrama de un proceso de operación típico[a]

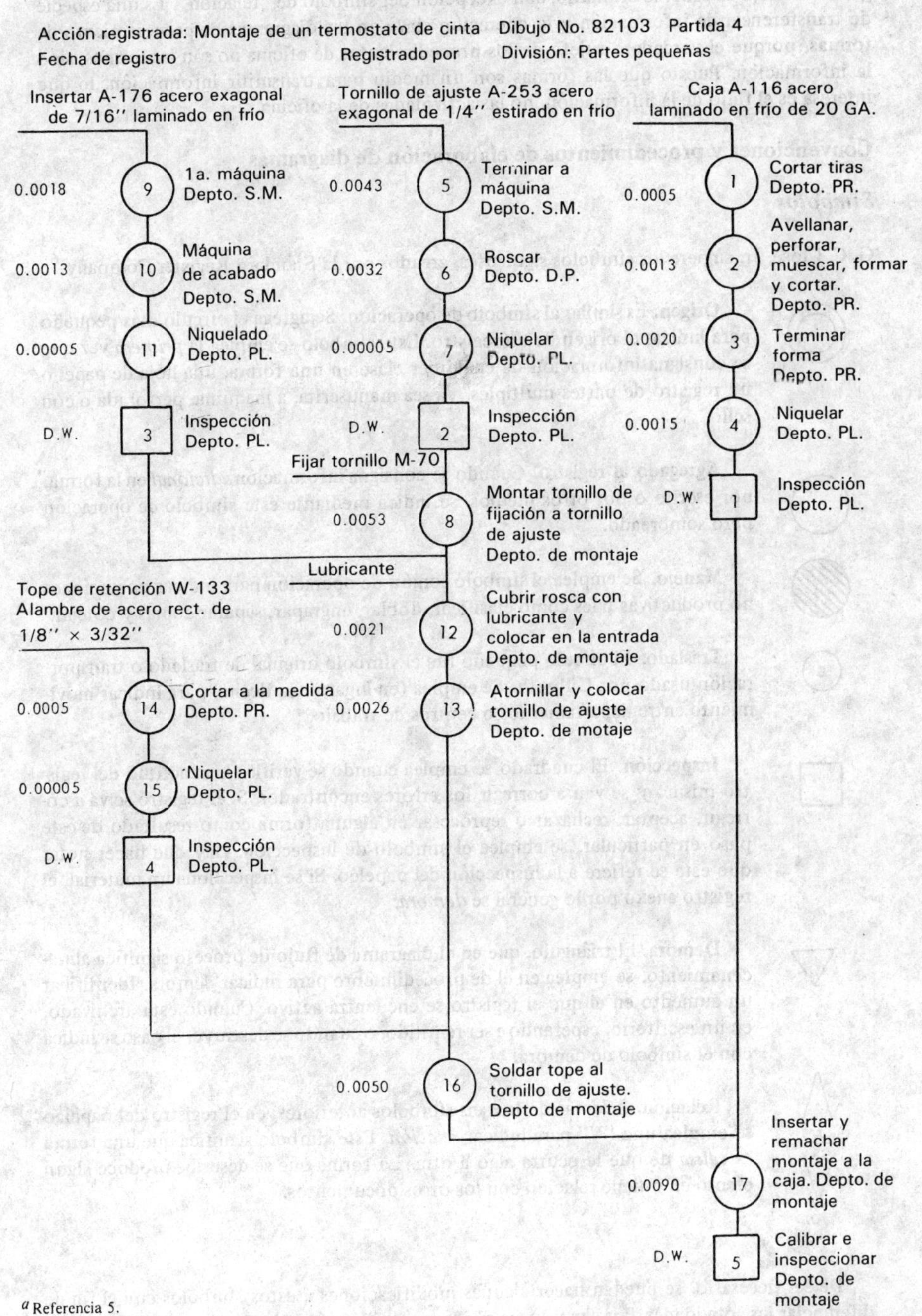

[a] Referencia 5.

No hay una norma establecida en cuanto a los símbolos y hay algunas discrepancias entre las autoridades. Los símbolos, no obstante, son muy similares a los que se emplean en el diagrama de flujo de proceso ordinario, con excepción del símbolo de "relación". Es una especie de transferencia de información y la operación clave en los diagramas de procesamiento de formas, porque el verdadero sujeto de los procedimientos de oficina no son las formas, sino la información. Puesto que las formas son un medio para transmitir información, lo que interesa es el flujo de la información, no las actividades de la oficina.

Convenciones y procedimientos de elaboración de diagramas

Símbolos

G. C. Close, Jr. sugiere los símbolos siguientes, creados por la Standard Register Company.[6]

Origen. Es similar al símbolo de operación. Se agrega el círculo más pequeño para indicar el origen de un registro. Este símbolo se emplea la *primera* vez que se consigna información de cualquier clase en una forma, una hoja de papel o un registro de partes múltiples, ya sea manuscrita, a máquina, perforada o con sello.

Agregado al registro. Cuando se consigna información *adicional* en la forma, por escrito o por otros medios, se indica mediante este símbolo de operación pero sombreado.

Manejo. Se emplea el símbolo común de operación para indicar operaciones no productivas tales como clasificar, doblar, engrapar, separar copias y cotejar.

a

Traslado. El círculo pequeño fue el símbolo original de traslado o transportación usado por Gilbreth. Se emplea (en lugar de la flecha) para indicar movimiento entre departamentos o centros de trabajo.

Inspección. El cuadrado se emplea cuando se verifica la exactitud del registro mismo *y* se van a corregir los errores encontrados. Si el registro se va a corregir, aceptar, rechazar o reprocesar en alguna forma como resultado de este paso en particular, se emplea el símbolo de inspección. Hay que hacer notar que éste se refiere a la inspección del papeleo. Si se inspecciona un material, el registro anexo por lo general se *demora.*

Demora. El triángulo, que en el diagrama de flujo de proceso significa almacenamiento, se emplea en el de procedimiento para indicar demora. Identificar un aumento en el que el registro se encuentra activo. Cuando está archivado, en un escritorio, esperando a ser remitido, o cuando se destruye, el paso se indica con el símbolo de demora.

Λ

ó

V

ó

>

Relación. Además de los seis símbolos anteriores, en el registro del papeleo se emplea una "V" para indicar *relación.* Este símbolo significa que una forma *es causa* de que le ocurra algo a otra. La forma que se describe produce algún efecto en o tiene relación con los otros documentos.

De ser necesario, se pueden hacer algunas modificaciones a estos símbolos con el fin de diferenciar las actividades. Por ejemplo, se añade una "C" al símbolo de operación, que significa "agregar al registro", para indicar cálculo; se combina una "T" con el símbolo de relación para señalar al teléfono como fuente de información, etc.

Formulación y registro de diagramas

Al anotar los hechos, el camino que sigue cada copia de cada una de las formas que se estudian se debe registrar en una hoja por separado. El diagrama correspondiente a cada hoja es similar al diagrama de flujo de procesos común. A partir de estos diagramas individuales se elabora el diagrama de proceso en su forma final, como se indica en el ejemplo 3.3.6.[7]

Las formas se dividen a veces en columnas verticales que representan los departamentos de la empresa por los cuales pasan las formas. En algunos casos, las columnas de departamento se subdividen en personas específicas.

Procesamiento de la información por computadora

En las oficinas, el trabajo manual se sustituye rápidamente con sistemas de procesamiento electrónico. El diagrama de procesamiento de formas, no obstante, sigue siendo muy útil en esos casos para analizar y diseñar los procedimientos de oficina, aunque se pueden necesitar símbolos adicionales para indicar las distintas actividades.

Por ejemplo, el manual de diagramas de flujo del sistema IBM proporciona los símbolos que aparecen en el ejemplo 3.3.7,[8] y éstos se ajustan a los requisitos que señala el Organismo Internacional para la Estandarización (ISO) para el procesamiento computarizado de la información. En el ejemplo 3.3.8[9] aparece una muestra de elaboración de diagramas.

3.3.4 DIAGRAMAS DE FLUJO Y MOVIMIENTO

Diagramas de flujo

El diagrama de flujo representa la ubicación de las actividades u operaciones, así como el flujo de materiales entre actividades, en un bosquejo gráfico del proceso. Se usa normalmente con un diagrama de flujo del proceso.[5] El equivalente del diagrama de flujo es el diagrama de flujo de proceso.

El ejemplo 3.3.9[10] ilustra el diagrama de flujo. El tema del flujo que se describe es por lo general un producto o material, aunque también se puede referir a una persona o un equipo. Este diagrama se usa a menudo para complementar el diagrama de flujo de proceso y es un auxiliar útil para el trabajo de distribución de fábricas. (Ver el capítulo 10.2.).

Convenciones y procedimientos de elaboración

Cada actividad se especifica indicando en dónde tiene lugar dentro del plano general o dibujo del área de trabajo de que se trate, a veces con símbolos y números idénticos a los del diagrama de flujo de proceso. En la línea de flujo se insertan pequeñas flechas para indicar la dirección del movimiento. En aquellos casos en que el flujo de varios sujetos se muestra en el mismo diagrama, se puede usar un color diferente para cada uno.

Diagramas de cordel

Estos diagramas se utilizan para medir la distancia total recorrida o para contar la frecuencia de los movimientos de los trabajadores, los materiales o el equipo, sobre un plano o modelo a escala, mediante un cordel y alfileres. Es una forma especial de diagrama de flujo y sirve para analizar los patrones totales de flujo o los movimientos de varios sujetos, en forma rápida y sencilla. Un sinónimo del diagrama de cordel es el diagrama de frecuencia de viajes.

Ejemplo 3.3.6 Diagrama de flujo de procedimiento para una requisición de almacén[a]

Diagrama de flujo del procedimiento
Requisición de almacén

No. 1 Blanca
No. 2 Amarilla
No. 210A escrito por
Empleado del Depto.
No. 3 azul
No. 4 rosa
Verificado y autorizado por el supervisor
Separar copia No. 4
Salidas
Correspondencia
Almacén
Entradas
Correspondencia
Verificar número de artículo
Designación de la unidad
Insertar unidad
Archivado por número de serie
Retirar copia No. 3
Tiempo
Registro
Oficina
Tiempo
Encargado de pedidos
Colocar en
Material
Depto. de pedidos
Con material
Tarjeta de control de material
Salidas
Correspondencia
Depto. de contabilidad
Libro de costos
Pase
Salidas
Correspondencia
Tiendas
Retirar copia
No. 2
Archivar
Carpeta
Archivo permanente
Destruir
Poner en
Arrancar
Archivada
Retirar del archivo
Destruir

[a]Referencia 7.

Ejemplo 3.3.7 Plantilla para diagramas de flujo[a]

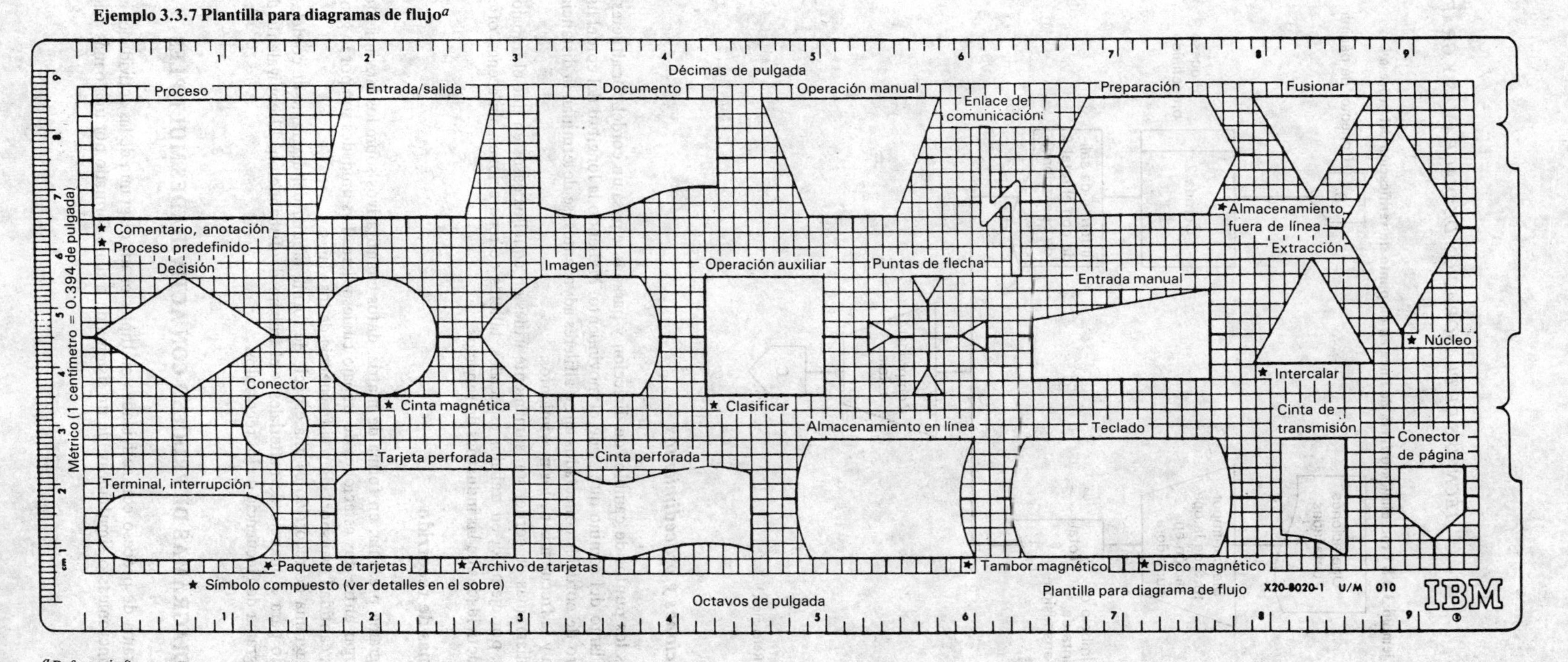

[a] Referencia 8.

Ejemplo 3.3.8 Procedimiento fuera de línea en un punto de verificación del proceso[a]

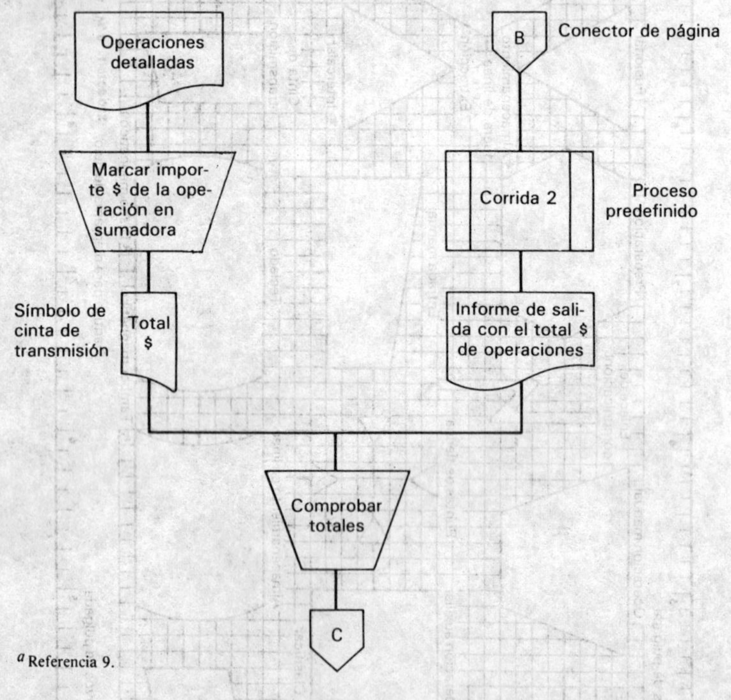

[a] Referencia 9.

Convenciones y procedimientos

En todos los puntos de cambios de dirección y paradas se pasa un cordel por alfileres clavados a lo largo del camino que sigue el movimiento. Midiendo la longitud del cordel usado y el número de cordeles conectados entre alfileres adyacentes, se determinan la distancia total recorrida y la frecuencia de los movimientos.

Los diagramas de cordel son sumamente útiles en aquellos casos en que el trabajo no es estándar; por ejemplo, en trabajos especiales, talleres de reparaciones, almacenes, oficinas y muchas actividades de las industrias de servicios.

Diagramas de recorrido

Este diagrama presenta, en forma de matriz, datos cuantitativos sobre los movimientos que tienen lugar entre dos estaciones de trabajo cualesquiera. Las unidades son por lo general el peso o la cantidad transportada y la frecuencia de los viajes.

El diagrama de recorrido es una especie de forma tabular del diagrama de cordel. Se usa a menudo para el manejo de materiales y el trabajo de distribución. El equivalente de éste es el diagrama de frecuencia de los recorridos.

3.3.5 DIAGRAMAS DE PROCESO CON ACTIVIDADES MULTIPLES

Un diagrama de proceso con actividades múltiples es un diagrama de las actividades coordinadas, sincrónicas o simultáneas, de un sistema de trabajo formado por una o más máquinas

Ejemplo 3.3.9 Diagrama de flujo: Desarmado, limpieza y desengrasado de un motor[a]

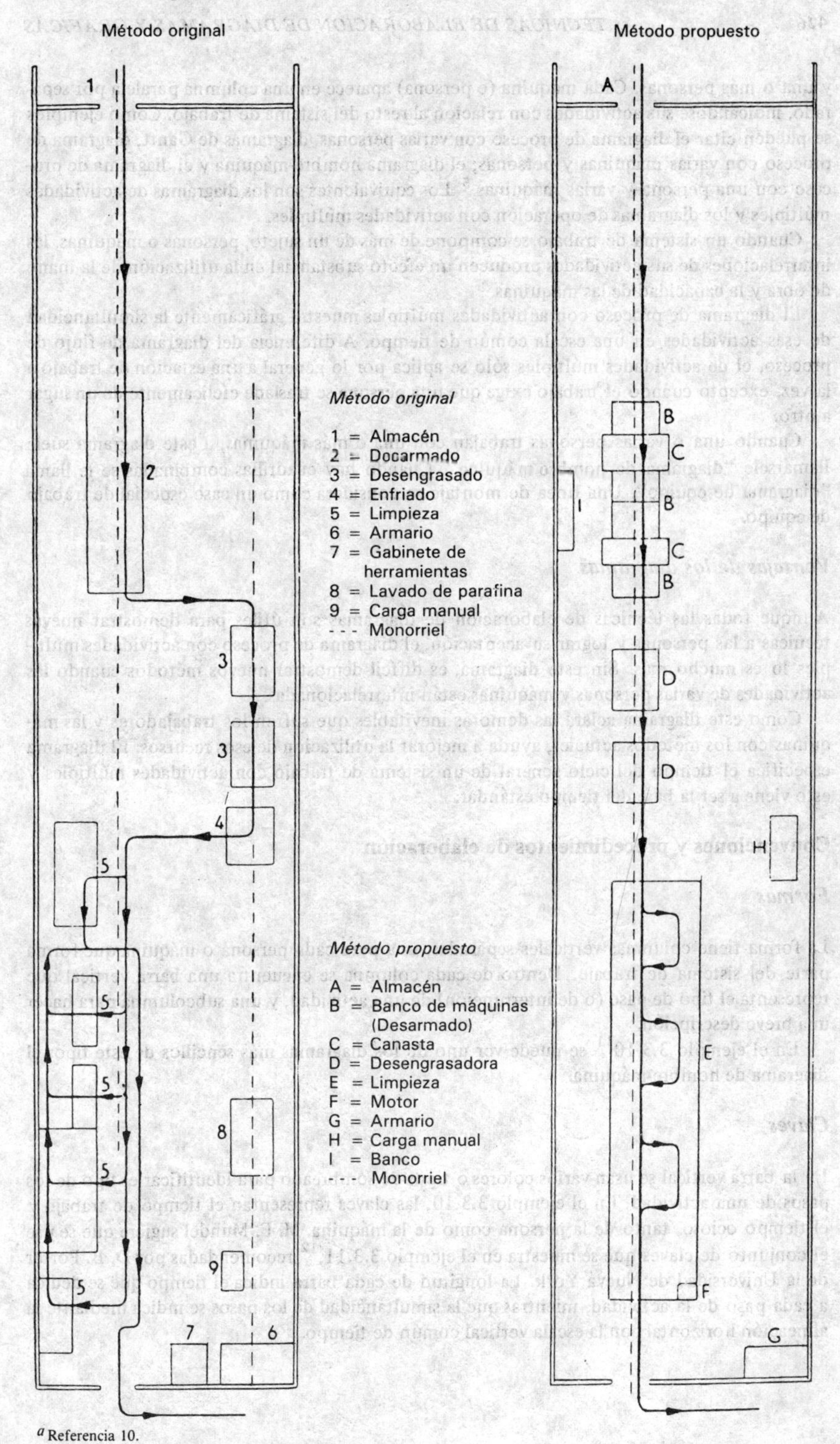

[a] Referencia 10.

y una o más personas. Cada máquina (o persona) aparece en una columna paralela por separado, indicándose sus actividades con relación al resto del sistema de trabajo. Como ejemplos se pueden citar el diagrama de proceso con varias personas, diagramas de Gantt, diagrama de proceso con varias máquinas y personas; el diagrama hombre-máquina y el diagrama de proceso con una persona y varias máquinas.[5] Los equivalentes son los diagramas de actividades múltiples y los diagramas de operación con actividades múltiples.

Cuando un sistema de trabajo se compone de más de un sujeto, personas o máquinas, las interrelaciones de sus actividades producen un efecto substancial en la utilización de la mano de obra y la capacidad de las máquinas.

El diagrama de proceso con actividades múltiples muestra gráficamente la simultaneidad de esas actividades en una escala común de tiempo. A diferencia del diagrama de flujo de proceso, el de actividades múltiples sólo se aplica por lo general a una estación de trabajo a la vez, excepto cuando el trabajo exige que una persona se traslade cíclicamente de un lugar a otro.

Cuando una o varias personas trabajan con una o más máquinas, a este diagrama suele llamársele "diagrama de hombre-máquina". Cuando hay cuadrillas combinadas se le llama "diagrama de equipo". Una línea de montaje se considera como un caso especial de trabajo de equipo.

Ventajas de los diagramas

Aunque todas las técnicas de elaboración de diagramas son útiles para demostrar nuevas técnicas a las personas y lograr su aceptación, el diagrama de proceso con actividades múltiples lo es mucho más. Sin este diagrama, es difícil demostrar nuevos métodos cuando las actividades de varias personas y máquinas están interrelacionadas.

Como este diagrama aclara las demoras inevitables que sufren los trabajadores y las máquinas con los métodos actuales, ayuda a mejorar la utilización de esos recursos. El diagrama especifica el tiempo del ciclo general de un sistema de trabajo con actividades múltiples y esto viene a ser la base del tiempo estándar.

Convenciones y procedimientos de elaboración

Formas

La forma tiene columnas verticales separadas, una para cada persona o máquina que forma parte del sistema de trabajo. Dentro de cada columna se encuentra una barra vertical que representa el tipo de paso (o de interrupción) de una actividad, y una subcolumna para hacer una breve descripción.

En el ejemplo 3.3.10[11] se puede ver uno de los diagramas más sencillos de este tipo: el diagrama de hombre-máquina.

Claves

En la barra vertical se usan varios colores o tipos de sombreado para identificar el tipo de los pasos de una actividad. En el ejemplo 3.3.10, las claves representan el tiempo de trabajo y el tiempo ocioso, tanto de la persona como de la máquina. M. E. Mundel sugiere que se use el conjunto de claves que se muestra en el ejemplo 3.3.11,[12] recomendadas por D. B. Porter de la Universidad de Nueva York. La longitud de cada barra indica el tiempo que se dedica a cada paso de la actividad, mientras que la simultaneidad de los pasos se indica mediante la alineación horizontal con la escala vertical común de tiempo.

Ejemplo 3.3.10 Diagrama de actividades múltiples—Hombre y máquina: Acabado de piezas fundidas (Método original)[a]

Diagrama de actividades múltiples			Resumen			
Diagrama No. 8	Hoja No. 1	de 1		Actual	Propuesto	Ahorro
Producto: Pieza B. 239		Dibujo No. B. 239/1	Tiempo del ciclo	(min)		
			Hombre	2.0		
			Máquina	2.0		
Proceso: *Terminar la segunda cara*			Trabajando			
			Hombre	1.2		
			Máquina	0.8		
Máquina(s): *Fresadora vertical Cincinnati No. 4*	Velocidad *80 r.p.m.*	Avance *15 pulg/min.*	Ocioso(a)			
			Hombre	0.8		
			Máquina	1.2		
			Utilización			
Operatorio:	Reloj No. 1234		Hombre	60%		
Registrado por:	Fecha:		Máquina	40%		

Tiempo (min)	Hombre	Máquina	Tiempo (min)
0–0.2	*Retira la pieza terminada* *Limpia con aire comprimido*	*Ociosa*	0.2
0.2–0.4	*Mide la profundidad de la placa superficial*		0.4
0.4–0.6	*Suaviza los bordes con la lima* *Limpia con aire comprimido*		0.6
0.6–0.8	*Coloca en la caja* *Toma otra pieza*		0.8
0.8–1.0	*Limpia la máquina con aire comprimido*		1.0
1.0–1.2	*Sujeta la pieza en el soporte:* *Pone en marcha la máquina y el avance automático*		1.2
1.2–2.0	*Ocioso*	*Trabajando* *Labra la segunda cara*	2.0

Escala de tiempo: 0.2, 0.4, 0.6, 0.8, 1.0, 1.2, 1.4, 1.6, 1.8, 2.0, 2.2, 2.4, 2.6, 2.8, 3.0, 3.2, 3.4, 3.6, 3.8

[a] Referencia 11.

Ejemplo 3.3.11 Claves para los diagramas de proceso de actividades múltiples

Símbolo[a]	*Nombre*	*Con actividades del hombre sirve para representar*	*Con actividades de la máquina sirve para representar*
(negro)	Suboperación	Miembro corporal, u operador, haciendo algo en un lugar.	Máquina trabajando (tiempo "en marcha"), máquina regulada.
(medio negro)	Suboperación	No se usa.	Máquina trabajando (tiempo "en marcha"), operador regulado.
(cuadriculado)	Movimiento	Miembro corporal, u operador, moviéndose hacia un objeto o con él.	No se usa.
(rayado)	Sostener	Miembro corporal manteniendo un objeto en posición fija.	No se usa.
(blanco)	Retraso	El miembro corporal, o el operador, está ocioso.	La máquina está ociosa (tiempo improductivo).

[a] La cantidad de sombreado se elige de modo que indique automáticamente la utilidad general del paso. A menor sombra, más indeseable será probablemente dicho paso.

Registro

Para analizar los métodos actuales, el valor de tiempo se puede obtener con ayuda del cronómetro. Se registra un ciclo completo del trabajo. Se recomienda iniciar el ciclo al principio de la primera operación entre todas las actividades realizadas por cada miembro del equipo de trabajo que se estudia. Al estudiar el trabajo coordinado de varios trabajadores, se necesitan varios analistas para registrar sus tiempos individuales.

En lugar del cronómetro se puede usar una cámara de cine o videotape, para mayor comodidad y precisión en la medición del tiempo.

En lugar de los valores directos para el estudio de tiempo se pueden usar los valores tomados de un sistema de tiempo predeterminado, por ejemplo el MTM. Son especialmente útiles para diseñar un nuevo sistema de trabajo antes de iniciar el trabajo real.

Empleo de los símbolos del diagrama de flujo de proceso

Cuando no se requiere una gran precisión en los valores de tiempo y sus interrelaciones, su representación gráfica se sustituye con símbolos geométricos, como los que se usan en los diagramas de flujo de procesos. Se puede obtener una aproximación del tiempo con un reloj de pulsera común. En el ejemplo 3.3.12[13] se aprecia una muestra de este tipo de elaboración de diagramas.

Primero se mide aproximadamente el tiempo correspondiente a cada símbolo que representa al primer operador y luego se estima el tiempo del segundo operador con relación al primero. La longitud vertical del diagrama no es proporcional al tiempo requerido por el trabajo.

Ejemplo 3.3.12 Diagrama de proceso para operadores y máquinas múltiples, con columnas de tiempos, en la fabricación de grandes bolsas de papel[a]

Original — Proceso de fabricación de grandes bolsas de papel — __ de __ Diagrama

con operadores y máquinas múltiples

Fecha 11/20/50 Parte Papel P-3 Operador MM-EG Máquina ____

Por S.F.C. No. 4521

Min	Seg	Símbolo	Dobladora - 1er. operador	Min	Segundos	Símbolo	Encoladora 2o. operador.	Máquina de encolar	Símbolo
3'	4	∘	Al lado derecho del papel		4	○	Retira la bolsa del molde	44	▽
	5	○	Levanta el borde	7'	5	⊖	A la prensa		
3'	2	⊖	Al centro de la mesa		3	○	Alza la prensa con el pie		
	3	○	Dobla un lado sobre el molde		8	○	Coloca la bolsa debajo de		
3'	1	∘	Al lado izquierdo				la prensa		
	2	○	Levanta el borde						
3'	1	⊖	Al centro de la mesa						
	5	○	Dobla un lado sobre el molde		2	○	Iguala la pila		
	7	○	Toma la cinta		2	○	Iguala mientras baja la prensa		
					2	○	Iguala un lado de la pila		
				6'	4	∘	Al depósito de bases		
	3	○	Coloca la cinta		9	○	Levanta la base		
	10	○	Aplica pegamento en la base	3'	5	⊖	A la máquina de encolar		
	9	○	Dobla la parte de abajo hacia		5	▽̶	El otro lado de la base-Encola el 1er. lado		○
			arriba		3	○	Voltea la base (gira)	3	▽
	6	○	Dobla el extremo		5	▽̶	2o. lado	5	○
	4	○	Toma la base		3	○	Voltea la base (gira)	3	▽
	6	○	Insertar la base		5	▽̶	3er. lado	5	○
					3	○	Voltea la base (gira)	3	▽
	6	○	Iguala el fondo		5	▽̶	4o lado	5	○
	8	○	Iguala lados		2	○	Invierte la base	9	▽
				4'	2	⊖	A la mesa		
					3	○	Retira la base de la mesa, coloca otra		
				3'	2	∘	Al 1er. operador		

	1o.	2o.	Total	Máquina
○	20	15	35	4
∘	2	2	4	–
⊖	2	3	5	–
▽	–	0	0	20
▽̶	–	4	4	–
	24	24		

[a] Referencia 13.

Los diagramas anteriores en los que se emplean escalas exactas de tiempo, distintos de aquellos en los que se usan aproximaciones simbólicas, se conocen como diagramas de tiempo con actividades múltiples.

3.3.6 DIAGRAMA BIMANUAL

El diagrama bimanual es aquel en el cual se registran los movimientos realizados por una mano con relación a los realizados por la otra, empleando los símbolos estándar del diagrama de procesos, o bien abreviaturas o símbolos básicos en términos de therbligs.[5] Los diagramas de procesos a dos manos, los de operación y los de proceso con operador son sinónimos de este diagrama.

El diagrama registra el trabajo manual repetitivo de un trabajador individual en una estación de trabajo. Muestra todas las actividades de las dos manos y sus relaciones mutuas. También se pueden registrar los pies si es necesario.

El diagrama revela los momentos de ociosidad innecesaria de las manos debidos a la asignación no equilibrada del trabajo. Por lo tanto, es una versión especial del diagrama de actividades múltiples descrito anteriormente.

Aunque se puede estudiar toda actividad manual controlada por una persona, este diagrama se recomienda únicamente para las tareas muy repetitivas.

Convenciones y procedimientos de elaboración

Símbolos

La actividad que se va a estudiar se divide secuencialmente en elementos de trabajo realizado por cada extremidad del cuerpo. Los símbolos que se emplean para representar esos pasos son similares a los del diagrama de flujo de proceso.

○ **Operación.** Una operación tiene lugar cuando se usa la mano para actividades tales como tomar, colocar, usar, montar, etc.

⇨ **Transportación.** La transportación tiene lugar cuando la mano se acerca al objeto o se retira de él.

D **Demora.** Se produce una demora cuando la mano está ociosa o espera a la otra mano.

▽ **Sostener.** Es cuando la mano tiene el objeto en una posición fija para facilitar el trabajo de la otra mano.

Aunque los símbolos son similares a los que se usan en los diagramas de flujo de proceso, su significado es ligeramente diferente. Por ejemplo, la inspección efectuada por un trabajador se clasifica como una "operación" en el diagrama bimanual.

Ocasionalmente se emplean símbolos therblig en lugar de los de diagrama de procesos, en cuyo caso se le llama "diagrama de therbligs". En forma análoga, el sistema de tiempo predeterminado, por ejemplo el MTM, emplea diagramas de análisis similares con sus claves de movimientos básicas.

Formas y formulación de diagramas

Aunque los diagramas se pueden elaborar sobre papel en blanco, las formas ya impresas, como la que se muestra en el ejemplo 3.3.13,[14] son más convenientes. En cada renglón se señala un solo símbolo para cada mano, indicando con una línea de conexión el orden correspondiente. Aunque el renglón no indica el tiempo necesario para cada paso, la relación de las dos manos queda indicada por el nivel horizontal de los renglones. La acción simultánea de una y otra mano se registra en el mismo renglón.

Registro

Los diagramas bimanuales se elaboran normalmente a partir de la observación directa. Los valores de tiempo se toman con un cronómetro, pero únicamente para determinar la precedencia y simultaneidad de cada uno de los pasos realizados por ambas manos.

Ejemplo 3.3.13 Diagrama bimanual: Corte de tubos de vidrio (Método original)[a]

Diagrama bimanual	
Diagrama No. 1 Hoja No. 1 de 1	Disposición del lugar de trabajo
Dibujo y parte: *Tubo de vidrio de 3 mm de diámetro* *Longitud original: 1 metro*	Método original
Operación: *Cortar a la medida de 1.5 cm*	
Ubicación: *Taller general*	
Operatorio:	
Registrado por: Fecha:	

Disposición del lugar de trabajo — Método original: Tubo de vidrio; Posición de la marca; Plantilla

Descripción para la mano izquierda	○	⇨	D	▽	○	⇨	D	▽	Descripción para la mano derecha
Sostiene el tubo									*Toma la lima*
A la plantilla									*Sostiene la lima*
Inserta el tubo en la plantilla									*Lima al tubo*
Oprime hasta el fondo									*Sostiene la lima*
Sostiene el tubo									*Marca el tubo con la lima*
Saca ligeramente el tubo									*Sostiene la lima*
Gira el tubo 120°/180°									*Sostiene la lima*
Empuja hasta el fondo									*Acerca la lima al tubo*
Sostiene el tubo									*Marca el tubo*
Retira el tubo									*Pone la lima en la mesa*
Pasa el tubo a la M.D.									*Mueve el tubo*
Dobla el tubo para romper									*Dobla el tubo*
Sostiene el tubo									*Libera el trozo cortado*
Cambia de posición en el tubo									*A la lima*

Método	Resumen Actual		Propuesto		
	M.I.	M.D.	M.I.	M.D.	
Operaciones	8	5			
Transportes	2	5			
Demoras	–	–			
Herramienta para	4	4			*sujetar piezas*
Inspecciones	–	–			
Totales	14	14			

[a]Referencia 14.

El principio de un ciclo de trabajo es por lo general el momento que sigue inmediatamente al retiro del trabajo terminado. El registro da comienzo con la mano que hace la mayor parte del trabajo. Luego se registra la otra en los renglones que corresponda en relación con los pasos que realiza. Sólo se registra una mano a la vez.

3.3.7 OTROS DIAGRAMAS PARA LAS OPERACIONES MANUALES

Diagramas de proceso del operador

Este diagrama se considera como una versión simplificada del diagrama bimanual sin diferenciar las actividades de una y otra. Sirve para estudiar la actividad general del trabajo manual repetitivo realizado por un trabajador individual. El diagrama de proceso es el equivalente.

La descomposición de las operaciones se expresa en orden de sucesión empleando los mismos símbolos que se usan en los diagramas bimanuales. Por lo general, en el diagrama no se indican los valores de tiempo.

El diagrama de proceso del operador se utiliza con actividades que implican ciclos de trabajo más prolongados.

Como el método de elaboración es similar al de los diagramas de flujo de proceso (para personas), excepto el alcance y la magnitud de los pasos, para los diagramas de proceso del operador se utiliza a menudo la forma del ejemplo 3.3.2.

Diagramas simo

Este diagrama es similar al bimanual y contiene símbolos para los movimientos más pequeños, que se indican verticalmente sobre una escala de tiempo. Como sinónimo de los diagramas simo tenemos el análisis de micromovimientos y los datos con ellos asociados.

En vez de los símbolos del diagrama de procesos se usan therbligs para cada elemento y es posible analizar no sólo las dos manos, sino también los detalles de las otras partes del cuerpo. Estos datos se pueden transcribir a partir del análisis de micromovimientos auxiliado por la película o el videotape.

Desde el punto de vista económico, sólo los trabajos sumamente repetitivos, con ciclos cortos, justifican este tipo de diagrama. En lugar del diagrama simo para el mismo propósito, se puede usar un diagrama de análisis de algún sistema de tiempo predeterminado, por ejemplo el MTM (ver el capítulo 3.2).

3.3.8 EL DIAGRAMA DE RED

El diagrama de red es una representación gráfica de las relaciones que existen entre las actividades interdependientes de un proceso o proyecto. Se le llama también diagrama de camino crítico, cuadro PERT, red de actividades o diagrama de enlace.

El proceso o proyecto que se estudia consta por lo general de un gran número de actividades. La finalidad es casi siempre optimizar el tiempo total sujetándose a la disponibilidad limitada de recursos tales como mano de obra y dinero.

El más popular de los diagramas de este tipo, el PERT, implica procedimientos complejos con procesamiento electrónico de datos. Esta red se usa normalmente para grandes proyectos que incluyen a centenares o millares de componentes.

Aplicaciones al estudio de métodos

Los diagramas de red se aplican típicamente a los problemas de programación y control de avance de proyectos complejos, como la construcción de una nueva fábrica o la comercialización de un nuevo producto. Pero hasta el sencillo diagrama de red para operaciones manuales que aquí se describe es también útil y económico, sobre todo para el estudio de métodos. Entre sus aplicaciones se pueden mencionar las actividades de mantenimiento de grandes instalaciones, la operación de preparar un tren de laminación, y la cirugía del corazón.

Aunque la interdependencia de las actividades es mucho más complicada y la duración es mayor, el diagrama de red se puede considerar como un tipo especial de diagrama de actividades múltiples.

Convenciones y procedimientos para la elaboración

Formulación del diagrama

En el ejemplo 3.3.14 se muestra un sencillo diagrama de red. Expresa *actividades* (representadas mediante líneas) y *acontecimientos* (representados por círculos y ocasionalmente por cuadrados).

Los acontecimientos son posiciones, o estados, en el proceso de terminación, incluyendo el origen y el final del proyecto. Para diferenciar los acontecimientos importantes se puede usar un cuadrado en vez de un círculo, como se puede ver en el ejemplo. Cada acontecimiento se numera por orden de precedencia.

Las actividades, indicadas mediante líneas, son operaciones o grupos de operaciones que se deben llevar a cabo en un departamento para llegar a cierto estado de avance en relación con el anterior. La dirección de la flecha indica la relación de precedencia entre dos acontecimientos. El tiempo previsto (en minutos, horas, días o semanas) para realizar cada actividad se anota debajo de la línea que la identifica. En el ejemplo 3.3.14, las actividades A, B y C requieren 5, 5 y 10 días respectivamente.

En el sistema PERT se dan tres estimaciones de tiempo (optimista, más probable y pesimista) para cada actividad, a fin de calcular una distribución probabilista de los valores de tiempo.

Para representar correctamente la sucesión, una actividad cuyo tiempo es de cero o que no representa costo se puede indicar mediante una línea de trazos. Se le llama "actividad ficticia" (es la actividad D en el ejemplo 3.3.14).

Ejemplo 3.3.14 Diagrama de red sencillo

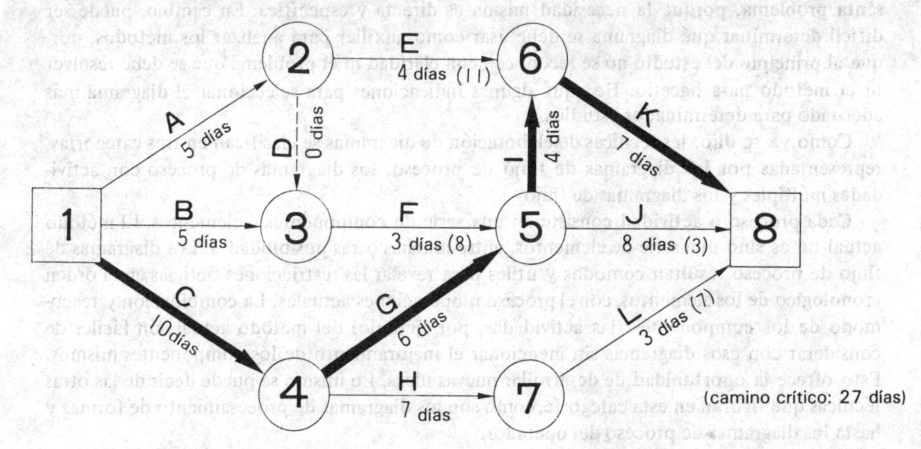

La ruta crítica y el tiempo de poca actividad

El camino más largo de la red se llama "ruta crítica" y determina el tiempo mínimo del proyecto. En el ejemplo 3.3.14, la ruta crítica desde el acontecimiento 1 hasta el acontecimiento 8 está indicado con líneas gruesas (o sea, C-G-I-K) y su valor es de 27 días. Puede haber más de una ruta crítica.

Las actividades que no están sobre la ruta crítica tienen cierta flexibilidad en cuanto a tiempo. Se pueden demorar sin afectar a la terminación de todo el proyecto. Este margen se llama "tiempo de holgura". No aparece debajo de cada actividad, sino que se indica entre paréntesis únicamente debajo de la actividad final del camino no crítico, como se puede ver en el ejemplo 3.3.14.

Por ejemplo, la ruta crítica del acontecimiento 1 al acontecimiento 5 es la vía C-G. El tiempo de poca actividad del camino no crítico adyacente B-F es de 8 semanas (16-8).

Uso de la ruta crítica

Cuando el objetivo es reducir el tiempo de terminación del proyecto, es mejor concentrar los esfuerzos en las actividades que se encuentran en la ruta crítica. Es inútil gastar el esfuerzo en otras vías. La reducción "excesiva" del tiempo de la ruta crítica, respecto a la duración de los caminos no críticos, es también un desperdicio.

En el ejemplo 3.3.14, la ruta crítica desde el acontecimiento 1 hasta el 5 (16 días) se puede reducir hasta en 8 días; es decir, en cantidad igual al tiempo de poca actividad del camino no crítico B-F, pero no más, siempre que la mejora se limite a la vía C-G.

Es probable que un camino no crítico dé lugar a la asignación excesiva de recursos tales como mano de obra o dinero. Puesto que se permiten algunas demoras sin alargar el tiempo total del proyecto, el exceso de recursos se puede ahorrar intercambiando el tiempo de poca actividad.

La técnica de cuestionario para mejorar, que se explica más adelante, también es aplicable a los diagramas de red.

3.3.9 APLICACION DE LAS TECNICAS DE ELABORACION DE DIAGRAMAS

Selección de las técnicas

El tipo de diagrama que se debe usar como auxiliar descriptivo y de comunicación no presenta problema, porque la necesidad misma es directa y específica. En cambio, puede ser difícil determinar qué diagrama se debe usar como auxiliar para analizar los métodos, porque al principio del estudio no se reconocen con claridad ni el problema que se debe resolver ni el método para hacerlo. He aquí algunas indicaciones para seleccionar el diagrama más adecuado para determinados estudios.

Como ya se dijo, las técnicas de elaboración de diagramas se clasifican en tres categorías, representadas por los diagramas de flujo de proceso, los diagramas de proceso con actividades múltiples y los diagramas de flujo.

Cada proceso o actividad consiste en una serie de componentes o elementos. El método actual no es sino una serie de elementos, entre muchas otras posibilidades. Los diagramas de flujo de proceso resultan cómodos y útiles para revelar las restricciones ficticias en el orden cronológico de los elementos, con el proceso u operaciones actuales. La combinación y reacomodo de los componentes (las actividades, por ejemplo) del método actual son fáciles de considerar con esos diagramas sin mencionar el mejoramiento de los componentes mismos. Esto ofrece la oportunidad de desarrollar nuevas ideas. Lo mismo se puede decir de las otras técnicas que figuran en esta categoría, como son los diagramas de procesamiento de formas y hasta los diagramas de proceso del operador.

Los diagramas de proceso con actividades múltiples, que constituyen otra categoría, ayudan a revelar las diferencias de tiempo entre actividades simultáneas. Siempre que una estación de trabajo o una operación se compone de más de dos sujetos, sean personas o máquinas, u otros miembros corporales, los diagramas de actividades múltiples son siempre útiles para lograr un mejor equilibrio entre los sujetos (por ejemplo, la persona, la máquina y la mano).

La tercera categoría, representada por los diagramas de flujo, registra información complementaria para los diagramas de flujo de procesos o para el análisis del manejo de materiales y del flujo físico en el área de trabajo.

Nivel de descomposición

Para fines de análisis, el proceso se descompone ordenadamente en subdivisiones o pasos que se expresan mediante cinco símbolos: operación, transportación, inspección, demora y almacenamiento. Esto viene a ser un diagrama de flujo del proceso. Una de esas subdivisiones o pasos se puede dividir todavía en operaciones convirtiéndola en un diagrama de proceso del operador. Cada operación manual se divide nuevamente en las actividades de cada mano, lo cual viene a ser un diagrama bimanual. Se llevan a cabo nuevas descomposiciones, hasta llegar a los therbligs individuales (diagramas therblig) u otras claves de movimientos básicos con valores de tiempo más pequeños (diagramas simo).

Una descomposición similar tiene lugar con los diagramas de actividades múltiples; es decir, se pasa de los diagramas de actividades múltiples a los bimanuales, a los therblig y a los simo.

La determinación del nivel de descomposición requiere algún estudio. De modo general, mientras más tosca sea la descomposición más significativos serán los ahorros que se pueden lograr en el caso del mejoramiento. Por ejemplo, el hecho de "eliminar" toda una operación en el diagrama de flujo del proceso es más provechoso que "eliminar un therblig" en el diagrama simo. La subdivisión más fina de las actividades requiere mucho más tiempo de análisis y a los analistas les resulta difícil concentrar la atención en elementos específicos, debido a la gran cantidad de datos que se deben manejar en detalle. Por la misma razón, los trabajos de ciclo prolongado se deben descomponer en pasos toscos. Para esto, los diagramas de proceso del operador son más convenientes que los bimanuales y, en algunos casos, las técnicas más bastas, por ejemplo los diagramas de flujo de proceso para personas, pueden ser aún más útiles.

El volumen de producción, o la duración de la actividad que se estudia, deben guardar relación con el nivel de descomposición del trabajo. El análisis detallado, por ejemplo el diagrama simo, sólo se justifica en el caso de los grandes volúmenes de producción o de las actividades prolongadas.

Sin embargo, las técnicas más toscas no siempre son las más indicadas. Una actividad representada por un símbolo en los diagramas de flujo de procesos, exige a veces una inversión o una innovación tecnológica importante que no siempre es posible o permisible si se siguen pasos poco detallados. En cambio, cualquier mejoramiento en los elementos de un diagrama bimanual por lo general requiere poca inversión y también resulta bastante fácil desarrollar nuevas ideas para los elementos de la actividad.

Antes de llevar a cabo cualquier análisis más detallado como los diagramas bimanuales, se aplican técnicas menos elegantes, como los diagramas de flujo de proceso o los diagramas de hombre-máquina, y no lo contrario.

Definición de objetivos específicos

Antes de analizar los métodos actuales se deben especificar los objetivos del estudio. El mejoramiento, por sí solo, es demasiado general y vago. ¿Mejorar qué? ¿La productividad de la mano de obra? ¿La producción por hora? ¿La duración del proyecto? ¿El tiempo total, o qué? El tratar de mejorarlo todo dará lugar probablemente a que no se mejore nada; o bien, en el mejor de los casos, al empleo deficiente del tiempo del analista con un beneficio mínimo. La técnica aplicada, el método de registro, la forma de analizar, la evaluación de alternativas, etc. están muy relacionadas con los objetivos del estudio.

En el análisis del proceso de flujo, los objetivos pueden ser economizar mano de obra, reducir el tiempo total de producción o cualquier otro. Incluso con el empleo de los diagramas de redes no siempre se busca reducir la duración del proyecto, sino también ahorrar mano de obra en una vía no crítica.

Los diagramas de actividades múltiples no sólo se pueden usar para mejorar la utilización de las máquinas o aumentar el ritmo de producción, sino también para equilibrar el trabajo o ahorrar mano de obra. El enfoque y las soluciones difieren algo en cada caso.

Es importante usar hechos "normalizados"

En la mayoría de los libros que tratan de la ingeniería de métodos se recalca la importancia de conocer los hechos reales, a partir de la verdadera observación, cuando se registra el método actual. Es decir, hay que registrar *lo que está ocurriendo realmente,* de acuerdo con la observación directa, y no lo que el analista cree que *debería estar ocurriendo.*

Es enteramente correcto advertirle al analista que no debe hacer diagramas imaginarios basados en la memoria, sin investigar los hechos mismos. No quiere decir, sin embargo, que el registro del método actual deba consistir en tomar fotografías furtivas, es decir, registrar indiscriminadamente todo aquello de que el analista sea testigo. Los hechos que se utilizan para elaborar los diagramas no son los hechos "crudos" que tienen lugar en el taller.

El analista se debe ocupar de los hechos mismos, no de la disciplina ni de la capacitación de empleados específicos. Los métodos distorsionados por el capricho personal, el descuido o la falta de habilidad de los trabajadores que observe deben aparecer correctos al elaborar el diagrama, de acuerdo con el buen juicio del analista.

La producción uniforme se altera por las muchas interrupciones y demoras, fuera del control de los trabajadores, que se producen durante una jornada. En ocasiones se deben a descompostura de las máquinas, materiales defectuosos o escasez de mano de obra. Al registrar el método actual, conviene suprimir los problemas irregulares y secundarios, siempre que sean incidentes ocasionales y raros que no se produzcan con regularidad.

Puesto que el método propuesto se va a ilustrar en la misma forma, la comparación entre el método actual y el propuesto se vuelve lógica y significativa en los diagramas.

En conclusión, el método actual se debe registrar con base en la observación real, no recurriendo a la memoria ni a la imaginación. El método observado, sin embargo, se debe "normalizar" mediante ajustes y correcciones, a criterio del analista, con el fin de presentar una imagen verdadera del *método* actual.

3.3.10 LA TECNICA BASICA DEL CUESTIONARIO

Actitud interrogante

Las técnicas de elaboración de diagramas que se explicaron no son sino medios para registrar. Aquí se trata el uso de la elaboración de diagramas en relación con las etapas de "examen" y "desarrollo" del estudio de métodos, descritas al principio del capítulo.

Es probable que la experiencia y la familiaridad con el trabajo impidan a las personas ver las posibilidades de mejoramiento. Una de las mejores maneras de evitar este inconveniente consiste en despertar la facultad de preguntar. La técnica del cuestionario es la aplicación sistemática de diferentes preguntas relacionadas con el trabajo a fin de buscar mejores ideas. La actitud interrogante, un tipo de pensamiento creador organizado, se asocia con los cuatro enfoques generales que se indican en el ejemplo 3.3.15, o sea, eliminar, combinar,

Ejemplo 3.3.15 Seis preguntas relacionadas con cuatro métodos

Preguntas fundamentales	*Preguntas secundarias*	*Métodos*	
¿*Cuál* es la finalidad?	¿*Por qué* es necesario?	Eliminar	
¿*Dónde* se hace?	¿*Por qué* se hace allí?	Combinar y reacomodar	Los lugares
¿*Cuándo* se hace?	¿*Por qué* se hace entonces?		Los pasos
¿*Quién* lo hace?	¿*Por qué* lo hace esa persona?		Las personas
¿*Cómo* se hace?	¿*Por qué* se hace en esa forma?	Simplificar	

reacomodar y simplificar. Esta técnica es aplicable a cada paso de cualquiera de los métodos de elaboración de diagramas descritos con anterioridad.

Procedimientos

Cada paso del proceso o actividad se aborda formulando cinco preguntas: qué, dónde, cuándo, quién y cómo. El "porqué" va implícito en todas ellas. El analista se debe concentrar totalmente en cada pregunta, en el orden siguiente:

(Finalidad) ¿*Qué*, o cuál es la finalidad? ¿*Por qué*? ¿Por qué se debe hacer? ¿Qué ocurriría si no se hiciera? ¿Qué otros métodos darían el mismo resultado? ¿Qué se debe hacer a fin de cuentas?

(Lugar) ¿*Dónde* se hace? ¿*Por qué*? ¿Se podría hacer mejor en otros lugares? ¿Dónde se debe hacer en forma definitiva?

(Orden, Tiempo) ¿*Cuándo* se hace? ¿*Por qué*? ¿Se podría hacer en un orden diferente o en otro momento con mayor economía? ¿Cuándo se debe hacer?

(Persona) ¿*Quién* lo hace? ¿*Por qué*? ¿Quién más podría hacerlo con más eficiencia? ¿Quién lo debe hacer?

(Medios) ¿*Cómo* se hace? ¿*Por qué*? ¿Hay otras maneras de hacerlo, más seguras y rentables? ¿Cómo se debe hacer?

Como se indica en el ejemplo 3.3.15, este interrogatorio sistemático conduce a los enfoques generales siguientes y se examina cada paso del proceso o actividad, en cualquier tipo de diagrama, en busca de estas posibilidades de mejoramiento:

1. *Eliminar* todas las operaciones o elementos innecesarios: no es raro encontrar que se están efectuando operaciones innecesarias, sea por falta de comunicación o por puro hábito. Por lo general, para este tipo de mejora no se requiere preparación ni inversión. Es la mejora principal que se puede hacer dentro de estas cuatro acciones, y la más importante.

2. *Combinar* operaciones o elementos: se pueden asignar a una sola persona o al mismo banco de trabajo las distintas operaciones que realizan más de dos personas en lugares diferentes.

3. *Reacomodar* operaciones o elementos: aquí, el mejoramiento más probable consiste en modificar el orden o los elementos de las operaciones. También se debe estudiar la posibilidad de cambiar el área de trabajo o la persona.

4. *Simplificar* las operaciones o elementos necesarios: después de haber examinado, sin éxito, las posibilidades de mejoramiento que se acaban de describir, se estudian los métodos para simplificar y mejorar las operaciones o elementos individuales. Este enfoque trata no sólo de hacer más eficaces las operaciones manuales, sino también de mejorar la utilización de las herramientas y el equipo.

Como estos enfoques se ordenaron siguiendo un orden descendente de importancia en términos de magnitud del probable mejoramiento, se deben aplicar precisamente en ese orden.

Procedimientos

Mientras más posibilidades, mejor. Puesto que la primera idea no es necesariamente la mejor, una sola idea "mejor" no es suficiente. Los analistas deben crear tantas ideas alternativas como sea posible.

Los elementos u operaciones se pueden dividir en tres tipos: de hacer, de preparar y de retirar. Las operaciones de "hacer" son aquellas que implican algún cambio en la forma o en el estado químico o físico del producto. La operación de "hacer" viene primero.

Las operaciones de "preparar" consisten en disponerlo todo para "hacer"; por ejemplo, preparar o cargar una máquina. Las operaciones de "retirar" son aquellas durante las cuales se retira el trabajo de la máquina o del lugar; por ejemplo, limpiar, arrojar a un lado o reponer suministros.

Todas las operaciones o elementos de "hacer" se deben examinar primero, ya que las demás dependen de ellas.

3.3.11 EJEMPLOS SENCILLOS

Caso 1: Desarmado, limpieza y desengrasado de un motor[15]

La operación se ilustra en el diagrama de proceso (ejemplo 3.3.1) y en el diagrama de flujo (ejemplo 3.3.9) descritos anteriormente. Se llevó a cabo en un taller de motores para autobuses y consistió en desarmar, desengrasar y limpiar un motor para su inspección.

El examen del diagrama de proceso indica una proporción muy alta de actividades "no productivas". Sólo se efectúan 4 operaciones y 1 inspección, pero hay 21 transportaciones y 3 demoras. De las 29 actividades, excluyendo el almacenamiento original, sólo 5 se pueden considerar como "productivas".

Aplicando la técnica del cuestionario a las primeras transportaciones:

P. ¿Cuál es la finalidad?

R. Durante una parte del camino se lleva el motor a la bodega con una grúa eléctrica, se coloca en el piso, y luego lo recoge otra grúa que lo lleva hasta la sección de desarmado.

P. ¿Por qué se tiene que hacer?

R. Porque los motores están almacenados en forma tal, que no se pueden recoger directamente por la grúa monorriel que corre por el almacén y el taller de desengrasado.

P. ¿Qué otros métodos darían el mismo resultado?

R. Los motores se podrían almacenar de manera que fueran inmediatamente accesibles a la grúa monorriel, la cual podría recogerlos y llevarlos directamente a la sección de desarmado.

P. ¿Qué se debe hacer?

R. Adoptar la sugerencia que antecede.

El diagrama de proceso y el diagrama de flujo del método mejorado aparecen en el ejemplo 3.3.16[16] y en el ejemplo 3.3.9 respectivamente.

Ejemplo 3.3.16 Diagrama de flujo de proceso del tipo para materiales: Desarmado, limpieza y desengrasado de un motor (Método mejorado)[a]

Diagrama de flujo de proceso		Del tipo para materiales			
Diagrama No. 2 Hoja No. 1 de 1		Resumen			
Objeto registrado: *Motores de autobús usados*	Actividad		Actual	Propuesta	Ahorro
	Operación	○	*4*	*3*	*1*
	Transporte	⇨	*21*	*15*	*6*
Actividad: *Desarmar, desengrasar y limpiar antes de la inspección*	Demora	D	*3*	*2*	*1*
	Inspección	□	*1*	*1*	*1*
	Almacenamiento	▽	*1*	*1*	*1*
Método: Propuesto	Distancia (m)		*237.5*	*150.0*	*87.5*
Lugar: *Taller de desengrasado*	Tiempo (hombre-min)		—		—
Operativo(s): Reloj Nos. *1234* *571*	Costo Mano de obra Materiales				
Registrado por: Autorizado por: Fecha:	Total		—		—

Descripción	Cantidad	Distancia (m)	Tiempo (min)	○	⇨	D	□	▽	Observaciones
Almacenado en la bodega de motores usados								•	
Se recoge el motor					•				*Cabria eléctrica en monorriel*
Se lleva a la sección de desarmado		*55*			•				
Se descarga en el banco de motores					•				
Se desarma el motor				•					
Se lleva a la canasta de desengrasar		*1*			•				*A mano*
Se carga en la canasta					•				*Cabria*
Se lleva al desengrasador		*1.5*			•				..
Se descarga en el desengrasador					•				..
Se desengrasa				•					
Se descarga del desengrasador					•				..
Se retira del desengrasador		*4.5*			•				..
Se descarga en el suelo					•				
Se deja enfriar						•			
Se lleva a los bancos de limpieza		*6*			•				..
Se limpian todas las partes				•					
Todas las partes se juntan en charolas especiales		*6*			•				
Esperan a ser transportadas						•			
Las charolas y el bloque de cilindros se cargan en una carretilla					•				
Se llevan a la sección de inspección de motores		*76*			•				*Carretilla*
Las charolas se colocan en los bancos de inspección y los bloques en la plataforma					•				
TOTAL		*150*		*3*	*15*	*2*	—	*1*	

[a] Referencia 16.

Caso 2: Acabado de piezas fundidas en una fresadora vertical[17]

La operación consiste en terminar una de las caras de una pieza fundida. La cara opuesta se usa para poner la pieza en el soporte. El método original se muestra en el ejemplo 3.3.10. Examinando cuidadosamente el método original revela que la máquina permanece ociosa durante casi las tres cuartas partes del ciclo de operación. Esto se debe a que el operador realiza todas las actividades con la máquina parada y permanece ocioso mientras la máquina funciona con alimentación automática.

El ejemplo 3.3.17[18] muestra un mejor método de operación. Se puede ver que las tareas de medir, limpiar los bordes de la pieza maquinada, colocar la pieza en la caja de partes terminadas, tomar una nueva pieza y colocarla sobre una mesa de trabajo de manera que esté lista para ponerla en el soporte, se realizan mientras la máquina está en marcha.

Se ha ganado algo de tiempo colocando juntas las cajas que contienen las piezas terminadas y las piezas por maquinar, de manera que al mismo tiempo se puede dejar una pieza y tomar otra. La limpieza de la pieza maquinada con aire comprimido, se deja para después de limar los bordes afilados, con lo cual se ahorra una operación adicional.

El resultado es un ahorro de 0.64 de min sobre un tiempo de 2 min, o sea una ganancia del 32 por ciento en la productividad de la máquina fresadora y del operador, sin desembolso alguno de capital.

3.3.12 LISTAS DE VERIFICACION

La aplicación de las técnicas de cuestionario a los diagramas bimanuales y a los diagramas de hombre-máquina es algo compleja. M. E. Mundel sugiere las siguientes listas de verificación para esos casos.

Lista de verificación para el diagrama bimanual*

Principios básicos

A. Reducir al mínimo el número de pasos.
B. Disponer en el orden más conveniente.
C. Combinar pasos donde sea posible.
D. Hacer cada paso tan fácil como sea posible.
E. Equilibrar el trabajo de las manos.
F. Evitar el uso de las manos para sostener.
G. El lugar de trabajo se debe adaptar a las dimensiones del cuerpo humano.

1. ¿Se puede eliminar una suboperación?
   a. ¿Por ser innecesaria?
   b. ¿Al modificar el orden del trabajo?
   c. ¿Si se cambian las herramientas o el equipo?
   d. ¿Al cambiar la distribución del lugar de trabajo?
   e. ¿Si se combinan herramientas?
   f. ¿Si se cambia ligeramente el material?
   g. ¿Al modificar ligeramente el producto?
   h. ¿Si se pone una abrazadera de acción rápida sobre la planilla, si es que se usa una?

2. ¿Se puede eliminar un movimiento?
   a. ¿Por ser innecesario?
   b. ¿Al modificar el orden del trabajo?

*Aquí, "cuadro de operación" es sinónimo de cuadro bimanual.

Ejemplo 3.3.17 Diagrama de actividades múltiples —Hombre y máquina: Acabado de piezas fundidas (Método mejorado)[a]

Diagrama de actividades múltiples

Diagrama No. 9	Hoja No. 1 de 1	Resumen			
Producto *Pieza B 239*	Dibujo No. *B 239/1*		Actual	Propuesto	Ahorro
		Tiempo del ciclo	(min)		
		Hombre	*2.0*	*1.36*	*0.64*
		Máquina	*2.0*	*1.36*	*0.64*
Proceso: *Terminar la segunda cara*		Trabajando			
		Hombre	*1.2*	*1.12*	*0.08*
		Máquina	*0.8*	*0.8*	—
Máquina(s): *Fresadora vertical Cincinnati No. 4*	Velocidad *80* r.p.m. Avance *15* pulg./min.	Ocioso(a)			
		Hombre	*0.8*	*0.24*	*0.56*
		Máquina	*1.2*	*0.56*	*0.64*
		Utilización			Ganancia
Operativo:	Reloj No. *1234*	Hombre	*60%*	*83%*	*23%*
Registrado por:	Fecha:	Máquina	*40%*	*59%*	*19%*

Tiempo min.	Hombre	Máquina	Tiempo min.
	Retira la pieza terminada		
0.2	*Limpia la máquina con aire comprimido.*		0.2
	Coloca una nueva pieza en el soporte: pone en marcha la máquina y el avance automático	*Ociosa*	
0.4			0.4
0.6			0.6
	Lima los bordes de la pieza maquinada; limpia con aire comprimido		
0.8			0.8
	Mide la profundidad de la placa superficial		
1.0	*Coloca la pieza en la caja; toma otra pieza y la pone junto a la máquina*	*Trabajando* *Labra la segunda cara*	1.0
1.2			1.2
	Ocioso		
1.4			1.4
1.6			1.6
1.8			1.8
2.0			2.0
2.2			2.2
2.4			2.4
2.6			2.6
2.8			2.8
3.0			3.0
3.2			3.2
3.4			3.4
3.6			3.6
3.8			3.8

[a] Referencia 18.

c. ¿Si se combinan herramientas?
d. ¿Al cambiar las herramientas o el equipo?
e. ¿Si se deja caer el material terminado? (Mientras menos precisa deba ser la acción de retirar, más rápida será.)

3. ¿Se puede eliminar una acción de sostener? (Sostener resulta sumamente fatigoso.)
a. ¿Por innecesaria?
b. ¿Mediante un sencillo dispositivo o soporte?

4. ¿Se puede eliminar o reducir una demora?
a. ¿Por ser innecesaria?
b. ¿Si se modifica el trabajo que realiza cada miembro del cuerpo?
c. ¿Al equilibrar el trabajo de las extremidades?
d. ¿Si se trabaja simultáneamente en dos objetos? (A la persona típica le es posible producir un poco menos que el doble.)
e. ¿Si se alterna el trabajo, de manera que cada mano haga el mismo trabajo, pero fuera de fase?

5. ¿Se puede hacer más fácil una suboperación?
a. ¿Con mejores herramientas? (Los mangos deben permitir el contacto máximo con la mano, sin bordes agudos que lastimen al aplicar fuerza; de fácil rotación y de poco diámetro para lograr velocidad en el trabajo ligero.)
b. ¿Al cambiar los puntos de apoyo?
c. ¿Si se cambia la posición de los controles o las herramientas? (Colocándolos dentro del área normal de trabajo.)
d. ¿Con mejores recipientes para el material? (Las charolas que permiten asir deslizando las partes pequeñas son mejores que aquellas en las cuales hay que meter los dedos hasta el fondo.)
e. ¿Si se aprovecha la inercia siempre que sea posible?
f. ¿Al disminuir los requisitos visuales?
g. ¿Si se cambia la altura del lugar de trabajo? (La superficie debe quedar debajo del codo.)

6. ¿Se puede hacer más fácil un movimiento?
a. ¿Al modificar la distribución, o acortando las distancias? (Colocar las herramientas y el equipo lo más cerca posible de donde se van a usar y lo más aproximadamente de la posición de uso.)
b. ¿Si se cambia la dirección de los movimientos? (El ángulo óptimo del lugar de trabajo, para perillas pequeñas, interruptores y volantes, es probablemente de 30°, y sin duda entre 0° y 45° en un plano perpendicular al plano frontal del cuerpo del operador.)
c. ¿Al emplear músculos diferentes? (De la lista que sigue, utilice el primer grupo de músculos, que sea bastante fuerte para la tarea.)
   1) ¿Los dedos? (No es conveniente si la carga es constante o los movimientos se repiten con frecuencia.)
   2) ¿La muñeca?
   3) ¿El antebrazo?
   4) ¿El brazo?
   5) ¿El tronco? (Con cargas pesadas, apoyar en los músculos grandes de la pierna.)
d. ¿Al efectuar movimientos continuos, no espasmódicos?

7. ¿Se puede facilitar una acción de sostener?
a. ¿Si se disminuye su duración?
b. ¿Al emplear grupos de músculos más fuertes, por ejemplo las piernas, mediante dispositivos operados con el pie?

Listas de verificación para los diagramas hombre-máquina[20]

Principios básicos

A. Eliminar pasos.
B. Combinar pasos.
C. Reacomodar en una forma mejor.
D. Facilitar cada paso tanto como sea posible.
E. Elevar al máximo el tiempo del ciclo durante el cual funciona la máquina.
F. Reducir al mínimo las operaciones de carga y descarga de la máquina.
G. Aumentar la velocidad de la máquina hasta un límite económico.

(Las primeras siete preguntas que siguen son similares a las de los diagramas bimanuales, que contienen más detalles. El lector también debe consultarlas. Las preguntas aparecen aquí, en su forma simple, con el fin de reunir en un solo lugar todas las partidas de la lista.)

1. ¿Se puede eliminar una suboperación?
a. ¿Por ser innecesaria?
b. ¿Si se modifica el orden del trabajo?
c. ¿Si se cambian las herramientas o el equipo?
d. ¿Si se cambia la distribución del lugar de trabajo?
e. ¿Cuando se combinan herramientas?
f. ¿Si se hace un cambio ligero en el material?
g. ¿Al modificar ligeramente el producto?
h. ¿Si se pone una abrazadera de acción rápida sobre la plantilla, si es que se usa una?

2. ¿Se puede eliminar un movimiento?
a. ¿Por ser innecesario?
b. ¿Si se modifica el orden del trabajo?
c. ¿Si se combinan herramientas?
d. ¿Si se cambian las herramientas o el equipo?
e. ¿Si se deja caer el material terminado?

3. ¿Se puede eliminar una acción de sostener? (Sostener resulta sumamente fatigoso.)
a. ¿Por innecesaria?
b. ¿Mediante un sencillo dispositivo o soporte?

4. ¿Se puede eliminar o reducir una demora?
a. ¿Por ser innecesaria?
b. ¿Si se modifica el trabajo que realiza cada miembro del cuerpo?
c. ¿Al equilibrar el trabajo de las extremidades?
d. ¿Si se trabaja simultáneamente en dos objetos?
e. ¿Si se alterna el trabajo, de manera que cada mano haga lo mismo, pero fuera de fase?

5. ¿Se puede hacer más fácil una suboperación?
a. ¿Con mejores herramientas?
b. ¿Al cambiar los puntos de apoyo?
c. ¿Si cambia la posición de los controles o las herramientas?
d. ¿Con mejores recipientes para el material?
e. ¿Si se aprovecha la inercia siempre que sea posible?

f. ¿Si disminuyen los requisitos visuales?
g. ¿Al modificar la altura del lugar de trabajo?

6. ¿Se puede hacer más fácil un movimiento?
   a. ¿Si se modifica la distribución, o acortando las distancias?
   b. ¿Al cambiar la dirección de los movimientos?
   c. ¿Si se emplean músculos diferentes? De la lista que sigue, usar el primer grupo de músculos, lo suficientemente fuertes para la tarea:
      1) Los dedos.
      2) La muñeca.
      3) El antebrazo.
      4) El brazo.
      5) El tronco.
   d) ¿Si hace movimientos continuos, no espasmódicos?

7. ¿Se puede facilitar una acción de sostener?
   a. ¿Si disminuye su duración?
   b. ¿Si utiliza grupos de músculos más fuertes, por ejemplo las piernas, mediante mordazas operadas con el pie?

8. ¿Se puede reacomodar el ciclo, de manera que se pueda realizar más trabajo manual mientras la máquina está en operación?
   a. ¿Mediante el avance automático?
   b. ¿Si el material se alimenta automáticamente?
   c. ¿Al modificar la relación de fase entre hombre y máquina?
   d. ¿Mediante la interrupción automática de la corriente eléctrica al completarse el corte o en caso de falla de la herramienta o el material?

9. ¿Se puede disminuir el tiempo de máquina?
   a. ¿Con mejores herramientas?
   b. ¿Si combina herramientas?
   c. ¿Si acelera el avance o la velocidad?

3.3.13 LA CREATIVIDAD DE GRUPO Y SUS APLICACIONES A LA INDUSTRIA

Lluvia de ideas

Cuando se trata de generar ideas creadoras se prefiere la actividad en grupo. El método más popular es la lluvia de ideas. Es una técnica de expresión de ideas mediante la cual un grupo trata de solucionar un problema determinado. La cantidad y variedad de las ideas generadas por las personas que participan es mayor de lo que se lograría si el mismo número de personas trabajaran por su cuenta. Esta técnica se emplea a menudo, junto con la de cuestionario, para analizar y mejorar un método actual (ver el capítulo 1.5).

El cambio deliberado

La Compañía Procter and Gamble tiene un programa de cambio de métodos que abarca a toda la empresa. Los ahorros por cada miembro de la administración fueron de $400 en 1946, el primer año del programa, y de $43,000 en 1977-1978. La tasa de rendimiento ha sido aproximadamente de 1,000 veces.

Uno de los métodos especiales que desarrolló esa compañía fue el principio de "cambio deliberado".[21] El cambio deliberado es algo muy distinto del mejoramiento. Mejorar significa aplicar un método con más eficiencia; cambiar significa desarrollar y poner en práctica un nuevo método. Aun cuando una operación se lleve a cabo en forma perfecta, existe siempre la posibilidad de ahorrar introduciendo un cambio deliberado.

Los principios siguientes constituyen la base del método de cambio deliberado para mejorar los beneficios:

1. La perfección no es obstáculo para el cambio.
2. Cada dólar de costo debe contribuir en proporción justa a las utilidades.
3. El potencial de ahorro está representado por todo el costo actual.
4. Jamás se debe suponer que cada partida del costo es necesaria.

El método de eliminación

La Compañía Procter and Gamble tiene también un procedimiento formal al cual ha dado el nombre de "método de eliminación".[22] Aunque la empresa mejora constantemente los métodos y simplifica el trabajo, considera que la solución ideal consiste en eliminar el costo. Su método para ello es como sigue:

1. Seleccionar el costo que se va a estudiar.
2. Identifique la causa básica.
3. Desconfíe de la causa básica que trata de eliminar.
   a. Descarte la causa básica.
   b. Plantear los "por qué".

Mejoramiento del enfoque del diseño

El procedimiento de diseño de métodos tendiente a mejorar las actividades múltiples o las líneas de producción, denominado *diseño organizado para los sistemas de línea y mano de obra* (ORDLIX),[23] es muy conocido en el Japón debido al éxito con que se aplica. No sólo es un método para equilibrar el tiempo, sino que ayuda también a desarrollar nuevas ideas estimulando el pensamiento creador de los analistas.

A un procedimiento de paso por paso, se le integran ciertos artificios, destinados a suprimir la tensión sicológica y los obstáculos que se oponen a la creatividad, tales como los siguientes:

1. *División injusta de las actividades de estudio de acuerdo con la prioridad.* No tiene objeto llevar a cabo un estudio total de los detalles insignificantes, ni analizarlos a fondo.
2. *Mientras más simple sea un problema mayor será la creatividad.* Sólo se tienen en cuenta los elementos más importantes al determinar el esquema del nuevo método. Esto suprime los detalles molestos y obliga al analista a concentrarse exclusivamente en las partes esenciales de la estructura del método.
3. *Se pueden obtener ideas aún mejores.* Si se les señala una meta a los analistas, realizarán mayores esfuerzos para alcanzarla. Si se agregan elementos secundarios poco importantes a la estructura tentativamente equilibrada del método, se obliga a los analistas a mejorar la actividad obstaculizada.

3.3.14 LIMITACIONES DE LAS TECNICAS DE ELABORACION DE DIAGRAMAS

Las técnicas de elaboración de diagramas que se describen en este capítulo son medios para analizar el método actual, que no es sino una de las soluciones alternativas de un problema (o de un objetivo). La solución del momento, o sea el método actual, impide a veces que el analista genere soluciones enteramente diferentes o superiores, porque está demasiado familiarizado con la solución actual y le es difícil liberarse de ella para crear nuevas ideas.

El proceso de diseño poco a poco está sustituyendo al método analítico tradicional para mejorar los métodos; busca una nueva manera de transformar el estado original de las cosas (insumo o punto de partida) en otro diferente (producto, objetivo o resultado) no posible con el método actual. Con este enfoque se trata de analizar el problema mismo (el objetivo) más bien que una de sus soluciones (el método actual), como ocurre en el análisis tradicional.

Sin embargo, incluso en este proceso de diseño, los diagramas son un medio útil e indispensable para analizar el problema, sobre todo para conocer los hechos.[24] En la etapa de generación de ideas del proceso de diseño, el pensamiento creador o la técnica de cuestionario anteriormente explicados se usan casi en la misma forma que en el mejoramiento analítico de los métodos.

REFERENCIAS

1. AMERICAN NATIONAL STANDARD, Industrial Engineering Terminology, *Work Measurement and Methods* (Z94.12-1972), American Society of Mechanical Engineers, Nueva York, 1973.
2. INTERNATIONAL LABOUR OFFICE (ILO), *Introduction to Work Study*, 3a. ed., ILO Publications, Ginebra Suiza, 1978, p. 98.
3. ILO, *Work Study*, p. 135.
4. S. JOHNSON y G. OGILVIE, *Work Analysis*, The Butterworth Group, Londres, 1972, p. 34.
5. ASME, ASME Standard, *Operation and Flow Process Charts* (ANSI Y15.3-1974), Nueva York, 1972.
6. G. C. CLOSE, JR., *Work Improvement*, Wiley, Nueva York, 1960, pp. 140-141.
7. CLOSE, *Work Improvement*, pp. 144-145.
8. IBM, *Flow charting Techniques* (C20-8152-1), IBM Technical Publications Department, White Plains, NY, 1969, p. 7.
9. IBM, *Flow charting Techniques*, p. 15.
10. ILO, *Work Study*, p. 103.
11. ILO, *Work Study*, p. 140.
12. M. E. MUNDEL, *Motion and Time Study*, 5a. ed., Prentice-Hall, Englewood Cliffs, NJ, 1978, p. 249.
13. G. NADLER, *Work Simplification*, McGraw-Hill, Nueva York, 1947, p. 122.
14. ILO, *Work Study*, p. 164.
15. ILO, *Work Study*, pp. 102-105.
16. ILO, *Work Study*, p. 105.
17. ILO, *Work Study*, pp. 139-142.
18. ILO, *Work Study*, p. 141.
19. M. E. MUNDEL, *Motion and Time Study*, pp. 251-252.
20. M. E. MUNDEL, *Motion and Time Study*, pp. 230-231.
21. R. M. BARNES, *Motion and Time Study*, 7a. ed., Wiley, Nueva York, 1980, pp. 523-528.
22. R. M. BARNES, *Motion and Time Study*, pp. 53-54.
23. T. KADOTA, "ORDLIX and its Application to Japanese Industry," *Proceedings–of the Spring Annual Conference*, American Institute of Industrial Engineers, Atlanta, GA, 1979, pp. 591-597.
24. E. V. KRICK, *Methods Engineering*, Wiley, Nueva York, 1962, p. 43.

BIBLIOGRAFIA

CARLSON, G. B., H. A. BOLZ, y H. H. YOUNG Eds., *Production Handbook,* 3a. ed., Ronald, Nueva York, 1972.

CURIE, R. M., y J. E. FARADAY, *Work Study,* 4a. ed., Pitman Publishing Ltd., Londres, Inglaterra, 1977.

MAYNARD, H. B., Ed., *Industrial Engineering Handbook,* 3a. ed., McGraw-Hill, Nueva York, 1971.

NADLER, G., *Work Design: A Systems Concept,* Ed. Rev., Irwin, Homewood, IL, 1970.

NIEBEL, B. W., *Motion and Time Study,* 6a. ed., Irwin, Homewood, IL, 1976.

SHAW, A. G., *The Purpose and Practice of Motion Study,* Columbine Press, Buxton, Inglaterra, 1960.

CAPITULO 3.4

Balanceo de la línea de ensamble

COLIN L. MOODIE
Universidad Purdue

3.4.1 EL CONCEPTO DE ENSAMBLE DEL PRODUCTO

Una definición de "ensamble" dada por el diccionario, aplicable al área de manufactura, es la siguiente: armar o unir las partes de ________. Aunque la mayoría de las empresas venden productos que consisten en ensambles de varias partes, la persona típica piensa normalmente en la función de ensamble industrial en términos de automóviles, aparatos domésticos y otros productos que contienen muchas partes individuales. La función de ensamble parece ser el momento de la verdad para una empresa manufacturera: todos los componentes fabricados y comprados se combinan en una unidad o subunidad funcional. Si hay componentes defectuosos, equivocados o faltantes se puede interrumpir la función de ensamble.

Si el ensamble se lleva a cabo progresivamente mediante el trabajo manual, la distribución uniforme de los elementos a lo largo de las estaciones de ensamble es muy importante. El balanceo del ensamble, llamado con más frecuencia "balanceo de la línea de ensamble", es una función importante de planeación del subensamble, la microproducción, que facilita el flujo uniforme de los ensambles a lo largo de un sistema progresivo.

3.4.2 PERSPECTIVA HISTORICA DEL ENSAMBLE PROGRESIVO

La línea de ensamble contemporánea tiene una historia interesante. Probablemente los dos acontecimientos más importantes ocurridos en el pasado en el área de la manufactura, que condujeron al ensamble progresivo, son el concepto de partes intercambiables y el concepto de división del trabajo. Este último lleva al primero varios siglos de ventaja; pero los dos combinados hacen posible el diseño de estaciones de ensamble a lo largo de un transportador en movimiento y en éstas los operadores realizan tareas específicas, a menudo seleccionando partes componentes entre centenares y posiblemente millares de partes idénticas colocadas en recipientes al lado de la estación de trabajo.

La historia detallada completa (y muchas veces fascinante) del ensamble progresivo estaría fuera de lugar en este capítulo. Sin embargo, el ejemplo 3.4.1, tomado de Wild,[1] puede dar a primera vista una idea valiosa de cómo el pasado ayudó a dar forma al presente.

3.4.3 CONCEPTOS BASICOS DEL BALANCEO DE LA LINEA DE ENSAMBLE

La idea fundamental de una línea de ensamble es que un producto se arma progresivamente a medida que es transportado, pasando frente a estaciones de trabajo relativamente fijas, por

Ejemplo 3.4.1 Etapas en el desarrollo de la producción continua

Año	Desarrollo de la producción	Año	Acontecimientos
1260	Comentarios de Dante y Marco Polo sobre la división del trabajo en Venecia.		
1438	Descripción de la línea de producción en el arsenal de Venecia.		
1496	Producción en masa de agujas por Leonardo da Vinci.		
1617	Aplicación del proceso automático en línea recta a la acuñación de moneda en España.		
1717	Intento frustrado de fabricar fusiles usando partes intercambiables, en Francia.		
1731	Fabricación de botones y alfileres en línea de producción, en Moscú.		
1746	Descripción de la producción de alfileres en línea de producción, en Inglaterra.		
1785	Oliver Evans diseña el molino de harina "automático".		
1785	Producción de partes intercambiables para mosquete, en Francia.	1793 y 1796	Estalla la guerra entre Francia y Gran Bretaña y entre España y Gran Bretaña, respectivamente.
1798	Primer contrato de Eli Whitney por 10,000 fusiles. (Posteriormente se usaron partes intercambiables.)		
1799	Contrato del gobierno con Simeon North para la fabricación de fusiles. (Posteriormente se usaron partes intercambiables.)		
1804	Fabricación de galletas para los barcos, en línea de producción, en Inglaterra.	1803 a 1815	Guerras Napoleónicas.
1809	Producción en masa de bloques para navíos, en Inglaterra.		
1830	Fabricación de relojes de latón con partes intercambiables-Chauncey Jerome, Estados Unidos.	1830	Aparece la "prensa para céntimos".
1837	Se aplica el principio de distribución de la línea de montaje en la fundición de Bridgewater, Inglaterra.		
1839	Aplicación del principio de la línea de producción en Chorlton Mills, Inglaterra.		
1846	Se usan partes intercambiables en las máquinas de coser.	1845 a 1848	Estados Unidos en guerra con México.
1847	Se usan partes intercambiables en la maquinaria agrícola, en Estados Unidos.		
1848	Se usan partes intercambiables en la fabricación de relojes, en Estados Unidos.		
1851	Exhibición del Palacio de Cristal —demostración de partes intercambiables.		
1855	Las fábricas de armas Enfield y de Sudáfrica Británica modeladas según los sistemas Colt.	1854 a 1856	Guerra de Crimea.
1861	Línea de producción en el procesado de carnes, en Chicago.	1861 a 1865	Guerra Civil en los E.E.U.U.
1891	Fabricación de furgones de carga en línea de producción.		
1899	Se diseña el auto Oldsmobile de "bajo costo".		
1906	Se fabrican automóviles Olds y Cadillac en grandes cantidades.		
1908	Se fabrica el primer automóvil Ford "Modelo T".		
1913	Se instala la primera línea de montaje en la fábrica Ford.		
1922	Se instala la línea de transferencia en la A. O. Smith Corporation, Estados Unidos.		
1923	Se instala la línea de transferencia "manual" en la Morris Engines, Inglaterra.		
1924	Se instala la línea de transferencia automática en la Morris Engines.		

Fuente: Referencia 1.

Ejemplo 3.4.2 Configuración típica de una línea de ensamble[a]

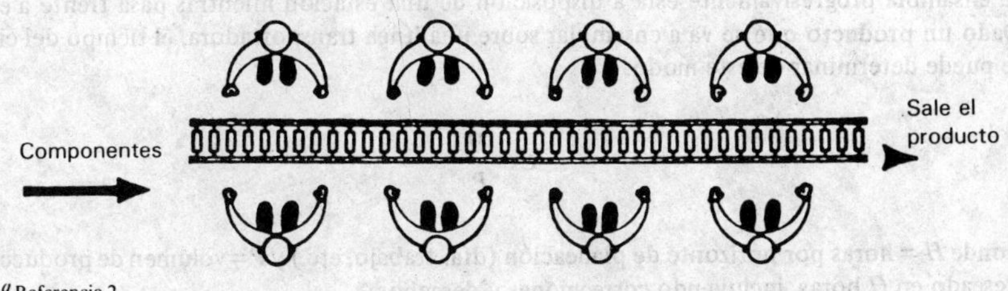

[a] Referencia 2.

un dispositivo de manejo de materiales, por ejemplo una cinta transportadora. Los elementos de trabajo, establecidos de acuerdo con el principio de la división del trabajo, se asignan a las estaciones de manera que todas ellas tengan aproximadamente la misma cantidad de trabajo. A cada trabajador, en su estación, se le asignan determinados elementos y los lleva a cabo una y otra vez en cada unidad de producción mientras pasa frente a su estación. El ejemplo 3.4.2, tomado de Tuggle, [2] muestra la distribución de una línea de ensamble típica.

La definición que generalmente se acepta del problema de balanceo de la línea de ensamble es la que se atribuye a Salveson: [3] "minimizar la cantidad total de tiempo ocioso; o, lo que es lo mismo, minimizar el número de operadores que harán una cierta cantidad de trabajo con una velocidad dada de la línea de ensamble". Esto se conoce como "minimización del retraso del balanceo". El "retraso del balanceo" se define como la cantidad de tiempo ocioso que resulta en toda la línea de ensamble debido a los tiempos totales desiguales de trabajo asignados a las diferentes estaciones. En los raros casos en que es posible lograr un balanceo perfecto, no habrá tiempo ocioso.

Kilbridge y Wester[4] estudiaron las variaciones de los tiempos ociosos causados en las estaciones por diferentes balanceos de la línea de ensamble. Demostraron que el mayor retraso del balanceo va asociado con una amplia gama de tiempos de los elementos de trabajo y con un alto grado de mecanización de la línea. Llegaron tentativamente a la conclusión de que los tres factores que contribuyen principalmente al elevado retraso del balanceo en el sistema de línea de ensamble de un producto específico eran los siguientes: una amplia gama de tiempos de los elementos de trabajo, gran cantidad de mecanización inflexible de la línea y la elección indiscriminada de los tiempos de ciclo. Sin embargo, como luego se verá, el tiempo del ciclo está gobernado a menudo por el ritmo de producción específico que se desea, el que a su vez puede no dar lugar a un bajo retraso del balanceo.

3.4.4 PARAMETROS PARA MODELAR EL SISTEMA DE LINEA DE ENSAMBLE

Para entender mejor el problema de balanceo de la línea de ensamble así como los procedimientos de balanceo con ayuda de la computadora, es necesario definir el problema por medio de símbolos. Con este propósito se presentan los siguientes símbolos:

c = tiempo del ciclo
k = número de la estación de trabajo $1 \leqslant k \leqslant K$
i = número de identificación del elemento de trabajo $1 \leqslant i \leqslant N$
T_i = valor de tiempo para el elemento de trabajo i
S_k = cantidad de tiempo asignado a la estación k
d_k = retraso (tiempo ocioso) en la estación k
D = retraso del balanceo en toda la línea de ensamble

El tiempo del ciclo define el ritmo con el cual salen los productos ensamblados por el extremo de la línea de ensamble. Es también el tiempo máximo durante el cual el producto que se ensambla progresivamente está a disposición de una estación mientras pasa frente a ella. Dado un producto que se va a ensamblar sobre una línea transportadora, el tiempo del ciclo se puede determinar de este modo:

$$C = \frac{H}{P}$$

donde H = horas por horizonte de planeación (día, trabajo, etc.) y P = volumen de producción deseado en H horas, incluyendo correcciones y desechos.

Al tomar este valor de C, se tiene el siguiente número mínimo posible de estaciones para una línea de ensamble:

$$K_{\min} = \frac{\sum_{i=1}^{N} T_i}{C} + r\,(0 \leqslant r \leqslant 1) = \text{un entero}$$

Así, si la división de las labores de montaje, $\Sigma_{i=1}^{N} T_i/C$, para un tiempo de ciclo dado, tiene un residuo r, el balanceo perfecto, o sea aquel con el cual el tiempo de la estación es igual al tiempo de ciclo de todas las estaciones, no es posible. El C para un balanceo perfecto, de ser posible, es:

$$C = \frac{\sum_{i=1}^{N} T_i}{K_{\min}}$$

El retraso del balanceo en toda la línea (repartido entre todas las estaciones) se define mediante símbolos en la forma siguiente:

$$D = \sum_{k=1}^{K} dk = \sum_{k=1}^{K} (C - S_k)$$

El ejemplo 3.4.3 indica la relación entre d, c y S correspondiente a una sola estación.

Ejemplo 3.4.3 Relación entre *d*, *c* y *S*

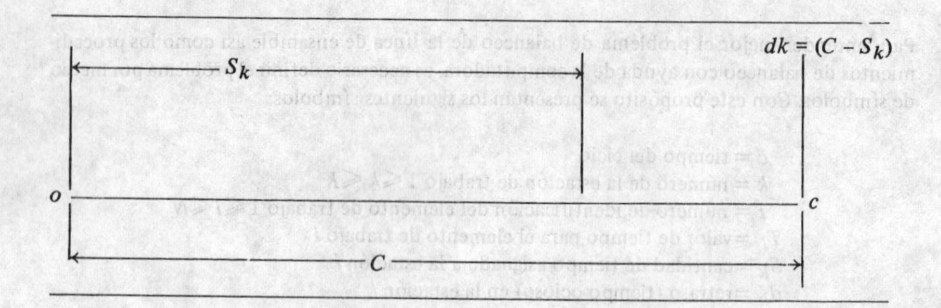

Se puede demostrar fácilmente que, si se minimiza el retraso del balanceo, el número de estaciones se minimizará también.

$$\text{Min} \sum_{k=1}^{K} (C - S_k) = KC - \sum_{k=1}^{K} S_k$$

$$= KC - \sum_{k=1}^{K} \sum_{i=k} T_i$$

$$= KC - \sum_{i=1}^{N} T_i$$

$$= KC - \text{una constante}$$

3.4.5 RESTRICCIONES DE PRECEDENCIA PARA LA ASIGNACION DE ELEMENTOS A LAS ESTACIONES

La asignación de elementos de trabajo a las estaciones con un tiempo de ciclo específico (determinado por el ritmo de producción que se desea) se complica debido a las restricciones impuestas al orden de los elementos. En este punto se debe recalcar que, en la mayoría de los casos, un elemento del trabajo de ensamble es el resultado de una división racional del trabajo total necesario para terminar el producto. Esa división puede crear elementos que se han reducido a un número mínimo de componentes básicos tales como alcanzar, asir, trasladar e insertar. Tal vez algunos elementos de trabajo, debido a condiciones locales, no estén subdivididos a tal grado.

Un diagrama de precedencia define gráficamente para una observación visual las restricciones que existen entre los elementos de trabajo. El diagrama del ejemplo 3.4.4, que corresponde a un sencillo ensamble de nueve elementos, apareció en el trabajo de Hoffman.[5] Indica que los elementos 2 y 3 no se pueden llevar a cabo antes de terminar el elemento 1, pero que se pueden realizar en un orden cualquiera, con respecto a ellos mismos, una vez terminado el 1. Los demás elementos de trabajo tienen restricciones similares de precedencia.

Con esas restricciones respecto a cuándo se pueden realizar ciertos elementos, hay que advertir que hay más de un orden de sucesión en el cual se pueden ejecutar para completar el ensamble. En el caso del ejemplo 3.4.4, hay 24 sucesiones diferentes.

Ejemplo 3.4.4 Diagrama de precedencia[a]

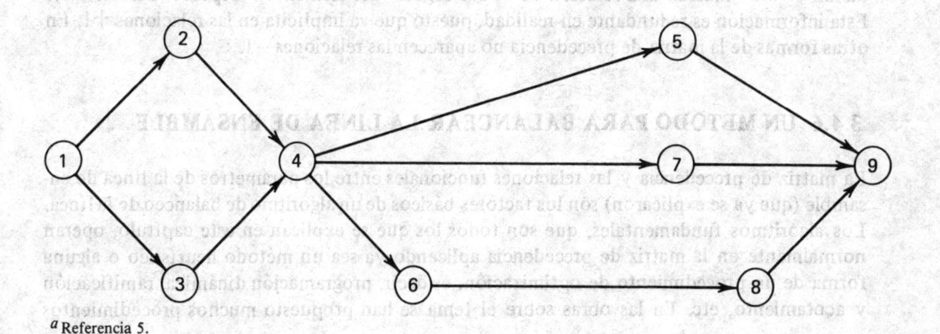

[a] Referencia 5.

Ejemplo 3.4.5 Matriz de precedencia

i \ j	1	2	3	4	5	6	7	8	9
1	0	+1	+1	+1	+1	+1	+1	+1	+1
2	−1	0	0	+1	+1	+1	+1	+1	+1
3	−1	0	0	+1	+1	+1	+1	+1	+1
4	−1	−1	−1	0	+1	+1	+1	+1	+1
5	−1	−1	−1	−1	0	0	0	0	+1
6	−1	−1	−1	−1	0	0	0	+1	+1
7	−1	−1	−1	−1	0	0	0	0	+1
8	−1	−1	−1	−1	0	0	0	0	+1
9	−1	−1	−1	−1	−1	−1	−1	−1	0

La información que contiene el diagrama de precedencia se presenta en forma más compacta (aunque sin sus propiedades visuales) en una matriz de precedencia. La que se muestra en el ejemplo 3.4.5 indica las relaciones de precedencia entre los nueve elementos del ejemplo 3.4.4.

En esta matriz, un "+1" indica una relación de "debe preceder" para el elemento i respecto al elemento j. Por ejemplo, el elemento 3 debe preceder al elemento 4. Un "0" indica que no hay relación. Esta es una designación obvia para los casilleros que forman la diagonal; pero indica también pares de elementos que no guardan relación, como 5 y 6, 7 y 8, etc. Las anotaciones "−1" indican una relación de "debe seguir" del elemento i respecto al elemento j. Esta información es redundante en realidad, puesto que va implícita en las relaciones +1. En otras formas de la matriz de precedencia no aparecen las relaciones −1.

3.4.6 UN METODO PARA BALANCEAR LA LINEA DE ENSAMBLE

La matriz de precedencia y las relaciones funcionales entre los parámetros de la línea de ensamble (que ya se explicaron) son los factores básicos de un algoritmo de balanceo de la línea. Los algoritmos fundamentales, que son todos los que se explican en este capítulo, operan normalmente en la matriz de precedencia aplicando ya sea un método heurístico o alguna forma de un procedimiento de optimización, es decir, programación dinámica, ramificación y acotamiento, etc. En las obras sobre el tema se han propuesto muchos procedimientos computarizados. Algunos son únicamente de interés académico, pero otros han hallado aplicación en la industria. Aquí se explica el método de valores de posición clasificados, un procedimiento heurístico.

El procedimiento por valores de posición clasificados, presentado por Helgeson y Birnie[6] en 1861, ayudará a demostrar cómo funciona un algoritmo básico de balànceo de la línea de ensamble. Hay que tener presente, sin embargo, que es un algoritmo simple comparado con los procedimientos que se aplican en la industria, los cuales tienen que ser más complejos debido al gran número de elementos y restricciones de precedencia, a las limitaciones físicas que imponen la línca de ensamble y las herramientas, etc.

Volviendo al problema anterior con nueve elementos, la matriz de precedencia se puede aumentar con dos columnas adicionales para proporcionar información sobre tiempos de los elementos que requiere el método de Helgeson-Birnie (ejemplo 3.4.6). La primera columna de esta matriz contiene el tiempo de operación (en horas) correspondiente al elemento representado por ese renglón de la matriz. La última columna (la 11) contiene los valores de posición de los elementos representados por los respectivos renglones de la matriz. El valor de posición de un elemento es la suma de sus valores de tiempo y los de los otros elementos con los cuales tiene una relación +1. Por ejemplo, el valor de posición del elemento 4 se calcula como $0.05 + 0.01 + 0.04 + 0.05 + 0.04 + 0.06 = 0.25$.

La lógica fundamental del método de valores de posición clasificados consiste en asignar elementos a una estación, hasta que esté a punto de excederse el tiempo de ciclo de dicha es-

Ejemplo 3.4.6 Matriz de valores de posición

	T_i	1	2	3	4	5	6	7	8	9	PW[a]
1	0.05	0	1	1	1	1	1	1	1	1	0.37
2	0.03	0	0	0	1	1	1	1	1	1	0.28
3	0.04	0	0	0	1	1	1	1	1	1	0.29
4	0.05	0	0	0	0	1	1	1	1	1	0.25
5	0.01	0	0	0	0	0	0	0	0	0.1	0.07
6	0.04	0	0	0	0	0	0	0	0	.1	0.10
7	0.05	0	0	0	0	0	0	0	0	1	0.11
8	0.04	0	0	0	0	0	0	0	0	1	0.10
9	0.06	0	0	0	0	0	0	0	0	0	0.06

[a] Peso posicional.

tación, asignándolos por orden decreciente de valor de posición, según lo permitan las restricciones de precedencia.

Si el producto definido por el diagrama de precedencia de nueve elementos tuviera un ritmo de producción programado de 285 unidades por cada período de 40 horas, ¿cómo se establece la línea de ensamble por el método de valores de posición clasificados? El tiempo de ciclo se calcula en la forma siguiente:

$$C = \frac{H}{P} = \frac{40 \text{ horas}}{285 \text{ unidades}} = 0.14 \text{ hr/unidad}$$

Ejemplo 3.4.7 Diagrama de flujo de valores de posición[a]

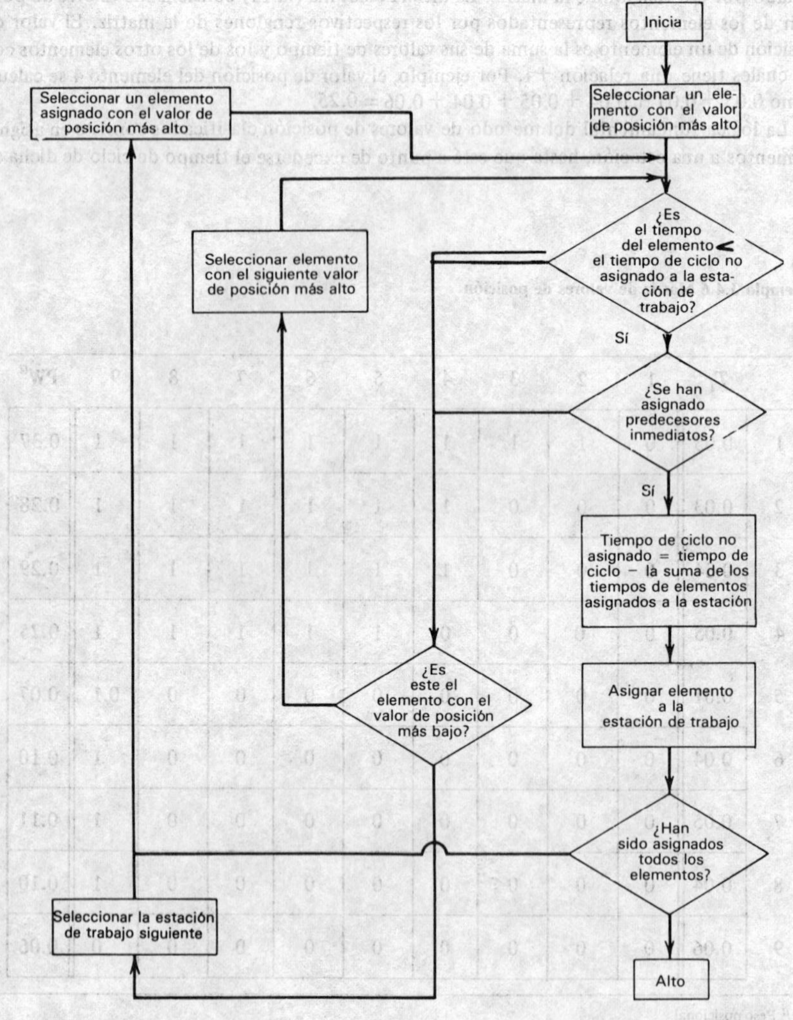

[a] Referencia 1.

Para este tiempo de ciclo en particular, el número óptimo de estaciones es

$$K = \frac{\sum T_i}{C} = \frac{0.37}{0.14} = 2.64 \Rightarrow 3 \text{ estaciones}$$

El resultado no entero indica que el balanceo perfecto (sin tiempo ocioso) no es posible, y que el número mínimo de estaciones es de tres.

Como ya se dijo, la base del método de Helgeson-Birnie consiste en asignar los elementos a las estaciones por orden decreciente de valor de posición cuando las restricciones de precedencia y el tiempo ocioso no asignado que resta en la estación lo permitan. El diagrama de flujo de la figura 3.4.7, tomado de Wild,[1] define los pasos de la asignación de elementos a la estación. Se podría elaborar un programa de computadora a partir de este diagrama. Siguiendo la lógica definida por el diagrama de flujo el resultado será el balanceo de tres estaciones que se muestra en el ejemplo 3.4.8.

3.4.7 BALANCEO DE LINEAS DE ENSAMBLE PARA LA PRODUCCION SIMULTANEA DE MAS DE UN MODELO

Puesto que muchos de los productos elaborados industrialmente pueden tener varias o muchas variantes en su modelo, con demanda simultánea, a veces resulta más práctico producir más de un modelo a la vez en una línea de ensamble. Un buen ejemplo es la industria automovilística, donde varios modelos de un mismo automóvil básico avanzan al mismo tiempo por la línea de ensamble. Por lo general, puesto que cada modelo puede tener un diagrama de precedencia diferente, la cantidad de trabajo que cada modelo requiere será diferente. Esto puede dar lugar a un flujo no uniforme del trabajo a lo largo de la línea, lo cual se reflejará en la irregularidad de la asignación de los elementos de trabajo a las estaciones individuales. Hay dos problemas importantes de balanceo cuando los modelos están mezclados: 1) determinar el orden de los elementos o unidades que bajan por la línea y 2) asignar todos los elementos de todos los modelos a estaciones específicas. Se verá que esto último difiere del balanceo de la línea de un solo modelo.

En aquellos casos en que es factible balancear la línea de ensamble con modelos mezclados, esto puede ser una alternativa económica de la producción por tandas de un solo modelo, en la cual se forma el inventario entre corridas de los diversos modelos y se incurre en gastos de preparación al cambiar de un modelo a otro. Pero habrá que determinar si el balanceo con

Ejemplo 3.4.8 Solución para nueve elementos mediante el valor de posición

Estación de trabajo (k)	*Elemento (i)*	*Valor de posición*	*Predecesores inmediatos*	*Tiempo de elemento T_i*	*Tiempo de estación ΣT_i*	*Retraso de balance $C - S_k$*
1	1	0.37	–	0.05	0.05	0.09
1	3	0.29	1	0.04	0.09	0.05
1	2	0.28	1	0.03	0.12	0.02
2	4	0.25	2.3	0.05	0.05	0.09
2	7	0.11	4	0.05	0.10	0.04
2	6	0.10	4	0.04	0.14	0
3	8	0.10	6	0.04	0.04	0.09
3	5	0.07	6	0.01	0.05	0.09
3	9	0.06	5, 7, 8	0.06	0.11	0.03

modelos mezclados, que tendrá más retraso de balanceo que la combinación de varios balanceos con un solo modelo, será más eficiente de acuerdo con su costo.

La determinación del orden (de sucesión) en que los diferentes modelos que se van a ensamblar deben avanzar por la línea de ensamble es una parte importante del problema de balanceo con modelos mezclados. A lo largo de la línea, las diferentes estaciones de trabajo tienen operadores con habilidades específicas, herramientas fijas o ambas cosas, de manera que el orden de las unidades debe ser tal, que una estación dada no se vea alternativamente con exceso y con falta de trabajo. Un ejemplo de esto es una estación donde se lleve a cabo el trabajo de soldadura. La posible sucesión de seis modelos diferentes exige que la estación practique soldaduras en tres unidades consecutivas y no las haga en las tres siguientes, pero es mejor una sucesión que exija que esa estación efectúe trabajo de soldadura una unidad sí y otra no.

Un procedimiento según el cual las unidades se envíen a la línea para indicar el montaje sucesivo a intervalos desiguales (dando lugar por lo tanto a un espaciamiento diferente de las unidades en la línea), disminuye la gravedad del problema planteado en el párrafo anterior. Sin embargo, una sucesión específica y conocida de las unidades en la línea es conveniente porque facilita la coordinación con las líneas de alimentación así como con los componentes fabricados y comprados, que deben estar disponibles en el momento oportuno.

Se han propuesto diversos procedimientos para determinar la sucesión correcta de las unidades que se ensamblan progresivamente en una línea con modelos mezclados. La finalidad de esos métodos es determinar la sucesión de modelos capaz de balancear la carga de trabajo de las estaciones repartiéndolas entre los diferentes modelos. Si la estación de trabajo está organizada en forma tal que el trabajo es móvil (recorre una corta distancia mientras trabaja en la unidad a medida que ésta pasa), un buen método de colocación sucesiva minimizará el número de movimientos extremos que el operador debe realizar entre unidades sucesivas. Los métodos propuestos por Thomopoulos,[7] Dar-El y Clother[8] y otros autores tratan de mejorar estos criterios. El ejemplo 3.4.9, tomado de Thomopoulos,[9] muestra el posible movimiento del operador causado por una sucesión de modelos en una línea mixta, para cuatro tipos de estaciones con restricciones físicas distintas. Adviértase que si el operador no puede terminar su montaje almomento de llegar a un límite fijo, un operador de servicio tendrá que hacerlo.

3.4.8 RELACIONES CON MODELOS MEZCLADOS

Designaremos con las letras $A, B, C, \ldots$,* los diversos modelos que se van a producir en la línea de ensamble progresivo y como $N_a, N_b, N_c, \ldots$ al número total de unidades de cada modelo que se van a producir en un período dado T, Si t_{ij} es la duración del elemento de trabajo i en el modelo j ($j = A, B, C, \ldots$), el número mínimo de operadores, n, necesario para producir el número especificado de unidades en el período T, viene a ser

$$n = \frac{\sum_j \left(N_j \sum_i t_{ij} \right)}{T}$$

Si n es una fracción, se eleva al entero más alto siguiente.

Si no se indican los N_j, pero se sabe que los diversos modelos se deben producir en las proporciones $f_a: f_b: f_c \ldots$, la producción máxima de cada modelo en el período T, con n operadores, es

$$\text{Max}\, N_j = \frac{nT}{\sum_j \left(f_j \sum_i t_{ij} \right)} f_j \qquad j = A, B, C, \ldots$$

*La nomenclatura que se usa aquí es la de Webster y Kilbridge, referencia[10]

Ejemplo 3.4.9 Cuatro tipos de estación[a]

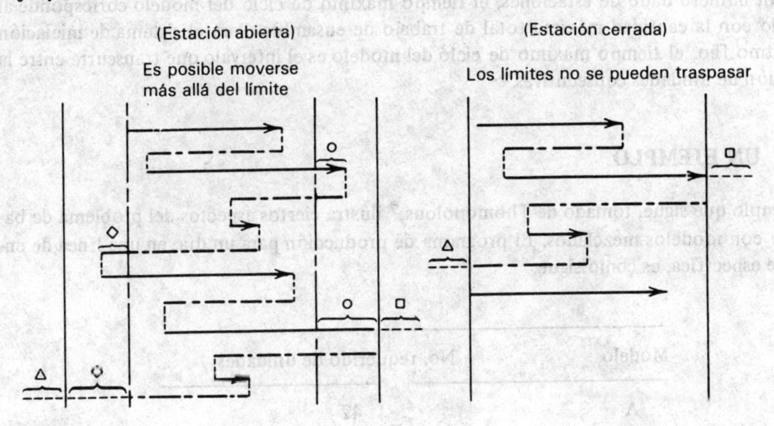

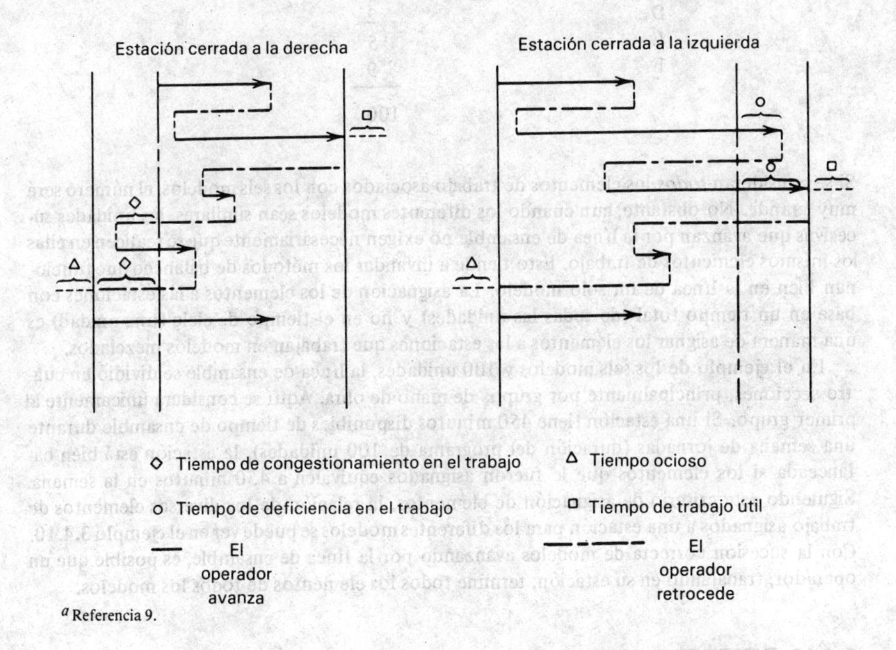

[a] Referencia 9.

Se supone que el proceso de balanceo reparte uniformemente el trabajo entre los n operadores, de manera que el tiempo que cada operador trabaja en un modelo dado sea aproximadamente el mismo. Ese tiempo se define como el "tiempo de ciclo del modelo". Se designa como C_j y se determina para cada modelo en la forma siguiente:

$$C_j = \frac{\sum_i t_{ij}}{n} \qquad j = A, B, C, \ldots$$

Para un número dado de estaciones, el tiempo máximo de ciclo del modelo corresponde al modelo con la cantidad máxima total de trabajo de ensamble. Para el sistema de iniciación con ritmo fijo, el tiempo máximo de ciclo del modelo es el intervalo que transcurre entre la aparición de unidades consecutivas.

3.4.9 UN EJEMPLO

El ejemplo que sigue, tomado de Thomopolous,[7] ilustra ciertos aspectos del problema de balanceo con modelos mezclados. El programa de producción para un día, en una línea de ensamble específica, es como sigue:

Modelo	No. requerido de unidades
A	42
B	28
C	14
D	2
E	5
F	9
	100

Si se consideran *todos* los elementos de trabajo asociados con los seis modelos, el número será muy grande. No obstante, aun cuando los diferentes modelos sean similares, las unidades sucesivas que avanzan por la línea de ensamble no exigen necesariamente que se realicen en ellas los mismos elementos de trabajo. Esto tiende a invalidar los métodos de balanceo que funcionan bien en la línea de un solo modelo. La asignación de los elementos a las estaciones con base en un tiempo total (de todas las unidades) y no en el tiempo de ciclo (una unidad) es una manera de asignar los elementos a las estaciones que trabajan en modelos mezclados.

En el ejemplo de los seis modelos y 100 unidades, la línea de ensamble se dividió en cuatro secciones; principalmente por grupos de mano de obra. Aquí se considera únicamente al primer grupo. Si una estación tiene 450 minutos disponibles de tiempo de ensamble durante una semana de jornadas (duración del programa de 100 unidades), la estación está bien balanceada si los elementos que le fueron asignados equivalen a 450 minutos en la semana. Siguiendo este criterio de asignación de elementos, la relación de los diversos elementos de trabajo asignados a una estación para los diferentes modelos se puede ver en el ejemplo 3.4.10. Con la sucesión correcta de modelos avanzando por la línea de ensamble, es posible que un operador, trabajando en su estación, termine todos los elementos de todos los modelos.

3.4.10 DIVERSAS CONFIGURACIONES DE LOS TRANSPORTADORES PARA EL ENSAMBLE

Resulta evidente que el manejo mecanizado de los materiales, normalmente por medio de transportadores, es indispensable para un sistema de ensamble progresivo. De modo general, en las líneas de ensamble hay dos tipos de patrones de flujo: flujo progresivo y flujo al azar. El "flujo progresivo" es lo que uno espera ver normalmente en una planta industrial: el ensamble tiene lugar progresivamente, en pasos sucesivos, a medida que la unidad avanza a lo largo del transportador. Las primeras líneas de ensamble eran de este tipo, lo mismo que muchas de las líneas modernas. El "flujo al azar" es un procedimiento relativamente nuevo que permite que los

Ejemplo 3.4.10 Elementos de trabajo asignados a la estación de modelos varios

Elemento No.	*No. de unidades del modelo*						*Número total de unidades*	*Duración del tiempo de elemento (min)*	*Tiempo total (min)*
	A	*B*	*C*	*D*	*E*	*F*			
1	42	28	14	2	5	9	100	0.32	32.00
2	0	0	0	0	0	9	9	0.11	0.99
3	42	28	14	2	5	9	100	0.44	44.00
4	42	28	14	2	5	9	100	0.62	62.00
5	0	0	0	0	5	0	5	0.26	1.30
6	42	28	14	2	5	9	100	0.45	45.00
7	42	28	14	2	5	9	100	0.26	26.00
8	0	28	0	0	0	0	28	0.07	1.96
9	0	0	0	0	5	0	5	0.31	1.55
10	0	28	0	0	0	0	28	0.05	1.40
11	42	28	14	2	5	9	100	0.20	20.00
12	0	0	0	0	0	9	9	0.04	0.36
13	42	28	14	2	5	9	100	0.89	89.00
14	0	0	0	0	5	0	5	0.16	0.80
15	42	28	14	2	5	9	100	0.24	24.00
16	0	28	0	0	0	0	28	0.02	0.56
17	0	0	0	0	5	0	5	0.12	0.60
18	42	28	0	0	0	0	70	0.05	3.50
19	0	0	0	0	0	9	9	0.04	0.36
20	0	0	0	2	0	0	2	0.17	0.34
21	42	28	0	0	0	0	70	0.04	2.80
22	42	28	14	2	5	9	100	0.48	48.00
23	42	28	14	2	5	9	100	0.08	8.00
24	42	0	0	0	5	0	47	0.30	14.10
25	42	28	14	2	5	9	100	0.00	0.00
26	0	0	0	0	5	0	5	0.15	0.75
27	0	0	14	2	0	9	25	0.20	5.00
28	0	0	0	2	5	0	7	0.46	3.22
31	0	0	0	2	5	9	16	0.40	6.40
									443.99

materiales sean trasladados entre estaciones en un orden de sucesión cualquiera. Esto podría ser conveniente cuando algunos ensambles no requieren ciertas operaciones.

En *Modern Materials Handling*[11] se indican algunos procedimientos adicionales para trasladar las unidades entre estaciones:

> *El flujo entre estaciones se puede llevar a cabo mediante transportadores convencionales equipados con desviadores. Dentro de un área de ensamble, por ejemplo, se puede establecer un "circuito" de rodillos transportadores. Los materiales se pueden transportar en cajas identificadas por rótulos reflectores cambiables.*
>
> *Unos dispositivos exploradores o sensores fotoeléctricos, montados al lado de los transportadores, leen las mesas y envían una señal a un controlador o computadora programable que controla el almacenamiento. Como el transportador constituye un circuito cerrado, los materiales se pueden dirigir desde una estación cualquiera hasta otra.*

Aunque hay varias maneras de configurar un sistema de ensamble progresivo equipado con transportadores, el *Modern Materials Handling*[11] presenta los diagramas de cinco que se utilizan en la industria.

Ejemplo 3.4.11 Cinco tipos de transportador[a]

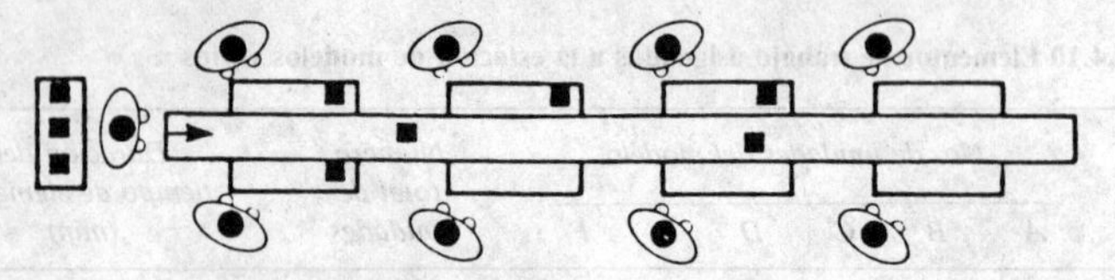

Banda transportadora, con desviadores en cada estación. Lleva lotes a los montadores desde la estación de control. Un buen método para montar componentes y submontajes.

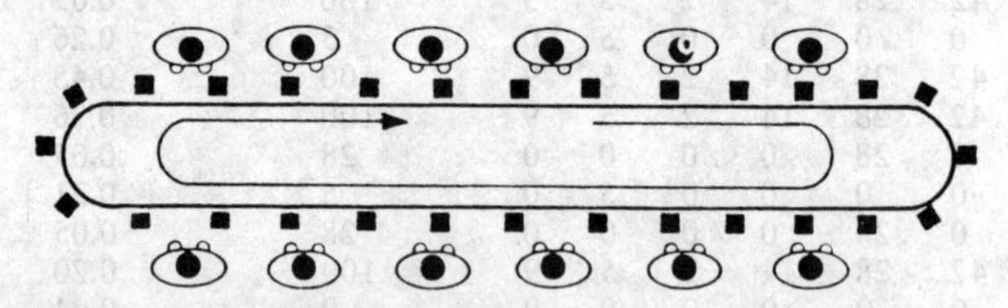

El **carrusel** hace circular el material frente a los trabajadores. Es muy flexible si se consideran las variaciones en el número de pasos de montaje y de personas necesarios.

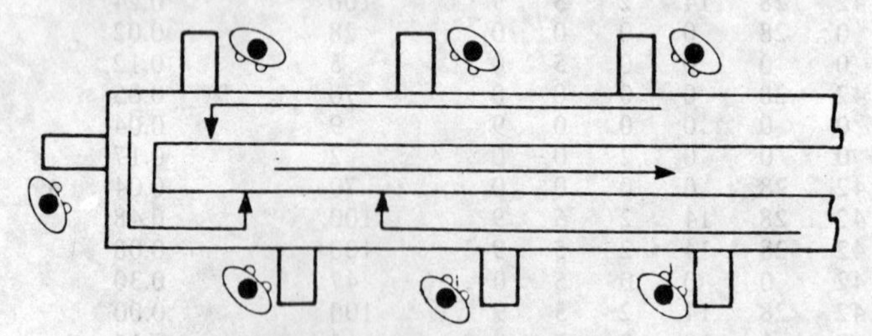

Los **transportadores de vía múltiple** permiten fabricar varios productos a la vez, con un número variable de estaciones y vías de flujo entre ellos.

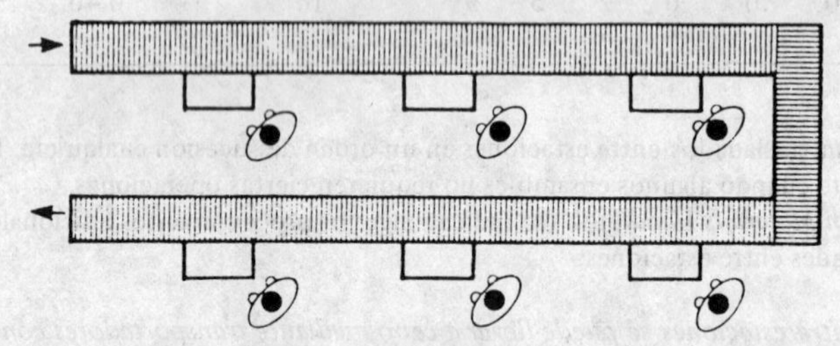

Los **transportadores de rodillos por gravedad,** para montaje sucesivo, van asociados con transportadores cruzados mecanizados. Son muy flexibles considerando la distribución.

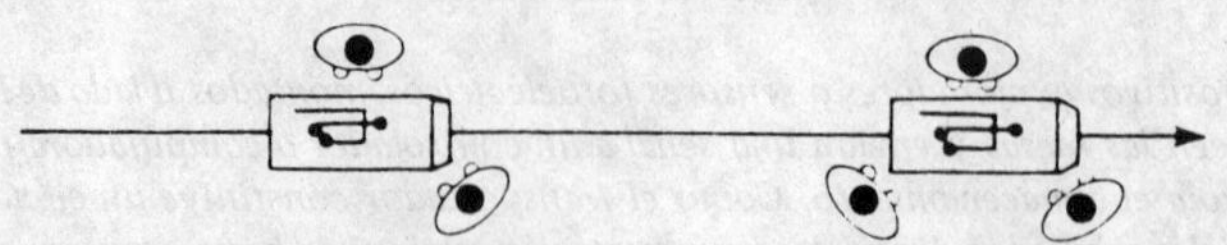

Los **transportadores de cable remolcador** llevan los submontajes de un grupo de montadores a otro. Los montadores pueden trabajar en los montajes en movimiento o pueden retirar el vehículo de la línea. La cadena de piso, el cable suspendido y los transportadores sostenidos po un colchón de aire constituyen equipo típicamente en uso.

[a]Referencia 11.

3.4.11 LINEA DE ENSAMBLE AUXILIADA POR LA COMPUTADORA

Las primeras líneas de ensamble eran balanceadas por el ingeniero industrial mediante análisis tediosos hechos a mano. Desde 1960 aproximadamente, las computadoras eliminaron en muchos casos esa penosa tarea, de manera que muchas configuraciones y tiempos de ciclo se pueden analizar con rapidez. Ahora, en los modernos sistemas de línea de ensamble, se usan ventajosamente las computadoras de control de miniprocesos y microprocesos. El ingeniero industrial que tiene contacto con esos sistemas debe reconocer el potencial que ofrece el control computarizado. A continuación se describen algunos ejemplos.

Una de esas líneas de ensamble innovadoras, que data de 1979, fué diseñada para el ensamble de los ejes de transmisión Ford. El sistema, construido por Bendix, no sincrónico y automatizado, es el más grande del mundo para el ensamble de transmisiones automáticas. El transportador, de 500 pies de longitud, conecta a 156 estaciones de ensamble, inspección, verificación y prueba, dispuestas de manera que forman tres secciones de configuración oval. Aunque muchas de esas estaciones son automáticas, se requiere un total de 67 operadores para llevar a cabo la colocación de ciertas partes y la inspección visual y auditiva de los ensambles.[12]

En Italia, la Fiat tiene una línea de ensamble automatizada para producir carrocerías de automóviles. Llamado "línea robogate", ese sistema emplea una serie de plataformas autoimpulsadas, dirigidas por computadora, para la producción de motores.[13] Este nuevo sistema flexible de ensamble es capaz de producir 1500 motores diariamente, con cualquier mezcla de unos 100 tipos y variantes. Un total de 37 plataformas van de un lado a otro entre 10 puestos de ensamble transportando partes, trabajo en proceso y motores terminados. El recorrido de las plataformas es controlado por la computadora del sistema.

3.4.12 AMPLIACION DE LABORES EN LA LINEA DE ENSAMBLE

Al principio de este capítulo se dijo que la idea de la división del trabajo, concepto que se remonta a Adam Smith, tuvo mucho que ver con la posibilidad de establecer las primeras líneas de ensamble (a fines del siglo diecinueve y principios del veinte). En el transcurso de los dos últimos decenios se presentaron algunas aplicaciones exitosas de las líneas de ensamble que tratan de ampliar la cantidad de trabajo que hace cada estación. En esas aplicaciones, un transportador en movimiento puede llevar el trabajo a una estación y retirarlo cuando las operaciones asignadas se han terminado. En esos casos, sin embargo, la estación mantiene un inventario de unidades esperando que se trabaje en ellas, con el fin de absorber las variaciones del tiempo de trabajo.

Esos "nuevos" tipos de línea de ensamble, posibles gracias a las configuraciones innovadoras de los transportadores, fueron llamadas por Tuggle[2] sistemas "modulares" de ensamble y toman por lo general diferentes configuraciones físicas para las distintas aplicaciones. Algunos de quienes recomiendan este tipo de línea dicen que se puede mejorar la calidad haciendo hincapié en la artesanía y estimulando la identificación del trabajador con el producto. Este tipo de línea, sin embargo, requiere un gran número de herramientas duplicadas y otros accesorios, ya que algunos trabajadores pueden estar realizando tareas similares. En los ejemplos 3.4.12 y 3.4.13 aparecen dos muestras de línea modular, tomadas de Tuggle.[2]

REFERENCIAS

1. R. WILD, *Mass-Production Management*, Wiley, Nueva York, 1972
2. G. TUGGLE, "Job Enlargement Cuts Assembly Line Inefficiencies," *Industrial Engineering*, febrero de 1969.
3. M. L. SALVESON, "The Assembly Line Balancing Problem," *Transaction of A.S.M.E.*, Vol. 77, agosto de 1955.

Ejemplo 3.4.12 Estaciones modulares[a]

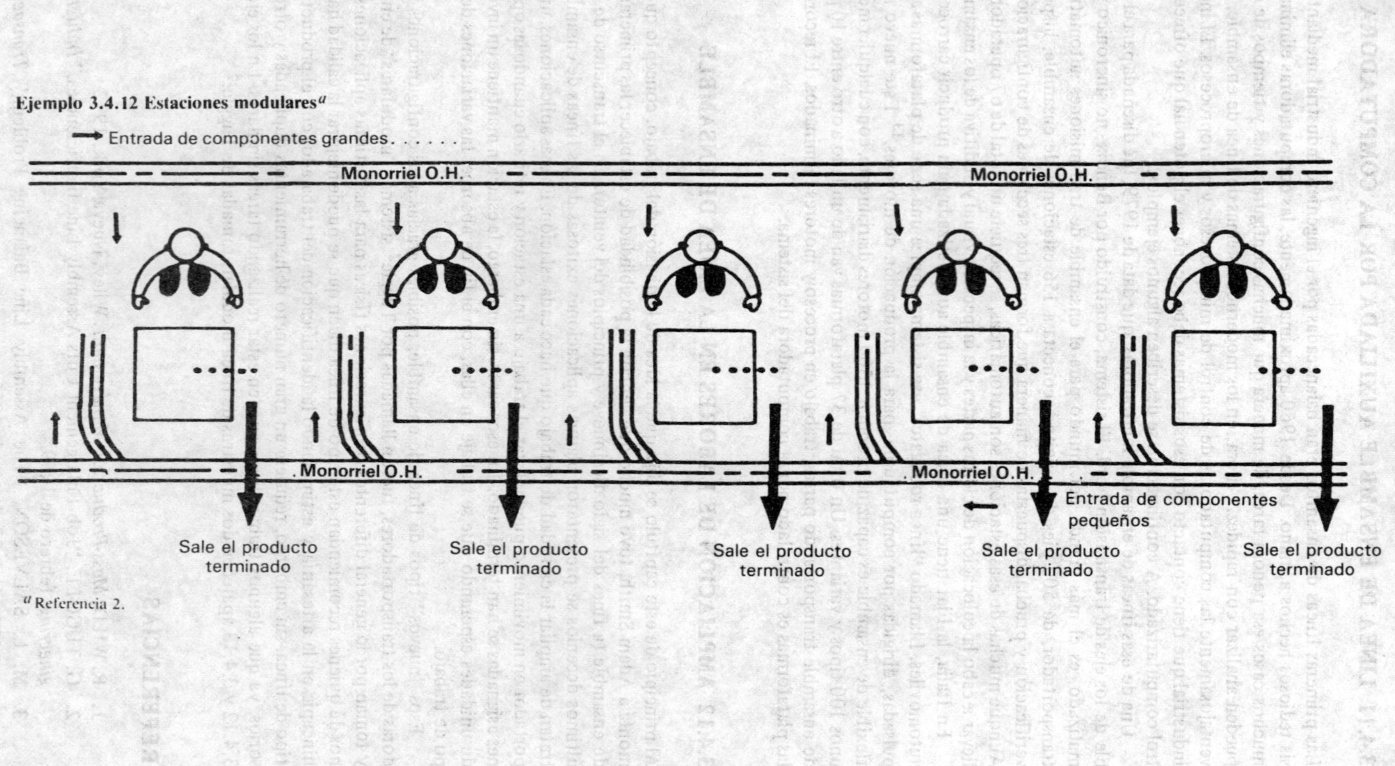

[a] Referencia 2.

Ejemplo 3.4.13 Configuración de equipos de montaje[a]

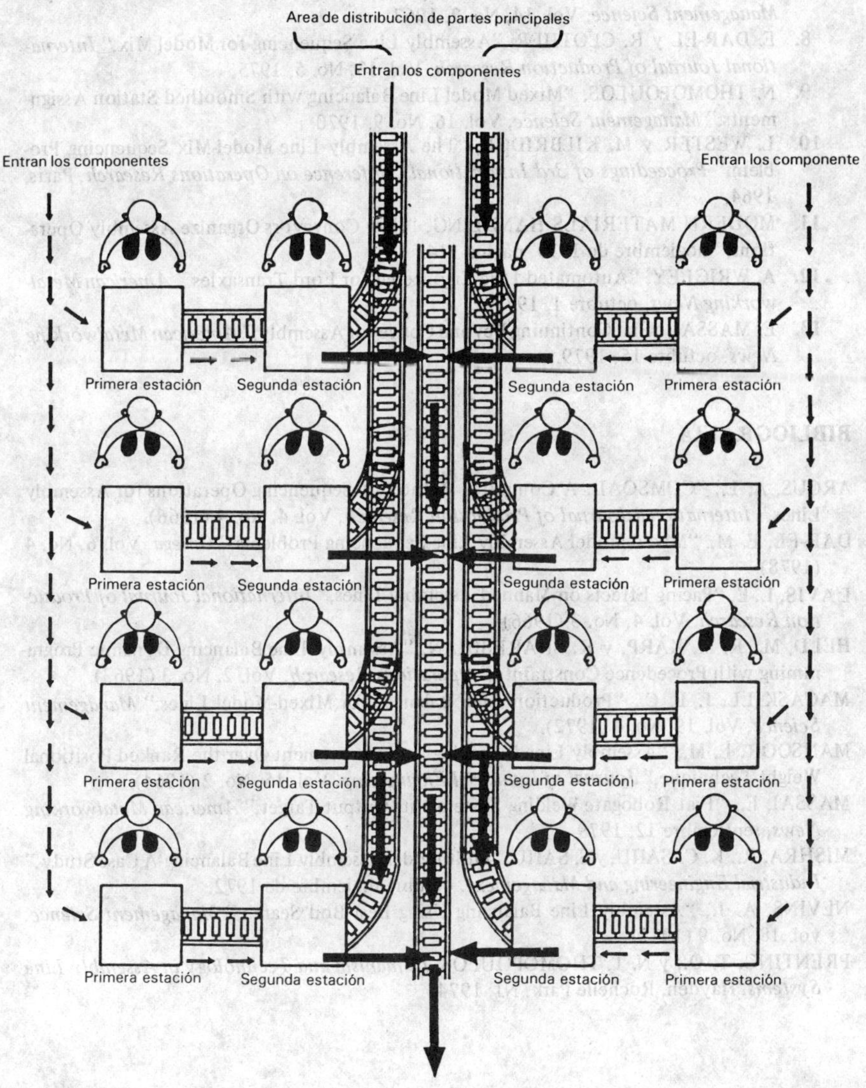

[a] Referencia 2.

4. M. KILBRIDGE y L. WESTER, "The Balance Delay Problem," *Management Sciences*, Vol. 8, No. 1, 1962.
5. T. R. HOFFMAN, "Permutations and Precedence Matrices with Automatic Computer Applications to Industrial Processes," tesis no publicada, Universidad de Wisconsin, Madison, 1959.
6. W. B. HELGESON y D. P. BIRNIE, "Assembly Line Balancing Using the Ranked Positional Weight Technique," *Journal of Industrial Engineering*, Vol. 12, No. 6, 1961.

7. N. THOMOPOULOS, "Line Balancing-Sequencing For Mixed-Model Assembly," *Management Science,* Vol. 14, No. 2, 1967.
8. E. DAR-EL y R. CLOTHER, "Assembly Line Sequencing for Model Mix," *International Journal of Production Research*, Vol. 13, No. 5, 1975.
9. N. THOMOPOULOS, "Mixed Model Line Balancing with Smoothed Station Assignments," *Management Science*, Vol. 16, No. 9, 1970.
10. L. WESTER y M. KILBRIDGE, "The Assembly Line Model-Mix Sequencing Problem," *Proceedings of 3rd International Conference on Operations Research*, París, 1964.
11. MODERN MATERIALS HANDLING, "How Conveyors Organize Assembly Operations," noviembre de 1979, página 114.
12. A. WRIGLEY, "Automated Line Engineered for Ford Transaxles," *American Metalworking News*, octubre 1, 1979.
13. E. MASSAI, "Fiat Continuing Beyond Conveyor Assembly," *American Metalworking News*, octubre 15, 1979.

BIBLIOGRAFIA

ARCUS, A. L., "COMSOAL: A Computer Method of Sequencing Operations for Assembly Lines," *International Journal of Production Research*, Vol. 4, No. 4 (1966).

DAR-EL, E. M., "Mixed Model Assembly Line Sequencing Problems," *Omega*, Vol. 6, No. 4 (1978).

DAVIS, L. E. "Pacing Effects on Manned Assembly Lines," *International Journal of Production Research*, Vol. 4, No. 3 (1966).

HELD, M., R. M. KARP, y R. SHARESHIAN, "Assembly Line Balancing-Dynamic Programming with Procedence Constraints," *Operations Research*, Vol. 2, No. 3 (1963).

MACASKILL, J. L. C., "Production Line Balances for Mixed-Model Lines," *Management Science*, Vol. 19, No. 4 (1972).

MANSOOR, E. M., "Assembly Line Balancing-An Improvement Over the Ranked Positional Weight Technique," *Journal of Industrial Engineering*, Vol. 15, No. 2 (1964).

MASSAI, E., "Fiat Robogate Welding System Hits Output Target," *American Metalworking News*, septiembre 12, 1979.

MISHRA, R., K. C. SAHU, y S. SAHU, "Multimodel Assembly Line Balancing-A Case Study," *Industrial Engineering and Management*, octubre-diciembre de 1972.

NEVINS, A. J., "Assembly Line Balancing Using Best Bod Search," *Management Science*, vol. 18, No. 9 (1972).

PRENTING, T. O., y N. T. THOMOPOULOS, *Humanism and Technology in Assembly Line Systems*. Hayden, Rochelle Park, NJ, 1974.

CAPITULO 3.5

Interferencia de las máquinas: asignación de máquinas a los operadores

KATHRYN E. STECKE
Universidad de Michigan

3.5.1 INTRODUCCION

En algunos tipos de sistemas de fabricación se presenta un problema de gran importancia práctica, que se debe a un fenómeno conocido como interferencia de las máquinas. Planteando el problema en su forma más simple, suponga que un operador, o un mecánico de mantenimiento, tiene a su cargo varias máquinas similares. Periódicamente, una máquina deja de funcionar y no vuelve a producir mientras no la repare el mecánico de mantenimiento (o el operador). Si dos o más máquinas se descomponen (quedan ociosas) al mismo tiempo, sólo se puede dar servicio a una de ellas. Como las otras tienen que esperar a que las reparen, no son productivas. A ese tiempo de espera se le llama "tiempo de interferencia" (es decir, las máquinas ociosas se están "interfiriendo" mutuamente).

Se pierde producción debido al tiempo de reparación (servicio) y también al tiempo de interferencia. El ritmo de producción (de las máquinas y del operador) está en función de lo siguiente:

1. La distribución del tiempo entre descomposturas.
2. La distribución del tiempo de reparaciones.
3. La distribución del tiempo que requiere el mecánico para ir de una a otra máquina.
4. El número de máquinas asignadas al operador.

El problema básico de interferencia de las máquinas consiste en decidir cuál es el número más adecuado de máquinas que se debe asignar a un operador. Otro problema asociado consiste en determinar el número de mecánicos de mantenimiento que sean necesarios para cierto número de máquinas, de modo que se optimice alguna medición o combinación de objetivos. Algunos de esos objetivos son: maximizar la producción, minimizar las pérdidas debidas a las máquinas y los trabajadores ociosos y minimizar los costos, sujetándose a restricciones tales como satisfacer la demanda y no exceder el presupuesto.

Hay otras cuestiones que podrían ser importantes, por ejemplo:

1. ¿Cómo se calcula o se mide el tiempo de interferencia de una máquina?
2. ¿Cómo se calcula el tiempo de ciclo (o sea el tiempo medio total necesario para producir una unidad) y por lo tanto el ritmo de producción que se espera?
3. ¿Cómo decide el operador qué tarea o reparación hará en seguida?

En este capítulo se examinan muchos métodos y modelos, con el fin de ayudar al ingeniero industrial a contestar esas y otras preguntas relacionadas. Se presenta una muestra de los estudios efectuados anteriormente en esta área. Muchos de los métodos se describen en detalle, junto con los supuestos necesarios, el ámbito de aplicabilidad, los elementos necesarios y los resultados obtenidos. Toda esa información se resume en los ejemplos 3.5.13 y 3.5.14. Algunos métodos se pueden aplicar directamente para obtener una estimación del tiempo de interferencia de la máquina; también se explican otras técnicas en relación con las cuales se ofrece alguna información, a fin de ayudar al lector a buscar detalles adicionales en las obras disponibles.

3.5.2 IMPORTANCIA DEL PROBLEMA

El problema de asignar a una persona el número correcto de máquinas es importante. Algunos de los efectos de asignar demasiadas máquinas son los siguientes:

1. El operador trabaja con exceso y a veces tiene un número apreciable de máquinas ociosas pendientes. Se fatiga y el ritmo de trabajo disminuye, con lo cual se agrava el problema.
2. No se logra la producción que la gerencia esperaba.
3. Si hay un plan de incentivos que permite ganar dinero trabajando horas extraordinarias, rara vez se podrá aprovechar.
4. A medida que las máquinas se descomponen y baja la productividad el operador rinde menos.

En forma análoga, hay problemas debido a que se asigna a los trabajadores un número insuficiente de máquinas. El esfuerzo que se requiere entonces para mantener las máquinas operando con la eficiencia prevista es mínimo. Sin trabajo suficiente para estar ocupado, el operador se aburre y tal vez se dedique a soñar despierto y no prestará atención. La asignación de tareas más livianas se puede convertir en una norma. En ese caso, los operadores con experiencia se oponen al incentivo para lograr una producción mayor que la prevista (o sea más dinero), porque se dan cuenta de que si continúan produciendo más dan lugar a que se aumente su estándar de trabajo.

Asimismo, el establecimiento de estándares razonables de trabajo y de un plan de incentivos equitativo exige que primero se estime el grado de interferencia de las máquinas que es de esperar con una determinada asignación de máquinas. Esta información ayuda a tomar decisiones correctas acerca de la administración de las personas y las máquinas.

Por último, es indispensable evaluar la interferencia para determinar la eficiencia de las máquinas, las cantidades de producción y, por lo tanto, las utilidades que se pueden obtener variando diversos factores, por ejemplo, cambiando la disciplina en materia de colas (ver la sección 3.5.6), usando material de diferente calidad (lo cual hará variar los tiempos de producción o reparación), modificando el número de máquinas que se asignan a un operador, e introduciendo otros cambios similares en el sistema.

3.5.3 PROBLEMAS DE INTERFERENCIA DE LAS MAQUINAS

Las industrias textiles fueron una fuente importante para diseñar los procedimientos originales que se desarrollaron para manejar los problemas de interferencia de las máquinas. En las diferentes industrias hay muchas situaciones en las cuales surgen problemas de interferencia "de las máquinas", como se verá por los ejemplos siguientes:

1. Los empleados de los diversos departamentos de una compañía acuden a un almacén común para obtener las herramientas y materiales necesarios. Las personas vienen a ser las "máquinas" y el almacén se puede comparar con el operador o mecánico del mantenimiento. En este caso, el tiempo requerido por un operador para trasladarse de una a otra máquina es por lo general igual a cero.

2. Cada uno de los barcos que llegan a puerto tiene que ocupar un atracadero, de entre un número limitado de ellos, durante cierto tiempo.

3. El tejido de las telas en un telar requiere la verificación periódica por parte del operador, porque el hilo se rompe o hay que cambiar el cono que lo suministra cuando se termina. Esas tareas exigen poco tiempo, de manera que se asignan varias máquinas a cada operador. En ocasiones, sin embargo, habrá que parar muchos telares a la vez porque un operador sólo puede atender a uno de ellos.

4. Piense en un sistema de computadora que consiste en N procesadores (CPU) y O módulo de memoria, donde cada CPU puede tener acceso a cada módulo de memoria. Los CPU son las máquinas y los módulos son los operadores. En tal sistema, varios programas de computadora pueden solicitar simultáneamente acceso al mismo módulo de memoria, lo cual puede dar lugar a interferencia.

5. Entre los problemas de naturaleza similar a los de interferencia de las máquinas se encuentran el decidir el número de mesas que se asignan a un mesero, el personal adecuado de enfermeras en la sala de urgencias de un hospital y el número correcto de empleados para manejar los equipajes en un aeropuerto.

En todas esas situaciones, la llegada de los clientes se produce al azar, requiriendo cada uno un tiempo de servicio variable (que depende de la clase de servicio solicitado). Cuando un cliente no obtiene atención inmediata, se produce un tiempo ocioso (tiempo de espera, tiempo de interferencia). A medida que más y más clientes solicitan servicio, se forma una línea de espera. Como luego se verá, muchos de los métodos de solución de esos problemas de interferencia se basan en la teoría de formación de líneas de espera o colas (ver capítulo 13.7).

3.5.4 MEDIDAS DE RENDIMIENTO

Algunas medidas comunes del rendimiento son la producción, el costo y el tiempo ocioso. En términos de dinero, hay una pérdida que se debe tanto a la mano de obra ociosa como a las máquinas descompuestas. Los costos de mano de obra se relacionan inversamente con los costos de producción (o con los costos de la menor producción causada por las máquinas ociosas); es decir, pérdidas debidas a la interferencia de las máquinas. A medida que se asignan más máquinas a un operador, los costos de mano de obra disminuyen (el operador está más ocupado) pero los costos de máquina aumentan (un número mayor de máquinas tienen que esperar durante más tiempo el servicio necesario). Por lo tanto, una versión del problema de interferencia de las máquinas consiste en decidir el número "económico" de máquinas que se debe asignar a un operador. El objetivo es equilibrar el costo de la mano de obra con la productividad neta de las máquinas.

Aunque el costo es por lo general la preocupación principal, una demanda actual elevada puede exigir un nivel más alto de producción. En ese caso, los costos de mano de obra aumentan como resultado de la asignación de menos máquinas a un operador. En cambio, cuando la demanda del mercado es baja, un ritmo menor de producción puede resultar conveniente (si el costo de inventario es un factor). Entonces es posible asignar un número mayor de máquinas a un operador. En esos casos, un objetivo razonable sería asignar las máquinas de manera que la producción general se aproxime mucho a la demanda, dependiendo de la demanda actual y del inventario.

3.5.5 MODELOS DE INTERFERENCIA DE LAS MAQUINAS

Aquí se explican muchas técnicas para manejar los diversos tipos de problemas de interferencia de las máquinas. Los supuestos según los cuales cada una es aplicable difieren según los distintos métodos. Los supuestos habituales se explican en la sección 3.5.13 en términos de su aplicabilidad y pertinencia. Muchos de los métodos analíticos están basados en la probabilidad (ver el capítulo 13.7), en la teoría de formación de líneas de espera o colas o en la metodología de simulación (ver el capítulo 13.11).

Los modelos de los problemas de interferencia de las máquinas se pueden clasificar con respecto al patrón de descompostura de las máquinas. Cuando el tiempo entre descomposturas y tiempos de servicio es constante, la situación se conoce como "sistema regular". Dicho de otro modo, se puede anticipar el momento en que una máquina dejará de operar. Las máquinas automáticas de hacer tornillos y las prensas para moldear plásticos son ejemplos típicos de máquinas cuyos patrones son regulares. La asignación de máquinas se puede determinar con base en el costo de una máquina ociosa (producción perdida) comparado con el costo que implica analizar la carga de trabajo resultante para un operador. Por otra parte, si se desconoce el tiempo que transcurrirá hasta la descompostura o el tiempo de servicio, la situación recibe el nombre de "aleatoria". Si la probabilidad de que una máquina en marcha deje de funcionar en el instante siguiente es independiente del tiempo que ha estado trabajando, desde el punto de vista matemático, el tiempo entre descomposturas es una observación proveniente de una distribución exponencial (ver el capítulo 13.7). Esta situación es común, de manera que en la mayoría de los métodos que siguen se supone la exponencialidad. Supongamos que el tiempo transcurrido entre descomposturas depende de la calidad del trabajo de reparación realizado por el operador la última vez que dio servicio a la máquina. Si lo hizo bien, la máquina no se descompondrá durante largo tiempo, de no ser así, podrá necesitar ajuste antes de lo que se espera. La distribución de esos tiempos podría ser hiperexponencial.[1] Otro supuesto común es que los tiempos son constantes.

Algunos de los procedimientos se utilizan para decidir cuántas máquinas se asignarán a un operador. Esos problemas se denominan "problemas de varias máquinas y un solo operador". Otros métodos se ocupan del número de operadores que se asignarán a un número determinado de máquinas. A esto se le podría llamar "problema de varias máquinas y varios operadores".

3.5.6 DISCIPLINAS DE SERVICIO PARA EL OPERADOR

Si varias máquinas están descompuestas, ¿cómo decide el operador a cuál atendera en seguida? Esa decisión puede influir en la cantidad de interferencia. La regla por la cual decide el operador se conoce como "disciplina de servicio". He aquí algunas posibilidades.

Atención al azar

Suponga que el operador acaba de reparar una de varias máquinas descompuestas. Si cada una de las restantes tiene la misma probabilidad de ser la siguiente, el proceso de decisión se llamará "atención al azar" o "servicio al azar". Con otras palabras, se da servicio a las máquinas descompuestas en un orden cualquiera.

Programas cíclicos de mantenimiento

Otra modalidad, llamada "programas cíclicos de mantenimiento, exige que el operador verifique cada máquina siguiendo una vía, llamada ciclo, aunque la máquina no esté fuera de operación. Algunas industrias requieren que las tareas se inspeccionen o verifiquen periódicamente, sobre todo en aquellos procesos en que la supervisión insuficiente puede dar lugar a la producción de una gran cantidad de artículos defectuosos. En la industria textil, la tela debe ser de cierta calidad; por ejemplo, de tejido uniforme. Hay varios tipos de programas (llamados a veces "atención cíclica" o "mantenimiento regular").

Ejemplo 3.5.1 Ronda cíclica cerrada

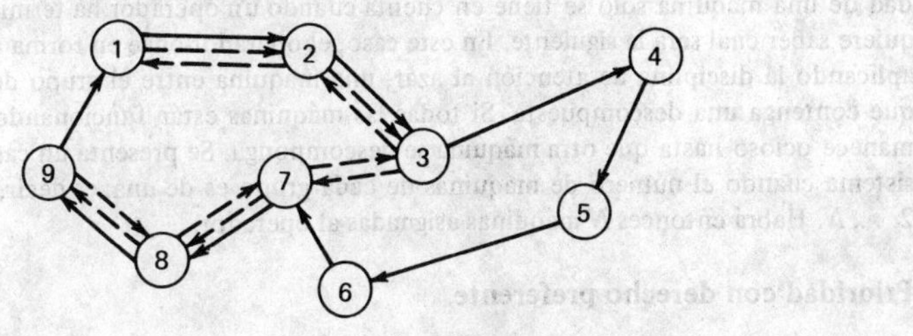

Ronda cíclica

La ronda cíclica exige que el operador se traslade primero de una máquina inicial, de las que tiene asignadas, a la siguiente y sucesivamente hasta la última, visitando una vez a cada una. Su recorrido se convierte en un ciclo cuando se traslada desde la última máquina hasta la primera (véase la línea continua en el ejemplo 3.5.1). Cualesquiera máquinas que se encuentren paradas en el curso de la patrulla se reparan y ponen en marcha.

Ronda cíclica alternada

Una disciplina similar es la ronda cíclica alternada. En este caso, el operador va desde una primera máquina hasta la última y luego invierte la dirección, observando la misma serie de máquinas en sentido contrario. Suponga que, en el ejemplo 3.5.1, el operador tiene asignadas las máquinas 1, 2, 3, 7, 8 y 9. Siguiendo las líneas de trazos, un posible ciclo de la patrulla cíclica alternada lo formarían las máquinas siguientes:

$$1 \to 2 \to 3 \to 7 \to 8 \to 9 \to 8 \to 7 \to 3 \to 2 \to 1$$

El operador vuelve a comenzar, dando servicio a las máquinas descompuestas que encuentre durante su ronda en las dos fases del ciclo.

Prioridad por distancia

Un tipo diferente de disciplina de servicio permite asignar prioridades a algunas o a todas las máquinas. Una de esas disciplinas, la de prioridad por distancia, indica que el operador debe dar servicio a la máquina descompuesta más cerca. Esta regla de decisión se observa comúnmente en los sistemas de fabricación; además tiene sentido en los medios policiacos y en la guerra de guerrillas (donde una disciplina de servicio al azar podría ser perjudicial si fuera aplicada por la policía o la guerrilla). Esa prioridad tiene más sentido en el caso de los (grupos de) encargados del mantenimiento del equipo de computación ubicado en diferentes locales La distancia de recorrido será más corta que en el caso de la atención cíclica o al azar.

Prioridad sin derecho preferente

Otro tipo de disciplina, la prioridad sin derecho preferente, se puede describir de este modo: Suponga que se asigna a un operador para que atienda a N grupos diferentes de máquinas, habiendo N_i máquinas en el grupo i, siendo $i = 1, \ldots, N$. Suponga también que los grupos están ordenados en forma tal, que el grupo i tiene más prioridad que el grupo $(i + 1)$. La disciplina de prioridad no tiene derecho preferente en el sentido de que, si en este momento se está dando servicio a una máquina, la descompostura de una máquina de mayor prioridad no interrumpe el servicio (la que se está atendiendo no se deja pendiente). En efecto, la prioridad de una máquina sólo se tiene en cuenta cuando un operador ha terminado su servicio y quiere saber cuál será la siguiente. En este caso, el operador elige en forma aleatoria, es decir, aplicando la disciplina de atención al azar, una máquina entre el grupo de mayor prioridad que contenga una descompuesta. Si todas las máquinas están funcionando, el operador permanece ocioso hasta que otra máquina se descomponga. Se presenta un caso especial de este sistema cuando el número de máquinas de cada grupo es de una; es decir, $N_i = 1$ para $i = 1, 2. . ., N$. Habrá entonces N máquinas asignadas al operador.

Prioridad con derecho preferente

Esta disciplina es similar a la de prioridad sin derecho preferente. La diferencia radica en que, si se descompone una máquina de mayor prioridad que aquella a la cual se está dando servicio, el operador interrumpe las reparaciones para atender la otra. (La máquina actual queda pendiente.) Cuando el operador reanuda el servicio a la primera máquina, dicho servicio puede dar comienzo donde se dejó o bien volver a comenzar, dependiendo de la disciplina en funciones.

Prioridad por tiempo más corto de servicio

A veces se sabe qué tipos de descompostura requieren más o menos tiempo de servicio. Aplicando esta disciplina, la máquina siguiente será aquella que se pueda reparar más rápidamente.

Comparación de disciplinas

Hay muchas otras disciplinas posibles. Para obtener información adicional y resultados matemáticos, consúltese la obra de Jaiswal.[2]

De modo general, las prioridades por menor tiempo de servicio y distancia más corta dan mejores resultados que, por ejemplo, la atención al azar. La prioridad que resulte mejor dependerá de los datos específicos del problema en cuanto a duración del tiempo de servicio y tiempo de recorrido; pero ambas son buenas para 1) mantener las máquinas en operación y 2) reducir la interferencia.

Las prioridades con derecho preferente, aplicadas en forma correcta, son mejores que las que no tienen derecho preferente y que la atención al azar. Por último, en la práctica, hasta la atención al azar es por lo general mejor que cualquiera de los programas cíclicos de mantenimiento para que las máquinas sigan trabajando y reducir la interferencia. No obstante, por las razones ya mencionadas, algunos tipos de máquina requieren verificación y supervisión periódicas lo que hace que las disciplinas de patrulla cíclica sean aplicables.

3.5.7 DEFINICION DE LA TERMINOLOGIA

A continuación se define y describe la notación que se utiliza en los siguientes métodos para mejorar los problemas de interferencia de las máquinas. Cualquier ajuste coherente es válido. Las cantidades de tiempo a veces se definen como razones respecto al tiempo de servicio.

El tiempo necesario para reparar una máquina (dar servicio, atender, retirar, preparar, ajustar) incluye todo aquello que debe hacer el operador una vez que llega hasta la máquina descompuesta. En algunos métodos, se incluye el tiempo que tarda el operador en llegar hasta la máquina una vez que ésta ha dejado de funcionar. Se supone a veces que el tiempo necesario para dar servicio a una máquina es una constante; otras veces es aleatorio. Sea

S = tiempo medio de servicio para hacer la reparación (en alguna unidad de tiempo, por ejemplo minutos)

Luego

$$\mu = \frac{1}{S} = \text{promedio de servicio por máquinas (en unidades por minuto)}$$

El tiempo transcurrido desde que una máquina nuevamente es puesta en marcha hasta que deja de funcionar se llama "tiempo de producción" (también se le llama a veces tiempo de operación de la máquina o tiempo entre descomposturas). Se supone normalmente que las máquinas dejan de funcionar independientemente unas de otras; es decir, que no hay una causa común, como por ejemplo el calor, interrupciones o sobretensión de la energía eléctrica, o líneas comunes de suministro. Se dice que una máquina queda fuera de operación ya sea que deje de funcionar o que siga funcionando pero produciendo un producto defectuoso. Sea

P = tiempo promedio de producción por máquina (en unidades de tiempo)

Luego

$$\lambda = \frac{1}{P} = \text{promedio de descomposturas (en partes por unidad de tiempo de operación)}$$

= promedio de descomposturas por minuto de tiempo de operación de la máquina

Un factor de servicio se define estableciendo que

$$\rho = \frac{\lambda}{\mu} = \frac{S}{P} =$$ promedio de unidades de tiempo (minutos) de servicio que requiere un operador para mantener una máquina funcionando durante una unidad de tiempo (minutos)

También se tiene

$$\frac{1}{\rho} = \frac{\mu}{\lambda} = \frac{P}{S} =$$ promedio de tiempo de producción (o de funcionamiento) por unidad de tiempo de servicio

Cuando una máquina queda fuera de operación, si el operador está dando servicio a otra máquina descompuesta, se inicia un período de interferencia (o de espera) que dura hasta que el operador pueda comenzar a dar servicio a aquella máquina. Sea

I = tiempo de interferencia por máquina (en unidades de tiempo)

El tiempo de recorrido (o de "patrulla") es el que tarda un operador en ir de una máquina a la siguiente, suponiendo que no se necesiten reparaciones. El tiempo de recorrido puede incluir al tiempo de inspección. A veces, como una aproximación, el tiempo medio de recorrido se incorpora al tiempo medio de servicio. Sea

W = tiempo medio de recorrido de una a otra máquina (en unidades de tiempo)

A veces, un operador tiene otras cosas que hacer aparte de dar servicio a las máquinas. Algunas tareas se pueden realizar mientras la máquina está en operación. Esas tareas no afectan al tiempo de producción de las máquinas. Afectan únicamente al cálculo del tiempo ocupado u ocioso del operador. Por otra parte, algunas tareas se deben efectuar mientras las máquinas están funcionando. A algunas de ellas se les podría llamar "tareas secundarias" y pueden incluir el cambio de herramientas o el ajuste. A los otros tipos de tareas se les llama "trabajos de mantenimiento". Sea

A = tiempo secundario medio por máquina (en unidades de tiempo)
M = tiempo medio programado de mantenimiento por máquina (en unidades de tiempo)

La cantidad media total de tiempo de ciclo es la suma de los tiempos de producción, servicio, interferencia, patrulla, deberes secundarios y mantenimiento:

$$C = P + S + I + W + A + M$$

suponiendo que mientras una máquina está en marcha no se presenta acontecimiento alguno aparte de P, la producción.

La relación entre el tiempo de producción y el tiempo de ciclo es la eficiencia de la máquina (Me), se llama a veces "disponibilidad de la máquina". La eficiencia de la máquina se calcula como una fracción del tiempo de ciclo.

$$Me = \frac{P}{C} = \frac{P}{P + S + I + W + A + M}$$

Con frecuencia, el tiempo de patrulla se promedia con los tiempos de servicio, mientras que las tareas secundarias y el mantenimiento programado se pasan por alto. Por lo tanto,

$$Me = \frac{P}{C} = \frac{P}{P + S + I}$$

La producción perfecta (sin tiempo ocioso ni de servicio) tiene lugar cuando

$$Me = \frac{P}{P + S + I}$$

$$= \frac{P}{P + 0 + 0}$$

$$= 1$$

Me es una medida normalizada de la producción real obtenida y con frecuencia es menor que la producción perfecta debido a las colas y al tiempo de servicio o de interferencia.

El número promedio de máquinas en operación es

$$N(Me) = N \times \frac{P}{C}$$

Si todas las máquinas son similares, el operador dedica como promedio una unidad de tiempo a dar servicio a cada una durante el tiempo de ciclo C. La eficiencia del operador es la proporción de tiempo medido durante el cual da servicio a las máquinas, o sea

$$Oe = \frac{S + W + A + M}{C} = \frac{S + W + A + M}{P + S + I + W + A + M}$$

La pérdida de eficiencia es la cantidad de producción que se pierde debido al tiempo de servicio y de interferencia. Sea

$$E = \frac{S + I}{P + S + I + W + A + M}$$

o bien, si

$$E = \frac{S + I}{P + S + I}$$

entonces

$$E = 1 - Me$$

Advierta que todas las cantidades de tiempo no se expresan en minutos ni en horas, sino en algunas "unidades de tiempo" arbitrarias. Se puede hacer un ajuste a los parámetros, pero algunas relaciones cambian proporcionalmente.

3.5.8 OBTENCION Y USO DE LOS DATOS

¿Cómo se conocen todos los valores de las diversas cantidades de tiempo (de servicio, interferencia, traslado, producción, etc.)? Con algunos tipos de sistemas, se puede recurrir a la computadora para observar, medir, obtener, registrar y cuantificar los datos requeridos. En el caso de algunas industrias y problemas de interés, algunas personas provistas de cronómetros se sitúan en el taller con objeto de medir y registrar los datos de que se trate. En el caso de una máquina determinada, se registra el tiempo durante el cual 1) está en operación, 2) está parada y se le da servicio y 3) está parada y esperando a que le den servicio (períodos de interferencia). De manera análoga el tiempo que tarda el operador en ir de una a otra máquina se puede registrar junto con cualquier otra medición que se requiera. Otro método de obtención de datos, el estudio de las razones de demoras exigen que una persona muestree las máquinas al azar y obtenga datos (ver el capítulo 3.2). Los datos sirven para estimar las cantidades que se buscan. Por ejemplo, un tiempo medio de servicio se calcula sumando primero los valores de todos los tiempos de servicio observados y dividiendo el total entre el número de observaciones. En igual forma se puede calcular la frecuencia de las descomposturas, la duración media de las descomposturas, el tiempo medio entre descomposturas y el tiempo medio no productivo (que se descompone en tiempo medio de servicio y tiempo medio de interferencia).

Una técnica como la de razones y demoras exige que se registren primero los datos mencionados y luego se calcula ya sea S e I como porcentaje del tiempo improductivo, D, o se calculen S, I y P como porcentaje del tiempo medio de reloj, C. Puesto que $S + I + P = C$ (cuando los tiempos de los programas cíclicos de mantenimiento y otros tiempos no se toman en consideración), se puede ver que S/C, I/C y P/C son menores que 1. Además, $S/C + I/C + P/C = 1$ (o bien, cuando se multiplican por 100 para que sean porcentajes, suman el 100 por ciento).

Por ejemplo, suponga que durante un turno de 8 horas, una máquina trabaja 6 horas, se le da servicio durante 1 1/2 horas y permanece ociosa durante 1/2 hora. En este caso (P/C) $100\% = 75\%$, (S/C) $100\% = 18.75\%$ e (I/C) $100\% = 6.25\%$.

Ya se dijo que muchas de las cantidades que interesan se conocen por los datos que se obtienen realmente en el taller. Se reconoció que no es conveniente obtener en esa forma el tiempo de interferencia de las máquinas, por las razones siguientes:

1. Es difícil cronometrar acontecimientos simultáneos tales como tiempos de servicio, tiempos de interferencia y los tiempos de los programas de mantenimiento cuando se trata de varias máquinas.

2. Sería necesario elaborar tablas y curvas de interferencia abarcando toda una gama de asignaciones posibles de todo tamaño (*muchos* estudios con el cronómetro y gran número de perturbaciones del sistema).

3. Incluso si en un estudio de tiempo se hicieran únicamente mediciones de las descomposturas (normalmente impredecibles y variables) de N máquinas, el período de observación podría no ser lo suficientemente largo para ser representativo de las condiciones reales de la fábrica.

4. Los estudios de razones y demoras no son exactos: los tiempos se muestrean al azar.

Por lo tanto, muchos métodos tratan de definir la cantidad de interferencia de las máquinas recurriendo a una relación matemática que involucra al número de máquinas asignadas y a los tiempos de servicio, de producción y otros. Algunas técnicas tratan el problema en forma determinística y derivan relaciones empíricas entre las variables de interés. Otras tienen en cuenta la variabilidad inherente, aplicando la teoría de espera (ver el capítulo 13.7) y las expansiones binómicas (ver el capítulo 13.1).

3.5.9 TECNICAS CLASICAS PARA CALCULAR LA INTERFERENCIA DE LAS MAQUINAS

Se han desarrollado muchos métodos, gráficas, ecuaciones, cuadros y tablas para manejar diversos aspectos del problema de interferencia de las máquinas. Algunos calculan una cantidad promedio de interferencia; otros relacionan la eficiencia de la máquina (el tiempo medio real de producción como porcentaje del tiempo medio real marcado por el reloj) con el tiempo medio de servicio, el tiempo medio de interferencia, el número de máquinas asignadas a uno o más operadores y otras relaciones. Algunos están generalizados, de manera que se toma en cuenta el tiempo de la ronda, el tiempo para necesidades personales, el tiempo de mantenimiento, el tiempo para deberes secundarios, y otras cantidades.

Algunas de esas técnicas, con los supuestos asociados, se presentarán en las secciones que siguen, para explicar luego aquellos según los cuales cada técnica es válida. Los ejemplos 3.5.13 y 3.5.14, que vienen más adelante, resumen muchos de los métodos y modelos e indican cuándo cada uno es aplicable.

Situación determinística

Con un ejemplo sencillo* se demuestran los conceptos básicos. En el análisis que sigue se supone que las máquinas son similares. Un operador tarda 0.15 min en cargar o descargar una pieza en o de una máquina, y 0.05 min en inspeccionar la máquina y pasar a la siguiente. Una vez cargada, la máquina opera durante 0.35 min.

Por lo tanto, se tiene que:

$$P = 0.35$$
$$S = 0.15$$
$$W = 0.05$$

Advierta que el servicio es *regular* y *constante*. El operador se traslada e inspecciona una máquina mientras ésta se encuentra en operación, pero no siempre es posible. De modo general, cuando el tiempo de ciclo es

$$C = S + P$$

(no hay tiempo de interferencia), el número de máquinas que se deben asignar a un operador es

$$N' = \frac{S + P}{S + W}$$
$$= \text{asignación perfecta}$$

puesto que, con N' máquinas, ni el operador ni la máquina tienen tiempo ocioso. Para nuestro problema:

$$N' = \frac{0.15 + 0.35}{0.15 + 0.05} = 2.5$$

*John Mariotti, comunicación personal, 1981.

Cuando N' no es un entero, el número de máquinas asignadas es ya sea N o $N + 1$ máquinas, siendo

$$N < N' < N + 1$$

Para este problema,

$$2 < 2.5 < 3$$

La asignación real (de N o de $N + 1$ máquinas) depende de los resultados de un análisis económico. En un cuadro se indica la utilización del tiempo del operador y de la máquina con $N = 2$ (ejemplo 3.5.2) y con $N + 1 = 3$ (ejemplo 3.5.3).

Ejemplo 3.5.2 Diagrama operador-máquina para dos máquinas

Tiempo	Tareas del operador		Operador	Máquina 1	Máquina 2
0.1	Descargar y cargar la máquina 1	(0.15)		0.15	Ociosa
0.2	Ir hacia la máquina 2	(0.05)			
0.3	Descargar y cargar la máquina 2	(0.15)			0.15
0.4	Inspeccionar e ir hacia la máquina 1	(0.05)			
0.5	Operador ocioso, ambas máquinas trabajando	(0.1)	Ociosa	0.35	
0.6	Descargar y cargar la máquina 1	(0.15)		0.15	
0.7	Inspeccionar e ir hacia la máquina 1	(0.05)			0.35
0.8	Descargar y cargar la máquina 2	(0.15)			0.15
0.9	Inspeccionar e ir hacia la máquina 1	(0.05)			
1.0	Operador ocioso, ambas máquinas trabajando	(0.1)	Ociosa	0.35	

Clave

- El operador da servicio
- El operador se desplaza
- La máquina está ociosa
- El operador da servicio
- La máquina está ociosa

Ejemplo 3.5.3 Diagrama operador-máquina para tres máquinas

Tiempo	Tareas del operador		Operador	Máquina 1	Máquina 2	Máquina 3
0.1	Descargar y cargar la máquina 1	(0.15)			Ociosa	
0.2	Ir hacia la máquina 2	(0.05)				Ociosa
0.3	Descargar y cargar la máquina 2	(0.15)				
0.4	Ir hacia la máquina 3	(0.05)				
0.5	Descargar y cargar la máquina 3	(0.15)				
0.6	Ir hacia la máquina 1	(0.05)		Ociosa		
0.7	Descargar y cargar la máquina 1	(0.15)				
0.8	Ir hacia la máquina 2	(0.05)			Ociosa	
0.9	Descargar y cargar la máquina 2	(0.15)				
1.0	Ir hacia la máquina 3	(0.05)				Ociosa
1.1	Descargar y cargar la máquina 3					
1.2	Ir hacia la máquina 1	(0.05)		Ociosa		
1.3	Descargar y cargar la máquina 1					
1.4	Ir hacia la máquina 2	(0.05)			Ociosa	
1.5	Descargar y cargar la máquina 2					

Clave

- El operador está ocioso
- El operador da servicio
- La máquina está ociosa
- La máquina está trabajando

Si el operador atiende dos máquinas, el tiempo de ciclo de cada máquina es

$$
\begin{aligned}
C &= P + S + I \\
&= 0.35 + 0.15 + 0 \\
&= 0.50 \text{ min}
\end{aligned}
$$

Todo el traslado de una a otra máquina se puede hacer mientras las máquinas están trabajando. El porcentaje de tiempo durante el cual el operador está ocioso es

$$
\begin{aligned}
1 - Oe &= \left(\frac{0.5 - 0.4}{0.5}\right) 100\% \\
&= 20\%
\end{aligned}
$$

Advierta que ninguna de las máquinas tiene tiempo ocioso.

Hay que encontrar el número de piezas producidas por hora y por máquina. El ritmo de producción por máquina es

$$Pr' = \frac{\text{tiempo}}{C}$$
$$= \frac{60 \text{ min/hr}}{0.5 \text{ min/pieza/máquina}}$$
$$= 120 \text{ piezas/hr/máquina}$$

La cantidad real de producción lograda con dos máquinas será por lo tanto

$$Pr = (120 \text{ piezas/hr/máquina}) \times (2 \text{ máquinas})$$
$$= 240 \text{ piezas/hr}$$

Suponga que

c_ℓ = salario del trabajador = \$14.00/hr
c_N = costo de operación de la máquina = \$15.00/hr/máquina

El costo del operador, por pieza es de (\$14.00/hr)/(240 piezas/hr) = \$.058/pieza, y el costo de máquina por pieza es de [(\$15.00 + \$15.00)/hr]/(240 piezas/hr) = \$0.125/pieza. El costo total por pieza es de \$0.058 + \$0.125 = \$0.183.

De modo general, el costo por pieza, al elegir N máquinas, es de

$$\text{costo}_N = \frac{c_\ell + Nc_N}{60 \times N/C}$$

Por último, se puede permitir tiempo libre personal al operador (almuerzo, descansos, etc). Suponga que tiene libre el 15 por ciento del tiempo. El tiempo de ciclo ajustado vendrá a ser (0.5) (1.15) = 0.575 min/pieza/máquina, y las cantidades calculadas se pueden ajustar como corresponda.

Conviene hacer otro análisis para obtener información similar cuando se asignan tres máquinas al operador. En este caso, el operador está siempre trabajando pero las máquinas quedan ociosas periódicamente. Como antes, el operador se traslada mientras la máquina está trabajando, pero advierta que ahora el tiempo de traslado da lugar a tiempo ocioso o interferencia. En este caso,

$$C = P + S + I$$
$$= 0.35 + 0.15 + 0.1$$
$$= 0.60$$

El ritmo de producción es

$$Pr = \left(\frac{60 \text{ min/hr}}{0.6 \text{ min/pieza/máquina}}\right) \times (3 \text{ máquinas})$$
$$= 300 \text{ piezas/hr}$$

El costo del operador, por pieza, es de (\$14.00/h)/(300 piezas/hr) = \$0.047/pieza. El costo de máquina por pieza es de (3 × \$15.00/hr)/(300 piezas/hr) = \$0.15/pieza. El costo total por pieza es de \$0.197. De modo general, el costo por pieza, si se elige $N + 1$ (o sea 3 máquinas), es de

$$\text{costo}_{N+1} = \frac{c_{\ell} + (N+1)\, c_N}{[60(N+1)]/[(N+1)\,S]}$$

puesto que el tiempo de ciclo es ahora $C = (N + 1)S$ debido a que el operador no está ocioso pero las máquinas sí. Cuando el $\text{costo}_N/\text{costo}_{N+1} > 1$, la asignación de $N + 1$ máquinas es la mejor. Cuando el $\text{costo}_N/\text{costo}_{N+1} < 1$, una asignación de N máquinas es mejor.

Si se concede el 15% del tiempo para necesidades personales, el tiempo de ciclo ajustado para tres máquinas es (0.6) (1.15) = 0.69 min/pieza/máquina.

Se puede ver que el costo del operador por pieza es mayor con dos máquinas (porque se producen menos piezas). El costo de máquina por pieza es mayor con tres máquinas (porque, aunque se producen más piezas, se requieren más máquinas). El costo total por pieza es menor con dos máquinas.

Este análisis permite dar respuesta a muchas preguntas. Podría darse el caso siguiente. Suponga que ya tiene dos máquinas y que la compra de otra más costaría $40,000. Teniendo en cuenta únicamente el costo de mano de obra, ¿cuál es el número mínimo de piezas que habría que producir para recuperar ese costo inicial? La respuesta es $40,000/($0.58 − $0.047) por pieza = 3,636,364 piezas.

Viene luego otra pregunta lógica: si se compra la tercera máquina, ¿cuántos años se necesitarán para recuperar el dinero gastado en ella? La respuesta es: 3,636,364 piezas/[(300 piezas/h) × (turno de 8 hr) (2 turnos por día) × (240 días/año)] = 3.16 años. Tal vez no sea conveniente comprar otra máquina.

Este sistema es enteramente determinística. Todas las cantidades de tiempo son constantes o regulares. Se supone que las máquinas son similares y no sufren descomposturas. Este ejemplo se usará más adelante para demostrar la manera de aplicar otros métodos. Desde luego, los supuestos difieren a veces. Los tiempos de producción, de servicio o ambos son variables más bien que constantes. El tiempo medio de producción es el tiempo medio entre servicios. Si las descomposturas se producen al azar, el tiempo de producción, P, será el tiempo medio entre descomposturas.

Análisis de la carga de trabajo esperada

Otro procedimiento está basado en un análisis de la carga de trabajo que se espera de un operador, dado el número de máquinas asignadas. Con este método, el tiempo promedio para producir una parte (el tiempo de producción más el de servicio más el de interferencia), ponderado de acuerdo con la eficiencia de la máquina (lo cual exige que se conozca el tiempo de interferencia), se divide entre una carga de trabajo esperada del operador (que podría incluir los tiempos de servicio, de traslado y de tareas secundarias) y el resultado será el número de máquinas que se deben asignar a un operador.[3,4]

A primera vista este método parece ser ideal; pero tiene sus inconvenientes porque es necesario conocer el tiempo de interferencia para elegir N. Asimismo, se tiene que conocer N para poder medir o calcular I. Este problema dio lugar al estudio de diversas maneras (fórmulas, gráficas, tablas) de calcular I conociendo a N.

Muchos de los métodos que se describen dan I como alguna función de N y λ, con diversos supuestos.

Fórmula de la interferencia de las máquinas

Una de las primeras técnicas fue una fórmula desarrollada por Wright,[5] la cual determina la cantidad de interferencia de las máquinas (como porcentaje del tiempo medio de servicio) en función de:

1. $X = P/S = 1/\rho$ = razón entre el tiempo medio de producción y el tiempo medio de servicio, y
2. N = número de máquinas asignadas a *un* operador.

Su ecuación fue adaptada a partir de la solución dada por Fry a un problema de congestionamiento de las líneas telefónicas. Los supuestos necesarios son los siguientes:

1. los tiempos de servicio son *constantes,*
2. las máquinas son *atendidas al azar* por un operador. La fórmula de Wright es la siguiente:

$$\frac{I}{S} \times 100 = 50\{[(1 + X - N)^2 + 2N]^{1/2} - (1 + X - N)\}$$

La fórmula fue verificada empíricamente con un análisis de más de 1100 horas de datos obtenidos realmente en el taller. El estudio incluyó ocho clases diferentes de máquinas en cuatro industrias distintas, de modo que se le considera un estudio general. Se llegó a la conclusión de que la fórmula era exacta para las asignaciones de seis o más máquinas a un operador, pero no para menos de seis. Wright desarrolló luego las curvas empíricas que se muestran en el ejemplo 3.5.4, las cuales se pueden utilizar cuando el número de máquinas es menor o igual que seis. Con respecto a su fórmula, las curvas para dos a cinco máquinas dan valores más pequeños de I; para seis máquinas, los resultados de la gráfica y de la fórmula son idénticos, excepto para los puntos limitadores.

Ejemplo 3.5.4 Interferencia cuando el número de máquinas asignadas a un operador es de seis o menos[a]

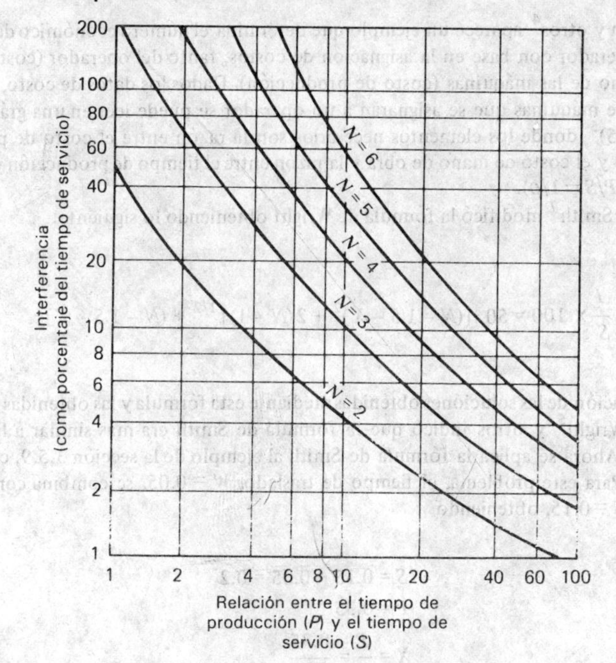

[a] Reproducido de la referencia 5, con la debida autorización

Para poner un ejemplo, suponga que a un operador se le han asignado 70 máquinas. El tiempo medio de producción por unidad de producto, determinado mediante un estudio con el cronómetro, es de 150 min, mientras que el tiempo medio de servicio por unidad de producto es de 5 min. El tiempo promedio de interferencia, como porcentaje del tiempo medio de servicio, es

$$\frac{I}{S} \times 100 = 50\{[(1 + X - N)^2 + 2N]^{1/2} - (1 + X - N)\}$$

$$= 50\left\{\left[\left(1 + \frac{150}{5.0} - 70\right)^2 + 140\right]^{1/2} - \left(1 + \frac{150}{5.0} - 70\right)\right\}$$

$$= 3987.7\%$$

Por lo tanto se tienen los siguientes valores *promedio* (en minutos)

Tiempo de producción (por unidad)	150.00
Tiempo de servicio (incluyendo el tiempo para necesidades personales, traslado, etc.)	5.00
Tiempo de interferencia ($39.88 \times 5.00 = 199.4$)	199.40
Tiempo total (para 70 máquinas)	354.40
Tiempo por máquina ($354.4/70 = 5.06$)	5.06

En Carson y otros[4] aparece un ejemplo que determina el número económico de máquinas para cada operador con base en la asignación de costos, tanto del operador (costo de mano de obra) como de las máquinas (costo de producción). Dados los datos de costo, el número económico de máquinas que se asignarán a un operador se puede leer en una gráfica (ver el ejemplo 3.5.5)[5] donde los elementos necesarios son la razón entre el costo de producción (de máquina) y el costo de mano de obra y la razón entre el tiempo de producción y el tiempo de servicios ($P/S = 1/\rho$).

En 1965, Smith[7] modificó la fórmula de Wright obteniendo lo siguiente:

$$\frac{I}{S} \times 100 = 50\{[(N - 1.5 - X)^2 + 2(N - 1)]^{1/2} + (N - 1.5 - X)\}$$

Una comparación de las soluciones obtenidas mediante esta fórmula y las obtenidas por Palm,[8] Ashcroft,[9] Wright[5] y otros indicó que la fórmula de Smith era más similar a las de Palm y Ashcroft. Ahora se aplica la fórmula de Smith al ejemplo de la sección 3.5.9, con $N = 2$ y con $N = 3$. Para este problema, el tiempo de traslado, $W = 0.05$, se combina con el tiempo de servicio, $S = 0.15$, obteniendo

$$S = 0.15 + 0.05 = 0.2$$
$$P = 0.35$$
$$X = \frac{P}{S} = \frac{0.35}{0.2}$$
$$N = 2$$

Ejemplo 3.5.5 Diagrama para determinar el número de máquinas que se asignarán a un operador[a]

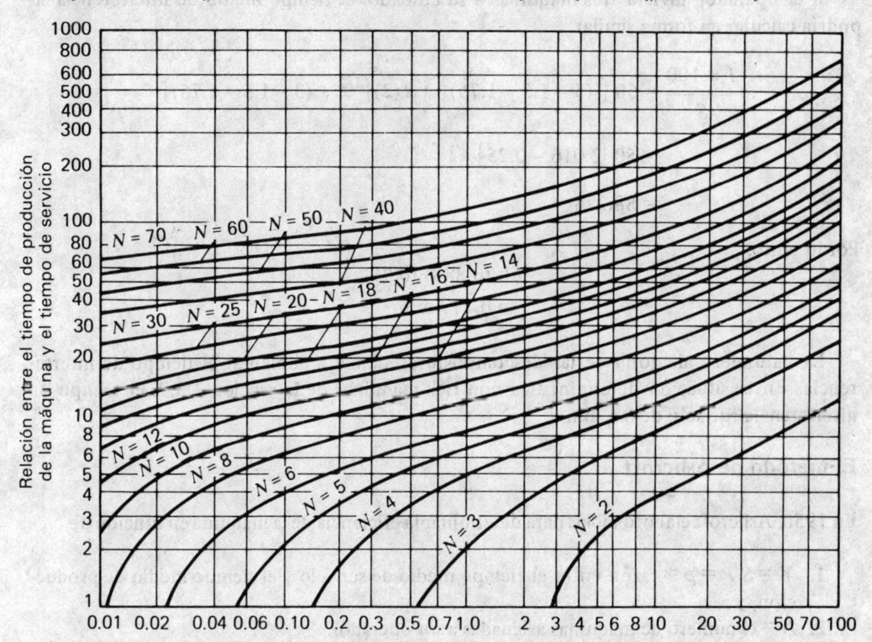

[a] Reproducido de la referencia 5, con la debida autorización.

La interferencia, como porcentaje del tiempo medio de servicio, es

$$\frac{I \times 100}{S} = 50\left\{[(N - 1.5 - X)^2 + 2(N - 1)]^{1/2} + (N - 1.5 - X)\right\}$$

$$= 50\left\{\left[\left(2 - 1.5 - \frac{0.35}{0.2}\right)^2 + 2(1)\right]^{1/2} + (2 - 1.5 - 1.75)\right\}$$

$$= 50\{[1.5625 + 2]^{1/2} - 1.25\}$$

$$= 50\{1.887 - 1.25\}$$

$$= 50\{0.637\}$$

$$= 31.873$$

Por lo tanto

$$I = (0.3187)\,(0.2)$$
$$= 0.064 \text{ min}$$

Advierta cómo la naturaleza aleatoria de las descomposturas introdujo cierto tiempo de interferencia, cosa que no había ocurrido con el sistema determinístico.

Si el operador tuviera tres máquinas a su cuidado, el tiempo medio de interferencia se podría calcular en forma similar:

$$\frac{I \times 100}{S} = 50\left\{[(3 - 1.5 - 1.75)^2 + 2(2)]^{1/2} + (3 - 1.5 - 1.75)\right\}$$

$$= 50\{2.016 - 0.25\}$$

$$= 88.278$$

Por lo tanto,

$$I = (0.883)(0.2)$$
$$= 0.177 \text{ min}$$

La naturaleza aleatoria de las descomposturas tiende a aumentar el tiempo de interferencia. En la situación determinística con tres máquinas de la sección 3.5.9, el tiempo de interferencia fue sólo de 0.1 min.

El método de Ashcroft

En 1950, Ashcroft elaboró tablas para determinar la eficiencia de la máquina en función de

1. $Y = S/P = \rho =$ razón entre el tiempo medio de servicio y el tiempo medio de producción, y
2. $N =$ el número de máquinas asignadas a *un* operador.

Los supuestos son los siguientes:

1. Los tiempos de servicio son *constantes* (suponiéndose por lo tanto que las máquinas son similares).
2. Las máquinas son *atendidas al azar*.
3. El tiempo entre descomposturas, de cada una de las máquinas, está distribuido exponencialmente.

Para estas fórmulas y tablas, Ashcroft tomó la producción de la máquina como el número promedio de horas de producción por hora cuando se asignan N máquinas a un operador. Si se designa a esta cantidad como A_N, la eficiencia de la máquina es

$$Me = \frac{A_N}{N}$$

Dos de las tablas de Ashcroft aparecen como ejemplos 3.5.A1 y 3.5.A2 en el apéndice de este capítulo. En O'Connor[10] se encuentran otras tablas y gráficas. Eilon[11] ofrece una buena explicación de la derivación de la ecuación de Ashcroft.

Al aplicar los datos del ejemplo de la sección 3.5.9,

$$Y = \frac{S + W}{P} = 0.2/0.35 = 0.57$$

Si se interpola del ejemplo 3.5.A1 del apendice,

$$A_2 = 1.17$$
$$A_3 = 1.53$$

Estos valores son el número promedio de horas de máquina por hora cuando se asignan respectivamente al operador dos y tres máquinas. Según esto,

$$Me \text{ (con} N = 2) = 1.17/2 = 0.585$$

$$Me \text{ (con} N = 3) = 1.53/3 = 0.51$$

De modo general, por supuesto, la asignación de dos máquinas tiene que ser más "eficiente" que la de tres máquinas, puesto que habrá menos tiempo de interferencia. Con tres máquinas hay más producción, pero el operador tiene más tiempo ocioso cuando se asignan únicamente dos máquinas. Asimismo, tres máquinas cuestan más que dos.

Modelos basados en la probabilidad

La técnica siguiente tiene en cuenta la variabilidad de los tiempos de interferencia recurriendo a la distribución binomial (ver el capítulo 13.2) en la forma siguiente. Sea:

D = Prob. (una de las N máquinas está fuera de operación en un momento cualquiera)
$1 - D$ = Prob. (una de las N máquinas está trabajando en un momento cualquiera)

La probabilidad de que n cualquiera de las N máquinas esté fuera de operación en un momento cualquiera es

$$\binom{N}{n} D^n (1 - D)^{N-n}$$

donde

$$\binom{N}{n} = \frac{N!}{n!\,(N-n)!}, \quad N! = N(N-1)(N-2)\ldots 3 \times 2 \times 1$$

= el número de maneras en que las N máquinas se pueden dividir en dos grupos

en que

el grupo 1 contiene n máquinas (las que están fuera de operación)
el grupo 2 contiene las $N-n$ máquinas restantes (las que están operando). Sea

$$D^n = \text{Prob. (de las } N \text{ máquinas, } n \text{ están descompuestas)}$$
$$(1 - D)^n = \text{Prob. (} N-n \text{ de las máquinas están funcionando),}$$

si las máquinas son independientes.

El tiempo medio de interferencia se calcula del modo siguiente: Si n de las N máquinas están fuera de operación, $n - 1$ máquinas tienen que esperar (debido a la interferencia). Por tanto

I_n = Prob. (n de las N máquinas están descompuestas) $\times$ número de esperas debidas a la interferencia

y

$$I = \frac{1}{N} \sum_{n=0}^{N} I_n = \frac{1}{N} \sum_{n=0}^{N} \binom{N}{n} D^n (1 - D)^{N-n} (n - 1)$$

Advierta que este es el valor esperado de $n - 1$ esperas por interferencia cuando n tiene una distribución binomial. Es decir, el promedio de interferencia se encuentra sumando los productos de las probabilidades y el correspondiente número de esperas.

Un ejemplo demostrará cómo se calcula la interferencia de las máquinas. Suponga que un operador tiene seis máquinas a su cargo. Por la producción obtenida al cabo de una semana se ha visto que el tiempo medio improductivo por máquina fue el 20 por ciento del tiempo que las máquinas estuvieron trabajando. En este caso se tiene que

$$N = 6$$
$$D = \text{Prob. (una de las } N \text{ máquinas está descompuesta)} = 1/5 = .2$$
$$1 - D = \text{Prob. (una de las } N \text{ máquinas está trabajando)} = 4/5 = .8$$

He aquí un caso. Suponga que, de las seis máquinas, tres están fuera de operación ($n = 3$). Mientras se repara una de las máquinas, las otras dos tienen que esperar. Por lo tanto,

$$\begin{aligned}\text{Prob. (3 de las 6 máquinas están separadas)} &= \binom{N}{n} D^n (1-D)^{N-n} \\ &= \binom{6}{3}(.2)^3(1-.2)^{6-3} \\ &= 20(.008)(.8)^3 \\ &= .08192\end{aligned}$$

El tiempo medio de interferencia debido a las tres máquinas descompuestas se calcula en esta forma: puesto que tres de las seis máquinas están descompuestas, dos de ellas tienen que esperar (debido a la interferencia). Por lo tanto, el promedio de interferencia de las tres máquinas descompuestas es

$$\begin{aligned}I_3 &= \text{Prob. (3 de las 6 máquinas están descompuestas)} \times \text{el número de esperas por interferencia} \\ &= .08192\,(2) \\ &= .16384\end{aligned}$$

Para calcular la interferencia se formula una tabla funcional (ver el ejemplo 3.5.6). Puesto que hay seis máquinas, el porcentaje promedio de interferencia por máquina, $\tilde{I}$, vendría a ser

$$\tilde{I} = .462/6 = .077 = 7.7\%$$

y la fracción promedio de tiempo en servicio, $\tilde{S}$, será

$$\tilde{S} = D - \tilde{I} = .2 - .077 = .123 = 12.3\%$$

Ejemplo 3.5.6 Tiempo de interferencia

n No. de máquinas paradas a la vez	$\binom{N}{n}$		D^n		$(1-D)^{N-n}$		*Espera por interferencia*	*Interferencia*
6	1	×	$.2^6$			×	5	.00032
5	6	×	$.2^5$	×	.8	×	4	.006144
4	15	×	$.2^4$	×	$.8^2$	×	3	.04608
3	20	×	$.2^3$	×	$.8^3$	×	2	.16384
2	15	×	$.2^2$	×	$.8^4$	×	1	.24576
1	6	×	$.2^1$	×	$.8^5$	×	0	
0	1			×	$.8^6$	×	0	
							Interferencia total =	.462144

Los supuestos de este modelo son:

1. Las máquinas son *atendidas al azar.*
2. Los tiempos de servicio están *distribuidos al azar,* con un tiempo medio de servicio S para todas las máquinas.
3. Las máquinas fallan independientemente.

Jones[12] derivó fórmulas para calcular la interferencia por máquina (en porcentaje promedio del tiempo total) y el tiempo ocioso del operador (en porcentaje del tiempo total) como funciones de

1. el tiempo medio de servicio del operador, por máquina, como porcentaje del tiempo total, S' (o sea, $S' = S/C$), y
2. N = el número de máquinas asignadas a un operador.

La fórmula de Jones para I se deriva en esta forma:

1. Recuerde que

$$(1 - D)^N = \text{Prob. (todas las } N \text{ máquinas están trabajando)}$$
$$= \text{Prob. (el operador está ocioso)}$$

2. Por lo tanto

$$1 - (1 - D)^N = \text{Prob. (una o más máquinas están descompuestas)}$$
$$= \text{Prob. (el operador está trabajando)}$$

3. $[1 - (1 - D)^N]/N$ = la proporción del tiempo total en que el operador dará servicio a cada máquina, que es también $S'(1 - I)$.
4. La probabilidad de que una máquina cualquiera esté descompuesta es

$$D = S'(1 - I) + I\,*$$

5. Según los pasos 3 y 4 se tiene que

$$S'(1 - I) = D - I = \frac{1 - (1 - D)^N}{N}$$

Por lo tanto, el porcentaje promedio de interferencia es

$$I = D - \frac{1 - (1 - D)^N}{N}$$

En el ejemplo 3.5.A3 del apéndice, al final de este capítulo, se encuentra una tabla de valores derivada de esta fórmula. Este trabajo supone que cada máquina, con cualquier asignación posible, tiene las mismas necesidades del tiempo de servicio; es decir, que las máquinas son similares. Jones suavizó este supuesto en un trabajo posterior.[13] Creó una simulación de asignaciones de 2 a 10 máquinas atendidas al azar por un solo operador. El resultado consistía en la interferencia de las máquinas y el tiempo ocioso del operador. Los resultados de 100 pruebas, en que las asignaciones de las máquinas implicaban tiempos de servicio medios va-

*Si un operador diera servicio a una sola máquina, el tiempo medio porcentual de servicio sería S' y la máquina jamás estaría ociosa por interferencia. Como en realidad un operador da servicio a varias (N) máquinas, la interferencia es un factor. En este caso, el tiempo medio porcentual de servicio es $S'(1 - I)$, de manera que el tiempo improductivo medio es $D = S + I = S'(1 - I) + I$.

riables de las máquinas, sugirieron que, para un número cualquiera de máquinas, el promedio de interferencia por máquina disminuye a medida que aumenta el grado de diferencia en los tiempos de servicio de las máquinas asignadas. Se derivaron factores de ajuste aplicables a la tabla anterior (ejemplo 3.5A3), para obtener los valores de interferencia corregidos. Los factores de ajuste se graficaron para facilitar su uso. Las ecuaciones y las tablas se encuentran en Maynard.[14]

3.5.10 ENFOQUES DE LA TEORIA DE ESPERA

Entre los primeros estudios matemáticos de la interferencia de las máquinas figura uno (1933) efectuado por Khintchine.[15] Los tiempos de ronda se pasaron por alto o se incorporaron a los tiempos medios de servicio. Otros trabajos tempranos se deben a Palm[8] y a Kronig.[16]

El modelo clásico

En esta sección se presenta el enfoque clásico de la teoría de formación de colas para resolver un problema de interferencia de las máquinas. Suponga que hay N máquinas y O operadores. (En el caso de los métodos explicados hasta aquí, $O = 1$). Como un ejemplo de dicho modelo, se considera un sistema de computarización consistente en N procesadores (CPU) independientes y O módulos de memoria también independientes, y cada CPU tiene acceso a cada módulo de memoria. En este sistema, varios programas pueden solicitar simultáneamente el acceso a un mismo módulo y se produce interferencia. Los supuestos del modelo son los siguientes:

1. El tiempo entre descomposturas (o tiempo de producción) de cualquiera de las máquinas es una muestra tomada de una distribución *exponencial negativa* de probabilidades con media de $1/\lambda$ (o proporción media de λ). Una descompostura será al azar e independiente del comportamiento de las otras máquinas. Por lo tanto, cuando haya n máquinas fuera de operación en el momento t,

Prob. (una de las $M - n$ máquinas se descomponga en el intervalo $(t, t + \Delta t) = (N - n)$ $\lambda\Delta t + O(\Delta t)$, donde Δt es un pequeño incremento de tiempo.

2. Cualquiera de las n máquinas descompuestas requiere los servicios de sólo uno de los O operadores. La distribución del tiempo de servicio es *exponencial negativa* con media de $1/\mu$ para cada máquina y cada operador. Los tiempos de servicio son independientes entre sí y lo son también del número de máquinas descompuestas. Por lo tanto

Prob. (una de las n máquinas descompuestas sea reparada en un intervalo Δt)

$$= \begin{cases} n\mu\ \Delta t + O(\Delta t) & \text{para} \quad 1 \leqslant n \leqslant O \\ O\mu\ \Delta t + O(\Delta t) & \text{para} \quad 0 < n \leqslant N \end{cases}$$

3. Las máquinas son *atendidas al azar.*

El sistema se puede visualizar como se indica en el ejemplo 3.5.7. Advierta que se trata del modelo de una fuente finita y cerrada de espera, en que la proporción de llegadas (descomposturas) disminuye a medida que aumenta el número de elementos en el sistema (número de máquinas descompuestas, n).

La cola contiene $n - O$ máquinas descompuestas que no están recibiendo servicio. Se designa con I el tiempo medio de formación de la cola (espera, interferencia). Sea

N_q = el número esperado (o promedio) de máquinas descompuestas haciendo cola

Ejemplo 3.5.7 *M*-Sistemas de máquinas que esperan servicio, con un número *0* de operadores

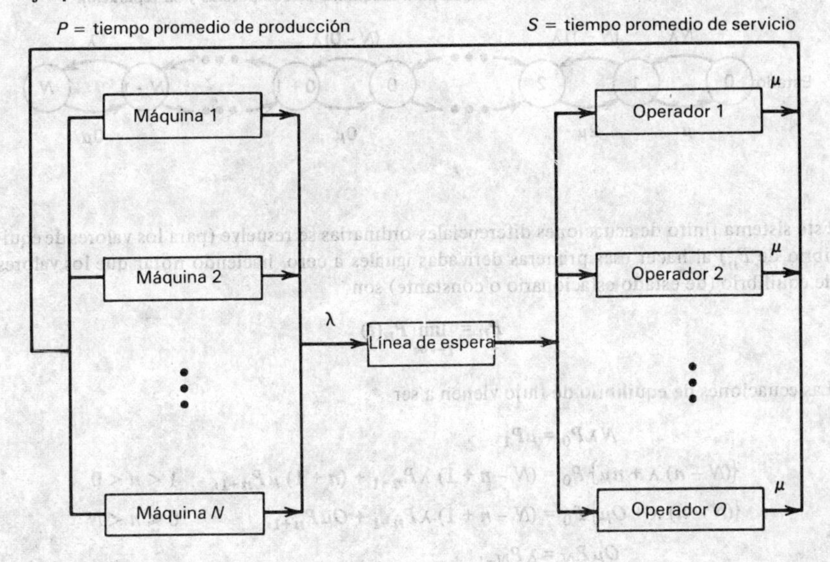

$E[n]$ = el número esperado (o promedio) de máquinas descompuestas
$M(t)$ = el número de máquinas descompuestas en el momento t

Se define

$$P_n(t) = \text{Prob}[M(t) = n \mid M(0) = i]$$

Se provoca una transición del estado $P_n(t)$ al estado $P_{n+1}(t + \Delta t)$ por la descompostura de una de las $N - n$ máquinas en operación; una transición del estado $P_n(t)$ al estado $P_{n-1}(t + \Delta t)$ significa que se reparó una de las máquinas descompuestas. El estado $P_O(t)$ se presenta cuando todas las máquinas están operando. De manera que el proceso estocástico, $M(t)$, se puede modelar como un proceso de nacimiento y muerte, con las proporciones

$$\lambda_n = \begin{cases} (N - n)\lambda, & n = 0, 1, \ldots, N \\ 0, & n > N \end{cases}$$

$$\mu_n = \begin{cases} n\mu, & n = 1, 2, \ldots, 0 \\ O\mu, & n = 0 + 1, \ldots, N \end{cases}$$

El diagrama de transición es como se indica en el ejemplo 3.5.8.

Las ecuaciones progresivas de Kolmogorov del proceso de nacimiento y muerte son

$$P'_0(t) = N\lambda P_0(t) + \mu P_1(t)$$

$$P'_n(t) = -\{(N - n)\lambda + n\mu\} P_n(t) + (N - n + 1)\lambda P_{n-1}(t) + (n + 1)\mu P_{n+1}(t), \qquad 1 \leq n < 0$$

$$P'_n(t) = -\{(N - n)\lambda + O\mu\} P_n(t) + (N - n + 1)\lambda P_{n-1}(t) + O\mu P_{n+1}(t), \qquad 0 \leq n < N$$

$$P'_N(t) = -O\mu P_N(t) + \lambda P_{N-1}(t)$$

Ejemplo 3.5.8 Diagrama de cambio de estado para máquinas descompuestas y su reparación

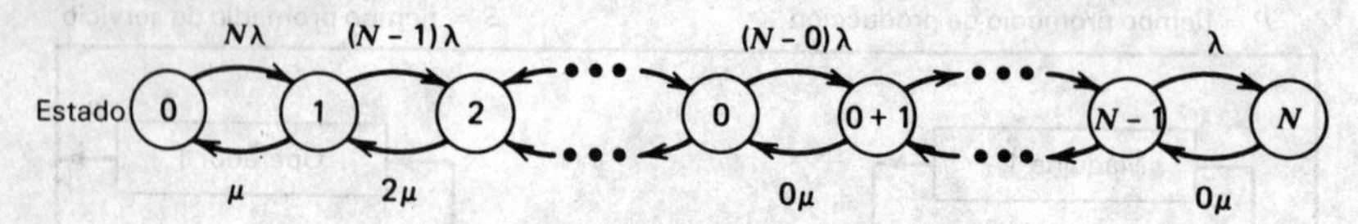

Este sistema finito de ecuaciones diferenciales ordinarias se resuelve (para los valores de equilibrio de P_n) al hacer esas primeras derivadas iguales a cero, haciendo notar que los valores de equilibrio (de estado estacionario o constante) son

$$P_n = \lim_{t \to \infty} P_n(t)$$

Las ecuaciones de equilibrio de flujo vienen a ser

$$N\lambda P_0 = \mu P_1$$

$$\{(N-n)\lambda + n\mu\} P_0 = (N-n+1)\lambda P_{n-1} + (n+1)\mu P_{n+1}, \qquad 1 < n < O$$

$$\{(N-n)\lambda + O\mu\} P_0 = (N-n+1)\lambda P_{n-1} + O\mu P_{n+1}, \qquad 0 \leqslant n < N$$

$$O\mu P_N = \lambda P_{N-1}$$

Estas ecuaciones se resuelven mediante la relación

$$(N-n)\lambda P_n = \begin{cases} (n+1)\mu P_{n+1}, & n < O \\ O\mu P_{n+1}, & n \geqslant O \end{cases}$$

Estableciendo que $\rho = \lambda/\mu$ (el factor de servicio), las probabilidades de estado constante son

$$P_n = \begin{cases} \binom{N}{n} \rho^n P_0, & n = 0, 1, \ldots, O \\ \binom{N}{n} \dfrac{n!}{O!\,O^{n-O}} \rho^n P_0, & n = O+1, \ldots, N, \end{cases} \tag{1}$$

donde P_0 se obtiene resolviendo $\Sigma_{n=0}^{N} P_n = 1$ para obtener

$$P_0 = \left[\sum_{n=0}^{O} \binom{N}{n} \rho^n + \sum_{n=O+1}^{N} \binom{N}{n} \frac{n!}{O!\,O^{n-O}} \rho^n \right]^{-1}$$

Esta solución es un caso especial del proceso de nacimiento y muerte como aparece, por ejemplo, en Bhat[17] y Feller.[18]

El número esperado (promedio) de máquina fuera de operación es

$$E[n] = \sum_{n=0}^{N} nP_n = \sum_{n=1}^{N} (n-1) P_{n-1} = \sum_{n=1}^{N} nP_n - (1 - P_0)$$

Se puede ver que no hay una expresión cerrada para $E[n]$ en general; pero tratándose de un problema (sistema) en particular, $E[n]$ se puede calcular fácilmente. Hay una expresión cerrada para los sistemas de un solo operador. En este caso,

$$E[n] = N + \frac{\lambda + \mu}{\lambda}(1 - P_0)$$

Algunas mediciones del comportamiento del sistema son las siguientes:

1. La eficiencia de la máquina es

$$Me = \frac{E[n]}{N}$$

o porcentaje de la producción promedio obtenida (o la fracción del tiempo total de producción con todas las máquinas).

2. La utilización promedio del operador es

$$Oe = \sum_{n=0}^{O} \frac{nP_n}{O} + \sum_{n=O+1}^{N} P_n$$

o fracción del tiempo que un operador estaría trabajando.

3. El número promedio de operadores ociosos es

$$\sum_{n=0}^{O} (O-n)\,P_n$$

4. El número promedio de máquinas esperando es

$$\sum_{n=O+1}^{N} (n-O)\,P_n$$

Dividiendo la medida 3 por el número de operadores, O, y la medida 4 por el número de máquinas, N, se obtienen algunas mediciones relacionadas:

3.′ El coeficiente de pérdida por operador es

$$\frac{\sum_{n=0}^{O} (O-n)\,P_n}{O}$$

o sea el porcentaje de operadores ociosos.

4.′ Coeficiente de pérdida por las máquinas:

$$\frac{\sum_{n=O+1}^{N} (n-O)\,P_n}{N}$$

o sea el porcentaje de tiempo de interferencia.

El ejemplo siguiente tiene por objeto demostrar las ventajas que se obtienen en cuanto a comportamiento y productividad del sistema reuniendo a los operadores. En este caso, varios operadores tienen la misma asignación de máquinas.

El ejemplo 3.5.9, tomado de Bhat,[17] contiene los valores de la utilización del operador considerando pares de parámetros (N, O) que tienen la misma proporción de máquinas por operador ($N/O = 4$ y después igual a 15).

Advierta que la utilización del operador aumenta para un determinado ρ aunque la proporción de máquinas por operador siga siendo la misma. Esto indica que resulta mejor, siempre que sea factible, reunir a los operadores en vez de asignarle individualmente a cada uno cier-

Ejemplo 3.5.9 Utilización del operador con parámetros proporcionales

ρ	N	O	Utilización del operador
0.45	4	1	0.881
	8	2	0.934
	16	4	0.994
0.05	15	1	0.656
	30	2	0.682
	60	4	0.705

Reproducido de la referencia 17, con la debida autorización.

to número de máquinas. Un buen ejemplo que señala la obtención de ventajas similares gracias a la reunión, se puede encontrar en Feller.[18] El ejemplo considera dos casos: 1) 6 máquinas servidas por un solo operador y 2) 20 máquinas servidas por tres operadores. Los resultados indican que, aunque la carga de trabajo por operador aumentó al pasar del sistema 1 (6 máquinas por operador) al sistema 2 (6 2/3 máquinas por operador), las máquinas fueron atendidas más eficientemente en el sistema 2. Las ventajas de la reunión de los operadores son bien conocidas. Para un estudio de la flexibilidad y las ventajas de la reunión de las máquinas, véase Stecke y Solberg.[19]

Obsérvese en el ejemplo 3.5.9 que, con un número dado de máquinas por operador (suponiendo que N/O sea un entero), a medida que aumenta O (y por lo tanto N), la utilización del operador aumenta lentamente. En forma análoga: en iguales condiciones la eficiencia de la máquina aumenta con lentitud.

Algo de la teoría y de los resultados acerca de la interferencia de las máquinas que se obtienen de la teoría de espera se presentan en algunos textos estándar que tratan de la investigación de operaciones, por ejemplo el de Wagner.[20]

En Allen[21] se encuentran partes del modelo que antecede y también algunas generalizaciones. En particular, se da la solución, con diferentes supuestos, de un problema de red con formación de cola cerrada. Los supuestos son:

1. el tiempo de servicio por máquina con un solo operador, S, es *constante,* y
2. el tiempo de producción por máquina, P, es *constante*. Se derivan fórmulas similares a la ecuación 1.

Las ecuaciones limitadoras (ecuación 1) se resolvieron repetidamente[22-26] para elaborar tablas que ayudan a decidir el número económicamente óptimo de operadores para un número dado (N) de máquinas. En el ejemplo 3.5.A4, del apéndice de este capítulo, aparece una tabla de D. C. Palm.[22] Los supuestos (repitiendo en forma abreviada los del principio de esta sección) son los siguientes:

1. El tiempo entre descomposturas de cualquiera de las máquinas es una muestra tomada de una *distribución exponencial negativa* con media P.
2. Los tiempos de servicio están *distribuidos exponencialmente,* con media S.
3. Las máquinas son *atendidas al azar.*

Peck y Hazelwood[26] ofrecen de preferencia tablas de interferencia de las máquinas. Sus tablas fueron preparadas con una computadora (UNIVAC I®) aplicando fórmulas derivadas del modelo anterior de formación de cola cerrada. Al revisar algunas notaciones antiguas e introducir otras nuevas, recuérdese que

I = tiempo medio de interferencia por máquina
S = tiempo medio de servicio por máquina
P = tiempo medio de producción por máquina
Me = eficiencia de la máquina = fracción de la operación de las máquinas = $(S+P)/(S+P+I)$ (ligeramente distinta de la definición dada en la sección 3.5.7; normalmente no se incluye el tiempo de servicio)
X = $S/(S+P)$
D = Prob. (demora) = Prob. (una máquina descompuesta da lugar a tiempo de interferencia)
N_S = número promedio de máquinas que están recibiendo servicio
N_P = número promedio de máquinas en operación (produciendo)
N_I = número promedio de máquinas que esperan servicio

Por lo tanto

$$N_S = MeNX = N\left(\frac{S+P}{S+P+S}\right)\left(\frac{I}{S+P}\right) = N\left(\frac{I}{S+P+S}\right)$$

$$N_P = (1-X)\,NMe$$

$$N_I = N(1-Me)$$

Antes de demostrar con un ejemplo el uso de las tablas, hay que señalar que son muy extensas. El número de máquinas tabuladas va de 4 a 250 y $X \in [0.001, 0.950]$ aparece con incrementos variables (ver el ejemplo 2.5.A5 del apéndice).

Suponga que la empresa textil Diedinthewool tiene 14 telares. Gracias a los estudios de tiempos se encontró que, en promedio, las máquinas operan durante 64 minutos y requieren 36 min de servicio. Por lo tanto

$$N = 14$$

$$X = \frac{S}{S+P} = \frac{36}{36+64} = 0.36$$

$$N_S = MeNX = Me(14)\ 0.36 = 5.04\ Me$$

$$N_I = N(1-Me) = 14(1-Me)$$

$$N_P = (1-X)\ NMe = 0.64(14)\ Me = 8.96\ Me$$

Cada máquina da lugar a una utilidad de \$10.00 por cada hora de producción (más larga que una hora de tiempo real). El costo de dar servicio a las máquinas es de \$5.00/h/operador. A los operadores se les paga estén o no trabajando. Si se usa el ejemplo 3.5.A5 se formula otra tabla, como se indica en el ejemplo 3.5.10.

Ejemplo 3.5.10 Catorce máquinas, de tres a nueve operadores

O	9	8	7	6	5	4	3
N_S	5.035	5.02	4.975	4.83	4.51	3.886	2.99
N_I	0.014	0.056	0.182	0.574	1.47	3.206	5.698
N_P	8.95	8.924	8.844	8.593	8.02	6.91	5.313
Costo de mano de obra:							
\$5 × O	45.00	40.00	35.00	30.00	25.00	20.00	15.00
Utilidad: \$10 × N_P	89.50	89.24	88.44	85.93	80.20	69.10	53.13
Utilidad neta (\$/hr)	44.50	49.24	53.44	55.93	57.20	49.10	38.13

Para ver cómo se calcularon las partidas basándose en la tabla, véase el renglón de N_p y la columna que corresponde a siete operadores.

$$N_P = (1 - X)\,NMe = 0.64\,(14)\,Me = 8.96\,Me$$

Por el ejemplo 3.5.A5 se ve que, para $X = S/(S + P) = 0.36$ y $O = 7$, $Me = 0.987$. Por tanto $N_P = 8.96$, $Me = 8.96(0.987) = 8.844$. Las otras partidas se calculan en forma similar. La utilidad máxima por hora es de \$57.20 y se obtiene cuando cinco operadores están atendiendo las 14 máquinas.

Suponga que se introduce una política de mantenimiento preventivo para las 14 máquinas, con un costo de \$10.00/hora. Gracias a este cuidado adicional, el tiempo de servicio requerido disminuye de 40 a 20 h y el tiempo de producción aumenta de 60 a 80 hr. Ahora

$$X = \frac{S}{S + P} = \frac{20}{100} = 0.2$$

$$N_S = MeNX = 14\,(0.2)\,Me = 2.8\,Me$$

$$N_I = N(1 - Me) = 14\,(1 - Me)$$

$$N_P = (1 - X)\,NMe = 0.8\,(14)\,Me = 11.2\,Me$$

La utilidad por hora de producción sigue siendo la misma (\$10.00). El costo de servicio es ahora

$$\text{costo de mano de obra} = \$5.00 \times O + \$10.00$$

Se formula una nueva tabla (ejemplo 3.5.11) utilizando el mismo ejemplo 3.5.A5 del apéndice.

Como antes, la utilidad máxima por hora se obtiene cuando las 14 máquinas son atendidas por cinco operadores. Advierta que el costo con tres operadores y mantenimiento es igual que el costo con cinco (lo óptimo) del ejemplo anterior; pero la utilidad neta es más de un 30 por ciento mayor porque las máquinas se utilizan más.

Estas tablas se pueden usar para muchos tipos de problemas. Una de sus aplicaciones consiste en determinar el número de operadores necesario para satisfacer alguna demanda o requisito de producción. Al igual que en otros ejemplos, se puede calcular el costo de la mano de obra adicional y compararlo con el costo de la producción perdida. Se podrían agregar otros costos adicionales si no se satisface la producción requerida.

Hay que considerar la posibilidad de elegir entre asignar N máquinas a un operador y asignar, por ejemplo, $2N$ máquinas de dos operadores. Si todo es igual, la segunda asignación tiene que ser mejor. Pero no todo es igual. Por ejemplo, el tiempo de ronda, o el tiempo medio para trasladarse de una máquina a otra, puede ser már largo con un grupo más grande de máquinas. Este incremento se absorbe en el tiempo medio de servicio.

Ejemplo 3.5.11 Catorce máquinas, de dos a seis operadores

O	6	5	4	3	2
N_S	2.797	2.78	2.724	2.526	1.952
N_I	0.014	0.098	0.378	1.372	4.242
N_P	11.19	13.902	10.898	10.102	7.806
Costo de mano de obra: \$5 + 10	40.00	35.00	30.00	25.00	20.00
Utilidad: \$10 × N_P	111.90	139.02	108.98	101.02	78.06
Utilidad neta (\$/hr)	71.90	104.02	78.98	76.02	58.06

Morse[1] contiene una gráfica que ayuda a optimizar el tamaño de la cuadrilla de operadores para un conjunto de N máquinas, con base en el equilibrio del costo de la cuadrilla con los costos de producción, suponiendo descomposturas y tiempos de servicio exponenciales.

Extensiones del modelo básico

Los resultados de la teoría de espera presentados hasta aquí suponen que, si el tiempo de traslado o de patrulla fue medido, se incorporó al tiempo medio de servicio. Ahora se mencionan algunos estudios que suavizan o modifican algunos de los supuestos normales..

En 1957, Mack y sus colaboradores[27] estudiaron el problema de la interferencia de las máquinas. Adoptaron estos supuestos:

1. El tiempo de servicio es una *constante* y las máquinas son similares.
2. La disciplina de servicio es de *ronda cíclica* y *cerrada.*
3. El tiempo de traslado (o de ronda) es una *constante.*
4. Hay un solo operador.

Howie y Shenton[28] examinaron la eficiencia de las máquinas con una disciplina de ronda cíclica cerrada y tiempo de traslado constante. Lawing[29] determinó el número óptimo de máquinas (devanadoras) que se deben asignar a un solo operador también con ronda cíclica cerrada. Se supone que el tiempo entre descomposturas y tiempos de servicio está *distribuido exponencialmente.* Ben-Israel y Naor[30] consideraron también la ronda regular. Grant[31] comparó la atención al azar con una disciplina de patrulla cíclica con varios operadores.

El modelo de Jaiswal y Thiruvengadam[32] (básicamente el que se propone en Benson y Cox[23]) investigó sistemas de máquinas sujetos a dos tipos de descomposturas (por ejemplo, máquinas antiguas contra máquinas nuevas) con el fin de decidir qué tipo debe tener prioridad. Los supuestos fueron:

1. Los tiempos de servicio son *generales* (no tienen que estar distribuidos exponencialmente).
2. La disciplina de servicio es una *prioridad sin derecho preferente.*
3. El tiempo entre descomposturas está *distribuido exponencialmente.*

Este modelo se puede adoptar para manejar la disponibilidad limitada de operadores. Si el operador tiene que realizar otras tareas además de dar servicio a las máquinas, no siempre estará disponible. Esto se demostró en el ejemplo de la sección 3.5.9.

El modelo de Hodgson y Hebble[33] asigna un operador para dar servicio a N grupos de máquinas con N_i máquinas en cada grupo i, $i = 1, \ldots, N$. Los supuestos son:

1. La distribución del tiempo de servicio es *general.*
2. La disciplina de servicio es la *prioridad sin derecho preferente.*
3. El tiempo entre descomposturas está *distribuido exponencialmente.*

Reynolds[34,35] decidió que, en varios problemas, la distancia recorrida para dar un servicio podría ser un factor importante. Los supuestos de su modelo son los siguientes:

1. Los tiempos de servicio están *distribuidos exponencialmente.*
2. La disciplina de colas es la *prioridad por distancia* (dar servicio a la máquina descompuesta más cercana).
3. Hay varios operadores.
4. El tiempo entre descomposturas está *distribuido exponencialmente.*

Reynolds comparó el comportamiento de su modelo con el de varios otros:

1. El de Palm[36] que *pasa por alto* el tiempo de ronda.
2. El de Palm[36] de *atención al azar.*
3. El de Lawing[29] de *ronda.*
4. El de Reynolds[35] de *prioridad por distancia.*

Los cuatro modelos suponen tiempos de servicio y tiempos de descompostura *distribuidos exponencialmente.* La medida de comportamiento es el número eficaz de máquinas en operación, dado el número de máquinas (N) y el número de operadores (O) (el cual, dividido por N, da la eficiencia de la máquina).

El resultado de las comparaciones fue que la prioridad por distancia producía el número eficaz más grande de máquinas en operación.

3.5.11 EL METODO DE SIMULACION O REGRESION

Deakin[37] recurre a la simulación a fin de crear un modelo de regresión para decidir el número de máquinas que se asignarán a un operador. El modelo que propone se ocupa de las disciplinas de patrulla cíclica, cerrada y alternada, con un solo operador. Además, con ambas disciplinas, deja margen para un "operador de relevo" que toma el lugar del operador durante dos descansos de 10 minutos y un periodo de 20 minutos para el almuerzo, de manera que las máquinas descompuestas sigan recibiendo servicio. Los supuestos son:

1. Los tiempos de servicio son *constantes.*
2. La disciplina es la *ronda cíclica:*
   a. Ciclo cerrado:
      1) Con un operador de relevo.
      2) Sin un operador de relevo.
   b. Ciclo alternado:
      1) Con un operador de relevo.
      2) Sin un operador de relevo.
3. El tiempo de la ronda es *constante.*
4. El tiempo entre descomposturas está *distribuido exponencialmente.*

El supuesto 4 implica que el número de veces que N máquinas (asignadas a un operador) se descomponen en cada hora de operación es una muestra tomada de una distribución de Poisson con media N.

El objetivo consiste en asignar un número correcto de máquinas al operador de manera que la producción obtenida se aproxime a la deseada (que depende de la demanda o del inventario). Este objetivo presupone que la meta de la gerencia es una determinada eficiencia de las máquinas. La eficiencia de las máquinas especifica indirectamente la producción deseada y por lo tanto hace que la demanda se relacione menos con un problema específico.

Puesto que el modelo no está documentado en otra parte, aquí se presenta en detalle. En el ejemplo 3.5.12 aparece una serie de insumos con su producción correspondiente (describiendo un diseño fraccional factorial 2^4 con un punto central ver el capítulo 13.4), como modelo que simula un ciclo de servicio.

Con cada uno de los cuatro tipos de sistema, el procedimiento consiste en hacer nueve corridas de simulación con dos conjuntos de parámetros del insumo, el de la novena corrida corresponde a los valores medios de cada uno de los dos conjuntos. La producción de cada corrida es la eficiencia de la máquina, que se convierte en insumo en un modelo de regresión múltiple lineal. Se adapta una ecuación a cada serie de nueve puntos. En la regresión se usa

Ejemplo 3.5.12 Simulación de servicios asignados en el ciclo

Insumos simulados[a]				*Producción* *Eficiencia media de la máquina*		
S (*Constante*)	λ (*Poisson*)	*W* (*Constante*)	*N*	*Ciclo cerrado*	*Ciclo alterno*	*Descanso posible*[b]
0.4	1	0.08	30	95.34	94.38	96.87
0.6	1	0.03	30	96.33	95.69	97.87
0.4	3	0.03	30	85.10	85.59	91.74
0.6	3	0.08	30	71.33	71.07	74.85
0.4	1	0.03	24	97.64	97.48	98.61
0.6	1	0.08	24	95.49	94.83	97.02
0.4	3	0.08	24	84.25	82.55	88.97
0.6	3	0.03	24	83.36	83.95	89.68
0.5	2	0.055	27	89.66	89.10	93.39

Reproducido de la referencia 37, con la debida autorización.
[a] S = tiempo de servicio constante en minutos; λ = proporción de descomposturas (promedio de paradas por hora de trabajo); W = tiempo de vigilancia constante en minutos; N = número de máquinas asignadas.
[b] Ciclo cerrado o alterno.

el log natural del insumo para tener en cuenta las relaciones no lineales entre variables. Los resultados son ecuaciones que relacionan linealmente a

N = el número de máquinas asignadas a un operador

con los logs naturales de:

S = el tiempo de servicio (constante)
E = la pérdida esperada de eficiencia del operador $= (1 - Me)\ 100$
W = el tiempo de ronda (constante)

Las ecuaciones resultantes son las siguientes:

1. Modelo de ciclo cerrado:

$$N = \frac{\text{EXP}[1.166 - 0.525 \ln (S) + 0.702 \ln (E) - 0.268 \ln (W)]}{\lambda} \tag{2}$$

2. Ciclo alternado:

$$N = \frac{\text{EXP}[0.759 - 0.538 \ln (S) + 0.753 \ln (E) - 0.348 \ln (W)]}{\lambda} \tag{3}$$

3. Con operador de relevo, ciclos cerrado y alternado:

$$N = \frac{\text{EXP}[1.005 - 0.609 \ln (S) + 0.677 \ln (E) - 0.416 \ln (W)]}{\lambda} \tag{4}$$

Estas ecuaciones dan buenas estimaciones de $N \epsilon [24, 30]$, $W \epsilon [0.03, 0.08]$, $\lambda \epsilon [1, 3]$ y $S \epsilon [4, 6]$. Aunque en este caso particular los límites de aplicabilidad son sumamente reducidos, se pueden desarrollar con facilidad ecuaciones análogas, en medios similares o muy diferentes.

Por ejemplo, para ilustrar el uso de las ecuaciones, suponga que un grupo de máquinas se detiene, como promedio, dos veces por hora de operación. El operador necesita exactamente 30 seg (0.5 min) para repararla y ponerla en marcha de nuevo. Le lleva 3 seg (0.05 min) trasladarse de una máquina a otra en ciclo cerrado.

Suponga que los requisitos de producción indican que la eficiencia de la máquina debe ser del 90 por ciento. Es necesario determinar el número de máquinas que se asignarán al operador a fin de lograr los niveles de producción requeridos. Los parámetros de asignación son

S = 0.5 min
W = 0.05 min
E = 100 por ciento − 90 por ciento = 10 por ciento (pérdida permisible)
λ = 2 descomposturas/hora de operación

Al resolver la ecuación 2, el número de máquinas que se asignarán al operador es de

$$N = \frac{\text{EXP}[1.166 - 0.525 \ln (S) + 0.702 \ln (E) - 0.268 \ln (W)]}{\lambda}$$

$$= \frac{\text{EXP}[1.166 - 0.525 \ln (0.5) + 0.702 \ln (10) - 0.268 \ln (0.05)]}{2}$$

$$= \frac{51.9}{2}$$

= 25.95 máquinas

Como $N = 26$ máquinas está dentro de los límites en que la ecuación es válida (24 a 30), se puede suponer que esa asignación dará lugar a un promedio de pérdida de eficiencia (debida a los tiempos de interferencia y de servicio) de alrededor del 10 por ciento del tiempo total de operación de la máquina, disponible con los parámetros dados del insumo.

Conviene ver qué efecto produce un operador de relevo que tome el lugar del titular cuando éste tenga sus descansos. Con los mismos parámetros y la ecuación 4,

$$N = \frac{\text{EXP}[1.005 - 0.609 \ln (S) + 0.677 \ln (E) - 0.416 \ln (W)]}{\lambda}$$

$$= \frac{\text{EXP}[1.005 - 0.609 \ln (0.5) + 0.677 \ln (10) - 0.416 \ln (0.05)]}{2}$$

= 34.4 máquinas

Se pueden asignar más máquinas (30 por ciento más) al operador (habiendo relevo) sin pérdida de eficiencia de las máquinas (la producción deseada se obtendrá), porque las que se descomponen no se le acumulan ahora al operador mientras descansa.

Puesto que $N = 34$ está fuera de los límites de aplicabilidad de la ecuación, se puede esperar que el error asociado con la solución sea mayor que cuando N era de 26.

En forma análoga, la gama de valores usada para S, W, λ y N no se debe exceder, por los probables errores debidos a la extrapolación. No obstante, Deakin ha tenido buenas experiencias con el empleo de las ecuaciones pese a las extrapolaciones obvias. Desde luego, se puede recurrir directamente a la simulación cuando los parámetros sean substancialmente diferentes.

3.5.12 SIMULACIONES

Los tres estudios que se describen en esta sección hacen uso de programas muy detallados de simulación al enfocar la solución de los problemas de interferencia de las máquinas. El primer estudio, realizado por Haagensen,[38] recurrió a la simulación para determinar el tiempo de interferencia y su efecto en la eficiencia de las máquinas. Los elementos de la simulación incluyen:

1. El número y los tipos de máquinas que figuran en la asignación propuesta.
2. La velocidad de las máquinas.
3. El número de operadores (limitado a uno o dos) por asignación.
4. Las eficiencias del operador.
5. Los tiempos de descompostura de las máquinas, que pueden ser
   a. Regulares, cuando el tiempo entre descomposturas sea una constante.
   b. No regulares si el tiempo entre descomposturas es una muestra tomada de
      1) Una distribución uniforme o de
      2) Una distribución normal.

Cada máquina tiene hasta siete tipos de descompostura. El resultado consiste en lo siguiente:

1. La cantidad de producto obtenida.
2. El tiempo necesario para producir esa cantidad.
3. Los tiempos de servicio.
4. Los tiempos de producción, de ociosidad y de interferencia de la máquina.

El resultado no es una solución, sino información útil para tomar decisiones. La Phoenix Cable Company ha utilidado el programa como auxiliar para lo siguiente:

1. Determinar la asignación de máquinas a uno o a dos operadores.
2. "Maximizar" la producción o "minimizar" los costos.
3. Establecer el pago de incentivos.
4. Investigar las curvas de aprendizaje del operador.

La simulación hecha por Freeman y sus colaboradores[39] fue más general que la de Haagensen[38], puesto que aceptó diferentes tipos de operadores (por ejemplo, mecánicos, operadores de relevo) con distintos niveles de aptitud. El problema que fundamentalmente se investigó fue este: dado un conjunto de máquinas y de información sobre las tareas necesarias y los niveles de aptitud de los operadores, ¿cuál es el número óptimo de operadores de cada nivel de aptitud necesarios para atender las máquinas? El programa de computadora es flexible. Entre otras cosas acepta lo siguiente,

1. Puede haber tareas
   a. que se hacen exclusivamente mientras una máquina está trabajando,
   b. que se pueden hacer mientras una máquina está trabajando,
   c. que pueden o deben ser realizadas por varios operadores.
2. El tiempo entre descomposturas (o alguna otra tarea)
   a. depende del tiempo de operación.
   b. es una función del tiempo total (medido por el reloj).
   c. una muestra tomada de una distribución más adecuada; por ejemplo, normal, constante o de Erlang, dependiendo de los datos reales.
3. Algunas tareas dejan tiempo de poca actividad (en cuyo caso, si la tarea se realiza durante el tiempo flojo, no habrá tiempo de interferencia asociado con ella).
4. Las máquinas pueden ser de diferentes tipos y tener distinta proporción media de descomposturas.
5. La disciplina de servicio es diferente para las distintas máquinas o tareas. Algunas tienen derecho preferente; otras tienen prioridad sin derecho preferente.
6. El modelo admite tiempo para necesidades personales y descansos.
7. Se puede modelar la disponibilidad parcial del operador.
8. Durante los descansos del operador.
   a. las máquinas se pueden parar,
   b. puede haber un operador de relevo o
   c. no habrá operador de relevo y las máquinas se descompondrán en la forma normal.

Esta simulación se ha utilizado hasta con seis máquinas y 25 tareas diterentes. Las necesidades de almacenamiento para un programa como éste son de 25,000 palabras enteras y de 5 a 10 minutos de corrida en una CDC 3300®.

En la Western Electric[40] se hizo otra simulación general. Como antes, el objetivo fue alcanzar las metas fijadas por la gerencia, que se pueden referir a los criterios de costo a producción, a la eficiencia de las máquinas o a la interferencia. La simulación fue escrita en GASP IV[41] (lenguaje de simulación discreto o continuo basado en FORTRAN) y requirió alrededor de 14,000 palabras de memoria y que se corriera en una computadora Xerox Sigma-9®. Cada 12,000 minutos simulados exigieron, como promedio, 0.63 min de tiempo de CPU (ver el capítulo 13.11).

La simulación es un instrumento muy útil para analizar en forma detallada una situación en particular así como diversas posibilidades. Permite estudiar los efectos que producirán diversos cambios, introducidos en la operación de un sistema de fabricación, haciendo esos cambios en el modelo de simulación, en vez de experimentar directamente con el propio sistema. Si un sistema de fabricación es sensible a los valores de los parámetros, la simulación es un buen método para investigar configuraciones diferentes, porque es flexible y contiene muchos detalles del sistema real. Se puede recurrir a métodos aproximados de teoría de colas y de probabilidad para tener valores iniciales de entrada cuando se emplea la simulación para encontrar una buena asignación. En los ejemplos 3.5.13 y 3.5.14 aparece un resumen de muchas de las técnicas disponibles.

3.5.13 EXAMEN DE LOS SUPUESTOS

Para decidir cuál de las técnicas disponibles (muchas de ellas mencionadas en los ejemplos 3.5.13 y 3.5.14) se podría usar para manejar un determinado problema de interferencia de las máquinas es necesario determinar los supuestos compatibles con el problema. Por ejemplo ¿son las descomposturas de las máquinas al azar o regulares? Si se producen al azar, los resultados de la teoría de espera[26,36,42-44] se podrían aplicar. En esta sección se examinan algunos de los supuestos adoptados al desarrollar los diversos métodos, con respecto a su justificación en una situación real.

Suponga por ejemplo, que una máquina descompuesta acaba de repararse. Se puede esperar que dicha máquina funcione durante algún tiempo antes de descomponerse de nuevo. El supuesto de tiempos exponenciales de descompostura implica que el tiempo que transcurra hasta la descompostura es independiente del que la máquina lleve operando.

Como entonces los casos y tiempos de servicio se pueden planear, el congestionamiento con las descomposturas regulares normalmente es menor que cuando se producen al azar. Comparando el ejemplo resuelto en la sección 3.5.9 con la solución obtenida aplicando la fórmula de Smith, se observan esas diferencias en los tiempos de interferencia. Con varias máquinas supervisadas por un solo operador, la superposición de varias series de eventos (descomposturas) regulares dará lugar (para todo propósito práctico) a una sucesión de descomposturas al azar, a menos que las series individuales se mantengan en fase.

Si sólo se produce un tipo de descompostura, el tiempo de servicio podría ser casi constante. Por otra parte, si hay varios tipos de descompostura y los que requieren un tiempo de servicio más corto se producen con mucha más frecuencia que aquellos cuyo tiempo de servicio sea largo, es bueno el supuesto de que la distribución conjunta es similar a la exponencial. En tal caso, los enfoques de la teoría de espera son aplicables a menos que se siga alguna disciplina de prioridades.

Otro supuesto común es que el operador se encuentra siempre disponible para dar servicio a las máquinas que se descomponen. Las simulaciones pudieron tener en cuenta otros deberes del operador, el tiempo libre (almuerzo y descansos) y otras obligaciones secundarias. A veces, las otras tareas se pueden realizar mientras el operador está ocioso.

Algunos trabajos absorben realmente el tiempo del operador. Ese trabajo puede ser independiente de la cantidad total de producción (por ejemplo, ir por herramientas) o ser proporcional a la producción total (por ejemplo, el tiempo para necesidades personales). Si

$$A = \text{proporción de tiempo dedicado a deberes secundarios}$$

entonces el factor real de servicio sería

$$\rho' = \frac{\rho}{1 - A} = \frac{S}{P(1 - A)}$$

Otras fuentes ofrecen estudios adicionales de los efectos y las clasificaciones de diversos tipos de trabajos secundarios.[7,23,42]

La proporción de descompostura podría ser un factor de interés. Aun cuando las descomposturas se produzcan al azar, la *proporción* podría variar. Por ejemplo, una máquina puede descomponerse con más frecuencia a medida que envejece. Los distintos operadores trabajan a un ritmo diferente, lo cual implica que el tiempo medio de servicio cambia con el tiempo. Si un operador se fatiga en el transcurso del día, el tiempo medio de servicio aumenta. Tal vez se puedan resolver diversos problemas de interferencia teniendo en cuenta la *proporción* actual de descomposturas.

A veces, el tiempo medio de traslado queda absorbido en el tiempo medio de servicio. Los resultados no son muy exactos si las distancias entre las máquinas son muy diferentes. En ese caso, habrá que incorporar más detalles al modelo.

3.5.14 CONCLUSIONES

Se recomienda que se efectúe un análisis del sistema de fabricación de que se trate con el fin de elegir correctamente un método aplicable y adecuado, dados los valores de los parámetros. En el caso de muchos sistemas, las técnicas aproximadas son suficientes (y más económicas) como auxiliar para decidir respecto a la asignación correcta de las máquinas.

Se han propuesto muchos procedimientos para ayudar a decidir el número correcto de máquinas que se debe asignar a un operador. La elección de un método adecuado depende del sistema industrial de que se trate. Los ejemplos 3.5.13 y 3.5.14 resumen muchas de las técnicas, así como los supuestos bajo los cuales cada una es aplicable. La elección de un método eficaz depende del sistema. No puede haber un método o fórmula universalmente aplicable.

Los trabajos publicados sobre interferencia de las máquinas, no mencionados explícitamente aquí, se citan en las referencias 45 a 66.

3.5.15 AGRADECIMIENTOS

El autor desea agradecer los valiosos comentarios de John Mariotti.

Ejemplo 3.5.13 Resumen de muchos métodos, supuestos, límites de aplicabilidad, e insumos/producción

Autor (número de referencia)	*Año*	*Distribuciones de tiempo de servicio/tiempo de descompostura*	*Disciplina de espera*	*Modelo/fórmula*	*Límites de aplicabilidad (número de máquinas)*	*Insumos/producción*
Wright (5)	1936	Tiempo de servicio constante; un operador	Servicio al azar	$I = 50\{[(1 + X - N)^2 + 2 \times N]^{1/2} - (1 + X - N)\}$ Ejemplo 3.5.4	6 a 200 1 a 6	I (% de S) como función de $P/S = 1/\rho$ y N
Wright (5)	1936	Tiempo de servicio constante; un operador	Servicio al azar	Ejemplo 3.5.5	2 a 70	N como función de $P/S = 1/\rho$ y \$ (máq)/\$(trabajo)
Jones (12)	1946	Tiempo de servicio exponencial negativo; un operador; máquinas similares	Servicio al azar	Ejemplo 3.5.A3 del apéndice	2 a 100 (en otro caso las fórmulas)	I y 1 - Oe como funciones de N y S'
Ashcroft (9)	1950	Tiempo de servicio constante; distribución exponencial negativa de descomposturas; un operador	Servicio al azar	Ejemplos 3.5.A1 y 3.5.A2 del apéndice	1 a 20	$N \times (Me)$ como función de $S/P = \rho$ y N
Palm (22, 36)	1947; 1958	Tiempos exponenciales negativos de servicio y descompostura; un operador	Servicio al azar	Ejemplo 3.5.A4 del apéndice	1 a 44	I, P, y Oe como función de $S/P = \rho$ y N
Benson y Cox (23)	1951; 1952	Tiempos exponenciales negativos de servicio y descompostura; un operador	Servicio al azar	Tablas (no aparecen aquí)	1 a 15	Oe como función de $S/P = \rho$ y N
Peck y Hazelwood (26)	1958	Tiempos exponenciales negativos de servicio y descompostura; varios operadores	Servicio al azar	Libro de tablas; la muestra de tres páginas es el Ejemplo 3.5.A5 del apéndice	4 a 250	Me e I como función de $S/(S + P)$, O, y N
Smith (7)	1965	Distribución de servicio general; distribución negativa exponencial de descomposturas; un operador	Ronda cíclica o distancia	$I = 50\,[\{(N - 3/2 - X)^2 + 2(N - 1)\}^{1/2} + (N - 3/2 - X)]$	Cualquier número de máquina	I como función de $P/S = 1/\rho$ y N
Deakin (37)	1980	Tiempos de servicio constantes; tiempos exponenciales negativos de descompostura; tiempos constantes de desplazamiento; un operador	Ronda cíclica (cerrados ambos, alternos, con y sin descanso)	Ecuaciones 2, 3 y 4	24 a 30	N como función de S, E, y W

Ejemplo 3.5.14 Disciplinas de espera y referencias[a]

Servicio al azar	*Ronda cíclica*	*Resumen sin derecho preferente*	*Resumen con derecho preferente*	*Prioridad por distancia*	*General (cualquiera)*
Khintchine; 1933 (15)	Mack, Murphy, y Webb; 1957 (27)	Jaiswal y Thiruvengadam; 1963 (32)	Jaiswal; 1968 (2)	Smith; 1965 (7)	Haagensen; 1970 (38)
Wright, Duvall, y Freeman; 1936 (5)	Howie y Shenton; 1959 (28)	Hodgson y Hebble; 1967 (33)		Reynolds; 1969, 1975 (34, 35)	Freeman, Hoover, y Satia; 1973 (39)
Kronig y Mondria; 1943 (16)					
Palm; 1943, 1947, 1958 (8, 22, 36)	Lawing; 1959 (29)				Bredenbeck, Ogden, y Tyler; 1975 640)
Weir; 1944 (42)	Ben-Israel y Naor; 1960 (30)				
Jones; 1946, 1949 (12, 13)					
Ashcroft; 1950 (9)	Grant; 1960 (31)				
Benson y Cox; 1951, 1952 (23)	Smith; 1965 (7)				
Fetter; 1955 (25)	Deakin; 1980 (37)				
Peck y Hazelwood; 1958 (26)					
Grant; 1960 631)					
Allen; 1978 (21)					

[a] Los números de referencia van entre paréntesis.

Ejemplo 3.5.A1 Números de Ashcroft: $N = 1$ **a 10;** $Y = 0.01$ **a 1; número promedio de horas de máquina por hora,** A_N, **para un operador que tiene a su cargo** N **máquinas similares**

Y = S/P	N = 1	N = 2	N = 3	N = 4	N = 5	N = 6	N = 7	N = 8	N = 9	N = 10
0.00	1.00	2.00	3.00	4.00	5.00	6.00	7.00	8.00	9.00	10.00
0.01	0.99	1.98	2.97	3.96	4.95	5.94	6.93	7.92	8.91	9.90
0.02	0.98	1.96	2.94	3.92	4.90	5.88	6.85	7.83	8.81	9.78
0.03	0.97	1.94	2.91	3.88	4.84	5.81	6.77	7.74	8.70	9.66
0.04	0.96	1.92	2.88	3.84	4.79	5.74	6.69	7.64	8.58	9.52
0.05	0.95	1.90	2.85	3.79	4.74	5.67	6.61	7.53	8.45	9.37
0.06	0.94	1.88	2.82	3.75	4.68	5.60	6.51	7.42	8.31	9.19
0.07	0.93	1.86	2.79	3.71	4.62	5.52	6.42	7.29	8.15	8.99
0.08	0.93	1.85	2.76	3.67	4.56	5.44	6.31	7.16	7.98	8.76
0.09	0.92	1.83	2.73	3.62	4.50	5.36	6.20	7.01	7.78	8.50
0.10	0.91	1.81	2.70	3.58	4.44	5.28	6.08	6.85	7.57	8.21
0.11	0.90	1.79	2.67	3.53	4.38	5.19	5.96	6.68	7.33	7.89
0.12	0.89	1.77	2.64	3.49	4.31	5.10	5.83	6.50	7.08	7.55
0.13	0.88	1.76	2.61	3.44	4.24	5.00	5.69	6.31	6.81	7.19
0.14	0.88	1.74	2.58	3.40	4.18	4.90	5.55	6.10	6.53	6.83
0.15	0.87	1.72	2.55	3.35	4.11	4.80	5.40	5.90	6.25	6.48
0.16	0.86	1.71	2.52	3.31	4.04	4.70	5.25	5.68	5.97	6.14
0.17	0.85	1.69	2.50	3.26	3.97	4.59	5.10	5.47	5.70	5.82
0.18	0.85	1.67	2.48	3.22	3.90	4.48	4.94	5.26	5.44	5.52
0.19	0.84	1.66	2.44	3.17	3.83	4.37	4.79	5.05	5.19	5.24
0.20	0.83	1.64	2.41	3.12	3.75	4.26	4.63	4.85	4.95	4.99
0.21	0.83	1.62	2.38	3.08	3.68	4.15	4.48	4.66	4.73	4.75
0.22	0.82	1.61	2.35	3.03	3.61	4.04	4.33	4.47	4.53	4.54
0.23	0.81	1.59	2.33	2.98	3.53	3.94	4.18	4.30	4.34	4.34
0.24	0.81	1.58	2.30	2.94	3.46	3.83	4.04	4.13	4.16	4.16
0.25	0.80	1.56	2.27	2.89	3.39	3.72	3.90	3.98	4.00	4.00
0.26	0.79	1.55	2.24	2.85	3.31	3.62	3.77	3.83	3.84	3.84
0.27	0.79	1.53	2.22	2.80	3.24	3.52	3.65	3.69	3.70	3.70
0.28	0.78	1.52	2.19	2.75	3.17	3.42	3.53	3.56	3.57	3.57
0.29	0.77	1.51	2.16	2.71	3.10	3.33	3.42	3.44	3.45	3.45
0.30	0.77	1.49	2.14	2.67	3.03	3.23	3.31	3.33	3.33	3.33
0.31	0.76	1.48	2.11	2.62	2.97	3.14	3.21	3.22	3.22	3.22
0.32	0.76	1.46	2.09	2.58	2.90	3.06	3.11	3.12	3.12	3.12
0.33	0.75	1.45	2.06	2.53	2.84	2.98	3.02	3.03	3.03	3.03
0.34	0.75	1.44	2.03	2.49	2.77	2.90	2.93	2.94	2.94	2.94
0.35	0.74	1.42	2.01	2.45	2.71	2.82	2.85	2.86	2.86	2.86
0.40	0.71	1.36	1.89	2.25	2.43	2.49	2.50	2.50	2.50	2.50
0.45	0.69	1.30	1.78	2.07	2.19	2.22	2.22	2.22	2.22	2.22
0.50	0.67	1.24	1.67	1.90	1.98	2.00	2.00	2.00	2.00	2.00
0.55	0.64	1.19	1.57	1.76	1.81	1.82				
0.60	0.62	1.14	1.48	1.63	1.66	1.67				
0.65	0.61	1.10	1.40	1.51	1.54	1.54				
0.70	0.59	1.05	1.32	1.41	1.43	1.43				
0.75	0.57	1.01	1.25	1.32	1.33	1.33				
0.80	0.55	0.97	1.19	1.24	1.25	1.25				
0.85	0.54	0.94	1.13	1.17	1.17	1.18				
0.90	0.53	0.91	1.07	1.11	1.11	1.11				
0.95	0.51	0.87	1.02	1.05	1.05	1.05				
1.00	0.50	0.84	0.98	1.00	1.00	1.00				

Reproducido de la referencia 9, con la debida autorización.

Ejemplo 3.5.A2 Números de Ashcroft: $N = 11$ a 20; $Y = 0.005$ a 0.27; para $N = 17$ a 20 y Y entre 0.145 y 0.27, tomar $N = 16$

Y	$N = 11$	$N = 12$	$N = 13$	$N = 14$	$N = 15$	$N = 16$	$N = 17$	$N = 18$	$N = 19$	$N = 20$
0.000	11.00	12.00	13.00	14.00	15.00	16.00	17.00	18.00	19.00	20.00
0.005	10.94	11.94	12.93	13.93	14.92	15.92	16.91	17.91	18.90	19.89
0.010	10.88	11.87	12.86	13.85	14.84	15.83	16.82	17.80	18.79	19.78
0.015	10.82	11.80	12.79	13.77	14.75	15.73	16.71	17.69	18.69	19.65
0.020	10.76	11.73	12.71	13.68	14.65	15.62	16.59	17.56	18.53	19.50
0.025	10.69	11.66	12.62	13.58	14.54	15.50	16.46	17.41	18.37	19.32
0.030	10.62	11.57	12.53	13.48	14.42	15.37	16.31	17.24	18.17	19.10
0.035	10.54	11.48	12.42	13.36	14.29	15.21	16.13	17.04	17.94	18.82
0.040	10.46	11.39	12.31	13.23	14.13	15.03	15.92	16.79	17.64	18.48
0.045	10.37	11.28	12.18	13.08	13.95	14.82	15.56	16.48	17.27	18.03
0.050	10.27	11.16	12.04	12.91	13.75	14.57	15.35	16.10	16.81	17.45
0.055	10.17	11.04	11.89	12.71	13.51	14.27	14.98	15.64	16.23	16.75
0.060	10.05	10.90	11.71	12.49	13.23	13.92	14.54	15.09	15.56	15.93
0.065	9.93	10.74	11.51	12.24	12.91	13.52	14.04	14.47	14.80	15.04
0.070	9.80	10.57	11.29	11.96	12.55	13.06	13.47	13.78	14.00	14.14
0.075	9.65	10.38	11.05	11.65	12.15	12.56	12.87	13.08	13.20	13.28
0.080	9.50	10.18	10.79	11.30	11.72	12.03	12.25	12.38	12.45	12.48
0.085	9.33	9.96	10.50	10.94	11.27	11.49	11.63	11.71	11.74	11.76
0.090	9.15	9.72	10.19	10.55	10.80	10.96	11.05	11.09	11.10	11.11
0.095	8.96	9.47	9.87	10.16	10.34	10.45	10.49	10.52	10.52	10.52

Ejemplo 3.5.A2 Números de Ashcroft: $N = 11$ a 20; $Y = 0.005$ a 0.27; para $N = 17$ a 20 y Y entre 0.145 y 0.27, tomar $N = 16$ *(Continuación)*

Y	$N=11$	$N=12$	$N=13$	$N=14$	$N=15$	$N=16$	$N=17$	$N=18$	$N=19$	$N=20$
0.100	8.76	9.21	9.54	9.76	9.89	9.96	9.98	9.99	10.00	10.00
0.105	8.55	8.94	9.21	9.38	9.46	9.50	9.52	9.52	9.52	9.52
0.110	8.34	8.67	8.88	9.00	9.06	9.08	9.09	9.09	9.09	9.09
0.115	8.12	8.39	8.56	8.64	8.68	8.69	8.69	8.69	8.69	8.69
0.120	7.89	8.12	8.24	8.30	8.32	8.33	8.33	8.33	8.33	8.33
0.125	7.67	7.85	7.94	7.98	7.99	8.00	8.00	8.00	8.00	8.00
0.130	7.44	7.59	7.65	7.68	7.69	7.69	7.69	7.69	7.69	7.69
0.135	7.22	7.34	7.38	7.40	7.41	7.41	7.41	7.41	7.41	7.41
0.140	7.01	7.09	7.13	7.14	7.14	7.14	7.14	7.14	7.14	7.14
0.145	6.80	6.86	6.89	6.89	6.90	6.90	6.90	6.90	6.90	6.90
0.150	6.59	6.64	6.66	6.66	6.67	6.67				
0.160	6.21	6.24	6.25	6.25	6.25	6.25				
0.170	5.86	5.88	5.88	5.88	5.88	5.88				
0.180	5.55	5.55	5.55	5.55	5.55	5.55				
0.190	5.26	5.26	5.26	5.26	5.26	5.26				
0.200	5.00	5.00	5.00	5.00	5.00	5.00				
0.210	4.76	4.76	4.76	4.74	4.76	4.76				
0.220	4.54	4.54	4.54	4.54	4.54	4.54				
0.230	4.35	4.35	4.35	4.35	4.35	4.35				
0.240	4.17	4.17	4.17	4.17	4.17	4.17				
0.250	4.00	4.00	4.00	4.00	4.00	4.00				
0.260	3.85	3.85	3.85	3.85	3.85	3.85				
0.270	3.70	3.70	3.70	3.70	3.70	3.70				

Reproducido de la referencia 9, con la debida autorización.

Ejemplo 3.5.A3 Tabla de interferencia de máquinas al azar[a]

Número de máquinas	*Interferencia porcentual total del operador que da lugar a carga de trabajo*[b] *con base en el servicio individual*														
	50	55	60	65	70	75	80	85	90	95	100	105	110	115	120
2	*3.9*	*4.9*	*5.9*	*7.0*	*8.2*	*9.5*	*10.7*	*12.4*	*13.9*	*15.5*	*17.3*	*18.8*	*20.8*	*22.6*	*24.4*
	52	48	44	40	36	32	29	25	23	18	17	15	13	11	9
3	*3.7*	*4.7*	*5.7*	*6.7*	*7.8*	*9.2*	*10.5*	*12.2*	*13.8*	*15.4*	*17.2*	*18.8*	*20.8*	*22.6*	*24.4*
	52	48	43	39	35	32	28	25	22	18	17	15	13	11	9
4	*3.2*	*3.9*	*4.9*	*5.8*	*6.9*	*8.2*	*9.4*	*10.9*	*12.6*	*14.2*	*15.9*	*17.7*	*19.6*	*21.6*	*23.4*
	52	47	43	39	35	31	28	24	21	18	16	14	12	10	8
5	*2.7*	*3.5*	*4.3*	*5.2*	*6.2*	*7.3*	*8.6*	*9.9*	*11.4*	*13.0*	*14.7*	*16.5*	*18.5*	*20.6*	*22.6*
	52	47	43	39	34	31	27	23	20	17	15	12	11	8	7
6	*2.3*	*3.1*	*3.7*	*4.5*	*5.5*	*6.6*	*7.8*	*9.1*	*10.6*	*12.2*	*13.8*	*15.7*	*17.6*	*19.6*	*21.7*
	51	47	42	38	34	30	26	23	20	17	14	11	9	7	6
7	*2.1*	*2.7*	*3.3*	*4.0*	*5.0*	*6.0*	*7.1*	*8.4*	*9.8*	*11.3*	*13.0*	*14.9*	*16.8*	*18.8*	*20.9*
	51	46	42	38	34	30	26	22	19	16	13	11	8	7	5
8	*1.9*	*2.4*	*3.0*	*3.7*	*4.6*	*5.4*	*6.6*	*7.7*	*9.0*	*10.6*	*12.3*	*14.1*	*16.0*	*18.2*	*20.2*
	51	46	42	37	33	29	25	22	18	15	12	10	8	6	4
9	*1.7*	*2.2*	*2.8*	*3.3*	*4.3*	*5.0*	*6.0*	*7.1*	*8.5*	*9.9*	*11.6*	*13.4*	*15.4*	*17.5*	*19.6*
	51	46	42	37	33	29	25	21	17	15	12	9	7	5	4
10	*1.5*	*2.0*	*2.6*	*3.1*	*4.0*	*4.6*	*5.6*	*6.6*	*8.0*	*9.4*	*11.0*	*12.8*	*14.8*	*17.0*	*19.0*
	51	46	42	37	33	28	25	21	17	14	11	8	6	4	3
11	*1.4*	*1.9*	*2.4*	*2.9*	*3.7*	*4.3*	*5.3*	*6.2*	*7.5*	*8.9*	*10.5*	*12.4*	*14.4*	*16.5*	*18.5*
	51	46	41	37	33	28	24	20	17	13	11	8	6	4	3
12	*1.3*	*1.8*	*2.2*	*2.7*	*3.4*	*4.1*	*5.0*	*5.9*	*7.1*	*8.5*	*10.1*	*12.0*	*14.0*	*16.1*	*18.2*
	51	46	41	37	32	28	24	20	16	13	10	7	5	4	2
13	*1.3*	*1.7*	*2.1*	*2.5*	*3.2*	*3.9*	*4.7*	*5.6*	*6.8*	*8.1*	*9.7*	*11.6*	*13.6*	*15.7*	*18.0*
	51	46	41	37	32	28	24	20	16	13	9	7	5	3	2
14	*1.2*	*1.6*	*2.0*	*2.4*	*3.0*	*3.7*	*4.4*	*5.3*	*6.4*	*7.7*	*9.3*	*11.2*	*13.3*	*15.4*	*17.8*
	51	46	41	37	32	28	24	20	16	12	9	7	5	3	2

Ejemplo 3.5.A3 Tabla de interferencia de máquinas al azar [a] *(Continuación)*

Número de máquinas	*Interferencia porcentual total del operador que da lugar a carga de trabajo*[b] *con base en el servicio individual*														
	50	*55*	*60*	*65*	*70*	*75*	*80*	*85*	*90*	*95*	*100*	*105*	*110*	*115*	*120*
15	*1.1*	*1.5*	*1.9*	*2.2*	*2.8*	*3.5*	*4.2*	*5.1*	*6.1*	*7.4*	*8.9*	*10.8*	*13.0*	*15.1*	*17.6*
	51	46	41	36	32	28	23	19	15	12	9	6	4	3	1
16	*1.1*	*1.4*	*1.8*	*2.1*	*2.6*	*3.2*	*4.0*	*4.8*	*5.9*	*7.0*	*8.5*	*10.5*	*12.6*	*14.8*	*17.4*
	51	46	41	36	32	27	23	19	15	12	9	6	4	2	1
17	*1.1*	*1.3*	*1.7*	*2.0*	*2.5*	*3.1*	*3.8*	*4.6*	*5.6*	*6.7*	*8.2*	*10.2*	*12.3*	*14.5*	*17.2*
	50	46	41	36	32	27	23	19	15	11	8	6	3	2	1
18	*1.0*	*1.2*	*1.6*	*1.9*	*2.4*	*3.0*	*3.6*	*4.4*	*5.4*	*6.5*	*7.9*	*9.9*	*12.0*	*14.4*	*17.1*
	50	46	41	36	32	27	23	19	15	11	8	5	3	2	1
19	*1.0*	*1.1*	*1.5*	*1.9*	*2.3*	*2.9*	*3.5*	*4.2*	*5.2*	*6.2*	*7.7*	*9.6*	*11.8*	*14.3*	*17.0*
	50	46	41	36	32	27	23	19	15	11	8	5	3	1	–
20	*0.9*	*1.1*	*1.4*	*1.8*	*2.2*	*2.8*	*3.4*	*4.1*	*5.0*	*6.0*	*7.5*	*9.3*	*11.5*	*14.1*	*16.9*
	50	46	41	36	32	27	23	18	15	11	8	5	2	1	–
25	*0.8*	*0.9*	*1.2*	*1.5*	*1.8*	*2.3*	*2.8*	*3.4*	*4.2*	*5.2*	*6.6*	*8.4*	*10.8*	*13.7*	*16.3*
	50	45	41	36	31	27	22	18	14	10	7	4	2	–	–
30	*0.7*	*0.8*	*1.0*	*1.2*	*1.6*	*2.0*	*2.4*	*2.9*	*3.7*	*4.6*	*5.9*	*7.7*	*10.2*	*13.4*	*16.7*
	50	45	41	36	31	26	22	17	13	9	6	3	1	–	–
40	*0.5*	*0.6*	*0.8*	*1.0*	*1.2*	*1.5*	*1.8*	*2.3*	*2.9*	*3.7*	*5.0*	*6.8*	*9.4*	*13.2*	*16.6*
	50	45	40	36	31	26	21	17	13	9	5	2	–	–	–
50	*0.3*	*0.5*	*0.6*	*0.8*	*0.9*	*1.2*	*1.5*	*2.0*	*2.5*	*3.2*	*4.3*	*6.1*	*9.3*	*13.1*	*16.6*
	50	45	40	36	31	26	21	17	12	8	4	1	–	–	–
75	*0.2*	*0.3*	*0.4*	*0.5*	*0.6*	*0.8*	*1.0*	*1.3*	*1.7*	*2.1*	*3.3*	*5.2*	*9.1*	*13.0*	*16.5*
	50	45	40	35	30	26	21	16	12	7	3	–	–	–	–
100	*0.2*	*0.2*	*0.3*	*0.4*	*0.5*	*0.7*	*0.8*	*1.0*	*1.2*	*1.6*	*2.8*	*5.1*	*9.0*	*13.0*	*16.5*
	50	45	40	35	30	26	21	16	11	7	3	–	–	–	–

[a] Esta tabla indica el porcentaje promedio de tiempo de interferencia (respecto al tiempo total) por máquina (en cursiva), y el porcentaje de tiempo ocioso del operador (respecto al tiempo total) (no en cursiva) para varias máquinas atendidas al azar por un operador cuando las demandas de servicio son fortuitas y aproximadamente iguales por cada máquina asignada.

[b] Supóngase la carga de trabajo en el tiempo de servicio esperado del operador y exclúyanse las tareas ''internas'' diferibles (las que se pueden llevar a cabo cuando todas las máquinas están produciendo): Esto dará la estimación correcta de la interferencia de las máquinas cuando hay poca variación en las cargas de trabajo de los productos asignados. Luego, para estimar el porcentaje de tiempo ocioso del operador restar del porcentaje respectivo de tiempo ocioso estimado para el operador del porcentaje de tiempo estimado que se dedicará a las tareas secundarias.

Ejemplo 3.5.A4 Tabla de D. C. Palm, donde aparecen *I*, *P* y *Oe* como función de *N* y ρ

$\rho = 0.01$

N	I	P	Oe
1	0.0	99.0	1.0
2	0.0	99.0	2.0
3	0.0	99.0	3.0
4	0.0	99.0	4.0
5	0.0	99.0	5.0
6	0.1	99.0	5.9
7	0.1	99.0	6.9
8	0.1	98.9	7.9
9	0.1	98.9	8.9
10	0.1	98.9	9.9
11	0.1	98.9	10.9
12	0.1	98.9	11.9
13	0.1	98.9	12.9
14	0.1	98.9	13.8
15	0.2	98.9	14.8
16	0.2	98.8	15.8
17	0.2	98.8	16.8
18	0.2	98.8	17.8
19	0.2	98.8	18.8
20	0.2	98.8	19.8
21	0.2	98.8	20.7
22	0.3	98.8	21.7
23	0.3	98.7	22.7
24	0.3	98.7	23.7
25	0.3	98.7	24.7
26	0.3	98.7	25.7
27	0.3	98.7	26.6
28	0.4	98.7	27.6
29	0.4	98.6	28.6
30	0.4	98.6	29.6
31	0.4	98.6	30.6
32	0.4	98.6	31.6
33	0.4	98.6	32.5
34	0.5	98.6	33.5
35	0.5	98.5	34.5
36	0.5	98.5	35.5
37	0.5	98.5	36.4
38	0.6	98.5	37.4
39	0.6	98.4	38.4
40	0.6	98.4	39.4

N	I	P	Oe
86	3.5	95.5	82.2
87	3.7	95.4	83.0
88	3.8	95.2	83.8
89	4.0	95.1	84.6
90	4.2	94.9	85.4
91	4.4	94.7	86.2
92	4.6	94.5	86.9
93	4.8	94.3	87.7
94	5.0	94.1	88.4
95	5.2	93.8	89.1
96	5.5	93.6	89.8
97	5.8	93.3	90.5
98	6.0	93.0	91.2
99	6.3	92.7	91.8
100	6.7	92.4	92.4
101	7.0	92.1	93.0
102	7.3	91.8	93.6
103	7.7	91.4	94.2
104	8.1	91.0	94.7
105	8.5	90.6	95.2
106	8.9	90.2	95.7
107	9.3	89.8	96.1
108	9.8	89.4	96.5
109	10.2	88.9	96.9
110	10.7	88.4	97.3
111	11.2	87.9	97.6
112	11.7	87.4	97.9
113	12.3	86.9	98.2
114	12.8	86.3	98.4
115	13.4	85.8	98.6
116	13.9	85.2	98.8
117	14.5	84.6	99.0
118	15.1	84.1	99.2
119	15.7	83.5	99.3
120	16.3	82.9	99.4
121	16.9	82.3	99.5
122	17.5	81.7	99.6
123	18.1	81.1	99.7
124	18.8	80.4	99.8
125	19.4	79.8	99.8
126	20.0	79.2	99.8
127	20.6	78.6	99.9

N	I	P	Oe
27	1.8	96.3	52.0
28	1.9	96.1	53.8
29	2.1	96.0	55.7
30	2.2	95.9	57.5
31	2.4	95.7	59.3
32	2.5	95.6	61.2
33	2.7	95.4	63.0
34	2.9	95.2	64.7
35	3.1	95.0	66.5
36	3.3	94.8	68.2
37	3.6	94.6	70.0
38	3.8	94.3	71.7
39	4.1	94.1	73.4
40	4.3	93.8	75.0
41	4.7	93.5	76.7
42	5.0	93.2	78.3
43	5.3	92.8	79.8
44	5.7	92.4	81.3
45	6.1	92.0	82.8
46	6.6	91.6	84.3
47	7.1	91.1	85.7
48	7.6	90.6	87.0
49	8.1	90.1	88.3
50	8.7	89.5	89.5
51	9.3	88.9	90.7
52	10.0	88.3	91.8
53	10.7	87.6	92.8
54	11.5	86.8	93.8
55	12.3	86.0	94.6
56	13.1	85.2	95.4
57	14.0	84.3	95.1
58	14.9	83.4	96.8
59	15.9	82.5	97.8
60	16.8	81.5	97.8
61	17.9	80.5	98.3
62	18.9	79.5	98.6
63	19.9	78.5	98.9
64	21.0	77.5	99.2
65	22.0	76.4	99.4
66	23.1	75.4	99.5
67	24.2	74.4	99.6
68	25.2	73.3	99.7

N	I	P	Oe
40	17.4	80.2	96.2
41	18.8	78.9	97.0
42	20.1	77.5	97.7
43	21.6	76.2	98.2
44	23.0	74.8	98.7
45	24.4	73.4	99.0
46	25.9	72.0	99.3
47	27.3	70.6	99.5
48	28.7	69.2	99.7

$\rho = 0.04$

N	I	P	Oe
1	0.0	96.2	3.8
2	0.2	96.0	7.7
3	0.3	95.9	11.5
4	0.5	95.7	15.3
5	0.7	95.5	19.1
6	0.9	95.3	22.9
7	1.1	95.1	26.6
8	1.3	94.9	30.4
9	1.5	94.7	34.1
10	1.8	94.4	37.8
11	2.1	94.1	41.4
12	2.4	93.8	45.0
13	2.8	93.5	48.6
14	3.2	93.1	52.1
15	3.6	92.7	55.6
16	4.0	92.3	59.1
17	4.5	91.8	62.4
18	5.1	91.3	65.7
19	5.7	90.7	68.9
20	6.4	90.0	72.0
21	7.1	89.3	75.0
22	8.0	88.5	77.9
23	8.9	87.6	80.6
24	9.9	86.7	83.2
25	11.0	85.6	85.6
26	12.2	84.5	87.9
27	13.4	83.2	89.9
28	14.8	81.9	91.7
29	16.3	80.5	93.3
30	17.9	79.0	94.7

N	I	P	Oe
6	2.0	92.5	33.3
7	2.5	92.0	38.6
8	3.1	91.4	43.9
9	3.7	90.8	49.0
10	4.5	90.1	54.1
11	5.3	89.4	59.0
12	6.2	88.5	63.7
13	7.3	87.5	68.2
14	8.4	86.4	72.6
15	9.7	85.2	76.6
16	11.2	83.8	80.4
17	12.8	82.3	83.9
18	14.6	80.6	87.0
19	16.5	78.8	89.8
20	18.6	76.8	92.2
21	20.8	74.7	94.1
22	23.1	72.5	95.7
23	25.5	70.3	97.0
24	27.9	68.0	98.0
25	30.3	65.8	98.7

$\rho = 0.07$

N	I	P	Oe
1	0.0	93.5	6.5
2	0.4	93.1	13.0
3	0.9	92.6	19.5
4	1.4	92.1	25.8
5	2.0	91.6	32.1
6	2.7	91.0	38.2
7	3.4	90.3	44.2
8	4.3	89.5	50.1
9	5.2	88.6	55.8
10	6.3	87.6	61.3
11	7.5	86.4	66.6
12	8.9	85.1	71.5
13	10.4	83.7	76.2
14	12.2	82.1	80.4
15	14.1	80.3	84.3
16	16.2	78.3	87.7
17	18.5	76.2	90.6
18	21.0	73.9	93.1
19	23.5	71.5	95.1

Ejemplo 3.5.A4 Tabla de D. C. Palm, donde aparecen I, P y Oe como función de N y ρ (*Continuación*)

41	0.6	98.4	40.3
42	0.7	98.4	41.3
43	0.7	98.3	42.3
44	0.7	98.3	43.3
45	0.7	98.3	44.2
46	0.8	98.3	45.2
47	0.8	98.2	46.2
48	0.8	98.2	47.1
49	0.9	98.2	48.1
50	0.9	98.1	49.1
51	0.9	98.1	50.0
52	1.0	98.1	51.0
53	1.0	98.0	52.0
54	1.0	98.0	52.9
55	1.1	98.0	53.9
56	1.1	97.9	54.8
57	1.1	97.9	55.8
58	1.2	97.8	56.8
59	1.2	97.8	57.7
60	1.3	97.8	58.7
61	1.3	97.7	59.6
62	1.4	97.7	60.6
63	1.4	97.6	61.5
64	1.5	97.6	62.4
65	1.5	97.5	63.4
66	1.6	97.4	64.3
67	1.7	97.4	65.3
68	1.7	97.3	66.2
69	1.8	97.3	67.1
70	1.8	97.2	68.0
71	1.9	97.1	69.0
72	2.0	97.0	69.9
73	2.1	97.0	70.8
74	2.1	96.9	71.7
75	2.2	96.8	72.6
76	2.3	96.7	73.5
77	2.4	96.6	74.4
78	2.5	96.5	75.3
79	2.6	96.4	76.2
80	2.7	96.3	77.1
81	2.8	96.2	77.9
82	3.0	96.1	78.8
83	3.1	96.0	79.6
84	3.2	95.8	80.5
85	3.4	95.7	81.3

128	21.2	78.1	99.9
129	21.8	77.5	99.9
130	22.4	76.9	99.9
131	22.9	76.3	100.0
132	23.5	75.7	100.0
133	24.1	75.2	100.0
134	24.6	74.6	100.0
135	25.2	74.1	100.0
136	25.7	73.5	100.0
137	26.3	73.0	100.0
138	26.8	72.5	100.0
139	27.3	71.9	100.0
140	27.9	71.4	100.0
141	28.4	70.9	100.0
142	28.9	70.4	100.0
143	29.4	69.9	100.0
144	29.9	69.4	100.0

$\rho = 0.02$

N	I	P	Oe
1	0.0	98.0	2.0
2	0.0	98.0	3.9
3	0.1	98.0	5.9
4	0.1	97.9	7.8
5	0.2	97.9	9.8
6	0.2	97.8	11.7
7	0.3	97.8	13.7
8	0.3	97.7	15.6
9	0.4	97.7	17.6
10	0.4	97.6	19.5
11	0.5	97.6	21.5
12	0.5	97.5	23.4
13	0.6	97.5	25.3
14	0.6	97.4	27.3
15	0.7	97.4	29.2
16	0.8	97.3	31.1
17	0.9	97.2	33.1
18	0.9	97.1	35.0
19	1.0	97.1	36.9
20	1.1	97.0	38.8
21	1.2	96.9	40.7
22	1.3	96.8	42.6
23	1.4	96.7	44.5
24	1.5	96.6	46.4
25	1.6	96.5	48.3
26	1.7	96.4	50.1

69	26.2	72.3	99.8
70	27.2	71.3	99.9
71	28.2	70.4	99.9
72	29.2	69.4	99.9

$\rho = 0.03$

N	I	P	Oe
1	0.0	97.1	2.9
2	0.1	97.0	5.8
3	0.2	96.9	8.7
4	0.3	96.8	11.6
5	0.4	96.7	14.5
6	0.5	96.6	17.4
7	0.6	96.5	20.3
8	0.7	96.4	23.1
9	0.8	96.3	26.0
10	1.0	96.2	28.8
11	1.1	96.0	31.7
12	1.3	95.9	34.5
13	1.4	95.7	37.3
14	1.6	95.5	40.1
15	1.8	95.4	42.9
16	2.0	95.2	45.7
17	2.2	94.9	48.4
18	2.4	94.7	51.2
19	2.7	94.5	53.9
20	3.0	94.2	56.5
21	3.3	93.9	59.2
22	3.6	93.6	61.8
23	3.9	93.3	64.4
24	4.3	92.9	66.9
25	4.7	92.5	69.4
26	5.2	92.1	71.8
27	5.7	91.6	74.2
28	6.2	91.1	76.5
29	6.8	90.5	78.7
30	7.4	89.9	80.9
31	8.1	89.2	83.0
32	8.9	88.5	84.9
33	9.7	87.7	86.8
34	10.6	86.8	88.5
35	11.6	85.9	90.2
36	12.6	84.9	91.6
37	13.7	83.8	93.0
38	14.9	82.6	94.2
39	16.1	81.4	95.3

31	19.6	77.4	95.9
32	21.3	75.7	96.9
33	23.0	74.0	97.7
34	24.8	72.3	98.4
35	26.6	70.6	98.8
36	28.4	68.9	99.2
37	30.1	67.2	99.5

$\rho = 0.05$

N	I	P	Oe
1	0.0	95.2	4.8
2	0.2	95.0	9.5
3	0.5	91.8	14.2
4	0.7	94.5	18.9
5	1.0	94.3	23.6
6	1.4	94.0	28.2
7	1.7	93.6	32.8
8	2.1	93.3	37.3
9	2.5	92.9	41.8
10	3.0	92.4	46.2
11	3.5	91.9	50.6
12	4.1	91.4	54.8
13	4.7	90.8	59.0
14	5.4	90.1	63.1
15	6.2	89.3	67.0
16	7.1	88.5	70.8
17	8.1	87.6	74.4
18	9.1	86.5	77.9
19	10.4	85.4	81.1
20	11.7	84.1	84.1
21	13.1	82.7	86.9
22	14.7	81.2	89.3
23	16.5	79.6	91.5
24	18.3	77.8	93.4
25	20.2	76.0	95.0
26	22.2	74.1	96.3
27	24.3	72.1	97.3
28	26.4	70.1	98.1
29	28.5	68.1	98.7

$\rho = 0.06$

N	I	P	Oe
1	0.0	94.3	5.7
2	0.3	94.0	11.3
3	0.7	93.7	16.9
4	1.1	93.3	22.4
5	1.5	92.9	27.9

20	26.2	69.0	96.6
21	28.9	66.5	97.7

$\rho = 0.08$

N	I	P	Oe
1	0.0	92.6	7.4
2	0.5	92.1	14.7
3	1.2	91.5	22.0
4	1.9	90.9	29.1
5	2.7	90.1	36.1
6	3.5	89.3	42.9
7	4.5	88.4	49.5
8	5.7	87.3	55.9
9	7.0	86.1	62.0
10	8.5	84.8	67.8
11	10.1	83.2	73.2
12	12.0	81.4	78.2
13	14.2	79.5	82.7
14	16.5	77.3	86.6
15	19.0	75.0	90.0
16	21.8	72.4	92.7
17	24.6	69.8	94.9
18	27.6	67.1	96.6
19	30.5	64.4	97.8

$\rho = 0.09$

N	I	P	Oe
1	0.0	91.7	8.3
2	0.7	91.1	16.4
3	1.4	90.4	24.4
4	2.3	89.6	32.3
5	3.3	88.7	39.9
6	4.5	87.7	47.3
7	5.8	86.5	54.5
8	7.3	85.1	61.3
9	9.0	83.5	67.6
10	10.9	81.7	73.6
11	13.1	79.7	78.9
12	15.6	77.5	83.7
13	18.3	75.0	87.8
14	21.2	72.3	91.1
15	24.2	69.5	93.8
16	27.4	66.6	95.9
17	30.6	63.7	97.4

$\rho = 0.10$

N	I	P	Oe
1	0.0	90.9	9.1
2	0.8	90.2	18.0
3	1.8	89.3	26.8
4	2.8	88.3	35.3
5	4.1	87.2	43.6
6	5.5	85.9	51.5
7	7.1	84.4	59.1
8	9.0	82.7	66.2
9	11.2	80.8	72.7
10	13.6	78.5	78.5
11	16.3	76.1	83.7
12	19.3	73.4	88.0
13	22.5	70.4	91.6
14	25.9	67.4	94.3
15	29.4	64.2	96.4

$\rho = 0.15$

N	I	P	Oe
1	0.0	87.0	13.0
2	1.7	85.5	25.7
3	3.6	83.8	37.7
4	6.0	81.8	49.1
5	8.7	79.4	59.6
6	11.8	76.7	69.0
7	15.4	73.5	77.2
8	19.5	70.0	84.0
9	23.8	66.2	89.4
10	28.4	62.3	93.4

$\rho = 0.20$

N	I	P	Oe
1	0.0	83.3	16.7
2	2.7	81.1	32.4
3	5.9	78.4	47.0
4	9.8	75.2	60.2
5	14.2	71.5	71.5
6	19.2	67.4	80.8
7	24.6	62.8	88.0
8	30.3	58.1	93.0

$\rho = 0.30$

N	I	P	Oe
1	0.0	76.9	23.1
2	5.1	73.0	43.8
3	11.1	68.4	61.6
4	18.0	63.1	75.7
5	25.4	57.4	86.1
6	33.0	51.6	92.8

$\rho = 0.40$

N	I	P	Oe
1	0.0	77.4	28.6
2	7.5	66.0	52.8
3	16.3	59.8	71.8
4	25.6	53.1	85.0
5	34.9	46.5	93.0

Reproducido de la referencia 36, con la debida autorización.

Ejemplo 3.5.A5 Ilustración de las tablas de Peck y Hazelwood para $N = 14$, donde aparecen Me e I como función de ρ, N y O

$s/(s+p)$	O	I	Me
.060	1	.714	.902
.062	3	.046	.999
	2	.219	.990
	1	.732	.894
.064	3	.050	.999
	2	.231	.989
	1	.750	.885
.066	3	.054	.998
	2	.244	.988
	1	.766	.876
.068	3	.058	.998
	2	.256	.987
	1	.782	.866
.070	3	.062	.998
	2	.269	.985
	1	.798	.856
.075	3	.074	.998
	2	.301	.982
	1	.833	.830
.080	3	.088	.997
	2	.333	.977
	1	.863	.803
.085	4	.021	.999
	3	.102	.996
	2	.367	.973
	1	.890	.775
.090	4	.026	.999
	3	.117	.995
	2	.401	.967
	1	.912	.746
.095	4	.031	.999
	3	.133	.994

$s/(s+p)$	O	I	Me
	2	.435	.961
	1	.931	.718
.100	4	.036	.999
	3	.151	.992
	2	.469	.954
	1	.946	.690
.105	4	.043	.999
	3	.169	.991
	2	.502	.947
	1	.958	.663
.110	4	.050	.998
	3	.189	.989
	2	.536	.938
	1	.967	.637
.115	4	.058	.998
	3	.209	.987
	2	.569	.929
	1	.975	.613
.120	4	.066	.997
	3	.230	.985
	2	.601	.919
	1	.981	.589
.125	5	.017	.999
	4	.075	.997
	3	.252	.982
	2	.632	.909
	1	.986	.567
.130	5	.020	.999
	4	.085	.996
	3	.274	.980
	2	.662	.897
	1	.989	.547

$s/(s+p)$	O	I	Me
.135	5	.024	.999
	4	.096	.995
	3	.297	.976
	2	.691	.885
	1	.992	.527
.140	5	.028	.999
	4	.107	.994
	3	.321	.973
	2	.719	.873
	1	.994	.509
.145	5	.032	.999
	4	.119	.994
	3	.345	.969
	2	.745	.859
	1	.995	.492
.150	5	.036	.999
	4	.132	.992
	3	.370	.965
	2	.770	.846
	1	.997	.476
.155	5	.041	.998
	4	.145	.991
	3	.395	.961
	2	.793	.831
	1	.997	.460
.160	5	.047	.998
	4	.159	.990
	3	.420	.956
	2	.815	.817
	1	.998	.446
.165	5	.053	.998
	4	.174	.988
	3	.445	.950

$s/(s+p)$	O	I	Me
	2	.835	.802
	1	.999	.433
.170	6	.015	.999
	5	.059	.997
	4	.189	.987
	3	.470	.945
	2	.854	.787
	1	.999	.420
.180	6	.019	.999
	5	.074	.996
	4	.222	.983
	3	.521	.932
	2	.886	.757
	1	.999	.397
.190	6	.025	.999
	5	.090	.995
	4	.257	.978
	3	.570	.918
	2	.913	.727
.200	6	.032	.999
	5	.109	.993
	4	.295	.973
	3	.619	.902
	2	.934	.697
.210	6	.040	.998
	5	.130	.991
	4	.333	.967
	3	.665	.885
	2	.951	.669
.220	7	.013	.999
	6	.049	.997
	5	.153	.969

	4	.374	.960
	3	.708	.867
	2	.963	.642
.230	7	.016	.999
	6	.060	.997
	5	.178	.986
	4	.415	.952
	3	.748	.848
	2	.973	.616
.240	7	.020	.999
	6	.073	.996
	5	.205	.983
	4	.457	.943
	3	.785	.828
	2	.981	.592
.250	7	.025	.999
	6	.087	.995
	5	.234	.980
	4	.499	.932
	3	.818	.807
	2	.986	.569
.260	7	.032	.998
	6	.103	.993
	5	.265	.975
	4	.541	.921
	3	.848	.786
	2	.990	.548
.270	7	.039	.998
	6	.120	.992
	5	.297	.970

	4	.582	.909
	3	.874	.764
	2	.993	.528
.280	8	.012	.999
	7	.047	.997
	6	.139	.990
	5	.331	.965
	4	.622	.896
	3	.896	.743
	2	.995	.510
.290	8	.015	.999
	7	.056	.997
	6	.160	.987
	5	.366	.958
	4	.661	.882
	3	.916	.723
	2	.996	.492
.300	8	.019	.999
	7	.067	.996
	6	.183	.985
	5	.402	.951
	4	.698	.868
	3	.932	.702
	2	.998	.476
.310	8	.023	.999
	7	.078	.995
	6	.208	.982
	5	.439	.944
	4	.732	.852
	3	.945	.682
	2	.998	.461

.320	8	.028	.998
	7	.092	.994
	6	.234	.978
	5	.476	.935
	4	.765	.837
	3	.957	.663
	2	.999	.446
.330	8	.034	.998
	7	.105	.992
	6	.262	.974
	5	.513	.926
	4	.795	.820
	3	.966	.645
	2	.999	.433
.340	8	.041	.998
	7	.123	.991
	6	.291	.970
	5	.550	.916
	4	.822	.804
	3	.973	.627
	2	.999	.420
.360	9	.016	.999
	8	.057	.996
	7	.160	.987
	6	.353	.959
	5	.622	.895
	4	.670	.771
	3	.984	.593
.380	9	.023	.999
	8	.078	.995
	7	.203	.981

	6	.419	.947
	5	.690	.871
	4	.907	.738
	3	.991	.563
.400	9	.033	.998
	8	.104	.992
	7	.252	.975
	6	.486	.932
	5	.751	.845
	4	.936	.706
	3	.995	.535
.420	10	.012	.999
	9	.046	.997
	8	.135	.989
	7	.307	.967
	6	.555	.915
	5	.806	.818
	4	.957	.675
	3	.997	.510
.440	10	.017	.999
	9	.063	.996
	8	.172	.985
	7	.366	.956
	6	.622	.896
	5	.852	.790
	4	.971	.647
	3	.998	.487
.460	10	.025	.999
	9	.084	.994
	8	.215	.980
	7	.429	.945

Reproducido de la referencia 26, con la debida autorización.

REFERENCIAS

1. P. M. MORSE, *Queues, Inventories and Maintenance,* Wiley, Nueva York, 1962, pp. 167-174.
2. N. K. JAISWAL, *Priority Queues,* Academic Press, Nueva York, 1968.
3. B. W. NEIBEL, *Motion and Time Study,* 6a. ed., Irwin, Homewood, IL, 1976, pp. 382-385.
4. G. B. CARSON, H. A. BOLZ, y H. H. YOUNG, Eds., *Production Handbook,* 3a. ed., Ronald, Nueva York, 1972, pp. 1277-1285.
5. W. R. WRIGHT, W. G. DUVALL, y H. A. FREEMAN, "Machine Interference," *Mechanical Engineering,* Vol. 58, No. 8 (Agosto de 1936), pp. 510-514.
6. T. C. FRY, *Probability and Its Engineering Uses.* Van Nostrand, Princeton, NJ, 1928.
7. J. T. SMITH, "Machine Interference and Related Problems," *Work Study,* Vol. 14, Nos. 6-10 (Junio-Octubre de 1965), pp. 9-16, 21-28, 28-36, 25-34, 25-32.
8. D. C. PALM, "Intensitatschwankungen in Fernsprechverkehr," o "Analysis of the Erlang Traffic Formula for Busy-Signal Arrangements," *Ericsson Technics,* Vol. 6, 1943, pp. 39.
9. H. ASHCROFT, "The Productivity of Several Machines Under the Care of One Operator," *Journal of the Royal Statistical Society B,* Vol. 12 No. 1 (1950), pp. 145-151.
10. T. F. O'CONNOR, *Productivity and Probability,* Emmott, Manchester, Inglaterra, 1952.
11. S. EILON, *Elements of Production Planning and Control,* Macmillan, Nueva York, 1970, pp. 291-302.
12. D. W. JONES, "A Simple Way to Figure Machine Downtime," *Factory Management and Maintenance,* Octubre de 1946.
13. D. W. JONES, "Mathematical and Experimental Calculation of Machine Interference Time." *The Research Engineer,* Georgia Institute of Technology, Atlanta, GA, Enero de 1949.
14. H. B. MAYNARD, Ed., *Industrial Engineering Handbook,* McGraw-Hill, Nueva York, 1971, pp. 3-92-3-112.
15. A. JA. KHINTCHINE, "Uber die mittiere Dauer des Stillstandes von Maschinen," *Matematiceski Sbornic,* Vol. 40, No. 2 (1933), pp. 119-123.
16. R. KRONING, "On Time Losses in Machinery Undergoing Interruptions," Parte 1, Parte 2 (con H. Mondria), *Physica,* Vol. 10, 1943, pp. 215-224, 331-336.
17. U. N. BHAT, *Elements of Applied Stochastic Processes,* Wiley, Nueva York, 1972, pp. 238-241.
18. W. FELLER, *An Introduction to Probability Theory and Its Applications,* Vol. 1, 3a. ed., Wiley, Nueva York, 1968, pp. 462-468.
19. K. E. STECKE y J. J. SOLBERG, *Scheduling of Operations in a Computerized Manufacturing System,* Informe No. 10, NSF Grant No. APR74 15256, School of Industrial Engineering, Purdue University, West Lafayette, IN, Diciembre de 1977.
20. H. M. WAGNER, *Principles of Operations Research,* 2a. ed., Prentice-Hall, Englewood Cliffs, NJ, 1975, pp. 888-889.
21. A. O. ALLEN, *Probability Statistics and Queueing Theory with Computer Science Applications,* Academic Press, Nueva York, 1978.
22. D. C. PALM, "Arbetskraftens Fordelning Vid Betjaning av Automatmaskiner," o "The Distribution of Repairmen in Servicing Automatic Machines," *Industritdningen Norden,* Vol. 75, 1947, pp. 75-80, 90-94, 119-125.
23. F. BENSON y D. R. COX, "The Productivity of Machines Requering Attention at Random Intervals," *Journal of the Royal Statistic Society B,* Vol. 13, 1951, pp. 65-82; Vol. 14, 1952, pp. 200-219.
24. F. BENSON, J. G. MILLER, y M. W. H. TOWNSEND, "Machine Interference," *Journal of the Textile Institute,* Vol. 44, 1953, pp. 619-644.

25. R. B. FETTER, "The Assignment of Operations to Service Automatic Machines," *Journal of Industrial Engineering,* Vol. 6, No. 5 (Septiembre-Octubre de 1955), pp. 22-30.
26. L. G. PECK y R. N. HAZELWOOD, *Finite Queuing Tables,* Wiley, Nueva York, 1958.
27. C. MACK, T. MURPHY, y N. L. WEBB, "The Efficiency of *N* Machines Uni-directionally Patrolled by One Operator When Walking Times and Repair Times Are Constants," *Journal of the Royal Statistical Society B,* Vol. 19, 1957, pp. 166-172.
28. A. J. HOWIE y L. R. SHENTON, "The Efficiency of Automatic Winding Machines With Constant Patrolling Time," *Journal of the Royal Statistical Society B,* Vol. 21, 1959, pp. 381-395.
29. W. D. LAWING, "A Mathematical Method for Determining the Optimun Assignment of Quill Winders to a Patrolling Tender," tesis profesional, North Carolina State University, Raleigh, 1959.
30. A. BEN-ISRAEL y P. NAOR, "A Problem of Delayed Service, I, II," *Journal of the Royal Statistical Society B,* Vol. 22, 1960, pp. 245-276.
31. R. O. GRANT, JR., "A Comparison Between the Random and the Patrolled Walk in the Assignment of Operators to Automatic Machines," tesis profesional North Carolina State University, Raleigh, 1960.
32. N. K. JAISWAL y K. THIRUVENGADAM, "Simple Machine Interference With Two Types of Failure," *Operations Research,* Vol. II, 1963, pp. 624-636.
33. V. HODGSON y T. L. HEBBLE, "Nonpreemptive Priorities in Machine Interference," *Operations Research,* Vol. 15, No. 2 (Marzo-Abril 1967), pp. 245-254.
34. G. H. REYNOLDS, *An M/M/c Queue for the Distance Priority Machine Interference Problem,* Operations Research Center Report 69-35, University of California, Berkeley, Noviembre de 1969.
35. G. H. REYNOLDS, "An M/M/m/n Queue for the Shortest Distance Priority Machine Interference Problem," *Operations Research,* Vol. 23, No. 2 (Marzo-Abril de 1975), pp. 325-341.
36. D. C. PALM, "Assignment of Workers in Servicing Automatic Machines," *Journal of Industrial Enginnering,* Vol. 9 No. 1 (Enero-Febrero de 1958), pp. 28-42.
37. G. R. DEAKIN, "Simulation/Regression Approach to Machine Interference," informe no publicado, Chemical and Industrial Enginnering Management Services, Chester, VA, 1980.
38. G. E. HAAGENSEN, "The Determination of Machine Interference Time Through Simulation," *The Western Electric Engineer,* Vol. 14, No. 2 (Abril de 1970), pp. 35-40.
39. D. R. FREEMAN, S. V. HOOVER, y J. SATIA, "Solving Machine Interference by Simulation," *Industrial Engineering,* Vol. 5, No. 7 (Julio de 1973), pp. 32-38.
40. J. E. BREDENBECK, M. G. OGDEN III, y H. W. TYLER, " 'Optimum' Systems Allocation: Applications of Simulation in an Industrial Environment," *Proceeding of the Mildwest AIDS Conference,* 1975, pp. 28-32.
41. A. A. B. PRITSKER, *The GASP IV Simulation Languaje,* Wiley, Nueva York, 1974.
42. W. F. WEIR, "Figuring Most Economical Machine Assignment," *Factory Management and Maintenance,* Vol. 102, No. 12 (Diciembre de 1944), pp. 100-102.
43. G. BLOM, "Some Contributions to the Theory of Machine Interference," *Biometrika,* Vol. 50, 1963, pp. 135-143.
44. F. BENSON, "Machine Interference–A Mathematical Study of Some Congestion Problems in Industry," disertación doctoral no publicada, University of Birmingham, Inglaterra, 1957.
45. I. ADIRI y B. AVI-ITZHAK, "A Time-Sharing Queue With a Finite Number of Customers," *Journal of the Association for Computing Machinery,* Vol. 16, No. 2 (Abril de 1969), pp. 315-323.
46. J. E. ARONSON, "Heuristics for the Deterministic, Single Operator, Multiple Machine, Multiple Run Scheduling Problems," Technical Report OREM 80019, Department of

Operations Research and Engineering Management, Southern Methodist University, Dallas, 1980.

47. R. W CONWAY, W. L. MAXWELL, y H. W. SAMPSON. "On the Cyclic Service of Semi-Automatic Machines," *Journal of Industrial Engineering,* Vol. 13 (Marzo-Abril de 1962), pp. 105-107.

48. D. R. COX y W. L. SMITH, *Queues,* Wiley, Nueva York, 1961.

49. R. DUBE y E. A. ELSAYED, "A Multi-Machine Labor Assignment for Variable Operator Services Times," *Computers and Operations Research,* Vol. 6, 1979, pp. 147-154.

50. I. L. HAINES y C. F. Rose, "Use of Queueing Theory in Setting Production Standards," *Journal of Industrial Engineering,* Vol. 13, No. 6 (Noviembre-Diciembre de 1962), pp. 456-459.

51. N. K. JAISWAL, "Preemptive Resume Priority Queue," *Operations Research,* Vol. 9, 1961, pp. 732-742.

52. J. KILLINGBACK, "Cyclic Interference Between Two Machines on Different Work," *International Journal of Production Research,* Vol. 3, 1964, pp. 115-120.

53. J. R. KING, "On the Optimal Size of Workforce Engaged in the Servicing of Automatic Machines," *International Journal of Production Research,* Vol. 8, No. 3, 1970, pp. 207-220.

54. J. G. MILLER y W. L. BERRY, "The Assignment of Men to Machines: An Application of Branch and Bound," *Decision Sciences,* Vol. 8, No. 1, 1977, pp. 56-72.

55. P. NAOR, "On Machine Interference," *Journal of The Royal Statistical Society B,* Vol. 18, 1956, pp. 208-287.

56. P. NAOR, "Normal Approximation to Machine Interference With Many Repair Men," *Journal of the Royal Statistical Society B,* Vol. 19, 1957, pp. 334-341.

57. P. NAOR, "Some Problems of Machine Interference," *Proceedings First International Conference, Operations Research,* English University Press, Oxford, 1957.

58. L. TAKÄCS, "Probabilistic Treatment of the Simultaneous Stoppage of Machines With Consideration of the Waiting Times," *Magyar Tud, Akad, Mat. Fiz. Oszt. Kozl.,* Vol. 1, 1951, pp. 228-234.

59. K. THIRUVENGADAM, "Queueing With Breakdowns," *Operations Research,* Vol. 11, 1963. pp. 62-71.

60. K. THIRUVENGADAM, "A Generalization of Queueing With Breakdowns," *Defence Science Journal* (India), Vol. 14, 1964, pp. 1-16.

61. K. THIRUVENGADAM, "A Prio-ity Assignment in Machine Interference Problems," *OPSEARCH* (India), Vol. 1, 1964, pp. 197-216.

62. K. THIRUVENGADAM, "Machine Interference Problem With Limited Server's Availability," OPSEARCH (India), Vol. 2, 1965, pp. 65-84.

63. K. THIRUVENGADAM, "Studies in Waiting Line Problems," tesis para doctorado, University of Delhi, Delhi, India, 1965.

64. K. THIRUVENGADAM y N. K. JAISWAL, "The Stochastie Law of Busy Periods of the Simple Machine Interference Problems," *Defence Science Journal* (India), Vol. 13, 1963, pp. 263-270.

65. K. THIRUVENGADAM y N. K. JAISWAL, "Applications of Discrete Transforms to a Queuering Process of Servicing Machines," *OPSEARCH* (Indis), Vol. 1, 1964, pp. 87-105.

66. L. J. WATTERS, "Queucing Theory Applied to an Idle-Time Utilization Problem, *Journal of Industrial Engineering,* Vol. 17, No. 7 (Julio de 1966), pp. 394-388.

SECCION 4

Medición del rendimiento y control de la operación

CAPITULO 4.1

Normas de trabajo: establecimiento, documentación, uso y mantenimiento

JOSEPH A. PANICO
American Productivity Improvement Systems

4.1.1 EL PROCEDIMIENTO PARA MEDIR EL TRABAJO

La creación de un sistema para medir el trabajo implica cuatro pasos cronológicos distintos. Es preciso establecer una norma de trabajo o cuota de producción. Una vez establecida, hay que desarrollar un método para probar el hecho de que la cuota se satisface. Este proceso de documentación permite a la administración aplicar normas de trabajo para mejorar la productividad eliminando los problemas que entorpecen la producción. Cuando dichos problemas aparecen con alguna regularidad, ponen en marcha un proceso de mantenimiento que, en esencia, conserva la viabilidad del sistema y permite realmente predecir lo que la gerencia puede esperar de sus procesos de producción. Aunque cada uno de los cuatro pasos puede ser analizado separadamente, los cuatro deben estar enlazados y funcionar en conjunto para dar lugar a lo que se ha llamado "sistema total de medición del trabajo".

Hay que elegir un procedimiento para medir el trabajo. La técnica de medición puede ser bastante arbitraria y recurrir únicamente a la experiencia anterior para establecer cuotas de producción, pero también puede ser sumamente refinada y utilizar la suma de patrones de movimiento detallados hasta la 0.0006 de minuto. El grado de refinamiento lo determina el ambiente de trabajo. Asimismo, un método de verificación variará en complejidad, desde el sistema basado en la confianza, pasando por las simples tarjetas de tiempo, hasta el análisis sumamente sofisticado con ayuda de la computadora. La esencia de todo el proceso consiste en mejorar y controlar los costos gracias a una mejor información y la consiguiente responsabilidad. Una vez que el sistema esté en operación, debe ser controlado continuamente para asegurarse de que la productividad cumple con los requisitos señalados. En esencia, hay que controlar todo el proceso a fin de garantizar los niveles de productividad deseados o esperados.

Un estudio de cada parte del proceso total de establecer, documentar, usar y mantener las normas de trabajo dará una idea de cómo funciona cada una por separado y cómo funcionan conjuntamente para constituir un procedimiento total que sea capaz de acrecentar la productividad.

4.1.2 ESTABLECIMIENTO DE UN SISTEMA DE MEDICION DEL TRABAJO

Introducción

Se usan las horas, los días, las semanas u otros segmentos de tiempo para medir la producción, como indicador de los logros del empleado. Esas mediciones pueden ser subjetivas u objetivas. El modo de comenzar una frase es una manera informal de distinguir la objetividad de la subjetividad. "Creo que . . ." al principio de una frase denota normalmente subjetividad. "Los hechos indican . . ." sugiere por lo general una afirmación objetiva. Sin embargo, habrá siempre alguna controversia respecto a la creencia comparada con el hecho; de manera que se establecerá lo siguiente: la objetividad se cuantifica y la subjetividad se califica.

Hay algo más. Las mediciones subjetivas del comportamiento del empleado implican opinión, prejuicio, simpatías y antipatías. Las mediciones objetivas se limitan supuestamente a los resultados perceptibles. Es incorrecto suponer que la medición formal del trabajo elimina toda subjetividad. Pero hay que considerar también lo contrario. Las mediciones informales y calificadas contribuyen grandemente a la falta de satisfacción del empleado y a los riesgos de la empresa. Muchos acontecimientos pueden dar lugar al descontento del empleado. Por lo general se encuentra que los empleados responden mejor en un medio donde las metas son conocidas y posibles de lograr. Cuando los empleados responden favorablemente a esas metas, los resultados se vuelven más predecibles. Las materias primas, los productos en proceso y el inventario de artículos terminados se pueden estabilizar mejor. En suma, la administración será capaz de operar dentro de un marco más susceptible de ser predecido y con menos riesgo cuando los empleados cumplan con o excedan las normas estipuladas.

La medición científica del trabajo examina el del empleado con más detalle. Las técnicas que recurren a promedios y otras mediciones comunes se sustituyen con métodos que dividen la tarea en partes medibles. Esto permite sintetizar el trabajo y, por lo tanto, hacerlo más fácil. Se encuentra un método mejor. Cada empleado tiene acceso a la información y aprende el procedimiento. En un medio apropiado como ése, el empleado alcanza sus metas con la ayuda de la administración y se establece la armonía. La medición científica del trabajo se aplica en todo el mundo. Su alcance y sus beneficios son tan amplios, que se le emplea para establecer metas precisas en materia de operaciones comerciales, de oficina, de fabricación, de venta, de servicio y de otra clase. En esencia, la medición del trabajo abarca todos los campos y disciplinas.

El paso a las normas de trabajo elaboradas

Normas establecidas subjetivamente

En su fase de iniciación, muchas empresas no operan con una medición formalizada del trabajo. En ese medio informal, las relaciones de la administración con el trabajador de la producción son muy estrechas. De manera que la producción del trabajador está controlada por métodos sociales más bien que formales. A medida que la empresa crece, esas estructuras íntimas tienden a deteriorarse y el trabajador se puede sentir un tanto divorciado de todo el proceso. Pocos trabajadores restringen deliberadamente el trabajo. La estructura sociológica ha cambiado. Las interrelaciones han variado, y lo que una vez fue un lugar de trabajo informal y compartido puede ser sustituido ahora por la formalidad. Obviamente, las necesidades humanistas del empleado en el lugar de trabajo exigen una atención considerable. La administración debe entender esas necesidades y tratar de que sean satisfechas. Sin embargo, lo que una vez fue una estructura informal y altamente productiva puede ser ahora formal y algo menos productiva. Los sistemas, los productos y la asignación del trabajo han cambiado. Los supervisores han cambiado. Al gerente general puede no vérsele durante meses. En un medio tal, los trabajadores bien dispuestos tal vez no produzcan a toda su capacidad porque no comprenden las metas ni han contribuido a establecerlas.

Las empresas en expansión tratan de continuar con sus operaciones en ese medio informal porque antes funcionó; pero la productividad disminuida pone pronto de manifiesto la necesidad del cambio. El proceso evolutivo da comienzo. Al principio, los criterios subjetivos son la base para fijar las metas. Esos criterios son tolerados por los trabajadores. Por cada norma subjetiva parece haber una lista subjetiva que indica las razones por las cuales no se pueden alcanzar las metas estándar subjetivas. Operando en esa forma, la gerencia tiene que recurrir a la presión en forma de reglas. Parece que las reglas fueron hechas para no cumplirlas, como ocurre con las normas de trabajo subjetivas, de manera que la gerencia busca normas individuales en términos de promedios.

Uso de promedios para determinar la productividad

Este segundo paso del proceso evolutivo puede ser el más degradante. Un promedio desalienta, a través de la presión ejercida por los compañeros, a quienes producen por encima de la norma. Por lo general, no estimula a quienes producen por debajo de la norma, que no lo hacen por indiferencia sino más bien por ineptitud. Los promedios no analizan el trabajo. Rara vez dan lugar a la capacitación del trabajador en un método prescrito para que mejore su rendimiento. Los administradores que fijan las metas en esa forma abandonan a los trabajadores. Operando en esa forma, los trabajadores se apartan aún más de la administración y parece aumentar el resentimiento. A medida que los administradores sienten la presión del trabajador, disminuirán tal vez sus exigencias, aceptarán excusas o mirarán para otro lado, sin ver por lo general un rendimiento verdaderamente malo.

Los promedios pueden funcionar, pero requieren muchas de las técnicas asociadas normalmente con la medición formalizada del trabajo. A menudo una empresa puede creer que su situación de trabajo es tan especial, que no resultarán los procedimientos formales de medición. Esto ocurre pocas veces. Si es preciso usar promedios, también ellos deben ir precedidos por el estudio de métodos. La responsabilidad de la administración no consiste únicamente en señalar metas, sino también en capacitar, desarrollar y estimular a los trabajadores para que alcancen las cuotas que les han sido fijadas. Otro refinamiento de los promedios es el análisis estadístico de la información histórica en relación con el tiempo. Esta técnica tiende a elevar las normas, con base en la teoría del aprendizaje y en las inversiones de capital. Nuevamente, todo el esfuerzo para lograr se impondrá exclusivamente y equivocadamente al trabajador.

Actualmente, se encuentran en función muchos planes basados en promedios. Los que tienen éxito incorporan el análisis formalizado del trabajo en forma continua.

Análisis de los procedimientos formalizados

El importante paso final del establecimiento de normas de trabajo puede involucrar procedimientos formalizados que incluyen el estudio de tiempo, los sistemas de tiempo predeterminado, los datos estándar o los datos estándar computarizados. Todos estos sistemas aplican un método preciso de evaluación del trabajo. Si bien estas técnicas son instrumentos excelentes para fomentar la productividad, llevan el estigma de "experto en eficiencia". Esta expresión, acuñada hace muchos años, se sigue escuchando actualmente en este campo.

El estudio de tiempo. El estudio se vale de un cronómetro, o de un reloj electrónico, como auxiliar en la evaluación del trabajo. La tarea se descompone en divisiones básicas de ejecución llamadas elementos. La suma de esos elementos constituye el tiempo total en el cual el trabajador lleva a cabo el trabajo. A ese total se agregan los tiempos correspondientes a necesidades personales, demoras inevitables y fatiga. Estos aumentan el tiempo dedicado a la tarea, porque afectan a la productividad diaria sostenida. El tiempo marcado por el cronómetro, más el que corresponde a necesidades personales, demoras inevitables y fatiga, se asocia con un índice de rendimiento, que viene a ser una medida de la dedicación y cumplimiento del trabajador. El analista de empleos los combina para proporcionar al trabajador y a la administración una norma que estipula el tiempo requerido por una tarea o el número de piezas que se debe producir en una unidad de tiempo.

El trabajo se descompone en subtareas para facilitar el estudio de métodos. En un trabajo compuesto por 16 elementos, un trabajador puede ejecutar un elemento o una sucesión en menos tiempo que otro trabajador; pero éste puede superar al primero en otro elemento o sucesión. El analista que evalúa los elementos del trabajo puede ver también algún refinamiento más capaz de fomentar la productividad. La combinación de las aptitudes individuales y las mejores maneras de realizar el trabajo dará lugar normalmente a procedimientos mejorados. Capacitar a otros en esos métodos mejores dará como resultado una mayor productividad del trabajador. Esas ganancias habrían pasado desapercibidas si el trabajo no hubiera sido descompuesto en grupos más pequeños y cronometrado para ver qué parte se realizaba mejor.

Un cronómetro es a veces un dispositivo impresionante, sobre todo para la persona no iniciada. Un análisis del trabajo que implique "ser cronometrado" por espacio de 2 horas o más es malinterpretado a menudo por el trabajador y rechazado sin más. Los administradores que tal vez no deseen aparecer como responsables simpatizarán con el trabajador, de manera que el programa de medición del trabajo se lleva a cabo en un clima de hostilidad. La medición es fundamental para el éxito de las operaciones. La necesidad de medir acaba por suprimir los sentimientos personales; de manera que la administración sigue adelante con la medición formalizada a fin de incrementar la productividad. Los beneficios son muy diversos. Los niveles de logro se definen entonces objetivamente, se establecen mejores métodos de trabajo y surge una concordancia entre el trabajador y la administración.

Sistemas de tiempo predeterminado. Se obtiene un análisis más detallado del trabajo cuando se recurre a los sistemas de tiempo predeterminado para medir y mejorar el rendimiento del trabajador. En esos sistemas, los movimientos predominantes de los trabajadores se definen en patrones de movimiento. Un elemento del estudio de tiempo puede consistir en 10 patrones de movimiento. Si se definen esos movimientos y se les asignan tiempos, se ampliará la tarea descomponiéndola en sucesiones de manera que será posible aislar y, posteriormente, corregir, muchos obstáculos innecesarios que limitan la productividad. Obviamente, mientras más fino sea el detalle más tiempo habrá que dedicar al análisis del trabajo.

Los sistemas de tiempo predeterminado minimizan los procedimientos formales de determinación de tiempos.[1] El uso del cronómetro se limita al estudio de tiempos de procesos o de tareas especiales. Los sistemas de tiempo predeterminado son excelentes para mejorar los movimientos y las series de movimientos llamadas métodos. El tiempo necesario para llevar a cabo un análisis formal por este sistema es extremadamente largo. El volumen, los ahorros y la aceptabilidad del trabajador pueden justificar este tipo de análisis. La naturaleza del trabajo indica qué procedimiento (estudio de tiempo o sistema de tiempo predeterminado) se debe aplicar. En una fábrica, los sistemas predeterminados pueden ser rechazados por el sindicato debido a la desaprobación duradera y normalmente injustificada.[2] No obstante, los sistemas predeterminados se siguen aplicando y van logrando una mayor aceptación.

Datos estándar y sistemas de cómputo. El uso de datos estándar trata de encontrar relaciones comunes entre diversos trabajos que se realizan en forma similar, con equipo idéntico, o que van asociados con un determinado producto. Mediante esta técnica es posible establecer normas de trabajo sin investigar personalmente la tarea tal como se ejecuta en el taller. El sistema es excelente cuando se aplica de manera adecuada. Las interpolaciones son generalmente precisas, lo bastante para establecer tiempos, pero no lo son del todo cuando se tiene en cuenta la capacitación del operador. El problema con los datos estándar es la tentación de extrapolar, de manera que el analista hace conjeturas a partir de los datos conocidos con el fin de establecer las metas del trabajador y los precios previstos..

Los datos estándar de cómputo son un tanto más refinados, porque exploran las relaciones de las series de movimientos más bien que las series elementales. La regresión lineal, la regresión múltiple, el análisis de correlaciones y las pruebas F ayudan a analizar las relaciones de los datos pero la estadística no corrige lo que estaba mal al principio. Para utilizar correctamente los datos, el analista tiene que entrar en contacto con el taller o la tarea. Recuérdese que la razón principal de las normas de trabajo radica en el análisis de métodos y movimientos. Por desgracia, éste no se puede efectuar sin estar presente. El analista debe observar la tarea por sí mismo.

Elección del sistema de medición

La transición de las normas de trabajo subjetivas a las objetivas

Muchas empresas comienzan con normas subjetivas. A menudo son intuidas por el supervisor. Muchas veces, los empleados a quienes se mide no entienden los criterios de medición ni los puntos que se asignan a cada criterio. El intento de objetivizar esos criterios elaborando formas tabulares de clasificación sigue estando cargado de subjetividad, porque las opiniones del supervisor siguen estando en la punta del lápiz.

Toda empresa desea mantener buenas relaciones con los empleados. Las normas subjetivas tienden a destruir esos lazos. Sin embargo, la empresa tiene que recurrir a la medición para minimizar los riesgos, gracias a la habilidad para predecir.* Debe también aplicar la medición para mejorar la productividad fijando metas. La finalidad de las normas objetivas consiste en desarrollar los métodos y procedimientos necesarios para que el empleado pueda cubrir sus cuotas de trabajo. De manera que, en aquellos casos en que las normas subjetivas están fracasando, la empresa puede buscar técnicas para establecer una base más confiable de predicción. Cuando se lleva a cabo esta transición, la sospecha puede dar lugar al rumor y surgirá una sensación de intranquilidad. Es por lo tanto imperativo que el cambio se haga abiertamente. Se debe informar a los empleados acerca del nuevo sistema. La gerencia no debe encargar a alguien de menor jerarquía que informe a otros, los que a su vez informarán a otros. El mensaje se distorsionará, con posibles repercusiones desfavorables.

Adaptación del plan al ambiente de trabajo

El medio de servicio. Cuando se lleva a cabo la transición de las normas subjetivas a las objetivas, hay que buscar el sistema de normas de trabajo que mejor se adapte a la operación. Algunos medios pueden mostrarse antagónicos hacia los estudios con el cronómetro. De modo general, las instituciones de servicio caen dentro de esta categoría. En este medio, el empleado puede haber sustituido el ingreso real con el síquico. El cronómetro tiende a destruir esa sustitución.†

Así pues, muchas empresas prefieren adoptar los sistemas predeterminados o los datos estándar para establecer las cuotas de trabajo. El refinamiento del sistema predeterminado parece ser más aceptable para los empleados que trabajan en un medio de servicio. En estas áreas, se encuentra disponible una enorme cantidad de datos que ayudarán a quienes implantan un nuevo sistema.‡ Quienes deseen informarse más al respecto pueden asistir a las numerosas juntas regionales y nacionales en las cuales se presentan trabajos sobre las áreas específicas de medición en los medios de servicio.

Los medios de oficina y de venta al menudeo. En las oficinas y en los establecimientos de ventas al menudeo, disminuye la resistencia a los estudios con un cronómetro. No quiere de-

*Se usa una norma de trabajo para predecir los niveles de producción. El inventario, los precios y la mano de obra están basados con frecuencia en el pronóstico de lo que se puede esperar en términos de producción por cada empleado.

†Muchas instituciones de servicio y algunas empresas de manufactura se han negado a usar un cronómetro para establecer normas de trabajo. Consideran que un empleado que sea "cronometrado" experimentará sensaciones muy parecidas a las del trabajador de taller. Además, se podría destruir la idea de los empleados de que son parte integrante del proceso administrativo.

‡La MTM *Association for Standards and Research,* Fairlawn, NJ, ofrece cursos de capacitación en el sistema MTM-C-A de datos estándar en dos niveles.

cir que los procedimientos estándar de trabajo sean aceptados abiertamente. Sólo indica que, una vez tomada la decisión de pasar a las normas objetivas y que este hecho les es comunicado a los empleados, un sistema, comparado con otro, no es por lo general causa de dificultades. El estudio de tiempo es bastante confiable y se puede llevar a cabo con rapidez. Con esta técnica es posible analizar muchos trabajos en busca de estándares individuales, la información se puede convertir en datos estándar y el proceso se les puede explicar con un poco de más facilidad a aquellos a quienes se analiza. Hay que recalcar nuevamente que el procedimiento de medición del trabajo indica no sólo el tiempo dedicado a la tarea, sino también los patrones metodológicos adecuados para alcanzar la meta fijada. En una operación de servicio, el trabajo puede no ser tan cíclico como en una operación de oficina o de venta al menudeo. Dentro del marco de referencia sociológico, parece que los sistemas predeterminados son mejor aceptados en un medio de servicio. Asimismo, el trabajo tiende a apartarse de la repetición total. Un sistema predeterminado, por lo tanto, se adapta bien a las situaciones en que existen esas restricciones.

Cualquiera de los sistemas se puede aplicar con éxito en las operaciones de oficina y de ventas al menudeo. En esas áreas de trabajo, los empleados pueden estar organizados formalmente y obligados mediante un contrato. El contrato puede estipular que se aplicará sólo el estudio de tiempo. Muchos contratos lo estipulan. Otra restricción contractual que se encuentra a menudo estipula que, en caso de controversia por las normas de trabajo, los sistemas predeterminados deberán ser verificados mediante estudios con el cronómetro. Aunque este requisito contractual aparece con más frecuencia en los convenios de manufactureras, es un punto que se debe considerar también en el caso de las operaciones de oficina y de ventas al menudeo. El sindicato que representa a esos grupos es un organismo muy grande. Cuenta con un personal de ingenieros industriales especializados en la medición del trabajo. De manera que, cuando se vayan a adoptar normas formalizadas para las operaciones de que hablamos, es indispensable adaptar el sistema al contrato, si lo hay.

El medio de la manufactura. La manufactura es un caso especial. La medición del trabajo se aplica ampliamente en este medio. De acuerdo con la perspectiva histórica, las normas de trabajo, subjetivas u objetivas, tienen en él hondas raíces. En cierto momento de la historia del trabajo, la mano de obra era muy abundante y estaba disponible para largas horas de labor. Siempre que hacía falta más productividad, la situación se resolvía sencillamente asignando más trabajadores a la tarea. Este método de inundación para llenar las cuotas de producción prevaleció hasta la Revolución Industrial. Los "países ricos" se enfrentaron a la escasez de mano de obra y trajeron a muchos inmigrantes. Se recurrió a las técnicas de división del trabajo para acelerar la producción. Surgió una tendencia hacia condiciones de trabajo más humanas. Los costos de mano de obra aumentaron como porcentaje del costo total del producto. Las leyes, los gobiernos y los sindicatos impusieron restricciones al trabajo. Con esta serie de acontecimientos históricos aumentó la necesidad de la eficiencia en el trabajo, de manera que los estudios de tiempo y movimiento adquirieron gran importancia como técnica para medir y mejorar el rendimiento.

Al principio, las técnicas de medición eran toscas. La mayoría de los trabajos eran manuales. Cuando la máquina se hizo cargo de una gran parte del ciclo de trabajo, la medición se volvió más refinada debido a las crecientes relaciones de costo entre el hombre y la máquina. A medida que la industria pasó de mecánica a electrotécnica, tuvo lugar un nuevo refinamiento en la medición. Dentro de esta sucesión, la medición tradicional se perfeccionó, se establecieron nuevas técnicas de medición y se ejercieron controles más de acuerdo con el orden temporal del trabajo.

Con esta larga historia de las normas de trabajo, las operaciones de la manufactura se vieron menos alteradas por el principio de medición. Aunque la actitud de los trabajadores hacia la medición es mordaz, se muestran algo más receptivos al sistema comparados con otros ambientes de trabajo. Las pequeñas operaciones de fabricación comienzan por lo general con normas subjetivas. A medida que las operaciones se vuelven más repetitivas, se busca más objetividad. Muchas fábricas están obligadas mediante un contrato cuando de normas de trabajo se trata. El lenguaje contractual específico debe ser evaluado a fin de determinar qué normas de trabajo se deben aplicar. Asimismo, el contrato puede estipular los tiempos de descanso, los métodos de pago, los procedimientos disciplinarios, las concesiones y muchas otras cosas que restringen las prácticas de la empresa en materia de normas de trabajo. A falta de un contrato o un sindicato, la empresa manufacturera debe adoptar las normas de trabajo con entera formalidad. La primera persona ante quien responde un sistema es el trabajador, con sindicato o sin él.

Conclusión

Los sistemas predeterminados se han aplicado prácticamente en toda clase de operaciones de manufactura. Sin embargo, el sistema predominante es el estudio de tiempo. Cualquiera que sea el sistema adoptado, siempre es mejor tener un plan para ponerlo en práctica. Será mejor para el sistema si se pone en práctica departamento por departamento, en vez de tratar de establecer normas para toda la entidad. En vez de esperar a tener todas las normas establecidas para cada trabajo y operación, la empresa podría comenzar por establecer el procedimiento correspondiente a cada máquina o estación de trabajo en un departamento específico, continuando en esa forma hasta abarcar toda la operación.

Obviamente, el tipo de producto y la mezcla de productos determinarán la factibilidad del plan que se ponga en práctica. El peor procedimiento es obrar al azar; es decir, fijar normas para el trabajo basándose en el principio de que el que llega primero es atendido primero. Así como debe haber lógica en la manera de descomponer un trabajo en sus partes, debe haberla también en la manera de proceder dentro del departamento y dentro de la instalación. A veces resulta prudente elegir aquellas tareas o productos que constituyen el grueso de las ventas. Dependiendo de la operación, el 20 por ciento de los productos pueden representar el 80 por ciento de las ventas. De manera que, si primero se aplican las normas a esas operaciones, el efecto del programa de normas en las utilidades se apreciará con más rapidez.

Desde el punto de vista del avance, el proceso del cumplimiento de normas ha sido así: de los sistemas subjetivos a los sistemas de promedios y a los estudios de tiempo. Una vez establecido un sistema objetivo, se pueden perfeccionar los sistemas predeterminados, datos estándar o datos estándar computarizados. El proceso puede pasar enteramente por alto el estudio de tiempo, con todo éxito. Recalcaremos nuevamente que el sistema que predomina actualmente es el estudio de tiempo. No es anticuado. Aplicado correctamente, es un sistema muy confiable de normas de trabajo. Algunas de las injusticias observadas en el estudio de tiempo se minimizan con los sistemas predeterminados. En cambio, las injusticias de los sistemas predeterminados no se pueden pasar por alto. Cada sistema tiene su lugar correcto. Mucho se ha escrito acerca de las ventajas y desventajas de un sistema comparado con el otro. El sistema elegido no eliminará la necesidad de aplicar el sentido común por lo que respecta a las personas, a su relación con el trabajo, a sus necesidades y aspiraciones y a su sincero deseo de hacer bien su trabajo. Dentro de un sistema de normas de trabajo, correctamente aplicado y comunicado, se encuentra una mayor productividad y empleados más contentos. Si el sistema no funciona, la causa es externa. Por lo general, el sistema no es el problema.

Selección de un sistema para motivar y controlar

Aumento de la productividad

Un sistema de normas de trabajo no funcionará sin controles precisos. Una vez fijadas las metas, el trabajador, por lo general, tratará de alcanzarlas. Los controles en forma de informes de producción indicarán si un determinado empleado o departamento está cumpliendo con los niveles de producción prescritos. El informe presentará normalmente los datos dispuestos en columnas, indicando el tiempo real que invirtió el empleado o el departamento en la realización de la tarea, el número de tareas o trabajos emprendidos y los obstáculos que entorpecieron el esfuerzo productivo sostenido. Un informe de producción puede tener 15 columnas que proporcionen información diversa sobre el trabajador, el departamento o el trabajo. La importancia de ese informe no radica exclusivamente en la responsabilidad del trabajador, aunque ciertamente la gerencia quiere saber si el trabajo se está realizando a niveles rentables. La razón principal del informe es poner en evidencia los obstáculos que estorban la producción diaria.

Los administradores inteligentes saben que su responsabilidad consiste en eliminar retrasos y, con ello, dejar más tiempo para el trabajo. Una jornada de trabajo puede estar compuesta por un 60 por ciento de tiempo productivo y un 40 por ciento de tiempo improductivo. Si un plan para estimular la producción da lugar a que los empleados produzcan un 15 por ciento más de los niveles previstos, esto no disminuirá por lo general el tiempo improductivo. Tal vez signifique que han aumentado su producción dentro del 60 por ciento de tiempo productivo disponible. Si el informe está diseñado de manera que ponga de manifiesto el 40 por ciento de tiempo improductivo, la gerencia puede aislar los factores que dan lugar a retrasos y será capaz de cambiar la relación, de 60:40 a 80:20. Es de esperar que ese 20 por ciento adicional será aprovechado por el empleado para producir el mismo 15 por ciento sobre los niveles previstos. Las normas de trabajo son parte integrante de ese informe. Indican los niveles de producción previstos. Las empresas comerciales determinan los costos de producción o de servicio basándose en si los empleados han logrado el 100 por ciento de los niveles en cuestión. Los niveles de producción más bajos tienen que ser absorbidos por la empresa o por el mercado al cual sirve.

Comparación de planes

Tratando de asegurarse de que los empleados trabajen de acuerdo con los niveles de producción prescritos, la empresa puede ofrecer estímulos en diversas formas. Las dos más comúnmente usadas son el día de trabajo medido (MDW) y los incentivos financieros. Ambas constituyen planes de incentivos. La primera forma implica seducir con las demandas de productividad normales o promedio. La segunda recurre al dinero, junto con una productividad muy intensificada.

Planes basados en el día de trabajo medido. La jornada normal de trabajo implica pagar al empleado una tarifa por hora, por lo general con ausencia de normas de trabajo objetivas. También, el día de trabajo medido paga al empleado una tarifa por hora, pero la producción se mide y controla objetivamente. En un sentido estricto, las normas de trabajo se establecen recurriendo al estudio de tiempo, a los sistemas predeterminados o a otros métodos de medición. Esas normas se comunican a los empleados y a quienes los supervisan. Se establecen controles para medir la producción y para detectar los factores que restringen la productividad. El proceso sigue ese orden cronológico. Cada empleado, grupo o departamento es informado, en privado o mediante cuadros publicados, de los progresos obtenidos. Puesto que el estímulo proviene del deseo de alcanzar las metas previstas, los empleados, los supervisores y otros departamentos administrativos trabajan juntos con ese fin. Este esfuerzo conjunto da lugar a mejor comunicación y entendimiento entre los empleados y la administración. Una vez alcanzadas y conservadas esas metas, se examina científicamente todo el proceso con el fin de lograr metas todavía más altas. Los pros y los contras del MDW se presentan con gran persuasión. Probablemente, el éxito depende más de la actitud de la gerencia que de la calidad de un sistema comparado con otro.

Hay casos específicos en que el MDW es más conveniente y funciona mejor que su contraparte los incentivos financieros. No hay sin embargo, una regla fija, ya que algunos planes de MDW funcionan excepcionalmente bien en lo que antes era el dominio de los planes financieros. También, ocurre a la inversa. El día de trabajo medido es un programa de incentivos muy usado. Quienes lo apoyan se apresuran a señalar que los costos de mantenimiento del sistema son substancialmente más bajos que los de un programa de incentivos financieros. Se ofrecen otros supuestos, por ejemplo el mejoramiento de la calidad, la mayor armonía y la honradez del trabajador como razones para adoptar los planes de MDW. Algunos especialistas en normas de trabajo opinan que la intensidad laboral –el concepto de lo que constituye una jornada justa de trabajo– debe ser un tanto más moderada en los planes de trabajo medido cuando se comparan estos dos sistemas. Siguiendo estos conceptos, el 100 por ciento, tomado como medida objetiva del trabajo normal en los planes financieros, podría equivaler, hipotéticamente, a un 110 por ciento o más en los planes MDW. En esencia, el MDW exigiría menos productividad al determinarse objetivamente lo que un operador "normal" debe producir, si se compara con las normas establecidas objetivamente para los planes financieros.

Este no es un concepto universalmente aceptado. Muchos profesionales recomiendan una misma norma. Con frecuencia, el MDW precede a los planes de incentivos financieros. A la inversa, los planes financieros que fracasan o que son anticuados, se pueden sustituir con el MDW. En aquellos casos en que el MDW precede a los planes financieros, resultaría difícil decirles a los empleados que el requisito normal de trabajo aumentará entre un 10 y un 30 por ciento en la transición a los planes financieros. Todo el tiempo se les estuvo diciendo que las normas en vigor eran justas y posibles. Además puede haber habido quejas y tomado decisiones en torno de esas normas. De manera que la pretensión de que las normas que en otro tiempo se consideraban justas resultan demasiado fáciles ahora que se trata de compensaciones financieras, es un tanto difícil de aceptar por parte de los trabajadores.

El día de trabajo medido requiere disciplina en caso de que los trabajadores no estén logrando las metas señaladas. En las situaciones donde hay un contrato se sigue un procedimiento paso por paso. Si no hay contrato el procedimiento es menos formal, pero existe. Cuando se aplica el MDW, las expectativas en cuanto al nivel de logro de los empleados pueden ser más moderadas que en el caso de los planes financieros. Suponiendo una norma del 100 por ciento, las expectativas con el MDW podrían ser del 80 al 90 por ciento de aquel valor. Con los planes financieros serán del 100 por ciento o más.

La Medición de Métodos y Tiempos es un sistema predeterminado. Se utiliza más ampliamente que cualquier otro plan de normas de trabajo, con excepción del estudio de tiempo. Todos los patrones de movimiento asociados normalmente con el trabajo son catalogados, y el tiempo se indica en una tarjeta que será usada por profesionales autorizados. No hay una tarjeta para el MDW y otra para los planes financieros. No existe un modificador con el cual se pudieran cambiar los valores de la tarjeta cuando se aplica el MDW. De manera que el 100 por ciento, o normal, es similar para ambos sistemas de incentivos. Lo mismo ocurre con el estudio de tiempo. Un rendimiento del 100 por ciento será lo mismo con el MDW y con los planes financieros. Algunas empresas, que tienen varias plantas, han preferido diferenciar lo que constituye el rendimiento normal, o sea el 100 por ciento, dependiendo de qué plan de incentivos esté en vigor. Es exclusivamente su decisión y no se debe tomar como método de funcionamiento de toda la profesión.

Muchas empresas fijan las normas del MDW al 100 por ciento e imponen disciplina de acuerdo con ese nivel. Numerosas decisiones han avalado este método como procedimiento correcto de operación. El concepto de aceptar niveles de logro más bajos cuando se aplica el MDW es sociológico. En cualquier plan de trabajo que implique niveles de logro más bajos, el 100 por ciento es fácil de obtener y se puede alcanzar o exceder "diariamente sin tensión ni fatiga indebidos". De manera que el hecho de obtener niveles de rendimiento más bajos cuando se aplica el MDW es decisión propia, no una regla. El hecho de aceptar del 80 al 90 por ciento se justifica indebidamente, porque no hay compensación financiera para niveles superiores al 100 por ciento. Por desgracia, esta creencia ha hecho que las normas del MDW bajen aún más. Cuando se comparan los resultados de los planes MDW con los de los planes financieros, hay una diferencia muy pronunciada. Esto es una afirmación general.

Obviamente, hay algunas excepciones. El hecho de fijar normas MDW más bajas, tomando, digamos, el 85 por ciento como 100 por ciento, es conveniente para los costos estándar, la fijación de precios, el control de producción y otras funciones administrativas; pero ¿quién nos asegura que en el transcurso de los años, cuando los trabajadores estén obteniendo únicamente el 85 por ciento de esas metas ya de por sí rebajadas, no va a prevalecer el mismo razonamiento sociológico para deteriorar aún más las normas MDW?

La justificación del MDW basándose en los costos de mantenimiento más bajos, en la armonía y honradez de los trabajadores, en la mejor calidad y en otros factores puede no ser universalmente aceptable. Si se acepta una norma del 85 por ciento, esos factores de justificación tendrán que dar lugar a que se produzca una enorme cantidad de dinero en comparación con los planes financieros que dan lugar a rendimientos del orden del 125 por ciento. Asimismo, el MDW exige un personal de supervisión más numeroso y un tanto más refinado. En muchos casos, se han reportado la armonía entre los trabajadores y su honradez como mejores con el MDW, pero si se invoca la disciplina cuando no se mantienen los niveles del 90 al 100 por ciento, esas ventajas tienden a disminuir con mucha rapidez. Por otra parte considérese que, en una situación de retraso, los trabajadores están perjudicando a la empresa, no a ellos mismos. Con el MDW, ganan el mismo salario. Compárese esa situación con la del plan de incentivos, donde una parte del pago por los retrasos sale del bolsillo de los empleados. Otro factor que hay que considerar se refiere a los cambios en los métodos o a un error cometido al establecer las normas del trabajo. Supongamos que los empleados están trabajando a nivel del 100 por ciento con el plan MDW y que tiene lugar ya sea un cambio en los métodos o un error en la norma de trabajo, de manera que los empleados pueden producir ahora a un nivel del 115 por ciento. Dadas esas condiciones, los empleados mantendrán la producción a nivel del 100 por ciento, de manera que la productividad disminuirá en realidad.

Los planes financieros. Al procedimiento de recompensar a un empleado con dinero adicional por un rendimiento superior al nivel prescrito se le llama de modo general "sistema financiero de normas de trabajo." El dinero se ha usado como estímulo a lo largo de la historia. Los intentos de suprimir el dinero como estimulante han sido estudiados en las obras de índole económica, filosófica y teológica. Los experimentos continuarán, especialmente en las empresas y, muy particularmente, en lo que atañe a la productividad. Aparentemente, las recompensas no financieras funcionan bien sólo en aquellos casos en que existe un interés común, de manera que el hecho de tomar un plan que ha funcionado bien en un medio, y transferirlo a otro medio diferente, puede dar lugar a una disminución de la productividad. El dinero es un medio de intercambio universalmente reconocido, y esa puede ser la razón de su empleo generalizado como estímulo para una mayor productividad.

La popularidad de las normas de trabajo, de la ingeniería de métodos y del análisis de movimientos condujo al desarrollo de muchos planes de compensación financiera. La mayoría de esos planes tuvieron éxito en un ambiente particular, muy vigilado. De modo general, los planes se pueden clasificar así: de uno por uno, de grupo y de participación de las utilidades, un antiguo conjunto de sistemas especializados incluía los planes de *Differential Piece Rate* (Tarifa diferencial por pieza) de Halsey, Rowan y Taylor. A medida que el ambiente de trabajo cambió, se introdujeron modificaciones en ese conjunto. Algunos de los nuevos planes fueron el *Gantt Task and Bonus System* (Sistema de tareas y gratificaciones de Gantt) y el *Emerson Efficiency Bonus System* (Sistema de gratificaciones por eficiencia, de Emerson). El procedimiento de buscar un sistema de compensación justa fue perfeccionado, buscando siempre ajustarse al medio de trabajo cambiante, por lo que adoptó planes para igualar las compensaciones en toda la fábrica o empresa comercial. Los planes *Differential Bonus* (Gratificación diferencial) de Bedaux Point, Haynes-Manet y los de Parkhurst son algunos de esos sistemas igualadores.[3] Todos esos planes funcionaron excepcionalmente bien cuando estaban estrechamente vigilados y se les aplicaba a situaciones seleccionadas. Los planes de grupo, así como las combinaciones de gratificaciones individuales y de grupo, constituyeron también un sistema común y especializado de compensación. A lo largo del tiempo, los planes de grupo abundaron, aparentemente, para todo tipo de empresas y para cada década. Nuevamente, se hace hincapié en que todos esos planes tuvieron éxito sólo en ciertos casos particulares. Como sistemas universales de compensación, sus probabilidades de tener éxito eran sumamente limitadas.

En la actualidad, más del 90 por ciento de los sistemas son planes de uno por uno. Los empleados los entienden con facilidad y, por lo general, son más competitivos que otros tipos de planes. En el plan uno por uno, se determina un nivel de trabajo y se recompensa a la persona en proporción directa con los niveles logrados arriba de la norma. Por ejemplo, un empleado puede producir un nivel 25 por ciento sobre el estándar. El pago directo y proporcional por el nivel logrado sería $1.25 por cada $1.00 de salario base. En muchos casos, las empresas tienen una base de incentivo y una base de día de trabajo. La base de incentivo es más baja. El empleado puede tener que producir a niveles del 10 por ciento arriba de la norma para alcanzar la base de día de trabajo.

Otros sistemas pueden tener una base de incentivo, una base de día de trabajo y un pago adicional. Tomando $1.00 con fines de comparación, este tipo de plan puede pagar $1.00 al empleado por los tiempos en que no puede producir por demoras que no están bajo su control. Por el tiempo de producción se le compensará a razón de ($1.25) ($0.40) = $0.50 más un pago adicional de $0.60, lo que hace un total de $1.10 por hora. En esos casos, el trabajador está produciendo al 25 por ciento sobre el nivel de trabajo, pero se le retribuye sólo el 10 por ciento sobre la base. Este tipo de plan reduce a menudo la productividad, fomenta el engaño y da lugar a la complicidad del supervisor, sobre todo por lo que respecta al tiempo improductivo.

Estos tres esquemas de uno por uno son sólo algunos entre muchos sistemas parecidos. Causan problemas y exigen una atención considerable para seguir siendo eficaces como estimulantes de la mayor producción.

Con los planes de grupo, el pago individual está basado en el rendimiento de todo el grupo arriba de la norma prescrita. Los planes de participación en las utilidades hacen un pago parcial. Estos planes pueden ser de grupo o individuales. Por ejemplo, el plan puede estipular que el 50 por ciento del incentivo se entregue a la empresa y el 50 por ciento al empleado. Los planes de uno por uno comienzan a pagar a un nivel de trabajo definido. El incentivo se paga en proporción directa con lo obtenido arriba del nivel estipulado. Un aumento del 25 por ciento en la productividad, por ejemplo, dará lugar a un incremento del 25 por ciento en el pago a partir de un punto monetario prescrito.

El sistema que predomina es el de uno por uno, con incentivos pagados a partir del salario base. Con este programa de pagos, el 100 por ciento equivale al salario base. Un nivel de rendimiento del 25 por ciento arriba de la norma dará como resultado un pago de $1.25 (salario base). Un nivel de rendimiento del 80 por ciento, tasa inferior a la esperada, se pagará al salario base. El sueldo del empleado está garantizado al 100 por ciento. La mayoría de los sistemas de uno por uno estipulan que un rendimiento prolongado inferior al 100 por ciento dará lugar a la acción disciplinaria, con el consiguiente despido si continúa. Las empresas donde funcionan planes de uno por uno que varían respecto al pago directo de acuerdo con el salario base tratan por lo general de adoptar el formato prescrito formal y adecuado, que es un plan de uno por uno sobre el salario base. Las empresas comerciales, sobre todo las de manufactura, que aplican otras variantes al sistema directo uno por uno son la excepción. El uso de planes especiales va disminuyendo. Con el tiempo exigen un mantenimiento considerable y, con el paso de los años, tal vez no estén a la altura de las relaciones esperadas entre inversión y productividad. Los planes de uno por uno conservan su popularidad y parece que siguen siendo el mayor estimulante de la productividad.

Resumen de los planes de pago. Los planes financieros pueden causar dificultades. Por otra parte, los programas MDW que verdaderamente aplican procedimientos disciplinarios son igualmente problemáticos. Los datos que indican una tendencia a abandonar un sistema en favor de otro pueden no ser estadísticamente correctos. Los planes financieros se aplican ampliamente en los medios industriales. Las empresas manufactureras han tenido una larga experiencia con los principios y prácticas de los procedimientos formalizados que están relacionados con las normas de trabajo. Con ese conocimiento, pueden fundamentalmente mejorar los niveles de productividad asociando las normas de trabajo con un plan monetario. Una vez que otras partes de la empresa conocen más y se sienten a gusto con las normas de trabajo, pueden recurrir también a los planes financieros. A principios de siglo, ¿quén habría tenido la audacia de afirmar que las normas de trabajo se aplicarían en los hospitales, las compañías de seguros, los bancos, los organismos de investigación científica y muchas otras áreas aparentemente imposibles de medir? Asimismo, ¿quién habría aventurado el pronóstico de que la reparación de automóviles, el abastecimiento de tiendas de comestibles, el corte de carnes y el mantenimiento general llegarían a estar asociados con un plan de incentivos financieros? Sería prematuro conjeturar cuál sistema va a predominar. Lo único que se puede decir es que las normas de trabajo formalizadas están invadiendo muchos campos nuevos y su alcance va en aumento.

Unión de las normas de trabajo con la evaluación de las tareas

Problemas asociados con los planes de incentivos de pago adicional

La validez de la mayoría de las normas de trabajo disminuye con el tiempo. Lo que hace 3 años era una norma buena, precisa y confiable puede ser incorrecta en la actualidad. El lugar de trabajo puede haber cambiado. Los métodos pueden haber cambiado también. Muchos acontecimientos pueden hacer que una norma que antes era buena se vuelva anticuada.

Piénsese en una empresa que ha determinado que sus normas de trabajo no reflejan realmente la productividad. A los ingresos diarios se ha añadido un pago adicional apreciable. Digamos también que los trabajadores de producción están alterando los informes, mientras el supervisor no se da por enterado. Tenemos aquí a una compañía cuyo sistema de normas de trabajo está fuera de control.

Para corregir el problema, la empresa hace que su personal de medición del trabajo revise todas las normas en vigor. Los cambios perjudicarán seriamente a los ingresos de los empleados, teniendo en cuenta los enormes pagos adicionales. En esta situación hipotética, el sindicato estará de acuerdo siempre que se implante un nuevo plan de evaluación del trabajo. Mediante esta técnica se analizan cuantitativamente todos los empleos, y esto dará lugar, en último término, a un nuevo salario base para cada tipo de trabajo. Las demandas de productividad aumentan enormemente cuando se implanta el nuevo plan de normas de trabajo. Al principio, la demanda era de 20 piezas por hora. Los ingresos correspondientes eran de ($0.40) (200 por ciento) = $0.080 más un pago adicional de $0.60. Por cada dólar de salario base, el empleado estaba ganando $1.40, o sea un ingreso adicional del 40 por ciento. Aprovechando bien el tiempo improductivo, esos ingresos se podían aumentar en otros $0.20, de manera que por cada dólar de salario base el empleado ganaría $1.60, o sea un ingreso adicional del 60 por ciento.

Supóngase que, aplicando un nuevo plan de evaluación, el mismo dólar aumenta a $1.10. Originalmente, el dólar comprendía $0.40 de incentivo más $0.60 de pago adicional. Ahora, por un rendimiento del 100 por ciento, el plan pagará $1.10 en lugar de $1.00. No habrá pago adicional y la compañía está decidida a controlar los informes de tiempo improductivo y la alteración de los registros. Un sistema de incentivos que se ponga en marcha correctamente tiene un potencial del 25 por ciento al 35 por ciento sobre el ingreso base. Un empleado que anteriormente podía ganar $1.60, o sea el 160 por ciento, sólo podrá ganar ahora ($1.10) (135 por ciento) = $1.42 por cada dólar de base original. Además, el empleado tendrá que trabajar jornada completa porque el tiempo improductivo se ha minimizado. En este caso, por lo tanto, el salario base y las demandas de productividad han aumentado.

Los problemas de la evaluación de las tareas y la recompra

En estas situaciones se siente siempre la tentación de equilibrar el sistema manteniendo las cantidades anteriores de ingreso real con el nuevo sistema de normas de trabajo y evaluación de empleos. Se piensa que menos que eso será demasiado duro para los trabajadores. Este mismo argumento se esgrime en toda la industria cuando se intenta limitar el tiempo extraordinario, sobre todo, en aquellos casos en que se ha abusado de él. En tales situaciones, algunas empresas deciden adoptar un plan MDW cuando se lleva a cabo una nueva evaluación de los empleos. La empresa hace el razonamiento de que, con el tiempo, considerará nuevamente los incentivos financieros. En realidad, ese retorno a los incentivos raramente tiene lugar y la compañía puede verse ante una productividad disminuida con salarios base más altos. El "endulzar" las tarifas base a fin de solicitar el consentimiento de los trabajadores para cambiar las normas es otra técnica que se recomienda a veces. Esta estrategia estipula un aumento de los salarios base, junto con una modificación de las normas de trabajo, para lograr un aumento de la productividad. Todas estas situaciones han funcionado alguna vez en una determinada instalación. El éxito va asociado normalmente con el momento en particular y con el ambiente específico. Ha habido casos en que los requisitos de trabajo se han intensificado y las tarifas base han disminuido. Pero esas son excepciones. A fin de cuentas, la empresa tiene que encarar la realidad.

La compañía debe establecer nuevas normas y asociarlas con una tarifa base que le permita seguir siendo competitiva en el mercado. Cuando interviene un sindicato, esos cambios tienen que ser negociados mediante un nuevo contrato. Si los cambios se programan dentro del período del contrato, el sindicato tiene que intervenir. La administración tiene el derecho de estudiar nuevamente los empleos. Dentro del marco del contrato se encuentran los procedimientos para cambiar las normas de trabajo. En caso de desacuerdo, el sindicato puede presentar una queja formal que, en último término, puede ocasionar un estudio para tomar una decisión. En aquellos casos en que los empleados no están representados por un sindicato, la situación en torno al cambio de las normas de trabajo es por lo general más crítica. Lo mismo se puede decir de los planes de evaluación de nuevos empleos. Normalmente, la empresa tiene reglas subjetivas que son a menudo más rigurosas que las que se establecen bajo un contrato sindical.

Este problema no es fácil de resolver. Una empresa puede creer equivocadamente que, de no existir un programa de normas de trabajo, la mayoría de las dificultades desaparecerán. Un grupo de 200 compañías aproximadamente ha encontrado que los incentivos financieros generan 48 por ciento más producttividad que el día de trabajo y 29 por ciento más que el MDW. Ese grupo está fuertemente controlado por las máquinas. En aquellos casos en que los trabajos dependen menos de la máquina, los porcentajes son aún más altos. Las normas de trabajo producen un efecto muy marcado en la productividad. El costo que implica establecer cuotas con meticulosidad puede muy bien justificar algunos de los supuestos inconvenientes. Un programa de evaluación de los empleos establece una relación entre diversas categorías de trabajo. La curva de pago de salarios determina la tarifa por hora para cada clase de empleo. Las normas de trabajo indican por anticipado los niveles de productividad. La combinación correcta de estos tres factores hará que los salarios de los empleados y la posición de la empresa en el mercado sigan siendo competitivos.

Elaboración de un plan, su aprobación, selección y entrenamiento del personal

Todo nuevo plan o cambio introducido en un sistema que ya existe les debe ser comunicado tanto a la administración como a los empleados. Las ideas iniciales se deben consignar en un proyecto preliminar para ser presentadas. El secreto para convencer está en la participación. La gerencia tiene una perspectiva más amplia en cuanto a finanzas, ventas y otros factores que pueden influir en el plan. También puede hacer recomendaciones concretas para mejorar el plan. Con la participación de la gerencia, el primer obstáculo no es tan impresionante. Una vez efectuados esos cambios, la gerencia y el grupo supervisor harán un examen final del proyecto escrito, que deberá indicar las técnicas y las fechas de implantación. Vienen en seguida los empleados, o sus representantes, en este proceso de comunicación. Tal vez hagan objeciones, pero con frecuencia ofrecen nuevas ideas y hacen recomendaciones. Nuevamente se recurre al procedimiento de modificar el informe, en su caso. Al final, todo el mundo está relacionado o se ha enterado del proyecto. Vienen luego otros procedimientos formales de notificación. Aunque a algunos les parecerá que este proceso es impositivo y hasta condescendiente, generalmente da lugar al establecimiento más tranquilo de las normas.

Cuando se inicia, amplía o reestructura un sistema de normas de trabajo, se requiere personal adicional. Su composición es muy importante. Por lo general, las empresas prefieren combinar los niveles de experiencia, tanto con respecto a las normas como a la línea de productos. Algunos miembros del personal pueden ser elegidos entre el grupo de empleados debido a su conocimiento del producto; otros vendrán de fuera de la empresa, teniendo en cuenta su experiencia en este campo.

La capacitación formal es indispensable para quienes fueron elegidos dentro de la entidad. Muchas empresas cuentan con sus propias instalaciones y personal para capacitación; algunas prefieren capacitar a los miembros uno por uno, mientras que otras buscan ayuda profesional externa, ya sea para que capacite en la misma empresa o en algún centro formal. Cualquiera que sea el método seguido, es indispensable que se termine rápida y formalmente. El hecho de enviar a un técnico insuficientemente preparado a los talleres o cualquier otra área programada para medición, podría perjudicar la reputación del analista y, también, la credibilidad del programa de normas. Una norma de trabajo establecida incorrectamente puede dar lugar a muchos costos. Uno de ellos sería una norma mal observada, otros estarían asociados con una posible decisión. Si se dedica el tiempo necesario para capacitar al personal desde el principio, se obtendrán mejores dividendos a la larga.

4.1.3 DOCUMENTACION DE UN SISTEMA DE NORMAS DE TRABAJO

Introducción

El control es esencial para establecer cualquier sistema de metas. La administración establece sus metas y basa su pronóstico general en la posibilidad de que los trabajadores alcancen el nivel de producción previsto. El pronóstico puede incluir la presupuestación de mano de obra, los planes de expansión y la penetración del mercado. Una de las variables fundamentales del pronóstico es el costo de mano de obra. Los costos y el tiempo se relacionan, de manera que la posibilidad de que los trabajadores alcancen o excedan las expectativas de producción tendrá una relación directa con el flujo de efectivo, con la programación, con el inventario y con otras funciones críticas de control.

La gerencia va al mercado contando con que la mano de obra será capaz de cumplir con las normas. Si la norma específica se fija en 20 unidades por hora, pero la productividad real es de 16 unidades por hora, el costo de mano de obra aumenta en un 25 por ciento. La disminución de la productividad hace que la instalación y la máquina sean utilizadas insuficientemente. El inventario crece, actuando como un amortiguador que da lugar a la impredecibilidad. Muchas ecuaciones básicas del inventario contienen niveles alfa (α), donde α equivale a la probabilidad de que se agoten las existencias. La incorporación de esta incertidumbre a las ecuaciones de pronóstico de Poisson dará como resultado mayores demandas de inventario, porque las normas se fijan a un determinado nivel, pero la producción real es menor y tiene más variabilidad. El problema se complica si un departamento cubre la cuota y otro no. La falta de uniformidad hace que aumente el inventario de producción en proceso. Este es un inventario de productos parcialmente elaborados. El inventario de producción en proceso, al igual que cualquier otro inventario, puede paralizar el dinero porque limita la rotación por año. Otra aplicación sumamente importante de las normas de trabajo es en el desarrollo de los proyectos de personal basados en pronósticos. Sin normas de trabajo precisas, la posibilidad de pronosticar se vuelve demasiado probabilística, y la administración tiene que recurrir a la capacidad aumentada, que da lugar al empleo de cantidades excesivas de mano de obra. El logro de las metas tiene que ser vigilado. A esto se debe que las empresas recurran a muchas clases de controles, a fin de asegurarse de que un sistema está funcionando de acuerdo con el plan previsto.

Establecimiento de controles en el lugar de trabajo

La mano de obra se puede clasificar como directa e indirecta. En una fábrica, la mano de obra directa modifica la pieza. El costo de esta modificación se puede cargar directamente al producto específico. La mano de obra indirecta es trabajo secundario que no se puede cargar a cada pieza. En un medio de servicio, en vez de recortar metal, por ejemplo, la pieza se modifica con cada asiento adicional anotado en una forma. También esto es un cambio. Las horas de trabajo necesarias para dar curso a la reclamación de pago de un seguro son el resultado de muchos esfuerzos combinados. En cada etapa del proceso se añade trabajo a la forma. A medida que ésta pasa por diversas etapas, otra mano de obra de nivel superior examina lo que se ha hecho hasta allí y añade su propio trabajo. Poniendo otro ejemplo, el costo que implica dar trámite a un pedido puede ser mayor que la sobremarca de un producto, cuando se trata de pequeñas cantidades. Por esta razón, muchas empresas cargan lo que en un club nocturno vendría a ser el consumo mínimo sobre el producto vendido. Los métodos que se utilizan para dar cuenta de la mano de obra directa varían, dependiendo de la empresa u organismo de que se trate. La meta final es un mayor control.

Controles en los lugares de trabajo de manufactura y servicio

Ejemplo de un medio de servicio

Las compañías de seguros pueden tener 200 empleados relacionados con el proceso de reclamación. La correspondencia que llega se asigna a apartados específicos para facilitar la selección previa. Después de este proceso inicial se abre la correspondencia, se distribuye manualmente por tipo de reclamación, se forman lotes de 50 con una clave que indica el año, el día, el número de lote y el número de partida; se pasan a microfilm por lotes; se envían a los archivos de pendientes donde se observan en pantallas de tubos de rayos catódicos (CRT); las reclamaciones son verificadas por los examinadores, alimentadas a la computadora y remitidas a almacenamiento o pagadas directamente a los reclamantes. No todos estos pasos complicados figuran en una lista, pero el procedimiento exige normas de trabajo y controles. Cada una de las personas que consigna información debe indicar su número de identificación, ya que de otro modo el material no será aceptado. A partir de aquí, un programa de computadora medirá la eficiencia individual comparándola con una norma prescrita para cada una de las funciones que intervienen en el informe que se está formulando. No todas las formas requieren el mismo número de pasos; pero el programa de computadora reconocerá la actividad y acreditará a la persona un cierto número de minutos de producción.

Estas normas predeterminadas son establecidas por analistas para cada función u operación del proceso. Hay normas para usar el teclado, para calcular, para estampar sellos, para decidir y reaccionar y para enfocar la visión, para mencionar sólo unas cuantas. La posibilidad de identificar automáticamente al operador con el trabajo realizado permite a la empresa medir con exactitud la eficiencia del sistema. Con esa información, la compañía puede generar hasta 25 informes para control. Cada actividad se codifica; por ejemplo, elaborar duplicados, copiar el microfilm, verificar los domicilios de los asegurados, etc. A partir de las claves y otra información se pueden elaborar informes de control relativos a la eficiencia semanal de producción, que se comparan con las normas por grupo de empleados, por categorías y tipo de trabajo; se hacen análisis de clasificación, se proyecta la mano de obra de acuerdo con el pronóstico y se modifican las normas teniendo en cuenta la teoría del aprendizaje. Esta es una relación parcial de los controles.

Ejemplos de medios de manufactura

La clave de los controles de manufactura es también la identificación. Todos los departamentos, incluyendo a los de diseño del producto, fabricación y ventas, deben usar números de identificación similares. Esto establecerá mejores comunicaciones entre los departamentos y mejorará el procedimiento de información. Las normas de trabajo se identificarán con esos números, lo mismo que el rendimiento de los empleados y el departamento.

En un medio de manufactura, la empresa puede desarrollar un amplio sistema de claves para identificar las actividades de la mano de obra directa e indirecta. No es raro encontrar centenares de claves. El número de ingeniería o de producto identifica a la pieza. Cada pieza puede tener numerosas operaciones de mano de obra directa realizadas en diversos departamentos. Una buena codificación permitirá a la administración saber con exactitud qué tanto ha avanzado el producto, cuál es la etapa de fabricación siguiente, qué material se está utilizando y en qué cantidad, la mano de obra real comparada con la prevista y otra información fundamental para que la operación sea rentable. La empresa quiere conocer sus costos. Lo que es más importante, quiere conocer la razón de esos costos. Con ese conocimiento, la gerencia puede poner remedio a las áreas problema. Sin embargo, tal sistema de control debe proporcionar retroinformación inmediata, ya que de otro modo el remedio puede llegar demasiado tarde. Pensemos en el proceso de tomar una ducha. Si las llaves del agua caliente y fría controlaran válvulas situadas a una milla de distancia, es muy improbable que se pudiera lograr la temperatura deseada. Si las válvulas están cerca, se podrá graduar exactamente la temperatura.

A cada supervisor, y en menor medida al empleado de producción, se le darán instrucciones sobre la manera de usar el sistema codificado. El manual de claves puede contener números para identificar ausencias, mano de obra directa, tiempo improductivo, emergencias, mano de obra indirecta, inspección, mantenimiento, manejo de materiales, preparación, actividades sindicales y otras cosas. Todo eso se describe nuevamente mediante subclaves para mayor aclaración. La hoja de ruta pone en marcha todo el proceso. Dicha hoja indica el orden sucesivo de las tareas necesarias para completar la pieza. Con cada paso, la hoja indica e identifica también el departamento, el número de dibujo, las máquinas, los materiales, la clave de la operación, la descripción de la operación, el nombre de la pieza, las cantidades, la preparación, el peso, la norma de trabajo y otros detalles. Para el momento en que la parte entra a producción, se conocen casi todos los aspectos de su fabricación y control.

Conocer y lograr son dos cosas diferentes, razón por la cual la mayoría de los sistemas tienen una tarjeta detallada de producción que los trabajadores deben llenar diariamente. Una tarjeta de computadora se puede dividir en dos partes. En un lado, el trabajador de producción llena columnas que corresponden a número de cuenta, salario base, número de marcador de tiempo, fecha, departamento, horas trabajadas, clase de trabajo, número de orden, nombre, piezas producidas, preparación, horas estándar y aprobación del supervisor. Al finalizar la jornada y después de ser aprobada formalmente, la tarjeta detallada es remitida al área de procesamiento de datos, donde toda esa información pasa a un programa maestro. En algunos sistemas, la otra mitad de la tarjeta está perforada. Otros sistemas siguen un procedimiento de anotación directa. En las empresas pequeñas, todo el procedimiento es tabulado por un empleado de producción sin la ayuda de computadoras. En este punto, el procedimiento está completo. Todos los datos se han puesto en clave. La información sobre producción individual ha quedado registrada y se ha compilado un análisis detallado.

Análisis del informe de producción

Contenido de un informe de producción

La información que aparece en el informe de producción sirve para vigilar la eficiencia del trabajador, del departamento y de la fábrica. Las columnas definen las actividades y los renglones señalan el rendimiento del operador con respecto a las columnas. Un informe puede tener columnas que detallan lo siguiente: departamento, nombre y número del empleado, horas de jornada, mano de obra directa, horas trabajadas, promedio bruto, ingreso bruto, horas devengadas, tarifa por hora, mano de obra indirecta, clases de mano de obra, promedio normal, ingreso normal, horas extraordinarias, número de la pieza, eficiencia porcentual, piezas producidas, diferencia entre turnos, horas estándar, eficiencia semanal y utilización de la semana.

Parece que cada tipo de empresa tiene una manera favorita de relacionar y anotar esos datos en el informe. La mayoría de los programas suelen comenzar un renglón con el departamento, el nombre del empleado, el número de tarjeta de tiempo y el número de las partes en que se trabajó durante el día. Con esos datos, la gerencia puede determinar la medida en que la empresa está operando de acuerdo con las metas prescritas. Este informe puede ser muy bello, con sus columnas esmeradamente ordenadas en una hoja que mide aproximadamente 11 × 15 pulgadas, pero todos esos datos carecerán de sentido si la información fue anotada incorrectamente o alterada.

Problemas relacionados con la alteración de datos

Los problemas asociados con la alteración de los datos son tan severos y universales, que la mayoría de los contratos sindicales, lo mismo que los manuales del empleado, contienen un párrafo que estipula lo siguiente: "Los empleados están obligados a informar sobre las cantidades exactas de trabajo realizado y se les exigirá que anoten el tipo, la cantidad y otros hechos pertinentes en las tarjetas de tiempo que proporciona la compañía. No se permitirá registrar tiempo improductivo, a menos que sea autorizado por el supervisor en su caso". Si el sistema de normas de trabajo se ha vuelto anticuado, los empleados pueden estar usando el tiempo improductivo ya sea para aumentar sus ingresos o para estabilizar la producción. Por el contrario, si las normas de trabajo son demasiado rígidas, o si el sistema de salarios incluye un enorme pago adicional, el tiempo improductivo se puede usar para acolchonar los ingresos. Los supervisores, que anteriormente pueden haber sido trabajadores de producción, no se darán por enterados. Se encuentran en la línea de fuego. Un sistema puede estar fuera de control mientras que el informe de producción indica que todo marcha bien.

Informe de tiempo improductivo

Por lo general, el tiempo improductivo indica problemas. El trabajador de producción puede abusar de él. Como resultado, la gerencia puede dictar disposiciones radicales limitando el informe de tiempo improductivo. Los supervisores, temerosos de lo que pueda ocurrir con su propio empleo, pueden poner un celo excesivo al aplicar las reglas de la gerencia. Dado el orden de los acontecimientos, los trabajadores se pondrán furiosos, sobre todo en aquellos casos en que el tiempo improductivo está justificado. El hecho de no permitírseles que den cuenta del tiempo improductivo realista puede afectar drásticamente a sus ingresos. En casos extremos pueden llegar a sentirse tan desamparados que no informarán lo que ha estado ocurriendo.

La gerencia espera cierto tiempo improductivo diario. Los administradores lo prevén en los márgenes permitidos e incluso tolerarán un poco más del estipulado formalmente por el sistema de normas de trabajo, pero los sistemas suelen fallar. La gerencia no pretende vigilar a los trabajadores, sino encontrar la manera de eliminar los acontecimientos que roban tiempo productivo. Un procedimiento correcto para informar sobre el tiempo improductivo permitirá tabular los datos y tomar las medidas necesarias.

En una fundición, los moldeadores pueden trabajar a un ritmo sumamente elevado para llevarles ventaja a los vaciadores. Como no pueden llenar las líneas con más moldes, tratan de alegar tiempo improductivo. Eso les permite aumentar sus ingresos. En la preparación de carnes molidas, los cortadores mezcladores trabajan también a un ritmo muy rápido y les llevan ventaja a los que envuelven en plástico. Este trabajo no gana incentivos, de manera que el operador se toma un descanso. Las normas para las máquinas fresadoras son muy rígidas, de manera que el operador labora 6 horas de producción y anota 3 horas de tiempo improductivo diverso o de preparación adicional. Los trabajadores pueden tropezar con alguna dificultad en el transcurso del día, de manera que no presentan toda su producción en el día que la llevan a cabo. En un día malo aceptarán la jornada de trabajo, pero al siguiente presentarán, en el papel, las piezas guardadas de un día anterior. Esto implica abusar del tiempo improductivo.

En cambio, un trabajador puede honradamente indicar tiempo improductivo por falta de materiales, por rotura de herramientas, porque los componentes no responden a las especificaciones, porque los dispositivos de seguridad funcionan mal, o por otras causas. Son problemas que se pueden corregir al ponerse en evidencia. Nuevamente, debemos recalcar que los informes de tiempo improductivo pueden ser aprovechados por la administración para limitar los problemas de producción. Si los abusos son flagrantes, tal vez signifique que una determinada norma de trabajo, o todo el sistema, está fallando. En aquellos casos en que persisten ciertos tipos de tiempo improductivo, deben ser investigados y corregidos. Con harta frecuencia, la administración correlaciona el tiempo improductivo con actos deshonestos más bien que con errores administrativos o de ingeniería. La responsabilidad de la gerencia consiste en corregir, no en criticar.

4.1.4 EMPLEO DE LOS SISTEMAS DE MEDICION DEL TRABAJO

Introducción

Con cada año que transcurre, el campo de la medición del trabajo aumenta su ámbito y avanza tecnológicamente. No obstante, muchas empresas no aplican todavía esta valiosa técnica. Confían más bien en la historia. Lo que se hizo en el pasado gobierna sus pensamientos. Las empresas pueden continuar en esa forma, tomando las utilidades como única vara de medir. Es enteramente posible, sin embargo, que una compañía siga siendo rentable mientras pierde su parte del mercado total. Con el tiempo esa tendencia hará que la empresa perezca engullida por sus competidores.

Dé un vistazo a los periódicos de hace 100, 50 y hasta 25 años. La mayoría de las empresas, grandes o pequeñas, que se anunciaban entonces, no existen ya. El número de compañías registradas en la Bolsa de Valores de Nueva York, que lo estaban hace 50 años, es relativamente pequeño. Una de las tesis principales de Darwin fue la de que un organismo se tiene que adaptar a su ambiente o morir. Parece que esto se puede aplicar a las empresas comerciales. También tienen que adaptarse, pero el peor momento para hacerlo es durante una crisis. Recurriendo a una analogía, supongamos que un vagón pesadamente cargado está situado sobre una pendiente y que 20 hombres, provistos de cuerdas, impiden todo movimiento. Supongamos igualmente que, en un descuido momentáneo, el vagón avanza un poco. Por cada segundo de vacilación, la fuerza necesaria para detenerlo puede haberse cuadruplicado. Para poner otro ejemplo, un ventilador de alta velocidad se puede detener fácilmente antes de que tome impulso, pero si tratamos de tocarlo una vez que desarrolla todas sus revoluciones por minuto perderemos los dedos.

La tesis de Darwin y las leyes de la física que gobiernan nuestros ejemplos se pueden aplicar también a las empresas. Deben ser fuertes, adaptables y flexibles, todo dentro del marco de un control preciso. Las normas de trabajo miden los resultados. También, proporcionan datos para la función de control. Si se aplican de manera adecuada, las normas de trabajo ayudarán a la empresa a hacer análisis rápidos y correctos para establecer áreas de control amplias y a la vez específicas. Desde una perspectiva general, las normas de trabajo aportan información que ayuda a la ejecución de presupuestos, costos, estimaciones, pronósticos, expansión del producto y cálculo de cotizaciones. Específicamente, las normas de trabajo permiten mejorar la eficiencia analizando el tiempo improductivo, la utilización del equipo, el flujo del trabajo, la utilización de la mano de obra, la distribución de la fábrica, el equilibrio de la línea de producción, el manejo de materiales; midiendo la eficiencia de supervisión y de los métodos; minimizando las interrupciones de la producción y los patrones de movimiento; practicando auditorías de productividad, mejorando las herramientas y la distribución del lugar de trabajo y capacitando al trabajador. Toda esta área, que concierne a los controles específicos, se ocupa exclusivamente de medir la productividad del trabajador y mejorarla. Son las áreas en que las normas de trabajo producirán sus principales efectos. Mediante normas elaboradas con precisión, una empresa puede encontrar la manera de verificar instantáneamente su posición competitiva y controlar un posible desliz antes de que tome impulso.

Análisis del rendimiento del trabajador

Causas de las irregularidades en el rendimiento

El informe de producción mide el rendimiento del trabajador de acuerdo con la norma de trabajo especificada. Cuando se analiza ese informe, pronto se pondrán en evidencia algunas discrepancias. Si los ingresos de un trabajador fluctúan, ello puede indicar indiferencia, acumulación o irregularidades en las normas de trabajo. El rendimiento porcentual de ese trabajador puede ser, por ejemplo: 95, 115, 90, 117, 87, 128, 92, 118, 93 y 114 en un período de 2 semanas. Considerando subjetivamente el flujo del trabajo, parecería que esta serie es una productividad controlada. Las pruebas estadísticas efectuadas si el proceso continuara durante $n \geqslant 20$ días demostrarían también que esa serie no es un proceso al azar.

Este tipo de series no son por lo general tan obvias. El examen cuidadoso de un informe podría indicar un control evidente a la larga, el que a su vez indicaría que los trabajadores están haciendo un producto en cierto día y combinándolo con la producción del día siguiente. Podría indicar la complicidad del supervisor con el trabajador de producción. Podría significar también que las normas son incorrectas o que los trabajadores están abusando del tiempo improductivo y haciendo anotaciones falsas en sus tarjetas de tiempo diarias. Los objetivos de este análisis consisten en aislar el error y hacer correcciones independientemente de quién sea culpable, la administración, el trabajador, la norma de trabajo o el sistema. Imputar la falta no remedia nada. La acción correctiva es la clave para aumentar la productividad.

Un análisis del trabajo mediante el informe de producción puede revelar que un trabajador está constantemente por debajo del rendimiento del grupo. Cuando se interroga al supervisor, la respuesta podría ser que el rendimiento de este trabajador en particular no es realmente de alta calidad, pero no se le puede despedir porque su rendimiento está un poco arriba del 100 por ciento. El resto del personal que hace un trabajo similar puede estar ganando continuamente a nivel de 125 a un 135 por ciento. Muchas veces, el tiempo que los supervisores dedican a capacitar a un nuevo trabajador es tan reducido, que es casi como una proposición de cálculo (argumento que se resuelve por métodos que implican lógica simbólica) expresado en esta forma: Si la mayoría de las personas saben nadar, y si éstas son personas, arrójenlas al agua.

Es un caso típico, un trabajador fue señalado como enteramente inepto, pero constante. Los informes de productividad indicaban un nivel 40 por ciento inferior al de otros trabajadores. No obstante, esa persona permanecía el día entero en su estación de trabajo y parecía producir a niveles ligeramente superiores a los normales. ¿Por qué, entonces, existía esa discrepancia? Su capacitación había consistido en decirle: Observa a los otros trabajadores durante un rato y luego haz el trabajo tú mismo, pero hazlo bien. De manera que le estaba metiendo al producto cuatro veces más clavos que los requeridos por siete operaciones diferentes. Terminaba la jornada bañado en sudor, sólo para ganar 40 por ciento menos que los otros trabajadores, que terminaban tan frescos como una lechuga.

Pensar que esto no ocurre en todo tipo de operación es el colmo de la ingenuidad. En la fundición, un operador desvía el material caliente con una barra de presión y otro engancha la pieza. El operador de una plegadora puede hacer un doblez y, luego, graduar la pieza para hacer un segundo doblez mientras que otro operador puede hacer primero el doblez en el calibrador posterior y, luego, tirar de la pieza hacia adelante, hasta el calibrador frontal para el doblez final, para lo cual no hay que graduar la pieza. Al ver que el rendimiento de un operador es tan manifiestamente inferior comparado con el de otros, el analista, o la gerencia, deberá hacer un esfuerzo conjunto para efectuar observaciones directas.

La jornada de trabajo, el tiempo extraordinario y el tiempo improductivo como medidas de eficiencia

El informe de producción debe comparar el tiempo requerido por las normas con el tiempo trabajado. Esto proporcionará muchas veces índices de utilización del tiempo improductivo en términos de porcentajes. En otros sistemas se tabula realmente el tiempo improductivo. El objetivo de la mayoría de los sistemas de normas de trabajo consiste en minimizar las horas de la jornada de trabajo. A veces, las deficiencias en el día de trabajo se pueden aislar por máquina, producto, grupo de trabajo, supervisor o administrador. Este informe puede separar el día trabajo y compararlo con el pago de tiempo extraordinario. El día de trabajo implica por lo general que las unidades no fueron producidas. El informe de producción puede indicar grandes cantidades de días de trabajo cuando el tiempo extraordinario se permite conforme a la demanda. Esto podría indicar sobrecupo. Si el día de trabajo está en proporción de 2 : 5 con horas normales, sería razonable suponer una proporción igual para el tiempo extraordinario. Si las investigaciones de las horas adicionales indican repetidamente el día de trabajo en proporción de 1 : 10, habrá que prestar mayor atención a las prácticas de trabajo en las horas regulares.

El supervisor y otro personal administrativo relacionado con los talleres son básicamente los responsables de esos problemas y abusos. Un informe de producción basado en normas de trabajo confiables señalará rápidamente las áreas que requieren atención inmediata. Un supervisor requiere la capacitación más que un trabajador de producción. Los administradores están prontos a criticar al supervisor, tanto como los supervisores están prontos a defender a los trabajadores que nunca están en su lugar. Ambos están equivocados. Un supervisor preparado e inteligente actuará con confianza. Esto le resultará obvio a todos aquellos que investiguen un informe de producción que mida la eficiencia del trabajador y del supervisor.

Comparación de los niveles de rendimiento con día de trabajo, con MDW y con incentivos

Los análisis estadísticos descriptivos del trabajo productivo indican que el día de trabajo está distribuido normalmente, con la media substancialmente abajo del 100 por ciento. Además, los mejores trabajadores por jornada producen el doble que los peores. La media del plan MDW está también abajo del 100 por ciento, pero la distribución presenta una ligera asimetría positiva a la derecha. En el caso de los trabajadores que ganan incentivos, la distribución presenta mucha más asimetría positiva a la derecha, con medias situadas normalmente en la categoría del 120 por ciento. Estos datos, que se pueden ver en el ejemplo 4.1.1, revelan claramente que, dentro del conjunto de todos los trabajadores de producción, hay subconjuntos selectos que representan a los trabajadores de los planes MDW y de incentivos.

Esos subconjuntos no se encuentran al azar. A una empresa le lleva años obtener trabaja-

Ejemplo 4.1.1 Distribución del rendimiento como función de *a* la jornada de trabajo, *b* MDW y *c* el trabajo con incentivos

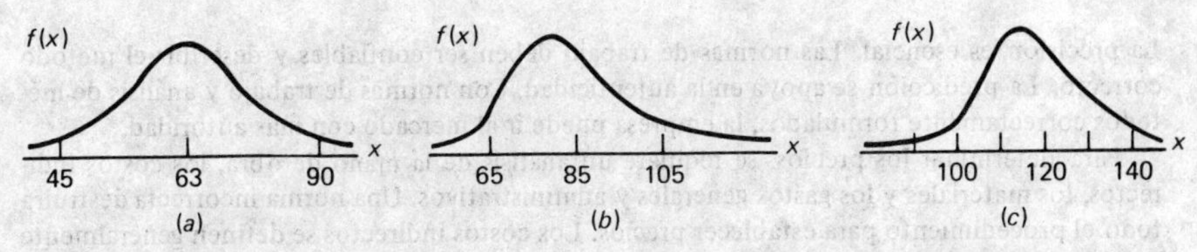

dores a base de incentivos. Una fábrica de acondicionadores de aire recientemente establecida, que recurrió a los sistemas predeterminados como base para establecer sus normas de trabajo, necesitó 7 años para estabilizar su personal de producción. Después de numerosas observaciones iniciales, un empleado recién contratado puede ser enviado a los talleres de producción para que sea capacitado. Las compañías donde hay un contrato sindical tienen procedimientos de capacitación y descalificación específicamente definidos. Sin un contrato formal, la empresa tiene todavía que descalificar a los empleados recién contratados que aparentemente jamás podrán ser buenos trabajadores de producción. La descalificación es más fácil al principio, porque no interviene un sindicato. Más tarde se dificulta el procedimiento debido a la afiliación a un sindicato.

La descalificación subjetiva es desastrosa. La objetiva, aunque es un tanto más severa, proporciona un mejor personal de producción. El procedimiento es justo considerado a la larga. El informe de producción señalará a los trabajadores que no logran satisfacer las normas de trabajo durante un período de prueba equitativo. Señalará igualmente a los empleados que no satisfacen las normas después de haberse hecho cargo de nuevos empleos. A veces, hasta los que anteriormente eran buenos comienzan a fallar. En ese caso, la causa puede ser ajena al ambiente de trabajo. Tal vez están mal de salud o tienen problemas familiares. En este marco, el informe de producción puede aislar un problema que la empresa puede ayudar a remediar por simpatía.

Problemas asociados con la cobertura

Cuando se crean normas de trabajo, el método clásico recomendado exige que el analista estudie en qué forma llega el material al lugar de trabajo, quién es responsable de su entrega, cómo es retirado y quién autoriza su retiro. Todo el procedimiento de analizar el equipo, el flujo de materiales, las herramientas y la distribución del lugar de trabajo corresponde a la ingeniería de métodos. Todo analista de normas de trabajo debe incluir este tipo de análisis como condición previa al establecimiento formal de una norma de trabajo. Muchas veces, las normas se establecen sin tener en cuenta los métodos. En parte, ese apresuramiento se debe a las necesidades de cobertura de la gerencia. Este concepto de cobertura lo llevan a menudo como un símbolo de coraje quienes se dedican a establecer normas de trabajo. La cantidad de cobertura parece generar más preocupación que la calidad de la norma.

La era de la computadora trajo consigo muchos nuevos controles administrativos. El análisis de control de inventario, el pronóstico, las cargas de trabajo a la mano de obra, los procesadores de listas de materiales y otros programas exigieron un mayor conocimiento de la productividad prevista para cada etapa de crecimiento del producto. Esto ejerció una presión enorme en el departamento de normas de trabajo. Con esta oleada, el departamento pronto se vió sumergido en el trabajo, sobre todo con cada cambio introducido en el producto. Llegó a prevalecer la doctrina de "normas de trabajo a cualquier costo". Esto hizo que las normas individuales fracasaran porque eran estudiadas bajo la presión de las circunstancias. En muchos casos, los métodos fueron descartados en favor de la cobertura.

El efecto de las prácticas incorrectas en materia de normas de trabajo en el costo y en la situación en el mercado

La precisión es esencial. Las normas de trabajo deben ser confiables y describir el método correcto. La predicción se apoya en la autenticidad. Con normas de trabajo y análisis de métodos correctamente formulados, la empresa puede ir al mercado con más autoridad.*

Para determinar los precios, se requiere un análisis de la mano de obra, los costos indirectos, los materiales y los gastos generales y administrativos. Una norma incorrecta destruirá todo el procedimiento para establecer precios. Los costos indirectos se definen generalmente en función de la mano de obra directa; de manera que un error hace que aumente otro. Las normas de trabajo son una medida de la eficiencia productiva. Con esa información, una empresa estará en mejor situación de determinar la manera de hacer los presupuestos de la mano de obra y los costos del trimestre siguiente. Esta previsión exige el pronóstico. Por ejemplo, la decisión de ampliarse requiere que se sintetice un análisis de la mano de obra y el equipo para mejorar la predecibilidad. La médula de cualquier ecuación diseñada para formular los niveles de productividad la contiene el término que se utiliza para pronosticar la producción de la mano de obra. Las normas de trabajo son una expresión individual de la productividad prevista. Esta confiabilidad tiene importancia capital para todo el proceso.

4.1.5 CONSERVACION DE UN SISTEMA DE NORMAS DE TRABAJO

Introducción

El cambio se relaciona funcionalmente con la dimensión tiempo. Lo que hoy se considera cierto se desaprobará mañana. Parece que el cambio es una fuerza impulsora de la humanidad. Constrúyase un muro para impedir el paso y con el tiempo será escalado. Fíjese una meta, y se desarrollarán métodos para lograr niveles todavía más altos.

Situado en un medio adecuado, ese afán de cambio se puede aprovechar ventajosamente, sobre todo en las empresas. Señálese un tiempo o un método para terminar una tarea, y esos límites, al igual que el muro, constituirán un reto. Durante la fase de iniciación, la administración describirá lo que se va a hacer, como se debe hacer, qué máquinas y herramientas se usarán, y el tiempo concedido para la terminación. En un medio de trabajo, el reto da comienzo en cuanto el empleado está capacitado y se ha dedicado un tiempo suficiente al aprendizaje de los detalles de la terea. En la actualidad, muy pocos empleos están en el estado en que se encontraban antes. El trabajador de producción, el diseñador y el ingeniero de procesos buscan constantemente el cambio.

Dadas esas condiciones, puede ser que una norma de trabajo no refleje los procedimientos actuales. Las normas de trabajo resultan afectadas por el cambio, de manera que un sistema de normas se puede deteriorar si no hay métodos precisos que controlen y hagan saber que de hecho se ha producido un cambio. La gerencia lanza un reto en términos de cuotas de trabajo. Los cambios que tienen lugar pueden ser muy sutiles, pero, tomados en conjunto, pueden representar un mejoramiento considerable sobre aquello que se estipuló originalmente. Los empleados que introducen cambios se niegan a menudo a revelar los nuevos procedimientos. Piensan que la gerencia tomará esas ideas, las explotará y establecerá cuotas de trabajo nuevas y que restrinjan más. Por consiguiente, ocultan las nuevas técnicas y procedimientos. Con frecuencia, los contratos con el sindicato estipulan que "se ha acordado que los cambios en los procesos introducidos por el operador no serán usados como un método

*La "autoridad" se define aquí como la posibilidad de fijar precio a los nuevos empleos con base en normas de trabajo que dan lugar a costos realistas de mano de obra.

para reducir los ingresos legítimos". El temor existe no obstante, de manera que un empleado prudente puede estirar la jornada de trabajo o producir únicamente durante 6 de las 8 horas. Esto da lugar a una utilización insuficiente de las instalaciones y las máquinas.

Un administrador, habiendo trabajado anteriormente con un sistema de normas no controlado, puede optar por el día de trabajo o algún otro plan, pensando en que el deterioro, la alteración de los datos y otras calamidades constituyen el estado final de los programas de normas de trabajo con incentivos. En realidad, cualquier medio –medido o no medido, con o sin incentivos– resulta afectado en esa forma. Todo trabajo es un reto; las normas pueden intensificar el reto. Se crea una atmósfera de juego de azar cuando se mide el trabajo, se fijan metas y se implantan procedimientos con fines de control. Jugar implica apostar, y los administradores inteligentes se dan cuenta de que, para capitalizar con esa apuesta en particular, tendrán primero que estar dispuestos a correr el riesgo. Los directores de empresas no deben sentir temor por lo que los empleados puedan hacer para ganar en el juego. Ese deseo y ese impulso se pueden usar muy ventajosamente. La mayoría de los sistemas de normas de trabajo medidas con precisión están funcionando bastante bien. Obviamente, al igual que el más fino de los automóviles, un sistema de normas exige mantenimiento planeado y periódico para garantizar que todo funcione correctamente. Parece que la notoriedad prevalece. Un mal sistema de normas de trabajo puede hacer contrapeso a 25 sistemas buenos. Los que son buenos han recibido atención y mantenimiento.

Causas generales del deterioro de las normas de trabajo

Cambios en los métodos

A medida que cambian los métodos, el diseño y los procesos, el tiempo requerido por una unidad de trabajo puede cambiar también. Un cambio en el orden de los movimientos, en la distribución del lugar de trabajo, en la entrega de materiales o en otros aspectos de las operaciones se puede clasificar como un cambio en el método. Este tipo de cambio implica control del operador. En la mayoría de los medios, el contenido del trabajo del empleado y los procedimientos son controlados por la gerencia. Un nuevo empleado es capacitado para que termine la tarea aplicando las técnicas prescritas. En los sistemas refinados, la computadora puede imprimir la sucesión de movimientos de las manos derecha e izquierda, indicando cómo se debe proceder.

Muchas veces, un empleado con experiencia trabajará en unión de un supervisor para establecer los métodos mediante los cuales se realizará un nuevo trabajo. Al final, el empleado trabajará solo. En muchos casos, los empleados comienzan a experimentar con diferentes procedimientos de trabajo y, por lo general, son muy hábiles para hallar la manera de ganarle al sistema. Con frecuencia, se guardan esas mejoras y se muestran renuentes a compartirlas con otros trabajadores o con la administración. Los informes de rendimiento, los supervisores de línea o las auditorías formales practicadas por los miembros del departamento de normas de trabajo pueden detectar esos cambios. Si el trabajo es estudiado de nuevo, el operador volverá a los métodos previamente establecidos. Se puede responder con hostilidad a todo intento de introducir de nuevo "su propias" técnicas.

Esta situación puede dar lugar a una queja y, posteriormente, al análisis para tomar una decisión. Es una cuestión sumamente explosiva. Muchos contratos sindicales especifican que un trabajo no podrá ser revisado a menos que se haga un cambio de un 5 por ciento en el método. La restricción va más allá, estipulando que se podrán revaluar sólo los tiempos correspondientes a elementos de trabajo con un 5 por ciento de cambio. No se reconoce una relación sucesiva, de manera que un cambio del 5 por ciento en los elementos 1, 3 y 5 no autoriza la revisión de los elementos 2 y 4. La interpretación de esas estipulaciones contractuales puede variar de una a otra empresa y de una a otra persona. El hecho de que esas restricciones se incluyan en muchos contratos sindicales da testimonio de la magnitud del problema. Los empleados temen que se reduzcan las tarifas o se aumenten las cuotas de trabajo, independientemente del medio o del sistema que esté en vigor. La administración, sin embargo, tiene que hacer cambios a fin de mejorar las utilidades y la posición en el mercado.

Las dos maneras de pensar entran en conflicto. Con toda seguridad, la mayoría de los empleados desean tomar parte en el éxito de su compañía. También, la gerencia desea lo mejor para sus empleados. Sería incorrecto inferir que esto no es una situación competitiva. Sin embargo, en ese clima, las cosas han mejorado firmemente para ambos grupos.

Un cambio en los métodos afecta tanto a la administración como a los empleados. Como ya se explicó, el cambio espontáneo se vuelve aparente, pero es más difícil de corregir. Con el transcurso de los años se producen en el trabajo pequeños cambios sutiles. Por lo general, esos "cambios progresivos en los métodos" no son del dominio de una sola persona. Los empleados pasan a desempeñar nuevos empleos buscando mayores ingresos o un puesto para el cual están mejor preparados. De manera que muchos de ellos, o todo un grupo, pueden haber trabajado anteriormente en un empleo o en una serie de ellos. Los cambios que puedan haber introducido habrán dado lugar a nuevas ideas y mejores métodos. Por consiguiente, cada nuevo empleado, al desempeñar ese trabajo, tiene la oportunidad de aumentar la productividad.

Los informes de rendimiento pueden indicar que se ha producido un cambio. Los supervisores, que deben verificar periódicamente los métodos en uso, pueden informar que los procedimientos de trabajo ya no son los mismos. Asimismo, un plan formal para revisión de las normas señalará aquellas tareas donde se ha cambiado el procedimiento de trabajo. Como resultado, los empleos pueden ser revisados con el fin de establecer nuevas normas de trabajo, ya que esos cambios acumulados no pertenecen exclusivamente a una sola persona o grupo. Es indispensable que se formulen procedimientos rigurosos para descubrir y comunicar que se ha producido un cambio. Las revisiones practicadas por el departamento de normas de trabajo deben estar programadas. También se debe pedir al supervisor que controle subjetivamente las tareas para tratar de ver si ha habido cambio. Trabajando todos juntos, se puede ayudar a incrementar la productividad para beneficio de todos.

Cambios en el diseño

Las normas de trabajo envejecen y se deterioran a medida que los métodos cambian.* La administración puede ser la responsable de algunos cambios, pero éstos son por lo general el resultado de la iniciativa del trabajador, a corto o a largo plazo. Los cambios en el diseño o en el proceso son instigados principalmente por la administración. Desde un punto de vista general, las normas de trabajo se pueden deteriorar debido a los cambios introducidos ya sea por los empleados o por la administración. En los medios de manufactura, los cambios en las piezas o en los materiales son de diseño. La modificación de una forma (por ejemplo, disminuir el número de anotaciones o cambiar su lugar en la forma) se puede calificar como cambio en el material o en el diseño en los medios que no son industriales. Los cambios en los materiales y en las partes van precedidos generalmente por los dibujos de ingeniería. En una operación industrial, el departamento de ingeniería de productos debe notificar al de normas de trabajo que se avecina un cambio de diseño. En muchos casos, esos cambios se ponen en práctica sin una notificación formal.

Las normas de trabajo se ven seriamente afectadas cuando cambian las herramientas, el equipo u otros procesos de fabricación. En las operaciones de venta al menudeo o de servicios, se pueden adquirir nuevas máquinas para poner los precios, el cajero puede emplear una registradora de tacto y no una de tacto con tablero, y las antiguas máquinas de microfilm pueden ser sustituidas con modelos más nuevos que eliminan muchas operaciones manuales.

*El "envejecimiento" se define como el proceso mediante el cual los procedimientos, los métodos y los patrones de movimiento estipulados en el lugar de trabajo han cambiado notablemente desde la fecha del estudio original.

En la fundición, un cambio en las ruedas de esmeril, un aumento en el número de pies por minuto de superficie y la adopción de barras de presión, se pueden combinar para influir drásticamente en el tiempo necesario para realizar la operación.

Mala comunicación

Nuevamente, todos esos cambios pueden tener lugar sin que se hayan modificado las normas de trabajo. Por lo general, una empresa tiene métodos formales para impedir que los cambios pasen inadvertidos. Las hojas de ruta indican el orden de las operaciones y las máquinas que se deben utilizar. Los supervisores están capacitados formalmente para que detecten cualquier variación que pueda afectar las normas. También, los informes de rendimiento pueden mostrar variaciones que indiquen que se ha producido un cambio. Las revisiones practicadas por el departamento de normas de trabajo pueden igualmente señalar los cambios. Además, las empresas en su mayoría han programado juntas a intervalos regulares en las cuales se discuten las cuestiones que afectan a la producción.

Todas esas verificaciones capaces de impedir que los cambios pasen desapercibidos se pueden sintetizar en una sola palabra: comunicación. Los métodos formales de comunicación son esenciales. La firma y autorización de un estudio de normas de trabajo por parte del gerente de ingeniería industrial, del supervisor del departamento y del superintendente, son métodos obligados de comunicación. Lo son también las quejas. El cambio se produce y seguirá produciéndose. La gerencia debe aprovechar el cambio para que la empresa siga siendo competitiva.

Algunos factores que determinan el deterioro del sistema

Problemas con el cálculo de tolerancias

Las normas individuales forman parte del sistema total de medición del trabajo. Cuando un sistema falla, todas las normas individuales resultan afectadas. Uno de los factores principales del fracaso de un sistema es la aplicación incorrecta de las tolerancias. Una jornada de trabajo comprende tiempo productivo y no productivo. Algunos tiempos improductivos incluyen los descansos fijos por la mañana y por la tarde, así como el tiempo necesario para preparación y limpieza. En caso de que haya tres turnos, el tiempo improductivo incluye por lo general una comida pagada.

Una jornada de trabajo típica tiene 480 minutos. Supóngase que el contrato estipula que el tiempo improductivo será de 32 minutos en un solo turno. Quiere decir que el trabajador fue contratado para trabajar únicamente 480 − 32 = 448 minutos por día. Esto da un promedio de 56 minutos por hora considerando intervalos iguales. Algunos intervalos pueden contener casi 60 minutos de trabajo, mientras que otros, sobre todo aquellos en los cuales tienen lugar los descansos fijos, serán substancialmente más cortos. En promedio, sin embargo, cada hora da principio con 56 minutos disponibles para trabajar, según el contrato.

También, otros tiempos improductivos pueden estar considerados en el contrato. Un sistema de normas de trabajo que incluya tolerancias por necesidades personales, demoras inevitables y fatiga, se contempla también en el contrato. La tolerancia por necesidades personales se refiere primordialmente al alivio de las funciones fisiológicas normales. Otro impedimento de la productividad continua es la fatiga del trabajador. En esta área se han llevado a cabo numerosos estudios. Desde un punto de vista general, la fatiga varía con la duración del ciclo, con el tipo de empleo y con las condiciones de trabajo. Las demoras inevitables son interrupciones del trabajo que no están bajo el control del operador. El tipo, la naturaleza y la clase de trabajo influyen normalmente en el retraso total.

Esos tres factores (las tolerancias por necesidades personales, por fatiga y por demoras) consumen tiempo y restringen la productividad. Los minutos que se utilizan para necesidades personales y demoras inevitables se pueden determinar objetivamente por procedimientos de muestreo o mediante estudios de las actividades de todo un día. La subjetividad gobierna el tiempo que se concede por fatiga. En la práctica, se ha encontrado que un 10 por ciento a un 17 por ciento de tolerancia total será satisfactorio en la mayoría de las situaciones de trabajo. Obviamente, se trata de generalidades. En la línea de montaje, el operador puede ser relevado por otro a intervalos específicos o según se requiera. El trabajo en un medio extremadamente caliente, por ejemplo, en la parte superior de los tanques de vidrio fundido, puede tener una rutina de 15 minutos de trabajo y 15 de descanso. Las tolerancias se deben estudiar y aplicar tan científicamente como sea posible. La documentación es esencial.

Por contrato, la empresa dispone sólo del trabajador durante 56 minutos en cada hora como promedio. También por contrato, se puede estipular, por ejemplo, el 15 por ciento del tiempo de producción como tolerancia para necesidades personales, demoras inevitables y fatiga. Supóngase que el tiempo para determinar un trabajo es de 389.5652 minutos normalizados. Este tiempo no incluye las tolerancias. Dado que estas últimas son extensiones del tiempo de producción, los 389.5652 minutos* se aumentarán en un 15 por ciento, lo que dará 448.0000 minutos concedidos. Por contrato, este es el tiempo permitido para el trabajo. Dividiendo los 56 minutos de trabajo disponibles entre esta cantidad, se tiene 56/448 =0.1250 piezas por minuto. La producción diaria total será de (8)(0.1250) = 1.0000 piezas por día. De manera que el 15 por ciento de tolerancia será igual a 58.4348 min por día. Si el tiempo necesario para producir otra parte fuera de 25 minutos normalizados, el tiempo total por tolerancias seguiría siendo de 58.4348 min, siempre que el cálculo se lleve a cabo en esta forma prescrita

Las tolerancias determinadas en esta forma alargan el tiempo necesario para producir una pieza. En otras aplicaciones, se considera que el 15 por ciento forma parte de los minutos diarios totales disponibles para el trabajo. Siguiendo este concepto, los cálculos serían: (0.15)(448) =67.20 min. La hora de trabajo se reduce a 47.6 min, o sea una extensión del 17.647 por ciento a los minutos productivos. Consideremos una pieza cuya producción requiere 25 min normalizados. Aplicando el concepto de que las tolerancias son extensiones de los minutos productivos, el número de unidades requeridas por hora sería (56)/(25)(1.15) = 1.9478 piezas. Las tolerancias, como porcentaje del día total, darían lugar a una demanda de 56/(25)(1.17647) = 1.9040 piezas. Es una diferencia notable si se consideran todos los empleados y todas las operaciones. En vez de porcentajes, algunos sistemas usan minutos reales. Si el contrato lo estipula, o si el análisis estadístico lo indica, que se conceden 24.00 min para necesidades personales, 20.22 min por fatiga y 14.13 min por demoras inevitables, los minutos totales disponibles para el trabajo se reducirían en 58.45 min. Aquí, la intención está clara y los minutos reales pueden haberse determinado objetivamente. Entonces, aplicando el concepto de que 58.45 min no están disponibles para la producción, los minutos diarios totales se reducirán en 58.45/(448.00 − 58.45) =0.15 =15 por ciento.

El cálculo de las tolerancias debe ser el mismo con o sin contrato. No se trata de un obsequio a los empleados y deben representar verdaderamente el tiempo no disponible para el trabajo. Sin duda, una empresa quiere saber con certeza cuáles son el costo y la producción prevista de cada producto. El cálculo correcto de las tolerancias ofrecerá mayor claridad. Muchas empresas consideran que el cálculo de las tolerancias se debe hacer con base en 480 min/8 hr de jornada. En esencia, este modo de pensar recupera en la tolerancia los tiempos fundamentalmente restados del día de trabajo en las negociaciones formales. Consideremos nuevamente que 32 min no están disponibles para el trabajo, pero que el cálculo de las tolerancias está basado en 480 min. Los requisitos de productividad, considerando las tolerancias como extensiones de los minutos normales, corresponderían a los 25 min anteriormente

*Un reloj puede medir con una precisión de dos cifras decimales y un TMU con cuatro cifras, pero la mayoría de los analistas en ejercicio prefieren cuatro cifras decimales cuando se desarrollan normas. Las demandas de 1,000 a 1,500 piezas por hora podrían alterar notablemente los ingresos semanales si se consideran únicamente dos cifras decimales.

mencionados. Así, 480/(25)(1.15) = 16.5716 piezas/día, o sea 2.0715 piezas/hora. Tomando las tolerancias como parte del día total, el requisito sería 2.0400 piezas/hora. Obviamente, la compañía recupera en las tolerancias los minutos esencialmente negociados como tiempo que no está disponible para el trabajo. Aunque los tiempos formales para descanso disminuyen la fatiga y permiten satisfacer las necesidades personales, no se pueden recuperar subjetivamente. El empleo de minutos directos eliminará muchos problemas y errores de cálculo.

Los sistemas de incentivos con normas de trabajo correctamente evaluadas pueden aumentar los ingresos de los mejores trabajadores a niveles del 125 por ciento al 135 por ciento. Supongamos un sistema holgado de incentivos que paga el 271 por ciento a esos mismos trabajadores. Las tolerancias se amontonan en esos casos. Trabajando a esos niveles, los empleados recibirán dos veces las tolerancias de un trabajador normal. Tomando 25 min como tiempo normal, se podrían convertir en 28.75 min con el 15 por ciento de tolerancia. Produciendo al 271 por ciento, la tarea se terminaría en 10.63 min. Por cada unidad producida, el operador ganará 3.75 min de tolerancias. Terminando una pieza en 10.63 min, se gana también una unidad de tolerancias equivalente a 3.75 min. Una segunda pieza equivaldrá también a 10.63 + 3.75 = 14.38 min. Juntas darán 28.75 min, pero se ganaron dos unidades de tolerancias. El operador dedicaría ese tiempo a la producción y la acumulación aumentaría todavía más. Si, hipotéticamente, las tolerancias se pagarán como un cheque por separado, este problema se minimizaría. Incluso a niveles normales de incentivo, están distribuidas desigualmente. Este análisis sirve sólo para demostrar la importancia que la interpretación correcta de las tolerancias tiene para un sistema total de normas de trabajo. En un ejemplo restringen demasiado mientras que en otro son demasiado liberales. Cualquiera de esas malas aplicaciones debilitará el sistema total.

Errores en el pago del tiempo de proceso

En los trabajos cuyo ciclo de máquina es largo, el orden puede ser: carga = 2 min, tiempo de máquina = 20 min, descarga = 3 min. Con un tiempo de máquina fijo, el operador no podrá ganar incentivo sobre la mayor parte del tiempo total. Si los tiempos de carga y descarga fueran un 25 por ciento arriba de lo normal, los 5 minutos de tiempo fuera se reducirían a 5 min/1.25 = 4.00 min. El tiempo de máquina permanecería constante. El operador ganaría 25/24 = 1.04, o sea un incentivo del 4 por ciento. En muchas aplicaciones, esta situación representa una oportunidad perdida de ganar incentivos. Por contrato o por política, se aumenta el tiempo de máquina, por ejemplo, en un 125 por ciento, a fin de dar la oportunidad de ganar incentivo durante todo el ciclo. El ciclo de pago es 5 min fuera más (20)(1.25) = 25 min de tiempo de máquina por 30 minutos de ciclo total. Normalmente, el ciclo se completará en 25 min. Con un 25 por ciento de incentivo, serán 24 minutos. Obviamente, se trata aquí de dar oportunidades iguales de ganar incentivos, así como estímulo, para mantener ocupado el equipo costoso durante una mayor parte del día.

La parte interna del ciclo, o sea el tiempo de máquina, se puede utilizar para trabajo adicional. Durante los 20 min del ciclo, el operador puede realizar funciones necesarias para la operación eficiente de la máquina. "Retirar sobrantes" es una de esas funciones. Otras es el tiempo de atención. En momentos críticos del ciclo, el operador tendrá que prestar una atención considerable para asegurarse de que todo marcha bien para la máquina, la parte y las herramientas. Durante las partes menos críticas del ciclo, el operador podría preparar la pieza siguiente, verificar una parte anterior, u operar una segunda o tercera máquina.

Cuando se asignan más de una máquinas similares, el modelo se puede explorar mediante 2 términos para determinar la interferencia. Se puede desarrollar otro modelo para asignaciones de máquinas similares o no similares aplicando las técnicas de Poisson, exponencial, de Erlang o de simulación.[4] De nuevo, esta modelación matemática es para determinar la interferencia de las máquinas. Cuando se asignan dos o más máquinas a un operador, hay veces en que la segunda, la tercera, o tanto la segunda como la tercera máquinas, requieren servicio o atención del operador. Si éste está trabajando con la primera máquina, la segunda o tercera tendrá que esperar. Esta cola de interferencia aumenta el tiempo de ciclo de las máquinas que esperan, diminuyendo el tiempo productivo diario disponible. La interferencia puede ser del 2 por ciento al 25 por ciento por máquina. Los factores que gobiernan la magnitud de la interferencia aceptable cuando se modela un proceso están basados fundamentalmente en la razón entre mano de obra y costo.

La porción interna, o sea el tiempo de máquina, del ciclo total, se puede aprovechar ocupando al operador en otras actividades. La idea predominante es utilizar el tiempo del operador, puesto que la compañía está pagando por todo el ciclo. Así es particularmente cuando los incentivos se pagan con base en el tiempo de máquina. Muchas personas han decidido que la porción interna se puede "cargar" sólo a los niveles normales y no a los de incentivos. De manera que, cuando se efectúan cálculos aplicando las ideas de las personas que han tomado la decisión para determinar la manera de utilizar los tiempos internos, se deben determinar a niveles de rendimiento normales o promedio. En el caso antes mencionado, la compañía puede cargar los 20 min internos al nivel normal. Por lo general, no es posible utilizar totalmente esta parte del ciclo, y se genera tiempo de espera.

El problema de cómo pagarle al operador durante esas demoras naturales atormenta a los analistas. Puede suceder que a los trabajadores se les pague de más o de menos. Un sistema de normas de trabajo puede degenerar notablemente si este concepto no se trata de la manera correcta. A veces, un sistema está estructurado con tanto refinamiento matemático que efectivamente paga la mano de obra a razón de un 140 por ciento a un 160 por ciento por un rendimiento del 100 por ciento.

Consideremos un destornillador tipo broca, de usos múltiples, que contiene herramientas adicionales en el mango hueco. Supongamos que, en el proceso de montaje, el operador deja salir las herramientas y éstas caen sobre la mesa para ser seleccionadas. Esta porción del ciclo está fuera del control del operador. El tiempo transcurrido desde el momento en que la broca sale del destornillador hasta que caen sobre la mesa se llama "tiempo de proceso". Con un procedimiento refinado es posible medir esta parte del proceso. Aplicando un sistema predeterminado, las manos derecha e izquierda se consideran ociosas durante ese período sumamente corto del ciclo. Es tiempo de proceso. El operador no puede apresurar esta porción del orden sucesivo y no habrá oportunidad de ganar incentivos durante esa parte del ciclo.

De acuerdo con algunos sistemas de normas de trabajo, esa parte del ciclo se debe ampliar, por ejemplo, en un 25 por ciento, en vista de que no hay oportunidad de ganar incentivos debido al tiempo de espera del operador. Esta descripción está simplificada y no tiene en cuenta algunos detalles, como por ejemplo, el tiempo de reacción, la distancia que recorre la vista y el enfoque de los ojos. Pero también esto es un tanto subjetivo en este tipo de análisis. ¿Se debe ampliar este tiempo para que haya incentivo? Obviamente no. No es esa la intención de la tolerancia del proceso. Sin embargo, eso hacen exactamente algunas compañías al aplicar sus normas de trabajo. Supongamos que se recurriera a un procedimiento fotográfico de muy alta velocidad para analizar el trabajo. Con esa técnica se podrían suprimir todos los tiempos en que las manos derecha e izquierda están estacionarias simultáneamente. Al ser sumados, esos tiempos podrían representar una parte substancial del ciclo total. Con ciclos muy cortos, podría representar un 30 por ciento del tiempo total; con ciclos más largos, posiblemente un 20 por ciento. ¿Se deben pagar como tolerancias esos tiempos acumulados? Otra vez, la respuesta es no. Aunque este último ejemplo viola la definición precisa del tiempo de proceso, sirve para ilustrar cuán perjudicial puede ser este concepto al establecer ciclos precisos de trabajo.

En las operaciones de fundición se han pagado tolerancias de proceso del 133 por ciento sobre el ciclo de cernido, sobre el tiempo requerido para que la arena caiga dentro del molde desde una tolva de alimentación por gravedad, sobre el tiempo en la prensa moldeadora y sobre muchas otras facetas de la operación. Durante el cernido, el tiempo lo fijan los operadores. Esparcen la arena durante su ciclo total, de manera que el trabajo no se limita. Análogamente, el operador se encuentra activo en el proceso de llenado con arena, tirando de una palanca. esparciendo la arena y haciendo vibrar la tolva.

En las operaciones de laminado de metales, el movimiento de la prensa está un tanto restringido por los dispositivos de seguridad, los cuales pueden estorbar el ritmo de movimiento del operador. Asimismo, durante el tiempo en que la prensa sube y baja, el operador se vuelve para tomar una nueva pieza y la coloca en posición para insertarla. Puesto que el tiempo de operador es menor que el tiempo de máquina, el ciclo está inflado por las tolerancias del proceso, ya que el operador no puede trabajar más de prisa debido a las restricciones de la máquina. Sin embargo, el tiempo de trabajo del operador, con un 100 por ciento de rendimiento, usó el 95 por ciento del tiempo de máquina.

Consideremos una línea de montaje mecanizada, donde cada estación está ajustada a 1.00 minuto normalizado. ¿Se les debe pagar a los trabajadores el 125 por ciento porque la operación está controlada por la máquina? No debe olvidarse que la decisión ha sido que el 100 por ciento es todo lo que se puede pedir, tanto al trabajo externo como al interno. Esta línea de montaje, sin embargo, no paga incentivos a 1 min. En las aplicaciones de este tipo, la línea es por lo general acelerada o se introducen más partes por unidad de tiempo. El trabajador ganará realmente incentivos. Pero, ¿y si a otras partes del taller se les pagan tolerancias de proceso en la parte del ciclo controlada por la máquina? ¿No se les debería pagar también a los trabajadores de la línea de montaje incentivos por el 100 por ciento?

Estas preguntas confunden. Hay que tener cuidado al desarrollar fórmulas para pagar tiempo de proceso. En algunos casos, el tiempo de proceso no sólo está inflado, sino que también se le conceden tolerancias. Entonces, hay que guardarse de este tipo de errores de cálculo, o se convertirán en una obligación regida por el contrato. La intención original al conceder tolerancias de proceso se basó en el hecho de que el operador de la máquina no puede aumentar la velocidad ni el avance sin destruir las herramientas y los productos. Implicaba también una atención absoluta durante la mayor parte del ciclo. En este ejemplo, el tiempo de máquina no se podía aumentar debido a las limitaciones físicas. Esencialmente, el ciclo estaba cerrado. Estas restricciones no existen en el caso de otras aplicaciones, porque los tiempos de ciclo se pueden modificar. En muchas aplicaciones incorrectas de las tolerancias de proceso, los trabajadores de una instalación pueden estar rindiendo al 110 por ciento, pero sus ingresos son del orden del 160 por ciento.

Mala interpretación de la cláusula de oportunidad del contrato

Un contrato con el sindicato puede contener una frase o una sección donde se estipule que el trabajador si trabaja con incentivos, tendrá la oportunidad de ganar un 25 por ciento sobre la tarifa ocupacional por hora. Esta estipulación contractual tiene muchas variantes. En la mayoría de los casos, la intención es muy clara. Significa que el sistema se establecerá de manera que un trabajador que aporte una habilidad y un esfuerzo ordinario ganará el 100 por ciento. En este caso, el 100 por ciento se define como normal. Un sistema al 100 por ciento, definido en esa forma, dará la oportunidad requerida de ganar otro 25 por ciento. Esencialmente, el contrato está imponiendo un plan de poca tarea. La estipulación, expresada en esa forma, es muy difícil de interpretar, sobre todo para quienes no están familiarizados con los sistemas de normas de trabajo. Durante las negociaciones, o en el curso de una queja, la compañía, sin saberlo, puede estar aprobando otra interpretación que podría dar lugar a que se pague el 125 por ciento a cambio del 100 por ciento. Un gran número de empresas se encuentran actualmente en esa situación. Por lo tanto, si se toma el 125 por ciento para multiplicar el tiempo concedido, el resultado será (1.15)(1.25) = 1.44, o sea el 44 por ciento de tolerancias cuando se concede el 15 por ciento para necesidades personales, fatiga y demoras. Esta acumulación es todavía más severa en otros casos donde se toman valores más altos. El error se multiplica muchas veces cuando va asociado con la aplicación incorrecta de las tolerancias de proceso.

La estipulación de "oportunidad" en el contrato sindical fue al principio motivo de preocupación. Se incluía como instrumento de protección para asegurarse de que las empresas no evaluarían el rendimiento con valores más bajos al observar el rendimiento promedio. Se usaba también en los planes de alto riesgo para indicar que el 100 por ciento ganaría el 25 por ciento o algún otro incentivo estipulado. Nunca quiso implicar que el rendimiento normal ganaría automáticamente un incentivo del 25 por ciento agregado a las tolerancias. Estos problemas se pueden evitar en el siguiente contrato definiendo la sección con más claridad. Algunas empresas prefieren impugnar la mala interpretación basándose en secciones del contrato que nulifican las normas que tengan errores de cálculo. Otras han elegido el estudio para decidir, exponiendo deliberadamente algunos empleos con el fin de poner a prueba la legitimidad de la estipulación. Otro método consiste en fijar todas las normas actuales a los empleados, poniéndolos esencialmente en círculo rojo, hasta que otro grupo de trabajadores se haga cargo de la tarea.

Entretanto, todas las nuevas normas se establecerán en ausencia del factor de oportunidad. El problema es grave: reduce la producción, paga por más de lo que se previó al principio. Algunas estipulaciones están redactadas en forma tan definitiva, que el acuerdo no será una solución. En realidad, es poco práctico pensar que las normas establecidas actualmente se puedan reducir en un 25 por ciento. Las normas futuras, o las antiguas, se pueden estudiar sin recurrir al valor de incremento, pero primero, se puede poner a prueba mediante el acuerdo tomado, se puede reestructurar la redacción durante las negociaciones, o tal vez se llegue a un acuerdo con el sindicato. La franqueza es importante. Ni a la empresa ni al sindicato les conviene comercializar su producto con costos de mano de obra que excedan en un 25 por ciento a los de sus competidores.

Organización deficiente del departamento de normas de trabajo

En muchas empresas, el departamento de normas de trabajo está mal organizado. Es el "departamento de tarifas", la "sección de tiempos" o el "grupo que maneja el reloj". A menudo, los trabajadores de producción se refieren al procedimiento de fijar normas como "toma de tiempo". La estructura es tan distinta en algunos casos, que el departamento de métodos y el departamento de normas de trabajo están separados. Cada uno depende de un jefe propio y se encuentra en diferente nivel organizativo. En una empresa, la oficina puede estar situada en un oscuro rincón, con calculadoras rotatorias que yacen sobre un escritorio lleno de inscripciones con el color local. En otra compañía puede contar con terminales de computadora, pisos alfombrados y una bibilioteca actualizada. Los sueldos del personal varían considerablemente. Algunas empresas exigen títulos universitarios. Se podrían mencionar muchas otras disparidades, pero estas pocas servirán para demostrar que un número apreciable de compañías siguen pensando que el departamento carece básicamente de importancia.

Cuando se ha establecido una norma de trabajo, todo el mundo se convierte en experto. El trabajador sabe que la norma es incorrecta y amenaza con presentar una queja. El supervisor piensa que la norma requiere más tolerancias. El gerente de operaciones pregunta "¿Cuál es el ingreso real?" El departamento de relaciones industriales exige una posición intermedia. De manera que, esencialmente, esa norma individual es negociada.

Aunque esas prácticas han ido disminuyendo con los años, son características de los problemas del área. La gerencia cree equivocadamente que establece los costos de mano de obra de cada unidad producida. En realidad, el analista de normas de trabajo es el que toma dicha determinación que obliga el contrato. Por lo general, a los analistas de normas de trabajo, o a los jefes de su departamento, no se les mantiene informados en el curso de negociaciones. Esa puede ser la razón de que las estipulaciones de oportunidad de ganar incentivos, o los procedimientos relativos a las tolerancias del proceso, aparezcan misteriosamente en un nuevo contrato. Con frecuencia, se requiere un lenguaje distinto para corregir algunos problemas anteriores. Sin embargo, nadie parece solicitar el concurso del departamento responsable.

Los problemas que dan lugar al deterioro del sistema se han clasificado como técnicos, de aplicación y de organización. De todos ellos, los que provocan el mayor caos con la productividad son los que van asociados con la deficiencia organizativa. En una empresa, los trabajadores de producción pueden estar terminando su jornada en 5 horas. En otra se pueden estar alterando flagrantemente las tarjetas de tiempo. Y se podrían citar muchos otros ejemplos. Si ese tipo de problemas es conocido, ¿por qué sigue existiendo? Los administradores escuchan al contador que maneja los impuestos porque serán castigados si no se siguen las reglas. Escuchan también al ingeniero, sobre todo cuando se discuten temas relacionados con la responsabilidad de la producción. La autoridad que se confiere a esas funciones proviene de fuentes externas. Hay que prestarles atención. En el caso de las prácticas equivocadas en materia de normas de trabajo, la gerencia puede o no prestar suficiente atención. De existir un departamento bien organizado, la administración se vería obligada internamente a corregir esos problemas en el momento en que ocurren. Muchas veces, cuando se ven los resultados es ya demasiado tarde.

Técnicas para aislar el área con problemas específicos

Procedimientos formales para realizar una revisión

Todo sistema de medición del trabajo, así como toda norma de trabajo específica, perderán eficacia. Lo que ayer era una norma buena y confiable, hoy puede ser demasiado vaga. El ingenio fomenta el cambio, que en su mayor parte es ventajoso. Se puede recurrir a procedimientos fortuitos o estratificados de control para determinar qué ha cambiado, así como la magnitud del cambio. Se puede desarrollar un método para determinar qué trabajos se deben controlar, recurriendo al informe de variaciones y a una tabla de números aleatorios. Esta técnica de selección se puede aplicar a toda la organización o por departamentos. Hay que tener precaución al seguir este procedimiento, con el fin de evitar la parcialidad. Un control enteramente al azar podría escoger las operaciones sin tener en cuenta las ventas o la frecuencia. Los métodos estratificados podrían incluir un análisis de Lorenz* junto con la selección al azar de los trabajos que se van a revisar, con respecto a las ventas o la frecuencia.

El control por demanda no se practica al azar. Esta técnica se refiere al control o revisión de los empleos que acusan ingresos excesivos. Se eligen esas operaciones debido a los ingresos puros o porque presentan relaciones incorrectas entre los ingresos y el tiempo improductivo. Con este procedimiento de selección, el problema está en que los trabajadores pronto se enteran de qué niveles de rendimiento dan lugar a que "acudan los espías". Ocultan por lo tanto sus ingresos o recurren a otros métodos para disimular su buena fortuna. Otro método para determinar qué trabajos deben ser revisados viene de una formulación Z modificada. Mediante la prueba de hipótesis y la estadística con distribución Z, una impresión de computadora indicará qué normas están fundamentalmente fuera de lugar, demasiado flojas o demasiado rígidas, con base en la variabilidad.† Esta fórmula se modifica con $Z = 0.84$ para

*La elaboración de gráficas del porcentaje acumulado de pedidos, comparando con el porcentaje acumulado de ventas, señalará los productos que más contribuyen al ingreso. Véase la obra de W. Allen Wallis y Harry V. Roberts, *Statistics – A New Approach*, Free Press, Nueva York, 1956, págs. 257-264.

†Para más información sobre las distribuciones Z y t, véase la sección 13 de esta obra. El uso de la fórmula, para determinar las normas de trabajo que están fuera de lugar, pertenece a cierto sistema predeterminado y computarizado, pero sigue esta forma general

$$Z_0 = \frac{[\bar{X} - 0.84\,\hat{S})] - \mu}{(\hat{S}/\sqrt{n})}$$

donde n = numero de piezas producidas según esta norma en más de una semana; $n > 100$.
$\hat{S}$ = muestra SD.
$\bar{X}$ = tiempo medio del operador para esta norma.
$\bar{\mu}$ = tiempo estándar real calculado.
$Z_\alpha = \pm 1.96$

Probar las hipótesis:
$H_0 : \mu =$ la norma MDW
$H_1 : \mu \neq$ la norma MDW

el MDW cuando se supone que el 80 por ciento es normal. Algunos analistas prefieren las estadísticas t para estos cálculos. Toda esta cuestión de determinar qué trabajos se deben examinar para emitir un juicio justo acerca de la validez de las normas actuales es sumamente difícil. Una mayor variabilidad en el rendimiento puede indicar tareas flojas o estrictas basadas en normas de trabajo incorrectamente establecidas. Puede indicar también producción estabilizada o descontento del trabajador. La computadora puede indicar que esos trabajos deben ser examinados cuando en realidad pueden ser absolutamente correctos. Nada superará a un buen lazo de comunicación con el taller cuando se va a aplicar el control selectivo.

De todos estos sistemas aplicables, el control al azar parece ser el mejor. Es capaz de detectar muchas tareas secundarias. La intención del control es *diversa.* Ciertamente los costos de los empleos principales son importantes, pero cuando se considera la actitud de los trabajadores, se pueden sentir desilusionados con las tareas de producción menores lo mismo que con las importantes.

Cuando se aplican métodos de estudio de tiempo, un control formal debe durar el tiempo suficiente para incluir a muchos de los elementos irregulares, demoras y otros factores que puedan restringir la productividad. Las fórmulas estadísticas que indican la duración de un estudio de tiempo con base en la variabilidad de los elementos son a menudo engañosas. Esos tipos de estudios más cortos presuponen que las demoras son correctas. Esencialmente, sólo tratan de dar validez a los tiempos elementales.

Supóngase que en el proceso formal de revisión o estudio se hizo un estudio de tiempo de 2 horas de duración. Dentro de ese estudio podrían figurar elementos tales como esperar los materiales, rotura de herramientas, interpretación de las órdenes de producción, y elementos irregulares. Si, por ejemplo, se efectuaran 50 de esos estudios, representarían 100 horas de análisis. Pero, lo que es más importante, al formar un cuadro compuesto de esos 50 estudios, se tendrá una representación muy buena de lo que constituye el tiempo improductivo total. A partir de esos 50 estudios sería posible elaborar un cuadro que muestre los tiempos de producción y la mayoría de las partes de los tiempos improductivos. Por lo tanto, un solo estudio de 2 horas tendría una predecibilidad substancialmente buena. Si se hicieran 50 estudios de 15 minutos de duración representarán 12.5 horas. Un cuadro compuesto a partir de esto resultaría extremadamente parcial si se consideran los pronósticos respecto a los tiempos improductivos. Cada estudio individual, de 15 minutos de duración, no sería estadísticamente confiable. En cambio, podría indicar poca variabilidad de los elementos y, por formulación, ser muy importante.

No se pretende rebajar el proceso estadístico, sino advertir a quienes practican el estudio formal. En muchos trabajos, el cambio se ha producido fuera del procedimiento cíclico elemental. Tal vez un estudio breve no pueda detectar esos cambios, pero, equivocadamente, se le considerará correcto. Por cada hora de estudio de tiempos, se requiere normalmente de una hora a una hora y media de trabajo de cálculo en la oficina. Las firmas de consultoría administrativa estiman por lo general de dos a tres estudios por día cuando hacen sus cotizaciones. Es fácil reconocer, por lo tanto, que muchos estudios se hacen apresuradamente debido a las restricciones de tiempo. Un estudio debe verificar que todos los aspectos del trabajo se llevan a cabo según se definieron en el estudio previo. Si se trata de una queja, o si el estudio va a pasar a control, se dedicará un tiempo considerable a la preparación del estudio. ¿Por qué no mostrarse tan diligente cuando se trabaja para la gerencia?

Procedimientos estadísticos para realizar un estudio

El estudio del rendimiento es otra de las técnicas que se pueden aplicar en forma rápida para comprobar si las normas de producción están fuera de lo normal. Es un método rápido y confiable, siempre que el alcance de la técnica sea limitado. Una empresa puede generar datos estadísticos acerca del nivel de rendimiento de los empleados, del departamento o de todas las instalaciones de producción. El análisis por computadora ofrece una amplia gama de información.

Supóngase que los documentos de la empresa indican que los trabajadores de producción están produciendo al 110 por ciento. Se sienten decepcionados. Supuestamente, el sistema de normas de trabajo estipula la oportunidad de un 25 por ciento. Los trabajadores están disgustados también por la presión que ejerce la compañía. Presentan una queja porque la empresa no está dando la oportunidad del 25 por ciento estipulada en el contrato. En este caso, la compañía culpa a los trabajadores y éstos a la compañía. En casos como éste, una auditoría para evaluar el rendimiento podría determinar si algo marcha mal. Un termómetro puede indicar si algo está mal dentro del cuerpo. Le da validez a la afirmación "no me siento bien". Pero no señala la causa. La auditoría del rendimiento es también una técnica de validación.

La estimación y la prueba de hipótesis son las técnicas que se utilizan en este procedimiento de control. Supóngase que los registros de la compañía indican que los empleados de producción, como grupo, están logrando un promedio del 110 por ciento. Un muestreo al azar de 30 tareas de producción evaluando el rendimiento, da los resultados siguientes: $\bar{X}$ 122 por ciento y $\hat{S} = 8$ por ciento. Recurriendo a la estadística t, se establece un intervalo de confianza de $P(119 \leqslant \mu \leqslant 125) = .95$. Cuando no se conoce el SD, se puede tomar $\hat{S}$ en su lugar. La distribución t exige normalidad y homogeneidad.[5] No se trata de hurgar en la teoría estadística. El concepto es que se ha evaluado el rendimiento de 30 tareas, a partir de lo cual se predice que el verdadero nivel de rendimiento caerá en algún punto de intervalo comprendido entre 119 y 125 por ciento. Obviamente, surgirá la discusión respecto a la competencia del evaluador o a la alteración por parte de los trabajadores de producción. Pero esto ocurre en los procedimientos completos del estudio. Ocurre de hecho cuando se establecen las normas. En este caso particular, lo que hay que determinar es por qué los trabajadores de producción están ganando el 110 por ciento cuando deberían estar ganando, como promedio, entre el 119 por ciento y el 125 por ciento.

Un vistazo al sistema de normas de trabajo en vigor puede indicar que las tolerancias por demoras estipulan 5 minutos para recoger materiales, con base en tres cambios por día. Con un programa de intervalos cortos, los trabajadores pueden cambiar de siete a nueve veces por día. Asimismo, la compañía concede 30 minutos de descanso que es lo estipulado en el contrato. En esta aplicación particular del estudio de tiempo, el tiempo normal se amplía en un 15 por ciento y se divide entre 60 minutos, lo que en esencia recupera algo del tiempo de descanso y comprime el tiempo necesario para las demoras.*

La idea en que descansa el estudio del rendimiento es la de establecer, con alguna objetividad, si el sistema está funcionando correcta o incorrectamente según las normas prescritas. En casos reales, el sistema ha sido aceptado en los acuerdos, ha permitido demostrar que las normas son demasiado flojas o demasiado rígidas, y también ha sido útil porque ha dado lugar a que el sistema sea examinado más atentamente.

Estudio de normas predeterminadas

La selección de trabajos predeterminados para examinarlos sigue igual doctrina y formato. No se recomienda la revisión por estudio de tiempo, pero algunos contratos sindicales estipulan el procedimiento. En los casos en que se exige la comprobación por estudio de tiempo, se seguirán los mismos procedimientos recomendados para la revisión por estudio de tiempo. También, los sistemas predeterminados suelen fallar. Las causas externas son básicamente las mismas que hacen fracasar al estudio de tiempo. Algunos analistas no tienen en cuenta las irregularidades que se producen al pasar de un ciclo a otro. Por ejemplo, cuando se ajusta una parte a otra, se puede encontrar que se acoplan perfectamente sólo en 7 de cada 10 veces. En el análisis, sin embargo, la serie de movimientos necesarios para corregir el ajuste tres veces de

*Los problemas asociados con este tipo de cálculo se explicaron en la sección que habla de los factores que predominan en el deterioro de un sistema.

cada diez no se tiene en cuenta en el tiempo total. Esto hará que la norma de trabajo limite demasiado. Las convenciones que indican que todas las series de movimientos de la mano están limitadas por otra serie restringen a menudo demasiado. Considérese un análisis MTM que requiere 40 TMUs = 0.024 min. Si el analista, equivocadamente, incluye en la serie de movimientos una segunda acción de asir, G2 = 5.6 TMU, el error será de 5.6/40 = 14 por ciento. Algunos análisis MTM que contienen muchos movimientos corporales están sujetos a variaciones aún mayores. Estos y otros son errores técnicos que se deben tener en cuenta en el proceso de la revisión. Por lo general los sistemas predeterminados, o el estudio de tiempo, fallan cuando las normas se fijan conforme al método del trabajador y no a un método diseñado por el analista. Los sistemas predeterminados son procedimientos excelentes para medir el trabajo y determinar métodos, si se aplican correctamente, pero son también vulnerables al cambio y a los errores del analista. De manera que el estudio o control es esencial.

Estudio para determinar si los trabajadores están limitando su producción

A veces, los trabajadores de producción estabilizan su productividad, lo cual significa que controlan deliberadamente la producción. Se pueden encontrar ejemplos en diversos medios productores. En una línea de montaje, por ejemplo, los trabajadores reducen la producción durante 6 meses para favorecer sus intereses a la hora de las negociaciones. En algunas operaciones de la fabricación de automóviles, los trabajadores de producción trabajarán a niveles del 150 por ciento para luego no hacer nada el resto del día. El trámite de las reclamaciones de pago de seguros se mide contra una norma prescrita. También en este caso los empleados pueden satisfacer la norma y, luego, no hacer nada.

Aunque todas estas situaciones son bien conocidas para los administradores, a veces parecen ser incapaces de controlarlas. El contrato puede restringir todo intento de establecer nuevas normas. El departamento de relaciones laborales preferirá apaciguar al trabajador, y lo hará principalmente no dándose por enterado. Los administradores pueden pensar que no es el momento de poner remedio, porque están atrapados con la manera de pensar que dice que hay que "sacar las cosas por la puerta trasera". De manera que los trabajadores pueden salirse con la suya. En algunos casos, la situación es tan mala que un trabajador de producción llega incluso a sustituir a los otros miembros del departamento que abandonaron más temprano las instalaciones. En otro caso, los trabajadores se ausentaban casi tan pronto como llegaban porque no había trabajo suficiente en la máquina. Por consiguiente, podían hacer en 1 día de trabajo el equivalente a 2 días y medio. Esa estabilización del trabajo se observa en todas las áreas. Un reparador de aparatos telefónicos se puede quedar sentado en su camión durante una hora porque un trabajo que requería hora y media quedó terminado en media hora. La producción controlada es muy perjudicial. La instalación o las máquinas no se utilizan totalmente. Los trabajadores no siempre son tan atrevidos, sino que estiran la jornada de trabajo para proteger sus intereses. Así ocurre particularmente cuando la gerencia está recurriendo a técnicas para investigar la productividad con el fin de recuperar el control de la función de fabricación.

Determinar si los trabajadores están controlando sutilmente la productividad no es tarea fácil. Se puede saber, pero no se puede probar. O tal vez no se sepa. En esas situaciones, una prueba estadística no paramétrica, con altas y bajas, puede ayudar a determinar que los niveles diarios de producción no son aleatorios. Esa prueba, contenida en la teoría de las corridas, se relaciona con el tiempo en esta particular aplicación. Supóngase que la productividad obtenida en una línea de montaje regulada por el trabajador, expresada en unidades diarias por hora, fue como sigue:

10.91, $11\overset{+}{.}03$, $12\overset{+}{.}02$, $8.\bar{9}7$, $11\overset{+}{.}86$, $12\overset{+}{.}44$, $11\overset{-}{.}58$, $11\overset{-}{.}50$, $10\overset{-}{.}42$, $10\overset{+}{.}74$, $11\overset{+}{.}37$, $11\overset{+}{.}70$, $12\overset{+}{.}46$, $13\overset{+}{.}10$, $12\overset{-}{.}33$, $10\overset{-}{.}09$, $10\overset{+}{.}95$, $12\overset{+}{.}15$, $9.\bar{6}8$, $10\overset{+}{.}87$, $10\overset{-}{.}69$, $10\overset{-}{.}52$, $10\overset{-}{.}32$, $11\overset{+}{.}54$, $11\overset{-}{.}13$, $10\overset{-}{.}89$, 10.56, $11\overset{+}{.}33$, 9.72, $11\overset{+}{.}01$, $11\overset{+}{.}35$, $11\overset{+}{.}46$, $12\overset{+}{.}08$, $11\overset{-}{.}46$, $11\overset{+}{.}94$, $9.\bar{7}9$, $9.\bar{3}1$, $10\overset{+}{.}35$, $10\overset{+}{.}83$,

$10\overset{-}{.}00$, $9\overset{-}{.}97$, $9\overset{-}{.}79$, $10\overset{+}{.}35$, $11\overset{+}{.}35$, $11\overset{+}{.}41$, $10\overset{-}{.}63$, $8\overset{-}{.}98$, $9\overset{+}{.}83$, $9\overset{-}{.}65$, $12\overset{+}{.}78$, $13\overset{+}{.}00$, $17\overset{+}{.}04$, $9\overset{-}{.}17$, $9\overset{+}{.}44$, $9\overset{+}{.}45$, $12\overset{+}{.}35$, $11\overset{-}{.}56$, $12\overset{+}{.}63$, $9\overset{-}{.}93$, $8\overset{-}{.}66$, $11\overset{+}{.}68$, $11\overset{+}{.}92$, $12\overset{+}{.}43$, $9\overset{-}{.}70$, $11\overset{+}{.}83$, $11\overset{-}{.}30$, $11\overset{+}{.}86$, $11\overset{-}{.}20$, $10\overset{-}{.}21$, $11\overset{+}{.}67$, $10\overset{-}{.}65$, $11\overset{+}{.}71$, $10\overset{-}{.}11$, $11\overset{+}{.}30$, $11\overset{-}{.}23$, $10\overset{-}{.}32$, $13\overset{+}{.}64$, $7\overset{-}{.}60$, $8\overset{+}{.}28$, $12\overset{+}{.}06$, $12\overset{+}{.}74$, $9\overset{-}{.}58$, $9\overset{-}{.}48$, $9\overset{-}{.}46$, $10\overset{+}{.}86$, $12\overset{+}{.}59$, $13\overset{+}{.}17$, $14\overset{+}{.}34$, $11\overset{-}{.}44$, $11\overset{-}{.}43$, $10\overset{-}{.}02$, $12\overset{+}{.}30$, y $12\overset{+}{.}54$ con $n = 93$ días de producción. El signo más indica un aumento con respecto al día anterior; el signo menos indica una disminución.[6] Por lo tanto,

$$R = \text{el número de cambios de signo} = 49$$

$$E(R) = \tfrac{1}{3}(2n - 1) = \tfrac{1}{3}[2(93) - 1] = 61.67$$

$$E(V) = \frac{1}{90}(16n - 29) = \frac{1}{90}[16(93) - 29] = 16.21$$

$$Z = \frac{R - E(R)}{E(V)} = \frac{49 - 61.67}{4.03} = -3.14$$

donde R = corridas reales
$E(R)$ = corridas esperadas
$E(V)$ = varianza esperada
n = número de observaciones o tamaño de la muestra

Para calcular el número de cambios de signo, véase la serie, la cual comienza

```
1 2 3     4         5     6 7
+ + − + + − − − + + + + + − − + +
```

Aquí tenemos siete cambios de signo.

La solución de este problema radica en la prueba de hipótesis. Suponiendo que $\alpha = 0.01$, $Z_\alpha = -2.33$; por lo tanto $-3.14 < -2.33$, y el concepto de azar se rechaza para esta prueba en particular.

Con base en los resultados de esta prueba, un analista de normas de trabajo puede sospechar que los trabajadores están limitando su producción diaria. Tal vez las normas hayan sido impugnadas en una queja y los trabajadores de producción están dedicándose a una actividad productiva controlada y no aleatoria antes de tomar un acuerdo. Puede ser también que estén protegiendo algunas normas flojas. Obviamente su situación es buena, porque con poco esfuerzo pueden lograr sus niveles productivos y muy buenos ingresos. Por lo general, los trabajadores saben qué excesos darán lugar a que la gerencia estudie sus empleos, de manera que limitan la producción. Esta prueba podría indicar también que las normas son demasiado rígidas. El empleado controlará la producción a niveles más bajos, en un punto que restrinja toda investigación posterior.

El hecho de que esta prueba no indica distribución aleatoria puede justificar la conclusión de que los trabajadores están controlando deliberadamente la producción. El contrato con el sindicato estipula por lo general las condiciones en las cuales se pueden establecer nuevas normas. Los cambios (en los métodos, los materiales o el diseño), los errores y otros factores pueden justificar contractualmente la revisión y el ajuste de una norma de trabajo. Por lo general, una señal de que está presente uno de los factores que influyen en el cambio es cuando la producción se limita o se estabiliza. Esta prueba estadística es una manera de investigar un posible control de la producción por parte del trabajador. El estudio de los trabajos practicada con esta base puede demostrar que la norma de trabajo no refleja realmente el rendimiento.

REFERENCIAS

1. DELMAR W. KARGER y FRANKLIN H. BAYHA, *Engineered Work Measurement*, (2a. Edición), Industrial Press, Nueva York, 1966, pág. 268.

2. UNITED AUTO WORKERS, Time Study –Engineering and Education Departments, *Is Time Study Scientific?*, Publicación No. 325, Solidarity House, Detroit, 1972.
3. NATIONAL INDUSTRIAL CONFERENCE BOARD, INC., *Systems of Wage Payment: Studies in Industrial Relations*, Autor, Nueva York, 1930, págs. 102-115.
4. JOSEPH A. PANICO, *Queuing Theory – A Study of Waiting Lines for Business, Economics, and Science*, Prentice-Hall, Englewood Cliffs, NJ, 1969, págs. 18-91.
5. PAUL G. HOEL, *Introduction to Mathematical Statistics*, Wiley, Nueva York, 1962, págs. 262-296.
6. YA-LUN CHOW, *Statistical Analysis*, Holt, Rinchart & Winston, Nueva York, 1975, págs. 536-577.

BIBLIOGRAFIA

BROWN, ROBERT G., *Management Decisions for Production Operations*, Dryden Press, Hinsdale, IL, 1971.

GILBRETH, FRANK B., *Motion Study*, Van Nostrand, Nueva York, 1911.

LAUFER, ARTHUR C., *Operations Management*, South-Western Publishing, Cincinnati, 1975.

MAYNARD, H. B., *Industrial Engineering Handbook*, 3a. ed., McGraw-Hill, Nueva York, 1971.

MOGENSEN, ALLAN H., *Common Sense Applied to Motion Time Study*, McGraw-Hill, Nueva York, 1932.

SMITH GEORGE L., *Work Measurement– A Systems Approach*, GRID Publishing, Columbus, OH, 1978.

WIGGINS, RONALD L., *The Arbitration of Industrial Engineering Disputes*, The Bureau of National Affairs, Washington, DC, 1970.

CAPITULO 4.2

Medición y control del rendimiento de las máquinas

ALFRED H. SMITH
Delphi Corporation

IRVIN OTIS
American Motors Corporation

4.2.1 FINALIDAD DE LA MEDICION Y EL CONTROL DEL RENDIMIENTO DE LAS MAQUINAS

El propósito fundamental de la gerencia es utilizar eficazmente las máquinas, la mano de obra, los materiales y el dinero para obtener un producto o proporcionar un servicio. Un área importante es la utilización eficiente de las máquinas y el equipo.

En el capítulo 11.7 se examinarán los efectos que tiene el mantenimiento en la capacidad. La industria tiene que estar segura de que se ha logrado la utilización óptima de las máquinas, antes de gastar más dinero en capacidad adicional. Los costos de una nueva instalación se deben evaluar cuidadosamente considerando la utilización óptima del equipo existente.

En este capítulo se explicarán las técnicas de mantenimiento que se aplican en una amplia gama de industrias con el fin de medir y controlar el rendimiento de las máquinas.

4.2.2 TIPOS DE ADMINISTRACION DEL MANTENIMIENTO

Administración por averías

Algunas industrias recurren a la técnica de mantenimiento por "averías" como decisión administrativa programada. La premisa de esta técnica es consumir un mínimo de mano de obra y dinero para mantener el equipo en funcionamiento. La mayoría de las reparaciones consisten en "ajustes rápidos", hasta que la condición del equipo exige la reconstrucción, el ajuste general o la reposición. Esas empresas tienen un personal mínimo de mantenimiento especializado en la reparación de averías y, por lo general, contratan por fuera los servicios de reconstrucción y ajuste general.

Esta técnica minimiza los costos del trabajo de mantenimiento y de materiales, que tienen que salir de las utilidades de operación. Este método se aplica en situaciones como las siguientes:

1. Pequeñas instalaciones de fabricación que cuentan con máquinas herramienta de uso general, las cuales pueden ser reparadas con rapidez con una pérdida mínima de capacidad de la máquina.

2. Instalaciones de manufactura que tienen capacidad obsoleta o excesiva debido a los cambios ocurridos en el mercado.

3. Instalaciones manufactureras que tienen equipo de repuesto múltiple o en línea. Algunas compañías instalan tres bombas (con su sistema de válvulas) en un proceso que requiere sólo una. Esto les permite proseguir con la operación cuando hay una bomba descompuesta.

4. Instalaciones manufactureras que están programadas para desaparecer progresivamente en el futuro.

5. Operaciones auxiliares de la producción que no controlan la posibilidad de producir partes. Como ejemplos se pueden citar las lavadoras de partes y las carretillas elevadoras, ya que las partes se pueden procesar manualmente mientras se terminan las reparaciones.

El uso de las técnicas de administración por averías no implica necesariamente mala administración. En los casos mencionados, puede ser el procedimiento correcto.

Mantenimiento preventivo

"Mantenimiento preventivo" es una expresión que ha sido objeto de una atención considerable, pero que no se comprende con claridad. Tal como se utiliza en este capítulo, consiste en las actividades fundamentales que siguen:

1. Lubricación. La característica principal de todos los planes de mantenimiento preventivo es el programa de lubricación. Debe ser establecido y administrado por personas versadas en la lubricación de equipo. Es esencial un personal competente.

2. Inspecciones. La segunda característica es la preparación, por personas capacitadas, de listas de verificación que se usarán para efectuar inspecciones programadas en forma regular y para informar sobre el estado del equipo. Esa información indica a la gerencia de mantenimiento los factores (por ejemplo, vibración, calentamiento y desgaste) que dan lugar a cambios en dicho equipo. La gerencia puede evaluar la importancia de esos cambios y disponer una revisión o una suspensión de la operación para llevar a cabo anticipadamente la reparación o el reemplazo.

3. Revisiones o cierres programados. La tercera característica fundamental es la planeación, a corto y a largo plazo, de revisiones o interrupciones. La planeación a corto plazo, por lo general, se refiere primordialmente al equipo de producción; por ejemplo, líneas de transferencia, hornos de tratamiento térmico, prensas y reactores. La planeación a largo plazo afecta normalmente al equipo de servicios de la planta; por ejemplo, compresores de aire, transformadores y sistemas de control de la contaminación.

En la actualidad se recurre muy poco a la técnica de mantenimiento preventivo (dentro del marco de la definición dada en este capítulo). Las industrias del acero, de la aeronáutica y de los productos químicos van a la cabeza en cuanto a su uso. Por lo general, las instalaciones de fabricación no se ven en la necesidad de recurrir a este tipo de mantenimiento mientras el equipo no haya dado servicio durante 7 ó 10 años. Sin embargo, durante esos años conviene prepararse para esa inexorable necesidad capacitando a los supervisores de mantenimiento en el empleo de la técnica.

Mantenimiento predictivo

El mantenimiento predictivo es una técnica que permite prever las fallas y la reparación o el reemplazo *justamente antes* de que se produzca la falla. Las industrias aeronáutica, de productos químicos, del acero y del hierro y otras similares de proceso continuo utilizan ampliamente esta técnica como sigue:

1. La industria aeronáutica. Se llevan a cabo ajustes e inspecciones visuales rutinarios, así como actividades menores de mantenimiento preventivo, con base en las horas de funcionamiento y en listas de verificación. Los sistemas redundantes funcionan como sustitutos y a veces se recurre a ellos en lugar de las inspecciones detalladas de mantenimiento preventivo.

2. La industria química y las refinerías. Se recurre a la vigilancia de la vibración, el calentamiento, las fugas, las presiones, etc. en lugar de las inspecciones de mantenimiento preventivo. Los cambios observados son la base para planear y programar cierres e inspecciones generales. Los repuestos en línea permiten ampliar el tiempo de funcionamiento del equipo, de manera que se puedan hacer las reparaciones sin suspender la operación de unidades enteras.

3. Las industrias del acero y del hierro. Se recurre a las horas de funcionamiento, así como la vigilancia en línea y fuera de línea, en lugar de las inspecciones de mantenimiento preventivo.

Por regla general, una industria comienza a reducir las horas hombre de inspección para mantenimiento preventivo, implantando la vigilancia del equipo con parámetros y limitaciones establecidos, por ejemplo, la cantidad de vibración y de calor y las presiones. Hay aplicaciones específicas del mantenimiento predictivo, por ejemplo, en las plataformas petroleras de perforación en el mar situadas en zonas aisladas, las cuales requieren el uso de dispositivos de vigilancia más bien que las inspecciones de mantenimiento preventivo.

Mantenimiento planeado y programado

El mantenimiento planeado y programado consiste en llevar a cabo las reparaciones o interrupciones, indicadas por los sistemas de vigilancia del mantenimiento preventivo y predictivo, a fin de minimizar el tiempo improductivo de las máquinas y maximizar el rendimiento del personal de mantenimiento. Las fundiciones, las fábricas de acero y la mayoría de las plantas químicas recurren a esta técnica para programar y, así, garantizar la disponibilidad del numeroso personal de mantenimiento requerido en la suspensión de operaciones y en las reposiciones de equipo. También, las refinerías utilizan esta técnica para garantizar la disponibilidad de partes, mano de obra especializada y equipo, necesarios para reparar torres de separación por calor, evaporadores, reactores, etc.

Mantenimiento combinado

La mayoría de los grandes departamentos de mantenimiento tienen que recurrir a la vez a *todas* las técnicas administrativas anteriormente mencionadas. He aquí algunos ejemplos:

1. Por averías. Muchas instalaciones manufactureras no cuentan con servicio de mantenimiento de las operaciones de producción en los 21 turnos (3 turnos X 7 días a la semana). Por lo general, el segundo turno (de las 3.30 p.m. a las 11:30 p. m.) tiene algún personal de mantenimiento que se encarga de las actividades preventivas, predictivas y programadas como continuación del primer turno. En el tercer turno (desde media noche hasta las 7:30 a.m.), el servicio de mantenimiento para las operaciones de producción se reduce generalmente a reparadores de averías, que operan como tales por decisión, o de acuerdo con un plan, de la gerencia.

2. Mantenimiento preventivo. Las operaciones de producción de configuración especial que no tienen equipo para reemplazo en línea, cuentan con programas muy eficientes de lubricación, inspección y ajuste. El personal debe estar capacitado para desempeñar esas funciones en forma programada.

3. Mantenimiento predictivo. Las unidades de servicio de la planta, como compresores de aire, transformadores y sistemas de expulsión de gas, agua y aceite deben contar con planes de mantenimiento que *programen* las sustituciones o reparaciones de manera que tengan lugar cuando no se está produciendo. Las fallas imprevistas de esa clase de equipo dan lugar a pérdidas masivas y a la alteración de los programas. Este equipo puede tener dispositivos integrados que pronostiquen las fallas.

4. Mantenimiento planeado y programado. La planeación y programación de los ajustes y reparaciones de importancia son necesarias para garantizar la utilización efectiva de la mano de obra y las horas de máquina disponibles.

Una operación de mantenimiento bien organizada y dirigida utilizará normalmente *todas* las técnicas administrativas mencionadas.

4.2.3 ESTABLECIMIENTO DE PARAMETROS PARA MEDICION Y CONTROL

Mantenimiento por averías

Los parámetros fundamentales para medir y controlar la maquinaria atendida con base en las averías son los siguientes:

1. El costo de las horas de máquina perdidas, en términos de las unidades perdidas de producción y de su efecto en las utilidades.

2. Las diferencias entre el costo de un programa de mantenimiento preventivo y de las constantes reparaciones de averías. A esta comparación de las diferencias se le llama a veces "punto de equilibrio". Cuando los costos combinados de las reparaciones de averías y las reconstrucciones exceden a los costos de un programa de mantenimiento preventivo, se ha alcanzado el punto de equilibrio.

3. Los efectos en la productividad de la mano de obra directa en aquellos casos en que la operación está controlada o regulada manualmente. La pérdida de productividad de la mano de obra directa se debe minimizar.

De modo general, la meta fundamental del mantenimiento por averías es maximizar el rendimiento del costo de mano de obra directa con desembolsos mínimos por costo de capital.

Mantenimiento preventivo

Los objetivos principales del mantenimiento preventivo son los siguientes:

1. Prolongar la vida económica del equipo de capital mediante la utilización eficiente de los sistemas de lubricación, los programas de inspección de mantenimiento preventivo y los programas de ajuste e interrupción de operaciones.

2. Minimizar los efectos de las interrupciones imprevistas debidas a fallas del equipo. Las averías se deben reducir al mínimo.

3. Llevar registros a través del tiempo del equipo y conservar datos de rendimiento de las máquinas indispensables para indentificar (y tomar las medidas necesarias al respecto) los cambios ocurridos en el estado del equipo que indiquen reparaciones o ajustes necesarios.

La meta fundamental del mantenimiento preventivo es maximizar el rendimiento del capital invertido en las industrias controladas por procesos o por equipo.

Mantenimiento predictivo

La meta principal del mantenimiento predictivo es lograr un servicio continuo, sin interrupciones, mediante la vigilancia y la programación de unidades de apoyo que se hagan cargo de la operación. Los costos de vigilancia de la operación en línea y fuera de línea no son la preocupación principal. Se deben evitar las fallas imprevistas del equipo. Los costos de esas fallas son excesivos y pueden dar lugar al colapso económico, al fracaso de la empresa o a ambos. Las compañías de productos químicos, las petroleras y las de servicios públicos programarán a veces la suspensión de una unidad principal de operación, si no tienen la certeza de que podrán proseguir con dicha operación. Pondrán en marcha una unidad de reserva, le cargarán toda la producción, y la unidad original desaparecerá gradualmente. La industria de los servicios públicos tiene que hacer esto, aunque la unidad original esté en estado de seguir operando, cuando ya no puede esperar un funcionamiento constante y confiable.

Los parámetros que garantizan la predecibilidad son la meta primordial, y las industrias aeronáuticas son los líderes en este campo. Más adelante en este capítulo se estudiarán ejemplos de esos parámetros.

Mantenimiento planeado y programado

La característica más notable, y tal vez la más especial, del mantenimiento planeado y programado es la existencia de una reserva documentada de proyectos de trabajo de mantenimiento. Las industrias química, petrolera y del hierro y el acero tienen por lo general reservas planeadas y programadas que proyectan las necesidades de mano de obra, materiales y equipo de mantenimiento de 12 a 18 meses futuros. Esos proyectos son necesarios porque habrá que hacer pedidos de partes de repuesto y contratar por fuera mano de obra especializada, con meses de anticipación. Esto a su vez exige el almacenamiento de materia prima y productos terminados, a fin de minimizar las molestias a los clientes y a los proveedores.

Las proyecciones relacionadas con las cantidades que se van a almacenar están basadas en dos factores críticos: 1) las demandas del mercado que se prevén para el tiempo no productivo programado y 2) el tiempo durante el cual la unidad dejará de operar, conforme al programa. Es muy importante que el programa de tiempo improductivo de la unidad sea respetado y que todas las reparaciones necesarias queden terminadas en ese tiempo. En ese tipo de cierres o reposiciones se invierten millones de dólares. La unidad debe volver a producir y funcionar durante un largo período. Si no cumple con los programas y la producción planeados, se pueden perder los mercados por falta de productos.

La meta fundamental del mantenimiento planeado y programado es cumplir con los programas y mantener el equipo en funcionamiento durante el período económico que se requiere.

4.2.4 TECNICAS DE MEDICION

Mantenimiento por averías

El objetivo principal del mantenimiento basado en las averías es que el equipo continúe funcionando. Las técnicas para medir la eficacia de este tipo de mantenimiento son las siguientes:

1. **Registro de utilización del equipo.** Todas las averías se registran, ya sea en un cuaderno a propósito o mediante un sistema de órdenes de trabajo. El registro o las órdenes de trabajo se analizan por número de equipo para determinar si se ha alcanzado el punto de equilibrio (reparación contra reconstrucción). El interés primordial no está en los costos de mantenimiento, sino en los efectos de la utilización continuada en el rendimiento de la mano de obra directa.
2. **Análisis de variaciones de la mano de obra directa.** Cada vez que se tiene que suspender una operación para dar mantenimiento, los operadores directos tienen tiempo perdido. Los informes detallados de las variaciones de la mano de obra directa se analizan para determinar el efecto de las averías en los costos de mano de obra directa.
3. **Muestreo del trabajo.** Algunas empresas recurren al muestreo del trabajo directo e indirecto, en vez de a los informes de variaciones de la mano de obra directa. El muestreo del trabajo ayuda también a determinar los factores causales del tiempo improductivo.

4. Sistemas de información manufacturados. Algunas industrias recurren a sistemas electrónicos de información para analizar el rendimiento de las operaciones de mano de obra directa. Más adelante en este mismo capítulo se describirán algunos de esos sistemas.

Mantenimiento preventivo

Las administraciones que recurren al mantenimiento preventivo tienen la tarea más difícil, porque las mediciones abarcan:

1. La vida económica del equipo.
2. Las variaciones directas de mano de obra.
3. Las reparaciones y el inventario de partes de repuesto.
4. La productividad del personal de mantenimiento.

El alcance y grado de evaluación de las técnicas que se aplican en este tipo de mantenimiento varían de una a otra industria. Los siguientes puntos que se evalúan servirán de ejemplo, pero la lista no está completa.

1. El rendimiento por dólar de capital invertido.
2. El porcentaje de mano de obra de mantenimiento y el costo de materiales por dólar de venta.
3. El porcentaje de costo de mantenimiento por dólar de capital invertido.
4. El porcentaje de costos de mantenimiento (mano de obra únicamente) por dólar de mano de obra directa.
5. El muestreo del trabajo en las operaciones de mantenimiento.
6. Las normas generales de mantenimiento para la medición de los datos estándar de la productividad de mantenimiento.

De modo general, las industrias química, petrolera, del vidrio, del acero y del hierro (procesos continuos) se concentran en los puntos 1, 2 y 3. Las industrias básicas y las de fabricación se concentran en los 4, 5 y 6.

Las administraciones que tienen mantenimiento preventivo hacen frente también a extensos programas de capacitación y a grandes inventarios de partes para reparaciones y repuestos. Las mediciones de la eficiencia de esos factores tienen también interés fundamental.

Mantenimiento predictivo

La meta primordial del mantenimiento predictivo es pronosticar el comportamiento del equipo, a fin de evitar las fallas no programadas. Este tipo de mantenimiento ha crecido en forma notable en la última década. El desarrollo y la aplicación del equipo necesario para tales sistemas de vigilancia han sido muy amplios. Las que siguen son algunas de las técnicas:

1. Vigilancia de la vibración. Esta es posiblemente la forma más antigua de vigilancia para el mantenimiento predictivo. Durante décadas, las gerencias de mantenimiento siguieron el método de "escuchar, mirar y tocar" para predecir los desperfectos mecánicos. Con este método, el problema estaba en que ya se había producido el daño. La anticipación necesaria para obtener las partes requeridas, planear las reparaciones y programar la suspensión de operaciones *antes* de la falla, se había perdido.

El uso de dispositivos sumamente sensibles para vigilar directamente la vibración, con el fin de advertir los cambios importantes, ha aumentado espectacularmente en la última década. Las plantas de energía, las refinerías y las fábricas de productos químicos han recurrido a esta técnica, durante años, con las grandes unidades, como turbinas y compresores. Junto con el desarrollo considerable de los dispositivos de vigilancia se ha presenciado el de los analizadores de vibración. Cuando el monitor indica un cambio notable en los patrones de vibración, el analizador puede efectuar una serie de pruebas para identificar la *fuente* de la vibración. Así, se pueden indicar los planes para emprender la acción correctiva con la anticipación suficiente para obtener partes, planear y programar.

2. Vigilancia del calor. El equipo mecánico rotatorio y reciprocante genera calor. Se usan lubricantes para disminuir la fricción y controlar el calor. Los cambios importantes en las temperaturas del equipo mecánico son síntomas de posibles problemas mecánicos. La vigilancia en línea de los cambios de temperatura es una técnica antigua y comprobada.

Los avances recientes en el área de la vigilancia mediante dispositivos a base de rayos infrarrojos, para el dispositivo de distribución eléctrica, han sido muy útiles para predecir las fallas. La fotografía infrarroja de las paredes de los hornos para vidrio permite pronosticar la duración del material refractario.

3. Vigilancia del equipo eléctrico. La vigilancia de la carga y la resistencia de los componentes eléctricos es otra técnica antigua y comprobada. Los cambios notables en los trenes de propulsión por motor eléctrico indican posibles problemas mecánicos, eléctricos o ambos. Los cambios en el amperaje de los grandes motores para ventiladores indican posibles restricciones en los sistemas de ductos y tuberías. Hay muchos sistemas de vigilancia del equipo eléctrico, todos los cuales han sido diseñados para vigilar cambios que permitan predecir posibles fallas y planear su corrección.

4. Vigilancia de la circulación y las presiones. Los sistemas hidráulicos y neumáticos están diseñados para operar con diferentes presiones y flujos. Los cambios notorios en la presión o en el flujo indican posibles problemas con los componentes. Es posible pronosticar las fallas trazando gráficas de los cambios y analizándolas. Esta técnica de vigilancia se aplica ampliamente en las industrias química, petrolera, del acero, vidrio y manufacturera.

5. Vigilancia de la corrosión y el desgaste. Durante muchos años se ha vigilado la corrosión o desgaste de tuberías, reactores, materiales refractarios, vasijas, rodillos y engranajes, para predecir posibles fallas. Las mediciones se llevan a cabo en forma constante y se hacen proyecciones de las futuras fallas. Estas proyecciones dan el tiempo necesario para planear y programar las reparaciones.

Mantenimiento planeado y programado

Los cuatro factores principales que intervienen en la medición de la eficiencia del mantenimiento planeado y programado son los siguientes:

1. Atrasos. El tipo y tamaño de los atrasos documentados deben ser evaluados constantemente. Los cambios importantes pueden indicar la necesidad de ajustar los programas de mano de obra o equipo.

2. Cumplimiento de los programas. La medición constante del cumplimiento de los programas es otro procedimiento muy usado. La capacidad de los departamentos de mantenimiento para terminar el trabajo programado dentro del plazo previsto es de la mayor importancia.

3. Productividad. El mantenimiento planeado y programado, con registro de los atrasos, permite medir la productividad del personal de mantenimiento. El uso de estándares para los trabajos de mantenimiento repetitivos han sido aceptado en las industrias que llevan un registro detallado de los atrasos. Algunas industrias, como la del acero, han perfeccionado sistemas de incentivos para los trabajos de mantenimiento.

4. Niveles de personal. Algunas industrias miden los resultados del mantenimiento como un porcentaje en relación con las horas de mano de obra directa o los activos utilizados. Otras han establecido criterios altamente especializados que han sido útiles para establecer niveles de personal por tipos de trabajo. Las industrias química, petrolera, del vidrio y acero han desarrollado sistemas que recurren a contratistas externos para las cargas máximas; por ejemplo, cuando se suspende la operación de unidades importantes o se hacen reposiciones. Conservan niveles cautivos de personal de mantenimiento para llevar a cabo las reparaciones normales y el mantenimiento de rutina a niveles prescritos de producción. Las empresas norteamericanas gastan *miles de millones* de dólares anualmente en mantenimiento. Los niveles de personal se deben medir constantemente para garantizar la productividad adecuada, como se explicó antes.

4.2.5 DISPOSITIVOS DE MEDICION. EQUIPO Y TECNICAS

Vigilancia de la vibración

Conceptos

El planeta Tierra gira y vibra mientras recorre su órbita alrededor del Sol. La rotación y la vibración no presentan problemas mientras se mantengan dentro de los actuales parámetros de frecuencia, velocidad y desplazamiento. Un cambio en cualquiera de esos parámetros podría producir daños.

Durante mucho tiempo, las gerencias de mantenimiento siguieron el método de "escuchar, mirar y tocar" para detectar cambios de vibración que pudieran indicar posibles problemas. Pero el método era siempre demasiado tardío. Si un cambio es perceptible para el ojo, el oído o el tacto, el daño se produjo ya.

El objetivo de la creación de equipo y técnica para analizar la vibración es en realidad triple:

1. Predecir la falla del equipo antes de que se produzca el daño.
2. Determinar la causa de la falla.
3. Determinar las partes posiblemente dañadas y planear y programar la interrupción.

Los fabricantes de equipo para analizar la vibración han elaborado folletos excelentes y programas de capacitación que explican detalladamente la técnica.

Análisis de modalidades

La mayoría de los fabricantes de equipo de análisis de la vibración ofrecen la posibilidad de medirla:

1. **En mils o pulgadas de desplazamiento.** Movimiento de pico a pico o cantidad de vibración.
2. **Pulgadas de velocidad por segundo.** La rapidez de la vibración con respecto a un punto de referencia fijo. Esta modalidad es función del desplazamiento y de la frecuencia.

De modo general, la *vigilancia* de la vibración utiliza pulgadas de velocidad por segundo para detectar los cambios, mientras que en el *análisis* de la vibración de usan mils de desplazamiento para identificar las causas de esos cambios. La modalidad de velocidad es particularmente eficaz para detectar pequeñas vibraciones de alta frecuencia, como las que producirían los engranajes giratorios, cojinetes, etc. La técnica de vigilancia implica un análisis repetido de las vibraciones horizontales, verticales y axiales en la modalidad de pulgadas de velocidad por segundo, en puntos de observación prescritos. Los cambios notables en las lecturas podrían indicar los problemas siguientes:

1. Los cojinetes están a punto de fallar.
2. El acoplamiento está desalineado.
3. El eje está desalineado.
4. Las paletas del ventilador están desequilibradas.
5. Las bandas resbalan.
6. El (motor) impulsor es causa de vibración.
7. La parte impulsora (engranaje, ventilador, etc.) es causa de vibración.

Aplicaciones en la industria

Las industrias petrolera, de la refinación y las plantas generadoras de energía eléctrica utilizan turbinas de vapor para impulsar enormes bombas y generadores de electricidad. Esas turbinas de vapor tienen dispositivos integrados de control de la vibración que paran automáticamente la unidad cuando se alcanzan los límites de vibración programados. La industria del vidrio utiliza enormes ventiladores para mantener las temperaturas de los hornos de fundición del vidrio y de las paredes de material refractario. Esas aplicaciones tienen dispositivos integrados que activan unidades alternas similares que toman a su cargo el servicio antes de la interrupción automática. A esas unidades se les llama "dispositivos en línea".

Algunas industrias instalan analizadores en varios puntos, lo cual permite al operador tomar lecturas de la vibración a lo largo de todo un tren de propulsión. Esas lecturas se marcan en una gráfica para indicar el efecto de los cambios notorios de la vibración. A esos analizadores múltiples y a los registradores portátiles que toman lecturas en un solo punto se les llama "dispositivos fuera de línea". Esas unidades exigen acción manifiesta por parte del operador, quien deberá parar una unidad específica y poner en servicio otra de reserva. Las unidades pueden tener protecciones "autodestruibles", pero no ponen automáticamente en marcha una unidad de apoyo.

Vigilancia del equipo eléctrico

Conceptos

La vigilancia del equipo eléctrico incluye generalmente la de la vibración, como ya se explicó, así como la de factores tales como los cambios de carga y de temperatura. La técnica más común que se utiliza con el equipo eléctrico (despúes de la que mide la vibración) es la vigilancia de la temperatura.

La suciedad es una de las causas principales de las fallas eléctricas. En casi todos los casos, la suciedad afecta a la resistencia. Con la mayor resistencia se produce calor, el cual perjudica al aislante. La vigilancia del aumento de temperatura es una de las técnicas que más se usan con los aparatos eléctricos, los dispositivos de distribución, etc. Por ejemplo, las fallas de los disyuntores principales, tansformadores de distribución de energía y aparatos de las subestaciones se pueden localizar con frecuencia en el deterioro del aislante. Las fallas de los motores (aparte de las causadas por desperfectos mecánicos) se deben normalmente al deterioro del aislante. Algunos dispositivos de distribución eléctrica tienen artefactos integrados que miden la carga y la temperatura. Una relación de todas las diferentes técnicas llenaría un libro. Para simplificar, la descripción del uso del megóhmetro ilustrará una de esas técnicas.

El megóhmetro para medir el aislamiento eléctrico es un pequeño instrumento portátil que mide la resistencia del aislamiento en ohms o megohms. El valor del aislamiento se reduce a medida que el aislante a tierra se satura o contamina con la humedad, el polvo, la suciedad y el aceite. Los materiales aislantes que se han deteriorado con el tiempo *o* debido a la presión de la temperatura que excede a la normal reducen el valor del aislamiento. La vigilancia de las lecturas de resistencia en forma programada indicará la posibilidad de fallas o daños en el motor. Toda tendencia persistente de la lectura a disminuir es normalmente indicio de que se avecina un problema.

Técnicas

Una de las técnicas de vigilancia de los dispositivos de distribución primarios y secundarios y de los sistemas de distribución implica el uso de la fotografía infrarroja. Se fotografía todo el sistema con película infrarroja para localizar puntos "calientes", los cuales aparecen en la impresión como áreas blancas brillantes y pueden indicar posibles fallas debidas al calor. Ese calor excesivo proviene de cambios ocurridos en la carga o en la resistencia.

El diseño y la utilización de equipo eléctrico deben tener en cuenta las temperaturas ambientales y la presencia normal de suciedad en la operación. En las fundiciones, las fábricas de acero, de vidrio, los hornos de tratamiento térmico, etc. se debe usar equipo eléctrico diseñado especialmente para esos medios.

Resumiendo, las técnicas de vigilancia de la vibración y el equipo eléctrico implica la realización de pruebas en forma programada. Los resultados de esas pruebas son evaluados con el fin de identificar *cambios* de importancia en el equipo. Las pruebas se pueden efectuar en línea, por medio de registradores, o fuera de línea mediante dispositivos de prueba. No se exagera la importancia de la medición del rendimiento de las máquinas mecánicas y eléctricas.

Aplicaciones en la industria

Las industrias del acero y del aluminio consumen enormes cantidades de energía eléctrica. Como ya se dijo, se recurre a la fotografía infrarroja de los dispositivos inaccesibles de distribución para detectar puntos calientes en los sistemas primarios de distribución.

También la industria del cloro y substancias químicas cáusticas consume cantidades enormes de energía eléctrica. Las variaciones substanciales en el voltaje, la corriente o en ambas pueden causar daño irreparable a las instalaciones que han costado muchos millones de dólares. Se vigilan constantemente las variaciones de las cargas impuestas a los grandes sistemas transportadores movidos por electricidad. Los cambios notables en el consumo de corriente podrían indicar posibles fallas mecánicas.

Hay ejemplos ilimitados de la forma en que la industria vigila la energía eléctrica. El costo de esa energía se ha convertido en un factor importante y la vigilancia de los costos, con el fin de reducir las cargas y el consumo máximos, es fundamental.

Pirómetros

Se usan muchas formas de pirómetros para vigilar el rendimiento del equipo. Algunos son del tipo de contacto directo y sirven primordialmente para medir temperaturas superficiales. Las lecturas con pirómetro de contacto se toman en el equipo que es más importante, como motores y trenes de propulsión de los transportadores de productos químicos, vidrio, acero y petróleo. La elevación de la temperatura de las superficies de carga (a más de 180° F) es claro indicio de posibles problemas con el equipo.

Los pirómetros que no son de contacto, por ejemplo los ópticos, se utilizan en las industrias del vidrio y el acero para vigilar el proceso de fabricación de un producto. Esos mismos dispositivos sirven para vigilar el comportamiento del equipo.

Obviamente, las plantas generadoras de energía eléctrica vigilan sus calderas o reactores mediante dispositivos en línea. Es variado el uso de pirómetros en todas las industrias para medir y controlar el rendimiento del equipo.

Presión y flujos

Los reguladores de presión sirven para controlar el flujo de materiales, gases, líquidos, etc. Los manómetros permiten medir el efecto de ese flujo en el sistema que se regula. Hay muchos dispositivos disponibles para medir flujos, presiones, etc. Hay también muchos que corrigen o ajustan automáticamente los componentes del equipo que sufren presiones o flujos anormales. He aquí algunos ejemplos de tales dispositivos:

1. Derivaciones de filtros hidráulicos (presión y flujo).
2. Válvulas de alivio de tanques y recipientes (flujos de gas y aire).
3. Válvulas Maxitrol (flujos de gas y aire).
4. Válvulas direccionales hidráulicas o neumáticas (flujos).
5. Anemómetros (flujos de aire).

6. Válvulas de retención de líneas elevadas (pérdida de flujo).
7. Solenoides que funcionan por presión o por flujo (aire, hidráulicos).
8. Válvulas controladas por peso (cilindros de aire, básculas, etc.).

Centenares de esos dispositivos se encuentran disponibles. Todos ellos sirven para medir y controlar el rendimiento del equipo.

Ruido

Los avances recientes en la detección del ruido han acelerado el desarrollo de dispositivos de medición y control activados por las ondas sonoras. He aquí algunos ejemplos:

1. Controladores de nivel sónico que abren o cierran válvulas y tolvas de alimentación con base en el sonido y que se utilizan en la industria textil y en el manejo de materias primas a granel.
2. Prueba sónica de los componentes del equipo para detectar fugas. Se usa en las industrias aeronáutica, automotriz y del vidrio.
3. Prueba sónica para medir el grosor de tubos, placas y recipientes desde uno de sus lados. Se usa en las industrias química, petrolera y del acero.
4. Prueba ultrasónica (sin resonancia) de componentes del equipo tales como devanadoras o arrolladoras de alta velocidad. Se usa en las industrias aeronáutica y textil.

El uso de dispositivos activados por el ruido ha llegado a una etapa en que las computadoras pueden responder directamente a la voz.

Erosión y dilatación de los metales

Las técnicas normales para medir el desgaste y la dilatación del equipo rotatorio o reciprocante implican básicamente la medición de cambios físicos en períodos específicos. El desgaste de engranajes, piñones, poleas, cilindros, válvulas, etc, se puede predecir llevando registros de datos físicos y calculando la vida útil probable. Esta técnica es tan antigua como las pirámides y los dispositivos para efectuar esas mediciones van desde los simples micrómetros hasta los microscopios electrónicos. La medición y proyección del desgaste de tuberías, recipientes, reactores, etc, se han llevado a cabo también desde el tiempo de las pirámides. El perfeccionamiento reciente de los medidores nucleares y otros dispositivos similares permite actualmente tomar lecturas continuas, en línea, del desgaste de tuberías y recipientes.

Las torres de fraccionamiento por calor o de destilación contienen recipientes de metal donde se logra la separación de los productos. Esos recipientes se desgastan y deben ser reemplazados. Su vida útil se puede determinar como función directa del tipo y cantidad del producto procesado.

Los grandes sistemas transportadores sufren desgaste de los eslabones, los rodillos, los pernos, etc. Ese desgaste da lugar a un aumento de la distancia de recorrido (dilatación), que se tiene que ajustar mediante poleas locas o reductores. La reducción necesaria se puede medir en distancia lineal, en resistencia eléctrica o en variaciones de presión hidráulica o neumática. Esas variaciones se pueden registrar para predecir cuándo será necesaria la reparación o reconstrucción.

Los tubos de metal expuestos al calor controlado por la atmósfera, durante períodos prolongados, tienden a dilatarse o a cambiar su forma. Se usan dispositivos ópticos o de control para medir esos cambios y predecir la vida útil.

Los hornos de fundición y para el vidrio contienen materiales refractarios que se deterioran debido a los sistemas de combustión, los productos manejados, los gastos, etc. La medición de esos materiales refractarios por medio de pirómetros ópticos, fotografía infrarroja, sensores de platino, etc, ha sido durante muchos años un procedimiento aceptado por la industria. La posibilidad de predecir la vida útil de esos hornos es crítica para la supervivencia económica. Las trituradoras y pulverizadoras de carbón son indispensables para la operación de las plantas generadoras de energía que consumen ese combustible. El deterioro de las palas, los martillos, las varillas, las bolas, etc. se puede predecir casi como una función directa del tipo y cantidad del producto procesado. Las mismas condiciones se dan en las operaciones de minería de la bauxita, el cobre y el mineral de hierro.

Estostipos de mediciones y técnicas son sólo un pequeño ejemplo desde el punto de vista del mantenimiento, que ilustra la necesidad, y los beneficios que se derivan, de la medición y el control del rendimiento de las máquinas.

Nivel del personal de mantenimiento

Como ya se indicó anteriormente en esta sección, la posibilidad de controlar las amplias fluctuaciones de las demandas impuestas al personal de mantenimiento tiene importancia fundamental para la productividad de ese departamento. La técnica de mantenimiento más deficiente consiste en trabajar basándose en las averías no planeadas ni programadas de las principales unidades de producción. Las averías imprevistas o no controladas dan lugar a:

1. Deficiencias de la mano de obra directa.
2. Pérdidas del producto, del mercado o de ambas.
3. Productividad deficiente del personal de mantenimiento.
4. Pérdida de la capacidad de producción.

Por lo general, esas averías son corregidas haciendo trabajar horas extras a las cuadrillas de mantenimiento. Si con esto no se satisfacen las demandas máximas, se recurre a contratistas externos para reforzar la mano de obra existente. Finalmente, se puede presentar la necesidad, dentro de la empresa afectada, de aumentar la productividad del personal y, de ser necesario, su número. Esas presiones sirven sólo para agravar las condiciones de máximos y mínimos. Cuando el equipo ha sido puesto nuevamente en condición confiable, se producen "mínimos" en la demanda de mantenimiento. El resultado es un exceso de personal, el cual se dedicará a tareas relativamente carentes de importancia. Si el equipo continúa operando sin averías de importancia, la gerencia reduce por lo general el número de trabajadores. El círculo vicioso comienza otra vez al producirse la siguiente falla de importancia y la gerencia de mantenimiento se ve obligada nuevamente a recurrir al mantenimiento no planeado no programado basado en las averías.

Desde el punto de vista de la gerencia de mantenimiento, la medición y el control del rendimiento de las máquinas son cruciales para la utilización eficiente del personal de mantenimiento. La posibilidad de seguir adelante operando con recursos (presupuesto) limitados depende fundamentalmente de que se tenga éxito o se fracase al medir y controlar el rendimiento de las máquinas.

4.2.6 DISPOSITIVOS DE CONTEO DE LA PRODUCCION

Contadores mecánicos

Hay muchos dispositivos para registrar el número de piezas producidas. Esos dispositivos contadores se pueden activar por medios mecánicos o eléctricos, por la acción de la luz, ondas sonoras, calor, presión o flujo. Los impulsos producidos pueden ser transmitidos a su vez a contadores digitales o analógicos, registradores, tubos de rayos catódicos, discos, cintas, computadoras, etc.

Para simplificar la descripción de esos dispositivos, vamos a suponer que un impulso *cualquiera*, una vez captado, puede ser procesado en *cualquier* contador, registrador, etc, digital o analógico. La diferencia fundamental está en el impulso del dispositivo detector. Los dispositivos que funcionan mecánicamente para contar la producción se han usado desde los albores de la humanidad. Sus variaciones son tan numerosas y tan antiguas como el hombre. La detección es normalmente el resultado de un contacto físico entre el mecanismo registrador y:

1. La materia prima alimentada.
2. El movimiento del material que se procesa.
3. El producto terminado que sale.
4. La rotación del propulsor.
5. La rotación de la parte propulsada.

La característica principal del contador de producción que se activa mecánicamente es el *contacto físico* basado en el movimiento, los golpes, el trabajo manual, etc.

Contadores eléctricos

Los contadores eléctricos pueden ser activados por o sin contacto con cualquiera de los cinco movimientos, golpes, etc. indicados para los contadores mecánicos. El contacto del relevador eléctrico se puede hacer con interruptores de límite (por contacto) o con interruptores de proximidad (sin contacto). Los tamaños, tipos y aplicaciones de los contadores eléctricos exceden con mucho a los de los contadores mecánicos.

La característica principal de los contadores de producción activados eléctricamente es que *no se requiere el contacto físico* para detectar los movimientos, los golpes o el trabajo manual. Esos dispositivos pueden ser activados mediante variaciones de la carga eléctrica, el voltaje, la corriente, etc. asociados con el impulsor (motor). También operan con la interrupción de un campo magnético o con el corte de la corriente.

Contadores electrónicos

Los contadores electrónicos son básicamente los activados por ondas luminosas o sonoras. El uso de ojos fotoeléctricos ha estado bien establecido durante años. La reciente innovación del rayo láser ha abierto un campo enteramente nuevo. El láser se puede usar para realizar trabajo y, simultáneamente, verificar las dimensiones, tolerancias, etc. de la parte producida. La combinación de ojos fotoeléctricos, rayos láser y robots industriales con la vigilancia automática del rendimiento del equipo mediante dispositivos eléctricos y mecánicos, ha sentado las bases para una nueva revolución industrial.

Computadoras

La aplicación de las computadoras al control y medición en línea del equipo ha sido una práctica aceptada por la industria desde principios de la década de los sesenta. Las fábricas de acero, las fundiciones, los hornos para el vidrio, etc. han utilizado computadoras en línea para controlar la adición de nuevos materiales, las aleaciones, la oxigenación, inoculación, fusión, etc. Los laboratorios farmacéuticos han recurrido a las computadoras en línea para controlar los procesos bacterianos, el crecimiento de cultivos, etc.

El uso de la computadora para asimilar, verificar y evaluar la eficacia de los planes de fabricación, el comportamiento de las operaciones y la utilización del equipo ha creado una nueva disciplina, a la cual se llama a veces "sistemas de información sobre manufactura". La proliferación del diseño y las técnicas de fabricación auxiliados por la computadora en la década de los ochenta, hará que los años setenta nos parezcan la Edad de Piedra.

BIBLIOGRAFIA

BLANCHARD, B. S., Jr., y E. E. LOWERY, *Maintainability–Principles and Practices*, McGraw-Hill, Nueva York, 1969.

BOGLE, H. A., "Aplication of Time Study and Methods to Maintenance" en *Proceedings of Seventh Annual Time and Methods Conference*, Society of Advanced Management, Nueva York, 1962.

CARSON, GORDON B. Ed., *Production Handbook*, 3a. ed., Ronald, Nueva York, 1972.

CUNNINGHAM, C. E., y WILBERT COY, *Applied Maintainability Engineering*, Wiley, Nueva York, 1972.

"How Maintenance Managers Feel About Using Work Standards," *Factory*, diciembre de 1967.

LEWIS, BERNARD T., "Developing Maintenance Time Standars," *Industrial Education Institute*, Boston, 1967.

LEWIS, B. T., y W. W. PEARSON, *Maintenance Management*, Riders, 1963.

MAYNARD, H. B., Ed., *Handbook of Modern Manufacturing Management*, McGraw-Hill, Nueva York, 1970.

MAYNARD, H. B., Ed., *Industrial Engineering Handbook*, 3a. ed., McGraw-Hill, Nueva York, 1971.

MILLER, ELMER J., y J. W. BLOOD, Eds., *Modern Maintenance Management*, American Management Association, Nueva York, 1963.

MOORE, F. G., *Manufacturing Management*, 4a. ed, Irwin, Homewood, IL. 1965.

MORROW, L. G., Ed., *Maintenance Engineering Handbook*, 2a. ed., McGraw-Hill, Nueva York, 1960.

NEWBROUGH, E. T., *Effective Maintenance Management*, McGraw-Hill, Nueva York, 1967.

SMITH, ALFRED H., "Boost Maintenance Efficiency With Simplified Scheduling," *Foundry*, julio de 1972.

STANIAR, WILLIAM, ED., *Plant Engineering Handbook*, 2a. ed., McGraw-Hill, Nueva York, 1959.

"Universal Maintenance Standards," *Factory Management and Maintenance*, noviembre de 1955.

WILKINSON, JOHN J., "Measuring and Controlling Maintenance Operations," *Journal of Methods-Time Measurement*, marzo-abril de 1966.

WILKINSON, JOHN J., "Maintenance Management," *Plant Engineering*, 4 partes, enero 9, abril 17, mayo 15, y junio 12 de 1969.

CAPITULO 4.3

La curva de aprendizaje

WALTON M. HANCOCK
Universidad de Michigan

FRANKLIN H. BAYHA
Bufete particular, Ann Arbor, Michigan

4.3.1 INTRODUCCION

Una curva de aprendizaje es el fenómeno gracias al cual, a medida que aumenta el número de ciclos, el tiempo o el costo por ciclo disminuye para un gran número de ciclos. El aprendizaje se puede dividir en dos áreas principales: lo que ocurre mientras una persona realiza una tarea en forma repetida y lo que ocurre mientras una empresa produce muchas unidades de un determinado producto. La primera se llama "aprendizaje humano" y la segunda "función de avance de la producción", expresión que se utiliza generalmente en las obras que tratan el tema. Por fortuna, la matemática es la misma en ambas áreas. En este capítulo se presentan las ecuaciones pertinentes y, luego, se examinan el aprendizaje del hombre y la función de avance de la producción. Se encontrarán también ejemplos de la aplicación de las ecuaciones.

4.3.2 LA MATEMATICA DEL APRENDIZAJE

Por lo general, las ecuaciones de la curva de aprendizaje son de la forma

$$Y = KX^{-A} \tag{1}$$

donde Y = tiempo por ciclo.
K = tiempo del primer ciclo.
X = número de ciclos.
A = una constante para cualquier situación dada. El valor lo determina el régimen de aprendizaje.

Si se obtienen logaritmos de ambos lados de la ecuación 1, se obtiene una recta.

$$\log Y = \log K - A \log X \tag{2}$$

Por lo tanto, si se grafica la ecuación sobre papel log-log, A será la pendiente y K la intersección. Una de las propiedades útiles de esta ecuación es que cada vez que X (el número de ciclos) se duplica, Y (el tiempo por ciclo) disminuye en un porcentaje fijo. Este es el origen de la expresión comúnmente usada "curva de aprendizaje porcentual". Por ejemplo, cada vez que el número de unidades se duplica, el valor de Y correspondiente a una curva del 90

Ejemplo 4.3.1 Ejemplo de los tiempos del ciclo para una curva del 90%

Número de unidades (X)	*Tiempo de ciclo (Y)*
1	10.0
2	9.0
4	8.1
8	7.3
16	6.6
32	5.9
64	5.3
128	4.8
256	4.3
512	3.9

por ciento será el 90 por ciento del valor anterior. Supóngase que la primera unidad tenía un tiempo de ciclo de 10 min. En ese caso, se obtendrían los resultados que se indican en el ejemplo 4.3.1 duplicando sucesivamente el número de unidades.

El ejemplo 4.3.2 es la gráfica de una curva del 90 por ciento usando coordenadas lineales y el ejemplo 4.3.3 es la misma ecuación representada en papel log-log. Un examen de los ejemplos 4.3.1, 4.3.2 y 4.3.3 revela que el régimen de aprendizaje disminuye a medida que aumenta el número de ciclos. En muchos casos, sin embargo, el aprendizaje continúa durante un largo período. Este hecho produce un efecto notable en la fijación de normas de producción y en la posibilidad de reducir el costo de la producción en gran volumen. En el pasado, las ecuaciones se resolvían normalmente por procedimientos gráficos; pero, con el uso generalizado de las calculadoras manuales capaces de manejar logaritmos, las gráficas ya no son necesarias. Los que siguen son ejemplos de los cálculos más típicos:

Ejemplo 4.3.2 Trazado de una curva del 90% (aritmética)

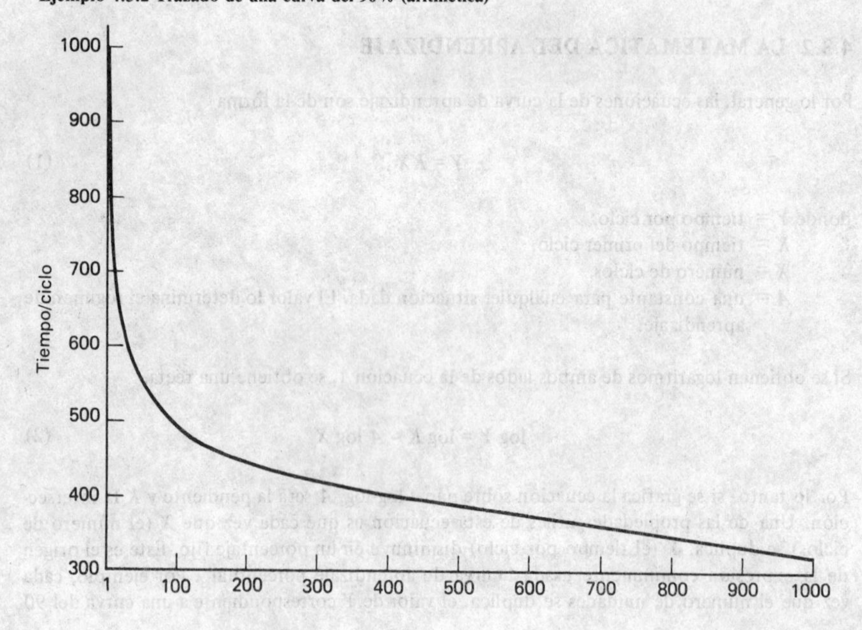

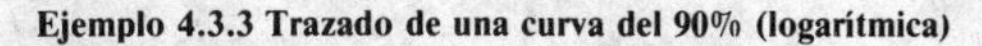

Ejemplo 4.3.3 Trazado de una curva del 90% (logarítmica)

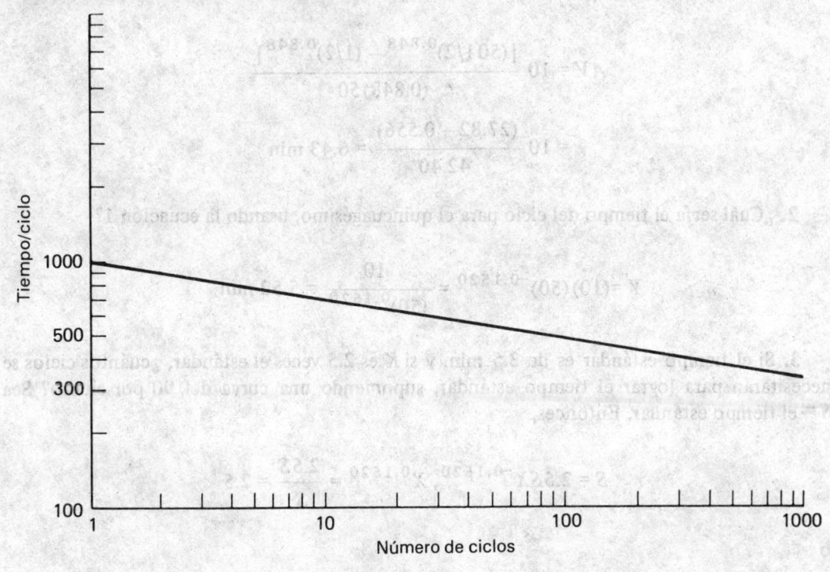

1. ¿Cuál es el tiempo medio por ciclo para las unidades de la N_1 a la N_2? Supóngase que los tiempos de ciclo se dan en minutos. Sea AV = el tiempo medio. Por lo tanto,

$$AV = \frac{\int_{N_1-1/2}^{N_2+1/2} KX^{-A}}{(N_2 + 1/2) - (N_1 - 1/2)} = \frac{[K(N_2 + 1/2)^{1-A}/1 - A] - [K(N_1 - 1/2)^{1-A}/1 - A]}{N_2 - N_1 + 1}$$

$$= \frac{K[(N_2 + 1/2)^{1-A} - (N_1 - 1/2)^{1-A}]/1 - A}{N_2 - N_1 + 1}$$

$$= \frac{K[(N_2 + 1/2)^{1-A} - (N_1 - 1/2)^{1-A}]}{(1 - A)(N_2 - N_1 + 1)} \qquad (3)$$

donde N_1 es la primera unidad de la serie y N_2 es la última.

Tomando las condiciones del ejemplo 4.3.1, donde $K = 10$ min y la curva es del 90 por ciento, ¿cuál sería el tiempo medio de ciclo para los primeros 50 ciclos? Se procedería en esta forma:

a. Determínese el valor de A aplicando la ecuación 1 y un valor cualquiera de X excepto 1, donde la solución para A es indeterminada.

$$Y = KX^{-A}$$

Sea $X = 2$; por lo tanto, $Y = 9.0$.

$$9 = (10)(2)^{-A}$$

$$\log 9 = \log 10 - A \log 2$$

$$A = \frac{\log 10 - \log 9}{\log 2} = 0.1520$$

b. Sustitúyase en la ecuación 3,

$$AV = 10\ \frac{[(50\,1/2)^{0.848} - (1/2)^{0.848}]}{(0.848)50}$$

$$= 10\ \frac{(27.82 - 0.556)}{42.40} = 6.43 \text{ min}$$

2. ¿Cuál sería el tiempo del ciclo para el quincuagésimo, usando la ecuación 1?

$$Y = (10)(50)^{-0.1520} = \frac{10}{(50)^{0.1520}} = 5.52 \text{ min}$$

3. Si el tiempo estándar es de 3.5 min, y si K es 2.5 veces el estándar, ¿cuántos ciclos se necesitarán para lograr el tiempo estándar, suponiendo una curva del 90 por ciento? Sea S = el tiempo estándar. Entonces,

$$S = 2.5SX^{-0.1520},\ X^{0.1520} = \frac{2.5S}{S} = 2.5$$

o

$$\log X = \frac{\log 2.5}{0.1520}$$

y

$$X = \text{antilog}\ \frac{\log 2.5}{0.1520} \doteq 415 \text{ ciclos}$$

4. ¿Qué tiempo le llevaría a un operador lograr el estándar de la pregunta 3? Se tomaría el numerador de la ecuación 3 para hallar la respuesta. Sea C = el tiempo acumulado.

$$C = \frac{K[(N_2 + 1/2)^{1-A} - (N_1 - 1/2)^{1-A}]}{1 - A}$$

$$= 10\left[\frac{(415 + 1/2)^{0.848} - (1 - 1/2)^{0.848}}{0.848}\right]$$

$$= 10\left[\frac{166.17 - 0.56}{0.848}\right] = 1952.98 \text{ min} \qquad (4)$$

Si se trabajan 7.5 horas en 1 día, entonces

$$\frac{1952.98}{7.5 \times 60} = 4.34 \text{ días}$$

5. De los 4.34 días (1952.98 min), ¿qué parte del tiempo se consideraría como costos de capacitación? El ejemplo 4.3.4 podría servir.

Ejemplo 4.3.4 Porción de capacitación de la curva de aprendizaje

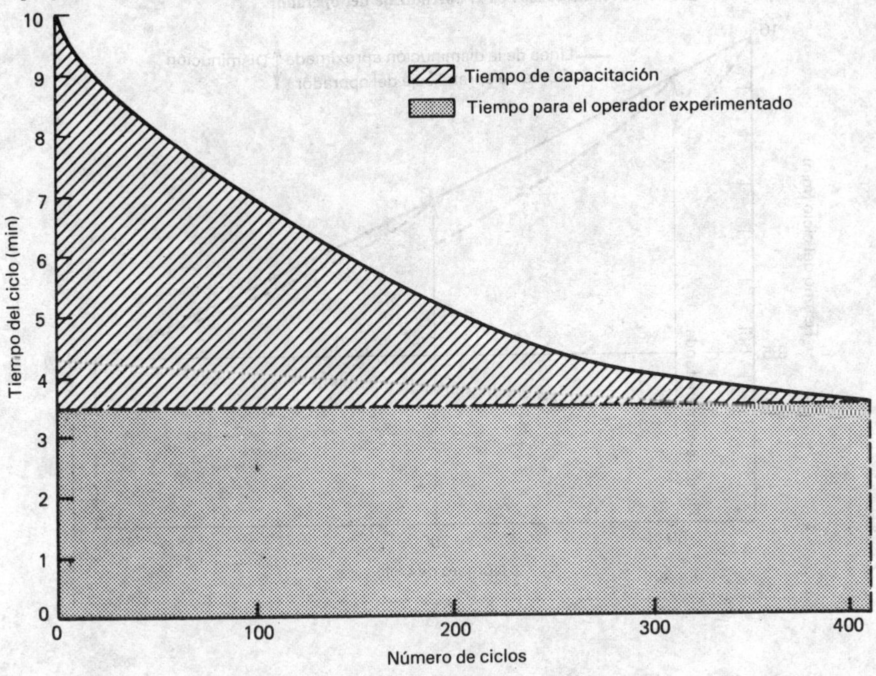

Puesto que el tiempo total debajo de la curva de aprendizaje sería de 1952.98 min, y el tiempo para hacer la tarea, si el operador rindiera al estándar, sería de 415 X 3.5 = 1452.5 min, el tiempo de capacitación sería de 1952.98 – 1452.5 = 500.48 min.

6. Supóngase que un operador hiciera 50 ciclos y, luego, 2 semanas después, otros 150 ciclos. ¿Cuáles serían los tiempos acumulado y promedio para los 150 ciclos? El ejemplo 4.3.5 ilustra la situación.

El problema es un tanto complejo porque el operador olvidará algo de lo aprendido, como resultado del descanso. A esto se le llama "disminución". Se ha encontrado que la cantidad de disminución está en función del punto de la curva de aprendizaje donde se encontraba el operador al tomar su descanso. Se puede hallar una aproximación al punto de disminución donde el operador iniciará la segunda serie trazando una recta entre el tiempo correspondiente al primer ciclo y el tiempo estándar (*S*). La ecuación para dicha recta es

$$R = K - \frac{K - S}{CS} X_i \qquad (5)$$

donde R = el tiempo para el primer ciclo después del descanso.
CS = el número de ciclos al estándar calculado para la primera serie de 50 ciclos.
X_i = el número de ciclo del primer ciclo después del descanso.

Puesto que la segunda serie dio comienzo con el ciclo cincuenta y uno, $R = 10 - 0.0157(51) = 9.20$ min. Para los 150 ciclos, 9.20 vendrá a ser el nuevo valor de k.

Ejemplo 4.3.5 Efecto de los descansos en el aprendizaje del operador

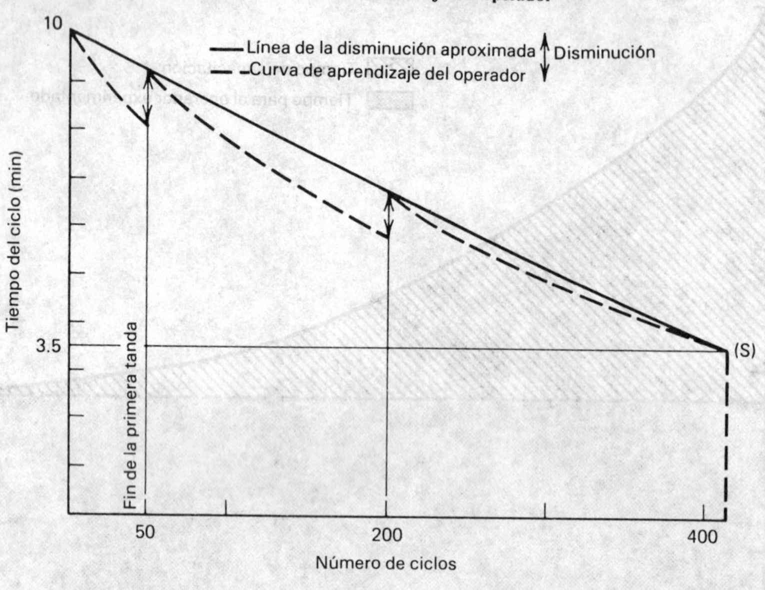

El valor de A cambia también, porque el régimen de aprendizaje aumenta.[1] El valor de A se estima suponiendo que S se logrará en 365 ciclos. Así pues

$$3.5 = 9.20(365)^{-A}$$
$$A = 0.1638$$

El tiempo para el ciclo ciento cincuenta será

$$AV = 9.20\left[\frac{(150 + 1/2)^{0.836} - (1 - 1/2)^{0.836}}{0.836(150)}\right]$$
$$= 4.81 \text{ min}$$
$$C = AV \times CY \tag{6}$$

donde CY es el número de ciclos en cuestión y C es el tiempo acumulado. $C = 4.81 \times 150 =$ 722.16 min.

4.3.3 APRENDIZAJE HUMANO

Diversos factores influyen en la rapidez con que las personas aprenden a realizar tareas repetitivas. La complejidad o el efecto de oportunidad inherentes en la tarea influyen en el régimen de aprendizaje. También, la capacidad del trabajador produce efecto. Mucho se ha escrito acerca de esos temas, pero aquí se resumirán sólo los resultados. (Véanse en el capítulo 6.1 los conceptos básicos del comportamiento sicomotor.)

Complejidad del trabajo

La complejidad del trabajo se puede examinar como una situación de tres dimensiones, porque son tres las variables principales que intervienen en la complejidad desde el punto de vista del aprendizaje. Son las siguientes:

1. Duración del ciclo. Se considera normalmente que los trabajos más largos son más complejos, porque el trabajador olvidará más entre los actos repetitivos. La duración del ciclo se tiene en cuenta, parcialmente al menos, en las ecuaciones de la curva de aprendizaje, porque el tiempo acumulado aumenta en función de la duración del ciclo.

2. Grado de inseguridad en los movimientos. La inseguridad se mide generalmente por el número de movimientos que requieren más habilidad, por ejemplo las posturas más difíciles y los movimientos y acciones de asir que son simultáneos. Mientras más inseguridad haya en la tarea, más tiempo le llevará al operador el aprender a hacerla. Este aspecto ha sido investigado aplicando el sistema MTM-1.[2]

3. Nivel de capacitación anterior. En muchos casos, el trabajador puede haber desarrollado gran habilidad realizando ciertas subtareas. Una vez que el trabajador tiene suficientes oportunidades de practicar para adquirir destreza, el grado de disminución es muy bajo. Un ejemplo es la habilidad para pegarle a la pelota con un bate. Como ejemplos típicos en situaciones de trabajo se pueden mencionar la habilidad para usar una calculadora, un soldador o un micrómetro. La metodología MTM-1 de la curva de aprendizaje tiene en cuenta también este aspecto.[1]

Aptitudes de las personas

En la gran mayoría de las situaciones de trabajo, las aptitudes humanas de interés primordial son las sicomotoras. Esas aptitudes, que constituyen la habilidad de las personas para utilizar sus manos y pies conjuntamente con las funciones sensoriales, varían de una a otra persona. Varía también la capacidad para aprender a usar las propias aptitudes sicomotoras. Algunos de los factores que influyen en el aprendizaje son los siguientes:

1. La edad de la persona. Muchas, aunque ciertamente no todas las personas de edad mayor, aprenden las habilidades sicomotoras con más lentitud que los jóvenes. La rapidez en el aprendizaje parece ser relativamente constante entre los 18 y los 35 años aproximadamente. De ahí en adelante comienza a declinar en el caso de muchas personas.[3, 4]

2. La cantidad de cosas que las personas han tenido que aprender en el pasado. Hay ciertas pruebas que indican que, si una persona deja de aprender a realizar nuevas tareas a medida que envejece, disminuye su capacidad para aprender. "Disminuye" significa que le llevará más tiempo aprender a hacer una nueva tarea, pero que todavía puede aprender.[4]

3. El sistema nervioso y la capacidad física. La calidad del sistema nervioso de las personas se deteriora con la edad. Aquellas que de jóvenes tienen un buen sistema nervioso tienden a mostrar menos decaimiento con la edad que las que siendo jóvenes tenían un sistema relativamente débil. También, la capacidad física decae con la edad, pero comienza a declinar más tarde y la rapidez con que lo haga no es tan crítica para el rendimiento en el trabajo. Es por eso que muchas personas, a medida que envejecen, tienden a preferir las tareas físicas en vez de las que tienen un alto contenido de información.[4]

Cómo aprenden las personas

Con todas las complejidades que anteceden, ¿cómo se puede predecir el régimen de aprendizaje de una persona o grupo de personas? La respuesta es que, aunque diversos factores intervienen en el aprendizaje, la gama de capacidades, medidas por la función de aprendizaje porcentual, parece quedar, de modo general, entre las curvas de aprendizaje del 88 y el 92 por ciento para las partes de la tarea que tienen que ser aprendidas. Si entre el personal hay personas de mayor edad, tal vez sea conveniente elegir la cifra más alta.[1]

El cálculo de los días necesarios para aprender un trabajo puede dar estimaciones considerablemente más cortas que las que se aplican actualmente en muchas situaciones. La causa de la diferencia variará, pero un aspecto importante es el método utilizado para enseñar a las personas el "aprendizaje de umbral", es decir, lo que se aprende antes de que el trabajador sepa justamente cómo hacer el trabajo sin ayuda. El aprendizaje de umbral no se incluye en las ecuaciones de la curva de aprendizaje porque los métodos aplicados son tan variables, que no es posible predecirlos con alguna precisión. (Véanse, en el capítulo 5.2, los efectos de los métodos de capacitación.) De manera que el tiempo de aprendizaje de umbral se debe sumar al tiempo pronosticado por las ecuaciones. Las ecuaciones de la curva de aprendizaje contienen el "tiempo de aprendizaje condicionado", es decir, el tiempo que tarda el trabajador en aprender una vez que ya sabe apenas cómo hacer el trabajo.

La observación y la medición de los tiempos de umbral han aportado muchas pruebas de que el aprendizaje a base de prueba y error, en que se le dice al trabajador que busque la manera de hacer el trabajo por sí mismo sin ninguna instrucción formal, da lugar a los tiempos de umbral más prolongados. Por desgracia, es el método más usado en la industria. Se pueden lograr ahorros considerables, recurriendo a la instrucción formal, si de ésta se encargan personas que conozcan muy bien las operaciones que se van a ejecutar, y que posean la aptitud necesaria para enseñar correctamente el método al trabajador.

Aunque las ecuaciones de la curva de aprendizaje sugieren que las personas aprenden a un ritmo constante, normalmente no ocurre así. El ejemplo 4.3.6 ofrece la muestra de una persona que aprende una tarea. La curva real aparece dentada, principalmente porque el número de movimientos de los ojos disminuye, en forma irregular, durante el proceso de aprendizaje. Cuando las personas comienzan a ejecutar una tarea motora, tienen que usar los ojos con mucha frecuencia para obtener información. A medida que repiten la tarea, "fragmentan" la información. La fragmentación es un proceso mediante el cual las personas obtienen más información con cada fijación visual, de manera que tienen que usar los ojos

Ejemplo 4.3.6 Comparación del aprendizaje real con el previsto

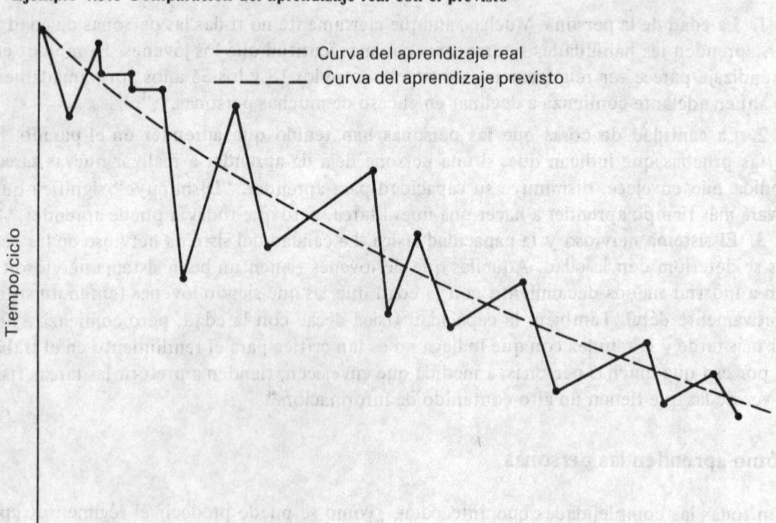

cada vez menos con un número creciente de ciclos. La curva dentada aparece porque, mientras tratan de reducir las fijaciones del ojo, con frecuencia las reducen demasiado y, luego, tienen que proceder con más lentitud. Cuando esto ocurre, harán más fijaciones en el ciclo siguiente.

Las personas no sólo tratan de reducir los tiempos de ciclo fragmentando la información, sino también de obtener la información necesaria recurriendo a los sentidos de orden menor, especialmente el cinestésico (sentido de posición) y el táctil (sentido del tacto). La motivación para realizar ese esfuerzo es que el uso de los ojos consume mucho tiempo comparado con el uso de los sentidos menores. Las observaciones de los trabajadores experimentados mientras realizan una tarea revelan que usan los ojos en forma mínima. De manera que el ingeniero industrial puede conocer el nivel de experiencia de un trabajador observando sus ojos. El trabajador que puede observar todo lo que le rodea y seguir trabajando sin interrupción es un trabajador experimentado. Esta situación molesta a muchos administradores porque piensan que los trabajadores no prestan atención a lo que están haciendo y, a veces, los castigan por ello. Por supuesto, si los trabajadores responden a las medidas disciplinarias y usan los ojos con más frecuencia, su productividad disminuirá probablemente.

Efecto del aprendizaje humano en el establecimiento de normas de tiempo

El conocimiento del aprendizaje humano es muy importante para el ingeniero industrial que establece las normas de producción. Para el ingeniero que aplica el estudio de tiempos es particularmente importante, en vista de las consecuencias de llevar a cabo un estudio de tiempo con un trabajador sin experiencia. Refiriéndonos al ejemplo 1 de la sección 4.3.2, el tiempo medio para los primeros 50 ciclos fue de 6.43 min, mientras que para los 150 ciclos siguientes fue de 4.81 min (ejemplo 6, sección 4.3.2). De manera que un estudio de tiempo efectuado con un trabajador que tenga pocas oportunidades de practicar dará como resultado una norma holgada, a menos que ese trabajador, o cualquier otro, no vayan a tener más oportunidades de practicar que las que habían tenido hasta el momento en que se llevó a cabo el estudio.

La situación viene a complicarse más por el hecho de que, mientras una persona está aprendiendo, le dará la impresión a un ingeniero industrial no versado en las curvas de aprendizaje de que está trabajando con gran rapidez. El resultado será una clasificación mayor que la que corresponda, lo cual inflará la norma todavía más. Tomando el ejemplo 2 de la sección 4.3.2, donde se predijo que el quincuagésimo ciclo sería de 5.52 min, una persona en el punto de la curva parecería normalmente que está realizando un gran esfuerzo. Si el ingeniero industrial le asignara una clasificación de 130, la norma sería $5.52 \times 1.30 =$ ¡7.18 min! Lo mejor será que el ingeniero de estudios de tiempo estime el ritmo, que normalmente será rápido, y el nivel de destreza, que normalmente será bajo (demasiadas fijaciones visuales, vacilaciones y posibles torpezas), y promedie las dos estimaciones.

Si se supone, como lo hacen muchos ingenieros de estudios de tiempo, que la norma es aplicable a una persona experimentada, ¿cuántos ciclos habrá que ejecutar para que una persona adquiera experiencia? El tiempo de ciclo, por supuesto, disminuye sin llegar a un tiempo constante. Los estudios de personas que hacen un trabajo repetitivo, durante millones de ciclos, revelan que el tiempo de ciclo sigue disminuyendo, como se puede ver en el ejemplo 4.3.7. De manera que un estándar de tiempo presupone cierta duración de la serie. Si ésta es prolongada, la norma resultará demasiado holgada; si es más corta, la norma será rígida. Si la duración es constante, pero la rotación aumenta, las normas serán también más difíciles de lograr.

¿Cuál es, pues, un procedimiento correcto? Tal vez el método más práctico, para muchos tipos de operaciones en que se recurre al estudio de tiempo, es el siguiente:[5, 6]

1. Determinar el tiempo aceptable en que un trabajador será capaz de alcanzar la norma. (El ejemplo que viene más adelante demuestra la importancia de establecer ese período para el tiempo estándar resultante).

Ejemplo 4.3.7 Reducción del tiempo del ciclo como función del número de ciclos realizados, siendo K = 10 y para una curva de aprendizaje del 90%

Número de ciclos	*Tiempo del ciclo*
1	10.0
100	5.0
1,000	3.5
10,000	2.5
100,000	1.7
1,000,000	1.2
2,000,000	1.1
3,000,000	1.0

2. Restar del paso 1 el tiempo que tardará el trabajador en comenzar la fase de aprendizaje condicionado.

3. Efectuar dos o más estudios de tiempo, con diferente número de ciclos y con varios trabajadores que estén en la fase de aprendizaje condicionado. Clasificar los estudios, no olvidando compensar el mayor esfuerzo y la menor destreza presentes durante el aprendizaje. Tampoco hay que olvidarse de anotar el número de ciclo en que se lleva a cabo el estudio de tiempo.

4. Obtener los valores de A y de K para la curva de aprendizaje usando las ecuaciones siguientes, donde Y_1 e Y_2 son los tiempos normales con X_1 y X_2 ciclos, respectivamente.

$$Y_1 = KX_1^{-A}$$

$$Y_2 = KX_2^{-A}$$

5. Resolver la ecuación 4 para N_2, donde C = el tiempo de aprendizaje condicional encontrado en el paso 2. Supóngase que $N_1 = 1$.

$$N_2 = \left[C \frac{(1-A)}{K} + 0.5^{1-A} \right]^{1/(1-A)} - \frac{1}{2} \tag{7}$$

6. El tiempo estándar es el tiempo de ciclo con N_2. Se obtiene el tiempo estándar usando la ecuación 1, donde $N_2 = X$.

Como un ejemplo de la metodología que antecede, supóngase que se tienen los datos siguientes:

tiempo normal a 50 ciclos = 6.23 min
tiempo normal a 250 ciclos = 5.01 min
tiempo de aprendizaje condicionado = 2400 min (40 hr)

Por lo tanto, $6.23(50^A) = K$, y $5.01(250^A) = K$.

$$\frac{6.23}{5.01} = \frac{250^A}{50^A}$$

$$\log \frac{6.23}{5.01} = A \log 250 - A \log 50$$

$$A = 0.1354$$

Sustituyendo,

$$K = 6.23(50^{0.1354})$$
$$K = 10.5810$$

Se resuelve la ecuación 7 para N_2,

$$N_2 = \left[2400\,\frac{(1-0.1354)}{10.5810} + 0.5^{1-0.1354}\right]^{1/(1-0.1354)} - \frac{1}{2}$$
$$= 449.20 \text{ ciclos}$$

El estándar de tiempo será por lo tanto $Y = 10.5810(449.20)^{-0.1354} = 4.63$ min.

Pronóstico del régimen de aprendizaje mediante sistemas de tiempo predeterminado

Entre los sistemas de tiempo predeterminado, el sistema MTM-1 tiene una metodología para determinar cuánto debe durar el aprendizaje condicionado para alcanzar el estándar. La metodología se explica detalladamente en otra parte,[1, 7] y en la *MTM Association* se pueden obtener programas de computadora que ayudarán en su aplicación. Para la mayoría de los elementos del MTM-1 se usan ecuaciones lineales de predicción. Se pueden sumar con facilidad para obtener aproximaciones lineales de la ecuación 1. El régimen de aprendizaje es función de la frecuencia relativa de los diversos movimientos MTM del estándar. Los estudios efectuados en los regímenes de aprendizaje de los diversos movimientos MTM han indicado que los movimientos de orden mayor, como asir y poner en posición, requieren más tiempo para aprenderlos que los movimientos de orden menor, como alcanzar y trasladar. La metodología señala las series de submovimientos que se repiten dentro de un ciclo, así como las subseries en que otras situaciones de trabajo ofrecen la oportunidad de practicar. Se incluye también una metodología para manejar las oportunidades repetidas de trabajar mientras el operador está aprendiendo.

Una vez determinadas las ecuaciones de predicción para una aplicación en particular se puede calcular el número de ciclos al estándar, el tiempo de ciclo para un ciclo dado y el tiempo medio para un número de ciclos. En la metodología MTM-1 se supone por lo general que el valor de K es de 2.5, mientras que en la metodología del estudio de tiempo hay que calcularlo normalmente. Se supone que el valor de K es 2.5 porque, en los estudios industriales de la aplicación, las curvas de aprendizaje han indicado que el primer ciclo se ejecuta normalmente con un tiempo de ciclo que es aproximadamente 2.5 veces el estándar MTM-1. La metodología se puede aplicar también si se encuentra que otro valor de K es más adecuado.

Determinación de los tiempos estándar y de aprendizaje para un grupo de trabajo

Una de las situaciones con que se puede tropezar al aplicar las curvas de aprendizaje mediante estudio de tiempo es que el tiempo estándar normal, o el tiempo estándar MTM-1, es lo que se conoce como tiempo de "poco esfuerzo"; es decir, son tiempos estándar que pueden ser logrados y mantenidos durante largos períodos por la gran mayoría de la población trabajadora sana y experimentada.

El ejemplo 4.3.8 es un histograma de la relación que existe entre el tiempo estándar y el rendimiento de la población de trabajadores mientras trabajan al ritmo máximo sostenible.

Ejemplo 4.3.8 Relación entre el rendimiento motivado de los trabajadores y los estándares de "poco esfuerzo"

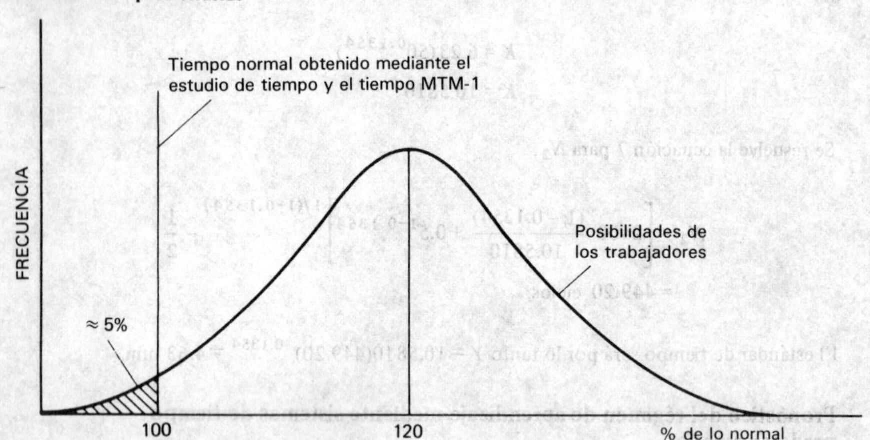

Los distintos autores tienen histogramas ligeramente diferentes de la producción media de los trabajadores en condiciones de alta motivación. El ejemplo 4.3.8 se derivó de los datos de estudio y de las experiencias industriales, donde las tolerancias son menores que o iguales al 5 por ciento.[8] Otros autores[9, 10] estiman que el rendimiento medio motivado de los trabajadores es del 125 al 130 por ciento. Por desgracia, no indican las tolerancias usadas, pero son probablemente del orden del 10 al 15 por ciento.

Puesto que un elevado porcentaje de la población puede igualar o exceder los tiempos normales, la mayoría de las personas que han aprendido justamente lo suficiente para lograr los tiempos normales no estarán capacitadas a fondo; de manera que el número de ciclos encontrado en el ejemplo del estudio de tiempo, o sea 449.20 ciclos, es el número que la persona media necesitará para lograr el estándar de poco esfuerzo. Puesto que, en el sentido estadístico, el 50 por ciento aprenderán con más rapidez y el 50 por ciento con más lentitud, se podrían plantear las siguientes preguntas:

1. ¿Cuánto se tardará en aprender el trabajo, de manera que la gran mayoría (el 95 por ciento o más) puedan lograr el estándar de 4.63 min?

2. ¿Cuál deberá ser el estándar de tiempo normal, si 4.63 min es el logro promedio después de 4 ciclos, y si todos deben ser capaces de alcanzar la norma en ese punto?

La respuesta a la pregunta 1 es como sigue:

$$\frac{4.63}{1.20} = \text{capacidad media de la población} = 3.86 \text{ min}$$

$$3.86 = 10.5810X^{-0.1354}$$

$$X = 1716 \text{ ciclos}$$

De manera que 1716 ciclos es la estimación de lo que tardará el 95 por ciento aproximadamente de la población de trabajadores para lograr los 4.63 min por lo menos.

Se aplica luego la ecuación 4 para obtener el tiempo acumulado:

$$C = 10.5810 \left[\frac{(1716 + 1/2)^{1-0.1354} - (1 - 1/2)^{1-0.1354}}{1 - 0.1354} \right]$$
$$= 7656 \text{ min}$$

Se necesitarán por lo tanto 7656 min, o sea 127.60 hrs, para que el 95 por ciento de las personas realicen la tarea en el tiempo estándar de 4.63 min.

La pregunta 2 se contesta suponiendo que, cuando el promedio del grupo sea de 4.63 min, la persona más lenta en aprender será un 20 por ciento más lenta, o sea 4.63 X 1.20 = 5.56 min. De manera que, si un gran porcentaje del grupo debe lograr el estándar de 2400 min, el estándar será de 5.56 min.

4.3.4 FUNCIONES DE AUMENTO DE LA PRODUCCION

Las funciones de avance de la producción constituyen un método para medir y estimar la rapidez con que una organización activa aprende a elaborar un producto. Se ha encontrado que este tipo de aprendizaje sigue las mismas funciones exponenciales negativas que se usan para el aprendizaje del hombre. Sin embargo, el régimen de aprendizaje es considerablemente más rápido, siendo la curva del 80 por ciento la más común. Asimismo, la variable dependiente es normalmente el costo por unidad de tiempo por unidad.

En los trabajos sobre el tema se ha informado acerca de diversos estudios relacionados con el proceso de producción porcentual encontrado en varias industrias. De Jong ofrece la lista más completa,[6] la cual se resume en el ejemplo 4.3.9. Los factores que dieron lugar a las grandes reducciones de los tiempos por unidad en las industrias mencionadas variaron de uno a otro caso. Las razones principales fueron las siguientes:

1. Las mejoras introducidas en la organización.
2. El mejoramiento de las dimensiones de las piezas que se van a montar.
3. Las mejoras introducidas en los métodos de trabajo.
4. El mejoramiento de los medios de producción (nuevas máquinas).
5. El aumento de la destreza de los empleados (aprendizaje humano).

De manera que el avance de la producción tiene lugar en muchas industrias a ritmo acelerado. Continúa con grandes números de unidades. Aunque los ejemplos que se dan en el ejemplo 4.3.9 están en términos de tiempo por unidad, muchas empresas logran las mismas tasas de avance porcentual de la producción cuando los costos por unidad se comparan gráficamente con el número de unidades. En un sentido real, el avance de la producción es la antítesis de los costos estándar porque, con un avance de la producción, que hace que los costos bajen un 20 por ciento o más cada vez que se duplican las unidades, los costos estándar no siguen siendo estándar por mucho tiempo. El conocimiento de las funciones de avance de la producción es muy importante para quienes están relacionados con las cotizaciones, el análisis de costos y la fijación de precios a los productos. Supóngase, por ejemplo, que se tienen dos compañías competidoras y que ambas deciden producir un artículo muy similar. Supóngase además que las dos compañías inician la producción al mismo tiempo. Sin embargo, la compañía A experimenta una curva de avance del 75 por ciento y la compañía B una curva del 80 por ciento, como se indica en el ejemplo 4.3.10. Resulta obvio, sin necesidad de hacer cálculos, que la compañía A tendrá costos por unidad más bajos, siempre que produzca al mismo ritmo que la compañía B.

Las ecuaciones presentadas anteriormente pueden servir para calcular diversos factores, en la forma siguiente:

Ejemplo 4.3.9 Muestra del avance porcentual de la producción encontrado en diversas industrias[a]

Fuente	*Avance porcentual de la producción*
Volkswagen, de 1945 a 1949	40
Volkswagen, de 1950 a 1954	20
Veinte productos de aleaciones ligeras	20
Reparación de vagones para productos	20
Construcción de casas	14-27
Soldadura de acero liviano	30
Producción de aviones	25-30
Construcción de barcos	10-26
Carrocerías para vehículos	20-30
Industria alemana de armamentos	18-35
Carros de ferrocarril	7-25

[a] La curva de aprendizaje porcentual seria 100 menos el avance porcentual de la producción.

1. ¿Cuál es el costo por unidad de las doscientas piezas de la compañía B, si $K = 100$? Usando la ecuación 1, con $A = 0.3219$ para una curva del 80 por ciento,

$$Y = 100(200)^{-0.3219} = \$18.17$$

Ejemplo 4.3.10 Gráfica de una curva de avance en la producción del 75% al 80%

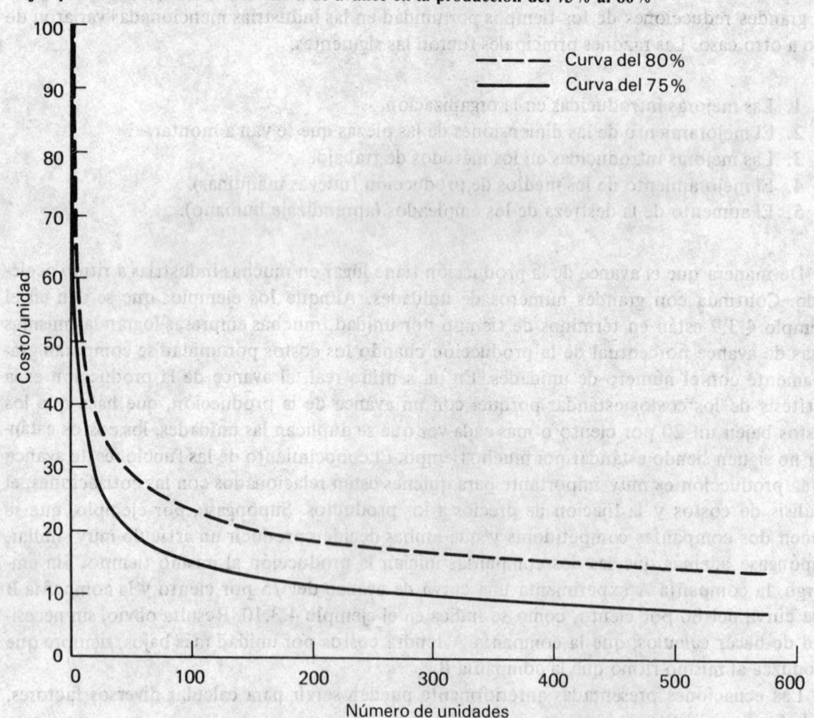

2. ¿Cuál sería el costo total de las primeras 200 piezas de la compañía B, si $K = 100$? Usando la ecuación 4,

$$C = 100\left[\frac{(200 + 1/2)^{1-0.3219} - (1 - 1/2)^{1-0.3219}}{1 - 0.3219}\right]$$

$$= \$5275.31 = \text{costo total de las primeras 200 piezas}$$

3. ¿Cuál sería el costo promedio de las primeras 200 piezas de la compañía B? Utilizando el resultado del paso 2 y dividiendo entre 200,

$$\frac{5275.31}{200} = \$26.38$$

3. Se planea producir 20 000 piezas el año próximo. Al principiar el año se habrán producido ya 3 000 piezas. ¿Cuál deberá ser el presupuesto de la compañía B para este producto? Usando la ecuación 4,

$$C = 100\left[\frac{(23{,}000 + 1/2)^{1-0.3219} - (3001 - 1/2)^{1-0.3219}}{1 - 0.3219}\right]$$

$$= \$100{,}163.31$$

5. ¿Cuál debería ser el costo por pieza en el paso 4?

$$\frac{100{,}163.31}{20{,}000} = \$5.01 = \text{costo por pieza}$$

6. Hay un cambio en los planes de la compañía B. En vez de 20 000 piezas se planean 40 000 para el año próximo. ¿Cuál será el costo por unidad? Usando la ecuación 3,

$$\text{promedio} = 100\left[\frac{(43{,}000 + 1/2)^{1-0.3219} - (3001 - 1/2)^{1-0.3219}}{(1 - 0.3219)(43{,}000 - 3000)}\right]$$

$$= \$4.27 = \text{el costo por unidad}$$

7. La compañía B está soportando un aumento del 10 por ciento anual en el costo de materiales y mano de obra. Si el costo por unidad es de \$7.60 con 3 000 unidades, ¿cuántas unidades habrá que producir de manera que el avance de la producción le permita a la compañía seguir vendiendo el producto a \$7.60? Solución: $X \times 1.10 = \$7.60$, $X = \$6.90$, que viene a ser el costo promedio por unidad que habrá que lograr durante el año próximo. Usando la ecuación 3,

$$\$6.90 = 100\left[\frac{(N_2 + 1/2)^{1-0.3219} - (3001 - 1/2)^{1-0.3219}}{(1 - 0.3219)(N_2 - 3000)}\right]$$

$N_2 - N_1 = 2\ 240$, que es el número de unidades que habrá que producir para contrarrestar el aumento de costo atribuible a la inflación. *Nota*: La ecuación se resuelve mejor por aproximaciones sucesivas, utilizando una calculadora programable.

8. La compañía B está produciendo 3 000 unidades sobre pedido. Tres meses después se le solicita que cotice el precio de 2 500 unidades más. ¿Cuáles serán los costos estimados de las 2 500 unidades?

a. Usando la ecuación 5, perc tomando dólares para las unidades de S, R y K y suponiendo que S es de \$6.08 con $X_1 = 6\,000$, el valor de R con $X_2 = 3\,001$ vendría a ser

$$R_1 = 100 - \left(\frac{100 - 6.08}{6000}\right)(3001) = \$53.02$$

donde $CS = X_1$.

b. El valor de A se debe volver a calcular a partir de la operación siguiente:

$$6.08 = 53.02\,(6000 - 3000)^{-A}$$
$$A = 0.2705$$

c. Usando la ecuación 4, donde $R = K$, $N_2 = 2\,500$ y $N_1 = 3\,001$,

$$C = \frac{53.02}{0.7295}\,[(2500 + 1/2)^{0.7295} - (1 - 0.5)^{0.7295}]$$
$$= \$21{,}847.64 \text{ para 2500 unidades}$$

REFERENCIAS

1. WALTON M. HANCOCK y PRAKASH SATHE, *Learning Curve Research on Manual Operations,* Research Report 113A, MTM Association for Standards and Research, Fair Lawn, NJ, 1969.
2. DON B. CHAFFIN y WALTON M. HANCOCK, *Factors in Manual Skill Training,* Research Report 114, MTM Association for Standards and Research, Fair Lawn, NJ, 1966.
3. ROBERT B. CLIFFORD y WALTON M. HANCOCK, "An Industrial Study of Learning," *Journal of Methods Time Measurement,* Vol. 9, No. 3, pp. 12-27.
4. A. T. WELFORD, *Aging and Human Skill,* Oxford University Press, Nueva York, 1958.
5. J. R. DE JONG, "Increasing Skill and Reduction of Work Time," *Time and Motion Study,* Septiembre de 1964, pp. 28-41.
6. J. R. DE JONG, "Increasing Skill and Reduction of Work Time–Concluded," *Time and Motion Study,* Octubre de 1964, pp. 20-33.
7. WALTON M. HANCOCK, "The Learning Curve," en H. B. Maynard, Ed., *Industrial Engineering Handbook,* 3a. ed., McGraw-Hill, Nueva York, 1971, pp. 7-102-7-114.
8. WALTON M. HANCOK y ULF ABERG, *Design Criteria of Predetermined Time Systems with Special Reference to the MTM System,* International MTM Directorate, Estocolmo, Suecia, 1968.
9. RALPH M. BARNES, *Motion and Time Study, Design and Measurement of Work,* 5a. ed., Wiley, Nueva York, 1964, p. 324.
10. MARVIN E. MUNDEL, *Motion and Time Study Principles and Practices,* 4a. ed., Prentice-Hall, Englewood Cliffs, NJ, 1970, p. 303.

BIBLIOGRAFIA

ABRAMOWITZ, J. B., y G. A. SHATTUCK, JR., *The Learning Curve, A Technique for Planning, Measurement and Control,* Informe No. 31.101, IBM, 4th ed., Harrison, NJ.

BARNES, RALPH M., y HAROLD T. AMRINE, "The Effect on Practice of Various Elements Used in Screwdriver Work," *Journal of Applied Psychology*, Abril de 1942, pp. 197-209.

KARGER, D. W., y F. H. BAYHA, *Engineered Work Measurement*, 3a. ed., Industrial Press, 1977.

NANDA, R., y G. L. ALDER, *Learning Curves, Theory and Application*, American Institute of Industrial Engineers, Norcross, GA, 1977.

CAPITULO 4.4

Estudios de tiempo

BENJAMIN W. NIEBEL
Universidad del Estado de Pennsylvania

4.4.1 DEFINICION Y OBJETIVOS

Los estudios de tiempo es una técnica para establecer el tiempo estándar concedido para realizar una tarea determinada, con base en la medición del contenido de trabajo del método prescrito y teniendo en cuenta las tolerancias debidas a la fatiga, a las necesidades personales y a las demoras inevitables. El objetivo de los estudios de tiempo consiste en determinar normas confiables para todo el trabajo, directo e indirecto, que emprende la empresa para el manejo eficiente y eficaz de la operación.

Con estándares de tiempo confiables, el trabajo se puede programar con el fin de maximizar la producción con el tiempo, lográndose así una buena utilización de la mano de obra y el equipo. Se puede introducir un sistema de informes de variaciones, con lo cual se simplificará la buena administración. La gerencia puede investigar las diferencias que resulten entre los tiempos real y estándar y cuando sea necesario tomar las medidas adecuadas.

Los tiempos estándar facilitan la ingeniería de métodos. Puesto que el tiempo es una medida común para todos los trabajos, los estándares de tiempo son una base para comparar las diferentes maneras de hacer un mismo trabajo.

Los tiempos estándar sirven de base para los planes de pago de incentivos. Ciertamente, sin haber fijado tiempos estándar sería poco práctico introducir un sistema cualquiera de incentivos si se retribuye al trabajador en proporción con lo producido. Además, los tiempos estándar son un medio para garantizar la distribución eficiente del espacio disponible. Puesto que el tiempo es la base para determinar la cantidad de cada clase de equipo que se va a necesitar, las normas de tiempo precisas son un medio para determinar la capacidad de la planta y equilibrar la mano de obra con el trabajo disponible. Son una base para adquirir nuevo equipo y mejorar el control de la producción.

Un objetivo más del establecimiento de estándares de tiempo confiables es iniciar el procedimiento de determinación precisa del costo antes de la producción.

Entre otras prácticas administrativas que se pueden mejorar con la aplicación de estándares de tiempo medidos figuran el control del presupuesto, establecimiento de gratificaciones a supervisores y la garantía de que se mantendrán los requisitos de calidad.

4.4.2 EQUIPO PARA EL ESTUDIO DE TIEMPO

Es mínimo el equipo necesario para establecer estándares confiables. Todo lo que se requiere para elaborar el estudio es un cronómetro exacto, una forma bien diseñada para el estudio del trabajo y una calculadora electrónica.

Actualmente, se encuentran en uso varios tipos de cronómetros. En su mayoría caen dentro de una de las cuatro clasificaciones siguientes:

1. Cronómetro electrónico.
2. Cronómetro con minutos decimales (mecánico – 0.01 min).
3. Cronómetro con horas decimales (mecánico – 0.0001 hr).
4. Cronómetro con minutos decimales (mecánico – 0.001 min).

Cada uno de esos cronómetros tiene ventajas y desventajas, dependiendo de la naturaleza de la operación que se estudia. En lugar de que una empresa use únicamente un tipo de reloj para establecer estándares, por lo general, conviene tener por lo menos dos de los tipos disponibles.

Además de los tipos de cronómetro mencionados, hay varios dispositivos registradores de tiempo que ofrecen algunas ventajas sobre el cronómetro. Entre ellos figuran las máquinas registradoras de tiempo, las cámaras de cine y el equipo de videotape.

Los cronómetros enteramente electrónicos dan una resolución de un centésimo de segundo y una precisión del 0.003 por ciento. Pesan alrededor de 0.25 Kg y miden aproximadamente 13 cm de largo por 5 cm de ancho y 5 cm de altura. Permiten cronometrar un número cualquiera de elementos individuales, midiendo al mismo tiempo, el tiempo total transcurrido. Los cronómetros electrónicos funcionan con pilas recargables. Normalmente, las pilas se tienen que recargar después de unas 14 horas de servicio continuo. Su única desventaja, aparte del costo, es que puede haber alguna dificultad para leer la carátula o pantalla cuando el estudio se lleva a cabo a plena luz del sol. La duración limitada de la carga de la pila puede dar lugar a la interrupción inoportuna del estudio.

El cronómetro con minutos decimales (mecánico – 0.01 min) parece ser el favorito de la mayoría de los analistas de estudios de tiempo. Es económico, portátil y confiable durante largos períodos. Tiene 100 divisiones en la carátula, cada una de las cuales equivale a 0.01 min. Aunque el analista tiene que leer una manecilla en movimiento cuando lleva a cabo estudios continuos, es relativamente fácil leer con precisión en vista del tamaño de la carátula y la velocidad de la manecilla.

Hay una adaptación especial del reloj de minutos decimales cuyo uso encuentran conveniente muchos analistas cuando hacen estudios continuos, porque permite leer una manecilla detenida. Este reloj tiene dos manecillas que giran simultáneamente a partir de cero cuando se pone en marcha el reloj. A la terminación del primer elemento se oprime un botón lateral que detiene la manecilla inferior únicamente. El analista puede leer el tiempo correspondiente al elemento que se mide, mientras la manecilla superior sigue midiendo el tiempo del ciclo. El analista deja luego de oprimir el botón lateral y la manecilla inferior se une nuevamente a la superior, la cual se ha seguido moviendo sin interrupción.

El cronómetro con horas decimales (mecánico – 0.0001 hr) es similar al de minutos decimales, exceptuando la unidad de tiempo. Si la industria o la empresa prefiere expresar los estándares en términos de horas decimales por pieza, este reloj será más conveniente que el de minutos decimales (0.01).

El cronómetro de minutos decimales (mecánico – 0.001 min) es un reloj especial que sirve para cronometrar únicamente un elemento de un ciclo o una porción de un ciclo. En este reloj, cada división equivale a 0.001 min. Como la manecilla se mueve con rapidez (recorre la carátula en 6 seg), el analista detiene siempre el reloj al finalizar precisamente el elemento que se mide, de manera que pueda tomarse la lectura. Este reloj es útil para obtener datos estándar.

Las máquinas registradoras de tiempo son dispositivos útiles que se pueden usar a falta de un analista de estudios de tiempo para medir el período durante el cual una instalación es productiva. Las máquinas contienen papel para gráficas sobre el cual una stylus registra continuamente el estado de la máquina. Los sensores se cierran sólo cuando la máquina o actividad es productiva. Se encuentran disponibles máquinas registradoras de tiempo con canales múltiples, de manera que se puede registrar continuamente el estado de varias máquinas durante la jornada de trabajo.

El equipo de videotape y la cámara de cine son útiles para los trabajos de estudio de tiempo. Lo son particularmente para registrar los métodos del operador y el tiempo transcurrido. Sin embargo, el costo de la película y el retraso que implica enviar el rollo para que sea revelado imposibilitan el uso de la cámara de cine en muchos casos. El alto costo inicial del equipo de videotape de buena calidad restringe su uso.

Ambos métodos de captación de imágenes son particularmente útiles para establecer estándares mediante alguna de las técnicas fundamentales de movimiento, por ejemplo, MTM o Work-Factor. Tomando películas del operador en su estación de trabajo, y estudiándolas después detalladamente cuadro por cuadro, el analista puede registrar los detalles exactos del método utilizado y asignar valores básicos de tiempo a los movimientos.

Es importante usar una forma bien diseñada para registrar el tiempo transcurrido y elaborar el estudio. Todos los detalles del estudio se deben anotar en la forma. Esto se puede hacer incluyendo en la forma un diagrama de proceso del operador (diagrama bimanual) como se indica en el ejemplo 4.4.1. Además de proporcionar un registro permanente de las herramientas y los materiales presentes en el área de trabajo, la forma debe contener datos relativos a los métodos, tales como avances, profundidad de corte, velocidades, tipo y forma de la herramienta y especificaciones para inspección. La forma debe incluir también espacios para el nombre y número del operador, descripción de la operación, nombre y número de la máquina, herramientas especiales utilizadas y sus respectivos números, el departamento donde se lleva a cabo la operación, y las condiciones de trabajo que prevalecen.

La forma debe estar diseñada de manera que el analista pueda anotar convenientemente las lecturas de los relojes, los elementos extraños y los factores de clasificación, y pueda usar también la hoja para calcular el tiempo permitido. El ejemplo 4.4.2 muestra el anverso de una forma para estudios de tiempo, diseñada para dar cabida a los datos de cualquier tipo de operación.

4.4.3 REQUISITOS DE UN ESTUDIO DE TIEMPO EFECTIVO

Antes de emprender un estudio de tiempo hay que satisfacer varios requisitos fundamentales. En primer lugar, el operador debe conocer plenamente el método que se va a seguir. El método debe ser aprobado por el departamento de ingeniería industrial y estar estandarizado en todos los puntos en los cuales se va a aplicar, antes de dar comienzo al estudio. Además, se debe notificar al representante del sindicato, al supervisor del departamento y al operador que el trabajo va a ser objeto de estudio.

El supervisor debe verificar el método antes del estudio, con el fin de asegurarse de que se está usando la herramienta correcta, que ésta tenga la geometría debida, que se están aplicando los avances, las velocidades y las profundidades de corte estipuladas, que la lubricación se lleva a cabo de acuerdo con las especificaciones, y que se dispone de material de la calidad apropiada.

Si varios operadores están disponibles para el estudio, el supervisor determinará, lo mejor posible, cuál de ellos ayudará a realizar el estudio más satisfactorio.

El representante del sindicato debe asegurarse de que se elija sólo a operadores capacitados y competentes para el estudio. Deberá encargarse de explicarle al operador por qué se lleva a cabo el estudio y contestará las preguntas que al respecto le haga el operador.

El procedimiento del estudio de tiempo es una técnica de muestreo mediante la cual se toma una muestra al azar de los datos y se analiza para determinar un valor que produzca un efecto notable en el operador, en su supervisor, en el éxito del producto y en el éxito de la compañía. En vista de la importancia del procedimiento de medición del trabajo, las características personales siguientes se pueden considerar como esenciales para el analista

Ejemplo 4.4.1 Reverso de la forma de estudio de tiempo

Bosquejo

Estudio No. ______ Fecha ______

Operación ______

Departamento ______ Operador ______ No. ______

Equipo ______

______ Máquina No. ______

Herramientas, plantillas, soportes o calibres especiales ______

Condiciones ______

Materiales ______

Parte No. ______ Dibujo No. ______

Descripción de la parte ______

Detalle de la acción		Elem. No.	Número de las herramientas pequeñas, avances, velocidades, profundidad de corte, etc.	Tiempo elemental	Ocu. por ciclo	Tiempo total permitido
Mano izquierda	Mano derecha					

Cada pieza ______ Total ______

Preparación ______ Hrs. por C ______

Supervisor ______ Inspector ______

Observador ______ Autorizado por ______

Ejemplo 4.4.2 Anverso de la forma de estudio de tiempo

Fecha: / /
Estudio No. ___
Hoja No. ___
de ___
hojas

Elementos

Número															Elementos ajenos			
Notas	Cl. No.	T R F	T R F	T R F	T R F	T R F	T R F	T R F	T R F	T R F	T R F	T R F	T R F	T R F	SYM	R	T	Descripción
															A			
															B			
															C			
															D			
															E			
															F			
															G			
															H			
															I			
															J			
															K			

Clasificación

Val. sint. = ___ / Val. de obs. ___ = ___ %

Resumen de tolerancias

Personales

Inevitables

Por fatiga

Tolerancia total %

Estudio iniciado el	Estudio terminado	Tiempo total

Resumen

Totales
Observ.
Tiempo prom.
Suceso lev.
L.F. × T. prom.
% tot.
Tiempo perm.

Observaciones

competente: juicio certero, capacidad analítica, honestidad, inventiva, confianza en sí mismo, tacto, paciencia, optimismo, una personalidad agradable, entusiasmo y buena apariencia. Debe también cumplir regularmente con los requisitos siguientes:

1. Estudiar cuidadosamente el método actual antes de llevar a cabo el estudio de tiempo, para asegurarse de que dicho método es correcto.
2. Revisar junto con el supervisor todos los aspectos de la operación, a fin de obtener su aprobación de la herramienta, los materiales y el procedimiento utilizados por el operador.
3. Contestar cualesquiera preguntas del operador, el representante del sindicato o el supervisor acerca del procedimiento de estudio de tiempo.
4. Anotar en la forma de estudio de tiempo todos los detalles del método que se estudia.
5. Registrar con precisión una muestra adecuada de los tiempos de los elementos, para poder establecer un estándar equitativo.
6. Evaluar el rendimiento del operador con honradez y justicia.
7. Cuando corresponda, aplicar una tolerancia apropiada a todos los tiempos normales.
8. Calcular con exactitud los tiempos estándar de cada elemento del estudio de tiempo.
9. Conducirse en forma tal, que se gane y conserve el respeto y la confianza de los representantes de los trabajadores y de la administración.

4.4.4 SELECCION DEL OPERADOR QUE SE VA A ESTUDIAR

Al iniciar un estudio de tiempo, el primer contacto se hace por medio del jefe del departamento o del supervisor de línea. Este notificará al representante del sindicato que se va a llevar a cabo un estudio de tiempo en su operación u operaciones. El trabajo de que se trate deberá ser revisado por el analista de estudios de tiempo y por el supervisor, quienes deben estar de acuerdo en que la operación está lista para ser estudiada desde el punto de vista de la ingeniería de métodos.

Con frecuencia, más de un operador estarán realizando la operación que se va a estudiar. Cuando así ocurre, el operador seleccionado debe ser uno que represente un rendimiento superior, o ligeramente superior, al promedio del grupo. Ese operador deberá estar bien capacitado y tener experiencia con el método en cuestión. Debe haber demostrado, durante la observación del método, que el analista y el supervisor llevaron a cabo antes del estudio, que es capaz de realizar el trabajo en forma sistemática y uniforme. El operador seleccionado deberá conocer los procedimientos y prácticas del estudio de tiempo y tener confianza en los métodos, así como en el analista. Debe tener espíritu de cooperación y aceptar las sugerencias positivas que le hagan el supervisor y el analista.

A veces, el analista no estará en situación de elegir a un operador para el estudio porque solamente uno estará realizando el trabajo que se va a estudiar. En esos casos, el analista tendrá que ser especialmente cuidadoso al clasificar el rendimiento del operador, ya que éste puede estar rindiendo en cualquiera de los extremos de la escala de clasificación y no será posible estudiar a otro operador para validar el rendimiento normal.

Una vez elegido el operador, será abordado en forma amistosa y se le informará que la operación va a ser estudiada. Se le dará la oportunidad de hacer preguntas acerca del procedimiento de medición de tiempo, del método de clasificación y de la aplicación de tolerancias. En aquellos casos en que el operador no haya sido estudiado anteriormente, es conveniente explicarle con paciencia el procedimiento. Es muy importante que se establezca una buena armonía entre el trabajador y el analista. Este último debe tratar de ganarse la confianza y el respeto de aquél.

4.4.5 ANALISIS DE METODOS Y MATERIALES

Los detalles completos del método usado, así como las especificaciones y condiciones de todos los materiales utilizados, se deben anotar cuidadosamente en la forma de estudio de tiempo. Esto es muy importante, ya que un cambio cualquiera en el método justificará por lo general un nuevo estudio del trabajo. Si el método que se estudia no es identificado positivamente, cualquier mejoramiento futuro quedará sin estudiar y esto dará lugar a clasificaciones imprecisas y a todos los problemas asociados con los estándares de tiempo holgados.

El estudio de tiempo debe incluir un esquema del área de trabajo dibujado a escala. Dicho esquema ayudará a identificar el método que se estudia, puesto que mostrará la posición de los materiales, las herramientas, los accesorios, etc., con relación al operador. Debajo del esquema se hará un diagrama de proceso del operador (diagrama bimanual). Es conveniente terminar este diagrama antes de proceder a registrar los datos.

Se consignará la información completa acerca de las máquinas, las herramientas, las plantillas y accesorios, los calibradores, los materiales utilizados y las condiciones de trabajo, ya que cada uno de esos factores influye en el método. También, conviene describir cuidadosamente la operación que se lleva a cabo y anotar el nombre y número de la tarjeta del operador, el departamento donde se efectúa el estudio, la fecha del estudio y el nombre del analista. El estudio de tiempo completo constituye una fuente de información valiosa para obtener datos estándar, diseñar fórmulas de tiempo, mejorar el método y realizar otros trabajos. Sólo será verdaderamente útil si se identifican y anotan todos los detalles importantes.

4.4.6 DIVISION DE LA OPERACION EN ELEMENTOS

La operación que se estudia se debe dividir en grupos de *therbligs* llamados "elementos". Un elemento es una división del trabajo que se puede medir con el cronómetro y tiene puntos de iniciación y terminación fáciles de identificar. Para dividir la operación en sus elementos individuales, el analista debe observar cuidadosamente al operador durante varios ciclos. Si el tiempo de ciclo es relativamente largo (más de 30 minutos), el analista sólo tendrá que observar uno o dos ciclos para descomponer la tarea en sus elementos. Cuando los ciclos son sumamente largos, podrá escribir la descripción de los elementos mientras lleva a cabo el estudio. Sin embargo, conviene determinar, antes de dar comienzo al estudio, en qué elementos se va a descomponer la operación.

Es buena idea dividir la operación en elementos lo más breves que sea posible. Esto hace aumentar el valor del estudio debido a la posibilidad de usar los valores elementales permitidos para establecer datos estándar. Desde luego, los elementos no deben ser tan pequeños que la precisión al leer el reloj resulte afectada. Las divisiones elementales de 0.04 min aproximadamente son las más pequeñas que un analista experimentado puede medir con seguridad. No obstante, si los elementos anterior y posterior son relativamente largos, uno de 0.02 min se puede cronometrar con facilidad.

Para identificar los puntos terminales del elemento y desarrollar uniformidad en la lectura del reloj de un ciclo al siguiente, se debe recurrir al oído y a la vista al descomponer en elementos. En la mayoría de los casos, los puntos terminales se pueden identificar tanto con el oído como con los ojos. El sonido que se produce al dejar una herramienta y el que se escucha cuando una herramienta comienza a cortar o deja de hacerlo son ejemplos de puntos terminales que se identifican con más facilidad por el oído que por la vista.

El analista debe seguir varias reglas básicas en relación con la descomposición en elementos. Son las siguientes:

1. Asegurarse de que todos los elementos efectuados son realmente necesarios. Si parece que uno o más son innecesarios, se interrumpirá el estudio de tiempo y se iniciará un estudio de métodos a fin de establecer el método apropiado.

2. Los elementos no deben combinar tiempo de máquina con tiempo manual o que no sea de máquina.

3. El tiempo constante no debe ir combinado con tiempo variable en un mismo elemento. Un "elemento constante" es aquel cuyo tiempo de ejecución no varía apreciablemente cuando se produce un cambio en el proceso o en las dimensiones del producto. Un "elemento variable" es aquel cuya ejecución resulta afectada por una o más características, por ejemplo, el tamaño, la forma, la dureza o las tolerancias, de manera que, si esas condiciones varían, varía también el tiempo necesario para ejecutar el elemento.

4. Los elementos se deben seleccionar de manera que sus puntos terminales puedan ser identificados mediante un sonido característico.

5. Se deben seleccionar elementos tan pequeños como sea posible, pero cuya duración sea suficiente para poder medirlos con precisión.

4.4.7 DETERMINACION DEL NUMERO DE CICLOS QUE SE VAN A ESTUDIAR

El estudio de tiempo es un procedimiento de muestreo. Como tal, es importante que se tome una muestra de datos de tamaño adecuado para que el estándar resultante sea razonablemente exacto.

Desde el punto de vista económico, hay que tener en cuenta tanto la duración del ciclo como la actividad de trabajo al determinar el número de ciclos que se van a observar. El ejemplo 4.4.3 puede servir de guía para determinar el número de ciclos que se deben estudiar al establecer un estándar.

El número de ciclos que se deben estudiar para garantizar una muestra adecuada se puede determinar estadísticamente. Este valor, considerado conjuntamente con los lineamientos del ejemplo 4.4.3, puede ayudar al analista a decidir la duración de la observacion

Como es sabido, los promedios de la muestra $\bar{x}$ extraída de una distribución normal de observaciones están distribuidos normalmente respecto a la población μ. La varianza de $\bar{x}$ respecto a la media de población μ es igual al σ^2/n, donde n es el tamaño de la muestra y σ^2 es la varianza de la población. La teoría de la curva normal nos lleva a la siguiente ecuación del intervalo de confianza:

$$\bar{x} \pm z \frac{\sigma}{\sqrt{n}} \tag{1}$$

La ecuación 1 presupone que se conoce la DE de la población. Este, desde luego, no es el caso cuando se lleva a cabo un estudio de tiempo. No obstante, la DE de la población se puede estimar calculando la DE s de una muestra tomada de la población.

$$s = \sqrt{\frac{\Sigma x_i^2}{n-1} - \frac{(\Sigma x_i)^2}{n(n-1)}}$$

Ejemplo 4.4.3 Número de ciclos requerido para un estudio de tiempo

	Número mínimo de ciclos que se estudiarán para una determinada actividad			
Tiempo del ciclo	*Más de 10,000/año*	*De 5000 a 10,000/año*	*De 1000 a 5000/año*	*Menos de 1000/año*
Más de 60 min	6	5	4	3
40 a 60 min	8	7	6	5
20 a 40 min	10	9	8	7
10 a 20 min	12	11	10	9
5 a 10 min	20	18	16	15
2 a 5 min	25	22	20	18
1 a 2 min	40	35	30	25
Menos de 1 min	60	50	45	40

Al estimar σ a partir de la DE de una muestra, estamos tratando con la cantidad $(\bar{x} - \mu)/(s/n^{1/2})$,[1] la cual no está distribuida normalmente, salvo en aquellos casos en que el tamaño de la muestra es relativamente grande ($n > 30$). Su distribución es la distribución t de Student. La ecuación del intervalo de confianza viene a ser por lo tanto

$$\bar{x} \pm t\frac{s}{\sqrt{n}}$$

El número requerido de observaciones para un cierto grado de precisión se puede calcular obteniendo n como porcentaje de $\bar{x}$. Por ejemplo, $k\bar{x} = ts/n^{1/2}$ donde k = un porcentaje aceptable de $\bar{x}$. Por lo tanto, si N = el número de observaciones que se van a estudiar y n = el número de observaciones en la muestra que permitió calcular $\bar{x}$ y s, se puede calcular N partiendo de la ecuación siguiente:

$$N = \left(\frac{st}{k\bar{x}}\right)^2$$

El valor de t, por supuesto, se determina a partir de los puntos porcentuales de la distribución t y está basado en el tamaño de la muestra n y en la probabilidad (p). Por ejemplo, el analista puede efectuar un estudio de un trabajo cuyo tiempo de ciclo se ha estimado en 4 min. Con base en el ejemplo 4.4.3, el analista decide estudiar 25 ciclos, ya que la actividad del trabajo se ha estimado en 10,000 al año. Le gustaría saber si el tamaño de esa muestra es adecuado, queriendo asegurarse de que $\bar{x}$ está dentro de ± el 10 por ciento de μ. Supongamos que la media del elemento que muestra la mayor variación es de 0.25 min y que su DE es de .05. Se puede calcular en esta forma:

$$N = \left[\frac{(.05)\,(2.06)}{(.10)\,(0.25)}\right]^2 = 16.97, \text{ o sea, } 17$$

De manera que la muestra de 25 fue más que suficiente. Advierta que el valor de t en la muestra estuvo basado en una probabilidad de .05 (véase el ejemplo 4.4.4). Para una explicación adicional del cálculo de N, véase Niebel, referencia 2.

4.4.8 PROCEDIENDO AL ESTUDIO

Registro de los valores de tiempos elementales

Hay dos maneras de registrar los valores de los tiempos elementales mientras se lleva a cabo el estudio de tiempo: el "método continuo" y el método de "vuelta a cero". Cada uno tiene ciertas ventajas y desventajas.

Cuando se aplica el método continuo, se deja correr el cronómetro durante todo el estudio. El reloj se lee en el punto de separación de cada elemento mientras las manecillas están en movimiento. Con el método de vuelta a cero se lee el reloj en el punto de terminación de cada elemento y las manecillas se hacen volver a cero. Al efectuarse el elemento siguiente, las manecillas se mueven a partir de cero. Puesto que los valores elementales transcurridos se leen directamente en el reloj a la terminación de cada elemento, no se requiere trabajo posterior para hacer las restas sucesivas, como ocurre con el método continuo. Asimismo, con el método de vuelta a cero es más fácil registrar los tiempos de elementos que el operador ejecuta fuera de orden. La tercera ventaja de este método es que los tiempos elementales transcurridos durante ciclos repetidos se pueden comparar fácilmente para ver si hay uniformidad. Así, el analista está en mejor situación para estimar rápidamente si ha tomado una muestra suficiente de lecturas.

Ejemplo 4.4.4 Puntos porcentuales de la distribución t

	Probabilidad $(P)^a$												
n	·9	·8	·7	·6	·5	·4	·3	·2	·1	·05	·02	·01	·001
1	·158	·325	·510	·727	1·000	1·376	1·963	3·078	6·314	12·706	31·821	63·657	636·619
2	·142	·289	·445	·617	·816	1·061	1·386	1·886	2·920	4·303	6·965	9·925	31·598
3	·137	·277	·424	·584	·765	·978	1·250	1·638	2·353	3·182	4·541	5·841	12·941
4	·134	·271	·414	·569	·741	·941	1·190	1·533	2·132	2·776	3·747	4·604	8·610
5	·132	·267	·408	·559	·727	·920	1·156	1·476	2·015	2·571	3·365	4·032	6·859
6	·131	·265	·404	·553	·718	·906	1·134	1·440	1·943	2·447	3·143	3·707	5·959
7	·130	·263	·402	·549	·711	·896	1·119	1·415	1·895	2·365	2·998	3·449	5·405
8	·130	·262	·399	·546	·706	·889	1·108	1·397	1·860	2·306	3·896	3·355	5·041
9	·129	·261	·398	·543	·703	·883	1·100	1·383	1·833	2·262	2·821	3·250	4·781
10	·129	·260	·397	·542	·700	·879	1·093	1·372	1·812	2·228	2·764	3·169	4·587
11	·129	·260	·396	·540	·697	·876	1·088	1·363	1·796	2·201	2·718	3·106	4·437
12	·128	·259	·395	·539	·695	·873	1·083	1·356	1·782	2·179	2·681	3·055	4·318
13	·128	·259	·394	·538	·694	·870	1·079	1·350	1·771	2·160	2·650	3·012	4·221
14	·128	·258	·393	·537	·692	·868	1·076	1·345	1·761	2·145	2·624	2·977	4·140
15	·128	·258	·393	·536	·691	·866	1·074	1·341	1·753	2·131	2·602	2·947	4·073
16	·128	·258	·392	·535	·690	·865	1·071	1·337	1·746	2·120	2·583	2·921	4·015
17	·128	·257	·392	·534	·689	·863	1·069	1·333	1·740	2·110	2·567	2·898	3·965
18	·127	·257	·392	·534	·688	·862	1·067	1·330	1·734	2·101	2·552	2·878	3·922
19	·127	·257	·391	·533	·688	·861	1·066	1·328	1·729	2·093	2·539	2·861	3·883
20	·127	·257	·391	·533	·687	·860	1·064	1·325	1·725	2·086	2·528	2·845	3·850
21	·127	·257	·391	·532	·686	·859	1·063	1·323	1·721	2·080	2·518	2·831	3·819
22	·127	·256	·390	·532	·686	·858	1·061	1·321	1·717	2·074	2·508	2·819	3·792
23	·127	·256	·390	·532	·685	·858	1·060	1·319	1·714	2·069	2·500	2·807	3·767
24	·127	·256	·390	·531	·685	·857	1·059	1·318	1·711	2·064	2·492	2·797	3·745
25	·127	·256	·390	·531	·684	·856	1·058	1·316	1·708	2·060	2·485	2·787	3·725
26	·127	·256	·390	·531	·684	·856	1·058	1·315	1·706	2·056	2·479	2·779	3·707
27	·127	·256	·389	·531	·684	·855	1·057	1·314	1·703	2·052	2·473	2·771	3·690
28	·127	·256	·389	·530	·683	·855	1·056	1·313	1·701	2·048	2·467	2·763	3·674
29	·127	·256	·389	·530	·683	·854	1·055	1·311	1·699	2·045	2·462	2·756	3·659
30	·127	·256	·389	·530	·683	·854	1·055	1·310	1·697	2·042	2·457	2·750	3·646
40	·126	·255	·388	·529	·681	·851	1·050	1·303	1·684	2·021	2·423	2·704	3·551
60	·126	·254	·387	·527	·679	·848	1·046	1·296	1·671	2·000	2·390	2·660	3·460
120	·126	·254	·386	·526	·677	·845	1·041	1·289	1·658	1·980	2·358	2·617	3·373
∞	·126	·253	·385	·524	·674	·842	1·036	1·282	1·645	1·960	2·326	2·576	3·291

Fuente: Reproducido de la Tabla 3 de la obra de R. A. FISHER y F. YATES *Statistical Tables for Biological, Agricultural, Medical Research,* Oliver & Boyd, Ltd., Edimburgo, con autorización de los autores y los editores.

[a] Las probabilidades se refieren a la suma de las áreas de dos colas. Para una cola, la probabilidad se divide entre 2.

El método de vuelta a cero tiene dos desventajas. En primer lugar, no hay un registro general del tiempo invertido para realizar el estudio. Esta información es conveniente porque puede servir como una verificación general de la precisión de los registros de tiempo y porque representa un valor que da al operador una idea de la imparcialidad del estudio cuando compara ese valor con el producto del tiempo estándar establecido y con el número de piezas producidas mientras duró el estudio.

En segundo lugar, se pierde algún tiempo mientras la manecilla vuelve a cero. Se ha estimado que la manecilla del reloj permanece estacionaria durante 0.004 seg aproximadamente. Esto representaría un error del 5 por ciento con elementos de 0.08 min. Los nuevos relojes electrónicos no dan lugar a esa pérdida de tiempo porque permiten la marcha continua del reloj e indican los tiempos exactos transcurridos, elemento por elemento, a medida que se efectúa cada uno.

La ventaja principal del método continuo es que ofrece un registro completo de todo el período de observación. Por consiguiente, este tipo de estudio es más aceptable para el sindicato y para el operador, porque resulta evidente que no se ha pasado por alto tiempo alguno y que se han registrado todas las demoras y los elementos extraños. El método continuo es también más adecuado para medir elementos cortos (de 0.06 min o menos). Puesto que no se pierde tiempo en volver la manecilla a cero, se pueden obtener valores exactos de elementos sucesivos hasta de 0.04 min y de elementos de 0.02 min cuando van seguidos por un elemento relativamente largo.

Se requiere más trabajo de oficina para calcular el estudio cuando se aplica el método continuo. Puesto que se lee el reloj en el punto de separación de cada elemento mientras las manecillas continúan moviéndose, es necesario restar sucesivamente las lecturas consecutivas para determinar los tiempos elementales transcurridos.

Variaciones en el orden establecido de los elementos

En el curso de un estudio, el analista encontrará algunas veces cuatro tipos de variaciones en el orden de los elementos establecidos originalmente. Primero, el analista puede pasar por alto un elemento. Cuando esto ocurre, el procedimiento es anotar inmediatamente una "M" en la columna R de la forma de estudio de tiempo (ejemplo 4.4.2). Segundo, el operador omitirá a veces un elemento. Esto debe ocurrir pocas veces e indica que el operador carece de experiencia. Cuando esto ocurre, se traza una línea horizontal corta en el espacio de la columna R.

Una tercera variación es la ejecución de un elemento, o elementos, en un orden diferente al del original. Cuando esto ocurre, el observador debe anotar inmediatamente en la columna R del elemento que se ejecuta fuera de orden el momento en que dio comienzo y el momento en que terminó. Este procedimiento se repite con cada elemento ejecutado fuera de orden y con el primero que se efectúa nuevamente en el orden normal.

La cuarta variación es la introducción, en el curso del estudio, de elementos que no se habían previsto y que no forman parte del ciclo de trabajo. Se les llama "elementos extraños". Pueden tener lugar en el curso de un elemento planeado o entre elementos. Entre los elementos extraños típicos figuran las demoras inevitables tales como la rotura de una herramienta, dejar caer involuntariamente una pieza o herramienta, o la interrupción por parte del supervisor al interrogar al operador. Cuando se presenta un elemento extraño en el curso de un elemento planeado, se acostumbra anotar el hecho mediante una designación alfabética en la columna T de ese elemento. Cuando se presenta entre elementos, la designación alfabética se anota en la columna T del elemento que sigue a la interrupción. Se puede usar la letra "A" para identificar al primer elemento extraño, la letra "B" para el segundo, etc. La mayoría de los estudios de tiempo de 30 minutos o más de duración contendrán varios elementos extraños.

Después de que el elemento extraño ha sido identificado con un símbolo adecuado en la columna T y en el punto en que se produjo, se hace una breve descripción de dicho elemento, con el momento de su terminación, en la columna R de la sección de elementos extraños de la forma de estudio. La duración de cada elemento extraño se registra al elaborar el estudio. El tiempo que requieren los elementos extraños, sobre todo los que constituyen demoras inevitables, representa una información importante en relación con el establecimiento de normas equitativas. El tiempo que consumen los elementos extraños se tiene en cuenta agregando las tolerancias pertinentes al tiempo normal. Como se demostrará más adelante, esas tolerancias son por lo general del orden del 15 al 20 por ciento. Si un estudio indica un número desusado de elementos extraños, el analista tomará en consideración su tiempo total a fin de establecer una tolerancia que sea justa.

4.4.9 CLASIFICACION DEL RENDIMIENTO DEL OPERADOR

Posiblemente, el paso más importante de todo el procedimiento de estudio de tiempo es la clasificación de rendimiento del operador. La confiabilidad del estándar establecido no se puede garantizar a menos que el analista de estudios de tiempo haya clasificado el rendimiento con precisión durante todo el estudio. En la mayoría de los estudios de tiempo que se efectúan, el rendimiento del operador se apartará de lo que se ha definido como normal. Por consiguiente, es necesario que se haga un ajuste al tiempo medio observado, a fin de determinar el tiempo que tardará el operador normal en hacer el trabajo cuando labora a un ritmo promedio. El tiempo requerido por el operador arriba del promedio se debe aumentar igualándolo con el que requiere el operador normal. Análogamente, el tiempo invertido por el operador abajo del promedio se debe reducir igualándolo con el que requiere el operador normal.

No hay en la actualidad un método universalmente aceptado para clasificar el rendimiento. La mayoría de los sistemas en uso no son del todo objetivos, puesto que dependen en buena medida de la apreciación del analista. A esto se debe fundamentalmente que el analista requiera las cualidades personales antes mencionadas.

El concepto de rendimiento normal

Desafortunadamente, así como no hay un método del todo aceptado para clasificar el rendimiento, tampoco hay un concepto universal de rendimiento normal. Las industrias que siguen patrones de movimientos que se repiten para producir un artículo muy competitivo, por ejemplo la industria del vestido, tienen sin duda un concepto del rendimiento normal del operador diferente al de las industrias que elaboran productos protegidos por patentes.

Una descripción típica del rendimiento normal, hecha por el autor,[3] es:

El de un trabajador quien se ha adaptado al trabajo y logrado experiencia suficiente que le permite realizar su tarea, al estilo artesano, con poca o ninguna supervisión. Posee facultades mentales y físicas coordinadas que le permiten pasar de un elemento a otro sin vacilaciones ni demoras, de acuerdo con los principios de la economía del movimiento. Mantiene un buen nivel de eficiencia gracias a sus conocimientos y al uso correcto de toda la herramienta y equipo relacionado con su trabajo. Coopera y se desempeña al ritmo más adecuado para el rendimiento constante.

Es conveniente que una empresa identifique operaciones de referencia en términos de rendimiento normal, de manera que los diversos analistas de estudios de tiempo puedan desarrollar uniformidad en la clasificación. Por ejemplo, se puede esperar que un operador que traslada una carga de 20 lb a la distancia de 25 pies tarde 0.095 min trabajando a ritmo normal. El tiempo normal para graduar una torreta hexagonal de un torno revólver de cierto tamaño y estilo se puede fijar en 0.04 min. Medio minuto para repartir un mazo de cartas entre cuatro jugadores de bridge (52 cartas) es considerado por muchos como ejemplo típico de rendimiento normal. El hecho de tener varias operaciones comunes completamente identificadas en cuanto a método empleado y a los valores establecidos de lo que se considera un rendimiento normal, ayudará mucho a convencer de la validez del sistema de clasificación del rendimiento.

Aplicación de la curva de aprendizaje

Los ingenieros industriales han reconocido desde hace tiempo que se tarda para aprender (ver el capítulo 4.3). Por consiguiente, es mucho mejor efectuar un estudio de tiempo con un empleado de experiencia y no con uno nuevo que no se ha vuelto competente y que necesariamente sería clasificado en forma negativa. En trabajos relativamente sencillos, por ejemplo el montaje ligero que lleva pocas partes, un operador puede adquirir destreza en unos cuantos días. En otros casos en que el trabajo es complejo, pueden transcurrir varias semanas antes de que el operador desarrolle capacidad mental y física coordinadas que le permitan pasar de un elemento a otro sin vacilaciones ni demoras.

El ejemplo 4.4.5 ilustra una curva característica de aprendizaje. Adviértase que, en este caso, el tiempo medio acumulado disminuye lentamente una vez que se han producido 160 unidades. Sería más fácil establecer un factor justo de clasificación del rendimiento si se estudiara al operador después de que hubiera producido 160 unidades por lo menos. La experiencia ha demostrado que, cuando un operador rinde a ritmo normal o casi normal, los errores de clasificación se minimizan. Por supuesto, muchas veces no será conveniente esperar a que se establezca un estándar de tiempo, de manera que será necesario que el analista estudie una operación realizada por un operador nuevo situado cerca de la pendiende más pronunciada de su curva de aprendizaje. En ese punto, su rendimiento podrá ser apenas el 70 o el 80 por ciento del normal. Es en esas ocasiones cuando el analista debe poner en juego sus mejores dotes de observación y recurrir a sus mejores juicios, basándose en sus conocimientos y experiencia, a fin de asignar un factor de clasificación que dé lugar al cálculo de un tiempo normal equitativo.

Es conveniente que una compañía consigne los datos de la curva de aprendizaje de las diversas clases de trabajo que se llevan a cabo. Esa información puede ser sumamente útil para determinar cuándo conviene efectuar un estudio, y puede indicar también los niveles de productividad que se pueden esperar a medida que avanza el aprendizaje. Los datos de la curva de aprendizaje, que tiende a ser hiperbólica, se pueden graficar en papel logarítmico, con lo que se obtiene una recta. El ejemplo 4.4.6 ilustra los datos del ejemplo 4.4.5, graficados en papel logarítmico.

En analista debe reconocer que la experiencia con trabajos similares puede contribuir al aprendizaje de otros trabajos. Un nuevo operador de torno revólver puede necesitar 3 semanas de experiencia para que su curva de aprendizaje comience a "aplanarse". En cambio, un

Ejemplo 4.4.5 Curva de aprendizaje típica

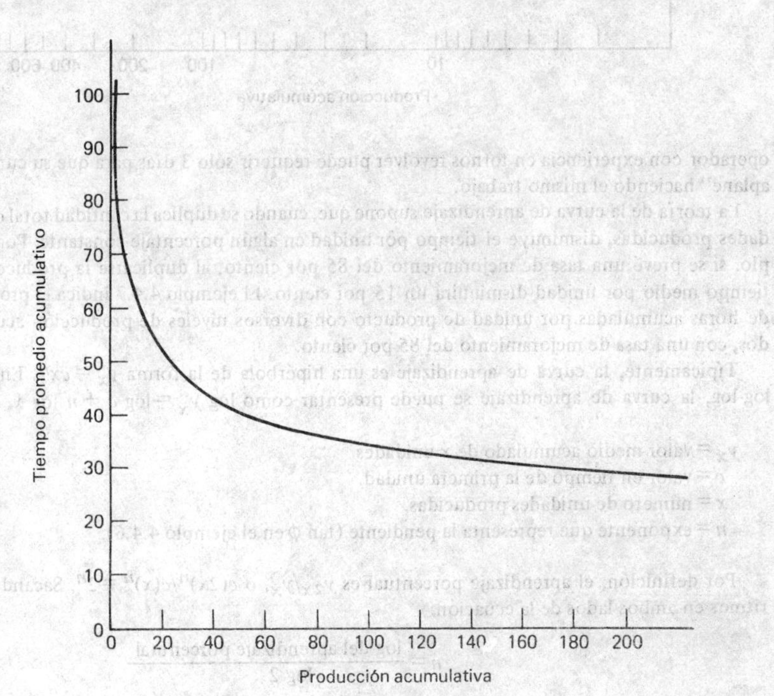

Ejemplo 4.4.6 Curva de aprendizaje típica

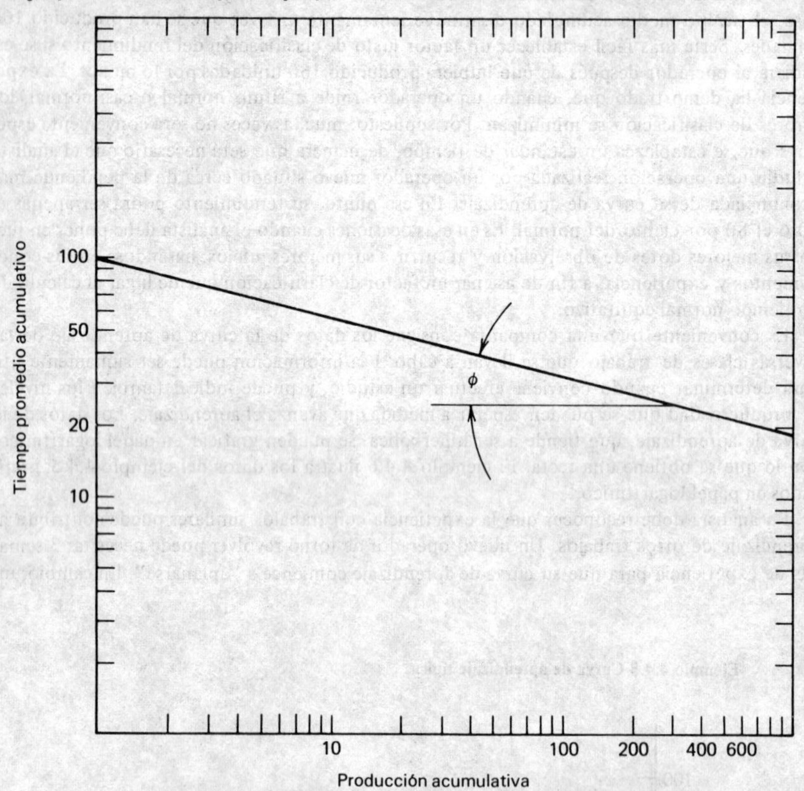

operador con experiencia en tornos revólver puede requerir sólo 3 días para que su curva "se aplane" haciendo el mismo trabajo.

La teoría de la curva de aprendizaje supone que, cuando se duplica la cantidad total de unidades producidas, disminuye el tiempo por unidad en algún porcentaje constante. Por ejemplo, si se prevé una tasa de mejoramiento del 85 por ciento, al duplicarse la producción el tiempo medio por unidad disminuirá un 15 por ciento. El ejemplo 4.4.7 indica el promedio de horas acumuladas por unidad de producto con diversos niveles de producción acumulados, con una tasa de mejoramiento del 85 por ciento.

Típicamente, la curva de aprendizaje es una hipérbola de la forma $y_x = cx^n$. En papel log-log, la curva de aprendizaje se puede presentar como $\log y_x = \log c + n \log x$, donde

y_x = valor medio acumulado de x unidades.
c = valor en tiempo de la primera unidad.
x = número de unidades producidas.
n = exponente que representa la pendiente (tan ϕ en el ejemplo 4.4.6).

Por definición, el aprendizaje porcentual es y_{2x}/y_x, o $c(2x)^n/c(x)^n = 2^n$. Sacando logaritmos en ambos lados de la ecuación.

$$n = \frac{\text{log del aprendizaje porcentual}}{\log 2}$$

Ejemplo 4.4.7 Efectos del aprendizaje en la línea de producción cuando se obtiene un mejoramiento del 85%

Producción acumulativa	*Horas promedio acumulativas por unidad*	*Relación con el promedio acumulativo anterior*
1	100.00	—
2	85.00	85
4	72.25	85
8	61.41	85
16	52.20	85
32	44.37	85
64	37.72	85

Por lo tanto, para un aprendizaje del 85 por ciento: n = log de 0.85/log de 2 = −0.070581/0.301029 = −0.2345, y ang tan 0.2345 = 13 1974.

Las pendientes de los porcentajes de la curva de aprendizaje que se encuentran a menudo, con factores de conversión para calcular tiempos por unidad, se indican en el ejemplo 4.4.8.

Ya se ha dicho que se está trabajando con el tiempo medio acumulado por pieza a medida que tiene lugar el aprendizaje. A veces, se quiere conocer el tiempo estimado para producir una unidad específica, de manera que interesaría trazar la "curva de aprendizaje por unidad". Esta curva es asintóticamente paralela a la representación logarítmica de la curva de acumulación una vez que el número acumulado de partes producidas llega a cierta cantidad, por ejemplo 15. De manera que, en papel log-log, la curva individual se dobla hacia abajo a partir de la unidad 1 hasta volverse paralela a la línea de promedio acumulado, lo cual tiene lugar generalmente en algún punto situado entre la décima y la vigésima unidades.

El factor de conversión para calcular el tiempo por unidad a partir del tiempo acumulado se puede obtener agregando 1 al valor de n. Por lo tanto, el factor de conversión para una curva del 90 por ciento sería igual a 1.000 + (−0.1 520) = 0.8480. El ejemplo 4.4.8 da los factores de conversión para algunas curvas de aprendizaje más comunes.

Será útil una aplicación de la teoría que antecede. Supóngase que en una operación de montaje se prevé una curva de aprendizaje del 95 por ciento. Un operador tarda 8.45 hr en montar la primera unidad. Se quiere conocer el tiempo medio para producir 100 unidades y el tiempo de montaje para la centésima unidad.

$y_x = (8.45)(100)^{-0.074} = 6.0100$ tiempo medio por unidad para montar 100 unidades

$(6.0100)\,[(1 + (-0.074)] = 5.5652$ hr tiempo de montaje para la centésima unidad.

Ejemplo 4.4.8 Pendientes de las curvas de aprendizaje comunes y factores de conversión para calcular tiempos por unidad

Porcentajes de aprendizaje	*Pendiente*	*Factor de conversión*
95	-0.0740	0.9260
90	-0.1520	0.8480
85	-0.2345	0.7655
80	-0.3219	0.6781
75	-0.4150	0.5850
70	-0.5146	0.4854

Características de un sistema confiable de clasificación

Para tener éxito, un sistema de clasificación debe ser razonablemente exacto. Quiere decir que no deberá apartarse más de ± 10 por ciento del factor de clasificación correcto (que nunca se conoce). En segundo lugar, el sistema debe dar lugar a la uniformidad. Si un analista clasifica uniformemente alto o uniformemente bajo, es un tanto fácil adiestrarlo para que se vuelva más exacto. En cambio, si el sistema se presta para que un analista clasifique demasiado alto (un 10 por ciento o más) algunas veces, es probable que no tenga éxito. En tercer lugar, el sistema debe ser sencillo, fácil de explicar, entender y aprender.

Cuándo clasificar

La clasificación del rendimiento del operador se debe llevar a cabo durante la observación de los tiempos elementales. Puesto que muchos estudios requieren de cierto tiempo para terminarlos, la frecuencia de la clasificación del rendimiento del operador es un punto de interés. Ciertamente, es importante hacer la clasificación tan a menudo como sea necesario a fin de obtener una buena evaluación del rendimiento que se está probando.

En las operaciones repetitivas de ciclo corto, con las cuales todo el estudio se termina en 30 min o menos, se debe clasificar el rendimiento y anotar el factor de clasificación de cada elemento en el espacio correspondiente. Desde luego, no se clasifican el suministro de energía o los elementos controlados por la máquina. Su factor de clasificación de rendimiento es siempre 1.00, puesto que no será ajustado ese tiempo.

Cuando los estudios son relativamente largos, de más de 30 min, pero muchos de los elementos son de corta duración, lo mejor será clasificar el rendimiento en cada ciclo de estudio.

A veces, el estudio será bastante largo (más de 30 min) y la mayoría de los elementos relativamente largos (más de 0.20 min). En dichos casos, tal vez convenga clasificar el rendimiento de cada elemento en cada ciclo.

Sistemas de clasificación

Clasificación Westinghouse

Un sistema de clasificación que ha encontrado amplia aplicación, especialmente en las operaciones repetitivas de ciclo corto en que se lleva a cabo la clasificación del rendimiento de todo el estudio, es el plan de clasificación Westinghouse. Las características y atributos que considera este plan caen bajo las clasificaciones de 1) destreza, 2) efectividad y 3) dedicación física. Estas tres clasificaciones principales no tienen en sí mismas un valor numérico, pero, en cambio, se les han asignado atributos que sí tienen un peso numérico. Con este sistema se evalúan nueve atributos: tres de ellos se relacionan con la destreza, cuatro con la efectividad y dos con la dedicación física. El ejemplo 4.4.9 da los valores de cada uno de esos atributos a diversos niveles de rendimiento.

Destreza. El primer atributo bajo la clasificación de destreza es la habilidad demostrada en el uso del equipo y la herramienta y en el montaje de partes. Cuando el analista evalúa este atributo, tiene en cuenta en primer lugar la efectividad del operador una vez que ha logrado mantener bajo control la herramienta y partes utilizadas para realizar la operación. El analista cuida de no evaluar los elementos que implican "tomar" (alcanzar, asir y trasladar).

El segundo atributo que cae bajo la clasificación de destreza se refiere ciertamente al movimiento. El analista considera, para clasificar positivamente, que no haya vacilaciones, pausas y movimientos que sean innecesariamente amplios.

El tercer atributo relacionado con la destreza lo constituyen la coordinación y el ritmo. El analista busca la uniformidad del movimiento, caracterizada por la falta de aceleraciones y desaceleraciones en el curso de la operación.

Ejemplo 4.4.9 Valores de los atributos de un sistema de clasificación del rendimiento

Atributo	*Valores del nivel de rendimiento* + *Arriba*		0 *Esperado*	— *Abajo*	
Destreza					
Habilidad demostrada en el uso de equipo y herramientas y en el montaje de partes	6	3	0	2	4
Seguridad de movimientos	6	3	0	2	4
Coordinación y ritmo		2	0	2	
Eficiencia					
Habilidad demostrada para sustituir y recoger continuamente herramientas y partes en forma automática y con precisión	6	3	0	2	4
Habilidad demostrada para facilitar, suprimir, combinar y acortar los movimientos	6	3	0	4	8
Habilidad demostrada para usar ambas manos con igual soltura	6	3	0	4	8
Habilidad demostrada para limitar los esfuerzos al trabajo necesario			0	4	8
Aplicación física					
Ritmo de trabajo	6	3	0	4	8
Grado de atención			0	2	4

Efectividad. Se define como un proceso eficiente y ordenado y es la segunda clasificación principal. Bajo esta clasificación se consideran cuatro atributos. El primero de ellos es la habilidad demostrada para sustituir y recoger continuamente la herramienta y las piezas en forma automática y precisa. Al evaluar este atributo, el analista observa la falta relativa de las acciones básicas de "buscar" y "seleccionar". Para una clasificación positiva, espera que el trabajador coloque repetidamente la herramienta y los materiales en lugares y posiciones específicas de uno a otro ciclo. Observa también si el operador recoge partes y herramientas sin vacilaciones.

El segundo atributo de la efectividad es la habilidad demostrada para facilitar, eliminar, combinar o reducir los movimientos. Al evaluar este atributo, el analista observa la destreza en las divisiones básicas siguientes: colocar, poner en posición, soltar e inspeccionar. El operador competente, gracias a su habilidad de manipulación, será capaz de poner en posición en tiempos apreciablemente cortos.

El tercer atributo que se evalúa bajo la clasificación de efectividad es la habilidad demostrada para usar ambas manos con igual soltura. El analista presta atención especial a la mano izquierda si el operador es diestro, y viceversa.

El cuarto atributo de esta clasificación es la habilidad demostrada para limitar el esfuerzo al trabajo necesario. Este atributo tiene únicamente un valor negativo. No se añade porcentaje alguno cuando se realiza sólo el esfuerzo necesario, puesto que se espera que así sea. El trabajo innecesario se puede presentar en el curso del estudio debido a la falta de experiencia del operador. Como ejemplos podemos citar la limpieza innecesaria de la pieza o de la estación de trabajo, la verificación repetida de una dimensión, la operación innecesaria de limar una parte antes de colocarla en el mandril, etc. La duración del trabajo innecesario es demasiado breve por lo que se suprime del estudio como elemento extraño, de manera que se compensa en el factor de clasificación del rendimiento.

Dedicación física. La tercera clasificación principal, la "dedicación física", se ha definido como la tasa de rendimiento demostrada. Dos atributos caen bajo esta clasificación: el ritmo de trabajo y la atención. El ritmo de trabajo se mide enteramente por la rapidez de movimientos, mientras que la atención se clasifica como grado que se muestra de concentración.

Capacitación. Resulta evidente que el sistema de clasificación Westinghouse requiere una capacitación considerable. Un curso de 30 horas de esfuerzo intenso es el mínimo requerido para los analistas de estudios de tiempo que tengan una experiencia equivalente por lo menos a 2 años de tecnología de ingeniería. Ese curso de 30 horas debe contener 25 horas para observar películas de clasificación, discutir los atributos y el grado en que se demuestra cada uno.

El procedimiento que se recomienda es el siguiente:

1. Se exhibe una película y se explica la operación.
2. Se vuelve a exhibir y se clasifica.
3. Se comparan y discuten las clasificaciones individuales de quienes toman el curso.
4. Se exhibe otra vez la película y se señalan y explican los atributos.
5. Se repite el paso 4 las veces que sea necesario para llegar a un acuerdo.

Clasificación de rapidez

En la actualidad, la clasificación de rapidez es probablemente el sistema que más se usa. Con este método, el analista tiene en cuenta únicamente lo que se logra por unidad de tiempo. Compara la ejecución demostrada con su propio concepto de lo que debe ser el rendimiento normal de la operación que se estudia.

Con la clasificación de rapidez, el 100 por ciento representa lo normal. Si un operador rinde a un ritmo de 25 por ciento más rápido que el normal, la clasificación será 1.25. Análogamente, si el rendimiento es del 75 por ciento del normal, el operador será clasificado con 0.75.

Para ser uniformemente preciso al clasificar por rapidez, el analista debe conocer el trabajo que se estudia. Debe contar con una variedad de referencias para comparar la ejecución que observa.

Con este método de clasificación, se recomienda seguir un programa de capacitación antes de que el analista lleve a cabo estudios independientes. Ese programa implicaría unas 25 horas de películas de clasificación y de observación de operadores en vivo, para luego analizar los resultados con ingenieros profesionales del estudio de tiempo, que son los que imparten el curso.

El procedimiento que siguen los ingenieros de estudios de tiempo cuando clasifican por rapidez consiste en emitir dos juicios. Primero se evalúa el rendimiento para determinar si está arriba o abajo de su concepto de lo normal. Luego, se determina la posición exacta de la escala de clasificación en que se debe situar el rendimiento.

Clasificación objetiva

Este sistema de clasificación fue desarrollado por Marvin E. Mundel.[4] Fue propuesto con el fin de eliminar la dificultad obvia que implica establecer un criterio de rapidez normal para cada tipo de trabajo. Con este sistema se establece un trabajo asignado con un rendimiento convenido. Luego, el ritmo de todos los demás trabajos se compara con esa "base". Después de asignar un ritmo de rendimiento, se asigna un factor secundario al trabajo para tener en cuenta su dificultad relativa. Los factores que influyen en el ajuste por dificultad son: 1) la porción del cuerpo que se usa, 2) la presencia de pedales, 3) la necesidad de usar ambas manos, 4) la coordinación de ojos y manos, 5) los requisitos de manejo y sensoriales y 6) el peso manejado o la resistencia encontrada.

Se han asignado valores numéricos para un rango de grados de cada factor. La suma de los valores numéricos de cada uno de los seis factores constituye el ajuste secundario. De manera que el tiempo normal sería

$$N = (P)(D)(T)$$

donde N = tiempo normal calculado para el elemento.
P = factor de clasificación del ritmo.
D = factor de ajuste por dificultad.
T = tiempo medio elemental observado.

Por lo general, la clasificación objetiva dará uniformidad al procedimiento porque es más fácil comparar el ritmo de un trabajo con el ritmo de una operación que se conoce a fondo, que juzgar todos los atributos de una operación con la cual el analista no está posiblemente familiarizado del todo. El factor secundario no afectará la uniformidad, ya que simplemente ajusta el tiempo clasificado en un porcentaje y dicho porcentaje está basado en las dificultades reconocidas de la tarea.

Clasificación sintética

Con el desarrollo de los sistemas de tiempos predeterminados para los movimientos (ver el capítulo 4.5), algunas empresas han aplicado con éxito el procedimiento de igualación sintética. Con éste se establece un factor de rendimiento para varios elementos de esfuerzo del ciclo de trabajo comparando los tiempos elementales que se han observado como reales con los tiempos establecidos mediante datos fundamentales de movimiento. La media de esos factores de clasificación que se han establecido se usa luego como factor de rendimiento de todos los elementos de esfuerzo que componen el estudio. Por ejemplo, supóngase que un analista está haciendo un estudio de tiempo de 15 elementos. Puede elegir a tres de los elementos cortos (por ejemplo, "tomar una pieza fundida de 2 lb, colocarla en el mandril neumático y cerrar", "hacer retroceder el carro transversal y graduar la torreta" y "abrir el mandril, retirar la pieza y colocarla en la charola") que servirán de base para el factor de igualación establecido. Recurriendo a los datos de tiempo de movimientos fundamentales, el analista establece tiempos normales para estos tres elementos. Por ejemplo, puede determinar lo siguiente:

Elemento Número	*Descripción*	*Tiempo fund. de mov.*	*Tiempo medido*	*Factor de rendimiento*
2	Tomar pieza de 2 lb, colocarla en elmandril neumático y cerrar.	0.12	0.11	1.09
7	Retroceder carro transversal y graduar torreta.	0.08	0.07	1.14
15	Abrir el mandril, retirar la pieza y ponerla en la charola.	0.10	0.09	1.11

La media de los tres factores elementales de rendimiento se usará como el factor de clasificación que se aplicará en todo el estudio:

$$\frac{1.09 + 1.14 + 1.11}{3} = 1.11 \text{ factor de rendimiento sintético}$$

Una objeción a este método de clasificación es el tiempo que se requiere para elaborar un diagrama bimanual y asignar y resumir los tiempos fundamentales de movimiento. Se podría sugerir que resultaría más expeditivo calcular el tiempo normal para todo el estudio con uno de los sistemas de datos fundamentales para movimientos. Esto sería ciertamente más apropiado cuando el tiempo de ciclo es relativamente corto, por ejemplo, de menos de 1 min. En cambio, se ahorrará mucho tiempo usando el sistema de clasificación sintética cuando los tiempos de ciclo de los elementos de trabajo son de 5 min o más.

Guía para seleccionar un sistema de clasificación

Desde un punto de vista práctico, sólo las técnicas de clasificación por rapidez y de clasificación objetiva son aplicables si se quiere clasificar el rendimiento de cada elemento de cada ciclo. Todas las técnicas se pueden aplicar fácilmente cuando se lleva a cabo la clasificación del rendimiento en cada ciclo o la clasificación periódica. Ciertamente, la mayoría de los estudios de tiempo de 30 min o menos se efectúan aplicando un solo factor de rendimiento a todos los elementos de trabajo del estudio. (Los elementos controlados por la máquina se clasifican siempre con 1.00).

De modo general, el plan de clasificación del rendimiento que es más fácil de explicar, entender y aplicar es la clasificación por rapidez, auxiliada por las referencias a los datos estándar. Estas referencias se pueden determinar a partir de estándares anteriores establecidos con la ayuda del cronómetro o recurriendo a los datos de movimientos fundamentales.

Con la clasificación por rapidez, se tomará siempre 100 como lo normal. El rango de rendimientos de la escala típica de clasificación va de 0.60 a 1.40. Un operador deseoso de cooperar rendirá muy pocas veces menos de 0.60, y ciertamente menos veces se verán rendimientos mayores de 140.

Para garantizar el éxito del procedimiento de clasificación por rapidez se deben aplicar cinco criterios:

1. La experiencia del analista con la clase de trabajo que se realiza. No quiere decir que el analista deba tener experiencia como operador en el trabajo que se estudia, aunque eso sería excelente. Quiere decir que tiene experiencia como observador y conoce todos los detalles del método que se aplica. Por ejemplo, si se trata de una operación de corte de metales, debe conocer las herramientas utilizadas, incluyendo su forma, así como con los avances, velocidades y profundidades de corte característicos de la operación. Debe conocer las propiedades del refrigerante que se utilice y el acabado superficial que se espera.

2. Los datos estándar de referencia correspondientes a dos o más de los elementos estudiados. Gracias al desarrollo y clasificación ordenada de datos estándar de los elementos, el analista puede saber cuál es el rendimiento normal de varios de los elementos que estudia. Esa información será una guía útil para establecer el factor de rendimiento de todo el estudio.

3. Una capacitación regular en materia de clasificación por rapidez, observando películas representativas o a los operadores. Es importante que todos los analistas de estudios de tiempo reciban una capacitación regular en el área de clasificación del rendimiento. Esa capacitación incluirá la observación de películas o grabaciones de video que muestren una variedad de las operaciones características de la compañía. Esas películas o grabaciones deben ilustrar todo el rango de la escala de clasificación, que normalmente es de 0.60 a 1.40. Los analistas deben hacer sus clasificaciones en forma independiente y, luego, analizar sus resultados con otros analistas, a fin de determinar las causas de la discrepancia con respecto a la clasificación correcta.

4. **La selección de un operador que tenga experiencia suficiente.** De ser posible, el operador que va a ser estudiado deberá haber tenido experiencia suficiente para haber alcanzado la porción "plana" de su curva de aprendizaje, por ejemplo, a partir de las 60 unidades en el ejemplo 4.4.5. Deberá ser identificado como un empleado dispuesto a cooperar, que en el pasado haya logrado regularmente un rendimiento normal o mejor que el normal.

5. **La aplicación del valor medio de tres estudios independientes.** Es conveniente, al establecer estándares para tareas de alta producción, llevar a cabo más de un estudio antes de llegar a un estándar. El error total, debido tanto a la clasificación del rendimiento como a la determinación de un tiempo transcurrido, medio y elemental, que se aparta de la media de la población, se reduce cuando se usan los promedios de varios estudios independientes para calcular los estándares. Desde luego, la economía no siempre permitirá seguir este procedimiento.

Capacitación para clasificar

La clave para fijar buenos estándares de tiempo es la capacitación constante, en materia de clasificación del rendimiento, de todos los ingenieros que efectúan estudios de tiempo. Se espera que el analista establezca con regularidad estándares que no se aparten más del ± 5 por ciento del estándar correcto, que nunca se conoce en realidad. Si es capaz de clasificar con regularidad las películas o grabaciones de video que muestran operaciones propias de su empresa con una aproximación de ± 5 por ciento respecto a lo que se ha considerado un determinado rendimiento, será muy probable que se le reconozca por su capacidad para fijar estándares que serán aceptados tanto por los trabajadores como por la administración.

La empresa debe exigir que todos sus analistas de estudios de tiempo reciban capacitación con regularidad. Esto ayudará no sólo a garantizar la validez de los estándares calculados, sino también la uniformidad de clasificación entre los diversos analistas y el mejoramiento de la uniformidad de cada analista con referencia a su propio trabajo.

La técnica de capacitación que se usa ampliamente consiste en observar grabaciones de video o películas que muestren diversas operaciones representativas de las que se llevan a cabo en la empresa. Deben ilustrar toda la gama de la escala de rendimiento. Cada exhibición debe tener un nivel conocido de rendimiento. Inmediatamente después de haber sido proyectada la operación en la pantalla, los diversos asistentes al curso clasificarán independientemente el rendimiento. Sus clasificaciones respectivas se comparan luego con la clasificación conocida. En el caso de los analistas que se aparten substancialmente de la clasificación aceptada, la operación se repite y se analiza indicando cuáles son las bases de la clasificación correcta.

Los analistas deben graficar sus clasificaciones, para llevar un registro de su rendimiento y observar sus progresos después de las sesiones de capacitación. El ejemplo 4.4.10 ilustra el tipo de gráfica que se recomienda. Advierta que el área identificada por el ± 5 por ciento respecto a la correcta se ensancha a medida que el rendimiento del operador excede el 120 por ciento o es inferior al 80 por ciento. Se puede esperar que un analista muy bien capacitado clasifique con una aproximación de ± 5 por ciento a la correcta, mientras el rendimiento que se demuestra caiga en algún punto situado entre 0.85 y 1.15 del normal. Si se sale de esos límites, será cada vez más difícil clasificar con precisión.

La compañía debe contar con una extensa colección de grabaciones de video y películas. Se puede lograr una mayor flexibilidad de los auxiliares visuales proyectándolos a diferentes velocidades en las distintas sesiones de capacitación. Así, el analista no tendrá que depender de su memoria respecto a la clasificación que hizo de una película en particular, ya que diferirá de la que hace en la presente exhibición.

4.4.10 TOLERANCIAS

Después de la clasificación del rendimiento, el aspecto más controvertido del procedimiento de estudio de tiempo es la magnitud de la tolerancia aplicable que se asignará al tiempo nor-

Ejemplo 4.4.10 Gráfica que muestra un registro de siete estudios, donde el analista tendió a dar una calificación alta en los estudios 1, 2, 4 y 6[a]

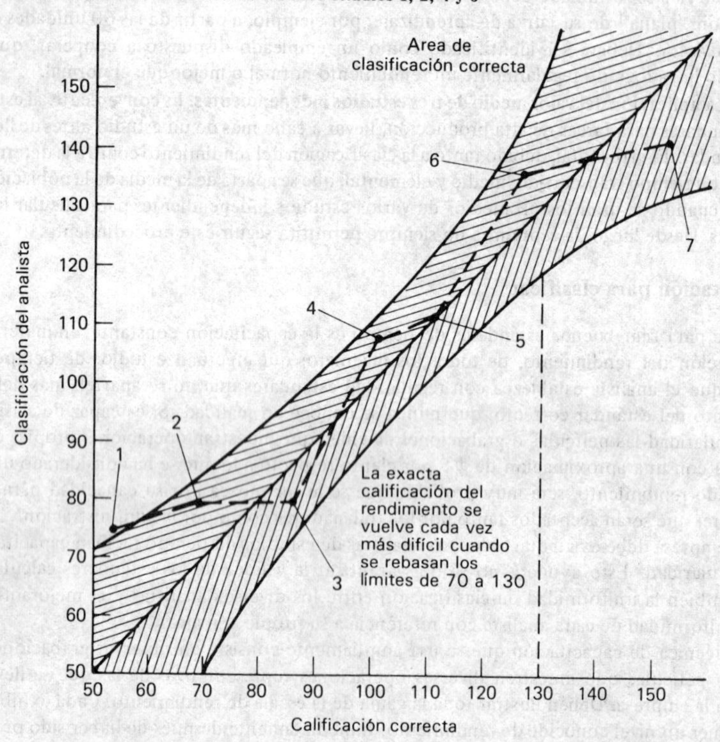

[a] Cortesía de NIEBEL, *Motion and Time Study*, pág. 349.

mal. La aplicación de tolerancias poco realistas puede invalidar la precisión y el cuidado ejercidos al establecer tiempos normales equitativos. Habrá que añadir tolerancias justas a los tiempos normales, a fin de establecer tiempos permitidos que sean realistas para el rendimiento constante del operador. Puesto que el estudio con el cronómetro se refiere a un período relativamente corto, de manera que las lecturas anormales, las demoras inevitables y el tiempo para necesidades personales se eliminen del estudio al determinar el tiempo promedio o seleccionado, es necesario hacer algunas adiciones que tomen en cuenta las demoras inevitables y otro tiempo que se pierde justificadamente.

Las tolerancias cubren el tiempo necesario para satisfacer las necesidades personales, las demoras inevitables y la disminución general del rendimiento debida a la fatiga. Es importante determinar tolerancias justas con la mayor precisión posible. Las tolerancias no deben ser motivo de negociación en las relaciones obrero-patronales.

De modo general, la tolerancia aplicada no será de igual porcentaje para todos los elementos del estudio de tiempo. Algunos factores de tolerancia serán aplicables a todos los elementos, otros serán aplicables sólo a los elementos de trabajo y otros, exclusivamente, a los elementos controlados por la máquina.

Se siguen dos métodos para determinar la estructura de las tolerancias correspondientes a necesidades personales y a demoras inevitables. Nos referimos a los métodos de estudio de la producción de una jornada y de muestreo del trabajo.

Con el método de estudio de la producción, el analista observa durante todo el día un pequeño grupo de trabajadores (generalmente, tres o cuatro) que hacen la misma clase de trabajo. El observador registra la duración y la causa de cada intervalo improductivo. Después de tomar una muestra representativa de datos (lo cual puede requerir varios días), calcula la proporción de tiempo correspondiente a cada interrupción. Por ejemplo, calculará el porcentaje de tiempo perdido por interrupciones al trabajador, reparación de herramientas, satisfacción de necesidades personales, tiempo de máquina no controlado por el operador, etc. Los tiempos de esas interrupciones también deberán ser clasificados, ya que los datos obtenidos en esa forma, al igual que los de todo estudio de tiempo, deben ser ajustados al nivel de rendimiento normal.

El método de estudio de la producción es extremadamente fatigoso tanto para el observador como para los operadores. El hecho de sentirse observado de cerca durante varios días, desde que se llega al trabajo por la mañana hasta la hora de salida por la tarde, puede ser muy desconcertante. Otra desventaja de este método es que con frecuencia los datos se recogen únicamente en un período de 2 ó 3 días. Esto puede representar una muestra insuficiente e, incluso, una que se aparta considerablemente de la población.

Un método mejor para establecer tolerancias equitativas es el de muestreo del trabajo (ver el capítulo 4.6). Se usa esta técnica para investigar la proporción del tiempo total dedicada a las diversas actividades que constituyen una situación de trabajo.[5] Con el método de muestreo, se lleva a cabo un gran número de observaciones (por lo general, más de 2,000) durante un período extenso (normalmente, 2 semanas o más), efectuadas al azar y con distintos operadores. Si el número total de ocurrencias justificadas, aparte de las actividades de trabajo, en que participan los operadores, se divide entre el número total de observaciones, el resultado será igual a la tolerancia que el grupo de operadores está tomando actualmente como porcentaje del tiempo de trabajo. El ejemplo 4.4.11 presenta el resumen de un muestreo del trabajo efectuado para determinar las tolerancias correspondientes a demoras inevitables y a necesidades personales en una sala de máquinas que abarca 14 operaciones de trabajado de metales.

Advierta que, en este estudio, los operadores estaban tomando únicamente el 2.5 por ciento de la jornada para tolerancias personales. La demora inevitable "esperando la grúa" estaba representando el 4.8 por ciento del día de trabajo. Advertimos al lector que el 2.5 por ciento y el 4.8 por ciento no representan la tolerancia agregada al tiempo normal, ya que esas tolerancias están basadas en toda la jornada de 8 horas. Las tolerancias que se añaden al tiempo normal deben estar basadas en un porcentaje de dicho tiempo.

Con el método de muestreo del trabajo no se usa un cronómetro, puesto que el observador recorre simplemente la parte de la planta sometida a estudio, al azar, y anota con exactitud lo que el operador o los operadores están haciendo en el momento de la observación. De manera que el muestreo del trabajo requiere sólo de los servicios parciales del analista durante el estudio, a diferencia del estudio de la producción en que el analista está ocupado durante todo el estudio.

Cuando se recurre al muestreo del trabajo para obtener datos sobre tolerancias, habrá que tomar las precauciones siguientes:

1. Asegurarse de que el sindicato y los operadores están enterados de que se lleva a cabo un estudio de muestreo del trabajo.

2. Confinar el estudio de muestreo a grupos similares de máquinas o instalaciones.

3. Sacar una muestra de tamaño práctico. El tamaño de la muestra se puede estimar a partir de la ecuación

$$n = \frac{\hat{p}(1 - \hat{p})}{\sigma_p^2}$$

Ejemplo 4.4.11 Medición del rendimiento y control de la operación

Fecha

Observador

Máquina	Corte	Preparación	Máquina ociosa	Espera por la grúa	Espera - Inspección	Espera - No hay herramientas	Espera - Problemas con las herramientas	Consultar con el otro turno	Manejo de herramientas	Recoger o afilar la herramienta	Consultar con el supervisor	Esperar el trabajo	Quitar las virutas, limpiar la mesa	Necesidades personales	Necesidades evitables	
VBM de 20 pies	101	7	14	2	3	1		2	37	5	3			6	35	216
VBM de 16 pies	102	34	14	15	3	2		1	28	5	1	7	4			216
BVM de 28 pies	119	34	10	5	5				20	2	1	2			18	216
VBM de 12 pies	109	24	12	13	6	1		3	26	6	2	3	3	2	6	216
Cepilladora de 16 pies	127	17	6	9	2				22		2	15		4	12	216
IMM de 8 pies	64	18	17	16	3			2	30	7	3			28	28	216
VBM de 16 pies	147	19	10	14	3	1			15	2			1	1	3	216
Cepilladora de 14 pies	140	8	5	7	2			2	17	3		3		11	18	216
Torno de 72 pulg., volteo de bancada	99	13	12	7	3			1	32	8	2			3	36	216
Torno de 96 pulg., volteo de bancada	89	9	29	18	11	1		2	29	8	3	4		3	10	216
Torno de 96 pulg., volteo de bancada	109	14	12	8	10	3	3		32	9	8	2		1	5	216
Torno de 160 pulg., volteo de bancada	72	34	13	14	6	1	2	4	21	3	3	1	1	4	37	216
Cepilladora de 11 ½ pulgadas	106	35	11	10	4			1	11	4	5	3	2	8	16	216
VBM de 32 pies	151	23	8	7	1			1	10	2	1	5	2	5		216
	1535	289	173	145	62	10	5	19	330	64	34	45	13	76	224	3024
Porcentaje	50.8	9.6	5.7	4.8	2.1	0.3	0.2	0.6	10.9	2.1	1.1	1.5	0.4	2.5	7.4	100%

donde n = número total de observaciones al azar en el cual está basado p.
$\hat{p}$ = ocurrencias porcentuales que se han estimado del elemento que se busca, expresadas en forma decimal.
σ_p = DE de un porcentaje.

Para deducir esta ecuación, véase Niebel.[2]

4. Al efectuar las observaciones al azar, téngase cuidado de no anticiparse a lo que está ocurriendo. Se debe anotar únicamente lo que está ocurriendo en el momento justo de la observación.

5. Asegurarse de que las observaciones individuales se efectúen en un momento cualquiera durante todas las horas de trabajo del turno que se estudia. (Para este fin se puede usar una tabla de números aleatorios.)

6. Hacer las observaciones diariamente durante un período razonable. (Se sugieren dos semanas o más).

Necesidades personales

Todo tiempo concedido debe incluir el que necesita el empleado para su bienestar general. Tiene que hacer viajes al tocador y al surtidor de agua, y estos suman aproximadamente 20 minutos en una jornada. El tiempo que requiere el operador por razones personales depende de las condiciones de trabajo: la clase de trabajo que realiza, su edad, condición física y hábitos. Por lo general, una tolerancia del 5 por ciento del día de trabajo (24 min) resultará adecuada. De manera que si el tiempo normal de trabajo (excluyendo las tolerancias) es de 420 min y se quiere conceder al empleado una tolerancia del 5 por ciento de la jornada, añadiremos una tolerancia del 5.7 por ciento al tiempo de trabajo (24/420 = 5.7 por ciento).

Las empresas no deben negociar la tolerancia diaria para necesidades personales. Su magnitud debe estar basada en el muestreo del trabajo o en estudios de la producción. Las compañías que han concedido un descanso de 10 ó 15 minutos para tomar café deben considerar ese beneficio como un acortamiento de la jornada de trabajo y no como una tolerancia que se deba tener en cuenta al establecer un estándar.

Actualmente, en Estados Unidos, un 5 por ciento de tolerancia para necesidades personales es adecuado en la mayoría de los medios de trabajo. Esa tolerancia se aplica normalmente a todos los elementos del estudio de tiempo.

Fatiga

Se considera también una buena práctica el conceder una tolerancia por fatiga debida a los elementos de trabajo del estudio de tiempo. No se aplica a los elementos controlados por la máquina, ya que durante esos períodos el operador puede estar descansando y recuperándose de la fatiga que ha experimentado. La fatiga, que se puede definir como una disminución de la capacidad de trabajo, es sumamente difícil de medir. La cantidad de fatiga que se experimenta varía notablemente no sólo de una a otra persona, sino también en una misma persona de un día para otro. No es homogénea en ningún respecto: va de la estrictamente física a la puramente sicológica e incluye combinaciones de una y otra. Ejercerá una marcada influencia en algunas personas y muy poca en otras.

Tres factores principales producen fatiga. El primero es el ambiente general de trabajo, incluyendo la cantidad de luz, la temperatura, la humedad relativa y la frescura del aire. Entre otras condiciones relacionadas con el ambiente de trabajo figuran el nivel de ruido y su duración, el conjunto de colores de la unidad de trabajo y el entorno inmediato.

El segundo factor que produce fatiga es la naturaleza del trabajo que se realiza. El grado de monotonía de los movimientos corporales influye en la cantidad de fatiga, lo mismo que el esfuerzo físico real y el cansancio muscular debido a la tensión de los músculos.

Tercero, la salud general del trabajador influye de manera importante en la cantidad de fatiga que experimenta. Tanto la salud física como la mental se relacionan con la fatiga; de manera que esta última puede ser causada por las condiciones que imperan en el hogar del empleado lo mismo que por su estabilidad emocional, por la cantidad de descanso de que ha disfrutado, por su dieta, su edad y su condición física general.

La cantidad de fatiga física que se experimenta en la industria en general está disminuyendo gracias a las mejoras introducidas, tanto en el diseño de los empleos como en las con-

Ejemplo 4.4.12 Efectos de las condiciones de trabajo en la determinación de tolerancias

Tolerancia	*Valor (%)*
Tolerancias constantes	
Necesidades personales	5
Fatiga básica	4
Tolerancias variables	
Estar de pie	2
Posición anormal	
Ligeramente molesta	0
Molesta (flexión)	2
Muy molesta (tendido, estirado)	7
Empleo de la fuerza o energía muscular (levantar, arrastrar o empujar) —peso levantado, en libras:	
5	0
10	1
15	2
20	3
25	4
30	5
35	7
40	9
45	11
50	13
60	17
70	22
Iluminación deficiente	
Menor que lo recomendado	0
Mucho menor	2
Muy inadecuado	5
Condiciones atmosféricas (calor y humedad) - variables	0-10
Atención estrecha	
Trabajo algo delicado	0
Delicado o exigente	2
Muy delicado o muy exigente	5
Nivel de ruido	
Continuo	0
Intermitente-fuerte	2
Intermitente-muy fuerte	5
Agudo-fuerte	5
Cansancio mental	
Proceso algo complejo	1
Complejo o que requiere atención amplia	4
Muy complejo	8
Monotonía	
Poca	0
Mediana	1
Mucha	4
Aburrimiento	
Trabajo algo aburrido	0
Aburrido	2
Muy aburrido	5

Cortesía de la Oficina Internacional del Trabajo, Ginebra, Suiza.

diciones de trabajo. En particular, se ha suprimido gran parte del trabajo pesado gracias a la mecanización y automatización cada vez mayores. Por desgracia, sin embargo, la mayor parte de la fatiga no es física sino sicológica. Mediante una ubicación cuidadosa por parte de los departamentos de relaciones industriales, la fatiga sicológica se puede minimizar.

Se deben conceder las tolerancias adecuadas por fatiga de acuerdo con las condiciones de trabajo y el diseño del empleo, que influyen directamente en la cantidad de fatiga que se experimenta, pero no se deben conceder en cuanto a los factores de salud que influyen en el grado de fatiga. De manera que las condiciones tales como la estabilidad emocional, el descanso, la dieta, la edad, la estatura y la fuerza corporal se deben considerar en la etapa de selección del empleado.

Característicamente, se presenta una disminución de la productividad hacia el final de la jornada de trabajo, que en buena parte se puede atribuir a la fatiga. El ritmo de producción tiende a aumentar siempre en la primera parte del día, pero comienza a declinar después de la tercera hora. Por lo común, se puede esperar un corto período de mayor productividad después del descanso para el almuerzo, pero pronto comienza a desaparecer y la producción continúa declinando durante el resto de la jornada.

La *International Labor Office* (Oficina Internacional del Trabajo), ha tabulado el efecto de las condiciones de trabajo a fin de llegar a un factor de tolerancia por necesidades personales y por fatiga. Esos valores se indican en el ejemplo 4.4.12. Un estudio de dicho ejemplo indicará que se debe calcular la tolerancia adecuada para cada elemento del estudio. Por ejemplo, en el estudio del maquinado de una pieza fundida de 30 lb, el 5 por ciento de tolerancia por "uso de la fuerza" se debe aplicar únicamente a los elementos "tomar la pieza y colocarla en el mandril" y "retirar la pieza del mandril y ponerla a un lado".

El ingeniero de métodos, al diseñar la estación de trabajo, debe reconocer los ahorros potenciales que se pueden lograr mediante condiciones ideales de trabajo y la reducción consiguiente de las tolerancias por fatiga en el estándar (ver el capítulo 2.5).

El hecho de diseñar la estación de trabajo de manera que el operador pueda trabajar sentado, utilizando poca fuerza, con luz adecuada y temperatura controlada, puede dar por resultado un aumento hasta del 45 por ciento en la productividad, en el caso de ciertos elementos de trabajo.

Demoras inevitables

La tolerancia por demoras inevitables se aplica sólo a los elementos de trabajo del estudio de tiempo. Entre las causas típicas de demora inevitable figuran las diversas interrupciones provocadas por el supervisor, despachador, inspector, encargado de los materiales, etc. en el transcurso de la jornada de trabajo. En ocasiones, se pueden presentar también irregularidades en los materiales: pueden ser más grandes o más duros, o estar colocados en un lugar diferente, respecto a lo que se considera estándar y a lo que se estaba utilizando cuando se efectuaba el estudio de tiempo.

*Interferencia de las máquinas**

Otra razón importante para agregar una tolerancia por demoras inevitables cuando se le ha asignado al operador más de una máquina es la "interferencia de las máquinas". La tolerancia por interferencia tiene en cuenta el tiempo durante el cual una instalación o varias deben esperar a que el operador termine el trabajo que está haciendo en otra. Mientras más máquinas tenga a su cargo un operador, mayor deberá ser la tolerancia por demoras debidas a "interferencia". Por supuesto, la cantidad de interferencia se relaciona directamente con el

***Para un estudio más detallado de este tema, véase el capítulo 3.5 "Interferencia de las máquinas: Asignación de máquinas a los operadores".**

rendimiento del operador. Cuando rinde a un nivel superior al normal habrá menos interferencia que cuando rinde menos dedicando más tiempo del normal a atender una máquina averiada. Corresponde al analista de estudios de tiempo determinar el tiempo normal por interferencia que se debe agregar al tiempo de trabajo de máquina requerido para producir una unidad de producto, así como el tiempo normal que requiere el operador para dar servicio a una máquina averiada, a fin de calcular el tiempo de ciclo. Así,

$$C = T_1 + T_2 + T_3$$

donde C = tiempo de ciclo para producir una unidad de producto.
T_1 = tiempo de máquina para producir una unidad de producto.
T_2 = tiempo normal para dar servicio a una máquina averiada.
T_3 = tiempo que pierde un operador normal debido a interferencia de las máquinas.

El tiempo de ciclo como divisor del tiempo de operación de cada máquina multiplicado por el número de máquinas asignadas al operador, da el promedio de horas de máquina por hora:

$$M = \frac{nT_1}{C}$$

donde M = horas de máquina por hora.
n = número de máquinas asignadas al operador.

Aplicando las técnicas de la teoría de colas o líneas de espera (ver el capítulo 13.7), se han elaborado tablas donde el intervalo entre los tiempos de servicio es exponencial y donde el tiempo de servicio es ya sea exponencial o constante. El ejemplo 4.4.13 da esos valores para diversas relaciones de T_2/T_1, que se han designado por k. Por ejemplo, si $n = 25$, el tiempo de máquina es de 120 min, y el tiempo de servicio (determinado por medición del trabajo) es de 3.60 min, k será:

$$\frac{3.60}{120} = 0.03$$

Refiriéndose al ejemplo 4.4.13 y suponiendo que el tiempo de servicio fue exponencial, encontramos que $T_3 = 4.7$ por ciento del tiempo de ciclo y que $T_1 = 92.5$ por ciento del tiempo de ciclo. Por lo tanto,

$$C = T_1 + T_2 + T_3$$
$$= 120 + 3.60 + 0.047C$$
$$0.953C = 123.60$$
$$C = 129.70 \text{ min}$$

y

$$T_3 = 0.047C$$
$$= 6.10 \text{ min}$$

De manera que se deben agregar 6.10 min de demora por interferencia al tiempo de máquina y al tiempo de servicio a fin de determinar el tiempo de ciclo que se ha concedido.

Demoras evitables

Al tiempo normal no se le añade tolerancia por demoras evitables. Entre las demoras evitables figuran las visitas a otros empleados por razones sociales, la ociosidad que no se debe a

Ejemplo 4.4.13 Tablas de tiempo de espera y disponibilidad de las máquinas para constantes de servicio seleccionadas [a,b]

n	A T_3	A T_1	B T_3	B T_1
		$k = 0.01$		
1	0.0	99.0	0.0	99.0
10	0.1	99.0	0.1	98.9
20	0.1	98.9	0.2	98.8
30	0.2	96.8	0.4	98.6
40			0.6	98.4
50			0.9	98.1
60			1.3	97.8
70			1.8	97.2
80			2.7	96.3
85			3.4	95.7
90			4.2	94.9
95			5.2	93.8
100			6.7	92.4
105			8.5	90.6
110			10.7	88.4
115			13.4	85.8
120			16.3	82.9
121			16.9	82.3
122			17.5	81.7
123			18.1	81.1
124			18.8	80.4
125			19.4	79.8
126			20.0	79.2
127			20.6	78.6
128			21.2	78.1
129			21.8	77.5
130			22.4	76.9
131			22.9	76.3
132			23.5	75.7
133			24.1	75.3
134			24.6	74.6
135			25.2	74.1
136			25.7	73.5
137			26.3	73.0
138			26.8	72.5
139			27.3	71.9
140			27.9	71.4
141			28.4	70.9
142			28.9	70.4
143			29.4	69.9
144			29.9	69.4
		$k = 0.02$		
1	0.0	98.0	0.0	98.0
5	0.1	98.0	0.2	97.0
10	0.2	97.8	0.4	97.6
15	0.4	97.7	0.7	97.4
20	0.6	97.5	1.1	97.0
25	0.8	97.2	1.6	96.5
30	1.2	96.9	2.2	95.9
35			3.1	95.0
40			4.3	93.8
45			6.1	92.0
50			8.7	80.5
51			9.3	88.9
52			10.0	88.3
		$k = 0.02$ (*cont.*)		
53			10.7	87.6
54			11.5	86.3
55			12.3	86.0
56			13.1	85.2
57			14.0	84.3
58			14.9	83.4
59			15.9	82.5
60			16.8	81.5
61			17.9	80.5
62			18.9	79.5
63			19.9	78.5
64			21.0	77.5
65			22.0	76.4
66			23.1	75.4
67			24.2	74.4
68			25.2	73.3
69			26.2	72.3
70			27.2	71.3
71			28.2	70.4
72			29.2	69.4
		$k = 0.03$		
1	0.0	97.1	0.0	97.1
5	0.2	96.9	0.4	96.7
10	0.5	96.6	1.0	96.2
15	1.0	96.2	1.8	95.4
20	1.6	95.5	3.0	94.2
25	2.8	94.4	4.7	92.5
26	3.1	94.1	5.2	92.1
27	3.4	93.7	5.7	91.6
28	3.8	93.4	6.2	91.1
29	4.3	92.9	6.8	90.5
30	4.8	92.4	7.4	89.9
31			8.1	89.2
32			8.9	88.5
33			9.7	87.7
34			10.6	86.8
35			11.6	85.9
36			12.6	84.9
37			13.7	83.8
38			14.9	86.8
39			16.1	81.4
40			17.4	80.2
41			18.8	78.9
42			20.1	77.5
43			21.6	76.2
44			23.0	74.8
45			24.4	73.4
46			25.9	72.0
47			27.3	70.6
48			28.7	69.2
		$k = 0.04$		
1	0.0	96.2	0.0	96.2
2	0.1	96.1	0.2	96.0

Ejemplo 4.4.13 Tablas de tiempo de espera y disponibilidad de las máquinas para constantes de servicio seleccionadas[a,b] *(Continuación)*

	A		B	
n	T_3	T_1	T_3	T_1
	k = 0.04 (*cont.*)			
3	0.2	96.0	0.3	95.9
4	0.2	95.9	0.5	95.7
5	0.3	95.8	0.7	95.5
6	0.5	95.7	0.9	95.3
7	0.6	95.6	1.1	95.1
8	0.7	95.5	1.3	94.9
9	0.8	95.4	1.5	94.7
10	1.0	95.2	1.8	94.4
11	1.1	95.1	2.1	94.1
12	1.3	94.9	2.4	93.8
13	1.5	94.7	2.8	93.5
14	1.8	94.5	3.2	93.1
15	2.0	94.2	3.6	92.7
16	2.3	94.0	4.0	92.3
17	2.6	93.6	4.5	91.8
18	3.0	93.3	5.1	91.3
19	3.4	92.9	5.7	90.7
20	3.9	92.4	6.4	90.0
21	4.5	91.8	7.1	89.3
22	5.2	91.2	8.0	88.5
23	6.0	90.4	8.9	87.6
24	6.8	89.6	9.9	86.7
25	7.9	88.6	11.0	85.6
26	9.0	87.5	12.2	84.5
27	10.4	86.2	13.4	83.2
28	11.9	84.7	14.8	81.9
29	13.6	83.0	16.3	80.5
30	15.5	81.3	17.9	79.0
31			19.6	77.4
32			21.3	75.7
33			23.0	74.0
34			24.8	72.3
35			26.6	70.6
36			28.4	68.9
37			30.1	67.2
	k = 0.05			
1	0.0	95.2	0.0	95.2
2	0.1	95.1	0.2	95.0
3	0.2	95.0	0.5	94.8
4	0.4	94.9	0.7	94.5
5	0.5	94.7	1.0	94.3
6	0.7	94.6	1.4	94.0
7	0.9	94.4	1.7	93.6
8	1.1	94.2	2.1	93.3
9	1.4	93.9	2.5	92.9
10	1.6	93.7	3.0	92.4
11	2.0	93.4	3.5	91.9
12	2.3	93.0	4.1	91.4
13	2.7	92.6	4.7	90.8
14	3.2	92.2	5.4	90.1
15	3.8	91.7	6.2	89.3
16	4.4	91.0	7.1	88.5

	A		B	
n	T_3	T_1	T_3	T_1
	k = 0.05 (*cont.*)			
17	5.2	90.3	8.1	87.6
18	6.1	89.5	9.1	86.5
19	7.1	88.5	10.4	85.4
20	8.4	87.3	11.7	84.1
21	9.8	85.9	13.1	82.7
22	11.5	84.3	14.7	81.8
23	13.4	82.5	16.5	79.6
24	15.3	80.5	18.3	77.8
25	17.8	78.2	20.2	76.0
26	20.3	75.9	22.2	74.1
27	22.8	73.6	24.3	72.1
28	25.3	71.2	26.5	70.1
29	27.9	68.8	28.5	68.1
	k = 0.06			
1	0.0	94.3	0.0	94.3
2	0.2	94.2	0.3	94.0
3	0.4	94.0	0.7	93.7
4	0.6	93.8	1.1	93.3
5	0.8	93.6	1.5	92.9
6	1.1	93.3	2.0	92.5
7	1.4	93.1	2.5	92.0
8	1.7	92.7	3.1	91.4
9	2.1	92.4	3.7	90.8
10	2.6	91.9	4.5	90.1
11	3.1	91.4	5.3	89.4
12	3.8	90.8	6.2	88.5
13	4.5	90.1	7.3	87.5
14	5.4	89.2	8.4	86.4
15	6.5	88.2	9.7	85.2
16	7.8	87.0	11.2	83.8
17	9.3	85.6	12.8	82.3
18	11.1	83.9	14.6	80.6
19	13.2	81.9	16.5	78.3
20	15.6	79.7	18.6	76.5
21			20.8	74.7
22			23.1	72.5
23			25.5	70.3
24			27.9	68.0
25			30.3	65.8
	k = 0.07			
1	0.0	93.5	0.0	93.5
2	0.2	93.2	0.4	93.1
3	0.5	93.0	0.9	92.6
4	0.8	92.7	1.4	92.1
5	1.1	92.4	2.0	91.6
6	1.5	92.1	2.7	91.0
7	1.9	91.7	3.4	90.3
8	2.4	91.2	4.3	89.5
9	3.1	90.6	5.2	88.6
10	3.8	89.9	6.3	87.6

Cortesía de NIEBEL, *Motion and Time Study*, pág. 702.

[a] En todas las tablas se supone que las llamadas de servicio son al azar. La columna A es para tiempo de servicio constante y la columna B para una distribución exponencial de los tiempos de servicio.

[b] Los valores se expresan como porcentajes del tiempo total, siendo $T_1 + T_2 + T_3 = 100\%$.

descanso para superar la fatiga, y el tiempo que se dedique a necesidades personales tales como fumar o comer un emparedado fuera de las tolerancias permitidas. Hay que entender que las demoras evitables están permitidas, pero van en detrimento de la productividad del operador. De modo general, el operador tiene derecho a disponer del tiempo que quiera para demoras evitables, siempre que su producción por día sea igual o mayor que la estándar. Sin embargo, en condiciones favorables de salario y supervisión, el trabajador raramente restringirá su producción tomando una proporción indebida de tiempo para demoras evitables.

Tolerancias extraordinarias

Hay dos clases de tolerancias extraordinarias. Una es para atender una situación especial y se aplica únicamente a un lote o corrida en particular. Por ejemplo, se puede recibir una remesa de piezas fundidas que difieren del estándar, pero que, debido a la necesidad del producto, se entregan al taller de producción. Esas piezas necesitarán un rebajado adicional para adaptarlas al herramental. O bien, por falta de un sellador neumático para un lote de partes, el operador se verá obligado a sellar a mano ese pedido. Toda desviación que dé lugar a una pequeña cantidad de trabajo adicional respecto al método identificado por el estudio se puc de resolver agregando una "tolerancia extraordinaria". Si la desviación respecto al método es substancial, se debe establecer un nuevo estándar de tiempo identificando claramente los métodos en uso. Este tipo de tolerancias extraordinarias se deben señalar con claridad, de manera que se apliquen sólo al pedido, lote o corrida que requiere trabajo extraordinario.

La segunda consiste en conceder una tolerancia durante el "tiempo de atención" del ciclo. La finalidad en este caso es recompensar al operador que mantiene la plena utilización de la instalación que maneja y que está controlada por la máquina. Con esta tolerancia por tiempo de atención, el operador de un elemento controlado por la máquina puede ganar un incentivo u obtener una clasificación de eficiencia comparable con la de un trabajador que gobierna predominantemente su operación. Sin esa tolerancia extraordinaria, al operador no le sería posible lograr un rendimiento que exceda a sus tolerancias normales por fatiga personal o demora inevitable, aun cuando su instalación se mantuviera en plena operación durante todo el turno. La magnitud de la tolerancia por tiempo de atención debe estar basada en la proporción del ciclo de trabajo que requiera atención en la operación. Con esa tolerancia extraordinaria, el operador estará en situación de lograr aproximadamente el mismo rendimiento que los empleados de mano de obra directa a los cuales no se ha asignado trabajo regulado por la máquina.

En el ejemplo 4.4.14 aparecen las tolerancias típicas aplicadas por diversas compañías, al establecer estándares aceptables. Pueden o no ser adecuadas para un caso en particular. Sin embargo, servirán de guía para establecer las tolerancias equitativas que se agregarán a los tiempos normales con el fin de fijar tiempos estándar confiables.

4.4.11 CALCULO DEL TIEMPO ESTANDAR

El tiempo estándar que se estudia para la operación es igual a la suma de los tiempos estándar elementales. Se puede definir como el tiempo que requiere un operador medio, debidamente preparado, para ejecutar el trabajo y que opera a un ritmo normal para realizar la operación.

Los tiempos elementales que se permiten se calculan a partir de los tiempos promedio de los elementos. Esos valores medios se multiplican por un factor de conversión, que es igual al producto del factor de rendimiento por uno más el porcentaje de tolerancia que corresponda. Por ejemplo, un elemento dado de estudio puede tener un tiempo promedio de 0.22 min. El factor de rendimiento asignado puede haber sido 110 por ciento y la tolerancia que se agregará puede ser el 16 por ciento del tiempo normal. El tiempo permitido para ese elemento sería

Ejemplo 4.4.14 Tolerancias porcentuales representativas para operaciones industriales típicas

Operación	*Método o instalación*	*Tiempo total dedicado al esfuerzo*	*Tiempo total aplicado a la máquina*	*Necesidades personales*	*Limpieza de la estación de trabajo*	*Aceitar la máquina*	*Interrupción*	*Mantenimiento de herramientas*	***Demoras inevitables y fatiga***
Recocido	Horno (de gas y de petróleo)	13	—	5	½	—	—	—	7½
Montaje	Banco	15	—	5	½	—	—	—	9½
Montaje	Piso	16	—	5	½	—	—	—	10½
Herrería	Prensa de forjar	21	—	7	1	—	—	—	13
Amasar, prensar	Potencia	15	—	5	½	—	—	—	9½
Taladrar	A mano	15	—	5	½	½	½	2	6½
Taladrar	Mecánicamente	15	12	5	½	½	m-2	m-4	e-9
Grabar	Pantógrafo	15	—	6	½	½	e-½	e-2	e-6½
Tornear	Torno horizontal	15	15	5	2	1	m-2	m-5	e-7
Tornear	Torno revólver	17	15	5	2	1	m-2	m-5	e-9
Fresar	Fresadora horizontal o vertical	16	15	5	2	1	m-2	m-5	e-8
Esmerilar	Blanquear	15	15	5	2	1	m-2	m-5	e-7
Esmerilar	Labrar	17	15	5	2	1	m-2	m-5	e-9
Esmerilar	Exterior e interior	16	15	5	2	1	m-2	m-5	m-8
Troquelar	Prensa de hasta 100 toneladas	14	—	5	½	1	½	—	7
Aserrar	Sierra circular	14	—	5	½	½	½	1	6½
Aserrar	H. múltiple	15	—	5	½	½	1½	2	5½
Cortar	En cuadro	15	—	5	½	½	1	—	8
Soldar	Por puntos	17	—	5	½	—	2	3	6½
Pintar	Con pistola	17	—	5	2	—	1	1	8

Cortesía de NIEBEL, *Motion and Time Study*, pág. 390.
m: se refiere al tiempo de máquina únicamente.
e: se refiere al tiempo de esfuerzo únicamente.

$$\text{tiempo permitido} = (0.22)(1.10)(1.16) = 0.281 \text{ min}$$

Este tiempo permitido se sumaría al tiempo permitido de los otros elementos que componen el estudio para hallar el tiempo estándar que requiere la operación.

Empleo de la calculadora electrónica de mano

Hoy en día, gracias a la calculadora electrónica de mano, es posible calcular estándares de trabajo con precisión y rapidez. Este instrumento es indispensable para el analista de estudios de tiempo (ver el capítulo 4.7).

La calculadora profesional avanzada permite efectuar operaciones fáciles con una constante; por ejemplo, un factor de clasificación del rendimiento, una tolerancia o un factor de conversión. Se dispone de una tecla que permite almacenar en la memoria un número y una operación, para usarlos en cálculos repetidos. Típicamente, se puede efectuar cálculos con $+, -, \times, \div, Y^x, \sqrt[x]{Y}$, y Δ por ciento.

El procedimiento consiste en formular primero la operación, que sería de "multiplicar" si se trata de convertir los tiempos elementales medios observados en tiempos elementales permitidos. Luego, se almacena el número repetitivo. Este sería el factor de conversión, como ya se explicó.

Una vez almacenada la constante (factor de conversión) se llevan a cabo los cálculos adicionales para determinar los tiempos elementales permitidos anotando la variable (tiempo medio elemental) y oprimiendo la tecla de "igual". Por ejemplo, los elementos de trabajo de un determinado estudio de tiempo pueden haber sido clasificados por rendimiento en 1.10, y agregarse una tolerancia del 15 por ciento al tiempo normal. El analista quiere calcular el tiempo permitido para los elementos de trabajo cuyos tiempos medios serán supuestamente los siguientes: 0.161, 0.052, 0.314, 0.081, 0.128 y 0.097.

El procedimiento con la mayoría de las calculadoras, exceptuando aquellas que requieren notación inversa, sería como sigue:

Número	*Teclado*	*Pantalla*
1	Poner en cero	0
2	Factor de clasificación de rendimiento	1.100
3	Multiplicar	1.100
4	Factor de tolerancia	1.150
5	Igual	1.265
6	Multiplicar	1.265
7	Tecla de constante	1.265[a]
8	0.161	0.161
9	Igual	0.204
10	0.052	0.052
11	Igual	0.066
12	0.314	0.314
13	Igual	0.397
14	0.081	0.081
15	Igual	0.103
16	0.128	0.128
17	Igual	0.162
18	0.087	0.087
19	Igual	0.123

[a]Almacena 1.265

El uso de la calculadora de mano ha reducido en más del 50 por ciento las operaciones aritméticas necesarias para calcular un estándar de tiempo, comparado con la metodología de escribir a mano y utilizar la regla de cálculo que hacía tan costosa la fijación de buenos estándares. En la actualidad es enteramente factible que un analista de estudios de tiempo establezca cuatro estudios de tiempo (cada uno de los cuales representa alrededor de 30 minutos de observación) en una jornada de 8 horas.

Manera de expresar el tiempo estándar

Los estándares de trabajo cuya duración es relativamente corta se expresan en el número de horas necesarias para hacer 100 unidades. Expresado en esa forma, el estándar es más compatible con los diversos sistemas de información de la empresa. Por ejemplo, un estándar de trabajo de 3.27 min/pieza se expresaría como 5.45 hr/100 piezas. En esta forma es muy fácil calcular la eficiencia de los operadores y los ingresos diarios en caso de que esté en vigor un plan de incentivos. Si un operador produjo en 1 día 164 piezas con base en el estándar que antecede, y si su salario base es de $8.50/hr, su eficiencia y sus ingresos diarios se calcularán como sigue:

$$\text{eficiencia} = \frac{5.45 \times 1.64}{8} = 111.7\%$$

$$\text{ingresos} = \$8.50 \times 8 \times 1.117 = \$75.96$$

Es buena idea expresar el estándar tanto en minutos por pieza como en horas por 100 piezas, porque al operador le resulta más fácil referirse al estándar si conoce el número de minutos concedido para producir una unidad del producto.

4.4.12 ESTANDARES TEMPORALES

A veces, será necesario establecer un estándar para una operación que el operador no conoce enteramente. Además, la naturaleza del trabajo será tal, que el analista no dispondrá de datos estándar ni fórmulas que le ayuden a establecer la norma de trabajo. Puesto que el operador estará situado en la parte "empinada" de la curva de aprendizaje, el analista se mostrará renuente a usar datos estándar, aunque existan, para determinar el estándar, porque se da cuenta de que el operador no podrá lograr el rendimiento estándar antes de pasar por un período más prolongado de preparación. La conveniencia de tener un estándar será obvia, pero el analista sabe que el operador requiere más experiencia antes de que se pueda establecer un estándar permanente.

En esos casos, la solución consiste en establecer un estándar "temporal". Dicho estándar se aplicará sólo a la orden de trabajo de que se trate o, posiblemente, a un número limitado de piezas de la orden. Ese estándar será más elástico que el permanente, ya que en el procedimiento de clasificación del rendimiento se tendrá en cuenta que el operador estaba en las etapas iniciales de su curva de aprendizaje y durante algún tiempo no llegará a la porción plana.

Al comunicar los estándares temporales a los talleres de producción se especificará claramente que se deben aplicar sólo a una cantidad fija. Es buena idea comunicar los estándares temporales usando una ficha de un color distinto del que se usa para los estándares permanentes, a fin de indicar sin lugar a dudas su carácter temporal. Al expirar los estándares temporales, serán sustituidos de inmediato con estándares permanentes.

4.4.13 ESTANDARES PARA LA PREPARACION

Es importante que el analista de estudios de tiempo ponga, al estudiar los elementos relacionados con la instalación, desmontaje y el retiro, igual cuidado y precisión que cuando estudia los elementos de trabajo de la producción. Los elementos de trabajo incluidos en la preparación comprenden por lo general a todos o a gran parte de los siguientes: marcar la tarjeta de entrada, obtener herramientas, recoger la tarjeta de operación y los dibujos con el despachador, preparar la máquina o la instalación, retirar las herramientas de la máquina y devolverlas al cuarto de herramientas. El analista debe ser muy cuidadoso al estudiar los elementos de preparación, ya que sólo observará un ciclo y tendrá que registrarlos a medida que se produzcan. Los elementos de preparación, por término medio, serán considerablemente más prolongados que los que se ejecutan durante el estudio de producción, de manera que el analista que se mantiene alerta será capaz de identificarlos, anotarlos, medirlos y clasificarlos a medida que se presentan.

Los estándares de preparación se deben identificar siempre como tiempos concedidos por separado, sin combinarlos con los tiempos correspondientes a cada pieza. Se acostumbra registrar el tiempo de preparación, en la tarjeta de operación, en términos de horas, puesto que la hora es la unidad de tiempo que se toma como referencia cuando se trata de salarios. Tal vez sea conveniente indicar el tiempo de preparación tanto en horas decimales como en minutos decimales, para comodidad del operador.

4.4.14 MANTENIMIENTO DE LOS TIEMPOS ESTANDAR

Una vez introducido un sistema de medición del trabajo, es necesario mantenerlo en operación. Los estándares de tiempo están basados siempre en un método específico. A medida que transcurre el tiempo, se pueden introducir mejoras de poca importancia. Variará el origen de esos cambios en el método. Algunos pueden ser introducidos por el supervisor, inspector, ingeniero del producto, ingeniero de métodos u operador. Independientemente de quién lo haga, el hecho de que se haya efectuado un cambio debe indicar que la parte afectada de la operación debe estudiarse otra vez. Tan pronto como el analista de estudios de tiempo tenga conocimiento de un cambio en el método, debe estudiar la parte de la operación que resulte afectada y volver a calcular el estándar. Sin duda alguna, la razón principal de que un programa de estándares se vuelva obsoleto es el relajamiento de las normas debido a los cambios progresivos que se han introducido en los métodos sin que el analista haya efectuado el estudio correspondiente del operador.

Para asegurarse de que los métodos que estaban en uso cuando se llevó a cabo el estudio de tiempo se siguen aplicando, y de que la norma establecida es equitativa, se debe seguir un programa regular de control. Mientras más activo sea el estándar, más frecuente debe ser el control. El programa siguiente puede servir de guía para establecer la frecuencia de la revisión de los tiempos estándar:

Horas de aplicación del estándar en un año (tiempo estándar × número de piezas producidas)	*Frecuencia del control*
Más de 700 hr	Cada 6 meses
Más de 100 hr, menos de 700 hr	Cada año
Más de 50 hr, menos de 100 hr	Cada dos años
Menos de 50 hr	Cada tres años

El procedimiento de control consiste en obtener una copia del estudio de tiempo original, para conocer los detalles del método que se estudia. Luego, el analista observa el método tal como se aplica en la actualidad. Si hay algún cambio en la manera de realizar la operación, la parte que resulte afectada se estudiará y se introducirá inmediatamente un nuevo estándar. En caso de que el método no haya cambiado, el observador verificará el tiempo total de dos o tres ciclos para confirmar que el tiempo normal requerido está de acuerdo con el estándar establecido. La revisión no exige que se lleve a cabo un nuevo estudio de tiempo. Es un procedimiento de muestreo para comprobar que la clasificación es correcta y que se está aplicando o ha sido mejorado el método prescrito. Si fue mejorado o modificado, se debe hacer un nuevo estudio detallado.

4.4.15 DATOS ESTANDAR

Para sacar la máxima ventaja de los tiempos estándar establecidos que han resultado satisfactorios, el analista debe desarrollar, clasificar, codificar y archivar datos estándar (ver el capítulo 4.8). Los datos estándar son valores de tiempos elementales sacados de los estudios de tiempo o calculados a partir de estudios anteriores comprobados. Se clasifican y codifican esos valores elementales, de manera que puedan obtenerse fácilmente y sumarse con el fin de determinar un estándar equitativo para una operación sin tener que medir el tiempo necesario para realizarla. La expresión "datos estándar" no se refiere sólo a los datos tabulados, sino también a las expresiones algebraicas, curvas, nomogramas de puntos alineados y las tablas que permiten determinar rápidamente un valor de tiempo elemental.[6]

Los estándares establecidos recurriendo a los datos estándar tendrán validez, puesto que no se requiere el procedimiento de clasificación del rendimiento. Además, los estándares así establecidos serán aceptables tanto para los trabajadores como para la administración, puesto que provienen de estudios de tiempo que han demostrado ser satisfactorios. Como los valores están tabulados y sólo hay que sumar los elementos necesarios para establecer un estándar, los diversos analistas de estudios de tiempo de una empresa obtendrán estándares idénticos de rendimiento para un determinado método.

De modo general, los estándares para nuevas tareas se pueden establecer con mayor rapidez recurriendo a los datos estándar que haciendo mediciones con el cronómetro. Por consiguiente, una vez que se tiene un inventario suficiente de datos estándar es posible establecer estándares para operaciones indirectas de mano de obra tales como embarques, recepción y mantenimiento.

Clasificación de los datos estándar

Los datos estándar deben clasificarse y codificarse para que el ingeniero pueda obtenerlos fácilmente. Por lo general, es conveniente clasificarlos primero por operación: prensa taladradora, fresadora, torno revólver o montaje de banco; luego, por tipo de instalación: con eje sencillo de 17 pulg; con tres ejes de 21 pulg, o taladro radial de 21 pulgadas. En tercer lugar, por dimensión del equipo: un solo eje de 27 pulgadas, un eje sencillo de 21 pulgadas, un solo eje de 17 pulgadas, un solo eje de 12 pulgadas, etc., y en cuarto lugar por fabricante: Leland-Gifford, Cincinnati o Delta.

Los datos estándar registrados para una máquina específica, por ejemplo torno revólver número 5 Warner and Swasey, se deben descomponer en elementos de preparación y en elementos de cada pieza. El ejemplo 4.4.15 ofrece una lista de elementos de datos estándar aplicables a una planta específica y que corresponden a una prensa taladradora vertical Allen de 17 pulgadas de un solo eje.

Es posible combinar elementos de datos estándar para calcular más rápidamente un estándar. Por ejemplo, el ejemplo 4.4.16 ilustra los datos combinados de preparación de un torno revólver Warner and Swasey número 5, aplicables a una planta específica. Si un determinado trabajo requiriera herramienta para cepillar, tornear y ranurar en la torreta cuadrada, y una broca, una herramienta para barrenar y un troquel desmontable en la torreta hexagonal, el tiempo de instalación sería de 81.6 min $+ (2 \times 8.63) = 98.86$ min. Los 81.6 min (renglón 10) son suficientes para colocar la herramienta para cepillar, tornear y ranurar en la torreta cuadrada y el troquel desmontable en la torreta hexagonal. Se asigna un total de 8.63 min para cada herramienta después de la primera. Puesto que se requiere una operación de taladro con la torreta hexagonal, se concede un tiempo de 8.63 min (renglón 13).

Los datos estándar variables se pueden registrar en forma tabular o en una ecuación. Los datos variables se calculan por lo general a partir de la información sobre avances y velocidades especificados. Al utilizar dichos datos, es importante que el analista considere siempre el avance o paso y el rebase de la herramienta de corte como parte de la longitud del corte. Por ejemplo, el avance de una broca de 1 pulgada tiene 0.30 de pulg. Esa distancia se debe sumar a la longitud del agujero taladrado al calcular el tiempo total de corte.

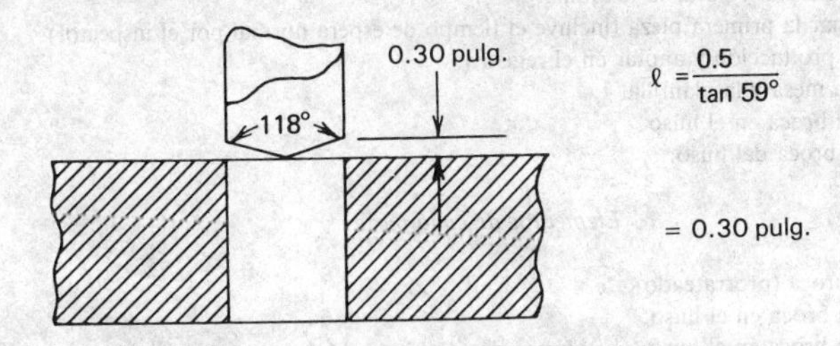

Algo similar se debe hacer al calcular el tiempo de corte en el caso del trabajo de fresado. El ejemplo 4.4.17 muestra el avance de la pieza que se va a maquinar, CB. Esa distancia se debe sumar al corte de 10 pulg hecho por la máquina, a fin de calcular el tiempo total de corte.

Si el cortador tuviera 4 pulgadas de diámetro, la distancia BC sería

$$\sqrt{(AC)^2 - (AB)^2} = \sqrt{(2)^2 - (1.75)^2} = 0.97 \text{ pulg.}$$

Un nomograma o sistema de curvas puede ser útil para registrar el tiempo variable. En el ejemplo 4.4.18 se ilustra un nomograma para tornear y labrar con el torno.

Desarrollo de datos estándar

Al desarrollar datos estándar, el analista revisa todos los estudios de tiempo que se hayan efectuado con anterioridad que hayan resultado satisfactorios. Los elementos similares de los diversos estudios se analizan estadísticamente y los valores medios se codifican, clasifican y tabulan para usarlos en el futuro.

A veces no existen los valores elementales que se buscan, o bien, si existen, el tamaño de la muestra o la dispersión de los datos son tales que el analista pone en duda su validez. En esos casos, tendrá que medir el elemento particular de que se trate. Como estudiará únicamente uno o tal vez dos elementos del ciclo, recurre a menudo a un reloj que mida con la aproximación de 0.001 min. En esos casos, se sigue el método de vuelta a cero. Al terminarse las observaciones (habiendo tomado una muestra suficiente), se resumen los valores elementales y se determina la media. Se aplica un factor de clasificación del rendimiento para obtener valores equitativos de tiempo normal. En muchas ocasiones, no se agregan tolerancias porque los datos estándar serán más flexibles si los valores de tolerancia se aplican en el momento de usar los datos estándar. Por ejemplo, el dato estándar elemental "tomar una pieza fundida pequeña (hasta de 4 lb) y colocarla en la doble mordaza del mandril neumático de 14 pulg" puede tener un valor diferente en un ambiente donde la temperatura y la humedad son tales que se requiere una tolerancia del 10 por ciento para demoras personales, que en el ambiente característico de una típica sala de máquinas donde una tolerancia del 5 por ciento es la adecuada.

Mientras más detallados sean los datos estándar, más flexibilidad ofrecerán al establecer estándares para nuevos trabajos. En cambio, mientras más fino sea el elemento más difícil

Ejemplo 4.4.15 Datos sobre elementos estándar aplicables a una fábrica específica para una Allen 17 en taladro vertical de un solo huso[a]

Elementos	*Minutos*
Elementos de preparación	
Estudiar el dibujo.	1.250
Obtener materiales y herramientas y disponerse a trabajar.	3.750
Ajustar la altura de la mesa.	1.310
Poner en marcha y parar la máquina.	0.090
Inspeccionar la primera pieza (incluye el tiempo de espera normal por el inspector).	5.250
Contar la producción y anotar en el registro.	1.500
Limpiar la mesa y la plantilla.	1.750
Insertar la broca en el huso.	0.160
Retirar la broca del huso.	0.140
Elementos de cada pieza	
Afilar la broca (prorrateado).	0.780
Insertar la broca en el huso.	0.160
Insertar la broca en el huso (portabroca de cambio rápido).	0.050
Ajustar el huso.	0.420
Cambiar la velocidad del huso.	0.720
Retirar la herramienta del huso.	0.140
Retirar la herramienta del huso (portabroca de cambio rápido).	0.035
Tomar la parte y ponerla en el calibrador.	
Pinza de acción rápida.	0.070
Tornillo de mano.	0.080
Retirar la parte del calibrador.	
Pinza de acción rápida	0.050
Tornillo de mano.	0.060
Poner la parte en posición y avanzar la broca.	0.042
Avanzar la broca.	0.035
Alzar la broca.	0.023
Alzar la broca, volver a colocar la parte y avanzar la broca (el mismo huso).	0.048
Alzar la broca, volver a colocar la parte y avanzar la broca (huso adyacente).	0.090
Insertar boquilla de la broca.	0.046
Retirar boquilla de la broca.	0.035
Poner la parte a un lado.	0.022
Limpiar el calibrador y la parte con aire comprimido y poner la parte a un lado.	0.081
Insertar calibrador.	0.120 por agujero

Cortesía de NIEBEL, *Motion and Time Study*, pág. 426.
[a] Tamaño de la pieza: Partes pequeñas hasta de 4 libras de peso o que se puedan manejar dos o más en cada mano.

será medirlo. Midiendo grupos de datos estándar muy finos y calculando luego sus valores individuales mediante ecuaciones simultáneas, es posible determinar datos estándar para porciones muy breves de los elementos o para elementos de corta duración.

Por ejemplo, supongamos que queremos determinar los valores de datos estándar para los cinco elementos breves que se ejecutan sucesivamente en cierta instalación. Esos cinco elementos podrían ser los siguientes: 1) alcanzar a 20 pulg y trasladar una pieza de 4 lb a la estación de trabajo, 2) colocar la pieza en el portapieza sobre dos pernos de posición, 3) cerrar la tapa del portataladro, 4) poner en marcha el taladro y 5) avanzar el eje. El tiempo para esos cinco elementos puede ser tan corto, que se podrán cronometrar con precisión sólo en grupo. Por ejemplo, se podrían medir y clasificar fácilmente los elementos 1, 2 y 3

Ejemplo 4.4.16 Datos estándar de los elementos de preparación para un torno revólver Warner and Swasey Número 5

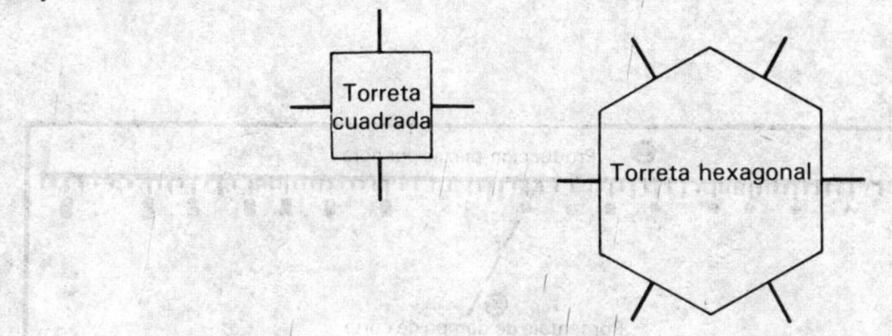

	Herramienta básica							
		Torreta hexagonal						
No.	*Torreta cuadrada*	*Parcial*	*Bisel*	*Perforar o tornear*	*Taladrar*	*Roscar o avellanar*	*Tarraja C*	*Matriz C*
1.	Parcial	31.5	39.6	44.5	48.0	47.6	50.5	58.5
2.	Bisel	38.2	39.6	46.8	49.5	50.5	53.0	61.2
3.	Pulir o cortar	36.0	44.2	48.6	51.3	52.2	55.0	63.0
4.	Pulir	40.5	49.5	50.5	53.0	54.0	55.8	63.9
5.	Pulir y biselar	37.8	45.9	51.3	54.0	54.5	56.6	64.8
6.	Pulir y cortar	39.6	48.6	53.0	55.0	56.0	58.5	66.6
7.	Labrar y tornear o tornear y cortar	45.0	53.1	55.0	56.7	57.6	60.5	68.4
8.	Labrar, tornear y biselar	47.7	55.7	57.6	59.5	60.5	69.7	78.4
9.	Labrar, tornear y cortar	48.6	57.6	57.5	60.0	62.2	71.5	80.1
10.	Labrar, tornear y pulir	49.5	58.0	59.5	61.5	64.0	73.5	81.6

11. Preparación básica marcada con círculo, arriba ____________
12. Cada herramienta adicional en torreta cuadrangular 4.20x ____________ = ____________
13. Cada herramienta adicional en torreta hexagonal 8.63x ____________ = ____________
14. Retirar y separar tres mordazas 5.9 ____________
15. Preparar submontaje o soporte 18.7 ____________
16. Fijar entre centros 11.0 ____________
17. Cambiar tornillo guía 6.6 ____________

Preparación total ____________ min

Cortesía de NIEBEL, *Motion and Time Study,* pág. 410.

Ejemplo 4.4.17 El avance en la pieza que se va a maquinar será de CB pulgadas

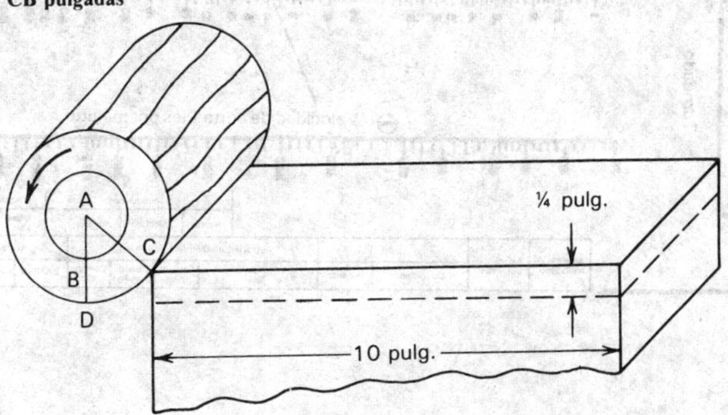

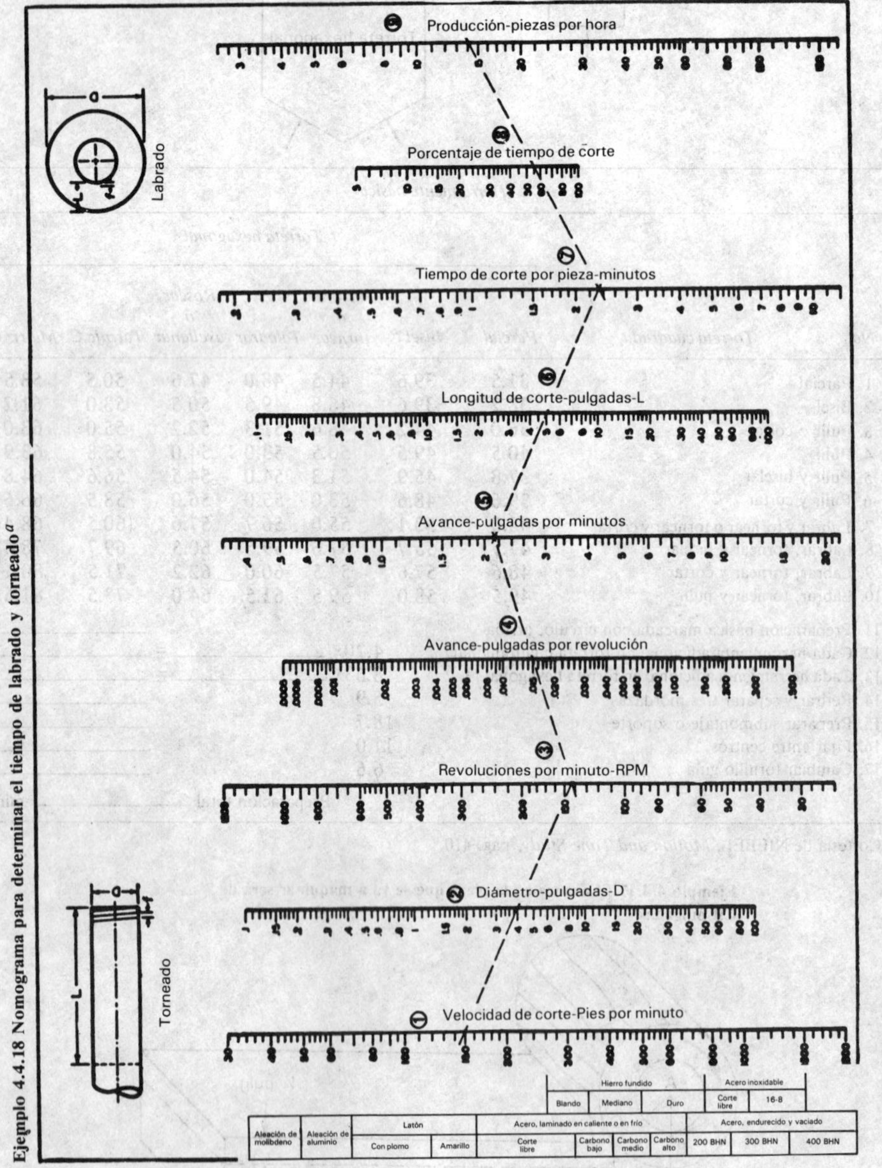

Ejemplo 4.4.18 Nomograma para determinar el tiempo de labrado y torneado[a]

[a]Cortesía de Crobalt, Inc.

cronometrándolos colectivamente, pero se tendría gran dificultad para medir la duración de cada uno. Supóngase que los elementos 1, 2 y 3, juntos, tienen un tiempo medio de 0.078 min, que se podría designar como elemento del grupo A. Los elementos 2, 3 y 4 podrían equivaler a 0.064 min y se designarán con B; los elementos 3, 4 y 5 podrían equivaler a 0.060 min y se designarán con C; los elementos 4, 5 y 6 podrían equivaler a 0.076 min y se designarán con D, y, por último, los elementos 5, 1 y 2 podrían, combinados, equivaler a 0.082 min y se designarán con E.

Así,

$$A + B + C + D + E = (3)(\text{elemento } 1) + (3)(\text{elemento } 2) + (3)(\text{elemento } 3) + (3)(\text{elemento } 4) + (3)(\text{elemento } 5) = 0.360$$

$$\text{elemento } 1 + \text{elemento } 2 + \text{elemento } 3 + \text{elemento } 4 + \text{elemento } 5 = 0.120$$

Por lo tanto,

$$A + \text{elemento } 4 + \text{elemento } 5 = 0.120$$
$$\text{Elemento } 4 + 5 = 0.120 - A = 0.120 - 0.078 = 0.042 \text{ min}$$

Puesto que elemento 3 + elemento 4 + elemento 5 = 0.060, elemento 3 = 0.060 − 0.042 = 0.018 min. Análogamente, elemento 4 + elemento 5 + elemento 1 = 0.076, y elemento 1 = 0.076 − 0.042 = 0.034 min. Sustituyendo en la ecuación para A; .078 = 0.034 + elemento 2 + 0.018; por lo tanto, elemento 2 = 0.026.

4.4.16 ELABORACION DE FORMULAS

Para abreviar el procedimiento un tanto laborioso de sumar un gran número de elementos de datos estándar, se puede diseñar por lo general una fórmula útil para establecer estándares con la variedad de trabajos caracterizada por los datos. Aplicada al estudio de tiempo, la fórmula implica el desarrollo de una expresión algebraica o un sistema de curvas que puedan servir para establecer un estándar antes de dar comienzo a la producción.

Usando fórmulas, el técnico puede establecer estándares uniformes de tiempo con gran rapidez. Además, los estándares establecidos mediante fórmulas son menos susceptibles al error, puesto que para su solución se requieren menos operaciones aritméticas que si se lleva a cabo un estudio de tiempo con el cronómetro o se suman los datos estándar elementales.

Para desarrollar una fórmula confiable, el analista debe disponer de una muestra suficiente de datos tomada de todos los trabajos a los cuales se va a aplicar la fórmula. Normalmente, 10 a 15 estudios de tiempo que hayan resultado satisfactorios representan una muestra que dará buenos resultados. Es muy importante que los elementos similares que figuren en los estudios de tiempo usados para desarrollar la fórmula guarden concordancia en sus puntos finales. Los que no satisfagan este requisito no deben usarse.

Una vez que el analista haya seleccionado una muestra suficiente de datos confiables que coincidan en sus puntos finales, deberá consignarlos en una hoja de trabajo para analizar las constantes y las variables. Las constantes se combinan y se establece una media para incorporarla a la fórmula. Luego, se estudian las variables con el fin de determinar cuál o cuáles influyen en el tiempo necesario para ejecutar el trabajo. En muchos casos, es responsable sólo una variable del tiempo consumido. Los datos se deben representar gráficamente, siendo el tiempo la variable aleatoria dependiente cuya distribución depende de la variable independiente x. Se debe entender que, en la mayoría de las relaciones que se calculan, x no es aleatoria; es fija para todo fin práctico, y al analista le interesa la media de la distribución correspondiente del tiempo y (los elementos sucesivos observados mediante el análisis con el cronómetro) para la x dada.

Los datos representados gráficamente pueden asumir diversas formas (recta, parábola, hipérbola, elipse, o bien formas exponenciales) o ninguna forma geométrica. Si no toman una forma geométrica, es muy probable que más de una variable independiente esté produciendo un efecto en el tiempo de la variable aleatoria dependiente. Muchas veces, es conveniente someter los datos a prueba para ver si están caracterizados por las funciones exponenciales $y = bm^x$. Esto se puede hacer graficándolos en papel semilogarítmico para ver si los puntos se aproximan a una recta en una escala transformada. Si los datos por parejas dan una recta al graficarlos en papel semilog, la curva $y = f(x)$ es exponencial.

A veces, al representar los datos en papel logarítmico se obtiene una relación lineal. En este caso, $y = ax^m$, donde $\log y$ es lineal con $\log x$.

Solución cuando hay más de una variable independiente

Cuando los datos de tiempo dan por resultado una representación dispersa contra la variable independiente supuesta, es muy probable que una segunda variable independiente esté afectando la gráfica. Si en una relación lineal figuran dos variables independientes, se puede recurrir a la regresión múltiple. En este caso, se adapta un plano a un conjunto de n puntos a fin de minimizar la suma de los cuadrados de las distancias verticales desde los puntos al plano. Se está minimizando

$$\sum_{i=1}^{n} [y_i - (b_0 + b_1 x_i + c_1 z_i)]^2$$

donde y = tiempo de la variable dependiente.
x = primera variable independiente.
z = segunda variable independiente.
b_1 = coeficiente de x.
c_1 = coeficiente de z.
b_0 = constante.

Las ecuaciones normales son:

$$\Sigma y = nb_0 + b_1 \Sigma x + c_1 \Sigma z$$

$$\Sigma xy = b_0 \Sigma x + b_1 \Sigma x^2 + c_1 \Sigma xz$$

$$\Sigma zy = b_0 \Sigma z + b_1 \Sigma xz + c_1 \Sigma z^2$$

Métodos gráficos

Cuando se recurre a la regresión múltiple, la forma de la ecuación elegida y la inclusión de los productos cruzados de las variables de la ecuación, cuando están presentes efectos de interacción, pueden complicar el análisis. En ocasiones, una solución gráfica puede ser más sencilla e igualmente confiable. El procedimiento consiste en identificar las variables independientes que producen efecto en el tiempo de la variable dependiente. Se hace una representación gráfica de cada variable independiente. Se elige primero una variable independiente y se estudian los datos para ver si es posible identificar varios estudios en que la segunda variable independiente sea relativamente constante. Luego, se marca sólo el tiempo contra la primera variable independiente de aquellos puntos donde la segunda variable independiente ha mostrado poca variación, si la hubo.

Una vez terminada esta gráfica, hay que construir una nueva escala de tiempo sobre el eje de y. Esta escala puede considerarse como una "escala de corrección del tiempo". Prolongando el punto más bajo del trazo hasta dicha escala de corrección, se establecerá la unidad para tal escala. Las distancias correspondientes se marcan en la escala.

El paso siguiente consiste en determinar un valor de corrección de tiempo para todos los puntos de los datos usando el trazo. Entre ese valor se divide luego el valor de tiempo de cada punto, para determinar un tiempo corregido. El tiempo corregido resultante se marca ahora contra la segunda variable independiente.

Para usar las dos curvas con el fin de predecir el tiempo variable elemental de un nuevo trabajo, el analista usa la primera curva para elegir un valor de corrección del tiempo, y la segunda para determinar un valor de tiempo corregido. El producto del valor de tiempo corregido por el valor de corrección del tiempo es igual al tiempo normal del elemento variable que se busca.

El ejemplo 4.4.19 ilustra el método de solución gráfica en un caso en que el tiempo requerido para arrollar bobinas de cobre en mandriles desmontables dependía tanto del calibre del alambre como de la longitud del que se arrollaba en el mandril. El ejemplo 4.4.19*a* mues-

Ejemplo 4.4.19 Método de solución gráfica que muestra *a*) la relación entre el tiempo y el calibre del alambre para longitudes de 1500 pies aproximadamente y *b*) la relación entre el tiempo corregido y la longitud del alambre

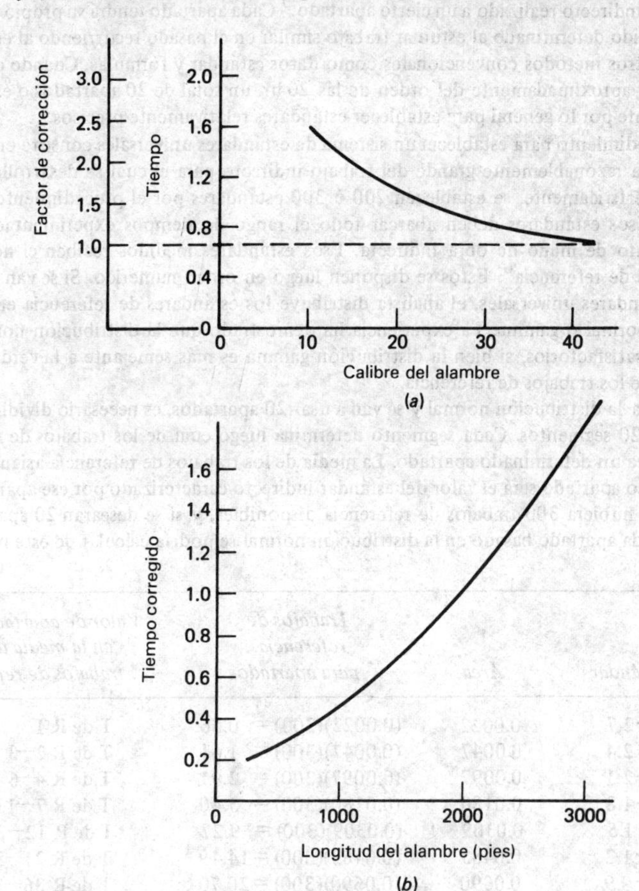

tra la relación entre el calibre del alambre y el tiempo para longitudes constantes (1,500 pies aproximadamente). El ejemplo 4.4.19*b* muestra la relación entre el tiempo corregido y la longitud del alambre arrollado. Para usar este sistema de curvas, se obtiene primero un factor de corrección en el ejemplo 4.4.19*a* para el calibre del alambre utilizado y, luego, un tiempo corregido, en el ejemplo 4.4.19*b*, para la longitud del alambre. El producto del factor de corrección por el tiempo corregido será igual al tiempo normal para el trabajo que se estudia.

4.4.17 ESTUDIOS CON EL CRONOMETRO PARA ESTANDARES INDIRECTOS

Para establecer estándares para el trabajo indirecto, por ejemplo, mantenimiento, embarques y recepción, u operaciones del cuarto de herramienta, el costo que implica recurrir a estudios con el cronómetro, datos estándar y fórmulas puede exceder a los beneficios resultantes del estándar si se aplican los métodos convencionales. Se ha creado una técnica denominada "estándares universales indirectos", la cual permite establecer estándares bastante confiables antes de que se lleve a cabo el trabajo (ver el capítulo 4.9).

El principio en que se basan los estándares universales consiste en asignar la mayor parte del trabajo indirecto realizado a un cierto apartado.[7] Cada apartado tendrá su propio estándar, que habrá sido determinado al estudiar trabajo similar en el pasado recurriendo al estudio de tiempo y otros métodos convencionales como datos estándar y fórmulas. Cuando el trabajo indirecto es aproximadamente del orden de las 20 hr, un total de 20 apartados o estándares será suficiente por lo general para establecer estándares relativamente precisos.

El procedimiento para establecer un sistema de estándares universales consiste en estudiar una muestra razonablemente grande del trabajo indirecto para el cual se desarrolla el sistema. Característicamente, se establecen 200 ó 300 estándares por el procedimiento del cronómetro. Esos estándares deben abarcar todo el rango de tiempos experimentado por el departamento de mano de obra indirecta. Esos estándares medidos reciben el nombre de "estándares de referencia". Estos se disponen luego en orden numérico. Si se van a establecer 20 estándares universales, el analista distribuye los estándares de referencia en una distribución normal o gamma. La experiencia ha demostrado que la distribución normal dará resultados satisfactorios, si bien la distribución gamma es más semejante a la verdadera distribución de los trabajos de referencia.

Si se usa la distribución normal y se van a usar 20 apartados, es necesario dividir la distribución en 20 segmentos. Cada segmento determina luego cuál de los trabajos de referencia se asignará a un determinado apartado. La media de los trabajos de referencia asignados a un determinado apartado será el valor del estándar indirecto caracterizado por ese apartado. Por ejemplo, si hubiera 300 trabajos de referencia disponibles, y si se desearan 20 apartados, el valor de cada apartado basado en la distribución normal se podría calcular de este modo:

Valores estándar	*Area*	*Trabajos de referencia para apartados*	*Valor de apartado basado en la media de esos trabajos de referencia*
−3.0 a −2.7	0.0022	(0.0022)(300) = 0.66	T de R 1
−2.7 a −2.4	0.0047	(0.0047)(300) = 1.41	T de R 2−3
−2.4 a −2.1	0.0097	(0.0097)(300) = 2.91	T de R 4−6
−2.1 a −1.8	0.0180	(0.0180)(300) = 5.40	T de R 7−11
−1.8 a −1.5	0.0309	(0.0309)(300) = 9.27	T de R 12−20
−1.5 a −1.2	0.0483	(0.0483)(300) = 14.49	T de R 21−35
−1.2 a −0.9	0.0690	(0.0690)(300) = 20.70	T de R 36−56

Valores estándar	Area	Trabajos de referencia para apartados	Valor de apartado basado en la media de esos trabajos de referencia
−0.9 a −0.6	0.0902	(0.0902)(300) = 27.06	T de R 57−83
−0.6 a −0.3	0.1078	(0.1078)(300) = 32.34	T de R 84−115
−0.3 a 0	0.1179	(0.1179)(300) = 35.37	T de R 116−150
0 a 0.3	0.1179	(0.1179)(300) = 35.37	T de R 151−185
0.3 a 0.6	0.1078	(0.1078)(300) = 32.34	T de R 186−217
0.6 a 0.9	0.0902	(0.0902)(300) = 27.06	T de R 218−244
0.9 a 1.2	0.0690	(0.0690)(300) = 20.70	T de R 245−265
1.2 a 1.5	0.0483	(0.0483)(300) = 14.49	T de R 266−280
1.5 a 1.8	0.0309	(0.0309)(300) = 9.27	T de R 281−289
1.8 a 2.1	0.0180	(0.0180)(300) = 5.40	T de R 290−294
2.1 a 2.4	0.0097	(0.0097)(300) = 2.91	T de R 295−297
2.4 a 2.7	0.0047	(0.0047)(300) = 1.41	T de R 298−299
2.7 a 3.0	0.0022	(0.0022)(300) = 0.66	T de R 300

Estos 20 valores de apartado (estándares universales para la mano de obra indirecta) serán la base para establecer los estándares de todo nuevo trabajo indirecto. Cuando se estudia la asignación de un nuevo trabajo, el analista adaptará la tarea a una categoría (apartado) en la cual se han estudiado otros trabajos similares (los de referencia) y se han establecido estándares.

4.4.18 USOS DE LOS ESTANDARES

Los buenos estándares, tanto para la mano de obra directa como para la indirecta, son esenciales para la operación eficiente continua de una empresa. Son los medios principales para lo siguiente:

1. Determinar la capacidad de la planta.
2. Equilibrar la mano de obra con el trabajo disponible.
3. Controlar la producción.
4. Determinar los costos.
5. Introducir un sistema de costos estándar.
6. Introducir y conservar un sistema de pago de incentivos.
7. Lograr el control del presupuesto.
8. Introducir un sistema de gratificaciones para los supervisores.
9. Adquirir el equipo más productivo.
10. Garantizar una distribución eficiente de la planta.
11. Comparar métodos alternativos.
12. Medir la eficiencia de la administración.

REFERENCIAS

1. RONALD E. WALPOLE y RAYMOND H. MYERS, *Probability and Statistics for Engineers and Scientists,* Macmillan, Nueva York, 1972.
2. BENJAMIN W. NIEBEL, *Motion and Time Study,* 6a. ed., Homewood, IL, Irwin, 1976.
3. NIEBEL, *Motion and Time Study,* p. 333.

4. MARVIN E. MUNDEL, *Motion and Time Study: Principles and Practices,* 4a. ed., Prentice-Hall, Englewood Cliffs, NJ, 1960.
5. R. E. HOLLAND y W. J. RICHARDSON, *Work Sampling,* McGraw-Hill, Nueva York, 1957.
6. PHILIP F. OSTWALD, *Cost Estimating for Engineering and Management,* Prentice-Hall, Englewood Cliffs, NJ, 1974.
7. RICHARD M. CROSSMAN y HAROLD W. NANCE, *Master Standard Data: The Economic Approach to Work Measurement*, ed. rev., McGraw-Hill, Nueva York, 1972.

BIBLIOGRAFIA

BARNES, RALPH, *Motion and Time Study,* 7a. ed., Wiley, Nueva York, 1980.

KRICK, EDWARD V., *Methods Engineering,* Wiley, Nueva York, 1962.

MUNDEL, MARVIN E., *Motion and Time Study: Principles and Practices,* 5a. ed., Prentice-Hall, Englewood Cliffs, NJ, 1978.

NADLER, GERALD, *Work Design: A Systems Concept,* ed. rev., Irwin, Homewood, IL. 1970.

CAPITULO 4.5

Sistemas de movimientos y tiempos predeterminados

CHESTER L. BRISLEY
Universidad de Wisconsin-Extensión Universitaria

KARL EADY
MTM Association for Standards and Research

4.5.1 INTRODUCCION

La medición del trabajo ha sido de gran interés para los ingenieros industriales y sus predecesores desde que Frederick W. Taylor introdujera el cronómetro en 1883. Antes de esa fecha, las técnicas para medir el trabajo se limitaban al uso de los datos en registros y a las estimaciones hechas por quienes conocían aproximadamente el trabajo que se medía. Los estudios de tiempo fueron los primeros métodos "científicos". Desde la época de Taylor se han agregado otros instrumentos científicos a la medición del trabajo, sobresaliendo entre ellos el muestreo del trabajo y el uso de movimientos previamente definidos, con sus correspondientes valores de tiempo. Esta última técnica se ha venido a conocer como sistemas de movimientos y tiempos predeterminados (PMTS, por sus siglas en inglés).

Aunque todas las técnicas de medición del trabajo que acabamos de mencionar se siguen aplicando en mayor o menor grado en casi todas las industrias, sean de manufactura o de servicios, los PMTS se vuelven cada vez más comunes como instrumentos adicionales y como sustitutos de otras técnicas, por las razones siguientes:

1. Los sistemas constituyen por lo general una manera práctica de analizar y mejorar los métodos de ejecución del trabajo.
2. Los métodos de trabajo se pueden diseñar antes de iniciar la producción.
3. Los valores predeterminados de tiempo asociados con movimientos descritos con precisión permiten una mayor uniformidad en la fijación de estándares que la que es posible con otras técnicas de medición del trabajo.
4. Cuando se trata de determinar elementos estándar para usos múltiples, los PMTS son por lo general más rápidos.

4.5.2 DESARROLLO INICIAL DE LOS PMTS

Los Gilbreth

Los actuales PMTS fueron desarrollados a partir de las investigaciones y trabajos originales de Frank B. y Lillian M. Gilbreth. En 1912, Frank Gilbreth presentó a la *American Management Association* un trabajo en el cual explicaba los principios de la economía del movimiento, la eliminación sistemática de las deficiencias, y el concepto de determinación de los tiempos de ejecución analizando los movimientos necesarios para realizar el trabajo.[1]

Gilbreth clasificó el rendimiento del hombre de acuerdo con 18 movimientos fundamentales a los cuales dio el nombre de "Therbligs" ("Gilbreth" escrito al revés). Aunque en su mayoría definen los movimientos de las manos y los brazos, algunos denotan reacciones mentales y otros indican períodos de inactividad tales como descansos y demoras.

Gilbreth fue el primero que intentó medir los tiempos por los movimientos necesarios para realizar una operación. Colocó papel rayado en la trayectoria de movimiento y tomo películas de los movimientos efectuados. Así era posible determinar la distancia a lo largo de la cual tenía lugar cada movimiento. Esa técnica constituyó un gran refinamiento del análisis de movimientos y fue mucho más allá que cualquier otra de las desarrolladas hasta entonces.

Gilbreth utilizó también un ciclógrafo, mecanismo que consistía en pequeñas bombillas eléctricas sujetas a los dedos del operador. Esas bombillas se encendían a intervalos regulares y, si se tomaban fotografías con una cámara estereoscópica, los movimientos de las manos y los dedos quedaban registrados en la placa en tres dimensiones. Puesto que los destellos se producían a intervalos conocidos, era posible determinar el tiempo invertido y la distancia recorrida por el movimiento entre los puntos que aparecían en la imagen.

A. B. Segur

Uno de los precursores en el desarrollo de los PMTS fue Asa Bertrand Segur.[2] En 1922, Segur inició el desarrollo de sus PMTS, a los cuales llamó "Análisis de tiempos y movimientos" (MTA), analizando películas de micromovimientos tomadas a operadores expertos durante la I Guerra Mundial. Esas películas se tomaron originalmente con el fin de descubrir una manera de capacitar a los ciegos y otros trabajadores impedidos para que pudieran realizar tareas útiles para la industria después de la guerra. Se tomaron películas de trabajadores que eran los mejores en su especialidad. Para cuando se llevaron a cabo esos análisis, la clasificación de movimientos de Gilbreth estaba ya disponible como un auxiliar. De hecho, Segur trabajó con Gilbreth en el proyecto de capacitación de los soldados impedidos.

Joseph H. Quick

Entre 1934 y 1938, Joseph H. Quick desarrolló el primero de una familia de sistemas que denominó Work-Factor.® Este sistema fue creado en Filadelfia, Pennsylvania, mediante estudios originales de tiempos y movimientos utilizando cronómetros, fotocronómetros, películas e instantáneas tomadas con película rápida. Se registraron diecisiete mil tiempos de movimientos de unos 1,100 trabajadores dedicados a muy diversas operaciones tales como talleres mecánicos, troqueladoras, plantas de montaje, aserraderos, materiales plásticos, talleres de enchapado y oficinas.

Aunque Segur y Holmes[3] tenían cierto interés en el tiempo asociado con los procesos mentales, fue Joseph Quick quien realizó estudios considerables en esta área.[4] Los datos para determinar el tiempo de los procesos mentales se obtuvieron en laboratorios, en la inspección visual y en los departamentos de impresión y de ingeniería.

Harold B. Maynard

En 1946, Harold B. Maynard dio comienzo al desarrollo de MTM en la *Westinghouse Electric Corporation* en colaboración con Gustave J. Stegemerten y John L. Schwab. Maynard había sido comisionado por Westinghouse para que desarrollara un sistema capaz de describir y evaluar métodos de operación. Comenzó tomando películas de delicadas operaciones con el taladro de presión y analizándolas en términos de therbligs. Al hacerlo, descartó los therbligs no asociados con los movimientos manuales y dio nuevos nombres a muchos de los restantes.

Las películas fueron evaluadas en razón del rendimiento por un grupo de ingenieros elegidos por su experiencia en materia de clasificación de los ritmos de trabajo. El rendimiento fue evaluado mediante un sistema de clasificación diseñado por Lowry, Maynard y Stegemerten.[5] El sistema implica una clasificación combinada como porcentaje de lo "normal", con base en los factores de habilidad, esfuerzo, uniformidad y condiciones. La eficiencia del método no se incluyó en la evaluación, ya que esa era la finalidad principal del MTM. La representación gráfica de los tiempos evaluados en función de la distancia en diversos casos de "transportar en vacío" y "transportar con carga" reveló un coeficiente de correlación notablemente elevado. De manera que el MTM vino a ser un PMTS admirablemente adecuado no sólo para evaluar los métodos, sino también para establecer el tiempo estándar constante para un determinado método.

Otros investigadores

En la década de los cincuentas, Gerald B. Bailey y Ralph Presgrave desarrollaron el PMTS conocido como Estudio de tiempos de los movimientos básicos (BMT). Este sistema sigue también los conceptos de los Gilbreth y es similar en muchos aspectos al trabajo de Maynard. A Bailey y a Presgrave les fue concedida la Medalla Gilbreth de la *Society for the Advancement of Management* (Sociedad para el Progreso de la Administración), como resultado de sus trabajos en este campo.

Se podrían dedicar muchas páginas más a todos aquellos que han contribuido al mejoramiento de los PMTS existentes y al desarrollo de otros nuevos, pero las limitaciones de espacio permiten sólo mencionar a Ulf Aberg y Walton M. Hancock, quienes en los años sesentas propusieron un método para determinar la exactitud estadística de los PMTS.[6]

4.5.3 DEFINICION DE LOS PMTS

Antes de presentar los PMTS específicos de que dispone actualmente el ingeniero industrial, es necesario definir los términos que se usan comúnmente y explicar las características generales del sistema. Se pondrán por lo tanto los temas siguientes a la consideración del lector:

1. El lenguaje de los PMTS.
2. Establecimiento de niveles.
3. Clasificación de los PMTS.
4. Características comunes.
   a. Precisión.
   b. Rapidez de aplicación.
   c. Descripción del método.
   d. Instrucciones necesarias.

El lenguaje de los PMTS

El lenguaje de los PMTS se compone de palabras que denotan "acción" y se utilizan como descripciones concisas de movimientos manuales, elementales y específicos (therbligs). Cada PMTS tiene su propio conjunto de palabras de acción, las cuales se deben definir detalladamente a fin de lograr un entendimiento común.

Las palabras de acción que se emplean para describir movimientos básicos y específicos en algunos de los PMTS más prominentes aparecen en el ejemplo 4.5.1.

Establecimiento del ritmo de trabajo

Cuando se aplican los PMTS, la clasificación del rendimiento deja de ser necesaria puesto que los datos de los PMTS actualmente en uso fueron reducidos a una base común al ser desarrollados. Los tiempos de movimiento establecidos para el uso en las tablas de Work-Factor

Ejemplo 4.5.1 Comparación de términos empleados en los PMTS

Definición	*Therblig, de Gilbreth*	*Análisis de movimiento y tiempo, de A.B. Segur*	*Work-Factor detallado*	*MTM-1*	*Estudio de tiempo de movimientos básicos*
La acción de:					
Mover un medio de transporte sin carga	Transportar en vacío	Transportar en vacío	Transportar	Alcanzar	Alcanzar
Mover un medio de transporte con carga o venciendo una resistencia	Transportar con carga	Transportar con carga	Transportar	Mover	Mover
Obtener control total de manejo	Asir	Asir	Asir	Asir	Incluido en alcanzar
Reacomodar la parte que se transporta de manera que esté lista para continuar con la operación principal	Precolocar	Precolocar	Precolocar	Incluido en colocar	Incluido en mover
Guiar las acciones con movimientos sensoriales		Dirigir			
Poner dos partes en relación exacta y predeterminada	Colocar	Colocar	Ensamblar	Colocar (ajuste primario)	Factor de precisión
Poner un objeto en posición dentro de o sobre otro objeto del cual se retira después; por ejemplo, una pieza en un soporte o una llave en una tuerca	Ensamblar			Colocar (ajuste secundario)	
Realizar una operación mecánica o química	Usar	Usar	Usar		
Retirar un objeto de otro con el cual había sido "ensamblado"	Desensamblar		Desensamblar	Separar (si hay retroceso)	

Determinar la ubicación de algo	Buscar y encontrar	Buscar		Alcanzar caso C	
Elegir entre dos o más piezas que se encuentran en un sitio conocido	Seleccionar	Seleccionar	Proceso mental	Alcanzar caso C	Dirección visual
Examinar las características de algo	Inspeccionar	Inspeccionar		Enfoque visual Desplazamiento del ojo	Tiempo ocular
Determinar un método para lograr algo	Planear	Planear			
Soltar el objeto colocándolo en un lugar, dejándolo caer o arrojándolo	Liberar la carga	Liberar la carga	Liberar	Liberar	Incuido en mover
Vencer el efecto del peso, la fricción, etc. o ejercer un control preciso				Aplicar presión y componente estático	Fuerza
La demora en:					
Retener un objeto en posición fija, sin moverlo	Sostener	Sostener			
La operación que permite eliminar la fatiga	Descansar	Descansar			
La operación que el operador no puede controlar	Retraso inevitable	Retraso inevitable			
La operación que el operador controla	Retraso evitable	Retraso evitable			
La operación causada por las limitaciones nerviosas del cuerpo humano		Retraso de equilibrio			

representan los tiempos requeridos por el promedio de los trabajadores con experiencia, reducidos a un ritmo estimulante por el promedio de los ingenieros experimentados. Los datos finales se resolvieron en curvas y se dedujeron fórmulas para diversos miembros del cuerpo.[7] Los datos de Medición de Métodos y Tiempos fueron reducidos al ser desarrollados de manera que representen un nivel de rendimiento del 100 por ciento (normal).

Clasificación de los PMTS

Clasificación por tipo de trabajo

Los sistemas de movimientos y tiempos predeterminados se pueden clasificar como genéricos, funcionales o específicos. Un sistema genérico es aquel que puede ser entendido por todos los usuarios de la medición del trabajo y cuya aplicación no está restringida. En lugar de "genérico" se pueden usar los términos "general" y "universal". Las palabras de acción de un sistema genérico son genéricas en sí mismas; es decir, no indican el tipo de trabajo que se mide. Como ejemplos de palabras de acción genéricas podemos citar "alcanzar", "transportar", "asir" y "seleccionar". Entre los sistemas genéricos usados actualmente figuran la Técnica de Maynard de Operación Sucesiva (MOST), el MTM, los Sistemas Work-Factor y el Master Standar Data (MSD).

Un sistema funcional es aquel que se adapta a un determinado tipo de actividad; por ejemplo, labores de oficina, uso de herramientas o micromontaje. Los nombres de los elementos de los sistemas funcionales revelan con frecuencia la función a la cual se destina el sistema. Por ejemplo, "medir" es un elemento de un sistema funcional destinado a medir talleres de maquinaria. "Explorar" es palabra de acción en un sistema de vigilancia. "Archivar" es un nombre elemental común en los sistemas de medición del trabajo de oficina.

Los sistemas específicos son en su mayoría patentados y pueden haber sido desarrollados para una industria o empresa determinada. Incluyen también los sistemas patentados de datos estándar que pueden haber sido derivados de otros sistemas genéricos, funcionales o ambos.

Clasificación por nivel de los elementos

Desde un punto de vista técnico, los PMTS se pueden clasificar también por el nivel de complejidad de los elementos. En condiciones prácticas, en ningún sistema estarán todos sus elementos definidos al mismo nivel de amplitud, pero la mayoría deberá estarlo. La clasificación de acuerdo con la complejidad de los elementos es de gran ayuda para determinar en qué situaciones se puede usar cada nivel con más eficacia.

Sistemas de nivel básico. Los sistemas de nivel básico son aquellos cuyos elementos consisten en su mayoría de movimientos simples que no se pueden subdividir más. De esto se puede deducir que el análisis de una operación con un sistema de nivel básico puede llevar bastante tiempo, sobre todo si la operación es relativamente larga. Esto se debe a que es necesario usar muchos elementos para describir del todo la operación. Puesto que los elementos de la mayoría de los PMTS en uso hoy en día tienen diversas variables, tales como distancia, peso del objeto y grado de precisión requerido en el punto final del movimiento, el proceso de toma de decisiones puede ser bastante complejo, con lo cual se alarga el tiempo necesario para hacer un análisis.

Sistemas de nivel más alto. Combinando dos o más de los elementos simples de un sistema de nivel básico en un solo elemento de movimientos múltiples, se establece un sistema de segundo nivel. Los sistemas de segundo nivel son más rápidos y fáciles de usar porque el número de variables se ha reducido en el proceso de combinación y no se tienen que considerar tantas para analizar una operación.

También, es posible generar sistemas de tercero y cuarto nivel continuando el proceso de combinación. A medida que aumenta el nivel del sistema, disminuye el número de elementos y aumenta el tamaño de cada elemento en términos de contenido de trabajo.

Los sistemas genéricos existen tanto en el nivel básico como en los niveles más altos. Los sistemas funcionales derivados de sistemas genéricos de nivel básico existen únicamente como datos de nivel más alto. Los sistemas funcionales derivados del estudio básico de los movimientos humanos, en cambio, se pueden clasificar como sistemas de nivel básico.

Características interactuantes

Todos los PMTS tienen ciertas características o atributos relacionados. Entre los más importantes, tres merecen estudio debido a su importancia como auxiliares del ingeniero industrial para seleccionar un PMTS en un determinado proyecto de medición del trabajo capaz de satisfacer las demandas que impone el proyecto. Esos atributos importantes son la precisión, la rapidez de aplicación y el grado de descripción del método.

Precisión

Pronosticar la precisión de un PMTS no es tarea fácil. Hay muchas maneras de expresar esa precisión. Una de ellas consiste en indicar la desviación porcentual, de más o de menos, en términos de tiempo respecto a un valor "verdadero". Como se dijo más atrás, Walton M. Hancock desarrolló un método estadístico para determinar la precisión de un PMTS. Los resultados de su trabajo fueron publicados en la revista MTM.[6] Cuando la precisión de un PMTS se expresa en esa forma, es necesario indicar el nivel de confianza y la duración de la operación que se analiza. (Por lo general, la desviación respecto al valor "verdadero" disminuye a medida que aumenta la duración de la operación, y viceversa.)

La precisión de los sistemas de nivel básico es generalmente mayor que la de los sistemas de nivel más alto para una duración dada de ciclo no repetitivo. Es así porque los valores de tiempos más cortos de los elementos de movimiento único tienen desviaciones estándar mucho más pequeñas que las de los elementos de mayor duración de los sistemas de nivel más alto. El ejemplo 4.5.2 es una gráfica de precisión usada por la *MTM Association* para especificar la precisión relativa de los sistemas MTM respecto al MTM-1.

Rapidez de aplicación

La rapidez de aplicación se relaciona directamente con la dimensión de los movimientos o elementos individuales que componen un PMTS. Mientras más corto sea el tiempo elemental medio de un sistema, más tiempo se requiere para hacer un análisis. Por esta razón, los sistemas de nivel básico llevan el tiempo más largo mientras que los de nivel más alto son proporcionalmente más rápidos. Con lo sistemas aplicados manualmente, la rapidez de aplicación es inversamente proporcional a la precisión. El ejemplo 4.5.3 indica la rapidez de aplicación de los sistemas MTM.

Nivel de descripción del método

El tercer criterio de decisión que caracteriza por naturaleza el sistema de medición es el grado de descripción de los métodos. Este criterio, al igual que la precisión y la rapidez de aplicación, se relaciona directamente con la duración del movimiento o elemento. Debido a este hecho, los PMTS de nivel básico tienen el grado más alto de descripción del método, mientras que los sistemas de nivel más alto tienen el grado más bajo.

Ejemplo 4.5.2 Exactitudes relativas de los sistemas MTM, comparados con el MTM-1

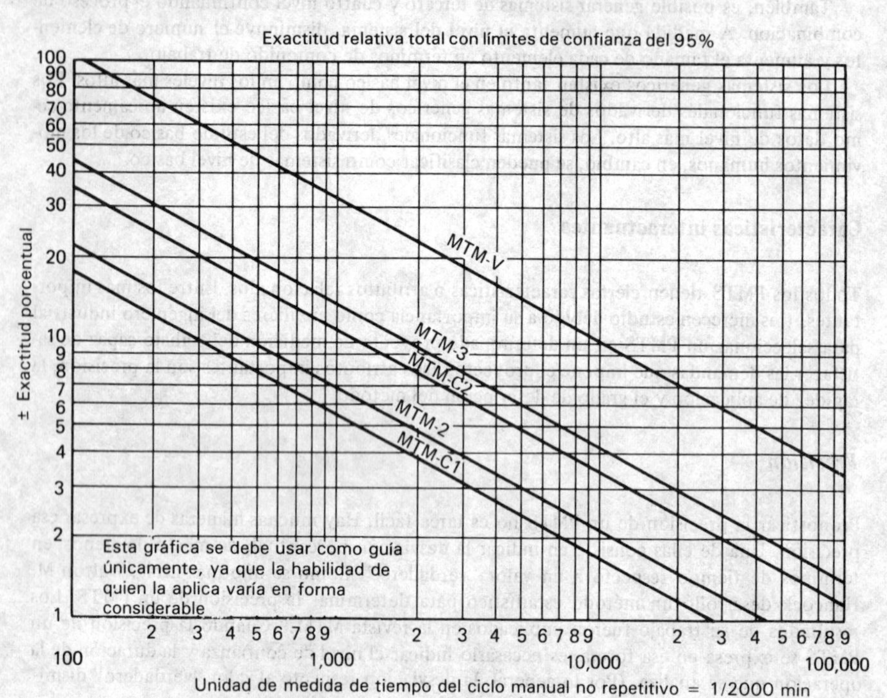

Ejemplo 4.5.3 Rapidez relativa y absoluta de aplicación de los sistemas MTM

	Rapidez de aplicación	
Sistema	*Absoluta*	*Relativa (aproximada)*
MTM-1	250 veces el tiempo de ciclo	—
MTM-2	100 veces el tiempo de ciclo	2 veces más rápido que el MTM-1
MTM-3	35 veces el tiempo de ciclo	7 veces más rápido que el MTM-1
MTM-V	10 veces el tiempo de ciclo	23 veces más rápido que el MTM-1
MTM-C1	125 veces el tiempo de ciclo	2 veces más rápido que el MTM-1
MTM-C2	75 veces el tiempo de ciclo	4 veces más rápido que el MTM-1
Datos 4 M	15 a 60 veces el tiempo de ciclo	4 a 15 veces más rápido que el MTM-1

4.5.4 COMPUTACION

Los PMTS para computadora han existido desde la década de los setenta. En su mayoría, pero no todos, son versiones para computadora de los sistemas manuales. Los primeros PMTS requirieron un procesador central. En años recientes se ha podido disponer también de PMTS para minicomputadoras y para las cada vez más comunes unidades microprocesadoras de escritorio.

Sistemas para procesador central

Se han desarrollado varios PMTS para procesadores centrales. Estos son computadoras que dan servicio a toda una fábrica o empresa. En esta área predominan los sistemas que se pueden obtener en las razones sociales siguientes: *Management Sciences Inc.*, Appleton, Wisconsin; *Science Management Corporation*, Moorestown, Nueva Jersey; *MTM Association*, Fair Lawn, Nueva Jersey; *A. T. Kearney Inc.*, Chicago, Illinois; *Rath & Strong*, Lexington, Massachusetts y *H. B. Maynard Company*, Pittsburgh, Pennsylvania.

Para minicomputadoras

La mayoría de los sistemas disponibles para procesador central se pueden usar también en minicomputadoras. Estas últimas se usan en las empresas pequeñas y los departamentos de las empresas más grandes. La ventaja principal de la minicomputadora es que ofrece la oportunidad de ejercer un mayor control departamental de ingeniería industrial.

Para microprocesadores de escritorio

Se han desarrollado sistemas de movimientos y tiempos predeterminados para las unidades microprocesadoras de escritorio, las cuales se componen de una unidad de exhibición o pantalla, un teclado, propulsores de disco e impresoras de gran velocidad. Hay también sistemas para calculadoras de mano programables. Entre los primeros en crear PMTS para instrumentos de escritorio figuran la *General Analysis Corporation, Inc.*, Los Angeles, California; la *Science Management Corporation*, y la *MTM Association*.

4.5.5 SISTEMAS DE MOVIMIENTOS Y TIEMPOS PREDETERMINADOS

Lo que resta de este capítulo está dedicado a los PMTS que más se usan en la actualidad.

Sistemas manuales

Basic Motion Timestudy

El *Basic Motion Timestudy* es un sistema genérico de nivel básico creado en los años cincuentas por Gerald B. Bailey y Ralph Presgrave, socios consultores de la *Woods, Gordon & Company*, firma canadiense de consultoría administrativa con oficinas principales en Toronto, Canadá. El sistema y sus reglas de aplicación se describen detalladamente en el libro *Basic Motion Timestudy*, escrito por Bailey y Presgrave.[8]

Al desarrollar el sistema, los autores definieron la expresión "movimiento básico" como un movimiento de cualquier miembro del cuerpo que comienza y termina en el reposo. Esta expresión fue elegida como unidad básica de movimiento porque se aplica a todos los miembros del cuerpo y describe realmente la forma en que se mueven. Es también fácil de reconocer.

El movimiento básico "alcanzar" incluye los therbligs de Gilbreth "transportar en vacío" y "asir" siempre que la acción de asir tenga lugar al final de "transportar en vacío" sin detenerse. Si la mano hace una pausa antes de asir, "alcanzar" incluye únicamente el therblig "transportar en vacío" y el acto de asir se analiza por separado.

El movimiento básico "mover" incluye la colocación de un objeto si el movimiento se efectúa sin interrupción. "Mover", por lo tanto, equivale a los therbligs "transportar con carga", "presentar y colocar", o únicamente a "transportar con carga" si la mano se detiene antes de colocar realmente el objeto.

Si la mano se detiene antes de asir, habrá movimientos adicionales que se consideran como acciones de mover y asir por separado.

Por ejemplo, podemos alcanzar una caja llena de objetos idénticos. El contacto inicial (donde termina la acción de alcanzar) con el surtido de objetos se puede hacer con los dedos abiertos. Se efectúa un segundo movimiento para cerrar los dedos de manera que tomen uno o más de los objetos. Esto termina el segundo movimiento. Si la acción ha dado por resultado el tomar más de un objeto, se pueden necesitar movimientos adicionales para dejar los sobrantes.

En realidad, no se hace distinción (como no sea para describir) entre Alcanzar y Mover. El concepto es el de una mano que se mueve en el espacio, sin mencionar el propósito. El tiempo necesario para recorrer una distancia dada varía de acuerdo con diversas influencias. La variable esencial es la longitud del movimiento.

Control muscular. El grado de control muscular se tiene en cuenta dividiendo los movimientos en tres tipos fundamentales.

Los movimientos de *Clase A* son los más simples y tienen los valores de tiempo más bajos. Se detienen sin esfuerzo muscular, sólo por impacto, de manera que no contienen un elemento de desaceleración. Todo el esfuerzo muscular tiene por objeto llevar al brazo hacia adelante, y ninguna parte de ese esfuerzo se dedica a retrasar o detener el movimiento. Como ejemplos típicos podemos citar el golpear con un martillo, dar un portazo manteniendo la mano en contacto y golpear con el puño.

Los movimientos de *Clase B*, en cambio, se detienen enteramente por el esfuerzo muscular, generalmente en el espacio. Entre los ejemplos comunes figuran levantar el martillo, arrojar un objeto, abrir una puerta o un cajón, o cualquier otra situación en que la mano (o el objeto que se mueve) no entra en contacto con otro objeto. Se introduce el elemento de desaceleración, de manera que los movimientos de clase B requieren algo más de tiempo que los de clase A.

Los movimientos de *Clase C* son los que requieren más tiempo, porque terminan haciendo contacto con un objeto o superficie en el punto final. Ese contacto consiste normalmente en una acción de asir o colocar. Se requiere más control que con los movimientos de clase B. Los de clase C son más frecuentes que los de cualquier otro tipo en las actividades manuales. Ejemplos: extender el brazo para tomar la pluma o el teléfono o para depositar un pisapapeles.

Las Clases B y C tienen subclases, que son las BV y CV respectivamente.

Dirección visual. En ciertos movimientos, la función de los ojos es la segunda variable. La diferencia radica enteramente en si los ojos se mueven mientras se realiza el movimiento que exige atención visual. Si los ojos no se mueven durante el movimiento, sino que se pueden fijar en el punto final de éste, el tiempo para completar el movimiento no resulta afectado por la atención visual. Si los ojos no se pueden fijar en el punto final del movimiento antes de que éste se inicie, el movimiento se retrasa y el tiempo necesario para realizarlo es más largo. Por definición, viene a ser un movimiento dirigido visualmente.

Tolerancias por "precisión" y "aplicación de fuerza". Se concede tiempo adicional si se requiere cuidado extraordinario o un control muscular más preciso al finalizar una acción de colocar o asir. Esto se resuelve mediante una tolerancia por "precisión", que aumenta con la longitud del movimiento y con las tolerancias o los límites dentro de los cuales se deben colocar las puntas de los dedos en la acción final. Se estipulan datos de tiempo para cinco grados de precisión, que van de 1/2 a 1/32 pulg.

Se dan también valores de tiempo adicionales para aquellos casos en que es necesario aplicar fuerza, por ejemplo, mover objetos pesados, apretar o aflojar.

Movimientos simultáneos. El sistema reconoce también que, en ciertas circunstancias, se pueden realizar acciones simultáneas en el mismo tiempo que se requiere para que uno de los brazos lleve a cabo su movimiento. Es decir, para mover ambos brazos no se requiere más

Ejemplo 4.5.4 Límites de los tiempos detallados del Work-Factor

Elementos	*Límites de tiempo (minutos)*
Transportar (alcanzar y mover)	0.0016 a 0.0236
Asir (Gr)	0 a 0.0189
Precolocar (PP)	0 a 0.0120
Ensamblar (Asy)	0.0018 a 0.0130
Usar (Use)	(Varía con el proceso)
Desensamblar (Dsy)	0 a 0.0088
Liberar (Rl)	0 a 0.0033
Proceso mental (MP)	0.0020 a 0.0030

tiempo que para mover sólo uno cuando los movimientos son idénticos y cuando ninguno de los brazos (o sólo uno) necesita dirección visual.

Sin embargo, cuando ambos brazos y manos requieren dirección visual para completar sus movimientos, se necesitará tiempo adicional si los puntos finales están separados entre sí. Esto se debe a que los ojos tienen que cambiar de un punto al otro antes de que el brazo y la mano puedan completar su movimiento.

Por lo tanto, las tolerancias para movimientos simultáneos de los brazos tienen en cuenta la distancia de separación, o sea la que hay entre los puntos finales de los movimientos. Tienen en cuenta también la precisión que requiere la acción final.

Siempre que los movimientos de los brazos dan lugar a movimientos corporales, estos últimos son por lo general complementarios de aquéllos y, por lo tanto, no tienen que ser identificados por separado. Un ejemplo común es la acción de inclinar el tronco con el fin de completar un largo movimiento del brazo. Se recurre en igual forma a los pasos laterales y a girar el cuerpo. Sin embargo, el sistema da reglas de aplicación para tomar en cuenta los movimientos superpuestos cuando éstos son necesarios.

Valores de tiempo. En todas las tablas de datos BMT, los valores de tiempo se expresan en diezmilésimas de minuto (.0001). Las tablas no incluyen los factores de tolerancia para necesidades personales, fatiga o demoras.

El sistema abreviado. El *Basic Motion Timestudy* ha adoptado un sistema abreviado de segundo nivel, menos exacto pero más rápido de aplicar. Se han establecido también datos especiales, con tiempos de lectura muy detallados, y datos sobre el uso de equipo de oficina provisto de teclado.

Datos estándar. Se han establecido también datos estándar BMT especializados para aplicaciones específicas, particularmente para hallar y orientar partes pequeñas en las operaciones de montaje de partes en gran volumen.

Sistema Work Factor Detallado

Este sistema genérico de nivel básico fue desarrollado a partir de los estudios de tiempos de movimiento originales que se efectuaron utilizando cronómetros, fotocronómetros, películas e instantáneas con película rápida. La unidad de tiempo es 0.0001 min. (ver el ejemplo 4.5.4). La información sobre éste y otros sistemas *Work Factor* se puede obtener en la *Science Management Corporation.*

El sistema se desarrolló bajo la dirección de Joseph H. Quick. La clasificación estuvo basada en la evaluación de la habilidad y esfuerzo de los trabajadores mientras eran estudiados. El ejemplo 4.5.5 es el análisis de una operación aplicando el sistema Work Factor detallado.

El Sistema Mento-Factor®

El sistema Mento-Factor es un sistema de nivel básico desarrollado con el fin de determinar el tiempo requerido para medir procesos mentales como los que tienen lugar en la toma de decisiones.

Ejemplo 4.5.5 Análisis detallado del Work-Factor para una operación de moldeado

Parte	Hoja No.	COMPAÑÍA	Sección No.	Parte No.	Sub.	Oper. No.
CAJA	1 DE 2	JOHN DOE E HIJO	37	48-719	0	7

Nombre y descripción de la operación: MAQUINA No. 1031 PRENSA BLISS DE DOBLE ACCION PARA MOLDEADO, DE 240 TONS 725 RPM MATRIZ DE 2 ESPIGAS CHAPA DE ACERO CR. GRUESO .050 ± .003", DIAM. 19.25", PESO 4.04 LB.

MANO IZQUIERDA				Tiempo acum.		MANO DERECHA			
No.	Descripción de elementos	Análisis de movimientos	Tiempo de elem.			Tiempo de elem.	Análisis de movimientos	DESCRIPCIÓN DE LOS ELEMENTOS	No.
1	R LA CHAPA	A20D	80	80	80	80	A20D	R LA CHAPA	1
2	GR LA CHAPA	F1W	23	103	103	23	F1W	GR LA CHAPA	2
3	M LA CHAPA A LA MATRIZ	A40WSD	159	262	262	159	A40WSD	M LA CHAPA A LA MATRIZ	3
4	RL Y RETIRAR LOS DEDOS	F3W	28	290	290	28	F3W	RL Y RETIRAR LOS DEDOS	4
5	PONER LOS DEDOS EN LA CHAPA	F3D	28	318	399	109	A40D	R LA PALANCA DE DISPARO	5
6	EMPUJAR LA CHAPA CONTRA LAS ESPIGAS	A2P	29	347	415	16	F1	GR LA PALANCA	6
7	RETIRAR LA MANO (A-10) ESPERAR	BD	146	493	493	78	A10WW	TIRAR DE LA PALANCA PARA ACCIONAR LA PRENSA	7
8	M LA MANO PARA SOSTENER LA CHAPA (SIMO)	A30D	96	589	589	96	A30D	R EL TRAPO DEL ACEITE	8
9	PRESIONAR PARA SOSTENER LA CHAPA	A1W	26	615	606	17	F2	GR EL TRAPO	9
10	SOSTENER LA CHAPA (AL CENTRO)	–	–		691	85	A12UD	M EL TRAPO BAÑARLO EN ACEITE	10
11	" " " " "	–	–		723	32	A6	M EL TRAPO DEL RECIPIENTE DEL ACEITE	11
12	" " " " "	–	–		749	26	A4	SACUDIR EL TRAPO (EXPRIMIR SIMO)	12
13	" " " " "	–	–		804	55	A18	M EL TRAPO A LA PILA DE CHAPAS	13
14	" " " " "	BD	298	913	913	109	A40V	APLICAR ACEITE (MOVIMIENTO CIRCULAR)	14
15	RL LA CHAPA	A1W	26	939	955	42	A10	RETIRAR TRAPO DE LA CHAPA	15
16	M LA MANO DE LA CHAPA	A16	52	991	997	42	A10	GOLPEAR PARA SACAR LA CHAPA	16
17	AP LA CHAPA	A30	32	1023	1048	61	A15	M EL TRAPO A UN LADO	17
18	GR LA CHAPA	F1W	23	1046		–	–	SOSTENER EL TRAPO	18
19	GIRAR LA CHAPA (RL SIMO)	2A14W	138	1184		–	–	" " "	19
20	M LA MANO AL CENTRO DE LA CHAPA	A13D	67	1251	1222	174	BD	" " "	20
21	PRESIONAR PARA SOSTENER LA CHAPA	A1W	26	1277	1277	55	A18	M EL TRAPO HACIA LA CHAPA	21
22	SOSTENER LA CHAPA AL CENTRO	BD	109	1386	1386	109	A40V	APLICAR ACEITE (MOVIMIENTO CIRCULAR)	22
23	RL LA CHAPA	A1W	26	1412	1437	51	A15	M EL TRAPO HACIA EL RECIPIENTE (ARROJAR)	23
24	ESPERAR	–	–		1517	80	A20D	R LA PALANCA DE DISPARO	24
25	"	–	–		1533	16	F1	GR LA PALANCA	25
26	"	BD	381	1793	1781	248	BD	ESPERAR FINAL DEL CICLO DE MAQUINA	26
27	M LA MANO A LA PIEZA EN TROQUEL	A20D	80	1873	1873	92	A15WW	EMPUJAR PALANCA PARA PARAR LA PRENSA	27
28	RECIBIR LA PIEZA EN LA PALMA (POR GRAVEDAD)	REAC.	20	1893	1896	23	F1W	RL LA PALANCA	28
29	M LA PIEZA HACIA LA TOLVA (BALANCEAR)	A40WPD	159	2052		–	–	ESPERAR	29
30	ARROJARLA A LA TOLVA	A5W	43	2095	2095	199	BD	"	30
31	VUELVE A LA MESA DE TRABAJO	T140	100	2195	2195	100	T140	VUELVE A LA MESA DE TRABAJO	31

CICLO DE MAQUINA = .1380 min. (elementos 7 a 27 de la mano derecha)

INGENIERO	TOTAL	Tiempo selec.	Multiplicador	HORAS DE EST. POR 100	PIEZAS EST. POR HORA
H.B. AMSTER	2195	.2195 min.	2.45	.538	
	FECHA 1-20-				

Parte	Hoja No.	COMPAÑÍA	Sección No.	Parte No.	Sub.	Oper. No.
CAJA	2 DE 2	JOHN DOE E HIJO	37	4B-719	0	7

PRIMER DIBUJO (CONTINUA)

MANO IZQUIERDA				Tiempo acum.	MANO DERECHA			
No.	Descripción de elementos	Análisis de movimientos	Tiempo de elem.		Tiempo de elem.	Análisis de movimientos	Descripción de elementos	No.
1								1
2	NOTAS							2
3								3
4	1. EL TIEMPO DE MAQUINA ES DE .1380 MINUTOS (TIENE LUGAR DURANTE LOS ELEMENTOS DE MD 8 A 27							4
5	INCLUSIVE)							5
6	2. EL TIEMPO DEL ELEMENTO 26 DE LA MD (248) SE DETERMINO ASI:							6
7	(493 + 1380 − 1533 − 92)							7
8								8
9	DONDE: 493 ES EL TIEMPO ACUMULADO AL FINALIZAR EL ELEMENTO #7 DE LA MD.							9
10	1380 ES EL TIEMPO DE MAQUINA							10
11	1533 ES EL TIEMPO ACUMULADO AL FINALIZAR EL ELEMENTO #25 DE LA MD.							11
12	92 ES EL TIEMPO DEL ELEMENTO #27 DE LA MD (EMPUJAR PALANCA PARA							12
13	PARAR LA PRENSA)							13
14								14
15								15
16								16
17								17
18								18
19								19
20								20
21								21
22								22
23								23
24								24
25								25
26								26
27								27
28								28

INGENIERO	TOTAL	Tiempo selec.	Multiplicador
	FECHA		

El Sistema Ready Work-Factor®

Este sistema genérico de segundo nivel se desarrolló al simplificar los valores de tiempo del Work-Factor detallado. La unidad de tiempo del Ready Work-Factor es 0.001 min. La gama de elementos y tiempos en minutos se indica en el ejemplo 4.5.6.

El sistema es particularmente útil para medir operaciones, medianas o largas, con ciclos de 0.15 min o más. Se puede enseñar a los supervisores y a los empleados con relativa facilidad.

El ejemplo 4.5.7 ilustra la aplicación del sistema Ready Work-Factor.

El Sistema Brief Work-Factor®

El sistema genérico de tercer nivel Brief Work-Factor se desarrolló para medir trabajo no repetitivo. La base Work-Factor tiene estas características:

1. Usa valores de tiempo aplicados a segmentos del trabajo en lugar de movimientos inviduales.

2. Hay seis valores de tiempo y 27 clasificaciones.

3. El sistema incluye un formato todavía más sencillo, usando sólo cuatro valores de tiempo.

4. No se utilizan términos comparativos para clasificar la dificultad del trabajo. Todas las clasificaciones son numéricas, eliminándose los juicios y ofreciendo gran uniformidad en la aplicación.

5. Se aplica a trabajo no repetitivo.

6. El sistema fue compilado a partir del Work-Factor Detallado.

7. Es un sistema de tercer nivel, compatible con otros sistemas Work-Factor.

8. La capacitación en el sistema Brief Work-Factor requiere de 5 a 15 horas de instrucción, dependiendo de la experiencia que se tenga en estudios de tiempo.

Sistemas de medición de métodos y tiempos

MTM-1. El MTM-1 es un sistema genérico de nivel básico. La información sobre el MTM-1 y otros sistemas MTM se puede obtener en la *MTM Association.*

En 1940, un nutrido grupo de analistas de estudios de tiempo terminó un programa de mejoramiento de los métodos dirigido por el *Methods Engineering Council.* Los analistas que fueron capacitados en el sistema MTM lograron reducciones substanciales del costo aplicándolo a los sistemas de producción. Sin embargo, los inventores del MTM, al analizar los re-

Ejemplo 4.5.6 Límites de tiempo en el sistema Ready Work-Factor

Elementos	*Límites de tiempo (minutos)*
Transportar (alcanzar y mover)	0.002 a 0.017[a]
Asir (Gr)	0 a 0.008[a]
Precolocar (PP)	0 a 0.009[a]
Ensamblar (Asy)	0 a 0.013
Usar (Use)	(Varía con el proceso)
Desensamblar (Dsy)	0 a 0.010
Liberar (Rl)	0 a 0.002
Proceso mental (MP)	0.002 a 0.003

[a] Las diferencias entre los valores de los elementos en los diversos sistemas no son de significación, ya que son compensados por las características estadísticas del sistema.

Ejemplo 4.5.7 Análisis del Ready Work-Factor de la colocación de clavijas en un tablero

Work-Factor Dos — Forma para análisis de los movimientos de las manos

Nombre de la parte: Tablero y 30 clavijas	Hoja No.: 1 de 1	Compañía	Departamento	Parte No.	Sub.	Oper. No.

Nombre y descripción de la operación: Insertar las clavijas en el tablero - 1 sola mano

No.	Mano izquierda: Descripción de elementos	Mano izquierda: Análisis	Mano izquierda: Unidades de tiempo	Tiempo acumulado		Mano derecha: Unidades de tiempo	Mano derecha: Análisis	Mano derecha: Descripción de elementos	No.
1								R la 1a. clavija en el borde	1
2					7	7	20–1	de la mesa	2
3					10	3	2–	Gr la 1a. clavija	3
4					12	2	0–50%	PP la clavija	4
5					18	6	10–2	M la clavija al agujero	5
6								Insertar extremo biselado de la	6
7					23	5	CT-.4–3/8	clavija en el tablero	7
8					24	1	0–	R1 la clavija	8
9					29	5	10–1	R la 2a. clavija	9
10					46	17	E1 3–8	Gr e insertar la 2a. clavija	10
11					442	396	18 x EL 9–10	PU e insertar 18 clavijas más.	11
12					447	5	10–1	R la 21a. clavija	12
13					448	1	0–	Gr la clavija (aislada)	13
14								M la clavija al tablero	14
15					454	6	10–2	PP interno!	15
16					459	5	CT-.4–3/8	Insertar clavija en el agujero	16
17					460	1	0–	R1 la clavija	17
18	Sostiene el tablero	BD	622	622	622	162	9 x EL 12 - 17	PU e insertar 9 clavijas más	18
19									19
20									20
21									21
22									22
23									23
24									24

wofag	Fecha 1 de julio del 76	Analista E. Beopple	Total 622	Tiempo en minutos .622	Multiplicador		13.5/2/(69/1)

sultados, se convencieron de que las reducciones del costo se debían realmente a la corrección de los métodos más bien que a los efectos de una verdadera ingeniería de métodos.

Maynard, Stegemerten y Schwab buscaron por lo tanto una manera de establecer buenos métodos antes de la producción. Dedujeron que, si los operadores aprendían el método mejor al iniciar una nueva tarea, disminuiría la necesidad de introducir posteriormente mejoras de importancia. También, los costos de capacitación serían más bajos. Esto sería una bendición para los administradores que se preocupaban por los problemas de producción, las dificultades con la mano de obra, la falta de guías para capacitar y los escasos conocimientos útiles para establecer métodos correctos antes de iniciar la producción.

Decidieron estudiar operaciones industriales comunes y trataron de desarrollar "fórmulas para métodos". Eligieron inicialmente las operaciones delicadas con la prensa taladradora. Tenían la intención de extender el estudio a otras áreas en caso de que lograran elaborar fórmulas útiles en su primer esfuerzo, de manera que con el tiempo se dispusiera del cúmulo de información que necesitaban los analistas. De manera que se efectuaron los estudios necesarios para convertir los resultados en uno de los primeros sistemas de tiempos predeterminados que lograron la aceptación general.

Los creadores del MTM enfocaron en forma práctica los escollos de la medición de tiempos estándar recurriendo a la clasificación del rendimiento. Primero, mientras se fotografiaban las actividades reales de los operadores de taladros, varios clasificadores experimentados aplicaban un sistema desarrollado por Lowry, Maynard y Stegemerten para clasificar independientemente las partes de la operación y la operación en conjunto. Segundo, se analizó en la película el contenido de movimientos de la operación en cuestión. Tercero, se aplicó el consenso de clasificación a la cuenta de cuadros para obtener tiempos normales de los movimientos. Esencialmente, quienes aplican los tiempos MTM a movimientos equivalentes a las categorías bien definidas establecidas por el sistema MTM aceptan tácitamente que las clasificaciones de los observadores originales constituyen un estándar de lo que es normal. Significa que todas las personas que aplican correctamente el MTM están usando la misma vara para medir.

El tiempo representado por cada cuadro de película dependía naturalmente de la velocidad con la cual se tomaba y se proyectaba la película. Se utilizó equipo de velocidad constante a fin de garantizar incrementos uniformes de tiempo para cada cuadro. Aplicando la clasificación del rendimiento en términos de porcentajes fue posible encontrar el tiempo promedio consumido por un operador medio en el cuadro en cuestión.

Sin embargo, fue una necesidad práctica asignar valores de tiempo en unidades fáciles de usar y que dieran resultados numéricos que permitieran proporcionar rápidamente datos a los sistemas de costo. La mayoría de las industrias utilizan minutos decimales u horas decimales en sus mediciones y en la obtención del costo de la mano de obra. Ese tipo de unidades, sin embargo, habrían sido difíciles de usar, porque muchos de los movimientos básicos eran muy cortos en cuanto a tiempo de ejecución y se habrían necesitado muchos ceros entre el punto decimal y el primer dígito significativo. Esto lo ilustran claramente los tiempos de velocidad de la película expresados en las unidades más usadas. Como la velocidad de la película usada en el estudio original era de 16 cuadros por segundo, cada cuadro abarcaba un tiempo transcurrido no clasificado de 0.0625 seg, 0.0010417 min, ó 0.00001737 hr.

La manera obvia de evitar esas unidades de tiempo tan difíciles de manejar consistía en reconocer que las unidades son arbitrarias por naturaleza y que la única limitación real era la necesidad de convertirlas a otras unidades más convenientes. Por lo tanto, Maynard, Stegemerten y Schwab inventaron una nueva unidad de tiempo, a la cual dieron el nombre de unidad de medición del tiempo (TMU) y le asignaron un valor de 0.00001 hr. Puesto que la mayoría de los salarios se calculan en dólares por hora, la TMU se puede multiplicar por la tarifa por hora y luego, se recorre el punto decimal cinco lugares a la izquierda para hallar directamente el costo de mano de obra. Asimismo, las horas requeridas para producir 100 movimientos (o piezas) se pueden determinar recorriendo el punto decimal dos lugares hacia la izquierda.

Como resultado de la unidad elegida, las siguientes conversiones de tiempo son válidas:

1 TMU = 0.00001 hr	1hr = 100,000 TMU
= 0.0006 min	1 min = 1667 TMU
= 0.036 seg	1 seg = 27.8 TMU

El estudio fue verificado por Maynard, Stegemerten y Schwab, pero la validación tenía que provenir de una fuente independiente e imparcial. Esa validación no se hizo esperar tan pronto como los inventores publicaron el libro de texto del MTM.[5] La Cornell University llevó a cabo una investigación independiente e informó al respecto en la junta anual de la *Management Division of the American Society of Mechanical Engineers* (División Administrativa de la Sociedad Norteamericana de Ingenieros Mecánicos), que se celebró en la ciudad de Nueva York del 26 de noviembre al 1o. de diciembre de 1950.[9] En la ASME se puede obtener una copia de ese informe (trabajo número 50-A-88).

El ejemplo 4.5.8 ilustra la aplicación del MTM-1 al análisis de una operación sencilla.

MTM-2. El sistema genérico MTM-2 fue desarrollado por el *International MTM Directorate*, organismo formado por 12 asociaciones MTM nacionales. Está basado en el MTM-1 y constituye el segundo nivel de la familia MTM, con 39 valores de tiempo. El sistema tiene dos veces la velocidad de análisis del MTM-1, pero algo menos de precisión en la predicción de tiempos.

Al desarrollar el MTM-2 se hicieron distribuciones de frecuencia de más de 22,000 movimientos MTM-1 obtenidos con empresas que aplicaban el MTM en Estados Unidos, Suecia

Ejemplo 4.5.8 Análisis MTM-1 de la operación de afilar un lápiz con un sacapuntas sostenido en la mano

MTM ASSOCIATION FOR STANDARDS AND RESEARCH

AFILAR UN LAPIZ

Hoja 1 de 1
Sistema: MTM-1
Estudio No.
Fecha: 10-20-80
Analista:

Descripción mano izquierda	F	MOV. MI	TMU	MOV. MD	F	Descripción mano derecha
Alcanzar el sacapuntas		R6B	8.6	R5B		Alcanzar el lápiz
Asirlo		G1A	2.0	G1A		Asirlo
Acercarlo al lápiz		(M4B)	10.3	M6C		Acercarlo al sacapuntas
			11.2	P1SD		Meterlo en el sacapuntas
			1.7	mMfA		Inserción adicional
			5.6	G2		Sostener bien
			34.0	T120S	5	Girar para afilar
			6.0	RL1	3	Soltar el lápiz
			20.4	T120	3	Voltear la mano
			6.0	G1B	3	Asir
			7.5	D2E		Sacar el lápiz
Dejar el sacapuntas		M6B	8.9	(M4B)		Dejar el lápiz
		~~T45S~~	–	(T45S)		
			122.2	= 4.4		segundos

Ejemplo 4.5.9 Análisis MTM-2 de la operación de afilar un lápiz con un sacapuntas sostenido en la mano

MTM ASSOCIATION FOR STANDARS AND RESEARCH

AFILAR UN LAPIZ

Hoja 1 de 1
Sistema: MTM-2
Estudio No.
Fecha: 10-20-80
Analista:

Descripción mano izquierda	F	MOV. MI	TMU	MOV. MD	F	Descripción mano derecha
Tomar el sacapuntas		GB6	10	GB6		Tomar el lápiz
			26	PC6		Meterlo en el sacapuntas
			3	PA2		Inserción adicional
			30	PA6	5	Afilar
			30	GB6	3	Tomar el lápiz
			6	PA6		Sacarlo
Dejar el sacapuntas		PA6	6	PA6		Dejarlo a un lado.
			110 = 4.0 segundos			

y Gran Bretaña. Se encontró que la distribución era esencialmente la misma en los tres países. Los investigadores usaron luego esa información al desarrollar el MTM-2.

El ejemplo 4.5.9 ilustra el análisis MTM-2 de la misma operación analizada con MTM-1 en el ejemplo 4.5.8.

MTM-3. El sistema genérico MTM-3 fue desarrollado también por el *International MTM Directorate* a partir de los mismos 22,000 movimientos MTM-1 que se utilizaron en el desarrollo del MTM-2. El sistema tiene 10 valores de tiempo y es el tercer nivel de la familia de sistemas MTM. Tiene una velocidad de análisis siete veces mayor que el MTM-1. Se puede aplicar en aquellos casos en que se requiere una descripción menos detallada de los métodos y se puede tolerar una precisión reducida.

El ejemplo 4.5.10 muestra el análisis MTM-3 de la operación analizada anteriormente con MTM-1 y MTM-2.

Ejemplo 4.5.10 Análisis MTM-3 de la operación de afilar un lápiz con un sacapuntas sostenido en la mano

MTM ASSOCIATION FOR STANDARDS AND RESEARCH

AFILAR UN LAPIZ

Hoja 1 de 1
Sistema: MTM-3
Estudio No.
Fecha: 10-20-80
Analista:

Descripción mano izquierda	F	MOV. MI	TMU	MOV. MD	F	Descripción mano derecha
Sacapuntas al área de trabajo		(H-)	34	HB6		Lápiz al sacapuntas
			7	TA6		Inserción adicional
			14	TA6	2	Insertar y primer giro
			54	HA6	3	Afilar el lápiz
			7	TA6		Sacar el lápiz
Dejar el sacapuntas		TA6	7	TA6		Dejarlo a un lado.
			123 = 4.4 segundos			

Ejemplo 4.5.11 Análisis MTM-GPD de la operación de fijar un tornillo a un artefacto con la llave de tuercas

MTM ASSOCIATION FOR STANDARDS AND RESEARCH

FIJAR TORNILLO A UN ARTEFACTO CON HERRAMIENTA DE MANO

Hoja 1 de 1
Sistema: MTM-GPD
Estudio No.
Fecha: 10-20-80
Analista:

Descripción mano izquierda	F	MOV. MI	TMU	MOV. MD	F	Descripción mano derecha
Tomar tornillo de la charola		BGT-JO-12	25			Tomar la llave del banco
Colocar tornillo en artefacto		BPL-CS-12	31			
			35	BPL-CN-12		Aplicar la llave al tornillo
			37	BTL-WB-15		Primera vuelta - 120°
			96	BTL-WB-16	2	Dos vueltas más - 120°
			13	BPL-AL-12		Dejar la llave sobre el banco
			13	BPL-AL-12		Dejar el artefacto sobre el banco
			250 = 9 segundos			

MTM-GPD. El primer sistema de más alto nivel que se desarrolló bajo los auspicios de la *MTM Association* fue denominado *"MTM General Purpose Data"* (MTM-GPD). Este sistema tiene carácter tanto genérico como funcional y tiene dos niveles de datos.

Los datos genéricos del segundo nivel fueron derivados de patrones de movimiento específicos del MTM-1 usando rangos de distancias medias con puntos intermedios situados a 1, 6, 12, 18 y 24 pulg. Todos los movimientos del MTM-1 están incluidos en los elementos de estos datos.

Los datos funcionales del segundo nivel están contenidos en una segunda tarjeta de datos y corresponden esencialmente al uso de herramienta de mano. Los elementos fueron establecidos también a partir de patrones específicos de movimiento del MTM-1.

El tercer nivel se denomina datos para usos múltiples y contiene datos genéricos y funcionales. Los elementos genéricos combinaron los de "tomar" y "colocar" del segundo nivel. Los elementos funcionales abarcan las actividades de prensar y sujetar.

El ejemplo 4.5.11 ilustra la aplicación del MTM-GPD.

MTM-C. Este sistema funcional es un sistema completo de medición para trabajos de oficina con dos niveles de descripción, precisión y rapidez de análisis. Fue desarrollado por un consorcio de instituciones bancarias y de servicios.

El nivel 1 (segundo nivel) tiene datos de amplio alcance que abarcan las actividades de nueve áreas: tomar y colocar, abrir y cerrar, sujetar y soltar, archivar, leer y escribir, escribir a máquina, manejo de objetos varios, movimientos corporales y operación de máquinas. Los códigos de los elementos son valores numéricos de seis dígitos, cada uno de los cuales tiene como referencia un patrón específico de movimientos MTM-1.

El nivel 1 sirve también como referencia para el nivel 2, el cual abarca las mismas actividades a un nivel más alto (tercer nivel). Las distancias se reducen a una y los códigos son alfanuméricos y mnemónicos simplificados.

En los ejemplos 4.5.12 y 4.5.13 se pueden ver muestras de operaciones de nivel 1 y nivel 2.

Ejemplo 4.5.12 Análisis MTM-C1 de la operación de sustituir una página en una carpeta de tres argollas

MTM ASSOCIATION FOR STANDARDS AND RESEARCH

ANALISIS MTM-C DE UNA OPERACION

Validación

Hoja de

MTM-C Nivel 1

Sustituir página en carpeta de 3 argollas

Departamento: Oficina | Analista: CNR | Fecha: 11/77

No.	Descripción	Referencia	TMU de elemento	Ocurrencia por ciclo	TMU por ciclo
1	Abrir carpeta				
	Tomar carpeta del estante	113 520	21	1	21
	Llevarla al escritorio	123 002	22	1	22
	Tomar la cubierta	112 520	14	1	14
	Abrir la cubierta	212 100	15	1	15
2	Localizar la página correcta				
	Leer la primera página	510 000	7	2	14
	Localizar aproximadamente	451 120	16	3	48
	Identificar el número de página	440 630	22	3	66
	Localizar la página correcta	450 130	18	4	72
	Identificar las páginas	440 630	22	3	66
3	Sustituir páginas				
	Tomar las argollas de la carpeta	112 520	14	1	14
	Abrir las argollas	210 400	21	1	21
	Tomar la página antigua	111 100	10	1	10
	Dejarla en el cesto	123 002	22	1	22
	Tomar la hoja nueva	111 100	10	1	10
	Insertarla en la carpeta	462 104	64	1	64
	Tomar las argollas	112 520	14	1	14
	Cerrarlas	222 400	21	1	21
4	Cerrar la carpeta y guardarla				
	Tomar la cubierta	112 520	14	1	14
	Cerrarla	222 100	13	1	13
	Tomar la carpeta	112 520	14	1	14
	Devolverla al estante	123 002	22	1	22
			Total de TMU por ciclo		577
			Tolerancias ____%		
			Horas estándar por ____ unidad		
			Unidades por hora		

577 TMU = 20.8 segundos

Ejemplo 4.5.13 Análisis MTM-C2 de la operación de sustituir una página en una carpeta de tres argollas

MTM ASSOCIATION FOR STANDARDS AND RESEARCH

ANALISIS MTM-C DE UNA OPERACION

MTM-C Nivel 2

Sustituir página en carpeta de 3 argollas

Validación

Hoja de

Departamento: Oficina | Analista: CNR | Fecha: 2/77

No.	Descripción	Referencia	TMU de elemento	Ocurrencia por ciclo	TMU por ciclo
	Tomar y colocar carpeta	G5A2	29	1	29
	Abrir cubierta	O1	29	1	29
	Leer de la primera página	RN2	14	1	14
	Localizar las páginas	LI2	129	1	129
	Identificar las páginas	I3	22	6	132
	Abrir las argollas	O4	35	1	35
	Retirar la hoja	G1A2	32	1	32
	Insertar la nueva hoja	HI14	84	1	84
	Cerrar las argollas	C4	34	1	35
	Cerrar la cubierta	C1	27	1	27
	Guardar la carpeta	G5A2	29	1	29
			Total de TMU por ciclo		575
			Tolerancias ___ %		
			Horas estándar por ___ unidad		
			Unidades por hora		

575 TMU = 20.7 segundos

Ejemplo 4.5.14 Análisis MTM-V de la operación de fijar un tornillo a un artefacto con la llave de tuercas

MTM ASSOCIATION FOR STANDARDS AND RESEARCH

FIJAR TORNILLO A UN ARTEFACTO CON HERRAMIENTA DE MANO

Hoja 1 de 1

Sistema:

Estudio No.

Fecha: 10-20-80

Analista:

Descripción mano izquierda	F	MOV. MI	TMU	MOV. MD	F	Descripción mano derecha
Tomar tornillo del banco y colocarlo en el artefacto			200	FLE22		Tomar la llave del banco y apretar el tornillo con 3 vueltas. Dejar la llave y el artefacto sobre el banco
			200 = 7.2 segundos			

Ejemplo 4.5.15 Sección de la tarjeta de datos MTM-M

11-De campo interior a campo interior

Límites de clave (D/T)				1	2	3	4	5	6	7	8	9	10	11	
Límites Distancia ÷ Tolerancia				TO 0.75	0.75 TO 1.5	1.5 TO 3.0	3.0 TO 6.0	6.0 TO 12	12 TO 25	25 TO 50	50 TO 100	100 TO 200	200 TO 350	350 TO 725	Agregado simo
Instrumento y cond.		Clave	Característica												
Asir	ET	C*	GTC (contacto con instrumento GR)	4.3	5.7	7.5	9.2	11.0	12.8	14.6	16.3	18.1	19.6	21.3	2.1
		G	GT (asir instrumento)	3.7	7.6	12.2	16.7	21.3	26.0	30.7	35.2	39.8	43.8	48.2	12.8
	LT	N*	No liberar-limpiar	3.7	4.2	4.7	5.2	5.7	6.2	6.8	7.3	7.8	8.2	8.7	+
		S	RLTC-2DIM mover	3.0	3.5	4.2	4.8	5.4	6.1	6.7	7.3	8.0	8.5	9.1	3.9
		V	RLTC-3 DIM mover	5.6	6.1	6.8	7.4	8.0	8.7	9.3	9.9	10.6	11.1	11.7	3.9
		O	RLT (dejar instrumento)	4.5	6.4	8.6	10.7	12.9	15.2	17.4	19.5	21.7	23.6	25.7	9.6
	EF	A	Todas las condiciones	10.6	12.6	15.0	17.5	19.9	22.4	24.9	27.3	29.7	31.8	34.2	0.0
	LF	N	No liberar	3.3	5.5	8.0	10.5	13.0	15.7	18.3	20.8	23.3	25.5	28.0	15.9
		M*	RLM o RLMC	4.1	7.9	12.5	17.0	21.5	26.3	30.9	35.4	40.0	43.9	48.3	5.6
	ED	A	Todas las condiciones	5.0	8.6	12.7	16.9	21.1	25.4	29.7	33.9	38.1	41.7	45.8	6.0
Exploración	ES	A	Todas las condiciones	8.9	11.8	15.3	18.9	22.4	26.0	29.6	33.1	36.6	39.7	43.1	0.0
	LS	A	Todas las condiciones	2.0	3.1	6.7	10.3	13.9	17.7	21.4	25.0	28.6	31.8	35.3	21.5
	EP	A	Todas las condiciones	4.6	6.4	8.6	10.8	12.9	15.2	17.4	19.6	21.7	23.6	25.7	0.0
	LP	A	Todas las condiciones	2.8	6.5	10.8	15.2	19.5	24.0	28.4	32.8	37.1	40.9	45.1	2.2
Cortar	EC	A	Todas las condiciones	–	–	–	30.0	30.0	30.0	36.8	53.4	69.9	84.3	100.3	+
	LC	A	Todas las condiciones	67.3	69.9	73.0	76.1	79.2	82.4	85.5	88.6	91.7	94.4	97.4	+
Separación	EZ	A	Térmico-Todas las condiciones	2.0	4.7	10.0	15.3	20.5	26.0	31.3	36.6	41.9	46.4	51.5	+

+El banco de datos no contiene movimientos simultáneos

*Factor de potencia-La amplificación influye en los valores TMU en los renglones de datos que se indican en seguida. Cada valor del cuadro se ajusta de este modo:

ETC-Cuando la amplificación exceda de 20 ×, añadir 0.68 TMU por cada potencia mayor de 20 ×, p.ej.: 30 ×, añadir 0.68(30 − 20) = 6.8 TMU

LTN-Cuando la amplificación exceda de 5×, restar 0.06 TMU por cada potencia mayor que 5×, p.ej.: 20×, restar 0.06(20 − 5) = 0.9 TMU

LFM-Cuando la amplificación exceda de 5×, añadir 0.94 TMU por cada potencia mayor que 5× p.ej.: 20×, añadir 0.94(20 − 5) = 14.1 TMU

Ejemplo 4.5.15 Sección de la tarjeta de datos MTM-M *(Continuación)*

10-De campo interior a campo exterior

Límites de clave (D/T)				1	2	3	4	5	6	7	8	9	10	11	12	
Límites Distancia ÷ tolerancia				TO 0.75	0.75 TO 1.5	1.5 TO 3.0	3.0 TO 6.0	6.0 TO 12.0	12.0 TO 25.0	25.0 TO 50.0	50.0 TO 100	100 TO 200	200 TO 350	350 TO 725	725 TO 3000	Agregado simo
Instrumento y cond.		Clave	Característica													
Todo	RL	M*	Aparte y RLM de instrumento y objeto	10.5	14.0	18.1	22.2	26.3	30.6	34.7	38.8	42.9	46.5	50.5	57.8	5.3
Asir	ET	C	GTC y ninguno	10.9	13.0	15.4	17.9	20.4	23.0	25.5	28.0	30.5	32.6	35.0	39.6	0
		G	GT (asir instrumento)	43.2	44.9	46.9	49.0	51.0	53.2	55.3	57.3	59.4	61.2	63.1	66.9	+
	LT	A	Todo excepto RLM	15.3	17.4	19.8	22.3	24.7	27.3	29.8	32.2	34.7	36.8	39.2	43.6	0
	EF	A	Todo excepto RLM	14.8	17.4	20.5	23.7	26.7	30.0	33.1	36.2	39.4	42.1	45.1	50.7	0
	LF	A	Todo excepto RLM	12.5	14.7	17.4	20.0	22.6	25.3	28.0	30.6	33.2	35.5	38.1	42.9	0
	ED	A	Todo excepto RLM	7.4	12.5	18.6	24.7	30.7	37.0	43.2	49.3	55.4	60.6	66.5	77.4	0
Exploración	ES	A	Todo excepto RLM	14.5	18.1	22.3	26.5	30.8	35.2	39.5	43.7	48.0	51.7	55.8	63.5	0
	EP/LP	A	Todo excepto RLM	14.2	17.7	21.8	25.9	30.0	34.3	38.5	42.6	46.7	50.3	54.3	61.8	0
Cortar	EC	A	Todo excepto RLM	7.1	10.6	14.8	18.9	23.0	27.3	31.5	35.7	39.8	43.4	47.4	54.9	0
Separación	EZ	A	Todo excepto RLM	7.0	15.8	26.1	36.5	46.8	57.6	68.1	78.4	88.8	97.8	107.8	126.3	+

+ El banco de datos no contiene movimientos simultáneos

*Factor de potencia: Cuando la amplificación exceda de 5× añadir 0.61 TMU por cada potencia mayor que 5×

MTM-V. Este sistema funcional de datos estándar para medición del trabajo, basado en el MTM-1, se desarrolló para los usuarios de máquinas herramienta. El MTM-V es del cuarto nivel y contiene valores de tiempo para el manejo y ajuste de piezas de cualquier peso y tamaño, incluyendo la instalación de máquinas herramienta, la fijación del gancho de la grúa, y otro equipo de manejo mecanizado. No se incluyen las actividades controladas por procesos. Los 12 elementos del sistema son de dos tipos: los que se pueden ejecutar únicamente con la mano y los dedos, y los que requieren el uso de una herramienta de mano para lograr el objetivo. Se dice que la técnica es más de 20 veces más rápida de aplicar que el MTM-1. El ejemplo 4.5.14 es una muestra típica de operación MTM-V.

MTM-M. El sistema funcional MTM-M de nivel básico fue diseñado específicamente para usarse cuando el montaje se lleva a cabo bajo microscopios estereoscópicos, (micromontaje). Ha resultado sumamente ventajoso, no sólo para determinar tiempos, sino también para mejorar los métodos que se aplican en este tipo de trabajo. Este sistema fue desarrollado por un consorcio de miembros de las industrias en colaboración con la University of Michigan.

Los datos se obtuvieron mediante estudios originales y se refieren exclusivamente al uso del microscopio estereoscópico en los trabajos de montaje. Los datos se dan en cuatro tablas y especifican la dirección del movimiento en cuanto a entrada y salida del campo del microscopio. En el ejemplo 4.5.15 se muestra una sección de la tarjeta de datos.

Disposición modular de los tiempos predeterminados

El sistema MTM ha producido otros sistemas funcionales y específicos que han sido desarrollados por diversos consultores y asociaciones.

En 1964 se formó la *Australian Association for Predetermined Time Standards and Research* (AAPTSR) con el fin de desarrollar conjuntos de datos para niveles más altos con base en los dos PMTS principales usados en Australia por aquellas fechas: MSD y MTM. Chris Heyde fungió como director general de la AAPTSR.

En 1965, el *International MTM Directorate* presentó el MTM-2, y la AAPTSR llevó a cabo una prueba real del MTM-2, comparándolo con el MSD a fin de determinar cuál podría ser el mejor sistema para establecer conjuntos de datos de más alto nivel. No se sacaron conclusiones en firme, porque el MTM-2 dio resultados ligeramente mejores en unas pruebas y el MSD en otras. De manera que la AAPTSR decidió crear un nuevo sistema.

Los estudios básicos para establecer matrices de distancia-tiempo y disposiciones espaciales condujeron al desarrollo de la Disposición modular de tiempos predeterminados (MODAPTS), un sistema genérico y funcional de segundo nivel. Los datos básicos de investigación del MODAPTS, en su forma original no corregida, están archivados en las oficinas de la AAPTSR en Sydney. El sistema fue sometido a prueba por miembros de la AAPTSR en sus medios de trabajo y fue favorable la comparación con el MTM-1, el MSD y el MTM-2. Se publicó en 1966.

La unidad básica del MODAPTS es un simple movimiento del dedo. Todas las demás actividades se expresan en términos de ese movimiento o módulo. Sólo hay ocho valores diferentes 0, 1, 2, 3, 4, 5, 17 y 30 mods. El valor básico mod es de 0.129 seg. Los ocho valores mod se aplican a 21 tipos de actividades derivadas de los movimientos de los dedos, las extremidades, el cuerpo y los ojos.

En el MODAPTS, lo primero que se identifica es la clase de movimiento y la segunda denominación es lo que sucede al final del movimiento, o sea la "actividad terminal". Hay dos categorías de actividades terminales: "lograr el control" y "las cosas a su destino". Cada categoría tiene tres valores mod diferentes, los cuales se seleccionan con base en el tipo de actividad terminal.

El ejemplo 4.5.16 demuestra la aplicación del MODAPTS a la fijación de un estándar para la sencilla operación de montaje de un perno en U. La hoja de análisis MODAPTS describe los pasos de la operación y los valores de tiempo, en mods, estipulados para cada movimiento o actividad.

Ejemplo 4.5.16 Hoja de análisis MODAPTS

Operación: Montaje de un tornillo en U de varilla de acero de 1/4 de pulg. de diámetro, con placa plana, dos arandelas sencillas y dos tuercas hexagonales de 1/4 de pulg.

Paso	*Clave*	*Frecuencia* [a]	*Unidades mod.*
1. Tomar tornillo en U (mano izquierda) y placa (mano derecha), juntarlas, meter las piernas del tornillo en U por los dos agujeros de la placa.	4, 3, 4, 5	1	16
2. Tomar la primera arandela (mano derecha) y meterla en una pierna del tornillo en U (que se sostiene con la mano izquierda).	4, 3, 4, 2	1	13
3. Colocar la otra arandela en la otra pierna.	4, 3, 4, 2	1	13
4. Tomar la primera tuerca, colocarla en la pierna roscada.	4, 1, 4, 5	1	14
5. Hacerla girar hasta que aparezca la rosca.	1, 0, 1, 0	5	10
6. Tomar la segunda tuerca y colocarla.	4, 1, 4, 5	1	14
7. Hacer girar la tuerca como la primera.	1, 0, 1, 0	5	10
8. Poner a un lado el montaje completo.	4, 0	1	4
Total de unidades mod.			94
Multiplicar por 0.129 para hallar segundos normales			12.1

[a] La suma de los números clave se multiplica por la frecuencia para obtener unidades mod.

El MODAPTS para oficinas y el MODAPTS para tráfico son los dos subsistemas MODAPTS. El último es una creación reciente en el área de datos estándar para almacenamiento y manejo de materiales.

Master Standard Data

La *Serge A. Birn Company* desarrolló el sistema genérico de segundo nivel MSD a finales de los años cincuenta. Fue creado con el fin de establecer datos estándar con base en MTM para operaciones que se controlan manualmente, cuando la producción sea inferior a 100,000 unidades por año, es decir, algunos miles de unidades por semana. Entre las corridas de producción, el operador perderá la mayor parte de la destreza adquirida. Estadísticamente, un porcentaje muy elevado del trabajo que se realiza en la industria cae en esta categoría de práctica limitada. El Master Standard Data fue desarrollado al estudiar estadísticamente todos los movimientos; por consiguiente, como muchos de los movimientos estudiados se producen raramente, pueden incluirse como variables aleatorias.

El *Master Standard Data* comprende los movimientos MTM-1 más comunes, las acciones de alcanzar B, C y D, todas las acciones de asir con excepción del G1C y la colocación no simétrica, los traslados A, B y C, las posiciones P1 y P2, las vueltas TS y las acciones de soltar y "aplicar presión". Asimismo, los movimientos simultáneos son improbables con la falta de práctica, de manera que se elaboró un cuadro simplificado de movimientos simultáneos donde se supone que "no hay oportunidad de practicar". Además, seis tablas simplificadas, combinadas con cuadros de decisión, establecieron las tablas:

Obtener-O, colocar-P, girar, usar, cambiar dedos y movimientos corporales

El *Master Standard Data* fue uno de los primeros sistemas horizontales de datos de nivel más alto. Gran parte del trabajo realizado por la *Serge A. Birn Company* contribuyó al desarrollo del MTM-GPD. El MSD es también similar al MTM-2. El ejemplo 4.5.17 ilustra un análisis MSD.

Ejemplo 4.5.17 Análisis MSD de una operación de corte de discos y formación

Code 7565-10

Hoja de análisis M.S.D.

Departamento o actividad: Depto. # 5 - Fabricación

Operación: Cortar pieza y formar forro de una tira

Condiciones: Prensa Minster # 4. 20 forros de una tira de 2" × 42" 18 ga, material sobre la mesa a la derecha del operador, los forros salen a presión de la matriz, el sobrante a la bandeja a la izquierda de la prensa.

Preparado por: RMC Autorizado por: HWN Fecha: 9/1/61 Hoja 1 de 1

Sec.	Descripción	Clave datos	Tiempo	Frec.	Total
1	Esqueleto	O12H2	38	1	38
2	De la matriz	EF	11	1	11
3	Tomar pieza en blanco (M.D.)	O12H1	25	1	25
	Esqueleto a un lado	P12G	-	-	-
4	Pieza a la M.I.	P6O	11	1	11
5	Pieza a la matriz	P12L1	21	1	21
6	Manos a la tira	O12S2	17	1	17
7	Ciclo de la prensa	MT	30	1	30

Total:	153
% de tolerancia	23
Total permitido	176
Tiempo est.	.0018
Prod. por hora	555

Ejemplo 4.5.18 Análisis MCD de una operación de registro y pase

Hoja 1 de 1 — Métodos de oficina — Hoja de análisis — Operación No. 4

División Contraloría — Departamento Ventas

Sección Servicio a los clientes — Tarea Clasificación de pedidos

Operación Registrar y pasar al libro el pedido de una sucursal

Fecha 2/17/60 — Analista Moll — Supervisor H. Payne

CLAVE MCD	Descripción	Var.	Unid. de trabajo	Frec.	Total de unidades	No. sec.
G-MT	Lápiz	Env.	33	1	33	
W-D	Número de total (2 dígitos)		18	2	36	
G-MT	Libro de pedidos		33	1	33	
G-VF	Libro de pedidos al lado		46	1	46	1
O-BC	Abrir y cerrar libro		48	1	48	
R-D	Leer número de pedido (10 dígitos)		2	10	20	
W-D	Registrar número (10 dígitos)		18	10	180	396
		BO	396	1/55	7	

Clave	Identificación	Frecuencias	Total de unidades de trabajo	7
Env.	Sobre	55 BO/Sobre		
BO	Pedido de sucursal			

A un conjunto de datos estándar derivados del MTM se le llama *Master Clerical Data* (MCD), ilustrado por la forma del ejemplo 4.5.18. Es funcional por naturaleza y se refiere exclusivamente a las funciones de oficina.

Técnica Maynard del orden de operación (MOST)

Esta técnica fue desarrollada por la división sueca de la *H. B. Maynard and Company, Inc.*, en el período 1967-1972 e introducida en los Estados Unidos en 1974.* El sistema MOST de medición del trabajo es aplicable con cualquier duración y repetitividad del ciclo, mientras haya variaciones en el patrón de movimientos de un ciclo a otro. Basados en la estructura y la teoría del MTM-1 y el MTM-2, los sistemas MOST se pueden aplicar al trabajo directo productivo, como son el maquinado, la manufactura y el montaje, lo mismo que al manejo de materiales, la distribución, el mantenimiento y las actividades de oficina.

* La información acerca de esta técnica patentada fue proporcionada por Kjell Zandin, vicepresidente ejecutivo de la *H. B. Maynard and Company, Inc*. La técnica, basada en el MTM-1 y el MTM-2, fue desarrollada en Suecia bajo la dirección de Zandin.

Todos los procedimientos necesarios y los principios del desarrollo de datos sobre *suboperaciones,* en cualquier área de trabajo, se encuentran disponibles como sistemas de aplicación MOST. Las características principales son:

1. Compilación de las condiciones de trabajo en manuales de administración del trabajo.
2. Almacenamiento de datos sobre operaciones secundarias en un banco central de datos, con base en un sistema uniforme de codificación.
3. Elaboración de formas de aplicación de los datos; es decir, hojas de trabajo o desplegados basados en los principios estadísticos.

El sistema utiliza un pequeño número de modelos predeterminados de cadenas de actividades fijas que abarcan prácticamente todos los aspectos de la actividad manual.

Las diferencias entre niveles las constituyen los multiplicadores. En todos los niveles se aplican números de índice idénticos. Los multiplicadores son como sigue:

1. Modelos de sucesiones básicas (MOST básico) = multiplicador 10.
2. Grúas de puente y carretillas = multiplicador 100.
3. Preparación de tareas, etc. = multiplicador 1000.

Traslado general. El primer modelo de sucesión, "traslado general", se define como la acción de llevar un objeto de un lugar a otro, libremente, por el aire. Esto puede representar hasta un 35 por ciento del trabajo de un operador de máquina y más aún en el caso de un trabajador de la línea de montaje. Esta actividad está representada por la siguiente serie de letras o actividades secundarias:

A B G A B P A

A = distancia de acción (principalmente, movimientos horizontales de las manos o el cuerpo).
B = encorvarse (principalmente movimientos verticales del cuerpo).
G = asir.
P = colocar.

Las variaciones de cada actividad secundaria se indican mediante un subíndice, por ejemplo:

$$A_6\ B_6\ G_1\ A_1\ B_0\ P_3\ A_0$$

A_6 = dar 3 ó 4 pasos.
B_6 = encorvarse y enderezarse.
G_1 = asir un objeto liviano con una sola mano.
A_1 = moverse dentro del alcance del brazo.
B_0 = no hay que encorvarse.
P_3 = colocar objetos haciendo ajustes.
A_0 = no hay movimiento de retorno.

Los valores de índice que representan a varios elementos se colocan de una tabla de índices. Los creadores del sistema indican que todos los valores de ésta y otras tablas de índices se derivaron del MTM-2 y el MTM-1.

El valor del tiempo para la sucesión se obtiene simplemente sumando los subíndices y multiplicando la suma por 10. Por ejemplo, el tiempo estándar para la sucesión que antecede es:

$$6 + 6 + 1 + 1 + 0 + 3 + 0 = 17 \qquad 17 \times 10 = 170 \text{ TMU}$$

Movimiento controlado. El "movimiento controlado" es el de un objeto cuyo desplazamiento está restringido por lo menos en una dirección por el contacto con o la fijación a otro objeto.

Uso de herramienta. El "uso de herramienta" se refiere no sólo a la herramienta de mano convencional como llaves para tuercas, destornilladores, calibradores y lápices, sino también a los dedos y a los procesos mentales.

Uniformidad. Brinckloe[10] recalcó que la precisión del MTM-1 y sus años de prueba en pleno uso lo convierten en un conjunto de conocimientos en el cual los ingenieros industriales pueden tener gran confianza. Los sistemas basados en MTM (incluyendo el MOST) que aprovechan ese conjunto de conocimientos deben su legitimidad a esa herencia.

El sistema MOST es un sistema basado en MTM diseñado antes que nada con vistas a la uniformidad, y su tabla contiene subdivisiones seleccionadas de manera que cubran las pequeñas variaciones típicas presentes en el método y en la distribución. El diseño encaja bien con la tendencia instintiva a "redondear" de los aplicadores experimentados, y evita los prolongados análisis "corregidos" en áreas donde podrían resultar demasiado detallados para las variaciones que suelen encontrarse en la práctica, pero ofrece una buena precisión en aquellas áreas donde la exactitud rinde sus beneficios.

Parece que hay una amplia categoría de operaciones para las cuales el comportamiento uniforme del MOST producirá estándares cuya precisión equivaldrá aproximadamente a la de los sistemas de más alto nivel, sólo que con mucho menos esfuerzo y en menos tiempo.

El ejemplo 4.5.19 muestra una operación desarrollada mediante el MOST.

Sistemas de cómputo

El sistema WOCOM

El sistema genérico WOCOM, de nivel básico, permite la aplicación automatizada de los dos sistemas más reconocidos de tiempos predeterminados: Work-Factor y MTM. Su operación es sencilla, su flexibilidad le permite satisfacer las muy diversas necesidades de las empresas y no exige equipo de computación ni experiencia previa con los métodos de medición del trabajo. Los programas se pueden obtener a través de la red *General Electric* de tiempo compartido, u operar en la propia computadora. La información acerca del sistema se puede obtener en la *Work-Factor Foundation*.

El sistema consiste en ocho programas modulares de computadora que se pueden usar para analizar el trabajo del hombre y el de las máquinas, los métodos alternativos de trabajo y las operaciones de la línea de montaje, así como para mantener los estándares de mano de obra. Una instalación de prueba, en una división de la RCA Corporation, produjo los resultados siguientes:

1. El sistema demostró ser preciso y más rápido que el método actual seguido para establecer nuevos estándares con el Work-Factor detallado.

2. El tiempo necesario para capacitar al personal en el nuevo sistema fue menos de la mitad del requerido para la aplicación manual del Work-Factor detallado.

3. El sistema proporcionó al grupo de estándares más tiempo para dedicarlo a proyectos de ingeniería industrial, ya que la mayor parte del trabajo relacionado con el establecimiento y mantenimiento de estándares pudo llevarse a cabo con personal que no fuera ingeniero industrial.

4. Se logró una reducción del 50 por ciento en la fase administrativa del establecimiento de estándares con Work-Factor detallado.

Ejemplo 4.5.19 Análisis MOST de la operación de cambiar troquel y matriz en una prensa Strippit

CALCULO MOST

Area: Departamento de fabricación

Clave: 1 1 1 0 4 4 0 3 0 1
Fecha: 3/19/75
Firma: KZ
Página: 1 / 1

Actividad

Cambiar troquel y matriz en una prensa Strippit

No	Método	No	Modelo de secuencia	Fr	Tiempo
		2A	$A_1 B_0 G_3 A_3 B_3 P_1 A_0$		110
1	**Aflojar herramientas en portaherramientas**	3B	$A_1 B_3 G_3 A_3 B_0 (P_3) A_0$	(2)	160
			A B G A B P A		
2	**Retirar herramientas y ponerlas en cajón (A);**		A B G A B P A		
			A B G A B P A		
	Cerrar cajón (B)		A B G A B P A		
			A B G A B P A		
3	**Abrir cajón (A); tomar nuevas herramientas y**		A B G A B P A		
			A B G A B P A		
	colocarlas en portaherramientas (B)		A B G A B P A		
			A B G A B P A		
4	**Asegurar herramientas en portaherramientas**		A B G A B P A		
			A B G A B P A		
			A B G A B P A		
			A B G A B P A		
			A B G A B P A		
			A B G A B P A		
			A B G A B P A		
			A B G A B P A		
			A B G A B P A		
		1	$A_1 B_0 G_1 M_3 X_0 I_0 A_0$		50
		2B	$A_1 B_0 G_1 M_1 X_0 I_0 A_0$		30
		3A	$A_1 B_0 G_1 M_3 X_0 I_0 A_0$		50
		4	$A_1 B_0 G_1 M_3 X_0 I_3 A_0$		80
			A B G M X I A		
			A B G M X I A		
			A B G A B P A B P A		
			A B G A B P A B P A		
			A B G A B P A B P A		
			A B G A B P A B P A		
			A B G A B P A B P A		
			A B G A B P A B P A		
			A B G A B P A B P A		
			A B G A B P A B P A		
			A B G A B P A B P A		
			A B G A B P A B P A		
			A B G A B P A B P A		
			A B G A B P A B P A		
			A B G A B P A B P A		
			A B G A B P A B P A		

Tiempo = .29 ~~TTU~~ MINUTOS 480

UnivEl® - Banco de datos para los sistemas UnivAtion®

En 1964, Willard L. Kern organizó la *Management Science, Inc.*, de Appleton, Wisconsin, con el fin de desarrollar y comercializar programas de computadora para aplicaciones en ingeniería industrial que utilizaban nuevos conceptos.

Los sistemas usan fórmulas universales para generar tiempos estándar elementales y precisos. El sistema permite almacenar las fórmulas en la memoria de la computadora, con lo cual se suprime la necesidad de establecer, almacenar y recuperar los datos estándar. Como los valores se determinaron mediante fórmulas matemáticas se requieren sólo datos numéricos de entrada. Esto elimina la tarea de establecer datos estándar almacenados y codificados mediante tablas de referencia organizadas alfanuméricamente y de mantener los datos y las estructuras significativas de la codificación alfanumérica a medida que se requieran cambios futuros.

A los sistemas totalmente integrados se les ha llamado *"UnivAtion Systems"* y se componen de módulos para diversos controles de fabricación, en los cuales se utilizan PMTS, usando el UnivEl como banco de datos.

La información de salida, generada automáticamente o modificada en conjunto usando el sistema UnivEl, consiste en instrucciones elementales sobre métodos y estándares y un "banco de datos en red" completo de todos los productos manufacturados y las operaciones.

El Micro-Matic Methods and Measurement Data System (4M Data)

La *Westinghouse Electric Corporation*, de Pittsburgh, Pennsylvania, desarrolló la lógica y los procedimientos que constituyen la base del *Micro-Matic Methods and Measurement (4M) Computerized Data System.*[11] El *4M Data System* adquirió su nombre de esta forma:

> "Micro": El sistema conserva todas las variables incorporadas en los procedimientos MTM: alcanzar, mover, asir y colocar.
>
> "Matic": Los analistas de métodos no tienen que referirse ya a una tarjeta de datos o a una tabla de valores, puesto que las claves sencillas necesarias para usar el sistema están basadas en categorías fáciles de recordar. Además, el sistema determina automáticamente un método casi óptimo, sujeto sólo a las restricciones impuestas por el analista al describir el método general.
>
> "Methods": La posibilidad de desarrollar y definir buenos métodos manuales es propia del MTM-1.
>
> "Measurement": Si bien se usan las claves de entrada "tomar" y "colocar" para minimizar el tiempo del análisis, las claves están diseñadas de manera que la computadora pueda interpretarlas, reconocer sus componentes de nivel básico y aplicarlos correctamente para las dos manos.

Se han incorporado al programa de computadora criterios óptimos para la selección y aplicación de los procedimientos MTM. Por consiguiente, la lógica del programa desarrolla, a partir de las claves de entrada del analista tomar/colocar, los componentes más detallados de los movimientos, necesarios para aplicar con precisión el MTM-1. El programa aplica luego esos microsegmentos de los datos de acuerdo con las reglas MTM-1 establecidas para los patrones de movimiento a dos manos.

El sistema genera varios índices de mejoramiento del método para ayudar al ingeniero industrial a reconocer los puntos donde los métodos se pueden mejorar. Esos índices comprenden:

1. MAI: un porcentaje que indica hasta qué grado se utilizan ambas manos.
2. RMB: un porcentaje del tiempo total del ciclo del elemento u operación afectado directamente por las distancias a que se "alcanza" y se "mueve" y por la ejecución de movimientos corporales.

3. GRA: tiempo para el ciclo que indica la complejidad de las acciones de asir.

4. POS: tiempo para el ciclo que indica la precisión requerida al colocar un objeto en las plantillas o accesorios.

5. PROC: una razón entre el tiempo de espera para ser procesado y el tiempo total del ciclo.

El sistema reduce el tiempo de aplicación del MTM-1 por un factor de 1 a 4. Se conserva la precisión del sistema MTM-1. Pero se incluye también cierto número de elementos de segundo nivel que, si se usan exclusivamente, reducen todavía más el tiempo de aplicación, tal vez por un factor de 1 a 15. Con los elementos de segundo nivel la precisión es algo menor que con el MTM-1, pero mayor que con cualquiera de los sistemas manuales de segundo nivel.[11] El sistema fue diseñado específicamente para desarrollar y aplicar elementos de datos estándar, pero los estudios de una sola operación se pueden llevar a cabo con igual facilidad.

La información de salida incluye varias versiones de informes estándar de operación, instrucciones sobre el método del operador y listas de datos de los elementos y partes de la operación.

La Maynard Operation Sequence Technique

Usando una minicomputadora, que con frecuencia está precisamente en el departamento de ingeniería industrial, o un procesador central IBM que se localice en el departamento de procesamiento de datos, con acceso interactivo en línea para el ingeniero industrial, es posible calcular estándares de tiempo MOST a partir de los datos del lugar de trabajo y una descripción del método. La computadora hará por lo tanto toda la medición del trabajo, liberando al ingeniero industrial de casi todo el papeleo.

Los sistemas MOST para computadora, genéricos y de segundo y tercer niveles, comprenden todos los pasos y procedimientos necesarios para desarrollar el estándar de tiempo completo para una operación, por ejemplo:

1. Desarrollo de datos de operaciones secundarias con base en los sistemas MOST de medición del trabajo.

2. Cálculo de estándares de tiempo, incluyendo tiempos manuales, tiempos de proceso y tolerancias.

3. Impresión de instrucciones sobre el método, así como hojas de ruta.

El núcleo del programa consiste en procedimientos generales de archivo y edición para recuperar, revisar y actualizar en masa los estándares de tiempo. Los formatos de salida se pueden hacer de acuerdo con las condiciones y necesidades del interesado.

La *H. B. Maynard Company* afirma que, usando la computadora, 1 hora de trabajo se puede medir con 1 a 5 hr de análisis, y un estándar de tiempo se puede calcular en 5 minutos como promedio.

Tiempo de proceso. La computadora puede generar una serie de módulos opcionales para calcular el tiempo de proceso de operaciones tales como maquinado, soldadura, equilibrio de la línea e informes de la mano de obra. Esos tiempos se pueden integrar en el punto adecuado para obtener un cálculo completo de los estándares.

Simulación. Por último, la computadora ofrece al usuario posibilidades de simulación. Se pueden hacer los cambios propuestos para las normas de trabajo y determinar si el nuevo método o equipo añadirá o restará tiempo al estándar. Se pueden crear condiciones hipotéticas para el método, lugar de trabajo y proceso.

CUE – MTM-1 Data Modificado

El sistema genérico de nivel básico CUE consiste en un MTM-1 data modificado, que se programa en una calculadora de mano TI-59 de la *Texas Instruments.* La información acerca del sistema se puede obtener en la *General Analysis, Inc.*

El sistema CUE-I se establece para la mano que predomina (o la que realiza los movimientos más amplios); el CUE-II es una versión para el análisis de métodos para las dos manos. Este último programa aplica los datos modificados teniendo en cuenta las dos manos, efectuando un análisis detallado de movimientos simultáneos y calculando la duración del tiempo ocioso de las manos, la complejidad del promedio de movimientos, la duración media de los movimientos y el tiempo de proceso externo.

En la TI-59 se dispone de cinco teclas con las cuales se pueden manejar 10 designaciones. Las teclas están marcadas de la "A" a la "E". Oprimiendo una segunda tecla, aquellas pueden manejar programas de A' a E'. De manera que los datos de nivel más alto se alimentan directamente a la calculadora, ya sea al observar una operación o al simular una operación mientras se estima el tiempo.

Una acción de "tomar" a una distancia de 12 pulg se anotará oprimiendo las teclas 1 y 2, luego la A, o sea 12A; una acción de "mover" a 6 pulg se anotará 6B, y una de "aplicar presión" (AP 1) 7E.

Además de las evaluaciones de precisión de la *General Analysis, Inc.*, otras tres compañías han comparado independientemente el CUE con sus estudios MTM-1. En el ejemplo 4.5.20 aparece un resumen de los resultados (combinados).

La diferencia promedio del ejemplo 4.5.21 es el promedio de las desviaciones porcentuales absolutas del CUE respecto al MTM-1. Esta medición no permite cancelar diferencias de más y de menos.

La descripción de la operación se escribe a mano, pero el resultado se obtiene en la impresora TI 100A® a la cual está conectada la calculadora TI-59.

Ejemplo 4.5.20 Torneado de una pieza Acción CUE anotada

Descripción de la operación	*Clave CUE*	*CUE*	*Acción*
Asir palanca y bajarla	12A	12.	TOMAR
	6B	6.	MOVER
Llevar pieza siguiente a la máquina	20A	20.	TOMAR
(10 lb.)	20.10B	20.1	MOVER
Esperar el ciclo de la máquina	.05C'	0.0550	MIN.
Aflojar portaherramienta	4A	4.	TOMAR
	7E		AP1
	90A'	90.	GIRAR
Retirar pieza terminada	4A	4.	TOMAR
	A	0.	TOMAR
A la bandeja	15.10B	15.1	MOVER
Colocar nueva pieza en el soporte	15A	15.	TOMAR
	4B	4.	MOVER
	9C	9.	COLOCAR
Hacer girar y apretar portaherramienta	6A	6.	TOMAR
	90A'	90.	HACER GIRAR
	7E		AP1
		329.	TMU
		0.1973	MIN.
		15	%PFD
		0.2269	TOT

Ejemplo 4.5.21 Aplicación CUE y error del sistema

Tiempo del ciclo (min)	*Diferencia media absoluta, porcentaje respecto al sistema MTM-1*
< 0.02	7.7
0.021 a 0.04	4.0
0.041 a 0.06	2.6
0.061 a 0.08	2.5
0.081 a 0.10	2.3
> 0.10	2.3

Automatic Data Application and Maintenance

El sistema *Automatic Data Application and Maintenance (ADAM)* de PMTS, genérico y funcional de segundo, tercero y cuarto niveles, fue desarrollado para usarlo con unidades microprocesadoras de escritorio. Representa el estado de la técnica en materia de medición mediante computadora del trabajo. El programa se usa con módulos creados para PMTS específicos. El primer módulo que se desarrolló fue la versión para computadora del MTM-C, para la medición del trabajo de oficina. La versión ADAM se llama ADAM-C. Otros módulos desarrollados son el ADAM-2, MTM-2 con computadora y el ADAM-V, MTM-5 para computadora. Los módulos se pueden usar por separado o en cualquier combinación. La información al respecto se puede obtener en la *MTM Association*.

Las entradas y las salidas del sistema no están estructuradas rígidamente. La adaptabilidad a necesidades específicas es la característica sobresaliente del sistema. La alimentación de datos se puede hacer también en diversas formas: directamente, con el teclado, a través de un dispositivo de recopilación de datos, o pasando una "varita mágica" sobre símbolos magnéticos.

El ejemplo 4.5.22 es un diagrama de flujo del sistema y el ejemplo 4.5.23 ilustra un resultado típico impreso.

4.5.6 UN VISTAZO AL FUTURO DE LA TECNOLOGIA DE MEDICION DEL TRABAJO

Al principio de cada década se trata siempre de mirar hacia adelante y pronosticar las posibilidades de los esfuerzos futuros. Todos los pronósticos están basados en situaciones pasadas y presentes, con las cuales se extrapolan las tendencias del futuro. La formulación de un buen pronóstico depende por lo tanto de un análisis completo de las tendencias. La única manera de predecir el futuro consiste en tener habilidad para darle forma.

Se desean las respuestas correctas acerca del futuro. Aunque sería mejor contar con un método a toda prueba para hacerlo, hay que conformarse con basar el pronóstico en la comparación de los puntos de vista de muchas autoridades.

En el primer seminario para Gerentes de Ingeniería Industrial, organizado por AIIE en Detroit, Michigan, el 12 de marzo de 1979, una de esas autoridades, el vicepresidente ejecutivo de GM, F. James McDonald, quien pronunció el discurso de apertura, señaló lo que un alto ejecutivo piensa que está ocurriendo en el campo de la ingeniería industrial, incluida la medición del trabajo.

Dijo que la imagen del ingeniero industrial, que lo representa como un tipo armado de un cronómetro y una tablilla sujetapapeles, ha pasado de moda. Hasta la palabra "tipo" ha dejado de ser adecuada, puesto que muchas mujeres están ingresando a la profesión. Asimis-

Ejemplo 4.5.22 Diagrama de flujo del Sistema ADAM

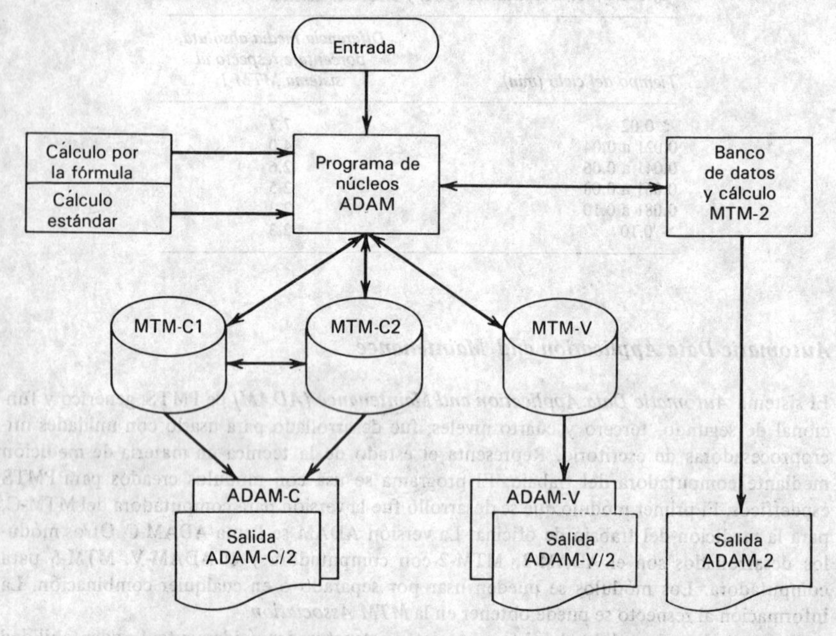

Ejemplo 4.5.23 Análisis ADAM-C de la sustitución de una hoja en una carpeta de tres argollas

MTM ASSOCIATION FOR STANDARDS & RESEARCH

Departamento: Oficinas
Area funcional: Archivo
Tarea: Sustituir hoja en carpeta de 3 argollas
Clave de la tarea: 123-XXX-321
Fecha: 02-25-80 Fecha de revisión: —
Unidad de medida: Hojas sustituidas
Por: Douglas M. Towne Autorizado: R. Jones
Observaciones: Análisis MTM-C Nivel 2

Total de TMU	575.0000
Margen PG&D	0.1500
TMU estándar	661.2500
Horas estándar por unidad	0.0066
Unidades por hora estándar	151.2287

Línea	Descripción	Elem.	Tiempo	Frec.	Total
1	Tomar carpeta	G5A2	29	1/1	29
2	Abrir cubierta	O1	29	1/1	29
3	Leer la primera página	RN	7	2	14
4	Localizar páginas	LC12	129	1/1	129
5	Identificar páginas	130	22	6	132
6	Abrir argollas	O4	35	1/1	35
7	Retirar hoja	G1A2	32	1/1	32
8	Insertar nueva hoja en argollas	HI14	84	1/1	84
9	Cerrar argollas	C4	35	1/1	35
10	Cerrar cubierta	C1	27	1/1	27
11	Retirar carpeta	G5A2	29	1/1	29

mo, el cronómetro será sustituido con registradores electrónicos de datos que tienen una gran capacidad de memoria y se pueden conectar a una computadora central para procesar dichos datos.

Recalcó que los ingenieros industriales se interesan en mejorar la calidad y la productividad y por lo tanto, les fascinan los robots. El uso de robots y máquinas programables para que realicen algunas de las operaciones manuales repetitivas y con poca atracción aumentará e influirá profundamente en las funciones del analista.

McDonald destacó el hecho de que los estudios en materia de energéticos serán cada vez más imperativos. Subrayó que la cuestión de la energía tendrá graves implicaciones para los productos, procesos e instalaciones de producción. Por otra parte, hizo hincapié en que el mayor reto que encaran los ingenieros industriales consiste en incorporar máxima flexibilidad a sus programas, para facilitar los cambios que se requerirán en la producción.

El efecto del MIL-STD 1567

El 30 de junio de 1975 se publicó el MIL-STD 1567 (USAF) *Work Measurement*. Este estándar militar, iniciado por *Air Force* (Fuerza Aérea), ha sido adoptado desde entonces por el *U. S. Department of Defense* (Secretaría de la Defensa de los Estados Unidos) para que se aplique a todos los contratos importantes de producción del orden de los $100 millones de dólares anuales. Debido a esto, más industrias y empresas de servicios estudiarán con más seriedad la exactitud estadística de sus sistemas de medición del trabajo. Por lo tanto, se exigirá que los PMTS, el estudio de tiempo, muestreo del trabajo y los datos estándar tengan un grado estipulado de precisión estadística.

Medición del trabajo administrativo

Los bancos, hospitales, las empresas de servicios públicos e instituciones financieras y de seguros crecen con rapidez. Por el tamaño de la fuerza laboral administrativa se está requiriendo una buena parte de los recursos de nuestra nación. Las unidades de procesamiento de las palabras están creando una creciente avalancha de papeleo.

Según Sylvia Huth,[12] las empresas del futuro deben hacer frente a ese diluvio de papeleo almacenado, condensando y reduciendo el tiempo necesario para manejarlo.

Los actuales PMTS relacionados con el trabajo de oficina y su medición hallarán una aplicación mucho mayor.

El equipo de grabación de imágenes

Varias compañías están haciendo uso del equipo de "videotape" para recoger los datos de medición del trabajo y tener datos para los métodos. La recopilación de datos directamente con la computadora está siendo explorada en la *Notre Dame University* (Universidad de Notre Dame) en relación con la grabación de imágenes en cinta magnética. Los cronómetros digitales integrados pueden indicar tiempos en horas o en centésimas de minuto. Es posible, por lo tanto, verificar repetidamente cuánto tiempo requirió un elemento cualquiera de trabajo.

Recopilación de datos fotográficos

Otra manera de recopilar datos es mediante la grabación a intervalos de imágenes de video y por métodos fotográficos. La primera es una técnica en que se utiliza una cámara para exponer la película a intervalos. Con este método, 8 horas de trabajo se pueden estudiar en 15 minutos aproximadamente. Estas películas se pueden usar para registrar o controlar cualquier tipo de actividad con el fin de mejorar los métodos.

Gregory A. Howell, presidente de la *Timelapse, Inc.*, Mountain View, California, está utilizando las películas a intervalos en operaciones de construcción por todo el territorio de los Estados Unidos. Afirma que mediante la fotografía a intervalos puede determinar la cantidad de tiempo productivo y no productivo en diversos trabajos de construcción, recurriendo al muestreo del trabajo a intervalos fijos.

Aplicando la técnica de intervalos en la construcción de un gigantesco hangar de mantenimiento, se detectaron problemas que permitieron al contratista reducir el número de horas-hombre de tres veces lo estimado a un 30 por ciento menos de lo estimado, según Howell.

Se dispone ya de tecnología que permitiría transmitir los datos del videotape y fotográficos directamente a una computadora para su documentación y análisis. Ciertamente, el futuro de los sistemas de medición del trabajo promete ser interesante.

REFERENCIAS

1. A. G. SHAW, "Motion Study," en H. B. Maynard, Ed., *Industrial Engineering Handbook,* 3a. ed., McGraw-Hill, Nueva York, 1971.
2. A. B. SEGUR, "The Use of Predetermined Times," *Industrial Management Society Clinic Proceedings,* Chicago, 1964.
3. W. G. HOLMES, *Applied Time and Motion Study,* Ronald, Nueva York, 1938, pp. 251-256.
4. J. H. QUICK, J. H. DUNCAN, y J. A. MALCOLM, *Work-Factor Time Standards,* McGraw-Hill, Nueva York, 1962, pp. 157-221.
5. H. B. MAYNARD, G. J. STEGEMERTEN, y J. L. SCHWAB, *Methods Time Measurement,* McGraw-Hill, Nueva York, 1948.
6. W. M. HANCOCK, "The System Precision of MTM-1," *The Journal of Methods-Time Measurement,* Vol. 15, No. 3, pp. 4-10.
7. QUICK y otros, *Work-Factor Time Standards,* p. 13.
8. G. B. BAILEY y R. PRESGRAVE *Basic Motion Timestudy,* McGraw-Hill, Nueva York, 1958.
9. K. C. WHITE, *Predetermined Elemental Motion Times,* ASME, Detroit, 1950.
10. W. D. BRINCKLOE, "The Impact of Variation in Method or Workplace on the System Precision of MTM-Based Standards." H. B. Maynard and Company, Inc., Pittsburgh, sin publicar, Julio de 1979.
11. J. C. MARTIN, "The 4M Data Systems," *Industrial Engineering,* Vol. 16, No. 3 (Marzo de 1974), pp. 32-38.
12. S. HUTH, "MTM-C Management Tool/Measurement Tool," *The Journal of Methods-Time Measurement,* Vol. 6, No. 3 (1979), pp. 12-18.

BIBLIOGRAFIA

ARNWINE, W. C., y W. F. FIELDER, JR., "Determining Requirements and Measuring Standards Accuracy," *MTM Association Spring Conference Proceedings,* Los Angeles, 1978.

AULANKO, V., J. HOTANEN, y A. SALONEN, (Versión en inglés de K. EADY), *Standard Data Systems and Their Construction,* publicado originalmente por Finnish MTM Association, derechos adquiridos por MTM Association for Standards and Research, 1977, pp. 2-11 a 2-13.

BAYHA F. H., W. M. HANCOCK, y G. D. LANGOLF, "More Evaluation Parameters for MTM Systems," *The Journal of Methods-Time Measurement,* Vol. 2, No. 1 (1975), pp. 18-30.

BIRN, S. A., R. M. CROSSAN, y R. W. EASTWOOD, *Measurement and Control of Office Costs,* McGraw-Hill, Nueva York, 1961, p. 171.

CROSSAN, R. M., y H. W. NANCE, *Master Standard Data,* McGraw-Hill, Nueva York, 1962, p. 123.

DASCHBACH, J. M., y E. W. HENRY, "Computerized Video Work Measurement," *Computers and Industrial Engineering,* Vol. 4, No. 1 (1980), pp. 13-18.

EADY, K., "What is the MTM Family Really Like?," *The Journal of Methods-Time Measurement,* Vol. 1, No. 2 (1974), pp. 42-55.

EADY, K., "MTM System Accuracy and Spedd Of Application," *The Journal Of Methods-Time Measurement,* Vol. 6, No. 4, pp. 7-10.

HANCOCK, W. M., "New Research Techniques in Work Measurement," *Journal of Methods-Time Measurement,* Vol. 8, No. 1 y 2 (1961), pp. 1-5.

HANCOCK, W. M., "An Assessment of the Research Activities of the U.S./Canada MTM Association 1948-1971," *The MTM Journal of Methods-Time Measurement,* Vol. 16, No. 5 (1971), pp. 4-19.

MUNDEL, M. E., "Motion and Time Study, Synthesized Standards from Basic Motion Times," en W. G. Ireson y E. L. Grant, Eds., *Handbook of Industrial Engineering and Management,* Prentice-Hall, Englewood Cliffs, NJ, 1955, pp.373-378.

"Predetermined Time Systems," Army Ordnance Corps, Section VIII, Washington, DC, 1954.

PRESGRAVE, R., y G. B. BAILEY, "Basic Motion Timestudy," en H. B. Maynard, Ed., *Industrial Engineering Handbook,* McGraw-Hill, Nueva York, 1963, pp. 5-97 a 5-100.

QUICK, J. H., *The Work-Factor Systems, A Response to the British Employment Department,* cuestionario sobre sistemas de tiempo predeterminado, Science Management Corporation, Nueva York, 1973.

SEGUR, A. B., "Synthetic Times and Methods Design," *Industrial Management Society Clinic Proceedindgs,* Chicago, 1973.

SHAW, R. J., "MODAPTS–A New York Measurement Systems," Peat, Marwick, Mitchell, Nueva York, Abril de 1971.

WEAVER, R. F., J. J. KOLLMAN, y E. A. BOEPPLE, JR., "Developing Standards by Computer," *Industrial Engineering,* Enero de 1978, pp. 26-31.

CAPITULO 4.6

Muestreo del trabajo

W. J. RICHARDSON
Universidad Lehigh

ELEANOR S. PAPE
Universidad de Texas en Arlington

4.6.1 INTRODUCCION

En su forma más básica, el muestreo del trabajo es una de las técnicas de medición más sencillas de que dispone el ingeniero industrial, no obstante lo cual se puede adaptar al análisis de modelos refinados de variación del patrón de trabajo. El supervisor que hace 10 recorridos por su taller, encuentra ociosa una determinada máquina seis veces, y estima por lo tanto que esa máquina está ociosa el 60 por ciento del tiempo, está llevando a cabo un simple análisis por muestreo del trabajo. El supervisor sabe que la máquina no está ociosa exactamente el 60 por ciento del tiempo, pero es la mejor estimación de que dispone y, si es necesario poner remedio con rapidez, lo hará probablemente con base en esa estimación.

En este capítulo se hablará de los métodos para hacer observaciones rápidas a fin de efectuar una estimación y se indicarán los procedimientos para determinar qué tanto se aproxima esa estimación al porcentaje real (o proporción) que se estima. Obviamente, la estimación mejorará mientras más observaciones se hagan. De manera que se seguirán los mismos procedimientos para calcular el número de observaciones necesarias para lograr una estimación tan aproximada (en probabilidad) como se desee al porcentaje real.

El muestreo del trabajo es particularmente útil en el análisis de actividades no repetitivas, o que se producen con irregularidad, cuando no se dispone de descripciones completas de los métodos y frecuencias. Como un estudio de muestreo del trabajo ocupa por lo general un período prolongado (de 2 a 4 semanas), las irregularidades ocasionales no afectan demasiado los resultados.

El origen del muestreo del trabajo se atribuye generalmente a L. H. C. Tipett, quien trabajó en la industria textil inglesa a principios de la década de los años treinta.[1] La técnica creada por Tippett fue introducida en los Estados Unidos por R. L. Morrow en 1941,[2] con el nombre de "demora de relación". En un principio, la técnica no tuvo gran aceptación. El nombre "muestreo del trabajo" fue acuñado en unos artículos publicados en 1952 por C. L. Brisley[3] y H. L. Waddell.[4] Esa denominación más descriptiva no sólo permitió que la técnica atrajera la atención, sino que el artículo resultó oportuno porque se estaba prestando más atención por entonces a la mano de obra indirecta, área en la cual el muestreo del trabajo es particularmente útil. Asimismo, el número cada vez mayor de personas capacitadas en el área de la ingeniería industrial implicaba que muchos que fueran aptos podrían hacer un uso discriminatorio de la técnica presentada en el artículo de Brisley.

4.6.2 DEFINICIONES PARA EL MUESTREO BASICO DEL TRABAJO

El "trabajo" se define como cualquier actividad que se estudia. Las "categorías de trabajo" son descripciones enteramente definidas, completas y que se excluyen mutuamente, de una actividad, tal que una observación se puede clasificar como perteneciente a una y sólo una categoría. La selección de categorías se explicará en la sección 4.6.9 del presente capítulo. He aquí otras definiciones:

K = número total de categorías en las cuales se clasifica una actividad.

p' = proporción real o fracción de tiempo que un trabajador (o una máquina, o un proceso) dedica a una categoría específica de trabajo (esta es la cantidad que se va a estimar en un estudio).

$p'1, +p'2, \ldots, p'_K$ = proporciones reales de tiempo ocupadas por la 1a., 2a., . . ., késima categorías de trabajo que se van a estimar en un estudio ($P'_1 + p'_2 + \ldots + p'_K = 1$).

N = número total de observaciones efectuadas con el fin de estimar p' (A veces se llevan a cabo dos o más estudios al mismo tiempo; por ejemplo, si 100 observaciones a la máquina A la encuentran ociosa 32 veces, y si 100 observaciones del trabajador Q lo encuentran caminando 17 veces, N es 100 para cada estudio distinto, no 200. Sin embargo, si dos máquinas similares están siendo observadas con el fin de estimar la cantidad de tiempo de máquina ocioso, y si la máquina A está ociosa 32 veces mientras que la máquina B está ociosa 17 veces, $N = 200$.)

X = número total de observaciones que sitúan a un trabajador (o máquina, o proceso) en una categoría específica.

$X_1, X_2, \ldots, X_K$ = número total de observaciones de la categoría 1, la categoría 2, . . ., la categoría K ($X_1 + X_2 + \ldots + X_K = N$).

p = una estimación de p' hallada por X/N.

$P_1, p_2, \ldots, p_K$ = estimaciones de $p'_1, p'_2, \ldots, p'_K$ halladas por $X_1/N, X_2/N, \ldots, X_K/N$

4.6.3 METAS DE LOS ESTUDIOS DE MUESTREO DEL TRABAJO

La meta inmediata de un estudio de muestreo del trabajo es hacer "buenas" estimaciones de una proporción p', o de la serie de proporciones $p'_1, p'_2, \ldots, p'_K$ correspondientes a las K categorías diferentes en las cuales se han subdividido las actividades de un trabajo. Aunque las personas que se dedican al estudio de la estadística han desarrollado teorías para determinar las propiedades que hacen que una estimación sea "buena", aquí se concentrará el estudio únicamente en dos cualidades: la ausencia de sesgo y la poca variancia.

Un estimador sesgado es el que tiende a hacer una estimación demasiada alta (o demasiado baja) debido a los procedimientos que se utilizan para obtenerla. Por ejemplo, si una categoría de trabajo consiste en "hacer la limpieza", y si el observador del muestreo suele ausentarse siempre antes de que termine el turno de trabajo, la estimación p de p' de esta categoría será probablemente demasiado baja, de manera que a p se le llama estimación sesgada de p'. Asimismo, si a los trabajadores les preocupan los resultados del estudio y pueden prever la hora de las observaciones, p puede ser sesgado por los trabajadores.

Los buenos estudios de muestreo del trabajo se llevan a cabo de manera que se produzcan estimadores insesgados y lograr que esos estimadores se aproximen a las cantidades deseadas que se desean estimar. Es decir, si se llevaran a cabo 20 estudios diferentes, siguiendo el mismo procedimiento, para estimar la misma p', el objetivo consistiría en que los 20 estimadores p resultantes de los 20 estudios fueran muy semejantes. Si los estimadores p hipotéticos fueran muy aproximados p sería un estimador de p' de baja variancia.

Si es factible que p sea mayor o menor que p' (insesgado), y si se aproxima a p' (poca variancia), se considerará que p es una buena estimación de p'. Al diseñar un estudio de muestreo del trabajo se procura minimizar tanto el sesgo como la variancia de p, si bien, como se explicará en la sección 4.6.6, algunos métodos que hacen disminuir la variancia aumentan a veces el sesgo.

Aunque la meta inmediata de un estudio de muestreo del trabajo consiste en estimar alguna p' o una serie de $p'_1, p'_2, \ldots, p'_K$ de manera que la serie de estimaciones $p_1, p_2, \ldots, p_K$ se pueden considerar como metas, es importante que el analista no pierda de vista las metas finales de un estudio. Los estudios de muestreo del trabajo se llevan a cabo con diversos propósitos, entre los cuales figuran los de obtener información general, justificar los cambios que se proponen y establecer normas.

Obtención de información general acerca de un proceso

La información, por supuesto, no es una meta en o por sí misma. Las metas implícitas consisten en reducir los costos mediante una mejor utilización de las instalaciones, el equipo y los empleados, e identificar las áreas que necesitan mayores instalaciones.

Se puede emprender un estudio con vistas a la información general cuando un ingeniero industrial es nuevo en la empresa o cuando la gerencia exige respuestas acerca de la utilización eficaz. Es difícil el buen diseño de un estudio para la información general porque el diseñador ignora, al identificar categorías, qué podrá revelar el estudio. Por ejemplo, al finalizar un estudio, se puede encontrar que la categoría "esperar que lleguen los materiales" es inadecuada y la percepción retrospectiva puede revelar la necesidad de saber qué clase de material faltaba y cómo se suponía que debía ser entregado a la estación de trabajo, si por transportador automático o carretilla.

Esta clase de estudios son más útiles si se le explican a la gerencia en juntas de orientación que impliquen discusión abierta, explicación, y ejemplos que se pueden simplificar mediante películas preparadas de antemano.*

Un estudio de información general debe dar comienzo con un estudio breve de prueba (de 2 ó 3 días), después del cual es posible que las categorías deban volverse a definir.

Algunos estudios de información general sirven para establecer o vigilar los estándares para la mano de obra indirecta, en cuyo caso el ritmo se establece en el momento de la observación y es necesario recoger alguna unidad (o unidades) de producción, como se describe en la sección 4.6.4.

Justificación de los cambios que se proponen

Con frecuencia, los ingenieros industriales recurren al muestreo del trabajo a fin de obtener datos para confirmar una opinión subjetiva. Tal vez el ingeniero quiere instalar un nuevo sistema de manejo de materiales, pero tiene que justificar el gasto con una estimación confiable de la cantidad de tiempo (y, por lo tanto, de dinero) que se consume manejando los materiales con el sistema actual.

El diseño de un estudio especial de este tipo es más fácil que el de uno de información general, pero pueden surgir problemas con la objetividad de los observadores que tratan de probar un punto e introducen por lo tanto cierta parcialidad en sus estimaciones.

Fijación de estándares

Los sistemas de tiempo estándar predeterminados son por lo general superiores al muestreo del trabajo cuando se trata de fijar estándares para un trabajo bien definido. Asimismo, los

**How to Conduct a Work Sampling Study*, Industrial Education Films, P. O. Box 398, Harwich Port, MA 02646 (blanco y negro, 20 min).

estudios con el cronómetro se consideran más adecuados para las tareas repetitivas de ciclo corto. No obstante, se puede recurrir al muestreo del trabajo cuando otros sistemas no resultan apropiados, y es un instrumento muy útil para determinar los márgenes por demoras inevitables al fijar estándares por cualquier método. (Los márgenes por demoras inevitables se explicaron en el capítulo 4.4). Como un estudio de muestreo del trabajo dura muchos días, se pueden detectar muchas causas diferentes de las demoras, de manera que la información obtenida en un estudio de muestreo del trabajo puede ser útil para establecer los márgenes.

El muestreo del trabajo se usa a menudo con el fin de fijar normas para trabajos que tienen componentes irregulares que varían en cuanto al tiempo destinado a una unidad cualquiera de producción. Por ejemplo, el tiempo necesario para corregir unidades defectuosas puede variar, dependiendo de la severidad del defecto. Prolongando el estudio de muestreo de trabajo por un largo período, se muestrea una gran población de tareas y el estándar que se establezca se adaptará a la media de esa población. El estándar será válido sólo si la población muestreada es representativa de la población de trabajos futuros. Los estándares establecidos mediante muestreo del trabajo pueden ser más apropiados para formular presupuestos de los departamentos de mano de obra indirecta que para los sistemas de pago de incentivos.

Si se van a fijar estándares, se considera necesario por lo general que las observaciones sean realizadas por un técnico capacitado en materia de clasificación del rendimiento (ver el capítulo 4.4) y que se establezca una unidad de producción fácil de contar. Estos procedimientos se ilustrarán en la sección 4.6.8.

4.6.4 METODOS DE OBTENCION DE DATOS

Los métodos para obtener datos por muestreo del trabajo varían con la magnitud y la finalidad del estudio y con la disponibilidad de equipo especial, como las computadoras, para analizar los datos.

Autoobservación

Si los propósitos de un estudio de muestreo del trabajo se pueden lograr haciendo simplemente que los trabajadores que se van a estudiar se enteren de los resultados, la autoobservación puede ser eficaz. La hora para una observación se indica mediante un timbre colocado dentro del área de trabajo o mediante un indicador sonoro portátil si los trabajadores están lejos del área central de trabajo. El trabajador anota en una forma, delante del número de la observación, lo que estaba haciendo en ese momento.

Aunque el trabajador debe saber exactamente qué categoría de trabajo estaba realizando en el momento de escuchar la señal (involucrando incluso el pensamiento constructivo o no constructivo), las estimaciones producidas por este método pueden estar sujetas a una considerable parcialidad. Esta técnica es más eficaz con el personal semiprofesional que tal vez desconozca su propia utilización deficiente del tiempo y se interesa por mejorar su eficiencia.

La autoobservación se ha usado con éxito en los trabajos de oficina cuando recurren a ella los consultores administrativos que desean justificar un nuevo equipo de procesamiento de palabras o de fotocopia.

La observación realizada por un ingeniero industrial o técnico capacitado

Si un ingeniero industrial capacitado ha estado trabajando en el área durante algún tiempo, será por lo general el mejor observador. El ingeniero ha sido capacitado en cuestiones de medición y está acostumbrado a la evaluación rápida. Además, sabe apreciar la necesidad de ser objetivo y puede entender mejor la finalidad del muestreo del trabajo. En los talleres de producción, especialmente, es común que el ingeniero industrial sea el observador. Si se va a introducir a un ingeniero en el área, primero será necesario que aprenda los tipos de trabajo y entre en contacto con las personas.

Si el estudio de muestreo del trabajo es de gran alcance y abarca varias áreas, será necesario un observador capacitado, y si se va a llevar a cabo una clasificación o regularización del rendimiento como parte del estudio, el observador capacitado será esencial. El asignar al observador capacitado al muestreo del trabajo por tiempo completo es a menudo más eficiente, debido a las dificultades prácticas que implica utilizar eficazmente el tiempo entre observaciones.

Cuando se van a obtener observaciones de varios trabajadores o máquinas, hay que prestar atención al sistema de obtención de datos, considerando 1) la facilidad para tabular, 2) la probabilidad de cometer errores y 3) el método que se usará para reducir y analizar los datos.

Actualmente, se encuentran en uso diversos sistemas, incluyendo los tres que se describen aquí.

Con lápiz y papel

Se usa cualquier tipo de reloj para identificar los tiempos de observación (o el inicio de las visitas de observación), que han sido determinados de antemano. Las observaciones se anotan en una forma cuadriculada similar a la del ejemplo 4.6.1, donde se usan dos columnas adyacentes, una para la categoría y otra para clasificación, con cada trabajador, y cada renglón sirve para una visita de observación.

Los datos que contiene la forma se tienen que reducir totalizando el número de veces en que se presenta cada categoría y promediando las clasificaciones observadas en cada categoría clasificada. Tal vez se quieran obtener los totales por categoría de cada trabajador, y si se

Ejemplo 4.6.1 Forma de recopilación de datos para un observador preparado

Hoja de datos para un estudio de muestreo de labores

Observador Hammond Fecha 6/13 Hoja 1 de 1

Estudio No. 012 Tipo de estudio

Categorías

1.- Retraso evitable
2.- Inevitable "A"
3.- Inevitable "B"
4.- Corrida
5.- Preparación

Obs. No.	Tiempo de observación	1 #204 mesa 6		2 #128 mesa 7		3 #542 mesa 7		4 #137 mesa 9		5 #600 mesa 9		6 #627 mesa 12		7 #106 mesa 13		8 #221 mesa 13		9 #403 mesa 15		10	
		Cat.	Clasf.	Cat.	Clasf.	Cat.	Clasf.	Cat.	Clasf.	Cat.	Clasf.	Cat.	Clasf.	Cat.	Clasf.	Cat.	Clasf.	Cat.	Clasf.	Cat.	Clasf.
1	7:07	2	–	2	–	2	–	1	–	2	–	2	–	2	–	2	–				
2	7:28	1	–	4	80	3	–	4	60	1	–	4	90	1	–	1	–	5	80		
3	7:41	4	80	3	–	5	90	4	60	4	85	3	–	1	–	4	80	4	90		
4	7:36	4	90	4	75	4	90	3	–	4	90	3	–	4	80	4	80	4	90		
5	8:16	3	–	4	65	4	95	2	–	4	90	4	90	4	80	4	90	3	–		
6	8:23			4	60	4	90	4	80	4	90	4	90	2	–	4	85	4	95		
7	8:–			1	–	4	90	4	90	4	95	4	85	1				'	–		
8							–	4	85	4	9'										
9																					

usan estimadores alternativos de variación (sección 5.6.6), será necesario también totalizar el número de veces que se presenta cada categoría en cada visita de observación.

Se puede recurrir a la computadora para reducir los datos anotados en las formas, pero si los datos se obtienen de esta manera será necesario que alguien pase la información de la forma a la computadora, con lo cual habrá una nueva posibilidad de error.

*Tarjetas perforadas o de marca sensible**

Usando un reloj para identificar los tiempos predeterminados, el observador hace sus anotaciones en tarjetas que pueden ser leídas directamente por una computadora. Si se va a usar un programa de computadora para reducir los datos, obviamente se ahorrará tiempo. Es prudente contar con una forma similar a la del ejemplo 4.6.1, impresa por la computadora, que puede ser explorada buscando errores obvios, tales como números de categorías inexistentes, que haya cometido el observador que obtuvo los datos.

Ejemplo 4.6.2 Forma de recopilación de datos para el supervisor

Muestreo de labores en La oficina de nóminas

Observador Mays Fecha 4/3

Observación de tiempos al azar

Ausente	8:30	9:02	10:30	11:42	1:50	3:15	4:35
1. Hard	8	6	10	5	4	7	1
2. List	4	3	9	7	2	3	6
3. Walker	9	5	3	4	3	2	4
4. Smith				Ausente			
5. Hays	3	2	3	7	5	3	1
6. Barnes	3	3	5	2	4	8	7
7. Schmidt	9	8	4	2	10	7	6
8. Jackson	5	4	8	6	5	5	4
9. Murphy	5	8	4	1	2	10	3
10. Gaines	2	9	6	5	3	7	1
11. Harris				Ausente			
12. Bell	2	5	2	8	6	5	9

Categorías:

1. Fotocopiado
2. Archivo
3. Mecanografía
4. Registro en libros

*"*How to Conduct a Work Sampling Study*," Industrial Education Films.

Se usan tablillas, con relojes interconstruidos que marcan los tiempos de observación seleccionados por computadora, para almacenar los datos electrónicamente, hasta que la tablilla se conecta a la computadora a fin de actualizar el archivo de datos para el estudio (o para varios estudios que se llevan a cabo simultáneamente).

Observación efectuada por el supervisor u otro asociado del grupo de trabajo

Si no se va a llevar a cabo una clasificación, y si el estudio de que se trate se concentra en una sola área, se puede encomendar a algún miembro asociado del grupo de trabajo, generalmente el supervisor, la obtención de los datos de muestreo.

La forma utilizada para anotar los datos se parecerá más bien a la del ejemplo 4.6.2, aunque los supervisores, lo mismo que los ingenieros, pueden utilizar tarjetas perforadas o de marca sensible. La elección del método depende de la cantidad de datos que se van a recoger más que de los antecedentes del observador.

El supervisor, desde luego, posee el conocimiento necesario del trabajo y del personal del área. Si funge como observador, estará haciendo, en forma sistemática, lo que ya había hecho de manera informal, de manera que no habrá necesidad de introducir personal nuevo en el área ni se invertirá tiempo para capacitar al observador en los hábitos de trabajo de las personas que observa. Una vez obtenidos los datos, el supervisor deberá aceptar sin dificultad los resultados del estudio. El que el supervisor sea o no capaz de conservar la objetividad al recoger los datos es un punto que tendrá que considerar el ingeniero que inicia el estudio.

4.6.5 METODOS PARA DETERMINAR LOS TIEMPOS DE OBSERVACION

Principios del muestreo

Dos principios son importantes al seleccionar los tiempos de observación: la selección aleatoria y la estratificación. Un observador que decide hacer 24 observaciones diarias durante 30 días y que elige 24 momentos al azar en cada uno de los 30 días, está seleccionando al azar dentro de los días y estratificando por días.

Cuando se desean tiempos al azar, se pueden usar las tablas de números aleatorios publicadas en muchos manuales y libros de texto, o los sencillos generadores de esos números programados en muchas de las calculadoras manuales para ingeniería. También, se pueden usar los tres o cuatro últimos dígitos de los números telefónicos, con la seguridad razonable de que están al azar. Si se requieren 24 momentos al azar, al minuto más aproximado, un procedimiento sencillo consiste en examinar números al azar de tres dígitos hasta encontrar 24 que correspondan a las horas del turno de trabajo. Con unas cuantas reglas especiales, se puede recurrir a la simple correspondencia que convierte el 429 en 4:29, el 637 en 6:37 y el 933 en 9:33 (ver el ejemplo de 4.6.3). Los números 783 y 987 se eliminarán porque 7:83 y 9:87 no representan horas. El primer dígito 0 se puede tomar por 10, de manera que 048 se convierte en 10:48; pero se deben codificar dos dígitos "no usados" para tomarlos por 11 y por 12 si el turno de trabajo se extiende más allá de las 11 o las 12 horas. En el ejemplo 4.6.3, el turno de las 7:45 a las 4:15 usa el dígito 5 en vez de 11 y el 6 en vez de 12, de manera que 637 se convierte en 12:37 y 531 en 11:31. El turno de las 9:00 a las 5:15 usa el 6 en vez de 11 y el 7 en vez de 12, de manera que 637 se convierte en 11:37. El turno de las 11:00 a las 7:15 usa el 8 en vez de 11 y el 9 en vez de 12, de manera que 813 se convierte en 11:13. Se descartan las horas que no están dentro del turno, lo mismo que cualquiera que caiga durante un período destinado al almuerzo.

Luego, habrá que ordenar las 24 horas, ya que resulta imposible observar la lectura de las 4:29 antes de la de las 2:52. También es posible generar las horas al azar por el procedimiento que sugieren Moder y Kahn.[6]

Ejemplo 4.6.3 Procedimiento para hallar los tiempos a partir de números al azar

Números al azar	*Ejemplo A* *Turno de las 7:45 a las 4:15* (5 → 11; 6 → 12)[a]	*Ejemplo B* *Turno de las 9:00 a las 5:15* (6 → 11; 7 → 12)	*Ejemplo C* *Turno de las 11:00 a las 7:15* (8 → 11; 9 → 12)
783	~~7:83~~	~~7:83~~	~~7:83~~
429	~~4:29~~	4:29	4:29
637	12:37	11:37	6:37
048	10:48	10:48	~~10:48~~
933	9:33	9:33	9:33
077	~~10:77~~	~~10:77~~	~~10:77~~
531	11:31	~~5:31~~	5:31
252	2:52	2:52	2:52
504	11:04	5:04	5:04
987	~~9:87~~	~~9:87~~	~~9:87~~
813	8:13	~~8:13~~	11:13

[a] Digitos codificados

La selección al azar se lleva a cabo con el fin de reducir la parcialidad que introduce el trabajador cuando conoce la hora de la observación, mientras que la estratificación tiene por objeto reducir la variación de las estimaciones. La reducción de la variación mediante la estratificación es un principio básico del muestreo y Moder[7] la explica refiriéndose específicamente al muestreo del trabajo. La reducción de la variación mediante la estratificación la entienden la mayoría de los analistas que sienten intuitivamente que si se separan las observaciones, no permitiendo que tengan lugar en un solo período, se obtendrán mejores estimaciones en el sentido de que se evitan las extremadamente altas o extremadamente bajas. La variación se puede reducir todavía más si el observador elige tres momentos al azar en cada hora de la jornada de 8 hr, lo que viene a ser una estratificación por horas. Para ir aún más allá, se podría elegir un momento al azar en cada período de 20 minutos. Para garantizar una separación todavía mayor de las observaciones, se podría efectuar una cada 20 min, comenzando en algún momento seleccionado al azar durante el primer período de 20 min del día, en cuyo caso se estará llevando a cabo un muestreo sistemático.

Las propiedades del muestreo sistemático en cuanto a reducir la variación son muy buenas,[7] siempre que el ciclo de muestreo no coincida con algún ciclo natural del proceso de trabajo. Si en el ejemplo anterior el procedimiento consistiera en observar cada 20 min durante 30 jornadas de 8 hr, sin elegir nuevamente al azar el momento de iniciación, podríamos esperar que detectaríamos las mismas actividades al comienzo y al final de cada jornada. Es decir, si un trabajador llena la tarjeta de trabajo de un día inicial 2 minutos después de la iniciación del turno todos los días (digamos a las 7:02), y si el observador hace una observación 2 min después de iniciarse cada período de 20 min durante el turno (7:02, 7:22, 7:42, 8:02, etc.), en 30 días esa actividad única sería observada 30 veces; pero si las observaciones se efectuaran 6 min después de iniciarse cada período (7:06, 7:26, 7:46, etc.), dicha actividad jamás sería observada. Como el ciclo de 20 min coincide con el ciclo natural de 8 hr (24×20 min $= 8$ hr), la variación no se reduce sino que se aumenta. La estimación podrá tener fácilmente valores extremadamente grandes o pequeños. La selección al azar, cada día, de la hora de iniciación, ofrece alguna protección contra ese aumento de la variación.

Un segundo problema del muestreo sistemático es la facilidad con que se pueden prever las horas de observación. No obstante, cuando se hacen estudios de muestreo del trabajo no relacionados directamente con los trabajadores, por ejemplo de utilización de las máquinas, el muestreo sistemático puede producir estimaciones imparciales y de poca variación con menos esfuerzo por parte del observador, que puede organizar mejor la tarea de observar cuando los tiempos son regulares.

El proceso de selección de un procedimiento de muestreo

J. J. Moder ha propuesto un proceso de decisión[7] para seleccionar un procedimiento de muestreo para cada día de un estudio de muestreo del trabajo (ver el ejemplo 4.6.4). Moder supone que las observaciones se estratificarán por días en todos los planes.

Con las definiciones que siguen, el ejemplo 4.6.4 le puede ser útil al analista falto de experiencia:

SyRS. El muestreo sistemático al azar se estará aplicando si, cuando se van a efectuar *r* visitas de observación (*r* observaciones por trabajador) durante un día con *t* min de dura-

Ejemplo 4.6.4 Diagrama de árbol de decisión para seleccionar un procedimiento de muestreo para estudios de muestreo de labores

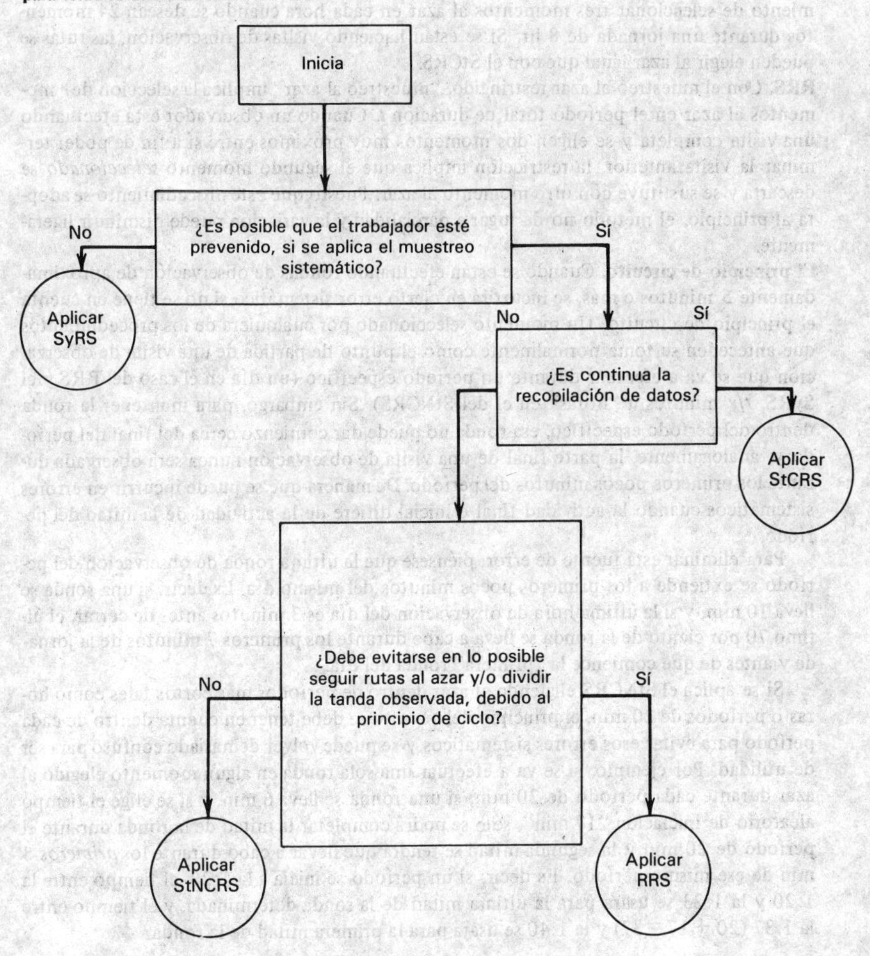

ción, se elige una hora al azar durante el primer t/r min del día y las observaciones posteriores se hacen a intervalos de t/r min exactamente. En el ejemplo de la primera parte de la sección 4.6.5, $t = 8 \times 60 = 480$ min, $r = 24$, y $t/r = 20$ min.

StCRS. En el muestreo al azar estratificado continuo, el uso de la palabra "continuo" implica que al observador se le asigna un 100 por ciento al muestreo del trabajo y, por lo tanto, lo lleva a cabo "continuamente". Las observaciones siguen siendo instantáneas y no implican un estudio de tiempo continuo. La selección al azar se logra mediante 1) la selección al azar del punto de partida de cada visita de observación (se puede asignar un número a cada estación y seleccionar un número al azar), 2) la selección al azar de varias rutas diferentes (asignando números a las diversas rutas factibles) y 3) la determinación, arrojando al aire una moneda, de la dirección que seguirá una ruta (en el sentido de las manecillas del reloj, o al revés). Cuánta selección al azar se vaya a requerir para contrarrestar la parcialidad del trabajador es una decisión que sólo podrán tomar quienes conozcan el proceso de trabajo que se estudia.

StNCRS. Aunque Moder usó la denominación "muestreo al azar estratificado no continuo" para el procedimiento que se sigue cuando se elige un solo momento al azar durante cada intervalo de t/r min en el transcurso del día, se podría aplicar también al procedimiento de seleccionar tres momentos al azar en cada hora cuando se desean 24 momentos durante una jornada de 8 hr. Si se están haciendo visitas de observación, las rutas se pueden elegir al azar igual que con el StCRS.

RRS. Con el muestreo al azar restringido, "muestreo al azar" implica la selección de r momentos al azar en el período total de duración t. Cuando un observador está efectuando una visita completa y se eligen dos momentos muy próximos entre sí a fin de poder terminar la visita anterior, la restricción implica que el segundo momento *seleccionado* se descarta y se sustituye con otro momento al azar. Puesto que este procedimiento se adopta al principio, el método no da lugar a parcialidad y la variación puede disminuir ligeramente.

El principio de circuito. Cuando se están efectuando rondas de observación de aproximadamente 5 minutos o más, se incurrirá en cierto error sistemático si no se tiene en cuenta el principio de circuito. Un momento seleccionado por cualquiera de los procedimientos que anteceden se toma normalmente como el punto de partida de una visita de observación que se va a efectuar durante un período específico (un día en el caso del RRS y el SyRS, t/r minutos u "horas" en el del StNCRS). Sin embargo, para mantener la ronda dentro del período específico, esa ronda no puede dar comienzo cerca del final del período y, análogamente, la parte final de una visita de observación nunca será observada durante los primeros pocos minutos del período. De manera que se puede incurrir en errores sistemáticos cuando la actividad final e inicial difiere de la actividad de la mitad del período.

Para eliminar esta fuente de error, piénsese que la última ronda de observación del período se extiende a los primeros pocos minutos del mismo día. Es decir, si una ronda se lleva 10 min, y si la última hora de observación del día es 3 minutos antes de cerrar, el último 70 por ciento de la ronda se lleva a cabo durante los primeros 7 minutos de la jornada y antes de que comience la "primera" ronda del día.

Si se aplica el StNCRS eligiendo al azar dentro de períodos más cortos tales como horas o períodos de 20 min, el principio del circuito se debe tener en cuenta dentro de cada período para evitar esos errores sistemáticos y se puede volver demasiado confuso para ser de utilidad. Por ejemplo, si se va a efectuar una sola ronda en algún momento elegido al azar durante cada período de 20 min, si una ronda se lleva 6 min, y si se elige el tiempo aleatorio de iniciación "17 min", sólo se podrá completar la mitad de la ronda durante el período de 20 min y la segunda mitad se tendrá que llevar a cabo durante los *primeros* 3 min de ese mismo período. Es decir, si un período se inicia a la 1:20, el tiempo entre la 1:20 y la 1:23 se usará para la última mitad de la ronda determinada, y el tiempo entre la 1:37 ($20 + 17 = 37$) y la 1:40 se usará para la primera mitad de la ronda.

Si se está llevando a cabo el estudio de muestreo del trabajo de sólo unos pocos trabajadores o máquinas, el principio de circuito se puede pasar por alto.

4.6.6 PROCEDIMIENTO PARA CALCULAR INTERVALOS DE CONFIANZA

Al final de un estudio, o en cualquier momento durante el mismo, se pueden hacer estimaciones de cualquier proporción de tiempo que se desee; es decir, se puede determinar $p_1, p_2, \ldots, p_k$ para cada trabajador o para un grupo de ellos. Reconociendo que esas estimaciones no son exactamente las proporciones deseadas, se acostumbra estimar la precisión de esos estimadores suponiendo una distribución normal para cada uno de los p's y pretendiendo un 95 por ciento de confianza que

$$p - [1.96 \times (SD)] < p' < p + [1.96 \times (SD)] \qquad (1)$$

o

$$p - [Z_{\alpha/2} \times (SD)] < p' < p + [Z_{\alpha/2} \times (SD)]$$

La cantidad SD es la desviación estándar (o raíz cuadrada de la varianza) de la variable p. La variación real de p dependerá de la manera en que se hagan las observaciones y de si se considera que las diferencias de un día a otro están o no incluidas en p' o excluidas de p'; es decir, si la p' deseada es la proporción de tiempo durante el período de estudio sujeta a la fluctuación diaria o algún valor medio de valores que fluctúan diariamente.

La cantidad $Z_{\alpha/2}$ es una constante asociada con la distribución normal, tal, que la probabilidad de que una cantidad cualquiera distribuida normalmente sea mayor que $Z_{\alpha/2}$ SDs respecto a su valor verdadero es menor que α.

En el ejemplo 4.6.5 se dan varios valores diferentes de $(1-\alpha)$ y $Z_{\alpha/2}$, pero el 95 por ciento de confianza obtenible usando 1.96, aproximadamente 2, es más frecuente en la práctica.

Aquí se referirá a la cantidad $[Z_{\alpha/2} \times (SD)]$ como la "precisión" de la estimación p como estimador de p'. Si p es un estimador imparcial de p', como debería serlo, esa misma cantidad se podría tomar como la "exactitud" de la estimación p. Considérese un estudio que se lleva a cabo en forma tal, que se pueda esperar que la parcialidad del trabajador o del observador haga aumentar la proporción medida de tiempo productivo. Si los trabajadores son realmente productivos el 70 por ciento del tiempo, pero según los tiempos de observación son productivos el 80 por ciento del tiempo, p estaría estimando 0.8, no 0.7, y la cantidad $[Z_{\alpha/2} \times (SD)]$ indicaría cuánto se aproxima p a 0.8, no a 0.7. En un estudio de muestreo del trabajo bien realizado, precisión es exactitud.

Queda la cuestión de cómo se debe estimar la SD de cada valor p. Se contesta de tres maneras, una de las cuales presentamos aquí, y dos que se explicarán en el apéndice de este capítulo.

Ejemplo 4.6.5 Niveles y constantes de confianza

Confianza $(1-\alpha)$	*Constante* (Z_α)
0.9000	1.645
0.9500	1.960
0.9546	2.000
0.9900	2.576
0.9974	3.000

Suposición binomial

Si uno se contenta con estimar una p' que represente la proporción de tiempo durante el período de estudio ocupado por una categoría específica, y si se puede suponer que las observaciones son independientes, la varianza de una variable aleatoria de dos términos es un modelo razonable, y $SD = \sqrt{p(1-p)/N}$, o, más correctamente, para la categoría $k$ésima, $SD_A = \sqrt{V_A}$ donde $V_A = p_k(1-p_k)/(N-1)$. El subíndice A se usa para identificar esta primera estimación de la SD y de la varianza, V, de p. Los subíndices B y C se usarán en el apéndice.

Así pues, si en 350 observaciones al azar de una máquina se le encuentra operando 210 veces, en preparación 68 veces y ociosa 72 veces, se puede estimar que la máquina estuvo ociosa $(72/350) \times 100 = 20.57\%$ del tiempo durante el período total del estudio. Es decir, $p = 0.2057$ estima alguna p' desconocida.

Por lo tanto, con un 95% de confianza, se puede afirmar que

$$0.2057 - 1.960\sqrt{\frac{(0.2057)\,(0.7943)}{349}} < p' < 0.2057 + 1.960\sqrt{\frac{(0.2057)\,(0.7943)}{349}}$$

o sea $0.163 < p' < 0.248$.

La cantidad 0.7943 que aparece en la desigualdad que antecede es la cantidad $(1-p)$, y la cantidad 1.960 es el valor $Z_{\alpha/2}$ para el 95 por ciento de confianza.

Este es el estimador (SD_A) de la desviación estándar usado con buenos resultados por los ingenieros industriales durante más de 40 años. Los buenos resultados no se deben precisamente a que el modelo binomial se adapta a los procedimientos de muestreo, sino más bien a que el sesgo de más o de menos tiende a compensarse.

Esta estimación de la SD de p_k fue fácil de calcular durante la época en que la regla de cálculo se usó en ingeniería, y es todavía más fácil de calcular en un tiempo en que las calculadoras manuales de bajo costo tienen teclas para obtener raíz cuadrada.

La estimación de varianza, V_A, se puede determinar totalizando únicamente los valores X_k tomados de las hojas de datos, con lo cual se elimina la necesidad de manipular gran cantidad de datos.

Sin el análisis de datos con ayuda de la computadora, el cálculo del método binomial presentado aquí hace más que compensar las ventajas teóricas de los métodos presentados en el apéndice, si se tiene en cuenta que los objetivos inmediatos son los valores p_k y no la medida de su precisión. Sin embargo, cuando los datos se analizan con ayuda de la computadora, se pueden calcular mejores estimaciones de varianza, que en el apéndice de este capítulo se denominan V_B y B_C, sin recurrir a la suposición binomial.

4.6.7 METODOS PARA DETERMINAR EL NUMERO DE OBSERVACIONES NECESARIAS

Con mucho, los factores más importantes para la determinación del número total de observaciones requeridas en un estudio son las consideraciones de índole práctica. ¿Cuál es el costo de la obtención de datos, y cuál es el valor de la información? Con demasiada frecuencia, alguien con muy buenas intenciones decide que se busca una precisión de ± 0.01, sin tener en cuenta el costo de esa precisión comparado con lo que cuesta una de 0.05 y hasta de 0.10, que podrían ser suficientes para lo que se persigue en un estudio. De modo general, la estimación de precisión es inversamente proporcional a la raíz cuadrada del número de observaciones efectuadas, de manera que se necesitarían cuatro veces más datos para bajar a la mitad una medida de precisión.

Quienes llevan a cabo muestreos del trabajo difieren marcadamente en su manera de determinar el tamaño de la muestra. Algunos especifican la precisión y resuelven para el tamaño de la muestra, mientras que otros determinan una muestra de tamaño factible basada en las restricciones de orden económico y, luego, verifican para ver si la precisión resultante justificará el estudio.

La precisión se calcula como $Z_{\alpha/2} \times$ (SD). Por lo tanto, si D = precisión,

$$N_A = 1 + \frac{p'(1 - p')(Z_{\alpha/2})^2}{D^2} \tag{2}$$

Se desprecia la adición de 1 en esta fórmula y en todas las formulaciones posteriores. Por ejemplo, si $p' = .1$ y se busca una precisión de $D = .01$ con un 95 por ciento de confianza.

$$N_A = \frac{(0.1)(0.9)(1.96)^2}{(0.01)^2} = 3458$$

observaciones totales serán necesarias. La adición de 1 a N_A, teóricamente correcta, no tiene un efecto apreciable.

Como procedimiento alternativo, algunos analistas encuentran que es más fácil especificar la precisión *relativa* de la estimación deseada en un estudio. En vez de querer que $p' \pm .01$, tal vez quieran hallar una $p' \pm .1p'$, es decir, dentro de un 10 por ciento de p'. La cantidad D, entonces, se denomina "precisión absoluta" (o "exactitud", si p es insesgada), y $R = D/p'$ se llama "precisión relativa" (o "exactitud").

$$N_A = \frac{(1 - p')(Z_{\alpha/2})^2}{(p')R^2} \tag{3}$$

El deseo de una precisión dentro del 10 por ciento de p' hace a $R = 0.10$, y el número de observaciones necesarias para $p' = 0.10$ es nuevamente

$$N_A = \frac{0.9\,(1.96)^2}{0.1\,(0.10)^2} = 3458$$

Sin embargo, si $D = 0.01$ y $R = 0.10$, como en los ejemplos que anteceden, pero p' es 0.90 en vez de 0.10, el número de observaciones necesarias para producir (con un 95 por ciento de confianza) la precisión absoluta $D = 0.01$ seguirá siendo

$$\frac{(0.9)(0.1)(1.96)^2}{(0.01)^2} = 3458$$

pero $R = 0.10$ exige una precisión del 10 por ciento de 0.90, que viene a ser 0.90 y no 0.01, de manera que el tamaño de la muestra deberá ser únicamente

$$N_A = \frac{0.1\,(1.96)^2}{0.9\,(0.1)^2} = 43$$

La cantidad N_A de las ecuaciones 2 y 3 es la cantidad tradicional usada al principio de un estudio para calcular el número total de observaciones necesarias con 1.96 (ó 2) para $Z_{\alpha/2}$ a fin de lograr un 95% de confianza. Puesto que p' no sólo se desconoce al principio del estudio, sino que nunca se sabe realmente su valor, se usa una estimación aproximada de p'. En el ejemplo 4.6.6 se dan ejemplos de valores de D y R, valores absolutos y relativos de precisión con el 95% de confianza, para N_A = 100, 500, 1000 y 5000, así como para 11 valores diferentes de p'. El uso del ejemplo, así como de las ecuaciones, exige una estimación de la cantidad desconocida p'.

Las ecuaciones

$$D = Z_{\alpha/2}\sqrt{\frac{p'(1-p')}{N_A}}$$

y

$$R = Z_{\alpha/2}\sqrt{\frac{(1-p')}{p' N_A}}$$

se pueden usar para hallar valores que no aparecen en el ejemplo 4.6.6, con otros niveles de confianza (ver el ejemplo 4.6.5 para los valores $Z_{\alpha/2}$) y para otros valores de N_A.

Por ejemplo, $p' = 0.3$, $Z_{\alpha/2} = 1.96$, y $N_A = 1000$ producen las cantidades del ejemplo

$$D = 1.96\sqrt{\frac{(0.3)(0.7)}{1000}} = 0.0284$$

y

$$R = 1.96\sqrt{\frac{(0.7)}{(0.3)(1000)}} = 0.0947$$

Pero $p' = 0.3$, $Z_{\alpha/2} = 3$ (que indica un 99.74% de confianza) y $N_A = 1000$ dan los valores

$$D = 3\sqrt{\frac{(0.3)(0.7)}{1000}} = 0.043$$

Ejemplo 4.6.6 Precisión absoluta y relativa (95% de confianza)

	N_A							
	100		500		1000		5000	
p'	D	R	D	R	D	R	D	R
0.05	0.043	0.86	0.019	0.38	0.014	0.27	0.006	0.12
0.10	0.059	0.59	0.026	0.26	0.019	0.19	0.008	0.08
0.20	0.079	0.39	0.035	0.17	0.025	0.12	0.011	0.06
0.30	0.090	0.30	0.040	0.13	0.028	0.09	0.013	0.04
0.40	0.096	0.24	0.043	0.11	0.030	0.08	0.014	0.03
0.50	0.098	0.20	0.044	0.09	0.031	0.06	0.014	0.03
0.60	0.096	0.16	0.043	0.07	0.030	0.05	0.014	0.02
0.70	0.090	0.13	0.040	0.06	0.028	0.04	0.013	0.02
0.80	0.079	0.10	0.035	0.04	0.025	0.03	0.011	0.01
0.90	0.059	0.06	0.026	0.03	0.019	0.02	0.008	0.009
0.95	0.043	0.04	0.019	0.02	0.014	0.01	0.006	0.006

y

$$R = 3\sqrt{\frac{(0.7)}{(0.3)\,(1000)}} = 0.145$$

que no aparecen en el ejemplo 4.6.6.

En el ejemplo 4.6.7 aparece un nomograma, cortesía de A. D. Moskowitz. Para usar ese nomograna, localice el porcentaje de elemento, $p' \times 100$ por ciento, en la columna de la izquierda (por ejemplo, si $p = 0.2$, busque el 20 por ciento) y localice el porcentaje de intervalo de precisión requerido, $D \times 100$ por ciento, en la columna que sigue a la derecha (por ejemplo, si $D = 0.04$, busque el 4 por ciento). Una esos dos puntos y prolongue la línea hasta la vertical que aparece en el centro del ejemplo. Esa intersección señala el punto de giro. Uniendo dicho punto, mediante una nueva línea, con el nivel de confianza deseado que aparece en la escala corta, por ejemplo 95 por ciento, y prolongando esa nueva línea hasta la escala situada a la derecha, se encontrará el tamaño de la muestra necesaria, que en este ejemplo es 384 $= N_A$. Siguiendo un procedimiento similar se puede usar el nomograma con el fin de resolver con precisión o para obtener el nivel de confianza, dadas las otras tres cantidades.

Los ejemplos 4.6.6 y 4.6.7 están basados en la suposición binomial, de manera que se tiene que estimar sólo la proporción p' para hallar una estimación de la varianza y, por lo tanto, un valor de precisión. Si la suposición binomial no es válida, será necesario obtener algunos datos a partir de los cuales se pueda estimar la varianza, antes de que se pueda determinar el tamaño de la muestra o la precisión.

Es evidente que el tamaño proyectado de la muestra, N_A, dependerá de cuál categoría (cuál p'_k) se elige para el estudio. Algunos analistas prefieren examinar el p_k más pequeño entre aquellos que interesan (el procedimiento conservador cuando se usa precisión relativa), otros prefieren el p_k más próximo a 0.5 (el procedimiento conservador cuando se usa precisión absoluta), y otros eligen simplemente la categoría clave de mayor interés para el estudio.

La determinación de N_A se puede mejorar a medida que se obtienen más datos, mientras que p' se puede estimar no por conjetura sino con p, la mejor estimación a esas alturas del estudio.

Una vez emprendido el estudio para I días,

$$N_A(I) = \frac{p(1-p)\,(Z_{\alpha/2})^2}{D^2}$$

pero ya se han efectuado N observaciones; de manera que el número adicional de observaciones necesarias para producir la precisión absoluta, D, será

$$N_A(I) - N = N\left\{\left(\frac{p(1-p)}{N}\right)\frac{Z^2}{D^2} - 1\right\} = N\left(V_A\,\frac{Z^2}{D^2} - 1\right)$$

y si continúan observaciones a un promedio de N/I observaciones por día para producir la precisión absoluta D se necesitará un número adicional de días igual a

$$(\text{días adicionales})_A = I\left(V_A\,\frac{(Z_{\alpha/2})^2}{D^2} - 1\right) \tag{4}$$

Por ejemplo, si se desea una precisión de 0.02 con un 95 por ciento de confianza, y si en 5 días de obtención de datos se han efectuado 125 observaciones de una determinada categoría durante 500 observaciones en total del trabajador, de manera que $p = 125/500 = 0.25$, obtendre-

Ejemplo 4.6.7 Nomograma para determinar el número de observaciones necesarias para determinado nivel absoluto de precisión y confianza[a]

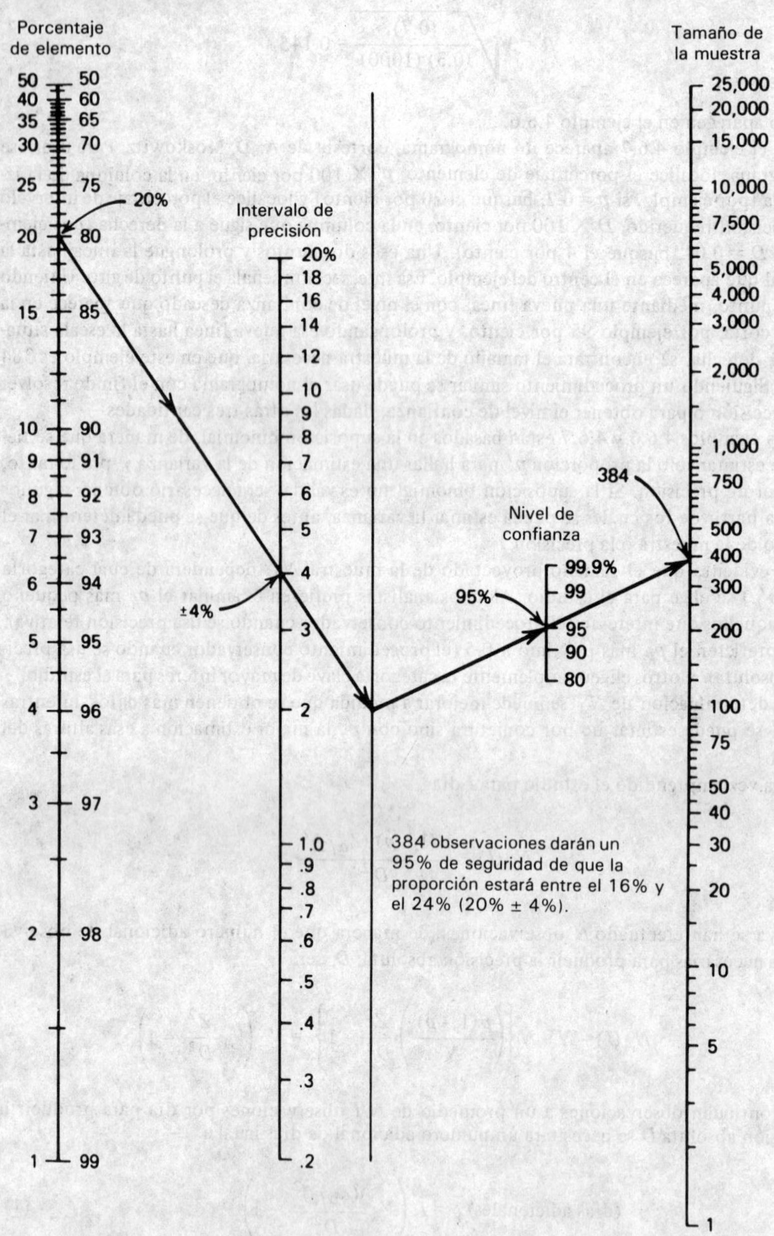

[a] Reproducido con autorización de la referencia 8.

mos un total de $(0.25)(0.75)(1.96)^2/(0.02)^2 = 1801$. Se necesitarán por lo tanto 1801 observaciones. Pero ya se han efectuado 500, de manera que se necesitarán $1801 - 500 = 1301$ observaciones adicionales. Puesto que se han necesitado 5 días para efectuar las primeras 500 (100 por día), es razonable suponer que el estudio llevará $1301/100 = 13.01$ días adicionales.

Esta cifra resulta inmediatamente de la ecuación 4:

$$5\left(\frac{(0.25)(0.75)(1.96)^2}{500(0.02)^2} - 1\right) = 13.01$$

Una vez que el estudio está en marcha, es razonable calcular, si se está utilizando un programa de computadora, los días adicionales de estudio necesarios para lograr la precisión absoluta D calculada por V_B y V_C, los estimadores alternativos de variación introducidos en el apéndice. Los procedimientos para calcular los días adicionales de estudio necesarios para producir una precisión específica se ilustran en la sección 4.6.3A del apéndice.

4.6.8 PROCEDIMIENTO PARA OBTENER TIEMPOS ESTANDAR

Aunque el muestreo no se recomienda para establecer estándares de trabajo destinados a la mano de obra directa, puede ser muy útil cuando se trata de elaborar presupuestos departamentales para las actividades de mano de obra indirecta que se puedan relacionar con alguna unidad de producción.

Si se deben establecer estándares, es necesario que un ingeniero o técnico versado en la clasificación del rendimiento (ver el capítulo 4.4) haga observaciones. Clasificar en un estudio de muestreo del trabajo es más difícil que clasificar en un estudio con el cronómetro, porque las observaciones de muestreo del trabajo son teóricamente instantáneas. En los estudios del trabajo observado es típico que los técnicos, hasta los mejores, pasen por alto muchas clasificaciones. Es decir, el técnico se considera competente para determinar la categoría del trabajo que se ejecuta, pero no para clasificar el esfuerzo o la habilidad que aplica un determinado trabajador en una ronda de observación.

Algunas categorías, por ejemplo la de "ocioso", lo mismo que las que son controladas por máquinas, nunca se clasifican. Las restantes son clasificadas de manera que el tiempo dedicado a un trabajo, en particular durante el período de estudio, se pueda ajustar a una cantidad que habría sido consumida si el trabajo se hubiera realizado al 100 por ciento. Es decir, si $p_3 = 520/2000 = 0.26$, y si $T = 1600$ horas hombre reales registradas durante el período de estudio, se estimará que se invirtieron $p_3 T = 416$ horas reales en la categoría 3. Pero si el promedio de las clasificaciones registradas para la categoría 3, R_3, es 83.5, el total de horas hombre reales se ajusta en esta forma:

$$\frac{R_3 p_3 T}{100} = \frac{(83.5\%)(416)}{100}$$

$$= 348.16 \text{ horas ajustadas}$$

Para establecer estándares tal vez sea necesario combinar varias categorías del estudio en una sola categoría compuesta. Esta última deberá incluir todos los elementos productivos que den lugar a la producción de alguna unidad determinable de producto, por ejemplo, cajas embarcadas, motores reparados, informes llenados, etc.

Para poner un ejemplo, si las categorías 2, 3 y 5 se combinan en una categoría compuesta, $p_C = (x_2 + x_3 + x_5)/N$ (ver el ejemplo 4.6.8). La clasificación media de la categoría compuesta se puede hallar sumando todas las clasificaciones observadas de las tres categorías y dividiendo entre el número total de clasificaciones registradas. El número de observaciones cla-

Ejemplo 4.6.8 Ejemplo de cálculo del tiempo estándar

Categoría	*X*	*Total de calificaciones*	*Número de observaciones calificadas*[a]	*Promedio de calificaciones*
#2 Sello fechador del pedido	460	39,905	440	90.7
#3 Registro del pedido	520	42,685	510	83.5
#5 Se archiva el pedido	620	45,630	600	76.0
#6 No relacionado con los pedidos	300	23,600	295	80.0
#7 Ocioso	100	—	—	—
Número total de observaciones (N)	2000			
Número total de observaciones calificadas			1845	

Las categorías 2, 3 y 5 se combinan en c.

$$P_c = \frac{460 + 520 + 620}{2000} = 0.80$$

$$R_c = \frac{39{,}905 + 42{,}685 + 45{,}630}{440 + 510 + 600} = \frac{128{,}220}{1550} = 82.72\%$$

T = total de horas-hombre durante el estudio = 461
AF = factor de tolerancia = 1.16
OP = pedidos procesados

$$\text{Estándar} = \frac{AF \times R_c \times P_c \times T}{100 \times OP} = \frac{1.16 \times 82.72 \times 0.80 \times 461}{100 \times 1000}$$

$$= 0.354 \text{ hr/pedido}$$

[a] El número de observaciones calificadas es menor que X debido a las calificaciones que no se hacen.

sificadas de cada categoría en el ejemplo 4.6.8 es menor que X porque algunas clasificaciones son pasadas por alto por los observadores. Si una o más de las categorías no se pueden clasificar, se impodrán clasificaciones de 100 por ciento a todas las observaciones de esa categoría. Al promedio de las clasificaciones resultantes se le puede llamar R_C. Advierta que R_C *no es* un simple promedio de R_2, R_3 y R_5 encontrado sumando las tres clasificaciones y dividiendo entre 3, lo cual nos daría (90.7 por ciento + 83.5 por ciento + 76.0 por ciento)/3 = 83.4 por ciento.

De manera que el tiempo estándar es

$$\frac{AF \times R \times p \times T}{100 \times OP} \text{ hr/unidad}$$

o

$$\frac{OP \times 100}{AF \times R \times P \times T} \text{ unidades/hr,}$$

donde AF = factor de tolerancia en forma decimal, 1 + tolerancia (por ejemplo, 1.10 ó 1.15 para 10 por ciento y 15 por ciento de tolerancia).
R = promedio de clasificación (porcentual).
p = X/N = proporción de tiempo estimada para el estudio (en forma decimal).
T = total de horas hombre (u horas de máquina) para el estudio.
OP = total de unidades de producción para el estudio, relacionadas con la proporción de tiempo p.

Cuando se efectúa un gran número de observaciones para hallar la estimación p, la precisión de esa estimación es buena. Si hay duda acerca de la precisión de p debido al procedimiento de muestreo del trabajo, algunos analistas modifican p a fin de incluir, digamos, dos SDs de p antes de usarla para determinar el estándar. Es decir,

$$p^* = p + 2\sqrt{\frac{p(1-p)}{N}}$$

Tomando los datos del ejemplo 4.6.8, el efecto de este procedimiento sería:

$$p_c^* = 0.8 + 2\sqrt{\frac{0.8\,(0.2)}{2000}} = 0.8 + 0.018 = 0.818$$

Sustituyendo 0.818 en vez de 0.800 en el cálculo de tiempo estándar del ejemplo 4.6.8 se obtiene el estándar modificado 0.362 hr/unidad.

Este procedimiento de ajuste, de p a p^*, es muy conservador. Hay que hacer notar que p, con bastante razón se podría modificar hacia abajo. Análogamente, haremos observar que este ajuste compensa la incertidumbre acerca de p como estimador de p', pero no tiene en cuenta la incertidumbre respecto a R, la clasificación.

4.6.9 CONSIDERACIONES AL SELECCIONAR LA CATEGORIA DE TRABAJO

Las categorías deben ser congruentes con la finalidad del estudio, ser reconocibles al principio por medio de la vista y estar cuidadosamente definidas de modo que se excluyan mutuamente (que no se superpongan). Si la finalidad del estudio es fijar estándares, hay que hacer lo posible para asegurarse de que las categorías corresponden a alguna medida disponible de producción.

Fundamentalmente, los resultados de un estudio de muestreo del trabajo toman la forma de una serie de categorías, con la proporción de las observaciones totales registradas en cada una. El director del estudio debe trabajar con la gerencia para decidir qué factores se van a buscar, antes de crear las categorías. Si se van a hacer comparaciones entre los resultados de diferentes estudios de muestreo del trabajo, las categorías deben ser congruentes entre estudios. Pero la definición de una actividad específica y la precisión con que los observadores clasifiquen una actividad son de la mayor importancia. Por ejemplo, si un estudio tuvo dos categorías, "trabajo" y "ocioso", sería muy difícil clasificar mucha actividad no productiva (por ejemplo, limpiar o caminar) porque la persona observada no se encuentra "ociosa". Al mismo tiempo, el caminar puede no ser parte integrante del trabajo productivo. De manera que se recomienda gran cuidado al seleccionar y definir categorías. Estas se anotan por escrito no sólo para mantener la congruencia entre los observadores, sino también porque los estudios que se hagan en el futuro para comparar y para medir el cambio deberán contener categorías similares.

Una buena regla empírica es la de que, en un estudio de obtención de hechos, alrededor de la mitad de las categorías deben ser de actividad "productiva" y la otra mitad de "no productiva". A veces, una tercera parte de las categorías son de actividad "productiva", una tercera parte de actividad "necesaria, pero no deseable" y una tercera parte de "no productiva". El punto importante es que el estudio no se debe hacer exclusivamente para determinar cuándo están perdiendo el tiempo los empleados, sino que debe concentrarse también en todas las categorías de actividades de trabajo y en las categorías necesarias pero no deseables. El tiempo de trabajo se puede tomar como base para fijar estándares y para hacer comparaciones con los datos estándar

Por ejemplo, en un estudio único se dio una categoría para "trabajo", y en cambio había 15 para diversos tipos de "espera" y "ocioso". El resultado fue que todo el manejo de materiales, la preparación del equipo y las observaciones de inspección fueron asignadas a la categoría "trabajo" y la utilidad del estudio disminuyó considerablemente.

He aquí una lista, como ejemplo, de categorías para un estudio de operadores de máquinas:

1. Plan, estudiar los dibujos, etc.
2. Preparación y limpieza del lugar de trabajo.
3. Trabajo, uso de herramientas, etc.
4. Espera, por otros materiales, por equipo, etc.
5. Traslado, caminar, otra forma de transportación.
6. Personal, ociosidad, conversación, etc.
7. Sin contacto, fuera del área.

Otra lista de categorías, como ejemplo para un estudio de actividades de oficina, con las categorías primarias determinadas mediante la observación y las complementarias que se determinan interrogando al empleado, es la siguiente:

1. Uso de terminal de computadora.
   a. Cliente.
   b. Otro motivo externo.
   c. Interno (entre oficinas, reproducir, etc.).
2. Escribir a máquina o a mano.
   a. Cliente.
   b. Otro motivo externo.
   c. Interno (entre oficinas, informes, etc.).
3. Manejo de papeles, archivos.
   a. Cliente.
   b. Otro motivo externo.
   c. Interno (entre oficinas, informes, etc.).
4. Caminar.
5. Teléfono.
6. Conversación.
7. Personal, ocioso.
8. Sin contacto, fuera del área.

Por ejemplo, el observador hará una observación inicial de "escribir a máquina" y, luego, preguntará al empleado qué forma está utilizando (si no resulta evidente de inmediato) a fin de determinar si lo que se escribe corresponde a trabajo para el "cliente". Se puede esperar una respuesta sincera y no se dará lugar a resentimiento alguno, porque el empleado sabe que ha sido observado realizando trabajo productivo.

Las categorías que corresponden a estudios especiales deberán aprovechar lo que se sabe ya acerca de la situación de trabajo. Por ejemplo, se pueden haber instalado registradores de máquina en un área, que permiten la verificación parcial en los estudios de utilización de la máquina. Si uno de los objetivos del estudio consiste en verificar el contenido de la tarea comparándolo con un plan de evaluación del trabajo, o en verificar la división real del tiempo de servicio comparando con las clasificaciones de la contabilidad de costos o el centro de costo, esto se debe tener en cuenta al crear las categorías. Resumiendo, los resultados finales de un muestreo del trabajo consisten primordialmente en las proporciones en que aparecen las categorías; de manera que éstas se deben seleccionar con cuidado.

4.6.10 EJEMPLO DE PROCEDIMIENTO PASO POR PASO

Como el muestreo del trabajo es un instrumento flexible, que se adapta tanto a los estudios muy sencillos como a los muy complejos, es imposible crear un procedimiento único paso por paso para diseñar y llevar a cabo un estudio que sirva para todos los usos. Si se incluyen pasos que resulten útiles para un estudio en gran escala, el procedimiento parecerá demasiado complicado y pesado para un estudio reducido y rápido. De manera que la lista de pasos siguiente se presenta como un ejemplo de procedimiento más bien que como una guía de conjunto. Muchos de los pasos refieren al lector a otras secciones del presente capítulo, para una explicación más detallada.

1. *Definir los objetivos.* Si se obliga al ingeniero a redactar una definición de los objetivos, se estructuran las ideas y se reduce la ambigüedad (sección 4.6.4). Al principio es necesario tener alguna idea general del alcance en términos de días de estudio y del área que se va a estudiar. Al llegar al paso 9, tal vez habrá que modificar el número de días.
2. *Establecer una medida de producción (si así se indica).* Si los objetivos del estudio incluyen el establecimiento o la vigilancia de una norma cualquiera relacionada con la producción, se debe determinar el método de medición (sección 4.6.).
3. *Determinar quién obtendrá los datos.* Aunque en este punto no es necesario saber exactamente qué persona obtendrá los datos, conviene saber, antes de pasar al paso 4, si se va a recurrir a un técnico de fuera o si se pedirá al supervisor que haga las observaciones (sección 4.6.4).
4. *Obtener la aprobación del supervisor y anunciar el estudio.* Los esfuerzos realizados en este paso pueden lograr la aceptación de las recomendaciones del estudio y aliviar tensiones que pudieran falsear los resultados. Hay que decidir con mucho cuidado la manera de anunciar un estudio, para evitar temores y sospechas. Los analistas de más experiencia recomiendan el anuncio abierto y directo a todos aquellos que posiblemente resultarán afectados. Los estudios realizados en secreto pueden dar lugar a graves problemas con el personal y, por lo general, sólo los novatos sienten la tentación de obtener datos sin el conocimiento de todos los empleados involucrados.
5. *Determinar el método general que se seguirá para registrar los datos.* De modo general, esto lo determinará fácilmente el equipo disponible. Por ejemplo, la adquisición de un nuevo sistema de computadora para un estudio específico daría lugar a un retraso poco razonable.
6. *Capacitar al observador u observadores.* Asegurarse de que los observadores comprendan la necesidad de ser objetivo, conozcan los principios generales del muestreo y entiendan la importancia de observar los programas de tiempo. Si se va a clasificar el rendimiento, los observadores impreparados deben recibir capacitación especial y los experimentados deben repasar sus conocimientos en materia de clasificación.
7. *Clasificar la actividad en categorías.* La selección de categorías se hace mejor con la ayuda de la persona o personas que realmente van a hacer las observaciones. La selección de categorías pasa a formar parte del procedimiento de capacitación (sección 4.6.9).
8. *Preparar el aspecto físico de la obtención de datos.* Diseñar la(s) forma(s) que se va(n) a usar para el registro con "lápiz y papel", o programar la computadora para el número de trabajadores (o máquinas) y el número de categorías que se va a observar (sección 4.6.4).
9. *Decidir el número de observaciones necesarias.* Usando una estimación preliminar de la p' de alguna categoría principal resultante del paso 7, y alguna precisión deseada implícita en los objetivos del paso 1, determinar el número aproximado de observaciones que se necesitarán. Dividiendo ese número entre el número de días de estudio (o mejor entre el número de días de estudio menos 3, dejando margen para un estudio de prueba) y entre el número de observaciones por visita, se obtendrá el número de visitas de observación requeridas por día. Si esa cifra resulta demasiado grande, habrá que reevaluar ya sea el número de días o la precisión deseada. (sección 4.6.7.)

10. *Decidir qué método de muestreo se va a aplicar.* Con base en el número de visitas de observación que se harán por día, y en el conocimiento del área y de los trabajadores que se va a estudiar (teniendo en cuenta la posible parcialidad), se seleccionará un método de muestreo, es decir, sistemático, estratificado o aleatorio (sección 4.6.5).

11. *Seleccionar los tiempos al azar necesarios.* Usando tablas, calculadoras o computadoras, establecer las horas para el método seleccionado en el paso **10.** Aunque no es necesario generar desde el principio las horas al azar para todo el estudio, sí se deben establecer las que corresponden a los primeros días, con el fin de aclararle el método de muestreo al observador (ejemplo 4.6.6).

12. *Establecer los procedimientos de oficina (o de computación) necesarios para procesar los resultados.* Es importante que los procedimientos de manejo de datos sean fácilmente accesibles y estén tan libres de causas de error como sea posible.

13. *Efectuar un breve estudio de prueba.* Los datos del primer día, y posiblemente los del segundo y el tercero si se sospecha que no son de fiar, tendrán que ser desechados. Ciertas circunstancias individuales, tales como el conocimiento que tengan los trabajadores del muestreo del trabajo, y el gasto que implique la obtención de datos, determinarán la duración del estudio de prueba.

14. *Establecer gráficas(s) de control.* A medida que avanza el estudio se pueden elaborar gráficas de control, como las que se describen en el capítulo 8.3, para señalar las estimaciones diarias de p' (p_i en la terminología del capítulo 8.3) a fin de vigilar uno o más de los valores p de categorías principales. A medida que el estudio prosigue, $\bar{p}$ o p' (terminología del capítulo 8.3) serán modificados, semanalmente tal vez. Si muchos valores p quedan situados cerca de los límites de control, ello indica un efecto significativo de día al azar, y es recomendable el uso de V_c para intervalos de confianza.

15. *Evaluar nuevamente las estimaciones de precisión.* Según avanza el estudio, los intervalos de confianza se pueden calcular periódicamente. Si se usan estimadores alternativos de varianza, los resultados tal vez permitan terminar anticipadamente el estudio o tal vez aconsejen que se extienda más allá de lo planeado, si esas estimaciones de varianza son apreciablemente menores o mayores que la basada en una suposición binomial (sección 4.6.8 y apéndice del presente capítulo).

16. *Anotar y archivar los resultados.* El formato del informe, desde luego, dependerá de los objetivos del estudio, pero contendrá estimaciones de la proporción de tiempo asignado a diversas categorías, la precisión de esas estimaciones y, en algunos casos, tiempos estándar (sección 4.6.8). Los informes se deben conservar para referencia futura en estudios similares o adicionales.

APENDICE

4.6.1A EQUIPOS DE TRABAJO CORRELACIONADOS[9]

Cuando se observa a varios trabajadores al mismo tiempo (o casi al mismo tiempo) y sus observaciones se totalizan en los mismos valores x (y valores p, por lo tanto), no se puede considerar que sea independiente su lectura individual. Aunque parezca que los trabajadores actúan por separado, su actividad está correlacionada (no es independiente) dentro de una ronda de observación por el simple hecho de que las observaciones tienen lugar a la misma hora del día. Por ejemplo, una ronda de observación efectuada al finalizar el día encontrará probablemente a todos los trabajadores haciendo labor de limpieza.

Esta correlación se puede compensar calculando para la categoría de orden k la desviación estándar alternativa $SD_B = \sqrt{V_B}$ donde

$$V_B = \frac{\Sigma_{j=1}^{J}\ [Y(k,j)]^2/m(j) - Np_k^2}{N(J-1)}$$

Las definiciones que siguen describen las cantidades que aparecen en esta ecuación:

J = número total de rondas de observación efectuadas durante un estudio.

$m(j)$ = número total de trabajadores (o máquinas) observados en la ronda j del estudio (por ejemplo, $m(5)$ es el número de trabajadores observados en la quinta ronda de observación del estudio. Idealmente, esta cantidad sería constante a lo largo de un estudio, pero, en la práctica, raramente lo es).

$Y(k, j)$ = número total de trabajadores (o máquinas) encontrados en la categoría de trabajo k durante la ronda de observación j (por ejemplo, $Y(3, 15)$ es el número de trabajadores encontrados en la categoría 3 en la quinceava ronda de observación de un estudio. Si se observa sólo un trabajador, Y será únicamente 0 ó 1 para cada k y j).

El estimador de varianza V_B de esta sección es esencialmente una varianza de muestra ajustada de los valores $Y(k, j)$. Su cálculo se simplifica mucho con una computadora, pero se puede ilustrar con los datos del ejemplo 4.6.1A, donde se supone que la categoría "ocioso"

Ejemplo 4.6.1A Ejemplo de cálculo de SD_B

Tanda	*Número de trabajadores observados m(j)*	*Número de trabajadores "ociosos" observados Y(1, j)*	$\frac{Y(1,j)^2}{m(j)}$
1	12	6	3.000
2	12	2	0.333
3	12	3	0.750
4	12	1	0.083
5	12	2	0.333
6	13	1	0.077
7	13	3	0.692
8	13	2	0.308
9	13	2	0.308
10	13	0	0.000
11	13	1	0.077
12	13	0	0.000
13	13	4	1.231
14	13	2	0.308
15	13	3	0.692
Totales	190	32	8.192

$$P_1 = \frac{32}{190} = 0.168$$

$$N = 190$$

$$J = 15$$

$$V_B = \frac{8.192 - 190\,(0.168)^2}{190\,(15-1)} = 0.001064$$

$$SD_B = \sqrt{V_B} = 0.0326$$

es la categoría 1. Usando el valor SD_B del ejemplo 4.6.7 en la ecuación 1, se puede concluir con un 95 por ciento de confianza que

$$0.168 - (1.96 \times 0.0326) < p' < 0.168 + (1.96 \times 0.0326)$$

o bien

$$0.104 < p' < 0.232$$

Con fines de comparación, observe que $V_A = (0.168)\,(1 - 0.168)/189 = 0.0007396$ y que $\sqrt{V_A} = SD_A = 0.0272$, de manera que si se pasa por alto la correlación de los trabajadores, lo cual implica el uso de SD_A en la ecuación 1, se puede concluir con un 95 por ciento de confianza que

$$0.168 + 1.96 \times 0.0272 < p' < 0.168 + 1.96 \times 0.0272$$

o bien

$$0.115 < p' < 0.221$$

Cuando, como en el ejemplo 4.6.1A, se realizan sólo 15 rondas de observación en un estudio total, es correcto compensar el pequeño número usando un punto porcentual de una distribución t en vez de una distribución Z. En la práctica, sin embargo, se efectuarán más de 30 rondas en un estudio y la diferencia entre un valor t y un valor Z será insignificante.

4.6.2A EFECTOS DEL DIA ALEATORIO[9]

Cuando el valor p' para el cual se busca una estimación no es simplemente la proporción de tiempo ocupado por una categoría durante el período de estudio, sino el valor promedio de las proporciones con respecto al cual se esperará que fluctúen las proporciones individuales diarias, es necesario estimar la precisión de p como estimador de ese valor promedio p' con base en los totales diarios.

Los efectos de día al azar se pueden incluir en la estimación de precisión calculando para la categoría k

$$SD_C = \sqrt{V_C}$$

donde

$$V_C = \frac{\Sigma_{i=1}^{I}\ [Z(k,i)]^2/n(i) - Np_k^2}{N(I-1)}$$

Las definiciones que siguen describen las cantidades que intervienen en las ecuaciones que anteceden:

- I = número total de días que dura un estudio.
- $n(i)$ = número total de observaciones al trabajador efectuadas en el día i (por ejemplo, $n(6)$ es el número de observaciones al trabajador efectuadas en el sexto día. Idealmente, este número permanecerá constante a lo largo de un estudio, pero en la práctica raramente sucede así.
- $Z(k, i)$ = número total de observaciones al trabajador (o a la máquina) situándolo en la categoría k en el día i del estudio (por ejemplo, $Z(2,6)$ es el número de trabajadores localizados en la categoría 2 en el sexto día del estudio).

El estimador de varianza, V_C, es esencialmente una varianza de muestra ajustada de los valores $Z(k, i)$. Su cálculo se simplifica mucho con una computadora, pero se puede ilustrar tomando los datos del ejemplo 4.6.2A donde se supone que la categoría "ocioso" es la categoría 1. Usando SD_C en la ecuación 1, se puede concluir con un 95 por ciento de confianza que

$$0.160 - (1.96 \times 0.0034) < p' < 0.160 + (1.96 \times 0.0034)$$

o bien,

$$0.153 < p' < 0.167$$

Con fines de comparación, observe que $V_A = (0.16)(1 - 0.16)/3836 = 0.00003504$ y que $SD_A = 0.0059$, de manera que si se pasan por alto las fluctuaciones diarias, lo cual implica el uso de SD_A en la ecuación 1, se puede concluir con un 95 por ciento de confianza que

Ejemplo 4.6.2A Ejemplo de cálculo de SD_c

Día	*Número de observaciones efectuadas de los trabajadores n(i)*	*Número de observaciones efectuadas de los trabajadores "ociosos" Z(1, i)*	$\frac{(Z(1, i))^2}{n(i)}$
1	190	32	5.389
2	202	34	5.723
3	200	31	4.805
4	180	27	4.050
5	193	33	5.642
6	175	26	3.863
7	191	28	4.105
8	200	34	5.780
9	192	30	4.688
10	201	29	4.184
11	200	33	5.445
12	200	30	4.500
13	183	25	3.415
14	190	28	4.126
15	185	35	6.622
16	195	34	5.982
17	192	31	5.005
18	195	38	7.405
19	187	28	4.193
20	185	29	4.546
Totales	3836	615	99.414

$$P_1 = \frac{615}{3836} = 0.1603$$

$$N = 3836$$

$$I = 20$$

$$V_c = \frac{99.414 - 3836(0.1603)^2}{3836(20 - 1)} = 0.00001158$$

$$SD_c = \sqrt{V_c} = 0.0034$$

$$0.160 - (1.96 \times 0.0059) < p' < 0.160 + (1.96 \times 0.0059)$$

o bien,

$$0.148 < p' < 0.172$$

El hecho de que V_C sea en este caso menor que V_A implica que las diferencias diarias fueron muy pequeñas y que se hizo alguna clase de muestreo estratificado, de manera que la suposición binomial de una estimación conservadoramente grande de la variación de p. Cuando se hace un simple muestreo al azar, V_C es normalmente mayor que V_A.

Una desventaja de este procedimiento es la necesidad de hacer observaciones durante casi 20 días para poder obtener una estimación confiable de la precisión. Cuando se establecen intervalos de confianza basados en V_C siendo I menor que 30, se pueden lograr mejores resultados sustituyendo un punto percentil $(1 - \alpha/2)$ 100 de una distribución t con $I - 1$ grados de libertad en vez de $Z_{\alpha/2}$, lo cual hará aumentar ligeramente los intervalos de confianza (véanse los ejemplos en el capítulo 13.5).

Una ventaja de este procedimiento es que las reducciones de la variación de p logradas mediante el muestreo estratificado o sistemático darán lugar probablemente a valores más pequeños de V_C y, por lo tanto, a una estimación menor de la precisión.

Se puede demostrar que la estimación V_c[7] es conservadora, un tanto grande, si p está sujeto a los efectos repetidos de día fijo; por ejemplo, los efectos de los lunes y los viernes.

4.6.3A DIAS DE ESTUDIO ADICIONALES

El procedimiento de la sección 4.6.7 se puede adaptar fácilmente para usarlo con V_B y con V_c, los estimadores alternativos de varianza.

Cuando se han obtenido datos suficientes para hacer estimaciones razonables de V_B y de V_c, los días de estudio adicionales necesarios para lograr la precisión absoluta D vienen dados por

$$(\text{días adicionales})_B = I\left(V_B \frac{(Z_{\alpha/2})^2}{D^2} - 1\right) \tag{5}$$

$$(\text{días adicionales})_C = I\left(V_C \frac{(Z_{\alpha/2})^2}{D^2} - 1\right) \tag{6}$$

Refiriéndose al ejemplo 4.6.7, donde se calcula que V_B es 0.001064 con base en un día de estudio, si se desea una precisión de 0.02 con un 95 por ciento de confianza, la ecuación 5 sugiere que se necesitarán

$$1\left[(0.001064)\ \frac{(1.96)^2}{(0.02)^2} - 1\right] = 9.2 \text{ días}$$

adicionales.

Refiriéndose al ejemplo 4.6.2A, donde se calcula que V_C es 0.00001158 con base en 20 días de datos, la ecuación 4 sugiere que se logrará una precisión de 0.005 con un 95 por ciento de confianza mediante

$$20\left[0.00001158\,\frac{(1.96)^2}{(0.005)^2} - 1\right] = 15.3 \text{ días}$$

adicionales.

Si en esta ecuación se usa una precisión de 0.02 en vez de 0.005, el resultado será negativo; es decir, se requerirá un número negativo de días adicionales, lo cual implica que se ha logrado ya la precisión de 0.02.

Se pueden elaborar fórmulas equivalentes para los días adicionales usando V_A, V_B y V_C con base en la precisión relativa R sustituyendo $(p \times R)$ en lugar de D en las ecuaciones 4, 5 y 6.

REFERENCIAS

1. L. H. C. TIPPETT, "A Snap-Reading Method of Making Time Studies of Machines and Operatives in Factory Surveys," *Journal of the Textile Institute Transactions,* Vol. 26, Febrero de 1935, pp. 51-55.
2. R. L. MORROW, "Ratio Delay Study," *Mechanical Engineering,* Vol. 63, No. 4 (Abril de 1941), pp. 302-303.
3. C. L. BRISLEY, "How You can Put Work Sampling to Work," *Factory Management and Maintenance,* Vol. 110, No. 7 (Julio de 1952), pp. 84-89.
4. H. L. WADDELL, "Work Sampling–A New Tool to Help Cut Costs, Boost Productivity, Make Decisions" (editorial), *Factory Management and Maintenance,* Vol. 110, No. 7 (julio de 1952), p. 83.
5. C. L. BRISLEY y R. DOSSETT, "Computer Use and Nondirect Labor Measurement Will Transform Profession in the Next Decade," *Industrial Engineering,* Vol. 12, No. 8 (Agosto de 1980), pp. 34-43.
6. J. J. MODER y H. D. KAHN, "Selection of Work Sampling Observation Times: Part II–Restricted Random Sampling," *AIIE Transactions,* Vol. 12, No. 1 (Marzo de 1980), pp. 32-37.
7. J. J. MODER, "Selection of Work Sampling Observation Times: Part I–Stratified Sampling," *AIIE Transactions,* Vol. 12, No. 1 (Marzo de 1980), pp. 23-31.
8. A. D. MOSKOWITZ, *A Monograph for Work Sampling,* Work Study and Management Services, Vol. 9, 1965, pp. 349-350.
9. E. S. PAPE, "Work/Activity Sampling–Contemporary Design Analysis Methodology and Applications Part II Work Sampling Calculations Revisited," AIIE, *1979 Fall Industrial Engineering Conference Proceedings,* Norcross, GA, 1979.

BIBLIOGRAFIA

BARNES, R., *Work Sampling,* 2a. ed., Wiley, Nueva York, 1957.

BARNES, R., *Motion and Time Study,* 7a ed., Wiley, Nueva York, 1980.

HEILAND, R. E., y W. J. RICHARDSON, *Work Sampling,* McGraw-Hill, Nueva York, 1957.

NIEBEL, B. W. *Motion and Time Study,* 6a. ed., Irwin Homewood, IL, 1976.

RICHARDSON, W. J., *Cost Improvement, Work Sampling, and Short Interval Scheduling,* Reston Publishing Company, Reston, VA, 1976.

CAPITULO 4.7

Medición computarizada del trabajo

DAVENDRA MISHRA
RCA Corporation

4.7.1 MEDICION DEL TRABAJO. UNA PERSPECTIVA

Desde el advenimiento de la administración científica con Frederick Taylor, la medición del trabajo ha sido un instrumento básico para el mejoramiento de la productividad. La medición del trabajo es la aplicación de técnicas sistemáticas para determinar el contenido de trabajo de una tarea definida y el tiempo necesario para que un trabajador calificado la lleve a cabo. Se han creado varias técnicas para satisfacer los objetivos de la administración en cuanto a determinar la cantidad de trabajo, por ejemplo, datos históricos, estimaciones, estudio de tiempo con el cronómetro, tiempos predeterminados, datos estándar, muestreo del trabajo y técnicas matemáticas. Las tareas fundamentales de la medición del trabajo son las siguientes:

1. Observación, análisis o ambos de la tarea para determinar el trabajo físico y mental que requiere.
2. Medición real del trabajo utilizando un cronómetro o aplicando tiempos elementales predeterminados a las tareas enumeradas.
3. Determinación del tiempo de operación.
4. Aplicación de tolerancias para fijar un estándar de trabajo.
5. Documentación del método de operación y obtención de información pertinente.
6. Conservación y actualización de la información.

Tradicionalmente, la tarea de medición del trabajo que realiza el ingeniero industrial ha exigido un esfuerzo manual considerable para obtener datos, efectuar análisis matemáticos y estadísticos y generar los detalles de operación para los empleados. Muy a menudo, esas tareas rutinarias no dejan tiempo suficiente para la creatividad analítica. Además, la persona encargada de establecer las normas de trabajo se ve abrumada con frecuencia por los cambios introducidos en el producto y en los procesos, cambios que producen un efecto negativo en la precisión, la oportunidad y la integridad del sistema de medición del trabajo. Asimismo, la obligación inevitable de mantener un sistema de normas de trabajo exige un esfuerzo extraordinario que se reconoce raramente. Por último, el sistema manual de estándares ha quedado fuera de la estructura del sistema de información administrativa de la empresa comercial, impidiendo una mayor utilización de los estándares de mano de obra.

4.7.2 LAS COMPUTADORAS EN LA MEDICION DEL TRABAJO

Los esfuerzos realizados por los ingenieros industriales para mejorar su propia productividad comienzan a ver la luz del día gracias a la aplicación de las computadoras a la medición del trabajo. La computadora permite liberar al analista de ingeniería industrial de las actividades manuales rutinarias y repetitivas asociadas con la medición del trabajo, y ofrece más oportunidades para un análisis más completo y creador. Por último, se ha vuelto económicamente factible incorporar el sistema de medición del trabajo al sistema general de información de una empresa y aprovechar su integración con el control contable y de producción.

Las aplicaciones cada vez más numerosas de la automatización a la medición del trabajo se pueden clasificar de modo general dentro de las áreas siguientes:

Automatización de la obtención de datos para estudios de tiempo, muestreo del trabajo, etc.
Análisis matemático y estadístico de los datos de medición del trabajo, incluyendo la aplicación de tolerancias, los factores de clasificación del rendimiento, etc.
Desarrollo y organización de datos estándar.
Desarrollo de datos estándar aplicando técnicas matemáticas y estadísticas.
Documentación de métodos de operación y obtención de información pertinente.
Control de auditoría de los elementos de medición del trabajo, los datos estándar y la información correspondiente.
Almacenamiento y recuperación de datos estándar.
Conservación y actualización de un sistema de medición del trabajo.
Fijación de estándares de trabajo para líneas de montaje.
Cálculo de índices para optimizar los estándares de trabajo.
Utilización de un sistema de medición del trabajo para el control administrativo eficiente de una operación.

4.7.3 SISTEMA SECUNDARIO DE MEDICION DEL TRABAJO PARA EL CONTROL ADMINISTRATIVO

La incorporación de un sistema secundario de medición del trabajo al sistema general de información administrativa de una empresa comercial es cada vez más conocida. El banco de datos creado mediante la computación de la medición del trabajo ha ido más allá de los objetivos tradicionales de generar datos estándar de trabajo y medir la eficiencia de la mano de obra. Junto con los sistemas de control de producción y de contabilidad, ha proporcionado los instrumentos siguientes para el control administrativo eficaz: 1) planeación y programación de los recursos humanos; 2) costo estándar de las partes manufacturadas de los submontajes terminados y de los productos acabados; 3) informes de variación de los costos de mano de obra; 4) fijación de precios para los productos; 5) control de la producción en proceso, y 6) utilización de los centros de trabajo mecánico.

Estos aspectos en los que interviene la computadora en un sistema integrado de información acrecientan la rentabilidad de una operación al permitir que la gerencia responda sistemáticamente a los cambios rápidos del producto y el proceso, a los cortos ciclos de vida de los productos, a una variedad de productos y procesos, a fluctuaciones extremas de las cargas de trabajo y a las variaciones del costo. Por ejemplo, en vez de que los costos estándar de los productos sean actualizados una o dos veces al año, se pueden actualizar continuamente en el medio dinámico moderno. Ciertamente, el uso de la computadora en la medición del trabajo ha hecho que resulte económico actualizar la información relacionada con la mano de obra.

4.7.4 AUTOMATIZACION DE LA OBTENCION DE DATOS

La fijación de estándares de trabajo recurriendo a los estudios de tiempo o al muestreo del trabajo comprende los pasos básicos consistentes en diseñar el estudio, observar las actividades, registrar las observaciones, analizar y validar los datos e informar sobre los resultados. Se han hecho algunas mejoras en el registro, el análisis y la presentación de informes integrando dispositivos electrónicos de obtención de datos a las computadoras. Uno de esos dispositivos es el Datamyte 900®, desarrollado por la *Electro General Corporation.** Otra solución, conocida como Técnica Mecanizada de Muestreo de Actividades (MAST)[1], fue desarrollada por A. J. Taylor en el *Chase Manhattan Bank.*

El Datamyte 900

El Datamyte 900 es un dispositivo manual de uso general para reunir datos, provisto de una memoria de estado sólido capaz de almacenar hasta 32 000 caracteres en un formato legible para la computadora. Una pila recargable le permite operar como instrumento portátil durante 8 horas. Al terminar la obtención de datos, el instrumento los transfiere a una computadora por medio de un cable de conexión. Posteriormente, se puede programar la computadora para que convierta los datos en la información analítica que se desea. El Datamyte se ha usado ampliamente en estudios de tiempo, muestreo del trabajo, registro de tiempo no productivo, revisión del inventario, informes de producción, auditorías estadísticas, etc. El ejemplo 4.7.1 muestra los componentes del instrumento.

Ejemplo 4.7.1 Componentes del Datamyte 900

*Datamyte 900, *The Computer-Age Answer to Easier Data Collection and Instant Processing/Reporting,* Product Specification, Electro General Corporation, 14960 Industrial Road, Minnetonka, MN 55343.

El teclado del Datamyte 900 se compone de 14 teclas: del 0 al 9 además de C, F, subrayado y espacio. Las combinaciones de esas características se anotan de acuerdo con un código determinado de antemano. La anotación aparece en una pantalla de 12 caracteres, luego, pasa a la memoria al recibir la orden de "enter". Los datos se pueden anotar en cuatro formas básicas. La modalidad más simple tiene lugar cuando los datos son aceptados tal como se anotan, para ser recuperados posteriormente e impresos si se desea. En la segunda modalidad, mientras entran los datos, el tiempo queda registrado automáticamente en unidades de 0.01 min. Esta información no puede recuperarse ni imprimirse. La tercera modalidad para anotar datos tiene lugar cuando el analista que lleva a cabo la observación recibe indicaciones de la pantalla del Datamyte, esto se logra introduciendo previamente en la memoria de la computadora del Datamyte las órdenes y la sucesión de las indicaciones. La característica indicadora minimiza la cantidad de información obtenida y garantiza su integridad. Con excepción de las indicaciones en la pantalla, todos los datos obtenidos se pueden recuperar e imprimir. Por último, la obtención de datos se puede llevar a cabo con las características de instrucciones y registro de tiempo. En este caso, los datos obtenidos se pueden recuperar e imprimir.

El uso del Datamyte es muy sencillo y eficiente. En el caso de un estudio de tiempo, se anota al principio un número de clave para el elemento que se observa. Al terminar con ese elemento, se oprime la tecla "enter". Instantáneamente, la clave del elemento y el tiempo transcurrido quedan registrados. Las claves para elementos de trabajo, no cíclicos, extraños y de demora se pueden asignar previamente o pueden ser establecidas durante el estudio. Las clasificaciones y las piezas se anotan según se requiera, junto con las tolerancias y la tarjeta de encabezado que contiene la fecha, la hora de iniciación, la identidad del observador, etc. La descripción de los elementos se alimenta a través de la terminal de computadora y el analista resume los datos obtenidos.

Los estudios de muestreo del trabajo se efectúan sin registrar el tiempo. La computadora puede generar al azar una lista de horas del día para indicar los períodos de muestreo al azar. En caso de un muestreo a intervalos fijos, se puede usar el medidor de intervalos del Datamyte 900. Durante el ciclo de observación se alimentan las claves del empleado, de la máquina, ubicación, actividad, centro de costo, clasificación, etc. Luego, la computadora efectúa el análisis estadístico de los datos de muestreo del trabajo e informa al respecto.

Técnica mecanizada de muestreo de actividades

Las observaciones de muestreo del trabajo y los datos asociados se trasladan directamente a tarjetas IBM de 40 columnas, usando la perforadora portátil IBM 3000®. Se utiliza un revestimiento Mylar para ayudar a registrar los datos con el formato deseado. La conexión con una computadora permite analizar los datos y generar cuadros de control.

Consideraciones acerca de la obtención de datos por medios electrónicos

Un sistema automatizado de obtención de datos debe tener algunas de las características siguientes para que sea ampliamente útil:

Capacidad para aceptar datos derivados de las técnicas de muestreo del trabajo y de estudios de tiempo con el cronómetro.
Alta velocidad, precisión y confiabilidad de los datos adquiridos.
Ser portátil.
Posibilidad de conectarse a una computadora para transferencia, análisis y almacenamiento de los datos.
Capacidad para almacenar las observaciones del analista pertinentes al estudio.
Posibilidad de hacer indicaciones al observador.
Capacidad suficiente para almacenar datos.
Posibilidad de controlar los datos que se obtienen.

El resultado más ventajoso del uso de dispositivos automatizados es que el ingeniero industrial puede dedicar más tiempo a la observación de todos los detalles pertinentes de una operación, mientras que la interacción con la computadora garantiza la precisión y un análisis virtualmente instantáneo. Además, la reducción considerable del tiempo dedicado a las observaciones y al análisis permite al ingeniero ampliar o repasar su conjunto de datos cuando sea necesario.

4.7.5 SISTEMAS DE COMPUTO PARA LA MEDICION DEL TRABAJO

Estado de la tecnología

En la actualidad, varias empresas muy conocidas están ofreciendo sistemas de cómputo para medición del trabajo, que cuentan con la aceptación cada vez mayor de los usuarios.

El *Industrial Engineering Department* (Departamento de Ingeniería Industrial) de la *Westinghouse Electric Corporation* creó el *Micro Matic Methods and Measurement (4M) System*,[2] que se puede obtener ahora a través de la *MTM Association*, institución no lucrativa. Este sistema, basado en el MTM-1, es ampliamente usado en la industria.

En 1970, la *Rath and Strong, Inc.* informó acerca del desarrollo de un paquete de computadora denominado *Computerized Standar Data*,[3] auxiliar para el análisis, cálculo, documentación y mantenimiento de estándares de tiempo para ingeniería industrial. Opera como sistema de alimentación de datos y conservación de archivos para crear y mantener un banco de información para manufactura.

A principios de la década de los setenta, la *WOFAC Company*, división de la *Science Management Corporation*, desarrolló el *WOCOM*®, el cual permite la medición por computadora del trabajo usando el *Detailed and Ready Work-Factor*® y el MTM.[4]

La *Maynard Operation Sequence Technique (MOST)*,[5] para computadora desarrollada por *H. B. Maynard and Company*, constituye otra posibilidad para utilizar datos predeterminados usando un modelo especial de secuencia que tiene por objeto simplificar el cálculo de tiempos estándar.

El *Automated Advanced Office Controls (Auto-AOC) System**, de la *Nolan Company, Inc.*, es un sistema de cómputo para la medición del trabajo en las operaciones de oficina.

Los *UniVation Systems*® de la *Management Science, Inc.*,† representa un sistema integrado de control administrativo que se ha elaborado en torno de un banco general de datos para manufactura. Se utilizan tiempos estándar derivados matemáticamente para lograr la programación de la mano de obra, la fijación de precios, el análisis de variaciones de la mano de obra, etc.

En lo que resta de esta sección se describen con brevedad los elementos de entrada, de salida y los detalles de operación de los sistemas de medición del trabajo antes mencionados. Téngase presente que estos son algunos de los sistemas patentados más conocidos de que se dispone en la actualidad y no constituyen una lista completa.

Micro-Matic Methods and Measurement

El sistema 4M Data,‡ sistema de cómputo para trabajo que se puede obtener ahora en la *MTM Association*, observa los procedimientos MTM con el fin de lograr el mismo nivel de precisión del sistema MTM-1, incluso con los patrones de movimiento más complejos.

**Introducing Auto-A. O. C.,* General Specifications, Robert E. Nolan Company, Inc., 90 Hopmeadow Street, Simsbury, CT 06070.

†UniVation Systems, General Specifications, Management Science, Inc., 4321 West College Avenue, Appleton, WI 54911.

‡4M DATA: *A Computerized Work Measurement System*, General Specifications, 3233-80, MTM Association for Standards and Research, 9-10 Saddle River Road, Fairlawn, Nueva Jersey 07410.

Los movimientos MTM que constituyen el 90 por ciento del trabajo manual realizado en los medios industriales comunes son: alcanzar, asir, trasladar, poner en posición y soltar. Esos movimientos se combinan en las acciones compuestas de TOMAR y COLOCAR. El programa de computadora acepta notaciones simples de TOMAR o COLOCAR que describen el método general, y, luego, convierte esos movimientos en notaciones MTM-1 equivalentes. Después, un amplio programa lógico de procesamiento electrónico de datos (EDP) utiliza los incrementos, como lo haría un analista competente, para establecer métodos y estándares casi óptimos dentro de los confines del método general delineado por el analista. Los tiempos son aplicados a un nivel preseleccionado de tarea.

Notación de los datos. Las notaciones transmitidas a la computadora para el sistema 4M constituyen una descripción precisa de las acciones compuestas TOMAR y COLOCAR. Esto es posible gracias a dos características del sistema. En primer lugar, se alimentan datos precisos de distancia y peso. Las distancias 4M se pueden indicar con la mayor aproximación en pulgadas o en centímetros, y el peso se anota con la mayor aproximación en libras o en kilogramos. En segundo lugar, hay una indicación de componentes finales dentro de TOMAR/COLOCAR. En las notaciones de COLOCAR, cuando se produce el acto de PONER EN POSICION, se usa un máximo de tres dígitos para definir este movimiento final dentro de la combinación COLOCAR, sin hacer referencia a una tarjeta de datos.

Los valores del acto de soltar están comprendidos en la acción compuesta de TOMAR, a prorrata, determinando el porcentaje de los incrementos de soltar que no se superponen con otras nociones en los estudios típicos. La simplificación del análisis de la acción de soltar es el único acomodo en el sistema 4M. La matriz para establecer todas las notaciones de TOMAR y COLOCAR se ilustra en el ejemplo 4.7.2.

La composición de una notación de TOMAR se logra usando primero una "G" para identificar la acción combinada. El segundo dígito especifica el tipo del acto de asir. El tercer dígito indica el tamaño de la parte cuando el acto de alcanzar implica buscar y seleccionar. El cuarto, quinto y sexto dígitos sirven para especificar la distancia a que se alcanza, en pulgadas o en centímetros.

La composición de una notación de COLOCAR es similar a la descrita para TOMAR. Después de usar una "P" para indicar la acción combinada, el segundo dígito será 1, 2 ó 3 y sirve para representar el espacio radial entre los dos objetos que se ponen en posición. En ausencia de PONER EN POSICION, el segundo dígito es cero. El tercer dígito indica un ajuste 1) simétrico, 2) semisimétrico o 3) no simétrico. Si se usó un cero en la posición del segundo dígito, el tercero indica una acción de TRASLADAR. El cuarto dígito indica la facilidad o la dificultad con que se puso en posición y, tal como se usa en la tabla complementaria de puesta en posición de MTM-1, indica la profundidad de inserción hasta 1 1/2 pulgadas. El quinto y sexto dígitos sirven para indicar la distancia de TRASLACION. El séptimo dígito incorpora el peso neto por mano cuando el objeto que se transporta pesa 2.5 lb o más.

Análisis de movimientos y elementos de entrada del sistema. Los requisitos de entrada del 4M son mucho más sencillos que los que exige el análisis MTM-1. El conjunto de movimientos que se va a analizar puede variar desde un solo movimiento realizado por una mano, como se indica en el ejemplo 4.7.3, hasta varios renglones de movimientos complejos que se han combinado. En este último caso, una forma abreviada de entrada es más fácil de usar y se adapta especialmente a las mediciones de ciclo largo que requieren un mínimo de instrucciones renglón por renglón.

Además de ser aplicable a las reglas MTM-1 del movimiento simultáneo, el sistema está programado con las otras funciones necesarias que el analista debe desempeñar. Esas características programadas son las siguientes:

1. Aplicación de factores para modificar el estándar MTM normal, a fin de satisfacer los requisitos del pago de incentivos o reconocer la curva de aprendizaje.
2. Aplicación de tolerancias.

Ejemplo 4.7.2 Notaciones del 4M DATA

MMMM DATA

1 MU=.000001 horas	1 hora = 1,000,000 MU
=.00006 minutos	1 minuto = 16,667 MU
=.0036 segundos	1 segundo= 278 MU
=.1 TMU	1 TMU = 10 MU

TOMAR

GXXX xxx

xxx — Distancia por alcanzar, pulgadas o centímetros

- 0–1 A Alcanzar, Contacto
- 0–2 B Alcanzar, Contacto
- 0–3 E Alcanzar, No hay contacto
- 0–4 D Alcanzar, Contacto
- 1–1 A Alcanzar, Asir y levantar, Fácil
- 1–2 B Alcanzar, Asir y levantar, Fácil
- 1–3 D Alcanzar, Asir y levantar, Objeto plano/muy pequeño/cuidadosamente
- 1C–1 B Alcanzar, Asir y levantar, con Interferencia < 1 > .5 pulg. de diám.
- 1C–2 B Alcanzar, Asir y levantar, con Interferencia ≤ .5 ≥ .25 pulg. de diám.
- 1C–3 B Alcanzar, Asir y levantar, con Interferencia <.25 pulg. de diám.
- 2 Asir de nuevo, No hay distancia
- 3 A Alcanzar, Transferir de una mano a la otra
- 4–1 C Alcanzar, Seleccionar y asir, Objeto de > 1 pulg.³
- 4–2 C Alcanzar, Seleccionar y asir, Objeto de < 1 ≥ .01 pulg.³
- 4–3 A Alcanzar, Seleccionar y asir, Objeto de <.01 pulg.³

COLOCAR

PXXX xxx w

- w — ENW si más de 2.5 lb ó 1 kg
- xxx — Distancia de C Mover, pulgadas o cm

- 0–1 A Mover, Sin poner en posición
- 0–2 B Mover, Sin poner en posición
- 0–2T Arrojar, sin poner en posición
- 0–3 C Mover, sin poner en posición
- 1 _ _ Espacio ≤.700 ≥.300
- 2 _ _ Espacio <.300 ≥.050
- 3 _ _ Espacio <.050 ≥.010
- _ 1 _ Simétrico (>10 maneras de acoplar)
- _ 2 _ Semisimétrico (2-10 maneras de acoplar)
- _ 3 _ No simétrico (1 manera de acoplar)
- _ _ A Alineación superficial
- _ _ 0 Inserción fácil a .125 pulgadas inclusive
- _ _ 1 Inserción fácil a .75 pulgadas inclusive
- _ _ 2 Inserción fácil a 1.25 pulgadas inclusive
- _ _ 3 Inserción fácil a 1.75 pulgadas inclusive
- _ _ 5 Inserción difícil a .125 pulgadas inclusive
- _ _ 6 Inserción difícil a .75 pulgadas inclusive
- _ _ 7 Inserción difícil a 1.25 pulgadas inclusive
- _ _ 8 Inserción difícil a 1.75 pulgadas inclusive

 FORM 2404-80

Ejemplo 4.7.3 Formato de entrada del sistema 4M

ANOTACIÓN DE DATOS ESTÁNDAR DE ELEMENTOS 4M

1 | 8 | 80 | Por: TNG | Página: 1 de 1

DATOS DE ENCABEZADO DEL ELEMENTO

F	T	Clave de elemento	M	Descripción de elementos 4M	MTR	PIO	LENG
1	2	AGP-01	M	ENSAMBLAR RENACEES, TUERCA, SOPORTE		Y	100
1			M				
1			M				
1			M				
1			M				

ANÁLISIS DETALLADO DE DATOS:

L Notas u otros comentarios
T Anotaciones diversas de tiempo | Descripciones varias | Tiempos diversos
R Recuperación del subelemento | Clave de elemento
P Anotación del tiempo de proceso | Descripción del proceso | Tiempo de proceso
M MI Continuación de la descripción MD

Archivo	Trans.	Clave de elemento	Núm. de orden de línea	M	I	X	Descripción MI	Notación MI	Dist.	Peso	M1	NV	DC	Notación MD	Dist.	Peso	X	Descripción MD	Frecuencia	P	P/c
2	2	AGP-01	010	M	1		REMACHE DE LA	G43	04					G43	07			REMACHE DE LA			
2			010		2		CHAROLA											CHAROLA			
2			020		1			SM				N		P316	06			REMACHE EN EL			
2			020		2													ANILLO			
2			030		1			SM						G01	03			BOTON DE CON-			
2			030		2													TROL			
2			040					SM						P01	01		X	OPRIMIR BOTON			
2			050		1		SOPORTE DE LA	G42	06					G42	03			TUERCA DE LA			
2			050		2		CHAROLA											CHAROLA			
2			060		1		SOPORTE A LA MD	P01	12					P221	09			TUERCA EN EL			
2			060		2		PARA PONER EN											SOPORTE			
2			060		3		POSICION														
2			070											G2				ENSAMBLAR			
2																					

3. Manejo de distancias y pesos métricos.
4. Aplicación de frecuencias de línea y de elemento.
5. Impresión de palabras que describen las notaciones 4M.
6. Cálculo de tiempo de proceso no absorbido, impreso como porcentaje de tiempo total de ciclo.
7. Elaboración de índices para el mejoramiento del método.

Inserción y recuperación de la información. Los elementos se pueden sacar de los estudios que se encuentran en el archivo del sistema, individualmente o en bloques. Los elementos de datos estándar pueden ser establecidos e insertados en el sistema para recuperación futura, usando un código alfa-mnemónico de 10 caracteres. También, es posible recuperar estudios totales o elementos de los estudios.

Elementos de salida del sistema. La versión más reciente del 4M Data, llamado MOD II, genera seis informes. El informe de análisis de operación 4M, presentado en el ejemplo 4.7.4, es el más completo. Además de reproducir la información de entrada de cada renglón del análisis, el informe contiene el tiempo que corresponde a cada mano y el tiempo total permitido. Incluye también el renglón total sin tolerancia y el tiempo estándar, incluyendo tolerancias y ritmo de producción. Por último, contiene los índices de mejoramiento que se describirán más adelante.

El ejemplo 4.7.5 ilustra el informe de instrucción del operador. El informe estándar de operación del ejemplo 4.7.6 imprime los encabezados de los elementos con los valores de tiempo total correspondientes para las manos izquierda y derecha. El último resultado opcional, el informe de análisis MTM que se ilustra en el ejemplo 4.7.7, duplica el informe de análisis de operación 4M y muestra las acciones combinadas 4M.

Indices para el mejoramiento del método. Una característica importante del sistema 4M es la producción de cinco índices de características del método que se analiza, los cuales destacan las áreas donde es posible mejorar el método. El *Motion Assignment Index* (Indice de Asignación de Movimiento) (MAI) es un número que indica qué tan eficazmente se utilizan las

Ejemplo 4.7.4 Informe de análisis de operación 4M

Análisis micromático Fecha 06/02/72

Estudio No. 105 Operación No. 01 Montar compensadores e imanes
Depto. No. Identificación Cronometrar sistema
Máquina No. Prep. de disp. de montaje Película de capacitación del analista
Leng. nivel MTM Oportunidad de práctica Tolerancia

	Movimientos de la MI				Movimientos de la MD o del cuerpo Tiempo o datos del proceso	Frec.	MD	Total
01								
01 Mover	Montaje a la mesa	PO3 -20	G12 -22	Tomar	Bastidor del recipiente			
02 Tomar	Compensador grande	G42 -15	PI32-22	Colocar	Bastidor en soporte			
03 Colocar	Compensador en la cavidad	P131-7	G42 - 4	Tomar	Compensador pequeño			
04 Tomar	Imán grande	G42 -7	P131- 7	Colocar	Compensador en la cavidad			
05 Colocar	Imán en la cavidad	P131-8	G42 - 8	Tomar	Imán pequeño			
06 Tomar	Bastidor	G11 -4	P131- 8	Colocar	Imán en la cavidad	1400	1689	2164
						ST		2164

Total 2164 MU
Tiempo estándar .00233 horas
Ciclos por hora 429

MA1 71 por ciento

RMB 55 por ciento
GRA 15 por ciento
PO5 30 por ciento

PROC 0 por ciento

Ejemplo 4.7.5 Informe de instrucción del operador

Instrucciones a los operadores Fecha 06/02/72

Estudio No. 101 Operación No. 13 Montar imán y núcleo 12/10/73
Depto. No. Identificación Montaje de gatillo F
Máquina No. Prep. disp. de trinquete Película de capacitación del analista

	Movimientos de la MI	Movimientos de la MD o del cuerpo		Frecuencia
01 Retirar parte terminada y montar 2 placas en la MD				
01		Alcanzar	Mango	
02 Tomar	Parte en el soporte	Mover	Mango a parada	
03 Arrojar	La parte a un lado	Mover	Mango a reversa	
04		Mover el pie	Bajar pedal	
05			La prensa actúa	
06 Tomar	Placa 1	Tomar	Placa 2	
07		Mover el pie	Subir pedal	
08 Mover	Placa hacia la MD	Colocar	Las placas juntas	
09 Ayudar	A la mano derecha	Tomar	Las placas alineadas	
02 Montar perno en las placas y colocar en soporte				
01 Tomar	Perno			
02 Colocar	Perno en las placas			
03		Colocar	Montaje en soporte	

Tiempo estándar .00178 horas/ .10680 min. Autorizado por ----------

Ciclos por hora 561.8

dos manos durante la operación que se analiza. Una operación realizada con una sola mano tiene un MAI de 50 por ciento, mientras que el uso perfecto de ambas manos de un MAI de 100 por ciento. El índice GRA (siglas en inglés de ASIR, SOLTAR y APLICAR PRESION) denota el porcentaje de tiempo de ciclo que se relaciona con las acciones de asir, soltar y aplicar presión. Un valor elevado del índice sugiere que se pueden hacer posibles mejoras simplificando

Ejemplo 4.7.6 Informe estándar del operador

Resumen de instrucciones al operador — Fecha 06/02/72

Estudio No. 112 — Operación No. 09 — Montar soportes al anillo
Depto. No. 30 — Identificación 20W1301 — Medidor de watts-hora
Máquina No. — Preparar matriz de prensa — Película de capacitación del analista

		Frecuencia	MI	MD	Total
01	Colocar anillo en soporte		669	849	905
02	Montar remaches, tuerca, soporte	2.0000	1904	2394	3348
03	Retirar anillo, colocar soporte, tuerca en soporte, colocar anillo		779	921	1062
04	Retirar montaje completo, colocar soporte, tuerca en soporte		349	301	467

Total 5762 MU

Tiempo estándar .00624 horas/ .37440 min. — NAI 70 por ciento — RMB 44 por ciento, GRA 22 por ciento, POS 34 por ciento — PROC 0 por ciento
Ciclos por hora 160.3

Ejemplo 4.7.7 Informe de análisis MTM

Análisis MTM — Fecha 06/02/72

Estudio No. 112 — Operación No. 09 — Montar soportes al anillo
Depto. No. 30 — Identificación 20M1301 — Medidor de Watts-hora — 06/06/77
Máquina No. — Preparar matriz de prensa — Métrico
Leng. nivel MTM — Oportunidad de práctica — Tolerancia .08 — Película de capacitación del analista

	Movimientos de la MI			Movimientos de la MD o del cuerpo Tiempo o datos del proceso		Frecuencia	MI	MD	Total
01	Colocar anillo en soporte		G12 -12	Tomar	Anillo de la barra R128 G2A				8
02	Cambiar lado del anillo R24A G3	G3 -24	PO1 -10	Mover	Anillo a la MI M1OA		141	164	2208
03			G3-3	Transferir anillo para asir mejor	R3A G3			83	83
04	Alcanzar para sostener anillo R4B	GO2 - 4	PO2 - 4	Mover	Anilo hacia el soporte M48		34	40	40
05	Ayudar a la mano derecha MIC P22N54	SP	P232 - 1	Colocar	Anillo en el soporte MIC P22N54		280	280	280
06	Ayudar a la mano derecha APA	SP	APA	Apretar	Anillo en el soporte APA		106	106	106
						ST			729

los requisitos de la acción de asir. El índice POS (PONER EN POSICION) indica el porcentaje del tiempo total de ciclo dedicado a poner en posición. Un valor elevado de este índice sugiere la posibilidad de usar soportes o la necesidad de hacer que las tolerancias sean más elásticas.

El índice RMB (siglas en inglés de ALCANZAR, TRASLADAR y MOVIMIENTO CORPORAL) expresa el contenido de trabajo de las acciones de alcanzar, trasladar y de los movimientos corporales como porcentaje del tiempo total de ciclo. El efecto de las distancias reducidas y de los movimientos corporales se puede evaluar usando el índice. El último índice que calcula el sistema es el de intervalos de espera durante el proceso, el cual permite al analista buscar métodos para disminuir los intervalos prolongados de espera.

Mantenimiento de datos estándar. Cuatro informes básicos producidos por el sistema permiten efectivamente el mantenimiento de datos estándar. El informe de uso, que se muestra en el ejemplo 4.7.8, se obtiene para las claves de los elementos y datos estándar y contiene estudio, elemento, frecuencia, parte, operación y departamento donde se usa. Es posible la revisión de elementos específicos de datos estándar o claves junto con una impresión de la información modificada.

Se dispone de dos informes. En uno aparece una lista de todos los elementos o gamas de elementos en archivo, y el otro contiene una relación de todas o una variedad de estándares de parte-operación en archivo. Este último se puede usar como base para establecer la sucesión de operaciones en un centro de trabajo. El ejemplo 4.7.9 ilustra un informe de archivo de la clasificación de elementos.

Por último, el ejemplo 4.7.10 es un informe de operación del archivo maestro de todos los estándares de parte-operación que están archivados.

Especificaciones del sistema. El programa para el sistema 4M DATA está escrito en lenguaje COBOL, para diversos tipos de computadoras que tengan núcleos de almacenamiento de 50*K* para la aplicación de programas. El paquete se compone de más de 20 programas de origen y se encuentra disponible para procesamiento instantáneo en línea o para procesamiento diferido por lotes.

El Sistema WOCOM

El sistema WOCOM consiste en nueve módulos que se usan individualmente o en cualquier combinación para analizar actividades de hombre-máquina, desarrollar diferentes métodos de trabajo, configurar líneas de montaje y mantener estándares de trabajo. Siguen las descripciones de los módulos.

Medición del trabajo por Work-Factor (Módulos 1 y 2). La operación, sea manual o de máquina, es identificada por el usuario en un formato simple de entrada, y el programa determi-

Ejemplo 4.7.8 Informe de uso

Claves de datos estándar 4M — Usado con

Clave STD	Descripción	Usado con	Frecuencia	Parte No.	Op. No.	Dept.	MU
SAGJM11	Tomar (2) mezcl. 0-4 pulg.	10001/10/01	2.0000	50P0501	Troquelado		1234
		10001/10/02	3.0000	50P0501	Troquelado		1851
		10002/11/01	3.0000	50P0502	Troquelado		1851
		10002/11/02	2.0000	50P0502	Troquelado		1234
		10002/11/03		50P0502	Troquelado		617
SAGJM12	Tomar (2) mezcl. 4-8 pulg.	10001/10/03		50P0501	Troquelado		216
		10001/10/04	2.0000	50P0501	Troquelado		432
		10001/10/05	2.0000	50P0501	Troquelado		432
		10003/12/01		50P0503	Troquelado		216
		10004/13/01	.5000	50P0504	Troquelado		108
		10004/13/02		50P0504	Troquelado		216
SAGJM14	Tomar (2) mezcl. 12-16 pulg.	10001/10/07		50P0501	Troquelado		271
		10001/10/08		50P0501	Troquelado		271
		10001/10/09		50P0501	Troquelado		271
		10001/10/10		50P0501	Troquelado		271
		10003/12/02	4.0000	50P0503	Troquelado		1084
		10004/11/02		50P0504	Troquelado		271
SFPO111	Apilar piezas a un lado	10001/10/11		50P0501	Troquelado		208
		10006/15/01		50P0506	Troquelado		208

Ejemplo 4.7.9 Informe de archivo de clasificación de elementos

No. de parte 4M   Referencia CFCSS de operación/estudio   01/07/76

Parte No.	Op. No.	Estudio	Depto.	Máquina	Descripción	Analista
		DC 1			Afilar un lápiz	Capacitación
		DC 2			Montar taladro y broca	Capacitación
		DC 3			Montar exposímetro	Capacitación
		DC 14			Reponer cinta en máquina sumadora	Capacitación
		DEMO			Cambiar neumático en rueda trasera derecha de un VW sedán	Schmidt
		JAGJM			Tomar parte y llevarla al lugar de montaje	T. O'neill
		JFP01			SIMO: Retirar, alcanzar, colocar contra topes lateral y trasero	S. Rahmes
05R1501	01	RETT1		22	Montar soportes en anillo de medidor de watts-hora	Stevenson
05R1502	15	RETT2		02	Montar controles automáticos	Jones
05R1503	25	TREFR		03	Montar generador hidráulico	
05R1504	25	TS1AA		35	Montar conector en caja	S. Lyons
10S2504	12	104		25	Montar 5 partes y remachar	Película para capacitación
10S2504	13	101		30	Montar magneto y núcleo	Película para capacitación
10S2504	14	113		25	Montar imán, arandela de fibra, taquete de fibra	Película para capacitación
15A1501	17	102		30	Poner cubierta a un aro de refuerzo	Película para capacitación
20F1521	01	105		21	Montar compensadores e imanes	Película para capacitación
20F1521	02	116		21	Montar 5 partes y ajustar	Película para capacitación
20W1301	06	110		91	Montar bobinas de voltaje y corriente	Película para capacitación
20W1301	07	106		30	Montar disco en flecha	Película para capacitación
20W1301	09	112		30	Montar soportes en anillo	Película para capacitación
20W1301	10	111		91	Prueba de conexión a tierra, cerrar circuito de prueba	Película para capacitación
20W1301	11	109		91	Empacar medidores en caja	Película para capacitación
25B1018	08	107		22	Montar electrodos, pantalla, resortes	Película para capacitación
25P1017	03	103		30	Montar y fijar 4 remaches en el laminado de una bobina de voltaje	Película para capacitación
25P1017	05	108		25	Montar 3 partes y remachar	Película para capacitación
35M1705	19	115		30	Montar motor y campana	Película para capacitación
35M1705	20	114		35	Primera operación, montaje de motor (ciclos alternados)	Película para capacitación
40W1902	22	117		40	Soldar botón de contacto a un muelle	Película para capacitación
50P0501	01	10001	Troqueladora		Partes mezcladas en una mano, (1) parte en la otra, 0-4 pulg.	Película para capacitación
50P0502	02	10002	Troqueladora		Partes mezcladas en una mano, (1) parte en la otra, 6-8 pulg.	
50P0503	03	10003	Troqueladora		Partes mezcladas en una mano, (1) parte en la otra, 8-12 pulg.	
50P0504	04	10004	Troqueladora		Partes mezcladas en una mano, (1) parte en la otra, 12-16 pulg.	
50P0505	05	10005	Troqueladora		Partes mezcladas en una mano, (1) parte en la otra, 16-20 pulg.	
50P0506	06	10006	Troqueladora		Parte a un lado, alcanzar parte en una pila (12-18 pulg.)	

Ejemplo 4.7.10 Informe de archivo maestro de operaciones

Indice de elementos 4M 12/31/75

Estudio	El.	Parte No.	Op. No.	Depto.	Máquina	Descripción de elementos	Frec.
1			12			*Montar 5 partes y remachar	
	01					Retirar parte terminada, colocar primer resorte en soporte, tomar 3er. resorte	
101		10S2504	13	30		*Montar magneto y núcleo	
	01					Retirar parte terminada y montar dos placas en MD	
	02					Montar perno en placas y colocar en soporte	
102		15A1501	17	30		*Poner cubierta a un aro de refuerzo	
	01					Retirar montaje y poner cubierta al aro	
103		25P1017	03	30		*Montar y fijar 4 remaches en el laminado de una bobina de voltaje	
	01					Alinear láminas y poner 4 remaches	
	02					Apilar remaches, colocar bobina siguiente y láminas en soporte	
104		10S2504	12	25		*Montar 5 partes y remachar	
	01					Retirar parte terminada, colocar primer resorte en soporte, tomar 3er. resorte	
	02					Colocar 2o. resorte, placa superior, 3er. resorte en soporte	
	03					Remachar dos veces	
105		20F1521	01	21		*Montar compensadores e imanes	
	01					*Montar disco en flecha	
106		20W1301	07	30		Retirar montaje, tomar disco, montar en la flecha	
	01					Poner montaje en soporte y troquelar	
	02					*Montar electrodos, pantalla, resortes	
107		25B1018	08	22		Colocar 2 electrodos, pantalla, base en el soporte	
	01					Colocar 2 resortes, remachar, retirar montaje	
	02					*Montar 3 partes y remachar	
108		25P1017	05	25		Retirar montaje, colocar 2 partes en laminado de corriente	
	01					Colocar cuadrante, 2 remaches, disparar prensa	
	02					*Empacar medidores en caja	
109		20W1301	11	91		Tomar caja y abrir	
	01					Cerrar extremo de la caja	
	02					Invertir caja, doblar 2 lados	
	03					Doblar tapas delantera y trasera	
	04					Tomar revestimiento protector interior, doblar 3 veces, insertar en la caja	
	05					*Montar bobinas de voltaje y corriente	
110		20W1301	06	91		Colocar remaches en pernos del soporte y colocar soporte sobre los remaches	
	01					Fijar bobina de voltaje y colocar en soporte	
	02					Tomar bobina de corriente y colocar en soporte	
	03					*Prueba de conexión a tierra, cerrar circuito de prueba	
111		20W1301	10	91		Poner medidor en la caja de prueba	
	01					Cerrar circuito y meter 2 tornillos	
	02					Llevar medidor al soporte de prueba	
	03					*Montar soportes en el anillo	
112		20W1301	09	30		Colocar anillo en el soporte	
	01					Montar remaches, tuerca, soporte	
	02						
							2.0000

na los movimientos necesarios para realizarla así como los tiempos que corresponden a cada uno. El usuario recibe el análisis detallado de los movimientos en Work-Factor y una hoja de instrucciones para manufactura que contiene cada uno de los pasos principales de la operación. Este módulo se puede obtener tanto en *Detailed* como en *Ready Work-Factor.*

Medición del trabajo por MTM. Este módulo es idéntico al número uno, sólo que se siguen las reglas de aplicación y los datos de tiempo de MTM.

Aplicación de tolerancias para aprendizaje. Se establece la tolerancia por curva de aprendizaje para las variables de operación del tiempo de ciclo.

Análisis del trabajo mental y continuo. Las operaciones mentales repetitivas, como la inspección y las actividades de oficina, se analizan y se determinan los valores de tiempo.

Medición de operaciones sumamente variables. Este módulo recurre al análisis de variaciones múltiples con las operaciones complejas que no se prestan al análisis mediante otras técnicas de medición del trabajo. En este caso, el usuario tiene que indicar los tiempos necesarios para realizar las operaciones en condiciones diversas, las cuales están definidas.

Equilibrio interactivo de la línea. Variando la asignación de elementos de trabajo a las estaciones de la línea de montaje, este módulo genera configuraciones alternas para la misma.

Equilibrio de la línea de montaje por lotes. Con base en los datos que aporta el usuario y que consisten en las relaciones de precedencia de las operaciones, sus parámetros de agrupación y el tiempo de ciclo deseado para las estaciones de trabajo, el módulo proporciona un diseño para la línea de montaje.

Revisión y mantenimiento de los estándares de trabajo. Este noveno módulo permite introducir cambios, selectivos o generales, en el sistema de estándares como resultado de la revisión de un elemento. Además, el analista puede examinar, en vías de prueba, los efectos de los cambios propuestos, así como actualizar las instrucciones identificando todos los estándares que hayan sido modificados en algo más que un porcentaje específico con respecto a sus tiempos base anteriores.

Uso del sistema. El usuario tiene que indicar el grado de precisión requerido y los informes que se van a generar. El sistema WOCOM está disponible como servicio de tiempo compartido. Los ejemplos 4.7.11 y 4.7.12 muestran los elementos típicos de entrada y salida del sistema en relación con la tarea de montar un juguete llamado "personita" y que se compone de tres partes: cabello, cara y cuerpo. El ejemplo 4.7.13 es la hoja de instrucciones de fabricación generada por el sistema.

La Maynard Operation Sequence Technique

En 1974. *H. B. Maynard and Company* introdujo el Most, sistema de tiempos de movimientos predeterminados que era más rápido que las técnicas anteriores, incluido el MTM en el cual estaba basado. La causa de que el sistema sea tan rápido es la premisa básica sobre la cual opera. Supone que todo trabajo manual es ejecutado siguiendo una sucesión estándar de actividades. Los tiempos de los movimientos de cada actividad se determinan de antemano y se asignan a un "modelo de sucesión". Por ejemplo, la primera parte de muchas tareas manuales consiste en transportar una pieza al lugar de trabajo, en este orden: caminar unos pasos, inclinarse, asir la parte, transportarla y colocarla sobre la superficie de trabajo. El MOST define cada una de esas acciones mediante una letra, seguida por un número que indica su complejidad. Sumando los números y multiplicando por 10 se obtiene el tiempo estándar, en TMU, para esa operación.

Se han establecido tres tipos básicos de modelos de sucesión: movimiento general, movimiento controlado, y uso de harramienta. Por "movimiento general" se entiende llevar todos los objetos de un lugar a otro, libremente, a través del aire. Esto puede representar hasta un 35 por ciento del trabajo de un operador de máquina e incluso más si se trata de un operador de montaje. El "movimiento controlado" es un orden de sucesión aplicable cuando el objeto mantiene el contacto con otro objeto durante el movimiento, por ejemplo una palanca, una manivela o un botón. El "uso de herramienta" abarca la herramienta convencional así

Ejemplo 4.7.11 Entrada WOCOM típica

```
C Levantar parte
Tomar -1 -2 -3 -4
PP -1 -5
M -1 a -6 -7 -8 -9
Guardar T 1
FR
C Tomar más partes
Guardar T 236 1530
ER
C Llenar informe de producción
Guardar T 237 648
ER
OBS
  1 30 Cabello
  2 29 Cara
  3 84 Cuerpo
  4   1 Montura
  00
C Ensamblar muñequitos a la montura en el transportador
T 1 1 8 R 0 75 4 8 1 0 / SIMO
Montar 1 a 4 C .936 .950 DB 3 índice / SIMO
RL 1 / SIMO
T 1 2 8 R 0 75 4 8 1 0 / SIMO
Montar 2 a 1 en 4 C .312 .343 DB 3 / SIMO
M 3 al asiento 1 VE X 2 / SIMO
RL 2 / SIMO
T 1 3 8 R 0 50 4 8 1 0 / SIMO
Montar 3 a 1 en 4 C .312 .39 DB 3 / SIMO
M 3 al asiento 1 VE X 2 / SIMO
RL 3 / SIMO
C Tomar más partes según se requiera
T 236 X .012
T 237 X .004
DETL
Col 2
Admitir 19
MIS
```

como llaves de tuercas, destornilladores y calibradores y, también, los dedos y los procesos mentales. Se han desarrollado de igual manera otros modelos especiales de más alto nivel para el uso de equipo de manejo de materiales.

En 1977, se adaptó el MOST básico para utilizarse con computadora. El sistema es la integración de seis módulos independientes. El módulo principal es el de análisis MOST, que lleva a cabo la medición básica del trabajo incluyendo la distribución del lugar de trabajo, la descripción del método y la determinación del tiempo estándar. El segundo módulo es el banco de datos de las operaciones secundarias, en el cual, por cada tarea analizada, la computadora hace una serie de preguntas que forman una frase o título de identificación. Un ejemplo de título sería "cambiar la pieza en el embrague de tres quijadas con la llave T". Esta tarea podría contener cierto número de pasos del método de operación secundaria, pero todo el análisis se archivaría en la memoria de la computadora bajo ese título. Se podría recuperar mediante cualquiera de los elementos principales que aparecen en el título, por ejemplo, "cambiar" o "llave T". El almacenamiento y la recuperación de datos se efectúan utilizando lenguaje común.

Ejemplo 4.7.12 Análisis WOCOM típico

Análisis de movimientos

	Mano izquierda		Tiempo	MI	MD	Tiempo	Mano derecha	
1	Ensamblar muñequitos a la montura en el transportador							
2	Levantar parte							
	Tomar el cabello						Tomar el cabello	
	A8D		54	54	54	54	A8D	
	GR-R	S	48	102	102	48	GR-R	S
	PP el cabello						PP el cabello	
	PP-0-75%	S	54	156	156	54	PP-0-75%	S
	M el cabello a la montura						M cabello a la montura	
	A8SD		70	226	226	70	A8SD	
3	Adaptar el cabello a la montura						SIMO	
	CT0.950R0.985	S	5	231	231	5	CT0.950R0.985	S
	ALN V0.25A1S		7	238	238	7	ALN V0.25A1S	
	DB 3.00		2	240	240	2	DB 3.00	
	UP A1S		26	266	266	26	UP A1S	
	IND F1S		23	289	289	23	IND F1S	
	INS A1P		26	315	315	26	INS A1P	
4	RL el cabello						SIMO	
	0.50F1		8	323	323	8	0.50F1	
5	Levantar parte							
	Tomar la cara						Tomar la cara	
	A8D		54	377	377	54	A8D	
	GR-R	S	52	429	429	52	GR-R	S
	PP la cara						PP la cara	
	PP-0-75%	S	54	483	483	54	PP-0-75%	S
	M la cara a la montura						M la cara a la montura	
	A8SD		70	553	553	70	A8SD	
6	Adaptar la cara al cabello en la montura						SIMO	
	CT0.343R0.910	S	26	579	579	26	CT0.343R0.910	S
	ALN V1.50A1S		39	618	618	39	ALN V1.50A1S	
	DB 3.00		12	630	630	12	DB 3.00	
	UP A1S		26	656	656	26	UP A1S	
	INS A1		18	674	674	18	INS A1	
7	M la cara al asiento veces 2.00						SIMO	
	A1-X2.00		36	710	710	36	A1-X2.00	
8	RL la cara						SIMO	
	0.50F1		8	718	718	8	0.50F1	
9	Levantar parte							
	Tomar el cuerpo						Tomar el cuerpo	
	A8D		54	772	772	54	A8D	
	GR-R	S	52	824	824	52	GR-R	S
	PP el cuerpo						PP el cuerpo	
	PP-0-50%	S	36	860	860	36	PP-0-50%	S
	M el cuerpo a la montura						M el cuerpo a la montura	
	A8SD		70	930	930	70	A8SD	
10	Adaptar el cuerpo al cabello en la montura						SIMO	
	CT0.390R0.800	S	9	939	939	9	CT0.390R0.800	S
	ALN V0.50A1S		13	952	952	13	ALN V0.50A1S	
	DB 3.00		4	956	956	4	DB 3.00	
	INS A1		18	974	974	18	INS A1	
11	M el cuerpo al asiento veces 2.00						SIMO	
	A1-X2.00		36	1010	1010	36	A1-X2.00	

Ejemplo 4.7.13 Hoja de instrucciones de fabricación WOCOM

Elem. No.	Mano izquierda	Mano derecha
1	Ensamblar muñequitos a la montura en el transportador	
2	Levantar la parte	
	Tomar el cabello	Tomar el cabello
	PP el cabello	PP el cabello
	M el cabello a la montura	M el cabello a la montura
3	Adaptar el cabello a la montura	SIMO
4	RL el cabello	SIMO
5	Levantar la parte	
	Tomar la cara	Tomar la cara
	PP la cara	PP la cara
	M la cara a la montura	M la cara a la montura
6	Adaptar la cara al cabello en la montura	SIMO
7	M la cara al asiento veces 2.00	SIMO
8	RL la cara	SIMO
9	Levantar la parte	
	Tomar el cuerpo	Tomar el cuerpo
	PP el cuerpo	PP el cuerpo
	M el cuerpo a la montura	M el cuerpo a la montura
10	Adaptar el cuerpo al cabello en la montura	SIMO
11	M el cuerpo al asiento veces 2.00	SIMO
12	RL el cuerpo	SIMO
13	Tomar más partes según se requiera	
14	Tomar más partes veces 0.01	
15	Llenar el informe de producción	
	Tiempos 0.00	

Conceder	S/U Hrs	Min/PC	Hrs/PC	PCS/Hr	Tiempo total
19.0	10-0	0.062	0.0010303	970.55	1039

Luego, entra en juego el tercer módulo: cálculo del tiempo de operación. La computadora localiza y organiza todas las operaciones secundarias de un determinado lugar de trabajo y las presenta, ya sea en la pantalla de video o en un ejemplar impreso. Esto sirve como lista de elementos para formular un tiempo estándar. El analista selecciona en la hoja los títulos correspondientes por orden de sucesión, los organiza según tienen lugar, y les asigna una frecuencia. Posteriormente, la computadora determina el estándar y genera la hoja de instrucciones del método. Con el cuarto módulo se almacenan los estándares en la memoria de la computadora por número de parte, nombre de la pieza, centro de costo, número de máquina, nombre de la operación, etc. El quinto módulo se encarga de la actualización general y el mantenimiento de los estándares. El último módulo relaciona entre sí a los cinco básicos.

Se encuentran disponibles seis módulos opcionales que facilitan el trabajo de ingeniería industrial. El módulo de maquinado permite seleccionar características óptimas de las máquinas y la operación, y proporciona un tiempo estándar para esta última. Hay un programa similar para las operaciones de soldadura. Otro módulo abarca el equilibrio de la línea de montaje. Se pueden generar informes de trabajo diarios, semanales o mensuales y se pueden llevar a cabo análisis de hombre-máquina. Por último, el módulo de procesamiento del trabajo ayuda a preparar y mantener los manuales de administración del trabajo.

El Automated Advanced Office Controls System

El ampliamente usado *Advanced Office Controls (AOC) System*, basado en estándares de tiempo predeterminados para operaciones de oficina, ha sido automatizado por la *Nolan Compa-*

ny, Inc. La nueva versión, Auto-AOC, es un paquete completo de equipo y programa. Como sistema simple basado en la microcomputadora, utiliza dos programas para mantener el archivo maestro y establecer estándares.

El archivo maestro AOC contiene, por cada elemento, una frase que describe a cada ciclo, así como el valor de tiempo correspondiente. Se usan claves estándar AOC de elemento para tener acceso al sistema. Las actividades de mantenimiento del archivo comprenden 1) el examen de la presentación de video de elementos seleccionados, descripciones y valores TMU, 2) la supresión y adición de elementos, 3) la modificación de las descripciones de los elementos, los valores TMU o ambos y 4) la relación del archivo. El segundo programa toma los datos básicos de entrada que identifican la tarea y detalla el volumen medio diario de actividad, el tamaño medio de los lotes, la unidad de cuenta, las tolerancias, etc. Posteriormente, el sistema produce tres fundamentaciones. El bosquejo de tarea es un procedimiento específico que explica cómo se debe realizar cada tarea en el medio de trabajo definido. El análisis de tareas muestra cómo se estableció el estándar. El último fundamento, resumen de la tarea, combina todos los pasos en un solo estándar utilizando la importancia relativa que tienen en la tarea.

Los UniVation Systems

Los *UniVation Systems*, sistema de control administrativo basado en la medición del trabajo y desarrollado por la *Management Science, Inc.*, es un sistema integrado que se compone de un banco de datos para planeación de la fabricación, listas de materiales, rutas, instrucciones sobre el método de operación, costos, orden del montaje, carga de instalaciones e información sobre programación. En vez de utilizar datos estándar, el sistema genera tiempos estándar por medio de fórmulas matemáticas. Los *UniVation Systems* se componen de nueve módulos, que se describirán en forma breve.

El sistema UnivEl®. Este módulo genera tiempos estándar, elementales y precisos usando relaciones matemáticas e instrucciones del método. Además, crea un banco integrado de datos para una red de planeación y control de fabricación.

El sistema Uni-CAM Ⓣ. Este módulo permite el desarrollo interactivo de información para la planeación de procesos utilizando la tecnología avanzada de grupo y la clasificación de partes. Se utiliza un sistema de minicomputadora única. El sistema crea métodos y estándares elementales que se han generado matemáticamente, itinerarios y todo un banco de datos para manufactura. La actualización general del banco de datos es una característica del sistema Uni-CAM. También, lleva a cabo la planificación automatizada de procesos sin usar gráficas de computadora. La obtención previa del costo de los itinerarios y los métodos es un producto secundario del sistema Uni-CAM.

El sistema UniComp®. Usando un lenguaje algebraico, este módulo alimenta y mantiene las relaciones y tolerancias matemáticas que caracterizan los procesos en el sistema UnivEl.

El sistema VariComp Ⓣ. Este módulo es el programa de la terminal inteligente de computadora para el desarrollo interactivo de datos de entrada para el sistema UnivEl generador de tiempos, métodos y banco de datos. Imprime las entradas y ofrece una operación terminal eficiente.

El sistema MultiComp Ⓣ. Este módulo es el caballito de batalla encargado del mantenimiento y la actualización general del banco de datos para la planeación y el control de la manufactura. Un lenguaje simplificado de banco de datos permite que un cambio relacionado con el producto o con la operación se refleje en el banco de datos que corresponda con una simple instrucción de entrada. Esto garantiza una fuente o responsabilidad única por el mantenimiento del banco de datos para fabricación.

El sistema UniPlan Ⓣ. Este módulo proporciona un equilibrio controlado por la computadora sobre la línea de montaje. Utilizando los tiempos estándar generados por el UnivEl, este programa desarrolla el diseño óptimo de la línea de montaje. Sus productos incluyen instrucciones detalladas sobre el método para los operadores de la línea, herramienta, dibujos y listas de partes para cada estación de trabajo, y configuraciones modificadas de la línea de montaje cuando cambian los operadores o los requisitos de producción.

El Routing Data Base®(RTG). Este módulo, generado automáticamente a partir de los datos transferidos por el sistema UnivEl, incluye información sobre redes y programación, datos sobre costos estándar, listas de materiales y puntos de utilización, información para control de los cambios de ingeniería, datos sobre herramienta e itinerarios de procesos, información sobre inventario y normas de medición de las operaciones de fabricación.

El sistema UniCost Ⓣ. Este módulo calcula costos estándar y actuales a nivel de operación en términos de materiales, mano de obra y costos indirectos. Ofrece la posibilidad de obtener costos durante el proceso, de los desperdicios y de los cambios propuestos.

El Performance Audit and Review (PAR) Ⓣ System. Este módulo genera un informe de rendimiento de la mano de obra basado en datos reales de operación provenientes de los talleres. Este informe puede ser por departamento, turno y empleado. Genera también informes de auditoría para señalar discrepancias en la entrada de datos y en el cálculo.

Elementos de entrada y salida. Los elementos de entrada y salida de los sistemas Univation se pueden apreciar examinando el ejemplo de una máquina fresadora. El ejemplo 4.7.14 muestra una hoja de codificación UnivEl compuesta por datos constantes, por ejemplo peso y distancia. El analista industrial codifica los datos variables correspondientes a la configuración de las partes que hacen que un estándar sea distinto de otro. El ejemplo 4.7.15 muestra todos los datos enviados a la computadora para que genere el estándar, las instrucciones del método y el itinerario. Esos datos son transferidos posteriormente al archivo MultiComp para la actualización general. El ejemplo 4.7.16 muestra el estándar y las instrucciones del método generados por la computadora. El encaminamiento proveniente del archivo, que consiste en información sobre herramientas y materiales utilizados, se muestra en el ejemplo 4.7.17. Por último, el ejemplo 4.7.18 es una muestra impresa, con el costo actual del producto.

4.7.6 BENEFICIOS

Los sistemas de cómputo para la medición del trabajo de que se dispone actualmente, comienzan a aumentar de manera notable la productividad de los ingenieros industriales al proporcionar dispositivos eficientes para la obtención de datos e instrumentos ágiles para analizar el cúmulo de datos, y al minimizar considerablemente el esfuerzo manual requerido para informar, mantener y actualizar los tiempos estándar. Algunos de los beneficios logrados son los siguientes:

Reducción del esfuerzo necesario para especificar movimientos que definan un método deseado.

Control de auditoría en la minuciosidad e integridad de la obtención de datos.

Menos tiempo para establecer estándares, con mayor y más rápida cobertura de los estándares.

Mayor precisión, uniformidad y repetitividad de los estándares de trabajo desarrollados por diferentes analistas.

Tiempo apreciablemente reducido de la capacitación del personal para la medición del trabajo.

Mayor eficiencia de los ingenieros industriales, quienes pueden delegar en otras personas las tareas de oficina.

Identificación del posible mejoramiento de los métodos gracias al cálculo automático de índices de mejoramiento.

Ejemplo 4.7.14 Hoja de codificación UnivE

UnivEI® coding sheet — Pág. ____ de ____

Campo	Valor
A L	ØØ
No. de Sec.	
Función No.	ØØ1Ø9
Centro func.	ASYØ6
Depto. No.	46Ø
No. Parte	B6
Número de parte	Ø712Ø-B
No. de op.	4Ø
Tipo de clasif.	RUC
Nombre de la parte	TABLERO DE CIRCUITO LOGICO
Unidad de medida	PZA
Código SCE	MM
Descripción de la operación primaria	INSERTAR COMPONENTES A MANO

No. de Sec.	VC	Tipo elem.	N	Condiciones	Ubicación	Distancia 1 Pulg.	Distancia 2 Pulg.	Peso neto efectivo	Control dim.	Frecuencia	C	Literales UnivEI
2Ø		1	2	22	34	3Ø	3Ø				/	SOPORTE, PIEZAS, BANCO
3Ø		1	2	11	46	12	12	2	3		/	TABLERO, PIEZAS A LA IZQUIERDA, SOPORTE
4Ø		1	2	11	25	3	2	2		ØØ2	/	PONER TUERCA MARIPOSA, APRETAR
5Ø		1	2	11	23	2		3		ØØ2	•	COLOCAR TABLERO, ENDEREZAR
6Ø		1	1	1	5	12					:	DIODO, CHAROLA #1, INSERTA TRANSFORMADO
7Ø		1	1	1	8	12					?	DIODO, INSERTAR EN TABLERO CON MI
8Ø		1	1	1	5	12					/	RESISTENCIA, CHAROLA #2 CON MD
9Ø		1	1	1	7	12					?	INSERTAR RESISTENCIA CON MD
1ØØ		1	1	1	4	12					/	PUENTE, CHAROLA #3 CON MI
11Ø		1	1	1	7	12					/	INSERTAR PUENTE CON MI
12Ø		1	1	1	5	12					:	DIODO, CHAROLA #4 Y 5
13Ø		1	1	1	8	12					?	INSERTAR DIODO
14Ø		1	1	1	4	12					/	RESISTENCIA, CHAROLA #6 Y 7
15Ø		1	1	1	7	12					/	INSERTAR RESISTENCIA
16Ø		1	1	1	5	16					:	CONDENSADOR, CHAROLA #8 Y 9
17Ø		1	1	1	7	16					/	INSERTAR CONDENSADOR
18Ø		1	1	1	5	16					:	DIODO, CHAROLA #1Ø Y 12 CON MD
19Ø		1	1	1	8	16					/	INSERTAR DIODO CON MD
2ØØ		1	1	1	5	16					:	DIODO, CHAROLA #11 Y 13 CON MI
21Ø		1	1	1	8	16					/	INSERTAR DIODO CON MI
22Ø		1	1	1	6	16					:	RESISTENCIA 1/2 WATT, CHAROLA #14 Y 15
23Ø		1	1	1	7	16					?	INSERTAR LA RESISTENCIA
24Ø		1	1	1	6	16					/	RESISTENCIA DE ALAMBRE, CHAROLA #16 17
25Ø		1	1	1	7	16					?	INSERTAR RESISTENCIA DE ALAMBRE
26Ø		1	1	1	6	24					/	CONDENSADOR, CHAROLA #18 Y 19

Clave: • Calcular. Imprimir subtotal y despejar ; Calcular y acumular tiempo ? SIMO—Comparar con elemento siguiente : Calcular e imprimir tiempo aparte de la acumulación : Calcular e imprimir total actual

Ejemplo 4.7.15 Entrada típica para el Sistema UnivAtion

EJEMPLO 2

```
AC        06803 MIL.14      96          002 A4     040276              100-13019 000   20   RUC
BC        Hoja                                                Cada MM                   RSS
CC        Ranura de posición en eje
DC                                      ML-UN2631 Fresa Universal             1
  20      1211      34       18      20     20     12    1002, Dos ejes, mesa de máq., igual, sujetadores
  30      1211      22       10       6     10      1          de portapieza, portapieza, igual, colocar
  40      1211      35       10      12     10     12    1002, Llave, máquina, igual, tuerca
  50      111        5       10             10     12    1002, Llave, tuerca siguiente
  60      1211      25       10      10     10     12    3001, Tuerca, con llave, portapieza, igual, apretar
  70      111        2       18             10     12    1002, Llave a un lado
  80      121 303            24             50     12 20 1002, Manivela, mover mesa a profundidad
  90      1211      21       18       1      5      1    1002, Botón, máquina, igual, poner máq. en marcha
 100      111        5        1             10     12    1002, Mango, llevar mesa a posición final
 110      1211      21       14       4     10      1    1002, Palanca, máquina, igual, acoplar alimentación
 120      F11115 0200 10000 150 1450          1    10040   12   1   10200   125   1   17500   1 100
 130      F11115 10500
 140      121 303            24             50     12    1002, Manivela, bajar mesa para liberar
 150      1211      21       18       1      5      1    1002, Botón, máquina, igual, parar máquina
 160      1211      35       10      12     10     12    1002, Llave, máquina, igual, tuerca
 170      111        5       10             10     12    1002, Llave, tuerca siguiente
 180      1211      25       10      10     10     12    3001, Tuerca, con la llave, portapieza, igual, aflojar
 190      111        2       18             10     12    1002, Llave a un lado
 200      1213      22       14      40     20     12    1002, Dos ejes, portapieza, igual, banco
 210      1231      22       40      14      3      4    1002, Cepillo, máquina, igual, limpiar portapieza
 220      111        2       10              3      4    3001, Cepillo, limpiar portapieza
 230      111        2       14              3      4    1002, Cepillo a un lado
 240      C  El tiempo para quitar rebabas y poner a un lado va integrado al tiempo de procesamiento
 250      F,9030
9999      E
```

Las variables incorporadas a la fórmula 1115 son:

A. Diámetro del cortador 2.00 pulgadas

B. Superficie pies/minuto 150 SFPM

C. Longitud del corte 2.00 pulgadas

Cuando se usa el sistema VARICOMP, el ingeniero sólo tiene que llenar los campos variables subrayados en las hojas de instrucciones. La terminal introduce automáticamente el resto.

Nota: La hoja de codificación está en la página anterior

Ejemplo 4.7.16 Estándar e instrucciones del método

Management Science, INC.

Nombre de la parte Eje — Código de origen MM — Revisión No. A4/ — Parte No. 100-13019 000

Descripción de la operación Fresar ranura de posición — Conjunto 002 — Función 06803 — Depto. 96 — CTR. MI1...1.4 — Operación 20

Herramienta No. ML-UN2631 — Descripción de herramienta: fresa universal — Número de herramientas 1 — Tarea CL — Cuadrilla

Dibujo No. — Familia No. — Tipo de clasificación R U C — Ingeniero RSS — Fecha 04/02/76

No.	Descripción de elementos	Frecuencia	Hrs./PC	Min./PC
1 Obt.	dos ejes de la mesa de la máq. 18 pulg. dist., llevar al portapieza 20 pulg. dist.	1/ 2	.0003120	.01872
2 Obt.	sujetadores del portapieza 10 pulg. dist., poner en posición 6 pulg. dist.	1/ 1	.0002250	.01350
3 Obt.	llave de la máq. 10 pulg. dist., llevar hacia la tuerca 12 pulg. dist.	1/ 2	.0002777	.01666
4 Mov.	llave a la tuerca siguiente 10 pulg. dist.	1/ 2	.0001878	.01127
5 Obt.	tuerca con la llave del port. 10 pulg. dist., apretar 10 pulg. dist.	3/ 1	.0014658	.08795
6 Mov.	llave a un lado 18 pulg. dist.	1/ 2	.0001379	.00827
7 Obt.	manivela para mover mesa en profundidad 24 pulg. dist.	1/ 2	.0003550	.02130
8 Obt.	botón de la máq. 18 pulg. dist., oprimir para poner máq. en marcha 1 pulg. dist.	1/ 2	.0000946	.00568
9 Mov.	mango para poner mesa en posición final 1 pulg. dist.	1/ 2	.0001388	.00833
10 Obt.	palanca de la máq. 14 pulg. dist., acoplar alimentación 4 pulg. dist.	1/ 2	.0000986	.00592

11 F No. 115 Ranura de extremo abierto

150 Superficie pie/min	2.00 Diámetro del cortador 286 RPM o mayor aproximación	.0040 Cant. de viruta/diente
12 Cortador de diente	13.7514 Alimentación en pulg./min	2.00 Longitud del corte
.125 Aproximación y velocidad de alimentación	1 Número de pasadas	7500 Tiempo de recorrido en pulg./min
.0100 Tolerancia de herramienta %		

Advierta impresión de la fórmula
Datos fijos y variables

Frecuencia	Hrs./PC	Min./PC
0.500	.0013030	.07818

12 Obt.	manivela para bajar la mesa y liberar 24 pulg. dist.	1/ 2	.0003550	.02130
13 Obt.	botón de la máq. 18 pulg. dist., oprimir para parar la máq.1 pulg. dist.	1/ 2	.0000946	.00568
14 Obt.	llave de la máq. 10 pulg. dist., llevar hacia la tuerca 12 pulg. dist.	1/ 2	.0002777	.01666
15 Mov.	llave a la tuerca siguiente 10 pulg. dist.	1/ 2	.0001878	.01127
16 Obt.	tuerca con la llave del port. 10 pulg. dist., aflojar 10 pulg. dist.	3/ 1	.0014658	.08795
17 Obt.	llave que está al lado 18 pulg. dist.	1/ 2	.0000845	.00507
18 Obt.	dos ejes del portapieza 14 pulg. dist., colocar atrás sobre el banco 40 pulg. dist.	1/ 2	.0003007	.01804
19 Obt.	cepillo atrás de la máq. 40 pulg. dist., limpiar portapieza 14 pulg. dist.	1/ 2	.0002829	.01697
20 Mov.	cepillo para limpiar portapieza 10 pulg. dist.	3/ 1	.0004839	.02903
21 Mov.	cepillo a un lado 14 pulg. dist.	1/ 2	.0001023	.00614
	El tiempo para quitar rebabas y poner a un lado está integrado al tiempo de procesamiento			
		Total	.0082314	.49388
			.0012347	.07408
		Total	.00947	.568

F No. 9030 15.0 por ciento de tolerancia .94661 Hrs./100 PCS 105.6 PCS/hora

Estándar

Producción al 100%

PG. 2

Estas son las instrucciones del método y el estándar generados automáticamente por el sistema UNIVEL con los datos de entrada VARICOMP.

Ejemplo 4.7.17 Ruta de archivo y lista de partes del montaje

Management Science Incorporated
Ruta de archivo y lista de partes del montaje

Revisión número A4 — | Número de parte 100-13019.000 MM

Fecha de revisión 04/02/76 | Descripción de la parte Eje
Familia No.
Dibujo número | Página número 01

Operación No.	Funciór No.	Número WC	Depto. No.	Cód. de la op.	Descripción de la operación	Tiempo de preparación	Tiempo de corrida	Asign. MH-MN	Rev. CB NO
10	74801	TRN74	54	Bisel-roscado-corte		.31400	1.92000 52.08	01-01 PCS-HR	1C

Herramientas
TN-00042693 001 Cortador
TN-04232749 001 Roscador
TN-27986201 001 Biselador

Materiales
ST-86790CR PR 8.25000 LB. Varilla de 3/4 de pulg. 1020 CR

Operación No.	Funciór No.	Número WC	Depto. No.	Cód. de la op.	Descripción de la operación	Tiempo de preparación	Tiempo de corrida	Asign. MH-MN	Rev. CB NO
	74804	TRN74	54	Bisel-roscado-corte		.35800	2.35000 42 55	01-01 PCS/Hr	1C

Herramientas
TN-00042693 001 Cortador
TN-04232749 001 Roscador
TN-27936202 001 Biselador

Nuevo estándar

Operación No.	Funciór No.	Número WC	Depto. No.	Cód. de la op.	Descripción de la operación	Tiempo de preparación	Tiempo de corrida	Asign. MH-MN	Rev. CB NO
20	06803	MIL14	96	Fresar ranura de posición		.763000	.94661 105.64	01-01 PCS/Hr.	UC

Herramientas
ML-UN2631 001 Fresadora universal

Operación No.	Funciór No.	Número WC	Depto. No.	Cód. de la op.	Descripción de la operación	Tiempo de preparación	Tiempo de corrida	Asign. MH-MN	Rev. CB NO
30	27401	DRL07	69	Taladrar agujero de 1/8 de pulg.		.15000	1.37000 72.99	01-01 PCS/Hr.	1C

Herramientas
DR-721643P 001 Taladro

Copia de la ruta de archivo generada automáticamente por el Sistema UNIVEL

Tiempo de preparación Total 1.22700 | Tiempo de trabajo 4.23661

Ejemplo 4.7.18 Información de costo estándar

04/06/76 — Management Science Incorporated — Sistema de costeo estándar — Costo actual del trabajo. — Confidencial — Para uso interno únicamente — Página — 1

PGM-C608 — Parte No. 100-13019 000 MM

Descripción: Eje — U/M: Cada uno — CB: C

Operación	Comp. No.	SC Descripción/Op.	Cant./material	Empacado	Mano de obra	Costo indirecto variable	Sub-total	Costo indirecto fijo	Total
	ST-86790CR	PR Varilla de 3/4 de pulgada 1020 CR	8.25000	225.22500			225.22500		225.22500
74801	54	Bisel-roscado-corte	1.92000		12.07680	11.00160	23.07840	11.96160	35.04000
10				225.22500	12.07680	11.00160	248.30340	11.96160	260.26500*
74804	54	Bisel-roscado-corte	2.35000		14.78150	13.46550	28.24700	14.64050	42.88750
10-A				225.22500	12.07680	11.00160	248.30340	11.96160	260.26500*
06803	96	Fresar ranura de posición	.94661		5.32941	7.68647	13.01588	11.29306	24.30894
20				225.22500	17.40621	18.68807	261.31928	23.25466	284.57394*
27401	69	Taladrar agujero de 1/8 de pulgada	1.3700030		6.78150	2.64410	9.42560	7.85010	17.27570
30				225.22500	24.18771	21.33217	270.74488	31.10476	301.84964*

Después de cada cambio efectuado al banco de datos, el sistema UNICOST actualiza automáticamente el costo de la parte.

Nota: La operación 10-1 (alternativa) está costeada como operación individual pero no se sumó al total.

Producción de métodos uniformes de operación para supervisores, para que puedan capacitar a los operadores en el mejor método.
Un banco de datos común sobre estándares, con un alto grado de accesibilidad que facilita la actualización y el mantenimiento.
Un banco de datos preciso y actualizado para ingeniería de costos.
Técnicas matemáticas que proporcionan relaciones confiables entre la producción lograda y el trabajo aportado, cuando otras técnicas de medición del trabajo han fracasado.
Incorporación de la medición del trabajo al sistema general de información administrativa.
Acrecentamiento de la motivación de los ingenieros industriales, porque el sistema permite enriquecer las labores.
Las tareas comunes de manipulación de datos son sustituidas por las oportunidades de crear.

4.7.7 EL FUTURO

Los dispositivos electrónicos para obtención de datos, provistos de inteligencia y capacidad para almacenar información, harán que el cronómeto se vuelva anticuado en breve plazo. Se prevén dos posibles acontecimientos en el área de la obtención de datos automatizada, para un futuro no muy remoto. En primer lugar, la combinación de grabadoras de cinta de video y computauoras ayudará al análisis de tiempos y movimientos. Se espera que la información de video se traducirá a lenguaje digital para su análisis por computadora. En segundo lugar, la posibilidad de reconocer voces y palabras minimizará la necesidad de alimentar datos durante una práctica de medición del trabajo.

El autor no prevé la proliferación de minicomputadoras especiales para la medición del trabajo, sino más bien la utilización de servicios de tiempo compartido ya sea por parte de las distintas plantas de una empresa o por parte de las compañías pequeñas. Esto dará lugar a que se establezcan sistemas centralizados de medición del trabajo con almacenamiento y recuperación computarizados y actualización de datos estándar, así como a la elaboración de documentos para operación formulados mediante terminales conectadas con computadoras situadas en lugares remotos. Además, la medición del trabajo de líneas de montaje y la evaluación de métodos alternativos se llevará a cabo con terminales de computadora.

En las operaciones gobernadas por el ciclo de máquina, como ocurre en las áreas de maquinado y soldadura, los sistemas basados en microcomputadoras permitirán optimizar los procesos y desarrollar tiempos estándar. En el área de la mano de obra indirecta, por ejemplo el manejo de materiales, el almacenamiento de inventario, la transportación y el trabajo de oficina, la aplicación de técnicas matemáticas y estadísticas dará lugar a la estandarización. Esto será la base para la planeación y el control de los recursos humanos.

Los sistemas de información administrativa del futuro incorporarán cada vez más las normas de trabajo, en forma dinámica, al banco de datos, para la planeación y el control científicos de la mano de obra, la programación de la producción, costos del producto y el análisis de variaciones de la mano de obra.

En suma, la aplicación de las computadoras a la medición del trabajo mejorará notablemente la productividad del ingeniero industrial, el cual dedicará más tiempo al desarrollo de métodos mejores y no a la cuantificación del que ya existe.

4.7.8 CONCLUSION

Está evolucionando la medición del trabajo con ayuda de la computadora. Cuando alcance la mayoría de edad, será posible reducir drásticamente la necesidad de que el hombre participe en las tareas rutinarias de oficina. En este capítulo se ha bosquejado en forma breve cómo los sistemas de cómputo y los auxiliares electrónicos para la alimentación, el análisis, la producción de informes y el mantenimiento de los datos de medición del trabajo están resultando sumamente provechosos. Se piensa que el ingeniero industrial comienza a mejorar su propia productividad utilizando la computadora.

REFERENCIAS

1. A. J. TAYLOR, "Computer-Aided Work Sampling," Work Sampling Workshop, University of Wisconsin-Extension, Milwaukee, 1977.
2. J. C. MARTIN, "The 4M Data System," *Industrial Enginnering*, marzo de 1974, páginas 32-38.
3. P. MURPHY, "A Computerized Standard Data System," *Industrial Engineering*, octubre de 1970. páginas 10, 17.
4. R. F. WEAVER y E. A, BOEPPLE, "WOCOM and Quick Work-Factor: The State-of-the-Art in Predetermined Systems," A.I.I.E. Conferencia de otoño, 1979.
5. K. P. ZANDIN, "Relieving the Productivity Shortage," trabajo presentado en la junta de la Industrial Management Society, Arlington Heights, noviembre de 1979.

CAPITULO 4.8

Desarrollo y uso de datos estándar

ADAM W.CYWAR
IBM Corporation

4.8.1 GENERALIDADES

En los capítulos anteriores de esta sección se exploraron las tres técnicas fundamentales para establecer tiempos estándar: el estudio de tiempo, los sistemas de tiempo predeterminado de los movimientos y el muestreo en el trabajo.

En este capítulo se hablará de una cuarta técnica para establecer estándares con el fin de medir el rendimiento del trabajo, o sea el uso de datos estándar. Las diferencias esenciales que existen entre los datos estándar y las tres técnicas fundamentales son las siguientes:

1. Los datos estándar son un conjunto de valores de tiempo sintetizados o un modelo matemático, cualquiera de los cuales puede usar valores de tiempo establecidos por una o más de las técnicas fundamentales.

2. Los datos estándar en forma de modelo matemático usan otros datos paramétricos y pueden utilizar también valores de tiempo que no hayan sido establecidos por las técnicas fundamentales.

3. Los datos estándar se usan para establecer estándares sin recurrir además a una técnica fundamental ni a un dispositivo de control de tiempo.

En el presente capítulo, a los datos estándar que constituyen un conjunto de valores de tiempo sintetizados se les llamará "datos estándar sintéticos". A los datos estándar que están en forma de un modelo matemático se les denominará "datos estándar analíticos".

Siguiendo el desarrollo general de este capítulo, se recurrirá a ejemplos para demostrar las técnicas de establecimiento de datos estándar para diversas categorías de trabajo. Las técnicas para establecer datos estándar sintéticos son muy conocidas y han sido descritas ampliamente en muchos libros de texto y otras publicaciones[1-6]; de manera que se hablará de ellas con brevedad. Las técnicas para establecer datos estándar analíticos son menos conocidas y en las obras que tratan el tema se puede encontrar sólo una explicación relativamente breve de las mismas. Es por eso que la mayoría de los ejemplos se dedicarán a demostrar la técnica analítica.

Este capítulo se concentra en las técnicas para desarrollar y usar los datos estándar. La información sobre mecanización de esas técnicas mediante el uso de sistemas de computadora se encontrará en los capítulos 4.7 y 12.5.

Finalidad

El desarrollo y uso de datos estándar sintéticos y analíticos para establecer estándares han sido actividades paralelas a lo largo del desarrollo evolutivo de las técnicas fundamentales de

Ejemplo 4.8.1 Ejemplo que sirve para ilustrar el cálculo de los enfoques sintético y analítico.

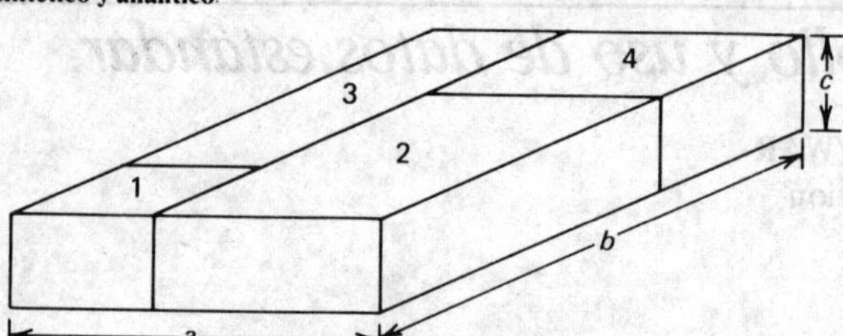

medición del trabajo. Desde la aparición inicial de los "elementos estándar" sintéticos para hacer estudios de tiempo con el cronómetro, y desde el desarrollo de los primeros modelos analíticos en la década de los cincuenta, quienes practican la medición del trabajo han desarrollado muchas formas de datos estándar tanto sintéticos como analíticos.

La finalidad primordial del uso de cualquier tipo de datos estándar es la de minimizar el gasto que implica fijar estándares de tiempo, y disminuir por lo tanto el costo indirecto de elaborar un producto o prestar un servicio. Establecidos y conservados debidamente, los datos estándar pueden reducir apreciablemente el costo al establecer normas para medir el rendimiento. Si no son establecidos, conservados o ambas cosas en forma correcta, la mayor productividad de los trabajadores basada en los datos estándar puede ser más que contrarrestada por los efectos de las normas de rendimiento deficientes (véase la sección sobre las ventajas y las limitaciones de los datos estándar).

Los dos tipos de datos estándar

Se han establecido datos estándar, tanto sintéticos como analíticos, para muchas clases de trabajos directos e indirectos. Para distinguir entre los métodos que se aplican para establecer cada tipo de datos estándar, consideremos la analogía siguiente.

El volumen del bloque que aparece en el ejemplo 4.8.1 se puede calcular de dos maneras. El método sintético implicaría sumar los volúmenes de los cuatro sub-bloques individuales, o sea

$$V = v_1 + v_2 + v_3 + v_4$$

El método analítico de cálculo del volumen usaría las dimensiones a, b y c, es decir

$$V = (a)(b)(c)$$

Análogamente, los datos estándar sintéticos se preparan tomando fracciones de tiempo más pequeñas y sumándolas para formar bloques de tiempo más grandes. Aplicando el concepto de Mundel de los órdenes básicos de unidades de trabajo,[7] los sub-bloques del ejemplo 4.8.1 podrían ser datos estándar a nivel de elemento (unidad de trabajo de segundo orden) que fueron sintetizados combinando movimientos básicos (unidades de trabajo de primer orden). El ejemplo 4.8.2 muestra una jerarquía de datos estándar aplicando el concepto de los órdenes de unidades de trabajo.

Los bloques secundarios que se han descrito podrían estar a un nivel más alto. Específicamente, considérese el trabajo del recepcionista de un almacén. En ese caso el objetivo sería establecer un tiempo estándar para recibir embarques. Los bloques secundarios podrían representar entonces datos estándar a nivel de tarea (tercer orden) sintetizados a partir de órdenes más bajos de unidades de trabajo (movimientos, elementos o ambos). Quizá, los datos estándar a nivel de tarea podrían ya existir, en cuyo caso no sería necesario sintetizar datos partiendo de niveles inferiores. El tiempo estándar, en todo caso, se establecería sumando

Ejemplo 4.8.2 Jerarquía de los datos estándar

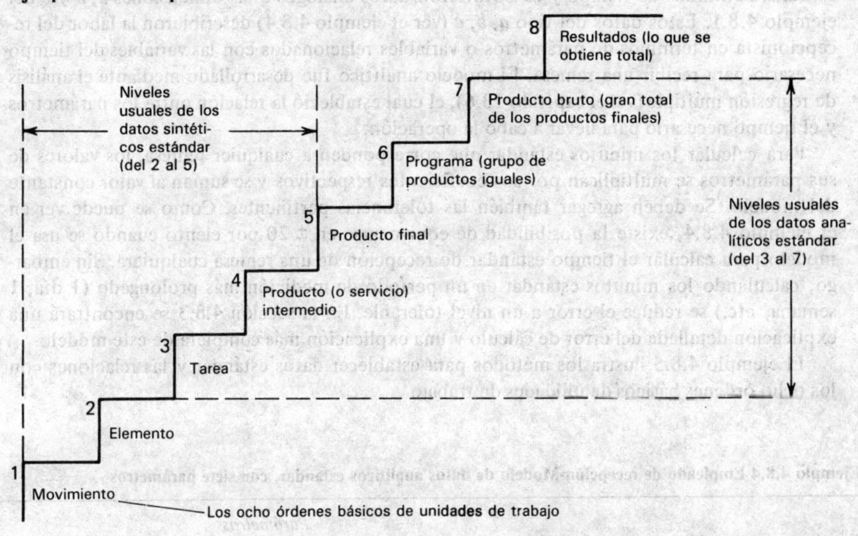

los valores de tiempo contenidos en los datos estándar sintéticos de tercer nivel (ver el ejemplo 4.8.3).

El método alternativo para establecer el estándar consistiría en desarrollar y aplicar un modelo analítico de datos estándar. Esto fue de hecho lo que se hizo en realidad. Se efectuaron

Ejemplo 4.8.3 Representación gráfica de la construcción con datos sintéticos estándar

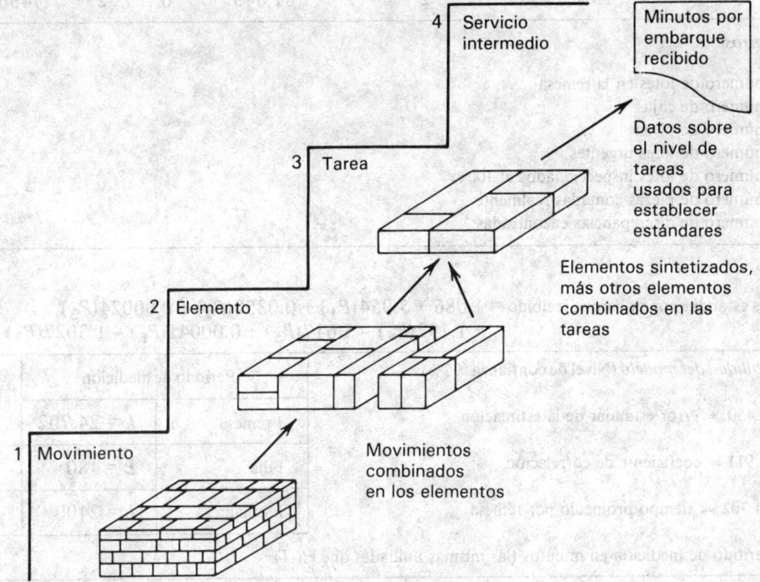

estudios continuos de tiempo y se obtuvieron datos análogos a las dimensiones *a, b* y *c* del ejemplo 4.8.1. Estos datos del tipo *a, b, c* (ver el ejemplo 4.8.4) describieron la labor del recepcionista en términos de parámetros o variables relacionados con las variables del tiempo necesario para recibir una remesa. El modelo analítico fue desarrollado mediante el análisis de regresión múltiple (ver el capítulo 13.6), el cual estableció la relación entre los parámetros y el tiempo necesario para llevar a cabo la operación.

Para calcular los minutos estándar que corresponden a cualquier remesa, los valores de sus parámetros se multiplican por sus coeficientes respectivos y se suman al valor constante del modelo. Se deben agregar también las tolerancias pertinentes. Como se puede ver en el ejemplo 4.8.4, existe la posibilidad de equivocarse en ± 20 por ciento cuando se usa el modelo para calcular el tiempo estándar de recepción de una remesa cualquiera. Sin embargo, calculando los minutos estándar en un período de medición más prolongado (1 día, 1 semana, etc.) se reduce el error a un nivel tolerable. En la sección 4.8.3 se encontrará una explicación detallada del error de cálculo y una explicación más completa de este modelo.

El ejemplo 4.8.5 ilustra los métodos para establecer datos estándar y las relaciones con los ocho órdenes básicos de unidades de trabajo.

Ejemplo 4.8.4 Empleado de recepción-Modelo de datos analíticos estándar, con siete parámetros

Estudio No.	*Tiempo normal (min.)*	*Parámetros* P_1	P_2	P_3	P_4	P_5	P_6	P_7
1	12.1	2	6	32,000	0	1	2500	3
2	21.6	3	10	7,997	1	0	0	0
3	154.3	28	54	83,377	16	4	3577	4
4	8.5	1	8	10,763	0	0	0	0
23	41.6	6	19	31,546	2	2	1463	2
24	6.4	1	2	6,576	0	1	6576	0
25	13.1	2	17	81,643	0	2	7430	7

Parámetros

P_1 = número de lotes en la remesa
P_2 = número de cajas
P_3 = número de piezas
P_4 = número de lotes urgentes
P_5 = número de lotes inspeccionados al 100%
P_6 = número de piezas contadas realmente
P_7 = número de discrepancias encontradas

Modelo

$$\text{Minutos estándar por embarque recibido} = 1.086 + 5.954(P_1) + 0.0358(P_2) + 0.00024(P_3) + 1.192(P_4) - 5.617(P_5) + 0.00041(P_6) - 1.3027(P_7)$$

Confiabilidad del modelo (Nivel de confianza: 95%)

S = 2.450 = error estándar de la estimación

r = 0.911 = coeficiente de correlación

T = 24.702 = tiempo promedio por remesa

L = período de medición en minutos (las mismas unidades que en T)

Período de medición		Error
1 remesa	L = 24.702	± 20%
1 día	L = 480	±4.5%
1 semana	L = 2400	±2.0%

Ejemplo 4.8.5 Comparación de los métodos sintético y analítico de desarrollo de datos estándar, y la relación con los ocho órdenes básicos de unidades de trabajo

8 7 6 5 4 3 2 1

Sintético | Analítico

Estándares

Datos sintéticos estándar

Técnicas fundamentales

Muestreo del trabajo

Estudio de tiempo

Sistemas de movimientos y tiempos predeterminados

Otras técnicas de medición (tiempo transcurrido, tiempo histórico, etc.)

Con parámetros

Datos analíticos estándar

Estándares

8 7 6 5 4 3 2 1

Ventajas y limitaciones

El uso de datos estándar constituye una ventaja cuando hace disminuir el costo de mano de obra y el costo indirecto de la elaboración de un producto o la prestación de un servicio.

El costo indirecto de establecer normas se reducirá usando datos estándar. Sin embargo, si los estándares fijados partiendo de los datos estándar no son equitativos, el efecto negativo producido en la moral del empleado puede dar lugar a un aumento del costo de mano de obra, que excederá a las economías logradas en la función de medición del trabajo.

Los estándares establecidos partiendo de datos estándar tienden a ser más uniformes que los establecidos mediante las técnicas fundamentales. Esa uniformidad es esencial para que los empleados acepten los estándares como justos y equitativos. Cuando los estándares que se han establecido a partir de datos estándar son excesivamente liberales o excesivamente rígidos, las faltas evidentes de equidad son perjudiciales pese a la uniformidad. Por esta razón, los datos estándar deben ser sometidos a prueba antes de usarlos, para asegurarse de que los estándares que se establecen a partir de esos datos se aproximarán mucho (por lo general ± 5 por ciento) a los que resultarían de la medición directa. El poner a prueba los datos estándar de más alto nivel mediante una de las técnicas fundamentales puede llevar mucho tiempo y ser casi imposible en algunos casos. Dependiendo de los convenios prescritos en los contratos y otras consideraciones ambientales, esa imposibilidad de probar puede limitar severamente el uso de datos estándar más allá del cuarto nivel.

No hay una técnica única para establecer datos estándar universalmente aplicables a todas las situaciones de trabajo. Antes de establecer y usar datos estándar de cualquier tipo se debe examinar la naturaleza del trabajo y el medio en que se opera. Ese examen ayudará a determinar qué tipo de datos estándar es el adecuado, si alguno lo es.

Un medio de operación que permite el uso exitoso de datos estándar es aquel en que las normas existentes, si las hay, están en buena condición; es decir, que el nivel de productividad que resulta de los estándares está de acuerdo con las expectativas de la gerencia y los empleados lo consideran justo. Las nuevas normas establecidas a partir de datos estándar serán juzgados en relación con las ya existentes. Si estas últimas están en mala condición, será

Ejemplo 4.8.6 Lineamientos para la selección de datos estándar

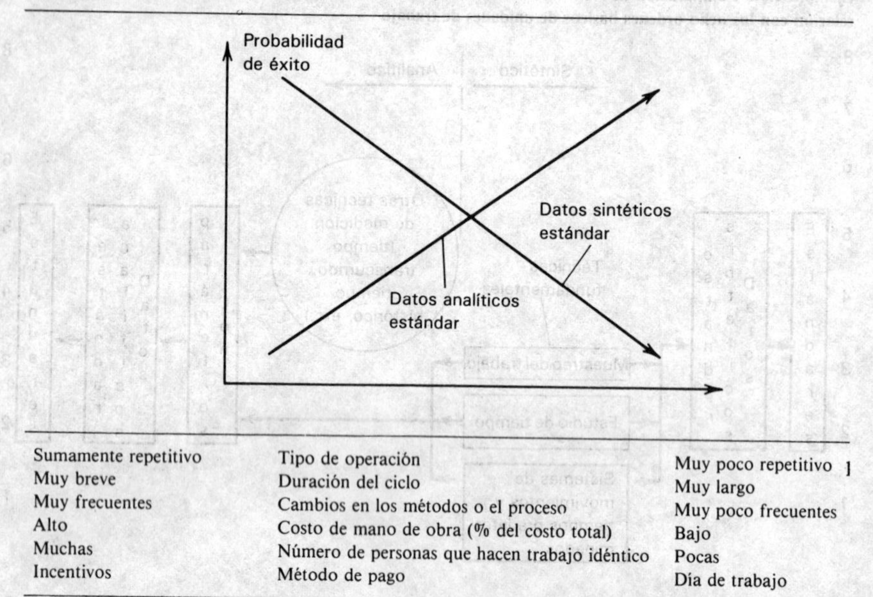

Sumamente repetitivo	Tipo de operación	Muy poco repetitivo
Muy breve	Duración del ciclo	Muy largo
Muy frecuentes	Cambios en los métodos o el proceso	Muy poco frecuentes
Alto	Costo de mano de obra (% del costo total)	Bajo
Muchas	Número de personas que hacen trabajo idéntico	Pocas
Incentivos	Método de pago	Día de trabajo

extremadamente difícil evaluar imparcialmente los nuevos estándares y lograr su aceptación.

Los procedimientos para fundamentar los cambios importantes en los métodos y procesos de trabajo son también importantes. Cuando esos procedimientos son deficientes, se pueden producir cambios ignorados que invalidarán un conjunto de datos estándar. A menos que esos procedimientos estén firmemente establecidos y sean observados estrictamente, habrá que dedicar un tiempo excesivo a controlar los datos estándar. El gasto que implica el control en este caso puede exceder al costo de seguir usando las técnicas de medición directa.

Una vez tomada la decisión de seguir adelante con el desarrollo de datos estándar, habrá que decidir si se van a usar datos sintéticos o analíticos. Las características expuestas en el ejemplo 4.8.6 son los aspectos principales que se deben considerar. Aunque puede haber excepciones, si la naturaleza del trabajo es tal que se encuentran presentes todas las características del extremo inferior del eje de x, se seguirá probablemente el enfoque sintético. Por el contrario, si todas las características se encuentran en el extremo superior del eje de x, las técnicas analíticas pueden ser apropiadas. Estas reglas no son definitivas, sino lineamientos generales que ayudan en el proceso de selección.

4.8.2 DESARROLLO DE DATOS ESTANDAR SINTETICOS

Los datos estándar sintéticos se pueden establecer o determinar usando los medios siguientes: datos elementales provenientes de estudios de tiempo; movimientos básicos o grupos de movimientos provenientes de los sistemas de tiempos predeterminados de los movimientos, y estudios de muestreo del trabajo. Muy a menudo, se recurre a una combinación de ellos. En el ejemplo que se ofrece en esta sección se utilizaron movimientos básicos MTM-1 y elementos de estudio de tiempos. El concepto de elemento constitutivo[8] que se usa aquí combinó unidades de trabajo de primer orden (movimientos) para obtener unidades de trabajo de segundo orden (elementos) y, luego, se agregaron elementos adicionales de segundo orden provenientes de estudios de tiempo. Este conjunto de datos estándar de segundo orden se usó luego para fijar estándares a nivel de unidad de trabajo de cuarto orden. Las operaciones de que se trata en este ejemplo corresponden al montaje manual, estimulado por incentivos, de componentes eléctricos. Aunque no se demuestra aquí, habría sido posible estructurar elementos constitutivos más grandes a nivel de tercer orden (tareas) y usar luego esos datos para establecer los estándares. No se hizo así porque habría sido necesario determinar una cantidad excesiva de datos de tercer nivel para abarcar las distintas variedades de componentes ensamblados.

Obtención de información

Hay varios métodos para desarrollar los datos estándar sintéticos que van a servir para establecer estándares al cuarto nivel. En este caso, las posibilidades se reducían a las siguientes:

1. Usar movimientos básicos de los sistemas de tiempos predeterminados (MTM-1), elaborar datos a nivel de elemento.
2. Usar elementos de estudios de tiempo.
3. Recurrir a los sistemas de tiempos predeterminados de los movimientos al tercer nivel (datos estándar universales, etc,. ver el capítulo 4.5).
4. Elaborar datos de tercer nivel usando datos de primero y segundo orden.

Como se indicó anteriormente, se usó una combinación de las posibilidades 1 y 2 para establecer los datos elementales que aparecen en el ejemplo 4.8.7. Los datos de estudios de tiempo se usaron para los tiempos de los diferentes procesos de soldadura y para ciertas tolerancias, por ejemplo, el elemento 8.30. Todos los demás elementos fueron sintetizados a partir de movimientos básicos MTM-1.

Es importante reconocer los intercambios efectuados en el proceso de selección que antecede. Hubo que considerar los aspectos relacionados con la exactitud de los estándares definitivos, el costo de determinar los datos estándar, la posibilidad de conservar y controlar, la aceptación por parte de los empleados y de la administración, etc. De tratarse de una planta y un medio de operación diferentes, se habrían podido elegir igualmente otras posibilidades. La elección hecha representó un término medio entre los empleados y la administración. Esta última habría preferido la posibilidad 3, con la cual habría sido posible comparar datos ya existentes de tercer nivel provenientes de los sistemas de tiempos predeterminados, modificándolos o complementándolos de ser necesario, y aplicarlos con un costo más bajo que el de la aplicación de datos de nivel más bajo. Los empleados prefirieron la posibilidad 2. El estudio de tiempos había sido el método principal de medición hasta ese momento, y a ellos les agradaba más como base para los datos estándar. Después de una larga discusión, se aceptó una combinación de las posibilidades 1 y 2. A menos que lo impida una obligación contractual u otros factores, este acuerdo es esencial para usar con éxito los datos estándar.

Estructuración de los datos

El resultado de construir datos elementales a partir de movimientos básicos se ilustra en el ejemplo 4.8.8. El primer paso exige que se tabulen los movimientos básicos de cada elemento abarcando la gama de distancias y otras variables que se pueden encontrar en los lugares de trabajo. En el ejemplo se examinaron los análisis individuales MTM de varias operaciones para determinar los patrones y la frecuencia de los movimientos utilizados. Los elementos como el 8.30, que usaron datos de estudios de tiempo, se tabularon en igual forma y se insertaron los tiempos promedio de las hojas desplegadas de estudios de tiempo.

Ejemplo 4.8.7 Indice de datos sintetizados de los elementos para el montaje de componentes eléctricos

Elemento No.	*Descripción*
1.00	Tomar la parte
1.10	No simo
1.20	Parcialmente simo
1.30	Añadir-buscar y seleccionar
2.00	Mover la parte
3.00	Colocar la parte o herramienta
3.10	Colocar-desde la mano
3.12	Añadir-cuando no está en la mano
3.13	Añadir-colocar en rimero (no en posición)
3.14	Añadir-colocar en rimero (en posición)
4.00	Poner la parte en posición
4.10	Clase 1
4.20	Clase 2
4.30	Clase 3
4.40	Añadir-difícil de manejar
4.50	Añadir-requiere orientación visual
4.60	Añadir-puntos o topes de colocación
4.70	Añadir-aplicar la presión requerida
5.00	Alambrado-sin herramientas
5.10	Tomar alambre con la mano y/o los dedos
5.11	Añadir-difícil de asir
5.20	Enderezar el alambre
5.30	Mover el alambre-al lugar aproximado
5.40	Conectar el alambre
5.41	Añadir-difícil de manejar
5.42	Añadir-cuando el alambre está cubierto
5.43	Añadir-conexión firme
5.44	Añadir-doblar el alambre después de insertarlo
5.45	Añadir-doblar con herramienta
6.00	Alambrado-con herramientas
6.10	Tomar herramienta
6.20	Alinear herramienta en el alambre
6.30	Mover/estirar/alinear el alambre
6.31	Añadir-reposición sucesiva
6.40	Cortar el alambre
6.41	Añadir-difícil de cortar
6.42	Añadir-reposición sucesiva
6.50	Encorvar el extremo del alambre
6.51	Añadir-reposición sucesiva
6.60	Conectar el alambre
6.61	Añadir-doblar después de poner en posición
6.62	Añadir-doblar después de enrollar o insertar
6.63	Añadir-doblar con herramienta después de insertar
6.64	Añadir-reposición sucesiva
7.00	Soldar-con soldador
7.10	Tomar soldador
7.20	Tomar rollo de soldadura
7.30	Soldar la conexión
7.40	Añadir-el soldador sostiene la parte
7.50	Añadir-cristalización adicional
7.60	Añadir-mucha precisión
8.00	Soldadura por inmersión
8.10	Aplicar fundente-sumergir
8.20	Aplicar soldadura-sumergir
8.30	Tolerancia para limpiar la escoria o agregar soldadura
9.00	Contador de disparador
10.00	Abrir y cerrar-sujetador de acción rápida

Ejemplo 4.8.8 Ejemplo de datos sintetizados usando elementos básicos MTM del estudio de movimientos y tiempos

Elemento No.	Descripción del elemento	*Tabulación de movimientos* Descripción	Límites	Movimiento	Tiempo (min.)	*Síntesis de movimientos* Descripción	Límites	Tiempo (min.)
1.00	Tomar la parte							
1.10	Tomar la parte no simo-tomar la parte de una pila, charola, recipiente, banco o transportador y llevarla al área de trabajo	Mano izquierda o derecha				R_C + G1A + G2 + M_C + RL1		
		Alcanzar la parte	Hasta 2''	R2C	0.0028	Tomar parte, no simo	Hasta 2''	0.0100
		Alcanzar la parte	3'' a 4''	R4C	0.0040	Tomar parte, no simo	3'' a 4''	0.0125
		Alcanzar la parte	5'' a 6''	R6C	0.0048	Tomar parte, no simo	5'' a 6''	0.0144
		Alcanzar la parte	7'' a 8''	R8C	0.0055	Tomar parte, no simo	7'' a 8''	0.0159
		Alcanzar la parte	9'' a 10''	R10C	0.0062	Tomar parte, no simo	9'' a 10''	0.0174
		Alcanzar la parte	11'' a 12''	R12C	0.0068	Tomar parte, no simo	11''a 12''	0.0188
6.30	Mover, estirar o alinear el alambre-moverlo con la herramienta hacia un lugar aproximado	Mano izquierda o derecha				M_B + G2		
		Mover el alambre con la herramienta	Hasta 4''	M2B	0.0022	Mover-estirar-alinear el alambre	Hasta 4''	0.0049
						Mover-estirar-alinear el alambre	5'' a 8''	0.0070
		Mover el alambre con la herramienta	5'' a 8''	M6B	0.0043	Mover-estirar-alinear el alambre	9'' a 12''	0.0086
		Mover el alambre con la herramienta	9'' a 12''	M10B	0.0059			
		Abrir herramienta para soltar el alambre		G2	0.0027			
8.30	Tolerancias para quitar las escorias del recipiente de soldadura o para agregar soldadura al recipiente	Limpiar escorias del recipiente-alambres sumergidos de 0.08/1000 1/2''				Tolerancias-por alambre sumergido		
		Trozo de alambre	Hasta ½	T.S.	0.00008	Trozo de alambre	Hasta ½''	0.0002
		Trozo de alambre	Hasta 1''	T.S.	0.00016	Trozo de alambre	Hasta 1''	0.0004
		Trozo de alambre	Hasta 1½''	T.S.	0.00024	Trozo de alambre	Hasta 1½'	0.0005
		Trozo de alambre	Hasta 2''	T.S.	0.00032	Trozo de alambre	Hasta 2''	0.0007
		Trozo de alambre	Hasta 2½5''	T.S.	0.00040	Trozo de alambre	Hasta 2½''	0.0009
		Trozo de alambre	Hasta 3''	T.S.	0.00048	Trozo de alambre	Hasta 3''	0.0011
		Trozo de alambre						
		Agregar soldadura-alambres sumergidos de 0.10/1000 ½''						
		Trozo de alambre	Hasta ½''	T.S.	0.00010			

Usando los movimientos tabulados, el paso siguiente consiste en sintetizar los movimientos de cada elemento y calcular los valores de tiempo para cada gama de distancia. Por ejemplo, viendo la "Tabulación de movimientos" correspondiente al elemento 1.10 (véase el ejemplo 4.8.8), el valor de tiempo sintetizado para el rango de 3 pulgadas a 4 pulgadas se calculó sumando los tiempos correspondientes a un R4C, un G1A, un G2, un M4C y un RL1; 0.0040 + 0.0020 + 0.0027 + 0.0038 + 0.0010 = 0.0125 min.

El número de rangos que se debe establecer para cada elemento lo determinan la magnitud y la frecuencia de ocurrencia de ese elemento durante la operación de tiempo de ciclo más corto. Por ejemplo, si el tiempo de ciclo más corto es de 0.20 min, y si la distorsión total no debe exceder del 5 por ciento, un elemento que represente el 20 por ciento del tiempo de ciclo no deberá aportar más de 0.002 min de distorsión (0.20 min × 0.05 × 0.20 = 0.002 min). Si el elemento puede aparecer hasta cuatro veces, los rangos no se deben incrementar más que cada 0.0005 min (0.002/4 = 0.0005 min).

El último paso del proceso consiste en elaborar una hoja de especificaciones (ejemplo 4.8.9) que servirá para establecer estándares individuales. La hoja de especificaciones (que en este caso es una simple forma impresa por ambos lados) contiene todos los datos sintetizados que aparecen en la columna "Síntesis de movimientos" del ejemplo 4.8.8. La forma permite al analista encerrar en un círculo los valores de tiempo apropiados y luego transponer los datos a la columna de la derecha para la tabulación.

Los fundamentos de todas las condiciones y del ambiente que rodea al área de trabajo es extremadamente importante. Dichos fundamentos incluirán bosquejos o fotografías del lugar de trabajo, procedimientos de operación, necesidades de manejo de materiales, reglas de trabajo, etc. Esa información es vital para el analista, a fin de que pueda asegurarse de que las condiciones siguen siendo las mismas antes de establecer una norma partiendo de datos estándar. Esa información se necesitará también durante las futuras auditorías de los datos.

Uso de los datos para establecer estándares

Los procedimientos para establecer estándares con datos estándar varían entre empresas plantas u otras unidades. De modo general, los pasos siguientes son básicos en el proceso:

Usar una lista de verificación; comprobar las condiciones del lugar de trabajo comparándolas con los datos que contiene la documentación de los datos estándar.

Hacer un bosquejo del lugar de trabajo, una lista de la herramienta utilizada y una descripción detallada de la operación y de las partes.

Se deben hacer referencias cruzadas a las listas de materiales y a otros documentos del proceso.

Usar los detalles que respaldan los datos estándar (ver el ejemplo 4.8.8), verificar si las distancias y los métodos del operador son correctos.

Encerrar en un círculo los valores correspondientes en la hoja de especificaciones y, de ser posible, comprobar varios ciclos con un cronómetro.

Tabular los valores de tiempo en la hoja de especificaciones para determinar el tiempo estándar y agregar cualesquiera tolerancias no tenidas en cuenta por los datos estándar. Usar la verificación de los ciclos hecha con el cronómetro como prueba de seguridad, antes de implantar el estándar.

Es posible usar los datos estándar para estimar o pronosticar tiempos estándar antes de la operación real. Esto es particularmente útil cuando se establecen las estaciones de operador en una línea de montaje y cuando se hacen estimaciones del costo de productos futuros.

Ejemplo 4.8.9 Ejemplo de hoja de especificaciones donde se muestra *a*) la parte superior del anverso y *b*) la parte inferior del reverso

Analista ________________ Fecha ________________ Ref. No. ________________

Montaje manual-componentes eléctricos

Parte/montaje No. ________________ Operador No. ________________ Depto. No. ________________

Elemento No.	Hasta 2″	3″–4″	5″–6″	7″–8″	9″–10″	11″–12″	13″–14″	15″–16″	17″–18″	19″–20″	21″–24″	25″–28″	Tiempo
1.10	0.0100	0.0125	0.0144	0.0159	0.0174	**0.0188**	0.0203	0.0219	0.0233	0.0248	0.0263	0.0293	0.0188
1.20	0.0050	0.0063	0.0072	0.0080	0.0087	0.0094	0.0102	0.0110	0.0117	0.0124	0.0132	0.0147	0.0065
2.00	0.0025	0.0038	0.0049	0.0057	**0.0065**	0.0073	0.0081	0.0090	0.0098	4.10–S	4.10–SS	4.10–NS	0.0007
3.13	0.0013	3.14	0.0040	1.30–L	–	1.30–M	**0.0007**	1.30–S	0.0025	0.0027	**0.0044**	0.0050	0.0061
3.10	0.0032	0.0043	0.0053	**0.0061**	0.0069	0.0074	0.0080	0.0086	0.0092	0.0097	0.0103	0.0115	0.0048
3.12	0.0029	0.0039	0.0044	**0.0048**	0.0052	0.0056	0.0060	0.0065	0.0068	0.0073	0.0077	0.0086	0.0044

(*a*)

7.10	Hasta 4″	5″–8″	9″–12″	15″–18″	19″–24″	6.62	0.0150	6.63	0.0113	6.64	0.0132	0.0079	
	0.0074	0.0094	0.0124	0.0155	0.0193	C	1″–2″	3″–4″	5″–6″	7″–8″	9″–10″	11″–12″	0.0076
7.20	0.0041	0.0051	0.0065	0.0082	7.3	0.0263	0.0015	0.0028	0.0039	0.0047	0.0055	0.0063	0.0260
8.10	Hasta 4″	5″–8″	9″–12″	13″–16″	17″–20″	8.30	$\frac{1}{2}$″	1″	$1\frac{1}{2}$″	2″	$2\frac{1}{2}$″	3″	0.0008
	0.0065	**0.0076**	0.0092	0.0108	0.0125	Uno	0.0002	0.0004	0.0005	0.0007	0.0009	0.0011	0.0055
8.20	Hasta 6″	7″–8″	9″–10″	11″–12″	13″–14″	Dos	0.0004	**0.0008**	0.0010	0.0014	0.0018	0.0022	0.0268
	0.0236	0.0250	**0.0260**	0.0269	0.0278	Tres	0.0006	0.0012	0.0015	0.0021	0.0027	0.0033	
	15″–16″	17″–18″	19″–20″	21″–22″	9.00	Hasta 4″	5″–10″	11″–16″	17″–24″	10.0	Total de minutos		0.4612
	0.0286	0.0295	0.0303	0.0312		**0.0055**	0.0062	0.0076	0.0089	**0.0268**			

(*b*)

Mantenimiento de los datos estándar

El mantenimiento de los datos estándar sintéticos cae en dos categorías: modificación de los datos debido a cambios específicos introducidos en las operaciones, y realizar controles periódicos.

Todos los cambios que afecten significativamente la distribución del lugar de trabajo, métodos, herramienta, procedimientos, etc. deben ser comunicados formalmente al departamento de medición del trabajo. Cuando esos cambios afectan a los tiempos de ciclo en un cierto porcentaje (por lo general más de ± 5 por ciento, o lo que se haya estipulado en el contrato), es necesario modificar las partes de los datos estándar que han dejado de ser válidas. Muchos, si no la mayoría, de los cambios que reducen los tiempos de ciclo son iniciados por las personas que realizan el trabajo. Si se permite que el trabajador participe de los beneficios de esas ideas de mejoramiento se dará lugar normalmente a una modificación más oportuna de los datos estándar y, por lo tanto, a datos más válidos en forma constante. Se recomienda con insistencia que se recurra a programas de sugerencias en que se pague a los empleados un porcentaje de los ahorros que resulten de sus ideas de mejoramiento.

Los controles periódicos de los estándares establecidos a partir de datos estándar son necesarios para verificar si las condiciones del lugar de trabajo siguen siendo las mismas de cuando se determinaron los datos estándar. Los cambios progresivos (cambios pequeños que tienen lugar en el transcurso del tiempo) ocurridos desde que se establecieron los datos estándar, o entre los controles, serán detectados por lo general. Cuando los empleados no participan de los beneficios de su propio mejoramiento de los métodos, la realización del control será probablemente la unica ocasión en que esas mejoras serán detectadas y, por cierto, sólo un pequeño porcentaje será visible.

La magnitud y la frecuencia de la realización de los controles deben depender de la posibilidad de incurrir en costos que resulte de la invalidación de datos estándar. Cuando los estándares fijados para un elevado porcentaje de los trabajadores se establecen partiendo de los datos estándar, tal vez sea necesario revisar muchos estándares cada tres meses por lo menos. Si los datos abarcan una escala más reducida, los controles semestrales de más poco estándares pueden ser suficientes. A menos que se recurra a los datos estándar es forma mu limitada, una buena regla empírica es que se realice un control una vez al año por lo menos.

4.8.3 DESARROLLO DE DATOS ESTANDAR ANALITICOS

La aplicación de técnicas matemáticas no es cosa nueva en el desarrollo de datos estándar. El análisis de regresión múltiple se ha usado para establecer datos elementales, como "tomar la pieza", en que parámetros totales como la ubicación o el peso de la misma han sido relacionados matemáticamente con el tiempo necesario para tomar una pieza.[9] Esos datos elementales se usarán luego junto con otros datos para establecer datos estándar sintéticos.

La diferencia radica en el uso de una técnica matemática para desarrollar un modelo de datos estándar a nivel de tarea o a otro más alto. Este concepto, que tampoco es nuevo, se estaba aplicando hace más de 20 años.[10] El uso de modelos analíticos para la medición se está volviendo más común porque, si bien la naturaleza o la composición del trabajo van cambiando, la necesidad de medir permanece constante. A medida que las máquinas sustituyen gradualmente a las personas en el trabajo directo, el porcentaje de la fuerza de trabajo que hace trabajo indirecto aumenta constantemente. La necesidad fundamental de medir no está cambiando, pero la base de la medición y las técnicas de medición se van ampliando para satisfacer esa necesidad.[11,12]

El desarrollo de un modelo analítico de datos estándar exige dos elementos: 1) un conjunto de valores de tiempo asociados con una cantidad de trabajo terminado y 2) los parámetros o características que describen a ese trabajo terminado.

Ejemplo 4.8.10 Clasificación de los modelos de datos analíticos estándar

		Orden de la unidad de trabajo (Nivel)				
Tiempo[a]	*Tamaño del grupo de trabajo*	3	4	5	6	7
Menos de 1 hr.	Una persona (A)	X	X	X		
de 1 hr. a 8 hrs.	Una o más personas (B)		X	X	X	
8 hrs. o más	Más de una persona (C)			X	X	X

[a] Tiempo = tiempo del ciclo con los modelos de tiempo por unidad de producción, y período con los modelos de tiempo por período.

Usando tales elementos, se aplican técnicas matemáticas para desarrollar el modelo de datos estándar. Las técnicas más populares usadas hasta la fecha son el análisis múltiple de regresión lineal y la programación lineal. Se han usado también con éxito el análisis de regresión curvilíneo, la programación no lineal y los modelos de formación de colas, aunque menos extensamente. La sección 13 contiene una explicación detallada de esas técnicas matemáticas.

Los ejemplos que siguen demuestran el uso de la regresión lineal múltiple. No se debe suponer que otras técnicas matemáticas no habrían sido igualmente o más adecuadas. Los criterios para seleccionar una técnica se van aclarando, pero el proceso sigue siendo flexible. El estudio de Mundel de la elección entre la regresión múltiple y la programación lineal,[13] por ejemplo, señala claramente las consideraciones no matemáticas, sino de criterio, que forman parte del proceso.

Los ejemplos presentados aquí demuestran que son prácticos el desarrollo y uso de datos estándar analíticos; el desarrollo de criterios prácticos para seleccionar una técnica matemática requiere investigación adicional.

Los modelos de datos estándar analíticos abarcan por lo general desde el tercero hasta el séptimo orden de unidades de trabajo. Asimismo, dependiendo de la técnica de medición que se aplique, los modelos pueden tener uno de los formatos siguientes: 1) tiempo estándar por unidad de producto o servicio (minutos por pieza, etc.) ó 2) tiempo estándar por período (horas por día, etc.).

El ejemplo 4.8.10 muestra una clasificación de modelos analíticos de acuerdo con el tiempo, el tamaño del grupo de trabajo y los órdenes de unidades de trabajo. Típicamente, tratándose de modelos en que el tiempo de ciclo o el período de tiempo es de menos de 1 hora y el trabajo es realizado por una sola persona, el modelo puede estar en el tercero, cuarto o quinto nivel y se clasifica como 3A, 4A ó 5A. Cada modelo de los ejemplos que siguen está clasificado de acuerdo con este sistema.

El modelo de tercer nivel

El desarrollo más común de datos estándar analíticos mediante la regresión múltiple ha sido a nivel de tarea. Antes de que las computadoras estuvieran disponibles, los tediosos cálculos matemáticos hacían que el número de parámetros del modelo fuera muy limitado. Normalmente, no se podían considerar más de tres parámetros, aunque se podía desarrollar manualmente un modelo de cinco parámetros dentro de un período de 8 h. Cualquier cosa con más de cinco parámetros estaba fuera de las posibilidades del cálculo a mano.

El modelo que se ilustra en el ejemplo 4.8.11 contenía cinco parámetros. El error estándar de estimación (S) del modelo indicó que la aplicación del modelo a un pedido surtido cualquiera podría dar lugar a un error del 21 por ciento con un 95 por ciento de confianza.

Ejemplo 4.8.11 Recepción de pedidos-Modelo de datos analíticos estándar de tercer nivel (3A)[a]

Estudio No.	*Tiempo normal (min.)*	*Parámetros* P_1	P_2	P_3	P_4	P_5
1	11.51	23	39	104	1	3
2	19.22	31	42	308	5	1
3	4.15	4	13	38	1	0
4	32.41	58	98	442	12	1
28	17.76	28	53	296	5	1
29	20.31	42	75	259	4	0
30	3.33	6	10	13	1	0

Parámetros

P_1 = número de artículos diferentes en el pedido
P_2 = número total de unidades en el pedido
P_3 = peso total del pedido
P_4 = número de artículos agotados
P_5 = número de artículos en área de seguridad

Modelo

Minutos estándar por pedido recibido $= 0.9115 + 0.0906(P_1) + 0.0182(P_2) + 0.0288(P_3) + 0.8928(P_4) + 1.2785(P_5)$

Confiabilidad del modelo (nivel de confianza: 95%)

S = 1.410 = error estándar de la estimación
r = 0.985 = coeficiente de correlación
T = 13.359 = tiempo promedio por pedido
L = período de medición en minutos (las mismas unidades que en T)

Período de medición		Error
1 pedido	$L = 13.359$	±21%
1 día	$L = 480$	±3.5%
1 semana	$L = 2400$	±1.6%

[a] Tercer nivel-tiempo por unidad de producción.

La cantidad de error encontrado (a un nivel de confianza del 95 por ciento) al aplicar el modelo para determinar los minutos estándar ganados se calcula por medio de la fórmula siguiente:

$$\text{por ciento de error} = \frac{(2)(S)(100)}{\sqrt{(L)(T)}}$$

donde S = error estándar de la estimación.
L = duración del período de medición (las mismas unidades de T).
T = tiempo medio para surtir un pedido.

La aplicación del estándar en forma diaria (L = 1 día de 480 min/día = 480) daría el resultado siguiente:

$$\text{error} = \frac{(2)(1.41)(100)}{\sqrt{(480)(13.359)}} = \pm 3.5 \text{ por ciento}$$

Ejemplo 4.8.12 Número de modelos posibles para un número dado de parámetros

Número de parámetros	*Número de modelos posibles*
1	1
2	3
3	7
4	15
5	31
6	63
7	127
8	255
9	511
10	1023

En forma semanal ($L = 5$ días de 480 min/día = 2,400) el error sería:

$$\text{error} = \frac{(2)(1.41)(100)}{\sqrt{(2400)(13.359)}} = \pm 1.6 \text{ por ciento}$$

Este modelo a nivel de tarea se calculó sin ayuda de la computadora. Si ésta se hubiera utilizado, los cálculos se habrían efectuado en unos cuantos segundos. Lo que es más importante, hubiera sido posible calcular todos los 31 modelos posibles (véase el ejemplo 4.8.12). Es posible que se hubiera podido encontrar un modelo con menos parámetros, pero más exacto. El segundo ejemplo ampliará este punto.

La aplicación del modelo que antecede al cálculo de horas estándar con un sistema de día de trabajo medido se llevó a cabo con base semanal. El número total de pedidos que surtieron y el número de parámetros asociados correspondientes a una semana se multiplicaron por la constante y los coeficientes de parámetros del modelo (ajustados por tolerancias) para obtener las horas ganadas por semana.

El modelo de cuarto nivel

Se encuentra aquí nuevamente el ejemplo del recepcionista de almacén mencionado más atrás en este capítulo y se presenta en el ejemplo 4.8.13. Adviértase que el modelo presentado ahora tiene sólo dos parámetros. En este caso, la computadora calculó los 127 modelos posibles usando todas las combinaciones de los siete parámetros y clasificó esos modelos de acuerdo con el error estándar (S).

Los resultados indicados que un modelo con los parámetros específicos P_1 y P_3 tenía el error estándar más bajo. Aunque no hubo una reducción notable del error estándar entre el modelo de dos parámetros y el de siete, el uso del modelo de dos parámetros exigió menos anotaciones para determinar las horas ganadas.

El modelo de siete parámetros contenía también coeficientes negativos en dos de aquellos (P_5 y P_7). Matemáticamente, no hay problema; pero desde el punto de vista sicológico conviene por lo general evitar los modelos que tienen coeficientes negativos. Con esto se relaciona la tendencia a inferir que los coeficientes de parámetros individuales representan algún tipo de "estándar" para ese parámetro y que se pueden usar aisladamente sin el resto del modelo. Eso no es verdad. Los valores de la constante y de los coeficientes del modelo sólo tienen sentido como grupo o combinación. (En el capítulo 13.6 se encontrará una explicación detallada de la parte matemática.)

Ejemplo 4.8.13 Empleado de recepción-Modelo de datos analíticos estándar de cuarto nivel (4B)[a]

Estudio No.	Tiempo normal (min.)	Parámetros						
		P_1	P_2	P_3	P_4	P_5	P_6	P_7
1	12.1	2	6	32,000	0	1	2500	3
2	21.6	3	10	7,997	1	0	0	0
3	154.3	28	54	83,377	16	4	3577	4
4	8.5	1	8	10,763	0	0	0	0
23	41.6	6	19	31,546	2	2	1463	2
24	6.4	1	2	6,576	0	1	6576	0
25	13.1	2	17	81,643	0	2	7430	7

Parámetros

P_1 = número de lotes en la remesa
P_2 = número de cajas
P_3 = número de piezas
P_4 = número de lotes urgentes
P_5 = número de lotes inspeccionados al 100%
P_6 = número de piezas contadas realmente
P_7 = número de discrepancias encontradas

Modelo

Minutos estándar por pedido recibido $= 1.262 + 5.625(P_1) + 0.00003(P_3)$

Confiabilidad del modelo (nivel de confianza: 95%)

S = 2.193 = error estándar de la estimación

r = 0.915 = coeficiente de correlación

T = 24.702 = tiempo promedio por remesa

L = período de medición en minutos (las mismas unidades que en T)

Período de medición		Error
1 remesa	$L = 24.702$	±18%
1 día	$L = 480$	±4.0%
1 semana	$L = 2400$	±1.8%

[a] Cuarto nivel-tiempo por unidad de servicio.

En este caso se efectuaron veinticinco estudios a fin de obtener datos para desarrollar el modelo. Normalmente, se requieren de 20 a 30 fragmentos de información para desarrollar un modelo. Como mínimo, el número de datos nunca debe ser menor que el de parámetros contenidos en los datos.

Los datos relativos a parámetros y tiempos de ciclo deberán abarcar toda la gama de valores que se puedan encontrar al llevar a cabo la operación. El uso del modelo cuando los valores de los tiempos de ciclo, de los parámetros o de ambos están fuera de los límites que contienen los datos originales no es válido.

Tal vez el lector quiera examinar las descripciones publicadas de modelos que se desarrollaron para la operación de pintar con brocha piezas de diversos tamaños[14] y para el empaque de artículos terminados también de diversos tamaños,[15] los cuales son similares al ejemplo que se describe aquí.

El modelo de quinto nivel

El modelo de servicio de entregas que aparece en el ejemplo 4.8.14 demuestra el uso del enfoque analítico para desarrollar un solo modelo que abarca toda una clase de trabajo bajo

Ejemplo 4.8.14 Servicio de entregas-Modelo de datos analíticos estándar de quinto nivel (5B)[a]

Ruta No.	Tiempo transcurrido (hrs.)	Parámetros						
		P_1	P_2	P_3	P_4	P_5	P_6	P_7
1	5.89	52	10.4	2	518	0	8.9	8
2	6.17	47	12.2	2	187	19	7.7	7
3	4.90	67	5.7	6	284	0	2.9	4
4	5.61	52	8.9	2	400	4	6.9	6
33	4.52	42	3.9	2	103	1	7.8	5
34	6.18	51	8.7	1	81	21	12.0	9
35	6.04	46	12.0	1	159	6	6.2	8

Parámetros

P_1 = número total de entregas efectuadas
P_2 = área de la ruta-millas cuadradas
P_3 = número de envíos que no fue posible entregar
P_4 = peso total de las entregas-en libras
P_5 = número de entregas comerciales
P_6 = distancia recorrida por el vehículo-en millas
P_7 = número de COD

Modelo

$$\text{Horas estándar por ruta} = 0.9481 + 0.0329(P_1) + 0.2112(P_2) + 0.0405(P_3) + 0.0501(P_6) + 0.0982(P_7)$$

Confiabilidad del modelo (nivel de confianza: 95%)

S = 0.239 = error estándar de la estimación
r = 0.940 = coeficiente de correlación
T = 5.624 = tiempo promedio por ruta
L = período de medición en rutas (las mismas unidades que en T)

Período de medición		Error
1 ruta	$L = 5.624$	±8.5%
5 rutas	$L = 28.120$	±3.8%
20 rutas	$L = 112.48$	±1.9%

[a] Quinto nivel-tiempo por unidad de servicio.

un sistema de día de trabajo medido. Los datos correspondientes a los tiempos transcurridos y a los parámetros se tomaron de los registros existentes. Los tiempos transcurridos representaron un rendimiento del 100 por ciento comparado con los estándares existentes establecidos a partir de un conjunto muy grande de datos estándar sintéticos.

El estudio de los 127 modelos posibles que se calcularon reveló que un modelo con cinco parámetros (P_1, P_2, P_3, P_6 y P_7) se podía usar sin duda sin disminución apreciable de su confiabilidad. El modelo con los siete parámetros tuvo un error estándar de la estimación de 0.237, contra 0.239 del modelo que se muestra aquí.

El período de medición está indicado en términos del número de rutas, ya que el modelo se aplicó únicamente al tiempo transcurrido en ruta. Se aplicaron otros estándares al trabajo realizado no estando en ruta.

Se hizo una comparación, para cada una de las 35 rutas, entre las horas estándar calculadas a partir de las normas existentes y las horas estándar calculadas partiendo del modelo. La mayor desviación entre unas y otras fue de 8.9 por ciento, la más pequeña fue de 0.3 por ciento y la desviación media de 2.0 por ciento.

Ejemplo 4.8.15 Fotografía-Modelo de datos analíticos estándar de sexto nivel (6C)[a]

		Parámetros							
Día No.	*Tiempo declarado (hrs.)*	P_1	P_2	P_3	P_4	P_5	P_6	P_7	P_8
1	22.4	36	52	16	0	42	4	37	79
2	25.7	40	93	11	1	74	3	45	68
3	24.6	18	63	9	0	51	1	32	51
4	18.1	12	34	14	2	27	5	38	44
38	20.3	63	82	10	0	9	4	77	30
39	33.6	57	76	8	1	68	2	63	49
40	18.2	24	41	13	2	47	2	29	33

Parámetros

P_1 = número de copias verificadas y entregadas
P_2 = número de pruebas efectuadas
P_3 = número de copias 2X procesadas
P_4 = número de cambios de baño efectuados
P_5 = número de cinta virgen ordenada
P_6 = número de órdenes atendidas
P_7 = número de copias retocadas
P_8 = número de impresiones hechas

Modelo

Hora estándar por día $= 2.552 + 0.111(P_1) + 0.0171(P_2) + 0.180(P_5) + 0.330(P_6) + 0.0922(P_7) + 0.0273(P_8)$

Confiabilidad del modelo (nivel de confianza: 95%)

S = 2.255 = error estándar de la estimación

r = 0.934 = coeficiente de correlación

T = 21.045 = tiempo promedio por día

L = período de medición en horas (las mismas unidades que en T)

Período de medición		Error
1 día	$L = 21.045$	±21%
5 días	$L = 105.22$	±9.6%
22 días	$L = 462.99$	±4.6%

[a] Sexto nivel-tiempo por período (norma de grupo).

El modelo de sexto nivel

El modelo del ejemplo 4.8.15 fue desarrollado para un grupo de cuatro personas dedicadas al trabajo fotográfico en apoyo de una operación de impresión. El modelo de datos estándar se usó para medir el cambio relativo en la productividad del grupo de un mes a otro. El salario se pagaba por jornadas de trabajo y la gerencia no tenía la intención de cambiar ese sistema.

Se estableció un sistema de trabajo declarado mediante el cual los empleados registraban el tiempo dedicado a las diversas tareas, a fin de obtener los valores de tiempo para el modelo. En éste se usó sólo el tiempo productivo neto. Se excluyó el tiempo destinado a juntas, cuestiones personales y tareas diversas de oficina. Los datos sobre parámetros se estaban obteniendo ya para otros tipos de registros.

Se obtuvieron los datos correspondientes a 40 jornadas de trabajo y, luego, se calculó el modelo. El nivel de rendimiento en el período de 40 días fue la base para medir los aumentos o las disminuciones de la productividad en el futuro.

El modelo se usó con base mensual (22 días hábiles aproximadamente) para calcular horas estándar para el período. Esas horas se compararon luego con las horas reales declaradas, a fin de determinar el porcentaje logrado del estándar. Los porcentajes se graficaron cada mes para determinar la dirección general de la productividad del grupo.

También en este caso, aunque al principio se obtuvieron los datos correspondientes a ocho parámetros, el examen de los 255 modelos posibles indicó que un modelo con los seis parámetros mostrados en particular tenía un error estándar sólo un poco mayor que el del modelo con ocho parámetros.

El modelo de séptimo nivel

A este nivel, muchos tipos de productos, servicios o ambos se consideran bajo un mismo rubro. El caso mostrado en el ejemplo 4.8.16 es una muestra del uso de un solo modelo para

Ejemplo 4.8.16 Empacado y envío-Modelo de datos analíticos estándar de séptimo nivel (7C)[a]

		Parámetros									
Turno No.	*Horas trabajadas*	P_1	P_2	P_3	P_4	P_5	P_6	P_7	P_8	P_9	P_{10}
1	72.0	0	0	15,201	10,913	120	1767	1275	0	156	9720
2	56.0	0	42,468	10,876	8,004	104	2406	0	3805	340	0
3	96.5	130	0	31,328	9,902	0	1300	364	0	1051	1356
4	3.8	120	0	0	2,000	0	0	0	106	0	0
.											
96	88.0	0	34,036	25,323	16,691	0	0	2074	439	2315	1769
97	43.0	959	0	0	20,525	0	2250	0	0	1780	0
98	64.2	0	0	0	8,068	66	1762	1364	0	0	7914

Parámetros

P_1 = unidades de tubo para agua atadas
P_2 = libras de material recibido
P_3 = libras embaladas de artículos terminados
P_4 = libras remitidas internamente
P_5 = piezas de refrigerador recocidas
P_6 = libras empacadas en cajas
P_7 = libras de tubo para agua recocidas
P_8 = libras de serpentín para refrigerador recocidas
P_9 = libras empacadas en cajones
P_{10} = total de piezas recocidas

Modelo

Horas estándar = 0.645 (No. de horas trabajadas) $+ 0.00545(P_1) + 0.00006(P_2) + 0.00044(P_3) + 0.00064(P_4) + 0.06488(P_5) + 0.00221(P_6) + 0.00440(P_9) + 0.00024(P_{10})$

Confiabilidad del modelo (nivel de confianza: 95%)

S = 10.198 = error estándar de la estimación
r = 0.733 = coeficiente de correlación
T = 59.19 = horas promedio por turno
L = período de medición en turnos (las mismas unidades que en T)

Período de medición		Error
1 turno	$L = 59.19$	± 34%
15 turnos	$L = 888$	± 8.9%
60 turnos	$L = 3552$	± 4.4%

[a] Séptimo nivel-tiempo por período (estándar de grupo).

abarcar a un grupo que realiza una variedad de trabajos manuales y de oficina. Se consideró el resultado de una operación completa de empacado y envío, con tres turnos diarios de trabajo.

Los datos correspondientes a las horas trabajadas y a los parámetros se obtuvieron para 98 turnos, en un período de 3 meses. Se usó esa gran cantidad de datos porque la variedad de parámetros y la gama de tiempos eran muy extensas. Los datos no presentaban un patrón discernible que permitiera determinar fácilmente un subconjunto más reducido para abarcar los extremos. Asimismo, la diferencia entre el tiempo de computadora necesario para procesar esa cantidad de datos y el que exigiría un subconjunto más reducido era insignificante. Todos los datos sobre parámetros se tomaron de los registros de producción existentes. Usando los 10 parámetros, se calcularon 1,023 modelos posibles, eligiéndose finalmente el que aquí se muestra y que tiene ocho parámetros.

En el modelo, la constante está expresada en número de horas trabajadas para facilitar el cálculo de las horas ganadas. La conversión de la constante original de horas por turno en una base por horas trabajadas se llevó a cabo dividiendo las horas por turno (38,184) entre el promedio de horas trabajadas por turno (59.19).

Las horas devengadas se calcularon por semana tomando el promedio variable de 4 semanas (60 turnos aproximadamente). El error que se encontraría en un período de esa duración sería de ± 4.4 por ciento a un nivel de confianza del 95 por ciento.

En este ejemplo, como en el anterior, la gerencia decidió tomar el rendimiento anterior como base de la medición. El uso de la productividad media anterior como base para establecer mediciones generales, lo mismo que el uso de cualquier otra base, es una decisión de la gerencia o de la gerencia y los empleados. El ejemplo demuestra que la decisión de medir no está restringida por la técnica.

Selección de parámetros

La selección de los parámetros que se usarán para construir modelos analíticos es un proceso que consiste en identificar los conceptos que, o bien son *la causa* de la variación, o *reflejan* la variación observada en el tiempo necesario para realizar el trabajo.

Consideremos, por ejemplo, el parámetro "número de visitas hechas por el vendedor", tratándose de un departamento de compras. Este parámetro haría variar la carga de trabajo. El parámetro "gastos de viaje para compras", en cambio, reflejaría la variación en la carga de trabajo.

Análogamente, en el caso de una operación de servicio de comidas, el parámetro "número de comidas servidas" sería la causa de la variación, mientras que el parámetro "cajas de servilletas utilizadas" reflejaría la variación.

Se puede usar cualquiera de los tipos de parámetros, y todos los datos que se registren, sea que se refieran a la causa o al reflejo, se pueden considerar. A menudo se rechazan los parámetros porque parece haber muy poca relación directa entre el parámetro aislado y el trabajo que se realiza. No obstante, las combinaciones de parámetros individuales que parecen no tener relación cuando se les considera por separado pueden dar lugar a modelos excelentes.

Por lo general, los parámetros usados en los modelos de niveles más bajos tienden a ser de naturaleza causal. En el tercero y cuarto nivel es bastante fácil identificar las relativamente pocas causas de variación. A medida que sube el nivel del modelo, el volumen de parámetros causales aumentará también. Entonces, resulta más sencillo usar parámetros que reflejen.

Considérese el caso de un modelo de alto nivel que abarca a toda una función de mantenimiento. El número de parámetros que causa variación es grande. En este caso, el uso de parámetros reflejantes, por ejemplo, "valor monetario del inventario de partes de repuesto" o "volumen total de producción", se vuelve importante.

En ocasiones, es útil crear datos partiendo de otros parámetros. Un ejemplo de esto se produjo en un proceso de laminado donde se conocían el peso, el calibre y la anchura del producto terminado, pero no ocurría lo mismo con la longitud del material producido. Como se consideraba importante, se creó el parámetro "unidad de longitud" dividiendo el peso total del pedido por el área de la sección transversal.

También, la información cualitativa se puede convertir en datos de parámetros. Cuando se desarrolla un modelo a nivel de tarea para la operación de sacar muestras de las mercancías que se reciben, una buena parte de la variación de los ciclos se relaciona con el empaque de esas mercancías. En este caso se creó un parámetro de empaque con una clasificación de 0, 1 y 2 para diferenciar entre las cajas aisladas, las que estaban sujetas a una tarima con cinta adhesiva y las que estaban sujetas a la tarima con una banda de acero.

Mantenimiento de los datos estándar analíticos

Es necesario el mantenimiento de los modelos analíticos por las mismas razones que se mencionaron en relación con los datos estándar sintéticos. Normalmente, los cambios introducidos en un conjunto de datos estándar sintéticos se hace en forma fraccional; es decir, cuando se producen cambios en el lugar de trabajo es necesario sólo modificar la parte directamente afectada de los datos sintéticos. Por ejemplo, un cambio en la colocación de las charolas que contienen partes exigirá un cambio en los datos relacionados con "tomar la pieza" únicamente.

En el caso de los datos estándar analíticos, en cambio, la modificación de un segmento cualquiera del medio de operación significa que habrá que calcular un nuevo modelo. Asimismo, el modelo debe ser calculado otra vez cuando el valor de los parámetros se sale del rango de valores de los datos originales. Por ejemplo, en el caso del modelo de fotografía (ejemplo 4.8.15), la gama de valores del parámetro P_8 era de 30 a 79. Si ocurre algo que haga que los valores reales sean menores que 30 o mayores que 79, habrá que volver a calcular el modelo para incluir los valores más amplios. Análogamente, si el tamaño del grupo varía o si otros factores afectan a la cantidad de "tiempo declarado", el modelo se tiene que calcular nuevamente.

El mantenimiento de los modelos analíticos cuesta muy poco, ya que en la mayoría de los casos todo lo que se requiere es calcular otra vez el modelo con una gama diferente de valores de parámetros, tiempos o ambos. Se necesitará un esfuerzo adicional si la confiabilidad del modelo que se ha calculado otra vez es inaceptable. En tal caso se pueden requerir parámetros diferentes o bien, dependiendo del tipo de cambio, puede ser más sencillo dividir la operación y construir dos modelos analíticos distintos.

Un buen procedimiento para verificar la validez de un modelo analítico consiste en conservar, con el mismo formato de los datos usados originalmente para calcular el modelo, una relación de los números reales usados para calcular el tiempo estándar. Esos datos se pueden usar posteriormente para recalcular de manera automática el modelo de acuerdo con un programa fijo. Cuando el programa recalculado difiere en gran parte del modelo original, se impone una investigación.

En el caso del modelo de fotografía, se redactó un programa para calcular las horas estándar a finales de cada mes. El banco de datos para el programa fue estructurado para llevar en forma diaria los valores de los parámetros y la información sobre tiempo declarado. Al finalizar cada mes, los datos correspondientes al mismo se alimentaban de manera automática al programa de análisis de regresión y se calculaba un nuevo modelo. Este último se comparaba luego con el modelo original a fines de cada mes, para ver si había que emprender alguna acción.

4.8.4 LA PLANEACION CON DATOS ESTANDAR ANALITICOS

La estructura de un modelo analítico hace que se preste bien para usarlo en los modelos de simulación con el fin de predecir la cantidad de tiempo necesario para las diversas combina-

Ejemplo 4.8.17 Ejemplo de datos de planeación de recursos desarrollados a partir de los datos analíticos estándar

Número de muestras sacadas (P_1)	Millones de unidades en los lotes muestreados (P_2)															
	10	15	18	20	22	24	26	35	36	37	38	40	45	50	55	60
Horas por 1000 lotes muestreados (Página 1)																
300,000	439	443	446	447	449	451	452	460	461	462	462	464	468	472	477	481
315,000	455	460	462	464	465	467	469	476	477	478	479	480	485	489	493	497
330,000	472	476	478	480	482	483	485	492	493	494	495	497	501	505	509	513
.	.	.	.	.	.	.	.	.	.	.	.	.	.	.	.	.
.	.	.	.	.	.	.	.	.	.	.	.	.	.	.	.	.
.	.	.	.	.	.	.	.	.	.	.	.	.	.	.	.	.
1,200,000	1412	1416	1419	1421	1422	1424	1426	1433	1434	1435	1436	1437	1441	1446	1450	1454
Horas por 1100 lotes muestreados (Página 2)																
300,000	450	454	456	458	460	461	463	471	471	472	473	475	479	483	487	491
315,000	466	470	473	474	476	478	479	487	488	489	489	491	495	499	504	508
330,000	482	486	489	491	492	494	496	503	504	505	506	507	511	516	520	524
.	.	.	.	.	.	.	.	.	.	.	.	.	.	.	.	.
.	.	.	.	.	.	.	.	.	.	.	.	.	.	.	.	.
.	.	.	.	.	.	.	.	.	.	.	.	.	.	.	.	.
1,200,000	1423	1427	1430	1431	1433	1435	1436	1444	1445	1445	1446	1448	1452	1456	1460	1465
Horas por 1200 lotes muestreados (Página 3)																
300,000	460	465	467	469	470	472	474	481	482	483	484	485	490	494	498	502
315,000	477	481	483	485	487	488	490	497	498	499	500	502	506	510	514	518
330,000	493	497	500	501	503	505	506	514	515	515	516	518	522	526	530	535
.	.	.	.	.	.	.	.	.	.	.	.	.	.	.	.	.
.	.	.	.	.	.	.	.	.	.	.	.	.	.	.	.	.
.	.	.	.	.	.	.	.	.	.	.	.	.	.	.	.	.
1,200,000	1433	1438	1440	1442	1443	1445	1447	1454	1455	1456	1457	1458	1463	1467	1471	1475

ciones de volúmenes de parámetros. Considérense los datos del ejemplo 4.8.17, que se han establecido usando un modelo analítico con dos parámetros. En este caso se redactó un programa sencillo que descompuso el modelo en un conjunto de tablas que se podían consultar rápidamente con fines de planeación de los recursos, estimación de costos, etc. Se muestran las tres primeras páginas de los datos de planeación. Para hallar, por ejemplo, las horas necesarias para sacar 330,000 muestras entre 1,100 lotes que hacen la cantidad total de 26 millones, se consultaría la página 2 de las tablas. Las horas necesarias serían 496.

El modelo analítico usado en este caso abarcaba la operación de sacar muestras para inspección entre las remesas (lotes) de partes pequeñas recibidas. El modelo era:

$$\text{minutos por lote} = 6.3875 + 0.06487\ (P_1) + 0.00005\ (P_2)$$

donde P_1 = número de muestras sacadas y P_2 = cantidad total en el lote.

REFERENCIAS

1. R. M. BARNES, *Motion and Time Study*, 5a. ed., Wiley, Nueva York, 1968.
2. P. CARROLL, *How to Chart Data*, McGraw-Hill, Nueva York, 1960.
3. E. V. KRICK, *Methods Engineering–Design and Measurement of Work Methods*, Wiley, Nueva York, 1966.
4. H. B. MAYNARD, *Industrial Engineering Handbook*, McGraw-Hill, Nueva York, 1970.
5. M. E. MUNDEL, *Motion and Time Study*, 5a. ed., Prentice-Hall, Englewood Cliffs, NJ, 1978.
6. B. W. NIEBEL, *Motion and Time Study*, 6a. ed., Irwin, Homewood, IL, 1976.
7. MUNDEL, *Motion and Time Study*, p. 116.
8. MAYNARD, *Industrial Engineering Handbook*, pp. 3-122.
9. MAYNARD, *Industrial Engineering Handbook*, pp. 3-134.
10. "A Long Time Coming, But Now Those Unmeasureable Jobs Are Measureable," *Factory*, febrero de 1959, pp. 28-30.
11. C. L. BRISLEY y R. J. DOSSETT, "Computer Use and Non-direct Labor Measurement Will Transform Profession in The Next Decade," *Industrial Engineering*, agosto de 1980, pp. 34-43.
12. MITCHELL FEIN, "Establishing Time Standards By Parameters," *Proceedings–Spring Conference of The American Institute of Industrial Engineers*, American Institute of Industrial Engineers, Atlanta, GA, mayo de 1978.
13. MUNDEL, *Motion and Time Study*, pp. 705-706.
14. E. V. KRICK, *Methods Engineering–Design and Measurement of Work Methods*, pp. 338-342.
15. M. D. SALEM, "Multiple Linear Regression Analysis for Work Measurement of Indirect Labor," *The Journal of Industrial Engineering*, mayo de 1967, pp. 314-319.

BIBLIOGRAFIA

CYWAR, A. W., "A Computerized Statistical System for Indirect Labor Performance Measurement," tesis para licenciatura, New Jersey Institute of Technology, Newark, 1965.

RICHARDSON, W. J., *Cost Improvement, Work Sampling and Short Interval Scheduling*, Reston Publishing, Reston, VA, 1976.

THELWELL, R. R. "An Evaluation of Linear Programming and Multiple Regression for Estimating Manpower Requirements," *The Journal of Industrial Engineering*, Vol. 18, marzo de 1967, p. 227.

CAPITULO 4.9

Operaciones indirectas: medición y control

GUY J. BACCI
International Harvester

4.9.1 INTRODUCCION. LA NECESIDAD

Las operaciones indirectas son parte integrante de las operaciones totales de todas las empresas. Representan una inversión substancial de recursos de la compañía y un potencial enorme en cuanto a garantizar un buen rendimiento en las ventas. Diversos factores han contribuido a la importancia creciente de esas operaciones:

1. La explosión tecnológica que condujo a la automatización de las operaciones directas, lo cual contribuye a disminuir la necesidad de trabajadores directos y crea una necesidad mayor de trabajadores de servicio y de apoyo.
2. La necesidad de complementar esa expansión de la tecnología atendiendo la demanda de científicos, ingenieros y técnicos.
3. La expansión de las industrias que proporcionan servicios a los consumidores.
4. La necesidad creciente de recursos administrativos para satisfacer las disposiciones legisladas por los gobiernos federal y local, cuyas funciones van en aumento.
5. La inversión substancial en planta, equipo, instalaciones y otros activos que deben ser mejorados constantemente por la administración.

Estos factores han contribuido a la enorme tasa de incremento del número de trabajadores indirectos desde principios de este siglo, más del doble que la de trabajadores directos.[1]

4.9.2 EL PROBLEMA. SU RECONOCIMIENTO

El mejoramiento del control de las operaciones indirectas es importante y podría ayudar notablemente a aliviar los problemas económicos que enfrentan los administradores de empresas. Ahora que los países industrializados y los que están en vías de desarrollo se enfrentan a los costos cada vez más altos de los energéticos y a la inflación, la necesidad de mejorar continuamente la productividad es imperativa.

> *La verdadera definición de productividad, sin embargo, es simplemente producción sobre insumos: la relación entre el producto físico total de una fábrica, una industria o una nación, y uno o más de los factores del insumo, la mano de obra, el capital invertido, los materiales o el esfuerzo y la ingeniosidad de la administración.*[2]

Esa demanda justifica el desarrollo de una estrategia para mejorar la utilización de los activos en las operaciones indirectas.

4.9.3 EL MEDIO DE OPERACION. SUS IMPLICACIONES PARA LA ADMINISTRACION Y LOS EMPLEADOS

El conocimiento del medio en que opera una determinada empresa es esencial. Ese medio es el resultado de la relación de trabajo y el entendimiento entre la administración y los empleados. Esa interrelación fue explicada por David L. Conway, gerente de mediciones de recursos humanos indirectos, IBM Eurocoordination, en un discurso pronunciado en 1979 refiriéndose a la medición de las funciones indirectas:

> *Pienso que la más difícil de nuestras tareas consiste en crear un verdadero entendimiento a todos los niveles de la empresa, y hacerlo en forma creíble. Los empleados responden siempre a los retos que pueden entender y a las causas en las cuales creen.*[3]

Ese entendimiento debe ir aparejado con la hábil dirección de las operaciones indirectas, a fin de dar lugar a una mejor utilización de los activos y a mejores resultados en cuanto a lograr los objetivos planeados en el renglón de utilidades. Los objetivos de beneficios y costos se logran manteniendo un equilibrio adecuado entre los costos de servicios indirectos y el valor agregado resultante.

4.9.4 LAS AREAS CRITICAS DE COSTOS INDIRECTOS

Las operaciones indirectas son necesarias para apoyar la finalidad fundamental de toda empresa. Para la gerencia, el problema consiste en determinar qué servicios son productivos y contribuyen a las operaciones rentables generales. Los servicios productivos deben ser mejorados, mientras que los improductivos o que implican un desperdicio deben ser suprimidos. La estrategia de estudio y mejoramiento presentada en este capítulo se refiere a todos los aspectos de los servicios y los costos indirectos. Esos servicios se pueden clasificar dentro de las áreas siguientes:

Administración. Gerencia y funciones de oficina.
Energía. Adquisición, distribución y utilización de los servicios.
Quehaceres. Servicios de portería, limpieza y eliminación de desperdicios.
Recursos humanos. Servicios e instalaciones asociados con el personal.
Mantenimiento. Conservación y reparación de las instalaciones y el equipo.
Control y manejo de materiales. Compra, manejo, almacenamiento y entrega de materiales.
Papeleo. Información, difusión y almacenamiento.
Confiabilidad y garantía de calidad. Diseño, prueba y aspectos de control de la calidad del producto.
Seguridad. Protección de los activos.
Suministros. Herramientas perecederas y materiales de apoyo.

4.9.5 INDICES DE EFICIENCIA

Las áreas mencionadas representan la mayoría de los servicios indirectos y, ciertamente, ofrecen la oportunidad de mejorarlos. Ese mejoramiento se debe medir en términos inclusivos teniendo en cuenta los factores pertinentes que contribuyan a la eficiencia organizativa general. Diversos índices encuentran aplicación en muchas de esas áreas y deben ser parte integrante del control y la evaluación del servicio prestado.

Informes de control y evaluación

La gerencia debe estar pendiente del rendimiento y los costos de los servicios indirectos, y serán útiles ciertos informes básicos.

1. En el ejemplo 4.9.1 aparece el costo real comparado con el costo del presupuesto, con base mensual, y comparado también con el costo promedio mensual del año anterior. Esta forma puede servir también para indicar las horas reales comparadas con las horas presupuestadas.

2. El rendimiento porcentual, medido contra los estándares de trabajo y los resultados presentados, se puede determinar cada mes y compararlo con el promedio del año anterior, como se indica en el ejemplo 4.9.2.

3. El trabajo acumulado, en horas, de los servicios que se deben prestar, se puede graficar cada mes y compararlo con el promedio del año anterior, como se puede ver en el ejemplo 4.9.3.

4.9.6 ASPECTOS DE LA MOTIVACION

Además de las mediciones cuantitativas de eficiencia, hay varios aspectos intangibles, relacionados con los servicios prestados por las operaciones indirectas, que se deben considerar al tratar de evaluar la contribución general a la empresa. Un desglose de los costos presupuestados y reales, dentro de las categorías de costo de los materiales, la mano de obra y los cos-

Ejemplo 4.9.1 Gráfica típica que muestra el costo real (A) comparado con el costo presupuestado (B)

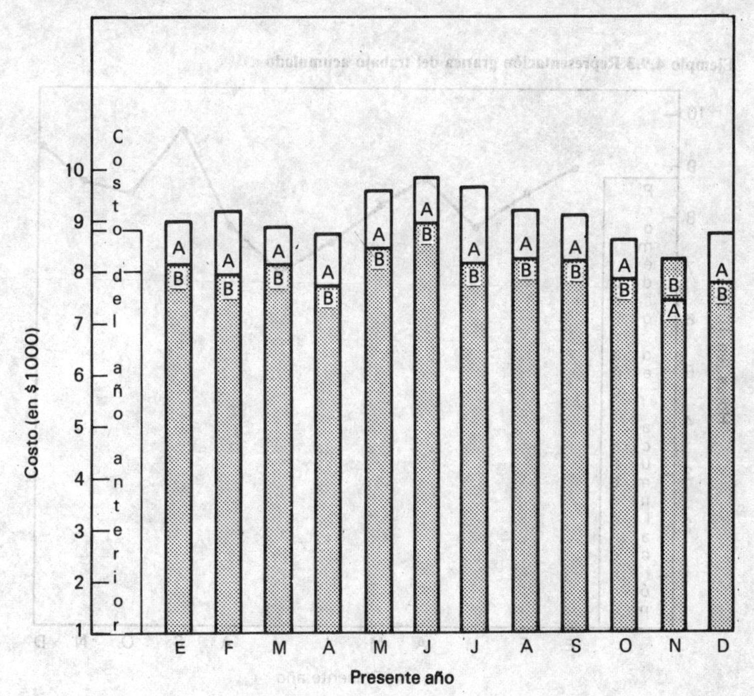

Ejemplo 4.9.2 Gráfica que muestra el rendimiento real comparado con los estándares de rendimiento

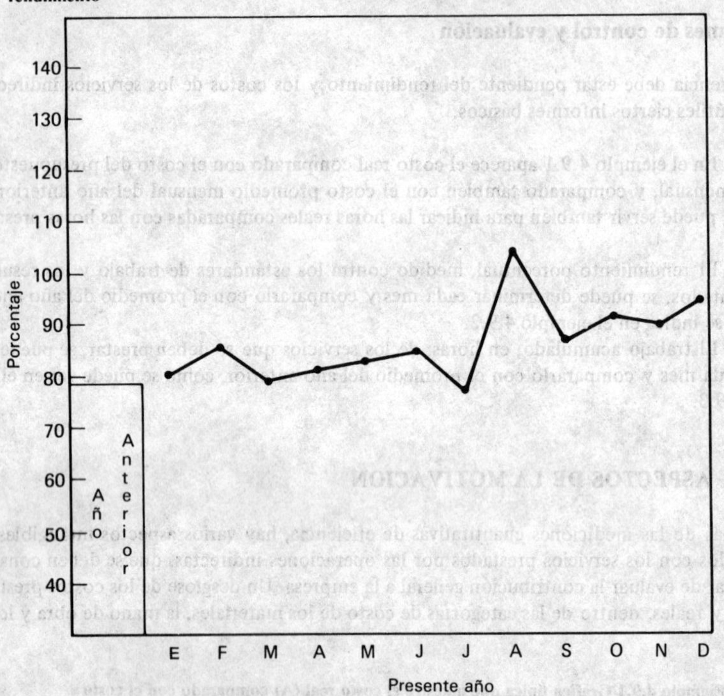

Ejemplo 4.9.3 Representación gráfica del trabajo acumulado

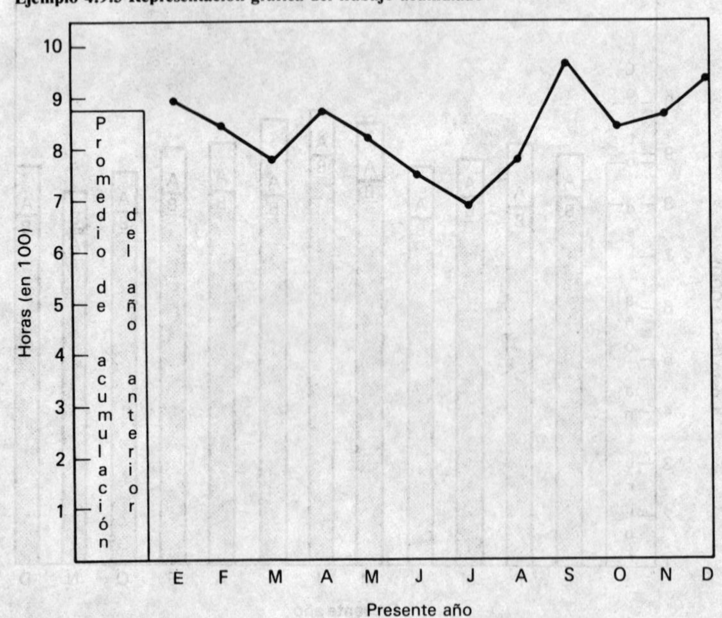

tos indirectos asignables, proporciona una idea más completa del valor de los servicios. Aunque subjetiva, una evaluación del rendimiento de los servicios que presta cada área indirecta, hecha por las áreas directas que requieren el servicio y unida a un mecanismo de retroinformación, permite entender los objetivos generales de la empresa y da lugar a la colaboración en equipo. Esa evaluación la pueden llevar a cabo los ingenieros industriales u otros miembros del personal, pero debe tener en cuenta el tiempo de respuesta del servicio, la calidad del servicio prestado, y la oportunidad en el cumplimiento de las estimaciones y las promesas. En materia de esfuerzos conjuntos, no se exagera la importancia que tiene la utilización de las disciplinas contribuyentes. ¿Qué mejor equipo de trabajo podría haber para estudiar los resultados de los servicios indirectos, que un grupo formado por representantes de la función de servicio colaborando con representantes de la función que debe ser servida?

4.9.7 BASES PARA INICIAR EL MEJORAMIENTO

El conocimiento de la necesidad de los servicios funcionales indirectos, de su impacto en los resultados generales de la empresa, y del medio en el cual se prestan esos servicios, constituye la base para iniciar el mejoramiento. A lo largo de este manual, en muchos capítulos se señalan diversos aspectos que se pueden utilizar en la búsqueda del mejoramiento y todos ellos deben ser entendidos y utilizados. Todas las secciones ofrecen conceptos y técnicas para controlar las operaciones indirectas. En el presente capítulo, la estrategia y las tácticas para aplicar esos conceptos se integran a un plan de ejecución que dará lugar a la mejor utilización de los recursos y los activos.

4.9.8 EL ANALISIS PRELIMINAR

La comunicación

El primer objetivo del análisis preliminar es abrir la comunicación entre la función que se va a estudiar y el equipo de análisis. Para lograr este objetivo es necesario que el analista conozca la red de comunicaciones que funciona en la empresa. No se exagera la importancia de establecer metas comunes, ya que todos los puntos de vista, tanto de la función como del equipo de análisis, deben ser incorporados al estudio. Dicha importancia fue señalada por John C. Werner:

> *No basta con que cada unidad perfeccione su operación. También debe contribuir conscientemente a la simplificación y la efectividad de toda la organización. La meta común consiste en hacer productos en forma rentable.*[4]

Una vez que se hayan entendido las metas comunes y que la red de comunicación sea evidente, el analista podrá planear mejor las etapas siguientes del análisis.

Participación total

Esta etapa integra el conocimiento anterior con la participación de los recursos humanos, necesaria para el éxito. La apertura de la comunicación, o sea el anuncio del análisis, debe llegar a todos los elementos de la empresa: la gerencia, los supervisores, el sindicato y los empleados. Debe incluir los objetivos de toda la empresa y declarar que la función que se va a estudiar puede contribuir al logro de esos objetivos. También, es esencial que el flujo de la comunicación quede abierto en todas direcciones. Esto permite el libre acceso a la información disponible en todos los niveles de la organización, así como usar esa información para garantizar el éxito del proyecto.

4.9.9 COMPOSICION DEL EQUIPO DE ANALISIS

Idealmente, el equipo del proyecto de análisis estará formado por representantes de los cuatro segmentos de los recursos humanos de la empresa. Cada uno aporta al proyecto un punto de vista que debe tenerse en cuenta para lograr la participación total y, finalmente, el éxito. Sin embargo, puede darse el caso de que el sindicato y los empleados no quieran participar en el análisis real. La gerencia, los supervisores y el personal de asesoría llevarán adelante el proyecto. Esta situación no debe alterar los objetivos generales de comunicación del proyecto. Si el equipo de análisis requiere capacitación en cualquiera de los aspectos técnicos, deberá atenderse a esto mucho antes de llevar a cabo el estudio. Si se requieren conocimientos especiales durante un tiempo breve, se puede recurrir a asesores específicos.

4.9.10 OBTENCION DE INFORMACION

Es esencial que el equipo de análisis aprecie de modo general la importancia de los parámetros relacionados con la función que se va a estudiar. La información, desde el punto de vista de toda la empresa, se puede obtener recurriendo a muchos de los servicios de asesoría que apoyan a la función. Esa información debe abarcar los aspectos importantes de las finanzas, la ingeniería industrial, las retribuciones, las relaciones con los empleados, el manejo de materiales, etc. Una vez obtenida y analizada la información general, otros datos funcionales específicos la complementarán y permitirán que el equipo de análisis examine la participación de otras operaciones y la relación de unas con otras. Esos datos funcionales específicos deben dar respuesta a preguntas relacionadas con la operación, como éstas:

1. ¿Qué trabajo se realiza?
2. ¿Quién lo hace?
3. ¿Cuánto tiempo se invierte?
4. ¿Cómo se efectúa cada tarea y qué pasos se siguen?
5. ¿Cuál es el volumen de trabajo?

Entrevistas personales

Los datos específicos se pueden obtener con el gerente, el supervisor y el empleado mediante entrevistas, y pidiéndoles que contesten cuestionarios diseñados para cada nivel. Cada una de esas entrevistas y cuestionarios está diseñada de manera que proporcione una idea contestando preguntas específicas pertinentes. Desde el punto de vista del gerente, los parámetros generales relacionados con la misión, los objetivos, las acciones planeadas, las áreas de interés y los criterios de medición del comportamiento son fundamentales para lograr el conocimiento. El ejemplo 4.9.4 es una muestra del cuestionario que contesta la gerencia del departamento.

El cuestionario del supervisor se orienta más bien hacia los aspectos de operación de las funciones. Solicita información sobre tareas principales, relaciones entre departamentos, posibles mejoras y criterios de evaluación del comportamiento. El ejemplo 4.9.5 es una muestra de ese cuestionario.

El cuestionario dirigido al empleado solicita información más específica sobre las tareas asignadas y realizadas. Pide el punto de vista del empleado respecto a la información necesaria para operar que permita llevar a cabo el trabajo, y cómo se podría mejorar dicho trabajo. Se pide también información acerca del método de evaluación del rendimiento y cómo se podría mejorar. El ejemplo 4.9.6 ofrece una muestra de cuestionario para análisis de la labor del empleado.

Ejemplo 4.9.4 Cuestionario del administrador

Esta forma permite saber cómo percibe el jefe del departamento la función de dicho departamento y cómo dirige los esfuerzos encaminados al desempeño de esa función. El cuestionario es contestado personalmente por el administrador.

1. Nombre	El nombre del administrador
2. Fecha	La fecha en que se contesta el cuestionario
3. Cargo	El título oficial del administrador
4. Ubicación	La situación geográfica del departamento
5. Misión del departamento	La razón para que exista el departamento y las funciones y responsabilidades que le han sido encomendadas o que ha asumido
6. ¿Cuáles son los objetivos de la administración para el presente año fiscal?	Las mejoras y/o cambios en la organización, la capacitación del personal, los procesos de trabajo y/o el personal planeado para el presente año fiscal
7. Explicar las acciones planeadas para el presente año fiscal	Una relación de las tareas planeadas para lograr los objetivos de administración enunciados anteriormente
8. Describir las áreas de preocupación	Hacer una descripción de los factores significativos que están influyendo, o que influirán, en la eficiencia del departamento para cumplir con su misión
9. ¿Con qué fuentes de información cuenta actualmente, y cómo se podrían mejorar?	Explicar los recursos (p.ej., informes, juntas) de que se vale para manejar el departamento, así como las mejoras (en el contenido, el alcance, la oportunidad, la exactitud) que serían adecuadas para aumentar el control administrativo
10. ¿Qué criterios de medición del rendimiento (tanto cualitativos como cuantitativos) le serían más útiles	Una descripción de los criterios existentes y/o deseables que se aplican o deberían aplicarse para medir el rendimiento. (Deberán relacionarse con los indicadores principales.)

Cortesía de Kearney Management Consultants, Chicago, Illinois.

Ejemplo 4.9.5 Cuestionario del supervisor

Esta forma permite saber cómo percibe sus responsabilidades el supervisor e identificar el contenido del trabajo. El cuestionario es contestado personalmente por el supervisor.

1. Nombre	El nombre del supervisor
2. Departamento	El departamento del supervisor
3. Cargo	El título formal del cargo que desempeña
4. Sección	La sección del departamento en la cual trabaja el supervisor
5. Superior inmediato	La persona de la cual depende directamente el supervisor
6. Fecha	La fecha en que se llena la forma
7. Describa brevemente la naturaleza general de su trabajo	Hacer una descripción de las responsabilidades del supervisor

Ejemplo 4.9.5 Cuestionario del supervisor *(Continuación)*

8. ¿Cuál es su semana normal de trabajo?[a]	El número de horas que normalmente trabaja el supervisor por semana
9. ¿Qué días de la semana?[a]	Una lista de los días en que trabaja
10. ¿Tiene asistencia secretarial?[a]	Con qué tipo de asistencia secretarial cuenta el supervisor si es que la tiene.
11. Señale las tareas principales que realiza y el tiempo estimado que dedica a cada una.[a]	Una relación de las tareas principales que realiza el supervisor y el promedio de horas diarias que invierte en ellas. (Un diario personal llevado durante una semana puede ayudar a contestar este punto.)
12. ¿Cuáles son sus actividades semanales regulares?[a]	Una relación de las tareas que el supervisor lleva a cabo rutinariamente en la semana, y las horas que les dedica
13. Señale otras actividades[a]	Una relación de las tareas que el supervisor realiza rutinariamente en un periodo (trimestral, semestral, anual, etc.) y el tiempo que invierte cada vez que las lleva a cabo. (Deberá indicar la frecuencia de cada tarea y el promedio de horas que le dedica cada vez.)
14. Relaciones en el departamento	Una descripción de los puestos (con sus nombres) y del número de personas que laboran en el departamento del supervisor, e indicar el tipo de las relaciones del supervisor con otro personal del departamento (La relación directa se refiere al personal supervisado directamente por la persona que contesta el cuestionario.)
15. Describa brevemente las posibles ideas de mejoramiento y/o las áreas que actualmente tienen problemas	Una explicación de las áreas que se beneficiarían con un examen a fondo hecho por el grupo de proyecto. (Las áreas pueden referirse a la estructura, las políticas, los procedimientos, los métodos y los procesos de la organización.)
16. ¿Qué programas de capacitación existen actualmente y cómo podrían ser mejorados?	Una lista de los programas al alcance del personal del departamento, y sugerencias para mejorarlos (contenido, presentación, disponibilidad, duración, etc.)
17. ¿Qué información específica de operación requiere usted, y cómo se podría mejorar el formato de esa información?	Una descripción de la información utilizada por el supervisor para planear y controlar las actividades de las cuales es responsable, incluyendo recomendaciones para mejorar la utilidad de la información.
18. ¿Mediante qué criterios se evalúa actualmente su cargo?	Descripción de la manera en que el supervisor percibe la forma en que se evalúa su rendimiento
19. ¿Cómo se podrían mejorar los criterios mediante los cuales se evalúa su cargo?	Sugerencias para mejorar el método de evaluación del rendimiento (Esto podría incluir criterios adicionales o revisados, o se podría referir a la técnica de movimiento y/o retroinformación.
20. ¿Con qué criterios evalúa usted a sus subordinados?	Una descripción de cómo evalúa el supervisor el rendimiento de sus subordinados.
21. ¿Cómo se podrían mejorar los criterios de evaluación de sus subordinados?	Sugerencias para mejorar la suficiencia y la calidad del proceso de evaluación del rendimiento.
22. Contactos inmediatos fuera del departamento	Una lista de las personas que tienen contacto substancial con el supervisor en el desempeño de las tareas que le fueron asignadas

Cortesía de Kearney Management Consultants, Chicago, Illinois.

[a] Preguntas opcionales que sólo se harán si el cargo del supervisor está siendo evaluado como parte del proyecto.

Ejemplo 4.9.6 Cuestionario para análisis del empleo

Esta forma sirve para registrar las actividades del trabajador individual. Generalmente se toma como base para las entrevistas personales.

1. Nombre del empleado	El nombre del empleado
2. Fecha	La fecha en que se contesta el cuestionario
3. Nombre del puesto	El título formal que se da al empleo en la empresa
4. Departamento	El departamento donde labora el empleado
5. Sección	La sección del departamento en la cual trabaja el empleado
6. Supervisor inmediato	Nombre y cargo del supervisor inmediato
7. ¿Supervisa usted a otras personas?	Señalar si el empleado supervisa formalmente a otros empleados
8. Empleados que supervisa	Información acerca de los empleados supervisados por la persona que contesta el cuestionario
9. Llamadas telefónicas[a]	Número de llamadas telefónicas hechas y recibidas diariamente
10. Tareas que desempeña	Las tareas (por nombre o por número de actividad) realizadas durante las horas del día que se indica y que no requieran menos de 15 minutos
11. Tareas asignadas no realizadas durante la presente semana	Una descripción de las tareas, por orden de tiempo requerido, que no se llevaron a cabo durante la semana de muestreo. El tiempo se indicará en horas o en cuartos de hora.
12. Número total de llamadas telefónicas[a]	El número total de llamadas telefónicas hechas o recibidas durante la semana
13. Descripción resumida de las tareas diarias	Un resumen de las horas dedicadas diariamente a cada familia de tareas. (Agrupar en familias las tareas relacionadas. La familia puede contener más de una tarea.)
14. ¿Cómo se puede mejorar su empleo?	Una descripción, hecha por el empleado, de las maneras de mejorar el trabajo (p.ej., cambios en los procedimientos, políticas, responsabilidades, forma, programas)
15. Horas extraordinarias: ¿Requiere su trabajo horas extras?	Indicar si o no
16. En caso afirmativo, ¿se debe en buena parte a los dias de descanso?	Indicar si o no
17. Deberes o tareas que exigen horas extras	Indicar las tareas que rutinariamente requieren tiempo adicional (señalando cuánto tiempo) cuando no se deba al trabajo acumulado en los días de descanso
18. ¿Qué informacion de operacion requiere su trabajo?	Señalar la información necesaria para planear y controlar su trabajo, asi como cualesquiera mejoras que pudieran ser útiles
19. ¿Cómo evalúa el supervisor el trabajo de usted?	Una descripción de las bases con las cuales es evaluado su comportamiento
20. ¿Cómo se podria mejorar este proceso?	Una descripción de la forma de mejorar el proceso de evaluación. (Se podria referir a la base de evaluación, a las normas de comportamiento y/o a la información sobre resultados.)

Cortesia de Kearney Management Consultants, Chicago, Illinois.
[a] Puestos de oficina.

Listas de actividades

La información general, junto con los datos específicos obtenidos entrevistando al personal, se complementan con la lista de actividades. Esa lista la elabora el equipo de análisis trabajando conjuntamente con los supervisores y los empleados. Bosqueja las funciones principales desempeñadas y da al equipo de análisis una idea de cómo perciben el supervisor y los emplados sus actividades primarias. En los ejemplos 4.9.7 y 4.9.8 aparecen listas de actividades de las funciones de conserjería y de oficina, respectivamente.

Listas de tareas

Puesto que la intención principal del análisis es seguir fomentando la participación del empleado, éste es el que formula la lista de tareas. La forma está diseñada de manera que contenga cada tarea realizada, la frecuencia con que se lleva a cabo en un período específico y el tiempo necesario para realizarla. La información general solicitada incluye el nombre del empleado, denominación de su puesto o trabajo, clasificación, departamento, sección, supervisor inmediato y fecha. La información específica solicitada incluye lo siguiente:

Ejemplo 4.9.7 Lista de actividades que indica los elementos de trabajo comprendidos en la función de conserjería

Nombre del departamento ______________ Fecha __________

Actividad No.	*Descripción de la actividad*
1	Barrer los pisos
2	Fregar los pisos
3	Limpiar los tocadores
4	Limpiar los vestidores
5	Vaciar los cestos de basura
6	Sacudir los muebles, archiveros, etc.
7	Solicitar suministros
8	Encerar los pisos
9	Pulir los pisos
10	Mantenimiento exterior
11	Varios

Ejemplo 4.9.8 Lista de actividades que indica los elementos de trabajo comprendidos típicamente en las labores de oficina

Nombre del departamento ______________ Fecha __________

Actividad No.	*Descripción de la actividad*
1	Emitir certificados clase 127A
2	Emitir certificados clase 127B
3	Servicio general de información al público
4	Proporcionar datos al departamento de autorizaciones
5	Administración
6	Bienestar del empleado
7	Varios

1. Número de la tarea. Las tareas deben ser numeradas para que no haya confusión. También, deben estar relacionadas por orden de frecuencia: primero las diarias y, luego, las que se presentan regularmente por semana, mes, trimestre, etc.

2. Descripción de la tarea. La tarea debe describirse específicamente. Debe ser una tarea completa, no estar subdividida en sus elementos individuales de trabajo. Deberá incluirse también cualquier otra información pertinente, por ejemplo, una descripción de la máquina o herramienta.

3. Frecuencia o cantidad por semana. Esto debe indicar el número de veces que se realiza la tarea en una semana o en algún otro período.

4. Horas por semana. Es una estimación del tiempo necesario para realizar la tarea.

En los ejemplos 4.9.9 y 4.9.10 aparecen listas terminadas de las funciones de conserjería y de oficina, respectivamente.

Ejemplo 4.9.9 Lista de tareas de los elementos de trabajo de la función de conserjería, indicando la frecuencia y los tiempos correspondientes

Nombre: William Wright	Ocupación o puesto: Trabajador de servicio	Clasificación	
Departamento	Sección	Supervisor	Fecha

Tarea No.	Descripción	Cantidad por semana	Horas por semana
1	Barrer oficinas de ejecutivos (barredora de impulsión de 24 pulgadas)	5	5.0
2	Barrer la sección de contaduria (barredora de impulsión de 24 pulgadas)	5	2.5
3	Barrer la sección de estándares y métodos (barredora de impulsión de 24 pulgadas)	5	5.0
4	Fregar oficinas de ejecutivos	3	4.5
5	Fregar la sección de contaduria	2	2.0
6	Fregar la sección de estándares y métodos	2	3.0
7	Limpiar el sanitario para caballeros de contaduria	5	2.5
8	Limpiar el sanitario para damas de contaduria	5	2.5
9	Limpiar el sanitario para caballeros de ingenieria	5	2.5
10	Solicitar toallas limpias	3	1.5
11	Llevar suministros al depto. de papeleria	1	1.5
12	Vaciar las papeleras-oficinas del segundo piso	5	5.0
13	Sacudir oficinas de ejecutivos	5	2.5
	Total	–	40.0

Ejemplo 4.9.10 Lista de tareas de los elementos de trabajo de las funciones de oficina, indicando la frecuencia y los tiempos correspondientes

Nombre	Ocupación o puesto	Clasificación
Mary Moody	Empleada de correspondencia	CAF 3

Departamento	Sección	Supervisor	Fecha

Tarea No.	Descripción	Cantidad por semana	Horas por semana
1	Escribir acuses de recibo de las solicitudes 127A	32	16
2	Enviar informe semanal al director de la división	1	2
3	Sumar las cifras para los informes especiales	36	3
4	Clasificar las razones en los casos de 127B	44	11
5	Llenar el informe de efectivo acumulado	1	1
6	Contestar las preguntas del público cuando está ausente el supervisor	24	2
7	Llevar registros (archivar) (verificar)	12	3
8	Firmar la correspondencia	80	4
9	Hacer cuadernillos de notas	1	1
10	Llevar de escritorio en escritorio los casos que requieren atención especial, para que sean atendidos con rapidez	10	5
	Total	—	48

La lista de tareas formulada por el empleado ofrece una oportunidad excelente para lograr la participación y mantener abiertas las comunicaciones. El equipo de análisis debe estudiar la lista para confirmar que está completa y es correcta, y debe analizarse junto con el empleado. Esta estrategia dará al empleado la oportunidad de hacer sugerencias para mejorar el trabajo, las cuales deben ser alentadas decididamente. Esas sugerencias pueden servir de trampolín para mejorar la eficiencia funcional general.

Diagrama de distribución del trabajo

Una vez formuladas las listas de actividades y las listas de tareas, la información se puede consolidar en un cuadro de distribución del trabajo. Representa todas las actividades de la función y todo el personal encargado de realizarlas. La presentación de las actividades en esta forma puede señalar diversas áreas con problemas. El análisis de la información contenida en el cuadro permite dar respuesta a las preguntas importantes siguientes:

1. ¿Qué actividades llevan más tiempo?
2. ¿Hay un esfuerzo mal dirigido?
3. ¿Se están aprovechando debidamente las aptitudes?
4. ¿Están los empleados realizando tareas no relacionadas?
5. ¿Están las tareas demasiado dispersas?
6. ¿Está distribuido uniformemente el trabajo?

El análisis se concentra primero en las actividades que requieren más tiempo. La eliminación de trabajo innecesario es el segundo paso, seguido por la determinación de si los empleados están trabajando al nivel apropiado o si están desempeñando muchas tareas incidentales. Luego, se determina si hay un desequilibrio en la distribución del trabajo y, de ser así, si se puede redistribuir para igualar la carga. Los ejemplos 4.9.11 y 4.9.12 muestran cuadros de distribución.

4.9.11 SINTESIS Y APLICACION

Dentro del marco de la participación total del empleado, la síntesis de los datos obtenidos da lugar a una serie de recomendaciones para el mejoramiento. Desde el punto de vista del empleado, esas mejoras corresponden a las áreas de las condiciones de trabajo, de las relaciones empleado-supervisor, de la compatibilidad de las metas individuales y de la empresa, etc. El supervisor enfoca las mejoras en términos de las metas del departamento y del sistema de control que permite alcanzar esas metas. La gerencia ve en forma más general las necesidades individuales y del departamento.

Los resultados del análisis demuestran rápidamente la importancia de mantener a las personas comprometidas e interesadas. Un objetivo final de los aspectos motivadores del análisis es establecer un punto de referencia para medir las mejoras. Asimismo, este análisis dará lugar a diversas mejoras que se pueden llevar a la práctica inmediatamente. Este aspecto fue examinado por R. Keith Martin en un artículo sobre la productividad en las labores de oficina:

Durante el estudio, es importante establecer un punto de referencia de la eficiencia actual, a partir de la cual se pueda medir el mejoramiento futuro. Puede ser simplemente un convenio con los supervisores acerca del volumen promedio mensual de trabajo y de las horas-hombre necesarias para producirlo. El analista debe conservar una lista de sugerencias para mejorar las operaciones, ya sea que la haya elaborado él mismo o que provenga de otras personas, porque conviene estar preparado para hacer algunas recomendaciones de mejoramiento, al presentarse la ocasión, en forma tan rápida como práctica.[5]

4.9.12 PRESENTACION DE LOS DATOS

El estudio analítico ha sentado las bases para la mejor utilización de los activos. Se han implantado diversas mejoras como resultado del estudio. Ahora, hay que presentar el estudio

Ejemplo 4.9.11 Ejemplo del trabajo total encomendado a una cuadrilla de mantenimiento

Actividad	Total de horas-hombre	William Wright Trabajador de servicio	Horas-hombre por semana	George Stone Trabajador de servicio	Horas-hombre por semana	James Green Trabajador de servicio	Horas-hombre por semana	John Richmond Trabajador de servicio	Horas-hombre por semana
Barrer los pisos	39.5	Oficinas de ejecutivos	5.0	Vestíbulo y escaleras	1.5	Dispensario	3.0	Cafetería	5.0
		Sección de contaduría	2.5	Sección de ingeniería mécanica	5.0	Cafetería	5.0		
		Estándares y métodos	5.0	Sección de ingeniería de fábrica	5.0				
				Sección de personal	2.5				
Fregar los pisos	32.5	Oficinas de ejecutivos	4.5	Vestíbulo y escaleras	2.5	Dispensario	3.0	Cafetería	5.0
		Sección de contaduría	2.0	Sección de ingeniería mecánica	3.0	Cafetería	5.0		
		Estándares y métodos	3.0	Sección de ingeniería de fábrica	3.0				
				Sección de personal	1.5				
Limpiar los sanitarios	27.5	Caballeros de contaduría	2.5	Damas de personal	2.5	Caballeros de la cafetería	2.5	Caballeros de la sala de máquinas	5.0
		Damas de contaduría	2.5	Caballeros de ingeniería mecánica	2.5	Damas de la cafetería	2.5	Caballeros de metalurgia	5.0
		Caballeros de estándares y métodos	2.5						

Limpiar los vestidores	6.0							Sala de máquinas Metalurgia	3.0 3.0
Vaciar los cestos de basura	12.5	Oficinas del segundo piso	5.0	Oficinas del primer piso	7.5				
Sacudir los muebles, archiveros, etc.	4.0	Oficinas de ejecutivos	2.5	Vestíbulo	1.5				
Solicitar suministros	4.5	Toallas limpias	1.5	Toallas limpias	1.0	Toallas limpias	1.0	Toallas limpias	1.0
Encerar los pisos	4.0					Oficinas del primero y segundo pisos	4.0		
Pulir los pisos	8.0					Oficinas del primero y segundo pisos	8.0		
Atender mantenimiento exterior	18.0					Regar los prados	5.0	Cortar el césped Barrer los senderos	8.0 5.0
Varios	3.5	Llevar suministros al depto. de papelería	1.5	Limpiar cristales del vestíbulo	1.0	Limpiar parrillas de la cafetería	1.0		
Total	160.0		40.0		40.0		40.0		40.0

Ejemplo 4.9.12 Ejemplo del trabajo total encomendado a una unidad de oficina

Actividad	Total de horas-hombre	Frank Stapleton Jefe de sección CAF-9	Horas-hombre por semana	Thomas Freeman Analista CAF-8	Horas-hombre por semana	William Sullivan Director de casos CAF-7	Horas-hombre por semana	Mary Moody Empleada de correspondencia CAF-5	Horas-hombre por semana	Grace Hoffman Jefe de servicios secretariales CAF-5	Horas-hombre por semana	Mary O'Rourke Taquimecanógrafa (en servicios generales) CAF-2	Horas-hombre por semana
Emitir certificados clase 127A	121	Estudiar recomendaciones Estudio final y firmar recomendaciones	17 6	Preparar recomendaciones para la acción	19	Verificar redacción Verificar declaraciones finales	6 10	Dictar acuses de recibo Firmar acuses de recibo	16 4	Revisar acuses de recibo	6	Verificar domicilios Mecanografiar respuestas, borradores, declaraciones Tomar dictado	6 20 11
Emitir certificados clase 127B	54	Revisar y firmar	7	Verificar redacción Verificar autorizaciones	7 2	Preparar avisos de autorización	13	Tabular	11	Revisar Seleccionar solicitudes Mecanografiar las formas "51"	2 3	Verificar cambios de domicilio en solicitudes Numerar solicitudes	4 2
Servicio general de información al público	19	Entrevistar a clientes	2	Elaborar el informe diario Entrevistar a clientes Dictar respuestas a preguntas especiales	6 2 1	Entrevistar a clientes	1	Entrevistar a clientes Elaborar informe acumulado	2 1	Ordenar material impreso	3	Entrevistar a clientes	1
Proporcionar datos al depto. de autorizaciones	24	Revisar	2	Verificar redacción Obtener datos	1 1	Obtener datos Dictar Revisar	5 2 3	Tabular y verificar cantidades	3	Verificar nombres de representantes Presentar informes Codificar solicitudes de información	2 2 2	Tabular datos	1
Administración	34	Consultar a la oficina de personal Conferencias Preparar registros de asistencia	6 4 3	Conferencias al personal	2			Presentar registros de asistencia Preparar informes administrativos	3 2	Atender quejas Capacitar a nuevos empleados Revisar trabajos de mecanografía	1 3 10		
Bienestar del empleado	17	Dar conferencias	1	Hacer arreglos para el transporte compartido Llevar registros de crédito	2 3	Organizar el banco de sangre Redactar boletines	1 1			Registros de ventas de bonos Recaudar pagos hospitalarios Recaudar pagos de atención de la salud	3 2 1	Hacer los arreglos del equipo de béisbol de damas	3
Varios				Analizar informes de operación de otras secciones	2	Efectuar inspecciones de seguridad Controlar los materiales arrendados	4 2	Servicio especial de mensajería Cortar formas viejas para usarlas como papel de apuntes	5 1	Ordenar los antiguos archivos Llevar al día el directorio telefónico	3 2		
Total	288		48		48		48		48		48		48

a los empleados de los diversos niveles, a fin de que puedan entender los pasos siguientes que son también importantes. Esta presentación debe incluir la comunicación frente a frente entre el equipo de análisis y los miembros de la función que se estudia. La presentación debe ser estructurada de manera que demuestre conocimiento de la función y lógica en el desarrollo de las mejoras. La estructura para el análisis debe incluir lo siguiente:

1. Introducción. Finalidad del análisis.
2. Objetivos del análisis.
3. Organización del estudio.
4. Metodología del estudio.
5. Descubrimientos y conclusiones.
6. Recomendaciones generales y específicas.
7. Costos y beneficios, tangibles e intangibles.

En breve tiempo, los recursos humanos de todos los niveles conocerán la función y podrán influir en los resultados que se obtengan. Como parte de este análisis, nuevamente con empleados de todos los niveles, deberá surgir el desarrollo general de un plan de ejecución y la estrategia correspondiente.

4.9.13 PLAN Y ESTRATEGIA PARA LA EJECUCION

Misión

El marco de la estrategia que crea el medio de operación debe dar comienzo haciendo que todos los niveles de la empresa entiendan la misión de aquello que se proponen y el plan de puesta en práctica.

Organización

El concepto de fuerzas de trabajo multidisciplinarias ha tenido gran éxito recientemente gracias a la participación constante de la gerencia, el personal asesor, los supervisores de línea y los empleados de la función. El uso de esas fuerzas de trabajo no sólo fomenta la participación, sino que también:

Robustece el sentido de urgencia.
Permite una realización más rápida del programa.
Garantiza un enfoque uniforme.
Minimiza las dificultades funcionales.
Permite la capacitación interdisciplinaria.

Métodos, procedimientos y técnicas de implantación

Se debe establecer un sistema mejorado para planear las actividades de la función, medir dichas actividades y vigilarlas. Ese sistema utilizará los conceptos más modernos y siempre cambiantes, que deben incluir la técnica adecuada de medición del trabajo y el sistema de control funcional.

Evaluación

El ingrediente necesario para la medición y el control exitosos de las operaciones indirectas es el proceso de retroinformación, presentación de informes y vigilancia. Este es el mecanismo que da lugar a la acción en todos los niveles y garantiza el logro de los objetivos.

4.9.14 TECNICAS DE MEDICION Y ESTANDARES

Factores

Al seleccionar una técnica de medición, o una combinación de técnicas, hay que considerar varios factores en el proceso de decisión. El conocimiento cabal de la actividad que se va a medir es de la mayor importancia y lo aporta normalmente el empleado más cercano a la actividad, por ejemplo el operador, el líder del grupo o el supervisor. Entre los factores típicos figuran los siguientes:

La complejidad de las operaciones.
La cobertura necesaria para controlar las operaciones.
La uniformidad de la medición entre operaciones.
La exactitud de la medición.
Los costos asociados con la técnica de medición.

Selección de la técnica

A lo largo de este manual, se han dedicado capítulos enteros a las técnicas que son parte integrante de la medición y control de las operaciones indirectas. La sección 4 abarca los estándares de trabajo, los estudios de tiempo, los sistemas de tiempos predeterminados de los movimientos, el muestreo del trabajo y la utilización de datos estándar, todas las cuales son técnicas básicas particularmente importantes. Los principios y conceptos de esas técnicas de medición no se explicarán aquí, pero se demostrará su aplicación a las operaciones indirectas.

En años recientes se han utilizado las metodologías de regresión y correlación en la formación de colas para estudiar los factores y los problemas inherentes a las operaciones indirectas. Una vez aislados los factores, una simulación con la computadora demuestra qué elementos deben corregirse y perfeccionarse para optimizar la productividad. Esas metodologías se encontrarán en la sección 13 de este manual.

Uso de los datos registrados

Esta técnica utiliza valores promedio de tiempo, para determinados paquetes de trabajo, basados en la experiencia anterior. Los registros de los paquetes de trabajo realizados con anterioridad se agrupan y se forman categorías por orden de complejidad y tiempo necesario para terminarlos. Luego, se asigna a los grupos un grado de dificultad y un tiempo medio estimado basado en los resultados anteriores. Las tareas sencillas se clasifican en la primera categoría e incluyen estándares de 0 a 1.5 hr, es decir, un promedio de 0.75 hr. Se forman categorías en otros grupos en forma similar. Las nuevas tareas se asignan inicialmente a las categorías según su grado de dificultad y se aplica el estándar de trabajo de esa categoría. Entre las ventajas de este método figuran la uniformidad, los costos bajos de administración, la fácil capacitación para su uso y el hecho de que se abarcan todas las tareas. Entre las desventajas se puede mencionar que la insuficiencia del costo anterior forma parte del sistema, que las tareas alternativas, son difíciles de comparar y que el trabajo nuevo es difícil de evaluar. En el ejemplo 4.9.13 se ofrece una muestra de estándares determinados mediante los datos que se han registrado desde el inicio.

Estimación

Esta técnica, ampliamente usada en la medición de operaciones indirectas, implica estimar el tiempo necesario para realizar una tarea, con base en el criterio de la persona que hace la estimación. Obviamente, la experiencia personal, el conocimiento y la capacidad del estima-

Ejemplo 4.9.13 Ejemplo de utilización de datos históricos para establecer estándares de tiempo

Año	*Empleados*	*Válvulas inspeccionadas*
1974	5	317,479
1975	6	384,821
1976	7	502,979
1977	8	558,519
	26	1,763,380
Promedio anual	6.5	440,950

En 1 año, por lo tanto, un inspector revisa 440,950/6.5 = 67,838 válvulas

Si se requiere un estándar de tiempo por unidad, hacer el cálculo siguiente:

1 empleado representa (50 semanas) × (40 hrs.) = 2000 hrs.

Por lo tanto, el tiempo necesario para inspeccionar una válvula es

$$\frac{2000 \text{ hrs.}}{67{,}838 \text{ válvulas}} = 0.029 \text{ válvulas}$$

0.029 hrs./válvula × 60 min. = 1.74 min./válvula

Cortesía de Kearney Management Consultants, Chicago, Illinois

dor determinarán la calidad de la estimación. Las ventajas de esta técnica incluyen la facilidad relativa de su aplicación, el bajo costo de administración y la cobertura total de las operaciones. Entre sus desventajas se puede mencionar que los valores de tiempo pueden ser inexactos y no uniformes, que la comparación de métodos resulta poco práctica, la capacitación es difícil, la verificación es casi imposible y la calidad de la estimaciones depende enteramente de la capacidad de los estimadores.

Autorregistro

Esta técnica compromete al empleado en el establecimiento de los valores de tiempo, lo cual ofrece aspectos motivadores positivos. Tiene la ventaja de que es fácil de desarrollar y entender, de manera que se puede aplicar con una sencilla preparación. Entre sus desventajas está la inclusión de las deficiencias actuales, la posibilidad de cometer errores y la pérdida resultante en la rigidez de los estándares de tiempo. Esta forma se ilustra en el ejemplo 4.9.14.

Programación por intervalos cortos o por lotes

Esta técnica implica programar el trabajo en lotes pequeños medidos. Se informa a los empleados cuál es el tiempo de terminación de cada lote y se les pide que lleven un registro de rendimiento. A esto se le llama también "formar lotes".

El primer paso de la estimación de tiempos para las tareas consiste en un procedimiento similar al autorregistro. Se pide a los empleados encargados de una función que lleven un registro de las tareas realizadas. Se analizan los tiempos y se establecen estándares de trabajo. Después, se asignan las tareas sumando los tiempos de manera que el avance y el rendimiento se puedan comprobar verificando los lotes terminados. A medida que los tiempos estándar se determinan con más precisión mediante la medición real, el sistema de programación por intervalos cortos se vuelve más práctico.

Las ventajas de este sistema son que el empleado se ve comprometido en la automedición y evaluación y que el sistema mismo viene a ser la base de la programación. Las des-

Ejemplo 4.9.14 Ejemplo de una forma de autorregistro elaborada por un empleado de oficina

Departamento: Crédito **Preparado por: Empleado** **Fech: 10/21**

Tareas	*Unidad medida*	*Número de unidades*	*Tiempo real (hrs.)*
1. Recibir correspondencia	Cartas	10	2.4
2. Investigaciones de crédito	Forma 2179CI	2	3.4
3. Asesoría en descuentos y remesas	Forma 2180DR	—	—
4. Dictado y transcripción para el gerente de crédito	Cartas	2	1.7
5. Entradas a caja	Cheques		—
6. Abrir correspondencia	Piezas	—	—
Tiempo total			7.5

Cortesía de Kearney Management Consultants, Chicago, Illinois.

ventajas son que los estándares usados cuando se recurre sólo al registro son inexactos y que el estándar se basa en un método actual que debe ser mejorado. En el ejemplo 4.9.15 aparece la hoja de trabajo que se usa con el fin de obtener datos para establecer estándares cuando se programa por intervalos cortos.

Estudio con un reloj común

Esta técnica se utiliza comúnmente en la medición de operaciones indirectas porque exige menos habilidad y trastorna menos que el estudio de tiempo. Tiene su mejor aplicación en las funciones que comprenden muchas tareas variadas y no son muy repetitivas. El alto grado de variación hace que sea difícil metodizar la tarea y permite que se obtenga un amplio rango de valores de tiempo elementales con esta forma de medición del trabajo. Sus ventajas son que es relativamente exacta, es detallada y exige una capacitación mínima. Sus desventajas radican en el trastorno que causa en las operaciones y su falta de precisión. El ejemplo 4.9.16 ilustra un estudio con reloj común.

Estudio de tiempo con el cronómetro

Esta ténica, tal como se describe en los capítulos 4.1 y 4.4, permite lograr un nivel aceptable de control. Es una de las mejores técnicas de que se dispone cuando es evidente la repetición y prevalece cierto grado de estandarización. Sus ventajas son que es muy exacta, relativamente rápida para tiempos de trabajo de corta duración y permite llevar registros precisos del método. Entre sus desventajas se puede mencionar que trastorna las operaciones y posiblemente antagoniza con el empleado que se estudia, da resultados poco satisfactorios con las operaciones de ciclo prolongado y es costosa si se aplica a actividades de bajo volumen.

Muestreo del trabajo

El muestreo del trabajo, descrito en el capítulo 4.6, es una técnica ampliamente usada para analizar y medir operaciones indirectas. Pone de manifiesto las deficiencias aparentes en la función. Define las actividades y las clasifica rápidamente permitiendo analizarlas y mejorarlas. Sus ventajas son que es relativamente poco costosa, es rápida y no causa trastornos, exige poca capacitación y sus resultados son altamente confiables. Entre sus desventajas figuran la falta de mejoramiento de los métodos cuando se aplica en forma pura y el hecho de que proporciona una medida de la actividad, pero no una medida del rendimiento.

Ejemplo 4.9.15 Hoja de trabajo típica utilizada para programar intervalos breves[a]

Hoja de trabajo para programar intervalos breves	Actividad: *Almacén*						Período del 8/9	al 8/13		
Fecha y horas	Número de pedidos regulares surtidos	Número de pedidos inmediatos surtidos	Número de pedidos prioritarios surtidos	Número de comparti- mientos reabastecidos	Número de Stu's recibidos	Número de órdenes de compra formuladas				
Fecha 8/9 Horas 72	32 34 27 21 26 54 194	16 9 37 62	62 58 75 65 54 314	64 45 109	3 60 63	52 17 69				
Fecha 8/10 Horas 72	42 19 45 109	10 40 2 52	101 28 42 62 233	45 8 76 129	21 25 23 74 143	56 56				
Fecha 8/11 Horas 71	76 68 38 27 209	7 86 7 28 128	15 111 31 21 178	2 36 1 39	9 7 89 105	8 13 2 18 41				
Fecha 8/12 Horas 55½	50 39 25 27 27 168	76 76	85 95 69 249	9 98 107	32 32	42 30 72				
Fecha 8/13 Horas 55½	39 63 57 159	33 19 99 71	82 52 78 222	37 37	14 4 18	43 15 58				
Fecha Horas										

[a] Cortesia de Kearney Management Consultants, Chicago, Illinois.

Ejemplo 4.9.16 Forma típica para observación y cálculo en un estudio con reloj común

Operación: Tramitar facturas
Area: Cuentas por pagar
Equipo: Calculadora y libro mayor

Hoja 1 de 1	Unidad de medida
No. 3 actividad	Factura

No.	Descripción de la tarea elemental
1.	Recoger la factura con el supervisor y regresar al escritorio.
2.	Comparar el número de la factura con el que aparece en el mayor.
3.	Anotar el importe
4.	Estampar en la factura el sello con la fecha.
5.	Escribir en la factura "aprobado", "retener" o "diferir".
	Aprobado = todas las partidas correctas.
	Retener = dudas respecto a la información o a la claridad de los datos.
	Diferir = no concuerda.
6.	Devolver la factura al supervisor, explicar las razones para "retener" o "diferir" facturas, y recibir instrucciones.

No.	Observaciones				Retraso evitable	Tiempo aplicado	Unidades terminadas	Minutos por unidad	Uso
	Fecha	Comienza	Termina	Transcurrido					
1.	15 Feb.	815	819	4	0	4	15	0.26	–
1.	16 Feb.	950	956	6	0	6	20	0.30	0.25
1.	17 Feb.	1115	1118	3	0	3	14	0.21	–
2.	15 Feb.	819	822	3	Para contestar una pregunta personal 1	2	15	0.13	–
2.	16 Feb.	956	1000	4	0	4	20	0.20	0.20
3.	15 Feb.	822	830	8	0	8	15	0.53	–
3.	16 Feb.	1000	1040	40	Descanso 20	20	20	1.00	0.75
4.	16 Feb.	1040	1041	1	0	1	20	0.05	0.10
5.	15 Feb.	832	857	25	0	25	15	1.66	–
5.	16 Feb.	1041	1108	27	0	27	20	1.35	1.50
6.	16 Feb.	1108	1110	2	0	2	20	0.10	0.10

Totales	21	102	49	Meta 2.90 min.

Notas: Actividad que se recomienda para el procesamiento automático de los datos.

Uso de datos estándar y tiempos predeterminados

Estas técnicas se deben aplicar a tareas muy repetitivas, tanto de ciclo corto como de ciclo largo. Los conceptos básicos y las aplicaciones de los sistemas de datos estándar y tiempos predeterminados se explican en los capítulos 4.8 y 4.5 respectivamente. Ambos permiten clasificar los elementos de trabajo y analizar los movimientos. Estos factores, junto con la frecuencia de ocurrencia, se concretan en tiempos estándar. Sus ventajas son que dan una descripción precisa del método, ofrecen un alto grado de precisión y bajo costo de mantenimiento, y son fáciles de aplicar. Entre sus desventajas están la capacitación que se requiere para utilizar esas técnicas y el gasto que implica su desarrollo.

4.9.15 ESTABLECIMIENTO DEL SISTEMA

El análisis ha establecido el ambiente para el cambio. La participación de los supervisores y los empleados ha creado una atmósfera de cooperación. El equipo de análisis conoce los parámetros particulares de la función que se va a estudiar. Se han investigado y seleccionado la técnica o técnicas de medición. Los aspectos de estudio y planeación del plan de ejecución están completos y de acuerdo con el plan maestro para el cambio de sistemas. Falta terminar el plan detallado de trabajo y concentrarse en las deficiencias principales del sistema indicadas por el análisis. Un concepto que permite la asimilación de datos en masa es la regla de 20/80, según la cual el 80 por ciento de los costos o de los factores contribuyentes son un resultado directo del 20 por ciento de las actividades. El análisis ha señalado el importante 20 por ciento de deficiencias del sistema. El proceso para llevar a cabo el análisis y determinar las causas se ilustra en el ejemplo 4.9.17.

Generación de ideas

El plan de acción toma forma después de que se ha terminado cierto número de "generadores de ideas" iniciales. Esos generadores incluyen el estudio de factores importantes relacio-

Ejemplo 4.9.17 Ilustración del proceso lógico para llevar a cabo un análisis[a]

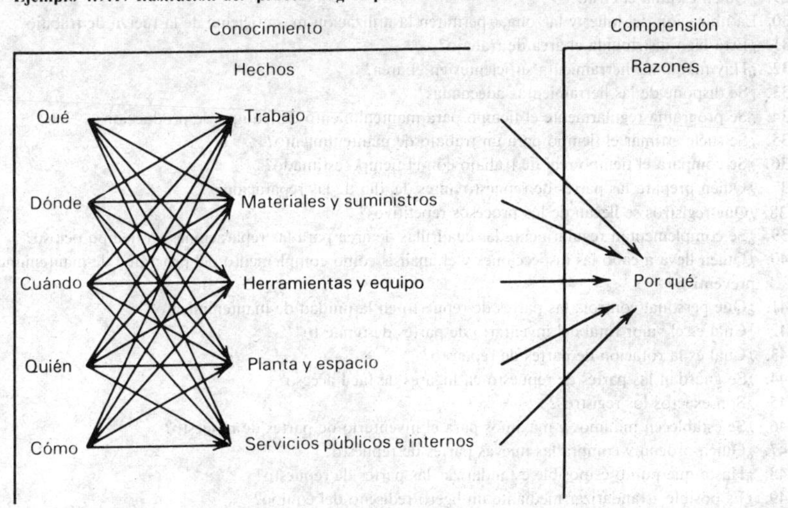

[a] Cortesía de Kearney Management Consultants, Chicago, Illinois.

Ejemplo 4.9.18 Lista de preguntas

Qué preguntar respecto a un departamento-Trabajadores

1. ¿Cuántos turnos se requieren?
2. ¿Cuántos supervisores son necesarios?
3. ¿Se requieren programas de capacitación?
4. ¿Son los trabajadores físicamente capaces?
5. ¿Qué determina el número de trabajadores, tanto fijo como variable?
6. ¿Se elaboran los programas por anticipado?
7. ¿Es el tiempo extra una condición constante?
8. ¿Se distribuye a los trabajadores para efectuar revisión?
9. ¿Hay variación en las horas de trabajo de las diversas especialidades?
10. ¿Cuál es el porcentaje de ausentismo?
11. ¿Son eficientes los núcleos y las asignaciones de área?
12. ¿Se asignan las tareas con la anticipación suficiente para que los trabajadores tengan tiempo de obtener las herramientas y las instrucciones necesarias para hacer sus preparaciones, etc.?
13. ¿Hay una rutina prescrita de tareas fijas y repetitivas?
14. ¿Cuánto tarda el trabajador en dedicarse a la tarea después de que llega al trabajo?
15. ¿Cómo llegan a la estación de trabajo las herramientas y el equipo?
16. ¿Qué ocurre con la hora del almuerzo, los descansos y el final de turno? ¿Llevan demasiado tiempo?
17. ¿Operan los trabajadores dentro de su clasificación?
18. ¿Deberían los trabajadores ser reclasificados más arriba o más abajo?
19. ¿Qué tanta interferencia hay para terminar un trabajo?
20. ¿Podría un contratista externo hacer un trabajo más barato?
21. El trabajo que hace un contratista externo, ¿lo podríamos hacer nosotros más barato?
22. Las rutinas que se hacen una vez al día, ¿se podrían hacer con menos frecuencia, por ejemplo una vez a la semana?
23. ¿Es el tamaño de las cuadrillas estándar e inflexible, y de ser así, cómo se determina?
24. ¿Se hacen las reparaciones como trabajos completos o como remiendos?
25. ¿Están las cuadrillas principales haciendo tareas que deberían hacer las subestaciones o el personal del área, y viceversa?
26. ¿Quién programa las especialidades principales?
27. Las cuadrillas principales y el personal de área, ¿trabajan las mismas horas y disponen de igual tiempo para comer?
28. ¿Quién inspecciona y autoriza las tareas principales de servicio?
29. ¿Quién estudia el costo?
30. La ubicación del taller y la zona, ¿permiten la utilización más eficiente de la fuerza de trabajo?
31. ¿Está bien distribuida el área de trabajo?
32. ¿Hay máquinas herramienta suficientes en el área?
33. ¿Se dispone de las herramientas adecuadas?
34. ¿Se programa regularmente el tiempo para mantenimiento del equipo de producción?
35. ¿Se suele estimar el tiempo para un trabajo de mantenimiento?
36. ¿Se compara el tiempo real de trabajo con el tiempo estimado?
37. ¿Quién prepara las partes de repuesto antes del día de las reparaciones?
38. ¿Qué registros se llevan de los procesos repetitivos?
39. ¿Se complementan regularmente las cuadrillas de área para las reparaciones en tiempo ocioso?
40. ¿Quién lleva a cabo las inspecciones y el análisis como complemento del programa de mantenimiento preventivo?
41. ¿Qué personal controla las partes de repuesto en la unidad de mantenimiento?
42. ¿Cuál es el valor total del inventario de partes de repuesto?
43. ¿Cuál es la rotación de partes de repuesto?
44. ¿Se guardan las partes de repuesto en lugares de fácil acceso?
45. ¿Son exactos los registros?
46. ¿Se establecen mínimos y máximos para el inventario de partes de repuesto?
47. ¿Quién ordena y compra las nuevas partes de repuesto?
48. ¿Hasta qué punto es posible estandarizar las partes de repuesto?
49. ¿Es posible estandarizar mediante un ligero rediseño del equipo?
50. ¿Cuánto tiempo se pierde esperando los suministros?

Ejemplo 4.9.18 Lista de preguntas *(Continuación)*

51. ¿Están claramente definidos los procedimientos para solicitar herramientas y suministros?
52. ¿Con qué frecuencia se encuentran partidas de emergencia "agotadas"?
53. ¿Qué programa de entrega se ha establecido para los almacenes de zona o de área?
54. ¿Quién se encarga de recibir herramientas y equipo en la unidad de mantenimiento, sea de zona o central?
55. ¿Son adecuados los almacenes y cuartos de herramientas?
56. ¿Qué herramientas se proporcionan para uso personal?
57. ¿Qué registros e informes elabora el departamento de mantenimiento?
58. ¿Cuál es la finalidad del informe? ¿Quién lo recibe? ¿Tiene alguna utilidad? ¿Proporciona información suficiente?

Qué preguntar respecto a un departamento-trabajadores

59. ¿Tenemos un presupuesto para mantenimiento?
60. ¿De qué registros de control disponen las personas responsables del costo de mantenimiento?
61. ¿Cuánto tiempo dedican los supervisores al análisis del costo?
62. ¿Conocen los supervisores los fundamentos de la contabilidad de costos?

Qué preguntar respecto a un departamento-Supervisión

1. ¿Existe un organigrama?
2. ¿Sabe todo el personal de quién depende?
3. ¿Funciona la unidad de acuerdo con el organigrama?
4. ¿Tienen los supervisores un área de control demasiado amplia?
5. ¿Hay superposición de responsabilidades?
6. ¿Están otras personas haciendo trabajo de supervisión?
7. ¿Se han expuesto claramente los deberes de los supervisores?
8. ¿Están los supervisores perdiendo efectividad porque abarcan demasiado terreno?
9. ¿Participan los supervisores en la planeación de sus presupuestos?
10. ¿Reciben los supervisores información sobre el presupuesto?
11. ¿Qué tanto trabajo no administrativo (de oficina) realiza un supervisor?
12. ¿Los programas de trabajo, ¿favorecen a un determinado supervisor con ciertas cargas de trabajo?
13. ¿Inician los supervisores su turno al mismo tiempo que los trabajadores?
14. ¿Hay supervisión en todos los turnos?
15. ¿Se analizan las tareas con el fin de determinar con la máxima eficiencia el tamaño de las cuadrillas?
16. ¿Desempeña el superintendente tareas que les corresponden a los capataces?
17. ¿Hasta qué punto se planifica anticipadamente?
18. ¿Cómo se coordinan en un trabajo grupos diversos de trabajadores?
19. ¿Está el supervisor al tanto del contrato?
20. ¿Quién asesora sobre relaciones laborales?

¿Cuál es la causa de que el trabajo resulte pesado?

1. Espacio limitado para moverse. También, trabajar solo en un lugar confinado.
2. ¿Herramientas y equipo de mala calidad o inadecuados.
3. Estado del material
   a. Oxidado o sucio
   b. Grasoso.
   c. Aspero.
   d. No responde a las especificaciones (maquinado).
4. Falta de experiencia del trabajador.

Economía de movimientos

1. Los movimientos deben ser simultáneos.
2. Los movimientos deben ser simétricos.
3. Los movimientos deben ser naturales.
4. Los movimientos deben ser rítmicos.
5. Los movimientos deben ser habituales.

nados con la función o departamento. La lista de preguntas es esencial para conocer la función y desarrollar el plan de acción. En el ejemplo 4.9.18 se ofrece una muestra de dicha lista.

Para completar la fase de generación de ideas se debe estudiar el flujo de trabajo más detalladamente que como se hizo durante el análisis. Esto se lleva a cabo usando un procesograma, como se explicó en el capítulo 3.3. En el ejemplo 4.9.19 aparece un procesograma típico.

4.9.16 SISTEMA OPERATIVO

El análisis ha destacado las áreas de interés. Las diversas formas de medición del trabajo han cuantificado ese interés. La revisión final y el flujograma han recalcado nuevamente las necesidades y los puntos débiles. El paso siguiente consiste en mejorar el sistema operativo uniendo todos los aspectos de los recursos humanos. Esto se lleva a cabo introduciendo mejoras en los aspectos de planeación, programación, control e información de los sistemas.

Control de las órdenes de trabajo

Por lo general, las órdenes de trabajo se localizan en una de tres categorías: 1) trabajo programado de antemano, típico del mantenimiento preventivo y del trabajo acumulado en otras áreas indirectas; 2) trabajo regular, que se programa y asigna al recibir la notificación, y 3) trabajo de urgencia, que es el que exige atención inmediata. Cualquiera que sea la categoría de que se trate, la elaboración de una orden de trabajo solicitando los servicios de la función indirecta es de la mayor importancia para el control. Incluso si se trata de un trabajo de urgencia, la orden de trabajo se debe llenar aunque sea después de prestado el servicio.

La orden de trabajo debe ser específica y describir claramente el trabajo que se va a llevar a cabo. Se entrega a un analista de control, el cual anota la información y asienta la solicitud en un programa. En los ejemplos 4.9.20 y 4.9.21 se muestran una orden de trabajo típica y el camino que sigue dicha orden, respectivamente.

Planeación y programación del trabajo

El paso inicial de la etapa de planeación es el análisis de la orden de trabajo. Con una buena cooperación de quienes inician las órdenes de trabajo, se puede obtener información suficiente para una planeación eficaz. La capacitación adecuada de quien planea el trabajo, que da lugar a una actitud inquisitiva y a una lista de los factores que se van a considerar en relación con todas las órdenes de trabajo, garantiza una cantidad suficiente de información aunque se trate de trabajos de urgencia. La persona que planea, estima o calcula después el tiempo estándar necesario, y programa el trabajo encomendándolo a un departamento de servicios de área o directamente a una especialidad. Esa programación requiere que se tenga información actualizada sobre las demandas, un buen conocimiento de la disponibilidad de materiales e información sobre el estado del trabajo en proceso hasta ese momento. Esto se logra llevando registros del inventario de materiales, que sean sencillos pero efectivos. Las órdenes de trabajo se ponen haciendo cola, para que el supervisor las revise y asigne. Las asignaciones son por orden de prioridad, que refleja el análisis de quien planeó el trabajo. El trabajador toma la orden y, cuando termina, anota el tiempo que tardó en realizar el trabajo. La orden le es devuelta al analista para que haga el resumen y presente un informe. Este sistema se usa también para llevar registros de los materiales solicitados y utilizados. El supervisor de la función indirecta puede ver los resultados del informe del analista y consultar con los empleados según sea necesario.

Ejemplo 4.9.19 Diagrama de flujo de proceso típico[a]

DIAGRAMA DE FLUJO DE PROCESO

No. ______
PÁG. ____ DE ____

RESUMEN	ACTUAL No.	ACTUAL Tiempo	PROPUESTO No.	PROPUESTO Tiempo	DIFERENCIA No.	DIFERENCIA Tiempo
○ OPERACIONES						
⇨ TRANSPORTES						
□ INSPECCIONES						
D DEMORA						
▽ ALMACENAMIENTOS						
DISTANCIA RECORRIDA	PIES		PIES		PIES	

TAREA ______

□ HOMBRE O □ MATERIAL ______

EL CUADRO COMIENZA ______

EL CUADRO TERMINA ______

ANOTADO POR ______ FECHA ______

	DETALLES DE MÉTODO (ACTUAL / PROPUESTO)	Operación / Transporte / Inspección / Demora / Almacenam.	ANÁLISIS: Distancia en pies	ANÁLISIS: Cantidad	ANÁLISIS: Tiempo	NOTAS	ACCIÓN			
1		○⇨□D▽								
2		○⇨□D▽								
3		○⇨□D▽								
4		○⇨□D▽								
5		○⇨□D▽								
6		○⇨□D▽								
7		○⇨□D▽								
8		○⇨□D▽								
9		○⇨□D▽								
10		○⇨□D▽								
11		○⇨□D▽								
12		○⇨□D▽								
13		○⇨□D▽								
14		○⇨□D▽								
15		○⇨□D▽								
16		○⇨□D▽								
17		○⇨□D▽								
18		○⇨□D▽								
19		○⇨□D▽								
20		○⇨□D▽								
21		○⇨□D▽								
22		○⇨□D▽								
23		○⇨□D▽								
24		○⇨□D▽								
25		○⇨□D▽								

[a]Cortesia de International Harvester.

Ejemplo 4.9.20 Ejemplo de orden de trabajo

TURNO

ORDEN DE TRABAJO

Nombre

Ordenado por	Cert. de terminado	O.T./A.F.E.	Fecha señalada	Fecha de terminación	Prioridad 1 2 3 4 5

Partida	Depto.	Esp.	No. de hombres	Reloj No.	No medido Clave	No medido Hrs.	Centro de costo	Hrs. señaladas	Hrs. señaladas revisadas
1	51	M	02				6103-53	1.6	
2	51	P	01				6103-53	1.6	
3									
4									
Firma de ingeniería industrial					Total no medido			Total señalado	Total no señalado

Nombre

Partida	Descripción Horno giratorio MO353 Cambiar umbral interior
1	Obtener nuevo umbral. Partida de almacén 2205-2240
	Quitar tornillos del umbral
	Retirar umbral y colocar el nuevo
	Instalar tornillos
	Colocar el umbral viejo en el área de soldadura o en el cajón de chatarra
2	Desconectar tubería. Conectar una vez instalado el umbral
	Registrar ubicación

Ejemplo 4.9.21 Diagrama de flujo de una orden de trabajo típica

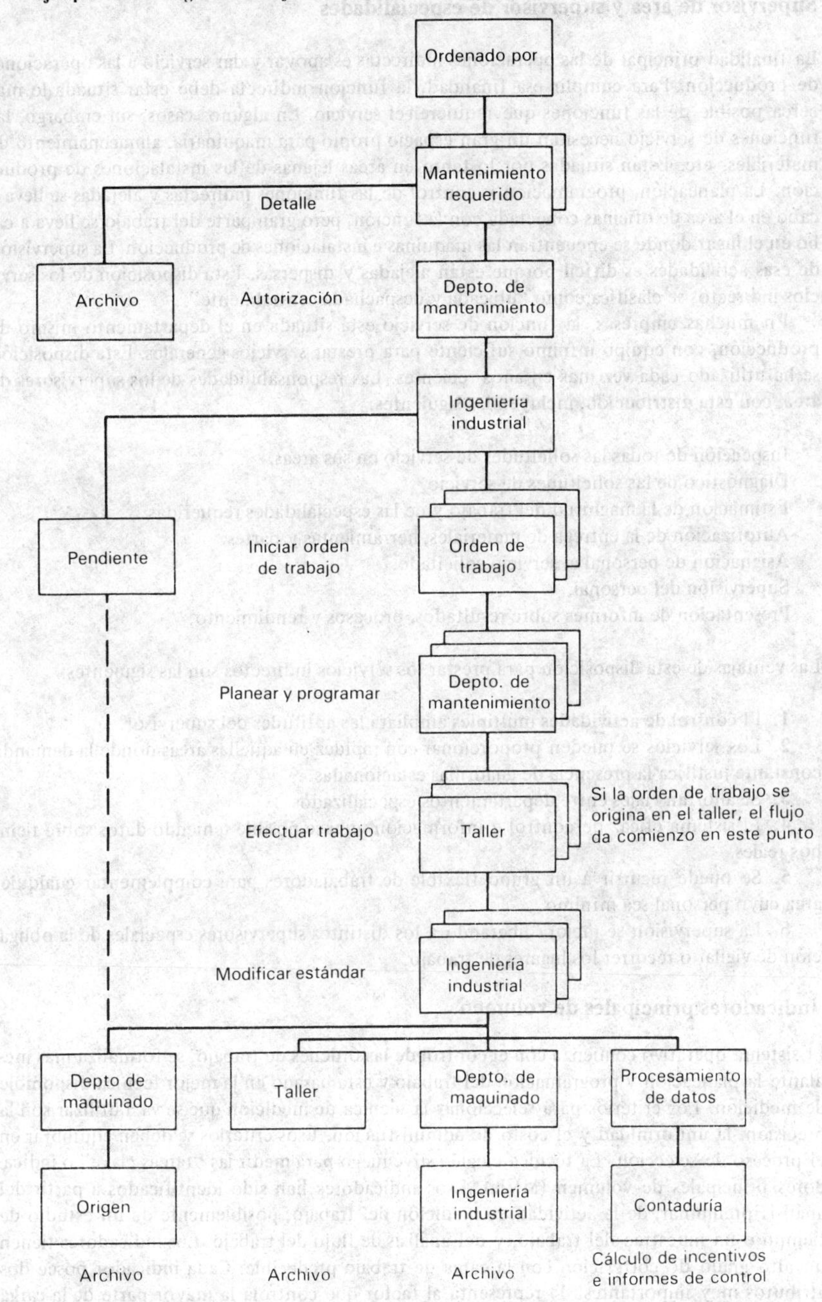

Supervisor de área y supervisor de especialidades

La finalidad principal de las operaciones indirectas es apoyar y dar servicio a las operaciones de producción. Para cumplir esa finalidad, la función indirecta debe estar situada lo más cerca posible de las funciones que requieren el servicio. En algunos casos, sin embargo, las funciones de servicio necesitan un gran espacio propio para maquinaria, almacenamiento de materiales, etc. Están situadas por lo tanto en áreas lejanas de las instalaciones de producción. La planeación, programación y control de las funciones indirectas y alejadas se lleva a cabo en el área de oficinas conectada con la función, pero gran parte del trabajo se lleva a cabo en el lugar donde se encuentran las máquinas e instalaciones de producción. La supervisión de esas actividades es difícil porque están alejadas y dispersas. Esta disposición de los servicios indirectos se clasifica como "ubicada y despachada centralmente".

En muchas empresas, la función de servicio está situada en el departamento mismo de producción, con equipo mínimo suficiente para prestar servicios generales. Esta disposición se ha utilizado cada vez más en años recientes. Las responsabilidades de los supervisores de área, con esta distribución, incluyen las siguientes:

Inspección de todas las solicitudes de servicio en sus áreas.
Diagnóstico de las solicitudes de servicio.
Estimación de la magnitud del trabajo y de las especialidades requeridas.
Autorización de la entrega de materiales, herramientas y partes.
Asignación de personal al servicio solicitado.
Supervisión del personal.
Presentación de informes sobre resultados, procesos y rendimiento.

Las ventajas de esta disposición para prestar los servicios indirectos son las siguientes:

1. El control de actividades múltiples ampliará las aptitudes del supervisor.
2. Los servicios se pueden proporcionar con rapidez en aquellas áreas donde la demanda constante justifica la presencia de cuadrillas estacionadas.
3. Se ahorran viajes entre departamentos especializados.
4. El sistema eficaz de control e información se hace posible teniendo datos sobre tiempos reales.
5. Se puede recurrir a un grupo flexible de trabajadores para complementar cualquier área cuyo personal sea mínimo.
6. La supervisión se mejora liberando a los distintos supervisores especiales de la obligación de vigilar o recorrer los lugares de trabajo.

Indicadores principales de volumen

El sistema operativo comienza con el control de las órdenes de trabajo, se formaliza más mediante la planeación y programación del trabajo y está basado en la mejor técnica disponible de medición. Los criterios para seleccionar la técnica de medición que se va a utilizar son la precisión, la uniformidad y el costo de administración. Esos criterios se deben equilibrar en el proceso de selección. La técnica elegida sirve luego para medir las "tareas clave" o indicadores principales de volumen (MVIs). Esos indicadores han sido identificados a partir del análisis preliminar, de la actividad de medición del trabajo, posiblemente de un estudio de tiempo o un muestreo del trabajo, y del análisis de flujo del trabajo. Los indicadores tienen un alto grado de correlación con la carga de trabajo predecible. Cada indicador posee dos atributos muy importantes: 1) representa al factor que controla la mayor parte de la carga de trabajo y que varía proporcionalmente con dicha carga y 2) está bien definido y es económicamente medible. El MVI existe en toda función. Son factores predecibles gracias a los cuales se puede determinar la frecuencia con que se presentan las tareas, como resultado de un grado de correlación conocido. La información en la cual están basados los indicadores está disponible en buena parte en forma de tendencias, planes, pronósticos, programas y numerosas estadísticas. Como ejemplos típicos de MVIs para diversas funciones indirectas tenemos los siguientes:

Funciones	*MVI*
Mantenimiento	Orden de trabajo
Entrega de partes de servicio	Requisición de partes
Servicios de oficina	Piezas postales manejadas
Cuentas por pagar	Facturas procesadas
Compras	Ordenes de compra
Despacho	Partes resueltas
Especificaciones	Páginas procesadas
Diseño de herramienta	Copias heliográficas del diseño
Ingeniería industrial	Normas de comportamiento
Programación de materiales	Documentos procesados
Auditoría interna	Procedimientos verificados

En todas esas funciones hay otras actividades que consumen tiempo y recursos, pero los indicadores están más correlacionados con el desempeño de la función. En el ejemplo 4.9.22 aparece una forma de resumen que señala diversos indicadores de volumen. La forma muestra la actividad, la unidad de medida (o indicador de volumen) y el tiempo resultante. Analizando la forma se puede seleccionar el MVI, por ejemplo, la actividad 9 "operación".

El paso siguiente consiste en establecer una tabla de personal basada en el MVI de operaciones. Esto exige la separación de las actividades constantes y las variables. Las actividades constantes tienen lugar una vez por período, pero todas las demás actividades están en función de las operaciones. Por lo tanto, las operaciones son directamente proporcionales al nivel de personal, como se indica en el ejemplo 4.9.23.

El sistema para contar los trabajos

Es igualmente importante establecer un sistema para contabilizar los MVI. Los sistemas actuales de informe sobre cargas de trabajo deben ser revisados cuidadosamente para determinar si los conceptos requeridos se están presentando en la forma prescrita y corresponden a períodos compatibles. Para garantizar una cuenta exacta y utilizable, las consideraciones siguientes son fundamentales:

Las instrucciones deben especificar claramente qué constituye una unidad para contar.

Se debe establecer el origen la cuenta, o un punto de un proceso en el cual resulte una unidad para contar.

La contabilización, o la frecuencia del informe, deben ser compatibles con, o poder ajustarse a, la duración prevista del período de medición. Esto es particularmente importante si se prescribe el muestreo del trabajo.

Se deben establecer medidas de seguridad que minimicen la posibilidad de que un cómputo se duplique o se pase por alto. Un ejemplo sería una auditoría externa, al azar, del cómputo MVI.

La forma de autorregistro que se muestra en el ejemplo 4.9.14 indica un sistema de cómputo de trabajos.

Puesto que el MVI y el sistema para contar los trabajos son la médula de la medición del rendimiento y del sistema de informes, es indispensable que el personal correspondiente los

Ejemplo 4.9.22 Resumen que presenta el indicador principal de volumen

Departamento: Contaduria Hoja: 1 de 1

Area: Empleado de cuentas por pagar Periodo: 172 hrs. al mes

No.	Descripción de la actividad	Unidad de medida	Rep. Minutos	Volumen	Horas por mes
1.	Tramitar comprobante	Comprobante	6.00	220	22.00
2.	Elaborar registro de acumulación	Asiento	5.00	22	1.83
3.	Procesar factura	Factura	4.75	290	22.96
4.	Archivar comprobantes de cargo	Cargo	1.40	15	0.35
5.	Pedir información por teléfono	Llamada	3.00	97	4.85
6.	Redactar el resumen diario	Diariamente	15.00	22	5.50
7.	Redactar el informe mensual	Informe	150.00	1	2.50
8.	Asistir a la capacitación mensual	Sesión	100.00	1	1.67
9.	Redondear la cuenta	Operación	6.00	1008	100.80
10.	Verificar la fecha de pago	Mensualmente	1.25	110	2.29
				Total de la página	164.75
				Gran total	164.75

Ejemplo 4.9.23 Tabla de personal

Departamento Contaduria

Descripción del trabajo Empleado de cuentas por pagar

Indicador Operaciones (actividad 9)

Horas constantes Mensualmente = 16.81 actividades 5, 6, 7, 8 y 10

Horas variables 147.94

147.94 hr/1008 operación = 0.146 hr/operaciones
= 1178 operaciones

Cantidad indicadora	*Horas*	*Personal*
0	16.81 (constantes)	0.10
1013	172.00	1.0
2191	344.00	2.0
3369	516.00	3.0
4547	688.00	4.0
5725	860.00	5.0

Nota: El primer empleado realiza las actividades constantes y las variables. Todos los empleados adicionales realizan actividades variables únicamente.

revise periódicamente antes de establecerlos formalmente en el sistema operativo. Durante esa revisión se debe verificar lo siguiente:

El contenido de trabajo de los MVIs.
Las frecuencias con que se presentan.
Los tiempos permitidos para realizar las tareas asociadas con los MVIs.
La correlación de los MVIs con las cargas de trabajo predecibles.

4.9.17 PRESENTACION A LA GERENCIA DE OPERACIONES Y A LOS EMPLEADOS

El tipo de presentación, ya sea informal mediante un simple comunicado o formal con transparencias de 16 mm y un informe completo, dependerá de la complejidad de la función indirecta estudiada y del sistema de operación que se recomiende. Es indispensable que la presentación se inicie al nivel básico de operación y que en ella tomen parte los empleados, supervisores y miembros del grupo de trabajo. Las sesiones deben estar abiertas a la discusión y al planteamiento de preguntas en todo momento, dando lugar a la retroinformación a fin de establecer el ambiente favorable para el mejoramiento. La presentación debe estar bien concebida y planeada, señalando claramente todas las consecuencias importantes de cada uno de los recursos de acción propuestos. Los cursos de acción recomendados deben ser sometidos a prueba con la colaboración del jefe y los empleados de la función. Esta participación debe ofrecer la oportunidad de tomar parte en la toma de decisiones acerca de las cuestiones de trabajo de la función. Se debe permitir la discusión clara y detallada de los parámetros del proyecto y el razonamiento en que se apoyan las recomendaciones. El personal de operación debe participar en la discusión y examinar nuevamente el análisis y las pruebas. Esto se puede lograr incorporando los puntos siguientes a la presentación y discusión:

Concretar una decisión en planes detallados.
Reconsiderar los supuestos.
Estudiar las posibilidades anteriormente descartadas.
Escuchar al "abogado del diablo".

4.9.18 INFORME Y PRESENTACION FINAL

El formato del informe y la presentación final se debe organizar debidamente y debe comprender la razón del estudio, condiciones del medio en el momento del estudio, mejoras que se proponen y acción necesaria para incorporarlas. El bosquejo siguiente abarca de modo general los elementos importantes:

1. Introducción.
2. Objetivos y alcance del estudio.
   a. Definición.
   b. Areas de investigación.
   c. Consideraciones excluidas.
   d. Métodos de estudio.
   e. Datos especiales obtenidos.
3. Resumen de los resultados.
   a. Estructura actual de la organización.
   b. Demanda de la función y carga de trabajo.
   c. Programación y asignación del trabajo.
   d. Control de supervisión, información y sistema de informes.
4. Conclusiones.
   a. Estructura organizativa.
   b. Relaciones y procedimientos funcionales.
   c. Medición del rendimiento.
   d. Establecimiento de sistemas.
   e. Enfoque organizado.
   f. Participación del supervisor y los empleados.
   g. Necesidades de capacitación.
5. Recomendaciones.
   a. Conceptos básicos.
   b. Lineamientos generales.
   c. Potencial de productividad.
   d. Implicaciones para los recursos humanos.
   e. Mejor utilización de los activos.
6. Costos y beneficios.
   a. Tangibles.
   b. Intangibles.
7. Plan de acción.
8. Retroinformación y evaluación.

El plan de acción

El plan de acción divide la implantación general del sistema en sus actividades y fases importantes. Asigna responsabilidades específicas al grupo de trabajo multidisciplinario, al personal funcional y de operación, y a las funciones de apoyo. Detalla las necesidades en cuanto a recursos de personal, capital y tiempo. Se programan las actividades y se establecen acontecimientos sobresalientes como puntos de verificación a lo largo del plan de acción. En el ejemplo 4.9.24 aparece una muestra de plan de acción.

Ejemplo 4.9.24 Un plan de acción bien organizado

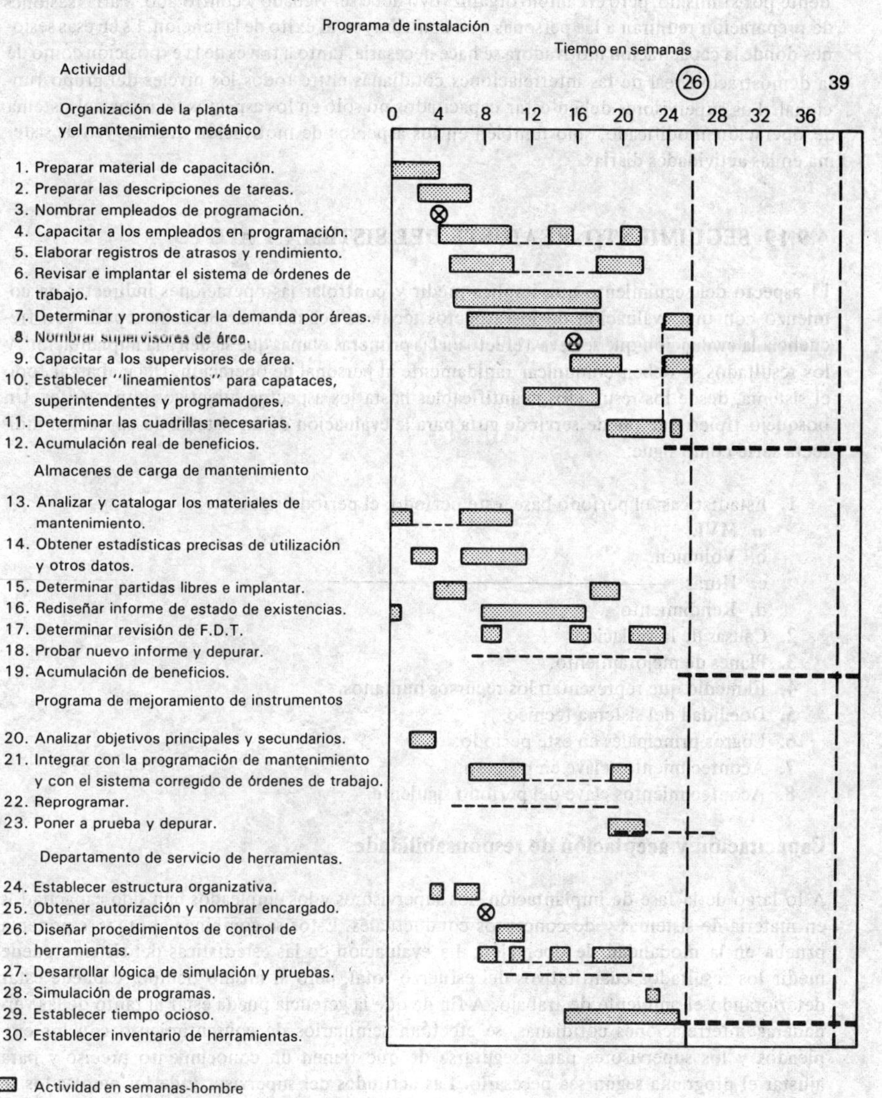

Implicaciones para el desarrollo del departamento

Como lo demuestran el informe final y el plan de acción, el establecimiento del sistema causará un impacto tremendo en el medio de operación del departamento de que se trate. Todo cambio de procedimiento contribuirá a ese impacto. Es sumamente importante tener presente que el ambiente de trabajo está cambiando. El cambio en el sistema de operación es evidente por sí mismo, pero el cambio organizativo debe ser vigilado y controlado. Varias sesiones de preparación reunirán a las personas que contribuyen al éxito de la función. Es en esas sesiones donde la capacitación motivadora se hace necesaria, tanto a través de la exposición como de la demostración real de las interrelaciones cotidianas entre todos los niveles del grupo funcional. Los supervisores deben estar capacitados no sólo en los aspectos técnicos del sistema de operación modificado, sino también en los aspectos de motivación que apoyan al sistema en las actividades diarias.

4.9.19 SEGUIMIENTO, REAJUSTE DEL SISTEMA Y APOYO

El aspecto del seguimiento que implica medir y controlar las operaciones indirectas da comienzo con una evaluación de los aspectos técnicos del sistema. Se debe repetir con frecuencia la evaluación que se lleva a efecto en las primeras etapas que siguen a la implantación, y los resultados se deben comunicar rápidamente al personal de operación. Debe abarcar todo el sistema, desde los resultados cuantificables hasta los aspectos subjetivos importantes. Un bosquejo típico que puede servir de guía para le evaluación de un sistema de operación indirecta sería como sigue:

1. Estadísticas: el período base, este período, el período siguiente.
   a. MVI.
   b. Volumen.
   c. Horas.
   d. Rendimiento.
2. Causas de la variación.
3. Planes de mejoramiento.
4. El medio que representan los recursos humanos.
5. Docilidad del sistema técnico.
6. Logros principales en este período.
7. Acontecimientos clave en proceso.
8. Acontecimientos clave del período siguiente.

Capacitación y aceptación de responsabilidades

A lo largo de la fase de implantación, los supervisores y los empleados han sido capacitados en materia de sistemas y de conceptos conductuales. Estos se combinan ahora y se ponen a prueba en la modalidad de operación. La evaluación de las estadísticas del sistema puede medir los resultados cuantitativos del esfuerzo total, pero al mismo tiempo se puede estar deteriorando el ambiente de trabajo. A fin de que la gerencia pueda estar al tanto de las verdaderas interrelaciones cotidianas, se efectúan seminarios de consentimiento con los empleados y los supervisores para asegurarse de que tienen un conocimiento preciso y para ajustar el programa según sea necesario. Las actitudes del supervisor y de los empleados se investigan anónimamente por medio de un estudio. El programa se modifica y se refuerza teniendo en cuenta esas actitudes. Como resultado, el sistema operativo se va afinando y con el tiempo será aceptado porque ha habido una participación total a través de las fases de análisis, desarrollo, evaluación, capacitación y reajuste.

Fundamentación de procedimientos

Uno de los últimos pasos de la implantación del sistema operativo consiste en fundamentar los cambios introducidos en el sistema. Antes de que el grupo de trabajo multidisciplinario se desbande, se debe llevar a cabo este paso. Es el eslabón que garantiza el entendimiento entre el grupo de trabajo y el personal de operación. Muchas veces, el análisis se hace inteligentemente, el desarrollo es práctico y la implantación tiene éxito, pero resulta que un año después el sistema no puede ser reconstruido y mejorado. La fundamentación de los procedimientos del sistema y el ambiente del estudio constituyen el vínculo necesario para el paso final, que consiste en incorporar el sistema al sistema administrativo de operación.

El sistema administrativo de operación

El sistema operativo ha sido puesto a prueba, evaluado y fundamentado. La última tarea del grupo de trabajo multidisciplinario consiste en incorporar el nuevo sistema al sistema de operación de tiempo real de la función indirecta. El sistema se tiene que evaluar periódicamente. Como parte del sistema administrativo de operación, esa evaluación se volverá rutinaria junto con la de otros sistemas. El grupo de trabajo ha cumplido con las tareas que le fueron asignadas y ello ha garantizado el logro del objetivo general, que consiste en mejorar la utilización de los activos.

REFERENCIAS

1. BENJAMIN W. NIEBEL, *Motion and Time Study*, Irwin, Homewood, IL, 1972, p. 542.
2. WILLARD C. BUTCHER, "Closing Our Productivity Gap Key to U. S. Economic Health," *Industrial Engineering*, Vol. 11, No. 12 (Diciembre 1979), p. 30.
3. DAVID L. CONWAY, "Measuring Indirect Functions," dirigido a la Second Annual Productivity Conference, American Productivity Center, París, Francia, septiembre de 19-20, de 1979.
4. JOHN C. WERNER, "Operations Control–The Organized Way to Improve Productivity," *Industrial Engineering*, Vol. 10, No. 7 (Julio de 1978), p. 26.
5. R. KEITH MARTIN, "Don't Overlook Clerical Productivity," *Industrial Engineering*, Vol. 9, No. 2 (Febrero de 1977), p. 28.

BIBLIOGRAFIA

BITTEL, LESTER R., *Encyclopedia of Professional Management*, McGraw-Hill, Nueva York, 1978.

CANNAN, BERNARD W., "New Frontier in Productivity Improvement: White Collar Workers," *Industrial Engineering*, diciembre de 1979, pp. 34-37.

CLAIRE, FRANK V., *Control of Shop Indirect Labor*, American Management Association, Nueva York, 1975.

CONNER, DENIS, A., "Measurement and Control in the Office," *Methods-Time-Measurement Conference Proceedings*, MTM Association, Fairlawn, NJ, 1977.

GRAYSON, C. JACKSON, Jr., "Productivity: More Action, Less Talk," American Productivity Center Productivity Conference, Chicago, IL, 1979.

HAMLIN, JERRY L., "Productivity Appraisal for Maintenance Center," *Industrial Engineering*, Septiembre de 1979, p. 41-45.

HICKS, HERBERT G., y C. RAY GULLETT, *The Management of Organizations*, 3a. ed., McGraw-Hill, Nueva York, 1976.

KOOP, JOHN E., "Indirected Labor Incentives Pay Off," *Industrial Engineerings*, Febrero de 1977, pp. 28-30.

MAYNARD, HAROLD B., *Handbook of Modern Manufacturing Management*, McGraw-Hill, Nueva York, 1970.

MAYNARD, HAROLD B., *Industrial Engineering Handbook*, 3a. ed., McGraw-Hill, Nueva York, 1971.

NEWMAN, WILLIAM H., CHARLES E. SUMMER y E. KIRBY WARREN, *The Process of Management*, 3a. ed., Prentice-Hall, Englewood Cliffs, NJ, 1970.

NIEBEL, BENJAMIN W., *Motion and Time Study*, 5a. ed., Irwin, Homewood, IL, 1972.

RATHE, ALEX W. y FRANK A. GRYNA, "Applying Industrial Engineering to Management Problems," American Management Association Research Report No. 97, AMA, Nueva York.

STAIRS, D. LEONARD, "Opportunity–The Maintenance Department," dirigido al Productivity Seminar, Charlotte, NC, Marzo 4, de 1977.

WALTON, RICHARD E., "Work Innovations in the United States," *Harvard Business Review*, julio-agosto de 1979, pp. 88-94.

SECCION 5

Evaluación, estimación y manejo de los recursos humanos

CAPITULO 5.1

Aspectos subjetivos del rendimiento

RICHARD G. PEARSON
Universidad del Estado de Carolina del Norte

5.1.1 INTRODUCCION

El objetivo de este capítulo es examinar las diversas respuestas subjetivas de los trabajadores, supervisores y administradores en cuanto se relacionan con el comportamiento en el trabajo y, en último término, con la eficiencia (productividad) de una empresa. Se explicarán las técnicas, tanto formales como informales, para obtener datos sobre este tipo de respuestas subjetivas, así como la utilidad de esos datos para mejorar el rendimiento en el trabajo. Entre los temas específicos figuran la fatiga, la tensión, el esfuerzo, la comodidad, la molestia, la satisfacción en el trabajo y las dificultades en la metodología que se deben evitar.

Respuestas subjetivas. Su importancia y lugar

En el contexto del presente capítulo, la palabra "subjetivo" se define como algo que existe en la mente. Así, las respuestas subjetivas incluyen expresiones verbales y escritas tales como:

Sentimiento y humor
Opiniones
Actitudes
Juicios
Quejas
Evaluaciones

Las respuestas subjetivas pueden dar una idea de la eficiencia de las situaciones individuales de trabajo, del comportamiento de grupo y de toda la organización o empresa industrial. Como se verá por los ejemplos que se ofrecen en este capítulo, algunas respuestas subjetivas (como evaluaciones y sentimientos) se pueden usar en forma rutinaria al evaluar la eficiencia o dirigir las operaciones cotidianas. Otras respuestas (juicios y quejas) pueden ser útiles al diseñar o rediseñar los espacios individuales de trabajo o el ambiente mayor de trabajo. Otras más (como las opiniones) se pueden usar para evaluar la eficiencia general (o quizá más comúnmente la ineficiencia) del comportamiento de una empresa. En este último caso, la situación puede ser análoga a la del médico que le toma el pulso a su paciente. Se juzga (la gerencia lo hace) que algo marcha mal en la empresa y se culpa al elemento humano. Una manera de descubrir, por lo tanto, lo que anda mal, consiste en realizar un estudio de la "parte humana" de la empresa y evaluar los sentimientos, actitudes, quejas y descontento. En suma, las respuestas subjetivas se pueden considerar como "medidas de resultados" o índices de eficiencia de una empresa.

Sería conveniente hacer en este punto un comentario acerca de las medidas *objetivas*, distintas de las *subjetivas*. En la medida en que el ingeniero industrial, por lo general, se interesa más por la *productividad* del hombre, si se compara con el bienestar y la conducta *individuales* por sí mismas, es más problable que concentre su atención en los índices objetivos de los sistemas. Por ejemplo, en la planta industrial, al ingeniero le interesarán las unidades producidas, los artículos rechazados por control de calidad, los productos defectuosos devueltos por los vendedores y los consumidores, el tiempo improductivo, la cantidad de desperdicio, la rotura de herramientas, etc. Esos ejemplos caen dentro de la definición de "objetivo": aquello que se puede conocer, que es imparcial, que está al margen de los sentimientos personales. El contraste con las respuestas subjetivas, en cuanto a que en estas últimas intervienen sentimientos personales, le plantea un reto al ingeniero industrial común, ya que normalmente éste no está preparado en términos de las técnicas que se aplican para obtener datos sobre las respuestas subjetivas. Al tratar con seres humanos, hay que tener presente que son (a veces) emocionales, irracionales e impredecibles. Estos aspectos caen dentro de la competencia del sicólogo industrial más bien que del ingeniero industrial.

Desde hace mucho tiempo se sabe que las respuestas subjetivas del hombre son la causa de ciertos costos "ocultos" de producción tales como el ausentismo, la rotación de la mano de obra, accidentes, quejas y sabotaje industrial. Durante el decenio de los setentas, la preocupación por el "bienestar" del trabajador industrial cobró importancia debido a la aprobación de la OSHA y al interés creciente por lo que se conoce con el nombre de "calidad de la vida de trabajo". Más que nunca, los ingenieros industriales se deben preocupar por el bienestar del trabajador. Este punto de vista tiene dos implicaciones: 1) el ingeniero industrial debe colaborar con sicólogos y economistas industriales para alcanzar la meta de mejorar el comportamiento y, para ello, 2) tendrá que familiarizarse con el uso de los datos sobre respuestas subjetivas.

El problema de las diferencias individuales

Uno de los puntos básicos que señala el estudio de la sicología es que las personas son diferentes. Esto sucede en muchas formas: antecedentes genéticos, personalidad, aptitudes, intereses, valores, motivación y sensibilidad emocional. A esta matriz de diferencias se sobreponen otras variables tales como la edad, sexo, tamaño y forma del cuerpo así como la condición física. No es de sorprender, por lo tanto, que cuando se trata de predecir el comportamiento de un empleado la tarea resulte tan difícil.

Considere el caso de un sencillo modelo o ecuación: rendimiento = capacidad X motivación. Aunque sea posible medir el nivel de capacidad de una persona en un momento dado y con razonable exactitud, la propia posibilidad de medir la motivación está a menudo subordinada a las circunstancias específicas en que se encuentra una misma persona; o sea, que la motivación es una entidad mucho más evasiva, variable e inestable. Por lo general se refleja en el tipo de respuestas subjetivas que se examinan en este capítulo. Los dos ejemplos siguientes se presentan con el fin de ilustrar el papel que desempeñan las diferencias individuales (y las respuestas subjetivas) en lo que se relacionan con la conducta humana.

Primero se verá el caso de un grupo autónomo de trabajo. En este caso, la meta consiste en desarrollar la capacidad de las personas que lo componen hasta el punto de que las tareas se puedan rolar entre los integrantes del grupo en forma periódica (por ejemplo, diariamente o en el transcurso de la jornada), ostensiblemente para hacer frente al problema del aburrimiento industrial. Pero, al iniciarse cada nuevo "turno", habrá que decidir quién hará qué. Esto se tiene que discutir. Todo irá bien, suponiendo que todos los trabajadores disfrutan participando en los comentarios y decisiones del grupo y que se sienten motivados para participar; pero no es así. Simplemente, hay algunos a quienes no les interesa en absoluto. Además, la esperanza de que se les pueda motivar para que cambien, es muy pequeña. Esta es una de las causas de que los grupos autónomos de trabajo no siempre funcionen con eficiencia, o por lo menos de que algunas personas no se sientan en su ambiente. Sirve también de base para evaluar las actitudes hacia la formación o participación en esos grupos.

Ahora se explicará el diseño de canales (redes) de comunicación dentro de una empresa.[1] Algunos teóricos se pronunciarán en favor de las redes igualitarias, con canales múltiples, entre las personas que componen un grupo (departamento, división). Ciertamente, algunas personas (sobre todo las que desempeñan cargos de autoridad dentro de la jerarquía) disfrutan siendo el centro de atención, es decir, de la comunicación; pero conviene recordar que también hay algunas que no experimentan esa satisfacción. Preferirían que se les dejara en paz haciendo su trabajo, porque les gustaría evitar la comunicación interpersonal. Nuevamente, es difícil motivarlas en forma eficaz para que se comuniquen. La importancia de identificar a esos individuos a fin de ubicarlos correctamente dentro de la organización, es igualmente obvia. En la medida en que esas personas estén "mal situadas" y puedan contribuir al funcionamiento deficiente de los canales de comunicación, el conocer las respuestas subjetivas (como opiniones y quejas) ayuda mucho a identificar las diferencias individuales en materia de motivación en cuanto se relacionan con el rendimiento en el trabajo.

5.1.2 CORRELACIONES SUBJETIVAS DEL COMPORTAMIENTO EN EL TRABAJO

Los ingenieros, sicólogos y ergonomistas industriales tienen un interés común cuando tratan de entender el comportamiento humano. Evidentemente, hay consecuencias del trabajo, tanto fisiológicas como sicológicas, que tienen algo que ver con el curso futuro de dicho trabajo. Surgen muchas preguntas. ¿Por qué el rendimiento del trabajador A no es hoy igual que siempre? ¿Por qué la eficiencia del trabajador B deteriora con el tiempo? ¿Por qué el trabajador C mantiene un esfuerzo constante y en cambio el trabajador D no puede hacerlo, siendo incluso que el trabajador E mejora su eficiencia a lo largo de la jornada? ¿Son necesarios los períodos de descanso? ¿Cuándo se deben programar? ¿Cómo es que José se queja porque se siente fatigado en el trabajo, y al salir se va a jugar boliche? ¿Por qué, después de sentirme tan perezoso en el trabajo, una tarde me quedo dormido leyendo el periódico mientras que la tarde siguiente me siento enteramente descansado después de podar el jardín?

Hay respuestas para estas preguntas. Se conocen los factores determinantes del comportamiento humano y los procesos en que descansa. El problema está en que no se cuenta con una medida simple y directa que permita determinar la eficiencia de una persona en un momento dado cualquiera. Sería ideal tener una sonda que pudiera conectar a un trabajador con un medidor que indicara su eficiencia en una escala de 0 a 10; pero no existe tal técnica. Los métodos que implican el empleo de medidas fisiológicas han sido objeto de muchos estudios, pero los resultados son desconcertantes por lo que a las correlaciones del trabajo se refiere.* Los procesos fisiológicos que son base del rendimiento no son fácilmente accesibles para la medición; pero, aunque lo fueran, su registro en un trabajador individual, como rutina, seguiría siendo un problema práctico. De manera que las mediciones subjetivas (sicológicas) siguen siendo el medio común para evaluar el comportamiento humano. El reto consiste por lo tanto en "objetivar" el uso de las técnicas subjetivas, o de autoinformación, que se examinan en esta sección.

La tensión y el esfuerzo en el trabajo

La palabra tensión (stress) ha gozado de popularidad durante muchos años. Las expresiones tales como tensión ambiental, tensión ocupacional, tensión emocional, tensión mental, ten-

* Hay excepciones en el caso del trabajo pesado que implica gasto de energía; es decir, altos niveles de actividad muscular.

sión sicológica, tensión de velocidad, tensión de carga, tensión fisiológica, tensión física, tensión vital, tensión de la tripulación de los aviones y tensión en el combate, para mencionar sólo unas cuantas, nos son bien conocidas. Pero ¿sabe realmente qué es la tensión? Por desgracia, el interés científico por el tema va acompañado por una variedad de definiciones y concepciones del término.

Como quiera que sea, probablemente se puede decir que la mayoría de la gente tiene una comprensión adecuada del vocablo, como cuando una persona admite que está "bajo tensión". Reconocer que uno se puede encontrar en una situación desagradable o incómoda que altere e impida el funcionamiento normal. Típicamente, se perciben la presión, las amenazas, los conflictos, preocupaciones y otros elementos perniciosos del ambiente que lo ponen a uno "nervioso". Se siente ansiedad y se queja de estar tenso. En este contexto reconoce que la "tensión" es la *causa* de los propios problemas y que las quejas, sea su base física o sicológica, son los *efectos*.

Estudios recientes acerca de la tensión

Uno de los investigadores prominentes en este campo, Hans Selye, define la tensión en términos de sus efectos. Dice además que la causa de la tensión son los "Factores de Tensión". Los trabajos de Selye,[2] que se concentran en un síndrome de las respuestas fisiológicas a un solo factor, han producido un gran efecto en las investigaciones realizadas en este campo. Selye afirma que no toda tensión es necesariamente mala, lo cual implica reconocer que algunas personas parecen funcionar más eficazmente si están sometidas a ciertos niveles de tensión. Al reconocer las diferencias individuales en la respuesta a la tensión, Selye recomienda que cada uno busque su propio "nivel de tensión" óptimo. La dificultad con este punto de vista, sin embargo, resulta el problema de definir cuándo la tensión es "buena" o "mala".

Un punto de vista diferente, surgido en años recientes, define la tensión en términos de una interacción entre la persona y una situación. En este caso la tensión es una percepción cognoscitiva, algo que es *percibido* por la persona en una situación específica. Las *consecuencias* de la tensión se definen luego como "esfuerzo". Estas definiciones resultan sin duda familiares para los ingenieros, quienes están habituados a definir la tensión como una carga o sistema de fuerzas que actúan sobre un objeto para producir un esfuerzo resultante en ese objeto (véase también Singleton[3]).

Es normal que las personas respondan a las situaciones tensas con alguna activación del sistema nervioso autónomo que en último término se refleja en una actividad de las glándulas endocrinas (mayor producción de adrenalina), en un aumento del ritmo cardiaco y respiratorio y en una actividad digestiva disminuida. Si la situación persiste, también es normal experimentar algo de tensión muscular y ansiedad. Cuando la situación persiste y *se le hace frente* en forma inadecuada, comienzan a aparecer los síntomas del esfuerzo: más tensión, estómago alterado, dolores de cabeza y de espalda, depresión, insomnio y posiblemente úlceras e hipertensión (alta presión sanguínea). De manera que la eficacia relativa de las respuestas, variable de una a otra persona, explica en parte las diferencias individuales en la manera de reaccionar ante la tensión. Pero hay que tener presente el requisito necesario: la persona debe, en primer lugar, *percibir* la situación como tensa. Si no la percibe en esa forma, la tensión no existe para esa persona.

Los cambios en el estilo de vida, agradables o no, exigen un ajuste. En los estudios de investigación, los cambios importantes se han relacionado con la mayor incidencia de desórdenes emocionales, síntomas físicos y enfermedades. De acuerdo con las mediciones de la Escala de Cambio de Vida, se han encontrado relaciones entre la enfermedad y los acontecimientos, ocurridos en el transcurso del año anterior, tales como fallecimiento del cónyuge, divorcio, fallecimiento de miembros de la familia, embarazo, pérdida del empleo, cambio de trabajo, jubilación o matrimonio, para mencionar sólo algunos.[4]

El ejemplo 5.1.1 muestra las relaciones que existen entre las diversas mediciones que figuran comúnmente en los estudios de la tensión, el esfuerzo y la enfermedad en el trabajo. La

Ejemplo 5.1.1. Relaciones entre presión, tensión y enfermedades del trabajo[a]

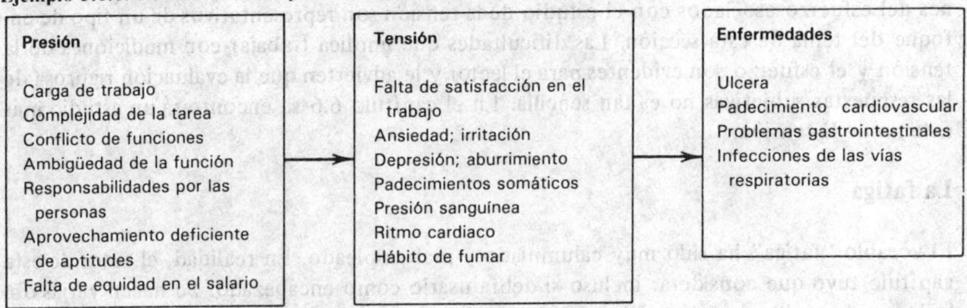

[a] Según Caplan y colaboradores, referencia 5.

ilustración está basada en el estudio definitivo, *Job Demands and Worker Health*, realizado por Caplan y sus asociados en la Universidad de Michigan. Hay que hacer notar que algunas de las mediciones se pueden determinar objetivamente, mientras que otras se tienen que derivar de los datos sobre las respuestas subjetivas. Consulte las publicaciones[5] relacionadas para obtener detalles específicos sobre la formulación de los diversos índices desarrollados para ese estudio. Las escalas específicas desarrolladas para evaluar las respuestas subjetivas a la tensión son de especial interés para el lector de este capítulo, por ejemplo, Falta de satisfacción en el trabajo, Aburrimiento, Quejas somáticas, Ansiedad, Depresión e Irritabilidad. Aunque los detalles referentes a las técnicas aplicadas para establecer esas escalas se salen de los límites de este manual, es importante saber que dichas escalas existen. (La metodología del desarrollo de escalas se encontrará en Nunnally.[6])

Otro estudio reciente, llevado a cabo por algunos investigadores británicos,[7] se ocupó de la tensión asociada con el trabajo repetitivo. Los sujetos fueron más de 500 trabajadores de taller dedicados a trabajo repetitivo en empresas de ingeniería y compañías de productos farmacéuticos. El trabajo consistía principalmente en montaje no especializado, operación de máquinas, inspección, o empaque. Una gran mayoría de esos trabajadores eran mujeres. Se elaboró una lista de descripciones de las tareas a fin de evaluar la percepción que los trabajadores tenían de su empleo. Contenía una lista de 55 adjetivos, acompañado cada uno por la escala siguiente:

Siempre	4
Con frecuencia	3
A veces	2
Raramente	1
Nunca	0
No puedo decidir	

Los investigadores pidieron a los trabajadores que describieran en qué forma veían sus empleos aplicando esa escala. Los datos obtenidos de la encuesta se analizaron mediante las técnicas de análisis de factores y se identificaron cuatro principales que son los siguientes, con las denominaciones que les dieron los investigadores y las variables típicas asociadas con cada uno:

1. **Agrado.** Emocionante, satisfactorio, formidable, agradable, divertido.
2. **Tedio.** Sin objeto, monótono, triste, aburrido, útil, variado.
3. **Presión.** Rápido, fatigoso, exigente, bajo presión, lento.
4. **Dificultad.** Difícil, complicado, inquietante, fácil, sencillo, fácil de manejar.

Se advierte cierto grado de bipolaridad respecto a la composición de estos factores. Los cuatro factores identificados en este estudio dan una idea substancial de los tipos de tensión asociados con el trabajo repetitivo, según lo perciben los trabajadores. Los tipos de mediciones del esfuerzo asociados con el estudio de la tensión son representativos de un tipo de enfoque del tema de esta sección. Las dificultades que implica trabajar con mediciones de la tensión y el esfuerzo son evidentes para el lector y le advierten que la evaluación rigurosa de las respuestas subjetivas no es tan sencilla. En el capítulo 6.6 se encontrará un estudio más extenso de la tensión.

La fatiga

El vocablo "fatiga" ha sido muy calumniado y mal empleado. En realidad, el autor de este capítulo tuvo que considerar incluso si debía usarlo como encabezado. Se hacen varias objeciones al empleo de esta palabra ambigua. Algunos autores equiparan la fatiga con la duración de la tarea, de manera que una tarea "larga" necesariamente se vuelve "fatigosa". Si se observa que el rendimiento medio de un grupo de sujetos disminuye con el tiempo, es que los sujetos deben de haberse "fatigado". Obviamente, si se busca una tarea fatigosa con fines de estudio, tendrá que ser larga. Adviértase la circularidad y lo absurdo del razonamiento en estas afirmaciones. En algunos casos la fatiga está implícita. A veces se le toma por la causa (del poco rendimiento), mientras que otras se le considera como efecto (de una tarea prolongada). Pocos investigadores se han tomado la molestia de examinar a la vez 1) el *rendimiento* de los sujetos individuales en un momento determinado y 2) cómo *se sienten* esas personas en ese momento. Dicho en forma breve, la relación entre cómo dice la persona que se siente en un momento dado (llamémosle si se quiere "fatiga subjetiva") y su nivel de rendimiento en la tarea puede no revelar una elevada correlación positiva. Además, un estado subjetivo no predice necesariamente el rendimiento futuro. En suma, las mediciones de la fatiga subjetiva no se pueden tomar ni como correlativos ni como pronosticadores del rendimiento.

Como se examina aquí, la fatiga es un término sicológico: una *sensación* que refleja la propia disposición hacia la tarea que se tiene por delante.* Principalmente, refleja una aversión a la tarea, ejemplificada por la afirmación "preferiría estar haciendo otra cosa". ¿De qué otro modo se puede explicar el hecho de que un trabajador "fatigado" pueda salir corriendo hacia su automóvil cuando el silbato anuncia el término de la jornada?

Es necesario por lo tanto, al hablar de este tema, que se hagan las distinciones específicas siguientes:

1. **Fatiga.** Sensaciones subjetivas de cansancio.
2. **Disminución del trabajo.** Reducción del rendimiento o la eficiencia en la tarea.
3. **Deterioro.** Acomodo de la capacidad física (como una incapacidad) para realizar la tarea; por ejemplo, calambres en los dedos, cambios en la visión o la audición.

En este contexto, el ingeniero industrial debe preocuparse primordialmente por los problemas de disminución del trabajo y por la manera de mitigarlos. En segundo lugar, debe tener presente que el deterioro de la capacidad visual, auditiva o motora (muscular) puede ser el factor causante de la ineficacia o de los accidentes. Por último, no se deben pasar por alto las manifestaciones de fatiga, porque *pueden ser* síntomas de falta de satisfacción en el trabajo o de ausencia de motivación (es decir, que el trabajo carece de interés).

En suma, la fatiga es algo subjetivo, una sensación, así como un síntoma. Forma parte de una dimensión que va desde la sensación de agotamiento y fastidio, por un lado, hasta la de frescura y vitalidad por el otro. No se debe confundir con otras dimensiones afectivas tales como la somnolencia (modorra), el fastidio y el impulso (es decir, sentirse motivado).

* La fatiga subjetiva se distingue en este caso de la fatiga muscular (fisiológica), la cual se puede medir objetivamente (véase el capítulo 6.4).

Ejemplo 5.1.2 Lista de estados emocionales

No.	*Más que*	*Igual que*	*Menos que*	*Descripción*
1	( )	( )	( )	Muy activo
2	( )	( )	( )	Sumamente cansado
3	( )	( )	( )	Bastante fresco
4	( )	( )	( )	Ligeramente cansado
5	( )	( )	( )	Muy lleno de vida
6	( )	( )	( )	Algo fresco
7	( )	( )	( )	Agotado
8	( )	( )	( )	Muy refrescado
9	( )	( )	( )	Bastante cansado
10	( )	( )	( )	A punto de desmayarse

Abundando en el tema: 1) Una persona cansada puede tener dificultad para dormir, pero a pesar de ello puede adormilarse (por ejemplo, durante un discurso aburrido) aunque no se sienta cansada; 2) una persona "aburrida" no necesariamente se sentirá "cansada" o viceversa y 3) se puede motivar a una persona "cansada" para que siga trabajando, sobre todo si la remuneración es elevada. Por último, es interesante hacer notar que, en muchos casos, un antídoto eficaz de las sensaciones de fatiga es ¡el trabajo! Es decir, que el "cansado" ejecutivo se puede sentir realmente refrescado jugando un partido de tenis al finalizar la jornada de trabajo.

En el ejemplo 5.1.2 aparece una lista de estados emocionales que permiten estimar el nivel de fatiga subjetiva de una persona. La escala fue establecida aplicando metodologías sicofísicas y de clasificación.[8] se puede obtener una puntuación calificando las respuestas en esta forma: "más que", 2; "igual que", 1; "menos que", 0. Las puntuaciones van de 0 a 20. En un estudio realizado por el autor y sus alumnos, se demostró que la lista es sensible a cosas tales como la dificultad de la tarea, la carga de trabajo y los programas de descanso; las drogas estimulantes o depresivas, el alcohol, las tareas prolongadas y los ritmos circadianos. En Kinsman y Weiser[9] se encuentra una crítica efectiva de esta escala, de otras escalas de "fatiga" y del tema de sintomatología subjetiva. Aunque algo antiguo, el libro de Bartley y Chute sigue siendo posiblemente la mejor crítica y estudio del tema de la fatiga y estados emocionales relacionados.[10] En la obra de Grandjean se encontrará otro punto de vista.[11]

Para cerrar esta sección con una nota positiva, en la medida en que las mediciones subjetivas sugieren falta de satisfacción en el trabajo o aburrimiento industrial, se sabe que es mucho lo que se puede hacer para cambiar el panorama mejorándolo. También ayuda el aumento en la variedad de elementos que perciben los sentidos (estímulos), recurriendo a la rotación de tareas, su ampliación y enriquecimiento. Otro método es hacer que las personas intervengan en la toma de decisiones mediante una administración participativa. Por último, el ergonomista puede hacer mucho, a través del diseño de tareas para lograr que el lugar de trabajo sea más interesante. Esos cambios, que deben evaluarse en términos de costo comparado con el mejoramiento que se espera en el rendimiento, no se explican detalladamente aquí. El lector debe referirse a la sección 2 de este manual.

Otros estados emocionales

Del estudio que antecede se desprende el hecho de que hay una multiplicidad de estados emocionales a los cuales una persona se puede referir subjetivamente en un momento determinado. En suma, el humor es un concepto multidimensional; de manera que, cuando se le pregunta a alguien cómo "se siente", la respuesta puede tocar un número cualquiera de dimensiones: aburrido, tenso, nervioso, deprimido, cansado e irritable.

Se han dedicado muchos esfuerzos a la elaboración de listas de estados emocionales o afectivos que abarcan muchos aspectos (y supuestas dimensiones). Una de las aplicaciones principales de esos instrumentos consiste en determinar los efectos secundarios de las medicinas; otra consiste en evaluar las respuestas subjetivas del hombre a las situaciones ambientales extremas. Los japoneses, entre otros, han desarrollado instrumentos multidimensionales para evaluar las tareas industriales. Se desarrollaron otros instrumentos (por ejemplo el cuestionario sobre actividad física) para estudios de laboratorio de las tareas que exigen gran esfuerzo físico.[9, 12] Las técnicas sicométricas (análisis de factores y análisis de grupos) se aplican a los datos asociados con algunos de esos instrumentos a fin de delimitar las dimensiones subyacentes o los estados emocionales particulares que evalúan. Se espera que este tipo de estudios proporcionará algún día un conocimiento más claro de las dimensiones complejas de la respuesta subjetiva en cuanto se relaciona con el trabajo, permitiendo así que los investigadores exploren las relaciones que existen entre esas dimensiones y las variaciones del comportamiento humano.

El esfuerzo físico

En el caso de cualquier tarea física pesada (que exige un gasto considerable de energía), conviene determinar la cantidad de esfuerzo, es decir, el costo para la persona en términos de energía. Esos datos son útiles para distintos fines: 1) el estudio de los candidatos a un empleo para seleccionar a los que pueden realizar la tarea y los que no pueden, o no deben, porque podrían causarse daño; 2) el diseño de tareas que implique la ubicación de superficie de trabajo y la selección de auxiliares adecuados para el manejo más eficiente de los materiales y 3) la programación correcta de los ciclos de trabajo y descanso. En esas determinaciones figuran por lo general las mediciones fisiológicas de la actividad cardiovascular, respiratoria y muscular, por ejemplo el electrocardiograma (ECG) o gráfica del ritmo cardiaco, el consumo de oxígeno y el electromiograma.

Existen muchos datos sobre el gasto de energía (expresado ya sea en términos de kilocalorías por minuto o de consumo de oxígeno en litros por minuto) asociado con distintas actividades de trabajo, posturas, el lugar, ritmo y exigencias de la tarea (por ejemplo, las cargas o pesos que se manejan). Existen fórmulas para relacionar el costo de energía y el tiempo total de trabajo con la necesidad de los períodos de descanso. Esos datos le pueden servir de guía al ingeniero industrial que se ocupa de las actividades que exigen esfuerzo físico. (En el capítulo 6.4 se trata este tema más a fondo.) Sin embargo, si son inadecuados para determinados fines, el ingeniero industrial debe reconocer que el conjunto de datos adecuados a sus propias necesidades requiere la instrumentación de los trabajadores (sujetos), equipo relativamente costoso y ayuda profesional para interpretar los datos. Debido a esos requisitos, muchas veces no es factible ni práctico utilizar este método en la industria.

El método alternativo implica el uso de una escala de clasificación del esfuerzo percibido. Una de esas escalas, llamada a menudo la RPE, o Escala de Borg (en honor de quien la estableció), aparece en el ejemplo 5.1.3. Esa escala de 15 puntos se formuló de manera que el ritmo cardiaco de un hombre normal, sano y de mediana edad se pueda predecir si el valor RPE se multiplica por 10. La capacidad física de trabajo se define en términos del nivel de carga que produce un ritmo cardiaco de 170 latidos por minuto. Se ha determinado empíricamente que la puntuación RPE que corresponde a ese nivel de carga es de 16.5. En la práctica, se estima que cada punto de la escala equivale a 10 latidos por minuto. De manera que una puntuación de 9 en la escala RPE (muy ligera) corresponde aproximadamente a un ritmo cardiaco de 90 latidos por minuto.

Se ha acumulado una amplia gama de datos usando la escala RPE. (Los detalles y la crítica se encuentran en Kinsman y Weiser[8] y en Borg.[13]) Los estudios abarcan tareas tales como montar en bicicleta con diversas cargas, levantar pesos repetidamente, empujar una carretilla

Ejemplo 5.1.3 Relaciones entre presión, tensión y la escala RPE de Borg

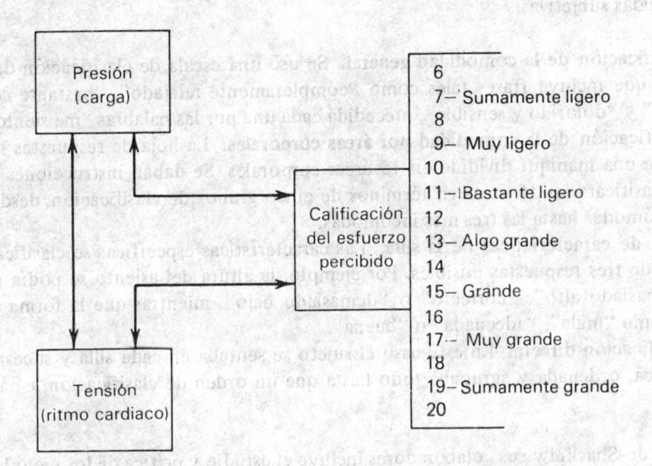

con diferentes cargas, caminar y correr. Mientras que los resultados de las investigaciones con la escala RPE aconsejan su uso como instrumento válido y confiable para evaluar el esfuerzo físico y confirman su elevada correlación con el ritmo cardiaco como índice de esfuerzo, Ulmer y asociados presentan datos que demuestran que el esfuerzo físico que se percibe depende de la tensión (la carga) mucho más que del esfuerzo.[14] Al evaluar las relaciones entre tensión, esfuerzo y fuerza física aplicada, que aparecen en el ejemplo 5.1.3, llegan a la conclusión de que en las puntuaciones RPE predomina la influencia de la tensión sobre la influencia del esfuerzo (medido por el ritmo cardiaco). Hay pruebas de que, en ciertas condiciones, la relación entre el ritmo cardiaco y la RPE no es válida. Otros también plantean aspectos de la naturaleza de los síntomas físicos y los indicios sensoriales que experimenta la persona, que se reflejan subjetivamente en la escala RPE. Pero, a pesar de esas preocupaciones, la utilidad de la escala para evaluar el esfuerzo físico en las tareas que lo exigen, sigue siendo evidente.

La comodidad

Por lo común se habla más de comodidad en los medios donde las condiciones son desfavorables: calor, aceleración y vibración. El interés va típicamente desde la comodidad en un extremo, pasando por diversos grados de incomodidad, hasta el dolor en el otro extremo. Los investigadores utilizan varias escalas de clasificación para medir las respuestas subjetivas. Comúnmente, esas escalas se denominan con expresiones tales como "perceptible pero no molesta", "apenas aceptable", "tolerable", "intolerable" e "insoportable" para guiar al clasificador. Para un estudio más profundo de la comodidad en cuanto se refiere a la tensión ambiental, el lector debe referirse a los capítulos donde se habla del ruido y la vibración (6.10), de la iluminación (6.11) y del clima (6.12). Kinsman y Weiser también estudian las investigaciones acerca del dolor y de la incomodidad térmica.[9]

La evaluación de la comodidad es importante también en aquellos casos en que las condiciones de la tarea y el diseño del lugar de trabajo dan lugar a quejas por la incomodidad debida a la postura. Un aspecto importante de la comodidad del lugar de trabajo, la postura sedente; fue objeto de un simposio. Las actas de dicho simposio contienen un capítulo de Shackel y sus colegas donde se describen varios procedimientos para evaluar la comodidad de los asientos.[15] En su trabajo, que evalúa 10 diseños de sillas, emplearon las siguientes cuatro medidas subjetivas:

1. **Clasificación de la comodidad general.** Se usó una escala de clasificación de 11 descripciones, que incluye frases tales como "completamente relajado", "bastante cómodo", "contraído" y "dolorido y sensible", precedida cada una por las palabras "me siento".
2. **Clasificación de la comodidad por áreas corporales.** La hoja de respuestas incluía el diagrama de una maniquí dividido en 15 áreas corporales. Se daban instrucciones al sujeto para que clasificara las 15 áreas en términos de cinco grupos de clasificación, desde las tres áreas más cómodas hasta las tres más incómodas.
3. **Lista de características de la silla.** Las características específicas se clasificaron mediante una de tres respuestas posibles. Por ejemplo, la altura del asiento se podía clasificar como "demasiado alto", "correcto" o "demasiado bajo", mientras que la forma se podía clasificar como "mala", "adecuada" o "buena".
4. **Clasificación directa.** En este caso el sujeto se sentaba en cada silla y sucesivamente lo comparaba, ordenada y agrupaba todo hasta que un orden de clasificación le parecía satisfactorio.

El capítulo de Shackel y sus colaboradores incluye el estudio y crítica de los métodos subjetivos seguidos en dicho estudio, así como de los empleados por otros.

Por lo que respecta al lugar de trabajo, el ingeniero industrial debe preocuparse por las tareas que exigen posturas desusadas (a veces anormales) y por los trabajadores que inconscientemente adoptan posturas inconvenientes, por ejemplo, inclinar la parte superior del torso sobre la superficie de trabajo. En este caso se puede seguir alguna técnica de clasificación de la incomodidad, como la desarrollada por Corlett. Con el método de Corlett,[16] los trabajadores usan un diagrama del cuerpo humano dividido en 12 partes (cuello, hombros, parte superior de la espalda, posaderas, muslos y piernas) para indicar periódicamente (por ejemplo cada media hora) durante la actividad normal de trabajo las áreas corporales "más doloridas", luego las "algo menos doloridas" y así sucesivamenta hasta que ya no encuentra otras áreas de incomodidad. Según Corlett, "el número de grupos diferentes de partes del cuerpo señalados antes de indicar 'no hay incomodidad' representa el número de niveles de intensidad de la molestia que se experimenta".[17] De modo que se considera que cada grupo de molestias que se indica por separado queda identificado con una clara diferencia en la incomodidad. Esto clasifica las áreas más doloridas en proporción con el número de niveles de que se informa. Con fines de evaluación, los datos se agrupan por áreas corporales, se saca un promedio de acuerdo con el número de trabajadores y luego se representan en una escala de tiempo correspondiente al período de trabajo. Cuando se hacen modificaciones al equipo y al lugar de trabajo, el proceso de clasificación se repite para comparar el "nuevo" diseño con el "antiguo".

El método de Corlett representa una de las varias técnicas útiles para evaluar la incomodidad debida a la postura que se adopta en el lugar de trabajo. En el capítulo 6.5 se presenta otro estudio de las técnicas y del tema general de la incomodidad, de los efectos de la carga de trabajo y de los métodos para reducir y prevenir las quejas debidas a la incomodidad.

Molestia

Otra dimensión subjetiva, la molestia, se caracteriza por las quejas de que algo en el lugar de trabajo está perturbando y distrayendo, es fastidioso, desagradable, etc. Las quejas por molestia predominan en los lugares donde hay ruido. Las investigaciones al respecto realizadas por el autor[18] incluyen el desarrollo de una escala de clasificación de la molestia, que se puede ver en el ejemplo 5.1.4. En este estudio, varios grupos de personas fueron expuestas al ruido y luego se les pidió que clasificaran (marcaran) su grado de molestia en la escala de 25 puntos. (Los valores que aparecen en el ejemplo son para fines de puntuación y no apa-

Ejemplo 5.1.4 Escala de calificación del fastidio

Valor		*Respuesta*
25	–	Insoportable e intolerable
	–	
	–	
22	–	Sumamente fastidioso
	–	
	–	
19	–	Muy fastidioso
	–	
	–	
16	–	Bastante fastidioso
	–	
	–	
13	–	Fastidioso
	–	
	–	
10	–	Moderadamente fastidioso
	–	
	–	
7	–	Algo fastidioso
	–	
	–	
4	–	Ligeramente fastidioso
	–	
	–	
1	–	Algo molesto pero no inaceptable

recieron en la escala de clasificación. Una de las respuestas sacó una puntuación de 15.) Se encontraron diferencias significativas entre el promedio de las clasificaciones asignadas a seis ruidos diferentes, si bien todos esos ruidos se igualaron en términos de nivel máximo de presión sonora. Por ejemplo, el ruido proveniente de un martillo neumático tuvo la clasificación media más alta en cuanto a molestia: 19.16; el ruido de un avión a propulsión que pasó volando se clasificó con 12.48; el ruido de una fábrica con 10.76; un camión ascendiendo una cuesta y cambiando velocidades con 8.00. De manera que, como se puede observar, no todos los ruidos "fuertes" son por necesidad igual de molestos. Las características del ruido (periodicidad, intermitencia) y su espectro de frecuencias son los factores principales al determinar el grado de molestia.

Otro descubrimiento importante del estudio fue la extensa gama de diferencias individuales entre los sujetos en cuanto a la clasificación de su molestia. Las clasificaciones medias individuales, considerando los seis estímulos, variaron desde la muy baja de 1.65 hasta la muy alta de 22.20. En términos comunes, esto significa que algunos sujetos experimentaban poca molestia, si es que sentían alguna, con los diferentes ruidos, mientras que otros se sentían sumamente molestos con el mismo grupo de estímulos.

En términos de sus efectos en las personas, el ruido es evidentemente el más idiosincrásico entre las tensiones ambientales. Hay que recordar que el ruido es un atributo sicológico. Es más, no se le debe considerar arbitrariamente como malo por necesidad, es decir, como "indeseable". Algunas personas, especialmente las que viven solas, prefieren algo de ruido al silencio total. Por lo tanto, algo de ruido proporciona al trabajador la retroinformación necesaria sobre la operación del equipo; por ejemplo, el "ruido" que produce una broca al taladrar el metal o el que produce un cojinete defectuoso. ' or último, pocos resultados provenientes de la investigación demuestran un efecto negativo del ruido en el rendimiento. En realidad, el rendimiento mejora a veces en medio del ruido, ¡tal vez porque mantiene despierto al individuo! En este último contexto, se podría objetar la costumbre de asignar "puntos" al ruido (mientras más puntos, más malo) en el medio de trabajo cuando se trata de evaluar las tareas. ¡Que tomen nota los ingenieros!

Otros fenómenos subjetivos

El espacio no permite abarcar todas las escalas y dimensiones subjetivas que se podrían mencionar; pero brevemente se hablará de otras dos. Por lo que respecta a los ejemplos que anteceden, en buena parte se tocaron los aspectos negativos: la prevención de la incomodidad, la fatiga, el esfuerzo físico, etc. Una meta positiva del diseño es el agrado. En la medida en que se desee un ambiente de trabajo agradable, ya se trate de una oficina o una instalación industrial, hay que prestar alguna atención a la estética de la situación. Aunque la amenidad estética es un concepto evasivo y multidimensional, los estudios recientes indican que es posible establecer dimensiones para la evaluación. Para un comentario pertinente al respecto, el lector debe referirse a los estudios de Bennett.[19]

Por último, hay que hacer notar que se han realizado muchos estudios sobre el tema del "manejo" en aquellos casos en que el control es manual. Interesa la "retroinformación", los indicios o la impresión que se obtiene de la operación de control manual de algún equipo o vehículo (automóvil, navío o avión). El manejo, en cuanto refleja la aceptación por parte del operador de la eficiencia (suavidad, estabilidad, sensibilidad, precisión) de un sistema de control, puede ser un elemento importante de la evaluación en el proceso de diseño del sistema. Aunque esta dimensión subjetiva posiblemente excede los límites de este manual, hay que advertir que existen escalas y listas de verificación para clasificarla.[20]

5.1.3 LAS ACTITUDES Y LA SATISFACCION EN EL TRABAJO

En la sección que antecede se habló de dimensiones subjetivas específicas. Ahora se pasará a un tema más general: las actitudes.

Actitudes y opiniones

Tanto las actitudes como las opiniones reflejan estados subjetivos de la persona. Los términos pueden y deben ser diferenciados.

1. Las opiniones son puntos de vista o ideas que las personas sustentan acerca de cuestiones o temas específicos. Representan las propias creencias o juicios respecto a los objetos, conceptos, acontecimientos y relaciones. En principio, las opiniones no tienen un componente afectivo; es decir, no sugieren implicaciones positivas o negativas.
2. Las actitudes implican sentimientos hacia las situaciones, objetos o personas. Por lo tanto, contienen un componente afectivo; es decir, reflejan agrado o desagrado.

Tal vez algunos ejemplos ayuden a aclarar la distinción. Las opiniones se pueden ejemplificar con las respuestas que se dan a preguntas como éstas: ¿Debe el departamento organizar un equipo de bolos? ¿Debe la compañía cambiar su lema? ¿Debe la fábrica tener su propia cafetería? Las actitudes, por su parte, asumen una forma diferente, ejemplificada por la respuesta a estas preguntas: ¿Qué piensa usted de la comida que se sirve en la cafetería de la compañía? ¿Qué tan buenas son las oportunidades recreativas que ofrece la empresa?

Puesto que las actitudes reflejan el comportamiento, o el posible comportamiento, de una persona, puede ser importante evaluarlas en el caso de la industria. Las actitudes que muestran los empleados hacia su trabajo, los compañeros y supervisores así como la administración están relacionados con su eficiencia en el trabajo y, en último término, con la productividad. En suma, las actitudes negativas hacia el trabajo o hacia la empresa se pueden reflejar en una ausencia de motivación para trabajar eficazmente. Para obtener esa información se siguen varios métodos; por ejemplo, entrevistas, cuestionarios y encuestas por teléfono. Más adelante habla de nuevo de estos detalles.

Los intentos sistemáticos para obtener datos sobre las opiniones y actitudes requieren normalmente alguna forma de cuestionario así como el contacto directo con individuos pertenecientes a la población objetivo. Algunos cuestionarios contienen preguntas relacionadas tanto con las actitudes como con las opiniones. Por lo general, los resultados de las encuestas de actitud se promedian entre las personas a fin de establecer un índice para un grupo específico, fábrica o división de una empresa. En cambio, las encuestas de opinión se concentran en la distribución de las respuestas a preguntas individuales.

Importancia de las actitudes

Los estudios Hawthorne que se efectuaron en los años treinta se consideraron durante mucho tiempo como un acontecimiento culminante por lo que se refiere a reconocer la importancia de las actitudes hacia las condiciones de trabajo. Confirmaron el punto de vista de que las actitudes de los trabajadores hacia su situación laboral puede estar relacionada con la eficiencia con que realizan sus tareas. Literalmente, en las obras sobre el tema se ha informado de miles de estudios asociados con la evaluación de las actitudes de los trabajadores industriales. En su gran mayoría, se les denomina estudios de "satisfacción en el trabajo", expresión que se emplea para abarcar el grupo o subconjunto de actitudes que los miembros de una entidad muestran hacia sus empleos.

Esas encuestas de actitud, o estudios de la satisfacción en el trabajo, comúnmente se llevan a cabo cuando hay alguna preocupación por la eficiencia del componente humano de una empresa. Es una manera de "tomar el pulso". Si se descubre que hay "enfermedad", se recomienda algún "tratamiento". Los principales síntomas de la falta de satisfacción en el trabajo, que indican la necesidad de un estudio, incluyen una gran cantidad de quejas, ausentismo y rotación de la mano de obra; accidentes; descontento e inquietud general de los trabajadores; sabotaje industrial; lentitud de los trabajadores y una disminución inexplicable pero significativa de la productividad.

La idea en que se fundan los estudios de la satisfacción en el trabajo es que *las actitudes se pueden modificar*. De manera que es importante evaluar cuidadosamente los resultados de las encuestas a fin de delimitar los cambios que es posible introducir para influir en las actitudes en un sentido positivo. A veces, los pronósticos de la gerencia acerca de las áreas problema no se confirma con los resultados de la encuesta. Ciertamente, las áreas problema pueden estar ocultas y los resultados tal vez contengan algunas sorpesas. El autor recuerda el caso de una compañía que adquirió un terreno adyacente en el cual construyó un estacionamiento para comodidad de sus empleados. Sin embargo, los empleados no parecían satisfechos. ¿Qué había hecho mal la gerencia? Una encuesta reveló que los empleados estaban irritados porque los de otras compañías cercanas estaban usando también "su" terreno. Este último no había sido destinado para su uso exclusivo y, como la gerencia no se había dado cuenta de esa actitud, no había dado los pasos necesarios para impedir la entrada a los "intrusos".

Aparte del costo que implica llevar a cabo las encuestas de satisfacción en el trabajo, por lo general se puede esperar que no causarán perjuicio alguno. El hecho de ofrecer a los empleados la oportunidad de expresar sus sentimientos tiene cierto valor. Además, el interés que demuestra la compañía por el bienestar de sus empleados puede mejorar su imagen. Puede haber también un efecto de "placebo", ya que la atención que se presta a los empleados ejerce un efecto positivo en su motivación. Hay sin embargo ciertos riesgos, que tienen que ver con las expectativas de los empleados respecto a los supuestos hallazgos de la encuesta. Muchos empleados esperan mejoras que les coloquen en mejor situación, mientras que otros se anticipan a alguna forma de cambio. La palabra "cambio" puede llevar consigo cierta aprensión y una connotación de amenaza a la seguridad (estabilidad). Ciertamente, el cambio a menudo se considera como sinónimo de conflicto, ya que puede implicar modificaciones a las condiciones de trabajo, un nuevo supervisor, o diferentes compañeros.

¿Cuándo se debe efectuar un estudio de la satisfacción en el trabajo? Es difícil contestar a esta pregunta, aparte de las cuestiones relacionadas con los síntomas principales señalados aquí. No cabe duda de que los miembros de la administración deben "tener los oídos bien abiertos" para detectar la creciente falta de satisfacción en el trabajo. Sin embargo, deben tratar de seguir el camino de en medio y no mostrarse ni demasiado preocupados ni indiferentes. No hay que ser indiferente hacia los empleados ni exageradamente sensible a sus refunfuños. Por ejemplo, si bien los diferentes estilos de liderazgo implican distintos niveles de queja, los "costos" últimos para la empresa tal vez no son tan diferentes. El supervisor autocrático puede tener un buen historial de producción, pero el costo será trabajadores "desdichados", ausentismo y rotación. En cambio el supervisor "democrático", orientado hacia las relaciones humanas y que es del agrado de sus trabajadores, puede tener un pobre historial de producción.

Hay que hacer notar que el grado de satisfacción en el trabajo que se encuentra en las empresas no se correlaciona apreciablemente con el rendimiento. ¿Qué tan "felices" deben sentirse los trabajadores mientras ganan su salario? Tal vez se ha dado demasiada importancia a la satisfacción en el trabajo. Un trabajo de Singleton proporciona buenos motivos para pensar cuando observa que un trabajo puede ser desagradable y al mismo tiempo satisfactorio para el empleado debido a factores extrínsecos tales como el salario.[21] Pero hay también factores que complican el cuadro y que se deben tener en cuenta por lo que respecta a la necesidad de evaluar la satisfacción en el trabajo. Invariablemente, los trabajadores jóvenes se quejan más que los viejos. Los hombres se quejan porque las mujeres desempeñan funciones similares, mientras que las mujeres tienen miedo de quejarse con el supervisor varón porque podrían perder el empleo.

Componentes de la satisfacción en el trabajo

Aunque las actitudes que se investigan en una encuesta de satisfacción en el trabajo pueden ser obvias, tal vez convenga incluir aquí por lo menos una lista de las que se evalúan comúnmente:

Hacia el trabajo
- el salario
- los ascensos
- el reconocimiento
- las condiciones de trabajo
- los beneficios
- la supervisión
- los compañeros
- la empresa y la administración

En cierta forma, esta lista revuelve las manzanas con las naranjas. Como lo hace notar Locke,[22] mezcla dos niveles distintos de análisis: los eventos o condiciones (los seis primeros elementos de la lista) y los agentes (los últimos tres elementos). La distinción tiene implicaciones teóricas que no se explican aquí; pero proporciona suficientes razones para pensar y reconocer que hay muchos puntos de vista y modelos teóricos de satisfacción en el trabajo, incluyendo por ejemplo las teorías de necesidades de Maslow y la de higiene de la motivación de Herzberg (o de dos factores). El capítulo de Locke contiene un buen estudio y crítica de esos modelos.

Técnicas de medición

Las actitudes y opiniones se pueden evaluar en distintas formas: mediante entrevistas cara a cara o por teléfono usando un formato de cuestionario, utilizando encuestas por correo y haciendo la presentación directa del cuestionario a grupos de empleados de la empresa. Además, se puede elegir entre usar un cuestionario disponible comercialmente o "enlatado", o elaborar uno a la medida de las necesidades. Cualquiera que sea la decisión, es evidente que se requiere un buen conocimiento de la técnica de elaboración del cuestionario y de realización de la encuesta para llevar a cabo un estudio efectivo de las actitudes, opiniones o satisfacción en el trabajo. Warwick y Lininger[23] proporcionan una guía eficaz para el diseño de cuestionarios y encuestas, así como para la obtención de datos y su análisis. Un capítulo escrito por Bouchard incluye el estudio y crítica de diversos aspectos metodológicos y un comentario sobre los escollos y dificultades que hay que evitar.[24]

En la mayoría de las encuestas se usa alguna forma de informe verbal directo. Comúnmente, los formatos contienen una lista de adjetivos a los que se debe contestar "sí", "no" o "?", una escala de intervalos con números sueltos (por ejemplo, 1-2-3-4-5-6-7) y escalas del tipo Likert o Thurstone. Locke[22] señala también otros dos métodos: la entrevista abierta y a fondo (que no implica el uso de un cuestionario como tal) y la técnica del incidente crítico, ejemplificada por el estudio de Herzberg.

La escala Thurstone implica el uso de un método sicofísico que "ordena" las partidas siguiendo un continuo (generalmente de 7, 9 u 11 pasos) desde las actitudes o puntos de vista menos favorables en el extremo inferior, hasta los más favorables en el extremo superior. En el proceso intervienen jueces "expertos". Las partidas que aparecen en la escala final se seleccionan con base en dos consideraciones: 1) la uniformidad de los clasificadores en cuanto a situar una partida dentro de una misma posición general de la escala y 2) la cobertura adecuada de cada punto de la escala. La clasificación promedio (media o mediana) asignada a una partida seleccionada por los jueces sirve para definir su "valor de escala". Cuando se recurre a la encuesta, cada entrevistado marca las partidas con las cuales está de acuerdo. La puntuación viene a ser el valor promedio de todas las partidas verificadas.

En el método de Likert, cada expresión de actitud presente en el cuestionario va seguida por cinco posibilidades:

5 – Enteramente de acuerdo
4 – De acuerdo
3 – Con dudas
2 – En desacuerdo
1 – Enteramente en desacuerdo

La puntuación de una persona se calcula sumando los valores numéricos de las respuestas seleccionadas.

Algunos editores, firmas de consultores y otras personas venden comercialmente en EE.UU. instrumentos estandarizados para encuestas. Entre ellos figuran los siguientes:

Job Diagnostic Survey
The Job Description Index
The Brayfield-Rothe Scale of Job Satisfaction
The Science Research Associates (SRA) Attitude Survey

Para poner un ejemplo, la SRA Attitude Survey contiene un núcleo estandarizado de 78 partidas. Se puede complementar con partidas adicionales, por ejemplo 31 que son exclusivamente para supervisores, u otras que se pueden seleccionar entre un conjunto de 21 para satisfacer las necesidades especiales de las empresas. Otro componente de la encuesta, los

Ejemplo 5.1.5 Ejemplos de opiniones seleccionados de una encuesta sobre seguridad

Punto	*Pregunta*	*Algunas respuestas*
3d.	¿Qué tan fácil de entender es el manual de seguridad?	Sumamente fácil-bastante fácil-algo fácil-bastante difícil-sumamente difícil
4a.	¿Cómo clasifica el contenido de los puntos de seguridad del programa de capacitación?	Excelente-bueno-regular-deficiente
4b.	¿Debería hablarse más de seguridad en el programa de capacitación?	Si-no
4e.	¿Qué tanto aprende sobre seguridad mientras trabaja?	Mucho-bastante-un poco-nada
8i.	¿Qué tan a menudo informa a su jefe sobre las condiciones de seguridad?	Siempre-normalmente-a veces-rara vez-nunca
10c.	¿Cuánto tiempo se dedica a los temas de seguridad en las juntas correspondientes?	Demasiado-justamente el necesario-demasiado poco
10d.	¿Qué tan efectivas son esas juntas?	Sumamente efectivas-muy efectivas-algo efectivas-no son efectivas
14e.	En una escala del 1 al 7 (donde 1 = nunca y 7 = siempre), ¿qué tan a menudo se preocupa por su seguridad personal en el trabajo?	1-2-3-4-5-6-7

"comentarios anónimos", permite a los empleados expresar por escrito sus opiniones acerca de ciertos tópicos.

En algunas encuestas se puede seguir un método "no estructurado" o abierto, en que el entrevistado conteste verbalmente las preguntas del entrevistador. Los comentarios se anotan o graban en cinta para un análisis posterior. En esos casos es necesario seguir procedimientos de análisis del contenido que sean capaces de clasificar las respuestas de todos los respondientes. Dicho en forma breve, implica generar las clasificaciones de frases clave, tales como "salario insuficiente", "poca comunicación entre administradores", "demasiada presión en el trabajo" y "políticas confusas" y luego sacar la cuenta de los comentarios que se ajusten a ellas.

El ejemplo 5.1.5 ofrece al lector algunas muestras de esos formatos. Aunque las partidas que ahí aparecen solicitan *opiniones* y se tomaron de una encuesta sobre seguridad realizada por el autor, bastan para fines de ilustración. En este ejemplo, las preguntas y posibles respuestas fueron leídas por un entrevistador, quien luego anotó las respuestas de los trabajadores.

5.1.4 COMENTARIOS FINALES

Evaluación del rendimiento

La crítica informal del comportamiento de una persona, hecha por otra persona, es una experiencia cotidiana. En la industria es cosa común "objetivizar" periódicamente las respuestas subjetivas mediante algún procedimiento formal y sistemático. Esos procedimientos reciben diversos nombres, entre otros: evaluación del comportamiento, clasificación de méritos, evaluación personal y estimación del rendimiento. McCormick e Ilgen[25] describen varias técnicas, incluyendo las escalas de clasificación, los sistemas de categorías y de comparación por pares, la técnica del incidente crítico y las listas y escalas conductuales. Esas técnicas se aplican con diferentes fines: para evaluar el desarrollo del personal, determinar las necesidades de capacitación, determinar sueldos y salarios; para determinar promociones y como criterios para evaluar las investigaciones. Puesto que esas técnicas implican el recurso de juicios subjetivos, muchos de los métodos de desarrollo y uso de escalas mencionadas en este capítulo se aplican también a la evaluación del comportamiento. Ciertamente, en el contexto más amplio del comportamiento de la empresa, las evaluaciones del rendimiento y las encuestas de actitudes y opiniones relacionadas con lo que se practica en la compañía se pueden considerar como procesos complementarios, ya que ambas evalúan dimensiones de eficiencia del sistema.

Como el tema de la evaluación del rendimiento se trata detalladamente en el capítulo 5.4, no lo ampliaremos aquí.

Algunas advertencias

En este capítulo no se habló de varias cuestiones relacionadas con el desarrollo y presentación de escalas y cuestionarios. Entre ellas figuran aspectos tales como la parcialidad del clasificador, el efecto de aureola, el temor de evaluar, el peso que se asigna a las respuestas, su validez y su confiabilidad. Por lo que respecta a la evaluación de respuestas subjetivas, hay muchas reglas "buenas" que se deben observar si se quiere obtener datos de buena calidad (véase la descripción de McCormick e Ilgen[25]). Si no está familiarizado con esas cuestiones y prácticas, busque a alguien que sí lo esté.

Cuándo se requiere ayuda

En caso de que el ingeniero industrial o los miembros del departamento de ingeniería industrial carezcan de experiencia en materia de medición de las respuestas subjetivas (lo cual es probable), necesitan ayuda. En las grandes empresas, el departamento de personal es capaz de ayudar, sobre todo si cuenta con un sicólogo industrial o asesoría de empresas competentes. En todo caso se debe buscar la coordinación con ese departamento. Tal vez está dispuesto a asumir (o insista en asumir) la responsabilidad del estudio.

No quiere decir que el departamento de personal, o el de ingeniería industrial, tengan necesariamente que *llevar a cabo* el estudio. Algunos estudios de los aspectos subjetivos del trabajo, como se han descrito en este capítulo (por ejemplo tensión, fatiga, esfuerzo, comodidad y molestia), se pueden realizar eficazmente por personal de la empresa; pero hay que reconocer que, en el área de las actitudes y satisfacción en el trabajo, los empleados se muestran renuentes a hablar libremente de cosas tales como las relaciones con los supervisores, la eficiencia de la administración y las políticas de la empresa. Temen que sus comentarios lleguen a oídos del supervisor. En ese caso, los empleados no proporcionan datos válidos. Por lo tanto, los estudios invariablemente los deben llevar a cabo personas ajenas a la empresa cuando se trate de ganarse la confianza de los empleados y garantizar la confidencialidad de los datos. Las entidades a las cuales se puede acudir son las siguientes:

1. Las firmas de consultores que cuentan con profesionales competentes en las áreas industrial o empresarial, de la ergonomía, de la evaluación del personal, o en todas ellas.
2. Los editores de instrumentos de prueba. Algunos de los más importantes cuentan con personal propio capaz de proporcionar esos servicios.
3. En algunos casos los servicios de extensión universitaria a la industria.
4. Algunos profesores universitarios.

Como no corresponde al autor recomendar fuentes específicas, el ingeniero industrial hará bien en verificar la competencia de cualquier consultor o firma que tenga en mente. En el caso de los sicólogos conviene advertir que, en la actualidad, la mayoría de los estados exigen alguna clase de título o autorización para ejercer la profesión. Por último, si el ingeniero industrial no tiene experiencia trabajando con consultores, debe referirse a la guía publicada por Kubr.[26]

Por lo que respecta a la disponibilidad comercial de escalas estandarizadas y encuestas de la satisfacción en el trabajo, por ejemplo la SRA *Attitude Survey* de que antes se habló, el lector puede referirse al apéndice D del libro de McCormick e Ilgen,[27] que da los domicilios de varias fuentes.

REFERENCIAS

1. H. J. LEAVITT, *Managerial Psychology,* 4a. ed., University of Chicago Press, Chicago, 1978.
2. H. SELYE, *The stress of Life,* ed. rev., McGraw-Hill, Nueva York, 1978.
3. W. T. SINGLETON, "The Measurement of Man at Work With Particular Reference to Arousal," en W. T. Singleton, J. G. Fox, y D. Whitfield, Eds., *Measurement of Man at Work,* Taylor & Francis, Londres, 1971.
4. T. H. HOLMES y R. H. RAHE, The social readjustment rating scale. *Journal of Psychosomatic Research,* Vol. 11, 1967, pp. 213-218.
5. R. D. CAPLAN, S. COBB, J. R. P. FRENCH, Jr., R. VAN HARRISON, y S. R. PINNEAU, Jr., *Job Demands and Worker Health,* NIOSH Publication No. 75-160, National Institute for Occupational Safety and Health, DHEW, Washington, DC, 1975.
6. J. C. NUNNALLY, *Psychometric Theory,* 2a. ed., McGraw-Hill, Nueva York, 1978.
7. T. COX y C. J. MACKAY, "The Impact of Repetitive Work," en R. G. Sell y P. Shipley, Eds., *Satisfactions in Work Design: Ergonomics and Other Approaches,* Taylor & Francis, Londres, 1979.
8. R. G. PEARSON, "Scale Analysis of a Fatigue Checklist," *Journal of Applied Psychology,* Vol. 41, 1957, pp. 186-191.
9. R. A. KINSMAN y P. C. WEISER, "Subjective Symptomatology During Work and Fatigue," en E. Simonsen y P. C. Weiser, Eds., *Psychological Aspects and Physiological Correlates of Work and Fatigue,* Charles C Thomas, Springfield, IL, 1976.
10. S. H. BARTLEY y E. CHUTE, *Fatigue and Impairment in Man,* McGraw-Hill, Nueva York, 1947.
11. E. GRANDJEAN, *Fitting the Task to the Man,* 3a. ed., Taylor & Francis, Londres, 1980.
12. K. HASHIMOTO, K. KOGI, y E. GRANDJEAN, Eds., *Methodology in Human Fatigue Assessment,* Taylor & Francis, Londres, 1971.
13. G. BORG, Ed., *Physical Work and Effort,* Pergamon Press, Oxford, Inglaterra, 1977.
14. H. V. ULMER, U. JANZ, y H. LOLLGEN, "Aspects of the Validity of Borg's Scale, Is It Measuring Stress or Strain?," en G. Borg, Ed., *Physical Work and Effort,* Pergamon Press, Oxford, Inglaterra, 1977.
15. B. SHACKEL, K. D. CHIDSEY, y P. SHIPLEY, "The Assessment of Chair Comfort," en E. Grandjean, Ed., *Sitting Posture,* Taylor & Francis, Londres, 1976.
16. E. N. CORLETT y R. P. BISHOP, "A Technique for Assessing Postural Discomfort," *Ergonomics,* Vol. 19, 1976, pp. 175-182.
17. CORLETT y BISHOP, "Assessing Postural Discomfort," p. 179.
18. R. G. PEARSON, F. D. HART y J. F. O'BRIEN, *Individual Differences in Human Annoyance Response to Noise,* CR-14491, National Aeronautics and Space Administration (NASA) Langley Research Center, Hampton, VA. Julio de 1974.
19. C. BENNETT, *Spaces for People: Human Factors in Design,* Prentice-Hall, Englewood Cliffs, NJ, 1977, Cap. 2.
20. L. R. YOUNG, "Human Control Capabilities", en J. F. Parker, Jr. y V. R. West, Eds., *Bioastronautics Data Book,* 2a. ed., NASA SP-3006, Washington, DC, 1973.
21. W. T. SINGLETON, "Some Conceptual and Operational Doubts About Job Satisfaction", en R. G. Sell y P. Shipley, Eds., *Satisfactions in Work Design: Ergonomics and Other Approaches,* Taylor & Francis, Londres, 1979.

22. E. A. LOCKE, "The Nature and Causes of Job Satisfaction", en M. D. Dunnette, Ed., *Handbook of Industrial and Organizational Psychology,* Rand McNally, Chicago, 1976.
23. D. P. WARWICK y C. A. LININGER, *The Sample Survey: Theory and Practice,* McGraw-Hill, Nueva York, 1975.
24. T. J. BOUCHARD, Jr., "Field Research Methods: Interviewing, Questionaires, Participant Observation, Systematic Observation, Unobtrusive Measures", en M. D. Dunnette, Ed., *Handbook of Industrial and Organizational Psychology,* Rand McNally, Chicago, 1976.
25. E. J. McCORMICK y D. ILGEN, *Industrial Psychology,* 7a. ed., Prentice-Hall, Englewood Cliffs, NJ, 1980, pp. 63-99.
26. M. KUBR, Ed., *Management Consulting: A Guide to the Profession,* International Labour Office, Ginebra, Suiza, 1976.
27. McCORMICK e ILGEN, *Industrial Psychology,* pp. 63-99.

CAPITULO 5.2

Selección y capacitación del personal

WALTER C. BORMAN y NORMAN G. PETERSON
Personnel Decisions Research Institute

5.2.1 INTRODUCCION

En este capítulo se describe el papel que desempeñan la selección y la capacitación del personal en la creación y mantenimiento de una empresa eficiente. También se proporcionan lineamientos prácticos para aplicar con éxito los métodos de selección y capacitación en las empresas. Se examinan diferentes tipos de pruebas y otros instrumentos de selección de empleados, así como "registros de sus antecedentes" que permiten identificar a quienes demuestren eficiencia en sus puestos. Se estudian asimismo las estrategias para evaluar la validez y utilidad práctica de los procedimientos de selección. Por último, se examinarán los enfoques y métodos de capacitación para evaluar su efectividad.

5.2.2 ESTRATEGIAS DE SELECCION DE PERSONAL: ADAPTACION AL PUESTO

En las empresas, se asignan personas para cubrir los puestos vacantes en una u otra forma. El papel que corresponde a la selección de personal consiste en identificar a las personas que más probablemente sabrán desempeñarse bien en esos puestos, con la finalidad general de acrecentar la eficiencia de la empresa.

Desde el principio se podría plantear esta pregunta: si en una empresa, en el transcurso del tiempo, se toman decisiones acertadas en la selección, ¿se notará una diferencia significativa? Es decir, ¿se puede esperar un mejoramiento apreciable en la productividad del trabajador si se procura adaptar mejor a las personas y los empleos? Los análisis recientes sugieren que la respuesta a esas preguntas es un rotundo sí. Schmidt y sus colegas[1,2] estiman el valor monetario de los aumentos en la productividad que es posible esperar si existe cada vez más precisión al estimar las probabilidades de éxito del personal en sus empleos. En el caso de la economía norteamericana, las estimaciones van desde 25 mil millones aproximadamente hasta bastante más de 100 mil millones anuales, aun cuando se consideren incrementos relativamente modestos en la precisión. Schmidt y otros[2] también han hecho cálculos del valor monetario de los aumentos de la productividad para un puesto en particular: el de programador de computadoras del gobierno de los EUA. Suponiendo también en este caso un mejoramiento modesto de la precisión al seleccionar, estiman las ganancias por productividad entre $2.6 millones y $5 millones anuales, o sea de $4,175 a $8,350 por empleado y por año. Schmidt y sus colaboradores llegan a esta conclusión:

La manera en que se selecciona a las personas sí tiene importancia, una gran importancia práctica. Opinamos que las implicaciones de los procedimientos válidos de selección, por lo que toca a la productividad de los trabajadores, son mucho mayores que las que la mayoría de nosotros (los sicólogos de personal) hemos percibido en el pasado.[3]

Más adelante en el capítulo se examina con más detalle la utilidad económica práctica de los procedimientos de selección de personal y el efecto de diversos factores en la utilidad. Lo que se desea destacar aquí es que se puede obtener un aumento substancial de la productividad mejorando la precisión al identificar a la persona más calificada para cada puesto. De manera que una mejor selección del personal es en general una meta que vale la pena.

Generalidades del proceso de selección de personal

Ahora se verá qué implica realmente adaptar a las personas a los puestos. El primer paso consiste en analizar el empleo objetivo aplicando uno de los varios métodos eficaces de análisis. (Véanse en el capítulo 2.4, o bien en Salvendy y Seymour,[4] las explicaciones detalladas del análisis de puestos.) Un análisis a fondo del empleo o la tarea señala los requisitos críticos de ese empleo y sugiere el tipo de conocimientos, capacidades, habilidad y otros atributos personales (KSAO)* que se consideran importantes para el desempeño eficaz en el trabajo, es decir, lo que conviene buscar en los candidatos al empleo. Esos atributos (KSAO) a su vez, sugieren las pruebas y otros tipos de instrumentos de selección que posiblemente darán una buena medida de las características personales que se analizan. Los candidatos al empleo se someten a ciertas pruebas o procedimientos de evaluación y la puntuación obtenida ayuda a seleccionar a las personas capaces de desempeñar ese puesto.

El siguiente paso crítico de la correcta selección del personal consiste en evaluar la validez de esas pruebas y otros instrumentos de selección, es decir, la precisión con que *realmente* identifican a quienes demuestran estar calificados para un determinado empleo. Los resultados de la validación de las pruebas ayudan luego a modificar los procedimientos de selección según sea necesario.

Conviene situar el proceso que aquí se describe brevemente dentro del contexto de ciertas limitaciones prácticas, incluyendo consideraciones de utilidad económica. Los factores que se deben considerar con cuidado al desarrollar e implantar los programas de selección de personal son, por ejemplo, la disponibilidad de candidatos para el empleo en sí, el nivel de dificultad del trabajo, la importancia de que se desempeñe bien (costos de un fracaso y beneficios de un buen rendimiento), así como la postura de la empresa respecto a las oportunidades iguales de empleo y una acción afirmativa. En las siguientes secciones se describe la tecnología de selección de personal y validación de pruebas, para luego introducir los conceptos de uso general, sumamente importantes en la evaluación tanto de los beneficios económicos como de los aumentos en la productividad que se relacionan con la aplicación de los procedimientos de selección de personal.

Uso de las pruebas en la selección

La elección y establecimiento de las medidas de predicción (o sea, pruebas y otros mecanismos para medir las diferencias entre individuos) en la selección de personal se deben llevar a cabo sistemáticamente con base en la información proveniente del análisis de empleo. Los lineamientos recientes en materia de oportunidades iguales de empleo,[5] así como las decisiones de los tribunales, señalan la necesidad de que las pruebas estén *relacionadas con el empleo.* La mejor manera de lograrlo consiste en basar la elección o el establecimiento de los predictores en los datos provenientes del análisis del empleo.

*KSAO corresponde en inglés a: knowledge, skills, abilities and other personal attributes; en español: conocimientos, capacidad, habilidades y otros atributos personales.

¿Cómo se procede a seleccionar las medidas de predicción con base en la información obtenida del análisis del empleo? La meta consiste en vincular los requisitos del comportamiento en el trabajo y los atributos de la persona (los KSAO importantes para el rendimiento eficaz). Una vez establecidos esos vínculos y ya que se identificaron ciertas características personales importantes para tener éxito en el empleo objetivo, es posible seleccionar o establecer predictores para medir cada KSAO importante. Existen métodos para descubrir esos vínculos, como se verá en los ejemplos que siguen.

Bownas y Heckman[7] llevaron a cabo en los EE. UU. un análisis del empleo de bombero a nivel de primer ingreso. Con base en las entrevistas celebradas con 124 bomberos y sus supervisores, Bownas y Heckman identificaron 204 tareas que reflejan todas las actividades del trabajo a que se dedican los bomberos. Noventa y tres bomberos contestaron un cuestionario formulado para obtener información sobre la importancia de cada una de esas tareas en el cumplimiento de los deberes del bombero. Los resultados revelaron que 120 de las 204 tareas originales son lo suficientemente importantes para justificar un estudio más amplio.

En seguida, las 120 tareas se dividieron en conjuntos homogéneos de acuerdo con la clasificación hecha por los bomberos de las similitudes de contenido entre tareas. (Por ejemplo, dos tareas relacionadas con la atención urgente de las víctimas de los incendios se clasificarían probablemente como similares.) Específicamente, las clasificaciones medias de similitud asignadas a todos los pares de las 120 tareas fueron sometidas a un análisis jerárquico de conjuntos de Ward-Hook,[8] de donde resultaron 17 conjuntos de tareas interpretables (por ejemplo, rescate y examen, operación del equipo, cuidado de urgencia). Estas representan, en forma condensada, los requisitos importantes de la tarea del bombero. El ejemplo 5.2.1 presenta uno de esos conjuntos, rescate, junto con algunas de las tareas agrupadas bajo ese encabezado.

El paso siguiente de este estudio consistió en identificar los KSAO que probablemente eran importantes para tener éxito como bombero. Veinte de esos atributos se identificaron y definieron cuidadosamente. Como ejemplos mencionaremos los siguientes: fuerza física, coordinación, sentido de responsabilidad y destreza manual. Luego, Bownas y Heckman establecieron el vínculo crítico entre los dominios de la tarea y los atributos personales pidiendo a personas familiarizadas con el trabajo del bombero que clasificaran la importancia de cada uno de los 20 atributos para el desempeño eficaz en cada dimensión de la tarea. La coincidencia de esas personas fue muy elevada en la clasificación de la importancia, de manera que las clasificaciones medias sirvieron para seleccionar los objetivos KSAO que se clasificaron como más importantes para medirlos aplicando pruebas u otros mecanismos de selección. Este es un buen ejemplo de identificación sistemática de los KSAO basándose en la información proveniente del análisis del puesto. Luego se podían elegir o establecer las pruebas adecuadas para medir los objetivos KSAO y, una vez confirmada la validez (o sea la exactitud de pronóstico) de esas pruebas, se usarían las puntuaciones obtenidas en las pruebas para identificar a las personas que ofrecían grandes posibilidades de tener éxito como bomberos.

Otro ejemplo lo proporciona un estudio reciente efectuado por Bosshardt y Lammlein.[9] Ellos analizaron el trabajo de maquinista en una compañía fabricante de metales, entrevis-

Ejemplo 5.2.1 Ejemplo de tareas entre un conjunto de ellas (rescate) relacionado con el trabajo de un bombero

Mover objetos o materiales pesados para tener acceso a o para liberar a las víctimas atrapadas.
Localizar y cavar para liberar a las víctimas atrapadas o que yacen inconscientes en túneles, tubos, drenajes, etc.
Transportar a las víctimas conscientes, inconscientes o muertas escaleras abajo, usando rastras, cuerdas, catres, canastillas, sillas, camillas o equipo improvisado.
Sacar a las víctimas usando cañón salvavidas, cuerdas y cinturones.
Ayudar al personal médico de emergencia transportando a las víctimas hasta las ambulancias u otros vehículos.
Rescatar a las personas que se ahogan usando pértigas, cuerdas, boyas y lanchas.

tando y observando en pleno trabajo a varios maquinistas de planta. El análisis dio por resultado una lista de las tareas que realizaban en el curso de sus labores. En seguida, los operadores clasificaron la importancia de cada tarea y aquellas que se juzgó eran las más importantes para llevar a cabo el trabajo, se consideraron como "requisitos de desempeño" del puesto.

Los resultados de este paso revelaron que varias tareas importantes parecían exigir habilidad mecánica. Para esas tareas importantes, Bosshardt y Lammlein ayudaron a los maquinistas fijos a indicar detalles que permitieran detectar las habilidades señaladas. Se les dieron instrucciones para que escribieran los detalles asociados con las tareas mismas, tratando de que estuvieran tan relacionados como fuera posible. Asimismo, los supervisores de los maquinistas revisaron los detalles para garantizar su relación con el trabajo. Explicaron cada uno de los detalles que a su juicio estaban relacionados con el trabajo en sí, poniendo ejemplos específicos de maquinistas mientras efectuaban tareas estrechamente relacionadas con el contenido de los detalles, de manera que el desarrollo de la prueba de selección se diseñó evidentemente para establecer una relación con los detalles del puesto. (En el ejemplo 5.2.2 se pueden ver muestras de esos detalles.)

Advierta que este ejemplo es diferente del primero. El vínculo entre los requisitos de ejecución y los KSAO se evitó en buena medida porque los detalles de la prueba se diseñaron de manera que reflejaran directamente la habilidad para realizar tareas específicas. El punto importante en este caso es que, nuevamente, el análisis del empleo llevó directamente al establecimiento de los detalles de la prueba y, por lo tanto, esos detalles están altamente relacionados con el trabajo y probablemente darán una indicación válida de la posibilidad de tener éxito en el empleo.

Un ejemplo más de un método que vincula los requisitos de comportamiento en el trabajo con los KSAO, a fin de formar una base firme para elegir o establecer medidas de selección, lo proporciona el Cuestionario para Análisis de Puestos (PAQ) (*Position Analysis Questionnaire*). McCormick y sus colegas vincularon los atributos personales con las dimensiones de la tarea según la importancia que tienen para desempeñarse debidamente en esas dimensiones. (Para más detalles consulte el capítulo 2.4.) De manera que, cuando el análisis del empleo por medio del PAQ revela que ciertas dimensiones de la tarea son importantes para dicho puesto, se pueden inferir los atributos personales necesarios con base en los vínculos que existen entre las dimensiones de la tarea y los atributos descubiertos en el estudio PAQ pertinente. En esta forma, El PAQ nos lleva directamente de los resultados del análisis de puesto al objetivo de las características personales, para compararlo con las pruebas de selección.

Existen otros sistemas para establecer los vínculos importantes entre los requisitos de ejecución y los atributos de la persona (por ejemplo, Desmond y Weiss[10]). Asimismo, Dunnette,[11] lo mismo que Peterson y Bownas,[12] explican en términos más generales los vínculos que existen entre el rendimiento en el trabajo y los atributos del trabajador y Dunnette y Borman[13] presentan un sistema idealizado empleo-persona que se podría desarrollar para descubrir la clase de vínculos a los que aquí se hace referencia.

Una vez que los KSAO que podrían ser importantes para tener éxito en el empleo se han identificado con base en un análisis de dicho puesto, se pueden seleccionar o desarrollar pruebas para medir esos objetivos KSAO.

Finalidad de las pruebas para seleccionar personal

Los supuestos en que descansan las pruebas de selección de personal son que las aptitudes, la personalidad, el interés vocacional, etc. de las personas difieren en formas mesurables y que esas diferencias influyen en la probabilidad de tener éxito en los empleos. De manera que la finalidad de las pruebas es medir las diferencias individuales para hacer pronósticos acerca de la eficiencia futura en el trabajo. Como ya se explicó, un análisis del empleo debe sentar la base para identificar los objetivos KSAO que se medirán con fines de selección de personal. Quien toma las decisiones elige o desarrolla la mejor manera posible de medir esos objetivos

Ejemplo 5.2.2 Ejemplos para pruebas de selección de maquinistas

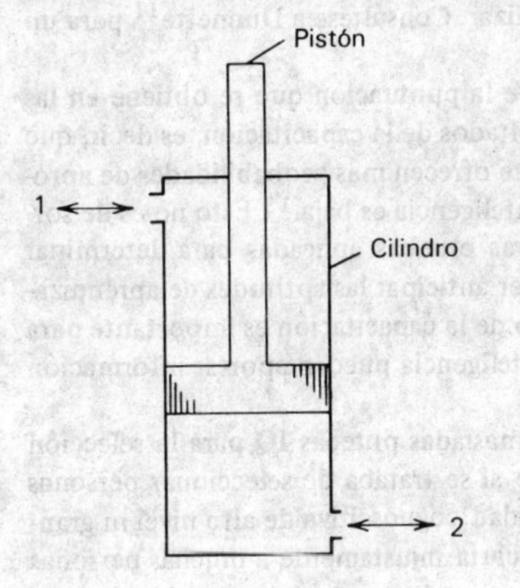

Para hacer subir el pistón por el cilindro es necesario:

a. Inyectar aire a presión en 1 y dejar salir el aire por 2.
b. Inyectar aire a presión en 2 y dejar salir el aire por 1.
c. Inyectar aire con presión igual en 1 y en 2.
d. Dejar salir el aire por 1 y por 2

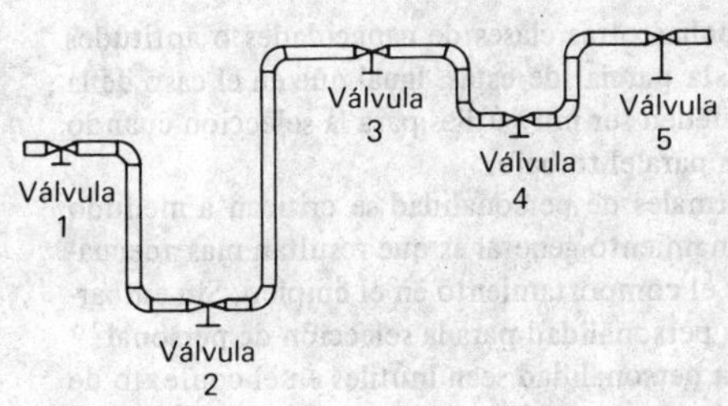

Extremo abierto

¿Cuáles válvulas habrá que abrir para vaciar enteramente la tubería?

a. Las válvulas 2 y 4
b. Las válvulas 2, 3 y 4
c. Las válvulas 2, 3, 4 y 5
d. Las válvulas 1, 2, 3, 4 y 5

¿Cúal manecilla indica 3.2 pulgadas de agua?

a. La manecilla A
b. La manecilla B
c. La manecilla C
d. Ninguna

KSAO. En esta sección se examinan los diversos tipos de pruebas, se revisan los registros de antecedentes para identificar con precisión a las personas que ofrecen grandes posibilidades de éxito en el puesto.

Tipos de pruebas

Pruebas de aptitud. Es posible que el tipo más común de pruebas de aptitud sea el coeficiente de inteligencia IQ, que pretende medir una aptitud cognoscitiva de alto nivel, pero aún se debate lo que en realidad se mide (consulte Jensen[14]). El contenido de las pruebas de inteligencia depende en buena parte de la "teoría de la inteligencia" que profese quien las califica, así como el propósito con el cual se van a utilizar. Consúltese a Dunnette[11] para un comentario sobre esos temas.

En la práctica, lo que *sí parece* estar claro es que la puntuación que se obtiene en las pruebas de inteligencia anticipa regularmente los resultados de la capacitación, es decir, que las personas con alto nivel de inteligencia generalmente ofrecen más probabilidades de aprovechar la capacitación que aquellas cuya medida de inteligencia es baja.[15] Esto no es de sorprender puesto que la finalidad inicial de las primeras pruebas aplicadas para determinar el coeficiente intelectual de pequeños grupos, era poder anticipar las aptitudes de aprendizaje escolar. De manera que, cuando el aprovechamiento de la capacitación es importante para la eficiencia posterior en el trabajo, las pruebas de inteligencia pueden aportar información útil para las decisiones de selección.

En términos generales, sin embargo, se aplican demasiadas pruebas IQ para la selección de personal. Los antecedentes históricos indican que si se trataba de seleccionar personas para puestos que evidentemente no exigían una actividad cognoscitiva de alto nivel ni grandes aptitudes para poder desempeñarlos, la prueba excluía injustamente a muchas personas capacitadas: era excesiva. Dentro del contexto de selección de personal, las pruebas de inteligencia están bien aplicadas cuando el análisis del empleo sugiere que la inteligencia, la aptitud para aprender u otras características que se pueden encontrar de esta manera, son importantes para desempeñar adecuadamente el puesto.

Se han desarrollado pruebas para medir muchas otras clases de capacidades o aptitudes específicas. En el ejemplo 5.2.3 aparece una lista parcial de éstas. Igual que en el caso de la inteligencia, las mediciones de esas aptitudes pueden ser muy útiles para la selección cuando el análisis del puesto indica que son importantes para el trabajo.

Pruebas de personalidad. Las pruebas informales de personalidad se critican a menudo por aplicarlas a la selección de personal. El razonamiento general es que resultan más adecuadas para el medio clínico que para pronosticar el comportamiento en el empleo. Sin embargo, un estudio sobre la aplicación de pruebas de personalidad para la selección de personal[20] no indica precisamente que las mediciones de la personalidad sean inútiles en el contexto de la selección, sino que simplemente arrojan muy escasa evidencia respecto a la precisión con que anticipan el desempeño en el trabajo (es decir, su validez). Quienes publican las pruebas de personalidad señalan a menudo la "validez obvia" de sus mediciones, sin tomarse la molestia de verificarla. Esto es una grave omisión; de manera que más adelante en el capítulo se indican varias estrategias para evaluar la validez de las pruebas.

En cuanto a limitar su aplicación a los medios clínicos, se han desarrollado diversas pruebas de personalidad para ayudar a conocer anticipadamente el comportamiento en medios "normales" (escuelas, empleos). El ejemplo 5.2.4 ofrece una breve lista de algunas variables de personalidad, así como de varias pruebas que las miden.

Las escalas para medir esas variables se han desarrollado en forma representativa siguiendo un método empírico de adaptación. Esto quiere decir que quien prepara la prueba y desea medir, por ejemplo, la autoridad, elige para la valoración aquellos detalles a los cuales las personas que supuestamente tienen un gran predominio, según sus compañeros, responden en forma diferente que las personas a quienes se considera con menos don de mando.

A primera vista, parecería que las variables de la figura 5.2.4 son importantes para el éxito en los empleos que exigen en particular el contacto interpersonal. La experiencia de los autores sugiere precisamente eso: que la puntuación que se obtiene en las pruebas de personalidad anticipa en forma razonablemente exacta en el caso de algunos empleos, cómo va a ser el desempeño en el puesto. Por ejemplo, en un trabajo independiente de ventas que estudiaron los autores, el de reclutador para las fuerzas armadas,[30] las puntuaciones obtenidas en las siguientes escalas de personalidad identificaron con éxito a los reclutadores eficaces: 1) Presentación y orden, de la forma para Investigación de la personalidad; 2) Socialización y logros a través de la adaptación, por medio del Inventario sicológico de California; 3) Impulsividad, del cuestionario diferencial de la personalidad.[31] Este estudio, así como algunas

Ejemplo 5.2.3 Ejemplos de medición de aptitudes mediante cuatro series conocidas

Nombre de la prueba	*Aptitudes medidas*
Serie para prueba General de Aptitud (GATB)[16]	Aptitud numérica Aptitud verbal Aptitud espacial Inteligencia Percepción de formas Percepción del trabajo de oficina Coordinación motora Destreza digital Destreza manual
Prueba de Aptitud Diferencial (DAT)[17]	Razonamiento verbal Capacidad numérica Razonamiento abstracto Rapidez y precisión en el trabajo de oficina Razonamiento mecánico Relaciones espaciales Deletreo Gramática
Capacidades Mentales Primarias (PMA)[18]	Coherencia verbal Facilidad con los números Razonamiento Rapidez de percepción Relaciones espaciales
Estudio de Aptitud del Empleado (EAS)[19]	Comprensión verbal Capacidad numérica Interés visual Rapidez y precisión visual Visualización espacial Razonamiento numérico Razonamiento verbal Facilidad de palabra Rapidez y precisión manual Razonamiento simbólico

Ejemplo 5.2.4 Variables de personalidad y pruebas para medirlas

Variable de personalidad	*Pruebas para medir la variable*
Dominio	Inventario Sicológico de California[21] Forma de Investigación de la Personalidad[22]
Extraversión	Escala de Personalidad Comrey[23] Inventario de Personalidad Eysenck[24]
Necesidad de lograr	Programa Edwards de Preferencias Personales[25] Lista de Verificación de Adjetivos[26]
Estabilidad emocional	Perfil Personal Gordon[27] Indicador de Temperamento de Guilford-Zimmerman[28] Cuestionario para Dieciséis Factores de la Personalidad[29]
Flexibilidad	Forma de Investigación de la Personalidad Inventario Sicológico de California

otras aplicaciones de las pruebas de personalidad que dieron buenos resultados para seleccionar empleados para el gobierno y la industria (en Gough[32] se encontrarán referencias), sugieren que las pruebas de personalidad se deben tener en cuenta al elegir medidas de selección, sobre todo si el puesto en sí tiene un fuerte componente interpersonal. Repitiendo, la clave consiste en usar mediciones de variables que se relacionen con los atributos personales que, de acuerdo con el análisis del puesto, sean importantes.

Pruebas sicomotoras. Parece razonable suponer que el rendimiento en los empleos que requieren habilidades sicomotoras, se encuentra aplicando pruebas capaces de evaluar las aptitudes sicomotoras generales. Sin embargo, como luego se verá la precisión de los resultados de las pruebas sicomotoras es desconcertantemente baja.

En primer lugar, *¿qué son* las aptitudes sicomotoras? Fleishman llevó a cabo un extenso estudio de ese tipo de aptitudes[33] y llegó a la conclusión de que forman 11 grupos razonablemente independientes que se indican en el capítulo 6.1. Se idearon pruebas para diversas aptitudes y con ellas se intenta conocer de antemano el desempeño en el trabajo. Un resultado básico que surge de los estudios de Fleishman y otros[34–36] es que la adquisición de aptitudes sicomotoras en el desempeño de las tareas exige habilidades diferentes en las distintas etapas de la práctica. Esto dificulta el pronóstico del comportamiento en el puesto, porque se requieren varias habilidades para adquirir destreza. Otro descubrimiento importante de este estudio es que las habilidades necesarias para realizar con éxito una tarea tienden a relacionarse específicamente con ella. Por lo que a selección de personal se refiere, esto significa que las pruebas que miden las aptitudes sicomotoras generales (por ejemplo, control de precisión, tiempo de reacción) no resultan muy útiles para saber cuánto va a rendir un empleado. Más bien se requieren ejemplos de trabajos que reflejen aproximadamente las características de las tareas que componen el empleo en sí, para lograr precisión en el pronóstico. Más adelante en el capítulo se explican las muestras de trabajo como pruebas para la selección de personal.

Otros tipos de "pruebas"

Aunque no se consideran típicamente como pruebas, se recurre a varios otros procedimientos y datos para seleccionar empleados, incluyendo la información biográfica, la entrevista y las muestras de trabajo.

La información biográfica. La doctrina asociada con el uso de datos biográficos es que los "antecedentes" de una persona dan una buena idea de lo que probablemente hará en el futuro. Owens[37] es el principal defensor de este enfoque de los datos biográficos. Invoca la idea de la uniformidad del comportamiento, es decir, que la conducta anterior es un buen indicador de la conducta futura, para afirmar que la información pertinente acerca de la vida anterior de la persona proporciona datos de significación que sirven para conocer cómo va a desempeñar su trabajo.

El ejemplo 5.2.5 muestra el tipo de datos biográficos que se utilizan en la selección de personal. Observe que hay dos tipos diferentes: los datos biográficos objetivos (como sexo, número de hermanos) y la información sobre las experiencias anteriores, actividades, etc. (como ejercicio de liderazgo en la escuela de segunda enseñanza). Los dos tipos pueden ser útiles en la seleccion de personal, pero es más probable que el segundo esté directamente relacionado con el empleo. Pace y Schoenfeldt[38] sugieren la manera de crear datos biográficos con base en un análisis del puesto.

Aunque se recomienda utilizar la información proveniente del análisis del puesto para seleccionar o establecer partidas biográficas, a menudo se emplea otro procedimiento, el de adaptación empírica, que ha tenido éxito en muchas situaciones de selección. Con este método las partidas se seleccionan de acuerdo con las diferencias que se observan en la manera en que los titulares de los puestos, las contestan sean eficientes o ineficientes. Por ejemplo, si quienes mejor se desempeñan como vendedores responden que han tenido experiencia an-

Ejemplo 5.2.5 Ejemplos de aspectos biográficos utilizados en la selección de personal

Número de empleos que ha tenido en los últimos 5 años:

_________ 0 _________ 2–3 _________ más de 5

_________ 1 _________

Años de servicio militar:

_________ 0 _________ 3–6 _________ 10–20

_________ 1–3 _________ 6–10 _________ más de 20

En la escuela de segunda enseñanza tuvo

_________ ningún amigo íntimo

_________ unos cuantos amigos íntimos

_________ muchos amigos íntimos

En un grupo

_________ ha preferido seguir en lugar de dirigir

_________ ha dirigido unas veces y preferido seguir otras veces

_________ ha dirigido con frecuencia

terior en ventas, mientras que los menos eficientes contestan que no la han tenido, ese renglón identifica a los mejores candidatos para ese puesto. Del mismo modo, otras partidas se seleccionan de acuerdo con las posibilidades que ofrecen para diferenciar entre los empleados eficientes y los ineficientes. Los solicitantes cuyas respuestas se aproximan más a la "clave", es decir, a la manera como responden los empleados eficientes, reciben la "puntuación" más alta y esa puntuación sirve posteriormente para la selección.

El estudio efectuado por Ghiselli[15] de las pruebas que se aplican a los solicitantes de empleo indica que los datos biográficos son más útiles para pronosticar la eficiencia en los empleos industriales que cualquier otro aspecto. De manera que los aspectos biográficos se deben tener muy en cuenta en la selección de personal.

Entrevista con los solicitantes. La entrevista se puede considerar como una prueba ya que las decisiones acerca de si se contrata o no a una persona a menudo se toman con base en este método. Desafortunadamente, la entrevista ha sido deficiente como mecanismo de selección. Los estudios al respecto demuestran que, al tomar decisiones, quien hace la entrevista se fija con frecuencia en factores que no están relacionados con el empleo (como sexo, raza y semejanzas con el propio entrevistador en cuanto a antecedentes, actitudes, etc.). Las investigaciones recientes sobre las entrevistas[13,39] examinan las múltiples distorsiones que pueden ocurrir cuando se trata de hacer una entrevista precisa del potencial de un individuo para tener éxito en un puesto. Algunas sugerencias hechas por Schmitt[39], indican el enorme atraso en las técnicas de la entrevista. Entre las más elementales, figuran las siguientes: 1) decidir cuál es la finalidad de la entrevista; 2) conocer los requisitos de la vacante que se va a llenar y 3) dar al solicitante suficiente tiempo para que se exprese. El hecho de que se tengan que hacer tales sugerencias indica deficiencia en la práctica de las técnicas de la entrevista, ya que a menudo se realizan sin tener en cuenta siquiera los principios más elementales.

Sin embargo, es posible lograr mayor precisión en el pronóstico observando algunos de esos principios. Landy[40] encontró un grado razonable de precisión en el pronóstico del comportamiento de los presuntos oficiales de policía cuando los entrevistadores estaban familiarizados con los requisitos que indicaba el análisis del puesto y utilizaban un formato estructurado que contenía preguntas relacionadas con esos requisitos. (Véase Guion[41] para un examen más general de este enfoque de la entrevista.) El ejemplo 5.2.6 ofrece algunos lineamientos que ayudarán a efectuar las entrevistas de selección.

Esto significa que la entrevista con los solicitantes de empleo a menudo recibe severas críticas como mecanismo de selección. Debido a la forma en que por lo general se lleva a cabo, esas críticas parecen estar justificadas; por lo tanto, se hace una advertencia contra el empleo casual al tomar decisiones de selección. No obstante, esta "prueba" podrá ser más útil si se siguen algunas de las sugerencias de la figura 5.2.6 dentro del marco general delineado por Guion.[41]

Ejemplo 5.2.6 Algunos lineamientos para la entrevista de selección

Dar a la entrevista un formato estructurado; es decir, saber lo que se va a preguntar y pedir el mismo tipo de información a cada candidato.

Conocer los requisitos del empleo de que se trate.

La experiencia anterior pertinente, la capacidad para tratar con las personas y la motivación son las características del solicitante que, por lo general, se pueden evaluar mejor en la entrevista. Los demás atributos personales (KSAO) probablemente deberán determinarse en otras formas.

No permitir que la primera impresión que produce el entrevistado influya demasiado en la selección.

Estar alerta contra el efecto de contraste cuando se entrevista a varios candidatos. Es decir, que un solicitante ordinario puede parecer *bueno* si es entrevistado después de una persona no calificada, y puede parecer *malo* después de una persona altamente calificada.

Evitar una posible parcialidad en la selección debida al sexo, la raza, el atractivo o las actitudes del entrevistado que puedan ser muy similares o diferir marcadamente de las del entrevistador.

Muestras de trabajo. La muestra de trabajo es la simulación de un empleo o de una parte del mismo. Exige que quienes se sometan a la prueba lleven a cabo la tarea simulada, a fin de evaluar las posibilidades de que la realicen con eficiencia en condiciones reales. Un ejemplo común de muestra de trabajo es la prueba de mecanografía que suele hacerse para pronosticar el desempeño como mecanógrafa. Se han desarrollado muchos otros tipos de muestras de trabajo, algunas de las cuales se indican en el ejemplo 5.2.7.

La razón para usar las muestras de trabajo como pruebas de selección es que los atributos necesarios para desempeñar el puesto de que se trate también los exige la tarea simulada. Asher y Sciarrino[55] estudiaron las muestras de trabajo como mecanismos de selección y dan algunos consejos para desarrollar pruebas basadas en un modelo "punto por punto", que haga hincapié en que cada elemento de la muestra de trabajo debe corresponder a un elemento similar de la tarea real. Asimismo, Schwartz[56] explica cómo el análisis de puestos y la identificación de KSAO pueden conducir directamente al desarrollo de muestras de trabajo. Esto está de acuerdo con el enfoque que se recomienda aquí, es decir, que las pruebas se seleccionen con base en un análisis cuidadoso del empleo y en la identificación de los atributos importantes necesarios para desempeñarlo con éxito.

El estudio de Asher y Sciarrino sugiere que las muestras de trabajo por lo general proporcionan estimaciones precisas de la eficiencia en la ejecución de una tarea cuya exactitud, de hecho, sólo es superada por la que permiten los datos biográficos. Hay que tener presente, desde luego que puede ser difícil o inapropiado desarrollar muestras de trabajo para algunos

Ejemplo 5.2.7 Muestrario de tareas

Una prueba con el torno, una prueba con el taladro a presión y una prueba de destreza en el uso de herramientas para los operadores de máquinas.[42-44]

Una prueba de costura para las operadoras de máquinas de coser[45,46]

Pruebas para mecánicos; por ejemplo: instalar bandas y poleas, desarmar y reparar una caja de engranajes, instalar y alinear un motor y meter a presión un cojinete en una polea y escariarlo para adaptarlo a un eje.[47]

Una prueba de confección de prendas de vestir.[48]

Una prueba de roscado para los operadores de máquinas en una fábrica de cajas registradoras.[49]

Una prueba de localización de fallas en un circuito complejo.[50]

Una prueba de empaquetadura para los operadores de máquinas de producción.[51]

Una prueba de programación para los operadores de computadoras.[52]

Una prueba de representación que simule los contactos telefónicos con los clientes.[53]

Una prueba de asuntos pendientes para administradores.[54]

empleos y situaciones de selección. Entre otras razones se menciona que, cuando se trata de trabajos que exigen una amplia preparación, la aplicación de las muestras de trabajo no está justificada. Asimismo, el "arte" de establecer muestras de trabajo es de tal naturaleza que unas personas tendrán más éxito que otras al aplicar una prueba fiel de los atributos que se buscan (KSAO).

Conviene mencionar en forma incidental el concepto de centro de evaluación para seleccionar administradores.[57,58] El centro de evaluación contiene una serie de muestras de trabajo diseñadas para señalar los KSAO importantes que se asocian con la eficiencia administrativa. Un ejercicio que por lo general se incluye es la prueba de los asuntos pendientes, la cual consiste en cierto número de cartas, memos, mensajes telefónicos, etc. que el candidato al puesto debe atender fingiendo ser el administrador. Con frecuencia también figura una sesión en grupo sin un director: se trata de una sesión de resolución en que un grupo de candidatos al puesto trata de contribuir a la posible solución de un problema hipotético.

Para concluir esta sección, se debe recalcar que no existe tipo alguno de prueba que sea superior a otras para todas las posibles situaciones de selección. La aplicación de determinados procedimientos depende de los resultados de un análisis del puesto así como de la naturaleza de los atributos necesarios para desempeñarlo bien y de algunas otras consideraciones prácticas que se explicarán más adelante. Una referencia sumamente útil para aprender acerca de la calidad de las pruebas individuales es la obra *Mental Measurement Yearbook*, de Buros.[59]

En suma, desarrollar un programa de selección de personal es asunto complicado y se recomienda contar con la asesoría de un profesional con experiencia en materia de análisis de puestos y selección de personal. Se hace una advertencia *en contra* de la aplicación de una prueba "predilecta" para selección de personal sin antes prestar atención a los factores aquí mencionados.

Validación

Su finalidad

Con anterioridad se describen las pruebas como "precisas para el prónostico del desempeño en el trabajo" y otras expresiones similares. En esta sección se explica la manera de evaluar debidamente esa precisión o validez de las pruebas, a fin de tener una idea clara de la manera en que los procedimientos de selección funcionan adecuadamente.

Se recomienda insistentemente la validación de los procedimientos de selección. Obviamente tiene sentido verificar la exactitud de los pronósticos, lo cual permite adaptar los procedimientos si éstos no facilitan una buena selección. En EE. UU. a menudo se requiere la validación de procedimientos en cumplimiento con la legislación y los lineamientos de la Ley de Oportunidades Iguales de Empleo (EEO), lo que constituye otra razón importante para hacerlo.

Antes de examinar las estrategias específicas de validación de las pruebas, se hablará brevemente de la medición del rendimiento en el trabajo, "criterio" clásico en los estudios de selección de personal. (Este tema se analiza en forma más completa en el capítulo 4.4). La razón de medir el rendimiento en el trabajo es que la mayoría de las estrategias de validación exigen que se correlacione la "puntuación" que los candidatos obtienen en las pruebas con la del desempeño en el trabajo. Se considera que una prueba es "buena" (o válida) si las personas cuya puntuación fue alta en la prueba tienden a desempeñarlo bien, es decir, si hay una correlación positiva entre las puntuaciones de las pruebas y las puntuaciones del desempeño real. En tal caso, la prueba identifica a quienes probablemente desarrollarán con éxito sus tareas. Una prueba se considera no válida si entre ambas puntuaciones se observa una correlación muy baja o de cero. En este caso, es obvio que la prueba no sirve para identificar a quienes podrían trabajar bien.

Medición del comportamiento en el trabajo

La meta de la medición del rendimiento consiste en obtener determinaciones precisas de la eficiencia de las personas en el trabajo. La medición precisa del rendimiento permite estimar razonablemente la validez de una prueba cuando las puntuaciones obtenidas en la misma se correlacionen con las que se obtienen en el trabajo. Los indicadores inexactos o parciales de eficiencia en el trabajo dan lugar necesariamente a malas estimaciones de la validez de la prueba. Por lo tanto, es muy importante hacer buenas mediciones del rendimiento en el trabajo.

Dos tipos de mediciones del comportamiento. Hay que mencionar dos tipos de mediciones: los *índices objetivos* (por ejemplo, en el caso de algunas tareas de ensamble, el número de unidades que arma el trabajador por jornada de 8 horas y el número de esas mismas unidades que se rechazan diariamente en las inspecciones de control de calidad) y las *clasificaciones del rendimiento.* Los índices objetivos del rendimiento de un trabajador se prefieren a las impresiones subjetivas de las clasificaciones del rendimiento; pero, como luego se verá, es difícil efectuar buenas mediciones objetivas.

Las dificultades con la gran mayoría de mediciones objetivas del rendimiento radican en que casi invariablemente son *deficientes* o están *viciadas.* Por deficiente se debe entender que la medición sólo presenta una imagen parcial de la eficiencia del trabajador en la tarea, es decir, que hay aspectos importantes del trabajo que la medición objetiva no tiene en cuenta. Respecto al ejemplo del trabajador de ensamble que se acaba de mencionar, el número de unidades armadas y rechazadas constituye un importante índice de eficiencia. Pero como no sólo es importante la ayuda que se preste a los trabajadores sin experiencia para que realicen correctamente el trabajo, sino que también lo es el que estén dispuestos a trabajar tiempo extra durante las cargas pesadas de producción, las primeras mediciones, juntas o por separado, no miden adecuadamente la eficiencia en el trabajo: son deficientes.

Las mediciones objetivas se vician cuando los factores que influyen en el rendimiento de las personas con respecto a la medida están fuera del control del trabajador. Refiriéndose nuevamente al trabajador de ensamble, suponga que el número de unidades armadas depende en cierto modo de la entrega oportuna de determinadas partes que componen la unidad, y que él no tiene control sobre esas entregas. El número de unidades armadas proporciona por lo tanto un índice "impuro" de la eficiencia. Está viciado. Estos problemas son muy comunes en la medición objetiva del rendimiento, aunque se trate de tareas asociadas con volúmenes de producción relativamente bajos para los que es posible disponer de indicadores objetivos. Todavía es más difícil elegir o desarrollar buenos índices objetivos para tareas de nivel más alto. (Véase un estudio más profundo de este tema en Gilmer y Deci[60].) Por lo tanto, si bien las mediciones objetivas por lo general son preferibles a las clasificaciones subjetivas del rendimiento, estas últimas son a menudo la única manera posible de obtener puntuaciones de la eficiencia de los trabajadores.

Desde luego, las clasificaciones tienen sus propios problemas, que se explican en el capítulo 4.4. En forma breve, los factores que originan datos no exactos en esta clasificación son entre otros los siguientes:

1. Las clasificaciones provienen de personas que no se encuentran en la mejor posición para emitir un juicio sobre el rendimiento de los empleados de planta.

2. Algunos clasificadores simplemente carecen de las dotes de observación y de la amplitud de juicio necesarias para evaluar con precisión.

3. Las clasificaciones son tendenciosas, basadas no tanto en el rendimiento funcional como en la raza, sexo, antecedentes, semejanza con las actitudes del clasificador, etc.

4. Los clasificadores cometen errores, por ejemplo, evalúan a todo el personal como muy efi nte cuando, en realidad, algunos trabajadores rinden poco.

5. Los clasificadores no tienen en cuenta las definiciones de los posibles rendimientos funcionales sino que aplican su propia idiosincrasia sobre lo que esto significa y clasifican con esta base a las personas.

A pesar de ello, en opinión de los autores, si se observan algunos principios sencillos al obtener clasificaciones de rendimiento funcional en un estudio de selección, la precisión que éstas tengan por lo menos se puede aumentar dentro de las limitaciones del "estado actual de la técnica". Esos principios son los siguientes:

1. Establecer las escalas de clasificación con gran cuidado, de manera que reflejen todos los requisitos importantes del trabajo.

2. Crear dimensiones que se relacionen claramente con la tarea y representen factores de rendimiento funcional que los clasificadores puedan observar fácilmente en aquellos a quienes clasifican.

3. Formular instrucciones claras y sencillas para aplicar las escalas de capacidad de producción.

4. Obtener clasificaciones con fines de investigación únicamente (más que para cualquier fin administrativo) y aclararles esto a los clasificadores.

5. Seleccionar clasificadores que tengan buenas oportunidades de observar el rendimiento funcional de aquellos a quienes evalúan, lo cual podría incluir entre los clasificadores a los iguales e incluso a los subordinados de la persona que se va a clasificar, además de sus supervisores.

6. Obtener, de ser posible, las clasificaciones de más de una persona especializada, de manera que el acuerdo entre ellos se pueda evaluar y ofrezca una estimación siquiera aproximada de la precisión de las clasificaciones.

Dimensiones múltiples del comportamiento. Recuérdese la afirmación anterior en el sentido de que la medición precisa del rendimiento funcional permite correlacionar las puntuaciones de las pruebas de selección con las puntuaciones de rendimiento, a fin de obtener estimaciones correctas de la validez de las pruebas. Antes de explicar más detalladamente las estrategias para evaluarla se hablará de otro concepto importante de la medición del rendimiento funcional: la dimensión múltiple de este último.

Se recomienda, como lo hacen Guion[61] y Dunnette,[62,63] que se procure pronosticar el comportamiento basándose en las dimensiones individuales de la tarea, en vez de tratar de predecir el comportamiento general. Un ejemplo ayudará a ilustrar esta idea. Como ya se dijo, Borman y sus colaboradores[30] llevaron a cabo un extenso análisis del trabajo de reclutador para las fuerzas armadas. Diversos análisis de las clasificaciones del rendimiento revelaron un mismo sistema de tres dimensiones para describir tres requisitos diferentes de la tarea: convencer, relacionarse con otras personas y organizar. En vista de las diferencias considerables en los tipos de pruebas que podrían pronosticar el comportamiento en las tres distintas partes de la tarea, se eligieron aquellas que podían concentrarse en las dimensiones individuales. Así se establecieron las siguientes escalas de personalidad para esas dimensiones (las que posteriormente resultaron ser "predictores" válidos del rendimiento en esas dimensiones):

Convencer: Exposición
Relacionarse con otras personas: Aproximación social
Organizar: Orden, socialización, logro a través de la aceptación

Una vez confirmada la validez de las distintas pruebas, como en el ejemplo que antecede, es posible estimar el rendimiento, en cada dimensión, de los solicitantes sometidos individualmente a prueba y esa información puede ayudar a tomar decisiones en materia de selección.

Es importante hacer notar que este método proporciona más información a quienes toman las decisiones que una sola puntuación del comportamiento general. En un solicitante se pueden evaluar los posibles puntos fuertes y débiles en diversos aspectos del trabajo, lo cual ayuda a planear su capacitación o a adaptarlo al puesto de acuerdo con los requisitos especiales que éste tenga (por ejemplo, destinar una persona que exhiba posibilidades particularmente buenas en el área de la organización a un puesto que exija mucho en esa área).

Otros criterios para el "éxito". Un comentario final acerca de la "medición del rendimiento" (en algunos casos de selección, tal vez interese aplicar pruebas para pronosticar el comportamiento relacionado no con el rendimiento en el trabajo, sino con otros criterios del "éxito" tales como la asistencia al trabajo, la permanencia en la empresa y el evitar accidentes en el trabajo. Por ejemplo, si los costos de capacitación para el desempeño de un determinado trabajo son muy elevados, la permanencia podría ser muy importante como criterio del éxito, debido al gasto que representa para la empresa la rotación de empleados capacitados. También surgen problemas con esta clase de criterios, de manera que, como en el caso de los indicadores objetivos y las clasificaciones de rendimiento, hay que tener gran cuidado al desarrollar índices para esos criterios.

"Tipos" clásicos de validez

En términos generales los autores aceptan la afirmación de Dunnette[11] en el sentido de que hay que restar importancia a las distinciones entre los "tipos" de validez para prestar atención preferencial a la validación como "un proceso en que se debe aprender tanto como sea posible acerca de las inferencias conductuales correctamente derivadas de las fuentes de toda medida de selección. . ."[64] La información acerca de lo que las pruebas de selección realmente miden será siempre útil, cualquiera que sea la estrategia de validación que se siga.

Por comodidad, sin embargo, sólo se explican los métodos de validación de acuerdo con un sistema de categorías que se usa con frecuencia: validación predictiva, concurrente, de contenido y de estructura. Recuérdese que la finalidad general de la evaluación de validez de los procedimientos de selección consiste en determinar la precisión con la cual se pronostica el rendimiento funcional en el trabajo (u otros criterios del éxito) así como en aprender la manera de mejorar la precisión del pronóstico.

Validez predictiva. La información acerca de la validez predictiva es probablemente la mejor de que se puede disponer para emitir juicios sobre la validez de una prueba para pronosticar el desempeño en el trabajo. El ejemplo 5.2.8 muestra cómo funciona esta estrategia.

Ejemplo 5.2.8 Paradigma de validación predictiva

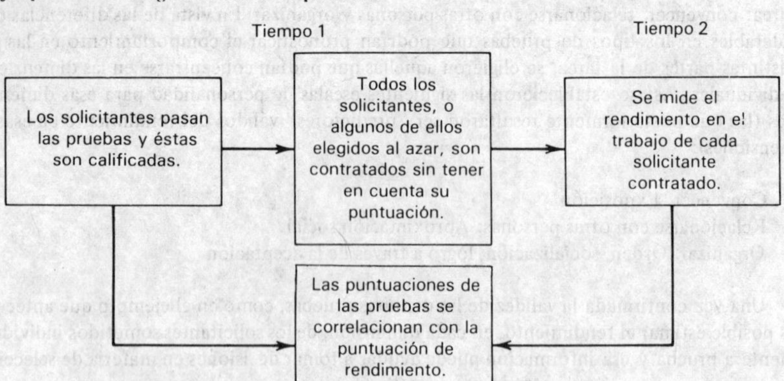

Los solicitantes son contratados al azar después de someterlos a la prueba o pruebas y algún tiempo después se evalúa su desempeño. La correlación entre las puntuaciones de las pruebas y el rendimiento real proporciona una excelente información acerca de la validez de la prueba o pruebas. Las correlaciones elevadas indican que las puntuaciones de las pruebas son buenos indicadores del éxito futuro en el trabajo, mientras que las correlaciones bajas o de cero demuestran que las puntuaciones dicen muy poco respecto a cómo se desempeñará probablemente un solicitante en el trabajo.

Un problema obvio de la validación predictiva es que, típicamente, las empresas no se muestran dispuestas a la contratación aleatoria de personal. Quieren aplicar *alguna* clase de criterios de selección. Asimismo, quienes toman las decisiones normalmente no esperan los resultados de la validación, mientras que esta estrategia exige un período de espera entre el Tiempo 1 y el Tiempo 2 (ejemplo 5.2.8), durante el cual se pueda medir razonablemente el comportamiento de las personas contratadas, tal vez de 6 meses a 2 años o quizá más. Por estas razones, la validez predictiva es una estrategia que, desafortunadamente, se usa poco en la selección del personal. Como sustituto se emplea a veces la validación concurrente.

Validez concurrente. El ejemplo 5.2.9 ilustra esta estrategia. Se recurre a empleados de planta en vez de a los solicitantes, con lo cual se elimina la necesidad de esperar para obtener información sobre el rendimiento. Esta es la ventaja principal del método. Tan pronto como se aplican las pruebas, se saca la puntuación y se hacen las mediciones del rendimiento en el trabajo, es posible evaluar la validez de las pruebas. Por otra parte, es dudoso que se puedan comparar los resultados de las validaciones concurrente y predictiva (por ejemplo, Guion[65]) y esto constituye un problema serio porque, como ya se dijo, realmente interesa la validez *predictiva* de las pruebas.

Recientemente se presentó evidencia empírica que sugiere una buena correspondencia entre los resultados de las validaciones concurrente y predictiva.[66] Si esto resulta frecuente, las dificultades con el uso de la estrategia de validez concurrente serán menos graves y se podrá utilizar este método con mucha mayor confianza.

Validez de contenido. La estrategia de validación de contenido se aplica con mayor frecuencia en forma explícita y a menudo implícitamente, para desarrollar pruebas de consecución en los medios educativos. Un profesor desea asegurarse de que su prueba está pulsando el contenido previsto del curso, es decir, los conceptos que debieron ser aprendidos; de manera que se plantean preguntas para comprobar el conocimiento de esos conceptos. La validez del contenido se demuestra en el grado en que el contenido de la prueba muestrea el conocimiento, la habilidad, etc. de que se trate. Aunque hay métodos cuantitativos para evaluar la validez del contenido (por ejemplo, obtener clasificaciones hechas por expertos de la pertinencia de cada partida de la prueba con relación al cuerpo de conocimientos de que se trate), típicamente es evaluada en forma subjetiva.

Ejemplo 5.2.9 Paradigma de validación concurrente

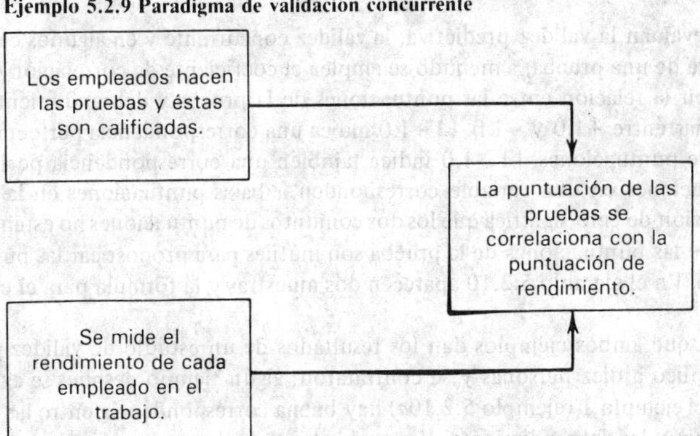

En la selección de personal, a la validez de contenido se le ha dado tradicionalmente menos importancia que a la predictiva y a la concurrente. Esto se debe a que la medición de la validez de contenido en un determinado campo (por ejemplo, los progresos logrados en algún aspecto de las matemáticas) nada dice respecto a la importancia del mismo para el desempeño en el trabajo. Como quiera que sea, la idea general de la validez de contenido se ajusta bien al tratamiento que se da en este capítulo a la selección de personal. Se hizo hincapié en un análisis completo del empleo para señalar con precisión los requisitos de rendimiento, lo que a su vez permite identificar los atributos KSAO que probablemente son importantes para el éxito en ese empleo. El desarrollo de predictores para medir esos atributos se puede considerar como un esfuerzo para obtener otros sobre la validez del contenido, si bien, al aplicar la validación del contenido, los componentes de los predictores se asocian con los requisitos de desempeño funcional en el trabajo a través de vínculos con los atributos objetivos.

Así pues, la validez de contenido puede ser un concepto útil en la selección de personal. Sin embargo, se recomienda la confirmación empírica de las relaciones entre las partidas de la prueba, establecidas dentro de un marco de validación del contenido y los criterios de desempeño del trabajo, siempre que el muestreo de prueba sea suficientemente grande para proporcionar una estimación razonablemente exacta de la validez predictiva o concurrente.

Validez de estructura. La evaluación de la validez de estructura de una prueba implica desarrollar hipótesis acerca de qué es lo que mide, para después evaluar esas hipótesis. En el contexto de la selección de personal, la validez de estructura se refiere a entender qué miden las pruebas de selección a la vez que se ocupa del estudio científico de las relaciones que existen entre las puntuaciones obtenidas en las pruebas y el desempeño del trabajo. Las validaciones predictiva, concurrente y de contenido aportan *alguna* evidencia de la validez de estructura de una prueba; pero el concepto de validez de estructura es más amplio en el sentido de que incluye muchas maneras de saber qué están midiendo las pruebas de selección.

Por lo tanto, la validez de estructura tiene mayor importancia como estrategia para entender científicamente las puntuaciones obtenidas en las mediciones de selección, así como los vínculos que existen entre esas puntuaciones y el desempeño funcional del trabajo. Esta estrategia parece sumamente útil y potencialmente da lugar a mejoras significativas en la precisión con que se pronostica el desempeño del trabajo. Es importante hacer notar, sin embargo, que el aspecto más crítico en materia de selección de personal es el pronóstico preciso del desempeño del trabajo y otras conductas asociadas. Por consiguiente, no basta con demostrar una buena validez de estructura en cuanto a las posibilidades de medición del predictor, sino que se debe establecer un vínculo directo entre un predictor y el desempeño funcional asociado con el trabajo.

Estadísticas de validación

Cuando se evalúan la validez predictiva, la validez concurrente y en algunos casos, la validez de estructura de una prueba, a menudo se emplea el coeficiente de correlación de Pearson (r) para describir la relación entre las puntuaciones de la prueba y del rendimiento. El valor de r puede variar entre $+1.0$ y -1.0. El $+1.0$ indica una correspondencia perfecta entre los dos conjuntos de puntuaciones. El -1.0 indica también una correspondencia perfecta, pero las altas puntuaciones en una variable corresponden a bajas puntuaciones en la otra variable. Una correlación de cero significa que los dos conjuntos de puntuaciones no están relacionados, es decir, que las puntuaciones de la prueba son inútiles para pronosticar las puntuaciones de rendimiento. En el ejemplo 5.2.10 aparecen dos muestras y la fórmula para el cálculo de este coeficiente.

Suponga que ambos ejemplos dan los resultados de un estudio de validez predictiva. La prueba se aplicó a diez personas y se contrataron; algún tiempo después se evaluó su rendimiento. En el ejemplo 1 (ejemplo 5.2.10*a*) hay buena correspondencia entre las puntuaciones de las pruebas y las del rendimiento. Era probable que quienes sacaran altas puntuaciones en

Ejemplo 5.2.10 Dos ejemplos de relaciones entre las puntuaciones de la prueba y del rendimiento, en las cuales *a*) r_{xy} = .58 y *b*) r_{xy} = .00[a]

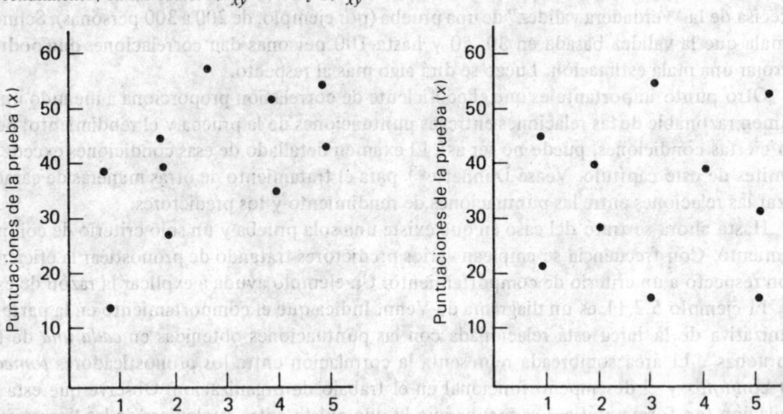

[a]Los límites posibles de puntuación para las pruebas son de 0 a 60 y para el rendimiento son de 1 a 5.

la prueba calificaran como eficientes en el trabajo, de manera que se podría evaluar esta prueba en particular como válida para identificar a las personas con más probabilidades de desempeñarlo bien. En el ejemplo 2 (figura 5.2.10*b*), la correspondencia entre los dos conjuntos de puntuaciones es baja; el saber la puntuación obtenida por una persona en la prueba, revela muy poco acerca del probable nivel de rendimiento. (En Ghiselli[15] aparece un resumen de los niveles reales de validez obtenidos en la práctica.)

Los ejemplos de las figuras son "dispersiones" que muestran en forma gráfica las relaciones entre las puntuaciones de prueba y el rendimiento. Cada punto representa una persona que tiene puntuación de prueba y puntuación de rendimiento. En la figura 5.2.10*a*, el punto inferior de la izquierda indica que esa persona tuvo una puntuación de 13 en la prueba y estaba relacionada con el nivel 1, lo cual significa comportamiento deficiente en el trabajo. Las correlaciones se pueden calcular mediante la fórmula siguiente:

$$r_{xy} = \frac{(\Sigma x_i y_i / N) - m_x m_y}{s_x s_y}$$

donde r_{xy} = la correlación entre las variables x e y
$m_x m_y$ = la media de las variables x e y, respectivamente
$s_x s_y$ = la desviación estándar de las variables x e y, respectivamente

Cabe señalar aquí un punto importante. La r obtenida en (*a*) y en (*b*) en el ejemplo 5.2.10 se deriva de una población de sólo 10 individuos. Por lo tanto, este valor es una estimación no muy buena de la correlación que se obtiene si, por ejemplo, se someten 500 personas a la prueba y se evalúa su rendimiento. Sin entrar en los detalles técnicos (este aspecto se puede ver en Hays[67]), las muestras con grandes poblaciones proporcionan un mejor cálculo de la validez que se puede esperar a la larga (si los otros factores permanecen fijos, por ejemplo, si no cambia el trabajo, se mantiene el mismo número de solicitantes, etc.), de manera que siempre que sea factible, las estimaciones de validez deben estar basadas en grupos numerosos. Empíricamente se ha señalado como mínimo un número de 30, pero otras opiniones[68] recientes sugieren que se deben usar muestras mucho mayores para tener una idea precisa de la "verdadera validez" de una prueba (por ejemplo, de 200 a 300 personas). Schmidt señala que la validez basada en 30, 50 y hasta 100 personas dan correlaciones que podrían arrojar una mala estimación. Luego se dirá algo más al respecto.

Otro punto importante es que el coeficiente de correlación proporciona a menudo un resumen razonable de las relaciones entre las puntuaciones de la prueba y el rendimiento; pero, en ciertas condiciones, puede no ser así. El examen detallado de esas condiciones excede los límites de este capítulo. Véase Dunnette[63] para el tratamiento de otras maneras de caracterizar las relaciones entre las puntuaciones de rendimiento y los predictores.

Hasta ahora se trató del caso en que existe una sola prueba y un solo criterio de comportamiento. Con frecuencia se emplean varios predictores tratando de pronosticar la eficiencia con respecto a un criterio de comportamiento. Un ejemplo ayuda a explicar la razón de esto.

El ejemplo 5.2.11 es un diagrama de Venn. Indica que el comportamiento en la parte organizativa de la tarea está relacionada con las puntuaciones obtenidas en *cada una* de tres "pruebas". El área sombreada representa la correlación entre los pronosticadores *tomados en conjunto* y el desempeño funcional en el trabajo de organización. Observe que esta correlación (en forma gráfica) es mayor que la que existe entre cualquiera de las "pruebas" y el comportamiento. Este fenómeno se presenta a menudo cuando se aplican pruebas de selección del personal, de manera que, en muchos casos, tiene sentido recurrir a más de una prueba para predecir el rendimiento. Sin embargo, pueden surgir problemas al estimar la correlación entre las pruebas tomadas en conjunto y el rendimiento; es decir, al estimar la validez de las pruebas en combinación.

Por lo general, siempre que se asignan valores a las pruebas basándose en los datos provenientes de la muestra (por ejemplo, en un estudio de validez concurrente), surgen problemas. Se podría, por ejemplo, estar en situación de elevar la correlación entre estas tres pruebas,

Ejemplo 5.2.11 Diagrama de Venn que muestra la relación entre las puntuaciones de tres pronosticadores y el rendimiento en el trabajo de organización

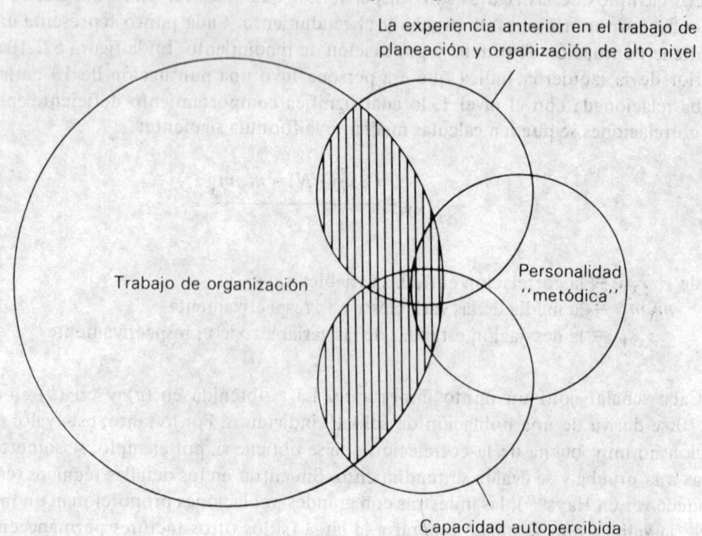

tomadas en conjunto y el comportamiento asignando doble valor a las puntuaciones obtenidas en una de las tres pruebas. Wherry[69] proporciona un estudio detallado reciente de este problema general. Cuando se aplica más de una prueba y se quieren combinar las puntuaciones en alguna forma para obtener mayor precisión al predecir las de rendimiento, cualquier valor que se seleccione con base en los datos provenientes de la muestra sirve para las configuraciones correspondientes a la muestra que aparecen en los datos. A la larga esto da lugar a sobreestimaciones de la validez que se puede esperar.

Se pueden seguir dos métodos para "corregir" esas estimaciones de validez. Uno de ellos implica derivar el esquema de ponderación deseado partiendo de la mitad de la muestra aplicar los mismos pesos a las puntuaciones de prueba de la otra mitad de la muestra, y luego obtener la correlación entre las puntuaciones de prueba ponderadas y el rendimiento en esta segunda muestra. Esta correlación "contraída" (siempre es más pequeña) puede servir luego como la estimación de validez y se le llama generalmente "estimación de validez cruzada". El otro método consiste en usar las fórmulas de contracción disponibles para corregir esos coeficientes de validez. (Véanse ejemplos en Schmitt y otros.[70])

Como se puede ver, los intentos de establecer estimaciones precisas de validez presentan complejidades técnicas cuando se usa más de una variable como predictor. Véase en Dunnette y Borman[13] un resumen reciente de estas cuestiones.

Eso basta en cuanto al caso de los pronosticadores múltiples y el comportamiento único. ¿Qué se hace cuando se identifican criterios múltiples de comportamiento, por ejemplo convencer, relacionarse con otras personas y organizar, como en un ejemplo anterior? Se recomienda que se ponderen esos criterios de comportamiento de acuerdo con la importancia que tengan para la eficiencia general y que se combinen las puntuaciones ponderadas de rendimiento a fin de obtener una puntuación única de comportamiento para cada persona. Luego se puede estimar la validez de la prueba o pruebas aplicando los métodos descritos. Sin embargo, como ya se dijo, los autores sugieren que se trate de predecir por separado el comportamiento en relación con cada dimensión, obteniendo así estimaciones de validez para cada dimensión individual. Volviendo al ejemplo del reclutador para las fuerzas armadas, esas tres pruebas del diagrama de Venn se podrían utilizar para pronosticar la organización de criterios; su validez se estima recurriendo a la correlación múltiple y a la estrategia de validación cruzada. Análogamente, se utilizan *otras* dos o tres pruebas para pronosticar el comportamiento en materia de convencimiento e incluso otra serie de pruebas para predecir el comportamiento en cuanto a relacionarse con otras personas. En cada caso, la validez de esas pruebas se determina a fin de evaluar la exactitud del pronóstico.

Se dispone ya de la tecnología necesaria[71] para luego calificar todas las pruebas de un solicitante y calcular *las puntuaciones del comportamiento previsto* en cada dimensión. Esto se puede hacer calificando primero las pruebas de cada solicitante de acuerdo con la clave de clasificación, lo cual da como resultado una distribución de las puntuaciones de los que fueron sometidos a prueba (o sea, algunos solicitantes con puntuaciones relativamente altas y otros con puntuaciones más bajas). Esas puntuaciones (para cada dimensión del comportamiento) se pueden transformar luego directamente en puntuaciones del comportamiento previsto. Las manipulaciones estadísticas asociadas con esa transformación son complicadas pero el principio es sencillo: las altas puntuaciones en la prueba dan lugar a altas puntuaciones en el comportamiento previsto y las bajas puntuaciones en la prueba dan lugar a puntuaciones bajas en el comportamiento previsto. Como ya se dijo, quienes toman decisiones de selección pueden aprovechar ahora esos niveles previstos del desempeño para decidir si deben contratar o rechazar.

Este es un buen momento para recalcar que, al tomar decisiones de selección, hay muchas otras cosas que se deben tener en cuenta además de las puntuaciones del comportamiento previsto. Asimismo, hasta este momento no se consideraron otros aspectos que es preciso atender al decidir si se aplicará una tecnología para la selección y, en caso de ser así, cómo hacerlo mejor. La parte siguiente del capítulo examina estos aspectos.

Condiciones que influyen en las estrategias de selección

Hasta ahora se examinó la *tecnología de selección de personal.* En cierto sentido, los procedimientos descritos son razonablemente sencillos: llevar a cabo un análisis del empleo; inferir, partiendo de los requisitos de desempeño del trabajo, los atributos importantes necesarios para cumplirlo con éxito; seleccionar, o desarrollar pruebas adecuadas para pulsar esos atributos importantes; seguir una estrategia adecuada de validación para evaluar las pruebas como predictores y utilizar para la selección aquellos que resulten válidos. Desde luego, muchos de estos pasos exigen un conocimiento altamente técnico de ciertos principios de selección y validación; pero los descritos son básicamente directos y fáciles de entender.

En esta sección se presentan diversos factores que influyen en el desarrollo de los sistemas de selección de personal y en su aplicación a los problemas reales de selección en las empresas.

Consideraciones acerca de la utilidad económica. La exactitud con que los procedimientos de selección identifiquen a los solicitantes que se desempeñan bien en el empleo es un factor muy importante al evaluar la utilidad de esos procedimientos. En este contexto, la exactitud (es decir, la validez de las pruebas o de otra clase de mediciones) hace probable la selección de personas altamente calificadas, con las aptitudes necesarias para desempeñarse con éxito en el trabajo. Sin embargo, en el caso de las empresas lucrativas, los autores, lo mismo que muchos otros antes que ellos[1,72-75] afirman que las consideraciones de utilidad económica sustituyen a las de exactitud o de validez. Asimismo, en el caso de muchas empresas donde la productividad es importante, aunque los beneficios económicos tal vez no lo sean tanto, también se deben tener en cuenta para establecer los procedimientos de selección.

Los siguientes factores son especialmente importantes para decidir acerca de los méritos relativos de los procedimientos de selección:

1. La validez de los procedimientos.

2. La razón de selección (o sea, el número de solicitantes por vacante).

3. La razón básica de desempeño en el trabajo (es decir, qué tan adecuadamente realizan el trabajo los empleados seleccionados por el procedimiento actual).

4. El efecto que el buen rendimiento, comparado con el mediocre, produce en las utilidades o en la productividad de la empresa.

5. Los costos de selección, tanto los de desarrollo de pruebas y otros procedimientos como los de aplicación del programa de selección.

Estos factores se consideran a continuación uno por uno. La validez de procedimientos de selección es obviamente importante, como se recalcó en este capítulo y no es necesario añadir nada al respecto. La razón de selección también es muy importante. Por ejemplo, si es de 1.0, o sea que el número de solicitantes es igual al de vacantes, la selección no es necesaria. Como se verá en un ejemplo posterior, a medida que el número de solicitantes aumenta con relación al número de vacantes, los procedimientos válidos de selección se vuelven más útiles. Por lo que toca al factor 3, si *todos* son capaces de desempeñar adecuadamente el empleo, como ocurre a veces en los trabajos de nivel muy bajo, los esfuerzos especiales para seleccionar son innecesarios. Con *cualesquiera* estrategias de selección se obtienen los mismos niveles de rendimiento del trabajador.

También el factor 4 es importante. La selección válida es particularmente útil desde el punto de vista económico si un buen rendimiento o uno superior en el empleo en sí implica una gran diferencia (en comparación con el rendimiento mediocre) en cuanto a determinar las utilidades, economías o productividad de la empresa. Por ejemplo, en ciertas actividades de control de calidad altamente técnicas, un trabajador competente, comparado con uno deficiente, le puede ahorrar mucho dinero a la empresa identificando en los circuitos electrónicos pequeños defectos que habrían dado lugar posteriormente a la inutilización de un componente costoso. Mientras mayores sean los ahorros en el costo, los aumentos en las utilidades o productividad, más útiles serán los procedimientos precisos y válidos de selección. Por último, los costos de desarrollo y aplicación de los procedimientos de selección influyen obviamente en su utilidad. De modo general, los procedimientos sumamente costosos (por ejemplo, la simulación de la tarea de un operador en una planta de energía nuclear) deberán ser más precisos para identificar a los trabajadores eficientes, que los procedimientos menos costosos (por ejemplo, las pruebas escritas).

¿Cómo se pueden considerar sistemáticamente esos factores al explorar la utilidad de un mecanismo de selección? Un método relativamente sencillo, las tablas de Taylor-Russell,[76] tiene en cuenta la validez, la razón de selección y la razón básica de los trabajadores competentes. Suponga que las prácticas actuales de contratación de una empresa dan lugar únicamente a un 40 por ciento de trabajadores competentes en determinado empleo. Si la razón de selección es de .60, es decir, que se contrata a 6 de cada 10 solicitantes y la validez de un nuevo procedimiento de selección es de .40, podremos esperar que la producción de empleados competentes aumente al 50 por ciento, de acuerdo con el ejemplo 5.2.12. Adviértase que si la razón de selección fuera de .10, con el mismo nivel de validez, se podría esperar que el 69 por ciento fueran competentes. Hay que cuidarse de no interpretar demasiado literalmente los datos de esas tablas,[65] aunque muestren el efecto considerable de la razón de selección y la razón base, lo mismo que de la validez, en la utilidad de los procedimientos de selección de personal.

Brogden,[72] Cronbach y Gleser,[74,75] han presentado métodos para evaluar la utilidad económica de las pruebas teniendo en cuenta lo que implica el buen rendimiento si se compara con uno deficiente, los costos de aplicación de las pruebas y otros factores ya mencionados. Es de lamentar que esas estrategias, mucho más satisfactorias que el método de

Ejemplo 5.2.12 Tabla de Taylor-Russell que indica la proporción de empleados considerados como satisfactorios, con diversos porcentajes de selección y pruebas de validez[a]

r	.05	.10	.20	.30	.40	.50	.60	.70	.80	.90	.95
.00	.40	.40	.40	.40	.40	.40	.40	.40	.40	.40	.40
.05	.44	.43	.43	.42	.42	.42	.41	.41	.41	.40	.40
.10	.48	.47	.46	.45	.44	.43	.42	.42	.41	.41	.40
.15	.52	.50	.48	.47	.46	.45	.44	.43	.42	.41	.41
.20	.57	.54	.51	.49	.48	.46	.45	.44	.43	.41	.41
.25	.61	.58	.54	.51	.49	.48	.46	.45	.43	.42	.41
.30	.65	.61	.57	.54	.51	.49	.47	.46	.44	.42	.41
.35	.69	.65	.60	.56	.53	.51	.49	.47	.45	.42	.41
.40	.73	.69	.63	.59	.56	.53	.50	.48	.45	.43	.41
.45	.77	.72	.66	.61	.58	.54	.51	.49	.46	.43	.42
.50	.81	.76	.69	.64	.60	.56	.53	.49	.46	.43	.42
.55	.85	.79	.72	.67	.62	.58	.54	.50	.47	.44	.42
.60	.89	.83	.75	.69	.64	.60	.55	.51	.48	.44	.42
.65	.92	.87	.79	.72	.67	.62	.57	.52	.48	.44	.42
.70	.95	.90	.82	.76	.69	.64	.58	.53	.49	.44	.42
.75	.97	.93	.86	.79	.72	.66	.60	.54	.49	.44	.42
.80	.99	.96	.89	.82	.75	.68	.61	.55	.49	.44	.42
.85	1.00	.98	.93	.86	.79	.71	.63	.56	.50	.44	.42
.90	1.00	1.00	.97	.91	.82	.74	.65	.57	.50	.44	.42
.95	1.00	1.00	.99	.96	.87	.77	.66	.57	.50	.44	.42
1.00	1.00	1.00	1.00	1.00	1.00	.80	.67	.57	.50	.44	.42

Fuente: Referencia 76.

[a] Proporción de empleados considerados como satisfactorios *sin* la prueba de selección = .40.

Taylor-Russel, sólo se aplican una que otra vez. El problema principal para utilizarlas parece ser el desconocimiento de la manera de aplicar las complicadas ecuaciones y la dificultad que implica costear algunos de los elementos de esas ecuaciones (muy particularmente la desviación estándar del comportamiento en el trabajo) en términos de dinero (con relación al factor 4). Recientemente, Hunter y Schmidt[1] han ofrecido por lo menos soluciones parciales de esos problemas y se esperan nuevos acontecimientos en esta área tan importante.

El punto principal que se quiere destacar aquí es que, independientemente de la exactitud del método al examinar las estrategias de selección de personal para los empleos hay que considerarlas en términos de utilidad. Los evidentes errores económicos que es posible cometer cuando no se siguen procedimientos eficaces de selección de acuerdo con su costo, o cuando *se siguen* procedimientos *ineficaces* de acuerdo con su costo, aconsejan que se tenga en cuenta la utilidad de esos procedimientos.

"Efectos" de los resultados de los estudios anteriores de selección. Una creencia que predomina en la sicología de personal es que la validez de las pruebas varía considerablemente de uno a otro empleo, porque hasta las diferencias más sutiles en las tareas o en los grupos de solicitantes influyen en las relaciones que existen entre las pruebas y el desempeño del trabajo. Una prueba puede ser válida para predecir el éxito en el empleo A; pero cuando se aplica esa misma prueba para pronosticar el comportamiento en el empleo B, cuya tarea y contexto de selección son muy similares a los del empleo A, la correlación entre la puntuación de la prueba y el rendimiento puede ser casi de cero.

Schmidt y sus colegas[68,77] recientemente pusieron en duda la creencia en la "especificidad de la situación". Están convencidos de que la gama de coeficientes de validez encontrados en los estudios de validación de pruebas no sería tan amplia si el número de las personas que figuran en esos estudios fuera mayor y diera lugar a estimaciones estables de validez. Con este argumento y otros parecidos, Schmidt y sus colaboradores están diciendo en realidad que no se debe confiar demasiado en los estudios individuales de validez, sobre todo cuando el tamaño de la muestra utilizada para el estudio es pequeño (por ejemplo, menos de 200 ó 300 personas). Más bien, la *validez verdadera* de las pruebas y las mediciones del comportamiento en un determinado empleo se deberían estimar partiendo de estudios anteriores y siguiendo un enfoque Bayesiano. (Véase en Hunter y Schmidt[1] una explicación de la estadística bayesiana aplicada a este problema.) Dentro de ese marco, si la evidencia en favor de la validez anterior es relevante (por ejemplo, muchos estudios con alta validez), tal vez ni siquiera sea necesario un estudio de este tipo. Si lo es, el enfoque bayesiano permite al investigador aprovechar tanto la información anterior sobre validez como la obtenida en el estudio y así estimar el verdadero valor de la prueba a fin de usarla en circunstancias similares.

Esta postura un tanto herética no ha sido aceptada del todo entre los científicos y profesionales de la selección de personal; pero se presta y se seguirá prestando una atención considerable a esas ideas. Lo que *sí* está claro, de acuerdo con ese trabajo, es que el tamaño de las muestras necesarias para obtener estimaciones razonablemente estables de validez es mayor que lo que se ha supuesto y que se debe confiar menos en la obtenida mediante estudios individuales con muestras pequeñas.

Otro enfoque del problema de evaluar la validez de las pruebas tomando como muestra empleos con poco personal de planta consiste en agrupar los puestos cuyos requisitos de desempeño sean similares y efectuar estudios de validación del *grupo* de puestos. Por ejemplo, éstos se pueden agrupar con base en las similitudes que existen entre la importancia de las tareas. En esta forma, los puestos que tengan patrones similares de importancia de las tareas se pueden tratar como un solo empleo y todo el procedimiento de desarrollo de las pruebas y su validación se lleva a cabo con referencia al grupo.

Otra estrategia más cuyo objeto es aumentar el tamaño de la muestra para el estudio de validación es la validez sintética.[65] Con este método, los empleos, o los puestos que componen los empleos, se agrupan cuando comparten un determinado requisito de desempeño y el estudio se lleva a cabo tomando a esos empleos como un grupo sólo por lo que se refiere a ese requisito. El estudio realizado por Peterson y sus colaboradores[78] ofrece un ejemplo de este método. Un análisis a gran escala de 8,000 puestos a nivel de primer ingreso en la industria de los seguros dio por resultado la identificación de 50 dimensiones decomportamiento que reflejaban todos los requisitos de comportamiento importantes en esos puestos. Por ejemplo, la dimensión "Consulta las claves, la información contenida en tablas, cuadros, etc." corresponde a un gran número de esos puestos; de manera que se establecieron pruebas para pronosticar el comportamiento en esa dimensión y la validez de dichas pruebas se evaluó en base a todas las personas que desempeñan esos empleos. Se sigue el mismo procedimiento con cada una de las otras dimensiones.

Consideraciones relativas a las EEO (Iguales oportunidades de Empleo). A continuación se mencionan brevemente algunos antecedentes. Durante los decenios de los años cuarenta y cincuenta, la industria de la publicación de pruebas creció a pasos agigantados. Rápidamente se desarrollaron pruebas para medir capacidad, aptitud y personalidad. Con demasiada frecuencia las pruebas se utilizaban para discriminar en contra de las personas de raza negra y de otros grupos minoritarios al seleccionar personal para cubrir vacantes. A veces esto se hacía deliberadamente; en otras ocasiones, la "manía de las pruebas" hacía que los patrones ignoraran lo que estaba ocurriendo en cuanto a discriminación en las prácticas de contratación.

En EE. UU. la Ley de Derechos Civiles de 1964 comenzó a cambiar todo eso. Esa ley, junto con sus enmiendas, los resultados de los casos llevados ante los tribunales por discriminación en la contratación o en la promoción y los lineamientos dictados por la Comisión para iguales oportunidades de empleo (EEOC) y por la Oficina de la Comisión Federal de Quejas, entre otras, produjeron un gran impacto en las prácticas de selección de personal. Fundamentalmente, los gobiernos federal, estatal y local intervinieron y anunciaron que las pruebas no se deben utilizar para discriminar a los negros, las mujeres y otros miembros de grupos minoritarios. Más bien, todos deben tener una oportunidad igual de conseguir trabajo en los empleos del país. Este valioso principio amplió el alcance de los factores que una empresa debe considerar al seleccionar personal para sus vacantes.

Los detalles que hay que tener en cuenta son muy complejos. El atender a las disposiciones del gobierno que cambian constantemente, a los precedentes sentados por las decisiones recientes de los tribunales y las revisiones de las normas profesionales[5] son asuntos muy difíciles y complicados. El punto principal, sin embargo, es simplemente éste: las pruebas u otros procedimientos aplicados a la selección son legales si no producen un "efecto negativo" en cualquier grupo minoritario protegido por el Título VII de la Ley de Derechos Civiles de 1964. Por "ningún efecto negativo" se entiende que la proporción de miembros de las minorías contratadas no sea substancialmente menor que la proporción de miembros de los grupos mayoritarios contratados. (La regla empírica es que la proporción minoritaria no debe ser inferior a las cuatro quintas partes de la proporción mayoritaria.) Sin embargo, cuando los miembros de los grupos minoritarios son contratados en proporción significativamente más baja que los miembros de los grupos mayoritarios (por ejemplo, varones de raza blanca), el efecto negativo ha quedado demostrado y la prueba se considera ilegal, *a menos que* la empresa demuestre que la prueba es válida en cuanto a predecir criterios importantes para el empleo (por ejemplo, el desempeño en el trabajo). Aunque se encuentre que la prueba es válida, el patrón debe demostrar que hizo lo razonablemente posible para encontrar otras pruebas también válidas pero que produzcan menos efecto adverso.

¿Qué significa todo esto, para quien selecciona personal? La sugerencia principal es simplemente que los patrones aseguren el establecimiento de procedimientos válidos de selección. El hecho de prestar atención a la secuencia indicada en este capítulo será de gran ayuda: análisis cuidadoso del empleo, indentificación sistemática de los atributos (KSAO) importantes, desarrollo o selección de pruebas y otras mediciones para pulsar los KSAO y evaluación de la validez de esas mediciones. Se podría añadir que el cumplimiento con el espíritu de las disposiciones del gobierno federal es ciertamente una meta que vale la pena y *podría* ayudar a una empresa a evitar costosas demandas. El cumplimiento podría implicar las acciones siguientes: 1) hacer un esfuerzo sincero por contratar a las minorías calificadas, 2) tratar de seguir procedimientos de selección válidos *y* que no causen un efecto negativo y 3) establecer metas de acción afirmativa para contratar y promover a los miembros de las minorías.

Fuera de los límites del presente capítulo hay estudios más detallados de diversos aspectos en el área de las *EEO* y la selección de personal. Se recomienda al lector que consulte otras fuentes para obtener información más completa sobre los temas siguientes: 1) modelos de equidad de la prueba, o sea métodos estadísticos para garantizar la equidad en las decisiones de selección[13, 79]; 2) juicios de valores o aspectos económicos que se deben tener en cuenta antes de decidirse por un modelo de equidad de la prueba[79, 80] y 3) problemas de diferencia de validez, posibles dificultades por el hecho de que una prueba sea valida para un grupo (por ejemplo, un grupo mayoritario) y no lo sea para otro grupo (como unc minoritario).[81, 82]

5.2.3 CAPACITACION DEL PERSONAL

En la primera parte de este capítulo se presentó la selección de personal como una estrategia para mejorar la productividad y la eficiencia de una empresa. Se demostró que la selección precisa de candidatos para cubrir lo puestos puede originar aumentos espectaculares en la productividad y rendimiento eficaz en el trabajo. Esas mejoras también se logran mediante capacitación. El hecho de elevar los niveles de aptitud de los trabajadores tiene los mismos efectos en la productividad que si se eleva el nivel general de aptitud del personal mediante la selección. Desde luego, la capacitación también produce efectos en otros aspectos; por ejemplo, la calidad del trabajo y la seguridad en el lugar de trabajo. Komaki y sus colaboradores[83] señalaron una mejora impresionante en la seguridad de las tareas de mantenimiento de vehículos. Antes de la capacitación, alrededor del 50 por ciento de todas las tareas se realizaban sin accidentes, comparado con el 75 por ciento logrado después de la capacitación. Ese cambio tiene consecuencias deseables obvias, tales como menos tiempo perdido y menos riesgos para los trabajadores.

Aunque tanto la capacitación como la selección producen resultados deseables, se pueden considerar como estrategias diametralmente opuestas para lograr los mismo fines. La selección de personal trata de capitalizar las diferencias individuales seleccionando personas cuyos niveles de habilidad y aptitud sean más altos, mientras que la capacitación trate de "emparejar", o nivelar, las diferencias individuales mejorando la habilidad de cada persona. En realidad, hay empresas que casi siempre prefieren la selección a la capacitación y viceversa.

Tanto la selección como la capacitación son fundamentales para el éxito de las empresas y ambas se acrecientan con una mejor coordinación y cooperación. La selección permite identificar no sólo a las personas que probablemente se beneficiarán más con la capacitación y tendrán éxito en el trabajo, sino también los puntos fuertes y débiles de las personas que la reciben, ya que aumenta las probabilidades de éxito y la productividad de cada persona.

Cuando la empresa trata de resolver un "problema", por ejemplo productividad inferior a la deseada o excesiva rotación del personal, se enfrenta sin duda a la necesidad de elegir entre las estrategias de selección, capacitación o de otra clase (por ejemplo, redefinir un puesto o suprimirlo). Como ya se dijo, rara vez hay que elegir entre una y otra cosa. Por lo general es cuestión de énfasis. Lo importante es que las empresas no deben suponer automáticamente que la capacitación, la selección (u otras estrategias) son *la respuesta* a un problema en particular. Deben reconocer que, probablemente lo óptimo es una combinación de métodos.

Generalidades del proceso de capacitación del personal

Así como el primer paso correcto de la selección es un análisis del puesto con el fin de identificar los atributos importantes para el desempeño eficiente en el trabajo, el primer paso correcto del proceso de capacitación es un análisis para determinar las necesidades en ese renglón. Este análisis de las necesidades ayuda a elegir o desarrollar las aplicaciones apropiadas de la capacitación, la que se puede comparar con la selección o desarrollo de pruebas adecuadas para la selección de personal. Luego se aplica el programa de capacitación y se miden sus efectos en la productividad y eficiencia individual o de la empresa o en otros criterios del éxito y esto equivale a las técnicas de validación que se aplican a las mediciones para la selección de personal.

A continuación se examinan por turno tres componentes del proceso de capacitación: la evaluación de necesidades, técnicas de capacitación y evaluación de la misma. El espacio no permite presentar una relación exahustiva de la gran cantidad de trabajos relacionados con la capacitación. Goldstein[84] terminó un estudio reciente de los trabajos en esta área y Campbell[85] examinó la literatura sobre el tema a partir del decenio de los sesenta. McGehee y Thayer[86] crearon una obra clásica en este campo que proporciona un panorama excelente del estado de la técnica a principios de los años sesenta. Además, McGehee[87] actualizó recientemente el trabajo de 1961. Craig[88] presenta un rica colección de informes detallados, mientras que Salvendy y Seymour[1] proporcionan un panorama de la capacitación orientada a los recursos humanos, particularmente adecuada para los obreros.

La mayoría de los estudios de las investigaciones en materia de capacitación y sus aplicaciones son pesimistas respecto al nivel de adquisición de conocimientos en esta área y lamentan el carácter caprichoso de la capacitación en las empresas,[86, 89] aunque el estudio más reciente de Goldstein[84] es ligeramente más optimista. Otras críticas a las actividades de capacitación en la industria se concentran 1) en la atención relativamente mala que se presta a la evaluación de las necesidades; es decir, a la determinación de *qué* se debe capacitar; 2) en el esfuerzo aún menor que se dirige hacia la evaluación de los programas de capacitación y 3) en el hecho de que se recurre injustificadamente a una sola técnica de rutina, o sólo a unas cuantas como respuesta a todos o a la mayoría de los problemas de capacitación. Con respecto a la crítica 3, esas técnicas por lo general, cambian erráticamente y hacen que la capacitación sea un asunto caprichoso en las empresas.

Las lecciones que se desprenden de estos estudios, para quien tenga el proyecto de desarrollar un curso y programa de capacitación para una empresa, son relativamente claras:

1. Las necesidades de capacitación se deben detallar con claridad mediante técnicas adecuadas de análisis.

2. Se debe llevar a cabo algún tipo de evaluación del éxito logrado en materia de capacitación, que vaya más allá de los "cuestionarios de felicidad" (preguntas acerca de la satisfacción experimentada por los asistentes al curso de capacitación).

3. Se debe evitar el empleo de sólo una o unas cuantas técnicas de capacitación como "la respuesta" a los problemas en esa área.

Identificación de las necesidades de capacitación

La mayoría de los textos sobre capacitación recomiendan tres tipos de análisis para identificar las necesidades. Esos análisis reciben diversos nombres; pero por lo general se les llama 1) análisis de la empresa, 2) análisis de puestos, tareas y operaciones y 3) análisis de las personas.

Análisis de la empresa

De modo general, el análisis de la empresa tiene por objeto identificar los problemas que surgen en la misma, susceptibles de solucionarse mediante la capacitación. Como otros lo han hecho,[87, 90] los autores piden un punto de vista más amplio: el análisis de la empresa debe identificar los problemas y nada más. Como ya se dijo anteriormente, algunos problemas se presentarán más para resolverlos mediante la capacitación, otros mediante la selección, otros mediante una combinación de esos dos métodos y otros más, mediante intervenciones adicionales. El capítulo 2.1 del presente manual está dedicado al análisis y diseño de las empresas; de manera que se sugiere al lector consultarlo para una exposición completa sobre el tema. Sin embargo, existe una forma particular de análisis de la empresa denominada "auditoría de personal". Esta auditoría, según la define Mahler,[91] es "un análisis general de todos los aspectos del trabajo del personal en una empresa", incluyendo la capacitación y la selección. Su propósito es obtener información que sirva de guía para introducir mejoras en el sistema de personal. Mahler ofrece una descripción de esta técnica, así como ejemplos de las preguntas propuestas en las entrevistas y del tipo de conclusiones que se obtienen de una auditoría.

La finalidad del análisis de la empresa, por lo tanto, consiste en conocer los problemas de la misma relacionados con el personal observando, formal o informalmente los "síntomas" tales como la rotación de empleados, utilidades, actitudes de los empleados y su productividad, o bien detectando activamente los problemas mediante encuestas de satisfacción en el trabajo, auditorías de personal, proyecciones de las necesidades futuras de los empleados, etc. Una vez identificados esos problemas es correcto considerar una forma de capacitación como una posible solución entre otras soluciones factibles.

Análisis de empleos, tareas y operaciones

Ya se explicó la importancia que tiene el análisis de puestos para la selección de personal. Este análisis y el de tareas, es también un requisito importante del diseño de programas de capacitación. Anteriormente se describió el estudio de Bownas y Heckman[7] con el fin de ilustrar el uso del análisis de puestos en la selección. Se dijo que las tareas se pueden agrupar por similitud de contenido de manera que puedan formarse conjuntos homogéneos de tareas. Los conjuntos homogéneos, uno de los cuales se ilustró con el ejemplo 5.2.1, pueden servir también como definiciones del rendimiento final para un programa de capacitación. Por ejemplo, el 5.2.1 muestra un conjunto de tareas del bombero bajo la denominación "rescate", la cual incluye tareas tales como "Mover objetos o materiales pesados para tener acceso a *o* liberar a las víctimas atrapadas" y "Transportar a las víctimas conscientes, inconscientes o muertas escaleras abajo, usando rastras, cuerdas, catres . . ." Cada una de esas tareas es una descripción sucinta del comportamiento final que debe observar una persona que se capacita para combatir incendios.

Hay muchos métodos para analizar un empleo o una tarea que se podrían aplicar en este contexto (vea especialmente el capítulo 2.4, así como los capítulos 3.2, 4.1, 4.5 y 4.6). Sin embargo, el método empleado debe proporcionar descripciones de la tarea, el conocimiento o la habilidad con suficientes detalles para especificar claramente los comportamientos finales a que conduce la capacitación. El análisis debe indicar también algún método para determinar las prioridades de las tareas, conocimientos y habilidades; por ejemplo, las clasificaciones, hechas por los titulares o por los supervisores, de la importancia que tienen para el éxito general, o del tiempo que se dedica a la tarea u operación. Por último, como señala McGehee,[87] el análisis debe especificar el nivel de comportamiento o rendimiento que se requiere y proporcionar una descripción de aquello que se hace en el trabajo. Volviendo al ejemplo del trabajo del bombero, la descripción de tarea "Mover objetos o materiales pesados para tener acceso a *o* para librerar a las víctimas atrapadas" no está completa. Se debe especificar también el peso y forma de los objetos y la rapidez con que deben ser retirados.

Un aspecto importante del análisis de los empleos es la determinación de la validez del contenido de los objetivos de la capacitación. Como ya se dijo, los lineamientos *EEO* se aplican a la selección y exigen que los patrones demuestren que esas pruebas están relacionadas con el trabajo. Los mismos lineamientos se pueden aplicar a la capacitación siempre que el éxito en la misma sea un requisito para obtener el empleo.[84] Aún más importante tal vez es el hecho de que simplemente tiene sentido, desde el punto de vista de la eficiencia de la empresa, asegurarse de que los objetivos de la capacitación o los rendimientos finales se relacionan verdaderamente con el trabajo, en vista del evidente desperdicio que representan los comportamientos y habilidades que producen poco o ningún efecto en el rendimiento demostrado en el trabajo.

Peterson y otros[92] ofrecen un ejemplo de análisis de necesidades altamente relacionadas con el trabajo. Llevaron a cabo un análisis del puesto de funcionario correccional (guardián en una prisión) en un penal para adultos del Medio Oeste de los EE. UU. Utilizando un cuestionario de análisis elaborado a partir de entrevistas celebradas con funcionarios correlacionales y sus supervisores, identificaron 79 tareas críticas asociadas con el empleo. Identificaron también 18 características del empleado (atributos) en forma similar. En el ejemplo 5.2.13 se pueden ver algunas de las 79 tareas y 18 atributos (KSAOs).

En seguida, a fin de determinar la importancia de los 18 KSAO para realizar el trabajo, se pidió a 25 expertos que clasificaran la importancia que tenía cada uno de los atributos para llevar a cabo con éxito cada una de las 79 tareas críticas. Por ejemplo, los expertos clasificaron la importancia de "comunicarse, aconsejar y asesorar" para las tareas de "información de actividades sospechosas", "efectuar registros en las personas", y así para el resto de las 79 tareas. La importancia se clasificó en una escala de 5 puntos en la cual 1 = carece de importancia y 5 = sumamente importante.

Luego se determinó la importancia general de cada KSAO calculando la media de todas las clasificaciones de los KSAO. En esta forma se identificaron los más importantes y se establecieron los objetivos de la capacitación de acuerdo con esas clasificaciones; es decir, los KSAO más importantes recibieron la más alta prioridad para las futuras actividades de capacitación.

De manera que el análisis de puestos, tareas y operaciones sirve para identificar claramente qué es lo que se debe capacitar. El producto final debe ser una buena descripción de los comportamientos últimos, aptitudes y conocimientos, clasificados de acuerdo con su importancia general para el éxito en el trabajo.

Análisis de las personas

Los objetivos del análisis de las personas, llamado también análisis del "personal" o de la "fuerza de trabajo", consisten en evaluar la eficiencia con que los empleados individuales desempeñan su trabajo y, en caso de encontrar un bajo nivel de eficiencia, determinar qué factores se pueden corregir mediante la capacitación.[87]

Ejemplo 5.2.13 Ejemplos de tareas críticas y características pertinentes del trabajador en el empleo de funcionario de instituciones correccionales

Tareas críticas

Informar sobre actividades sospechosas dentro y fuera de la valla (p.ej., personas o vehículos que merodean cerca de la valla).

Cachear a los reclusos después de las visitas.

Interrumpir las peleas entre reclusos.

Características pertinentes en el trabajador

Conocimiento y habilidad para tratar con reclusos violentos: uso de armas de fuego, técnicas de control de multitudes, principios y procedimientos de primeros auxilios, técnicas de la defensa personal.

Comunicar, asesorar y aconsejar-ser capaz de reconocer las necesidades de las personas y las diferencias que hay entre ellas; ser capaz de asesorar y aconsejar a los reclusos y de manejar los conflictos de personalidad que surgen entre ellos; ser capaz de hablarles con sencillez y de escucharles sobre cosas tales como los reglamentos y su cumplimiento y las explicaciones que los reclusos dan de sus actos.

Ya se explicaron los problemas que se encuentran al medir con precisión la eficiencia del empleado en el trabajo. La medición precisa, hecha con el fin de evaluar las necesidades de capacitación, tiene gran importancia para evaluar la validez de las pruebas de selección.

Si se encuentran deficiencias en el desempeño de las personas en el trabajo, es necesario determinar en el análisis de las mismas las causas de esas deficiencias. Los métodos "objetivos" de medición del comportamiento (cifras de producción, recuento de desperdicios, etc.) proporcionan por sí mismos poca información acerca de las causas de la mala calidad o la poca cantidad de trabajo. Pero, si se recurre a clasificaciones de supervisión cuidadosamente establecidas, las causas de las deficiencias se podrán inferir con facilidad. Conviene recordar la descripción anterior del puesto de reclutador para las fuerzas armadas. En él se descubrieron tres dimensiones básicas de comportamiento: convencimiento, relaciones humanas y organización. Las clasificaciones hechas por los supervisores teniendo en cuenta esas dimensiones de comportamiento permiten aislar las deficiencias de actuación de un reclutador en particular.

Otra manera de determinar las causas del rendimiento deficiente consiste en someter a prueba a los empleados. Para ello se recurre a las muestras de trabajo, a las pruebas de consecución e incluso a las pruebas de aptitud o habilidad. Las muestras de trabajo identificarán fácilmente aquellas tareas u operaciones que un empleado está realizando mal. Las pruebas de consecución serán muy útiles para identificar deficiencias de conocimiento o habilidad (conocimiento de las matemáticas, habilidad para la lectura, etc.) que impiden el rendimiento efectivo. Las pruebas de aptitud son probablemente las mejores para identificar aquellas deficiencias que son la causa de que a los empleados les resulte difícil aprender una tarea o trabajo en particular. (Véase Maslow[93] para un estudio del papel que desempeñan las pruebas en las actividades de capacitación y desarrollo.)

Técnicas de capacitación

Catálogo de técnicas

Una vez que se identifican las necesidades de capacitación y se expresa en forma de objetivos de capacitación o instrucción, es necesario diseñar un programa de capacitación para lograr esos objetivos. Sería sumamente conveniente tener una taxonomía de las técnicas de capacitación, de manera que se pudiera señalar fácilmente la técnica adecuada para cada problema u objetivo de capacitación, pero es de lamentar que no exista. A continuación se cita a Hinrichs:

> *En esta área de selección de técnicas de capacitación y desarrollo de programas, la tarea de capacitar es un arte más que una ciencia. A este respecto sabemos muy poco, ya que la evaluación de las investigaciones no ha revelado cuáles técnicas o combinaciones de técnicas son más eficaces para lograr objetivos específicos.*[94]

Hay varias maneras de clasificar las técnicas de capacitación disponibles. Para este fin, se eligió el enfoque adoptado por Hinrichs, quien agrupa las técnicas de capacitación en tres categorías: 1) orientadas hacia el contenido, técnicas diseñadas para impartir los conocimientos fundamentales a nivel cognoscitivo; 2) orientadas hacia el proceso, técnicas con las cuales se pretende modificar las actitudes, desarrollar la conciencia de sí mismo y de los demás, así como acrecentar las facultades de acción interpersonal y 3) mixtas, técnicas que tratan al mismo tiempo de transmitir información y modificar las actitudes.

El ejemplo 5.2.14 ofrece descripciones breves de 10 técnicas comunes de capacitación clasificadas en esas tres categorías, con las ventajas y desventajas de cada una. Como dijo Hinrichs, la aplicación de esas técnicas a problemas específicos de capacitación es en buena medida un arte; pero la información que contiene el ejemplo proporciona un buen punto de partida para identificar una estrategia de capacitación adecuada.

Ejemplo 5.2.14 Bosquejo de las técnicas de capacitación más comunes

Técnica	*Ventajas*	*Desventajas*
	Técnicas orientadas hacia el contenido	
Conferencia. Como se dan típicamente en el aula en escuelas de segunda enseñanza y en universidades	Económica. Un buen método de capacitación preliminar para despertar el conocimiento. Un buen método para comunicar información, sobre todo cuando el conferencista es hábil y posee conocimientos que de otro modo no están al alcance de los estudiantes.	No se tienen en cuenta las diferencias individuales. El aprendizaje no se controla. Transición tal vez limitada de la conferencia a la capacidad real, salvo en tareas cognoscitivas. Su naturaleza altamente verbal puede atemorizar a algunos estudiantes, sobre todo a aquellos cuya capacidad verbal es limitada. No hay un refuerzo sistemático. Los estudiantes tienen pocas oportunidades de participar
Instrucción audiovisual. Por ejemplo películas, televisión, discos, transparencias.	A menudo presenta material que no puede ser visto en otra forma. Las cintas y casetes pueden ser útiles para retroalimentación. Puede abarcar a un gran número de estudiantes, con un costo relativamente bajo por persona. Uniformidad en la presentación del contenido. Hay variedad en el contenido.	Los estudiantes son tratados pasivamente. No es realmente una técnica en sí misma. Por lo general es un complemento de otras técnicas. Hay que contar con ayuda profesional para preparar las películas.
Autoenseñanza. Instrucción programada (IP), instrucción con ayuda de la computadora (CAI). Emplea dos métodos principales: un enfoque lineal o por pasos y una técnica de ramificación.	El estudiante participa activamente. Enseñanza individualizada y controlada. Comunica los resultados en forma particular e inmediata. Se puede actualizar a voluntad, con base en la experiencia obtenida con el programa. La redacción del programa exige una organización cuidadosa. Ahorra tiempo de capacitación.	Su preparación es costosa. Se limita a situaciones en que el contenido es claro y los objetivos son fáciles de identificar. La escasa participación social hace que su uso sea limitado para capacitar en materia de interacción social.

Ejemplo 5.2.14 Bosquejo de las técnicas de capacitación más comunes *(Continuación)*

Técnicas	*Ventajas*	*Desventajas*
	Técnicas mixtas	
Conferencia y discusión. Discusión de temas, problemas, etc., en grupo (p.ej., en una conferencia).	Puede dar lugar a una participación apreciable del estudiante. Ofrece la oportunidad de hacer aclaraciones. Es posible conocer los resultados a través del conferencista y de otros participantes.	Se limita a grupos pequeños. A menudo mal organizada en la práctica. Exige gran habilidad y tacto por parte del conferencista.
Estudio de casos y los procesos relativos. Estudio, análisis y discusión de algún área de actividad; por ejemplo, finanzas, administración, investigación, producción, etc.	Puede ser una experiencia dinámica y participativa para el estudiante. Exige que el estudiante recurra a la lógica, el análisis y el buen juicio. El estudiante recibe retroalimentación a través de la discusión. Puede ser útil para impartir conocimientos y para enseñar los métodos de toma de decisiones y resolución de problemas.	Es difícil saber cuánta información se debe incluir en un caso. El papel de quien dirige la discusión es muy importante. Debe tratar de concentrar el estudio del caso en la comprensión; no sólo en una solución.
Simulaciones. Van desde la simulación de maquinarias complejas, del medio espacial con ayuda de la computadora, de la instrucción de vuelo, etc., que exigen habilidad motora, hasta los juegos sencillos no computarizados que no requieren habilidad motora.	Especialmente útiles cuando hay interdependencia entre las personas y el equipo o cuando es esencial el trabajo de equipo. Permiten pasar de la capacitación a la situación real. Son dinámicas (permiten ver las consecuencias de las acciones) y a la vez no punitivas, porque los errores son inofensivos en vez de dar lugar a perjuicios costosos. Son intrínsecamente motivadoras.	Con frecuencia no permiten enfocar normalmente los problemas. Los estudiantes se ven excesivamente implicados y no hacen una crítica de la eficiencia de su rendimiento. Hay tendencia a "aferrarse" a cierta estrategia para "ganar" el juego. El grado de realismo puede ser costoso. Las simulaciones de habilidad motora son muy costosas.
Métodos de capacitación sobre la marcha. Las técnicas son variadas: Capacitación en el trabajo- el instructor explica la tarea, observa el trabajo del estudiante y expresa su opinión al respecto.	Excelente contacto con las tareas reales. Retroalimentación más o menos inmediata a través de la situación de trabajo y a través del instructor.	Pueden ser deficientes; baja productividad y mucho desperdicio. Tal vez menos participación del estudiante (sobre todo cuando hay rotación de labores). La instrucción puede no ser tan completa como la

Capacitación de orientación-un esfuerzo sistemático para comunicar al nuevo empleado toda la información básica. Capacitación de aprendices-trabajar bajo la vigilancia de un supervisor durante un período específico antes de convertirse en ''oficial''. Evaluación del rendimiento-informar sobre el rendimiento y la conducta en el trabajo, mediante un sistema formal de evaluación. Preparación-capacitar y enseñar durante la relación cotidiana entre empleado y supervisor. Rotación de labores-cambiar de una a otra tarea, dedicando un tiempo relativamente breve a cada una. Todos los métodos están basados en la teoría de que haciendo se aprende mejor.		que se recibe en el departamento de capacitación. La capacitación puede estar supeditada a la realización del trabajo.
	Técnicas orientadas hacia el proceso	
Desempeñar un papel. Los estudiantes representan a los personajes de una situación realista y actúan como piensan que actuaría la persona en su papel.	Hay una retroalimentación considerable. El estudiante participa muy activamente. Se obtiene práctica en la acción interpersonal y en la solución de problemas, en condiciones ''reales''.	Los estudiantes pueden pensar que el ejercicio es infantil. Los estudiantes pueden ''sobreactuar'', pasando por alto los aspectos relacionados con la solución del problema. El instructor no controla los refuerzos (que están en manos de los otros estudiantes que participan). Requiere mucho tiempo. Relativamente costosa. Sólo puede participar un número limitado de personas.
Capacitación por sensibilidad (Grupo T). No hay un método único. En el modelo clásico, los participantes se reúnen sin un programa para discutir cuestiones relacionadas con el ''aquí y ahora'' del proceso de grupo (por qué los participantes se comportan como lo hacen; cómo se perciben unos a otros; por qué experimentan emociones y sentimientos).	Altamente motivadora para algunas personas. Los estudiantes pueden modificar su conducta en el trabajo.	¿Motivación para qué? Los refuerzos no se controlan en absoluto. Sólo puede participar un reducido número de personas. Se genera una tensión sicológica considerable.

Ejemplo 5.2.14 Bosquejo de las técnicas de capacitación más comunes *(Continuación)*

Técnicas	*Ventajas*	*Desventajas*
Modelaje. La conducta que se va a aprender se muestra usando modelos, mediante películas o grabaciones de video. Anteriormente, esta técnica enfocaba la actuación de los supervisores en situaciones interpersonales. Secuencia: Exposición clara de las conductas que se van a aplicar. Un modelo filmado o una demostración de las habilidades que se están aplicando. Cada estudiante debe representar el papel. Refuerzo social del comportamiento correcto en la situación de que se trate. Cada estudiante debe planear la manera de transferir las habilidades a su caso particular.	Combina las ventajas del desempeño de papeles y la capacitación por sensibilidad con otros métodos más tradicionales (conferencia, instrucción audiovisual, discusión). Según se practica, subraya las relaciones directas de las nuevas técnicas con el trabajo y las transfiere a la situación real.	Exige mucho al instructor, el cual puede requerir preparación especial. La preparación de películas o modelos adecuados para demostración puede ser costosa.

Fuente: Basado en la referencia 90.

El proceso de capacitación

Además de elegir las técnicas que se van a utilizar en un curso de capacitación, el instructor debe interesarse en el *proceso* de capacitación. Varios autores recomiendan la aplicación de los principios del aprendizaje (derivados principalmente de las investigaciones académicas en laboratorio) como guía para estructurar el proceso de aprendizaje en un curso de capacitación.[85, 87, 95] Hinrichs[90] señala, sin embargo, que los responsables de la capacitación aplicada olvidan gran parte de este mecanismo. Los autores también recomiendan que lo que se conoce acerca del aprendizaje se aplique en forma más coherente con el desarrollo de los programas de capacitación en las empresas. Por lo tanto, presenta siete principios del aprendizaje, que a menudo explican las autoridades en materia de capacitación.

Principios del aprendizaje. Primordialmente se recurre a las descripciones de estos principios proporcionadas por Campbell y sus colaboradores.[96] (El lector encontrará en el capítulo 4.3 un estudio de los temas relacionados con las curvas de aprendizaje.)

1. Períodos de capacitación distribuidos o espaciados. ¿Cómo se deben programar las sesiones de capacitación? ¿8 horas diarias durante 5 días, o 2 horas diarias durante 20 días? Los estudios disponibles recomiendan la distribución en sesiones más breves durante un período más largo; pero esto está basado en los estudios de las habilidades motoras y la memorización de rutinas. Este principio se ha investigado poco en tipos de aprendizaje cognoscitivo más complejos.

2. Aprendizaje global o aprendizaje por partes. Los estudios indican que hay una cantidad óptima de conocimientos que se deben presentar en una sola vez. Desafortunadamente, esos estudios ofrecen poca ayuda en cuanto a decidir cuál debe ser esa cantidad para un determinado programa de capacitación.

El método de Gagné[97-99] puede considerarse como una forma refinada del aprendizaje "por partes". Su estrategia hace hincapié primeramente en el contenido, o sea aquello que se va a aprender y después en el orden de su presentación. Recalca lo siguiente: a) identificar con claridad las tareas que componen las labores globales o "comportamiento final"; b) asegurarse de que el aprendiz adquiera una competencia total en cada una de esas tareas componentes y c) organizar el programa de capacitación de manera que las tareas aprendidas al principio del curso faciliten el aprendizaje de las tareas posteriores (por ejemplo, el aprendizaje de la tarea A, que se enseña al principio, hará que el aprendizaje de la tarea B, que se enseña después, sea más fácil y rápido).

Evidentemente, el método de Gagné da gran importancia al análisis de empleos y tareas. Es evidente también que este método se adapta mejor a los empleos que se pueden dividir fácilmente en tareas principales formado por subtareas componentes y que posiblemente se adapta menos a los trabajos en que las labores no se pueden delinear con tanta facilidad.

3. Refuerzo. Los comportamientos por los cuales se recompensa al aprendiz se aprenden comparativamente bien y se utilizan en otras situaciones. El castigo es un refuerzo ineficaz y su empleo se evita por lo general en los programas de capacitación. Los problemas en este caso son los siguientes: a) ¿Qué constituye una recompensa adecuada para el aprendiz? b) ¿Quién o qué debe otorgar la recompensa? Las posibilidades van desde el simple elogio verbal por parte del instructor, hasta los ascensos, otorgados por los superiores, a quienes se han distinguido en la capacitación. Campbell y sus colaboradores[96] llegan a la conclusión de que este principio puede ser el más valioso, pero es difícil de aplicar en forma óptima.

4. Retroinformación. Llamado también "conocimiento de los resultados", este principio aumenta el aprendizaje al hacer que la tarea de capacitar sea más interesante y permitir que el aprendiz corrija sus propios errores. El instructor debe retroinformar tan pronto como sea posible después de la respuesta del aprendiz y *también debe* indicarle a este último las causas de los errores y la manera de evitarlos en el futuro.

5. Motivación. Este principio se puede resumir diciendo que una persona debe sentir el deseo de aprender, pero no demasiado. La poca motivación, lo mismo que la motivación excesiva, por lo general perjudica al aprendizaje. La motivación se puede acrecentar haciendo que la capacitación misma sea interesante, emocionante, etc. o proporcionando un motivador externo; por ejemplo, recompensas monetarias por los altos niveles de rendimiento.

6. Transferencia en la capacitación. Este principio dice que las aptitudes o habilidades aprendidas en la capacitación se utilizan más fácilmente en el trabajo en la medida en que los elementos de habilidad o la aptitud, como se presentaron en el contexto de capacitación, simulen las condiciones del trabajo. Hay que asegurarse de que los requisitos de comportamiento en el trabajo se tengan presentes al determinar el contenido del curso de capacitación. Esto hace recordar lo que se explicó sobre las muestras de trabajo comparadas con las pruebas de habilidad sicomotora, para la selección de personal. Las muestras de trabajo son los indicadores más precisos del desempeño posterior del trabajo, tal vez porque las aptitudes necesarias para hacer bien la muestra son similares a las que exige realmente el empleo.

7. Práctica. Las nuevas habilidades aprendidas en el curso de capacitación se deben utilizar repetidamente para no olvidarlas. Esto indica simplemente que los instructores deben conceder en el programa de capacitación tiempo suficiente para poner en práctica las nuevas habilidades o aptitudes.

Resulta evidente que la opinión de Hinrichs en sentido de que el diseño de un curso de capacitación es un arte más que una ciencia, está justificada. Los autores opinan que los análisis a fondo de las necesidades, particularmente el análisis del puesto y el de las personas, ayudarán mucho a aclarar las decisiones que se deben tomar respecto a las técnicas de capacitación y a la organización del ejercicio de aprendizaje.

Evaluación de la capacitación

La evaluación de una determinada actividad o programa de capacitación no es diferente, en teoría, de la evaluación de cualquier otra intervención, por ejemplo, una nueva medicina que pretende curar o aliviar los efectos de la enfermedad, un programa de tratamiento del alcoholismo, o un nuevo fertilizante para mejorar el crecimiento de las plantas. El objetivo de toda evaluación consiste en determinar si la intervención produjo algún efecto y estimar la magnitud de ese efecto. De modo general, el efecto que se busca con las actividades de capacitación en la industria es mejorar el rendimiento de trabajo de las personas que reciben capacitación. McGehee[87] señala que hay dos razones principales para evaluar debidamente los programas de capacitación: 1) la capacitación cuesta dinero y es probable que los miembros de la empresa responsable de ella tengan que justificar los gastos; 2) La Ley de iguales oportunidades de empleo y sus disposiciones, son aplicables a la capacitación, aunque hasta el momento se han enfocado primordialmente en las pruebas a los solicitantes de empleo. Es probable que se exija cada vez más a las empresas que demuestren que sus programas de capacitación no son discriminatorios y que los conocimientos, habilidades y aptitudes que se enseñan en esos programas están relacionados con el empleo.

Ya se mencionó anteriormente que la mayoría de los especialistas que realizan estudios en el campo de la capacitación critican acerbamente la evaluación de las actividades correspondientes. Muchos programas de capacitación jamás se evalúan. Muchos otros sí lo son, pero por métodos inadecuados que normalmente no van más allá de un breve cuestionario que los asistentes contestan al terminar el programa. En esos cuestionarios se hacen unas cuantas preguntas acerca de las reacciones generales ante el programa, sobre la competencia de los instructores, los beneficios que se esperan de la participación, etc. Aunque esa información tiene algún valor para determinar si los asistentes disfrutaron del ejercicio de capacitación, esas evaluaciones no ofrecen información alguna acerca de los conocimientos y habilidades adquiridos por los aprendices ni acerca de su mejoramiento posterior en el trabajo.

Kirkpatrick[100] llama a esta breve evaluación de fin de curso "evaluación de reacciones". Es sólo la primera de los cuatro tipos siguientes de evaluación que, en su opinión, se deben llevar a cabo:

1. *De reacciones.* — *¿Les gustó (a los aprendices) el programa?*
2. *De aprendizaje.* — *¿Qué principios, hechos y técnicas se aprendieron?*
3. *De comportamiento.* — *¿A qué cambios de comportamiento en el trabajo dio lugar el programa?*
4. *De resultados.* — *¿Cuáles fueron los resultados tangibles del programa en términos de costos más bajos, mejor calidad, mayor cantidad, etc.?*[101]

Según Kirkpatrick, por lo tanto, hay cuatro niveles de evaluación. Los primeros dos, de reacciones y de aprendizaje, son mucho más fáciles de lograr que los dos últimos, de comportamiento y de resultados. Es fácil elaborar cuestionarios de fin de curso para conocer las reacciones del aprendiz. Es algo más difícil elaborar pruebas por escrito o muestras de trabajo para medir los progresos del aprendiz en aquello que se trata de enseñarle; pero estos dos tipos de medición se pueden aplicar antes de que los aprendices terminen el programa de capacitación y queden fuera del control del instructor. La verdadera dificultad se presenta al tratar de medir los cambios ocurridos en el comportamiento en el trabajo y al diseñar estudios de evaluación que permitan llegar a la conclusión de que esos cambios, si los hubo, *son un resultado del programa de capacitación* y no se deben a otros acontecimientos ocurridos al mismo tiempo. Es una lástima que los criterios de evaluación que más interesan sean estos dos últimos. El verdadero beneficio de la capacitación aparece cuando la eficiencia de la persona se acrecienta al volver al trabajo.

Una de las causas de la mayor dificultad con que se tropieza para evaluar el desempeño en el trabajo y los resultados del programa es el problema (que ya se trató) que implica medir en forma adecuada el rendimiento de los empleados. Conviene tener presente que los índices objetivos de rendimiento son casi invariablemente deficientes o están viciados y que las clasificaciones del desempeño en el trabajo hechas por los supervisores padecen problemas tales como el efecto de aureola y los errores de indulgencia. Pero por lo menos, estos difíciles problemas se pueden disminuir, como ya se indicó en el capítulo.

Si se supone que es posible obtener mediciones razonablemente precisas del desempeño individual en el trabajo, será posible realizar estudios que permitan excelentes evaluaciones de la efectividad del programa de capacitación, siempre que se utilice un diseño experimental apropiado. El diseño experimental no se explica detalladamente (para ello, consulte Campbell y Stanley[102] y Cook y Cambell[103]), pero se mencionan brevemente tres tópicos importantes en esta área: las amenazas a la validez, los grupos de control y la asignación al azar.

Las amenazas a la validez son factores que, cuando están presentes en un experimento tal como la evaluación de un programa de capacitación, pueden dar explicaciones alternativas de cualesquiera cambios o "efectos" que se encuentren. Esos factores constituyen amenazas porque, además del programa mismo de capacitación, son causas plausibles de los cambios que se observan en el comportamiento del aprendiz. ¿Cuáles son esas amenazas? Campbell y Stanley[102] mencionan 12 de ellas, entre las cuales figuran estos ejemplos: 1) los "efectos reactivos de la prueba", o sea los efectos de pasar una prueba inicial en las primeras etapas de la capacitación y su reflejo en las puntuaciones al finalizar el programa, y 2) la "historia", acontecimientos que tienen lugar durante el período de capacitación, aparte del programa mismo.

Un aspecto importante de un buen diseño experimental es el empleo de grupos de control o de comparación. Respecto a la evaluación de la capacitación, un grupo de control es un grupo de trabajadores no capacitados que realizan tareas similares a las de los trabajadores que están recibiendo capacitación. (A estos últimos se les llama "grupo experimental".) El rendimiento en el trabajo tanto de los miembros del grupo de control como de los del grupo experimental se pueden medir y comparar (después de la capacitación), a fin de obtener una estimación de los efectos de ésta en el rendimiento en el trabajo.

Un aspecto muy importante de todos los diseños experimentales es la asignación al azar de las personas a los grupos experimental (sujeto a capacitación) y de control (sin capacitación). Si no es posible hacer esas asignaciones al azar, la utilidad de la mayoría de los diseños experimentales se reduce mucho. La dificultad principal radica en la imposibilidad de separar los efectos resultantes del programa de capacitación de los efectos ocasionados por la manera en que se seleccionó a las personas para capacitarlas.

En los medios industriales a veces no se pueden formar grupos adecuados de control o resulta imposible asignar en forma aleatoria empleados a los programas de capacitación. En esos casos se deben usar diseños cuasi-experimentales para evaluar la capacitación.[103] Esos diseños no eliminan tantas amenazas a la validez como los "verdaderos" diseños experimentales; pero es mejor emplearlos que no hacer evaluación alguna.

Para concluir esta sección, recuerde que la finalidad de la evaluación de un programa de capacitación es dar respuesta a estas preguntas engañosamente fáciles: "¿Dio lugar la capacitación a alguna diferencia?" y "De ser así, ¿qué tanta?" Nuevamente se recomienda a los especialistas que evalúen los programas de capacitación como cosa de rutina. Tal vez no sea posible diseñar y efectuar estudios elegantes para responder concluyentemente a todas las preguntas relacionadas con el verdadero valor de un programa; pero debe hacerse algún esfuerzo para determinar si el tiempo y el dinero invertidos en esos programas están realmente justificados.

Uso de recursos externos de capacitación

Con frecuencia, las grandes empresas cuentan con los recursos necesarios para llevar a cabo la capacitación; pero las compañías más pequeñas, e incluso otras más grandes y mejor provistas de personal, tienen que acudir a fuentes externas. A este respecto, Whitlock[104] explica el correcto papel de las universidades, colegios y otras instituciones educativas; Parry y Ribbing[105] examinan el empleo de consultores externos; Cantwell y colaboradores[106] estudian los programas y paquetes externos de capacitación. Esas fuentes son útiles; pero en realidad no hay pruebas sistemáticas que puedan guiar en forma precisa en cuanto al empleo de esas fuentes. Más bien se imponen el mismo sentido común y el sano escepticismo indispensables al realizar una compra importante de bienes o servicios.

La primera pregunta que la empresa debe contestar cuando estudia la posibilidad de recurrir a una fuente externa de capacitación es la siguiente: "¿Qué clase de capacitación se necesita?" Ya se explicaron las tres partes principales del proceso de capacitación: análisis de necesidades, técnicas de capacitación y evaluación; además se dispone de consultores externos que se pueden encargar de esas actividades. Los autores piensan, sin embargo, que quienes toman las decisiones en la empresa deben desempeñar el papel principal en cuanto a definir las necesidades de capacitación. Ciertamente, si la empresa no puede dar una definición clara de sus necesidades, el problema de decidir a qué consultor o proveedor debe acudir le resultará en verdad muy difícil.

Una vez que la empresa define claramente sus necesidades de capacitación le será más fácil evaluar la conveniencia de utilizar diversos recursos externos. La elección de una estrategia de capacitación puede ir desde una corta película que trate de un tema especial, hasta un programa universitario a largo plazo para los administradores. Parry y Ribbing[105] señalan que por lo general se recurre a un consultor por una o más de estas tres razones: 1) hay una necesidad urgente ("el tiempo es corto y mucho depende de ello") que no se puede satisfacer con el personal interno; 2) se requieren conocimientos especiales, no se dispone de instalaciones internas o todo eso resulta muy costoso; 3) existe una necesidad política de neutralidad o credibilidad, que es más fácil atribuir a los consultores externos que al personal interno de capacitación.

Los consultores no siempre son necesarios. Por ejemplo, los programas y cursos impartidos por los colegios y universidades a menudo son cursos de "extensión" muy útiles para los administradores y otras personas, mientras que las escuelas vocacionales y los colegios de menor nivel ofrecen capacitación en técnicas específicas tales como soldadura, dibujo mecánico, contabilidad, operación de computadoras, etc.

Por último, la empresa no debe omitir la fase de evaluación sólo porque la capacitación no se llevó a cabo ahí mismo. Se debe adoptar la misma postura crítica hacia los programas externos que hacia los internos.

5.2.4 COMENTARIOS FINALES

La selección y capacitación se examinaron como estrategias para mejorar la eficiencia de las empresas. Se sugirió que los esfuerzos dedicados a la selección y capacitación dan lugar a incrementos espectaculares en la productividad de los trabajadores. Conviene recordar la recomendación respecto a que se coordinen estrechamente las actividades de selección y capacitación, para que la empresa obtenga los máximos beneficios.

A lo largo del capítulo se recalcó la importancia que tiene el análisis del empleo antes de implantar los procedimientos de selección o programas de capacitación. Con demasiada frecuencia, las empresas adoptan soluciones (un paquete para prueba o para capacitación) antes de haber definido correctamente el problema. El análisis cuidadoso del trabajo contribuye mucho a garantizar el éxito eventual de las actividades de selección y capacitación.

Tanto las buenas prácticas comerciales como las leyes y disposiciones relativamente nuevas del gobierno de los EE. UU. exigen la evaluación cuidadosa de los resultados de los procedimientos de selección y los programas de capacitación. Se proporcionaron algunas directivas para llevar a cabo esas evaluaciones, e insistentemente se recomienda a las empresas que estudian la validez de sus procedimientos de selección y evalúen sus programas de capacitación.

Por último, se hace notar que las funciones de selección y de capacitación forman parte de un sistema mayor, o sea el de la empresa. Se dispone de muchos otros métodos para aumentar la productividad de las personas y la eficiencia de la empresa, como quedó demostrado en los otros capítulos de este manual. El administrador prudente sigue diversas estrategias de utilización de los recursos humanos, de acuerdo con la situación, para acrecentar la eficiencia general de la empresa.

REFERENCIAS

1. J. E. HUNTER y F. L. SCHMIDT, "Implications of Job Assignment Strategies for National Productivity," en E. A. Fleishman, Ed., *Human Performance and Productivity,* en prensa.
2. F. L. SCHMIDT, J. E. HUNTER, R. C. MCKENZIE, y T. W. MULDROW, "Impact of Valid Selection Procedures on Work-Force Productivity," *Journal of Applied Psychology,* Vol. 64, 6 (1979), págs. 609-626.
3. SCHMIDT y otros, "Impact of Valid Selection Procedures," pág. 624.
4. G. SALVENDY y W. D. SEYMOUR, *Prediction and Development of Industrial Work Performance,* Wiley, Nueva York, 1973.
5. "Uniform Guidelines on Employee Selection Procedures," *Federal Register,* Vol. 43; 1978; pág. 38290.
6. *Griggs* v. *Duke Power Company*, 401 U.S. 424, 1971.
7. D. A. BOWNAS y R. HECKMAN, *Job Analysis of the Entry-Level Firefighter Position*, Personnel Decisions Research Institute, Minneapolis, 1976.
8. J. H. WARD y M. E. HOOK, "Applications of an Hierarchical Grouping Procedure to a Problem of Group Profiles," *Educational and Psychological Measurements,* Vol. 23, 1963, págs. 69-81.

9. M. J. BOSSHARDT y S. E. LAMMLEIN, *Development of a Selection Test Battery for Millwrights*, Personnel Decisions Research Institute, Minneapolis, 1979.

10. R. D. DESMOND y D. J. WEISS, "Supervisor Estimation of Abilities in Jobs," *Journal of Vocational Behavior,* Vol. 3, 1973, págs. 181-194.

11. M. D. DUNNETE, "Aptitudes, Abilities, and Skills," en M. D. Dunnette, Ed., *Handbook of Industrial and Organizational Psychology,* Rand McNally, Chicago, 1976.

12. N. G. PETERSON y D. A. BOWNAS, "Human Characteristics, Task Structure, and Performance Acquisition," en E. A. Fleishman, Ed., *Human Performance and Productivity,* Lawrence Elbaum Associates, Hillsdale, NJ, en prensa.

13. M. D. DUNNETTE y W. C. BORMAN, "Personnel Selection and Classification Systems," *Annual Review of Psychology*, Vol 30, 1979, págs. 477-525.

14. A. R. JENSEN, *Bias in Mental Testing,* Free Press, Nueva York, 1980.

15. E. E. GUISELLI, *The Validity of Occupational Aptitude Tests,* Wiley, Nueva York, 1966.

16. B. J. DVORAK, "The General Aptitude Test Battery," *Personnel and Guidance Journal,* Vol. 35, 1956, págs. 145-154.

17. G. K. BENNETT, H. G. SEASHORE, y A. G. WESMAN, *Counseling From Profiles: A Casebook for the Differential Aptitude Tests,* Phychological Corporation, Nueva York, 1951.

18. L. L. THURSTONE, "Primary Mental Abilities," *Psychometric Monographs*, No. 4 (1938).

19. F. L. RUCH y W. W. RUCH, *Employee Aptitude Survey: Technical Report,* Psychological Services, Los Angeles, 1963.

20. R. M. GUION y R. F. GOTTIER, "Validity of Personality Measures in Personnel Selection," *Personnel Psychology,* Vol. 18, 1966, págs. 135-164.

21. H. G. GOUGH, *Manual for the California Psychological Inventory,* Consulting Psychologists Press, Palo Alto, Ca, 1957.

22. D. N. JACKSON, *Personality Research Form Manual,* Research Psychologists Press, Goshen, NY, 1974.

23. A. L. COMREY, *Comrey Personality Scales,* Educational and Industrial Testing Service, San Diego, CA, 1970.

24. H. J. EYSENCK y S. B. G. EYSENCK, *Eysenck Personality Inventory,* University of London Press, Londres, 1963.

25. A. L. EDWARDS, *Manual for the Edwards Personal Preference Schedule,* Psychological Corporation, Nueva York, 1953.

26. H. G. GOUGH y A. B. HEILBRUN, JR., *The Adjective Check List Manual,* Consulting Psychologists Press, Palo Alto, 1965.

27. L. V. GORDON, *Gordon Personal Profile–Inventory,* The Psychological Corporation, Nueva York, 1978.

28. J. P. GUILFORD y W. S. ZIMMERMAN, *The Guilford-Zimmerman Temperament Survey,* Sheridan Supply Company, Beverly Hills, CA, 1949.

29. R. B. CATTELL, H. W. EBER, y M. M. TATSOUKA, *Handbook for the Sixteen Personality Factor Questionnaire,* Institute for Personality and Ability Testing, Champaign, IL, 1970.

30. W. C. BORMAN, J. L. TOQUAM, y R. L. ROSSE, *Development and Validation of an Inventory Battery to Predict Navy and Marine Corps Recruiter Performance,* Report No. 22, informe final presentado al Navy Personnel Research and Development Center, Personnel Decisions Research Institute, Minneapolis, 1978.

31. A. TELLEGEN, *The Differential Personality Questionnaire: A Preliminary Manual,* manuscrito no publicado, University of Minnesota, Minneapolis, 1976.

32. H. GOUGH, "Personality and Personality Assessment," in M. D. Dunnete, Ed., *Handbook of Industrial and Organizational Psychology,* Rand McNally, Chicago, 1976.

33. E. A. FLEISHMAN, "Dimensional Analysis of Psychomotor Abilities," *Journal of Experimental Psychology,* Vol. 48, 1954, págs. 437-454.

34. E. E. GHISELLI y M. HAIRE, "The Validation of Selection Tests in the Light of the Dynamic Character of Criteria," *Personnel Psychology,* Vol. 13, 1960, págs. 225-231.

35. C. H. FREDERICKSON, "Abilities, Transfer, and Information Retrieval in Verbal Learning," *Multivariate Behavioral Research Monographs,* Vol. 69, 1969. pág. 2.

36. K. M. ALVARES y C. L. HULIN, "Two Explanations of Temporal Changes in Ability-Skill Relationships: A Literature Review and Theoretical Analysis," *Human Factors,* Vol. 14, 1972, págs. 295-308.

37. W. A. OWENS, "Background Data," in M. D. Dunnette, Ed., *Handbook of Industrial and Organizational Psychology,* Rand McNally, Chicago, 1976.

38. L. A. PACE y L. F. SCHOENFELDT, "Legal Concerns in the Use of Weighted Applications," *Personnel Psychology,* Vol. 30, 1977, págs. 159-166.

39. N. SCHMITT, "Social and Situational Determinants of Interview Decisions: Implications for the Employment Interview," *Personnel Psychology,* Vol. 29, 1976, págs, 79-101:

40. F. J. LANDY, "The Validity of the Interview in Police Officer Selection," *Journal of Applied Psychology,* Vol. 61, 1976, págs 193-198.

41. R. M. GUION, "Recruiting, Selection and Job Placement," in M. D. Dunnette, Ed., *Handbook of Industrial and Organizational Pshychology,* Rand McNally, Chicago, 1976.

42. G. K. BENNETT y R. A. FEAR, "Mechanical Comprehension and Dexterity," *Personnel Journal,* Vol. 22, 1943, págs. 12-17.

43. W. F. LONG y C. H. LAWSHE, "The Effective Use of Manipulative Tests in Industry," *Psychological Bulletin,* Vol. 7, 1941, págs. 385-397.

44. J. TIFFIN y R. J. GREENLY, "Experiments in the Operation of a Punch Press," *Journal of Applied Psychology,* Vol. 23, 1939, págs. 450-460.

45. M. L. BLUM, "Selection of Sewing Machine Operators," *Journal of Applied Psychology,* Vol. 27, 1943, págs. 35-40.

46. G. C. INSKEEP, "The Use of Psychomotor Tests to Select Sewing Machine Operators–Some Negative Findings," *Personnel Psychology,* Vol. 24, 1971, págs. 707-714.

47. J. E. CAMPION, "Work Sampling for Personnel Selection," *Journal of Applied Psychology,* Vol. 56, 1972, págs. 40-44.

48. E. J. CROFT, "Prediction of Clothing Construction Achievement of High School Girls," *Educational and Psychological Measurement,* Vol. 19, 1959, págs. 653-655.

49. D. L. EKBERG, "A Study in Tool Usage," *Educational and Psychological Measurement,* Vol, 7, 1947, págs. 421-427.

50. D. L. GRANT y D. W. BRAY, "Validation of Employment Tests for Telephone Company Installation and Repair Occupations," *Journal of Applied Psychology,* Vol. 54, 1970, págs. 7-14.

51. F. W. UHLMANN, "A Selection Test for Production Machine Operators," *Personnel Psychology,* Vol. 15, 1962, págs. 287-293.

52. G. P. HOLLENBECK y W. J. MCNAMARA, "CUCPAT and Programming Aptitude," *Personnel Psychology,* Vol. 18, 1965, págs. 101-106.

53. S. GAEL y D. L. GRANT, "Employment Test Validation for Minority and Non-Minority Telephone Company Service Representatives," *Journal of Applied Psychology,* Vol. 56, 1972, págs. 135-139.

54. D. W. BRAY y D. L. GRANT, "The Assessment Center in the Measurement of Potential for Business Management," *Pshychological Monographs,* 1966, 80(17 Whole No. 625).

55. J. J. ASHER y J. A. SCIARRINO, "Realistic Work Sample Tests: A Review," *Personnel Psychology,* Vol. 27, 1974, págs. 519-533.

56. D. J. SCHWARTZ, "A Job Sampling Approach to Merit System Examining," *Personnel Psychology,* Vol. 30, 1977, págs. 175-185.

57. D. W. BRAY, R. J. CAMPBELL, y D. L. GRANT, *Formative Years in Business: A Long-Term Study of Managerial Lives,* Wiley, Nueva York, 1974.

58. R. B. FINKLE, "Managerial Assessment Centers," in M. D. Dunnette, Ed., *Handbook of Industrial and Organizational Psychology,* Rand McNally, Chicago, 1976.

59. O. K. BUROS, Ed., *The Eighth Mental Measurement Yearbook,* The Gryphon Press, Highland Park, 1978.

60. B. V. GILMER y E. L. DECI, *Industrial and Organizational Psychology,* McGraw-Hill, Nueva York, 1977.

61. R. M. GUION, "Criterion Measurement and Personnel Judgments," *Personnel Psychology,* Vol. 14, 1961, págs. 141-149.

62. M. D. DUNNETTE, "A Note on *the* Criterion," *Journal of Applied Psychology,* Vol. 47, 1963, págs. 251-254.

63. M. D. DUNNETTE, *Personnel Selection and Placement,* Wadsworth, Belmont, CA, 1966.

64. M. D. DUNNETTE y W. C. BORMAN, "Personnel Selection and Classification Systems," pág. 486.

65. R. M. GUION, *Personnel Testing,* McGraw-Hill, Nueva York, 1965.

66. K. PEARLMAN, F. L. SCHMIDT, y J. E. HUNTER, "Validity Generalization Results for Tests Used to Predict Job Proficiency and Training Success in Clerical Occupations," *Journal of Applied Psychology,* Vol. 65, 180, págs. 373-406.

67. W. L. HAYS, *Statistics for Psychologists,* Holt, Rinehart & Winston, Nueva York, 1963.

68. F. L. SCHMIDT, J. E. HUNTER, y V. W. URRY, "Statistical Power in Criterion-Related Validity Studies," *Journal of Applied Psychology,* Vol. 61, 1976, págs. 473-485.

69. R. J. WHERRY, SR., "Underprediction From Overfitting: 45 Years of Shrinkage," *Personnel Psychology,* Vol. 28, 1975, págs. 1-18.

70. N. SCHMITT, B. W. COYLE, y J. RAUSCHENBERGER, "A Monte Carlo Evaluation of Three Formula Estimates of Cross-Validated Multiple Correlation," *Psychological Bulletin,* Vol. 84, 1977, págs. 751-758.

71. M. D. DUNNETTE y S. J. MOTOWIDLO, *Development of a Personnel Selection and Care[illegible]ssessment System For Police Officers for Patrol, Investigative, Supervisory, and Command Positions,* preparado para la Law Enforcement Assistance Administration, Personnel Decisions, Inc., Minneapolis, 1975.

72. H. E. BROGDEN, "When Testing Pays Off," *Personnel Psychology,* Vol. 2, 1949, págs. 171-183.

73. H. E. BROGDEN y E. K. TAYLOR, "The Dollar Criterion: Applying the Cost Accounting Concept to Criterion Construction," *Personnel Psychology,* Vol. 3, 1950, págs. 133-154.

74. L. J. CRONBACH y G. C. GLESER, *Psychological Tests and Personnel Decisions,* University of Illinois Press, Urbana, 1957.

75. L. J. CRONBACH y G. C. GLESER, *Psychological Tests and Personnel Decisions,* 2a. ed., University of Illinois Press, Urbana, 1965.

76. R. C. TAYLOR y J. T. RUSSELL, "The Relationship of Validity Coefficients to the Practical Effectiveness of Tests in Selection," *Journal of Applied Psychology,* Vol. 23, 1939, págs. 565-578.

77. F. L. SCHMIDT y J. E. HUNTER, "Development of a General Solution to the Problem of Validity Generalization," *Journal of Applied Psychology,* Vol. 62, 1977, págs. 529-540.

78. N. G. PETERSON, J. S. HOUSTON, y M. D. DUNNETTE, *Job Analysis of Entry-Level Insurance Industry Positions: An Interin Report,* Personnel Decisions Research Institute, Minneapolis, 1979.

79. J. E. HUNTER y F. L. SCHMIDT, "Critical Analysis of the Statistical and Ethical Implications of Various Definitions of Test Bias," *Psychological Bulletin,* Vol. 83, 1976. págs. 1053-1071.

80. N. S. PETERSEN y M. R. NOVICK, "An Evaluation of Some Models for Culture-Fair Selection," *Journal of Educational Measurement,* Vol. 13, 1976, págs. 3-29.

81. J. E. HUNTER y F. L. SCHMIDT, "Differential and Single-Group Validity of Employment Tests by Race: A Critical Analysis of Three Recent Studies," *Journal of Applied Psychology,* Vol. 63, 1978, págs. 1-11.

82. R. A. KATZELL y F. J. DYER, "On Differential Validity and Bias," *Journal of Applied Psychology,* Vol. 63, 1978, págs. 19-21.

83. J. KOMAKI, A. T. HEINZMANN, y L. LAWSON, "Effect of Training and Feedback: Component Analysis of a Behavioral Safety Program," *Journal of Applied Psychology,* Vol. 65, 1980, págs. 261-270.

84. I. L. GOLDSTEIN, "Training in Work Organizations," *Annual Reviews of Psychology,* 1980.

85. J. P. CAMPBELL, "Personnel Training and Development," *Annual Review of Psychology,* Vol. 22, 1971, págs. 565-602.

86. W. MCGEHEE y P. W. THAYER, *Training in Business and Industry,* Wiley, Nueva York, 1961.

87. W. MCGEHEE, "Training and Development Theory, Policies, and Practices," in D. Yoder y H. G. Heneman, Jr., Eds., *ASPA Handbook of Personnel and Industrial Relations,* Bureau of National Affairs, Washington, DC, 1979.

88. R. L. CRAIG, Ed., *Training and Development Handbook,* McGraw-Hill, Nueva York, 1976.

89. W. R. MAHLER, "Executive Development," in R. L. Craig, Ed., *Training and Development Handbook,* McGraw-Hill, Nueva York, 1976.

90. J. R. HINRICHS, "Personnel Training," in M. D. Dunnette, Ed., *Handbook of Industrial and Organizational Psychology,* Rand McNally, Chicago, 1976.

91. W. R. MAHLER, "Audinting Pair," *ASPA Handbook of Personnel and Industrial Relations,* Bureau of National Affairs, Washington, D. C., 1976, págs. 2-91.

92. N. G. PETERSON, J. S. HOLTZMAN, M. J. BOSSHARDT, y M. D. DUNNETTE, *A Study of the Correctional Officer Job at Marion Correctional Institution, Ohio: Development of Selection Procedures, Training Recommendations and an Exit Information Program,* Personnel Decisions Research Institute, Minneapolis, 1977.

93. A. P. MASLOW, "The Role of Testing in Training and Development," in R. L. Craig, Ed., *Training and Development Handbook,* McGraw-Hill, Nueva York, 1976.

94. J. R. HINRICHS, "Personnel Training," págs. 842.

95. M. L. BLUM y J. C. NAYLOR, *Industrial Psychology,* Harper & Row, Nueva York, 1968.

96. J. P. CAMPBELL, M. D. DUNNETTE, E. E. LAWLER y K. E. WEICK, *Managerial Behavior,Performance, and Effectiveness,* McGraw-Hill, Nueva York, 1970.

97. R. M. GAGNÉ, "Military Training and Principles of Learning," *American Psychologist,* Vol. 17, 1962, págs. 83-91.

98. R. M. GAGNÉ, *The Conditions of Learning,* Holt, Rinehart & Winston, Nueva York, 9163.

99. R. M. GAGNÉ, *Essentials of Learning for Instruction,* Dryden Press, Hinsdale, IL, 1974.

100. D. L. KIRKPATRICK, "Evaluation of Training," in R. L. Craig, Ed., *Training and Development Handbook,* McGraw-Hill, Nueva York, 1976.

101. D. L. KIRKPATRICK, "Evaluation of Training," págs. 18-22..

102. D. T. CAMPBELL y J. C. STANLEY, "Experimental and Quasi-Experimental Designs for Research on Teaching," in N. L. Gage, Ed., *Handbook of Research on Teaching,* Rand McNally, Chicago, 1963. (Publicada también como *Experimental and Quasi-Experimental Designs for Research,* Rand McNally, Chicago, 1966.)

103. T. D. COOK y D. T. CAMPBELL, "The Design and Conduct of Quasi-Experiments and True Experiments in Field Settings," in M. D. Dunnette, Ed., *Handbook of Industrial and Organizational Psychology,* Rand McNally, Chicago, 1976.

104. G. H. WHITLOCK, "The Role of Universities, Colleges, and Other Educational Institutions in Training and Development," in R. L. Craig, Ed., *Training and Development Handbook*, McGraw-Hill, Nueva York, 1976.

105. S. B. PARRY y J. R. RIBBING, "Using Outside Training Consultants," in R. L. Craig, Ed., *Training and Development Hardbook*, McGraw-Hill, Nueva York, 1976.

106. J. A. CANTWELL, J. D. HOSTERMAN, y H. R. SHELTON, "Using External Programs and Training Packages," in R. L. Craig, Ed., *Training and Development Handbook*, McGraw-Hill, Nueva York, 1976.

CAPITULO 5.3

Evaluación de empleos

ERNEST J. McCORMICK
Universidad Purdue

5.3.1 INTRODUCCION

El problema de establecer escalas satisfactorias de sueldos y salarios obsesiona a la administración de muchas empresas. Desde luego, las políticas en materia de sueldos y salarios afectan a los empleados de todos los niveles y por lo tanto les interesan. El lector deseoso de conocer a fondo algunos estudios sobre los sistemas de evaluación de empleos debe consultar cualquiera de las obras pertinentes, por ejemplo Dunn y Rachel,[1] Livy,[2] Sibson,[3] Rock[4] y Zollitsch y Langsner.[5]

5.3.2 EL CONCEPTO DE EQUIDAD EN LA RETRIBUCION

En exposiciones y teorías relacionadas con las políticas de retribución, la idea de "equidad" posiblemente es una de las cuestiones problemáticas más comunes. Sin profundizar demasiado en los aspectos teóricos, se considerarán brevemente las formulaciones relacionadas con la equidad en los salarios.

La teoría de la equidad, de Adams

Una de las formulaciones de la teoría de la equidad es la propuesta por Adams.[6] Señala que el concepto que las personas tienen de la equidad en los salarios se basa fundamentalmente en una comparación de su propia situación con la de los demás. Su teoría de la equidad descansa en la relación que existe entre la manera en que las personas perciben los *resultados* de su participación en el trabajo y su *aportación* a dicho trabajo, comparados con los resultados y la aportación de otras personas "comparables". Los resultados incluyen a todos los aspectos de la situación de trabajo que representan un valor; por ejemplo el sueldo, las prestaciones, posición e interés intrínseco en el empleo. La aportación incluye cualesquiera

En buena parte, este capítulo está basado en material tomado de las siguientes obras: ERNEST J. MCCORMICK, *Job Analysis: Methods and Applications* (Nueva York: AMACOM, división de American Management Associations, 1979), págs. 306-329, y ERNEST J. MCCORMICK y DANIEL R. ILGEN, *Industrial Psychology,* 7a. ed., Prentice-Hall, Inc., Englewood Cliffs, NJ, 1980, capítulo 12. Expresamos nuestro agradecimiento a los editores de esos libros, AMACOM y Prentice-Hall, Inc., por la autorización concedida para usar ese material.

"costos" tales como la educación, habilidad, aptitudes personales y esfuerzo. Adams sienta la hipótesis de que esa comparación se puede expresar como un par de razones, en esta forma:

La persona *La(s) persona(s) con quien(es) compara*

$$\frac{\text{resultados}}{\text{aportación}} \quad \text{comparado con} \quad \frac{\text{resultados}}{\text{aportación}}$$

Si se expresan los resultados y las aportaciones simplemente como altos (A) o como bajos (B), las razones siguientes ilustran las condiciones de equidad o de falta de equidad:

Equidad: $\frac{A}{A}$ comparado con $\frac{A}{A}$ $\frac{B}{A}$ comparado con $\frac{B}{A}$ $\frac{A}{A}$ comparado con $\frac{B}{B}$

Falta de equidad (sobrecompensación): $\frac{A}{B}$ comparado con $\frac{B}{B}$ $\frac{B}{B}$ comparado con $\frac{B}{A}$ $\frac{A}{A}$ comparado con $\frac{B}{A}$

Falta de equidad (infracompensación): $\frac{B}{B}$ comparado con $\frac{A}{B}$ $\frac{B}{A}$ comparado con $\frac{B}{B}$ $\frac{A}{A}$ comparado con $\frac{A}{B}$

La teoría de la equidad de Adams se basa en un concepto amplio llamado "discordancia cognoscitiva". En materia de sueldos, es de suponer que una persona experimente cierta discordancia, o falta de equidad, si las razones para ello se pueden caracterizar como condiciones de falta de equidad. Esa discordancia, por supuesto, puede ser en cualquier dirección, reflejando "sobrecompensación" o "infracompensación", aunque es propio de los seres humanos estar más conscientes de las condiciones de "infracompensación".

Concepto de Jaques de retribución equitativa

En la Gran Bretaña, Jaques postuló que la retribución equitativa en los empleos se basa primordialmente en lo que él llama "alcance temporal discreto" (*rime span of discretion*) (TSD). En el esquema distingue entre el contenido prescrito de los empleos (aquellos elementos del trabajo sobre los que la persona no está autorizada para elegir) y el contenido discrecional (el operario decide la forma de ejecutar ciertos elementos). Jaques define el TSD en esta forma:

Alcance temporal discreto (TSD): es el período más largo que puede transcurrir en el desempeño de una función antes de que el administrador esté seguro de que un subordinado no esté ejerciendo en forma marginal y continua un subestándar discreto para equilibrar el ritmo y calidad de su trabajo.[7]

En efecto, este es el período máximo durante el cual el administrador confía en el criterio discreto del subordinado y deja que este último trabaje por su propia iniciativa. Este concepto, a su vez, depende mucho de la "evaluación discreta", definida así por Jaques:

Evaluación discreta: examen que efectúa el superior inmediato o alguien que lo representa y está obligado a informarle del cumplimiento discreto de un subordinado al realizar una tarea según lo demuestran el tiempo de terminación y la calidad de los resultados.[8]

El examen o revisión del trabajo de una persona puede ser directo (hecho por el administrador) o indirecto (hecho por un inspector, por alguien más de la empresa, o por ejemplo, motivado por las quejas de un cliente).

En lenguaje común, se podría decir que el TSD se puede considerar como el tiempo transcurrido antes de que se sepan los pecados de los trabajadores. En el caso de un trabajo de producción, el inspector detecta el trabajo no satisfactorio en cuestión de horas, mientras que en el caso del gerente de una gran empresa podrían transcurrir varios años antes de que su actuación pueda ser debidamente examinada (por el consejo de administración). Jaques describe los procedimientos para medir el TSD[9–11], que no se mencionan pero, de modo general, el STD se expresa en términos de minutos, horas, días, semanas, meses, y años.[12]

Dados los TSD de los empleos, Jaques pasa a señalar que esas mediciones se correlacionan con las opiniones de las personas acerca de los salarios considerados como justos o equitativos para determinados empleos.

Aunque el concepto que tiene Jaques de los TSD ha sido objeto de ciertas críticas y no se usa ampliamente como base para establecer las escalas de retribución, su importancia para este estudio radica en el hecho de que enfoca el tema de la equidad en la retribución. Aunque la formulación de Jaques es diferente de la teoría de la equidad de Adams, ambas señalan que la "equidad" de la retribución se basa en buena medida en la manera en que las personas perciben el "valor" de los puestos, incluyendo la percepción del valor de su propio empleo en relación con el de otros empleos. Esto implica que en los índices de salarios en vigor esas percepciones influyen substancialmente a través del proceso de empleo en que las personas aceptan o rechazan los trabajos con los sueldos a los cuales se ofrecen. Si se considera que los sueldos ofrecidos no son razonablemente equitativos, por lo general se rechazan las ofertas de empleo.

5.3.3 OBJETIVOS DE LA POLITICA DE RETRIBUCION

Una vez expuesta con brevedad la teoría de la equidad de Adams y el TSD de Jaques, se trata ahora de la evaluación de los puestos para señalar los objetivos apropiados de la política de retribución. Para tener éxito, esa política debe establecer salarios que se puedan considerar como razonablemente "equitativos". En términos de consideraciones prácticas, la equidad asociada con salarios que se establece con base en un sistema de evaluación de puestos, presenta dos aspectos. Uno de ellos se refiere a las diferencias relativas entre los salarios que se pagan por los empleos *dentro* de una empresa. El otro se refiere a las diferencias que existen entre los salarios que se pagan dentro de la empresa y los que se pagan *fuera* de ella por empleos similares. Estas consideraciones se denominan *internas* o *externas*. Esta distinción ayuda a cristalizar aquello que podría constituir los dos objetivos de la política de retribución.

Objetivos internos de la retribución

Para que una política de retribución resulte "aceptable" para aquellos cuyos ingresos determina, debe haber algún esquema gracias al cual las diferencias *relativas* de salarios en los diversos empleos se puedan reconocer como razonablemente equitativas por la mayoría de los empleados. Los sueldos relativos correspondientes a diversos puestos se pueden representar a lo largo de una línea, como en el ejemplo 5.3.1, en el cual cada letra corresponde a distinto empleo.

Ejemplo 5.3.1

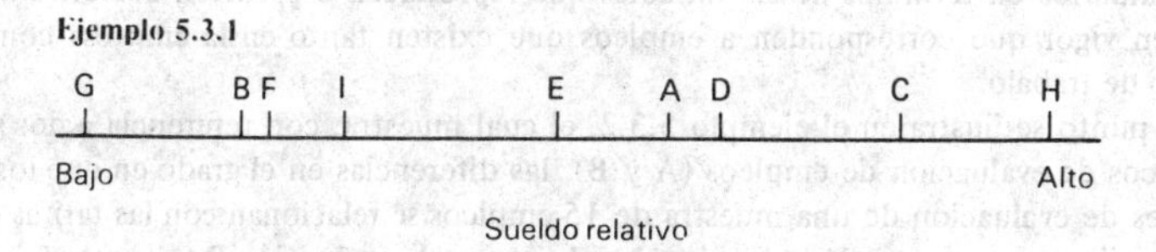

Si, por algún medio, los empleos se pueden ordenar a lo largo de una escala en forma tal que los empleados reconozcan y acepten de modo general diferencias de sueldos como las que aparecen en el ejemplo, se podrá decir que la política de retribución ha logrado uno de sus objetivos. Advierta que la aceptación no sólo debe incluir el *orden* de los puestos a lo largo de la escala, sino también *la magnitud relativa de las diferencias* entre ellos.

Objetivos externos de la retribución

No basta con que los empleados reconozcan y acepten que las diferencias internas entre los sueldos son equitativas. Normalmente, las escalas de salarios para los diferentes puestos deben tener también alguna relación razonable con las de otros puestos "similares" fuera de la empresa, sobre todo con las del mercado de mano de obra del cual provienen los empleados. A continuación se examina lo que sucedería de no existir esa relación "razonable".

Si las escalas de salarios que se pagan por los puestos dentro de una empresa son apreciablemente *más bajas* que las que se pagan en otros sitios por puestos similares, es de esperarse que la empresa tenga dificultades para contratar y conservar a los trabajadores en los puestos en cuestión, ya que podrían ganar más en otra parte. Si las escalas de salarios dentro de la empresa son *mucho más altas* que las que prevalecen por empleos similares en otros sitios, la empresa podría tener problemas financieros y tal vez no podría competir en el mercado para vender sus bienes o servicios debido a los costos excesivamente altos de los sueldos y salarios. Aunque el sueldo que se paga por un trabajo dentro de la empresa no tiene que ser exactamente igual al que se paga por el mismo empleo en otros lugares, tiene que estar dentro de ciertos límites "razonables". Estos se explican más adelante.

Comentarios

Si se aceptan como válidos esos dos objetivos de la política de retribución, hay que aceptar, por implicación, la idea de que los factores de oferta y demanda del mercado de trabajo influyen en las escalas de retribución de diversos tipos de empleos. Existen algunos factores que, por lo menos en parte, alteran la influencia de la oferta y la demanda; como por ejemplo, los sindicatos y los cambios en los valores culturales; pero, de modo general, parece razonable pensar que los factores dominantes que influyen en los salarios que se pagan por los diversos empleos son la oferta y la demanda.

De esta manera, el problema típico que encaran los administradores de sueldos y salarios consiste en establecer y adoptar un procedimiento capaz de fijar escalas de salarios que satisfagan los dos objetivos aquí mencionados. Si una empresa tiene sólo unos cuantos empleos diferentes y si esos empleos existen en otras empresas dentro del mercado de trabajo, tal vez aquella no necesite un sistema para fijar sus salarios. Podría pagar precisamente la tarifa en vigor de los empleos en cuestión. Pero si tiene muchos empleos diferentes, conviene alguna forma sistemática de evaluación. Esto ocurre particularmente en el caso de las empresas que tienen algunos empleos "especiales"; es decir, empleos que no existen en su mercado de trabajo. En esos casos, un sistema adecuado de evaluación de los empleos puede indicar escalas de sueldos para estos trabajos especiales con base en las características de aquellos empleos que tienen contrapartes idénticas en el mercado de trabajo. Así, es de suponer que los sueldos que se pagan por esos empleos se consideran como razonablemente equitativos.

Si una empresa decide implantar un programa de evaluación de empleos, éste debe permitir evaluarlos en términos de las variables que reproducen o predicen colectivamente las tarifas en vigor que corresponden a empleos que existen tanto en la empresa como en el mercado de trabajo.

Este punto se ilustra en el ejemplo 5.3.2, el cual muestra, con referencia a dos sistemas hipotéticos de evaluación de empleos (A y B), las diferencias en el grado en que los valores puntuales de evaluación de una muestra de 15 empleos se relacionan con las tarifas en vigor correspondientes a esos empleos. En el caso del sistema de evaluación B (ejemplo 5.3.2*b*), los

Ejemplo 5.3.2 Ilustración para dos sistemas hipotéticos de empleos (A y B), de las diferencias en la predictibilidad de los índices de salarios del momento a partir de los valores puntuales de la evaluación de tareas basada en esos sistemas. El sistema A *a*) es sin duda superior al sistema B *b*).

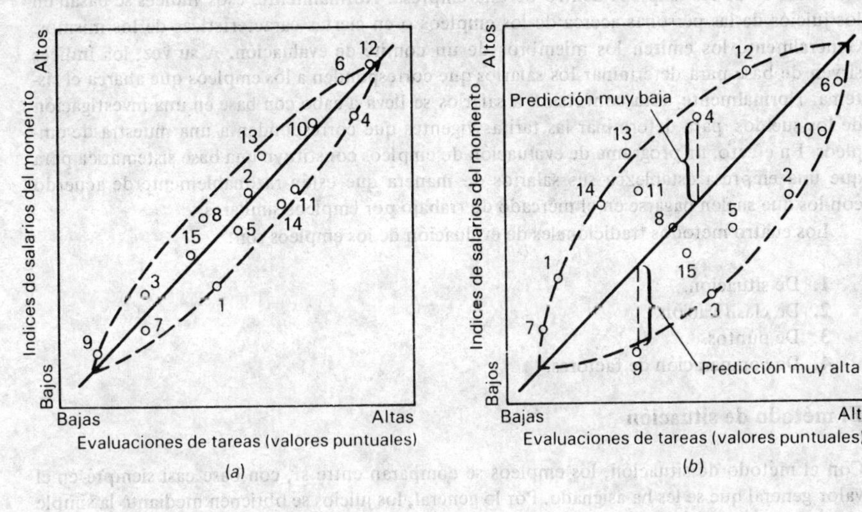

(*a*)

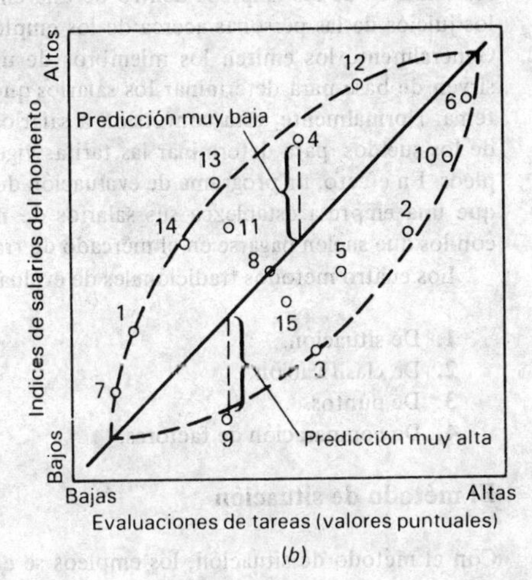

(*b*)

empleos están mucho más alejados de la "línea de mejor adaptación" que en el caso del sistema A (ejemplo 5.3.2*a*). La distancia vertical entre un empleo cualquiera y la línea diagonal indica la medida en que el valor puntual de evaluación "falló" al pronosticar las tarifas en vigor. Será demasiado alto si está debajo de la línea o demasiado bajo si está arriba de la misma. La tarifa prevista para un empleo dado, basada en cualquiera de los dos sistemas (A o B), estaría sobre la línea diagonal, directamente arriba o abajo del punto que representa al empleo. Las magnitudes de la predicción muy alta y la predicción muy baja se ilustran en el ejemplo 5.3.2*b* con referencia a dos empleos.

En el caso de estos dos sistemas hipotéticos, es evidente que el sistema A se aproxima mucho más que el sistema B en el pronóstico de las tarifas en vigor. La precisión del pronóstico está fundamentalmente en función del grado en que el sistema "mide" las variables del trabajo que han contribuido a determinar las tarifas en vigor en el mercado de trabajo, o por lo menos las características correlacionadas con esas variables.

Así pues, los salarios en vigor que se pagan por los empleos en el mercado de trabajo normalmente sirven como estándar o criterio para juzgar la suficiencia (es decir, la validez) del sistema de evaluación de empleos. Aunque esos salarios por lo general representan el criterio más adecuado, conviene añadir que, en ciertas circunstancias, se pueden usar los salarios que se pagan dentro de la empresa, ya que éstos por lo general se "normalizan" adoptando valores que concuerdan razonablemente con los que se pagan en el mercado externo de trabajo. Los sistemas de comparación de factores que se describen más adelante implican el uso de ese criterio. La aplicación de un criterio de valores totales de los empleos como base para juzgar la suficiencia de un sistema de evaluación es en principio un método de "captación de la política". Un sistema diseñado para reproducir esas tarifas capta, se podría decir, la política de salarios vigente en la empresa.

En ciertas circunstancias especiales, se recurre a la clasificación de los valores generales de los empleos, hechas por expertos, como criterio para comparar o juzgar los sistemas de evaluación de empleos.

5.3.4 SISTEMAS TRADICIONALES DE EVALUACION DE LOS EMPLEOS

De modo general, los sistemas de evaluación de empleos permiten derivar índices de los valores relativos de los empleos dentro de una empresa. Normalmente, esos índices se basan en los juicios de las personas acerca de los empleos o en ciertas características de los mismos. Generalmente los emiten los miembros de un comité de evaluación. A su vez, los índices sirven de base para determinar los salarios que corresponden a los empleos que abarca el sistema. Normalmente, esta conversión a salarios se lleva a cabo con base en una investigación de los sueldos, para determinar las tarifas vigentes que corresponden a una muestra de empleos. En efecto, un programa de evaluación de empleos constituye una base sistemática para que una empresa establezca sus salarios de manera que estén razonablemente de acuerdo con los que suelen pagarse en el mercado de trabajo por empleos similares.

Los cuatro métodos tradicionales de evaluación de los empleos son:

1. De situación.
2. De clasificación.
3. De puntos.
4. De comparación de factores.

El método de situación

Con el método de situación, los empleos se comparan entre sí, con base casi siempre en el valor general que se les ha asignado. Por lo general, los juicios se obtienen mediante la simple situación de los empleos. De ahí el nombre de "método de situación". Sin embargo, como los empleos se pueden juzgar con relación a otros aplicando diversos procedimientos, por ejemplo el de comparación por pares, a este método se le podría llamar con más propiedad "método de comparación de empleos". La confiabilidad de las evaluaciones se puede acrecentar haciendo que varias personas (preferiblemente algunas que estén ya familiarizadas con los empleos de que se trate) actúen como evaluadores. Sin embargo, cuando se van a evaluar muchos empleos casi siempre es difícil encontrar personas familiarizadas con todos ellos y se hace necesario recurrir más a empleos clave que todos los evaluadores conozcan.

El método de clasificación

El método de clasificación consiste en establecer varias categorías de empleos a lo largo de una escala hipotética. Normalmente cada categoría se define y en ocasiones se ilustra. Al aplicar este método, cada empleo se clasifica en una categoría especial con base en el valor general que se le asigna y en su relación con las descripciones de las diversas categorías. El desarrollo y la aplicación del método de clasificación son bastante sencillos.

El método de puntos

El método de puntos es probablemente el procedimiento que más se usa. Tiene las características siguientes: 1) el uso de varios factores de evaluación de los empleos; 2) la asignación de "puntos" a los diversos "grados" o niveles de cada factor; 3) la evaluación de empleos individuales en términos del grado o nivel de cada factor así como la asignación, a cada empleo, del número de puntos designados para el grado o nivel del factor, y 4) la suma de los valores puntuales de los factores individuales para derivar el valor puntual total de cada empleo. Ese valor puntual total sirve luego como base de la conversión al sueldo o salario que corresponda.

Las muestras de dos sistemas de puntos, o sea los de la *Midwest Industrial Management Association* (MIMA) para empleos de taller y empleos de oficina, aparecen en los ejemplos 5.3.3 y 5.3.4 respectivamente. Por cada sistema hay una lista de los factores de trabajo que

Ejemplo 5.3.3 Sistema de puntuación para el plan MIMA de evaluación de tareas para trabajos de taller

Factores y grados

	Grados				
Factores de trabajo	*1o.*	*2o.*	*3o.*	*4o.*	*5o.*
Habilidad					
Conocimiento					
Experiencia					
Iniciativa e ingeniosidad					
Esfuerzo					
Exigencias físicas					
Exigencias mentales y/o visuales					
Responsabilidad					
Equipo o proceso					
Material o producto					
Seguridad de otras personas					
El trabajo de otros					
Condiciones del empleo					
Condiciones de trabajo					
Peligros					

Valores de grado

Límites de puntuación	*Grados*
139	12
140–161	11
162–183	10
184–205	9
206–227	8
228–249	7
250–271	6
272–293	5
294–315	4
316–337	3
338–359	2
360–381	1

Puntos máximos

Fuente: Job Evaluation Plan for Production and Related Jobs, Informe No. 100, Midwest Industrial Management Association, Chicago, n.d.

Ejemplo 5.3.4 Sistema de puntuación para el plan MIMA de evaluación de tareas para trabajos de oficina

Factores y grados

Factores de trabajo	*Grados*						
	1o.	*2o.*	*3o.*	*4o.*	*5o.*	*6o.*	*7o.*
Conocimiento	15	30	45	60	75	100	
Experiencia	20	40	60	80	100	125	150
Complejidad de tareas	15	30	45	60	75	100	
Supervisión necesaria	5	10	20	40	60		
Efecto de los errores	5	10	20	40	60	80	
Contacto con otras personas	5	10	20	40	60	80	
Datos confidenciales	5	10	15	20	25		
Exigencias mentales y/o visuales	5	10	15	20	25		
Condiciones de trabajo	5	10	15	20	25		
Añadir para trabajos de supervisión únicamente							
Tipo de supervisión	5	10	20	40	60	80	
Amplitud de la supervisión	5	10	20	40	60	80	100

Valores de grado

Límites de puntuación	*Grados*
100 o menos	1
100-130	2
131-160	3
161-190	4
191-220	5
221-250	6
251-280	7
281-310	8
311-340	9
341-370	10
371-400	11
401-430	12
431-460	13
461-490	14
491-520	15
521-550	16
Puntos máximos	825

Fuente: Job Evaluation Plan (Office) for Clerical, Technical and Supervisory Positions, Informe No. 200, Midwest Industrial Management Association, Chicago, n.d.

lo componen, se indican los valores puntuales para los diferentes grados de los diversos factores y los límites de puntuación (valores puntuales) para los posibles grados de los sueldos. Cada factor y sus grados se definen como se indica en el ejemplo 5.3.5. Las definiciones

Ejemplo 5.3.5 Ejemplo de las definiciones de un factor de evaluación de tareas y sus grados

Complejidad de tareas

Este factor evalúa la complejidad de las tareas en función del grado de acción independiente; la medida en que las tareas están estandarizadas; la aplicación del buen juicio; el tipo de decisiones que exige el trabajo, y la libertad, la abundancia de recursos y el esfuerzo creador para desarrollar métodos, procedimientos, productos, aplicaciones científicas, etc.

1er. grado-Pocos juicios

Entender y seguir instrucciones sencillas y usar equipo simple, todo lo cual implica pocas decisiones.

2o. grado-Algunos juicios

Realizar labores repetitivas o rutinarias siguiendo instrucciones detalladas y procedimientos estándar. Hay que tomar decisiones menores.

3er. grado-Juicios analíticos simples

Planear y ejecutar tareas diversas que exigen el conocimiento amplio de un campo determinado y seguir una gama extensa de procedimientos. Implica hacer juicios en el análisis de los hechos o las condiciones asociadas con los problemas u operaciones individuales, a fin de determinar qué acción se debe emprender dentro de las especificaciones de la práctica normal.

4o. grado-Juicios analíticos complejos

Planear y ejecutar una gran variedad de tareas que exigen el conocimiento general de las políticas y procedimientos de la empresa aplicables dentro del área de responsabilidad, incluyendo su aplicación a casos no previstos con anterioridad. Hay que hacer muchos juicios para trabajar independientemente hacia los resultados generales, desarrollar métodos, modificar o adaptar los procedimientos estándar a fin de satisfacer condiciones diferentes, y tomar decisiones con base en los antecedentes y las políticas de la compañía.

5o. grado-Juicios analíticos avanzados

Planear y ejecutar trabajo difícil cuando sólo se dispone de métodos generales. Implica proyectos altamente técnicos y complicados que presentan problemas nuevos o que varían constantemente. Se requieren muchos juicios y gran iniciativa para manejar factores complejos difíciles de evaluar, así como tomar decisiones para las cuales hay pocos precedentes.

6o. grado-Juicios avanzados e ingeniosidad

Planear y ejecutar trabajo complejo que implica problemas nuevos o que varían constantemente, cuando no hay método o procedimiento generalmente aceptado. Implica participar en la formulación e implantación de políticas, objetivos y programas generales para las divisiones o funciones principales. Se requieren una ingeniosidad considerable y juicios excepcionales para manejar factores difíciles de evaluar, para interpretar resultados y para tomar decisiones que implican una gran responsabilidad. Hay que dirigir y coordinar el trabajo de los supervisores subordinados, a fin de alcanzar los objetivos.

Fuente: Job Evaluation Plan (Office) for Clerical, Technical, and Supervisory Positions, Informe No. 200, Midwest Industrial Management Association, Chicago, n.d.

corresponden al factor "complejidad de las tareas" y a sus diversos grados y se tomaron del sistema de evaluación MIMA para trabajos de oficina. Típicamente, los miembros de un comité de evaluación de empleos evalúan cada empleo con referencia a cada factor, designando el grado que se considera más apropiado. (Por lo general, el grado asignado definitivamente se basa en las clasificaciones de los diversos miembros del comité.) El valor puntual total de un empleo consiste en la suma de los valores puntuales de los grados asignados al em-

Ejemplo 5.3.6 Ejemplo de especificaciones para la evaluación del trabajo de una secretaria ejecutiva, se incluye la descripción de tareas y los datos que substancian la evaluación de diversos factores

Grado 7

Empleo: Secretaria ejecutiva — Total de puntos 275

Como secretaria de los ejecutivos de la empresa, toma dictado y transcribe cartas, memoranda, avisos y anuncios a partir de notas o de instrucciones verbales, o redacta cartas independientemente del conocimiento de las circunstancias y las políticas. Lleva archivos y registros personales, presta servicios personales a los ejecutivos, por ejemplo, cuentas de gastos, cheques de pago, contribuciones, etc. Abre, franquea y envía la correspondencia de los ejecutivos.

Lleva los registros del personal de la oficina y de la fábrica, incluyendo los de asistencia, las referencias, los trabajos encomendados; concilia las nóminas de la fábrica y la oficina con la cuenta bancaria, prepara cheques, hace depósitos en el banco. Toma las actas de las juntas de consejo y las transcribe para su superior inmediato y para los miembros del consejo. Lleva un registro de las citas de sus superiores y le recuerda sus compromisos de negocios, sociales y cívicos.

Organiza los viajes de los ejecutivos de la empresa y de otros miembros del personal, establece el itinerario por avión o por tren y hace reservaciones en los hoteles. Desempeña otras tareas diversas, según se requiera.

Factores	*Datos justificantes*	*Grado*	*Puntos*
Preparación	Conocimientos de taquigrafía, mecanografía, transcripción a partir de borradores u otras fuentes. Conocimiento suficiente del idioma para evitar o detectar errores. Estar familiarizada con las rutinas ordinarias de archivo, registro y otros trabajos de oficina. Instrucción equivalente a la enseñanza media, además de capacitación adicional en asuntos comerciales.	2	30
Experiencia	De 3 a 4 años	4	80
Complejidad de las tareas	Tareas semirrutinarias diversas. Como secretaria de los ejecutivos de la empresa: tomar dictado, transcribir cartas, memoranda, avisos; llevar registros personales de los empleados de la compañía, organizar viajes, escribir las actas del consejo. Debe hacer juicios al analizar los hechos asociados con las situaciones, a fin de determinar la acción y los procedimientos apropiados dentro de los límites de las prácticas normales.	3	45
Supervisión necesaria	Bajo dirección, planear y organizar el trabajo dentro del conjunto de objetivos, consultando con su superior los casos especiales únicamente.	3	20
Efecto de los errores	Los probables errores al escribir cartas, llevar registros y archivos y hacer reservaciones pueden dar lugar a pérdida de tiempo, demoras en los viajes y afectar ocasionalmente las relaciones con el exterior.	3	20
Contacto con otras personas	Contacto regular y frecuente con los ejecutivos de la empresa, los supervisores, los empleados y las personas ajenas. Requiere mucho tacto y recurrir al buen juicio.	4	40
Datos confidenciales	Acceso regular a toda clase de información confidencial, decisiones de los ejecutivos, informes del personal y otros datos de importancia cuya revelación perjudicaría los intereses de la compañía.	4	20
Exigencias mentales y/o visuales	La taquimecanografía exige la coordinación de la destreza manual con la atención mental y visual normal.	3	15
Condiciones de trabajo	Las usuales en las oficinas.	1	5

Fuente: Job Evaluation Plan (Office) for Clerical, Technical and Professional Positions, Informe No. 200, Midwest Industrial Management Association, Chicago, n.d.

pleo teniendo en cuenta los diversos factores. Los ejemplos 5.3.3 y 5.3.4 muestran los grados que corresponden a varios límites de la puntuación total.

El ejemplo 5.3.6 muestra un ejemplo de las especificaciones de evaluación del empleo de secretaria ejecutiva con referencia al sistema MIMA para trabajos de oficina. Incluye una descripción del empleo y una lista de factores con información que respalda a la asignación de la clasificación de grado al empleo (así como los valores puntuales que corresponden a esas clasificaciones).

El método de comparación de factores

El método de comparación de factores originalmente fue desarrollado y descrito por Benge, Burk y Hay.[13] El presente estudio está basado en la formulación original y se refiere particularmente a los procedimientos que intervienen en su desarrollo. El proceso es largo y complejo; pero una vez que el sistema se desarrolla, implantarlo es relativamente sencillo.

El primer paso consiste en la selección de unos 15 ó 20 empleos "clave". Esos empleos son representativos, aunque en forma relativa, de los tipos de empleos que va a abarcar el sistema y los salarios correspondientes a los mismos se deben considerar como "satisfactorios", no sujetos a controversia alguna. Los miembros del comité de evaluación juzgan dichos empleos mediante dos procesos en términos de un conjunto de ciertos factores. Los cinco factores originales fueron los siguientes:

Requisitos mentales.
Requisitos de aptitud.
Requisitos físicos.
Responsabilidad.
Condiciones de trabajo.

Los empleos clave se *clasifican* primero con respecto a cada uno de los factores mencionados y cada empleo aparece en las listas de factores. Por lo general varias personas hacen la clasificación en forma independiente y las diferencias se resuelven por consenso. En seguida se someten a un proceso de *valoración* en el cual se "asigna" la tarifa en vigor (tarifa por hora o salario fijo) a los factores individuales con base en el juicio de los miembros del comité de evaluación de empleos respecto a qué parte de la tarifa se está "pagando" por cada factor. Los clasificadores hacen esto en forma independiente y los promedios de esos valores luego se toman como "tarifa" final para cada empleo en relación con cada factor. A su vez se asigna un orden de clasificación a estas tarifas monetarias de los empleos clave.

De estos dos procedimientos se derivan dos órdenes de clasificación de los empleos clave en relación con cada factor. El primero se basa en la clasificación directa de los puestos clave respecto a cada factor y el segundo viene a ser el orden de clasificación de los valores monetarios que resultan del proceso de clasificación. En el ejemplo 5.3.7 se dan los resultados hipotéticos de este proceso con referencia a seis empleos. (Normalmente se usan 15, 20 o más empleos.) El ejemplo indica la tarifa vigente para cada uno, el valor monetario de cada empleo "asignado" a los cinco factores, el orden de clasificación, por factor, de esos valores monetarios respecto a los seis empleos y el orden de clasificación de cada factor asignado por el procedimiento de clasificación directa.

Uno de los objetivos principales de la derivación de estos dos conjuntos de clasificaciones es identificar cualquier discrepancia entre ellos. En los ejemplos que se presentaron, se señalan esas discrepancias en los empleos de técnico de postes y de apisonador por lo que respecta al factor de requisitos físicos. Cuando se identifican esas diferencias, se deben conciliar, o bien conviene eliminar uno o ambos empleos de entre los puestos clave que representan al sistema. Una vez resueltas las discrepancias, los empleos clave restantes se disponen en cinco escalas, una por cada factor, en las cuales los valores monetarios de esos empleos representan puntos a lo largo de la escala. Por ejemplo, la escala siguiente corresponde al factor requi-

Ejemplo 5.3.7 Ilustración de los datos para un muestreo hipotético de empleos clave, según se usan en el método de factores para la evaluación de empleos

Denominación del empleo clave	Salario en vigor[a]	Requisitos intelectuales			Requisitos de habilidad			Requisitos físicos			Responsabilidad			Condiciones de trabajo		
			Orden de clasificación			Orden de clasificación			Orden de clasificación			Orden de clasificación			Orden de clasificación	
		$[b]	$[c]	D[d]	$	$	D	$	$	D	$	$	D	$	$	D
Diseñador	$6.30	1.85	1	1	2.30	1	1	0.70	5	5	1.05	2	2	0.40	5	5
Maquinista	5.35	1.15	3	3	1.70	2	2	0.95	4	4	1.00	3	3	0.55	4	4
Técnico de postes	5.20	0.55	4	4	0.90	4	4	1.85	②	①	0.70	4	4	1.20	2	2
Operador de subestación	4.50	1.35	2	2	1.60	3	3	0.15	6	6	1.25	1	1	0.15	6	6
Apisonador	4.20	0.25	6	6	0.40	5	5	1.90	①	②	0.40	5	5	1.25	1	1
Peón	3.50	0.30	5	5	0.25	6	6	1.60	3	3	0.30	6	6	1.05	3	3

Fuente: Adaptado de H.G. ZOLLITSCH y A. LANGSNER, *Wage and Salary Administration, 2a. ed., South-Western Publishing, Cincinnati, 1970. Tabla 7.5, p. 183.*

Nota. Los empleos y los sueldos son puramente ilustrativos y con fines de comparación.

[a] Salario en vigor: la tarifa por hora que suele pagarse por el trabajo.

[b] $: la cantidad que supuestamente se paga por el factor en cuestión con base en el proceso de clasificación.

[c] Orden de clasificación-$: el de las cantidades que se pagan por los trabajos.

[d] Orden de clasificación-D: el de los trabajos, con base en el proceso "directo" de clasificación.

sitos mentales de los cuatro empleos clave que quedaron después de eliminar a los dos en los cuales se encontraron discrepancias:

Empleo	Valor monetario asignado a los requisitos mentales
Diseñador	1.85
Operador de subestación	1.35
Maquinista	1.15
Peón	0.30

En la aplicación real del sistema se evalúan otros empleos con respecto a cada factor individual comparándolos con los empleos que representa la escala de ese factor, asignando a cada empleo un valor por cada factor. La suma de valores de los cinco factores por empleo, es el valor total del empleo. En realidad son valores monetarios con relación a las tarifas que se pagan por los empleos clave; pero, en vista de la tendencia inflacionaria actualmente muy común, que haría que esos valores se volvieran obsoletos, hay procedimientos que permiten hacer ajustes que tienen en cuenta los efectos de la inflación.

Desde que se desarrolló originalmente el sistema de comparación de factores, la firma Edward N. Hay and Associates ha desarrollado lo que se conoce como *"Hay Guide Chart-Profile Method"* para la evaluación de empleos administrativos y profesionales. En realidad, el sistema tuvo su origen en los sistemas de comparación de factores y de puntos; pero en su forma actual difiere bastante de su forma original. El sistema permite comparar empleos en los términos de tres factores, definidos por Van Horn,[14] como sigue:

1. *Conocimiento,* o sea la suma total de todos los conocimientos y aptitudes, adquiridos en una u otra forma, necesarios para un rendimiento aceptable.
2. *Solución de problemas,* o sea la cantidad de ideas originales, de acción automática, que el empleo requiere para analizar, evaluar, crear, razonar y sacar conclusiones.
3. *Responsabilidad,* o sea responder por las acciones y por las consecuencias de las mismas.

Además de los tres factores principales hay modificadores aplicables a la ordenada de una gráfica por partida doble de cada factor principal. El cuerpo de cada gráfica contiene valores puntuales en cada intersección. Una vez que un empleo se sitúa en una posición convenida en cada una de las tres gráficas, los valores puntuales provenientes de esas tres "posiciones" se suman para producir puntos totales.

5.3.5 EL METODO DE EVALUACION DE EMPLEOS POR COMPONENTES

Como ya se indicó, los métodos tradicionales de evaluación de los empleos implican emitir juicios sobre ellos o sobre los "factores" de empleo. Por lo general, esos juicios se basan en la información que contienen las descripciones de los puestos y en el conocimiento que pueden tener ya quienes los evalúan. En años recientes, sin embargo, se han seguido, sea experimentalmente o en operación, ciertos procedimientos que permiten derivar "evaluaciones de empleos" directamente de los datos que contienen los cuestionarios estructurados del análisis de puestos, con lo cual se elude enteramente la necesidad de hacer evaluaciones basadas en los juicios. A esos procedimientos se les llama "método de evaluación de empleos por componentes". El nombre resulta un tanto inapropiado porque no se requiere "evaluación" alguna; pero como al proceso de establecer tarifas de sueldos y salarios se le llama típicamente evaluación de empleos, aquí se emplea aquella denominación.

El esquema básico implica los procesos siguientes:

1. Elaboración o selección de un cuestionario estructurado y adecuado de análisis de empleos que permita analizarlos en términos de diversas "unidades" (componentes) de información relacionadas con el empleo. Dichos cuestionarios consisten en elementos de trabajo orientados hacia el empleo, por ejemplo, inventarios de tareas, o en elementos orientados hacia el trabajador, como los del PAQ descrito en el capítulo 2.4.

2. Derivación de "pesos" numéricos de los diversos componentes, que reflejen los valores de los componentes individuales como "contribuyentes" a un criterio de valores totales del empleo. En algunos casos, esos pesos se derivan de las clasificaciones de los componentes individuales del empleo y en otros mediante un análisis estadístico de su importancia como pronosticadores del criterio de los valores totales.

3. Análisis de los empleos en cuestión recurriendo al cuestionario estructurado que corresponda. Típicamente, el resultado de este análisis es una "puntuación" cuantitativa para cada empleo en relación con cada componente, o por lo menos una indicación de su presencia o su ausencia en el empleo.

4. Aplicación de un procedimiento estadístico adecuado para formular un índice de valores totales partiendo de la combinación de los pesos de los componentes individuales y de las puntuaciones que les corresponden, con relación a los empleos individuales.

Aunque hay variaciones en este tema central, esos procedimientos dan lugar a *índices derivados estadísticamente* de los valores totales de los empleos partiendo de datos cuantitativos basados en cuestionarios estructurados del análisis de los empleos. De manera que se elimina totalmente el proceso tradicional de "evaluación" de los empleos. Algunos ejemplos de este método ilustran su posible aplicación.

El inventario de operaciones de oficina (CTI)

Uno de los primeros ejemplos de este método, del cual informa Miles,[15] consistió en usar una lista de operaciones de oficina. Actualmente se le llama *Clerical Task Inventory* (CTI).* El CTI es una lista de 139 operaciones que se realizan en los empleos tipo oficina. Al aplicarlo, el analista clasifica la importancia de cada tarea para el trabajo en cuestión. Esas operaciones han sido clasificadas por sicólogos en términos de valor monetario relativo. La media de las clasificaciones asignadas a cada tarea se usa como índice de su "valor".

En el caso del CTI aplicado a la evaluación de empleos, el empleo de que se trate se analiza en términos de la importancia que tiene cada tarea. La clasificación de importancia de cada una para cada empleo se multiplica por el índice de valor que le corresponde. Los productos de las multiplicaciones se suman para obtener un valor total "ponderado" de cada empleo. En la práctica se ha encontrado que los valores totales correspondientes a las cinco tareas más importantes dan lugar a una correlación óptima con el criterio de las tarifas vigentes para los empleos.

El cuestionario para análisis de puestos (PAQ)

En una aplicación más generalizada del método de componentes del empleo, McCormick, Jeanneret y Mecham[16] utilizaron el PAQ† con una muestra de 340 empleos de diversos tipos, en varias industrias y en distintas partes del país. El PAQ es un cuestionario estructu-

*El Clerical Task Inventory (llamado originalmente "Job Analysis Check List of Office Operations") es propiedad literaria de C. H. Lawshe, Jr. y se puede obtener por intermedio de Village Book Cellar, 308 West State Street, West Lafayette, IN 47906.

†El PAQ es propiedad literaria de la Purdue Research Foundation y se puede obtener con University Book Store, 360 West State Street, West Lafayette, IN 47906. Otra información sobre el PAQ se puede obtener con PAQ Services, 1625 North 1000 East, Logan, UT 84321.

rado para análisis de empleos que permite analizarlos en términos de 187 elementos orientados hacia el trabajador. En este estudio particular, se derivaron estadísticamente las dimensiones de trabajo para los 32 factores que resultaron de un análisis previo del PAQ. Una combinación, ponderada estadísticamente, de las puntuaciones de nueve de esas dimensiones del trabajo dio lugar a correlaciones, situadas en el extremo superior del .80, con las tarifas reales de salarios correspondientes a dos submuestras consistentes en 165 y 175 de los empleos, lo mismo que a la muestra total de 340. Con una muestra más grande de más de 800 empleos variados, la correlación con las tarifas reales fue de .85, según informa Mecham.[17] En el caso de una muestra de 79 empleos de una compañía de seguros, Taylor[18] informó de una correlación de .93 entre una combinación ponderada de las puntuaciones PAQ asignadas a las dimensiones del empleo y las tarifas reales de sueldos correspondientes a los empleos en cuestión.

Cuando se usa el PAQ con fines de evaluación de los empleos, las puntuaciones de estos últimos con respecto a sus diversas dimensiones sirven para derivar "puntos de evaluación" totales para los empleos individuales, junto con "ponderaciones", determinadas estadísticamente, para las dimensiones individuales del empleo. Al derivarlas de las dimensiones individuales se pueden aplicar dos métodos alternativos. El primero se basa en los datos correspondientes a un gran número de empleos variados, como se describió anteriormente. El resultado del análisis estadístico (técnicamente, análisis de regresión) es una ecuación que incorpora los pesos de las dimensiones que colectivamente pronostican mejor un criterio de tarifas en vigor para los empleos que figuran en la muestra amplia y variada.

El segundo método aplica como criterio las tarifas correspondientes a una muestra de empleos de la propia empresa, en vez de las tarifas en vigor correspondientes a una muestra amplia y variada. En este caso, el análisis estadístico permite derivar una ecuación que incorpora la ponderación de las dimensiones que colectivamente predicen mejor las tarifas correspondientes a la muestra de empleos de la propia empresa.

Una ligera variante de este método la constituye un estudio efectuado por Robinson y sus colaboradores.[19] Este estudio se refiere a una muestra de 19 empleos seleccionados en una ciudad de tamaño mediano. La variación consistió en obtener datos sobre las tarifas en vigor, correspondientes a esos 19 empleos, en 21 ciudades de tamaño similar y en usar las tarifas medias pagadas por los empleos individuales como tarifas que se debían "capturar" en el análisis estadístico. El coeficiente de correlación entre los valores puntuales pronosticados, basados en las dimensiones PAQ de los empleos, y las tarifas medias correspondientes a los empleos (en las otras 21 ciudades) fue de .945. Además, los 19 empleos de la muestra se evaluaron mediante otros cuatro métodos de derivación de tarifas de retribución. Los coeficientes de intercorrelación entre los diversos métodos fueron de .82 a .95. En este caso, el método de evaluación por componentes del empleo dio lugar a valores, para los diversos empleos, tan altamente correlacionados con las tarifas correspondientes en vigor, como los valores derivados por cualquiera de los otros métodos tradicionales de evaluación y estuvieron más altamente correlacionados que algunos de los otros métodos.

Varias empresas aplican el PAQ en la práctica, para evaluar los empleos, incluyendo servicios públicos, finanzas, seguros, industrias de servicio, fábricas y transportes. También lo aplican algunos organismos del sector público, especialmente las unidades de los gobiernos estatales y locales en los EE.UU.

Comentarios

El método de componentes del empleo para establecer tarifas de salarios permite básicamente derivar algunos índices de valores de los diversos componentes individuales de los empleos, como son las tareas y dimensiones del trabajo, con lo cual es posible derivar valores totales combinando los de los componentes individuales. Dicho de otro modo, se basa en el uso estadístico directo de los datos del análisis cuantitativo de los empleos provenientes de un procedimiento estructurado de análisis. La relación entre los datos del análisis de los empleos y los valores de los empleos es por lo tanto estrictamente estadístico, eliminándose así la necesidad de hacer juicios como ocurre con los métodos tradicionales de evaluación.

5.3.6 CONVERSION DE LOS RESULTADOS DE LA EVALUACION DE LOS EMPLEOS EN ESCALAS DE SALARIOS

La mayoría de los sistemas de evaluación de empleos permiten situar dichos empleos a lo largo de una escala hipotética de valores. En el caso de los métodos de puntos y de componentes del empleo, los valores se expresan en términos de puntos. Los métodos de situación y de clasificación dan lugar a ubicaciones, o categorías de empleos. Esos valores, a su vez, deben convertirse en valores monetarios reales, a fin de establecer las tarifas de salarios para los empleos individuales. El uso convencional del método de comparación de factores es la única excepción, puesto que produce valores que son valores monetarios reales.

La conversión de los resultados de la evaluación de los empleos en valores monetarios implica establecer un criterio sobre los valores totales de los empleos, basado normalmente en las tarifas vigentes en el mercado de trabajo, así como desarrollar una curva de tarifas en vigor y una curva de las de la empresa.

Desarrollo de una curva de tarifas vigentes

Típicamente, la curva de tarifas vigentes se basa en los datos correspondientes a una muestra de empleos de la empresa que tienen su contraparte en el mercado de trabajo. Muestra la relación básica que existe entre la evaluación de esos empleos, basada en el sistema que aplique la empresa y algún índice representativo de los salarios que se pagan por ellos en el mercado de trabajo. El índice de la tarifa en vigor correspondiente a un determinado empleo por lo general se basa en los salarios que se pagan en diversas empresas y puede ser la media, la mediana, o un índice ponderado de esos salarios. A veces, los datos acerca de los salarios vigentes se encuentran ya disponibles en la empresa, en las firmas locales de administradores, en las publicaciones del gobierno o en otras fuentes. Si los datos correspondientes a una muestra representativa de los empleos no están disponibles, la empresa puede llevar a cabo una investigación por su cuenta.

Por lo general, los datos sobre salarios vigentes, cualquiera que sea su procedencia, están presentados en forma parecida a la que se indica en el ejemplo 5.3.8, como los presentan Dunn y Rachel.[1] Muestra la relación entre los valores puntuales de una muestra de empleos, basados en sus evaluaciones y los salarios promedio ponderados vigentes en el mercado de trabajo. Dunn y Rachel recomiendan el uso de un promedio ponderado del salario vigente para cada empleo porque, en su opinión, es el valor más representativo; pero la media y la mediana se usan en muchos casos. La línea que aparece en la figura es la línea de mejor adaptación y se traza mediante inspección o se deriva estadísticamente. Aunque la relación que aparece en el ejemplo 5.3.8 es lineal, en algunos casos puede ser curvilínea.

Desarrollo de una curva de tarifas de la empresa

La siguiente etapa consiste en establecer una curva de sueldos y salarios para la empresa específica. (En el caso de las empresas privadas, se le llama curva de sueldos y salarios de la compañía.) Esta curva, derivada con base en la curva de salarios vigentes, establece el patrón general de los salarios para los empleos que abarca el sistema de evaluación. Aunque esta curva está basada en los datos correspondientes a una muestra de empleos que existen en otras empresas que operan en ese mercado de trabajo, sirve por supuesto para establecer los salarios correspondientes a todos los empleos que abarca, incluyendo los exclusivos de la empresa. Esto garantiza que los salarios de todos los empleos que incluye se establecen sobre la misma base. Cuando esta curva se determina realmente respecto a la curva de salarios vigentes en un caso determinado, está en función de diversas consideraciones que incluyen

Ejemplo 5.3.8 Ilustración de la relación que existe entre los puntos de evaluación de empleos y los índices de salarios promedio ponderados en el mercado de trabajo para una muestra de empleos[a]

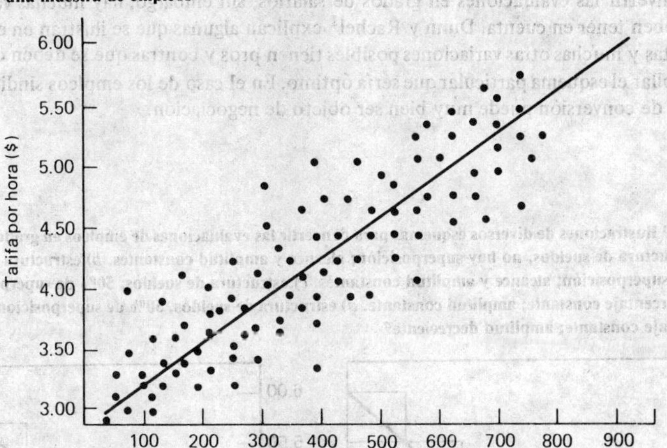

[a] Adaptado de J.D. DUNN y F.M. RACHEL, *Wage and Salary Administration: Total Compensation Systems*, McGraw-Hill, Nueva York, 1971, Figura 13-1, p. 223.

las condiciones económicas, las negociaciones contractuales y los beneficios adicionales, de manera que puede estar al nivel de la curva de salarios vigentes, como tal, o a algún nivel superior o inferior.

Surge por supuesto la cuestión de qué tan cerca debe estar la curva de salarios de la empresa de la curva de salarios vigentes. A este respecto, Jaques[20] indica que las personas cuyo grupo de salarios queda dentro de un 3 por ciento respecto a la "equidad" tienden a considerar que están razonablemente pagados con relación a otras. Por su parte, aquellas cuyo salario real queda un 5 por ciento del nivel de equidad tienden a pensar que se les está tratando un tanto injustamente, mientras que aquellas cuyos ingresos están un 10 por ciento abajo piensan definitivamente que se les trata injustamente. Es de esperar que las personas cuyos ingresos están hasta un 15 por ciento abajo del nivel de equidad busquen un cambio de empleo si se presenta la oportunidad. Las interpretaciones de Jaques implican que, por lo general, las escalas de salarios no deben estar mucho más de un 5 por ciento abajo del nivel de equidad, que Jaques define en términos del TSD. Si igualamos su concepto de equidad con el salario vigente, parece que la curva de salarios de una empresa no debe estar más de un 5 por ciento abajo de la curva de salarios vigentes.

Para convertir los puntos de evaluación de los empleos en salarios reales se pueden seguir distintos procedimientos. Sería posible tomar los puntos evaluados de un empleo dado y derivar el salario exacto correspondiente que sería aplicable. Así, cada pequeña diferencia en los puntos daría lugar a alguna diferencia en la tarifa por hora. En la práctica la mayoría de las empresas y también los sindicatos, opinan que la natural falta de precisión perfecta de los juicios en que descansan las evaluaciones indica la conveniencia de agrupar los empleos cuyos valores puntuales sean aproximadamente iguales y se les considere equivalentes al establecer la estructura de salarios. Esta agrupación da lugar a lo que se ha dado en llamar grados de mano de obra. El número de grados de mano de obra que se encuentran en estructuras específicas va de alrededor de 8 ó 10 hasta 20 ó 25. Las demandas más recientes de los sindicatos en las negociaciones contractuales de los salarios tienden a favorecer un número relativamente pequeño de grados de mano de obra.

Al convertir las evaluaciones en grados de salarios, sin embargo, hay muchas variaciones que se deben tener en cuenta. Dunn y Rachel[1] explican algunas que se ilustran en el ejemplo 5.3.9. Estas y muchas otras variaciones posibles tienen pros y contras que se deben considerar al desarrollar el esquema particular que sería óptimo. En el caso de los empleos sindicalizados, el patrón de conversión puede muy bien ser objeto de negociación.

Ejemplo 5.3.9 Ilustraciones de diversos esquemas para convertir las evaluaciones de empleos en grados de salarios: ***a*) estructura de sueldos, no hay superposición; alcance y amplitud constantes. *b*) estructura de sueldos, 50% de superposición; alcance y amplitud constantes. *c*) estructura de sueldos, 50% de superposición; alcance de porcentaje constante; amplitud constante. *d*) estructura de sueldos, 50% de superposición; alcance de porcentaje constante; amplitud decreciente**[a]

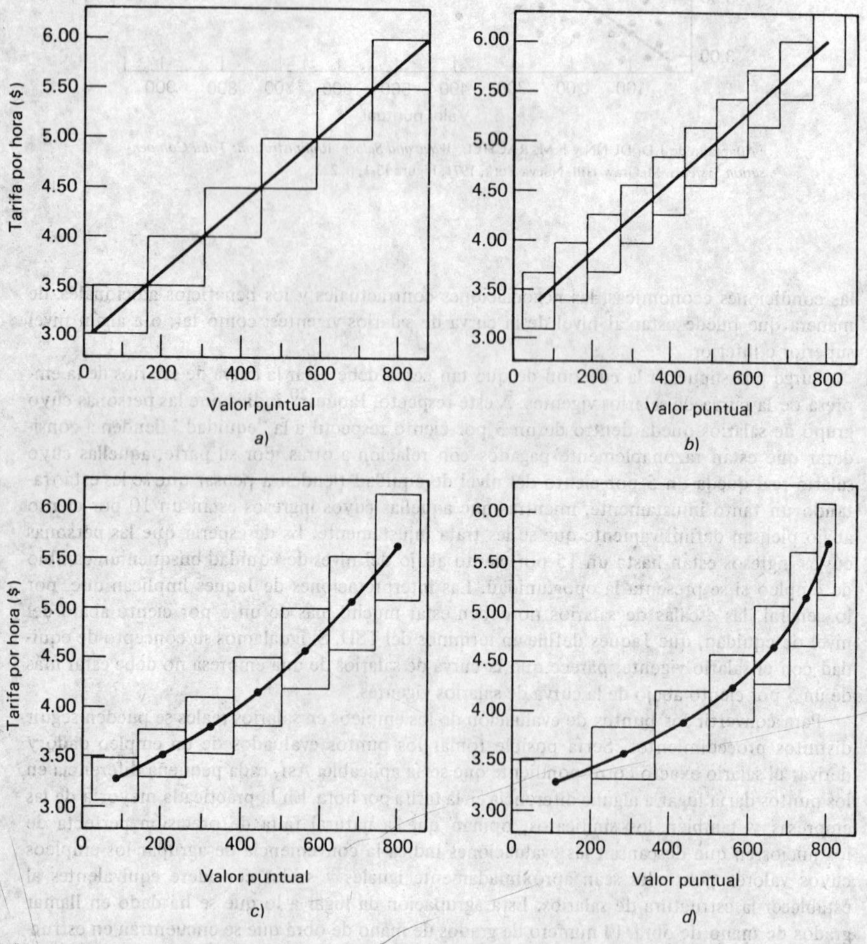

[a] Adaptado de J.D. DUNN y F.M. RACHEL, *Wage and Salary Administration: Total Compensation Systems*, McGraw-Hill, Nueva York, 1971, Figuras 13-2, 13-3, 13-4, 13-5, pp. 224, 225, 226 y 227 respectivamente.

La gama de valores dentro de los grados de salarios individuales refleja la variabilidad que normalmente se asocia a la determinación de salarios para las personas cuyos empleos quedan dentro de ese grado. Hay dos bases fundamentales para esas variaciones: una la constituyen las evaluaciones del rendimiento de las personas; la otra es la antigüedad en el empleo. Algunas empresas siguen un programa automático según el cual los aumentos de sueldos se vuelven efectivos automáticamente después de cumplir un tiempo específico en el empleo. Este principio se aplica con más frecuencia a los grados inferiores de mano de obra y a los nuevos empleados pero a veces se aplica también a empleos de más alto nivel. Algunas empresas usan una combinación de evaluaciones de tiempo y rendimiento para asignar sueldo a las personas.

Implantación del sistema de evaluación de empleos

Una vez que se selecciona o desarrolla un sistema de evaluación de los empleos, todas las ocupaciones que se abarcan se analizan y luego se evalúan. Normalmente, la evaluación la llevan a cabo los miembros de un comité especial. Una vez terminadas las evaluaciones, el salario que corresponde a un determinado empleo se determina con base en el programa establecido de conversión. Esto significa por lo general que el empleo se asigna a un determinado grado de salarios y se le señala el que corresponda a ese grado.

En el caso de las empresas que están implantando un sistema de evaluación de empleos sin que exista ya uno y en el caso de las que van a adoptar un sistema nuevo, resulta por lo general que en algunos puestos se paga un salario distinto del que indica el (nuevo) sistema. Si es menos de lo que indica el programa, se acostumbra subir el salario hasta el mínimo del grado en el cual figura el empleo. Si se paga más de lo que indica el programa, se deja a los empleados con esos salarios de "círculo rojo" al menos durante algún período garantizado, por ejemplo un año y no se les conceden aumentos mientras el nivel general de salarios no alcance a su sueldo actual. En algunos casos se procura capacitar a esos empleados para puestos cuyo sueldo corresponda al que están ganando actualmente.

5.3.7 CARACTERISTICAS DE UN SISTEMA CONVENIENTE DE EVALUACION DE LOS EMPLEOS

Ahora se concretarán las características de un sistema conveniente y satisfactorio de evaluación de puestos.

Características del empleo

Un aspecto crítico del sistema de evaluación lo constituyen evidentemente las características del trabajo en las cuales están basadas las evaluaciones. Esto hace surgir nuevamente a la cuestión de la equidad, denominador común en el estudio que antecede. Como ya se dijo, la equidad en lo que se relaciona con el sueldo, es fundamentalmente una percepción subjetiva de la imparcialidad de los salarios que se pagan por los empleos. La equidad se refleja más o menos en los salarios vigentes en el mercado de trabajo para los diversos empleos, ya que en buena parte esos salarios son consecuencia de la interacción entre la demanda y la oferta de personas calificadas dispuestas a seguir trabajando por esos sueldos.

En la mayoría de los casos, por lo tanto, un sistema conveniente de evaluación será aquel que permita evaluar los empleos en términos de las características del trabajo que colectivamente constituyan los valores totales razonablemente correlacionados con un criterio de salarios vigentes en el mercado de trabajo. En los métodos de puntos y de comparación de factores, las características que se aprovechan son los factores del empleo. En el método de componentes del empleo, son las tareas y dimensiones del trabajo. Para este estudio, se piensa en términos de factores tales como los que se usan en el método de puntos, aunque mucho de lo que se dice acerca de los factores se podría aplicar a otros tipos de características.

En primer lugar, la mayoría de los sistemas de evaluación de empleos tienden a producir evaluaciones razonablemente comparables. Esta generalización está respaldada por el estudio de Robinson y sus colaboradores[19] en el cual las correlaciones entre los resultados de cuatro métodos diferentes de determinación de salarios fueron de .82 a .95. Aun en el caso de que esta suposición fuera cierta probablemente se seleccione y desarrolle un sistema muy válido en cuando a predecir los valores totales de los puestos representados por el criterio de salarios en vigor en el mercado de trabajo. Naturalmente, la facilidad de comprensión, la capacitación que requiera el analista y el costo de mantenimiento del sistema de evaluación deben influir también en la selección del sistema.

Es posible determinar estadísticamente qué tan eficaz será un determinado sistema en cuanto a lograr ese objetivo de validez e incluso desarrollar un sistema capaz de lograrlo. Esto implica realmente identificar, mediante procedimientos estadísticos, los factores y sus pesos estadísticos, que colectivamente dan lugar a la correlación más alta con cualquier criterio de valor total del empleo que se aplique, por ejemplo, los salarios vigentes en el mercado de trabajo. El esquema, aplicado ya sea a un sistema existente o a un sistema "experimental" que se haya desarrollado, se compone de los pasos siguientes:

1. Selección de una muestra representativa de los empleos de la empresa.
2. Evaluación de los empleos usando los factores del sistema que se seleccione o desarrolle.
3. Derivación de valores totales para los puestos de la muestra, basados en los salarios vigentes en el mercado de trabajo, determinados mediante una investigación de los sueldos y salarios, o en algún otro criterio, por ejemplo, los salarios que se pagan en la empresa o las clasificaciones hechas por expertos.
4. Aplicación de procedimientos estadísticos adecuados, que por lo general es alguna forma de análisis de regresión. Los factores así identificados y sus pesos determinados estadísticamente, se pueden usar luego en la empresa con una seguridad razonable de que los salarios basados en el sistema tendrán una relación razonable con los que se pagan en el mercado de trabajo.

Una característica predominante del método de componentes del puesto es que la combinación óptima de componentes y sus pesos se determina mediante el análisis estadístico, específicamente la relación, correspondiente a una muestra de empleos, entre los valores asociados con esos componentes y el criterio de valor total del empleo, por ejemplo los salarios vigentes. Los resultados de este análisis se convierten luego en una ecuación para derivar índices de valores de todos los puestos que se van a evaluar a partir de datos basados en los procedimientos estructurados de análisis, cualesquiera que estos sean.

Confiabilidad de las evaluaciones

Un aspecto más de los sistemas de evaluación de puestos, que influye en su utilidad, es la confiabilidad de las evaluaciones. En este contexto, la "confiabilidad" se refiere al grado de relación entre las evaluaciones de dos o más evaluadores independientes, o entre las evaluaciones de un mismo evaluador en fechas distintas. La confiabilidad se mide normalmente correlacionando pares de evaluaciones independientes de una muestra o evaluaciones hechas por un mismo evaluador en fechas diferentes. Por lo general conviene determinar la confiabilidad de las evaluaciones, para ver si son razonablemente adecuadas. Es preferible que las correlaciones entre los distintos evaluadores sean razonablemente altas, por ejemplo, alrededor de .85 a .90 o más. Hay que agregar, sin embargo, que reunir las evaluaciones de varios evaluadores *buenos* hechas independientemente, da como resultado evaluaciones compuestas más confiables que las de un evaluador individual cualquiera. La confiabilidad conjunta tiende a aumentar, sobre todo si se recurre a tres o cuatro evaluadores; luego aumenta en forma más gradual a medida que se agregan otros, hasta llegar alrededor de 10.

Comentarios

Quienes administran los sueldos y salarios, constantemente sienten que caminan por la cuerda floja debido a las presiones conflictivas de que son objeto. Un programa de sueldos y salarios debe, al mismo tiempo, constituir un incentivo positivo para los empleados, ser generalmente aceptable para el personal, ser razonablemente competitivo con las condiciones del mercado de trabajo y permitir que la empresa siga siendo solvente. Es obvio que no hay soluciones adecuadas y simplistas para lograr esos diversos objetivos. No obstante, la perspectiva y conocimiento que el problema requiere pueden ser buenos auxiliares en el proceso de establecer un programa satisfactorio.

REFERENCIAS

1. J. D. DUNN y F. M. RACHEL, *Wage and Salary Administration: Total Compensation Systems,* McGraw-Hill, Nueva York, 1971.
2. B. LIVY, *Job Evaluation: A Critical Review,* Halsted, Nueva York, 1973.
3. R. E. SIBSON, *Compensation: A Complete Revision of Wages and Salaries,* AMACOM, American Management Associations, 1974.
4. M. L. ROCK, Ed., *Handbook of Wage and Salary Administration,* McGraw-Hill, Nueva York, 1972.
5. H. G. ZOLLITSCH y A LANGSNER, *Wage and Salary Administration,* 2a. ed., South-Western Publishing, Cincinnati, 1970.
6. J. S. ADAMS, "Wage Inequities, Productivity and Work Quality," *Industrial Relations,* Vol. 3, 1 (octubre de 1963), pp. 9-16.
7. E. JAQUES, *Time-Span Handbook,* Heineman Educational Books, Londres, 1964, p. 11.
8. JAQUES, *Time-Span* Handbook, p. 11.
9. JAQUES, *Time-Span Handbook.*
10. E. JAQUES, *Equitable Payment,* 2a. ed., Carbondale, IL, Southern University Press, 1970.
11. E. JAQUES, *Measurement of Responsibility,* Wiley, Nueva York, 1972.
12. JAQUES, *Time-Span Handbook,* pp. 107-108.
13. E. J. BENGE, S. L. BURK, y E. N. HAY, *Manual of Job Evaluation,* 4a. ed., Harper & Row, Nueva York, 1941.
14. C. W. G. VAN HORN, "The Hay Guide Chart–Profile Method," en M. R. Rock, Ed., *Handbook of Wage and Salary Administration,* McGraw-Hill, Nueva York, 1972, pp. 2(86)-2(97).
15. M. C. MILES, "Studies in Job Evaluation: Validity of a Check List for Evaluation Office Jobs," *Journal of Applied Psychology,* Vol. 36, 1953, pp. 97-101.
16. E. J. MCCORMICK, P. R. JEANNERET, y R. C. MECHAM, "A Study of Job Characteristics and Job Dimensions as Based on the Position Analysis Questionnaire (PAQ)," *Journal of Applied Psychology,* Vol. 56, 1972, pp. 347-368.
17. R. C. MECHAM, comunicación personal, 1972.
18. L. R. TAYLOR, comunicación personal, 1972.
19. D. D. ROBINSON, O. W. WAHLSTROM, y R. C. MECHAM, "Comparison of Job Evaluation Methods: A Policy-Capturing Approach Using the Position Analysis Questionnaire (PAQ)," *Journal of Applied Psychology,* Vol. 59, 4 (1974), pp. 633-637.
20. JAQUES, *Equitable Payments,* pp. 154-155.

CAPITULO 5.4

Estimación del rendimiento

IRVIN OTIS
ROBERT W. BURNS
American Motors Corporation

5.4.1 INTRODUCCION

En este capítulo se estudia el tema de la estimación del rendimiento en forma muy general, con el fin de que el lector conozca los diversos programas, métodos y técnicas formales que suelen aplicarse para evaluar el rendimiento de las personas en el trabajo.

La industria norteamericana se tiene que adaptar a una fuerza laboral cada vez más preparada y talentosa. Se está enfrentando a costos más altos en el renglón de salarios, a la mayor intervención gubernamental, a una disminución de la productividad y a otras presiones sociales y económicas. De manera que las técnicas relacionadas con la medición y el mejoramiento del rendimiento de los empleados se vuelven más importantes para el éxito o el fracaso de una empresa.

5.4.2 DEFINICION Y FINALIDAD

La estimación del rendimiento es un proceso que consiste en evaluar el rendimiento del empleado en el trabajo. Dicho proceso ha sido llamado de muchas maneras cuyo significado básico es el mismo; por ejemplo: evaluación del rendimiento, clasificación del personal, estudio del rendimiento, evaluación de los empleados, clasificación de eficiencia y estimación del rendimiento, entre otras denominaciones.

El primer paso para desarrollar un programa de estimación del rendimiento consiste en establecer sus propósitos, usos y objetivos, que pueden ser los siguientes:

- Medir o juzgar las aportaciones y los logros de una persona en el trabajo.
- Alentar el mejoramiento del rendimiento al identificar los puntos fuertes y débiles del comportamiento actual y proporcionar el refuerzo para mejorarlo.
- Identificar las necesidades de capacitación y desarrollo del empleado.
- Ayudar a planear la mano de obra al evaluar el acervo de capacidades y aptitudes de que se dispone en la empresa para satisfacer las necesidades futuras en materia de reemplazos y otros aspectos organizativos.
- Identificar candidatos para los ascensos.
- Sentar las bases para juzgar en materia de aumentos de sueldos y de pago de incentivos.
- Fomentar la comunicación entre el supervisor y el subordinado en cuanto a las expectativas de rendimiento individual y establecer un marco para el diálogo respecto a las metas e intereses, tanto personales como de la empresa.
- Identificar a los empleados que requieren consulta correctiva o acción disciplinaria.

Identificar a los empleados que deban ser despedidos o reinstalados.
Obtener información para apoyar las decisiones relacionadas con las actividades de Oportunidades Iguales de Empleo.

5.4.3 METODOS DE EVALUACION

El método de evaluación seleccionado debe estar relacionado con los objetivos establecidos para el programa de estimación del rendimiento. En esta sección se examinan los diversos métodos disponibles.

Exposición o ensayo

El clasificador redacta en forma de relato uno o más párrafos donde describe factores tales como los puntos fuertes y débiles de la persona, sus posibilidades de ascenso, sus logros y necesidades de desarrollo.

La ventaja principal de este método es que el clasificador tiene que pensar con gran detenimiento sus respuestas, de manera que sus conclusiones a menudo son más válidas y están mejor documentadas que las que se obtienen aplicando otras técnicas.

Si se aplica en forma exclusiva, esta técnica tiene algunos inconvenientes:

Lleva tiempo.
A veces se prolonga demasiado.
La habilidad del evaluador para redactar, o la falta de ella, puede influir en la impresión que el comportamiento real del empleado cause en el lector.
Es difícil hacer comparaciones con otros empleados.

En el ensayo, un planteamiento típico podría ser como sigue: Evaluar los puntos fuertes y débiles de este empleado con respecto a su capacidad administrativa (planeación, organización, delegación, aprovechamiento del tiempo, informes, vigilancia, etc.), mediante un comentario de 8 a 10 renglones.

Método del incidente crítico

Con este método, es necesario que el supervisor lleve un registro en el cual informe y proporcione pruebas de los incidentes reales ocurridos en el transcurso del año, indicando el comportamiento favorable o desfavorable y los resultados. Por lo general, el registro especifica categorías para clasificar y anotar las observaciones del supervisor. Las categorías específicas pueden ser la calidad del trabajo, la iniciativa, el conocimiento de la tarea, la capacidad, etc.

Las ventajas de este método son las siguientes:

La estimación se concentra en pruebas y hechos relacionados con el comportamiento y los resultados.
Se hace hincapié en el rendimiento, no en los rasgos o características.
Constituye una buena base para discutir el mejoramiento y el desarrollo.

Los inconvenientes del método son que el registro de los incidentes se convierte en una tarea pesada y que el método mismo puede dar lugar a una supervisión excesiva.

Clasificaciones por elección obligada

Aunque este método tiene muchas variantes, lo más usual es pedir al clasificador que escoja entre un grupo de cuatro o cinco descripciones aquellas que se ajusten mejor o peor a la persona que se califica. Las descripciones usadas pueden tener valores ponderados conocidos únicamente por una tercera persona, la cual determina la clasificación general definitiva.

Las ventajas de este método radican en que establece estándares de comparación entre las personas calificadas y que la parcialidad del supervisor se reduce porque desconoce el valor asignado a cada descripción.

Sus desventajas son las siguientes:

El misterio que se guarda respecto a los valores de las descripciones puede irritar a los clasificadores.
La elaboración de formas es complicada y costosa.
Su empleo para proporcionar retroalimentación al trabajador es objetable si no hay información más específica.

Una descripción típica que se podría usar con este método es como sigue:

La frase que mejor describe el rendimiento se indica con el número 1 y la menos descriptiva con el número 4.

___Demuestra un buen conocimiento del trabajo.
___No trabaja a toda su capacidad.
___Se adapta a las condiciones cambiantes.
___Físicamente es incapaz de satisfacer las necesidades del trabajo.

Técnica de comparar y clasificar

Cuando se desea comparar a las personas, ya sea dentro del mismo grupo o con otros grupos se pueden usar cuatro métodos. La base para clasificar es puramente subjetiva porque depende de las impresiones generales. Estos métodos se suelen aplicar cuando se trata de elegir a las personas que merecen ascenso o para determinar los aumentos de sueldo. Su principal desventaja es que no proporcionan información como: por qué una persona es la mejor o qué está haciendo la menos eficiente. Esta técnica no aporta información que se pueda usar para dirigir, desarrollar o retroalimentar al empleado.

Clasificación directa

Se hace una lista de las personas que forman el grupo. Después de estudiar la lista de empleados, el supervisor los clasifica por orden.

He aquí un ejemplo de cómo quedaría la lista:

Lugar	Nombre del empleado
El mejor	1 ____
El que sigue	2 ____
El que sigue	3 ____
El que sigue	4 ____

Clasificación alternada

Esta clasificación es una variante del método de clasificación directa. El clasificador selecciona primero al empleado mejor o más valioso y luego al peor o menos valioso, siguiendo con este procedimiento hasta que todos los miembros del grupo queden clasificados. Esta variante puede resultar más fácil de usar porque se pide a los calificadores que hagan primero lo que hacen mejor, o sea identificar los casos extremos de rendimiento.

Un ejemplo de este método sería como sigue:

Nombre del empleado	Número	Lugar	
		El más eficiente	1 ____
		El que sigue	2 ____
		El que sigue	3 ____
		El que sigue	4 ____
		El que sigue	5 ____
		El que sigue	6 ____
		Menos que el anterior	6 ____
		El que sigue	5 ____
		El que sigue	4 ____
		El que sigue	3 ____
		El que sigue	2 ____
		El menos eficiente	1 ____

Calificación al comparar por pares

Esta técnica es más compleja porque cada persona es comparada con cada una de las otras. La que recibe más puntuación es el mejor empleado; la que no recibe nada es el peor. La desventaja principal de este método es el tiempo y el trabajo estadístico requeridos. Por ejemplo, se requieren 45 comparaciones para clasificar a 10 empleados, pero para clasificar a 15 se requieren 105 comparaciones. Si se va a comparar a cuatro empleados, A, B, C y D, habrá que hacer las comparaciones siguientes:

A con B B con C C con D
A con C B con D
A con D

El método de distribución forzada

La distribución forzada exige que el calificador distribuya las calificaciones con base en una curva de distribución en forma de campana. Debe asignar el 10 por ciento de los empleados calificados a la categoría más alta de rendimiento, el 20 por ciento a la siguiente, el 40 por ciento a la de en medio, el 20 por ciento a la siguiente y el 10 por ciento a la más baja. Tal como se describe, es un sistema rígido y se le puede considerar como poco realista porque los calificadores piensan que el rendimiento real de sus empleados no se debe distribuir de acuerdo con la curva normal. Sin embargo, el método se puede individualizar sesgando la distribución para ajustarla a las percepciones de la empresa. Cuando se trata de grupos pequeños de empleados, este método pierde todo sentido.

Métodos de calificación por escala

Sistema de calificación convencional

Con este método se califica a la persona teniendo en cuenta diversas características, por ejemplo, calidad del trabajo, cantidad de trabajo, conocimiento de la tarea, comunicación, iniciativa y otros factores, de acuerdo con alguna escala gráfica. La escala puede consistir en frases descriptivas (notable, bueno, satisfactorio, marginal, poco satisfactorio) o en puntos (del 1 al

10). Para justificar la calificación, algunos formatos exigen que el calificador explique sus razones.

Este método es una de las formas más utilizadas debido a su coherencia y a la aceptación de que goza entre los clasificadores. Tiene sin embargo estas desventajas:

Los calificadores pueden interpretar las definiciones en forma diferente.
Los calificadores pueden permitir que la calificación asignada con respecto a un factor influya en la que asignan a otros factores (efecto de aureola).
La calificación de las características o factores no proporciona una retroalimentación efectiva al empleado, a menos que el analista explique la razón de la misma.

El ejemplo 5.4.1 ofrece una muestra de este método.

Escalas de calificación relacionadas con el comportamiento

Esta técnica incorpora el método del incidente crítico y los calificadores participan en el desarrollo analizando el trabajo en relación con lo que se considera un rendimiento muy acertado. Se relaciona el comportamiento con las actividades o dimensiones específicas de una tarea. Se establecen las relaciones con cada dimensión de un trabajo. Las relaciones con cada dimensión se clasifican luego, desde rendimiento altamente eficiente hasta rendimiento sumamente ineficiente.

Las ventajas de las escalas relacionadas con el rendimiento son las siguientes:

El interés de los calificadores es mayor porque participan en el desarrollo.
La confiabilidad de las calificaciones es mayor debido a la correlación directa con el trabajo.
Proporcionan al empleado retroalimentación relacionada con aspectos específicos del comportamiento.

Sus desventajas son:

El desarrollo requiere un tiempo considerable.
Los calificadores deben intervenir en el desarrollo.
Cada empleo requiere un formato por separado diseñado especialmente para ese empleo.

El método de apreciación en grupo

Este método utiliza a un grupo de evaluación compuesto por el supervisor de los empleados a los cuales se juzga, otros dos o tres supervisores que conozcan el rendimiento de esos empleados en el trabajo, y un miembro del personal administrativo o del departamento de personal. El grupo discute los requisitos del trabajo, las normas de comportamiento, el comportamiento real del titular, sus causas y las ideas para el mejoramiento. Luegó define un plan específico de acción para mejorar el rendimiento o para desarrollar al empleado. Las clasificaciones que se asignen estarán basadas en el consenso del grupo.

Una de las ventajas de este método es que, recurriendo a varios calificadores, mejora la validez de la estimación porque se reduce el efecto de la predisposición de cualquiera de ellos. Otra ventaja es que los varios calificadores tienden a aportar mejores ideas para mejorar el rendimiento, comparadas con las de un solo supervisor. En cuanto a desventajas, el proceso lleva mucho tiempo.

El método de evaluación

El objetivo del método de evaluación es pronosticar las posibilidades de los empleados para un ascenso, así como el rendimiento futuro de los candidatos al empleo. Se reúne a varios

Ejemplo 5.4.1 Ejemplo de sistema convencional de clasificación[a]

Marcar (√) el casillero que corresponda

Factores relacionados con el rendimiento	O	G	S	M	U	NA	Anotar abajo cualesquiera ejemplos significativos que deban ser revisados con el empleado. Las clasificaciones marginales o poco satisfactorias exigen explicación.
Relaciones interpersonales							
Conocimiento del trabajo							
Cantidad de trabajo según objetivos							
Calidad del trabajo según objetivos							
Comunicaciones dentro y fuera del departamento							
Aplicación de la capacidad analítica							
Iniciativa/abundancia de recursos							
Adaptabilidad a las condiciones cambiantes							
Desarrollo personal							
Capacidad para tomar decisiones							
Desarrollo de los empleados							
Planeación y organización del trabajo							
Dirigir a los empleados y delegar en ellos el trabajo							
Efectividad para hacer frente a las responsabilidades EEO/AAP							

[a]Clave del nivel de rendimiento: O-sobresaliente; G-bueno; S-satisfactorio; M-marginal; U-poco satisfactorio; NA-no es suficiente.

candidatos, durante varios días, en circunstancias que simulan el medio de trabajo, pudiendo incluirse pruebas, juegos y ejercicios similares a las situaciones que se encontrarán en el nuevo empleo. Asesores capacitados observan el comportamiento, hacen sus juicios y preparan la evaluación final de cada candidato.

El método de evaluación tiene bastante validez para predecir el rendimento futuro. Los inconvenientes obvios son los costos asociados con el desarrollo de un programa diseñado profesionalmente y el tiempo que tienen que dedicar tanto los asesores como los participantes.

Administración por objetivos

La administración por objetivos es un programa participativo de rendimiento orientado hacia los resultados, que hacen que tanto el supervisor como el subordinado participen en el establecimiento de metas u objetivos realistas aceptables para ambos. El proceso implica establecer criterios cualitativos y cuantitativos para medir el grado de logro, así como programas de tiempo dentro de los cuales se alcanzarán las metas. Al finalizar el período programado, el subordinado hace una evaluación de los logros comparándolos con las metas establecidas. Luego, el supervisor y el subordinado celebran una junta de evaluación.

Esta técnica proporciona a los supervisores experiencia respecto a lo que pueden razonablemente esperar de las personas, lo cual es muy útil para planear la mano de obra. Permite también un mejor control de la operación y destaca los resultados, en lugar de las características.

La mayoría de las desventajas asociadas con esta técnica se refieren a las posibilidades de que la administración manipule el programa para imponer sus normas y objetivos. Se requiere asimismo una cantidad considerable de vigilancia por parte de los supervisores para ajustar el programa de tiempo a medida que acontecimientos imprevistos alteran el plan original.

He aquí un ejemplo de cómo se podría organizar este método:

Objetivos de rendimiento	Resultados
Señale las tareas, proyectos y objetivos de mayor significación asignados a la persona, así como los objetivos en este período y los factores correspondientes de tiempo y costo.	Indique los resultados logrados en función de tiempo, costos y cualesquiera factores que impidieron el logro.

El método de estándares de trabajo

Es posible establecer estándares de trabajo para todos los elementos de un trabajo cualquiera y a todos los niveles de la empresa. Aunque los estándares de trabajo y los objetivos están muy relacionados, los estándares abarcan aquellas áreas donde el mejoramiento implica poco esfuerzo económico. El método de estándares de trabajo es una declaración de las condiciones que existirán cuando un trabajo se lleva a cabo en forma correcta, y tiene por objeto mantener un nivel específico de productividad o mejorar esta última.

Los estándares de trabajo deben ser claros, evidentes y justos. Su empleo resulta menos arriesgadò que el de otras técnicas durante la entrevista de evaluación del rendimiento.

Su desventaja radica en el elemento comparabilidad, que se relaciona directamente con la persona que establece y mide los estándares. Se requiere algún método de clasificación cuando se trata de tomar decisiones sobre aumentos de salario o promociones.

5.4.4 IMPLANTACION

Procedimientos

Hay que fijar procedimientos que proporcionen a los clasificadores instrucciones uniformes acerca de la manera de prepararse para el proceso de evaluación, cómo llenar correctamente las formas requeridas, cómo llevar a cabo la junta de evaluación, cómo resolver cualquier conflicto y qué hacer con las formas llenadas.

Comunicaciones

El éxito del sistema de evaluación del rendimiento está íntimamente relacionado con el tiempo dedicado a comunicar la finalidad, las necesidades y los procedimientos del programa.

El anuncio del programa

El anuncio del programa debe llegar a todos los supervisores que lo van a utilizar y a todos los empleados a quienes va a abarcar. Debe indicar que se celebrarán sesiones de capacitación para los calificadores y juntas de orientación de los empleados. Debe indicar también que el programa tiene el apoyo de la gerencia de la empresa.

Capacitación de los supervisores

La capacitación de los supervisores para la evaluación del rendimiento tiene por objeto informarles acerca de la idea en que se apoya ese programa, describir el papel que desempeña y la responsabilidad que asume el calificador en el proceso, explicarles la manera de utilizar la información de evaluación, y enseñarles a llevar a cabo una entrevista adecuada. Se debe elaborar un manual del evaluador, para usarlo no sólo como parte del proceso de capacitación sino también como referencia.

No se puede subrayar más la importancia de una completa preparación del calificador, ya que el interés, la habilidad y las actitudes exhibidas por el supervisor son mucho más importantes que los objetivos, los métodos, la mécanica o las formas de cualquier programa de evaluación.

Orientación a los subordinados

Se sugiere que se celebren juntas de orientación a los empleados, cualquiera que sea el tamaño de la empresa, para explicar la finalidad y los procedimientos del programa y definir el papel que los empleados desempeñarán en el proceso. Se debe conceder tiempo suficiente para preguntas y respuestas.

Problemas

Todo sistema de evaluación del rendimiento tendrá inconvenientes y problemas que posiblemente impedirán lograr algunos de los objetivos para los cuales fue establecido.

Los juicios

Incluso en un programa de evaluación bien definido, los juicios acerca del rendimiento pueden ser subjetivos y tendenciosos debido a lo que los calificadores opinan de cada uno de sus subordinados. Se ha encontrado también que en las evaluaciones influye la manera como los calificadores perciben su propio comportamiento. Surge otro conflicto como resultado del doble papel del calificador, que es juez y consejero.

Los calificadores

Las diversas maneras de apreciar cómo se realiza el trabajo influyen significativamente en las evaluaciones del calificador. La información o las observaciones incompletas pueden impedir que los supervisores hagan evaluaciones objetivas.

Criterios

Los criterios de rendimiento no siempre son lo suficientemente específicos y uniformes para garantizar que el empleado a quien se califica comprende a fondo los estándares de rendimiento aceptados o los objetivos.

Políticas

Los objetivos que implican finalidades múltiples confunden al calificador. Si las decisiones asociadas con los ascensos, aumentos de salarios, despidos, etc., están basadas realmente en el resultado de la evaluación del rendimiento, la evaluación tiene gran importancia. La credibilidad del programa se destruye cuando los empleados y los calificadores no entienden claramente el formato, los criterios y la importancia de la evaluación en cuanto se relaciona con esas decisiones.

Requisitos legales y de la ley de Oportunidades Iguales de Empleo

Los sistemas de evaluación del rendimiento están sujetos a una estricta vigilancia por parte de los diversos organismos gubernamentales que tienen autoridad para investigar las acusaciones por una supuesta discriminación. Como resultado, los empleadores pueden verse en el caso de demostrar que sus métodos de evaluación del rendimiento son razonables y no discriminan en forma alguna a los miembros de las clases afectadas.

La significación de los criterios de rendimiento objetivos, no subjetivos, se vuelve evidente cuando los resultados de la evaluación del rendimiento sirven para determinar los ascensos, los cambios, despidos, medidas disciplinarias, aumentos por méritos y las necesidades de capacitación.

5.4.5 LA ENTREVISTA DESPUES DE LA EVALUACION

El ambiente en el cual se lleva a cabo la entrevista posterior a la evaluación, el tiempo que se dedique a pianear lo que se va a decir, y el seguimiento en lo relativo al rendimiento son extremadamente significativos porque es en esa entrevista donde se pueden malograr los conceptos y el esfuerzo que implica desarrollar un programa bueno y objetivo si dicha entrevista no se realiza en forma correcta. Es un paso crítico porque puede ser el elemento más productivo de todo el proceso de evaluación y por lo tanto, sumamente remunerador para el clasificador y para el subordinado si se lleva a cabo en la forma debida.

Planeación de la entrevista

La planeación de la entrevista debe incluir una revisión de la evaluación escrita y la redacción a un lenguaje que se pueda emplear en el curso de la entrevista. El calificador tiene que anticipar en qué forma reaccionará el empleado ante la evaluación y debe establecer un plan para responder a esas reacciones. El calificador debe hacer lo siguiente:

Notificar al empleado, con uno o dos días de anticipación por lo menos, que se va a celebrar la entrevista de evaluación. Esto le dará la oportunidad de prepararse para ello.
Programar la junta de manera que sea posible disponer del tiempo suficiente.
Asegurarse de que la entrevista se podrá llevar a cabo en privado, sin interrupciones.

La entrevista

Durante la entrevista, el calificador hará ver al empleado sus puntos fuertes y débiles, las metas que ha logrado y las que no ha logrado. Los casos específicos de rendimiento notablemente bueno o malo deben ser discutidos. Se harán sugerencias acerca de cómo superar o mejorar las áreas débiles. Recuérdese que la finalidad de la entrevista es ponerse de acuerdo respecto a la evaluación, desarrollar un plan de acción para mejorar el rendimiento y establecer para el futuro objetivos aceptables para ambas partes.

La entrevista debe concluir con una nota positiva y alentadora y el clasificador expresará su buena disposición para hablar nuevamente del asunto en caso de que surjan preguntas o sugerencias en fecha posterior.

Seguimiento

La estimación del rendimiento no debe ser un proceso que se lleva a cabo una vez al año, sino una serie continua de pláticas con el empleado siempre que se observe un comportamiento positivo o negativo.

5.4.6 AUDITORIA DEL PROCEDIMIENTO Y UTILIZACION DE LOS RESULTADOS

Los programas de estimación del rendimiento son por lo general vigilados y auditados por el departamento de personal, con el fin de asegurarse de que se concluyen a tiempo, que las formas se llenan debidamente y llevan las firmas requeridas y que el empleado ha reconocido, en alguna forma, que la evaluación fue revisada.

El sistema de evaluación y las estimaciones resultantes se deben usar para los fines que se les indicaron a todos los empleados. En particular, si en la aplicación de los resultados se permiten desviaciones que puedan perjudicar al empleado calificado, se destruye la credibilidad del programa.

BIBLIOGRAFIA

ALLAN, P. y S. ROSENBERG, "Formulating Usable Objectives for Manager Performance Appraisal," *Personnel Journal*, noviembre de 1978, páginas 626-629, 640, 642.
BALL, R. R. "What's the Answer to Performance Appraisal?," *The Personnel Administrator*, julio de 1978, páginas 43-46.

BAYLIE, T. N., C. KUJAWSKI, y D. M. YOUNG, "Appraisal of People Resources," *ASPA Handbook*, Vol. 1, Bureau of National Affairs, Washington, DC, 1974.

BIRNBRAUER, H., "Taking the Sting Out of Performance Reviews," *Machine Design*, septiembre de 1977, páginas 106-109.

BUZZOTTA, V. R., y R. E. LEFTON, "How Healthy is Your Performance Appraisal System?," *The Personnel Administrator*, agosto de 1978, páginas 48-51.

CALHOON, R. P., "Components of an Effective Executive Appraisal System," *Personnel Journal*, agosto de 1969, páginas 617-622, 648.

COLBY, J. D., y R. L. WALLACE, "Performance Appraisal: Help or Hindrance to Employee Productivity?," *The Personnel Administrator*, octubre de 1975, páginas 37-39.

COWAN, J., "A Human-Factored Approach to Appraisals," *Personnel*, noviembre-diciembre de 1975, páginas 49-56.

DANZING, S. M., "What We Need to Know About Performance Appraisals," *Management Review*, febrero de 1980, páginas 20-24.

GAVTSCHI, T. F., "Performance Appraisal," *Design News*, julio de 1976, páginas 113-114.

GAVTSCHI, T. F., "Performance Appraisal Techniques," *Design News*, agosto de 1976, páginas 95-96.

HAYDEN, R. J., "Performance Appraisal: A Better Way," *Personnel Journal*, febrero de 1978, páginas 606-613.

HAYNES, M. E., "Developing an Appraisal Program," *Personnel Journal*, febrero de 1978, páginas 66-67, 104, 107.

KINDALL, A. F. y J. GATZA, "Positive Program for Performance Appraisal," *Harvard Business Review*, noviembre-diciembre de 1963, páginas 73-80.

LAZER, R. I. y W. S. WIKSTROM, *Appraising Managerial Performance: Current Practices and Future Directions*, Conference Board Report No. 723, The Conference Board, Nueva York, 1977.

LEVINSON, H., "Management by Whose Objetives," *Harvard Business Review*, julio-agosto de 1970, páginas 97-106.

MAYFIELD, H., "In Defense of Performance Appraisals," *Harvard Business Review*, marzo-abril de 1960, páginas 26-32.

MCAFEE, B., "Selecting a Performance Appraisal Method," *The Personnel Administrator*, junio de 1977, páginas 61-64.

MCGREGOR, D., "An Uneasy Look at Performance Appraisals," *Harvard Business Review*, septiembre-octubre de 1972, páginas 133-138.

OBERG, W., "Make Performance Appraisals Relevant," *Harvard Business Review*, enero-febrero de 1972, páginas 61-67.

SCHNEIER, C. E. y R. W. BEATTY, "Integrating Behaviorally-Based and Effectiveness-Based Methods," *The Personnel Administrator*, agosto de 1979, páginas 65-76.

SCHNEIER, C. E. y R. W. BEATTY, "Developing Behaviorally-Anchored Rating Scales (BARS)," *The Personnel Administrator*, agosto de 1979, páginas 59-68.

SCHNEIER, D. B., "The Impact of EEO Legislation on Performance Appraisals," *Personnel*, julio-agosto de 1978, páginas 24-34.

CAPITULO 5.5

Contabilidad de recursos humanos: medición y utilización

BARUCH LEV
Universidad de Tel-Aviv

El capital más valioso es el que se invierte en los seres humanos.
Alfred Marshall, *Principles of Economics*

5.5.1 INTRODUCCION

La contabilidad de recursos humanos (HRA, por sus siglas en inglés) implica la aplicación de conceptos de economía y contabilidad al área de la administración del personal. Es un sistema de información diseñado para proporcionar datos sobre el costo y el valor que los empleados representan para la empresa. Puede serle útil a los usuarios tanto internos como externos. A la administración (usuarios internos) le proporciona datos pertinentes en los cuales puede basar sus decisiones respecto a contratación, capacitación y otros aspectos del desarrollo del personal, mientras que a los inversionistas, acreedores y otros usuarios externos de los estados financieros les ofrece información respecto a la inversión en recursos humanos y a la utilización de esos recursos en la empresa. Dado el interés específico de los ingenieros industriales, el estudio que sigue se refiere principalmente a los usos internos, o administrativos, de la HRA.

El capítulo se inicia con un examen de la conveniencia de reconocer que la inversión en las personas es una inversión de capital. Luego se explica la estimación de esa inversión a niveles conceptuales y prácticos y en seguida se ofrecen descripciones resumidas de las aplicaciones y pruebas de los modelos HRA en las empresas.

5.5.2 LA INVERSION EN SERES HUMANOS: UNA INVERSION DE CAPITAL

La dicotomía que se establece en la contabilidad convencional entre capital humano y capital no humano es fundamental. El segundo se reconoce como un activo y por lo tanto se registra en los libros y se presenta en los estados financieros, mientras que al primero lo pasan enteramente por alto los contadores. Por su parte, los economistas expresan un punto de vista diferente a este respecto. Milton Friedman,[1] por ejemplo, dice lo siguiente:

> *Desde el punto de vista más amplio y general, la riqueza total incluye a todas las fuentes de "ingresos" o servicios aprovechables. Una de esas fuentes es la capacidad productiva de los seres humanos y constituye, por lo tanto, una forma de poseer riqueza.*

La definición de la riqueza como una fuente de ingresos lleva inevitablemente al reconocimiento del capital humano como una más entre otras diversas maneras de poseer la riqueza, por ejemplo, dinero, valores y capital físico (no humano). Esta actitud hacia el capital humano tiene una amplia gama de aplicaciones en economía. Por ejemplo, se reconoce que el capital humano es un factor importante para explicar y pronosticar el crecimiento económico.[2] Asimismo, las estimaciones del capital humano sirven para calcular el rendimiento particular y social de la inversión en educación.[3] De manera que, en la teoría económica moderna, el capital humano se considera en un nivel de igualdad con otras formas de activo rentable.

¿Por qué, entonces, la administración maneja la inversión en los recursos humanos de la empresa en forma diferente de las inversiones en activos de capital? Específicamente, ¿por qué las tasas de rendimiento de la inversión en contratación, capacitación y otros programas de desarrollo del personal muy pocas veces son calculadas por los administradores para determinar la conveniencia y la eficiencia de esas inversiones? ¿Por qué todos los costos asociados con la administración del personal se cargan a gastos, en vez de capitalizarlos, durante el año en que se incurre en ellos? ¿Por qué la inversión de la empresa en recursos humanos no aparece en el balance general?

Por lo general se dan dos razones para tratar a los recursos humanos en forma diferente a como se tratan los activos no humanos. En primer lugar, se tropieza con muy serios problemas de medición para estimar los costos, y muy particularmente los beneficios futuros, de la inversión en recursos humanos. La incertidumbre respecto a los beneficios futuros de esa inversión, y el hecho de que algunos atributos de la misma, por ejemplo, la moral y la satisfacción del empleado en el trabajo, no resulten fáciles de cuantificar, son las causas principales de esas dificultades de la medición.

En segundo lugar, en los mercados de trabajo perfectos (o sea aquellos donde todos los trabajadores pueden obtener gratuitamente información completa acerca de todas las oportunidades de empleo, y el cambio de un empleo a otro no representa costo alguno) cada empleado obtendrá, en forma de salarios y otros beneficios (por ejemplo, capacitación, subsidio para casa habitación), el valor exacto de su producto marginal para la empresa. En este caso, los beneficios totales provenientes de los recursos humanos de la empresa igualarán a los costos y la inversión en recursos humanos, por definición, será de cero. Por lo tanto, todos los costos asociados con los empleados se tratan justificadamente en este caso como gastos (aunque no necesariamente en el período en que se incurre en ellos).

Sin embargo, examinando con más detenimiento la cuestión, resulta que esas dos objeciones, que se oponen al tratamiento de la inversión en recursos humanos en igual forma que otras inversiones, pueden ser superadas. La conveniencia de superarlas se ha señalado con frecuencia. Por ejemplo:

> *El reconocimiento explícito del valor de los recursos humanos como un activo permitiría a los administradores considerar a sus empleados dentro del marco de la administración de activos. . . . Los administradores podrían entonces tomar decisiones coherentes entre diversos tipos de inversiones humanas e inversiones en otra clase de activos y además prestarían la debida atención a un rendimiento adecuado de esos activos. Este enfoque es preferible al sistema actual que considera a los seres humanos como un gasto por sueldos o salarios, que se debe usar con eficiencia pero que se cancelará como un gasto en el presente período.*[4]

En la sección siguiente se estudian esos dos temas: la medición de la inversión en recursos humanos y las condiciones en que dicha inversión existe en las empresas.

5.5.3 EL ENFOQUE ECONOMICO DE LA ESTIMACION DEL CAPITAL HUMANO

Definición y medición del capital humano

El "capital" se define generalmente como una fuente de ingresos futuros (o flujo de efectivo neto) y su valor es el valor actual, o descontado, de esa serie de ingresos. De manera que el valor del capital humano representado por una persona de edad τ es el valor actual de sus ingresos restantes futuros provenientes del empleo. Este valor, en el caso de una serie discreta de ingresos, viene a ser

$$V_\tau = \sum_{t=\tau}^{T} \frac{I(t)}{(1+r)^{t-\tau}} \qquad (1)$$

donde V_τ = el valor como capital humano de una persona cuya edad es τ.
$I(t)$ = los ingresos anuales de la persona hasta su jubilación. (Esta serie se conoce como "perfil de ingresos".)
r = una tasa de descuento (costo de capital) adecuada para la persona o para la empresa
T = la edad de jubilación.

En la ecuación 1, la variable clave es por supuesto el perfil de ingresos, $I(t)$. ¿Cómo se puede estimar ese perfil de ingresos? La mejor fuente de información para los perfiles de ingresos son los datos actuales sobre la distribución del ingreso clasificada de acuerdo con características pertinentes tales como edad, preparación, aptitud y el área geográfica. Considérese, por ejemplo, el problema de estimar la serie de ingresos futuros de un ingeniero industrial cuya edad es de 25 años. Se tienen los datos actuales (gracias al censo y a otras fuentes) sobre los ingresos promedio de los ingenieros industriales de 25 años de edad, de 26 años, etc. hasta su jubilación. (Consúltese a Levand y Schwartz[5] acerca de la estimación y disponibilidad de perfiles de ingresos respecto a diversas profesiones, especialidades, empleados calificados, etc.) Por lo tanto es posible estimar los ingresos que obtendrá el año próximo dicho ingeniero de 25 años de edad con base en los ingresos actuales de un ingeniero equivalente de 26 años de edad. La estimación de los ingresos que obtendrá dentro de 2 años estará basada en los ingresos promedio actuales de un ingeniero de 27 años de edad, etc.* De manera que el perfil de ingresos observado *a través de las personas* se puede transformar en un perfil de ingresos *en el tiempo*. Esos perfiles de ingresos para la clasificación detallada de los empleados (por aptitudes, especialidad, preparación, ubicación geográfica, etc.) los elaboran comúnmente economistas que se ocupan de las cuestiones relacionadas con el capital humano por ejemplo, el rendimiento de las inversiones en educación. (Véase Lazear[6] y la lista de referencias que contiene.) La información básica para los perfiles de ingresos proviene generalmente de los datos del censo de los Estados Unidos. Dada la disponibilidad práctica de perfiles de ingresos para un gran número de profesiones y ramos, se puede aplicar la ecuación 1 al valor como capital humano de una persona.

La ecuación 1 estima el valor de capital humano representado por un empleado individual. Si se trata de los recursos humanos *de la empresa*, habrá que incorporar a la ecuación 1 los elementos dinámicos que reflejen la probabilidad de que los empleados mueran o se retiren de la empresa antes de jubilarse, y lo que es más importante, el movimiento de los empleados, en el transcurso del tiempo, entre las diversas funciones y puestos. Esos elementos dinámicos han sido modelados mediante un proceso estocástico de cadena de Markov, reflejando los movimientos de los empleados entre distintas funciones (véase Flamholtz,[7] Auerbach y Sadan,[8] y Friedman y Lev[9]).

Resumiendo, se encuentran disponibles varios modelos que reflejan el valor total de los empleados asociados con la empresa. Ese valor total resultará afectado por factores tales como el número y la edad de los empleados; su grado de habilidad, escolaridad y capacitación, y la probabilidad de que cada uno ocupará cada puesto de la empresa (incluyendo la renuncia o retiro) en fechas específicas futuras. Por lo tanto, los cambios ocurridos en el

* Por supuesto, habrá que hacer los ajustes necesarios por acontecimientos que se esperan; por ejemplo, el aumento de los ingresos nominales resultante de la inflación.

valor total de los empleados, o en los valores de subgrupos de empleados, indicarán cambios organizativos importantes en la empresa; por ejemplo, envejecimiento de la fuerza de trabajo, cambios en el nivel de aptitud y escolaridad de los empleados, y cambios en las políticas de promoción. Los usos administrativos de esa información se explican más adelante.

El capital humano como activo de la empresa

Recuérdense las dos objeciones básicas, mencionadas anteriormente, respecto al tratamiento de la inversión en los recursos humanos de la empresa como si fuera un activo:

1. Es difícil estimar el valor de esa inversión desde el punto de vista monetario.

2. Aunque se estimara, en una sociedad donde no hay esclavos esa inversión pertenece a los empleados, no a la empresa. Dicho de otro modo, las empresas, en los mercados de trabajo perfectos, pagarán a los empleados, en forma de sueldos y otros beneficios, el valor total de su producto marginal, de manera que la preparación y capacitación del empleado no aportará a las empresas un beneficio adicional. Por consiguiente, la inversión en recursos humanos no representa un activo para la empresa.

Con respecto al primer argumento, se ha demostrado que se dispone de métodos prácticos y ampliamente usados para estimar los valores del capital humano. Ahora se considera el segundo argumento respecto a quién *posee* la inversión en recursos humanos.

Una inversión en recursos humanos constituye un activo cuando la empresa puede pagar a sus empleados cantidades inferiores al ingreso marginal de su producto (MRP). El valor de esta inversión será el valor descontado de la serie futura de *diferencias* (ganancias) entre el MRP y el costo del empleado. Hay dos situaciones generales en que los costos directos asociados con la mano de obra (salarios, habitación, etc.) serán más bajos que las contribuciones que el empleado aporta a la empresa (MRP): cuando una empresa capacita para fines propios específicos, y cuando se imponen restricciones a la movilidad del empleado.

Capacitación específica

A menudo las empresas capacitan a sus empleados, ya que muy pocas veces se encuentra a personas perfectamente preparadas en el mercado de trabajo. Esa capacitación sobre la marcha se concibe normalmente de acuerdo con una escala que va desde "general" hasta "específica", dependiendo del grado en que se puedan comercializar las habilidades resultantes (véase Becker[2]). La "capacitación general" se define como aquella que hace aumentar la productividad del trabajador para *muchas empresas,* en la misma medida en que aumenta para la que proporciona la capacitación. En cambio, la "capacitación específica" hace aumentar la productividad para la empresa que capacita más que para otras empresas, y la "capacitación completamente específica" es aquella que no produce efecto alguno en la productividad de un empleado fuera de la empresa que lo capacita.

Obviamente, cuando las empresas invierten en capacitación general, les resulta difícil obtener los beneficios de esa capacitación (pagando salarios futuros inferiores a la productividad del empleado), puesto que los empleados pueden irse a otras empresas que les pagarán el valor total de su productividad marginal aumentada (gracias a la capacitación). En cambio, cuando invierte en capacitación específica, la empresa puede cosechar los beneficios de esa inversión en la forma de salarios relativamente bajos, ya que la mayor productividad del empleado, resultante de la capacitación, estará restringida a la empresa que lo capacitó. De manera que la inversión en capacitación específica puede crearle un activo a la empresa, y el valor de ese activo lo determinará la serie futura de economías en los salarios (en relación con los del mercado).

Restricciones a la movilidad del empleado

Los mercados de trabajo perfectos, en que los empleados son enteramente móviles y están bien informados acerca de todas las oportunidades de empleo, obviamente no existen. La información acerca de todas las oportunidades de empleo no está fácil al alcance de todos los trabajadores ni es gratuita. Además, hay todo tipo de restricciones a la movilidad del empleado resultantes de convenios sindicales, de la renuencia de los empleados a perjudicar su antigüedad y su seguridad en el empleo,* de los costos que implica el cambio, etc. La información imperfecta y las restricciones impuestas a la movilidad permiten a las empresas pagar salarios que en cierta medida son inferiores a la productividad del empleado, con lo cual pueden recuperar el valor de su inversión en recursos humanos.

Resumen

La existencia de la capacitación específica y las restricciones con que tropieza en la práctica la movilidad del empleado dan a las empresas la oportunidad de obtener los beneficios de su inversión en recursos humanos. De manera que el valor como capital humano de los empleados, medido por los perfiles de ingresos promedio de todo el país, menos el valor actual de los salarios futuros que pagará la empresa, se puede considerar como un activo de la organización.† El valor de ese activo resultará afectado por el grado y tipo de capacitación (específica o general) que proporcione la empresa, por las políticas de contratación y promoción de la empresa, por los beneficios adicionales, etc.

Aplicaciones de la medición económica de los recursos humanos

La estimación del valor de los recursos humanos de la empresa siguiendo los lineamientos descritos proporcionará a la gerencia información muy útil para la distribución óptima de los recursos humanos y los no humanos. En seguida se presentan algunas aplicaciones interesantes de esa información, las cuales se examinan más a fondo en Lev y Schwartz[5] y en Friedman y Lev.[9]

Los valores de los recursos humanos proporcionan información acerca de los cambios ocurridos en la estructura de la mano de obra. Por ejemplo, las diferencias observadas con el tiempo en los valores de los recursos humanos de la empresa pueden ser resultado de los cambios ocurridos en la distribución de las edades de los empleados (antigüedad) y/o en su nivel de escolaridad. Por lo tanto, la serie temporal de los valores de los recursos humanos de la empresa contiene información acerca de los cambios ocurridos en la estructura y en la calidad del personal.

Las diferencias que existen entre la estructura real de los salarios de una empresa y los salarios promedio que se pagan en los mercados de trabajo correspondientes se deben principalmente a las políticas de la empresa en materia de personal, a la amplitud de la capacitación y a los sistemas indirectos de compensación. Estas acciones representan la inversión

* Por ejemplo, los empleados con aversión al riesgo, es muy probable que descontarían salarios futuros en empresas alternativas usando algún factor que refleje las incertidumbres de trabajo correspondientes a tales salarios. En consecuencia, el salario necesario para inducir movilidad debe superar al existente por una prima de riesgo suficientemente grande.

† Por supuesto, la magnitud de esta inversión es un factor empírico. D. A. DITTMAN, H. A. JURIS, y L. REVISINE, amplían este tema en "On the existence of Unrecorded Human Assets: An Economic Perspective," *Journal of Accounting Research*, Primavera de 1976, pp. 49-65.

de la empresa en recursos humanos. La serie futura de diferencias entre los salarios reales de la empresa y los salarios promedio del mercado se pueden considerar por lo tanto como el rendimiento de la inversión de la empresa en recursos humanos. Dicho de otro modo, si la empresa no hubiera establecido programas específicos de capacitación y compensación, *diferentes* de los de otras empresas de su grupo, su estructura de salarios se habría aproximado mucho a los salarios promedio del mercado. Por lo tanto, las mediciones del valor de los recursos humanos basadas en los datos del mercado, así como las basadas en la escala interna de salarios de la empresa, permitirán calcular la inversión de esta última en recursos humanos, estimar la eficiencia de esa inversión (su rendimiento) y calcular la tasa de depreciación de la inversión. (Véase en Friedman y Lev[9] la explicación detallada de esos cálculos y fuentes de datos.) Todas estas mediciones no se encuentran disponibles en los sistemas convencionales de contabilidad y contabilidad de costos.

5.5.4 ENFOQUES ADICIONALES DE LA HRA

El enfoque económico de la HRA que se resume aquí está basado en dos premisas: 1) el "valor" de un empleado se puede derivar de la serie de sus ingresos futuros y 2) la inversión de la empresa en recursos humanos (capacitación, etc.) se refleja en la diferencia agregada que existe entre las series de ingresos que los empleados podrían obtener en el mercado (es decir, los ingresos que obtienen en los Estados Unidos los empleados que tienen determinadas aptitudes, edad, antigüedad, ubicación geográfica, etc.) y las series reales de salarios que paga la empresa.* Hay otros enfoques adicionales de la HRA, de los cuales se habla brevemente aquí. (Para más detalles acerca de esos enfoques consúltese Flamholtz.[10])

Además de estimar el valor actual de la inversión de la empresa en recursos humanos, la administración necesita datos acerca del costo y el valor de la fuerza laboral, para facilitar la planeación del personal y la toma de decisiones al respecto y para evaluar la eficiencia con que los recursos humanos han sido desarrollados, conservados y utilizados en la empresa. Se requieren datos para las fases siguientes de la administración del personal:

1. *La adquisición de recursos humanos,* que implica reclutar, seleccionar y contratar personas para satisfacer las necesidades presentes, y las que se esperan en el futuro, de mano de obra. El primer paso para obtener datos pertinentes consiste en pronosticar las necesidades de mano de obra† y luego expresar esas necesidades en un "presupuesto de adquisición de mano de obra". También habrá que obtener datos sobre el costo estándar del reclutamiento, la selección y la contratación de empleados.
2. *El establecimiento de una política de desarrollo,* informando a la gerencia acerca del costo del reclutamiento por fuera, comparado con la preparación desde adentro (capacitación sobre la marcha).
3. *La distribución de los recursos humanos,* o sea el proceso de asignar las personas a las diversas funciones y tareas de la empresa. La distribución implica diversos intercambios. De modo general, el empleado mejor calificado debe ser asignado a una tarea determinada. A veces, sin embargo, la gerencia desea dar a las personas la oportunidad de desarrollar sus aptitudes mediante la capacitación en el trabajo, no necesariamente asignándolas a la tarea para

*Esta inversión puede ser negativa, indicando entre cosas, rendimientos negativos para los programas de desarrollo de los empleados. Por supuesto, cabe hacer notar que las medidas económicas tratadas aquí están basadas en los costos relativos de los empleados, no reflejan directamente cambios en la productividad de los empleados. Para tratar este tema, consultar Friedman y Lev, referencia 9.

† Esto se puede hacer, por ejemplo, mediante un modelo de cadenas de Markov (véase Vroom y MacCrimmon, referencia[11]

la cual están actualmente más calificadas. Tal vez la gerencia desee también colocar a los empleados en puestos que satisfagan sus necesidades. La contabilidad de recursos humanos debe cuantificar las variables implícitas en la decisión de asignar, con el fin de ayudar a la gerencia a entender los intercambios en cuestión.

4. *La conservación de los recursos humanos* o sea el proceso de mantener la capacidad de los empleados y la eficiencia del sistema humano establecido por una empresa. A breve plazo, por ejemplo, el gerente de una división puede ejercer presión en los empleados para que temporalmente aumenten su productividad o disminuyan los costos, pero no medirá los efectos producidos en la motivación y la actitud de los empleados y en las relaciones laborales. En la actualidad, la conservación de los recursos humanos se mide desde el punto de vista de tasas de rotación del personal; pero esas mediciones no son enteramente satisfactorias. La contabilidad de recursos humanos puede medir ciertos indicadores (sociales y sicológicos) del estado de la organización humana y la gerencia puede prever las tendencias de esas variables antes de que se presente realmente la rotación o la productividad disminuida.

5.5.5 APLICACIONES Y PRUEBAS DE LOS MODELOS HRA

El número de informes sobre aplicaciones prácticas de los modelos HRA en las empresas y sobre las pruebas de la validez empírica de dichos modelos ha sido hasta el momento bastante limitado. Esto es fácil de entender dada la complejidad de la cuestión y el hecho de que el interés por la medición de los recursos humanos es un fenómeno relativamente reciente. Sigue un resumen de las principales aplicaciones y pruebas de los modelos HRA, de que se ha informado públicamente.

Aplicaciones

Un sistema que refleja el costo de los recursos humanos (reclutamiento, contratación, capacitación, etc.), la capitalización de esos costos y su amortización fue desarrollado por la R. G. Barry Corporation (importante fábrica de calzado). Al explicar las aplicaciones del sistema, un ejecutivo de la empresa manifestó que dicho sistema ha influido en la conducta administrativa 1) al aumentar el interés de la gerencia en la importancia económica de las personas, 2) destacar el agotamiento de los activos humanos resultante de la rotación del personal, 3) mejorar el desarrollo de las personas al considerarlas como partidas de capital, en lugar de como gastos y 4) facilitar la medición precisa del ingreso al incluir en el estado de operación los efectos de los cambios ocurridos en los activos humanos.[12] La aplicación de la HRA en la Barry Corporation es probablemente la más amplia de que se ha informado al público en general.

Alexander[13] ha desarrollado un modelo HRA que integra el costo original de contratación y capacitación de los empleados con el costo de oportunidad (el costo del tiempo perdido al asignar a los empleados tareas no productivas) y que fue diseñado primordialmente para vigilar los efectos de la rotación de personal. El modelo ha sido aplicado en una de las oficinas de una firma importante de contadores públicos y está diseñado primordialmente para las empresas de servicios que dependen del personal. Según Alexander, el sistema ha puesto en manos de la firma hechos que han dado lugar a una revaluación de su enfoque tradicional de la composición del personal y la asignación de recursos.

Pyle[14] informa de la creación de un sistema HRA en una fábrica de bebidas refrescantes de participación pública. Los costos totales de la empresa se clasificaron primeramente en dos componentes: costos de recursos humanos, y otros costos. Luego, los costos de recursos humanos fueron separados en sus componentes gasto y activo. Para que un costo sea tratado como un activo, se debe esperar que aportará beneficios a la empresa más allá del período contable actual. Los activos humanos fueron separados luego en una de las siete cuentas siguientes: 1) costos de reclutamiento, 2) costos de adquisición, 3) costos de capacitación formal y prácticas, 4) costos de capacitación informal, 5) costos de prácticas, 6) costos de obtención de experiencia en materia de inversiones y 7) costos de desarrollo. Se han establecido reglas y procedimientos para depreciar esas inversiones en el transcurso de su vida estimada de servicio futuro. Este sistema permite, entre otras cosas, calcular la tasa de rendimiento de la inversión en recursos humanos.

En Flamholtz[15] y en Flamholtz y Wollman[16] se describen cuatro aplicaciones de sistemas HRA: dos en firmas de contadores públicos que forman parte de las "ocho grandes," una en una compañía de seguros y una en un banco. Esos modelos reflejaron, además de los costos originales de los recursos humanos, el "costo de reemplazo", es decir, lo que cuesta reemplazar a los empleados actuales. Flamholtz y Lundy[17] informan de otra aplicación en una firma de contadores públicos.

Pruebas

Además de las aplicaciones reales mencionadas aquí, se han efectuado varias pruebas empíricas de los efectos de la HRA en las decisiones administrativas. Zaunbrecher[18] llevó a cabo un experimento para determinar el efecto de la información sobre el costo de HRA en las decisiones sobre selección de personal. Los resultados indican que cuando se obtuvo la información HRA fue utilizada por los administradores para tomar decisiones en cuestiones de personal. Tomassini[19] estudió los efectos de la presentación de información sobre costo HRA en el caso de una decisión administrativa para determinar si se efectuaría o no un despido. Se encontró que los administradores que tenían acceso tanto a los datos convencionales como a los datos HRA tomaron decisiones diferentes de las de aquellos que sólo tenían acceso a los datos convencionales. Flamholtz[20] informa sobre los resultados de un estudio empírico diseñado para determinar el efecto de los valores de los recursos humanos en las decisiones administrativas. Hasta la fecha, es el único estudio publicado del efecto de la medición del *valor* (no del costo) de los recursos humanos. Los resultados mostraron diferencias estadísticamente significativas en las decisiones tomadas usando datos tradicionales relacionados con el personal y valores no monetarios (sicológicos) de los recursos humanos, o valores monetarios de esos recursos.

Varios estudios empíricos han examinado los efectos de los datos HRA en las decisiones del inversionista (no en las administrativas). Elias[21] examinó el efecto de la información HRA en las decisiones de inversión en acciones, presentando resultados poco concluyentes. Al llevar a cabo un estudio similar, Hendricks[22] encontró que las decisiones de inversión en acciones resultaron afectadas por la adición de información HRA a los datos contables convencionales. Schwan[23] estudió las diferencias observadas en las decisiones financieras tomadas usando información en la cual los costos de los recursos humanos se asignaron a varios períodos, comparadas con las decisiones que se tomaron usando la información financiera convencional (todos los costos cargados a gastos durante el período de erogación). Llegó a la conclusión de que 1) la inclusión de información HRA influye probablemente en el juicio que se forma el interesado acerca de la capacidad de la administración de la empresa para hacer frente a los retos y oportunidades del futuro y que 2) la inclusión de información HRA influye también probablemente en el pronóstico de las utilidades futuras. Acland[24] expresó que la información HRA influyó en las decisiones de los analistas de finanzas. Por lo tanto, se puede llegar a la conclusión de que la información HRA es potencialmente útil para los administradores y los inversionistas.

5.5.6 RESUMEN

Como se dijo en la introducción del presente capítulo, la contabilidad de recursos humanos implica la aplicación de conceptos económicos y contables a la administración del personal. Hay dos niveles de aplicación. El nivel elemental implica reunir y analizar datos pertinentes de costo sobre las diversas fases de la administración de personal, por ejemplo reclutamiento, ubicación y capacitación. El objetivo que se persigue en este caso es que quienes toman las decisiones se percaten de esos costos y estén en situación de decidir correctamente. (Digamos, entre recurrir a reclutadores propios o acudir a una agencia de empleos externa.)

El nivel más avanzado de aplicación trata de estimar el costo y los beneficios de la inversión de la empresa en su fuerza de trabajo. Esta aplicación va más allá de la acumulación inteligente de los datos disponibles, descrita en el párrafo anterior. La estimación de la inversión en recursos humanos tiene por objeto proporcionar a la administración (y a los inversionistas) instrumentos para evaluar, desde el punto de vista monetario, los cambios de valor (que los empleados representan para la empresa) inducidos por diversas políticas de personal tales como contratación, la decisión de proporcionar capacitación en el trabajo (sea específica o general), y promoción. Esa evaluación, que implica tanto al costo como a los beneficios de las políticas de personal, contribuirá obviamente a la toma de mejores decisiones al enfocar la magnitud de la inversión en recursos humanos y los cambios que en ella ocurrirán, la tasa de rendimiento de dicha inversión (y de otras políticas alternativas de personal) y la tasa de depreciación de la inversión en recursos humanos.

En este capítulo se hizo referencia principalmente al segundo y más avanzado nivel de aplicación de la HRA, que es por supuesto el más interesante y potencialmente remunerador. Se han descrito varios modelos para valorar los recursos humanos, en particular el modelo económico de capital humano, debido a su relativamente avanzado estado de aplicación. Se han descrito también las aplicaciones reales de los modelos HRA y varias pruebas empíricas de los mismos. Pese al número un tanto pequeño de aplicaciones y pruebas, se puede concluir que la información HRA influye en las decisiones tanto de los administradores como de los inversionistas y es por lo tanto potencialmente útil. Por lo tanto, parece ser que vale la pena proseguir con el estudio, desarrollo y construcción de modelos HRA en las empresas.

REFERENCIAS

1. M. FRIEDMAN, "The Quantity Theory of Money–A Restatement," en *Studies in the Quantity Theory of Money*, The University of Chicago Press, Chicago, 1956, p. 4.
2. G. S. BECKER, *Human Capital*, National Bureau of Economic Research, No. 80, Columbia University Press, Nueva York, 1964.
3. T. JOHNSON, "Time in School: The Case of Prudent Patron," *The American Economic Review*, Diciembre de 1978, pp. 862-872.
4. P. MCCOWEN, "Human Asset Accounting," *Management Decision*, Verano de 1968, pp. 86-89.
5. B. LEV y A. SCHWARTZ, "On the Use of the Economic Concept of Human Capital in Financial Statements," *The Accounting Review*, Enero de 1971, pp. 103-112.
6. E. LAZEAR, "The Narrowing of Black-White Wage Differentials is Illusory," *American Economic Review*, Septiembre de 1979, pp. 553-564.
7. E. FLAMHOLTZ, "A Model for Human Resource Valuation: A Stochastic Process With Service Rewards," *The Accounting Review*, Abril de 1971, pp. 253-267.
8. L. R. AUERBACH y S. SADAN, "A Stochastic Model for Human Resources," *California Management Review*, Verano de 1974, pp. 24-31.
9. A. FRIEDMAN y B. LEV, "A Surrogale Measure for the Firm's Investment in Human Resources," *Journal of Accounting Research* Otoño de 1974, pp. 235-250.
10. E. FLAMHOLTZ, "Human Resource Accounting: State-of-the-Art and Future Prospects," *Annual Accounting Review*, Vol. 1, 1979, pp. 211-261.
11. V. H. VROOM y K. R. MacCRIMMON, "Toward a Stochastic Model of Managerial Careers," *Administrative Science Quarterly*, Vol. 13, 1968, pp. 26-46.
12. R. L. WOODRUFF, JR., "Human Resource Accounting, "*Canadian Chartered Accountant*, Septiembre de 1970, pp. 2-7.

13. M. O. ALEXANDER, "An Accountant's View of the Human Resource," *The Personnel Administrator,* Noviembre-diciembre de 1971, pp. 9-13.
14. W. C. PYLE, "Monitoring Human Resources–On Line," *Michigan Business Review*, Julio de 1970, pp. 19-32.
15. E. FLAMHOLTZ, "Human Resource Accounting," pp. 243-246.
16. E. FLAMHOLTZ y J. B. WOLLMAN, "The Development and Implementation of the Stochastic Rewards Model for Human Resource Valuation in a Human Capital Intensive Firm," *Personnel Review*, Verano de 1978, pp. 20-34.
17. E. FLAMHOLTZ y T. S. LUNDY, "Human Resource Accounting for CPA Firms, *CPA Journal,* Vol. 45, Octubre de 1975, pp. 45-51.
18. H. C. ZAUNBRECHER, "The Impact of Human Resource Accounting on the Personnel Selection Process," tesis de doctorado inédita, Louisiana State University, Baton Rouge, LA, 1974.
19. L. A. TOMASSINI, "Assessing the Impact of Human Resource Accounting: An Experimental Study of Managerial Decision Preferences," *The Accounting Review*, Octubre de 1977, pp. 904-914.
20. E. FLAMHOLTZ, "The Impact of Human Resource Valuation in Management Decisions: A Laboratory Experiment," *Accounting, Organizations and Society*, Vol. 1, 1976, pp. 153-165.
21. NABIL ELIAS, "The Effects of Human Asset Statements on the Investment Decision: An Experiment," *Empirical Research in Accounting: Selected Studies (1972)*, Suplemento de[1] *Journal of Accounting Research*, 1972, pp. 215-233.
22. J. HENDRICKS, "The Impact of Human Resource Accounting Information on Stock investment Decisions: An Empirical Study," *The Accounting Review*, Vol. 51, Abril de 1976, pp. 292-305.
23. E. S. SCHWAN, "The Effect of Human Resource Accounting Data on Financial Decisions: An Empirical Test," *Accounting, Organizations and Society*, Vol. 1, 1976, pp. 219-237.
24. D. ACLAND, "The Effects of Behavioral Indicators on Investor Decisions: An Exploratory Study," *Accounting, Organizations and Society*, Vol. 1, 1976, pp. 133-142.

CAPITULO 5.6

Relaciones laborales: los problemas especiales del ingeniero industrial

WILLIAM GOMBERG
Universidad de Pennsylvania

5.6.1 RELACIONES LABORALES, ADMINISTRACION DE PERSONAL Y ADMINISTRACION DE RECURSOS HUMANOS. SU ALCANCE RELATIVO

Hay tres expresiones que se emplean a veces en forma intercambiable: relaciones laborales, relaciones con el personal y administración de recursos humanos. La expresión "relaciones con el personal" es la más antigua de las tres y dio nombre a un movimiento iniciado después de la Primera Guerra Mundial. Los personajes asociados con ese movimiento, Ordway Tead, Frank Metcalf y Mary Parker Follett, adoptaron una doctrina de capitalismo en medio del bienestar y trato humano a los trabajadores. Aunque no era la intención de esos fundadores, el movimiento vino a asociarse con ciertas medidas para persuadir a los trabajadores de que los sindicatos no eran necesarios y que los trabajadores podían confiar en la benevolencia de los patrones, equipados con técnicas científicas tales como la clasificación de empleos, la capacitación en el trabajo, programas de seguros y otras medidas de bienestar, para impartir justicia unilateral. Los departamentos de personal abarcaron a toda la fuerza de trabajo de la empresa, incluyendo a los ejecutivos menores, a los empleados de oficina y a los trabajadores de taller.

Cuando los sindicatos adquirieron nueva fuerza durante el decenio de 1930, grupos diferentes de expertos en administración fueron designados como representantes de "relaciones laborales". La atención de éstos se limitó por lo general al grupo de los obreros. Representaban a la administración en las negociaciones colectivas y la relación entre ellos mismos y el departamento de personal seguía estando poco definido. A veces formaban parte del departamento de personal; otras constituían un grupo aparte.

La redefinición de funciones después de la Segunda Guerra Mundial

Durante la Segunda Guerra Mundial, la imposibilidad de la fuerza laboral para negociar aumentos de salario en efectivo dio lugar a una demanda de beneficios diferidos tales como fondos de pensiones, beneficios complementarios por desempleo, hospitalización servicios médicos y dentales y seguro de vida. La negociación de esos pagos complejos no respondió a la técnica relativamente simple de la antigua negociación en momentos de crisis. Además, algunos expertos en conductismo se asociaron con muchas empresas y, junto con los abogados, se unieron para crear un nuevo departamento dedicado a la administración de los recursos humanos en un ambiente "sin sindicatos". En algunos casos las relaciones laborales continuaron como una unidad subsidiaria de ese departamento; .n otros siguió constituyendo un pequeño grupo independiente, como diciendo: "Estos restos nos recuerdan fracasos anteriores de los cuales algo de sindicalismo sigue siendo un recordatorio. Nuestro nuevo Departamento de Recursos Humanos nos protegerá de errores futuros y, esperamos, eliminará los restos de errores pasados persuadiendo a los trabajadores sindicalizados de que su calidad de miembros se ha vuelto obsoleta".

El departamento de relaciones laborales está dominado por los sindicatos, tanto en las fábricas donde hay sindicato como en aquellas donde no lo hay. La influencia del departamento donde hay sindicato es evidente y requiere poca aclaración. Su influencia donde no la hay se deriva de los intentos del jefe del personal no sindicalizado de prever qué condiciones gobernarán a la fábrica sindicalizada, a fin de evitar la sindicalización directa de la planta a su cargo.

5.6.2 LA IMAGEN DEL SINDICATO Y LA MANO DE OBRA SUJETA AL CONTRATO COLECTIVO*

La institución del sindicalismo tiene sus raíces en el concepto nacional de democracia. Las distinciones principales que separan a las democracias norteamericana y británica de las autocracias se pueden incluir en dos conceptos básicos: 1) la participación de los gobernados en la formulación de leyes y reglamentos que adaptan la libertad individual a las necesidades de grupo, y 2) el concepto de *proceso debido,* o sea un conjunto de procedimientos instituidos para resolver las diferencias entre los gobernados y los gobernantes, con la protección adicional que implica encomendar la decisión final a una magistratura que es completamente independiente de toda presión ejercida por un grupo cualquiera.

Estos conceptos han sido básicos para la vida política de los Estados Unidos desde 1776, cuando las 13 colonias declararon su independencia de la corona británica, y más tarde fueron institucionalizados en forma de una constitución nacional.

Ciudadanos políticos y sujetos económicos

Paradójicamente, los ciudadanos políticos de la década del 1790, que comenzaban a experimentar en su vida política el proceso debido y la toma de decisiones participativa, por incompletos y rudimentarios que éstos fueran, estaban sujetos a una total autocracia en sus funciones ocupacionales como empleados. Si sus patrones eran benévolos, disfrutaban de un despotismo benévolo. Si sus patrones eran duros, padecían un despotismo duro.

Desde los principios mismos de la República, algunos hombres se rebelaron en contra de esa dualidad esquizofrénica de sus funciones como ciudadanos políticos y sujetos económicos, que padecían cuando debían alquilar su trabajo. Su situación como empleados se derivaba de la antigua ley del amo y el servidor. La contradicción entre sus funciones política y económica dio lugar al rechazo de esa posición de servidores. Los vehículos que esos trabajadores crearon y que representaban sus esfuerzos por participar en la decisión de su suerte vinieron a conocerse con el nombre de "sindicatos". Eran dentro de la industria una cosa análoga a la legislatura en el dominio político.

Salarios y condiciones

Como las demandas económicas expresadas por los sindicatos eran mucho más fáciles de entender para el público que las demandas de reglas de trabajo, las revueltas de los trabaja-

* Tomado de W. Gomberg "Labor (Trade Unions)", en E. Krende y B. Samoft, Eds., *Encyclopedia of Professional Management* McGraw-Hill, Nueva York, 1979, pp. 603-606, basado en el capítulo del autor que aparece en *Military Unions and the U. S. Armed Forces,* University of Pennsylvania Press, Filadelfia, 1977.

dores se tomaban generalmente como una demanda de aumento de salarios. La demanda de cambios en la creación de reglas, de manera que los trabajadores pudieran participar en la formulación de las que regían en el lugar de trabajo, fue escuchada principalmente por los eruditos especializados. No obstante, esta segunda demanda estuvo presente desde el principio como uno de los pilares gemelos del movimiento laboral.

La primera noticia de una huelga en los E.E.U.U. data de 1786, cuando los impresores de Filadelfia exigieron un sueldo mínimo de $6 por semana y, en forma indirecta, la participación futura en la determinación de las condiciones de empleo. Perdieron en ambas cosas.

Después de esos inicios tan poco sobresalientes, el movimiento laboral creció y decayó en el transcurso de los años, adoptando su forma moderna en 1881 con la formación de los *Organized Trades and Labor Unions,* denominación que se cambió por la de *American Federation of Labor* (AFL) en 1886.

Aparición del contrato colectivo

En 1890, el *United Mine Workers (UMW) of America* promovió el concepto de convenio colectivo, instrumento logrado mediante el contrato colectivo con el patrón y que representa una síntesis de lo que hasta entonces había sido una serie de tácticas difusas de los sindicatos en una manera eficaz de abordar los problemas sindicales. Cosa sorprendente, muchas de las ideas del convenio colectivo, por naturales que les puedan parecer a los norteamericanos contemporáneos, representaron una nueva salida en las relaciones obreropatronales.

Definición del contrato colectivo

El proceso de establecer el contrato colectivo ha sido definido por el erudito más destacado en esta área, Sumner Slichter, hasta hace poco Profesor en Harvard. Divide el contrato colectivo en dos funciones básicas distintas.

En primer lugar, es un método mediante el cual la mano de obra como sindicato, y el capital como administración, definen el precio de la mano de obra. En segundo lugar, es un método para introducir los derechos civiles de los trabajadores a la industria; es decir, exigir que la administración se lleve a cabo por reglas, no por decisión arbitraria. En cierto sentido, es una manera de introducir un sistema de jurisprudencia en la industria, en forma muy parecida a como la Gloriosa Revolución de 1688 sustituyó el derecho divino de los reyes con la supremacía parlamentaria en la vida política de los ingleses. El movimiento laboral amplía este concepto constitucional aplicándolo a la vida industrial, donde se define el derecho positivo y se esbozan los procedimientos administrativos para ponerlo en práctica. Así, el derecho escrito y la regla administrativa se complementan con un sistema de revisión judicial cuyo agente está *libre* de todo vínculo u obligación con cualquiera de las partes.[1]

El movimiento laboral antecedió a la institución del contrato colectivo, que evolucionó gradualmente.

Evolución del contrato colectivo

Los sindicatos surgieron primeramente como una protesta ciega imbuida de actitudes puramente agresivas. La transición de artesanos independientes, que eran dueños de sus propias herramientas y trabajaban con ellas, a trabajadores contratados por un capital que no tenía cara, fue muy azarosa y tenía pocos precedentes. La institución del contrato colectivo sólo evolucionó después de un largo período de experimentación sindical con otros instrumentos. Los primeros programas estaban basados en un plan contrario a la empresa privada.

Las cooperativas productoras

Los sindicatos se opusieron al sistema de salarios como institución y promovieron las cooperativas productoras para escapar a la esclavitud de ese sistema. Sin embargo, pronto se desilusionaron al descubrir que la mayoría de las cooperativas fracasaban por falta de aptitudes administrativas. Las que tenían éxito planteaban un problema todavía mayor. Los que habían iniciado la aventura se mostraban reacios a admitir a nuevos cooperativistas y a concederles los mismos privilegios de propiedad de que disfrutaban los iniciadores. En poco tiempo, no había mucho que permitiera distinguir a la empresa nacida como cooperativa de cualquier otra empresa privada. Para todo propósito, la cooperativa se había convertido en una asociación particular de los iniciadores, quienes luego empleaban a los recién llegados sobre las mismas bases que cualquier otra empresa privada. En la última década, ese curso histórico se ha venido repitiendo en algunas de las kibbutzim de Israel dedicadas a la fabricación. La tendencia moderna a la administración participativa es en buena parte un restablecimiento de aquella institución.

Decepción con la actividad política

De manera similar, los intentos de resolver los problemas por la vía política mediante una alianza con los granjeros y las pequeñas empresas llevaron a los trabajadores a descubrir que, cuando la coalición tenía éxito, los pequeños negocios resentían la organización con más amargura que las grandes empresas, porque aquellos operaban con un margen muy reducido apenas para sobrevivir.

La administración de acuerdo con la ley

La adopción del contrato colectivo se basó finalmente en la franca aceptación del capitalismo como una institución y en el deseo de mejorar la situación de los trabajadores bajo ese sistema económico. Esto implicaba abandonar toda doctrina de lucha de clases y adoptar un programa que reconociera un interés, simultáneo con el del patrón, por la prosperidad de la empresa, y el conflicto de intereses al determinar qué tanto tomaría cada quien de los frutos de la misma. Además, surgieron problemas fundamentales con respecto al gobierno de la empresa y a la medida en que los patrones participarían en ese gobierno. Se reconoció que la administración era la directora industrial, pero que estaba obligada a dirigir de acuerdo con la ley, o reglas de trabajo como se les llamaba en la industria. Los conflictos acerca de la interpretación de las leyes, o reglas, se tienen que resolver de conformidad con los principios del proceso debido.

Esta ley industrial afecta actualmente a cada faceta de la administración industrial, incluyendo 1) el ingreso a un determinado ramo, 2) el método de producción y 3) las condiciones para introducir el cambio tecnológico. Cada industria constituye una cultura local propia y refleja la gran diversidad de procedimientos que caen bajo el rubro de derechos industriales.

5.6.3 REVITALIZACION DE LOS SINDICATOS NORTEAMERICANOS DESPUES DE 1933

Se puede decir que el movimiento laboral norteamericano, tal como lo conocemos ahora, data de 1933, cuando la elección del Presidente Roosevelt dio lugar al resurgimiento de las organizaciones laborales muchas de las cuales casi desaparecen a raíz de la Gran Depresión de principios de la década de 1930.

La Ley Norris-LaGuardia de 1932 había preparado el escenario para ese resurgimiento al restringir drásticamente las condiciones en que los tribunales federales podían emitir mandatos laborales, los cuales habían sido anteriormente mecanismos caprichosos usados por las administraciones para obstaculizar a los trabajadores.

La Sección 7a de la Ley de Recuperación Nacional de 1934, seguida por la Ley Nacional de Relaciones Laborales de 1935, crearon el clima legislativo para que los sindicatos pudieran resurgir y crecer. El movimiento se limitó en buena parte al sector privado.

Cuestiones que se pueden arbitrar y negociables

Desde un principio, la administración ha propugnado generalmente por una estrategia de contención diseñada para restringir los temas sobre los cuales está dispuesta a tratar en el contrato colectivo. Ha tratado de restringir el área del contrato a los salarios y las horas de trabajo, alegando que todas las demás áreas constituyen una prerrogativa de la gerencia. El movimiento laboral, por su parte, ha alegado que la administración está obligada a negociar en cualquier área que produzca un efecto en el bienestar del trabajador.

Una confrontación clásica

Hace algunos años, estos puntos de vista fueron expuestos formalmente en una controversia que tuvo lugar entre el Sr. Phelps, ejecutivo de la Bethlehem Steel, y el Sr. Goldberg, que por entonces era el abogado de la United Steelworkers of America, más tarde fue secretario del trabajo en la época del Presidente Kennedy, y más tarde aún el Juez Goldberg de la Suprema Corte de los E.E. U.U. Phelps alegó que, en un principio, todos los derechos pertenecían a la gerencia y que ésta por lo tanto estaba obligada a discutir únicamente aquellas áreas que los trabajadores habían logrado arrebatar e incluir en el convenio colectivo. Goldberg no estuvo de acuerdo, afirmando que en un principio la gerencia pudo imponer una dictadura absoluta a sus trabajadores, que el contrato colectivo acabó con esa usurpación y que la equidad había venido a ser el criterio para determinar el área de convenio colectivo en que la administración se veía obligada a proceder por decisión conjunta con el sindicato.

Un hito en la legislación

El conflicto acerca de las áreas permisibles del contrato colectivo ha dado lugar a una historia tormentosa de las relaciones industriales en los E.E. U.U. En 1919, después de la Primera Guerra Mundial, el Presidente Wilson convocó a una asamblea de relaciones industriales para impedir una ola de huelgas que amenazaba a todo el país. Las administraciones reconocieron el derecho de todo trabajador de afiliarse a un sindicato, pero insistieron en que la administración seguía teniendo derecho a tratar o negarse a tratar con el sindicato.

Después de una serie de sangrientas huelgas relacionadas con la cuestión de si la administración debía o no tratar con el sindicato, el gobierno de los E.E. U.U. resolvió la controversia promulgando la Ley Nacional de Relaciones Laborales en 1935. Dicha Ley imponía a la administración la obligación de negociar colectivamente con los representantes de los trabajadores autorizados por un procedimiento electoral.

Cuestiones sujetas a arbitraje

La controversia se transfirió entonces a las áreas en que la administración estaba obligada a negociar. Casi todas las controversias sobre condiciones de trabajo fueron agravadas por la declaración de la gerencia en el sentido de que la disputa no era arbitrable porque en el con-venio colectivo no se hablaba específicamente de esas áreas.

Una asamblea similar a la de relaciones industriales convocada por Wil[...] organizada en 1945 por el Presidente Truman para impedir las huel[...] pués de la Segunda Guerra Mundial. La conferencia se atoró [...] sistencia de la administración en que los trabajadores lim[...] discusión del contrato colectivo y reconocieran que todas la[...] de la gerencia. Los trabajadores hicieron objeciones, insistien[...] práctica en una época en que la economía rápidamente cambia[...] hasta entonces se habían reservado para la administración estab[...] poderoso en las condiciones de trabajo.

En 1947, el árbitro Harvey Shulman, anterior decano de la Facultad de Jurisprudencia de Yale, fue designado para resolver una huelga declarada por los United Automobile Workers (UAW) en contra de la Ford Motor Company con motivo de una supuesta aceleración de la línea de ensamble. Shulman resolvió ese problema estableciendo una distinción entre los derechos administrativos absolutos y los derechos administrativos condicionales. Definió el establecimiento de normas de producción como un derecho administrativo condicional, y ese derecho se limitaba a proponer inicialmente un estándar respecto al cual el sindicato podía manifestar su inconformidad. Como ejemplo de un derecho administrativo absoluto mencionó la ubicación de una fábrica.

Reducción de las prerrogativas de la administración

Sin embargo, incluso ese derecho administrativo aparentemente ineludible fue puesto en tela de juicio. El sindicato de trabajadores de la industria del vestido incluyó una restricción en su contrato con los fabricantes celebrado antes de 1947. Imponía a la administración la obligación de no mudar su fábrica fuera de la zona de la Ciudad de Nueva York donde el transporte público costaba 5 centavos. Esa estipulación había sido motivada porque los fabricantes habían dado en firmar el contrato el viernes para luego evadir al sindicato mudando su fábrica fuera de la ciudad durante el fin de semana.

Los trabajadores de la industria del automóvil, que en 1947 no pensaban para nada en la ubicación de la planta, se preocuparon por el asunto en 1958 y para 1980 estaban obsesionados con él. De manera que la naturaleza y la definición de qué constituye una prerrogativa de la administración son algo que evidentemente se puede modificar. Esto se vino a acentuar en 1980 con la incursión de los fabricantes extranjeros en los mercados nacionales de todos los productos manufacturados.

Cuestiones implícitas y explícitas

La cuestión de qué áreas corresponden al contrato colectivo se relaciona de modo general con qué es arbitrable bajo un convenio colectivo. La Suprema Corte de los E.E. U.U., en una trilogía de decisiones, derribó el concepto rígido de que los árbitros se deben limitar exclusivamente a los puntos especificados en el contrato. Definió la relación industrial como una forma de gobierno constitucional en que el alcance del arbitraje abarca las implicaciones contractuales lo mismo que las áreas específicas de acuerdo.

5.6.4 LOS ANTECEDENTES LEGISLATIVOS DE LOS E.E. U.U. EN MATERIA DE CONTRATO COLECTIVO

La Ley Nacional de Relaciones Laborales de 1935, la Ley Wagner, fue reformada por la Ley Taft-Hartley de 1947 y por la Ley Laudrum-Griffin de 1959.

La Ley Taft-Hartley protegió los derechos de los trabajadores que no deseaban organizarse y amplió el concepto de procedimientos laborales injustos, referente exclusivamente a las administraciones, de manera que incluyera también a los sindicatos. El Título VII de la Ley Laudrum-Griffin modificó además la Ley Nacional de Relaciones Laborales, en particular en lo relativo a reforzar la prohibición de los boicots secundarios por parte de los sindicatos. El resto de la Ley Laudrum-Griffin sentó los criterios para el gobierno interno de los sindicatos de trabajadores.

Lo que es más importante, las tres leyes continúan la política del Gobierno de los E.E. U. U., consistente en alentar la práctica del contrato colectivo, a la cual se oponen, por edios legales e ilegales, muchas empresas norteamericanas. La Stevens Cotton Mills ha lodo resistir con éxito todos los esfuerzos de sindicalización, a pesar de que sus prácticas han sido censuradas por las decisiones sucesivas del Tribunal Federal de Apelaciones. Un proyecto de ley de reformas, destinado a remediar algunos puntos débiles de la ley, fue anulado en 1979 por una obstrucción senatorial apoyada por dos votos menos de las tres quintas partes requeridas. Esto ha agriado las relaciones entre la administración y los trabajadores e indujo a Lane Kirkland, presidente de la American Federation of Labor y el Congress of Industrial Organizations (AFL-CIO), a afirmar que los gerentes norteamericanos parecen ser los únicos marxistas que creen en la lucha de clases.

5.6.5 EL PROBLEMA ESPECIAL DEL INGENIERO INDUSTRIAL PARA ADAPTAR LAS TECNICAS AL CONTRATO COLECTIVO*

El ingeniero industrial labora en la cabeza de puente donde los problemas tecnológicos se funden con las cuestiones sociales. El ingeniero civil, el ingeniero electricista y el ingeniero mecánico han sido siempre economistas prácticos. Su trabajo ha consistido en construir una presa, diseñar un generador y fabricar formas metálicas que den resultados máximos con un costo mínimo.

Las técnicas del ingeniero industrial van más allá del factor de costo mecánico. Es un diseñador de estructuras organizativas y técnicas administrativas para lograr fines industriales específicos y por lo tanto, en él recaen todos los problemas asociados con las relaciones humanas. Quiere decir que el ingeniero industrial eficiente debe conocer las áreas de la antropología, la sociología y la sicología, entre otras. Por encima de todo, en una sociedad democrática, debe entender la relación que existe entre eficiencia y consentimiento.

Muchas de las técnicas que el ingeniero desea aplicar no pueden ser aplicadas por la imposibilidad de lograr que el grupo de trabajo consienta en su uso. En la actualidad, el movimiento laboral es la fuerza organizada principal a través de la cual el ingeniero les habla a los trabajadores y negocia con ellos. Por ejemplo, el ingeniero industrial desea aumentar la productividad. ¿Quién puede estar en contra de la mayor productividad? Es como pronunciarse en contra de los Diez Mandamientos. Le pregunta al sindicalista: "Tú estás en favor de la mayor productividad, ¿no es así?" Luego se pone a trabajar y desarrolla un sistema de evaluación de empleos. Propone el sistema y se ríen de él. Demuestra con películas, por ejemplo, que es más fácil trasladar una pieza de metal a una distancia de 10 pulgadas que a una de 10 pies; pero el trabajador insiste en usar el método de los 10 pies.

Sí, los otros ingenieros pueden tener también sus problemas; pero no se comparan con esto. Si el ingeniero civil quiere saber qué se siente ser ingeniero industrial, que se imagine una Noche de Muertos, misteriosa y lóbrega, en que los espíritus, animados e inanimados, andan fuera de casa. Frente a él se yergue el puente, que es todo su orgullo, cruzando un majestuoso río. El puente le dirige estas palabras: "Oye, ¿sabes que yo hubiera podido mantenerme en pie y soportar la misma carga aunque hubieras usado la cuarta parte del tonelaje de acero que mis pobres pilares tienen que sostener?"

Para el ingeniero industrial esto es una experiencia cotidiana. La aparición del sindicato en el escenario sólo da expresión abierta y organizada a ese pensamiento. Significa al menos que el ingeniero puede hacer frente al problema a través de un grupo organizado.

Las áreas principales en que el ingeniero industrial está en contacto con el sindicato son las siguientes:

1. El desarrollo de sistemas de análisis y evaluación de empleos.
2. El desarrollo y administración de técnicas de fijación de estándares de producción.

* Tomado de W. GOMBERG "Trade Unions and Industrial Engineering en W. G. Irenson y E. L. Grant, Eds., *Industrial Engineering Handbook,* Prentice-Hall, Englewood Cliffs, NJ, 1955, pp. 1121-1122.

3. El desarrollo y administración de planes de pago de incentivos.

4. La conversión del modelo conflictivo del contrato colectivo en una relación de mutua cooperación para resolver los problemas.

5.6.6 LOS PLANES DE EVALUACION DE EMPLEOS

Los problemas con que los ingenieros que implantan planes de evaluación de empleos tropezarán al tratar con los sindicatos se describen en un *Collective Bargaining Report* de la AFL-CIO, del cual se presentan extractos.*

El rápido incremento de los planes formales de evaluación de empleos en las dos últimas décadas ha planteado diversos problemas especiales a los sindicatos. Un peligro importante es que esos planes, que usan métodos técnicos y a menudo inflexibles para decidir cuánto "vale" cada empleo, comparado con otros, lleguen a suplantar o a obstaculizar indebidamente o limitar la negociación colectiva de las tarifas de salarios de los trabajos individuales.

Las dificultades que implica trabajar con planes de evaluación de empleos se complican por el hecho de que no hay procedimientos uniformes generalmente aceptados. Hay grandes variaciones en los tipos de planes y en su implantación.

Asimismo, puesto que los planes tienden a afectar a la fábrica, no a la industria o siquiera a la compañía, casi siempre los problemas se tienen que abordar localmente. La negociación en materia de evaluación de empleos se lleva a cabo fundamentalmente a nivel del sindicato local, si bien hay una excepción importante, la industria del acero, en la cual el United Steelworkers ha negociado un plan que abarca a toda la industria básica del acero.

Actitudes de los sindicatos

Las experiencias de los sindicatos con los planes de evaluación de empleos han sido muy variadas. Como resultado, no hay una actitud o política, única o general, hacia la evaluación de empleos. Algunos sindicatos se han opuesto a su introducción, mientras que otros han estado de acuerdo e incluso han solicitado la implantación de planes de evaluación. En los casos en que esos planes están ya en operación, la cuestión inmediata no es si se aceptará o se rechazará la evaluación de empleos, sino cómo puede el sindicato representar más eficazmente a sus miembros bajo el plan. ¿Debe el sindicato participar en él y, de ser así, cómo?

El grado en que los sindicatos desean participar varía considerablemente. En algunos casos los sindicatos han tomado decisiones respecto a un plan de evaluación de empleos junto con la administración. Han analizado los empleos, redactado descripciones, evaluado los trabajos y determinado los grados de mano de obra y las tarifas de salarios, todo en conjunto. Otros sindicatos han dejado que la administración desempeñe esas funciones, reservándose el derecho de objetar los resultados de cada paso mediante el procedimiento de quejas. En otros casos, los sindicatos han declarado simplemente que lo único que les interesa son los salarios que se pagan a sus miembros, y que la gerencia puede utilizar los medios que mejor le parezca para determinar cuáles deben ser en su opinión esos salarios. El sindicato se reserva el derecho de negociar los resultados de cualquier determinación de salarios hecha por la empresa, independientemente de cómo la llevó a cabo.

Ya sea que, en principio, los sindicatos estén en favor o en contra de la evaluación de empleos, todos convienen en que, cuando existe un plan, es necesario protegerse contra toda práctica arbitraria o abusiva por parte de la gerencia. Esa protección se debe lograr principalmente negociando en forma colectiva cualesquiera resultados objetables de la aplicación del plan, así como la estructura del plan mismo.

*Tomados de AFL-CIO, *Collective Bargaining Report*, Vol. 2, No. 6 (junio de 1957).

La evaluación de empleos y el contrato colectivo

Ningún plan de evaluación debe ser considerado como cosa sagrada; ningún resultado de la evaluación se debe tomar como "hecho científico" no sujeto a impugnación. La verdad es que la evaluación de empleos requiere una buena dosis de juicios humanos y el margen de error es amplio. Además, la naturaleza misma de esos planes por lo general no permite tener debidamente en cuenta los factores especiales, humanos y económicos, que pueden surgir de vez en cuando.

Si el plan es considerado como una fórmula rígida de la cual no se pueden apartar las partes, vendrá a ser el amo y no el servidor, un estorbo en lugar de un instrumento de las buenas relaciones laborales. Un plan debe ser la guía para la negociación colectiva, no la autoridad definitiva. Si los resultados no son satisfactorios, deben ajustarse el plan o tales resultados.

La evaluación de empleos debe estar subordinada a la negociación colectiva, o no se aplicará en absoluto. Cuando por razones especiales se acuerde un ajuste de salarios en determinados empleos, no se debe permitir que el plan de evaluación se interponga en el camino de esos ajustes.

Los sindicatos que acepten los planes de evaluación de empleos no sólo deben conservar el derecho de objetarlos, siguiendo el procedimiento de quejas, y de lograr el ajuste de los resultados de la evaluación, sino que también deben poder negociar y modificar el plan mismo. La evaluación de empleos debe ser flexible, para que pueda satisfacer las demandas prácticas de una situación específica.

Precisión de la evaluación de empleos

Muchas empresas han adoptado el punto de vista de que la evaluación de empleos es un proceso "científico" cuyos resultados están basados en "hechos". Como los hechos no son negociables, esas empresas dirán que los resultados de la evaluación no son asunto que se pueda discutir en la mesa de negociaciones.

La presión ejercida por los sindicatos ha hecho que algunas empresas modifiquen ese punto de vista. Muchas de ellas, sin embargo, siguen tratando de difundir entre los representantes y los miembros de los sindicatos la idea de que los resultados de la evaluación de los empleos son superiores a los que se pueden obtener mediante el convenio colectivo.

Los planes de evaluación de empleos no son científicos, cualquiera que sea el sentido que quiera dársele a la palabra. Representan los juicios subjetivos de seres humanos falibles. Esos juicios, ya sea que provienen de un ingeniero industrial o de un supervisor, deben estar sujetos a la negociación colectiva entre el sindicato y la empresa.

El derecho a la información acerca del plan de evaluación de empleos

Siempre que se implante un plan de evaluación de empleos, los sindicatos deben ser informados acerca de todos los aspectos del mismo. Esto incluye toda clase de información sobre descripción de empleos, naturaleza del plan, grados de mano de obra y salarios correspondientes, y número de trabajadores en cada empleo y grado de mano de obra. Esa información es un instrumento necesario para el sindicato, porque le permite negociar sobre una base bien informada e inteligente y representar debidamente a sus miembros.

El derecho de los sindicatos a esa información es evidente y ha sido apoyado por la National Labor Relations Board (Comisión Nacional de Relaciones Laborales) (NLRB), por varias decisiones de los tribunales, y en los casos de arbitraje. Para evitar disputas en los casos individuales en que la información resulta necesaria, algunos sindicatos han negociado estipulaciones contractuales que declaran su derecho a la información completa.

El derecho a la información no debe ser paralizado por limitaciones poco razonables. Los sindicatos no deben limitarse tan sólo a ver la información, sino que tendrán derecho a recibir copias para su propio uso según lo requieran su tiempo y sus recursos. Un sindicato debe estar en situación de estudiar, verificar y analizar por su cuenta cualesquiera datos presentados por la empresa, a fin de entender a fondo todas las fases del plan y cualesquiera problemas.

Los salarios de círculo rojo

Puesto que a las empresas les interesa que los empleados acepten un nuevo plan de evaluación de empleos, en su mayoría garantizarán que no haya reducciones de salarios al implantarse la evaluación. Cuando el salario de un empleado resulte más alto que la tarifa determinada por la evaluación del trabajo que desempeña, la compañía estará de acuerdo en mantener ese salario más alto como una tarifa personal. Las tarifas personales más altas que los salarios evaluados se conocen como salarios de "círculo rojo".

La aceptación del plan por el sindicato y sus miembros puede implicar también la promesa de conceder aumentos a quienes perciban menos que las tarifas evaluadas, y puede incluir también un aumento general de salarios. Esas promesas, junto con la garantía del círculo rojo, pueden inducir a los sindicatos a aceptar la adopción de un plan de evaluación de empleos como una manera de obtener aumentos de salarios para la mayoría de los trabajadores, al mismo tiempo que se protege a los miembros que perciben tarifas personales "elevadas".

En realidad, cuando hay tarifas de círculo rojo al terminarse una evaluación, deben ser inspeccionadas cuidadosamente por muchas razones. Hay que tener en cuenta por anticipado los problemas que se pueden presentar en el futuro. Por ejemplo, cuando una tarifa de evaluación es substancialmente más baja que una tarifa personal, ello puede indicar que, en lugar de que el salario personal sea demasiado alto, el empleo ha sido evaluado incorrectamente y se le debe asignar un salario más alto. El empleo puede haber sido evaluado "adecuadamente" de acuerdo con el plan de evaluación, pero el error puede estar en el plan mismo. Tal vez no tiene en cuenta ciertos aspectos peculiares de ese empleo, o tal vez no los considera apropiadamente en relación con otros factores.

Si hay muchos casos de círculo rojo, tal vez el plan mismo no se adapta absolutamente a la fábrica. Después de todo, es tonto decir que a una persona se le está pagando más de lo que vale su empleo si la compañía tendrá que pagar lo mismo para sustituirla. Dicho de otro modo, si los resultados de la evaluación de empleos están enteramente fuera de la realidad, considerando los salarios que se pagan en otras empresas por trabajos similares, obviamente el equívoco está en la evaluación, no en el salario actual.

Incluso cuando un sindicato considera que un empleo ha sido evaluado correctamente, la tarifa de círculo rojo plantea cuestiones especiales. ¿Por cuánto tiempo podrá la persona conservar el salario más alto de círculo rojo? "Mientras la persona permanezca en ese empleo", dice la empresa; pero, ¿le permitirá que permanezca ahí, o encontrará la manera de desplazarla? ¿Cómo quedará el empleado de círculo rojo con los futuros aumentos de salarios?

¿Qué hay de las tarifas de círculo rojo que surgirán en el futuro a medida que cambian los empleos o se crean otros nuevos? ¿Cómo influirán en los futuros niveles de salarios? ¿Y cómo influirán en el valor de los aumentos de salarios negociados en el futuro?

Cada tarifa de círculo rojo es un reto para la gerencia. Los sindicatos suelen encontrar que los trabajadores de círculo rojo se convierten en personas marcadas y que la gerencia hallará un pretexto para eliminarlos o anular la "ventaja" que representa su salario. Algunas empresas han transferido a esas personas a empleos mejor pagados del mismo grupo al cual pertenece el salario de círculo rojo. Muchas veces, por falta de preparación, tal vez las personas no podrán desempeñar ese nuevo empleo y posteriormente tendrán que aceptar otro con menos sueldo con tal de conservar su trabajo.

Algunas empresas han estado dispuestas a darle a un trabajador de círculo rojo la oportunidad de aprender aquello que requiere la tarea de nivel más alto, y algunas han proporcionado incluso la capacitación necesaria. Esas transferencias están muy bien mientras no entren en conflicto con las prácticas de antigüedad establecidas. ¿Debe un empleado con menos antigüedad ser capacitado y transferido a un puesto mejor pagado sólo porque está percibiendo un salario de círculo rojo?

Viene luego el problema de los futuros aumentos de salarios. La gerencia querrá eliminar lo antes posible las diferencias entre los salarios evaluados y los de círculo rojo. Con frecuencia propone que, cuando los aumentos de salarios sean negociados, se apliquen a todo el mundo excepto a aquellas personas cuya tarifa personal exceda al salario evaluado.

Es obvio que los sindicatos no pueden aceptar ese procedimiento. Ante la negativa del sindicato, la gerencia buscará un término medio tratando de que el sindicato apruebe un plan mediante el cual cierta parte de los aumentos futuros no se aplicarán a esas tarifas personales más altas. Este tipo de procedimiento implica que algunos miembros del sindicato reciban bastante menos aumento en el transcurso de un período, lo cual puede provocar el descontento dentro del sindicato y posibles fricciones graves que debilitarán en el futuro su capacidad de negociación colectiva.

Cambios en el contenido del empleo

Las tarifas de círculo rojo ocasionadas por la introducción de un plan de evaluación de empleos con el tiempo desaparecerán como resultado de la rotación normal, las transferencias, los ascensos y la eliminación de empleos. Sin embargo, esto no suprime los problemas del círculo rojo.

A medida que la empresa mejora sus métodos de producción, muchos de esos cambios se reflejan en requisitos menos estrictos de los empleos. Las evaluaciones resultantes se reflejan en salarios más bajos que los que se pagan actualmente. Esto crea nuevas tarifas de círculo rojo.

Aunque muchos sindicatos han podido negociar protección para el círculo rojo cuando se pone en operación un plan de evaluación de empleos, les resulta más difícil hacerlo cuando las tarifas de círculo rojo son el resultado de una revaluación posterior a la disminución del contenido de un empleo. Muchos sindicatos han encontrado que gran parte, si no es que la totalidad de los aumentos de salarios negociados, pueden ser devorados por la degradación de los empleos y los salarios a medida que se modifica el contenido de las tareas. Los factores que intervienen en planes tales como los de la National Metal Trade Association son ponderados en forma tal, que los cambios ocurridos normalmente en los empleos, provocados por el mejoramiento de los métodos y el nuevo equipo, casi siempre reducirán el número total de puntos. Esta es una razón poderosa para que sea necesario que el plan mismo de evaluación, lo mismo que su aplicación, esté sujeto a negociación.

La modificación del contenido de los empleos por parte de la empresa, después de la implantación de un plan de evaluación y después de haber llegado a un acuerdo respecto a la estructura de los salarios, plantea otros problemas. La descripción modificada del empleo, ¿presenta los cambios reales introducidos en el mismo? Si el empleo fue modificado, ¿exige ese cambio una revaluación?

Los sindicatos deben verificar cuidadosamente cualesquiera descripciones o evaluaciones modificadas, para asegurarse de que reflejan los cambios reales y no se les está usando como un cómodo pretexto para disminuir el empleo y su clasificación. Deben ver también si se agregaron al trabajo algunas tareas que no aparecían en la descripción y que pudieran compensar las que fueron suprimidas.

Con frecuencia, un cambio puede dar lugar a que determinada tarea se lleve a cabo menos veces, sin que deje de ser una parte necesaria del trabajo. Algunas empresas han afirmado que esto es una razón para disminuir la asignación de los puntos que corresponden a casi todos los factores. ¿Es ése un punto de vista legítimo?

Hay consideraciones complejas cuando se ponderan los factores preparación y experiencia. La frecuencia con que un trabajo requiere ciertos conocimientos, aptitudes o habilidades específicos no debe ser el criterio. Si los requisitos de un trabajo son tales que el trabajador deba poseer los conocimientos, aptitudes y habilidad necesarios para hacer roscas muy precisas en el torno, la compañía debe estar dispuesta a pagar por esos atributos, independientemente de la frecuencia con que deban ser exhibidos. Si la empresa quiere en el empleo a alguien capaz de hacer ese trabajo, deberá pagar por los conocimientos, aptitudes y habilidades requeridos.

Los resultados de la evaluación de empleos han sido puestos en tela de juicio por los defensores de la igualdad de derechos que piensan que esos resultados "discriminan" a las mujeres, confinando los empleos de estas últimas a las clasificaciones más bajas. Esa controversia, que se parece mucho a la del huevo y la gallina, no ha sido resuelta. La Academia Nacional de Ciencias nombró una comisión especial para que evaluara la validez de los planes de evaluación de empleos. Sus conclusiones fueron menos que definitivas.

5.6.7 LA MEDICION DEL TRABAJO Y LOS ESTANDARES DE PRODUCCION

Por lo general, el sindicato se mostrará indiferente hacia el método que utilice el patrón para proponer un estándar. Puede recurrir a la tabla Ouija, a la astrología o al MTM. El sindicato se reservará el derecho de evaluar el estándar según sus métodos y criterios propios. Preferiría aceptar la estimación hecha por los trabajadores. Sin embargo, si lo presionan, optará por el estudio con el cronómetro, con el cual se reserva el derecho de refutar el factor de clasificación, las tolerancias por demoras y todas las demás variables. Este método tiene la virtud de la franqueza y se presta a la negociación participativa.

Los problemas que encontrarán los ingenieros industriales al establecer estándares de producción se resumen en un *Collective Bargaining Report, Time Study and Union Safeguards,* del cual se presentan algunos extractos.*

El estudio de tiempo

El estudio de tiempo y las medidas de protección del sindicato

Se supone que el estudio de tiempo es un método para determinar el tiempo que se debe conceder a un trabajador para que lleve a cabo un trabajo definido, de acuerdo con un método específico y en las condiciones prescritas. Se usa ampliamente para determinar las cargas de trabajo y las normas de pago de incentivos; pero es un instrumento impreciso del cual es fácil abusar. Los sindicatos que se enfrentan a él deben estar constantemente en guardia contra la aplicación de resultados arbitrarios, poco razonables y poco realistas provenientes del estudio de tiempo.

De todo el campo de la llamada administración científica, el estudio de tiempo es el área en la cual se concentra la mayor parte de la desconfianza y las sospechas de los trabajadores. Desde que se introdujo el estudio de tiempo con el cronómetro en el decenio de 1880, la mayoría de los sindicatos se han opuesto a su empleo. La desconfianza de los trabajadores tiene su origen en sus experiencias prácticas con los estudios de tiempo. Surgen problemas debido a los inconvenientes naturales del proceso mismo y al método de aplicación de la técnica en la industria. Por lo general, el estudio de tiempo se presenta a los sindicatos como "científico", pero produce resultados que no son sino juicios. No son ni pueden ser científicos ni precisos. En el mejor de los casos representan aproximaciones y en el peor, no son más que conjeturas extravagantes.

Aunque los sindicatos internacionales pueden proporcionar y proporcionan asesoría e información calificadas a sus ramas locales, la investigación y el procesamiento de los litigios

*Tomados de AFL-CIO American Federationist, *Collective Bargaining Report*, noviembre de 1965.

derivados de los estudios de tiempo siguen siendo fundamentalmente problemas del sindicato local. Con base en la experiencia, los sindicatos locales han establecido maneras de enfocar el estudio de tiempo, que caen en las categorías siguientes:

1. Algunos sindicatos locales prohíben completamente el estudio de tiempo.

2. Algunos permiten que la empresa use cualquier método para fijar estándares de trabajo, pero se reservan el derecho de negociar los resultados.

3. Algunos colaboran directamente con la administración para efectuar estudios de tiempo y establecer estándares.

4. La mayoría permiten que la empresa realice estudios de tiempo, pero insisten en negociar tanto los métodos usados como su aplicación.

Acceso a los datos del estudio de tiempo

Los sindicatos que hacen frente al estudio de tiempo deben asegurarse de que tienen información completa acerca de cómo se aplica en las empresas. Para proporcionar protección esencial a sus miembros, esa información no debe estar limitada en forma alguna. No sólo debe incluir los resultados del estudio de tiempo; es decir, las normas de trabajo individuales, sino también el plan que la empresa tiene en operación y los procedimientos exactos que se siguen.

Evidentemente, esa información es esencial para la negociación colectiva. Sin ella, el sindicato no estaría en situación de dar trámite a las quejas en forma razonable ni de discutir las cláusulas correspondientes del contrato.

El derecho legal del sindicato a esa información ha sido establecido claramente por los árbitros, la NLRB, y los tribunales federales. La NLRB, con la aprobación del tribunal, ha encontrado que:

1. Ha quedado bien establecida la obligación del patrón de atender la solicitud de un sindicato que pide datos originales sobre estudios de tiempo y evaluación de empleos.

2. El derecho del sindicato a la información pertinente respecto a salarios no depende de que se esté resolviendo una queja en particular.

3. La obligación del patrón de proporcionar los datos no se limita al período de negociaciones contractuales, sino que continúa después de haberse firmado un contrato colectivo.

4. El sindicato no está obligado a demostrar una necesidad inmediata o eventual de esa información en tanto la empresa utilice el estudio de tiempo y la evaluación de empleos en forma que afecte a los estándares de producción y a los salarios.

5. La obligación que tiene el patrón de proporcionar esos datos existe en virtud del estatuto (Ley Nacional de Relaciones Laborales). Si bien el sindicato puede renunciar a su derecho estatutario a esa información, la renuncia debe ser clara e inconfundible. No se renuncia a ese derecho aunque el sindicato se vea en la imposibilidad de negociar en el convenio una cláusula que exprese su derecho a los datos.[2]

Pese a lo anterior, a algunos sindicatos les resulta difícil obtener todos los datos necesarios. Muchas empresas alegan todavía que esa información es confidencial. Cuando la presión del sindicato las obliga a cumplir, tratan de limitar la información que proporcionan o las maneras de proporcionarla.

Para asegurar la disponibilidad inmediata de los datos del estudio de tiempo, sin objeciones ni limitaciones, la mayoría de los sindicatos insisten en incluir en el contrato una cláusula como ésta:

La compañía proporcionará al sindicato una copia del plan de estudio de tiempo que está actualmente en operación. Pondrá a disposición del sindicato, para su inspección, todos y cada uno de los registros relacionados con el estudio de tiempo y con el establecimiento de estándares de producción, incluyendo las hojas originales de las observaciones del estudio de tiempo. A solicitud de un representante o delegado del sindicato, la compañía proporcionará copias de cualquiera de los documentos indicados, incluso de los estudios de tiempo.

Algunas empresas han quedado obligadas a través del contrato a proporcionar al sindicato copias fotostáticas de la hoja de observaciones del estudio de tiempo cada vez que éste se lleve a cabo.

En contraste con los muchos casos concernientes al derecho que tiene el sindicato a los datos, han sido pocos en los cuales una empresa se ha negado a permitir que el sindicato efectúe su propio estudio de tiempo del empleo en discusión. Un caso reciente se refiere al jefe del departamento de estudios de tiempo del sindicato, quien ayudaba a un sindicato local a investigar algunas quejas relacionadas con el estudio. Se mostraron al ingeniero del sindicato las hojas del estudio de tiempo y todos los demás datos solicitados. Los ingenieros de la compañía contestaron a todas las preguntas del ingeniero del sindicato, pero a este último no se le permitió observar y estudiar los empleos en cuestión en el taller mismo. La postura del sindicato, que era apoyada por la NLRB, fue que el derecho a estudiar los empleos en estudio existe sobre la misma base estatutaria que el derecho a los datos.

La NLRB expresó lo siguiente:

Consideramos, lo mismo que el examinador del caso, que la información que el sindicato trataba de obtener mediante estudios de tiempo no sólo era pertinente, sino también necesaria para que el sindicato pudiera tomar una decisión inteligente acerca de si se debía proceder al arbitraje.

Ha quedado bien establecido que la sección 8(a) (5) de la Ley de Relaciones Obrero-patronales impone al patrón la obligación de proporcionar, cuando se le solicite, toda la información necesaria para que el representante del sindicato desempeñe debidamente sus funciones. Esa obligación abarca la información que el sindicato pudiera solicitar con el fin de "vigilar y hacer cumplir los acuerdos existentes". Los estudios de tiempo solicitados por el sindicato en este caso tenían el carácter de solicitud de esa clase de información. Es evidente que la información solicitada era a la vez pertinente y necesaria para que el sindicato pudiera desempeñar su función de representante negociador, y estaba en manos de la demandada poner esa información a la disposición del sindicato. Opinamos que el cumplimiento con el convenio celebrado de buena fe, prescrito por la Ley, obligaba a la demandada a colaborar con el sindicato poniendo a su disposición las instalaciones de la planta para que pudiera llevar a cabo sus propios estudios de tiempo.

En el presente caso, los registros indican que los estudios de tiempo eran pertinentes y necesarios para que el sindicato pusiera en marcha el mecanismo de quejas del contrato, y que la información necesaria no la podía obtener el sindicato por otros canales. Además, cuando, como ocurrió en este caso, no hay fuentes alternativas adecuadas de información a las cuales pudiera acudir el sindicato, es evidente que la negativa de la demandada a permitir los estudios de tiempo de las operaciones en cuestión constituyó un impedimento poco razonable para que el sindicato desempeñara su función estatutaria.[3]

Precisión de los estudios de tiempo

"¡No negociamos los estándares!" es una afirmación frecuente de la gerencia cuando se enfrenta a las quejas del sindicato motivadas por los estudios de tiempo.

La gerencia alega que los estudios de tiempo producen hechos y "por supuesto, los hechos no están sujetos a negociación ni compromiso". Si el estudio de tiempo produjera realmente "hechos", la postura de la gerencia podría ser correcta y el sindicato sólo estaría en situación de negociar si se debía o no aplicar el estudio de tiempo en la fábrica.

Pero no es así. En el mejor de los casos, los estándares derivados del estudio de tiempo son sólo aproximaciones. Implicaron muchos juicios por parte del analista de estudios de tiempo en cada paso del procedimiento.

Los sindicatos deben ser informados acerca de las variables siguientes, para que tengan una idea de qué tan precisos son los estudios de tiempo:

1. La selección del trabajador que va a ser estudiado.
2. Las condiciones en las cuales se realiza el trabajo durante el estudio.
3. La forma en que se divide la operación en partes y elementos.
4. El método de lectura del cronómetro.
5. La duración del estudio.
6. La clasificación del rendimiento del trabajador.
7. Las tolerancias para necesidades personales, por fatiga y por demoras.
8. La manera de aplicar las tolerancias.
9. La manera de calcular el estándar de trabajo a partir de los datos de medición de tiempos.

Puntos débiles del proceso de clasificación

Una vez terminada la medición de tiempos con el cronómetro, el analista del estudio ha obtenido una cifra que representa el tiempo, como promedio, que requirió el trabajador observado para realizar el trabajo. Ese tiempo podría servir para fijar estándares sólo en el caso de que el trabajador sometido a estudio pudiera ser considerado como empleado "calificado", "promedio", trabajando a un ritmo "normal" y exhibiendo una habilidad también "normal". Si el trabajador no satisface esas especificaciones, el tiempo observado se debe ajustar para conformarlo al tiempo "normal". A ese procedimiento de ajuste a menudo se le llama "calificación", pero a veces se le llama "nivelación" o "normalización".

La naturaleza misma de la calificación la expone al abuso. Si el analista manipula el factor de calificación, le resulta fácil obtener prácticamente cualquier resultado que desee. De hecho, como lo saben muchos sindicalistas, el factor de calificación se usa a menudo de manera que el analista produzca un estándar que se había determinado antes de efectuarse el estudio de tiempo. Dicho de otro modo, el estudio de tiempo a menudo sirve para "demostrarle" al trabajador que la carga de trabajo o el estándar fijado por la compañía es "justo". Al sindicato le resulta prácticamente imposible probar este tipo de engaño deliberado, ya que el operador "normal" es sólo un producto de la imaginación del analista.

De manera que es fácil ver cómo los analistas pueden manipular los estudios de tiempo. Desafortunadamente, la situación no mejora mucho aunque la gerencia y sus analistas traten de ser enteramente honrados y objetivos.

La falibilidad de los analistas de estudios de tiempo

La mayoría de los analistas de estudios de tiempo afirman que pueden juzgar el ritmo de un operador con un 5 por ciento de aproximación, y algunos han afirmado incluso que, con la experiencia, ese porcentaje se puede reducir a un error promedio del 2 por ciento. Pero los investigadores de las universidades, así como los grupos administrativos que estudiaron la capacidad de los analistas de estudios de tiempo para clasificar el rendimiento de los trabajadores, han demostrado que esas pretensiones de exactitud son falsas. Los estudios indican que en más de la mitad de sus clasificaciones, los analistas juzgarán equivocadamente, las variaciones observadas en el ritmo de trabajo, con un margen de error de más del 10 por ciento. Los "errores" hasta de un 40 por ciento no son nada extraños entre los analistas "calificados" y de gran experiencia. Algunas empresas han admitido que se pueden esperar grandes variaciones y diferencias, pero no de los analistas experimentados y de tiempo completo.

Un estudio realizado por la Society for The Advancement of Management (SAM) dio la respuesta a esta cuestión. Demostró que la mayor experiencia en los estudios de tiempo no tiene relación con la precisión de esos estudios. De hecho, el promedio de error de quienes tenían más de 15 años de experiencia fue más alto que el de aquellos que solo tenían 6 meses de experiencia, y los analistas que dedicaban menos de la mitad de su tiempo a los estudios calificaron con algo más de precisión que los que dedicaban todo su tiempo a esa actividad.

Los trabajadores no pueden dejar en manos de la empresa la determinación de un ritmo de trabajo "normal". Los ingenieros progresistas, como Mitchell Fein, han llegado a la conclusión de que un concepto objetivo de lo que es normal es una falacia. Proponen que, mediante el acuerdo colectivo, se establezca una definición de normal, que vendrá a ser el criterio para todos los estudios.

5.6.8 LA CARGA QUE COMPORTAN LOS PROCEDIMIENTOS DE QUEJA

El estudio de tiempo se ha convertido en un aspecto importante de las relaciones obrero-patronales. Los sindicatos han encontrado que los problemas del manejo de las quejas han aumentado mucho en las plantas donde existe el estudio de tiempo. No sólo hay más quejas, sino que hay necesidad de dedicar más tiempo a la investigación y trámite de las quejas provocadas por esos estudios. Además, pese a la disminución general del número de fábricas que aplican la medición del trabajo, no se ha observado una disminución igual en el porcentaje de quejas que se someten a arbitraje. La cifra se ha mantenido en el 20 por ciento aproximadamente en los últimos 10 años, de acuerdo con los informes publicados tanto por la American Arbitration Association como por el Federal Mediation and Conciliation Service.

Aunque los sindicatos locales pueden solicitar la ayuda de expertos en casos especiales, la mayoría de las quejas por los estudios de tiempo pueden y deberían ser resueltas con éxito por los representantes locales. Los juicios del sindicato van a la par con los de la empresa. El trabajador es un juez intuitivo de la corrección de cualquier norma de trabajo tan bueno como lo es la administración.

Como a la empresa no le agrada negociar los estándares, y en vista de que muy poco de lo relacionado con los estudios de tiempo está basado en hechos, una gran proporción de las quejas correspondientes se someten a arbitraje. Desafortunadamente, aunque muchos árbitros pueden no estar predispuestos en favor de la empresa ni del sindicato, con demasiada frecuencia aceptan que el estudio de tiempo es científico y matemáticamente preciso. No reconocen los defectos del estudio de tiempo y por lo tanto, es muy probable que acepten sus resultados, sobre todo si, como ingenieros industriales profesionales, tienen un interés inconsciente por promover alguna técnica especial que resulta dudosa.

Los sindicatos y las quejas debidas al estudio de tiempo

Pese a esas dificultades y defectos, los sindicatos locales pueden hacer una buena labor protegiendo a los trabajadores contra los estudios de tiempo poco equitativos. Sin embargo, para hacer un buen trabajo, necesitan contar con funcionarios y representantes bien informados. Sobre todo, los representantes del sindicato no se deben dejar impresionar por los supuestos procedimientos científicos y argumentos de los analistas de estudios de tiempo.

Las quejas provenientes de los estudios de tiempo se deben abordar en la misma forma que otro tipo de quejas. El paso más importante consiste en conocer los hechos. Aunque cierto conocimiento del estudio de tiempo será útil, no es necesario que el delegado u otro representante del sindicato sea un analista de estudios de tiempo para tramitar una queja. El representante sindical debe hacer lo siguiente:

1. Obtener una copia de los registros de la compañía de la operación de que se trate.
2. Asegurarse de que el registro de las condiciones del empleo, así como la descripción del trabajo, estén completos. Si cualquiera de ellos está incompleto, será imposible reproducir la tarea tal como era cuando se llevó a cabo el estudio de tiempo, y por lo tanto no se podrá verificar el estudio de tiempo de la empresa. Este solo detalle dará pie para rechazar el estudio.
3. Si la hoja del estudio de tiempo contiene información suficiente acerca de cómo y en qué condiciones se realizaba el trabajo cuando se llevó a cabo el estudio, será necesario determinar si se sigue realizando exactamente en la misma forma.
4. Por lo general, la operación total o ciclo de trabajo se descompone en partes, llamadas elementos, con el fin de medir los tiempos. Habrá que ver la descripción de cada elemento para comprobar si describe lo que el operador tiene que hacer actualmente. Todo cambio que influya en el tiempo invalida el estudio original.
5. Asegurarse de que todo lo que tiene que hacer el operador como parte del trabajo fue medido y anotado en la hoja del estudio. Buscar tareas que no formen parte de todos los ciclos.
6. Ver si hay anotaciones "tachadas". El resultado de un estudio de tiempo está basado en varias mediciones diferentes de un mismo trabajo. El analista del estudio de tiempo puede desechar algunas mediciones como "anormales". Si ha descartado algunos de los tiempos medidos, debe indicar las razones que tuvo para ello. Esto le permite al sindicato determinar si la supresión es válida. El que un tiempo en particular sea más largo o más corto que otros tiempos asignados al mismo elemento no es razón suficiente para descartarlo.
7. Determinar si la duración del estudio de tiempo fue suficiente para reflejar con precisión todas las variaciones y condiciones que puede encontrar el operador. ¿Se tomó una muestra adecuada de todo el trabajo? De no ser así, el estudio de tiempo será rechazado porque sus resultados carecen de sentido.
8. Confirmar que se usó únicamente el promedio simple, y no la mediana, la moda u otro medio aritmético, para calcular los tiempos elementales. El promedio simple es el único método adecuado para los fines del estudio de tiempo.
9. Verificar el factor de clasificación en la hoja del estudio de tiempo. Hay que tratar de determinar si el analista anotó el factor de clasificación antes de abandonar el lugar de trabajo o después de calcular los tiempos observados. Preguntar al operador observado si cree que el factor fue correcto. Obsérvese a ese operador trabajando al ritmo que él considere adecuado y luego al ritmo necesario para producir la carga de trabajo señalada por la empresa. La opinión del trabajador y la del delegado son tan válidas como la del analista de estudios de tiempo.
10. Asegurarse de que se han considerado debidamente las tolerancias por concepto de necesidades personales, descanso y demoras.
11. Por último, verificar todos los cálculos aritméticos.

La mayoría de los representantes sindicales han encontrado que es poco prudente efectuar ellos mismos estudios de tiempo adicionales como verificación, salvo como último recurso. Es más eficaz mostrar los errores del estudio de la empresa que tratar de probar que el nuevo estudio efectuado por el sindicato es más apropiado. También el estudio de tiempo del sindicato sigue siendo el resultado de una apreciación. Aunque se apliquen los métodos correctos, simplemente tienden a reducir las discrepancias, no a suprimirlas.

Por tradición, en el procedimiento del "estudio de tiempo" se usa un cronómetro u otro dispositivo de control de tiempo y es como se le considera en este capítulo. Algunas compañías han introducido otros métodos para establecer estándares de producción, tales como los datos estándar y el sistema de tiempos predeterminados de los movimientos. Cuando los sindicatos hacen objeciones, las empresas han afirmado que esos sistemas no son más que nuevas formas de estudio de tiempo y se pueden aplicar legítimamente aun cuando un contrato tenga una cláusula que diga "Los estándares se fijarán mediante estudios de tiempo"

Para protegerse contra este tipo de subterfugio donde los estudios de tiempo suelen hacerse con el cronómetro, los sindicatos deben asegurarse de que los futuros contratos contengan este tipo de cláusula: "Todos los estándares de producción se fijarán mediante estudios de tiempo con el cronómetro", o bien, "el sindicato no acepta sistema alguno de tiempos predeterminados".

Resolución respecto a ingeniería industrial adoptada por la Cuarta Convención Institucional de la AFL-CIO

La AFL-CIO se vio abrumada durante años por las quejas en contra de los estándares de tiempo predeterminado y otras técnicas de medición del trabajo. En respuesta, el 12 de diciembre de 1961 aprobó una resolución de la cual se presentan los siguientes extractos.

La última década ha presenciado cambios enormes en el trabajo y en el ambiente de trabajo. Muchos de esos cambios están asociados con la mecanización acelerada y con la tecnología rápidamente cambiante y han producido efectos profundos en los trabajadores y en sus sindicatos, en las condiciones de trabajo, en el empleo y el desempleo, en el carácter general de la fuerza de trabajo y en el contrato colectivo.

Junto con esos cambios debidos a la "automatización", se han introducido al lugar de trabajo y al convenio colectivo otras técnicas que, si bien por lo general no van acompañadas por tanta fanfarria y publicidad, han producido efectos igualmente perturbadores. Son innovaciones "acreditadas" casi siempre al ingeniero industrial e incluyen los sistemas de tiempos predeterminados de los movimientos, los datos estándar, el muestreo del trabajo y otras técnicas "estadísticas" para fijar estándares de producción, así como los dispositivos electrónicos para medición y control. Los trabajadores, después de varios años de prueba, llegan a la conclusión de que esas nuevas técnicas están basadas en los mismos falsos supuestos, u otros similares, que desde siempre han caracterizado a otras técnicas de la ingeniería administrativa. Cuando se aplican en el lugar de trabajo, esas técnicas dan resultados que no son precisos, confiables ni válidos.

Los sindicatos siempre se han opuesto al empleo del estudio de tiempo con el cronómetro, a los sistemas de trabajo a destajo y pago de incentivos, y a la evaluación de los empleos. En un principio esta postura se apoyaba en el empleo arbitrario y abusivo de esos métodos por parte de las empresas. Pero los sindicatos encontraron que, incluso cuando se intenta hacer uso de esos sistemas en forma objetiva, los resultados no son equitativos. Se encontró que los sistemas mismos, así como sus aplicaciones, eran defectuosos.

Los trabajadores han encontrado que las nuevas técnicas no son más que formas sutiles de las antiguas. Las "mejoras" representan poco más que técnicas de confusión, que hacen que cada vez sea más difícil para los trabajadores entender y encarar los problemas a que dan lugar los "nuevos métodos". Con harta frecuencia, los trabajadores descubren que el método "científico" no es más que un mecanismo para soslayar los acuerdos establecidos en el convenio colectivo.

Pese a sus defectos comprobados, las técnicas de medición del trabajo, nuevas y viejas, se siguen utilizando para establecer estándares de producción y cargas de trabajo injustos. Los sistemas de incentivos, de validez dudosa, sirven para inducir un ritmo de trabajo excesivo, mientras que las técnicas de evaluación de empleos se usan para degradar a los trabajadores y disminuir sus legítimos ingresos.

El estudio de los problemas básicos del trabajo humano, la medición de los efectos de la fatiga física y mental y de la automatización del lugar de trabajo, del diseño de empleos, de la ampliación de labores y de la adaptación del trabajo al trabajador, han sido pasados por alto en buena parte por el ingeniero industrial.

Donde esos esquemas administrativos existen, los sindicatos tienen que estar preparados para negociar máxima protección contractual, a fin de minimizar los efectos perjudiciales. Pero el lenguaje contractual no basta. Los sindicalistas deben estar tan completamente informados como sea posible para hacer frente a las técnicas "tradicionales", lo mismo que a las "modernas", de la ingeniería industrial.

5.6.9 LOS PLANES DE PAGO DE INCENTIVOS

El diseño y la aceptación por parte de los sindicatos de los planes de pago de incentivos se detallan en un *Collective Bargaining Report** de la AFL-CIO, del cual se presentan algunos extractos.

Actitud de los sindicatos

Con pocas excepciones, los sindicatos se oponen a los planes de pago de incentivos, tanto por las experiencias anteriores con los abusos cometidos al amparo de esos planes, como por las dificultades y los efectos negativos que les son inherentes. Los sindicatos que los han aceptado o han permitido que continúen, generalmente lo han hecho con renuencia y recelo. Sencillamente, no siempre ha resultado práctico ni conveniente oponerse a esos planes o eliminarlos. Unos pocos sindicatos, especialmente en las industrias del caucho y de las agujas donde el pago de incentivos está más firmemente establecido, han aceptado los incentivos, temporalmente al menos, como parte de sus programas de negociación colectiva.

Muchos ingenieros industriales están de acuerdo en que en el pasado se abusó de los incentivos, pero afirman que eso no sucede ya. Pero, aunque algunos de los peores abusos se han moderado, gracias principalmente a la acción sindical, los efectos adversos y las tensiones impuestas a los trabajadores siguen siendo la regla.

Invariablemente, la presencia de un sistema de incentivos significa problemas especiales de preparación, representación y protección de los trabajadores. Impone presiones a todo el proceso de negociación colectiva haciéndolo más difícil, complejo y costoso. El valor de cualquiera de esos planes también es sumamente dudoso porque, si bien en un principio pueden proporcionar mayores ingresos, exigen inevitablemente un incremento del esfuerzo en el trabajo, dan lugar a fricciones entre los trabajadores y producen un regateo continuo de los estándares de producción.

Naturaleza de los planes de incentivos

Los empresarios implantan planes de incentivos porque esperan que darán lugar a mayores utilidades gracias a los costos de producción más bajos. Básicamente, todos esos planes tratan de inducir a los trabajadores a producir más de lo que corresponde a una jornada de trabajo justa, prometiéndoles una recompensa monetaria. Están basados también en la idea de que los trabajadores no realizarán una jornada "íntegra" a menos que sean "sobornados" con la promesa de dinero adicional. Las empresas tratan de hacer que los trabajadores acepten esos planes al afirmar y recalcar que un sistema de incentivos proporcionará ingresos más altos que los salarios directos por hora.

Si bien es cierto que, en teoría, tanto la empresa como los trabajadores saldrán ganando por la vía del incentivo, eso rara vez ocurre en la práctica durante un largo tiempo. Los trabajadores han encontrado que por regla, las desventajas superan a las ventajas que obtienen.

El valor que tienen para la empresa

En realidad es de dudar, considerándolo todo, que la empresa misma saque de los planes de incentivos beneficios suficientes para que valgan la pena.

*Tomados de AFL-CIO, *Collective Bargaining Report,* Vol. 2, No. 12 (diciembre 1957).

La empresa tiene algunos costos que permanecen relativamente constantes con una gama razonablemente amplia de volúmenes de producción. A esos costos se les suele llamar "costos indirectos de fabricación". Incluyen partidas tales como los sueldos de los ejecutivos y los supervisores, ciertos impuestos y los costos de la maquinaria y los edificios. Por supuesto, a medida que los trabajadores aumentan la producción, esos costos "fijos" se distribuyen entre un número mayor de unidades. La disminución resultante del costo fijo por unidad producida puede dar lugar a economías substanciales. Esas economías son las que atraen a la gerencia y la inducen a implantar planes de incentivos.

Sin embargo, una vez implantados los incentivos, la gerencia encuentra que, en la práctica, hay muchos incrementos en el costo. Es bien sabido que, en muchos casos, los costos que implica crear departamentos de estudios de tiempo y pago de incentivos, junto con los productos secundarios típicos de los planes de incentivos, como son la calidad inferior, el descontento de los clientes, menor ética de los empleados, más quejas y un aumento de las primas del seguro contra accidentes, pueden compensar con creces cualesquiera ahorros.

El hecho de que algunas administraciones reconocen esos defectos de los incentivos ha sido demostrado mediante los estudios de esos planes realizados en 416 compañías. De las 100 investigadas en un mismo estudio, el 40 por ciento reconocieron que, en su opinión, sus planes de incentivos no eran satisfactorios. Otro 17 por ciento manifestaron que se sentían sólo parcialmente satisfechas. Comentaron que los beneficios derivados de los incentivos no alcanzaban a justificar las bonificaciones pagadas a los trabajadores.[4]

En un estudio de las experiencias de 316 compañías, abarcando un período de 15 años, se encontró que el 78 por ciento de sus planes de pago de incentivos habían fracasado, o bien habían provocado tantas dificultades, que las compañías estaban enteramente descontentas.[5]

Algunas empresas han declarado expresamente que la supervisión eficiente y las relaciones razonables entre los trabajadores y la administración pueden lograr una producción más eficiente y menos costosa que la que se obtiene con los sistemas de incentivos.

Defectos de los planes de incentivos

Aunque hay muchos tipos de planes, que varían en los detalles y tienen descripciones diferentes, fundamentalmente son similares. Hay que tener presente que la sensatez y el carácter práctico de un plan cualquiera no se pueden determinar examinando tan sólo una descripción por escrito de la forma en que se supone que va a funcionar el plan. Se explican aquí algunos de los defectos básicos que comparten en la práctica virtualmente todos los tipos de planes.

Los planes de incentivos exigen que se establezcan "estándares" de producción. Por lo general, los estándares se fijan con base en el estudio de tiempo con todas sus discrepancias, inexactitudes y poca seguridad.

El sindicato puede negociar ciertos salarios base garantizados; pero, con un plan de incentivos, los ingresos reales dependerán de los estándares de tiempo y de las tarifas señaladas por los analistas de estudios de tiempo. La imposibilidad de que los analistas fijen los estándares de manera precisa y uniforme implica que los ingresos reales tendrán poca relación, si es que tienen alguna, con los esfuerzos de los trabajadores.

Algunos trabajadores serán asignados a trabajos cuyos salarios son liberales y en los cuales es posible obtener ingresos excepcionalmente elevados. En otros los salarios serán restringidos, de manera que un esfuerzo igual o mayor no producirá ingresos tan altos como aquéllos. Con frecuencia, los trabajadores que ocupan empleos cuyos estándares de producción son rígidos y poco realistas tienen que trabajar a un ritmo agotador para lograr siquiera "el estándar" y ganar el salario base.

El supervisor que asigna los trabajos tiene en sus manos un arma poderosa cuando los trabajadores operan a base de incentivos. Es fácil darles a los amigos y a los informadores las tareas mejor remuneradas y a los sindicalistas verdaderos aquellas que producen menos. Por otra parte, algunas empresas pueden tratar de influir en los delegados o representantes sindicales para que apoyen los incentivos asignándoles empleos con tarifas bajas.

En todo caso, el pago de incentivos se presta al abuso. Los trabajadores que desempeñan tareas similares y tienen igual salario a menudo sufren marcadas diferencias en sus ingresos. Las oportunidades para discriminar resultan obvias.

La rebaja de salarios y la aceleración del ritmo de trabajo

También hay grandes oportunidades para maniobrar con los estándares a medida que las tareas cambian gradualmente. Las tarifas por pieza y los estándares que pudieron haber sido equitativos cuando fueron establecidos, con frecuencia tienden a relajarse con el transcurso del tiempo, a medida que los trabajadores adquieren experiencia, mejoran su habilidad y desarrollan métodos abreviados de trabajo, y por lo tanto sus ingresos aumentan.

Aunque por lo general las empresas les aseguran a sus trabajadores que los estándares no cambiarán por el simple hecho de que los ingresos aumenten, algunas buscan un pretexto para reducir las tarifas de los trabajos cuando aumentan los ingresos gracias a un cambio trivial en los métodos, justificando una nueva regulación del tiempo. A menudo, la mejora misma introducida por un trabajador para aumentar sus ingresos se convierte en una excusa para que la empresa rebaje la tarifa.

En la misma forma se logra fácilmente la aceleración del ritmo de trabajo en toda la planta. La reducción periódica de las tarifas, bajo el disfraz de un mejoramiento de los métodos, obliga a los empleados a trabajar más duro y más rápido para conservar sus ingresos anteriores.

Otra dificultad la constituye un tipo diferente de presión constante para que los trabajadores trabajen más. Según la teoría de incentivos, los trabajadores determinan su propio ritmo de trabajo. Se supone que están en libertad de trabajar o no a un ritmo más rápido que el normal, como mejor les convenga; pero nuevamente, la teoría y la práctica son cosas distintas.

Los trabajadores que producen menos de alguna cantidad determinada, casi siempre algún "promedio", son acusados de holgazanear y se les obliga a un mayor esfuerzo. Constantemente la gerencia trata de aumentar la producción eliminando a los trabajadores que producen "menos que el promedio". En esa forma, los trabajadores se ven obligados a trabajar con más rapidez para ir al paso con el trabajador "promedio", que acelera siempre. A los de más edad, especialmente, esa competencia les resulta difícil. Además, todos los trabajadores se enfrentan al hecho de que el riesgo de accidentes aumenta cuando se acelera el ritmo de trabajo.

La presión de los planes de grupo sobre los trabajadores

Algunos planes de incentivos asocian los salarios no con la producción del trabajador individual, sino con la de un grupo de trabajadores. Los incentivos se les pagan a todos los miembros del grupo con base en la producción total del mismo. El grupo puede ser grande o pequeño, desde dos, hasta centenares e incluso millares de trabajadores. Es una buena práctica hacer que esos grupos sean tan pequeños como sea posible.

Los planes de incentivos de grupo pueden ser especialmente problemáticos, puesto que los ingresos de un trabajador dependerán, por lo menos en parte, del trabajo de otros. No importa cuán duro se trabaje, ciertos factores que están fuera del control del trabajador o del grupo pueden limitar la producción total y por lo tanto los incentivos ganados. Esos planes degeneran con facilidad, haciendo que los trabajadores asuman funciones administrativas.

La gerencia pone a los trabajadores unos en contra de otros y trata de que se "vigilen" mutuamente. Puede esperar que un miembro del sindicato presione a otro que dio lugar a que los ingresos de grupo disminuyeran por su ausentismo, sus llegadas tarde al trabajo, etc. Los jóvenes se impacientan con los viejos que no pueden "mantener el ritmo".

Los trabajadores que operan con incentivos y los que no lo hacen

Los planes de incentivos pueden proporcionar a un grupo semicalificado ingresos más altos que a los trabajadores calificados, o crear diferencias desproporcionadas entre aquellos que trabajan con incentivos y los que no lo hacen. Esas situaciones pueden contribuir a un grave deterioro de la moral del trabajador cuando los sistemas de incentivos ponen a un grupo de miembros del sindicato en contra de otro.

El problema se puede aliviar un tanto estipulando pago adicional a los trabajadores de servicio. A menudo, esos pagos se determinan de acuerdo con el nivel de productividad de los trabajadores de producción.

Efecto debilitador en el sindicato

El pago de incentivos debilita la función del sindicato para obtener salarios más altos. Además de que crea fricciones entre los trabajadores y facciones conflictivas, puede amenazar la existencia misma del sindicato. Pone en peligro su capacidad para lograr una protección contractual adecuada en otras áreas, por ejemplo, en materia de procedimientos de quejas, antigüedad y vacaciones.

También hay serias dificultades para proteger y representar correcta y adecuadamente a los trabajadores cuando hay planes de incentivos. La naturaleza complicada de muchos de esos planes, lo mismo que su dependencia del estudio de tiempo y otras técnicas de medición del trabajo, hacen que a los representantes locales les resulte difícil atender los problemas cotidianos. Por lo general tienen que dedicar un tiempo excesivo a los asuntos relacionados con los incentivos, en comparación con el que dedican a los problemas diarios de trabajo, con la consiguiente disminución del tiempo que necesitan para otros problemas de quejas, para la preparación de negociaciones, la organización y otras actividades sindicales.

Eliminación de los planes de incentivos

Los peligros y las injusticias de los planes de pago de incentivos, así como sus posibles efectos antisindicales, han inducido a muchos sindicatos a tratar de eliminarlos cada vez que se presenta la oportunidad. Muchos han logrado negociar su retiro del contrato cuando ya existían y otros han podido persuadir a la empresa para que no implante nuevos planes.

Hay una esperanza para los programas futuros de pago de incentivos. La mayoría de los "expertos" están de acuerdo en que los planes de incentivos están tal vez por desaparecer debido a los avances tecnológicos y a la automatización. A medida que la producción se vuelve más y más automática, los trabajadores tienen cada vez menos control sobre ella. Las supuestas ventajas que la empresa deriva de los planes de incentivos disminuirán, y es de suponer que muchos de esos planes serán suprimidos.

Algunas empresas que carecen de nuevo equipo automático tratarán de bajar los costos recurriendo a los planes de incentivos para poder competir con las más mecanizadas y automatizadas. En esas empresas, los trabajadores se verán obligados a trabajar más rápido y más duro; pero no podrán ganar la carrera con el equipo automático. Los trabajadores no pueden producir lo suficiente para salvar a los administradores incompetentes.

Los sindicatos que deseen eliminar a los incentivos deben cuidarse de no cambiar una serie de injusticias por otra. Algunas empresas han estado de acuerdo en suprimir los incentivos, siempre que puedan sustituirlos con el MDW (día de trabajo medido). Dicho de otro modo, la gerencia establecerá los estándares de producción (usualmente mediante estudios de tiempo) que los trabajadores tendrán que satisfacer. Estos últimos cobrarán un salario directo por hora, sin incentivos. Con frecuencia, los estándares de producción se fijan a un nivel que obliga a los trabajadores a producir a un ritmo de incentivos por un salario que no los incluye. En esa forma, la empresa puede lograr el equivalente de la producción con incentivos sin pagar por ella.

Cuando se eliminen los incentivos, los sindicatos deberán insistir en que, si va a haber estándares de producción en las operaciones sin incentivos, esos estándares se establezcan mediante negociación directa con el sindicato. Este último se debe concentrar también en el nivel de las muy importantes escalas de salarios por hora. Con o sin incentivos, los salarios garantizados por hora se deben negociar lo bastante altos para que produzcan a los trabajadores un ingreso diario equitativo.

Protección de los trabajadores bajo planes de incentivos

Es imposible estructurar un plan de incentivos que sea justo para todos los trabajadores y que no le plantee problemas serios a los sindicatos. Si un sindicato tiene que aceptar un plan de pago de incentivos, debe insistir hasta donde sea posible en la aplicación de ciertos principios y prácticas necesarios para minimizar los usos arbitrarios y abusivos de esos planes. La negativa de una empresa a aceptar y observar esos principios se debe tomar como un indicio de que se propone manipular el plan para su propio beneficio, a costa de sus trabajadores.

Esos principios y prácticas son los siguientes:

1. Se debe pagar un salario mínimo por hora, adecuado y garantizado, a todos los trabajadores que operen con incentivos. Se les deben garantizar determinados ingresos mínimos razonables, independientemente de lo que produzcan en un cierto período. A ese ingreso por hora garantizado en un programa de incentivos se le llama comúnmente "salario base garantizado".

2. Los salarios base sobre los cuales establecen los incentivos deben ser realistas. Con frecuencia, los trabajadores y los sindicatos son inducidos a una falsa sensación de seguridad por los períodos de "altas" ganancias de incentivos. Se olvidan de insistir en que los salarios base garantizados se mantengan actualizados. La empresa puede relajar deliberadamente los planes de incentivos con el fin de no aumentar los salarios base. Los trabajadores se vuelven cada vez más dependientes de los incentivos a medida que el salario base garantizado se va quedando atrás.

3. Los salarios base con incentivos deben ser iguales a los salarios por hora sin incentivos. Un salario base realista con incentivos es por lo menos igual al salario por hora que ganan los trabajadores sin incentivos en trabajos similares en la misma industria o área.

4. Para aplicar correctamente los aumentos generales de salarios a los trabajadores que ganan incentivos, deben sumarse a los salarios base sobre los cuales se calculan los incentivos. A medida que un trabajador aumenta la producción, su tarifa por pieza disminuye no sólo por las que produce sobre el estándar o por la producción aumentada, sino por cada pieza producida.

5. Los planes de incentivos deben dar una oportunidad realista de obtener ingresos además de las tarifas por hora. Todo plan de incentivos que no ofrezca a los trabajadores la oportunidad de ganar un ingreso adicional razonable, no es equitativo. No debe haber barreras artificiales para ganar incentivos, ni un tope para los ingresos.

6. Los pagos de incentivos deben aumentar por lo menos en proporción directa con la producción. De hecho, puesto que siempre es más difícil producir unidades adicionales, y puesto que las disminuciones del costo son mayores a medida que aumenta la producción, los pagos a los trabajadores en verdad deben aumentar más que la producción.

7. Las ganancias de incentivos no se deben "promediar" con el fin de reducir los ingresos totales. Jamás se deben calcular para períodos de más de un día. Los días de ingresos elevados no deben ser rebajados por los días malos. En ningún caso se debe usar la producción abajo del estándar para igualar la producción arriba del estándar.

Cuando los trabajadores trabajen normalmente en tareas de corta duración, sus ingresos se deben calcular por tarea. Un trabajo con tarifa equitativa no se debe usar para compensar otro cuya tarifa es reducida. Esto sólo da lugar a menores ingresos para el trabajador.

8. Los estándares modificados deben ofrecer la misma oportunidad de ganar que los estándares originales. Una manera de limitar la manipulación poco razonable con los estándares de producción consiste en estipular que, cuando tenga lugar un cambio legítimo en los métodos o en el equipo, sólo se ajustará el tiempo que corresponda a la parte del trabajo que realmente se modifica, y sólo en proporción con el cambio real. No se debe permitir que la empresa utilice un cambio sin importancia hecho en un trabajo como pretexto para revisar el estándar de producción de todo el trabajo.

Lo que es más importante, el nuevo estándar debe permitir al operador ganar por lo menos tanto como antes. Los cambios en las oportunidades de obtener ingresos se deben hacer, si los hay, por consentimiento mutuo y a través del convenio colectivo. Jamás deben ser determinados mediante un estudio de tiempo.

9. Cuando los operadores que ganan incentivos sean asignados a trabajos que no pagan incentivos, deben ser remunerados equitativamente. En la mayoría de los casos, el salario base no es suficiente. En realidad, a los trabajadores que están bajo un plan de incentivos se les debe asegurar que sus ingresos usuales con incentivos no disminuirán en caso de que, por causas ajenas a su control, sus esfuerzos de producción se vean mermados, o bien, de que sean transferidos temporalmente a trabajos que no pagan incentivos.

El arreglo más equitativo cuando un trabajador que gana incentivos es transferido a un trabajo que no paga incentivos consiste en pagarle su salario promedio por hora anterior, incluyendo el incentivo, o el salario por hora del nuevo trabajo, el que resulte más alto.

10. El plan total de incentivos debe ser entendido fácilmente por los trabajadores y por sus representantes. Ningún plan debe ser aplicado si sólo lo pueden entender los ingenieros y los matemáticos. Los trabajadores deben entender la manera en que se determinaron los estándares de producción fijados por la empresa y deben saber calcular sus ingresos rápida y fácilmente.

Muchas empresas han tratado de demostrar la "equidad" de un plan de incentivos con la ausencia de quejas al respecto. Desafortunadamente, la ausencia de quejas a menudo es resultado de la complejidad del plan de incentivos. Los trabajadores no pueden presentar inteligentemente una queja acerca de algo que no pueden entender.

11. El punto final es de la mayor importancia. La gerencia debe permitir que cada fase de su plan de incentivos sea examinada por el sindicato mediante los procedimientos de negociación colectiva. Los sindicatos, por supuesto, tienen el derecho legal de negociar con la empresa todo aquello que afecte a los ingresos de sus afiliados. Se les debe proporcionar toda la información que tenga la empresa respecto a los incentivos, lo mismo que respecto a los métodos, por ejemplo los estudios de tiempo, en los cuales están basados esos incentivos.

La negativa de la empresa a proporcionar al sindicato los datos que solicite acerca del pago de incentivos o los estudios de tiempo, a discutir los problemas individuales y generales asociados con los incentivos, o a resolver las quejas mediante el procedimiento que corresponda (incluso el arbitraje, de ser necesario), indica que la empresa tiene algo que ocultar, que no está obrando de buena fe con el sindicato, y que el plan en cuestión difícilmente beneficiará a los miembros del sindicato.

5.6.10 EL DERECHO DE LOS TRABAJADORES AL ACCESO A LOS DATOS TECNICOS*

La renuncia de las empresas a proporcionar datos técnicos a los sindicatos dio lugar a que la AFL-CIO emitiera un documento en el cual asesora a los sindicatos en diversos puntos, que se explican aquí.

* Tomado de AFL-CIO American Federationist, *Collective Bargaining Report*, ocutubre de 1963, pp. 19-22.

Los sindicatos se enfrentan, cada vez con más frecuencia, al empleo por parte de la administración de una diversidad de técnicas de ingeniería industrial y de otra clase. Esas técnicas se utilizan para estimar los estándares de producción y las cargas de trabajo, el tamaño de los equipos de trabajo, las necesidades de mano de obra, la velocidad de las líneas de ensamble, el pago de incentivos, la evaluación de empleos y la clasificación por méritos. No cabe duda que la aplicación de esas técnicas influye en los salarios y en las condiciones de trabajo. Por lo tanto, cada uno de los aspectos de esas técnicas está sujeto legalmente a la negociación colectiva.

Desde hace mucho, los sindicatos han reconocido la necesidad de un lenguaje contractual adecuado y de procedimientos eficaces de queja para proteger a los trabajadores contra la aplicación arbitraria y abusiva de esos instrumentos administrativos. Desafortunadamente, muchos representantes sindicales han tenido dificultades para redactar y negociar un lenguaje contractual y para manejar los casos de queja y arbitraje, debido a la negativa o a la renuencia de algunas empresas a proporcionar a los sindicatos información y datos sobre esas actividades.

Las apelaciones de los sindicatos a través de la NLRB y de los tribunales han establecido el derecho de los sindicatos a los datos pertinentes cuando la empresa recurre al estudio de tiempo y otras técnicas de fijación de estándares de producción y cuando existe un plan de incentivos o de evaluación de empleos.

Evidentemente el patrón tiene la obligación de proporcionar al sindicato los datos pertinentes que no resulten excesivamente onerosos. Sin embargo, surgen muchos problemas debido a los intentos de los patrones de definir los términos "proporcionar", "pertinentes" y "onerosos" en forma tal, que los sindicatos no pueden obtener los datos que requieren para desempeñar su obligación legal de representar a los trabajadores en una unidad de negociación.

La ley estatutaria

La sección 8(a)(5) de la Ley Nacional de Relaciones Laborales califica como improcedente el hecho de que un patrón se rehúse a negociar con un sindicato que representa a sus empleados. La sección 8(d) define esa obligación del modo siguiente:

> *Para los fines de esta sección, negociar colectivamente es cumplir con la obligación recíproca del patrón y del representante de los empleados de reunirse en fechas razonables para conferenciar de buena fe acerca de los salarios, las horas de trabajo y otros aspectos y condiciones del empleo, o para negociar un convenio o cualquier otra cuestión relacionada.*

Estas estipulaciones constituyen la base estatutaria de la obligación del patrón de proporcionar al sindicato la información que necesita para negociar y aplicar un contrato colectivo. Si un patrón viola sus obligaciones estatutarias, la NLRB tiene facultades para ordenarle que deje de rehusarse a negociar con el sindicato y que proceda a proporcionarle la información sobre empleos y datos relativos.

Principios generales

Cada caso asociado con la obligación de un patrón de proporcionarle al sindicato la información sobre empleos y los datos de ingeniería industrial se tiene que resolver de acuerdo con sus circunstancias particulares. Diferentes circunstancias pueden significar distintos resultados; de manera que no se puede esperar que un solo conjunto de reglas abarque a todas las situaciones. Siguen algunos de los principios generales establecidos por la NLRB en relación con la obligación de un patrón de proporcionar a los sindicatos datos sobre empleos y salarios. El conocimiento de estos principios generales le dará al representante sindical una idea de los derechos que tiene el sindicato y las obligaciones que tiene el patrón de acuerdo con la ley. Sin embargo, los principios se deben considerar como lineamientos, no como respuestas definitivas.

Alcance de las obligaciones del patrón

El patrón tiene la obligación de proporcionarle al sindicato, cuando lo solicite, toda la información pertinente, respecto a los empleos, que necesita para negociar y aplicar un contrato colectivo. El patrón no puede rehusarse a proporcionar información arguyendo que es confidencial y exclusivamente para el uso interno de la administración, o que el proporcionarla resultaría oneroso, a menos que pueda demostrar una necesidad imperiosa de mantenerla en secreto o que el proporcionarla resultaría excesivamente oneroso.

Se supone que ciertos datos, por ejemplo los que se refieren a los salarios actuales, son pertinentes para la negociación y aplicación de un contrato laboral. Por lo tanto, el sindicato que solicite ese tipo de datos no tiene que demostrar inicialmente la forma en que la información se ajusta a sus necesidades de negociación, a menos que resulte claro que los datos que solicita no son pertinentes. Pero el sindicato se puede colocar en situación más favorable revelando por qué solicita cierta información.

Duración de la obligación del patrón

El derecho del sindicato a los datos sobre empleos no se limita a las negociaciones contractuales pendientes. El sindicato tiene derecho a la información que requiere para ventilar tres aspectos distintos de su obligación de representar a los empleados en una unidad de negociación: 1) llevar a cabo la negociación real de los términos y condiciones de un nuevo contrato, 2) aplicar el contrato actual, incluyendo el manejo de los litigios a través del mecanismo de quejas y la solución de nuevos problemas no previstos en el convenio actual, y 3) prepararse para negociaciones futuras.

Manera de proporcionar la información

El patrón debe atender todas las solicitudes razonables del sindicato que pide información pertinente sobre los empleos, de manera que los datos proporcionados tengan sentido y se puedan entender sin grandes dificultades. Sin embargo, no quiere decir necesariamente que el patrón tiene que proporcionar la información en la forma exacta especificada por el sindicato.

Esta es una de las áreas donde las circunstancias del caso de que se trate son mucho más importantes que las reglas generales. En efecto, la NLRB tratará de determinar qué tan complicado y costoso le resultará al patrón y qué tiempo le llevará proporcionar la información en la forma particular solicitada, comparando con qué tan necesario y conveniente le es al sindicato obtener la información en esa forma. Por ejemplo, a veces basta con que el patrón pase la información verbalmente, mientras que en otras ocasiones, cuando se trata de datos complicados, se requiere una presentación por escrito.

Como cosa práctica, el sindicato debe tratar de evitar la presentación de una demanda por prácticas laborales injustas sólo porque el patrón rehusó proporcionar los datos en la forma exacta solicitada la primera vez. El sindicato debe sugerir métodos alternativos de presentar la información, o una junta con el patrón para que éste proponga maneras alternativas de presentarla. Esto demostrará la buena fe del sindicato y, si la demanda llegara a ser necesaria, aumentará las probabilidades de tener éxito ante la NLRB.

Renuncia del derecho del sindicato a la información

Un sindicato puede renunciar a su derecho a la información, por ejemplo, mediante una cláusula expresa en el contrato laboral indicando que el sindicato tendrá derecho a recibir únicamente cierta información limitada; pero la renuncia debe estar en términos muy claros.

La inclusión en un contrato de una estipulación que obliga al patrón a proporcionar ciertos datos específicos no significa que el sindicato ha renunciado a su derecho legal a otra información. De la misma manera, la inclusión de un procedimiento general de quejas no libera al patrón de su obligación legal de proporcionar la información necesaria.

El acceso a datos particulares

Descripción de los empleos

El sindicato debe tener acceso a las descripciones actuales de los empleos de la unidad de negociación que representa, aun cuando las descripciones contengan errores que el patrón está corrigiendo. El acceso a las descripciones erróneas no corregidas podría ser importante para el trámite de una queja o para las negociaciones contractuales cuando el sindicato alega que hay falta de equidad por causa de los errores en cuestión. Cuando se introducen cambios en la descripción de los empleos, tanto la descripción anterior como la nueva pueden ser necesarias para determinar si los cambios hechos en la descripción corresponden a los cambios reales efectuados en el trabajo.

En casos excepcionales, el patrón puede demostrar que las descripciones de los empleos contienen información acerca de procesos secretos, o que la situación competitiva de la empresa peligrará si el sindicato saca las copias de las descripciones fuera de los terrenos de la compañía para examinarlas. En esos casos, una empresa estará en situación de refutar la acusación de que se rehúsa a negociar, por lo menos si el sindicato se ha negado inflexiblemente a escuchar las proposiciones del patrón acerca de otras maneras alternativas de proporcionar la información necesaria.

Clasificación de los empleos y tarifas de salarios

La NLRB y los tribunales han apoyado ampliamente el derecho del sindicato a que se le proporcionen datos sobre clasificación de los empleos, tarifas de salarios y grupos de tarifas, incluyendo el número de empleados en cada grupo. También se ha apoyado al sindicato en su solicitud de un desglose de la clasificación por puntos usada para evaluar todos los empleos de la fábrica.

Con frecuencia la NLRB ha requerido a los patrones que proporcionen los nombres de los empleados y los salarios, en forma tal que el sindicato pueda determinar exactamente qué salario recibe cada empleado. Ocasionalmente, por alguna razón especial, la NLRB permitirá que un patrón indique el número de empleados que reciben cada tipo de salario sin vincular específicamente sus nombres con los salarios.

La compañía no siempre será obligada a presentar los datos descomponiéndolos exactamente como lo solicita el sindicato. Por ejemplo, en un caso en que la compañía tenía las cifras correspondientes a los ingresos promedio de todos sus empleados en forma trimestral, no se apoyó a un sindicato que solicitaba los ingresos promedio mensuales de los empleados pertenecientes a cada una de las dos docenas aproximadamente de unidades de negociación, abarcando los dos años anteriores. La NLRE dijo que la información no estaba disponible en la forma solicitada y que resultaría excesivamente oneroso disponerla en esa forma.

Datos sobre los salarios de otros empleados

A una empresa se le ordenó que proporcionara a un sindicato los datos que aquélla había obtenido sobre los salarios de otros empleados de la industria. También se apoyó el derecho de otro sindicato a la información sobre la nómina de sueldos de los empleados de una planta distinta, que no pertenecía a la unidad de negociación, cuando el empresario declaró durante las negociaciones que deseaba que ambas plantas tuvieran iguales aumentos de salarios.

El pago de incentivos, la clasificación por méritos y las tarifas por pieza

La obligación de la empresa de proporcionar datos sobre los salarios puede variar, dependiendo del tipo de plan que esté en operación o en estudio. Por lo tanto, la empresa tiene que proporcionar al sindicato toda la información que sirvió de base para establecer y mantener un plan de pago de incentivos y que el sindicato necesita para entender y negociar el plan.

Asimismo, el sindicato tiene derecho a la información relativa al pago de gratificaciones. Cuando está en operación un sistema de méritos, el patrón debe proporcionar datos sobre los estándares usados para determinar la clasificación por méritos, así como sobre la clasificación del rendimiento de cada uno de los empleados comprendidos en el sistema.

En el caso de las tarifas por pieza, la empresa debe proporcionar las tarifas detalladas correspondientes a todas las operaciones que se pagan por pieza, dependiendo del producto que se fabrica. Esto abarca también los métodos y las tarifas de pago del tiempo perdido por descompostura de las máquinas y por otras causas.

Datos sobre estudios de tiempo y evaluación de empleos

La NLRB ha decidido que un sindicato tiene derecho a recibir los datos originales del estudio de tiempo establecido por los expertos de la empresa al determinar los estándares de trabajo, y que está facultado para hacer que su propio experto en estudios de tiempo examine el empleo motivo de la discusión para verificar las cifras y los procedimientos de la empresa. Los hechos de este caso particular, sin embargo, dieron lugar a que un tribunal de revisión se negara a permitir que el experto del sindicato entrara en los terrenos de la empresa para efectuar un estudio independiente, aunque estuvo de acuerdo en que el sindicato tenía derecho a los datos.

En un caso, y en relación con el manejo de las quejas pendientes, la NLRB apoyó el derecho del sindicato a lo siguiente:

1. Las hojas originales del estudio de tiempo y otros documentos relacionados con las tarifas anteriores y con las nuevas.
2. Todos los documentos, estudios y otra información usados para determinar la tarifa de pago de cada empleo.
3. Todos los documentos, estudios y otra información usados para evaluar esos empleos, antes y después del cambio.

Además, en cuanto al manejo de las quejas y la aplicación general del contrato laboral, la NLRB apoyó el derecho del sindicato a lo siguiente:

1. Los manuales, instrucciones y procedimientos utilizados para llevar a cabo los estudios de tiempo de los trabajos desempeñados en las plantas de la empresa, incluyendo toda la información relacionada con los valores asignados a cada uno de los factores considerados para llegar a una decisión final sobre la tarifa establecida, y con los factores considerados al tomar las decisiones.
2. Los manuales, instrucciones y procedimientos utilizados para determinar datos estándar y para aplicarlos al establecimiento de tarifas de salarios en la fábrica.

En el mismo caso, la NLRB afirmó expresamente que el mero hecho de que el contrato contuviera un procedimiento de quejas estipulando el ajuste de "cualquier queja" no impedía que un sindicato acudiera a la NLRB en caso de desacuerdo respecto a la amplitud del derecho estatutario del sindicato a la información necesaria para negociar.

Sin embargo, un sindicato puede no tener derecho a la información sobre el estudio de tiempo, en relación con una queja en particular, en caso de que el árbitro no haya resuelto todavía si el sindicato tiene derecho, de acuerdo con las estipulaciones del contrato laboral, a hacer del asunto en cuestión un motivo de queja. Esto no es sino otro aspecto del principio que dice que los datos solicitados por un sindicato deben ser pertinentes a su función de representar a los trabajadores en una unidad en particular. Si no le asiste el derecho de negociar o quejarse respecto a un determinado asunto, puede no tener derecho a la información relacionada con ese asunto.

Estudio de tiempo independiente por parte del sindicato

En contraste con los muchos casos relacionados con el derecho del sindicato a los datos, ha habido muy pocos en los que un sindicato haya solicitado llevar a cabo su propio estudio de tiempo de un empleo en discusión. Los sindicatos opinan que tienen el mismo derecho legal de llevar a cabo estudios de tiempo como el que tienen para solicitar la información pertinente a los estudios de tiempo. Muchos sindicatos han negociado ese derecho en los convenios obreropatronales. He aquí un ejemplo de esa cláusula:

En cualquier paso del procedimiento de queja, ya se trate de una discusión de los estándares o de las modificaciones introducidas en los estándares, el sindicato tendrá derecho a llamar a un representante del sindicato internacional, a un analista independiente de estudios de tiempo, o a ambos. El representante, el analista independiente o ambos podrán estudiar el tiempo del trabajo o los cambios introducidos en el trabajo, o ayudar al sindicato a determinar si la postura adoptada por este último es válida. El representante del sindicato, el analista independiente de estudios de tiempo o ambos tendrán en tal caso derecho a estar presentes en todos los pasos del procedimiento de queja, incluyendo el arbitraje.

En la mayoría de los casos, antes de que el sindicato solicite un estudio de tiempo, sería natural que solicite a la compañía que le proporcione todos los datos necesarios. Una negativa daría lugar a la intervención de la NLRB, basada en la negativa a proporcionar todos los datos solicitados. Cuando el asunto se ha resuelto en favor del sindicato, por lo general éste ha tenido pocas dificultades para efectuar estudios u otras verificaciones necesarios para evaluar los datos de la empresa.

¿Cómo debe pues el sindicato enfocar el problema de los datos del estudio de tiempo? Debe obtener toda la información posible en las fuentes de la empresa y, si lo desea, solicitará el derecho de que su propio experto en estudios de tiempo lleve a cabo su propio examen. Sobre todo en relación con esta última solicitud, y pese al hecho de que lo considere un derecho legal, el sindicato debe tratar de demostrar la auténtica necesidad de un estudio independiente para confirmar o refutar las conclusiones de la empresa.

El sindicato debe tratar de ser lo más prudente que pueda en su solicitud. Si al principio tropieza con la negativa del patrón a admitir al analista de estudios de tiempo del sindicato dentro del local, antes de recurrir a la NLRB, puede expresar su buena disposición a negociar con la empresa el tiempo, la forma y el alcance del estudio propuesto, a fin de minimizar las molestias que causará.

Lo que se ha dicho sobre el estudio de tiempo se puede aplicar también a la necesidad que tienen los sindicatos de observar y estudiar las labores reales con el fin de manejar inteligentemente los casos relacionados con la descripción de los empleos y la evaluación de los mismos.

La capacidad de la empresa para pagar y los cambios en la productividad

Un empresario que declare estar financieramente incapacitado para satisfacer las demandas del sindicato puede verse obligado, dependiendo de las circunstancias, a presentar datos sobre costos y ventas u otra información pertinente para respaldar su declaración. Cuando una empresa declara su incapacidad para pagar, en condiciones normales se apoyará la solicitud del sindicato de una copia de los estados financieros. Sin embargo, si la empresa no declara incapacidad financiera para satisfacer las demandas, no está obligada a proporcionar al sindicato las cifras de ventas y producción.

La NLRB ha ordenado a un patrón que proporcione datos sobre los cambios ocurridos en el volumen de producción de la empresa, de manera que el sindicato pudiera conformar sus solicitudes en materia de salarios. Este, sin embargo, es probablemente un tipo de información que el empresario tendrá que proporcionar en unos casos pero no en otros, dependiendo de la forma en que se han llevado a cabo las negociaciones.

Siempre que un sindicato trata de que la NLRB ordene a una empresa que proporcione datos sobre los empleos, la acusación formal es que la empresa "se ha rehusado a negociar de buena fe". A menos que la información sea de la clase a la cual el sindicato tiene derecho inobjetable (por ejemplo, los datos sobre salarios actuales en la forma en que los tenga la empresa), será difícil acusar a la empresa de que se niega a negociar, mientras esté dispuesta a discutir el asunto con el sindicato y siga haciendo contraproposiciones respecto a qué información se debe proporcionar y en qué forma se proporcionará.

La actitud general del sindicato, por lo tanto, consistirá de ordinario en superar a la empresa en actitud razonable y en negociación. Esto puede producir a veces el feliz resultado de que se logre persuadir a la empresa para que proporcione los datos deseados. De no ser así, favorecerá al sindicato cuando llegue el momento de presentar una demanda por negativa a negociar ante la NLRB.

Al solicitar información a la empresa, el sindicato debe tener en cuenta las reglas siguientes (que como todas las "reglas", fueron hechas para romperlas de vez en cuando):

1. Si se esperan o se tropieza con dificultades para obtener la información necesaria, presentar una solicitud formal por escrito y con fecha para que posteriormente no haya dudas respecto a qué se solicitó y cuándo se hizo la solicitud.

2. Hacer la solicitud en dos partes:

a. Enumerar específicamente cada punto de información y cada informe, registro, estudio, investigación, manual, instructivo u otro documento solicitado.

b. Pedir de modo general toda la demás información, informes, registros, estudios, investigaciones, manuales, instructivos y otros documentos pertinentes y disponibles relacionados con el asunto que trata el sindicato.

3. A veces, en un principio la empresa se negará a proporcionar la información solicitada y puede dar una razón plausible de su negativa, o indicará que no puede proporcionarla exactamente en la forma propuesta. En esos casos, el sindicato debe expresar, de preferencia por escrito, su buena disposición a discutir otras maneras de obtener los datos deseados, siempre que esto se pueda hacer sin impedirle al sindicato el acceso a la información necesaria.

4. Si el sindicato desea que un experto independiente acuda al local de la empresa para llevar a cabo un estudio, informará a la empresa que el sindicato está dispuesto a convenir la hora, la amplitud y la forma en que se efectuará el examen, a fin de no interferir más de lo absolutamente necesario con las operaciones.

5. Conservar copias de toda la correspondencia sostenida con la empresa y notas completas de todas las juntas indicando la fecha, la hora y el lugar, los nombres de las personas que estuvieron presentes y lo que dijeron y acordaron las partes.

Por último, una advertencia. La obligación de la empresa de proporcionar el tipo de datos mencionados aquí es una obligación legal, definida por la Ley Nacional de Relaciones Laborales y por las interpretaciones que le dan a esa Ley la NLRB y los tribunales. Las conclusiones sacadas y los principios expuestos aquí son generales. Antes de emprender la acción legal presentando una demanda ante la NLRB, los hechos de la situación particular de que se trate deben ser estudiados por asesores jurídicos competentes.

El arbitraje de los litigios entre la empresa y los trabajadores por problemas relacionados con los estándares de producción y los planes de pago de incentivos, fue desarrollado por el autor en un trabajo[6] leído ante la National Academy of Arbitrators, de la cual es miembro.

5.6.11 EL ESTADO ACTUAL DEL ARBITRAJE BAJO LOS PLANES DE PAGO DE INCENTIVOS

Aunque cada vez más empleos en las industrias tecnológicas más nuevas y avanzadas, convierten al trabajador en el vigilante de un proceso automático, cuyo esfuerzo no tiene relación con el nivel de producción, en las antiguas industrias quedan todavía suficientes empleos donde el esfuerzo del trabajador y la producción están relacionados. En esas antiguas industrias es donde aún existen la gran mayoría de los planes de pago de incentivos.

Ronald Higgins trató de actualizar el arbitraje de toda esta área de la ingeniería industrial en su publicación en el Bureau of National Affairs (BNA) *The Arbitration of Industrial Engineering Disputes* (1970). La información posterior a 1970 se puede obtener en los *Labor Arbitration Reports* de la BNA después del volumen 51 de la serie, buscando en el índice.

La definición que hace al abogado laboral Owen Fairweather de un plan de pago de incentivos, como un pago adicional por un trabajo adicional, se puede comparar con la de Robert Roy de la Universidad Johns Hopkins, quien señaló que aquello que para la empresa es un pago adicional los trabajadores que operan bajo un plan de incentivos lo esperan regularmente. Los sindicatos sugieren que esos conceptos podrían ser aceptables si los dos sistemas de pagos de salarios fueran definidos como sistemas de pago de tiempo de trabajo y pago de tiempo de producción, omitiendo el término intencionado "incentivo". Este punto de vista evita el conflicto entre los llamados conceptos científicamente objetivos de esfuerzo normal y el concepto equitativo de día de trabajo justo. Los ingenieros industriales progresistas han mejorado su interpretación de la palabra "científico". Mitchell Fein, vicepresidente de la AIIE y presidente de su comisión de investigación de la División de Medición del Trabajo e Ingeniería de Métodos, niega todo concepto científico de lo normal. Dice lo siguiente:

> *Los administradores y los ingenieros industriales de todo el país, que tienen experiencia en materia de negociación colectiva, reconocen que el acuerdo acerca de qué tan duro deben trabajar los empleados está implícito en la gran mayoría de los convenios colectivos. . . La negociación de la combinación ritmo-esfuerzo por lo general es el corolario de la negociación de los salarios. . . Esta es la esencia del principio de día de trabajo justo.*

A los árbitros se les seguirá pidiendo que resuelvan casos que se originan en los conflictos relacionados con la clasificación convencional y los sistemas de nivelación, que implican una medición hecha científicamente del esfuerzo normal y una recompensa implícita por el esfuerzo adicional. Lo mismo se puede decir de los conflictos asociados con la aplicación de los sistemas de micromovimientos de datos estándar. Los sistemas de datos estándar sobre micromovimientos no eliminan la calificación; sólo les ocultan el sistema de calificación a todos los interesados, excepto a los "sacerdotes expertos".

Sólo un árbitro ha impuesto a un sindicato estándares establecidos por el sistema MTM, alegando que era un método aceptado, comprobado y verdadero, aprobado por la ingeniería y que se había demostrado a sí mismo mediante su supervivencia durante tantos años. Esto podría ser un tributo a la eficacia de la MTM Association en materia de mercadotecnia; pero como un indicador de validez científica deja mucho que desear.

El argumento de este árbitro tiene tanto sentido como las charlatanerías que pregonaban los vendedores del compuesto vegetal de la finada Lydia E. Pinkham, que le atribuían poderes curativos y cuya eficacia quedaba demostrada según ellos por su larga supervivencia en el mercado. Sin duda, si las partes interesadas han incluido en su contacto el empleo del sistema MTM, la aplicación de sus reglas está justificada. Cosa muy distinta es cargarles a las partes esa "seudociencia" en nombre de la equidad cuando ninguna de ellas la ha incluido en el contrato.

Este fue exactamente el problema entre las partes en ocasión de lo que se puede considerar como el arbitraje más importante en materia de estándares de producción desde el arbitraje de 1947 entre el UAW y la Ford Motor Company, con motivo de la velocidad de la línea de ensamble. Este arbitraje fue el que convirtió la fijación de estándares de producción en objeto de arbitraje, aun cuando el asunto fue excluido del contrato. Harry Shulman definió el derecho de la gerencia a fijar un estándar de producción como un derecho a proponer un estándar sujeto a protesta mediante la queja.

Durante el decenio de 1970, el arbitraje entre la Asociación Nacional de Carteros (NALC) y el Servicio Postal de los E.E. U.U. surgió al amparo del artículo XXXIV del convenio colectivo que rige las relaciones entre las partes, otorgando al Servicio Postal el derecho de fijar estándares de producción. Las autoridades postales impusieron el sistema MTM para medir el trabajo de los carteros, pese a la oposición del sindicato. La diferencia entre las partes fue objeto de un arbitraje nacional ante Sylvester Garrett, quien dictó su fallo en el Caso NB-NAT-6462, el 6 de agosto de 1976.

El Sr. Garrett decidió que "el árbitro no pudo revisar los estudios en los cuales estuvieron basados originalmente los valores MTM, y sin duda no podía aceptar un concepto de ritmo "normal" sin tener conocimientos del trabajo del cartero ni un estudio del mismo". Siguió diciendo que el Servicio Postal no puede, en ausencia de un convenio con la NALC, basar los estándares de trabajo o de tiempo de los carteros en los valores MTM en vez de en los resultados de estándares adecuados de tiempo o de trabajo. Añadió lo siguiente:

Por lo que al presidente imparcial concierne, las palabras justo, razonable y equitativo carecen de sentido práctico para los fines de establecer estándares de tiempo o de trabajo, salvo cuando se apliquen a empleados específicos o a grupos de empleados que realicen tareas específicas en condiciones definidas.

Otra contribución substancial a la solución de los conflictos causados por la aplicación del pago de incentivos a toda una industria tuvo lugar cuando 11 compañías fabricantes de acero y la United Steelworkers crearon un grupo de tres árbitros, formado por William Simkin, Raph Seward y Sylvester Garret, para que estableciera los lineamientos que deberían seguir las partes para hacer extensivo el pago de incentivos a los trabajadores de producción y de mantenimiento de la industria del acero, de las 11 compañías, que no estaban incluidos en el pago de incentivos, y para revisar los incentivos que pudieran ser considerados como demasiado bajos o demasiado altos.

Cuando se determinó que un trabajo, basado hasta entonces en el trabajo por tiempo, quedaría comprendido en los incentivos, se concedió a los empleados afectados un aumento de 10 centavos/hora retroactivo al 1o. de agosto de 1968, que continuaría hasta que los trabajos en cuestión no hubieran sido situados en un sistema correctamente diseñado de oportunidades para ganar incentivos. La decisión, emitida el 1o. de agosto de 1969, fue un modelo de programa pragmático que escapaba a las restricciones ideológicas de las técnicas seudocientíficas de ingeniería.

El convenio del acero, del 30 de julio de 1968, había establecido grupos conjuntos de estudio de incentivos en cada una de las 11 compañías, formados por tres representantes del sindicato y tres de la empresa. Esos comités debían determinar, entre otras cosas, los empleos que podían ser objeto del pago de incentivos y los que no, la definición de oportunidades equitativas de ganar incentivos, el ajuste de vez en cuando de los estándares de incentivos para mantener la equidad y, por último, un conjunto de procedimientos para poner en práctica los principios anteriores. Todos los comités conjuntos estaban en un atolladero, que el grupo de árbitros se encargaría de resolver.

Siguió luego una serie de instrucciones pragmáticas en el fallo, exentas de la influencia de alguna opinión que pudiera ser usada indebidamente para legitimizar cualquier ideología predilecta de ingeniería industrial. Además de la clasificación normal de trabajadores directos e indirectos bajo incentivos, el grupo de árbitros añadió una tercera clasificación: empleos indirectos secundarios bajo incentivos. Estos, aunque no calificaban para los incentivos normales directos o indirectos, fueron definidos como aquellos trabajos en los cuales se presentaba normalmente la oportunidad de hacer una contribución apreciable y demostrable a la eficiencia, más allá del rendimiento sin incentivos.

La importancia de este caso no radica en los procedimientos específicos establecidos por el grupo y aplicables a la industria del acero, sino en el hecho de que la doctrina no ideológica de solución del problema triunfaba sobre la rigidez de la ingeniería industrial. El enfoque del grupo es un ejemplo ideal de lo que el Profesor John R. Commons, de Wisconsin, tenía en mente cuando ordenó a las partes que acabaran con la tiranía de los expertos.

Cabe mencionar que, a partir del fallo del grupo de árbitros en el caso del acero, sus principios se han consolidado en diversos casos en los que Sylvester Garrett ha expresado decisiones específicas. El antiguo asociado y sucesor de Garrett, Alfred Dybeck, ha descrito los principios significativos sentados desde entonces.

Repaso de los principios que rigen al arbitraje de los planes de pago de incentivos y los estándares de producción

A continuación se tratan algunos de los principios que rigen al arbitraje de los planes de pago de incentivos y los estándares de producción desde que Harvey Shulman transmitió su histórica decisión en el caso de la Ford Motor.

En gran parte de la redacción detallada de los convenios donde se habla de la determinación de estándares de producción se emplean tantas palabras indefinidas y no funcionales, que son poco menos que inútiles, sobre todo cuando se usan términos flexibles tales como "equitativo", "normal" y "justo"; de manera que, para todo propósito, el árbitro toma decisiones *de novo* con la poca orientación que puede obtener de casos anteriores.

Cuando las partes han especificado en el convenio el empleo de algún sistema de tiempos predeterminados para micromovimientos, el árbitro se ve obligado a seguir los dictados del sistema a pesar de que, personalmente, no cree en su eficacia. Hay que tener presente que la aplicación real de esos sistemas deja un amplio margen para decidir los movimientos elementales aplicables y sus tiempos asignados.

El árbitro puede ser un ingeniero, si es que aprecia debidamente las limitaciones de sus instrumentos de medición, o un lego capaz de distinguir la equidad de la seudociencia autoritaria y rigurosa.

El árbitro debe tener presente que los hechos tan enfáticamente recalcados por la empresa como base de sus estándares pocas veces son estrictos. Un hecho no es más que la descripción selectiva de una experiencia total.

Se le puede recordar también al árbitro que la declaración de un sindicalista de su demanda de equidad en la fijación de estándares oculta una técnica para obtener un aumento de salario que no puede conseguir por los métodos ordinarios. En una ocasión, esta técnica prestó grandes servicios a los sindicalistas permiténdoles eludir las restricciones del control de salarios durante la Segunda Guerra Mundial, y no cabe duda de que su empleo como instrumento ha aumentado, como lo demuestran los procedimientos posteriores de la década de 1980.

Sustitución del modelo adversario con el modelo cooperativo de negociación colectiva*

Los problemas entre las empresas y los trabajadores norteamericanos, en los cuales se ven implicados los ingenieros industriales, se derivan del ampliamente aceptado modelo adver-

* Tomado de W. GOMBERG, en W. G. Irenson y E. L. Grant, Eds., *Industrial Engineering Handbook*, Prentice-Hall, Englewood Cliffs, NJ, 1955, pp. 1129-1132.

sario definido en 1941 por el Profesor Sumner Slichter. Antes de eso, algunos ingenieros industriales concibieron las primeras ideas en favor de un modelo más cooperativo.

En 1916, Robert G. Valentine, miembro de la escuela de administración científica, publicó un trabajo clásico, "The Progressive Relationship Between Efficiency and Consent", en el cual afirmaba que, bajo las relaciones industriales constitucionales, los sindicatos impugnarán la participación en la administración y la repartición del producto entre ellos mismos y el consumidor. Separando los problemas de la administración científica en dos categorías, solicitó a la Sociedad Taylor, que funcionó hasta la Primera Guerra Mundial y se ocupaba del progreso de la administración científica, que creara un departamento de planeación para tratar dos clases de problemas: 1) los relacionados con la determinación de la mejor manera de realizar una operación en un conjunto dado de condiciones y 2) los relacionados con los efectos sociales, industriales y morales de poner en operación una organización, o ciertos métodos, que de acuerdo con la investigación científica son técnicamente los mejores. Por último, definió la relación entre eficiencia y consentimiento: la doctrina de que el trabajador, individualmente y en grupos organizados, tiene el derecho de participar en la determinación de las condiciones de acuerdo con las cuales se pondrán en operación los nuevos métodos y equipos técnicos.

Poco después de la publicación de su trabajo, Valentine tuvo la oportunidad de aplicar experimentalmente sus técnicas en un ambiente de confianza y optimismo. En enero de 1916, una comisión de arbitraje, de la cual formaba parte Louis D. Brandeis, emitió un fallo para la revisión de "un protocolo de paz que gobierne la relación entre la Asociación de Fabricantes de Vestidos y Blusas de la Ciudad de Nueva York y el Sindicato Internacional de Trabajadores del Vestido para Damas (ILGWU). La decisión estipulaba la creación de una comisión de normas de protocolo que se encargaría, entre otras cosas, de supervisar la determinación y prueba de tarifas por pieza y la asignación de tiempos estándar a las distintas operaciones de la industria del vestido. Robert G. Valentine fue elegido como primer presidente de esa comisión. Esta fue establecida en el mes de marzo de 1916; pero, para septiembre, los desacuerdos y el rechazo de sus conclusiones por parte de la asociación de empresarios había dado lugar a una ineficiencia total. Para 1917 se había desatado la Primera Guerra Mundial, Valentine había fallecido y comenzaba una nueva era para la mano de obra organizada dentro de los asuntos federales.

La Primera Guerra Mundial ofreció nuevas oportunidades de los líderes del movimiento laboral. El Presidente Wilson dio instrucciones al secretario de trabajo para que estableciera un consejo federal de arbitraje. El secretario de trabajo organizó un consejo laboral de tiempos de guerra en el cual figuraban un número igual de representantes de la National Industrial Conference Board y de la AFL. El consejo sugirió la organización del Consejo Nacional de Trabajadores de Guerra.

Esas medidas dieron a los trabajadores cierto grado de seguridad. Por último, cuando el propio Samuel Gompers, fundador de la AFL, fue elegido miembro de la comisión asesora del Consejo Nacional de la Defensa, ello significó que el ámbito de sus actividades iba más allá de las relaciones inmediatas entre empresa y trabajadores. Se invitó a otros líderes laborales para que prestaran sus servicios en diversas comisiones encargadas de establecer políticas. Además, nació la amistad entre Morris L. Cooke y Gompers. Cooke fue uno de los primeros colaboradores de Taylor y se destacó en los asuntos de la Taylor Society y de la ASME. Ese contacto social fue el que condujo a la reconciliación entre los líderes del movimiento de la administración científica y del movimiento laboral organizado. La experiencia que los trabajadores organizados habían adquirido participando en los comités conjuntos trabajadores-empresas les indujo a considerar una relación constructiva con las empresas, después de la Primera Guerra Mundial.

La corriente administrativa ortodoxa, sin embargo, siguió el ejemplo de Elbert Gary, de la United States Steel, quien era partidario de arruinar a los sindicatos. El grupo que rodeaba a la Taylor Society se convirtió en un grupo administrativo progresista que siguió alentando un enfoque experimental de la teoría de la organización y administración de las empresas industriales y de la participación de los trabajadores en esas funciones.

En 1919, Gompers estuvo de acuerdo en editar, junto con Cooke y Fred Miller, presidente de la ASME, una serie de trabajos en que se expresaban los puntos de vista de los científicos industriales y de los representantes de los trabajadores organizados. Ese volumen fue publicado por la American Academy of Political and Social Science.

La abrumadora mayoría de representantes de las empresas, sin embargo, siguió la escuela de Elbert Gary de destrucción de los sindicatos. Se inició una gran campaña antisindical, la cual redujo la importancia de los sindicatos a una sombra de la fuerza que habían tenido durante la Primera Guerra Mundial.

La publicación de la obra *Waste in Industry,* en 1921, marcó otro hito en el propósito de tender un puente entre los trabajadores organizados y el liderazgo del movimiento de la administración científica. Ese libro fue el resultado de una propuesta, hecha por Herbert Hoover al Council of the Federal American Engineering Societies, en el sentido de que un grupo de ingenieros llevara a cabo un estudio organizado de diversas industrias escogidas e hiciera sus recomendaciones para la eliminación de las prácticas ruinosas. El comité analizó la producción de desperdicios en la industria y recomendó la participación de los trabajadores en las decisiones administrativas capaces de eliminar el desperdicio. Dicho de otro modo, en vez de sólo soñar con la participación de los trabajadores en la industria, trazó un plan para esa participación.

Los líderes de los trabajadores organizados expresaron en vano su nuevo interés por la producción. Todavía en 1925 declararon lo siguiente:

Hay un servicio aún más importante que puede prestar el sindicato: participar en la búsqueda de mejores métodos de producción y mayores economías en la producción. Un grupo de trabajadores no puede colaborar a esto a menos que sepa que los resultados de su trabajo no serán usados en su perjuicio. Recomendamos que la Federación se mantenga en contacto con los ingenieros y los expertos industriales capaces de ayudar a desarrollar la información y los procedimientos necesarios para la colaboración entre el sindicato y la empresa.

Se invitó a Gompers para que pronunciara discursos ante la ASME, y a Green, su sucesor, para que hiciera lo mismo ante la Taylor Society. Aunque surgieron varios experimentos interesantes de esa colaboración entre el ala izquierda administrativa y el movimiento laboral norteamericano, la década de 1920 fue una "edad de hielo" para los trabajadores, con algún momento cálido ocasional representado por un experimento en materia de colaboración entre el sindicato y la empresa.

Los primeros experimentos conjuntos de colaboración entre los trabajadores y la empresa

Con la influencia de hombres como Morris L. Cooke, Otto Beyer y Geoffrey Brown, se emprendieron en la década de 1920 varios experimentos conjuntos. Los acuerdos celebrados entre el ILGWU y la Asociación de Fabricantes de Cleveland, el experimento de Baltimore y Ohio y el experimento de Naunkeag fueron los que recibieron la más amplia publicidad.

El convenio entre la Asociación de Fabricantes de Cleveland y el ILGWU estipulaba el establecimiento de tarifas por pieza mediante las técnicas del estudio de tiempo.

En el experimento de Baltimore y Ohio se establecieron comités de trabajadores, independientes de los comités de quejas, a fin de que hicieran sugerencias funcionales para los talleres de mantenimiento de los ferrocarriles.

Asimismo, el convenio entre la United Textile Workers Union of America y la Naunkeag Textile Mills de Nueva Inglaterra estipulaba el empleo de las técnicas del estudio de tiempo para aumentar las cargas de trabajo.

La experiencia acumulada por esos sindicatos con las técnicas dio lugar más tarde al desarrollo positivo de una filosofía sindical de la ingeniería industrial. El denominador común de esos experimentos fue que los sindicatos reconocieron abiertamente su interés por aumentar la producción, y se estableció en cada caso una maquinaria administrativa para ayudar a las partes a perseguir sus objetivos.

Cada uno de los experimentos había terminado para 1931, cuando la Gran Depresión hizo que todo interés por la productividad, ya fuera de parte de la administración o de parte de los trabajadores, resultara completamente obsoleto. El curso de los experimentos durante su fase exitosa dejó una huella muy leve en la industria norteamericana, aunque en el mundo intelectual causó alguna conmoción. Al cesar los experimentos, las políticas fundamentales de relaciones industriales de las grandes corporaciones norteamericanas que producían en masa siguieron siendo antisindicales, y fueron ellas, en vez de los intelectuales, las que dispusieron el medio comercial.

Es difícil marcar una línea divisoria entre los puntos donde termina la negociación colectiva ordinaria y donde comienza la colaboración entre el sindicato y la empresa. La negociación colectiva comienza con una sicología de conflicto, y luego, gracias a una relación que evoluciona, el conflicto se atenúa y de la antigua relación nace una nueva. En 1890, por ejemplo, John Mitchell, presidente del UMW, definió los convenios como "los términos de una tregua que determinan las condiciones en las cuales los trabajadores permitirán a los dueños operar sus propiedades". Adviértase que todo el énfasis se pone en el conflicto, ya sea activo o suspendido.

Por lo general, la negociación colectiva comienza a convertirse en colaboración entre el sindicato y la empresa cuando el sindicato está listo para discutir asuntos tales como la producción y las ventas, aparte de la cuestión inmediata de la relación patrón-empleado. A lo largo de la década de 1920, la AFL recalcó su apego al concepto de colaboración entre el sindicato y la empresa. Estaba recurriendo francamente a la cooperación, de buena fe, como técnica organizativa. En los años veinte, el impulso organizativo del sur hizo un llamamiento a los patrones ofreciendo los servicios de la AFL para disminuir los desperdicios y aumentar las cargas de trabajo estableciendo comités que dieran a los trabajadores una participación democrática en las decisiones que les afectaban.

La campaña casi no tuvo éxito y la AFL, junto con el resto del movimiento laboral, se volvió hacia otras técnicas más clásicas de organización cuando la promulgación de la sección 7a de la National Industrial Recovery Act, en 1934, hizo factible una vez más la organización de los trabajadores. Esas experiencias de colaboración entre el sindicato y la empresa influyeron profundamente en las actitudes de los sindicatos cada vez mayores hacia la productividad como concepto y hacia las técnicas de ingeniería industrial como instrumentos de la negociación colectiva.

Por lo anterior resulta obvio que el concepto de colaboración entre el sindicato y la empresa no tuvo el atractivo suficiente para que los patrones aceptaran el sindicalismo, salvo en casos muy excepcionales. Tanto el experimento de Naumkeag como el de los trabajadores del vestido de Cleveland fracasaron porque la Depresión impidió que los trabajadores, amenazados por el desempleo, vieran alguna ventaja particular en su participación en los esquemas de alta producción. Por la misma razón, los experimentos en los ferrocarriles continuaron en un plano muy reducido y cada vez con menos entusiasmo.

Los nuevos sindicatos, que crecían con rapidez, y los antiguos, cuyo número de miembros iba siempre en aumento, estaban formulando, mediante sus actividades, su propia política de producción.

La ambivalencia de los sindicatos hacia la tecnología

La institución sindical tiene que resolver dos fuerzas contradictorias que los miembros imponen a los líderes. Los trabajadores quieren una protección defensiva contra la innovación tecnológica y al mismo tiempo, algunas de las ventajas que se derivan de esa innovación. Obviamente, en una economía en expansión, el sindicato puede hacer hincapié en las ganancias disponibles. No teme al desempleo.

Los experimentos de cooperación y el impulso organizativo en la década de 1930

Joe Scanlon y Clinton Golden, el primero director de investigaciones y el segundo asistente del presidente del Steel Workers Union (Sindicato de Trabajadores del Acero), y más tarde miembros respectivamente de las facultades de MIT y de la Universidad de Harvard, tuvieron un éxito impresionante con algunos planes de colaboración entre los sindicatos y las empresas de los cuales ambos habían sido responsables.

Un análisis cuidadoso de la aplicación del plan Scanlon no revela nada especial, excepto el desarrollo de una nueva relación humana entre la administración y los trabajadores bajo la dirección de la fuerte personalidad de Joe Scanlon. El poder de persuasión del Sr. Scanlon indujo a las empresas a permitir que el sindicato participara en muchas actividades que cualquiera habría calificado como prerrogativas de la administración. En particular, el plan de incentivos de grupo, en el que los trabajadores aumentan sus ingresos tratando de aumentar la productividad, disminuyendo los costos reales por debajo de un costo estándar, se ha implantado en muchas partes con resultados diversos. Por lo tanto sería un desacierto confundir la mecánica del plan Scanlon, de colaboración entre el sindicato y la empresa, con el ingrediente efectivo, que es la personalidad del Sr. Scanlon. La idea de un plan Scanlon funcionando en una fábrica no sindicalizada tendría para Joe Scanlon tanto sentido como el decreto de un rabino permitiendo el consumo de carne de cerdo a los judíos. El pensamiento cooperativo se desarrolló aún más en los años que precedieron inmediatamente a la Segunda Guerra Mundial, en dos libros: *Organized Labor and Production,* por Morris L. Cooke y Philip Murray, y *The Dynamics of Industrial Democracy,* por Clinton Golden y Philip Murray.

Los comités trabajadores-empresa durante la Segunda Guerra Mundial

La mayoría de los llamados comités de producción de tiempos de guerra (o comités Nelson, como se les llamó en honor a Donald R. Nelson, presidente del War Production Board, nunca funcionaron realmente, pese a la gran publicidad que se les dio.

Los experimentos posteriores a la Segunda Guerra Mundial en materia de colaboración entre el sindicato y la empresa

Tres ejemplos notables de partes interesadas que abandonaron el método adversario de operación en favor de un enfoque recíproco de solución de problemas, después de la Segunda Guerra Mundial, son los siguientes:

1. La negociación y aplicación del convenio celebrado el 18 de octubre de 1960, respecto a mecanización y modernización, entre el Pacific Coast Longshoremen's Union (Sindicato de Estibadores de la Costa del Pacífico) y la Pacific Maritime Association (Asociación Marítima del Pacífico).

2. El Plan de Participación de Kaiser Steel, celebrado en 1959 entre la Kaiser Steel Corporation y los United Steel Workers of America (Trabajadores Unidos del Acero de Norteamérica).

3. El Convenio de Automatización celebrado en 1959 entre los United Packinghouse. Food and Allied Workers (Trabajadores Unidos de las Empacadoras de Alimentos y Similares), la Amalgamated Meat Cutters and Butcher Workmen of North America (Amalgama de Cortadores y Carniceros de Norteamérica), y la Armour Corporation.

El experimento de cooperación entre los Pacific Longshoremen y la Pacific Maritime Association

El Pacific Longshoremen's Union, con oficinas en San Francisco y dirigido por el reconocido marxista Harry Bridges, mantuvo, desde su organización en la década de 1930 hasta el año 1960, una relación general adversaria con la Pacific Maritime Association. En el curso de los años, el sindicato había instituido, a través de negociaciones, muchas prácticas restrictivas del trabajo, incluyendo limitaciones poco realistas al peso máximo de las cargas individuales, en nombre de la salud y la seguridad.

En 1959, la carga y descarga de los barcos se había vuelto tan costosa en el puerto de San Francisco que los trabajadores costeros estaban perdiendo todo su trabajo en favor de otros puertos rivales. Paul St. Sure, nuevo presidente de la Pacific Maritime Association planteó a Bridges la pregunta siguiente: "Harry, ¿cuánto nos costaría anular todas las reglas de trabajo que, en primer lugar, jamás debimos permitir?" Bridges, que se vanagloriaba de que su marxismo le presentaba un cuadro realista de lo que los sindicatos podían y no podían hacer, estuvo de acuerdo en celebrar un convenio con los patrones, según el cual se eliminarían virtualmente todas las restricciones anteriores, a cambio de un fondo de automatización, requisitos más liberales para la jubilación, y un salario anual garantizado para el núcleo principal de sus agremiados.

La finalidad del fondo de automatización era establecer un colchón para la revolución causada por el empleo de contenedores en la carga y descarga de los barcos, que daría lugar a un desplazamiento substancial de la mano de obra. El plan funcionó con éxito, el puerto de San Francisco fue revitalizado y el impacto de la tecnología en el núcleo principal de los agremiados de Bridges fue mucho menor.

Los comités de relaciones humanas de los empresarios del acero y el sindicato de trabajadores del acero

La prolongada huelga del acero de 1959 parecía no tener fin, cuando Henry Kaiser y su hijo Edgar, bajo la dirección de tres destacados expertos en relaciones laborales, David L. Cole, John Dunlop y George W. Taylor, estuvieron de acuerdo en abandonar la línea dura de los empresarios y celebrar una nueva clase de convenio con los trabajadores unidos del acero. El Plan de Participación de Kaiser Steel, nombre con el cual se le vino a conocer, estipulaba lo siguiente para los empleados:

1. Una mayor protección contra la pérdida del empleo o el salario por causa del cambio tecnológico.

2. Participación en todas las reducciones del costo debidas a la mayor eficiencia: el 67.5 por ciento para la compañía y el 32.5 por ciento para los empleados.

3. Aumentos de los salarios y los beneficios, iguales o mayores que los que pudiera conceder el resto de la industria del acero.

4. El pago de una suma global a los trabajadores que estuvieran dispuestos a renunciar a sus derechos en relación con un plan de pagos incentivos absolutamente incontrolado y falto de equilibrio.

Se estipulaba lo siguiente para la empresa:

1. Una reducción del plan de incentivos y la oportunidad de suprimirlo.

2. La posibilidad de cambiar los procedimientos de trabajo con menos resistencia de parte de los empleados.

3. Exención por cuatro años a la negociación detallada.

Esto se propagó al resto de la industria del acero. Las empresas más importantes, dirigidas por la U.S. Steel, organizaron comités de relaciones humanas junto con el sindicato. Esos comités estudiaron la negociación respecto a los detalles técnicos de los planes de pensiones, los beneficios adicionales por desempleo, etc., subsecciones que no se prestaban a la negociación de emergencia.

Los hechos culminaron con el anuncio, hecho por la Bethlehem Steel en 1980, de que adoptaría un amplio programa de administración participativa, o más bien consultiva, en un esfuerzo por salir de la crisis económica del acero que amenazaba al futuro, tanto de las empresas como de los trabajadores, en los Estados Unidos.

El experimento de la Armour Corporation y el Sindicato de Trabajadores de las Empacadoras

Un tercer ejemplo de este enfoque cooperativo de la negociación colectiva lo constituyen los Trabajadores de las Empacadoras, los Trabajadores de la Carne y Similares, y la Armour Company. Los dos sindicatos se han combinado desde entonces, junto con otros, para formar el United Food Workers Union (Sindicato de Trabajadores Unidos de los Alimentos). Las partes organizaron un comité tripartita, con representantes de cada entidad y presidido por Clark Keer, presidente de la Universidad de California, y Robbin Fleming, más tarde presidente de la Universidad de Michigan, quienes posteriormente fueron sustituidos por George Schultz, profesor de la Universidad de Chicago y secretario del trabajo en la administración Nixon, y por Arnold Webber, subsecretario de trabajo en esa misma administración.

La finalidad de ese comité era dirigir la introducción de cambios tecnológicos en forma tal, que se pudieran optimizar los beneficios para ambas partes y se amortiguara el impacto económico en quienes fueran desplazados.

La organización del comité fue motivada por un anuncio hecho a principios del verano de 1959 de que Armour cerraba seis plantas despidiendo a 5000 empleados. Un año después Armour cerró su planta de Oklahoma City despidiendo a otros 420 empleados.

El comité hizo un contrato con tres grupos universitarios de investigación con el fin de que desarrollaran programas de capacitación para esas personas desplazadas. Desafortunadamente, el programa no logró ubicar a un número substancial de ellas durante un período de relativo estancamiento económico. Sin embargo, el trabajo de ese comité señaló la necesidad de un programa gubernamental de recursos humanos; es decir, que los problemas creados por el despido en masa están más allá de la posibilidades de los organismos privados.

La manera de enfocar la solución de ese problema le ahorró a la empresa las amarguras de las huelgas irracionales y los trabajadores comprendieron que los problemas que les agobiaban no pudieron ser mitigados; pero por lo menos se evitó una lucha más penosa y estéril.

5.6.12 EL "NUEVO" MOVIMIENTO DE ADMINISTRACION PARTICIPATIVA

El movimiento de administración participativa es un nombre nuevo que se le ha dado al restablecimiento de nuevos ejemplos de algunos de los antiguos experimentos de administración de los recursos humanos. Una generación cuya mentalidad es más técnica, pero no tradicionalista, ha inventado una nueva expresión: "sistemas sociotécnicos", para dar un espíritu de novedad a una vieja idea, haciéndose la ilusión de que lo que propone es algo nuevo.

En la década de 1970, el experimento de la Rushton Coal Mine se fue a pique por causa de las diferencias en las compensaciones que se otorgaban a los diferentes grupos de trabajadores. Tropezó con el mismo tipo de problemas que el experimento Kaiser, el cual fue estropeado por los trabajadores a quienes se obligó a abandonar los antiguos sistemas de incentivos con los cuales ganaban bonificaciones mucho más elevadas que las que era posible obtener con el nuevo esquema cooperativo.

De la misma manera, la Bolivar Company, confinada a la fabricación de espejos para automóviles, se ha visto seriamente afectada por la depresión que han sufrido los fabricantes nacionales de automóviles en la década de 1980. ¿Será capaz su programa de administración participativa de sobrevivir a esa contracción, o sufrirá la misma suerte que los experimentos de Ohio y Naumkeag, víctimas de la Gran Depresión de la década de 1930?

La GM Corporation ha tomado como base una tradición sentada por su presidente en la década de 1940, Charles Wilson, quien desarrolló los conceptos, incorporados en los contratos UAW-GM, de subsidios automáticos por costo de la vida y participación en la productividad, comprados por Walter Reuther, entonces presidente del UAW.

Más recientemente, bajo la dirección conjunta de Stephen Fuller, vicepresidente de la GM, e Irving Bluestone, vicepresidente del UAW y director del departamento GM UAW, la gerencia de la GM ha creado un comité conjunto sindicato-empresa, que abarca a toda la entidad, para que fomente la experimentación local. La planta de Tarrytown, anteriormente agobiada por las quejas, cambió en forma radical su situación y ambas partes se muestran orgullosas del aumento de la productividad y el mejoramiento de la calidad derivados del nuevo método. La planta de Tarrytown construye el Citation®, que fue la respuesta de la GM a la necesidad de disponer de automóviles económicos en el consumo de combustible, pequeños y con tracción delantera, con los cuales los europeos y los japoneses se han adueñado de una parte tan grande del mercado nacional de los E.E. U.U. Tarrytown está a salvo de los problemas del desempleo que han afectado a otras instalaciones de la GM, gracias a la demanda de que goza ese automóvil.

La Ford Motor Company ha conferido a los delegados en los talleres el derecho de parar las líneas de ensamble cuando autos mal fabricados hayan sido aprobados por supervisores a quienes los gerentes de finanzas han presionado para que satisfagan cuotas de producción que reflejan el lema "sacar el producto, que todo lo demás se arreglará por sí solo". Esa renuncia tan revolucionaria a una prerrogativa fundamental de la gerencia resulta turbadora.

La Chrysler Corporation, amenazada hace poco por la quiebra, recurrió a la influencia del UAW para tramitar un préstamo a la Tesorería de los E.E. U.U. y ha elegido a su presidente, Douglas Fraser, como miembro del consejo de administración. El Sr. Fraser, al justificar el abandono del último vestigio del conflicto ideológico de clases, planteó esta pregunta retórica: "¿Quién sufre más que nuestros trabajadores cuando el consejo toma la decisión de ordenar el cierre de la planta?"

5.6.13 CONCLUSION ACERCA DE LA NEGOCIACION COLECTIVA EN UN ESTADO DE TRANSICION

La negociación colectiva está todavía en proceso de desarrollo experimental. Lo que comenzó como un procedimiento privado entre la empresa y los trabajadores ha afectado al público en grado tal, que el gobierno ha empezado a insistir en un tercer asiento ante la mesa de negociaciones, donde estarían representados los intereses del público. La exhortación del Presidente Nixon a solicitar por primera vez en tiempos de paz un congelamiento de salarios, sentó un precedente que seguirá dando nueva forma a la negociación colectiva en años futuros. El Presidente Carter intentó enfoques similares, sin resultados concluyentes. Entre tanto, la presión económica está imponiendo a las partes interesadas un enfoque del convenio colectivo basado en la solución conjunta del problema, atenuándose su componente de conflicto cuando las partes reaccionan en forma responsable y racional.

REFERENCIAS

1. S. SLICHTER, *Union Policies and Industrial Management*, Brookings Institute, Washington, DC, 1941.
2. *J. I. Case Co.* v. *NLRB*, 253 F 2d 149 (6th Cir. 1958).

3. *Fafnir Bearing Co.,* 146 NLRB 179; 56 LRRM 1108 (1964).
4. "Is Your Incentive Plan Headed for Success or Failure?" *Factory Management and Maintenance,* mayo de 1955, pp. 128-120.
5. B. PAYNE, "Incentives That Work," en *Proceedings of the Annual Fall Conference,* Nueva York, Society for the Advancement of Management, 1951, pp. 23-38.
6. W. GOMERG, "Wage Incentive Payment Plan," en *Proceedings, National Academy of Arbitrators,* Vol. 32, Bureau of National Affairs, Washington, DC, 1979, pp. 116-124.

SECCION 6

Factores ergonómicos y humanos

CAPITULO 6.1

Capacidad sicomotora para el trabajo

GAVRIEL SALVENDY
Universidad Purdue

JAMES L. KNIGHT
Bell Telephone Laboratories

6.1.1 INTRODUCCION

La finalidad de este capítulo es familiarizar al lector con la naturaleza y características del rendimiento sicomotor. Un buen conocimiento del mismo contribuirá al establecimiento eficiente de diseños de empleos, estándares de trabajo, sistemas de incentivos financieros, mejoramiento de los métodos y selección y capacitación del personal.

Definición del rendimiento y la capacidad sicomotores

Las actividades sicomotoras son todas aquellas que exigen que el operador ejecute movimientos corporales controlados para realizarlas. Definiremos desde ahora dos expresiones. El "rendimiento sicomotor" se refiere al nivel de realización alcanzado por el operador al llevar a cabo su trabajo; de manera que podemos hablar de un nivel alto o bajo de rendimiento sicomotor. La "capacidad sicomotora" se refiere al nivel potencial de rendimiento (es decir, realización) de que el operador es capaz. Los altos niveles de capacidad son evidentes cuando el operador exhibe movimientos bien coordinados, precisos y rápidos. A medida que la capacidad va en aumento, los cambios medibles en el comportamiento observable se vuelven más pequeños; pero el rendimiento se vuelve cada vez más fácil y requiere menos atención por parte del operador.

Ejemplos de tareas que implican rendimiento sicomotor

El rendimiento sicomotor está muy extendido, pero no tiene lugar en todas las actividades de trabajo. Muchas de esas actividades, predominante o exclusivamente, exigen capacidad mental y decisiones. La mayoría de los trabajos administrativos y muchos de inspección son de ese tipo.

Sin embargo, el rendimiento sicomotor es el factor principal de los siguientes tipos generales de tareas:[1]

Trabajo manual (por ejemplo, envolver).
Trabajo manual con herramientas (por ejemplo, usar un destornillador, escribir).

Este capítulo fue escrito mientras el segundo autor trabajaba para la Universidad Purdue, de manera que no refleja necesariamente las opiniones de los *Bell Telephone Laboratories*.

Trabajo único mecanizado (por ejemplo, operar una máquina devanadora de bobinas; alimentación de datos a una computadora o perforado de tarjetas; escribir a máquina. conducir un vehículo).
Trabajo múltiple mecanizado (por ejemplo, operación de máquinas de coser industriales).
Trabajar con un grupo de máquinas (por ejemplo, controlar sistemas de máquinas tejedoras e hiladoras).
Trabajo no repetitivo (por ejemplo, reparación de equipo).

6.1.2 DIFERENCIAS EN EL RENDIMIENTO PERSONAL

Las diferencias en el nivel de rendimiento sicomotor se presentan tanto entre los distintos operadores como en un mismo operador a lo largo de un período de tiempo, y se deben a tres clases generales de características de las personas:

Experiencia y capacitación.
Características mentales y físicas permanentes.
Características mentales y físicas "transitorias" que predominan en el momento de realizar una tarea.

Muchos factores específicos influyen en las características transitorias, incluyendo a los siguientes:

Motivación.
Enfermedad temporal.
Fatiga.
Tensión.
Alcohol y otras drogas.
Horas de trabajo (tiempo extra, cambio de turno).
Las condiciones físicas, sociales y sicológicas.
La ingestión de alimentos.

En el rendimiento sicomotor influyen también las características del trabajo tales como la variabilidad, los defectos y las averías del equipo y, especialmente entre los distintos operadores, los métodos que siguen para realizar su trabajo.

El efecto combinado que los diversos factores producen en la variación del rendimiento de una persona (es decir, en la variabilidad de un mismo operador) ha sido estudiado entre los trabajadores de las industrias de fabricación. Esos estudios[2] indican que la confiabilidad* del nivel de producción varía de 0.7 a 0.9, con una media de 0.8. Esto quiere decir que alrededor del 64 por ciento (o sea, $.8^2 \times 100$) del rendimiento de un operador en una semana puede pronosticarse por el rendimiento observado en una semana anterior. Por el contrario, el 36 por ciento del rendimiento del operador no se puede explicar en esta forma; pero aparentemente lo explican los factores antes mencionados.

Hay que hacer notar que la variabilidad individual dentro de una jornada de trabajo es apreciablemente menor que entre diferentes jornadas. Además, la variabilidad del rendimiento dentro de una jornada es menor entre media mañana y las primeras horas de la tarde (ejemplo 6.1.1). Durante ese período, la fluctuación del rendimiento respecto a un nivel medio es sólo del 5 por ciento aproximadamente (de la media), pero esa variabilidad aumenta sen-

* El coeficiente de confiabilidad es una medida de conformidad determinada por el grado en que dos muestras sucesivas del rendimiento en una misma tarea dan resultados similares. Así, por ejemplo, la confiabilidad del rendimiento se puede obtener correlacionando el rendimiento de una semana con el de otra.

Ejemplo 6.1.1 Comparación de la curva de producción y las clasificaciones de un operador durante una operación manual repetitiva (roscar y enrollar el receptáculo para lámparas) en el transcurso de una jornada de trabajo, haciendo estudios de tiempo continuo. Se obtuvieron resultados similares con otras tareas manuales repetitivas y otros operadores.

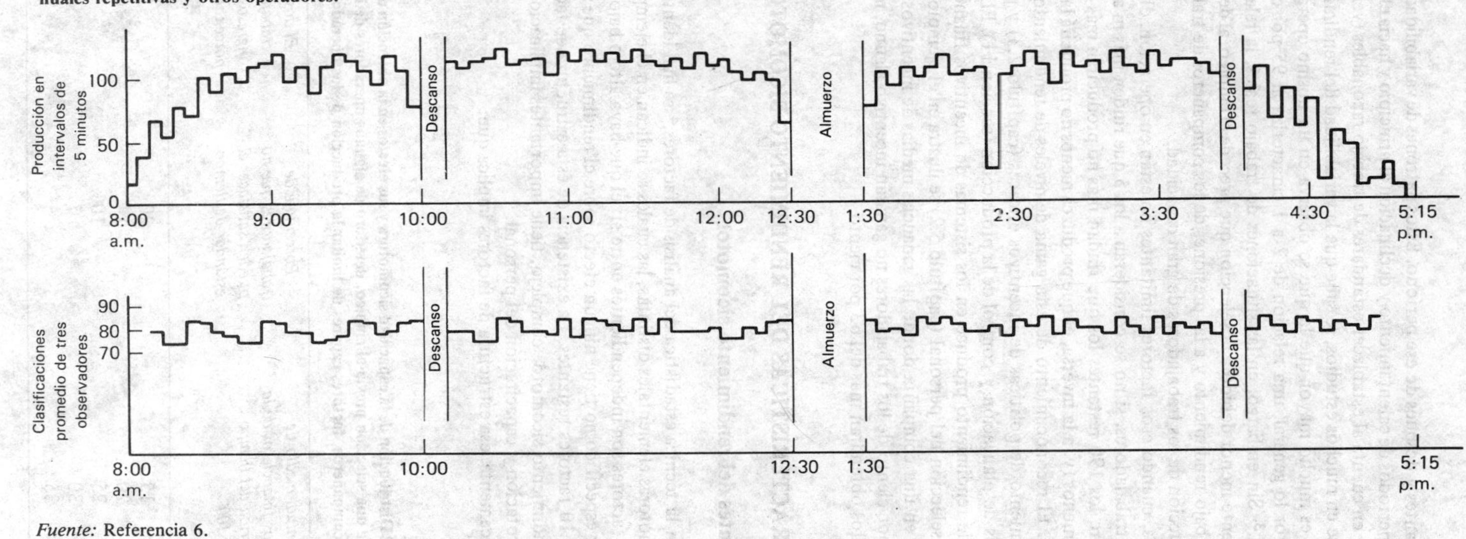

Fuente: Referencia 6.

siblemente antes y después de ese período. Estos patrones de variabilidad del operador, lo mismo que los períodos de calentamiento y declinación al principio y hacia el final de la jornada, se deben tener en cuenta al establecer estándares de trabajo razonables (ver capítulo 4.1).

Con base en muchos estudios, se sabe que la variabilidad del rendimiento sicomotor *entre* operadores es mucho mayor que la que se observa en un mismo operador en observaciones sucesivas. Por lo general, una relación de 2 a 1 caracteriza al 95 por ciento de la población trabajadora.[3] Sin embargo, en las situaciones de trabajo reales, la relación encontrada será probablemente menor debido a la selección que precede al empleo, al desgaste de algunos operadores de bajo rendimiento y a las presiones de los compañeros de trabajo que pueden limitar la producción de los trabajadores de gran capacidad.

Así pues, cuando esos factores limitantes no están en operación, digamos que en un grupo de 200 trabajadores, si no se consideran a los 5 que rinden más ni a los 5 que rinden menos, de entre los 190 restantes los que rindan más no producirán más del doble que los que produzcan menos (y, a la inversa, el que produzca menos no producirá la mitad que el que produzca más). El reconocimiento de esta gama de niveles de rendimiento es fundamental para el mantenimiento de políticas de incentivos eficaces (capítulo 2.3) y para desarrollar técnicas efectivas de planeación y control de la producción (sección 11). El efecto que esta gama de niveles de rendimiento produce en los sistemas de incentivos financieros en ausencia de una buena selección del personal (capítulo 5.2) se ilustra en el ejemplo 6.1.2. Dicho ejemplo indica que, en una compañía donde las ganancias medias de incentivos sean del 25 por ciento, un 10 por ciento de los trabajadores no ganarán incentivo alguno, mientras que un 2 por ciento de ellos obtendrán más del 63 por ciento.

6.1.3 CARACTERISTICAS DEL RENDIMIENTO SICOMOTOR

Componentes del rendimiento sicomotor

Con base en la técnica estadística del análisis de factores,[4] se han identificado[5] once capacidades sicomotoras elementales distintas, las cuales se indican en el ejemplo 6.1.3.

Esos 11 factores son independientes entre sí: el que haya alto o bajo rendimiento en cualquier factor específico no tiene ningún efecto sobre el rendimiento que se espera en cualquier otro de los 10 factores restantes. La existencia de esta estructura de factores, en la cual descansa el rendimiento sicomotor complejo, tiene importantes implicaciones para la selección, ubicación, rotación y capacitación del personal.

Específicamente, esa estructura de factores implica que:

Ejemplo 6.1.2 Distribución de la capacidad sicomotora y sus efectos en la obtención de incentivos financieros en ausencia de una selección previa al empleo, deterioro de algunos operadores de bajo rendimiento y presiones de los compañeros, factores capaces de limitar la producción de los operadores muy hábiles.

Nivel porcentual medio de los incentivos financieros de la empresa, arriba del tiempo estándar de 100	*Porcentaje de trabajadores que no pueden satisfacer el estándar de tiempo*	*El dos por ciento de los trabajadores obtendrían ingresos superiores al nivel porcentual de incentivos que se indica abajo*
15	20	50
20	14	57
25	10	63
30	7	70
35	5	77

Ejemplo 6.1.3 Estructura de factores de la capacidad sicomotora

Factor	*Descripción*
Control preciso	Común a las tareas que exigen ajustes y controles musculares muy medidos y precisos cuando intervienen los grandes grupos de músculos, abarcando los movimientos del brazo y la mano y también los de las piernas.
Coordinación de varias extremidades	Facultad de coordinar simultáneamente los movimientos de varias extremidades al operar los controles. Es común a las tareas que exigen la coordinación de los dos pies, las dos manos, o las manos y los pies.
Control del ritmo	Se refiere a la adaptación precisa de las respuestas a los cambios de velocidad y dirección de un blanco u objeto que se mueve continuamente.
Firmeza del brazo y la mano	La facultad de realizar movimientos precisos del brazo y la mano cuando la fuerza y la rapidez son mínimas. Es común en las tareas que exigen una postura firme de las extremidades o que la extremidad se mueva con firmeza en un plano lateral o retirándose de y acercándose al plano.
Destreza digital	La facultad de manipular hábil y controladamente los objetos diminutos usando sobre todo los dedos.
Destreza manual	Movimientos hábiles y bien dirigidos del brazo y la mano al manipular objetos relativamente grandes en condiciones de rapidez.
Tiempo de reacción	La rapidez con que la persona puede responder a un estímulo cuando éste se presenta.
Orientación de la respuesta	Común a las tareas que exigen una rápida selección de los controles y de la dirección en la cual se deben mover.
Rapidez de movimiento del brazo	Representa simplemente la rapidez con que una persona puede realizar un movimiento amplio y aislado que no requiera precisión.
Rapidez de muñeca y dedos	Exige apoyos rápidos del lápiz en áreas relativamente grandes.
Puntería	Se mide mejor mediante las pruebas de rapidez que requieren que se pongan puntos en una serie de círculos pequeños.

Se requieren pruebas y procedimientos de selección de personal diferentes para trabajos que requieran pericia en los distintos factores básicos de la capacidad sicomotora.

Al hacer rotar al personal de una tarea a otra, se logrará la mayor transferencia de capacitación, y por lo tanto más productividad, cuando los operadores son transferidos a tareas nuevas que exigen muchos de los factores básicos de capacidad que se desarrollaban en las tareas anteriores.

Las técnicas de capacitación se deben adaptar a los factores específicos de capacidad que exigen los trabajos en particular.

Variaciones en la estructura de los factores debidas a la práctica

Al principio, el rendimiento depende en buena parte de los factores mentales, incluyendo la capacidad para entender las instrucciones sobre la tarea, recordar éstas, concentrar la atención en las exigencias del trabajo y percibir los detalles importantes del mismo. A medida que avanza la capacitación, las capacidades elementales del ejemplo 6.1.3 se hacen más importantes para el rendimiento. Además, las capacidades elementales específicas más importantes para la realización de una actividad cambiarán a medida que el operador adquiera más habilidad.[7] Esto lo explican en parte las diferencias en los métodos que utilizan los operadores novatos y los que utilizan los operadores experimentados para realizar una determinada actividad.

Este cambio en las capacidades elementales, o estructura de factores, tiene implicaciones importantes para la selección y capacitación de personal. Un operador que obtiene alta puntuación al principio del adiestramiento puede no rendir mucho hacia el final del mismo. Las capacidades que dieron lugar a las altas puntuaciones iniciales en la prueba tal vez no sean las que se requieren para rendir adecuadamente después de una amplia experiencia con el trabajo. Por ejemplo, el rendimiento inicial del operador de una prensa mecánica depende en buena parte de la coordinación de los ojos y las manos; pero los altos niveles de rendimiento dependen del desarrollo de las habilidades cinestésicas. Es por lo tanto fundamental que las pruebas de selección y los procedimientos de capacitación se deriven del estudio de operadores expertos en la tarea. Las pruebas de selección deben concentrarse en las capacidades que serán necesarias para lograr un alto nivel de rendimiento, más que en las que se requieren en las primeras etapas del adiestramiento. En otro lugar[8] se ofrecen ejemplos que ilustran los beneficios que se derivan de la adopción de este tipo de procedimientos para la selección de personal.

Análisis de tiempos elementales

El rendimiento sicomotor se analiza a menudo en términos de los movimientos elementales (alcanzar, asir, trasladar, colocar), o elementos, de los cuales se compone éste, al menos conceptualmente. Esto se hace comúnmente al establecer tiempos estándar mediante los sistemas de tiempo predeterminado o MTM (capítulo 4.5). La información siguiente, relacionada con los movimientos sicomotores elementales, es esencial para el enfoque del análisis de tiempos elementales por parte del ingeniero industrial:

1. Todos los movimientos elementales deben estar claramente definidos, con puntos específicos de inicio y terminación. No debe haber superposiciones ni omisiones entre elementos.

2. El uso de movimientos elementales en el análisis del rendimiento sicomotor es conveniente porque los movimientos son definibles operacionalmente y detectables visualmente. Sin embargo, tiene una desventaja importante, y es que los puntos de inicio y término de un elemento no coinciden necesariamente con los puntos de inicio y término del trabajo fisiológico y mental asociados con el elemento.

3. A medida que aumenta la capacidad sicomotora del operador, no todos los movimientos elementales que componen la tarea mejoran por igual. La mayor probabilidad de mejoramiento está en aquellos elementos de la tarea que exigen más actividad cognoscitiva (es decir, que imponen la mayor carga mental) y por lo tanto tienen la más alta variabilidad de rendimiento, y en aquellos en los cuales influyen menos los efectos circunstanciales y las características del equipo.

El mejoramiento de los tiempos elementales muestra un patrón característico: no se da debido a un aumento general de la rapidez elemental, sino más bien a que las etapas excesivamente lentas de un elemento en particular se eliminan progresivamente. Este efecto se puede ver en los cambios de los patrones de ejecución del ejemplo 6.1.4. Esos histogramas muestran los tiempos elementales acumulados durante la ejecución de 50,000 ciclos de la Prueba de Un Solo Agujero,[8] en la cual se tiene que tomar un pequeño objeto cilíndrico, trasladarlo y colocarlo en un agujero ajustado.

4. Los estudios de la adición de tiempos elementales[9] indican que los errores en los estándares de trabajo debidos a la adición son medibles, pero sumamente pequeños. Esos errores disminuyen significativamente a medida que aumenta el número de tiempos elementales que componen una tarea.[9]

5. Aunque el rendimiento sicomotor complejo se compone de muchos movimientos elementales relativamente insignificantes, los cambios acumulados en la manera de ejecutar los movimientos pueden producir un efecto muy notable en el rendimiento general. El análisis detallado de la película tomada a alta velocidad de la ejecución de un trabajo (la Prueba

Ejemplo 6.1.4 Cambios en los tiempos de ejecución de los elementos y el ciclo durante el transcurso de más de 50,000 ciclos (855 períodos de trabajo de 10 minutos cada uno) en la prueba de un agujero,[a] donde se muestran los períodos de trabajo (*a*) No. 2, (*b*) No. 64 y (*c*) No. 8.

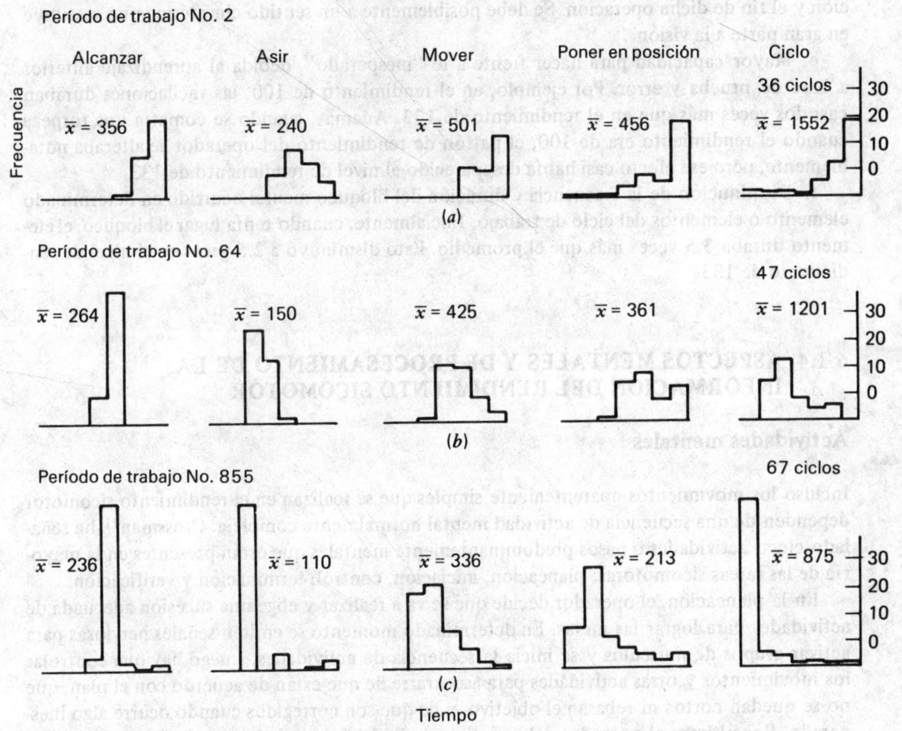

[a]La media ($\bar{x}$) elemental y los tiempos de ciclo están indicados en milésimas de segundo.

de un Solo Agujero[9]) muestra cómo los cambios ocurridos en los movimientos elementales dieron lugar a una elevación del 33 por ciento en el rendimiento (de 100 a 133).[10]

a. Disminución de la verificación de los resultados buscados por el operador. Los operadores requirieron menos retroinformación acerca de su rendimiento, comparada con la requerida al principio. Por ejemplo, después de lograr el rendimiento estándar de 100, el operador dejó de empujar la clavija hasta su extremo para verificar que el elemento "colocar" estaba terminado. Limitó la retroinformación requerida a soltar simplemente la clavija como indicio de que el elemento "colocar" estaba realmente terminado.

b. Aumento del nivel de uniformidad en la ejecución, principalmente cuando existen elementos de traslación y elementos estacionarios, que diõ lugar a una ejecución general rítmica. Es de suponer que esto se debe a que más de las primeras tres cuartas partes del movimiento de traslación se efectúan en forma pareja y automática y menos de la última cuarta parte está controlada totalmente por la persona. Pero esta última cuarta parte de los elementos de traslado (principalmente "mover") requiere tanto tiempo para su ejecución como las primeras tres cuartas partes de la distancia. Esto se debe posiblemente a la precisión que requiere el movimiento final. El efecto de uniformidad se puede producir porque la acción automática predomina parcialmente sobre la acción manual controlada.

c. Utilización más eficiente de los dedos y el pulgar, lo que da lugar por lo general a menos y más simples patrones de movimiento. El operador toma el objeto del modo en que será trasladado y colocado, teniendo en cuenta la contracción muscular menor y más "eficiente" de los dedos y el pulgar. Esto se debe (según lo han indicado los operadores) a los cambios inconscientes introducidos en los métodos de trabajo del operador.

d. Aumento del tiempo transcurrido entre el término de la fijación visual en una operación y el fin de dicha operación. Se debe posiblemente a un sentido cinestésico que sustituye en gran parte a la visión.

e. Mayor capacidad para hacer frente a lo "inesperado", debida al aprendizaje anterior a base de prueba y error. Por ejemplo, en el rendimiento de 100, las vacilaciones duraban casi dos veces más que en el rendimiento de 133. Además, cuando se cometía una torpeza cuando el rendimiento era de 100, el patrón de rendimiento del operador se alteraba notablemente, pero ese efecto casi había desaparecido al nivel de rendimiento de 133.

f. Disminución de la frecuencia y duración del bloqueo mental ocurrido en determinado elemento o elementos del ciclo de trabajo. Inicialmente, cuando tenía lugar el bloqueo, el elemento duraba 3.5 veces más que el promedio. Esto disminuyó a 2.5 veces en el nivel de rendimiento de 133.

6.1.4 ASPECTOS MENTALES Y DE PROCESAMIENTO DE LA INFORMACION DEL RENDIMIENTO SICOMOTOR

Actividades mentales

Incluso los movimientos aparentemente simples que se realizan en el rendimiento sicomotor dependen de una secuencia de actividad mental normalmente compleja. Crossman[11] ha señalado cinco actividades o pasos predominantemente mentales que están presentes en la mayoría de las tareas sicomotoras: planeación, iniciación, control, terminación y verificación.

En la planeación, el operador decide qué se va a realizar y elige una sucesión adecuada de actividades para lograr las metas. En determinado momento se emiten señales nerviosas para activar grupos de músculos y se inicia la secuencia de actividades. Luego hay que controlar los movimientos y otras actividades para asegurarse de que están de acuerdo con el plan, que no se quedan cortos ni rebasan el objetivo, y de que son corregidos cuando ocurre algo inesperado. Por último, el operador debe sentir cuándo debe detener los movimientos. El efecto general de la secuencia de actividades se compara con las metas del plan inicial, para determinar si se requiere alguna acción posterior.

Estas cinco actividades mentales se pueden usar para describir la tarea global del operador (por ejemplo, satisfacer la cuota diaria de producción) así como los movimientos elementales (por ejemplo, alcanzar un alambre u otra parte pequeña) que componen la tarea general.

Modelo de procesamiento de la información en el rendimiento sicomotor

La capacidad del operador para realizar esas actividades mentales críticas, y por lo tanto la capacidad para ejecutar eficientemente las tareas sicomotoras, depende de los procesos y funciones cognoscitivos fundamentales. Esas funciones y procesos mentales básicos (o etapas) aparecen en el ejemplo 6.1.5, el cual representa un modelo de procesamiento de la información del operador.

En este modelo, el operador recibe continuamente información acerca del trabajo que ejecuta. Esta información la utiliza (es decir, procesa) para lograr los objetivos de su trabajo. El operador viene a ser como un canal por el cual fluye la información. En el modelo del ejemplo 6.1.5 se presentan tres etapas principales del procesamiento de la información: percepción, toma de decisiones y control de la respuesta. Se muestran también tres sistemas de memoria (sensorial, de corto plazo y de largo plazo) para almacenar la información que requiere la ejecución de la tarea. El rendimiento sicomotor general depende de, y está limi-

Ejemplo 6.1.5 Modelo de procesamiento de la información del operador.

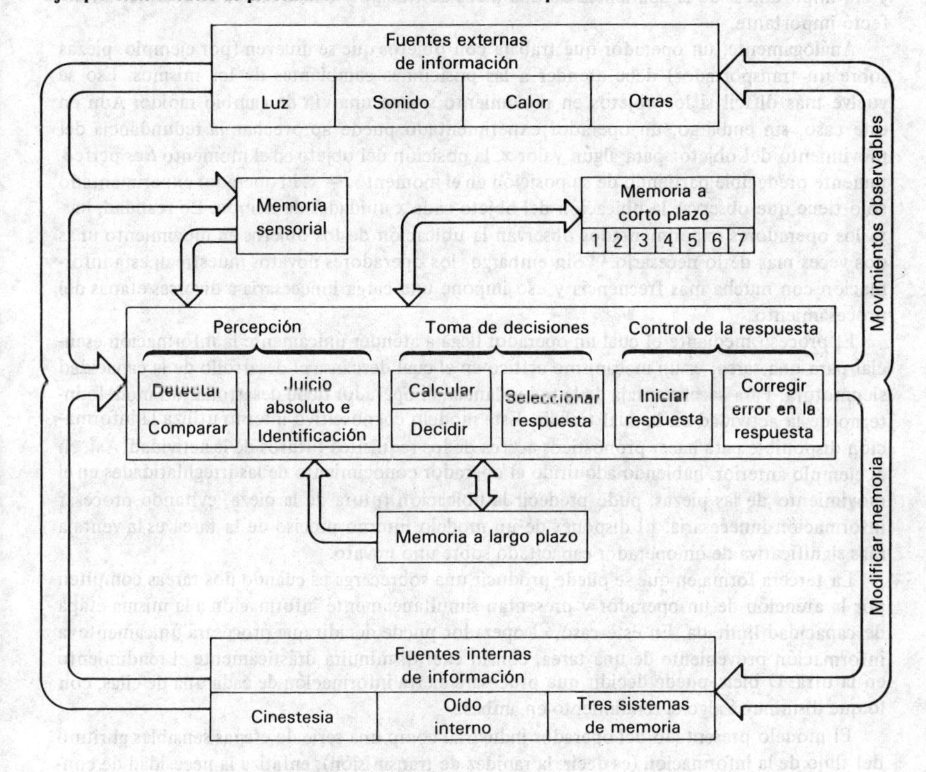

tado por, la capacidad de procesamiento de la información de esas tres etapas principales y por las características de almacenamiento de los tres sistemas de memoria.

Sobrecarga de información y necesidad de seleccionar

Los límites del rendimiento sicomotor provienen de dos características de las etapas principales del procesamiento de la información: 1) requieren un tiempo mínimo para desempeñar sus funciones y 2) tienen límites en cuanto a la cantidad de información que pueden procesar por unidad de tiempo. Si la información llega con demasiada rapidez, una etapa puede quedar sobrecargada y será incapaz de funcionar con eficiencia. El límite de la rapidez con que una etapa puede manejar (transmitir) la información lo constituye la capacidad de su canal.

Tal límite se puede alcanzar de tres maneras. Primera, una tarea puede ser difícil por naturaleza y presentar la información a un ritmo excesivo en una etapa en particular. El rendimiento sicomotor puede mejorar si la capacidad de procesamiento de la(s) etapa(s) afectada(s) aumenta. Kalsbeck y Sykes[12] estudiaron la actividad de escribir a mano y encontraron evidencia de que es posible aumentar los límites de capacidad de la etapa de control de la respuesta.

Los operadores faltos de experiencia son vulnerables a una segunda causa de sobrecarga de las etapas. Generalmente, gran parte de la información que llega a un operador es irrelevante o redundante. Un operador novato no se dará cuenta de esto y tratará de procesar más información que la necesaria. Esto dará lugar a una sobrecarga y por lo tanto a un rendimiento bajo. Por ejemplo, un operador puede atender (procesar) muchos detalles pequeños y sin importancia de la apariencia de una pieza de trabajo y ello le impedirá detectar un defecto importante.

Análogamente, un operador que trabaja con objetos que se mueven (por ejemplo, piezas sobre un transportador) debe atender a las posiciones cambiantes de los mismos. Eso se vuelve más difícil si los objetos en movimiento siguen una vía de cambio rápido. Aun en este caso, sin embargo, un operador experimentado puede aprovechar la redundancia del movimiento del objeto: para algún valor x, la posición del objeto en el momento t es perfectamente predecible partiendo de su posición en el momento $t - x$. El operador experimentado sólo tiene que observar la ubicación del objeto cada x unidades de tiempo. En realidad, hasta los operadores experimentados observan la ubicación de los objetos en movimiento unas dos veces más de lo necesario.[13] Sin embargo, los operadores novatos muestrean esta información con mucha más frecuencia y eso impone una carga innecesaria a diversas etapas del procesamiento.

El proceso mediante el cual un operador llega a atender únicamente la información esencial para una tarea, es un mecanismo crítico en el cual descansa el desarrollo de la capacidad sicomotora. Para sacar ventaja de la redundancia, el operador debe desarrollar un modelo interno de la actividad en la cual trabaja. Este modelo cognoscitivo interno utiliza la información disponible para hacer pronósticos acerca de los requisitos futuros de la actividad. Así, en el ejemplo anterior, habiendo adquirido el operador conocimiento de las irregularidades en el movimiento de las piezas, pudo predecir la ubicación futura de la pieza, evitando procesar información innecesaria. El disponer de un modelo interno preciso de la tarea es la ventaja más significativa de un operador capacitado sobre uno novato.

La tercera forma en que se puede producir una sobrecarga es cuando dos tareas compiten por la atención de un operador y presentan simultáneamente información a la misma etapa de capacidad limitada. En este caso, el operador puede decidir que procesará únicamente la información proveniente de una tarea, con lo cual disminuirá drásticamente el rendimiento en la otra. O bien, puede decidir que procesará cierta información de cada una de ellas, con lo que disminuirá algo el rendimiento en ambas.

El modelo presentado del operador industrial como una serie de etapas sensibles al ritmo del flujo de la información (es decir, la rapidez de transmisión), enfatiza la necesidad de contar con mecanismos de selección de la información para proteger al operador contra las sobrecargas. Un modelo interno acrecienta la posibilidad de seleccionar sólo la información esencial. Un operador capacitado es aquel que selecciona con eficiencia sólo la información que debe ser procesada durante la actividad sicomotora.

Sistemas de memoria

El modelo de procesamiento de la información contiene tres sistemas de memoria. Estos sistemas tienen varias funciones esenciales en el rendimiento sicomotor. Funcionan como amortiguadores para almacenar temporalmente (durante 1 ó 2 segundos) información sensorial que llega con rapidez (memoria sensorial). Almacenan temporalmente hasta siete "trozos" (palabras, nombres, dígitos, etc.) de información (memoria de corto plazo). Por último, proporcionan almacenamiento a largo plazo en el cual se basan el aprendizaje y el mejoramiento del rendimiento sicomotor (memoria de largo plazo).

6.1.5 TIEMPO COMPARTIDO

El trabajo industrial exige a menudo que el operador comparta tiempo: es decir, que ejecute simultáneamente varias actividades distintas. Esa demanda de tiempo compartido tiene lugar en tres niveles. Primero, incluso en las tareas más sencillas, el operador tiene que recibir información, tomar decisiones y controlar los movimientos de respuesta. El rendimiento eficiente puede exigir que esas actividades sean simultáneas. Segundo, las actividades más complejas exigen a menudo que el operador realice a un mismo tiempo varias respuestas diferentes; por ejemplo, movimientos concurrentes pero distintos de las manos. En el tercer nivel, el operador se puede ver en el caso de realizar a la vez dos tareas diferentes. ¿Qué tan eficientemente se pueden sobreponer las actividades en cada uno de esos niveles?

En el primer nivel, la evidencia sugiere que la información recibida puede ocurrir simultáneamente en forma eficiente con la toma de decisiones y el control de la respuesta. Sin embargo, estas dos últimas funciones interfieren entre sí. Más específicamente, la iniciación y la corrección de los movimientos interfieren con la toma de decisiones. Estas funciones de respuesta tienen lugar primordialmente en la segunda fase de control de movimiento. De manera que el rendimiento se puede acrecentar eliminando o minimizando el control en la segunda fase. Esto se puede hacer terminando los movimientos por medios mecánicos más que bajo la dirección del operador que cerraría así un circuito de operación.

La repartición del tiempo en el segundo nivel se puede acrecentar si la misma función mental, sea la recepción de información, la toma de decisiones o el control de la respuesta, no es requerida simultáneamente por ambas actividades. El período refractario* de la etapa central de toma de decisiones exige que las entradas de información sucesivas a este proceso estén separadas por intervalos de 300 mseg por lo menos. Por ejemplo, si el operador debe identificar dos señales sucesivas y responder a ellas, dichas señales no deben producirse con una diferencia menor de 300 mseg.

Los procesos asociados con el control de movimientos en circuito cerrado, incluyendo la vigilancia, la selección de una respuesta correctiva apropiada y la iniciación de la corrección, imponen demandas particularmente elevadas de procesamiento de la información; de manera que, cuando esos procesos son requeridos por dos actividades simultáneas (por ejemplo, mover independientemente cada mano), se puede esperar la sobrecarga de información y la interferencia consiguiente entre ellas. Por ejemplo, los elementos "colocar" y "asir" imponen cargas elevadas de procesamiento de información, porque requieren un control apreciable de segunda fase en circuito cerrado. Por lo tanto, el tiempo no se puede repartir eficazmente entre ellas. En el otro extremo, los elementos "alcanzar" y "trasladar" (que por lo general no implican un control preciso de movimiento en circuito cerrado) se pueden efectuar generalmente en forma simultánea con otros elementos.

Otro factor crítico de la eficiencia en la repartición del tiempo es la compatibilidad entre respuestas. Algunas combinaciones de respuestas se pueden realizar más fácilmente que otras. Al ejecutar movimientos simultáneos, el rendimiento es mejor cuando las manos (o los pies) se mueven en la misma dirección (por ejemplo, ambas extremidades hacia adelante). Les siguen en eficacia los movimientos complementarios (por ejemplo, uno hacia adelante y uno hacia atrás). El rendimiento es peor en los movimientos perpendiculares (uno hacia adelante y otro lateralmente). Análogamente, las respuestas que se inician al mismo tiempo pueden compartirlo con más facilidad. La selección, iniciación o vigilancia de respuestas paralelas (o sucesivas) que tienen características similares aparentemente exige menos procesamiento de información que el caso de movimientos no relacionados. Las relaciones simétricas entre los movimientos refuerzan este efecto de similitud aunque los movimientos se realicen en direcciones opuestas.

La eficiencia en la repartición del tiempo aumentará notablemente si se usan relaciones estímulo-respuesta altamente compatibles. La alta compatibilidad entre estímulo y respuesta (S-R) reduce la carga impuesta a la etapa de toma de decisiones en la que se seleccionan las respuestas. Con las relaciones más compatibles, las respuestas se pueden volver casi "autoselectivas". Esto ocurre más fácilmente con las señales táctiles. Por ejemplo, el elemento para controlar una máquina vibra, ofrece una señal altamente compatible con la respuesta de sujetarlo más firmemente. El operador puede hacer esto casi inmediatamente, sin interferir con otras actividades de movimiento.

* El período durante el cual el operador es incapaz de procesar nueva información.

Ejemplo 6.1.6 Tiempos mínimos de reacción (*Kp*) para diversas modalidades de estímulo

Modalidad de estímulo	*Tiempo de reacción (mseg)*
Visual	150-225
Auditivo	120-185
Táctil	115-190

Por último, en el nivel más complicado, o sea ejecutar dos tareas diferentes al mismo tiempo, el rendimiento depende de una gran variedad de factores, incluyendo las prioridades que el operador asigne a las tareas que compiten. Típicamente, cuando una tarea fácil va combinada con otra más difícil, la disminución porcentual de rendimiento es mayor en la tarea fácil.[14]

Por diversas razones, la eficiencia en la repartición del tiempo mejora con la experiencia. En primer lugar, hay pruebas de que la repartición del tiempo es una aptitud general que se puede mejorar con el adiestramiento . Los operadores que saben repartir eficientemente el tiempo entre un par de tareas lo hacen a menudo en forma excelente con otro par diferente. En segundo lugar, a medida que los operadores se van capacitando, las tareas imponen cargas menores de procesamiento de información e incluso parecen volverse "automáticas". Se han considerado varias razones para esto, incluyendo las siguientes:

Al tener el operador un modelo interno de la tarea, elimina la necesidad de procesar información redundante.

La información cinestésica, que puede ser procesada más rápidamente que la información visual (ejemplo 6.1.6) y que a menudo tiene una elevada compatibilidad S-R, gradualmente es sustituida por la información visual.

Ciertos pasos del procesamiento de la información (por ejemplo, la operación "verificar") pueden ser minimizados y hasta suprimidos del todo.

Se establecen secuencias más eficientes de movimientos, que implican menos control de segunda fase en circuito cerrado.

Como cada una de las tareas "automáticas" impone al operador demandas menores de procesamiento de la información, la sobrecarga es menos probable y así es posible la repartición eficiente del tiempo.

El estudio que antecede se ha concentrado en las dificultades de la repartición del tiempo resultantes de la interferencia "central" (es decir, cognoscitiva) entre dos actividades. Por otra parte, las tareas pueden también interferir entre sí debido a la interacción "estructural": si una tarea exige que el operador mire hacia la derecha mientras otra exige que mire hacia la izquierda, se están interfiriendo mutuamente. Esa interferencia estructural es a menudo muy difícil de distinguir de la interferencia central. Esto representa una dificultad importante cuando se tratan de aplicar métodos de "tarea secundaria" para evaluar la carga de trabajo mental.

6.1.6 CARACTERISTICAS DE LA CAPACIDAD DE PROCESAMIENTO DE LA INFORMACION

Percepción

La detección de la información es la primera función cognoscitiva importante. Dos de los sistemas más importantes para el rendimiento sicomotor son la visión y la cinestesia. Esta última proporciona información sobre la posición y el movimiento de los miembros del cuerpo del operador.

Típicamente, la información perceptiva la transmiten los cambios en los estímulos; por ejemplo, en la intensidad luminosa. Los sistemas sensoriales deben ser sensibles a esas variaciones. Por lo tanto, es conveniente analizar el umbral de la diferencia apenas perceptible (JND), o sea el cambio mínimo perceptible en el estímulo. El sistema visual se caracteriza entre la mayoría de los otros sentidos porque la JND aumenta en proporción constante con respecto a la referencia contra la cual se produce el cambio. Esa proporcionalidad nos da la fracción de Weber (ver el ejemplo 6.1.7).

La capacidad del sistema sensorial **cinestésico** para proporcionar información parece ser comparable con la de otros sistemas. Marteniuk y sus colaboradores[16] pidieron a los operadores que reprodujeran movimientos horizontales de 45, 90 y 125°. Su estudio dio sensibilidades JND de 1.95, 2.20 y 2.13°. Si bien estos valores son impresionantemente bajos, lo importante es que dan fracciones de Weber de .043 (1.95/45), .024 y .017. Dicho de otro modo, parece que el sistema cinestésico difiere de la mayoría de otros sistemas sensoriales en que presenta una sensibilidad absoluta constante más bien que una sensibilidad proporcionalmente constante.

Esta sensibilidad JND implica la función básica de comparación. En esas comparaciones "lado a lado", los operadores pueden distinguir normalmente centenares de objetos diferentes. Una función más difícil es la apreciación absoluta. Esta exige que el operador reconozca o identifique un objeto presentado aisladamente. Los seres humanos estamos sorprendentemente limitados en esta capacidad. Parece que hay un límite de aproximadamente 3 bits* (no bits/seg) para la cantidad de información que puede ser transmitida eficazmente en la apreciación absoluta. Esto significa que un operador sólo puede reconocer de manera confiable alrededor de ocho niveles de una sola dimensión sensorial. Por ejemplo, Pollack[17] adiestró a los operadores para que identificaran estímulos auditivos que diferían únicamente en intensidad o en tono. Los operadores sólo pudieron distinguir alrededor de 5 estímulos de diferente intensidad y alrededor de 5.5 estímulos de diferente tono.

Esto parece contradecir a la experiencia cotidiana. Podemos identificar fácilmente muchos sonidos diferentes. Sin embargo, éstos por lo general se presentan simultáneamente con distintas experiencias sensoriales. El ser humano puede utilizar esas diferencias simultáneas para mejorar su capacidad de apreciación absoluta. Sin embargo, a medida que se combinan estímulos diferentes, su contribución a la apreciación absoluta no es acumulativa. Por ejemplo, Pollack[17] encontró que los operadores sólo eran capaces de identificar

Ejemplo 6.1.7 Fracciones de Weber para diversas dimensiones sensoriales.

Dimensión sensorial	*Fracción de Weber, W*[a]
Brillantez	.016
Tono	.003
Intensidad	.088
Cutánea (presión)	.136
Pesos levantados	.088

Fuente: Referencia 15.
[a] W = JND/nivel de referencia del fondo.

* Un "bit" es una unidad de información. Representa información suficiente para tomar una decisión precisa entre dos posibilidades igualmente probables.

alrededor de 8 estímulos, en vez de 10.5 (5 de ellos basados en la discriminación de intensidad y 5.5 basados en la discriminación de tono), cuando los estímulos diferían tanto en tono como en intensidad.

En las modalidades sensoriales cinestésicas, la capacidad de apreciación absoluta es también bastante baja. Por ejemplo, Marteniuk[18] pidió a los operadores que identificaran movimientos de diferente longitud y encontró que sólo alrededor de seis de esos movimientos fueron identificados con precisión.

Estos descubrimientos implican que los diseños de tareas que requieran apreciación absoluta deben evitarse siempre que sea posible. Los trabajadores hábiles pueden superar un tanto esa limitación desarrollando referencias o modelos internos que pueden servir como estándares para comparar. Un trabajador con mucha experiencia puede tener una idea muy cercana del aspecto que debe presentar un producto aceptable. Así, la inspección de un producto de prueba, se parece mucho a la comparación lado a lado, habilidad en la cual sobresalen las personas. Para el operador novato en cambio, tal tarea exige apreciación absoluta y por consiguiente le resulta mucho más difícil.

Toma de decisiones

La toma de decisiones es el proceso mediante el cual los operadores evalúan la información proporcionada por el proceso de percepción inicial. Da lugar a la selección del curso de una acción. Dos características de la toma de decisiones son particularmente importantes: qué tiempo se requiere para tomar la decisión y qué tan precisa sea la decisión.

Las demoras en la decisión tienen dos causas: la limitación de capacidad y las limitaciones refractarias. La limitación de capacidad surge porque las etapas de la toma de decisiones sólo pueden procesar información a un ritmo limitado. La cantidad de información a procesar en una decisión aumenta en forma logarítmica con el número de estímulos que se presenten y con el número de respuestas posibles que el operador pueda seleccionar. De modo general, si se duplica el número de posibles estímulos y respuestas, la información que se procesa en la decisión aumenta en un bit. Por ejemplo, si un operador tiene que separar dos tipos distintos de partes en dos charolas, la decisión asociada con cada parte implica un bit de información. En cambio, cuando se trata de separar cuatro partes, cada decisión implica dos bits. Más específicamente,

$$Ht \text{ (información transmitida, bits)} = Hr + Hs - Hsr$$

donde

Hr (información de respuesta, bits) = $-$ $Pi \log Pi$, y Pi = probabilidad de la posible respuesta i
Hs (información de estímulo, bits) = $-$ $Pj \log Pj$, y Pj = probabilidad del posible estímulo j
Hsr Información conjunta S-R, bits) = $-Pij \log Pij$, y Pij = probabilidad de que coincidan el estímulo j y la respuesta i (Esto es una medida de la consistencia en la decisión)

En el caso de las decisiones completamente precisas, con N estímulos y respuestas igualmente probables, la fórmula de la Ht se simplifica en la forma:

$$Ht = \log N$$

Hick[18] determinó que el tiempo de reacción para decisiones sencillas obedecía a una función, llamada actualmente ley de Hick:

$$RT = Kp + Cd \times Ht$$

donde kp = la suma de todas las demoras no asociadas con la toma de decisiones y Cd = el tiempo necesario para procesar un bit de información. Por lo tanto, $1/Cd$ es una medida de la capacidad de manejo de información de las etapas de toma de decisiones. Con información presentada visualmente, Hick encontró valores para Kp y Cd de 150 mseg y 220 mseg/bit respectivamente.

Las respuestas son más rápidas cuando no hay que tomar decisiones (es decir, cuando el operador sabe de antemano qué información será presentada y cuándo, y cuál será la respuesta). En esas condiciones, el ejemplo 6.1.6 indica los tiempos mínimos de reacción (valores de Kp) que se pueden esperar (la gama de valores mostrada tiene en cuenta los efectos de la intensidad del estímulo) con la información presentada en diversas modalidades.

La información que se transmite en el proceso de toma de decisiones depende del promedio de precisión de los resultados. Si se reduce la precisión media de la decisión, cada decisión implicará el procesamiento de menos información y por lo tanto puede llevarse a cabo con más rapidez. Este es el efecto de intercambio entre rapidez y precisión. Un operador puede acelerar la decisión si está dispuesto a tolerar más errores. Hick[19] demostró que, dentro de márgenes amplios, los aumentos de la rapidez son compensados por pérdidas en la precisión, de manera que el flujo de información permanece constante, a razón de 1 bit/220 mseg aproximadamente. Sin embargo, si el operador excede esos márgenes tratando de apurarse en la tarea, la precisión disminuye muy rápidamente y la cantidad de información que se transmite disminuirá. Esto sucede cuando el operador trata de aumentar la rapidez en más de un 20 por ciento aproximadamente.

La otra causa de demora en la toma de decisiones es el lapso fijo de unos 300 mseg que debe separar decisiones sucesivas. Esto es llamado el período refractario sicológico. Si la información se presenta en la etapa de decisión menos de 300 mseg después de una decisión anterior, la nueva decisión se retardará hasta que haya transcurrido el período refractario sicológico. Esta demora refractaria no disminuye con la práctica.

Tanto la demora en la decisión como la pendiente de la función de la ley de Hick disminuyen bruscamente a medida que aumenta la compatibilidad S-R. Esta compatibilidad se refiere al carácter "de naturaleza" de la relación entre un estímulo y la respuesta con la cual va asociado. Algunos ejemplos de relaciones de naturaleza reflejan características humanas innatas. Así, el hecho de iluminar un botón refuerza muy eficazmente la respuesta que consiste en oprimirlo. Otras relaciones tienen que ser aprendidas. En los Estados Unidos, por ejemplo, los interruptores tienen que ser levantados para encender las luces de la habitación.

Ejemplo 6.1.8 Algunos errores sistemáticos humanos que afectan el comportamiento sicomotor.

Estimación de magnitud	*Error sistemático*
Distancia horizontal	Subestimar
Altura	Sobrestimar cuando se mira hacia abajo
	Subestimar cuando se mira hacia arriba
Velocidad	Sobrestimar si el objeto acelera
	Subestimar si el objeto desacelera
Angulo	Subestimar los ángulos agudos
	Sobrestimar los ángulos obtusos
Temperatura	Sobrestimar el calor
	Subestimar el frío
Peso	Sobrestimar si es voluminoso
	Subestimar si es compacto
Numerosidad	Subestimar constantemente
Probabilidad	Sobrestimar la de un suceso agradable
	Subestimar la de un suceso desagradable

La precisión de la decisión depende no sólo de la rapidez y estrategia de precisión del operador, sino también de los errores sistemáticos integrados. Algunos de esos errores sistemáticos se indican en el ejemplo 6.1.8 (ver también el capítulo 4.2).

Control de la respuesta

La precisión de los movimientos está limitada en buena parte por la etapa de control de la respuesta. Fitts[20] definió un índice de dificultad de los movimientos, ID, por analogía con la teoría de la información:

$$\text{ID (bits)} = \log (2A/W)$$

en donde A = la amplitud o distancia que un operador debe cubrir para completar un movimiento y W = el tamaño del área objetivo en la cual maniobra el operador.

Fitts encontró que el tiempo necesario para completar un movimiento una vez iniciado se puede predecir a partir del ID del movimiento:

$$MT = Km + Cm \times \text{ID}$$

donde

Km = una constante de demora que depende del miembro del cuerpo que se usa en la respuesta (por ejemplo, el pie y la mano tienen valores diferentes de Km) (Para movimientos de la mano, un valor típico de km es de 0.177 seg)

Cm (seg/bit) = una medida de la capacidad de manejo de información de la etapa de control de la respuesta [$1/Cm$ es su capacidad de canal. Típicamente, Cm es aproximadamente 0.1 seg/bit o mayor. Para las respuestas repetitivas (por ejemplo, ir y venir entre dos puntos objetivo) Cm es ligeramente menor que para los movimientos simples aislados.]

Un estudio más detallado de los movimientos revela dos fases: una inicial, balística general, mediante la cual el operador se dirige hacia las inmediaciones del blanco (con un error aproximado de 7 por ciento de la amplitud del movimiento), seguida por una segunda fase de circuito cerrado en la cual el operador realiza una serie de pequeños movimientos correctivos de control. Cada corrección requiere alrededor de 300 mseg y reduce el error en un 93 por ciento. Para controlar los movimientos en la segunda fase se recurre a la información visual. La segunda fase puede no existir si los movimientos efectuados duran menos de 260 mseg. Por lo menos no se recurre a la guía visual en los movimientos de menor duración que ésa. Los movimientos que implican cambios rápidos (es decir, correcciones) de dirección o velocidad imponen fuertes cargas mentales y por lo tanto deben evitarse. Los movimientos parejos y continuos son más eficientes.

Características del rendimiento global

Las características de percepción, decisión y control de la respuesta se pueden combinar. En el caso de las señales muy arriba del umbral, los tiempos mínimos de reacción indicados en el ejemplo 6.1.7 se pueden usar como una estimación del procesamiento de la percepción y otras demoras inevitables. Esos factores se combinan para obtener la Kp. Luego, el tiempo necesario para recibir información, seleccionar una respuesta apropiada y llevar a cabo el movimiento correspondiente vendrá a ser

$$\text{tiempo total} = [\text{demoras de percepción}] + [\text{demora en la decisión}] + [\text{tiempo del movimiento}]$$

$$\text{tiempo total} = [kp] + [Cd \times Ht] + [Km + Cm \times \log (2A/W)]$$

Esta fórmula predice los cambios en el tiempo necesario para los movimientos en función de las variables movimiento, decisión y percepción.

Ejemplo de aplicación

Para ilustrar la aplicación de la fórmula anterior, considérese una actividad de selección en que el operador alcanza un recipiente que contiene diversas piezas de distintos colores, retira una, la traslada hasta otro recipiente específico y la deja caer en él. Supóngase que hay N tipos diferentes de partes (y por lo tanto N recipientes para partes específicas). Supóngase asimismo que los recipientes específicos se encuentran a una distancia A del recipiente general y que cada uno tiene una anchura W. El tiempo Kw necesario para regresar de un recipiente específico y retirar una parte del recipiente general es de 1.0 seg.

El ejemplo 6.1.9 muestra, en forma idealizada, cómo se esperaría que variara el tiempo del ciclo en función de varios parámetros importantes de esta tarea, como son N, W y A. En estos cálculos se supone una demora de percepción de 150 mseg para diferenciar el color de código de la parte. *Se supone que el operador es capaz de procesar 1 bit/220 mseg cuando

Ejemplo 6.1.9 Tiempo idealizado del ciclo en función de los parámetros *N*, *A* y *W* de la tarea.

N^a	*Decisión Ht (golpes)*	A^b *(cm)*	W^c *(cm) (Anchura del recipiente*	*Movimiento ID (golpes)*	*Tiempo total (seg)*
4	2	12	3	3	2.01
4	2	12	6	2	1.81
4	2	12	12	1	1.61
4	2	24	3	4	2.21
4	2	24	6	3	2.01
4	2	24	12	2	1.81
4	2	48	3	5	2.41
4	2	48	6	4	2.21
4	2	48	3	3	2.01
8	3	12	3	3	2.23
8	3	12	6	2	2.03
8	3	12	12	1	1.83
8	3	24	3	4	2.43
8	3	24	6	3	2.23
8	3	24	12	2	2.03
8	3	48	3	5	2.63
8	3	48	6	4	2.43
8	3	48	12	3	2.23

[a] *N = número de recipientes o partes diferentes.*
[b] *A = distancia al recipiente.*
[c] *W = anchura del recipiente.*

*** En las situaciones reales, el operador puede tener que mover los ojos y la cabeza, así como reenfocar su visión durante la ejecución de una tarea. Aunque esos tiempos, que pueden sumar un total de hasta 0.75 seg, pueden variar según factores de la tarea tales como la amplitud del movimiento, no se han considerado en este ejemplo idealizado, en el cual la referencia es únicamente a las demoras asociadas con las operaciones esencialmente mentales.**

decide en cuál recipiente debe dejar la pieza tomada. La precisión es importante, de manera que se supone que los errores son raros. *Km* vale 0.177 seg y la capacidad del canal de control de movimiento del operador es de 0.2 seg/bit. Adviértase en el ejemplo 6.1.11, que si se modifica la "anchura del recipiente" (o sea, la anchura *W* de los recipientes específicos en los cuales deposita el operador cada parte seleccionada) se compensan exactamente los aumentos de la distancia *A*, que habrá que recorrer al trasladar la parte.

Aunque el estudio que antecede se refiere a movimientos discretos, los conceptos son igualmente aplicables a tareas continuas (como por ejemplo, seguimiento). Las demoras inherentes en el sistema humano de procesamiento de la información determinan un límite superior a la frecuencia de información continua a la que puede responder el operador. Este último sólo puede manejar eficientemente componentes de señal continua inferiores a 1 Hz. Al responder a señales continuas que varían con el tiempo, puede estimarse al operador como un servomecanismo intermitente que realiza una serie de movimientos discretos de corrección a razón de unas dos veces por segundo.

6.1.7 RESUMEN

En este capítulo se han examinado algunas de las capacidades y limitaciones básicas del trabajador industrial. Se ha presentado además un modelo del ser humano que procesa información. Recurriendo a la perspectiva que ofrece ese modelo se pueden entender las demandas que imponen a los operadores las tareas que componen el trabajo. El examen de esas demandas y de las capacidades sicomotoras inherentes al ser humano para satisfacer tales demandas puede llevar a un mejor pronóstico del rendimiento en el trabajo, a un diseño más eficiente de las tareas y a una mejor calidad de la vida de trabajo de los operadores.

REFERENCIAS

1. G. SALVENDY y W. D. SEYMOUR, *Prediction and Development of Industrial Work Performance,* Wiley, Nueva York, 1973, pp. 105-125.
2. SALVENDY y SEYMOUR, *Prediction and Development of Industrial Work Performance,* pp. 195-197.
3. D. WECHSLER, *The Range of Human Capabilities,* 2a. ed., Williams and Wilkins, Baltimore, 1952.
4. S. A. MULAIK, *The Foundations of Factor Analysis,* McGraw-Hill, Nueva York, 1972.
5. E. A. FLEISHMAN, "Toward a Taxonomy of Human Performance," *American Psychologist,* Vol. 30, 1975, pp. 1127-1149.
6. N. A. DUDLEY, *Work Measurement: Some Research Studies,* Londres Macmillan, 1968.
7. E. A. FLEISHMAN y W. E. HEMPLE, JR., "Changes in Factor Structure of a Complex Psychomotor Test as a Function of Practice," *Psychometrika,* Vol. 19, 1954, pp. 239-252.
8. G. SALVENDY, "Selection of Industrial Operators: The One-Hole Test," *International Journal of Production Research,* Vol. 13, 1975, pp. 303-321.
9. H. SANFLEBER, "An Investigation Into Some Aspects of Predetermined Motion Time Systems," *International Journal of Production Research,* Vol. 6, 1967, pp. 25-45.
10. G. SALVENDY, "Learning Fundamental Skills–A Promise for the Future," *AIIE Transactions,* Vol. 1, No. 4 (1969), pp. 300-305.
11. SALVENDY y SEYMOUR, *Prediction and Development of Industrial Work Performance,* pp. 24-32.
12. J. W. H. KALSBECK y R. N. SYKES, "Objective Measurement of Mental Load," en A. F. Sanders, Ed., *Attention and Performance,* North-Holland, Amsterdam, 1970.

13. P. M. FITTS y M. I. POSNER, *Human Performance,* Brooks/Cole, Belmost, CA, 1967, p. 118.
14. B. H. KANTOWITZ y J. L. KNIGHT, "Testing Tapping Time-Sharing. II: Auditory Secondary Task," *Acta Psychologica,* Vol. 40, 1976, pp. 343-362.
15. J. W. KLING y L. A. RIGGS, Eds., *Woodworth/Scholsbergs Experimental Psychology,* 3a. ed., Holt, Rinehart & Winston, Nueva York, 1971.
16. R. G. MARTENIUK, K. W. SHIELDS, y S. CAMPBELL, "Amplitude, Position, Timing, and Velocity as Cues in Reproduction of Movement," *Perceptual and Motor Skills,* Vol. 35, 1972, pp. 51-54.
17. I. POLLACK, "The Information in Elementary Auditory Displays. I," *Journal of the Acoustical Society of America,* Vol. 24, 1952, pp. 745-749.
18. R. G. MARTENIUK, *Information Processing in Motor Skills,* Holth, Rinchart & Winston, Nueva York, 1976.
19. W. E. HICK, "On the Rate of Gain of Information," *Quarterly Journal of Experimental Psychology,* Vol. 4, 1952, pp. 11-26.
20. P. M. FITTS, "The Informational Capacity of the Human Motor System in Controlling the Amplitude of Movements," *Journal of Exprimental Psychology,* Vol. 47, 1954, pp. 381-391.

BIBLIOGRAFIA

HOLDING, D. H., *Human Skills,* Wiley, Nueva York, 1981.

KANTOWITZ, B. H., *Human Information Processing: Tutorials in Performance and Cognition,* Erlbaum, Hillsdale, NJ, 1974.

SALVENDY, G., y SEYMOUR, W. D., *Prediction and Development of Industrial Work Performance,* Wiley, Nueva Yor, 1973.

WELFORD, A. T., *Fundamentals of Skill,* Methuen, Londres, 1968.

WELFORD, A. T., *Skilled Performance: Perceptual and Motor Skills,* Scott, Foresman, Glenview, IL, 1976.

CAPITULO 6.2

Reducción de los errores humanos

DAVID MEISTER
Centro de Investigación y Desarrollo
del Personal de la Marina de los E. U. A.

6.2.1 GENERALIDADES

Los métodos tradicionales para reducir los errores en la producción dependen en buena parte de la selección, ubicación y capacitación del personal, complementados con campañas de motivación para "eliminar los defectos de la producción". Sin embargo, esos métodos deben ser mejorados o modificados si se quiere obtener máxima calidad a un costo aceptable.

Las mejoras de que hablamos se pueden lograr si están basadas en el conocimiento de la naturaleza, la frecuencia y los efectos de los errores en la producción. Además, la actitud de los trabajadores será más positiva si, en vez de tratar de "motivarlos", por ejemplo, mediante un "programa de cero defectos", se procura obtener su participación para que identifiquen aquellos elementos del trabajo a los cuales se pueden atribuir los errores. El supuesto en que descansa esta estrategia,[1] llamada "método de la situación de trabajo", es característico de la situación que *predispone* al error más bien que de las actitudes negativas del trabajador. Pocos trabajadores cometen errores consciente y deliberadamente.

El método de la situación de trabajo pretende reducir la probabilidad de que se cometan errores, con los consiguientes defectos en la producción, mediante un diseño cuidadoso de (1) el artículo que se va a producir, (2) el conjunto de herramientas, (3) los dibujos e instrucciones, (4) los procedimientos y (5) el ambiente de trabajo. Un aspecto fundamental de este método es la incorporación del trabajador como miembro del grupo de diseño.

Si el procedimiento de producción está diseñado ya, el método de la situación de trabajo procura identificar las condiciones que predisponen al error y trata de eliminarlas o modificarlas. En cualquier caso, el resultado final será un trabajo que corresponda más con la capacidad y las limitaciones del trabajador; lo que Rook[2] ha denominado "diseño para la productividad".

La naturaleza del error humano

Antes de poder hablar de la reducción del error humano, debemos saber qué es. Esto se debe a que no todos los errores son iguales. Varían en frecuencia y en cuanto a sus consecuencias y lo que es más importante si han de ser eliminados, los errores varían en términos de sus

El autor desea expresar su agradecimiento a Alan D. Swain, de cuyo libro *Design Techniques for Improving Human Performance in Production* (referencia 1) se tomó buena parte del material del presente capítulo, así como a Steven Konz, de la Universidad del Estado de Kansas, por la información acerca de los círculos de calidad. Sin embargo, las opiniones expresadas en este capítulo son exclusivamente del autor.

causas. Por ejemplo, un error puede o no producir algún efecto en la calidad de lo que se fabrica. El efecto, si lo hay, puede ser grande o pequeño; el error se puede cometer en diferentes fases del proceso de fabricación. El error puede obedecer a diversas causas; por ejemplo, dibujos o instrucciones incorrectos o incomprensibles, herramientas inadecuadas, un ambiente de trabajo incómodo, diseño incorrecto del equipo de trabajo desde el punto de vista de la ingeniería o una distribución impropia del lugar de trabajo.

Los defectos del producto, las fallas y los accidentes son invariablemente resultado del error humano. Si un material, componente o pieza de equipo no satisface las necesidades, es porque fue incorrectamente diseñado, seleccionado, aplicado, fabricado, aceptado, instalado, usado o conservado o más de uno de estos factores. Si se ha cometido un error porque el trabajador no es apto para ese trabajo, es porque la selección, la clasificación del empleo y los sistemas de capacitación se diseñaron mal.

Puesto que el trabajador es sólo una parte del sistema de producción, que ha sido diseñado consciente y deliberadamente, es lógico que *quienes diseñaron el sistema son los responsables de sus deficiencias.* Si el error se produce porque el diseño del sistema es inadecuado, ese error se puede evitar o eliminar mediante un mejor diseño del sistema.

Variabilidad del ser humano

Para entender los errores humanos es necesario entender primero la variabilidad del ser humano, porque el error es una función de ese factor. No hay nada tan variable como el ser humano. Ninguno hace una cosa dos veces en la misma forma; de aquí que en cada acción es posible cometer errores.

Los errores son inevitables, a menos que no haya límites de tolerancia. Aunque probablemente jamás serán eliminados por completo, los errores que son resultado de insuficiencias en la situación de trabajo se pueden reducir. Se aprende mucho acerca de por qué se cometen errores y qué puede hacerse al respecto sabiendo cuál de dos tipos de variabilidad se manifiesta en una determinada situación de trabajo.

Considérese a un tirador que dispara 10 veces hacia un blanco y digamos que cada disparo que no da en el centro es un error. La "variabilidad aleatoria", el primer tipo de variabilidad, se caracteriza por un patrón de dispersión en torno de una norma deseada, que en este caso es el blanco (ejemplo 6.2.1). Cuando la variabilidad es grande, algunos disparos no darán en el blanco. Adviértase que el patrón de los disparos es difuso. Estos errores al azar son en buena parte un resultado de la variabilidad natural del ser humano y pueden ser controlados mediante la selección, capacitación y supervisión del personal y mediante programas de control de calidad. La capacitación, por ejemplo, hará que el tirador disminuya su variabilidad, de manera que el patrón no sea tan disperso.

Ejemplo 6.2.1 Dispersión al azar

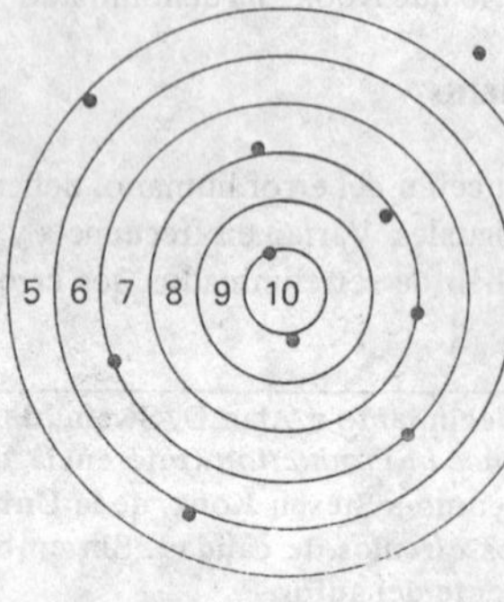

5 6 7 8 9 10

Ejemplo 6.2.2 Dispersión sistemática

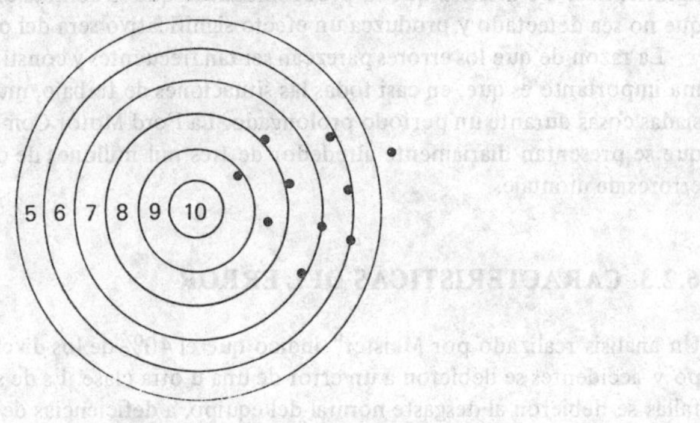

La "variabilidad sistemática" se caracteriza por un patrón diferente de los disparos que muestra, por ejemplo, una tendencia hacia el lado derecho del blanco (ejemplo 6.2.2). La dispersión general es pequeña; pero algún factor, posiblemente una alineación incorrecta de las miras, está haciendo que el tirador dirija sus disparos hacia la derecha. Una vez descubierto ese factor, puede ser corregido.

Lo que se quiere destacar en el ejemplo es que ciertos errores son producidos por causas existentes dentro de la situación de trabajo, y esa clase de errores son los que el ingeniero industrial o el especialista en factores humanos trata de descubrir y eliminar. Si el trabajador ha sido seleccionado y capacitado correctamente, los errores aleatorios se reducirán a un nivel tolerable. En esas circunstancias, una proporción excesiva de errores de producción será probablemente la consecuencia de algún factor sistemático en la situación, el cual puede ser detectado y modificado.

Cuando los errores son al azar, los esfuerzos destinados a reducirlos deben concentrarse en la selección y capacitación del personal. Cuando los errores son sistemáticos, involucran algún aspecto de la situación de trabajo que está causando una desviación sistemática; de manera que los esfuerzos por remediarlos deben ir dirigidos hacia ese aspecto. En cualquier caso es necesario identificar el tipo de error cometido, con el fin de aplicar el remedio adecuado.

Hay cuatro tipos generales de errores: (1) no lograr la realización de la acción requerida, (2) realizar una acción innecesaria, (3) realizar una acción requerida pero fuera de tiempo y (4) responder de manera inferior al estándar. (Para una lista más detallada de las clases de error, véase Altman.[3]) Sin embargo, un error en particular es específico de la situación de trabajo en la cual se produce. Por desgracia, el error rara vez es el resultado de una sola causa. Se debe más bien a un número, a veces grande, de factores que contribuyen. Todo factor que pueda influir en el comportamiento asociado con el trabajo puede contribuir a la comisión de errores relacionados con el trabajo.

6.2.2 LA FRECUENCIA DEL ERROR HUMANO

Rigby y Swain[4] señalan que el ser humano es confiable. En el medio industrial se puede esperar que, tratándose de tareas aisladas relacionadas con el trabajo tales como leer una cifra de cinco dígitos, mover un control o colocar una pieza en su lugar, los trabajadores cometerán un error por cada 1000 a 10,000 veces en promedio. Con una inspección muy cuidadosa, serán detectados y corregidos del 80 al 98% de los errores en las revisiones e inspecciones normales. Con más frecuencia, los inspectores detectan únicamente del 70 al 80% de los defectos. Por fortuna, sólo del 20 al 30% de los errores no detectados producirán un efecto significativo. De manera que la probabilidad de que se cometa un error en un acto aislado y que no sea detectado y produzca un efecto significativo será del orden de 00006 a .0000004.

La razón de que los errores parezcan ser tan frecuentes y constituyan en realidad un problema importante es que, en casi todas las situaciones de trabajo, muchas personas hacen demasiadas cosas durante un período prolongado. La Ford Motor Company,[5] por ejemplo, estima que se presentan diariamente alrededor de tres mil millones de oportunidades para cometer errores de montaje.

6.2.3 CARACTERISTICAS DEL ERROR

Un análisis realizado por Meister[6] indicó que el 40% de los diversos tipos de fallas del equipo y accidentes se debieron a un error de una u otra clase. Es de suponer que el resto de esas fallas se debieron al desgaste normal del equipo, a deficiencias de diseño no relacionadas con el operador, o a otras causas que sólo remotamente se pueden atribuir al personal. Se desconoce la cantidad mínima de errores irreducibles que se puede esperar en condiciones óptimas. Sin embargo, el error no sólo es frecuente, sino también significativo. Rook[7] informa que de 23,000 defectos de producción en la fabricación de armas nucleares, el 82% se debieron a errores humanos.

Sin embargo, el efecto de un error es también una variable. El efecto de algunos errores es inmediato, mientras que el de otros es diferido. Debido a su resultado inmediato, algunos errores son más notables que otros. Muchos errores de fabricación son difíciles de descubrir incluso durante la inspección. La visibilidad del error puede dar lugar también a diferentes consecuencias. Si el error es evidente para el trabajador que lo cometió, la probabilidad de que sea rectificado aumenta. Esto sugiere que alguna retroinformación a los trabajadores sobre la calidad de su trabajo es esencial en un programa de reducción de errores.

Algunos errores son frecuentes pero su efecto carece de importancia; otros son poco frecuentes pero críticos. La comisión de un error no da lugar necesariamente a consecuencias desastrosas. Gran parte del equipo está diseñado de manera que, incluso si se comete un error, una vez notado éste, se puede rectificar efectuando nuevamente la operación. Por desgracia, esto no es característico de los errores de producción.

Evidentemente, sólo los errores cuyas consecuencias son graves serán remediados. Se cometen demasiados errores, y la industria cuenta con muy pocos ingenieros industriales y especialistas en factores humanos para poder remediar las situaciones que originan errores. Además, la gerencia tiene que comparar la reducción de errores con el costo de esa reducción. Cuando el costo se vuelve excesivo, es improbable que la gerencia dé importancia a una situación en particular.

6.2.4 POR QUE LAS PERSONAS COMETEN ERRORES

Hay que distinguir los errores debidos a la idiosincrasia, de aquellos causados por la situación, que se han estudiado hasta ahora. Los errores causados por la situación se relacionan con el diseño del lugar de trabajo; los errores por idiosincrasia son propios de la persona y de sus características. Entre los factores idiosincrásicos figuran las relaciones maritales y otras de índole personal, los conflictos emocionales y las actitudes.

Los errores causados por la situación son de la incumbencia de la administración, porque ésta es la que diseña el lugar de trabajo. Como la administración puede controlar la situación de trabajo, pero no el hogar del trabajador ni sus problemas personales, debe concentrar sus esfuerzos por reducir los errores de producción en los factores de situación más que en los idiosincrásicos. Los enfoques de la reducción a través de la motivación, por ejemplo los programas de cero defectos, serán probablemente ineficaces[2] porque es difícil controlar las actitudes personales.

Swain[1] ha elaborado una larga lista de lo que él llama "factores que conforman el comportamiento" (PSF, por sus siglas en inglés). Estos predisponen al trabajador al error. Los divide en tres categorías: 1) los que son externos a la persona (características del lugar de trabajo, la tarea y el equipo), 2) los que están en la persona (factores idiosincrásicos), y 3) las tensiones fisiológicas que forman un puente entre los dos primeros (ver ejemplo 6.2.3).

Ejemplo 6.2.3 Factores que determinan el rendimiento

Características de la situación
Ambiente de trabajo (p.ej., temperatura, ruido)
Limpieza
Personal
Horas de trabajo y descansos
Suministros
Acciones de los supervisores, de los compañeros, de los representantes sindicales
Recompensas, reconocimiento, beneficios
Estructura organizativa
Instrucciones de trabajo
Características del trabajo y el equipo
Exigencias del trabajo
Complejidad de la tarea
Frecuencia y repetitividad de la tarea
Retroalimentación (conocer los resultados)
Carácter crítico y estrecho de la tarea
Estructura del grupo de trabajo
Factores del contacto hombre-máquina (p.ej., diseño del equipo fundamental, herramientas)
Tensiones sicológicas
Rapidez y carga de trabajo
Miedo al fracaso, a perder el empleo
Monotonía
Atención sostenida
Conflictos de motivación
Estrés fisiológico
Fatiga, dolor, incomodidad
Hambre, sed
Temperaturas extremas
Movimiento limitado
Falta de ejercicio físico
Factores idiosincrásicos
Capacitación y/o experiencia anterior
Aptitudes actuales
Personalidad e inteligencia
Motivación y actitudes
Condición física
Factores sociales (familia y amigos)

Los factores externos pueden ser modificados fácilmente. Entre ellos figuran los siguientes:[6]

Espacio insuficiente y mala distribución. Las manipulaciones sumamente precisas requieren espacio suficiente y distribución correcta. Por ejemplo, si los recipientes que contienen las partes no están dispuestos de acuerdo con una distribución lógica, aumenta la probabilidad de seleccionar incorrectamente una pieza.
Condiciones ambientales deficientes. Como ejemplos citaremos el alumbrado insuficiente, la temperatura elevada y el nivel alto de ruido. El alumbrado insuficiente aumenta la dificultad para colocar y alambrar correctamente los componentes pequeños; la temperatura elevada y el mucho ruido provocan una disminución en el esfuerzo aplicado al trabajo.
Diseño incorrecto de ingeniería. Incluye el diseño deficiente de la maquinaria, las herramientas de mano y el equipo de verificación. Este factor afecta al equipo de producción como afectaría al equipo de operación. Por ejemplo, en un equipo utilizado para verificar amplificadores de autopilotos en la fábrica, los investigadores encontraron accesorios de prueba que ocupaban la mayor parte del área de trabajo, dificultad para conectar la unidad y mala distribución en los tableros de control.[8]
Métodos inadecuados de manejo, traslación, almacenamiento o inspección del equipo. Cierto departamento de producción sufrió una cantidad excesiva de fallas de un componente electrónico muy costoso, hasta que se descubrió que tales componentes eran transportados en carretillas que se deslizaran hasta el suelo. El rediseño de la carretilla redujo las fallas a un nivel aceptable.
Información insuficiente sobre planeación del trabajo. Se refiere a los dibujos o instrucciones de operación inadecuados o no disponibles. No es raro encontrar componentes que se fabrican de acuerdo con instrucciones obsoletas porque la información no le llegó a tiempo al trabajador.
Supervisión deficiente. Cierto departamento de producción tuvo un alto porcentaje de defectos hasta que se descubrió que el supervisor no permitía que sus subordinados se sentaran frente a las mesas en las cuales trabajaban.

El efecto de estos factores consiste en crear una situación de trabajo que favorece la comisión de errores de producción. Es de suponer que la probabilidad de cometer errores aumenta con el número de deficiencias en el sitio de la producción.

6.2.5 METODOS PARA REDUCIR LA POSIBILIDAD DE ERROR

Dos métodos

Existen dos métodos diferentes, pero relacionados, para mejorar la calidad de la producción industrial. El método tradicional hace hincapié en el cambio en el trabajador. El método de la situación de trabajo hace hincapié en el diseño del medio de producción, para apoyar al trabajador. Con este último método, la situación se enfoca desde el punto de vista de la ingeniería del factor humano, de manera que las demandas que impone sean compatibles con la capacidad, las limitaciones y las necesidades del trabajador.

Los dos métodos no son incompatibles; la diferencia entre ellos es el factor sobre el que enfatizan. Ambos deben ser aplicados según convenga; pero aquí se enfatiza la metodología de la situación de trabajo porque la selección y la capacitación son por lo general una oportunidad única y sólo dejan dos posibilidades: despedir al trabajador o readiestrarlo. La metodología de la situación de trabajo se puede aplicar definiendo las labores de producción y, de ahí en adelante, modificar una y otra vez las situaciones que originan errores si se presentan.

La estrategia más eficaz consiste en prevenir la comisión de errores diseñando el lugar de trabajo de manera que se minimice la posibilidad de error. Hacer cambios de diseño cuando se planea un sistema es más económico comparado con lo que cuesta hacerlos más tarde. Una vez que el sistema de producción está en operación, los cambios correctivos están restringidos en la mayoría de los casos a modificaciones de los procedimientos y métodos de trabajo y a cambios de poca consecuencia en los accesorios y el equipo de manejo.

Se necesitaría mucho más espacio que el disponible en este capítulo para describir detalladamente el método requerido para prevenir y evitar los errores durante la etapa de diseño del proceso de producción. Ese método implica un análisis del sistema hombre-máquina, en el cual se examinan las actividades y tareas con el fin de descubrir situaciones capaces de originar errores (ELS), para recomendar luego las modificaciones del diseño. El lector debe consultar el capítulo 6.8 de este manual, en el cual se describe de modo general el análisis del sistema hombre-máquina.

Aunque la prevención de las ELS mediante el diseño correcto del sistema de producción es la estrategia más conveniente, en la realidad el ingeniero enfrenta más comúnmente la tarea de reducir una cantidad excesiva de errores en un área de producción ya diseñada. En seguida se describe lo que Swain[1] denomina programa de "eliminación de las causas de error" (ECR), el cual es un tanto idealista porque depende de la colaboración entre la administración y los trabajadores, situación no fácil de realizarse.

El programa ECR

Una de las características principales del programa ECR es que hace hincapié en la acción preventiva más que en la acción simplemente correctiva. De modo que la identificación y el análisis de las ELS es por lo menos tan importante como la identificación y el análisis de los errores cometidos.

Uno de los requisitos de un programa ECR eficaz es la participación directa de los trabajadores de producción (inspectores, montadores, proveedores, manejadores, maquinistas, personal de mantenimiento, etc.) en los aspectos del programa relacionados con la obtención y el análisis de datos y las recomendaciones acerca del diseño. El programa más eficaz será aquel que el personal de producción estime como propio.

El programa ECR comprende equipos de trabajadores de producción, con los coordinadores necesarios que podrían ser supervisores o trabajadores que posean características técnicas y de grupo especiales. La función del coordinador consiste en mantener las actividades del grupo dirigidas hacia la meta. El equipo no debe estar formado por más de 8 ó 12 personas, y éstas deben trabajar en la misma área.

Los informes sobre errores y ELS son presentados individualmente por cada trabajador en las juntas periódicas de un equipo ECR. Esos informes se discuten y se hacen sugerencias sobre medidas preventivas o correctivas. Cada equipo presenta sus proposiciones a la gerencia a través del coordinador, para su debida evaluación y puesta en práctica. Debe disponerse de especialistas en factores humanos y de otros técnicos, para que auxilien a cada equipo y ayuden a la gerencia a evaluar las soluciones propuestas.

El programa ECR se debe limitar a la identificación de las etapas de trabajo que deben ser rediseñadas con el fin de disminuir las posibilidades de error. No debe ser contaminado con la inclusión de otras metas, por ejemplo, el aumento del volumen de producción. Un intento de ampliar el programa podría despertar en los trabajadores la sospecha de que sólo se trataba de una estratagema para acelerar la producción.

Elementos del ECR

Los elementos del programa ECR son los siguientes:

1. Todos los que participan son informados acerca del valor del programa.
2. Los trabajadores y los coordinadores de equipo son capacitados en las técnicas de obtención y análisis de datos que se van a aplicar.

3. Los trabajadores informan sobre errores y ELS; se analizan los informes para determinar las causas de los errores y se proponen soluciones de diseño para eliminar esas causas.
4. Los especialistas y la gerencia evalúan las soluciones propuestas, en términos de importancia y costo, y ponen en práctica las mejores o establecen otras soluciones alternas.
5. La gerencia da el reconocimiento debido a los esfuerzos realizados por el personal de producción en cada programa ECR.
6. Los especialistas evalúan los efectos de los cambios de diseño del proceso de producción, auxiliados por la información que proporciona continuamente el programa ECR.

Este último punto es de la mayor importancia. Los efectos de la implantación de un programa para corregir las ELS deben ser evaluados, y el programa ECR mismo debe ser considerado como un proceso siempre en marcha.

La función primordial del coordinador de un equipo ECR debe consistir en estimular la participación. Si los miembros de un equipo piensan que el programa es amenazador, coercitivo o "un truco más de la administración", ese equipo no funcionará bien. El programa no es otro esfuerzo para "disminuir los costos", ni se asigna un valor monetario a las soluciones de diseño sugeridas y aceptadas. La gerencia debe aclarar que incluso si una solución no puede ser aceptada por causas técnicas o de costo, la identificación de un problema de producción que dio o pudo dar lugar a errores es una contribución valiosa.

Se debe permitir que los trabajadores formen sus propios equipos. Sin embargo, la participación en el programa debe ser obligatoria, ya que si no todos los trabajadores se mostrarán igualmente entusiastas, los que participan no deben pensar que están haciendo una tarea adicional de la cual otros son dispensados.

El análisis ECR

Los datos a obtener en el programa ECR consisten en errores, ELS y situaciones que propicien los accidentes (APS). Estas últimas son importantes, porque la mayoría de los accidentes son el resultado de alguna situación de trabajo que fomenta errores que a su vez dan origen a los accidentes.

En el medio industrial, la mayoría de los errores estarán relacionados con defectos, accidentes y casi accidentes. La identificación de defectos presenta pocos problemas en las operaciones de producción donde las normas de calidad del producto están claramente definidas. El desacuerdo entre los miembros del equipo ECR acerca de si un producto es o no defectuoso indica la necesidad de una definición más clara de los límites de tolerancia.

Los errores son importantes aunque no hayan dado lugar a consecuencias graves, porque el error puede indicar una deficiencia en el proceso del trabajo que más tarde podría conducir a otro error mucho más grave. Este punto debe recalcarse al trabajador, porque su tendencia natural será a pasar por alto aquello que considere un error sin consecuencias. La misma lógica es aplicable también a los informes de accidentes y casi accidentes.

La esencia de un análisis de ELS y APS es la aceptación de que ciertas situaciones de trabajo son indeseables e imponen demandas excesivas al trabajador. Entre las preguntas que se deben plantear figuran las siguientes: ¿La tarea está dentro de las capacidades del trabajador? ¿Hay algo en la tarea que provoque o pueda provocar fatiga o incomodidad en el trabajador? ¿Hay retroinformación suficiente? ¿Exige el trabajo demasiada precisión o demasiados movimientos? ¿Es adecuado el ambiente físico (temperatura, ruido, alumbrado)? También deberán plantearse preguntas sobre cada uno de los PSF que se mencionan en el ejemplo 6.2.3.

Cada equipo ECR se debe reunir periódicamente (sin la presencia de la administración) para evaluar los informes presentados. Hará sus comentarios sobre las sugerencias hechas y tratará de llegar a un consenso. Este acuerdo se agregará al informe de errores, ELS o APS que se envía a la gerencia para su evaluación. Cada informe deberá ser remitido hacia arriba. Aun cuando las sugerencias de mejoramiento sean impracticables, por lo menos se ha identificado un problema.

La evaluación ECR

Cada sugerencia presentada por el equipo ECR para el rediseño de la situación de trabajo debe ser evaluada por un comité de especialistas, en base a lo siguiente:

1. **Valor técnico.** ¿El rediseño logrará verdaderamente disminuir los errores, y en qué proporción?
2. **Valor no técnico.** ¿Dará lugar el rediseño a otras mejoras, como mayor satisfacción en el trabajo? Algunos de estos factores no técnicos son intangibles y es difícil asignarles un valor monetario. No obstante, pueden disminuir la rotación de personal, el ausentismo y las quejas.
3. **Eficacia en proporción con el costo.** ¿El costo de rediseño se compensará con la supuesta disminución de los errores, o con otras consideraciones de su valor?

Para que la gerencia haga una evaluación adecuada de los errores, las ELS y las APS, hay que determinar su importancia. Esta la determinan tres factores: las consecuencias, en términos de pérdida de dinero o de clientes (o ambos), la probabilidad de que se produzcan errores y el costo de la acción correctiva. Cada factor se valora de acuerdo con las escalas siguientes (tomadas de Swain,[1] modificadas por el autor):

1. Posibles consecuencias de las ELS:

a. ⩾ 100,000 dólares de desechos y 1000 clientes perdidos.
b. ⩾ 10,000 dólares de desechos y 100 clientes perdidos.
c. ⩾ 1000 dólares de desechos y 10 clientes perdidos.
d. ⩾ 100 dólares de desechos y 1 cliente perdido.
e. ⩾ Insignificantes.

2. Probabilidad de que un error no sea corregido:

a. Varias veces al mes.
b. Una vez al mes.
c. Varias veces al año.
d. Una vez al año.
e. Menos de una vez al año.

3. Costo de la acción correctiva:

a. Menos de 100 dólares.
b. Entre 100 y 1000 dólares.
c. De 1001 a 10,000 dólares.
d. De 10,001 a 100,000 dólares.
e. Más de 100,000 dólares.

Ciertamente estos rangos son bastantes toscos y los valores resultantes no se pueden combinar; pero ofrecen un medio de semicuantificar las ELS a las cuales tendrá que hacer frente la administración. Obviamente, una ELS o una APS clasificadas como (e) en cada escala serían desechadas, pero una clasificada con A debe ser considerada cuidadosamente.

Los círculos de control de calidad

Una variante del método ECR es el concepto de círculos de control de calidad (QC), desarrollado en el Japón en 1963 y que desde entonces ha tenido mucho éxito en aquel país en cuanto a resolver problemas de control de calidad. La esencia de los círculos QC es la participación en la solución de los problemas. Grupos de 8 a 10 personas (supervisores, trabajadores, ingenieros de producción) que realizan tareas similares o interrelacionadas forman un círculo de voluntarios. Reciben capacitación especial en técnicas estadísticas de control de calidad, preparación que en los Estados Unidos, está reservada normalmente para los ingenieros de control de calidad. La capacitación incluye el uso de diagramas de Pareto para identificar los problemas principales que producen un defecto; de diagramas de causa y efecto (algo similar al diagrama de árbol de los defectos); de histogramas, gráficas, cuadros de control, estratificación y probabilidad binómica.

Se celebran juntas una vez al mes por lo menos, normalmente con tiempo pagado. Con ayuda de un facilitador, que puede ser supervisor, el grupo selecciona un problema que origina defectos en el producto y que parece tener solución. Utilizando los diagramas de Pareto,[9,10] el círculo analiza los factores causantes del mayor porcentaje de los defectos detectados. Luego, el grupo elabora un diagrama de causa y efecto para determinar la causa específica del problema. Después de establecer metas para reducir la cantidad de defectos, el círculo recomienda las posibles soluciones, por ejemplo, mejoras en los procedimientos o modificaciones al diseño, y trata de poner en práctica la solución. Todo esto se hace con la colaboración activa de la gerencia.

Ciertos aspectos del equipo ECR y del círculo QC se parecen mucho; por ejemplo, la orientación hacia la solución del problema, el concepto de democracia participativa y la cooperación entre los niveles administrativo, de ingeniería y de producción. El círculo QC difiere del equipo ECR en la capacitación en técnicas estadísticas de control de calidad, aunque esa capacitación es más bien práctica que académica; en la formalidad con la cual se investigan los problemas (por ejemplo, aplicando diagramas de Pareto y de causa y efecto) y muy especialmente destacan el trabajo de equipo, el orgullo y la identificación con la empresa, características que las empresas norteamericanas consideran típicamente japonesas.

Auxiliares analíticos del círculo QC

Dos de los principales auxiliares para análisis de la capacitación en la metodología QC son el diagrama de Pareto y el diagrama de causa y efecto.

El análisis de Pareto. A la técnica que consiste en ordenar los datos de acuerdo con su prioridad o importancia y asociarlos con un marco de soluciones del problema se le llama análisis de Pareto. El estudio que sigue se tomó del manual de capacitación para círculos QC de la Sociedad Norteamericana de Control de Calidad.[11]

La distribución de Pareto está basada en el valor de orden de medición de cada elemento considerado, más que en el valor cuantitativo del elemento. Los pasos son los siguientes:

1. Hacer una lista de todos los elementos de interés.
2. Medir los elementos, aplicando a todos la misma unidad de medición.
3. Ordenar los elementos de acuerdo con su medida, no con su clasificación.
4. Crear una distribución acumulativa para el número de partidas y elementos medidos.

Por ejemplo:

Tipo de defecto	*Número de elementos*	*Porcentaje de elementos*	*Total en dinero (dólares)*	*Porcentaje en dinero*
A	1	14.29	5865	79.58
B	2	28.57	6736	91.40
C	3	42.86	7005	95.05
D	4	57.14	7181	97.44
E	5	71.43	7275	98.71
F	6	85.71	7330	99.46
G	7	100.00	7370	100.00

Ejemplo 6.2.4

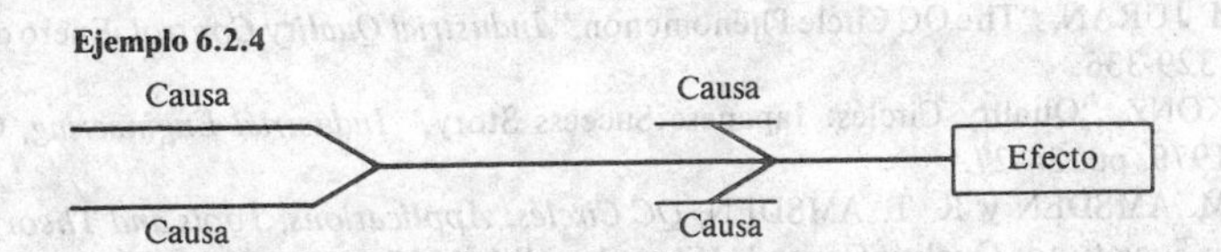

La distribución que antecede puede representarse como una curva en un plano, donde un eje será el porcentaje de valor y el otro el porcentaje de partidas. Esto permite ver que unos pocos elementos representan un porcentaje desproporcionado de todas las mediciones y deben ser por lo tanto los elementos que deben ser atacados. En el ejemplo presentado, resulta obvio que el defecto tipo A es el causante del 80% del problema y por lo tanto se le debe prestar la mayor atención.

Diagrama de causa y efecto. El diagrama de causa y efecto, desarrollado por Ishikawa en 1950, consiste en definir un acontecimiento (efecto) y reducirlo a los factores que lo ocasionan (causas). Las relaciones que existen entre los factores que lo ocasionan se disponen en forma de "espina de pescado", como se indica en el ejemplo 6.2.4.

Al elaborar este diagrama, los factores o causas principales se ordenan primero según cuatro categorías (mano de obra, máquina, métodos y materiales) y luego se reducen iterativamente a sus subcausas. El proceso continúa hasta haber señalado todas las causas posibles. Los factores son analizados luego cuidadosamente en base a su probable contribución al efecto o al problema.

La principal objeción que se opone al concepto de círculo QC es que los procedimientos seguidos no se pueden aplicar en una sociedad no japonesa. Dicho de otro modo, que sería difícil obtener de los trabajadores occidentales la colaboración, el trabajo de equipo y la motivación necesarias. El método de círculo QC se ha aplicado primordialmente en el Japón (donde ha tenido grandes logros) y ha sido puesto a prueba en diversas fábricas norteamericanas con resultados positivos. Debido a la resistencia de las administraciones industriales norteamericanas, no se ha probado en gran escala en este país.

REFERENCIAS

1. A. D. SWAIN, *Design Techniques for Improving Human Performance in Production,* autor, 712 Sundown Place, S.E., Albuquerque, NM 87107, 1977.
2. L. W. ROOK, "ZD: Momentary or Momentous," *Quality Assurance,* Vol. 4, Octubre de 1965, pp. 24-28.
3. J. W. ALTMAN, "Classification of Human Error," en W. B. Askren, *Symposium on Reliability of Human Performance in Work,* Informe AMRL-TR-67-88, Aerospace Medical Research Laboratories. Wright-Patterson Air Force Base, OH, Mayo de 1967.
4. L. V. RIGBY y A. D. SWAIN, "Effects of Assembly Error on Product Acceptability and Reliability," *Proceedings, 7th Annual Reliability and Maintainability Conference,* ASME, Nueva York, Julio de 1968.
5. I. METZ, "Building Better Cars," *The Wall Street Journal,* Septiembre 24, 1968.
6. D. MEISTER, *Human Factors: Theory and Practice,* Wiley, Nueva York, 1971.
7. L. W. ROOK, "Reduction of Human Error in Industrial Production" Memorando Técnico SCTM 93-62(14), Sandia Corporation, Albuquerque, NM, Junio de 1962.
8. R. E. URMSTON y C. M. CUTCHSHAW, *Human Engineering Principles Applied to the Design of Factory Test Equipment. I. TET-704,* Informe AE60-0290, Convair/Astronautics, San Diego, Abril 11, de 1960.

9. J. M. JURAN, "The QC Circle Phenomenon," *Industrial Quality Control*, Enero de 1967, pp. 329-336.
10. S. KONZ, "Quality Circles: Japanese Success Story," *Industrial Engineering*, Octubre de 1979, pp. 24-27.
11. D. M. AMSDEN y R. T. AMSDEN, *QC Circles: Applications, Tools and Theory*, American Society for Quality Control, Milwaukee, WI, 1967.

CAPITULO 6.3

Ingeniería antropométrica y biomecánica ocupacional

DON B. CHAFFIN
Universidad de Michigan

6.3.1 ANTECEDENTES

Tradicionalmente, en la ingeniería industrial se ha considerado al trabajador como un componente del complejo sistema de producción o de servicio. F. W. Taylor a finales del siglo diecinueve, y los Gilbreth en 1912, observaron específicamente que la capacidad física de un trabajador debía ser tomada en cuenta al diseñar un trabajo, a fin de maximizar el rendimiento del sistema total. De hecho, los Gilbreth hicieron estudios cuantitativos de cada posibilidad, los cuales hasta la fecha han servido de base en muchos casos para la distribución de los lugares de trabajo.[1] Las dimensiones corporales del trabajador fueron presentadas por LeGros y Weston[2] en 1926, y la comodidad del asiento fue un tema examinado por Lay y Fisher[3] en 1940.

En nuestros días, al estudio del tamaño, la movilidad y la forma del cuerpo humano, realizado con el fin de diseñar los productos y el medio físico, se le llama "ingeniería antropométrica". La disciplina para esos estudios surgió de la antropología física, en la cual fue necesario cuantificar con precisión las características físicas del hombre para fines de comparación. Los primeros ingenieros industriales se dieron cuenta de las posibilidades que ofrecía la aplicación de esos datos al lugar de trabajo, y esto dio origen a la disciplina de la ingeniería antropométrica. Un libro reciente de Roebuck y sus colaboradores[4] describe la evolución de este acontecimiento a partir de principios del presente siglo.

Asimismo, fue necesario saber cómo el uso de la fuerza requerida por un trabajo podía afectar la capacidad y la salud del trabajador. Hacia finales del siglo diecinueve, los anatomistas comenzaron a describir los movimientos humanos y las cargas de fuerza en términos cinemáticos. Esos primeros estudios condujeron a la ciencia multidisciplinaria llamada "biomecánica" o sea, el estudio de las reacciones mecánicas del cuerpo ante las cargas externas o inerciales. En los dos últimos decenios han surgido varias aplicaciones distintas de la biomecánica. La "biomecánica de impacto" estudia los problemas a que dan lugar las fuerzas externas repentinas que actúan sobre el cuerpo (por ejemplo, la colisión de un vehículo o la caída desde cierta altura), las cuales producen por lo general un trauma agudo (conmoción, latigazo, laceración). La "biomecánica ocupacional" se refiere más bien a los actos volitivos (levantar cargas, empujar carretillas), en los cuales el sistema musculoesquelético de la persona puede ser cargado al máximo. Los problemas relacionados con quienes pueden realizar esos esfuerzos con seguridad son tema de los estudios de biomecánica ocupacional. Este último punto es el objeto de estudio de las subsecciones que siguen.

6.3.2 PROBLEMAS DE CORRESPONDENCIA FISICA ENTRE LA PERSONA Y EL TRABAJO

Las tareas físicas no son repetitivas (por ejemplo, alcanzar a gran distancia hasta un control que se usa poco, o levantar ocasionalmente un objeto o herramienta excepcionalmente pesados), se pasan por alto a menudo en el proceso tradicional de descripción y evaluación de los empleos. Sin embargo, esas tareas no frecuentes pueden ocasionar graves problemas administrativos y sufrimiento humano. A continuación se da una descripción de los tipos de problemas que pueden enfrentar los administradores si desconocen las bases antropométricas y biomecánicas de la adaptación entre la persona y el trabajo en este contexto. El efecto de los esfuerzos físicos *repetitivos* se estudiará en el capítulo 6.4.

Los problemas de rendimiento del trabajador

De la inspección cuidadosa de la distribución del lugar de trabajo resultará evidente que los controles y objetos que deben ser movidos tienen que estar al alcance de la mayoría de los trabajadores. Sin embargo, las grandes variaciones que existen actualmente en el alcance físico del trabajador, sobre todo en lo que respecta a la mujer de baja estatura, al empleado de edad avanzada y al trabajador impedido físicamente, han aumentado la complejidad del problema al que se enfrenta el analista o diseñador del lugar de trabajo.

No hace mucho, el diseñador suponía que, si en un trabajo había que alcanzar hasta un control colocado a una altura considerable, ese trabajo se encomendaría a un hombre. Actualmente no sucede así, ya que más del 43 por ciento de la mano de obra se compone de mujeres. Donde antes se recomendaba en los libros de diseño una distancia de alrededor de 77 pulgadas (195 centímetros) del suelo para el alcance fácil de un asimiento, en referencia a los varones, ahora se recomiendan aproximadamente 73 pulgadas (185 centímetros) para ponerlo al alcance del 95 por ciento de las mujeres.[5] Ciertamente, ese cambio hace que el objeto en cuestión sea fácil de alcanzar; pero hay complicaciones. Por ejemplo, un control a 73 pulgadas de altura, si no está cuidadosamente situado en el espacio de trabajo, puede golpear la cabeza de más del 20 por ciento de los varones que pasen por debajo calzando zapatos, como se explica en Morgan y otros.[6]

Las variaciones antropométricas que existen actualmente entre los trabajadores imponen la necesidad de asegurarse de que la mayoría de las personas puedan alcanzar físicamente *todos* los objetos necesarios para realizar el trabajo. Hay que estudiar los datos de los movimientos de alcance hacia arriba, hacia los lados y hacia adelante y aplicarlos cuidadosamente para asegurarse de que sea así. Un banquillo para subirse en él puede ser una posible solución en algunos casos; pero el peligro de caer o tropezar que presentan la mayoría de las situaciones hace que esa solución sea cuestionable en la industria, donde hay problemas de visibilidad o de alcance hacia arriba.

Además, si el objeto que se va a mover exige *al mismo tiempo* un gran esfuerzo y una posición con el brazo extendido hacia arriba, a los lados o adelante, es preciso tener más cuidado aun al diseñar la distribución del lugar de trabajo. Por ejemplo, la fuerza del brazo queda muy limitada cuando está extendido y levanta un objeto verticalmente frente al cuerpo. Esto se ilustra en la ejemplo 6.3.1, tomado de Martin y Chaffin,[7] usando los datos promedio de la fuerza masculina. Como lo explican también Martin y Chaffin[7] y expone Laubach,[8] la fuerza del brazo al alcanzar involucrados los hombros es muy limitada en las mujeres: representa del 40 por ciento al 50 por ciento de la fuerza del varón.

El efecto general de ejercer con la mano una fuerza perpendicular al eje mayor del antebrazo es similar al que se muestra en el ejemplo 6.3.1. Es decir, mientras las manos están más alejadas del tronco, la fuerza perpendicular que se exige a la mano operando sobre el momento aumentado del brazo, da lugar a una mayor torsión o par de rotación, en diferentes articulaciones, especialmente el hombro. Este efecto de momento no es bien compensado por los músculos. De manera que la fuerza ejercida por la mano disminuye notablemente a medida que se extiende el brazo. Debido a esto, no se deben exigir a la mano esfuerzos de gran magnitud cuando el brazo está muy extendido. En la sección 6.3.4 se hacen algunas recomendaciones prácticas para evitar los problemas asociados con el rendimiento del trabajador.

Ejemplo 6.3.1 Fuerza isométrica prevista de levantamiento vertical con las dos manos, de un varón del quincuagésimo percentil[a]

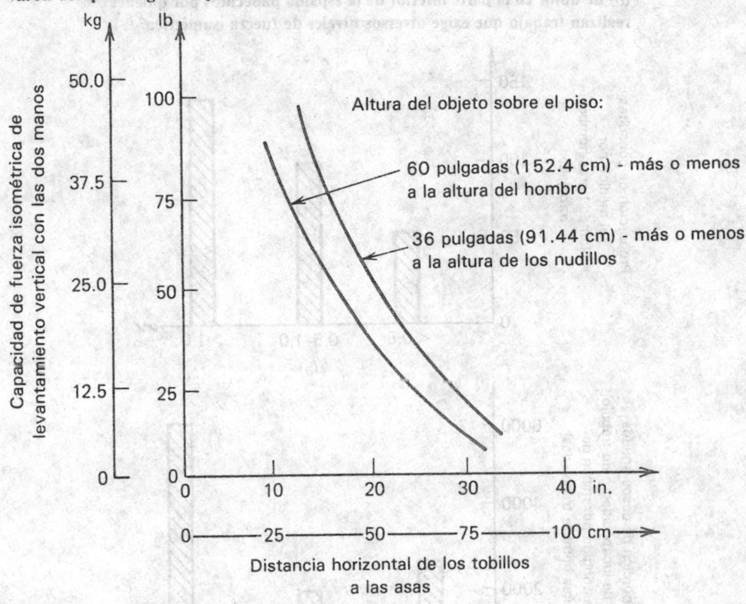

[a]Adaptado de la referencia 7.

La salud y la seguridad del trabajador

La mala adaptación antropométrica puede dar lugar también a problemas de salud y seguridad. Varios informes sobre investigaciones antropométricas, que han estado disponibles durante más de 30 años y ofrecen datos específicos acerca del tamaño, movilidad y forma de la población, pueden usarse para determinar la causa de un accidente. El *Journal of Applied Ergonomics*,* publicado durante más de 10 años, contiene ejemplos específicos de adaptaciones antropométricas deficientes que provocaron varios accidentes o contribuyeron a ellos.

Desde un punto de vista biomecánico, se ha demostrado en varios estudios que la mala adaptación entre la fuerza del trabajador y las necesidades del trabajo aumenta la probabilidad de que surjan problemas en el sistema musculoesquelético posteriormente (por ejemplo torceduras y casos de dolor en la parte inferior de la espalda). El ejemplo 6.3.2, tomado de Chaffin y otros,[9] indica los efectos de la mala adaptación en la incidencia de padecimientos de la región lumbar. Los índices de incidencia (es decir, el número de casos de dolores lumbares por millón de horas-hombre de trabajo) aumentaron en casi tres veces cuando la persona asignada al empleo no tenía una fuerza isométrica equivalente por lo menos a la necesaria para realizar las tareas más fatigosas del trabajo. Los autores mencionados informaron de un resultado similar en el caso de otros problemas de los músculos y el esqueleto cuando los esfuerzos físicos máximos se repetían con frecuencia durante el día.

Puesto que la variabilidad de la fuerza entre la población trabajadora ha aumentado en la última década, junto con el deseo de proporcionar un lugar de trabajo seguro y saludable, ha sido necesario diseñar lugares de trabajo adecuados para las personas de poca fuerza. Esta es una meta explícita de diversos programas de acción positiva que tienden a aumentar las opor-

**Journal of Applied Ergonomics*, IPC Science & Technology Press Limited, P. O. Box 63, Westbury House, Bury Street, Guilford, Surrey, GU2 5BH Inglaterra.

Ejemplo 6.3.2 Proporción de casos (*a*) y proporción de casos agudos (*b*) de dolor en la parte inferior de la espalda padecidos por quienes realizan trabajo que exige diversos niveles de fuerza isométrica[a,b]

Proporción de consultas al médico por millón de horas-hombre trabajadas
150
100
50
0
<0.5
0.5-1.0
>1.0

(*a*)

Proporción de casos agudos (horas de incapacidad o de trabajo restringido por millón de horas-hombre trabajadas)
6000
4000
2000
0
<0.5
0.5-1.0
>1.0
Nivel de fuerza requerida[b]

(*b*)

[a]Adaptado de la referencia 9.

[b]Nivel de fuerza requerida = peso máximo levantado/fuerza isométrica empleada en la prueba de simulación.

tunidades de empleo para las mujeres, los trabajadores de mayor edad y aquellos impedidos físicamente. De manera que en la actualidad es conveniente coordinar el diseño de nuevos lugares de trabajo o el rediseño de los existentes, así como de las máquinas, con el departamento de personal de la fábrica, a fin de asegurarse de que se tiene en cuenta la política de acción positiva en favor de esos grupos.

En suma, desde el punto de vista del rendimiento, la salud y la seguridad del trabajador, al diseñar los empleos se deben considerar los factores antropométricos y biomecánicos. No son aceptables las simples suposiciones acerca de la capacidad de alcance y fuerza de la población trabajadora. Hay datos disponibles respecto a esas características humanas, y deben ser tenidos en cuenta. El costo de la mala adaptación entre el trabajador y la tarea va en aumento. A continuación se sugieren algunos métodos para controlar esa situación.

6.3.3 CONSIDERACIONES ANTROPOMETRICAS EN EL DISEÑO

La necesidad

Como se explicó en la subsección que antecede, cuando se diseña para una población cuyas características antropométricas varían ampliamente hay que reconocer los problemas que surgen en los objetivos del diseño. De modo general, los problemas se originarán de la necesidad de proporcionar espacio y comodidad adecuados para la persona corpulenta, y de que la persona pequeña pueda alcanzar fácilmente los objetos. Para lograr esos objetivos contrapuestos habrá que considerar la economía, la seguridad y el bienestar del trabajador y cada caso exigirá un enfoque diferente. Siempre será útil, desde luego, tener a la mano las mejores descripciones delas características dela población trabajadora necesarios para desarrollar el diseño.

La antropometría proporciona a la ingeniería los datos sobre las dimensiones, la forma y la movilidad del cuerpo humano necesarios para diseñar muchos lugares de trabajo; ofrece un método para obtener los datos necesarios. Roebuck y sus colaboradores[4] han revisado los métodos de obtención de datos antropométricos para fines de diseño, y se sugiere una lectura cuidadosa de su libro antes de llevar a cabo cualquier tipo de estudio antropométrico del trabajador.

Fuentes de datos estáticos

Los datos antropométricos se clasifican en dos categorías: estáticos y dinámicos. Los datos estáticos describen a una persona ya sea en reposo (sentada o de pie) o adoptando una postura extrema. La mayoría de los datos así presentados se refieren a un aspecto corporal (por ejemplo, longitud, circunferencia, forma) o a la movilidad conjunta. De manera que el usuario tiene a menudo que combinar los datos para formar una descripción de la característica que interesa de la población.

Por ejemplo, para estimar el alcance hacia arriba estando sentado, se pueden combinar las longitudes de la extremidad superior y del torso para hacer el pronóstico requerido de la población. Sin embargo, el pronóstico puede tener un error considerable, puesto que no se tendrán en cuenta la rotación del hombro hacia arriba ni la erección del torso o aplanamiento de la columna vertebral; de manera que la estimación puede ser demasiada corta. Sin embargo, esa clase de error puede ser aceptable, sobre todo en las primeras etapas del proceso de diseño donde sólo se requieren estimaciones generales.

Hay varias fuentes de datos antropométricos estáticos, en forma de tabla. La tabulación más reciente y general comprende tres volúmenes. Editada por *Webb Associates* para la NASA, contiene una lista de 59 variables antropométricas correspondientes a 12 poblaciones seleccionadas.[10]

La necesidad de combinar esos datos en forma más útil que una tabla ha dado lugar a la creación de maniquíes para la mesa de dibujo. Se trata de modelos a escala del cuerpo humano en plástico transparente, articulados en varios lugares importantes. Hay vistas laterales, desde arriba y de frente. Los juegos se pueden obtener en *Anthropometric Data Application Manikin,* P. O. Box 2653, Santa Barbara, CA 93120.

El modelo más reciente de maniquí permite que el torso se flexione y se extienda de modo muy realista. Los planos para este modelo se pueden adquirir en *6570 Aerospace Medical Research Laboratory, Attention – Mr. Kenneth Kennedy, Wright Patterson AFB,* OH 45433. Los bosquejos para maniquíes más simplificados del quinto, el quincuagésimo y el nonagésimoquinto percentiles se presentan también en el *NASA Anthropometric Source Book.*[10]

Las longitudes típicas de partes del cuerpo humano en una representación cinemática, aparecen en el ejemplo 6.3.3. Combinadas con los datos de estatura del ejemplo 6.3.4, se pueden usar para describir fácilmente algunos de los datos antropométricos estáticos principales necesarios para el diseño.

Fuentes de datos dinámicos

El hecho de usar maniquíes de dibujo o correlaciones de estatura en combinación con datos estáticos para predecir un enfoque antropométrico funcional (dinámico) no reduce mucho el error, pero ciertamente facilita el uso de esos datos. Como el error puede ser inaceptable en muchas situaciones de diseño, se han establecido varios datos antropométricos funcionales

Ejemplo 6.3.3 Largo de los segmentos en proporción con la estatura[a]

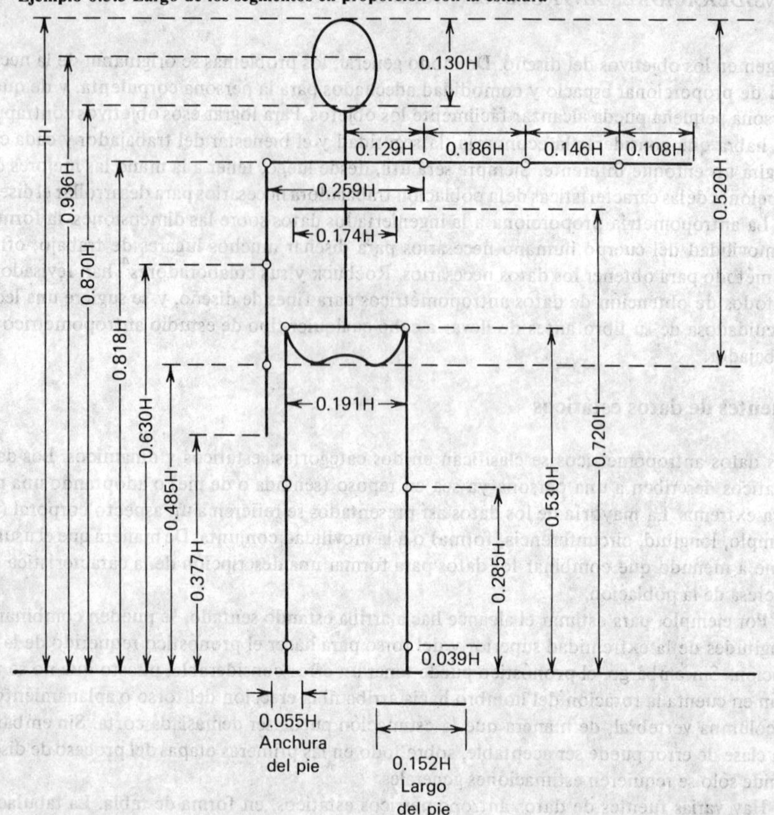

[a]Tomado de Roebuck y colaboradores, referencia 4.

Ejemplo 6.3.4 Estatura de los adultos norteamericanos, de 1971 a 1974

	Media		*SD*		*Percentiles*		
Sexo y edad	*Pulg.*	*Cm.*	*Pulg.*	*Cm.*	*5o.*	*50o.*	*95o.*
Varones (18 a 74 años)	69.0	(175)	2.8	(7.11)	64.4 (164)	69.0 (175)	73.6 (187)
18–24 años	69.7	(177)	2.8	(7.11)	65.1 (165)	69.7 (177)	74.4 (189)
25–34 años	69.6	(177)	2.9	(7.34)	64.8 (165)	69.5 (177)	74.3 (189)
35–44 años	69.1	(176)	2.7	(6.86)	64.7 (164)	69.2 (176)	73.4 (186)
45–54 años	68.9	(175)	2.6	(6.60)	64.7 (164)	68.8 (175)	73.2 (186)
55–64 años	68.3	(173)	2.6	(6.60)	64.1 (163)	68.2 (173)	72.5 (184)
65–74 años	67.3	(171)	2.6	(6.60)	63.2 (161)	67.3 (171)	71.6 (182)
Mujeres (18 a 74 años)	63.6	(162)	2.5	(6.35)	59.5 (151)	63.7 (162)	67.8 (172)
18–24 años	64.3	(163)	2.5	(6.35)	60.2 (153)	64.3 (163)	68.4 (174)
25–34 años	64.1	(163)	2.4	(6.10)	60.2 (153)	64.0 (163)	68.2 (173)
35–44 años	64.1	(163)	2.5	(6.35)	59.9 (152)	64.1 (163)	68.4 (174)
45–54 años	63.6	(162)	2.3	(5.84)	59.9 (152)	63.7 (162)	67.3 (171)
55–64 años	62.8	(160)	2.4	(6.10)	58.6 (149)	62.8 (160)	66.6 (169)
65–74 años	62.3	(158)	2.4	(6.10)	58.2 (148)	62.3 (158)	66.2 (168)

Fuente: Adaptado de la referencia 11.

para situaciones de trabajo típicas (por ejemplo, alcance hacia arriba, alcance hacia adelante estando sentado, alcance a cada lado). Una manera de representar esos tipos de datos funcionales consiste en referir cada variable a la estatura de la persona, como se hizo en el ejemplo 6.3.3 para los datos estáticos. Aunque esos coeficientes de determinación son relativamente bajos ($r^2 = .3$ a $.8$), los resultados se pueden presentar útilmente en forma de nomograma, como lo hicieron Diffrient y otros.[12] Así, escogiendo el percentil de estatura que interese, el

Ejemplo 6.3.5 Curva de alcance máximo por encima de la superficie de trabajo en el caso de las mujeres pequeñas (quinto percentil), asiendo entre el pulgar y los dedos[a]

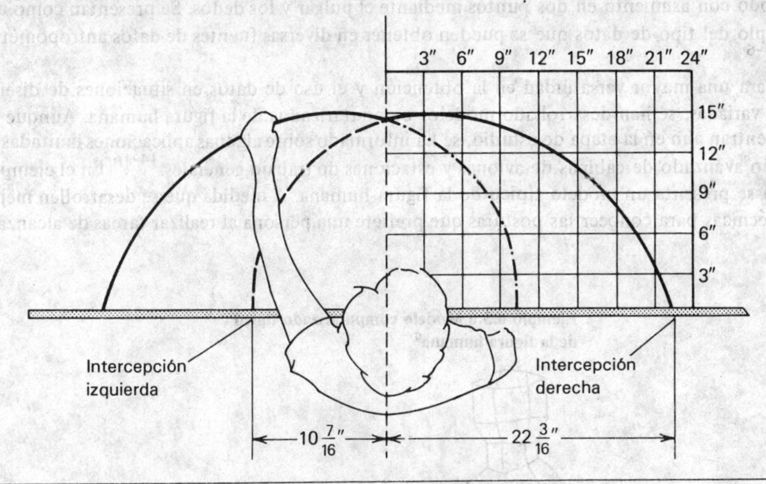

Alcances de la mano derecha, quinto percentil (Todas las dimensiones tienen como referencia el borde frontal del lugar de trabajo.)

Distancia a lo largo del borde frontal del lugar de trabajo	*Altura sobre la superficie de trabajo (Altura del codo estando sentado en posición erecta)*						
	1 pulg.	*6 pulg.*	*11 pulg.*	*16 pulg.*	*21 pulg.*	*26 pulg.*	*31 pulg.*
9 pulg. a la izq.	$7\frac{3}{4}$	$9\frac{13}{16}$	10	$9\frac{3}{8}$	$5\frac{3}{4}$	–	–
6 pulg. a la izq.	$11\frac{5}{8}$	$12\frac{13}{16}$	13	$12\frac{11}{16}$	$10\frac{1}{8}$	$6\frac{5}{8}$	–
3 pulg. a la izq.	$13\frac{5}{8}$	$14\frac{5}{8}$	$14\frac{7}{8}$	$14\frac{9}{16}$	$12\frac{3}{8}$	$9\frac{3}{8}$	3
0	$14\frac{1}{2}$	$15\frac{5}{8}$	$15\frac{7}{8}$	$13\frac{1}{2}$	$13\frac{1}{2}$	$10\frac{7}{8}$	$5\frac{7}{16}$
3 pulg. a la der.	15	$15\frac{7}{8}$	$16\frac{1}{8}$	$15\frac{7}{8}$	$13\frac{15}{16}$	$11\frac{1}{8}$	$5\frac{7}{8}$
6 pulg. a la der.	$14\frac{3}{4}$	$15\frac{3}{4}$	16	$15\frac{3}{4}$	14	$10\frac{15}{16}$	$5\frac{1}{4}$
9 pulg. a la der.	14	$15\frac{1}{4}$	$15\frac{9}{16}$	$15\frac{5}{16}$	$13\frac{1}{2}$	$10\frac{1}{4}$	$3\frac{5}{8}$
12 pulg. a la der.	$12\frac{7}{8}$	$14\frac{1}{4}$	$14\frac{1}{4}$	$14\frac{1}{4}$	$12\frac{1}{8}$	$8\frac{1}{2}$	$\frac{7}{8}$
15 pulg. a la der.	$11\frac{3}{16}$	$12\frac{1}{2}$	$12\frac{5}{8}$	$12\frac{5}{8}$	$10\frac{1}{8}$	6	–
18 pulg. a la der.	$8\frac{1}{2}$	$9\frac{7}{8}$	$9\frac{13}{16}$	$9\frac{13}{16}$	7	$\frac{3}{4}$	–
21 pulg. a la der.	$3\frac{7}{8}$	$6\frac{1}{8}$	$5\frac{1}{2}$	$5\frac{1}{2}$	$1\frac{1}{2}$	–	–
Intercepción izquierda	$10\frac{7}{16}$	$11\frac{3}{8}$	$11\frac{1}{4}$	$11\frac{1}{8}$	$9\frac{3}{4}$	8	$4\frac{3}{16}$
Intercepción derecha	$22\frac{3}{16}$	$23\frac{9}{16}$	$23\frac{7}{8}$	$23\frac{1}{4}$	$21\frac{9}{16}$	$18\frac{1}{4}$	$12\frac{5}{8}$

[a]Adaptado de la referencia 13.

nomograma proporciona un pronóstico de primer orden de muchas dimensiones funcionales diferentes de la población.

Cuando se utilizan cualesquiera datos antropométricos funcionales para el diseño, es evidente que muchos factores, ambientales y de la tarea (o de ambos), pueden no corresponder con los datos. De todas maneras, existen datos funcionales sobre alcances, provenientes de la investigación y pueden servir de guía para el diseño. Por ejemplo, en la ilustración 6.3.5 se muestra el alcance hacia adelante de la mujer pequeña (quinto percentil), sentada y erecta, determinado por Faulkner y Day[13] entre la población industrial de la Eastman Kodak. En esos datos no se incluye el auxilio del hombro ni del torso, sino que representan un alcance cómodo con asimiento en dos puntos mediante el pulgar y los dedos. Se presentan como un ejemplo del tipo de datos que se pueden obtener en diversas fuentes de datos antropométricos.[4-6]

Para una mayor versatilidad en la obtención y el uso de datos en situaciones de diseño muy variadas, se han desarrollado modelos computarizados de la figura humana. Aunque se encuentran aún en la etapa de estudio, se ha informado sobre algunas aplicaciones limitadas al diseño avanzado de cabinas de aviones y estaciones de trabajo generales.[14-16] En el ejemplo 6.3.6 se presenta un modelo típico de la figura humana. A medida que se desarrollen mejores técnicas para conocer las posturas que prefiere una persona al realizar tareas de alcanzar,

Ejemplo 6.3.6 Modelo computarizado típico de la figura humana[a]

[a] *Del Centro de Ergonomía de la Universidad de Michigan.*

esos modelos permitirán en el futuro adaptar el espacio de trabajo a la antropometría de una persona o de una población.

6.3.4 CONSIDERACIONES ACERCA DEL DISEÑO BIOMECANICO

Antecedentes

El sistema musculoesquelético del hombre es un sistema articulado cinemático. Así, cuando se aplica una carga a las manos, las fuerzas de reacción se transmiten a través de ese sistema. La capacidad para tolerar esas fuerzas varía mucho de una persona a otra y de una articulación a otra.

La fuerza ocasional máxima que puede ejercer sin daño la persona que ejecuta una acción específica ha sido evaluada por diversos métodos. Los tres que se aplican comúnmente son los siguientes:

1. La epidemiología de los daños por esfuerzo excesivo observada en la fábrica.
2. Los estudios biomecánicos del manejo de cargas.
3. Los estudios sicofísicos y de la fuerza isométrica.

Los estudios epidemiológicos del esfuerzo físico han servido para determinar los posibles efectos negativos causados en la salud de un trabajador cuando ejecuta tareas físicas de tipo general. Por ejemplo, un estudio indicó que el levantamiento de cargas compactas (cajas) de más de 120 lbs (observado en cinco fábricas situadas en lugares diferentes) ocasionaba quejas de dolores lumbares en unas ocho veces más por hora-hombre que en el caso de pesos más livianos[17] (menos de 35 lbs). Por desgracia, esos estudios son difíciles de controlar y los resultados son a menudo demasiado generales para poder servir de guía en el diseño de una tarea específica. Más bien, esos datos indican que hay alguna clase de problema en relación con los esfuerzos físicos que exige un trabajo y que hace falta una evaluación más detallada por otros medios.

Esas evaluaciones detalladas pueden basarse en el segundo método: crear modelos biomecánicos del sistema musculoesquelético del hombre. Estos producen resultados más específicos, pero su exactitud depende de la validez de las suposiciones del modelo. E. R. Tichauer[18] ha demostrado que los modelos cinemáticos sencillos son eficaces para comparar diversas tareas industriales de manejo manual de materiales. En este método, el cuerpo humano es considerado como un conjunto de eslabones sólidos articulados en los puntos principales del cuerpo. Como la epidemiología ha indicado que el dolor en la parte inferior de la espalda aparece cuando se manejan cargas pesadas, una articulación de gran interés para el acoplamiento cinemático es la lumbosacra (o sea el disco L_5/S_1 en la base de la espina lumbar). Comparando el movimiento giratorio en torno de esa articulación, causado por el levantamiento de cargas en varias posturas, Tichauer ha demostrado cuán severa puede ser la acción de levantar un objeto muy voluminoso debido al esfuerzo impuesto a la parte inferior de la espalda. Tichauer y otros investigadores han confirmado los resultados obtenidos con el modelo, recurriendo a la electromiografía de los músculos extensores de la espalda, la cual proporciona una estimación de la tensión de esos músculos al realizar una acción determinada.[18]

La comparación de las fuerzas que actúan comprimiendo la articulación lumbosacra durante diversos actos físicos, con las fuerzas máximas necesarias para hacer ceder el disco en la columna vertebral de un cadáver, ha confirmado los problemas asociados con el levantamiento de cargas pesadas. Chaffin[19] ha demostrado que no es raro que en el disco lumbosacro se desarrolle una fuerza de compresión de 1400 lbs (634 kg), dando lugar a padecimientos crónicos de la espalda. Si la carga es voluminosa y pesada, puede esperarse que las fuerzas de compresión sobre la región lumbrosacra de la espina excedan las 2000 lbs (906 kg).

El tercer método para pronosticar los límites de seguridad de la población para el manejo de cargas consiste en solicitar la colaboración de los trabajadores con el fin de que demuestren su capacidad para ejecutar actos específicos. Si la demostración es isométrica (estática), se le llama "prueba de fuerza isométrica".[9] Si el trabajador ejecuta una tarea dinámica y ajusta la carga resistiva al nivel tolerable durante un cierto período (por lo general de 8 horas), se le llama "prueba sicofísica". Snook, de la *Liberty Mutual Insurance Company*, ha escrito extensamente acerca de las bases sicofísicas para fijar límites a los trabajos de manejo manual de materiales.[20]

Dados esos tres métodos, se derivan algunas reglas generales para los actos físicos específicos no repetitivos (por ejemplo, esfuerzos de unos dos segundos de duración realizados con poca frecuencia durante el turno de 8 hrs).

Levantamiento

Como lo indica el estudio anterior de la biomecánica del levantamiento, el tamaño (volumen) del objeto que se va a levantar es un punto importante que se debe considerar para establecer un límite de "seguridad". Asimismo, habrá que decidir acerca de la fuerza de la población seleccionada para que realice esos actos. El Instituto Nacional para la Seguridad y la Salud en el Trabajo (NIOSH), que estudia estas cuestiones, ha sugerido un lineamiento preliminar, como se muestra en el ejemplo 6.3.7. Aunque no es por ahora una proposición formal, representa el intento más general de combinar los diversos tipos de datos en una guía uniforme para el diseño de una tarea de levantamiento, tanto para varones como para mujeres. Como tal, se piensa que es la referencia más razonable para el diseño de levantamientos ocasionales simétricos, con las dos manos, desde cerca del suelo hasta una altura de 30 pulgadas (76 cm).

Señalaremos sin embargo las siguientes condiciones para la aplicación de las guías NIOSH:

Ejemplo 6.3.7 Límites de peso y tamaño que se recomiendan para levantamientos ocasionales (menos de una vez cada 5 minutos)

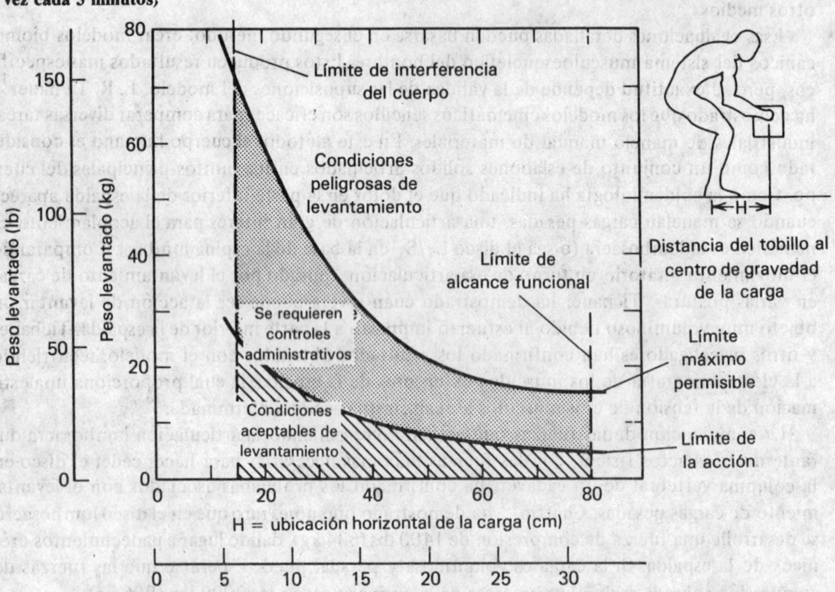

1. Si los trabajadores son seleccionados para ese trabajo sometiéndolos a pruebas específicas de fuerza y otras de carácter médico, se recomiendan los valores superiores. Si no hay selección o un programa de capacitación para esas tareas, se aplicarán los valores más bajos.
2. Si el objeto no tiene que ser levantado desde el piso, sino que se encuentra a la altura de la rodilla o más arriba, los límites serán mayores en un 20 por ciento aproximadamente.
3. Si el objeto se va a levantar sobre una mesa de 30 pulgadas (76 cm) de altura, los límites se reducirán aproximadamente en 1 por ciento por cada pulgada arriba de la mesa (0.4 por ciento por centímetro).
4. Si el objeto se va a levantar con frecuencia, los límites se reducirán en proporción con el ritmo del trabajo (véase el capítulo 6.4).

Empujar y tirar de carretillas

Las de empujar y arrastrar con las dos manos (por ejemplo, empujar una carretilla de mano) no han sido estudiadas en la industria tan ampliamente como la tarea de levantar. Evidentemente, un factor de importancia en esos actos es la adherencia de los pies del trabajador. Si se supone que la adherencia es muy elevada (suposición que debe ser evaluada cuidadosamente), la fuerza del trabajador viene a ser el factor predominante en los empujes y arrastres de corta duración. Como ocurre con el levantamiento, la fuerza depende de las posturas que permitan el lugar de trabajo y el objeto que se empuja o arrastra. El ejemplo 6.3.8 muestra esas relaciones para el caso del varón de corpulencia media. Una vez más, si las fuerzas indicadas se tienen que ejercer durante más de unos cuantos segundos, habrá que aplicar las correcciones de que se habla en el capítulo 6.4 a fin de reducir los valores según corresponda.

Los datos sicofísicos de Snook[20] sobre empuje y arrastre sugieren también que los valores que aparecen en el ejemplo 6.3.8 se deben reducir aproximadamente en un 50 por ciento de los indicados si se diseña para incluir al 90 por ciento de las mujeres. Asimismo, hay que hacer notar que con frecuencia en la industria, el coeficiente de fricción entre el zapato y el piso alcanza apenas valores del orden de 0.5, incluso sobre hormigón seco. De manera que, si se espera que una persona que pesa poco (digamos unas 100 lbs) lleve a cabo un empuje o un arrastre, los esfuerzos manuales de más de 50 lbs (23 kg) muy probablemente provocarán que resbale, incluso con una buena postura. A este respecto, la buena práctica sugiere que, cuando se lleva una carretilla sobre una rampa, nos coloquemos en la parte superior. Si se produce un resbalón, se evitará que la carretilla se deslice hacia el trabajador.

Control del movimiento

Los movimientos de empujar y tirar con una sola mano son a menudo necesarios al mover controles manuales. Como se explicó al principio de este capítulo, siempre que la fuerza que la mano ejerce sobre un objeto, ésta actúa perpendicularmente al eje mayor del antebrazo y da lugar a momentos de torsión en el codo y el hombro que sobrecargan la capacidad del músculo; de manera que la capacidad de fuerza disminuye rápidamente al extender el brazo y con el aumento de la distancia entre la mano y el hombro, como se explicó anteriormente para el levantamiento en el ejemplo 6.3.1. Una regla sencilla para las fuerzas de empuje y tracción consiste en evitar que las cargas impuestas a la mano obliguen al hombro a extenderse o flexionarse cuando el codo se encuentre ya extendido. Dicho de otro modo: para lograr capacidad máxima, manténgase el vector de la carga impuesta a la mano dirigido hacia el hombro, especialmente cuando el codo está extendido (es decir, tirar o empujar hacia o en dirección opuesta al hombro), flexionando o extendiendo el codo.

Asimismo, si es posible elegir entre ejercer una fuerza lateralmente frente al cuerpo (o sea empujar hacia la derecha o hacia la izquierda), o empujar hacia el cuerpo o en dirección opuesta, prefiérase esto último. La fuerza es mucho mayor (aproximadamente el doble) cuando se empuja o se tira hacia el cuerpo o en dirección opuesta que cuando se hace hacia los lados.

Los valores específicos de fuerza para movimientos con una sola mano, se indican gráficamente en el *NASA Anthropometric Source Book*[10] y en muchos otros libros que tratan

Ejemplo 6.3.8 Fuerza de empuje *a*) y de tracción *b*) en libras, de los varones con tamaño y fuerza medios, con diversas colocaciones de la mano y buena adherencia[a]

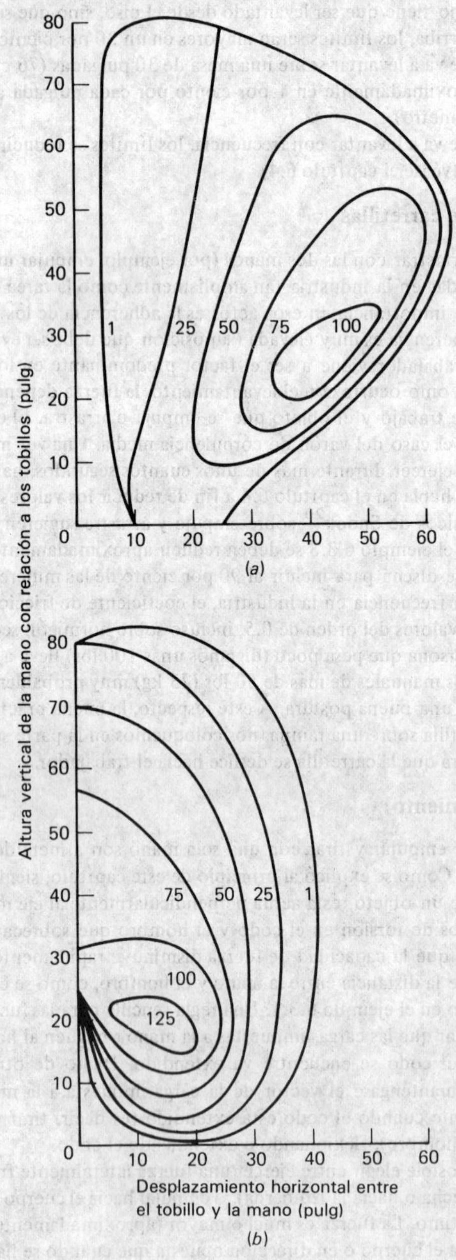

[a]Adaptado de la referencia 7.

de los factores humanos. Esos valores constituyen la base de muchos de los lineamientos específicos relacionados con el lugar de trabajo y con las máquinas, que se darán más adelante en esta sección (ver capítulos del 6.5 al 6.9).

BIBLIOGRAFIA

1. R. M. BARNES, *Motion and Time Study,* Wiley, Nueva York, 1949.
2. L. A. LEGROS y H. C. WESTON, *On the Design of Machinery in Relation to the Operator,* Industrial Fatigue Research Board Report, 36, Londres, 1926, p. 9.
3. W. E. LAY, y L. C. FISHER, "Riding Comfort and Cushions," *SAE Transactions,* Vol. 47, No. 5 (1940), pp. 482-96.
4. J. A. ROEBUCK, JR., K. H. E. KROEMER, y W. G. THOMPSON, *Engineering Anthropometry Methods,* Wiley, Nueva York, 1975.
5. WEBB ASSOCIATES, Eds., *Anthropometric Source Book–Volume II: A Handbook of Anthropometric Data,* NASA Reference Publication 1024, Scientific and Technical Information Office, Clearlake, TX, 1978.
6. C. T. MORGAN, J. S. COOK, III, A. CHAPANIS y M. W. LUND, Eds., *Human Engineering Guide to Equipment Design,* McGraw-Hill, Nueva York, 1963.
7. J. B. MARTIN y D. B. CHAFFIN, "Biomechanical Computerized Simulation of Human Strength in Sagittal-Plane Activities," *AIIE Transactions,* Vol. 4, No. 1 (Marzo de 1972), pp. 19-28.
8. L. L. LAUBACH, "Human Muscular Strenght," en Webb Associates, Eds., *Anthropometric Source Book–Volume I: Anthropometry for Designers,* NASA Reference Publication 1024, Scientific and Technical Information Office, Clearlake, TX, 1978.
9. D. B. CHAFFIN, G. D. HERRIN, y W. M. KEYSERLING, "Preemployment Strenght Testing: An Updated Position," *Journal of Occupational Medicine,* Vol. 20, No. 6 (Junio de 1978), pp. 403-408.
10. WEBB ASSOCIATES, Eds., *NASA Anthropometric Source Book,* 3 Vols., NASA Reference Publication 1024, Scientific and Technical Information Office, Clearlake, TX, 1978.
11. U.S. DEPARTMENT OF HEALTH, EDUCATION, AND WELFARE (DHEW), "Weight and Height of Adults 18-74 Years of Age-U.S., 1971-74," *Vital and Health Statistics* Series 11, No. 211, National Center for Health Statistics, Hyattsville, MD, 1979.
12. N. DIFFRIENT, A. R. TILLEY, y J. C. BARDAGJY, *Humanscale,* H. Dreyfuss Associates, Nueva York, 1978.
13. T. W. FAULKNER y R. A. DAY, "The Maximum Functional Reach for the Female Operator," *AIIE Transactions,* Vol. 2, No. 2 (Junio de 1970), pp. 126-131.
14. S. M. EVANS, *Updated Users Guide for the COMBIMAN Programs,* Technical Report AMRL-TR-78-31, University of Dayton Research Institute, OH, 1978.
15. M. C. BONNEY y K. CASE, "SAMMIE Computer Aided Work Place and Work Task Design System," *CAD/CAM,* Febrero/Marzo de 1978, pp. 3, 4.
16. K. E. KILPATRICK, "A Biokinematic Model for Workplace Design," *Human Factors,* Vol. 14, No. 3(1972), pp. 237-247.
17. D. B. CHAFFIN y K. S. PARK, "A Longitudinal Study of Low-Back Pain as Associated with Occupational Weight Lifting Factors," *American Industrial Hygiene Association Journal,* Diciembre de 1973, pp. 513-525.
18. E. R. TICHAUER, *The Biomechanical Basis of Ergonomics: Anatomy Applied to the Design of Work Situations,* Wiley, Nueva York, 1978.
19. D. B. CHAFFIN, "Low Back Stresses During Load Lifting," en D. Ghista, Ed., *Human Body Dynamics,* Oxford University Press, 1981.
20. S. H. SNOOK, "The Design of Manual Handling Tasks," *Ergonomics,* Vol. 21, No. 12 (1978), pp. 963-985.

CAPITULO 6.4

Base fisiológica del diseño del trabajo y el descanso

ELIEZER E. KAMON
Universidad del Estado de Pennsylvania

6.4.1 INTRODUCCION

Este capítulo se refiere al trabajo físico. El trabajo físico se lleva a cabo ejercitando el sistema musculoesquelético. Durante el trabajo las contracciones musculares exigen el concurso de los sistemas respiratorio y circulatorio que transportan el oxígeno a los músculos y retiran de ellos los subproductos del metabolismo. Por consiguiente, las respuestas de esos sistemas de apoyo están correlacionadas íntimamente con la intensidad del trabajo. En términos de ingeniería, el trabajo puede ser considerado como el esfuerzo y las respuestas fisiológicas como la tensión resultante. De manera que las respuestas fisiológicas pueden servir para estimar el rendimiento y diseñar el trabajo. Sin embargo, la naturaleza de la tensión fisiológica depende del tipo de contracción muscular de que se trate. Hay dos clases de contracciones musculares:

1. Dinámica, que implica contracciones rítmicas de grupos grandes de músculos en que la longitud de estos últimos varía (isotónicas).
2. Estática, que implica contracciones prolongadas sin que cambie la longitud de los músculos (isométricas).

Las respuestas fisiológicas a cada tipo de contracción muscular son diferentes, de manera que los criterios para el diseño del trabajo y el descanso difieren en cada caso.

6.4.2 EL TRABAJO DINAMICO

El trabajo muscular dinámico se define como contracciones rítmicas de grupos grandes de músculos. Cuando se realiza trabajo físico, se lleva a cabo una transformación de energía química en los músculos, la cual requiere de la oxidación de dos elementos primarios del alimento: carbohidratos y grasas. La combustión de esos elementos produce alrededor de 5 kcal por cada litro de O_2 consumido. Por ahora, equivale a 5.68 W.

Los sistemas de apoyo

Puesto que el trabajo muscular dinámico se sostiene gracias a la oxidación, depende de la capacidad de los sistemas respiratorio y circulatorio para transferir O_2 a los músculos. Durante el trabajo, la actividad de los sistemas respiratorio y circulatorio aumenta en proporción a la intensidad del trabajo muscular. Los períodos de relajación entre contracciones permiten la perfusión adecuada del músculo con sangre, de la cual se extrae O_2 y en la cual se descargan

CO_2 y otros subproductos. El intercambio de gases entre los músculos y la sangre es una de las vías principales de retroinformación al mecanismo central, o sistema nervioso central (SNC), que coordina las funciones de los sistemas y mantiene en operación el proceso de contracción del músculo.

La interacción entre los músculos que se contraen, los sistemas de apoyo y el mecanismo de retroinformación se representa en el ejemplo 6.4.1. Se puede ver que, si bien la producción de CO_2 es la retroinformación básica para el control de la ventilación, la necesidad de O_2 es la que contribuye principalmente a las respuestas cardiovasculares. Mientras que la primera se puede demostrar experimentalmente, la segunda es más bien una suposición, ya que el mecanismo de control del sistema cardiovascular durante el trabajo físico no se conoce bien. La retroinformación neuronal que se muestra en el ejemplo induce las respuestas respiratoria y circulatoria mediante un impulso excitante simpático que proviene directamente del cerebro. El mensaje neuronal se manifiesta en la respuesta transitoria inmediata a la iniciación de la acción muscular. La retroinformación química debida al intercambio que tiene lugar entre el músculo y la sangre es más lenta, pero mantiene la respuesta en un estado estable.

Respuestas transitorias

Durante el cambio del descanso al trabajo, o en un cambio de intensidad de trabajo, la lenta retroinformación química hace que los ajustes totales del sistema de apoyo ocurran gradualmente (ejemplo 6.4.2). El consumo de O_2 y el ritmo cardiaco llegan a un estado estable 2 ó 3 minutos después de haber cambiado la intensidad de trabajo. Durante el estado estable se satisface la demanda de O_2 de los músculos. El período transitorio provoca un déficit de O_2, y la energía que requieren los músculos la proporciona un proceso químico anaeróbico que no exige un suministro inmediato de O_2. El déficit o falta de O_2, se recupera durante el período de descanso.

Ejemplo 6.4.1 Las retroalimentaciones nerviosas y bioquímicas en la interacción entre los músculos y los sistemas respiratorio y circulatorio[a]

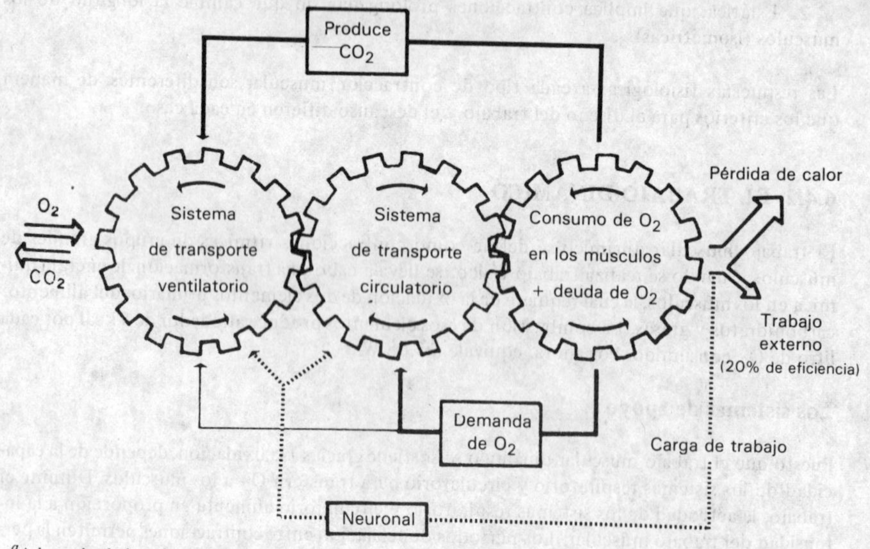

[a]Adaptado de la referencia 1.

Ejemplo 6.4.2 Períodos de los estados transitorio y constante durante el ejercicio y la recuperación

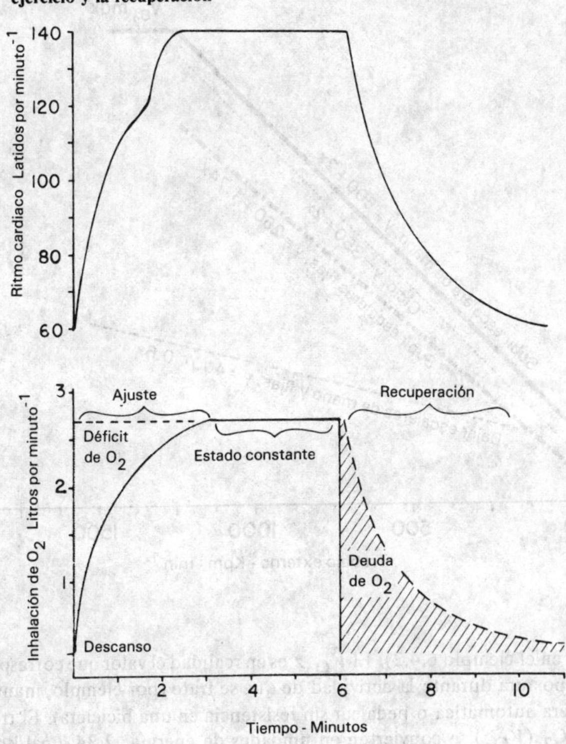

Respuestas en el estado estable

El consumo de oxígeno

El pequeño consumo de oxígeno en el estado estable ($\dot{V}_{O_2}$) está relacionado linealmente con el trabajo físico realizado. Esto se muestra en el ejemplo 6.4.3 para actividades que implican una actividad física de pedalear venciendo una resistencia medible o de ascender venciendo la gravedad.

Eficiencia del trabajo dinámico

La eficiencia del trabajo dinámico es del 20 por ciento aproximadamente (ejemplo 6.4.1), a menos que se ejecute una cantidad excesiva de trabajo estático. Por ejemplo, el traspaleo tiene una eficiencia de sólo 6 por ciento debido a la contracción estática necesaria para estabilizar el tronco. La eficiencia del trabajo (*Ef*) se expresa mediante la relación

$$Ef = \frac{\text{trabajo externo}}{\text{gasto neto de energía}}$$

La energía neta se puede derivar de dos maneras: 1) como la diferencia ($\dot{V}_{O_2}w - \dot{V}_{O_2}r$), donde $\dot{V}_{O_2}w$ y $\dot{V}_{O_2}r$ son, respectivamente, el consumo de O_2 por minuto durante los períodos de trabajo y de descanso (sentado) y 2) como la diferencia ($\dot{V}_{O_2}w - \dot{V}_{O_2}z$), donde $\dot{V}_{O_2}z$ representa el $\dot{V}_{O_2}$ correspondiente a cero trabajo (la intersección *y* de la regresión de $\dot{V}_{O_2}$ sobre

Ejemplo 6.4.3 Relación entre el trabajo dinámico externo y la inhalación de oxígeno

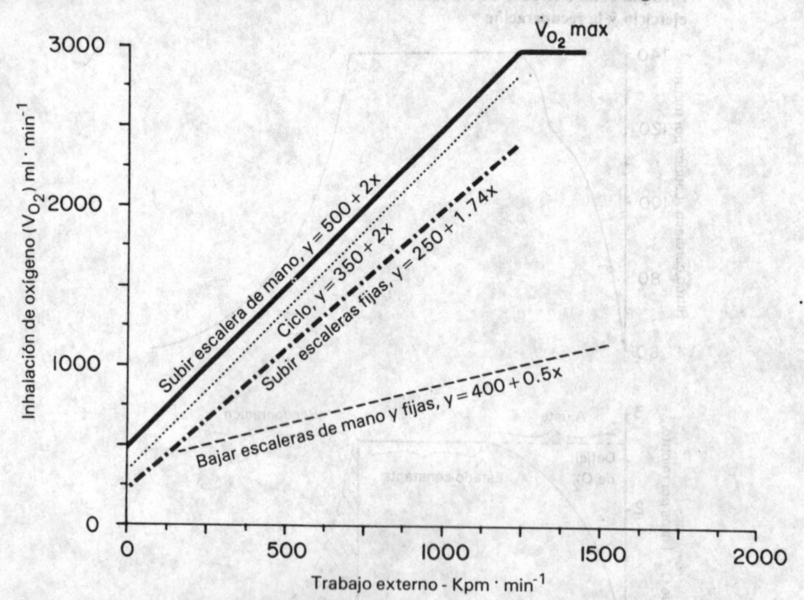

el trabajo físico en el ejemplo 6.4.2). El $\dot{V}_{O_2}z$ es en realidad el valor que corresponde a la conservación de la postura durante la actividad de que se trate (por ejemplo, mantenerse de pie sobre una escalera automática o pedalear sin resistencia en una bicicleta). El trabajo físico y el consumo de O_2 ($\dot{V}_{O_2}$) se convierten en unidades de energía: 2.34 g cal/kpm de trabajo físico y 5 g cal/ml de O_2 consumido.

Cuando se usa $\dot{V}_{O_2}r$, se obtiene una eficiencia mecánica (*Efm*):

$$Efm = \frac{\text{kp} \times \text{m/min} \times 2.34}{(\dot{V}_{O_2}w - \dot{V}_{O_2}r)\ \text{ml/min} \times 5} \quad (2)$$

Cuando se usa $\dot{V}_{O_2}z$, el denominador ($\dot{V}_{O_2}w - \dot{V}_{O_2}z$) es la pendiente b de la regresión de $\dot{V}_{O_2}$ sobre el trabajo físico. Puesto que $b = 1/\text{kpm}$, se puede obtener una eficiencia fisiológica (*Efp*):

$$Efp = \frac{1 \times 2.34}{b \times 0.5} = \frac{0.47}{b} \quad (3)$$

Puesto que $\dot{V}_{O_2}z$ es por lo general mayor que $\dot{V}_{O_2}r$, *Efp* es también mayor que *Efm*, como se indica en los ejemplos siguientes: ascendiendo a razón de 12 m/min, en el caso de una persona que pesa 70 kg, la eficiencia mecánica (usando $\dot{V}_{O_2}r = 350$ ml/min) es

$$Efm = \frac{12 \times 70 \times 2.34}{(1680 - 350) \times 5} = 0.20$$

La eficiencia fisiológica, usando la pendiente de la regresión (ejemplo 6.4.3), es

$$Efp = \frac{0.47}{2} = 0.24$$

Trabajo negativo

La regresión $\dot{V}_{O_2}$ para el descenso (escaleras) es sólo de 0.5 ml/kpm (ejemplo 6.4.3). Por lo tanto, la eficiencia fisiológica es 0.47/0.5 = 0.96. Mientras que el descenso implica resistencia a la gravedad, el ascenso representa trabajo en contra de la gravedad. Al descender, los músculos se estiran durante la contracción (contracción excéntrica); al ascender se acortan (contracción concéntrica). Al trabajo dinámico que implica contracción excéntrica se le llama a veces "trabajo negativo". Tiene una eficiencia aproximada del 100 por ciento, comparada con la eficiencia media del 20 por ciento del trabajo positivo (contracciones concéntricas).

Eficiencia de trabajos diferentes

Algunas actividades implican una mezcla de contracciones concéntricas y excéntricas de los músculos. Su eficiencia es mayor que la del trabajo positivo. La caminata y la carrera exigen contracciones concéntricas y excéntricas mezcladas en cada paso. Su eficiencia es hasta del 30 por ciento.

La eficiencia puede disminuir debido a un exceso de contracciones estáticas de los músculos y a movimientos excesivos del tronco. Puesto que la contracción estática requiere O_2 aunque no se realice trabajo físico, la eficiencia disminuye. El trabajo físico adicional debido al movimiento excesivo del tronco puede medirse según la amplitud del movimiento del centro de gravedad del tronco. En tal caso, la eficiencia de acercará a 20 por ciento que se espera del trabajo dinámico positivo. Como ejemplos se pueden citar el traspaleo y el levantamiento repetidos. Si sólo se tiene en cuenta el trabajo externo de mover la carga, la eficiencia en ambos casos es del 6 por ciento aproximadamente. Si se tiene en cuenta el trabajo físico del movimiento del tronco al usar la pala o de mover todo el cuerpo al levantar cargas, la eficiencia obtenida será probablemente del 15 al 20 por ciento. Todavía es menor que la eficiencia del 20 al 25 por ciento correspondiente al trabajo realizado sólo con las piernas, debido a las contracciones estáticas de los músculos.

La acción de caminar a nivel no implica en realidad un trabajo físico. Se acostumbra pronosticar el $\dot{V}_{O_2}$ partiendo de la rapidez de la caminata. En cambio, el caminar cuesta arriba incluye el trabajo físico que implica la subida del cuerpo. Se ha encontrado que la relación entre $\dot{V}_{O_2}$ y el trabajo de caminar es

$$\dot{V}_{O_2} = 7 + 0.001\,S^2 + 0.012\,S \times G \qquad (4)$$

donde $\dot{V}_{O_2}$ se da en ml/kg de peso corporal por minuto, S es la rapidez de caminata en m/min y G es la inclinación de la pendiente como porcentaje de la distancia recorrida. Significa que, caminando a una velocidad dada, la relación entre $\dot{V}_{O_2}$ y el trabajo físico (elevación del cuerpo) es lineal. La acción de transportar cargas hasta de 30 kg sobre el tronco, en forma tal que la línea de gravedad (del cuerpo y de la carga adicional) caiga dentro de la base de los pies, no requiere energía adicional por kilogramo. El $\dot{V}_{O_2}$ por kilogramo de peso total se puede obtener de la ecuación 4. En cambio, la acción de transportar cargas en los brazos frente al tronco, disminuye la eficiencia y el trabajo adicional por kilogramo de carga es un 50 por ciento mayor que por kilogramo de peso corporal.[2]

Estimación del gasto de energía del trabajo dinámico

El metabolismo de una actividad puede medirse directamente tomando una muestra del aire espirado durante la tarea y determinar el $\dot{V}_{O_2}$ a partir del volumen de la muestra y la diferencia entre la concentración de O_2 en ésta y el 20.9 por ciento que contiene el aire ambiental aspirado. Pero es posible hacer una estimación, en vez de medir directamente. El desgaste metabólico de un trabajo se puede determinar partiendo ya sea de la ecuación 4 y el ejemplo 6.4.3 o de la medición del trabajo físico y de la eficiencia que se espera del mismo. Para comodidad del lector, en el ejemplo 6.4.4 se dan algunos valores del gasto de energía de tareas industriales comunes.

Puesto que el gasto de energía depende de la capacidad del sistema de apoyo para satisfacer la demanda de O_2, las mediciones de la ventilación pulmonar y de los latidos del corazón

Ejemplo 6.4.4 Gasto de energía (*M*)[a] en algunas tareas industriales

Tarea	*M(kcal/min)*	*(W)*
Empacado		
Envolver y empacar rollos de papel	2.5	(174)
Empacar artículos pequeños	3.5	(244)
Conserjería		
Usar la aspiradora	3.3	(230)
Limpiar baños (muros, retrete)	3.6	(251)
Trapear y fregar pisos	4.9	(341)
Cafetería: limpiar pisos y mesas	4.5	(313)
Lavar ventanas (por dentro y por fuera)	5.0	(348)
Trapear vestíbulo y escaleras (trapeador de 1 kg)	6.5	(452)
Fábrica de acero		
Forja	6.5	(452)
Atender el horno	8.0	(557)
Laminado a mano	9.0	(626)
Atar alambre	10.0	(696)
Quitar escorias	11.5	(800)
Fundición de aluminio		
Barrer cubeta	6.4	(445)
Proceso de cambio de ánodo	6.5	(452)
Romper costra y "torta"	7.0	(487)
Mover con pala	9.0	(626)
Eliminar escoria flotante	10.5	(731)
Quitar el baño del ánodo	15.0	(1044)
Minería del carbón		
Suspensión de tabiques de ventilación (plástico)	7.0	(487)
Cortar o colocar madera	7.4	(515)
Rematar tabiques	7.5	(522)
Palear carbón	8.0	(557)
Techador: Sujetar puntales y apretar tornillos de sujeción	10.8	(752)
Clavar cuñas	11.8	(821)

[a]Los valores fueron determinados por el autor, salvo en el caso de algunas tareas de la fabricación de acero en que se tomaron de J. V. G. A. DURNIN y R. PASSMORE, *Energy, Work and Leisure,* Heinemann Books, Londres, 1967, p. 74. W = kcal/min/60/1.16.

pueden ayudar a pronosticar el $\dot{V}_{O_2}$, pero, lo que es más importante, pueden servir como criterios para determinar el esfuerzo.

La ventilación

Se han encontrado correlaciones razonablemente buenas entre los volúmenes de aire exhalado ($\dot{V}_E$) y del O_2 consumido ($\dot{V}_{O_2}$). En el ejemplo 6.4.5 aparece una muestra de centenares de mediciones efectuadas durante las actividades de caminar, gatear, traspalar y transportar cargas. Aunque la regresión de $\dot{V}_{O_2}$ sobre $\dot{V}_E$ es curvilínea, puede tomarse como lineal en la gama baja de $\dot{V}_{O_2}$. En el rango alto, a medida que uno se aproxima al $\dot{V}_{O_2}$ máximo, $\dot{V}_E$ aumenta desproporcionalmente debido a la producción excesiva de CO_2 y a la dependencia de $\dot{V}_E$ sobre el CO_2 (ejemplo 6.4.1). Aunque la ventilación aumenta con rapidez con el aumento de $\dot{V}_{O_2}$, la capacidad de los pulmones para entregar el O_2 necesario no es el límite para desarrollar un trabajo.

La circulación

El sistema circulatorio limita la entrega de O_2, debido probablemente a la capacidad funcional limitada del corazón. Los factores que determinan el régimen de bombeo del corazón son el volumen del latido (*SV*) en cada pulsación y el ritmo de las pulsaciones (*HR*). De manera que el rendimiento cardiaco (*CO*) viene a ser

$$CO = SV \times HR$$

Ejemplo 6.4.5 Relación entre la inhalación de oxígeno ($\dot{V}_{O_2}$) y la ventilación pulmonar (volumen de aire expelido $\dot{V}_E$), para diversas actividades[a]

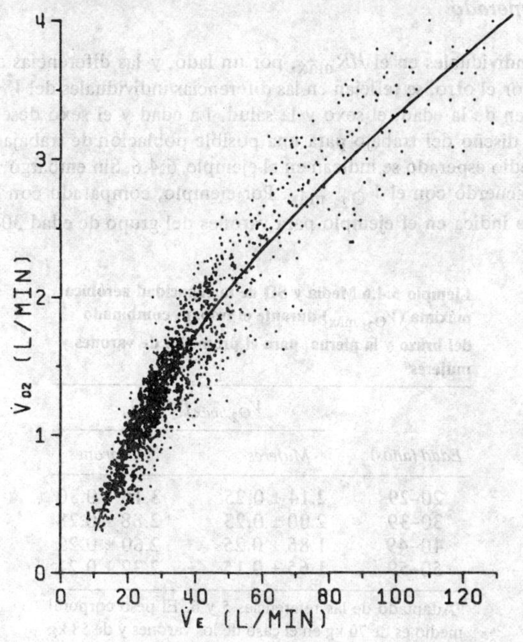

[a]Tomado de la referencia 3.

donde *CO* se da en l/min, *SV* en l/min y *HR* en latidos/min. El cambio registrado en cada factor depende de la intensidad del trabajo. Con intensidades de trabajo de hasta 1 l/min en el $\dot{V}_{O_2}$, el *CO* se incrementa primero debido al aumento de *SV*. Arriba de $\dot{V}_{O_2}$ de 1 l/min aproximadamente, *SV* alcanza sus niveles máximos y el *CO* viene a depender de *HR*.[4] La relación entre $\dot{V}_{O_2}$ y *HR* es lineal. Sin embargo, hay diferencias individuales substanciales en la regresión de *HR* sobre $\dot{V}_{O_2}$, debido principalmente a las diferencias en la salud física. Las personas saludables tienen un *HR* más bajo en descanso y una pendiente menos pronunciada de *HR* sobre $\dot{V}_{O_2}$ que las personas no saludables.

Capacidad aeróbica máxima-Límites del trabajo dinámico

El aumento del $\dot{V}_{O_2}$ está limitado a un nivel máximo más allá del cual el aumento de la carga de trabajo no produce un aumento del $\dot{V}_{O_2}$. El nivel máximo esperado de $\dot{V}_{O_2}$ ($\dot{V}_{O_2,\,máx}$) de un varón medio se indica en el ejemplo 6.4.3 para la acción de subir por una escalera.

La capacidad aeróbica máxima, o consumo máximo de O_2 ($\dot{V}_{O_2,máx}$), se mide durante el último minuto de la carga de trabajo más elevada que se puede sostener durante 2 ó 3 min. Es posible sostener períodos cortos de cargas de trabajo superiores a $V_{O_2,\,máx}$ porque los músculos recurren al proceso anaeróbico de producción de energía.

Ritmo cardiaco máximo

El aumento del *HR* es limitado también. El *HR* máximo ($HR_{máx}$) depende de la edad. Aunque hay diferencias individuales en el $HR_{máx}$, se puede pronosticar un valor promedio a partir de la fórmula $HR = 220 - \text{edad}$, ($s = 7$ latidos/min) donde la edad se da en años. El $HR_{máx}$ acompaña por lo general al $\dot{V}_{O_2,\,máx}$, lo cual indica que los límites de trabajo los determina la capacidad funcional individual del corazón.

El $\dot{V}_{O_2,\,máx}$ esperado

Las diferencias individuales en el $HR_{máx}$, por un lado, y las diferencias en la regresión de $\dot{V}_{O_2}$ sobre *HR* por el otro, se reflejan en las diferencias individuales del $\dot{V}_{O_2,\,máx}$. Estas diferencias dependen de la edad, el sexo y la salud. La edad y el sexo desempeñan un papel importante en el diseño del trabajo para una posible población de trabajadores. Los valores del $\dot{V}_{O_2,\,máx}$ medio esperado se indican en el ejemplo 6.4.6. Sin embargo, el estado de salud se determina de acuerdo con el $\dot{V}_{O_2,\,máx}$. Por ejemplo, comparado con el valor medio de 2.88 l/min que se indica en el ejemplo para varones del grupo de edad 30-39, el mal estado

Ejemplo 6.4.6 Media y SD de la capacidad aeróbica máxima ($V_{O_2,\,máx}$) durante el trabajo combinado del brazo y la pierna, para el promedio de varones y mujeres[a]

	$V_{O_2,\,máx}$ (l/min)	
Edad (años)	*Mujeres*	*Varones*
20–29	2.14 ± 0.25	3.16 ± 0.30
30–39	2.00 ± 0.23	2.88 ± 0.28
40–49	1.85 ± 0.25	2.60 ± 0.25
50–59	1.65 ± 0.15	2.32 ± 0.27

[a]Adaptado de las referencias 5 y 6. El peso corporal medio es de 70 kg en el caso de los varones y de 58 kg en el de las mujeres.

de salud se considera cuando $\dot{V}_{O_2,\ \text{máx}}$ es inferior a 2.3 l/min y el estado muy saludable cuando $\dot{V}_{O_2,\ \text{máx}}$ es superior de 3.7 l/min. Los valores del ejemplo 6.4.6 son los que se esperan para tareas combinadas en que se realiza trabajo con los brazos y las piernas, típicas de la industria. Comparado con los valores del ejemplo, el $\dot{V}_{O_2,\ \text{máx}}$ es un 20 por ciento más alto para el trabajo con las piernas (caminar y pedalear) y un 20 por ciento más bajo para el trabajo con los brazos (dar vueltas a una manivela). En el texto se dará el $\dot{V}_{O_2,\ \text{máx}}$ correspondiente a personas de peso promedio.

$\dot{V}_{O_2} - f\ \dot{V}_{O_2,\ \text{máx}}$ *relativo*

La relación $\dot{V}_{O_2} - HR$ se puede normalizar tomando valores relativos de $\dot{V}_{O_2}$ más que absolutos. Esto implica tomar valores de $\dot{V}_{O_2}$ menores que el máximo como una fracción de $\dot{V}_{O_2,\ \text{máx}}$ ($f\ \dot{V}_{O_2,\ \text{máx}}$ o % $\dot{V}_{O_2,\ \text{máx}}$). Tomemos, por ejemplo, la tarea de atar alambre (ejemplo 6.4.4), la cual requiere un $\dot{V}_{O_2}$ de 2 l/min (10 kcal/min). Comparado con los valores de $\dot{V}_{O_2,\ \text{máx}}$ del ejemplo 6.4.6 para el grupo de edades 20-29, el valor de 2 l/min $\dot{V}_{O_2}$ es 0.63 $\dot{V}_{O_2,\ \text{máx}}$ para varones (2/3.16) y 0.93 $\dot{V}_{O_2,\ \text{máx}}$ para mujeres (2/2.14). Adviértase que mientras más se aproxime la demanda de la tarea el $\dot{V}_{O_2,\ \text{máx}}$, será menor la reserva de capacidad del corazón (limitada por $HR_{\text{máx}}$). Esta consideración es importante cuando intervienen condiciones ambientales fatigantes tales como el valor (véase la sección 6.4.4).

Las regresiones lineales esperadas de $f\ \dot{V}_{O_2,\ \text{máx}}$ en HR se indican en el ejemplo 6.4.7. Las líneas divididas por edades comienzan en 0.3 $\dot{V}_{O_2,\ \text{máx}}$ y HR de 100 a 110 latidos/min y terminan en $HR_{\text{máx}}$, el cual disminuye con la edad. A 0.3 $\dot{V}_{O_2,\ \text{máx}}$, la reducción de HR

Ejemplo 6.4.7 Regresiones de la inhalación relativa de oxígeno (% $V_{O_2,\ \text{máx}}$) sobre el ritmo cardiaco de los varones (——) y las mujeres (---), (•) valores máximos. La pendiente de las curvas de las mujeres corresponde a las de los varones con diez años más de edad.

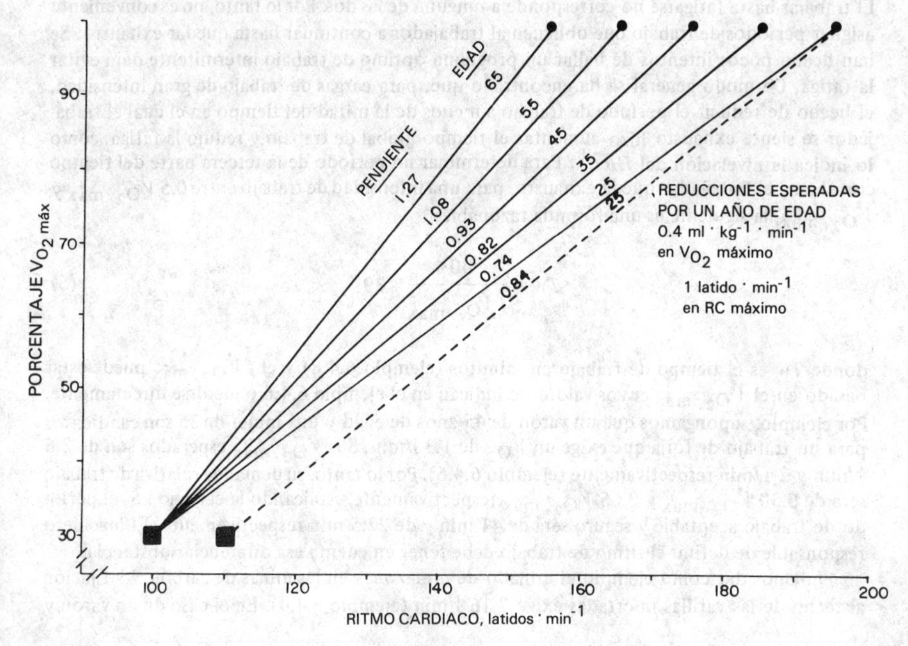

debida a la edad es insignificante. Adviértase el $f\,\dot{V}O_{2,\,máx}$ más alto ($\%\,\dot{V}_{O_2,\,máx}$) para un determinado *HR* para varones de cierta edad, comparado con el de los más jóvenes y de las mujeres comparadas con los varones. En realidad, con 0.3 $\dot{V}_{O_2,\,máx}$, se espera que el *HR* de las mujeres sea de 110 latidos/min aproximadamente comparado con el de 100 latidos/min de los varones. El ejemplo sólo muestra la línea correspondiente a mujeres de 20 a 29 años de edad. Comparando esa línea con la de los varones, parece que la pendiente de la regresión correspondiente a las mujeres es aproximadamente igual a la de los varones que tienen diez años más de edad.

En la actualidad, estos instrumentos permiten medir el *HR* sin interferir con las actividades del trabajador. El *HR* se puede usar para estimar la tensión en términos de $f\,\dot{V}_{O_2,\,máx}$ (ejemplo 6.4.7). Luego, el $f\,\dot{V}_{O_2,\,máx}$ estimado se puede usar para diseñar el trabajo y el descanso.

6.4.3 RESISTENCIA Y RECUPERACION

Resistencia

La resistencia está relacionada inversamente con la intensidad del trabajo. Con intensidad máxima, la resistencia del promedio de las personas saludables se limita a unos 3 min. Con intensidades menores a la máxima, la resistencia se amplía a 30 min con 0.8 $\dot{V}_{O_2,\,máx}$, a 2 hrs con 0.5 $\dot{V}_{O_2,\,máx}$ y a 8 hrs con 0.33 $\dot{V}_{O_2,\,máx}$. Por ejemplo, mientras que la actividad de espumar el baño en la fundición de aluminio (10.5 kcal/min, ejemplo 6.4.4) impone a una mujer un esfuerzo cercano o igual a su capacidad máxima (ejemplo 6.4.6), a un varón promedio le exige sólo 0.63 $\dot{V}_{O_2,\,máx}$. Mientras que la mujer estará limitada a unos cuantos minutos de trabajo, el hombre puede sostenerlo durante 30 min por lo menos. El buen estado de salud aumenta la resistencia al trabajo, de manera que las personas altamente saludables pueden soportar trabajo a 0.8 $\dot{V}_{O_2,\,máx}$ durante 2 hrs y a 0.5 $\dot{V}_{O_2,\,máx}$ durante 8 hrs.

Las buenas prácticas ocupacionales requieren condiciones de trabajo seguras y aceptables. El trabajar hasta fatigarse no corresponde a ninguna de las dos. Por lo tanto, no es conveniente asignar períodos de trabajo que obliguen al trabajador a continuar hasta quedar exhausto. Se han hecho pocos intentos de hallar un programa óptimo de trabajo intermitente para evitar la fatiga. De modo general se ha encontrado que, para cargas de trabajo de gran intensidad, el hecho de reducir el período de trabajo a menos de la mitad del tiempo en el cual el trabajador se siente exhausto hizo aumentar el tiempo global de trabajo y redujo la fatiga, como lo indica la nivelación del *HR*[7,8]. Para determinar un período de la tercera parte del tiempo con el cual el trabajador queda exhausto, para una intensidad de trabajo entre 0.5 $\dot{V}_{O_2,\,máx}$ y $\dot{V}_{O_2,\,máx}$, la siguiente es una fórmula razonable:

$$Tw = \frac{40}{f\,\dot{V}_{O_2,\,máx}} - 39 \qquad (5)$$

donde *Tw* es el tiempo de trabajo en minutos (ejemplo 6.4.8) y el $f\,\dot{V}_{O_2,\,máx}$ puede estar basado en el $\dot{V}_{O_2,\,máx}$ cuyos valores se indican en el ejemplo 6.4.6 o medirse directamente. Por ejemplo, supongamos que un varón de 45 años de edad y una mujer de 35 son candidatos para un trabajo de forja que exige un $\dot{V}_{O_2}$ de 1.3 l/min. Sus $\dot{V}_{O_2,\,máx}$ esperados son de 2.6 1/min y 2 1/min respectivamente (ejemplo 6.4.6). Por lo tanto, su demanda relativa de trabajo será de 0.50 $\dot{V}_{O_2,\,máx}$ y 0.65 $\dot{V}_{O_2,\,máx}$ respectivamente. Aplicando la ecuación 5, el período de trabajo aceptable y seguro será de 41 min y de 22.5 min respectivamente. El ingeniero responsable de definir el ritmo de trabajo debe tener en cuenta esa diferencia substancial.

Podemos dar como ejemplo el armado de armazones en las minas de carbón. La fijación al techo de las varillas insertadas exige 2.16 l/min (ejemplo 6.4.4). En el caso de un varón y

Ejemplo 6.4.8 Tiempo de trabajo y de descanso en función del trabajo dinámico relativo ($s\ V_{O_2,\ máx}$).

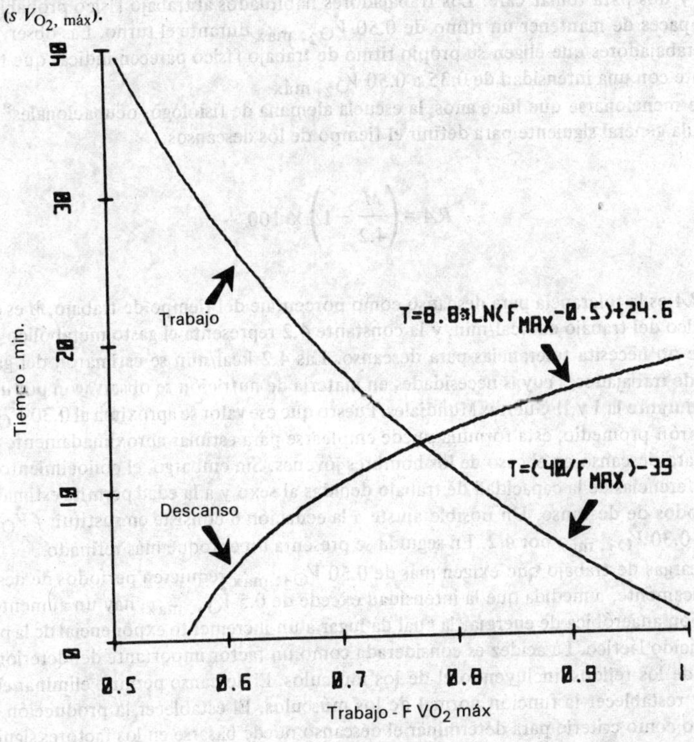

de una mujer de unos veinticinco años de edad, esta actividad exige 0.68 $\dot{V}_{O_2,\ máx}$ (2.16/3.16) y 1 $V_{O_2,\ máx}$ (2.16/2.14) respectivamente. Los períodos previstos de rendimiento aceptable y seguro son, respectivamente, de 19.8 min y 1 minuto (ecuación 5). Sin embargo, hay que señalar dos cosas: 1) la mujer requiere períodos de descanso más largos entre cada armado, de manera que el diseño del ritmo del trabajo repetido es importante para ella, y 2) la repetición frecuente al grado de que para la mujer promedio el trabajo pueda estar más allá de su capacidad, no implica que todas las mujeres solicitantes serían incapaces de realizarlo. Supongamos que el $\dot{V}_{O_2,\ máx}$ de una mujer solicitante es de 2.41 l/min o sea, 1 SD arriba del promedio. La tarea de remachar armazones exigirá en ese caso un esfuerzo de 0.90 $\dot{V}_{O_2,\ máx}$ y la mujer podrá trabajar continuamente durante 5.4 min, necesitando menos tiempo de recuperación. Si el diseño del trabajo puede permitir un ritmo de 5 minutos de remachado continuo seguido por un descanso adecuado, el 34 por ciento de las mujeres (con $\dot{V}_{O_2,\ máx}$ de 1 SD o más arriba del promedio) serán capaces de realizar la tarea. El paso siguiente consiste en definir el descanso necesario con base en la recuperación fisiológica esperada.

Recuperación

La recuperación es proporcional a la intensidad y duración del trabajo dinámico. Entre los fisiólogos se acepta que un esfuerzo total de $\dot{V}_{O_2,\ máx}$, que pueda durar entre 3 y 5 minutos, se puede realizar una o dos veces al día como máximo. Quiere decir que la recuperación, al grado de que el esfuerzo máximo se pueda repetir, exige 4 horas u 8 en algunos casos. Con una carga de trabajo menor que la máxima, de 0.40 $\dot{V}_{O_2,\ máx}$ no se requieren períodos especiales de descanso, siempre que los trabajadores disfruten del período convencional para la comida y dos para tomar café. Los trabajadores habituados al trabajo físico probablemente serán capaces de mantener un ritmo de 0.50 $\dot{V}_{O_2,\,máx}$ durante el turno. Las observaciones de los trabajadores que eligen su propio ritmo de trabajo físico parecen indicar que trabajan realmente con una intensidad de 0.35 a 0.50 $\dot{V}_{O_2,\,máx}$.

Debe mencionarse que hace años, la escuela alemana de fisiólogos ocupacionales[9] sugirió la fórmula general siguiente para definir el tiempo de los descansos:

$$RA = \left(\frac{M}{4.2} - 1\right) \times 100 \qquad (6)$$

donde RA es la tolerancia para descanso como porcentaje del tiempo de trabajo, M es el gasto metabólico del trabajo en kcal/min, y la constante 4.2 representa el gasto metabólico del trabajo que no necesita tolerancias para descanso. Las 4.2 kcal/min se estimaron del gasto de energía de trabajadores cuyas necesidades en materia de nutrición se observaron por un largo tiempo durante la I y II Guerras Mundiales. Puesto que ese valor se aproxima al 0.30 $\dot{V}_{O_2,\,máx}$ de un varón promedio, esta fórmula puede emplearse para estimar aproximadamente la tolerancia para descanso en el caso de los hombres jóvenes. Sin embargo, el conocimiento actual de las diferencias de la capacidad de trabajo debidas al sexo y a la edad permite estimar mejor los períodos de descanso. Un posible ajuste a la ecuación 6 consiste en sustituir $f\,\dot{V}_{O_2,\,máx}$ por M y 0.30 $\dot{V}_{O_2,\,máx}$ por 4.2. En seguida se presenta un enfoque más refinado.

Las cargas de trabajo que exigen más de 0.50 $\dot{V}_{O_2,\,máx}$ requieren períodos de descanso. Fisiológicamente, a medida que la intensidad excede de 0.5 $\dot{V}_{O_2,\,máx}$, hay un aumento de la producción anaeróbica de energía, la cual da lugar a un incremento exponencial de la producción de ácido láctico. La acidez es considerada como un factor importante del deterioro de la función de los tejidos, incluyendo el de los músculos. El descanso permite eliminar el ácido láctico y restablecer la función normal de los músculos. El establecer la producción de ácido láctico como criterio para determinar el descanso puede basarse en los factores siguientes: 1) la producción esperada de ácido láctico durante el período de trabajo y 2) la proporción en que el ácido láctico aparece en la sangre y luego desaparece de ella durante el período de recuperación.

Por ejemplo, el ácido láctico producido durante el trabajo a 0.70 $\dot{V}_{O_2,\,máx}$ aparece y es eliminado luego de la sangre con 10 minutos de recuperación; el producido a 0.90 $\dot{V}_{O_2,\,máx}$ aparece y es eliminado en 15 min. La eliminación del ácido láctico es constante a razón de 3 mg por ciento/min aproximadamente.[10] Con base en la producción prevista de ácido láctico en los músculos y en la rapidez de su eliminación, el tiempo necesario para reducir el ácido láctico de la sangre a aproximadamente el doble del nivel encontrado durante el descanso es

$$Tr = 8.8\ \text{Ln}\ (f\,\dot{V}_{O_2,\,máx} - 0.5) + 24.6 \qquad (7)$$

donde Tr es el período de descanso en minutos (ejemplo 6.4.8).

Se sabe que con una actividad muscular ligera, de 0.30 $\dot{V}_{O_2,\,máx}$ o menos, se duplica la rapidez de eliminación de 3 mg por ciento/min de ácido láctico.[11] Aunque esto significa que, después de una tarea muy pesada, la recuperación con trabajo más liviano es más benéfica que el descanso total, no se recomienda. Además del ácido láctico, otros factores (principalmente neurológicos) intervienen en la fatiga. De manera que un programa de descanso bien diseñado podría ser más eficaz con una combinación de descanso total y trabajo ligero. Por ejemplo, si una persona trabaja 1 minuto a su $\dot{V}_{O_2,\,máx}$, el descanso necesario es de 18.5 min. Sin embargo, después de 8.5 min de descanso, se puede esperar la recuperación total asignando un trabajo liviano (0.25 $\dot{V}_{O_2,\,máx}$) durante 5 min.

Consideraciones acerca de la población

Puesto que la energía que se consume en la mayoría de las actividades depende de la naturaleza del trabajo físico, a menos que el ritmo de trabajo pueda ser asignado individualmente, deben esperarse diferencias en el rendimiento. De manera que es conveniente pronosticar el rendimiento basándose por lo menos en el estado de salud física que se espera de la población. Ese pronóstico requiere los pasos siguientes:

1. Medir o estimar el $\dot{V}_{O_2}$ de la actividad o trabajo.
2. Medir el tiempo de duración del trabajo (Tw).
3. Calcular el $f\,\dot{V}_{O_2,\,\text{máx}}$ de Tw reordenando la ecuación 5; $f\,\dot{V}_{O_2,\,\text{máx}} = 40/(Tw + 39)$.
4. Definir el $\dot{V}_{O_2,\,\text{máx}}$ mínimo requerido para realizar la actividad sin daño; $\dot{V}_{O_2,\,\text{máx}}$ requerido $= \dot{V}_{O_2}$ medido$/f\,\dot{V}_{O_2,\,\text{máx}}$.
5. Comparar el $\dot{V}_{O_2,\,\text{máx}}$ requerido con la media apropiada y los valores SD del ejemplo 6.4.6 y obtener el percentil de trabajadores capaces de realizar la actividad sin sufrir daño.

Se presenta el ejemplo siguiente, tomado de las observaciones efectuadas en una mina de carbón de veta estrecha.

La colocación del maderamen en este caso es una actividad más pesada que en general, debido a la postura encorvada. El $\dot{V}_{O_2}$ medido directamente fue de 1.48 l/min. La duración correspondiente a la colocación continua de una unidad 15 vigas fue de 6.08 min. Con base en la ecuación 5, esta actividad puede llevarse a cabo sin daño si exige 0.89 $\dot{V}_{O_2,\,\text{máx}}$ o menos, lo que significa también que el trabajador debe tener $\dot{V}_{O_2,\,\text{máx}} > 1.66$ l/min. Como este trabajo se ejecuta prácticamente con los brazos, el $\dot{V}_{O_2,\,\text{máx}}$ del ejemplo 6.4.6 se debe reducir por un factor de 0.8. Se observa que, con esta corrección y el SD que aparece en el ejemplo 6.4.6, todos los varones cuya edad esté entre 20 y 40 años pueden realizar la actividad. El $\dot{V}_{O_2,\,\text{máx}}$ de las mujeres es de 1.71 ± 0.25 y 1.6 ± 0.23 para edades entre 20 y 29 y 30 y 39 respectivamente. Por lo tanto, los percentiles de las mujeres capaces de realizar la actividad en los respectivos grupos de edades, son 58 y 40. Sin embargo, las mujeres en esos percentiles sólo podrán mantener su ritmo de colocación disfrutando de un descanso adecuado entre la colocación de cada unidad de maderamen.

Un estudio de tiempo indica que como promedio, se colocan ocho unidades de madera en 2.1 hrs, o sea que una unidad se coloca en 15.75 min. Un tiempo de trabajo de 6.08 min/unidad necesita de 9.67 min de descanso para la misma. Para trabajar con un conjunto de 1.48 l/min durante 6.08 min, el trabajo debería exigir 0.89 $\dot{V}_{O_2,\,\text{máx}}$. Sin embargo, a este nivel de esfuerzo el período de descanso tendría que ser de 16.3 min en vez de los actuales 9.67 min. Las posibilidades son reducir la intensidad del trabajo a menos de 0.68 $\dot{V}_{O_2,\,\text{máx}}$ o disminuir la relación trabajo a descanso para las mujeres. Lo razonable es reducir la unidad de colocación a menos de 15 vigas y prolongar el tiempo de colocación total, a menos que haya espacio físico para la mecanización.

En suma, las posibilidades que se le ofrecen al ingeniero son reducir la carga de trabajo para adaptarla a la capacidad del empleado o seleccionar el percentil adecuado para la carga de trabajo, pero ajustando el ritmo de acuerdo con el descanso necesario.

6.4.4 AMBIENTES CALIDOS

El esfuerzo que impone el calor

Las molestias que impone el calor se deben a la temperatura excesiva del aire (Ta), la humedad y en muchas industrias, a las temperaturas originadas por fuentes de calor radiante (Tr). La humedad o presión de vapor (Pa), puede jugar cierto papel en el enfriamiento mediante la evaporación del sudor. Si la temperatura del aire y la temperatura radiante media son inferiores a la de la piel, el calor se transfiere al ambiente. De no ser así, el calor exterior va hacia el cuerpo. Estas fuentes de molestias debidas al calor, así como el balance térmico en condiciones ambientales agradables, se estudiarán en el capítulo 6.12.

La tensión fisiológica

La tensión fisiológica debida al esfuerzo que imponen condiciones ambientales cálidas se juzga principalmente por los aumentos evidentes del *HR* y por el aumento de la temperatura corporal. Las primeras respuestas a condiciones ambientales no confortables son cardiovasculares, porque el flujo de sangre por la piel aumenta para facilitar la disipación del calor. Con una eficiencia en el trabajo de 20 por ciento o menos, la carga principal de calor durante el ejercicio muscular es metabólica (*M*). Dependiendo de la temperatura del ambiente, el calor radiante y convectivo $(R + C)$ se pueden sumar o algo del calor metabólico se puede perder a través de esos procesos. La suma $M + (R + C)$ es la cantidad neta de calor transferida a la piel para disipación y se refleja en el incremento del *HR*. Si $(R + C)$ es inadecuada o una fuente de carga de calor, habrá enfriamiento por evaporación del sudor.

Cuando los procesos de intercambio de calor y las respuestas cardiovasculares son adecuadas, la temperatura corporal interna (*Tc*) puede mantenerse al nivel específico que corresponde al trabajo. La temperatura corporal interna se puede medir en el recto, en el canal auditivo u oralmente. La temperatura oral normal es de 0.2 a 0.3°C más baja que las otras dos. La *Tc* de unos 37°C durante el descanso, subirá a un nuevo nivel de equilibrio en proporción con la intensidad del trabajo. El aumento esperado es de 2.5°C/1 $f\ \dot{V}_{O_2,\,máx}$ a temperaturas ambiente de trabajo de 10 a 50°C. Como ya se dijo, se espera también que el *HR* se equilibre a niveles proporcionales al $f\ \dot{V}_{O_2,\,máx}$ sólo que en rangos más reducidos de *Ta*. En el ejemplo 6.4.9 aparece un resumen del *HR* y *Tc* esperados para un determinado $\dot{V}_{O_2,\,máx}$.

La zona prescriptiva

Se espera que el *HR* y el flujo de sangre por la piel aumenten cuando la *Ta* sube a más de 25°C. Si la disipación de calor por la piel es adecuada, la *Tc* se mantiene al nivel específico que corresponde al trabajo. Las personas ya diestras y aclimatadas al calor no muestran un aumento del *HR* tan grande como el de los novatos, debido a su mayor capacidad para redistribuir la sangre desde los órganos internos (área esplácnica) hacia la piel. Sin embargo, al evaluar la tensión debida al calor, se recomienda que se supongan incrementos del *HR* en proporción al aumento de la temperatura o la humedad del aire, como se indica en el ejemplo 6.4.10.

El ejemplo representa los incrementos esperados del *HR* con un trabajo de 0.3 $\dot{V}_{O_2,\,máx}$, dentro de un rango de 25 a 50°C y presiones de vapor (*Pa*) que disminuyen a medida que la *Ta* aumenta. Se espera que los aumentos del *HR* sobre el nivel específico de trabajo mantengan la *Tc* específica correspondiente (ejemplo 6.4.9). Más allá de esta zona prescriptiva, la *Tc* se equilibrará arriba del nivel específico de trabajo o aumentará continuamente. Adviértase que en la zona de *Ta* entre 38°C y 44°C, los aumentos del *HR* son más rápidos (2 latidos/min

Ejemplo 6.4.9 Temperaturas corporales internas (*Tc*) y ritmos cardiacos (*HR*) esperados en el trabajo de estado constante para cada carga relativa de trabajo (% $V_{O_2,\,máx}$)

	$V_{O_2,\,máx}$ *porcentual*				
	25	33	50	80	100
Tc (°C)	37.5	37.7	38.2	38.9	39.4
HR (latidos/min)	90	110	125	160	180

Fuente: Referencia 12.

Ejemplo 6.4.10 Descripción, mediante cuadro sicométrico, del incremento esperado del ritmo cardiaco en la zona de prescripción para la temperatura corporal interna[a]

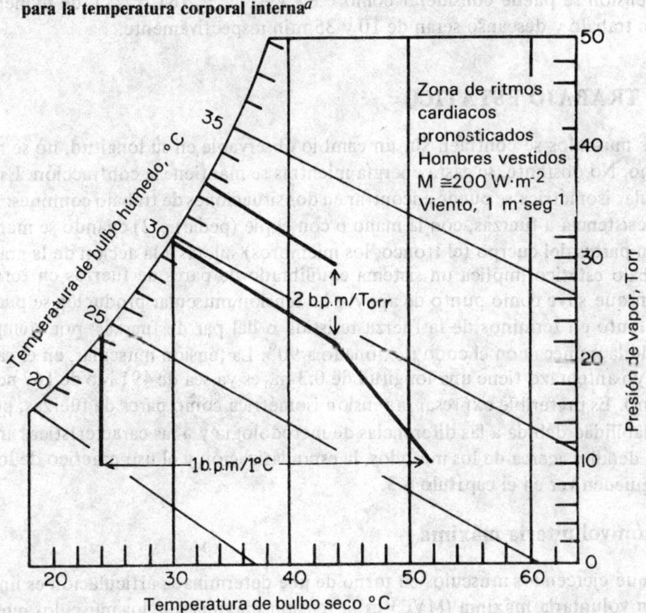

[a]Adaptado de la referencia 13.

X torr), pero la Tc específica se mantiene. Por lo general, el calor radiante adicional reducirá esta zona prescriptiva.

Diseño de los períodos de trabajo y descanso en condiciones de calor

Los aumentos esperados del HR debidos al esfuerzo que impone el calor dan lugar a una reducción de la reserva cardiovascular ($HR - HR_{máx}$). Por lo tanto, los aumentos del HR inducidos por el calor se compensaron con un aumento del $f\dot{V}_{O_2,\,máx}$ al diseñar los programas de trabajo y descanso.[12] Dicho de otro modo, los aumentos debidos al calor se sumaron al HR esperado debido al trabajo. El HR total sirvió para obtener un equivalente de tensión, $f\dot{V}_{O_2,\,máx}$ (ejemplo 6.4.7). El equivalente de tensión sirvió de base para diseñar los períodos de trabajo y descanso. La prueba de este procedimiento en experimentos de laboratorio demostró que es eficaz para mantener la Tc a los niveles previstos. El ejemplo que sigue demuestra el empleo de este método.

Un trabajo de forja exige un $\dot{V}_{O_2}$ de 1.3 l/min (6.5 kcal/min, ejemplo 6.4.4). Los trabajadores son varones de veintitantos años de edad. De acuerdo con el ejemplo 6.4.6, se espera que el trabajo exija 0.41 $\dot{V}_{O_2,\,máx}$ (1.3/3.16). Las condiciones ambientales en el taller son: $Ta = 50°C$ y $Pa = 10$ torr. Se espera por lo tanto que el HR sea de 25 latidos/min arriba del HR específico correspondiente al trabajo (ejemplo 6.4.10). La pendiente en el ejemplo 6.4.7 es de 0.74 $\dot{V}_{O_2,\,máx}$ por 1 latido/min. Por lo tanto, para 25 latidos/min el aumento equivalente del $f\dot{V}_{O_2,\,máx}$ es de 0.19 $\dot{V}_{O_2,\,máx}$. La carga de trabajo de 0.41 $\dot{V}_{O_2,\,máx}$ se puede considerar entonces como de 0.60 $\dot{V}_{O_2,\,máx}$ (0.41 + 0.19). Aplicando las ecuaciones 5 y 7, el diseño apropiado será de 27 min para el período de trabajo y 4 min para el de descanso.

El programa de trabajo y descanso para una mujer promedio entre veinte y treinta años se determinará como sigue: $\dot{V}_{O_2}$ de 1.3 l/min es 0.61 $\dot{V}_{O_2,\,máx}$ (ejemplo 6.4.6); los aumentos del *HR*, de 25 latidos/min, inducidos por el calor, equivalen a 0.21 $\dot{V}_{O_2,\,máx}$ (ejemplo 6.4.7); la tensión se puede considerar como 0.82 $\dot{V}_{O_2,\,máx}$ (61 + 21), de manera que los períodos de trabajo y descanso serán de 10 y 35 min respectivamente.

6.4.5 EL TRABAJO ESTATICO

Cuando los músculos se contraen sin un cambio observable en su longitud, no se realiza trabajo externo. No obstante, se gasta energía mientras se mantiene la contracción. Esa contracción muscular isométrica se puede encontrar en dos situaciones de trabajo comunes: 1) cuando se opone resistencia a fuerzas, con la mano o con el pie (pedal) o 2) cuando se mantiene una postura con partes del cuerpo (el tronco, los miembros) sujetas a la acción de la gravedad.

Un trabajo estático implica un sistema equilibrado de pares de fuerzas en torno de una articulación que sirve como punto de apoyo. La tensión muscular producida se puede expresar por lo tanto en términos de la fuerza resistida o del par de fuerzas; por ejemplo, 50 kg colgando de la muñeca con el codo flexionado a 90°. La tensión muscular, en el caso de una persona cuyo antebrazo tiene una longitud de 0.3 m, es ya sea de 491 N o de 147 newton-metros (n X m). Es preferible expresar la tensión isométrica como pares de fuerzas, porque hay menos variabilidad debida a las diferencias de metodología y a las características antropométricas. Los detalles acerca de los métodos, la estandarización y el uso práctico de los pares de fuerzas se pueden ver en el capítulo 6.3.

Contracción voluntaria máxima

La fuerza que ejercen los músculos en torno de una determinada articulación es limitada. La contracción voluntaria máxima (MVC) es la tensión máxima que los músculos pueden desarrollar cuando se contraen rápidamente en contra de una resistencia, manteniendo la contracción durante 3 seg por lo menos. Los valores de MVC no son los mismos para distintas articulaciones ni para cada articulación a diferentes ángulos. Los valores esperados de MVC para los ángulos a los cuales es más probable que se ejerza la fuerza en las tareas industriales se resumen en el ejemplo 6.4.11. La MVC disminuye con la edad a razón de 1 por ciento/año aproximadamente en los varones. No hay información suficiente para el caso de las mujeres.

Ejemplo 6.4.11 Efectos de torsión medios esperados (n × m)[a] en hombres (H) y mujeres (M) de las MVC de los músculos en torno de las articulaciones flexionadas a diferentes ángulos

Acción articular	*Angulo* 45° *H*	45° *M*	90° *H*	90° *M*	135° *H*	135° *M*	180° *H*	180° *M*
Flexión del hombro	67	29	68	30	47	21		
Flexión del codo	52	24	85	43	60	23		
Extensión de la espalda			240	130			250[b]	150[b]
Asimiento							470[c]	269[c]
Extensión de la rodilla	135	93	196	130	174	136		
Flexión de la planta del pie	110	83	127	111	101	108		
Fuerza máxima de	166	55	293	155				
levantamiento[d]	553[c]	217[c]	687[c]	364[c]				

[a]Valores medios para edades de menos de 40 años; el coeficiente esperado de varianza es del 25%. Los datos están basados en los informes de los EE.UU., ver referencia 14.
[b]En realidad, la espalda está hiperextendida más de 180°.
[c]Los valores están en newtons. Asimiento con la muñeca a 180°.
[d]Fuerza máxima de levantamiento (MLS) con el ángulo en la parte inferior de la espalda; las rodillas ligeramente flexionadas.

Las respuestas fisiológicas a una determinada contracción isométrica menor que la máxima varían ampliamente debido a las grandes diferencias individuales de la MVC. Sin embargo, la normalización de las respuestas es posible tomando la fracción de MVC (*f*MVC) a la cual se mantiene la tensión muscular menor a la máxima.

Respuestas fisiológicas

La contracción muscular isométrica sostenida da lugar a aumentos impresionantes del $\dot{V}_E$, de la presión de la sangre y del *HR*. Otros cambios evidentes durante la contracción isométrica son la potencia eléctrica y la producción substancial de ácido láctico. Estas respuestas son proporcionales a la tensión desarrollada (*f* MVC) y en cierto grado a la masa muscular que interviene.

Respuestas respiratorias

La contracción isométrica provoca un ligero aumento del $\dot{V}_{O_2}$ y un aumento desproporcionado de la ventilación pulmonar ($\dot{V}_E$). A 0.40 MVC, la $\dot{V}_E$ puede aumentar hasta a 35 l/min, lo cual se observa normalmente en un trabajo dinámico que consume 7.5 kcal/min (ejemplo 6.4.5).

Respuestas circulatorias

Durante la contracción muscular isométrica sostenida hay un aumento de la presión sistólica y diastólica (BP) y del *HR*. Se ha demostrado[15] que una contracción sostenida de 0.4 MVC hasta el límite de resistencia dio lugar a un aumento continuo que condujo a lo siguiente: presión sistólica/diastólica de 180/120 mmHg y *HR* de 120 latidos/min. El aumento de la BP tiene implicaciones clínicas importantes para los trabajadores que padecen del corazón o cuya BP en descanso es alta. Esos trabajadores deben evitar el trabajo estático prolongado y las contracciones isométricas intensas.

Actividad eléctrica

La contracción muscular va acompañada por un cambio en el potencial de la membrana muscular. Ese cambio se difunde por los tejidos y debidamente amplificado, se puede registrar en la superficie de la piel.[16] Hay un incremento en la frecuencia y la amplitud en los electromiogramas registrados (EMG), proporcional a la intensidad y duración de las contracciones. Además, la naturaleza de las señales EMG depende del estado de fatiga del músculo. Por consiguiente, se ha tratado de cuantificar el EMG por integración y por el análisis del espectro de potencia de las señales, y de usar tales valores para determinar la tensión y la fatiga.

El ácido láctico

El tejido muscular al contraerse, desarrolla una presión hidrostática interna que comprime los vasos sanguíneos. El efecto estrangulador de la contracción sostenida entorpece el flujo de la sangre y a una determinada tensión, el suministro de sangre se suprime totalmente. Esa oclusión se manifiesta a diferentes *f* MVC para distintos músculos. Por ejemplo, a 0.20 MVC, 0.50 MVC y 0.70 MVC se ocluyen, respectivamente, los vasos de los músculos flexores plantares, de los músculos flexores del codo y de los músculos de sujeción del antebrazo. El flujo sanguíneo restringido interfiere con el intercambio de gases y otros productos secundarios entre el músculo y la sangre. Esto obliga a los músculos a depender de los recursos energéticos anaeróbicos y, por lo tanto, aumenta el contenido de ácido láctico. Al terminar la contracción, la sangre perfunde los músculos en un flujo reactivo aumentado y el ácido láctico es eliminado. El flujo sanguíneo restringido afecta la capacidad funcional del tejido muscular, mientras que la acidez producida por el ácido láctico impide los procesos bioquímicos normales. Por lo tanto, no es sorprendente que el trabajo estático se soporte durante períodos muy breves y necesite de períodos prolongados de recuperación.

Resistencia

Igual que en el caso del trabajo dinámico, la resistencia durante el trabajo estático puede ser normalizada en términos de la f MVC (ejemplo 6.4.13). Los intentos de adaptar una ecuación para describir la resistencia de acuerdo con los datos obtenidos en diversas ocasiones no tuvieron mucho éxito. Una propuesta para obtener T en minutos fue la siguiente:[17]

$$T = \frac{0.19}{(f\ \mathrm{MVC})^{2.42}} \tag{8}$$

La fórmula pareció ajustarse a los datos correspondientes a una contracción sostenida para f MVC < 0.75, pero no a más de 0.75 MVC. Parece que entre 0.75 MVC y MVC los datos se adaptaban mejor a una regresión lineal de la resistencia sobre el esfuerzo. De manera que la predicción de la resistencia esperada a partir de las fórmulas que aparecen en el ejemplo 6.4.12 parece ser correcta.

La resistencia representa límites de tolerancia no comunes en los trabajos industriales. Normalmente, las contracciones isométricas a una determinada f MVC duran un tiempo t inferior a T $[(t/T) < 1]$.

Recuperación

Por lo general, la fatiga debida a la contracción isométrica se manifiesta en la imposibilidad de mantener la fMVC al nivel y con la duración observadas antes de que sobrevenga la fatiga. Dos factores determinan la rapidez de la recuperación después del trabajo estático: 1) la intensidad de la contracción (fMVC) y 2) la duración t con relación al tiempo máximo de tolerancia T (t/T). Mientras más se aproxime alguna de ellas a 1, mayor será el tiempo de recuperación necesaria. En un estudio amplio,[18] la rapidez de disminución del HR aumentado por la contracción se aplicó como criterio para la recuperación. La fórmula sugerida para el descanso fue

$$RA = 18\,(t/T)^{1.4}\ (f\ \mathrm{MVC} - 0.15)^{0.5} \tag{9}$$

donde RA se da como fracción de t, el tiempo de contracción, y T es el límite de resistencia (ecuación 8 o ejemplo 6.4.12). A 0.15 MVC, la fatiga sobreviene después de una contracción prolongada (ejemplo 6.4.12) con poco aumento del HR.

El ejemplo que sigue demuestra la aplicación de la información anterior al diseño del ritmo de un trabajo que implique la contracción isométrica. En una fábrica que produce fibra de polietileno, las fibras se devanaban en carretes. Cada carrete era suficientemente pequeño para tomarlo con una sola mano. Era necesario colocar la mano bajo el carrete y asiéndolo ligeramente, trasladarlo de la devanadora a una caja. El esfuerzo principal lo realizaban los músculos flexores del codo, a un ángulo de 90°. El trabajo era realizado, y así se esperaba, principalmente por mujeres. Se realizaron las siguientes observaciones y se obtuvieron las siguientes conclusiones:

1. Cada carrete pesaba 10 kg. El tiempo t necesario para colocar cada carrete en la caja era de 0.1 min.
2. El brazo de palanca de la mujer promedio (del codo al puño) es de 0.3 m y su MVC es de 43 n × m (ejemplo 6.4.11).

Ejercicio 6.4.12 La resistencia en función de la fracción de contracción isométrica voluntaria máxima (f MVC)

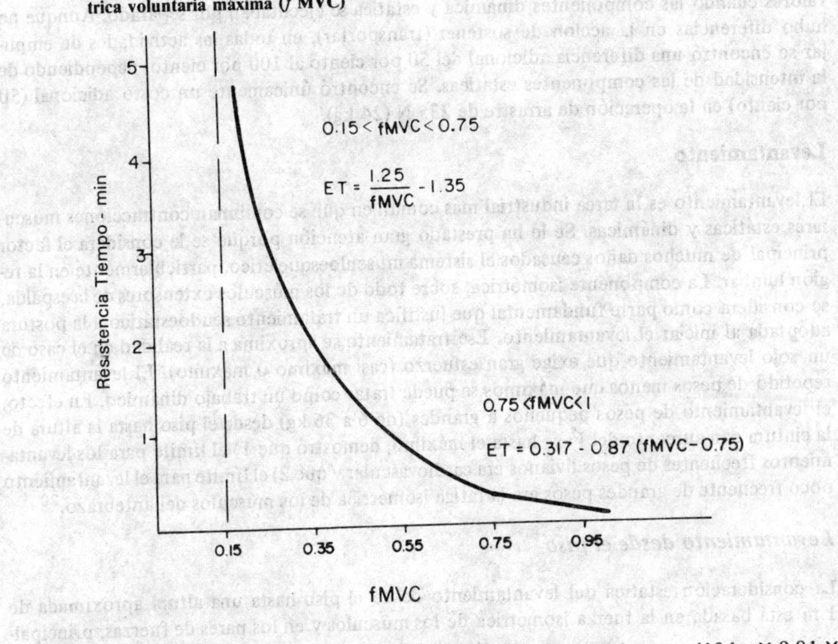

3. El par de fuerzas del codo al transferir cada carrete era 29.4 n X m (10 kg X 9.81 X 0.3), que equivale a 0.68 MVC (29.4/43).

4. La T para 0.68 MVC es de 0.48 min (ejemplo 6.4.12 o ecuación 8) y 6 seg de transferencia viene a ser 0.21 de T ($t/T = 0.21$).

5. Aplicando la ecuación 9, la RA es de 1.46 t, o sea 8.76 seg.

6. El tiempo total de transferencia es de 14.76 seg/carrete (8.76 +6), o sea cuatro carretes por minuto aproximadamente.

6.4.6 TRABAJOS DINAMICO Y ESTATICO COMBINADOS

Con frecuencia, las tareas industriales implican una combinación de contracciones musculares dinámicas y estáticas, así como contracciones semidinámicas. Algunas actividades exigen contracciones rítmicas lentas de grupos de pequeños músculos, por ejemplo del antebrazo durante el empacado y las operaciones manuales de precisión o de la planta del pie durante el control mediante un pedal. Las contracciones rítmicas no aumentan substancialmente el $\dot{V}_{O_2}$; pero la fatiga local aparece con rapidez (véase el capítulo 6.5). Estas actividades exigen también la contracción estática de los músculos que controlan la postura. Normalmente, las respuestas fisiológicas de las contracciones isométricas de los músculos ($\dot{V}_E$, BP, HR) se superponen a las respuestas a las contracciones dinámicas de los mismos, y la fatiga sobreviene en proporción con la intensidad de las componentes estáticas. En cambio, cuando tanto las componentes dinámicas como las estáticas involucran a grupos grandes de músculos, la medida en que las componentes estáticas predominen sobre las dinámicas dependerá de la naturaleza e intensidad de las contracciones.

El $\dot{V}_{O_2}$ y el HR se midieron en operaciones en las cuales la componente dinámica consistía en caminar a razón de 2.5 km/hr y las componentes estáticas en sostener (con el codo a 90°), arrastrar o empujar entre 59 y 235 N (6 y 24 kg).[19] Los valores adicionales en $\dot{V}_{O_2}$ y

HR se definieron como la diferencia entre el valor del trabajo combinado y la suma de los valores cuando las componentes dinámica y estática se ejecutaban por separado. Aunque no hubo diferencias en la acción de sostener (transportar), en todas las actividades de empujar se encontró una diferencia adicional del 50 por ciento al 100 por ciento, dependiendo de la intensidad de las componentes estáticas. Se encontró únicamente un costo adicional (50 por ciento) en la operación de arrastre de 235 N (24 kg).

Levantamiento

El levantamiento es la tarea industrial más común en que se combinan contracciones musculares estáticas y dinámicas. Se le ha prestado gran atención porque se le considera el factor principal de muchos daños causados el sistema musculoesquelético, particularmente en la región lumbar. La componente isométrica, sobre todo de los músculos extensores de la espalda, se considera como parte fundamental que justifica un tratamiento seudoestático a la postura adoptada al iniciar el levantamiento. Ese tratamiento se aproxima a la realidad en el caso de un solo levantamiento que exige gran esfuerzo (casi máximo o máximo). El levantamiento repetido de pesos menos que máximos se puede tratar como un trabajo dinámico. En efecto, el levantamiento de pesos pequeños a grandes (de 6 a 36 kg) desde el piso hasta la altura de la cintura con aumento del $\dot{V}_{O_2}$ hasta el máximo, demostró que 1) el límite para los levantamientos frecuentes de pesos livianos era cardiovascular y que 2) el límite para el levantamiento poco frecuente de grandes pesos era la fatiga isométrica de los músculos del antebrazo.[20]

Levantamiento desde el piso

La consideración estática del levantamiento desde el piso hasta una altura aproximada de 1 m está basada en la fuerza isométrica de los músculos y en los pares de fuerzas, principal-

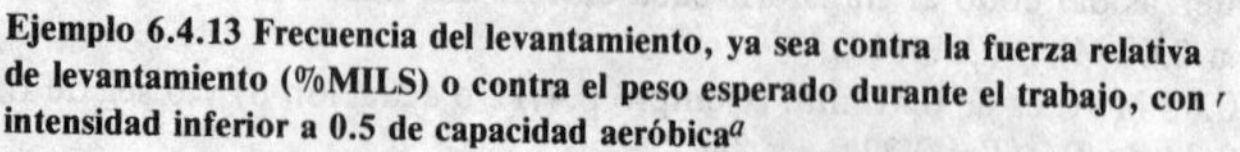

Ejemplo 6.4.13 Frecuencia del levantamiento, ya sea contra la fuerza relativa de levantamiento (%MILS) o contra el peso esperado durante el trabajo, con intensidad inferior a 0.5 de capacidad aeróbica[a]

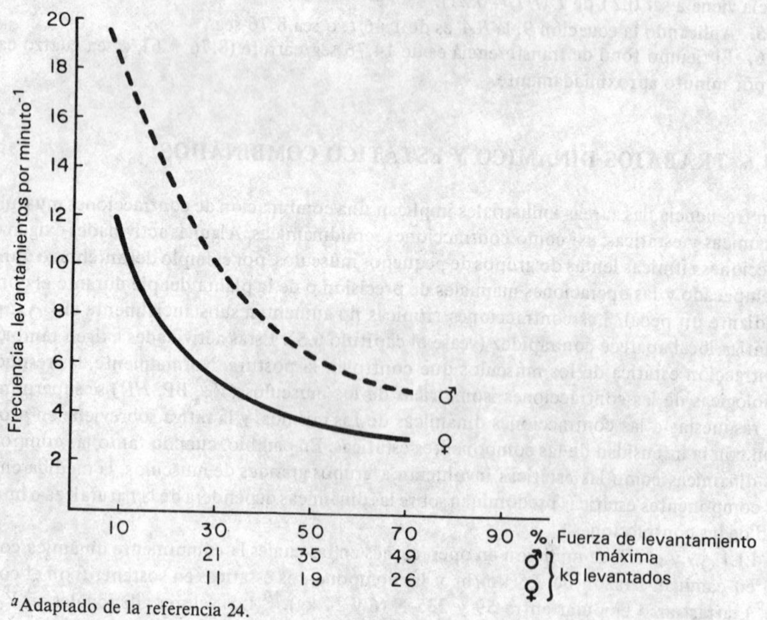

[a]Adaptado de la referencia 24.

mente alrededor de la región lumbar. La MVC de los músculos extensores de la espalda o de la MLS total a 90° (ejemplo 6.4.11) se puede usar, y se usó realmente,[21] para tal consideración (véase también el capítulo 6.3).

La consideración dinámica de levantamiento está basada en la frecuencia del levantamiento, en el $\dot{V}_{O_2}$ y en el $\dot{V}_{O_2, \text{máx}}$ específico correspondiente al levantamiento. El $\dot{V}_{O_2, \text{máx}}$ para el peso y la frecuencia del levantamiento previsto en la industria es aproximadamente el 0.85 de los valores de $\dot{V}_{O_2, \text{máx}}$ que se indican en el ejemplo 6.4.6 para el trabajo combinado de brazos y piernas.[20]

En el ejemplo 6.4.13 se muestra un diagrama de la frecuencia del levantamiento, en función del peso y para frecuencias que se espera no demandarán más de 0.50 $\dot{V}_{O_2, \text{máx}}$ y que por lo tanto no requieren un diseño específico del descanso. No se recomienda que se levanten pesos de más de 0.70 MLS en forma repetida.[21] Los investigadores europeos encontraron que la MLS y la frecuencia del levantamiento en el caso de las mujeres es 0.7 de los que corresponden a los varones (ejemplo 6.4.13) y 0.4 de los que corresponden a los varones en los Estados Unidos (ejemplo 6.4.11). Los métodos sicofísicos en que el trabajador elige el peso aceptable para él o para ella en caso de un trabajo prolongado (véase el capítulo 5.1) parecen estar de acuerdo con los resultados fisiológicos.[22] En los experimentos de laboratorio, los varones prefirieron pesos de 20 a 22 kg para frecuencias de levantamiento de 3 a 6 por minuto y de alrededor de 15 kg para frecuencias de 9 a 12 por minuto. El $\dot{V}_{O_2}$ para levantar esos pesos seleccionados subjetivamente parece, ser aproximadamente 0.35 del $\dot{V}_{O_2, \text{máx}}$ esperado.[23] Además, a juzgar por la demanda $\dot{V}_{O_2}$ por total de kilogramos levantados, el rendimiento del levantamiento mejora claramente a medida que el peso de cada levantamiento individual aumenta y la frecuencia del levantamiento disminuye, pero sólo hasta cierto punto. El rendimiento del levantamiento, con frecuencias que requieran de 0.35 a 0.50 $\dot{V}_{O_2, \text{máx}}$ no aumenta si el peso es de más de 15 kg en el caso de los varones y de unos 10 kg en el de las mujeres.

Levantamiento desde cierta altura

No hay datos suficientes acerca de las respuestas fisiológicas a los levantamientos repetidos desde la altura aproximada de los nudillos. Comparado con el levantamiento desde el piso, el esfuerzo biomecánico y la eficiencia metabólica mejoran mucho debido a la reducción de los movimientos de torsión alrededor de la región lumbar y de los límites de movimiento del tronco. No quiere decir que la MLS sea mayor; de hecho es más pequeña (45° MLS en el ejemplo 6.4.11), porque los músculos de la espalda y de las piernas intervienen menos. Los esfuerzos biomecánicos se presentan al levantar más arriba de la altura de los hombros. Hay un cambio en la postura exigida a la espalda y los músculos más activos son los extensores de los hombros y de los codos. De modo general, la MLS del hombro al brazo es de 0.6 a 0.8 de la fuerza que implica levantar desde el piso.

REFERENCIAS

1. K. WASSERMAN, A. L. VAN-KESSEL, y G. G. BURTON, "Interaction of Physiological Mechanisms During Exercise," *Journal of Applied Physiology*, Vol. 22, 1967, páginas 71-85.
2. E. KAMON y H. S. BELDING, "The Physiological Cost of Carrying Loads in Temperate and Hot Environments," *Human Factors*, Vol. 13, 1971, páginas 153-161.
3. T. BERNARD, K. KAMON, y B. A. FRANKLIN, "Estimation of Oxygen Consumption From Pulmonary Ventilation During Exercise," *Human Factors*, Vol. 21, 1979, páginas 417-421.
4. P. O. ASTRAND y K. RODAHL, *Textbook of Work Physiology*, McGraw-Hill, Nueva York, 1977, página 398.
5. ASTRAND y RODAHL, *Work Physiology*, páginas 318-355.

6. F. J. NAGLE, "Physiological Assessment of Maximal Performance," en J. H. Wilmore, Ed., *Exercise and Sport Sciences Reviews*, Vol. 1, Academic Press, Nueva York, 1973.
7. ASTRAND y RODAHL, *Work Physiology*, página 398.
8. E. SIMONSON, *Physiology of Work Capacity and Fatigue*, Charles C. Thomas, Springfield, IL, 1971, página 451.
9. G. LEHMAN, *Praktische Arbeitsphysiologie*, Gerog Thieme Verlag, Stuttgart, 1962, página 68.
10. L. HERMANSEN y I. STENSVOLD, "Production and Removal of Lactate During Exercise in Man," *Acta Physiologica Scandinavia*, Vol. 86, 1972, páginas 191-201.
11. A. WELTMAN, B. A. STAMFORD, y C. FULCO, "Recovery From Maximal Effort Exercise: Lactate Disappearance and Subsequent Performance," *Journal of Applied Physiology*, Vol. 47, 1979, páginas 677-682.
12. E. KAMON, "Scheduling Cycles of Work for Hot Ambient Conditions," *Ergonomics*, Vol. 22, 1979, páginas 427-439.
13. E. KAMON, B. AVELLINI, y J. KRAJEWSKI, "Physiological and Biophysical Limits to Work in the Heat for Clothed Men and Women," *Journal of Applied Physiology*, Vol. 44, 1978, páginas 918-925.
14. L. L. LAUBACH, "Comparative Muscular Stength of Men and Women: A Review of the Literature," *Aviation Space Environment Medicine*, Vol. 47, 1976, páginas 534-542.
15. J. S. PETROFSKY, R. L. BURSE, y A. R. LIND, "Comparison of Physiological Responses of Women and Men to Isometric Exercise," *Journal of Applied Physiology*, Vol. 38, 1975, páginas 863-868.
16. D. B. CHAFFIN, "Electromyography-A Method of Measuring Local Muscle Fatigue," *The Journal of Methods Time Motion*, Vol. 14, 1969, páginas 29-36.
17. H. MONOD y J, SHERRER, "Capacité de Travail Statique d'un Groupe Musculaire Synergque Chez l'Homme," *Comptes Rendues Société Biologie Paris*, Vol. 151, 1957, páginas 1358-1362.
18. W. ROHMERT, "Ermittlung von Erholungspausen fur Statische Arbeit des Menschen," *European Journal of Applied Physiology*, Vol. 18, 1960, páginas 123-164.
19. J. SANCHEZ, H. MONOD, y F. CHABAUD. "Effects of Dynamic, Static and Combined Work on Heart Rate and Oxygen Consumption," *Ergonomics*, Vol. 22, 1979, páginas 935-943.
20. J. S. PETROFSKY y A. R. LIND, "Metabolic, Cardiovascular and Respiratory Factors in the Development of Fatigue in Lifting Tasks," *Journal of Applied Physiology*, Vol. 45, 1978, páginas 64-68.
21. E. PAULSEN y K. JORGENSEN, "Back Muscle Strength, Lifting, and Stooped Working," *Applied Ergonomics*, Vol. 2, 1971, páginas 133-137.
22. S. H. SNOOK, "The Design of Manual Handling Tasks," *Ergonomics*, Vol. 21, 1978, páginas 963-965.
23. A. GARG y U. SAXENA, "Effects of Lifting Frequency and Technique on Physical Fatigue With Special Reference to Psychophysical Methodology and Metabolic Rate," *American Industrial Hygiene Association Journal*, Vol. 40, 1979, páginas 894-903.
24. K. JORGENSEN y E. PAULSEN, "Physiological Problems in Repetitive Lifting With Special Reference to Tolerance Limits to the Maximum Lifting Frequency," *Ergonomics*, Vol. 17, 1974, páginas 31-39.

CAPITULO 6.5

Incomodidad corporal

ILKKA KUORINKA
Instituto de la Salud en el Trabajo

6.5.1 INTRODUCCION

La incomodidad corporal es un estado desagradable que puede seguir a un esfuerzo inconveniente en el trabajo, a la mala salud, o al conflicto sicológico o sociológico. Está íntimamente relacionada con la fatiga, tanto mental como física.

La incomodidad corporal se define mejor con ayuda de su antítesis: Es la pérdida de la comodidad corporal. De acuerdo con la definición que la Organización Mundial de la Salud hace de la salud, la incomodidad corporal se puede considerar como "un estado de mala salud".[1]

La incomodidad corporal es básicamente una señal de advertencia. Se está advirtiendo al organismo de algo que puede ser perjudicial o peligroso.

En este capítulo se examinará la incomodidad corporal causada por factores físicos, fisiológicos y anatómicos, y sus consecuencias, que son principalmente de carácter físico. Se reconoce aquí el papel importante de los factores sicológicos; pero de ellos se habla en los capítulos 5.1 y 6.6.

6.5.2 MANIFESTACION, LOCALIZACION Y CAUSAS

Una señal predominante de la incomodidad corporal es el dolor. Este se puede manifestar en muchas formas, desde un sensación vaga hasta un dolor agudo que impida toda actividad. La incomodidad se describe a veces como entumecimiento, hormigueo o alguna otra forma de sensación anormal.

Dos características especiales de la manifestación de la incomodidad corporal merecen ser consideradas. Primero, el dolor crónico leve es común en las tareas manuales. Los trabajadores lo consideran a menudo como "normal" y no informan espontáneamente al respecto. Pero incluso ese dolor leve puede afectar al bienestar y producir consecuencias patológicas posteriores.

Segundo, la manifestación del dolor y la incomodidad difiere entre los trabajadores viejos y los jóvenes. En las investigaciones de medicina social, los trabajadores de más edad informan sobre un menor número de síntomas subjetivos, en comparación con los hallazgos objetivos de que se informa en un examen clínico. Los trabajadores jóvenes, por otra parte, informan acerca de un mayor número de síntomas subjetivos.

La localización de la incomodidad corporal se relaciona generalmente con la postura que exija la actividad; es decir, corresponde específicamente a la tarea. Sin embargo, cuando la postura es más normal, por ejemplo en las actividades que se realizan estando sentado e inmóvil, o cuando se adopta una postura incorrecta en general, dos lugares del cuerpo resultan afectados predominantemente: la espalda y el área del cuello y los hombros.

Una investigación que ilustra la especificidad de la incomodidad corporal abarcó a 430 trabajadores manuales que fueron examinados mediante palpación de los músculos.[2] Los investigadores encontraron que los músculos rígidos y doloridos eran cosa común y que, además, se trataba principalmente de los músculos más usados por los trabajadores en sus trabajos. Parece pues que la incomodidad corporal se relaciona con el trabajo, aunque no se ha reconocido una enfermedad ocupacional correspondiente a ella.

Los estudios epidemiológicos de los padecimientos de la espalda indican que el 80 por ciento de la población experimenta ese tipo de dolores, incapacitantes para el trabajo, durante su vida activa. Los dolores y otros padecimientos de la espalda son una de las causas principales del ausentismo en todos los países industrializados. Muchos factores ocupacionales han sido propuestos como causas del dolor de espalda, pero ninguno se ha demostrado con precisión. La reducción de la incomodidad corporal puede ayudar a prevenir el dolor de espalda.[3]

Las manifestaciones de incomodidad son comunes también en el área del cuello y los hombros. Tres poblaciones de trabajadores (378 personas en total) fueron estudiadas recientemente: empaquetadores en una línea de producción, trabajadores manuales en un taller de metalizado y ayudantes de taller.[4] Uno de los síntomas, el síndrome de cuello tirante, apareció en el 38, el 58 y el 54 por ciento, respectivamente, de los trabajadores de cada grupo. Se llegó a la conclusión de que esa molestia es común a muchas ocupaciones diferentes.

Las causas fundamentales de la incomodidad corporal no siempre se detectan con facilidad en la vida diaria. Muchas variables sicológicas y sociales pueden originar la incomodidad. Tal vez sería más correcto hablar de factores relacionados con la incomodidad, que de sus causas.

Se sabe que los siguientes factores físicos están relacionados con la incomodidad corporal:

El trabajo muscular estático (ver el capítulo 6.4).
El diseño antropométrico deficiente (ver el capítulo 6.3).
Los métodos de trabajo que inmovilizan al trabajador en su puesto.
Las posturas incorrectas en el trabajo.
La vibración que afecta a todo el cuerpo.
Otros factores ambientales.

El trabajo muscular estático produce incomodidad corporal, hecho familiar para todos. Pero otras áreas del cuerpo, aparte de los músculos, tampoco pueden tolerar las cargas estáticas. Los ligamentos y la superficie de las articulaciones, por ejemplo, necesitan movimiento y variación para funcionar bien. Lo mismo se puede decir de los discos de la columna vertebral, de las venas, etc.

El diseño antropométrico deficiente, que no permite el movimiento de los miembros, no proporciona áreas de comodidad o no corresponde a las medidas de la población, es motivo de posturas incorrectas y movimientos fatigosos que conducen a la incomodidad.

La vibración de todo el cuerpo provoca una molestia definida que depende particularmente de la frecuencia de la vibración. Las distintas frecuencias producen incomodidad máxima en diferentes áreas del cuerpo.

6.5.3 RELACION CON LOS DESARREGLOS Y LA INCAPACIDAD

El que la enfermedad o algún tipo de desarreglo siga a la incomodidad corporal depende de muchos factores. Los aspectos sicológicos son muy importantes en este respecto. Además, los factores individuales modifican el efecto de realizar un trabajo estático, la mala postura, etc.

De modo general, mientras más prolongada e intensa sea la exposición a los factores que producen incomodidad, más probable será que sobrevenga un trastorno o una enfermedad.

Padecimientos del cuello y los hombros

Un padecimiento del cuello y los hombros llamado "síndrome cervicobraquial ocupacional" es una de las enfermedades relacionadas con la incomodidad. En una investigación efectuada en el Japón, se encontraron 10,000 casos de este padecimiento en 6 millones de trabajadores, entre 1970 y 1971. También se informó acerca de la fatiga relacionada con la incomodidad en el 21 por ciento de los trabajadores de línea de producción, pero sólo en el 6 por ciento del personal de ventas y en el 4 por ciento del personal administrativo.[5] Como ya se dijo, el síndrome de cuello tirante se encontró en aproximadamente la mitad de los grupos investigados.[3]

Dos elementos caracterizan las afecciones del cuello y los hombros. Primero, la incomodidad y la enfermedad son comunes tanto entre los trabajadores manuales como entre la población en general. Segunda, las indisposiciones del cuello y los hombros no son fáciles de definir y diagnosticar. De manera que las estadísticas de salud no dan una idea real de la situación.

Dolores de espalda

Aunque el dolor de espalda es un padecimiento común, su causa precisa se desconoce. Existe también la cuestión de si el dolor de espalda o la incomodidad en esa región pronostican enfermedades de la misma. La respuesta es sí: los ataques de dolor de espalda pronostican por lo menos ciertos tipos de enfermedades de esa área.[6]

Lo que se sabe acerca de la relación de los factores ocupacionales con los dolores de espalda se puede resumir en esta forma: si la relación entre los dos se mide en términos del tiempo que se permanece ausente del trabajo por molestias en la espalda, ciertos factores del trabajo harán más prologada la ausencia. Esos factores son el trabajo físico pesado, las posturas estáticas del cuerpo, las cargas repentinas sobre la espalda y el levantamiento de cargas. Esas características se relacionan también definitivamente con la incomodidad.

Desarreglos sicosomáticos

La importancia de los aspectos sicológicos y sicosociales de la incomodidad corporal ha sido destacada por los investigadores sicosociales suecos. En sus estudios realizados en el lugar de trabajo, Bolinder y Ohlström[7] demostraron una clara relación entre los factores sicosociales y físicos y los trastornos sicosomáticos que a menudo adoptan la forma de incomodidad corporal. Otros ejemplos de situaciones ocupacionales que producen incomodidad relacionada con cierto padecimiento podrían ser el trabajo prolongado estando de pie, que produce venas varicosas y la postura sedente prolongada, que produce molestias en la espalda.

6.5.4 INTERFERENCIA CON LA PRODUCTIVIDAD

La incomodidad corporal se puede interpretar también como un indicio de que la persona está realizando una actividad innecesaria y no actividades relacionadas con el trabajo productivo o trabajando sin presión. Por ejemplo, si el trabajo se realiza en una postura incorrecta, la capacidad circulatoria y muscular utilizada para conservar la postura no está disponible para el trabajo productivo. Además, la fatiga causada por la mala postura puede impedir la recuperación y disfrutar del tiempo libre.

La incomodidad corporal puede tener también un efecto adicional: impide la movilización de la energía corporal a otras actividades. Cuando una parte importante de la energía se utiliza para mantenerse alerta y despierto en una situación desfavorable, se dispone de menos capacidad para una actividad creativa en el trabajo.

La interferencia de la incomodidad corporal con la productividad se ha estudiado en dos contextos: el efecto de la incomodidad debida a la postura y el trabajo muscular estático.

La incomodidad debida a la postura

Sämann[8] realizó una investigación amplia del efecto que producen las posturas incorrectas en el consumo de energía y en el rendimiento en el trabajo. Dividió el consumo total de energía en tres partes: consumo básico de energía (en descanso), energía usada para mantener una postura incorrecta y energía disponible para el trabajo continuo.

En el ejemplo 6.5.1 se compara la energía disponible en dos situaciones de trabajo. La energía utilizada para mantener la mala postura impone fuertes demandas a la capacidad disponible para el trabajo productivo.

En la práctica, las distintas proporciones de energía no son fáciles de distinguir, porque el trabajo y la postura están íntimamente asociados. Con frecuencia simplemente se nota que el consumo total de energía es mayor si el trabajo se lleva a cabo en una postura incorrecta o bien que, la fatiga del trabajador es más evidente.

Las mediciones del pulso, junto con las mediciones del consumo de energía, pueden servir para estimar la energía relativa que se pierde al mantener una mala postura. Los dos criterios que siguen son aplicables: 1) el pulso se acelera con ciertas posturas y 2) la relación Δ ritmo del pulso$_{\text{trabajo}}$/Δ consumo de energía permite estimar el desempeño en el trabajo en determinada postura.

Estas consideraciones teóricas han sido verificadas en la práctica. El consumo de energía se midió en la operación del vaciado de escoria.[9] Scholz comparó esa misma operación realizada en dos posturas diferentes; es decir, el material de trabajo se encontraba a dos niveles diferentes, uno que permitía estar libremente de pie y otro que exigía una postura encorvada. El ritmo de trabajo y otras condiciones eran las mismas. Encontró que el trabajo realizado en una postura incómoda resultaba de un 25 a un 34 por ciento más fatigoso que el realizado en una posición cómoda.

Se han publicado muchas de esas comparaciones. Su mensaje puede resumirse de este modo: incluso en las tareas más fáciles en apariencia, una cuarta parte de la energía que se consume puede estarse utilizando para mantener una postura incorrecta. El aumento del metabolismo debido a la actividad puede aproximarse al 100 por ciento cuando un trabajo pesado se realiza en postura incorrecta, comparado con el mismo trabajo realizado en posición cómoda. Esta conclusión no sorprende al tomar en cuenta la energía física necesaria para mover o mantener la posición de un torso que pesa, digamos, 100 lbs (45 kg).

Ejemplo 6.5.1 Proporciones relativas de la capacidad física disponible para el trabajo productivo, en relación con la buena y la mala postura

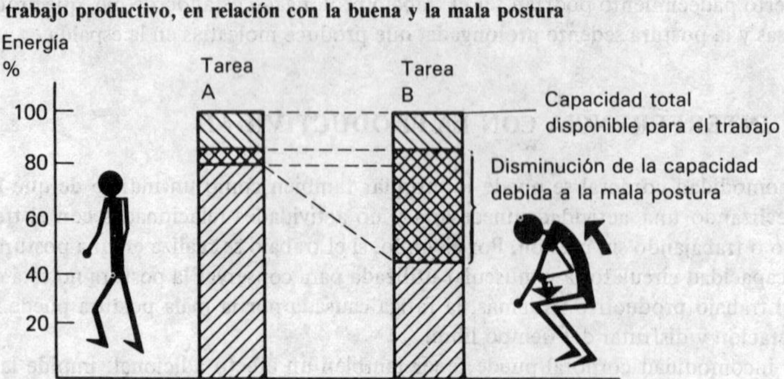

Trabajo estático

La naturaleza y los límites del trabajo estático, así como la recuperación después de sus efectos, se han expuesto en el capítulo 6.4. La incomodidad debida al trabajo estático sigue estrictamente los límites del rendimiento muscular. La clasificación de la molestia depende linealmente del porcentaje del tiempo máximo que puede soportarse el trabajo estático.[10] La molestia debida a este último puede ser lo suficientemente severa para obligar a la persona a suspender el trabajo de que se trate. Si es intensa, puede dar lugar a la fatiga prolongada. El trabajo estático repetido o constante puede producir músculos doloridos y endurecidos.

Como se explicó en el capítulo 6.4, el trabajo muscular dinámico e intenso contiene también una componente estática (anaeróbica). ¿Qué tanto trabajo muscular estático se puede permitir antes de que se agote la capacidad para el trabajo productivo o antes de que aparezca el dolor muscular persistente? No hay una respuesta definitiva. La cantidad de trabajo estático que se puede tolerar depende del ritmo de trabajo, del número de pausas, etc. La fisiología del trabajo ofrece una guía: En el trabajo estático continuo, la fuerza que se debe mantener no debe exceder del 10 ó 15 por ciento de la fuerza voluntaria máxima, tal vez ni siquiera del 5 ó 10 por ciento. Otras reglas empíricas adicionales son las siguientes: diseñar períodos de trabajo más cortos y más pausas y variar la intensidad del trabajo. Una antigua regla, redescubierta hace poco, dice que las pausas activas permiten una mayor recuperación que la que permiten las pausas pasivas.[11]

6.5.5 EVALUACION DE LA INCOMODIDAD CORPORAL

Como la incomodidad corporal es un fenómeno altamente subjetivo, limita su evaluación por los métodos disponibles y favorece la aplicación de los métodos sicofísicos. En la práctica, estos métodos pueden determinar 1) si existe la incomodidad corporal ocupacional, 2) qué tan grave es la incomodidad, comparada con alguna otra situación y 3) la localización de la incomodidad.

Otra área de evaluación es si los factores que dan lugar a la incomodidad corporal existen en el lugar de trabajo. Esta pregunta se puede contestar mediante el análisis ergonómico del lugar de trabajo. Este tema se ha esbozado también en otros capítulos en la sección 6.

Métodos de evaluación

Ninguno de los métodos existentes para evaluar la incomodidad corporal abarca todos los aspectos del problema. Se concentran siempre en puntos específicos y el interesado debe elegir aquel método que enfatiza el punto que desea investigar.

Observación de la incomodidad corporal

Los ingenieros que estudian el trabajo, así como los supervisores, han observado siempre las actividades, tratando en ocasiones de detectar la incomodidad. A un observador capaz le bastará dar un vistazo a la persona que trabaja para obtener información útil acerca del trabajo, la carga de trabajo y la incomodidad. Cuando se ve que un trabajador manual descansa en cuclillas, se puede sacar la conclusión de que el período de trabajo anterior fue fatigoso. Cuando un trabajador se endereza sosteniéndose la espalda, o cuando una mecanógrafa estira el cuello y los hombros, se puede interpretar como una indicación de incomodidad. Por desgracia, este tipo de observación exige empatía y experiencia, que no son fáciles de enseñar o adquirir.

La observación sistemática (por ejemplo, el muestreo del trabajo), las fotografías, las grabaciones de video, etc. Se han utilizado para registrar el comportamiento relacionado con

Ejemplo 6.5.2 Cinco posturas cómodas y cinco incómodas, clasificadas por un grupo de trabajadores del acero.[a]

[a]Tomado de la referencia 11.

la incomodidad. Por ejemplo, en los estudios de comodidad de los viajeros se ha estudiado y registrado el comportamiento que disminuye la incomodidad.

En una compañía finlandesa fabricante de acero[12] se ha empleado un método que combina las técnicas de muestreo del trabajo, aplicadas al estudio de los empleos, con la clasificación de la incomodidad debida a la postura. Este método es aplicado por los ingenieros que estudian el trabajo en su rutina cotidiana e incluye 72 combinaciones de posturas que se observan comúnmente en la industria del acero. Los ingenieros han sido entrenados para observar, registrar y analizar las posturas. Cada postura es clasificada en una escala de incomodidad de 4 puntos, en la cual la numeración más alta implica la necesidad urgente de una acción correctiva. La clasificación está basada en puntuaciones establecidas por trabajadores experimentados en la industria del acero y ponderadas de acuerdo con los datos médicos, fisiológicos y ergonómicos disponibles. El ejemplo 6.5.2 muestra cinco posturas que requieren atención urgente y cinco que resultan muy fáciles.

La ventaja de este método es que combina de una manera práctica la rutina de un ingeniero de estudio del trabajo con la obtención de datos acerca de la incomodidad.

Clasificación y ubicación de la incomodidad corporal

El método empleado más comúnmente para estudiar la incomodidad se basa en la clasificación de ésta hecha por el sujeto. Existen varios métodos y procedimientos, desde la exposición verbal y clasificación escalar hasta las comparaciones por pares e incluso otros procedimientos más refinados. La obtención de datos confiables requiere un conocimiento básico de cómo funcionan las escalas y las clasificaciones (ver el capítulo 6.4).

Dos consideraciones adicionales importantes deben tomarse en cuenta por lo que respecta a la clasificación de la incomodidad. En primer lugar, las expresiones verbales en las escalas de clasificación limitan el contenido y la calidad de las respuestas. Se requiere un estudio cuidadoso de los puntos que se van a incluir y formularlos de manera que no resulten ambiguos.

En segundo lugar, los problemas semánticos son mayores de lo que creemos suponer. El vocabulario y las expresiones de un trabajador, lo mismo que las de su supervisor inmediato, pueden diferir considerablemente y dar lugar a malentendidos. Siempre que sea posible, las preguntas de clasificación deben ser validadas por la población objetivo.

Corlett y Bishop[13] han desarrollado un método ilustrativo y concreto para clasificar la incomodidad. Lo aplicaron en el análisis de las máquinas de soldar por puntos y de la incomodidad del operador y encontraron que funciona satisfactoriamente. En tal método, la incomodidad se clasifica en escalas y también en diagramas del cuerpo humano. A determinados intervalos, se les muestran los diagramas a los sujetos y se les pide que indiquen y marquen las áreas donde sienten las mayores molestias. Luego se señalan las áreas que siguen en incomodidad y el procedimiento se repite hasta que ya no se señalan nuevas áreas. Los diagramas sucesivos reciben una puntuación y con ellos se clasifica la incomodidad por partes del cuerpo. Se obtiene un índice de incomodidad pidiendo a los sujetos que clasifiquen las molestias en una escala de 7 puntos.

Los autores aplicaron ese método al análisis de las cualidades ergonómicas de las máquinas de soldar por puntos y de la incomodidad que sufren sus usuarios.[14] Se analizó cierto número de máquinas diferentes y se registraron las dimensiones antropométricas de 60 operadores. Se encontraron claras diferencias entre muchas de las dimensiones y características de las máquinas y las medidas antropométricas de los usuarios.

Las dimensiones y los controles se pudieron modificar un tanto en tres de las máquinas seleccionadas. Esta situación permitió a los autores estudiar la incomodidad antes y después del diseño. Los resultados indicaron que, en cada uno de los tres casos modificados, las mejores posturas y la operación más fácil mejoraron la clasificación de la incomodidad, tanto global como por partes del cuerpo. Las regiones de la espalda y del cuello mostraron la mejoría más notable. El uso de las máquinas aumentó proporcionalmente y el tiempo ocioso disminuyó.

El ejemplo del método de Corlett y Bishop demuestra cómo la evaluación de la incomodidad puede proporcionar datos confiables y útiles para el diseño industrial.

Otros procedimientos para evaluar la incomodidad

La evaluación de la incomodidad por medio de esquemas del cuerpo parece ser un medio fácil y confiable para que los sujetos expresen su incomodidad. Whitham y Griffin[15] desarrollaron un método pictórico para clasificar la molestia debida a la vibración. Después de que los sujetos eran expuestos a la vibración, tenían que indicar en una figura humana la ubicación de las principales molestias. Como se muestra en el ejemplo 6.5.3, los resultados demuestran claramente la relación que existe entre la molestia y la frecuencia de la vibración.

Ayuda del personal que estudia la salud en el trabajo a evaluar la incomodidad

El personal que se ocupa de la salud en el trabajo se encuentra en posición clave para analizar y registrar los estados de molestia. Por desgracia, existen pocos sistemas funcionales capaces de proporcionar información sistemática a los diseñadores e ingenieros de métodos con base en observaciones realizadas en los centros de salud ocupacional o en otro tipo de exámenes.

El empleo de enfermeras o fisioterapeutas como enlace entre los diseñadores y los médicos podría ser un modelo funcional. En el Instituto de la Salud en el Trabajo, de Finlandia, se ha desarrollado un sistema para analizar las afecciones del cuello y los miembros superiores y la incomodidad consiguiente. El procedimiento está basado en un examen estructurado que lleva a cabo un fisioterapeuta capacitado en aspectos de trabajo.[4] Además de los datos epidemiológicos, el método proporciona un análisis detallado de la ubicación y severidad de los síntomas y señales.

Ejemplo 6.5.3 Incomodidad corporal, según los resultados de los experimentos de exposición a la vibración. La ubicación de la incomodidad máxima depende de la frecuencia de la vibración.

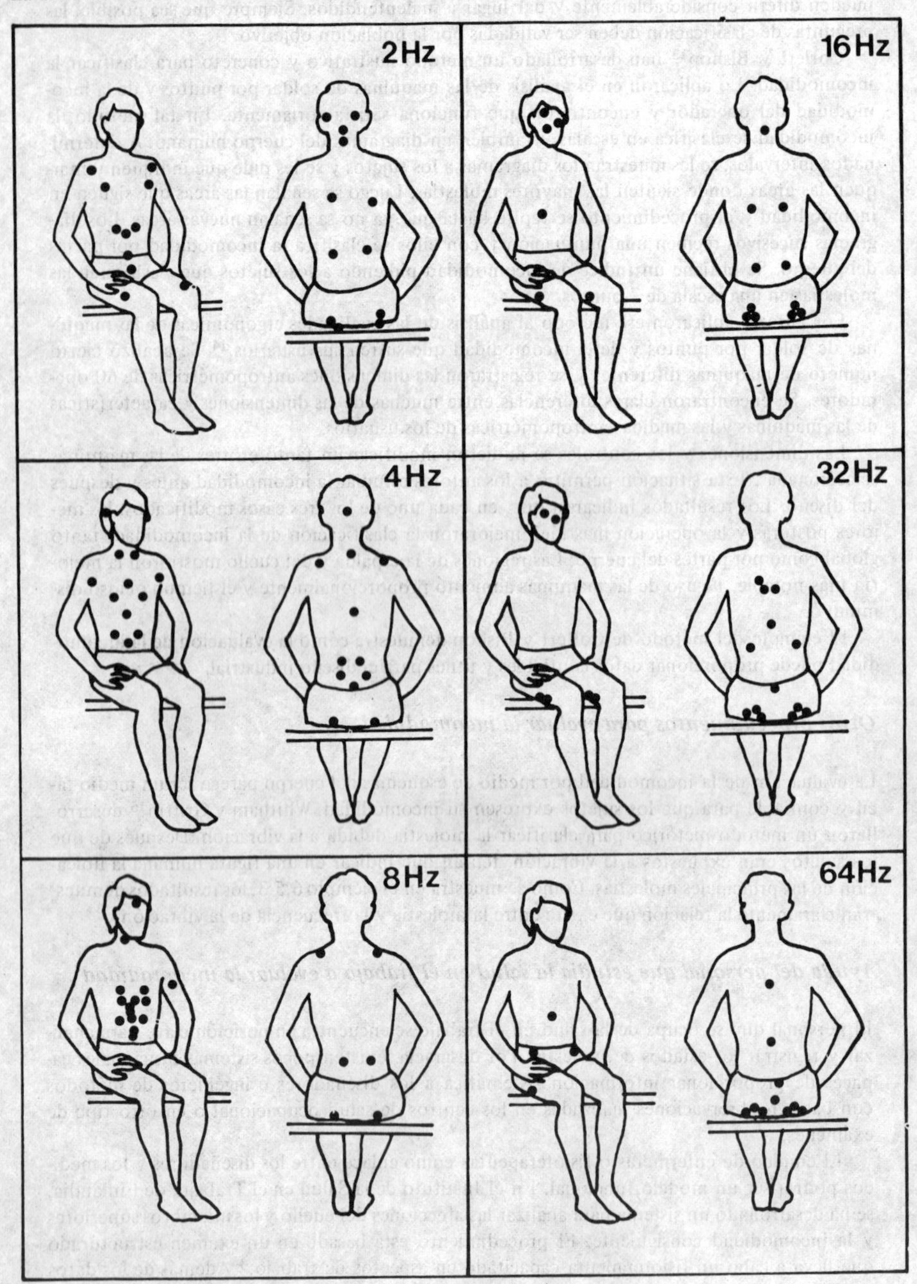

Una base más amplia para evaluar la incomodidad mediante los métodos de análisis de posiciones

La evaluación de la incomodidad se puede limitar al análisis de su manifestación, sobre todo en casos especiales, dando respuesta por ejemplo, a la pregunta de si ciertas características del diseño producen molestias.

Si se quiere tener un cuadro más completo de los muchos factores vinculados con la incomodidad corporal, habrá que hacer un análisis de posiciones para obtener un perfil del trabajo. Se han propuesto varios de esos métodos. Dos de ellos servirán como ejemplo, aunque no es posible hacer una presentación completa.

Siguiendo los lineamientos de McCormick[16] para el procedimiento estructurado de análisis de los empleos, Rohmert y Landau desarrollaron un método práctico con fórmulas, sistemas y preparación formal. Se le llama análisis AET (*Arbeitswissenschaftliche Erhebungsbogen für Tätigkeitsanalyse*).[17]

En el análisis AET, el sistema de trabajo, la tarea y las demandas que ésta impone se analizan en forma estructurada. Se recurre a la observación y a las preguntas para obtener respuesta a 216 puntos estructurados (sistema de trabajo, 143 puntos; tarea, 32 puntos; demandas de la tarea, 41 puntos). El resultado se formula como un perfil del trabajo. Un análisis más refinado proporciona información sobre el contenido del trabajo, cuyas categorías principales implican el uso de la fuerza muscular, coordinación sensorial y motora, manejo de la información y obtención de información. Muchos puntos del análisis AET proporcionan información acerca de los factores que dan lugar a incomodidad corporal.

Lucas (de la compañía Renault de automóviles, Francia) ha presentado un método analítico para analizar el lugar de trabajo, llamado "Les Profils de Postes" (perfiles de los lugares de trabajo).[18] La estructura de los perfiles de los lugares de trabajo está orientada más prácticamente aún que el método AET. En los perfiles se registran 27 puntos referentes al lugar de trabajo, siguiendo un determinado procedimiento. Los grupos principales del análisis se refieren a la distribución del lugar de trabajo (4 puntos), a la seguridad en el trabajo (1 punto), a los factores ergonómicos (14 puntos) y a los factores sicosociales (8 puntos). Todos los puntos se ubican (principalmente) en cinco categorías. Los perfiles de los lugares de trabajo producen también un perfil analítico del trabajo, como resultado final.

Las características comunes de estos dos métodos son su tendencia a la aplicación práctica y su enfoque multifacético. Los sistemas se ofrecen completos incluyendo la instrucción del usuario y hasta cierto grado, servicio de análisis.

6.5.6 REDUCCION Y PREVENCION DE LA INCOMODIDAD CORPORAL

Se deben tener en cuenta dos características de la incomodidad corporal al planear su reducción y prevención: la naturaleza multicausal de la incomodidad y la falta de conocimiento acerca de muchos detalles importantes.

No se sabe lo suficiente acerca de los factores causales de la incomodidad corporal para que la prevención pueda ser dirigida exclusivamente hacia ese tipo de factores, como por ejemplo las posturas incorrectas. Ambas deficiencias importantes en la prevención (la multicausalidad y la falta de datos) implican la necesidad de prevenir siguiendo líneas generales antes de dirigir la prevención hacia cuestiones específicas.

Un análisis de la prevención, así como sugerencias para la misma, han sido presentados por Van Wely, quien llevó a cabo un estudio de los factores de diseño relacionados con los padecimientos de los músculos y los huesos, en la Compañía Philips.[19] El punto de partida de Van Wely fue el elevado ausentismo debido a trastornos de los sistemas muscular y óseo. Se eligió a un grupo de 50 pacientes y se hizo un diagnóstico cuidadoso. Se formuló una lista de las probables relaciones entre los factores de diseño del lugar de trabajo y los síntomas observados. Se visitaron los lugares de trabajo de los 50 trabajadores y se registraron sus características ergonómicas. Al comparar los diagnósticos y los factores de diseño de los lugares de trabajo, la relación supuesta se confirmó en 39 casos y no se confirmó en 8. En los otros 3 no se encontraron fallas ergonómicas. Las sugerencias para la prevención fueron las siguientes:

Mejor diseño del equipo.
Mejor instrucción y capacitación de los nuevos empleados.
Pruebas antes de la contratación, para distinguir a las personas de baja tolerancia.

Un estudio de intervención efectuado con operadores de máquinas de teclado confirma las sugerencias de Van Wely para la prevención.[20] Sesenta operadores participaron en un estudio en el cual los síntomas que presentaban el cuello y las extremidades superiores fueron analizados antes y después de la intervención. Esta consistió en ajustar el mobiliario, construir soportes para los papeles, consejos acerca de las actividades de trabajo y de descanso y otros. Un número substancial de síntomas de incomodidad habían desaparecido cuando se llevó a cabo un segundo examen seis meses después. Un factor persistente señala hacia los efectos biológicos, además del inevitable efecto Hawthorne. Los resultados se obtuvieron mediante modificaciones relativamente pequeñas del trabajo y el lugar de trabajo.

Se pueden agregar dos aspectos más acerca de la prevención, en base en las experiencias obtenidas de los proyectos relacionados con los desórdenes musculares y óseos y con la incomodidad. El diagnóstico hecho a tiempo parece ser importante (tanto en el caso del diagnóstico clínico individual como en el diagnóstico del diseño del lugar de trabajo). El buen estado de salud física parece estar relacionado con la insensibilidad individual a la carga de trabajo. La inmovilización en los lugares de trabajo y de los métodos de éste da lugar a la mala salud física.

La lista que sigue resume los aspectos importantes de la prevención y la reducción de la incomodidad corporal:

La distribución del lugar de trabajo y el diseño antropométrico tienen la mayor importancia en la prevención de la incomodidad corporal (ver el capítulo 6.9).
El trabajo físico pesado, las posturas incorrectas y la inmovilización debida a los métodos de trabajo producen incomodidad y deben ser rediseñados.
Los factores ambientales pueden producir incomodidad, aparte de sus efectos perjudiciales específicos (ver los capítulos del 6.10 al 6.12).

6.5.7 COMENTARIOS FINALES

La incomodidad corporal es un fenómeno común y complejo causado por factores sociales e individuales, dentro y fuera del lugar de trabajo. Se han realizado esfuerzos para prevenir y reducir la incomodidad corporal, con resultados muy prometedores. Sin embargo, no se pueden esperar cambios rápidos y espectaculares. Los pasos pequeños y el esfuerzo constante dan mejores resultados.

Se conoce poco acerca de las causas y la mecánica de la incomodidad corporal. Se ha demostrado repetidamente que la consideración de un solo factor es ineficaz para la prevención. De manera que todos los factores potencialmente relacionados con la incomodidad corporal deben ser controlados si es posible. La incomodidad corporal es un ave a la cual se debe disparar con una escopeta y no con un rifle.

REFERENCIAS

1. WORLD HEALTH ORGANIZATION, "Constitution," WHO, Ginebra, Suiza, 7 de Abril de 1948.
2. A. HILTUNEN, M. I. KARVONEN, J. KIHLBERG, y R. LAMMINPAA, "Muscle Spasm in Manual Laborers," *A. M. A. Archives of Industrial Hygiene and Occupational Medicine,* Vol. 9, Junio de 1954, pp. 476-480.
3. F. DUKES-DUBOS, "What Is the Best Way to Lift and Carry?," *Occupational Health and Safety,* Vol. 46, No. 1 (1977), pp. 16-18.
4. I. KUORINKA y P. KOSKINEN, "Occupational Rheumatic Disease and Upper Limb Strain in Manual Jobs in Light Mechanical Industry," *Scandinavian Journal of Work Environment and Health,* Suplemento No. 3, Vol. 5, (1979), pp. 39-47.
5. K. MAEDA, "Occupational Cervicobrachial Disorder and its Causative Factors," *Journals of Human Ergology,* Vol. 6, (1977), pp. 193-202.
6. A. NACHEMSON, "Critical Look at the Treatment for Low Back Pain," *Scandinavian Journal of Rehabilitation Medicine,* Vol. 11, No. 4 (1979), pp. 143-147.
7. E. BOLINDER y B. OHLSTROM, *Stress pa Svenska Arbetsplatser,* Prisma, Lund, Suecia, 1971.
8. W. SÄMANN, "Charakteristische Merkmale und Auswirkungen ungünstiger Arbeitshaltungen," *Schriftenreihe "Arbeitswissenschaft und Praxis",* Band 17, Beuth-Vertrieb GmbH, Berlín, Köln, FranKfort M, 1970.
9. H. SCHOLZ, *Die physische Arbeitsbelastung der Giessereiarbeiter.* Forsch. ber des Landes NRW, Nr. 1185, Verlag, Köln und Opladen, Westdt., 1963, p. 182.
10. N. S. KIRK y T. SADOYAMA, "A Relationship Between Endurance and Discomfort in Static Work," informe sin publicar para la Maestría en Ciencias, Department of Human Sciences, University of Technology, Loughborough, Inglaterra, 1973.
11. E. ASMUSSEN y B. MAZIN, "Recuperation After Muscular Fatigue by Diverting Activities," *European Journal of Applied Physiology and Occupational Physiology,* Vol. 38.1, 1978, pp. 9-15.
12. O. KARHU, P. KANSI, y I. KUORINKA, "Correcting Working Postures in Industry: A Practical Method for Analysis," *Applied Ergonomics,* Vol. 8, No. 4 (1977), pp. 199-201.
13. E. N. CORLETT y R. P. BISHOP, "A Technique for Assessing Postural Discomfort," *Ergonomics,* Vol. 19, No. 2 (1976), pp. 175-182.
14. E. N. CORLETT y R. P. BISHOP, "The Ergonomics of Spot Welders," *Applied Ergonomics,* Vol. 9, No. 1 (1978), pp. 23-32.
15. E. M. WHITHAM y M. J. Griffin, "The Effects of Vibration Frequency and Direction on the Location of Areas of Discomfort Caused by Whole-Body Vibration," *Applied Ergonomics,* Vol. 9, No. 4 (1978), pp. 231-239.
16. E. J. MCCORMICK, P. R. JEANNERET, y R. C. MECHAM, "A Study of Job Characteristics and Job Dimensions as Based on the Position Analysis Questionnaire (PAQ)," *Journal of Applied Psychology Monograph,* Vol. 56, No. 4 (1969), pp. 347-368.
17. W. ROHMERT y K. LANDAU, *Das Arbeitswissenschaftliche Erhebungsverfahren zur Tätigkeitsanalyse (AET),* Handbuch,Verlag Hans Huber, Berna Stuttgart Viena, 1979.
18. *Les Profils de Postes,* Méthode d'Analyse des Conditions de Travail, Collection Hommes et Savoirs, Sirtes et Masson, París, 1976.
19. P. VAN WELY, "Design and Disease," *Applied Ergonomics,* Vol. 1, No. 5 (1970), pp. 262-269.
20. T. LUOPAJARVI, R. KUKKONEN, y V. RIIHIMÄKI, *Prevention of Health Hazards of Key Punchers with Applications of Ergonomy and Occupational Physiotherapy,* Institute of Occupational Health, Helsinki, 1979 (en Finlandia).

CAPITULO 6.6

Stress en el trabajo

GAVRIEL SALVENDY
JOSEPH SHARIT
Universidad Purdue

La finalidad de este capítulo es familiarizar al profesional con el aspecto del stress en el trabajo; campo que puede tener un efecto profundo en el diseño de los empleos, en la productividad y en la calidad de la vida en el trabajo. Específicamente, en este capítulo se estudiarán 1) las características del stress y los factores relacionados con él, 2) los métodos para medir el stress, 3) las causas de stress en el trabajo y 4) las estrategias para el manejo del stress.

6.6.1 CARACTERISTICAS DEL STRESS

El punto de vista de Selye[1, 2] respecto al stress, aunque controvertido, parece ser el que se cita con más frecuencia en los libros sobre el tema. Según Selye, la presencia de stress en una persona se puede inferir partiendo de un patrón muy generalizado de respuesta fisiológica (por ejemplo, aumento de la secreción de adrenalina, descarga de azúcar en el torrente sanguíneo y otros procesos fisiológicos relacionados) que puede ser provocado por una gran variedad de agentes y situaciones tales como medicamentos, temor y ambigüedad del trabajo.

Esta concepción de la tensión constituye una base que explica el desarrollo de diversas enfermedades, particularmente las sicosomáticas, a las cuales puede atribuirse posiblemente el debilitamiento de un sector cada vez mayor de la población trabajadora. Selye llama a esos padecimientos "enfermedades de adaptación", ya que no son una función directa del agente o situación que provocó la respuesta sino una consecuencia de la reacción deficiente de adaptación del cuerpo. Es de suponer que la repetición frecuente del patrón stress-respuesta predispone a tales padecimientos. Las agravaciones que sufren esos patrones de respuesta no tienen nada de malo en sí mismas. De hecho, son esenciales para que el individuo funcione capazmente. La provocación de esas respuestas, sin embargo, tiene lugar a menudo cuando las causas del stress son tales que la respuesta intensiva de los mecanismos de defensa del cuerpo resulta inapropiada (como ocurre con frecuencia en el trabajo de oficina). En esos casos, las respuestas aumentarán muy probablemente el *desgaste* corporal, sobre todo si el proceso de provocación se vuelve crónico.

La conceptualización que hace Selye del stress se ilustra en el ejemplo 6.6.1. La característica más importante es la intensidad de la demanda de reajuste o adaptación provocada por la causa de stress, independientemente de si es o no agradable. Este punto de vista

La redacción del presente capítulo se facilitó gracias al apoyo financiero del *National Institute of Occupational Safety and Health* (contratos números 210-800002 y 210-800034) y de la *National Science Foundation*, subvención número APR7718695.

Ejemplo 6.6.1 Modelo teórico acerca de la relación que existe entre el stress fisiológico, como lo define Selye y las experiencias agradables, indiferentes y desagradables de varios estímulos ambientales; por ejemplo, el "cambio de vida". Advierta que el nivel de stress fisiológico es más bajo durante la indiferencia, pero nunca llega a cero. El despertar emocional agradable, lo mismo que el desagradable, va acompañado por un aumento del stı ess fisiológico (que no es nesesariamente agotamiento).

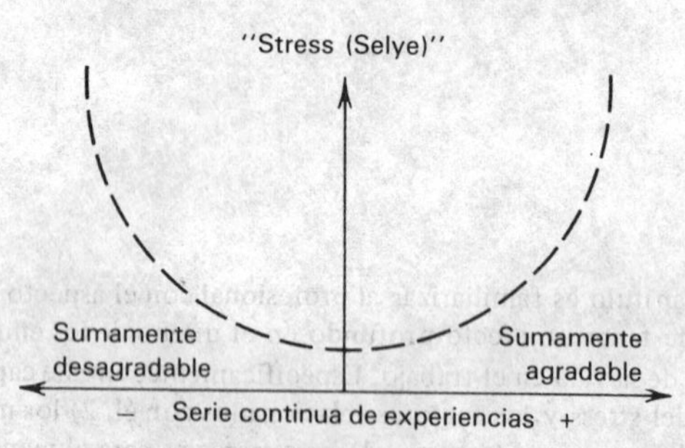

Fuente: Referencia 2, p. 13. Reproducido con autorización.

se refiere únicamente a los efectos que dicha causa produce en el sistema fisiológico, y se supone que la respuesta fisiológica es independiente de las *sensaciones* que experimenta la persona. Otro punto importante es que por necesidad, siempre está presente cierto grado de stress.

Cuando se pasa del concepto general de stress al stress en el trabajo en particular, podemos pensar que las demandas de reajuste que se imponen al trabajador son paralelas a las demandas del trabajo o de las tareas. Llevando la analogía más allá, parece que la división de esas demandas relacionadas con el trabajo en muy agradable o muy desagradable carece de importancia en términos de la respuesta fisiológica del trabajador. Idealmente, el nivel mínimo de stress correspondería al grado más "conveniente" de demanda impuesta al trabajador; es decir, al nivel de demanda que resulta menos perjudicial para su estado de salud y que al mismo tiempo da lugar a un mejor rendimiento en el trabajo y mayor satisfacción.

Es improbable, sin embargo, que ese nivel de demanda dé lugar simultáneamente a las respuestas fisiológicas más convenientes, a un mejor rendimiento y a la mayor satisfacción. Desde un punto de vista realista, habrá que llegar a una situación intermedia que corresponderá con algún punto situado sobre la curva del ejemplo 6.6.1. Sin embargo, el nivel particular dependerá en buena medida de los siguientes factores individuales:

1. La predisposición genética, que influirá en las respuestas corporales de la persona ante el stress y en el posible desarrollo posterior de enfermedades de adaptación.
2. Las primeras experiencias sociales, que influyen significativamente en el desarrollo de la personalidad y más tarde en la percepción y en la respuesta al stress.
3. Un proceso, que se da durante toda la vida, de acondicionamiento y acción de los factores culturales. Estos a su vez, contribuirán al desarrollo de la conducta de la persona ante la vida, conducta que determina la forma en que se enfrentará al stress.

El uso de la información acerca de estos factores individuales ayudará a adaptar al trabajador al empleo, y por lo tanto le permitirá operar en aquella región de la curva de stress (ejemplo 6.6.1) que optimice el intercambio (sin duda un proceso muy subjetivo) entre las respuestas fisiológicas y el rendimiento y la satisfacción del trabajador.

6.6.2 FACTORES RELACIONADOS CON EL STRESS

Aunque son varios los factores relacionados con el stress, los más íntimamente asociados a ella son la carga de trabajo mental, la fatiga y el nivel de estímulo presente en una persona. En esta sección se tratarán de distinguir estos factores unos de otros y de las características del stress, al mismo tiempo que se subrayará su importancia en el área del stress en el trabajo.

La carga de trabajo mental

La carga de trabajo mental se refiere a aquel elemento de la tarea que involucre principalmente un proceso de toma de decisiones, a diferencia de los elementos que exigen fundamentalmente un esfuerzo físico. Anteriormente, el interés se concentró en evaluar el stress de las cargas de trabajo físico aplicando técnicas fisiológicas; esto fue con objeto de mejorar los métodos de trabajo y determinar la forma en que las variaciones de la actividad podrían disminuir el "costo" de las mediciones,[3] así como para tener una base que permitiera determinar los períodos de descanso.[4] El interés se dirige actualmente hacia actividades que consisten principalmente de componentes de carga de trabajo mental. Con el advenimiento de los sistemas computarizados de fabricación, la automatización en fábrica y oficinas y el empleo general de la tecnología de computadoras en muchas industrias, los procesos de trabajo han tendido a convertirse más bien en una función de 1) las actividades en las que el trabajador actúa como vigilante, 2) el tipo de demandas resultantes del hecho de trabajar con unidades computarizadas de presentación visual, 3) la actividad de toma de decisiones y 4) los factores de responsabilidad. Un efecto paralelo a los anteriores es que el trabajador se enfrenta a un aumento continuo de la incertidumbre.

Pruebas obtenidas en una serie de experimentos de laboratorio han indicado que la variabilidad (en el tiempo) entre latidos sucesivos del corazón [arritmia sinusal (SA)] podría estar relacionada con la carga de trabajo mental.[5] Específicamente, se ha demostrado que a medida que la carga de trabajo mental aumentó sistemáticamente, la SA disminuyó proporcionalmente, pese a que no hubo cambios significativos en el ritmo cardiaco medio. En esencia, esos descubrimientos implican que la distribución de los latidos del corazón, y no su número (ritmo), era el factor crítico al evaluar la carga de trabajo mental. La importancia de estos descubrimientos radica en que mejoran potencialmente los métodos utilizados tradicionalmente por el ergonomista, de manera que la evaluación del trabajo mental, lo mismo que del físico, es factible. La utilidad de la "medición SA" para el diseño del trabajo se examinará en la sección que trata de los experimentos sobre las causas de stress en el trabajo.

Cuando se considera la situación de trabajo en la industria, a diferencia de un laboratorio, los factores tales como la capacidad y la estrategia del operador y las interacciones entre las cargas de trabajo físico y mental pueden entorpecer, hasta cierto punto, la evaluación de la componente de carga de trabajo mental. Sin embargo, la medición de la SA podría resultar útil;[5] pero es más probable que lo sea indicando hasta qué punto es aceptable la carga de trabajo mental. Además, la medición de la SA podría detectar los momentos de "carga máxima".[6] En este contexto, el número de veces que las cargas máximas aparecen en un determinado período podría servir como un índice útil de la carga de trabajo mental.

Otra manera de evaluar la carga de trabajo mental la constituye el método de stress de confusión.[7] Básicamente, el método consiste en manipular el grado de dificultad de la actividad primaria del trabajador mientras se observa el deterioro del rendimiento en alguna actividad secundaria. Pese a la popularidad que ha alcanzado el uso de actividades secundarias para evaluar la carga de trabajo mental, surgen muchos problemas de interpretación. En Ogden y otros[8] se encontrará un estudio de los aspectos metodológicos y teóricos del uso de actividades secundarias para medir la carga de trabajo mental. Las mediciones conductuales y fisiológicas de esa carga de trabajo se examinan, respectivamente, en Williges y Wierwille[9] y en Wierwille [10]

La fatiga

Los factores que influyen en la fatiga aparecen en el ejemplo 6.6.2.[11] El factor de fatiga se ha asociado con diversos significados. Se le considera generalmente como una alteración de la habilidad "correlacionada en el tiempo" que afecta al comportamiento preciso en las siguientes formas: 1) la respuesta se produce demasiado tarde o demasiado pronto; 2) las respuestas se efectúan con más intensidad de la necesaria; 3) la omisión ocasional de la respuesta es típica; 4) al aumentar la fatiga hay tendencia a una mayor variabilidad en el tiempo del ciclo, relacionado con la disminución en el rendimiento,[12] y 5) hay disminución en los tiempos medios de ejecución. La fatiga se ha relacionado también con el trabajo físico cansado o sostenido o ambos, como lo indica la disminución de la eficiencia fisiológica (ver el capítulo 6.4). Se han investigado también los aspectos subjetivos de la fatiga en términos de las sensaciones que experimenta la persona y de las clasificaciones basadas en su aspecto.

Tradicionalmente, la industria se ha interesado por los problemas de la fatiga *aguda*. Esas situaciones son por lo general más fáciles de identificar, evaluar y remediar. En algunos casos, el punto de interés puede ser más bien la fatiga *crónica*. Los estudios efectuados con tripulaciones de aviones civiles.[13,14] han interpretado este último tipo de fatiga como una respuesta generalizada al stress experimentado durante cierto período. En este contexto, los efectos acumulados de la situación de trabajo se vuelven importantes. Esto, a su vez, implicaría que el tiempo necesario para recuperarse puede ser el criterio adecuado para evaluar la severidad de la fatiga. Cuando la fatiga se considera en esta forma, es poco probable que la recuperación completa se logre mediante los períodos cotidianos normales de descanso, distracción y sueño entre exposiciones sucesivas al proceso de trabajo. La fatiga física (o sea, la fatiga aguda) en la industria se puede considerar como un problema que va en disminución, lo cual sugiere tal vez que las industrias deben encaminar sus ideas sobre la fatiga por las vías de sus efectos acumulados (en días, semanas, meses y hasta años). Las implicaciones prácticas del

Ejemplo 6.6.2 Efecto acumulado de las causas cotidianas de fatiga. Esta se compara con el nivel de líquido que contiene un recipiente. La llave de descarga representa la recuperación.

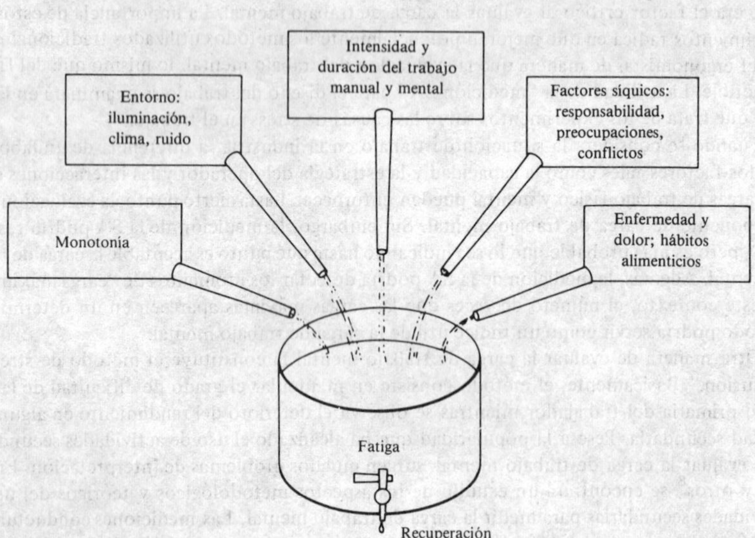

Fuente: Referencia 11, p. xviii. Reproducido con autorización.

fenómeno de la fatiga crónica para la industria, así como algunas posibles soluciones de ese problema, se explican en Cameron.[13]

La estimulación

La estimulación, o sea el nivel general de comportamiento atento, tiene como base última la actividad que se desarrolla al seleccionar vías nerviosas en el cerebro. Su relación con el stress se vuelve más evidente si visualizamos una especie de punto de ajuste, como en un termostato, operando en el cerebro y cuya función consiste en mantener un nivel óptimo de atención en el individuo. Las actividades que supuestamente tienen un defecto de estimulación (por ejemplo, las actividades de vigilancia con escasez de indicaciones) o un exceso de ella amenazarían a ese punto de ajuste y provocarían condiciones de stress en el sentido de Selye (ver la sección 6.6.2 y el ejemplo 6.6.1), introduciendo una demanda de reajuste. A menudo acompañan a esas demandas las características fisiológicas y de comportamiento del patrón stress-respuesta. Parece entonces que tanto la falta de estimulación como el exceso de ella producen stress.

Un ejemplo elegante que relaciona estos conceptos con el stress en una situación real de trabajo se puede encontrar en un estudio realizado con trabajadores de un aserradero de Suecia.[15] En la tarea, el control mecánico, los patrones estandarizados de movimiento y la repetición constante de operaciones de ciclo corto se consideraban como ejemplos de poca carga de trabajo (poca estimulación). La presión que impone el salario por pieza y la gran demanda de atención (el trabajo era de inspección en este caso) eran en cambio ejemplos de sobrecarga (estimulación excesiva). La naturaleza fatigosa de este trabajo puede ser más notoria en aquellas situaciones en que el juicio inteligente, o sea la demanda de atención, era requerido a intervalos cortos (régimen elevado de trabajo de las máquinas), creando una situación de presión y monotonía. Puesto que ambos estados están imponiendo fuertes demandas de reajuste (aunque en direcciones opuestas), el resultado global, será inevitablemente un estado de gran stress del trabajador.

Los efectos de la respuesta fisiológica en el rendimiento pueden representarse por una curva en U invertida. Los niveles de respuesta fisiológica altos o bajos se asocian con un rendimiento menor del máximo, mientras que el rendimiento óptimo tiene lugar a niveles moderados. Estos últimos, en cierto modo, corresponderían a un equilibrio óptimo entre la poca estimulación y la estimulación excesiva y serían probablemente una función de la persona y de la situación. Un examen más detallado de este concepto se encontrará en Welford.[16]

6.6.3 MEDICION DEL STRESS

Puesto que las causas y los efectos del stress son multidimensionales, hay que adoptar también un enfoque multidimensional de la medición del stress. El stress en el trabajo se puede evaluar aplicando algunas de las categorías siguientes de medición o todas ellas: 1) fisiológicas, 2) bioquímicas, 3) sicológicas y 4) de rendimiento.

La selección de medidas adecuadas dentro de estas categorías es a menudo difícil. Típicamente, la elección es reflejo de los conocimientos especializados del investigador, de la disponibilidad de equipo, del grado en que el equipo puede entorpecer y de la información específica requerida acerca de la actividad que se investiga. De modo general, parece que es más útil obtener medidas subjetivas del stress, que sirven para indicar el grado de stress que sufre el operador, y medidas más objetivas como las fisiológicas y de rendimiento.

Mediciones fisiológicas

Los métodos fisiológicos pueden servir para evaluar el trabajo física y mentalmente pesado. Por lo que respecta al trabajo físico pesado, estos métodos se han empleado generalmente como base para determinar los períodos de descanso o para mejorar los métodos de trabajo.

Los adelantos logrados en la tecnología de registro y procesamiento de datos fisiológicos han motivado recientemente la tendencia a volver a las evaluaciones, en el mismo trabajo, del gasto fisiológico asociado con diversas tareas. Entre esas mejoras figura el empleo de grabadoras de cartucho, que se colocan en el cinturón del trabajador[17] y permiten hasta 24 hr de grabación continua; las técnicas de telemetría (transmisión de señales por radio)[18] y un respirómetro para medir el volumen del consumo de oxígeno y la ventilación, sin interferir prácticamente con las actividades normales.[19] Como resultado de estas innovaciones, las mediciones fisiológicas se pueden evaluar actualmente durante los períodos de descanso y de sueño, además de los períodos de trabajo.[20]

El registro de las mediciones fisiológicas, como por ejemplo el ritmo cardiaco (HR), la variabilidad de dicho ritmo (HRV), la presión sanguínea (BP), el ritmo respiratorio (RR) y la electromiografía (EMG) constituye un proceso continuo cualquiera que sea el período en el cual recogen los datos. Este aspecto, así como el hecho de que esas mediciones van asociadas con un sistema fisiológico que puede considerarse como de respuesta rápida al estímulo interno (por ejemplo, la preocupación patológica) y externo (por ejemplo, amenazas de parte de un supervisor, dificultad para resolver un problema) contribuyen a la utilidad de esas mediciones. Esencialmente, ofrecen la posibilidad de registrar información en forma inmediata. Como resultado, esas mediciones nos permiten a menudo aislar los efectos de diferentes componentes del trabajo evaluando los cambios minuto a minuto o a intervalos de 10 minutos. Para lograr esa meta, uno de los cuatro canales de registro de la cinta magnética se puede usar[17] como indicador de los acontecimientos, de manera que las respuestas fisiológicas, por ejemplo el HR, se puedan asociar fácilmente con los ciclos de trabajo. Un estudio[21] realizado con trabajadores de una línea de montaje de camiones y con enfermeras ilustra esta estrategia. Los registros continuos del HR permitieron identificar detalladamente los componentes de las actividades de trabajo de esos dos grupos. Los resultados demostraron que las respuestas del HR de las enfermeras, en contraste con las de los montadores, eran sensibles al stress emocional. Se encontró que las respuestas del HR de los montadores eran más bien una función de su actividad en el trabajo físico. Estos descubrimientos surgieron a pesar de los datos sobre el gasto de energía que indicaban que ambas ocupaciones se podían clasificar como trabajo industrial ligero.

Otro estudio demostró además cómo se pueden aplicar esas mediciones con el fin de identificar elementos de la operación relacionados con el stress del operador.[22-24] Recurriendo a la moderna tecnología de las computadoras y los sensores, se desarrolló una metodología para vigilar discretamente el HR, el RR y la BP de los trabajadores industriales de línea de montaje. Este procedimiento permite obtener simultáneamente, en la línea, los datos correspondientes a seis operadores.

En un estudio,[25] se transmitieron los datos de HR correspondientes a varios administradores en el transcurso de un día de trabajo. Los datos se relacionaron con las actividades realizadas por los administradores durante el día, e ilustran el uso de esas mediciones para evaluar el stress de los empleados de oficina.

Mediciones bioquímicas

Las mediciones bioquímicas, por ejemplo de adrenalina y noradrenalina, se pueden obtener de diversos fluidos corporales tales como la orina, la sangre y la saliva. El análisis de la orina ha sido el método más usado, debido en buena parte a su obtención fácil y a las alteraciones mínimas que provoca en la situación de trabajo.

La justificación del uso de estas mediciones en el análisis del stress en el trabajo se basa en:

1. Pruebas clínicas que han demostrado una relación causal entre la elevación crónica de la adrenalina y la noradrenalina y las alteraciones funcionales de varios órganos y sistemas de órganos, lo que a su vez puede dar lugar a padecimientos sicosomáticos y cardiovasculares.

2. El hecho de que la medición de los ritmos diarios naturales de esas mediciones permiten evaluar los cambios de turno de trabajo en base al grado con que esas mediciones varían con respecto a su patrón rítmico normal cuando se inician cambios de turno de trabajo.
3. La disponibilidad de numerosos procesos automatizados para aislar (de la orina) los componentes bioquímicos y posteriormente medir aquellos de interés.
4. La posibilidad de obtener fácilmente los fluidos necesarios, durante y después de los períodos de trabajo.

Las pruebas que vinculan la presencia crónica de la adrenalina y la noradrenalina con los padecimientos cardiacos, constituyen criterios mediante los cuales se pueden evaluar las estrategias seguidas para ubicar a los trabajadores que presentan síntomas preclínicos de padecimientos cardiacos. Es de suponer que otras mediciones fisiológicas pueden también satisfacer esta función. Por ejemplo, sería muy razonable suponer que los aumentos repetidos e insistentes de la BP, especialmente en ocupaciones donde las cargas de trabajo físico son insignificantes, pueden con el tiempo dar lugar a trastornos crónicos tales como la hipertensión.

Las mediciones bioquímicas, sobre todo las que muestran un comportamiento rítmico diario (por ejemplo, altos y bajos niveles de excreción en el transcurso del día), son muy adecuadas para examinar las diversas políticas de turnos de trabajo. En un estudio,[26] varios trabajadores del ferrocarril trabajaron 3 semanas de día y 3 semanas por la noche. Al examinar el patrón de secreción de adrenalina de esos trabajadores, se encontró que se había producido un ajuste muy pequeño después de 3 días de trabajo nocturno. Lo que esto implica básicamente es que los niveles de adrenalina de los trabajadores permanecían altos durante el día, lo cual está de acuerdo con el patrón normal de la secreción de adrenalina. Por desgracia, se suponía que los trabajadores debían dormir durante este tiempo, lo cual implicaba que los altos niveles de adrenalina eran una de las causas de los problemas de sueño que tienen a menudo los trabajadores que cambian de turno. De hecho, los patrones de secreción de adrenalina de esos trabajadores no se habían ajustado todavía a la tercera semana de trabajo nocturno.

La posibilidad de obtener mediciones de la tensión del trabajador después de las horas de trabajo es una ventaja indudable. A veces hay razón para creer que las restricciones que impone una determinada situación de trabajo pueden bloquear la respuesta individual al stress. Por otra parte, es posible que el trabajador pueda exhibir mejor esas respuestas después de las horas de trabajo. La facilidad relativa con que se pueden obtener muestras de orina podría permitirnos determinar si el stress relacionado con el trabajo se manifiesta realmente después de las horas de trabajo.

En contraste con las mediciones tales como la del HR y del RR, la restricción natural en la obtención de muestras para mediciones bioquímicas da lugar a que éstas reflejen respuestas al stress en un período prolongado (varias horas o días). Por lo tanto, las mediciones bioquímicas son relativamente incapaces de indicar qué elementos del trabajo producen más stress. Este factor es de lo más crítico cuando se trata de seleccionar entre esas dos categorías de mediciones con el fin de evaluar el stress en el trabajo. Los problemas prácticos que plantean las mediciones bioquímicas implican normalmente la necesidad de ejercer un control rígido sobre el tipo y cantidad de alimentos y líquidos que toma el trabajador. Un tratamiento más completo de las consideraciones que rigen el empleo de mediciones bioquímicas se encontrará en Levi.[27]

Mediciones sicológicas

Existen muchos procedimientos estandarizados de medición que se pueden usar para evaluar el stress en el trabajo. En seguida se tratarán algunos de ellos.

Con base en la idea de Selye, de que el stress puede caracterizarse por la intensidad de la demanda de reajuste o adaptación, impuesta por algún agente o situación, dos investigadores[28] han formulado una Escala de Clasificación de la Readaptación Social. Esta escala trata de cuantificar el potencial de stress de diversos acontecimientos que siguen con frecuencia a una serie de cambios de vida. Se encontró una relación lineal entre la gravedad de los momentos críticos de la vida y el riesgo de que sobrevenga un cambio en la salud. Cuando se aplica a los estudios de stress en el trabajo, la escala ofrece un método para reconocer y evaluar qué tipo de respuestas (por ejemplo, quejas sicosomáticas) pueden originarse en factores ajenos al lugar de trabajo.

Un método popular para validar los criterios asociados con la respuesta fisiológica consiste en usar listas de estados de humor. Estos instrumentos de medición sirven para conocer el humor de un trabajador en un momento dado y son relativamente fáciles de aplicar. Se ha visto que una de estas listas[29] es capaz de diferenciar entre el stress y la estimulación. La validez de esa lista ha sido respaldada por estudios que han indicado una diferencia de sensibilidad entre esos dos estados ante diversos factores ambientales y del trabajo. Como ejemplo: después de una operación repetitiva, prolongada y monótona, se encontraron aumentos significativos del stress manifestado por el propio sujeto, junto con una disminución significativa de la estimulación. Otra lista de estados de humor, la Lista de Adjetivos de Efecto Múltiple,[30] ha demostrado ser útil para medir los niveles inmediatos o cotidianos de ansiedad y se ha encontrado una correlación con el rendimiento en el trabajo en el transcurso del tiempo.

Medición del rendimiento

Acerca de la medición del rendimiento en los estudios de stress en el trabajo, la operación particular del trabajador determinará necesariamente qué criterios de rendimiento se elegirán. La cantidad, la calidad y la variabilidad del rendimiento figuran entre los criterios más frecuentemente usados.

Los atributos personales del trabajador pueden influir significativamente muchas veces en el rendimiento y en las inferencias resultantes respecto a la severidad del stress asociada con su actividad. Como ejemplos se tienen: 1) la capacidad del trabajador y la estrategia que sigue para conciliar las demandas del trabajo con esa capacidad;[31] 2) los cambios de estrategia bajo el stress; 3) los cambios sistemáticos que tienen lugar con la edad como los relacionados con la relación señal-ruido (por ejemplo, menos confianza en la detección de una señal) con la memoria y con la velocidad[32] y 4) los efectos de la personalidad del trabajador.[33]

6.6.4 CAUSAS DE STRESS EN EL TRABAJO

El simple hecho de elaborar una lista de las causas de stress, con la intuición como única base, no ofrece un marco suficiente para poner en práctica políticas de rediseño de los empleos que tiendan a mejorar la calidad de la vida de trabajo. Es más importante evaluar los efectos cuantitativos y cualitativos de las causas supuestas, el tipo de personas susceptibles a esos efectos, el tipo de situaciones que pueden modular los efectos y el tipo de procedimientos administrativos más eficaces para hacer frente al stress. Sin embargo, alguna clase de esquema de clasificación de las causas parece ser indicado.

Por lo general, el stress en el medio de trabajo proviene de las tres causas siguientes: 1) la persona (es decir, sus atributos personales), 2) el medio (el ambiente social físico, en el trabajo y en el tiempo libre) y 3) la actividad (la carga mental, el ritmo). Esta división probablemente es una simplificación excesiva. Una interacción compleja entre esas causas es más realista. No obstante, con el deseo de simplificar, se estudiará cada una por separado. El ejemplo 6.6.3 ilustra la manera en que esas causas y sus componentes se relacionan con la salud mental y los padecimientos del corazón.

Causas personales

Tres causas principales de stress en el trabajo, relacionadas con la persona, se refieren a 1) los factores relacionados con la salud, 2) el grado de adaptación entre la actividad que de-

Ejemplo 6.6.3 Un modelo de stress en el trabajo

Causas de stress en el trabajo

Inherentes al trabajo:
Malas condiciones físicas de trabajo
Sobrecarga de trabajo
Presión del tiempo
Riesgos físicos, etc.

Función en la organización:
Ambigüedad de la función
Conflicto de funciones
Responsabilidad por las personas
Conflictos respecto a los límites organizativos (internos y externos), etc.

Desarrollo profesional:
Promoción excesiva
Promoción insuficiente
Inseguridad en el empleo
Ambiciones frustradas, etc.

Relaciones en el trabajo:
Malas relaciones con el jefe, con los subordinados o con los colegas
Dificultad para delegar responsabilidades, etc.

Estructura y clima de la organización:
Poca o ninguna participación en la toma de decisiones
Restricciones a la acción (presupuestos, etc.)
Políticas de la oficina
Falta de asesoría efectiva, etc.

Características individuales

La persona:
Nivel de ansiedad
Nivel de neurosis
Tolerancia de la ambigüedad
Patrón conductual del Tipo A

Causas de stress ajenas a la organización:
Problemas familiares
Crisis vitales
Dificultades financieras, etc.

Síntomas de mala salud ocupacional

BP diastólica
Nivel de colesterol
Ritmo cardiaco
Hábito de fumar
Humor deprimido
La bebida como vía de escape
Falta de satisfacción en el trabajo
Respiración disminuida, etc.

Enfermedad

Enfermedad coronaria

Mala salud mental

Fuente: Referencia 34, p. 12. Reproducido con autorización.

sempeñan los trabajadores y su capacidad, sus gustos y sus antipatías en cuanto al medio de trabajo y 3) la personalidad del individuo.

Por lo que respecta a la falta de adaptación entre el trabajador y el empleo, los métodos aplicados para identificar y pronosticar el stress en el trabajo consideran la relación que existe entre el stress y el grado de adaptación entre la persona y el ambiente de trabajo. Dentro de los llamados modelos de ajuste persona-medio,[35-36] la interacción entre las características de la persona y las posibles fuentes de stress que existen en el medio de trabajo determina el grado de comportamiento adaptable o no adaptable y los síntomas subsecuentes relacionados con el stress. Mientras mayor sea la falta de adaptación, mayor será el stress que experimenta el trabajador.

El trabajo de línea de montaje ha recibido mucha atención en términos de establecer el tipo de personalidad que puede entrar en conflicto o adaptarse con éxito a esa clase de trabajo. Las pruebas existentes implican lo siguiente:

> *1) las personas ansiosas o autonómicamente inestables (es decir, cuyo sistema fisiológico es muy activo) encontrarán el trabajo de línea de montaje particularmente frustrante; 2) las personas con mucho amor propio se adaptarán sumamente bien a las operaciones reguladas; 3) las personas que buscan emociones actuarán deficientemente en la línea de montaje, y 4) las personas autoritarias (que se oponen a la introducción de cambios en sus deberes) se adaptarán bien a los trabajos de línea de montaje.*[37]

Otras características personales consideradas como factores significativos capaces de modificar la respuesta del individuo a las diversas situaciones relacionadas con el trabajo son el grado de extroversión o de neurosis[38] (medido según el Inventario de Personalidad, de Eysenck) y la personalidad de Tipo A y de Tipo B.[39]

El Inventario de Personalidad de Eysenck[38] ha sido útil para predecir la adaptabilidad individual a los diversos empleos. Por ejemplo, el trabajo regulado por la máquina se realiza a menudo en condiciones que impiden la interacción social, factor que muy probablemente provocará descontento en los trabajadores extrovertidos, pero no en los introvertidos. Las puntuaciones obtenidas en este inventario de personalidad han sido asociadas también con el grado de estimulación manifiesto en la persona (véase la sección sobre la estimulación). Puesto que la poca estimulación va asociada a menudo con la fatiga, el aburrimiento, el mayor número de accidentes y el bajo rendimiento, ciertas situaciones de trabajo justificarán el uso de esas medidas de personalidad para facilitar las políticas de asignación en los empleos.

Las personalidades Tipo A y Tipo B han sido asociadas principalmente con el desarrollo de enfermedades coronarias. Ciertos tipos de patrones conductuales, denominados Tipo A, se han caracterizado por "impulso excesivo, dinamismo, ambición, participación en actividades competitivas, frecuentes límites vocacionales . . . (y) una marcada sensación de urgencia "[40] A la ausencia relativa de esos patrones de conducta se le ha llamado Tipo B y es básicamente lo opuesto al patrón de Tipo A. La persona Tipo A, a diferencia de la Tipo B, es como se ha demostrado, mucho más susceptible a los padecimientos coronarios. Las implicaciones de estos tipos conductuales parecen tener efecto en la asignación de las tareas, es decir, que es preciso minimizar el stress en el trabajo , y posiblemente las enfermedades coronarias, buscando una mejor adaptación entre el empleo y el trabajador. Pero, para que esto sea prácticamente factible, es preciso disponer de técnicas confiables para clasificar debidamente a la persona Tipo A.

Causas ambientales

Los factores sociales y físicos capaces de influir en el stress del trabajador se examinan a fondo en otros capítulos de este manual, en la forma siguiente: factores organizativos (2.1), estructura del empleo (2.5) y factores asociados con el medio físico de trabajo, por ejemplo el ruido (6.10), el alumbrado (6.11) y la presencia de substancias tóxicas (6.13). Con ayuda de la Escala de Clasificación de la Readaptación Social se puede establecer si el stress que el trabajador experimenta en el trabajo se debe a problemas del hogar o a la vida privada (véase la sección sobre mediciones sicológicas).

Causas relacionadas con la actividad

De modo general, los investigadores han aplicado dos métodos básicos al estudio de stress relacionado con la tarea: las encuestas sobre las causas de stress en el trabajo y los experimentos equilibrados estadísticamente (ver el capítulo 13.4).

Encuestas sobre las causas de stress en el trabajo

Dentro de esta categoría, no es factible establecer si el stress se relaciona con la persona, con el ambiente o con la tarea. Sin embargo, este método ofrece un medio eficaz para obtener datos sobre grandes grupos de la población dedicada a diversas actividades de trabajo.

Un ejemplo excelente de este tipo de encuestas es el estudio NIOSH,[35] en el cual se entregaron cuestionarios a 2010 trabajadores que desarrollaban 23 tareas diferentes. De ahí se sacó una submuestra de 390 personas que representaban a ocho categorías de empleos y a las cuales se practicaron mediciones fisiológicas detalladas. Algunas de las conclusiones fueron las siguientes:

1. Las variables de personalidad no influían directamente en la fatiga sicológica y fisiológica (contradiciendo hasta cierto punto otros informes anteriores).
2. En la falta de satisfacción en el trabajo parecen influir fuertemente el desempeño parcial de los conocimientos y las habilidades, el trabajo sencillo y repetitivo, la participación escasa en las decisiones que afectan al propio trabajo, la inseguridad en el empleo y la falta de apoyo social por parte del supervisor inmediato y de otros empleados.[41]
3. Los montadores y los trabajadores suplentes en las líneas de montaje reguladas por las máquinas, sufren niveles de stress y fatiga más altos que cualesquiera otros trabajadores estudiados en esta encuesta.

En otra encuesta se examinó a un grupo numeroso de trabajadores, suecos y norteamericanos.[42] Se prestó atención especial a dos causas de stress en el trabajo: las exigencias del empleo (representadas en el ejemplo 6.3.3 como sobrecarga de trabajo y presiones del tiempo) y el margen de decisión (la libertad de juicio que se permite al trabajador en materia de decisiones). Las exigencias del empleo se definieron como aquello que "coloca a la persona en un estado de stress motivado y estimulado" y la libertad de decisión como "la restricción que regula la liberación como transformación del stress (energía potencial) en energía de acción".[43] Se creó un modelo que sostiene que el stress sicológico proviene de "los efectos conjuntos de la demanda de la situación de trabajo y de los límites de la libertad de decisión (juicio) permitida al trabajador que hace frente a esas demandas."[44]

El ejemplo 6.6.4 ilustra las combinaciones de la demanda de la tarea y la libertad de decisión asociadas con la posibilidad (porcentaje) de experimentar depresión o agotamiento relativamente severos (la flecha de arriba apunta en dirección de la fatiga no resuelta). El autor del presente estudio advierte que se obtendrán relaciones poco claras si los resultados se examinan en relación con las tendencias (lineales) de las demandas o de la libertad de decisión únicamente. Los efectos conjuntos de la fatiga en el trabajo y la libertad de decisión llevaron a este investigador a la conclusión de que "las obras en las cuales se culpa a la carga impuesta en materia de toma de decisiones a un ejecutivo no están en lo cierto. . . las limitaciones en la toma de decisiones, y no ésta en sí misma, constituyen el problema principal, y este problema afecta a los ejecutivos lo mismo que a los trabajadores de niveles inferiores si su libertad de decisión es limitada".[45]

Ejemplo 6.6.4 Efectos producidos por las exigencias del trabajo, y por la libertad de decisión, en el stress. Advierta que, cualesquiera que sean las exigencias del trabajo, el grado de stress depende de la libertad que se tenga para decidir. Este efecto es más pronunciado cuando las exigencias son muchas. Un incremento similar de la facultad de decidir disminuye apreciablemente la probabilidad de desarrollar síntomas asociados con el stress.

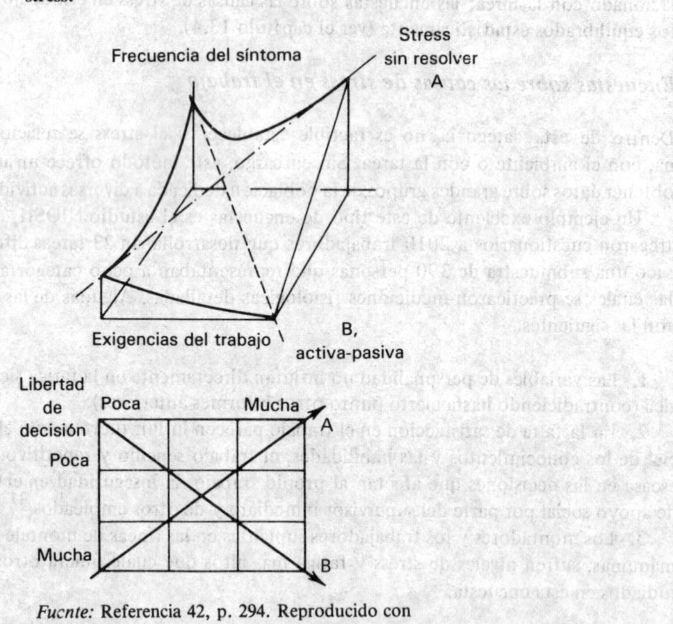

Fuente: Referencia 42, p. 294. Reproducido con autorización.

Experimentos con las causas de stress en situaciones de trabajo

Gran parte de las pruebas disponibles, resultantes de experimentos en que se relacionan los efectos de la tarea con el stress, se han obtenido mediante estudios comparativos del trabajo regulado por máquinas (M/P) y el regulado por el trabajador (S/P). El diseño de esos estudios fue tal, que la cantidad total de trabajo realizado, lo mismo que su duración, fueron idénticos en las dos condiciones de regulación. Además, se recurrió a los mismos operadores alternándolos.

Las tareas utilizadas en estos estudios fueron principalmente de los tipos siguientes: operaciones de montaje ligero, interacciones hombre-máquina con la computadora, ergómetro de brazo e inspección visual. En el caso del trabajo físico pesado se recurrió al gasto de energía, mientras que en las tareas que involucraban trabajo físico ligero, el criterio de evaluación fue la SA. Se resumen aquí algunas de las conclusiones obtenidas en estos estudios.

En estudios anteriores en que se comparó la eficiencia del trabajo M/P con la del S/P la atención se dirigió principalmente a las consecuencias fisiológicas de esos sistemas de regulación. Las pruebas indican[46] que, en el caso de las tareas que exigen trabajo físico pesado, la eficiencia fisiológica de los operadores más jóvenes (de 20 a 45 años de edad) es mayor durante el trabajo S/P, comparada con la de los operadores de más edad, cuya eficiencia es mayor con el trabajo M/P. Mientras más alta sea la eficiencia fisiológica del operador, se puede esperar que mantenga durante más tiempo un buen rendimiento y niveles más bajos de stress, comparados con el operador cuya eficiencia fisiológica es menor.

Los estudios fisiológicos posteriores se han concentrado más en los medios de trabajo que exigen un trabajo físico ligero pero altos niveles de toma de decisiones, situación que se vuelve cada vez más común. Recurriendo a las mediciones SA de stress en el trabajo, se encontró que los niveles más altos de stress estaban presentes durante el trabajo S/P, comparado con el M/P.[47] La explicación que se dio a este descubrimiento fue que cierto factor de conservación del tiempo, llamado "mecanismo interno de regulación", está presente durante el trabajo S/P. En el trabajo M/P, en cambio, la responsabilidad por la conservación del tiempo no recae en el trabajador, sino que le corresponde a la máquina. Suponiendo pues que la medición SA es sensible a los cambios ocurridos en la carga de trabajo mental, esos descrubrimientos implican que el trabajo S/P impone al trabajador una carga mayor de trabajo mental. Sin embargo, sólo *sugiere* que ese trabajo es más fatigoso. Para elaborar un argumento más fuerte en favor de que el trabajador experimenta un grado de stress significativamente mayor con el trabajo S/P, será necesario obtener otros datos adicionales, como los que se podrían derivar de mediciones subjetivas.

En un estudio más reciente,[48] estos hallazgos básicos se confirmaron en cuanto a las actividades que exigen la toma de muchas decisiones, pero no en el caso de aquellas en las cuales se toman pocas. Los resultados indicaron también que la cantidad de errores cometidos por el operador en actividades de "poco stress" era mayor que la de errores cometidos en actividades de "mayor stress", dando un apoyo más a la idea de un nivel óptimo de estimulación en la persona (véase la sección sobre la estimulación). Se demostró que,[49] cuando se observan los efectos asociados con la retroinformación acerca del rendimiento, a medida que aumenta la precisión de la retroinformación en las tareas S/P, el nivel de stress disminuye. Específicamente, en el caso de las tareas donde no hay retroinformación acerca del rendimiento, el nivel de stress es mucho más alto que en el caso del M/P. Esta diferencia, sin embargo, se invierte a medida que aumenta sistemáticamente el conocimiento de los resultados.

Por último, en un estudio industrial relacionado con las operaciones de montaje electrónico ligero,[50] se llegó a la conclusión de que el trabajo M/P tenía dos veces más movimientos no relacionados con la tarea que el trabajo S/P. Dentro de cada tipo de operación, el número de movimientos no relacionados con el trabajo fue mayor en el caso de las tareas que obligaban a tomar más decisiones y menor en el de aquellas que exigían pocas decisiones. Los movimientos no relacionados con el trabajo son indicios de posible stress e influyen en la eficiencia del trabajo humano dirigiendo los esfuerzos del trabajador hacia movimientos no productivos. En el mismo estudio,[51] recurriendo a cuestionarios relacionados con la actitud, la inteligencia y la personalidad, se llegó a la conclusión de que los operadores decididos, imaginativos, astutos, autosuficientes y más inteligentes prefieren el trabajo S/P. En cambio los que son sumisos, prácticos, rectos, dependientes del grupo y menos inteligentes prefieren el trabajo M/P. Este tipo de información puede potencialmente tomarse como base para la dirección y ubicación del personal.

Aunque los experimentos con los trabajos M/P y S/P, realizados en forma estadísticamente equilibrada (ver el capítulo 13.4) tuvieron la ventaja de un control bastante preciso, la duración artificialmente breve de esos experimentos hace que sus resultados (por ejemplo, que el trabajo S/P causa más stress) sean un tanto dudosos para que puedan ser generalizados a las situaciones reales de la industria. Los estudios industriales no equilibrados estadísticamente (por ejemplo, Frankenhaeuser y Gardell[15]), en cambio, apoyan la idea de que el trabajo M/P causa más stress. En estos estudios, sin embargo, muchas veces no se sabe si las diferencias observadas se debieron realmente al ritmo de trabajo, a las personas (no se estudió a los mismos trabajadores en las dos condiciones de regulación) o a la tarea (el contenido y la estructura del trabajo no fueron los mismos para diferentes ritmos de trabajo). Además, los distintos estudios usan medidas diferentes del stress (ver la sección 6.6.3) y existe la posibilidad de que esas medidas no reflejen los mismos fenómenos. Sin embargo, un estudio industrial reciente,[52] en el cual se investigó a 33 operadores experimentados siguiendo un diseño estadísticamente equilibrado (en que los mismos operadores realizaron un trabajo idéntico en condiciones M/P y S/P), llevó a la conclusión de que no hay diferencias entre el trabajo M/P y el S/P, de acuerdo con las mediciones de la BP sistólica, diastólica y media, del HR medio, la SA y el RR. Parece por lo tanto, que no existen por el momento pruebas concluyentes acerca de cuál de los dos tipos de trabajo causa más stress.

6.6.5 MANEJO DEL STRESS EN EL TRABAJO

Idealmente, no se debería de pensar en estrategias para hacer frente al stress que produce el trabajo. Con tantas obras publicadas sobre sicología industrial y empresarial, principios de selección y ubicación de los trabajadores, consideración del factor humano en el diseño del lugar de trabajo y respuestas al stress relacionado con la tarea y el empleo por parte de los trabajadores empleados en numerosas ocupaciones, parecería tal vez más realista fijar nuestras metas en la *prevención* del stress en el trabajo. Este enfoque, de hecho, comprende un aspecto importante respecto al programa de manejo del stress, o sea, el enfoque preventivo. Por desgracia el pronóstico, requisito previo necesario, es a menudo inexacto. Los efectos a largo plazo del diseño de los lugares de trabajo y de las empresas no se conocen muchas veces en forma suficiente, de manera que los diseñadores de los lugares de trabajo son a menudo incapaces de integrar los efectos de los acontecimientos fortuitos a la complejidad interactiva del medio de trabajo de que se trate. El enfoque *curativo* del manejo del stress tendrá por lo tanto, muy probablemente, que ser incorporado con las estrategias preventivas. Este enfoque se pone en práctica con frecuencia mediante prácticas de rediseño del lugar de trabajo basadas en alguna evaluación sistemática del trabajador en relación con la tarea o el ambiente de trabajo o con ambos.

El desarrollo y evaluación de las estrategias individuales de adaptación se está tomando rápidamente como una manera eficaz de reducir los altos niveles de stress del trabajador. La insistencia a este respecto se justifica con base en que aquello que el trabajador manifiesta y evalúa como stress está relacionado intrincadamente con las consecuencias de las estrategias de adaptación de que dispone a corto y a largo plazo. En el ejemplo 6.6.5 se indican algunas estrategias eficaces de adaptación.

Las prácticas de manejo del stress que se aplican predominantemente con los trabajadores de taller o con los empleados de oficina se discuten en las dos subsecciones que siguen.

Ejemplo 6.6.5 Maneras de hacer frente a la situación adoptadas con más frecuencia (por orden descendente)

1. Hacer saber a las personas cuál es exactamente su lugar.
2. Estudiar diversos planes para manejar la situación; establecer prioridades.
3. Olvidarse del trabajo al finalizar la jornada.
4. Tratar de saber más acerca de la situación, buscar información adicional.
5. Tratar de convencerse de que todo se arreglará.
6. Cerciorarse de que los demás se dan cuenta de que hace lo posible.
7. Tratar de ver el lado humorístico de la situación.
8. Seguir los procedimientos establecidos a fin de protegerse.
9. Tratar de emprender una acción inmediata con base en una idea pre-establecida de la situación.
10. Considerar objetivamente la situación y controlar los propios sentimientos.
11. No abandonar el problema si no se ha resuelto o conciliado satisfactoriamente.
12. Comentar la situación con algún compañero de trabajo.

Fuente: Referencia 53. Reproducido con autorización.

Hay que tener presente, sin embargo, que esas estrategias son aplicables con frecuencia a ambos sectores.

El manejo del stress en el trabajo de taller

El manejo del stress de los trabajadores de taller se puede llevar a cabo más eficazmente mediante procedimientos de rediseño de los trabajos. Un ejemplo sería retirar al trabajador de las labores en distintos turnos, o modificar la duración del turno de día o de noche (o de ambos) con base en los datos bioquímicos y sicológicos (listas de estados de humor). Por ejemplo, un trabajador cuyos ritmos de adrenalina presentan cambios relativamente rápidos que concuerdan con los cambios de turno de trabajo, y cuyas actividades sociales y domésticas no se alteran significativamente debido a esos cambios, podrá adaptarse mejor a períodos menos prolongados en un turno cualquiera.

Podríamos tener otro ejemplo en las operaciones reguladas por la máquina. Los ritmos de trabajo fijos no responden a los cambios que ocurren en la capacidad de los trabajadores en el transcurso del día. Ajustando el ritmo de trabajo de manera que se adapte en forma óptima a la capacidad variable del operador, determinada por las mediciones fisiológicas, de rendimiento y sicométricas; o bien, alternativamente, recurriendo al juicio del trabajador para establecer el ritmo, se pueden evitar los períodos de carga insuficiente y de sobrecarga de trabajo. Si, al evaluar la situación de trabajo, se encuentra que esas mediciones entran en conflicto, habrá que hacer cambios que reflejen los intereses tanto del trabajador como de la empresa. Es decir, habrá que establecer prioridades o pesos asociados con cada categoría de mediciones.

El empleo de metodos confiables para identificar las causas de stress del trabajador es a menudo fundamental cuando se inicia el proceso de diseño o rediseño de los empleos. Uno de esos métodos es el análisis ergonómico del trabajo,[54] análisis sistemático de las situaciones de trabajo cuya finalidad es aumentar el bienestar del trabajador. Esto se lleva a cabo generalmente formulando una lista que ayude a evaluar los elementos de la operación que constituyen la carga de trabajo general. El análisis ergonómico del empleo es particularmente útil porque puede ser preventivo o correctivo, dependiendo de si se aplica a nuevos métodos de trabajo o a los establecidos desde tiempo atrás.

Un estudio en el cual se examinó el stress que experimentan los telegrafistas en el trabajo[55] concluyó con una sección sobre medidas preventivas y correctivas, con aplicaciones extensivas al sector de los trabajadores de taller. Entre esas medidas figuran las siguientes:

1. Recurrir a los registros anteriores de trabajo y enfermedad, y a la historia de las alteraciones emocionales manifiestas, para hacer una selección adecuada.
2. Instituir la ampliación de labores; más identificación, participación y comunicación, y capacitar al personal administrativo y de supervisión en materia de sicología social de la industria, con el fin de mejorar su actuación en las relaciones con el personal.
3. Descentralizar la autoridad, fomentando la iniciativa y la responsabilidad y disminuyendo la rigidez administrativa.
4. Implantar un programa de salud mental como parte de un servicio de salud en el trabajo, ayudando a adaptar las características personales a las demandas de trabajo y a pronosticar los problemas de carácter mental. Ese programa debe incluir la educación en materia de sicología personal y social, de ajuste marital, de nutrición, de los efectos del tabaco, el alcohol y otras drogas, y del empleo del tiempo libre.

Otros factores que a menudo deben ser atendidos son la complejidad de la transportación hasta el lugar de trabajo y el regreso y sus efectos en el ausentismo y en la rotación del personal, la necesidad de conocer resultados, y despertar en el trabajador una sensación de autonomía. Este último factor es particularmente importante en el trabajo de línea de montaje, donde los operadores prefieren ejercer control sobre el ritmo y sobre los métodos. El estudio de los trabajadores del aserradero, mencionado anteriormente,[15] ilustra muy bien este punto. Los investigadores que participaron en ese estudio llegaron a la conclusión de que el interés y el valor que representa el tomar decisiones inteligentes y económicamente importantes en un tiempo extremadamente corto, quedan anulados por el hecho de que el ritmo y los métodos de trabajo no son controlados ya por el trabajador, sino por la máquina. El resultado inevitable es que no se concede al trabajador el tiempo necesario para hacer un buen trabajo de acuerdo con su capacidad.

El manejo del stress en el trabajo de oficinas

Un estudio general de los trabajos publicados sobre las estrategias de manejo del stress, aplicables fundamentalmente a los empleados de oficina, se puede encontrar en Newman y Beehr.[56] El problema con que tropezaron frecuentemente los investigadores fue la falta de estudios de evaluación en esa área, de manera que muchas de las estrategias resultaban cuando mucho insinuantes. Esa situación se puede atribuir en buena parte a la tendencia de los investigadores del área del stress en el trabajo a evaluar la respuesta de los trabajadores comparándola con alguna condición de control (neutral). Poca atención se ha prestado al paso lógico que sigue: diseñar, implantar y evaluar un programa de manejo del stress.

El método sicoterapéutico, aplicado a las personas cuyos problemas se manifiestan en el medio de trabajo, está logrando una pronta aceptación. Los informes indican[57] que las grandes empresas están implantando servicios siquiátricos propios y que las compañías más pequeñas están contratando a consultores externos para que ayuden a los empleados que tienen problemas emocionales originados en el empleo. Por ejemplo, se ha encontrado que las cinco experiencias siguientes son especialmente difíciles para los administradores: 1) el primer empleo, 2) el primer ascenso, 3) la transferencia a una nueva área, 4) el primer cargo de supervisión y 5) la jubilación. Las empresas pueden aliviar el stress de los administradores ofreciéndoles asesoría profesional que les ayude a pasar por estas fases.

Muchos de los regímenes conductuales prescritos tratan fundamentalmente de reducir la presencia de factores de riesgo de padecimiento cardiaco, tales como el hábito de fumar, la alta presión sanguínea y la obesidad. Un clínica del stress, de Inglaterra,[58] ofrece un conjunto de exámenes refinados de diagnóstico, análisis y pronóstico para los pacientes con predisposición a las enfermedades coronarias, así como un paquete de tratamiento correctivo y preventivo que incluye regímenes alimenticios, ejercicios gimnásticos y control de la postura. En términos de la economía que es posible lograr en los costos humanos y monetarios, las empresas deberían tal vez estudiar la posibilidad de incorporar ese tipo de programas.

Por último, los programas de relajación y biorretroalimentación que ofrecen las empresas pueden constituir formas sencillas y relativamente económicas para controlar estados tales como la alta presión sanguínea. Se ha demostrado que una simple relajación, basada en un procedimiento similar a la meditación trascendental, ha resultado muy eficaz para disminuir la BP.[59] Este medio puede ser particularmente conveniente para las personas que desean evitar la ingestión constante de medicamentos para controlar la BP. Los autores de este capítulo han sugerido que se establezcan en las empresas programas en los cuales se ofrezcan "descansos para relajación" (con técnicas diseñadas específicamente para reducir la tensión muscular) en lugar del descanso para el café. Los métodos de biorretroalimentación pueden ayudar a una persona a aprender a modificar respuestas tales como su BP proporcionándole información continua, en forma de una señal visual o auditiva, acerca del nivel que tiene en ese instante esa medición fisiológica. Una investigación más completa, con esa técnica, tendría que llevarse a cabo dentro del contexto de la empresa.

6.6.6 CONCLUSION

Hay métodos disponibles para medir, identificar y rectificar las causas de stress en el trabajo, procedimientos que podrían mejorar la salud del trabajador, la satisfacción en el empleo, la calidad del trabajo y la productividad. Por lo tanto, no hay necesidad de mantener un ambiente en el cual los trabajadores están sometidos a un stress indebido. La incertidumbre es el factor aislado más poderoso que influye en el stress que se experimenta en el lugar de trabajo. La incertidumbre puede estar asociada con los siguientes factores: retroinformación insuficiente sobre los resultados del trabajo; variaciones en la carga mental asociada con la ejecución de la duración y variabilidad del tiempo de ciclo en el trabajo regulado por la máquina; metas de rendimiento no especificadas; inseguridad en el empleo; capacitación inadecuada para hacer frente a las situaciones de trabajo, y expectación en cuanto al trabajo interactivo hombre-computadora. Otro factor que puede disminuir el stress en el lugar de trabajo es un diseño que dé lugar al equilibrio entre la complejidad y el nivel de libertad de decisión que un empleado puede ejercer. La inadecuada adaptación entre el trabajador y el empleo hace aumentar el stress. Esto se puede reducir o aliviar mediante estrategias eficaces de selección y ubicación del personal.

REFERENCIAS

1. H. SELYE, "The Evaluation of the Stress Concept," *American Scientist,* Vol. 61, 1973, pp. 692-699.
2. L. LEVI, "Introduction: Psychosocial Stimuli, Psychophysiological Reactions, and Disease," *Acta Medica Scandinavica,* Suplemento 528, Vol. 191, pp. 11-27.
3. H. L. DAVIS, T. W. FAULKNER, y C. I. MILLER, "Work Physiology," *Human Factors,* Vol. 11, 1969, pp. 157-166.
4. S. KONZ, *Work Design,* Grid Publishing Company, Columbus, OH, 1979.
5. J. W. H. KALSBEEK, "Sinus Arrhythmia and the Dual Task Method in Measuring Mental Load," en W. T. SINGLETON, J. G. FOX, y D. WHITFIELD, Eds., *Measurement of Man at Work,* Taylor & Francis, Londres, 1971.
6. J. W. H. KALSBEEK, "Do you Believe in Sinus Arrhytmia?," *Ergonomics,* Vol. 16, 1973, pp. 99-104.
7. J. W. H. KALSBEEK, "Measurement of Mental Work and of Acceptable Work: Possible Application in Industry," *International Journal of Production Research,* Vol. 7, 1968, pp. 33-45.
8. G. D. OGDEN, J. M. LEVINE, y E. J. EISNER, "Measurement of Workload by Secondary Tasks," *Human Factors,* Vol. 21, 1979, pp. 529-548.
9. R. C. WILLIGES y W. W. WIERWILLE, "Behavioral Measures of Aircrew Mental Workload," *Human Factors,* Vol. 21, 1979, pp. 549-574.
10. W. W. WIERWILLE, "Physiological Measures of Aircrew Mental Workload," *Human Factors,* Vol. 21, 1979, pp. 575-593.
11. E. GRANDJEAN y K. KOGI, "Introductory Remarks," en K. HASHIMOTO, K. KOGI, y E. GRANDEAN, Eds., *Methodology in Human Fatigue Assessment,* Taylor & Francis, Londres, 1971.
12. K. F. H. MURRELL y B. FORSAITH, "Laboratory Studies of Repetitive Work II: Progress Report on Results From Two Subjects," *International Journal of Production Research,* Vol. 2, 1963, pp. 247-263.
13. C. CAMERON, "Fatigue Problems in Modern Industry," *Ergonomics,* Vol. 14, 1971, pp. 713-720.
14. C. CAMERON, "A Theory of Fatigue," *Ergonomics,* Vol. 16, 1973, pp. 633-648.
15. M. FRANKENHAUSER y B. GARDELL, "Underload and Overload in Working Life: Outline of a Multidisciplinary Approach," *Journal of Human Stress,* Vol. 2, 1976, pp. 35-46.
16. A. T. WELFORD, "Stress and Performance," *Ergonomics,* Vol. 16, 1973, pp. 567-580.
17. W. S. SMITH y C. O'BRIEN, "A System for Rapid Analysis of Long-Term Recordings of Heart Rate and Other Physiological Parameters," *Biomedical Engineering,* Vol. 11, 1976, pp. 128-131.

18. U. REISCHL, D. M. MARSCHALL, y P. REISCHL, "Radiotelemetry-Based Study of Occupational Heat Stress in a Steel Factory," *Biotelemetry,* Vol. 4, 1977, pp. 115-130.
19. C. ELEY, R. GOLDSMITH, D. LAMAN y B. M. WRIGHT, "A Miniature Indicating and Sampling Respirometer (MISER)," *Journal of Physiology,* Vol. 256, 1976, pp. 59-60.
20. K. RODAHL, y Z. VOKAC, "Work Stress in Norwegain Trawler Fishermen," *Ergonomics,* Vol. 6, 1977, pp. 633-642.
21. C. O'BRIEN, W. S. SMITH, R. GOLDSMITH, M. FORDHAM, y G. L. E. TAN, "A Study of the Strains Associated with Medical Nursing and Vehicle Assembly", en C. MACKAY y T. COX, Eds., *Response to Stress: Occupational Aspects,* IPC Science and Technology Press, Londres, 1979.
22. J. L. KNIGHT, G. SALVENDY, L. A. GEDDES, J. JANS, y E. SMITH, "Monitoring Respiratory and Heart Rate of Assembly-Line Factory Workers," *Medical and Biological Engineering and Computing,* Vol. 18, 1980, pp. 797-798.
23. J. L. KNIGHT, G. SALVENDY y L. A. GEDDES, "A Minicomputer System for Long-Term Automatic Blood Pressure Monitoring," *The Annals of Biomedical Engineering,* Vol. 7, 1979, pp. 369-374.
24. J. L. KNIGHT, L. A. GEDDES y G. SALVENDY, "Continuous Unobstrusive Performance and Physiological Monitoring of Industrial Workers," *Ergonomics,* Vol. 23, 1980, pp. 501-506.
25. J. K. HENNIGAN y A. W. WORTHAM, "Analysis of Workday Stresses and Industrial Managers Using Heart Rate as a Criterion," *Ergonomics,* Vol. 18, 1975, pp. 675-681.
26. T. AKERSTEDT, "Inversion of the Sleep-Wakefulness Pattern: Effects on Circadian Variations in Psychophysiological Activation ," *Ergonomics,* Vol. 20, 1977, pp. 459-474.
27. L. LEVI. "Methodological Considerations in Psychoendrocrine Research," *Acta Medica Scandinavica,* Suplemento 528, Vol. 191, 1972, pp. 28-54.
28. T. H. HOLMES y R. H. RAHE, "The Social Readjustment Rating Scale," *Journal of Psychosomatic Research,* Vol. 11, 1967, pp. 213-218.
29. C. MACKAY, T. COX, G. BURROWS, y T. LAZZERINI, "An Inventory for the Measurement of Self-Reported Stress and Arousal," *British Journal of Social and Clinical Pnychology,* Vol. 17, 1978, pp. 283-284.
30. M. ZUCKERMAN, B. LUBIN, L. VOGEL, y E. VALERIUS, "Measurement of Experimentally Induced Affects," *Journal of Consulting Psychology,* Vol. 28, 1964, pp. 418-425.
31. C. D. WELFORD' "Mental Work-Load as a Function of Demand, Capacity, Strategy, and Skill," *Ergonomics,* Vol. 21, 1978,pp. 151-167.
32. A. T. WELFORD, "Thirty Years of Psychological Research on Age and Work," *Journal of Occupational Psychology,* Vol. 49, 1976, pp. 129-138.
33. R. STANGER, "Boredom on the Assembly Line: Age and Personality Variables," *Industrial Gerontology,* Vol. 2, 1975, pp. 23-44.
34. C. L. COOPER y J. MARSHALL, "Occupational Sources of Stress: A Review of the Literature Relating to Coronary Heart Disease and Mental Ill Health," *Journal of Occupational Psychology,* Vol. 49, 1976, pp. 11-28.
35. R. D. CAPLAN, S. COBB, J. R. P. FRENCH, R. V. HARRISON, y S. R. PINNEAU, *Job Demands and Worker Health,* U.S. DHEW Publication No. (NIOSH) 75-160, Washington, DC, 1975.
36. D. COBURN, "Job-Worker Incongruence: Consequences for Health," *Journal of Health and Social Behavior,* Vol. 16, 1975, pp. 198-212.
37. R. STAGNER, "Boredom on the Assembly Line," p. 40.
38. H. J. EYSENCK, *Biological Basis of Personality,* Charles C Thomas: Springfield IL, 1967.
39. C. D. JENKINS, R. H. ROSENMAN, y R. FRIEDMAN, "Development of an Objective Psychological Test for the Determination of the Coronary Prone Behavior Pattern," *Journal of Chronic Diseases,* Vol. 20, 1967, pp. 371-379.

40. C. D. JENKINS y otros, "Development of an Objetive Psychological Test for the Determination of the Coronary Prone Behaviour Pattern," p. 371.
41. R. D. CAPLAN y otros, *Job Demands and Worker Health.*
42. R. A. KARASEK, "Job Demands, Job Decision Latitude, and Mental Strain: Implications for Job Redesign," *Administrative Science Quarterly,* Vol. 24, 1979, pp. 285-308.
43. R. A. KARASEK, "Job Socialization and Job Strain: The Implications of Two Related Psychosocial Mechanisms for Job Design," Informe sin publicar, Department of Industrial Engineering and Operations Research, Columbia University, Nueva York, 1979.
44. R. A. KARASEK, "Job Socialization and Job Strain," p. 287.
45. R. A. KARASEK, "Job Socialization and Job Strain," p. 303.
46. G. SALVENDY y J. PILITSIS, "Psychophysiological Aspects of Paced and Unpaced Performance as Influenced by Age," *Ergonomics,* Vol. 14, 1971, pp. 703-711.
47. I. MANENICA, "Comparison of Some Physiological Indices During Paced and Unpaced Work," *International Journal of Production Research,* Vol. 15, 1977, pp. 261-275.
48. G. SALVENDY y A. P. HUMPHREYS, "Effects of Personality, Perceptual Difficulty and Pacing of a Task on Productivity, Job Satisfaction and Physiological Stress," *Perceptual and Motor Skills,* Vol. 49, 1979, pp. 219-222.
49. J. KNIGHT, y G. SALVENDY, "Effects of Task Feedback and Stringency of External Pacing on Mental Load and Work Performance," *Ergonomics,* en prensa.
50. B. BASILA, S. SOUMINEN, G. SALVENDY, y G. P. MCCABE, "Non-Work Related Movements in Machine-Paced and in Self-Paced Work," *Proceedings of the Human Factors Society,* 23 Junta anual, 1979, pp. 149-153.
51. S. SANDERS, G. SALVENDY, y J. L. KNIGHT, "Attitudinal, Personality, and Age Characteristics for Machine-Paced and Self-Paced Operations," *Proceedings of the Human Factors Society,* 23 Junta Anual, 1979, pp. 153-157.
52. G. SALVENDY, J. L. KNIGHT, y V. L. ANDERSON, "Physiological and Psychological Effects of Machine-Paced and Self-Paced Work: An Industrial Study," Información sin publicar, School of Industrial Engineering, Purdue University, West Lafayette, IN, 1981.
53. P. DEWE, D. GUEST, y R. WILLIAMS, "Methods of Coping With Work-Related Stress," en C. MACKAY y T. COX, Eds., *Response to Stress; Occupational Aspects,* IPC Science and Technology Press Limited, Surrey, Inglaterra, 1979.
54. G. C. E. BURGER y J. R. DEJONG, "Evaluation of Work and Working Environment in Ergonomic Terms–Aspects of Ergonomic Job Analysis," *Ergonomics,* Vol. 5 1962, pp. 185-193.
55. D. FERGUSON, "A Study of Occupational Stress and Health," *Ergonomics,* Vol. 15, 1973, pp. 649-663.
56. J. E. NEWMAN, y T. A. BEEHR, "Personal and Organizational Strategies for Handling Job Stress: A Review of Research and Opinion," *Personnel Psychology,* Vol. 32, 1979, pp. 1-43.
57. D. ROBBINS, "Psychiatric Consultation in the World of Work," U.S. DHEW Publication No. (NIOSH) 78-140, Washington, DC, 1978.
58. "Putting a Stop to the Strain Drain," *Personnel Management,* Agosto de 1976, pp. 1273-1274.
59. R. K. PETERS y H. BENSON, "Time Out From Tension," *Harvard Business Review,* Vol. 56, 1978, pp. 120-124.

BIBLIOGRAFIA

COOPER, C. L., y R. PAYNE, Eds., *Stress at Work,* Nueva York, 1979.

HASHIMOTO, K., K. KOGI, y E. GRANDJEAN, Eds., *Methodology in Human Fatigue Assessment,* Taylor & Francis, Londres, 1971.

LEVI, L., Ed., *Society Stress and Disease: Working Life,* Vol. 4, Oxford University Press, Londres, 1979.

MACKAY, C., y T. COX, Eds. *Response to Stress; Occupational Aspects,* IPC Science and Technology Press, Surrey, Inglaterra, 1979.

MONAT, A., y R. S. LAZARUS, Eds., *Stress and Coping,* Columbia University Press, Nueva York, 1977.

MORAY, N., Ed., *Mental Workload: Its Theory and Measurement,* Plenum, Nueva York, 1979.

Reducing Occupacional Stress, Report No. 78-140, U.S. DHEW (NIOSH), Washington, DC, 1978.

SALVENDY, G., y M. J. SMITH, Eds., *Machine-Pacing and Occupational Stress,* Taylor & Francis, Londres, 1981.

SELYE, H., *Stress in Health and Disease,* Butterworth, Boston, 1976.

SHARIT, J., y G. SALVENDY, "Occupational Stress: Review and Reappraisal," *Human Factors,* en prensa.

SHARIT, J., G. SALVENDY, y M. P. DEISENROTH, "External and Internal Attentional Environments: I. The Utilization of Cardiac Deceleratory and Acceleratory Response Data for Evaluating Differences in Mental Workload Between Machine-Paced and Self-Paced Work," *Ergonomics,* en prensa.

SINGLETON, W. T., J. G. FOX, y D. WHITFIELD, Eds., *Measurement of Man at Work,* Taylor & Francis, Londres, 1971.

CAPITULO 6.7

El rendimiento en el trabajo y las personas impedidas

THOMAS J. ARMSTRONG
DEV S. KOCHHAR
Universidad de Michigan

6.7.1 INTRODUCCION

El empleo significativo para los imposibilitados puede incorporarlos a la estructura de la sociedad y aumentar la estimación por las cosas. Una incapacidad física o mental sólo se reconoce como un impedimento para el empleo cuando, pese a las adaptaciones razonables, imposibilita para realizar un trabajo en forma eficiente y segura para el trabajador y para quienes le rodean, o cuando el empleo agrava la incapacidad del trabajador.

La legislación cuyo objetivo es integrar a los imposibilitados a la sociedad y a la fuerza laboral impone al patrono, más que al empleado o posible empleado, la obligación de determinar si una incapacidad constituye un impedimento.[1] Ya sea que se trate de una incapacidad congénita, o que sea el resultado de una lesión o enfermedad, la idea es aceptar las limitaciones del trabajador y evaluar sus posibilidades con el fin de utilizarlas en forma óptima. A menudo, los posibles empleadores desconocen las potencialidades específicas, aunque variables, de los física o mentalmente incapacitados, así como las técnicas capaces de aumentar su motivación, su eficiencia y su productividad.

Este capítulo ofrece información que ayudará a los ingenieros a entender y hacer frente a los problemas de ubicación de las personas que padecen alguna de las incapacidades más comunes.

6.7.2 PUNTOS DE INTERES PARA LOS PATRONOS

Hay cuatro razones principales para que los patronos se interesen por los solicitantes de empleo que padecen alguna condición potencialmente perjudicial. En primer lugar, los empleadores tienen la obligación moral de ayudar a las personas impedidas pero calificadas a encontrar empleo. El trabajo, el empleo, la independencia económica, la autorrealización y la salud están inseparablemente relacionados en nuestra sociedad.

En segundo lugar, los empleadores que no tienen en cuenta a los solicitantes potencialmente incapacitados están pasando por alto un recurso enorme. Se ha estimado que hasta un 30 por ciento de la población norteamericana se encuentra en condiciones potencialmente inhabilitadoras en una u otra forma.[2] Mediante adaptaciones menores, la mayoría de esas personas se convierten en trabajadores confiables y productivos y constituyen un activo para sus patronos.

En tercer lugar, de acuerdo con la sección 503 de la Ley de Rehabilitación Vocacional de 1973, los empresarios que celebren con el gobierno federal contratos por más de 2,500 dólares "emprenderán acción afirmativa para emplear, y mejorar en el empleo, a las personas imposibilitadas pero calificadas". La "persona imposibilitada pero calificada" se define de modo general en las disposiciones correspondientes[3] como aquella que es capaz de realizar un trabajo en particular mediante una "adaptación razonable", pero que padece un impedimento que limita substancialmente una o más de sus actividades principales (incluyendo el trabajo). La "adaptación razonable" se define así:

(d) Adaptación a las limitaciones físicas y mentales de los empleados. Un contratista se debe adaptar razonablemente a las limitaciones físicas y mentales de un empleado o solicitante, a menos que el contratista pueda demostrar que esa adaptación impondría dificultades indebidas al curso de sus operaciones. Al determinar el alcance de las obligaciones de adaptación de un contratista se tendrán en cuenta, entre otros, los factores siguientes: 1) las necesidades de la empresa y 2) los costos y gastos financieros.

Las sanciones por no cumplir con estas disposiciones pueden incluir la retención de los pagos, la terminación de los contratos o la exclusión para contratos futuros. Además de las sanciones financieras por no contratar, se otorgan incentivos financieros por contratar a personas imposibilitadas pero calificadas. Para obtener información actualizada al respecto, se acudirá a la Oficina Estatal de Rehabilitación de la localidad, al Servicio Interno de Rentas o a la oficina de la Secretaría de Comercio.

La cuarta razón se refiere a la responsabilidad de los patronos por los empleados que resultaron lesionados o se enfermaron a causa de su empleo. Según la Comisión Nacional de Seguridad,[4] se estima que en 1977 se produjeron 2.3 millones de lesiones en el trabajo, las cuales dieron lugar a 80,000 casos de impedimento permanente. Con base en el tamaño que tenía la fuerza laboral en 1975, esto representa alrededor de dos lesiones por cada 100 años hombre de trabajo. Pese a los grandes esfuerzos realizados para mejorar la seguridad y la salud de los trabajadores, las lesiones y enfermedades relacionadas con el trabajo seguirán siendo probablemente un problema. La reacción de los patronos ante los trabajadores incapacitados, y el tratamiento de los mismos, puede influir significativamente en el costo de recuperación y en el regreso al trabajo.

6.7.3 ANALISIS DE LAS NECESIDADES DEL TRABAJO

Puesto que las condiciones de incapacidad constituyen un impedimento para el empleo cuando limitan la capacidad de las personas para ejecutar ciertos elementos del trabajo, los impedimentos se deben examinar con referencia a las necesidades específicas del empleo. Aunque el análisis de los empleos se ha descrito detalladamente en el capítulo 2.4, la importancia de sus aplicaciones a la contratación de las personas impedidas justifica un nuevo examen aquí.

La finalidad del análisis de tareas consiste en identificar todos los requisitos físicos y mentales del trabajo capaces de limitar su ejecución exitosa y segura por un solicitante determinado. Esta información se puede utilizar para evaluar y capacitar a los solicitantes y para determinar las adaptaciones necesarias.

Aunque los procedimientos de análisis de los empleos varían en amplitud, la fidelidad entre la descripción del empleo y la realidad del empleo se relaciona con el tiempo dedicado al análisis y con la habilidad del analista. Los métodos aplicados a la evaluación del empleo deben complementar a los métodos aplicados a la evaluación de los trabajadores. El análisis más sencillo y rápido consiste en recurrir a una lista de los requisitos del trabajo y de los atributos del lugar de trabajo, como el ejemplo clásico usado por Bridges en 1946.[5] La información para éste y otros métodos de análisis se obtiene fácilmente en cinco fuentes: 1) las descripciones existentes de los empleos, 2) las entrevistas con los supervisores, 3) las entrevistas con los trabajadores titulares, 4) las observaciones de las actividades de trabajo y 5) las mediciones del lugar de trabajo y de los objetos que en él se encuentran. El analista verifica simplemente en la lista cada uno de los atributos correspondientes al empleo de que se trate. Las listas de verificación, si bien exigen un mínimo de tiempo y habilidad al analista, son inflexibles en su clasificación de los elementos del trabajo y no ofrecen información acerca de la frecuencia de las actividades.

El análisis de un empleo puede ser más completo dividiendo este último en tareas funcionalmente distintas que contengan componentes físicos y mentales que no se pueden diferenciar. Por ejemplo, el trabajador puede ejecutar los elementos físicos de asir, levantar, alcanzar, trasladar, etc., mientras al mismo tiempo ejecuta los elementos mentales de planear, estimar, calcular, etc. Así es posible examinar los atributos físicos y mentales asociados con cada tarea, aunque a veces es difícil establecer una sucesión correcta de actividades. En el ejemplo 6.7.1 se muestra el análisis del empleo de un clasificador. Su trabajo se ha dividido en dos tareas: tomar surtido y clasificar arandelas. La segunda tarea está dividida en una secuencia de 10 elementos. Como no hay reglas definidas para describir los elementos, habrá que recurrir al método de prueba y error para encontrar un nivel aceptable de detalle.

El análisis del empleo debe incluir un bosquejo de la distribución del lugar de trabajo; una descripción de las posibles tensiones de carácter químico, físico y biológico presentes en el medio, y una lista de las herramientas y el equipo protector necesarios.[5-7] Esa información ayudará a analizar los elementos de la tarea y a diseñar las adaptaciones. En el ejemplo 6.7.2 aparece un bosquejo del lugar de trabajo del clasificador.

Análisis de los atributos físicos y mentales

Los atributos físicos y mentales se indican en la parte superior del ejemplo 6.7.1. El ejemplo se puede usar por lo tanto como lista de verificación para identificar los atributos que corresponden a cada elemento y tarea. En el caso de algunos atributos, se puede obtener información adicional efectuando mediciones del lugar de trabajo y de las actividades, que luego se anotarán bajo los atributos correspondientes. Los atributos indicados incluyen la frecuencia y duración de la tarea, la acción corporal, distancia por alcanzar, fuerza total, gasto de energía, acción manual, fuerza manual, percepción, sensación y los atributos sicomotores, cognoscitivos y afectivos.

La frecuencia y la duración de la tarea indican en cuánto tiempo se realiza cada elemento o tarea. La medición de la frecuencia y de los tiempos requeridos por los elementos de trabajo es una función tradicional de la ingeniería industrial y se explica en los capítulos 3.2 y 3.3.

La acción corporal describe cómo se utiliza el cuerpo y las posturas que adopta. Ejemplos de las acciones son el alcanzar, levantar, colocar, empujar y el trasladar. Todas las observaciones de las acciones corporales deben incluir notas adicionales cuando el operador se apoye sobre el borde del banco, contra el muro o en el asiento para sostenerse. Se recurrirá a notas al pie para incluir información adicional. La información acerca de la acción corporal correspondiente a cada elemento se puede obtener fácilmente mediante entrevistas y observaciones.

La acción de alcanzar incluye la colocación horizontal, vertical y lateral de la mano derecha e izquierda con respecto a algún punto de referencia fijo. En el caso de un operador que se mueve estando de pie, el punto de referencia podrían ser los pies, como se indica en el ejemplo 6.7.3a, donde el origen es el punto medio de una línea entre los talones. En el caso de los trabajadores que permanecen sentados, el punto de referencia puede ser el banco de trabajo, como se muestra en el ejemplo 6.7.3b. Las coordenadas de la acción de alcanzar se miden fácilmente con una regla.

La fuerza total es una medida de la fuerza que se transfiere a través del cuerpo hasta el asiento o los pies del trabajador. La fuerza se puede anotar como dos cifras que correspondan a las manos derecha e izquierda o como una cifra que corresponda a la fuerza resultante. La fuerza se mide fácilmente con una balanza de mano.[8,9]

La energía es una medida del gasto metabólico de la ejecución de un determinado elemento de trabajo, Se mide en kilocalorías por minuto, en litros de oxígeno por minuto, en

Ejemplo 6.7.1 Análisis del trabajo de un clasificador[a]

	Frecuencia	*Duración (min)*	*Acción corporal*	*Distancia por alcanzar (cm)*		*Fuerza total*		*Gasto de energía (kcal/min)*	*Acción manual (kp)*		*Fuerza manual (kp)*		*Percepción*	*Sensación*				*Sicomotriz*		*Cognoscitiva*	*Afectiva*
														Visión	*Oído/palabra*	*Tacto*	*Orientación/equilibrio*	*Coordinación motriz*	*Retroalimentación*		
				D	I	D	I		D	I	D	I									
				Vert. Horiz. Lat.																	
Tareas																					
1. Tomar surtido.	2/día																				
2. Clasificar arandelas.	1/día																				
Elementos de la tarea No. 2																					
1. Alcanzar una arandela en el depósito.	400/día	–	Alcanzar	83 25–30 ±13	–	–	–	↑	–	–	<1	–	×	•	•	×	×	×	×	×	×
2. Asir la arandela.	400/día	–	Asir	83 25–50 ±13	–	–	–		Tomar con los dedos	–	<1	–	×	•	•	×	×	×	×	×	×

3. Llevar al calibrador.	400/ día	–	Mover	81 1 0	–	–	–		Tomar con los dedos	–	<1	–	×	•	•	×	×	×	×	×	×
4. Colocar en calibrador.	400/ día	–	Colocar ı	81 1 0	–	–	–		–	–	<1	–	×	•	•	×	×	×	×	×	×
5. Soltar arandela.	400/ día	–	Soltar	81 1 0	–	–	–	2.5	–	–	<1	–	×	•	•	×	×	×	×	×	×
6. Inspeccionar. Si la arandela cae por la ranura, pasar a 1.	–	–	–	–	–	–	–		–	–	<1	–	×	•	•	×	×	×	×	×	×
7. Asir arandela en calibrador.	400/ día	–	Asir	81 1 0	–	–	–		Tomar con los dedos	–	<1	–	×	•	•	×	×	×	×	×	×
8. Llevar al depósito de piezas rechazadas	400/ día	–	Mover	76 0 51	–	–	–		Tomar con los dedos	–	<1	–	×	•	•	×	×	×	×	×	×
9. Soltar arandela en depósito.	400/ día	–	Soltar	76 0 51	–	–	–		Tomar con los dedos	–	<1	–	×	•	•	×	×	×	×	×	×
10. Pasar a 1.	400/ día	–	–	–	–	–	–	↓	–	–		–	×	•	•	×	×	×	×	×	×
Ambiente Bajo techo Temperatura: de 60°F a 80°F WBGT Nivel de ruido: de 70 a 80 dBA Emisiones de una carretilla elevadora																					

[a]• = atributo conveniente; × = atributo esencial; — = atributo no necesario.

Ejemplo 6.7.2 Esquema del lugar de trabajo del clasificador

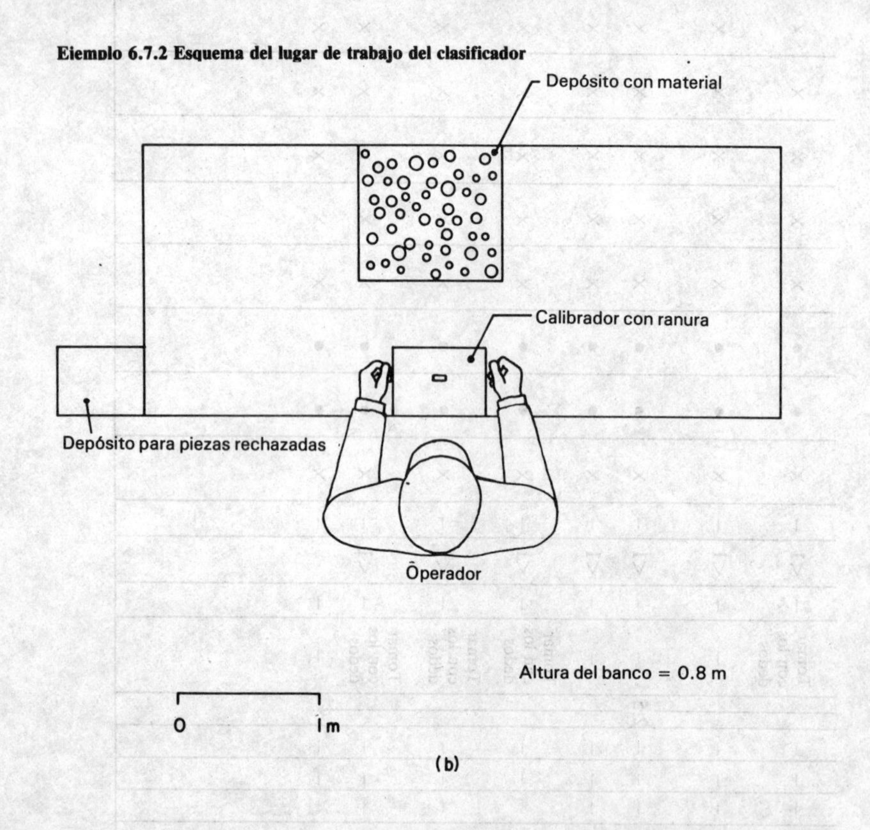

(b)

Ejemplo 6.7.3 Medición de las coordenadas de alcance con respecto a: *a*) una línea media entre los talones del operador que está de pie; *b*) desde el borde del banco de trabajo y desde el piso, para el operador sentado

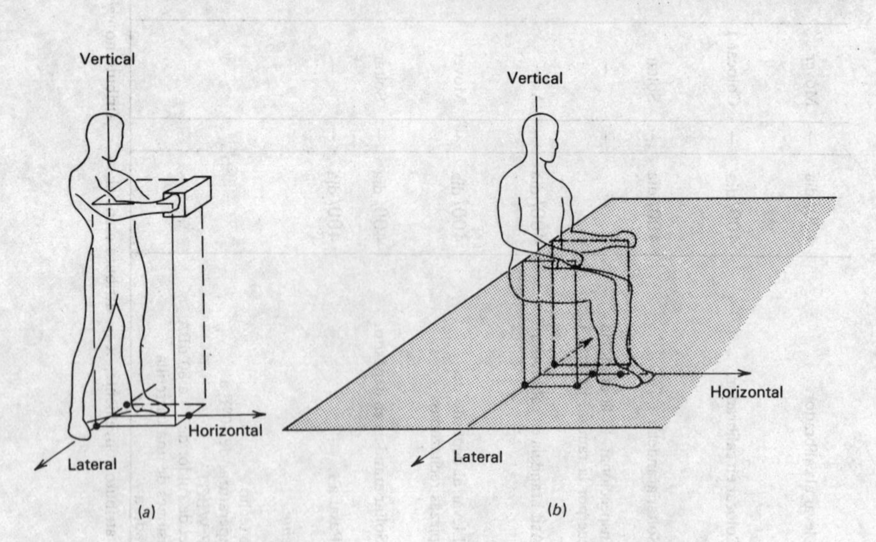

(*a*) (*b*)

watts, en mets (la razón entre el gasto de energía trabajando y en descanso), o en otras unidades. En algunos casos, los costos de energía se expresan por unidades de masa corporal del trabajador. Las tablas de gasto de energía, como las que aparecen en el capítulo 6.4 o como las publicadas por el Colegio Norteamericano de Medicina Deportiva,[10] se pueden usar para estimar las necesidades de las tareas similares que se analizan. Garg[11] ha propuesto un conjunto de ecuaciones empíricas para estimar el gasto de energía de cada elemento. La energía que se gasta en el trabajo se puede evaluar también midiendo el oxígeno que consumen los trabajadores titulares.[12] La medición del oxígeno exige equipo y técnicas especiales.

La acción manual describe cómo se usan las manos[13] y exige dos anotaciones, una por cada mano. Los ejemplos de acción manual incluyen asir con fuerza, alzar con los dedos, apretar, asir con los dedos y asimiento lateral. Aunque las posturas de la mano se pueden determinar mediante observaciones cuidadosas, las películas y grabaciones de video que se pueden proyectar con movimiento lento son sumamente útiles.

La fuerza manual es una medida de la fuerza resultante impuesta a cada mano y requiere una anotación por cada mano. En la mayoría de los casos, esas fuerzas no se pueden medir directamente y habrá que estimarlas. La electromiografía y las películas son útiles a veces para efectuar esas mediciones.[14]

Los requisitos sicofisiológicos de cada empleo y de cada elemento de tarea se pueden simplificar hasta cierto punto para adaptarlos a la capacidad de un trabajador. Cada tarea industrial o de oficina reclama algunos aspectos de los atributos percepción, sensación, capacidad sicomotora y conocimiento, así como de los atributos afectivos. Esos atributos no pueden ser considerados como independientes entre sí y de hecho están muy interrelacionados, con procesos perceptuales, cognoscitivos y motores que se superponen. No obstante, cada uno de esos atributos tiene una estructura básica que describiremos brevemente.

La percepción implica la posibilidad de advertir detalles, ubicación, forma, color, textura y otras características pertinentes en los objetos, así como en el material escrito, gráfico o verbal, y hacer comparaciones y diferenciaciones visuales. Un análisis visual del trabajo, en el cual los requisitos visuales de cada elemento de la tarea se pueden especificar y relacionar con los requisitos correspondientes que debe poseer el trabajador, constituye a menudo un subconjunto del análisis general del empleo.[15]

La sensación es un atributo que se refiere al empleo de todas las capacidades sensoriales: la vista, el gusto, el oído, el tacto, el olfato y el sentido vestibular, o sea el de orientación y equilibrio. Es difícil distinguir entre sensación y percepción. Se requieren diversas capacidades sensoriales en los diferentes pasos del procesamiento perceptual de la información, por ejemplo en la planeación (de una acción), en la iniciación (del movimiento de una extremidad), en el control, en la terminación (de una acción) y en la verificación (retroinformación) para determinar si el resultado es satisfactorio. La agudeza visual, incluyendo el campo de visión periférica, la percepción de los colores y el sentido de profundidad, se puede medir por medio de aparatos obtenibles en el comercio. La capacidad auditiva se puede medir con un audiómetro.[16] La sensibilidad del tacto y la presión se pueden determinar por los métodos descritos en Geldard.[17] El equilibrio y la orientación, que indican el tono muscular y el ajuste de la postura, o sea la "sensación" de la posición del cuerpo, se determinan cualitativamente mediante pruebas comunes tales como caminar por una línea recta o equilibrarse parándose sobre un solo pie mientras, con los ojos cerrados, se extienden los brazos hacia los lados, al frente o hacia arriba y luego se toca la punta de la nariz con el dedo índice de cualquier mano. Esta facultad de guardar el equilibrio y conservar el sentido del tacto se puede perder a menudo en ciertas situaciones, como se explica en la sección 6.7.4.

Es difícil distinguir entre el conocimiento y la percepción porque el primero está basado en la segunda. La capacidad cognoscitiva implica atribuir un significado a los fenómenos sensoriales y perceptivos y sacar inferencias de los mismos. El conocimiento incluye las actividades mentales superiores que involucran áreas específicas de la inteligencia, el pensamiento, el recuerdo y el empleo de símbolos o palabras. Cada elemento de la tarea exige cierto grado de conocimiento. Por ejemplo, un elemento de la tarea tal como "alcanzar una arandela en el recipiente" (elemento 1 en el ejemplo 6.7.1) requiere una respuesta diferente de la que requiere "colocar en el calibrador" (elemento 4). En el elemento1, "alcanzar" precede a un posible asimiento usando los dedos. El elemento 4, "colocar", exige la retroalimentación sensorial para hacerlo bien. Ambos elementos requieren conocimiento, el cual implica inteligencia, juicio y la capacidad de definir un orden de procedimiento.

Los atributos sicomotores se relacionan con la capacidad de coordinar el movimiento de las extremidades respondiendo a los estímulos visuales, auditivos, táctiles y de otra clase. Esta capacidad involucra al sentido cinestésico y a la coordinación motriz de posiciones y movimientos conjuntos. La capacidad sicomotora se determina a menudo en términos de la puntuación obtenida en una prueba adecuada, aunque no existe una prueba estándar universal.[18] Se ponen a prueba la precisión del control, la coordinación de las extremidades, la orientación de la respuesta, el tiempo de reacción, la rapidez del movimiento de los brazos, el control del ritmo, la destreza manual y de los dedos, la firmeza del brazo y la mano, la rapidez de la muñeca y los dedos y la exactitud de la dirección del movimiento. Se han usado también otras pruebas, como la Wechsler y la prueba visual y motora de Bender.[19] Una tarea de seguimiento crítico, como aquella de que informan Dott y McKelvey,[20] puede dar una indicación de la capacidad sicomotora.

Los atributos afectivos son factores tales como la motivación, la estabilidad emocional, la confianza en sí mismo, la personalidad, los intereses, la persistencia, la impulsividad, la rigidez de opinión, la adaptabilidad y la reacción ante los iguales y ante los superiores. Estos son importantes en formas diversas en el diseño de empleos para personas impedidas. En el caso de algunas condiciones de incapacidad, por ejemplo cuando existe disfunción o trauma cerebrovascular o del cerebelo, tumor cerebral o trauma de la cabeza, y cuando están presentes ciertos niveles de retardo mental, la persona puede haber vivido con pocas expectativas y escaso estímulo y sentir por lo tanto poca motivación y entusiasmo para aprender el desempeño de una función en el mundo social. El conocimiento de la actitud que asume la persona impedida hacia su estado, y la idea que tiene de él, es importante para el diseñador de empleos.

Se dispone de varias pruebas para evaluar cualitativamente los atributos afectivos en cuanto se aplican a ciertos grupos de incapacitados.[19] Sin embargo, como los resultados obtenidos de la prueba pueden dar lugar a diferentes interpretaciones, y como las pruebas no tienen en cuenta a todos los grupos, esos resultados se deben tomar con reservas.

6.7.4 ESTADOS DE INCAPACIDAD

Los datos provenientes de la Encuesta Nacional de la Salud[21] indican que, en 1974, el 2.6 por ciento de los 122,546,000 hombres y mujeres norteamericanos en edad de trabajar (entre los 16 y 64 años) padecían estados crónicos que les imposibilitaban para llevar a cabo una actividad importante tal como trabajar, manejar una casa o asistir a la escuela; el 7.7 por ciento estaban limitados en cuanto a la cantidad o tipo de actividad principal, y el 3.9 por ciento estaban limitados aunque no en su actividad principal. Un histograma de las causas más comunes de la limitación de la actividad (ejemplo 6.7.4) indica que alrededor del 40 por ciento tenían que ver con el sistema muscular y óseo, el 25 por ciento con el corazón, el 13 por ciento con el sistema respiratorio, el 6 por ciento con sentidos especiales, el 3 por ciento con el cáncer y el 14 por ciento con problemas metabólicos, gastrointestinales y urinarios.

Para que los estados que se mencionan en el ejemplo 6.7.4 se puedan considerar como impedimentos, es necesario que interfieran con la capacidad de la persona para satisfacer un conjunto específico de requisitos del trabajo. Los aspectos principales del rendimiento afectados por cada padecimiento, que serían de interés al ubicar y adaptar a un trabajador impedido, se indican en el ejemplo 6.7.5. Antes de ubicar al posible trabajador, el personal

Ejemplo 6.7.4 Las condiciones más comunes que limitan la actividad de la población norteamericana de menos de 65 años de edad[a]

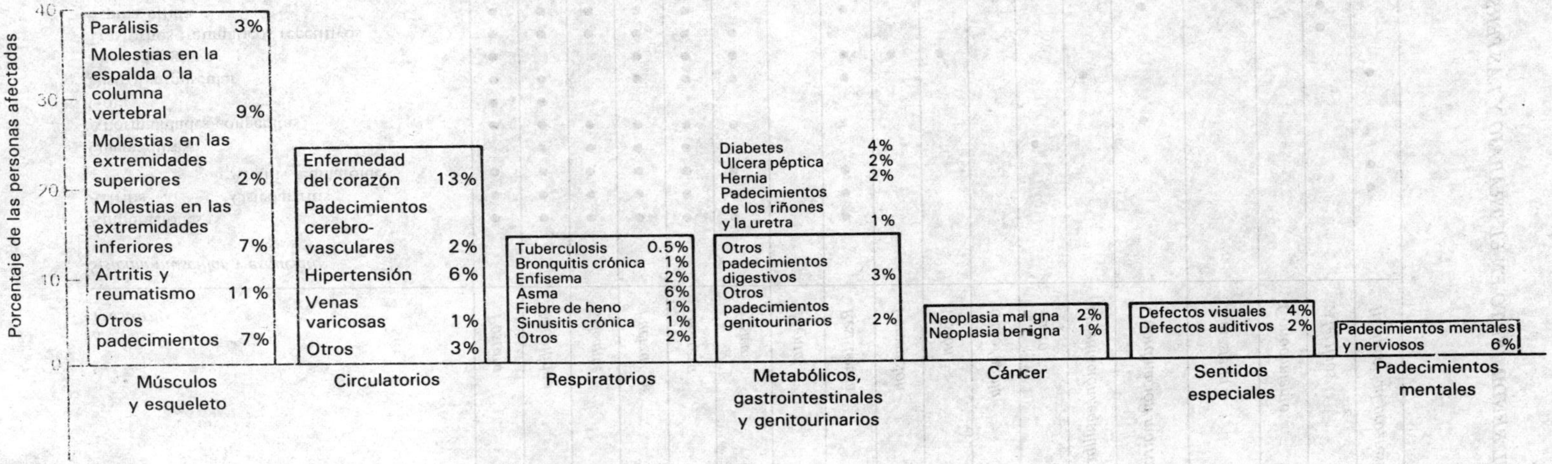

Porcentaje de las personas afectadas
40
30
20
10
0

Músculos y esqueleto
Parálisis 3%
Molestias en la espalda o la columna vertebral 9%
Molestias en las extremidades superiores 2%
Molestias en las extremidades inferiores 7%
Artritis y reumatismo 11%
Otros padecimientos 7%

Circulatorios
Enfermedad del corazón 13%
Padecimientos cerebro-vasculares 2%
Hipertensión 6%
Venas varicosas 1%
Otros 3%

Respiratorios
Tuberculosis 0.5%
Bronquitis crónica 1%
Enfisema 2%
Asma 6%
Fiebre de heno 1%
Sinusitis crónica 1%
Otros 2%

Metabólicos, gastrointestinales y genitourinarios
Diabetes 4%
Ulcera péptica 2%
Hernia 2%
Padecimientos de los riñones y la uretra 1%
Otros padecimientos digestivos 3%
Otros padecimientos genitourinarios 2%

Cáncer
Neoplasia mal gna 2%
Neoplasia benigna 1%

Sentidos especiales
Defectos visuales 4%
Defectos auditivos 2%

Padecimientos mentales
Padecimientos mentales y nerviosos 6%

[a]Referencia 23.

Ejemplo 6.7.5 Aspectos principales de la actividad afectados por cada padecimiento

						Capacidad de trabajo				*Sentidos*				*Sicomotrices*				
Trastorno	*Postura*	*Movilidad*	*Alcance*	*Fuerza*	*Destreza*	*Física*	*Mental*	*Resistencia*	*Percepción*	*Visión*	*Oído/habla*	*Tacto*	*Orientación/equilibrio*	*Coordinación motriz*	*Cinestesia*	*Conocimiento*	*Afectivos*	*Incapacidad progresiva*
Sistema muscular y esqueleto																		
Amputaciones	•	•	•	•	•	•		•										
Artritis: Osteoartritis	•	•	•	•	•	•		•										•
Artritis: Artritis reumatoide	•	•	•	•	•	•		•										•
Quemaduras		•	•	•	•							•						
Anormalidades congénitas	•	•	•	•	•	•								•				
Gota	•	•																
Distrofia muscular	•	•		•	•	•		•					•					•
Miastenia grave	•			•	•	•		•	•	•								
Trastornos traumáticos repetitivos	•	•	•	•	•	•											•	
Espina bífida	•	•	•	•	•			•						•			•	
Sistema nervioso central/médula espinal																		
Tumor cerebral/trauma craneano	•	•	•	•	•	•	•		•	•	•	•	•	•	•	•	•	
Parálisis cerebral	•	•	•	•	•	•	•	•	•				•	•	•		•	
Enfermedades y traumas cerebrovasculares	•	•	•	•	•	•	•	•	•	•	•	•	•	•	•	•	•	

Epilepsia[a]																		
Hemiplejía	●	●	●	●	●	●		●	●	●	●	●	●	●	●	●	●	
Esclerosis múltiple	●	●	●	●	●	●	●	●	●	●	●	●	●	●	●	●	●	●
Paraplejía	●	●	●	●	●	●						●					●	
Enfermedad de Parkinson	●	●	●	●	●	●		●		●	●		●	●	●	●	●	●
Poliomielitis	●	●	●	●	●	●							●	●			●	
Cuadraplejía	●	●	●	●	●	●	●	●	●	●	●	●	●	●	●	●	●	
Sistema circulatorio																		
Arritmias						●		●										
Defectos congénitos				●		●		●									●	
Enfermedad de la arteria coronaria				●		●		●										
Hipertensión						●	●	●										
Defectos valvulares				●		●		●										
Sistema respiratorio																		
Asma				●		●		●										
Bronquitis crónica				●		●		●										
Enfisema				●		●		●										
Neumoconiosis				●		●		●										
Tuberculosis				●		●		●										
Otros																		
Alcoholismo				●	●	●	●	●	●			●	●	●	●	●	●	
Cáncer		●	●	●	●	●		●									●	
Drogadicción				●	●	●	●	●	●			●	●	●	●	●	●	
Atraso mental	●				●	●	●	●	●	●	●		●	●	●	●	●	
Trastornos no sicóticos																●	●	
Trastornos sicóticos						●										●	●	

[a]Afecta únicamente durante el ataque, después del mismo o en ambos casos.

calificado, médico o de rehabilitación, deberá llevar a cabo evaluaciones individuales del rendimiento, sobre todo si los padecimientos de la persona pueden poner en peligro su vida. La colaboración del patrono en cuanto a evaluar los empleos, establecer adaptaciones y manejar a los trabajadores impedidos facilita grandemente el regreso al trabajo.

Posiblemente una de las primeras consideraciones al ubicar a una persona incapacitada es determinar si el estado que padece es progresivo o estable y si el trabajo podría agravar ese estado. Por lo general, los estados progresivos son el resultado de padecimientos tales como arterioesclerosis, artritis, tendonitis y glaucoma; los estados no progresivos se deben por lo general a un accidente, un defecto congénito o una enfermedad anterior; por ejemplo, amputaciones, focomelia y polio. El comportamiento de las personas que no padecen estados progresivos tiende a ser estable y puede incluso mejorar con la terapia. El diseñador de empleos debe tener esto en cuenta al proporcionar descripciones cuantitativas de los requisitos del trabajo, a fin de que el personal médico supervisor decida si hay riesgo de un daño posterior.

Las adaptaciones incluyen mejorar el rendimiento del trabajador mediante algún dispositivo adaptador o mediante la modificación del trabajo o el lugar de trabajo, a fin de reducir los requerimientos. Un principio fundamental es suprimir totalmente, o por lo menos reducir a un nivel tolerable, las demandas de trabajo que un trabajador incapacitado no pueda satisfacer. Cuando esas demandas no puedan ser suprimidas o reducidas a un nivel tolerable, el trabajo debe ser reorganizado de manera que las actividades más difíciles sean encomendadas a trabajadores capaces de realizarlas.

Los dispositivos de adaptación incluyen las sillas de ruedas, los miembros artificiales, los anteojos y los auxiliares auditivos; entre las modificaciones del lugar de trabajo figuran los procedimientos especiales, herramientas y plantillas especiales, rampas para las sillas de ruedas y codificación de los controles en braille.

Cuando la incapacidad física va acompañada por incapacidad perceptual, sensorial y mental, o cuando hay evidencia de cualquiera de estas últimas, la adaptación es más difícil y a menudo cada caso es especial. Por ejemplo, uno de los defectos más ubicuos se refiere a la percepción. Hay una amplia gama de dificultades perceptivas asociadas con tumores cerebrales, enfermedades cerebrovasculares y esclerosis múltiple. Dependiendo del área del cerebro que esté afectada, esas dificultades pueden ser o no evidentes para la observación causal y pueden incluso ser desconocidas por la persona. De modo general, la incapacidad mental, por sí misma o en presencia de una incapacidad física, se manifiesta mediante desórdenes neurológicos resultantes de enfermedades traumáticas o incipientes del cerebro, de la espina dorsal y del sistema nervioso. Las causas pueden variar; pero por lo general se pueden atribuir a desórdenes y miopatías intracraneanas, de la médula espinal y de los nervios periféricos.

Incapacidades físicas

El grupo más amplio de desórdenes afecta al sistema muscular-tendinoso-óseo y afecta a la capacidad de las personas para ejecutar elementos del trabajo que exigen movimientos y esfuerzos corporales (ver el ejemplo 6.7.5). La incapacidad para ejecutar elementos de trabajo que requieren el uso de las extremidades inferiores se puede superar a veces usando asientos especiales, sillas de ruedas, muletas, bastones, andaderas, etc. A menudo se requieren disposiciones especiales para permitir el acceso seguro al lugar de trabajo con sillas de ruedas o muletas. Algunos de los lineamientos arquitectónicos recomendados por ANSI[22] para la accesibilidad con silla de ruedas aparecen en el ejemplo 6.7.6.

Se estima que el 42 por ciento de las 680,000 personas que usan silla de ruedas en Estados Unidos incluye a parapléjicos, amputados de las piernas y personas que padecen parálisis parcial, artritis avanzada de las piernas y enfermedades cardiacas.[23] Esas personas pueden realizar sin limitación la acción de alcanzar, estando sentadas (ver el capítulo 6.3). Los límites de alcance recomendados por ANSI para las personas que usan silla de ruedas se indican en el ejemplo 6.7.6. Los datos publicados sobre alcance y fuerza de personas con padecimien-

Ejemplo 6.7.6 Algunos lineamientos arquitectónicos del ANSI para facilitar el acceso de las sillas de ruedas[a]

		Promedio (cm)	Alcance (cm)
AB	Altura del brazo	73.7	
AA	Altura de la agarradera	91.4	
L	Largo	106.7	
AS	Altura del asiento	49.5	
A	Ancho	63.5	
AH	Alcance horizontal	81.8	68.6- 90.2
AM	Alcance sobre la mesa	78.2	72.4- 84.3
AV	Alcance vertical	152.4	137.2-198.1

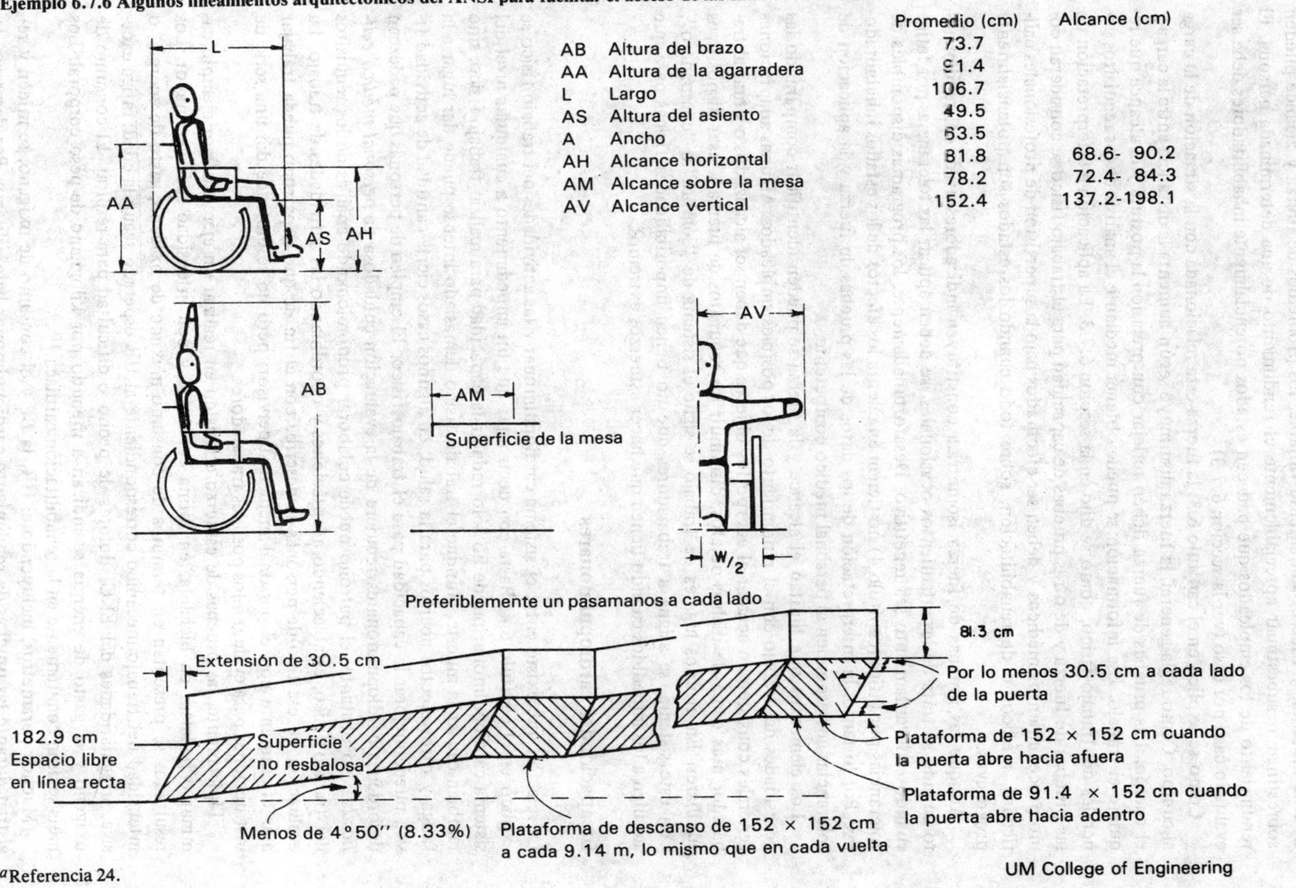

[a]Referencia 24.

tos específicos son raros.[24, 25] Como la facultad de alcanzar de las personas que padecen del sistema muscular y óseo es sumamente variable, los promedios de fuerza y alcance pueden sobrestimar o subestimar apreciablemente el rendimiento de una determinada persona. El rendimiento de los empleados que padecen estados potencialmente inhabilitadores debe ser evaluado caso por caso (ver la sección 6.7.3).

Como se explicó en el capítulo 6.3, la fuerza está relacionada con la situación de la carga al cuerpo. Como regla general, la fuerza disminuye según aumenta la distancia entre la carga y el cuerpo. Las pruebas de fuerza deben reflejar con precisión la postura y el alcance que requiere el trabajo. Esa información se puede obtener mediante el análisis de los requisitos generales del trabajo físico, como se dijo en la sección 6.7.3. La aplicación e interpretación de las pruebas de fuerza y de otras pruebas de capacidad para el trabajo físico se consideran como procedimientos médicos y deben ser efectuados bajo la supervisión de profesionales calificados, médicos o de rehabilitación, sobre todo cuando los estados son potencialmente progresivos.

Aunque las pruebas de fuerza isométrica constituyen indicadores útiles del rendimiento cuando se trata de levantamientos ocasionales, se deben aplicar las tolerancias por fatiga cuando el levantamiento sea repetitivo. Desafortunadamente, los programas disponibles de tolerancias por fatiga (capítulo 4) no tienen en cuenta los efectos de los estados inhabilitadores. Por lo tanto, la interpretación de los datos de las pruebas de fuerza y la aplicación de tolerancias corresponden al personal médico competente.

Los elementos que limitan el alcance y la fuerza se pueden identificar comparando las necesidades del trabajo con el rendimiento de los posibles empleados. Algunas adaptaciones generales consisten en acercar al cuerpo los objetos que deben ser alcanzados o situar al trabajador más cerca de dichos objetos, disminuir los requisitos de fuerza y usar dispositivos auxiliares. En algunos lugares de trabajo se sigue el sistema de "sombra" o "compañero". Con este sistema, se asigna a trabajadores que no tienen imposibilidades físicas para que auxilien a los impedidos cuando tienen que hacer esfuerzos extremos.

Incapacidades cardiopulmonares

La relación que existe entre el sistema cardiopulmonar y las actividades del trabajo físico se explicó en el capítulo 6.4. Basta con decir aquí que un impedimento a cualquier nivel del sistema cardiopulmonar puede no sólo reducir la capacidad para realizar trabajo físico, sino también causar la muerte. Aunque el trabajo físico demasiado intenso puede dar lugar a la fatiga y otros efectos nocivos para la salud, en algunos casos cierta cantidad de actividad física puede mejorar la capacidad para el trabajo físico. El empleo de personas que padezcan desórdenes cardiopulmonares requiere de la evaluación cuidadosa de *personal médico calificado.* No obstante, el patrono puede colaborar proporcionando análisis de los requisitos del trabajo físico, estableciendo adaptaciones y coordinando las actividades de trabajo. La evaluación de ese tipo de personas se describe con el fin de que el patrono pueda trabajar más eficazmente con el personal médico supervisor; pero no se pretende dar una serie de instrucciones para evaluar a los posibles trabajadores.

Típicamente, las pruebas de esfuerzo consisten en realizar un ejercicio, por ejemplo caminar o pedalear en bicicleta, en forma constante y con intensidad cada vez mayor. Los resultados se presentan en términos de consumo máximo de oxígeno, gasto de energía, o intensidad del trabajo mecánico correspondiente al HR esperado según la edad; fatiga excesiva, irregularidades del EKG, dolores de pecho o dificultad para respirar. El consumo de oxígeno y el gasto de energía se indican a menudo por kilogramo de peso corporal. Los mets se usan comúnmente en la rehabilitación cardiaca.[10]

Muchos parámetros, incluyendo el HR, la BP y el consumo de oxígeno, se miden y registran durante las pruebas de rendimiento cardiopulmonar bajo esfuerzo. Por desgracia, la BP y el consumo de oxígeno no son fáciles de medir en condiciones de trabajo; de manera que se recurre más a menudo al HR como indicador de la tensión circulatoria.[26]

La relación entre la intensidad del trabajo y el HR, en tres niveles de condición física, se muestra en el ejemplo 6.7.7. Se puede ver que se impone al corazón una carga mucho mayor si el trabajador está en mala condición. Se pueden elaborar gráficas similares para estimar la carga circulatoria con tareas que exigen determinados niveles de energía, para ciertas personas y poblaciones. Los requerimientos de energía de tareas seleccionadas, que se indican en el ejemplo 6.4.4, capítulo 6.4, se pueden usar para hacer estimaciones aproximadas de los requisitos de energía de tareas similares. Las mediciones directas de las respuestas metabólicas y circulatorias de los trabajadores titulares pueden servir para identificar los elementos más fatigosos del trabajo. Luego se pueden diseñar adaptaciones para controlar los esfuerzos.

Otros factores importantes del rendimiento cardiorrespiratorio son el tipo de trabajo, el medio térmico y los agentes químicos y físicos. El tipo de trabajo determina cómo se distribuye la carga entre las partes del cuerpo y si los músculos se contraerán estática o dinámicamente. Los estudios de laboratorio han indicado que, con una determinada intensidad del trabajo dinámico de las extremidades superiores, el HR y la BP son más altos que con una intensidad de trabajo igual de todo el cuerpo.[28] Se ha demostrado también que la capacidad de trabajo físico de los brazos es menor que la de todo el cuerpo.

Otros estudios adicionales han demostrado que se pueden producir cargas circulatorias de importancia durante las contracciones estáticas de los músculos en las personas sedentarias, con bajos niveles de gasto total de energía.[29-32]

Jackson y otros[30] emplean la expresión "angina de aeropuerto" para describir los dolores de pecho que experimentan las personas con enfermedades de la arteria coronaria duran-

Ejemplo 6.7.7 Relación entre la intensidad del trabajo (en kcal/min y mets) y el RC en el caso de un varón de 45 años de edad y 80 kg de peso, con el corazón en estado deficiente, regular y bueno[a]

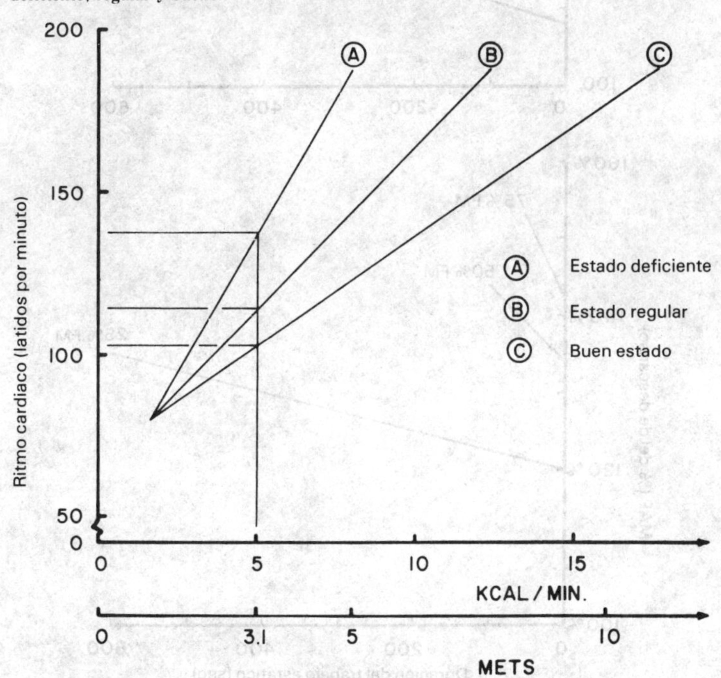

[a]Referencia 29.

te el trabajo estático, por ejemplo, mientras están de pie sosteniendo equipaje. En el ejemplo 6.7.8 aparece una gráfica de las respuestas circulatorias esperadas ante tres intensidades de esfuerzo estático prolongado. Lind y McNicol,[29] lo mismo que Petrofsky y Lind,[31] advierten que las personas predispuestas a los accidentes cardiovasculares y cerebrovasculares deben cuidarse de los riesgos del trabajo estático. Los elementos del trabajo estático prolongado,

Ejemplo 6.7.8 RC previsto *a*) y respuesta arterial media *b*) (como porcentaje de los valores en descanso) para sostener los esfuerzos de asimiento estático al 25%, al 50% y al 75% de la fuerza máxima de un sujeto joven y sano, indicando que se pueden producir respuestas circulatorias significativas en trabajos aparentemente sedentarios[a]

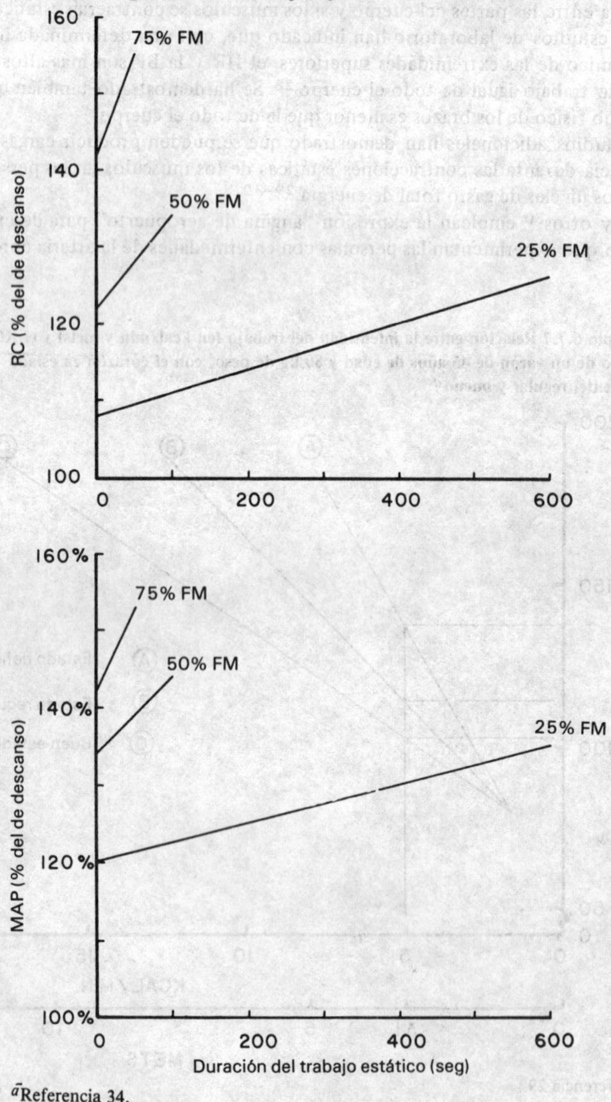

[a]Referencia 34.

por ejemplo asir, sostener y colocar, deben ser minimizados en el caso de las personas que tienen padecimientos cardiovasculares.

Otras cargas circulatorias adicionales pueden resultar del trabajo realizado en medios cálidos o fríos, así como de la exposición a ciertas substancias químicas.[33] El trabajo en medios cálidos puede dar lugar a un aumento en la carga circulatoria debido a la pérdida de fluidos y electrólitos, al mayor flujo sanguíneo en la periferia y al gasto de energía que representa el pesado equipo protector.[33, 34] Los factores importantes que influyen en la carga y que deben ser evaluados son la temperatura del aire seco, la humedad relativa, la velocidad del viento, el calor radiante y la intensidad del trabajo.[6]

Las personas con padecimientos cardiopulmonares pueden ser particularmente sensibles a ciertas substancias químicas y a las ondas de radio.[33] Como ejemplos de esas substancias químicas están el amoniaco, el cloro, el monóxido de carbono, la nitroglicerina, el bisulfuro de carbono, los compuestos azoicos, los solventes clorinados y el nitrobenzeno.[6, 33, 35] Aunque se ha informado que la energía excesiva de radiofrecuencia puede aumentar la incidencia de enfermedades del corazón, la mayor preocupación es por los efectos de las microondas en los marcapasos.[33, 36] La medición de las substancias químicas y las ondas de radio exige equipo especial y personal capacitado; pero los patronos deben estar al tanto de la presencia de estos agentes.[7]

Por último, debe planearse lo que se va a hacer en caso de que un trabajador impedido quede incapacitado en el trabajo. Los planes deben incluir el control del equipo para que los demás trabajadores no resulten lesionados, la prevención de lesiones al trabajador como resultado del contacto con la superficie de trabajo o con el equipo, los primeros auxilios, y la transportación hasta una instalación médica adecuada. El sistema de compañero puede ser útil si alguien familiarizado con los procedimientos de urgencia supervisa a los trabajadores. El compañero puede también ayudar con las actividades fatigosas y prestar un apoyo moral importante al trabajador.[33]

Incapacidades perceptivas, sensoriales y otras de tipo mental

Existen varias pruebas que permiten determinar las cualidades perceptivas, sensoriales y otras de carácter mental, así como la presencia de incapacidades. La evaluación del trabajo es el proceso de determinar lo que una persona es capaz de hacer. Incluye entrevistas con el asesor de rehabilitación, la aplicación de pruebas vocacionales, como son el Inventario de Movimientos Factibles (*AMI*) y la Batería de Pruebas de Aptitud General (*GATB*) del *USES*, y la evaluación del trabajador en una situación real de trabajo y de su capacidad para realizar una operación o muestra de operación. La evaluación debe ser un esfuerzo conjunto del departamento de personal, el médico de la fábrica y el ingeniero industrial. Permite conocer los efectos que las condiciones comúnmente inhabilitadoras producen en las capacidades sensoriales, perceptivas, cognoscitivas y de otra clase.

La toma de decisiones es una actividad de suma importancia. En realidad, se toman varias decisiones al llevar a cabo hasta la más sencilla de las tareas: cuál mano se usará, qué dedos, la manera de asir, y la secuencia. En la mayoría de las actividades, el trabajador obtiene información directa no simbólica acerca de su trabajo a través de los sentidos. Esa información es resumida y traducida a una forma que tenga sentido para la operación. Por desgracia, las incapacidades perceptivas y sensoriales son también las que predominan. La limitación de la visión, o pérdida de la agudeza visual en uno o en ambos ojos, la hemianopsia y la visión periférica deficiente, la visión defectuosa de los colores y la estereopsis se pueden producir en infinitas combinaciones en presencia de estados tales como parálisis cerebral, glaucoma, trauma o retinopatía. Los defectos visuales específicos como el estrabismo (bizquera), la afaquia (ausencia de cristalinos) en uno o en ambos ojos, la ptosis (parálisis de acomodación) o inmovilidad de la pupila y la parálisis de los músculos que da lugar a un deterioro bilateral severo, deben ser detectados. Otros problemas de percepción como la diplopia (doble visión), la distorsión perceptiva de las figuras geométricas, la agnosia (que acompaña a menudo a la disfunción del cerebelo, al trauma, a la parálisis cerebral, al retardo mental y a otras limitaciones), o la sensación debida a la alteración de la percepción nerviosa por lesión de la espina dorsal o por esclerosis múltiple, pueden ser manifiestos. Las incapacidades sensoriales como la dificultad para interpretar la información, la limitación del habla, la propensión a los desmayos, el vértigo, los ataques, la falta de coordinación, la limitación del vigor y la percepción deficiente, que pueden dar lugar a alteraciones del aprendizaje tales como confusión en la dirección, lateralidad confusa, ausencia de reconocimiento de los símbolos, afasia en que se altera la comprensión o la expresión de las palabras, y la apraxia, pueden no ser fácilmente evidentes. Otros desórdenes corticales y sensoriales como la pérdida del aprendizaje, la pérdida en la interpretación de los estímulos auriculares y la amnesia, también pueden ser inhabilitadores.

Otras alteraciones sensoriales son las anestesias y el umbral elevado de estímulo para el dolor, la presión y las sensaciones térmicas. Para fines de diseño del empleo, esto implica una demora en la respuesta; pero la actuación subsecuente puede muy bien ser adecuada.

En cada caso, el diseñador de empleos debe evaluar la capacidad de procesamiento de la información del trabajador y adaptarla a la carga de información de la operación.[37] Esto se puede hacer reduciendo la información que contiene cada elemento de la tarea a un nivel en el cual la persona incapacitada pueda procesarla y responder a ella con éxito. Un buen principio es prestar ayuda para reforzar el sentido deteriorado, o buscar alternativas de hacer llegar la información necesaria al operador o ambas opciones. El diseñador debe prescindir de la información que la persona incapacitada no pueda recibir en forma normal. Por ejemplo, los principios del diseño del trabajo exigen que las personas con visión defectuosa no realicen trabajo delicado y preciso. Sin embargo, la información destinada al trabajador no tiene que ser siempre visual o auditiva; otros sentidos no afectados pueden entrar en acción. Por ejemplo, si bien es cierto que las personas con visión monocular han perdido la facultad de juzgar las distancias, se emplean nuevos métodos para determinar las relaciones de los objetos en el espacio.[38] No obstante, los principios de la ubicación en el trabajo aconsejan que no se encomiende a esos trabajadores operaciones en las cuales sea necesario juzgar rápidamente la distancia y la velocidad. El diseñador debe suprimir las características del trabajo a las cuales no puede hacer frente el trabajador. En todos los casos se debe proporcionar también protección individual adecuada.

Los retardados mentales constituyen un grupo especial de personas con incapacidades perceptivas. El retardo mental se caracteriza por un deterioro de las facultades de aprender, madurar e integrarse a la vida social. Hay evidencia de una capacidad limitada para procesar información, de manera que las consideraciones de ubicación en trabajos manuales industriales o de oficina son importantes. Los aspectos sociales de la incapacidad mental pueden influir substancialmente en el diseño del trabajo, porque con frecuencia existe una severa incapacidad mental y social demostrada en la marcada dependencia de otras personas para satisfacer las propias necesidades.

La Asociación Norteamericana para la Deficiencia Mental define cuatro niveles de retardo: benigno, moderado, severo y profundo. El ochenta y nueve por ciento de los clasificados como retardados presentan retardo benigno[39] que indica un daño mínimo del cerebro. Los moderadamente retardados tienen problemas en el área de la conciencia social; pero, como tienen un desarrollo motor aceptable, tienen la posibilidad de trabajar en forma semiindependiente. Los retardados severos y profundos poseen un desarrollo motor muy deficiente. La ubicación de principio considerando la personalidad del individuo en relación con el trabajo y reconociendo que, si se les sitúa convenientemente, la mayoría de las personas retardadas realizan los trabajos que les son asignados tan eficiente y rápidamente como los empleados normales. De hecho, pueden desempeñar mejor las operaciones rutinarias repetitivas y se cansan menos.[40] En los empleos rutinarios, el retardo mental puede dar muestras de un alto grado de satisfacción en el trabajo. Cuando se les ayuda debidamente mediante programas bien estructurados de capacitación vocacional, los retardados mentales trabajan adecuadamente.[41]

Otras incapacidades

A diferencia de las incapacidades relacionadas con el aprendizaje perceptivo, otras incapacidades tales como la artritis, la distrofia muscular, la miastenia grave, la polio, la hemiplejía, la paraplejía, la cuadraplejía, la enfermedad de Parkinson y el tumor cerebral se pueden manifestar en forma de dificultades para el aprendizaje motor, de deterioro sicomotor y de cinestesia dañada. Las dificultades de coordinación motriz, tanto de los movimientos generales como de los delicados, están relacionadas con las dificultades perceptivas. Otros desórdenes motores están asociados también con la parálisis, la atetosis, la espasticidad, los estremecimientos intencionales, la ataxia y el retardo motor generalizado. Es importante apreciar, al diseñar un trabajo, que esas personas se fatigan con facilidad, se distraen y pueden sufrir defectos de concentración. Las pruebas tales como la Prueba Purdue del Tablero con Clavijas para la Destreza Manual, la Prueba Bennet de Destreza con las Herramientas de Mano, la Prueba Crawford de Destreza en el Manejo de Partes Pequeñas, o la GATB, se pueden usar para la evaluación.[19] Hay ciertas habilidades básicas que pueden servir como indicadores de lo que una persona podría hacer: 1) reconocimiento de monedas o billetes de banco, etc., 2) capacidad para leer signos o formas que contengan instrucciones sencillas, 3) capacidad para redactar mensajes sencillos, 4) capacidad para medir (medidas lineales o de peso) y 5) capacidad para clasificar por orden general. Las habilidades básicas relacionadas con el trabajo incluyen la posibilidad de usar el teléfono, clasificar por características (color, tamaño, forma), envolver y atar, así como la limpieza y el orden en sus manifestaciones más simples.

Una multitud de deficiencias van asociadas con los atributos efectivos. La evaluación sicológica se concentra en tres áreas específicas de la personalidad del individuo en cuanto se refiere al trabajo: la inteligencia, la personalidad y las pruebas sicomotoras de capacidad. En el capítulo 5.2 se describen diversas pruebas estándar que permiten evaluar la motivación para el trabajo, la movilidad, la madurez, la organización, el concepto de sí mismo, la productividad, la capacidad para aprender, etc. Se deben obtener indicaciones de la fuerza de voluntad del individuo para hacer frente a los obstáculos, la frustración, las crisis y otros acontecimientos.

Muchos casos de daño cerebral van acompañados por la imposibilidad de pensar o razonar simbólicamente o en términos abstractos, aunque no haya indicación alguna de pérdida de inteligencia. Los síntomas de las alteraciones de la personalidad debidas a daño cerebral se pueden manifestar como trastornos de la atención o el interés y, en formas menos severas, la imposibilidad de trabajar ya sea en forma aislada o en grandes talleres abiertos. Los desórdenes de origen orgánico, así como los asociados con una función deteriorada del tejido cerebral, incluyen la locura, la epilepsia, el delirio con arrebatos explosivos y las rabietas. En la locura hay una lenta desintegración de la personalidad y el intelecto, debida al deterioro de las ideas y el juicio. Hay una disfunción cognoscitiva y, en términos de rendimiento en el trabajo, la adquisición de nuevas habilidades se vuelve difícil. El delirio es una insuficiencia cerebral reversible causada por factores orgánicos y se manifiesta como un obscurecimiento de la conciencia y un deterioro de la memoria reciente. Con respecto a los epilépticos, es importante que el diseñador de empleos tenga en cuenta las características de la fase que acompaña al ataque y la que le sigue. En el caso de las personas que sufren ataques leves de 10 a 30 segundos de duración, hay una ligera pérdida de la conciencia después del ataque. Hay una interrupción repentina de la actividad a la cual está dedicada la persona; pero la reanuda en seguida. Normalmente no hay indicios de daño cerebral y las personas que padecen ataques severos de larga duración, o status epilepticus, y éstos se suceden sin períodos intermedios de conciencia, la actividad debe ser restringida.

6.7.5 RESUMEN

La integración al lugar de trabajo de las personas impedidas es una preocupación creciente desde los puntos de vista ético, de producción, jurídico y de rehabilitación. Puesto que los estados anormales físicos y mentales sólo se reconocen como impedimentos cuando afectan a la capacidad de la persona para ejecutar determinados elementos del trabajo, las incapacidades se deben estudiar con referencia a los requisitos específicos del trabajo.

El análisis de los requisitos del trabajo físico y mental lo debe llevar a cabo un ingeniero industrial familiarizado con los principios de la medición del trabajo y con las limitaciones que los estados inhabilitadores comunes imponen al rendimiento. Las pruebas estándar relacionadas con los atributos físicos y mentales deben ser aplicadas por profesionales capacitados, médicos o de rehabilitación. Juntos, esos profesionales y los ingenieros industriales pueden identificar los elementos limitadores que, o bien no podrían ser ejecutados por determinadas personas, o podrían resultar demasiado extenuantes para ellas. Es mejor suprimir esas limitaciones mediante modificaciones al lugar de trabajo tales como una construcción libre de barreras, reubicación de los controles y los materiales, uso de plantillas y accesorios, y mejora de los controles e indicadores de manera que se acrecienten la productividad, la seguridad y la salud de todos los trabajadores. Los dispositivos de adaptación tales como abrazaderas, miembros artificiales, controles especiales, etc. se deben usar cuando no sea posible hacer modificaciones al lugar de trabajo. El ingeniero industrial es una persona clave en el diseño e implantación de adaptaciones para las personas impedidas.

REFERENCIAS

1. Ley de Rehabilitación Vocacional de 1973, Public Law 93-112, 93 er. Congress, H.R. 8070, 26 de Septiembre de 1976.
2. T. B. GRALL, "A Feasibility Study of Product Testing Reporting for Handicapped Consumers," *Human Factors Society Bulletin,* Vol. 23, No. 1 (1980), pág. 7.
3. "Affirmative Action Obligations of Contractors and Subcontractors for Handicapped Workers," Parte 60-741, *Federal Register,* Vol. 41, No. 75 (Abril 16 de 1976), págs. 16147-16155.
4. *Accident Facts,* National Safety Council, Chicago, 1978.
5. C. D. BRIDGES, *Job Placement of the Physically Handicapped,* McGraw-Hill, Nueva York, 1946.
6. J. OLISHIFSKI, Ed., *Fundamentals of Industrial Hygiene,* 2a. ed., National Safety Council, Chicago, 1979.
7. *Accident Prevention Manual for Industrial Operations,* 6a. ed., National Safety Council, Chicago, 1969.
8. D. CHAFFIN, G. HERRIN, W. KEYSERLING, y A. GARG, "A Method for Evaluating the Biomechanical Stresses Resulting from Manual Material Handling Jobs," *American Industrial Hygiene Association Journal,* Vol. 38, No. 12 (Diciembre de 1977), págs. 662-675.
9. S. SNOOK, "The Design of Manual Handling Tasks," *Ergonomics,* Vol. 21, No. 12 (Diciembre de 1978), págs. 963-985.
10. AMERICAN COLLEGE OF SPORTS MEDICINE, *Guidelines for Graded Exercise Testing and Exercise Prescription,* Lea and Febiger, Filadelfia, 1976.
11. A. GARG, D. CHAFFIN, y G. HERRIN, "Prediction of Metabolic Rates for Manual Materials Handling Jobs," *American Industrial Hygiene Association Journal,* Vol. 39, No. 8 (1978), págs. 661-674.
12. P. ASTRAND y K. RODAHL, *Textbook of Work Physiology- Physiological Basis of Exercise,* McGraw-Hill, Nueva York, 1977.
13. D. JACOBSON y L. SPERLING, "Classification of the Hand Grip, A Preliminary Study," *Journal of Occupational Medicine,* Vol. 18, No. 6, págs. 395-398.
14. T. ARMSTRONG, D. CHAFFIN, y J. FOULKE, "A Methodology for Documenting Hand Positions and Forces During Manual Work," *Journal of Biomechanics,* Vol. 12, 1978, págs. 131-133.

15. C. E. BURGER y J. R. DEJONG, "Aspects of Ergonomic Job Analysis," *Ergonomics,* Vol. 5, 1962, pág. 185.
16. K. D. KRYTER, *The Effects of Noise on Man,* Academic Press, Nueva York, 1970.
17. F. A. GELDARD, *The Human Senses,* Wiley, Nueva York, 1972, págs. 290-300.
18. E. A. FLEISHMAN, "Towards a Taxonomy of Human Performance," *American Psychologist,* Vol. 30, No. 12 (1975), págs. 1127-1149.
19. C. H. PATTERSON, "Methods of Assessing the Vocational Adjustment Potential of the Mentally Handicapped," en L. K. Daniels, Ed., *Vocational Rehabilitation of the Mentally Retarded,* Charles C Thomas, Springfield, IL, 1974.
20. A. B. DOTT y R. K. MCKELVEY, "Influence of Ethyl Alcohol in Moderate Levels on Visual Stimulus Tracking," *Human Factors,* Vol. 19, No. 2 (1977), págs. 191-199.
21. *Limitation of Activity Due to Chronic Conditions, United States, 1974,* Datos de la National Health Survey, Serie 10, Número 111, DHEW Publication No. (HRA) 77-1537, U. S. DHEW, Public Health Service, Health Resources Administration, National Center for Health Statistics, Rockville, MD, June 1977.
22. *Specifications for Making Buildings and Facilities Accessible to and Usable by Physically Handicapped People,* ANSI A117.1-1961, ANSI, Inc., Nueva York.
23. N. DIFFRIENT, A. TILLEY, y J. BARDAGJY, *Humanscale 1/2/3 Manual,* MIT Press, Cambridge, MA, 1974.
24. C. K. ROZIER, "Three-Dimensional Workspace of Amputee," *Human Factors,* Vol. 19, No. 6 (1977), págs. 525-533.
25. D. SMITH y L. GOEBEL, "Estimation of the Maximum Grasping Reach of Workers Possessing Functional Impairments of the Upper Extremities," en *Proceedings of the 1979 Spring AIIE Conference,* San Francisco, 1979.
26. G. C. E. BURGER, "Heart Rate and the Concept of Circulatory Load," *Ergonomics,* Vol. 12, 1969, pág. 857.
27. *Exercise Testing and Training of Apparently Healthy Individuals: A Handbook for Physicians,* American Heart Association, Nueva York, 1972.
28. T. REYBROUCK, G. HEIGENHAUSER, y J. FAULKNER, "Limitations to Maximum Oxygen Uptake in Arm, Leg, and Combined Arm-Leg Ergometry," *Journal of Applied Physiology,* Vol. 38, No. 5 (1975), págs. 774-779.
29. A. R. LIND y G. W. MCNICOL, "Circulatory Responses to Sustained Hand-Grip Contractions Performed During Other Exercise, Both Rhythmic and Static," *Journal of Physiology,* Londres, Vol. 192, 1967, pág. 595.
30. D. H. JACKSON, T. J. REEVES, L. T. SHEFFIELD, y J. BURDESHAW, "Isometric Effects on Treadmill Exercise Response in Healthy Young Men," *The American Journal of Cardiology,* Vol. 31, 1973, pág. 344.
31. J. S. PETROFSKY y A. R. LIND, "Aging, Isometric Strength and Endurance, and Cardiovascular Responses to Static Effort," *Journal of Applied Physiology,* Vol. 38, 1975, pág. 91.
32. T. ARMSTRONG, D. CHAFFIN, J. FAULKNER, G. HERRIN, y R. SMITH, "Static Work Elements and Circulatory Diseases," *American Industrial Hygiene Association Journal,* Vol. 41, No. 4 (1979), págs. 254-260.
33. E. PLUNKETT, "Cardiac Work: Practical Aspects of Heart Disease on the Job," *The International Journal of Health and Safety,* Vol. 43, No. 5 (Octubre de 1974), págs. 20-22.
34. M. BATTIGELLI, "Determination of Fitness to Work," en C. Zenz, Ed., *Occupational Medicine–Principles and Practical Applications,* Year Book Publishers, Chicago, 1975.
35. F. W. MACKISON, R. S. STRICOFF, y L. PATRIDGE, Eds., *Pocket Guide to Chemical Hazards,* DHEW (NIOSH) Publicación No. 78-210, Superintendente de Documentos, Washington, DC, Septiembre de 1978.
36. *Radio Frequency (RF) Sealers and Heaters. Potential Health Hazards and Control,* Current Intelligence Bulletin No. 33, NIOSH, Cincinnati, OH, Diciembre 4 de 1979.

37. P. M. FITTS, "The Information Capacity of the Human Motor System in Controlling the Amplitude of Movement," *Journal of Experimental Psychology,* Vol. 47, 1954, págs. 381-391.
38. D. S. KOCHHAR y T. M. FRASER, "Monocular Peripheral Vision as a Factor in Flight Safety," *Aviation, Space and Environmental Medicine,* Vol. 49, No. 5, 1978, págs. 698-706.
39. D. E. BROLIN, *Vocational Preparation of Retarded Citizens,* Charles E. Merrill, Columbus, OH, 1976.
40. J. KELLEY y A. SIMON, "The Mentally Handicapped as Workers: A Survey of Company Experience," *Personnel,* Vol. 46, No. 5 (1969), págs. 58-66.
41. A. HALPERN, "General Unemployment and Vocational Opportunities for EMR Individuals," *American Journal for Mental Deficiency,* Vol. 78, 1973, págs. 123-127.

CAPITULO 6.8

Diseño de sistemas hombre-máquina

TARALD O. KVÅLSETH
Universidad de Minnesota

6.8.1 INTRODUCCION

En un sentido general, la mayoría de las actividades humanas, ya sea que estén relacionadas con el trabajo productivo o con fines de esparcimiento, implican la interacción hombre-máquina. El vocablo "máquina" se interpreta aquí en su sentido más amplio, es decir, desde las herramientas y equipo sencillo hasta los procesos físicos complejos. El diseño de estos sistemas que implican a hombres y máquinas, conocidos como sistemas hombre-máquina, se ha centrado tradicionalmente, incluso hasta hoy, en el diseño de las partes o componentes de la máquina sin dar la debida atención al componente humano. En vez de ello, el diseño se apoya en la versatilidad del hombre y en sus capacidades únicas para atender cualesquiera de los problemas del diseño y hacer trabajar al sistema. La integración adecuada entre hombre y máquina, que beneficia al operador humano y mejora el funcionamiento del sistema en su conjunto, es uno de los propósitos esenciales de la disciplina ergonomía/factores humanos. En este capítulo se presenta, dentro de las limitaciones de espacio, el enfoque de los factores humanos al diseño de sistemas hombre-máquina; se dan algunas guías y principios específicos de diseño.

Como punto de partida, considérese la representación esquemática del sistema general hombre-máquina que aparece en el ejemplo 6.8.1. Los operadores humanos reciben informa-

Ejemplo 6.8.1 El sistema básico hombre-máquina

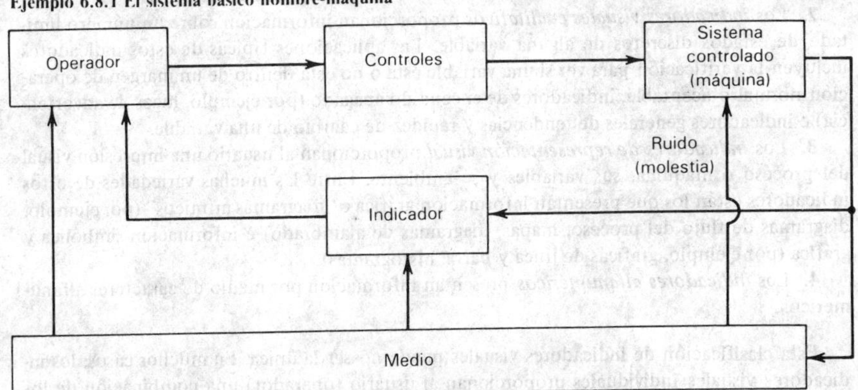

ción de diversos indicadores (cuadrantes, contadores, luces, diagramas, zumbadores, tubos de rayos catódicos, etc.). Los operadores responden moviendo o presionando diversos controles (botones, perillas, pedales, palancas, interruptores, etc.), o usando la voz. Los efectos de los instrumentos de control, proporcionan a su vez la alimentación de información al sistema controlado (a menudo denominado "máquina" o "planta"); puede ser una pieza de equipo relativamente sencillo, una máquina en el sentido tradicional (fresadora, torno, etc), un vehículo, un proceso industrial complejo, etc. Este sistema interactúa con su ámbito; recibe información sobre las metas o resultados deseados del sistema (generalmente denominados "entrada de referencia" o "función forzada"), así como posibles ruidos (interferencias) que pueden afectar los diversos elementos del sistema.

El énfasis principal de este capítulo se pone en el diseño de la interacción entre hombre y máquina, es decir, el diseño de dispositivos visuales y controles individuales, así como su disposición espacial. El material que se presenta ha sido compilado y resumido de varios libros de texto sobre factores humanos[1-4] y otras fuentes que se indican.

6.8.2 INDICADORES VISUALES

Tipos de indicadores visuales

Los medios más comunes para proporcionar información al operador humano es mediante el uso de indicadores visuales. Sin embargo, en algunos casos puede ser conveniente usar indicadores audibles (por ejemplo, campanas o zumbadores como señales de alarma). Aunque existen otras modalidades sensoriales, como las cinestésicas (por ejemplo, sensación de posición, amplitud de movimiento, velocidad y aceleración/desaceleración, y fuerza generada por varios miembros corporales), sentidos cutáneos (sensación de temperatura, tacto y dolor por terminaciones nerviosas en la piel) y sensaciones producidas por agentes químicos (olfato, gusto), que proporcionan canales adicionales para transmisión de información, esta sección trata los indicadores visuales, que son en gran medida las fuentes más importantes de información en muchos sistemas hombre-máquina.

La amplia variedad de indicadores visuales usados pueden clasificarse adecuadamente como sigue:

1. Los *indicadores visuales cuantitativos* proporcionan información sobre el valor numérico de alguna variable, que puede ser dinámica (por ejemplo, que cambia con el tiempo, como la temperatura o la presión de un proceso químico) o estática. A su vez, estos indicadores se pueden dividir en dos clases: *indicadores análogos,* para los cuales la posición de la aguja a lo largo de la escala representa el valor de la variable de que se trate, y los *indicadores digitales* que proporcionan la misma información en una indicación digital directamente.

2. Los *indicadores visuales cualitativos* proporcionan información sobre un número limitado de estados discretos de alguna variable. Las aplicaciones típicas de estos indicadores incluyen la verificación para ver si una variable está o no está dentro de un margen de operación normal o aceptable, indicadores de encendido-apagado (por ejemplo, luces de advertencia) e indicadores generales de tendencias y rapidez de cambio de una variable.

3. Los *indicadores de representación visual* proporcionan al usuario una impresión visual del proceso o máquina, sus variables y su ambiente. Entre las muchas variedades de estos indicadores están los que presentan información gráfica o "diagramas mímicos" (por ejemplo, diagramas de flujo del proceso, mapas, diagramas de alambrado) e información simbólica y gráfica (por ejemplo, gráficas de línea y barra, histogramas).

4. Los *indicadores alfanuméricos* presentan información por medio de caracteres alfanuméricos.

Esta clasificación de indicadores visuales puede no ser la única. En muchos casos, los indicadores visuales individuales proporcionan al usuario (operador) una combinación de los anteriores tipos de información. Sin embargo, las siguientes recomendaciones de diseño se basan en la clasificación dada aquí.

Principios de diseño de indicadores visuales

Indicadores cuantitativos

Los tres tipos básicos de indicadores visuales cuantitativos se muestran en el ejemplo 6.8.2 y se indican algunas de sus ventajas y desventajas relativas para diversas aplicaciones. Esta evaluación relativa se basa en los resultados de varios estudios experimentales.[5] En general, es preferible un indicador que tenga una aguja móvil y una escala fija, que uno con escala móvil y aguja fija. Sin embargo, si la lectura tiene un amplio margen de valores y es necesaria una gran precisión, una escala fija puede ser inadecuada. Entonces, sería preferible un diseño de aguja fija y escala móvil (de modo que sólo una parte de la escala sea visible en un momento determinado). Así, por ejemplo, la escala puede ser una larga cinta móvil que se enrolla en poleas o tambores (uno de los cuales mueve la cinta). Una de las ventajas esenciales de los indicadores digitales sobre los dos tipos básicos de indicadores análogos, es que con los primeros pueden hacerse las lecturas numéricas rápidas y precisas; no requieren que el operador haga las interpolaciones necesarias para los indicadores visuales análogos, al determinar la posición de la aguja entre marcas adyacentes de la escala. Sin embargo, un indicador visual digital no es adecuado cuando los valores cambian rápidamente, ya que cada valor puede no estar expuesto el tiempo suficiente para que el operador lo lea. En la sección que trata los indicadores alfanuméricos se dan algunas recomendaciones específicas de diseño para indicadores digitales.

Ejemplo 6.8.2 Clasificación de los tipos principales de indicadores

Características	*Tipo de indicador* 30 40 50 *Manecilla móvil, escala fija*	 30 40 50 *Escala móvil, referencia fija*	 2954 *Digital*
Rapidez de lectura y precisión	Aceptable	Aceptable	Buena
Verificación de lectura, tendencia e identificación	Buena	Deficiente	Deficiente
Posibilidad de control continuo (seguimiento)	Buena	Aceptable	Deficiente
Posibilidad de ajustar el control (cuando se asocia con un dispositivo de control)	Buena	Aceptable	Buena
Economía de espacio y área de iluminación	Aceptable	Buena	Buena

Existen diversas variaciones de los dos anteriores tipos básicos de indicadores análogos: 1) carátula circular o semicircular (curva) fija con aguja móvil, 2) carátula recta vertical u horizontal fija con aguja móvil, 3) carátula circular y semicircular móvil con aguja fija, y 4) carátula recta horizontal y vertical móvil con aguja fija. Para mayores detalles sobre la conveniencia relativa de estas opciones de indicadores visuales, véase Van Cott y Kinkade,[6] y McCormick.[7] De los estudios de investigación disponibles se puede inferir generalmente que, independientemente de que la carátula sea circular, semicircular o recta, el diseño de escala fija y aguja móvil tiende a ser preferible al diseño de escala móvil y aguja fija. El caso en que la medición cubra un amplio rango de valores constituye una excepción. Asimismo, en la mayoría de los casos, las carátulas circulares y semicirculares son más convenientes que las carátulas rectas verticales y horizontales. Algunos datos experimentales, cuya validez general quizá sea cuestionable, han indicado que la escala horizontal recta es mejor que la vertical, porque reduce al mínimo la probabilidad de errores de lectura.

Ejemplo 6.8.3 Recomendaciones específicas para el diseño de escalas y manecillas de los indicadores analógicos, vistos a distancia normal[a]

Características del indicador	*Recomendaciones para el diseño*
Diámetro de la escala circular	
Para uso general	2.25 a 3 pulg. (55 a 75 mm)
Para lectura muy precisa de pequeñas variaciones	4 a 6 pulg. (100 a 150 mm)
Longitud de la escala lineal	
Para uso general	2.5 a 3 pulg. (62 a 75 mm)
Para lectura muy precisa de pequeñas variaciones	4 a 5 pulg. (100 a 125 mm)
Características de la manecilla	
Espacio entre el extremo de la manecilla y las marcas de la escala	0.02 a 0.06 pulg. (0.5 a 1.5 mm)
Anchura de la manecilla	0.03 a 0.08 pulg. (0.8 a 2.3 mm)
Angulo aproximado del extremo	20°
Orden de numeración de las marcas principales de la escala	1 2 3 4 5 etc. 5 10 15 20 25 etc. 10 20 30 40 50 etc.
Marcas principales de la escala	
Largo	0.22 pulg. (5.6 mm)
Ancho (iluminación buena-escasa)	0.013 pulg. (0.33 mm) a 0.035 pulg. (0.89 mm)
Marcas intermedias de la escala	
Largo	0.16 pulg. (4.06 mm)
Ancho (iluminación buena-escasa)	0.013 pulg. (0.33 mm) a 0.030 pulg. (0.76 mm)
Marcadores pequeños de la escala	
Largo (iluminación buena-escasa)	0.9 pulg. (2.29 mm) a 0.10 pulg. (2.54 mm)
Ancho (iluminación buena-escasa)	0.013 pulg. (0.33 mm) a 0.025 pulg. (0.64 mm)
Separación mínima entre los centros de los marcadores pequeños de la escala (iluminación buena-escasa)	0.05 pulg. (1.27 mm) a 0.08 pulg. (2.03 mm)
Tamaño de los números o letras de la escala	
Altura	0.19 pulg. (4.83 mm)
Anchura del trazo	0.025 pulg. (0.64 mm)

[a]Adaptado de las referencias 5 y 8.

En el ejemplo 6.8.3 se dan algunas recomendaciones específicas para el diseño de escalas y agujas. Las diversas dimensiones recomendadas se basan en una distancia normal de visión de 12 a 30 pulg. (30 a 75 cm). Para una distancia mayor, estas dimensiones se tendrán que ampliar proporcionalmente. La escala indicadora debe aumentar en la dirección del movimiento de las manecillas del reloj para indicadores circulares (y semicirculares), y de izquierda a derecha, o hacia arriba, para indicadores horizontales y verticales, respectivamente. La escala debe ser lineal, es decir, la separación entre las marcas de la escala debe ser la misma en toda la longitud de ésta; las escalas logarítmicas u otras no lineales tienden a aumentar la probabilidad de errores de lectura. Las marcas, los números y la aguja del indicador deben contrastar muy bien en cuanto a tono y color entre sí; éste es un factor que se debe combinar con una buena iluminación del indicador, sin que produzca brillo o reflejos.

Indicadores visuales cualitativos

Cuando el operador sólo necesita saber en qué punto se encuentran algunos de los distintos estados del proceso, un excelente arreglo de indicador visual puede ser usar una aguja móvil y una escala fija sobre la cual líneas o bandas de diferentes colores correspondan a los diferentes estados o variables del proceso. Así, por ejemplo, siempre que la aguja esté en una banda verde, significará que el proceso está dentro de una condición de operación normal (satisfactoria). Si la aguja está en una banda amarilla o roja, indicará que el proceso está en una fase precautoria o de peligro, respectivamente. Este tipo de codificación de color también puede sobreponerse a un indicador análogo cuantitativo con escala numerada, ya que no se viola el principio general de que en un indicador visual no debe haber más información que la necesaria. Cuando no es posible la codificación cromática (por ejemplo, condiciones de iluminación difíciles, o bien, operadores daltónicos), se pueden usar métodos alternos para codificar zonas o regiones de operación en un indicador; por ejemplo, códigos simbólicos o diferentes tipos de sombreado.

Para que el operador tenga señales de advertencia, se pueden usar indicadores visuales o auditivos. Para señales muy importantes, es preferible cierta redundancia usando tanto indicadores visuales como auditivos. Para indicadores visuales de advertencia muy importantes, las luces parpadeantes son más efectivas que las continuas. Aunque muy limitados y no totalmente concluyentes, los resultados experimentales[9] relacionados con las luces precautorias o de advertencia indican como apropiada una intermitencia de señales entre 1 y 10 seg. El color recomendable para las luces de advertencia depende de la brillantez de la señal y el color y la iluminación del fondo. Si el contraste de brillantez entre la señal y el fondo es bajo, se recomienda una señal roja. Como guía para diseñar indicadores auditivos, véase Van Cott y Kinkade[10] o McCormick.[11]

Indicadores de representación visual

Aunque se hace referencia a McCormick[12] para los principios específicos de diseño para indicadores visuales, se presentan recomendaciones generales en relación con la sencillez: el indicador debe ser tan sencillo como sea posible y debe omitirse cualquier detalle que no sea estrictamente relevante. La consulta de los aspectos relevantes de un indicador visual requiere más tiempo y está sujeta a mayor probabilidad de cometer errores si el indicador se hace confuso debido a detalles irrelevantes.

Una tendencia general en la tecnología de los indicadores visuales es el uso cada vez mayor de tubos de rayos catódicos (CRT), incluyendo la televisión, para una gran variedad de aplicaciones diferentes, como los indicadores visuales generados por computadora. Un estudio más detallado de estos indicadores aparece en la sección 12 de este manual y en algunas otras referencias sobre interacciones hombre-computadora.[13, 14]

Indicadores visuales alfanuméricos

Con base en los resultados de investigación resumidos en varios libros de texto sobre factores humanos,[1, 4, 15] se sugieren los siguientes principios de diseño para indicadores visuales empleando caracteres alfanuméricos:

1. Las dimensiones, tanto de las letras como de los números, tienen que estar relacionadas con la distancia entre el ojo y el indicador. En condiciones favorables de iluminación, la altura H (en mm) de los caracteres debe estar relacionada con la distancia D al ojo (en mm), como sigue:

$$H = 0.003D \text{ a } 0.005D$$

Las dimensiones adicionales recomendadas son las siguientes:

$$\text{Anchura del trazo} = \begin{cases} H/8 \text{ a } H/6 \text{ para caracteres negros sobre fondo blanco} \\ H/10 \text{ a } H/8 \text{ para caracteres blancos sobre fondo negro} \end{cases}$$

$$\begin{aligned} \text{separación entre letras} &= H/5 \text{ a } H/4 \\ \text{anchura de letras} &= 2H/3 \text{ a } H \\ \text{anchura de números} &= 2H/3 \end{aligned}$$

2. Cuando se indican varios números o letras (o ambos), el agrupamiento de los caracteres ayuda tanto a la percepción como a la memoria a corto plazo. Los grupos más convenientes parecen ser de dos a cuatro caracteres. Por ejemplo, el número 361524 se tiene que indicar así: 361 524.

3. El uso de letras mayúsculas o minúsculas o una combinación de ambas depende de una amplia gama de variables. Se dispone de muy pocas evidencias experimentales que ayuden al diseñador de indicadores visuales. Quizá se pueden dar un par de principios generales. Para etiquetas o gafetes como los usados para identificar instrumentos, las letras mayúsculas parecen ser más convenientes, y también para el caso en que se requiere revisión visual. Para la lectura de frases, son preferibles las minúsculas o una combinación con mayúsculas.

6.8.3 CONTROLES

Tipos y elección de controles

Se dispone de una amplia variedad de instrumentos de control para su uso en sistemas hombre-máquina. En el ejemplo 6.8.4 se presentan los controles de uso más generalizado. También se presenta un juicio comúnmente aceptado sobre su idoneidad para diferentes propósitos o requerimientos. La mayoría de estos controles se operan por medio de movimientos del brazo, la mano o los dedos (o una combinación de ellos), aunque algunos se operan mediante movimiento de pies que requieren un esfuerzo mínimo, y otros que requieren movimientos con cierto esfuerzo.

Los diversos controles que se presentan en la ilustración 6.8.4 se juzgan con respecto a cuatro criterios operativos: velocidad, exactitud, fuerza y rango. Estos se refieren específicamente a la velocidad con que un operador puede hacer un movimiento de control, la exactitud y el rango de los movimientos de control, y la fuerza que puede ejercer el operador. También aparecen las funciones de control para las que puede ser idóneo cada tipo de control. Estas

Ejemplo 6.8.4 Algunos dispositivos de control tradicionales, con sus características de operación y funciones de control

Tipo de control	*Criterios de operación y clasificación en el control*				*Función de control*
	Rapidez	*Precisión*	*Fuerza*	*Margen*	
Manivelas					
Pequeñas	Buena	Escasa	Inadecuada	Bueno	Continua
Grande	Escasa	Inadecuada	Buena	Bueno	Continua
Volantes	Escasa	Buena	Aceptable/deficiente	Aceptable	Continua
Perillas	Inadecuada	Aceptable	Inadecuada	Aceptable	Intermitente/ continua
Palancas					
Horizontales	Buena	Escasa	Escasa	Escaso	Continua
Verticales (movimiento adelante y atrás)	Buena	Aceptable	Cortas: escasa Largas: buena	Escaso	Continua
Verticales (movimiento lateral)	Aceptable	Aceptable	Aceptable	Inadecuado	Continua
Palancas de mando	Buena	Aceptable	Escasa	Escaso	Continua
Pedales	Buena	Escasa	Buena	Inadecuado	Continua
Botones	Buena	Inadecuada	Inadecuada	Inadecuado	Intermitente
Conmutador selector giratorio	Buena	Buena	Inadecuada	Inadecuado	Intermitente
Conmutador selector de palanca de mando	Buena	Buena	Escasa	Inadecuado	Intermitente

Fuente: Referencia 4.

funciones alternativas se refieren a la activación (usualmente encendido-apagado), graduaciones discretas (a distintas posiciones) y control y graduaciones continuas; la palabra "continuas" se refiere tanto a los movimientos de control continuo, como a la graduación o ajuste de control en cualquier posición a lo largo de una gama continua (por ejemplo, una graduación cuantitativa).

Además de las características de velocidad, exactitud, fuerza y rango, al seleccionar los controles se deben tomar en cuenta otros factores. Algunos de los más importantes se esbozan brevemente en las secciones siguientes y se dan algunas recomendaciones generales.

Controles manuales y controles de pie

Tradicionalmente se ha mostrado una clara preferencia por el uso de controles operados a mano, en comparación con los operados con los pies. Sin embargo, la evidencia experimental que justifique esta preferencia general es escasa o inconsistente. En términos de velocidad de respuesta, por ejemplo, el tiempo de reacción simple del pie es sólo aproximadamente un 15 por ciento mayor que el de la mano. Asimismo, la creencia tan ampliamente difundida de que los movimientos del pie son mucho menos exactos que los de las manos parecen no tener apoyo ni descrédito en los resultados experimentales publicados.[16] Para propósitos de diseño, los siguientes puntos se pueden considerar como guías generales:

1. De preferencia no debe diseñarse un sistema que requiera que las funciones de control importantes se ejecuten simultáneamente con pies y manos.

2. Los controles de pedal se pueden usar para dar cierto descanso a las manos y algunas variaciones en la tarea, pero no se deben usar al grado de que el pie ejecute la mayoría de las acciones de control, mientras las manos permanecen desocupadas. En general, las manos deben ejecutar la mayor parte de la actividad de control.

3. Los controles operados por presión del pie sólo se deben usar cuando el operador está sentado.

4. Para controles de pie que requieren movimientos, es decir, pedales, parece no haber evidencia concluyente que indique la situación óptima del punto de apoyo, aunque algunos datos tienden a favorecer que el apoyo esté bajo el talón.

5. Un pedal debe regresar a la posición neutral cuando se libera la presión; es decir, se debe usar resistencia elástica (carga sobre resorte).

6. Si un operador de pie debe ejecutar funciones de control con su pierna, se debe usar un dispositivo de control de rodilla, pero no un control de pie.

Resistencia del control

Los controles pueden operar contra cuatro tipos de resistencia: elástica (carga sobre resorte), fricción (estática y deslizante), amortiguamiento viscoso, e inercia. Estos diferentes tipos de resistencias tienen varias ventajas y desventajas, dependiendo de la cantidad de resistencia y de ciertas características y requerimientos de la tarea de control. Para mayores detalles se deben consultar otras fuentes[17, 18], pero a continuación se dan varios puntos generales:

1. Todas las formas de resistencia del control reducen la posibilidad de activación accidental.

2. Algunas cargas sobre resorte tienen la ventaja de regresar el control a posición neutral cuando el operador lo suelta y de dar al operador una útil indicación de la posición, ya que éste siente una presión que es proporcional a la distancia del control a su centro (posición neutral).

3. La resistencia por fricción tiene la ventaja de retener una graduación de control en una posición elegida fija, pero puede interferir con los ajustes precisos, haciendo que el control "salte".

4. El amortiguamiento viscoso, que provoca una resistencia directamente proporcional a la velocidad del movimiento de control, tiende a suavizar la acción de control. Proporciona al operador una retroalimentación de información ("la siente") sobre la velocidad del movimiento de control; sin embargo, probablemente el operador no sea capaz de interpretarla tan bien como la retroalimentación del desplazamiento que proporciona la resistencia elástica (resorte).

5. Resistencia por inercia, que es directamente proporcional a la aceleración o desaceleración del movimiento de control e independiente del desplazamiento y la velocidad, ayuda a suavizar los movimientos de control, pero aumenta la dificultad de hacer ajustes de control rápidos y precisos que implican el cambio de dirección del movimiento.

Sensibilidad del control

La sensibilidad (ganancia) de un dispositivo de control (inversa a la denominada relación control/indicador), que relaciona cualquier desplazamiento del dispositivo con el desplazamiento correspondiente del elemento móvil del indicador visual (aguja, cursor, etc.), es un factor crítico del diseño que influye en la ejecución del operador. No obstante, puesto que ciertos factores influyen en la sensibilidad del control (por ejemplo, tamaño del indicador, requisitos de tolerancia, retrasos de tiempo del sistema), no existen guías o fórmulas para determinar la sensibilidad óptima para circunstancias dadas. Por ello, la sensibilidad óptima de control para cualquier sistema dado, para el cual la velocidad y la exactitud tienen una importancia crítica, se debe establecer empíricamente.

Codificación del control.

Cuando un operador es responsable de varios controles, es de suma importancia que sea capaz de identificar rápida y correctamente cada dispositivo de control. La base para esta identificación es la codificación del control. Los métodos primarios de codificación incluyen el color, la forma, la textura, el tamaño, la localización, el método de operación y la fijación de etiquetas. Cada uno de estos métodos tiene varios aspectos y principios de aplicación convenientes e inconvenientes.[19] En vez de usar un solo método de codificación, puede ser ventajoso usar combinaciones de códigos. Estas combinaciones, por ejemplo, para identificar cada control por un color y una forma distintos, puede parecer algo redundante, pero es particularmente útil cuando la identificación correcta es especialmente crítica.

Dispositivos de alimentación para computadora

Se han diseñado muchos tipos diferentes de dispositivos de control para proporcionar alimentación a computadoras. Estos dispositivos, con frecuencia denominados "dispositivos de acceso de datos", incluyen botones, palancas universales de mando (operadas por desplazamiento o por fuerza), controles de accionamiento con el pulgar, esferas de rodamiento (esferas de vía), perforadores y lectores para tarjetas y cinta, tablillas gráficas (digitadores), fotocaptores estilográficos. La descripción detallada de estos dispositivos y los factores que influyen en su selección se encuentran en otros libros,[20] pero aquí se señalan algunos puntos en relación con estos dispositivos que generan datos continuos.

De los dispositivos de control continuo, las palancas universales y las esferas de vía se han usado más ampliamente hasta ahora para propósitos como el movimiento de un cursor a través de una CRT para localización de un blanco y rastreo de tareas, para el cambio de textos y para ampliaciones de secciones particulares de un indicador de representación visual para examinarlas con mayor detalle (véase la sección 6.8.2). La tablilla gráfica más reciente (digitador) y también el fotocaptor estilográfico tienen un gran potencial como dispositivos de control. La tablilla gráfica requiere que el operador mueva una pluma (estilográfica) o cursor a través de una superficie plana mientras se miden las coordenadas de la pluma a una tasa de muestreo prestablecida y registradas por la computadora, o bien, presentándolas en la CRT como un punto o en términos de valores numéricos. El fotocaptor estilográfico, que generalmente tiene un nivel más bajo de resolución y es menos exacto que la tablilla gráfica, se usa para señalar directamente sobre la pantalla misma de la CRT mientras la computadora detecta sus coordenadas de posición.

6.8.4 DIAGRAMAS DE INDICADORES VISUALES Y CONTROLES

Guías generales

La situación de los controles e indicadores individuales entre sí y con el operador constituye un factor importante en el diseño de un sistema hombre-máquina, que influye en el comportamiento del sistema, en la seguridad y en la satisfacción del mismo operador en el trabajo. En teoría, en ciertos casos se pueden determinar las localizaciones óptimas para los controles y los indicadores. Sin embargo, en la práctica, este diseño óptimo de la interrelación hombre-máquina con frecuencia es difícil o imposible, y se tienen que establecer prioridades y aplicar el juicio subjetivo. No obstante, se dispone de principios y guías específicas como ayuda para el diseñador. A continuación se dan cuatro de estos principios generales:

1. El *principio de la importancia* se refiere a la importancia operativa de un instrumento (indicador o control) en términos del grado en que puede influir sobre el comportamiento total

del sistema. Segun este principio, los instrumentos más importantes se deben situar en posiciones óptimas en función de su acceso conveniente y la buena visibilidad.

2. El *principio de frecuencia de uso* estipula que los instrumentos de uso más frecuente se deben situar en puntos óptimos.

3. El *principio de secuencia de uso* requiere que, cuando los instrumentos se usan conforme a una secuencia fija, se deben distribuir en ese orden.

4. El *principio funcional* recomienda que se agrupen los instrumentos relacionados funcionalmente entre sí.

Generalmente, la aplicación de estos principios requerirá el uso del criterio y cierto arreglo según la importancia de ellos. En los casos en que se va a modificar un sistema existente, puede ser necesario llevar a cabo análisis de actividades a fin de obtener datos cuantitativos relevantes sobre los principios, especialmente para los números 2 y 3, tal como se explica en una sección posterior de este capítulo. Sin embargo, cuando se va a diseñar un sistema nuevo, el diseñador se debe apoyar en toda la información relevante disponible sobre estos principios.

A continuación se dan algunas guías generales adicionales que se deben tomar en cuenta al diseñar la distribución de los controles e instrumento:

Los *indicadores visuales* más importantes y de uso más frecuente, idealmente se deben situar de tal modo que estén dentro de los 30° abajo de la línea horizontal estándar de visión (o sea, ± 15° de la línea normal de visión para un operador sentado; para un operador de pie, la línea normal de visión está a 10° abajo de la línea horizontal de visión) y horizontalmente a ± 15° a cada lado de la línea estándar de visión. En la sección 6.8.2 se dan ciertas recomendaciones en relación con la distancia de visión.

Los *controles* (a) más importantes y de uso más frecuente, (b) los controles de emergencia, y (c) los que se usan para manipulaciones precisas, se deben colocar dentro de un área vertical que se extienda aproximadamente de 10 pulg (25 cm) a 30 pulg (76 cm) sobre el punto de referencia del asiento (éste es en la interacción entre la mitad del asiento y el respaldo de la silla y 15 pulg (38 cm) hacia la izquierda y la derecha. Otros controles secundarios no se deben situar a más de 40 pulg (102 cm) por arriba y 20 pulg (51 cm) a cada lado del punto de referencia del asiento. Para la colocación de controles de pie, véase McCormick.[21]

La *compatibilidad control-indicador* sugiere que los controles e indicadores correspondientes se distribuyan en patrones correspondientes. Si es posible colocar un control cerca del indicador correspondiente, lo cual es sumamente conveniente, entonces el control se debe situar abajo, o si es necesario, a la derecha del indicador. Si ciertos indicadores y controles se usan en cierta secuencia, entonces se deben distribuir en ese orden, de izquierda a derecha.

El *espaciamiento* entre dispositivos de control vecinos debe ser suficientemente grande para prevenir la posibilidad de una activación accidental. McCormick[22] y Shackel[2] han tabulado los espaciamientos mínimos, así como los más convenientes, que dependen del tipo de controles y de la naturaleza de su uso. En la referencia anterior también se encuentran datos para operaciones de control que se realizan con guantes. Por ejemplo, la distancia mínima recomendada y la distancia conveniente para dos botones redondos de control que se operan con ambas manos simultáneamente (sin guantes), es de 3 pulg (7.6 cm) y de 5 pulg (12.7 cm), respectivamente, en comparación con 1 pulg (2.5 cm) y 2 pulg (5 cm) si sólo se usa una mano a la vez.

Los *paneles inclinados lateralmente* se pueden usar para colocar indicadores y controles dentro de un área conveniente si son muchos los instrumentos que se tienen que situar en un solo panel.

Uso de datos antropométricos

Como se vio con más detalle en el capítulo 6.3, los datos antropométricos se refieren a las medidas de varias características humanas, esencialmente las dimensiones físicas de diferentes partes del cuerpo humano, su peso, su margen de movimiento y su resistencia muscular. Se ha compilado una gran cantidad de datos para ambos sexos y para diferentes sectores de la población.[23, 24] Estos datos incluyen tanto las dimensiones estructurales del cuerpo (estático), es decir, medidas hechas cuando los miembros del cuerpo están en posiciones fijas y estandarizadas, como en posiciones funcionales (dinámicas), es decir, cuando los miembros del cuerpo están en movimiento.

Es claro que tales datos son útiles y necesarios para el diseño de interfases hombre-máquina y estaciones de trabajo, si éstas han de ser compatibles con las características físicas de la población potencialmente usuaria. Por ejemplo, estos datos se pueden usar para determinar el área dentro de la cual se tienen que colocar los controles, de modo que éstos los pueda manejar un operador sentado, que se espera que esté dentro del rango del quinto al nonagesimoquinto percentil del alcance del brazo de hombres adultos. Si el valor de alcance (y agarre) del nonagesimoquinto percentil es de 83.8 cm desde el punto de referencia del asiento, esto significa que el 95 por ciento de la población dada tiene un alcance de 83.8 cm o menos. De manera similar, los datos antropométricos se pueden usar para determinar la situación de un pedal que requiere una fuerza estática dada para su activación, puesto que se han tabulado los datos para las fuerzas máximas que puede ejercer con un pie un operador sentado y en diferentes posiciones del pie.

Uso de datos de análisis de actividades

Cuando se va a modificar un sistema existente, el análisis de actividades es una técnica muy útil para obtener datos importantes sobre los anteriores principios de frecuencia y secuencia de uso. Básicamente, esta técnica consiste en registrar las actividades de control del operador con las manos y pies y de la vigilancia de indicadores visuales. Estos datos de actividad de control revelarán el grado y la frecuencia con que se usa cada dispositivo de control y las frecuencias de transición entre los diversos controles. Similarmente, los datos de vigilancia de indicadores visuales indican qué tan a menudo y por cuánto tiempo se observa cada indicador, así como los patrones de exploración entre los distintos indicadores. Para la colección de datos se pueden usar varias técnicas, tales como la observación directa y el uso de equipos de cine o videotape y cámaras registradoras del movimiento de los ojos.

Los datos resumidos de este análisis de actividades se pueden presentar en alguna forma de matriz (por ejemplo, los denominados diagramas de procedencia) donde el número de la (i, j) ésima casilla denota la frecuencia de transición del $i$ésimo al $j$ésimo indicadores y donde los elementos diagonales representan la distribución del espaciamiento de tiempo entre los indicadores, es decir, la proporción del tiempo total real en que el operador está mirando efectivamente un indicador. También se puede usar el mismo tipo de diagrama para el registro de las actividades de control. Sin embargo, estos diagramas no incluyen información sobre la colocación relativa real entre los diferentes instrumentos. Un método alterno para resumir los datos de actividades consiste en sobreponer los datos para frecuencias de transición de tiempo sobre un diagrama de distribución de instrumentos que se debe dibujar a escala.

Mediante el análisis de estos datos se verán de inmediato las posibles mejoras en la disposición de instrumentos. Por ejemplo, si la frecuencia de transición entre dos instrumentos alejados es relativamente alta, esto indicará que los dos instrumentos se deben situar más cerca uno del otro. Asimismo, si el tiempo de observación de un indicador es relativamente alto, el indicador debe situarse en una posición central en el panel de distribución.

6.8.5 RESUMEN

En este capítulo se han tratado las "tuercas y los tornillos" del enfoque de los factores humanos al diseño de sistemas hombre-máquina. Se ha examinado especialmente el diseño de indicadores individuales y los dispositivos de control, así como su distribución. Un número de principios y guías específicas de diseño se han presentado como una ayuda al diseñador de sistemas. Se ha subrayado que un diseño adecuado de tableros de indicación y control, es decir, el diseño de la interfase hombre-máquina, es un prerrequisito para la operación confiable, segura y eficiente de un sistema y un fuerte determinante en el sentimiento de satisfacción del individuo en el trabajo y de su bienestar físico y mental.

Aunque la naturaleza de la interacción entre el hombre y la máquina es una de las componentes esenciales del proceso de diseño del sistema hombre-máquina, se debe reconocer que este sistema no es cerrado, sino que interactúa con el ámbito en que se encuentra. Otros capítulos de la sección 6 de este manual se dedican especialmente a estas consideraciones ambientales.

REFERENCIAS

1. E. J. McCORMICK, *Human Factors in Engineering and Design*, 4a. ed., McGraw-Hill, Nueva York, 1976.
2. B. SHACKEL, Ed., *Applied Ergonomics Handbook*, IPC Science and Technology Press, Guilford, United Kingdom, 1974.
3. H. P. VAN COTT y R. G. KINKADE, Eds., *Human Engineering Guide to Equipment Design*, rev. ed., U.S. Government Printing Office, Washington, DC, 1972.
4. K. F. H. MURREL, *Ergonomics: Man in His Working Environment*, Chapman y Hall, Londres, 1965.
5. McCORMICK, *Human Factors in Engineering and Design*, págs. 62-112.
6. VAN COTT y KINKADE, *Human Engineering Guide to Equipment Design*, págs. 81-84.
7. McCORMICK, *Human Factors in Engineering and Design*, págs. 67-70.
8. SHACKEL, *Applied Ergonomics Handbook*, págs. 18-26.
9. McCORMICK, *Human Factors in Engineering and Design*, págs. 78-81.
10. VAN COTT y KINKADE, *Human Engineering Guide to Equipment Design*, págs. 78-81.
11. McCORMICK, *Human Factors in Engineering and Design*, págs. 113-141.
12. McCORMICK, *Human Factors in Engineering and Design*, págs. 81-87.
13. E. EDWARDS y F. P. LEES, *Man and Computer in Process Control*, The Institution of Chemical Engineers, Londres, 1973.
14. T. B. SHERIDAN y G. JOHANNSEN, *Monitoring Behavior and Supervisory Control*, Plenum, Nueva York, 1976.
15. E. GRANDJEAN, *Fitting the Task to the Man*, Taylor &Francis, Londres, 1980.
16. K. H. E. KROEMER, "Foot Operation of Controls," *Ergonomics*, Vol. 14, 1971, págs. 333-361.
17. VAN COTT y KINKADE, *Human Engineering Guide to Equipment Design*, págs. 350-352.
18. E. C. POULTON, *Tracking Skill and Manual Control*, Academic Press, Nueva York, 1974, págs. 312-320.
19. McCORMICK, *Human Factors in Engineering and Design*, págs. 240-244.
20. VAN COTT y KINKADE, *Human Engineering Guide to Equipment Design*, págs. 311-344.

21. McCORMICK, *Human Factors in Engineering and Design,* págs. 303-304.
22. McCORMICK, *Human Factors in Engineering and Design,* págs. 305-306.
23. VAN COTT y KINKADE, *Human Engineering Guide to Equipment Design,* págs. 467-584.
24. McCORMICK, *Human Factors in Engineering and Design,* págs. 267-289.

CAPITULO 6.9

Diseño de herramientas de mano, máquinas y lugares de trabajo

E. NIGEL CORLETT
Universidad de Nottingham, Inglaterra

6.9.1 INTRODUCCION

En este capítulo se estudia el diseño del lugar de trabajo y las máquinas instaladas en ese lugar. Las herramientas de mano son máquinas manuales que se pueden usar en una gran variedad de lugares y ambientes de trabajo. Usualmente, la maquinaria estática requiere la presencia del trabajador durante el período de trabajo si se desea mantener la productividad. Por tanto, se presentan problemas ergonómicos particulares relacionados con la limitación de movimiento que se puede imponer al operador. Los lugares de trabajo, ya sean estaciones de máquinas, bancos de ensamble o escritorios de oficina, se deben considerar junto con la maquinaria que se use en ellos y con el trabajo que requiere desempeñar el operador. Por ello se deben agregar algunas consideraciones sobre los asientos para los operadores en el diseño del lugar de trabajo. Finalmente, el edificio, ya sea oficina o fábrica, tendrá influencia en el buen éxito del trabajador en su trabajo. Además de los problemas ambientales que se tratan en los tres siguientes capítulos, se deben presentar aquí ciertos factores ergonómicos, para que el diseñador pueda efectuar adecuadamente un enlace ergonómico entre el trabajo y el trabajador.

6.9.2 HERRAMIENTAS DE MANO

Aunque más adelante las herramientas de mano se subdividen en dos: las motorizadas y las que dependen sólo de la energía del operador, es útil analizar primero algunos aspectos comunes a los dos tipos.

Peso

Exceptuando algunos casos particulares, por ejemplo, las grandes esmeriladoras manuales que se usan en algunos trabajos de brasca, el peso de una herramienta de mano puede limitar su uso. Los músculos de los hombros y brazos no pueden soportar aun 2 lb (1 kg) a tres cuartos de la distancia de alcance máximo por más de unos cuantos minutos; la repetición frecuente de la acción durante el día, y quizá ejerciendo fuerza, sería casi imposible.

En el ejemplo 6.9.1 se dan datos de importancia como guía de diseño. Por lo tanto, una consideración esencial de diseño sería la ligereza; donde las condiciones del trabajo lo permiten, se tienen que soportar herramientas más pesadas. Una herramienta manual pesada no se puede situar rápidamente con precisión y la fatiga hará que la ejecución del trabajo sea deficiente.

Ejemplo 6.9.1 Tiempo de retención hasta llegar a niveles inaceptables de fatiga. Si un objeto del peso indicado se va a sostener repetidamente, deberá hacerse durante un 10% o menos del tiempo señalado para "llegar a un grado apreciable de fatiga" en cada vez, con intervalos entre cada esfuerzo de por lo menos seis veces el tiempo de retención. Advierta que las gráficas indican los valores para varones. En el caso de las mujeres, no deberán aplicarse valores superiores a los dos tercios de los indicados.[a]

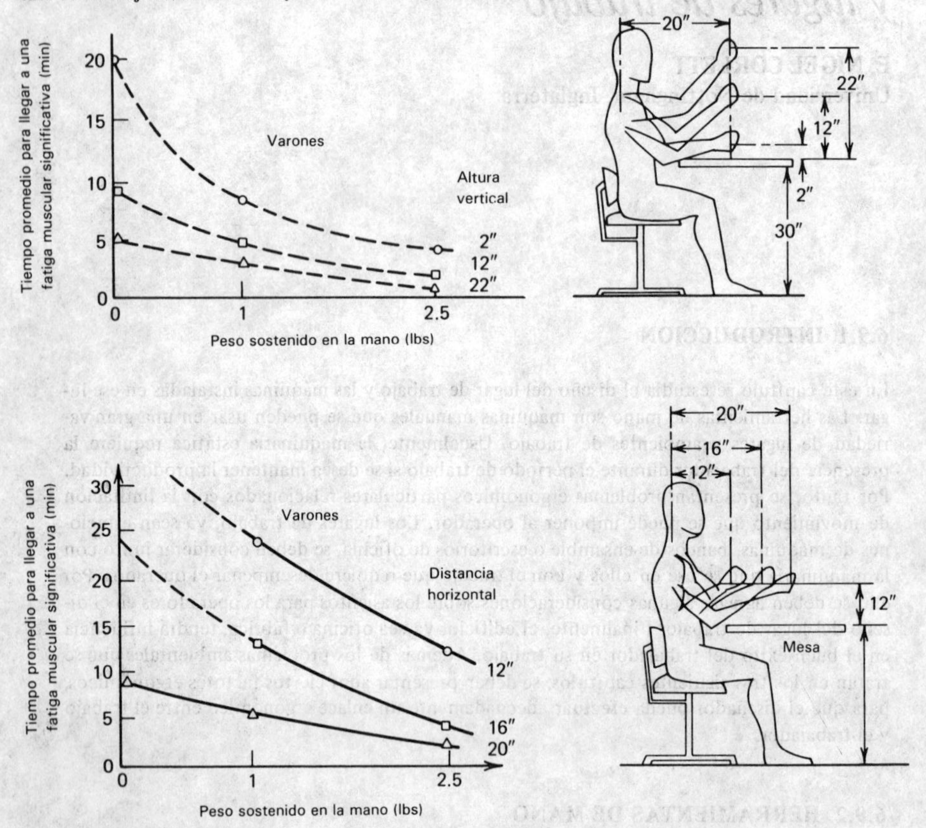

[a]Con nuestro agradecimiento a L. GREENBERG y D. B. CHAFFIN, *Workers and Their Tools*, Pendell Publishing Company, Midland, MI, 1977.

Mangos y asas

La parte del cuerpo de la herramienta que se va a asir y empujar, puede tener un diámetro excesivo para ejecutar otros movimientos. Si la herramienta se va a empuñar, como un martillo, entonces se necesita un mango que tenga la curvatura de la mano. Puesto que el usuario puede ser hombre o mujer, sería preferible que su diámetro no excediera de alrededor de 1 1/4 pulg (30 mm). Esto es acorde con el tamaño inferior de la distribución de tamaños de manos de mujeres. (Para mayores detalles, véase el capítulo 6.3).

Cuando una herramienta se sostiene en su posición de trabajo, las asas deben estar colocadas de tal modo que las manos las sujeten y que el eje del brazo y la mano formen una línea recta. Cualquier diseño que requiera empuñar o que se aplique con la muñeca inclinada es inaceptable, ya que expone al usuario a un alto riesgo de tenosinovitis en la muñeca.

Temblor

Si el uso de herramientas manuales se intercala con tareas en las que se tienen que hacer ajustes delicados o movimientos hábiles, es aún más necesario reducir el peso y las fuerzas aplicadas. Al cesar la actividad muscular fuerte, el trabajador experimentará un temblor inducido por medio de los músculos, que evitará que ejecute adecuadamente movimientos finos. De modo similar, la capacidad de reconocer variaciones en los movimientos suaves, por ejemplo, por trabajadores que lijan muebles y prueban el ajuste corredizo de los cajones se reducirá en su sensibilidad después de ejecutar un trabajo pesado.

Herramientas accionadas por el operador

Al igual que cualquier otra maquinaria, la energía que se suministra a las herramientas se debe transferir para que cumpla su función tan eficientemente como sea posible. Se debe reducir al mínimo el uso de energía para otras funciones que no sean las de la herramienta. Para ello, las perforadoras, las pinzas o las remachadoras manuales deben tener resortes u otros aditamentos que los regresen a su posición de operación; la rigidez de éstas no debe representar una parte significativa de la carga de operación. Cuando esto parece ser necesario, la herramienta o la tecnología es inadecuada y necesita rediseñarse. El operador debe aplicar la fuerza en la postura biomecánica más favorable (véase el capítulo 6.3) y se debe transmitir desde las manos a través de superficies amplias de presión.

Si la fuerza se va a aplicar con las dos manos, el empuje mayor se logra presionando las manos entre sí a nivel del pecho. En cualquier caso, la fuerza aplicada lejos del cuerpo produce un momento descompensado que requiere un esfuerzo muscular adicional para resistirlo, y también reduce la fuerza que se puede aplicar. La empuñadura con una sola mano, como se hace al usar unas tenazas, tiene los valores máximos, como se ve en el ejemplo 6.9.2, pero

Ejemplo 6.9.2 La abertura máxima que se recomienda para una herramienta de la forma indicada deberá ser de 3 1/2 pulgadas (90 mm) y la fuerza máxima, para uso ocasional, no deberá exceder de unas 15 lbs (7 kg). Si el uso es frecuente y se va a aplicar fuerza, deberá buscarse un 10% de esa carga.

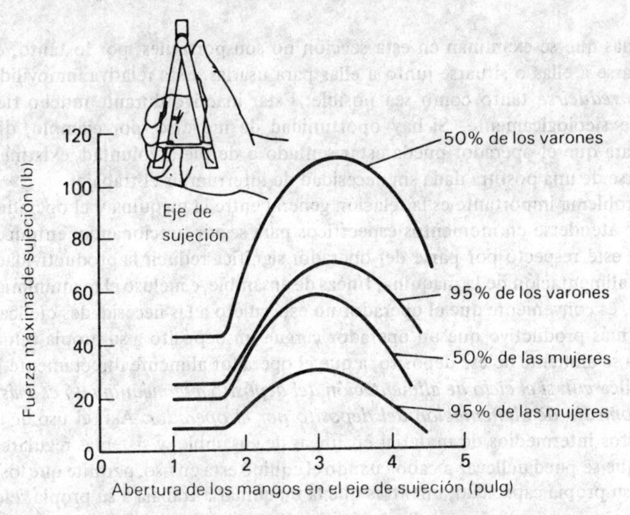

[a]Con nuestro agradecimiento a L. GREENBERG y D. B. CHAFFIN, *Workers and Their Tools*, Pendell Publishing Company. Midland, MI, 1977.

no es adecuada para una repetición muy frecuente. Si la producción requiere esta actividad, se deben emplear herramientas motorizadas.

Herramientas motorizadas

En las herramientas con motor tiene gran importancia reducir al mínimo la vibración que se transmite a la mano. Si la mano vibra, los dedos de la mano expuesta empiezan a palidecer y el regreso de la sangre a las puntas de los dedos se hace más lento y esto empeora progresivamente. Esta enfermedad se conoce como "dedo blanco por vibración" y después de sus primeras etapas es irreversible.

También es importante no usar gatillos o botones que requieran presionarlos continuamente mientras se usa la herramienta. Debido a que los músculos de los dedos son relativamente pequeños y se fatigan fácilmente, la activación constante puede producir dolores y calambres. Además, la restricción del suministro de sangre a los dedos constituye un riesgo para la salud. Un procedimiento mejor es una palanca a lo largo del mango, que se pueda oprimir con la palma, como los mangos de giro o los interruptores de dos posiciones.

Por lo común, las herramientas con motor son las más pesadas y el sostenerlas durante largos períodos durante el día contribuye a la fatiga de trabajo. Siempre que sea posible deben estar sostenidas independientemente del operador. Cuando es imposible, se debe investigar alguna forma de cabestrillo para transferir parte de la carga de los brazos a los hombros. Mientras más cerca esté del cuerpo una herramienta pesada, menor será el peso que soporten los brazos. Asimismo, entre menos se doble el codo, mayor será el tiempo que se pueda soportar sin altos niveles de incomodidad. Para que el operador mantenga una posición más recta y más vertical del brazo, el lugar de trabajo, por ejemplo, para esmerilar a mano, será más bajo que la altura del banco adecuada para el uso de una lijadora ligera.

6.9.3 MAQUINAS

Las máquinas que se examinan en esta sección no son portátiles; por lo tanto, el operador debe acercarse a ellas o situarse junto a ellas para usarlas. Esta relativa inmovilidad del operador debe *reducirse* tanto como sea posible. Estar inactivo durante mucho tiempo no es conveniente sicológicamente. Si hay oportunidad de moverse, por ejemplo, diseñando la máquina para que el operador pueda estar sentado o de pie a voluntad, existirá la facilidad de recobrarse de una postura dada sin necesidad de interrumpir el trabajo.

Otro problema importante es la relación general entre la máquina y el operador. Si la máquina *debe* atenderse en momentos específicos para seguir funcionando, entonces cualquier descuido a este respecto por parte del operador significa reducir la productividad de máquina. Para la alimentación de la máquina, líneas de ensamble, e incluso el mantenimiento regular del equipo, es conveniente que el operador no esté sujeto a las necesidades cíclicas de la operación. Es más productivo que un operador cargue un depósito a su propia velocidad y que la máquina se alimente de ese depósito, a que el operador alimente directamente la máquina. Esto se aplica *aun si el ciclo de alimentación del depósito a la máquina no es más rápido que el ciclo promedio de alimentación del depósito por el operador.* Así, el uso de alimentadores, depósitos intermedios de material en líneas de ensamble, y sistemas regulares de mantenimiento que se puedan llevar a cabo cuando el equipo está en uso, permite que los operadores trabajen a su propia capacidad, mientras que la maquinaria trabaja a su propia velocidad. Y lo que es más importante, el operador está a cargo de la máquina de un modo más efectivo. Esto es necesario para que los operadores sean más eficientes (véanse el capítulo 2.5 y el ejemplo 6.9.3).

Ejemplo 6.9.3 Requisitos mínimos para compensar los efectos de la regulación, recurriendo ya sea al tiempo de tolerancia (es decir, el tiempo para el cual hay trabajo disponible) o material intermedio. Los valores son aplicables al montaje de ciclo corto y a la alimentación de la máquina.

		Capacidad compensadora mínima	
Porcentaje de regulación	*Tiempo de tolerancia (mínimo)*	*Si el tiempo de tolerancia es igual al tiempo del ciclo*	*Si el tiempo de tolerancia es igual a cero*
2.5% abajo del rendimiento medio no regulado	Dos veces el tiempo del ciclo de alimentación	1	2
Rendimiento medio no regulado, hasta el 5% sobre el rendimiento medio	Tres veces el tiempo del ciclo de alimentación	2	3
7½% sobre el rendimiento medio no regulado	Cuatro veces el tiempo del ciclo de alimentación	3	4

El lugar de trabajo de la máquina

Las consideraciones generales para todos los lugares de trabajo se presentan en la siguiente sección de este capítulo. Para la disposición de una estación de trabajo para una máquina, estas consideraciones se deben incorporar al diseño. En esta sección se indican aspectos particulares de la operación de maquinaria.

El requisito más fundamental es que, para ejercer control, el operador debe vigilar, alcanzar o aplicar fuerza en un momento del proceso. El efectuar esfuerzos no debe poner al operador fuera del alcance o del área de visión de otros aspectos de la operación que son concurrentemente importantes. Con frecuencia, no se observan estas reglas tan sencillas; es común ver operadores estirándose, inclinándose, torciéndose, doblándose, parándose en un pie o adoptando otras posturas desequilibradas mientras trabajan con sus máquinas. De hecho, esto es tan común que usualmente pasa inadvertido. No estamos conscientes de que todo el esfuerzo y fatiga generados por los operadores al habérselas con la maquinaria constituyen más un impedimento que una ayuda para ellos al elaborar un producto.

El segundo punto importante, del que ya se habló, es la necesidad de cambiar la postura en cualquier momento. Si el trabajo se puede hacer sólo en ciertas posiciones, entonces habrá períodos en que no se haga. La oportunidad de sentarse o estar de pie mientras se trabaja requerirá que los hombros del operador permanezcan en la misma posición relativa respecto al trabajo en una postura u otra. Por tanto, la previsión de descanso para los pies y, cuando es necesario, la duplicación de controles de pie, asegurará el sentarse cómodamente.

El tercer punto importante en el diseño es equipar la interfase hombre-máquina con controles y métodos que muestren la información necesaria de la máquina, diseñados para ajustarse a los requerimientos humanos. Las fuentes listadas en la bibliografía proporcionan especificaciones detalladas para tamaños de manejo, fuerzas, visibilidad de números y letras a varias distancias, etc., pero se deben observar los siguientes principios generales.

Principio 1. *Para cuando el equipo envejece o se ensucia, determínense siempre que sea posible, límites que no se deban exceder.*

Con el uso, generalmente aumenta la fuerza necesaria para mover los controles debido a la falta de mantenimiento, el uso o la falta de él. Las marcas en carátulas o las placas con leyendas sufren una reducción en el contraste entre las letras y el fondo, debido a la abrasión o a la suciedad, con el consecuente aumento en la dificultad de la lectura. Cualquier fuerza que se tenga que aplicar con frecuencia debe ser tan baja como sea posible, de preferencia no más del 10 por ciento del quinto percentil del valor máximo para mujeres para la dirección particular de que se trate. Sin embargo, la fricción no siempre es una mala característica de los controles, ya que un control que se mueve libremente puede dificultar el posicionamiento preciso.

En vista del frecuente uso de volantes de mano y manivelas en la maquinaria de producción, en esta sección se bosquejan los principios generales que definen la elección de las dimensiones para estos controles. Los criterios de ejecución relevantes para el diseño se deben plantear claramente. Muy pocas veces tiene importancia en la industria la fuerza máxima que se puede ejercer o la máxima velocidad de giro que se puede lograr ni tampoco es un criterio adecuado para elegir estos tipos de control. Los dos siguientes criterios son más útiles:

Máxima fuerza a vencer. Usar un volante de mano, situándolo en el plano horizontal a la altura del pecho del operador más bajo (altura de la cintura para el operador más alto) y del mayor diámetro posible, pero no mayor de 20 pulg (500 mm).
Precisión máxima de graduación. Esto depende esencialmente de la carátula o de otro indicador que se gradúe; mientras mayor sea el indicador, mayor será la precisión. Si la aguja y la marca de la carátula son de igual grosor, el ancho de la marca no es importante. Los diámetros de volantes de mano o las manivelas no tienen un efecto importante sobre la *precisión* de la graduación (más de 4 pulg, 100 mm, de diámetro), pero se deben elegir para vencer la torsión o fricción resistente. Si los diámetros de los volantes de mano se eligen adecuadamente, los trabajadores hábiles graduarán con igual precisión en contra de un amplio margen de torsiones resistentes. En el ejemplo 6.9.4 se muestra la relación entre el diámetro de la carátula y la precisión de la graduación. Estos valores se aplican a torsiones resistentes que van de 3 a 60 pulg –lb y para diámetros de volantes manuales de 4 a 12 pulg (100 a 300 mm).

Principio 2. *Los controles deben ser identificables sin error al tacto y por su posición.*

De este modo, los usuarios no tendrán que dejar de ver el proceso para asegurarse de haber tomado el control correcto (véase el capítulo 6.8). Los controles se deben disponer lógicamente en relación con los procesos que se estén controlando, por ejemplo, en la misma secuencia del flujo del proceso. Las operaciones se deben identificar por una forma de control única y consistente. Por ejemplo, todos los controles de amplitud pueden tener cabezas en forma de hongo, todos los interruptores de cambio de frecuencia estar hechos en forma de cilindro estriado, etc. Cuando varias etapas de un proceso se controlan, desde un solo panel, cada una debe estar claramente separada y marcada respecto a las otras. Como ejemplo, el grupo de controles para la alimentación de material para una máquina forjadora en caliente debe ser distinto de los relacionados con el proceso de calentamiento, con los movimientos del martinete, etc.

Principio 3. *El diseño de los controles, así como la información en los indicadores visuales, son mejores si funcionan de una manera similar a la del equipo con que se relacionan.*

El movimiento hacia la derecha de un control no debe mover el mecanismo asociado con éste hacia la izquierda. Al mismo tiempo, cuando sea posible, se deben adoptar normas generales. Las luces rojas son para advertencia y las verdes indican una situación segura; el giro de las perillas en el sentido de las manecillas del reloj se considera usualmente que aumenta el nivel o intensidad de los aspectos que controlan. Sin embargo, a veces es necesario tener precaución. En los Estados Unidos, el movimiento de un interruptor eléctrico hacia abajo se interpretaría como apagar la corriente, mientras que en la Gran Bretaña significaría encenderla. (En el capítulo 6.8 se dan mayores datos sobre controles).

Ejemplo 6.9.4 Limites de precisión dentro de los cuales se puede esperar que un operador hábil ajuste como promedio un cuadrante del diámetro indicado 19 veces en 20 pruebas. Este valor se puede esperar cuando se usan volantes de 4 a 10 pulgadas de diámetro venciendo una resistencia de 3 p.-lb a 60 p.-lb.[a]

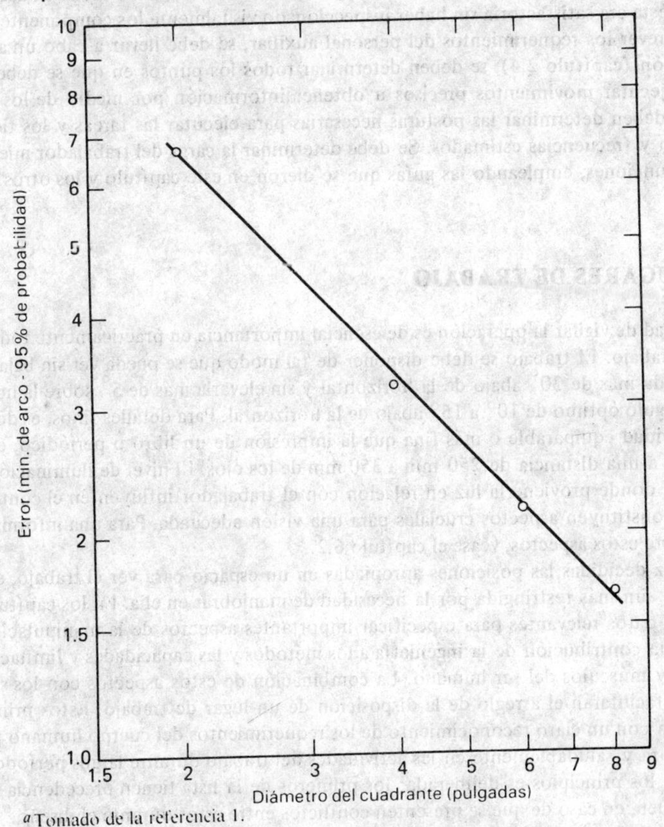

[a] Tomado de la referencia 1.

Cada día es más común usar símbolos para identificar controles; se han diseñado algunos muy atractivos e ingeniosos. Desafortunadamente, varias investigaciones han demostrado que incluso los que más se usan pueden no ser entendidos. Un resultado interesante de un estudio de símbolos usados en las estaciones de ferrocarriles holandeses fue la ignorancia generalizada del significado de una señal que indicaba la salida. Por tanto, es importante usar normas internacionales para símbolos siempre que sea posible, en vez de las normas locales.

A menudo se supone que el operador es la única persona familiarizada con la maquinaria. Nos inclinamos a olvidar que ésta se tiene que ensamblar, transportar, mantener y a menudo, reparar. Se deben determinar y tomar provisiones para los requerimientos del personal encargado de cada una de estas actividades. A veces, las pequeñas prensas punzonadoras tienen un asiento de tan baja altura que un ajustador de herramientas puede tener que agacharse e incluso arrodillarse para ajustar los espaciamientos de la herramienta. En la Gran Bretaña se presenta otro problema ergonómico con las prensas, que requieren una inspección visual de los elementos de embrague y freno de las prensas punzonadoras a intervalos establecidos.

La introducción de marcos de acero soldados para prensas con un tubo de manivela introducido en el marco a través de un hoyo grande en un lado, en vez de estar sostenidos dentro de soportes de cojinete con sombreretes, dio por resultado la necesidad de un procedimiento de desmantelamiento prolongado para inspeccionar estas unidades. Hubo varios casos en que no hubo inspección; el mecánico ajustador escuchó y observó la unidad en acción y aseguró que ésta era satisfactoria sin haber inspeccionado visualmente los componentes vitales.

Para prever los requerimientos del personal auxiliar, se debe llevar a cabo un análisis de la operación (capítulo 2.4); se deben determinar todos los puntos en que se deben ejercer fuerzas, ejecutar movimientos precisos u obtener información por medio de los sentidos. Luego se deben determinar las posturas necesarias para ejecutar las tareas y los tiempos de suspensión y frecuencias estimados. Se debe determinar la carga del trabajador mientras ejecuta sus funciones, empleando las guías que se dieron en este capítulo y los otros de la sección 6.

6.9.4 LUGARES DE TRABAJO

La necesidad de vigilar la operación es de esencial importancia en prácticamente todos los lugares de trabajo. El trabajo se debe disponer de tal modo que se pueda ver sin bajar la línea de la mirada más de 30° abajo de la horizontal y sin elevarla más de 5° sobre la horizontal, con un ángulo óptimo de 10° a 15° abajo de la horizontal. Para detalles finos, es decir, cualquier actividad equiparable o más fina que la impresión de un libro o periódico, el trabajo debe estar a una distancia de 250 mm a 350 mm de los ojos. El nivel de iluminación y la dirección de donde proviene la luz en relación con el trabajador influyen en el contraste y el reflejo y constituyen aspectos cruciales para una visión adecuada. Para una información detallada sobre estos aspectos, véase el capítulo 6.2.

Una vez decididas las posiciones apropiadas en un espacio para ver el trabajo, el área visual estará aún más restringida por la necesidad de maniobrar en ella. En los capítulos 3.2 y 6.3 se dan datos relevantes para especificar importantes aspectos de la manipulación, especialmente la contribución de la ingeniería a los métodos y las capacidades y limitaciones del esqueleto y músculos del ser humano. La combinación de estos aspectos con los siguientes principios facilitarán el arreglo de la disposición de un lugar de trabajo. Estos principios se compilaron con un claro reconocimiento de los requerimientos del cuerpo humano para funcionar segura y saludablemente en las actividades del trabajo durante largos períodos. La secuencia de los principios es deliberada: los primeros de la lista tienen precedencia sobre los que les siguen, en caso de que se presenten conflictos entre éstos durante el diseño.

Los *principios de disposición de los lugares de trabajo* son los siguientes:

1. El trabajador debe ser capaz de mantenerse recto y en una postura de frente durante el trabajo.

2. Cuando la visión constituye un requisito de la tarea, los puntos necesarios del trabajo deben ser adecuadamente visibles teniendo la cabeza y el tronco rectos, o la cabeza ligeramente inclinada hacia adelante.

3. Todas las actividades del trabajo deben permitir que el trabajador adopte posturas diferentes, pero igualmente saludables y seguras, sin reducir la capacidad para hacer el trabajo.

4. El trabajo se debe disponer de tal modo que se pueda hacer sentado o de pie, según lo elija el trabajador. Si es sentado, el trabajador debe poder usar a voluntad el respaldo del asiento, sin necesidad de cambiar los movimientos.

5. Cuando está de pie, el peso del cuerpo se debe apoyar en ambos pies, y los pedales se deben diseñar correspondientemente.

6. El trabajo no se debe ejecutar consistentemente al nivel o por arriba del nivel del corazón; incluso se debe evitar la ejecución ocasional en que la fuerza se ejerce arriba del nivel del corazón. Cuando se debe ejecutar trabajo manual ligero por encima del nivel del corazón, son un requisito los descansos para los brazos.

7. Se deben permitir pausas de descanso para todas las cargas experimentadas en el trabajo, incluyendo cargas ambientales y de información y el intervalo entre períodos sucesivos de descanso.

8. Las actividades de trabajo se deben ejecutar con las articulaciones cerca del punto medio de su margen de movimiento. Esto se aplica particularmente a la cabeza, el tronco y los miembros superiores.

9. Cuando se tiene que aplicar fuerza muscular, debe ser por los grupos de músculos más grandes y apropiados disponibles y en sentido colineal con los miembros de que se trate.

10. Cuando se tiene que aplicar repetidamente una fuerza, debe ser posible hacerlo con los brazos o con las piernas, sin necesidad de ajustar el equipo.

Ya se ha dicho cómo se puede lograr un lugar de trabajo adecuado para trabajar sentado y de pie. Si el espacio para las piernas permite que el trabajador las cruce, ello constituye una ventaja; ciertamente, el espacio debe ser más ancho que el espacio de un lado a otro de las rodillas del trabajador. La presión bajo los muslos debida a largos períodos de estar sentado se puede aflojar si es posible moverse en el asiento; para esto se necesita espacio considerable a los lados de la rodillas que permita cambios de postura. Otro factor del hecho de estar sentado prolongadamente es el entumecimiento de las piernas. El movimiento de las piernas, de preferencia durante una caminata breve, contrarrestará dicho entumecimiento. Si hay lugar para estirar las piernas y activar los músculos mientras se está sentado, el entumecimiento se puede reducir, pero no prevenir.

Los asientos en las fábricas se distinguen por su incomodidad. Por simple sentido común, es conveniente proporcionar asientos cómodos, ya que reducen la incomodidad o los riesgos para la salud relacionados con el trabajo. Si un operador no puede usar el respaldo del asiento mientras hace su trabajo, y si la tarea se hace durante la mayor parte del día de trabajo, entonces debe examinarse la situación con el fin de mejorar este aspecto. Sin embargo, debe haber oportunidad de que el operador no tenga que usar el respaldo. El diseño de asiento de trabajo no debe fijar al operador en la silla.

Lo aconsejable es que los asientos industriales sean ajustables en un margen de 6 pulg (150 mm). El mecanismo de ajuste debe ser sencillo, si no no se usará. Se sabe que si un asiento tiene una altura inapropiada, uno está alerta para sobreponerse a esta dificultad en la mañana, pero demasiado cansado en la tarde para que nos importe. Por lo tanto, un sencillo sistema de retén o de ajuste de bayoneta es mejor que un mecanismo complejo o de rosca de tornillo. El soporte de la silla en cinco patas aumenta la estabilidad, pero para muchas fábricas esto implica un sobrecosto para el aplanado de los pisos. Aun así, la estabilidad es probablemente el siguiente aspecto más importante después del ajuste. El asiento y el respaldo deben tener recubrimientos resilientes o elásticos que en climas cálidos no sean pegajosos debido al sudor y se puedan limpiar fácilmente. La elasticidad, más que la suavidad, es lo importante; el asiento debe tener la orilla frontal redondeada y un respaldo que se curve para ajustarse a la curvatura de la región lumbar de la espalda.

Dentro de esta descripción general, existe un amplio margen de posibilidades para el diseño de un asiento. Sin embargo, los asientos no se diseñan independientemente del trabajo o de la maquinaria. El asiento no está allí por su propio derecho, sino para ayudar a la persona a hacer su trabajo. Por supuesto, la estandarización del asiento es posible, pero sólo después de estudiar y diseñar la maquinaria, los bancos de trabajo, etc., y lo que pueda estandarizarse para una empresa no es necesariamente norma para otras.

Experimentos de ajuste

Para diseñar un lugar de trabajo, el empleo del material de las secciones 3 y 6 de este manual no es suficiente por sí mismo para asegurar una situación satisfactoria. Se deben probar nuevos diseños en maqueta, aunque ésta sea una distribución primitiva. Durante las pruebas se deben simular los diversos movimientos y actividades de los trabajadores, empleando hombres y mujeres altos, bajos, gordos y delgados, desde el quinto al nonagesimoquinto percentiles de la población (véase el capítulo 6.3).

Si hay duda sobre si es necesario hacer algún ajuste en el equipo, el procedimiento durante la prueba de cada persona debe consistir en modificar la dimensión en cuestión de pasos crecientes y decrecientes sobre el total del margen adecuado para la persona, lo cual se registra luego como "aceptable" o "inaceptable" por la persona. Se verá que para diferentes personas hay diferentes márgenes de aceptabilidad. Si todos los márgenes se trazan en una gráfica, se verá de inmediato si es necesario el ajuste. Si se puede trazar una línea a través de todas las gráficas de márgenes, entonces obviamente no es necesario el ajuste; si no, entonces la distancia entre la parte inferior del margen más alto y la parte superior del más bajo ilustra la cantidad de ajuste que se debe proporcionar. En los ejemplos 6.9.5*a* y *b* se ve cómo aparecerán los resultados para requerimientos fijos y ajustables, respectivamente.

Ejemplo 6.9.5 *a*) **Resultados de un estudio efectuado para determinar la altura de trabajo del electrodo inferior de una soldadora por puntos. La punta del electrodo inferior especificó la altura de trabajo. A una altura de 41 1/2 pulg. (105 cm), el electrodo inferior es satisfactorio para operadores de todas las estaturas.** *b*) **Margen de ajuste que requiere una silla para adaptarse a todas las estaturas cuando el operador trabaja con el electrodo a la altura de 41 1/2 pulg. (105 cm) determinada en el estudio anterior**[a]

	Sujeto											
	Quinto				Quincuagésimo				Nonagésimo quinto			
	Varón		Mujer		Varón		Mujer		Varón		Mujer	
Dimensión (cm)	1	2	3	4	5	6	7	8	9	10	11	12
125.0												
122.5												
120.0												
117.5												
115.0												
112.5												
110.0												
107.5												
105.0												
102.5												
100.0												
97.5												
95.0												
92.5												
90.0												
87.5												
85.0												
82.5												
80.0												

Plano de trabajo (altura del electrodo inferior) con el operador de pie

Máximo/mínimo ├──── Preferido × Preferido general ────

(*a*)

[a]Tomado de la referencia 2.

Ejemplo 6.9.5 (*Continúa*)

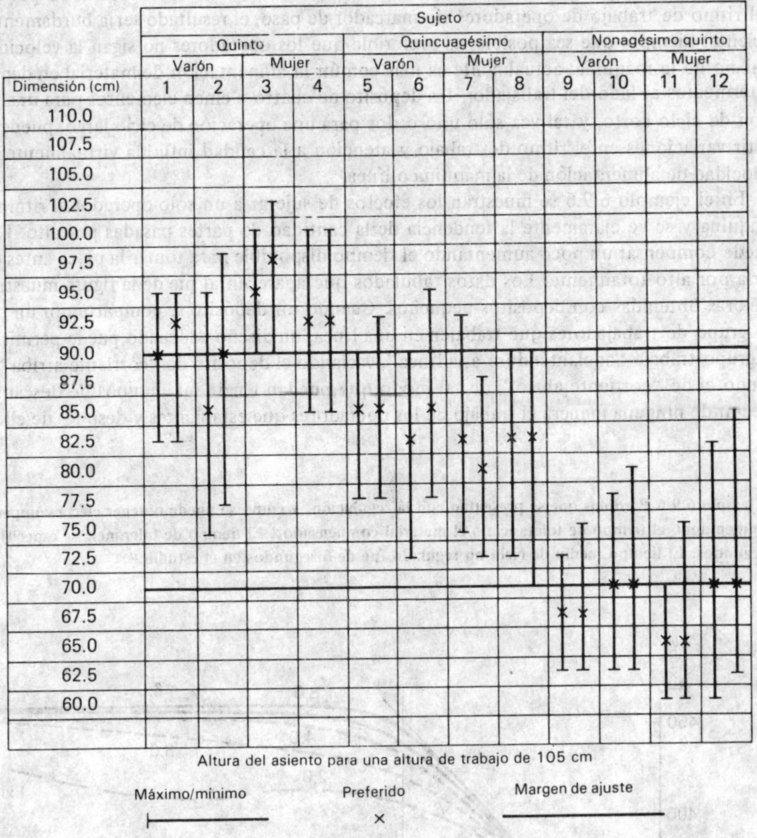

Sujeto

Quinto — Varón: 1, 2; Mujer: 3, 4

Quincuagésimo — Varón: 5, 6; Mujer: 7, 8

Nonagésimo quinto — Varón: 9, 10; Mujer: 11, 12

Dimensión (cm): 110.0, 107.5, 105.0, 102.5, 100.0, 97.5, 95.0, 92.5, 90.0, 87.5, 85.0, 82.5, 80.0, 77.5, 75.0, 72.5, 70.0, 67.5, 65.0, 62.5, 60.0

Altura del asiento para una altura de trabajo de 105 cm

Máximo/mínimo — Preferido × — Margen de ajuste

(*b*)

Si se deben probar varias dimensiones, entonces, después de la prueba separada para cada uno por sí mismo, todas las dimensiones se deben probar en la maqueta trayendo de nuevo a la gente para una prueba final de efectividad. Esto es conveniente en el caso de que alguna interacción imprevista entre diferentes dimensiones del lugar de trabajo plantee dificultades.

Trabajo repetitivo

Una situación de trabajo que causa tensión y es común en la fábrica y cada vez más en la oficina, es el trabajo que tiene un ciclo relativamente corto e invariable durante largos períodos. Se crea tensión porque existe una carga que se repite constantemente sobre los mismos grupos de músculos. Fisiológicamente puede haber poca variación en la actividad energética. Mentalmente hay poca variedad que proporcione interés y estímulo, de tal modo que la atención necesaria para hacer la tarea se debe mantener a base de voluntad o por estímulos provenientes de afuera de la situación de trabajo (véase el capítulo 2.5).

Hoy se reconoce extensamente que cuando el operador tiene que adaptarse al ritmo de una máquina, una respuesta de computadora o el movimiento de una línea de ensamble, tiende a ser ineficiente. La variabilidad reconocida según el ritmo de acción del ser humano es tal que, si se estableciera un marcador de ritmo de trabajo para competir con el 95 por ciento del ritmo de trabajo de operadores sin marcador de paso, el resultado sería burdamente ineficiente. Siempre que sea posible, es preferible que los operadores no sigan la velocidad de trabajo de la máquina; actualmente es más común la alimentación de material en depósitos intermedios al lado del trabajador. Un depósito de cuatro o cinco elementos para una operación de ciclo corto, y tal vez sólo uno o dos para una operación de ciclo largo, pueden permitir variaciones en el ritmo de trabajo y atención a la calidad influida virtualmente por la velocidad de alimentación de la máquina o línea.

En el ejemplo 6.9.6 se muestran los efectos de sujetar a un solo operador al ritmo de la máquina y se ve claramente la tendencia de la cantidad de partes pasadas por alto. Esto se puede compensar un poco aumentando el tiempo disponible para tomar la pieza antes de pasarla por alto totalmente. Los datos tabulados que aparecen al pie de la figura muestran las mejoras obtenidas con depósitos pequeños. Cuando un depósito se comparte por un pequeño grupo de trabajadores que trabajen en una línea, un diseño adecuado puede permitir que el grupo trabaje "adelantándose a la línea", vaciando el depósito de "corriente arriba" y llenando el de "corriente abajo", de tal modo que puedan elegir sus tiempos de descanso sin afectar de ninguna manera el trabajo de los operadores que están antes y después de ellos.

Ejemplo 6.9.6 Pérdidas que se presentan con la regulación, y cómo se puede obtener cierta compensación aumentando el tiempo de tolerancia o el material compensador. El tiempo de tolerancia se especifica en segundos. El tiempo medio de ciclo no regulado fue de 6 segundos en el estudio.[a]

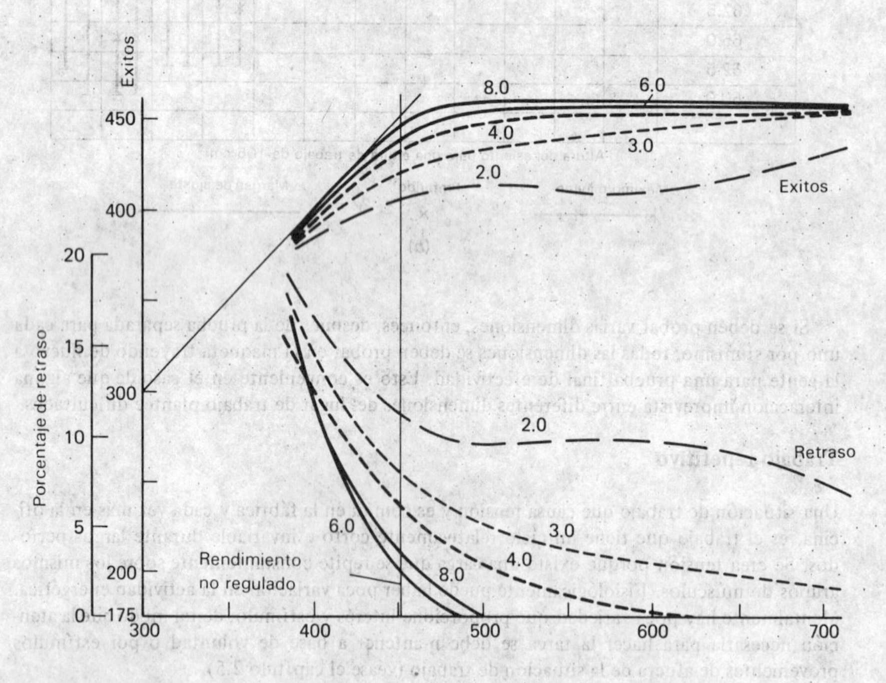

[a]Tomado de la referencia 3.

6.9.5 OFICINAS Y EDIFICIOS

En esta parte del capítulo se examinan solamente aspectos particulares importantes para la adecuación entre la gente y su trabajo. Más adelante se verán los factores ambientales, ruido y vibraciones en el capítulo 6.10, iluminación en el capítulo 6.11 y clima en el capítulo 6.12.

Además de alojar la herramienta, la oficina o fábrica alberga gente. En un sentido amplio, cuando está dentro del edificio la gente desempeña dos funciones: la ejecución de sus actividades particulares y la comunicación recíproca. La segunda actividad es importante en términos de la obvia necesidad de dar y recibir órdenes, pero también en términos de seguridad (ver y ser vista por otros en áreas de trabajo riesgoso, por ejemplo). Otro aspecto importante de la comunicación es la interacción social necesaria para los seres humanos.

Si es necesario gritar para comunicarse, entonces la gente lo hará lo menos posible; por lo tanto, los niveles de ruido de una planta no se deben establecer solamente con base en criterios de ensordecimiento (véase el capítulo 6.10). Muchas máquinas dan información importante a los operarios mediante los ruidos propios de su funcionamiento; para que el operador asuma un control confiable, estos ruidos deben ser audibles a cierta distancia de la máquina. Para que la gente pueda hablar entre sí desde sus lugares de trabajo, esto presupone cierta relación entre los niveles de ruido y las distancias entre las personas. En el ejemplo 6.9.7 se dan valores específicos. Puesto que la gente siempre buscará el contacto humano, el lugar de trabajo debe estar dispuesto de modo que esto pueda hacerse a veces y sin dejar de trabajar. El contacto humano también se mantiene si se puede mirar a los demás; siempre se debe evitar el lugar de trabajo aislado. Además de ser peligroso para el operador estar aislado, ya que puede enfermarse o herirse, la soledad propicia rápidamente en la mayoría de la gente sensaciones desagradables o de desorientación. La presencia y la actividad humanas son estimulantes y alentadoras, y pueden adoptar cierta evidencia de normalidad cuando las circunstancias se tornan difíciles.

El punto concerniente a la normalidad también se aplica a la posibilidad de mirar hacia afuera de la fábrica. Generalmente es preferible tener ventanas que den al exterior, de modo que se puedan ver el avance del día y el estado del clima. Estas condiciones pueden ser menos necesarias en un gran edificio fabril que en una pequeña planta u oficina, que sería claus-

Ejemplo 6.9.7 Efectos de los niveles de ruido ambiental en la percepción de la palabra, con una distancia entre interlocutores adecuada para entender el 90% de la conversación[a]

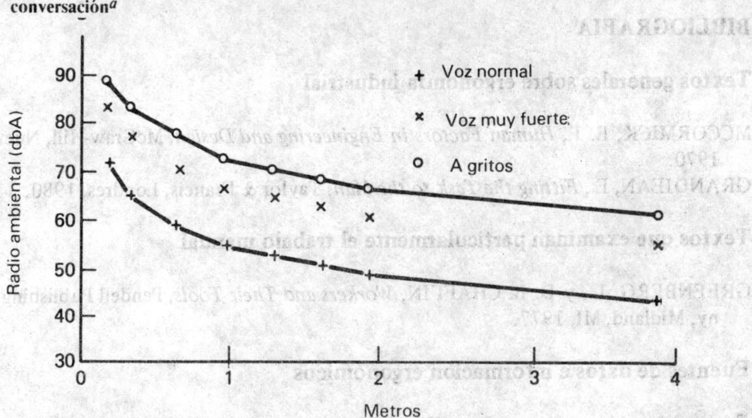

[a]Con base en datos de la referencia 4.

trofóbica sin este enlace visual. En lugares en que la necesidad no es tan grande, esto puede representar, de cualquier modo, una valiosa amenidad.

Con frecuencia no se toma en consideración que una fábrica u oficina indica en buena medida a los empleados la forma en que son vistos y valorados por la empresa. Actualmente no hay grandes diferencias entre los estilos de vida de los altos administradores y los trabajadores de piso de una tienda en los países occidentales. Un edificio sucio en que no se limpian o reparan las instalaciones y en que se descuida el mantenimiento general, señala a los empleados que la administración los valora en poco como personas y no le importan mucho su comodidad y sus sensibilidades. Ya que el buen desempeño puede deberse solamente a la automotivación de los trabajadores interesados, podría ser un poco tonto por parte de la empresa demostrar que no los valora como algo más que un recurso sin sensibilidad y sentimientos humanos mayores.

Quizá esta perspectiva se pueda aplicar en todo este capítulo y constituir un punto en común entre muchos otros capítulos de este manual. La ingeniería industrial trata acerca de la gente de la industria, y se reconoce tardíamente que la eficiencia industrial depende en última instancia de esa gente. La tecnología es un recurso que emplea la industria y no es independiente de la gente en sí. Por lo tanto, el hecho de diseñar el lugar de trabajo y el equipo para adecuarse a la gente no es simple bondad, sino el único y obvio método a emplear en la creación de las condiciones esenciales para la industria eficiente. Sin este enfoque en el diseño del lugar de trabajo, el escenario industrial está salpicado de obstrucciones para el trabajo eficiente, tanto físicas como sicológicas, al cual damos nuestro tiempo y esfuerzo para superar las obstrucciones que no deberían haber estado ahí desde el principio.

REFERENCIAS

1. E. N. CORLETT, "The Accuracy of Setting of Machine Tools by Means of Handwheels and Dials," *Ergonomics,* 1961, Vol. 4, pp. 53-62.
2. R. P. BISHOP, "The Ergonomics of Foot-Operated Spot Welders," Informe no publicado, Departamento de Ingeniería de la Producción, Universidad de Birmingham, 1973.
3. R. J. SURY, "Allowing for the Human Factor in Designing Conveyor Systems," *Mechanical Handling,* Enero 1967, pp. 25-29.
4. H. P. VAN COTT y R. G. KINKADE, *Human Engineering Guide to Equipment Design,* Oficina de Imprenta del Gobierno de EU, Washington, DC. 1972.

BIBLIOGRAFIA

Textos generales sobre ergonomía industrial

MCCORMICK, E. J., *Human Factors in Engineering and Design,* McGraw-Hill, Nueva York, 1970.

GRANDJEAN, E., *Fitting the Task to the Man,* Taylor & Francis, Londres, 1980.

Textos que examinan particularmente el trabajo manual

GREENBERG, L., y D. B. CHAFFIN, *Workers and Their Tools,* Pendell Publishing Company, Midland, MI, 1977.

Fuentes de datos e información ergonómicos

Ergonomics Abstracts and Data (four times per year), Taylor & Francis, 10-14 Macklin Systems," Londres WC2B 5NF England.

VAN COTT, H. P., y R. G. KINKADE, *Human Engineering Guide to Equipment Desing,* Oficina de Imprenta del Gobierno de E.U. Washington, DC, 1972.

Periódicos con artículos relevantes

Applied Ergonomics (4 veces al año), IPC Science and Techonology Press, IPC House, 32 High Street, Guildford, GU1 3EW Inglaterra.

Human Factors (12 veces al año), The Human Factors Society, Inc., Box 1369, Santa Mónica, CA 90406.

Ergonomics (12 veces al año), Taylor & Francis, 10-14 Macklin Street, London, WC2B 5NF, Inglaterra.

CAPITULO 6.10

Ruido y vibración

MALCOLM J. CROCKER
Universidad Purdue

6.10.1 INTRODUCCION

Por lo común, el "ruido" se define como un sonido indeseable. El sonido es audible y percibido principalmente por el oído en el margen de frecuencia de 15 a 16,000 Hz aproximadamente. A frecuencias inferiores a 15 Hz, el sonido se denomina "infrasonido" y, si es suficientemente intenso, puede hacer que diferentes órganos del cuerpo vibren produciendo una sensación desagradable. A más de 16,000 Hz, el sonido se denomina "ultrasonido" y no es audible por el ser humano, aunque algunos animales, como los perros y los murciélagos, lo pueden detectar.

La vibración es indeseable por varias razones. Después de períodos largos, la vibración puede causar fatiga estructural y eventuales fallas en los sistemas mecánicos. La vibración de maquinaria, vehículos y aeroplanos puede causar molestias y perturbaciones. Además, esta vibración estructural de maquinaria y vehículos puede producir sonido y la transmisión de éste a través del aire.

En este capítulo se examina principalmente el control del ruido y la vibración que produce ruido. El ruido tiene varios efectos indeseables. En la industria, el efecto principal es que el ruido intenso a lo largo de toda una vida de trabajo puede producir sordera permanente. Otros posibles efectos secundarios, que no se han demostrado en forma concluyente, son el aumento del número de accidentes y la reducción de la eficiencia y productividad. El ruido en la industria interfiere con la conversación, con las señales de precaución, las comunicaciones telefónicas, etc., en el trabajo. También puede ser una fuente de molestia y de quejas de la comunidad y, en casos severos, incluso afectar el sueño y otras actividades humanas.

En este capítulo se revisa primero la manera en que el sonido se propaga y sus principales efectos sobre la gente. Concluye con un estudio de los métodos de medición y control de ruido y la exposición de algunos casos.

6.10.2 PROPAGACION DEL RUIDO

Las ondas sonoras se propagan de modo muy similar a las ondas en un estanque: se desplazan desde su origen a una velocidad constante. Las ondas del agua en un estanque son circulares y bidimensionales, mientras que las ondas sonoras en el aire son esféricas y tridimensionales, aunque por supuesto, no se pueden ver.

Nivel de presión sonora y decibeles

El oído reacciona tanto a presiones sonoras muy pequeñas como a las muy grandes, hasta en un millón de veces. Debido a este amplio margen, los especialistas en acústica usan normalmente una escala logarítmica de presión sonora. El nivel de presión sonora (SPL o L_p) de un sonido se define como[1]

$$SPL = L_p = 10 \log_{10} (p^2_{rms}/p^2_{ref}), \text{ dB} \quad (1)$$

donde p_{rms} es la raíz cuadrada de presión sonora media y p_{ref} es igual a 0.00002 Pa, una presión sonora de referencia* (aproximadamente igual al sonido más bajo que una persona joven promedio puede oír). En la ecuación 1, L_p no tiene dimensiones y se representa en "decibeles" (dB). En el ejemplo 6.10.1 se muestra la SPL de algunos sonidos y ruidos comunes.

Intensidad sonora

La intensidad I de una onda sonora en el aire (en la región suficientemente lejana de la fuente conocida como "campo lejano") está dada por

$$I = p^2_{rms}/\rho_o c_o, \text{ W/m}^2 \quad (2)$$

donde

$\rho_o c_o$ = impedancia característica del aire = 415 raylios (1 raylio (MKS) = 1 kg/m^{2}s)
ρ_o = densidad del aire no perturbado (1.21 kg/m^3)
c_o = velocidad del sonido en el aire = 1,125 pies/seg = 343 m/s

(Todas las cantidades dadas a una temperatura normal de 20°C)

Ejemplo 6.10.1 Niveles típicos de presión del sonido

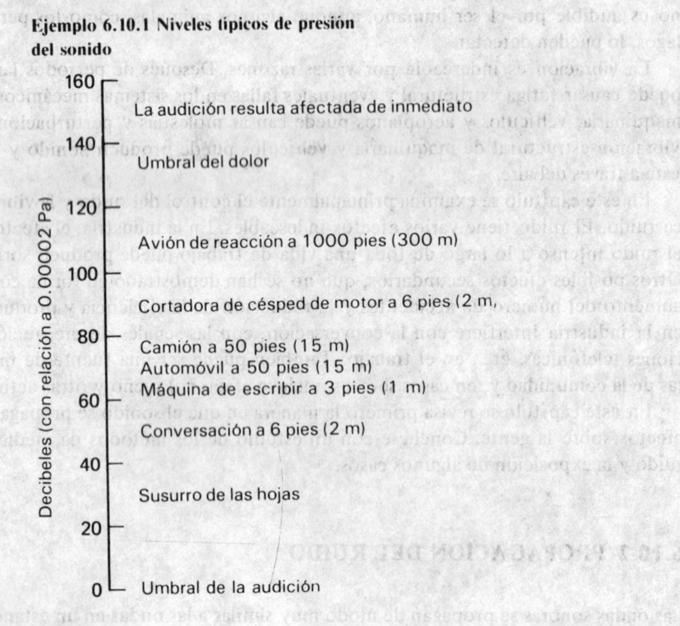

* 0.00002 pascal = 0.00002 N/m^2
≈ 0.0002 microbares

La velocidad del sonido en el aire depende sólo de la raíz cuadrada de la temperatura absoluta.

Al igual que las ondas sonoras se propagan a partir de un origen a la velocidad del sonido, también sucede con la energía sonora. La "intensidad del sonido" se define como la energía sonora que pasa a través de un área unitaria en un tiempo unitario. Por tanto, la intensidad es energía sonora por área unitaria. La intensidad sonora se ve de modo parecido que la intensidad de la luz. Más adelante se examina el comportamiento análogo entre las ondas sonoras y las ondas luminosas.

Un nivel de intensidad L_I también se puede definir:

$$L_I = 10 \log (I/I_{ref}), \text{ dB} \tag{3}$$

donde I es la intensidad del sonido (W/m^2) e I_{ref} es una intensidad de referencia igual a 10^{-12} W/m^2. Nótese que a 20°C, $\rho_o c_o = 415$ raylios (MKS), y se ve fácilmente que $Lp \doteq L_I$. Para otras temperaturas del aire, $L_p \approx L_I$, y pueden resultar diferencias ligeramente mayores.

Ley del inverso de los cuadrados

Toda la energía sonora que emana de una fuente pasa a través de una esfera imaginaria alrededor de la fuente. Puesto que el área esférica aumenta cuatro veces cada vez que se duplica la distancia a la fuente, la energía por área unitaria (o sea, la intensidad) se reducirá a un cuarto de la original. En las ecuaciones 1 y 2 se muestra que L_p decrece correspondientemente en $10 \log_{10} 4$ o casi 6 dB. Por tanto, suponiendo que la fuente sonora está en un espacio libre (es decir, en el exterior, sin obstáculos que causen reflexiones), L_p decrece en 6 dB por cada vez que se dobla la distancia. Esto se conoce como la "ley del inverso de los cuadrados".

Muy cerca de la fuente sonora, la intensidad del sonido no se relaciona simplemente con la presión sonora. Esta región cercana al origen se llama "campo cercano", y en ésta hay una desviación de la ley del inverso de los cuadrados. Afuera de esta región está el verdadero campo sonoro, el campo lejano. En un edificio, a medida que la distancia aumenta respecto a la máquina, las reflexiones adquieren mayor magnitud que el sonido directo. La distancia a la cual los campos sonoros directo y reflejado son iguales se denomina "distancia crítica" (r_c) y define el límite entre el campo libre y el campo reverberante (véase el ejemplo 6.10.2).

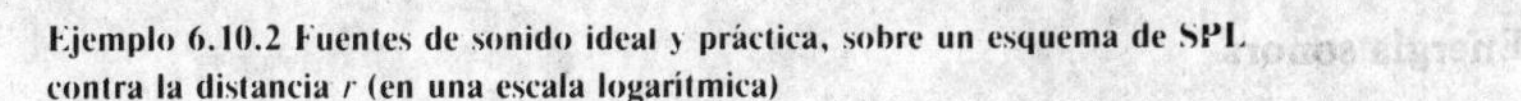

Ejemplo 6.10.2 Fuentes de sonido ideal y práctica, sobre un esquema de SPL contra la distancia r (en una escala logarítmica)

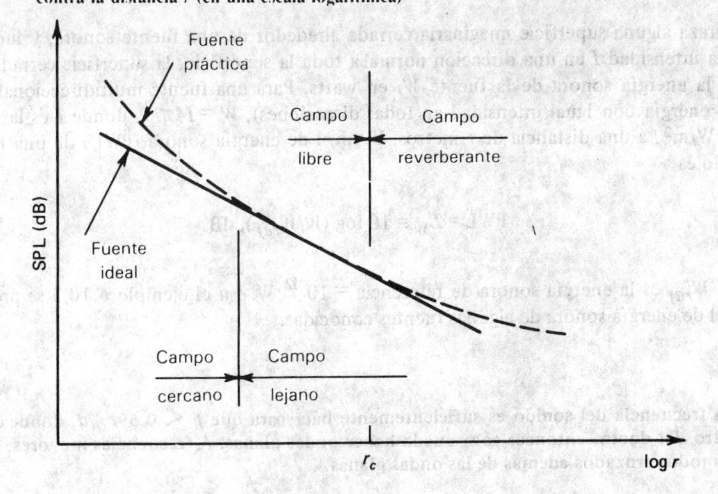

Reflejo

Ahora se analizará con mayor detalle el campo reverberante. Si una onda sonora se desplaza en un medio, y el valor de $\rho_O c_O$ (impedancia característica del medio) cambia, entonces hay un reflejo. Los obstáculos sólidos tienen valores muy diferentes de $\rho_O c_O$ del aire y, por tanto, producen reflexiones fuertes. En este caso se viola la ley del inverso de los cuadrados. Si en un espectro sonoro hay tonos puros y fuertes, es decir, frecuencias discretas, entonces la onda que viaja hacia el medio distinto y la onda reflejada interfieren para producir ondas estacionarias. Hay regiones en el espacio de alta presión sonora (conocidas como "antinodos") y regiones de baja presión sonora (conocidas como "nodos") para sonido a estas frecuencias discretas. Este hecho tiene una gran importancia cuando se mide el nivel de ruido de una máquina dentro de un cuarto.

Ondas planas

Si una fuente de sonido de baja frecuencia está situada en un ducto de paredes duras, entonces el campo sonoro se vuelve unidimensional, y no hay atenuación a medida que la ondas sonoras se desplazan a lo largo del ducto. Estas ondas se denominan "ondas planas".* Si la pared del ducto es absorbente, las ondas se atenúan a medida que se desplazan por el ducto. En la sección 6.10.6 de este capítulo se estudia la absorción.

Difracción

Cuando las ondas sonoras chocan con un obstáculo, cierta cantidad de energía se refleja y cierta cantidad se difracta (o dobla) alrededor del obstáculo. La cantidad de energía sonora que se difracta depende de la relación entre el tamaño del obstáculo y la longitud de onda, λ. Este fenómeno también ocurre con las ondas luminosas. Si la dimensión del obstáculo es mucho mayor que la longitud de onda, tanto el sonido como la luz forman una sombra intensa. Si la dimensión es mucho menor que la longitud de onda, se forma una sombra tenue, y se difracta mucha energía alrededor del obstáculo. La longitud de onda λ, está dada por

$$\lambda = c_O/f \tag{4}$$

Energía sonora

Si se traza alguna superficie imaginaria cerrada alrededor de una fuente sonora, y luego se suma la intensidad I en una dirección normal a toda la superficie, la superficie cerrada producirá la energía sonora de la fuente W, en watts. Para una fuente multidireccional (que irradie energía con igual intensidad en todas direcciones), $W = I4\pi r^2$, donde I es la intensidad, W/m², a una distancia de r metros. El nivel de energía sonora (PWL) de una fuente de ruido es

$$\text{PWL} = L_w = 10 \log (W/W_{ref}), \text{ dB} \tag{5}$$

donde W_{ref} es la energía sonora de referencia $= 10^{-12}$ W. En el ejemplo 6.10.3 se presenta el nivel de energía sonora de algunas fuentes conocidas.

* Si la frecuencia del sonido es suficientemente baja para que $f < 0.59c_O/d$, donde d es el diámetro del ducto, entonces sólo puede haber ondas planas. A frecuencias mayores, puede haber modos cruzados además de las ondas planas.

Ejemplo 6.10.3 Niveles típicos de intensidad de sonido

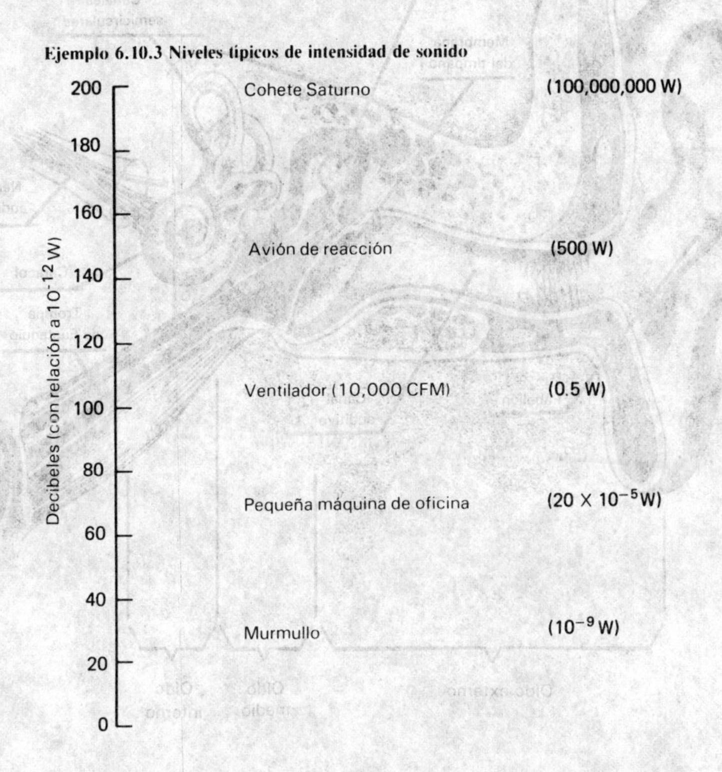

6.10.3 RESPUESTA SUBJETIVA AL RUIDO

Estructura del oído

El sentido del oído es probablemente el más desarrollado en el ser humano. En el ejemplo 6.10.4*a* aparece un corte transversal del oído. Normalmente, el oído se divide en tres regiones: externa, media e interna. El pabellón recoge las ondas sonoras y las conduce al canal auditivo y viajan por este conducto para excitar al tímpano mediante vibración. Este (ilustración 6.10.4*b*) es muy delgado, del grosor de una hoja de papel, y está tenso. La vibración del tímpano se transmite por tres huesecillos (auditivos) al oído interno (laberinto). El oído externo y el oído medio están llenos de aire, mientras que el interno está lleno de líquido. El movimiento de los huesecillos produce ondas de compresión en el fluido del laberinto, que son recibidas por miles de células capilares microscópicas. Estas células capilares transmiten señales eléctricas al cerebro al través de los nervios, produciendo la sensación de oír. Los cambios de presión estática se igualan a través del tímpano mediante absorción, lo cual abre la trompa de Eustaquio hacia la pared trasera de la garganta.

Sonoridad de los sonidos

El oído se usa principalmente para escuchar el habla humana, la cual está en su mayor parte dentro del rango de 250 a 4,000 Hz, y es más sensible en esta región de frecuencia. En el ejemplo 6.105 se muestran los perfiles de igual sonoridad para gente joven promedio. Estos perfiles se obtuvieron produciendo un tono puro (frecuencia única) a 1,000 Hz y luego ajustando el tono a otra frecuencia hasta que parecieron igualmente sonoros. Para sonidos muy

Ejemplo 6.10.4 *a)* **Corte longitudinal simplificado del oído humano;** *b)* **El tímpano y los tres huesecillos de la audición**[a]

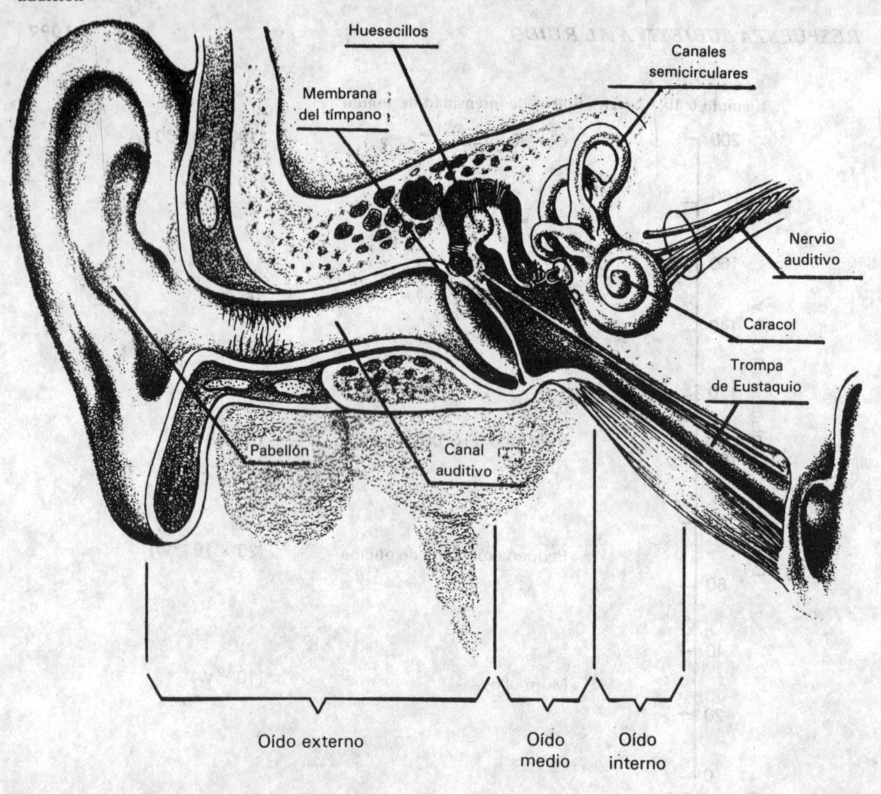

(a)

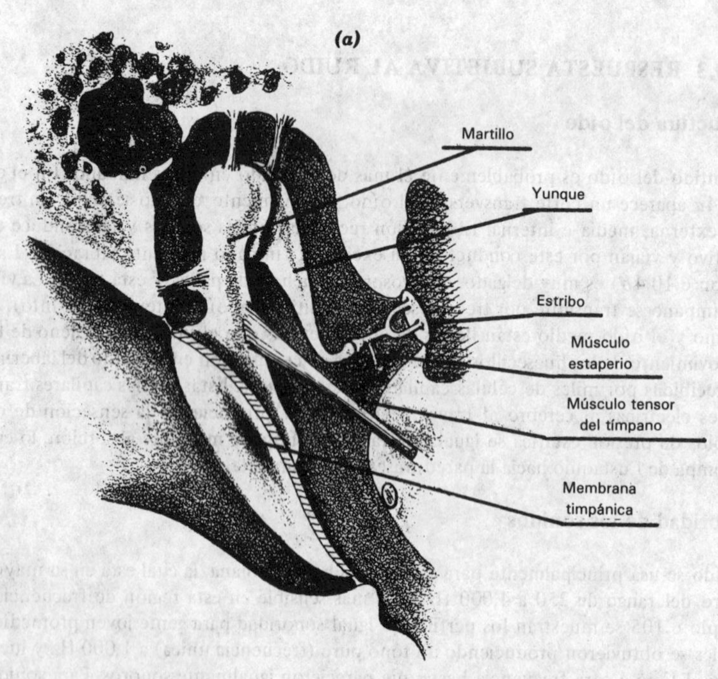

(b)

[a]Tomado de J. W. PALMER, *Anatomy for Speech and Hearing,* Harper & Row, Nueva York, 1972. Reproducido con autorización.

Ejemplo 6.10.5 Curvas de intensidad igual de los tonos puros[a]

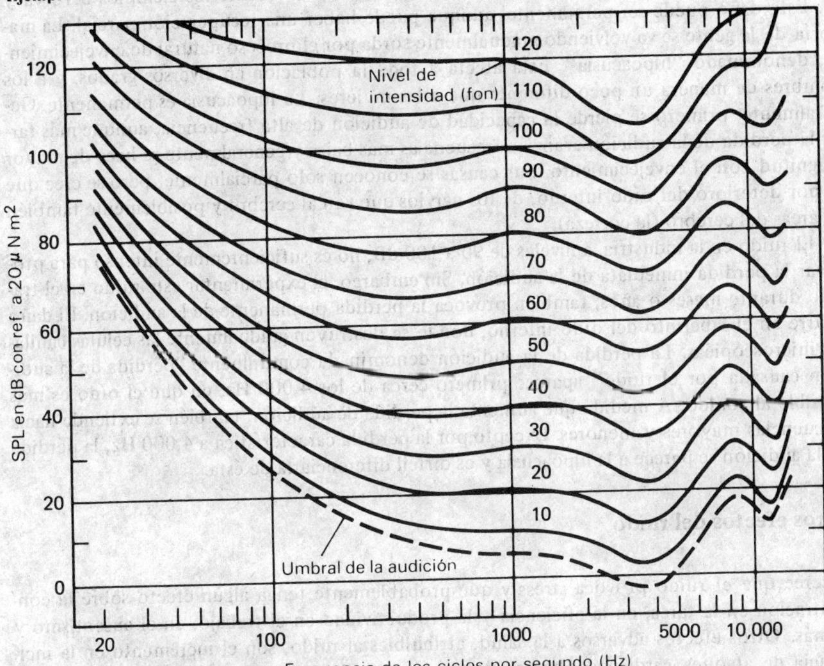

[a]Tomado de D.W. ROBINSON y R. S. DADSON, "A Re-determination of the Equal-Loudness Relations for Pure Tones", *British Journal of Applied Physiology*, Vol. 7, 1956, p. 166, con la debida autorización.

intensos (cerca de 100 dB), los perfiles son mucho más planos que para los sonidos a niveles bajos. A niveles bajos, el oído percibe muy escasamente los sonidos de baja frecuencia. (Si fuera más sensible a bajas frecuencias, ¡probablemente oiríamos nuestros procesos digestivos y los movimientos musculoesqueléticos!). El perfil más bajo muestra el umbral de audición (el sonido más débil que se puede oír a cualquier frecuencia). Si el oído fuera sólo un poco más sensible (más o menos 10 veces) a los sonidos débiles, oiríamos el movimiento irregular de las moléculas del aire (movimiento de Brown).

Cada perfil del ejemplo 6.10.5 está marcado con un número en fonios. El nivel de sonoridad de un sonido en fonios, P, es pues, el SPL de un tono a 1,000 Hz que parece igualmente sonoro. A veces es más conveniente una escala lineal de sonoridad, y la sonoridad S de un sonido en sonios aceptada internacionalmente está dada por

$$S = 2^{(P-40)/10} \tag{6}$$

Aunque el ejemplo 6.10.5 es para tonos puros, algunos experimentos con gente y gamas de ruido han producido un conjunto similar de curvas para iguales perfiles de sonoridad de bandas de ruido. Con el ruido, la ecuación 6 se usa también internacionalmente para obtener la sonoridad. Así, la sonoridad aparente S se duplica cada vez que un ruido aumenta en cerca de 10 dB (cuando P aumenta 10 veces en la ecuación 6).

Sordera y daño auditivo

El ruido repentino o continuo extremadamente intenso (como el de un disparo con arma de fuego o los golpes intensos) pueden causar un daño inmediato (véase el ejemplo 6.10.1).

Esto ocurre usualmente en el tímpano o en los huesecillos (véanse los ejemplos 6.10.4*a* y *b*). Este daño puede ser permanente, aunque puede haber una recuperación parcial. La mayoría de la gente se va volviendo gradualmente sorda por el proceso natural de envejecimiento, denominado "hipoacusia". Esta afecta a toda la población en diversos grados, y a los hombres de manera un poco diferente que a las mujeres. La hipoacusia es permanente. Generalmente, primero se pierde la capacidad de audición de alta frecuencia, aunque más tarde la pérdida de la audición avanza a frecuencias más bajas y generalmente se hace de mayor magnitud con el envejecimiento. Sus causas se conocen sólo parcialmente, pero se cree que es por deterioro del oído interno, de los nervios que van al cerebro y posiblemente también de áreas del cerebro (la corteza).

El ruido en la industria, a niveles de 90 a 100 dB, no es suficientemente intenso para provocar la pérdida inmediata de la audición. Sin embargo, el experimentar este ruido en el trabajo durante meses o años, también provoca la pérdida permanente de la audición. El daño ocurre en el laberinto del oído interno, donde se destruyen gradualmente las células capilares microscópicas. La pérdida de la audición denominada comúnmente "pérdida de la audición causada por el ruido" aparece primero cerca de los 4,000 Hz, en que el oído es más sensible al sonido. A medida que aumenta la pérdida de audición, también se extiende hacia frecuencias mayores y menores. Excepto por la pérdida característica a 4,000 Hz, la pérdida de la audición se parece a la hipoacusia y es difícil diferenciarla de ésta.

Otros efectos del ruido

Se cree que el ruido provoca stress y que probablemente tenga algún efecto sobre la concentración en la tarea, en la eficiencia y la productividad en el trabajo, en el ausentismo y demás. Otros efectos adversos a la salud, atribuibles al ruido, son el incremento en la incidencia de ataques cardiacos, abortos, jaquecas. etc. Sin embargo, estos efectos extras son difíciles de aislar y atribuir directamente al ruido. De hecho, algunas autoridades insisten en que la gente se adapta al ruido y que, en vista de que el ruido no es suficientemente intenso para causar una pérdida de la audición, tales efectos no son atribuibles al ruido. Este punto de vista se acepta ampliamente en los Estados Unidos, aunque estos efectos se deben investigar aún más.

Por supuesto, el ruido sí interfiere en la comunicación, el sueño y otras actividades humanas. Por tanto constituye un problema tanto en el trabajo como en las comunidades residenciales cercanas a las industrias. La interferencia en el habla se debe al efecto de encubrimiento debido al ruido, el cual es un fenómeno bien conocido.

Ejemplo 6.10.6 Exposiciones permitidas por la OSHA al ruido en el trabajo

Duración por día (Hrs)	*Nivel de ruido en dB(A)*
8	90
6	92
4	95
3	97
2	100
1.5	102
1	105
0.5	110
0.25 o menos	115

Reglamentación y legislación sobre el ruido

Con objeto de proteger a las personas que trabajan en ambientes ruidosos, en Estados Unidos se presentaron los reglamentos generales sobre el ruido por primera vez en 1969. Estos se muestran en el ejemplo 6.10.6. En 1970, éstos se extendieron para cubrir a todos aquellos que trabajan en medios ruidosos, cerca de 20 millones de trabajadores en total, exceptuando a los agricultores y los trabajadores de la construcción. En el ejemplo se ve que la división del tiempo de exposición permitida es para aumentos de 5 dB(A) del nivel de ruido. En muchos países que se basan en valores de energía, ahora existen reglamentos que dividen el tiempo de exposición permitido por día para cada aumento de 3 dB(A) en el nivel de ruido.

6.10.4 INSTRUMENTACION

Micrófonos

Al igual que el oído responde a la presión del sonido, el instrumento básico disponible para medir el sonido, el micrófono, produce una señal de voltaje proporcional a la presión del sonido. Los principios de funcionamiento del microfóno son diversos. Los más comunes son los micrófonos de cristal piezoeléctricos, el micrófono de condensador y el reciente micrófono de electreto. Los micrófonos piezoeléctricos tienen varias ventajas: relativa inmunidad al daño y la humedad, y alta capacitancia pero tienen una respuesta de frecuencia muy burda y limitada a altas frecuencias (5,000 a 15,000 Hz). El micrófono de condensador tiene una respuesta de frecuencia más amplia y continua, pero son más costosos y susceptibles al daño y la humedad. También tienen una capacitancia más baja, que plantea problemas con la entrada del medidor de nivel de sonido o preamplificador con que se usan. Los micrófonos de electreto, desarrollados recientemente, son similares a los de condensador, pero menos costosos; además, son inmunes a la humedad y más resistentes, aunque tienen algunas desventajas, como su estabilidad a largo plazo que aún no ha sido comprobada.

Medidores de nivel acústico

Todos los micrófonos requieren alguna forma de amplificación de señal. El medidor de nivel acústico es una combinación portátil de micrófono, amplificador y medidor acústico. El medidor se usa para medir la señal, y normalmente se obtiene la raíz cuadrada de presión media, p_{rms}. La mayoría de los medidores de nivel acústico tienen filtros de compensación A, B y C; algunos también tienen filtros de una octava. Los filtros de compensación A, B y C, que se presentan en el ejemplo 6.10.7, compensan o ponderan la frecuencia sonora de una manera muy parecida a como lo hace el oído humano. Para sonidos de bajo nivel, el oído responde de modo muy similar al filtro de compensación A. Es insensible al sonido de baja frecuencia (inferior a 1,000 Hz), muy sensible a frecuencias mediana y alta (entre 1,000 y 10,000 Hz), y luego insensible de nuevo a más de 10,000 Hz. El filtro compensador B representa mejor la respuesta del oído a sonidos de nivel medio y el C a sonidos de alto nivel (donde la respuesta del oído a la frecuencia tiende mucho más a ser plana). El medidor de nivel acústico se usa en ocasiones como medidor de "sonoridad". La mayor parte de la gente da lecturas en dB(A) (decibeles empleando el filtro de compensación A). Las lecturas en dB(B) y dB(C) no se dan tan frecuentemente.

Mucha gente supone que los micrófonos no son direccionales. Esto es verdad para bajas frecuencias. Sin embargo, a altas frecuencias (más de 1,000 Hz), los micrófonos son más sensibles al sonido frontal que al lateral. La mayoría de los fabricantes alteran el diseño del medidor de nivel acústico para modificar este efecto, y es importante seguir las instruccio-

Ejemplo 6.10.7 Curvas de respuesta de los filtros de ponderación A, B y C

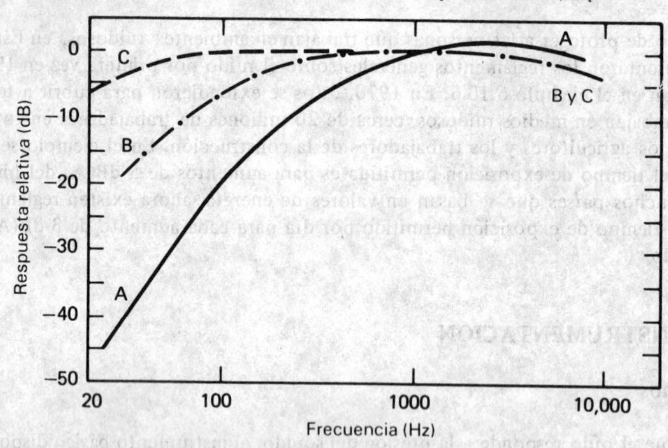

nes del fabricante sobre si el micrófono se debe dirigir hacia la fuente o situarlo a los lados de ésta.

En la respuesta del medidor de nivel acústico influyen considerablemente las reflexiones del operador situado a sólo 2 ó 3 pies. Se pueden producir errores de hasta 5 a 10 dB. Para mediciones más exactas, el micrófono se puede situar lejos del medidor de nivel de sonido (véase el ejemplo 6.10.8).

Grabadoras de cinta magnética y análisis de banda angosta

Si se necesita mayor información de frecuencia de banda angosta, es práctica común alimentar una señal de un medidor de nivel sonoro a una grabadora portátil de cinta y analizar más tarde las señales en el laboratorio. Existen analizadores para varios rangos de banda (véase el ejemplo 6.10.9), incluyendo una octava,* media octava, un tercio de octava, un décimo de octava y filtros de frecuencia constante, por ejemplo, 5 Hz, 10 Hz, 20 Hz. El equipo de ban-

Ejemplo 6.10.8 Empleo de *a*) un medidor del nivel de sonido y *b*) un medidor con micrófono remoto

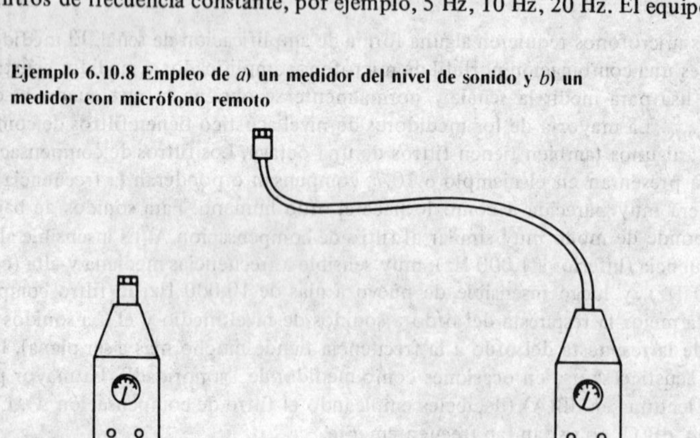

(*a*) (*b*)

* Una octava es una duplicación de la frecuencia.

Ejemplo 6.10.9 Comparación entre anchos de banda de *a*) porcentaje constante (un tercio de octava) y *b*) filtros de ancho de banda constante (ancho de banda de 20 Hz) a las mismas frecuencias

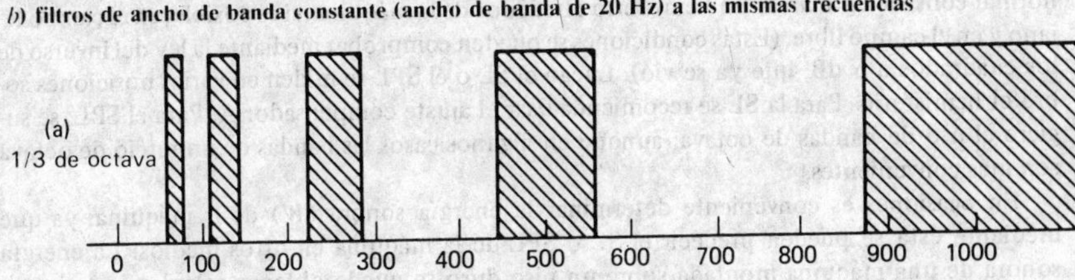

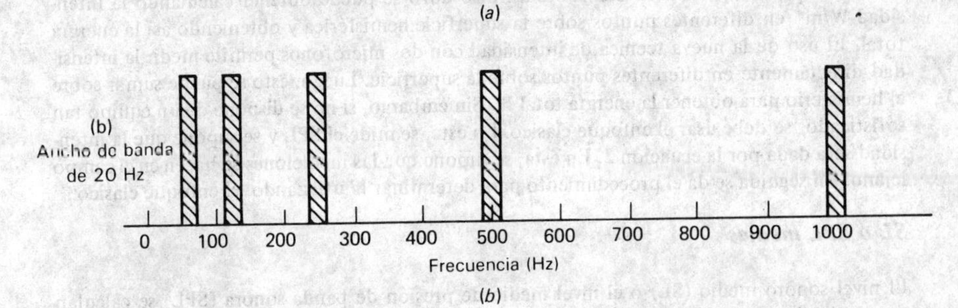

da angosta es más costoso y el análisis análogo de banda angosta toma mucho tiempo, pero los resultados son útiles para identificar las fuentes del ruido. Los analizadores de tiempo real y los analizadores rápidos de transformación de Fourier (FFT) son costosos, pero son capaces de obtener muy rápidamente información de frecuencia de banda angosta. Los analizadores FFT también se han usado recientemente con dos micrófonos para medir la intensidad I en un campo sonoro. Este nuevo enfoque ha sido muy útil para obtener información de fuentes de ruido.

6.10.5 MEDICION DEL RUIDO

Se puede desear medir el ruido que produce una máquina, por una o varias de las siguientes razones:

1. Para determinar el ruido a cierta distancia (digamos, donde puede estar un operador).

2. Para verificar si el ruido producido por la máquina está dentro de ciertos límites especificados.

3. Para hacer una comparación entre el ruido producido por diferentes modelos de la misma máquina o entre el ruido producido por diferentes máquinas.

Se usan diferentes métodos, dependiendo de la razón para medir el ruido dependiendo del motivo con que se haga. En el caso 1 se puede desear simplemente medir el nivel del sonido (SL) en dB(A) en el sitio en que esté la cabeza del operador (cuando el mismo no esté allí). En muchos casos, la máquina está fija, o no se dispone de un laboratorio, y el ruido se debe medir en el mismo sitio. En algunos casos, la máquina es lo suficientemente pequeña o portátil para llevarla a un laboratorio especial donde la medición puede hacerse con mayor exactitud. Ahora se tratarán estos dos casos.

Medición del ruido de máquinas *in situ*

Existen métodos estándar para la medición del ruido de máquina.[2-5]

Si simplemente se quiere medir el SPL, esto se puede hacer como sigue: el procedimiento normal consiste en marcar un hemisferio alrededor de la máquina, si es posible, en el campo lejano y en el campo libre. (Estas condiciones se pueden comprobar mediante la ley del inverso de los cuadrados a 6 dB, que ya se vio). Luego el SL o el SPL se miden en varias posiciones sobre el hemisferio. Para la SL se recomienda usar el ajuste compensador A. Para el SPL, se sugiere el uso de bandas de octava, aunque en algunos casos las bandas de un tercio de octava son más convenientes.

En ocasiones es conveniente determinar la energía sonora (W) de la máquina, ya que mediante ésta se pueden predecir el SL o SPL de la máquina en otros medios. La energía sonora de una máquina montada sobre un piso duro se puede obtener calculando la intensidad W/m^2 en diferentes puntos sobre la superficie hemisférica y obteniendo así la energía total. El uso de la nueva técnica de intensidad con dos micrófonos permite medir la intensidad directamente en diferentes puntos sobre la superficie. Luego, esto se puede sumar sobre el hemisferio para obtener la energía total W. Sin embargo, si no se dispone de un equipo tan sofisticado, se debe usar el enfoque clásico. En éste, se mide el SPL y se supone que la intensidad será dada por la ecuación 2. En ésta, se supone que las mediciones se hacen en el campo lejano. En seguida se da el procedimiento para determinar W utilizando el enfoque clásico.

SL o SPL medias

El nivel sonoro medio (SL) o el nivel medio de presión de banda sonora (SPL) se calculan promediando los resultados (después de corregirlos debido al ruido de fondo):

$$\overline{L} = 10 \log_{10} \left\{ \frac{1}{n} \left[\text{antilog}_{10} \left(\frac{L_1}{10} \right) + \text{antilog}_{10} \left(\frac{L_2}{10} \right) + \cdots, \text{antilog}_{10} \left(\frac{L_n}{10} \right) \right] \right\} \qquad (7)$$

donde $\overline{L}$ = el SL medio o el SPL medio de banda, en dB
L_1 = el SL o el SPL de banda en la primera posición, etc.
n = el número de posiciones de medición

Si la variación entre las lecturas L_1 y L_2, etc., es menor de 5 dB, el error no será mayor a 0.7 dB si se toma la media aritmética de las lecturas en vez de usar la ecuación 7. Si la variación es menor que 10 dB, el mismo procedimiento produce un error menor de 2.5 dB.

Nivel de energía sonora

El nivel de energía sonora (PWL) puede calcularse como sigue:

$$\text{PWL} = L_W = \overline{L} + 10 \log_{10} 2\pi r^2 \qquad (8)$$

donde PWL es el nivel de energía sonora de la máquina y $\overline{L}$ es el nivel medio de presión sonora, SPL, determinado sobre un hemisferio de radio r, medido en metros.

Es necesario que el radio r sea suficientemente grande para que el hemisferio esté en el campo lejano. Normalmente, si r es mayor que el doble de la dimensión total de la máquina, entonces esta condición se satisface (excepto para frecuencias muy bajas). También se deben hacer mediciones en el campo libre (véase el ejemplo 6.10.2), y así se pueden ignorar los efectos de las reflexiones en el lugar. Cualquier material que absorba sonido cerca de la máquina (dentro del hemisferio de medición) reducirá la energía sonora de la máquina y, por tanto, se debe quitar del lugar. Si la máquina está montada sobre un piso o plano reflejante, esto se puede contemplar como parte integral de la fuente de ruido de la máquina, y la medición debe hacerse en tal condición. Si la máquina está montada en un "espacio libre", entonces se debe usar una esfera de medición en vez de una semiesfera, y en la ecuación 8, el $2\pi r^2$ se debe reemplazar por $4\pi r^2$.

Indice de directividad

El índice de directividad, DI_θ, está dado por

$$DI_\theta = L_\theta - \overline{L} + 3 \text{ dB} \tag{9}$$

donde L_θ es el SPL medido a un ángulo θ sobre el hemisferio con radio r, y L es la media de las mediciones L_θ hechas sobre un hemisferio con radio r determinado por el método anterior.

Si la máquina está montada en un espacio libre y la propagación del sonido es esférica, entonces en la ecuación 9 se omite 3 dB.

Medición del ruido en salas anecoicas y reverberantes

En los laboratorios se dispone de salas para mediciones especializadas. Estas instalaciones son costosas y su número es limitado.

Salas anecoicas

Un espacio o sala anecoica es sencillamente un espacio de trabajo al que no afectan las condiciones atmosféricas; es esencialmente una simulación de las condiciones de "campo libre". Los espacios anecoicos se usan más cuando la direccionalidad del ruido de la fuente es un aspecto importante a determinar.

El primer problema es asegurar que haya un bajo nivel de ruido de fondo en el espacio o sala. Esto se logra comúnmente mediante la construcción con muros sumamente gruesos. Si la sala se construye en un ambiente con alto nivel de ruido (por ejemplo, un área fabril ruidosa o cerca de una carretera transitada), puede ser necesario hacer la construcción con muros dobles.

Si hay un alto nivel de vibración causado por el tráfico de carretera o de ferrocarril o por máquinas, y si hay máquinas, como prensas, trabajando cerca, también puede ser necesario aislar la sala de la vibración. Esto se hace comúnmente montando la sala sobre resortes metálicos blandos o cojinetes de caucho.

El segundo problema es tener suficiente material absorbente de sonido sobre los muros de la sala para que las reflexiones de ruido de la fuente que se investiga sean mínimas en el margen de frecuencia que se opere. Esto se logra comúnmente montando calzas absorbentes en los muros de la sala. Las calzas típicas están hechas de fibra de vidrio o de espuma de caucho. En Harris[5] y Crocker[6] se estudian los problemas prácticos relacionados con el uso de estas salas.

Salas reverberantes

Una sala reverberante es lo opuesto a una sala anecoica. La absorción se mantiene al mínimo, de modo que no muy lejos de la fuente de ruido el campo de sonido sea difuso y se obtenga casi la misma medida con micrófono en cualquier parte de la sala.

La sala se tiene que construir con muros gruesos y aislados del resto de los edificios (de manera similar que la descrita para una sala anecoica) a fin de mantener bajo el nivel de ruido de fondo. Los muros de la sala se hacen altamente reflectores cubriéndolos con un aplanado y pintándolos con pintura brillante.

Las salas reverberantes son ideales para medir la energía sonora de una máquina, ya que no reproducen mucha energía sonora a frecuencias discretas (usualmente denominadas "tonos"). La energía sonora se puede determinar mucho más rápidamente en una sala reverberante que por el método de la semiesfera tratado anteriormente en este capítulo.

6.10.6 ENFOQUES DEL CONTROL DEL RUIDO

Fuente-trayectoria-receptor

Todos los problemas de control de ruido se pueden expresar como *fuente, trayectoria* y *receptor,* como se ve en el ejemplo 6.10.10.

Esta parece ser una afirmación obvia, sin embargo la aplicación de este concepto es muy útil para estudiar cada problema de control de ruido. En muchos problemas de control de ruido, hay varias fuentes, varias trayectorias de flujo de energía de cada fuente y varios receptores. En cualquier problema de control de ruido, es el mejor enfoque para determinar, en orden de importancia, tanto las fuentes como las trayectorias de flujo de energía para cada fuente de ruido. La mejor práctica es identificar y debilitar la fuente dominante de ruido, si acaso es posible. Luego, posiblemente la fuente secundaria será la más importante o molesta y puede ser necesario aminorarla también; y así en adelante.

Desafortunadamente, en muchos problemas de ruido en máquinas, no siempre es práctico reducir la intensidad de la fuente, ya que puede ser muy costoso o tomar mucho tiempo, o bien, puede interferir con la operación de la máquina. En estos casos puede ser más eficaz interferir las trayectorias de la transmisión de energía. Ejemplos de esto son el uso de cubiertas, barreras, material absorbente, aislantes de vibración y amortiguadores de vibración. Algunas de estas técnicas se examinan en las secciones siguientes; para mayores detalles véase Crocker y colaboradores.[7]

En algunos casos, el uso de cubiertas, barreras de absorción, etc., no es práctico, ya que puede ser necesario un acceso continuo a la máquina por parte del operador. En este caso debe tratar de modificarse al receptor (ejemplo 6.10.10), es decir, el oído humano. El empleo de microauriculares u orejeras, o los cambios administrativos para reducir la exposición al ruido, son ejemplos de cómo modificar al receptor. A menudo, estas soluciones no son satisfactorias y se deben considerar como último recurso.

Cubiertas

Con frecuencia, las cubiertas constituyen el medio más eficaz para interferir la trayectoria de la energía acústica. Sin tomar en cuenta la rigidez y amortiguamiento de un muro, la pérdida de transmisión, TL, en la pared de una cubierta es

$$\text{TL} = 20 \log_{10} (mf) - 34, \text{dB} \qquad (10)$$

donde f es la frecuencia (Hz) y m es la masa por área unitaria (lb/pie^2).

La TL expresada en la ecuación 10 concuerda muy bien con los experimentos, excepto a frecuencias muy bajas y muy altas. Se ve que las cubiertas son efectivas a altas frecuencias y también si son sólidas. Cada vez que la frecuencia o la masa por área unitaria de la cubierta se duplica, la TL aumenta en 6 dB. Sin embargo, la realidad es más complicada que esto. Se sabe que a bajas frecuencias, la rigidez del panel y la cavidad de aire no se pueden ignorar, y la TL se reduce por la resonancia dentro de las paredes de la cubierta y de la cavidad de aire (sobre todo si esta última es muy pequeña). También hay una reducción en la TL a altas fre-

Ejemplo 6.10.10 Fuente, Trayectoria, Receptor

Fuente → Trayectoria → Receptor

cuencias debido al efecto de coincidencia.[7] La frecuencia de coincidencia crítica, f_c, está dada por

$$f_c = 500/h, \text{ Hz} \tag{11}$$

donde h es el grosor del panel en pulgadas, para paneles de acero o aluminio. Para otros materiales, el valor de 500 se reemplaza por otra constante. La TL idealizada de una pared típica se muestra en el ejemplo 6.10.11.

Aislamiento de la vibración

Casi siempre, las máquinas están sujetas directamente al piso o a grandes superficies de metal. A menudo, estas grandes superficies transmiten fácilmente el sonido a bajas frecuencias. El aislamiento de la vibración puede reducir considerablemente este problema. El aislamiento puede ser particularmente conveniente cuando las trayectorias de aire se han reducido ya mediante cubiertas. La teoría del aislamiento de la vibración es bien conocida y se estudia en la mayoría de los libros sobre la vibración. En resumen, los aislantes de resorte se deben elegir de modo que la frecuencia de la resonancia sea varias veces más pequeña que la frecuencia de la fuerza excitante. Para mayores detalles, véase Crocker y colaboradores.[7,8]

Materiales absorbentes del sonido

El empleo de materiales absorbentes del sonido es muy efectivo en el interior de las cubiertas para máquinas o en espacios fabriles reverberantes para reducir la presión sonora causada por las máquinas. El coeficiente de absorción α de un material se define como la fracción de intensidad incidente I que es absorbida (véase el ejemplo 6.10.12). El área de absorción A de un material, en sabinios, es igual al producto de su coeficiente de absorción α y su área S. Suponiendo que el campo sonoro dentro de la cubierta o espacio es difuso (que es sólo aproximado en el margen de más alta frecuencia), entonces la reducción del nivel de presión sonora, ΔSPL, causada por la adición de material absorbente con un área de absorción de A_2 sabinios es

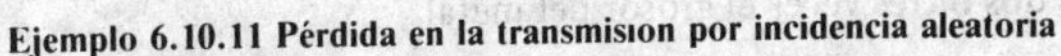

$$\Delta \text{SPL} = L_1 - L_2 = 10 \log_{10} \left(\frac{A_1 + A_2}{A_1} \right), \text{ dB} \tag{12}$$

Ejemplo 6.10.11 Pérdida en la transmisión por incidencia aleatoria

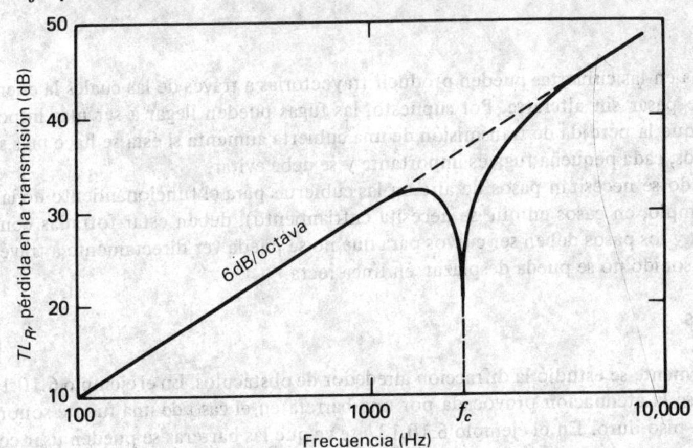

Ejemplo 6.10.12 Coeficiente de absorción de una capa de espuma de 3/4 de pulgada de grueso + 1/2 lb/pie² de revestimiento de vinilo. El coeficiente de reducción del ruido (NRC) es el promedio del coeficiente de absorción a 250, 500, 1000 y 2000 lb.

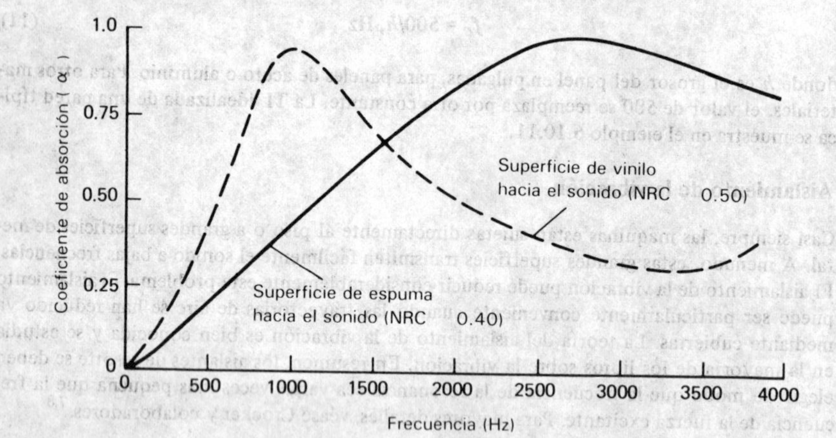

donde L_1 = SPL original

L_2 = SPL una vez agregada la absorción A_2 sabinios

A_1 = área de absorción original (sabinios)

Un estudio más amplio sobre absorción se encuentra en Crocker y Price[9] o en otras fuentes.[2-5]

Materiales amortiguadores

En algunos casos, la vibración se controla por resonancias; en estos casos la amplitud de la vibración es proporcional al amortiguamiento estructural presente. Puesto que el sonido emitido también es proporcional a la amplitud de vibración, el incremento del amortiguamiento estructural puede reducir el sonido irradiado. Se puede disponer de materiales amortiguadores adecuados, hechos de substancias viscoelásticas. De preferencia se deben aplicar de modo que su grosor sea de dos o tres veces el grosor del metal.

Fugas

Las fugas en las cubiertas pueden producir trayectorias a través de las cuales la energía sonora puede pasar sin alterarse. Por supuesto, las fugas pueden llegar a ser más importantes a medida que la pérdida de transmisión de una cubierta aumenta si ésta se hace más sólida. En tales casos, cada pequeña fuga es importante y se debe evitar.

Cuando se necesitan pasos de aire en las cubiertas para el funcionamiento de la máquina (por ejemplo, en casos en que se necesita enfriamiento), deben estar forradas con material acústico, y los pasos deben ser curvos para que no se pueda ver directamente a través de ellos y que el sonido no se pueda desplazar en línea recta.

Barreras

Anteriormente se estudió la difracción alrededor de obstáculos. En el ejemplo 6.10.13*a* puede observarse la atenuación provocada por una barrera en el caso de una fuente sonora situada sobre un piso duro. En el ejemplo 6.10.13*b* se ve que las barreras se pueden usar convenien-

Ejemplo 6.10.13 *a)* **Fuente de ruido y altura efectiva de la barrera vista por el que escucha y** *b)* **protección contra el ruido proporcionada por una barrera**

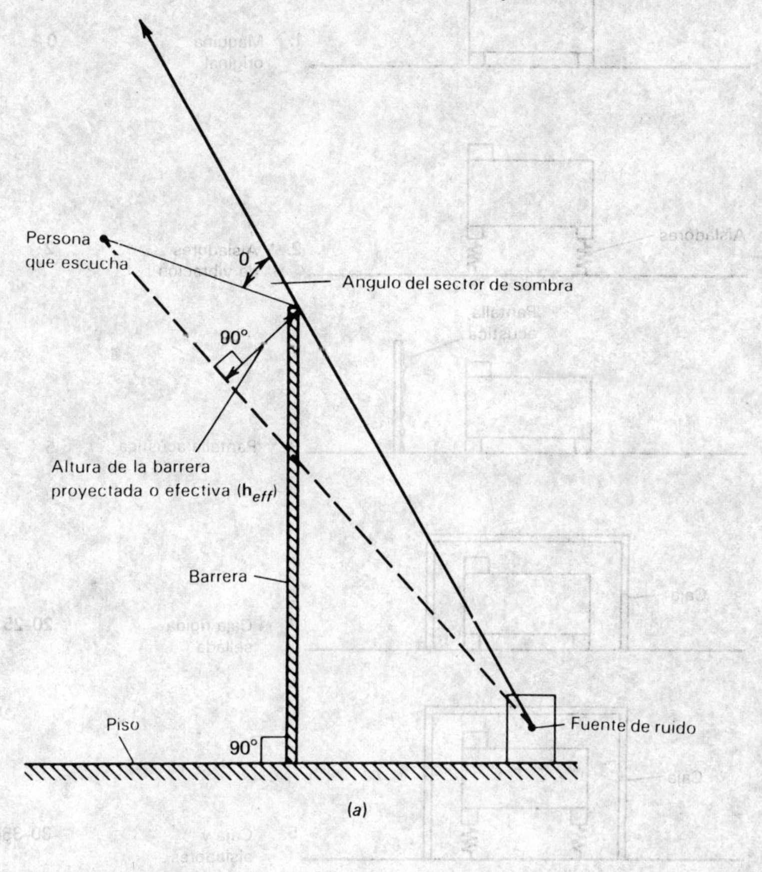

(*a*)

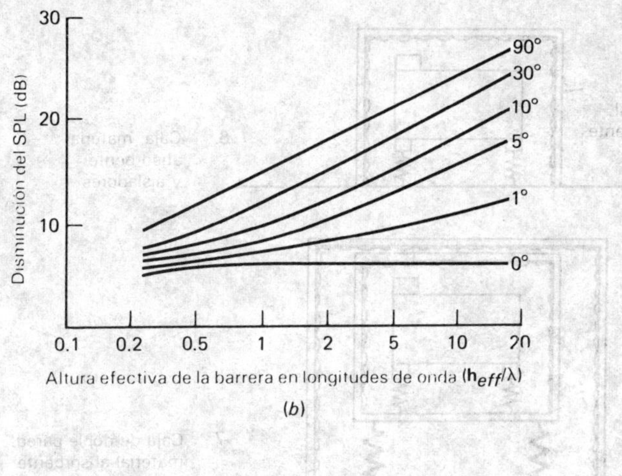

(*b*)

Ejemplo 6.10.14 Comparación de los métodos de reducción del ruido aplicados a una máquina

		Reducción aproximada del SL en dB(A)
1.	Máquina original	0
2.	Aisladores de vibración	2
3.	Pantalla acústica	5
4.	Caja rígida sellada	20-25
5.	Caja y aisladores	30-35
6.	Caja, material absorbente y aisladores	40-45
7.	Caja de doble pared, material absorbente y aisladores	60-80

temente para reducir el sonido cuando la longitud de onda de éste es pequeña en comparación con el obstáculo, es decir, para altas frecuencias. Estas barreras se usan en carreteras y vías de ferrocarril para proteger casas y departamentos. Las barreras pequeñas se pueden usar en el interior de espacios fabriles. Si el plafón de la fábrica es bajo, se puede colocar material absorbente sobre éste y encima de la barrera para prevenir las reflexiones del plafón provenientes de la barrera.

Comparación de métodos de reducción de ruido

En el ejemplo 6.10.14 se presenta una comparación de los métodos de reducción de ruido aplicados a una máquina típica. Se dan reducciones aproximadas de nivel sonoro compensado A.

Equipo de protección para el personal

En casos en que la reducción de ruido en la(s) *fuente*(s) o en la(s) *trayectoria*(s) es difícil o costosa, puede ser necesaria la reducción en el *receptor* o *receptores* (generalmente, el oído humano). Se puede aislar completamente al personal en una cabina acústica. Esta puede necesitar aislarse de la vibración del piso y debe tener una adecuada pérdida de transmisión. Las fugas acústicas se deben reducir al mínimo y en el interior se deben usar materiales absorbentes como losetas acústicas en plafones y muros (y tal vez alfombra). Alternativamente, el personal puede usar protectores de oídos, orejeras e incluso cascos individuales para reducir la exposición individual al ruido. Sin embargo, las orejeras, los auriculares y los casos son incómodos de usar, sobre todo en un ambiente cálido, y se deben usar como último recurso sólo cuando el control para la reducción del ruido es muy costoso o difícil.

6.10.7 CASOS DE REDUCCION DE RUIDO

Fabricación de cajas plegables de cartón

En el ejemplo 6.10.15*a* y *b* se muestran los aspectos superior y lateral, respectivamente, de la prensa cortadora y desbastadora automática para eliminar el material sobrante entre las cajas.[10]

Usualmente, el principal problema de ruido en este tipo de máquina no proviene de la prensa cortadora (si está bien ajustada), sino más bien del sistema de eliminación de desperdicios. El ruido se crea cuando los pedazos de desperdicio del papel chocan contra los lados del alimentador abajo de la desbastadora de la prensa, los lados de la campana alimentadora al ventilador y con éste y los ductos de salida. El ruido creado por los desperdicios afecta la estación del operador de la prensa, llegando a 95 dB(A) con cada golpe de la prensa, haciendo el ruido casi continuo.

El problema de ruido se redujo pegando una capa de recubrimiento de plomo (de 1/32 pulg de grosor y 2 lb/pie^2) al exterior de las superficies antes mencionadas. Esto aumentó el *amortiguamiento* estructural y también la *pérdida de transmisión*. Este tratamiento redujo los niveles de ruido a cerca de 88 a 90 dB(A) en la estación del operador de la prensa. Se puede lograr una mayor reducción de ruido cubriendo el ducto con un material amortiguador también.

Máquinas enderezadoras y cortadoras

Estas máquinas enderezan alambre de gran calibre en una alimentadora para una unidad de corte ajustada para cortar longitudes repetitivas. En este caso el nivel del ruido era de 92 dB(A) en el puesto del operador.[10]

Ejemplo 6.10.15 Sistema de eliminación de desechos en una prensa cortadora. ***a*) Vista desde arriba y *b*) vista lateral**

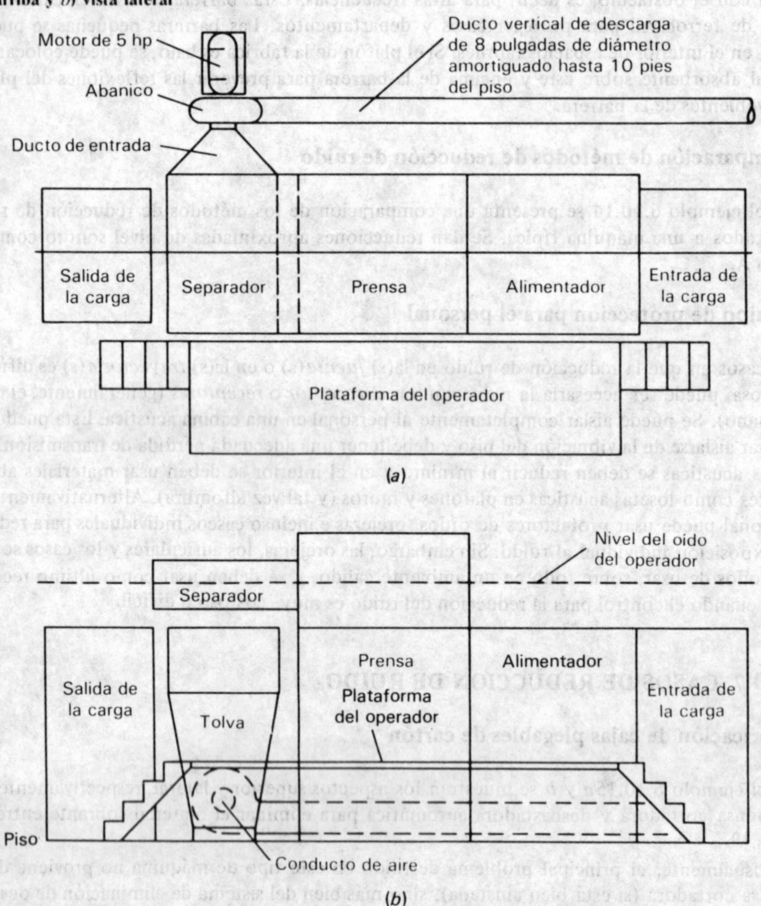

La técnica de control de ruido que se adoptó fue instalar una *barrera* (véase el ejemplo 6.10.16). Esto se debió a que la administración decidió que no se hiciera ningún rediseño a la máquina en sí. Los materiales de la barrera fueron madera laminada de 1/4 pulg y plexiglass T (perspex) para las aberturas para vigilancia. Las barreras quedaron a sólo 6 a 8 pulg de la cortadora y se extendieron 26 pulg más allá de los extremos de ésta.

Se logró una reducción de ruido a 7 dB(A), por más o menos 100 dólares, con un nivel final de ruido de 85 dB(A) en la posición del oído del operador. Debe notarse que los operadores u otro personal pueden quitar fácilmente estas barreras y así supervisar su uso. Con los plafones bajos también puede ocurrir una derivación, como se vio antes en la sección dedicada a las barreras. Esta se puede reducir colocando material absorbente sobre el plafón encima de las barreras.

Canalón de transporte de partes

Los canalones se usan frecuentemente en la industria para transportar partes pequeñas. Si no están bien amortiguados, los canalones pueden producir y transmitir mucho ruido cuando las partes que transportan los golpean.

Ejemplo 6.10.16 Pantalla protectora para una máquina de enderezar y cortar

Normalmente, el *amortiguamiento* de capas forzadas para los canalones es muy efectivo.[11] En este caso, se colocaron cajas de tubo de cartón de calibre 30 en el canalón, como se ve en el ejemplo 6.10.17. La capa forzada se puede colocar ya sea en las partes laterales o en el fondo del canalón. Si es en los lados, la capa metálica debe ser resistente al desgaste por el golpeo de las partes. La aplicación del cartón y la lámina galvanizada de calibre 20, como se ve en el ejemplo 6.10.17, amortiguó el ruido lo suficiente para reducirlo de 88 a 78 dB(A) a tres pies del costado del canalón (véase el ejemplo 6.10.18). También se emplearon placas deflectoras de caucho para conducir las partes hacia el centro del canalón para que éstas no golpearan contra los costados no tratados.

Máquina productora de clavos

En un piso de concreto débil se montaron diez máquinas productoras de clavos.[8] Las máquinas estaban trabajando a 300 golpes por minuto. El nivel de ruido en el puesto del operador era de 103.5 dB(A).

Se creía que la vibración causada por los impactos en el proceso de la máquina se estaba transmitiendo al piso de concreto y que se trasmitía a un nivel audible. Antes de otra cosa, se intentó el análisis de banda de una octava del ruido de la máquina, que se ve en el ejemplo

Ejemplo 6.10.17 Canaleta para transportar casquillos de cartucho

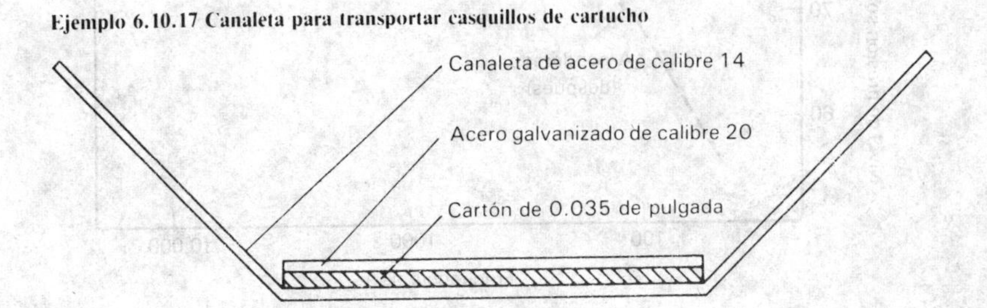

Ejemplo 6.10.18 Espectros del ruido medidos a 3 pies de la canaleta

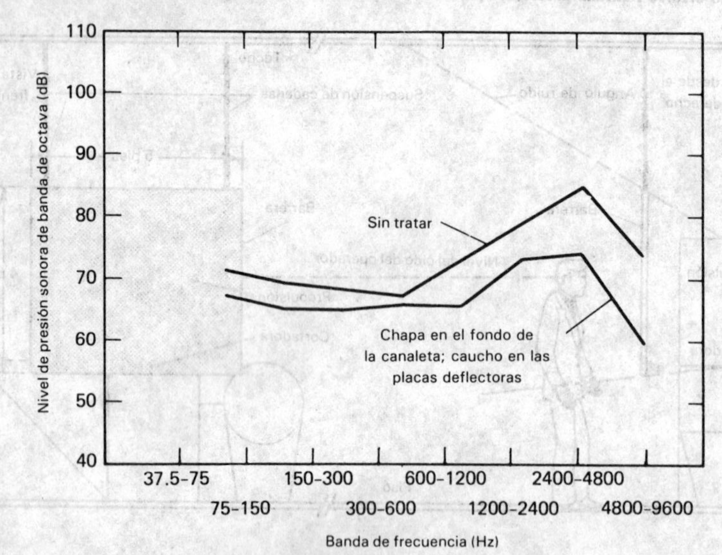

6.10.19. Se decidió usar *aisladores de vibración*. Se pensó que la duración del impulso del golpe era de cerca de 10 mseg. El período de repetición era de 1/(300/60) seg o 200 mseg.

Se eligieron aisladores elastoméricos para tener un período natural de 100 mseg correspondientes a una frecuencia natural de máquina de 10 Hz y una deflexión estática de 0.1 pulg bajo carga. Puesto que 10 mseg $<$ 100 mseg $<$ 200 mseg, se satisficieron las condiciones de diseño. En el ejemplo 6.10.19 se grafican los niveles de banda de una octava una vez instala-

Ejemplo 6.10.19 Niveles de ruido en la posición del operador, con una máquina de hacer clavos

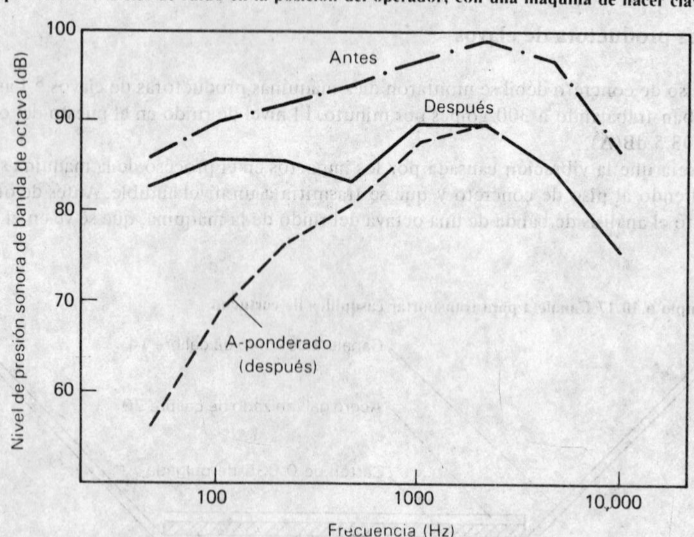

Ejemplo 6.10.20 Exposición del operador antes y después de cubrir la sierra de cortar metal

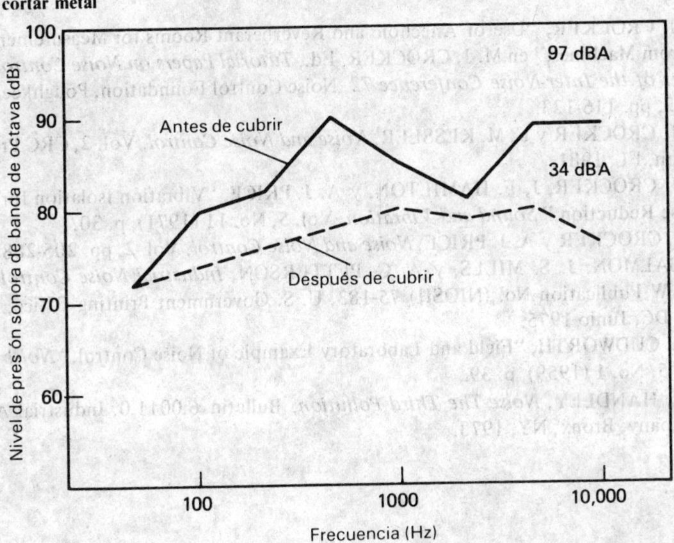

dos los aisladores. El nivel sonoro compensado (A) se redujo en 8.5 dB(A), de 103.5 dB(A) a 95 dB(A).

Como el nivel de ruido aún era alto, se podría haber obtenido una mayor reducción de ruido mediante el uso de una barrera de madera laminada y perspex. Se debieron usar materiales absorbentes de sonido en los plafones bajos encima de las barreras, para cortar las reflexiones. Asimismo, si hay varias máquinas trabajando en el mismo lugar, se puede reducir la reverberación usando materiales absorbentes atomizados sobre muros o recubriendo con placas desviadoras los muros y plafones.

Sierras para corte de metal

Es difícil proteger a trabajadores del ruido de máquinas que se deben guiar o manejar directamente. Las sierras son un ejemplo. En éstas el ruido se emite tanto de la hoja de la sierra como de la pieza que se corta. El ruido de las sierras se puede reducir usando un material amortiguador sobre la hoja de la sierra o *cubiertas* cercanas o de ajuste holgado.

Handley[12] aporta datos sobre una cubierta de ajuste holgado que se construyó para cubrir toda la sierra. Las piezas a trabajar pasan a través de ranuras en la cubierta. La pieza se vigila a través de una ventana de plástico transparente de 1/4 pulg. En el ejemplo 6.10.20 se muestra la reducción de ruido de 13 dB(A) que se logró.

REFERENCIAS

1. M. J. CROCKER y A. J. PRICE, *Noise and Noise Control,* Vol. 1, CRC Press, Boca Raton, FL, 1975, p. 16.
2. L. L. FAULKNER, Ed., *Handbook of Industrial Noise Control,* Industrial Press, Nueva York, 1976, pp. 67-112.
3. L. L. BERANEK, Ed., *Noise and Vibration Control,* McGraw-Hill, Nueva York, 1971.
4. C. M. HARRIS, Ed., *Handbook of Noise Control,* McGraw-Hill, Nueva York, 1958.

5. C. M. HARRIS, Ed., *Handbook of Noise Control,* 2a. ed., McGraw-Hill, Nueva York, 1979.
6. M. J. CROCKER, "Use of Anechoic and Reverberant Rooms for Measurement of Noise from Machines," en M. J. CROCKER, Ed., *Tutorial Papers on Noise Control, Proceedings of the Inter-Noise Conference 72,* Noise Control Foundation, Poughkeepsie, NY, 1972, pp. 116-123.
7. M. J. CROCKER y F. M. KESSLER, *Noise and Noise Control,* Vol. 2, CRC Press, Boca Raton, FL, 1981.
8. M. J. CROCKER, J, F. HAMILTON, y A. J. PRICE, "Vibration Isolation for Machine Noise Reduction," *Sound and Vibration,* Vol. 5, No. 11 (1971), p. 30.
9. M. J. CROCKER y A. J. PRICE, *Noise and Noise Control,* Vol. 2, pp. 205-288.
10. V. SALMON, J. S. MILLS, y A. C. PETTERSON, *Industrial Noise Control Manual,* DHEW Publication No. (NIOSH) 75-183, U. S. Government Printing Office, Washington, DC, Junio 1975.
11. A. L. CUDWORTH, "Field and Laboratory Example of Noise Control," *Noise Control,* Vol. 5, No. 1 (1959), p. 39.
12. J. M. HANDLEY, *Noise-The Third Pollution,* Bulletin 6.0011.0, Industrial Acoustics Company, Bronx, NY, 1973.

CAPITULO 6.11

Iluminación

CORWIN A. BENNETT
Universidad Estatal de Kansas

6.11.1 DISEÑO DE LA ILUMINACION

En la selección de los sistemas de iluminación se deben tomar en cuenta las características físicas de la iluminación, incluyendo los materiales superficiales, los factores de energía y costo en dólares, y los factores humanos.

Relaciones y dimensiones[1]

Una fuente de la luz produce una cantidad de flujo luminoso (lúmenes, ϕ, lm –en los sistemas métrico e inglés) que llega a una superficie como iluminancia (también iluminación, E, bujía-pie –en el sistema inglés; lux –en el sistema métrico; $fc = 10.761x$). La iluminancia se puede reflejar de una superficie (reflectancia, ρ, sin dimensión, 0 a 1) o transmitir a través de una superficie (transmitancia, τ, sin unidades, donde el cero significa sin transmisión y el uno una transmisión perfecta). La luz reflejada o transmitida es la luminancia (brillantez fotométrica, L, lambertio-pie –en el sistema inglés, candelas por metro cuadrado o nits, cd/m^2 –sistema métrico; $fL = 3.43\ cd/m^2$). La brillantez o luminancia es lo que la gente ve, así que desde el punto de vista de las características físicas, la efectividad del sistema de iluminación depende del flujo de la fuente, de la relación de la superficie a la fuente y del carácter de la superficie: $E = d\phi/dA$, donde A es el área, en pie^2. También, $L = (E)\ (\rho)$ o $(E)\ (\tau)$.

Aunque la luminancia es lo que la gente ve, los fotómetros electrónicos de calidad con que se mide la luminancia pueden costar miles de dólares. Y si bien los fotómetros basados en la igualación de la brillantez *humana* tienden a ser menos costosos, requieren cierta habilidad y dan mediciones menos precisas y confiables. Los fotómetros que miden la iluminancia tienen un costo 10 a 100 veces menor; por tanto, la mayor parte de las mediciones y especificaciones de luz se hacen respecto a la iluminancia, haciéndose inferencia con respecto a la luminancia.

Factores de energía y costo

Aunque se tienen que considerar los períodos de recuperación de las inversiones de capital en los sistemas de ahorro de energía, con los altos costos de la electricidad, los costos del capital están estrechamente relacionados con los costos de la energía. Si bien hay muchas técnicas para mejorar la eficiencia de la iluminación, las principales incluyen la iluminación localizada en la tarea, el uso de fuentes de alta efectividad, el uso de luz natural, la interrupción y la atenuación de la luz, y el mantenimiento.

Si se coloca una fuente cerca de la tarea, la dispersión de la luz se puede restringir sólo al área de la tarea, en lugar de iluminar áreas en donde no se necesita luz. La iluminación del tipo "tarea-ambiente" puede ser altamente eficiente cuando se proporciona una iluminación general suficiente (al lugar) para dar seguridad de desplazamiento en áreas donde no se trabaja, reduciéndose así los problemas de adaptación para mirar o moverse de un área a otra. Tanto en las oficinas como en las fábricas se pueden usar lámparas empotradas en los muebles (iluminación de la tarea). Además, las variaciones de luz resultantes pueden mejorar la estética, en comparación con la iluminación uniforme del lugar. En el campo de la manufactura, la iluminación de la tarea puede constituir una ventaja para ver los objetos tridimensionales, ya que la iluminación direccional puede facilitar la visibilidad al producir sombras y matices luminosos.

La cantidad de luz emitida de una fuente por unidad de energía eléctrica constituye la eficacia de la fuente, lm/W. Para una fuente determinada, por ejemplo, haluro metálico, a medida que aumenta el wataje de la lámpara, aumenta la eficacia*: 175 W, 80 lm/W; 400 W, 85 lm/W; 1000 W, 110 lm/W. Entre los distintos tipos de fuente se pueden encontrar mayores diferencias. Para lámparas de alto wataje: incandescentes 22 lm/W, fluorescentes 74 lm/W, de sodio de alta presión 126 lm/W, de sodio de baja presión 150 lm/W. La vida útil de la lámpara también está correlacionada con la eficacia. El color se puede tratar en función de su alta eficacia. El sodio de baja presión es monocromático y desagradable y no permite la discriminación del color (lo cual puede constituir un riesgo en el caso de los objetos clasificados por color). En una fábrica, todos los otros tipos pueden ser aceptables, excepto para las tareas en que el color es crítico y la aceptabilidad del color de mercurio es negativa y el sodio de alta presión es cuestionable. En cualquier caso, se debe usar la fuente más eficaz y aceptable.

Si bien por reacciones intuitivas se podría optar por pocas ventanas pequeñas o por no usar ventanas para ahorrar energía, las ventajas de la iluminación natural, además de calefacción y refrigeración según la estación, pueden hacerlas convenientes. Puesto que se agrega iluminancia, la luz de las ventanas que llega directamente sobre la tarea reduce los requerimientos de iluminación artificial. Con los sistemas de iluminación controlada por fotosensor, el ahorro de energía se puede lograr fácilmente. Se debe contar con dispositivos de control tales como persianas, para evitar los reflejos. Si las ventanas se sitúan en los muros laterales del lugar, en vez de en los plafones, se pueden obtener ventajas en cuanto a desempeño, comodidad y estética. Existen diversos métodos de cálculo de la iluminación natural.[1]

Los interruptores de luz no sólo deben servir para encender o apagar las luces de las salas, sino también para controlarla en ciertas partes en una sala grande. Existen atenuadores que ahorran energía no sólo para lámparas incandescentes, sino también para lámparas fluorescentes y de descarga de alta intensidad (HID) (mercurio, haluro metálico, y sodio de alta presión).

El mantenimiento inadecuado o poco frecuente puede reducir la luz a menos del 50 por ciento de su valor inicial. La mayor parte de las pérdidas se debe al envejecimiento de las lámparas o al polvo en éstas, en las luminarias y en las superficies de la sala. Con lámparas de vida más larga, el reemplazo sistemático ("de grupo") de éstas puede resultar económico (véase el capítulo 10.5).

Criterios de iluminación ergonómica

En orden de importancia, los criterios ergonómicos aplicables a los sistemas de iluminación consisten en proporcionar 1) salud y seguridad, 2) buen desempeño, 3) comodidad, y 4) estética.[2]

Aunque las condiciones del lugar de trabajo como la visión del sol, rayos láser, o luz de soldadura constituyen una amenaza para la vista, aparentemente la intensidad del sistema

*No incluye pérdidas de la balastra (compensador).

de iluminación interior no representa más que reflejos incómodos, pero aún se necesita ampliar las investigaciones.[3] El sistema de iluminación debe incluir un interruptor de energía de emergencia.

La iluminación para el trabajo visual es tan fundamental como la ejecución misma. En primer lugar, esto implica proveer suficiente iluminancia. Sin embargo, en la manufactura, tanto la dirección de la luz como su color pueden ser críticos para desempeñar una tarea particular.

Los reflejos molestos pueden constituir un problema debido a las ventanas, luminarias o reflejos provenientes de la tarea.

La iluminación de oficinas y de instalaciones fabriles pueden implicar factores estéticos.

6.11.2 SALUD Y SEGURIDAD

Las normas norteamericanas especifican 1 c-pie (10 lux) sobre el piso de vías de escape, y 5 c-pie (50 lux) en las señales de emergencia para propósitos de evacuación en caso de corte de energía. Es preciso suministrar energía mediante una fuente independiente, como baterías locales o centrales o un generador de emergencia.[4]

En el uso normal, se debe comprobar que la iluminación para el desempeño óptimo de la tarea sea adecuada para la seguridad.

6.11.3 EJECUCION DE TAREAS

Los factores esenciales para la visión son el tamaño visual del objeto, la luminancia, el contraste con el fondo donde está el objeto, duración de la tarea y la capacidad de ver del operario. Este último factor se puede relacionar con diferencias individuales sin importar la edad o se puede deber al deterioro visual universal relacionado con la edad. Hasta cierto punto estos factores son compensatorios. Por ejemplo, una persona con buena visión puede ver adecuadamente aunque la tarea tenga escaso contraste. En general, ninguno de los factores está bajo control, excepto la luminancia; por lo tanto, con frecuencia se emplea una luminancia más alta para compensar otras condiciones deficientes. En la iluminación para la ejecución de tareas se deben tomar en cuenta todos estos factores, al menos implícitamente.[5,6]

Otro factor negativo para la visión es el resplandor molesto. Como función de la iluminancia y la cercanía de la fuente a la línea de visión, la iluminancia dispersa cubrirá la luminancia deseada. Comúnmente, cuando la fuente de luz está arriba y frente al operador (ya sea del plafón o de luces concentradas en la tarea), los reflejos provenientes de la tarea y hacia los ojos, velando la tarea, producen reflectancia velada. La iluminación lateral evita este problema.

Determinación de requerimientos de iluminación

Para determinar la iluminación requerida, se debe tomar en cuenta la tarea visual o el tipo de espacio, la edad de los operarios, la velocidad y exactitud que requiere la tarea y el fondo de ésta. El procedimiento para determinar la iluminación[7] es el siguiente:

1. Basándose en la tarea visual (actividad), véase el ejemplo 6.11.1 para determinar la categoría por letra de la iluminación.

2. Estimar la edad promedio de la gente que ejecuta la actividad. Consultar el ejemplo 6.11.2 para determinar los valores, apropiados a la edad.

3. Estimar la demanda de velocidad y exactitud. Ver el ejemplo 6.11.2 para determinar el valor adecuado de la demanda.

4. Estimar la reflectancia del fondo de la tarea. Ver el ejemplo 6.11.2 para determinar el valor promedio de la reflectancia.

5. Agregar los valores del ejemplo 6.11.2, pasos 2, 3 y 4.

Ejemplo 6.11.1 Iluminancia clasificada por letras[a]

Actividad o tipo de espacio	*Clasificación por letras*
Escaleras y descansos de salida, corredores, puertas	B
Areas administrativas y vestíbulo	D
Mesa de trabajo tosco	E
Mesa de trabajo fino	G
Area recreativa	D
Area para comidas	D
Gabinete del conserje	C
Instalaciones de tocador y baño	C
Elevadores	B
Dibujo y diseño detallados, cartografía	G
Bosquejos de diseño	F
Lectura de reproducciones poco claras, operación de máquinas de oficina, operación de computadoras	F
Lectura de manuscritos, lectura de buenas reproducciones, archivar, clasificación de correspondencia	E
Lectura de material con buen contraste o bien impreso, conferencias y entrevistas	D
Salas de conferencias	E
Montaje o inspección	
Sencillos	D
Moderadamente difíciles	E
Difíciles	F
Muy difíciles	G
Agotadores	H
Cocheras de servicio; reparaciones	E
Tráfico activo	C
Redacción	D
Maquinado; trabajo tosco de banco o con máquina	D
Trabajo mediano de banco o de máquina, máquinas automáticas, esmerilado tosco, pulimento mediano y bruñido	E-F
Trabajo fino de banco o de máquina, máquinas automáticas finas, esmerilado mediano, pulimento y bruñido finos	G
Trabajo extrafino de banco o de máquina, esmerilado fino, otro trabajo delicado	H
Manejo de materiales: envolver, empacar, etiquetar, recoger piezas, clasificar	D
Cargar en el interior de camiones o furgones	C
Talleres de pintura: inmersión, simple con pistola, horneado, frotamiento, pintura y acabado ordinarios a mano, stencil y pulverización especial	D
Pintura y acabado finos a mano	E
Pintura y acabado muy finos a mano	G
Enchapado	D
Fundición de tipos: hechura de matrices, composición, vaciado	E
Clasificación de montajes de tipografía	D
Impresión: inspección y evaluación de colores, lectura y corrección	F
Composición a máquina, sala de composición, prensas, electrotipia	E
Impresión: bloqueo, afinado, electrotipia, lavado y respaldo	D
Fotograbado: grabado, graduación, bloqueo	D

Ejemplo 6.11.1 (*Continúa*)

Actividad o tipo de espacio	*Clasificación por letras*
Circulación, acabado, prueba, tintas, enmascarado	E
Almacenamiento inactivo	B
Almacenamiento activo: objetos voluminosos	C
Objetos pequeños	D
Pruebas generales	D
Pruebas difíciles, instrumentos y balanzas extrafinos, etc.	F
Soldadura: orientación	D
Soldadura de precisión manual con arco	H
Trabajos con madera: aserrado y trabajo tosco de banco, dimensiones, cepillado y lijado grueso; trabajo con máquina y de banco de mediana calidad, encolado, chapeado, tonelería	D
Trabajo fino de máquina y de banco, lijado fino	E
Consulta y anotaciones durante el proyecto	D

[a]En la referencia 1 se encontrará una lista más completa.

Ejemplo 6.11.2 Factores de ponderación

	Valores		
Tarea y características del trabajador	*1*	*2*	*3*
Edad promedio de los trabajadores	Menos de 40 años	40 a 55 años	Más de 55 años
Requisitos de rapidez, precisión o ambas	Pocos (no importantes)	Promedio (importantes)	Muchos (críticos)
Reflectancia de fondo durante la tarea (promedio de los muros y el piso si no hay tarea)	Más del 70%	30 al 70%	Menos del 30%

Ejemplo 6.11.3 Nivel de iluminancia dentro de determinados límites para una actividad

Valor total	*Nivel de iluminancia*
3	El más bajo
4	El más bajo
5	Mediano
6	Mediano
7	Mediano
8	El más alto
9	El más alto

6. Ver ejemplo 6.11.3. Determinar el nivel de iluminancia: "bajo", "mediano" o "alto".

7. Con la categoría por letra del paso 1 y el nivel de iluminancia del paso 6, consultar el ejemplo 6.11.4. Primero encontrar el margen de las iluminancias correspondientes a la letra de la categoría. Luego, elegir la iluminancia más baja, mediana o más alta. Esta es la iluminancia deseada para la actividad o espacio.

Ejemplo 6.11.4 Límites de iluminancia que se recomiendan

Letra de clasificación	*Límites de iluminancia en bujías-pie (lux)*	*Tipo de actividad o área*
A	2 a 3 a 5 (20 a 30 a 50)	Areas públicas con alrededores oscuros
B	5 a 7.5 a 10 (50 a 75 a 100)	Areas para visitas breves
C	10 a 15 a 20 (100 a 150 a 200)	Espacios de trabajo donde sólo ocasionalmente se realizan tareas visuales
D	20 a 30 a 50 (200 a 300 a 500)	Tareas visuales de gran contraste o gran tamaño; por ejemplo, leer material impreso, originales mecanografiados, manuscritos en tinta y buenas copias xerox; trabajo tosco de banco o de máquina; inspección ordinaria; montaje tosco
E	50 a 75 a 100 (500 a 750 a 1000)	Tareas visuales de contraste mediano o tamaño pequeño; por ejemplo, leer escritura de mediana calidad a lápiz o material mal impreso o mal reproducido; trabajo mediano de banco o de máquina; inspección difícil; montaje mediano
F	100 a 150 a 200 (1000 a 1500 a 2000)	Tareas visuales de poco contraste o de tamaño muy pequeño; por ejemplo, leer escritura hecha con lápiz duro y en papel de baja calidad; material muy mal reproducido; inspección sumamente difícil
G	200 a 300 a 500 (2000 a 3000 a 5000)	Realizar tareas visuales de poco contraste y tamaño muy pequeño durante largo tiempo; por ejemplo, montaje delicado; inspección sumamente difícil; trabajo fino de banco y de máquina
H	500 a 750 a 1000 (5000 a 7500 a 10,000)	Tareas visuales muy prolongadas y agotadoras; por ejemplo, la más difícil de las inspecciones; trabajo extrafino de banco y de máquina; montaje extrafino
I	1000 a 1500 a 2000 (10,000 a 15,000 a 20,000	Tareas visuales muy especiales de muy poco contraste y extremadamente pequeñas; por ejemplo, procedimientos quirúrgicos

Procedimientos para diseñar la iluminancia general del lugar[1,8]

Una característica crítica del sistema de iluminación es la dirección de la luminaria. Hay cinco categorías estándar de iluminación: 1) iluminación directa, con el 90 por ciento o más del flujo emitido hacia la horizontal sobre la tarea; 2) semidirecta (90 a 60 por ciento hacia abajo); 3) difusa general (60 a 40 por ciento hacia abajo); 4) semiindirecta (40 a 10 por ciento hacia abajo), y 5) iluminación indirecta (10 por ciento o menos hacia abajo, es decir, cuando el 90 por ciento o más se emite por *arriba* de la horizontal (dentro del plafón, para que se refleje luego hacia la sala). Así, con la iluminación directa. La mayor parte de la luz llega a la tarea; sin embargo, puede haber problemas de resplandor debido al contraste de la luminancia de la luminaria o de la tarea con los alrededores. Con iluminación indirecta todo el plafón sería más o menos uniforme, lo cual implica también menos sombras y menos reflejos.

Un segundo aspecto muy importante en el diseño es la reflectancia de las superficies de la sala. Para obtener un uso eficiente de la luz en la sala, las diversas superficies deben ser suficientemente reflejantes para producir interreflectancias satisfactorias, en último término sobre la tarea, en vez de que absorban gran parte de la luz. Además, las reflectancias suficientes ayudarán a reducir los contrastes con las fuentes de la luz y la tarea, reduciendo así el molesto resplandor. Generalmente se recomiendan reflectancias máximas para los plafones, reflectancias escasas (20 a 40 por ciento) sobre los pisos y reflectancias intermedias para los muros (40 a 60 por ciento) y muebles (25 a 45 por ciento).

Ya sea que la iluminación general de la sala sea la única fuente de iluminación, que se complemente con iluminación de la tarea, o que complemente a la iluminación de la tarea, es conveniente determinar cuántas luces se necesitan para producir cierto nivel de iluminancia en el espacio. En el primer caso, generalmente la meta es proporcionar iluminación uniforme en toda la sala, la cual se mantiene durante cierto período.

Por definición, iluminancia = flujo luminoso/área, tal como E, c-pie $= \phi/A$, lm/pie^2. *Si no hubiera complicaciones,* se podría determinar directamente el número de lámparas del tipo necesario para producir una iluminancia deseada en una sala. Si se desean 100 c-pies sobre una sala de 100 pies × 100 pies, entonces se requeriría 1 millón de lm transmitidos. En el ejemplo 6.11.5 se dan los lúmenes por tipos de lámparas. Así, para iluminar esta sala, por ejemplo, se necesitarían 1200 incandescentes de 60 W, 63 fluorescentes de 215 W, 20 de sodio de alta presión de 400 W, o 10 lámparas de haluro metálico de 1000 W.

Una complicación es que no todos los lúmenes llegan al plano de trabajo. De este modo, se tienen que tomar en cuenta el diseño de la luminaria, la reflectancia menos que perfecta de las superficies de la sala y la geometría de ésta. Con las tablas se puede determinar un coeficiente de utilización (CU), que es la relación entre los lúmenes que llegan al plano de trabajo y los lúmenes emitidos por las lámparas. En un método denominado de "cavidad zonal", el espacio se divide hasta en tres cavidades verticales: la cavidad entre las luminarias de plafón y éste, la cavidad de la sala entre las luminarias y el plano de trabajo, y la cavidad restante del piso. Estas constituyen datos de tablas, junto con otras características geométricas y con las características de la reflectancia y la luminaria, para determinar el coeficiente de utilización. Este, que es una simple fracción, reduce la salida esperada del flujo luminoso, y es necesario para calcular la *iluminancia inicial.* *

La iluminancia inicial se multiplica por un "factor de pérdida de luz" (LLF) para calcular la *iluminancia mantenida* (sobre el tiempo). El LLF se determina a partir de cuatro factores "no recobrables" y cuatro factores "recobrables", aunque comúnmente se usan sólo dos factores: 1) depreciación de los lúmenes de la lámpara, que aumenta con el tiempo y la proporcionan los fabricantes de lámparas, y 2) depreciación de la luminaria por el polvo, que depende de una categoría de mantenimiento y de la contaminación de la atmósfera espacial. Los ocho factores son coeficientes entre 0 y 1 y se multiplican juntos para obtener el LLF.

Ejemplo 6.11.5 Lúmenes de las lámparas de muestra

Tipo de lámpara	*Número de lúmenes iniciales*
60W incandescente	860
100W incandescente	1,740
1000W incandescente	21,800
40W fluorescente, blanco frío	3,150
215W fluorescente, blanco frío	16,000
175W haluro metálico	14,000
400W haluro metálico	34,000
1000W haluro metálico	110,000
250W sodio a alta presión	27,550
400W sodio a alta presión	50,000

*Aunque se necesitan grandes tablas para el cálculo real, su naturaleza general se puede delinear aquí. Existe una variedad de programas sencillos y complejos para los cálculos de iluminación en computadora y en calculadoras manuales. Generalmente éstos se consideran patentados y se pueden obtener en laboratorios de iluminación comercial o en cualquier otra parte. La *Illumination Engineering Society* (IES) (Nueva York) tiene un Subcomité de Computación (del Comité de Prácticas de Diseño). *Lighting Design and Application* publica artículos sobre programas de computación.

Para una estimación general, se puede modificar la fórmula que determina la luz mediante la inserción de un factor de "corrección" de un medio. Reordenando los términos: área/lámpara = (0.5) flujo luminoso/lámpara/iluminancia deseada. Luego el área total se puede dividir por el área de la lámpara para estimar el número de lámparas requerido.

El procedimiento de distribución para la iluminación general y uniforme deseada[1] es el siguiente:

1. El número calculado de luminarias que se necesitan, por ejemplo 45.9, se puede redondear hacia arriba para tener un valor conveniente para la distribución, digamos 48 = 6 X 8.

2. Luego, el número elegido de luminarias se puede poner en alguna configuración deseada, como un tablero de damas, con el espaciamiento resultante del área de la sala y el número de luminarias. Si las estaciones de trabajo se sitúan en los muros, entonces las luminarias de los ejes se deben situar a menos de la mitad del espaciamiento entre hileras para evitar la iluminancia inadecuada cerca de las paredes. Para mejorar aún más la uniformidad, las hileras centrales se pueden espaciar más que las laterales.

3. Es posible añadir luminarias especiales para requerimientos especiales, por ejemplo, para el tablero de avisos.

4. Cuando la iluminación general es la única o la esencial, los procedimientos para proporcionar una iluminación uniforme brindan flexibilidad para la situación de los muebles. Sin embargo, a causa de las reflectancias veladoras, la visibilidad puede aún variar considerablemente sobre el espacio.

Iluminación del lugar de trabajo

La iluminación de la tarea, la iluminación complementaria o la del lugar de trabajo puede ser apropiada tanto para la fábrica como para la oficina. Las luminarias complementarias se clasifican de acuerdo con sus características de distribución y varían desde fuentes de concentración hasta tipos uniformes y difusos. Para la inspección de los diversos materiales, como suele ocurrir tanto en las tareas de ensamble como de inspección, es conveniente situar la luz a un ángulo determinado para mejorar la visibilidad de detalles críticos mediante un reflejo adecuado cerca de la tarea o a través de ésta. (Kufman[8] establece un conjunto de recomendaciones para ello). Si la iluminación de la tarea es ajustable, se les deben dar a los trabajadores instrucciones para su uso.

Tal vez sea apropiado calcular la iluminación que caerá sobre un punto, por ejemplo sobre una tarea, ya sea para la iluminación del lugar de trabajo o de la sala. Aunque el cálculo de la luz en punto p usualmente sería sobre una superficie horizontal, es más adecuado hacerlo sobre una superficie vertical o inclinada. Este cálculo consiste en dos partes –un componente directo y un componente reflejado– que se pueden agregar después.

El procedimiento para el cálculo[1] es el siguiente:

1. Para una fuente de luz sobre un punto, se dispone de varios métodos para calcular el componente directo, incluyendo fórmulas, nomogramas y tablas. En un método se usan directamente las leyes del inverso de los cuadrados y del coseno. En una forma conveniente, Ep, fc = (flujo luminoso, lm) X (coseno del ángulo de incidencia de la luz con la normal a la superficie de interés)/área, pie^2.

2. Para una fuente lineal larga, el cálculo se puede hacer a partir de Ep, fc = (L, fL) X (ancho de la fuente, pies)/2 X (distancia de la fuente al punto p, pies).

3. Para una fuente de gran área, la iluminancia, Ep, fc = luminancia de la fuente, fL.

4. El problema de los componentes reflejados es similar al cálculo de la iluminancia general de la sala, donde se debe tomar en cuenta la geometría de ésta. Además, se debe considerar la localización de p. Las tablas para determinar los coeficientes requeridos muestran la ventaja (mayor iluminancia) de las posiciones centrales en la sala.

6.11.4 COMODIDAD

El factor comodidad de la iluminación se relaciona esencialmente con el fulgor, aunque con frecuencia son importantes otras facetas, como la aceptabilidad de la luz de color.

El fulgor puede producir efectos indeseables o pérdidas de la capacidad visual, como en el caso de los reflejos velados; también puede causar molestias, que pueden tener la ventaja de motivar el cambio de la iluminación, evitando tal vez errores en el desempeño de la tarea o riesgos para la salud.

Los efectos incómodos del fulgor se pueden deber a una iluminación muy uniforme pero excesiva, o más probablemente, sobre todo en interiores, a las fuentes que producen un contraste excesivo con los alrededores. Estas fuentes pueden ser directas: ventanas o luminarias, o reflejos en el campo visual. La magnitud de la fuente de fulgor y su cercanía con la línea de visión aumentan la posibilidad de la incomodidad. La determinante más importante de la incomodidad es la sensibilidad del individuo en particular.[9]

El control del fulgor debe incluir protección para ventanas, cubiertas para luminarias y sistemas de iluminación en donde un apreciable componente de la luz es indirecto. Se pueden presentar condiciones importantes de incomidad debido a accesorios en el plafón que no funcionan y a la iluminación insuficiente en los alrededores del plafón y de cualquier fuente de luz en espacios oscurecidos (quizá con propósitos estéticos).

Se pueden ejecutar cálculos prolongados para determinar la "probabilidad de incomodidad visual". Esta es la probabilidad de que los observadores no excederán un criterio denominado "límite entre comodidad e incomodidad". Este procedimiento es adecuado para grandes oficinas iluminadas con ciertos tipos de luminarias fluorescentes.[1]

Aunque la aceptabilidad de la iluminación de color se ha relacionado por algún tiempo con ciertas aplicaciones especiales, el sodio de baja presión es inaceptable en cualesquiera aplicaciones en que se hayan observado las calidades de otros. El sodio de alta presión se usa ampliamente en la manufactura y con menos frecuencia en espacios para oficinas, teniendo una aceptabilidad ligeramente menor en las últimas.[10] Así, este tipo de espacio puede ser importante. La motivación de la conservación de la energía puede cambiar las normas de aceptabilidad en el futuro.

6.11.5 ESTETICA

En un sentido estricto a través de investigaciones se ha demostrado que la *sensación de agrado*, o la dimensión evaluativa de la iluminación, está relacionada con el hecho de tener una variedad de fuentes de iluminación, como la de plafones y la periférica.[11] La sensación de agrado no está determinada por el nivel de la iluminación, aunque probablemente es importante la variación de éste –el cual se relaciona a menudo con espacios generalmente oscuros.

En un sentido amplio, la *especialidad* se destaca mejor mediante la iluminación periférica que con la de plafones, y también por la cantidad de luz.[11] La *claridad visual* se asocia con la cantidad de luz.[11] La cuestión de la conveniencia de estas cualidades es la de la adecuación al espacio. Otras relaciones menos bien definidas incluirían la iluminación para permitir la orientación dentro de un espacio (definición espacial), iluminación para proporcionar un sentimiento de privacía (si la gente puede ver u oír a otros, ésta puede sentir que puede ser vista u oída), o iluminación para proporcionar estímulo (tal vez, iluminación cambiante con el tiempo).

La luz "blanca" común tiene sólo efectos menores o idiosincrásicos sobre la agradabilidad. Las preferencias aparentes por las fuentes incandescentes sobre las fluorescentes se pueden deber al tamaño, la forma y el espaciamiento, más que al color.[12]

6.11.6 MAQUETAS Y MODELOS

Los efectos de iluminación son difíciles de representar gráficamente y por lo general también de visualizar. Como ayudas para el diseño pueden ser útiles las maquetas de iluminación de tamaño natural y los modelos de iluminación a escala. Cualquier espacio económicamente importante, poco usual o desusadamente iluminado se debe representar en la maqueta o en el modelo.[13]

REFERENCIAS

1. J. E. KAUFMAN, Ed., *IES Lighting Handbook: 1981 Reference Volume.* Illuminating Engineering Society, Nueva York, 1981.
2. C. A. BENNETT, *Spaces for People: Human Factors of Design*, Prentice-Hall, Englewood Cliffs, NJ, 1977.
3. D. H. SLINEY y B. C. FREASIER, "Evaluation of Optical Radiation Hazards," *Applied Optics*, Vol. 12, 1973, pp. 1-24.
4. J. A. SHARRY, Ed., *Life Safety Code Handbook*, National Fire Protection Association, Boston, 1978.
5. R. H. HOPKINSON Y J. B. COLLINS, *The Ergonomics of Lighting*, MacDonald, Londres, 1970.
6. *Recommended Method for Evaluating Visual Performance Aspects of Lighting*, International Commission on Illumination, Report 19-2, 1979.
7. J. E. FLYNN, "The IES Approach to Recommendations Regarding Levels of Illumination," *Lighting Design and Application*, Vol. 9, No. 9 (1979), pp. 74-77.
8. J. E. KAUFMAN, Ed., *IES Lighting Handbook: 1981 Applications Volume,* Illuminating Engineering Society, Nueva York, 1981.
9. C. A. BENNETT, "Discomfort Glare: Parametric Study of Angulary Small Sources," *Journal of the Illuminating Engineering Society*, Vol. 7, No. 1 (1977), pp.2.15.
10. J. E. FLYNN y T. J. SPENCER, "The Effects of Light Source Color on User Impression and Satisfaction," *Journal of the Illuminating Engineering Society*, Vol. 6, No. 3 (1977), pp. 167-179.
11. J. E. FLYNN, C. HENDRICK, T. SPENCER, y O. MARTYNIUK, "A Guide to Methodology Procedures for Measuring Subjetive Impressions in Lighting," *Journal of the Illuminating Engineering Society*, Vol. 8 No. 2 (1979, pp. 95-120.
12. C. A. BENNETT, P. A. ALI, A. PERECHERLA, y R. W. RUBINSON, "Two Studies of Lighting Aesthetics," in *Proceedings of the Human Factors Society*, Detroit, octubre de 1978.
13. T. M. LEMONS y R. B. MACLEOD, "Scale Models Used in Lighting System Design and Evaluation," *Lighting Design and Application*, Vol. 2, No. 2 (1972), pp. 30-38.

CAPITULO 6.12

Clima.

STEPHAN KONZ
Universidad Estatal de Kansas

6.12.1 VOLUMEN Y CALIDAD DEL AIRE

El suministro de oxígeno y la eliminación del bióxido de carbono muy raras veces constituyen restricciones para el volumen de aire; las restricciones más comunes son la eliminación del olor y el control de la temperatura. Las normas de la American Society of Heating, Refrigeration, and Air Conditioning Engineers (ASHRAE) están especificadas en volumen de aire por persona-minuto para permitir diversas ocupaciones durante un período de 24 horas. Las áreas donde se fuma requieren más cambios de aire.

Resulta costoso suministrar aire a una temperatura, humedad y calidad deseadas, hacerlo circular por el espacio y luego extraerlo de éste. En la ventilación se puede usar hasta el 50 por ciento de los requerimientos de energía de un edificio de oficinas. Para usar de nuevo el aire, éste se recicla y se procesa para eliminar los contaminantes y los olores, luego se mezcla con aire exterior (anteriormente llamado aire fresco) dándole luego los valores deseados de temperatura y humedad. Para mayores datos sobre la calidad del aire, consultar el capítulo 6.13.

Se emplean filtros y precipitadores para eliminar contaminantes y olores. Los contaminantes se deben eliminar localmente (por ejemplo, mediante campanas de extracción) en vez de dejarlos que se dispersen y luego tener que procesar muchas veces el volumen del aire con procedimientos de ventilación general. Es necesario asegurarse que la zona de los trabajadores no esté situada entre la fuente de humo y la campana. El aire extraído de áreas "limpias" (como el de oficinas) se puede usar sin procesarlo para alimentar áreas menos críticas (como el almacén de pinturas). El aire caliente extraído cuando se deplaza a través de intercambiadores de calor, puede precalentar la alimentación de aire y reducir así las cargas de calefacción. Normalmente, el aire caliente se estaciona (estratifica) cerca del plafón. En invierno, debe usarse un inversor de calor (un ventilador en la parte superior de un ducto vertical) para hacer bajar el aire al nivel de las personas. En verano, se deja estancado el aire caliente en la capa superior y se mantiene el acondicionador de aire hacia abajo, al nivel de las personas.

Evitar el movimiento excesivo de aire que entra y sale de un edificio. Las puertas deben tener "esclusas de aire" (dos puertas con un espacio intermedio). Cuando el tráfico es frecuente, las puertas sólidas se pueden reemplazar por cortinas plegables de plástico. Se deben auto-

El material de este capítulo es una versión condensada del capítulo 20, "Clima", de *Work Design* por Stephan Konz, copyright 1979, Grid Publishing, Inc., Columbus, Ohio. Empleado con autorización.

Ejemplo 6.12.1 **(Ver la explicación en la página 1129)**

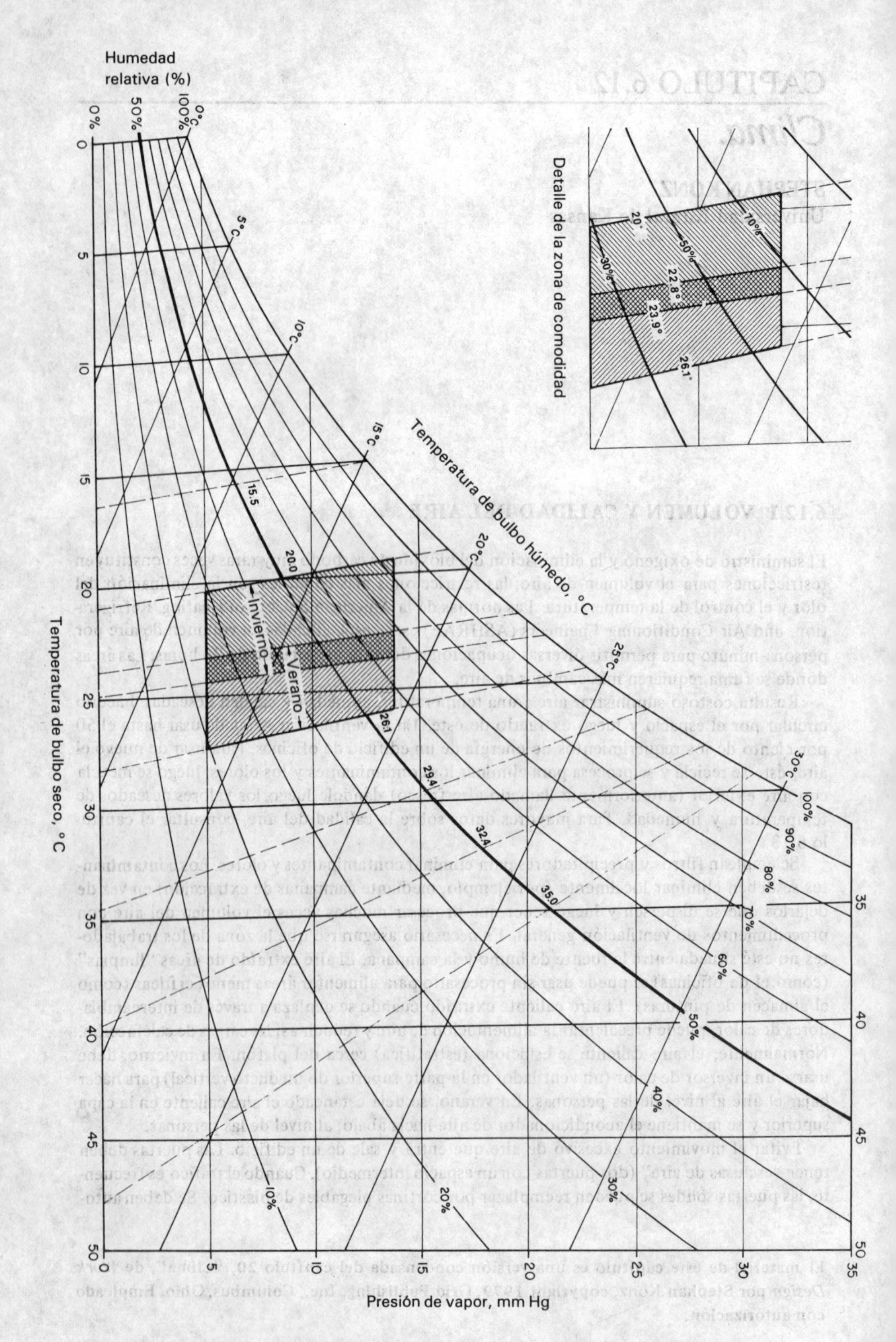

Ejemplo 6.12.1 Las gráficas sicométricas indican primordialmente la relación que existe entre la temperatura de bulbo seco (eje horizontal) y la presión de vapor de agua (eje vertical). El eje vertical de la derecha está marcado en unidades absolutas (mm Hg, o torr) y el eje vertical de la izquierda lo está en unidades relativas (humedad relativa). Un punto específico de temperatura de bulbo seco de 25 y 15 mm Hg tiene una humedad relativa del 64%, puesto que la presión de vapor máxima a 25 es de 23.5 mm Hg. Los números sobre la curva de 100% de humedad indican la temperatura de punto de condensación si se buscan horizontalmente. Por ejemplo, la temperatura de punto de condensación para 25 y 15 mm Hg es 18. Si los números de la curva de 100% de humedad se buscan siguiendo las líneas sólidas inclinadas, darán la temperatura sicométrica de bulbo húmedo; para 25 y 15 mm Hg, es de 20.2. Los números sobre la curva de 100% de humedad representan la temperatura efectiva (ET) cuando se buscan siguiendo las líneas punteadas; para 25 y 15 mm Hg, la ET es 24. Esas líneas punteadas representan las condiciones de humedad igual de la piel y comodidad equivalente. En 1971, la línea punteada se denominaba como la temperatura de bulbo seco en el punto de intersección de la curva de 50% de humedad relativa, en vez de tomar la curva del 100%. La denominación actual es nueva temperatura efectiva (*New effective temperature*) (ET*). De manera que la línea punteada que antes se marcaba con 24 ET se marca actualmente 26 ET*.

La zona de comodidad de ASHRAE se muestra para el invierno y para el verano. Supone que, aun cuando el clima interior sea relativamente constante, las personas usarán más ropa en invierno que en verano. Se aplica a personas que se mantienen quietas con el aire a bajas velocidades.

matizar las cerraduras de las puertas para que se mantengan cerradas tanto como sea posible. Es preciso usar sellador para rellenar la separación entre el marco y el muro.

La administración computarizada de la energía de un edificio produce ahorros de dos maneras: reduce la carga total y la carga extrema. Para reducir la carga total, la computadora puede apagar la calefacción en un edificio después de las 5 p.m. y en los fines de semana, encender los ventiladores después de las 5 p.m., reducir la temperatura del agua caliente cuando nadie está trabajando, etc. Para reducir las cargas extremas, la computadora puede apagar los ventiladores 1, 3 y 4, de las 3 a las 3:05 p.m.; encender los ventiladores 1, 3 y 4, y apagar 2, 5 y 6 de las 3:05 a las 3:10 p.m.; apagar todos los ventiladores de las 3:10 a las 3:12 p.m.; cuando el agua caliente ha llegado a su temperatura; hacer que todos los ventiladores estén encendidos a las 3:12 p.m., cuando dos grandes máquinas se apagan para su ajuste, etc.

6.12.2 COMODIDAD TERMICA

Variables de comodidad

ASHRAE define la "comodidad" como "el estado mental que expresa satisfacción con el ambiente térmico".[1] En la comodidad influyen seis factores principales. Los factores individuales de ritmo metabólico y vestimenta usualmente no están bajo el control del diseñador, quien debe trabajar con los factores ambientales de temperatura del aire de depósito seco (DBT), presión del vapor de agua (humedad), velocidad del aire y temperatura radiante.

En la gráfica sicométrica de la ilustración 6.12.1 se muestra la relación entre DBT (eje horizontal) y humedad (eje vertical). La humedad absoluta está dada en el eje de la mano derecha y la humedad relativa en el eje a mano izquierda y las curvas que se derivan de éstas. La parte superior curva de la ilustración (no la parte horizontal trunca), que indica el 100 por ciento de humedad, tiene números que se pueden denominar como tres cosas diferentes, dependiendo de la manera como se llegó al punto. Si se llegó siguiendo las líneas continuas oblicuas, el número se llama "temperatura sicométrica de depósito húmedo" o "temperatura de depósito húmedo". Si se determinó leyendo la gráfica horizontalmente, es "temperatura de punto de condensación". Si se determinó por la línea punteada, es "temperatura efectiva".

Zona de comodidad

En el ejemplo 6.12.1 se muestra la "zona de comodidad" de la ASHRAE. Es la combinación de DBT y humedad a la cual el 80 por ciento de la gente se siente cómoda. La zona se basa en las respuestas de miles de personas expuestas por Rohles y colaboradores a varias combinaciones de temperatura y humedad. Es para un ritmo metabólico de "sentado sedentario", "baja" velocidad de aire (0.15 m/s), y 0.35 a 0.6 unidades de ropa en verano y 0.8 a 1.2 en invierno.[2] Los estudios indican que la gente se viste de acuerdo con el clima exterior, aunque las condiciones internas sean constantes.

Se ahorrará energía si se recuerda que la zona de comodidad es una *zona*, no un punto. Así, es mejor cambiar (tasa máxima de 0.6°C/hr, cantidad máxima de ± 0.6°C más allá de la zona) que esclavizarse fijándola en un solo punto; esta zona de cambio se denomina "banda de energía cero".

Para un ambiente para personas sentadas, velocidad de aire baja y 0.4 a 0.6 unidades de ropa, la sensación térmica media (TS) y el porcentaje de personas incómodas (PPD) se pueden predecir de la siguiente manera:

$$
\begin{aligned}
ET^* &< 20.7 & TS &= -1.047 + 0.158\,ET^* \\
20.7 < ET^* &< 31.7 & TS &= -4.444 + 0.326\,ET^* \\
ET^* &> 31.7 & TS &= 2.547 + 0.106\,ET^*
\end{aligned} \tag{1}
$$

donde

TS = voto por sensación térmica (1 = frío, 2 = fresco, 3 = ligeramente fresco, 4 = cómodo, 5 = ligeramente cálido. 6 = cálido, 7 = caliente)

PPD = porcentaje de gente insatisfecha (votando por los puntos que no son el 3, 4 y 5) correspondientes al área acumulativa del infinito negativo para *CSIG* o *HSIG*

$CSIG$ = número de SD del 50 por ciento para condiciones calientes ($< 25.3\ ET^*$)
$= 10.26 - 0.477\,(ET^*)$

$HSIG$ = número de SD del 50 por ciento para condiciones calientes ($> 25.3\ ET^*$)
$= -10.53 + 0.344\,(ET^*)$

ET^* = nueva temperatura efectiva, °C (2)

Por ejemplo, para ET^* de 18°C, $CSIG = +1.67$; de una tabla normal, el 90 por ciento está insatisfecho. Para ET de 30°C, $HSIG = -0.21$, y el 39 por ciento está insatisfecho. A 25.3 ET^*, el mínimo (6 por ciento) está insatisfecho.

Aunque la humedad tiene escasa influencia en la comodidad, la baja humedad en invierno provoca problemas respiratorios. La humedad se debe mantener sobre 12 mm Hg para prevenir el incremento de resfriados e infecciones de las vías respiratorias superiores.

Ajustes para condiciones no estándar

Las siguientes son simples soluciones intermedias en función de DBT para mantener la comodidad. Para un análisis detallado, se deben resolver las ecuaciones de comodidad de Fanger o emplear sus soluciones gráficas.[3] Para propósitos prácticos, en la comodidad no influye la edad o sexo de los ocupantes (hombres o mujeres, si están igualmente vestidos y activos, prefieren la misma temperatura) o la estación del año o la hora del día, e incluso, la situación geográfica (la gente de Detroit y la de San Antonio prefieren la misma temperatura).

Velocidad del aire

Por cada aumento de 0.1 m/s de la velocidad superior a 0.15 m/s y hasta 0.6 m/s, DBT aumenta en 0.3°C; por cada 0.1 m/s entre 0.6 y 1.0 m/s, DBT aumenta en 0.15°C. (para una conversión simple de metros por segundo a pies por minuto, multiplicar m/s × 200). Dicho de otra manera, a bajas velocidades de aire ($<$ 0.6 m/s), se puede aumentar 1°C de DBT por cada aumento de 0.33 m/s en la velocidad del aire, sin pérdida de comodidad. La "máxima" velocidad del aire de 0.8 m/s está determinada más por las molestias que causa (hace volar el papel de trabajo) que por los efectos sicológicos, por tanto se pueden usar velocidades mayores de 0.8 m/s para condiciones de trabajo manual. Aunque el aire limpio se puede expeler desde cualquier dirección, en la práctica industrial se expele lejos de la cara del operario (no hacia ésta), colocando los ventiladores más abajo y por la espalda del usuario.

Temperatura radiante media

Cuando la temperatura radiante media (MRT) difiere de DBT, por cada desviación de 1°C de MRT desde DBT, se debe cambiar 1°C de DBT en la dirección opuesta. Si MRT = 27, para obtener una comodidad equivalente a DBT = 25 y MRT = 25, DBT debería ser de 23°C. Los radiadores de calor (hasta de 200 watts) sobre los paneles sencillos de escritorios son muy efectivos para mejorar la comodidad de los trabajadores que están sentados; deben tener una pequeña luz que indique cuándo están encendidos. Los radiadores de calor también se usan en áreas expuestas como los hangares.

Ropa

Aunque el diseñador tiene poco control sobre el uso de la ropa, el trabajador puede usar más o menos ropa en relación con el uso "estándar". El aislamiento de la ropa se expresa en unidades clo. Por cada aumento de 0.1 clo, la DBT cómoda disminuye 0.6°C si el ritmo metabólico es menor que 225 W y 1.2°C en el ritmo es superior a 225 W. Para hombres, una camisa tejida, un suéter y unos pantalones tienen un clo de cerca de 0.85. Las mujeres tienden a usar ropa con menor valor aislante; un suéter y unos *slacks* tienen valores clo de 0.6 a 0.9. Esto es cerca de 0.33 clo/kg de ropa. Para mayores detalles sobre ropa, véase ASHRAE[3] y Konz[4].

Indice del metabolismo

Por cada aumento de 30 W en el metabolismo total por encima de 115 W, la comodidad de la DBT disminuye en 1.7°C.

6.12.3 STRESS PRODUCIDO POR EL CALOR

Criterio y límites

Para ambientes más extremos, el criterio a seguir no es la comodidad, sino el efecto sobre el desempeño (físico y mental) y la salud.

Konz[5] presenta las curvas derivadas de algunos estudios que muestran el deterioro físico y mental confrontado con el tiempo, en el stress producido por el calor. La capacidad de traspalar de trabajadores aclimatados empieza a declinar a cerca de 32 *ET**. La proporción de la declinación depende de la velocidad del aire: disminuye 20 por ciento del desempeño

Ejemplo 6.12.2 La temperatura rectal permanece constante (es decir, horizontal) con la temperatura ambiental creciente, hasta no llegar a cierta temperatura crítica: la zona prescriptiva. La ubicación de la zona depende del ritmo metabólico de la persona; se produce a temperaturas ambientales más bajas cuando los ritmos metabólicos son más elevados. En la zona de cero stress, la temperatura rectal se puede estimar en 37.0 + 0.0038 (ritmo metabólico, W).

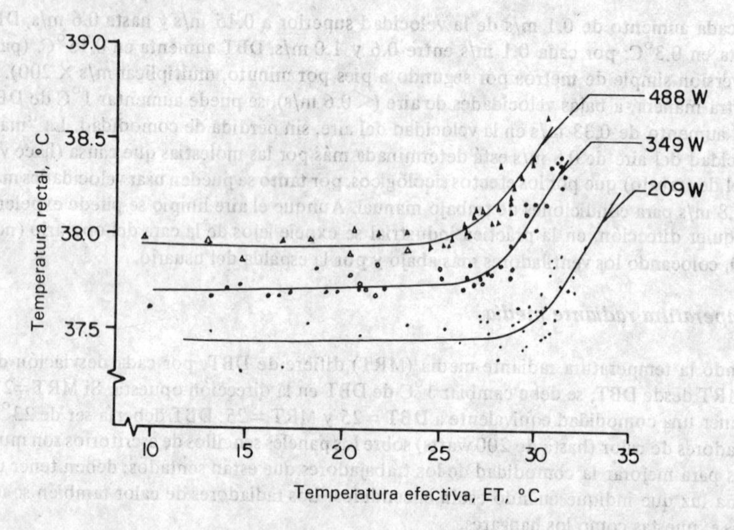

a 32 *ET** a una velocidad del aire de 0.5 m/s y 40 *ET**. La capacidad mental empieza a declinar a cerca de 35 *ET**. Estos estudios muestran lo que la gente altamente motivada puede hacer en ambientes de laboratorio; probablemente, la capacidad decline más rápidamente en condiciones normales de trabajo.

Para un ambiente sano, NIOSH limita la temperatura central a un máximo de 38°C. La palabra "máximo" significa que no se debe exceder de 38°C por períodos largos, como de 1 a dos horas. La temperatura "central" generalmente se mide mediante la temperatura rectal.

Como la medición de la temperatura rectal de los trabajadores durante su trabajo no resulta práctica, los investigadores necesitaron poder predecir la temperatura rectal a partir de ambientes específicos. Lind planteó el concepto de zona prescriptiva; véase el ejemplo 6.12.2. A temperaturas ambientales más bajas, el cuerpo puede mantener el equilibrio térmico – la temperatura rectal permanece constante para un ritmo metabólico. En cierto punto – el inicio de la zona prescriptiva– el cuerpo no podrá mantener el equilibrio térmico y la temperatura corporal empezará a elevarse. La localización exacta de la zona depende del ambiente, la aclimatación individual y del ritmo metabólico.

NIOSH aceptó el concepto de Lind y el criterio de los 38°C centrales y desarrolló los valores de umbral que se dan en el ejemplo 6.12.3. Estos valores se diseñaron para proteger al 95 por ciento de la población; se supone que el 5 por ciento de la población que no tolera el calor no trabaja en tareas que impliquen calor. Estos valores no son máximos; son valores en que se debe *empezar* a tomar precauciones (suministro adecuado del agua para beber, exámenes físicos anuales, entrenamiento para primeros auxilios de emergencia en caso de insolación).

Las recomendaciones del ejemplo 6.12.3 están dadas en un índice denominado "temperatura global de termómetro húmedo" (WBGT). Tiene como finalidad combinar en un solo número el efecto sobre la gente que tiene la DBT, la humedad, la velocidad del aire y la tem-

Ejemplo 6.12.3 Temperaturas de termómetro de bulbo húmedo (C) a las cuales se debe comenzar a tomar precauciones contra el stress producido por el calor [a]

Ritmo metabólico (Actividad + basal), W	*Baja velocidad del aire (hasta de 1.5 m/s)*	*Alta velocidad del aire (1.5 m/s o más)*
Ligero (hasta 230 W)	30.0	32.0
Moderado (hasta 350 W)	27.8	30.5
Fuerte (más de 350 W)	26.0	28.9

[a]Una velocidad de 1.5 m/s produce una "brisa sensible".

peratura radiante. La WBGT se puede medir con un medidor WGBT o calcularse a partir de sus componentes. Para un ambiente con temperatura radiante cercana a la temperatura del aire,

$$WBGT = 0.7\,NWB + 0.3\,GT \tag{3}$$

Si la temperatura radiante no es cercana a la temperatura del aire,

$$WBGT = 0.7\,NWB + 0.2\,GT + 0.1\,DBT \tag{4}$$

donde $WBGT$ = temperatura de bulbo húmedo en esfera

NWB = temperatura de bulbo húmedo natural. (El sensor con una mecha húmeda se expone a las corrientes del aire natural. NWB no es lo mismo que depósito húmedo sicométrico $[WB]$, que tiene un sensor con una mecha húmeda expuesta a una velocidad de aire de 3 m/s. Para una velocidad de aire > 2.5 m/s, $NWB = WB$. Para $0.15 < V < 2.5$, $NWB = 0.1\,DBT + 0.9\,WB$).

GT = temperatura global

DBT = temperatura de bulbo seco

Reducción del stress producido por el calor

Para reducir el stress producido por el calor, a menudo es útil calcular lo que contribuye a la carga del calor. En las siguientes ecuaciones el cuerpo se trata como un sistema de onda abierta en un ambiente constante, por tanto las ecuaciones no son tan exactas como los modelos computarizados, los cuales consideran simultáneamente todos los factores en un sistema de onda dinámica cerrada. Sin embargo, pueden darle al ingeniero una buena orientación para el problema.

La ecuación clave es la de equilibrio del calor.

$$S = M - (\pm W) + (\pm R) + (\pm C) + (\pm E) + (\pm K) \tag{5}$$

donde S = tasa de almacenamiento de calor, W

M = índice metabólico, W

W = tasa de terminación del trabajo mecánico, W (los pasos hacia arriba = +; hacia abajo = –)

R = tasa de calor radiante, W (ganancia = +; pérdida = –)

C = tasa de convección, W (ganancia = +; pérdida = –)

E = tasa de evaporación, W (ganancia = condensación = +; pérdida = –)

K = tasa de conducción, W (ganancia = + ; pérdida = –)

Almacenamiento

El almacenamiento se puede calcular a partir de la ecuación 5 o mediante

$$S = 1.5\,m\,C_P(MBT_f - MBT_i)/t \tag{6}$$

donde S = ganancia en almacenamiento (+) o pérdida (−), W
m = peso del cuerpo, kg
C_p = calor específico del cuerpo = 0.83 kcal-kg/°C
MBT_i = temperatura inicial media del cuerpo, °C
MBT_f = temperatura final media del cuerpo, °C
t = tiempo, hr

La temperatura media del cuerpo se calcula compensando un tercio la temperatura de la piel y dos tercios la temperatura rectal.

Metabolismo

Los ritmos metabólicos para diversas actividades se dan en el capítulo 4. Al disminuir el ritmo metabólico se reduce la cantidad de almacenamiento de calor. El trabajo más lento empleando el método existente o dando mayores períodos de descanso reduce la productividad; por tanto, la mecanización es la forma preferida para reducir el índice metabólico. Para tener la media en watts del metabolismo, multiplicar kcal/hr por 1.163; multiplicar metros por 58.2x (m^2); multiplicar btu/hr por 4.6.

Trabajo

El trabajo mecánico (W) se debe restar del ritmo metabólico (M) para determinar la ganancia neta de calor para el cuerpo; $W = 0$ para la mayoría de las actividades.

Radiación

La transferencia de calor radiante es una función de muchas variables.

$$R = \sigma A\, f_{eff}\, f_{clr}\, F_{clr}\, e\,(T^4_{mrt} - T^4_{piel}) \tag{7}$$

donde R = ganancia radiante (+) o pérdida (−), W
σ = constante de Stefan-Boltzmann = 5.67×10^{-8} W/($m^2 - K^4$)
A = área superficial de la piel (usualmente calculada a partir de la fórmula de DuBois), $m^2 = 0.007\,184\,(HT)^{0.725}\,(WT)^{0.425}$
HT = altura, cm
WT = peso, kg
f_{ef} = factor de área radiante efectiva debido a la postura
= 0.725 para postura de pie, 0.696 para postura sentada
f_{clr} = $1 + 0.155\, I_{clo}$
I_{clo} = valor de aislamiento de la ropa, clo
F_{clr} = multiplicador para el coeficiente de transferencia de calor radiante para ajustar la barrera de ropa
= $1/(1 + 0.55\,(5.2)\,I_{clo})$
e = emisividad (piel desnuda = 0.99; ropa en radiación no visible = 0.7)
T_{mrt} = temperatura ambiental, °K = °C + 273
T_{piel} = temperatura de la piel, °K = °C + 273

El factor realmente importante de la ecuación es la temperatura radiante media que se obtiene de la cuarta potencia, ya que la temperatura de la piel no cambia más que en unos cuantos grados. En general, la temperatura de la piel en el calor es de cerca de 35°C. Así, si T_{mrt} es menor de 35°C, el cuerpo pierde calor; sobre los 35°C, lo gana rápidamente. Para reducir la temperatura radiante, el principio más importante es "trabajar a la sombra", ya que la radiación del calor se comporta en gran medida como radiación de luz.

La ropa (una protección móvil de calor) es la primera línea de defensa. Es por ello que los trabajadores experimentados usan sombreros y camisas de mangas largas en el sol o cerca de fuentes de alta temperatura radiante. El hecho de estar bajo el sol puede agregar 170 W a una persona vestida: esto será considerablemente más alto para una persona sin sombrero y camisa. La ropa de color no tiene importancia para la radiación no visible; para trabajar al sol (y otras radiaciones visibles), se deben usar colores brillantes.

Una protección fija entre la persona y la fuente es una segunda línea de defensa. Los protectores reflejantes del calor son efectivos. Si el operador tiene que ver la fuente de calor, debe usar una pantalla de cadenas o una cubierta de vidrio (la cual, sin embargo, tiende a quebrarse o ensuciarse). Se deben cubrir las entradas y salidas de los hornos con una pantalla de cadenas para reducir la ganancia de calor y aislar los muros para reducir también la ganancia de calor (así como para ahorrar energía).

Convección

La transferencia de calor convectivo es

$$C = h_c A\, f_{clc}\,(t_a - t_{sk}) \tag{8}$$

donde
C = ganancia convectiva (+) o pérdida (—), W
h_c = coeficiente de transferencia de calor convectivo, W/(m^2 — C)
= 4.5 para adultos de pie con velocidad "normal" de aire
= $8.3\ V^{0.36}$ para adultos sentados
V = velocidad del aire, m/s
A = área superficial de la piel, m^2 (ver ecuación 7)
f_{clc} = multiplicador para ropa
= $1/(1 + 0.45\, I_{clo})$
I_{clo} = valor de aislamiento de la ropa, clo
t_a = temperatura del aire, °C
t_{sk} = temperatura de la piel, °C

La variable clave es t_a; al igual que con la temperatura radiante, se debe mantener abajo de la temperatura de la piel de 35°C. La segunda variable es V –mayor cantidad de aire remueve más calor. Sin embargo, el exponente 0.6 significa que más allá de 2 m/s sobre la *piel* se obtiene escaso beneficio. La velocidad del aire decrece rápidamente con la distancia al ventilador. Los ventiladores se deben mantener cerca y dirigidos hacia el operario. (Lo mismo se aplica al aire proveniente de un ducto.)

El efecto primario de la ropa no es obvio en la ecuación –hace decrecer a cero la velocidad del aire en la piel. Así, para maximizar la pérdida convectiva, se debe usar poca ropa –recuérdese, no obstante, el calor radiante, los insectos y las costumbres en el vestir. No se debe restringir la circulación de aire en el cuello, los brazos, la cintura o en los tobillos.

Evaporación

La transferencia de calor evaporativo es

$$E = h_e A\ W\, F_{pcl}\,(P_a - P_{sk}) \tag{9}$$

donde
E = ganancia evaporativa (+) o pérdida (–), W
h_e = coeficiente de transferencia de calor evaporativo
= $2.2\ h_c$
A = área superficial de la piel, m^2
W = fracción húmeda de la piel (0.06 para sudoración no termorreguladora)
= $0.06 + 0.94\ W_{rsw}$

W_{rsw} = fracción húmeda de la piel debido a la sudoración reguladora (véase la figura 14 en ASHRAE[3] para condiciones de vestido, sedentaria y de baja velocidad)
F_{pcl} = disminución de la eficiencia evaporativa debido a la permeabilidad de la ropa $= 1\ (1 + 0.41\ I_{clo})$
I_{clo} = valor de aislamiento de la ropa, clo
P_a = presión de vapor de agua en el aire, mm Hg
P_{sk} = presión de vapor de agua sobre la piel (45 mm Hg, si $t_{piel} = 35°C$)

El ambiente o la piel pueden limitar la evaporación. Por el ambiente, el máximo es

$$E_{max} = 12\ V^{0.6}\ (P_a - 45) \tag{10}$$

Si se mide la evaporación, 1 kg/h = 672 W.
El índice de stress por calor (*HSI*) es:

$$HSI = E_{req} / E_{max} \tag{11}$$

donde E_{req} = evaporación requerida para la termoneutralidad (o sea, $S = 0$), W.

Para mejorar la evaporación, se debe reducir la cantidad de ropa y aumentar la velocidad del aire (hasta 2 m/s sobre la piel). La ropa debe ser permeable a la humedad (como la de tejido ligero de algodón). La deshumidificación del aire (o sea, reducción de P_a), aunque es costosa, proporciona comodidad ya que la humedad de la piel está relacionada en gran medida con la comodidad.

El cuerpo, así como el ambiente, pueden limitar la evaporación. Una persona no aclimatada puede sudar 1.5 L/hr; en 10 días de aclimatación, esto puede llegar a 3 L/hr. La aclimatación no es automática si se vive en climas cálidos; requiere ejercicio en el calor. Se puede perder en muy poco tiempo, hasta en 10 días, por lo que los trabajadores que regresan de vacaciones deben tener cuidado.

El satisfacer la sed no es suficiente para reemplazar la pérdida de agua a causa de la sudoración copiosa. Los supervisores deben insistirle a los trabajadores que beban agua; las pequeñas cantidades frecuentes son mejores que las grandes cantidades ocasionalmente. Se debe beber de un recipiente, en vez de una fuente de agua, ya que se toma más agua. "Llenar el tanque" antes de exponerse al calor. En circunstancias normales el cuerpo tiene suficientes reservas de sal para sudar copiosamente. No se deben ingerir tabletas de sal; si se toman en exceso, se pueden tener problemas estomacales y elevar la presión sanguínea. Si se necesita más sal, se debe salar la comida o comer comida salada, como papas fritas o pepinillos encurtidos.

Conducción

En la mayoría de las circunstancias, la conducción es pequeña.

Tolerancias en el stress por calor

Las tolerancias en el stress por calor son difíciles de determinar con precisión científica (ver también el capítulo 6.4). Los lineamientos generales son los siguientes:

La magnitud de la tolerancia debe ser una función de la cantidad de almacenamiento de calor, *S*. Una *S* mayor dará una mayor tolerancia.
Debido a que las condiciones ambientales cambian frecuentemente durante el año, es probable que la tolerancia sea más baja en invierno que en [illegible], puesto que el valor de *S* cambiar[illegible]

La magnitud de la tolerancia debe ser suficiente para mantener la temperatura promedio del cuerpo por abajo del nivel del criterio sobre el cambio del trabajo. Es decir, excursiones cortas a 38.5 °C por unos minutos probablemente no harán daño.

La temperatura corporal debida al stress por calor no debe exceder un nivel límite superior –probablemente a 39°C– para cualquier período. Esto no significa que una temperatura corporal de 39.2°C para un individuo específico durante una emergencia, como la de un incendio, causará daño, pero la temperatura límite no se debe exceder en circunstancias normales.

Puesto que el propósito de la tolerancia es mantener la temperatura corporal abajo de un nivel específico, el tiempo para tomar café o comer se debe incluir en el tiempo de tolerancia.

Probablemente se obtendrán tolerancias más exactas mediante un modelo computarizado de la ecuación de equilibrio de calor, como el de Azer y Hsu,[6] que a través de los índices generales, como el de WBGT.

6.12.4 STRESS PRODUCIDO POR EL FRIO

Criterio y límites

Cuando se parte de la zona de comodidad hacia abajo, en el ejemplo 6.12.1, la primera sensación es de incomodidad; la ecuación 1 indica el momento en que la gente sentirá el ambiente ligeramente fresco, fresco o frío. En seguida se presenta la pérdida de destreza manual, cuando la temperatura de la piel llega de 15 a 20°C. (Cuando el centro del cuerpo está caliente, la temperatura del aire tranquilo será probablemente $<$ 18°C). Cuando la temperatura central desciende por abajo de los 35.5°C (porque el almacenamiento de calor, *S*, es negativo por demasiado tiempo), debe esperarse una disminución en la capacidad mental. A 35°C, la destreza se reduce tanto que no se puede ni encender una cerilla. Por debajo de los 35°C, hay confusión mental; a 32°C, hay pérdida de conciencia.

¿Cuál es el límite para el ambiente frío? Al igual que con el calor, se desea un número que combine todos los factores. El índice que se emplea actualmente es el de brisa fría, WCI, donde WCI está en kcal/(m^2 – hr). Cuando WCI = 400, la sensación es fresca; cuando WCI = 600, la sensación es muy fresca; 800 = fría; 1000 = muy fría; 1200 = sumamente fría, y 1400 = congelación de la carne expuesta. Puesto que las variables esenciales son la temperatura y la velocidad del aire, en el ejemplo 6.12.4 se dan las temperaturas equivalentes de WCI. Se debe tener precaución con los datos, ya que éstos se obtuvieron mediante el enfriamiento de una botella de agua y no de un ser humano cálido y vestido.

Reducción del stress por frío

La ropa es la defensa esencial. El aire es el mejor aislante, por lo tanto, la ropa que retiene aire es mejor, como los suéteres gruesos y ropa a base de capas múltiples. Es útil la ropa rompevientos.

Respecto a las partes del cuerpo, se deben proteger especialmente la cabeza, las manos y los pies. La piel de la cabeza no es vasoconstrictora, por tanto la pérdida de calor por la cabeza descubierta puede equivaler al 50 por ciento del metabolismo restante. Deben usarse gorros; los gorros tejidos son excelentes. Contra el viento, usar orejeras y pasamontañas. Se deben usar guantes (si se necesita destreza) o mitones (para mayor protección). Es necesario mantener secos y calientes los pies, son muy útiles los zapatos de trabajo con múltiples capas, además de chanclos de hule.

Un problema grave es el ejercicio en frío, ya que causa sudoración; el sudor se acumula en la ropa y se puede congelar. La acumulación del sudor se puede evitar de tres maneras: 1) eliminar el exceso de ropa (es decir, vistiéndose con ropas que se puedan quitar fácilmente);

Ejemplo 6.12.4 Las temperaturas "equivalentes" de viento frío pronostican el efecto de la velocidad del aire a temperaturas diversas. El número que aparece en la tabla da la temperatura a 1.8 m/s, la cual tiene igual temperatura de viento frío que la DBT con cierta velocidad del aire. La WCI está basada en el enfriamiento de un depósito con agua más bien que en el de una persona vestida. Los círculos indican el "perfil" - 14.

DBT	Velocidad del aire (m/s)								
	0	2	4	6	8	10	12	14	16
	+4	+3.3	+1.8	-5.0	-7.4	-9.1	-10.5	-11.5	-12.3
	+2	+1.3	-4.2	-7.6	-10.2	-12.0	-13.5	-14.6	-15.4
	0	+0.8	-6.5	-10.3	-12.9	-15.0	-16.5	-17.6	-18.5
	-2	-2.8	-8.9	-12.9	-15.7	-17.9	-19.5	-20.7	-21.6
	-4	-4.9	-11.3	-15.5	-18.5	-20.8	-22.5	-23.8	-24.8
	-6	-6.9	-13.7	-18.1	-21.3	-23.7	-25.5	-26.9	-27.9
	-8	-9.0	-16.1	-20.0	-24.1	-26.6	-28.5	-29.9	-31.0
	-10	-11.0	-18.5	-23.4	-26.9	-29.5	-31.5	-33.0	-34.1
	-12	-13.1	-20.9	-26.0	-29.7	-32.5	-34.5	-36.1	-37.2
	-14	-15.1	-23.3	-28.6	-32.4	-35.3	-37.5	-39.1	-40.4
	-16	-17.2	-25.7	-31.3	-35.2	-38.2	-40.5	-42.2	-43.5
	-18	-19.2	-28.1	-33.9	-38.0	-41.1	-43.5	-45.3	-46.6
	-20	-21.2	-30.5	-36.5	-40.8	-44.0	-46.5	-48.3	-49.7

2) usar ropa que tenga áreas de ventilación, perforaciones o fuelles, de modo que el aire húmedo atrapado pueda escapar, y 3) usar un tejido que "respire" (la lana es mejor que el algodón). Evitar los plásticos, el nylon o tejidos apretados que no respiren. Puede ser útil una capa exterior de nylon que se pueda quitar (o un rompevientos Ⓣ).

Se deben proporcionar barreras contra el viento para los trabajadores. Si la humedad es un problema, es necesario asegurarse de que los trabajadores se puedan cambiar de ropa. Desde un punto de vista administrativo, alguien debe estar a cargo de la "climatización" a fin de asegurarse de que los trabajadores usen la ropa adecuada, de que el equipo tenga aceites lubricantes adecuados y que se conozcan los procedimientos de primeros auxilios, etc.

REFERENCIAS

1. ASHRAE, "Physiological Principles, Comfort and Health," *Handbook of Fundamentals,* Nueva York, 1977, p. 820.
2. L. BERGLUND, "New Horizons for 55-74: Implications for Energy Conservation and Comfort," *ASHRAE Transactions*, Part 1, 1980, pp. 507-515.

3. ASHRAE, ' Physiological Principles, Comfort and Health."
4. S. KONZ, *Work Design*, Grid, Columbus, OH, 1979.
5. KONZ, *Work Design*, p. 436.
6. N. AZER y S. HSU, "OSHA Heat Stress Standards and the WBGT Index," *ASHRAE Transactions*, Vol. 83. No. 2 (1977), pp. 30-40.

CAPITULO 6.13

Toxicología

KARI LINDSTRÖM
Institute of Occupational Health, Helsinki, Finlandia

6.13.1 INTRODUCCION

La toxicología es una ciencia que estudia los agentes tóxicos dañinos para los organismos vivos. Que un agente químico sea tóxico o no es relativo, ya que cada sustancia puede producir efectos tóxicos adversos cuando su exposición es suficientemente significativa. La toxicología industrial es una importante rama de la toxicología e incluye la detección de agentes tóxicos, la ciencia del análisis, los mecanismos dañinos, el diagnóstico y la terapia. El propósito principal de la toxicología industrial es la prevención de los efectos tóxicos dañinos en el ambiente de trabajo.

La forma de intoxicación puede ser aguda, retardada o crónica. La intoxicación aguda es inmediata a la exposición a corto plazo, cuando el agente químico se absorbe rápidamente. La intoxicación retardada es aquella en que los síntomas aparecen días o semanas después de la exposición real. Intoxicación crónica significa que la exposición ha sido prolongada y repetida. Usualmente, los síntomas clínicos de envenenamiento se presentan cuando el agente se ha acumulado en un organismo o cuando los efectos de la exposición repetida son acumulativos. La reacción de un organismo depende de las características físicas y químicas del agente y de las características biológicas del propio organismo.[1]

Toxicología conductual

La toxicología de la conducta comprende la determinación, por medio de métodos de pruebas sicológicas, del deterioro de la capacidad funcional del sistema nervioso debido a la exposición a agentes neurotóxicos. En el contexto de la salud ocupacional, la función de la toxicología de la conducta es proporcionar los medios para la detección de síntomas tempranos o subclínicos, para complementar los síntomas clínicos más severos detectados por métodos tradicionales. En la toxicología de la conducta se aplican métodos de prueba de la sicología clínica y la neurosicología para evaluar las funciones cognoscitivas, como el desempeño intelectual y la memoria, y las capacidades perceptivas y motoras, como es el tiempo de reacción y la destreza manual. También se pueden incluir las evaluaciones objetivas de las reacciones afectivas y de personalidad. El principal grupo de agentes neurotóxicos que tiene efectos comprobados sobre la conducta es el de los disolventes industriales: hidrocarburos aromáticos, halogenados y alifáticos, o sus mezclas. Los metales pesados, el plomo, el mercurio y el manganeso también se conocen por sus efectos neurotóxicos.

6.13.2 MECANISMOS QUE AFECTAN LOS AGENTES NEUROTOXICOS

Agentes químicos

Por lo común, la absorción de agentes químicos en el trabajo se produce a través de los pulmones y la piel, raras veces es por vía oral. El medio más común de riesgo industrial es la inhalación; este riesgo es mayor cuando hay aerosoles, gases, humos y vapores ambientales. Es posible medir la concentración del agente en el aire, sin embargo, raras veces se conoce la cantidad de agente que es absorbido por el organismo. Los agentes absorbidos por los pulmones pueden afectar directamente varios órganos, como el cerebro y los riñones. Los agentes tóxicos tienen afinidad por tejidos específicos, que no son necesariamente su sitio esencial de influencia. Por ejemplo, algunos plaguicidas organofosforosos son fuertemente solubles en los lípidos; se acumulan en los tejidos grasos y pueden permanecer allí durante años.

Las sustancias orgánicas cambian dentro de los organismos, a causa de reacciones metabólicas. El metabolismo de agentes químicos también depende de los factores sicológicos que caractericen a los trabajadores expuestos, como la edad, el sexo, condición nutricional, embarazo o posibles enfermedades. Asimismo, los factores ambientales (como la hora del día), otras posibles causas de stress y la exposición simultánea a más de un agente químico pueden producir una acción antagónica o sinergística en el metabolismo y en los efectos. La excreción de agentes tóxicos se realiza a través de la orina, la bilis, el aire exhalado, el sudor, las secreciones intestinales-estomacales, etc.

Agentes neurotóxicos

Estos agentes pueden afectar diferentes partes de un organismo vivo y producir diversos efectos, como los carcinogénicos y los mutagénicos. Por lo común, los efectos en la conducta coinciden con los cambios en los sistemas nervioso central y periférico, pero no son necesariamente idénticos a ellos. Las funciones mentales, como las capacidades perceptivas y motoras, y las funciones cognoscitivas se basan en la interacción de muchas áreas y funciones cerebrales. No se puede encontrar una sola área cerebral correspondiente a cierto sistema de conducta, aunque sí existen algunas correlaciones. En particular, los efectos de la exposición prolongada sobre el nivel de la conducta comprenden tanto efectos directos de un agente, como efectos secundarios modificados por muchos factores participantes asociados con todo el caso de exposición.

6.13.3 MEDICION DE LA EXPOSICION QUIMICA

Los valores límite de umbral (TLV) se refieren al grado de exposición que no inducirá efectos nocivos en la salud de un individuo promedio. Estos valores higiénicos límite pueden variar entre los distintos países para un mismo agente químico debido a los diferentes marcos teóricos y de concepción según los cuales se establecieron los valores. En los Estados Unidos, los TLV para diferentes agentes químicos los establece la American Conference of Governmental Industrial Hygienists (ACGIH) y la OSHA. Estos valores se refieren a la concentración medida en la atmósfera de trabajo (o sea, monitoreo ambiental).

Existen diferentes clases de TLV (ACGIH). Usualmente se menciona el "valor límite de umbral-Promedio de tiempo ponderado" (TLV-TWA). Este se refiere a la concentración promedio de tiempo ponderado para un día normal de trabajo de 8 hr o a una semana laboral de 40 hr. El "valor límite de umbral-exposición límite a corto plazo" (TLV-STEL) se refiere a la concentración máxima a la cual se pueden exponer los trabajadores hasta 15 minutos sin sufrir de, por ejemplo, irritación, cambio crónico de tejido o efectos nocivos sobre la seguridad o la eficiencia en el trabajo. El "valor límite de umbral-máximo (TLV-C) es la concentración que no se debe sobrepasar. Cuando están presentes dos o más sustancias, es preferible

Ejemplo 6.13.1 Los TLV-TWA de algunas substancias neurotóxicas o potencialmente neurotóxicas[a]

Substancia	*TLV-TWA*[b]
Acetona	1000 ppm
Monóxido de carbono	50 ppm
Bisulfuro de carbono	20 ppm
Diclorometano	200 ppm
Hexano (*n*-hexano)	100 ppm
Plomo inorgánico	0.15 mg/m^3
Manganeso y sus compuestos	5 mg/m^3
Manganeso, vapores	1 mg/m^3
Mercurio (compuestos de alquilo)	0.01 mg/m^3
Mercurio (con excepción del alquilo)	0.05 mg/m^3
Cloruro de metileno	200 ppm
Percloroetileno	100 ppm
Solvente Stoddard	100 ppm
Estireno	100 ppm
Tolueno	100 ppm
Tricloroetileno	100 ppm
1,1,1-tricloroetano	350 ppm
Xileno	100 ppm

[a]Adaptado de la referencia 2.

[b]Estos valores pueden variar. En los EE.UU. se aconseja al lector que consulte las publicaciones más recientes del gobierno, así como la referencia 3.

calcu.ar su efecto combinado. Usualmente, estos efectos se contemplan como acumulativos, pero en algunos casos también se puede producir acción sinergística.[2,3]

Como un preámbulo para las concentraciones de la TLV y suspendidas en el aire para los agentes neurotóxicos señalados en la sección 6.13.4, en el ejemplo 6.13.1 se presentan los valores límite de umbral establecidos por la ACGIH. La exposición química individual real también se puede determinar por la medición del contenido, por ejemplo, de disolvente en muestras de aire alveolar. En la *vigilancia biológica*, la exposición interna se determina por la medición de productos metabólicos finales de los agentes en la orina, sangre, el cabello, etc.

6.13.4 LOS AGENTES NEUROTOXICOS Y SUS EFECTOS

Los agentes químicos que se tratan aquí son los que más se usan en el trabajo y que tienen efectos sobre la conducta. Los principales agentes neurotóxicos son mercurio, plomo, disolventes orgánicos y plaguicidas. También se presentan algunos otros agentes especiales.

El mercurio y sus componentes inorgánicos

La exposición al mercurio puede ocurrir durante procesos metalúrgicos y en refinerías. El mercurio se usa en plantas de clorálcalis, en laboratorios y equipo de laboratorio, en la industria eléctrica, en la producción de amalgamas, etc. Por lo común, un organismo recoge el mercurio metálico a través de la inhalación de vapores de mercurio.

La intoxicación aguda se inicia muy lentamente. Los síntomas subjetivos más comunes son las alteraciones del sueño, la timidez, el nerviosismo y la pérdida del apetito, los cuales se han correlacionado con la exposición de tiempo ponderado. Generalmente se han identificado el temblor y las alteraciones sicomotoras como los efectos principales sobre el sistema nervioso.[4]

La habilidad sicomotora es lenta, la coordinación ojo-mano se torna deficiente y también se han encontrado trastornos de la memoria. Las concentraciones de exposición extremas se han correlacionado en mayor medida con estos descubrimientos. En estudios sobre la conducta, la concentración de mercurio inorgánico en la atmósfera de trabajo o de mercurio urinario se ha aplicado al índice de exposición. Se ha comprobado especialmente que el número de concentraciones extremas mayores de 0.5 mg/l produce efectos en la conducta si la exposición es crónica. La cantidad de mercurio orgánico que rodea a un trabajador también se puede determinar a partir de la sangre y el pelo. La exposición al mercurio inorgánico se puede calcular por la concentración de mercurio en la sangre o la orina. No obstante, como la excreción de compuestos alquil-mercúricos en la orina es muy pequeña, estos compuestos se pueden analizar mejor en la sangre. El mercurio alquilo e inorgánico se puede incluso analizar independientemente.

Plomo

El uso del plomo y sus compuestos en el trabajo es variable. Las principales fuentes de exposición están en la industria minera, la metalurgia, la producción de pilas y en la industria de la pintura. Además, la exposición fuera del lugar de trabajo puede ser excesiva. Estas fuentes de exposición pueden ser la comida, el agua o el tránsito de vehículos. Por lo común, un organismo absorbe plomo inorgánico por inhalación, sobre todo de vapores de plomo, humos y polvo. El aparato digestivo y la piel también pueden ser sitios de acceso.

En la industria, pocas veces se producen intoxicaciones agudas con plomo. La intoxicación crónica se puede dividir en tres fases: presaturnina, intoxicación crónica y secuela de intoxicación crónica. La primera fase se refiere únicamente el cambio biológico, no a una enfermedad. Los síntomas subjetivos que caracterizan la intoxicación crónica moderada debida a una exposición baja pero a largo plazo son: síntomas gastrointestinales, fatiga anormal, alteraciones del ánimo y dificultades con el ambiente. Estos síntomas son manifestaciones neuróticas. Los síntomas neurológicos, como el dolor en brazos y piernas, también son típicos. Las funciones cognoscitivas, como la inteligencia visuoconstructiva y la memoria, y las tareas que requieren destreza manual, también se reducen debido a la exposición de bajo nivel al plomo (el nivel de plomo en la sangre nunca debe exceder de 70 mg/100 mg).[5] Se ha probado que estos índices de absorción de plomo, lo mismo que el nivel del plomo en la sangre y el de protoporfirino de cinc, son medidas de exposición válidas y útiles para el monitoreo de los efectos del plomo sobre la conducta. El tetraetilo de plomo es tóxico para el sistema nervioso central y provoca trastornos sicológicos. La exposición al plomo alquilo se puede estimar mediante la cantidad de plomo soluble en lípidos en la sangre. La intoxicación aguda con plomo alquilo se monitorea mejor analizando la excreción urinaria de plomo.

Manganeso

El manganeso es sumamente tóxico para el sistema nervioso central. Las alteraciones emocionales graves, la fatiga, los trastornos del sueño y la inseguridad en la destreza manual son características de intoxicación crónica.

Monóxido de carbono

Las fuentes comunes de exposición al monóxido de cabono son los hornos de calentamiento, las unidades de calefacción central, escapes de motores, las fundiciones y el humo de cigarrillos. El monóxido de carbono penetra al organismo mediante la inhalación. Sus efectos sobre la conducta se deben a la falta de oxígeno (anoxia) en el sistema nervioso central. Los síntomas subjetivos como el cansancio anormal, la falta de energía mental, la irritabilidad y las dificultades de concentración y de memoria son síntomas comunes que se asocian con la exposición al monóxido de carbono. En condiciones experimentales de exposición, un nivel tan bajo de carboxihemoglobina como de 5 por ciento, afectó funciones cognoscitivas, como las tareas aritméticas. A un nivel ligeramente mayor, disminuyeron la destreza manual y la coordinación ojos-manos que se requieren para ciertas tareas.[6] Las investigaciones sobre ocupaciones reales en relación con los riesgos de exposición al monóxido de carbono han incluido las emanaciones de automóviles durante el tránsito o la conducción. Los resultados han mostrado que a un nivel de 5 a 10 por ciento de carboxihemoglobina, se reducen los tiempos de reacción, la coordinación y ocasionalmente el grado de vigilancia. El tratamiento de síntomas crónicos producidos por exposición al monóxido de carbono, es más una cuestión de acumulación de efectos, que de exposición.

Solventes

Actualmente, los solventes son los agentes químicos neurotóxicos de uso más común en el trabajo. Es muy alto el número de solventes puros y sus mezclas. Los que se tratan aquí son los hidrocarburos aromáticos, halogenados y alifáticos, aunque también se mencionan otros brevemente. Los solventes se absorben principalmente mediante inhalación y en parte a través de la piel. Por lo común, primero inducen efectos narcóticos agudos o irritación.

Hidrocarburos aromáticos

El tolueno, el estireno y el xileno son los miembros más importantes de este grupo. Se ha comprobado que el benceno, que también pertenece a los hidrocarburos aromáticos, es leucomogénico. Sin embargo, debido a que su uso es limitado, no se incluye en esta sección.

Tolueno. El tolueno se usa en pinturas, lacas, adhesivos, adelgazadores y líquidos limpiadores. Por lo tanto, los pintores y los barnizadores que usan pinturas epóxicas con solventes están expuestos al tolueno y sus mezclas. La exposición al tolueno es común en la industria de la impresión en fotograbado. En el mundo de la drogadicción, el tolueno también es usado como fármaco sicotrópico por los "inhaladores de cemento" debido a que produce un estado de euforia. Durante experimentación con exposición a dosis grandes se han producido efectos agudos como somnolencia, cansancio excesivo, dolores de cabeza, mareo y náusea. En condiciones experimentales de exposición a 300 ppm se ha producido prolongación del tiempo de reacción, y en exposiciones a 700 ppm, disminución de la capacidad de percepción. Se ha mostrado que la exposición crónica en la industria de la impresión en fotograbado produce un síndrome sicológico y orgánico, o deterioro mental de amplio margen, y con exposiciones de 60 a 200 ppm se reduce la memoria a corto plazo.[7] La exposición al tolueno se puede medir en función de su concentración en el aire, su concentración en la sangre o en el aire alveolar, y por la cantidad de ácido hipúrico o de creosota en la orina.[8]

Estireno. El estireno se usa principalmente en la producción de productos de poliéster reforzados, como botes y contenedores. Los síntomas de exposición aguda son irritación y síntomas prenarcóticos. Los síntomas crónicos incluyen fatiga, dificultades en la concentración e irritación. No se ha encontrado deterioro en las funciones cognoscitivas entre trabajadores expuestos al estireno, pero sí se ha visto que la agudeza visuomotora y los tiempos de reacción disminuyen con las exposiciones prolongadas.[5] También se afectan los tiempos de reacción después de exposiciones breves a 350 ppm de estireno.[4] Por lo que respecta a los cambios en la conducta, se ha comprobado que las concentraciones de ácido fenilelioxílico y ácido mandélico en la orina son medidas válidas de la exposición al estireno.[5] La lista de cambios en la conducta que se da aquí, han ocurrido a niveles más bajos que los valores de salud comunes para el estireno en muchos países.

Xileno. El xileno y sus mezclas se usan principalmente como adelgazadores de pinturas y barnices y como solventes. Producen la misma clase de síntomas agudos que el tolueno y el estireno. Después de exposiciones breves a 90 a 200 ppm de xileno, se han encontrado disminución de la vigilancia, prolongación del tiempo de reacción y cambios en el equilibrio.[9] Asimismo, en condiciones experimentales, en la exposición a 300 ppm combinada con esfuerzo físico, se provocó alteración de las funciones intelectuales cognoscitivas y de memoria. Aún no se han estudiado las exposiciones prolongadas al xileno. Sin embargo, los cambios de conducta registrados en pintores de casas y coches expuestos a mezclas de solventes, incluyendo xileno, han indicado alteraciones tanto cognoscitivas como de la destreza manual.[5,10] El ácido metil-hipúrico se ha usado como indicador biológico de la exposición interna al xileno.

Mezclas de solventes aromáticos y solventes de pintura. En una época, las pinturas conteniendo hidrocarburos aromáticos eran muy comunes. Sin embargo, en la actualidad son más comunes las pinturas a base de agua y las que contienen principalemente hidrocarburos alifáticos. Pero los pintores y barnizadores de mayor edad que aún trabajan tuvieron una notable exposición a estas mezclas de solventes aromáticos durante su experiencia individual. Los pintores que usan atomizadores y pinturas epóxicas tienen antecedentes de alta exposición, así como también los pintores resanadores, en parte porque muy pocas veces se cuenta con ventilación en el trabajo de resane o reparación y por tanto, la exposición puede ser más alta.

Usualmente, los síntomas agudos son los ya mencionados síntomas prenarcóticos; los crónicos incluyen cansancio, alteraciones del sueño, dolores de cabeza, dificultades para la concentración, irritabilidad y otros tipos de cambios de ánimo. Se ha visto que las funciones cognoscitivas, como la capacidad visuoconstructiva, se han deteriorado, pero las verbales sólo ocasionalmente presentan problemas. Se ha comprobado que la memoria a corto plazo es muy sensible a los efectos adversos de la exposición a solventes de pintura. También se ha mostrado que en los trabajadores intoxicados y en los expuestos, ha disminuido la destreza manual y la velocidad de percepción.[5,10] La estimación de la exposición real y especialmente, de la exposición total a solventes para pinturas, por lo común es difícil debido a la variación de los tipos de pintura usados, a la forma de su aplicación y por supuesto, a las condiciones de trabajo y ventilación. Sin embargo, parece que las medidas higiénicas del aire y del aire alveolar, en combinación con un interrogatorio exhaustivo sobre las condiciones pasadas de exposición, pueden proporcionar una medida muy válida de la exposición total en relación con los cambios en la conducta.

Hidrocarburos halogenados

Los hidrocarburos halogenados también son neurotóxicos y pueden afectar al hígado y los riñones. Los agentes que se incluyen en este grupo tienen efectos principalmente depresivos sobre el sistema nervioso central.

Dicloro-metano. (Cloruro de metileno). Este agente se usa como solvente. Uno de sus usos comunes es como limpiador de pintura. Debido a la exposición al dicloro-metano aumenta la carboxi-hemoglobina y produce las mismas clases de efectos que la exposición al monóxido de carbono. Después de una exposición breve a 500 ppm se ha demostrado que se producen lapsos con pérdida de la atención y una disminución de la destreza manual. Algunos problemas prácticos en el trabajo se relacionan con la sensación de embriaguez y dificultades para la coordinación.

Cloruro de metilo. Este se usa como refrigerante. En primer lugar afecta el sistema nervioso central y puede producir ataxia, debilitamiento, mareo, dificultades en el habla, trastornos visuales, etc. Se ha mostrado que las habilidades cognoscitivas se alteran claramente entre los trabajadores expuestos al cloruro de metilo.[12] Estos cambios cognoscitivos se relacionaron con las concentraciones en el aire.

1,1,1-Tricloroetano (Metilcloroformo). Generalmente, este agente se usa para desengrasar metales. En condiciones experimentales de exposición, 350 ppm de metilcloroformo causan prolongación de los tiempos de reacción, disminución de la capacidad visuomotora y también alteraciones en la destreza manual.[13] Aún no se ha demostrado que la exposición prolongada a este solvente produzca efectos sobre la conducta. La mayor parte del metilcloroformo que se absorbe se excreta en el aire exhalado y otra parte en forma de compuestos tricloro en la orina.[8] Como índice de exposición se puede usar la concentración de metilcloroformo en la sangre.

Tricloroetileno. Es común el uso del tricloroetileno en el desengrasamiento de metales y en el lavado en seco. Se ha mostrado que a un nivel de exposición de 110 ppm, se alteran la capacidad de percepción, la destreza manual y la memoria cognoscitiva en los trabajadores, pero en algunos estudios se han visto primero los cambios solamente después de una exposición a 300 ppm. En general, los efectos agudos sobre la conducta son un poco contradictorios,[1] mientras que la exposición crónica al tricloroetileno ha producido efectos conductuales muy claros. Para evitar el deterioro sicorgánico severo, se ha llegado a la conclusión de que la exposición prolongada promedio debe ser menor de 50 ppm. Los síntomas subjetivos de la exposición crónica al tricloroetileno son cansancio anormal, dolores de cabeza, mareo, náusea, alteraciones del sueño y dificultades en la memoria; también se puede producir adicción al tricloroetileno. El ácido tricloroacético y el tricloroetanol en la orina se han usado como indicadores biológicos de la exposición al tricloroetileno.[8]

Tetracloroetileno (percloroetileno). Este agente también se usa como desengrasador de metales y en el lavado en seco. Los síntomas subjetivos agudos son similares a los del tricloroetileno. No se han encontrado efectos en la conducta después de la exposición experimental a 100 ppm, pero después de una exposición breve de 100 a 150 ppm, se ha observado disminución de la capacidad de coordinación. Algunos estudios de casos y estudios clínicos indican que el tetracloroetileno puede producir encefalopatía y trastornos seudoneuróticos. Sin embargo, los estudios en campo controlado no han confirmado estos resultados.[1] El monitoreo biológico de la exposición al tetracloro-etileno se logra mejor mediante la medición de los compuestos originales en la orina.

Hidrocarburos alifáticos

Los hidrocarburos alifáticos sirven usualmente como componentes principales en diversas mezclas de solventes, sobre todo en los solventes de petróleo refinado, como los éteres del petróleo, solventes de caucho, la nafta de los fabricantes de barniz y de los pintores, los extractos minerales, los solventes de stoddard y el kerosén. En estas mezclas de solventes el contenido total de hidrocarburos aromáticos es menor del 20 por ciento.[14] Siempre está presente cierta cantidad de benceno en los disolventes de petróleo refinado. Estos se clasifican de acuerdo con su punto de ebullición y su grado de evaporación. Se usan para limpiar y desengrasar y especialmente en pinturas alquídicas.

***n*-Hexano.** Este es un hidrocarburo alifático que se usa, por ejemplo, en adhesivos. Se ha mostrado que entre las trabajadoras que manejan adhesivos o gomas, causa polineuropatía. Las altas concentraciones han producido náusea, dolor de cabeza e irritación de ojos y la garganta.

Alcohol mineral. Este se usa como adelgazador en la industria de pinturas y barnices y en el lavado en seco. En situaciones experimentales ha provocado prolongación del tiempo de reacción y a un nivel de exposición de 700 ppm trastornos en la memoria a corto plazo.[13]

Combustible de jet. Este agente es un combustible para turbinas de avión. Los síntomas agudos encontrados entre trabajadores expuestos son mareo, dolor de cabeza, náusea y síntomas del tracto respiratorio. Los síntomas mentales crónicos han sido neurasténicos y neuróticos. Las pruebas sicológicas han indicado cambios en la velocidad de atención y sensomotora, si bien no se han encontrado señales de deterioro de la memoria y de la destreza manual.

Otros solventes y mezclas de solventes

Bisulfuro de carbono. Este agente se usa en la producción de fibras artificiales por el método viscoso y en el curado frío del caucho. El bisulfuro de carbono tiene efectos anestésicos. En intoxicaciones crónicas, los síntomas neurosiquiátricos son predominantemente somnolencia, dolor de cabeza, mareo, náuseas, pérdida de la memoria, irritabilidad, estados de ánimo depresivos, pérdida de iniciativa y pesadillas. En pruebas sicológicas se ha encontrado deterioro incluso antes de una intoxicación real diagnosticable clínicamente. En casos agudos han aparecido síndromes sicorgánicos, indicando un gran margen de deterioro en las funciones cognoscitivas, de percepción y motoras, y las alteraciones más aparentes son lentitud en la habilidad sicomotora y dificultad en la destreza manual. También ha habido deterioro en las funciones cognoscitivas, sobre todo en la capacidad visuoconstructiva. Las manifestaciones en las funciones de la memoria son escasas, pero el estado de ánimo depresivo y la reducción de la vigilancia tienen efectos negativos sobre las funciones de la memoria.[5]

Alcoholes (metanoles, etanoles, butanoles, etc.). Estos tienen efectos narcóticos e irritantes en su aplicación en el medio laboral.

Cetonas. Estas también tienen efectos narcóticos, pero se les considera de baja toxicidad, Sin embargo, se ha encontrado que después de exposiciones a 200 ppm de acetona provoca alteraciones en el tiempo de reacción. En experimentos con animales también se han encontrado efectos sobre la conducta debidos a la metil *n*-butil cetona.[1]

Gases anestésicos. Los gases anestésicos como el halotano, el óxido nitroso y los alcoholes se han estudiado entre las enfermeras anestesistas.[13] Sin embargo, no se han encontrado daños en la conducta entre éstas. En experimentos con jóvenes voluntarios se ha demostrado que al recobrarse después de la anestesia con uno de estos agentes, se ha reducido la destreza manual y la velocidad de percepción.

Plaguicidas

Los plaguicidas se dividen en insecticidas, rodenticidas, herbicidas, fungicidas y moluscicidas. Se usan principalmente en la agricultura y la silvicultura, pero también en los sistemas de cuidado de la salud.

Insecticidas organoclorinados

Los compuestos como el DDT estimulan el sistema nervioso central y pueden producir ataques de tipo epiléptico. Son posibles los síntomas subjetivos agudos como náusea, dolor de cabeza, desequilibrio, mareo y temblor. Sin embargo, actualmente los compuestos organofosforosos han reemplazado a los agentes del tipo DDT.

Compuestos organofosforosos

Los efectos adversos de estos compuestos sobre la conducta se deben a su inhibición de la acetilcolinesterasa del cerebro, y los síntomas somáticos se originan en gran medida periféricamente en el sistema nervioso autónomo. En caso de intoxicación aguda, los síntomas relacionados con el sistema nervioso central son ansiedad, mareo, dolor de cabeza y temblor. En la intoxicación crónica la depresión se ve como uno de los síntomas centrales, usualmente asociado con alteraciones del sueño. En intoxicación aguda, a menudo se encuentran trastornos de la vigilancia y la concentración. También se han detectado problemas de la memoria entre trabajadores expuestos en granjas e industrias. Las alteraciones en la destreza manual y en el procesamiento de información han estado presentes en personas con cuando menos síntomas moderados de intoxicación clínica.[15]

6.13.5 PREVENCION DE EFECTOS AGUDOS Y CRONICOS SOBRE LA CONDUCTA

Para la prevención de los efectos adversos de los químicos industriales, se han logrado mejores resultados cuando se toman en consideración los riesgos desde la fase de planeación de nuevas instalaciones industriales o nuevos métodos de trabajo. En particular, los sistemas de ventilación son difíciles de construir adecuadamente en las últimas fases. Hoy día, el uso de equipo de protección personal no se considera como una alternativa muy recomendable. Además de ser incómodo, este equipo también puede interferir con la capacidad de percepción y la habilidad motora y aumentar el esfuerzo requerido. Es importante contar con la información adecuada desde la iniciación del trabajo o introducción de un nuevo agente químico. Esta medida de seguridad y educación sanitaria aumenta el conocimiento del trabajador acerca de las propiedades y peligros de los agentes químicos y lo ayudan y motivan para evitar los peligros.

Con frecuencia, los TLV se calibran de modo que protejan sólo a individuos promedio contra los efectos dañinos. Esto es especialmente cierto en relación con los efectos crónicos sobre la conducta, que raras veces se incluyen en la información de los TLV. Los grupos especiales, como los de jóvenes, de viejos, de mujeres y de gente con capacidad de trabajo limitada, no están necesariamente trabajando con seguridad bajo las condiciones que satisfacen las normas sanitarias. También se sabe a través de la práctica clínica que la gente difiere significativamente en cuanto a sensibilidad y tolerancia a los agentes nocivos. La presentación de los síntomas típicos de la exposición a químicos nocivos puede ser muy rápida después de empezar en un nuevo trabajo.

En los exámenes de salud iniciales se deben tomar en cuenta los síntomas y trastornos en los solicitantes, que puedan parecer contraindicaciones, por ejemplo, el trabajo con exposición a solventes. Estos síntomas relacionados con la exposición química son muy comunes en la población general. Si el grado del síntoma que indica trastornos neuróticos o neurasténicos es alto, es muy probable que éstos tiendan a incrementarse rápidamente con la exposición. Asimismo, la gente que ha padecido enfermedades neurológicas y siquiátricas es posiblemente más sensible a los efectos perjudiciales sobre la conducta, Los exámenes periódicos de salud de los trabajadores expuestos a agentes neurotóxicos tienen el mismo propósito que los exámenes iniciales. Los cambios en la conducta se pueden ver como la manifestación temprana de los efectos nocivos. Por lo tanto, tanto las investigaciones sicológicas subjetivas como las de síntomas neurológicos, y los métodos de pruebas de conducta, constituyen herramientas en la prevención de una intoxicación más grave.

REFERENCIAS

1. R. R. LAUWERYS, *Précis de Toxicologie Industrielle et des Intoxications Professionelles*, Editions J. Duculot, Gembloux, 1972.
2. *TLVs®: Threshold Limit Values for Chemical Substances and Physical Agents in the Work Environment with Intended Changes for 1980*, American Conference on Governmental and Industrial Hygiene, Cincinnati, OH, 1980.
3. F. W. MACKINSON, R. S. STRICOFF, y L. J. PARTRIDGE, Jr., *NIOSH/OSHA Pocket Guide to Chemical Hazards*, DHEW (NIOSH) Pub. No. 78-210, U. S. Government Printing Office, Washington, DC, 1980.
4. G. D. LANGOLF, D. B. CHAFFIN, R. HENDERSON, y H. P. WHITTLE, "Evaluation of Workers Exposed to Elemental Mercury Using Quantitative Tests of Tremor and Neuromuscular Functions," *American Industrial Hygiene Association Journal*, Vol. 39, 1978, páginas 976-984.
5. H. HÄNNINEN, "Psychological Test Methods: Sensitivity to Long Term Chemical Exposure at Work," *Neurobehavioral Toxicology*, Vol. 1, Supplement 1, 1979, páginas 157-161.
6. R. R. BEARD y N. GRANDSTAFF, "Carbon Monoxide Exposure and Cerebral Functions," *Annals of the New York Academy of Sciences*, Vol. 174, 1970, páginas 385-395.
7. K. -H. COHR y J. STOCKHOLM, "Toluene. A Toxicological Review," *Scandinavian Journal of Work Environment and Healt*, Vol. 5, 1979, páginas 71-90.
8. R. R. LAUWERYS, "Biological Criteria for Selected Industrial Toxie Chemicals: A Review," *Scandinavian Journal of Work Environment and Healt*, Vol. 1, 1975, páginas 139-172.

9. K. SAVOLAINEN, V. RIIHIMÄKI, y M. LINNOILA, "Effects of Short-Term Xylene Exposure on Psychophysiological Changes in Man," *International Archives of Occupational Environmental Health*, Vol. 44, 1979, páginas 201-211.
10. M. HANE, O. AXELSON, J. BLUME, C. HOGSTEDT, I. SUNDELL, y B. YDREBORG, "Psychological Function Changes Among House Painters," *Scandinavian Journal of Work Environment and Health*, Vol. 3, 1977, páginas 91-99.
11. G. WINNEKE y G. G. FODOR, "Dichloromethane Produces Narcotic Effects," *International Journal of Occupational Health and Safety*, Vol. 45, 1976, páginas 34-35.
12. J. D. REPKO, P. D. JONES, L. S. GARCIA, E. J. SCHNEIDER, E. ROSEMAN y C. R. CORUM, *Behavioral and Neurological Effects of Methyl Chloride*, U.S. DHEW, Cincinnati, OH, 1976.
13. F. GAMBERALE, "Behavioral Effects of Exposure to Solvent Vapors," Arbete och Hälsa 14, Arbetarskyddsverket, Stockholm, 1975.
14. *Occupational Exposure to Refined Petroleum Solvents. Criteria for a Recommended Standard*, U. S. DHEW, NIOSH, 1977, Cincinnati, Ohio.
15. H. S. LEVIN y R. L. RODNITZKY, "Behavioral Effects of Organophosphate Pesticides in Man," *Clinical Toxicology*, Vol. 9, 1976, páginas 391-405.

CAPITULO 6.14

Administración de la seguridad ocupacional

JAMES M. MILLER
Universidad de Michigan

6.14.1 LOS PROFESIONALES DE LA SEGURIDAD

El establecimiento de condiciones de trabajo seguras (y sanas) se ha vuelto una responsabilidad cada vez más importante del personal de ingeniería industrial en una organización. La empresa grande puede tener una división separada que abarque un departamento de ingeniería industrial en el cual varias personas dediquen todo su tiempo a algún aspecto de la seguridad del trabajador. Cada vez es más difícil encontrar que la administración de la función de seguridad ha sido delegada a departamentos de personal. Esto se debe a la importancia actual que se le da a la seguridad del trabajador, a requisitos gubernamentales (OSHA) y a la complejidad técnica implícita en el cumplimiento de estos requisitos. Asimismo, las complejas demandas y necesidades del trabajador moderno han obligado a la alta gerencia de las empresas a confiar esta tarea a individuos que pueden aplicar sus conocimientos de ingeniería y de los factores humanos para la administración de las medidas de seguridad.

Tal individuo es el ingeniero en seguridad, o un profesional de la seguridad, que usualmente es un experto que posee un grado superior en un área de la ingeniería que incluye fundamentos de matemáticas, física y química. Los programas de nivel licenciatura de ingeniería incluyen estas materias, así como asignaturas de ingeniería mecánica, eléctrica, industrial y computación. Puesto que los ingenieros en seguridad tienen a su cargo las instalaciones físicas de una organización, este tipo de trabajo profesional es un prerrequisito esencial para llegar a ser un ingeniero o administrador de seguridad.

Los temas que se tratan en esta sección sobre factores ergonómicos/humanos se pueden incorporar a un programa a nivel de licenciatura (particularmente de ingeniería industrial) ya que se están volviendo fundamentales para los profesionales en seguridad y en particular, para personas con responsabilidades de *administrador* de seguridad, que estarían en desventaja si no tuvieran instrucción en estas áreas. No obstante, estos estudios se hacen a nivel de licenciatura o en cursos de posgrado. La importancia de esta educación avanzada se incrementa por los numerosos programas a nivel de grado o tipo extensión en ingeniería en seguridad y salud ocupacional que ha patrocinado el NIOSH desde 1970.

Con la disponibilidad cada vez mayor de profesionales en seguridad con estudios formales, las organizaciones que poseen varios puestos para personal de seguridad en el trabajo generalmente tienen la posibilidad de designar como administrador de la seguridad de un grupo a una persona que tenga experiencia, un título de nivel superior y de posgrado en ingeniería de la salud y la seguridad. Trabajando bajo la supervisión de este administrador podría estar una persona con estudios de 2 a 4 años en "tecnología de la seguridad", "especialista en seguridad", "instrucción en seguridad", o estudios en ingeniería básica.

6.14.2 FILOSOFIA DE LOS PROGRAMAS DE SEGURIDAD

A menudo, la alta gerencia acude a su administrador en seguridad para resolver problemas de nivel crítico relacionados con aspectos de seguridad que están interfiriendo con la productividad o la obtención de utilidades, o bien, para cumplir con requerimientos debido a exigencias gubernamentales, sindicales, de la opinión pública o jurídicas. Algunos ejemplos de los tipos de problemas que puede enfrentar el jefe de un administrador de la seguridad son:

"La comunidad no piensa que esta organización considere el carácter humano de la fuerza de trabajo en relación con su seguridad y salud. ¿Qué podemos hacer respecto a ello?"
"Los costos por concepto de seguros de compensación de trabajadores y de gastos médicos por accidentes se han duplicado en los últimos dos años. ¿Por qué?"
"Los trabajadores y yo estamos muy preocupados por el accidente que le ocurrió a Joe Smith. Era un trabajador muy capaz y un amigo por el que sentíamos gran estimación. ¿Podría investigar a qué se debió el accidente y tomar medidas correctivas?"
"Escuché en una conferencia que la OSHA está cambiando un gran número de sus normas. ¿Cómo influirá esto en nuestras operaciones?"
"Lo traje a esta organización porque necesitamos empezar a poner más atención en la seguridad de los trabajadores. ¿Podría usted analizar nuestra situación y darme un informe con algunas recomendaciones sobre lo que debemos hacer?"

Aunque fueron presentadas un poco diplomáticamente, las preguntas anteriores reflejan aspectos que pueden provocar una crisis organizativa. El Acta de seguridad y salud ocupacional de 1970, considerada muy rigurosa para las empresas, pero favorable para los trabajadores y los profesionales de la seguridad, ocupa un lugar muy destacado en la lista actual de las causas que provocan crisis entre los negocios norteamericanos. Al exigir que se dé alta prioridad a los aspectos de seguridad y salud, se ha forzado a las organizaciones a aumentar los recursos financieros y de fuerza laboral de que puede disponer el administrador de la seguridad. Por lo tanto, esto hace imperativo que los administradores de seguridad estén bien organizados para responder a las crisis de seguridad y salud, como lo son los accidentes graves o las inspecciones sorpresivas de la OSHA. Un manejo adecuado de estas crisis puede satisfacer temporalmente a la supervisión de la alta gerencia. Sin embargo, una reducción importante de las pérdidas generadas por los riesgos sólo se puede lograr mediante un programa efectivo de seguridad diaria. En esto consiste la responsabilidad más difícil de cumplir para el administrador de la seguridad: la planeación, organización, ejecución y control de un programa único diseñado para impulsar a la organización a alcanzar los objetivos de seguridad y salud, tanto por los empleados como por los patrones.

El clima de seguridad

Sería muy optimista pensar que la mayoría de los programas de seguridad se han originado de un estudio previo bien fundado y bien dirigido por la administración o por asesores expertos. A pesar de la difusión del anuncio publicitario "la seguridad rinde utilidades", la mayoría de los altos oficiales tradicionalmente han tenido dificultades para aceptarlo. Por lo tanto, la mayoría de los programas ha evolucionado lentamente como una respuesta a las necesidades críticas asociadas con los requerimientos gubernamentales. Debido a ello, "el clima" de los programas de seguridad y salud no puede ser ideal.

Petersen[1] ha señalado la importancia de este clima para el diseño y la ejecución de un programa de "Seguridad por objetivos". La organización cuyo programa de seguridad se desarrolla en respuesta a las crisis se ha denominado como "compañía negligente". Obviamente éste no es un clima saludable para la seguridad (y probablemente tampoco para la productividad). El concepto de clima organizativo ha desempeñado un importante papel en la teoría y la práctica de la administración durante los últimos 20 años. Autores como MacGregor, Likert y Argyris son científicos conductistas que han dirigido este movimiento. En años más recientes, Petersen se ha convertido en un líder de la aplicación de estos enfoques conductistas a la administración de la seguridad. Petersen ha encontrado que el concepto de "clima corporativo" es particularmente relevante para entender el "clima de seguridad" con el propósito de determinar las dimensiones y el éxito potencial de un programa de seguridad.

¿Qué es el "clima" en una organización? No sólo uno sino varios factores que confluyen y se unen entre sí para dar a los empleados y a los supervisores de primer nivel una sensación o actitud intangible hacia su ambiente de trabajo. Los factores del clima incluyen: estilo de liderato administrativo (desde el participativo hasta el autoritario); interés demostrado de la administración por las necesidades más importantes de los empleados (además de la seguridad laboral y financiera); apoyo o presión de los sindicatos y/o agrupaciones de empleados para motivar a los trabajadores a tener un buen día de trabajo usando métodos de trabajo seguros, sanos y productivos. Con un buen clima, generalmente la gente de la organización sentirá que la alta gerencia, los supervisores y los trabajadores forman parte de un equipo. El equipo está esforzándose para lograr ciertos objetivos organizativos y personales, muchos de los cuales se alcanzan al mismo tiempo que los miembros del equipo reciben reforzamiento positivo para sus necesidades y objetivos personales.

La clase de clima organizativo se debe identificar y tomar en consideración a medida que se planea y ejecuta un programa de seguridad (o cualquier esfuerzo organizativo). De otra manera no es probable que el programa tenga éxito. Aunque en teoría el clima se determina desde el nivel más alto de una organización hacia los niveles inferiores, es probable que en la práctica haya muchos tipos de climas dentro de una organización, dependiendo de los administradores individuales y de su independencia para controlar sus departamentos en particular. Por tanto, aunque las metas esenciales de un departamento las pueda determinar la administración superior, los administradores individuales pueden tener la libertad de determinar el modo de lograrlas, de establecer objetivos adicionales y de elegir el clima en que trabajen los empleados para lograr estos objetivos. Está previsto que el administrador de la seguridad tendrá este tipo de libertad, cuando menos con respecto al programa de seguridad.

Objetivos enfocados sistemáticamente

Los expertos profesionales en administración afirman que es más probable que un programa de seguridad tenga "buen éxito", si éste se enfoca sistemáticamente usando un método como el de "Administración por objetivos", o el que Petersen ha denominado "Seguridad por objetivos".[1]

Una organización afortunada es aquella que tiene un administrador de la seguridad experimentado en la utilización de estos enfoques administrativos sistemáticos, así como en ingeniería de la seguridad y la salud. Debido a que cada campo es relativamente nuevo, aún es pequeño el número de personas que tienen esta capacidad en ambas áreas y de aquellos que probablemente ejercen su oficio en mayor medida con asesoría. Por lo tanto, al iniciar nuevos programas, a menudo muchas compañías deciden utilizar los servicios de asesores administrativos profesionales. Estos individuos asisten al personal de la organización en el análisis de necesidades y problemas, en el diseño de objetivos y metas para satisfacer estas necesidades y resolver los problemas, a organizarse para alcanzar los objetivos y ejecutar un programa. A través de textos, seminarios y cursos cortos se puede aprender mucho sobre estas técnicas de administración sistemática. Con el tiempo, los propios profesionales en seguridad de la organización tendrán los conocimientos y la experiencia para iniciar y llevar a cabo por sí mismos estos programas.

Política de la prevención de accidentes

En las fases iniciales de un programa de seguridad, el administrador de ésta debe plantearse algunas preguntas clave. Por supuesto, las respuestas serán específicas a la organización y establecerán tanto la política como la dirección del programa. La pregunta sobre el clima organizativo que se acaba de plantear, se refiere a la condición de los prerrequisitos que determinan el ambiente en que operará el programa de seguridad. Le siguen en importancia las preguntas más tradicionales.

1. ¿Qué causa los accidentes –los actos inseguros de las personas o el diseño inseguro de los objetivos físicos (máquinas, procesos, herramientas, equipo, lugares de trabajo, etc.)?
2. ¿Cómo se puede lograr efectivamente la prevención de accidentes?

H. W. Heinrich, padre de la seguridad industrial moderna, fue el primero que realizó estudios sobre los accidentes que serían aplicables a los programas de prevención de éstos. En 1931, formalizó su teoría y el enfoque de ésta en el texto *Industrial Accident Prevention,* que aún se encuentra disponible y constituye una excelente referencia en sus ediciones más recientes.[2] En este libro Heinrich defendió la opinión de que el éxito del trabajo seguro depende del conocimiento claro de *qué* es un accidente, y *cómo* y *por qué* ocurre, las *razones* e *incentivos* para su prevención y las *posibilidades* y *métodos prácticos* para lograrlo. Esta teoría encierra varias preguntas clave y en conjunto constituyen casi todo lo que no sólo Heinrich ha afirmado, sino también los investigadores y practicantes contemporáneos de la seguridad.

¿Qué es un accidente?

La respuesta más simplista y más conocida a esta pregunta, sobre todo entre quienes establecen las reglas gubernamentales y muchos profesionales es: Un accidente es un evento que causa un *daño.* Esta definición limitada ha ganado aceptación debido al lenguaje de la OSHA para definir los "accidentes registrables" como aquellos que provocan una desgracia, hospitalización, días de trabajo perdidos, tratamiento médico, cambio o terminación del trabajo, o pérdida de la conciencia. Los accidentes menores que requieren sólo un tratamiento de primeros auxilios no son "accidentes registrables".

Heinrich encontró que cerca del 90 por ciento de los accidentes *no produce* daño físico, éstos (en inglés *mishaps*) se podrían denominar mejor como "accidentes que por poco producen daño físico" (en inglés *near misses*) en lugar de tan sólo "accidentes". ¿Qué ocurre con los incidentes que causan daño físico en la propiedad, el equipo o los materiales? ¿Son accidentes? Esto depende de la relación entre uno y el incidente. Para la persona u organización que sufre los daños, el incidente ciertamente se denominará accidente. Por tanto, la prevención del daño físico se constituye en otra razón para la prevención de accidentes sin importar quién o qué sufre el daño.

Los investigadores y profesionales que no están satisfechos con una definición de accidente que relaciona solamente el daño o el daño físico están interesados en investigar causas y predictores del accidente. No están satisfechos con aprender sólo a través de los accidentes ya registrados. Ellos señalan que la ocurrencia de heridas o daños debida a un accidente es en gran medida fortuita. Sin embargo, hay muchas probabilidades de prevenir la ocurrencia del accidente que causa heridas o daños. En consecuencia, los "accidentes que por poco ocasionan daño físico", actualmente, pueden ser las pérdidas registrables de mañana, si no se determinan y eliminan las causas. Por lo tanto, este tipo de accidentes puede ser una fuente útil de información para reducir el potencial de accidentes.

Entonces, como respuesta a "¿qué es un accidente"?, se podría decir que es un suceso no planeado, no controlado e inesperado que provoca, casi provoca, o que tiene el potencial para provocar una herida u otros daños.

¿Cómo ocurre un accidente?

La explicación general más aceptada sobre cómo ocurre un accidente proviene de Heinrich. Se denomina teoría "secuencial" o de "dominó", que se deriva de la descripción original de Heinrich de la ocurrencia de un accidente como:

... la culminación natural de una serie de sucesos o circunstancias. ... cada uno depende del otro y sigue al otro, constituyendo así una secuencia que se puede comparar con una hilera de fichas de dominó colocadas verticalmente y alineadas en tal relación recíproca que la caída de la primera ficha precipita la caída de toda la hilera.[3]

Mediante esta teoría también se explica cómo y por qué funcionan los programas de prevención de accidentes, es decir, que la prevención detiene la "secuencia del accidente" eliminando uno de los factores que lo provoca (o sea, un acto o una condición insegura). Los factores en la explicación secuencial de Heinrich originalmente descrita como un dominó eran 1) linaje y ambiente social, 2) error de la persona, 3) un acto inseguro y/o ambiente mecánico o físico inseguro, 4) el accidente, y 5) el daño.

Más recientemente, los expertos en análisis de accidentes han ampliado drásticamente el número y la complejidad de los factores y los pasos en la secuencia. El concepto sigue siendo el mismo. Además de este modelo secuencial, se han propuesto muchos más modelos conceptuales del proceso del accidente. La mayoría de ellos permiten una mayor comprensión acerca de cómo y por qué ocurren los accidentes. Entre otros enfoques se cuenta con el modelo epidemiológico, el modelo de intercambio de energía, los modelos conductuales, el modelo de sistemas, el modelo Haddon, el modelo de causalidad, el modelo dinámico y el modelo combinado de Surry. Estos se explican en el libro de Surry, *Industrial Accident Research.*[4]

¿Por qué ocurre un accidente?

Los modelos mencionados generalmente coinciden en que las causas inmediatas de accidentes se relacionan con *actos inseguros* y/o condiciones *mecánicas o físicas inseguras.* Muchos profesionales de la seguridad creen que el 90 por ciento de los accidentes se relacionan con actos inseguros. Según esto, sólo un 10 por ciento se deben a condiciones mecánicas o físicas inseguras. Con frecuencia, la aceptación de esto hace que tales profesionales se centren casi por completo en el entrenamiento de personal para que no cometa actos inseguros, sabiendo que en realidad aún hay condiciones inseguras y que permanecerán sin corregir.

La teoría ergonómica subraya que *la mayoría de los actos inseguros son inducidos por el diseño y asimismo son previsibles por éste.* Esto sugiere que las máquinas, los lugares de trabajo, las herramientras, los métodos, las tareas y las condiciones físicas deben diseñarse para que sean compatibles con las capacidades y *limitaciones* sicológicas y físicas de la gente. (Véanse otros capítulos de la sección 6). Entre estas limitaciones está la tendencia de una persona a comportarse de maneras predecibles probabilísticamente, dados ciertos antecedentes, el ámbito mecánico y/o físico y la situación. Algunas veces este comportamiento o reacción normal ante una situación provoca errores o actos inseguros predecibles. La instrucción y el entrenamiento ayudarán a condicionar la conducta, reduciendo la probabilidad de error o acto inseguro, pero nunca puede eliminar por completo la posibilidad de que ocurran éstos. Por tanto, la eliminación del riesgo debe tener la primera prioridad, usando equipo protector de personal y métodos de instrucción y entrenamiento sólo cuando no es posible la inmediata eliminación del riesgo.

En años recientes se ha impulsado el diseño o el rediseño de ingeniería de la prevención de riesgos, a través de litigios por la responsabilidad del producto y acciones de responsabilidad por terceras personas, entre otras cosas, en accidentes de trabajo. Las preguntas críticas que se deben plantear al analizar situaciones físicas giran alrededor de la "posibilidad razonable de previsión". Por ejemplo, ¿era razonablemente previsible que una persona se encontraría en una determinada situación riesgosa? ¿Respondió la persona de una manera razonablemente previsible (aunque la respuesta fuera insegura o equivocada)? ¿Respondió el equipo u otras personas también de una manera razonable? ¿Podría un diseño diferente haber prevenido que ocurriera el accidente y/o el daño, o podría haber reducido la magnitud de los daños?

En un número cada vez mayor de accidentes se ha reconocido que los diseños de las máquinas, el equipo, los procesos y los lugares de trabajo han contribuido más de lo necesario en la causa de aquéllos, en relación con el estado actual de la tecnología. La parte negligente puede ser el fabricante del equipo, el patrón, el diseñador de la tarea o el ingeniero en seguridad. El precio pagado puede ser una sanción de la OSHA, gastos médicos, pérdida en la producción, primas de seguros más elevadas, o dinero en efectivo para una parte dañada. El hecho de culpar a la víctima "idiota" que cometió el error o el acto riesgoso se ha convertido en una estrategia de defensa poco aceptada o una excusa insostenible. Sin embargo, la administración sigue luchando contra la tendencia, incluso entre sus propias filas, o enfocar racionalmente los problemas de seguridad "de ingeniería", mientras que se acepte que los "errores humanos" relacionados con problemas de seguridad son imprevisibles, ya que a menudo se piensa que la conducta humana es inalterable.

Un programa de seguridad estructurado para dividir su énfasis entre las causas directas –actos y condiciones inseguras– destaca sólo parcialmente qué acciones correctivas se podrían tomar. Con frecuencia, las causas indirectas (o próximas) desempeñan un papel igualmente importante en la secuencia de hechos que provocan un accidente. Estas causas próximas incluyen:

1. Lugar de trabajo, herramientas, maquinaria u otras condiciones físicas o aspectos del ambiente que inducen a errores o han sido diseñados o mantenidos en forma negligente.
2. Relación incompatible entre el trabajador y el trabajo (o tarea).
3. Falla de la administración para iniciar, sostener o proporcionar un clima para un programa de seguridad bien diseñado y bien implementado.
4. Falta de cumplimiento de las normas recomendadas o requeridas para la práctica segura del trabajo o condiciones seguras de trabajo.
5. Falta de conocimiento o de habilidad (de la administración o de los trabajadores).
6. Actitud inadecuada del trabajador o de la administración.

En esta lista se confiere mayor responsabilidad por las causas del accidente a descuidos administrativos, que en los enfoques tradicionales. No obstante, esto se justifica debido a 1) las recientes disposiciones gubernamentales en la OSHA que hacen responsable al patrón de proporcionar condiciones seguras y sanas de trabajo, libres de riesgos conocidos y 2) el reconocimiento de que los actos y condiciones inseguros que causan accidentes son síntoma de que el sistema de administración no ha logrado ejercer su función con una comprensión de las necesidades y la motivación del empleado.

A partir de la exposición anterior se comprende mejor qué tipos de actividades correctivas serán parte necesaria de un programa de prevención de accidentes. En el resto de esta sección se estudian los componentes individuales de la mayoría de los programas de seguridad. Incluyen requisitos por disposición gubernamental (OSHA y otras), normas industriales y corporativas, identificación de causas pasadas y futuras de accidentes, control de riesgo físico y control de una conducta insegura.

6.14.3 REQUISITOS POR DISPOSICION GUBERNAMENTAL

En la historia de la seguridad industrial, nada ha influido más sobre las responsabilidades de carga de trabajo del departamento de seguridad, que la OSHA de 1970. La cual exige que "cada patrón proporcione a cada uno de sus empleados un trabajo y un lugar de trabajo que estén libres de riesgos conocidos que causen o puedan causar la muerte o daño físico grave a los empleados".[5] Esta se conoce como la "Cláusula de Deberes Generales". El patrón tiene esta responsabilidad de deberes generales obligatorios no sólo para 1) proteger a sus empleados contra "riesgos conocidos", sino también para 2) "cumplir con las normas de seguridad y salud en el trabajo promulgadas con base en la ley"[6] y para 3) cumplir con otros requisitos contenidos en la OSHA (es decir, llevar registros, asientos) o promulgados como reglamentos de acuerdo con la OSHA. Estas tres categorías, además de los requisitos de compensación de los trabajadores, son las responsabilidades que imponen los gobiernos federal y estatal al patrón para proteger la seguridad y la salud de los empleados.

Obligaciones impuestas por la OSHA y su comparación con los planes estatales

La OSHA respalda y protege el cumplimiento de las obligaciones impuestas por el U. S. Department of Labor's Occupational Safety and Health Administration, excepto en lo que se refiere a los requisitos de compensación de los trabajadores, los cuales siempre han estado bajo el control estatal directo. Esta agencia tiene autoridad sobre todos los estados, todos los departamentos federales y casi todos los lugares de trabajo. Sin embargo, un estado que desea asumir la responsabilidad por los requisitos impuestos por la OSHA de 1970, puede hacerlo si cumple con ciertos requisitos de la sección 18 del acta. Por ejemplo, el estado debe demostrar que puede administrar un plan de seguridad y salud en el trabajo "cuando menos tan efectivo" como las normas y obligaciones que existirían si ejerciera un control completo a través de la administración. El aspecto esencial es si los lugares de trabajo estarán sujetos a obligaciones mediante inspectores estatales o federales.

Para los profesionales de la seguridad será importante saber si el estado en particular en que están trabajando depende de la autoridad primaria del gobierno federal o estatal. Con frecuencia, los requisitos obligatorios por los que un patrón es responsable en los programas estatales de la OSHA serán idénticos a los requisitos federales, ya que muchos estados han adoptado las normas federales de la OSHA. De este modo, los patrones en zonas en donde están vigentes los planes estatales de la OSHA, generalmente tendrán que cumplir con todas las normas y requisitos generados por la OSHA federal y *además* satisfacer cualquier norma o requisito adicional de OSHA generados a nivel estatal. Desde 1980, los estados y territorios que tienen sus propios planes son Alaska, Arizona, California, Hawai, Indiana, Iowa, Kentucky, Maryland, Michigan, Minnesota, Nevada, Nuevo México, Carolina del Norte, Oregon, Puerto Rico, Carolina del Sur, Tennessee, Utah, Vermont, Islas Vírgenes, Virginia, Washington y Wyoming.

No se presentan aquí las normas o requisitos de determinado plan estatal; sólo se tratan la ley federal y las actividades de la administración federal. El profesional en seguridad que trabaje en uno de los lugares citados debe conocer todas las diferencias que existen entre las normas y requerimientos federales y estatales.

Proceso de reglamentación gubernamental

Al ser sometida al Congreso, la OSHA de 1970 dijo que habría normas de seguridad y de salud. La propia acta no contiene tales normas, pero da autoridad a la administración federal para promulgar normas y reglamentos empleando procedimientos que den a los afectados por las normas una oportunidad de participar, revisar y criticar la especificación de dichas normas. La especificación de normas se debe hacer de acuerdo con la ley de Procedimientos Administrativos,[7] que requiere que las normas y reglas propuestas se publiquen oficialmente en el *Federal Register,* para dar al público la oportunidad de comentarlas, y conceder audiencias públicas si así lo solicitan. La OSHA debe tomar en cuenta todas las evidencias públicas y no actuar "arbitraria o caprichosamente" al establecer finalmente una norma que es obligatoria para todos. Se han promulgado "Reglas de procedimientos para promulgar, modificar o revocar normas de seguridad y salud ocupacionales" y aparecen bajo el Título 29, Parte 1911 del Código de Reglamentaciones Federales.

A menudo, los representantes de patrones o empleados creen que la administración ha errado al evaluar los hechos y la opinión pública y que ha optado por una acción o norma final de una manera arbitraria y caprichosa, abusando de su jurisdicción estatutaria, sin apoyarse en hechos, o en contra de los derechos constitucionales, entre otras cosas.[8] En estos casos, usualmente se entabla de inmediato un juicio contra la OSHA en una corte federal. Luego, los jueces federales, de apelación, o de la Suprema Corte deben decidir sobre los aspectos en litigio.

El proceso de promulgación, modificación o supresión de procedimientos, reglas y normas continúa diariamente, no sólo dentro de la OSHA, sino dentro de casi todas las dependencias gubernamentales. El Departamento de Trabajo sólo administra más de 100 actas del Congreso. Afortunadamente existe un sistema uniforme para la catalogación y publicación actualizadas de todas las normas y reglamentos promulgados por estas dependencias, en un solo documento denominado *Código de Reglamentos Federales.* Este no se debe confundir con la publicación diaria *Federal Register.* El *Código* constituye el conjunto de normas, reglamentos, procedimientos y requerimientos finales gubernamentales que están respaldados por la ley. El código está dividido de tal manera que todos los reglamentos y normas emitidos y controlados por un determinado departamento o dependencia gubernamental aparecen bajo las mismas divisiones principales, denominadas "título" y "capítulo". El Título 29 es "Trabajo" y el capítulo XVII es para la OSHA. Las "Normas Generales de Seguridad y Salud Industriales" de la OSHA tienen la designación oficial de *Código de Reglamentos Federales,* Título 29, capítulo XVII, parte 1910, o en cita resumida, "29 CFR 1910".

Anualmente se publica de nuevo el *Código* completo y actualizado en una serie que tiene más de 50 volúmenes. Cada volumen se puede pedir por separado a la U. S. Government Printing Office. La mayoría de las organizaciones han encontrado que la mejor manera de estar al corriente de todos los aspectos que se presentan en un área dada de control gubernamental es suscribirse a un servicio que se especializa en tener informados a sus lectores. Esto tiene particular importancia ya que los reglamentos están cambiando continuamente. Con respecto a seguridad y salud ocupacionales, uno de estos servicios es *The Occupational Safety and Health Reporter,* publicado por el Bureau of National Affairs (una compañía editora privada). Se recomienda una sola suscripción a éste u otro servicio similar, como un modo eficaz de que los administradores dispongan de casi toda la información actual sobre seguridad y salud dentro de las dos semanas siguientes a un hecho significativo.

"Riesgos reconocidos" de obligaciones generales

Para muchos de los riesgos reconocidos dentro de los lugares de trabajo, inicialmente se crearon normas a través de organizaciones normativas consensuales, como la ANSI y la National Fire Protection Association (NFPA). La OSHA ha adoptado muchas de estas normas consensuales como normas gubernamentales obligatorias, y ahora forman parte del *Código de Reglamentos Federales.* Estas normas han sido criticadas, entre otras causas, porque probablemente señalan sólo de un cuarto a un tercio de las situaciones peligrosas en los lugares de trabajo. Se dice que aquellos accidentes que causan los daños más frecuentes no están señalados en las normas (como los actos que causan lesiones en la espalda). Esta crítica advierte a los profesionales en seguridad sobre el hecho de que la mayoría de los riesgos conocidos no están comprendidos en normas específicas de la OSHA. Por lo tanto, el cumplimiento de estas normas específicas no satisfará completamente a la administración. Este cumplimiento tampoco satisfará a los administradores de una organización que se pregunta por qué no decrecen las tasas de accidentes y lesiones, después de todo el dinero y la fuerza de trabajo que se ha dedicado al cumplimiento de las normas de la OSHA. La respuesta está de nuevo en la "Cláusula de obligaciones generales". Tanto para el beneficio del patrón como para el cumplimiento del acta, cada organización debe descubrir y tomar medidas correctivas para sus propios "riesgos reconocidos que están causando o probablemente causen la muerte o daño físico grave a los empleados"

Los riesgos de trabajo general dominantes como causa de accidentes se podrán reconocer mediante la colección y análisis de los datos de accidentes, entrevistas con trabajadores, investigación y análisis de accidentes, intercambio de información entre organizaciones con objetivos de fabricación o servicios similares, e información en estudios de investigación ejecutados por organizaciones gubernamentales o privadas. En el caso de una inspección de la

OSHA, estas mismas fuentes serán las que utilice el gobierno para determinar aquellas situaciones en una instalación que se reconocen como riesgosas y por tanto, posibles violaciones del acta. Esta búsqueda de las causas de un accidente es la obligación general del patrón. Esta es una carga más difícil para el patrón, que cumplir con un conjunto específico de normas, pero será más humana y desde el punto de vista financiero más remunerativo porque el patrón estará señalando aquellos riesgos a los que se deben los accidentes y los costos de una organización.

Requisitos específicos de la OSHA

Desde la aprobación de la OSHA en 1970, parte de la responsabilidad de los administradores en seguridad se ha centrado en aquellas actividades requeridas que llevarían al patrón al cumplimiento del acta y del reglamento de la administración. Además de las actividades de obligación general ya descritas, existen otras cinco categorías de actividades requeridas.

Antes de tratar individualmente estos otros requisitos, debo señalarse que el administrador de seguridad debe saber que todos estos requisitos han sido impuestos activamente por funcionarios de seguridad y salud ocupacionales federales y estatales. En general, estos funcionarios tienen el derecho de entrar en cualquier lugar de trabajo sin aviso previo, e inspeccionar los registros de empleados y el lugar de trabajo para determinar si hay violaciones; en caso de encontrarlas se impondrá una sanción y un tiempo límite dentro del cual los patrones deben cumplir con las normas.

Carteles y notificaciones para empleados

A los empleados se les debe mantener informados sobre varios aspectos de seguridad y salud en sus lugares de trabajo. Esto se debe hacer notificándolos mediante carteles situados en lugares estratégicos del lugar de trabajo, es decir, uno que sea frecuentemente visto por los empleados. Los siguientes son los aspectos que se deben notificar mediante carteles:

1. "Protección de la seguridad y la salud en el trabajo" (Forma 2003 de la USHA). Este es un cartel diseñado por el gobierno y obtenible a través de éste. Se debe colocar en un lugar prominente. Describe para los empleados el objetivo del acta, la obligación del patrón de proporcionar un lugar de trabajo seguro y sano, y los derechos de los empleados para quejarse al gobierno, sin riesgo de responsabilidad, sobre condiciones de sus lugares de trabajo que ellos consideren peligrosas y requieran medidas correctivas por parte del patrón.

2. Resumen anual de accidentes y/o enfermedades. El mantenimiento rutinario de registros, que es obligatorio para el patrón, también se deben resumir una vez al año. Este resumen anual se debe publicar mediante carteles y colocarlo en lugares estratégicos para que los empleados puedan ver por sí mismos su comportamiento en cuanto a seguridad y salud durante el año anterior. Este requisito se satisface utilizando y notificando mediante carteles la Forma 200 de la OSHA.

3. Citatorios, sanciones, tiempos de cesación y variaciones. Si un funcionario federal o estatal de la OSHA encuentra violaciones en un lugar de trabajo y expide un citatorio al patrón, este citatorio se debe exhibir junto con cualquier noticia de sanción o de tiempo de cesación. Si el patrón impugna la violación, la sanción o el tiempo de cesación, o quiere obtener una "variación" del cumplimiento de una norma en particular, también se debe exhibir mediante un cartel la información concerniente a cualquiera de estas acciones.

4. Notificación de exposición del empleado a substancias tóxicas. Cuando los empleados han sido o están expuestos a materiales tóxicos o a agentes físicos dañinos en concentraciones o a niveles que excedan los prescritos por una norma de la OSHA, se debe notificar individualmente al empleado, además de proporcionarle información respecto a la acción correctiva que se está tomando.[9]

Mantenimiento rutinario de registros

Excepto las "lesiones que requieren sólo tratamiento de primeros auxilios", el patrón debe tomar medidas en caso de que ocurra algún daño o enfermedad en el lugar de trabajo. Estas medidas pueden ser cuando menos las mínimas registradas en una norma de la Forma 200 de la OSHA del accidente ocurrido o puede requerir notificación a la oficina de la OSHA dentro de las 48 horas de que ocurrió un accidente grave.

Sin embargo, gracias a la conciencia creada por la OSHA, mediante el Acta de Seguridad del Consumidor del Producto, el Acta de Seguridad de Vehículos de Motor, la creciente litigación sobre la seguridad del producto, e incluso por las demandas por responsabilidad profesional, los ingenieros están empezando a darse cuenta de que la gente no es infinitamente flexible y que no se puede acomodar a cualquier diseño de ingeniería. Y de que tampoco es perfectamente confiable en su trabajo repetido con herramienta, equipo y productos en el lugar de trabajo. Por último, ya no se puede considerar que los empleados constituyen un activo fácilmente reemplazable, si el diseño de ingeniería la destruye física o sicológicamente de un modo lento o rápido.

Las especificaciones sobre cómo eliminar un riesgo identificado probablemente no son tan gravosas para el administrador o el ingeniero en seguridad, como lo es identificar los diseños peligrosos o que inducen a errores. Sin embargo, en ambas etapas, la integración de metodologías tradicionales de ingeniería industrial, ergonomía e ingeniería de seguridad, usualmente ha probado ser más efectiva para alcanzar las metas de un lugar de trabajo más seguro y productivo. Una de estas metodologías se llama "análisis de trabajo".[15] Consiste en pasos similares a los siguientes: 1) seleccionar de los datos sobre accidentes un trabajo peligroso para analizarlo, 2) dividir el trabajo en pasos o elementos sucesivos, 3) identificar los elementos peligrosos y los accidentes potenciales, 4) determinar maneras para eliminar los riesgos y prevenir los accidentes potenciales, y 5) proporcionar la coordinación y el liderazgo para implantar los cambios necesarios.

La aplicación del análisis del trabajo tendrá una calidad correspondiente a los individuos que la efectúen. Se requieren individuos con una amplia experiencia en ingeniería para obtener todo su valor. Será muy útil el entrenamiento en ingeniería mecánica, eléctrica, industrial, factores humanos, administración y de seguridad y salud.

Además de la técnica del análisis del trabajo, se ha comprobado que es particularmente útil otra metodología de éstas, el "análisis de árbol de fallas". En este enfoque se fuerza al analista a revisar todas las formas de falla o accidente asociados con la tarea, la herramienta o el producto. El análisis completo se ramifica en una estructura parecida a un árbol; de allí su nombre. En esta técnica se fuerza al analista a hacer una disección de la tarea, del uso del producto o de la conducta humana, reduciéndolos a elementos pequeños y luego centrándose en todos los posibles resultados o aspectos asociados con estos elementos. La técnica es útil para la reconstrucción, para analizar una tarea existente que se está ejecutando, o para predecir mediante planos de conceptos de un sistema o producto futuro cuáles pueden ser los modos de falla mecánicos, eléctricos o de conducta humana. Debido a sus amplias capacidades, los profesionales en seguridad lo usan extensamente, tanto en el ambiente del producto como en el laboral. Malasky[17] proporciona una excelente guía para aplicar esta técnica.

Equipo protector personal

Es posible protegerse de cierto tipo de riesgos que no han sido o que no se pueden eliminar, mediante el uso de equipo protector personal usado directamente sobre el cuerpo. Entre los artículos disponibles para este propósito están los cascos, gafas de seguridad, guantes, delantales, orejeras y zapatos. Los reglamentos generales de la OSHA exigen equipo protector personal "cuando existe una probabilidad razonable de lesión que se puede prevenir mediante este equipo".[18] Otros requerimientos se refieren a la construcción del equipo de protección personal con respecto a su capacidad de proporcionar realmente la protección. Generalmente, los reglamentos de la OSHA requieren que el equipo de protección cumpla con las normas apropiadas de la ANSI, que tratan acerca de la prueba que debe pasar un artículo en particular del equipo o sobre cómo debe estar construido.[19]

Existen varios problemas respecto al equipo protector personal. Primero, cuando su uso constituye una decisión un poco individual, que se convierte en una contraposición de la opinión de uno contra la de otro. Segundo, las normas de ANSI para este equipo han sido criticadas por no ser suficientemente estrictas ni suficientemente amplias. Por ejemplo, las primeras versiones de las pruebas requeridas de la ANSI para zapatos de seguridad consideraban solamente la protección de los dedos de los pies y no la suela antiderrapante. (Los datos han mostrado que los resbalones y las caídas son causa más frecuente de accidentes que los dedos aplastados). Tercero, para la compra de equipo protector personal ha tenido que confiarse en la palabra del fabricante, según el cual el equipo vendido sí cumple con la norma apropiada de la ANSI. Las recientes pruebas de muestras realizadas por el gobierno indican que una parte del equipo que se vende no proporciona la protección requerida de la ANSI. Cuarto, el uso de este equipo es un tipo "activo" de medida de seguridad. Requiere que el trabajador "actúe" personalmente usando el equipo proporcionado. A menudo este equipo no se usa porque se olvida, se pierde, está sucio, es inconveniente, incómodo o interfiere con el trabajo. Cualquiera que sea la razón, como los cinturones de seguridad en coches, si no se usan no hay protección. Este último aspecto es el más importante, ya que en la mayoría de los accidentes que se podrían haber prevenido mediante protección personal, cualquier protección hubiera ayudado, incluso aunque ésta no cumpliera totalmente con las normas. Esto sugiere que la mayoría de los accidentes no prueban el equipo en su límite de diseño y construcción, sino muy por abajo de éste. Por ejemplo, en accidentes que causan lesión en los ojos, las gafas estándar, aunque no recomendadas, pueden constituir una buena barrera contra un proyectil.

La frecuente ausencia de alguna protección es lo que provoca cierto rechazo contra el equipo de protección personal como medida preventiva. Sin embargo, cuando no existe algún otro remedio inmediato, el uso de este equipo constituye la única respuesta. Las tendencias de las personas a no usar este equipo tienen que vencerse mediante entrenamiento, mejoramiento de la comodidad y la conveniencia, y como último recurso, la disciplina. Cuando es necesaria, esta disciplina es legal o tiene el apoyo total tanto de los sindicatos como del gobierno.

Control administrativo de las exposiciones

Aunque ninguna de estas acciones podría denominarse "administrativa", usualmente los tipos de control incluidos en esta categoría comprenden la limitación del tiempo de exposición de un individuo a un riesgo dado (programación) y el acoplamiento de un trabajador a una tarea (asignación de personal). Algunos autores incluyen programas para controlar actos inseguros dentro de esta categoría de controles administrativos. Debido a su importancia, se explican por separado.

Programación. En el caso de la exposición al ruido, radiación y sustancias tóxicas en general, los efectos perjudiciales en la salud corporal ocurren como una función del tiempo de exposición y dosificación mientras ocurre la exposición. Se puede encontrar que otros tipos de riesgos que al momento son investigados por el NIOSH, están igualmente relacionados con el tiempo de exposición, como la vibración, la carga repetitiva de objetos pesados y el movimiento traumático repetitivo del cuerpo. En muchos casos no ha sido posible eliminar el riesgo o proporcionar equipo adecuado de protección personal. Por lo tanto, el control se ejerce asignando al trabajador a una tarea diferente durante una parte del día laboral total. Estos trabajos alternativos no deben exponer al trabajador al mismo riesgo y permitir así que la exposición individual permanezca dentro de límites seguros. Desde el punto de vista administrativo, por lo común se implanta poniendo a un grupo de trabajadores en una rotación de varias tareas, con el tiempo de exposición registrado por cada una de ellas.

Asignación de personal. Ciertas tareas son más peligrosas para algunas personas que para otras. Es decir, la propensión a un tipo particular de accidente que ocurra en una situación dada depende en parte de las características del individuo de que se trate. En una época era muy conocido el concepto de la persona "propensa a accidentes". Hoy generalmente los expertos están de acuerdo en que ciertas *características* vulnerables de las personas expuestas a riesgos particulares son las que determinan en última instancia la probabilidad y la severidad de un accidente. Menos consenso hay respecto a cuáles son estas características, pero entre las posibilidades están la carga y otras capacidades de resistencia física, tiempo de reacción, agudeza y percepción visuales, toma de decisiones, memoria a corto y largo plazo, edad, estatura, cansancio mental, capacidad sicomotora, educación, experiencia en una tarea dada, y entrenamiento (nótese que no se incluye sexo).

Debido al incremento en los costos de los accidentes, a través de las pérdidas de productividad, equipo, pagos por compensación a trabajadores, costos médicos y de rehabilitación, y entrenamiento de nuevos empleados, los patrones han empezado a investigar sus políticas de selección y colocación para determinar cómo se pueden acoplar mejor los trabajadores a sus tareas, de tal modo que la productividad sea más alta y menores los accidentes. Por ejemplo, ahora se están haciendo pruebas de resistencia previas al empleo en varias empresas grandes, para determinar si hay una relación entre la resistencia de las personas y su propensión a tener accidentes relacionados con el levantamiento de objetos pesados, en trabajos que requieren gran resistencia. Estos datos se usarán como justificación para separar a aquellos empleados potenciales que con mayor probabilidad podrían sufrir una lesión permanente si se les permitiera desempeñar estas tareas.

Control de la conducta insegura

Una opinión tradicional generalizada es que la gente estúpida, descuidada y negligente es la causa del 90 por ciento de todos los accidentes y que las herramientas, la maquinaria y los procesos que usan no deberían siquiera considerarse como una de las causas potenciales primarias. Quienes comparten esta opinión creen que, sin importar cómo está diseñado el equipo, la responsabilidad de su operación segura recae en las personas que lo manejan.

En el otro extremo están los que creen que la responsabilidad esencial de los accidentes recae en el diseñador y el fabricante y que estas personas son "estrictamente responsables" de su producto. Este punto de vista se apoya en que los productos deben estar diseñados de tal manera que, aún en presencia de personas no entrenadas y descuidadas, el producto tendrá características a prueba de fallas humanas que protegerán a las personas de sus propios errores y negligencia. Esta posición es probablemente la más cercana a los ideales de la OSHA, de representantes laborales, de abogados demandantes y de muchos ingenieros y ergonomistas.

Las realidades intermedias son, primera, que las herramientas, la maquinaria y los sistemas en su mayor parte no están diseñados a prueba de fallas humanas; cierto tipo de errores humanos provocarán accidentes y lesión. La segunda realidad es que los actos inseguros resultantes de errores, descuidos o negligencias humanos sí ocurren frecuentemente, en vez del hecho de que el empleado promedio es una persona inteligente, cuidadosa y consciente. Estos actos y errores inseguros ocurren debido a falta de conocimiento, falta de capacidad, falta de experiencia reciente, desatención, fatiga y provocadores de stress mental-físico-ambiental.

Para cada operación es esencial algún programa cuyo propósito sea controlar la conducta insegura del empleado. Las actividades para controlar la conducta insegura están limitadas porque sólo pueden compensar parcialmente el riesgo, el cual se podría *eliminar* de la tarea o del producto si se hubiera diseñado con mayor seguridad. Este énfasis en la eliminación de riesgos no puede omitirse. Sin embargo, se sabe que la existencia de programas de entrenamiento y de control de la conducta insegura ¡ha reducido el empeño por eliminar los riesgos desde su origen! El control de la conducta insegura tampoco es efectivo para reducir la conducta provocadora de accidentes en esa parte de la población que no responde al entrenamiento, a los recordatorios y a los esquemas motivadores. En estos casos la prevención de accidentes requiere la eliminación del riesgo de la tarea o quitarle la tarea a la persona.

En general, en la mayoría de las situaciones de trabajo se cuenta con empleados responsables e inteligentes que deseen y que trabajen productiva y seguramente en un determinado programa adecuado de entrenamiento y motivación. Los programas de entrenamiento son más provechosos en particular para los nuevos empleados. Las empresas que se preocupan por el entrenamiento del empleado nuevo han comprobado que esta práctica es sumamente efectiva y ayuda a ahorrar gastos. Esto se debe a que un empleado nuevo no produce dividendos productivos para la compañía hasta que ha adquirido los conocimientos, la habilidad y aprendido los riesgos del trabajo. Sin el entrenamiento, también es muy probable que el empleado nuevo esté expuesto a un accidente costoso.

Con respecto a la seguridad, estos programas consistirán en informar a los nuevos empleados sobre los riesgos de su trabajo, proporcionándoles información y demostraciones de los procedimientos seguros de operación, continuando con una variedad de recordatorios y estímulos durante el trabajo para los empleados tanto nuevos como experimentados. El entrenamiento, los materiales educativos, los concursos de seguridad, las auditorías de prácticas de seguridad, la retroalimentación sobre registros de accidentes e incluso la disciplina para prácticas inseguras, todos son signos para el empleado de que a la administración le importa su seguridad.

Un componente nuevo y razonable de los programas de seguridad y salud ha sido la *participación de los empleados* en el entrenamiento, en el control de los actos inseguros y en la administración de programas de seguridad general. En muchos convenios comunes de contratos colectivos se establece como requisito en el trabajo y la administración la preparación en colaboración de estos programas. Este enfoque ha tenido mucho éxito en la identificación de nuevos riesgos, la recomendación de acciones correctivas para la eliminación de éstos, el desarrollo de guías prácticas para el trabajo seguro y en la promoción para la cooperación de la fuerza total de trabajo que es necesaria para que cualquier programa tenga buen éxito. En organizaciones no sindicalizadas, la participación a través de representantes de empleados electos puede funcionar de la misma manera.

La ley define como lesiones y/o enfermedades registrables aquellas que implican "muertes, lesiones y enfermedades (diferentes a las que sólo requieren tratamiento de primeros auxilios), pérdida de la conciencia, restricción del trabajo o del movimiento, o cambio a otra ocupación, relacionadas con el trabajo."[10] Estos requisitos registrables han sido formalizados y ampliados por la administración en su reglamento 29 CFR 1904, "Registro e Informe de Lesiones y Enfermedades Ocupacionales". Estas regulaciones atañen generalmente a cada patrón y, entre otras cosas, estipulan el formato que el patrón debe usar para satisfacer el requisito de mantenimiento de registros (usando la forma OSHA 200). Además de los requisitos de la OSHA, el patrón tendrá que responder de acuerdo con los requisitos estatales respecto a la compensación de los trabajadores, como se verá más adelante en este capítulo.

Prohibida la discriminación contra los empleados

Pocos patrones se dan cuenta de que existen medidas antidiscriminatorias en la ley. Todos los empleados sujetos a esta ley pueden quejarse ante un oficial local de la OSHA, si creen que el patrón está violando una norma de la OSHA.[11] Mediante esta queja se puede hacer que un inspector de la OSHA acuda al lugar de trabajo y que le extienda un citatorio al patrón. Algunos patrones han reaccionado negativamente hacia el o los empleados implicados en esta acción, sólo para darse cuenta que ellos como patrones pueden ser sancionados aún más severamente por haber discriminado a empleados, violando la sección 11 (*c*) de la ley –que prohíbe represalias de cualquier tipo contra empleados que ejercen sus derechos consignados en la ley. La administración pone gran énfasis en los derechos de los empleados de la sección 11 (*c*). La forma en que la OSHA la interpreta y la apoya está comprendida en 29 CFR 1977.

Informe inmediato de desgracias y accidentes graves

Después de que ocurre un accidente de trabajo que es fatal para uno o más empleados o que requiere la hospitalización de cinco o más de ellos, el patrón debe informar oralmente o por escrito sobre el accidente, dentro de un lapso límite de 48 horas, a la oficina más cercana del director de área de la OSHA (29 CFR 1904.8).

Cumplimiento de normas de seguridad y salud aplicables

Debe recordarse que la fuente de los requisitos previos de la OSHA ha sido tanto la ley misma como las regulaciones promulgadas por la administración y citadas como un número del *Código de Reglamentos Federales* (o sea, el 29 CFR 1904.8, mencionado en el párrafo anterior). Algunas de las regulaciones promulgadas por la administración se conocen como "Normas de seguridad y salud". La más conocida de éstas es la citada como 29 CFR 1910, "Normas de seguridad y salud industriales en general". El administrador no debe ser sorprendido creyendo que sólo hay un conjunto de normas de la OSHA; de hecho, hay varias. Es probable que más de un conjunto es aplicable a un patrón en particular. Estos conjuntos de normas de seguridad y salud son:

29 CFR 1910: Reglamentos de seguridad y salud para la industria en general
29 CFR 1915: Reglamentos de seguridad y salud para reparación de barcos
29 CFR 1916: Reglamentos de seguridad y salud para la construcción de barcos
29 CFR 1917: Reglamentos de seguridad y salud para desmantelamiento de barcos
29 CFR 1918: Reglamentos de seguridad y salud para estibación
29 CFR 1926: Reglamentos de seguridad y salud para construcción
29 CFR 1928: Reglamentos de seguridad y salud para agricultura
29 CFR 1960: Disposiciones de seguridad y salud para empleados federales

Cada una de éstas cubre un campo particular de actividad. Las dos más comunes para la mayoría de los empleados son la Parte 1910, Industria general, y la Parte 1926, Construcción. La mayoría de los empleados industriales tendrá actividades de "trabajo de construcción" como parte de sus operaciones y así se debe cumplir con la Parte 1926 para estas actividades. El "trabajo de construcción" se define como "trabajo para construcción, modificación y/o reparación, incluyendo pintura y decoración".[12]

Todas las precedentes, por supuesto, son normas *federales* de la OSHA. Ya se indicó en este capítulo que las normas estatales de la OSHA pueden existir en lugar de las federales. La responsabilidad principal del administrador de seguridad será planear, organizar, ejecutar y controlar estas actividades en una organización que hará que la operación cumpla con todas las normas aplicables de seguridad y salud federales y/o estatales de la OSHA.

Requisitos de la legislación para la compensación a trabajadores

La OSHA misma establece que "ninguna parte de esta ley se interpretará para invalidar o afectar de alguna manera cualquiera de las leyes de compensación de trabajadores".[13] Por lo tanto, el administrador de seguridad debe responder a los requerimientos de la legislación de compensación de trabajadores específica para cada estado dentro del cual se ejecutan las operaciones de la organización. Esta legislación especifica que el patrón debe proporcionar un seguro con el fin de que las lesiones o enfermedades del empleado "provocadas por o durante el empleo", bajo una política de "no culpar", sean compensadas si la lesión o enfermedad causó la pérdida de más de cierto número de días (por ejemplo, 5). Es probable que las actividades administrativas relacionadas con la compensación de los trabajadores incluya arreglos para el seguro, pago de primas, recibir visitas de los representantes de empresas aseguradoras, responder a las sugerencias de la empresa aseguradora para la eliminación de riesgos en el lugar de trabajo, el informe y pormenorización de las circunstancias que rodearon a accidentes, pago de los costos médicos de un accidente o enfermedad, pago por rehabilitación de los trabajadores y efectuar los pagos reales de compensación a los trabajadores si una organización tiene su propio seguro interno. Además de las responsabilidades de la OSHA, estas actividades de compensación de trabajadores constituyen una considerable carga de trabajo para el administrador de seguridad. Por tanto, usualmente los departamentos de seguridad comparten estas responsabilidades.

6.14.4 NORMAS INDUSTRIALES Y CORPORATIVAS

Las responsabilidades del administrador de seguridad no sólo consisten en cumplir con los requisitos federales y estatales de la OSHA y las normas estatales de compensación de trabajadores. Antes que todo esto, que hoy sigue siendo importante, son las otras "normas generales o de práctica" y las normas "actuales tecnológicas" recomendadas por organismos no gubernamentales. Durante más de 50 años, las organizaciones profesionales, comerciales e industriales han estado creando normas prácticas relacionadas con la seguridad del trabajador, del producto, del equipo, del proceso y del sistema. Están representadas por organizaciones como la ANSI, NFPA, la Society of Automotive Engineers (SAE), ASME, la Underwriters' Laboratories (UL), la American Society of Testing Materials (ASTM), y la ACGIH. Aunque no tienen el mismo poder legal, las normas desarrolladas y recomendadas por organizaciones como éstas dictan el estado tecnológico actual y normas prácticas razonables para propósitos que van más allá de los requerimientos estatales y federales de la OSHA. Por ejemplo, la litigación por seguridad del producto y la litigación por daños a terceros, que ocurren a menudo en relación con daños relacionados con el trabajo, dependen más de estas normas organizativas que de las de la OSHA. Por lo tanto, los administradores de seguridad deben asegurarse de que el patrón cumpla con los requerimientos consensuales de las normas no gubernamentales. El volumen de estas normas aplicables a una organización sobrepasa cuando menos en diez veces el volumen de las normas de la OSHA para las que se exige cumplimiento obligatorio.

Además de las normas impuestas por el gobierno y las organizativas consensuales recomendadas están las normas y políticas específicas de la empresa, las cuales dan una dimensión más amplia a la responsabilidad del administrador de seguridad. Por ejemplo, la administración federal retiró la norma de la OSHA que especifica como ilegal el hecho de poner las manos entre los moldes o dados para cargar y descargar prensas. Sin embargo, algunas empresas han adoptado como política de la empresa "no poner las manos en los moldes". Muchas empresas tienen "riesgos reconocidos" en sus operaciones, para los cuales no existen normas gubernamentales ni consensuales. Debido a la "Cláusula de obligaciones generales", es necesario que una empresa desarrolle un programa o normas que señalen estos riesgos.

6.14.5 RESPUESTA ADMINISTRATIVA Y PREVENCION DE ACCIDENTES

En la sección anterior se han destacado las muchas responsabilidades legales y obligatorias del administrador de seguridad, que a menudo son causa de situaciones críticas a las que debe responder el administrador. El manejo rápido de situaciones que se crean debido a accidentes, enfermedades o inspección gubernamental, con frecuencia llega a ser la función principal del administrador de seguridad. Si no se cuenta con personal de seguridad, el "administrador" de ésta, de hecho, puede ser un departamento de una sola persona que gasta demasiado tiempo respondiendo personalmente. La pregunta clave que uno se debe plantear es "¿reducen estas respuestas administrativas para satisfacer los requisitos gubernamentales obligatorios las pérdidas por accidentes de una organización?" La triste respuesta que darían la mayoría de los expertos en seguridad sería "¡probablemente no!"

Por tanto la posición del administrador de seguridad sería frustrante si los datos de varios años de accidentes y enfermedades en una organización pueden mostrar muy escaso mejoramiento. Esto ocurre aun cuando les parezca al administrador de seguridad y demás personal organizativo, que se está desempeñando bien la función de seguridad, puesto que la organización está cumpliendo con todas las normas federales y estatales de la OSHA aplicables. Es en este importante punto revelador que una organización está lista para avanzar hacia un programa de seguridad que se enfoque en las causas reales de accidentes y enfermedades, únicas para la gente, los procesos, los productos, las máquinas, los métodos y los materiales en particular de esa organización. El verdadero desafío para el profesional en seguridad implica la identificación de las causas pasadas y futuras de accidentes y la elaboración de planes de acción para controlar los riesgos físicos y los actos inseguros implicados. Estas causas se deben descubrir y controlar ya que son las verdaderas depredadoras de las utilidades y la productividad. El control de éstas permitirá al administrador de seguridad mostrar que, de hecho, la seguridad paga dividendos, y éste es el objetivo a cuyo balance está dedicado este capítulo.

6.14.6 IDENTIFICACION DE CAUSAS PASADAS Y FUTURAS DE ACCIDENTES

Tasas de frecuencia y severidad

Desde su fundación en 1913, el Consejo Nacional de Seguridad (NSC) ha desempeñado un importante papel en la colección de datos sobre lesiones, particularmente para todos los tipos de accidentes que ocurren en los Estados Unidos y que pertenecen a las clases siguientes: relacionadas con el trabajo, con vehículos de motor, en el hogar y públicas. Cada año los datos de accidentes por estas clases se recogen, resumen y finalmente se publican en *Accident Facts.* Esta publicación de NSC, que cuesta unos cuanto dólares, continúa siendo el vehículo de información más reconocido de accidentes que ocurren en el país.

Con respecto a los datos de NSC pertinentes a los accidentes relacionados con el trabajo, se han adoptado dos tipos de "tasas de accidentes". La "tasa de frecuencia" es el número de accidentes que causan pérdida de tiempo, por millones de horas-hombre trabajadas. La "tasa de severidad" es el número de días laborables perdidos por millón de horas-hombre trabajadas. (Un millón de horas sería el número aproximado de horas que 500 empleados trabajarían en un año). Estas son las tasas que se han informado tradicionalmente en *Accident Facts* para accidentes relacionados con el trabajo.

Los conceptos de tasas de frecuencia y severidad surgieron de la Norma Z16.1 de ANSI, "Método de registro y medición de la experiencia en lesiones laborales". A la adoptación de ésta por el NSC se debe en gran medida su amplio uso general antes de ser aprobada por la OSHA.

Tasa de incidencia de la OSHA

Ha habido un cambio en la colección y el informe de los accidentes relacionados con el trabajo, debido a la intervención de la OSHA. Esto fue necesario debido al mayor énfasis en las enfermedades ocupacionales y a causa del lenguaje técnico de la ley, que define cuándo un accidente es suficientemente grave para ser registrado y tomado en cuenta en la base de datos de accidentes de la OSHA. La definición tradicional del NSC de las tasas de frecuencia y severidad de accidente que provocan pérdida de tiempo no coincidió con esta definición nueva e impuesta por el Congreso. Por lo tanto, para reducir la confusión que ha existido, la OSHA creó una nueva medición de tasa de lesión y enfermedad denominada "tasa de incidencia". La administración la ha definido como el número de lesiones y enfermedades registrables por 200,000 horas-hombre trabajadas. Esta tasa difiere en que 1) el "millón de horas-hombre trabajadas" usado como común denominador en el cálculo de la tasa de frecuencia y seguridad se ha cambiado a 200,000 horas-hombre trabajadas, y en que 2) los criterios de "día laborable perdido" se ha cambiado a "lesiones y enfermedades registrables".[14]

La información es recabada anualmente por empleados de la BLS para la OSHA. Estas tasas de incidencia se calculan para la nación y para industrias específicas empleando el reconocido sistema de codificación de Clasificación Industrial Estándar (SIC). La BLS publica anualmente estos datos en cierto número de formas diferentes, que permiten a los patrones y a la OSHA comparar industrias y empresas específicas con el promedio nacional. Para 1978 esta tasa nacional de incidencia promedio fue de 9.2, es decir, 9.2 daños y enfermedades registrables/200,000 horas-hombre trabajadas (véase el ejemplo 6.14.1). Como una persona trabaja cerca de 2000 horas al año, esta tasa de incidencia también se puede interpretar como 9 lesiones y enfermedades/100 trabajadores de tiempo completo por año. La OSHA puede estimar esta tasa de incidencia a nivel nacional y sobre un área geográfica más localizada. La administración también puede obtener listas de empresas en un área geográfica particular dentro de cada SIC, lo cual sirve a la OSHA para establecer prioridades sobre cómo puede usar más efectivamente sus recursos, en términos de cumplimiento obligatorio.

Ejemplo 6.14.1[a] Porcentaje OSHA de frecuencia de lesiones y enfermedades en distintos segmentos de la industria

Industria	*Porcentaje de frecuencia por cada 100 trabajadores de tiempo completo por año*	*Total de empleos (miles)*
Total de toda la industria privada	9.2	71,533
Agricultura, silvicultura y pesca	11.0	891
Minería	11.3	851
Minería de la antracita	19.3	
Construcción	15.8	4,271
Fabricación	12.8	20,476
Bienes duraderos	13.7	12,246
Madera y sus productos	22.3	
Muebles y enseres	17.2	
Productos de piedra, arcilla y vidrio	16.4	
Productos metálicos primarios	16.5	
Productos fabricados de metal	18.8	
Bienes perecederos	11.4	8,230
Productos alimenticios y afines	18.7	
Productos de papel y afines	13.3	
Productos de caucho y de plástico	16.6	
Transportación y servicios públicos	9.9	4,927
Acarreo y almacenamiento	16.1	
Comercio al mayoreo y al menudeo	7.8	19,499
Tiendas de productos alimenticios	10.6	
Finanzas, seguros y bienes raíces	2.0	4,727
Servicios	5.3	15,891
Hoteles y otros lugares de alojamiento	9.0	
Servicios diversos de reparaciones	9.7	

[a]Condensado por el autor, de las tablas BLS de los porcentajes de frecuencia de lesiones y enfermedades en 1978.
La lista de las industrias principales está completa. Las subcategorías se eligieron con la intención de señalar las industrias, dentro de una categoría, que tuvieron porcentajes elevados de frecuencia.

Compensación a trabajadores y datos complementarios de BLS

Como se señaló anteriormente, para la compensación estatal a trabajadores se requiere que los patrones emitan un "primer informe" de lesiones o enfermedades siempre que un empleado haya sufrido una lesión o enfermedad "provocada por o durante el trabajo" que exceda de cierto número de días laborables perdidos. Esta información la colecta en todo el estado la Workers' Compensation Division del gobierno estatal y las compañías aseguradoras.

Recientemente la BLS inició un programa llamado "Sistema de datos complementarios". Este programa comprende la recabación, resumen y divulgación a nivel nacional de datos respecto a la compensación de trabajadores realizada por el estado. Hasta hoy están participando treinta estados en este programa. La ventaja de que la información sobre accidentes y lesiones se pueda obtener de fuentes de informes sobre compensación de trabajadores, consiste en que se conocen más detalles sobre las circunstancias que rodean a un accidente o enfermedad. Muchos de los estados han elaborado sus informes sobre accidentes basándose en una parte de la norma Z16.2 de la ANSI. Si se resumen e interpretan adecuadamente, esto puede ayudar al administrador de seguridad a identificar más de cerca las causas de accidentes o lesiones. Desafortunadamente, por lo general incluso estos datos no llegan a señalar causas específicas de accidentes.

Hechos clave en los accidentes (ANSI Z16.2)

Desde hace mucho tiempo, la ANSI y el NSC han estado interesados en proporcionar un sistema que pueda ayudar a los administradores de seguridad de cualquier parte a identificar causas pasadas y futuras de accidentes. Este sistema, adoptado como norma consensual, se conoce como ANSI Z16.2, "Método de registro de hechos básicos relacionados con la naturaleza y la ocurrencia de lesiones en el trabajo". El propósito de estas normas es identificar ciertos "hechos clave" relacionados con lesiones y los accidentes que las produjeron, y registrar estos hechos de una forma que pudiera mostrar patrones generales de ocurrencia de lesiones y accidentes. El sistema ANSI Z16.2 requiere que se identifiquen los siguientes hechos clave: 1) naturaleza de la lesión, 2) parte del cuerpo, 3) origen de la lesión, 4) tipo de accidente, 5) condición peligrosa, 6) medio del accidente, 7) acto inseguro, y 8) factores contribuyentes. La norma Z16.2 de ANSI también sugiere ejemplos de conjuntos específicos de clasificaciones para todos los hechos clave anteriores. Por ejemplo, para el tipo de accidente la clasificación bien conocida incluye golpeado contra, golpeado por, atrapado en (sobre o entre), caída al mismo nivel, caída a diferente nivel, esfuerzo excesivo, resbalón (no caída) y otros. El uso del sistema ANSI Z16.2 por el NSC en su recabación y publicación de datos ha hecho muy conocido este sistema.

Cualquiera de estos enfoques generalizados para recabar datos sobre accidentes y enfermedades casi nunca será suficiente para identificar causas específicas de accidentes en las operaciones de una organización. Por lo tanto, muchas empresas han desarrollado su propio sistema, ajustándolo a los tipos de características de operaciones de su organización.

Ciertamente, el enfoque ANSI Z16.2 debe ser el punto de partida para el administrador que desee identificar mejor las causas de accidentes pasados y futuros, pero no así su punto final. Será necesario hacer modificaciones substanciales a este enfoque si se aplica para identificar las causas de accidentes que son únicas para una organización específica.

Otras fuentes de datos y asistencia

Como el administrador de seguridad se concentra en actividades que no son las que exige el gobierno, puede contar con la asistencia y la experiencia de varias organizaciones que también se interesan en contribuir a la prevención de accidentes en una organización particular. La asistencia obtenida puede tener la forma de datos detallados de accidentes, normas de práctica recomendadas, servicios de consulta directa, posibilidad de investigación de enfermedad accidental, medios audiovisuales de programas de seguridad, o programas de entrenamiento. Entre las fuentes que proporcionan esta asistencia están:

NSC

Sociedades profesionales, como la American Society of Safety Engineers (ASSE), la American Industrial Hygiene Association, la Systems Safety Society y ACG IH.

Asociaciones industriales, como la National Machine Tool Builders Association, Association of General Contractor, Industrial Safety Equipment Association, National Association of Manufacturers, Motor Vehicle Manufacturers Association.

Organizaciones consensuales, como la ANSI, la NFPA, y la UL.

Asociaciones aseguradoras, como la American Mutual Insurance Alliance, y la American Insurance Association.

Publicaciones sobre seguridad, como *National Safety News, Professional Safety* (ASSE), *Journal of Safety Research, Journal of Systems Safety Society, Journal of Occupational Accidents.*

Organizaciones gubernamentales y de investigación pública, como NIOSH.

Universidades con investigación importante y programas de seguridad a nivel de licenciatura, como la de Michigan, Carolina del Norte, Estado de Ohio, Tecnológico de Texas.

Servicios de consulta federales y estatales. El Congreso ha aportado fondos para pagar asesoría gratuita respecto a seguridad y salud a las empresas. Para mayor información, comunicarse con el departamento de trabajo estatal local o con la oficina de información del área de la OSHA.

Asesores privados y empresas asesoras–desde 1970 han surgido numerosas empresas y asesores individuales especializados en servicios de consulta relacionados con la salud y la seguridad.

Los domicilios de la mayoría de las fuentes anteriores se encuentran en el *Accident Prevention Manual* del NSC,[15] y algunos de los domicilios clave se dan al final de este capítulo.

6.14.7 ACTIVIDADES DIRECTAS PARA LA PREVENCION DE ACCIDENTES

Establecimiento de prioridades

Cada programa de seguridad requerirá una cantidad substancial de actividad para controlar los riesgos físicos. Este control puede ser necesario para cumplir con las normas de la OSHA, debido a acuerdos administrativo-laborales o como respuesta a causas específicas de lesión o enfermedad identificadas mediante datos sobre lesiones y enfermedad o de fuentes de investigación. Mediante el reconocimiento de que no todos los riesgos físicos posibles identificados se pueden controlar de inmediato, el administrador de seguridad debe establecer prioridades a corto y largo plazos.

El sistema de prioridad más conveniente se debe basar en el control de aquellos riesgos físicos para los cuales se necesita la menor cantidad de fuerza de trabajo y dinero, en que se puede prevenir el mayor número de lesiones y obtener los mayores ahorros en costos por accidentes. Este es un ideal demasiado simplificado, puesto que el administrador de seguridad, aun contando con información completa, se enfrenta al establecimiento prioritario de múltiples objetivos. Por ejemplo, puede verse forzado a centrarse en el cumplimiento de las normas de la OSHA, de tal modo que si hay una inspección de ésta, sea muy poco probable que el oficial encuentre aquellos riesgos físicos que implicarían violaciones. Este es un objetivo lógico, ya que probablemente la administración de la empresa se sentiría sumamente complacida con un administrador de seguridad que haya conseguido que una instalación dada cumpla con las normas de la OSHA, para poder salir "limpia" de una inspección realizada por ésta. Una estrategia para lograrlo podría ser abocarse a aquellos riesgos físicos que los inspectores revisarían con mayor atención durante una inspección. ¿Cuáles podrían ser éstos? Una fuente para esta información es el conjunto de estadísticas producidas anualmente por la OSHA, en donde se clasifican por grados los números totales de violaciones, por norma, encontrados por todos los inspectores federales de la OSHA durante el año. El ejemplo 6.14.2 ha sido planteado con base en la teoría de que las violaciones que se encuentran con más frecuencia, señalarían los riesgos físicos que los inspectores de la OSHA revisan con mayor cuidado.

La amenaza de una inspección federal o estatal de la OSHA puede ser un factor a tener en cuenta para algunos administradores al estimar cuánta prioridad debe dársele a la seguridad. La probabilidad de que se efectúe esta inspección puede ser menor si se reconocen las prioridades que la propia OSHA utiliza para determinar a qué patrones visitará con la fuerza de trabajo de que dispone. Estas prioridades para las inspecciones son:

1. Respuesta a un peligro inminente.
2. Investigación de una desgracia o un suceso catastrófico (hospitalización de cinco o más empleados).
3. Quejas válidas recibidas de los empleados.
4. Programa de industria objetivo (industrias identificadas que posen tasas de accidentes particulares altas: estibadoras, productos de madera y madera para construcción, fabricación de techos y casas móviles y otros equipos de transportación).
5. Inspecciones de industria general (que se basan usualmente en el "primer peor" criterio, usando las tasas de incidencia obtenidas de los datos de investigación anual BLS (ejemplo 6.14.1).

En las primeras cuatro categorías, se consume más del 80 por ciento de recursos para inspección de seguridad y salud. Por lo tanto, otra estrategia que puede usar el administrador de seguridad es 1) identificar y responder de inmediato a peligros inminentes antes de que lo haga la OSHA, 2) concentrarse en aquellas operaciones en que es grande la posibilidad de que se produzcan desgracias o múltiples lesiones graves, 3) proporcionar un mecanismo para que los empleados traigan a la administración sus quejas o agravios a causa de la seguridad y la salud, en vez de llevarlas a la OSHA, y 4) reconocer que la probabilidad de una inspección general de la OSHA esté directamente relacionada con la tasa de incidencia para el SIC dentro del cual queda una organización en particular.

Otro enfoque para identificar los riesgos físicos a los que se les debe dar prioridad comprende la utilización de datos sobre accidentes y lesiones como los derivados de los sistemas de registro de compensación de trabajadores. El lector recordará que, se ha mencionado el sistema de datos complementarios de BLS como una compilación de estos datos. Aunque los datos están resumidos a través de una amplia base de organizaciones, aún proporcionan una buena idea sobre qué tipos de accidentes y lesiones constituyen las áreas típicas de problema dentro de determinadas industrias. Los ejemplos 6.14.3 y 6.14.4 son subconjuntos representativos de datos del Sistema de Datos Complementarios de BLS. Estos datos son para el año 1976 y representan los estados de Arkansas, Delaware, Carolina del Norte y Wisconsin.

Es obvio que en el ejemplo *no se presenta* un patrón consistente a partir del cual el administrador de seguridad pueda establecer prioridades. Debe verse que las normas citadas con mayor frecuencia por inspecciones de la OSHA (ejemplo 6.14.2) difieren substancialmente de los tipos de accidentes en que está ocurriendo el mayor número de daños (ejemplo 6.14.3) y de las fuentes más frecuentes de lesión y enfermedad (ejemplo 6.14.4). Esto apoya lo que se sugirió antes respecto al dilema que enfrenta el administrador de seguridad cuando considera el establecimiento de prioridades en un programa de objetivos múltiples (o sea, el cumplimiento con las normas de la OSHA en comparación y su respuesta a causas de accidentes).

Ejemplo 6.14.2[a] Violaciones de las normas, encontradas con más frecuencia por los inspectores de la OSHA

Número de violaciones citadas	*Norma violada (29 CFR)*	*Tipo de riesgo*
16,348	1910.309A	Reglamento Nacional de Electricidad 1970-1971 (para todas las instalaciones)
3,566	OSHA Sec. 5(a)(1)	Cláusula de Obligación General
3,347	1910.309(b)	Reglamento Nacional de Electricidad (para nuevas instalaciones)
3,062	1903 (a)(1)	No se exhibe el cartel de OSHA
2,964	1910.212(a)(1)	Protección insuficiente en el punto de operación, en los lugares donde es posible engancharse, en las partes giratorias, en los puntos donde vuelan las virutas y las chispas
2,944	1910.219(d)(1)	Protección en las poleas de transmisión de fuerza mecánica
2,345	1910.252(a)(2)	Aprobación y marca de los cilindros y recipientes de gases para soldar y cortar
2,343	1910.212(a)(3)	Protección insuficiente en el punto de operación de las máquinas
2,209	1910.022(a)(1)	Requisitos generales de limpieza
2,123	1910.219(e)(1)	Protección en las bandas verticales e inclinadas de transmisión de fuerza mecánica
1,945	1910.023(c)(1)	Protección en las aberturas de pisos y muros
1,851	1910.132(a)	El personal no usa equipo de protección
1,771	1910.215(b)(9)	No hay apoyos en las ruedas de esmerilar
1,668	1904.2(a)	No se lleva un registro de accidentes y enfermedades ocupacionales
1,596	1904.5(a)	No se hace un resumen anual de accidentes y enfermedades
1,438	1910.219(f)(3)	Protección en las poleas y cadenas de transmisión de fuerza mecánica
1,428	1910.106(e)(2)	Almacenamiento y uso de líquidos inflamables y combustibles
1,415	1910.212(a)(5)	Protección en las aspas de ventiladores colocados a menos de 7 pies de altura
1,316	1910.133(a)(1)	No se usa protección para los ojos y la cara

[a]Formulado por el autor a partir de información proporcionada por la OSHA, División de Programación del Cumplimiento, para el año fiscal comprendido del 1o. de octubre de 1977 al 30 de septiembre de 1978.

Ejemplo 6.14.3[a] Tipo de accidente, como función del porcentaje del total pagado por compensación a trabajadores

Tipo de accidente	*Porcentaje del pago total por compensaciones*
Golpeado por algo	17.2
Esfuerzo excesivo	16.4
Atrapado dentro, debajo o en medio de algo	13.6
Caída desde cierta altura	11.6
Caída al mismo nivel	9.4
Vehículo motorizado	7.2
Reacción corporal	5.3
Golpear contra algo	5.3
Contacto con temperaturas extremas	2.0
Contacto con radiaciones, substancias cáusticas, etc.	1.9
Otros	10.1
	100.0

[a]Los datos fueron resumidos por NIOSH, División de Estudios de Seguridad, Morgantown, Virginia Occidental, a partir del Sistema de Información Suplementaria BLS sobre pagos por compensación a trabajadores en Arkansas, Delaware, Carolina del Norte y Wisconsin.

Ejemplo 6.14.4[a] Causas de lesiones o enfermedad, como función del porcentaje del total de indemnizaciones

Causa de la lesión o la enfermedad	*Porcentaje del total de indemnizaciones*
Superficies de trabajo	21.0
Vehículos	13.2
Máquinas	12.6
Objetos metálicos	9.0
Cajas, barriles, recipientes	6.8
Movimientos corporales	5.3
Objetos de madera	3.5
Herramientas de mano, no mecanizadas	2.2
Aparatos eléctricos	2.0
Herramientas de mano mecanizadas	1.5
Aparatos para levantar	1.4
Edificios y estructuras	1.4
Muebles, accesorios, etc.	1.4
Otra persona	1.3
Plantas, árboles y vegetación	1.0
Bandas transportadoras	1.0
	84.6

[a]Los datos fueron resumidos por NIOSH, División de Estudios de Seguridad, Morgantown, Virginia Occidental, a partir del Sistema de Información Suplementaria BLS sobre pagos por compensación a trabajadores en Arkansas, Delaware, Carolina del Norte y Wisconsin.

Medidas tradicionales de control de accidentes

Por lo común, un riesgo existe porque 1) fue creado por el diseño de ingeniería de un proceso, herramienta, máquina o estructura, y porque 2) el diseño requirió que un trabajador (a) lo use; (b) trabaje en, sobre, entre o alrededor; o (c) esté expuesto a riesgo ambiental o en tránsito. El enfoque obvio para la prevención de accidentes es, en primer lugar, no crear los riesgos, o eliminarlos mediante un rediseño de ingeniería si éstos ya existen. Por ejemplo, supóngase que en las aceras existe el riesgo de las alcantarillas abiertas. Las opciones tradicionales para remediarlo incluyen el *advertir* a las personas mediante señales del riesgo, *entrenar* a las personas para que tengan cuidado con las alcantarillas abiertas y evitar pasar por ellas rodeándolas, o *diseñar* e instalar cubiertas protectoras para las alcantarillas abiertas. Por supuesto, esta última opción es preferible, ya que si no hay riesgos no hay accidentes; o bien, "si no hay gente (i.e., automatización completa) no hay ni accidentes ni lesiones". El argumento generalizado de que el 90 por ciento de los accidentes son causados por un operador, un usuario o por la parte lesionada indica que los *actos inseguros* cometidos en presencia de riesgos de ingeniería causan los accidentes. ¿Se debe concluir, por tanto, que 1) son los actos inseguros los que se deben prevenir, o 2) son las condiciones inseguras (riesgo) las que se deben eliminar mediante la ingeniería? Si "no es ninguno de los dos anteriores", ¿debemos proteger al trabajador de sí mismo limitando o evitando la exposición al riesgo? (como, protectores de máquinas, cascos, mascarillas respiratorias, etc.).

Estas preguntas han sido respondidas en el *Manual de prevención de accidentes para operaciones industriales* del NSC, como sigue:

Las medidas básicas para prevenir las lesiones por accidentes en orden de efectividad y preferencia son:

1. Eliminar *el riesgo de la máquina, método, material o estructura de la planta.*
2. Controlar *el riesgo encerrándolo o protegiéndolo en su origen.*
3. Entrenar *personal para tener cuidado del riesgo y seguir procedimientos seguros de trabajo para evitarlo.*
4. *Prescribir* equipo de protección personal *para proteger a los trabajadores contra el riesgo.*[16]

Las primeras dos de estas medidas básicas definen lo que significa "diseñar un lugar de trabajo seguro". En esta lista del NSC no aparece una quinta medida que se debe agregar: Prevenir o limitar la exposición mediante *controles administrativos.* Estos enfoques se tratan en la siguientes subsecciones.

Control del riesgo físico

Diseño de un lugar de trabajo seguro

Los ingenieros responsables de las herramientas, máquinas y lugares de trabajo en general pueden tener escasa experiencia y conocimiento respecto a las capacidades y limitaciones humanas. A menudo no se dan cuenta de que se están construyendo "trampas mortales" a causa de sus diseños; mientras que satisfacen algunos objetivos mecánicos, eléctricos o del proceso, están induciendo a la gente a cometer errores humanos predecibles, algunos de los cuales pueden causar accidentes y lesiones. Entonces, se espera que el administrador de seguridad esté en el medio de un número ilimitado de riesgos creados por su colegas. Un trabajo desagradable, pero necesario, del administrador de seguridad es el de influir en estos mismos colegas para que cambien los diseños de los que se sienten tan orgullosos.

REFERENCIAS

1. D. PETERSEN, *Safety by Objetives,* Aloray, River Vale, NJ, 1978.
2. H. W. HEINRICH, *Industrial Accident Prevention,* 4a. ed., McGraw-Hill, Nueva York, 1959. (5a. ed. disponible en 1980.)
3. HEINRICH, *Industrial Accident Prevention,* p. 15.
4. J. SURRY, *Industrial Accident Research,* Labour Safety Council, Ontario Departament of Labour, Toronto, 1971.
5. U. S., *Statutes at Large,* OSHA of 1970, Public Law 91-596, Section 5(a)(1).
6. U. S., *Statutes at Large,* OSHA, Section 5(a) (2).
7. *United States Code,* Administrative Procedures Act, Title 5. Public Law 89-554.
8. *United States Code,* Administrative Procedures Act, (Revisión Legal).
9. U. S., *Statutes at Large.* OSHA, Sección 8(c) (3).
10. U. S., *Statutes at Large,* OSHA, Sección 8(c) (2).
11. U. S., *Statutes at Large,* OSHA, Sección 8(f) (1).
12. *Code of Federal Regulations,* Título 29, Parte 1910.12(b).
13. U. S., *Statutes at Large,* OSHA, Sección 4(b)(4).
14. *Code of Federal Regulations,* Título 29, Parte 1904.
15. *Accident Prevention Manual of Industrial Operations,* 6a. ed., National Safety Council, Chicago, 1969, (7a. ed. disponible).
16. *Accident Prevention Manual.*
17. S. U. MALASKY, *System Safety,* Spartan Books, Rochelle Park, NJ, 1974.
18. *Code of Federal Regulations,* Título 29, Parte 1910.133(a) (1).
19. *Code of Federal Regulations,* Título 29, Parte 1910.133(b) (1).

BIBLIOGRAFIA

ANTON, T. J., *Occupational Safety and Health Management*, McGraw-Hill, Nueva York, 1979.

FIRENZE, R. J., *Guide to Occupational Safety and Health Management*, Kendall-Hunt, Dubuque, IA, 1973.

HAMMER, W., *Occupational Safety Management and Engineering*. Prentice-Hall, Englewood Cliffs, NJ, 1976.

PETERSEN, D., *Safety Management*, Aloray, River Vale, NJ, 1975.

PETERSEN, D., *Techniques of Safety Management*, 2a. ed., McGraw-Hill, Nueva York, 1978.

SIMONDS, R. H. y J. V. GRIMALDI, *Safety Management*, rev. ed., Irwin, Homewood, IL, 1963.

THYGERSON, A. L., *Safety–Principles, Instruction, and Readings*, Prentice-Hall, Englewood Cliffs, NJ, 1972.

DOMICILIOS CLAVE

Para las normas del ANSI
American National Standards Institute
1430 Broadway
Nueva York, NY 10018

Para las normas de la NFPA
National Fire Protection Association
470 Atlantic Avenue
Boston, MA 02210

Para las normas y ley de la OSHA
Directorate of Safety Standards
Occupational Safety and Health Administration
U. S. Department of Labor
200 Constitution Avenue
Washington, DC 20210 (o véase en directorio telefónico U. S. Government, Department of Labor)

Para TLV (normas diferentes de la OSHA)
American Conference of Governmental and Industrial Higienists
P. O. Box 1937
Cincinnati, OH 45201

Para publicaciones y servicios del NSC
National Safety Council
444 North Michigan Avenue
Chicago, IL 60611

Para publicaciones del BNA
Bureau of National Affairs, Inc.
1231 25th Street, NW
Washington, DC 20037

Para informes de investigación de seguridad de NIOSH y servicios de información técnica sobre seguridad
División of Safety Research
National Institute for Occupational Safety and Health
Morgantown, WV 26505

SECCION 7
Ingeniería de manufactura

CAPITULO 7.1

Ingeniería de manufactura

HAROLD N. BOGART
Ford Motor Company

7.1.1 FUNCION DE LA INGENIERIA DE MANUFACTURA

Antecedentes

Como función, la ingeniería de manufactura sigue desarrollándose hacia la planificación total para la fabricación. La más antigua función de la ingeniería en la fabricación que recibió atención apropiada fue la que se conoció antes de la II Guerra Mundial como ingeniería de herramientas. La principal función del ingeniero herramentista era el diseño de soportes y accesorios para usarlos con máquinas cargadas y operadas a mano, de modo que se pudieran cumplir adecuadamente con los puntos de localización, dimensiones de referencia y otras tolerancias críticas de fabricación. Al mismo tiempo era responsable del desarrollo de la tecnología de herramientas de corte, incluyendo la especificación de velocidades y alimentaciones utilizadas para herramientas cortantes en operaciones de maquinado. A medida que se definieron los conceptos para la mecanización, el ingeniero herramentista aplicó estos conceptos a la práctica. Es obvio que el empleo de la ingeniería de herramientas no se limitó a la industria cortadora de metales, sino que estaba extendida al trabajo del metal, el ensamble y otras áreas de producción.

En un contexto ligeramente diferente, dentro de la industria de la fundición, a la función de fabricación de patrones le correspondía proporcionar modelos y cajas de fundición, accesorios y otros elementos relacionados con la fabricación. En otras áreas se desarrolló una práctica especializada de esta naturaleza, como ruta para la fabricación automatizada.

En ese tiempo (antes de 1940), la función de planificación de la fabricación la compartían el ingeniero herramentista, el maestro mecánico de la planta y el gerente de producción. El maestro mecánico, como su nombre lo sugiere, era responsable por todos los instrumentos mecánicos, desde su concepción hasta su retiro, incluyendo la selección de equipo, su operación, su mantenimiento y el desarrollo de nuevos conceptos. El gerente de producción tenía un papel importante en la planeación de la fabricación, pero éste era limitado, ya que era sólo una parte del trabajo del gerente de producción y no podía ser un experto en todos los campos de que era responsable. Cada uno de estos individuos el ingeniero en herramientas, el maestro mecánico y el gerente de producción, dependían del tomador de tiempo y del analista de normas de tiempo, para que les proporcionara información sobre la ejecución de la operación planeada. A medida que las operaciones y el equipo de fabricación se hicieron más complicados y sofisticados, la planeación de la fabricación evolucionó hasta convertirse en una verdadera disciplina de la ingeniería.

Al mismo tiempo que evolucionaba esta disciplina de ingeniería de manufactura, se hicieron cambios en los procedimientos para apoyar a la nueva disciplina. Las hojas de ruta que proporcionaban a los operadores de maquinas información sobre el movimiento de partes desde la materia prima hasta el conjunto terminado se sustituyeron por hojas de proceso que incluían la función adicional de describir los detalles de cada paso individual de proceso, incluyendo los requerimientos de máquinas-herramienta y automatización; así se establecieron las condiciones actuales de operación para máquinas-herramienta y equipos individuales de proceso. Los dispositivos fáciles de conducir, como cajas, barriles y otros recipientes de almacenamiento dentro de un proceso, se han reemplazado y mejorado sucesivamente mediante dispositivos de transporte y, finalmente, en el lenguaje actual, la automatización. El control de las herramientas individuales ha avanzado desde el interruptor manual, la calibración manual, la palanca de avance y retroceso operada a mano, hasta los sofisticados controles electrónicos y los calibradores automáticos.

Definición

En resumen, la ingeniería de manufactura ha avanzado desde un ejercicio relativamente sencillo de lógica de ingeniería, hasta un campo de ingeniería altamente sofisticado en que se emplea toda la gama de las especialidades de la ingeniería. Como reconocimiento de las complejidades que se han introducido en la función de la ingeniería de manufactura, la *American Society for Tool Engineers* (ASTE) (Sociedad americana de ingenieros herramentistas) ha ampliado en los EE. UU. su cobertura para convertirse en la *Society of Manufacturing Engineers* (SME, Sociedad de Ingenieros de Manufactura). La SME reconoció el papel constantemente creciente del ingeniero de manufactura, a través de un folleto titulado *Manufacturing Engineering Defined.*[1] Se parte de la definición derivada de una acción de la mesa directiva de la SME, del 8 de mayo de 1978, en que se hizo una definición oficial de la ingeniería de manufactura.

La ingeniería de manufactura es la especialidad de la ingeniería profesional que requiere instrucción y experiencia necesarias para entender, aplicar y controlar los procedimientos de ingeniería en los procesos y métodos de fabricación de artículos y productos industriales. Requiere la capacidad de planear las prácticas de fabricación, de investigar y desarrollar las herramientas, procesos, máquinas y equipo, e integrar las instalaciones y sistemas para producir productos de calidad con gastos óptimos.

Posición funcional en la jerarquía de manufactura

Como se infiere en la exposición anterior de la planeación de fabricación, y como se incorpora específicamente en la definición de la SME, un papel importante del ingeniero de manufactura es proporcionar la capacidad de producir bienes de capital de alta calidad a un bajo costo y de una manera oportuna dentro de una determinada organización de manufactura. Este tipo de función sitúa al ingeniero de manufactura en una posición clave; sus decisiones tienen gran peso no sólo en la capacidad para que la empresa opere con ganancias y manufacture productos de calidad, con lo cual, en última instancia, se sirve al consumidor. Ninguna de estas metas se puede alcanzar a menos que el ingeniero de manufactura tenga influencia sobre el diseño final de producto, de modo que el diseño y la optimización de la fabricación se conviertan en una parte del desarrollo del nuevo producto. Para descargar efectivamente esta última función, el ingeniero de manufactura debe ocupar un lugar en la jerarquía de fabricación, desde el que pueda actuar sobre la información sobre el producto y propósitos del ingeniero de producción para traducirlos apropiadamente a sus colegas en las actividades de planeación de la producción. Así, el ingeniero de manufactura selecciona y activa los procesos y el equipo con que se optimizará el rendimiento costo-ganancia de la actividad de operación. Este es el camino para trasladar los diseños conceptuales del producto a procesos operativos funcionales empleando máquinas y equipo nuevos.

La posición clave del ingeniero de manufactura se puede visualizar como en el ejemplo 7.1.1, en que se describe el flujo de información desde el ingeniero de producción hacia la

Ejemplo 7.1.1 Flujo de información sobre productos, para ingeniería de productos

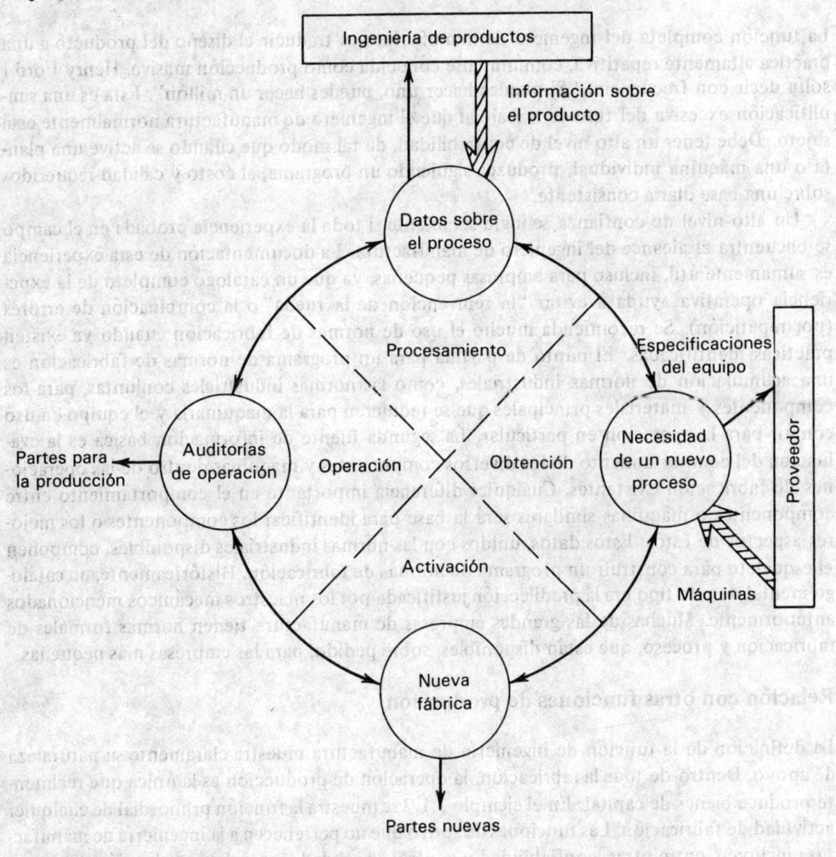

operación de producción y desde ésta. Al recibir la información proveniente de los ingenieros de producción sobre el producto, el ingeniero de manufactura interpreta estos datos teniendo en cuenta todos los requerimientos del proceso dentro del cuadrante de procesamiento. Luego, esta información del proceso fluye hacia la función de ingeniería de producción donde se especifican e identifican la maquinaria y el equipo en términos comunicables al proveedor de maquinaria; éste es el cuadrante de aprovisionamiento.

La respuesta del proveedor (después de una interacción apropiada, como se verá más adelante) está en términos de máquinas, herramientas y equipo que respondan a la especificación original. La función de fabricación instala y activa estos elementos, llenos de instrucciones para su uso.

El flujo de comunicación es a través del cliente, y el juicio sobre la idoneidad de la planeación se basa en el rendimiento del equipo comprado.

La curva de comunicación continúa en el cuadrante de operaciones, donde se obtienen los volúmenes de producción y la idoneidad de toda la planeación y activación se juzga mediante auditorías de operación. La curva se cierra debido a que la operación real está disponible para el ingeniero del proceso de fabricación y, a través de éste, al ingeniero de producción.

Práctica aceptada

La función completa del ingeniero de manufactura es traducir el diseño del producto a una práctica altamente repetitiva, comúnmente conocida como producción masiva. Henry Ford I solía decir con frecuencia: "Si puedes hacer uno, puedes hacer un millón". Esta es una simplificación excesiva del tipo de trabajo al que el ingeniero de manufactura normalmente está sujeto. Debe tener un alto nivel de confiabilidad, de tal modo que cuando se active una planta o una máquina individual, produzca siguiendo un programa, al costo y calidad requeridos sobre una base diaria consistente.

Un alto nivel de confianza se logra solamente si toda la experiencia probada en el campo se encuentra al alcance del ingeniero de manufactura. La documentación de esta experiencia es sumamente útil, incluso para empresas pequeñas, ya que un catálogo completo de la experiencia operativa ayuda a evitar "la reinvención de la rueda" o la combinación de errores (por repetición). Se recomienda mucho el uso de normas de fabricación cuando ya existen prácticas identificadas. El punto de partida para un programa de normas de fabricación es una acumulación de normas industriales, como las normas industriales conjuntas, para los componentes y materiales principales que se requieren para la maquinaria y el equipo en uso común para la operación en particular. La segunda fuente de información básica es la evaluación del comportamiento de los diversos componentes y máquinas dentro de las operaciones de fabricación existentes. Cualquier diferencia importante en el comportamiento entre componentes o máquinas similares será la base para identificar los componentes o los mejores aspectos de éstos. Estos datos, unidos con las normas industriales disponibles, componen el esqueleto para construir un programa de normas de fabricación. Históricamente, un catálogo mental de este tipo era la predilección justificada por los maestros mecánicos mencionados anteriormente. Muchas de las grandes empresas de manufactura tienen normas formales de fabricación y proceso, que están disponibles, sobre pedido, para las empresas más pequeñas.

Relación con otras funciones de producción

La definición de la función de ingeniería de manufactura muestra claramente su naturaleza de apoyo. Dentro de toda la fabricación, la operación de producción es la única que realmente produce bienes de capital. En el ejemplo 7.1.2 se muestra la función primordial de cualquier actividad de fabricación. Las funciones de apoyo que no pertenecen a la ingeniería de manufactura incluyen, entre otras, confiabilidad y control de calidad, control de producción, finanzas, relaciones industriales, ingeniería y mantenimiento de planta, manejo de material, sala de herramientas, provisión de material, laboratorio, recepción y embarque. En la ilustración se muestra una red de comunicaciones típica para indicar las diferentes aportaciones que las diversas funciones de apoyo a la fabricación le proporcionan a las operaciones. Es obvio que dos o más funciones interrelacionadas e interactuantes proporcionan apoyo para la misma actividad básica. La diversidad de intereses que expresan las diferentes funciones asegura una posición equilibrada y comprometida, reduciendo al mínimo la oportunidad de eventos imprevistos y posiblemente calamitosos. Como se verá más adelante, la función de ingeniería de manufactura sirve como un coordinador entre funciones técnicas y entre las funciones técnicas y administrativas.

Relación con la ingeniería industrial

La interacción entre las funciones de la ingeniería de manufactura y la ingeniería industrial es un buen ejemplo de la estrecha relación entre varios segmentos de las operaciones fabriles requeridas para tener un apoyo efectivo. El ingeniero de manufactura tiene una relación particularmente estrecha con el ingeniero industrial, puesto que los rendimientos de personas y máquinas, en un ámbito de producción, están indisolublemente unidos. Las funciones significativas que ejecuta el ingeniero de manufactura para apoyar al ingeniero industrial son co-

Ejemplo 7.1.2 Funciones en una fábrica típica[a]

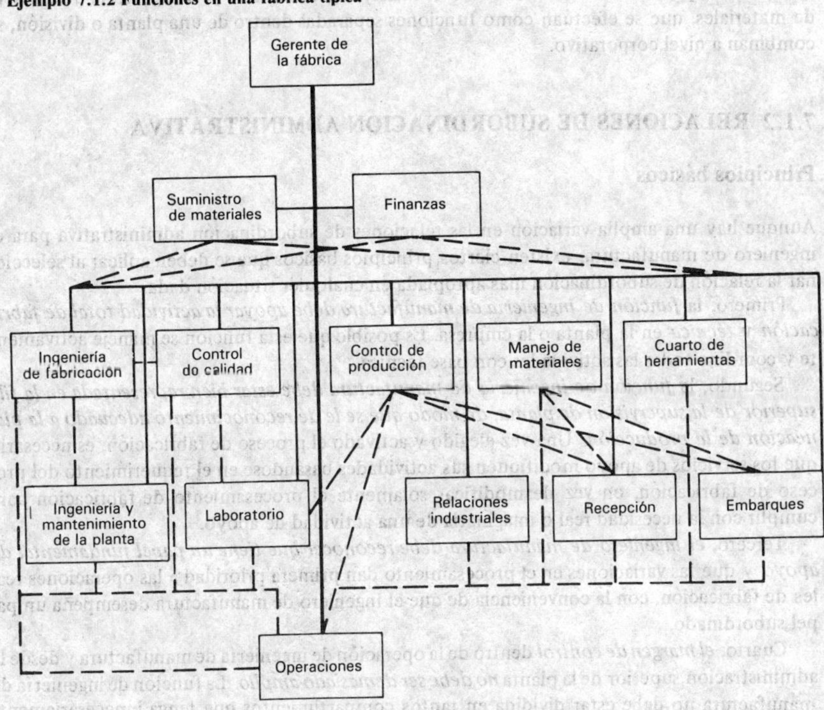

[a]La línea punteada indica los canales de comunicación representativos.

municar y coordinar cualquier nueva información sobre el producto, nuevos programas del producto y traducir estos datos a información relacionada con la fabricación en términos de las instalaciones y prácticas existentes de fabricación. Esto tiene una importancia particular para el ingeniero industrial porque cualquier selección temprana de procesos realizada por el ingeniero de manufactura se debe reflejar en estimados de costo del producto terminado. Esta información, generada por el ingeniero industrial, se transmite a través del ingeniero de manufactura a las personas responsables del desarrollo de los planes de la empresa. Además del papel coordinador que se extiende a través de todo el grupo encargado de la planeación para la fabricación, el ingeniero de manufactura proporciona un apoyo activo al ingeniero industrial en los programas de mejoramiento de métodos y en la importante función de balanceo de líneas de ensamble.

Variaciones de línea y personal

Resulta claro que en las diversas funciones de fabricación que se efectúan en la planta de fabricación típica se pueden usar diversas estructuras jerárquicas para la función de fabricación. Esto depende en parte de las personalidades del personal que desempeña las diversas funciones y, ciertamente, del tamaño de la operación individual. También hay variaciones entre línea y personal en una organización dada, donde las relaciones al nivel del personal pueden ser completamente diferentes de aquellas al nivel operativo. El principio básico prevalece: la comunicación entre funciones y entre personal de línea y cuadros directivos se debe fortalecer a fin de apoyar la toma de decisiones de la administración superior. Se pueden citar ejemplos en que ciertas funciones como el manejo de materiales y la ingeniería del manejo de materiales, que se efectúan como funciones separadas dentro de una planta o división, se combinan a nivel corporativo.

7.1.2 RELACIONES DE SUBORDINACION ADMINISTRATIVA

Principios básicos

Aunque hay una amplia variación en las relaciones de subordinación administrativa para el ingeniero de manufactura, existen ciertos principios básicos que se deben aplicar al seleccionar la relación de subordinación más apropiada en cualquier situación dada.

Primero, la *función de ingeniería de manufactura debe apoyar la actividad total de fabricación y técnica* en la planta o la empresa. Es posible que esta función se maneje activamente y coordine todas las actividades con base técnica.

Segundo, la *función de ingeniería de manufactura debe estar bien representada en la fila superior de la supervisión de planta, de modo que se le dé reconocimiento adecuado a la planeación de la producción.* Una vez elegido y activado el proceso de fabricación, es necesario que los servicios de apoyo modifiquen sus actividades basándose en el requerimiento del proceso de fabricación, en vez de modificar solamente el procesamiento de fabricación para cumplir con la necesidad real o imaginaria de una actividad de apoyo.

Tercero, *el ingeniero de manufactura debe reconocer que tiene un papel fundamental de apoyo* y que las variaciones en el procesamiento dan primera prioridad a las operaciones reales de fabricación, con la conveniencia de que el ingeniero de manufactura desempeña un papel subordinado.

Cuarto, *el margen de control* dentro de la operación de ingeniería de manufactura y desde la administración superior de la planta *no debe ser demasiado amplio.* La función de ingeniería de manufactura no debe estar dividida en tantos compartimientos que tenga innecesariamente un gran número de personas en el área técnica subordinada a cualquier nivel de administración de planta.

Práctica real

La práctica más efectiva para una operación dada variará ampliamente. Esta variación recibe la influencia de:

Las características de los individuos dentro del sistema total de fabricación.
La naturaleza de los propios procesos.
La administración fundamental y el criterio de delegación.
Las capacidades administrativas.

En el ejemplo 7.1.3 se muestran algunas relaciones de subordinación típicas para la actividad de ingeniería de manufactura. Los ejemplos 7.1.3*a* y *b* representan organizaciones potencialmente frustrantes tanto para el administrador como para el ingeniero. Básicamente la frustración puede provenir de ampliar demasiado un margen de control, no sólo reduciendo la efectividad de la comunicación, sino también afectando la capacidad de una empresa para atraer y compensar a ingenieros altamente competentes. Mientras que en una empresa de tamaño mediano el ingeniero de manufactura puede estar subordinado al administrador de planta (ejemplo 7.1.3*c*), en otra más grande aquél estaría subordinado lógicamente a un administrador de operaciones o a un administrador de personal de planta (ejemplo 7.1.3*d*). En establecimientos con actividades en múltiples plantas ejecutando la misma función, es totalmente posible que la principal planeación de ingeniería de manufactura sea responsabilidad de una organización de personal con el fin de obtener uniformidad de una planta a otra

Ejemplo 7.1.3 Relaciones de dependencia típicas de ingeniería de fabricación[a]

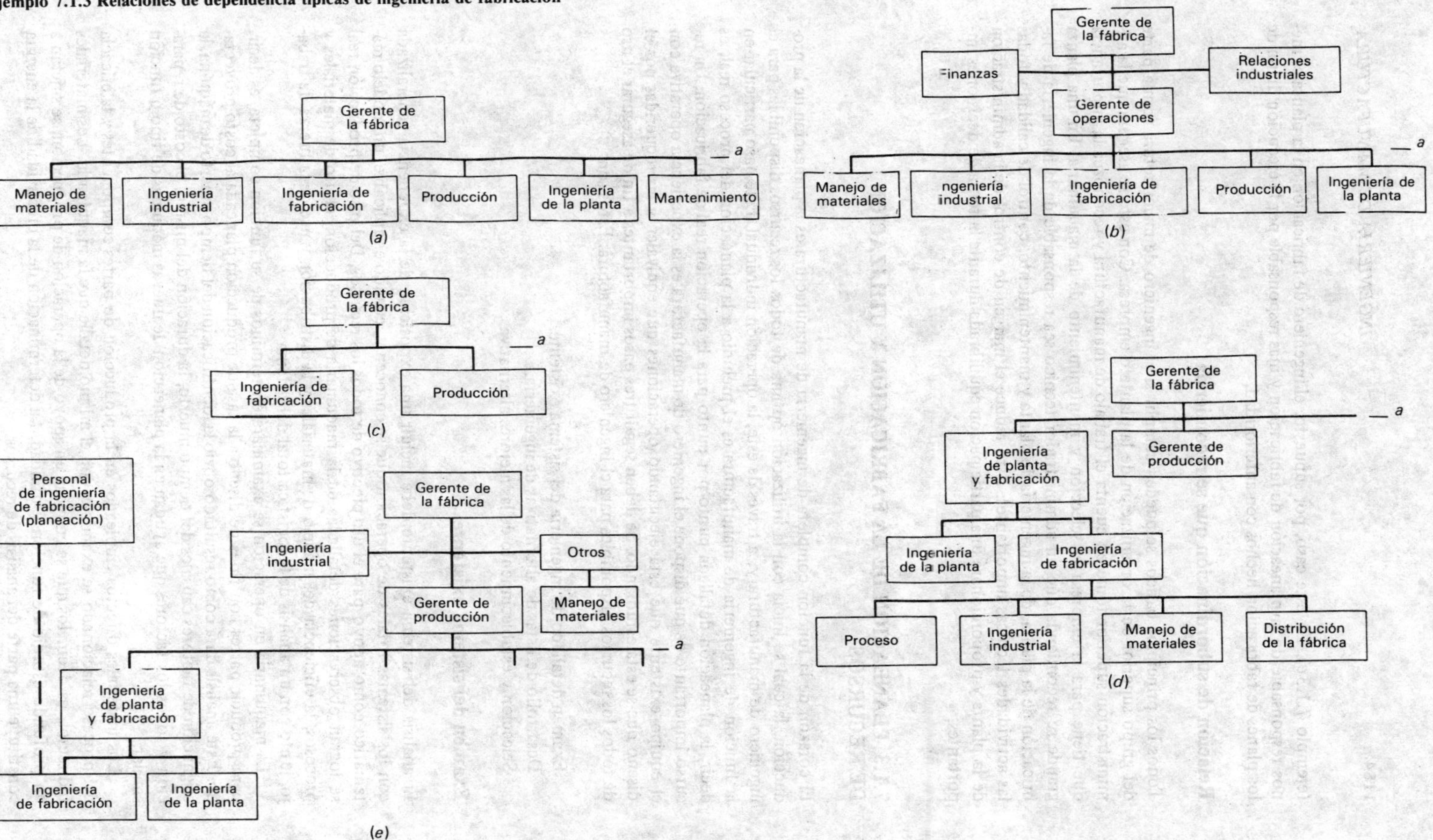

[a]Puede haber también otras categorías.

(ejemplo 7.1.3*e*). En este caso, por supuesto, el ingeniero de fabricación en la planta es menos responsable de la planeación de fabricación y más responsable por la ejecución diaria de los planes de fabricación hechos con anterioridad.

Relación de subordinación que se recomienda

Todos los principios básicos se pueden cumplir si el ingeniero de manufactura forma parte del grupo superior de la organización de la planta o empresa. Con esto se asegura que la administración superior tome en cuenta el trabajo de manufactura y reconozca la importancia que tiene para la empresa la selección y mantenimiento de la maquinaria. En una planta grande se recomienda que un administrador técnico sea responsable de la ingeniería de fabricación de la planta, de la ingeniería de planta y mantenimiento, control de calidad y todas las actividades técnicas importantes. Esto reduce el margen de control de la administración de la planta y proporcionará una participación equilibrada durante la toma de decisiones importantes.

7.1.3 PLANEACION DE LA FABRICACION Y UTILIZACION DE RECURSOS

El corazón de la función completa de ingeniería de manufactura es la planeación de la producción, la cual se inicia con la utilización óptima de todos los recursos disponibles para el ingeniero de manufactura y, a través de éste, la operación individual. Este paso particular en la función de ingeniería de manufactura es el preludio a la planeación del proceso real, es decir, la planeación detallada punto por punto para la operación real de fabricación. Un recurso importante de que dispone el ingeniero de manufactura es la experiencia operativa con el equipo existente que está ejecutando operaciones que equivalen a las requeridas por el diseño que se está estudiando. Se deben seguir tres pasos importantes a fin de asegurar el uso de todos los recursos disponibles para el ingeniero de manufactura. Estos son:

Examen detallado de ingeniería del sistema existente.
Desarrollo de listas de alternativas de ingeniería.
Selección y establecimiento de las mejores alternativas.

Examen del sistema existente

El análisis del sistema existente debe incluir una exposición de la experiencia generalizada con los sistemas totales de operación que se conocen y, cuando es aplicable, un modelo matemático como apoyo para el uso efectivo de todos los recursos. Del piso de producción real se logran observaciones detalladas de la maquinaria de producción, el uso de materiales y procesos, la eficiencia del manejo de materiales y la distribución y uso de la fuerza de trabajo, junto con un análisis de la logística total del sistema.

La maquinaria en operación se examinará en términos de su función completa, es decir, para producir partes con fines de diseño a la tasa de producción planeada al costo proyectado. Este análisis dará como resultado obvio la identificación del tiempo muerto de máquina, la asignación de factores causales del tiempo muerto, la duración del mismo, el costo de reparación y todos los factores que ayudan en la planeación de nuevas máquinas de tipo o función similar.

Los materiales directos empleados en la producción de partes componentes y la eficacia del proceso relacionado se examinan con el mismo detalle que la maquinaria. Los materiales indirectos, es decir, los que se emplean en apoyo de la operación de producción, se sujetan a un profundo estudio de función y utilidad. La determinación de la efectividad de la energía constituye una parte del análisis de recursos.

Otro importante recurso son los instrumentos de manejo de materiales. Como se verá más adelante, una importante consideración es la capacidad de proporcionar material en cada paso de una operación de producción y sustraer el artículo terminado de cada operación. Al optimizar el uso de materiales, es necesario examinar continuamente la ingeniería de manejo de material y el desempeño de esta función.

El recurso más importante es la mano de obra implícita en las operaciones tanto directas como de apoyo. El sistema completo se debe revisar críticamente en términos de las oportunidades para usar más efectivamente la mano de obra capacitada y de ingeniería.

Una vez examinados todos los detalles importantes de los sistemas, el ingeniero de manufactura debe revisar el sistema total y la interacción entre los elementos individuales. Recientemente se han incorporado nuevos aspectos al análisis requerido, entre ellos el efecto de la reglamentación sobre la planeación del sistema total. Por tanto, más que un juicio normal sobre costo-efectividad, debe surgir una crítica de la posibilidad del sistema para responder a los reglamentos ocupacionales sobre seguridad y salud de protección del ambiente, de substancias tóxicas y energéticos, entre otros.

Desarrollo y establecimiento de alternativas de ingeniería

El siguiente paso hacia la utilización óptima de los recursos es desarrollar una lista de alternativas de ingeniería que correspondan a las oportunidades identificadas como parte de los análisis del sistema original. Estas alternativas se deben explorar a profundidad suficiente para permitir el establecimiento de costos y mejoras de ingeniería que se pueden efectuar con nuevas operaciones de fabricación o revisar las existentes. Esto incluye construcción o modificación de nuevas instalaciones, o un cambio en la maquinaria, materiales o procesos existentes mientras se sigue trabajando.

El resultado de este análisis de ingeniería y el tercer paso en la utilización óptima de los recursos, debe ser el establecimiento de las alternativas seleccionadas como prácticas recomendadas para aquellas actividades que puedan influir dentro de una organización dada sobre el listado de posibilidades o proporcionar una guía para quien pueda responder a ellas. La circulación de informes detallados y resumidos dentro de las actividades de planeación de fabricación por medio de normas de fabricación y mejores procesos provisionales es un auxiliar para el desarrollo de alternativas de ingeniería. Igualmente importante es proporcionar informes resumidos para actividades que lleven a cabo pronósticos tecnológicos o planeación del producto dirigidos específicamente a productos futuros y oportunidades comerciales. En el capítulo 11.1 se estudia la manera como estos datos se incorporan a un plan corporativo maestro.

7.1.4 AREAS DE PLANEACION

El enfoque sistemático para la planeación de la producción que se bosquejó se ha podido aplicar en todas las ramas de la manufactura. Los pasos exactos se pueden modificar para reflejar el tamaño de la operación, los volúmenes excepcionalmente altos o bajos de producción y los procesos específicos. Este tratamiento se recomienda para usarlo en la fabricación de componentes discretos, en industrias de procesos, así como en combinaciones híbridas como las operaciones de tratamiento térmico en una planta de maquinado y ensamble de partes pequeñas (por ejemplo, una planta de transmisión automotriz).

El ejemplo 7.1.4 es un esquema representativo de toda la gama de procesos de fabricación con que se enfrenta el ingeniero de manufactura. Aunque el párrafo de introducción de este capítulo se centra en el trabajo y eliminación de metal, la ampliación del alcance de la ingeniería de manufactura para abarcar los procesos de fabricación útiles hará que la metodología de ingeniería bien establecida se pueda aplicar a cualquier operación de producción.

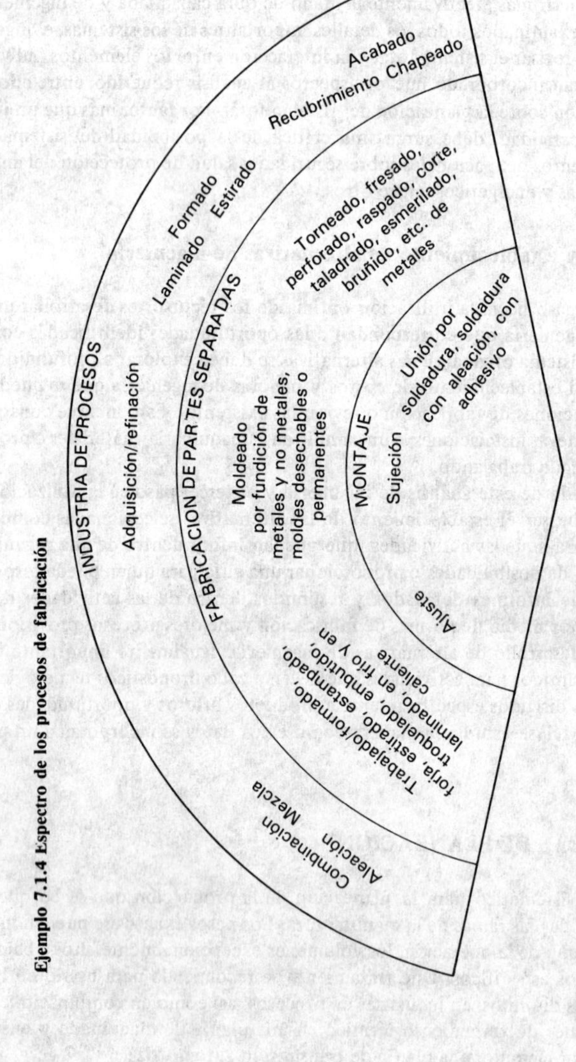

Ejemplo 7.1.4 Espectro de los procesos de fabricación

En la ilustración se muestran en secuencia lógica 1) el flujo de materiales desde la industria de procesos hasta la fabricación de partes discretas para ensamble y 2) la amplitud de destreza técnica que se requiere hoy del ingeniero de manufactura.

Las industrias de procesos se caracterizan como procesadoras de materiales en volumen o no específicos, a menudo empezando con minerales, crudos de petróleo y materiales básicos similares. El equipo de procesamiento, aunque incorporado a la fabricación de partes discretas, permanece relativamente inflexible, con una identificación limitada con el producto final.

Por otra parte, la fabricación de partes discretas produce componentes funcionales cuya identidad se mantiene a través de una o muchas operaciones, desde su forma burda hasta constituirse en parte terminada o de ensamble.

En la producción de productos más complejos, el proceso empleado incluye alguna combinación de industria de procesamiento y de fabricación de partes discretas. La diversidad de especialidades requerida para coordinar, planear, activar y controlar este amplio margen de métodos de fabricación enfatiza la necesidad de contar con una organización de ingeniería de manufactura cuidadosamente organizada.

7.1.5 MECANICA Y SINCRONIZACION DE LA FUNCION DE PLANEACION Y CONTROL DE LA PRODUCCION

Factibilidad de la fabricación

Como se ha visto en las ilustraciones anteriores, el ingeniero de manufactura es el contacto principal para el ingeniero de producción a fin de asegurar la traducción exacta del proyecto de diseño de la copia heliográfica al piso de producción. Los comentarios de estudio entre estos dos grupos de ingenieros quedan en gran medida dentro del área de lo que se puede denominar factibilidad de la fabricación. Aunque esta subfunción particular es más importante en operaciones grandes y altamente estructuradas, se necesita hacer una consideración formal de los aspectos que influyen en la factibilidad de fabricación en operaciones de todos los tamaños. La "factibilidad de fabricación" se define como una etapa de ingeniería en que se examina cada componente y cada ensamble dentro de un diseño de producto, en términos de la capacidad de fabricación para producir el proyecto de diseño. Es obvio que la factibilidad de fabricación de todo el producto o de componentes individuales se puede examinar como una guía para el ingeniero de producción durante la fase de diseño. Debe señalarse que en el caso de una planta existente, en la factibilidad de producción influyen la maquinaria, la distribución y la mano de obra existentes.

La factibilidad de fabricación se puede establecer más efectivamente cuando el diseñador del producto y el ingeniero de manufactura colaboran estrechamente para iniciar y modificar diseños durante toda la secuencia de diseño hasta la realización final de las operaciones de producción. Esta misma relación debe continuar durante el período de producción del diseño y durante todas las modificaciones subsecuentes para cumplir con la demanda del mercado o para mejorar el costo, calidad o confiabilidad del producto. En algunos casos estas modificaciones se llevarán a cabo durante el trabajo normal de mejoramiento de costo o en otros trabajos más concentrados, como en la ingeniería de evaluación.

La atención formal a aspectos de factibilidad de fabricación sigue siendo responsabilidad del grupo de ingeniería de producción dentro de la operación individual. En el capítulo 7.2 se estudian en detalle las posibilidades de fabricación y producción así como la terminología relacionada con éstas. Ciertamente el punto de partida para la fabricación eficaz es el diseño eficaz para la fabricación. Además el gran incremento de nuevos materiales y procesos carga una responsabilidad adicional sobre el ingeniero de producción, así como en el de manufactura, para asegurarse de dar una adecuada consideración a las nuevas posibilidades que surgen de estos nuevos métodos para hacer negocios.

Otro aspecto cooperativo formalizado y detallado para diseñar la fabricación surge en una semidisciplina que se ha llegado a conocer como ingeniería económica. En el capítulo 7.3 se estudia detalladamente el enfoque formalizado para planear la revisión de los diseños existentes. De nuevo, surge la necesidad de una estrecha relación de trabajo entre el ingeniero de producción y el de manufactura. El éxito de todo el trabajo para fortalecer la factibilidad de fabricación de diseños propuestos o existentes depende de la destreza en el campo de la ingeniería de todos los participantes y de su flexibilidad para establecer relaciones interpersonales.

Selección del proceso y el equipo

El alma de toda la ingeniería y la planeación de la producción para la función de fabricación es la selección del proceso y el equipo que se emplean para realizar el proyecto de diseño establecido por el ingeniero de producción. Incluso en el caso de un producto existente, el ingeniero de manufactura debe examinar las opciones disponibles para mejorar la calidad del producto, reducir costos durante la operación de fabricación o lograr ambos fines. Los pasos formales en esta selección de proceso y equipo son:

1. Desarrollo de una presentación general de las operaciones de fabricación que se van a efectuar.
2. Establecer un proceso provisional.
3. Hacer una lista de las alternativas de procesamiento.
4. Seleccionar el proceso de producción.
5. Comunicar la selección del proceso a las otras actividades en que éste influye.
6. Ejecutar el procesamiento detallado.

Desarrollo de una presentación general

La presentación general de un procedimiento de fabricación tiene orientación sistemática en cuanto a que el tipo de equipo requerido para satisfacer las características del diseño está genéricamente definido. Por tanto, si el proyecto preliminar sugiere que se requerirá una línea de transferencia para ejecutar una determinada operación de fabricación, una presentación de este efecto ayuda a crear la estrategia de fabricación total.

Puesto que en la mayoría de los casos existe ya un modelo operativo de las instalaciones conceptualizadas, el primer paso en el desarrollo de la presentación general es acumular tantos datos históricos y de experiencias previas como sea práctico. Así, el punto de partida lógico es la experiencia operativa de una instalación productiva ya existente. El ensamble más útil de estos datos se puede hacer cuando se toma como referencia un producto idéntico. Esto permitirá hacer un examen detallado de la tasa de producción, tanto de la planeada como de la real; del comportamiento de la máquina en términos de calidad y posibilidades de mantenimiento; del costo del mantenimiento, y de la vida prevista de la máquina. En los casos en que no se dispone de estas instalaciones para una operación en particular, es necesario estimar estas mismas características a fin de hacer una presentación clara de la base a partir de la cual se hace la selección del nuevo proceso y equipo. Otra fuente útil de información de ingeniería es el razonamiento analógico de industrias hermanas que desarrollan tipos similares de trabajo, pero en diferentes productos; en muchos casos, la información proviene de industrias con operaciones particulares muy diferentes a las que se estudian. A veces es conveniente obtener la presentación general de las instalaciones propuestas a partir de una operación piloto que se haya usado para demostrar la factibilidad de un concepto de proceso de fabricación, de tal modo que el nivel de confianza de la ingeniería y de la administración de la producción lleguen al punto en que se pueda recomendar el nuevo proceso para producción.

Establecimiento de un proceso provisional

Hay casos en que no es necesario desarrollar una presentación general formal del sistema de producción que se va a establecer, aunque la disciplina de tal ejercicio sea un importante auxiliar para la planeación total de la producción. En cualquier caso, el segundo paso obligatorio es establecer un proceso provisional que proporcione todas las características individuales ya identificadas por el diseñador del producto. Se necesitan varios insumos adicionales para empezar la selección del proceso provisional. Específicamente se debe hacer lo siguiente:

1. *Establecer objetivos para los costos de instalaciones y de pieza.* Aceptar o desarrollar objetivos de costo que permitan juzgar la efectividad de la ingeniería de producción.
2. *Especificar la materia prima.* En los planos se puede especificar con exactitud la forma, tamaño y composición química exactos de la materia prima o no hacerlo. Por tanto, será necesario que el ingeniero de manufactura agregue una definición más precisa de la composición química del material a la simple especificación de acero rolado en caliente, colado, forjado, etc., así como cualquier tratamiento químico o térmico a las partes antes de entregarlas a la operación de fabricación. En el caso de formas estándar o premoldeadas, proporciona una identificación exacta de la forma y el tamaño, o señala la cantidad de eliminación de materia prima a causa de los colados, forjados u otras formas burdas.
3. *Determinar el volumen de producción por hora, como preparación para establecer la capacidad de máquina.* Será necesario que el ingeniero de manufactura determine las tasas de producción netas por hora, basándose en factores de uso previo y de operación, como horas de trabajo anual. Durante esta determinación, el ingeniero de manufactura también debe tener en cuenta los factores ya establecidos de eficiencia en lo que se refiere a equipo y mano de obra.
4. *Establecer la sincronización.* Antes de seleccionar un proceso provisional, el ingeniero de manufactura debe obtener una indicación del tiempo de producción, es decir, la fecha requerida de entrega para las primeras piezas de la producción y para la producción completa. La comparación de requerimientos de tiempo y el cumplimiento de éste por los proveedores de maquinaria y equipo, permite una aclaración temprana de potenciales puntos problemáticos en caso de que los proveedores no puedan cumplir con el tiempo requerido por el mercado, tal como lo contemplan los fabricantes.
5. *Seleccionar el proceso provisional.* Como parte de la selección del proceso provisional, el ingeniero de manufactura estimará el número de pasos y las consecuentes estaciones necesarias para proporcionar todas las características del diseño señaladas en los planos. Esto requiere la visualización de cada secuencia individual, un estimado de la mano de obra requerida y una aproximación general de las provisiones necesarias de distribución para acomodar a cada paso del proceso. Es en este punto más útil la referencia a las presentaciones previamente desarrolladas, ya que identifican los pasos exactos requeridos en el procesamiento. Se ve claramente que la experiencia con un proceso real ayuda en el juicio de selección del proceso provisional. Una parte integrante de la selección del proceso provisional es identificar el nivel de confianza del ingeniero en cada paso del proceso. Ciertamente, incluso para un procesamiento preliminar, no se puede seleccionar un proceso con un nivel de confianza inferior al aceptable para la administración en particular (el mínimo sugerido es 0.92).
6. *Desarrollar costos de apreciación.* Con base en el proceso provisional, el ingeniero de manufactura desarrollará costos de apreciación de instalaciones y materiales y, con la ayuda de la función de la ingeniería industrial, estimará el costo por pieza preliminar de los componentes para los ensambles finales. Estos costos se desarrollan usando la misma metodología amplia que se describe en la sección dedicada al procesamiento detallado.
7. *Comparar con objetivos de costos.* Antes de la planeación extensiva y de comprometer las instalaciones, es esencial que el ingeniero de manufactura compare los proyectos de costos del análisis del proceso provisional con el costo de instalaciones y el costo por pieza que

se fijaron como objetivos. Una comparación favorable puede apoyar una inmediata toma de decisión; cuando menos, la comparación ayuda en el análisis subsecuente.

Desarrollo de una lista de alternativas de proceso

Una vez completos los pasos del procesamiento provisional, el ingeniero de manufactura debe elaborar una lista de alternativas para el proceso, particularmente para aquellas áreas en que el análisis detallado del procesamiento preliminar han mostrado altos costos, rendimiento cuestionable o sectores en los que el nivel de confianza al cumplimiento de los requisitos de la operación individual se considera marginal. Los datos históricos relativos a operaciones similares ayudan a desarrollar estas posibilidades. Por tanto, la primera fuente de alternativas del proceso para el ingeniero de manufactura es la identificación de áreas de problemas durante la investigación de experiencias previas e históricas que realizará en el curso de la planeación del nuevo proceso. Segunda, el nuevo producto, el proceso o ambos se deben examinar en términos de posibles operaciones piloto que hayan tenido buen éxito en aplicaciones iguales o similares. Una tercera fuente para nuevos enfoques son la investigación y el desarrollo de producción con la finalidad de proporcionar nuevos procesos y nuevos materiales para emplearlos en productos similares a aquellos que se estén considerando. Finalmente, se han introducido muchas innovaciones en las diversas operaciones de fabricación a través del uso de razonamiento analógico de industrias y procesos similares. Por supuesto, éste requiere una clara identificación de las similitudes entre las operaciones observadas y las nuevas operaciones propuestas. Con frecuencia, incluso un conocimiento incompleto del modelo analógico lleva al ingeniero en una dirección nueva y fructífera.

Selección del proceso de producción

Una cuidadosa comparación paso por paso entre cada fase del proceso provisional con cada fase del proceso alternativo permite al ingeniero de manufactura seleccionar la posición comprometida, la cual optimiza todos los elementos de costo, calidad, flexibilidad y riesgo inherente. La flexibilidad no sólo incluye la capacidad de producir partes similares sino también diferentes y también infiere la posibilidad de incrementar las tasas de producción a un costo mínimo. Si permanecen iguales todas las consideraciones de administración de ingeniería y de manufactura, los procesos de producción se eligen sobre la base de la recuperación de inversión más favorable y otros criterios financieros.

Comunicación de la selección del proceso

Como se señaló anteriormente, una posición ideal para el ingeniero de manufactura es la que proporcione coordinación y comunicación de las decisiones del campo de la ingeniería a todas las áreas apropiadas de influencia. Por tanto, una vez hecha la selección del proceso, corresponde al ingeniero de manufactura comunicar los resultados de su trabajo analítico al ingeniero de producción, como una seguridad adicional de que el proyecto de diseño ha llenado los requisitos. Al mismo tiempo, se debe notificar la decisión del proceso a las siguientes áreas, entre otras:

Ingeniería industrial
Ingeniería de planta y mantenimiento
Relaciones industriales
Finanzas
Operaciones

La comunicación es particularmente vital cuando están implícitos nuevos procesos o nueva maquinaria. La interacción de todos los elementos previamente citados es indispensable para la adaptación exitosa de nueva tecnología a una planta y un personal ya existentes.

Ejecución del procesamiento detallado

Una vez que se selecciona y comunica el proceso a todos los interesados, se inicia el procesamiento detallado final del que dependen todas las acciones. A medida que avanza éste, el ingeniero de manufactura hará amplio uso del conjunto de conocimientos de ingeniería que aportan los proveedores de maquinaria y equipo. En los capítulos 7.4 a 7.11 se ilustra el conocimiento detallado disponible en las industrias vendedoras y usuarias para la guía del ingeniero de manufactura. El flujo lógico de las operaciones que se efectúan, transportan y controlan manualmente se puede ver a medida que los temas de los capítulos avanzan desde las máquinas-herramienta convencionales, hacia la automatización, máquinas de control numérico y la tecnología grupal para la fabricación apoyada por la computación, en que la operación de la máquina y el movimiento de partes están bajo control de computadora. Se puede ver la tendencia hacia la integración de todas las funciones de manufactura (producción, inspección y control de partes) en sistemas manejados por computadora. La inspección del tema muestra un mayor énfasis en la eliminación de metales. Debido a la limitación del espacio no es posible tratar ampliamente otras disciplinas. En consecuencia, el ingeniero individual debe reconocer que existe un conjunto de conocimientos paralelo a cada tecnología importante del proceso, como colado, labrado de metal, conexiones y ensamble, como se mostró en el ejemplo 7.1.4.

Al igual que en el establecimiento del proceso provisional, el punto de partida para establecer el proceso detallado es reunir la información más reciente relacionada con el diseño del producto, la tasa de producción, el costo de las instalaciones y objetivos del costo de partes. El procesamiento detallado sigue el mismo formato que el provisional, excepto que cada elemento del proceso está completamente señalado y documentado mediante el uso de hojas de estimados del proceso, como las que se muestran en el ejemplo 7.1.5. Se incluye información sobre la fuente del material de cada proceso, desde el material en bruto hasta la pieza terminada. La operación subsecuente se debe identificar en cada hoja de proceso, de modo que pueda haber un flujo ordenado de partes a través de cada una de las operaciones de fabricación.

Para examinar la cantidad requerida de documentación del procesamiento, se usará un ejemplo particular, la operación de maquinado. El principio básico implícito es que las instrucciones detalladas en el documento de ingeniería de manufactura, es decir, en la hoja de proceso, sean suficientemente explícitas para que el personal operativo pueda ejecutar cada función necesaria para producir el componente terminado y que las operaciones establezcan el costo por personal y por pieza, a partir del cual se pueda juzgar la eficiencia operativa durante y después de haber iniciado físicamente la operación. La hoja de proceso tiene columnas para registrar el número de operación, una descripción de ésta, los números y tipos de máquinas que se requieren, las tasas operativas efectivas, la distribución del trabajo y los costos por minuto; también se proporcionan espacios para registrar los costos de las instalaciones y herramientas. En las operaciones grandes, la responsabilidad por estas entradas individuales se divide de acuerdo con las especialidades: el ingeniero de proceso llenará aquellas partes de la hoja de proceso que se relacionan con el establecimiento del mismo y la selección de maquinaria; el ingeniero de planta registra los datos relativos a los costos de instalación de maquinaria y el ingeniero industrial señala y registra apropiadamente los minutos de trabajo directo de cada operación. En operaciones más pequeñas, el ingeniero de proceso, el industrial o ambos pueden llenar todas las partes de la hoja de proceso. En cualquier caso, el documento terminado, o algún documento similar a la hoja de proceso, se debe usar como medio de comunicación con cada parte de la planeación de fabricación y del sistema operativo.

El ejemplo de entrada en la hoja de proceso del ejemplo 7.1.6 muestra la manera en que el ingeniero de manufactura describe cada paso o estación en el proceso de fabricación. El ingeniero numera y da nombre a la operación, por ejemplo, taladrar. Indica las características, como los agujeros y establece sus límites, es decir, el tamaño y la profundidad. Con esta

Ejemplo 7.1.5 Hoja de proceso típica

Hoja de estimaciones par. el proceso

Fábrica ______________________ Departamento ______________________

Programa o ECR No.	Nombre de la parte			Fechas de emisión	Parte No.	
Para modelos	Material	Peso/ lbs.	En bruto	Aca- bado	Entrega	Hoja de

Oper. No.	Descripción de la operación	Descripción de la herramienta, máquina o equipo. Número de la herramienta o B.T.	Máq. solic.	Cap. neta por hr.	Minutos estip.	Costo de instalación y herramienta duradera				Costo de herramientas especiales				Gastos
						Total	Básico	Flete	Inst.	Total	Diseño	Fabr.	Inst. y prueba	
Totales														

Observaciones

		Ing. de proceso	Dist. de la fáb.	Automatización	Diseño	Ing. Mat. Mod.	Servicio diario	Solic. por vehículo	Mont. sig.	Oper. No.
Ford TCH 7745 MFG. ENG. JULY '62		Ing. Ind.	Lab.	Cont. de calidad	Ing. de fáb.	Prod.	Vol. diario plan.	Requisitos PC/HR. Hrs.	Sustitutos	

Ejemplo 7.1.6 Anotaciones típicas en la hoja de proceso

Hoja de estimaciones para el proceso

Fábrica ______ Departamento ______

Programa o ECR No.	Nombre de la parte				Fechas de emisión	Parte No.		
Para modelos	Material	Peso/ lbs.	En bruto	Acabado		Entrega	Hoja	de

Oper. No.	Descripción de la operación	Descripción de la herramienta, máquina o equipo. Número de la herramienta o B.T.	Máq. solic.	Cap. neta por hr.	Minutos estip.	Costo de instalación y herramienta duradera				Costo de herramientas especiales				Gastos
						Total	Básico	Flete	Inst.	Total	Diseño	Fabr.	Inst. y prueba	
10	TALADRAR (3) AGUJEROS DE LOCALIZACION DE .500" D. X 1.5" DE PROFUNDIDAD.	TALADRO A PRESION DE UN SOLO USO. UBICAR ACCESORIO REQUERIDO.	1	16	3.75									
Totales														

Observaciones

		Ing. de proceso	Dist. de la plan.	Automatización	Diseño	Ing. Mat. Mod.	Servicio diario	Solic. por vehículo	Mont. sig.	Oper. No.
		Ing. Ind.	Lab.	Cont. de calidad	Ing. de fáb.	Prod.	Vol. diario plan.	Requisitos PC/HR. Hrs.	Sustitutos	

Ford TCH 7745 MFG. ENG. JULY '62

información se puede identificar la máquina o máquinas requeridas para llevar a cabo el paso específico. En el ejemplo, la máquina es un taladro con una sola broca; basándose en las características requeridas por la parte, la máquina puede ser de una sola broca o de brocas múltiples, y puede ser una parte de automatización adicional, es decir, una línea de transferencia o una máquina de disco. Toda esta información se incluye en la hoja de proceso. Los números de las máquinas que se requieren para obtener el volumen y el espacio de producción necesarios completan la descripción de este paso del proceso individual. Si se requieren accesorios o herramientas, se deben listar y costear individualmente como herramientas duraderas o herramientas especiales en el espacio provisto. Cada operación subsecuente se identifica con este detalle exacto hasta que la parte queda terminada. Los datos iniciales en la hoja de proceso se extienden hasta completar el análisis, obteniéndose un solo documento que contiene todos los detalles básicos de ingeniería de fabricación.

Cuando se trata de partes con configuración compleja, o de partes que requieren un gran número de operaciones, el especialista en procesamiento puede considerar conveniente trazar una gráfica de tolerancia para representar la interacción entre operaciones. Si a esta gráfica se incorpora la capacidad de la máquina, los apilamientos de tolerancia que excedan los requerimientos de ingeniería se pueden identificar durante la etapa de ingeniería de manufactura, en vez de hacerlo una vez iniciada la producción, cuando las correcciones y las consecuentes demoras son tan costosas.

La información relativa al costo de la maquinaria se anota basándose en la experiencia con compras previas o en estimados disponibles a través de los proveedores. Aunque los estimados de envío de máquinas y equipo no se anotan aquí, el ingeniero de manufactura es responsable de acumularlos a fin de establecer y cumplir con el tiempo especificado. El análisis de estas hojas de proceso también permite al ingeniero de manufactura y al industrial elaborar una lista de las tareas manuales y ampliar estos datos para obtener el costo por minuto y, en última instancia, el costo del trabajo directo o indirecto como base para obtener los costos por pieza.

El ingeniero de manufactura también documenta en la hoja de proceso las herramientas, los moldes o dados y accesorios requeridos para cada paso del proceso. Luego se reúnen estos datos de tal manera que se puedan obtener listados de las herramientas, moldes, accesorios, manejo de material y equipo de apoyo como base para que los especialistas efectúen un mejor trabajo de ingeniería. En las grandes organizaciones los especialistas en ingeniería supervisan el diseño y la construcción de herramientas, moldes y accesorios especiales, junto con el equipo de apoyo y de manejo de materiales. Las organizaciones más pequeñas dependerán de ingenieros generales, proveedores o de asesores contratados para obtener estos servicios especiales.

Desarrollo de un plan de iniciación

Una vez completa la extensión de la hoja de proceso para incluir todos los elementos de ingeniería que entran en la planeación de la producción, el planificador de manufactura responsable (el ingeniero) debe desarrollar un plan de activación o de iniciación. Este plan es indispensable, independientemente del tamaño de la operación. Señala y proporciona el tiempo de duración de cada evento que se efectuará desde el comienzo de la planeación hasta que la planta esté operando de acuerdo con el plan. Los primeros elementos del plan de iniciación se empiezan a ajustar en su lugar a medida que avanza la planeación del proceso detallado. Sin embargo, los elementos principales solamente se pueden identificar si la planeación del proceso está bien documentada. El ingeniero de manufactura debe coordinar el plan de iniciación con cada elemento de la organización de fabricación, de manera que se obtenga la concordancia entre todas las funciones que se van a ejecutar. Esta responsabilidad no es exclusivamente una función de ingeniería de manufactura y la pueden desempeñar otros segmentos de la organización con la misma idoneidad. Sin embargo, la función es indispensable para que la planeación de la producción adecuada cumpla con los objetivos de costos y de tiempo.

Del plan de activación surge directamente la administración del programa total, la cual monitorea cada elemento del plan de activación. El ingeniero de manufactura continúa alimentando información a, y recibiéndola de, cada elemento del sistema de planeación a medida que la ingeniería se vuelve más específica. Otras funciones, como la de ingeniería industrial, de planta; el manejo de materiales, control de calidad y control de producción, continúan actualizando sus análisis y contribuciones a la hoja de proceso a medida que avanza la planeación. En esta descripción particular de la función de ingeniería de manufactura se supone que hay cuando menos algunas máquinas o herramientas requeridas para ejecutar la función. En consecuencia, la planeación de ingeniería se efectúa durante un período relativamente prolongado.

En muchas industrias grandes esta actividad se desempeña concomitantemente con el desarrollo del producto, de tal manera que el proyecto de ingeniería del producto se está actualizando constantemente durante la planeación de la fabricación. Por tanto, cada segmento de la operación de fabricación proporciona una planeación detallada para sus funciones de ingeniería, a medida que la planeación de instalaciones avanza hacia la producción. La ingeniería de planta aportará una planeación completa para el diseño del edificio, la construcción y el envío de las diversas instalaciones para las piezas individuales de la maquinaria y el equipo en la planta. Se deben efectuar esquemas de distribución dentro de las actividades de ingeniería de planta y de manufactura, de modo que todo el trabajo preliminar se pueda hacer durante la preparación de la construcción de la planta real.

La función de manejo de materiales debe proporcionar el transporte de materias primas a la primera operación y la entrega o envío del producto determinado al lugar de embarque. Además de determinar el flujo de material, se deben identificar las máquinas y el equipo requeridos para manejar efectivamente los materiales y las partes.

Conviene establecer procedimientos de control de calidad y confiabilidad, suficientemente detallados para facilitar la ejecución de la inspección así como de instrumentos analíticos y para determinar los efectos del costo de los procedimientos de control de calidad.

El control de la producción debe desarrollar un plan para obtener y usar materiales directos (con los que se constituye el producto) y materiales indirectos (los que apoyan la maquinaria y el equipo requeridos para operar la instalación). Los materiales indirectos son los lubricantes, los abrasivos, los limpiadores, las herramientas de corte y las partes de mantenimiento.

Adquisición para la iniciación

Paralelamente a la activación y el monitoreo de la planeación detallada, la actividad de ingeniería responsable debe iniciar los documentos de adquisición. Este es un paso vital en la planeación de la producción y se debe considerar desde muy temprano, incluso durante el procesamiento detallado, si éste comprende artículos cuyos tiempos de entrega son excesivamente largos. Por ejemplo, si se requieren grandes líneas de transferencia para cumplir con el plan del sistema, se debe dar tiempo para el diseño y construcción de estas máquinas-herramienta especiales altamente sofisticadas. Las secuencias que conducen al aprovisionamiento son vitales para la iniciación o activación exitosa de plantas en que se emplean equipos que no son de uso general. Aunque el ingeniero de manufactura debe asumir la dirección del aprovisionamiento para la iniciación del equipo de producción, se debe hacer un trabajo paralelo por todos los componentes de la organización que requieren aprovisionamiento.

La función de aprovisionamiento, generalmente se asigna a un departamento de compras; no se puede iniciar hasta que se haya llegado a una definición clara del equipo o maquinaria particular. El ingeniero de manufactura y los componentes organizativos relacionados deben establecer las especificaciones que describan claramente cada artículo individual que se va a comprar. Cuando se puede usar una máquina estándar o de catálogo, sin modificaciones, la especificación es relativamente sencilla. Sin embargo, en una situación comercial normal, este aprovisionamiento dirigido no puede obtener las ventajas de las proposiciones presupuestales competitivas hechas por los proveedores potenciales. Además, muchas organizaciones de ingeniería de la manufactura han visto que es conveniente, e incluso necesario, usar normas industriales, como las normas industriales adjuntas, para cumplir con el desempeño obligatorio respecto a la maquinaria o para obtener un desempeño más garantizado.

Por lo tanto, en general, incluso para el aprovisionamiento de artículos estándar o de línea, muchos ingenieros de manufactura hacen una especificación suficientemente detallada que traduce su propia experiencia con la nueva maquinaria y equipo que se va a adquirir. En el caso de máquinas-herramienta especiales, la especificación debe incluir:

Entrega requerida.
Tasa de producción.
Configuración de la máquina.
Componentes preferidos, incluyendo artículos como brocas, controles y tipo.
Grado de automatización para fabricar partes y extraerlas de la máquina especial.
Normas de aceptación de la máquina.
Requerimientos de mantenimiento, tales como contaminación del aire y el agua, ruido.

En las organizaciones en que el aprovisionamiento de maquinaria y equipo se hace sobre bases regulares, se puede obtener una especificación general que se incluya como parte de los requisitos específicos relativos al nuevo equipo.

El ingeniero de manufactura es responsable, como coordinador del aprovisionamiento de todo el equipo de producción y apoyo, de obtener la autorización apropiada en todos los niveles de la administración y transmitir la autorización y las especificaciones a la actividad de compras internas.

Después de emitir el documento de compra apropiado, el ingeniero de manufactura continúa interpretando el proyecto de diseño y el de proceso a los vendedores seleccionados. Sin un contacto diario estrecho con los proveedores, existe la posibilidad de malentendidos potenciales. Si no se detectan los malentendidos antes de la fabricación de la máquina y el equipo, se pueden producir costos extra y demoras en la entrega. Por lo tanto, el proveedor de la máquina y el equipo llega a formar parte del equipo de planeación de la producción. Como resultado de esta comunicación, es necesario que el ingeniero de manufactura tenga que efectuar ciertas reconsideraciones del proceso a medida que se plantean problemas en el diseño final de la máquina y el equipo.

Instalación y activación

La responsabilidad de instalar y activar el nuevo equipo se debe compartir con la función corporativa responsable por la creación del plan de construcción del edificio, incluyendo la entrega de accesorios para cada pieza individual del equipo. Esto incluye electricidad, aire, agua, hidráulica y otros materiales accesorios comúnmente compartidos. A medida que se afirma el diseño detallado de maquinaria y equipo con los constructores de éstos, estos datos los transmite el ingeniero de manufactura a la organización de ingeniería de planta. La construcción del equipo prosigue bajo la dirección continua del ingeniero de manufactura, de tal modo que éste pueda prever los problemas que surjan al entregar e instalar el equipo. Cuando el equipo se termina de construir en la planta del vendedor o proveedor, se debe inspeccionar conjuntamente con el vendedor y el ingeniero de manufactura de acuerdo con un procedimiento de prueba previamente acordado. Normalmente, esto requiere un período de prueba del equipo para asegurarse de que las piezas o componentes producidos obedecen exactamente al proyecto de diseño.

En este punto, la maquinaria y el equipo aprobados o certificados se trasladan al piso de producción y se instalan de acuerdo con la disposición previamente acordada. Los planos de instalación proporcionados por el vendedor deben señalar aspectos como cimentación, fosos y puntos de localización para la entrega de accesorios. Sin embargo, la responsabilidad del vendedor no termina hasta que la maquinaria esté instalada y produzca, en el ámbito de la planta, partes individuales para el proyecto de diseño final a la tasa establecida.

La iniciación misma es un procedimiento programado paso por paso, que va desde la primera muestra hasta la tasa de producción final. Comúnmente, éste se extiende en un período que fluctúa de días a meses, dependiendo de la complejidad del sistema total. La activación del equipo no es independiente de la necesidad de desarrollar capacidades especiales entre los operadores. El plan de iniciación o activación previamente mencionado anticipa la disponibilidad o la falta de mano de obra capacitada para llevar a cabo las operaciones planeadas; se requieren programas adecuados de entrenamiento.

7.1.6 AUDITORIA

La responsabilidad del ingeniero de manufactura no concluye en el punto de producción a toda escala. La propia función incluye la revisión adecuada, una vez establecida la producción, de la idoneidad de la planeación y la ejecución del plan. Esto requiere observaciones detalladas y apegarse a las hojas del proceso original en cada paso de la operación de fabricación.

Se puede hacer una rápida evaluación de la planeación en su conjunto comparando los objetivos del sistema de fabricación original con las estadísticas generales de la tasa de producción, de la calidad de componentes y ensamble, de los costos unitarios proyectados y de los costos reales. Una auditoría retrospectiva detallada es útil para que los planificadores de fabricación determinen el grado de adhesión a la buena ingeniería y a la práctica del costo efectivo. El examen del sistema total de fabricación resulta particularmente valioso en términos de la nueva información que se reúna durante el curso del trabajo de planeación total. Esto permite identificar las posibilidades de optimización del sistema mediante modificaciones a los procesos, automatización o controles que deban usarse en las instalaciones existentes así como en la planeación de nuevas instalaciones.

La auditoría de la ejecución del plan requiere un examen más profundo de cada máquina por separado o del comportamiento del sistema, lo que probablemente se hará sobre una base aleatoria, que destaque las operaciones más costosas o complicadas. Las normas de comparación están en las hojas de proceso ya aprobadas.

En cualquier sistema dado sometido a revisión se debe examinar el uso de todos los recursos de producción. Así, se someten a escrutinio el uso de máquinas y equipo, los procesos básicos, materiales y mano de obra.

7.1.7 RETROALIMENTACION

Los resultados de las auditorías de planeación y ejecución permitirán una identificación organizada de las posibilidades para planeación futura. La retroalimentación de estos datos actualizados de la experiencia a la actividad de planeación de fabricación se constituye en punto de partida para la planeación de nuevas instalaciones y cierra el flujo de información que se muestra en la ilustración 7.1.2.

Aún más importante, el listado de posibilidades facilita otra responsabilidad vital del ingeniero de manufactura, especialmente, identificar, apoyar, fomentar o realizar trabajos de ingeniería de fabricación avanzada e investigación y desarrollo (I & D) de la fabricación como apoyo de futuras operaciones de fabricación. Esta importante responsabilidad es la línea vital por la que la producción alcanzará metas corporativas y nacionales de mayor productividad. La investigación y el desarrollo encaminados a tener un conocimiento más claro de todos los recursos disponibles para el ingeniero de manufactura es el punto de partida para programas efectivos.

Si se parte de este punto, es aconsejable impulsar al ingeniero de manufactura a desarrollar programas específicos de I & D en apoyo de futuras actividades de fabricación. El cumplimiento de estos programas recibe apoyo de muchos otros grupos en la industria o en universidades, pero la aportación del ingeniero de manufactura es vital. Puesto que la premisa básica de los programas de I & D es que la nueva tecnología, la innovación y la ingeniería sana reducen los costos, mejoran la calidad y ayudan a cumplir con la entrega, el ingeniero de manufactura también debe participar en la decisión para traer los resultados del trabajo de investigación y desarrollo al piso de producción, usando los mismos procedimientos básicos de procesamiento de ingeniería de manufactura aquí descritos.

Una advertencia importante: no subestime el tiempo que transcurre entre aprobar un concepto y aplicarlo a la producción. Los planificadores prudentes estiman que los productos y los procesos completamente nuevos requieren de 7 a 13 años para ir del concepto a la producción.

REFERENCIA

1. *Manufacturing Engineering Defined–Special Report to the Membership of SME, Society of Manufacturing Engineers,* Dearbon, MI, Junio 1978.

CAPITULO 7.2

Diseño para fabricación

BENJAMIN W. NIEBEL
Universidad Estatal de Pennsylvania

7.2.1 INTRODUCCION

El objetivo del diseño de manufactura es producir un diseño que satisfaga objetivos tanto funcionales como físicos a un costo compatible para el usuario. Por tanto, el diseño mismo se debe poder producir. El diseño para la fabricación, como disciplina, implica producibilidad, la cual consiste en adaptar un diseño sin alterar sus objetivos de comportamiento, de modo que se pueda producir al costo más bajo con los materiales disponibles en el tiempo total más corto. Un buen diseño para la fabricación es aquel en que el ingeniero diseñador obtiene efectividad de costo mediante la incorporación de su producibilidad durante las fases de concepción, desarrollo y producción del ciclo vital del producto. Para producir diseños de la más alta calidad a costos competitivos, el diseño para fabricación se debe realizar en concordancia con el diseño funcional. Si es así, los objetivos de comportamiento no serán afectados adversamente por factores que se podrían introducir para llevar la producibilidad al máximo. Debe haber un interés permanente desde la formulación del concepto y que continúe a través de todo el trabajo de diseño.

7.2.2 OBJETIVOS ESPECIFICOS

La incorporación de un buen diseño para fabricación durante todo el ciclo vital de un producto se basa en un esfuerzo por cumplir con fechas de entrega establecidas y reducir al mínimo los costos unitarios, los de instrumentación; elaborar sistemas de prueba, usar procesos de alto costo, costo crítico o ambos; diseñar cambios en la producción y usar artículos de disponibilidad limitada. Un buen diseño tiene como propósito maximizar la simplicidad del diseño, la estandarización de materiales y componentes, la posibilidad de aprobar la inspección, la prueba del producto, la seguridad en la producción y el aprovisionamiento competitivo. Mientras mayor sea la cantidad de producción, más importante será el diseño creativo.

7.2.3 PLANOS

Los planos representan el aspecto más importante del diseño para la fabricación, ya que constituyen el medio principal de comunicación entre el diseñador funcional y el productor del diseño. Por sí solos controlan y delinean completamente la conformación, forma, montaje, acabado, función y posibilidad de intercambiar requisitos que propicien el aprovisionamiento más competitivo. Cuando un plano de ingeniería es complementado por especificaciones y normas de referencia, permite que un fabricante competente produzca la parte representada, dentro de las especificaciones dimensionales y de tolerancia de superficie que aparecen en él. En estos planos se debe mostrar el diseño más creativo para la concepción de la fabricación.

Ciertas especificaciones del producto pueden no estar incluidas en los planos, debido a las restricciones de espacio. Las especificaciones del producto, como los puntos de comprobación de seguridad cualitativa, los procedimientos de inspección y los criterios generales de diseño se pueden resumir por separado, pero siempre debe haber referencias cruzadas en los planos de ingeniería. El ingeniero diseñador siempre tendrá presente que el plano del producto final es el medio de comunicación entre el ingeniero diseñador y el productor. Constituye la base para el intercambio de partes de repuesto; proporciona la forma, el ensamble y la función para la fabricación.

Con frecuencia, el lenguaje de los planos está incompleto. Por ejemplo, los acanalados están indicados, pero no dimensionados y peor aún, pueden ser necesarios y no aparecer en los planos. A menudo se omite el acabado que se desea; los núcleos complejos pueden estar expresados incorrectamente. Los principales errores comunes en muchos diseños son los siguientes:

1. El diseño no propicia la aplicación de un procesamiento económico.
2. El diseñador no aprovecha las ventajas de la tecnología de grupo y crea un nuevo diseño para un artículo que ya existe.
3. El diseño sobrepasa el nivel actual de la tecnología de fábrica.
4. Las especificaciones de diseño y de comportamiento no son compatibles.
5. No se han establecido superficies críticas de colocación.
6. El diseño especifica el uso de artículos patentados.
7. Las especificaciones del diseño no son definitivas.
8. Los problemas de medición se consideran en forma inadecuada.
9. Las tolerancias son más restrictivas de lo necesario.
10. El artículo se ha sobrediseñado.

7.2.4 EL PROCESO DE DISEÑO

El proceso de diseño se debe acometer sistemáticamente. Aunque el procedimiento varía un poco de una finalidad a otra, la secuencia de diseño debe incluir las siguientes fases: concepción y evaluación inicial, análisis, diseño general, diseño detallado, desarrollo de accesorios metálicos y producción del diseño. En el ejemplo 7.2.1 se muestra gráficamente el proceso de diseño.

Durante todo el proceso de diseño se debe considerar si es factible producirlo, de tal manera que el producto final esté realmente diseñado para fabricación. Si no se ejerce un propósito continuo en esta dirección, invariablemente habrá deficiencias en el diseño mismo. Entre estas deficiencias es frecuente la complejidad excesiva. Por ejemplo, el diseño puede ser más fuerte que lo que realmente se requiere o más pesado de lo necesario; puede requerir cerraduras complejas o mecanismos de indexación, cuando otros más sencillos son suficientes. Entre más complejo sea un diseño, mayor oportunidad habrá de cometer errores de diseño. Los diseños sencillos no sólo reducen los costos, sino que usualmente son más confiables y de más fácil mantenimiento. La calidad y el comportamiento del diseño sencillo sobrepasará el comportamiento del diseño más complejo.

Una segunda deficiencia común en el proceso de diseño, que se presenta con frecuencia cuando no se considera que sea factible producirlo es la restricción de producción. El diseñador funcional especifica inadvertidamente el método por el cual se producirá su diseño.

Ejemplo 7.2.1 Proceso de diseño de ingeniería

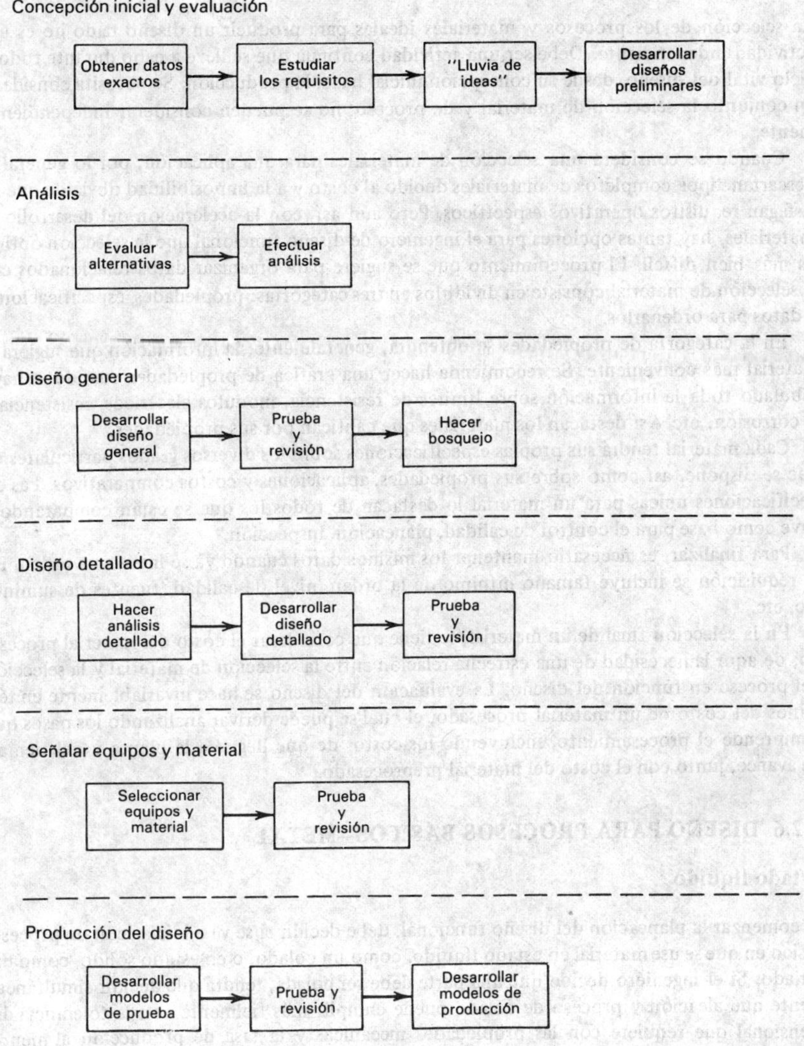

Por inexperiencia o falta de conocimientos, el diseñador puede no tomar en consideración materiales o procesos alternativos, lo cual puede ir en detrimento del propio diseño. El diseñador creativo que trabaja en coordinación con el ingeniero de manufactura interesado en que sea fácil producirlo, busca diversas ideas, explora nuevos conceptos y prefiere la simplicidad de diseño mientras evita generalizaciones limitantes.

Los errores comunes de doble dimensionamiento, por ejemplo la especificación de un material incompatible con un proceso deseado, de un diámetro interior roscado en el fondo de un agujero ciego o la especificación de una tolerancia de tierra sobre un diámetro exterior para un reborde, representan una falta de atención a la posibilidad de producción.

7.2.5 SELECCION DE PROCESOS Y MATERIALES PARA LA PRODUCCION DEL DISEÑO

La selección de los procesos y materiales ideales para producir un diseño dado no es una actividad independiente. Debe ser una actividad continua que se lleve a cabo durante todo el ciclo vital del diseño, desde su concepción inicial hasta la producción. Se necesita considerar en conjunto la selección de material y de proceso; no se pueden considerar independientemente.

Cuando se considera una selección de materiales para una aplicación, por lo general se descartan tipos completos de materiales debido al costo y a la imposibilidad obvia de que satisfagan requisitos operativos específicos. Pero aún así, con la aceleración del desarrollo de materiales, hay tantas opciones para el ingeniero de diseño funcional que la selección óptima es más bien difícil. El procedimiento que se sugiere para organizar datos relacionados con la selección de material consiste en dividirlos en tres categorías: propiedades, especificaciones y datos para ordenarlos.

En la categoría de propiedades se obtendrá, generalmente, la información que sugiera el material más conveniente. Se recomienda hacer una gráfica de propiedades cuando se haya tabulado toda la información sobre límites de resistencia, módulos eléctricos, resistencia a la corrosión, etc. Así destacan los materiales que califican por sus propiedades.

Cada material tendrá sus propias especificaciones sobre los diversos grados particulares de que se dispone, así como sobre sus propiedades, aplicaciones y costos comparativos. Las especificaciones únicas para un material lo destacan de todos los que se están comparando y sirve como base para el control de calidad, planeación, inspección.

Para finalizar, es necesario mantener los mismos datos cuando ya se inicia una orden. En la requisición se incluye tamaño mínimo de la orden, nivel de calidad, fuentes de suministro, etc.

En la selección final de un material, se tiene que considerar el costo del material procesado, de aquí la necesidad de una estrecha relación entre la selección de material y la selección del proceso en función del diseño. La evaluación del diseño se hace invariablemente en términos del costo de un material procesado, el cual se puede derivar analizando los pasos que comprende el procesamiento, incluyendo los costos de que llegue a la planta y del tiempo de avance, junto con el costo del material preprocesado.

7.2.6 DISEÑO PARA PROCESOS BASICOS–METAL

Estado líquido

Al comenzar la planeación del diseño funcional, debe decidir si se va a iniciar con un proceso básico en que se use material en estado líquido, como un colado, o en estado sólido, como un forjado. Si el ingeniero decide que una parte debe ser colada, tendrá que decidir simultáneamente qué aleación y proceso de colado puede cumplir más fielmente con la tolerancia dimensional que requiere con las propiedades mecánicas y la tasa de producción al menor costo.

El colado tiene varias ventajas: la posibilidad de obtener una forma compleja; economía cuando se requiere cierto número de piezas similares, y una amplia selección de aleaciones adecuadas para su uso en partes de alta resistencia, cuando es importante tener un peso ligero o cuando la corrosión constituye un problema. Pero también existen problemas inherentes a éstos, como la porosidad interna, variaciones dimensionales causadas por la contracción e intrusiones sólidas o gaseosas surgidas de la operación de moldeado. Sin embargo, la mayoría de estos problemas se pueden reducir al mínimo mediante un buen diseño de fabricación.

Los procesos de colado son básicamente similares porque el metal que se va a moldear está en forma líquida o altamente viscosa y se cuela o inyecta en una cavidad con la forma deseada.

Las siguientes guías de diseño son útiles para reducir los defectos del colado, mejorar su nivel de confiabilidad y facilitar el proceso productivo.

1. Cuando se requieren cambios en las secciones, usar secciones ligeramente ahusadas para reducir concentraciones de esfuerzo. En las juntas use rebordes amplios y grandes radios de combinación.
2. Las tolerancias de maquinado se deben detallar en los planos de la parte, para asegurar las materias primas adecuadas y evitar diferencias excesivas en el grosor del colado.
3. Recordar que al diseñar colados para producirlos en un molde o dado metálico, las formas convexas se logran con más facilidad; en cambio las muescas cóncavas son difíciles y caras.
4. Las letras realzadas son fáciles de cortar en un molde o dado metálico; los letreros ahuecados cuestan mucho más.
5. Evitar el diseño de secciones delgadas, ya que son difíciles de colar.
6. Para facilitar las operaciones secundarias de taladrado o de roscado interior, los agujeros a través del alma deben estar avellanados en ambos extremos.
7. Evitar superficies grandes y planas. Dividir estas áreas con costillas o indentaciones para evitar el alabeo y la distorsión.
8. Para obtener máxima resistencia, mantener el material lejos del eje neutro. Esforzarse por mantener las placas en tensión y las costillas a compresión.

En el ejemplo 7.2.2 se señalan los parámetros de diseño importantes relacionados con los diversos procedimientos de colado y se indican las limitaciones que el ingeniero funcional debe tomar en consideración para asegurar su producción.

Estado sólido

El forjado, a diferencia del colado o fundido, se usa comúnmente debido al mejoramiento de las propiedades mecánicas, que son el resultado del trabajo con metales para darles una configuración deseada sometidos a cargas de impacto o de presión. Otra característica del proceso de forja es el refinamiento de la estructura granular. El moldeado en caliente rompe la estructura granular dendrítica característica del fundido y da al metal una estructura refinada, extrayendo por presión todas las intrusiones en la dirección que lleva el flujo plástico. Un metal tiene mayor capacidad de carga en dirección de las líneas de flujo, que en dirección transversal a éstas. En consecuencia, una parte moldeada en caliente se debe diseñar de tal manera que las líneas de flujo corran en dirección de la carga mayor durante su servicio.

Una extensión de la forja convencional, conocida como forja de precisión, se puede usar para obtener configuraciones geométricas muy cercanas a la forma final deseada, minimizando así las operaciones secundarias de maquinado.

Las guías que se deben observar en el diseño de forjado, a fin de simplificar la fabricación y ayudar a asegurar su confiabilidad, son las siguientes:

1. La máxima longitud de barra que se puede moldear en un solo golpe está limitada por el posible ondulamiento de la parte no apoyada. Esta no debe ser mayor de tres veces el diámetro de la barra o la distancia entre los lados planos.
2. Los ranurados hasta una profundidad de su propio diámetro se incorporan fácilmente en cualquier lado de una sección o en los dos. En los diseños con agujeros de un lado a otro se deben hacer operaciones secundarias de taladrado para eliminar las rebabas residuales.
3. Se debe agregar un ángulo de tiro a todas las superficies perpendiculares al plano de forja, para permitir la fácil eliminación de la parte forjada. Recuérdese que los ángulos exteriores de tiro pueden ser más pequeños que los interiores, puesto que las superficies exteriores se sustraen de las paredes del molde y las interiores se contraen hacia los realces del dado.

Ejemplo 7.2.2 Parámetros importantes de diseño asociados con diversos procesos de vaciado

	Proceso de vaciado							
	Vaciado en arena							
Parámetro de diseño	*Green*	*Colado en seco y en frío*	*Shell*	*Yeso (molde precalentado)*	*Inversión (molde precalentado)*	*Molde permanente (molde precalentado)*	*Matriz (molde precalentado)*	*Centrífugo*
Peso	100 g a 400 TM	100 g a 400 TM	100 g a 100 kg	100 g a 100 kg	De menos de 1 g hasta 50 kg	100 g a 25 kg	De menos de 1 g hasta 30 kg	Desde gramos hasta 200 kg
Grosor mínimo	3 mm	3 mm	1.5 mm	1 mm	0.5 mm	3 mm	0.75 mm	6 mm
Tolerancia para el maquinado	Ferroso-2.5 a 9.5 mm; no ferroso-1.5 a 6.5 mm	Ferroso-2.5 a 9.5 mm; no ferroso-1.5 a 6.5 mm	A menudo no se requiere; cuando se requiere, 2.5 a 6.5 mm	0.75 mm	0.25 mm a 0.75 mm	0.80 mm a 3 mm	0.80 mm a 1.60 mm	2.50 mm a 6.5 mm
Tolerancia general	± 0.4 ~ 6.4 mm	± 0.4 ~ 6.4 mm	± 0.08 ~ ± 1.60 mm	± 0.13 ~ ± 0.26 mm	± 0.05 mm a ± 1.5 mm	± 0.25 mm a ± 1.5 mm	± 0.025 mm a ± 1.25 mm	± 0.80 mm a ± 3.5 mm
Acabado superficial (μ rms)	6.0 a 24.0	6.0 a 24.0	1.25 a 6.35	0.8 a 1.3	0.5 a 2.2	2.5 a 6.35	0.8 a 2.25	2.5 a 13.0
Confiabilidad del proceso	90	90	90	90	90	90	95	90
Agujeros de núcleo	Agujeros < 6 mm	Agujeros < 6 mm	Agujeros < 6 mm	Agujeros < 12 mm	Agujeros de apenas 0.5 mm de diámetro	Agujeros de apenas 5 mm de diámetro	Agujeros de apenas 0.80 mm de diámetro	Agujeros de apenas 25 mm de diámetro; sin rebajes
Lote mínimo	1	1	100	1	20	1000	3000	100
Tolerancias de	1 a 3°	1 a 3°	¼ a 1°	½ a 2°	0 a ½°	2 a 3°	2 a 5°	0 a 3°

4. Las cavidades más profundas del molde necesitan mayor inclinación que las menos profundas. Los ángulos de tiro para materiales duros de forjar, como las aleaciones a base de titanio y níquel, deben ser mayores que cuando se trabaja con materiales fáciles de forjar.

5. Con tiros uniformes se producen dados o moldes de más bajo costo, por tanto, es necesario esforzarse por especificar un tiro uniforme sobre todas las superficies exteriores y uno más grande en todas las superficies interiores.

6. Los radios de esquinas y rebordes deben ser tan grandes como sea posible para facilitar el flujo del metal y reducir al mínimo el desgaste del dado. Usualmente, 6 mm es el radio mínimo para las partes forjadas con aleaciones a alta temperatura, aceros inoxidables, y aleaciones de titanio.

7. Procurar mantener la línea divisoria en un plano, puesto que así tendrá un dado o molde más sencillo y a costo más bajo.

8. Situar las líneas de división a lo largo de un elemento central de la parte. Esta práctica evita impresiones profundas, reduce el desgaste del dado y ayuda a asegurar la extracción fácil de la parte forjada de los dados.

En el ejemplo 7.2.3 se proporcionan importantes especificaciones de diseño como información sobre fabricación en los más importantes procesos de forja.

Ejemplo 7.2.3 Parámetros importantes de diseño asociados con diversos procesos de forja

	Proceso de forja				
Parámetro de diseño	*Matriz abierta*	*Convencional utilizando preformado*	*Matriz cerrada*	*Falla*	*Matriz de precisión*
Tamaño o peso	500 g a 5000 kg	Desde gramos hasta 20 kg	Desde gramos hasta 20 kg	Pieza de 20 mm a 250 mm	Desde gramos hasta 20 kg
Tolerancia para maquinado	2 a 10 mm	2 a 10 mm	1 a 5 mm	5 a 10 mm	0 a 3 mm
Tolerancia en grosor	+0.6 mm —0.2 mm a +3.00 mm —1.00 mm	+0.4 mm —0.2 mm a +2.00 mm —0.75 mm	+0.3 mm —0.15 mm a +1.5 mm —0.5 mm	—	+0.2 mm —0.1 mm a +1 mm 0.2 mm
Aristas y esquinas	5 a 7 mm	3 a 5 mm	2 a 4 mm	—	1 a 2 mm
Acabado superficial (μ rms)	3.8 a 4.5	3.8 a 4.5	3.2 a 3.8	4.5 a 5.0	1.25 a 2.25
Confiabilidad del proceso	95	95	95	95	95
Lote mínimo	25	1000	1500	25	2000
Tolerancia para giro	5 a 10°	3 a 5°	2 a 5°	—	0 a 3°
Tolerancia por desgaste de la matriz	± 0.075 mm/kg de peso de forja	± 0.075 mm/kg de peso de forja	± 0.075 mm/kg de peso de forja	—	± 0.075 mm/kg de peso de forja
Tolerancia de desajuste	±.25 mm ± 0.01 mm/3 kg de peso forja	± 0.25 mm ± 0.01 mm/3 kg de peso forja	± 0.25 mm ± 0.01 mm/3 kg de peso forja	—	± 0.25 mm ± 0.01 mm/3 kg de peso forja
Tolerancia por encogimiento	±0.08 mm	±0.08 mm	±0.08 mm	—	±0.08 mm

Otros procesos básicos

Además del colado o fundido y la forja, existen otros varios procesos que se pueden considerar básicos, ya que imparten la geometría acabada aproximada al material en forma de polvo, lámina o varilla. Entre estos procesos se destacan los siguientes: la pulvimetalurgia, moldeado en frío, extrusión, rolado, prensado, rechazado, electromoldeado, torno roscador automático.

En la pulvimetalurgia, el metal en polvo se pone en un dado y se comprime a alta presión. La parte moldeada en frío que se obtiene se aglomera después en un horno hasta un punto inferior al punto de fusión del componente más importante.

El moldeado en frío consiste en golpear un segmento de material frío hasta de 25 mm de diámetro en un dado, de modo que se deforme plásticamente hasta adquirir la configuración del molde.

La extrusión se ejecuta introduciendo a fuerza el metal calentado a través de un dado o molde que tiene una abertura con la forma deseada. Luego, las longitudes extruidas se cortan al tamaño deseado. Desde el punto de vista de productividad, se deben observar los siguientes aspectos de diseño:

1. Evite secciones muy delgadas con una gran área circundante.
2. Evite cualquier sección acuñada que se adelgace hasta un borde delgado.
3. Evite secciones delgadas con poca tolerancia de espacio.
4. Evite las esquinas recortadas.
5. Evite las formas semicerradas que necesitan moldes con salientes largas y delgadas.
6. Cuando un miembro delgado está unido a una sección pesada, la longitud del primero no debe exceder de 10 veces su grosor.

En el rolado, la solera metálica se deforma permanentemente estirándola más allá de su límite elástico. Las series de rodillos cambian progresivamente la forma del metal a la forma deseada. Al diseñar la extensión de la curvatura en los rodillos, se debe dejar una tolerancia para la deformación residual.

Para el moldeado con prensa, al igual que con el rolado, el metal se estira más allá de su límite elástico. El material original permanece con su mismo grosor o diámetro, aunque se reduce ligeramente por el dibujo o el planchado. El moldeo se basa en dos principios:

1. Estirar y comprimir el material más allá de su límite elástico en el exterior e interior de un doblez o curvatura.
2. Estirar el material más allá del límite elástico sin compresión o comprimiendo el material más allá del límite elástico sin estirarlo.

El rechazado es un proceso de moldeo de metal en que la obra se moldea sobre un patrón, usualmente hecho de madera dura o metal. A medida que el molde y el material se centrifugan, una herramienta (asentada fijamente) se aplica contra el material hasta que éste toque el molde. Sólo se pueden hacer formas simétricas. El ingeniero de manufactura relacionado con este proceso, tiene como interés fundamental desarrollar el modelo y la presión de alimentación apropiada.

En el electromoldeo, un mandril que tenga la geometría interior deseada de la parte se coloca en un baño de electroplastía. Una vez que se obtiene el grosor necesario en la parte, se elimina el patrón de mandril dejando así la pieza formada.

En el moldeo con torno roscador automático se usa materia prima en barra, la cual se introduce y se corta a la forma deseada.

En el ejemplo 7.2.4 se dan importantes especificaciones de diseño para información de fabricación para estos procesos básicos.

Ejemplo 7.2.4 Parámetros importantes de diseño asociados con la información de fabricación para procesos básicos

Parámetro de diseño	*Pulvimetalurgia*	*Encabezado en frío*	*Extrusión*	*Laminado*	*Prensado*	*Entallado*	*Electroplastía*	*Máquina automática de hacer tornillos*
Tamaño	Diámetro-1.5 a 300 mm; largo-3 a 225 mm	Diámetro-0.75 a 20 mm; largo-1.50 a 250 mm	1.5 mm a 250 mm de diámetro	1 a 2000 mm	Hasta 6 mm de diámetro	6 mm a 4000 mm	Limitado al tamaño de los tanques	0.80 mm de diámetro por 1.50 mm; longitud hasta 200 mm de diámetro por 900 mm de largo
Grosor mínimo	1 mm	—	1 mm	0.075 mm	0.075 mm	0.1 mm	0.0025 mm	—
Tolerancia para maquinado	Al tamaño	Al tamaño	Al tamaño	Al tamaño	Al tamaño	Al tamaño	Al tamaño	Al tamaño
Tolerancia	Diámetro- ± 0.025 a 0.125 mm; largo- ± 0.25 a 0.50 mm	Diámetro- ± 0.05 a 0.125 mm; largo- ± 0.75 a 2.25 mm	Aplanamiento- ± 0.01mm/pulg. de ancho; grosor de la pared- ± 0.15 a ± 0.25 mm; corte seccional- ± 0.15 a ± 0.20 mm	Corte seccional- ± 0.050 a 0.35 mm; largo- ± 1.5 mm	± 0.25 mm	Largo- ± 0.12 mm; grueso- ± 0.05 mm	Grosor de la pared- ± 0.025 mm; dimensión- ± 0.005 mm	Diámetro- ± 0.01 a 0.06 mm; largo- ± 0.04 a 0.10 mm; concentricidad- ± 0.06 mm
Acabado superficial (μrms)	0.125 a 1.25	2.2. a 2.6	2.5 a 3	2.2 a 2.6	2.2 a 4.0	0.4 a 2.2	0.125 a 0.250	0.30 a 2.5

Ejemplo 7.2.4 Parámetros importantes de diseño asociados con la información de fabricación para procesos básicos *(Continuación)*

Parámetro de diseño	*Pulvimetalurgia*	*Encabezado en frío*	*Extrusión*	*Laminado*	*Prensado*	*Entallado*	*Electroplastía*	*Máquina automática de hacer tornillos*
Confiabilidad del proceso	95	99	99	99	99	90 a 95	99	98
Lote mínimo	1000	5000	500 pies	10,000 pies	1500	5	25	1000
Tolerancia en diseño	0	—	—	—	0 a ¼°	—	—	—
Rebordes permitidos	Sí	Sí	Sí	Sí	Sí	No	Sí	Sí
Rebajes permitidos	No	Sí	Sí	Sí	Sí	Sí	Sí	Sí
Encastres permitidos	Sí	No	No	No	No	No	No	No
Agujeros permitidos	Sí	No	Sí	Sí	Sí	No	Sí	Sí

7.2.7 DISEÑO DE OPERACIONES SECUNDARIAS

Al igual que se debe hacer un cuidadoso análisis en la selección del proceso básico o primario ideal, también debe haber una buena planeación en la especificación de los procesos secundarios. Los parámetros relacionados con toda planeación de diseños incluyen el tamaño de la parte, la configuración geométrica o forma requerida, el material, tolerancia y acabado superficial necesarios; la cantidad que se va a producir y, por supuesto, el costo. Así como hay varias alternativas en la selección del proceso básico, también las hay para determinar cómo se va a obtener una configuración final.

En relación con las operaciones secundarias de remoción, se deben observar varias guías básicas en relación con el diseño del producto a fin de poder asegurar su producibilidad.

1. Proporcionar superficies planas para la entrada del taladro en todos los agujeros que se necesite taladrar.

2. En barras largas, diseñar miembros embonantes de tal modo que las roscas macho se puedan maquinar entre centros, en contraposición a las roscas hembra, donde sería difícil sujetar la pieza.

3. Diseñar siempre proporcionando superficies asibles para sujetar la pieza mientras se hace el maquinado y asegurar que la pieza sujeta esté suficientemente rígida para soportar las fuerzas del maquinado.

4. Evitar embonamientos dobles al diseñar partes que embonen. Es mucho más fácil mantener una tolerancia adecuada cuando se especifica una sola embonadura.

5. Evitar especificar contornos que requieren herramientas de formas especiales.

6. En estampado metálico de partes, evitar bordes barbados al esquilar. Los bordes internos se deben redondear y hay que cortar las esquinas a lo largo de la solera.

7. En el estampado metálico de partes que se van a moldear subsecuentemente a presión, se deben especificar bordes rectos, si es posible en las piezas planas.

8. En agujeros ciegos fresados la última rosca debe ser cuando menos de 1.5 veces la pendiente de rosca del fondo del agujero.

9. Los agujeros ciegos taladrados deben terminar en forma cónica para permitir el uso de taladros estándar.

10. Diseñar el trabajo de tal modo que los diámetros de las partes externas aumenten desde la cara expuesta y los diámetros de las partes internas decrezcan.

11. Las esquinas internas deben indicar un radio igual al radio de la herramienta cortante.

12. Trate de simplificar el diseño de manera que todas las operaciones secundarias se puedan efectuar con una sola máquina.

13. Diseñar el trabajo de tal modo que las operaciones secundarias se puedan efectuar mientras se sujeta la pieza con un soporte o pinza.

En el ejemplo 7.2.5 se comparan las diferentes operaciones básicas de maquinado que se utilizan en la ejecución de la mayoría de operaciones secundarias.

7.2.8 DISEÑO DE PROCESOS BASICOS. PLASTICOS

Existen más de 30 familias de plásticos, de las cuales han surgido miles de tipos y formulaciones disponibles para el diseñador funcional. Sin embargo, en la fabricación de plásticos, ya sean termoplásticos o termofraguantes sólo se dispone de un número limitado de procesos básicos. Estos procesos incluyen el moldeo a compresión, moldeo de transferencia, el moldeo a inyección, extrusión, colado, moldeado en frío, termo-moldeado, prensado y moldeo a soplo. Por lo general el diseñador funcional da poca importancia a la forma en que se va a hacer la parte. Por lo común le interesa esencialmente la densidad específica, la dureza, la

Ejemplo 7.2.5 Operaciones de maquinado realizadas al efectuar operaciones secundarias

Proceso	Forma producida	Máquina	Herramienta de corte	Tolerancia	Acabado Superficial (μrms)	Movimiento relativo	
						Herramienta	Tarea
Torneado (exterior)	Superficie de revolución (cilíndrica)	Torno, máquina de taladrar	Punto único	± 0.005 mm a ± 0.025 mm	0.8 a 6.4		
Taladrado (interior)	Cilíndrica (agujeros agrandados)	Máquina de taladrar	Punto único	± 0.005 mm a ± 0.025 mm	0.4 a 5.0		
Formación y cepillado	Superficies planas o ranuras	Formadora, cepillo	Punto único	± 0.025 mm a ± 0.050 mm	0.8 a 6.4		
Fresado (extremos, forma, plancha)	Superficies y ranuras planas y perfiladas	Fresadora horizontal o vertical, tipo cama	Puntos múltiples	± 0.025 mm a ± 0.050 mm	0.8 a 6.4		
Perforado	Cilíndrica (agujeros iniciales de 0.1 a 100 mm de diámetro)	Taladro a presión	Taladro de doble filo	± 0.050 mm a ± 0.100 mm	2.5 a 6.4		Fija
Esmerilado (superficie cilíndrica templada)	Cilíndrica, plana y formada	Esmeril cilíndrico superficie, rosca	Puntos múltiples	± 0.0025 mm a ± 0.0075 mm	0.2 a 3.2		
Escariado	Cilíndrica (agrandando y mejorando el acabado de los agujeros	Taladro a presión, torno revólver	Puntos múltiples	± 0.0125 mm a ± 0.0500 mm	0.8 a 2.5		Fija

Brochado	Ranuras cilíndricas, planas	Punzonadora, prensa, brochadora	Puntos múltiples	± 0.005 mm a ± 0.0150 mm	0.8 a 2.5	↕ ↔	Fija
Maquinado por descarga eléctrica	Diversas formas, dependiendo de la forma del electrodo	Máquina para descarga eléctrica	Electrodo de punto único	± 0.050 mm	0.8 a 5.0	↕	Fija
Maquinado electroquímico	Variedad de formas; normalmente, cavidades irregulares en materiales duros	Máquina electroquímica	Proceso de disolución	± 0.050 mm	0.3 a 1.5	Disolución andoica; la herramienta es el cátodo	La pieza es el ánodo
Maquinado químico	Variedad de formas; normalmente, piezas de formas intrincadas, grabado de circuitos impresos, o cavidades poco profundas	Máquina para maquinado químico	Ataque químico de superficies expuestas	± 0.050 mm	0.6 a 1.8	Ataque químico de superficies expuestas	Fija
Maquinado con rayo láser	Agujeros cilíndricos de apenas 5 μ	Máquina de rayo láser	Rayo de luz de longitud de onda única	Los agujeros se pueden reproducir dentro de ± 3%	0.6 a 2.5	Fija	Fija
Maquinado ultrasónico	La misma forma de la herramienta	Máquina equipada con transductor magnetoestrictivo, generador de energía	Herramienta conformada y polvo abrasivo	± 0.025 mm	0.3 a 0.9	↕	Fija

Ejemplo 7.2.5 (*Continúa*)

Proceso	*Forma producida*	*Máquina*	*Herramienta de corte*	*Tolerancia*	*Acabado Superficial (μrms)*	*Movimiento relativo*	
						Herramienta	*Tarea*
Maquinado con haz electrónico	Ranuras cilíndricas	Máquina de haz electrónico equipada con un vacío de 10^{-4} mm de mercurio	Los electrones de alta velocidad se concentran en la pieza	± 0.025 mm	0.6 a 1.8	↕	Fija
Producción de engranes	Levas excéntricas, trinquetes, engranes	Conformadora de engranes	Punto único de vaivén	± 0.013 mm a ± 0.025 mm	1.8 a 3.8	↕ ↻	↻
Fresado	Cualquier forma que se repita con regularidad en la periferia o parte circular	Fresadora	Puntos múltiples	± 0.013 mm a ± 0.025 mm	1.8 a 3.8	↻	↻
Trepanación	Agujeros grandes de lado a lado, surcos circulares	Máquina parecida al torno	Uno o más cortadores de punto único girando alrededor de un centro	± 0.13 mm	2.5 a 6.4	↻	↻

absorción de agua, la resistencia a exteriores, el coeficiente de expansión lineal, la elongación, el módulo de flexión, el impacto Izod, la temperatura de deflexión bajo carga, la resistencia a la flexión, a la tensión, al esfuerzo cortante y resistencia a la compresión.

Moldeo a compresión

En el moldeo a compresión se introduce una cantidad adecuada del compuesto plástico (generalmente en forma de polvo) a un molde calentado, el cual luego se cierra bajo presión. El material moldeado, ya sea termoplástico o de termofraguado, se suaviza por el calor y forma una masa homogénea que tiene la configuración geométrica de la cavidad del molde. Si el material es termoplástico, el endurecimiento se logra enfriando el molde. Si el material es de termofraguado, el mayor calentamiento endurece al material.

El moldeo a compresión ofrece los siguientes aspectos favorables:

1. Las partes de paredes delgadas (menores de 1.5 mm) se moldean fácilmente con este proceso y con escaso ondulamiento o desviación dimensional.

2. No quedan marcas de acceso de colada, lo cual tiene particular importancia en partes pequeñas.

3. Es característica de este procedimiento de moldeado una contracción menor y más uniforme.

4. Es especialmente económico para partes grandes (que pesen más de 1 kg).

5. Los costos iniciales son menores, ya que usualmente cuesta menos diseñar y hacer moldes a compresión que un molde de transferencia o de inyección.

6. Las fibras de refuerzo no se rompen como en métodos de molde cerrado como el de transferencia y el de inyección. Por lo tanto, las partes fabricadas a compresión pueden ser más fuertes y más duras.

Moldeo por transferencia

En el moldeo por transferencia, primero se cierra el molde. Luego se introduce el material plástico a presión en la cavidad del molde. El molde ya lleno se transporta a una cámara auxiliar caliente. Después se fuerza al material a alcanzar un estado plástico inyectando presión mediante un orificio en la cavidad del molde. La parte moldeada y el residuo se expulsan abriendo el molde una vez endurecida la pieza. En el moldeo por transferencia no hay sobrantes que pulir, sólo se necesita eliminar el residuo.

Moldeo por inyección

En el moldeo por inyección la materia prima (pastillas, granos, etc.) se coloca en una tolva, denominada "barril", sobre un cilindro calentado. El material se dosifica dentro del barril a cada ciclo hasta llenar el sistema por el cual se introdujo a presión en el molde. Con presiones hasta de 1750 kg/cm^2 se introduce el compuesto moldeado plástico a través del cilindro calentador a las cavidades del molde. Aunque este proceso se usa básicamente para el moldeado de materiales termoplásticos, también se puede usar para polímeros termofraguantes. Cuando el moldeado termofragua, como con las resinas fenólicas, se deben usar bajas temperaturas para el barril (de 65 a 120°C). Las temperaturas de barril termoplástico son mucho más altas, usualmente de 175 a 315°C.

Extrusión

Así como la extrusión de metales, la de plásticos implica el moldeado continuo de una forma, forzando al material plástico ablandado a pasar a través de un orificio del dado que tiene aproximadamente el perfil geométrico de la sección transversal de la pieza. Luego la forma extruida se endurece con enfriamiento. Con el proceso de extrusión continua, se producen económicamente productos como varillas, tubos y formas de sección transversal uniforme. La extrusión para obtener una manga de la proporción correcta, casi siempre antecede al proceso básico de moldeo por soplado.

Colado

Muy similar al colado de metales, el colado de plásticos implica introducir materiales plásticos en forma líquida en un molde que se conforma al contorno de la pieza que se va a moldear. Con frecuencia el material que se usa para hacer estos moldes es flexible, como látex de caucho. También se pueden hacer de materiales no flexibles, como yeso. Generalmente los plásticos epóxicos, fenólicos y los poliéster se fabrican mediante el procedimiento de colado.

Moldeo en frío

El moldeo en frío se efectúa introduciendo compuestos de termofraguado a un molde de acero a temperatura ambiental, que se cierra bajo presión. Luego se abre el molde y el artículo moldeado se transfiere a un horno de calentamiento, donde se hornea hasta que endurece.

Moldeado térmico

El moldeado térmico se limita a los materiales termoplásticos. En él las láminas de material plástico se calientan y conforman al contorno de un molde para que tomen la forma de éste. El moldeado térmico también se puede hacer pasando el material por una secuencia de rodillos que producen el contorno deseado. La mayoría de los materiales termoplásticos se ablandan lo suficiente para moldearse entre los 135 y 220°C. La lámina de plástico que se obtiene por prensado o extrusión se puede elevar a la temperatura correcta de moldeado térmico mediante calor radiante infrarrojo, calentamiento por resistencia eléctrica, o bien, en hornos de gas o petróleo.

Prensado

El prensado es la producción continua de una lámina delgada pasando compuestos termoplásticos entre una serie de rodillos calentados. El grosor de la lámina se determina ajustando la distancia entre los rodillos. Después de pasar por el grupo final de rodillos, la delgada lámina plástica se enfría antes de enrollarla en grandes rollos para su almacenamiento.

Moldeo por soplado

En el moldeo por soplado, un tubo de material plástico fundido, el "*parison*", se extruye en un aparato llamado "boquilla" y luego se introduce en un molde dividido. Se inyecta aire en esta sección caliente de material extruido mediante la boquilla. Luego el material se sopla hacia afuera para que siga el contorno del molde. En seguida se enfría la parte, se abre el molde y se extrae la parte moldeada. En secciones muy gruesas, se puede usar bióxido de carbono o nitrógeno líquido para acelerar el enfriamiento. Este procedimiento se usa ampliamente para moldear polietileno, nylon, cloruro de polivinilo (PVC), polipropileno, poliestireno y policarbonatos de alta y baja densidad.

Parámetros que influyen en la selección del proceso básico óptimo

La selección del proceso básico óptimo en la producción de un determinado diseño plástico será un apoyo significativo para el buen éxito de este diseño. Los principales parámetros que se deben considerar en la decisión de selección incluyen el material plástico que se usará, la geometría o configuración de la parte, la cantidad que se va a producir y el costo.

Si el diseñador no puede determinar el material plástico que conviene usar, señalará si conviene una resina termoplástica o una de termofraguado. Esta información por sí sola será muy útil. Ciertamente tanto el moldeado térmico como el moldeado por soplado están restringidos en gran medida a los termoplásticos. Para órdenes grandes (voluminosas) el moldeo a compresión se restringe a resinas de termofraguado, igual que el moldeo por transferencia. El moldeo por inyección se usa principalmente para producir moldeados termoplásticos de gran volumen, y la extrusión para formas continuas termoplásticas de gran volumen.

La geometría o la forma también tienen una gran influencia en la selección del proceso. Si cuando menos una parte tiene una sección transversal continua, ésta no se podrá extruir; si tiene paredes delgadas y forma de botella, no se podrá moldear por soplado. De nuevo, el rolado está limitado a lámina plana o a diseños de solera, y el uso de incrustaciones está restringido a los procesos de moldeo.

La cantidad que se va a producir también desempeña un papel importante en la decisión de selección. La mayoría de los diseños se pueden hacer mediante un sencillo moldeo a compresión, aunque este método no sería económico si la cantidad fuera grande y el diseño y el material fueran adecuados para el moldeo por inyección.

Las siguientes especificaciones de diseño para aspectos de fabricación se aplican al procesamiento de plásticos:

1. No se deben moldear agujeros menores de 1.5 mm de diámetro, sino que se deben taladrar después del moldeado.

2. La profundidad de agujeros ciegos se debe limitar al doble de su diámetro.

3. Los agujeros se deben situar perpendicularmente a la línea de división para permitir la fácil extracción del molde.

4. Evitar las muescas en partes moldeadas ya que requieren un molde dividido o una sección de alma removible.

5. El grosor de sección entre dos agujeros cualesquiera debe ser mayor de 3 mm.

6. Las alturas de las salientes no deben ser mayores que el doble del diámetro.

7. Las salientes se deben diseñar con una inclinación de cuando menos 5° de cada lado para extraerlas fácilmente del molde.

8. Las salientes se deben diseñar con radios tanto en la parte superior como en la base.

9. Las costillas se deben diseñar con una inclinación de cuando menos 2 a 5° de cada lado.

10. Las costillas se deben diseñar con radios tanto en la parte superior como en la base.

11. Las costillas se deben diseñar con una altura de 1 1/2 veces el grosor de pared. El ancho de la costilla de la base debe ser de la mitad del grosor de la pared.

12. Los bordes exteriores en la línea divisoria se deben diseñar sin radio. Los rebordes se deben especificar en la base de las costillas y salientes y en las esquinas y no deben ser menores de 0.8 mm.

13. Las incrustaciones deben ser en ángulo recto respecto a la línea divisoria y de un diseño que permita que ambos extremos se apoyen en el molde.

14. Se debe especificar una inclinación de 1 a 2° en las superficies o paredes verticales paralelas al sentido de la presión del molde.

15. Los números de las cavidades se deben grabar en el molde. Las letras deben tener 2.4 mm de alto y 0.18 de profundidad.

16. Las roscas con un diámetro menor de 8 mm se cortan después del moldeado.

En el ejemplo 7.2.6 se señalan los principales parámetros relacionados con los procesos básicos empleados para fabricar resinas termoplásticas o de termofraguado.

Ejemplo 7.2.6 Procesos básicos, parámetros principales de la fabricación de plásticos

	Parámetro									
Proceso	*Forma producida*	*Máquina*	*Molde o herramienta*	*Material*	*Tolerancia típica*	*Grosor mínimo de pared*	*Costillas*	*Giro*	*Inserto*	*Cantidad mínima requerida*
Calandrado	Hoja o película continua	Calandria de rodillos múltiples	Ninguno	Termoplástico	0.05 a 0.200 mm dependiendo del material		Ninguno	Ninguno	Ninguno	Baja
Extrusión	Formas continuas tales como varillas, tubos, filamentos y formas sencillas	Prensa de extruir	Dado de acero endurecido	Termoplástico	0.10 a 0.30 mm según el material		Ninguno	Ninguno	Es posible extruir sobre un alambre insertado o alrededor de éste	Baja (el maquinado no es costoso)
Moldeado por compresión	Contornos sencillos y secciones transversales simples	Prensa para comprimir	Molde de acero endurecido	Termoplástico o termofraguante	0.04 a 0.25 mm según el material	1.25 mm			Sí	Baja
Moldeado de transferencia	Las formas geométricas complejas son posibles	Prensa de transferencia	Molde de acero endurecido	Termofraguante	0.04 a 0.25 mm según el material	1.5 mm	Conicidad de 3 a 5°; altura <3 veces el grueso de pared	½ a 5°	Sí	Alta
Moldeado por inyección	Las formas geométricas complejas son posibles	Prensa para inyección	Molde de acero endurecido	Termoplástico o termofraguante	0.04 a 0.25 mm según el material	1.25 mm	Conicidad de 2 a 5°; altura = 1½ veces el grueso de pared; ancho = ½ del grueso de pared	¼ a 4°	Sí	Alta

Vaciado	Perfiles sencillos y secciones transversales simples	Ninguno	Molde de metal o epóxico	Termofraguante	0.10 a 0.50 mm según el material	2.0 mm	Sí	De baja a mediana, dependiendo del molde
Moldeado en frío	Perfiles sencillos y secciones transversales simples	Ninguno	Molde de madera, de yeso o de acero	Termofraguante	0.10 a 0.50 mm según el material	2.0 mm	Sí	Baja
Termomodelado	De paredes delgadas y en forma de taza	Máquina para termomodelar	Una forma apropiada	Termoplástico			No	Baja
Moldeado soplado	De paredes delgadas y forma de botella	Máquina para moldeado neumático	Molde de acero	Termoplástico			No	Alta
Moldeado giratorio	Envolturas completas o semienvolturas (objetos huecos)	Sistema de rotomoldeado	Aluminio fundido o metal fabricado	Termoplástico; termofraguante limitado	0.30 a 0.60 mm	3.0 mm	No	Mediana
Filamento enrollado	Tuberías, tubos, tanques	Máquina devanadora de filamentos	Debe tener un eje alrededor del cual se pueda enrollar el filamento	Hebra continua de fibra de vidrio y termoplástica	0.20 a 0.50 mm	3.0 mm		Mediana

7.2.9 PLANEACION DE LA PRODUCCION CON AYUDA DE COMPUTADORA

Si en la etapa del diseño funcional se conocieran los procesos básicos y secundarios que se van a usar para producir un diseño dado, entonces sería relativamente sencillo incorporar al diseño una buena producibilidad. La planeación del procedimiento de fabricación para establecer la mejor manera para producir una parte, siempre ha sido un paso importante en la secuencia cronológica de los eventos que se efectúan entre el diseño funcional de un producto y su distribución en el mercado. Una buena planeación de la producción ayuda a asegurar la calidad y confiabilidad del producto, a lograr la satisfacción del cliente y obtener un producto competitivo. La planeación deficiente de la producción origina costos tan prohibitivos que el producto nunca se vendería.

Puesto que se necesita considerar tantos parámetros para decidir cómo se puede producir mejor una parte y ya que raras veces hay tiempo suficiente para que el analista haga un análisis detallado de todas las alternativas durante la planeación inicial, invariablemente se pueden introducir mejoras en casi cualquier producto que esté ya en el mercado. Incluso si el actual método planeado es muy satisfactorio hoy, puede no serlo en el futuro inmediato. Continuamente surgen nuevos materiales y nuevos procesos que pueden hacer obsoletos tanto al producto como al método actual de fabricación.

Para una mejor planeación del proceso, se debe acudir a la computadora digital. La velocidad y el banco de memoria de la computadora moderna hacen que resulte económico considerar todas las alternativas prácticas para producir un determinado componente de diseño. Para desarrollar una ecuación adecuada para que la computadora la resuelva, primero es necesario identificar aquellos parámetros importantes en la determinación del mejor proceso que se puede emplear para el diseño que se está estudiando.

Las familias de procesos que se necesita identificar, se pueden dividir estratégicamente en tres clases principales: procesos básicos, procesos secundarios y procesos de acabado. En el proceso de selección de cada una de estas tres familias entran diferentes parámetros.

En relación con la asignación de los procesos básicos, se necesita considerar los siguientes parámetros: tamaño de la parte, microestructura resultante del proceso, geometría o configuración, material que se va a usar, cantidad que se va a producir, costo relativo de las operaciones secundarias y el costo de la fabricación mediante los procesos básicos.

El tamaño, el peso o ambos tienen un efecto limitado sobre muchos de los procesos básicos. Por ejemplo, rara vez se producen colados en moldes mayores de 35 kg. De modo similar, no se hacen colados en arena menores de 50 gramos. Muy pocas veces, si acaso alguna, se hacen extrusiones con sección transversal de más de 900 cm^2.

La microestructura resultante del proceso también tiene efecto restrictivo. Las partes que no tienen flujo de grano, no son adecuadas para productos finales que recibirán cargas de impacto. Si no se puede controlar el flujo granular, el proceso puede ser inadecuado.

La geometría del producto es uno de los parámetros más importantes que actúan como restricción limitante. Por ejemplo, no se pueden forjar geometrías muy complejas. Las partes en forma de tazón asimétrico no se producen por centrifugación. El moldeo rolado debe incluir radios muy abiertos. Los agujeros o depresiones mayores de dos tercios del diámetro del eje principal no se forjan cuando se trabaja con metales ferrosos. Los diseños con muescas o ángulos entrantes no se pueden hacer de metal pulverizado excepto como una operación secundaria.

Asimismo, el material tiene un efecto significativo sobre los procesos que se deben considerar. Por ejemplo, generalmente se está de acuerdo en que sólo los metales no ferrosos se pueden colar económicamente. De modo similar, el colado en moldes de yeso se limita a metales no ferrosos. El moldeo a compresión es la técnica más común para producir placas termoplásticas menores de 6 mm de grosor.

Por supuesto, la cantidad que se va a producir tiene una influencia importante en el proceso que se va a emplear, pero también en la complejidad y tamaño de las herramientas que se usan en relación con el proceso. Por ejemplo, debido a la economía nunca se producirán sólo 10 piezas de un diseño dado en una roscadora automática. De manera similar, 100,000 casquillos jamás se producen en un torno. Nunca se debe hacer una broca especial para taladrar un solo cuñero: se debe labrar. Sin embargo, raras veces se labran 10,000 cuñeros: se taladran.

Otra consideración importante en la evaluación de las diversas maneras alternativas de producir una parte es el costo de las operaciones subsecuentes. Hay muchos casos en que una alternativa es considerablemente más costosa que otra, pero en vista del bajo costo de las operaciones subsecuentes comparado con los costos de operación de los procesos alternativos posteriores, el proceso operativo básico más costoso puede ser el más económico. Por ejemplo, un aparato de metal ferroso en polvo puede ser mucho menos costoso que uno similar producido mediante colado maquinado.

Finalmente, el costo se debe considerar eventualmente. Suponiendo calidad y confiabilidad iguales, siempre se elige el proceso que tiene el costo unitario más bajo, si se puede cumplir con la fecha de entrega.

Los parámetros anteriores se pueden incorporar al banco de memoria de la computadora digital de alta velocidad. Así, ésta podrá rechazar todos los procesos que sean inaceptables debido a tamaño único, geometría, material, etc. Los procesos para producir determinado diseño y que sean aceptables, se comparan económicamente en la solución computada de ecuaciones de costo adecuadamente planteadas. De esta manera, la computadora ayuda materialmente al ingeniero de manufactura a lograr una planeación de producción favorable.

REFERENCIAS

DOYLE, L. E., *Manufacturing Processes and Materials for Engineers,* Prentice Hall, Englewood Cliffs, NJ, 1969.

Engineering Design Handbook: Design Guidance for Producibility, Headquarters, U.S. Army Material Command, Washington, DC, 1971.

GREENWOOD, D. C., *Product Engineering Design Manual,* McGraw-Hill, Nueva York, 1959.

GREENWOOD, D. C., *Engineering Data for Product Design,* McGraw-Hill, Nueva York, 1961.

GREENWOOD, D. C., *Mechanical Details for Product Design,* McGraw-Hill, Nueva York, 1964.

LEGRAND, R., *Manufacturing Engineers' Manual,* McGraw-Hill, Nueva York, 1971.

NIEBEL, B. W., y E. N. BALDWIN, *Designing for Production,* Irwin, Homewood, IL, 1963

NIEBEL, B. W. y A. B. DRAPER, *Product Design and Process Engineering,* McGraw-Hill, Nueva York, 1974.

TRUCKS, H. E., *Designing for Economical Production,* Society of Manufacturing Engineers, Dearborn, MI, 1974.

CAPITULO 7.3

Ingeniería del valor

DAVID J. DEMARLE
M. LARRY SHILLITO
Eastman Kodak Company

7.3.1 ANTECEDENTES

En 1961, Lawrence D. Miles en su libro *Techiques of Value Analysis and Engineering* definió el "análisis del valor (VA)"* como un enfoque creativo organizado que tiene como propósito la identificación eficiente de los costos innecesarios, o sea aquellos que no proporcionan al cliente ni calidad ni mayor uso o vida útil del producto, ni mejor apariencia o satisfacción alguna".[1] Se utilizan muchas otras definiciones de la ingeniería del valor (VE), incluyendo la de la *Society of American Value Engineers* (SAVE, Sociedad norteamericana de ingeniería del valor).[2] Se considera que la ingeniería del valor es la aplicación sistemática de técnicas reconocidas para identificar las funciones de un producto† o servicio y proporcionar estas funciones al costo total más bajo. La filosofía de la ingeniería del valor se funda en un proceso racional sistemático que consiste en una serie de técnicas, incluyendo 1) análisis de la función para definir la razón de la existencia de un producto o de sus componentes, 2) técnicas creativas y especulativas para generar nuevas alternativas y 3) técnicas de medición para estimar el valor de conceptos presentes y futuros. Las técnicas usadas en la ingeniería del valor no son exclusivas de ésta. Son una colección de diversas técnicas de muchos campos. Como lo dice Ernst Bouey, presidente de la SAVE, "la ingeniería del valor. . . no respeta conceptos patentados que son sólo maneras de pensar. La VE adoptará cualquier técnica o método (o partes de éstos) para usarlo en cualquiera de sus fases de procedimientos".[4]

La ingeniería del valor no se debe confundir con los análisis modernos o tradicionales de reducción de costos; es más amplia. El proceso se centra en un examen detallado de la utilidad basado en el análisis funcional y no en un sencillo análisis de los componentes y sus costos. El mejoramiento del valor se logra sin sacrificio de calidad, confiabilidad o mantenibilidad. A menudo se obtienen ganancias colaterales en la ejecución, productividad, disponibilidad de partes, tiempo de avance y calidad. Históricamente, la ingeniería del valor se recupera entre $15 y $30 por cada $1 gastado en trabajo. Originalmente se desarrolló para aplicar al área de la ferretería. Sin embargo, en años recientes se ha visto la proliferación de su uso en numerosas áreas no tradicionales. Se concibe como aplicable a casi cualquier materia. Su uso está limitado

*El término "análisis de valor" se usa aquí de modo intercambiable con "ingeniería del valor" (VE). Tradicionalmente, la VE se usa para referirse a la etapa de diseño o "antes del hecho", mientras que VA se aplica para un producto existente o "después del hecho".

† La definición de "producto" en este capítulo es la establecida por Arthur Mudge (referencia 3): "Cualquier cosa que sea resultado del esfuerzo de alguien". Por tanto, la palabra "producto" no está limitada a un artículo concreto.

solamente por la imaginación del usuario. La literatura especializada en el tema ofrece ejemplos de aplicaciones en construcción,[5] administración,[6,7] entrenamiento,[8,9] producción de artículos ajenos a la ferretería,[10] gerencia,[11] sistemas y procedimientos,[12] análisis de riesgos,[13] pronóstico,[14] asignación de recursos,[15,16] y mercadeo.[17]

7.3.2 PERSPECTIVA HISTORICA

La ingeniería del valor tuvo su origen en estudios sobre los cambios en diversos productos a causa de la escasez de materiales durante la Segunda Guerra Mundial. La sustitución de materiales en los diseños, sin sacrificar calidad y comportamiento, atrajo la atención de Larry Miles y el personal de compras de la General Electric Company (GE). El señor Miles, a quien se considera creador del análisis y la ingeniería del valor, organizó una metodología formal en la cual diversos equipos de personas examinaron la función de los productos (análisis de función) fabricados por General Electric. A través de técnicas creativas de trabajo de equipo, hicieron cambios en los productos, los que redujeron el costo sin afectar la utilidad. Esta nueva metodología era el análisis del valor. Aunque la mayoría de las técnicas originales que se usaron no eran nuevas, la filosofía de un enfoque funcional era única.

Lo que surgió de la primera experiencia de GE y otras organizaciones fue el descubrimiento y desarrollo de algunos conceptos fundamentales que proporcionaron los cimientos para el desarrollo de la metodología del análisis del valor. Estos conceptos básicos eran 1) el uso de equipos interdisciplinarios para efectuar el cambio, 2) el desarrollo del cambio a través del estudio de la función, 3) una lógica básica de cuestionamiento y 4) un plan de trabajo. Con los años las técnicas de análisis del valor se ampliaron, al igual que las áreas de su aplicación. Hoy, el VA, o VE, es una disciplina ampliamente reconocida para mejorar el valor de productos o servicios.

7.3.3 NATURALEZA Y MEDICION DEL VALOR

Sería inadecuado estudiar la ingeniería del valor y sus técnicas sin dar una breve explicación de la naturaleza y medición del valor. El valor se considera como la relación de la suma de aspectos positivos y negativos de un objeto. En la siguiente ecuación se expresa esta sencilla interpretación:

$$\text{valor} = \frac{\Sigma(+)}{\Sigma(-)} \qquad (1)$$

En realidad, esta ecuación es más compleja puesto que estamos tratando con muchas variables de diferente magnitud. Una ecuación más descriptiva es

$$\text{valor} = \frac{(mb_1 + mb_2 + \cdots + mb_n)}{(mc_1 + mc_2 + \cdots + mc_n)} \qquad (2)$$

donde m = magnitud de un factor o criterio dado
b = beneficio específico
c = costo específico

Las ecuaciones 1 y 2 son generales y se pueden usar para medir el valor de artículos y alternativas. El campo de la sicofísica proporciona los medios para medir los parámetros de las ecuaciones 1 y 2. L. L. Thurstone,[18,19] S. S. Stevens,[20] y otros[21] descubrieron y comprobaron la validez y la utilidad de la estimación subjetiva cualitativa aplicada a estímulos tanto físicos como no físicos. Los autores han aplicado los principios de estos experimentos sicofísicos, al igual que otros investigadores[22-24] para desarrollar varias técnicas de medición de valor. Se pueden usar para cuantificar la importancia de funciones y características benéficas que se notan presentes en objetivos y servicios. También se pueden usar para medir costo, dificultad, riesgo y otros factores negativos en nuevos o viejos diseños. Son muy efectivos para evaluar alternativas. La cuantificación de estos parámetros permite medir el valor, tal como se expresa en las ecuaciones 1 y 2. Este principio sicofísico de cuantificación subjetiva de parámetros forma la base para derivar valor por medio de las técnicas de medición del valor que se tratan en secciones subsiguientes.

7.3.4 EL PROCESO DE LA INGENIERIA DEL VALOR

El proceso de la ingeniería del valor es un proceso racional y estructurado que usa un equipo interdisciplinario para 1) seleccionar el proyecto o producto adecuado para su análisis en términos de tiempo invertido en el estudio; 2) exponer y medir el valor corriente (estado 1) de un producto o de sus componentes en términos de funciones que satisfacen las necesidades del usuario, sus metas u objetivos; 3) desarrollar y evaluar nuevas alternativas para eliminar o mejorar áreas de componentes de bajo valor y 4) ajustar las nuevas alternativas con la mejor manera de lograrlas. En el ejemplo 7.3.1 se muestran las fases de este proceso. También se diagrama la lógica básica del cuestionamiento y se listan las diversas funciones, actividades, apoyos principales y técnicas para cada fase.

El proceso empieza con la *fase de origen* en que se forma un equipo de estudio VE y se selecciona y define un proyecto. El producto y todos sus componentes se examinan en detalle a fin de obtener un completo conocimiento de su naturaleza.

Esta familiarización conduce hacia la *fase de información* en que la(s) función(es) del producto, sus componentes o ambos, se documentan mediante técnicas de análisis de función. Las rectricciones que impone un diseño original, los materiales, componentes o procedimientos se someten a un juicio de validez. La importancia y costo de las funciones se cuantifican mediante diversas técnicas de medición, que se estudiarán más adelante. Los autores se refieren a este análisis como a un "estado 1", o estado corriente. Se establece un Indice de Valor mediante el cálculo de la relación costo-utilidad para cada función. Los autores usan una gráfica de valor como un método muy expresivo para mostrar la relación de importancia con el costo. El producto de la fase de información es una lista ordenada de funciones o aspectos, dispuestos en orden de su valor relativo más alto al más bajo, tal como existen comúnmente. Se tratará de mejorar los aspectos con menor valor en la escala.

Estos aspectos se seleccionan para la *fase de innovación*, en la que se usan diversas técnicas creativas para generar nuevas alternativas para su reemplazo o mejoramiento. Generalmente, en esta fase se producen muchas alternativas. Luego, la tarea consiste en reducir la lista de éstas para su desarrollo o recomendación. Es obvio que el equipo no puede trabajar con todas las ideas que se producen.

El objetivo de la *fase de evaluación* es depurar la larga lista empleando varias técnicas de reducción de información. Las alternativas de puntuación más alta (en general de 5 a 20 aspectos) que surgen de la lista depurada, se sujetan a otra evaluación mediante técnicas de medición de valor más discriminatorias. Estas son las mismas técnicas de medición que se emplean en el análisis de estado 1 de la fase de información. La medición de valor en esta fase se refiere como medición "estado 2" o estado futuro. Las alternativas con mayor valor que surgen, ahora sólo dos o tres, se examinan más a fondo en términos de la viabilidad económica y técnica, de su capacidad para desempeñar satisfactoriamente la función deseada o cumplir otras normas, como exactitud, calidad, confiabilidad, seguridad, facilidad de reparación e impactos ambientales.

Durante la *fase de implantación* se prepara un informe para resumir el estudio, las conclusiones actuales y los propósitos específicos para quien toma las decisiones. Se desarrollan planes

Ejemplo 7.3.1 Proceso VE

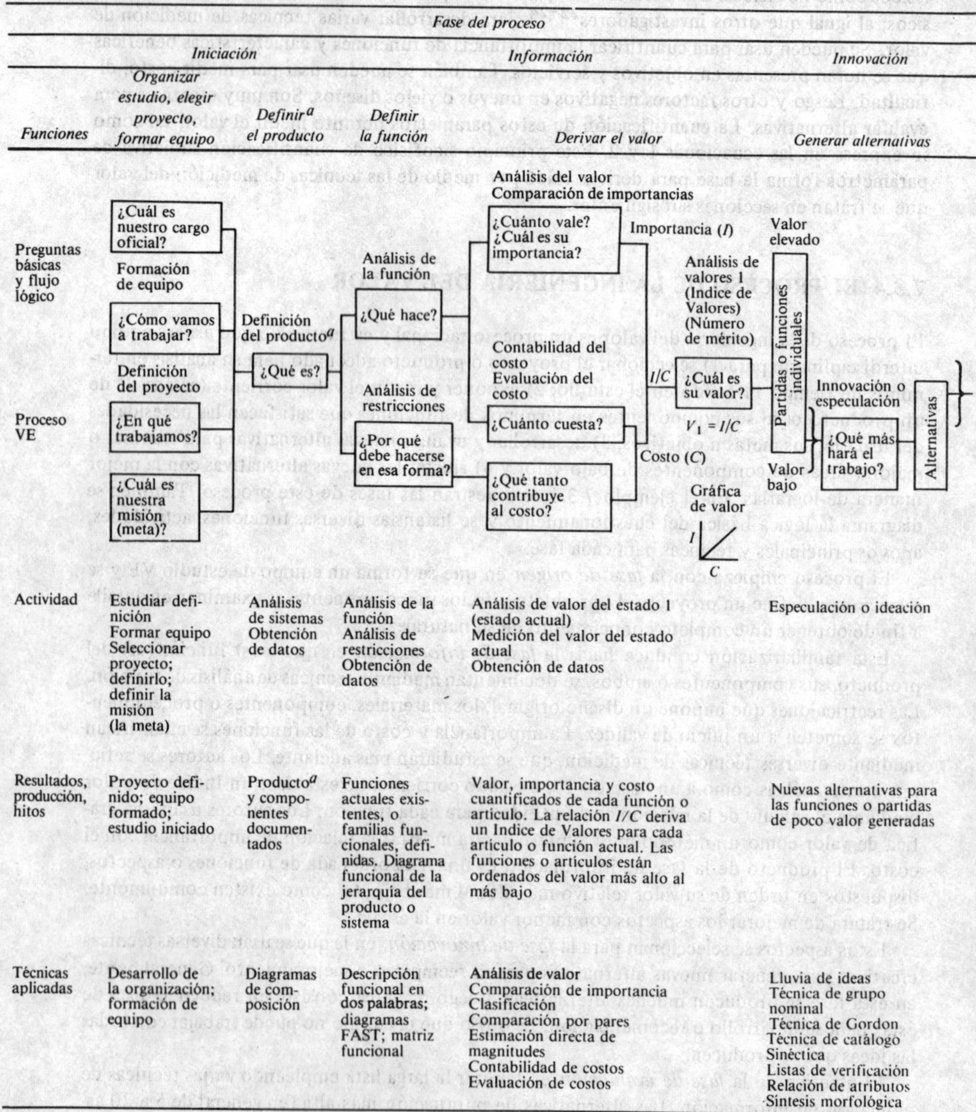

Fase del proceso	Iniciación		Información		Innovación
Funciones	*Organizar estudio, elegir proyecto, formar equipo*	*Definir[a] el producto*	*Definir la función*	*Derivar el valor*	*Generar alternativas*
Actividad	Estudiar definición Formar equipo Seleccionar proyecto; definirlo; definir la misión (la meta)	Análisis de sistemas Obtención de datos	Análisis de la función Análisis de restricciones Obtención de datos	Análisis de valor del estado 1 (estado actual) Medición del valor del estado actual Obtención de datos	Especulación o ideación
Resultados, producción, hitos	Proyecto definido; equipo formado; estudio iniciado	Producto[a] y componentes documentados	Funciones actuales existentes, o familias funcionales, definidas. Diagrama funcional de la jerarquía del producto o sistema	Valor, importancia y costo cuantificados de cada función o artículo. La relación I/C deriva un Indice de Valores para cada artículo o función actual. Las funciones o artículos están ordenados del valor más alto al más bajo	Nuevas alternativas para las funciones o partidas de poco valor generadas
Técnicas aplicadas	Desarrollo de la organización; formación de equipo	Diagramas de composición	Descripción funcional en dos palabras; diagramas FAST; matriz funcional	Análisis de valor Comparación de importancia Clasificación Comparación por pares Estimación directa de magnitudes Contabilidad de costos Evaluación de costos	Lluvia de ideas Técnica de grupo nominal Técnica de Gordon Técnica de catálogo Sinéctica Listas de verificación Relación de atributos Síntesis morfológica

[a]Producto = Todo aquello que sea el resultado del esfuerzo realizado por alguien (objetivos, dispositivos, servicios, procedimientos, artículos, componentes, subsistemas, etc.).

de programa y acción para producir e implantar las alternativas que sobrevivieron la fase del análisis. Las técnicas que se utilizan están dentro del campo de la administración de producción, del proyecto o de ambos. Las proposiciones de cambio de ingeniería del valor se siguen a fin de proporcionar asistencia, aclarar malentendidos y asegurar que se efectúen las acciones recomendadas.

En las siguientes subsecciones se detallan las actividades de cada fase. Se usa un sencillo compás de escritorio (ejemplo 7.3.2) para ilustrar el uso de las diversas metodologías.

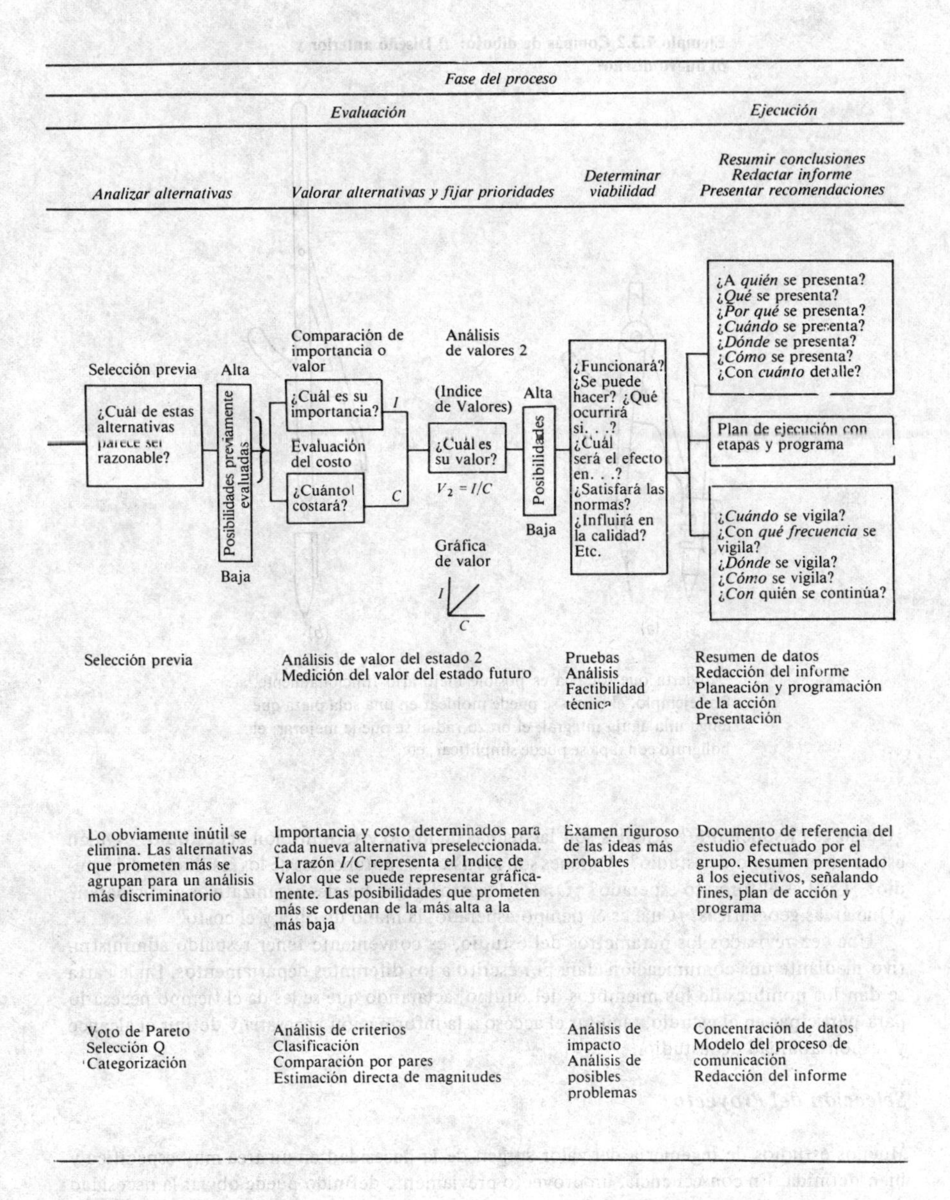

Fase de Origen

Organización

Por experiencia se ha visto que el apoyo administrativo es importante para la iniciación y consecución de un estudio de ingeniería del valor.[27] Las siguientes preguntas se deben plantear al principio: ¿Cuál es el alcance del estudio? Definir qué es o qué no es el estudio. ¿Quién subvenciona el estudio y cuánto dinero se necesita para ello? ¿Quién aprueba el estudio?

Ejemplo 7.3.2 Compás de dibujo: *a*) Diseño anterior y *b*) nuevo diseño[a]

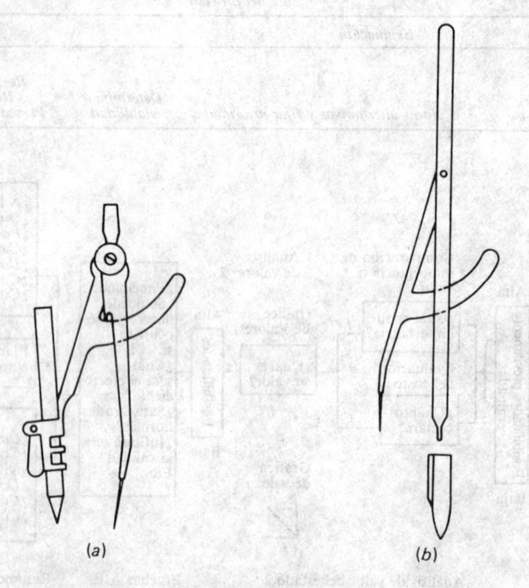

[a]Advierta que todavía es posible mejorarlo funcionalmente. Por ejemplo, el brazo se puede moldear en una sola pieza que tenga una aguja integral; el brazo radial se puede mejorar, el bolígrafo con tapa se puede simplificar, etc.

¿Quién es el solicitante? ¿Cuáles son las fechas de inicio y terminación del estudio? ¿Quién estará en el equipo de estudio? ¿Quiénes son los usuarios potenciales de los resultados del estudio? ¿Cuál es el formato esperado? ¿Oral? ¿Escrito? ¿Qué niveles organizativos participarán? ¿Qué áreas geográficas? ¿Cuál es el tiempo esperado, la mano de obra y el costo?

Una vez revisados los parámetros del estudio, es conveniente tener respaldo administrativo mediante una comunicación clara por escrito a los diferentes departamentos. En la carta se dan los nombres de los miembros del equipo, aclarando que se les da el tiempo necesario para participar en el estudio, facilitar el acceso a la información necesaria y definir el alcance y responsabilidad del estudio.

Selección del Proyecto

Muchos estudios de ingeniería del valor surgen de la necesidad en un área muy específica y bien definida. En consecuencia, un proyecto previamente definido puede obviar la necesidad de seleccionar el proyecto formal. Sin embargo, los recursos que se pueden asignar al estudio del valor son limitados. Tradicionalmente, los criterios principales para un proyecto de ingeniería del valor han sido un alto volumen de dinero y altos costos totales en relación con la función desempeñada. Hay otros criterios generales que también se tienen en cuenta. El estudio de ingeniería del valor debe:

1. Resolver un problema. La necesidad debe ser real y contar con el apoyo de la administración.
2. Tener una buena posibilidad de éxito e implantación.

3. Tener objetivos verosímiles.
4. Ser importante para la gente del área que se está estudiando.
5. Contar con el compromiso del solicitante y miembros del equipo.
6. Tener receptividad. El responsable o quien toma las decisiones debe ser receptivo al cambio.

En una publicación del Departamento de Defensa de EE.UU. se da una lista de criterios adicionales de selección del proyecto.[22]

Miembros del equipo de ingeniería del valor

Normalmente, el equipo de ingeniería del valor consta de tres a siete miembros. Con más de siete miembros, la interacción se vuelve compleja, los intercambios de opinión se tornan confusos y el grupo empieza a separarse. Un número non también es útil, ya que reduce la posibilidad de decisiones divididas. Las siguientes características son muy importantes cuando se reúne un equipo.

1. Debe ser interdisciplinario, incorporar un buen equilibrio de antecedentes, puntos de vista y disciplinas, así como una buena representación geográfica.
2. Los miembros deben pertenecer a niveles equivalentes dentro de la jerarquía organizativa, a fin de reducir al mínimo la presión y la política de subgrupos.[26]
3. A veces es útil incluir a un directivo que tome decisiones en el equipo, ya que la aceptación de resultados depende de un nivel superior al del equipo. Se debe tener precaución si se tiene a un ejecutivo superior en el equipo que pueda inducir a presión grupal o ejercer la "voluntad del patrón".
4. Es necesario que uno o más miembros esté versado en el proceso de ingeniería del valor. Alternativamente, un asesor externo puede proporcionar esta metodología del valor.
5. Un miembro debe ser un "experto" en el producto o tema que se está estudiando.

Los propios miembros del equipo deben:

1. Estar familiarizados aunque sea superficialmente con el producto o área que se estudia.
2. Conocer las fuentes de datos para el área de su especialidad.
3. Tener interés, motivación y sentirse comprometidos para aceptar la tarea.
4. Ser capaces de cooperar y ayudar mientras representa a su área organizativa.
5. Tener tiempo suficiente para hacer el trabajo y comprometerse a permanecer en él hasta proporcionar continuidad al proyecto.
6. "Ser capaces de crear y aceptar el cambio y estar deseosos de sacar partido de él."[27]
7. Tener una mente abierta y ser capaces de trabajar y comunicarse con otros

Misión del proyecto o estudio

Una vez seleccionado y definido el tema del estudio del valor y con el equipo ya formado, es muy útil que éste formule una declaración de la misión. Este planteamiento es una definición corta y amplia de qué se va a obtener mediante el proyecto o estudio y por qué. Básicamente se crea un objetivo o meta del equipo. Un ejemplo de una declaración de la misión es "Fabricar por $1.00 el componente "X" para fin de año, cumpliendo con sus requisitos". Aunque al principio el informe pueda parecer poco razonable o imposible, de hecho ayuda a proporcionar un desafío y generar una actitud creativa positiva entre los miembros. Ya se han usado enfoques similares, como "diseñar para el costo"[28] y "costeo del ciclo vital".[29]

Definición y documentación del producto

Una vez organizado y listo, el equipo de ingeniería del valor empieza por reunir información sobre el tema que estudia, así como definir el producto y sus componentes mediante una revisión de los hechos. Esto equivale a plantear la pregunta de ingeniería del valor: "¿Qué es?" Se debe buscar en todas las fuentes posibles de información. Es mejor reunir demasiada información, que muy poca. El propósito de definir el producto es saber con exactitud cómo se diseñó, cómo se fabricó y cómo se usa actualmente. Es necesario contar con suficientes datos actuales para reducir al mínimo las discrepancias en la opinión de cada miembro y los prejuicios personales que pueden afectar la dirección del estudio y los resultados finales.

En esta etapa los diagramas de composición detallada del producto y de todos sus componentes son muy útiles. A las juntas del equipo se pueden llevar partes del producto y desarmar todos sus componentes. En el ejemplo 7.3.3 aparece la lista de componentes del compás de escritorio que se puso como ejemplo.

Ya que el equipo se familiarizó con el producto y sus componentes, se efectúa un análisis cualitativo de su valor.

Fase de información

Análisis cualitativo del valor. Análisis de función

El producto y todos sus componentes se estudian para determinar sus funciones (o propósitos). Se anotan las funciones de todos los componentes que se listaron en la fase de información. El análisis de función consiste en técnicas estructurales y de definición que emplean clarificaciones semánticas de función. Proporciona la base para derivar un análisis cuantitativo del valor.

El método requiere que las funciones se describan con sólo dos palabras, un verbo y un sustantivo. Restringiendo de esta manera las especificaciones funcionales, se pueden obtener descripciones claras de las funciones que no se confundan con frases, adjetivos y adverbios

Ejemplo 7.3.3 Lista de componentes y descripción de las funciones de un producto (compás) y una función (trazar un arco)

Componente[a]	*Función*[b]	*%I*[c]	*%C*[d]	*Indice de valor (%I/%C)*[e]
A. Pierna con lápiz	Contiene el marcador	16	25	0.6
B. Sujetador del lápiz	Permite nivelar	5	4	1.3
C. Remache del sujetador	Es punto de apoyo	1	1	1.0
D. Mango	Permite manejar el conjunto	0	9	0.0
E. Tornillo	Conecta los componentes (sujeta las piernas, sujeta el mango)	12	7	1.7
F. Tuerca	Permite apretar	7	3	2.3
G. Arandela	Mantiene la fricción	1	4	0.3
H. Pierna con aguja	Sostiene la aguja	12	20	0.6
I. Aguja	Asegura el eje de rotación del compás	21	4	5.3
J. Lápiz[f]	Deposita el grafito	25	23	1.1

[a] Componentes tomados de la etapa de definición del producto.
[b] Funciones derivadas de la etapa de análisis de funciones.
[c] Derivado mediante la comparación por pares (Ejemplo 7.3.6) efectuada en la etapa de medición de valores.
[d] Derivado en la misma forma que *%I*.
[e] Indice de Valores de los componentes, obtenido dividiendo *%I* entre *%C*.
[f] Se supone que el lápiz forma parte del conjunto del compás.

modificadores innecesarios. Además, las descripciones funcionales largas restringen los enfoques creativos que pueden ser necesarios más adelante en el proceso; también dificultan el desarrollo de alternativas y acrecientan las posibilidades de dedicar los esfuerzos evaluativos a un tema o artículo equivocado. Las descripciones concisas de las funciones reducen la posibilidad de una elaboración semántica detallada. Obligan a un enfoque racional eliminando lo innecesario y reduciendo al mínimo las emociones. Las reglas de la descripción de función son:

1. Determinar las necesidades del usuario del producto o servicio. ¿Cuáles son las cualidades, rasgos o características que definen lo que el producto *debe* poder hacer? ¿Por qué se necesita el producto?
2. Usar un verbo y un sustantivo para describir una función. El verbo debe responder a la pregunta: "¿Qué hace el producto?"; el sustantivo debe responder a: "¿Qué hace a o con?" Cuando sea posible, los sustantivos deben ser moderados y los verbos demostrativos o activos.
3. Evitar verbos pasivos o indirectos, como proporciona, suministra, da, surte, es, prepara, Estos verbos expresan poca información.
4. Evitar palabras o frases equivalentes a objetivos, como mejora, maximiza, minimiza, optimiza, previene, disminuye, aumenta, 100 por ciento.
5. Hacer una lista de gran número de combinaciones de dos palabras y luego seleccionar el mejor par. Se puede aprovechar el equipo para derivar una definición grupal de función. Por ejemplo:

   a. Bombilla eléctrica: "Emite luz".
   b. Taza cafetera: "Contiene líquido".
   c. Desarmador: "Transfiere torsión", o si un pintor lo usa para abrir latas, puede ser "transfiere fuerza lineal". La función depende del uso que le dé el usuario al artículo.

Se deben hacer descripciones de función del producto y de todos sus componentes. En ocasiones, los artículos pueden tener legítimamente más de una función. Cuando se listen componentes y sus funciones, se deben mantener en el mismo nivel de abstracción. Por ejemplo, durante el rediseño de un lápiz de madera, los componentes listados: madera, grafito, borrador, casquillo del borrador, pintura, goma, etc., se deben mantener en un solo nivel de conjunto. Los componentes de la pintura (pigmento, disolvente, vehículo, etc.) constituyen un componente principal. Estos están a un nivel de abstracción mucho más bajo y es mejor no considerarlos en el diseño de un nuevo lápiz. En el ejemplo 7.3.3 se presenta una descripción funcional para el compás y sus componentes.

Con frecuencia, las funciones se clasifican como básicas o secundarias. Una función básica es la razón principal de la existencia de un producto. Describe la utilización del producto en términos de la necesidad del usuario. Una buena pregunta para determinar la función básica es: "Si se quita esta función del producto, ¿seguirá éste cumpliendo con su propósito?" Por otra parte, las funciones secundarias apoyan a la(s) función(es) básica(s) y permiten su ejecución. Por lo general están presentes como resultado de un diseño específico elegido. Las funciones secundarias pueden mejorar la seguridad del funcionamiento o su conveniencia o pueden servir solamente a funciones sensoriales o estéticas. Estas pueden ser los primeros candidatos para su eliminación, mejoramiento e innovación. La clasificación de las funciones como básicas o secundarias es muy útil para identificar más adelante las redundantes o innecesarias, así como determinar la distribución del costo dentro del producto mismo. Por ejemplo, si se gasta más dinero en funciones secundarias innecesarias que en funciones básicas o secundarias necesarias para cumplir con las especificaciones y requerimientos, habrá una señal para que el equipo de ingeniería del valor vea un mejoramiento potencial del costo.

Técnica de Sistemas de Análisis Funcional. Una técnica estructural muy conocida y poderosa para el análisis de funciones que emplean los practicantes de la ingeniería del valor actualmente es la diagramación de la Técnica de Sistemas de Análisis Funcional *Functional Analysis Sistems Technique* (FAST) desarrollada por Charles Bytheway en 1965. Mediante esta técnica las definiciones funcionales de dos palabras se pueden ordenar en una jerarquía basada en causa y consecuencia. Se elabora sobre la razón de la existencia del producto o de la función básica. Los diagramas FAST expresan visualmente la interrelación de todas las funciones que se deben efectuar para lograr una función básica. No se deben confundir con los diagramas de flujo secuencial cronológico o los diagramas de ruta crítica. Un diagrama FAST se desarrolla de la siguiente manera:

1. Todas las funciones desempeñadas por el producto y sus elementos se definen mediante la descripción de función en dos palabras. Cada función se anota en una pequeña tarjeta separada para facilitar la construcción del diagrama. Las tarjetas se colocan sobre una superficie donde sean visibles y fácilmente accesibles para poder moverlas. Es conveniente usar una mesa cubierta con papel al que las tarjetas se puedan sujetar ocasionalmente con cinta adhesiva.

2. Se elige de entre las demás tarjetas la que describa mejor la función básica. En la lista inicial de funciones se incluyen las tarjetas que describen las funciones secundarias. Aunque pueden estar presentes muchas funciones secundarias, algunas pueden tener un valor cuestionable y pueden causar un costo innecesario. Son las primeras candidatas para mejoramiento e innovación.

3. Se debe crear una estructura de árbol ramificado con la función básica (ilustración 7.3.4). Esto se hace mejor mediante analogía personal, suponiendo que uno es el artículo sometido a análisis y preguntando: "¿Cómo (verbo) (sustantivo) yo?" Una pregunta más despersonalizada sería: "¿Cómo hace esto (el producto)?" En cualquier caso, las respuestas se colocan inmediatamente a la derecha de la función básica. La pregunta "cómo" constituirá una ramificación y se repite hasta que termine la ramificación y el orden de la función esté en secuencia lógica. Las tarjetas individuales son una ayuda conveniente para distribuir y establecer el orden lógico de las preguntas que comienzan con "¿cómo. . . ?"

4. La estructura lógica se verifica en sentido inverso planteando la pregunta "¿por qué (verbo) (sustantivo) yo?" para cada función en la secuencia lógica. Las preguntas "¿cómo, por qué?" se usan para probar la lógica de todo el diagrama. Las respuestas a "¿cómo. . . ?" y "¿por qué. . . ?" de la secuencia lógica deben tener sentido en ambas direcciones; es decir, las respuestas a las preguntas "¿cómo?" deben fluir lógicamente de izquierda a derecha, y las respuestas a "¿por qué?" se deben leer lógicamente de derecha a izquierda.

5. De la secuencia lógica de funciones básicas y secundarias resulta una "ruta de función crítica". Está compuesta sólo por aquellas funciones que se deben ejecutar para obtener la función básica. Cualquier función que no esté en esta ruta constituye un objetivo principal para su rediseño, eliminación y reducción de costo.

6. Usualmente los diagramas FAST se limitan ambos extremos por "líneas de delimitación de ámbito", que establecen los límites de responsabilidad del estudio. Por ejemplo, si se está haciendo un análisis del valor de un proyector de diapositivas, el diagrama FAST se extiende hasta el punto en que la corriente llega al aparato. La función "generar electricidad" está fuera del alcance de este estudio.

Un diagrama FAST por sí mismo no es muy útil y parece confuso y formidable para aquellos que no participan en su construcción. El principal valor del diagrama radica en el cuestio-

---

[a] Componentes asignados a sus funciones respectivas, como se indica en la lista de componentes del Ejemplo 7.3.3.

[b] El numerador representa a I, el denominador a C. Tanto I como C se obtienen mediante la comparación por pares (Ejemplo 7.3.6) o por estimación directa de magnitudes, y se asignan de acuerdo con el Ejemplo 7.3.3.

[c] I y C equivalen a la suma de todas las I y las C a la derecha del diagrama (por ejemplo, "sostener marcador", $I = 14 = 8 + 1 + 5$; "sujetar marcador", $I = 6 = 1 + 5$; "ajustar marcador", $I = 79.4 = 25 + 14 + 29.3 + 11.1$).

[d] Los números arriba de las funciones son el valor calculado de I/C (por ejemplo, $14/17.5 = 0.8$).

[e] Los componentes y las funciones están repartidos. La I y la C de los componentes multifuncionales se han factorizado de acuerdo con la contribución que se atribuye a cada función (por ejemplo, la pierna con lápiz está repartida 50/50, la pierna con aguja 90/10).

Ejemplo 7.3.4 Diagrama FAST de un compás de dibujo

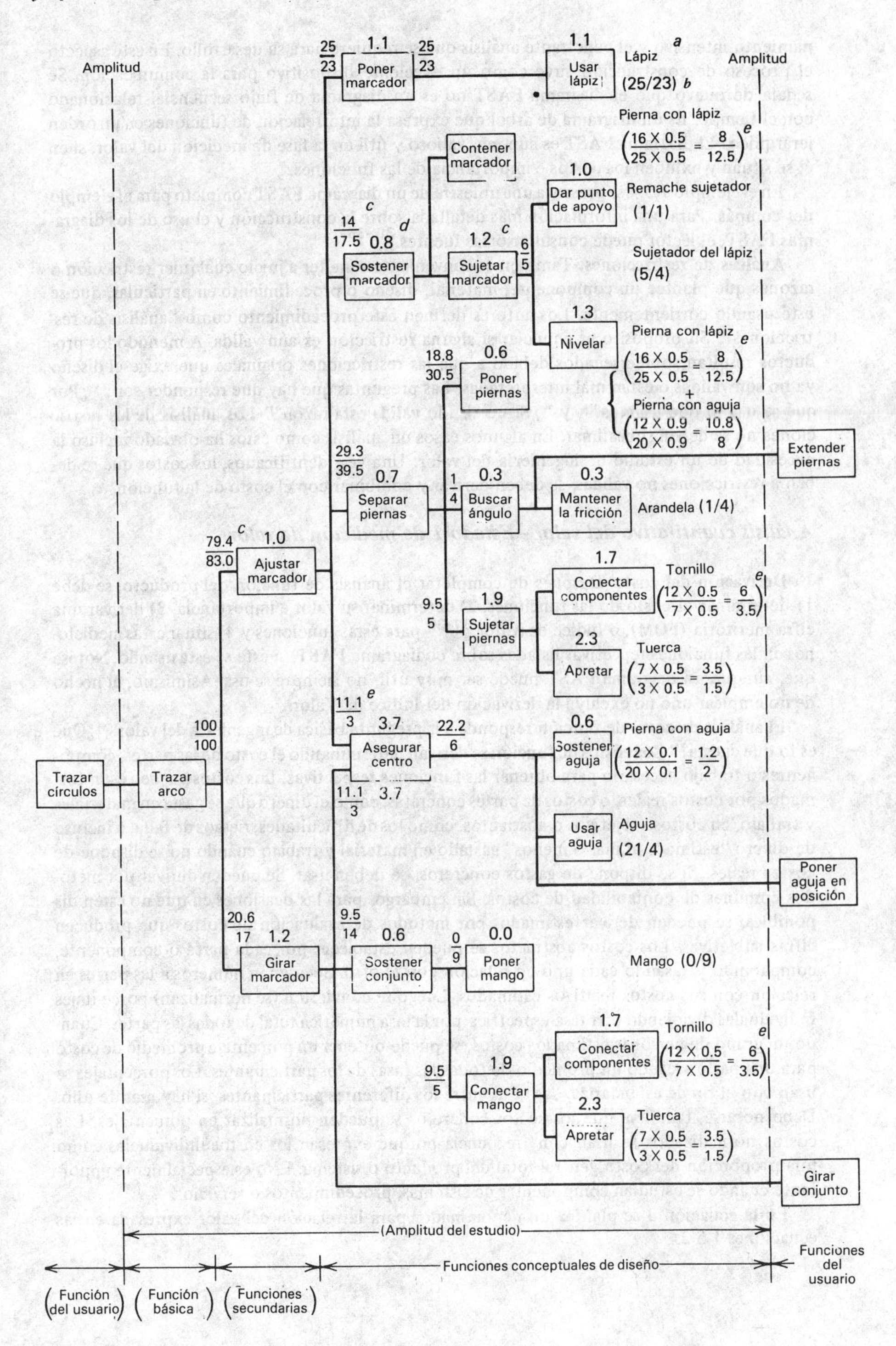

namiento intensivo y el penetrante análisis que se requiere para su desarrollo. En este aspecto el proceso de construcción sirve como un excelente dispositivo para la comunicación. Se señala de nuevo que el diagrama FAST no es un diagrama de flujo secuencial relacionado con el tiempo. Es un diagrama de árbol que expresa la interrelación de funciones en un orden jerárquico. El diagrama FAST es aún más valioso y útil en la fase de medición del valor, si en él se sitúan y exhiben los costos e importancia de las funciones.

En el ejemplo 7.3.4 se presenta una muestra de un diagrama FAST completo para el ejemplo del compás. Para una información más detallada sobre la construcción y el uso de los diagramas FAST, el lector puede consultar otras fuentes.[30-36]

Análisis de restricciones. También es conveniente someter a juicio cualquier restricción o razones que plantee un componente, material, diseño o procedimiento en particular, que se esté usando corrientemente. Los autores definen este procedimiento como "análisis de restricciones". Su propósito es enjuiciar si alguna restricción es aún válida. A menudo los productos resultan sobrediseñados debido a que las restricciones originales que exige el diseño ya no son válidas o están mal interpretadas. Las preguntas que hay que responder son: "¿Por qué se usa lo que usamos?", y "¿Sigue siendo válida esta razón?" Los análisis de las restricciones no se deben subestimar. En algunos casos un análisis como éstos ha obviado incluso la necesidad de un estudio de ingeniería del valor. Una vez identificados, los costos que se deben a restricciones no válidas, se deben derivar y combinar con el costo de la función.

Análisis cuantitativo del valor – Estado 1 de medición de valor

Derivación del costo. Después de completar el análisis de función del producto, se debe 1) determinar el costo de las funciones, 2) determinar su valor e importancia, 3) derivar una cifra meritoria (FOM), o Indice de Valor,[37-39] para estas funciones y 4) situar estas mediciones en las funciones repectivas listadas sobre el diagrama FAST, si éste se está usando. Nótese que, aunque un diagrama FAST puede ser muy útil, no siempre se usa. Asimismo, el hecho de no emplear uno no excluye la derivación del Indice de Valor.

El análisis de costo de función responde a la pregunta básica de ingeniería del valor: "¿Qué es lo que cuesta?" Los costos de función se derivan determinando el costo de las partes, componentes o trabajo necesario para obtener las funciones respectivas. Los costos pueden estar formados por costos reales, o costos de partes concretas, como el dinero que se gasta en materiales y trabajo, en costos subjetivos o abstractos, como los de dificultades, riesgos de falla, o incluso de dinero "estimado al más o menos" gastado en material y trabajo cuando no se dispone de costos reales. Si se dispone de gastos concretos, se deben usar. Se pueden derivar por métodos comunes de contabilidad de costos. Sin embargo, para las ocasiones en que no estén disponibles, se pueden derivar estimados por métodos de evaluación de costos que producen cifras subjetivas. Los costos abstractos se pueden establecer por cada parte o componente, comparando y tasando cada uno en relación con el otro. Se asignan números a las partes en relación con sus costos relativos estimados. Luego se convierten (se normalizan) porcentajes individuales dividiendo una tasa específica por la tasa numérica total de todas las partes. Cuando un grupo de personas estima los costos, se puede obtener un porcentaje promedio de costo para una parte sacando un promedio de todas las tasas de los participantes. Los porcentajes se usan con el fin de estandarizar las tasas entre los diferentes participantes, si hay más de uno. Debe notarse, también, que los costos concretos se pueden normalizar en porcentajes. Los costos normalizados se usan con frecuencia porque expresan los costos individuales como una proporción del costo general total del producto o sistema. Esto es especialmente importante cuando se estudian componentes de sistemas, procedimientos o servicios.

En la ecuación 3 se plantea un denominador para la relación del valor expresada en las ecuaciones 1 ó 2.

$$\text{promedio de } \%C = \frac{(\%C_1 + \%C_2 + \cdots + \%C_n)}{n} \tag{3}$$

donde

$\%C$ = costo relativo promedio de una parte o componente

$\%C_{(1, 2, \ldots n)}$ = estimados de costo por participantes individuales

n = número total de tasas individuales de costo.

En ocasiones, los porcentajes individuales de función o de componente se pueden convertir a dinero multiplicándolos por el costo total en dinero del sistema entero. Este es un método muy útil para establecer objetivos de costos. También se puede usar para derivar objetivos de costos o metas para varios componentes y tareas de proyectos y misiones al principio de un proyecto de ingeniería del valor. Todos los costos, tanto reales como relativos, se pueden situar en las funciones respectivas en diagramas FAST (ejemplo 7.3.4), diagramas de exposición o similares listados de funciones. Este proceso de asignación traduce el punto de vista tradicional artículo-costo a un concepto de sistemas de relaciones de costo, que es a veces muy revelador. El costo total de las funciones básicas o secundarias se puede obtener ahora sumando costos en el diagrama de funciones.

Derivación del valor o de la importancia. Las funciones también se estudian en términos de valor o importancia. El término "valor" y la técnica de análisis de valor se usan comúnmente con artículos de ferretería. En cambio, el término "importancia" y los métodos para su derivación a menudo están relacionados con artículos de otra índole. El valor o importancia de las funciones, como el costo, se determina indirectamente derivando el valor y la importancia de los artículos o componentes que colectivamente desempeñan estas funciones.

El valor se establece mediante una técnica de comparación de costo externo y se define como el costo más bajo a que se obtendrá confiablemente la función requerida. Se determina por comparación creativa del costo de la función de la parte o artículo, con el costo de la función de artículos externos análogos que también pueden desempeñar confiablemente la misma función. Por ejemplo, el valor de una abrazadera de sujeción cuya función sea "sujetar el ancla" se podría derivar examinando otros objetos que pueden también "sujetar el ancla". El costo de artículo de referencia menos costoso se selecciona como referencia de costo. Un sujetapapeles que cuesta menos de $0.01 también cumple con la función de sujeción. Ello ilustra que el valor de la función básica se podría concebir dentro de este margen de precio. También ilustra que el mayor valor de un sujetador consiste esencialmente en el valor de prestigio o de estima y que el valor total es una combinación de la función básica (sujetar) y funciones secundarias estéticas. El análisis del valor mediante comparaciones creativas de este tipo se tratan en otras fuentes.[22,40,41]

Por otra parte, la importancia se establece mediante una comparación interna del artículo o componentes, comparando y costeando cada uno respecto a los otros. La evaluación de la importancia se efectúa por técnicas de cuantificación subjetiva, de la misma manera que se hizo para derivar los costos abstractos. En la ecuación 4 se representa la derivación del porcentaje de importancia y proporciona el numerador para la relación de valor expresada en las ecuaciones 1 y 2.

$$\text{promedio } \%I = \frac{(\%I_1 + \%I_2 + \cdots + \%I_n)}{n} \tag{4}$$

donde

$\%I$ = importancia relativa promedio de un artículo o componente

$\%I_{(1,2,\ldots,n)}$ = estimados de importancia por los participantes individuales

n = número total de individuos que cotizan la importancia

Así como en la derivación del costo abstracto, los números subjetivos se normalizan a un porcentaje. La importancia relativa de cada parte de un sistema está ahora disponible en términos de su proporción respecto a la importancia general total atribuida a todo el sistema. Tanto el valor como la importancia también se pueden situar en sus funciones respectivas en el diagrama FAST, como en el ejemplo 7.3.4.

Es importante destacar que la comparación de función, ya sea en términos de valor, importancia o costo, se efectúa en el mismo nivel jerárquico. Por ejemplo, todas las funciones que se listan en el ejemplo 7.3.3 están en el mismo nivel y se aprovecharon para derivar importancia y costo. Del diagrama FAST del ejemplo 7.3.4, se puede tomar un ejemplo contrario, es decir, las dos funciones "inducir torsión" y "separar piernas" no se pueden comparar directamente para derivar importancia o costo. "Separar piernas" está en un nivel más alto y abarca varias funciones de nivel más bajo, una de las cuales es "inducir torsión". Sin embargo, "separar piernas" se puede comparar con "sostener marcador", "anclar centro" y otras funciones del mismo nivel.

Indice de valor. Una vez derivados el costo y la importancia (o valor) y situados para cada función, se usan para calcular el Indice de valor. Hay varias maneras de calcularlo. En el numerador se puede usar el valor o la importancia dependiendo de la situación. De modo similar, el denominador puede consistir en costos concretos reales, costos concretos relativos (normalizados), o costos abstractos subjetivos estimados, aunque estos últimos son preferibles. Por ejemplo,

$$\text{Indice de Valor} = \frac{\text{valor absoluto}}{\text{costo absoluto}}$$

$$\text{Indice de Valor} = \frac{\%I \text{ relativo}}{\%C \text{ relativo}}$$

Es importante señalar que, cualquiera que sea el parámetro que se use para derivar el numerador o el denominador del Indice de Valor, los números que representan estos parámetros deben ser todos unidades relativas o todos unidades absolutas. Debe existir consistencia, de manera que las unidades se anulen para dar un índice sin dimensión.

El índice de valor es un número sin dimensión que permite distribuir un sistema de funciones (o artículos) en orden del valor percibido. Generalmente, un Indice de Valor mayor que 1.0 representa un buen valor; uno menor que 1.0 puede indicar una función o componente que necesite atención y mejoramiento. El índice destaca áreas de bajo valor que pueden mejorar en la fase de especulación.

Una manera expresiva de ilustrar el índice es trazar una gráfica de importancia relativa (o valor) en relación con el costo relativo para cada función o parte. Los autores denominan este procedimiento gráfico "gráfica de valor"[39,42] (véase el ejemplo, 7.3.5). La línea a 45° en la gráfica tiene un Indice de Valor de 1 y representa un valor aceptable. Las áreas sobre esta línea poseen buen valor, mientras que las de abajo tienen un valor más pobre. En el ejemplo, los componentes A, H y D parecen ser los principales candidatos para mejorarlos o eliminarlos en la fase de innovación. También ilustran el punto en que el valor gráfico expresa más vívidamente el valor relativo que un listado tabular de índices de valor numérico, como en el ejemplo 7.3.3. Es decir, la gráfica muestra con facilidad la magnitud relativa y la relación de los componentes que forman la estructura del Indice de Valor para cada artículo cotizado.

Técnicas de medición de valor. Existen muchas técnicas de cuantificación subjetiva que ayudan a medir los parámetros del Indice de Valor . Los autores han comprobado que son más útiles y descriptivas las técnicas de medición de valor de comparación por pares y de estimación de magnitud directa (DME).

Mudge[3,43] utiliza y describe la comparación por pares. En el proceso se emplea una comparación de partes en que un individuo escoge de un par de funciones o partes la que posea

Ejemplo 7.3.5 Gráfica de valores de los componentes del compás[a]

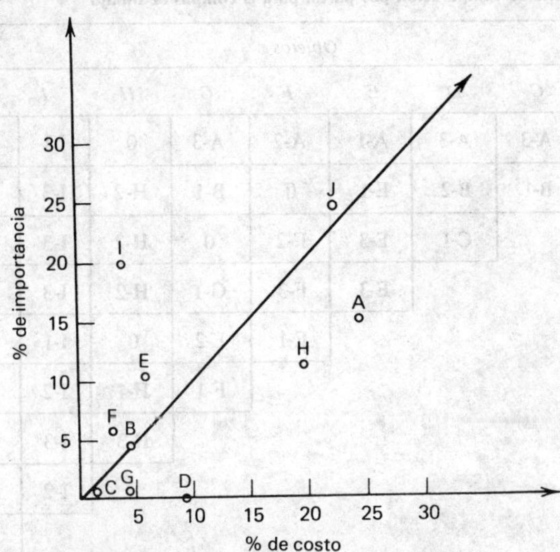

[a]Las letras se refieren a los componentes, según la lista del Ejemplo 7.3.3

un nivel más alto de alguna característica especial (como costo, importancia, etc.). Al iterar el procedimiento en todos los pares posibles y sumar subsecuentemente los números asociados con cada función o parte, es posible cuantificar relaciones funcionales o de partes. La matriz se puede usar para cuantificar características positivas y negativas, como importancia y costo. Las cifras sumadas por cada parte cotizada se normalizan a un porcentaje de la cotización total de todas las partes.

El ejemplo 7.3.6 es una comparación por pares del ejemplo del compás de escritorio. Aunque en él se aprecia la importancia, el método también se usó para derivar costos relativos. Ambos parámetros aparecen en el listado de componentes del ejemplo 7.3.3 y en el diagrama FAST del ejemplo 7.3.4. Un grupo de individuos puede usar la comparación por pares promediando las matrices individuales de todos los participantes. La comparación por pares es altamente discriminativa y útil para partes prioritarias difíciles de separar y clasificar. El proceso puede ser engorroso e impráctico si hay un gran número de partes para evaluar (más de 10). En este caso se recomienda DME.

La estimación de la magnitud directa[39,42] es un método en que la persona asigna números a partes en proporción directa con la magnitud de una característica que poseen las partes. Es muy útil cuando se necesita discriminar entre un gran número de partes. Es fácil de usar con grupos que necesitan determinar la importancia de las partes. Las instrucciones se pueden modelar en el siguiente ejemplo:

Se le presenta una lista de partes o artículos en un orden irregular. Tiene que decidir qué tan importantes le parecen, asignándoles números. Asigne cualquier número que le parezca apropiado a la primera parte. Luego asigne números sucesivos a las partes subsecuentes, de tal manera que reflejen su impresión subjetiva de la importancia de estos artículos en relación con los anteriores. Por ejemplo, si la segunda asignación parece 20 veces más importante, asigne un número 20 veces mayor, y así con los demás. Use fracciones positivas, números redondos o decimales, pero haga cada asignación proporcional a la importancia según la estime.

Ejemplo 7.3.6 Matriz de comparación por pares, para el compás de dibujo

Objetos	*B*	*C*	*D*	*E*	*F*	*G*	*H*	*I*	*J*	Σ	%
A[a]	A-2[b]	A-3	A-3	A-1	A-2	A-3	0	I-1	J-3	14	16
B		B-1	B-2	E-1	0	B-1	H-2	I-3	J-3	4	5
C			C-1	E-3	F-2	0	H-2	I-3	J-3	1	1
D				E-3	F-3	G-1	H-2	I-3	J-3	0	0
E					E-1	E-2	0	I-1	J-2	10	12
F						F-1	H-1	I-2	J-2	6	7
G							H-3	I-3	J-3	1	1
H								I-2	J-1	10	12
I									J-1	18	21
J										21	25
Total										85	100%

[a]Las letras se refieren a los componentes, según la lista del Ejemplo 7.3.3.
[b]Escala numérica de clasificación: 0 = no hay diferencia en la importancia; 1 = pequeña diferencia en la importancia; 2 = mediana diferencia en la importancia; 3 = gran diferencia en la importancia.

Se ha visto que los estimados de magnitud dan distribuciones log-normales.[20,44] En consecuencia, el promedio se hace mejor tomando la media geométrica de los estimados, promediándolos entre los individuos y finalmente normalizándolos a una base porcentual, como se vio anteriormente. Son útiles los programas de computación que trazan histogramas de estimados individuales y que calculan la media geométrica de las distribuciones resultantes. Además de su simplicidad, el DME permite expresar la magnitud de las diferencias entre partes o artículos. La experiencia ha mostrado que se usa más efectivamente con menos de 30 artículos.

Otra versión de la asignación de números a artículos en proporción directa a su importancia estimada es la escala de categorías. En este procedimiento se emplean descriptores especiales asignados a rangos de números. Los individuos eligen primero la categoría que se ajusta mejor a su percepción de conjunto y luego asignan un número dentro del rango numérico de categoría que se ajuste mejor a su percepción de importancia. Una típica escala de categoría es: 90-100, "más importante"; 70-89, "muy importante"; 50-69, "moderadamente importante"; 30-49, "ligeramente importante", y 10-29, "escasa o ninguna importancia". La escala de categoría, en comparación con el estimado de magnitud directa, tiene las ventajas de ser menos confusa, más fácil de entender y de uso más conveniente. Propicia que los cotizadores sean más consistentes en términos de interpretación, percepción y cuantificación, porque cada uno tiene el mismo conjunto (escala) de referencia. Asimismo, puesto que las percepciones cuantificadas por una escala de categoría no son log-normales, y como todos los participantes usan la misma escala, no es necesario usar una media geométrica para calcular una respuesta promedio. Sin embargo, la escala puede restringir la expresión personal de las diferencias percibidas en la importancia existente entre varios artículos porque estrecha el margen de respuesta.

La fase de medición de valor culmina en la cuantificación de funciones y componentes de acuerdo con su valor, importancia (valor) y costo. Estos parámetros se usan para seleccionar candidatos adecuados para el rediseño, el mejoramiento o la eliminación. Usualmente, estos candidatos poseen bajo valor, alto costo, escasa importancia, o combinaciones de éstos. Se convierten en el foco de atención para mejoramiento y especulación en la fase de innovación. Volviendo al ejemplo del compás que aparece en el ejemplo 7.3.4, el costo abstracto, la importancia y el valor de los componentes se sitúan junto a sus respectivas funciones en el diagrama FAST. Los componentes pueden servir para varias funciones simultáneamente, como en el caso del fuste del lápiz, el fuste de espiga, el tornillo y la tuerca. En este caso la importancia y el costo se sitúan de acuerdo a la contribución percibida de los componentes a las diversas funciones. Ruggles[45] usa un método similar de asignación. La importancia y el costo para las funciones secundarias "marcador de posición" y "girar marcador", así como cualquier función de concepto de diseño, se derivaron sumando la importancia y el costo de todas las funciones a la derecha que contribuyen a estas funciones. El valor para todas las funciones se calculó individualmente a partir de las sumas de importancia y costo en cualquier punto del diagrama.

Fase de innovación

Mejoramiento del valor

La fase de innovación es la parte creativa del proceso de ingeniería del valor y un paso vital en el proceso de rediseño. Las actividades en esta fase se enfocan a la creación de maneras alternativas de ejecutar funciones. El esfuerzo creativo se dedica a eliminar o combinar funciones secundarias de bajo valor. El impulso de esta fase se dirige a responder a "¿qué más hará el trabajo?", y "¿cómo se pueden eliminar funciones secundarias y aún así ejecutar la función o funciones básicas?"

Existen muchos métodos para generar y reunir ideas. No todas las técnicas son apropiadas para todos los casos. Se pueden calsificar a lo largo de un continuo basado en la cantidad y singularidad de ideas que producen sus aplicaciones. Primero conviene decidir qué tipo de ideas quiere acumular. ¿Desea reunir las ideas comunes existentes con el fin de buscar una nueva solución? A menudo esto es suficiente. ¿Desea tomar un salto cuántico dentro de la zona destacada por encima y más allá de las ideas que ya posee? La experiencia muestra que usualmente es mejor empezar con el método más sencillo y avanzar hacia los métodos más caprichosos que requieren mayor esfuerzo mental. El método más sencillo es reunir las ideas que ya existen. Esto se puede hacer eligiéndolas de documentos o individuos, por medio de entrevistas, cuestionarios, investigadores de la literatura especializada en el tema, etc., o de grupos, por medio de una junta en que las personas solamente eligen sus ideas con la ayuda de un asesor. Si no surgen ideas satisfactorias de una sencilla colección, entonces se pueden intentar más técnicas de generación de ideas singulares. Se dispone de muchas técnicas para usarlas en el desarrollo de nuevas ideas. Todas están diseñadas para evitar pensamientos negativos y, con frecuencia, descubrir áreas inexploradas mediante el estímulo del pensamiento creativo. Están diseñadas para suprimir los bloqueos perceptivos, culturales y emocionales habituales que inhiben la creatividad.

Dos preceptos básicos son comunes a todas estas técnicas. Primero, se elimina toda crítica y evaluación de la idea, produciendo una etapa en la que las ideas solamente se listan. Esto permite una producción máxima de ideas y evita el rechazo prematuro de cualquiera de las ideas potencialmente buenas. Segundo, todas las ideas, inclusive las aparentemente imprácticas, se consideran más adelante. La razón de esto es impulsar a todos a explorar incluso las ideas que parezcan imprácticas y sentirse libre para expresar pensamientos sin temor al ridículo.

En el ejemplo 7.3.7 se listan algunas técnicas de creatividad de uso común. También se listan referencias como fuentes de información detallada respecto a su uso y aplicación.

Probablemente la técnica más conocida es la lluvia de ideas. Se ha usado ampliamente durante algunos años. La técnica nominal de grupo (NGT), desarrollada por Delbecq y Van de

Ejemplo 7.3.7 Lista de las técnicas de creatividad y sus referencias

Técnica	*Referencias*
Lluvia de ideas	22, 46-48
Técnica de Gordon	22, 48, 49
Técnica de grupo nominal	70, 50-54
Listas de verificación	22
Síntesis morfológica	22, 48
Relación de atributos	22
Técnica de catálogo	70, 48
Sinéctica	46, 47, 49, 55, 56

Ven, es relativamente reciente; los autores encontraron que es más efectiva que la lluvia de ideas tradicional. La efectividad se apoya en la investigación de otros autores de este campo.[54,57] La lluvia de ideas se efectúa haciendo interactuar a los grupos de una manera opuesta a la nominal de grupos. Los grupos interactuantes efectúan una discusión grupal espontánea. Toda la comunicación se realiza entre los miembros, con controles y estructuración mínimos. Por otra parte, los grupos nominales, se forman con individuos que trabajan en presencia de otros, pero que no interactúan verbalmente entre sí excepto en períodos específicamente designados y controlados. En varias fuentes[46,50,51,53,54] se estudian detalladamente las ventajas y desventajas de ambas técnicas y se dan instrucciones detalladas para la aplicación de la técnica nominal de grupo. Los autores recomiendan altamente esta técnica.

Cualesquiera que sean las técnicas que se usen, la fase de innovación produce con frecuencia una multitud de ideas. La tarea se convierte en seleccionar las ideas más promisorias y prácticas para considerarlas y ponerlas en práctica posteriormente. En el ejemplo del compás, la asidera, la rondana, la pierna del lápiz y la pierna de la punta tienen funciones de bajo valor. Fueron objeto de sesiones para mejorar, combinar o eliminar sus funciones. Diversas combinaciones de innovación de funciones produjeron varios diseños alternativos. En la fase de evaluación se evaluaron para producir el nuevo diseño que se ve en el ejemplo 7.3.2*b*.

Fase de evaluación

Depurado. Análisis cualitativo del valor

La fase de evaluación comprende un proceso de selección en que las ideas de la fase de innovación se examinan y se selecciona un pequeño número de ideas. El análisis extenso del valor de todas las ideas producidas en la fase de innovación resulta impráctico porque el tiempo y el esfuerzo que requieren son excesivos. En consecuencia, es conveniente depurar la gran lista a fin de reducirla a un tamaño manejable.

Una vez depurada la lista, los artículos de más alta clasificación se sujetan a una evaluación cualitativa más discriminatoria. Dos técnicas efectivas de depuración son la votación de Pareto[58] y el sorteo Q.[59] Ambos métodos son muy rápidos y sencillos y proporcionan un alto grado de discriminación. Entre más ideas se evalúen, más útiles pueden ser estos métodos. Ambas proporcionan un punto de partida del cual se procede a un análisis más cuantitativo. Sin embargo, antes de usar estos métodos, las ideas se examinan en busca de redundancia, la cual se puede eliminar por combinación de ideas muy similares.

El principio en que se apoya la votación de Pareto es la ley de distribución deficiente de Pareto, la cual, cuando se aplica a la ingeniería del valor, postula que cerca del 80 por ciento del valor de una lista de partes está invertido en aproximadamente el 20 por ciento de las partes. En su aplicación, los participantes votan (por boleta secreta o abiertamente) sobre el valor de las partes de lista. A cada votante se le pide seleccionar cierto número de artículos o partes (cerca del 20 por ciento) que perciba como importantes. A los votantes no se les pide establecer prioridades dentro de la unidad seleccionada. Sólo se admite un voto por cada parte y se debe efectuar toda la asignación de votos. Luego se separan y cuentan los votos por parte o artículo. Las partes que reciben la mayoría de los votos totales se estudian y consideran de nuevo para una mayor investigación, Shillito[58] da instrucciones detalladas sobre el uso de esta técnica.

En el método de sorteo Q cada parte se anota en una tarjeta individual. Luego se le pide a los participantes que clasifiquen físicamente las partes en una jerarquía de categoría de valores. Inicialmente se clasifican en dos montones que representan valores "alto" y "bajo" (selección uno). La segunda selección consiste en partir los dos montones en cuatro, que representan valores "muy alto", "alto", "bajo" y "muy bajo". Luego se hace una tercera clasificación para obtener una categoría intermedia de valor "medio". Se obtiene clasificando los artículos de valor medio de los dos montones intermedios. En esta clasificación final se producen cinco montones de tarjetas que representan partes de valores "muy alto", "alto", "medio", "bajo" y "muy bajo". De las partes de valor más alto se seleccionan candidatos para un nuevo estudio de ingeniería del valor.

Análisis cuantitativo de valor. Medición del valor, estado 2

El grupo selecto de partes que surgen de la lista depurada se sujetan a una evaluación más rigurosa y discriminativa para obtener dos o tres cantidades para su posible desarrollo. Las mismas técnicas de medición del valor que se trataron en la fase de innovación, comparación por pares y DME, se pueden usar para evaluar las alternativas depuradas. Sin embargo, a menudo en esta etapa se usa una técnica más efectiva y discriminatoria, que es el análisis de criterios.[38]

El análisis de criterios es una técnica de registro de matriz especialmente diseñada para evaluar alternativas mediante el juicio de sus méritos individuales en comparación con un conjunto de criterios importantes para su uso final. Se emplea una matriz de alternativas en que las opciones que se van a juzgar se confrontan con estos criterios. A estos criterios se les asignan factores de ponderación en proporción a la importancia que se percibe. El mérito relativo de cada alternativa se determina calificando su desempeño confrontándolo con cada criterio. Para el procedimiento de calificación se usan estimados de magnitud directa o escalas de categoría. Se deriva una FOM ponderada para cada alternativa sumando los productos de los DME y los factores de ponderación de criterios. Luego, la FOM ponderada se puede normalizar a un porcentaje.

En el ejemplo 7.3.8 se muestra un análisis de criterios completo para las alternativas del compás de escritorio. La matriz ilustrada se usó para derivar una FOM ponderada y el porcentaje de importancia solamente para criterios positivos. También se usó una matriz similar para derivar una FOM ponderada para criterios negativos. Se puede calcular un índice de valor de acuerdo con la ecuación 6, dividiendo la FOM positiva, o porcentaje de importancia, para cada alternativa por la FOM negativa respectiva (costo porcentual). Las gráficas de valor, tal como se usan en el estado 1 de la medición de valor, también son útiles en esta etapa para visualizar alternativas de acuerdo con la importancia y el costo.

El análisis de criterios tiene muchas ventajas. La más importante es que en el proceso se utiliza un conjunto común de referencia de criterios. Con la comparación por pares o con el DME, no se establece un conjunto común de criterios de evaluación. Cada evaluación usa sus propios conjuntos de referencias y puntos de vista. En el análisis de criterios también se ve cómo toda alternativa satisface un criterio. La exposición razonada de decisión se documenta y se puede repetir a la luz de nueva información o de un nuevo problema. Para efectuar los cálculos que requiere el proceso y tabular gráficas de valor e histogramas de evaluaciones individuales se pueden usar programas de computación. Un valioso beneficio lateral del análisis de criterios es la comunicación que surge en el proceso de construcción de la matriz. La

Ejemplo 7.3.8 Análisis de criterios para el ejemplo del compás de dibujo.

	Criterios						
Partida (No.)	*Facilidad de uso (15)*[a]	*Facilidad de fabricación (30)*	*Seguridad (20)*	*Calidad (25)*	*Atractivo (10)*	*FOM ponderado*	*% I*
Compás regular (1)	100[b]	30	50	70	10	545	21.8
Dibujo, Ejemplo 7.3.2*b* (2)	80	100	90	50	30	845	33.9
Alternativa 2[c] (3)	30	50	70	40	70	505	20.2
Alternativa 3[c] (4)	50	60	80	50	60	600	24.1
Totales						2495	100.0

[a]Factor ponderado.
[b]Categorías obtenidas por clasificación. Se pueden obtener también mediante DME, comparación por pares, u otras técnicas similares.
[c]Alternativas no presentadas en el texto.

técnica es muy adecuada para tareas en que se quieran seleccionar los mejores enfoques de un pequeño conjunto de alternativas. También se dispone de otras técnicas similares de calificación de matriz, como el método de restricciones ponderadas,[22,40] la matriz de decisión,[25,26] Combinex,[23] Delphi,[16] y el análisis de función de criterios.[24] Para el análisis de datos también se pueden usar técnicas estadísticas de alto orden, como el análisis de correlación y ramo,[60] Sin embargo, se recomienda precaución al lector al usarlas con datos subjetivos.

Las alternativas más prometedoras para ir más allá del estado 2 de la medición de valor se están revisando actualmente para ver la efectividad del costo, factibilidad técnica y posible implantación. Se ha hecho ya una considerable cantidad de trabajo preliminar para responder a preguntas como las siguientes: ¿Se puede hacer? ¿Qué pasa si. . . ? ¿Cumple con las normas? ¿Cuánto costará realmente? ¿Es compatible con el sistema? ¿Cuál será su efecto sobre . . .? Con frecuencia se solicita la asistencia de personas eruditas ajenas al equipo de estudio de ingeniería del valor con el fin de juzgar más a fondo el potencial y la practicabilidad de las alternativas más prometedoras. Es posible que surjan nuevos criterios que garanticen un análisis más amplio. Otras técnicas útiles para localizar problemas imprevistos son el análisis de problema potencial[61] y el análisis de impacto, según los explica Shillito.[62] Las pruebas de alternativas pueden implicar el desarrollo de prototipos y demás, así como amplios análisis económicos, incluyendo el análisis de flujo de efectivo. Cuando se complete la evaluación final, la alternativa restante estará lista para su implantación.

Fase de implantación

Esta fase consiste en la preparación y presentación de las recomendaciones del equipo de ingeniería del valor a la administración. Se prepara un informe que describe la(s) proposición(es) y listas que sugieren planes de acción para la implantación. Para reducir al mínimo la posibilidad de rechazo, se debe dar una cuidadosa consideración a este informe y a su recepción. Resulta útil responder las preguntas básicas sobre comunicaciones, como se listaron en la fase de implantación del ejemplo 7.3.1. Si se presenta un documento escrito a quien toma las decisiones para implantación, a menudo es más efectivo incluir un resumen ejecutivo breve en dos o tres páginas. Se puede preparar un informe separado del equipo de estudio que contenga información detallada, para usarlo como documento de trabajo durante la implantación. A menudo, una presentación oral constituye un excelente suplemento para un documento escrito.

El equipo de ingeniería del valor puede efectuar la implantación real de las recomendaciones, pero comúnmente otros la llevan a cabo. Por lo general, los equipos de ingeniería del valor se disuelven después de que se ha trabajado en sus recomendaciones y la responsabilidad por la implantación le corresponde al personal de línea. El equipo de estudio proporciona los insumos necesarios para quien toma las decisiones y los miembros del equipo, junto con el informe detallado, estarán disponibles para asesorar al departamento o a las personas responsables de la implantación. La asesoría permite aclarar o agregar los insumos. Se debe hacer un monitoreo para comprobar el progreso y ver que la implantación se efectúe.

Un factor importante para obtener la aceptación y el uso de las recomendaciones consiste en hacer que quien toma las decisiones se sienta cómodo con los cambios recomendados. Es muy conveniente que quien toma decisiones forme parte del equipo. Cuando esto no es posible ni práctico, se le debe informar periódicamente sobre las actividades del equipo de estudio. Es bueno solicitar su colaboración durante el curso del trabajo del equipo; así como también programar revisiones periódicas para solicitar su aportación, lo cual aligera la ansiedad respecto al cambio o a la información potencialmente riesgosa. Esto permite que quien toma decisiones contribuya al equipo y aliente la participación en la dirección y logro del estudio. Esta participación incrementa las posibilidades de aceptación y de acción positiva. La implantación es más probable si el equipo de estudio de ingeniería del valor prepara el plan de acción sugerido y una tabla cronológica para su realización. Los métodos de planeación y programación como PERT son muy útiles en la implantación real de las recomendaciones de ingeniería del valor.[22,63]

7.3.5 USO DEL PROCESO

Por lo común el proceso de ingeniería del valor se sigue en secuencia, fase por fase. Sin embargo, no es un proceso rígido, de un solo sentido en términos secuenciales de actividades o aplicación de las técnicas específicas. El proceso es realmente cíclico y modular. En la práctica, con frecuencia es necesario regresar a una fase previamente terminada para obtener más información o trabajo adicional antes de proseguir a la siguiente fase o de tomar una decisión. En este aspecto el proceso es iterativo y enlazante.

Debe notarse también, que las propias técnicas no están restringidas a una fase particular en el flujo del proceso. No es necesario usar todas las técnicas en todos los problemas. Se usan sólo aquellas que dan información útil; las que no son aplicables se eliminan. Las técnicas también son útiles por sí mismas. Tienen amplia aplicación en muchas áreas, algunas de las cuales se relacionan poco o casi nada con la ingeniería del valor. Por ejemplo, en el pronóstico tecnológico, que se estudia en el capítulo 11.1, se emplean muchas técnicas de ingeniería del valor, como la diagramación FAST, así como muchas de las técnicas de medición de valor. Debido a que las técnicas se contienen a sí mismas, el proceso de ingeniería del valor también se debe percibir como modular. Dependiendo de la naturaleza de la petición, puede no ser necesario usar todo el proceso VE. Aunque puede sonar a herejía a los precursores del proceso VE, no siempre es obligatorio o buena idea usar el proceso completo. Cuidado con la sobre-especialización.

7.3.6 ASPECTOS CONDUCTUALES Y ORGANIZATIVOS DE LA INGENIERIA DEL VALOR

Aunque el proceso de ingeniería del valor es racional, sistemático y estructurado, sus bases se levantan sobre el aprovechamiento efectivo de las personas que componen los equipos. Una vez conjuntada la gente, los equipos, organizaciones, emociones y energía al proceso, éste se torna más complejo. Considere los siguientes problemas y obstáculos que se encuentran con frecuencia en el proceso de ingeniería del valor.

1. La ingeniería del valor con equipos. Estos pueden desperdiciar el tiempo, ser demasiado conservadores y evitar las decisiones.
2. Comúnmente las personas que participan en la VE tienen otros trabajos y ya están ocupadas.
3. Los fuertes intereses grupales son comunes.
4. El producto de un estudio de VE puede ser amenazador, especialmente para los diseñadores, planificadores y para quienes toman las decisiones.
5. A menudo se generan conflictos de interés tanto emocionales como racionales.

Si los aspectos organizativos y conductuales del estudio se toman en consideración desde el principio del proceso, se eleva la posibilidad de éxito de un estudio de ingeniería del valor. Los obstáculos se pueden prever y planear antes de que se presenten. Algunos de los factores que se deben considerar son:

1. **Organización de VE.** La organización del equipo mismo de ingeniería del valor es tan importante como seleccionar un proyecto o usar el proceso. Hay varias preguntas importantes que plantear: ¿Cómo se organiza un equipo? ¿Cuántas personas participan? ¿De dónde provienen? ¿De qué nivel? ¿Están los miembros del equipo en niveles comparables? ¿Realizan las decisiones quienes las toman? ¿Quién será el líder? ¿Cuáles son los papeles de los diversos miembros? ¿A quién se subordina el equipo? ¿Cuánto tiempo necesita? Estas y otras preguntas se plantean al inicio del proceso de ingeniería del valor. Las respuestas a estas preguntas y a otras similares se comentan en la sección dedicada a la fase de origen, así como en Lashutka y Lashutka.[64]

2. **Toma de decisiones.** ¿Cómo se toman las decisiones dentro del equipo? ¿Quién, fuera del equipo, puede influir, vetar o aprobar las recomendaciones? ¿Cuál es el procedimiento para la aprobación? ¿Cómo se determinan las opiniones de administración sin arriesgarse a un veto indirecto? ¿Pueden hablar quienes toman las decisiones en nombre de sus organizaciones o tomar decisiones por éstas? La clave es analizar desde el inicio del proceso de VE cómo se tomarán realmente las decisiones.

3. **Compromiso para la realización.** Una recomendación de ingeniería del valor sólo es tan buena como lo que se haga por implantarla. ¿Quién debe presupuestar para implantarla? ¿Quién resulta afectado? ¿Quién gana y quién pierde? ¿Quién demora u obstaculiza la recomendación? ¿Cómo se planea para lograr la realización de las partidas clave? De nuevo, es necesario analizar el aspecto de la realización desde el principio del proceso y tener un plan para lograrla.

4. **Juntas efectivas.** Los equipos pueden trabajar con eficiencia, desperdiciar el tiempo o tomar decisiones deficientes (o ninguna en absoluto). La estructura y el impulso del equipo se mantienen por la metodología y las técnicas del proceso de ingeniería del valor. Aportan el vehículo para salvar obstáculos. Ayudan a crear conflictos racionales y a reducir al mínimo los conflictos emocionales. Ayuda a que el equipo trabaje al nivel correcto de detalle. Sin embargo, las preguntas que aún se tienen que plantear son: ¿Cómo iniciar rápidamente un equipo? ¿Cómo se comprueba lo provechoso de las juntas? ¿Qué hacer cuando los miembros no se interesan en las juntas y no cumplen con sus tareas?

Las personas y los equipos pueden complicar el proceso de ingeniería del valor pero son una parte necesaria de éste. Los aspectos científicos de la conducta se deben tratar tan cuidadosamente como cualquier otra parte del proceso. Hay que mirar hacia adelante, anticipar los problemas y planear cuidadosamente cómo tratarlos. Los talleres para la formación de equipos antes del proyecto real de ingeniería del valor son muy efectivos y bien valen el tiempo que se invierta en ellos. Los propósitos de los talleres son 1) ayudar a los miembros a desarrollar sus capacidades de comunicación y aprender a trabajar juntos en grupo, 2) usar efectivamente las capacidades del grupo para analizar problemas, tomar decisiones y trabajar como equipo. Existen algunas excelentes fuentes sobre formación de equipos y consulta sobre el proceso.[11,64-67] También Reigle[27] plantea muy bien los intereses conductuales y organizativos. Para mayor información sobre los aspectos científicos de la conducta consulte los capítulos 2.1 y 2.2.

7.3.7 RESULTADOS Y BENEFICIOS DE LA INGENIERIA DEL VALOR

Sharf[68] define la "efectividad" como "hacer lo correcto", y la "eficiencia" como "hacerlo bien". La ingeniería del valor ayuda en ambas áreas. Las técnicas cualitativas como el análisis de función guían a la ingeniería del valor hacia el dominio efectivo del trabajo sobre "lo correcto", mientras que las técnicas cuantitativas proporcionan un marco para ser eficientes dentro de ese dominio. La ingeniería del valor se usa cada vez más como proceso de asignación de prioridad para optimizar la asignación de recursos. Desde la perspectiva administrativa, la ingeniería del valor aporta métodos de prioridad y de inversión del dinero en artículos de alto valor. Ciertamente hay muchas técnicas de investigación matemática o de operaciones para la asignación de recursos (véanse las secciones 9 y 14). Son técnicas de eficiencia preparadas más para "después del hecho", es decir, para después de identificar a quienes van a recibir los recursos. En cambio, la ingeniería del valor es una técnica eficiente que proporciona un medio de identificar a los adecuados. Desde un punto de vista genérico, la ingeniería del valor.

1. Permite precisar las áreas que necesitan atención y mejoramiento.
2. Proporciona un método para generar ideas y alternativas para las posibles soluciones de un problema.
3. Proporciona un medio para evaluar alternativas.
4. Permite evaluar y cuantificar intangibles y comparar "manzanas con naranjas".
5. Proporciona lo que Roper[69] describe como un "vehículo para el diálogo". Hace esto si a) permite resumir en forma concisa grandes cantidades de datos, b) da lugar a nuevas y mejores preguntas que se deben contestar y c) usa números para comunicar un modo de buscar información. En este contexto, los números sustituyen a la semántica y proporcionan un lenguaje común que permite medir las opiniones sobre conceptos a veces vagos. Mediante el empleo del equipo interdisciplinario y de técnicas de medición, el proceso amplía la perspectiva, la cual, a su vez, aumenta la comunicación. En última instancia el incremento de la comunicación aumenta la efectividad.
6. Documenta los razonamientos que respaldan las recomendaciones y decisiones. El proceso se puede repetir, explicar y corregir a la luz de información nueva o diferente.
7. Mejora materialmente el valor de artículos y servicios.

Es importante señalar de nuevo que la ingeniería del valor es aplicable a todas las áreas: artículos metálicos, compras, productos, servicios, sistemas o procedimientos. Los autores no quieren decir, de ningún modo, que la ingeniería del valor es una panacea para todos los problemas o que sus resultados sean insumos axiomáticos para la toma de decisiones. Pero sí creen que el proceso y sus técnicas pueden ayudar a los ingenieros y gerentes industriales en la tarea común de mejorar el valor.

REFERENCIAS

1. L. D. MILES, *Techniques of Value Analysis and Engineering*, McGraw-Hill, Nueva York, 1961, p. 1.
2. J. L. PIERCE, P. G. GOSCHER, E. D. SPARTZ, M. N. ZABYCH, y E. D. JOHNSON, "Guidelines for Value Engineering (VE)," *Value World*, Vol. 2, No. 6 (marzo-abril 1979), págs. 7-9.

3. A. E. MUDGE, *Value Engineering, A Systematic Approach,* McGraw-Hill, Nueva York, 1971, p. 16.
4. E. BOUEY, "Value Engineering Is Unique," *Interactions,* Vol. 5, No. 8 (diciembre 1979), p. 1.
5. A. J. DELL'ISOLA, *Guide for Application of Value Engineering to the Construction Industry,* 2nd ed., McKee-Berger-Mansueto, Inc., Washington, DC 1972.
6. F. FIFIELD, "Administrative Value Analysis," *Industrial Engineering,* noviembre 1973, págs. 24-28.
7. T. C. FOWLER y B. HIGGINS, "Organization Value Analysis Made Easy," *Proceedings, SAVE Regional Conference,* Detroit 1974, págs. 3.1-3.7.
8. D. J. DEMARLE, "The Application of Subjective Value Analysis of Training," *Proceedigs, SAVE Regional Conference,* Detroit, 1971, págs. 5.1-5.6.
9. R. W. DOBLES, P. M. DROST, S. S. HAZEN, y R. C. HINKLEMAN, "If You're Not Doing It Already, Verify Your Training Objectives," *Training,* Vol. 16, No. 12 (diciembre 1979), págs. 36-45.
10. P. E. ILLMAN, "Value Analysis in the Non-Hardware Field: A New Approach in Design and Training," *Proceedings, Society of American Value Engineers,* Vol. 6, mayo 1971, págs. 43-62.
11. W. J. RIDGE, *Value Analysis for Better Management,* American Management Association, Nueva York, 1969.
12. R. F. VALENTINE, *Value Analysis for Better Systems and Procedures,* Prentice-Hall, Nueva York, 1970.
13. C. RAND, "New Venture Value Search (Making Companies Well Through VE/VA)," *Value World,* Vol. 3, mayo-junio 1979, págs. 17-23.
14. D. J. DEMARLE, "Use of Value Analysis in Forecasting," paper presented at James R. Bright's Technology Forecasting Workshop, Castine, ME, Industrial Management Center, Austin, TX. 1973.
15. G. D'ASCANIO, "Social Value Analysis," *Proceedings Society of American Value Engineers,* Vol. 10, mayo 1975, págs. 174-178.
16. S. F. LOVE, "Resource Allocation by the Delphi Decision Process," *Optimum,* Vol. 6, No. 1 (1975), págs. 39-48.
17. L. GROENEVELD, "Value Analysis and the Marketing Concept," *Industrial Engineering,* febrero 1972, págs. 24-27.
18. L. L. THURSTONE, "A Law of Comparative Judgment," *Psychological Review,* Vol. 34, 1927, págs. 273-286.
19. L. L. THURSTONE, "The Measurement of Values," *Psychological Review,* Vol. 61, No. 1 (1954), págs. 47-58.
20. S. S. STEVENS, "A Metric for the Social Consensus," *Science,* Vol. 151, 1966, págs. 530-541.
21. E. GALANTER, "The Direct Measurement of Utility and Subjective Probability," *American Journal of Psychology,* Vol. 75, 1962, págs. 208-220.
22. U. S. DEPARTMENT OF DEFENSE, "*Principles and Applications of Value Engineering,*" Vol. 1, U. S. Government Printing Office, Washington, DC, 1968.
23. C. FALLON, *Value Analysis to Improve Productivity,* Wiley-Interscience, Nueva York, 1961.
24. R. S. SCHERMERHORN y M. I. TAFT, "Measuring Design Intangibles," *Machine Design,* Vol. 40, diciembre 1973, págs. 108-112.
25. D. BORCK, "Using Decision Theory in Value Analysis Studies," *Systems and Procedures Journal,* marzo-abril 1968, págs. 28-31.
26. C. W. DILLARD, "Value Engineering Organization and Team Selection," *Proceedings, Society of American Value Engineers,* Vol. 10, mayo 1975, págs. 11-12.
27. J. REIGLE, "Value Engineering: A Management Overview," *Value World,* Vol. 3, No. 3 (octubre-diciembre 1979), págs. 5-8.

28. W. G. BANCROFT, "Value Engineering Makes Design to Cost Easy," *Proceedings, Society of American Value Engineers,* Vol. 10, mayo 1975, págs. 124-127.

29. B. S. BLANCHARD, "Life Cycle Costing. A Review," *Terotechnica,* Vol. 1, 1979, pp. 9-15.

30. C. W. BYTHEWAY, "FAST Diagrams for Creative Function Analysis," *Journal of Value Engineering,* marzo 1971, págs. 6-10.

31. C. W. BYTHEWAY, "Innovation to FAST," *Proceedings, SAVE Regional Conference,* Detroit, 1972, pp. 6.1-6.7.

32. T. F. COOK, "Function Analysis Systems Technique Task Oriented FAST Diagram," *Value World,* Vol. 3, No. 2 (julio-septiembre 1979), págs. 24-28.

33. R. CREASEY, *FAST Manual,* Value Design Press, For Worth, TX, julio 1973.

34. J. K. FOWLKES, W. F. RUGGLES, y J. D. GROOTHUIS, "Advanced FAST Diagramming," *Proceedings, Society of American Value Engineers,* Vol. 7, junio 1972, págs. 45-52.

35. E. RONEN, "Functional Analysis of Procedures and Organizational Structures," *Performance,* Vol. 5, No. 6 (noviembre-diciembre 1975), págs. 12-17.

36. F. X. WOJCIECHOWSKI, "FAST Diagram Its Many Uses," *Proceedings, SAVE Regional Conference,* Detroit, 1972, págs. 10.1-10.4.

37. D. J. DEMARLE, "A Metric for Value," *Proceedings Society of American Value Engineers,* Vol. 5, abril 1970, págs. 135-139.

38. D. J. DEMARLE, "Criteria Analysis of Consumer Products," *Proceedigns Society of American Value Engineers,* Vol. 6, mayo 1971, págs. 267-272..

39. D. J. DEMARLE, "The Nature and Measurement of Value," *Proceedings, 23rd Annual AIIE Conference,* mayo 1972, págs. 507-512.

40. R. F. BECKER, "A Study in Value Engineering Methodology," *Performance,* Vol. 4, No. 4 (julio-agosto 1974), págs. 24-29.

41. R. L. CROUSE, "Function and Worth," *Proceedings, Society of American Value Engineers,* Vol. 10, mayo 1975, págs. 8-10.

42. D. M. MEYER, "Direct Magnitude Estimation: A Method of Quantifying the Value Index," *Proceedings, Society of American Value Engineers,* Vol. 6, mayo 1971, págs. 293-298.

43. A. E. MUDGE, "Numerical Evaluation of Functional Relationship," *Proceedings, Society of American Value Engineers,* Vol. 2, abril 1967, págs. 111-123.

44. A. R. FUSFELD y R. N. FOSTER, "The Delphi Technique: Survey and Comment," *Business Horizons,* Vol. 14, junio 1971, págs. 63-64.

45. W. F. RUGGLES, "Cost Function Relationships," *Proceedings, Society of American Value Engineers,* Vol. 10, mayo 1975, págs. 1-7.

46. T. RICKARDS, *Problem-Solving Through Creative Analysis,* Wiley, Nueva York, 1974.

47. M. I. STEIN, *Stimulating Creativity, Part 2: Group Procedures,* Academic Press, Nueva York, 1975.

48. C. WHITING, *Creative Thinking,* Reinhold, Nueva York, 1958.

49. W. J. J. GORDON, *Synectics, The Development of Creative Capacity,* Harper & Row, Nueva York, 1961.

50. A. L. DELBECQ y A. H. VAN DE VEN, "A Group Process Model for Problem Identification and Program Planning," *Journal of Applied Behavioral Science,* Vol. 7, No. 4 (1971), págs. 466-491.

51. A. L. DELBECQ, A. H. VAN DE VEN, y D. H. GUSTAFSON, *Group Techniques for Program Planning: A Guide to Nominal Group and Delphi Processes,* Scott, Foresman, Glenview, IL, 1975.

52. G. P. HUBER y A. DELBECQ, "Guidelines for Combining the Judgments of Individual Members in Decision Conferences," *Academy of Management Journal,* Vol. 15, No. 2 (1972), págs. 161-174.

53. M. H. MELCHER, "Amplifying Group Decision-Making in the Project Management Environment," *Project Management Institute Proceedings,* Montreal, 1976, págs. 248-256.
54. A. H. VAN DE VEN y A. L.DELBECQ, "Nominal Versus Interacting Groups for Committee Decision-Marking Effectivess, *Journal of the Academy of Management,* Vol. 14, junio 1971, págs. 201-212.
55. T. ALEXANDER, "Synectics: Inventing by the Madness Method," *Fortune,* agosto 1965. págs. 165-171.
56. E. RAUDSEPP, "Forcing Ideas With Synectics, A Creative Approach to Problem Solving," *Machine Design,* octubre 16, 1969, págs. 134-139.
57. T. RICKARDS, "Brainstorming: An Examination of Idea Production Rate and Level of Speculation in Real Managerial Situations," *R&D Management,* Vol, 6, No. 1 (1975), págs. 11-14.
58. M. L. SHILLITO, "Pareto Voting," *Proceedigns, Society of American Value Engineers,* Vol. 8, mayo 1973, págs. 131-135.
59. A. F. HELIN y W. E. SOUDER, "Experimental Test of a Q-Sort Procedure for Prioritizing R & D Projetcs," *IEEE Transactions on Engineering Management,* Vol. EM-21, No. 4, (noviembre 1974), págs. 159-164.
60. M. L. SHILLITO, "Cluster Analysis: Amplification of the Value Index?," *Proceedings, Society of American Value Engineering,* Vol. 9, abril 1974, págs. 144-150.
61. C. H. KEPNER y B. B. TREGOE, *The Rational Manager,* McGraw-Hill, Nueva York, 1965.
62. M. L. SHILLITO, "Impact Analysis," paper presented at James R. Bright's Technology Forecasting Workshop, Castine, ME, The Industrial Management Center, Austin, TX, junio 1977.
63. J. W. GREVE y F. W. WILSON, Eds., *Value Engineering in Manufacturing,* Prentice-Hall, Englewood Cliffs, NJ, 1967.
64. S. LASHUTKA y S. C. LASHUTKA, "The Management of Team Development in Value Analysis/Engineering," *Value World,* Vol. 3, No. 4 (enero-marzo 1980), págs. 5-10.
65. N. N. BARISH, "Evaluating Intangibles," in *Economic Analysis*, N. N. Barish (Ed.), McGraw-Hill, Nueva York, 1962.
66. W. BOOTHE, *Developing Teamwork,* Golle and Holmes Corporation, Minneapolis, julio 1974.
67. E. H. SCHEIN, *Process Consultation: Its Role in Organization Development,* Addison-Wesley, Reading, MA, 1969.
68. A. SCHARF, "Management by Emphasis," *Proceedings, 22nd Annual AIIE Conference,* mayo 1971, págs. 11-16.
69. A. T. ROPER, "Technology Assessment: A Vehicle for Dialogue," paper presented at Second International Congress On Technology Assessment, University of Michigan, Ann Arbor, octubre 1976.
70. A. M. BIONDI, Ed., *Have an Affair With Your Mind,* Creative Synergetic Associates, Ltd., Great Neck, NY, 1976.

CAPITULO 7.4

Máquinas herramienta convencionales

KENNETH M. GETTELMAN
Revista Modern Machine Shop

7.4.1 INTRODUCCION

La máquina herramienta es el dividendo del equipo principal. Sólo la máquina herramienta se puede reproducir a sí misma. Cada artículo manufacturado tiene su origen en el equipo principal y el equipo principal es el producto de una o más máquinas herramienta. Por tanto las máquinas herramienta son la fuente de origen de todos los procesos industriales y de todos los artículos manufacturados y procesados.

Aunque el torno artesanal, una herramienta rotatoria básica, existe desde hace 3 000 ó 4000 años y se cuenta con registros históricos que hacen referencia a otros conceptos de máquinas herramienta, fue John Eilkinson en Birmingham, Inglaterra, quien al trabajar con James Watt, inventor de la máquina de vapor, desarrolló primero el continuo de las actuales máquinas herramienta. La primera máquina herramienta, el taladro de Wilkinson, posibilitó a Watt el desarrollo del cilindro de precisión que requería el motor a vapor. El año fue 1776 y este evento histórico propició la creación del equipo de energía mecánica y el desarrollo de la máquina herramienta, iniciando así la era industrial moderna. El primer taladro era impulsado por agua, pero el motor a vapor que ayudó a producir se utilizó para dar energía a otras máquinas herramienta que produjeron más motores a vapor para generar el proceso de formación de capital productivo.

7.4.2 DESCRIPCION DE LAS MAQUINAS HERRAMIENTA

Existen sólo dos familias básicas de máquinas herramienta mecánicas. La primera es el grupo de máquinas desbastadoras de material, que le dan forma al metal eliminando virutas o pedazos de la pieza que se trabaja. Son: fresadoras, taladros, barrenadoras, rectificadoras, cepillos mecánicos, escariadoras, tornos mecánicos, esmeriladoras y sierras. La otra familia es la categoría de máquinas herramienta que conforman (troquelan) los metales, como punzonadoras y perfiladoras, cortadoras y cizallas, máquinas de fundición y moldeo. El equipo de manejo y alimentación de los materiales no se considera como máquina herramienta, sino que sus funciones son accesorias.

El elemento básico de la máquina herramienta es el marco sobre el cual se montan el eje del motor y los componentes que sujetan el trabajo y la herramienta. Tradicionalmente el marco ha sido colado, pero muchas máquinas actuales se construyen con secciones de placas pesadas soldadas entre sí. Esta es una estructura soldada.

La mayoría de los marcos de máquina herramienta son del tipo básico "C", con el eje sujetador de la herramienta a motor, montado sobre el brazo superior de la "C" y la mesa sujetadora de la pieza que se trabaja, montada sobre el brazo inferior. Tanto las máquinas herramienta desbastadoras como las moldeadoras se fundamentan en gran medida sobre el marco en forma de C. La otra alternativa es una caja cerrada, o marco tipo "O" en que hay una base que sujeta la pieza con que se trabaja y dos montantes que sostienen un miembro transversal sobre el cual se monta el eje del motor de la herramienta de corte. El único propósito del marco es proporcionar un sistema de soporte rígido para la herramienta de corte y la pieza que se trabaja, de tal modo que puedan interactuar efectivamente entre sí para producir una pieza maquinada a la forma y tolerancia especificadas.

Un elemento indispensable en todas las máquinas herramienta es el eje a motor, que sujeta la herramienta de corte o, en el caso del torno, el mango de la pieza. Históricamente el eje de impulso recibía su energía de un conector aéreo o ducto que se extendía por la planta. Cada máquina recibía impulso de una banda que obtenía su potencia del ducto. Actualmente todas las máquinas herramienta tienen motores individuales (casi todos eléctricos, aunque algunos son hidráulicos) como fuerza impulsora principal. Del motor pueden surgir ejes que den movimiento para impulsar otros elementos de la máquina, como la mesa, sobre la cual se monta la pieza que se va a trabajar, o los tornillos de alimentación, que controlan la proporción de la pieza que se alimenta a la herramienta cortadora.

Una regla universal sobre las máquinas dice que la pieza que se va a trabajar debe estar rígidamente sujeta a la máquina herramienta. Las máquinas herramientas del tipo de eje o torno, como las fresadoras, taladros y barrenadoras tienen mesas ranuradas sobre las cuales se puede fijar la pieza.

La misma regla que se aplica a la pieza con la que se trabaja, se aplica a la herramienta de corte, la que debe estar firmemente sujeta. Para las máquinas tipo torno hay cierto número de arreglos estándar de los vástagos y sistemas de sujeción de las herramientas. Algunas se sujetan mediante fricción con uñas ahusadas. Otras se sujetan mediante barras de tracción y aun otras con diferentes tipos de portaherramientas. Este tema es sumamente amplio. Desde el punto de vista de la ingeniería industrial, en muchas plantas los sistemas de sujeción de herramientas se estandarizan tanto como es posible para reducir requerimientos tanto de inventario como de procesamiento industrial. Por lo tanto, con la pieza que se va a trabajar y la herramienta rígidamente sujetas, la función de la máquina herramienta es dar energía a la herramienta de corte y a veces a la pieza misma, para producir movimientos mediante los cuales se trabaja la parte maquinada. Con algunas máquinas herramienta muy sencillas, el operador es quien suministra la energía para la alimentación real de la pieza o la herramienta. Un ejemplo es la prensa de taladro sencillo. Un eje impulsado por motor da lugar a la rotación del taladro, mientras el operador hace avanzar el taladro hacia la pieza que trabaja.

7.4.3 DESBASTADORAS

Las máquinas desbastadoras tienen tres elementos básicos: alimentación, velocidad y profundidad de corte. Estos se aplican a la única herramienta de corte del torno, la prensa taladradora, cepillo o la conformadora, o a las herramientas cortantes con dientes múltiples como las máquinas de fresado o las sierras.

La alimentación se refiere al grosor del corte de la herramienta cortante en la pieza (ejemplo 7.4.1). Para la mayor parte del trabajo de maquinado de corte o perforación, la alimentación fluctúa de 0.005 a 0.050 pulg. (0.127 a 1.27 mm) por diente o superficie de corte, dependiendo del tipo del material, de la tenacidad y dureza de la pieza y del material de la herramienta de corte así como de la capacidad misma de la máquina herramienta. Las tasas comunes de alimentación son 0.005 a 0.015 ipt (0.187 a 0.371 mmpt).

La velocidad es una medida de la rapidez o del ritmo a que la herramienta cortante atraviesa la pieza que se trabaja. Usualmente se expresa en pies por minuto o metros por minuto. Con los materiales actuales de las máquinas y herramientas de corte, la velocidad puede ser

Ejemplo 7.4.1 Toda operación de cortar metales, independientemente de la herramienta, implica alimentación, profundidad de corte y velocidad. La alimentación se expresa normalmente en términos de la distancia que la herramienta avanza sobre el trabajo con cada revolución, con cada golpe, o en el transcurso de un período dado. La profundidad de corte se refiere a qué tanto penetra la herramienta en la pieza que se trabaja, y la velocidad es la rapidez con que la herramienta cortadora es forzada a lo largo de la pieza.[a]

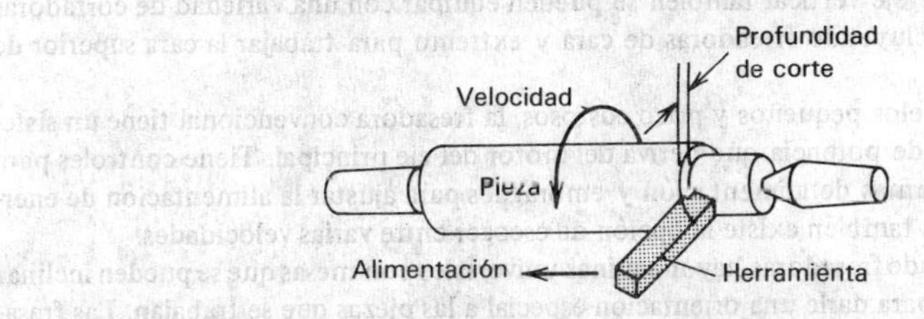

Torneado-la pieza gira

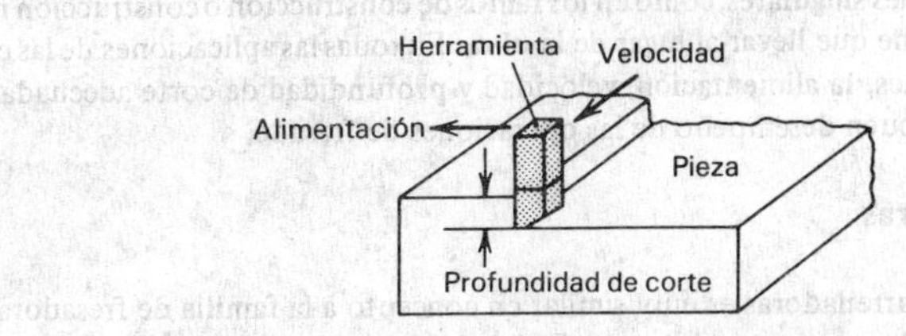

La herramienta de punto único se desplaza por el trabajo

[a]Cortesía de la revista *Modern Machine Shop.*

de 100 a 4000 fpm (30 a 1200 mpm); un margen común es de 400 a 600 sfpm (120 a 150 mpm).

Las profundidades de corte fluctúan de 0.005 a 1 pulg. (0.127 a 25.4 mm), aunque la mayoría van de 0.125 a 0.375 pulg. (2.8 a 8.4 mm). La operación de cualquier máquina herramienta desbastadora comprende la selección de alimentación, velocidad y profundidad de corte. El operador de la máquina puede seleccionar los parámetros de maquinado o tenerlos ya determinados como una función de la ingeniería industrial. En cualquier operación de maquinado hay una combinación óptima de alimentación, velocidad y profundidad de corte que da el costo más bajo de maquinado o la tasa más alta de producción, que por lo común no son iguales. En el *Machinability Data Handbook,* publicado por Metcut Research Associates (3980 Rosslyn Drive, Cincinnati, OH45209), el lector encuentra una amplia fuente de parámetros de maquinado que se recomiendan para toda clase de materiales, con los tipos de herramientas de corte que se emplean en la actualidad y las fórmulas para determinar tasas óptimas.

Fresadoras

Los modelos de fresadora van desde las pequeñas con eje vertical de 2 hp que se usan en salas de herramienta hasta los enormes modelos de 100 hp que se usan para trabajo aeroespacial o de tipo similar. Comparten el factor común de emplear una cortadora de dientes múltiples. Pueden estar hechas de acero sólido o tener dientes insertados. En la mayoría de los casos, la mesa de la fresadora mueve la pieza para que pase por el cortador rotatorio. Existen algunas máquinas con columna móvil en las que la pieza permanece fija y la cortadora se pasa a través de ésta.

Existen fresadoras convencionales en muchas variaciones diferentes. A menudo los modelos de eje horizontal están equipados con árboles apoyados sobre los que se montan cortadoras de casco o circulares para fresar la cara superior de la pieza o fresar muescas en las piezas. Las fresadoras horizontales también se pueden equipar con cortadoras de cara o de los extremos para trabajar las superficies verticales de una pieza.

Las fresadoras de eje vertical también se pueden equipar con una variedad de cortadoras de diversos tipos, incluyendo fresadoras de cara y extremo para trabajar la cara superior de una pieza.

Excepto los modelos pequeños y poco costosos, la fresadora convencional tiene un sistema de alimentación de potencia que deriva del motor del eje principal. Tiene controles para elegir entre varias formas de alimentación y embragues para ajustar la alimentación de energía. En las fresadoras también existe la opción de escoger entre varias velocidades.

Dentro del grupo de fresadoras hay máquinas universales con mesas que se pueden inclinar o girar sobre un eje para darle una orientación especial a las piezas que se trabajan. Las fresadoras pueden estar equipadas con cabezas especiales para hacer un trabajo vertical sobre una máquina horizontal y viceversa. También se pueden montar cabezas fresadoras sobre marcos especiales para aplicaciones singulares, como en los ramos de construcción o construcción naval, en que la máquina se tiene que llevar al lugar de la obra. En todas las aplicaciones de las cortadoras de dientes múltiples, la alimentación, velocidad y profundidad de corte adecuadas son los puntos clave para el buen desempeño de las operaciones de fresado.

Taladros y barrenadoras

El grupo de taladros y barrenadoras es muy similar en concepto a la familia de fresadoras. La diferencia radica en las herramientas de corte. El taladrado y el barrenado son operaciones de corte de metal con herramientas de un solo punto.

La mayoría de taladros tienen la configuración básica de marco en forma de C. Pueden ser modelos de caballaje pequeño o fraccionario que se usan para un trabajo manual delicado, hasta los grandes modelos de 50 hp quė se usan con taladros giratorios de 3 pulgadas de diámetro. A menudo a los modelos manuales o de banco se les denomina "taladros sensibles", porque el operador determina la alimentación cuando hace pasar la herramienta cortante a través de la pieza. Los taladros más grandes tienen alimentación de potencia. Por su propia naturaleza el taladro giratorio requiere un gran empuje para hacer entrar el centro muerto en la pieza. Por esta razón los taladros necesitan un marco rígido para hacer una perforación exacta.

Una importante variación del taladro es el taladro radial. En vez de un marco fijo, el taladro radial tiene una base sólida y una columna redonda. Sobre ésta se encuentra montado un brazo que puede girar sobre un arco de 240°, mientras que la cabeza del eje se puede desplazar a cualquier punto a lo largo del brazo. Esto permite que el eje del taladro se pueda situar en cualquier punto sobre piezas planas grandes.

También existen taladros con cabezas múltiples. En algunos casos, sobre éstas se montan varios cientos de taladros giratorios individuales. Usualmente este tipo de equipo se emplea en grandes corridas de producción de piezas con muchas perforaciones. Otra variante es el taladro múltiple en que los ejes de taladro impulsados individualmente se agrupan en patrones para hacer perforaciones múltiples en una sola pieza.

El proceso de terrajado consiste en maquinar roscas en los hoyos perforados. La clave de un buen terrajado es la destreza para hacer avanzar la herramienta de roscado en el hoyo a un ritmo que coincida con el avance de la rosca. El eje de la máquina se puede retroceder para extraer el macho de terraja del hoyo sin dañar ni rayar las roscas.

A diferencia del taladro que produce un hoyo en un sólido, la máquina perforadora agranda y termina un hoyo ya hecho. Esta también es una cortadora de un solo punto. Con frecuencia, la alimentación, velocidad y profundidad de corte son ligeras, ya que el objetivo final es por lo general obtener una tolerancia mínima, característica del maquinado fino de precisión y no una eliminación masiva de metal.

La similitud de la construcción de máquinas, la universalidad de las operaciones y la formación común de viruta o rebaba son tales que algunas máquinas se construyen para taladrar, barrenar y fresar algunas veces se llaman máquinas DBM y realizan tres operaciones de maquinado. Con el fin de lograr la alta precisión que a menudo se requiere en la perforación, la máquina no se puede usar para trabajo pesado, pero la capacidad de efectuar las tres operaciones de maquinado la hacen muy conveniente.

Rectificadora y cepillo

Las rectificadoras y cepillos son de las máquinas herramienta tradicionales que aún se encuentran en muchas plantas, pero actualmente se fabrican muy pocas porque tienen una herramienta cortante de un solo punto. Se ha comprobado que la cortadora de dientes múltiples tiene más aplicaciones y es más eficaz para muchos trabajos de maquinado que anteriormente se efectuaban mediante rectificado o cepillado.

En una operación de cepillado la pieza permanece fija en la mesa de la máquina, mientras que la herramienta de un solo punto se pasa a lo largo de la pieza. Cada paso de la herramienta a una velocidad, alimentación y profundidad determinadas elimina una parte de la superficie de la pieza.

El rectificado es exactamente lo contrario. La herramienta cortadora se sujeta rígidamente mientras la pieza se pasa por la herramienta de corte mediante el movimiento de la mesa. Con cada paso de la mesa avanza la alimentación de la herramienta. La alimentación, velocidad y profundidad de corte son muy similares a las del torneado de una pieza redonda.

El cepillo típico del taller de herramientas del pasado tenía un solo curso de 6 a 10 pulgadas y se usaba para maquinar la superficie de las piezas más pequeñas. Por otra parte, las rectificadoras se hacían a menudo con camas de 50 pies e incluso mayores. Comúnmente la herramienta de corte estaba sostenida por un puente que iba de un lado a otro de la mesa. Para piezas especiales de gran tamaño, se hicieron algunas rectificadoras con un lado abierto o marco en C.

Muchas de estas viejas unidades se han vuelto a diseñar y las cabezas de fresado se han montado sobre el brazo transversal. Estas unidades se conocen como fresadora rectificadora.

Escariadoras

Aún no se ha superado el método que utilizan las escariadoras para obtener altas tasas de eliminación de metal. Esta herramienta es una cortadora de dientes múltiples que puede tener una longitud hasta de 10 pies. Cada diente exterior está situado de tal modo que avanza hacia la pieza a la profundidad de corte que se desea en relación con el diente anterior. En el enfoque de punzonado la máquina jala o empuja la cortadora a través de o por encima de la superficie de la pieza que se va a maquinar.

Una forma común de escariar es generar una espiga en el interior de un anillo. La pieza se sujeta a la mesa y el escariador se pasa a través de ella. Así se maquina la pieza en una sola operación.

La parte dentada a menudo se introduce empujándola a través de una cortadora de "olla" con dientes cortantes hacia el interior, de tal modo que maquina los dientes exteriores del metal dentado.

Las superficies se escarían sujetando rígidamente la pieza y empujando una herramienta firmemente apoyada sobre la superficie que se va a maquinar.

Aunque el escariado es muy rápido en términos de capacidad de eliminar metal de una pieza, el método tiene varias desventajas. Las herramientas son muy costosas. El proceso requiere una fijación sólida para sujetar la pieza y las máquinas tienen que ser muy poderosas y sólidas. El tiempo necesario para los cambios es muy largo. Por tanto, el escariado encuentra su mayor aplicación en la industria automotriz o de producción masiva, en las que los costos de la máquina, instalación y de herramientas se compensan efectivamente por las rápidas tasas de maquinado que ofrece el procedimiento.

Torno mecánico

La máquina herramienta para maquinar piezas redondas es el torno. El torno básico de motor tiene un marco en forma de C, con portaherramientas a la izquierda, respecto al operador frente a la máquina, y un cabezal móvil a la derecha. El portaherramientas está equipado con un mandril u otra forma de asir el trabajo y un dispositivo conductor, mientras que el mango de cola sujeta el extremo saliente de la pieza. La herramienta de corte de un solo punto se monta sobre un sujetador de herramienta al que sostiene un cursor transversal, de modo que la herramienta se ajusta al diámetro adecuado de la pieza que se va a trabajar.

Uno de los elementos clave del torno es el tornillo conductor, el cual alimenta constantemente la herramienta cortante hacia la pieza a medida que ésta gira. Ajustando la combinación adecuada de rotación de la pieza con el avance del tornillo, se puede roscar una pieza, o maquinar su superficie.

En manos de un operador diestro, el torno mecánico básico es una máquina herramienta sumamente versátil. Estos tornos se obtienen en tamaños que van desde los modelos pequeños de banco que usan los joyeros, hasta las grandes unidades con distancias mayores de 100 pies entre centros, que se usan para tornear grandes componentes de máquinas.

Una variación del torno mecánico es el torno revólver con una herramienta de torreta montada sobre el cursor transversal. La torreta puede sujetar cuatro, cinco, seis u ocho herramientas cortantes. El centro de la torreta está referido a una línea que pasa por el eje central de la espiga. Por lo común las herramientas de corte se emplean sobre la cara de una pieza y no sobre la periferia. Normalmente la pieza se sujeta sin ningún apoyo saliente; por tanto, el torno revólver o de torreta es ideal para piezas de mayor diámetro que longitud.

El torno revólver tipo carretilla tiene una corredera especial que hace avanzar la torreta hacia la pieza. El de tipo silleta tiene toda la silleta o cursor transversal delante de la pieza.

La máquina automática con plato de fijación es un desarrollo lógico del torno de torreta y ejecuta una secuencia automática de operaciones. En vez de que el operador seleccione la herramienta que va a usar y la haga avanzar dentro de la pieza, la máquina automática hace las secuencias a través de un ciclo completamente automático. Una herramienta cortante se hace avanzar y completa su operación. Luego se retrae y la siguiente herramienta cortadora sobre la torreta se gira para ponerla en posición y se hace avanzar en la pieza. Esto continúa hasta terminar la pieza.

Muchas de las máquinas automáticas con plato de fijación están construidas a base de un marco C invertido, con la boca de la "C" hacia el fondo. Esto permite que las lascas generadas por el maquinado caigan en una canasta o transportador para quitarlo fácilmente del área de maquinado.

Otro miembro importante de la familia de máquinas torneadoras es la máquina roscadora o barra automática. Estas unidades son completamente automáticas y se usan para tornear piezas hasta de 2 pulg. de diámetro. Se asemejan a las máquinas automáticas de plato fijo en que la secuencia de la herramienta es automática. Difieren en que la pieza que se va a trabajar es una barra de material que se alimenta a través del eje o broca de la máquina, en vez de un pedazo de material montado en la cabeza móvil. La barra avanza automáticamente hasta una parada. Se efectúa el maquinado, seguido por un corte automático. Una vez montadas estas unidades pueden correr por sí mismas por largos períodos. Incluso se pueden equipar con alimentadores automáticos de barras, de tal modo que, una vez consumida una barra, se alimenta otra en su lugar.

Otra variación usada para la producción de grandes tirajes, es la automática de espigas múltiples, que se obtiene en variedades de cuatro, seis y ocho espigas. Cada espiga está montada en una sección de barra del material y todo el soporte de la espiga gira de una estación de maquinado a otra. Por tanto, en vez de que las herramientas giren sobre una torreta, utilizando cada herramienta sólo una sexta parte del tiempo sobre una torreta de seis herramientas, cada una de éstas está en uso constante en una máquina automática de espigas múltiples y cada pieza se completa con cada ciclo de herramientas de la máquina. Las desventajas son que cada espiga debe girar a la misma velocidad, ya que la velocidad máxima está gobernada por la operación más lenta. Similarmente, el ciclo de la torreta se rige por la operación de maquinado más larga. Además, la unidad de espigas múltiples es una máquina difícil de instalar y operar. Su utilidad se ha comprobado con los años de producción masiva, especialmente en las industrias automotriz e instrumental.

Máquinas esmeriladoras

Un importante tipo de máquina herramienta desbastadora es el grupo abrasivo que emplea un disco esmerilador o una parte abrasiva. Aunque parezca una anomalía, el disco abrasivo o piedra elimina material por un proceso de desbastación. Cada grano abrasivo, al pasar por la pieza,, desprende una pequeña partícula de metal, la cual, vista con una lupa, parece una pequeña brizna.

Al igual que con la mayoría de máquinas herramienta, las máquinas esmeriladoras tienen una construcción de marco básico en forma de C. El esmerilador para superficies comunes emplea un disco que usa la periferia como parte que entra en contacto con la pieza que se trabaja. Por lo general, el disco está montado sobre un eje horizontal y la pieza sobre una mesa oscilante que se desplaza por abajo del disco. Con cada paso de la mesa, el disco avanza progresivamente hacia la pieza. Los avances del esmeril son ligeros; una tasa de alimentación sustancial es 0.002 pulg. (0.050 mm)/por paso. Las esmeriladoras de superficie vienen en todos los tamaños, desde los modelos pequeños con una mesa de 6 por 12 pulg. (150 por 300 mm) hasta una unidad que puede tener una mesa de 50 pies de longitud, con un motor de 50 hp o más.

Otro tipo importante de máquina esmeriladora es la esmeriladora cilíndrica, en que la pieza se monta entre dos centros, con la cabeza del disco atravesándola de un extremo a otro, a medida que gira la pieza.

Una variación de la esmeriladora cilíndrica es la esmeriladora universal, en que la cabeza del disco, la mesa de trabajo, o ambas se fijan a diferentes ángulos para esmerilar biseles, hombros y otras variaciones de curso cilíndrico.

En la esmeriladora interna se emplea un pequeño disco en el extremo de un árbol que llega a la superficie interna de las formas cilíndricas. La pieza que se va a trabajar se monta sobre una espiga a motor que sujeta la pieza y gira cuando el disco de esmerilar entra en ella también girando sobre la longitud de la superficie que se va a esmerilar.

La esmeriladora con plantilla posicionadora es un tipo especializado de unidad en que se emplea un pequeño disco abrasivo sobre el extremo de un eje vertical de gran precisión. La máquina se usa principalmente por su trabajo para obtener tolerancias muy estrechas. Normalmente, el eje es vertical y las superficies como las de apoyo o las de otra máquina o herramienta crítica se sujetan comúnmente a la plantilla posicionadora del esmeril. La superficie de la pieza se pasa por el disco esmerilador.

Una máquina abrasiva altamente especializada que no usa discos, pero que emplea segmentos de piedra abrasiva, es la esmeriladora de superficies con eje vertical y una gran mesa rotatoria. La unidad se emplea para desgastar la superficie de grandes placas planas y piezas similares.

Otra máquina del tipo abrasivo para grandes superficies es la unidad que emplea bandas abrasivas. Algunas máquinas de banda tienen motores hasta de 150 hp y pueden eliminar metal a un ritmo de 15 $pulg^3$/ minuto, e incluso más rápido.

En principio, todos los maquinados desbastan excepto la máquina herramienta abrasiva. En los tornos o fresadoras no se puede maquinar piezas a un alto grado de precisión, como el que tienen los componentes mecánicos de estas mismas máquinas. Las máquinas abrasivas son mejores en cuanto a que pueden producir superficies con una mayor precisión que las propias piezas de la máquina. Esto se debe a los miles, e incluso millones, de granos abrasivos que tiene un disco o banda que está hecha para preparar una superficie dentro de un margen de un millonésimo de pulgada, o con una desviación de la media de un cuarto de micra.

Sierra mecánica

Las últimas máquinas herramienta que desbastan el material son las sierras de motor. Hay dos tipos: la sierra de banda con hoja continua y la de segueta en que se emplea un movimiento oscilatorio. Existen recomendaciones definitivas sobre tasas de alimentación y velocidad para los cortes en las operaciones de maquinado. Estas dependen del material que se corte, el número de dientes por pulgada de la hoja y del material mismo de la hoja.

7.4.4 MAQUINAS TROQUELADORAS DE METAL

Las máquinas troqueladoras de metal constituyen la segunda familia de equipos para trabajar metal. La unidad básica es la prensa troqueladora sencilla. Está construida sobre la base de un marco en forma de C, o bien, con soportes en las cuatro esquinas. Casi invariablemente la cama de la prensa soporta la sección del molde de maquinado, mientras que el ariete soporta la mitad del troquel. Cuando la operación es de troquelado, la mitad macho del molde se monta usualmente sobre el ariete y la mitad hembra sobre la cama de la prensa.

Si se trata de una prensa hidráulica, ésta tiene una tasa constante de tonelaje durante todo el golpe. Si es una prensa mecánica, se fija a una tasa de cierto tonelaje con el ariete a una distancia específica desde el fondo del curso del golpe. En tonelaje es un factor que cambia constantemente durante todo el golpe de la prensa, debido al cambio de la relación de brazo de palanca. En las prensas se presenta mayor número de problemas respecto a este solo factor, que en cualquier otra máquina. El embrague tiene un par constante todo el tiempo, pero el tonelaje del ariete puede inducir cambios hasta que llega al infinito del asiento del golpe (ejemplo 7.4.2).

Un factor importante en la operación de la prensa es la preparación de la herramienta. Idealmente debería incluir alimentación automática, de modo que el operador no necesitara estar cerca del área de peligro. Si una prensa se alimenta a mano, las consideraciones de seguridad son un factor crítico y se debe impedir que el operador pueda meter accidentalmente las manos en el punto de punción.

Las prensas también se pueden usar para forja en frío o caliente. En ésta el metal simplemente se prensa entre dos mitades del molde para producir una forma burda.

Otra parte de la familia de las prensas es la categoría de prensa de colado en molde o dado y de moldeado de plástico, en las cuales el metal o plástico fundido se introduce a presión en una cavidad formada por dos medios moldes. Cuando el material se solidifica, las mitades del molde se separan y se extrae la pieza.

Existen máquinas para aplicaciones múltiples, como las de posicionamiento o líneas de transferencia, donde muchas y diferentes espigas de maquinado se montan conforme a un patrón circular o lineal, y la pieza que se va a trabajar se pasa de una estación a la siguiente hasta terminar todas las operaciones de maquinado. Los tipos de posicionamiento y de transferencia se usan para producciones masivas.

Ejemplo 7.4.2 A medida que una prensa avanza en su ciclo, aplica un tonelaje que varía constantemente. Un árbol que entrega 100 toneladas por pie de potencia cuando el brazo está horizontal, aplica un tonelaje efectivo que aumenta constantemente a medida que el brazo se acerca al fondo. La distancia entre el eje de palanca y el martinete disminuye constantemente y en el fondo es de cero. Recuerde que cero dividido entre cualquier cantidad distinta de cero es igual a infinito.[a]

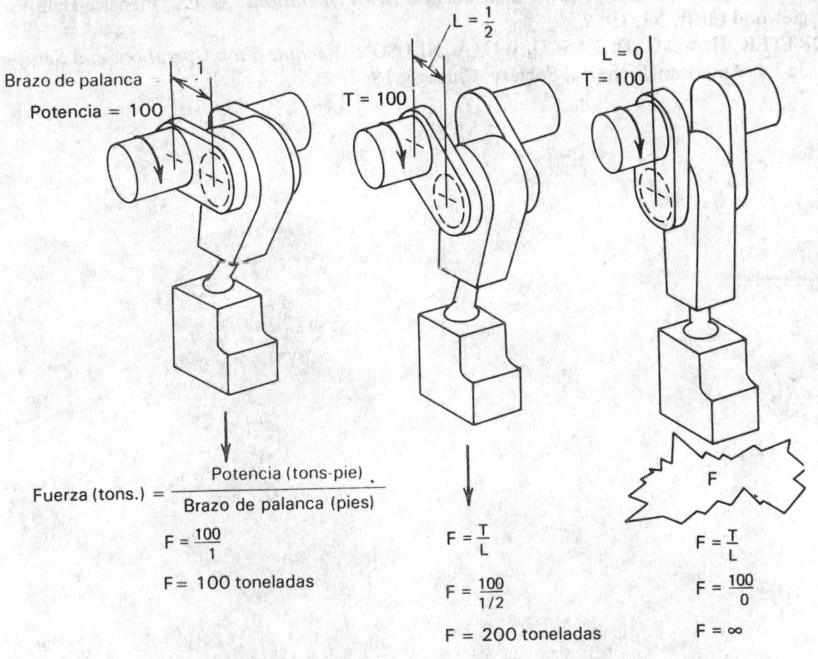

$$\text{Fuerza (tons.)} = \frac{\text{Potencia (tons-pie)}}{\text{Brazo de palanca (pies)}}$$

$F = \frac{100}{1}$

F = 100 toneladas

$F = \frac{T}{L}$

$F = \frac{100}{1/2}$

F = 200 toneladas

$F = \frac{T}{L}$

$F = \frac{100}{0}$

$F = \infty$

[a] Cortesía de la revista *Modern Machine Shop*.

Otro concepto que se empieza a aplicar actualmente es el sistema de fabricación variable o flexible. Este concepto se basa en una celda o agrupamiento de centros de maquinado controlados numéricamente, conectados con cursores a motor bajo el control de una computadora central. Dentro del sistema se colocan cargas de piezas diferentes y la computadora controla el paso de una máquina a la siguiente y la secuencia de operación de cada centro de maquinado. El objetivo es la eficiencia en la producción masiva para un trabajo de producción en lotes pequeños.

Existen cuatro métodos de maquinado "no tradicionales" que han tenido aceptación general desde la Segunda Guerra Mundial. Son los métodos térmico, químico, eléctrico y electroquímico. Los métodos térmicos incluyen el maquinado por descarga láser y eléctrica (erosión por chispa), rayo de electrones, y plasma. El maquinado químico consiste en el uso de agentes químicos para disolver el metal de las superficies expuestas. El maquinado eléctrico es la aplicación directa de la corriente para eliminar metal por un proceso de ionización y es lo contrario a la electroplastia. En el maquinado electroquímico se combina la corriente eléctrica con una reacción química. Cualquiera de estos cuatro métodos se puede usar cuando un material o una condición especial del herramental plantea un problema para los procesos de maquinado mecánico.

Incluso los procesos de maquinado no tradicional se ejecutan a menudo en una máquina con marco básico en forma de C o de construcción con cuatro soportes, ya que implican el principio básico de la pieza que se va a trabajar y la interacción recíproca de las herramientas; ambos reciben apoyo y control a través de una serie de movimientos de maquinado.

BIBLIOGRAFIA

MOLTRECHT, K. H. *Machine Shop Practice,* Vols. I y II, Industrial Press, Nueva York, 1981.

POLLACK, H. W., *Manufacturing and Machine Tool Operations,* 2a. Ed., Prentice-Hall, Englewood Cliffs, NJ, 1979.

PORTTER, H. W., O. D. LASCO, y C. A. NELSON, *Machine Shop Operations and Setups,* 3a Ed. American Technical Society, Chicago, 1967.

CAPITULO 7.5

Automatización

RALPH E. CROSS, SR.
Cross & Trecker Corporation

7.5.1 INICIOS DE LA AUTOMATIZACION

La automatización de las máquinas herramienta consiste sencillamente en acoplar tres bloques básicos de construcción: la máquina herramienta, el manejo de material y los controles.

La automatización, tal como se conoce actualmente, se convirtió en un factor importante de la producción masiva durante la Segunda Guerra Mundial. Pero sus inicios son anteriores a ésta. A medida que la población y los mercados se expandieron a principios del siglo XX, surgió la necesidad de mejorar la productividad más allá de lo que era posible con las máquinas herramienta convencionales. Como respuesta a esta necesidad se desarrollaron las máquinas herramienta "especiales".

Las primeras máquinas especiales efectuaban un solo tipo de operación de maquinado, como tornear, fresar o taladrar. Cada máquina tenía un solo eje, realizaba una sola operación en una pieza y necesitaba un operador. Para la ejecución de todo el maquinado requerido por una pieza hacía falta distribuir muchas máquinas en línea, cada una desempeñando una sola función; generalmente bastaba un transportador de rodillos operado a mano, que llevaba el trabajo de una máquina a la siguiente.

El producto de estas antiguas líneas de producción estaba limitado por el tiempo que se requería para cargar, maquinar y descargar el trabajo y conducirlo entre máquinas de una sola operación. Esta restricción se eliminó parcialmente debido al surgimiento de la máquina de ejes múltiples. Con ésta, un solo motor impulsando varios ejes mediante un tren de engranajes permitía que una sola máquina efectuara múltiples operaciones. Los ciclos del tiempo de maquinado no cambiaron, pero se pudieron hacer más operaciones de maquinado dentro de cada ciclo. Y un solo operador podía hacer varias operaciones de maquinado en una sola máquina.

Con la máquina múltiple de ejes múltiples y una sola estación se inició un importante avance en la productividad. Este concepto permitió realizar varios conjuntos de operaciones sobre diferentes superficies de la pieza, todo en una máquina y con un solo operador. Por este concepto se pudo reducir el número de máquinas requeridas en una línea de producción y se aumentó la cantidad de trabajo por operador. El tiempo total de carga-maquinado-descarga no cambió, pero la productividad aumentó considerablemente ya que se requerían menos máquinas y menos operadores.

El surgimiento de la indización o transferencia de la pieza que se iba a trabajar hizo posible que un operador controlara el trabajo que se ejecutaba en varias estaciones de maquinado. Además, el operador podía cargar y descargar en la estación de carga mientras se efectuaba el maquinado. Esto redujo el tiempo total del ciclo, al combinar la función de carga y descarga con la de maquinado.

7.5.2 MAQUINAS DE DISCO Y TRANSFERENCIA

El gran adelanto repentino que facilitó la automatización como se conoce hoy, surgió junto con el desarrollo de instrumentos de indización automática de la pieza y de transferencia lineal. Estos permitieron la creación de la máquina de indización rotatoria con múltiples estaciones o de "disco" y de la máquina de indización en línea, o de "transferencia". Ambas proporcionaron el movimiento automático de las piezas de una estación a otra y permitieron efectuar más operaciones de máquina por operador.

Las siguientes máquinas de transferencia en línea, enormes y con múltiples estaciones ejecutaron increíbles proezas de maquinado. Pero tenían una desventaja: cuando alguna de las múltiples estaciones de maquinado se descomponía o se paraba por reparaciones o cambio de herramienta, la línea entera tenía que parar.

7.5.3 AUTOMATIZACION POR SECCIONES

La automatización por secciones (ejemplo 7.5.1) se creó para evitar pérdidas de producción durante los períodos muertos. Por la automatización por secciones, una máquina de transferencia se divide en secciones, que permiten detener algunas operaciones sin interrumpir la producción de otras. Esto se hace a través de un programa en que los instrumentos de transferencia mueven las piezas a través de varias operaciones de maquinado mientras que otros, trabajando independientemente, mueven las piezas de una máquina a otra. Se toman provisiones para acumular partes entre cada una de las secciones.

Ejemplo 7.5.1 El principio de almacenamiento en las máquinas divididas en secciones dentro de una línea de transferencia lineal. Cuando es necesario cambiar herramientas, o cuando un problema imprevisto obliga a paralizar una de las secciones de la máquina, el dispositivo de transferencia almacena automáticamente las partes que preceden a la sección siguiente, permitiendo al mismo tiempo que las otras secciones de la máquina sigan operando a toda su capacidad.

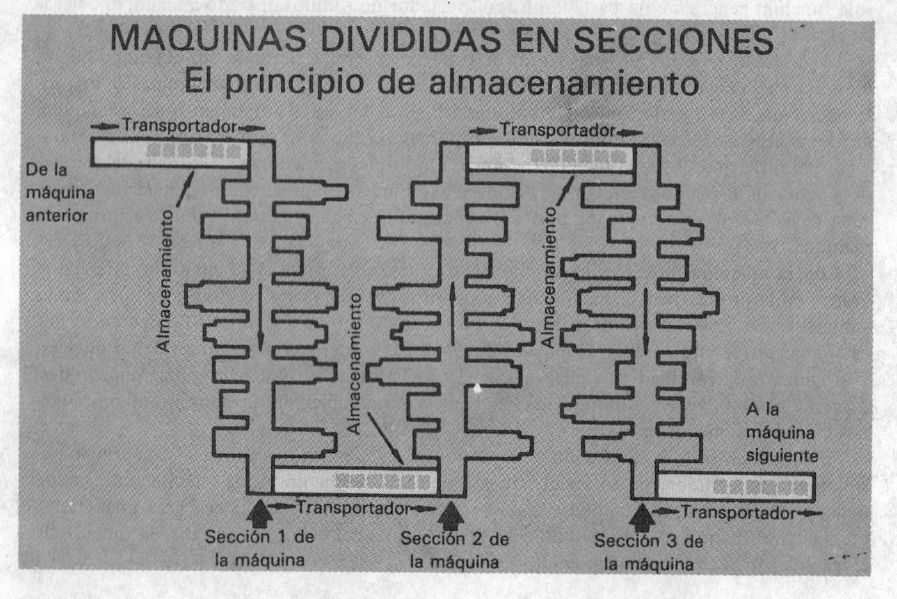

Cuando un dispositivo automático señala la necesidad de cambiar herramientas en una sección, ésta se detiene; pero las otras continúan toda la operación automática. El operador sigue alimentando partes de la primera sección y todas las secciones procesan el trabajo excepto la sección que se detiene, en donde el trabajo se acumula en espera de que la producción se reanude después del cambio de herramientas. La automatización por secciones superó los obstáculos que habían impedido antes la automatización total.

Para ilustrar el salto cuántico en la productividad, posible debido a este maquinado automático, sólo se necesita considerar el ejemplo del maquinado del bloque cilíndrico de un automóvil: antes requería alrededor de 600 operaciones de maquinado (ejemplo 7.5.2). Para la carga, descarga y maquinado completo del bloque en una línea de un solo eje, las máquinas de una sola estación de 1920 hubieran consumido 600 minutos de trabajo productivo. Las máquinas de transferencia de indización en línea con múltiples estaciones de la actualidad

Ejemplo 7.5.2 Es posible aumentar la productividad incorporando las diversas etapas de las técnicas de automatización. La máquina de una sola broca y de uso único que aparece a la izquierda puede taladrar y escariar los agujeros en la parte que se muestra arriba, a razón de 5 piezas/hr. Esto incluye los tiempos de carga y descarga y el tiempo necesario para cambiar las herramientas de una a otra broca y luego al escariador. La máquina de brocas múltiples que aparece al centro lleva a cabo simultáneamente las operaciones de taladro y escariador. Colocando una cabeza de husos múltiples, un grupo de cuatro soportes y una mesa giratoria, la producción aumenta a 30 piezas/hr. Esta máquina permite las operaciones concurrentes de primero y segundo taladro y escariado de los dos agujeros de cada parte, así como la carga de cada uno de los cuatro soportes. La mesa giratoria indica cuando las operaciones quedan terminadas y cada operación se repite presentando una parte terminada a la estación de carga y descarga. La máquina de la derecha muestra el paso siguiente del incremento de la producción. Usando una mesa espaciadora más grande y duplicando el número de brocas, escariadores y soportes, el ritmo de producción se duplica a 60 piezas/hr.

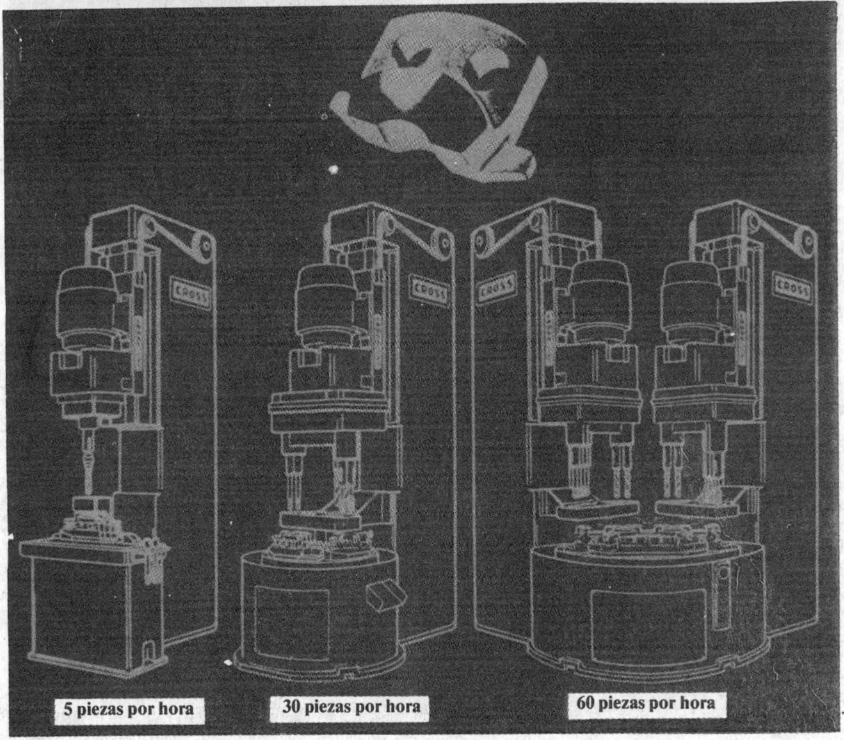

Ejemplo 7.5.3 Con frecuencia, una sección de máquinas en una línea no puede efectuar sus operaciones al mismo ritmo que la sección anterior. En ese caso, la sección más lenta se divide en ramales, con facilidades de almacenamiento antes de cada ramal. En esa forma, el tiempo del ciclo más lento se compensa con la adición de un mayor número de máquinas. Asimismo, como en el caso ilustrado en la figura, cualquiera de los ramales de la sección de ciclo más lento se puede parar para cambiar herramientas sin interrumpir la producción en el otro ramal

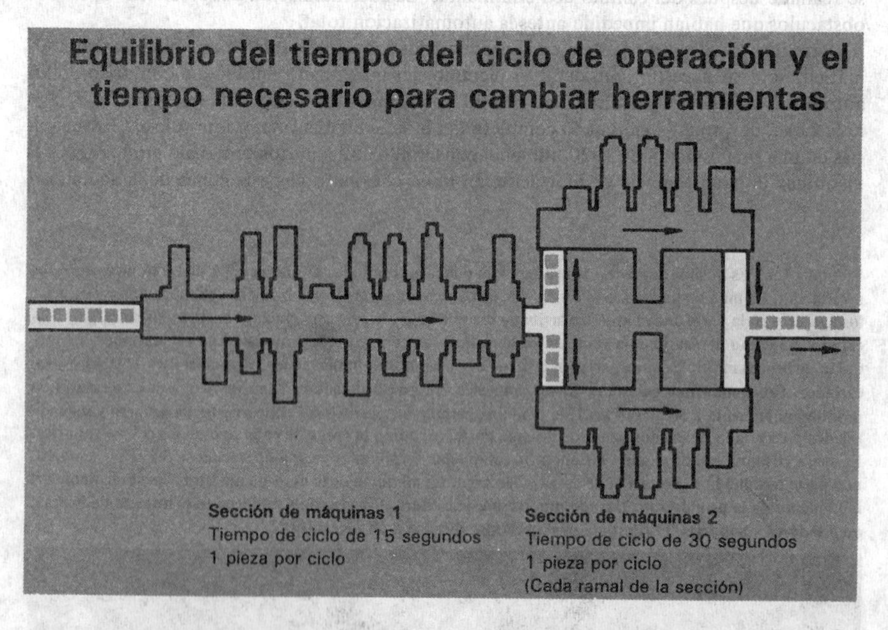

reducen ese tiempo a menos de un minuto de labor productiva, con tolerancias de maquinado mucho más estrictas (ejemplo 7.5.3).

7.5.4 DESARROLLOS COLATERALES

Con el avance de las técnicas automatizadas de maquinado, los desarrollos colaterales han hecho contribuciones significativas a la productividad: enriquecieron las tareas y aligeraron en gran medida el trabajo para las operaciones de máquina. Los instrumentos para carga y descarga liberaron a los trabajadores de la necesidad de levantar cargas pesadas. Se refinaron los sistemas de manejo del trabajo. Se redujeron los importantes factores de tiempo muerto que ocasionaba el cambio de herramientas, primero con herramientas cortantes previamente ajustadas, luego por unidades de conteo de los ciclos de maquinado que señalaban la necesidad de cambiar herramientas y finalmente mediante una inspección y compensación del desgaste de las herramientas completamente automatizado, sin interrupción en el ciclo de maquinado.

La más reciente contribución tecnológica a la automatización ha sido la complejidad cada vez mayor de los instrumentos de control. Los interruptores limitadores se usaron inicialmente para controlar los ciclos de viaje y maquinado y se siguen usando ampliamente para controlar muchas funciones de máquina. Luego vinieron los controles programables, que son un instrumento interruptor hermético que efectúa cambios funcionales en las máquinas.

El avance tecnológico actual en controles es el control numérico computado (CNC), que proporciona más inteligencia a la máquina, le permite a la misma máquina mayor flexibilidad para que se puedan procesar familias de partes y da información respecto a las condiciones de operación. Cuando una herramienta se desgasta, por ejemplo, la calibración automática de herramientas señala la máquina que se debe compensar por el desgaste de herramientas.

Los principales constructores de equipo automático usan ahora un concepto de construcción en bloque, por el cual se aplican módulos estándar en diversas distribuciones para constituir una variedad de máquinas especiales del tipo estación. Los módulos que se usan incluyen unidades cursoras, montajes de columna vertical, cabezas de un eje o ejes múltiples, mesas de posicionamiento, etc. El empleo de estas unidades modulares simplifica el diseño y construcción de las máquinas, facilita el mantenimiento, permite usar de nuevo muchas unidades cuando la máquina se transforma para hacer una parte o grupo de partes diferente y reduce el inventario de las partes de repuesto. Además, el costo de cada módulo es más bajo debido a la economía que implica su construcción en grandes cantidades.

7.5.5 SISTEMAS INTEGRADOS DE PRODUCCION

Originalmente las máquinas que se creaban como herramientas con una utilidad especial para operaciones de inspección y ensamble de producción, se han integrado a sistemas automáticos de maquinado, lo cual ha propiciado los actuales métodos avanzados de producción: el sistema totalmente integrado. En él se usan grupos de máquinas enlazadas por rutas de acceso de datos a controles de estado sólido que multiplican el producto de los trabajadores de producción masiva de partes o ensambles similares. Uno de estos sistemas está compuesto por cerca de 100 máquinas forjadoras de metal, de ensamble y de prueba, junto con una variedad de manejo automático de material y equipo de almacenamiento durante el proceso. El sistema produce cabezas de rueda de camión y ensambles de tambor completamente maquinados y ensamblados, a partir de colados en bruto. Es totalmente automático y no requiere operadores de máquina, sólo personal de mantenimiento y servicio.

El sistema de producción integrado descrito también emplea una variante del sistema de transferencia. En ciertas partes de los sistemas, en que la operación de prueba y ensamble tienen ciclos variables, se emplea un sistema de transferencia no sincronizado para que cada estación de la máquina cumpla su ciclo independientemente y sin afectar las otras estaciones. En otros casos se emplea una transferencia sincronizada, cuando es más conveniente mover el trabajo de esta manera.

Las primeras máquinas herramienta podían ejecutar tareas más allá de los límites de la resistencia y destreza manual humanas. Las máquinas automáticas actuales han liberado al hombre de cargas onerosas y repetitivas y ha hecho posible dedicar el tiempo y la energía a trabajos más creativos. La futura automatización puede ayudarnos a considerar una necesidad del mercado: diseñar un producto para satisfacer una necesidad económica, funcional y estética transformando automáticamente el diseño en un producto terminado sin la participación humana más allá de la función del pensamiento creativo.

BIBLIOGRAFIA

"Automation, Numerical and Computer Control," in Dallas, D. B., ed., *Tool and Manufacturing Engineers' Handbook*, 3a. ed., McGraw-Hill, Nueva York, 1976.

LEONE, W. C., *Production, Automation, and Numerical Control*, Ronald, Nueva York, 1967.

SYKORA, J., *An Automation Dictionary*, Adler, Nueva York, 1976.

WEEKS, R. C., *Machines and the Man: A Sourcebook on Automation*, Irvington, Nueva York, 1972.

CAPITULO 7.6

Robótica industrial

RONALD L. TARVIN, MERTON D. CORWIN y WAYNE E. MECHLIN
Cincinnati Milacron, Inc.

7.6.1 ¿QUE ES UN ROBOT INDUSTRIAL?

Un "robot industrial", según la definición del *Robot Institute of America*, es un manipulador programable multifuncional diseñado para mover material, piezas, herramientas o instrumentos especializados mediante movimientos variables programados para la ejecución de una gran variedad de tareas. Lo que diferencia a un robot industrial de otros tipos de automatización es el hecho de que se puede reprogramar para diferentes aplicaciones;por lo tanto, un robot se puede clasificar como dentro de la "automatización flexible", o sea lo contrario a la automatización "rígida" o dedicada a un solo tipo de labor.

Los robots industriales constan de tres componentes básicos:

1. El *manipulador* (o *brazo*) que es una serie de enlaces y juntas mecánicas capaces de hacer movimientos en varias direcciones para efectuar una tarea de trabajo.
2. El *control,* que dirige realmente los movimientos y operaciones que efectúa el manipulador. El control puede ser una parte integral del manipulador o estar dentro de un gabinete separado.
3. La *fuente de energía,* que proporciona energía a los mecanismos actuantes del brazo. La fuente de energía puede ser eléctrica, hidráulica o neumática.

7.6.2 CONFIGURACIONES DEL BRAZO Y LA MUÑECA DEL ROBOT

Cualquier explicación sobre las configuraciones del brazo del robot implica una descripción del tipo de "envolvente de trabajo" generada por cada configuración. La envolvente de trabajo es un producto del alcance del brazo del robot y, para un instrumento estacionario de base, se debe definir en términos de tres ejes de movimiento de brazo: recorrido horizontal del brazo, que es una rotación respecto al eje central o un desplazamiento lineal sobre un eje horizontal; movimiento vertical y extensión del brazo. Por lo general las configuraciones de brazo se definen en términos de la envolvente de trabajo producida por una combinación particular de ejes.

Por lo tanto todos los robots industriales están dentro de alguna de las siguientes clasificaciones de configuración: cilíndrica, esférica o esférica articulada.

Los brazos de robot del tipo *cilíndrico* (a veces denominado tipo poste) se llaman así porque su envolvente de trabajo es una porción de un cilindro. Estos robots consisten en un brazo horizontal montado sobre una columna vertical, o poste, que a su vez se halla sobre una base. El brazo se mueve hacia adentro y hacia afuera, para arriba y para abajo de la co-

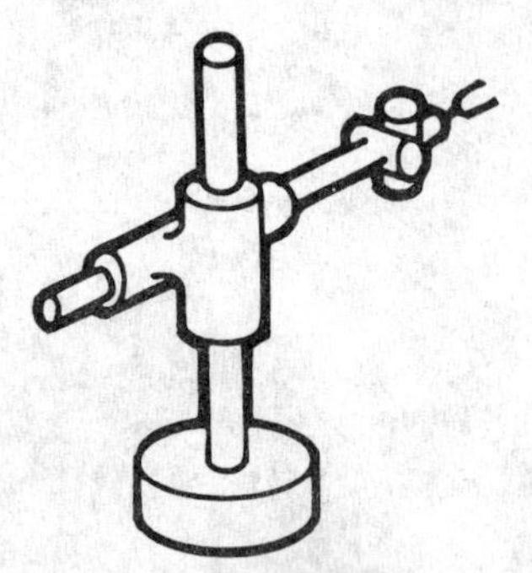

Ejemplo 7.6.1 Brazo de configuración cilíndrica

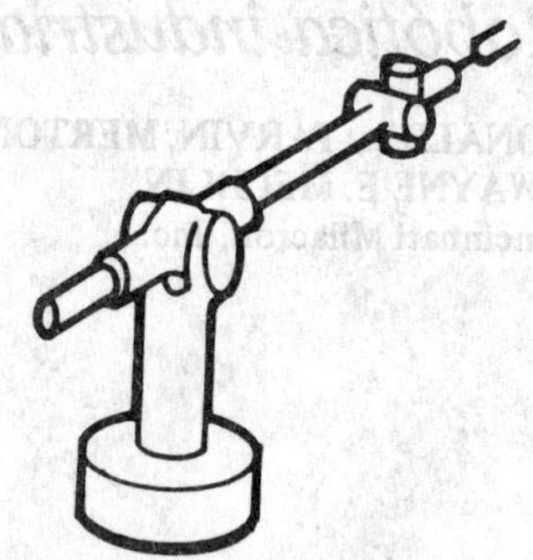

Ejemplo 7.6.2 Brazo de configuración esférica

lumna, y ésta gira sobre la base. Por tanto las configuraciones de brazo de robot cilíndrico tiene dos ejes lineales y uno rotatorio (véase el ejemplo 7.6.1).

Una configuración esférica (o polar) se parece a la de una torreta de un tanque. El brazo se mueve hacia adentro y afuera, gira sobre un pivote en un eje horizontal, y gira en un plano horizontal respecto a la base. Así, esta configuración consiste en un eje lineal y dos rotatorios y su envolvente de trabajo es una porción de una esfera (véase el ejemplo 7.6.2).

La configuración de brazo *esférica con coyuntura,* también se llama "antropomórfica" o "articulada", opera de forma muy parecida al brazo humano. En esta configuración el brazo se extiende desde la base, o tronco, y se junta en el "codo" y en el "hombro", donde se encuentran el brazo y la base. La base tiene movimiento rotatorio. Esta configuración consta de tres ejes rotatorios y también traza una porción esférica, que es su envolvente de trabajo (véase el ejemplo 7.6.3).

En los casos en que la propia base del robot se desplaza o recorre un camino, se agrega a las otras una dimensión rectangular, sin importar el tipo de configuración de brazo.

Ejemplo 7.6.3 Brazo articulado de configuración esférica y perímetro de trabajo

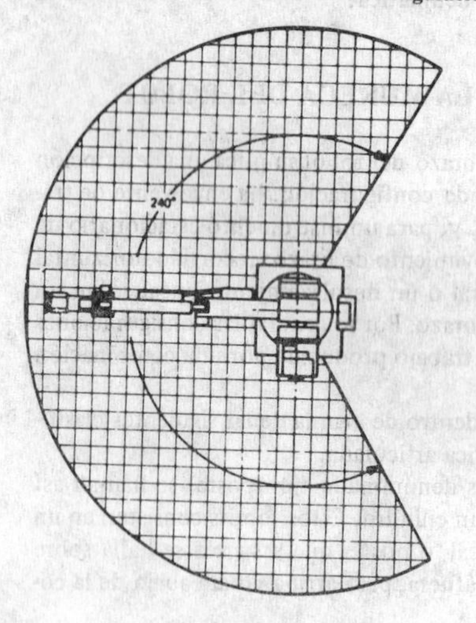

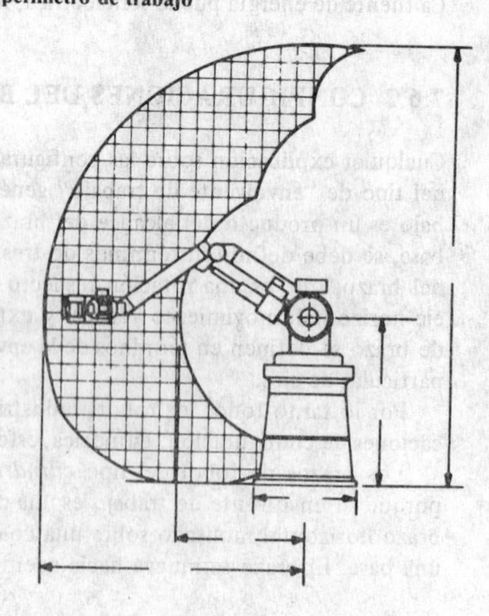

Ejemplo 7.6.4 Ejes de movimiento de un robot de brazo articulado

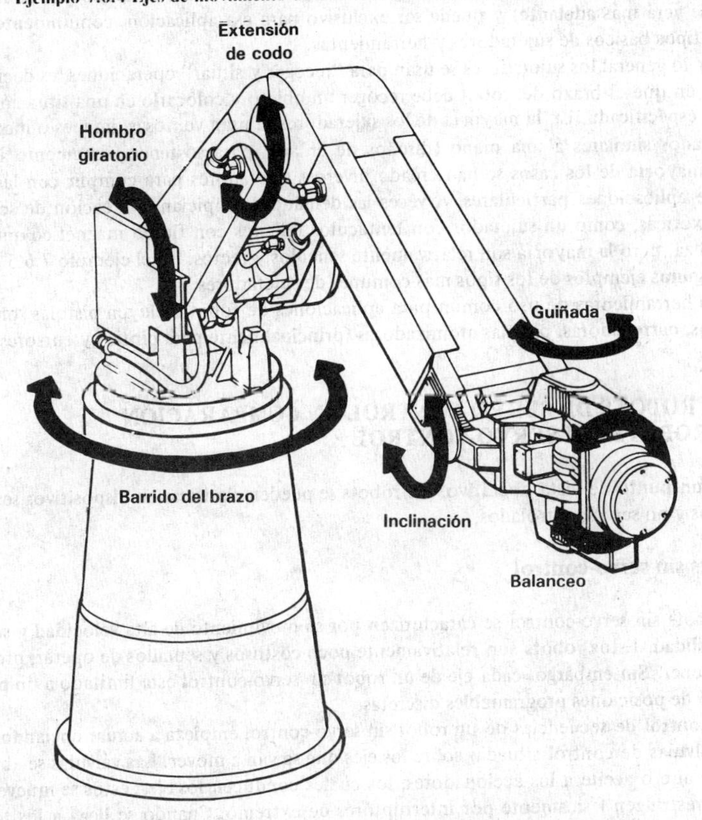

En cada configuración, el brazo del robot se mueve sobre tres ejes, o "grados de libertad". Estos tres ejes con suficientes para posicionar el brazo en un espacio X-Y-Z. La extremidad del robot que comúnmente se denomina "muñeca" tiene tres grados adicionales de libertad.

Los ejes de muñeca incluyen "giro" (rotación en un plano perpendicular al extremo del brazo, "inclinación" (rotación en un plano vertical (en el sentido del brazo) y "desviación" (rotación en un plano horizontal (en el sentido del brazo). Estos ejes de muñeca contribuyen muy poco a la forma y tamaño de la envolvente de trabajo; su propósito es dar orientación al brazo respecto a un *punto* X-Y-Z (véase la ilustración 7.6.4).

Se usan muchas configuraciones de muñeca en los robots industriales, pero su función en común es orientar el "efector de punta", que es la herramienta o dispositivo de sujeción con que el robot ejecuta su tarea.

Una configuración particular de muñeca se determina por el número de ejes de movimiento (o, de nuevo, grados de libertad) y también por el tipo de eje, si éste gira o dobla y la combinación y secuencia de estos giros y dobleces.

7.6.3 DISPOSITIVO EJECUTOR

Sobre el último eje de la muñeca se sitúa una superficie montante para la instalación de un dispositivo ejecutor que es, de nuevo, la herramienta o dispositivo de sujeción con que el robot ejecuta su tarea. Aunque el dispositivo ejecutor está determinado por la aplicación (que se verá más adelante) y puede ser exclusivo para esa aplicación, comúnmente se usan varios tipos básicos de sujetadores y herramientas.

Por lo general los sujetadores se usan para "recoger y situar" operaciones, es decir, operaciones en que el brazo del robot debe recoger un objeto y colocarlo en una situación previamente especificada. En la mayoría de los sujetadores se usan ventosas, imanes o mecanismos articulados similares a una mano (diseños de enlace) para sostener firmemente al objeto. En la mayoría de los casos se han creado diversos sujetadores para cumplir con las exigencias de aplicaciones particulares. A veces las demandas propician la creación de soluciones muy exóticas, como un sujetador con tentáculos rellenos con fluido magnético que rodean una pieza, pero la mayoría son relativamente sencillos y rectos. En el ejemplo 7.6.5 se muestran algunos ejemplos de los tipos más comunes de sujetadores.

Las herramientas de uso común para aplicaciones de robot incluyen pistolas soldadoras, taladros, barrenadoras, pistolas atomizadoras (principalmente para pintar) y cursores.

7.6.4 ROBOTS DE SERVO-CONTROL EN COMPARACION CON ROBOTS SIN SERVO-CONTROL

Desde un punto de vista operativo, los robots se pueden clasificar en dispositivos servo-controlados y no servo-controlados.

Robots sin servo-control

Los robots sin servo-control se caracterizan por su movimiento de alta velocidad y su buena repetibilidad. Estos robots son relativamente poco costosos y sencillos de operar, programar y mantener. Sin embargo, cada eje de un robot sin servo-control está limitado a un pequeño número de posiciones programables discretas.

El control de secuencias de un robot sin servo-control empieza a actuar enviando señales a las válvulas de control situadas sobre los ejes que se van a mover. Las válvulas se abren, alimentan aire o aceite a los accionadores, los cuales conducen los ejes; éstos se mueven hasta que se restringen físicamente por interruptores de extremo. Cuando se llega a los topes de extremo, los interruptores limitantes dan señales al control, el cual ordena que las válvulas de control se cierren. Entonces se posiciona el secuenciador y el control envía nuevas señales de mando. Estas pueden ir a las válvulas de control o a algún dispositivo externo, como un sujetador. Este proceso se repite hasta completar toda la secuencia de pasos.

La programación de los robots sin servo-control se efectúa especificando la secuencia del movimiento deseado sobre el control de secuencias y ajustando los topes o interruptores de extremo de cada eje. Así el secuenciador aporta la capacidad de realizar varios movimientos de un programa, pero sólo para los puntos establecidos de cada eje.

Robots de servo-control

Por otra parte, los robots de servo-control tienen una capacidad máxima de posicionamiento debido a su posibilidad de situar cada eje en cualquier parte sin límites de curso. Estos robots también controlan mejor el movimiento de cargas pesadas, permitiendo que el usuario especifique la velocidad de movimiento y, en algunos casos, las tasas de aceleración y desaceleración. Sin embargo, debido a su complejidad, los robots de servo-control son más costosos y a veces menos confiables.

Los robots servo-controlados operan por accionamiento de datos posicionales pregrabados en la memoria; utilizan estos datos para generar señales de mando de movimiento para cada eje. Cuando se mueven los ejes individuales, los dispositivos de retroalimentación montados sobre los ejes se leen continuamente para determinar la cantidad de error que existe

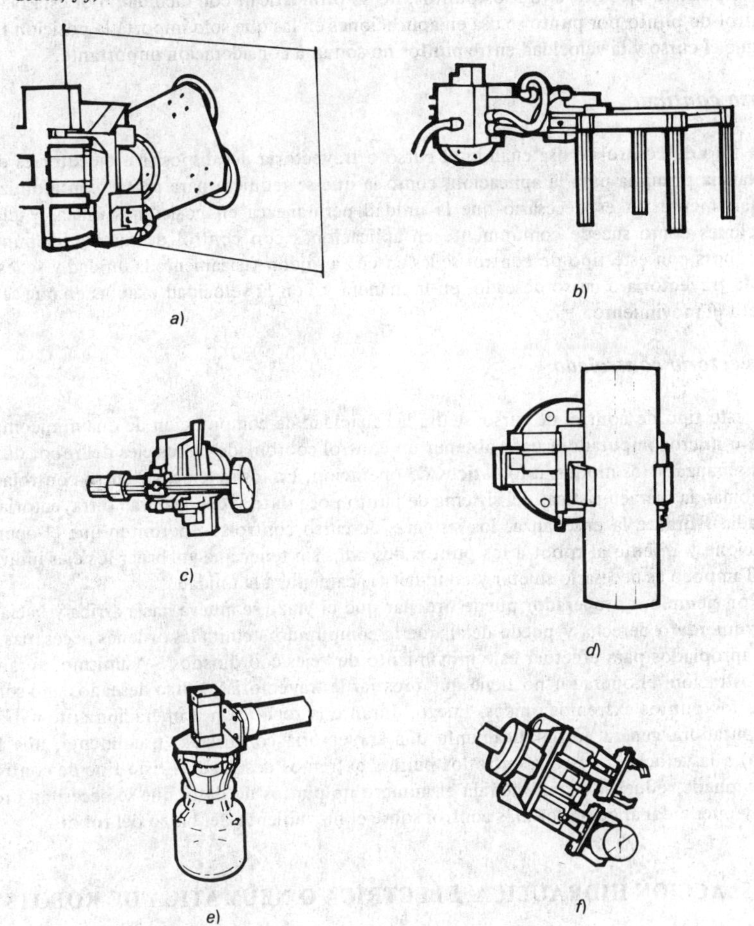

Ejemplo 7.6.5 Tipos comunes de sujetadores: *a*) al vacío; *b*) exterior de cuatro dedos; *c*) exterior, para diámetros pequeños; *d*) exterior, para grandes diámetros; *e*) interior de tres dedos, y *f*) exterior de dos manos

entre la posición deseada del eje y la real. Cuando la retroalimentación indica que los ejes se están aproximando a su destino, se detienen por un tope de control. Entonces se efectúan cualesquiera de las operaciones que se van a ejecutar en la situación programada.

Hay tres modos básicos para operar el control de curso relacionados con los robots servo-controlados: punto por punto, curso continuo y operación de curso controlado.

Punto por punto

Este tipo de control de curso es el método más sencillo y de uso más frecuente. Al robot se le enseña el movimiento individual de cada eje hasta que la combinación de posiciones de éstos da la posición deseada del robot y el dispositivo ejecutor. Cuando se llega a ese punto, se programa en la memoria, con lo cual se almacena la posición individual de cada eje del robot. Al repetir estos puntos almacenados, cada eje se desplaza a su tasa máxima o limitada hasta llegar a su posición final. En consecuencia, algunos ejes llegan a su valor final antes que otros. Y debido a que no hay coordinación de movimiento entre ejes, el curso y la velocidad del dispositivo ejecutor entre los puntos, no se pronostican con facilidad. Por esta razón, el control de punto por punto se usa en aplicaciones en las que sólo importa la posición final y en que el curso y la velocidad entre puntos no son una consideración importante.

Curso continuo

Este tipo de control se usa cuando el curso o trayectoria del dispositivo ejecutor es de importancia primaria para la aplicación, como la que se requiere para pintar con atomizador. Generalmente no es necesario que la unidad permanezca en posiciones únicas y efectúe funciones como sucede comúnmente en aplicaciones con control de punto por punto. A los robots con este tipo de control se les enseña a sujetar físicamente la unidad y se les guía por la trayectoria o curso deseado, en la manera y con la velocidad exactas en que se debe repetir el movimiento.

Trayectoria controlada

Con este tipo de control de curso, se usa la capacidad de computación de una minicomputadora o microcomputadora para obtener un control coordinado de los ejes del robot durante la enseñanza y los modos automáticos de operación. En los sistemas de curso controlado se combinan las características del sistema de punto por punto y del de curso o trayectoria controlada. Durante la enseñanza, los sistemas de curso controlado permiten que el operador posicione y oriente al robot a los puntos deseados sin tener que gobernar los ejes individuales. Tampoco es necesario sujetar y conducir físicamente a la unidad.

Por ejemplo, un operador puede ordenar que el brazo se mueva hacia arriba y hacia abajo, izquierda o derecha y puede dejar que la computadora emita las órdenes necesarias a los ejes apropiados para efectuar este movimiento de "ejes coordinados". Asimismo, durante la demostración, el operador no tiene que mostrar la trayectoria o curso deseado, sino sólo señalar los puntos extremos únicos. Luego, durante la repetición u operación automática, la computadora genera automáticamente una trayectoria controlada (usualmente, una línea recta) a la velocidad deseada entre los puntos extremos designados. Este tipo de control de curso puede reducir en gran medida el número de puntos de datos que se necesitan programar y puede dar al operador más control sobre el movimiento del brazo del robot.

7.6.5 ACCION HIDRAULICA, ELECTRICA O NEUMATICA DE ROBOTS

Los robots se pueden accionar hidráulica, eléctrica o neumáticamente. En pocas palabras, las ventajas de los robots accionados hidráulicamente incluyen la sencillez mecánica (pocas partes móviles), mayor capacidad de carga y alta velocidad. Sin embargo, estos robots generalmente proporcionan menor repetibilidad que las contrapartes accionadas eléctricamente.

En la mayoría de los casos los robots eléctricos no son tan fuertes ni tan rápidos como los hidráulicos, pero por lo general tienen mayor exactitud porque tienden a ser más rígidos. Los robots eléctricos ocupan menor espacio de piso y reducen los niveles de ruido, ya que no necesitan energía hidráulica para su operación.

Algunos robots sin servo-control pueden ser neumáticos o accionados por aire. En las aplicaciones que requieren cargas bajas y programas sencillos, estos robots a menudo son la mejor solución, debido a la sencillez de su operación. Sin embargo, las bajas capacidades de carga útil hacen que los robots accionados neumáticamente tengan margen de aplicación sumamente limitado.

7.6.6 VENTAJAS Y APLICACIONES

Los robots industriales se usan ya en una gran variedad de industrias y aplicaciones. Cada vez es mayor el número de industrias que están investigando el uso de robots y los pueden aprovechar. Las razones de esto son las siguientes:

1. Productividad. Cuando la productividad es un interés fundamental, los robots ofrecen un tiempo de funcionamiento normal y excelente confiabilidad en forma consistente. Pueden trabajar 24 horas al día sin cambios en la velocidad o calidad de operación, lo cual significa que una operación de fabricación se puede ejecutar sobre una base continua generando poco o ningún desecho. Asimismo, en muchos casos el robot trabaja más rápida y uniformemente que el ser humano, lo cual proporciona un aumento adicional en la productividad.

2. Adaptabilidad. Los robots ofrecen dos modalidades de adaptabilidad en las operaciones de fabricación. Primera, son adaptables a otros equipos de producción; es decir, se pueden interconectar con otros equipos para efectuar y coordinar una operación de fabricación. Segunda, en la mayoría de los casos son adaptables a la tarea a mano y también al ambiente. En general los robots industriales se emplean actualmente sólo en trabajos que los seres humanos no pueden o no quieren hacer: trabajos aburridos, repetitivos, que implican el manejo de cargas pesadas, trabajos en ambientes peligrosos, etc. Los robots no pueden sentir aburrimiento ni degradación. En algunos casos tienen capacidad para manejar cargas de cientos de libras y si les dañan los efectos de la fibra de vidrio, del asbesto, de la pintura, etc., éstos se pueden evitar.

3. Seguridad. Las normas existentes y propuestas para la seguridad del trabajador requieren grandes modificaciones, o reemplazo, del equipo de producción en línea. Las restricciones sobre la colocación de las manos del trabajador dentro de una máquina y los niveles de ruido de la planta son dos ejemplos de ello. En lugares con gran número de máquinas, puede ser menos costoso hacerlas funcionar mediante robots que cambiar el equipo existente.

4. Entrenamiento. Puesto que, por definición, los robots industriales son instrumentos reprogramables, se pueden programar tantas veces como se desee para usarlos en diferentes operaciones. La programación se puede efectuar rápida y fácilmente y cualquier programa se puede almacenar para usarlo posteriormente.

5. Recuperación de la inversión. Aunque se pueden obtener muchas ventajas con el uso de robots industriales, la economía es, en última instancia, el criterio que se aplica para determinar su justificación y valor en las aplicaciones industriales. Generalmente se está de acuerdo en que su uso se puede justificar económicamente si se pueden utilizar para reemplazar a una persona sobre la base de un doble turno. Por lo común, la recuperación de la inversión será mayor del 30 por ciento y normalmente dará un período de recuperación de 1 a 2 años.

6. Confiabilidad. Un tiempo de funcionamiento del 98 por ciento es normal para los robots industriales. Esta cifra es el resultado del diseño mecánico relativamente sencillo de la unidad manipuladora. Cuando algo funciona mal, generalmente el personal de mantenimiento entrenado en la planta puede reparar fácilmente el robot y ponerlo a producir de nuevo en un tiempo mínimo. El uso de muchos repuestos estándar fácilmente disponibies y altamente confiables también ayuda a maximizar el tiempo medio entre fallas.

Con base en las consideraciones anteriores, actualmente hay robots trabajando en soldadura y ensamble, taladrado, circulación de materiales, inspección, manejo de material, carga de máquinas, colado en moldes y una gran variedad de otras aplicaciones.

Ciertamente, una de las operaciones predominantes a las que se han aplicado los robots servo-controlados es la soldadura por puntos, y la industria que emplea más firmemente al robot en este trabajo, así como en otros, es la automotriz. En algunas plantas, los robots están soldando chasís de automóviles haciéndolos pasar por un transportador. En estas aplicaciones, a menudo los robots se emplean para manejar pistolas de soldar que pesan 100 libras o más, para hacer soldaduras exactas sin parar las líneas. En este tipo de operación se requiere un robot servo-controlado con un control de computadora muy sofisticado.

Otra importante área de aplicación es la soldadura de arco. Esta comprende la interacción compleja entre varios elementos del sistema, que incluyen al robot, el suministro de energía para soldar, los carretes y alimentadores de alambre y la mesa posicionadora de la parte. Aunque las aplicaciones para soldadura de arco en el campo son ya numerosas, la proliferación de su implantación se ha limitado por falta de un sensor efectivo de costos que permitiría que la pistola soldadora siguiera con exactitud cada costura, sin importar las variaciones de su anchura o localización. Actualmente se prosiguen las investigaciones sobre varios tipos de sensores.

7.6.7 EL FUTURO

La industria de los robots industriales está experimentando constantemente un crecimiento fenomenal y se espera que éste continúe por algún tiempo mientras los robots sigan entrando a nuevas industrias y adaptándose a nuevas aplicaciones.

BIBLIOGRAFIA

CUNNINGHAM, C. S., "Robot Flexibility Through Software," paper presented at-the Ninth International Symposium on Industrial Robots, sponsored by the Society of Manufacturing Engineers and the Robotic Institute of America, Washington, DC. 1979.

DAWSON, B., "Moving Line Applications With a Computer Controlled Robot," paper presented at the Robots II Conference, sponsored by the Society of Manufacturing Engineers and the Robotic Institute of America, Detroit, MI, 1977.

HEGINBOTHAM, W. B. et al., "Robot Aplication Simulation," *Industrial Robot*, Vol. 6, No. 2 (Junio 1979), págs. 76-80.

HOHN, R. E., "Aplication Flexibility of a Computer-Controlled Industrial Robot," SME Paper MR76-603, presented at the First Industrial Robot Conference, sponsored by the Society of Manufacturing Engineers and the Robotic Institute of America, Chicago, IL, 1976.

HOLMES, J. G., y B. J. RESNICK, "A Flexible Robot Are Weldings System," SME Paper MS79-790, presented at the Robots IV Conference, sponsored by the Society of Manufacturing Engineers and the Robotic Institute of America, Detroit, MI, 1979.

HOLT, H. R., "Robot Decision Making," SME Paper MS77-751, presented at the Robots II Conference, sponsored by the Society of Manufacturing Engineers and the Robotic Institute of America, Detroit, MI, 1977.

KOROLIEV, V. A., S. M. SERGEEV, y S. P. AZAROV, "Point-to-Point Pneumatic Robots for Assembly," SME Paper MS79-255.

LOCKETT, J. H., "Small Batch Production of Aircraft Access Doors Using an Industrial Robot," SME Paper MS79-783, presented at the Robots II Conference, sponsored by the Society of Manufacturing Engineers and the Robotic Institute of America, Detroit, MI, 1977.

NEVINS, J. L., y D. E. WHITNEY, "Assembly Research," *Industrial Robot*, Vol. 7, No. 1 (Marzo 1980), págs. 27-43.

NOF, S. Y., J. L. KNIGHT, y G. SALVENDY, "Effective Utilization of Industrial Robots: A Job and Skills Analysis Approach," *AIIE Transactions*, Vol. 12, No. 3 (Septiembre 1980), págs. 216-225.

PAUL, R. L., y S. Y. NOF, "Robot Work Measurement A Comparison Between Robot and Human Task Performance," *International Journal of Production Research*, Vol. 17, No. 3 (Mayo 1979), págs. 277-303.

ROTH, B., "Performance Evaluation of Manipulators from a Kinematic Viewpoint," in *Manipulators.* National Bureau of Standards Special Publication No. 459, 1975.

WARNECKE, H. J., y B. BRODBECK, "Analysis of Industrial Robots on a Test Stand," *Industrial Robot,* Vol. 4, No. 4 (Diciembre 1977), págs. 194-198.

CAPITULO 7.7

Máquinas de control numérico

KENNETH M. GETTELMAN
Revista *Modern Machine Shop*

7.7.1 INTRODUCCION

El control numérico (CN) desde 1954 ha sido una metodología de control del trabajo de las máquinas herramienta. Tuvo su origen en el trabajo de John Parsons, de la Parsons Manufacturing Company, de Traverse City, Michigan, para fabricar paletas de rotor para helicóptero en la forma aerodinámica compleja que exigen los criterios del diseño matemático. Con ayuda del equipo de computación digital que surgió en la década de 1950 fue posible definir con exactitud la malla de puntos que circunscribía la superficie aerodinámica y obtener impresiones gráficas de ellos. No había tecnología de manufactura que permitiera a una herramienta de corte maquinar fielmente el contorno definido de la superficie. Todas las plantillas de trazo y comprobación se hicieron a mano basándose en unos cuantos puntos ampliamente espaciados, cubriendo estas distancias en forma aproximada, aprovechando la destreza de algunos fabricantes de herramientas. Los requerimientos de la moderna aeronáutica de jets exigieron un control más estrecho de fabricación. Parsons reconoció que, si la tecnología de computación que estaba surgiendo podía definir rápidamente los puntos estrechamente espaciados de una descripción matemática de la superficie, entonces seguramente se podría utilizar esta misma capacidad a modo de control para dirigir el maquinado de esa superficie descrita. Conceptualmente estaba en lo correcto, pero se necesitaron seis años de trabajo para convertir ese concepto en una realidad operante. El trabajo se hizo en el laboratorio de Servomecanismos del MIT.

Así fue posible establecer una definición matemática dentro de un mecanismo de control y luego hacer que el mecanismo de control ejecutara una serie de movimientos de la máquina herramienta necesarios para maquinar la pieza. De aquí la definición de "control numérico. En el proceso real de definición de una pieza, realmente se usan números y símbolos; entonces, una mejor definición podría ser "control simbólico", pero el control numérico (CN) tuvo y continúa teniendo aceptación y uso.[1]

7.7.2 DESCRIPCION

Con el CN, el control fundamental de la máquina herramienta ha pasado del operador, quien estudiaba los planos de la pieza y luego dirigía manualmente la máquina, a un programador de procesos de la pieza, quien estudia los planos de ésta y luego lista los movimientos que requiere la máquina para producir la parte. El manuscrito que hace el programador se denomina comúnmente "documento fuente". Se debe convertir a un medio sobre el que pueda actuar la unidad de control de la máquina herramienta para dirigirla.

El medio tradicional ha sido la cinta perforada con ocho columnas. El patrón de perforaciones en cada línea transversal de la cinta corresponde a una letra o número codificado en el programa de la pieza que se va a trabajar. La cinta perforada se convirtió en determinante como medio de entrada y a menudo al control numérico se le denomina control de "cinta". Se le sigue llamando así y esto es una mala práctica, puesto que los datos del programa de una pieza se pueden almacenar en otros medios, incluyendo la cinta magnética, tarjetas de tabulación, algún tipo de memoria de computadora y en discos. A este último se le conoce comúnmente como "disquetes" y su popularidad se incrementa rápidamente, ya que un disco de 7 pulg de diámetro puede almacenar la misma información de programa que requeriría 3,000 pies lineales de cinta perforada. Generalmente la información se accesa a un medio de almacenamiento de programas mediante algún tipo de dispositivo de teclado, aunque hay algunos que funcionarían con un número limitado de órdenes orales.

Una vez dentro de la unidad de control de máquina por medio de la cinta, el disco, etc., la unidad de control traduce luego los datos a señales de control que dirigen los conductores de los servomecanismos de máquina herramienta, los cuales casi siempre son hidráulicos o eléctricos; estos últimos se usan cada vez más.

7.7.3 SISTEMA DE MEDICION COORDENADO

El fundamento en que se apoya el concepto de control numérico es el método de descripción de la geometría de la pieza y del movimiento de la máquina en términos de dos y tres ejes cartesianos o coordenadas rectangulares, con el uso ocasional de coordenadas polares (véanse los ejemplos 7.7.1 y 7.7.2).

El sistema coordenado maneja cualquier combinación de valores positivos y negativos. Las descripciones polares se establecen en términos de un ángulo con vértice en el eje *X* positivo extendiéndose rápidamente hacia el eje *Y* y una distancia desde el origen a lo largo de la línea del ángulo. Por ejemplo, 30° 5 sería un ángulo de 30° y cinco unidades a lo largo de la línea del ángulo en la dirección positiva.

Si el concepto de coordenada rectangular se transfiere a la mesa de una máquina herramienta, se puede ver que cualquier punto sobre la mesa se puede describir en términos de un punto coordenado *X* y *Y*. Si se monta una pieza plana en la mesa, se le pueden asignar los valores correspondientes de localización coordenada. Yendo un paso más allá, se puede establecer el centro de una serie de perforaciones que se vayan a taladrar en la pieza, en términos de las localizaciones coordenadas *XY*.

El tercer eje es *Z*, que expresa la distancia sobre o abajo del plano *XY*, perpendicular a éste. Los valores de *Z* sobre el eje *XY* son positivos y los de abajo son negativos (ejemplo 7.7.2). Así cualquier punto en el espacio se puede definir por la distancia y dirección respecto a tres ejes coordenados. De modo similar, cualquier punto sobre una pieza se puede definir en la misma manera triaxial, a partir de un punto de origen con una relación fija con la pieza.

El uso normal del sistema coordenado de medición está basado en un conjunto absoluto de valores a partir del origen fijado. A menudo en la programación CN se emplea el concepto de incremento. Una localización coordenada incremental no se establece en términos del origen fijo, sino que se expresa en términos de distancia y dirección respecto al punto precedente. Así, una localización *X*3 *Y*4 no está en el primer cuadrante, a 3 unidades sobre el eje *X* y 4 en el eje *Y* medidas a partir de la base de referencia o punto de origen. La notación incremental significa que está a 3 unidades sobre el eje *X* en una dirección positiva y 4 unidades sobre el eje *Y*, también positivas, a partir del punto precedente del programa, en cualquier lugar que éste quede. El programador experimentado de CN se siente libre de usar el dimensionamiento ya sea absoluto o incremental según se ajuste mejor a la condición de programación.

Ejemplo 7.7.1 El punto de origen puede ser la esquina de la mesa de la máquina o bien, en las máquinas cuyo desplazamiento es de cero, se puede reubicar en un punto de la pieza misma. Si se va a perforar un agujero en el punto *X*3 *Y*4, el punto central del taladro se dirige al punto programado. Si se va a cortar la ranura, representada por la línea punteada, desde el punto de origen hasta *X*3 *Y*4, el punto central de la herramienta cortadora se dirige de la primera a la segunda posición. El ancho de la ranura lo determina el diámetro de la herramienta. Para lograr esta configuración en línea recta, los tornillos propulsores de la mesa, o los mecanismos de movimiento del huso, serían controlados por la unidad de control de la máquina de manera que se produjeran tres unidades de movimiento *X* simultáneamente con cuatro unidades de movimiento *Y*. Aunque hay una tendencia natural a buscar disposiciones que permitan programar en el cuadrante de signo más, los programadores pueden usar el cuadrante que prefieran. Al huso de la máquina herramienta le da igual. [a]

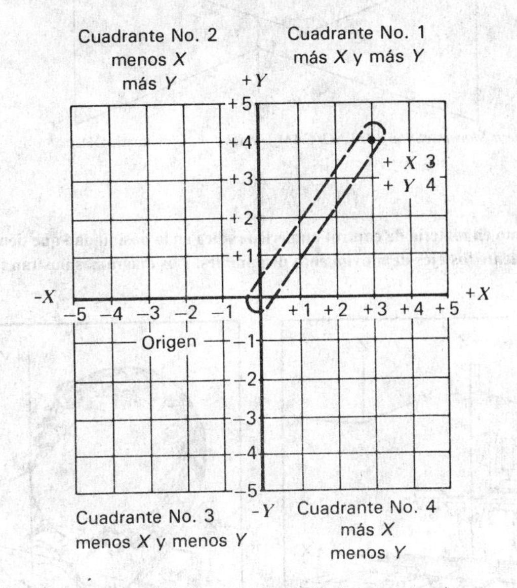

En la máquina herramienta de control numérico de un solo eje, normalmente el eje *X* es el movimiento más largo de la mesa de la máquina. Comúnmente el eje *Y* es más corto que el movimiento sobre el eje *X* de la mesa, y el eje *Z* es el avance o retroceso del eje de la máquina. Puede haber otros ejes de movimiento, incluyendo una inclinación o giro del eje de la máquina, de rotación de la mesa, o movimientos secundarios o terciarios de ejes de máquina adicionales o de mesas paralelas a los principales ejes de movimiento.

En los equipos de torneado hay dos ejes principales de movimiento, el *X* y el *Y*. El eje *X* es el movimiento de la herramienta cortante paralelo a la línea del eje de la máquina, con la dirección positiva lejos de la cabeza herramental. El eje *Z* es el movimiento de la herramienta hacia o alejándose del eje central de la pieza, alejándose de la dirección positiva. El equipo de torneado puede tener cierto número de movimientos secundarios, incluyendo la rotación de una torreta de herramientas, movimiento hacia una segunda torreta, o rotación controlada del propio eje de máquina (ejemplo 7.7.3).

Ejemplo 7.7.2 Tres coordenadas dimensionales que muestran la profundidad como medida a lo largo del eje de *Z*. En la mayoría de las máquinas, la medida *Z* comienza donde el portaherramienta está enteramente replegado, más bien que en el punto de origen. El programador determina la profundidad y programa la pieza convenientemente, tomando como referencia la superficie de la misma.[a]

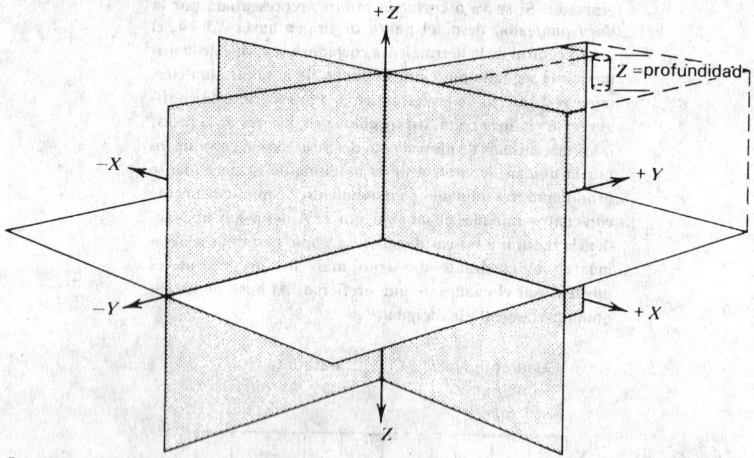

[a] Cortesía de *Modern Machine Shop 1980 NC/CAM Guidebook*, Cincinnati, OH.

Ejemplo 7.7.3 Lo último en materia de control numérico radica en la posibilidad que tiene el programador de controlar simultáneamente los ejes de movimiento disponibles. Los diagramas ilustran los ejes que se deben considerar.[a]

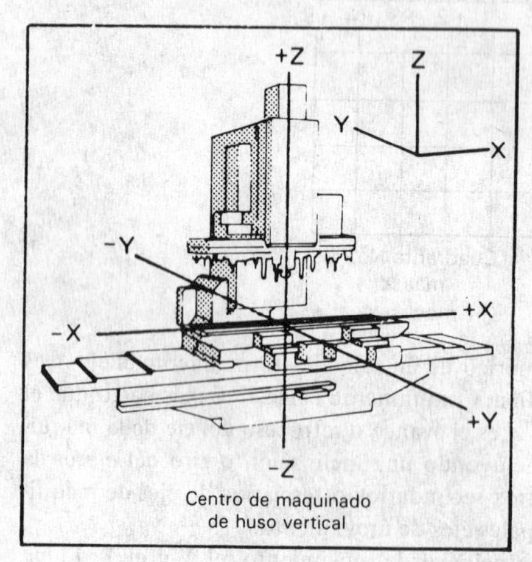

Centro de maquinado de huso vertical

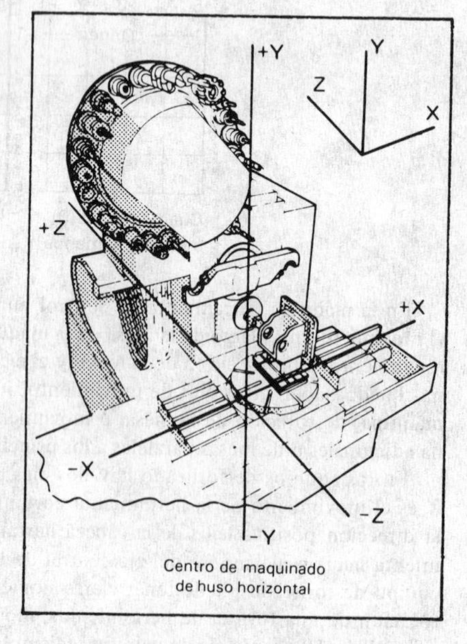

Centro de maquinado de huso horizontal

[a] Cortesía de *Modern Machine Shop 1980 NC/CAM Guidebook*, Cincinnati, OH.

Ejemplo 7.7.3 Lo último en materia de control numérico radica en la posibilidad que tiene el programador de controlar simultáneamente los ejes de movimiento disponibles. Los diagramas ilustran los ejes que se deben considerar.[a] *(Continuación)*

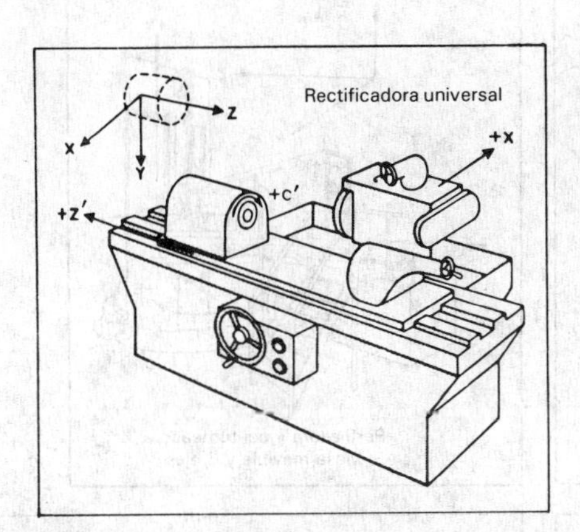

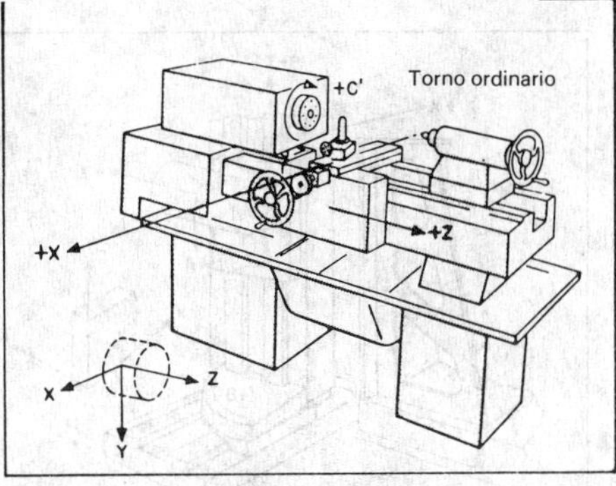

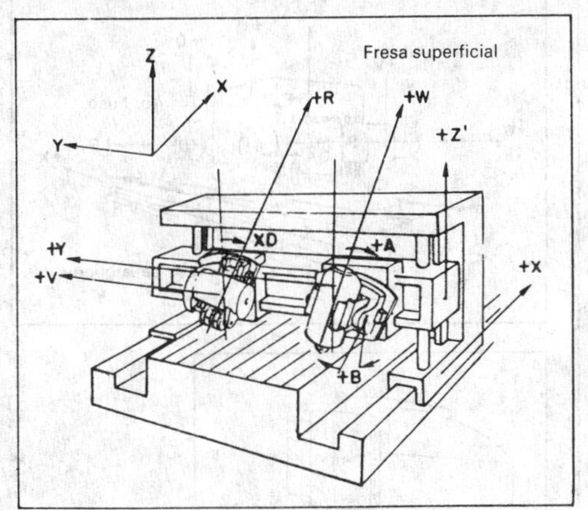

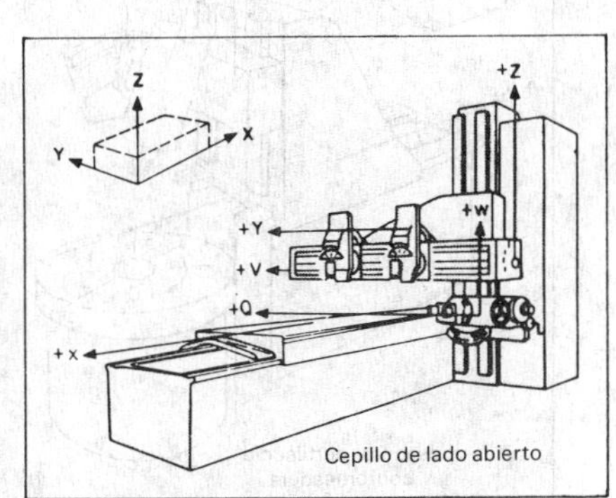

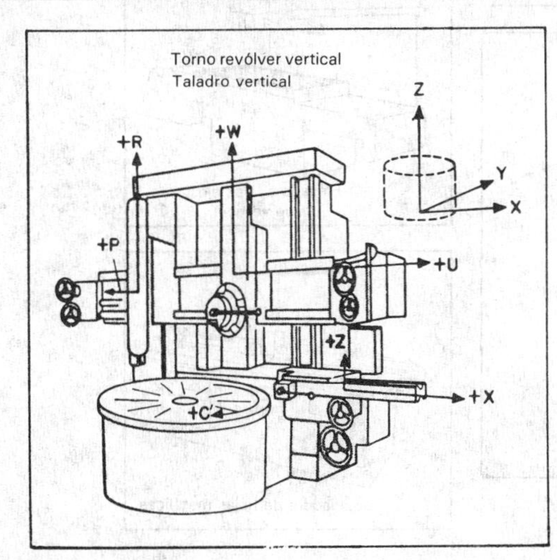

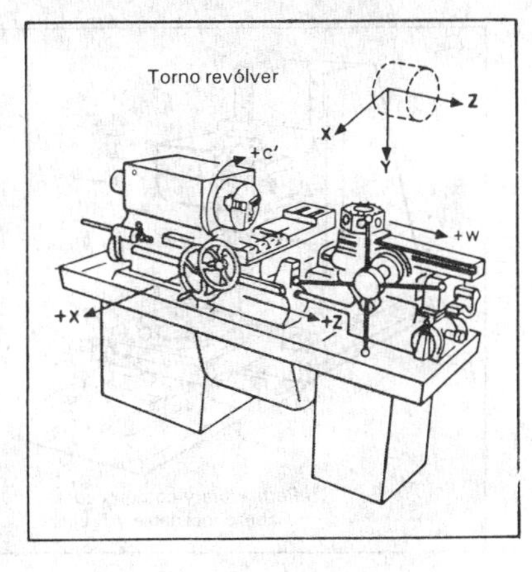

Ejemplo 7.7.3 Lo último en materia de control numérico radica en la posibilidad que tiene el programador de controlar simultáneamente los ejes de movimiento disponibles. Los diagramas ilustran los ejes que se deben considerar.[a] *(Continuación)*

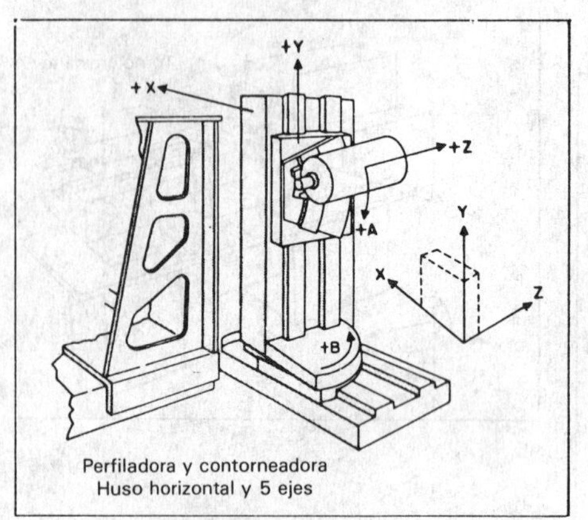

Perfiladora y contorneadora
Huso horizontal y 5 ejes

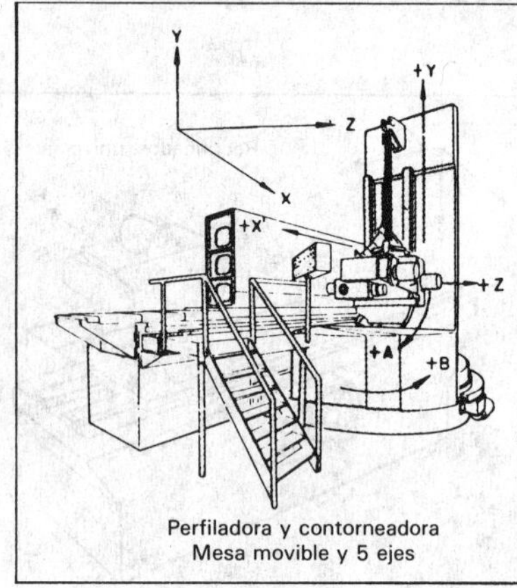

Perfiladora y contorneadora
Mesa movible y 5 ejes

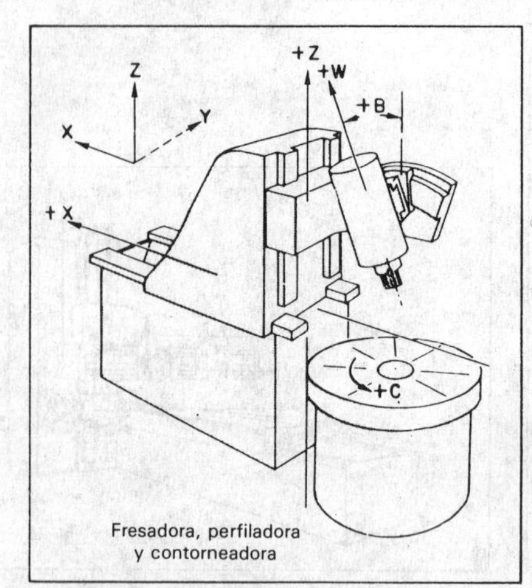

Fresadora, perfiladora
y contorneadora

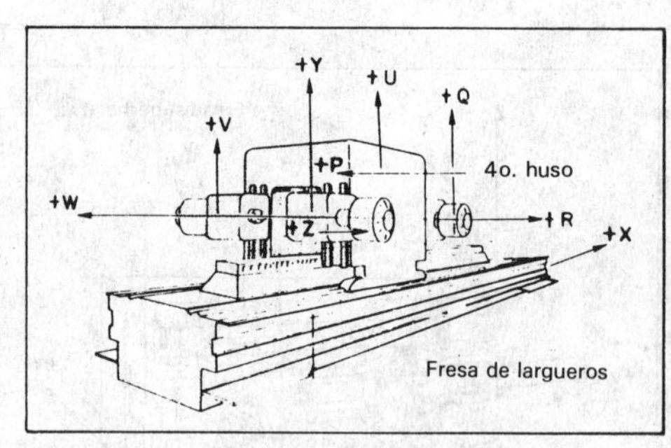

Fresa de largueros

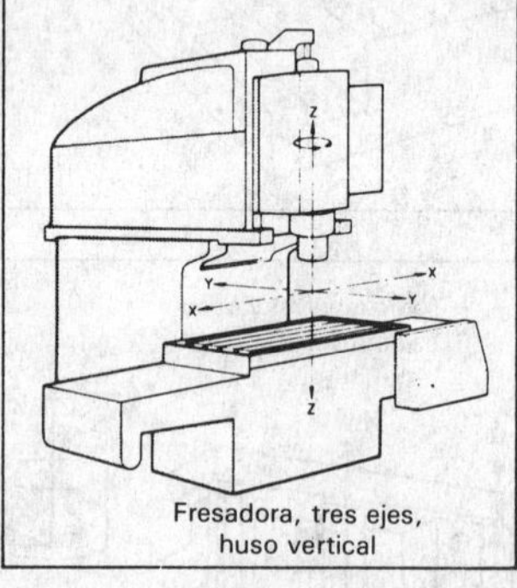

Fresadora, tres ejes,
huso vertical

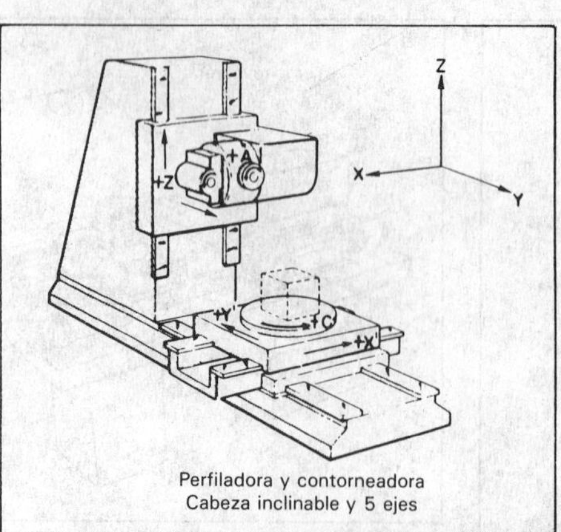

Perfiladora y contorneadora
Cabeza inclinable y 5 ejes

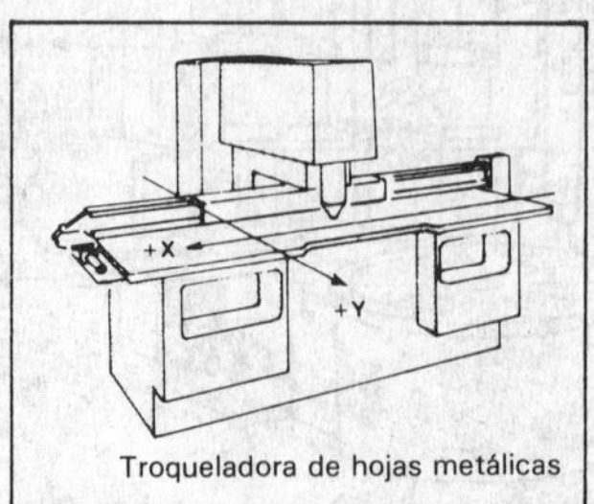

Troqueladora de hojas metálicas

Ejemplo 7.7.3 Lo último en materia de control numérico radica en la posibilidad que tiene el programador de controlar simultáneamente los ejes de movimiento disponibles. Los diagramas ilustran los ejes que se deben considerar. [a] *(Continuación)*

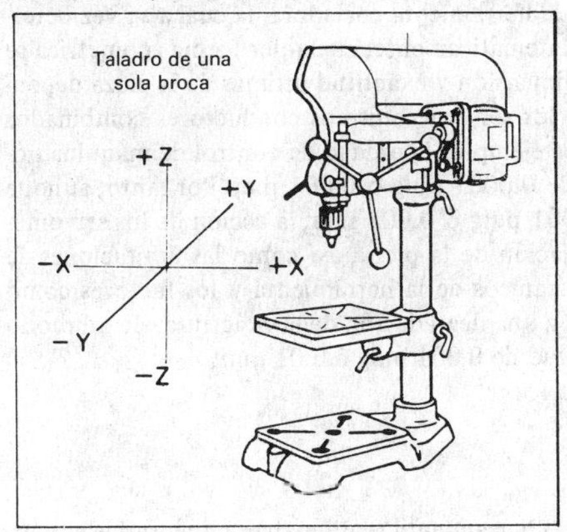

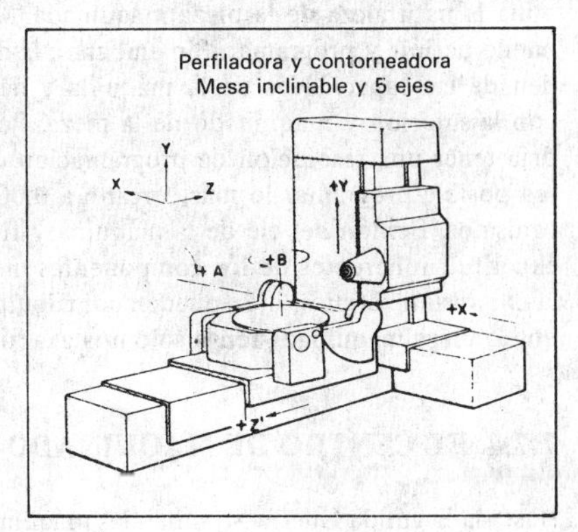

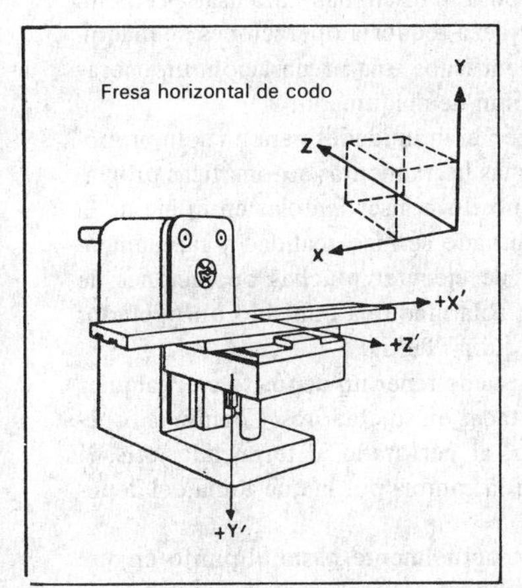

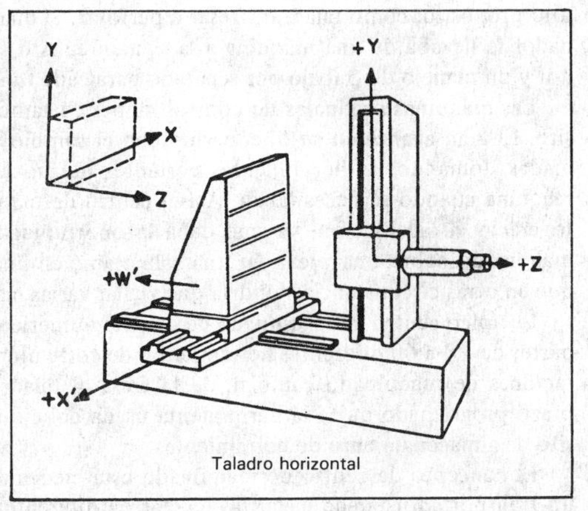

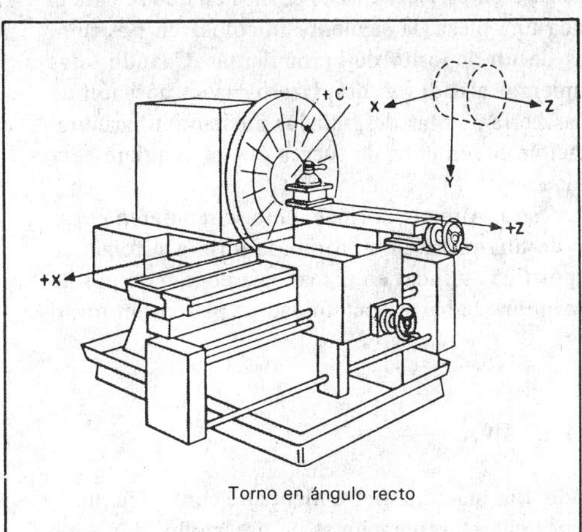

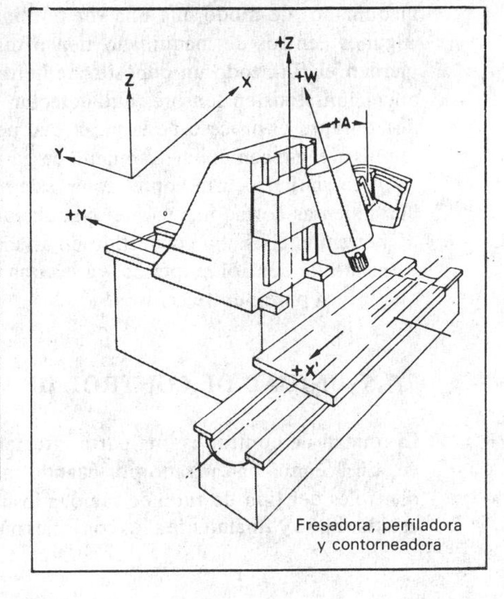

Mediante el control de movimientos de los diversos ejes de máquina, el programador de la pieza controla la relación de la pieza con la herramienta cortadora, la cual a su vez determina la naturaleza de la pieza maquinada. Matemáticamente, cualquier forma geométrica se puede definir y programar. Sin embargo, la dimensión y exactitud últimas de la pieza dependen de las capacidades de la máquina y de los servomecanismos conductores combinados con la sujeción y maquinado de la pieza. Por ejemplo, la unidad de control de máquina podría tener una resolución de programación de 0.0001 pulg ó 0.001 mm. Por tanto, aunque sea posible programar lo más cercano a 0.0001 pulg ó 0.001 mm, la acción de los servomecanismos, flexión del eje de la máquina y fijación de la pieza, así como las limitaciones de exactitud inherentes de los componentes mecánicos de la herramienta y los factores como la expansión térmica, etc., pueden contribuir a una degradación de la exactitud, de tal modo que la pieza maquinada tenga sólo una exactitud de 0.001 pulg ó 0.01 mm.

7.7.4 EL CENTRO DE MAQUINADO

Hasta la Segunda Guerra Mundial, las máquinas herramienta se diseñaban para usarlas con un solo propósito, como taladrar, fresar o perforar. Si una pieza requería operaciones de maquinado, se llevaba de una máquina a la siguiente. Esto significaba una preparación, un operador y un manejo de trabajo por separado para cada función de maquinado.

Las máquinas originales de control numérico también eran unidades para un solo propósito. El gran avance en su diseño vino con el cambio a las herramientas automáticas programadas, tomando las herramientas cortantes de un depósito e insertándolas en el eje de la máquina cuando se necesitaban. Así el centro de maquinado se hizo realidad y rápidamente creció su aceptación, ya que daba la oportunidad de ejecutar muchas operaciones de maquinado sobre una pieza en una sola etapa, en una sola máquina con sólo un operador que en otras circunstancias tendría que vigilar varias máquinas de CN.

El típico centro de maquinado de control numérico puede tener un depósito en cualquier parte, de 18 a 60 diferentes herramientas de corte montadas en sujetadores. Cuando las operaciones de maquinado cambian de la fresa al taladro, al perforado al terrajeado, etc., el brazo programado quita la herramienta usada del eje u la cambia por la que toma del depósito de almacenamiento de herramientas.

El concepto de centro de maquinado está creciendo actualmente hasta el punto en que un transportador puede llevar las paletas de diferentes piezas hasta el sitio en que se hará el maquinado, de modo que una vez terminada una pieza, la siguiente se coloca en posición. Algunos centros de maquinado tienen más de un depósito de herramientas. Cuando éstas pierden el filo, todo un depósito de herramientas afiladas se desplaza hacia su posición de operación. Existen sensores que detectan las herramientas desgastadas mediante un calibrador durante el proceso de la pieza o al percibir el aumento de fuerza que se requiere para impulsar el eje con una herramienta desgastada.

Algo similar ocurre con el equipo de torneado. Aunque normalmente se requieren pocas herramientas cortadoras para el maquinado de una pieza en un torno, la torreta automática de herramientas se ha convertido en un dispositivo estándar en la mayoría de los equipos de torneado de control numérico, ya sea una máquina de barra, una unidad de plato o un torno que tornea piezas entre centros.

7.7.5 UNIDAD DE CONTROL DE MAQUINA

La unidad de control es una parte integral de una máquina herramienta de control numérico. En 25 años han pasado por cuando menos cuatro generaciones de desarrollo, desde los controles del tipo de tubo de vacío, a los de transistores, hasta los de circuitos integrados de estado sólido y finalmente a los controles numéricos de computadora de la última generación.

La unidad de control de máquina desempeña tres importantes funciones. Primero debe aceptar los datos de entrada del programa de la pieza aportados por el programador de ésta. En una época fue casi exclusivamente la cinta perforada, pero hoy se utiliza más frecuentemente la información directa de computadora o los datos almacenados en discos. La unidad de control debe almacenar ya sea el programa completo de la pieza o bien una parte suficientemente grande de éste, de modo que pueda manejar suficientes datos del programa sin titubeos. Luego debe procesar los datos del programa de la pieza para generar señales de salida que controlen el funcionamiento de los conductores del servomecanismo sobre la máquina herramienta.

Casi todas las unidades de control de máquina que se producen hoy son electrónicas. Hubo cierto número de diseños basados en fluidos, o hidráulicos; pero con la disminución del costo y reducción del tamaño de los componentes electrónicos, junto con el aumento de capacidades, los otros métodos de control en su gran mayoría han quedado fuera de uso.

7.7.6 PROGRAMACION DE LA PIEZA QUE SE VA A TRABAJAR

La programación de la pieza que se va a trabajar se efectúa por uno o dos medios: manualmente o con ayuda de la computadora. En la programación manual el programador debe establecer cada movimiento de máquina que sea necesario para maquinar la pieza. Esto se hace comúnmente en forma manuscrita. Una vez escrita y revisada la forma, se le entrega a un operador de teclado, quien produce una cinta, disco o algún otro medio de almacenamiento del programa. La prueba final viene cuando se maquina y revisa la primera pieza. La programación manual es factible para piezas muy sencillas en que sólo se necesitan algunos taladrados o fresados rectos.

Por experiencia se ha visto que para algunos tipos de piezas, sobre todo aquellas con una geometría superficial de maquinado complejo y aquellas con muchas posiciones diferentes de máquina, con cierta similitud entre sí, resulta insustituible la programación con ayuda de computadora. De este modo en unos minutos se puede hacer lo que en otra forma tomaría días o quizá semanas (véase el ejemplo 7.7.4).

La parte importante de una programación de piezas con ayuda de computadora es en particular el lenguaje de procesador que usará. Las computadoras no tienen conocimientos innatos de máquinas herramienta ni de procesos de maquinado. Este conocimiento está en el lenguaje del procesador que se crea para hacer que la computadora genere instrucciones de maquinado cuando se accesa una descripción de una pieza. Aún permanece la responsabilidad del programador por entender la pieza, la secuencia lógica de operaciones embonantes, los procesos básicos de maquinado y la forma en que el control numérico interactúa con el proceso de maquinado. La computadora sólo puede apresurar los cálculos que de otro modo tendría que hacer el programador de la pieza. La computadora aporta sólo velocidad y exactitud; no ofrece un pensamiento creativo al proceso de programación.

Un excelente ejemplo sobre cómo aligera la computadora el proceso de programación es el sencillo círculo de perforación para tornillo pasante. Si se hace a mano, el programador tendría que calcular la localización coordenada de cada perforación y luego especificar el centro de taladrado, biselado y fresado de cada perforación. Escribir y desglosar un programa para 12 perforaciones lleva varias horas. Si se procesa en computadora con un lenguaje procesador de control numérico adecuado, puede tomar 5 minutos establecer los hechos esenciales y accesarlos a la computadora, y tomaría menos de un minuto procesar los datos y otros dos o tres minutos para generar una cinta o disco del programa.

Uno de los lenguajes de procesamiento más antiguos, más poderosos y que más se utilizan es el de Programación Automática de Herramientas (APT). Originalmente lo creó la Aerospace Industries Association para ayudar al desarrollo de programas de piezas para las primeras máquinas herramienta de control numérico que entraron a la industria aeroespacial. La tarea era tan grande y avanzada que el contrato para el desarrollo y consecución

Ejemplo 7.7.4 La eficiencia de operación de una máquina herramienta NC la determina el programador. Su programa contiene las instrucciones básicas que la máquina herramienta seguirá sin desviaciones de una parte a la siguiente. Con la operación manual, el resultado es una combinación de la eficiencia y la capacidad del operador.[a]

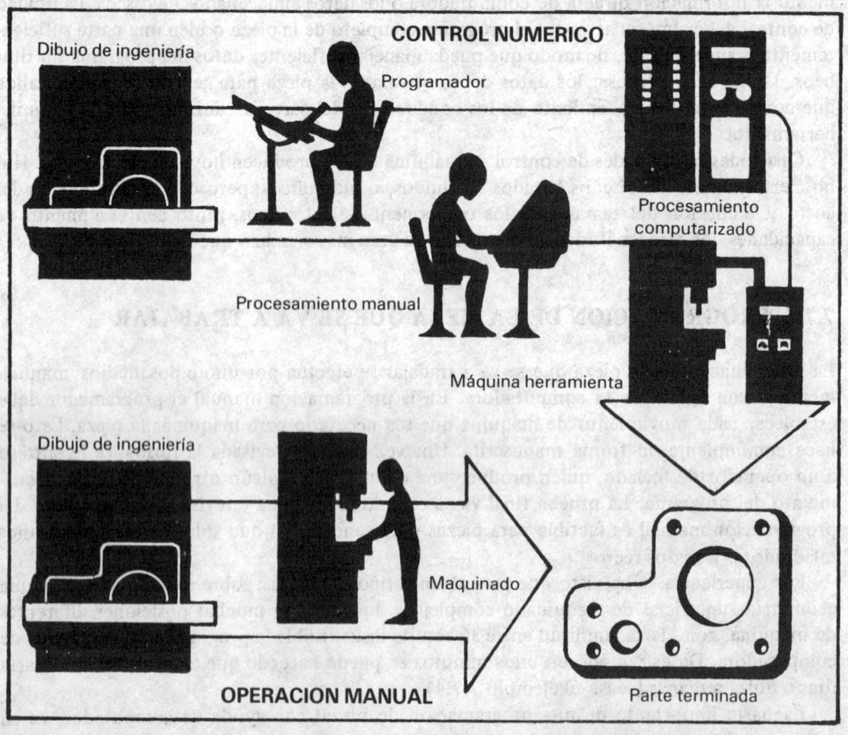

[a] Cortesia de *Modern Machine Shop 1980 NC/CAM Guidebook*, Cincinnati, OH.

posteriores del procesador se le dio en 1961 al Instituto de Investigación Tecnológica de Illinois, en Chicago. Durante los siguientes 14 años se invirtieron varios cientos de años-hombre en el desarrollo del procesador. Se adaptó a la mayoría de las computadoras con procesador central y sus capacidades se ampliaron aún más. Luego el APT se turnó a Computer Aided Manufacturing-International (CAM-I) de Arlington, Texas, donde actualmente se mantiene y documenta. El lenguaje es del dominio general y su documentación completa se puede obtener de CAM-I, 611 Ryan Plaza Drive, Suite 1107, Arlington, TX 76012, por un bajo costo. Además del APT, hay más de 50 diferentes lenguajes de procesador de control numérico, que se obtienen comercialmente por compra o por tiempo compartido. En el *NC/CAM Guidebook*[2] se encuentra una lista completa.

7.7.7 APLICACION DEL CONTROL NUMERICO

La justificación del control numérico requiere que se entienda bien lo que es y lo que no es. Primero, es un método de control, no un proceso de maquinado. El control numérico no dotará mágicamente a un taladro de 5 hp con una capacidad de 10 hp. Cuando la cortadora está cortando, la tasa de eliminación de metal no es una función del control numérico o del control manual de la máquina. El método solamente ofrece la oportunidad de controlar mucho más eficiente y exactamente la operación de una máquina herramienta. Por tanto, es particularmente aplicable a aquellas áreas de maquinado en que no se puede aplicar el enfoque tradicional de producción masiva. Las piezas lógicas para la máquina herramienta de control numérico incluyen:

Las que requieren costos substanciales de maquinado en relación con los costos totales de fabricación por medios convencionales.
Las que requieren largos tiempos de preparación en comparación con el tiempo de operación de máquina en el maquinado convencional.
Las que se maquinan en lotes pequeños o variables.
Una gran diversidad de partes que requieren cambios frecuentes de preparación de máquina y un gran inventario de herramientas.
Las que se producen en tiempos intermitentes debido a su demanda cíclica.
Las que tienen configuración compleja y requieren tolerancias y relaciones de maquinado muy estrechas, así como las que tienen superficies o contornos complejos matemáticamente definidos.
Las que son muy caras y para las que los errores humanos resultarían costosos en las partes cercanas a su terminación.

A los operadores de máquinas no se les desplaza de su función tradicional porque las secuencias reales de maquinado estén bajo control numérico. Los operadores deben seguir presentes para cargar el programa, montar la pieza con que se va a trabajar e iniciar la secuencia del programa. Deben observar y vigilar por si hay accidentes, descomposturas o eventos fortuitos que se pudieran presentar. Constituyen una valiosa fuente de retroalimentación de información para el programador, sobre la eficiencia del programa escrito de la pieza.

Con las máquinas herramienta convencionales, los operadores necesitan capacidades motoras perfectas para coordinar los diversos movimientos de la máquina herramienta. Con el control numérico, su función se ha convertido en la de supervisor y vigilante de la operación completa, que debe conocer bien las buenas prácticas del maquinado, el sonido de una herramienta de corte que esté perdiendo filo antes de tiempo y qué hacer si ocurre algo inesperado. Incluso se debe permitir que los operadores hagan cambios menores en la alimentación o velocidad para optimizar el funcionamiento de un programa.

El control numérico es significativo por la optimización y eficiencia que aporta al proceso de maquinado. El conocimiento y experiencia obtenidos en el trabajo con datos preplaneados y documentados, obtenidos a menudo con la ayuda de una computadora son igualmente significativos, y esto propicia naturalmente un mejor entendimiento laboral de otras aplicaciones de fabricación realizadas con ayuda de la computadora (CAM), como la tecnología de grupo, el control de piso del taller, formulación de organización de materiales, control de calidad con ayuda de computadora, la planeación de la producción con ayuda de computadora y finalmente, toda la instalación manufacturera integrada con ayuda de computadora.

REFERENCIAS

1. MODERN MACHINE SHOP, *Modern Machine Shop 1980 NC/CAM Guidebook,* Author, Cincinnati, OH, p. 269.
2. *1980 NC/CAM Guidebook*, p. 186.

CAPITULO 7.8

Tecnología de grupo

INYONG HAM
Universidad Estatal de Pennsylvania

7.8.1 INTRODUCCION

Concepto básico

Las industrias manufactureras que producen lotes pequeños y una variedad de productos se interesan cada vez más en la tecnología de grupo, la cual es particularmente aplicable en el área de fabricación por lotes. La tecnología de grupo también se reconoce como un elemento básico de los fundamentos del desarrollo e implantación efectivos del CAM mediante la aplicación del concepto de familia de piezas o partes.

Por lo general, la tecnología de grupo se considera como una filosofía o concepto de fabricación, por el que se identifica y explota la igualdad o similitud de partes y procesos de operación en el diseño y la fabricación. En el tipo de fabricación por lotes, cada parte se considera tradicionalmente como única en el diseño, en la planeación del proceso, en el control de producción, en el maquinado, en la producción, etc. Sin embargo, se pueden reducir los costos agrupando partes similares en familias de partes, basándose ya sea en las formas geométricas o en los procesos de operación como se ve en la ilustración 7.8.1 y también, si es posible, formando grupos o distribuciones de máquina en que se procesan las familias de las partes designadas. La reducción en los costos se logra, entre otros factores, mediante la racionalización más efectiva del diseño y una extracción selectiva de datos del mismo; con menores inventarios y compras, mejor control de producción y planeación del proceso, se obtiene también con una reducción de los tiempos de preparación y maquinado, reduciendo a la mitad de la línea de flujo de producción mediante los grupos o células de máquina; menor inventario en proceso, disminución del tiempo total de producción, reducción de la programación de control numérico, una utilización más eficiente de las costosas máquinas de control numérico y centros de producción.

Antecedentes históricos

El concepto básico de la tecnología de grupo se aplica desde hace muchos años, como parte de la "buena práctica de la ingeniería" o de la "administración científica". Por ejemplo, en la manufactura de principios de este siglo se usó un sistema de clasificación y codificación desarrollado por F. W. Taylor[1] para la formación de familias de partes. Durante estos años muchas empresas implantaron sus propios sistemas de clasificación y codificación y los han seguido usando en diversas áreas, como el diseño, materiales y herramientas. Hay numerosos ejemplos de grupos o células de máquina, instrumentación de herramientas por grupos, agrupaciones y programaciones por familias de partes, etc., que se han empleado durante muchos

Ejemplo 7.8.1 Ejemplos de familias de partes *a*) similares en forma y geometría; *b*) similares en sus procesos de producción y operación

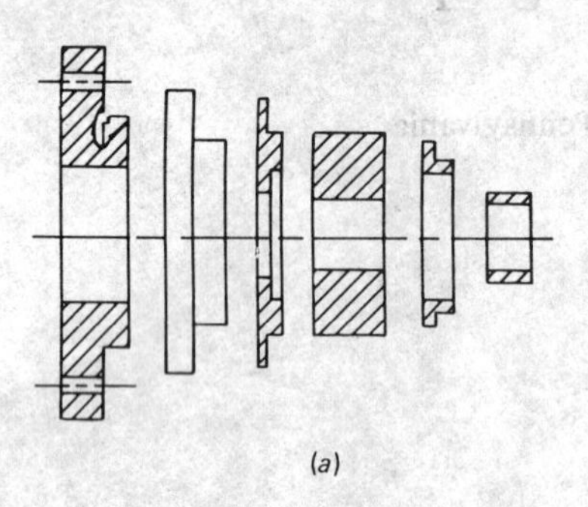

(*a*)

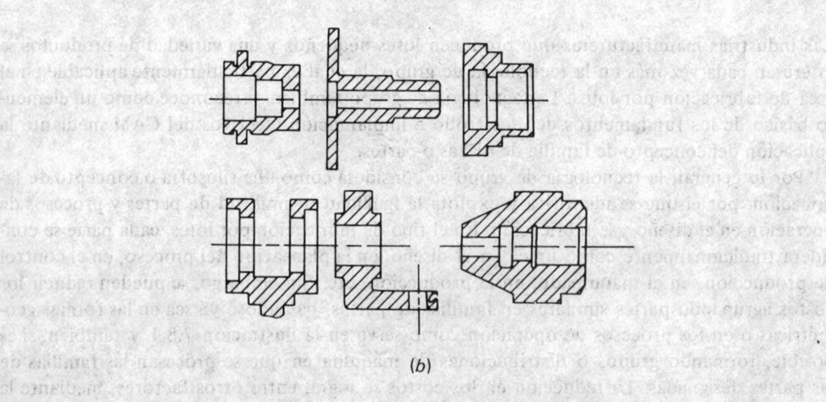

(*b*)

años en diversos sectores de la industria. Estas prácticas y aplicaciones de conceptos de tecnología de grupo recibían en muchos casos diversos nombres y tenían diferentes formas de funciones de ingeniería, fabricación y administración.

La tecnología de grupo se ha practicado en diversas formas y grados en todo el mundo y por muchos años. En las décadas de 1950 y 1960 muchos países se interesaron en ella. En ese tiempo surgieron varios sistemas de clasificación y codificación, se pusieron en práctica algunos conceptos de célula de máquina y se conocieron muchas excelentes prácticas de maquinado en grupo. Hasta hace poco la tecnología de grupo no se había reconocido formalmente ni se practicaba rigurosamente como una tecnología científica sistemática. En años recientes, la industria manufacturera avanzada pareció sufrir una revolución en el área de mejoramiento de su productividad de fabricación. Esto condujo a intensificar el trabajo en el CAM integrado. Estas tendencias estimularon un fuerte y renovado interés en la tecnología de grupo, ya que aportan los medios necesarios para una mayor productividad de fabricación y para el CAM, como por ejemplo, la planeación de procesos con auxilio de la computadora.

Principales áreas de aplicación

Una de las razones más importantes para incrementar la productividad de la fabricación es la economía. La fabricación constituye la mayor parte del producto nacional bruto (PNB) de los modernos países industrializados. A pesar de todo y aunque normalmente se piensa que la manufactura es una actividad altamente productiva y eficiente, por lo general aún se puede mejorar en forma significativa. Esto es especialmente cierto en un ámbito de fabricación por lotes. De hecho, el potencial para el mejoramiento económico de la fabricación por medio de la tecnología de grupo no sólo es enorme actualmente, sino que seguirá creciendo.

La racionalización de diversas actividades de la ingeniería, como la extracción selectiva de datos de diseño, la selección y la planeación del proceso, se pueden obtener rápidamente mediante la implantación efectiva del concepto de tecnología de grupo. Se sabe que aún se deben hacer mayores esfuerzos en el tipo de fabricación por lotes para el mejoramiento continuo del inventario durante el proceso y la carga eficiente de máquina a fin de lograr una mayor productividad. De nuevo, la tecnología de grupo constituye un elemento clave para este esfuerzo.

Tendencia actual y perspectivas a futuro

Muchas industrias manufactureras que están relacionadas principalmente con la fabricación por lotes se interesan cada vez más en la implantación de la tecnología de grupo para satisfacer sus necesidades, en función de diversos objetivos en el logro de una más alta productividad desde el diseño hasta la fabricación. Muchas empresas industriales aplican a su manera los principios de tecnología de grupo, aunque en algunos casos ésta no se identifica por su nombre, sino simplemente como una buena práctica de la ingeniería y una efectiva administración científica. En muchos casos la implantación de la tecnología de grupo se limita principalmente a la fabricación por células. Sin embargo, recientemente mayor número de empresas se interesan en aplicar los conceptos de la tecnología de grupo como una parte del sistema total de las operaciones generales de la empresa desde el diseño hasta la fabricación.

En un pronóstico del futuro del avance de la tecnología de la producción hecho por la Universidad de Michigan[2] y el Instituto Internacional para la Investigación de la Ingeniería de la Producción (CIRP)[3] se dijo que aproximadamente del 50 al 75 por ciento de la industria manufacturera usará conceptos de tecnología de grupo en el período de 1980-1990. En este pronóstico también se dijo que la fábrica automatizada por computadora será una realidad en muchas industrias mucho antes del fin de este siglo. Es evidente que las innovaciones tecnológicas, como el control numérico directo (CND), el CNC, los centros de maquinado, los robots industriales y los microprocesadores ampliarán el camino hacia sistemas de fabricación con mayor grado de automatización, integrados por computadora con la aplicación del CAM, asegurando así las aplicaciones más integradas de la tecnología de grupos para la fabricación óptima, lo que dará como resultado una mayor productividad. El esfuerzo relacionado con el CAM integrado es un enfoque positivo para lograr estos objetivos.[4]

También se puede desarrollar un sistema de clasificación de piezas, que es parte integral de las aplicaciones de la tecnología de grupos y se ha usado como una herramienta necesaria y como medio para describir partes de una forma que se pueden integrar rápidamente dentro de una estructura en base a datos de computadora, la cual vincula el diseño y la producción. Además, como la evolución del CAM integrado propicia un diseño generativo y la planeación del proceso, ciertos sistemas de clasificación y codificación de piezas se convierten en parte integral del sistema generativo total desarrollado con el CAM integrado.

La tecnología de grupo es un desarrollo dinámico y evolutivo que continúa expandiendo su influencia sobre los sistemas de producción. Es evidente que el papel de la tecnología de grupo se ampliará con los nuevos avances innovadores en la teoría y la aplicación, no sólo para mejorar la productividad en los sistemas convencionales de fabricación por lotes, sino también para la adaptación adecuada de los sistemas CAM.

7.8.2 FORMACION DE FAMILIAS DE PARTES Y AGRUPAMIENTO DE MAQUINA

Métodos y procedimiento

Una "familia de partes" se puede definir como un grupo de partes relacionadas que tienen ciertas igualdades y similitudes especificadas. Pueden tener forma geométrica similar o compartir requisitos similares de procesamiento, como se muestra en el ejemplo 7.8.1. Las partes pueden ser disímiles en cuanto a forma, pero será posible agrupar como una familia de partes debido a algunas operaciones de producción en común, o viceversa. Se considera que las partes son similares respecto a las operaciones de producción cuando se usan las mismas máquinas y los mismos procesos, así como cuando son similares el tipo, secuencia y requerimientos de las herramientas. En el agrupamiento de familias de partes de deben tomar en consideración el número de partes y su frecuencia en la fabricación. Entre mayor sea la similitud de requerimientos del procesamiento y de la frecuencia de lotes, más efectiva será la formación de la familia de partes para las aplicaciones prácticas del concepto de tecnología de grupo en la formación de grupos de máquina y en la programación de secuencias y cargas óptimas de máquina.

El agrupamiento de partes similares en familias constituye la clave para la implantación de la tecnología de grupo. El problema que surge de inmediato es sobre cómo agrupar eficientemente las partes en familias. Existen tres métodos básicos que se usan para formar familias de partes: 1) búsqueda visual y manual, 2) análisis de flujo de producción y 3) sistemas de clasificación y codificación.

El primer método es obviamente sencillo, pero su efectividad es limitada cuando se trata de un gran número de partes. En general, los otros dos métodos se usan con más frecuencia en la formación de familias de partes y grupos o células de máquina.

Análisis de flujo de producción

El análisis de flujo de producción[5] es una técnica para analizar la secuencia de operación y la trayectoria de la parte a través de las estaciones de máquinas y trabajo en la planta. Las partes con operaciones y rutas en común se agrupan e identifican como una familia de partes. De modo similar se agrupan las estaciones de máquinas y trabajo que se utilizan para producir las familias de partes a fin de formar el grupo o célula de máquina.

Un ejemplo de formación de familias de partes por este método se presenta en el ejemplo 7.8.2. Para usar eficazmente este método, es necesario asegurarse de que la empresa tiene una fuente confiable de datos de trayectoria o de hojas de operación. Una de las ventajas de este método es que las familias de partes se pueden integrar con un sistema de clasificación y codificación o sin él, puesto que se forman usando los datos de operación u hojas de ruta o trayectoria. Existen ciertas desventajas del método sobre otros métodos existentes de datos de producción y de ruta que surgen, sobre todo, de la confiabilidad de éstos.

Sistemas de clasificación y codificación

El sistema de clasificación y codificación proporciona un medio efectivo para escoger las partes codificadas en la formación de familias de partes basada en los parámetros específicos del sistema, sin importar el origen o uso de las partes. Estos sistemas se constituyen en una parte indispensable, especialmente para aplicaciones del CAM, para la implantación efectiva de los conceptos de tecnología de grupo.

La "clasificación" comprende la distribución de los artículos en grupos conforme a algún principio o sistema en que las cosas se reúnen en virtud de sus similitudes y luego se separan a causa de una diferencia específica. Un "código" puede ser un sistema de símbolos que se

Ejemplo 7.8.2 Agrupación por familias de partes y por máquinas, analizando el flujo de producción: *a*) antes de la agrupación y *b*) después de la agrupación

Parte No. / *Máquina*	1	2	3	4	5	6	7	8	9	10	11	12	13	14	15	16	17	18	19	20
L[a]	√	√		√	√		√	√	√		√	√		√	√		√	√	√	√
M_1[b]	√	√	√		√	√	√		√		√		√	√		√				√
M_2[c]			√	√				√		√		√	√		√		√	√	√	
D[d]	√	√	√	√		√	√	√		√	√	√	√	√		√	√	√		√
G[e]	√	√	√	√		√			√			√	√		√			√		√

(*a*)

Parte No. / *Máquina*	1	2	20	7	11	14	9	5	4	18	12	8	17	15	19	3	13	6	16	10
L	√	√	√	√	√	√	√	√												
M_1	√	√	√	√	√	√	√	√												
D	√	√	√	√	√	√														
G	√	√	√				√													
L									√	√	√	√	√	√	√					
M_2									√	√	√	√	√	√	√					
D									√	√	√	√	√							
G									√	√	√			√						
M_1																√	√	√	√	
M_2																√	√			√
D																√	√	√	√	√
G																√	√	√		

(*b*)

[a] L = Torno.
[b] M_1 = Fresadora I.
[c] M_2 = Fresadora II.
[d] D = Taladro.
[e] G = Esmeriladora.

emplea en el procesamiento de información en que a los números o letras o a una combinación de ambos se les confiere cierto significado.

Se han desarrollado y usado muchas variedades de sistemas de clasificación y codificación en todo el mundo. En el ejemplo 7.8.3 se presenta una muestra de una parte codificada mediante un sistema disponible comercialmente.[6]

La clasificación y codificación para su aplicación en la tecnología de grupo es un problema muy complejo y, aunque se han creado muchos sistemas y hecho innumerables esfuerzos para mejorarlos, aún no existe un sistema universalmente aceptado. Debido a que cada em-

Ejemplo 7.8.3 Ejemplo codificado siguiendo una clasificación y un sistema de claves (ver ejemplo 7.8.8)

Nombre de la parte:	Perno
Material:	Barra forjada circular de acero dulce (AISI-1020)
Tratamiento:	Endurecimiento de la superficie mediante acabado fino por carbonización
Operaciones:	Torneado del diámetro exterior y perforado

0.0625 pulg.
bisel de (2 mm) × 45°
agujero de 0.2 pulg. (5 mm) de diámetro
(D)
1.500 pulg. (38 mm)
1.100 pulg. (28 mm)
(L)
2.165 pulg. (55 mm)

4 2 5 3 2 1 2 1 0 0 3 1 0

- Máquinas herramienta primarias (torno, portaherramienta, giro)
- Precisión
- Agujeros auxiliares (radiales)
- Maquinado de superficies planas
- Forma interior
- Forma exterior (escalonado hacia un extremo)
- $(1 < L/D \leqslant 1.5)$
- Diámetro máximo $(0.63 < D \leqslant 1.97)$ pulg./$(16 < D \leqslant 50)$ mm
- Longitud máxima $(1.97 < L \leqslant 3.94)$ pulg. $(50 < L \leqslant 100)$mm
- Materiales; acero, forjado , tratamiento superficial por carbonización
- Función de la parte (parte rotativa-pernos)

presa tiene sus propias necesidades y condiciones, se necesita buscar un sistema adecuado que se pueda adaptar a las necesidades y requerimientos específicos de cada empresa. Se requiere que un sistema adaptado sea utilizable por todos los departamentos relacionados de una empresa, incluyendo los de diseño e ingeniería, planeación y control, fabricación y herramental, así como administración.

Para las aplicaciones de tecnología de grupo, una clasificación y codificación bien diseñadas deben tener la posibilidad de agrupar familias de partes tal como se necesiten, basadas en parámetros específicos. En el ejemplo 7.8.1*a*, se dio un ejemplo de este agrupamiento de partes de una familia y en el ejemplo 7.8.4 se usa un sistema de codificación adecuado junto con los datos relacionados necesarios para la codificación.

Ejemplo 7.8.4 Agrupación por familia de partes siguiendo una clasificación y un sistema de claves

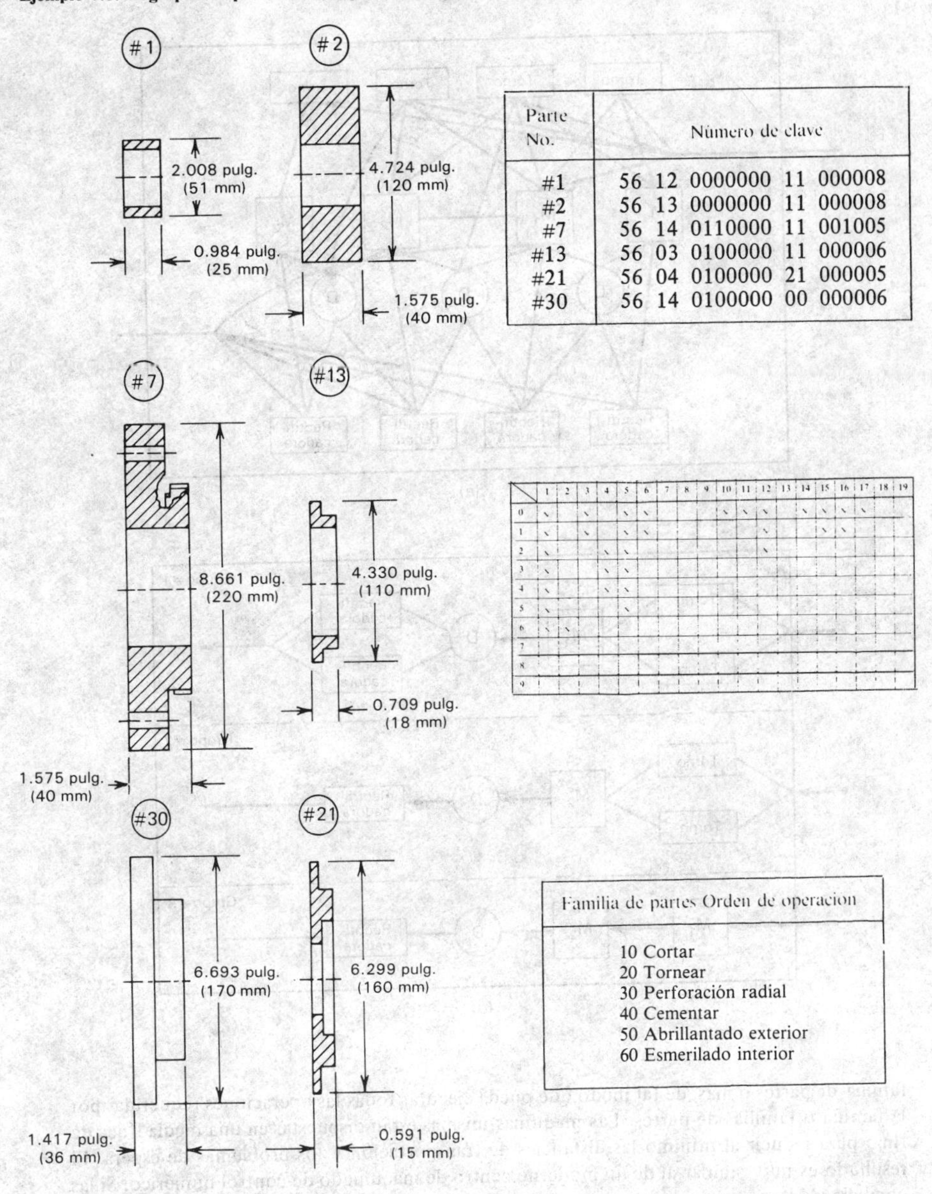

Parte No.	Número de clave
#1	56 12 0000000 11 000008
#2	56 13 0000000 11 000008
#7	56 14 0110000 11 001005
#13	56 03 0100000 11 000006
#21	56 04 0100000 21 000005
#30	56 14 0100000 00 000006

Familia de partes Orden de operación
10 Cortar
20 Tornear
30 Perforación radial
40 Cementar
50 Abrillantado exterior
60 Esmerilado interior

Distribución de célula

En general, hay tres tipos básicos de distribución de planta: 1) distribución de línea de flujo de producción masiva, 2) distribución funcional y 3) distribución por grupo. En la práctica de la tecnología de grupo, se puede formar un grupo de máquinas para producir una

Ejemplo 7.8.5 Esquema funcional *a*) y esquema de grupo/unidad *b*)

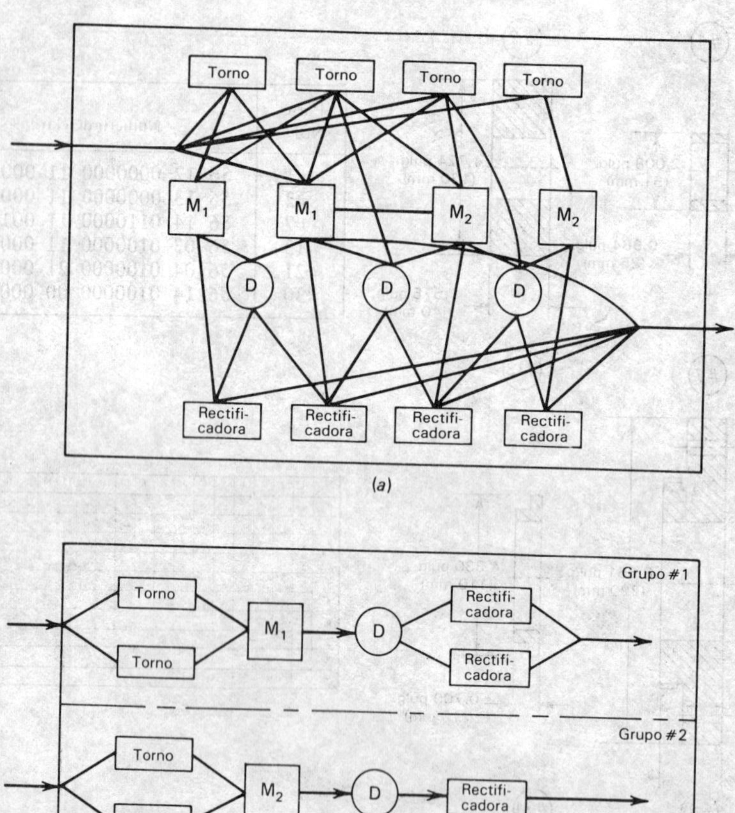

familia de partes o más, de tal modo que pueda ejecutar todas las operaciones requeridas por la familia o familias de partes. Las máquinas mismas están dispuestas en una media línea de flujo para reducir al mínimo las distancias de transportación y los problemas de espera. El resultado es muy similar al de un moderno centro de máquinado de control numérico. Si las condiciones lo permiten, se puede usar un centro de maquinado en vez de un grupo de máquinas de una sola función. En los ejemplos 7.8.5*a* y 7.8.5*b* se muestran, respectivamente, una distribución funcional convencional y una distribución de grupo de máquinas herramienta, basándose en el concepto de tecnología de grupo. En los ejemplos 7.8.5*b* se muestran los aspectos de una disposición grupo/célula.

La formación de grupos o células de máquina para procesar las familias de partes es relativamente sencilla si se aplica un sistema de clasificación y codificación bien diseñado. También es posible formar grupos o células de máquinas o familias de partes usando la técnica de análisis de flujo de producción. Aquí se analiza la secuencia y trayectoria de operación de la parte conforme pasa por las máquinas en la planta empleando para ello la información obtenida de las hojas de operaciones o de ruta que se muestran en el ejemplo 7.8.2. Cada familia de partes debe tener cierto grupo de operaciones relacionado con ella. Este grupo de operaciones indica los tipos de máquinas e instalaciones necesarias para procesar cada parte dentro de la familia. La cantidad de tiempo necesario para cada operación particular para cada tarea en la familia de partes se determina si se dispone de los datos básicos, como tamaños de lote, tiempos de preparación y tiempos de maquinado. Estos tiempos serán la base para determinar cuánta capacidad se necesita para cada máquina del grupo o célula. La formación y agrupamiento de familias de partes permiten hacer el cálculo de la carga de máquina en horas por cada máquina de la célula de grupo.

En la práctica de la tecnología de grupo, se hace un esfuerzo por maximizar la utilización de máquinas que forman el grupo mediante 1) extensión de las familias básicas de partes agregando partes de tipo similar o combinando dos o más subfamilas y 2) maquinando dos o más familias de partes en el mismo grupo de máquinas.

En los ejemplos 7.8.6 y 7.8.7 se muestra un ejemplo sencillo del cálculo de carga de máquina para formar grupos o células de máquina para determinadas familias de partes.

El análisis de carga de máquina indica que la familia de partes # 1 necesita los tiempos totales de 2,783 horas para torneado, 1,721 horas para fresado, 1,085 horas para taladrado y 3,367 horas para esmerilado, requiriendo así dos tornos, una máquina fresadora, un taladro de prensa y dos máquinas esmeriladoras, respectivamente.

Aunque la distribución grupal de máquinas para aplicaciones de la tecnología de grupo tiene muchas ventajas, también implica algunos problemas. Por ejemplo, resulta difícil balancear el trabajo y la utilización de la máquina. También, es difícil encontrar el personal adecuado para la supervisión.

7.8.3 SISTEMAS DE CLASIFICACION Y CODIFICACION

Tipos y características

Hay muchos tipos de sistemas de clasificación y codificación para usos generales. A continuación se presentan tres formas básicas para las aplicaciones comunes de la tecnología de grupo:

1. Estructura jerárquica (monocódigo).
2. Estructura tipo dígito fijo (policódigo).
3. Estructura combinada (multicódigo).

Un sistema de clasificación y codificación bien diseñado para implantar la tecnología de grupo debe satisfacer varios requisitos básicos. Puede aportar muchos beneficios y facilitar las aplicaciones de tecnología de grupo en muchas áreas de operaciones de la empresa. Los principales beneficios se pueden resumir como sigue:

1. Formación de familias de partes y grupos de máquinas (células).
2. Extracción selectiva de datos efectiva para diseños planos y planes de proceso, trayectorias o rutas.
3. Racionalización del diseño y reducción de costos de diseño.
4. Estandarización del diseño del producto.
5. Procurarse estadísticas confiables sobre el trabajo en proceso.
6. Estimación exacta de requerimientos de las máquinas herramienta, cargas racionalizadas de máquina y desembolso óptimo de capital.

Ejemplo 7.8.6 Datos básicos para el análisis de carga de las máquinas

Parte No.	No. de clave	Lote	*Torneado*		*Fresado (1)*		*Fresado (2)*		*Perforado*		*Rectificado*	
			S/T	M/T	S/T	M/T	S/T	M/T	S/T	M/T	S/T	M/T
1	010 120	115	20	9	13	5	–	–	15	3	6	20
2	010 124	30	15	12	15	7	–	–	23	6	7	15
3	002 123	55	–	–	13	5	16	8	23	12	6	10
4	111 121	105	33	14	–	–	15	6	25	8	8	9
5	010 120	25	23	10	10	8	–	–	–	–	–	–
6	002 123	10	–	–	15	8	–	–	18	10	8	23
7	011 123	5	15	9	11	9	–	–	15	15	–	–
8	110 124	12	15	15	–	–	10	9	24	11	–	–
9	011 124	18	23	12	10	8	–	–	–	–	5	23
10	002 120	35	–	–	–	–	13	6	30	11	–	–
11	011 123	10	23	14	12	6	–	–	24	7	–	–
12	112 122	10	30	8	–	–	12	10	18	10	7	15
13	001 123	21	–	–	11	7	10	9	25	11	6	15
14	011 123	61	15	8	10	5	–	–	24	4	–	–
15	111 121	4	15	17	–	–	12	9	–	–	5	18
16	002 120	5	–	–	10	6	–	–	20	13	–	–
17	110 120	24	23	10	–	–	10	8	20	11	–	–
18	111 121	46	30	11	–	–	11	17	30	7	5	10
19	111 120	61	20	9	–	–	13	5	–	–	–	–
20	012 124	10	15	10	11	9	–	–	20	5	5	18

7. Racionalización de la preparación de herramientas y reducción del tiempo de preparación y del tiempo de producción total.

8. Racionalización del diseño de herramientas y reducción del tiempo y el costo del diseño y fabricación de herramientas.

9. Estandarización de rutas de proceso o de uso de herramientas.

10. Racionalización de la planeación y programación de producción.

11. Exactitud en la contabilidad y estimación de costos.

12. Mejor utilización de máquinas herramienta, dispositivos de sujeción del trabajo y mano de obra.

13. Mejoramiento de la programación de control numérico y uso efectivo de máquinas y centros de maquinado.

14. Establecimiento de una base maestra de datos.

Ejemplo 7.8.7 Análisis de carga de la máquina para las operaciones de torneado de la familia de partes # 1 (ver ejemplos 7.8.5.b y 7.8.6)

Operación: Torneado Familia de partes # 1

Parte No.	*No. de clave*	*Tamaño del lote* (N_l)	*Tiempo de preparación* (S_t)	*Tiempo de maquinado* (M_t)	$(M_t) \times (N_l)$	$(M_t) \times (N_l) + (S_t)$
1	010 120	115	20	9	1035	1055
2	010 124	30	15	12	360	375
20	012 124	10	15	10	100	115
7	011 123	5	15	9	45	60
11	011 123	10	23	14	140	163
14	011 123	61	15	8	488	503
9	011 124	18	23	12	216	239
5	010 120	25	23	10	250	273
Total						2783 hr

Requerimientos básicos

Para las aplicaciones de tecnología de grupo, un sistema de clasificación y codificación debe cumplir con los siguientes requisitos básicos:

1. Abarcar todos los aspectos.
2. Ser mutuamente exclusivo.
3. Estar basado en características permanentes.
4. Ser específico para las necesidades del usuario.
5. Ser adaptable a cambios futuros.
6. Ser adaptable al procesamiento por computadora.
7. Ofrecer aplicaciones para toda la empresa.

Algunos temas típicos que se deben señalar son:

1. Objetivo.
2. Margen de aplicación.
3. Costos y tiempo.
4. Adaptabilidad a otros sistemas.
5. Problemas administrativos.

7.8.4 RACIONALIZACION DEL DISEÑO

Extracción selectiva de datos de diseño

Un sistema de clasificación y codificación facilita el programa de reducción y estandarización de partes, valioso tanto para la empresa como para sus clientes. Cuando un sistema de clasificación y codificación bien diseñado se implanta eficientemente en el área de diseño, proporciona un método sencillo, sistemático y eficiente para almacenar información de una manera organizada. Si es necesario, en él se puede usar una base de datos por computadora. El sistema proporciona una extracción selectiva de datos de diseño, por ejemplo, planos, especificaciones, datos geométricos y materiales. Un código posibilita la recuperación de todos los datos almacenados relacionados con una familia de partes especificada y agrupada con base en sus similitudes designadas. El sistema de extracción de datos de diseño que se elige mediante al agrupamiento de una familia de partes proporciona los siguientes aspectos importantes, que ayudan significativamente a la racionalización:

1. Agrupamiento de una familia de partes para la racionalización del diseño.
2. Obtención efectiva de información sobre el diseño existente para nuevas aplicaciones, modificaciones y referencias.
3. Estandarización de las características, especificaciones y materiales del diseño.
4. Mejoramiento del diseño.
5. Eliminación de diseños duplicados.
6. Simplifica la estimación del costo efectivo.

El sistema de extracción de datos se puede procesar manualmente o por computadora. En el ejemplo 7.8.8 aparece un ejemplo de un diagrama de flujo[7] para un sistema de extracción de datos de diseño mediante el uso del concepto de tecnología de grupo.

Ejemplo 7.8.8 Diagrama de flujo para la racionalización del diseño

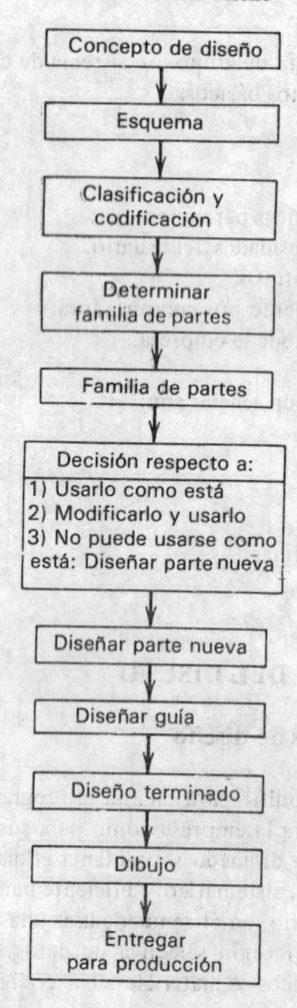

Un sistema de clasificación y codificación bien aplicado en el diseño produce ganancias económicas substanciales. Los ahorros más importantes e inmediatos se deben a la racionalización del diseño por medio de la obtención efectiva de datos de diseño. En una encuesta industrial[8] se informa que un costo promedio de diseño de ingeniería por una parte nueva es aproximadamente de $ 2,000. Cuando se utiliza un método adecuado de extracción de datos se obtiene una reducción aproximada del 15 por ciento de la actividad en el nuevo diseño. Por lo tanto, si una empresa produce aproximadamente 2,500 partes nuevas al año, se puede estimar que el costo anual del diseño de nuevas partes producidas es de aproximadamente $ 5 millones. El ahorro mediante un sistema efectivo de extracción de datos se estima en $ 750,000 por año.

En muchos casos se obtienen ahorros más intangibles a través de diversos beneficios indirectos que resultan de la racionalización del diseño; por ejemplo, la estandarización del diseño y el mejoramiento del diseño y de la productividad en la actividad general de diseño.

Estandarización

Cuando todas las partes activas se clasifican y codifican mediante un sistema adecuado, será posible analizar la población de partes y la frecuencia de uso de algunas específicas de la familia que se estudia. En la práctica, las partes que pertenecen a una familia específica se pueden elegir para identificar los diseños estándar que se usan con mayor frecuencia. Se debe reconocer que esta estandarización es posible sólo cuando se usa un agrupamiento de familias para identificar claramente las características o aspectos estándar. Usualmente, cuando las partes se diseñan independientemente y en tiempos diferentes, sin ningún medio de agrupamiento en familias de partes, es difícil identificar la naturaleza y el grado de duplicaciones innecesarias y similitudes obvias entre las partes de la empresa.

En el ejemplo 7.8.9 se muestra una familia de partes de rondanas. De inmediato se reconocen las partes estándar basadas en la frecuencia de uso de esta familia de partes. Frecuentemente muchas partes de la familia tienen una muy escasa variación en cuanto a tamaño, forma y características. En estos casos el agrupamiento de la familia de una parte selecta permite no sólo la identificación de estas similitudes, sino también evitar la variedad innecesaria por medio de la estandarización efectiva. Aunque el personal de diseño conozca la conveniencia de la estandarización y crea que se han incorporado partes estándar, no siempre recuerda que ya existen diseños similares que se pueden estandarizar. Mediante al agrupamiento de familias de partes y la extracción de datos de diseño, se puede incorporar fácilmente un alto nivel de estandarización.

7.8.5 DISPOSICION DE HERRAMIENTAS POR GRUPO

Parte compuesta

La parte compuesta proporciona una ayuda para la aplicación de conceptos de tecnología de grupo en la estandarización de partes, en la estandarización de la planeación del proceso, en el agrupamiento de máquinas, en el diseño de portapiezas y accesorios, en la planeación de la preparación herramental del grupo, en la programación de familias de partes con control numérico, etc. En el ejemplo 7.8.10 se muestra un grupo de partes representado por una parte compuesta que posee todas las características de forma y todos los aspectos de procesamiento de una familia de parte que aparece en los ejemplos 7.8.1*a* y 7.8.4. Si se desarrolla la planeación o la disposición herramental del proceso para la parte compuesta, entonces cualquier parte de la familia se puede procesar con las mismas operaciones y herramientas.

El portapiezas de grupo para taladrar una familia de partes es una muestra de lo anterior y aparece en el ejemplo 7.8.11. Para taladrar los hoyos de seis partes diferentes de esta familia se requiere solamente un portapiezas de grupo (ejemplo 7.8.11*b*) y seis adaptadores

Ejemplo 7.8.9 Estandarización de partes

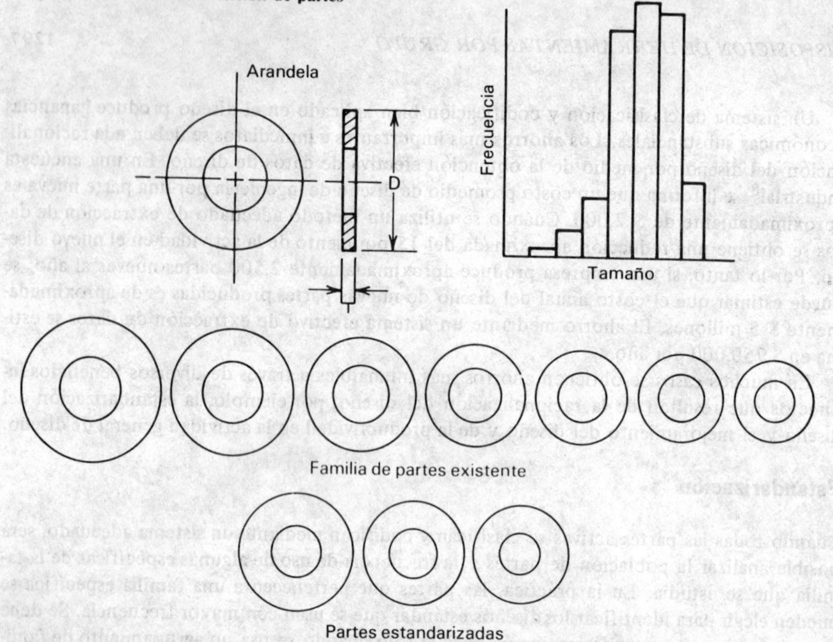

Ejemplo 7.8.10 Parte compuesta

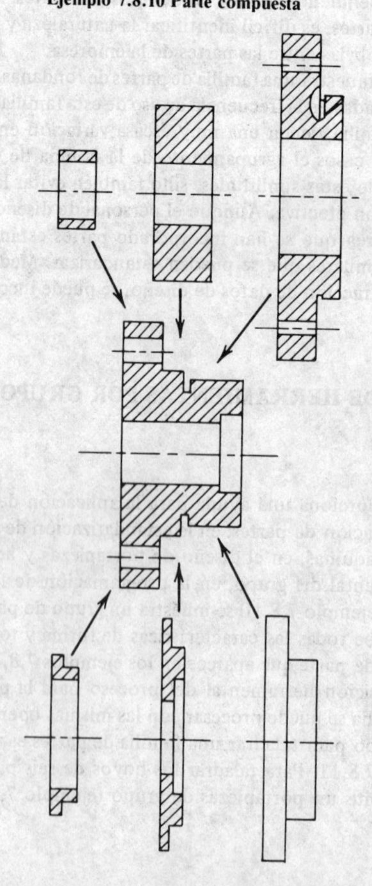

Ejemplo 7.8.11 Diseño de mecanización para la familia de partes: *a*) familia de placas circulares y *b*) grupo de dispositivos para perforar

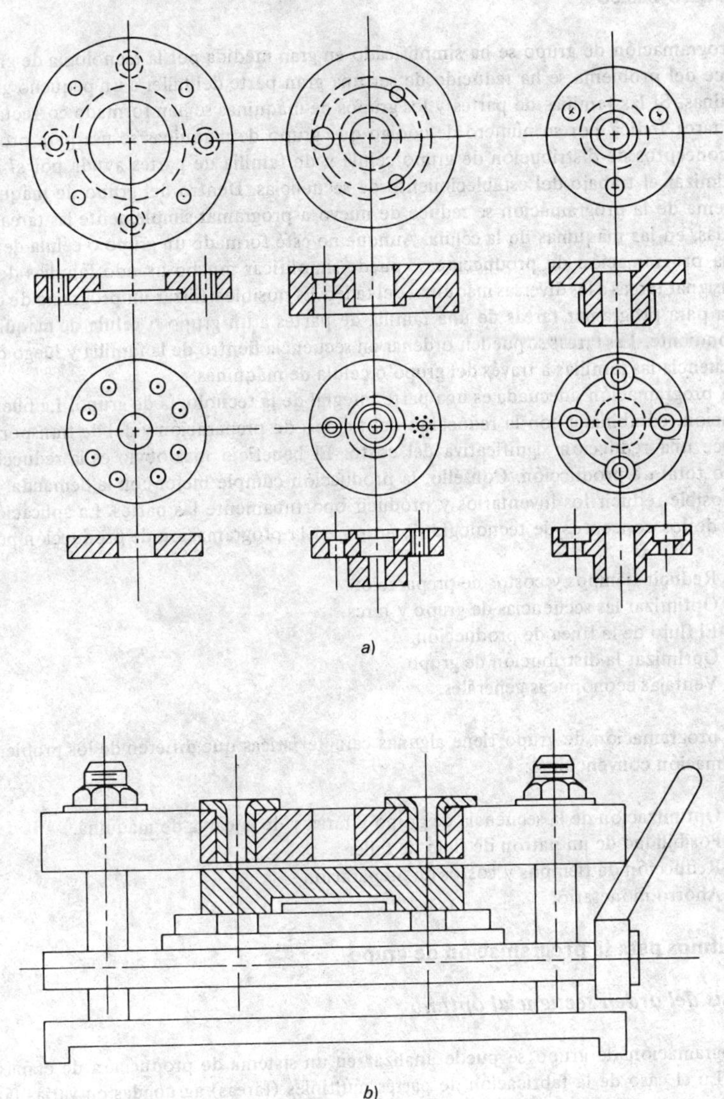

auxiliares diferentes (ejemplo 7.8.11*a*) para ajustar algunas diferencias menores de tamaño, números y localizaciones de los hoyos y del tamaño y forma de las partes. Por lo tanto, en vez de diseñar, fabricar y usar seis soportes individuales de taladro, como se hace en un método de producción convencional, sólo se requiere un soporte de grupo y seis adaptadores o placas atravesadoras, los cuales básicamente no son costosos. Por lo tanto, es evidente que hay un costo de herramientas que sí se puede reducir usando la tecnología de grupo.

7.8.6 PROGRAMACION DE GRUPO

Concepto básico

La programación de grupo se ha simplificado en gran medida por la tecnología de grupo. El alcance del problema se ha reducido de ser una gran parte del taller a un pequeño grupo de máquinas. Si las familias de partes y los grupos de máquinas se han formado correctamente, cada tarea indica por su número de código qué grupo de máquinas se usa para procesarla. Los conceptos de distribución de grupo/célula y de familia de partes ayuda por sí mismos a optimizar el trabajo del establecimiento de secuencias. Dentro del grupo de máquinas, el problema de la programación se reduce de nuevo a programar simplemente las tareas determinadas, en las máquinas de la célula. Aunque no esté formado un grupo o célula de máquinas, la programación de producción se puede simplificar mucho usando familias de partes para asignar tareas a las diversas máquinas del taller. Es posible utilizar un programa de computadora para programar tareas de una familia de partes a un grupo o célula de máquinas correspondiente. Las tareas se pueden ordenar en secuencia dentro de la familia y luego ordenar en secuencia las familias a través del grupo o célula de máquinas.

La programación adecuada es una parte integral de la tecnología de grupo. La buena programación, combinada con la reducción del tiempo de preparación y del de transportación, produce una reducción significativa del costo. El beneficio más obvio es la reducción del tiempo total de producción. Con ello, la producción cumple mejor con la demanda, ya que será posible reducir los inventarios y producir oportunamente las partes. La aplicación adecuada de los conceptos de tecnología de grupo en la programación de producción permite:

1. Reducir tiempos y costos de preparación.
2. Optimizar las secuencias de grupo y tarea.
3. El flujo de la línea de producción.
4. Optimizar la distribución de grupo.
5. Ventajas económicas generales.

La programación de grupo tiene algunas características que difieren de los problemas de programación convencional:

1. Optimización de la secuencia de grupo y tarea y de la carga de máquina.
2. Posibilidad de un patrón de flujo de taller.
3. Reducción de tiempos y costos de preparación.
4. Ahorro monetario.

Algoritmos para la programación de grupo

Análisis del orden secuencial óptimo

La programación de grupo se puede analizar en un sistema de producción de etapas múltiples. En el caso de la fabricación de partes múltiples (tareas) agrupadas en varias familias de partes, se pueden determinar tanto el grupo óptimo como las secuencias óptimas del grupo, de modo que se reduzca al mínimo el tiempo total de flujo (lapso de fabricación) por medio de diversos métodos, por ejemplo, el método de derivación y límite y el método heurístico.[9-11]

Análisis de carga de máquina

El análisis de carga de máquina para la programación de grupo es un problema complejo y no es fácil desarrollar un algoritmo adecuado para aplicaciones prácticas. Sin embargo, se dispone de algunos modelos matemáticos para problemas de carga de máquinas y de análisis de mezcla de productos para aplicaciones de la tecnología de grupo.[12, 13]

Aplicaciones integradas con MRP

En la tecnología de grupo se toman todas las partes componentes y se trata de clasificarlas en un conjunto trabajable de familias de partes, asignarlas a grupos o células de máquinas, o ambos. Idealmente, cada familia de partes tiene una similitud suficiente entre sus componentes para que cada una se pueda procesar por medio de un subconjunto particular de los procesos de producción total. La planeación de requerimientos de material (MRP) constituye aún otra herramienta para disminuir problemas dentro de las múltiples etapas de una planta de productos múltiples. En su forma más sencilla, MRP reduce cada producto final a sus partes elementales y, usando un pronóstico de los requerimientos para el producto final, asigna las cantidades que se requieren de cada parte elemental durante un tiempo específico. El uso integrado de MRP y la programación de la tecnología de grupo, proporciona un sistema viable para el control efectivo de la producción.[14]

7.8.7 ECONOMIA DE LA TECNOLOGIA DE GRUPO

Beneficio económico y justificación

La implantación apropiada y eficaz de la tecnología de grupo produce mejoras como las de un diseño adecuado, menor cantidad de materia prima y menos compras; simplifica la pla-

Ejemplo 7.8.12 Reducciòn de los costos de fabricación aplicando la tecnología de grupo

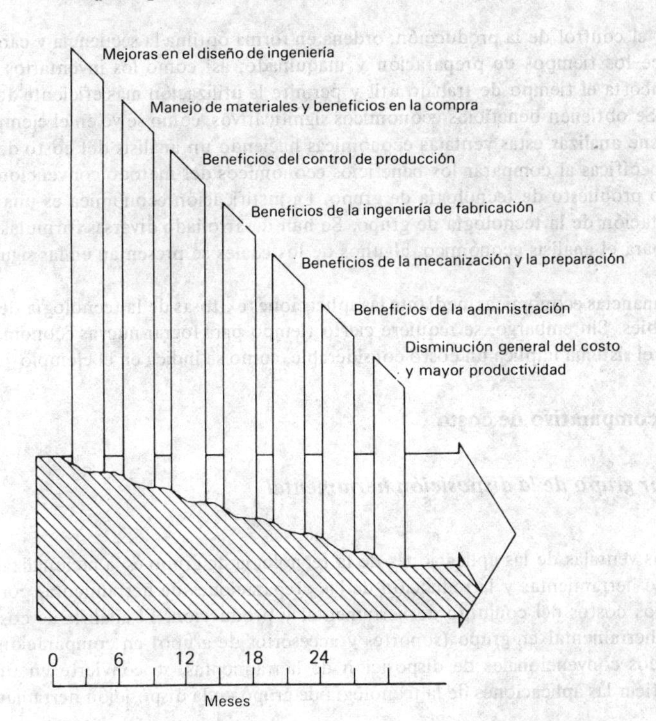

Ejemplo 7.8.13 Ejemplos de ahorro en el costo, gastos y período, derivados de la implantación de la tecnología de grupo

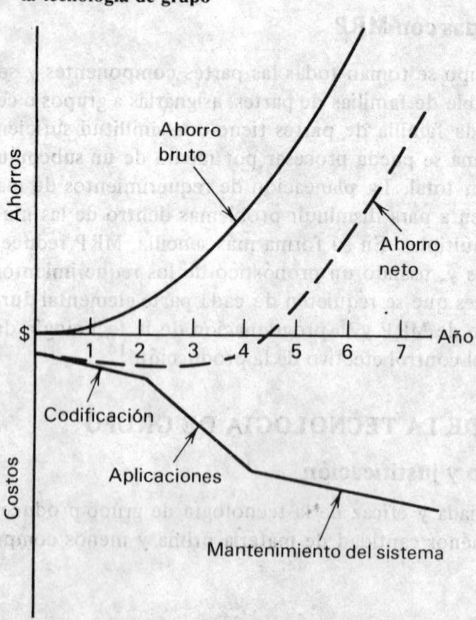

neación y el control de la producción; ordena en forma óptima la secuencia y carga, a la vez que reduce los tiempos de preparación y maquinado, así como los inventarios durante el proceso, acorta el tiempo de trabajo útil y permite la utilización más eficiente de máquinas costosas. Se obtienen beneficios económicos significativos, como se ve en el ejemplo 7.8.12.

Conviene analizar estas ventajas económicas haciendo un análisis del costo de las aplicaciones específicas al comparar los beneficios económicos del método convencional actual y el método propuesto de tecnología de grupo. La justificación económica es una clave para la implantación de la tecnología de grupo. Se han desarrollado diversas fórmulas y procedimientos para el análisis económico, algunos de los cuales se presentan en las siguientes subsecciones.

Las ganancias económicas mediante las aplicaciones exitosas de la tecnología de grupo son considerables. Sin embargo, se requiere cierto tiempo para lograr nuevas economías, ya que mantener el sistema implica un costo considerable, como se indica en el ejemplo 7.8.13.

Análisis comparativo de costo

Costo por grupo de la disposición herramental

Una de las ventajas de las aplicaciones de la tecnología de grupo es la racionalización de los diseños de herramientas y la reducción de las preparaciones de herramienta, por lo cual se reducen los costos del conjunto de herramental y producción. El análisis de costos de disposición herramental en grupo (soportes y accesorios de grupo) en comparación con el de los métodos convencionales de disposición de herramientas, se convierte en fundamental para justificar las aplicaciones de la tecnología de grupo en la disposición herramental.[15]

1. Método convencional de la disposición herramental

$$C_{tw1} = \sum_{i=1}^{p} C_{w1}(i)$$

donde C_{w1} = costo de un soporte o accesorio del método de disposición herramental convencional, \$
C_{tw1} = costos totales de disposición herramental de métodos convencionales usando p diferentes soportes o accesorios, \$
p = número de soportes o accesorios diferentes utilizados (también, posiblemente, número de partes diferentes que se usan al producir)

2. Método de disposición herramental de grupo

$$C_{tw2} = \sum_{i=1}^{q} C_a(l) + C_{w2}$$

donde C_{w2} = costo de soporte o accesorio en grupo, \$
C_{tw2} = costos totales para el herramental de grupo usando soportes o accesorios en grupo con q diferentes adaptadores, \$
C_a = costo de un adaptador, \$
q = número de adaptadores usados para la producción de una familia de partes.

3. Costo unitario de disposición herramental

a. Método convencional de disposición herramental

$$C_{u1} = \left[\frac{C_{tw1}}{N}\right] = \left[\frac{\sum_{i=1}^{p} C_{w1}(i)}{N}\right]$$

donde C_{u1} = costo unitario de disposición de herramientas para el método convencional de disposición herramental, \$/pieza
N = número de partes producidas

b. Método de disposición herramental de grupo

$$C_{u2} = \left[\frac{C_{tw2}}{N}\right] = \left[\frac{\sum_{i=1}^{q} C_{a(i)} + C_{w2}}{N}\right]$$

donde C_{u2} = costo unitario de herramientas para el método de grupo, \$/pieza

Los datos de la ilustración 7.8.14 sirven para comparar un método de disposición herramental convencional, usando accesorios de maquinado convencional y un nuevo método de grupo, que utiliza un accesorio maestro de grupo y adaptadores. En el ejemplo 7.8.15 se calculan y listan los costos totales de herramientas (C_{tw}) y los costos unitarios de herramientas (C_u) del método convencional y los del método de grupo, en relación con el número de partes diferentes dentro de una familia de partes o del grupo.

En el ejemplo 7.8.16 y 7.8.17 se grafican los costos totales de herramientas (C_{tw}) y los costos unitarios (C_u), respectivamente, como una función del número de partes de una familia o grupo.

Ejemplo 7.8.14 Datos sobre costos para el análisis comparativo

Partida	*Método convencional de disposición herramental*	*Método de disposición herramental por grupo*
Costo del conjunto de taladro	$815	$2208
Número de conjuntos necesarios	6	1
Costo de un adaptador	—	$450
Número de adaptadores necesarios	—	5
Número de piezas que se van a producir	240	240

Ejemplo 7.8.15 Ejemplo calculado de los costos de disposición herramental para comparar

No. de partes en la familia	*Método convencional*		*Método de mecanización de grupo*	
	C_{tw1}	C_{u1}	C_{tw2}	C_{u2}
1	$ 815	$3.40	$ 2,658	$11.08
2	1,630	3.40	3,108	6.48
3	2,445	3.40	3,558	4.94
4	3,260	3.40	4,008	4.18
5	4,075	3.40	4,458	3.72
6	4,890	3.40	4,908	3.41
7	5,705	3.40	5,358	3.19
8	6,520	3.40	5,808	3.03
9	7,335	3.40	6,258	2.90
10	8,150	3.40	6,708	2.80
11	8,965	3.40	7,158	2.71
12	9,780	3.40	7,608	2.64
13	10,595	3.40	8,058	2.58
14	11,410	3.40	8,508	2.53
15	12,225	3.40	8,958	2.49
20	16,300	3.40	11,208	2.34

Como se ve en estas ilustraciones, la tasa de incremento en los costos totales para el método herramental convencional es mucho más alta que la del método de grupo. Desde el punto de vista de los costos unitarios, cuando aumenta el número de partes de una familia, los costos unitarios de los métodos de grupo son mucho más económicos en comparación con los del método convencional, sobre el cual no influye el número de componentes de la familia. Sin embargo, la pendiente decrece en los niveles de costo unitario después de cierto número de partes del grupo. Esto indica que existe un límite hasta el cual la reducción del costo unitario es efectiva. Asimismo, las gráficas de costos totales y la de costos unitarios, indican los puntos críticos en que se debe tomar la decisión para seleccionar el método adecuado de disposición de herramientas.

Costos de maquinado de grupo

El maquinado de grupo es uno de los aspectos más importantes de las aplicaciones de la tecnología de grupo. Aunque el maquinado de grupo es ventajoso desde diversos puntos de vista técnicos, resulta conveniente confirmar las ventajas del método de maquinado por grupo, en relación con el método convencional de maquinado.

Ejemplo 7.8.16 Costos totales de disposición herramental de los métodos convencional y de grupo (ver ejemplos 7.8.14 y 7.8.15)

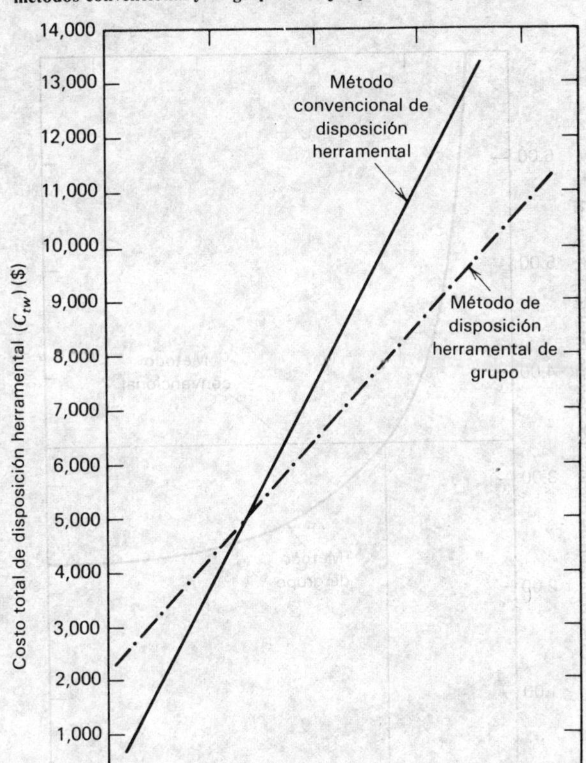

1. El costo total de maquinado para un solo lote de una parte con herramental individual especial se puede expresar como

$$C_{tm} = C_o (T_c N_\ell + T_s) + D_t$$

donde C_{tm} = costo total de maquinado, \$
C_0 = tasa de trabajo, \$/min
T_c = tiempo unitario de maquinado por pieza, min/pieza
$N\ell$ = tamaño de lote , no. de piezas/lote
T_s = tiempo de preparación por un lote, min/lote
D_t = depreciación de herramental por lote, \$/lote

2. Los costos totales de maquinado para n lotes o n partes diferentes de la familia de partes, tanto para el maquinado convencional como para el de grupo, se puede expresar como sigue:

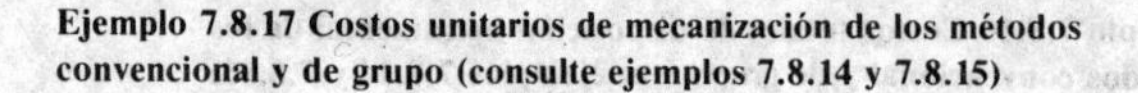
Ejemplo 7.8.17 Costos unitarios de mecanización de los métodos convencional y de grupo (consulte ejemplos 7.8.14 y 7.8.15)

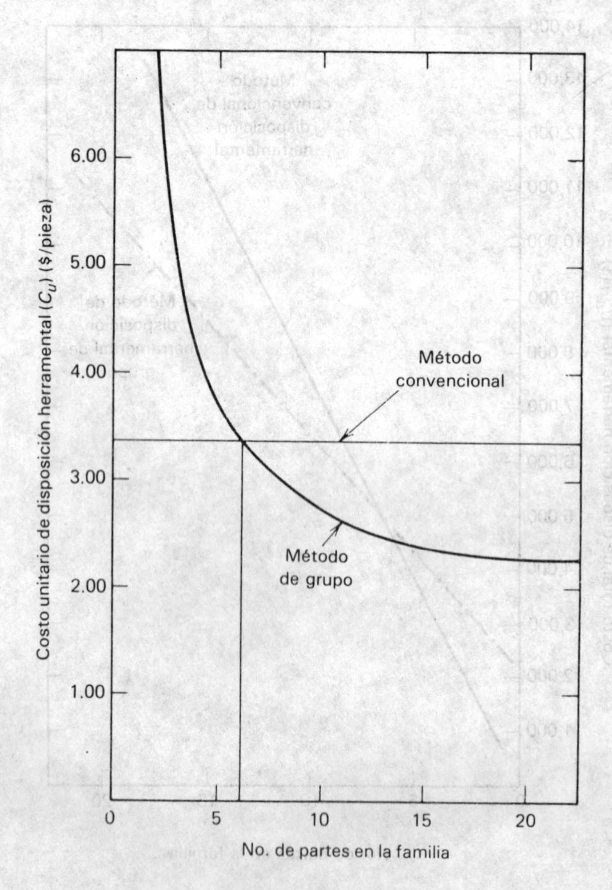

a. Maquinado convencional (individual)

$$C_{tm1} = C_o \left[\sum_{i=1}^{n} T_{c1(i)} N_{\ell 1(i)} + \sum_{i=1}^{n} T_{s1(i)} \right] + \sum_{i=1}^{n} D_{t1(i)}$$

donde C_{tm1} = costo total de maquinado para el maquinado convencional, $

n = número de lotes o número de partes diferentes a producir

T_{c1} = tiempo unitario de maquinado por pieza por maquinado convencional, min/pieza

T_{s1} = tiempo de preparación por lote para maquinado convencional, min/lote o parte

D_{t1} = depreciación promedio de herramientas por lote para maquinado convencional, $/lote o parte

b. Maquinado en grupo

$$C_{tm2} = C_o \left[\sum_{i=1}^{n} T_{c2(i)} N_{\ell 2(i)} + T_{s2} + \sum_{i=1}^{n-1} T_{sa(i)} \right] + \left[D_{t2} + \sum_{i=1}^{n-1} D_{ta(i)} \right]$$

donde C_{tm2} = costo total de maquinado para maquinado en grupo, $

n = número de partes de la familia de partes

T_{c2} = tiempo unitario promedio de maquinado por pieza por maquinado de grupo, $/pieza

T_{s2} = tiempo de preparación por lote (por familia de partes) para maquinado en grupo, min/lote o familia de partes

T_{sa} = tiempo de preparación por adaptador para maquinado en grupo, min/adaptador

D_{t2} = depreciación de herramientas por lote o familia de partes para maquinado en grupo, $/lote o familia de partes

REFERENCIAS

1. H. D. HATHAWAY, "The Mnemonic Systems of Classification; As Used in the Taylor System of Management," *Industrial Management,* Vol. 60, No. 3 (septiembre 1920), págs. 173-183.
2. L. EVANS, "Production Technology Advancements: A Forecast to 1988," Industrial Development Division, Institute of Science and Technology, University of Michigan, Ann Arbor, 1973.
3. M. E. MERCHANT, "Delphi-type Forecast of the Future of Production Engineering," *CIRP Annals,* Vol. 20, septiembre 1971.
4. D. E. WISNOSKI, W. A. HARRIS, y O. L. SHUNK, "An Overview of the Air Force Program for Integrated Computer Aided Manufacturing (ICAM), "Technical Paper #MS77-254, SME, Dearborn, MI, 1977.
5. J. L. BURBIDGE, *Production Planning,* Heinemann, Londres, 1971.
6. JAPAN SOCIETY FOR PROMOTION OF MACHINE INDUSTRY, *Guide Book for Group Technology Implementation,* (Japanese), Tokio, Japón, 1979.
7. A. R. THOMPSON, "Establishing a Classification and Coding System," Technical Paper No. MS76-276, SME, Dearborn, Michigan, 1976.
8. I. HAM y W. REED, "Preliminary Survey Results on Group Technology Applications in Metal-Working," *Machine Tool Blue Book,* May 1977, pp. 100-108. (Also Technical Paper No. MS77-328, SME, Detroit, MI, 1977.)
9. V. A. PETROV, *Flowline Group Production Planning,* Business Publications, Ltd., Londres, 1968.
10. I. HAM, R. J. DUTKOSKY, y K. HITOMI, "Production Scheduling in Group Technology Applications," Technical Paper No. MS76-275, SME, Dearborn, MI, 1976.
11. K. HITOMI y I. HAM, "Group Scheduling Techniques for Multi-production Multistage Manufacturing Systems," *ASME Transactions,* agosto 1977, págs. 419-422.
12. I. HAM y K. HITOMI, "Machine Loading for Group Technology Applications," *CIRP Annals,* Vol. 25, agosto 1977, págs. 279-281.
13. I. HAM y K. HITOMI, "Machine Loading and Product-mix Analysis for Group Technology," *ASME Transactions,* Vol. 100, agosto 1978, págs. 370-374.

14. I. HAM, J. IGNIZIO, y N. SATO, "Integrated Applications of Group Scheduling and Materials Requirement Planning (MRP)," *CIRP Annals,* Vol. 27, agosto 1978, págs. 471-473.
15. S. P. MITRAFANOV, *Scientific Principles of Group Technology* (English translation), J. Grayson, Ed., National Lending Library for Science and Technology, United Kingdom, 1966.

BIBLIOGRAFIA

BURBIDGE, J. L., *Proceedings of International Seminar on Group Technology,* International Centre for Advanced Technical and Vocational Training, Turín, Italia 1969.

BURBIDGE, J. L., "A Study of the Effects of Group Production Methods on the Humanization of Work," final report International Labor Office, Ginebra, Suiza, junio 1975.

BURBIDGE, J. L., *The Introduction of Group Technology,* Wiley, Nueva York, 1975.

DEVRIES, M. F., S. M. HARVEY, y V. A. TIPNIS, *Group Technology: An Overview and Bibliography,* Machinability Data Center (MDC 76-601), Cincinnati, OH, 1976.

EDWARDS, G. A. B., *Readings in Group Technology,* Machinery Publishing Company, Londres, 1971.

GALLAGHER, C. C., y W. A. KNIGHT, *Group Technology,* Butterworths, Londres, 1973.

HAM, I., y D. T. ROSS, *Integrated Computer-Aided Manufacturing (ICAM) Task-II Final Report,* Vol. I, Group Technology Classification and Coding, U.S. Air Force Technical Report AFML-TR-77-218, Wright Patterson Air Force Base, Dayton, OH, diciembre 1977.

MITRAFANOV, S. P., *Scientific Principles of Group Technology* (en ruso), Mashinostroyenie, Moscú, 1970.

MITRAFANOV, S. P., *Scientific Principles of Machines Building Production* (en ruso), Mashinostroyenie, Moscú, 1976.

OPITZ, H., *A Classification System to Describe Workpieces,* Parts 1 and 2, Pergamon, Londres y Nueva York, 1970.

CAPITULO 7.9

Sistemas de producción computarizados para productos discretos

MOSHE M. BARASH
Universidad Purdue

7.9.1 VOLUMEN DE PRODUCCION Y MODO DE FABRICACION

El volumen en que se fabrican productos metálicos complejos (típicamente, elementos de máquinas e instrumentos) varía desde unidades individuales hasta cientos de miles por orden. El modo de producción depende en gran medida del volumen, ya sea éste pequeño, mediano o de fabricación en grandes lotes o de "producción en masa". En el ejemplo 7.9.1 se muestra el equipo típico para cada modo de producción, tamaño de orden y costo relativo por unidad. Desde el punto de vista económico, es significativo que la producción no masiva contribuye con más del 70 por ciento del ingreso derivado de la fabricación de productos metálicos complejos;[1] además, cuando menos el 50 por ciento de todos esos artículos se fabrican en lotes con menos de 50 unidades.[2]

Las máquinas herramienta de control numérico (véase el capítulo 7.7) han incrementado significativamente la productividad de la fabricación por lotes pequeños, en comparación con las máquinas herramienta convencionales, pero no permiten el manejo automático de una máquina a otra. Un modo "ideal" de fabricación sería aquel que combinara la flexibilidad de las máquinas herramienta de uso general, con la alta productividad de una línea de transferencia automática (véase el capítulo 7.5). A principios de la década de 1960 se describieron algunas maneras para realizar este concepto; las más conocidas son el Sistema 24 de Molins,[4] la Línea de Control Numérico de Sundstrand (actualmente, de White-Sundstrand),[5] y el Sistema de Producción MISION VARIABLE®*[6]

La línea de Sundstrand fue el primer sistema de control numérico integrado que se utilizó comercialmente. Las partes que se fabrican mediante ésta son cajas de aleación de magnesio para el engrane de control de velocidad para generadores aeronáuticos eléctricos. Se han hecho cerca de 70 tipos diferentes de cajas o cubiertas (que embonan dentro de un cubo de sólo un pie, ó 30 cm) en tamaños de lote de trabajo de 25 a 300. La sección de maquinado del sistema incluye ocho centros de maquinado de control numérico de 5 ejes y dos taladros automáticos de ejes múltiples. Estas máquinas herramienta se distribuyen en dos filas, y entre éstas hay una "banda de conducción" es decir, dos transportadores paralelos a base de rodillos a motor, con conectores transversales en los extremos. Las piezas a trabajar se sujetan manualmente a paletas situadas sobre el transportador y se dejan circular en el sistema. Cada paleta tiene una cinta de clave mecánica que identifica a la pieza a trabajar, y cada máquina tiene un lector de claves. Cuando la máquina lee una clave de paleta que "embona" en ella, automáticamente la paleta se detiene y se transfiere a la mesa de la máquina para procesarla.

*El Sistema de Producción MISION VARIABLE es una marca registrada de Cincinnati Milacron.

Ejemplo 7.9.1 El costo relativo de maquinado de una pieza depende de la modalidad de producción y del equipo: A-Experimental y prototipo; B-Tanda pequeña y mediana; C-Lote grande y volumen elevado; D-Producción en masa; 1-Maquinaria de sala de herramientas; 2-Máquinas herramienta de uso general; 3-Máquinas para uso especial; 4-Líneas de transferencia automáticas; 5-Máquinas herramienta NC y CNC; 6-Sistemas computarizados de fabricación[a]

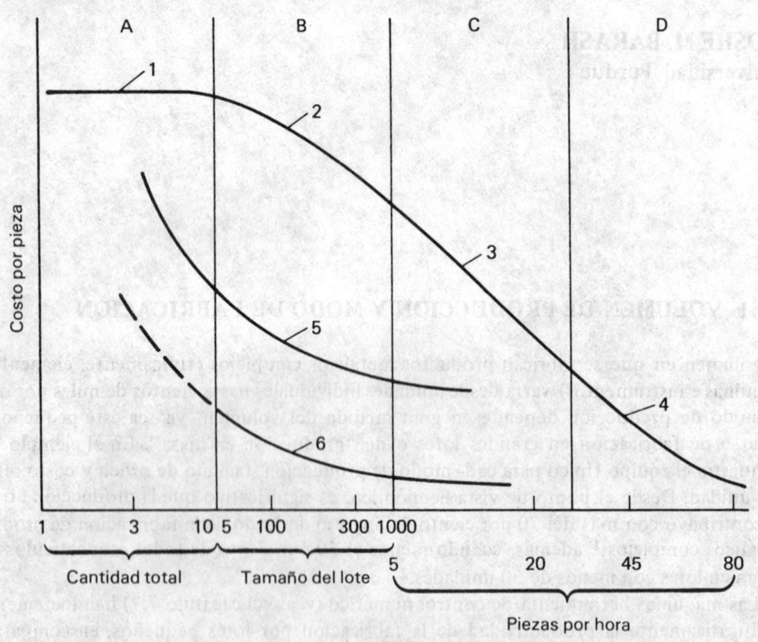

[a] Adaptado de la referencia 3.

El siguiente paso en la secuencia controlada automáticamente es la activación del lector de cintas, con el subsecuente maquinado (u otro procesamiento adecuado) de la pieza. Una vez terminado el trabajo programado en la cinta, la máquina regresa la paleta al transportador. Luego ésta se detiene en la siguiente estación del proceso, como se especifica en el plan de secuencia preparado, y continúa así hasta que se ejecutan todos los procesos.

Además de las estaciones de maquinado, la instalación incluye las secciones de limpieza, inspección de teñido fluorescente y de tratamiento anticorrosivo. Una instalación de almacenamiento automático situada sobre la línea de maquinado sostiene más de 6,000 partes que son enviadas a las estaciones de carga de las paletas mediante un transportador elevado de monorriel.

La línea de control numérico reemplazó a un taller con aproximadamente 100 máquinas herramienta convencionales, que requerían 125 personas para manejarlas. En la línea se necesitan sólo 25 personas para ejecutar todas las funciones, incluyendo el cuidado y la preparación de herramientas, inspección, mantenimiento y supervisión. La calidad del producto es consistentemente mejor; el inventario durante el proceso se redujo un 40 por ciento. Otras ventajas son menor tiempo de avance, reducción del espacio de piso, menos soportes y herramientas y un ambiente más limpio.

Aunque controlado por relevadores electrónicos, y no por computadora, este sistema ha servido como prototipo para muchos sistemas computarizados que se construyeron después.

7.9.2 EL SISTEMA DE PRODUCCION COMPUTARIZADO

La computadora de tiempo compartido y la minicomputadora poco costosa han permitido perfeccionar el concepto de línea de control numérico en forma de sistemas de producción computarizados (CMS). Un CMS (a veces denominado sistema de fabricación flexible, Sistema de Fabricación de MISION VARIABLE, sistema de fabricación versátil, OMNILINE®,* etc.), es una instalación para producción que consiste en un grupo de unidades de equipo de procesamiento, como las máquinas herramienta o equipo auxiliar (máquinas de inspección, estaciones de lavado, dispositivos de conducción de lascas, etc.), enlazadas con un sistema automático de manejo de materiales que llega a cada estación del proceso, y toda la instalación integrada bajo control de computadora común. Al combinar la flexibilidad de las máquinas herramienta de control numérico, con el manejo automático de materiales y la administración de producción controlada por computadora, el CMS logra niveles de eficiencia en la fabricación por lotes, que se acercan mucho a los de la producción en masa.

Procesos incluidos en el CMS

Aunque la mayoria de los sistemas de producción computarizados existentes tienen como propósito el maquinado, algunos se han hecho para ejecutar operaciones de moldeo o soldado. Un ejemplo de esto es un sistema de corte a flama controlado por computadora,[7] que tiene cuatro máquinas. En este sistema, nueve operadores producen 2 1/2 veces el trabajo que antes hacían once operadores con ocho máquinas. Los adelantos en la capacidad de predicción y el control de estos procesos que no son de maquinado, harán que la mayoría de éstos se puedan manejar mediante automatización computarizada.

Clasificación de piezas a trabajar

Las piezas procesadas en los sistemas de maquinado se pueden clasificar convenientemente como "en paleta" y "sin paleta". Las piezas "en paleta" comprenden las partes de forma prismática como las placas, ménsulas, cubiertas de equipo, cuerpos de válvulas y la mayoría de las formas no rotativas. En la mayoría de los casos la pieza se sujeta a un accesorio que se atornilla a la paleta. En ocasiones se han trabajado en paleta partes rotativas, por ejemplo, engranes con barrenos.

Las partes "sin paleta" son aquellas que se pueden recoger mediante un robot industrial o un manipulador y situar adecuadamente en un accesorio o manguillo. La mayoría de los cuerpos de rotación pertenecen a esta categoría. Algunas partes no rotativas se han podido manejar satisfactoriamente mediante robots en sistemas de producción computarizados.

Ejemplos de sistemas de producción computarizados

En varios países industrializados se han construido y se siguen construyendo sistemas de producción computarizados. Los sistemas que se describen aquí represéntan sólo una pequeña fracción de las instalaciones existentes. Los constructores de máquinas herramienta que trabajan en este campo pueden y han combinado sistemas computarizados de producción en las más diversas configuraciones y capacidades.

En el ejemplo 7.9.2 se muestra un CMS con seis centros de maquinado que cambian herramientas, situado a ambos lados de una banda transportadora a base de rodillos de propulsión.[2, 8] Las partes para maquinar se colocan en paletas codificadas en las cuatro estaciones de recarga. Desde allí las paletas se transfieren automáticamente mediante la lanzadera gra-

*OMNILINE es una marca registrada de la White-Sundstrand Machine Tool Company, División de White Consolidated Industries, Inc.

Ejemplo 7.9.2 Sistema computarizado de fabricación con banda transportadora sobre rodillos: A-Taladro OD3 OMNIDRILL® de cuatro ejes; B-Centro de maquinado OM3 OMNIMIL® de cinco ejes; C-Centro de maquinado OM3 OMNIMIL® de cuatro ejes; D-Lanzadera de graduación; E-Lectora de paleta; F-Cargador-descargador de paleta; G-Espaciador de paleta; K-Transportador regulador; L-Estación de cambio de accesorio; M-Lanzadera compuesta; 1, 2, 3, 4-Estaciones de carga[a]

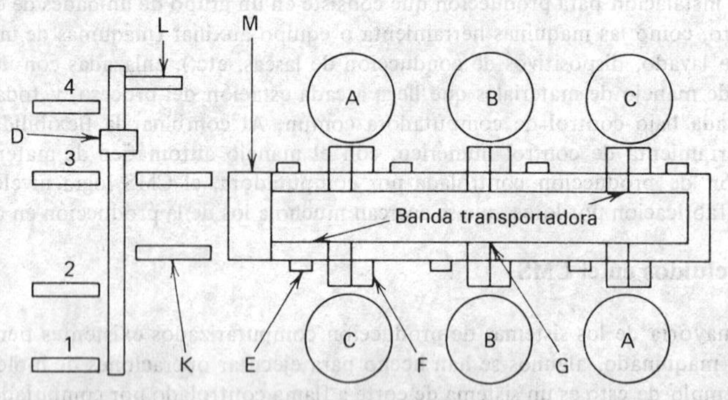

[a] Cortesia de la White-Sundstrand Machine Tool Company, División de White Consolidated Industries, Inc.

duadora D al transportador intermedio K y a la banda. Las máquinas recogen las paletas después de haber leído su clave. El sistema se usa para maquinar una diversidad de partes de hierro fundido con una masa hasta de 450 libras (200 kg) y cubos de 3 pies (90 cm). En el sistema puede haber 16 paletas a la vez. En todos, se han producido cerca de 180 números de parte en tamaños de partidas desde una pieza. La producción anual es de 12 a 20,000 partes, dependiendo del número de partes. El sistema está controlado por una computadora IBM 360/30; el trabajo directo lo realizan tres operadores y un capataz.

En el tipo de sistema que se muestra en el ejemplo 7.9.3, se emplea un método muy diferente de transportación de paletas con las piezas a trabajar en ellas. Las máquinas herramienta (en este caso, los centros de maquinado y una máquina de inspección digital) y las estaciones de carga de paletas, están distribuidas en dos filas; entre éstas está colocada una pista de doble riel sobre la cual se mueven dos carros lanzadores controlados por computadora hacia las estaciones adecuadas, para recoger y entregar paletas con piezas a trabajar. Cada carro es

Ejemplo 7.9.3 OMNILINE™ CMS con máquinas de la Serie 80 OMNIMIL: A-OMNIMIL de 40 hp y cabeza fija; B-OMNIMIL de 25 hp y cabeza inclinable; C-Máquina de inspección; D-Estación de lavado; E-Carro lanzadera; F-15 estaciones de carga y descarga[a]

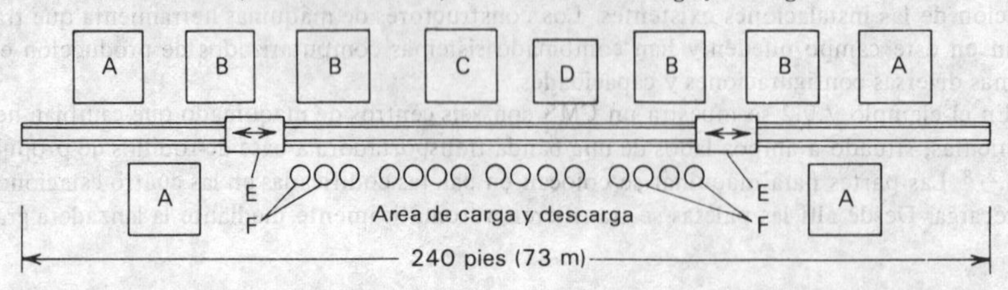

[a] Cortesia de la White-Sundstrand Machine Tool Company, División de White Consolidated Industries, Inc.

conducido por un piñón que encaja en un bastidor sujeto a uno de los rieles. Una banda de retroalimentación asegura con gran exactitud el posicionamiento del carro, aun cuando éste viaja a una velocidad de 300 pies (91 m)/min. El cambiador de paletas puede girar 180° para servir a las estaciones de cualquier lado de la pista. El sistema se puede extender fácilmente mediante la adición de máquinas herramienta (u otras estaciones) y módulos de pista que vienen en secciones de 20 pies (6 m) de largo.

Este sistema en particular maquina 10 partes diferentes, como cubiertas o cajas de engranes, bastidor principal y la caja de embrague para dos modelos de tractor. La mezcla de partes varía considerablemente de una orden a otra. La producción promedio diaria es suficiente para 12 ensambles de tractor. En los sistemas de este tipo se emplean paletas de 32, 42 ó 52 pulgadas (813, 1067 ó 1321 mm) de diámetro, para una masa combinada de accesorio y parte hasta de 20,000 libras (9,000 kg). El método de control, que hoy es prácticamente universal para el CMS es por medio de una computadora central en un modo de control numérico (DNC) (véase el capítulo 7.7), interconectada con los controles numéricos (véase el capítulo 7.7) de las máquinas individuales. El CNC también está preparado para el rezago, si es necesario.

Las características geométricas de las piezas, como la presencia de grupos de perforaciones, algunas veces hacen que resulte económico emplear cabezas de herramientas múltiples (ejes). La posibilidad de incorporar en un sistema de producción computarizado un centro de maquinado que cambie estas cabezas ha sido probada en el sistema experimental de fabricación de MISION VARIABLE, por Cincinnati Milacron.[3] Actualmente se usan cabezas de herramientas múltiples de varios tamaños –con una masa hasta de 11,000 libras (5,000 kg)– y cambiadores de cabezas de diferentes diseños, ya sea como partes de los sistemas o de un modo individual.

En un CMS se pueden integrar máquinas herramienta y otros procesos, y equipo auxiliar, de muy diversos tipos. En el sistema que se presenta en el ejemplo 7.9.4 se incluyen centros de torneado vertical con cambiadores de herramienta, un cambiador de cabeza y centros de maquinado con cambiador de una sola herramienta. Su función es maquinar una familia de cajas de engranes y cubiertas de ejes. Los transportadores tipo carretilla se usan para mover paletas con piezas para trabajar.

Otro método para transportar paletas que se usa en los CMS, especialmente cuando la ruta es un tanto complicada, es mediante carretillas en línea remolcadora. La cadena remolcadora se instala por abajo del nivel del piso; un mecanismo activado por computadora situado en cada estación engrana y desengrana el sujetador que conecta la carretilla con la cadena.

Ejemplo 7.9.4 Sistema computarizado de fabricación con diferentes tipos de máquinas herramienta: A-Centro de torneado vertical de 36 pulgadas con cambiador automático de herramienta; B-Máquina con cambio automático de cabeza; C-Depósito alimentador principal; D-Centro de maquinado 10HS con huso horizontal y cambiador automático de herramienta[a]

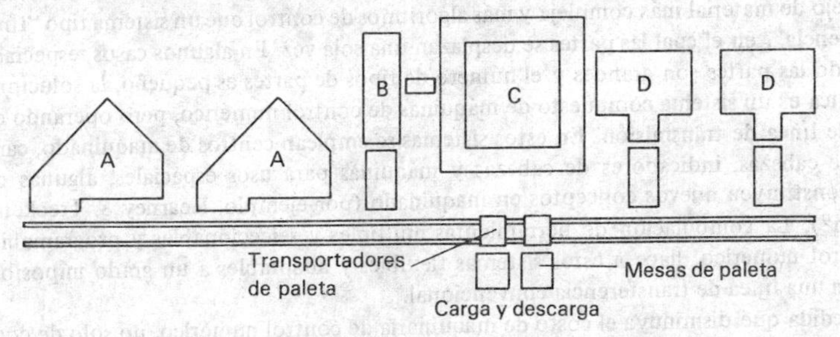

[a] Cortesia de Giddings & Lewis, Inc.

Ejemplo 7.9.5 Sistema flexible de fabricación, con carretillas en línea de remolque y espaciadores de cabeza Duplex[a]

Centros de maquinado NC (5)
Parte en la carretilla
Fresadora NC (1)
Inspección
Carga/descarga
Carga/descarga
Espaciadores de husos múltiples (4)

[a]Cortesía de Kearney & Trecker Corporation.

Un sistema de transporte con línea remolcadora se puede extender agregando nuevas máquinas u otras estaciones al sistema.

En el sistema que se presenta en el ejemplo 7.9.5 se emplean hasta 23 carretillas en línea remolcadora. Los siete tipos de partes maquinadas en el sistema son diversas cajas de engranes de tractor y colados de cajas de transmisión. El compuesto de partes por orden varía sustancialmente, pero la producción promedio por día es de 25 tractores. Las partes tienen grupos de perforaciones que abaratan el uso de cabezas de ejes múltiples. Se presentan diferentes cabezas a las piezas a trabajar mediante portadores de cabezas indicadores controlados numéricamente, denominados módulos indicadores de cabeza. Un módulo comprende un cursor de control numérico con un solo eje. Los módulos se hacen con un solo indicador (módulo simple) o con dos (módulo duplex). En el sistema ilustrado, se emplean módulos duplex. Dependiendo del tamaño de la cabeza, en cada indicador se pueden almacenar hasta 10. El acceso a las cabezas es al azar.

CMS con avance no aleatorio

Todos los CMS descritos permiten que la pieza llegue a las estaciones del sistema en una secuencia que no se parece a la situación "geográfica" de estas estaciones en el sistema. Este movimiento "aleatorio" tiene ventajas en cuanto a flexibilidad, pero requiere una instalación de manejo de material más compleja y más algoritmos de control que un sistema tipo "línea de transferencia", en el cual las partes se desplazan una sola vez. En algunos casos, especialmente cuando las partes son grandes y el número de tipos de partes es pequeño, la solución más económica es un sistema compuesto de máquinas de control numérico, pero operando en un modo de línea de transmisión. En estos sistemas se emplean centros de maquinado, cambiadores de cabezas, indicadores de cabezas y máquinas para usos especiales, algunas de las cuales constituyen nuevos conceptos en maquinado (por ejemplo, Kearney & Trecker Corporation[9]). La combinación de herramientas múltiples y seleccionables y programabilidad de control numérico, hace a estos sistemas flexibles y adaptables a un grado imposible de lograr en una línea de transferencia convencional.

A medida que disminuya el costo de maquinaria de control numérico, no sólo de controles electrónicos sino también de elementos mecánicos como servomotores y conductores, las

Ejemplo 7.9.6 Sistema dedicado a piezas grandes: A-Centro de maquinado; B-Máquina de cambio de cabeza; C-Torno para uso especial vertical tipo puente; D-Máquina automática vertical para uso especial, tipo Gantry, con cambio de herramienta; E-Parte en la paleta. La combinación de paleta para partes de 40 toneladas está sostenida por un líquido a presión cuando se mueve de una estación[a] a otra

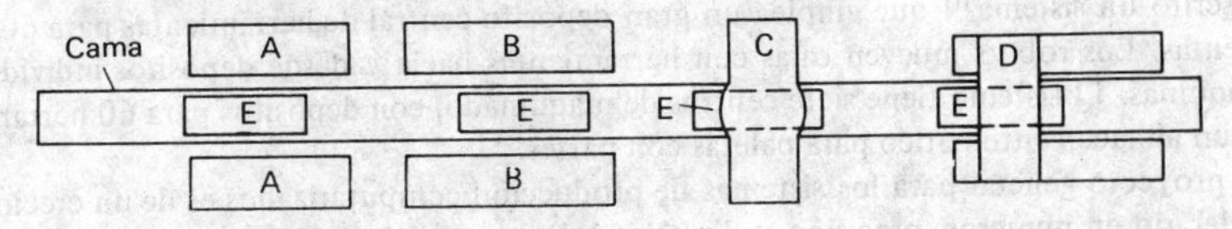

[a] Cortesía de Cincinnati Milacron.

máquinas de control digital continuarán desplazando poco a poco a las unidades tradicionales de control mecánico. Ya existen sistemas de producción computarizados dedicados a un producto (como Cincinnati Milacron[3]), que en efecto reemplazan a una máquina de uso especial o a una línea de transferencia. Son económicos para un pequeño volumen de producción y se adaptan fácilmente a modificaciones del producto. Un ejemplo de estos sistemas, diseñado para un producto de proporciones enormes, se presenta en el ejemplo 7.9.6. La pieza, el casco de un tanque, se maquina en sucesión en cuatro estaciones. Para manejar la masa de 40 toneladas (36,000 kg) del casco y sus paletas, se usan "bolsas" de agua que se inflan con un fluido (en realidad, el enfriador de cortes) y elevan la paleta permitiendo situarla en posición.

Presente y futuro de los sistemas de producción computarizados

El número de sistemas de producción computarizados en operación está aumentando a un ritmo acelerado. Los sistemas descritos aquí son una selección del panorama norteamericano, pero se están realizando avances en otras partes del mundo. Los sistemas que han sido bien "afinados", muestran niveles de utilización del 75 por ciento y mayores, que son de 1 1/2 a 2 veces mayores que para las máquinas de control numérico no computarizadas que han cumplido demandas similares de producción. Los números de personal de trabajo directo para un CMS son mucho más bajos que en las máquinas NC comunes, llegando aproximadamente a una persona por dos máquinas herramienta para sistemas que fabrican un compuesto de productos; para sistemas dedicados a un solo producto se necesita menos personal. La supervisión y el reemplazo de herramientas constituye aún una gran parte de las actividades humanas en un CMS; la automatización de la entrega y el reemplazo de herramienta y el mejoramiento de la vida útil de la herramienta (mejores herramientas; uso más amplio del control adaptable y un control de calidad más estrecho del material de trabajo), reducirán aún más el número de operarios requerido. (Para el control adaptable, véanse los capítulos 7.7 y 7.11.) Si se incluyen programación y otras funciones de apoyo, por supuesto el número de personal será mayor. Es difícil obtener información detallada, pero de acuerdo con una fuente extranjera,[10] la relación del personal total (operadores, inspectores, supervisores, personal de preparación de herramientas, personal de carga y descarga, de manejo de materiales, programadores, técnicos en control numérico) para un sistema de producción computarizado, para máquinas de control numérico no computarizadas y para máquinas convencionales, para el mismo volumen de producción es de 1:1.5:3.4, respectivamente.

En los últimos años se han desarrollado los robots industriales (véase el capítulo 7.6) como componentes del sistema de producción computarizado, básicamente para manejar partes de rotación como ejes, piñones, engranes, etc.[11, 12] Un solo robot puede servir a dos o tres máquinas, a transportadores de carga y descarga y a una estación de inspección. También están en operación sistemas con más máquinas que emplean dos o más robots, y su número sigue en aumento. Considerando la estructura básica y las reglas operativas fundamentales, un CMS que emplea robots no difiere de un CMS para partes en paleta que emplea carros lanzadores controlados por computadora (ejemplo 7.9.3).

Las últimas tendencias en el diseño de CMS se orientan hacia una mayor diversidad de ideas sobre movimiento de herramientas, en vez del de piezas (como, Jablonowski[11]). Se ha descrito un sistema[10] que emplea un gran depósito central de herramientas para 605 herramientas. Los robots mueven cajas con herramientas hacia y desde depósitos individuales de máquinas. El sistema tiene siete centros de maquinado, con depósitos para 60 herramientas, y un almacén automático para paletas con partes.

El proyecto general para los sistemas de producción computarizados es de un crecimiento acelerado en números, precisión y diversidad de procesos incluidos. La integración de los CMS en fábricas automáticas puede iniciarse con la década.[13, 14] Es interesante señalar que, aunque Japón es el primer país que ha investigado formalmente el concepto de una fábrica "sin hombres" para productos mecánicos, los primeros centros de maquinado reales que pueden trabajar por varios turnos sin atención se construyeron en Estados Unidos y se enviaron a Suecia.[9, 15]

7.9.3 PLANEACION PARA UN SISTEMA DE PRODUCCION COMPUTARIZADO

Un sistema de producción computarizado es una instalación costosa y se requiere una cuidadosa planeación previa a fin de evitar frustraciones. En la Purdue University en un estudio auspiciado por la National Science Foundation (NSF),[16] se investigaron los problemas de esta planeación y los de la operación óptima de un sistema computarizado de producción. Se desarrollaron cierto número de "herramientas" de diseño, incluyendo métodos de simulación para CMS[17] y un modelo matemático[18] que requiere sólo una cantidad limitada de información de entrada, pero que señala cuellos de botella y subutilización en un CMS propuesto y proporciona un estimado de productividad general. El tiempo requerido para efectuar el análisis de computadora de una configuración de sistema propuesto, usando el modelo matemático, es del orden de unos cuantos segundos. De este modo se pueden analizar varias posibles configuraciones de CMS y luego los mejores se pueden simular con gran detalle para identificar posibles mejoramientos de productividad, los cuales pueden constituir cerca del 10 por ciento. De esta manera se puede determinar la configuración final del sistema.

También se analizaron las reglas de programación y control del sistema y se encontró que ninguna regla es la mejor para todos los tipos de sistema. Estas reglas se deben probar y seleccionar mediante simulación. Probablemente la mejor solución es incluir un programa de simulación en los planos del CMS y enviarlo junto con éste, para asegurarse de que se dispone de la capacidad de computación adecuada –para operar el sistema y efectuar la simulación cuando se requiera. Los recientes avances en la tecnología de microprocesadores indican que esta capacidad de computación se puede obtener a un costo relativamente bajo.

REFERENCIAS

1. *Manufacturing Technology–A Changing Challenge to Improved Productivity*, Report to the Congress by the Comptroller General of the United States, U.S. General Accounting Office, Washington, DC, 1976.
2. N. H. COOK, "Computer-Managed Parts Manufacture," *Scientific American*, Vol. 232, No. 2 (1975), págs. 22-29.
3. CINCINNATI MILACRON, Product Literature (Manufacturing Systems), Publ. No. SP-145, Cincinnati, OH, Junio de 1978.

4. D. T. N. WILLIAMSON, "Molins System 24–A New Concept of Manufacture," *Machinery and Production Engineering,* Septiembre 13 de 1967, págs. 544-555; Octubre 25 de 1967, págs. 852-863.
5. B. C. BROSHEER, "The NC Plant Goes to Work," *American Machinist,* Vol. 112, Octubre 23 de 1967, págs. 41-47.
6. C. B. PERRY, "VARIABLE MISSION Manufacturing Systems," *Proceedings of International Conference on Product Development and Manufacturing Technology,* University of Strathclyde, Glasgow, Gran Bretaña, Septiembre de 1969.
7. D. F. DOMINICK, "Manufacturing Productivity (A View From Caterpillar)," *Proceedings, Manufacturing Productivity Solutions Conference,* SME, Washington, DC, Octubre 2 y 3 de 1979.
8. WHITE-SUNDSTRAND MACHINE TOOL COMPANY, Division of White Consolidated Industries, Inc., Product Literature (OMNILINE), Belvidere, IL.
9. KEARNEY & TRECKER CORPORATION, "The Case for IMAGINEERING, Multi-Station Pallotized N/C Manufacturing System," Supplement to Data Sheet 523-675. *Special Products News,* Vol. 2, No. 1 (1978), pág. 6.
10. V. A. LESHCHENKO, Ed., (en ruso), *NC Machine Tools.* Mashinostroyeniye, Moscú, 1979, págs. 507-535.
11. J. JABLONOWSKI, "Aiming for Flexibility in Manufacturing Systems," *American Machinist,* Vol. 124, No. 3 (1980), Artículo especial 720, págs. 167-182.
12. CINCINNATI MILACRON, "Discover the Tomorrow's Tool Today (The T3 Robot)," Pat. No. K-259-2, Cincinnati Milacron, Marzo de 1979.
13. H. YOSHIKAWA, "The Japanese Project on the Automated Factory, PROLAMAT 76," *Third International Conference on Programming Languages for NC Machine Tools,* Vol. 1, International Federation for Information Processing and international Federation of Auto-Matic Control, Stirling, Escocia, 1976.
14. M. M. BARASH, "The Future of Numerical Controls," *Mechanical Engineering,* Vol. 101, No. 9 (1979), págs. 26-31.
15. R. SKOLE, "Unmanned Machining al Work," *American Machinist,* Vol. 123, No. 6, (1979), págs. 99-102.
16. NATIONAL SCIENCE FOUNDATION, Grant APR74-15256, "Optimal Planning of Computerized Manufacturing Systems, Summary (Final)," *Proceedings of the Eighth NSF Grantees' Conference,* Stanford University, Palo Alto, CA, Enero de 1981, págs. J-1-J-10.
17. E. J. LENZ y J. J. TALAVAGE, *A Generalized Simulation Model for Computerized Manufacturing Systems,* Report No. 7, Optimal Planning of Computarized Manufacturing Systems, NSF Grant No. APR74-15256, Purdue University, School of Industrial Engineering, West Lafayette, IN, Agosto de 1976.
18. J. J. SOLBERG, "A Mathematical Model of Computarized Manufacturing Systems," *Production and Industrial Systems: Proceedings of the Fourth International Conference on Production Research,* Taylor & Francis, Londres, 1978.

BIBLIOGRAFIA

Understanding Manufacturing Systems, Vol. 1, Kearney & Trecker Corporation, Milwaukee, WI.

Automated Small-Batch Production, 3 vols., National Engineering Laboratory, East Kilbride, Glasgow, Gran Bretaña, 1978.

HUTCHINSON, G. K., y B. E. WYNNE, "A Flexible Manufacturing System," *Industrial Engineering,* Vol. 5, No. 12 (1973), págs. 10-17.

CAPITULO 7.10

Las computadoras en el control de procesos continuos

EDWARD J. KOMPASS
Control Engineering

7.10.1 INTRODUCCION

El control distribuido es la tendencia más importante en los sistemas de control para procesos industriales continuos. La computadora digital, pero sobre todo el microprocesador, constituye la tecnología esencial de esta tendencia. El resultado será un mejor control de los procesos industriales.

7.10.2 ANTECEDENTES DE LA PRACTICA DEL CONTROL

Antes de la Segunda Guerra Mundial ya se había generalizado verdaderamente la mayor parte del control automático en las industrias con procesos continuos. La diferencia estriba en que estos sistemas de control automático no estaban integrados, sino en conjuntos extensos y desorganizados de bandas de control independientes. Por lo tanto, un controlador de flujo estaría montado en la unidad de proceso que éste controlaba, tal vez sobre el tubo mismo en que controlaba el ritmo de flujo y muy cerca las conexiones de presión diferencial para captar el ritmo de flujo y el controlador para ajustar la válvula. En general, los calibradores de presión con escalas para indicar el ritmo del flujo o alguna otra clase de flujómetro estaban montados cerca del sensor y el controlador, junto con una caja redonda de registro. El registrador era importante porque proporcionaba un medio inmediato a través del cual el operador podía ver que el equipo de banda de control estaba operando adecuadamente durante períodos en que aquél estaba atendiendo alguna otra parte del proceso. Pero al analizarlo con otros registros, también proporcionaba una manera de determinar la eficiencia del proceso en conjunto y los ajustes o afinaciones de control que podían explicar el efecto de una banda sobre otra por medio del propio proceso.

Así, lo que estas primeras bandas de control automático necesitaban más que todo, era una manera de que el operador de planta pudiera ver todos sus indicadores de tiempo real a la vez. Los registradores variables de proceso perderían luego parte de su importancia en la operación en planta, aunque conservarían cierta importancia por ser la mejor manera de determinar la causa de cualquier irregularidad en la conducta permanente.

7.10.3 TRANSMISION DE SEÑAL NEUMATICA

Se debe recordar que estas primeras bandas de control generalmente eran mecánicas, captaban el movimiento físico de un diafragma, del tubo de Bourdon, o columna líquida, y amplificaban este movimiento mediante relés neumáticos para mover un diafragma o ramal de válvula accionada por pistón. El desarrollo de los amplificadores neumáticos de pequeños movimientos mecánicos que operaban a bajas presiones y la estandarización del margen de presión de entrada aceptada por indicadores, controladores y registradores, condujo a la difusión del uso de transmisión neumática de señales de control de proceso industrial. Este estándar de señal neumática de 3 a 15 psig está usándose aún y de hecho constituyó la base de cerca de la mitad de todas las ventas de instrumentos de control en todo el mundo en 1978.

La transmisión automática permitió reunir por primera vez en un solo lugar todos los indicadores requeridos para la operación segura y correcta de una unidad completa de proceso. Debido a que los indicadores, controladores y registradores respondían al mismo margen de presión de aire de 3 a 15 psig, a menudo estos instrumentos mecánicos se combinaban o al menos se agrupaban. En caso de un control deficiente debido a un desajuste o mal funcionamiento del controlador que requería manejar manualmente una salida simulada del controlador, los controles manuales se convirtieron también en una parte del paquete controlador. La salida del controlador también se estandarizó entre 3 y 15 psig, y el relevo a presiones más altas para el accionamiento de válvula se hizo en o cerca de la válvula.

Por lo tanto, la transmisión de señal de control neumático, con origen en la seguridad inherente de los sistemas de aire y mecánicos en ambientes inflamables, potencialmente explosivos y peligrosos, se convirtió en el recurso práctico de los sistemas centralizados de control industrial. Desde un punto de vista operativo, esta centralización fue esencial para mejorar la operación de planta.

El desafortunado concepto de combinar todos los indicadores y controles (y a veces el registrador) en un solo instrumento, también propició un período de 30 años de pensamiento obtuso sobre la organización del sistema de control, en el cual todo el equipo de control, excepto los sensores-transmisores y los accionadores, parecieron *pertenecer* obviamente a la sala de controles. Como concepto, el sistema de control distribuido quedó olvidado debido al conocimiento implícito en la práctica común.

7.10.4 LA ELECTRONICA Y EL CONTROL POR COMPUTADORA

La introducción de la electrónica en el mundo del control industrial sucedió casi al mismo tiempo que la de la computadora digital electrónica para control de procesos, a fines de la década de 1950.

Los controles electrónicos eran sencillamente análogos a los primeros controles neumáticos, con la diferencia esencial de las ventajas de la transmisión de señal eléctrica, en vez de la antigua transmisión neumática. La ventaja obvia fue la velocidad de transmisión: la velocidad electrónica de la luz en comparación con la velocidad neumática del sonido. Por supuesto, ninguno de estos límites de velocidad se ha logrado realmente debido a las características de la línea de transmisión. Pero las velocidades eléctricas no retardarán las respuestas de control, incluso sobre bandas de control extendidas a muchos miles de pies de la unidad de proceso bajo control. Lo que se necesitaba en vez de ello, era incluir un nuevo tipo de sensibilidad al ruido eléctrico extraño –una sensibilidad que pudiera anularlo, aunque fuera a costa de una mayor complicación en los circuitos.

Ante las tendencias actuales, es curioso que sea difícil encontrar algún registro de sugerencias para afrontar la amenaza de la electrónica mediante la aceleración de la banda de control neumático, separando los indicadores de los controladores y regresando estos últimos al campo. (En la década de 1950 Beckma logró hacer esto con el fin de resolver problemas de rezago de transmisión en bandas de control rápidas). Tal es la capacidad del conocimiento común.

El controlador electrónico, siguiendo la misma ruta, estaba destinado a permanecer en la sala de control. Pero ofrecía una interconexión más fácil con una diversidad de registradores e indicadores nuevos, por lo cual tuvo un nuevo ámbito en el cual desarrollarse. Por esa época, la neumática era una tecnología sumamente avanzada y madura, dependiente, por ejemplo, de nuevos materiales para su crecimiento. De este modo, la señal de control electrónico común de 4 a 20 mA se convirtió en estándar análogo al de 3 a 15 psig de la neumática. (Debido a que los voltajes y las corrientes son más fáciles de graduar y convertir que las presiones de aire, algunos proveedores optaron por 1 a 5 mA, 0 a 10 V, y otros márgenes, que en cualquier caso se podían convertir fácilmente uno al otro.)

Al principio, los indicadores siguieron empacados junto con los circuitos de control, al igual que en los controladores neumáticos. Parece que esto se hizo a causa de la fuerza (o rutina) de la práctica, porque eran más fáciles de separar en el diseño electrónico. Pero los controles electrónicos, construidos con la primera tecnología de los transistores, no eran lo suficientemente resistentes para sacarlos de la sala de control y llevarlos al campo, si era necesario. Las ventajas del diseño del tablero de mando más sencillo y pequeño que fue posible gracias al controlador de arquitectura dividida (denominado así cuando el indicador visual y los circuitos del controlador estaban separados) no eran obvias en los días del sistema de control de caja en miniatura. (La creciente posibilidad técnica de la terminal CRT con indicador visual compartido enfatizaría más tarde la arquitectura dividida.)

Mientras tanto, la computadora digital se desarrollaba aceleradamente, con el trabajo continuo para su aplicación por muchos ingenieros en control. A fines de la década de 1950 y principios de la de 1960, las computadoras eran tan costosas y tan poco confiables que requerían ser siempre de tiempo compartido y un completo registro de protección. En otras palabras, se usaba una sola computadora central para controlar todas las bandas, simulando cada una de éstas en secuencia y sosteniendo la salida de control calculada hasta la próxima vez que se barría la misma banda para su control. Cada banda así controlada tenía un controlador analógico electrónico convencional instalado en paralelo para controlar el proceso si la computadora fallaba.

Aunque siempre ha sido importante la confiabilidad del control, el enfoque de "acomodarlo todo en el mismo recipiente" del control digital directo por computadora, hizo que las discusiones sobre la confiabilidad del sistema se constituyeran en tema del día. La lección aprendida se aplica muy bien en la actualidad, a medida que el control industrial se vuelve más complejo, aun cuando las configuraciones de sistema distribuido tienen una mayor confiabilidad inherente.

El principal punto a señalar es que al principio la computadora no conducía hacia ninguna disposición de sistema de control distribuido. De hecho, la computadora tendió a consolidar aún más el dominio de los diseños de control centralizado. Pero el germen del control distribuido estaba allí también.

7.10.5 TRANSMISION DE SEÑAL DE CONTROL DIGITAL

Desde los primeros intentos por aplicar la computadora a los sistemas de control, era evidente que sería muy conveniente que las transmisiones de señal de control fueran digitales y no analógicas. Las señales digitales eran más fáciles de proteger contra la degradación a causa de las fuentes de ruido eléctrico, y las señales digitales podían llevar información o datos codificados con cualquier nivel de exactitud que se deseara, mientras que las señales analógicas estaban limitadas por relaciones prácticas entre señal y ruido.

En los inicios de las aplicaciones computarizadas del control, la conversión de analógico a digital de todas y cada una de las señales de banda de control era un sueño. Sin embargo, en los últimos 20 años, este sueño se ha convertido en realidad, junto con otros avances aún más importantes. Al esfuerzo por lograr la transmisión digital universal de las señales de control se debe en parte el resultado final del control distribuido actual. Desde hace mucho tiempo los ingenieros en control están preparados para las señales de control digital.

Los otros avances relacionados con la súbita llegada del control distribuido son la integración en gran escala (que es el paso más reciente en la tecnología de circuitos electrónicos integrados); su hizo precoz, el microprocesador; y las terminales CRT de tiempo compartido con indicadores visuales con capacidad gráfica y el concepto de bus de alta velocidad de datos, que permite extender el bus dirigible de la computadora afuera de ésta. Por tanto, las computadoras podrían estar en contacto directo dirigible con cualquier aspecto que esté bajo los instrumentos transductores individuales y operadores de entrada, sin importar lo lejos que esté la planta. De este modo, para 1975 ya estaba listo el escenario para iniciar los sistemas de control distribuido verdaderos.

7.10.6 DEFINICION DE CONTROL DISTRIBUIDO

La forma más obvia de control distribuido es el sistema en el cual cada controlador de banda está situado físicamente sobre el proceso cercano al accionador de control y al sensor de medición de esa banda. Nótese que esto es diametralmente opuesto a la práctica tradicional de los últimos 20 ó 30 años en las industrias procesadoras por flujo, en las cuales, los controladores de banda se han reunido en salas de control central a fin de centralizar los instrumentos indicadores visuales de banda integrales para los controladores. El primer método, y el más obvio, para la distribución de control es el que generalmente se define como control distribuido.

Un método menos obvio para "distribuir" el control se deriva de la práctica cada día más común del uso de controladores digitales de bandas múltiples. Cuando un solo controlador basado en el microprocesador es de tiempo compartido, es decir, cuando un solo aparato está de hecho controlando al mismo tiempo cierto número de variables diferentes de proceso, se considera prudente que esas variables se elijan de entre cierto número de diferentes unidades del proceso. De esta manera, es posible que la pérdida de ese aparato controlador no provoque condiciones de operación peligrosas o descomposturas de planta. Esta clase de distribución de control se conoce como "distribución funcional". Puesto que definitivamente la tendencia en los controladores digitales de bandas múltiples es por un número cada vez mayor de bandas, y no por un número menor, estos controladores deben transferirse automáticamente hacia un controlador de retroceso en caso de falla, como de hecho hoy pueden hacerlo todos. Por tanto, la distribución funcional del control es un factor académico.

Además de la distribución de los propios controladores, también es posible distribuir solamente las entradas y salidas de los controladores (o de un subsistema de adquisición de datos o referencia de datos), con el fin de reemplazar las entradas/salidas alambradas rígidamente con sólo pocos alambres mediante alguna forma de vías múltiples de señal. Las entradas/salidas distribuidas son un avance económico en dirección del control distribuido y probablemente fue un paso necesario en el desarrollo del control distribuido, pero que no es propiamente tal.

En el control distribuido, los controladores de banda deben estar situados opcionalmente (cuando menos) o inherentemente lejos de la sala de control central. En ésta se conserva la estación del operador central, la cual sólo es de supervisión, pero de la que se pueden ver todas las variables de banda y se pueden fijar o cambiar todas las constantes de sintonía del controlador de banda. El uso de una computadora supervisora o jerárquica es completamente opcional. *Control distribuido no significa control computarizado, aunque el primero puede incluir al segundo.*

En el verdadero control distribuido, cada banda de control es local respecto al proceso y opera independientemente de la función de control de supervisión de la sala de control central. Por lo tanto, cada banda puede ser óptimamente corta, rápida y relativamente más segura en cuanto a daño accidental y ser insensible al ruido. Aún así, el operador de la estación central puede disponer de inmediato de toda la información necesaria relacionada con el comportamiento del proceso, del instrumento de control y de la integridad del controlador. Asimismo se minimiza el alambrado de control.

Ejemplo 7.10.1 Los antiguos circuitos indicadores automáticos para control instalados en el campo, como este controlador de flujo *a*), exigían que el operador verificara con regularidad los medidores y las gráficas de registro a fin de vigilar la operación del circuito y comparar los cuadros de otros circuitos para estimar el rendimiento del proceso. El concepto de control centralizado-configuración Tipo 1 *b*) lleva todos los circuitos indicadores a la sala de control para una operación integral de la planta. El problema está en que los controladores se encuentran en puntos centrales con sus indicadores, de manera que los circuitos son largos, vulnerables tanto al ruido como al deterioro y el alambrado o la tubería resultan excesivos y muy costosos. El concepto de sistema de control distribuido opcionalmente-configuración Tipo 2 *c*) permite que los controladores estén alejados físicamente del área de operación local o unitaria de ambiente controlado. Toda la información del circuito y el acceso a los puntos de ajuste del controlador, las constantes de regulación y el control manual de cada circuito todavía son posibles en el control central mediante la vía principal de información. Los circuitos de control y las unidades de planta operan independientemente si la vía principal falla. El sistema totalmente distribuido: configuración Tipo 3 *d*) instala cada controlador de circuito en el campo y reduce el alambrado de control de la planta a un mínimo absoluto, manteniendo al mismo tiempo la información completa y el control de supervisión de la planta en la sala de control central. Los controladores deben estar diseñados de manera que puedan operar en medios severos y ser útiles en su sitio de instalación en el campo.

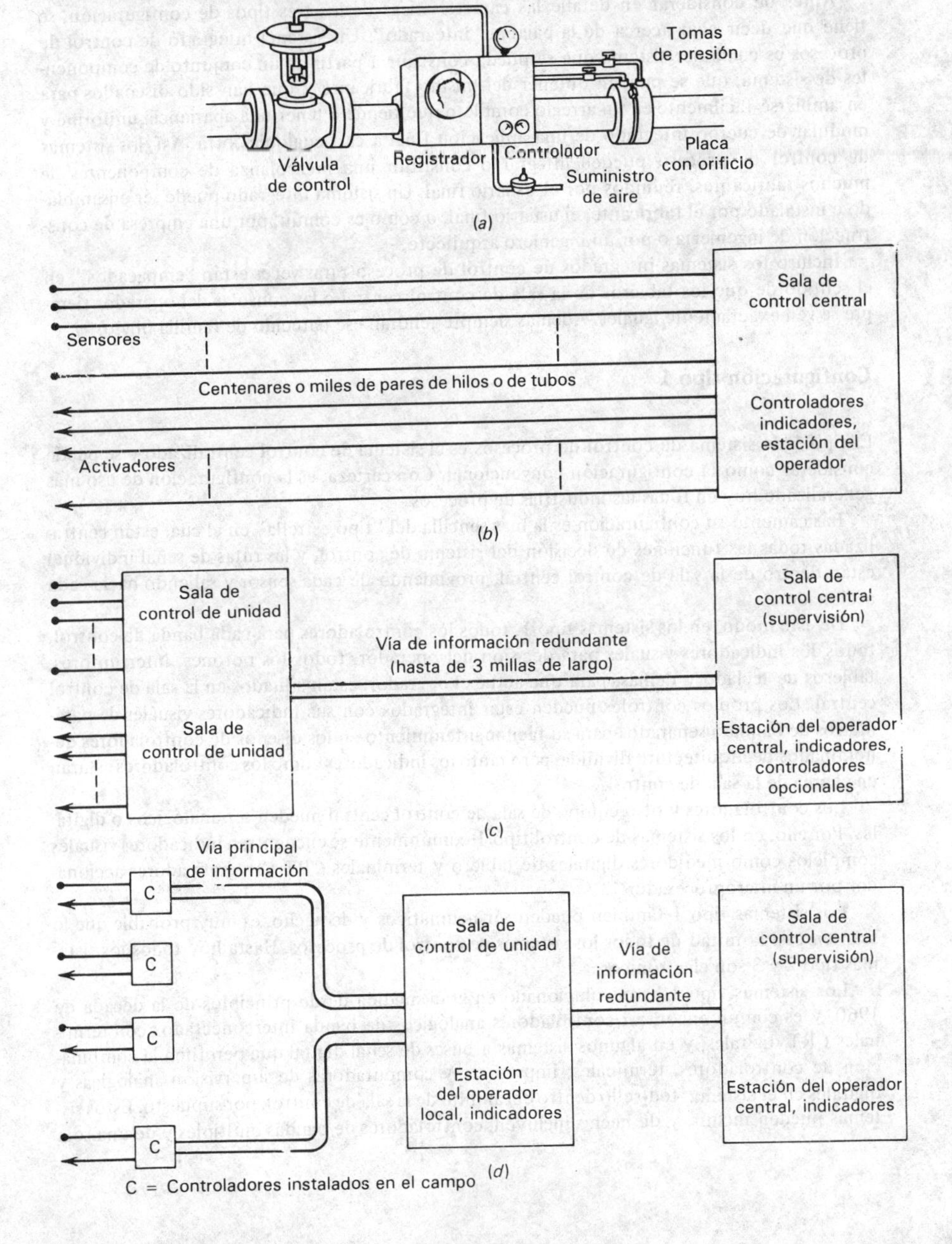

7.10.7 CONFIGURACIONES DEL CONTROL DEL PROCESO

Los sistemas integrados de control de proceso disponibles actualmente, por lo general pertenecen a tres categorías simplificadas basadas en la configuración del sistema,[1] es decir, el concepto de acuerdo con el cual se interconectan los componentes del sistema. Estas tres categorías se reducen a sus aspectos descriptivos más esenciales en el ejemplo 7.10.1. El orden en que se presentan en ésta es el de su descendencia histórica y no se pretende sugerir en ningún sentido el valor relativo de un sistema respecto al otro, aunque estos valores de hecho siempre existirán en sus aplicaciones.

Antes de considerar en detalle las características de los tres tipos de configuración, se tiene que decir algo acerca de la palabra "integrado". Un sistema integrado de control de procesos es cualquier sistema que se pueda construir a partir de un conjunto de componentes de sistema, que se puedan obtener del mismo fabricante y que han sido diseñados para ensamblarse fácilmente en un arreglo completo que tiende a tener una apariencia uniforme y modular de cuerpo integrado de una aplicación final a casi cualquier otra. Así, los sistemas de control de proceso pueden integrar o constituir una mezcolanza de componentes de muchos fabricantes, reunidos por el usuario final. Un sistema integrado puede ser ensamblado e instalado por el fabricante, el usuario final, o como es común, por una empresa de construcción de ingeniería o por un ingeniero arquitecto.

Incluso los sistemas integrados de control de proceso raras veces están "empacados", en el sentido de que los tableros de la sala de control central o las consolas del operador siempre se ven exactamente iguales. Además siempre tendrán ese parecido de familia obvio.

Configuración tipo 1

El tipo 1 de sistema de control de procesos es el sistema de control centralizado y se puede considerar como la configuración convencional. Con certeza, es la configuración de uso más generalizado hoy en todas las industrias de procesos.

Básicamente su configuración es la más sencilla del "tipo estrella" en el cual están centralizadas todas las funciones de decisión del sistema de control, y las rutas de señal individual están dentro de la sala de control central, proviniendo de cada sensor y saliendo hacia cada accionador.

De este modo, en los sistemas tipo 1, todos los controladores para cada banda de control, todos los indicadores visuales para decisión del operador, todos los botones, interruptores, tableros de teclado y demás, para que actúe el operador, están situados en la sala de control central. Los propios controles pueden estar integrados con sus indicadores visuales de parámetros de banda o separados para su fácil mantenimiento en los diseños de controladores denominados de arquitectura dividida, pero tanto los indicadores como los controladores estarán en el área de la sala de control.

Los controladores y otro equipo de sala de control central pueden ser analógicos o digitales. Por ello, en los sistemas de control tipo 1 comúnmente se encuentran indicadores visuales complejos como medidores digitales de tablero y terminales CRT con graficadores accionados por un microprocesador.

Los sistemas tipo 1 también pueden ser neumáticos y de hecho, es muy probable que lo sean en casi la mitad de todos los sistemas de control de procesos. Hasta hoy todos los sistemas tipo 2 y 3 son electrónicos.

Los sistemas tipo 1 han evolucionado en gran medida desde principios de la década de 1960, y es común encontrar controladores analógicos de banda interconectados con terminales CRT digitales, y en algunos sistemas a buses de señal digital que permiten la combinación de controladores, terminales, impresores y computadoras de supervisión analógicas y digitales en el sistema-todo ello dentro del ámbito de la sala de control, por supuesto. Estos sistemas pueden incluir, y de hecho incluyen, controladores de bandas múltiples y de una sola banda basados en un microprocesador, e incluso capacidades avanzadas multivariables de control sin la computadora de supervisión y jerárquica que se le puede agregar.

En otra variación que se podría denominar configuración tipo 1A (no ilustrada), un bus digital se puede extender hacia el campo hasta una terminal múltiple remota, donde se puede conectar un número medible de puntos de campo, sensores o accionadores. De este modo, la configuración es como una estrella en el extremo de una o más líneas que surgen de la sala de control central. El objetivo es reducir significativamente el número de rutas de señal para ahorrar alambrado y costos de instalación.

Configuración tipo 2

El sistema de control de proceso tipo 2 tiene una configuración de estrella o radial que también permite la posibilidad de un verdadero control distribuido; es decir, los controladores de banda cerrada para cada banda del proceso se pueden sacar de su propia ubicación en la sala de control y colocarlos cerca de los sensores y accionadores de campo. Esto se hace mediante la extensión de un bus digital o bus de alta velocidad de datos y la conexión de los controladores a la consola e indicadores visuales del operador. Entonces las propias bandas de control pueden ser físicamente más cortas (por ejemplo, tal vez de una milla a más o menos cien pies) y por lo tanto, menos vulnerables al ruido o a daños. La pérdida del bus o bus digital de alta velocidad de datos usualmente redundante y largo, significa la pérdida de inteligencia operativa, pero los controladores continúan operando localmente. La correlación múltiple se hace en el lugar del controlador. De nuevo, los sistemas de este tipo se podrían implantar con controladores tanto analógicos como digitales, o incluso neumáticos, pero hasta hoy prevalece el controlador digital de bandas múltiples.

Configuración tipo 3

El tercer tipo de configuración de sistema de control de procesos se basa en un bus digital de datos en una configuración de banda con transmisión de datos en ambas direcciones. Si la banda se daña en algún punto, aún se puede mantener la comunicación total con todos los controladores sin una trayectoria redundante.

7.10.8 COMO SE DISTRIBUYE EL CONTROL

El bus de alta velocidad de datos, el bus de datos, la trayectoria de datos, el bus de control, o como quiera que se le llame, es la llave que abre la puerta del control distribuido. La propia computadora, en la forma de un procesador de integración de gran escala y de un solo chip (LSI), tiene que ser lo suficientemente barata para que encaje en casi toda estación asignable para que el control distribuido sea verdadero, aunque por supuesto, esto no es exactamente correcto. Muchos buses de datos son sólo un chip denominado UART (transmisor receptor asincrónico universal), que es un modulador-demodulador (MODEM) que hace series de dígitos binarios de datos paralelos sobre un extremo y sitúa en paralelo los datos de serie sobre el otro para buscar una acoplamiento de claves entre una "palabra" transmitida y un registrador de dirección de dispositivo. Pero esta UART es un producto pequeño de la misma tecnología que ha producido el microprocesador.

Por tanto, la elección del bus de datos para usar constituye una gran parte del diseño de un sistema de control distribuido y una gran parte de la elección entre ellos.[2] Aquí, las elecciones son importantes. Incluyen velocidades, protocolos de mensaje, método de control de tráfico de rutas, grados de redundancia disponible, capacidades de interconexión y modificación retroactiva, y cantidades relativas y clases de tráfico de datos (como los datos de banda de control de tiempo real o datos de supervisión solamente).

Sin embargo, incluso ya determinado el bus de datos y dada la asignabilidad de "estaciones" que podrían tener unidas todas las formas de entradas o salidas, ¿por qué tener un control distribuido?

Los principios de la tendencia se deben al deseo de reducir el número de alambres que conectan todos los sensores y accionadores en una planta industrial a esa sala de control central (o sala controladora) que nadie podría pensar en eliminar. La idea de la estación dirigible permitió eliminar teóricamente todos esos miles o decenas de miles de larguísimos alambres (tal vez miles de millas de alambre). Los costos totales de alambrado (que se pueden elevar a cientos de miles de dólares en plantas industriales grandes y complejas), se pudieron reducir en un 90 por ciento o más. Una sola banda de cable doble torcido, o un par de corridas rectas redundantes usando cable coaxial, llevaría todos los datos a la sala de control y los regresaría a los accionadores.

7.10.9 LAS COMPUTADORAS EN EL PROCESO

El siguiente paso fue la creciente capacidad económica para poner una computadora completa en la forma de un microprocesador en cada estación, en los casos en que resultaba útil. Esta nueva idea hizo que las estaciones remotas pudieran reprocesar en cualquier grado los datos a transmitir. De hecho, realmente no era necesario enviar *la información de control continuo.* Las estaciones podrían ser las controladoras y usar el bus de datos solamente para actualizar al operador respecto a lo que estaba sucediendo en la unidad del proceso, además de permitirle cambiar puntos establecidos o ejercer el control manualmente.

Esta disposición, dicho sea de paso, en un verdadero control distribuido. El controlador ya no está situado en la sala de control –está de nuevo cerca de la unidad del proceso bajo su control, tal como estaba situado en los días del control mecánico, antes del control central. Por supuesto, la gran diferencia es que el operador de planta está en contacto total con el controlador y con lo que está sucediendo en el proceso.

Una de las principales ventajas de regresar el controlador a la cercanía con la unidad de proceso es que la propia banda de control se acortó físicamente. Esto reduce la posibilidad de daño físico debido a accidentes imprevisibles y aumenta hasta cierto grado la confiabilidad del sistema. Puesto que es más probable que la propia banda de control siga siendo analógica, la banda más corta también es menos susceptible a la degradación de señal a causa del ruido eléctrico. De hecho, no existe una razón real para que la banda de control no pueda ser neumática, ya sea porque un sistema neumático instalado es reequipado con un bus de datos o por aprovechar las ventajas de la seguridad especial que ofrece la neumática.

Hasta hoy se sigue considerando que los controladores, ya sean digitales basados en microprocesador, analógicos electrónicos, o neumáticos, permanecen aún en algún tipo de sala de control –una pequeña dedicada sólo a una unidad de proceso único, probablemente, pero que sigue siendo un espacio controlado ambientalmente. Se puede proseguir un paso más adelante; en éste el controlador se pone de nuevo sobre el tubo mismo –de nuevo en el ámbito de campo. Para asegurarse se toma un controlador resistente. El viejo equipo neumático ha sobrevivido así por años y con buen éxito. En general, los controladores analógicos electrónicos no han sido diseñados para eso, y no se pueden usar de esa manera. Pero para 1978, cuando menos un controlador microprocesador había tenido y aún tiene algún equipo de ruta de datos con estación de llamada.

El controlador microprocesador especial se encuentra en un sistema[3] tipo 3 en el cual se monta un controlador de banda única directamente en la válvula a controlar, situando también directamente la derivación de la válvula sensora. Una terminal CRT gráfica a color, comunica con hasta 32 de estos controladores sellados contra intemperie, incluyendo el ajuste de las constantes de sintonía del controlador.

Otros sistemas de control distribuido que existen en el mercado pueden aun requerir este ámbito de sala de control; pero también ofrecen una flexibilidad respecto a la situación del ámbito de la sala de control. Los controladores pueden estar lejos de una estación de operador local de la unidad de proceso, pero también de la misma manera pueden estar próximos a la estación del operador central, si esto constituye una gran ventaja en algunas plantas. En estos sistemas es opcional situar o no en el campo la distribución de los controladores. Esta opción puede hacer de la modificación una posibilidad.

7.10.10 GRAFICAS DE INDICADOR VISUAL COMPARTIDO

La disponibilidad de terminales CRT de indicador gráfico compartidas, constituye también un elemento esencial de cualquier sistema de control distribuido. La importancia del indicador centralizado de datos provenientes de cada banda de control fue la razón principal de que se introdujeran todas las señales a la sala de control. No se puede renunciar en un solo movimiento al control distribuido. De hecho, también es necesaria la capacidad de hacer ajustes de sintonía a los controladores o de ejercer el control manual en cualquier momento. Es muy poco probable que un usuario desee enviar a un operador a un controlador montado en el campo para que ajuste las constantes de sintonía, aunque el ingeniero de control de planta pueda ver sus ajustes a medida que se hacen y se comunique con el operador por medio de un teléfono portátil. La sintonía del controlador y la configuración del controlador remoto (selección de entradas, condicionamiento de señal, salidas, etc.) deben estar a la disposición del ingeniero solamente por medio de una terminal de ingeniería separada o de una parte de la terminal de operador cerrada con llave. En cualquier caso, las terminales de indicador visual del operador de unidad local, con capacidad limitada de control y datos, se deben poder situar en cualquier parte de la trayectoria de datos, para una mayor flexibilidad para el usuario.

7.10.11 LAS COMPUTADORAS EN EL CONTROL DISTRIBUIDO

Debe señalarse que una vez que la capacidad de la computadora fue absorbida dentro del sistema de control distribuido para funciones de comunicación de datos y de control, nada más se ha dicho acerca del control computarizado como tal. Esto se debe a que no es necesaria una computadora separada para la mayoría de estos sistemas de control distribuido.

Nótese la palabra "mayoría". Por ejemplo, algunos sistemas requieren que una computadora esté en el bus de datos con el fin de completar la configuración del controlador. Otros requieren la computadora para las gráficas en color, mientras que algunos proporcionan esto sin necesidad de una computadora separada. La computadora de control (generalmente una minicomputadora de capacidad considerable) se usa en todos los casos para algoritmos de control avanzados, como los optimizadores de control. Los controladores microprocesadores implantados en los sistemas distribuidos que existen en el mercado, implementan las operaciones en cualquier parte desde una docena hasta 180 algoritmos de control sin la adición de la microcomputadora. Donde se usan los controladores basados en microprocesador, generalmente son de bandas múltiples, las cuales deben tener capacidades de reserva redundantes para la confiabilidad del sistema, pero la tendencia es definitivamente hacia los controladores de microprocesador de banda única.

La minicomputadora central se puede usar, por supuesto, para hacer grandes cosas con los indicadores visuales de gráficas en color CRT y con todos los datos disponibles provenientes del sistema distribuido por medio del bus de alta velocidad de datos. En algunos sistemas se dispone de indicadores visuales interactivos, con lápices luminosos o con tableros con interruptores a prueba de aceite Mylar que se usan como medios de entrada.

Los viejos registradores de diagramas han sido reemplazados en muchos sistemas de control distribuido, mediante casetes o discos magnéticos, de los cuales se generan los indicadores visuales en las terminales CRT en color.

7.10.12 TENDENCIAS EN LA MEDICION DEL CONTROL

En los dos tipos más importantes de medición (temperatura y presión) de control de proceso continuo, prácticamente no ha habido avances notables sobre el nivel de sensor primario en los últimos 25 años. Los bulbos termopares y de resistencia, los tubos de Bourdon y los diafragmas, sostienen la oscilación al igual que entonces. La tecnología LSI está invadiendo los transductores en la forma de amplificadores de operación integrados, de medidores de deformación pulverizados y de sensores infrarrojos. Pero de nuevo, la tendencia real aquí es el uso de los microprocesadores, que están empezando a desplazarse del indicador montado en tablero hacia la caja transductora montada en el campo. Todo esto forma parte de la gran tendencia al control distribuido digital.

Los medidores de flujo han mostrado más una sucesión de nuevos inventos que una tendencia reconocible. La placa de ventanilla y la medición de presión diferencial son omnipresentes. Pero durante los últimos 25 años han aparecido los flujómetros magnéticos, los de turbina, los de masa térmica, los de tipo vórtice y los de tipo de cuerpo escarpado y los ultrasónicos. Se comprende aquí, de nuevo, la gran tendencia a la electrónica digital.

La capacidad de computación en los transductores es actualmente más evidente que en los instrumentos de análisis, en los cuales el porcentaje de composición de un componente particular en una corriente compleja se podría calcular, por ejemplo, a partir de las relaciones de varios tipos de mediciones. Esta clase de sensor inteligente es una tendencia a largo plazo, y algunos ingenieros en control piensan que los futuros avances en control dependerán de los sensores basados en computadora.

7.10.13 TENDENCIAS EN LA OPERACION DEL CONTROL

Las actuales discusiones acerca de las válvulas de control de procesos son muy parecidas a las de hace 25 años. Los temas son la posición de la válvula en comparación con las características del flujo y sus efectos sobre la controlabilidad del sistema y el tamaño o dimensionamiento de la válvula. Los nuevos diseños han sido principalmente refinamientos de viejos principios, excepto la válvula digital de múltiples orificios graduados binariamente, operados por selección electrónica de solenoides para altas fuerzas de derivación, para compatibilidad electrónica o de computadora, o sólo para modificar la curva de posición-flujo. En 1972, la *Occupational Safety and Health Administration* (OSHA)provocó una gran conmoción respecto a la actividad de diseño de válvulas para reducir el ruido generado por las válvulas que deben encerrar altas presiones.

Pero la válvula de control de proceso puede dar finalmente un salto verdadero, ya que la elevación de los costos de la energía hacen que los ingenieros en control estudien más rigurosamente el control de velocidad de las bombas, en vez de estrangularlas para controlar el flujo.

7.10.14 POSIBILIDADES FUTURAS

Durante el diseño o selección de un sistema de control distribuido, también se debe tomar en consideración lo que vendrá en el futuro. Se ha visto que la mayoría de estos sistemas, en las estaciones de operador de unidad fuera de la trayectoria de datos, siguen entrando señales de transductores analógicos y señales de salida de controlador analógico a los accionadores. Tal vez está muy próximo el día en que chips especiales en cajas transductoras permitirán que todas las señales sean digitales. Estos adelantos pueden hacer innecesario recorrer todo el camino de regreso al montaje de los controladores en el campo de trabajo. Y por ejemplo, ¿será entonces útil tener estos elementos digitales de extremo directamente acoplados al bus de alta velocidad de datos?

BIBLIOGRAFIA

1. E. J. KOMPASS, "The Configuration of Process Control: 1979," *Control Engineering,* Marzo de 1979, pp. 43-57.
2. M. J. MCGOWAN, "From the S-100 to CAMAC: The Diversity of Digital Buses," *Control Engineering,* Abril de 1979, pp. 31-34.
3. M. J. MCGOWAN, "Process Control System Is Distributed to the Valves," *Control Engineering,* Diciembre de 1978, pp. 41-42.

CAPITULO 7.11

Tecnología de sensores

RICHARD A. MATHIAS
Macotech Corporation

7.11.1 CLASIFICACION DE SENSORES

La tecnología de sensores marca el paso de la aplicación del CAM para la instrumentación y control de eliminación de material, de moldeo de material y de procesos de soldado. Hay dos categorías básicas de sensores.

Una categoría, común en todos los equipos actuales, comprende los sensores para la posición de máquinas básicas y la medición de velocidad, como lo requiere el control numérico (CN). Estas incluirían la medición del tornillo regulador o de la posición del cursor; la detección de la proximidad del cursor, de la herramienta o de la pieza a trabajar; el número de revoluciones por minuto del tornillo regulador (RPM); la velocidad del cursor y las revoluciones por minuto del eje.

La otra categoría de sensores comprende aquellas únicamente adecuadas para los procesos a que se aplican. Los sensores de uso común en procesos de eliminación de material se clasifican con respecto a su aplicación y función, como se ve en el ejemplo 7.11.1. Los que se usan en procesos de moldeo de material y soldadura de arco se clasifican del mismo modo en el ejemplo 7.11.2.

7.11.2 DESCRIPCION BASICA DE SENSORES DE USO COMUN

Posición angular del tornillo regulador

Este es el método de detección de cursor deslizante más ampliamente usado. Los dos tipos de sensores son resolutores angulares y codificadores angulares digitales foto-ópticos. Un resolutor angular consta de un par de transformadores, uno girando en relación con el otro. La amplitud de voltaje de corriente alterna (AC) producida a través del transformador estacionario, es proporcional al coseno de su ángulo de orientación con el transformador rotatorio.[1]

Un codificador angular digital foto-óptico opera ya sea por interrupción o por reflexión de luz proveniente de un diodo emisor (LED). Un disco con segmentos alternativos opacos y transparentes gira entre un diodo emisor de luz y un detector de pulso luminoso para producir un tren de impulsos. Existen dos tipos de trenes de impulso: incremental y absoluto. El tipo incremental tiene un espaciamiento fijo entre impulsos, cada uno de éstos representa un movimiento fijo del tornillo regulador y el cursor de máquina. El tipo absoluto tiene el espacio opaco y transparente dispuesto para producir directamente una codificación digital en la posición del eje.[2]

Ejemplo 7.11.1 Aplicación y función de los sensores usados en los procesos de eliminación de material

Descripción del proceso	*Aplicación y función del sensor*		
	Vigilancia y control durante el proceso	*Inspección de partes después del proceso*	*Inspección de herramientas después del proceso*
Corte de metales con máquinas convencionales; líneas de transferencia; máquinas controladas CN, CNC, DNC; centros de maquinado; sistemas flexibles de fabricación; centros automáticos de maquinado	Potencia del motor Torsión del eje Deformación del eje Fuerza del eje Vibración del eje Fuerza del portaherramienta (para torneado) Diámetro de la pieza (torneado y esmerilado) Temperatura de la herramienta	Diámetro de la pieza Diámetro de la perforación Profundidad del agujero Posición de la superficie Acabado de la superficie Integridad de la superficie	Posición de la herramienta Desgaste lateral de la herramienta Diámetro de la herramienta (barrenado, fresado, esmerilado) Herramienta rota Duración de la herramienta
Maquinado por descarga eléctrica (EDM)	Corriente, voltaje, pieza-electrodo, cortocircuitos	Posición de la superficie Acabado de la superficie Integridad de la superficie	Desgaste de los electrodos
Maquinado electroquímico (ECM)	Caída de voltaje, herramienta o pieza	Posición de la superficie Acabado de la superficie Integridad de la superficie	Desgaste de la herramienta

Posición del cursor

La codificación directa de posición de cursor se obtiene por cuatro métodos diferentes. Una rejilla óptica colocada a lo largo de la armadura de deslizamiento se ilumina por un diodo emisor de luz unido al cursor. Las reflexiones son captadas por un detector lumínico para producir impulsos cuyo espacio de paso representa un movimiento específico del cursor. Un efecto preciso que aumenta la resolución del sensor se logra mediante una segunda retícula montada sobre el cursor y con una pendiente ligeramente diferente a la de la armadura. Otro método es una bobina lineal montada en la armadura barrida por una bobina móvil sobre el cursor, este método es denominado "inductor sincrónico lineal". Un tercer método, denominado Sony Magne Scale®,* emplea una rejilla magnética fina a lo largo de una varilla de

Ejemplo 7.11.2 Aplicación y función de los sensores usados en los procesos de formación y soldadura de materiales

Descripción del proceso	*Aplicación y función del sensor*		
	Vigilancia y control durante el proceso	*Inspección de partes después del proceso*	*Inspección de herramientas después del proceso*
Colado en matriz y moldeado por inyección	Temperatura de la matriz Presión interna en la matriz Tiempo del ciclo Velocidad de flujo del refrigerante Temperatura del refrigerante Fuerza del émbolo Presión del cilindro de disparo Temperatura del fluido hidráulico	Expulsión de una parte aceptable Peso de la parte	Temperatura de la matriz
Doblado de láminas, tubos y viguetas Laminado	Deformación residual de la parte Grosor de la lámina Ubicación del borde de la lámina	Angulo de alabeo Radio de curvatura Grosor de la lámina Acabado de superficie	
Soldadura con arco	Corriente de soldadura Temperatura de soldadura	Dureza de la soldadura	

* National Machine Systems, Tustin, CA, distribuidor para Sony Magne Scales.

níquel-acero que es barrida con una cabeza captora magnética. La resolución está dentro de 50 μ pulg.

El cuarto método es el interferómetro láser. Aunque primero fue usado como calibrador maestro para comprobar la exactitud de máquinas, ha sido implantado en bandas de control de máquina en casos en que se requiere una precisión extrema.[3] El método del interferómetro intensifica la resolución a la mitad de la longitud de onda de la fuente de luz. Esto representa 12.5μ de la luz infrarroja. El principio de operación del interferómetro es la división de un rayo de luz coherente (rayo láser) en dos trayectorias, una de las cuales cambia con el movimiento del cursor que se va a medir. Cuando se recombinan los dos rayos, la interferencia de los rayos produce una intermitencia cíclica de luz en un fotodetector para cada media longitud de onda de posible cambio.

Detección de la proximidad

La detección de la proximidad y el pequeño desplazamiento de objetos ferrosos se logra sencillamente mediante el uso de sondas inductivas. Hay tres tipos.

Uno es el de sonda de corriente parásita, que detecta cambios en corrientes inducidas (corrientes parásitas o de Foucault) en la superficie de un objeto ferroso. Las corrientes se inducen mediante un campo magnético impulsor de una bobina de sonda excitada con un voltaje AC. La resistencia de corriente parásita cambia con el desplazamiento de la superficie del objeto. La señal de salida se puede filtrar para producir un impulso digital sobre la proximidad de la sonda al objeto.[4]

Un segundo tipo mide el cambio de inductancia entre una sonda rodeada por una bobina excitada eléctricamente y un objeto ferroso. Para desplazamientos pequeños, los cambios de inductancia y los cambios resultantes de señal de salida de la sonda son proporcionales.

Un tercer tipo, que está convirtiéndose en uno de los medios menos costosos para detectar la proximidad, es el sensor de efecto Hall.[5] Los tipos análogos proporcionan una salida de corriente directa (DC) proporcional a la resistencia del campo magnético. Los tipos digitales proporcionan voltajes digitales disparados por una resistencia de campo magnético específica.

Para detectar la proximidad y el pequeño desplazamiento de superficies conductivas y no conductivas, se aplican calibradores de capacitancia y sondas de proximidad electro-neumáticas. Los tipos basados en la capacitancia producen una corriente proporcional a la distancia entre dos superficies que tienen una caída de voltaje a través de ellas.[6]

Los tipos electromagnéticos detectan el cambio en la presión de diafragma cuando un diagragma con flujo constante de aire se lleva a la proximidad con una superficie.[7] Para desplazamientos pequeños, el efecto es lineal.

Tornillo regulador y RPM del eje

Hay tres tipos básicos de tacómetros montados sobre el eje. Uno es el tacómetro DC, que en realidad es un pequeño generador DC cuya salida es proporcional a las RPM. Un segundo tipo es un disco ranurado que interrumpe la trayectoria de una fuente de luz hacia un contador impulsor/fotodetector. El tercer tipo, que es el más usado, es una sonda inductiva en la proximidad a la periferia ranurada de un anillo.[8] Los impulsos de salida se pueden formar eléctricamente o mediante el diseño de ranura para ajustarse a requerimientos de datos digitales o una lógica de conteo de impulsos.

Potencia de motor y eje

El transductor de potencia (watts) es el método más exacto y el más usado. Al monitorear el voltaje y la corriente instantáneos del motor y multiplicar éstos, un transductor de potencia produce una señal proporcional al caballaje del motor. Para motores AC, el voltaje o tensión se capta por un transformador de voltaje conectado a través de las entradas del motor. La corriente inducida se capta por un transformador de corriente que se enrolla primero en una de las cabezas de entrada de energía del motor. Para motores DC, el voltaje inducido se puede medir directamente, y la corriente inducida se capta cuando el voltaje desciende a través de una derivación DC colocada en serie con la línea de energía del motor. La multiplicación de señales de los sensores de voltaje y corriente se obtiene a bajo costo con chips de circuitos multiplicadores integrados.

Al fijar en cero la señal del transductor de potencia, se obtiene una señal proporcional al caballaje o potencia del eje, cuando el eje está descargado y a las RPM correctas. La señal que se produce después de que el eje está cargado es proporcional al caballaje del eje.

Par de torsión del eje

Hay tres métodos. El menos exacto y menos costoso es el que capta la corriente del motor, como se explicó anteriormente, como una medida del par de torsión del eje. Aunque la corriente de motor es aproximadamente proporcional al par de torsión del motor, las pérdidas del factor de potencia del motor y las pérdidas del tren de conducción están incluidas en la señal sensora de la corriente del motor.

El segundo método y el de más amplio uso, particularmente para control adaptable y taladrado con par de torsión controlado,[9] es extraer el par de torsión de la salida del sensor de potencia del eje, que se describió en la sección anterior. Puesto que la potencia es producto del par de torsión y las RPM del eje, la señal del transductor de potencia se debe dividir por una señal que represente la velocidad del eje para dar una señal proporcional al par de torsión del eje. La resolución del par de torsión que se obtiene por este método está dentro del 3 por ciento del par de torsión del eje disponible a las RPM dadas.

El tercer método y el más costoso, pero que proporciona una captación directa del par de torsión aproximada a la carga del eje, es el dinamómetro calibrador de deformación del par de torsión del eje. Los requerimientos para la aplicación de este método son colocar medidores de deformación sobre los ejes y conducir las señales de modo seguro hacia amplificadores exteriores. Se puede disponer de asistencia de ingeniería y de componentes de dinamómetro para aplicaciones especiales.[10]

Deflexión y fuerza del eje

El método esencial que se usa es el de captar los pequeños desplazamientos del eje en relación con el montante de apoyo del eje, usando sondas inductivas sin contacto montadas dentro o cerca del guardapolvo del eje.[11] Estos desplazamientos son una medida de las fuerzas sobre el eje. La calibración de deflexión de fuerza permanece muy consistente en los apoyos de eje precargados y adecuadamente diseñados. La calibración es una función de la distancia entre el plano de carga y el apoyo del eje. La resolución en ejes de 5 pulg varía entre 20 y 200 lb, dependiendo de las características del eje y la descarga del apoyo.

Vibración del eje y de la máquina

Esto se capta comúnmente usando acelerómetros piezoeléctricos. En ellos se emplean cristales de cuarzo, los cuales producen señales de bajo voltaje cuando se sujetan a una fuerza, en este caso una fuerza de aceleración.[12]

Fuerza del montante de la herramienta (para torneado)

Los dinamómetros para montaje de herramienta son del tipo medidor de deformación[13] o del tipo de cristal piezoeléctrico.[14] El principal inconveniente para sus aplicaciones en producción es que éstos se deben diseñar específicamente para los requerimientos particulares de maquinado.

Diámetro de la pieza y del barreno

Por costumbre estas mediciones se han efectuado durante operaciones de esmerilado con diámetro constante, usando medidores tipo calibrador con sensores neumáticos, eléctricos o mecánicos en los dedos.[15] Estos métodos de captación tienen escasos márgenes de aplicación y son adecuados para la producción en gran volumen de partes del mismo tamaño. Cuando se requiere la medición durante el proceso de varios diámetros o perforaciones durante el torneado o el barrenado, los métodos ópticos tienen un margen más amplio. Se han desarrollado varios calibradores tipo rayo láser.[16]

Tamaño de la perforación, ubicación de la profundidad y posición de la superficie de la pieza a trabajar

Actualmente, para la producción en centros de maquinado[17] se usan sondas montadas sobre el eje y programas relacionados para la interrogación automática de cualquier situación de superficie. Las deflexiones del estilete de la sonda se captan ya sea mediante transductores diferenciales variables lineales accionados por resorte (LVDT) o bien, mediante rejillas magnéticas de precisión* montadas en la cabeza de la sonda que permiten la deflexión amplia para la sobrecarrera y la recuperación respecto al contacto de la sonda sobre la pieza que se trabaja. Este tipo de sonda ha sido diseñada para montarse en el montante y la torreta de la herramienta en aplicaciones de torneado y barrenado.†

Acabado de superficie

No existe un método conveniente para la captación de la aspereza superficial durante el proceso; una de las principales razones de ello es la falta de un criterio estándar uniforme y confiable.[18] Un método prometedor es el de medir la intensidad de luz láser reflejada en la superficie de la pieza.[19] La inspección del acabado de la superficie después del proceso se realiza con equipo convencional de acabado de superficies, que recorre la superficie a un ritmo fijo con un estilete de contacto que contiene cristal de cuarzo piezoeléctrico.

Integridad de la superficie

La integridad de la superficie es el grado de mejoramiento o daño a una superficie producido por un proceso de maquinado. Esto incluiría grietas minúsculas, quemaduras, deformaciones superficiales, corrosión por stress, etc. Los métodos de prueba no destructivos incluyen las sondas de corriente parásita, pruebas ultrasónicas y penetración de partículas magnéticas y fluido magnético.[20]

Posición de la punta de la herramienta, diámetro de la herramienta, rotura de la herramienta

Se han creado sistemas sensores de la posición de la herramienta después del proceso y del diámetro de ésta, para el diseño dentro de los centros de maquinado[21] y en centros de tor-

*National Machine Systems, Tustin, CA, distribuidor para Sony Magne Scales.

† Unidad de Control Calibrador de Retroalimentación (FBG), Ikegai Tekko Company, Tokio, 1979.

neado de control numérico,[22] usando sondas electroneumáticas y electromecánicas para medir la proximidad, las cuales ya han sido mencionadas. La demanda de detectores de herramientas rotas o descompuestas se ha acrecentado por el incremento de los centros de maquinados sin intervención humana. Estos están comenzando a aparecer en nuevas máquinas herramienta en las que la cortadora se sitúa en la proximidad de sondas sin contacto que señalan la presencia de una superficie metálica.[23]

Desgaste de herramientas, temperatura de la punta de la herramienta, vida útil de la herramienta

Se ha realizado una extensa investigación en todo el mundo con el propósito de encontrar técnicas sensoras confiables para el desgaste de herramientas[24] y para la temperatura de la punta de la herramienta.[25] Hasta hoy, pocas aplicaciones han sido efectivas si se consideran los costos y éstas están restringidas a aplicaciones especiales. La medición de la vida útil de la herramienta en línea, equivale al monitoreo del tiempo total de corte entre cambios de herramienta. La primera técnica usada para la detección del tiempo de corte de la herramienta ha sido el contacto eléctrico o fuerza de corte desarrollada entre la herramienta y la pieza que se trabaja.

Cortocircuito entre electrodo y pieza en EDM

Los cambios súbitos de corriente y el cambio del ángulo de fase entre la corriente y el voltaje aplicado son buenos indicadores del cortocircuito.

Desgaste del electrodo por EDM

El desgaste del electrodo de grafito se puede vigilar mejor después del proceso con sondas neumáticas sin contacto o con sondas de contacto electromagnéticas.

Desgaste del electrodo por ECM

Los electrodos de maquinado electromecánico son buenos conductores, pero generalmente son no ferrosos. Para la inspección después del proceso se usan sondas neumáticas de capacitancia o electromecánicas.

Procesos de moldeo por fundido a troquel y por inyección

Se ha publicado un estudio sobre los requerimientos de monitoreo e instrumentación para el fundido a troquel,[26] que también es aplicable al moldeo de plástico por inyección.

El troquel, el enfriador y la temperatura hidráulica se captan mediante termopares. La presión del troquel se mide mucho mejor con "rondanas de carga".[27] La presión de cilindro corto se monitorea con transductores convencionales del tipo calibrador de deformación.[28] La fuerza del pulsador se capta con calibradores de deformación montados en el pulsador. La tasa de flujo del enfriador se monitorea mediante un flujómetro convencional montado a la entrada o a la salida del enfriador. Un cable unido al pulsador actúa como un potenciómetro lineal y tacómetro DC para el monitoreo respectivo de la posición y velocidad del pulsador. La expulsión eficaz y el peso de la pieza se pueden detectar con transductores de fuerza o calibradores de deformación montados en la charola de expulsión.

Angulo y radio de doblado, y deformación residual

A medida que se usan más métodos computarizados para el doblado de tubos, moldeo de vigas y laminación en rollos, mediante control numérico, se han ido requiriendo sensores para el ángulo de doblado, el radio de doblado y la deformación residual. Se ha desarrollado el doblado de tubo con control adaptable, para cuando la deformación residual del tubo se mide con una sonda LVDT sobre un eje independiente; esta deformación se usa para establecer automáticamente el ciclo de doblado correctivo.* La exploración de partes moldeadas para medir el radio de doblado y el ángulo de doblado se hace mejor con máquinas de inspección de control numérico, usando sondas convencionales de contacto electromecánico.

Grosor y situación del borde de lámina

La calibración durante el proceso se logra con calibradores y sondas neumáticos, inductivos o del tipo de capacitancia sin contacto, dependiendo del material, tolerancia y condición de la superficie de la lámina. La medición del grosor después del proceso de grandes láminas de metal se hace por costumbre con el probador ultrasónico de grosor.† Este calibrador mide el grosor durante el tiempo de duración de transmisión de impulsos sonoros a través de la lámina, su reflexión en la cara trasera y su regreso a la cara frontal.

Temperatura, defectos y dureza de la soldadura

La temperatura de la soldadura se mide mejor con un pirómetro de radiación sin contacto, cuyo principio de operación es captar la fuerza de radiación infrarroja emitida. Usualmente, las soldaduras se revisan mediante un recorrido para saber si hay defectos, con detectores de proximidad del tipo de corriente parásita mencionados antes. La prueba no destructiva de la dureza de la soldadura lleva mucho tiempo si se usa equipo convencional Brinell o Rockwell. Un método más rápido y que tiene una señal eléctrica de medición de dureza de aceptación o rechazo es el principio Grindo-Sonic.‡ Mediante esta técnica se mide la dureza por medio de la tasa de disipación de impulsos sonoros transmitidos a través de la pieza.

7.11.3 TENDENCIAS FUTURAS EN LA TECNOLOGIA DE SENSORES

En 1978 se formó la Machine Tool Task Force con 115 expertos internacionales de todas las áreas de la tecnología de fabricación. Su propósito es caracterizar el avance tecnológico actual de las máquinas herramienta e identificar tendencias futuras prometedoras para esta tecnología. En septiembre de 1980, una vez terminado el estudio, se publicó un informe final. Este contiene nuevos avances y requerimientos de la tecnología de sensores, que no se incluyeron en este texto.

REFERENCIAS

1. J. R. MCDERRMOTT, "Simplifying Resolver Application," *Control Engineering*, enero de 1963, pp. 105-107.
2. L. TESCHLER, "Transducers for Digital Systems," *Machine Design*, julio de 1979, pp. 66-67.
3. R. W. SCHEDE, "Laser Interferometer Feedback for Numerical Control," Artículo No. 69CP821GA, *19th Annual Institute of Electrical and Electronics Engineers Machine Tool Conference*, Oak Ridge Y-12 Plant, Oak Ridge, TN, octubre de 1969.

* Microprocessor-Controlled NC Bending Machines, Teledyne Pines, Aurora, IL.

† Branson Vidigauge Ultrasonics Thickness Testers, Branson Instruments Inc., Stamford, CT.

‡ Grindo-Sonic, J.W. Lemmens, Inc., Anaheim, CA.

4. TESCHLER, "Transducers for Digital Systems," pp. 69-70.
5. TESCHLER, "Transducers for Digital Systems," p. 71.
6. L. MICHELSON, "Greater Precision for Noncontact Sensors," *Machine Design*, diciembre de 1979, pp. 117-121.
7. A. NOVAK, "Exploratory Study of the Non-Contact Pneumatic Gauge," *Adaptive Control as a Part of the Manufacturing System*, Stockholm Royal Institute of Technology, abril de 1976.
8. TESCHLER, "Transducers for Digital Systems," p. 68.
9. R. A. MATHIAS, "New Developments in Adaptive Control," Artículo No. MS78-217, Computer Automated Association/SME Western Tool Exhibition and Technical Conference, Los Angeles, marzo de 1978.
10. S. HIMMELSTEN AND COMPANY, *MCRT Torquemeters, Boletines 760 y 761*, Elk Grove Village IL, 1976.
11. R. A. MATHIAS, "Production Experience With Adaptively Controlled Milling," Artículo No. MS74-724, SME Western Tool Exhibition and Technical Conference, Los Angeles, marzo de 1974, p. 2.
12. KRISTAL INSTRUMENT CORPORATION, "Piezoelectric Measuring Systems," Catálogo K2.002 8.77, Grand Island, NY, septiembre de 1978, p. 8.
13. S. HIMMELSTEIN AND COMPANY, *MCRT Torquemeters, Boletín 510*, Elk Grove Village IL, 1976.
14. KRISTAL INSTRUMENT CORPORATION, *Piezoelectric Measuring Systems, Boletín 20.055e*, Grand Island, NY, septiembre de 1978.
15. NOVAK, *Adaptive Control*, pp. 64-65.
16. NOVAK, *Adaptive Control*, pp. 81-100.
17. KEARNEY AND TRECKER COMPANY, *KT Spindle Probe Unit, Publication 687*, Addendum 1, Milwaukee, WI, 1980.
18. M. O. NICOLLS, "Analyzing Surface Finish," *American Machinist*, mayo 13, 1974, pp. 67-71.
19. H. MURRAY, "Exploratory Investigation of Laser Methods For Grinding Research," *Annals of the CIRP*, Vol. 22, No. 1 (1973), p. 137.
20. METCUT RESEARCH ASSOCIATES, Sección 5.3, *Machining Data Handbook*, Cincinnati, OH, 1972, p. 844
21. K. ESSEL y W. HANSEL, "Development of Sensors For Process Control Systems in the Field of Production Engineering," Gesellschaft Fur KernForschung MbH, Karlsruhe, PDV-report KFK-PDV 41, RWTH Auchen, Alemania, mayo de 1975.
22. W. D. CAIN, *Automatic Tool Setters*, Artículo No. MS72-629, Union Carbide Company, Detroit, MI, 1972.
23. KEARNEY AND TRECKER COMPANY, *Broken Tool Detector*, Adeendum 2, Milwaukee, WI, 1980.
24. N. H. COOK, K. SUBZAMANIAN, y S. A. BASILA, "Survey of the State of the Art of Tool Wear Sensing Techniques," Materials Processing Laboratory, Department of Mechanical Engineering, MIT, septiembre de 1975.
25. NOVAK, *Adaptive Control*, pp. 150-155.
26. R. MOORE, *Monitoring the Die-Casting Process, Boletín D2395*, Honeywell, Inc., Test Instruments Division, Denver, septiembre de 1969.
27. KRISTAL INSTRUMENT CORPORATION, *Data Bulletin K6.001* (5/72), Elk Grove Village, IL, 1972.
28. KRISTAL INSTRUMENT CORPORATION, *Data Bulletin 2.021e* (2.75), Elk Grove Village, IL, 1975.
29. S. K. BIRLA, "Sensors for Adaptive Control and Machine Diagnostic," in Machine Tool Task Force and Lawrence Livermore Laboratory, University of California, Livermore, California, Eds., *The Technology of Machine Tools–A Survey of the State of the Art*, Vol. 4, *Machine Tool Controls*, Chicago, octubre de 1980, pp. 7.12-1-7.12-7.

Índice

Los números en negritas corresponden al Volumen II.

—o0o—

La edición, composición, diseño e impresión de esta obra fueron realizados
bajo la supervisión de GRUPO NORIEGA EDITORES.
Balderas 95, Col. Centro. México, D.F. C.P. 06040
0219003000104517DP9212II